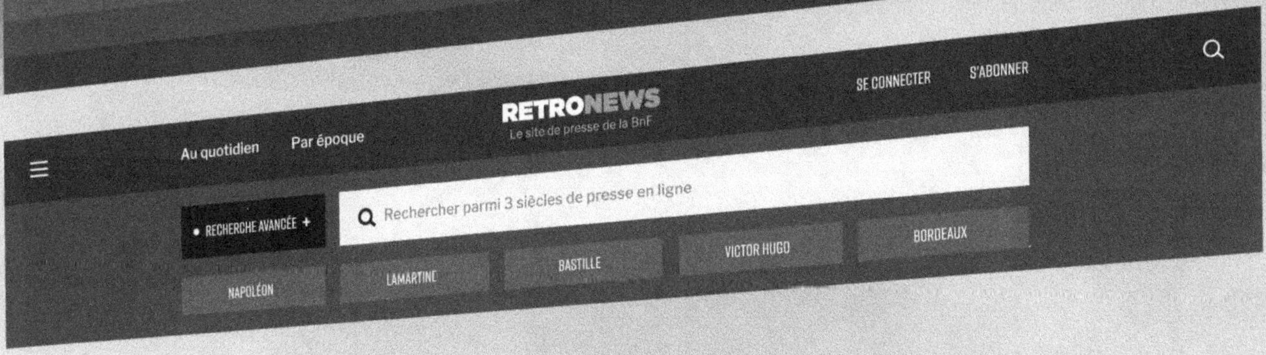

REVUE

DES

COURS SCIENTIFIQUES

DE LA FRANCE ET DE L'ÉTRANGER

PHYSIQUE — CHIMIE
ZOOLOGIE — BOTANIQUE — ANATOMIE — PHYSIOLOGIE — GÉOLOGIE
PALÉONTOLOGIE — MÉDECINE

PREMIÈRE ANNÉE

PARIS
GERMER BAILLIÈRE, LIBRAIRE-ÉDITEUR
17, RUE DE L'ÉCOLE-DE-MÉDECINE, 17

Londres
Hipp. Baillière, 219, Regent street.

New-York
Baillière brothers, 440, Broadway.

Madrid
C. BAILLY-BAILLIÈRE, PLAZA DEL PRINCIPE ALFONSO, 16.

1863-1864

REVUE

DES

COURS SCIENTIFIQUES

Paris. — Imprimerie de E. Martinet, rue Mignon, 2.

PREMIÈRE ANNÉE. — N° 1. UN NUMÉRO : 30 CENTIMES. 5 DÉCEMBRE 1863.

REVUE
DES
COURS SCIENTIFIQUES
DE LA FRANCE ET DE L'ÉTRANGER

PHYSIQUE — CHIMIE — ZOOLOGIE — BOTANIQUE — ANATOMIE — PHYSIOLOGIE
GÉOLOGIE — PALÉONTOLOGIE — MÉDECINE

Paraît tous les Samedis.

	Six mois.		Un an.	
Paris		8 fr.		15 fr.
Départements	—	10	—	18
Étranger	—	12	—	20

Prix de l'abonnement avec la Revue des cours littéraires.

Six mois.... Paris, 15 fr. Départ., 18 fr. Étranger, 20 fr.
Un an........ — 26 — 30 — 35

Rédacteur en chef
M. ODYSSE BAROT

Les ouvrages dont deux exemplaires auront été envoyés au bureau du journal seront annoncés et analysés s'il y a lieu.

On s'abonne
A LA LIBRAIRIE GERMER BAILLIÈRE
17, rue de l'École-de-Médecine,
Et chez tous les libraires, par l'envoi d'un bon de poste, ou d'un mandat sur Paris.

L'abonnement part du 1er décembre ou du 1er juin de chaque année.

SOMMAIRE.

PHYSIOLOGIE ET ANATOMIE COMPARÉE.

COURS DE M. MILNE EDWARDS (1).

(FACULTÉ DES SCIENCES.)

I

Du mode de formation des animaux et de l'hypothèse des générations dites spontanées.

Ce cours, consacré à l'étude du règne animal, se compose de deux parties bien distinctes. La première comprendra l'étude des phénomènes de la vie, des instruments à l'aide desquels la puissance vitale se manifeste, de l'anatomie physiologique considérée d'une manière générale, prenant chaque fonction dans sa grande simplicité, puis dans sa complication croissante ; prenant ses enseignements dans la série des êtres, examinant les relations qui existent entre ces variations de forme, de structure, de composition. Dans la seconde partie, le professeur qui me suivra dans cette chaire, vous parlera du mode de réunion de ces parties chez les individus et vous montrera comment, à l'aide d'un système de classification, de séries, de divisions, de subdivisions, on peut présenter une espèce de tableau synoptique de ce qu'il est le plus important de connaître dans l'anatomie physiologique.

Ici, nous n'avons à nous occuper que de la vie considérée sous le double rapport de ses manifestations et de ses instruments.

Les phénomènes physiologiques sont de trois sortes. Les uns ont rapport à l'existence de l'individu ; ce sont les phénomènes de la digestion, de la respiration, de la circulation, de la sécrétion ; ce sont, en un mot, toutes les fonctions à l'aide desquelles l'individu assure son existence. Le second groupe de fonctions a pour objet les relations, les rapports, qui doivent exister entre ces individus et le monde extérieur, rapports qui, chez les animaux, sont d'une complication très-grande en général et qui s'entretiennent à l'aide principalement de deux facultés : la sensibilité et la mobilité ; facultés qui se modifient (j'allais dire de mille manières et ce n'est pas une exagération) pour constituer cet ensemble de propriétés qu'on appelle la vie animale par excellence. Le troisième groupe de phénomènes dont il me reste à parler est celui qui a rapport à la conservation de l'espèce, à la multiplication des individus, qui sont toujours destinés à disparaître avec une existence plus ou moins courte. Il y a donc trois groupes de phénomènes physiologiques dont l'étude doit nous occuper : les fonctions de nutrition, les fonctions de relation et les fonctions de reproduction. Nous commencerons par l'examen du mode de génération des animaux (car la science est impuissante à connaître la première création des êtres animés; je ne parlerai donc que de ce qui existe aujourd'hui dans l'état actuel des choses).

Pour se former des idées nettes à ce sujet, il est bon

(1) Le cours de M. Milne Edwards fait l'objet d'une publication spéciale qui paraît chez M. Victor Masson, sous le titre de : *Leçons sur la physiologie et l'anatomie comparée de l'homme et des animaux*. Dans les sept volumes de cet ouvrage, qui sont déjà entre les mains du public, le professeur parle des fonctions de nutrition, et dans la seconde partie du 8e volume, qui est actuellement sous presse, il se propose de faire l'histoire de la génération ; les leçons dont nous donnons ici la substance seront donc publiées *in extenso* dans ce livre.

de comparer la formation d'un corps brut à la création d'un animal. Dans le premier cas, les forces qui déterminent le phénomène résident tout entières dans la matière dont l'être nouveau va se former. Ainsi, lorsqu'une molécule de carbonate de chaux prend naissance, c'est parce que la chaux est douée d'une certaine propriété appelée affinité chimique, en vertu de laquelle cette molécule de chaux contracte une espèce d'union ou d'adhérence avec l'acide carbonique; de la jonction de ces deux corps résulte un corps nouveau qui, pour se constituer, n'a pas besoin de la préexistence d'un créateur. D'autre part, chacun sait que lorsqu'il s'agit de la formation d'un chêne, d'un cheval, la matière qui constitue ce chêne, ce cheval, est employée, il est vrai, pour les former; mais elle serait impuissante à constituer cet animal, ce végétal, si elle n'était mise en œuvre par un corps déjà vivant, un animal de l'espèce de celui qui prend naissance, ou un végétal de même nature. Ainsi, chez le chêne comme chez le cheval, cette propriété particulière que l'on appelle la vie, se transmet évidemment; l'être nouveau est engendré par un parent qui produit un être semblable à lui; il y a donc une sorte de succession, de transmission de la force vitale non interrompue entre tous les individus qui forment dans l'espace des temps une chaîne dont chaque espèce se compose. Voilà donc une différence fondamentale, essentielle, entre les corps bruts et les corps vivants; et vous savez par l'observation la plus vulgaire, que ce que je viens de vous dire du chêne et du cheval est applicable à tous les végétaux et à tous les animaux que vous avez d'ordinaire sous les yeux. Cependant, dans diverses circonstances, cette espèce de filiation n'est pas aussi facile à constater; elle a échappé à des observations peu attentives, quelquefois même elle n'a pas été saisie par les observateurs les plus habiles. Ainsi, quand le cadavre d'un animal quelconque est abandonné à l'action de l'air, à l'humidité, avec une température convenable, en été par exemple, ce cadavre éprouve une modification particulière appelée putréfaction; on voit alors se manifester dans la profondeur de cette substance des corps vermiformes, jouissant de toutes les propriétés particulières aux êtres animés; ce sont des animaux. Vous voyez des millions d'êtres vivants qui naissent dans ce cadavre, alors que pendant la vie le corps de l'animal ainsi exposé à la putréfaction n'offrait rien d'analogue. La filiation génératrice semble donc être interrompue, au moins au premier abord. Il n'est pas rare de voir dans les campagnes des flaques d'eau formées par les pluies se couvrir assez promptement d'insectes, de certains crustacés; souvent on voit également au voisinage de lieux humides la terre se peupler de petits reptiles. Dans la plupart de ces cas, je le répète, au premier abord il est difficile d'expliquer par la voie de la génération normale l'apparition de ces êtres nouveaux. Ces difficultés ont paru si considérables aux naturalistes de l'antiquité, qu'ils ont cru nécessaire d'avoir recours à une hypothèse particulière pour expliquer l'origine de ces animaux. Ils ont cru devoir admettre que la nature ne suit pas la même marche, n'obéit pas à la même loi générale quand il s'agit de la constitution des animaux supérieurs et quand il s'agit de la formation des petites espèces, telles que les insectes, les souris, les rats, et même certains poissons.

Aristote, par exemple, admettait sans difficulté que toute matière en corruption était une source d'êtres vivants; que la vie naissait pour ainsi dire de la mort, et que la matière organisée en corruption était apte, par les seules forces dont la matière est douée, à s'organiser et à prendre vie; c'est ainsi que prit naissance l'hypothèse de cette génération d'êtres nés sans le concours de parents, appelée d'une manière impropre génération spontanée. Les anciens avaient recours à cette hypothèse pour se rendre compte de l'apparition d'animaux nombreux qui faisaient irruption dans certains pays, comme les rats en Égypte, qui provenaient, disaient-ils, du limon du Nil. En un mot, le rôle de la prétendue génération spontanée était considéré comme immense chez les philosophes de l'antiquité. Les naturalistes et les philosophes du moyen âge suivirent aveuglément les opinions de leurs prédécesseurs, et il en résulta que, pendant quatorze siècles, cette opinion régna sans conteste dans les écoles. On admettait comme chose bien prouvée que les animaux naissaient de deux façons : tantôt à la manière des corps bruts, tantôt par la transmission de la puissance vitale, que l'on sait exister chez les animaux qui s'engendrent successivement, qui doivent à des parents leur existence, leur forme, leur type. Mais à l'époque de la renaissance, un grand mouvement se fit dans les esprits, excités peut-être par l'invention de l'imprimerie; peut-être aussi par l'importation d'un grand nombre d'écrits dont on ignorait l'existence et qui furent apportés en Italie à la suite de la destruction de l'empire grec; excités, dis-je, par ces travaux intellectuels, et peut-être encore davantage par la vue des magnifiques découvertes géographiques qui se succédèrent avec une rapidité merveilleuse à cette époque. Les Portugais franchissant la zone torride en longeant la côte occidentale d'Afrique; Barthélemy Diaz dépassant le cap de Bonne-Espérance; Christophe Colomb découvrant l'Amérique; Gama entrant dans l'Inde; Magellan faisant le tour du monde; toutes ces magnifiques découvertes, accomplies en moins d'un demi-siècle, devaient nécessairement exciter les esprits, non-seulement à la réflexion, mais à la recherche de faits inconnus, et les porter à vérifier par des observations nouvelles les choses que l'on avait admises sur la foi des anciens. C'est ce grand mouvement intellectuel que l'on appelle le mouvement de la renaissance. Vers le commencement du XVIe siècle, André Vésale, au lieu d'étudier l'anatomie dans les ouvrages, interroge le cadavre. Bientôt après on commence à comprendre la nécessité d'avoir recours à l'expérimentation, c'est-à-dire de placer l'objet que l'on étudie dans des conditions déterminées et choisies, de façon que, suivant le résultat négatif ou positif, on puisse se prononcer sur la question mise en débat.

Au XVIIe siècle il se forma, à Florence, une société de physiciens, de naturalistes, de médecins, ayant pour but la solution des questions examinées par voie d'expérimentation ; cette société choisit le nom significatif de : « Académie *del Cimento* (de l'expérience). » Un des membres de cette société, Redi, voulut soumettre à des investigations positives cette théorie si généralement admise de la génération spontanée. Il voulut savoir si les êtres nouveaux avaient pris naissance sans le concours de parents, sans avoir été engendrés par des corps vivants, ou s'ils étaient formés par l'organisation spontanée de la matière morte, inerte et en putréfaction, et voir, en un mot, si l'hypothèse des anciens était l'expression de la vérité; il fit des expériences sur la production de ces corps vermiformes que l'on appelle vulgairement des *asticots*, qui n'appartiennent en aucune manière à la classe des vers, mais sont des larves d'insectes. Chacun sait que dans les matières animales en putréfaction, ces larves se montrent promptement, si la température est un peu élevée ; c'est ce qu'observa le naturaliste florentin, sans connaître la relation qui pouvait exister entre les faits que je vais citer. Redi remarqua que certaines mouches étaient appelées de loin par l'odeur de la chair corrompue, voltigeaient autour, s'y posant fréquemment, et cependant ne semblant pas se repaître de cette matière ; il pensa que les vers, que l'on supposait avoir été formés spontanément par la matière seule, pourraient bien être la progéniture des mouches en question ; il remarqua, en outre, que ces prétendus vers, en se développant, cessaient d'avoir cette forme et devenaient mouches. Ce sont donc, en réalité, de jeunes mouches. Cette vérité ne pouvait suffire à l'esprit de ce naturaliste. Il fit des expériences pour résoudre la question en ce qui concerne l'origine de ces vers. Il prit de la chair et la plaça dans différents vases : l'un avait l'accès libre, l'autre fut recouvert d'une feuille de papier percée de trous assez fins pour ne pas permettre aux mouches d'entrer, suffisants pour donner accès à l'air ; il vit des mouches arriver sur le papier et chercher à faire entrer leur abdomen par les trous; dans ce vase recouvert, il n'y eut pas un seul corps vermiforme. Dans une autre expérience, il mit également un couvercle de toile qui pouvait, cette fois, par quelques trous, permettre à la mouche d'introduire seulement son abdomen ; Redi vit sur la chair corrompue un assez grand nombre d'œufs. Dès ce moment il n'était plus question de génération spontanée, pour expliquer l'origine des êtres dont je vous parlais tout à l'heure. Mais c'était là un cas particulier, et les difficultés surgissaient quand il s'agissait d'établir la filiation d'autres espèces même pour des animaux faciles à observer, les abeilles par exemple. Pendant longtemps on voyait ces colonies si actives se multiplier, prospérer, sans pouvoir connaître, le moins du monde, comment les jeunes étaient nées ; on voyait bien, au milieu d'une population nombreuse, un individu seul, distinct des autres, entouré d'une sorte d'affection, d'une espèce de respect, et les anciens appelaient cet individu : le roi des abeilles, ils le considéraient non-seulement comme le maître mais comme le mâle. Les autres individus de la ruche ne semblaient jamais s'occuper de la ponte. Les anciens supposaient que les abeilles naissaient de la chair en putréfaction, et vous n'avez pas oublié le récit, si bien présenté, que Virgile nous fait du berger Aristée, qui ayant perdu ses ruches, par une sorte de révélation divine, apprend à produire des essaims nouveaux en déposant le cadavre de tel ou tel animal dans des circonstances favorables. Ce n'était pas seulement une fantaisie de poëte, ce que Virgile nous raconte dans les *Géorgiques*, c'était l'expression des croyances générales acceptées par les sciences à son époque, et qui pendant longtemps ont régné sans partage. A l'époque où Redi faisait ses expériences, un autre naturaliste qui fit beaucoup de travaux sur la structure des insectes, Swammerdam, constata que le prétendu roi des abeilles n'était autre chose qu'une femelle, que l'on appela dès lors la reine; il vit, de plus, que cette reine a une fécondité merveilleuse et pond tous les œufs dont naissent les larves. Les jeunes abeilles ne présentent rien d'anormal dans leur mode de formation ; elles sont engendrées comme les autres animaux.

Dans d'autres circonstances, des difficultés du même ordre se présentèrent pour expliquer la présence d'êtres vivants, soit dans l'intérieur du corps, soit dans le milieu d'un fruit, soit dans les parties les moins accessibles du cadavre d'un animal ; on eut recours encore à la génération spontanée. On supposait que, dans les intestins, des matières organiques en putréfaction donnaient naissance à des vers. Les observations de Vallisnieri et de plusieurs autres physiologistes de cette époque sur les fruits et les galles, firent justice de cette croyance. On reconnut que tous ces parasites n'étaient autre chose que le résultat de dépôts d'œufs pondus par des insectes. Ainsi, à l'époque dont je vous parle, toutes les questions de prétendue génération spontanée, dont l'étude avait été poursuivie d'une manière sérieuse et approfondie, disparaissent de la science. Il est probable que l'on ne se serait plus occupé de longtemps de recherches analogues, on aurait considéré la chose comme jugée, si une découverte très-importante, presque merveilleuse, comme beaucoup de ces découvertes qui font honneur à l'époque de la renaissance, n'était venu encore, tout en étendant le champ des connaissances humaines, créer de nouvelles difficultés et donner naissance ainsi à de nouvelles erreurs. Vous savez comment, dans les premières années du XVIIe siècle, peu après l'époque où Galilée employait certaines combinaisons de lentilles, de façon à permettre aux astronomes d'observer les objets placés à de grandes distances, on inventa le microscope à l'aide duquel on grossit énormément l'image des corps très-petits. Pendant les premiers temps, cette découverte n'eut que peu de retentissement et ne servit à aucune découverte éclatante. Mais, vers 1670, 1675, Leuwenhoeck qui était très-habile, non-seulement à fabriquer les lentilles, mais encore dans l'art d'observer avec leur secours, prit l'habitude d'examiner tout ce qui se présentait à lui. Sans avoir beaucoup de méthode, il fit alors des découvertes capitales auxquelles son nom restera attaché. Leuwenhoeck eut l'idée, un jour, d'examiner avec ses verres grossissants de l'eau de pluie, tombée sur sa fenêtre et qui était restée au contact de l'air pendant longtemps : cette eau lui parut d'abord pure ; au bout de quelques jours, il l'examina de nouveau, et il aperçut un nombre incalculable de petits êtres d'une ténuité extrême, grouillant avec vivacité, et offrant tous les caractères d'êtres animés, c'étaient des animaux véritables. Cette découverte eut un grand retentissement et fut confirmée par d'autres observateurs. Leuwenhoeck vit que toutes les fois que l'on expose à l'air de l'eau contenant du foin, du papier (ce sont les matières dont il s'est servi), des matières organiques en un mot, il naît une multitude de petits êtres dont l'animalité est bien caractérisée. Comment expliquer cette population nouvelle dans cette capsule contenant de l'eau tombée du ciel et une matière morte ? On ne peut supposer qu'il y a dans cette capsule un parent de cet animalcule. Il faut admettre de deux choses l'une : ou bien supposer que ces animalcules, provenant d'animaux précédents, sont charriés par l'air atmosphérique et déposés dans la capsule à l'état adulte ou à l'état de germe, ou bien admettre l'hypothèse des anciens, c'est-à-dire la génération spontanée. Dès cette découverte, les deux opinions furent en présence et donnèrent lieu à beaucoup de discussions, d'hypothèses, pendant la première moitié du XVIIIe siècle.

— La suite à un prochain numéro. —

PALÉONTOLOGIE.

COURS DE M. D'ARCHIAC.

(MUSÉUM D'HISTOIRE NATURELLE.)

Leçon d'ouverture.

I

Messieurs,

Après avoir examiné, dans nos entretiens du printemps dernier, les phénomènes de l'époque actuelle qui se rapportent plus ou moins directement à la *Paléontologie stratigraphique comparée*, nous avons commencé l'exposition des caractères particuliers et de la distribution de la faune quaternaire en Europe. Un résumé succinct de ces leçons sera donc l'introduction la plus naturelle à la seconde partie du Cours que nous commençons aujourd'hui.

En traitant d'abord du terrain quaternaire dans la presqu'île Scandinave, dans le nord, le centre et le sud de la Russie, nous avons étudié successivement les caractères des plages soulevées ou dépôts meubles superficiels avec coquilles marines, ceux de la formation erratique proprement dite, ceux des dépôts du centre et du sud de la Russie, enfin les caractères de la faune des mammifères de cette partie orientale de l'Europe.

Ce qui nous a frappé d'abord en nous occupant de la Scandinavie, ç'a été de voir des dépôts argileux coquilliers, s'élevant jusqu'à 150 et 200 mètres au-dessus du niveau actuel de la mer, et reposant sur la surface polie, striée, sillonnée de roches cristallines de la chaîne scandinave. Ces effets d'une action mécanique énergique se reconnaissent depuis l'altitude de 1400 mètres au-dessus de la mer, jusque sous le niveau de ces mêmes eaux autant que la vue peut s'étendre, et vous vous rappelez qu'ils ont été pour nous la marque, le signe caractéristique du commencement de l'époque quaternaire.

Cela a été notre base, notre critérium, caractère difficile sans doute à reconnaître à l'intérieur des continents, où manquent les niveaux anciens et modernes de la mer comme terme de comparaison ; aussi a-t-il pu être nié ou méconnu par des observateurs qui ne regardent pas au delà du champ borné de leurs observations personnelles. Mais au milieu des effets variés que présente la nature, il faut pour nos classifications choisir les plus complets et ceux où la succession se constate en quelque sorte d'elle-même.

Or, nous n'avons pas de phénomène d'un ordre plus général que le niveau de la mer. Bien qu'en réalité ce ne soit pas ce niveau qui change, mais celui des terres qui s'élèvent et s'abaissent, c'est encore par les anciennes traces de la mer que, sur un point donné, nous avons la preuve de ces mêmes mouvements, et en comparant ses niveaux successifs, on établit la chronologie des phénomènes dont cette portion de continent a été le théâtre.

En passant ensuite à la partie centrale et orientale de l'Europe, nous avons fait voir que ces dépôts de la presqu'île Scandinave se retrouvaient dans les îles du Danemark, et que dans la partie inférieure du cours de la Dwina et jusqu'à une distance de cinquante lieues de la mer Glaciale, des dépôts coquilliers parfaitement comparables s'observaient encore.

Dans la Russie d'Europe, nous avons distingué trois dépôts appartenant à cette époque, ayant des caractères spéciaux et occupant chacun une région particulière. Le plus étendu est celui auquel on a donné le nom de *formation erratique*. Il est composé de traînées de blocs, de sable et de cailloux venus du nord-ouest. La limite sud, est et ouest de ces dépôts est tracée par les blocs extrêmes qui, venant du nord-ouest, se sont arrêtés en chemin et ont formé, à la surface des plaines de la Russie, de la Pologne et de la Prusse, une ligne courbe continue plus ou moins sinueuse.

Cette ligne part du golfe de Tcheskaia sur le bord de la mer Glaciale, suit le versant occidental de la chaîne des monts Timans jusqu'à sa jonction avec l'Oural, et à partir de ce point descend au sud-sud-ouest jusqu'à Voroneje, remonte au nord vers Kalouga pour s'abaisser de nouveau et gagner au nord-ouest les marais de Pinsk, où on la perd de vue. On la retrouve au delà de leur limite occidentale; contournant ensuite les massifs de transition de Kielce, de Cracovie et de Galatz, elle passe la Vistule au sud de Breslau, continue au nord-ouest sur les limites de la Prusse et de la Saxe, contourne le pied nord du Harz, traverse le Hanovre et va aboutir à l'îlot d'Urk dans le Zuyderzée, formée encore de débris erratiques venant du nord.

Dans cette espèce de demi-cercle, dont le centre peut être placé à Stockholm, et dont le rayon varie de 300 à 400 lieues, suivant les sinuosités de la courbe, on a ainsi un vaste dépôt de transport dont les éléments pour la Russie proviennent des roches cristallines de la Finlande, et pour les provinces qui bordent la Baltique, de celles qui constituent la presqu'île Scandinave.

Le second dépôt est celui auquel on a donné le nom de *terreau noir* ou de *tschornoïzem*.

Le terreau noir occupe une étendue de plus de 80 millions d'hectares, entre le pied des Carpathes et l'Oural. C'est un dépôt sableux peu épais, coloré par des matières organiques combustibles, qui entrent pour près de 7 pour 100 dans sa composition, et précieux par la richesse des moissons qu'il porte, sans jamais être amendé ni fumé. Son âge est incertain, cependant on a remarqué que, sur la limite du dépôt des blocs erratiques, il semble le recouvrir jusqu'à une certaine distance, ce qui tendrait à faire croire qu'il est postérieur au grand phénomène erratique du Nord. Du reste, il ne contient point de fossiles. Seulement, observé au microscope, on y a reconnu des Diatomacées, qui peuvent le faire regarder comme s'étant formé dans l'eau douce, quoique ces protophytes existent aussi dans les eaux marines; peut-être aussi serait-ce un sol formé de débris d'anciennes forêts?

Le troisième dépôt est essentiellement lacustre, et s'observe dans les parties basses des steppes qui bordent la Caspienne et la mer Noire.

Ainsi, pendant l'époque quaternaire, nous voyons dans cette partie septentrionale et orientale de l'Europe, quatre dépôts d'origine distincte, les dépôts marins bordant la côte actuelle de la Scandinavie, dont les coquilles sont identiques avec celles qui vivent encore sur les plages voisines, ou avec des espèces qui habitent des régions plus septentrionales. Le bassin de la Dwina présente quelques lambeaux sans doute du même âge.

Un dépôt d'origine lacustre, caractérisé par des coquilles d'eau douce d'espèces encore vivantes, et qui s'étend sur les bords de la mer Noire et de la Caspienne.

Quant à l'origine et à la cause première du grand dépôt erratique du Nord, elles ont donné lieu à des hypothèses sur lesquelles nous ne reviendrons pas aujourd'hui. Je rappellerai seulement que, malgré son étendue, on n'a trouvé encore aucun débris organique qui permette de fixer la nature de l'eau dans laquelle s'est produit le phénomène; aucun coquillage marin ne prouve que ce phénomène se soit passé sous celles de la mer.

Quant au dépôt du terreau noir, il n'existe pas non plus de débris organiques constatant son origine d'eau douce d'une manière incontestable.

Ajoutons à ces divers sédiments les alluvions anciennes des rivières et des fleuves du sud de la Russie, principal gisement des débris des grands pachydermes, et dont les relations avec les dépôts précédents demandent encore des recherches spéciales.

Passant ensuite à l'étude de la faune des mammifères terrestres de cette période, nous avons dû, vous vous le rappelez, messieurs, reprendre tous les faits relatifs au Mammouth de Sibérie, ou *Elephas primigenius*, dont les restes sont également très-répandus de ce côté de l'Oural, dans les alluvions anciennes de la plupart des rivières qui se jettent dans la Caspienne et la mer Noire. Nous avons rappelé les caractères de son fidèle compagnon, le *Rhinoceros tichorhinus*, ceux de l'Aurochs trouvé dans les alluvions des bords de la mer d'Azow, dont nous avons signalé les différences avec celui qui vit encore dans la forêt de Bialovéja, en Lithuanie, où des mesures administratives ont prévenu sa destruction complète. Nous avons mentionné l'existence de *Bos primigenius* dans les mêmes régions, et insisté sur les caractères remarquables que dénotaient les restes d'*Elasmotherium*, que nous avons mis sous vos yeux. Ce pachyderme qui, par son système dentaire, se rapproche à la fois du Cheval et du Rhinocéros, devait atteindre des dimensions plus considérables qu'aucune des espèces de ce dernier genre, et si, comme quelques zoologistes l'ont pensé, la portion de crâne décrite sous le nom de *Stereoceros typus* ou *Galli* et provenant des alluvions du Rhin, a appartenu à ce genre, ce devait être un des animaux les plus puissants et les plus extraordinaires de la faune quaternaire.

Un autre mammifère, le *Merycotherium*, n'est connu que par quelques dents venues de Sibérie, et qui le rapprochent du Chameau, et le *Trogontherium Cuvieri* semble ne différer du *Castor fiber* que par sa taille plus grande et quelques détails anatomiques peu importants.

Aux environs d'Odessa, des cavités ou des dépressions dans le calcaire des steppes ont présenté des accumulations prodigieuses d'ossements, particulièrement du genre Ours, appartenant à l'espèce dite des cavernes (*Ursus spelæus*). Ainsi, en 1847, on en retira plus de 4500 os divers, 82 mâchoires, 1830 dents, provenant d'au moins 100 individus, associés à des restes également nombreux de *Felis spelæa*, d'*Hyæna spelæa*, ou d'Hyène des cavernes, de Cheval, de Sanglier, de ces animaux dont nous parlions tout à l'heure, les Rhinocéros, les Éléphants, les Aurochs, les Cerfs, et un certain nombre de mammifères appartenant à des genres plus petits, de carnassiers, de rongeurs et d'insectivores (Loir, Hamster, Arvicola, Lièvre, Marte, Loutre, Loup, Renard, etc.).

En tout, 28 espèces de mammifères appartenant à

l'époque quaternaire dans cette partie orientale de l'Europe.

Parmi ces mammifères, deux genres sont éteints; huit espèces éteintes appartiennent à des genres encore représentés aujourd'hui, soit dans le pays, soit dans des régions plus chaudes; et trois autres, qui ont peut-être encore leurs analogues dans la faune actuelle, se distinguent au moins à titre de variétés par leur grande taille.

Ce qui caractérise, en effet, cette faune quaternaire, c'est le grand développement qu'atteignent les espèces comparées avec leurs congénères actuelles. L'Éléphant, le Rhinocéros, l'Aurochs, le Bœuf, le Cerf, le Castor, sont remarquables sous ce rapport; il semble y avoir eu alors une énergie des forces vitales, qui ne s'est pas continuée ni renouvelée depuis. Cette circonstance serait en rapport avec la loi de la distribution des mammifères à la surface des continents, loi qui montre que la grandeur et le développement de ces animaux sont en raison de l'étendue de la superficie des continents ou des îles qu'ils habitent. Ainsi, les plus grands mammifères de nos jours habitent les plus grandes terres émergées, et les espèces du même genre qui habitent des continents de moindre étendue ou des îles ont aussi des proportions moindres.

Il n'y a, de nos jours, aucun grand mammifère qui parcoure en liberté des étendues comparables à celles qu'habitaient l'*Elephas primigenius*, le *Rhinoceros tichorhinus*, l'*Aurochs*, le *Bos primigenius*, le Cheval, etc., dont on rencontre partout les débris accumulés, dans le nord de l'ancien continent, depuis le détroit de Behring même et sur la côte opposée de l'Amérique, dans la baie d'Eschsholz, jusque dans les îles Britanniques.

On sait, en outre, qu'aujourd'hui chaque continent ou grande île ne nourrit guère qu'une espèce de grand mammifère; ainsi l'Afrique ne possède qu'un Éléphant, qu'un Rhinocéros, qu'un Hippopotame, qu'une Girafe, qu'un Lion, qu'une Hyène, et il en est à peu près de même des autres grands carnassiers, ou des ruminants, des oiseaux et des reptiles.

On serait donc porté à penser qu'il en pouvait être de même dans la période quaternaire et que certaines surfaces continentales pouvaient être plus étendues qu'actuellement; cependant, dans ces derniers temps, des paléontologistes très-distingués ont reconnu, dans des dépôts de cette période, plusieurs espèces d'Éléphants, de Rhinocéros, etc.

Sans nous permettre d'infirmer ici ces déterminations qui d'ailleurs ne reposent encore que sur des éléments assez incomplets, peu nombreux, et sur la valeur desquels on est d'ailleurs loin de s'accorder, nous ne pouvons nous empêcher de faire remarquer que, si les découvertes futures justifiaient ces distinctions et la multiplicité des grandes espèces vivant en même temps, dans le même pays, ce serait un fait en opposition avec ce que l'on voit de nos jours et peu d'accord même avec l'équilibre général de la nature tel qu'on peut le concevoir.

La distribution de cette faune, en Russie, présente un caractère spécial; ainsi, dans le nord, les dépôts erratiques, sur les bords des lacs Ladoga et Onéga, et sur ceux de la mer Glaciale, n'offrent que bien rarement quelques traces de ces mammifères éteints; on en observe davantage dans les bassins des rivières qui descendent de l'Oural. Mais c'est surtout dans la partie méridionale et sur le pourtour de la mer Noire et de la mer Caspienne, que se sont accumulés les débris de mammifères dont nous parlons.

Quels sont les rapports de l'existence et de l'extinction de ces animaux avec la formation de ces dépôts? C'est ce qui ne semble pas avoir encore été suffisamment étudié. Évidemment, ils n'ont pas vécu pendant que s'étendaient les dépôts erratiques du nord; mais sont-ils contemporains du *terreau noir*, où l'on n'en cite point? Cela est peu probable; tandis que l'on en trouve fréquemment dans les dépôts lacustres des bords de la mer Noire; ainsi la contemporanéité ou la relation d'âge entre l'existence de cette faune et la plupart des dépôts dont nous avons parlé, reste encore à déterminer avec quelque précision; car il ne faut pas oublier que les mammifères terrestres ne sont jamais un critérium bien absolu de l'âge des couches qui les renferment, surtout quand celles-ci sont dues à des phénomènes diluviens plus ou moins énergiques et très-diversifiés dans leurs effets.

Après cet examen des dépôts quaternaires de l'est de l'Europe, nous les avons suivis vers l'ouest, à travers la Pologne, le nord de la Prusse, la marche de Brandebourg, le Hanovre et les Pays-Bas. Nous avons vu qu'on y trouvait les débris des mêmes animaux, mais souvent mélangés aux blocs et aux fossiles provenant des terrains de transition de la Scandinavie, et sans aucun rapport avec les animaux marins existant à l'époque du transport de ces blocs.

Nous nous sommes ensuite occupé particulièrement des phénomènes de cette époque dans les îles Britanniques, où nous savions qu'ayant été étudiés avec soin, ils pouvaient nous offrir des points de repère précieux, et plus que partout des termes de comparaison, pour établir sûrement leur chronologie.

Nous y avons étudié successivement, dans l'ordre de leur ancienneté : 1° les traces attribuées à d'anciens glaciers; 2° les dépôts de transport erratique, d'argiles avec blocs et coquilles arctiques; 3° les dépôts de graviers marins et les plages soulevées, anciennes; 4° les dépôts lacustres de deux périodes; 5° les dépôts de transports argileux, sableux, caillouteux ou *drift* des comtés de l'est; 6° les traces d'industrie humaine; 7° les cavernes et les brèches osseuses.

Sur le pourtour des montagnes qui forment les côtes de la Grande-Bretagne et surtout de l'Écosse, nous avons retrouvé les surfaces sillonnées, striées et polies, parfaitement identiques avec celles que nous avions vues sur les roches cristallines de la Scandinavie. Au-dessus, et reposant sur ces surfaces striées, nous avons également retrouvé les dépôts d'argile avec blocs et amas de coquilles analogues à celles qui vivent sur les côtes voisines ou plus au nord, c'est-à-dire encore un dépôt comparable à ceux des côtes de la Suède et de la Norvége; puis, pénétrant au centre de l'Angleterre, nous avons trouvé, depuis le Cheshire, le Staffordshire, le Worcestershire ou le bassin de la Sévern, jusqu'au canal de Bristol, un ensemble de dépôts de cailloux et de graviers, avec des blocs s'élevant à 100 et 180 mètres au-dessus de la mer, et renfermant des coquilles dont les analogues vivent encore sur les côtes de l'Angleterre.

Ainsi nous avons eu la preuve qu'à cette époque peu éloignée, les collines anciennes de Malvern et d'Abberley formaient la côte occidentale d'un bras de mer borné à l'est par les collines oolithiques des Cotteswold, et que le massif du pays de Galles se trouvait complétement isolé du reste de l'Angleterre.

La contemporanéité de ces dépôts coquilliers avec l'époque quaternaire, est encore prouvée par ce fait que dans tous les bassins des rivières qui se réunissaient à ce bras de mer, nous retrouvons les mammifères de cette époque.

Un phénomène physique a émergé ensuite cette portion centrale de l'Angleterre, et réuni le pays de Galles aux comtés de l'est; le soulèvement sur certains points a été très-considérable, car, dans la partie occidentale de l'île, on trouve, sur la côte de Caernarvon, sur les flancs du Moel-Trifan, à 500 mètres d'altitude, des graviers avec coquilles dont les analogues vivent encore dans les eaux qui baignent la plage. Ainsi, messieurs, vous voyez qu'à une époque très-récente, il y a eu un soulèvement considérable dans cette partie orientale de l'Angleterre, et il en a été de même sur le pourtour de presque toute l'Écosse, où l'on peut constater aussi, à des altitudes de 100 et 150 mètres, la présence des coquilles dont les analogues vivent actuellement dans les mers voisines.

Mais les dépôts qui avaient pour nous le plus d'intérêt sont ceux qui ont succédé à l'argile en blocs, ce sont des dépôts lacustres qu'on observe dans les comtés de l'est, le Norfolk, le Suffolk, le Bedforshire, l'Essex, le Middlesex et le Kent. Ils ont été formés dans des cavités résultant des ravinements de l'argile en blocs. Ils ont rempli ces dépressions en s'y accumulant en couches horizontales, parfaitement continues, mais circonscrites dans de petits bassins que recouvre le drift ou dépôt de transports argilo-sableux, avec cailloux et graviers; ainsi leur âge est bien établi, parce qu'ils reposent dans les dépressions d'un dépôt que nous savons, par sa comparaison avec celui de l'Écosse, plus récent que le phénomène qui a strié, poli et sillonné les roches anciennes sous-jacentes. Au-dessus de ces dépôts lacustres, s'étend, comme nous venons de le dire, un vaste dépôt de cailloux, de sable et d'argile, mélangés sans stratification distincte, ayant souvent une très-grande épaisseur, comme on peut le voir sur les côtes du Norfolk et du Suffolk, et ne renfermant pas de débris organiques.

Ces sédiments d'eau douce dont la position géologique est si nettement déterminée, sont le gisement normal et spécial de notre faune quaternaire, celle dont nous venons de vous entretenir tout à l'heure, et que nous avions étudiée à l'autre extrémité de l'Europe.

C'est surtout dans ces dépôts des comtés de l'est, que sont accumulés les débris d'Éléphants, de Rhinocéros, d'Aurochs, du grand Cerf d'Irlande, de Bœufs, de Chevaux, de Cerfs, de Rennes, d'Ours et d'Hyène des cavernes, de *Castor trogontherium*, d'Hippopotame et de beaucoup d'autres genres de mammifères moins importants.

Ces mêmes dépôts lacustres ont encore un autre intérêt, c'est qu'ils sont le gisement des silex taillés les plus anciens que nous connaissions. Ces silex, qui ne peuvent avoir été façonnés ainsi que par la main de l'homme, ont été trouvés dans les dépôts des environs d'Hoxne (Suffolk) et de Bedford (Biddenham), associés de la manière la plus positive avec les débris de ces grands mammifères éteints. C'est le motif le plus concluant que nous ayons pour faire remonter l'existence de l'homme plus haut qu'on ne le croyait d'après la tradition, et pour le regarder comme contemporain de ces animaux.

La présence de ces mêmes silex taillés a été reconnue dans la plupart de ces dépôts. Aussi est-il difficile, dans l'état actuel de la science, de contester les conclusions qu'on en peut déduire sur l'ancienneté de l'homme. Les preuves tirées d'autres indications pouvaient être plus ou moins contestées; les cavernes à ossements, le diluvium de nos vallées, pouvaient soulever des objections, mais la contemporanéité de ces silex avec l'existence et l'enfouissement des mammifères éteints dans les dépôts lacustres des comtés de l'est de l'Angleterre, semble être suffisamment prouvée.

— La suite à un prochain numéro. —

HISTOLOGIE.

COURS DE M. CH. ROBIN.

(Faculté de médecine.)

Des caractères organiques des tissus.

L'anatomie est une science qui a pour sujet l'étude des corps organisés à l'état statique ou de repos, et qui a pour objet de nous donner la connaissance des lois de l'organisation; cette définition entraîne celle de la physiologie qui a pour sujet l'étude des corps organisés à l'état dynamique ou d'activité, et pour objet la connaissance des lois auxquelles est soumis l'accomplissement de chaque acte.

Dès le premier abord, lorsqu'on vient à étudier l'anatomie, on reconnaît que l'organisme n'est pas un tout homogène, qu'il se divise en groupes de parties diverses solidairement associées et concourant à l'accomplissement de telle ou telle fonction. Tels sont les ensembles de parties qui concourent à la digestion, à la respiration, etc., et qui ont reçu le nom générique d'*appareil*.

Mais chaque appareil peut se diviser en parties très-distinctes les unes des autres; ainsi pour l'appareil digestif, il y a l'œsophage, l'estomac, les intestins, etc. On a donné le nom d'*organes* à chacune de ces parties; c'est ce qui constitue l'étude de l'anatomie descriptive. Les organes eux-mêmes ont été décomposés; on a vu que les os, par exemple, étaient composés de deux parties fondamentales, l'une dure et résistante et l'autre plus molle et plus élastique; cette dernière constitue les surfaces articulaires : c'est ce que l'on appela les *organes premiers* de chaque os.

En comparant les organes premiers de même nature, ceux des os, des muscles, par exemple, on ne tarde pas à voir que ce sont des parties *similaires* de leur constitution fondamentale; les embrassant sous une seule dénomination, on est convenu de leur donner le nom de *système :* de là le système osseux, le système cartilagineux, le système musculaire, le système tendineux. C'est à Bichat que revient l'honneur d'avoir étudié le premier la structure des organes et d'avoir réuni leurs parties similaires sous le nom de *système ;* c'est le créateur de l'anatomie générale.

Bichat poussa plus loin son étude; il décomposa les systèmes et crut trouver les *éléments anatomiques* ou les parties simples du corps; mais comme nous le verrons plus loin, ces éléments anatomiques n'étaient encore que des tissus. La découverte réelle des éléments anatomiques était encore à faire.

La notion de l'*élément anatomique* se trouve déjà ébauchée dans Boerhaave, dans Haller, et même avant eux dans Glisson; mais à un point de vue purement géométrique et abstrait. Elle ne fut réellement introduite dans la science, anatomiquement parlant, que depuis de Mirbel, en 1801, par l'étude des cellules, des fibres et des tubes des plantes.

Le premier, de Mirbel établit nettement que ces derniers éléments peuvent être ramenés, théoriquement et embryogéniquement, à des cellules, mais surtout que l'organisme résulte de la réunion d'un grand nombre de parties élémentaires de forme cellulaire, douées chacune d'une existence individuelle qui leur est propre, vivant *chacune pour son compte*, et toutes solidairement associées dans un ordre déterminé.

Ces notions prirent une certaine précision en anatomie humaine près de quelques savants, à partir d'un mémoire de Treviranus, publié en 1815, dans lequel il décrit successivement les fibres musculaires, les éléments nerveux, ceux du cartilage, du tissu cellulaire, etc.; on reconnut alors que ce que Bichat avait appelé élément anatomique était complexe et constitué par des parties plus simples; que ce sont les tissus qui étaient pour lui des éléments anatomiques; que ceux-ci résultent d'un ensemble de particules réellement simples devant l'analyse anatomique, associées dans un ordre particulier. C'est l'étude des tissus, qui constitue l'*histologie*. Nous avons vu qu'en poursuivant l'analyse anatomique de l'économie, du composé au simple, on reconnaissait qu'après la description de chaque système il était nécessaire d'étudier la *texture* des parties similaires qui les composent. Cet examen fait voir que l'organisme ne se compose pas de solides seulement, et qu'un certain nombre de systèmes n'existent pas sans humeurs (sang, lymphe, etc.), qui en font partie essentielle; que ces systèmes ne sauraient être considérés comme connus si l'on ne tient compte des humeurs sans lesquelles leurs usages ne pourraient être remplis. Il faut donc à côté de l'histologie, mais sur le même plan, ranger l'*hygrologie*, ou étude de la constitution des humeurs; car tout ce qui est étude de l'organisation est anatomie. Sa détermination, comme branche particulière de cette dernière (en y joignant l'examen anatomique des principes immédiats, qui doit tant à M. Chevreul), a définitivement fondé celle-ci, comme science aussi nettement délimitée et aussi homogène que la physique et la chimie. Je n'en ferai l'historique complet qu'en arrivant à la description de ces parties élémentaires qu'il importe tant au médecin de connaître.

Après vous avoir montré ce que c'est que l'anatomie générale et l'histologie qui n'en représente qu'une section, je dirai quelques mots sur leurs points de contact avec la pathologie. Toutes les fois qu'il y a production morbide, cela tient à une anomalie dans la nutrition, le développement ou la génération des éléments anatomiques; de là la nécessité d'étudier avec soin les lois normales de cette nutrition; toutes les tumeurs doivent être examinées histologiquement si l'on veut les connaître réellement. Les applications à la médecine légale sont tellement fréquentes qu'il est inutile d'y insister.

Les moyens d'observation employés en anatomie générale sont d'abord, comme dans les autres branches de l'anatomie, le scalpel, les injections, etc. Mais, en outre, elle recourt à un nombre considérable de réactifs chimiques, car chaque humeur, chaque tissu, présentant une composition moléculaire spéciale, l'expérience a conduit à découvrir un ou plusieurs agents en rapport avec celle-ci, qui dissolvent l'élément ou le laissent intact, de manière à mettre en évidence ses caractères essentiels ou ses altérations, de manière à l'isoler de ceux qui l'entourent, etc. Il y a donc là, comme on le voit, tout un ordre d'enseignement, qui consiste à indiquer à propos de chaque humeur, de chaque tissu sain ou malade, quels sont les réactifs qui doivent être employés dans leur étude; puis en quelle proportion il faut en user; de quelle manière et combien de temps il faut les faire agir sur chacun d'eux.

Les parties élémentaires, directement actives en nous, dont la réunion dans un ordre déterminé a pour résultat la formation de nos organes, étant trop petites pour être perceptibles à l'œil nu, le moyen principal d'étude en anatomie générale est le microscope. Lui seul peut nous déceler la présence de ces corps, et son emploi est inévitable dès qu'il s'agit de savoir si l'on veut étudier l'histologie. Cet instrument, faisant voir des objets dont il était impossible de découvrir l'existence avant qu'il fût connu, nous a révélé comme parties constituantes de nos tissus tout un ordre de corps dont jusqu'alors on n'avait pas d'idée ; et de cet ordre de particules, il ne montre pas seulement la superficie, mais par la nature même de sa construction, il nous permet d'examiner à la fois leur surface et leur profondeur, leur structure intime. Ce fait seul devient la source de tout un ordre nouveau de notions les plus précieuses pour la science de la vie, et dont l'enseignement est des plus utiles pour la médecine.

En même temps ce mode d'examen nécessite tout un nouvel ordre d'interprétations, parce que les objets découverts à l'aide de cet instrument sont vus par transparence, à l'aide de la lumière transmise et réfractée au travers de son épaisseur. De là ressort la nécessité d'une éducation expérimentale telle que celle exigée par tout instrument d'anatomie ou de chirurgie, car les éléments des tissus, les principes cristallins ou non, déposés par certaines humeurs excrétées, ne sont pas vus à l'aide de la lumière réfléchie par leur surface seulement, comme le sont les corps que nous avons communément sous les yeux ; aussi serait-on conduit à des erreurs, si, sans cette éducation préalable, on venait à vouloir interpréter les impressions causées par les objets microscopiques de la même manière que celles que nous devons aux corps visibles à l'œil nu. De là vient enfin que l'anatomie générale, plus encore que l'anatomie descriptive, ne peut pas être entièrement apprise dans les livres seulement, sans observer directement les éléments anatomiques et les tissus.

La dénomination d'anatomie générale donnée à cette partie de l'anatomie est donc tirée de son esprit et non des moyens dont elle use. En cela elle est préférable à tout autre nom, car le but qui dirige dans une étude en est la chose essentielle, dominante, tandis que les moyens sont toujours variés et peuvent être applicables à diverses branches de la science. C'est ainsi que le microscope est presque aussi utile en anatomie descriptive qu'en anatomie générale, au moins pour l'anatomie descriptive d'un grand nombre d'animaux.

Si nous considérons les caractères présentés par les objets qui sont du domaine de l'histologie, nous voyons que, outre ceux qui sont d'ordre mathématique, physique, chimique, il y a aussi et surtout à examiner ceux qui sont d'*ordre organique*.

Ces caractères sont les suivants :

1° Une matière complétement homogène, amorphe, sans structure en un mot, pourra être reconnue comme substance organisée, vivante ou ayant vécu, si elle a ce seul caractère d'être constituée par des principes immédiats nombreux appartenant à trois groupes et classes distinctes, unis molécule à molécule, par combinaison et dissolution réciproques. C'est là, il est vrai, le degré d'organisation le plus simple, le plus élémentaire, mais c'est le caractère d'ordre organique le plus général, le plus invariable, et il suffit, pour qu'on puisse dire qu'il y a organisation, que la substance est organisée. Toute simple que soit cette organisation, c'est assez pour que la substance puisse *vivre ;* et réciproquement, quels que soient du reste les autres caractères de cette matière, tant d'ordre inorganique que de structure, si celui qui vient d'être défini n'existe pas, il n'y a pas organisation, ni vie par conséquent. De même, les matières gazeuses, liquides ou cristallines, qui sortent normalement ou pathologiquement de l'organisme, ne sont pas organisées, parce qu'elles ne sont formées que par des principes d'une ou de deux des trois classes de principes immédiats, et ne présentent pas cet état dont nous venons de parler.

Il suit de là qu'une cellule végétale ou animale, ou tout autre élément anatomique ayant forme de fibre, de tube, etc., sont organisés aussi. Ils ont d'abord pour caractère d'être formés de substance organisée, caractère qui ne se retrouve dans aucun des corps du règne animal. Il y a même des éléments anatomiques qui n'ont que ce caractère-là : telles sont la substance homogène du cartilage, celle de la capsule du cristallin, la matière amorphe de la moelle des os, celle de la substance grise du cerveau, etc.

2° Mais, en général, chaque *élément anatomique* a de plus un autre caractère d'ordre organique, caractère qu'on ne retrouve nulle part ailleurs que dans les corps vivants, c'est-à-dire d'être *construit* (structus) *de parties diverses de cette substance organisée.* Ces parties constituantes diffèrent de forme, de volume, de consistance, de couleur, de solubilité ; elles diffèrent en outre par leur composition chimique. Dans une cellule, le corps de la cellule, le noyau, le nucléole, les granulations moléculaires, en sont des exemples.

L'un des caractères de la substance organisée est donc de ne pas être identique avec elle-même dans toute la masse de chaque être qui vit ou qui a vécu, qui en est constitué, et cela non-seulement au point de vue de la configuration extérieure, du volume, des caractères physiques, mais encore au point de vue de la composition immédiate. Ici elle est en masses ou couches amorphes, ailleurs à l'état de granulations, de filaments, etc. ; chacune de ces parties à son tour offre une consistance, une couleur, des réactions chimiques différentes. Et dans l'intérieur de chacune des parties ainsi constituées, ayant son mode de naissance, de développement, sa manière propre d'agir, chaque portion qui est à l'état de noyau, de granule, de gouttes ou de contenu liquide, est formée de substance organisée distincte des autres portions par sa composition immédiate et par le mode d'union moléculaire de ses principes constituants.

Or, toutes ces dispositions spéciales de granulations, corpuscules, etc., présentant des couleurs et réactions diverses, sont des particularités dites de structure qui doivent être prises en considération, car chacune de ces parties, quelque petite qu'elle soit, joue certainement un rôle différent des autres. Chacune attire à elle, d'une manière spéciale, les matériaux nutritifs ou les expulse, d'une façon particulière, dans le double acte d'assimilation et de désassimilation. Vous sentez dès à présent combien, avant d'étudier la réunion de ces diverses parties de la substance organisée, formant des éléments anatomiques, des humeurs et des tissus, il importe de les envisager en général, puis séparément, quand elles diffèrent ; sans cela il serait impossible de bien saisir combien sont complexes les parties du corps, dont les actes nous semblent simples parce qu'ils frappent quelqu'un de nos sens d'une manière immédiate ; par suite on ne saurait comprendre combien sont nombreuses les causes élémentaires qui modifient nos organes, et sans la connaissance séparée desquelles on ne peut bien apprécier le tout.

Ainsi prise en elle-même, la matière organisée n'a pas de structure ; mais les parties qui en sont construites, comme les *éléments anatomiques figurés*, en offrent une qui leur est propre. Avec cette structure, avec ce caractère d'ordre organique nouveau, nous voyons apparaître dans chaque espèce d'éléments anatomiques, ou bien seulement une modification en plus ou en moins de la propriété de nutrition, ou bien d'autres qualités, celle de développement et celle de reproduction, ou bien encore une ou deux propriétés d'un autre ordre, la sensibilité et la contractilité, appelées propriétés animales, parce qu'on ne les trouve que chez les animaux. C'est cet ensemble de propriétés qu'on nomme *propriétés vitales élémentaires* ou simplement *propriétés vitales*.

3° Les *tissus* ont d'abord les caractères d'ordre organique qui précèdent, savoir : d'être formés de matière organisée et d'avoir une structure, c'est-à-dire d'être construits de parties diverses, distinctes, isolables, qui sont les éléments anatomiques amorphes ou figurés, enchevêtrés les uns avec les autres d'une manière particulière.

Mais, en outre, ils ont un caractère propre, c'est une *texture* spéciale, c'est-à-dire un arrangement réciproque particulier des éléments anatomiques dont ils sont composés. A ce caractère se rattachent comme attribut physiologique, outre les propriétés vitales élémentaires, plusieurs autres, dites *propriétés de tissu*, les unes d'ordre organique, comme la sécrétion et l'absorption ; les autres physiques, comme l'élasticité, l'hygrométricité.

La *structure* et la *texture* sont les seuls caractères offerts par la substance organisée dans ses divers degrés d'arrangement qui aient reçu des noms particuliers. Chacun d'eux est fort différent de l'autre, et le dernier de ces mots ne saurait être employé pour le précédent sans erreur.

La structure a pour chaque espèce d'élément anatomique quelque chose de spécifique, qui est caractéristique et qu'on ne retrouve pas dans d'autres espèces. La spécificité de la texture n'est pas moins caractéristique, c'est-à-dire que tout élément anatomique offre dans chacun des points différents de l'économie où il se rencontre, quelque chose de particulier dans son arrangement par rapport aux autres espèces d'éléments avec lesquelles il s'enchevêtre.

Il n'est pas vrai que les tissus soient des éléments anatomiques ou parties simples et élémentaires dont sont formés nos organes, comme persistent pourtant à le dire certains auteurs même très-modernes. Les tissus sont déjà des parties compliquées formées par la réunion de plusieurs espèces d'éléments anatomiques, ou, si l'on veut, sont des parties du corps encore très-complexes et subdivisibles en plusieurs espèces de ceux-ci. Ceux qui les ont appelés *tissus simples*, *primitifs* ou *élémentaires*, sont dans l'erreur, ainsi que vous le voyez facilement dès à présent.

Les *humeurs* ont pour caractère ou attribut anatomique l'état de combinaison par dissolution réciproque de principes immédiats nombreux, ainsi que l'état de suspension dans lequel se trouvent les éléments anatomiques que renferment plusieurs d'entre elles.

4° Les *systèmes* ont tous les caractères des tissus, et de plus une *conformation générale* propre à chacun d'eux, et ils se divisent en parties similaires ou organes premiers ; caractères que n'offrent pas les tissus envisagés au point de vue de ce qui les caractérise essentiellement, savoir : la composition anatomique et la texture. Il faut y rapporter comme attribut physiologique correspondant toutes les propriétés ci-dessus, et de plus l'idée d'*usage général* commun à toutes les parties du système, mais variant avec chacun d'eux.

Si maintenant vous voulez considérer avec moi les autres branches de l'anatomie, vous verrez que :

5° Les *organes* ont naturellement tous les caractères précédents, puisqu'ils sont composés de matière organisée sous forme d'éléments enchevêtrés en tissu, subdivisés eux-mêmes en parties similaires appartenant à divers systèmes ; mais chacun a une *conformation spéciale*, et à ce caractère se rapporte, au point de vue physiologique, l'idée d'un ou de plusieurs *usages* propres à chacun d'eux également.

6° Les *appareils* nous montrent d'abord des caractères de structure et de conformation particulières, tenant à ce qu'ils sont formés d'organes divers ; mais ils offrent, en outre, un arrangement spécial avec continuité médiate ou immédiate des organes qui les constituent. Ils jouissent de toutes les propriétés physiologiques possédées par toutes les autres parties du corps, et il faut y rattacher en outre l'idée de *fonction* accomplie par chaque appareil et unique pour chacun d'eux ; mais en se gardant de se servir du terme *fonction* pour désigner tous les ordres d'actes de l'économie, tels que les propriétés élémentaires, celles des tissus, etc., comme le font encore beaucoup d'auteurs.

7° Chaque organisme ou corps organisé, considéré individuellement dans son ensemble, a naturellement pour caractère d'ordre organique de réunir tous les attributs précédents et d'avoir une *conformation extérieure* qui lui est propre. Il manifeste l'ensemble des actes physiologiques énumérés ci-dessus et d'autres appelés *résultats*, ensemble qui reçoit le nom de *vitalité*.

Il résulte, messieurs, des données que je viens de vous exposer, que l'anatomie générale ne constitue pas un simple complément du cours d'anatomie descriptive normale et pathologique; elle apporte tout un ordre de notions nouvelles, à côté de celles qui découlent des autres branches de l'anatomie.

Ces notions l'emportent dans leurs applications à l'art médical sur celles qui ressortent de l'anatomie descriptive. En effet, celle-ci est indispensable au chirurgien pour la pratique des opérations, et au médecin pour la délimitation des viscères dont il a souvent à apprécier les changements de forme, de volume et de rapports; mais elle n'est qu'accessoire pour la solution de toutes les questions qui concernent l'origine, la nature intime et les changements évolutifs des lésions, qu'il faut diagnostiquer et traiter par les moyens, soit internes, soit chirurgicaux. Or, c'est l'histologie qui résout par une série d'observations logiquement enchaînées, et non par des hypothèses, ces problèmes fondamentaux à l'élucidation desquels le diagnostic et le traitement sont subordonnés. C'est elle qui guide le médecin dans la distinction des maladies qui sont locales de celles qui sont générales; qui lui font reconnaître si elles ont pour point de départ un trouble survenu dans les solides ou un changement de composition des humeurs; qui lui font enfin adopter un traitement de même ordre lorsque des lésions sont analogues.

Il n'est pas de science, comme vous le voyez, dont le sujet et le but soient plus nettement indiqués que ceux de l'anatomie générale.

HISTOIRE DE LA MÉDECINE ET DES DOCTRINES MÉDICALES.

COURS DE M. BOUCHUT.

(ÉCOLE PRATIQUE DE LA FACULTÉ DE MÉDECINE.)

SOMMAIRE : Prologue. — Importance d'une histoire philosophique de la médecine. — Des doctrines médicales : 1° Du mysticisme médical et de la théurgie. — Leur raison d'être dans l'humanité. — Mysticisme médical chez les sauvages, — chez les Chaldéens, les Perses et les Égyptiens. — Du mysticisme et de la théurgie dans la Grèce. — De la médecine dans les temples grecs. — De la théurgie médicale dans la Rome païenne. — De la théurgie, de la démonomanie et de la sorcellerie dans les Gaules et au moyen âge. — Du magnétisme animal. — Gassner, Mesmer et Cagliostro. — De l'homœopathie. — Du somnambulisme artificiel. — De l'hypnotisme. — Du mysticisme médical en Amérique chez les Peaux rouges du XIXe siècle. — De la démonomanie en Savoie, en 1862. — De l'origine démoniaque attribuée aux maladies nerveuses et mentales. — Du mysticisme et de la théurgie dans leurs rapports avec l'étiologie et la thérapeutique. — Des songes. — De l'imagination. — De l'imitation dans ses rapports avec la production et la guérison des maladies. — Conclusions.

IMPORTANCE D'UNE HISTOIRE PHILOSOPHIQUE DE LA MÉDECINE.

L'histoire est la mémoire des sciences. Celles qui n'ont pas ou qui n'ont plus d'histoire, sont en enfance ou arrivées à cette période de décrépitude et de décadence qui sont l'indice d'une fin prochaine. C'est par l'histoire qu'on se souvient et qu'on retrace les exemples de ce qu'il est bon de reproduire et de ce qu'il faut savoir éviter. Elle est pour les uns une *tradition*, pour les autres une *gloire* et une *noblesse ;* pour tous c'est l'*expérience*.

Par la *tradition* s'établit l'autorité des idées qui survivent à la destruction opérée par les découvertes et par les progrès de l'intelligence humaine.

L'histoire est une *gloire*. Aussi est-ce avec juste raison que la Grèce moderne, quoique bien tombée, peut s'enorgueillir d'avoir été le berceau des connaissances humaines. De ce beau pays nous sont venus les germes de la poésie, de la philosophie et de la médecine.

Elle a vu naître le plus grand de tous les médecins : celui dont les ouvrages renferment un premier aperçu de toutes les grandes vérités qui font encore aujourd'hui l'honneur de la science.

C'est près d'elle que Galien a vu le jour, et c'est pour s'être nourri de ses idées qu'il s'est élevé au rang que lui a assigné la postérité.

L'ancienne Égypte n'a pas oublié son école d'Alexandrie, où ont paru Hérophile et Érasistrate, ces immortels fondateurs de l'anatomie.

L'Angleterre, en surnommant Sydenham l'Hippocrate anglais, montre toute la gloire qu'elle attache à cet homme illustre.

L'Allemagne s'enorgueillit d'avoir vu naître Paracelse, Van Helmont, Boerhaave, Stoll, etc.

La France est fière de citer, entre beaucoup d'autres, Fernel, A. Paré, Boissier de Sauvages, Bordeu, Barthez, et surtout l'immortel Laennec, dont les ouvrages ont inauguré une ère nouvelle dans l'exploration des maladies de poitrine.

L'histoire enfin est pour tous l'*expérience*, car, lorsqu'un fait nouveau se produit, on peut remonter à sa cause et apprécier ce qu'il a de vraiment original en fouillant les archives du passé.

Toute science a son histoire, ne fût-ce que celle de la veille, et c'est par elle que l'homme se dirige dans les voies de l'avenir. Tous, plus ou moins, nous interrogeons les souvenirs du passé et nous les cherchons même sans le vouloir.

La médecine n'échappe point à cette règle générale; ce n'est ni une bâtarde ni une enfant trouvée; elle a d'illustres parents, compte de glorieuses alliances, et il n'est pas une seule des parties dont elle se compose qui n'ait une histoire déjà très-ancienne. L'hygiène, l'anatomie, la chirurgie, la thérapeutique et la philosophie rentrent ainsi par leur histoire dans celle des peuples où elles ont pris naissance, et ainsi constituée dans son ensemble, tout médecin doit l'étudier s'il veut éviter les erreurs ou le plagiat du passé. Malheureusement il existe d'importantes lacunes dans nos archives historiques. Les révolutions des empires et les différentes invasions barbares survenues à diverses époques ont détruit de précieux monuments qui nous auraient été, sans aucun doute, d'une grande utilité pour ce genre d'étude. Et sans les œuvres de Galien, échappées par miracle à la ruine de la bibliothèque d'Alexandrie, nous serions très-pauvres en documents historiques.

L'histoire de la médecine peut se faire de plusieurs manières et à différents points de vue qui ont tous leur importance. Elle peut être *chronologique*, *philologique* ou enfin *doctrinale*.

Dans tous les cas elle doit être impartiale, non pas que l'histoire doive s'abstenir de tout système et renoncer à toute opinion, comme le veut l'éclectique Sprengel. Ce qu'on doit lui demander, c'est l'impartialité de la vérité honnête, et un jugement motivé sur les opinions qu'elle a la mission de transmettre.

L'*histoire chronologique* a été faite par D. Leclerc, J. Freind, Sprengel, Tourtelle, Casté, Paul Renouard, et par M. Andral qui, dans son *Cours de pathologie générale*, a voulu inaugurer ce nouveau genre d'étude à la Faculté de médecine de Paris où il n'existe pas.

Mais si l'on se rend compte de l'aridité que doit présenter une simple énumération de faits avec leurs dates en regard comme dans un calendrier ; si l'on songe à la difficulté que présente l'histoire d'une science qui tient à tout ; lorsqu'il s'agit de suivre ses progrès d'un peuple à un autre, de la Grèce éclipsée à Rome florissante, de celle-ci chez les Arabes, des Arabes dans les Gaules et dans les différentes contrées de l'Europe, au moment de la renaissance et dans les temps modernes, au XIXe siècle ; de suivre, en un mot, d'année en année, les faits importants qui se sont produits jusqu'au point où nous en sommes, on reconnaît l'impossibilité d'une telle étude. Autant vaudrait faire l'histoire chronologique de la civilisation.

Et puis, quelle longueur dans l'exposition des faits ! Être obligé de s'occuper d'hommes réputés grands à leur époque, et qui, plus tard, ont été classés par la postérité au rang d'hommes secondaires ! Mentionner, par cela seuls qu'ils ont existé, une foule de faits stériles et inutiles à la science ? Non ! quelle que soit l'autorité qui s'attache à la chronologie historique, elle a des inconvénients que nous voulons essayer d'éviter. D'ailleurs, l'histoire chronologique est étroitement unie à la *philologie*, ce qui est loin d'augmenter son attrait pour le médecin.

Il est très-important, sans doute, de pouvoir lire les anciens médecins dans leurs textes grecs, mais, en raison des interpolations et des suppressions faites dans les manuscrits, des fautes d'orthographe et d'accentuation, faites par les copistes, cette recherche, excellente dans un livre, entraîne à des discussions et à des commentaires interminables, dignes de l'Académie des inscriptions, mais fastidieuses dans un cours adressé à des élèves et à des médecins. D'ailleurs cette manière de procéder offre les plus grandes incertitudes relativement au but qu'on se propose d'atteindre. Les traducteurs et les commentateurs se combattent par des interprétations contraires, et cela se comprend facilement, si l'on songe que beaucoup de livres originaux sont détruits, qu'il faut remonter à des transcriptions plus ou moins exactes, à des traductions de latin en français et de grec en latin, enfin à la foule des commentaires qui obscurcissent souvent les questions plutôt qu'ils ne les éclairent. De tout cela résulte un embarras considérable, et il devient quelquefois difficile d'attribuer à un homme ce qui lui appartient réellement.

Et puis, combien sont grandes les difficultés de la philologie ! Ainsi, pour ne citer que les œuvres d'Hippocrate, il y a parmi elles un livre très-remarquable, ayant pour titre : DE L'ANCIENNE MÉDECINE, que M. Littré, en sa qualité de philologue, prétend attribuer à cet auteur, tandis que M. Malgaigne et d'autres philologues s'y opposent, en déclarant qu'il date d'une époque antérieure. Lequel de ces savants faut-il croire et quelle opinion devons-nous choisir ? Je vais vous citer un autre exemple. Il y a dans LE SERMENT la phrase suivante : Οὐ δωσω δε οὐδὲ φάρμακον οὐδενὶ αἰτηθεὶς τανάσιμον (*Je ne donnerai pas de poison à personne*).

Le mot poison est la traduction du mot grec φάρμακον, que les uns ont traduit par *poison*, les autres par *remède* ; de là deux sens différents, vis-à-vis desquels le lecteur reste embarrassé sans pouvoir donner de solution précise.

Il résulte de tout cela que le médecin ne pouvant pas faire une étude spéciale de philologie, doit accepter les textes les plus autorisés, pris dans les livres les plus recommandables. Tant pis si, pour des détails qui ne touchent pas au fond même des doctrines, il est obligé d'en croire les autres sur parole. Dans tous les cas, se tromper avec les hellénistes les plus justement considérés, avec un philologue tel que M. Littré, c'est se tromper en bonne compagnie. En résumé, remonter dans les siècles passés pour y étudier les différentes doctrines et les transformations qu'elles ont subies, pour entrer au fond de ces doctrines et s'attacher à leur idée fondamentale sans se préoccuper de leur auteur, voilà le véritable point de vue de l'histoire ; c'est là la philosophie de la science.

— La suite à un prochain numéro. —

Le propriétaire-gérant : GERMER BAILLIÈRE.

PARIS. — IMPRIMERIE DE E. MARTINET, RUE MIGNON, 2.

PREMIÈRE ANNÉE. — N° 2. UN NUMÉRO : 30 CENTIMES. 12 DÉCEMBRE 1863.

REVUE
DES
COURS SCIENTIFIQUES
DE LA FRANCE ET DE L'ETRANGER

PHYSIQUE — CHIMIE — ZOOLOGIE — BOTANIQUE — ANATOMIE — PHYSIOLOGIE
GÉOLOGIE — PALÉONTOLOGIE — MÉDECINE

Paraît tous les Samedis.

Paris.........	Six mois.	8 fr.	Un an.	15 fr.
Départements ..	—	10	—	18
Étranger......	—	12	—	20

Prix de l'abonnement avec la Revue des Cours littéraires.

Six mois....	Paris, 15 fr.	Départ., 18 fr.	Étranger, 20 fr.
Un an.......	— 26	— 30	— 35

Rédacteur en chef
M. ODYSSE-BAROT

Les ouvrages dont deux exemplaires auront été envoyés au bureau du journal seront annoncés et analysés s'il y a lieu.

On s'abonne
A LA LIBRAIRIE GERMER BAILLIÈRE
17, rue de l'École de Médecine,
Et chez tous les libraires, par l'envoi d'un bon de poste, ou d'un mandat sur Paris.

L'abonnement part du 1er décembre ou du 1er juin de chaque année.

SOMMAIRE.

CHIMIE APPLIQUÉE A L'INDUSTRIE.

COURS DE M. PAYEN.

(CONSERVATOIRE DES ARTS ET MÉTIERS.)

Le soufre, — ses applications, — ses composés. — Le sulfure de carbone.

I.

M. Payen commence son cours de cette année par l'étude du soufre. Il rappelle qu'on le trouve à l'état natif auprès des volcans; qu'il est, à la température ordinaire, solide, cassant, d'une couleur jaune citron, d'un poids de 2087, — l'eau pesant 1000; — qu'il est mauvais conducteur de la chaleur et de l'électricité, et fusible vers 111 degrés. Chauffé davantage, sa fluidité se maintient jusqu'à 150 degrés; passé ce terme, il devient plus brun et visqueux. Il est pâteux à 200 degrés, et entre en ébullition à 400 degrés. Son équivalent est représenté par 200. Après avoir examiné ses principales propriétés, le savant professeur indique les trois procédés en usage pour son extraction, puis expose l'appareil qui sert à préparer le soufre, soit en canons, soit à l'état pulvérulent, c'est-à-dire en fleurs de soufre. Il examine ensuite la consommation du soufre, en France, prenant pour point de départ l'année 1820, où elle était de 6 790 000 kilogrammes. En 1825, elle était de 10 500 000 kilogrammes; en 1830, de 12 900 000 kilogrammes; de 1835 à 1838 inclusivement, elle s'élevait à 19 000 000 de kilogrammes ; de 1842 jusqu'en 1846, elle atteignit annuellement 26 000 000 de kilogrammes ; elle fut, de 1851 à 1853, de 29 360 000 kilogrammes, et de 34 422 796 kilogrammes, de 1855 à 1856. Enfin, M. Payen entre dans l'énumération de ses différentes applications. Il parle de son emploi dans le moulage des médailles, la fabrication de la poudre à tirer, la confection des allumettes. Il rappelle qu'il sert à soufrer les mèches, pour prévenir la fermentation trop vive et la putréfaction de divers liquides; les plumes, les blés (dans le but de détruire les insectes qui les attaquent) ; la soie, la laine, les cordes de boyaux, les sparteries, l'ichthyocolle, les tissus ayant des taches de fruits, pour les blanchir; enfin, pour sauver la vigne de ce dangereux champignon appelé *oïdium*.

Maintenant, laissant de côté, dit M. Payen, l'acide sulfurique et l'acide sulfureux, sur lesquels nous comptons revenir, nous allons étudier le sulfure de carbone.

Le sulfure de carbone, qui avait à peine quelques usages dans les laboratoires, il y a quelques années, a trouvé récemment dans l'industrie des applications nombreuses et importantes. Le sulfure de carbone, comme son nom l'indique, est un composé de soufre et de carbone : deux équivalents de soufre et un équivalent de carbone entrent dans sa composition. — L'équivalent du soufre étant 200 et celui du carbone 75, nous avons, par conséquent, pour le sulfure de carbone : 475.

Le sulfure de carbone se présente sous la forme d'un liquide incolore, plus pesant que l'eau (l'eau pesant 1000, le sulfure de carbone pèse 1263). Il en résulte que l'eau surnage sur ce liquide. La diaphanéité de ce corps ne permet pas de distinguer facilement ce phénomène, quand il est mélangé avec de l'eau ; mais ajoutons une solution d'iodure de potassium qui est plus pesant que l'eau, moins pesant que le sulfure de carbone, nous distinguerons alors les deux liquides et nous verrons que l'eau surnage. Une autre propriété du sulfure de carbone, c'est une grande affinité pour l'iode, le brome, affinité telle, que si, dans une solution de bromure de sodium ou d'iodure de potassium, on met en liberté une quantité faible d'un de ces corps, le sulfure de carbone s'empare du corps simple mis en liberté et sa coloration accuse la présence de l'iode ou du brome. Si c'est de l'iode, par exemple, on aperçoit aussitôt cette belle couleur violette, à laquelle ce corps doit son nom (ιοειδής, violet). Pour mettre l'iode en liberté, il suffit de verser dans cette solution d'iodure de potassium quelques gouttes de chlore : celui-ci s'empare du potassium, et l'iode, devenu libre, colore immédiatement le sulfate de carbone. Le sulfate de carbone est donc plus pesant que l'eau; il a plus d'affinité que l'eau pour l'iode ; ce phénomène peut servir à reconnaître la présence de l'iode à l'état de liberté. Une troisième propriété est sa volatilité. L'eau, comme vous le savez, à la pression de 76 centimètres, bout à 100 degrés; le sulfure de carbone entre en ébullition à 40 degrés. L'eau, à la température ordinaire, tend à se volatiliser ; à plus forte raison doit-il en être ainsi pour le sulfure de carbone ; or, comme il est vénéneux et peut asphyxier, c'est donc une propriété dont il faudra se défier. En outre, comme il est très-inflammable, il expose au danger de l'incendie. Il brûle au contact de l'air, avec une flamme bleue en produisant deux gaz, l'un vénéneux, l'acide sulfureux, l'autre irrespirable, l'acide carbonique; il s'enflamme même à distance; mais on peut éviter ce danger en versant de l'eau dessus pour le séparer de l'air. L'odeur qu'il répand prouve assez sa volatilisation; cette odeur est fétide, analogue à celle du chou pourri. Chose singulière, c'est lui qui sert à entretenir les aromes les plus délicats des fleurs ; c'est par lui qu'on traite les huiles essentielles odorantes, puis on le volatilise ; mais il est impossible d'éliminer la totalité du sulfure de carbone, de sorte qu'il en reste toujours une petite quantité avec l'essence. Il est une propriété qui a son importance par une application toute récente, et sur laquelle j'appellerai votre attention dans une prochaine séance : c'est qu'il peut être considéré comme un acide en présence des protosulfures.

Voilà les principales propriétés du sulfure de carbone; il y en a quelques autres dont nous parlerons lors de sa préparation. Le sulfure de carbone se prépare dans les laboratoires, à l'aide d'appareils spéciaux; cependant, avant de les décrire, il est bon d'indiquer les circonstances dans lesquelles il s'engendre. Toutes les fois que la vapeur de soufre se trouve en contact à une température très-élevée, au rouge vif, avec du charbon, il se produit du sulfure de carbone. Ainsi, vous savez que, si l'on brûle du charbon avec un excès d'oxygène, ou même à l'air, on obtient de l'acide carbonique ; eh bien ! si l'on brûle du charbon à une haute température avec du soufre, on obtient du sulfure de carbone. Voici les conditions importantes à remplir pour que l'opération ait tout le succès désirable. On prend une cornue de grès qui peut supporter une haute température ; elle doit présenter une rallonge de grès, que l'on appelle le *bec* ou le *col de la cornue*. A la partie supérieure est un ajutage qui s'élève à une certaine hauteur. On introduit un tube de verre ou de porcelaine, qui descend jusqu'au fond de la cornue ; on remplit de charbon cette cornue avant d'y adapter le tube. Le charbon que l'on emploie est ordinairement la braise de boulanger, parce qu'elle présente la plus grande surface et le plus de porosité ; mais il est essentiel que ce charbon soit très-sec, car, s'il est humide, l'eau qui se trouve en contact avec le charbon et le soufre, donne de l'hydrogène sulfuré, et dans certaines circonstances, un composé particulier qui a une odeur très-forte et est très-volatil. Ce composé a été observé par M. Girard, qui lui a trouvé une composition analogue à celle du sulfure de carbone, si ce n'est qu'au lieu de contenir deux équivalents de soufre et un de carbone, il contient un équivalent de soufre, un de charbon et un d'hydrogène. Il importe donc d'éviter, autant que possible, l'humidité. Le charbon étant dans la cornue, on le porte au rouge vif; on arrive à ce résultat en couvrant la partie supérieure de la cornue d'un dôme rempli de charbon de bois ordinaire, et ce charbon, en brûlant, élève graduellement la température de la cornue au rouge vif; alors on fait tomber de petits fragments de soufre par le tube. Voici ce qui arrive : le soufre tombe au fond de la cornue, et comme son point d'ébullition est de 441 degrés et qu'il en trouve dans ce milieu 800, 900 et peut-être 1000, il se liquéfie, se volatilise ; sa vapeur passe à travers le charbon qui est en excès, se combine avec ce charbon et forme du sulfure de carbone, qui se dégage et arrive dans un tube réfrigérant, que l'on rend tel en l'entourant d'une double enveloppe et en y faisant circuler de l'eau. Le sulfure de carbone liquide coule alors dans l'appareil ; mais en se dégageant, il entraîne du soufre avec lui, quelque précaution que l'on prenne, et malgré l'excès de charbon que la vapeur de soufre a traversé. Cet inconvénient est encore plus sensible lorsque la volatilisation du soufre a été trop rapide. Le sulfure de carbone, ainsi préparé, n'est pas incolore comme l'eau ; il est jaunâtre, et cette couleur provient du soufre qu'il a entraîné ; il en contient de 15 à 20 pour 100 dans l'opération en grand ; mais cette rectification est facile dans les laboratoires comme en grand. Pour le rectifier, il suffit de le distiller dans une cornue de verre ordinaire ; on peut encore le distiller au bain-marie ; le soufre, étant fixe, reste dans la cornue, et l'on a du sulfure de carbone sensiblement pur ; je dis sensiblement, parce que le sulfure de carbone, après cette première distillation, contient encore une certaine quantité d'hydrogène sulfuré, bien que ce dernier corps soit très-volatil, à la température ordinaire. Pour reconnaître la présence de l'hydrogène sulfuré, nous emploierons l'acétate de plomb. En agitant, nous verrons le liquide prendre une coloration noire; tous les composés de plomb, mis en présence de l'hydrogène sulfuré, forment du sulfate de plomb; nous reconnaîtrons donc la présence de l'hydrogène sulfuré dans le sulfure de carbone par cette coloration noire, en y ajoutant de l'acétate de plomb. Dans la préparation en grand, le sulfure de carbone, même après une seconde distillation, en contient encore des traces.

Deux appareils servent à la préparation en grand: M. Payen décrit celui de M. Gérard. Cet appareil se compose d'une cornue de terre réfractaire, ou semblable aux creusets de verrerie. Au centre est une cornue de fonte qui repose sur une voûte en maçonnerie; cette cornue est chargée avec 76 litres de braise; pour la charger, on enlève un obturateur de fonte qui se trouve à sa partie supérieure; au fond de la cornue, à travers sa paroi latérale, est un conduit fermé par un obturateur à charnière; ce conduit est destiné à introduire le soufre. A la partie supérieure de la cornue, se trouve un tube horizontal qui la fait communiquer avec un vase intermédiaire couvert d'une plaque supérieure de fonte. Maintenu solidement par des traverses de bois et des tringles de fer, ce vase intermédiaire sert à recueillir la plus grande partie du soufre que la vapeur du sulfure de carbone a entraîné avec elle; à la fin de l'opération, on trouve dans ce vase un très-grand dépôt de soufre cristallisé; enfin, se trouve le réfrigérant divisé en trois compartiments communiquant entre eux par trois tubes; mais les trois tubes qui établissent la communication entre le second compartiment et le premier, ne se trouvent pas en rapport direct avec ceux qui font communiquer le second compartiment et le troisième. Cette disposition est nécessaire; voici pourquoi. Le sulfure de carbone vient dans le récipient en vapeur, il est donc important de le condenser le plus énergiquement possible; pour cela, on fait arriver, à la partie inférieure du vase qui sert d'enveloppe au réfrigérant, une certaine quantité d'eau par un entonnoir, et un tube latéral qui vient déboucher à cette partie inférieure. Dans ce premier compartiment inférieur, le gaz se liquéfie; la partie gazeuse monte dans le second compartiment par ces trois tubes dont je parlais tout à l'heure, puis enfin dans le troisième compartiment, et de là s'échappe par une cheminée dans l'air. Mais ce dernier point offre de très-grands inconvénients pour le voisinage, qui est imprégné de l'odeur du gaz hydrogène sulfuré. L'appareil que je décrirai dans la prochaine séance, a obvié à cet inconvénient, en condensant la presque totalité de l'hydrogène sulfuré. Voici comment l'opération se dirige dans l'appareil que je viens de décrire : l'opération dure dix heures, pendant lesquelles on ajoute, de deux minutes en deux minutes, à peu près 1 kilogramme de soufre. Il est important de ne mettre du soufre que graduellement, car si l'on en met cinq ou six bâtons à la fois, il arrive que le carbone se trouve saturé, se refroidit et qu'on obtient un sulfure de carbone très-chargé de soufre. Je vous ai présenté la marche de l'opération dans le vase intermédiaire et dans le réfrigérant en décrivant ces appareils; il ne me reste plus qu'à indiquer quelques précautions nécessaires. Le robinet par lequel le sulfure de carbone sort, doit être recouvert d'une petite calotte de cuir pour ne pas gêner l'ouvrier; les ouvertures de l'atelier doivent être aussi vastes que possible, de telle sorte que si une fuite, une fracture se déclare, on puisse faire pénétrer une grande quantité d'air qui empêcherait l'asphyxie de se produire. Une autre précaution est l'isolement de l'atelier; car vous savez combien ce gaz est inflammable, même à distance; il est utile d'isoler également des habitations les hangars où il est emmagasiné. Il peut arriver que l'ouvrier laisse accumuler dans l'air une certaine quantité de sulfure de carbone, assez même pour rendre l'air désagréable à respirer; mais il s'y habitue peu à peu; dans les laboratoires, on arrive facilement à ne plus le sentir, son odeur est très-fugace. J'ai donc indiqué, comme précautions à prendre, l'isolement du lieu de fabrication, de larges ouvertures pour empêcher l'asphyxie, et surtout des portes et fenêtres très-mobiles, en cas d'explosion. Dans la prochaine séance, nous examinerons l'autre appareil dont je vous ai parlé, et je vous indiquerai les applications nouvelles, les perfectionnements récents qui ont été apportés dans l'emploi du sulfure de carbone. MULLER.

PHYSIOLOGIE ET ANATOMIE COMPARÉE.

COURS DE M. MILNE EDWARDS.

(FACULTÉ DES SCIENCES.)

I.

Du mode de formation des animaux et de l'hypothèse des générations dites spontanées.

(Suite et fin. — Voyez le n° 1.)

C'est ainsi que Buffon, dont les idées charment toujours par leur grandeur, alors même que la vérité leur manque, pensa qu'on devait considérer tous les êtres vivants comme étant constitués par une sorte d'association de molécules douées chacune d'une vitalité propre et pouvant donner lieu, suivant la nature de cette association, à des manifestations physiologiques particulières. Il pensait également que ces molécules pouvaient exercer leur puissance d'une manière isolée, et que la mort ne consiste que dans la dissolution de ces associations : ainsi, une matière organique en putréfaction pouvait se désassocier, et chaque molécule organique (comme il l'appelle), devenue libre, devait continuer à vivre isolément et pouvait entrer dans des combinaisons nouvelles.

Cette supposition eut un très-grand succès dans quelques écoles, mais fut vivement repoussée par d'autres : ainsi, par exemple, pour ne citer qu'un système, Bonnet, philosophe génevois, pensa que non-seulement il est impossible d'admettre que la matière brute puisse créer un être vivant, mais qu'un être vivant n'avait même pas la puissance de créer un être à son image et que les jeunes ne faisaient que se développer dans le corps des parents. Puis, poursuivant ce genre de raisonnement, il ne s'arrêta devant aucune difficulté : il supposa que, dès le commencement de l'espèce, les germes de la lignée destinée à descendre de ces individus, existaient déjà et que chaque germe renfermait le germe de sa progéniture. C'est l'hypothèse de l'emboîtement des germes, qui a été trop célèbre pour que je n'en dise pas quelques mots, mais qui aujourd'hui n'occupe plus les physiologistes.

On reconnut, vers la fin du siècle dernier, que, pour terminer ces discussions, il fallait recourir à l'expérimentation. Un physiologiste italien, Spallanzani, entreprit des expériences sur la génération spontanée : il constata d'abord, mieux qu'on ne l'avait fait avant lui, qu'une élévation de température détruit toujours la vie dans les corps vivants, et que, pour détruire ces êtres microscopiques retenus dans les eaux stagnantes, il suffit d'élever l'eau à 100 degrés. Il se dit que si, faisant bouillir de l'eau, puis la renfermant dans un vase préservé de l'influence du milieu ambiant, on pouvait apercevoir encore des animalcules se développant, il serait difficile d'admettre qu'ils aient été apportés du dehors à l'état vivant ou à l'état de germe, puisque l'eau a été élevée à 100 degrés; il découvrirait alors si la matière morte est douée de la faculté de prendre une vie nouvelle ou de reprendre l'activité vitale qui avait été suspendue. Toujours les résultats de l'expérience furent négatifs en ce qui concerne les animalcules d'un volume suffisant pour être bien étudiés. Il pensa donc que ces corps vermiformes étaient apportés par l'air atmosphérique. Beaucoup de faits semblaient venir à l'appui de cette manière de voir; on savait que rien n'était plus facile que le transport de corps, même d'un volume assez considérable, par les courants atmosphériques à d'assez grandes distances; on avait constaté que des poussières tombées en Syrie provenaient du Vésuve, de l'Etna; nous savons que des corps organiques, surtout à l'état de germe, peuvent, dans certaines circonstances, se conserver pendant très-longtemps, dans un état d'inactivité, de vie latente pour ainsi dire, sans manifester aucun signe de vitalité, et alors pouvoir dépasser de beaucoup les limites de leur existence ordinaire. On connaît l'exemple des haricots de l'herbier de Tournefort, qui, au Jardin des plantes, avaient conservé, après un siècle, leur faculté germinative. En Angleterre, l'expérience se fit sur des grains encore beaucoup plus anciens. On a même vu des graines, trouvées dans des tombeaux de l'époque gallo-romaine, dans certains cas avoir conservé cette faculté germinative. Il est probable donc que des graines ne renfermant pas de matières grasses; étant desséchées, à l'abri de l'humidité, préservées du contact de l'air, peuvent vivre pendant un temps indéterminé. Appliquant ces faits à l'examen des questions qui nous occupent, on pouvait donc considérer comme probable que les germes, les œufs engendrés par des animaux venant à se dessécher, sont enlevés, comme les graines de beaucoup de plantes, par le vent, par l'air atmosphérique, déposés dans certains endroits, puis se développent et donnent naissance à des animaux. Il y avait donc beaucoup de probabilités dans cette hypothèse. Cependant les expériences de Spallanzani donnèrent lieu à beaucoup d'objections. On disait : En enfermant la matière dans le vase, vous excluez l'air; mais l'air est nécessaire à l'existence de tout animal; par conséquent, en excluant l'air, la matière organique ne peut donner la vie à aucun animal. Il fallait donc avoir recours à d'autres expériences et se garer de cette cause d'erreurs.

Je me souviens avoir montré ici, il y a une vingtaine d'années, une expérience qui peut être invoquée dans la discussion : je pris un long tube de verre renfermant à sa partie inférieure une infusion propre à faire naître des infusoires. Après avoir fermé l'appareil, je le soumis à une chaleur de 90 à 100 degrés peut-être; j'étais donc sûr que tout germe ou animal vivant qui pouvait s'y trouver, soit dans l'eau, soit dans l'air, avait été détruit. J'examinai tous les jours. Tout resta dans l'état de transparence ordinaire : ni moisissure ni animalcule. On pouvait croire que la matière avait été altérée par l'élévation de température et était privée de la faculté de s'organiser; mais le vase fut ouvert, et, au bout de quelques jours, les animaux qu'on attribue à la génération spontanée se manifestèrent.

Dans une autre expérience faite en Allemagne par M. Schultze, on permit à l'air dégagé de toute poussière d'entrer dans le vase; le résultat fut négatif : pas d'animalcule. Alors on fit une contre-épreuve en laissant l'air chargé de poussière entrer librement, et au bout de quelques jours, les animalcules se montrèrent dans l'intérieur de l'infusion. Cette expérience parut tellement concluante à la plupart des physiologistes, qu'on ne s'occupa plus de cette question de la génération spontanée; elle était considérée comme jugée. Mais par les progrès réalisés dans la construction du microscope, par la connaissance plus approfondie, acquise, touchant la formation des êtres inférieurs, on arriva à reculer encore davantage les limites des choses observables et à reconnaître que tel ordre de phénomène attribué seulement aux forces chimiques et physiques, était dû entièrement à l'action physiologique. Vous savez que si l'on met en infusion certaines matières végétales, le moût du raisin par exemple, il se manifeste dans la liqueur un mouvement qu'on appelle de fermentation et qui donne lieu à des produits nouveaux, considérés jusque dans ces derniers temps comme étant déterminés par l'action purement chimique de la matière organique sur le sucre, sur la matière fermentescible. Gay-Lussac constata que ce moût de raisin, mis sous une cloche, n'entrait pas en mouvement, mais qu'il suffisait d'une bulle d'air pour l'obtenir. Eh bien! il y a vingt-cinq ans, on étudia les petits corpuscules qui constituaient ce qu'on appelle le *ferment*, et l'on y reconnut des phénomènes de vitalité; on examina au microscope ces globules si minimes, qu'il faut un microscope des plus puissants pour les apercevoir, et l'on vit qu'ils s'engendraient, que la multiplication des individus se manifestait réellement par voie de génération. Vous voyez que la théorie de la génération spontanée devait revenir; cette doctrine, qui a ses sources dans l'antiquité, qui a résisté à tant d'atteintes, que l'on croyait enterrée depuis longtemps, a donc un nouveau réveil, et donne lieu à de nouvelles recherches. Mais ici encore les résultats furent analogues à ceux obtenus jadis par Redi. Je regrette que l'heure avancée de cette séance ne me permette pas d'achever l'exposition de tout ce qui est relatif à la solution de cette question, qui, aujourd'hui, me paraît complète et définie à l'aide des expériences de M. Pasteur qui sont dignes de la plus grande foi, et ne peuvent laisser aucun doute dans vos esprits. Dans la prochaine séance, je me propose de poursuivre l'examen de questions analogues et de vous montrer comment, chez les animaux les plus simples, la multiplication s'effectue, de même que chez les animaux les plus élevés en organisation, par voie de génération ordinaire. Partout dans le règne animal, la même loi régit la naissance des êtres, et ce qui est vrai pour les grands est également vrai pour les petits.

HISTOIRE DE LA MÉDECINE ET DES DOCTRINES MÉDICALES.

COURS DE M. BOUCHUT.

(ÉCOLE PRATIQUE DE LA FACULTÉ DE MÉDECINE.)

Importance d'une histoire philosophique de la médecine.

(Suite. — Voyez le n° 1.)

Cette manière d'envisager l'histoire permet d'ajouter à l'*histoire des doctrines*, celle des *doctrinaires* et de la *littérature médicale*.

C'est ainsi que Broussais et Dezeimeris ont compris l'histoire de notre science : le premier, dans son *Examen des doctrines médicales;* l'autre, dans ses lettres sur l'*Histoire de la médecine*. C'est aussi de cette manière que je me propose de l'étudier.

Mais avant d'aborder l'étude particulière de chaque doctrine, il n'est peut-être pas inutile de jeter un coup d'œil rapide sur leur ensemble et de les classer d'après leurs principes communs, de façon à en former un tableau qui, au premier abord, présente à l'esprit leur évolution depuis l'antiquité jusqu'à nos jours.

Si l'on considère attentivement toutes les doctrines médicales qui ont tour à tour dominé les esprits, on ne tarde pas à voir qu'on peut toutes les ramener à six groupes principaux qui, ayant pris racine dans l'antiquité, ont fourni le germe de toutes les doctrines modernes.

1° En première ligne se trouve le *mysticisme* ou la *théurgie*, doctrine de tous les temps et de tous les lieux, et d'après laquelle les dieux ou les esprits et les puissances occultes sont considérés comme cause de la maladie ou de la santé. On peut rapprocher de cette doctrine le fétichisme médical, la thaumaturgie, le supernaturalisme, la magie, la sorcellerie, la démonologie, le magnétisme, l'homœopathie, etc.

2° Vient ensuite le *naturisme*, qui admet chez l'homme un principe, la *nature*, laquelle régit la matière, s'oppose à l'invasion des maladies et lutte contre celles-ci lorsqu'elles ont envahi l'organisme. C'est la doctrine d'Hippocrate, également connue sous le nom de *dogmatisme*. Par la suite elle a changé plusieurs fois de nom, et après s'être appelée *pneumatisme* avec Athénée de Cilicie, *archéisme* avec Van Helmont, *animisme* avec Stahl, elle a, en subissant quelques modifications, pris le nom de *vitalisme*, auquel s'attache le nom de Barthez.

3° Une troisième doctrine, aussi ancienne que la théurgie, qui est en opposition directe avec le naturisme, c'est l'*empirisme*. Elle a pour fondateur Philinus de Cos et Serapion qui, fatigués des vaines discussions spéculatives, prétendirent qu'il fallait, en laissant de côté tout raisonnement, s'en tenir exclusivement à l'observation et à l'expérience, pour en faire les seules bases de la médecine.

4° Une autre doctrine qui a rendu les plus grands services à la science, et qui l'a fait sortir du chaos des abstractions inutiles, c'est l'*anatomisme*. Quand l'ordre d'idées sur lequel repose cette doctrine n'est pas considéré comme l'unique base de la science et que l'étude du corps sain ou malade ne vient qu'à son rang dans la recherche des maladies, l'anatomisme mérite la plus sérieuse attention. Hérophile et Erasistrate en ont jeté les fondements que devait consolider Galien, et qui plus tard devaient être l'appui du grand édifice anatomique de Mondini, de Vésale, d'Harvey, d'Aselli, d'Eustache, etc. C'est l'anatomisme qui, par ses transformations, est le point de départ de tout le *solidisme*, de la *chimiatrie* de Sylvius de le Boé, de l'*anatomie pathologique* de Bonnet, de Morgagni, de Cruveilhier, de Lebert, de Ch. Robin, de Wirchow, etc., de la *physiologie* de Harvey, de Haller, de Magendie, de Flourens, de Cl. Bernard, de Longet, etc., de l'iatro-mécanique de Boerhaave; de l'*organographie*, à laquelle nous devons la percussion, l'auscultation, le spéculum, l'ophthalmoscope, le laryngoscope, etc., et l'emploi de tous les procédés physiques d'exploration indispensables au diagnostic; enfin l'*organicisme*, qui utilise toutes ces données pour en faire un seul et grand corps de doctrine.

5° La cinquième doctrine qui ait pris naissance dans l'antiquité est le *méthodisme*. Son auteur, Asclépiade de Bithynie, ne vit dans l'homme qu'un être purement passif dont les tissus sont formés par un lacis de pores à travers lesquels circulent des corpuscules, ou atomes, et du *relâchement* ou du *resserrement* de ces pores, il fit naître les maladies. Quelques années plus tard, Thémison, à Rome, reprit ces idées, dont il fit un corps de doctrine, et de même qu'Asclépiade, il déduisit la maladie du *strictum* ou du *saxum* des tissus, faisant obstacle à l'exercice régulier des fonctions.

Cette théorie, bien vite oubliée, a cependant reparu dans les temps modernes, mais sous d'autres noms ; le *spasme* et l'*atonie* avec Frédéric Hoffmann et Cullen ; l'*état sthénique et asthénique* avec Brown ; le *stimulus* avec Rasori ; l'*irritation* avec Broussais, etc.

6° Enfin la sixième doctrine que nous a léguée l'antiquité, est l'*éclectisme* dont on attribue la fondation à Agathinus de Sparte. Ce n'est pas, à proprement parler, une doctrine, car elle se contente de prendre dans toutes les autres ce qui lui paraît admissible ; aussi, agissant sans principes communs, n'ayant pas de lois, elle ne peut former un tout homogène et devient un véritable autocratisme individuel. Mais c'est un excellent moyen de démolition ; aussi a-t-on vu Broussais être anéanti sous les coups de l'éclectisme.

Telles sont, en résumé, les principales doctrines qui, tour à tour, ont régné avec plus ou moins de gloire, et qui, tour à tour, sont tombées pour se relever plus tard sous des noms nouveaux, mais en réalité avec les mêmes idées fondamentales. C'est du reste ce qu'il sera facile de voir en reprenant une à une chacune de ces doctrines et les étudiant dans toutes leurs phases.

Remontant donc dans cette étude aux premières époques, je vais commencer par analyser le mysticisme médical et la théurgie qui, avec l'empirisme, se retrouvent partout et toujours à l'origine de notre science.

I.

Du mysticisme médical et de la théurgie.

Qu'est-ce que le mysticisme médical?

Qu'est-ce que la théurgie?

C'est la croyance à l'intervention des dieux ou des esprits, des démons et des qualités occultes de la matière, dans la production et la guérison des maladies. Cette doctrine, essentiellement primitive, universelle, s'est amoindrie, il est vrai, par les progrès de la science ; mais elle est toujours vivante, et conserve, au milieu de nous, quelques représentants célèbres.

Elle est en rapport constant avec la cosmogonie, l'état peu avancé des civilisations, la théocratie et l'amour du merveilleux.

Les rapports les plus intimes rapprochent la théurgie du système adopté par les philosophes, dans l'explication de l'univers, c'est-à-dire de la cosmogonie. Dès qu'il découvre que la matière est asservie à la puissance de l'éternel et invisible esprit qui a créé l'univers, soit qu'il en multiplie les dieux à l'infini, comme les cosmogonies anciennes, soit qu'il arrive à l'idée d'un Dieu unique, l'homme, éprouvé par le malheur, tourmenté par la crainte ou la superstition, ne tarde pas à se jeter dans les écarts du mysticisme. Il attribue à la divinité une incessante action sur les choses de la terre, même les plus infimes, et, l'associant même à ses plus mauvaises passions, il lui fait jouer un rôle dans tous les phénomènes de sa vie matérielle et morale. Le temps, les saisons, la vie, la santé, la fortune, les maladies et la mort, il attribue tout aux divinités, à ses bons ou mauvais génies ou, plus tard, à ses démons. Quelle différence avec la pensée des philosophes tels que Leucippe et Démocrite, dont la cosmogonie consiste à envisager le monde, la nature vivante et l'homme comme le résultat des propriétés éternelles et naturelles de la matière, dont les atomes invisibles se réunissent selon leur affinité particulière pour constituer cette immense harmonie du ciel qu'on appelle l'univers.

C'est surtout dans l'enfance des peuples et chez les nations peu civilisées ou encore sauvages, mais ayant le sentiment de la divinité, que la théurgie est en honneur comme doctrine médicale, soit dans la production des maladies, soit dans leur guérison. Colère des dieux et châtiment de l'homme coupable, action des génies malfaisants qui font le mal par instinct, intervention du diable, tel est le fond de cette pathogénie mystique qui se détruit peu à peu à mesure que la science et la civilisation, dans leurs progrès, touchent au terme de leur entier développement.

Bien qu'il soit évident que la théurgie ait pu se développer et fleurir chez les peuples libres, à demi sauvages, en monarchie ou en république, témoin le mysticisme médical des peuples de l'Inde, de l'Égypte, de la Grèce et de la république romaine, il est cependant certain, qu'elle est surtout en honneur chez les peuples gouvernés par les prêtres ou dans les monarchies théocratiques. La science des Chaldéens a été le privilége des *mages* qui, seuls, connaissaient l'astrologie et attribuaient aux astres et aux étoiles une influence particulière sur la vie, sur la santé et sur les maladies. Eux seuls étaient instruits des progrès de la science dont ils avaient le dépôt sacré, et leurs actes, tenant du prodige, accomplis au nom des astres et des dieux, prirent le nom de *magie*.

Partout, dans l'antiquité, c'est au nom de la religion, et dans les temples, que les prêtres ont accompli leurs miracles de santé. De nos jours encore, c'est par la foi religieuse et au moyen du respect des choses saintes, que s'exercent une foule de pratiques morales destinées au soulagement et à la guérison des maladies. La foi produira toujours des miracles, en raison de l'influence de ce sentiment sur l'organisation ; mais il est rare de voir une foi profane atteindre les proportions d'enthousiasme de la foi religieuse, et ce sera toujours cette dernière qui sera le principal appui du mysticisme médical.

Foi religieuse sincère et soumission aveugle à la théocratie, crédulité profane, telles ont été et telles seront les bases de la théurgie et du mysticisme.

La théurgie place l'homme sous l'influence des astres, des dieux incarnés dans les animaux ou dans les êtres de la nature ; sous l'influence des démons ; dans des fluides imaginaires émanés de la terre ou de l'homme ; dans des propriétés occultes et illusoires de la nature.

Crédulité, superstition, telle est l'étiologie de cette doctrine. En effet, croire que quelque chose qui n'est pas en nous produit la maladie, mène fatalement au mysticisme thérapeutique le plus étrange.

De là l'intervention des prêtres dans les temples antiques, des mages, des magiciens, des astrologues, des devins, des oracles, des pythonisses, des sybilles, des sorciers, des thaumaturges, des magnétiseurs, des pèlerins et des pèlerinages aux lieux profanes et sacrés, des religieuses, des amulettes, des somnambules, des homœopathes, des hydrologues, des charlatans et des imposteurs de toute nature.

Si la théurgie n'eût eu d'autres bases que le mensonge et la crédulité, l'expérience en eût promptement fait justice ; il n'y aurait pas à en parler ; mais de même que la magie et toutes les pratiques capables de créer des phénomènes en apparence surnaturels, elle a eu pour instruments les opérations peu connues ou ignorées de la sensibilité organique ou *impressibilité* (sixième sens), capables d'agir sur l'organisation pour produire ou guérir un certain nombre de maux.

De même que l'état moral produit des maladies, de même il produit des guérisons, et c'est faute d'avoir suffisamment étudié les rapports du moral sur le physique et du physique sur le moral, que les faits merveilleux de la théurgie et de la magie ont été rapportés à un surnaturalisme qui n'existe pas dans les choses physiques de la vie habituelle.

A côté de la magie ordinaire qui doit aboutir à la physique et à la chimie modernes, il y a une magie pathologique, pour employer le langage de M. A. Maury (*De la magie dans l'antiquité*, page 228), qui devait conduire au magnétisme animal et à l'étude scientifique de la folie ; et si des charlatans, des imposteurs, ont exploité la crédulité publique par des phénomènes morbides qu'ils faisaient naître et disparaître à volonté, il y a d'éminents philosophes, de saints prêtres et des savants honorables, qui, dans une foi sincère et désintéressée, ont signalé les mêmes phénomènes et les mêmes merveilles. Tout n'est donc pas mensonge dans le merveilleux des prodiges qui ont été observés depuis l'antiquité jusqu'à notre époque, et qui s'opèrent encore tous les jours sous nos yeux. L'erreur n'a été que dans l'interprétation, et c'est à une fausse théorie et aux écarts de la raison, qu'il faut s'en prendre, plutôt qu'à la réalité des faits qui, pour la plupart, sont incontestables. Si l'on eût observé sans prévention, les choses eussent été bien différentes ; mais est-il possible de demander à l'homme de faire taire ses préventions? Quoi qu'il en soit, les faits sont vrais. Pourquoi sont-ils vrais? C'est à nous de le dire. Ils sont la conséquence de la *religiosité*, de l'*imagination* et de l'*état moral* sur la sensibilité organique et sur l'organisation. Ils se perpétuent par la même influence et au moyen de l'*imitation*.

J'aurai donc : 1° à exposer les faits qui servent de base à la théurgie, au mysticisme médical, à la magie pathogénique et thérapeutique, et 2° je prouverai, par l'étude de l'homme sain et malade, l'influence de la religiosité, de l'imagination et de l'imitation sur la production des maladies, tant du système nerveux que des autres organes.

La religiosité est l'attribut distinctif de l'homme. Linnée a dit: «Le minéral croît ; — le végétal croît et vit ; — l'animal croît, vit et sent ; » moi, je dirai : — l'homme *croît*, *vit*, *sent*, *théologue* et *moralise*.

Quant à l'imagination et à l'imitation, leurs effets sont connus, mais ils ne sont pas assez étudiés, et c'est par ces sentiments humains qu'on doit comprendre tout ce qui est relatif à la théurgie et au mysticisme médical.

La théurgie a été, est et sera, parce qu'elle a sa raison d'être dans l'esprit et dans la nature de l'homme.

En voici des preuves dans l'histoire de l'humanité.

— La suite à un prochain numéro. —

PALÉONTOLOGIE.

COURS DE M. D'ARCHIAC.

(MUSÉUM D'HISTOIRE NATURELLE.)

Leçon d'ouverture (1).

(Suite et fin. — Voyez le n° 1.)

Nous avons ensuite examiné les cavernes à ossements du nord de l'Angleterre, particulièrement du Yorkshire, puis celles du sud, aux environs de Swansea (Glamorgan), de Plymouth, de Torbay, etc. (Devonshire). Les restes de mammifères qu'on y a découverts sont venus compléter la connaissance de la faune quaternaire de la Grande-Bretagne, et ont montré qu'il n'y avait pas de différence entre la faune de ces mêmes cavernes ou des brèches osseuses et celle des dépôts lacustres dont nous venons de parler.

Cette faune de mammifères comprend aujourd'hui environ trente-six genres et plus de cinquante espèces, dont quatre insectivores, trois carnassiers plantigrades, les *Ursus splæus*, *priscus* et le Blaireau ; dix carnassiers di-

(1) Les leçons précédentes de M. d'Archiac ont été publiées sous le titre de *Cours de paléontologie stratigraphique professé au Muséum d'histoire naturelle*. 1re partie, *Histoire de la paléontologie stratigraphique*, 1 vol. in-8. F. Savy, 1862. — 2e partie, *Connaissances générales qui doivent précéder l'étude de la paléontologie, et phénomènes organiques de l'époque actuelle qui s'y rattachent*, 1 vol. in-8, avec cartes et dessins dans le texte (sous presse pour paraître fin de janvier).

gitigrades, parmi lesquels nous citerons deux Putois, le Loup, le Chien, le Renard, la Hyène et le *Felis* des cavernes, un autre Chat de la taille des plus grands Lions, désigné sous le nom de *Machairodus latidens* et caractérisé par des canines de 16 à 17 centimètres de long, comprimées et à bords dentés, qui devait être un ennemi des plus redoutables pour les nombreux herbivores du pays; deux castoriens, dont un, le *Trogontherium Cuvieri*, est plus grand que l'espèce actuelle; sept rongeurs de petite taille. Parmi les pachydermes dominaient surtout l'*Elephas primigenius*, les *Rhinoceros tichorhinus* et *leptorhinus*, Owen (*protichorhinus*, Duvernoy), trois espèces de Chevaux, un Hippopotame (*H. major*) plus grand que l'espèce d'Afrique et le Sanglier. Les ruminants à bois sont représentés par le grand Cerf d'Irlande (*C. megaceros*) dont les bois ont jusqu'à $3^m,50$ d'envergure, le *Strongyloceros*, plus gigantesque encore, le Renne, le *Cervus elaphus* et trois autres Cerfs. Les ruminants à cornes nous montrent l'Aurochs et deux grands Bœufs (*Bos primigenius* et *longifrons*). Enfin on signale les restes de quatre espèces de cétacés. Plus du tiers de ces espèces sont éteintes et beaucoup d'autres n'ont plus de représentants dans les îles Britanniques, soit qu'elles en aient disparu avant ou depuis les établissements de l'homme.

En comparant cette faune si remarquable de l'ouest de l'Europe à celle qui vivait dans le même temps à l'est sur les confins de l'Asie, on y voit régner les mêmes espèces; l'*Hippopotame* et le *Machairodus* manquent seulement dans cette dernière région, dont l'*Elasmotherium* et le *Merycotherium* ne sont pas représentés en Angleterre. En outre, la proportion ou l'abondance des individus d'une même espèce est quelquefois différente. Ainsi les Ours, qui étaient très-nombreux aux environs d'Odessa, le sont peu dans les dépôts des îles Britanniques; l'Hyène, au contraire, qui s'y rencontre fréquemment, est assez rare à l'orient de l'Europe.

Maintenant, lorsqu'on réfléchit à la prodigieuse quantité de grands mammifères, pachydermes, ruminants, carnassiers, sans parler des rongeurs et des insectivores, qui se trouvaient ainsi rassemblés sur une surface aussi peu considérable que celle des îles Britanniques, on ne peut se refuser à croire que celles-ci étaient alors rattachées au continent, car dans aucune des grandes îles d'aujourd'hui, il n'y a un pareil nombre de grandes espèces et des genres aussi variés.

J'ajouterai une autre considération qui se rattache à ce sujet. Des zoologistes ont conclu de ce que l'*Elephas primigenius* et le *Rhinoceros tichorhinus* paraissent avoir été couverts d'un poil très-long et épais, qu'ils avaient pu résister au froid auquel ils supposaient que cette partie de l'Europe était alors soumise. Et en effet nous avons vu que pendant l'époque quaternaire les glaciers avaient eu en Europe une beaucoup plus grande extension que de nos jours; mais il y a dans les conclusions zoologiques qu'en tirent ces savants deux erreurs: la première, c'est que cette faune de grands mammifères n'est pas contemporaine de cette extension des glaciers; elle est de beaucoup postérieure au premier phénomène de ce genre qui s'est produit et antérieure au second que nous admettons, c'est-à-dire qu'elle a vécu dans un intervalle de temps pendant lequel certainement la température moyenne de l'Europe s'était relevée. La seconde, c'est qu'il ne suffit pas de revêtir quelques espèces d'une bonne fourrure pour qu'elles résistent à une température rigoureuse, il faut qu'elles aient aussi une nourriture suffisante.

Dans une région donnée, la nourriture d'une faune quelconque a toujours sa flore pour origine, et il y a un rapport nécessaire entre la richesse de l'une et le développement de l'autre. Or, pour alimenter une population d'herbivores et de carnassiers telle que celle dont nous venons d'esquisser les caractères et d'indiquer une abondance de débris qui prouve l'existence contemporaine d'un grand nombre d'individus de chaque espèce des divers ordres et des divers genres, il faut supposer une végétation très-riche qui ne peut s'allier dans la pensée avec un climat tel que devait être celui de l'Europe lors de l'extension des anciens glaciers, climat plus ou moins analogue à celui d'une partie de la Sibérie actuelle. Sans doute la différence de latitude rendait les hivers moins longs, moins rigoureux, la température moyenne de l'année comparativement plus élevée ; mais il n'en fallait pas moins subvenir pendant plusieurs mois à l'alimentation de ces nombreux ruminants, pachydermes et carnassiers, auxquels il est difficile de concevoir que pussent suffire les conifères et les autres phanérogames à feuilles persistantes, herbacés ou arborescents, même en y ajoutant les mousses et les lichens.

L'exemple souvent cité de la poche stomacale d'un Mastodonte de l'Amérique du Nord, encore remplie de feuilles linéaires d'un conifère du pays, dont il s'était nourri peu avant sa mort, ne répond nullement à la généralité de l'objection. On ajoute encore, comme la preuve d'une température froide, l'existence du Renne au milieu de cette même faune, circonstance que nous retrouverons aussi dans la plupart des gisements analogues de la France; le Renne, en effet, ne vit plus aujourd'hui que dans les contrées les plus septentrionales de l'Europe, de l'Asie et de l'Amérique, et c'est un fait particulier d'habitat auquel on peut joindre également la présence de certains rongeurs et d'un carnassier dont les analogues sont actuellement relégués dans le nord de l'ancien continent; mais ces exemples ne peuvent, suivant nous, balancer le développement de ces grands mammifères, qui ne sont plus représentés aujourd'hui que dans les contrées tropicales ou subtropicales, et nous avons beaucoup de peine à nous représenter un Hippopotame plus grand que celui d'Afrique nageant pendant trois ou quatre mois de l'année au milieu des glaçons de la Tamise, de la Seine et de l'Allier, etc., où ses restes ont été rencontrés.

Ainsi, pendant l'époque quaternaire, nous sommes fondés à penser que les îles Britanniques étaient réunies au continent, et que pendant que les dépôts lacustres se formaient, la température était assez élevée pour favoriser une riche végétation analogue à celle de nos jours dans ses caractères et qui pût alimenter une pareille population d'animaux.

La faune des coquilles fluviatiles et terrestres vient encore à l'appui de cette supposition. Toutes les espèces, en effet, qui abondent dans les dépôts lacustres ou fluvio-marins, à trois ou quatre exceptions près, vivent encore dans le pays, et celles de ces dernières qui ne l'habitent plus se retrouvent dans des régions un peu plus méridionales. Le genre Cyrène, qui n'existe plus en Europe, y est représenté par une espèce (*C. consobrina* ou *fluminalis*) qu'on observe aussi dans les dépôts contemporains de ce côté du détroit.

Si nous revenons actuellement de ce côté de la Manche pour y étudier comparativement les dépôts du même âge, nous trouverons d'abord dans les Pays-Bas quelques difficultés, l'absence complète de reliefs du sol de la Hollande, dont une partie même est au-dessous du niveau de la mer, paraissant un obstacle insurmontable. Heureusement, des sondages exécutés à Ostende, à Gorchum, à Utrecht et à Amsterdam, c'est-à-dire suivant une ligne dirigée dans le sens même de l'inclinaison des couches, ont suppléé au relief du sol. Les résultats de ces sondages ont été étudiés et suivis avec le plus grand soin sous le rapport des épaisseurs, des caractères minéralogiques des couches et sous celui des fossiles, de sorte que nous avons pu construire un profil général de la constitution souterraine de la Hollande et le mettre en regard de celui que nous avaient présenté les côtes opposées de la Manche. Nous avons été ainsi conduit à reconnaître que les dépôts des Pays-Bas, jusqu'à une profondeur de 178 mètres au-dessous du niveau de la mer, avaient été formés dans des conditions tout à fait comparables à celles des dépôts qui se forment aujourd'hui par les alluvions du Rhin, de la Meuse et de l'Escaut.

Il y a quelques alternances de dépôts marins et lacustres parfaitement caractérisés par leurs fossiles, et nous avons acquis la certitude d'un affaissement, dans une période peu ancienne, qui s'est continué dans les temps historiques et qui se manifeste encore aujourd'hui, quoique dans une proportion très-faible. En comparant les côtes opposées de la mer du Nord, nous avons pu voir que pendant que les dépôts quaternaires s'abaissaient constamment dans l'emplacement actuel de la Hollande, les dépôts de l'Angleterre s'élevaient au contraire, de sorte qu'il y avait une espèce de mouvement de bascule des deux côtés, assez analogue à celui qui se produit aujourd'hui dans le midi de la Suède. Nous avons pu aussi comparer les dépôts placés au-dessous du niveau de la mer, et les paralléliser avec ceux de la côte opposée.

On voit donc ici combien l'étude des corps organisés, jointe à l'examen attentif des caractères et de la position des couches est utile pour déterminer l'origine, l'âge et les rapports de celles-ci ; sans les fossiles et sans la connaissance exacte de leur distribution dans les assises traversées dans ces sondages, nous n'eussions pu déterminer l'origine marine ou d'eau douce de ces dépôts, leur âge, leur abaissement graduel au-dessous du niveau de la mer, ni leur contemporanéité avec ceux des côtes d'Angleterre, portés tous au contraire au-dessus de ce même niveau.

Nous nous sommes occupé ensuite de la faune enfouie dans les cavernes de la province de Liége, où nous avons retrouvé tous les éléments essentiels de la faune quaternaire déjà étudiée aux deux extrémités de l'Europe. C'était un point intermédiaire, un troisième jalon heureusement placé pour nous guider dans la recherche de la distribution des espèces qui la composent.

Nous y avons reconnu trente-trois genres de mammifères, représentés par plus de quarante espèces ; nous ne rappellerons pas les noms de ces dernières, dont la plupart vous sont connus, mais parmi ces genres nous ferons remarquer que l'Hippopotame et le *Machairodus* n'y sont pas représentés, et que parmi les espèces, le grand Cerf d'Irlande (*C. megaceros*), l'Aurochs et le *Bos primigenius*, ne le sont pas non plus. Les genres comprennent huit types d'insectivores, onze de carnivores, neuf de rongeurs, quatre de pachydermes, un de solipède et quatre de ruminants. Il y avait en outre huit espèces d'oiseaux, des dents et des vertèbres de poissons provenant de divers terrains, ainsi que des coquilles fossiles associées avec plusieurs espèces d'*Helix* vivant encore dans le pays.

Sur les bords de la Meuse régnait et dominait, comme aux environs d'Odessa, le grand Ours des cavernes. Il y présente beaucoup de variétés, dont Schmerling a cru devoir faire des espèces qui n'ont pas dû être conservées dans les catalogues après un plus mûr examen.

Le fait le plus remarquable dû aux recherches du savant qui nous occupe, fait qui avait été longtemps révoqué en doute, et même nié complétement, c'est la présence de restes humains associés avec les débris de ces animaux éteints. Schmerling connaissait parfaitement toute l'importance de la question ; il a mis dans son examen à ce sujet, un soin et un scrupule dont il faut lui savoir gré, et qui prouvent beaucoup en faveur de ses conclusions. En effet, non-seulement il a trouvé des ossements, mais même des crânes, et particulièrement dans la caverne d'Engis, située sur la rive droite de la Meuse, un peu au sud de Liége. Ces restes de l'espèce humaine étaient dans la relation la plus directe avec les débris de grands mammifères éteints, de Rhinocéros, d'Ours, etc., enveloppés dans la même stalagmite, dans le même conglomérat, dans des circonstances enfin qui ne permettent guère de douter de leur contemporanéité. Avec ces ossements furent trouvés des restes d'industrie, des pointes de flèche, des silex travaillés, des bois de cerf et des os façonnés venant encore appuyer l'opinion de l'auteur.

Aujourd'hui nous sommes plus familiarisés avec cette idée de contemporanéité, en sorte que nous sommes loin de repousser ces conclusions; mais, il y a vingt-cinq ans, on les regardait comme le résultat d'observations mal faites, auxquelles on ne devait attacher aucune espèce d'importance.

Messieurs, nous avons été ainsi amenés, de proche en proche, à jeter un coup d'œil sur les caractères des dépôts quaternaires du nord de la France. Nous avons vu qu'en général depuis la Belgique jusqu'au bassin de la Seine, on pouvait les considérer comme se présentant sous deux formes particulières, ayant des caractères généraux, et occupant des positions qui les distinguent suffisamment, quelque opinion qu'on se fasse de leur origine.

Nous sommes entré dans d'assez nombreux détails relativement aux bassins de l'Oise, de la Somme et de la Seine, et par une circonstance fort heureuse pour nous, ces dernières leçons de notre cours ont été sténographiées par M. Eug. Trutat et publiées par ses soins peu de temps après sa fermeture, sous ce titre : *Du terrain quaternaire et de l'ancienneté de l'homme dans le nord de la France.* (Chez Savy, éditeur, 24, rue Hautefeuille.) Tout ce que nous avons dit sur ce sujet, et les conclusions par lesquelles nous avons cru devoir terminer cette partie de nos entretiens, surtout en ce qui concerne la présence d'ossements humains et des restes de l'industrie humaine dans les environs d'Abbeville, a été reproduit dans cette brochure, à laquelle nous n'avons rien à ajouter ici.

Ce que nous avons entendu dire depuis sur certains de ces dépôts que quelques personnes persistent à regarder comme plus anciens que l'époque quaternaire, sans qu'aucune preuve stratigraphique, minéralogique ou paléontologique le justifie aujourd'hui plus qu'il y a trente ans, tandis que d'autres les attribuent à des invasions de la mer, bien qu'il n'y ait aucune stratification caractéristique de son action, et que sur une surface qui égale le quart de la France on n'y ait pas trouvé la plus petite trace de corps marins, mais au contraire des débris d'animaux terrestres et d'eau douce qui y abondent partout, enfin d'autres opinions qui ne sont pas plus sérieuses, parce qu'elles manquent d'une véritable base, nous dispensent d'y revenir en ce moment.

Bien que nous n'ayons encore exposé les résultats des phénomènes quaternaires que dans une partie de l'Europe, vous y aurez vu, nous l'espérons, messieurs, des motifs suffisants pour distinguer à la fois cette époque de celle qui l'a précédée comme de celle dans laquelle nous vivons. Les personnes qui veulent voir dans ces faits un commencement de l'époque moderne méconnaissent, suivant nous, d'une part, les principes de la succession des êtres organisés dans le temps, de l'autre, l'importance des causes physiques contemporaines dont ces principes sont indépendants.

Pour nous, qui cherchons à voir dans la série des âges de la nature quelque chose de plus que de simples questions d'espèces animales et végétales, nous trouvons dans l'organisation de cette époque le degré d'analogie que l'on pouvait lui assigner à priori par la place qu'elle occupe entre le terrain tertiaire supérieur et le terrain moderne. Elle nous montre sans doute plus de ressemblance avec ce qui nous entoure que les faunes et les flores tertiaires supérieures, et cela devait être. Les différences sont en raison des temps et doivent être d'autant moins prononcées que les temps sont plus rapprochés; mais se fonder sur ces analogies, sur des identités même que nous reconnaissons, pour prétendre que les deux époques n'en font qu'une, c'est l'erreur de naturalistes qui n'envisageraient qu'un petit côté de la question, probablement celui de leurs études personnelles.

En raisonnant ainsi, on oublie ces phénomènes physiques si remarquables et si particuliers à l'époque quaternaire, qui seuls suffiraient pour la distinguer et la caractériser, puisqu'ils ne s'étaient point montrés auparavant avec cette généralité et qu'ils ne se sont pas reproduits depuis.

Jetons en effet un coup d'œil sur les plages qui bordent les mers, sur les deltas qui se forment à l'embouchure des fleuves, sur les cordons littoraux, sur les dunes, sur les alluvions des rivières, les dépôts des lacs, sur les tourbières, et joignons-y l'examen des produits *anté-historiques* de l'industrie humaine, et nous acquerrons la preuve qu'il ne s'est passé, depuis que règne cet état de choses, aucune perturbation, aucun changement notable à la surface de notre planète, rien qui ait sensiblement troublé la marche ni l'ordre des faits. Nous avons donc, dans cette circonstance, une limite parfaitement naturelle pour distinguer cette période de calme de celle qui l'a précédée, et dont nous savons que tant de phénomènes divers ont marqué la durée.

Peu importe que l'homme ait apparu avant ou après cette limite, ce n'est pas sur cette circonstance isolée, sans relation comme sans influence sur l'ensemble des faits généraux qui se produisaient en même temps dans les deux hémisphères, que l'on serait en droit d'établir une base de classification. Il y a plus, c'est que l'espèce humaine pourrait, moins que toute autre, servir à caractériser une époque; aucune ne nous montre une enfance aussi longue, aucune n'a mis autant de siècles à développer et à manifester ses caractères propres, ceux qui devaient lui assurer à la fin une suprématie sur toutes les autres.

Que ces Éléphants, ces Rhinocéros, ces Aurochs, ces Ours, ces carnassiers, tous plus grands que leurs congénères actuels, qui apparaissent à un moment donné, pour régner dans tout l'ancien continent, et disparaître ensuite sous l'action de la même cause destructive, soient regardés comme caractérisant une époque, on le conçoit; mais que les êtres qui fabriquaient ces grossiers silex sur les bords de la Tamise, de la Somme, de la Seine, de la Loire, etc., dont à peine quelques ossements sont retrouvés aujourd'hui, soient considérés au même titre, c'est ce à quoi se refuse le plus simple bon sens. Ces traces mêmes de l'existence de l'homme ne se montrent encore que dans les derniers dépôts de cette période, loin de pouvoir lui servir de *critérium* dans la série des temps. En résumé, l'espèce humaine ne peut être ce que l'on appelle en géologie une *espèce caractéristique*, mais elle possède assez d'autres avantages pour qu'elle n'ait pas à regretter celui-là.

Il nous reste actuellement, messieurs, à vous indiquer le sujet de cette seconde partie du Cours de l'année. Nous continuerons à suivre la marche que nous avons adoptée jusqu'à présent; ainsi, nous étudierons les dépôts et la faune de l'époque quaternaire dans le bassin du Rhin, dans le centre et le midi de la France, puis dans le bassin du Rhône. Nous examinerons ceux de l'Italie, de l'Allemagne, du pourtour de la Méditerranée, et nous poursuivrons nos recherches à travers le nord de l'Asie; nous serons ainsi conduit à traiter des phénomènes correspondants de l'Amérique septentrionale, que nous comparerons avec ceux de l'Amérique du Sud, et nous terminerons cette revue par l'examen de la faune très-remarquable de l'Australie et des îles voisines.

ZOOLOGIE (REPTILES, BATRACIENS ET POISSONS).

COURS DE M. A. DUMÉRIL.

(MUSÉUM D'HISTOIRE NATURELLE.)

I.

Les Chéloniens.

Messieurs,

Je désire vous entretenir cette année, d'une manière générale, des différentes classes du règne animal dont je suis chargé de vous présenter l'histoire, c'est-à-dire des Reptiles, des Batraciens et des Poissons. Nous pourrons les comparer entre elles et étudier leurs analogies ainsi que leurs dissemblances. Notre premier soin devra être de faire connaissance avec les animaux dont j'ai à vous parler et d'apprendre à les distinguer par leurs formes extérieures, et au moyen de la classification; puis nous étudierons leur organisation et la manière dont leurs fonctions s'accomplissent, en indiquant, toutes les fois que cela sera nécessaire pour éclairer notre sujet, les liens qui unissent ces animaux à ceux des autres classes, ou bien en faisant ressortir les dissemblances qui les en éloignent.

Avant d'aborder l'étude des reptiles, essayons de déterminer les caractères qui les différencient des Batraciens, et qui rapprochent ces derniers des poissons, par certains détails de leur organisation.

En 1844, M. Milne Edwards publia, dans le tome Ier des *Ann. des sc. nat.*, ZOOL., 3e série, un mémoire accompagné d'un tableau synoptique dans lequel il exposait des vues générales sur la classification des animaux, faisant ressortir leurs différences fondées sur les caractères tirés du développement de l'embryon. Une chose remarquable, c'est que si l'on a affaire à des animaux destinés à vivre dans l'air, ayant une respiration aérienne, on voit que les embryons, pendant leur séjour dans les cavités où ils doivent prendre leur développement, sont revêtus d'une membrane qui, de sa forme allongée, a reçu le nom d'*allantoïde*, du grec ἀλλᾶντος, boyau, εἶδος, apparence. Cette membrane allantoïde a une grande importance ; elle peut être considérée comme membrane respiratoire, car c'est sur elle que se développent les vaisseaux qui, se répandant à la surface interne du chorion, doivent servir à la formation de cet amas vasculaire, connu sous le nom de *placenta*. Quels sont les animaux qui ont naturellement besoin d'un placenta? Ce sont ceux qui, appelés à respirer plus tard dans l'air, doivent contracter des adhérences intimes avec les organes maternels; aussi ne rencontre-t-on jamais cette membrane allantoïde chez les animaux aquatiques. Ainsi, les animaux pourvus d'une enveloppe destinée à recevoir les éléments qui aboutiront à la formation du placenta, sont des allantoïdiens, les autres des anallantoïdiens. Il a donc été nécessaire de séparer ces deux groupes, et le tableau de M. Milne Edwards montre cette division. D'une part, vous voyez les mammifères, monodelphiens et didelphiens, les oiseaux, les reptiles : ce sont les allantoïdiens; de l'autre côté, sont les anallantoïdiens, qui comprennent les batraciens et les poissons. Voilà donc une différence très-tranchée entre les reptiles et les batraciens. Je ne puis laisser passer ce tableau de M. Milne Edwards, sans vous faire remarquer encore quelques divisions, surtout en ce qui concerne les mammifères, et vous faire connaître les différences qui ont permis à ce naturaliste habile d'établir des groupes très-distincts. Parmi les mammifères, les uns ont un placenta qui est une dépendance de la membrane allantoïde : ce sont les monodelphiens placentaires; chez d'autres, on a remarqué que la membrane allantoïde n'était, en quelque sorte, pour rien dans la connexion du fœtus avec l'embryon, laquelle s'établit à l'aide des villosités du chorion et des vaisseaux vitellins, sans qu'il y ait formation d'un véritable placenta : ce sont les didelphiens. Viennent ensuite, parmi les monodelphiens placentaires, trois divisions tirées de la forme du placenta. Les uns ont un placenta discoïde : l'homme en tête, les quadrumanes, les insectivores, les chéiroptères et les rongeurs ; d'autres ont un placenta en anneau entourant le fœtus : ce sont les carnivores, les amphibiens ; les troisièmes ont un placenta diffus : les pachydermes, les solipèdes, les ruminants, les cétacés et les édentés. Dans cette grande division des allantoïdiens sont rangés les oiseaux qui n'ont pas de placenta, mais dont le développement vasculaire est si considérable, qu'il permet à l'air de venir se mettre en contact avec les vaisseaux qui rampent à la surface de cette membrane allantoïde ; puis enfin, viennent les reptiles qui présentent des phénomènes tout à fait analogues à ceux des oiseaux. Dans ce tableau, nous avons certaines lignes destinées à montrer les liens d'un groupe à un autre, d'une division à une autre. Telle est la ligne qui joint les oiseaux aux chéloniens ; en effet, ces animaux se rapprochent par des particularités tout à fait frappantes; la cage thoracique des oiseaux ressemble, jusqu'à un certain point, à la cage thoracique des chéloniens; mais par cela même que les chéloniens tiennent aux oiseaux, ils tiennent aux monotrêmes par d'autres caractères, sur lesquels je ne puis m'étendre aujourd'hui. Nous voyons également par ces lignes, que les batraciens et les poissons ont beaucoup d'analogie sous le rapport du développement. Ils sont anallantoïdiens, et, par cela seul, ils doivent être séparés des reptiles; cependant, entre les batraciens et les reptiles, il y a quelques points de liaison, que nous ne pouvons développer dans ce moment; mais vous verrez plus tard, par les détails dans lesquels j'entrerai, qu'il y a des liaisons bien motivées. Nous avons maintenant à nous occuper des reptiles, des batraciens et des poissons au point de vue zoologique. Nous allons commencer cette étude en appelant votre attention sur les animaux eux-mêmes, sans nous préoccuper des détails de leur organisation. Quand nous aurons passé en revue tous ces animaux d'une manière générale, il nous sera plus facile de citer des exemples dans l'étude des caractères anatomiques d'après lesquels les divisions ont été établies entre ces classes. Nous commencerons aujourd'hui par les reptiles.

Les reptiles sont des animaux vertébrés qui ne présentent qu'un seul condyle occipital ; tantôt le squelette est bien constitué, tantôt il est réduit à sa plus simple expression : une colonne vertébrale soutenant des côtes (serpents). Ces animaux ont une respiration variable, intermittente ; une circulation incomplète, car ils n'ont qu'un seul ventricule, dans lequel vient se verser le sang des deux oreillettes ; le sang est donc mélangé en se répandant dans toutes les parties du corps. De cette respiration variable, intermittente; de cette circulation incomplète, résultent des variations de température. On a appelé ces animaux à sang froid ; cette appellation est fausse, car dans les divers phénomènes vitaux, il y a toujours une certaine chaleur produite; il est vrai qu'elle varie beaucoup suivant les groupes. Chez les oiseaux, elle est très-élevée ; chez les reptiles, très-faible ; chez l'homme, elle est de 38 degrés environ. Le sang des reptiles paraît froid, parce que ces animaux vivent ordinairement dans des milieux dont la température est inférieure à celle de la main. En outre, ces animaux sont ovipares et ovovivipares, c'est-à-dire qu'ils pondent des œufs, qu'ils mettent au monde des animaux vivants, ce qui ferait supposer que l'on a affaire à des animaux véritablement vivipares ; cependant il n'en est rien, il n'y a pas chez eux, entre le fœtus et les organes maternels, cette connexion que nous voyons chez les vivipares; ce n'est pas une viviparité véritable, ce sont alors des animaux ovovivipares. Il faut ajouter que les reptiles ne subissent jamais de métamorphoses; de plus ils sont allantoïdiens, deux caractères qui les séparent tout à fait des batraciens.

La classe des reptiles comprend les *chéloniens*, les *sauriens*, les *ophidiens;* nous allons indiquer de quelle manière on peut les distinguer. Le corps est toujours revêtu, soit d'une carapace, comme les chéloniens, soit d'écailles ou d'anneaux, comme les sauriens et les ophidiens. 1° Les reptiles ayant une carapace, des membres, des paupières, des ongles, pas de dents, sont des *chéloniens ;* 2° ceux qui, n'ayant pas de carapace, ont des membres, des paupières, le tympan presque toujours visible, des ongles, des dents, sont des *Sauriens;* 3° ceux qui n'ont ni carapace, ni membres, ni paupières, ni tympans, sont des *Ophidiens.* Je vais vous entretenir aujourd'hui du groupe des chéloniens.

— La suite à un prochain numéro. —

Le propriétaire-gérant : Germer Baillière.

PARIS. — IMPRIMERIE DE E. MARTINET, RUE MIGNON, 2.

PREMIÈRE ANNÉE. — N° 3. UN NUMÉRO : 30 CENTIMES. 19 DÉCEMBRE 1863.

REVUE
DES
COURS SCIENTIFIQUES
DE LA FRANCE ET DE L'ETRANGER

PHYSIQUE — CHIMIE — ZOOLOGIE — BOTANIQUE — ANATOMIE — PHYSIOLOGIE
GÉOLOGIE — PALÉONTOLOGIE — MÉDECINE

Paraît tous les Samedis.

Paris.........	Six mois.	8 fr.	Un an.	15 fr.
Départements ..	—	10	—	18
Étranger......	—	12	—	20

Prix de l'abonnement avec la Revue des Cours littéraires.

Six mois..... Paris, 15 fr. Départ., 18 fr. Étranger, 20 fr.
Un an....... — 26 — 30 — 35

Rédacteur en chef
M. ODYSSE-BAROT

Les ouvrages dont deux exemplaires auront été envoyés au bureau du journal seront annoncés et analysés s'il y a lieu.

On s'abonne
A LA LIBRAIRIE GERMER BAILLIÈRE
17, rue de l'École de Médecine,
Et chez tous les libraires, par l'envoi d'un bon de poste, ou d'un mandat sur Paris.

L'abonnement part du 1er décembre ou du 1er juin de chaque année.

SOMMAIRE.

PHYSIOLOGIE ET ANATOMIE COMPARÉE.

COURS DE M. MILNE EDWARDS.

(FACULTÉ DES SCIENCES.)

II.

(Voyez les nos 1 et 2.)

De quelques expériences récentes sur l'hypothèse des générations dites spontanées.

Messieurs,

Dans la dernière séance, nous nous sommes attachés à établir le mode de production des corps inorganiques et des corps organiques. Nous avons vu que chez les uns la production du corps nouveau dépendait seulement du jeu des forces dont est douée la matière constitutive de ce même corps; tandis que lorsqu'il s'agit d'animaux, de plantes, la présence d'un être vivant qui transmet la puissance vitale et détermine l'organisation de l'être nouveau, est toujours nécessaire, suivant moi. Je dis : *suivant moi*, parce que tous les naturalistes ne partagent pas cette opinion. Suivant quelques-uns, il y a, pour l'origine des êtres vivants, deux lois, deux mesures. Quand il s'agit d'animaux, de plantes, d'un volume considérable, qui sont faciles à observer, tous sont d'accord qu'il ne peut y avoir production que par la loi de procréation, de transmission de la vie du parent au jeune. Mais quelques physiologistes admettent une loi différente pour certains animaux dont le volume est moindre, et où, par conséquent, l'observation est moins facile. Nous avons vu que jadis on admettait, et cela sans conteste, que pour une multitude d'animaux, l'intervention de parents n'était pas nécessaire pour la formation des jeunes. La matière organique en putréfaction, le limon de la terre soumis à un rayon de soleil, par les seules forces dont cette matière était douée, s'organisaient, disait-on, de manière à constituer, non-seulement des insectes, mais des poissons, des reptiles et même des quadrupèdes. Mais à mesure que l'examen approfondi des faits s'étendit, on vit que ces exceptions rentraient dans la règle générale; on constata, par exemple, dès l'époque de la Renaissance, que les anciens s'étaient complétement trompés en attribuant à la corruption des matières organiques la production de ces larves, de ces animaux vermiformes que l'on rencontre dans les chairs en putréfaction. Sans entrer de nouveau dans les détails que je vous ai présentés relativement aux expériences de Redi, je me bornerai à rappeler que maintenant l'hypothèse de la génération spontanée est universellement abandonnée pour tout ce qui concerne les grands animaux; les auteurs qui veulent la faire revivre ne l'appliquent plus qu'à deux groupes d'êtres animés, dont l'étude, il est vrai, présente des difficultés considérables. En effet, les partisans de la doctrine de l'*hétérogénie* ne prétendent expliquer de la sorte que le mode de formation des petits êtres appartenant à deux des groupes inférieurs du règne animal : les animalcules qui se montrent dans les infusions, d'une part;

de l'autre, les vers intestinaux, les vers parasites, que l'on rencontre dans la profondeur des organes d'autres animaux. Comme il y a quelque incertitude dans l'esprit de plusieurs physiologistes au sujet de ces groupes, il faut que nous examinions de plus près l'histoire de l'origine, soit des infusoires, soit des vers intestinaux. Dans la dernière séance, je vous ai parlé d'expériences faites par Spallanzani, dans le siècle dernier; de quelques autres faites en France et en Allemagne, tendant à démontrer que lorsqu'on soumettait des matières organiques en infusion dans de l'eau au contact de l'air, les infusoires s'y développaient parce que l'atmosphère y déposait des germes animés, des espèces de semences, propres à la production de ces mêmes infusoires ; et que, au contraire, si l'on empêchait tout contact avec l'air, ces germes n'apparaissaient point. Ces expériences étaient encore susceptibles d'être discutées, car on pouvait dire : l'action que vous faites subir à l'air en le chauffant, détruit, il est vrai, tous les êtres vivants contenus dans la matière organique ; mais cette action modifie également l'oxygène de l'air, et rend ce fluide inepte à entretenir la vie ; par conséquent, le développement d'une organisation spontanée dans la matière organique ne peut se faire. En voyant que dans les infusions préparées en vase clos, et soumises à l'action de la chaleur, on ne trouvait pas d'infusoires pendant des semaines et des mois, tandis qu'elles se peuplaient d'animalcules, de moisissures dès qu'on laissait entrer l'air dans l'intérieur du vase, on pouvait supposer que l'air renfermé dans ces vases était devenu inepte à entretenir la vie et impropre à ce genre de développement ; d'un autre côté, quelques physiologistes avaient peine à admettre que l'air pût contenir une quantité aussi considérable de germes. Il fallait alors montrer qu'on pouvait saisir dans l'atmosphère ces germes, et les faire développer à volonté dans des infusions, qui, sans la présence de ces corps, ne produisaient ni végétaux ni animaux. Eh bien ! les expériences présentées à l'Académie, il y a à peu près trois ans, par M. Pasteur, remplissent complétement toutes ces conditions et ne laissent, à mon avis, aucun doute sur ce point, à moins d'admettre que les expériences ont été mal faites ; or, M. Pasteur est un expérimentateur des plus habiles ; de plus, ces expériences ont été répétées devant plusieurs personnes ; j'ai même eu l'avantage de les voir, et le résultat ne m'a pas semblé pouvoir être discuté. Voici une de ses expériences : en filtrant de l'air, c'est-à-dire en faisant passer, à l'aide d'un appareil aspirateur, un courant d'air assez considérable à travers un tube, dans lequel M. Pasteur avait placé du coton ou de l'amiante, corps poreux qui retiennent plus ou moins complétement les corps solides qui peuvent être chariés dans l'air, il vit beaucoup de poussière apportée par ce courant d'air ; examinant ces corpuscules au microscope, il s'aperçut que quelques-uns étaient des corps inorganiques, mais que d'autres présentaient tous les caractères de corps organisés ; il savait aussi, par les expériences précédentes, que toutes les fois qu'on abandonnait dans un vase ouvert un liquide contenant certaines matières, une dissolution de sucre et d'albumine par exemple, il ne tardait pas à surgir, dans l'intérieur de ces matières, une population d'animalcules, d'infusoires ; il prépara donc une certaine quantité de ce liquide et le renferma dans un ballon. Il fit le vide dans ce ballon, le chauffa comme dans les expériences des autres physiologistes dont je vous ai parlé, puis il y fit rentrer de l'air en faisant passer ce gaz dans un tube chauffé au rouge, et il vit que lorsque le vase était hermétiquement fermé, il n'y avait aucun développement dans la matière organique. Après cette première expérience, il en fit une seconde ; mais cette fois, avant de fermer son vase, il plaça, dans une sorte de petite nacelle, la poussière qu'il avait recueillie dans l'air. Il retira l'air de l'appareil dans lequel cette poussière était placée, et chauffa ; puis il fit rentrer de l'air, non pas de l'air tel que l'atmosphère en fournit, mais de l'air qui passait à travers un tube chauffé au rouge, de façon à détruire tout ce qui pouvait être organisé dans ce fluide. Cela fait, on boucha de nouveau l'appareil, et l'on observa ce qui se passait pendant plusieurs jours. On ne vit aucun animalcule. Faisant ensuite changer la position de l'appareil, M. Pasteur fit tomber dans le liquide qui était très-transparent ce quelque chose qu'il avait recueilli dans l'atmosphère et qui était dans la petite nacelle ; cette poussière forma un petit amas sur la surface du liquide ; dès le lendemain, il y eut développement de moisissures, et quelques jours après, on aperçut tous ces animalcules que l'on voit dans les infusions ordinaires. L'air échauffé était donc propre au développement de ces animalcules ; et la seule condition nécessaire pour déterminer ce développement dans l'infusion, consistait à y jeter de ces corpuscules qu'on avait recueillis dans l'atmosphère ; c'était donc à cette poussière qu'on devait l'origine de tous ces petits êtres que les hétérogénistes croient se former sans le concours d'aucun être vivant. Cette expérience devait sembler suffisante pour entraîner la conviction dans tous les esprits ; mais M. Pasteur a voulu faire davantage. Il a voulu voir comment on pouvait expliquer les erreurs commises par d'autres expérimentateurs, certainement de bonne foi, mais moins habiles dans l'art de l'expérimentation. Il constata que l'espèce de condensation de matières qui flottent dans l'atmosphère suffit pour introduire des causes de fermentation dans les substances que l'on met en infusion, même lorsque l'on opère sur un bain de mercure, comme l'ont fait quelques physiologistes, pour se mettre à l'abri de toute objection. M. Pasteur fit aussi une autre expérience conçue à un point de vue différent. Il se dit : « Dans le cas où le développement de ces êtres vivants serait dû seulement aux forces dont la matière organisable est douée, le résultat devrait être le même toutes les fois que les conditions du déploiement de ces forces seraient réalisées. » Lorsque les chimistes déterminent la formation de corps inertes, les choses se passent de la sorte; quels que soient les vases dans lesquels on opère, ce sont des phénomènes constants, parce qu'ils sont dus seulement à l'action des matières qui sont là mises en présence. En se plaçant dans certaines conditions, M. Pasteur vit que, sans agir en aucune façon sur l'air, sans le chauffer, sans le laver, sans le faire passer dans des bains d'acide sulfurique ou de potasse, il pouvait arriver à empêcher le développement des animalcules. Voici l'expérience : Agissant dans un lieu calme, dans un laboratoire où l'air circule très-peu, parce que la température est à peu près constante, il lui a suffi, pour empêcher le développement des infusoires, de modifier la forme de l'ouverture du vase. Si l'on emploie un matras à col long et ouvert, des moisissures et d'autres êtres organisés ne tardent pas à se développer à la surface du liquide; si on a un vase placé dans les mêmes conditions d'air et de température, mais offrant un col recourbé qui empêche l'introduction de particules, qui, comme une pluie fine, tombent de l'atmosphère, pendant des semaines, des mois, ces infusions, aptes au plus haut degré à servir, pour ainsi dire, de sol au développement d'êtres vivants, sont restées complétement stériles; les animalcules n'y ont apparu qu'après la rupture du col du vase. En empêchant l'entrée des poussières organisées en suspension dans l'atmosphère, M. Pasteur a donc empêché le développement des corps animés que les hétérogénistes prétendent se former par l'organisation spontanée de la matière mise en infusion. Une autre expérience, qui a le même caractère, a donné un résultat semblable. S'il est vrai que les êtres microscopiques se développent dans les infusions, parce que les germes sont transportés par l'atmosphère; que ces germes proviennent d'êtres organisés vivant dans les eaux ou à la surface du sol où la température est douce, il est évident qu'en se plaçant très-loin des lieux où ces êtres vivent, dans des endroits où les courants d'air les transportent difficilement, où la température est plus basse, on obtiendra moins d'infusoires. Telle est la démonstration donnée par l'expérience de M. Pasteur, qui, en s'élevant sur le Jura et le mont Blanc, emporta avec lui des vases fermés hermétiquement, ne contenant que des matières propres à nourrir les infusoires, l'air ayant été tout à fait expulsé; au moment des opérations faites à diverses hauteurs, il brisait le col du vase, laissait rentrer l'air et refermait l'ouverture à l'aide d'un chalumeau. Il se plaça d'abord en plaine, près des lieux habités et cultivés : il vit alors qu'il y avait production d'animalcules, de moisissures, dans ses vases; mais il vit ensuite que plus il s'était élevé, plus cette production diminuait. Ainsi sur vingt ballons d'air puisé près de la *mer de glace*, deux ou trois seulement contenaient des germes. Devons-nous croire que l'on puisse toujours obtenir le même nombre de vases où les germes ne se soient point développés? Non; si le lendemain les vents avaient chargé, il est possible que l'on aurait eu un plus grand nombre de vases peuplés. Par conséquent, lorsque d'autres physiciens ont répété cette expérience sur les Pyrénées, et ont obtenu plus de germes, c'est qu'ils n'étaient pas dans des conditions aussi propres à l'expérience que celles dans lesquelles M. Pasteur s'était trouvé. Vous voyez par cet ensemble de faits relatifs aux infusoires, que dans l'état actuel des choses, on ne saurait admettre que la matière morte soit apte à se constituer de nouveau en matière vivante, et à se développer de façon à présenter des phénomènes physiologiques. L'hypothèse de l'*hétérogénie* est-elle mieux fondée lorsqu'on l'applique à l'histoire des sucs intestinaux? *non.* C'est ce que je me propose de montrer maintenant.

Le secrétaire de la rédaction : Oscar Muller.

— La suite à un prochain numéro. —

CHIMIE APPLIQUÉE AUX ARTS.

COURS DE M. PÉLIGOT.

(CONSERVATOIRE DES ARTS ET MÉTIERS.)

I

Des alliages.

Le cours de cette année est consacré à l'étude des métaux et des sels, ainsi que de leurs applications. Après quelques leçons employées à l'étude comparée des propriétés physiques et chimiques des métaux, le professeur arrive à l'interressante question des alliages, et c'est à ce point que nous croyons devoir commencer le compte rendu de son enseignement. O. M.

Peu de métaux sont employés isolément; on ne peut guère citer que le fer, le cuivre, le plomb, l'étain, le zinc, le platine, le mercure et enfin l'aluminium.

Le plus souvent on les utilise à l'état d'alliage; ainsi, parmi les métaux que je viens de nommer, il n'y a que le fer qui ne donne pas naissance à des alliages utiles, et qu'on emploie à l'état de pureté relative. Il en est autrement pour les autres, dont on se sert même plutôt à l'état d'alliage, sous forme de laiton. L'or et l'argent ne sont jamais employés à l'état de pureté; ils sont toujours associés à une quantité de cuivre déterminée, pour l'alliage monétaire, la bijouterie, l'orfévrerie.

L'antimoine, le bismuth, le nickel, ne sont jamais employés seuls, ces métaux étant trop cassants.

En définitive, il y a environ treize métaux employés, qui forment une cinquantaine d'alliages utiles. Certains métaux sont trop mous pour être employés seuls, comme l'or et l'argent, qu'on emploie toujours associés à une certaine quantité de cuivre, qui présente, d'une part, l'avantage de diminuer leur valeur, et, d'autre part, de pouvoir assurer la durée des objets, en leur donnant un certain degré de dureté. Il en est de même du cuivre : le cuivre rouge est d'un prix assez élevé; associé au zinc, ce prix se trouve diminué, et l'on obtient un alliage plus dur qui se conserve mieux à l'air; aussi l'usage du laiton est-il excessivement répandu.

Avant d'étudier les alliages, nous nous occuperons de leurs propriétés générales. Ils sont ordinairement produits par l'association de plusieurs métaux fusibles. On introduit dans un creuset les métaux qu'on veut associer, dans des proportions déterminées, selon la nature de l'alliage, et l'on obtient une masse homogène qu'on coule pour obtenir l'alliage. Mais obtient-on alors une combinaison ou simplement un mélange? On obtient à volonté des composés définis, c'est-à-dire atomiques, ou bien des mélanges. Pour former un alliage, on emploie généralement le procédé de fusion, comme nous l'avons dit; mais l'homogénéité n'est pas toujours parfaite.

Quand on forme un alliage, il arrive souvent qu'il y a une élévation de température très-sensible, comme pour les alliages d'étain et de cuivre; cela résulte d'une action chimique qui se développe par suite de la combinaison. De plus, quantité d'alliages s'obtiennent à l'état cristallisé, qui est un indice certain de la formation d'un composé défini, comme lorsqu'il s'agit d'un amalgame de sodium (le mot amalgame indique la présence du mercure). D'autres alliages qui sont également cristallisés d'une manière évidente, sont ceux de cuivre et d'étain; celui qu'on désigne depuis quelque temps sous le nom d'*arbre de Diane*, en mettant une dissolution d'acétate d'argent avec du mercure; les alliages de cuivre et de zinc. Mais, en général, on évite ces alliages cristallisés, et cela en prenant des poids équivalents. Les propriétés physiques de ces alliages nous fournissent d'autres preuves; ainsi, au point de vue de la conductibilité, les alliages, en effet, en ont une qui n'est pas la moyenne des métaux constituants, ce qui nous démontre la combinaison définie. Cela est encore plus évident, en ce qui concerne la densité des alliages; si l'on prend leur densité, on trouve qu'elle ne représente jamais la densité moyenne des métaux constituants, et que cette densité est tantôt plus grande, tantôt plus petite que celle qui résulte du calcul; plus grande pour les alliages de cuivre et d'étain, plus petite pour ceux d'or et de cuivre, de plomb et d'antimoine. La différence même est quelquefois assez considérable. Ainsi, je suppose qu'on ait fait un alliage atomique en prenant un équivalent d'étain, et trois équivalents de cuivre; cet alliage contient alors 62 pour 100 de cuivre; si l'on calcule la densité de cet alliage en maintenant la densité du cuivre et de l'étain, on trouve que cette densité doit être représentée par 8,208; si l'on fait l'expérience, on trouve qu'elle est égale à 8,954; il y a donc une différence égale à 0,746, différence considérable.

Au point de vue de la dureté, de la ductibilité, de la malléabilité, on peut dire que les alliages sont, en général, plus élastiques que ne le sont les métaux qui entrent dans leur composition; néanmoins, pour beaucoup d'alliages, la malléabilité est encore suffisante pour qu'on puisse les obtenir sous forme de lames, de fils plus ou moins minces. La fusibilité des alliages présente ce phénomène, qu'elle est toujours plus grande que celle qui appartient au métal le moins fusible, et souvent il arrive qu'elle est supérieure à celle du métal qui l'est au plus haut degré.

Les alliages s'emploient généralement pour la soudure. S'il s'agit de souder du cuivre rouge, du cuivre pur, il faudra nécessairement faire intervenir un corps plus fusible que le cuivre : le laiton. S'il s'agit d'un métal plus fusible, comme le plomb, il faudra prendre pour soudure un alliage plus fusible encore, c'est-à-dire la soudure des plombiers, qui est un alliage de plomb et d'étain. Si l'on fait un alliage avec un plus grand nombre de métaux fusibles, en prenant le plomb, l'étain, le bismuth, on arrive à avoir des produits fusibles; c'est ce qu'on a réalisé au moyen d'un alliage de plomb, d'étain et de bismuth, fabriqué dans les proportions suivantes :

8 parties de bismuth;
5 parties de plomb;
3 parties d'étain.

Cet alliage fond à la température de 94 degrés et demi; il porte le nom d'*alliage de Darcet père*, qui l'a composé en 1775. Soumis à un refroidissement lent, il présente la propriété de cristalliser; il se solidifie subitement, et n'éprouve pas le phénomène de liquéfaction.

Si l'on augmente la proportion de l'un de ces métaux, on obtient un alliage dont la fusibilité est moindre, et qui présente alors les caractères d'un mélange; c'est ce qui arrive d'ailleurs pour la plupart des alliages. On ne cherche pas à obtenir des combinaisons définies, car les corps cristallisés ne présentent pas la résistance des corps qui ont un grain plus fin. Quand on coule un alliage fabriqué dans les conditions ordinaires, il se produit le phénomène connu sous le nom de liquéfaction : c'est un obstacle pour obtenir des alliages homogènes; il arrive qu'une partie se solidifie la première, tandis que dans la partie centrale le refroidissement est lent, n'étant pas en contact avec les corps extérieurs. Ces alliages présentent une plus grande fusibilité; leur composition n'est donc pas la même. Ce phénomène se présente pour le bronze employé à certaines fabrications.

Au point de vue des propriétés chimiques, je vous parlerai d'abord de l'action de l'oxygène et des agents atmosphériques sur les alliages.

En général, les alliages qu'on emploie sont moins oxydables que les métaux qui entrent dans leur composition. Ainsi le bronze, alliage de cuivre et d'étain, le laiton, alliage de cuivre et de zinc, résistent mieux à l'air que ne font le cuivre, l'étain, pris à l'état isolé. En général, on évite de fabriquer des alliages qui s'altèrent à l'air; on cherche de préférence à les faire résister au contact des agents atmosphériques, et à l'action de l'acide carbonique. Si les deux métaux présentent la même tendance, l'alliage est alors extrêmement peu oxydable, c'est ce qui arrive pour l'alliage de cuivre et de zinc, ou laiton, qui est moins oxydable que le cuivre. Si l'on se place dans des conditions inverses, si l'ont vient à allier un métal électro-positif avec un autre métal électro-négatif, on obtient un alliage extrêmement oxydable, tantôt à la température ordinaire, tantôt à une température plus élevée; comme l'alliage de bismuth et d'antimoine, qu'on ne peut conserver au contact de l'air. Quand on en prend une certaine quantité qu'on réduit en poudre, et qu'on l'introduit dans un vase qui renferme de l'eau, de manière à pouvoir recueillir l'hydrogène, on a un dégagement très-sensible de ce gaz; cela dépend, du reste, des conditions physiques, car si l'on en prend dans un grand état de division, il s'oxyde avec une rapidité telle, qu'exposé au contact de l'air humide, il a la propriété de détoner, tant il absorbe d'oxygène. Pourquoi ce composé est-il aussi oxydable? C'est qu'on a employé, d'une part, un métal ayant une tendance électro-positive prononcée: c'est le bismuth, et un métal ayant une tendance électro-négative : c'est l'antimoine ; ce dernier donne naissance à des acides, l'autre donne naissance à une base extrêmement énergique.

Pour préparer cet alliage, on emploie un procédé bien simple. Il existe un sel connu sous le nom d'émétique. Si après l'avoir pulvérisé on le mélange avec une certaine quantité de noir de fumée, on obtient un alliage noir qui, exposé au contact de l'air, a la propriété de fulminer et de détoner. En général, les alliages où entrent le potassium et l'antimoine s'altèrent très-rapidement; tel l'amalgame de sodium. Il peut arriver qu'on forme un alliage qui résiste bien à l'action de l'air, et qui néanmoins étant fabriqué avec deux métaux ayant des propriétés inverses, s'oxyde très-facilement sous l'influence d'une température peu élevée; c'est ce qui arrive pour la soudure des plombiers qui est, comme nous l'avons dit, un alliage de plomb et d'étain. Le plomb a une tendance à donner le protoxyde de plomb, l'étain donne naissance à un véritable acide, le bioxyde d'étain.

Parmi ces alliages qui s'oxydent très-facilement à cause des tendances électriques des métaux qu'ils renferment, il faut citer l'alliage formé par le zinc et l'antimoine, métaux qui ont des tendances contraires; on peut l'obtenir à l'état cristallisé. Même facilité d'oxydation pour l'alliage connu sous le nom d'*alliage de Réaumur*, et qui est composé de fer et d'antimoine. Telles sont les principales propriétés des alliages.

Nous allons maintenant nous occuper de l'examen des principaux alliages employés dans l'industrie ; ils sont nombreux. Un certain nombre présentent de l'intérêt à cause de leurs usages : nous commencerons par les alliages les plus importants et les plus nombreux, ceux qui sont formés par le cuivre.

Le cuivre donne naissance à un grand nombre d'alliages; celui de cuivre et d'étain désigné sous le nom de *bronze;* celui de cuivre et de zinc, sous le nom de *laiton*. Selon les proportions dans lesquelles le cuivre se trouve associé à ces différents corps, on obtient des alliages pour des usages extrêmement différents. Quand on ajoute au cuivre une petite quantité d'étain, on augmente considérablement la fusibilité du cuivre, et en même temps sa dureté. Quand d'ailleurs la proportion d'étain devient un peu plus grande, la couleur du cuivre se trouve immédiatement modifiée, le métal devient de plus en plus blanc, et la couleur du cuivre disparaît complétement, quand l'alliage renferme son poids d'étain. Il en est ainsi de l'alliage formé pour les miroirs de télescopes. Quand la proportion d'étain est moins considérable, on a alors des alliages plus ou moins jaunes, comme si l'on met 10 d'étain et 90 de cuivre. Quand la proportion d'étain est de 5 pour 100, l'alliage est toujours beaucoup plus dur, comme pour les médailles, dont l'apparence se rapproche de celle de l'or allié avec un dixième de cuivre, ou même à l'état le plus pur.

Quand la proportion d'étain augmente par rapport à la proportion de cuivre, 15 pour 100, 20 pour 100 d'étain, l'alliage devient extrêmement cassant; ainsi l'alliage destiné aux miroirs de télescopes se pulvérise comme du verre. Quand la quantité d'étain augmente encore, quand cet élément prédomine, l'alliage reprend une certaine malléabilité. Ces alliages sont rarement employés. L'association du cuivre et de l'étain a principalement pour objet de donner à l'alliage une plus grande fusibilité et une certaine dureté.

Les usages du bronze sont extrêmement variés; on l'emploie pour les monnaies, les médailles, les statues, les pendules, les objets d'ornement. La sonorité qu'on peut lui donner permet d'en faire des cloches, des tam-tams. Quand la proportion d'étain est très-minime, on a un alliage d'une couleur jaune très-belle, pour faire des imitations de bijouterie, et connu sous le nom de *chrysocale*. Nous nous occuperons de ces diverses compositions, ce qui est la chose la plus essentielle à connaître.

Parmi les usages importants que présentent les différentes espèces de bronze, se trouve l'emploi de cet alliage pour couler les statues. Le bronze statuaire n'offre pas, d'ailleurs, une composition homogène, à beaucoup près, et n'est pas formé seulement de cuivre et d'étain; mais bien de trois et même de quatre métaux, le zinc et le plomb arrivant en addition. Voici quelques exemples. Un bronze statuaire qui jouit d'une grande célébrité est le bronze des frères Keller, dont vous avez pu voir des échantillons aux Tuileries et à Versailles. L'avantage qu'il présente, c'est que, sous l'influence du temps, il a pris ce qu'on appelle une patine. Cette espèce de bronze renferme :

91 de cuivre, 5,5 d'étain, 2 de zinc, 1,5 de plomb.

La statue de la Liberté de la colonne de Juillet, est ainsi composée :

92 de cuivre, 3 d'étain, 4,2 de zinc, 0,7 de plomb.

Voici maintenant la composition de l'ancienne statue du Napoléon de la colonne Vendôme :

84,8 de cuivre, 5,8 d'étain, 6 de zinc, 3,7 de plomb.

Ajoutons, en terminant, que la présence du plomb a pour but de rendre plus facile le travail du burin.

Treshardy.

ZOOLOGIE (REPTILES, BATRACIENS ET POISSONS).

COURS DE M. A. DUMÉRIL.

(MUSÉUM D'HISTOIRE NATURELLE.)

I.

Les Chéloniens.

(Suite. — Voyez le n° 2.)

Les Chéloniens ont toujours une disposition du squelette fort particulière, et qui est telle que ce squelette se transforme véritablement en une boîte formée par la réunion de la colonne vertébrale, des côtes et du sternum. De la formation de cette boîte résulte une modification singulière de l'organisation de ces animaux : c'est que, dans l'intérieur même de cette boîte sont venus se loger les membres, et l'animal, dans certaines circonstances, peut les y faire rentrer complétement; chez beaucoup d'individus, la tête et la queue peuvent également se loger dans cette cavité, ce qui permet à ces animaux de résister à l'attaque de leurs ennemis. Ils ont en cela quelque analogie avec ces mammifères que l'on nomme *tatous*. Il faut remarquer, comme caractère général, que ce sont des animaux dont le tronc est court, ramassé, quelquefois extrêmement bombé, d'autres fois très-aplati, leur queue d'une longueur variable, rarement très-longue, surtout en la comparant à celles des sauriens et des ophidiens. Les membres pouvant sortir de la carapace offrent dans leur structure des différences très-notables, qui sont en rapport avec le gsnre de vie. La tête est plus ou moins saillante, les mâchoires ont un bec corné, comme les oiseaux, et dont la forme, jusqu'à un certain point, peut désigner le genre de vie; trouvons-nous un bec fort, pointu, robuste, nous avons affaire à un carnassier; avons-nous, au contraire, un bec moins fort, nous avons devant nous un herbivore. Cependant les espèces qui se nourrissent de végétaux recherchent aussi quelquefois les proies vivantes.

Chez les chéloniens, la respiration se fait d'une manière peut-être plus complète que chez les autres reptiles; ils ne peuvent augmenter la capacité de la cage thoracique, et leur respiration se résout en une espèce de déglutition continuelle de l'air; ils font, en outre, entrer l'air dans leurs poumons en les dilatant et en les resserrant au moyen de la contraction des muscles des régions antérieure et postérieure du tronc. Le mode de génération est très-remarquable en ce que la fente du cloaque est toujours longitudinale et l'organe de la génération unique; c'est une différence très-grande avec les sauriens. De plus, on n'a jamais vu de chélonien qui soit ovovivipare, tandis que quelques sauriens le sont; enfin les œufs sont recouverts d'une coque dure, et chez les sauriens elle est molle. Je vous ai présenté les généralités qui les distinguent des sauriens; je ne m'arrête pas sur les détails.

Les chéloniens se divisent en quatre familles : 1° chéloniens terrestres, ou *Chersites;* 2° chéloniens de marais, *Élodites* ou *Émydes*; 3° chéloniens fluviatiles, *Potamites* ou *Trionyx;* 4° chéloniens de mer, *Chélonées* ou *Thalassites.*

Les chersites ont les pattes en forme de moignons arrondis, propres à la marche et non à la natation. Les doigts sont courts et onguiculés; la carapace est très-bombée et complétement ossifiée, ainsi que le plastron; celui-ci est généralement considérable. L'animal alors peut rentrer dans cette partie la tête et les membres. Cette famille se divise en quatre genres : 1° La *tortue* mauritanique a le sternum un peu mobile en arrière, la carapace très-bombée; elle se trouve sur les bords de la mer Caspienne et en Algérie. Il y a la tortue éléphantine, ainsi appelée à cause de ses dimensions; elle se trouve dans les îles du canal de Mozambique; sa carapace peut avoir près de 1 mètre et demi de longueur, sa hauteur peut atteindre 60 et même 80 centimètres. Certes, c'est une grande taille; mais elle est encore loin du chélonien terrestre fossile, qui a été découvert dans les terrains des monts Himalaya, et que l'on a nommé *Colossochelys Atlas*. Les fragments trouvés de cet individu sont assez considérables. D'après les dimensions établies par d'habiles paléontologistes, il mesure 12 pieds anglais de longueur, ce qui équivaut, dans nos mesures, à 3 mètres 75 centimètres; la hauteur de la carapace a 6 pieds anglais, par conséquent 1 mètre 80 centimètres; la largeur est de 18 pieds anglais, c'est-à-dire 2 mètres 45 centimètres de diamètre transversal. 2° Il y a le genre *Cinixys*, remarquable en ce que la partie postérieure de la carapace présente une articulation qui permet quelques mouvements. 3° Nous citerons le genre *Pyxis*, où la partie antérieure du sternum est mobile. 4° Je dois mentionner enfin les *Homopodes*, remarquables en ce que les pattes de derrière et de devant présentent absolument le même nombre de doigts armés d'ongles, c'est-à-dire quatre.

Nous allons examiner maintenant les tortues marines ou chélonées. Elles ont des particularités qu'il est nécessaire de signaler. Les pattes présentent comme caractère des doigts très-longs, qui sont réunis par une membrane; un ou deux ongles font saillie sur le bord extérieur. Pourquoi cette particularité? C'est que cette disposition est très-propre à la natation; les membres se trouvent transformés en nageoires; leur carapace aplatie offre encore un avantage pour ce genre de locomotion; en effet, ces animaux sont toujours dans l'eau salée, quelquefois ils remontent les fleuves, mais cela est rare, et comme leur natation est vigoureuse et rapide, ils ne craignent pas de se lancer au large dans la mer. On les prend, soit avec le harpon, soit avec l'aide du poisson nommé *Echeneis* qui, retenu par le pêcheur au moyen d'un anneau et d'une longue corde va se fixer sous le plastron de la tortue, qu'on ramène en même temps que l'*Echeneis ;* ou bien encore lorsqu'elles viennent sur le rivage déposer leurs œufs, on les arrête dans leur fuite. Elles sont herbivores, se nourrissent de fucus, de plantes marines; cependant, à la ménagerie, nous leur avons vu manger du poisson et même de la viande. Leur carapace a la forme d'un cœur de carte à jouer; de plus, il y a dans la structure de cette carapace une tout autre disposition que celle qui se rencontre chez les chéloniens terrestres. Le limbe et le disque sont soudés ensemble dans les tortues terrestres; dans les tortues marines l'extrémité des côtes est dégagée dans une petite portion de son étendue avant d'atteindre le limbe. Il y a tout lieu de penser que cette disposition, jointe à une imperfection notable du sternum, est motivée par la nécessité pour ces animaux d'avoir un poids très-léger et une large surface facilitant la natation; une différence à noter chez ces tortues marines, c'est que chez les unes, la carapace est recouverte de plaques d'écailles disposées comme des tuiles, ainsi que nous le voyons chez la tortue caret, très-estimée dans l'industrie pour son écaille. La franche, ou tortue verte, la plus recherchée pour la table, ne présente pas cette imbrication des écailles. A côté de ces genres s'en trouve un tout à fait différent, c'est celui des sphargis ou tortue à peau, qui n'a point d'écailles et est recouverte d'une espèce de cuir.

Je passe maintenant au groupe des *Trionix* ou potamites. Les pattes sont déprimées, et les doigts réunis par de larges membranes. La carapace est plate, couverte d'une peau molle; le plastron n'est pas ossifié au milieu, il est venniculé ainsi que la carapace, et composé de pièces osseuses très-distinctes.

Les côtes viennent faire saillie au pourtour du disque, parce qu'il n'y a point de limbe : c'est une différence avec les autres chéloniens. Les pattes offrent encore cette particularité, qu'ils n'ont jamais que trois ongles, tandis que l'on en trouve quatre et cinq chez les tortues terrestres; c'est, par cette raison, qu'on a appelés ces animaux *Trionix*. Ils ont de plus les mâchoires à nu, sans bec corné, mais cependant protégées par un pli cutané, constituant de véritables lèvres, qui servent pendant la vie à clore complétement la cavité de la bouche. Leurs narines se prolongent en forme de trompe, ce qui leur permet de respirer sans sortir la tête complétement hors de l'eau. Ces potamites ont été divisés en deux genres principaux, ceux qui ne peuvent rentrer leurs membres dans la carapace, et ceux qui peuvent les cacher sous une espèce de rebord (cryptopodes et gynopodes).

Le quatrième groupe des chéloniens comprend les élodites ou émydes. Leurs doigts, au nombre de cinq, sont distincts, mobiles, et réunis à leur base par une palmure plus ou moins étendue. Leur carapace n'est pas recouverte d'une peau comme dans les potamites; ces animaux tiennent donc, et des tortues terrestres par la marche, et des potamites par la natation. Le bec de ces animaux indique que l'on a affaire à un genre de vie tout à fait carnassier. On divise les émydes en deux classes : les *cryptodères* ont le cou cylindrique, et les *pleurodères* le cou et la tête aplatis. Chez les cryptodères, le cou rentre dans la carapace; chez les pleurodères, il se reploie latéralement sur le côté du corps. Les espèces qui appartiennent à l'Europe et à l'Afrique septentrionale, sont l'émyde caspienne, l'émyde sigriz, la cistude. On remarque, dans l'Amérique du Nord, un grand nombre d'espèces appartenant, soit au genre émyde, soit à quelques genres qui sont des démembrements de celui-ci. Parmi les pleurodères, nous remarquerons la chélyde matamata, singulière par l'aplatissement de son cou qui est garni de filaments cutanés, par l'élévation des carènes de la carapace, et par l'adhérence du sternum aux os du bassin, caractère commun à toutes les élodites pleurodères. Cette articulation est très-solide chez ces individus; chez les autres chéloniens, cette adhérence n'existe pas.

Voilà les quelques généralités que je voulais exposer sur le groupe des chéloniens; dans la prochaine séance nous nous occuperons du deuxième groupe des reptiles, des sauriens. — MULLER.

HISTOLOGIE.

COURS DE M. CH. ROBIN.

(FACULTÉ DE MÉDECINE.)

(Voyez le n° 1.)

Du microscope et des autres moyens d'étude employés en anatomie générale.

L'anatomie générale est si nettement caractérisée par la nature des procédés suivis dans son étude et dans les applications qu'on en fait chaque jour à la médecine, qu'il n'est pas rare de la voir désignée sous les acceptions de *microscopie*, d'*anatomie microscopique*, de *micrographie*, etc., d'après le nom de l'instrument le plus usité pour les observations qui lui servent de base.

L'anatomie générale n'est pas plus la microscopie, c'est-à-dire l'art de se servir du microscope, que l'astronomie n'est l'art de se servir du télescope; mais les observations sur lesquelles reposent ces deux sciences exigent l'une et l'autre l'emploi de ces instruments et au même titre : l'une pour préciser les infiniment petits, l'autre pour rapprocher les infiniment grands. Un esprit de détail exagéré, et surtout irréfléchi, a seul pu faire prendre de la sorte le moyen pour le but, et faire donner à cette science le nom de l'un des instruments dont elle use. Il ne serait pas moins ridicule de vouloir établir une branche de l'anatomie sous le nom d'anatomie microscopique, en la fondant sur la considération du volume des parties à étudier, et en lui donnant pour sujet tout ce qui dans l'économie est trop petit pour être vu à l'œil nu. Cette manière illogique de procéder a été suivie en Angleterre et en Allemagne principalement; mais en France, où domine l'esprit de généralisation, qui seul mène à l'adoption de méthodes sûres dans les applications de la science, une pareille confusion a été évitée par un certain nombre d'observateurs; ce qui a pu les préserver des erreurs qui en sont la conséquence. Cette confusion a fait croire, en particulier, que toute l'anatomie générale est bornée à l'étude des parties du corps que le microscope peut seul faire découvrir, et qu'il n'est plus rien de son domaine en dehors de ce que montre cet instrument. Mais nous avons déjà vu qu'elle consiste en bien autre chose qu'en un procédé nouveau, qu'en une simple addition de quelques manœuvres instrumentales à celles adoptées jusqu'à présent; nous verrons encore que l'esprit de l'anatomie générale est plus élevé et s'étend à la solution d'autres problèmes, aussi importants même que ceux dont il a été question plus haut.

Les divers procédés auxquels recourt l'anatomie générale pour arriver à la solution des problèmes de structure normale et pathologique, qu'elle seule a permis de résoudre par l'observation et en dehors de toute hypothèse, sont, comme on le comprend aisément, en rapport avec la nature délicate et les minimes dimensions des objets qu'ils font connaître. Ces objets sont les principes immédiats de nos humeurs, les éléments solides que celles-ci tiennent en suspension, et ceux qui, par leur agglomération en nombre considérable dans un ordre déterminé, forment nos tissus.

Le rapport naturel que l'expérience a conduit laborieusement à établir entre la nature des particules constituantes à observer et les instruments de précision qui permettent seuls de les voir, a eu plusieurs conséquences dignes d'être signalées. En premier lieu, les instruments employés et les résultats obtenus étant nouveaux, ont suscité de la part de quelques médecins la négation de l'utilité des premiers et de la vérité des seconds. Les faits de ce genre, communs dans l'histoire, sont la conséquence d'une tendance (dont l'existence, bien que fâcheuse, ne saurait être niée) qu'ont certains esprits à repousser tout ce qui est progrès, comme d'autres répugnent à ce qui est ordre et méthode.

En second lieu, ces moyens étant à la fois nouveaux et délicats, exigent une éducation nouvelle, qui ne peut s'acquérir que par une série de démonstrations, aidées de l'expérience personnelle.

Ces deux points méritent d'être examinés plus au long, car l'un et l'autre font ressortir la nécessité de combler dans l'enseignement actuel le vide laissé dans l'instruction des médecins de nos jours par l'absence de toute notion d'histologie.

Les moyens d'observations employés en anatomie générale sont d'abord, comme dans les autres branches de l'anatomie, le scalpel, les injections, etc. Mais, en outre, elle recourt à un nombre considérable de réactifs chimiques, car chaque humeur, chaque tissu présentant une composition moléculaire spéciale, l'expérience a conduit à découvrir un ou plusieurs agents en rapport avec celle-ci, qui dissolvent l'élément ou le laissent intact, de manière à mettre en évidence ses caractères essentiels ou ses altérations, de manière à l'isoler de ceux qui l'entourent, etc. Il y a donc là, comme on le voit, tout un ordre d'enseignement, qui consiste à indiquer à propos de chaque humeur, de chaque tissu sain ou malade, quels sont les réactifs qui doivent être employés dans leur étude; puis en quelle proportion il faut en user; de quelle manière et combien de temps il faut les faire agir sur chacun d'eux.

L'anatomie générale, plus encore que l'anatomie descriptive, ne peut pas être entièrement apprise dans les livres seulement, sans observer directement les éléments anatomiques et les tissus, tellement est spécial l'aspect de ces corps vraiment nouveaux et dont ceux qui sont visibles à l'œil nu ne donnent aucune idée.

Ainsi, l'anatomie générale est analytique par les moyens d'investigation qu'elle emploie; élémentaire par les résultats auxquels ces derniers conduisent; et générale par son esprit, c'est-à-dire par les notions synthétiques qui découlent inévitablement de ces résultats et qui guident ensuite dans les applications qu'on en fait à la pratique de l'art. Ces particularités la distinguent nettement des généralités qui peuvent être dites sur les dispositions anatomiques d'ordre divers de l'ensemble des animaux et des végétaux.

La dénomination d'anatomie générale donnée à cette partie de l'anatomie est donc tirée de son esprit et non des moyens dont elle use. En cela elle est préférable à tout autre nom, car le but qui dirige dans une étude en est la chose essentielle, dominante, tandis que les moyens sont toujours variés et peuvent être applicables à diverses branches de la science. C'est ainsi que le microscope est presque aussi utile en anatomie descriptive qu'en anatomie générale, au moins pour l'anatomie descriptive d'un grand nombre d'animaux.

L'anatomie descriptive est également analytique par ses moyens, car, sous ce rapport, il en est ainsi de toute l'anatomie; mais ses résultats sont toujours spéciaux, individuels et nullement synthétiques.

Si maintenant on songe que les attaques dont cet ordre d'études a été l'objet n'ont jamais été suscitées que par ceux qui, sans être familiers avec le microscope, étaient frappés des changements qu'apportent dans les idées admises jusqu'à eux les résultats que donne son emploi, on ne sera pas étonné de voir surgir ces doutes; en même temps leur peu de valeur frappera votre esprit.

C'est surtout lorsqu'il s'agit de contestations de cet ordre qu'il importe de peser plus que de compter les avis. Or, il n'est pas sans intérêt de remarquer que les dénégations sur l'importance de ces études ne sont jamais venues d'hommes qui, tenant un haut rang dans la science, ont laissé une trace brillante dans l'histoire. Au contraire, dès le temps où Leuwenhoeck éclairait quelques points de l'anatomie et des sciences naturelles à l'aide des premiers microscopes d'un pouvoir amplifiant notable, Leibnitz recommande la vulgarisation de ce précieux moyen d'observation, parce que, dit-il : « le microscope précise les caractères des infiniment petits, comme le télescope rapproche les infiniment grands. »

C'est ainsi encore que de nos jours Humboldt, parlant des mêmes instruments grossissants, laisse de côté leurs détracteurs, comme ennemis des progrès de la science, et montre que : renforcer un des organes de nos sens, revient à renforcer l'intelligence, à étendre le cercle des idées, à ennoblir l'humanité. Par l'emploi des instruments grossissants, ajoute-t-il, se sont agrandies presque à l'infini la sphère de nos recherches et la portée du coup d'œil qu'il nous est donné de jeter sur la création; par là ont été incessamment soulevés de nouveaux problèmes dont la solution difficile a provoqué dans les sciences physiques et organiques un développement sans égal. Il serait impossible de mieux vous prouver que ceux qui contestent les applications à la médecine de ces précieux moyens d'investigation agiraient tout autrement s'ils s'en étaient servis d'abord pour chercher eux-mêmes à résoudre les problèmes dont la solution les étonne.

Il n'y a pas un demi-siècle, du reste, que les mêmes objections étaient faites à l'auscultation et à la percussion, ainsi qu'aux résultats nouveaux que faisaient acquérir ces moyens de diagnostic, également nouveaux à cette époque. Or actuellement plusieurs de ceux qui repoussent l'emploi du microscope se sont élevés alors contre les détracteurs du stéthoscope; ils seraient sans doute les premiers à refuser, non sans raison, le titre de médecin à celui qui ne saurait montrer qu'il connaît l'usage de cet instrument et la valeur des signes qu'il fournit.

Peut-être pourrait-on croire que dans un cours de ce genre il peut y avoir double emploi avec les cours de physique? Il n'en est rien pourtant. En effet, ces derniers font connaître la construction générale des instruments précédents, lorsqu'ils étudient les lois de la réfraction et de la réflexion lumineuses; ils montrent alors quels sont les divers appareils dont l'invention repose sur une connaissance exacte et une application heureuse des propriétés de la lumière. Mais on le comprend facilement, il y a loin de cette description à la théorie des microscopes simples et composés, qu'il est indispensable d'aller demander au professeur de physique, à une indication des usages possibles de ces instruments; or, c'est ce rôle que remplit le professeur d'anatomie générale. Il commence où finit celui du professeur de physique. Une des attributions du premier est de montrer quels sont les microscopes simples ou composés et les réactifs que doit choisir le médecin dans le diagnostic de telle ou telle maladie; comment il faut s'en servir, selon qu'il s'agit d'un produit pathologique solide ou liquide; comment il faut procéder, lorsqu'il est question d'un examen à faire au lit du malade ou dans l'amphithéâtre. Ces cas sont très-distincts : l'expérience seule conduit à les connaître ; la transmission de génération en génération des résultats de ces tentatives peut seule hâter le progrès et éviter les découragements dont vous pouvez être pris, lorsqu'au milieu d'occupations multipliées vos essais sont entravés par des insuccès dont vous ne pouvez d'abord vous rendre compte. C'est pour n'avoir pas su comment il faut modifier un même procédé dans chacune de ces différentes conditions, que, d'après un premier échec, tant d'hommes, éminents dans un autre ordre de connaissances, concluent encore chaque jour à l'impossibilité de mieux faire; et, par des jugements prématurés, éloignent des recherches de ce genre beaucoup d'esprits désireux de les poursuivre.

Vous voyez déjà, messieurs, que les moyens d'étude en histologie ne diffèrent pas au fond, quant au but poursuivi, qui est la connaissance des lois de l'organisation, de ceux qui sont usités en anatomie descriptive.

HISTOIRE DE LA MÉDECINE ET DES DOCTRINES MÉDICALES.

COURS DE M. BOUCHUT.

(ÉCOLE PRATIQUE DE LA FACULTÉ DE MÉDECINE.)

I.

Du mysticisme médical et de la théurgie.

(Suite. — Voyez les nos 1 et 2.

SECTION I. — DU MYSTICISME MÉDICAL, DE LA THÉURGIE ET DE LA MAGIE DANS L'ANTIQUITÉ.

I. *Du mysticisme médical chez les sauvages.* — Dans l'enfance des peuples, l'homme est le jouet d'un naturalisme superstitieux et d'un fétichisme dans lequel tous les phénomènes de la nature, tous les êtres de la création, deviennent des objets d'adoration. Partout il explique les phénomènes qui l'environnent, par des esprits personnels conçus à son image, séparés de ces objets ou confondus avec eux. Telle a été la croyance qui servit de base au polythéisme des Chinois, des Égyptiens, des Grecs, des Latins, et qu'on retrouve chez toutes les peuplades sauvages.

Le brahmanisme des Indous, le boudhisme des Tartares, l'islamisme des Arabes, des Persans et des Africains, le judaïsme des descendants dispersés des Hébreux, etc., sont remplis de pratiques en rapport avec le fétichisme que ces religions ont remplacé.

Comme les autres phénomènes de la nature, la maladie fut attribuée à une influence surnaturelle, et c'est alors que la magie prit naissance. Elle eut surtout pour objet de conjurer les esprits malfaisants et de guérir les maux faits par eux. Ayant déterminé la demeure des mauvais esprits, on répétait des incantations en touchant des amulettes, et l'on s'adressait à ceux qui croyaient ou avaient le pouvoir de les chasser. Suivant les lieux et selon les peuples, le nom de l'amulette change, mais l'idée reste la même; ce sont des *grigris* chez les nègres, des *mariris* chez les Caraïbes, des *sacs à médecine* chez d'autres, et les prêtres sont seuls chargés de consacrer toutes les amulettes.

Ces prêtres cumulent les fonctions de devin, de prophète, d'exorciste, de thaumaturge et de médecin. Parfois ce sont des femmes. Tous ont une grande puissance, et ils sont très-redoutés, tant on a peur de leur puissance surnaturelle. Partout il en est de même; le nom et la forme des choses changent, mais le principe est immuable et ne changera jamais ; il est éternel.

II. *Du mysticisme médical chez les Chaldéens, les Perses et les Égyptiens.* — Dans le berceau de la civilisation, voisin des bords du Tigre et de l'Euphrate, dans les empires de Ninive et de Babylone, les Assyriens créèrent la plus ancienne cosmogonie connue. La sérénité du ciel les disposait aux observations astronomiques, et ils virent dans les astres autant de divinités douées d'influences bienfaisantes ou malfaisantes, réellement constatées déjà pour le soleil et pour la lune. — Les Kaldins ou Chaldéens, descendus des montagnes du Kurdistan à Babylone, finirent par constituer une caste savante sacerdotale, et ils s'occupèrent de la contemplation du firmament, de façon à découvrir quelques lois. Leurs temples étaient aussi des observatoires, ce dont on a la preuve par la tour de Babylone.

La science des Chaldéens, qui devint plus tard, chez les Grecs, l'astrologie, se composait de physique, de chimie, de médecine, de magie, de théologie et d'astrologie. Babylone avait déjà ses sorciers aussi bien que ses devins et ses astrologues. D'après Diodore de Sicile (voyez Guignaut, *Religions de l'antiquité*, t. II, part. II, p. 895), les Chaldéens et les Assyriens plaçaient, à la tête des dieux, le soleil et la lune, dont ils avaient noté le cours et les positions respectives, par rapport aux constellations du Zodiaque.

Ce Zodiaque, imaginé par eux, était l'ensemble des douze demeures dans lesquelles le soleil entrait successivement dans l'année. Chacun des signes dépendait d'un dieu qui avait son influence sur le mois correspondant, et chaque mois, divisé en trois, formait trois décans sur chacun desquels régnait une étoile nommée le *dieu conseiller*. Cela faisait en tout trente-six dieux décadaires, dont une moitié veillait les choses supérieures à la terre, et l'autre celle du sol. Le soleil, la lune et les cinq planètes, portant le nom de dieux interprètes, occupaient le rang le plus élevé dans la hiérarchie divine, et leur cours régulier indiquait la succession des événements.

On consultait le rapport des planètes — désignées par les noms de *Bel* (Jupiter), *Mérodoch* (Mars), *Hebo* (Mercure), *Sin* (la lune), *Mylitta* (Vénus) — aux constellations zodiacales (appelées *maîtres des dieux*). Et de telle ou telle conjonction céleste au moment de la naissance d'un homme, les Chaldéens tiraient des prédictions que plus tard les Grecs ont appelé des *horoscopes*. Les Chaldéens supposaient une relation étroite entre chacune des planètes et les phénomènes météorologiques, de là à l'influence bienfaisante ou malfaisante sur la nature, aux prédictions, à l'interprétation des songes et aux pratiques superstitieuses, il n'y avait qu'un pas et il fut vite franchi.

C'est plus tard, après la destruction de l'empire de Babylone, lorsque la religion des Perses entre dans les pays qu'arrose l'Euphrate, que la science des Chaldéens se dénature entre les mains des prêtres du *mazdéisme*. Sous l'influence aussi des *vedas*, livres sacrés de l'Inde, la croyance de ces peuples devient un peu plus spiritualiste. La notion d'esprits célestes ou d'êtres intelligents mais cachés se substitue à l'adoration des forces et des objets de la nature. Le soleil et les astres ne sont plus regardés que comme les manifestations de puissances intelligentes et matérielles. L'idée de Dieu unique se dégage et on l'appelle *ormudz* (sage vivant), en même temps la cause du mal est attribuée à *Ahriman* ou le *malintentionné*. Autour de ces deux divinités les Perses en plaçaient une foule d'autres comme assesseurs : les Amschaspands (saints immortels), personnification des formes solaires; les Izeds, personnification des phénomènes naturels, et les ferouers, génies des forces vivantes de la nature. Les serviteurs d'Ahriman étaient les Dews, esprits pervers qui aidaient ce dieu dans l'œuvre du mal, mais ce dieu devait toujours succomber.

Avec ces idées, les Perses s'occupèrent de s'assurer la protection des génies, et de conjurer l'influence des Dews. De là des prières, des pratiques et des cérémonies, dont les prêtres ou mages étaient les instruments, et de là le nom de magie.

Dans leur liturgie, ils employaient beaucoup le *Hom*, plante sacrée, réputée magique par les Grecs, et qui était le symbole de la nourriture céleste. Le *Hom* éloigne la mort, donne la santé, la vie, la beauté, chasse les mauvais esprits et conduit au ciel. C'est une divinité cachée sous une apparence sensible, se laissant manger de ses adorateurs pour entretenir dans leur cœur la pureté et la vertu.

En Égypte, la religion avait des caractères un peu différents que dans l'Assyrie. On y adorait les animaux comme des incarnations d'autant de divinités. Mais ici l'évocation prétendait contraindre le dieu d'obéir à leurs désirs et de manifester sa présence, tandis que les Perses n'évoquaient que des esprits.

Chez eux l'astrologie était fort cultivée, et ses principes étaient consignés dans le livre du dieu *Thoth*, identifié par les Grecs avec *Hermès*.

Ainsi s'explique l'action qu'ils attribuaient aux astres sur les différentes parties du corps. Le soleil ou le dieu Ra agissait sur la tête, Cinubis sur le nez et les lèvres, Hathor sur les yeux, Selk sur les dents, Moon sur la chevelure, Rieth sur les genoux, Phtha sur les pieds, etc. Et quand telle partie du corps était affectée, on invoquait pour la guérison la divinité à laquelle en était confiée la garde (Al. Maury, *loc. cit.*, p. 45). Dans ce même livre se trouve aussi les préceptes sacrés de la religion et de la médecine. Mais si l'on compare les connaissances de cette époque avec les principes et les lois qui sont exposés dans le livre de Thoth, on est tenté de douter de son existence à cette époque, et il semble plus rationnel d'admettre qu'il est l'œuvre d'une époque postérieure.

Quoi qu'il en soit, voici comment s'exprime M. Houdart : « Afin que le lecteur juge, dit-il, de l'immensité des connaissances des savants de l'ancienne Égypte, je vais mettre sous les yeux le titre des quarante-deux volumes du recueil hermétique. Les deux premiers contenaient, l'un des hymnes aux dieux, l'autre les devoirs des rois. Les quatre suivants traitaient de l'ordre des étoiles errantes, de la lumière, du lever et du coucher du soleil et de la lune. Dans dix autres on donnait la clef des hiéroglyphes, la description du Nil, des ornements sacrés, des lieux saints; puis on y enseignait l'astronomie, la cosmographie, la géographie et la topographie de l'Égypte. Dix autres volumes concernaient le choix des victimes, le culte divin, les cérémonies de la religion, les fêtes, les pompes publiques, etc.'

Un pareil nombre de volumes, qui étaient appelés sacrés, était consacré aux lois, aux dieux et à toute la discipline des prêtres. Enfin les six derniers regardaient la médecine.

Nous laissons au lecteur le soin de déduire toutes les conséquences d'une pareille encyclopédie; mais ce que nous ferons remarquer, c'est que les six volumes qui regardaient la médecine renfermaient un corps de doctrine complet et des mieux ordonnés. Le premier traitait de l'anatomie; le second, des maladies; le troisième, des instruments; le quatrième, des médicaments; le cinquième, des maladies des yeux; et le dernier, des maladies des femmes.

Assurément on ne peut nier que cette distribution ne fût très-méthodique. On donnait d'abord la description du corps humain, montrant par là qu'il fallait commencer par les connaissances du sujet sur lequel on devait opérer; ensuite on passait à l'étude des maladies, puis à celle des médicaments et des instruments nécessaires pour les guérir; et comme les affections des yeux et les maladies des femmes sont en très-grand nombre et qu'elles demandent une attention particulière, on avait soin de les examiner à part et d'en faire une étude spéciale. N'est-ce pas là un corps de doctrine médicale aussi complet que bien ordonné? (Houdart, *Etudes historiques et critiques sur la vie et la doctrine d'Hippocrate, et sur l'état de la médecine avant lui*, p. 135.)

III. *Du mysticisme et de la théurgie chez les Grecs.* — Le courant des connaissances humaines, qui, dès les premiers temps, s'est fait jour en Perse, en Chaldée, en Égypte, ne tarda pas à s'étendre en Grèce.

Déjà, à l'époque de la guerre de Troie, on voit combien est grande l'influence des dieux; il ne surgit pas d'événement qui ne leur soit attribué, on les invoque pour remporter la victoire, on les supplie de mettre fin aux calamités publiques; et de même qu'on suppose que c'est grâce à l'intervention des dieux que la flotte ou l'armée ennemie est arrêtée dans sa marche, de même admet-on que c'est par leur influence que la santé s'altère, et que la guérison des maladies s'opère. Aussi que de prières, que de sacrifices, pour rendre les dieux favorables à l'accomplissement d'une expédition ou au rétablissement de la santé!

En Grèce, le culte était rempli des pratiques superstitieuses de la magie des premiers âges. Des prêtres, des devins, faisaient les cérémonies du temple, préparaient les charmes et les sacrifices. On avait recours à eux contre la fascination, pour évoquer les dieux, guérir les maladies, cicatriser les plaies; ils charmaient les serpents, conjuraient les vents et pouvaient, croyait-on, changer les hommes en animaux, témoin la fable de Médée et celle de Circé qui, au moyen d'un breuvage, changea les compagnons d'Ulysse en loups, en ours, etc. Tout cela nous prouve jusqu'à quel point peut en arriver la crédulité humaine. Néanmoins, jusqu'alors la théurgie n'avait pas existé en Grèce à l'état de doctrine, ce ne fut que quelques années après la prise de Troie, qu'elle prit un corps et commença à s'exercer dans les temples consacrés aux dieux de la médecine.

§ 1. *De la médecine dans les temples grecs.* — Le premier temple à Esculape fut élevé à Titane, dans le Péloponèse, cinquante ans après la prise de Troie, et il s'en éleva une foule d'autres en Grèce, puis en Asie, en Afrique et en Italie. Les plus célèbres furent ceux d'Epidaure dans le Péloponèse, celui de Pergame en Asie Mineure, celui de Cos et celui de Cyrée en Libye.

Dans le temple d'Epidaure existait une statue du dieu de la médecine, assis sur son trône, un bâton dans une main, et sous l'autre la tête d'un serpent. Un chien reposait à ses pieds. Des prêtres étaient attachés à son culte, et comme, d'après M. Malgaigne, les plus célèbres appartenaient à la famille d'un Asclépiade, le nom leur en est resté dans l'histoire, qui les appelle tous des Asclépiades, faisant ainsi d'un nom propre une désignation générale. Ils formaient une caste obéissant à des engagements secrets, notamment de n'instruire des choses saintes que des élus admis à cette connaissance qu'après les épreuves de l'initiation.

Ces temples étaient situés dans des lieux agréables, près de sources thermales ou de cours d'eau, entourés de jardins, pour que les malades pussent se distraire, et la foi qui les attirait, non moins que les cures merveilleuses dont ils étaient témoins, favorisait la révolution organique susceptible de les guérir.

Les prêtres conseillaient des remèdes appropriés à chaque maladie, des vomitifs, des purgations, des bains de mer, des frictions, des eaux minérales, et au besoin pratiquaient la saignée. Mais avant d'en arriver là, il fallait que les malades fussent préparés par l'abstinence, le jeûne, les prières, les offrandes, les sacrifices, et quelquefois par la retraite d'une ou de plusieurs nuits dans l'intérieur du temple. Des serpents inoffensifs, élevés par les prêtres, se promenaient sur l'autel ou étaient dans leurs mains, et remplissaient de terreur l'âme des profanes. Puis, le dieu se faisait entendre mystérieusement, et une voix cachée expliquait les songes et rendait, sous forme d'oracle, les arrêts de sa thérapeutique.

Ainsi excitée par la terreur et la foi, l'imagination des pauvres malades venait en aide à la nature, réagissait sur l'organisme souffrant, et quelques-uns se trouvaient immédiatement guéris, tandis que d'autres devaient attendre plus longtemps le réel effet des remèdes.

Ceux qui étaient guéris s'en retournaient heureux, bénissant le ciel de sa clémence, et laissant des témoignages de leur gratitude. Ceux qui n'avaient pu être soulagés partaient encore avec l'espérance de l'avenir, remplis de la crainte de n'avoir pas fait assez pour satisfaire la colère divine, ils se purifiaient de nouveau, et faisant un second pèlerinage, ils redoublaient de libéralité.

En outre de la pratique, les prêtres enseignaient les adeptes, faisaient école à Rhodes, antérieurement à Hippocrate, à Gnide, où parurent les *Sentences gnidiennes*, et à Cos. Dans tous ces temples on suivait l'usage importé d'Égypte, qui consistait à suspendre aux murs des *tables votives*, avec le nom du malade et de la maladie, avec le traitement mis en usage.

Plusieurs de ces tables ont été retrouvées, et l'on peut voir, par l'extrait suivant, comment se pratiquait la science : « Julien rejetait le sang par la bouche et paraissait perdu sans ressources.

« L'oracle lui ordonna de prendre, sur l'autel, des graines de pin et d'en manger, avec du miel, pendant trois jours ; il le fit et fut guéri. Ayant donc remercié Dieu, il s'en alla. »

Cependant il y avait déjà des esprits sceptiques qui, raillant la puissance du ciel, méprisaient les actes de ses ministres, et sortaient du saint lieu la colère dans l'âme et le blasphème sur les lèvres.

On en peut juger par le discours suivant qu'Aristophane place dans la bouche d'un personnage de comédie : « Le sacrificateur du temple d'Esculape, après avoir éteint toutes les lumières, nous dit de dormir, ajoutant que, si quelqu'un entendait le signal de l'arrivée du dieu, il ne bougeât en aucune manière. En conséquence, nous nous tînmes tous couchés sans faire de bruit.

» Pour moi, je ne pouvais trouver le sommeil, parce que l'odeur d'un pot plein d'un excellent potage, qu'une vieille tenait assez près de moi, me chatouillait furieusement l'odorat. Souhaitant donc passionnément me glisser jusqu'à lui, je levai doucement la tête, et je vis le sacristain qui enlevait les gâteaux et les figues de dessus la table sacrée, et qui, faisant le tour des autels, l'un après l'autre, mettait dans un sac tout ce qu'il trouvait, je crus qu'il y avait beaucoup de mérite à suivre son exemple, et je me levai pour aller quérir le pot de la vieille. »

Comme on le voit, dès cette époque reculée, l'esprit de scepticisme et d'incrédulité existait à un très-haut degré, et se traduisait en ridiculisant les cérémonies et les choses sacrées ; mais ce n'est pas tout. Déjà se glissait également la fourberie au milieu de ces pratiques médicales, et les devins avaient quelquefois recours aux plus singulières ruses pour conserver leur pouvoir sur la foule imbécile. En voici la preuve dans la manière dont se pratiquait la *lécanomancie* ou divination par le moyen des bassins.

Les magiciens, dans une chambre close, peinte en bleu, plaçaient à terre un bassin plein d'eau réfléchissant le bleu du plafond. Dans ce plancher est une ouverture cachée, et le bassin de pierre a un fond en verre, au-dessous de la chambre est une pièce secrète où sont les compères déguisés en dieux, en démons, et quand le magicien les fait voir au fond du bassin, la dupe effrayée ajoute entière confiance à tout ce qu'on lui annonce.

Dans d'autres circonstances ils faisaient paraître le démon dans la flamme ; pour cela ils dessinaient sur le mur la figure à évoquer, qu'on enduisait secrètement d'une composition d'asphalte et de bitume, et, au moment de l'évocation, on approchait une lampe du mur de façon à mettre le feu aux matières inflammables.

Ailleurs, pour faire voltiger Hécate sous la forme d'un feu aérien, un compère, caché dans la chambre obscure, attendait la fin de l'évocation magique, et lâchait un milan ou un hibou, auquel était attaché de l'étoupe enflammée. Aussitôt la dupe, prévenue d'avoir à se prosterner lors de l'apparition du feu, devait se cacher la face contre terre jusqu'à ce que le magicien lui ordonnât de se lever, ce qu'il ne faisait qu'après avoir repris l'oiseau et lorsque le feu était éteint.

Ainsi, le mensonge, la fraude et l'imposture avaient déjà leurs adeptes qui exploitaient, comme aujourd'hui, la crédulité humaine ; et, de même que ceux qui agissaient avec la plus entière bonne foi, ces médicastres éhontés cherchaient à frapper l'imagination pour s'emparer d'elle ; et souvent, les uns et les autres arrivaient au même résultat c'est-à-dire à la guérison des maladies.

— La suite à un prochain numéro. —

Le propriétaire-gérant : Germer Baillière.

PARIS. — IMPRIMERIE DE E. MARTINET, RUE MIGNON, 2.

PREMIÈRE ANNÉE. — N° 4. UN NUMÉRO : 30 CENTIMES. 26 DÉCEMBRE 1863.

REVUE
DES
COURS SCIENTIFIQUES
DE LA FRANCE ET DE L'ETRANGER

YSIQUE — CHIMIE — ZOOLOGIE — BOTANIQUE — ANATOMIE — PHYSIOLOGIE
GÉOLOGIE — PALÉONTOLOGIE — MÉDECINE

Paraît tous les Samedis.

Paris.........	Six mois.	8 fr.	Un an.	15 fr.
Départements..	—	10	—	18
Étranger......	—	12	—	20

Prix de l'abonnement avec la Revue des Cours littéraires.

Six mois....	Paris, 15 fr.	Départ., 18 fr.	Étranger, 20 fr.
Un an.......	— 26	— 30	— 35

Rédacteur en chef
M. ODYSSE-BAROT

Les ouvrages dont deux exemplaires auront été envoyés au bureau du journal seront annoncés et analysés s'il y a lieu.

On s'abonne
A LA LIBRAIRIE GERMER BAILLIÈRE
17, rue de l'École de Médecine,
Et chez tous les libraires, par l'envoi d'un bon de poste, ou d'un mandat sur Paris.

L'abonnement part du 1er décembre ou du 1er juin de chaque année.

SOMMAIRE.

PATHOLOGIE GÉNÉRALE.

COURS DE M. CHAUFFARD.

(FACULTÉ DE MÉDECINE.)

I.

De la pathologie générale, de sa réalité, et de son rôle dans la constitution de la médecine.

Messieurs,

L'enseignement que je suis appelé à vous donner est incontestablement le plus important et le plus élevé qui puisse échoir à un médecin. Il soulève cependant, et par cela même peut-être, de tels doutes et de telles répulsions, qu'il n'est guère possible de l'aborder sans s'attacher à dissiper les préjugés et les confusions sur lesquels s'appuient ces doutes et ces répulsions.

Ceux-ci apparaissent au premier regard qu'on porte sur la pathologie générale, et se présentent dès cette première question :

Qu'est-ce que la pathologie générale ? Je vais essayer de réfuter les réponses erronées faites à cette question préalable, et je m'efforcerai ensuite de définir nettement la pathologie générale, de traduire dans ses traits généraux et saillants l'esprit même de la doctrine médicale, dont ce cours doit être le développement.

A ces mots : Qu'est-ce que la pathologie générale? bien des médecins opposent une négation radicale; la pathologie générale n'existe pas pour eux : il n'y a que des faits particuliers dans notre science; toute prétention d'élever au-dessus de ces faits particuliers des lois générales, leur paraît une chimère. Ils considéreraient volontiers ces tentatives et les besoins auxquels elles répondent comme une infirmité de l'esprit humain, amoureux des illusions, fécond en imagination sur la nature des choses, créateur facile d'entités, inventées pour le gouvernement et l'explication des phénomènes et des faits.

La conséquence acceptée de cette négation est que la médecine n'est pas une science, mais seulement un art, et un art exclusivement empirique. L'intelligence médicale est ainsi condamnée à ne pas dépasser le cercle étroit et obscur de l'expérimentation brute, et à dépérir de langueur dans ces régions qu'aucune lumière supérieure n'éclaire, qu'aucun souffle vivifiant ne ranime, loin de la science et des fières satisfactions qu'elle procure à l'esprit. Dévoués à une observation sans règle, ces médecins croient à toutes les affirmations de l'expérience et des sens, et ne rejettent d'une manière absolue que le monde des vérités supérieures que les sens ignorent. Ils réservent leur estime et leurs suffrages pour ceux qui, sans relâche et sans but défini, passent d'une expérimentation à l'autre, souvent sans regarder à la légitimité des droits dont ils usent. Le droit s'efface pour eux devant le but qu'ils poursuivent : recueillir empiriquement des faits est l'œuvre suprême de la médecine, collection empirique de faits. Ceux-là seuls qui se vouent à ce labeur, servent utilement la médecine, et non ceux qui prétendent la traiter en science et lui chercher des règles supérieures.

L'empirisme n'est pas l'unique aboutissant pour tous ceux qui nient la pathologie générale; tout empirique cache un sceptique. Où peut arriver, en effet, celui qui part de l'observation pure, ne croit qu'aux affirmations des sens, et n'a pas su conquérir au-dessus du monde sensible quelques-unes de ces certitudes immuables qui domptent et règlent la mobilité incessante et perfide des phénomènes et des sensations qu'ils suscitent?

On a fait et souvent répété le compte des erreurs doctrinales de la médecine; on a montré les variations des systèmes, les transports avec lesquels ces systèmes avaient été adoptés par la foule des médecins, les mépris qui avaient succédé à ces transports; on a fait valoir les obstacles que les systèmes successivement accrédités avaient apportés aux progrès de la science; les interprétations arbitraires qu'ils avaient imposées aux faits observés, et surtout les erreurs de thérapeutique qu'ils avaient engendrées.

Mais si cette histoire vous est souvent représentée par ceux qui veulent conclure au rejet de toute doctrine, il en est une autre encore plus fertile en mécomptes et plus humiliante : c'est celle des variations de l'observation empirique et des résultats pratiques enfantés par elle. Ces variations, qui pourra jamais les décrire? Ces contradictions péremptoires, ces luttes acharnées de faits en apparence positifs, ces oppositions radicales des statistiques les plus savamment dressées, qui pourra jamais en fixer le nombre incalculable, qui se résoudra à en tracer le triste tableau, à écrire cette œuvre sans gloire? Les variations de l'esprit de système ont leur grandeur; efforts de la pensée humaine, si la vérité leur échappe, ils ont du moins le mérite de la poursuivre; ils créent une réalité factice et construisent un être arbitraire plutôt que de demeurer dans le domaine vide des phénomènes et des ombres. D'ailleurs, tout système contient une part même de l'être; cette part est isolée des conditions nécessaires qui la soutiennent et des forces qui la réalisent; prise pour l'être entier, elle est hypothétiquement douée de toutes les facultés qui n'appartiennent qu'à la pleine puissance de l'être; néanmoins cette part sauvée suffit à elle seule pour conserver un caractère scientifique et une noblesse réelle à la conception systématique, elle lui assure souvent un rôle utile dans le développement historique de la science. Les variations de l'empirisme n'offrent aucune de ces compensations : elles ne nous laissent aucun point par où nous puissions nous relever; aussitôt passées, il ne reste d'elles qu'un souvenir stérile et bientôt effacé. L'histoire des systèmes successifs dure et durera; l'histoire des expérimentations et des affirmations empiriques n'est qu'une poussière dispersée par tous les vents, et qu'il devient impossible de recueillir à travers le temps et l'espace.

Nous répondrons, messieurs, à cette suite de négations, à cet empirisme qui va se dissolvant dans le doute, en restituant devant vous les vivantes réalités de la pathologie générale. Il n'y a pas à donner d'autre réfutation de ces préjugés sans corps, et qui fuient alors qu'on veut les saisir. Nous démontrerons l'existence de la pathologie générale, par son enseignement même, par l'exposition des vérités premières sur lesquelles elle repose, par le développement de ces vérités à travers l'étude analytique des faits particuliers.

L'empirique voudra-t-il arrêter la suite de nos démonstrations, en nous accusant d'invoquer des principes et des notions qui ne se déduisent pas exclusivement de l'expérience, mais qui ont leur source et leurs preuves supérieures dans l'entendement même? Nous opposerons à cette arbitraire prétention cette invincible vérité : La science est le fait de l'homme qui pense, et non de l'homme qui seulement sent, voit et touche. La science est un ensemble de jugements; et juger n'est pas sentir, mais dominer la sensation et la soumettre à des idées, à des notions premières, qui ne sont pas elle et ne viennent pas d'elle.

Toutefois, cette revendication directe de la science et de la pathologie générale, n'est pas l'unique réponse à opposer aux sceptiques et aux empiriques de ce temps. La constitution scientifique et la soumission à des idées générales sont tellement inhérentes à la médecine, que ceux mêmes qui les renient, les acceptent en réalité. Les médecins dont nous parlons, tout en professant l'empirisme, en repoussant toute philosophie, et, avec elle, toute science véritable, ne se piquent pas pour cela d'ignorance, tant s'en faut; ils décrivent et définissent les maladies particulières; ils ne sont pas avares d'inductions pathogéniques; leur empirisme thérapeutique n'est pas toujours absolu; il leur arrive souvent de le plier à des vues théoriques, et parfois même d'imaginer la théorie d'après le traitement. Or, il suffit de l'une de ces définitions de maladie particulière, de l'une de ces théories pathogéniques, de l'une de ces inductions thérapeutiques, pour ramener, malgré eux, ceux qui les émettent à une conception correspondante de la maladie en général, à une notion de l'étiologie morbide et de l'action thérapeutique; de ces dernières notions, il est non moins aisé de remonter, par des enchaînements nécessaires, à une conception générale de la vie, à une doctrine supérieure embrassant tous les faits vitaux.

Il ne faut pas croire cependant que le dédain des vérités philosophiques s'acquitte par une souscription involontaire à ces vérités dédaignées. Ceux qui de tout temps ont enseigné l'empirisme, ceux surtout qui nous l'enseignent aujourd'hui, n'en sortent pas malgré eux pour revenir aux saines inspirations, et pour donner à l'idée de vie l'influence souveraine qui lui appartient dans la science des faits vitaux. Non, l'empirisme affaiblit trop profondément les intelligences pour leur permettre ces retours efficaces vers le vrai. La tradition seule, qui pourrait retenir sous la règle de vérités supérieures l'empirique expérimentateur de notre temps, est précisément l'idole qu'il méprise et flagelle sans pitié; il demeure donc sans levier ni ressources, pour résister à ce philosophisme de la sensation qui, de tous côtés, assiége notre science; il en épousera tous les préjugés, toutes les explications grossières et mécanicistes. Ignorant les fécondes nécessités de la notion de cause et de force, méconnaissant les conditions essentielles de l'idée de substance et de vie, il leur substituera les hypothèses que la représentation matérielle des choses lui suggérera; et, comme cette représentation matérielle ne livre ni la constitution, ni la raison des choses, il empruntera une constitution factice et une chimérique raison aux rapprochements et aux assemblages auxquels se prête la matière physique. Son suprême effort sera de transporter dans l'ordre vivant la physique et la chimie, comme principe et moyen d'explication.

La pathologie générale, disent d'autres médecins, est la dernière œuvre de la science et le couronnement de l'édifice; on ne peut et on ne doit l'élever qu'après que l'on aura perçu, comparé, classé, tous les faits particuliers. Ce dernier et vaste travail est loin d'être achevé; chercher actuellement les lois générales de la science c'est se livrer à des tentatives prématurées et se condamner à un inévitable échec. Pousser l'analyse est aujourd'hui l'œuvre vraiment utile; lorsqu'elle aura livré ses derniers secrets, on verra à construire une synthèse et à fonder la science.

Ces paroles, malgré leur apparente réserve, tournent au même but que les sophismes de l'empirisme les plus absolus. Cette analyse aura-t-elle jamais achevé son travail de dissociation, d'expérimentation, de comparaison des phénomènes? Si la science ne peut trouver qu'au bout de cette œuvre la base immuable sur laquelle elle doit s'élever, n'est-ce pas la chasser pour toujours de notre monde, dont le travail et la lutte sont les lois éternelles? D'ailleurs, si l'analyse touchait jamais aux phénomènes derniers des choses, qui viendrait nous le dire? Qui nous annoncerait que nos sens ont suffisamment fouillé les phénomènes et scruté la matière? Qui nous avertirait qu'il est temps de chercher une signification supérieure à tout ce qu'ils ont perçu? Qui donc ouvrirait la carrière à l'esprit humain? En vertu de quels principes établirait-on que l'heure de la synthèse est venue? Si ces principes existent, quels sont-ils? où puisent-ils leur valeur?

Mais pourquoi poser ces questions insolubles? Ceux qui pour l'édification de la science en appellent ainsi à l'avenir, ignorent les conditions d'une science, celles de la synthèse dont ils attendent l'éclosion, celles même de l'analyse à laquelle ils se sont voués. Il en est de la synthèse et de la pathologie générale comme des notions de cause et de force, que ne sauraient livrer l'expérience seule et l'analyse, quelque étendues qu'elles soient. La raison est la vraie faculté qui crée ces notions premières en regard des faits et en concevant les faits. La sensation, que l'idée de cause et de force ne transforme pas en jugement, demeure une impuissante perception; fait muet et improductif, elle ne compte pas dans les connaissances humaines. L'histoire et les conditions d'existence de la pathologie générale sont là tout entières. La synthèse médicale a apparu obscure et intuitive, mais puissante, dès les premières lueurs jetées sur les phénomènes vitaux. Hippocrate lui doit l'auréole de gloire qui plane sur ses œuvres. Il a jeté pour toujours les éléments immuables de la doctrine au sein des faits épars recueillis par l'analyse Cnidienne et empirique. Il a vraiment fondé la médecine à l'aide de quelques vérités supérieures, exprimées dans ce langage simple et fort qui commandera toujours l'admiration des hommes de pensée.

La pathologie générale, présente à l'origine de la médecine et condition nécessaire de sa naissance, doit de même présider à ses développements. L'analyse est le moyen des progrès que nous avons faits et qui nous restent à faire; la pathologie générale en demeure le principe, la force productrice. Elle doit dominer dans la pensée du médecin, se faire jour à travers toutes les recherches analytiques, éclairer toute observation clinique, toute action thérapeutique.

Mais il ne suffit pas de reconnaître l'existence de la pathologie générale, il faut la comprendre dans son sens véritable. Or un enseignement, dont nous ne contestons ni l'influence ni l'autorité, a depuis longtemps affaibli la signification et la portée de cette étude; il lui a substitué un ensemble de connaissances et de généralités toutes fondées sur les conditions extérieures des faits vitaux, vaste résumé de signes et de phénomènes, soigneusement dépouillé de toute empreinte philosophique, tacitement enlevé aux notions de cause et de force, qui pourraient en dévoiler la nature et les tendances, la source et le cours. Cette perversion de la pathologie générale mène aux mêmes égarements qu'une négation décidée, elle trompe même plus perfidement les intelligences en leur faisant croire qu'avec ce faux bien elles possèdent la pathologie générale qu'elles cherchent peut-être, et qu'elles peuvent en apprécier l'esprit et en mesurer l'importance dans l'établissement positif de la médecine. Aussi n'allons-nous pas hésiter à vous dénoncer des voies mortelles à la science, et où ne se rencontrent que des produits stériles et des fruits sans germe.

Sur une étude superficielle de l'histoire médicale de ce temps, on serait disposé à rapporter aux agitations violentes soulevées par Broussais, au spectacle des entraînements et des déceptions qui se succédèrent alors et de si près, le mouvement spécial imprimé dès ce moment à la pathologie générale. Rien d'avant Broussais ne semblait subsister, et tout ce qu'il avait élevé sur des bases proclamées impérissables s'écroulait misérablement du vivant même du fondateur. Jamais la médecine n'avait subi de plus déplorables variations; jamais l'autorité de l'art n'avait été plus gravement compromise; l'auscultation, naissant glorieuse et achevée, nous consolait à peine de tant de désastres. Il fallait à tout prix entrer dans des voies plus sûres et éviter le retour de pareilles instabilités.

A cet impérieux sentiment vint répondre la pathologie générale de Chomel. Broussais était la preuve encore éloquente et debout du danger des idées systématiques et de la fausse direction où elles entraînent l'observation; Chomel, pour assurer plus sûrement le rejet des idées systématiques, condamna toute doctrine, sous le nom discrédité de *théories brillantes*, et prêcha le règne de l'observation pure, réglée avec soin et pratiquée par des sens exercés. Il eut le talent de donner une apparence générale, un aspect synthétique à une longue revue de signes et de phénomènes communs des maladies.

Toutefois, la réaction contre le physiologisme Broussaisien fut plutôt l'occasion que le principe et la cause vraie de la direction nouvelle imprimée à la pathologie générale. Cette direction doit être surtout rattachée à l'éducation philosophique des générations médicales de ce temps. La rénovation de la pensée et de ses conceptions générales, qui s'accomplissait avec éclat dans un enseignement voisin, n'avait pénétré parmi nous que pour y soulever les railleries amères et les cris de colère du chef fougueux de l'école physiologique. La préface, ou plutôt le pamphlet, mis en tête du livre *De l'irritation et de la folie*, était la futile mais applaudie réponse à ces interrogations fécondes de la raison humaine, qui agitaient et renouvelaient tous ces puissants problèmes de la connaissance et de la science fondamentale. Cette préface, toute inspirée de Condillac et de Cabanis, demeurait parmi les médecins la profession de foi philosophique de ceux même qui n'aimaient pas les allures injurieuses, et qui combattaient énergiquement le système du redoutable agitateur. Ne pas dépasser les faits, limiter strictement l'induction à ce que les faits nous montrent, était l'enseignement officiel et professé avec une égale religion partout, à Montpellier comme à Paris. Barthez et Frédéric Bérard parlaient sur ce point comme Pinel et Broussais; la pathologie générale de Chomel était le produit direct de cette pathologie. Elle devint pour longtemps le type même de la synthèse médicale.

Chomel donne pour but à la pathologie générale l'étude des maladies considérées d'une manière abstraite ou dans ce qu'elles ont de commun; et comme, suivant lui, les maladies ne sont que lésions et troubles fonctionnels, la pathologie générale se trouve avoir pour but l'étude des lésions et des troubles fonctionnels, en dehors de toute maladie particulière, et dans les caractères communs qu'ils peuvent offrir. Cette étude doit être renfermée tout entière dans le domaine de la sensation, reposer, suivant l'expression de Chomel, *sur des phénomènes que nos sens apprécient*; il faut surtout en bannir toute considération *sur la nature même des choses*, car celle-ci *échappe à nos sens*; ne l'élever enfin à aucune notion *par des abstractions et des raisonnements.*

Les développements sont fournis par Chomel en rapport étroit avec les prémisses. L'œuvre entière devient un exposé des symptômes et des signes physiques des maladies en général. La forme extérieure est le seul guide de comparaison; la nature de l'acte morbide n'est jamais abordée et n'entre pour rien dans les considérations émises, dans les classifications adoptées; la pathologie générale se transforme en une sémiologie muette et vide, toute tracée au point de vue descriptif et symptomatique. On analyse les symptômes en eux-mêmes et pour eux-mêmes; et pour suivre un ordre à travers ce dédale de phénomènes, sans le demander à la nature des phénomènes examinés, on adopte un ordre fictif, placé en dehors de l'étude instituée; on ordonne cette sémiologie sur le plan même des fonctions normales et des grands systèmes ou appareils organiques. Ce ne sont plus telles ou telles classes de maladie qui fournissent les symptômes successivement passés en revue, mais les organes isolés ou réunis en appareils. La pathologie générale se trouve donc réduite à demander ses divisions principales à des divisions anatomiques étrangères aux maladies, que l'on prétend étudier cependant dans ce qu'elles ont de commun. La médecine s'efface, oublie les analogies légitimes des actes morbides et des symptômes par lesquels ils se produisent, pour se soumettre à des rapprochements de tissus et de fonctions; comme si, par ce qu'ils sont supportés par les mêmes organes, les symptômes contractaient même allure, même signification, devenaient, en un mot, comparables! — E. Bremond.

CHIMIE APPLIQUÉE AUX ARTS.

COURS DE M. PÉLIGOT.

(CONSERVATOIRE DES ARTS ET MÉTIERS.)

II

Des alliages.

(Suite. — Voyez le n° 3.)

Comme nous l'avons dit, le cuivre sert à de nombreux alliages : le bronze est, en effet, formé de cuivre et d'étain; le laiton, de cuivre et de zinc. Nous savons que presque toujours le bronze contient, indépendamment du cuivre et de l'étain, du plomb ou du zinc, de même que le laiton renferme souvent une petite quantité d'étain ou de plomb, provenant des métaux qui ont servi à sa fabrication, et propre, du reste, à rendre plus facile le travail du ciseleur.

Le bronze était déjà connu des anciens; c'était leur airain. N'ayant à leur disposition ni le fer ni l'acier, ils fabriquaient avec cette matière leurs armes, leurs instruments aratoires et même leurs miroirs, qui, comme on le sait, étaient métalliques. Il faut se souvenir qu'en ajoutant au cuivre une petite quantité d'étain, on lui donne une dureté beaucoup plus grande, et alors même que cette proportion ne représenterait que 2 à 5 pour 100, la dureté du métal se trouve augmentée : c'est dans cette proportion qu'est fabriqué l'alliage servant à faire les médailles et les monnaies. Les médailles contiennent 95 de cuivre et 5 d'étain, et présentent une dureté plus grande que le cuivre rouge, qui ne peut être travaillé qu'après des recuites multipliées; la durée de cet alliage, comme celle du bronze, est indéfinie. Quand on augmente la proportion d'étain, l'alliage blanchit; la proportion est-elle égale à 5 pour 100, la couleur est déjà beaucoup moins rouge; la proportion d'étain augmente-t-elle encore, on obtient un alliage d'une dureté plus grande. Les alliages les plus durs présentent en même temps une ténacité convenable; ils sont durs sans être cassants, si la proportion d'étain est égale à 10 et 15 pour 100, comme dans les armes des anciens, qui contenaient de 7 à 10 pour 100 d'étain. Voici quelques proportions :

Médailles : 90 à 95 de cuivre, 10 à 5 d'étain ;

Monnaies : 95 de cuivre, 4 d'étain, 1 de zinc.

L'addition du zinc a pour objet d'obtenir un alliage plus facile à fondre, et offrant une malléabilité plus grande. En Italie, on fait des monnaies qui ne renferment pas de ce métal; aussi sont-elles moins belles que les nôtres, dont elles ne peuvent acquérir la couleur.

Monnaies de bronze antiques : 88 de cuivre, 10 d'étain, 1 1/2 de plomb ;

Coins trouvés dans le département de l'Oise: 88 de cuivre, 18,5 d'étain.

Quand l'alliage contient une plus grande quantité d'étain, 18, 20 pour 100, il acquiert une teinte blanche très-remarquable, et le maximum de blancheur appartient à l'alliage qui renferme 35 pour 100 d'étain. On l'emploie pour les miroirs des télescopes. Quand on augmente encore la proportion, quand on arrive à 40 pour 100, les alliages reprennent une certaine malléabilité, car l'étain est très-malléable. Ces alliages sont surtout utiles, d'une part, à cause de leur dureté, et d'autre part, à cause de leur parfaite conservation à l'air. En effet, nous savons que ceux qui renferment la quantité d'étain qui permet de les employer sous forme de monnaies, d'armes, de statues, ont la propriété de se couvrir, avec le temps, d'une couche d'oxyde qui préserve le métal ; cette couche est du carbonate de cuivre nitraté, mélangé avec du sous-azotate de cuivre; ajoutons que cette patine peut être accélérée à l'aide de certaines liqueurs dont il sera parlé plus loin.

Le bronze statuaire est, comme on l'a vu, une composition extrêmement variable; c'est la substance qui se prête le mieux à ce genre de travail ; cependant on a aussi fabriqué des statues en cuivre rouge ; mais elles ont disparu pour la plupart. On ne peut guère citer que les chevaux de la place Saint-Marc à Venise.

L'alliage qu'on emploie doit être assez fusible pour couler rapidement dans toutes les parties du moule destiné à le recevoir; de plus, il doit être facile à travailler, à ciseler, à réparer, et toutes ces conditions se rencontrent parfaitement dans les alliages à quatre métaux qu'on emploie pour les statues.

Le bronze employé pour les médailles renferme une petite quantité d'étain ; on ne peut pas l'augmenter beaucoup, car l'alliage serait alors trop difficile à frapper, surtout pour les médailles d'une grande dimension. Pour celles d'une grandeur moyenne, il faut donner des coups de balancier prolongés ; d'ailleurs, elles sont aussi fabriquées avec du cuivre rouge, auquel on donne l'aspect du bronze au moyen d'une peinture dont voici la composition :

1 kilogramme de vinaigre dans lequel on a dissous 15 grammes de sel ammoniac; 15 grammes de sel marin et 30 grammes d'ammoniaque liquide. Cette couleur s'appelle *vert antique*.

Pour les canons, le bronze est composé de cuivre et d'étain ; seulement on a fait des expériences nombreuses pour fixer les proportions de ces deux corps: en France, on est arrivé à ce résultat, que le meilleur bronze doit contenir, pour 100 parties de cuivre, 11 parties d'étain. Pour cela, on force un peu la proportion d'étain ; on en met de 13 à 14, parce que, par suite de la fonte, l'étain s'oxyde en partie. On rencontre quelquefois cet alliage à l'état cristallisé. Il est très-dur, d'un travail difficile, et il présente ce phénomène de liquation dont il a déjà été parlé. Aussi, pour couler les canons, si l'on veut avoir un alliage à peu près homogène, est-on obligé de couler une masse plus considérable ; la pièce se trouve surmontée de ce qu'on appelle la *masselotte*; au moment où le métal se fige, il y a une espèce de projection qui se réunit dans cet endroit. Dans cette partie se trouvent les alliages les plus fusibles, qui résultent de la liquation ; ce sont des alliages de cuivre et d'étain qu'on enlève pour les faire entrer dans des fontes ultérieures. En Angleterre, pour 100 parties de cuivre, il y a 12,5 d'étain ; du reste, on fabrique les canons au moyen du fer forgé.

Quand la quantité d'étain est égale à 20 pour 100, on a un alliage dur, cassant, et qui présente une sonorité très-remarquable ; c'est l'alliage dont on se sert pour les objets dont on utilise la sonorité : les cloches, les sonneries, les tam-tams. Les meilleurs sont ceux qui contiennent 7 de cuivre et 22 d'étain ; c'est l'alliage employé ordinairement pour la fabrication des instruments de musique militaire. Les cloches ne sont point d'ordinaire formées exclusivement de cuivre et d'étain; elles sont faites le plus souvent avec des pièces ayant déjà servi, et contiennent, par conséquent, une petite quantité des métaux que ces pièces renfermaient déjà. Voici la composition d'une ancienne cloche :

78 de cuivre, 22 d'étain.

Voici maintenant la formule de celle qui jouit à Rouen d'une si grande réputation :

71 de cuivre, 26 d'étain, 1,8 de zinc et 1,20 de fer.

Cette cloche a dû être fondue il y a trois ou quatre siècles. Il n'y a aucun doute qu'au moment de la fonte, les parrains et marraines ajoutaient une certaine quantité d'argent sous diverses formes; comment donc se fait-il que l'analyse n'ait jamais pu en découvrir une parcelle?

Les ouvriers chargés de la fonte auraient pu seuls en donner l'explication ; ce sont eux, en effet, qui s'arrangeaient de telle sorte, que l'argent destiné à être fondu avec le métal tombait dans le cendrier du fourneau, et était ensuite recueilli par eux.

Parmi les instruments remarquables par leur sonorité, se trouvent les cymbales et les tam-tams. Les premières contiennent 80 de cuivre et 20 d'étain : c'est la proportion de l'alliage employé pour les tam-tams. La fabrication de ces objets offre d'ailleurs des difficultés très-grandes. Les cymbales et les tam-tams se fabriquaient de temps immémorial en Chine et en Turquie ; mais on n'est pas arrivé en Europe, au moins pour le tam-tam, à la même perfection. La difficulté, c'est que l'alliage qui renferme de l'étain en grande quantité, est tellement cassant, qu'il n'est pas possible de le travailler au marteau : ainsi les premières cymbales qu'on a voulu fabriquer en France, se sont brisées en mille morceaux. Cela tient à une propriété découverte par M. Darcet, propriété qu'il fallait découvrir, car les cymbales de Constantinople pouvaient être travaillées par le martelage. M. Darcet avait remarqué que cet alliage, s'il est soumis à la trempe, possède la propriété de devenir malléable, contrairement à ce qui arrive aux autres métaux et à l'acier en particulier. La même chose arrive pour le bronze monétaire. A la première révolution, on a fabriqué une grande quantité de sous en métal de cloche ; on se demandait comment on avait pu les frapper, et l'on n'est arrivé à ce résultat qu'à une certaine époque : les sous étaient chauffés au rouge, et trempés, rouges, dans l'eau froide. On est arrivé à fabriquer les cymbales de cette façon-là ; on a employé le même procédé pour les tam-tams ; mais avec ce moyen, on n'empêche pas les fissures. Il n'y a aucune espèce de doute quant à la composition de cet alliage.

Indépendamment du bronze contenant beaucoup d'étain, il en est encore quelques-uns qui présentent un grand intérêt pour l'industrie, et qu'il importe de mentionner. Ainsi, on fait usage pour les machines, de coussinets de bronze qui doivent offrir une dureté extrêmement grande, de coussinets pour les laminoirs ; on emploie la même composition pour les roues motrices, pour les excentriques. Le bronze destiné à cet usage doit être résistant sans être cassant, et par conséquent il contient l'étain en moindre proportion ; ainsi le bronze qu'on emploie pour les coussinets contient 90 de cuivre, 8 d'étain et 2 de zinc. On a constaté que l'introduction dans ce bronze d'une petite quantité de plomb pouvait être nuisible. Le zinc paraît, au contraire, utile, parce qu'il a pour objet de fournir un métal présentant un grain plus fin, ne diminuant que très-peu sa dureté, et que, grâce à sa volatilité, il brasse, pour ainsi dire, l'alliage. Pour le bronze industriel, on ajoute donc une petite quantité de zinc : quand il s'agit de pièces qui doivent éprouver des efforts considérables, on diminue la proportion d'étain ; on prend alors 90 de cuivre, et de cette manière l'alliage est moins cassant.

Depuis quelques années, on fabrique des bronzes employés au doublage des navires. Pendant longtemps on s'est servi de cuivre, mais on trouve que la durée du bronze est plus grande. On emploie, du reste, simultanément du laiton et même quelquefois du zinc, qui coûte moins cher, il est vrai ; mais dont la durée est aussi plus courte. Le bronze pour les navires renferme une quantité d'étain, qui varie entre 3 et 6 pour 100 ; il est coulé sous forme de lames qu'on soumet au laminage, de manière à avoir des feuilles très-minces. On ne connaît pas encore dans quelles conditions doit se trouver le meilleur bronze pour les navires ; on sait seulement que ce métal ne résiste pas quand il n'est pas homogène. Lorsque la proportion d'étain n'est pas égale à 10 pour 100, le bronze est toujours de mauvaise qualité ; quand il y a moins, il ne dure pas. On l'a, du reste, remplacé souvent par du laiton, qui coûte moins cher et dure autant.

Une autre espèce de bronze est le bronze d'aluminium, métal qui n'est plus rare aujourd'hui. Le cuivre forme avec lui des alliages doués de propriétés extrêmement précieuses. La proportion d'aluminium n'a pas besoin d'être grande, de sorte que, malgré le prix de ce métal, ces alliages peuvent se faire assez facilement. Ce bronze, fait dans la proportion de 95 de cuivre pour 5 d'aluminium, peut se forger comme le fer ou l'acier ; il est remarquable par le très-beau poli qu'il reçoit ; il est peu oxydable, à l'air du moins.

Enfin, quand la quantité de cuivre est considérable par rapport à l'étain, on a des alliages qui peuvent imiter la couleur de l'or, et qu'on emploie pour faire de la fausse bijouterie. Voici la composition du similor dont se fait le doublé or :

92,5 de cuivre, 2,7 d'étain et 4,6 de zinc.

Il faut noter que cette composition doit offrir la même contraction, la même dilatation que l'or auquel on l'unit.

Cet alliage s'oxyderait au contact de l'air, si on ne le recouvrait d'un vernis coloré ordinairement en jaune.

Tels sont les alliages nombreux et importants qui sont formés essentiellement par le cuivre et l'étain.

Examinons maintenant le laiton, c'est-à-dire l'alliage du cuivre et du zinc, qu'on appelle aussi *cuivre jaune*. En France, on estime à 3 000 000 de kilogrammes la consommation du laiton. Le laiton le plus ordinaire est formé de deux parties de cuivre et d'une partie de zinc ; il renferme, par conséquent, 66 de cuivre et 33 de zinc ; ce métal présente une couleur jaune, et offre une ductilité beaucoup plus grande que celle qui appartient aux alliages formés d'étain ; il est moins oxydable et coûte meilleur marché que le cuivre rouge.

Le laiton ordinaire se fabrique en fondant le cuivre et le zinc dans les proportions indiquées. Voici comment on procède à Liége. On commence par fondre le cuivre ; cette fusion se fait dans les fourneaux à vent, et dans des creusets de terre réfractaire, qui peuvent contenir de 30 à 50 kilogrammes de métal fondu. On fond le cuivre à la température du rouge blanc, puis on ajoute le zinc, en ayant soin d'y mettre 2 ou 3 pour 100 en sus de la proportion qu'on veut retrouver dans l'alliage, car le zinc est volatil. Quand le zinc a été introduit, par suite du brassage l'alliage se forme rapidement : il y a une élévation de température considérable. Quand l'alliage est brassé, on le coule dans des moules placés presque verticalement, lesquels forment des plaques pesant de 25 à 30 kilogrammes. Les creusets qu'on emploie servent un grand nombre de fois ; s'ils sont bien fabriqués, si on les emploie suffisamment secs, on peut les utiliser trois cents fois. Les lames ainsi obtenues, on les recuit pour les laminer et les réduire en feuilles plus minces. On les place les unes sur les autres sur des chariots de fer, et l'on recouvre la dernière plaque d'une feuille de tôle. Ces chariots se meuvent sur une sorte de chemin de fer, et sont poussés dans un four où brûle le combustible ; on peut ainsi obtenir des feuilles de laiton plus ou moins minces. Ce laiton présente différentes qualités, selon les divers métaux étrangers qui peuvent entrer pour une minime part dans sa composition. — Treshardy.

— La suite à un prochain numéro. —

PHYSIOLOGIE ET ANATOMIE COMPARÉE.

COURS DE M. MILNE EDWARDS.

(FACULTÉ DES SCIENCES.)

II.

(Suite. — Voyez le n° 3.)

De quelques expériences récentes sur l'hypothèse des générations dites spontanées.

Messieurs,

Ayant montré que les êtres vivants ne naissent pas spontanément de la matière inerte, et ne se forment que sous l'influence d'un être vivant dont ils semblent tirer leur puissance, nous pouvons faire un pas de plus dans l'examen des hypothèses des hétérogénistes, et chercher à apprécier la valeur des idées de Buffon et de quelques autres naturalistes, relatives à la production des infusoires par la désassociation des molécules constitutives des tissus dont se compose l'organisme d'un animal ou d'un végétal préexistant.

A l'époque où les microscopes étaient mauvais, si l'on observait les infusoires, on ne voyait que de petits corpuscules mobiles, d'une simplicité extrême, des espèces de petits amas de matière gélatineuse de forme arrondie. En faisant des observations analogues sur les tissus des animaux et des végétaux, on avait vu également que ces substances n'étaient formées que par une agglomération de petits corpuscules; et beaucoup de physiologistes s'imaginèrent que quand un animal ou une plante venait à mourir, ces corpuscules ne mouraient pas, mais se séparaient et devenaient des infusoires. (Vous voyez que les expériences dont j'ai parlé ne seraient pas applicables à des êtres qui naîtraient de la sorte, puisque dans ces expériences on triait tout ce qui était vivant dans les vases.) On pouvait donc supposer que la production des animalcules en question était ce qu'on pourrait appeler une *nécrogénésie*. Mais à mesure que les microscopes se sont perfectionnés, on a constaté que ces animalcules, que l'on croyait si simples, présentaient une structure très-complexe, des organes particuliers, des caractères qui les différenciaient complétement des cellules des plantes, ou des corpuscules constitutifs des tissus des animaux ; puis en les étudiant davantage, on constata que la reproduction de ces infusoires se faisait à peu près de la même manière que chez des animaux plus supérieurs. Les beaux travaux de Ehrenberg, ainsi que les observations plus récentes de M. Claparède, de M. Balbiani et de plusieurs autres physiologistes, ne laissent subsister aucune incertitude à cet égard. Ainsi rien ne vient à l'appui de l'hypothèse de la multiplication des animalcules par voie de désorganisation des tissus organiques. Nous n'avons donc pas besoin de chercher de nouvelles preuves. Ces petits êtres venant de la création sont soumis à la même loi que ceux dont le volume est plus considérable, et ne peuvent naître que par la préexistence de parents. Mais examinons ce qui est relatif aux vers intestinaux.

On a appelé encore hétérogénie le mode d'origine des parasites que l'on a supposés dépourvus de facultés reproductrices. On a cherché à expliquer la formation de ces animaux, non pas aux dépens de la matière morte ou de la matière provenant d'un être vivant qui aurait perdu sa vie collective, mais par suite des forces physiologiques de l'individu vivant qui les héberge et qui, au lieu de procréer des individus faits à son image, donnerait naissance à quelque chose de très-différent, produirait dans ses muscles des vers filiformes, dans son foie des douves et dans l'intérieur de son tube intestinal des ascarides ténias. Beaucoup de physiologistes, de médecins, ont pensé que ces vers qui se développaient dans le canal digestif des animaux résultaient d'une sorte, je ne dirai pas de génération spontanée, mais d'hétérogénie, c'est-à-dire que le vers se formait de la matière fournie par l'animal qui lui servait de réceptacle. Ce qui semblait venir à l'appui de cette manière de voir, c'est que l'on avait reconnu que les différentes espèces de vers variaient avec les animaux chez lesquels on les observait; de plus, beaucoup de ces vers, étudiés avec soin, ne présentaient aucun de ces organes particuliers que la nature affecte au travail de la reproduction ; cependant, chez quelques-uns, on avait rencontré des ovaires, des œufs. Une autre circonstance pouvait être considérée comme favorable à cette hypothèse de la xénogénésie pour expliquer la formation des vers intestinaux. On fit des expériences consistant à faire avaler à des chiens des œufs de ténia trouvés dans le corps d'un autre chien; le résultat fut toujours négatif; on ne trouva jamais de ténia dans le corps des animaux soumis à cette expérience. Il était donc difficile d'expliquer la présence de ces parasites, en supposant qu'ils avaient été introduits du dehors. Cependant, malgré cette difficulté, cette impossibilité apparente, la chose est parfaitement démontrée aujourd'hui. Depuis quelques années, des expériences très-intéressantes ont été faites à ce sujet, et des découvertes tout à fait inattendues ont changé les idées et donné gain de cause aux physiologistes qui pensent que les mêmes lois régissent le monde animé tout entier, et que tous les êtres vivants sont procréés par des individus de leur espèce. Ainsi, on vit d'abord que les œufs de quelques-uns de ces animaux étant arrivés au dehors, donnaient naissance à de petits vers, qui, étant introduits dans le tube intestinal d'un autre individu, pouvaient se développer; les ascarides sont dans ce cas. Dernièrement on a constaté que ces œufs sont susceptibles de se conserver très-longtemps et peuvent rester inactifs pendant un temps assez long sans perdre la faculté de donner naissance à un jeune ascaride, dès que les circonstances deviennent favorables à leur développement. Du moment où le sol dans lequel le hasard les porte est convenable, du moment où ils arrivent dans les intestins d'un animal propre à les nourrir, ces œufs peuvent alors se développer, et les ascarides en naissent. Mais la difficulté est plus grande lorsqu'il s'agit de quelques-uns de ces vers dont je viens de parler comme n'ayant aucun organe de la génération. Ainsi, on trouve dans le corps de différents insectes, des vers appelés filaires, qui ne présentent aucun des instruments physiologiques à l'aide desquels la procréation se fait chez les animaux. Comment expliquer, non-seulement l'introduction, mais la multiplication de ces animalcules?

Il y a une vingtaine d'années, on commença à découvrir ce qui pouvait se passer. Un professeur de la Faculté des sciences de Rennes, M. Dujardin, trouva dans la terre humide un vers, que l'on a décrit sous le nom de *Mermis*. Ce vers différait des filaires en ce qu'il présentait un appareil reproducteur très-développé. M. Dujardin se demanda si ce ne serait pas l'effet d'une migration; si ce ne serait pas des filaires, qui, quittant leur demeure et arrivant dans le sol, viendraient à maturité, pour ainsi dire, et se reproduiraient par les voies ordinaires. Ces vues avaient de l'importance, mais ne pouvaient suffire à la science, qui doit être appuyée sur des faits. Eh bien! ces faits ont été constatés en Allemagne, par M. Siebold, qui, ayant pris des filaires agames dans le corps d'un insecte, les mit dans la terre et s'aperçut que bientôt ces vers acquéraient des organes génitaux et produisaient des œufs. Ces filaires, dans le corps des insectes, n'étaient, pour ainsi dire, que des espèces de larves ne pouvant se développer dans leur première demeure, mais en devenant libres elles devenaient adultes et donnaient naissance à des petits. Il vit également que les petits, nés de ces mêmes vers, ne prospéraient pas dans la terre, qu'ils cherchaient à s'introduire dans le corps des insectes et y devenaient des filaires. Voilà donc un animal qui, pour se multiplier, doit d'abord se développer dans le corps d'un insecte, et qui n'acquiert les organes de la reproduction qu'en se plaçant dans des conditions nouvelles. D'autres faits analogues, qu'il serait trop long d'énumérer ici, ont été constatés par M. Siebold, et cette portion de la question ne souffre pas d'incertitude.

D'autres difficultés surgissent au sujet de quelques parasites : le ver solitaire, par exemple, qui produit un si grand nombre d'œufs, mais qui reste seul et ne s'entoure jamais de jeunes de son espèce (c'est d'ailleurs de ce fait que lui vient son nom de *solitaire*). Jamais les jeunes ténias ne prennent naissance dans le corps de l'animal qui renferme le parasite dont ils descendent; toujours les œufs sont expulsés au dehors. D'un autre côté, rien n'est plus commun que de trouver dans le corps de différents animaux, chez le cochon, le lapin, des vésicules membraneuses remplies d'un liquide séreux présentant sur la surface de petites tubérosités; ce sont des vers vésiculaires qui produisent la maladie appelée *ladrerie*. Or, ces vers vésiculaires, qui envahissent quelquefois tout l'animal, n'ont pas d'organes de la reproduction, n'ont rien qui indique une fécondité quelconque. Comment se rendre compte de leur présence? Cela paraît difficile au premier abord; cependant en comparant les détails de structure de cette petite portion tuberculiforme, qu'on appelle la tête de ces *cysticerques* et la partie filiforme ou aphatique du ténia, en les examinant attentivement, on a découvert une certaine similitude. On s'est demandé alors si le cysticerque ne serait pas un jeune du genre ténia; si, par hasard, les cysticerques qui se trouvent dans le corps du lapin ne deviendraient pas dans l'intérieur d'un chat des ténias. Cela paraît singulier au premier abord, mais un grand nombre de faits du même ordre ont donné de la consistance à ces vues. En Allemagne, des expériences se firent, et M. Keuckenmaester eut l'idée de faire avaler à de jeunes chats du lait contenant des cysticerques pris dans le corps de lapins. Ces chats tout jeunes n'avaient encore rien mangé qui pût permettre l'introduction de ténias dans les intestins. Il vit bientôt après l'introduction de ces cysticerques, que toute la portion vésiculaire disparaît, qu'il ne reste plus qu'un petit corps, ayant des crochets, et ce ver ainsi réduit se fixant sur la membrane muqueuse de l'intestin, s'allonge de plus en plus en se segmentant; puis ayant tué un animal soumis à cette expérience depuis plus longtemps, il vit dans son intestin des individus de plus en plus longs, ayant tous les caractères propres au ténia du chat. Ces expériences, répétées par M. Van Beneden, en Belgique, par M. Baillet, à Toulouse, et par quelques autres physiologistes, ont toujours donné le même résultat.

Dès lors tout s'explique : les œufs de ténias jetés au dehors et pris par les herbivores deviennent des cysticerques. M. Leuckart compléta les expériences de

Keuckenmaester, en transmettant à des lapins et à d'autres herbivores des œufs de ténias. Il constata alors que ces œufs donnent naissance à des cysticerques; que ces cysticerques, à l'état de jeunes, sont aptes à perforer les tissus, les parois des intestins, et vont se loger dans le foie ou dans différentes parties du corps; là ils s'enkystent et forment une espèce de loge vésiculaire où ils se nourrissent aux dépens des humeurs de l'organisme; ainsi enkystés, ils se développent par leur partie postérieure et deviennent des cysticerques complets; mais, pour se développer davantage, ils doivent être transportés dans le corps d'un carnassier. Dans d'autres cas, les phénomènes analogues sont beaucoup plus complexes. Je veux parler du dernier refuge de l'hétérogénie au sujet des vers intestinaux.

On ne s'expliquait pas la présence de petits vers microscopiques, qui quelquefois se trouvent dans le corps humain, dans la profondeur des muscles, ressemblant beaucoup à des filaires, et n'ont aucun organe reproducteur. Comment, en effet, expliquer cette multiplicité d'êtres vivants dans l'épaisseur des muscles? Les expériences ont démontré que ces vers n'étaient autre chose que des larves de vers intestinaux très-voisins des trichocéphales qui vivent dans le corps d'autres animaux. Ils entrent dans le corps de l'homme et y avortent, ou du moins ne peuvent trouver des conditions convenables pour l'émigration; mais, si ces vers se trouvent dans le corps d'un petit animal qui devient la proie d'un autre mammifère, ils se développent dans l'intérieur de l'intestin de ce dernier et acquièrent des organes génitaux.

Quelquefois l'explication de la transmission des vers parasites est plus difficile que dans les circonstances dont je viens de parler. Ainsi, on trouve quelquefois dans des parties profondes, dans le foie de différents animaux : le canard, l'oie, des vers plats semblables aux douves du foie du mouton; ces animaux, appelés *monostomes*, ont une structure très-complexe, pondent des œufs; mais jamais on ne rencontre de jeunes dans l'intérieur du corps de l'animal qui les loge. En suivant, pour ainsi dire, la destinée de ces œufs, on voit qu'ils sont expulsés au dehors, évacués dans l'eau, et là, donnent naissance à des êtres très-différents par leurs formes; leurs petits ressemblent assez aux infusoires, sont d'une petitesse extrême, ont le corps tronqué à la partie inférieure et couvert de cils vibratoires. On avait aperçu dans l'appareil respiratoire de certains mollusques, de ces animalcules et d'autres fort semblables aux vers appelés *rédies*, *leucochlorides*, etc. Pendant longtemps on a cru que ces animaux n'avaient aucun rapport entre eux; mais tous ces êtres ne sont que des formes différentes d'une même série d'individus. En effet, dans la plupart des cas, les animaux donnent naissance à des individus ayant leur forme; chez d'autres, comme chez quelques animaux inférieurs, il y a une certaine alternance dans la forme, et le même type ne revient qu'à la seconde ou troisième génération. C'est ce qu'on a appelé *métagénèse*, et ce mode de multiplication existe chez les helminthes dont il est ici question. Ainsi ces larves ciliées, que nous savons être les jeunes sortis des œufs des monostomes, après avoir vécu d'une vie errante pendant quelque temps, produisent des jeunes qui grandissent et deviennent libres lorsque l'animal qui les porte meurt. Ces jeunes ne sont autre chose que les sporocystes ou rédies, dont je viens de parler. Ceux-ci ne ressemblent donc pas à leur mère et dans l'intérieur du corps de chacun de ces jeunes, naissent les cercaires qui ne sont pas des parasites mais des jeunes. Ces cercaires nagent dans l'eau, et, au bout de quelque temps, on les voit s'attaquer aux larves d'insectes aquatiques, aux névroptères principalement. A l'aide de leur armure frontale, ils s'enfoncent dans le corps de cet insecte, s'y enkystent, deviennent immobiles, et là leur transformation s'opère. La queue disparaît, ainsi que l'armature frontale; puis ces cercaires qui semblaient avoir une organisation si simple, acquièrent une structure très-complexe. On voit leur tube digestif se dessiner de mieux en mieux; tous les organes qui composent l'appareil nutritif des monostomes s'y montrent; ce sont des monostomes, sauf les organes de la reproduction. Cependant jamais dans l'intérieur de l'insecte ces animaux n'arrivent à l'état adulte, jamais leurs organes reproducteurs ne se constituent. Mais si l'on donne à manger à de petits mammifères, des oies, des canards, des insectes renfermant de ces cercaires, on voit que celles-ci se développent dans le canal digestif de ces animaux, et en se développant acquièrent leurs organes reproducteurs, d'où naissent les larves ciliées dont nous avons parlé tout à l'heure. Vous voyez qu'il y a une émigration nécessaire au développement de ces animaux, et ce que je viens de dire des monostomes est applicable à beaucoup de parasites analogues. Il est d'autres phénomènes de parasitisme plus complexes, qu'il est souvent fort difficile de suivre, et dans l'état actuel de la science on ne peut se rendre bien compte de l'origine de quelques-uns des vers intestinaux. Mais pour cacher notre ignorance faut-il avoir recours à l'hypothèse des générations spontanées qui est en désaccord avec tous les faits bien constatés par l'observation directe? Évidemment non. Il est contraire aux règles d'une saine logique de supposer, parce qu'on ne peut complétement expliquer un fait, et lorsqu'on a des faits analogues dont l'explication nous est connue, qu'il faille faire intervenir d'autres forces que l'on ne connaît pas et qui sont contraires à la nature de tout ce que nous connaissons. Permettez-moi une comparaison qui rendra bien ma pensée. Les hétérogénistes me paraissent comparables à des habitants des îles du grand Océan, qui, n'ayant eu aucune communication avec un pays civilisé, ignorant l'existence d'hommes ailleurs que dans leur petite patrie, et voyant des navigateurs arriver sur leurs côtes, supposaient que ces hommes étaient tombés du ciel ou sortis de la mer. De même que l'on faisait intervenir des sources imaginaires pour ces voyageurs égarés, de même les hétérogénistes le font pour l'origine des vers intestinaux. Il est vrai que souvent nous ne voyons pas le vaisseau qui les a apportés dans l'intérieur du corps de tel ou tel animal; mais il est probable que dans ces circonstances obscures les choses se passent comme dans les cas où l'étude a pénétré et enlevé toute obscurité!

Il me semble maintenant qu'on ne doit point douter de l'universalité, en ce qui touche le règne animal et le règne végétal, de cette loi : que tout être vivant ne provient que d'un être vivant; qu'il y a transmission de la vie et non un développement de la vie, par la seule force dont la matière organisable serait douée. En quoi consiste ce quelque chose qui doit s'ajouter à la matière, nous l'ignorerons probablement toujours; mais il y a quelque chose de plus que l'oxygène, l'hydrogène, le carbone et l'azote que contient l'albumine. Il y a quelque chose qui fait que le corps qui va naître est doué de vie. Laissons ces généralités si susceptibles de controverse, et voyons quels sont les moyens que la nature emploie pour obtenir cette multiplication, cette reproduction des animaux les uns par les autres. Tel est le sujet que nous aborderons dans notre prochaine séance.

Le secrétaire de la rédaction : Oscar Muller.

HISTOIRE NATURELLE DES CORPS ORGANISÉS.

COURS DE M. GUSTAVE FLOURENS.

(COLLÉGE DE FRANCE.)

Discours d'ouverture. — Histoire de l'homme.

Messieurs,

Les peuples de race blanche qui habitaient dans l'Asie occidentale, entre la mer Caspienne et les monts Belour, se séparèrent. Les uns marchèrent à l'orient et atteignirent l'Hindoustan; les autres se dirigèrent vers l'occident, et nous les retrouverons en Europe.

C'est le plus ancien souvenir de nos ancêtres que nous possédions.

Ils quittaient leurs séjours primitifs, parce qu'ils étaient devenus trop nombreux et n'y pouvaient plus subsister. Ils avaient ces espérances sans bornes, cette ardeur indomptable, ce désir de l'inconnu, qui nous animent encore, nous, leurs descendants, et nous font conquérir le monde. Ils se sentaient capables de constituer des sociétés meilleures; ils avaient conscience de la force et de la grandeur de leurs âmes. Ils abandonnaient ces plaines de l'Asie, ouvertes aux émigrations, au passage des nomades, où jamais la civilisation n'aurait pu naître. Et ils ne devaient s'arrêter que dans ces étroites presqu'îles qui terminent le continent asiatique, à l'ouest, et s'appellent Europe. Là, les peuples sont indépendants les uns des autres; ils ont chacun leur domaine distinct, leur patrie, défendue par des mers, des fleuves, des montagnes. Ces frontières naturelles les protégent contre les invasions des hordes barbares; la mer favorise les communications entre eux, et porte, sur tous ses rivages, leurs idées, leurs inventions, leurs colonies.

Ils s'appelaient eux-mêmes les Aryas, les hommes purs, et ils méritaient ce nom. C'est d'eux que nous viennent nos idées les plus élevées, nos sentiments les plus nobles, nos fidélités inébranlables, nos généreuses abnégations. Ces Grecs, spirituels et intelligents, braves soldats, poëtes, orateurs, artistes passionnés; ces Germains, ces Gaulois, si fiers dans le combat, guerriers chevaleresques, amis dévoués, c'étaient les fils des Aryas. Ils ne craignaient rien au monde; ils s'élançaient gaiement dans l'épaisse mêlée, sûrs d'y être rejoints par leurs frères d'armes et sauvés par eux, s'ils venaient à tomber. Ils sacrifiaient volontiers leur vie, jamais leur honneur. Ils étaient pleins de respect pour les faibles, désintéressés, esclaves de leurs promesses. L'étranger qui demandait l'hospitalité, fût-il un ennemi, ils lui donnaient la meilleure place dans leurs étroites cabanes. C'étaient de nobles cœurs. Et nous aussi, Français, nous sommes Aryas, et ce sont les mêmes qualités qui nous font grands. Nous avons, comme les Grecs, l'amour du vrai et du beau, le goût pur, l'expression heureuse. Nous tenons de nos pères, Gaulois et Germains, l'intrépidité, l'élévation des sentiments, la bonté.

Chez tous les peuples de la division aryane, le corps est aussi bien constitué que l'âme. Il offre l'organisation la plus parfaite, la mieux appropriée à la condition humaine. Les nègres ont des muscles plus vigoureux; les indigènes de l'Amérique septentrionale avaient des sens plus développés, une sûreté d'instincts très-grande. Mais la supériorité de l'homme ne consiste point dans la possession de ces qualités matérielles. Elles sont le partage des animaux et ils y surpassent les peuples les mieux doués. La supériorité de l'homme lui vient de son âme. Celle-ci doit prédominer sur les organes. Trop de force musculaire l'avilit, trop de matière l'oppresse et arrête son essor. Des sens trop développés lui enlèvent son pouvoir et se l'asservissent. Les instincts qui sont ses puissances inférieures ne peuvent grandir sans étouffer ses puissances supérieures, raison, passion, volonté. Il faut donc diminuer toutes ces forces secondaires, en sacrifier une partie pour assurer la prédominance de l'âme et fonder la force morale.

La division aryane présente au plus haut degré cette subordination de la matière à l'esprit. La tête se compose de deux parties, le crâne et la face. Le crâne contient le cerveau, substance délicate et parfaite, intermédiaire entre les volontés de l'âme et les mouvements du corps. La face contient les organes des sens. Le développement du crâne anoblit le visage, celui de la face le dégrade. Dans la tête bestiale la face s'allonge, la bouche devient un instrument de préhension et de défense qui remplace les mains employées à la locomotion. Le cerveau n'ayant plus pour fonctions que des instincts et quelques parcelles d'intelligence, se réduit à de petites dimensions : au lieu de dominer la face, le crâne la continue. Dans la tête humaine, le cerveau déborde de toutes parts, le crâne se dresse en avant au-dessus de la face et constitue le front. Or, de tous les hommes, ce sont les Aryas qui ont les plus beaux fronts, les plus vastes et les plus intelligents.

Leur tête forme un bel ovale, les traits de leur visage sont pleins d'élégance et de distinction. Les lèvres sont fines, la bouche petite et bien fendue, le nez droit, les oreilles lobulées, les cheveux lisses et abondants. En général, les cheveux sont blonds, les yeux bleus, le teint clair; mais rien n'est plus variable que les colorations. Les yeux ont une vivacité, un éclat, une richesse d'expressions, qui leur permettent de peindre éloquemment tous les sentiments, toutes les passions de l'âme. La voix, formée par des cordes sonores, flexibles et déliées, produit les sons les plus variés et les nuance à l'infini. La taille est svelte, dégagée, le maintien noble, les mouvements aisés, la démarche majestueuse, grâce à l'heureux agencement des os et des muscles. Ceux-ci sont fermes, résistants, bien proportionnés, ils ne font ni creux ni saillies, ils s'insèrent avec autant de justesse que de solidité sur les os qu'ils doivent mouvoir.

Avant leur séparation, le génie des Aryas s'était déjà révélé en créant une langue pure, riche, harmonieuse, source des plus beaux langages qui aient jamais exprimé la pensée de l'homme. Nous ne possédons aucun monument de cette langue; mais l'idiome sacré des Hindous, le sanscrit, nous en offre une image assez fidèle, et chacune de nos langues européennes, mortes ou vivantes, en dérive. Les mots y ont subi plus ou moins d'altérations; ils ont toujours conservé leur figure aryane. Chaque peuple les a transformés d'après son caractère, ses occupations, le climat qu'il habitait; car le climat modifie les organes de la voix. L'uniformité du langage se maintient à peine chez les nations civilisées fixées chacune dans leur pays; elle ne pouvait subsister chez des émigrants dispersés à travers le monde. Les Aryas avaient aussi inventé des fables qui se retrouvent diversement interprétées chez leurs descendants. Leur imagination vive expliquait les faits matériels par de gracieuses fictions. Ne connaissant pas les lois de la matière, ils supposaient des dieux agissant sur elle, semblables à l'homme, mais plus puissants.

Ceux qui vinrent dans l'Hindoustan y trouvèrent des peuples noirs. Ils les soumirent, et, afin d'empêcher le mélange entre les deux races, ils établirent les castes. S'allier avec des individus d'une autre caste devint le plus grand des crimes : les classes mêlées furent vouées à l'opprobre et à l'abjection. Elles se multiplièrent pourtant, et de là viennent ces populations si variées de l'Hindoustan. Les castes mêmes qui se conservèrent pures de toute alliance avec les vaincus subirent l'influence du climat. Leur teint brunit, leurs membres devinrent grêles, leurs caractères soumis mais cruels.

Les Hindous ont beaucoup pensé, peut-être même plus que les Grecs. Mais, au lieu d'étudier d'abord les faits, ils ont voulu les expliquer sans les connaître, et se sont égarés. Les Grecs ont cherché à comprendre les faits, et c'est en suivant la même voie que nous sommes parvenus à déterminer les lois de la matière, à nous l'asservir, à concevoir l'action de notre âme. Les Hindous ont une poésie d'une grande beauté, d'une richesse exubérante; mais ils n'ont point la mesure. Ce qui est le plus difficile aux imaginations puissantes, c'est de s'arrêter à temps. Les Grecs y ont excellé.

Cette poésie hindoue a deux époques bien distinctes. La première inspiration fut toute aryane. Elle produisit les Védas, hymnes magnifiques, élans de joie et de reconnaissance d'hommes-enfants. Ces hymnes ne demandent que le bien-être matériel, ils n'invoquent d'autres dieux que l'eau, l'air et le feu. La seconde inspiration est sacerdotale. Les castes existent, celle des prêtres domine. Les trois premières ont chacune leur dieu, et l'association de ces trois dieux constitue la trinité hindoue. Cette inspiration est aussi fort belle; elle a produit de vastes poëmes, pleins de sentiments nobles et purs, d'idées gracieuses, une loi bien conçue et bien ordonnée, œuvre d'une profonde sagesse; puis de gigantesques traités religieux, obscurs, vides, inintelligibles.

Les Grecs ont réussi dans tout ce qu'ils ont fait, et si bien réussi que nul ne les a surpassés. Ils avaient le corps aussi heureusement doué que l'âme. A côté des débris mutilés de leurs statues, les meilleures œuvres modernes pâlissent. C'est qu'ils comprenaient la vraie beauté humaine, la beauté intelligente. Chaque espèce a sa beauté particulière, déterminée par sa condition : la condition de l'espèce humaine étant de penser, il faut que, dans ses images, la matière se transfigure et devienne pensée. Ils n'ornaient point le corps, ils ne s'efforçaient pas de le rendre aimable et attrayant, ils s'en servaient pour peindre l'âme. Jamais ils ne s'éloignaient de la réalité. Quand on eut mesuré l'angle facial de leur Apollon, il sembla que c'était un type de convention, idéal, impossible. Et l'on en trouva ensuite, parmi les paysans grecs, des modèles vivants, avec des fronts aussi développés, des os maxillaires supérieurs aussi perpendiculaires.

Les Romains ne valent point les Grecs. Ils avaient des corps robustes, de taille moyenne, l'œil dominateur, la tête large, le nez aquilin, le menton saillant. Ils comprirent la supériorité intellectuelle des Grecs et eurent le mérite de s'y soumettre. Les Grecs, vainqueurs en Asie sous Alexandre, détruisirent avec mépris tous les monuments de la civilisation asiatique. Les Romains, au contraire, lorsqu'ils eurent asservi la Grèce, se firent les disciples de leurs esclaves. A Rome, la superstition était grande, la formule toute-puissante, le despotisme de l'oligarchie insupportable. Mais l'énergie était immense. Ces bandits, fondateurs de Rome, forcés à l'origine de vaincre pour vivre, en prirent l'habitude. Ils conquirent avec intelligence, apprenant aux vaincus leur civilisation, donnant des lois aux peuples. Ce sont encore leurs lois qui nous gouvernent. Ils ont fondé le droit ; ils se sacrifiaient toujours au devoir. Cependant leurs vertus n'attachent point; elles ont trop de roideur, de dureté.

Nos pères furent grands avec plus de simplicité. Les Gaulois présentaient le type arya dans toute sa pureté : teint blanc, cheveux blonds, yeux bleus. Ils étaient de haute taille, ils avaient la tête large, fièrement portée par un cou élevé. Ils n'écrivaient point leur histoire; nous ne les connaissons guère avant leur contact avec Rome. Ils n'avaient d'autres monuments que des pierres superposées ou des rangées de pierres; leurs poëmes sacrés n'étaient confiés qu'à la mémoire des prêtres. Mais nul ne les égalait en force, en courage, en mépris du danger. Avec leurs mauvaises armes, ils taillaient en pièces les légionnaires romains, bien armés et bien disciplinés. Contre eux, ce n'était point pour la gloire, mais pour la vie que Rome se battait. Ils la prirent, la brûlèrent. Dès qu'ils remuaient, tous les Romains se levaient en masse. Il fallut le génie de César et huit années de luttes opiniâtres pour conquérir la Gaule. Elle se consola de la perte de son indépendance en s'appropriant la civilisation romaine et en développant son intelligence. Elle repoussa longtemps les Germains, puis devint leur proie. Ceux-ci, s'étant mêlés aux vaincus, se transformèrent par ces mélanges, d'où résulta la nation française.

Les Français, les Italiens et les Espagnols ont conservé l'empreinte romaine. Ils parlent la langue latine plus ou moins modifiée. Les Italiens et les Français ont fondé la civilisation moderne. Les Germains, qui sont restés sur la rive droite du Rhin, les Allemands, forment un autre groupe. Bien moins latinisés, ils ressemblent beaucoup aux Hindous. Comme ceux-ci, ils aiment les longues et patientes méditations. Ils se plaisent dans le vide, ils le discutent, l'analysent. Ils expliquent tout ce qui est inexplicable, mais souvent ils prennent les ténèbres pour de la lumière. Comme les Hindous, ils sont très-patients, très-résignés. Ils ne savent point agir, passer de l'idée à l'action; d'ailleurs, pleins de bravoure, laborieux et intelligents.

Les Germains du nord, Danois et Scandinaves, prirent pour eux la mer. Ce furent d'audacieux pirates. Placée sur un sol stérile, leur population surabondante ne pouvait subsister. Ils firent des émigrations réglées. L'Angleterre, peuplée par les mêmes tribus que la Gaule, avait longtemps aidé celle-ci à repousser la domination romaine. Puis, les Romains l'avaient soumise et désarmée. Quand ils l'abandonnèrent, elle devint la proie des Germains septentrionaux. Trois tribus germaines, Saxons, Angles, Danois, s'y établirent et asservirent ou exterminèrent les Bretons. Des aventuriers scandinaves firent la conquête de la Russie. D'autres vinrent par bandes nombreuses ravager la France, que les indignes successeurs de Charlemagne ne savaient pas défendre. Ils en prirent une des meilleures provinces, la Normandie, qu'ils rendirent très-florissante et où ils se francisèrent, adoptant la langue et les mœurs du pays. Mais ils ne perdirent point dans ce nouveau séjour le goût des aventures et des entreprises avantageuses. Ils allèrent conquérir l'Angleterre et y fonder la fière aristocratie qui gouverne ce pays. Ils y portèrent leur langue nouvelle : de la fusion des langues française et allemande sortit l'anglais. Ils y portèrent aussi leur esprit audacieux, mais avisé, leur caractère énergique, avide d'indépendance. De leur mélange avec les Germains non francisés et les restes des Bretons naquit cette nation anglaise si forte, si persévérante, si active, maîtresse de tant de peuples.

— La suite au prochain numéro. —

VARIÉTÉS.

MM. Brown-Séquard et Charles Robin vont faire paraître, à partir du 1er janvier 1864, un *Journal de l'anatomie et de la physiologie normales et pathologiques de l'homme et des animaux*. Ce recueil, qui paraîtra tous les deux mois par livraison de 7 feuilles, avec des planches, formera la deuxième série du *Journal de physiologie*, que M. Brown-Séquard a dirigé de 1858 à 1864. La première livraison comprendra les travaux suivants :

1° CHEVREUL. Considérations sur la philosophie naturelle, et applications à la médecine d'une méthode employée à rechercher la cause des différences que présentent les eaux naturelles dont on fait usage en teinture.

2° CH. ROBIN. Mémoires sur les divers modes de la naissance de la substance organisée en général, et des éléments anatomiques en particulier.

3° LIÉGEOIS. De la saillie de l'œil consécutive à une lésion nerveuse chez la grenouille.

4° PAUL BERT. Expériences et considérations sur la greffe animale.

5° CH. ROBIN. Note sur les éléments anatomiques appelés myéloplaxes.

6° Revue des travaux français et étrangers.

Adresser tout ce qui concerne la rédaction et l'administration à M. Germer Baillière, 17, rue de l'École-de-Médecine, à Paris.

Le propriétaire-gérant : GERMER BAILLIÈRE.

PARIS. — IMPRIMERIE DE E. MARTINET, RUE MIGNON, 2.

PREMIÈRE ANNÉE. — N° 5. UN NUMÉRO : 30 CENTIMES. 2 JANVIER 1864.

REVUE DES COURS SCIENTIFIQUES DE LA FRANCE ET DE L'ETRANGER

PHYSIQUE — CHIMIE — ZOOLOGIE — BOTANIQUE — ANATOMIE — PHYSIOLOGIE
GÉOLOGIE — PALÉONTOLOGIE — MÉDECINE

Paraît tous les Samedis.

	Six mois.		Un an.
Paris	8 fr.		15 fr.
Départements	10		18
Étranger	12		20

Prix de l'abonnement avec la Revue des Cours littéraires.

Six mois...... Paris, 15 fr. Départ., 18 fr. Étranger, 20 fr.
Un an....... — 26 — 30 — 35

Rédacteur en chef
M. ODYSSE-BAROT

Les ouvrages dont deux exemplaires auront été envoyés au bureau du journal seront annoncés et analysés s'il y a lieu.

On s'abonne
A LA LIBRAIRIE GERMER BAILLIÈRE
17, rue de l'École de Médecine,
Et chez tous les libraires, par l'envoi d'un bon de poste, ou d'un mandat sur Paris.

L'abonnement part du 1er décembre ou du 1er juin de chaque année.

SOMMAIRE.

PHYSIQUE APPLIQUÉE AUX ARTS.

COURS DE M. EDMOND BECQUEREL.

(CONSERVATOIRE DES ARTS ET MÉTIERS.)

I.

De l'électricité atmosphérique.

M. Becquerel traite cette année de l'application de l'électricité aux arts. Les trois ou quatre premières leçons ont été consacrées à des notions générales sur l'électricité ; nous allons les résumer ici très-brièvement. Si élémentaires que soient ces notions, il est bon de les rappeler pour ceux de nos lecteurs qui ne les auraient plus assez présentes à la mémoire. Bien que nous nous attachions surtout à donner, dans ce journal, la partie des cours publics qui ne se trouve point dans les livres, cette règle ne saurait être sans exceptions. Nous écrivons à la fois, et pour les savants, et pour ceux qui veulent le devenir. C'est pour ces derniers que nous croyons devoir analyser les premières leçons de M. Becquerel.

Les anciens avaient constaté que l'ambre frotté vivement avait la propriété d'attirer les corps légers. L'agent auquel on attribua cette vertu attractive fut appelé électricité, du mot grec ἤλεκτρον (ambre). On reconnut plus tard que l'ambre partageait cette propriété avec un certain nombre d'autres substances ; de là, on fut amené à diviser les corps en corps *idioélectriques* et en corps *anélectriques ;* les premiers pouvaient s'électriser par le frottement, les autres en étaient incapables. Quand on eut constaté que l'électricité ou fluide électrique se répandait sur toute la surface des corps anélectriques, et, au contraire, restait en place sur les corps idioélectriques, on changea ces dénominations : on eut les corps *bons conducteurs* de l'électricité, et les corps *mauvais conducteurs.* Les corps bons conducteurs répondent aux corps anélectriques, les corps mauvais conducteurs sont les substances idioélectriques. On sait que les bons conducteurs sont, en première ligne, les métaux, le charbon calciné, le sol ; que les mauvais conducteurs sont la résine, le soufre, la gomme laque. Voyant que les corps bons conducteurs, au contact du sol, perdent leur électricité, on fut amené à les *isoler*, c'est-à-dire à les séparer de la terre, qui, corps bon conducteur, reçoit et dissémine à sa surface leur fluide électrique. Les corps isolants furent naturellement les corps mauvais conducteurs ; le verre est surtout employé dans ce cas. Une fois l'emploi des corps isolants répandu, on reconnut que tous les corps s'électrisent par le frottement.

Après les expériences de Dufay (vers 1750), on fut amené à l'hypothèse de deux fluides électriques : fluide *résineux* (obtenu sur la résine principalement), fluide *vitreux* (développé particulièrement sur le verre). Ces mots fluide vitreux, fluide résineux, furent remplacés, par Franklin, par les dénominations de fluide *positif* et de fluide *négatif.*

Les expériences de Dufay le conduisirent à cette loi : *Les fluides de même nom se repoussent, les fluides de nom contraire s'attirent.* C'est ce que l'on vérifia facilement au moyen du *pendule électrique*, petit fil attaché par le haut à une tige isolante, et auquel est suspendue une boule desureau. Que l'on frotte un bâton de verre avec une peau de chat (cette opération développe sur le verre du fluide vitreux ou positif), que l'on approche ce bâton de verre de la boule de sureau, elle est attirée immédiatement. Jusqu'ici rien d'inattendu ; nous savons qu'une propriété du fluide électrique est de donner aux substances électrisées la vertu d'attirer les corps légers. Mais voici un autre phénomène : à cette attraction a succédé subitement une vive répulsion, la boule de sureau a été repoussée. D'où vient ce fait ? On l'a expliqué en disant que la boule de sureau, primitivement à l'état *neutre*, a reçu du verre pendant l'attraction, du fluide vitreux; que, chargée alors d'électricité de même nom que le bâton de verre, elle a été repoussée en vertu de la loi énoncée ci-dessus.

Connaissant cette loi, il était naturel alors de chercher comment varient, avec la distance, les attractions et les répulsions du fluide électrique. La loi des attractions et des répulsions électriques est due à Coulomb ; son énoncé est le suivant : *Les attractions et les répulsions varient en raison inverse du carré des distances.* On doit aussi à Coulomb la loi touchant l'influence de la quantité d'électricité sur les attractions et les répulsions. La voici : *Les attractions et les répulsions électriques sont proportionnelles aux produits des quantités d'électricité répandue sur les corps en présence.*

Restait à déterminer comment le fluide électrique se répartit dans les corps électrisés ; on reconnut qu'il se porte à la surface des corps. On constata que sur la surface d'une sphère chargée d'électricité, le fluide électrique est distribué en quantités égales sur toute sa circonférence. Sur un cylindre terminé par deux calottes sphériques, la charge est plus considérable vers les extrémités qu'au milieu. Pour un corps ovoïde, plus il s'effile, plus la charge accumulée sur la partie effilée est grande.

On reconnut aussi aux corps bons conducteurs la propriété de se *charger* à distance par la proximité de corps électrisés ; on constata que quand d'un corps fortement électrisé on approche un corps conducteur, une étincelle jaillit entre les deux corps : c'est l'*étincelle électrique.*

Il faut maintenant savoir constater si une substance est électrisée, et dire, dans ce cas, quelle est la nature du fluide répandu à sa surface. Ceci se fait au moyen de l'*électroscope.* L'électroscope le plus simple est le pendule électrique décrit ci-dessus. Mais les électroscopes employés généralement sont plus sensibles. L'électroscope de Volta, dont on se sert souvent, consiste en deux boules de sureau suspendues par deux fils voisins à un bouton fixé à la partie supérieure d'une cloche de verre. Que l'on suppose un corps électrisé positivement, par exemple, on l'approche du bouton de l'électroscope : le bouton, le fil, les boules de sureau, s'électrisent par influence; l'électricité négative est attirée à la partie supérieure, l'électricité positive est refoulée dans les boules de sureau. Actuellement, dans ces deux boules, se trouve réparti un fluide électrique de même nom ; d'après une loi connue, il se repoussera, les deux boules s'écarteront l'une de l'autre. Tel est le principe de l'électroscope de Volta et des électroscopes en général.

Voici maintenant comment on s'en servira. Veut-on reconnaître simplement si un corps est électrisé ? On l'approche du bouton de l'électroscope : s'il se produit une divergence des boules, la substance proposée était électrisée ; dans le cas contraire, elle ne l'était pas. On veut maintenant reconnaître la nature du fluide électrique répandu sur le corps en question : on charge l'électroscope d'une électricité connue, d'électricité positive, par exemple ; les boules divergent alors. Puis on approche du bouton la substance à expérimenter. L'une ou l'autre de ces deux circonstances se produira : ou les boules divergeront davantage, ou elles se rapprocheront ; dans le premier cas, la substance est chargée d'électricité positive; dans le deuxième cas, cette substance a comme fluide libre, du fluide négatif. Un autre électroscope bien plus sensible, est l'électroscope à feuilles d'or ; deux simples feuilles d'or remplacent les fils et les boules de sureau.

Telles sont les notions d'électricité que M. Becquerel passe d'abord en revue, et que nous n'avons fait ici que résumer très-sommairement.

Le savant professeur aborde ensuite la question pleine d'intérêt de l'électricité atmosphérique.

Les éclairs et le tonnerre, dit M. Becquerel, reproduisent, sur une grande échelle, les phénomènes que l'on obtient au moyen de l'électricité développée par nos machines ordinaires.

En général, le ciel se comporte comme électrisé positivement quand aucune circonstance ne vient entraver la marche ordinaire des choses. Prenons le ciel par un jour serein, alors que l'atmosphère n'est pas chargée de vapeurs, nous constatons, dans ces circonstances, que l'électricité atmosphérique est toujours positive. Il ne faut pas croire que l'état électrique du ciel se manifestera en tout endroit. Si l'on est dans un jardin, dans le voisinage d'arbres ou de corps élevés, les effets électriques seront nuls. Il n'en sera plus de même en rase campagne ; ils seront alors bien manifestes, et ils seront d'autant plus énergiques que l'on s'élèvera plus haut au-dessus du sol : comme règle habituelle, il convient de ne pas faire ces expériences à moins de $1^m,50$ au-dessus de terre.

On pourra pour ces observations employer un électroscope quelconque ; l'électroscope à feuilles d'or sera employé de préférence, car il est plus sensible ; dans les observatoires on emploie un électroscope particulier, l'appareil Peltier.

Il y a, pour ces observations, un fait contre lequel on doit être prémuni, sinon l'on commettrait de graves erreurs : l'atmosphère peut avoir de l'électricité, et l'appareil ne pas l'indiquer. Ceci se produira toutes les fois que l'on se trouvera entouré d'un espace où il n'y a pas de changement dans l'état électrique ; ce n'est que dans le cas où l'état d'équilibre disparaîtra, que l'électroscope deviendra sensible en vertu de l'excès d'électricité qui vient d'être apporté ou enlevé. Ceci est confirmé par l'expérience suivante, due à Hermann : que l'on se tienne en un certain point au-dessus du sol, un électroscope à la main, les pailles de l'appareil n'indiquent rien ; mais que l'observateur s'élève tout à-coup, les pailles divergent ; l'intensité électrique augmente en effet à mesure que l'on monte dans l'atmosphère, et l'observateur, en surhaussant son appareil, produit le même résultat que si l'électroscope restant fixe, l'atmosphère venait à s'abaisser ; or, l'atmosphère s'abaissant produirait sur les pailles de l'électroscope le même effet que l'approche d'un bâton de verre électrisé. Que l'on revienne à la position première, les feuilles retombent à l'état naturel. Ainsi donc, pour observer l'état électrique du ciel, il faut changer de position par rapport à l'atmosphère.

Touchant cette même question, Volta fit l'expérience suivante. A la partie supérieure d'une tige communiquant à un électroscope inférieurement, il mit une boule ; sur cette boule il mit un corps enflammé ; il expérimenta par un temps calme ; en ces circonstances, les pailles de l'électroscope divergèrent. En effet, la fumée qui se produit par la combustion dans le cas actuel, s'élève verticalement au-dessus de l'appareil ; ce sont des molécules d'air chaud qui montent ; or l'air chaud est bon conducteur de l'électricité, l'état d'équilibre se trouve rompu ; il est donc tout naturel que l'électroscope indique la présence du fluide électrique.

Cette question de suivre la marche de l'état électrique du ciel constitue un problème assez délicat. On est excessivement gêné pour les observations par l'humidité de l'atmosphère ; le verre est la substance employée généralement comme corps isolant pour les appareils ; or, il n'isole pas parfaitement, et une fois qu'il est chargé d'humidité, il se fait, par ce verre qui sert de support isolant, une grande déperdition d'électricité. Aussi, en Angleterre, on soutient les appareils qui doivent indiquer l'électricité atmosphérique, au moyen de tiges de verre continuellement échauffées par des lampes, à la partie inférieure, de façon que la température du verre soit toujours de 60 à 80 degrés.

Connaissant actuellement les moyens et les précautions à prendre pour déterminer l'état électrique de l'atmosphère, examinons les résultats des expériences sur ce sujet.

Et d'abord, comment varie l'état électrique de l'atmosphère aux diverses heures du jour ? Supposons que l'on fasse des observations successives pendant toute une journée, par un temps calme où aucune perturbation ne survient dans l'état du ciel, on arrive aux résultats suivants. Le matin, vers neuf ou dix heures, on constate une charge électrique maximum plus ou moins grande, c'est le *maximum du matin ;* à onze heures, l'intensité du fluide électrique dans l'atmosphère est moindre, cette quantité d'électricité diminue jusque vers deux à quatre heures du soir ; on a un minimum vers ces heures-là ; puis un nouveau maximum a lieu l'été à huit heures du soir, l'hiver à dix heures ; quant au minimum du soir, il est vers deux et trois heures.

Ainsi l'état électrique du ciel subit dans son intensité des variations périodiques diurnes ; ce même fait se passe d'ailleurs pour tous les autres phénomènes atmosphériques.

Quelle est la cause de ces variations ? On supposa que l'humidité de l'atmosphère pouvait amener ces changements. Et, en effet, l'humidité est à son maximum vers neuf heures du matin et vers dix heures du soir, heures qui correspondent aux maxima de l'état électrique. On peut admettre alors que le développement de l'électricité est d'autant plus facile que l'atmosphère est plus humide. La remarque suivante vient à l'appui de cette hypothèse : aux différents mois de l'année l'état électrique et l'état d'humidité de l'atmosphère suivent la même marche ; en janvier, l'intensité électrique est maximum ; en juin, elle est minimum. Or, précisément en janvier l'humidité de l'atmosphère est à son maximum et à son minimum en juin.

Nous venons d'examiner l'état électrique du ciel par un temps calme ; aussitôt que des nuages apparaissent les phénomènes changent. L'électricité alors est tantôt positive, tantôt négative, et d'un instant à l'autre elle varie de signe. De plus, si les nuages sont volumineux, s'ils se sont formés rapidement, alors l'intensité électrique croît énormément.

C'est à Franklin que l'on doit la démonstration de l'identité de l'électricité atmosphérique et de l'électricité développée sur une machine de laboratoire. Son expérience est devenue célèbre. Il prit un cerf-volant fait avec une étoffe de soie, une corde conductrice le retenait ; cette corde pouvait se dérouler au moyen d'un treuil et d'une manivelle ; le tout était isolé. Un nuage vint à passer, l'illustre physicien put alors développer des phénomènes électriques à l'extrémité inférieure du fil conducteur. Quelques mois plus tard, Romas, par des procédés analogues, obtint des effets vraiment extraordinaires : il eut des étincelles ayant jusqu'à dix pieds de long. Richmann, en Russie, fut encore plus hardi dans ce mode d'expérimentation : il disposa un appareil à poste fixe dans son laboratoire, mais il fut foudroyé. Dès lors, on cessa généralement ces sortes d'expériences, devenues inutiles d'ailleurs, l'identité de l'électricité atmosphérique avec l'électricité de nos machines étant maintenant bien démontrée.

Dans un prochain numéro nous continuerons l'examen des phénomènes électriques qui se produisent dans l'atmosphère ; nous examinerons la cause de la production des orages, la théorie du paratonnerre.

J. DE LIGNIÈRES, ingénieur civil.

HISTOIRE NATURELLE DES CORPS ORGANISÉS.

COURS DE M. GUSTAVE FLOURENS.

(COLLÉGE DE FRANCE.)

Discours d'ouverture. — Histoire de l'homme.

(Suite et fin. — Voyez le nº 4.)

Les Aryas qui occupent l'Europe orientale s'appellent Slaves. Il est une nation parmi eux qui a conservé toute la noblesse de caractère, toute la beauté aryane. Ce sont les Polonais. Ils sont restés purs de tout mélange avec les jaunes, les Mongols, et ils en ont préservé l'Europe. Autant le mélange entre peuples de même race est bienfaisant, autant il est funeste entre peuples de races différentes. La Russie, soumise pendant deux siècles à ces hordes barbares, s'est fortement mongolisée. De là son infériorité en civilisation. Les langues slaves ont de la richesse et de la douceur; elles s'éloignent moins du sanscrit que les langues de l'Europe occidentale, car elles ont eu bien moins de mouvement et de vie que celles-ci : elles n'ont pas été mêlées et remaniées sans cesse.

La séparation des Aryas fut précédée par l'établissement dans les pays voisins de l'Aryane d'une colonie, souche des Persans. Cette colonie parlait une langue appelée zend, issue, comme le sanscrit, du langage primitif des Aryas. Le zend est l'origine des langues persanes. Les livres sacrés de la Perse n'offrent pas le même attrait que ceux de l'Inde. Nous n'en possédons que les parties les moins intéressantes, une théogonie et des bréviaires. Les Persans fondèrent un vaste empire détruit par Alexandre. Ils avaient les traits réguliers, les yeux grands, ils étaient bien faits, et ce type se conserve encore dans une partie de la Perse. C'est un peuple vif, spirituel, ami du merveilleux, des génies et des fées.

La division araméenne se distingue de la division aryane par ses cheveux et ses yeux noirs. Mais les mélanges entre ces deux divisions ont été si nombreux, que les caractères de coloration de l'une ont souvent passé à l'autre. Les langues les distinguent mieux : les Aryas et les Araméens n'ayant eu entre eux aucun rapport à l'époque où ils inventaient leurs langages, ces langages sont complétement différents. Les langues dites sémitiques n'ont point l'élévation des langues aryanes. Elles sont toutes matérielles comme le génie de leurs inventeurs. Les livres sacrés composés dans ces langues ont la pompe, la majesté, l'éclat oriental : ce sont les plus belles productions de ces peuples. Hommes d'instincts et de sens, ils ont peu pensé; ils aiment l'ignorance. Tandis que les fils des Aryas, Hindous et Grecs, s'épuisaient pour découvrir la vérité, eux déclaraient la volupté seule digne d'occuper l'homme. Si nos pères avaient suivi de tels conseils de paresse et d'égoïsme, nous serions bien éloignés de posséder notre civilisation actuelle.

Jamais ils n'ont connu d'autres mobiles que l'intérêt et le fanatisme. Leurs inventions sont toutes dues à l'amour du lucre. S'il est vrai que les Phéniciens nous aient légué notre écriture si simple et si commode, ils ont rendu à la pensée le plus grand service matériel. Des marchands avaient besoin pour leurs transactions commerciales de signes peu compliqués, peu nombreux, faciles à manier. Les Juifs du moyen âge ont fait tout le commerce de l'Europe, ils ont institué les banques et les lettres de change. Mais il ne faut chercher parmi eux aucune de ces nobles qualités qui appartiennent aux Aryas: ni générosité, ni dévouement, ni reconnaissance pour les services rendus. La civilisation phénicienne fut toute mercantile, d'un caractère sordide et repoussant. Sensuelle et féroce, quand les enfants, qui pullulaient dans ses étroites cités, en gênaient les habitants, elle les brûlait en l'honneur de ses idoles. Les nations soumises aux Phéniciens étaient durement exploitées. Ils furent les premiers commerçants de l'Occident; ils fondèrent, sur tous les rivages qu'abordaient leurs flottes, des comptoirs et des colonies. L'une de ces colonies, Carthage, devint assez riche pour tenir tête aux Romains. Ses citoyens ne se battaient point, ils payaient des mercenaires avec lesquels Annibal faillit écraser Rome.

Dans l'antique civilisation égyptienne, qui a laissé de si grandioses monuments, il y eut mélange d'Aryas et d'Araméens. L'Égypte, comme l'Inde, était primitivement peuplée de noirs qui furent soumis par les blancs. D'immenses troupeaux d'esclaves obéissaient à des maîtres de race différente.

Ce fut pourtant au milieu des peuples araméens que se produisit le plus sublime des dévouements. Rome succombait, épuisée par la débauche et l'esclavage. Elle avait corrompu tous les peuples de l'Occident en les faisant esclaves. Dans la Judée apparut la religion qui ordonnait aux hommes de s'aimer les uns les autres, qui leur enseignait non plus les vertus d'apparat, mais la vertu simple et modeste, la pureté, la sévérité pour soi, l'indulgence pour autrui. Une immense espérance souleva l'Europe. Tous ceux qui souffraient, tous ceux qui étaient opprimés, accueillirent avec enthousiasme la bonne nouvelle. Et malgré les plus atroces persécutions aucun d'eux ne renia sa foi.

Longtemps immobiles, tout à coup les Arabes s'élancèrent à la conquête du monde. Ils voulaient le soumettre au fanatisme. Ils domptèrent la Perse, l'Égypte, le nord de l'Afrique, l'Espagne; ils pénétrèrent en France, mais furent vaincus par Charles Martel, sauveur de l'Europe. S'ils avaient triomphé, il y aurait aujourd'hui parmi nous la même torpeur, le même affaissement des âmes que chez les peuples fatalistes de l'Orient. Leur grandeur dura peu; fruit de l'enthousiasme religieux, elle commença et finit soudainement. Il y eut un certain éclat intellectuel dans leur civilisation, mais il était tout emprunté aux Grecs. Les Arabes sont restés fort braves, nous l'avons éprouvé dans le nord de l'Afrique. Ils ont des sens d'une finesse exquise; ils voient plus loin que nous et entendent mieux. Leur corps est bien fait; de taille moyenne, leurs muscles sont vigoureux, mais minces. La coloration de leur peau varie selon les climats; celle des yeux et des cheveux est d'un noir foncé. Leurs traits ont beaucoup de distinction.

Les premiers habitants du sud-ouest de l'Europe étaient des peuples araméens. En Espagne, dans le nord de l'Italie, dans le midi de la France, ils se fondirent avec les Aryas. Mais dans les Pyrénées, au pied de ces montagnes, sur les deux versants, ils ne se sont point mélangés. Il existe encore en Espagne et en France un million de Basques. Ils parlent l'euskara, une langue primitive, aussi distincte des langues aryanes que des sémitiques. Celles-ci savent exprimer tous les changements de temps, de situation, de rapports, de circonstances, en conjuguant ou en déclinant les mots, en les modifiant, en changeant les désinences. Cette ingénieuse invention les simplifie beaucoup. Le mot devient vivant, il varie selon l'idée qu'il exprime, il subit toutes les modifications qui affectent son sujet. S'il restait inflexible, il faudrait y joindre d'autres mots pour rendre ces modifications. C'est ce que fait l'euskara. Dans cette langue, les mots sont immuables; pour en modifier le sens, il faut y accoler d'autres mots également immuables. Ce procédé de langage a été appelé agglutination. Les Basques ont les cheveux et les yeux noirs des Araméens; ils sont gais, agiles, hospitaliers. La civilisation moderne leur est à peu près inconnue. Soumis aux Carthaginois, puis aux Romains et enfin aux Espagnols et aux Français, ils ont toujours conservé leur sang et leur caractère intacts.

Dans l'Europe orientale, bien des mélanges se sont faits entre les blancs et les jaunes. Les peuples qui en proviennent sont peu intéressants; leur intelligence est faible et leur nombre tend à diminuer.

La face humaine peut se développer de deux manières différentes, latéralement ou en avant, s'élargir ou s'allonger. Le développement latéral, celui des pommettes, constitue le type jaune; le développement en avant, celui des os maxillaires, constitue le type noir. Les jaunes ont les pommettes saillantes et les yeux obliques, parce que la peau est tendue par cette saillie. Leur visage est plat, leur nez écrasé, leur teint olivâtre, plus ou moins foncé. Leurs cheveux sont généralement noirs, longs et rudes, leurs lèvres épaisses. Leur taille, excepté dans quelques parties de la Chine, est moins élevée que celle des blancs.

A la tête de la face jaune se placent les Chinois. Ces hommes ont fondé une grande et belle civilisation, bien antérieure à la nôtre. L'Europe était plongée dans la barbarie, elle en sortait, puis y retombait, tandis que la Chine conservait intacte son antique civilisation. Notre génie n'est jamais content de son œuvre, il la détruit et la refait sans cesse, afin de l'améliorer. Le génie chinois, plus calme et plus persévérant, fut satisfait de l'état auquel il avait amené la société, et afin de l'y maintenir, il fut défendu de rien innover. Mais l'esprit humain a besoin de renouveler ses idées, sinon il devient stérile et se pervertit. La décadence actuelle de ce pays, son affaiblissement moral et intellectuel, proviennent de la longue immobilité à laquelle il a été condamné.

Comme tous les Asiatiques, les Chinois ont un caractère servile. Ils sont aujourd'hui généralement lâches. Mais il n'en a pas toujours été ainsi : ils ont fait des conquêtes sur les Mongols et les ont longtemps repoussés. Les Mongols les ayant soumis, se sont attachés à leur ôter tout courage. Ce sont aussi leurs dominateurs étrangers qui, jusqu'à notre époque, ont exclu de la Chine les Européens. Si les Chinois ont la vanité de se croire supérieurs à nous parce que notre civilisation est récente, ils ne nous sont pas hostiles. Ils sont patients, sobres, laborieux, doux et polis; ils aiment l'instruction. Nous leur reprochons cruellement leur fausseté et leur ruse, sans songer qu'ils n'ont pas d'autres armes pour se défendre contre les injustices des forts. Nous les jugeons d'après leur décadence et d'après les plus vils d'entre eux, qui, dans les ports, consentent seuls à frayer avec nous.

L'élévation morale a été aussi grande chez eux que chez aucun autre peuple. Leur philosophe Confucius leur a enseigné la vertu la plus sublime. Posséder la droiture du cœur et aimer son prochain comme soi-même, voilà toute sa doctrine. C'est un des hommes qui honorent le plus l'humanité. Mais ils nous sont bien inférieurs dans la manière de fixer la pensée. Toute écriture a commencé par la représentation des objets. La parole traduisait ces figures par les noms donnés aux objets; elles ne tardèrent point à s'altérer et à ne plus rappeler ces noms que par convention. Alors les Chinois en firent des figures abstraites : au lieu de peindre les objets, ils peignirent les idées. Chaque mot eut son image. Les inventeurs de notre écriture, plus intelligents, étudièrent les mots avant de les graver. Ils les trouvèrent tous composés des mêmes sons, diversement répartis et combinés; ainsi les mêmes traits suffisent à produire tant de visages différents. Ils découvrirent et isolèrent les éléments de la parole, qui sont déterminés par la constitution même de la voix humaine. Avec quelques signes purement conventionnels ils les fixèrent. Ce bienfait assura à l'humanité le libre exercice de sa pensée. Celle-ci, au contraire, est gênée chez les Chinois par un travail matériel excessif. L'étude de l'écriture est immense et fatigue inutilement l'esprit : un Chinois instruit doit connaître des milliers de signes différents ou leurs modifications. Leur langue est est monosyllabique : pour eux, toute syllabe a un sens et représente une idée.

Les Mongols menacent à l'orient la Chine, à l'occident l'Europe. Ils errent dans les froides steppes avec leurs troupeaux et les chariots qu'ils habitent. Ils n'ont pas su, comme les autres peuples, se fixer à la terre et la cultiver. C'est là le premier des progrès et le fondement de tous les autres. Au nord de l'Asie et de l'Europe, dans ces vastes contrées où le froid diminue la taille et l'intelligence de l'homme, habitent quelques rares populations jaunes.

Les peuples qui occupaient l'Amérique avant l'arrivée des Européens appartenaient surtout à la race jaune. Ils avaient fondé de grands empires, despotiques comme ceux de l'Asie, dans le Mexique, au Pérou. Ils furent en grande partie exterminés, et leurs restes tendent à disparaître ou à se fondre avec les Européens.

La race noire a les os maxillaires proéminents, les cheveux grossiers et crépus, le nez aplati, le front étroit, les lèvres épaisses. Les peuples noirs ont les premiers parcouru le monde à une époque où les migrations des jaunes et des blancs n'avaient pas encore commencé. Ils sont même venus en Europe, où la découverte de quelques ossements révèle leur passage; ils ont occupé les presqu'îles méridionales de l'Asie, l'Égypte, l'Océanie. Ils furent exterminés ou soumis par les deux autres races; en Océanie, ils se mêlèrent avec les jaunes. Les blancs sont allés en Afrique; les Égyptiens d'abord, dont la civilisation a laissé chez plusieurs peuplades africaines des vestiges. Les Arabes n'ont fait que du mal à l'Afrique; ils y ont trouvé l'esclavage établi et l'ont beaucoup développé à leur profit. Les Portugais, maîtres du littoral, pénétrant même assez loin dans l'intérieur, ont également exploité le commerce des esclaves. Puis tous les peuples européens sont venus dans ce pays acheter des hommes.

L'Afrique n'a pu sortir de l'état primitif. Beaucoup de ses tribus vivent dans les forêts de leur chasse et des fruits sauvages. Quand ces misérables ressources viennent à leur manquer, elles périssent. Celles qui cultivent le sol sont gouvernées par des tyrans imbéciles habitués à vendre leurs sujets. Elles n'ont jamais pu se donner de meilleurs gouvernements. En guerres perpétuelles avec leurs voisins, elles s'entre-détruisent sans cesse; les prisonniers sont vendus ou égorgés. Toutes les routes qui conduisent aux ports fréquentés par les négriers, restent couvertes d'esclaves morts de faim ou de lassitude. Malgré la surveillance des croisières, ce commerce ne s'interrompt point. Mais la race noire est si féconde, que tant de pertes n'ont pu l'épuiser. L'esclavage a rendu les Africains perfides et cruels. Ils avaient pourtant la bonté, l'abnégation, la fidélité, de nobles vertus. Leur intelligence peut même s'élever; ils comprennent ce qui leur est enseigné.

Les plus beaux noirs ce sont les Cafres; ils ont des traits réguliers et une certaine civilisation. Quelques populations océaniennes se distinguent par les mêmes qualités. Mais les derniers des hommes se trouvent en Australie. Ces malheureuses peuplades grêles, mal constituées, ignorantes, disparaissent devant la civilisation.

Notre supériorité sur tant de peuples n'est point due à un privilége de naissance, à une faveur. Nous étions bien doués; mais eux aussi avaient en puissance dans leurs âmes des forces qu'ils auraient pu développer, s'ils avaient habité d'autres climats, s'ils avaient eu plus de courage et de persévérance. Nous avons commencé, comme eux, par la barbarie où ils sont restés. Nous avons pensé, agi, souffert; chacune de nos générations a travaillé pour les générations suivantes et augmenté le trésor commun. Nous avons toujours eu des hommes intelligents et dévoués qui nous ont donné des idées neuves, vraies, fécondes. Tout ce que nous possédons, nous l'avons péniblement conquis et ne le devons qu'à notre énergie.

G. FLOURENS.

HISTOLOGIE.

COURS DE M. CH. ROBIN.

(FACULTÉ DE MÉDECINE.)

Du microscope et des autres moyens d'étude employés en anatomie générale.

(Voyez les nos 2 et 3.)

Vous ne devez pas ignorer, messieurs, que l'anatomie générale n'a pas seulement recours aux moyens chimiques et au microscope.

La recherche de certains principes dans les humeurs, tels que le sucre et l'albumine dans les urines, exige l'emploi du polarimètre et de l'albuminimètre, instruments reconnus déjà comme s'associant de la manière la plus utile à l'usage des réactifs chimiques pour le diagnostic d'un certain nombre de maladies et d'états anatomo-pathologiques.

Disons ici que jamais, du reste, aucun professeur de physique n'a prétendu faire de l'anatomie générale ni du diagnostic, en indiquant, après avoir décrit les divers appareils utilisés par le médecin, que ces instruments servent, les uns à l'examen des tissus, les autres à celui des humeurs tenant en dissolution ou en suspension quelque principe anormal. Il n'y a dans ce qui précède pas plus de double emploi qu'il n'y en a par rapport aux cours de chimie, lorsque le professeur recommande de connaître d'abord les propriétés des acides ou des alcalis, avant d'utiliser les uns comme coagulants pour le diagnostic de l'albuminurie, les autres comme caustiques en chirurgie.

Le chimiste, non plus que le physicien, ne prétend faire de la médecine en décrivant la composition, les propriétés et le mode de préparation de ces réactifs, puis en faisant saisir que, d'après cela, il est possible de les employer dans la pratique de l'art. L'anatomie générale, en s'appuyant sur la démonstration expérimentale du mode d'application des divers procédés physiques et chimiques qu'elle s'approprie, donne au diagnostic et à la thérapeutique un caractère tout autre que celui que ces branches de la médecine ont conservé jusqu'à ce jour.

Nous avons vu déjà que l'étude des humeurs, autrefois connue sous le nom d'*hygrologie*, fait partie de l'anatomie générale, de la même manière que les phénomènes qui résultent de leurs altérations sont depuis longtemps considérés à juste titre comme du domaine de la pathologie générale. Les rapports intimes du sang et de la lymphe avec tous les tissus par l'intermédiaire des capillaires, les rapports non moins intimes qui existent entre la composition des liquides sécrétés et la constitution des parenchymes qui les fournissent, conduisent à rattacher d'une manière immédiate la description des humeurs à celle des tissus. Par l'examen des variations de leur composition, suivant les âges et diverses conditions individuelles normales, on est amené naturellement à étudier dans quelles conditions aussi divers médicaments, tels que les iodures, les alcaloïdes, etc., passent dans certaines sécrétions, telles que la salive, l'urine, etc., à l'exclusion de certaines autres. La connaissance des procédés qui servent à les découvrir découle naturellement de celle de la composition des uns et des autres.

D'autre part, le nombre des dépôts accidentels, amorphes, cristallisés ou organisés, qui dérivent des humeurs dont le microscope seul peut permettre de déterminer la nature, est considérable. Il importe de citer ici les dépôts urinaires de phosphate ammoniaco-magnésien des divers urates, d'acide urique et autres corps qui mettent le médecin qui les connaît à portée de fixer d'une manière sûre, soit la nature des lésions du rein, soit la composition des calculs de la vessie ou des bassinets. Les exemples de ce genre sont communs et d'une importance capitale dans la pratique.

Les cas dans lesquels l'examen à l'aide du microscope des éléments du pus ou du sang dans les urines conduit à déterminer le siége de certaines maladies des voies urinaires, sont depuis longtemps familiers à un certain nombre de savants, et il y a lieu de regretter que cet exemple ne soit pas encore adopté dans la pratique de tous comme dans celle de ces derniers.

Les remarques précédentes s'appliquent à tout ce qui concerne l'étude comparative des liquides qui s'échappent des voies génitales dans un certain nombre de conditions accidentelles ; ils peuvent être de nature différente, contenir ou non les corpuscules fécondateurs malgré l'identité d'aspect extérieur ; selon certaines autres particularités de constitution, ils peuvent encore indiquer la présence ou l'absence de lésions profondes des organes de la génération.

A cette partie de l'anatomie, qui a pour instrument principal le microscope, comme l'anatomie descriptive a le scalpel, correspond en pathologie le cours de *pathologie générale*. L'anatomie générale est la science à laquelle la pathologie générale recourt pour toutes les notions fondamentales qui lui servent de base. Or il est facile de comprendre l'importance de ces notions, lorsqu'on songe que la pathologie générale, en faisant connaître les troubles communs survenant dans les tissus semblablement composés, nous conduit à déterminer l'origine et la nature de ces changements ; en même temps elle montre quel est le traitement général à suivre pour toutes les affections de même origine et de même nature.

La pathologie générale ne peut plus être représentée par un ensemble de systèmes hypothétiques méthodiquement rapprochés, mais ne reposant au fond sur aucun fait susceptible de démonstration scientifique. Ces systèmes peuvent être aujourd'hui remplacés par des notions fondées sur l'expérience et parfaitement coordonnées. Elles doivent leur caractère de généralité à ce qu'elles portent sur la connaissance exacte des parties profondes et de leurs actes pour s'étendre, par un enchaînement logique d'observations, jusqu'aux particularités sur lesquelles s'appuie le traitement des maladies.

Il s'agit là, comme on le voit, de toute une partie de l'anatomie normale et pathologique parfaitement déterminée dans son objet, son but et ses moyens d'étude, qui conduit plus directement encore que l'*anatomie descriptive* à des applications directes à la pratique de l'art, et qui pourtant manque dans l'enseignement de nos écoles. Rien n'est plus certain que l'assertion précédente.

Nous avons vu, en effet, que l'anatomie générale décrit dans l'organisme sain et malade tout un ordre de parties invisibles à l'œil nu, que n'étudient pas l'anatomie descriptive ni celle des régions. Cette remarque s'applique, à plus forte raison, à tout ce qui concerne l'étude de l'arrangement réciproque de ces particules élémentaires.

C'est là un résultat admirable que de voir, par le perfectionnement d'un sens, l'homme retrouver dans l'intimité de la structure des corps vivants, mais aux états de simplicité et d'ébauche les plus aisément saisissables, les lois qui lui rendent compte des phénomènes les plus difficiles à expliquer lorsqu'ils sont observés sur le même être complétement développé.

Nous avons reconnu également que le but de l'anatomie générale est de déterminer la nature des tissus et des humeurs, ainsi que de tous les produits morbides, par la connaissance de leurs éléments constitutifs, seul moyen sur lequel le médecin puisse s'appuyer avec certitude pour intervenir efficacement lorsqu'il s'agit d'obtenir la disparition d'un mal apparu ou d'en arrêter les progrès, et de s'opposer au développement de celui dont on craint l'apparition. En effet, jusqu'à présent, aucune autre branche des sciences ne vient nous apprendre comment on doit procéder pour atteindre ce but, parce qu'au lieu des observations apportées par celle-ci, elles n'ont que des hypothèses à leur service lorsqu'il est question de résoudre ces problèmes importants.

Nous avons suffisamment montré que l'anatomie générale possède tout un ordre de moyens très-variés qui lui appartiennent en propre et dont les applications sont susceptibles de s'étendre encore beaucoup pour qu'il soit inutile de revenir sur ce sujet. Personne n'ignore que nulle branche de l'enseignement n'apprend encore l'usage de ces divers procédés, ni à l'égal de ce qui se fait pour les dissections ni même d'une manière quelconque, bien que, sans leur connaissance, toutes les parties constituantes essentielles des tissus, des humeurs et des produits pathologiques, restent ignorées.

Il n'y a pas d'exemple d'un art reposant d'une manière aussi directe sur la science que celui que nous offrent la médecine et la chirurgie dans leurs rapports avec les notions scientifiques de cet ordre.

Par l'étude de la structure intime des tissus, le chirurgien arrive à déterminer la nature des produits morbides : 1° parce qu'à l'aide du microscope il découvre les éléments qui les composent; 2° parce que leur examen, selon la succession des âges, lui montre par quel trouble de leur développement naissent ces productions. L'évolution étant, en outre, des tissus qui sont accidentellement en voie continuelle d'évolution et de modification, on trouve dans leur épaisseur des éléments à toutes les périodes de leur développement, qui, pour être exactement reconnus, exigent la connaissance préalable du mode d'évolution normale des éléments de même espèce dans les tissus du fœtus.

Les tumeurs qui dérivent des tissus de la moelle des os, du cartilage, des glandes, des épithéliums, offrent de fréquents exemples de l'importance de cet ordre d'études.

La chirurgie a incessamment besoin des secours du microscope et de ses accessoires pour arriver à un diagnostic précis dans tous ces cas morbides, et, par suite, pour prévoir quelles seront les principales conséquences de ses opérations.

Parmi les déterminations de la nature des produits pathologiques, il en est dont les procédés tiennent à la fois de ceux qui servent dans l'étude des tissus et de ceux qui se rapportent à celle des humeurs : tels sont les cas relatifs à l'examen du mode de production des épanchements apoplectiques du cerveau, du poumon, etc., à la coagulation de la fibrine dans les vaisseaux et dans le cœur; de la détermination de l'âge relatif de ces caillots, d'après les modifications qu'ils offrent d'une manière régulière dans chacune de ces diverses conditions.

Si l'on songe au grand nombre des tissus et des humeurs qui prennent part à la constitution de l'organisme, et dont chacun peut devenir et devient en réalité le point de départ de plusieurs espèces de produits morbides, il sera facile de comprendre combien est étendu le champ de ces recherches; dût-on le borner à l'examen de la structure intime des tumeurs seulement, il suffirait déjà pour former le sujet d'un cours des plus utiles. Mais l'expérience montre qu'il est impossible de séparer l'observation des altérations des fluides de l'organisme de celle des produits morbides solides, en raison de la liaison étroite qui les unit comme producteurs les uns des autres, et *vice versâ*, selon les conditions dans lesquelles ils se trouvent placés.

Il nous importe de noter cependant encore certains faits qui souvent embarrassent le praticien par leur singularité et dont l'explication revient à un cours de ce genre. Il est assez commun, à la suite de troubles variés des voies digestives et de cause obscure, de trouver dans les déjections des lambeaux de mucus concrets offrant l'aspect de vers intestinaux, de portions de membranes muqueuses, et pris pour tels à l'œil nu. Le microscope seul, dans ces cas, permet de reconnaître la nature de ces produits, et les procédés à suivre pour atteindre ce but sont importants à connaître. Dans d'autres conditions analogues, ce sont des fragments de tissus végétaux, d'artères, de membranes élastiques, de tissu osseux, etc., dont la nature et l'origine peuvent être déterminées avec la plus grande précision par l'examen de leurs éléments caractéristiques, bien que leur forme et leur couleur aient été modifiées par les actions digestives au point de les rendre méconnaissables. Dans certaines circonstances, ce sont des concrétions naturelles de certains fruits qui sont prises pour des calculs biliaires ou intestinaux, et réciproquement des calculs de cet ordre que leurs caractères extérieurs font confondre avec d'autres; mais sur la nature et l'origine desquels le médecin est rapidement fixé par l'analyse microscopique aidée de réactifs chimiques.

Il est un autre ordre d'applications qui a une importance plus grande encore que les précédents, parce qu'il a une valeur morale. Chose digne de remarque, c'est de tous celui qui, en France du moins, est le plus répandu : je veux parler des applications à la médecine légale; elles sont à elles seules un signe caractéristique de l'état avancé de l'anatomie générale et de la certitude des résultats auxquels elle conduit lorsque le microscope lui vient en aide.

Ces applications reposent entièrement sur la connaissance exacte de la manière dont on arrive en anatomie générale à déterminer la nature des tissus et des humeurs, c'est-à-dire sur les deux ordres de notions expérimentales indiquées précédemment comme devant former le sujet des premières leçons d'un cours de ce genre.

La structure et la disposition des éléments anatomiques étant bien connues, nul caractère n'est plus sûr pour déterminer la nature des divers tissus et des humeurs du corps. C'est en ce sens que l'examen à l'aide du microscope donne en médecine légale des résultats plus certains que tous les autres moyens d'investigation.

En effet, il fait voir directement les parties constituantes organisées de ces tissus, et non point les réactions provenant de leur décomposition chimique, comme le font la plupart des autres procédés employés jusqu'à présent. Or, rien dans les corps, soit inorganiques, soit d'origine végétale par exemple, ne peut être confondu avec les éléments anatomiques organisés des animaux, lorsqu'on tient compte de leur structure propre, de leurs caractères chimiques, physiques, de leur forme, etc. Mais il n'en est pas de même si, au lieu d'observer les parties constituantes des tissus et des humeurs, on agit sur leurs produits de décomposition, comme il arrive dans les analyses chimiques.

Un avantage non moins considérable de l'examen microscopique, c'est que, si minime que soit la quantité de la matière à examiner, il n'y a point là pour le microscope obstacle à une démonstration complète. Ce que la chimie ne peut reconnaître, faute de quantité ou de réactions spéciales et tranchées, peut être déterminé avec toute certitude par l'examen microscopique : tel est le cas, par exemple, des lamelles d'épiderme ou de petites portions de tissu graisseux.

Ajoutons qu'il n'y a d'autres limites au nombre des applications de ce moyen que le nombre des tissus et des humeurs du corps de l'homme et des divers animaux. Le sang, la bile, le méconium, les matières fécales ou rejetées par les vomissements, la cervelle, la peau, les muscles, la graisse, etc., ont tous leurs éléments anatomiques distinctifs, et le microscope les différencie avec certitude.

L'identité des vêtements, la distinction des cheveux d'avec les poils d'animaux ou les filaments végétaux, la comparaison des fragments de bois, de papiers, etc., sont autant de problèmes dont la solution est devenue non-seulement susceptible de précision, mais encore facile : pour quiconque a fait les études d'anatomie générale de l'homme et des plantes à l'aide du microscope ; pour quiconque possède des notions suffisantes sur la structure normale des différents éléments anatomiques dont se composent, soit le corps humain, soit les différents êtres du règne animal ou végétal.

Déjà, depuis plusieurs années, les instructions criminelles qui se poursuivent dans Paris et près des tribunaux de province recourent chaque jour à ces précieux moyens.

Ils sont devenus là d'un emploi officiel très-ordinaire, en raison de leur utilité, avant qu'ils aient été enseignés dans les écoles, où les médecins doivent puiser les connaissances qui leur servent de base. Ils ont permis de distinguer les unes des autres des taches de sang humain des taches de sang d'oiseaux, des fragments du tissu graisseux de l'homme de celui du bœuf et du mouton, les cheveux d'adultes de ceux de l'enfant, et souvent des taches spermatiques, celles du méconium, etc., des taches de sucs végétaux et animaux qui leur ressemblent, et dont les moyens chimiques ne peuvent déterminer la nature. Mais les exemples sont trop nombreux dans cet ordre de faits pour qu'ils puissent tous être signalés.

Il ne faudrait pas croire que, dans les leçons ayant pour but de faire connaître la constitution intime des produits morbides afin d'en préciser le diagnostic, le professeur puisse être conduit à répéter ce qui se fait dans les cours de symptomatologie ; elles ne peuvent également pas former un double des cours d'anatomie pathologique. Ces derniers, en effet, décrivent comment, par des changements de formes, de volume, de rapport et d'adhérence des organes entre eux, qu'amènent les tumeurs solides et liquides, ces diverses productions accidentelles deviennent une cause de troubles dans l'accomplissement des fonctions. Dans ce cours il s'agit, au contraire, de démontrer la nature propre de ces productions, les changements continus de leurs éléments pendant leur évolution, la manière dont ils se rattachent par leur texture à tel ou tel ordre de tissu normal et dans quelles limites elles en diffèrent. Il s'agit de résoudre tout un ordre de questions directement utiles pour fournir des indications relatives au traitement, questions que les autres moyens d'investigation ne peuvent aborder, si ce n'est à l'aide d'hypothèses que leur peu de valeur dans la pratique a fait abandonner. Il s'agit enfin de démontrer comment on se sert des instruments empruntés à la physique et à la chimie pour résoudre tel ou tel problème de ce genre.

Pour atteindre le but qu'elle se propose, l'anatomie générale commence l'examen des parties élémentaires du corps dès leur état naissant chez l'embryon ; elle les poursuit, à l'aide du microscope, dans leurs phases successives d'évolution ascendante pendant la série des âges et jusque dans leur décroissance sénile. C'est grâce à cette série d'observations logiquement enchaînées qu'elle parvient à saisir comment le développement anormal en plus, en moins, ou aberrant, devient pour chacun de nos tissus le point de départ des productions morbides diverses dont ils sont affectés, et en même temps elle nous en fait connaître la nature, parce que, lorsqu'il s'agit de corps en voie incessante de changements, tels que le sont l'organisme et ses éléments, nous n'arrivons à connaître la nature des choses que par la détermination de leur origine.

C'est par cet ensemble de données et de moyens que l'anatomie générale vient systématiser les emprunts que depuis longtemps les sciences qui servent de base à l'art médical font à l'embryogénie, à l'anatomie comparée surtout, à la zoologie et à la botanique.

Si la découverte d'un instrument nouveau, en perfectionnant les sens, perfectionne l'intelligence, Humboldt a dit on ne peut plus vrai à propos du microscope. C'est là, en effet, un perfectionnement incontestable que d'être arrivé ainsi à pouvoir, par la vue d'un objet examiné loin de son origine, remonter aux conditions qui en ont amené la production, et cela par un enchaînement logique de données expérimentales dont la pratique de l'art vient vérifier l'exactitude par les succès qu'elle leur doit. C'est là un grand perfectionnement de l'intelligence que d'habituer ainsi l'esprit (par l'examen d'objets matériels reliés entre eux d'après leurs caractères de similitude et de succession) à établir rigoureusement des relations de cause à effet, qui sont chaque jour la source d'applications utiles à l'homme, d'une manière plus directe encore que celles qui sont dues à la physique et à la chimie.

HISTOIRE DE LA MÉDECINE ET DES DOCTRINES MÉDICALES.

COURS DE M. BOUCHUT.

(ÉCOLE PRATIQUE DE LA FACULTÉ DE MÉDECINE.)

I.

Du mysticisme médical et de la théurgie.

(Suite. — Voyez les nos 1, 2 et 3.)

GASSNER, MESMER ET CAGLIOSTRO.

Déjà cependant aussi la médecine semble vouloir sortir du rôle que lui faisaient le mysticisme et la théurgie. Environ deux cents ou trois cents ans avant Jésus-Christ, on voit, sous l'impulsion des idées philosophiques de Thalès, de Pythagore, de Démocrite et de leurs disciples, la médecine se séparer peu à peu de la religion, et son enseignement devenir plus séculier. Les sentences gnidiennes et les œuvres des Asclépiades sont les premiers monuments de la science, qui parurent aux yeux du public. On y trouve bien encore quelques vestiges et quelques traces de théurgie médicale, mais un nouveau courant d'idées s'est fait jour, et il va bientôt entraîner l'esprit humain dans une nouvelle voie, celle de l'observation et de l'expérience.

IV. *Du mysticisme et de la théurgie dans la Rome païenne.* — De la Grèce, où elle fut d'abord si florissante, la théurgie médicale ne tarda pas à s'étendre à Rome, en Asie, en Afrique, en Espagne et dans les Gaules. Partout elle se manifesta avec les mêmes caractères que dans la Grèce. Elle avait pour but la pénétration de l'avenir et la guérison des maladies. C'est environ deux cents ans avant Jésus-Christ qu'elle s'introduisit à Rome ; et là elle fut pratiquée par les prêtres, les astrologues, les devins et les fabricants de charmes, de philtres et d'enchantements.

Au temps des Étrusques, c'étaient les aruspices qui, en examinant les entrailles des victimes, prédisaient les événements futurs. Plus tard, ce furent les augures romains qui se chargeaient de l'inspection et de l'interprétation du vol des oiseaux.

Néanmoins la théurgie n'eut pas à Rome le même éclat que dans la Grèce. Elle se dissipa vite au souffle de la science médicale sérieuse importée de chez les Grecs, et elle resta l'œuvre d'obscurs adeptes.

V. *Du mysticisme et de la théurgie dans les Gaules au moyen âge et jusque dans les temps modernes.* — Dans les Gaules, la théurgie eut pour représentants les druides, qui eux aussi s'attribuaient le pouvoir de commander aux esprits et d'opérer des cures merveilleuses.

C'est alors qu'on vit se produire cette grande révolution morale qui opéra des changements si profonds dans les idées de cette époque. Le christianisme venait de naître et s'étendait avec rapidité, renversant les faux dieux, leurs temples et toutes les pratiques qui s'y faisaient; il avait établi le culte d'un Dieu unique et engagé la lutte au nom de la foi contre les superstitions païennes.

En son nom les évêques combattent la magie, poursuivent la divination et défendent la sorcellerie.

Les empereurs chrétiens publient des décrets d'après lesquels on punit de peines très-sévères quiconque prétend connaître l'avenir, ou être en communication avec les esprits. Mais rien ne peut déraciner cet instinct du merveilleux, qui a tant d'empire sur l'esprit de l'homme et qui sut envahir jusqu'au christianisme lui-même, d'où l'on ne pourra jamais l'expulser. Les chrétiens, en effet, changèrent l'objet du culte, mais ils ne surent pas en bannir l'idolâtrie. Ils établirent, en l'honneur des saints, les mêmes rites païens, les mêmes fêtes par lesquelles on avait célébré les antiques divinités.

Et de même que les saints sont substitués aux dieux du paganisme, de même le démon, cet éternel esprit du mal, remplace les mauvais génies. La magie païenne des dieux de l'Olympe est remplacée par la magie diabolique. L'Église en combattait les excès, mais au fond elle croyait à l'influence démoniaque. Les sorciers, les magiciens, les astrologues étaient, selon la nouvelle foi, sous l'empire du démon dont ils étaient les agents, et en les poursuivant c'était le diable qu'elle croyait terrasser.

Malheureusement l'ignorance, l'ardeur de la foi, le fanatisme et l'esprit de prosélytisme prenant des proportions de plus en plus grandes, on en arriva à employer la terreur et la torture pour combattre l'influence imaginaire du démon, à qui l'on attribuait, sous le nom de possession, la plupart des délires et des maladies nerveuses observés chez l'homme. C'est à ce point que, si un malheureux malade dans son délire venait à prononcer le nom d'un autre homme, celui-ci pouvait être immédiatement emprisonné et accusé d'avoir jeté un maléfice sur son prochain. La chose était grave, car on l'interrogeait pour lui faire avouer ses communications avec le diable. Naturellement l'infortuné niait tout, mais on le mettait à la question et on lui arrachait des aveux qu'il ne faisait que pour se soustraire aux tortures les plus affreuses. C'était peine inutile, car aussitôt les aveux obtenus, on dressait un bûcher sur lequel on brûlait le prétendu sorcier.

La guerre fut terrible, car en passant ainsi de l'exorcisme simple à la torture et ensuite au bûcher, l'Église voulut anéantir ce qu'il n'était pas en son pouvoir de vaincre. Ainsi périrent dans les flammes des milliers d'individus qui n'étaient autres que des malades, tels qu'on en voit tous les jours, qu'un traitement rationnel aurait pu guérir.

La croyance aux sorcières et à leurs sortiléges était si générale au moyen âge, que laïques et religieux à la fois se mettaient à les poursuivre pour les détruire au moyen des plus grands supplices, comme si la société avait en face d'elle de ces grands coupables qui ne méritent aucune pitié. On sait quel a été le sort de Jeanne d'Arc, accusée de possession et de sorcellerie. Mais ce qu'on ignore, c'est que le supplice de la pucelle d'Orléans sembla faire naître une épidémie d'héroïnes. Deux jeunes filles des environs de Paris se déclaraient inspirées de Dieu pour continuer sa mission. Elles furent jetées en prison, l'une se rétracta heureusement pour elle et obtint la liberté ; mais l'autre ayant persisté dans ses déclarations fut condamnée à périr par le feu.

En 1436, à peine les cendres de Jeanne d'Arc avaient-elles eu le temps de refroidir, que dans le pays de Vaud on signale une épidémie de lycanthropie, où des hommes se croient changés en loup, mangent de la chair humaine et dévorent même leurs propres enfants. Des centaines d'individus avouent ce crime imaginaire aujourd'hui connu sous le nom de *folie*; on les croit possédés du démon et ils sont brûlés.

En 1459 surgit en Artois une autre épidémie de possession démoniaque. Ce sont des femmes qui prétendent et avouent qu'elles ont la nuit un commerce intime avec le diable. Pour les guérir on les envoie aussi au bûcher.

Des faits semblables se produisent à Cologne, à Mayence, à Trèves, à Salzbourg, et partout les flammes sont le remède apporté contre cette prétendue anthropophagie, qui n'est qu'une illusion sensoriale provoquée par la folie. Dans ces villes, quarante-cinq femmes furent brûlées en un an, les unes pour avoir dit qu'elles avaient mangé des enfants, les autres parce qu'elles avaient avoué avoir un commerce intime avec le diable. On observa les mêmes choses à Constance et à Raweinsburg, où, en cinq ans, quarante-huit sorcières furent brûlées.

Un peu plus tard, en 1491, c'est dans le couvent de Cambrai que règne la possession démoniaque; ici, ce sont les *tempestières*; elles provoquaient des orages avec le concours du diable; et l'on vit même une femme s'accuser d'avoir soulevé une tempête en soufflant sur un verre d'eau.

Tous ces faits se renouvelèrent durant le XVIe siècle. Mais c'est surtout en Espagne que le nombre des malades et par conséquent des victimes fut considérable. Des milliers de pauvres malades, considérés comme sorciers, sous l'influence occulte du démon, furent brûlés vifs.

Dans la première moitié du XVIIe siècle, ces supplices continuaient encore, et, chose douloureuse à dire, en 1620, l'immortel Kepler eut à défendre deux fois sa mère accusée de magie. Devant les juges, Kepler dit qu'il croyait aux sorciers, mais il déclarait sa mère innocente.

Ainsi, on le voit, c'est la démonomanie, aujourd'hui considérée comme une forme d'aliénation mentale, qui allume tous ces bûchers. Un individu est soupçonné d'avoir des relations avec le diable, on l'emprisonne, on lui fait avouer des crimes imaginaires et on l'envoie au supplice. On a peine à croire jusqu'à quel point l'esprit humain est susceptible de s'égarer. Mais si l'on veut prendre la peine de lire la *Magie* de Bodin, on y verra consignés les faits les plus extraordinaires qui se puissent imaginer en fait d'hallucinations étranges et d'illusions sensoriales variées.

Au reste, pour donner une idée de la démonomanie à cette époque, voici comment le conseiller Delancre résume les actes des démonolâtres : « Ils ont trouvé moyen de ravir les femmes d'entre les bras de leurs époux, et faisant force et violence à ce saint et sacré lien de mariage, ils ont adultéré et joui d'elles en présence de leurs maris, lesquels, comme statues et spectateurs immobiles et déshonorés, voyaient ravir leur honneur sans pouvoir y mettre ordre : la femme, muette, ensevelie dans un silence forcé, invoquant en vain le secours du mari, et l'appelant inutilement à son aide, lui-même contraint de subir sa honte à yeux ouverts et à bras croisés.

» Danser indécemment, festiner ordement, s'accoupler diaboliquement, blasphémer scandaleusement, se venger insidieusement, courir après tous les désirs horribles, sales et dénaturés brutalement, tenir les crapauds et vipères, les lézards et toutes sortes de poisons précieusement, aimer un bouc puant ardemment, le caresser amoureusement. » (*Tableau de l'inconstance au moyen âge*, p. 13.)

Ainsi, voilà de malheureuses nymphomanes qu'on cherche d'abord à exorciser simplement, mais qui bientôt montent sur le bûcher après avoir avoué elles-mêmes leurs crimes. Aujourd'hui elles seraient simplement envoyées à la Salpêtrière, dans des salles spéciales, et traitées comme de véritables aliénées.

Mais, ce qui paraît surprenant, c'est de voir se reproduire ces événements jusqu'à une époque très-rapprochée de nous. Ainsi, sous Louis XIV, alors que Voltaire et Bayle se révoltaient contre la continuation de tels supplices, des magistrats de Rouen osèrent encore, en plein parlement, réclamer le sang des sorciers et demander qu'on rallumât les bûchers. Est-il rien de plus significatif de la part d'esprits éclairés, et comment ne pas voir dans ces funestes aberrations la preuve de cette crédulité inhérente à l'esprit humain et dont j'ai parlé précédemment? — Ces faits se produisaient cependant à une époque et dans un pays où le *Tartuffe* et le *Misanthrope* avaient paru sur la scène !

A ce moment, néanmoins, la démonomanie commence à disparaître et à changer de forme, pour faire place à d'autres manifestations, cette fois plus innocentes du mysticisme médical et de la crédulité publique. Les *jansénistes* et les *molinistes* étaient aux prises; ceux-ci ayant fait des guérisons miraculeuses sur lesquelles l'attention publique s'était fixée, les jansénistes voulurent les imiter.

Jacques II, mort en exil à Saint-Germain, avait, dit-on, reçu du ciel le don d'opérer des miracles. Comme ses prédécesseurs et comme les rois de France, il guérissait les scrofuleux en les touchant du doigt. C'était sa distraction à Saint-Germain. En outre, dit Salgues (*Erreurs et préjugés du* XVIIIe *siècle*, t. I), il faisait marcher les boiteux, dégourdissait la jambe des goutteux, redressait les louches, faisait parler les bègues et les muets. Pour répondre à ces guérisons extraordinaires, on répandit le bruit que monseigneur de Vialart, janséniste, avait, pendant sa vie, rendu la vue à des aveugles par sa bénédiction. Et comme il était enterré à Châlons-sur-Marne, on vit aussitôt une foule de malades accourir dans cette ville, espérant trouver la santé en visitant le tombeau du saint. Mais comme la ville de Châlons était assez éloignée de Paris, les moyens de transport difficiles, on devait songer à opérer des miracles dans la capitale même de la France.

L'occasion se présenta bientôt. Un diacre janséniste, nommé Pâris, connu par sa grande piété, vint à mourir et fut inhumé au cimetière de Saint-Médard. Sa dépouille fut considérée comme ayant la puissance d'accomplir des guérisons miraculeuses. Tout aussitôt quelques malades furent envoyés près de son tombeau, et là, dans le cimetière, la nuit, on les fit coucher sur la sépulture. Chacun devine la terreur et la foi qui s'emparèrent de l'esprit de ces pauvres malades. Leur effroi se traduisit bientôt par des convulsions, et quelques-uns revinrent guéris. C'était ce qu'on appelle si faussement un miracle. Le bruit s'en répandit aussitôt, et, au bout de quelques jours, on venait en pèlerinage au tombeau du diacre Pâris. Les aveugles y venaient chercher la lumière, les muets la parole, les paralytiques le mouvement; ils eussent été aux eaux, à la tombe de Mahomet ou de sainte Geneviève, etc., qu'ils y auraient trouvé la guérison aussi bien qu'au cimetière de Saint-Médard. La condition de ces merveilles, c'est que les malades aient la foi. La foi! tout est là dans ce genre de merveilles. Avec elle s'opéreront toujours des miracles de la nature de ceux dont il est question ici.

C'est aussi vers cette époque qu'on vit paraître dans le même lieu l'*épidémie des flagellants*. Là, des femmes nerveuses qui venaient demander à ce tombeau la guérison de maux peut-être imaginaires, tombaient tout à coup dans un état d'insensibilité parfaite; elles se roulaient par terre; on leur mettait une planche sur le corps, et plusieurs hommes marchaient dessus, sans qu'elles éprouvassent la moindre douleur; bien plus, on ajoute qu'elles éprouvaient une certaine jouissance à être torturées de cette manière, et lorsqu'on les frappaient à coups de barre de fer, elles criaient avec force : « Continuez, frères, continuez ! »

Est-il rien de plus singulier et de plus étrange que cette théurgie? Cependant ces faits sont exacts, et il importe au médecin de les connaître pour les apprécier comme ils le méritent sans y apporter un scepticisme trop absolu.

Le bruit qui se fit autour de ces prétendus miracles, et le scandale de ces pratiques, où l'érotisme prenait une si grande part, furent tels, que la police, obligée d'intervenir, se mit en devoir d'arrêter les débordements de ces imaginations délirantes et de fermer le cimetière.

Tout le monde connaît la fameuse inscription :

De par le roi, défense à Dieu
De faire miracle en ce lieu.

Placé sur la porte du cimetière Saint-Médard, cet arrêt suffit pour mettre fin aux pèlerinages, aux convulsions, aux flagellations et aux miracles qui, pendant plusieurs années, servirent à la propagation du jansénisme.

D'un autre côté, l'influence des idées philosophiques émises par Voltaire et Bayle commençait à se faire sentir. Le clergé comprenait combien ces erreurs compromettaient la religion et l'engageaient dans une voie funeste. Les sciences faisaient de grands progrès. Tout, en un mot, contribuait à faire disparaître le mysticisme qui avait allumé les bûchers et produit les miracles médicaux.

Newton venait de découvrir l'attraction et la gravitation; le magnétisme terrestre entrait dans la science. C'est au moment où ces belles découvertes illustraient une époque, qu'on vit en Allemagne deux hommes: un prêtre, *Gassner*, et un médecin, *Mesmer*, originaires de la Souabe, qui crurent, en 1774, avoir trouvé dans le magnétisme animal la panacée de tous les maux de l'humanité.

Gassner, orné de son étole, pratiquait avec les formules ordinaires du rite chrétien, un véritable exorcisme sur les malades ayant la foi dans l'esprit et le diable dans le corps, et il abandonnait aux médecins les maladies auxquelles, après quelques opérations probatoires, il reconnaissait que l'esprit malin était étranger. C'était une application de la théurgie.

Mesmer croyait également aux esprits, non plus à ces esprits funestes qui s'emparent du corps des malades et qu'on doit expulser, mais à des esprits de vie et de salut qu'on peut appeler au moyen de pratiques attrayantes et de douces caresses. *Esprit du monde, âme de l'univers, aimant, fluide universel*, etc., tels étaient les noms du nouvel agent capable de guérir *immédiatement les maladies de nerfs* et *médiatement toutes les autres*. C'était le *magnétisme animal*.

— La suite à un prochain numéro. —

BOUCHARDAT ET H. JUNOD. L'EAU-DE-VIE, SES DANGERS, conférences populaires par M. A. BOUCHARDAT, professeur d'hygiène à la Faculté de médecine, membre de l'Académie impériale de médecine, et M. H. JUNOD, pasteur à Saint-Martin (Suisse). 1864, 1 vol. in-18 de 144 pages. 1 fr.

FERMOND. ÉTUDES COMPARÉES DES FEUILLES dans les trois grands embranchements végétaux, comprenant le principe de la trisection et les lois de leur formation et de leur composition, leur classification méthodique, l'explication rationnelle de certaines feuilles exceptionnelles, leur composition organographique et leur phytogénie. 1864, 1 vol. in-8 de 156 pages, avec 13 planches représentant 107 figures. 10 fr.

Le propriétaire-gérant : GERMER BAILLIÈRE.

PARIS. — IMPRIMERIE DE E. MARTINET, RUE MIGNON, 2.

PREMIÈRE ANNÉE. — N° 6. UN NUMÉRO : 30 CENTIMES. 9 JANVIER 1864.

REVUE
DES
COURS SCIENTIFIQUES
DE LA FRANCE ET DE L'ETRANGER

PHYSIQUE — CHIMIE — ZOOLOGIE — BOTANIQUE — ANATOMIE — PHYSIOLOGIE
GÉOLOGIE — PALÉONTOLOGIE — MÉDECINE

Paraît tous les Samedis.

	Six mois.	Un an.
Paris	8 fr.	15 fr.
Départements	10	18
Étranger	12	20

Prix de l'abonnement avec la Revue des Cours littéraires.

	Paris,	Départ.,	Étranger,
Six mois	15 fr.	18 fr.	20 fr.
Un an	26	30	35

Rédacteur en chef
M. ODYSSE-BAROT

Les ouvrages dont deux exemplaires auront été envoyés au bureau du journal seront annoncés et analysés s'il y a lieu.

On s'abonne
A LA LIBRAIRIE GERMER BAILLIÈRE
17, rue de l'École de Médecine,
Et chez tous les libraires, par l'envoi d'un bon de poste, ou d'un mandat sur Paris.

L'abonnement part du 1er décembre ou du 1er juin de chaque année.

SOMMAIRE.

CHIMIE APPLIQUÉE AUX ARTS.

COURS DE M. PÉLIGOT.

(CONSERVATOIRE DES ARTS ET MÉTIERS.)

III.

Des alliages.

(Fin. — Voyez les nos 3 et 4.)

Nous savons que le laiton ordinaire est un alliage formé de 2 parties de cuivre et de 1 d'étain (66 pour le premier métal, 33 pour le second). On fond le cuivre, on ajoute le zinc, et il se produit alors une élévation de température considérable.

Ce laiton ou cuivre jaune est employé sous des formes variées : en lames, en fils plus ou moins minces, notamment dans la fabrication des épingles, pour laquelle on choisit les fils les plus durs. Les épingles sont blanchies, aiguisées, et les têtes sont faites par des moyens mécaniques. On les blanchit avec de l'étain par la voie humide, c'est-à-dire que l'on prend de l'étain amalgamé avec un 40e de son poids de mercure, ce qui rend l'étamage plus brillant, et procure ensuite un laiton plus facilement pulvérisable. Cet alliage d'étain et de mercure est mis dans une marmite de fonte, et l'on place dessus une certaine quantité d'étain; le lendemain on ajoute de la crème de tartre et de l'eau. Une certaine quantité d'étain est dissoute, et cette liqueur précipite une partie d'étain métallique. La bassine dans laquelle on opère s'étame elle-même, et l'on se sert même quelquefois de ce procédé d'étamage pour obtenir des objets moins oxydables à l'air. Le laiton, quand il est destiné à être travaillé au tour, doit présenter une propriété particulière que n'a pas le laiton préparé avec le cuivre et le zinc; on lui donne cette faculté en y ajoutant 1 ou 2 pour 100 de plomb.

Voici la composition de différents laitons :

Laiton en branches : 64 de cuivre, 0,2 d'étain, 1,5 de plomb, 33,7 de zinc.

Laiton pour pièces coulées, destinées à être dorées, qu'on emploie pour pendules, par exemple, et qu'on dit être de bronze : 63,7 de cuivre, 2,5 d'étain, ce qui rend le métal plus fusible; 0,2 de plomb, 32,5 de zinc.

Laiton de tourneur : 2,8 de cuivre, 61,6 d'étain, 0,2 de plomb, 35,3 de zinc.

Il existe un autre alliage de cuivre et de zinc, objet de recherches assez multipliées, et qui présente des propriétés bien connues et dignes d'intérêt : il contient 40 de zinc au lieu de 33; on l'appelle *laiton malléable* ou *laiton patenté*, etc.; mais sous ces différents noms, c'est toujours le même alliage. Il offre cette particularité que, bien que la quantité de métal blanc soit augmentée, il est beaucoup plus jaune que le laiton ordinaire. Cet alliage est destiné à doubler les navires, et à Birmingham on en produit une grande quantité. Il présente plusieurs propriétés qui méritent l'attention : il a une très-belle couleur; il cristallise avec une extrême facilité, ce qui le rend très-fragile, et empêcherait de l'employer si l'on n'avait le moyen de corriger ce défaut.

L'alliage qui contient 50 de cuivre et 50 de zinc est souvent employé sous le nom de soudure forte, pour souder le cuivre rouge. Quand on veut avoir une soudure capable de résister à une température assez élevée, il faut prendre un alliage plus fusible que le cuivre; aussi en fait-on un qui présente une fusibilité convenable, une texture cristalline, et qui est formé, en proportions définies, d'un équivalent de cuivre et d'un équivalent de zinc; il est facile à pulvériser, et on l'emploie sous forme de poudre. Il en est de même du laiton malléable; dans les conditions ordinaires, il est moins doux. Pour obtenir les qualités qu'on lui attribue, il faut un tour de main, c'est-à-dire qu'après l'avoir fait fondre, on ajoute, quand il est à une température notablement élevée, une certaine quantité d'alliage fait antérieurement, jusqu'à ce que le grain devienne fin et ne présente plus la texture fibreuse, auquel moment on peut le laminer; mais quand on l'a coulé en lingots, il faut le chauffer au rouge et le tremper.

L'alliage qu'on désigne sous le nom d'alliage patenté, et qui renferme 60 de cuivre, 38,15 de zinc, et 1,5 de fer, a la propriété de pouvoir être martelé à chaud, forgé, laminé, estampé facilement. L'alliage de même nature, fabriqué en Allemagne, présente la même composition et les mêmes caractères. Il est peu connu en France; néanmoins on s'en sert pour le doublage des navires, car il est plus résistant que le bronze, et s'obtient à un prix moins élevé.

On sait que, quand il s'agit de souder du cuivre rouge, il faut employer un certain alliage, et que lorsqu'il s'agit de souder du cuivre jaune, on se sert de la soudure ordinaire, qui fond à une température peu élevée; elle renferme du plomb et de l'étain.

Nous avons déjà parlé des alliages dont on se sert pour imiter l'or. Ce sont, tantôt des combinaisons de cuivre et d'étain, le cuivre étant en quantité prédominante; tantôt de cuivre et de zinc. Les pièces faites avec le similor et le chrysocale sont employées souvent sans être dorées; on les décape et on les met en couleur à l'aide d'un vernis jaune qu'on y pose après les avoir chauffées: ce vernis a pour but de les préserver de l'action oxydante de l'air.

Parmi les alliages formés avec le cuivre, il y en a un qui présente des propriétés particulières; c'est l'amalgame de cuivre. Il s'obtient par différents procédés : ainsi on peut l'obtenir en mettant du sulfate de mercure, c'est-à-dire de l'acide sulfurique dans lequel on a fait dissoudre une certaine quantité de mercure métallique, en contact avec du cuivre très-divisé, comme celui obtenu en précipitant une lame de ce métal dans une dissolution acide. Alors, comme le cuivre est plus oxydable que le mercure, il déplace celui-ci, et par suite on obtient un alliage qui offre des particularités très-remarquables: c'est d'être liquide et de pouvoir se solidifier en acquérant une solidité assez considérable. A l'état mou, on s'en sert pour prendre des empreintes avec une grande perfection, et comme il se refroidit assez vite, on a, du jour au lendemain, une médaille ou tout autre objet analogue. Cet amalgame contient 30 de cuivre, 70 de mercure : quand il est dur et qu'on vient à le soumettre à une température convenable, il se ramollit; le mercure se produit en forme de globules, et il est possible d'en faire des clichés, des empreintes.

Un amalgame analogue peut s'obtenir au moyen de l'argent et du mercure; les dentistes l'emploient pour plomber les dents; il est beaucoup moins oxydable que l'alliage de cuivre et de mercure. Ajoutons que l'amalgame d'argent se fait plus facilement que l'autre, car il n'est pas nécessaire d'employer la dissolution acide dont il a été parlé.

Parmi les alliages du cuivre, il en est encore quelques autres qui présentent de l'intérêt: tel est l'alliage désigné sous le nom de *melchior*. Il est blanc, un peu jaunâtre, quand il est resté à l'air; mais en le décapant, on peut l'avoir blanc. On s'en sert en Allemagne pour remplacer l'argenterie; mais il faut dans ce cas avoir soin de ne pas le tremper dans les acides, dans du vinaigre, par exemple; aussi fait-on bien de le recouvrir d'une couche d'argent par le procédé galvanique. Cet alliage, qui est depuis longtemps connu des Chinois, contient trois métaux : du cuivre, du zinc et un métal qui n'est guère employé que pour cela, le nickel. C'est un métal qui ressemble par ses propriétés au fer; il est assez oxydable, et pris seul, excessivement difficile à fondre. Il s'unit très-aisément avec le cuivre ou le zinc. On peut donner à ces alliages les formes les plus variées; on en fabrique des couverts, des fourchettes, des plaques; il possède une sonorité assez grande; ses proportions varient selon la nature des objets qu'on se propose d'obtenir.

Alliage de Chine : 50 pour 100 de cuivre, 25 de zinc, 25 de nickel.

Alliage d'Allemagne : le zinc y entre en proportion plus grande, 31,3.

Alliage de Paris : 65 de cuivre, 13 de zinc, 3,4 de fer, 16,8 de nickel.

Le nickel du commerce renferme du fer; il n'est jamais employé à l'état brut. Le melchior présente une dureté plus ou moins grande, selon qu'il renferme plus ou moins de cuivre; aussi celui qui n'a pas besoin d'être très-malléable contient 50 de cuivre, 30 de zinc et 20 de nickel; on augmente la proportion de métal blanc pour avoir une couleur plus blanche.

Celui qu'on destine à être laminé contient 60 de cuivre, 20 de zinc, 20 de nickel. Aujourd'hui, cet alliage est destiné à recevoir l'argenture galvanique : c'est l'*alfénide*, qui présente les proportions suivantes: 59 de cuivre, 30 de zinc, 1 de fer et seulement 9,7 de nickel. Cet alliage est d'ailleurs remplacé fréquemment, en ce qui concerne la fabrication des couverts, par un procédé galvanique appliqué au cuivre jaune : c'est ainsi que sont faits les couverts de la maison Christofle; c'est véritablement une espèce de laiton qui n'offre, d'ailleurs, aucun inconvénient pour la santé.

Indépendamment de cet usage du melchior pour pièces de ménage, on s'en est servi pour faire des monnaies. En premier lieu, en Suisse, on a fabriqué, il y a six ou huit ans, des quantités assez considérables de monnaies contenant du cuivre, du zinc, du nickel et de l'argent; ces monnaies avaient des valeurs différentes réglées par la quantité d'argent qu'on y introduisait. Cet alliage ne présente pas, du reste, d'avantages pour cette destination ; la quantité d'argent qu'on y met ne signifie pas grand'chose quant à la valeur, et le prix du nickel étant assez variable, on finissait par avoir des pièces dont la valeur réelle était plus grande que la valeur nominale. En second lieu, la Belgique fait des monnaies composées au moyen d'un alliage qui renferme du nickel en grande quantité : ce sont des pièces de 20 centimes; elles sont blanches, et on les confond facilement avec les pièces d'un franc belges ou françaises, ce qui offre un très-grave inconvénient. L'alliage de cuivre vaut donc mieux pour les monnaies de peu de valeur; voici la composition de cette monnaie :

75 de cuivre, 51 de zinc et 20 de nickel.

Le zinc a pour but de faire obtenir un alliage plus fusible.

Tels sont les principaux alliages dont nous avions à nous occuper. Il nous reste, pour terminer cette matière, à parler des alliages blancs, qui ne contiennent plus de cuivre, ou du moins qui n'en contiennent qu'en proportions minimes, et qui sont formés, soit d'étain et de plomb, soit de plomb et d'antimoine.

L'alliage employé pour faire la poterie d'étain est un composé de plomb et d'étain qui présente une grande blancheur, et qui renferme des quantités de plomb variant selon l'usage auquel il est destiné. Le plomb, subissant facilement l'influence des liqueurs acides et de l'air, ne peut pas être introduit en très-grande quantité ; aussi, pour la poterie d'étain, ne permet-on pas de faire des alliages contenant au delà de 18 à 20 pour 100 de plomb, et encore à la condition qu'ils ne soient destinés à contenir ni boissons, ni matières alimentaires. Voici la composition de la poterie d'étain, telle qu'on l'emploie pour les comptoirs de marchands de vins : 82 d'étain et 18 de plomb. Voici maintenant les proportions qui entrent dans la poterie d'étain pour vaisselle : 92 d'étain et 8 de plomb seulement.

L'alliage dont on se sert pour fabriquer les théières, et qu'on désigne sous le nom de *métal anglais*, renferme de l'étain et de l'antimoine : 90 pour le premier corps, 10 pour le second ; il est d'un très-bel aspect, d'un beau poli, d'un usage excellent, nullement insalubre. L'étain seul ne pourrait s'employer, parce que les pièces se bossueraient au plus petit choc; aussi voit-on qu'on y ajoute de l'antimoine :

89,6 d'étain, 10,4 d'antimoine.

Cet alliage diffère assez peu d'un autre dont on se sert beaucoup en Angleterre, c'est-à-dire du *Britannia metal*. Il renferme 85,7 d'étain, 10,3 d'antimoine, 2,9 de zinc et une petite quantité de cuivre qui ne donne aucune insalubrité, et qui procure une certaine dureté. Ce métal revenant assez cher, puisqu'il est formé de deux métaux dont le prix est élevé, l'étain et l'antimoine, on a cherché un alliage présentant les mêmes caractères et d'un prix plus abordable; on y est arrivé à l'aide de l'étain, du zinc et du plomb : 16 parties d'étain, 4 de zinc et 4 de plomb, ou bien : 16 parties d'étain, 3 de zinc et 3 de plomb; on supprime donc l'antimoine, qu'on remplace par deux autres métaux qui conservent à l'alliage une certaine dureté. Le plomb, il est vrai, est insalubre; mais comme il n'entre qu'en proportion minime, l'inconvénient n'existe véritablement pas. Pour faire cet alliage, on fond les trois métaux, ce qui a lieu rapidement, et l'on ajoute, pour activer l'opération, un morceau de bois vert.

On emploie, pour faire des boîtes d'essieux qui servent aux coussinets, un certain alliage qui est formé essentiellement de zinc allié à une certaine quantité de cuivre et d'étain; il s'altère très-facilement par le frottement.

On fabrique aussi un alliage destiné aux planches sur lesquelles on grave les notes de musique. Ces planches doivent offrir tout à la fois une certaine dureté et une certaine mollesse; pour cela, on combine de l'étain et du plomb durci par une petite quantité d'antimoine. Voici la composition de deux espèces de cet alliage : 1° 56 d'étain, 2 d'antimoine, 42 de plomb. L'antimoine est ici pour donner la dureté voulue. Le prix de cette première espèce d'alliage pour graver la musique est plus cher, à cause de la quantité d'étain qu'il renferme. 2° 37,5 d'étain, 2,5 d'antimoine, 60 de plomb. Ici encore, sans la présence de l'antimoine, le métal serait beaucoup trop mou.

Maintenant on se sert, pour les clichés de reproduction des gravures, des rouleaux pour imprimer les étoffes, d'alliages très-fusibles; ils contiennent de l'étain, de l'antimoine et du zinc : 3 parties d'étain, 4 d'antimoine et 16 de plomb. L'alliage de Darcet est de 19 d'étain, 31 de plomb et 50 de bismuth. Voici la composition d'un autre alliage pour les clichés des médailles : 14 d'étain, 58 de plomb et seulement 28 de bismuth; il fond à la température de 100 degrés, et convient très-bien pour obtenir certaines reproductions.

Voici, enfin, l'alliage qui sert à former les caractères d'imprimerie, alliage qui doit présenter, comme celui destiné aux planches à graver la musique, une certaine dureté et une certaine mollesse: car, trop dur, il déchire; trop mou, il s'écrase sous l'effort de la presse : 73 de plomb et 27 d'antimoine. On introduit quelquefois dans cet alliage du fer pour lui donner plus de dureté.

Treshardy.

PATHOLOGIE GÉNÉRALE.

COURS DE M. CHAUFFARD.

(FACULTÉ DE MÉDECINE.)

I.

De la pathologie générale, de sa réalité, et de son rôle dans la constitution de la médecine.

(Suite. — Voyez le n° 4.)

La synthèse médicale, ainsi déviée, conduit à des abandons imprévus, dans les limites mêmes de cette étude générale des symptômes à laquelle elle se restreint, et que sans doute elle croit développer dans toutes les parties essentielles. Les plus généraux, et, par conséquent, les plus importants des symptômes morbides, se trouvent facilement sacrifiés par l'ordre imposé à ces travaux artificiels, je n'ose dire par le génie, par l'inspiration même qui préside à ces travaux.

Tous les symptômes, en effet, ne s'attachent pas avec une égale facilité aux organes et à leurs conditions matérielles, physiques ou chimiques. Il est des manifestations pathologiques qui résistent à ces liens et les brisent si on les y soumet. La fièvre, par exemple, se prête mal à une détermination localisée; en placera-t-on le siége primitif et réel dans le cœur, dans le système nerveux central ou sympathique? Rien de plus embarrassant à décider. Les bruits normaux ou anormaux de la respiration, au contraire, les bruits du cœur ou des artères, ne laissent au médecin aucune de ces perplexités; on marque avec précision leur siége; une analyse attentive en détermine les conditions d'apparition, et en fait des signes précieux de diagnostic local. Aussi qu'arrive-t-il dans ces prétendues pathologies générales asservies à la sensation, et dont le plus lointain horizon ne dépasse pas les généralités sur les phénomènes sensibles des maladies? C'est que les symptômes à siége indéterminé s'effacent, disparaissent, pour ainsi dire, dans les recherches instituées, et cèdent la place aux symptômes ou signes physiques des maladies nettement localisées : ceux-ci seulement s'offrent à l'examen, et leur étude est exposée avec tous les développements de l'analyse moderne.

Ainsi Chomel, dans la revue des symptômes fournis par les tissus, les organes ou les fonctions de l'organisme, ne rencontre pas la fièvre, et, par suite, il oublie la fièvre dans les développements de sa longue sémiologie; lorsqu'il en parle, c'est toujours incidemment, sans lui consacrer une mention spéciale, sans en donner une notion formelle, sans en déterminer la signification pathologique ni le but, sans même en tracer une de ces définitions nominales qui lui sont familières. Et de fait, peut-on regretter cet oubli? que nous aurait-on appris, en nous définissant la fièvre d'après les seuls phénomènes sensibles : accélération du pouls, augmentation de la température? Mais Chomel prend sa revanche avec les signes physiques fournis par l'auscultation des poumons et du cœur. Ici rien ne lui échappe, faits pratiques, théories diverses, tout y est exposé avec ordre, soin et dans tous les détails. Son livre de pathologie générale devient, à ce moment, un véritable traité d'auscultation théorique et pratique, et peut suppléer aux traités spéciaux publiés sur ce sujet. Il y a, dans cette opposition dont je pourrais fournir bien d'autres exemples, dans cet abandon d'un côté, dans ces développements excessifs de l'autre, un enseignement qui ne vous échappera pas; il me suffit de le désigner à votre attention.

Quelle valeur attribuer à ces travaux? Malgré le nom de pathologie générale sous lequel on les produit, peuvent-ils avoir une portée philosophique? Constituent-ils un enseignement de doctrine, une synthèse vraiment générale, c'est-à-dire partout présente et active dans les faits vitaux? Évidemment non; l'absence de toute doctrine, de toute loi générale, est le caractère premier et frappant des œuvres dont nous parlons; elles semblent avoir été conçues avec ce dessein prémédité.

Cependant ce défaut radical de doctrine et de philosophie offre quelque chose de pauvre et d'humiliant, que les auteurs les plus armés contre les théories et les idées préconçues n'acceptent pas humblement. Ils sentent d'instinct que, dépourvue de toute philosophie, la science manque de cette force intérieure qui lui donne l'être, et se perd dans la dissociation et l'empirisme. Ils s'efforcent, en conséquence, de s'emparer de ce mot de doctrine, et de le rattacher obscurément à la souveraineté du fait, la seule qu'ils reconnaissent. Ainsi Chomel prétend avoir une doctrine caractérisée par *une tendance constante vers ce qu'il y a de positif en médecine*; et ailleurs il l'appelle la *doctrine du bon sens et du progrès*. Ces mots sont bien vagues pour distinguer une doctrine. Si ce qu'il y a de positif en médecine, ce sont uniquement les faits, la doctrine de Chomel tend constamment aux faits, n'a d'autre but, d'autre visée, d'autre appui que le fait; un mot dès lors la résume : sensualisme, et il était plus net et plus simple de le dire sans détour. L'autre formule, *doctrine du bon sens*, est encore plus indécise : le bon sens est celui qui va vers le vrai, vers la réalité des choses; si le vrai et cette réalité sont, comme le positif précédent, toujours les faits, la formule signifie encore : sensualisme. Si, au contraire, il y a un positif, un vrai, un bon sens, qui ne soient pas dans la perception brute du fait, où les trouver, et quels sont-ils? Là remonte la doctrine, là doit remonter l'esprit, pour y saisir le bon sens réel qui ouvre les entrées de la science et guide l'observation véritable, l'observation qui sait voir et connaître, et non celle qui s'absorbe dans l'exercice empirique des sens. Mais Chomel repousse toute doctrine pareille; le bon sens qu'il invoque n'est donc qu'un vain mot, exprimant plutôt la négation que l'affirmation d'une doctrine. Sens trompeur, il semble consister dans la défiance profonde de l'intervention de la pensée et de son action libre et efficace au sein des faits observés, recueillis et classés d'après les analogies extérieures ; il conduit au point même où aboutissent ceux qui nient franchement et d'emblée toute pathologie générale : à l'empirisme et au doute.

D'autres pathologistes, après avoir avancé que la pathologie générale est simplement un résumé de faits, lésions ou symptômes, établis par la pathologie spéciale ; après avoir défini la pathologie générale, comme Chomel, l'examen des traits communs que présentent entre elles les diverses maladies, pensent toutefois que la pathologie générale ainsi instituée devient philosophique, et doit servir d'introduction à l'étude des maladies particulières dont elle découle. Étranges illusions et manifeste erreur de logique ! Résumer les traits communs de la phénoménalité morbide, est-ce les animer d'un souffle nouveau, est-ce professer une croyance philosophique quelconque? C'est peut-être les repousser toutes; c'est certainement n'en avouer aucune. L'histoire des espèces morbides s'établit empiriquement, sans direction supérieure ni doctrine ; cette histoire, toute descriptive et analytique, on en rapproche les traits communs en un résumé plus ou moins concis ; on construit ainsi une prétendue pathologie générale, et l'on voudrait que celle-ci, qui est déduite, qui est un résultat, un simple résumé, contînt une philosophie, une doctrine, que ses ascendants immédiats, qui sont sa cause et sa raison d'être, ne contiennent pas ! On demande à la conséquence d'outre-passer les prémisses, à ce qui est moins de livrer le plus ! Et cette étude, résultat exclusif, conséquence étroite d'une étude antérieure, on veut ensuite la donner pour introduction à celle qui la précède et la fournit ! Que de contradictions !

Quelle importance, cependant, et quelle utilité ceux qui enseignent une telle pathologie générale peuvent-ils lui attribuer avec raison ? Comment celle-ci échappera-t-elle au reproche d'être un accessoire sans valeur, une surcharge inutile ? Que répondre à ceux qui soutiennent que tous ces vains assemblages et ces descriptions des phénomènes communs n'apprennent rien de nouveau, conduisent à des rapprochements illusoires et sont loin de valoir la connaissance particulière du symptôme et de ses fortes attaches à la maladie elle-même, aux lésions et aux troubles fonctionnels en lesquels la maladie se réduit. Pourquoi dès lors encombrer notre littérature médicale d'œuvres sans objet défini ni but précis?

Ici vraiment la réponse donnée me paraît au-dessous même de l'œuvre accomplie. Chomel accorde que la connaissance des maladies en particulier est d'une plus grande importance, et que l'étude de la pathologie générale n'offre pas au médecin praticien le même degré d'utilité. « Mais, ajoute-t-il, en admettant même, pour » un moment, que celle-ci devînt entièrement inutile à » celui qui sait, on ne pourrait pas en conclure qu'elle » ne soit pas nécessaire à celui qui apprend. » On peut juger, par cette seule citation, du rôle abaissé réservé à la pathologie générale. On peut supposer, même pour un moment, qu'elle devient entièrement inutile à celui qui sait ! On peut donc savoir sans elle ! On la réserve pour celui qui apprend ! Rôle tout scholastique, avantages indifférents au médecin et à l'observateur, auxquels ils ne donnent aucune lumière nouvelle pour l'intelligence des faits vitaux.

Quel besoin a donc pu susciter et soutenir de telles études? C'est ce noble besoin de vérités philosophiques que rien ne pourra chasser de l'esprit humain. On s'est fait illusion sur l'origine et la valeur de ces synthèses soumises à l'analyse, et cette illusion a trompé la soif des intelligences. Mais si la vérité est une et reste, l'erreur est mobile et passe. « Firma et constans est veritas, » fluxæ sunt et evanidæ opiniones, » disait Stahl. Ces illusions, opinions vides et passagères, se sont dissipées. Bien des esprits se sont interrogés, après avoir reçu jusqu'au bout ce stérile enseignement ; et, au demeurant, ils ont vu qu'ils n'avaient rien acquis, que tout demeurait incertain et chancelant autour d'eux, qu'ils n'étaient pas entrés en cette possession désirée de notions générales et nécessaires propres à imprimer leur fermeté aux connaissances empiriques. Aussi qu'est-il arrivé? Après avoir sondé longtemps et souvent l'ingratitude de tels travaux, on en est venu à abandonner des études sans portée, et cette parole vulgaire court d'un médecin à l'autre : La pathologie générale n'existe pas dans les livres qui en portent le titre.

Mais il est une pathologie générale, et la vraie, qu'il faut enfin oser regarder en face, et résolûment aborder. Elle n'est ni un résumé, ni un résultat de l'histoire particulière des maladies, quoiqu'elle trouve dans cette histoire l'occasion entière de son développement ; elle ne s'occupe plus d'abstraire et de classer les phénomènes, mais d'en pénétrer les réalités intérieures et les lois nécessaires. Abordant l'observation des faits avec les notions fécondes de cause et de force, elle atteint à la connaissance réelle et substantielle ; elle quitte la superficie et l'image des choses, pour saisir les choses elles-mêmes ; elle ne se déclare pas satisfaite au sein d'une multiplicité plus ou moins symétriquement disposée, mais que rien n'anime ni ne régit ; elle veut atteindre à l'unité, à la force qui constitue en substance cette multiplicité fuyante, et la préserve d'une dissolution sans fin.

Cette pathologie générale donne seule à la médecine une raison d'être ; seule elle assigne aux faits vitaux leur place et leur vrai caractère ; seule elle nous permet de marcher sans nous égarer au milieu de l'immensité des faits propres ou afférents à notre science, en les reconnaissant tous, en les rattachant à leur cause véritable, en déterminant leurs rapports mutuels et leur légitime hiérarchie. Sans elle, la science entière appartient au phénoménalisme, qui, chez nous, se tourne toujours en une invasion des sciences étrangères, en une soumission ruineuse de notre science aux forces inférieures, sur lesquelles la vie s'exerce, en la négation des causes et des forces propres à l'ordre vivant.

La pathologie générale, ainsi comparée, a donc pour objet incessant les lois, l'étude des causes et des forces qui animent et dirigent les formes mobiles et variées par lesquelles se traduisent les activités vivantes et les évolutions diverses de l'organisme sain ou malade. On peut la définir d'un mot, en disant qu'elle est la science des lois générales de la vie ou de la maladie.

Vous auriez le droit de m'accuser de présomption et d'ignorance, si je prétendais vous exposer comme une création personnelle la pathologie générale dont je viens de vous présenter l'image affaiblie. Le pourrais-je sans me démentir moi-même? Ne vous ai-je pas montré tout à l'heure la médecine se constituant, à son origine scientifique, sous l'action nécessaire et féconde de la pathologie générale? Oui, la vraie pathologie générale est de foi traditionnelle. A travers le travail des âges et les variations de l'institution médicale, il est des principes fondamentaux et des vérités cliniques que l'on voit surnager d'eux-mêmes et résister à toutes les tempêtes, à tous les ébranlements du sol. Ces principes et ces vérités, recouverts de symboles, germes obscurs, mais puissants, recèlent, en quelque sorte, l'âme traditionnelle de la médecine, la pensée commune de tous ceux qui observent et agissent sans fascination systématique; ils deviennent, parmi nous, l'emblème de la sagesse pratique et du sens médical; ils sont la raison cachée et l'antique justification de notre science et de notre art; sans eux, sans leur action latente et permanente, les médecins n'auraient été que des édificateurs de systèmes, que de téméraires usurpateurs sur la nature vivante. C'est en ces principes, c'est sous les voiles qui les couvrent, que vit et palpite la pathologie générale, que j'essayerai de ranimer devant vous. C'est là qu'elle est, là qu'il faut aller la chercher. Le médecin ne saurait conquérir peu à peu l'intelligence des notions souveraines de la science, sans grandir parallèlement dans l'intelligence et le respect de la tradition. Je m'efforcerai, dans cet enseignement, de ne jamais perdre de vue ce double but, d'autant plus que marcher vers celui-ci, c'est tendre à celui-là; au bout de la voie que je vous désigne, la tradition et le dogme, le symbole et l'idée claire s'unissent spontanément, se fortifient l'un par l'autre, et assurent à la médecine les certitudes légitimes et les progrès durables.

Je prononce ici un mot devenu magique : je vous parle de progrès. Or, messieurs, par cela que j'invoquerai souvent devant vous les grandes traditions de notre science, pourriez-vous croire à des accusations banales, et penser que celui qui vous parle est un ennemi du progrès; qu'adonné au fétichisme absurde du temps passé, il déprécie ou méconnaît les admirables développements apportés de nos jours à la médecine? Qu'est le progrès, sinon l'accroissement incessant du vrai? Croit-on le servir en sacrifiant l'ensemble des plus hautes vérités, parce que ces vérités sont vieilles peut-être, et qu'il est une prétendue loi du progrès qui veut que tout soit renouvelé de notre temps? Non, messieurs, le vrai est de soi éternel; il ne vieillit jamais, et sa fécondité ne saurait s'épuiser. Inspirés et guidés par lui, nous sommes, croyez-le, hommes de progrès, plus que ceux qui nous jugent sans nous connaître, et nous condamnent sur la déposition de préjugés surannés. Nous ne repoussons rien de ce que l'analyse moderne découvre, pèse et mesure avec exactitude. Loin de là; tous les efforts de cette analyse nous servent; elle confirme et développe les vérités synthétiques qui font notre force. Ces vérités, nous les retrouvons sous tous les faits successivement acquis à la science, et d'autant plus accusés et nécessaires, que ces faits sortent d'une connaissance plus approfondie et plus intime des phénomènes et des mouvements de la matière organique. La cellule primordiale et l'évolution dont elle est le point de départ, ne sont-elles pas comme la démonstration visible et palpable de toutes les notions fondamentales de la pathologie générale? L'embryogénie, le plus réel et le plus fécond de nos progrès, n'est-elle pas l'irréfragable condamnation de tous les systèmes physico-chimiques, ou basés sur une physiologie incomplète? Ne nous montre-t-elle pas l'unité vivante et la fin qu'elle poursuit, dans sa plus puissante expression? Il faut donc vouloir et aimer l'analyse, qui étend la domination de toutes les vérités premières; c'est là la loi véritable du progrès scientifique; non celle qui professe le culte exclusif des faits et repousse la lumière qui peut éclairer ces faits. Les plus redoutables ennemis des progrès utiles et sérieux sont ceux que le sensualisme aveugle et fanatise; ils détruisent les progrès réalisés, loin d'en instituer de nouveaux. — E. Bremond.

ZOOLOGIE (REPTILES, BATRACIENS ET POISSONS.)

COURS DE M. A. DUMÉRIL.

(MUSÉUM D'HISTOIRE NATURELLE.)

(Suite. — Voyez les nos 2 et 3.)

II.

Les Sauriens.

Notre dernière séance a été consacrée à l'ordre des chéloniens; aujourd'hui nous nous occuperons du second ordre de la classe des reptiles : des sauriens.

Les sauriens se distinguent d'une façon très-nette des chéloniens et des ophidiens : des premiers, en ce qu'ils n'ont pas de carapace; des seconds, en ce que, à de très-rares exceptions près, ils ont des membres.

Leur dénomination de *sauriens* est tirée du grec σαῦρος, lézard, et cette expression très-générale s'applique à tous les animaux ayant une apparence lacertiforme. On les a appelés également *lacertiens*, mais nous verrons que, dans cet ordre, il y a une famille spéciale à laquelle ce nom est appliqué ; le nom de *sauriens* nous paraît donc préférable pour désigner l'ordre tout entier.

Les sauriens présentent certains caractères généraux très-faciles à saisir et qu'il importe d'indiquer tout d'abord. Ces reptiles ont le corps allongé, muni le plus habituellement de membres parfois très-courts, tendant à disparaître dans les dernières familles ; le nombre des membres est de quatre, mais quelquefois de deux, soit en avant, soit en arrière.

Le tronc se termine par une queue égale au moins à la longueur du corps, et souvent la dépassant de beaucoup. La tête surtout distingue cet ordre de celui des chéloniens par la présence des dents ; les paupières sont tantôt doubles, tantôt simples ; le plus souvent le tympan est visible. Les sauriens ont tous, à peu d'exceptions près, soit des écailles, soit des écussons, soit de petits grains placés les uns à côté des autres ; comme caractère presque général dans cet ordre, notons que la fente du cloaque est transversale et livre passage à deux organes génitaux mâles, si ce n'est chez les crocodiliens.

Les sauriens pondent des œufs ; quelques-uns sont ovovivipares, mais c'est le plus petit nombre. Les œufs ont une enveloppe dure, et l'on n'a jamais trouvé, jusqu'à présent, de sauriens subissant de métamorphoses. Un caractère qui distingue facilement des ophidiens les sauriens sans pattes, ayant l'apparence de serpents, c'est que ceux-ci ont les branches de la mâchoire inférieure disposées de façon à pouvoir s'écarter pour le passage de la proie ; chez les sauriens, au contraire, cet écartement est impossible. Tels sont les caractères principaux qui permettent de les distinguer des autres reptiles. Examinons d'abord les divisions qui ont été établies dans ce nombre immense de sauriens. Par différents caractères que nous allons peu à peu énumérer, nous verrons qu'ils peuvent être classés en neuf familles.

Ainsi, chez certains sauriens, la tête est protégée en dessus par des plaques polygonales, disposées les unes à côté des autres, et constituant une espèce de revêtement généralement régulier (scincoïdiens, chalcidiens, lacertiens). Chez d'autres, la tête n'est pas recouverte de plaques, mais d'écailles semblables à celles qui couvrent le reste du corps. Parmi ces derniers, les uns ont la peau presque lisse ou ne présentant que quelques tubercules isolés : tels sont les caméléoniens, dont les doigts sont réunis en paquets. D'autres, au contraire, ont les doigts libres : ce sont les varaniens et les geckotiens, si différents entre eux, comme nous le verrons plus loin.

La peau supporte des écussons osseux, et les doigts postérieurs sont toujours demi-palmés chez les crocodiliens. Enfin, les écailles du corps sont libres en partie dans les iguaniens, et disposées avec régularité, comme les tuiles d'un toit. Voici, en quelques mots, un premier aperçu des caractères d'après lesquels les sauriens ont pu être divisés en neuf familles. Nous allons examiner maintenant plus en détail les caractères propres à chacune d'elles.

La première famille qui doit nous occuper parmi les sauriens, est celle dont l'organisation est la plus développée, la plus parfaite. Or, il n'y a pas de sauriens qui aient une organisation plus en rapport avec celle des animaux vertébrés supérieurs que les crocodiliens. Il y a entre eux une analogie très-frappante, consistant en ce que, contrairement à ce qui a lieu chez les autres reptiles, les ventricules sont séparés par une cloison d'une façon presque complète ; cependant la circulation n'est guère plus parfaite que chez les autres reptiles, par suite de la communication des aortes.

Nous avons placé les crocodiliens au premier rang, parce que leurs caractères sont très-distincts de ceux des autres sauriens : ainsi, leur corps est couvert en dessus d'écussons osseux, que l'on ne rencontre que chez un ou deux sauriens ; puis ces écussons se continuent en crêtes plus ou moins saillantes, sur la queue : c'est là un caractère essentiel tiré de l'organisation du tégument, qui adhère sur la tête avec une telle force, en raison des saillies du crâne, qu'il est impossible de l'en détacher. La disposition de la cage thoracique rappelle celle des oiseaux ; c'est là un des caractères sur lesquels s'appuyait Blainville, pour les rapprocher des oiseaux. Les côtes viennent se joindre au sternum par un prolongement osseux, d'où il résulte deux sortes de côtes : les vertébrales et les sternales ; mais les mouvements entre ces côtes sont de très-peu d'étendue. Un caractère singulier est fourni par l'articulation de la mâchoire inférieure qui se fait très-loin en arrière, au delà des condyles ; cette mâchoire étant très-lourde, ce reptile la laisse reposer sur le sol, et c'est la supérieure qui s'élève et s'abaisse ; cependant, dans l'eau, l'animal les fait mouvoir toutes deux. Les dents des crocodiliens sont coniques, enfoncées dans des alvéoles, et c'est un fait qui les distingue des autres sauriens, qui ont les dents fixées sur la face interne ou sur le bord de la mâchoire. Un fait particulier aux crocodiliens est la disposition des narines, qui s'ouvrent en arrière, au delà du voile du palais. La bouche présente encore un autre caractère, qui a fait dire à Hérodote que les crocodiles n'ont pas de langue : en effet, la langue n'apparaît point comme chez les autres animaux ; elle est tout à fait adhérente au plancher de la bouche et recouverte par les téguments qui tapissent la cavité buccale. Enfin, comme derniers caractères, nous dirons que les crocodiliens ont la fente du cloaque longitudinale, l'organe génital mâle extérieur simple, et qu'ils sont ovipares.

Les crocodiliens forment un grand genre élevé au rang de famille, car on a reconnu dans leur organisation quelques différences qui ont permis de faire trois divisions.

D'abord chez les caïmans, la quatrième dent de la mâchoire inférieure vient se loger, quand la bouche se ferme, dans une cavité correspondante de la mâchoire supérieure ; de sorte qu'elle n'est plus visible. Chez les crocodiles, au contraire, elle reste toujours apparente, car elle vient passer par une entaille latérale du sus-maxillaire. Le troisième genre est le gavial, que l'on ne trouve que dans le Gange. Il se distingue par un museau très-étroit, constituant une sorte de bec qui a une largeur égale dans toute son étendue. Ce qui donne au gavial une physionomie particulière, c'est une poche dans laquelle il conserve de l'air qui lui sert pendant son séjour dans l'eau. Un fait qui servirait à distinguer ces différents genres, c'est leur distribution géographique : ainsi, comme nous l'avons dit, le gavial ne se trouve qu'aux bords du Gange; dans l'Amérique du Nord, il n'y a que des caïmans; dans l'Amérique du Sud, on en trouve, ainsi que des crocodiles. Les caïmans sont inconnus dans l'ancien monde, qui est la patrie de plusieurs espèces de crocodiles.

La seconde famille des sauriens est celle des caméléoniens. Elle mériterait de nous arrêter longtemps, s'il fallait entrer dans tous les détails que son étude comporte. Notons d'abord que ces sauriens se distinguent des autres familles par la forme du corps, qui n'est jamais déprimé, mais toujours comprimé. La tête se termine en casque de forme variable, car le crâne porte, à sa partie supérieure, des prolongements osseux. L'œil est recouvert par une paupière unique ouverte à son milieu et munie de muscles, les uns circulaires, et les autres rayonnés, ce qui permet l'entrée d'une quantité plus ou moins grande de lumière dans les yeux. Les caméléoniens ont encore la propriété de pouvoir remuer les yeux indépendamment l'un de l'autre, c'est-à-dire chaque œil dans une direction différente; cette disposition est extrêmement favorable à des animaux dont le mode de locomotion est très-lent, et qui éprouveraient de grandes difficultés pour saisir leur proie, s'ils ne pouvaient la voir ainsi sans changer de place.

Ces sauriens ont, de plus, la faculté de pouvoir lancer leur langue à une distance au moins égale à la longueur de leur corps; cette langue, gluante et renflée à son extrémité, saisit l'insecte et se retire violemment dans la bouche. Ils sont construits de façon à être essentiellement, on pourrait dire exclusivement arboricoles; leurs doigts, réunis en paquets, forment des pinces propres à saisir les branches. Ces pinces sont formées, d'un côté par deux doigts, et de l'autre par trois peu mobiles. Ce ne sont pas les seuls instruments qui servent à ces animaux pour rester attachés aux branches : la queue est apte à la préhension; aussi les voyons-nous quelquefois, à la ménagerie, rester suspendus par la queue.

Il y a, en outre, dans leur organisation intérieure, des particularités sur lesquelles je ne puis m'arrêter; mais, cependant, je dois dire quelques mots de leurs changements de coloration. Ils ne prennent pas, comme on l'a supposé, la couleur des objets environnants : mais sont-ils exposés à une vive lumière, leurs téguments présentent un vif éclat; sont-ils, au contraire, dans un lieu obscur, ils pâlissent, ou sur un arbre dont le feuillage est foncé, leur teinte devient plus sombre. Ce sont les seules modifications que la lumière fasse éprouver aux téguments. J'ai pu constater plus d'une fois l'exactitude de la remarque de Linné, qui a dit, en parlant du caméléon : « *Vivus varios colores assumit secundum animi passiones, laborem aut frigus.* » Irrités, ces reptiles prennent un vif éclat; paisibles, ils reprennent leur teinte habituelle. Cette seconde famille des sauriens comprend une vingtaine d'espèces.

La troisième famille est celle des ascalabotes ou geckotiens. Voyons d'abord leurs caractères généraux. Ce sont des sauriens qui ont le corps, non plus comprimé comme les caméléoniens, mais singulièrement déprimé, aplati, ayant toujours plus de largeur que de hauteur. La tête est généralement large et plate; les yeux, à peine protégés par les paupières, ont l'ouverture de la pupille non circulaire, mais longitudinale et souvent frangée sur ses bords. Les geckotiens ont des membres peu développés, de sorte que nous trouvons chez eux, plus que chez les autres sauriens, la justification du nom de *reptile* appliqué à ces animaux; mais à tous les sauriens ce nom convient plus ou moins, car, à l'état de repos, ils ont toujours le ventre sur le sol.

L'aspect de la peau des geckotiens leur donne une apparence désagréable, hideuse; s'il est permis, en histoire naturelle, d'appeler un animal hideux. Mais un fait singulier est leur mode de locomotion; ils ont la faculté de pouvoir marcher sur les corps les plus lisses, contre la pesanteur de leur corps : c'est ainsi qu'on en voit courir sur des plafonds, sur des vitres; ils offrent le mode de progression des mouches. Sous la partie inférieure des doigts se trouvent des lamelles molles qui peuvent adhérer aux corps sur lesquels ils marchent ; le vide se faisant sous les lamelles, la pression extérieure soutient ces animaux dans des positions où ils devraient nécessairement tomber. Je ne puis vous donner une meilleure idée de ce phénomène qu'en le comparant à certain jeu d'enfant qui consiste en une rondelle de cuir mouillée et appliquée fortement sur une pierre; le vide étant fait sous la rondelle, la pression extérieure agit seule et détermine une adhérence qui permet, au moyen d'une ficelle fixée au centre de la rondelle, de soulever la pierre. C'est par ce moyen que les mouches se tiennent sur les vitres, et qu'on a vu, à Paris, sur un théâtre, un homme marcher la tête en bas, grâce à un appareil de chaussures imitant, dans sa disposition, les pattes des geckotiens.

La conformation de leurs doigts offre des différences qui ont permis de les diviser en sept genres. Les uns ont des lamelles imbriquées sous toute la longueur des doigts, et à la partie supérieure un ongle, qui leur permet de s'accrocher très-solidement : ce sont les platydactyles. Les autres genres sont les hémidactyles, dont les doigts sont élargis à leur base seulement; les ptyodactyles, qui ont les lamelles disposées en éventail; les phyllodactyles, qui ont les doigts terminés par deux petites pelotes molles; les sphériodactyles ont un disque digital un peu comparable à celui des rainettes, et les gymnodactyles, qui, par tous leurs caractères, sont des geckotiens, n'ont cependant aux doigts aucun appareil permettant l'adhérence. J'en dirai autant des sténodactyles, qui ont les doigts dentelés. Or, cette dentelure est, chez les sauriens, un signe de genre de vie tout à fait spécial : il indique les animaux devant vivre dans les sables, en s'y creusant des retraites. Il y a une espèce de sténodactyles du Cap très-curieuse, et qui se trouve en troupes considérables dans les terrains sablonneux ; à l'entrée de la nuit, ces geckos sortent à moitié de leurs trous, et font un bruit épouvantable. Tous les geckotiens sont des animaux nocturnes, et la pupille, comme chez tous les nocturnes, est longitudinale.

Contrairement à ce qui s'observe chez les crocodiliens et les caméléoniens, la queue des geckotiens se brise avec une extrême facilité, et une fois brisée, elle repousse, mais avec une forme différente de celle qu'elle présentait à l'origine. Quelquefois elle repousse en forme de navet, grosse à la base, effilée à l'extrémité. Quelques-uns de ces sauriens ont les doigts palmés, par conséquent propres à la natation ; de plus, on a trouvé que la forme de leurs vertèbres rappelle celle des vertèbres des poissons, c'est-à-dire qu'elles sont un peu creuses en avant, et en arrière biconcaves.

Nous avons examiné trois familles de l'ordre des sauriens ; dans la prochaine séance, nous étudierons les caractères généraux des autres familles. — Oscar Muller.

HISTOIRE DE LA MÉDECINE ET DES DOCTRINES MÉDICALES.

COURS DE M. BOUCHUT.

(ÉCOLE PRATIQUE DE LA FACULTÉ DE MÉDECINE.)

I.

Du mysticisme médical et de la théurgie.

(Suite. — Voyez les nos 1, 2, 3 et 5.)

GASSNER, MESMER ET CAGLIOSTRO.

VI. *Magnétisme animal. Gassner, Mesmer, Cagliostro.* — Après avoir pratiqué quelque temps en Autriche, Gassner fut exilé dans un couvent, et Mesmer, auquel on avait interdit ses pratiques, vint à Paris. C'était en 1778. Il descendit à la place Vendôme et guérit quelques malades. Du bruit se fit autour de son nom. A Paris, c'en est assez, et l'hôtel des frères Bonnet, où il était descendu, ne désemplissait pas. La robe, l'armée, la finance, la noblesse fournissaient les clients; mais, chose importante à remarquer, les femmes étaient ses malades de prédilection.

Par son esprit, son élégance et sa beauté, Mesmer fascinait ses clientes. Il se mettait en rapport avec elles en les faisant asseoir en face de lui, le dos au nord, pied contre pied, genou contre genou. Portant alors doucement les deux pouces sur les plexus nerveux qui sont au creux de l'estomac, il mettait les doigts sur les hypochondres en les promenant pour effleurer les hypochondres sans bouger le pouce. C'étaient les *passes préliminaires.* Mesmer en augmentait peu à peu l'efficacité par la pénétration de son regard et par l'harmonie d'une musique suave. Alors, se produisait du froid, chez d'autres de la chaleur et de la douleur, et, d'après le siége du mal, les passes devaient aller sur la partie malade. Il fallait que le toucheur eût une main placée sur le côté opposé à celui où l'autre main agissait pour enlever, injecter le fluide vivifiant qu'il développait avec l'autre.

Si la maladie était générale, on l'attaquait par des passes plus larges qui couvraient le corps de la tête aux pieds, jusqu'à ce que le malade, saturé de fluide, se pâmât de douleur ou de plaisir.

Alors les attouchements n'étaient plus nécessaires, et à distance, au moyen d'une baguette de fer ou de verre en pointe mousse, Mesmer injectait le fluide dont il se disait rempli. Bientôt la scène s'animait, des éclats de rire, des hoquets, des cris de douleur se faisaient entendre et l'on observait des pamoisons et des crises convulsives que l'on charmait au piano ou à l'*harmonica*, instrument que Mesmer avait importé d'Allemagne. Les malades reprenaient peu à peu leurs sens, mais à peine guéries la plupart demandaient à être replongées dans leur état primitif de somnolence, de bien-être et de langueur. Elles éprouvaient un attrait invisible pour le magnétiseur, et il leur était impossible, disaient-elles, de ne pas l'aimer.

De tout ce monde accouru à la place Vendôme, hommes et femmes, un quart seulement ressentait l'action de Mesmer, et les trois quarts y restaient insensibles. Mais qu'importe? celles que les passes magnétiques avaient charmées, et différentes cures heureuses chez des sujets nerveux, suffirent à faire la réputation du magnétiseur, en attendant que la persécution des corps savants et la vogue des gens du monde fissent le reste de sa fortune. C'est alors que Mesmer inventa son *baquet.*

Ne pouvant plus magnétiser chacun en particulier, il faisait des groupes de dix à quinze, auquel il administrait collectivement son fluide. On se réunissait avec des amis; chacun voulait y aller et l'on disait : Serez-vous des nôtres ce soir, *j'ai mon baquet.*

C'était une véritable épidémie, et voici comment se passaient les choses: Dans une cuve à demi remplie d'eau, se trouvait au fond : du verre pilé, de la limaille de fer et un lit de bouteilles remplies d'eau à goulots convergents, tandis qu'au-dessus il y avait un nouveau lit de bouteilles à goulots divergents. Le tout était couvert d'une table percée de trous, par où sortaient des baguettes de fer ou de verre coudées que chacun devait prendre, regarder et appliquer au siége du mal. On entourait la table en tenant les tiges de verre, une corde enlaçait d'un pli chaque malade pour faire communiquer le fluide de l'un à l'autre, et bientôt arrivaient l'ennui, le malaise, les frissons, les sueurs, le sommeil, les crises de rire ou les pertes de connaissance. C'étaient mille attitudes aussi diverses que grotesques et pénibles.

Mesmer, en habit lilas, avec jabot de malines, présidait à tout avec une assurance parfaite, aidant l'action de ses regards et de ses gestes, au son de l'harmonica et en touchant chacun de sa baguette ou de ses doigts. Si la crise convulsive avait lieu, Mesmer emportait la malade dans ses bras, le plus souvent c'était une femme, dans la salle des crises, soigneusement matelassée. Il les délaçait et les laissait se débattre dans ce sanctuaire, où personne ne devait entrer que lui. . . . .

. . . .

Je n'ai pas à vous en dire davantage, pour ne point compromettre la gravité de cet enseignement. Mais ce qu'il faut remarquer, c'est qu'il y a dans ces transformations du mysticisme, passant de la théurgie à la démonologie, de la démonologie à la magie et à la sorcellerie, de la sorcellerie au magnétisme animal, au somnambulisme et à l'homœopathie, quelque chose qui afflige profondément l'esprit humain et qui montre jusqu'à quel point peut aller sa crédulité.

Un peu plus tard, en 1785, le marquis de Puységur découvrit le *somnambulisme artificiel*, qui devait à son tour captiver l'opinion.

Mesmer abandonné, mais n'ayant pas encore quitté la France, n'avait produit que des crises; mais voici de simples passes produisant le sommeil et remplaçant le fameux baquet. Dans ce sommeil, les facultés du magnétisé étant exaltées, le rendent docile à la volonté du magnétiseur. Le nombre des adeptes va bientôt grossissant, et M. de Puységur, imitant Mesmer, qui avait magnétisé un arbre sur le boulevard du Temple, magnétise l'arbre de la place de Buzancy, auquel il communique ainsi les plus merveilleuses propriétés. L'engouement fut à son comble; tout le monde veut toucher l'arbre, on l'entoure de cordes, dont on donne les bouts aux malades, qui font la chaîne, et reçoivent ainsi la bienheureuse influence du fluide renfermé sous son écorce. On obtint ainsi soixante-deux guérisons dans l'espace de deux mois. L'engouement devint universel, et l'on ne vit bientôt de tous côtés que des arbres magnétisés opérant des guérisons miraculeuses.

C'est alors qu'apparut le célèbre Cagliostro, qui remplaça les passes par de simples attouchements, produisant des effets semblables. Mais outre cela, ce nouveau magicien possédait un élixir de longue vie, et s'était fait le chef d'une nouvelle secte de franc-maçonnerie égyptienne. En peu de temps il arriva à avoir de nombreux adeptes dans la haute classe de la société. Les femmes elles-mêmes voulurent être initiées aux mystères de la nouvelle franc-maçonnerie, et il faut lire le récit des scènes impudiques qui avaient lieu dans ces initiations; pour apprendre ce que peut inspirer la folie humaine et où peut conduire le mysticisme médical. . . . .

Cagliostro opéra quelques cures parmi les grands personnages de l'époque, notamment celle du prince de Soubise, ce qui lui attira une très-grande célébrité et la plus fructueuse clientèle.

Il était jeune, beau et généreux, ce qui ne gâte jamais rien; il avait un regard fascinateur, et son influence sur les femmes était prodigieuse. Les carrosses envahissaient la rue Saint-Claude où il habitait, et sa personne excitait un tel enthousiasme, que son buste fut taillé en marbre, et au-dessous on lisait cet hommage poétique :

> De l'ami des humains reconnaissez les traits.
> Tous ses jours sont marqués par de nouveaux bienfaits.
> Il prolonge la vie, il secourt l'indigence ;
> Le plaisir d'être utile est seul sa récompense.

Ce qu'il y a de curieux dans toutes ces manifestations du mysticisme médical, c'est de voir là plus ridicule crédulité régner toujours, non pas dans la classe pauvre, ignorante, et par cela même facile à tromper; mais parmi les nobles, les riches et les lettrés, qui sont à la tête d'un pays et qui aspirent à la réputation d'esprits distingués.

— La suite à un prochain numéro. —

PHYSIQUE GÉNÉRALE.

CONFÉRENCES DE M. J.-J. BARRAL.

(ASSOCIATION POLYTECHNIQUE.)

De l'air au point de vue de la physique du globe et de l'hygiène.

I.

Messieurs,

Je crois qu'il sera peut-être intéressant pour vous d'étudier le rôle de l'air dans la physique du globe et dans l'hygiène. C'est un agent indispensable à la vie des végétaux et des animaux. L'importance de mon sujet servira d'excuse à ma faiblesse.

L'air a été nié par les anciens. On le considérait comme une illusion des sens; les plus hardis doutaient, et il a fallu de longs travaux et arriver jusqu'au XVIIe siècle pour que, grâce à Pascal, on crût enfin à l'existence matérielle de l'air, corps tangible et pesant. Vous savez que sa pesanteur se démontre par une expérience de la plus grande simplicité. Je vais vous la rappeler en quelques mots. — On pèse un flacon dans lequel on a fait le vide; on le remplit d'air, on le pèse de nouveau, et l'on reconnaît alors une augmentation de poids. Cette expérience vous paraît facile; mais pour la faire, il était nécessaire d'avoir deux instruments que la science ne possédait pas encore : une balance exacte et une machine pneumatique. Sans le secours de ces instruments cependant, Pascal arrive à la connaissance de l'air par la seule force du raisonnement, et il écrit son intéressant ouvrage intitulé : *Abrégé sur le vide*. La nature n'a point horreur du vide, comme on le disait autrefois, et si le liquide monte dans la pompe, c'est grâce à la pesanteur de l'air. Le vide est l'absence de matière. Aujourd'hui ces notions sont connues de tous.

Avant de vous parler, messieurs, de l'influence de l'air sur la vie, et de sa constitution à Paris et en divers autres lieux, je veux vous faire connaître sa composition. L'air se compose essentiellement, et surtout, de deux corps aériformes : 1° l'oxygène, qui y entre pour un cinquième ; 2° l'azote qui y entre environ pour les quatre cinquièmes.

L'oxygène est l'air vital qui sert à la combustion et qui est indispensable à la vie. Si une allumette prend feu au frottement, si l'huile brûle dans la lampe, c'est par l'oxygène qu'a lieu cette combustion. Placez, par exemple, sous une cloche une bougie allumée, vous la verrez bientôt s'éteindre quand elle aura consumé tout l'oxygène.

Outre ces deux éléments constitutifs, l'air contient encore de l'acide carbonique. Afin de le constater, vous n'avez qu'à exposer à l'air de l'eau de chaux, et bientôt vous verrez se former à la surface une pellicule blanchâtre qui n'est autre chose que du carbonate de chaux, c'est-à-dire de la craie. L'air contient aussi de la vapeur d'eau. Quand on expose, en effet, à l'air chaud un corps froid et brillant, un vase d'argent par exemple, bientôt on voit ce vase se ternir par une couche de rosée. Les matières accessoires de l'air sont les miasmes et les vapeurs putréfiables. C'est un de ces miasmes pestilentiels, échappé d'une serre des environs de Londres, qui est venu s'abattre sur nos vignes, et les couvrir de champignons microscopiques.

Il est important d'étudier l'air dans tous ses détails. Vous savez qu'il est incolore, mais que sa grande épaisseur le fait paraître bleu : par exemple, quand on regarde le ciel ou les montagnes de loin. Dans ses masses profondes, il contient une foule d'atomes qu'on a appelés les immondices de l'atmosphère ; c'est ce qui a fait dire à Sénèque : « Lorsque le soleil pénètre dans un endroit fermé, on voit s'agiter une infinité de corpuscules. » L'air le plus pur est celui qui ne contient que de l'oxygène, de l'azote et de la vapeur. Plus on s'élève sur les montagnes, plus on s'éloigne des plaines, plus l'air est pur.

Sur chacun de nous l'air exerce une pression de 1 kilogramme 26 grammes par centimètre carré, soit, pour un homme, près de 16 000 kilogrammes. Comment pouvons-nous supporter ce poids qu'aucun de nous ne pourrait ébranler, s'il était représenté par une pierre ? C'est que l'air pénètre de toutes parts ; il exerce sa pression dans tous les sens, à l'intérieur comme à l'extérieur de nos organes ; il en résulte que ces deux pressions, s'équilibrant, sont comme si elles n'existaient pas.

L'air extérieur, dans les hautes régions, pèse moins ; c'est pourquoi l'air intérieur des organes nous fatigue. Dans la cloche à plongeur, la pression de l'air, encore plus que la pression de l'eau, produit des souffrances identiques. Le tympan devient sourd, le sang injecte la conjonctive de l'œil, les lèvres se fendent et saignent. C'est en vertu de ce principe qu'en médecine on pratique les ventouses.

Périer, grâce aux indications de son beau-frère Pascal, a constaté que sur le Puy-de-Dôme, la pression de l'air diminuait d'un huitième de gramme par litre (en style nouveau), et sur le Mont-Blanc, de huit dixièmes de gramme ; l'air est néanmoins composé proportionnellement de la même manière. Cette diminution de pesanteur prouve que l'atmosphère est limitée.

Rien n'est grand ou petit que par comparaison ; si nous comparons la couche atmosphérique à la terre, nous trouvons que cette dernière n'occupe que la cent trente-deuxième partie de la sphère.

Dans l'étude de l'air, on apprend à connaître les phénomènes des tempêtes, de la pluie, de la grêle, des arcs-en-ciel, des étoiles filantes, des feux follets, etc., et le champ des découvertes encore à faire est aussi vaste qu'intéressant.

Pour savoir si partout l'air est identique, il a fallu s'élever à de grandes hauteurs, soit en escaladant les montagnes les plus élevées, soit au moyen des aérostats. Nous avons les observations recueillies sur le Mont-Blanc par Saussure, le hardi voyageur ; et, plus récemment, celles faites par M. A. de Humboldt sur le Chimboraço, en Amérique, à 5800 mètres au-dessus du niveau de la mer, quoique cette élévation soit peu de chose, comparée aux 70000 mètres de hauteur de l'atmosphère. Ces savants voyageurs ont pourtant beaucoup souffert pour atteindre les sommets qu'ils ont marqués de leur présence ; car la pression de l'air diminue à mesure qu'on monte, et à chaque respiration ils avaient moins d'oxygène à consommer, et, comme vous le savez, l'oxygène est indispensable à la vie. Les forces diminuaient donc à mesure que les efforts devaient augmenter ; aussi quel courage ne fallut-il pas à ces intrépides de la science ? Saussure et Humboldt ont constaté, en s'élevant, une diminution de température dans la proportion suivante ;

à 180m de hauteur, 1° de moins ;
à 1800m — 10° —
à 3600m, glace et 10° au-dessous de zéro.

Ces résultats, qui peuvent vous étonner, viennent de ce que les espaces où la terre se meut, sont à une basse température, et que la terre est échauffée par le soleil ; c'est ce qui prouve que la lumière traverse l'air sans le chauffer, et que c'est le rayonnement de la terre qui réchauffe l'air dont elle est entourée. L'air, raréfié dans les parties hautes de la couche atmosphérique, retient moins la chaleur : les pics élevés couverts d'une neige éternelle en sont la preuve.

Alexandre de Humboldt a décrit les souffrances qu'il a éprouvées dans son ascension, et son récit a été confirmé par celui de M. Boussingault et du colonel Hall, qui n'ont dépassé la hauteur atteinte par leurs devanciers que de quelques mètres.

De tout temps l'homme a désiré voler comme Icare,

et il a toujours cherché le moyen de réaliser ce désir. Roger Bacon et deux pères jésuites ont construit, dans ce but, une machine qui ne put réussir à s'enlever. Il était réservé à un Français, homme de génie, de résoudre en partie ce problème. Montgolfier, considérant l'air comme l'Océan, trouva le moyen d'une natation identique pour ces deux éléments si divers. Suivant l'application de la loi d'Archimède, qui détermine la pression des liquides sur les corps, il chercha à construire une machine pesant moins sous le même volume que la quantité d'air atmosphérique qu'elle déplace. En 1783, il remplit une enveloppe de papier d'air chauffé plus léger que l'air froid; ce ballon s'éleva comme une bulle de savon. A la nouvelle de cette expérience, l'enthousiasme général éclata, et Annonay devint ainsi le berceau d'une découverte dont les conséquences sont encore incalculables. L'expérience fut bientôt renouvelée à Paris par un artiste nommé Robert, et par un physicien du nom de Charles, qui remplaça de l'air chauffé par de l'hydrogène. On vit s'élever des ballons seuls, ensuite on les vit emporter des animaux, bientôt des hommes, et l'on marcha ainsi à l'exploration de l'atmosphère.

De nos jours on cherche encore le moyen de diriger les ballons. La navigation aérienne n'a pas pour but unique de satisfaire la curiosité, elle doit être utile à la science; par elle on peut étudier la décroissance de l'air, la marche du vent, la formation de la pluie, des tempêtes, de la grêle, les divers effets d'optique, l'électricité, le magnétisme de la terre.

Au commencement de ce siècle, des savants firent des ascensions. Entre autres nous citerons MM. Robertson et Sacharoff en Russie, Biot et Gay-Lussac en France; des enseignements très-utiles en résultèrent. En 1813, les deux savants français s'élevèrent du jardin du Conservatoire des arts et métiers, dans un ballon de soie. Toutes les précautions ordinaires furent prises : secteur, sphère; huile étendue sur les coutures pour combler les trous d'aiguille; soupape au sommet mue par une corde allant jusqu'à l'orifice, et s'ouvrant de haut en bas; nacelle d'osier attachée par des cordes à un cerceau de bois, formant la partie inférieure du ballon; l'aérostat enveloppé d'un filet de corde; les voyageurs dans la nacelle, et le ballon, à demi plein d'hydrogène, devait prendre tout son développement en montant. Les deux savants étaient munis d'un baromètre dont le mercure marque 76 centimètres sur le Puy-de-Dôme, 71 centimètres à 500 mètres plus haut, et qui va toujours en diminuant, conformément à la formule de Laplace sur la température et la hauteur. A 4000 mètres d'élévation, Biot et Gay-Lussac voulurent étudier l'aiguille aimantée; mais celle-ci, devenue folle, ne leur permit aucune observation. Au moyen des cordes traînantes qui flottaient sous leur ballon, ils redescendirent; mais arrivé à terre, Biot, dans son empressement et sans calculer les conséquences de l'allégement subit qu'il donna à l'aérostat, s'élança sur le sol, et fut la cause involontaire qui enleva son compagnon avec une rapidité vertigineuse. Gay-Lussac, heureusement, conservant tout son sang-froid, tira la corde de la soupape et put ainsi revenir à terre; mais dans ce choc les instruments furent brisés, et les expériences perdues. Ce hardi savant les recommença bientôt, et cette fois sans compagnon de voyage (1).

— La suite à un prochain numéro. —

(1) Ces conférences doivent paraître dans les *Entretiens populaires* que M. Év. Thévenin publie chaque année chez Hachette.

VARIÉTÉS.

Notre prochain numéro contiendra la leçon d'ouverture du cours de physiologie expérimentale professé à l'université de Turin par l'illustre Moleschott, ancien professeur à l'université de Heidelberg.

— Le premier volume de la BIBLIOTHÈQUE DE PHILOSOPHIE CONTEMPORAINE paraîtra la semaine prochaine à la librairie Germer Baillière; c'est celui qui a pour titre :

Le Positivisme anglais, études sur Stuart Mill, par M. H. Taine.

Deux autres volumes paraîtront dans le courant de janvier : la *Philosophie de l'histoire*, par M. Odysse-Barot; le *Matérialisme contemporain*, par M. Paul Janet.

Chaque volume, de format in-18 anglais, coûtera 2 fr. 50.

— La première livraison du *Journal de l'anatomie et de la physiologie normales et pathologiques de l'homme et des animaux*, dirigé par MM. Brown-Séquard et Charles Robin, a paru le 2 janvier dernier. Nous avons donné dans un de nos derniers numéros le sommaire de cette livraison. Voici quelles sont les conditions de la souscription :

Un an, pour la France............ 20 fr.
— pour l'étranger........... 24

Tous les deux mois paraît une livraison de 7 feuilles avec des planches.

Ce journal forme la seconde série du *Journal de physiologie* que M. Brown-Séquard a dirigé de 1858 à 1863.

— Une grande concession vient d'être faite par l'administration de l'*Union médicale* aux étudiants des Facultés et écoles de médecine de France. Le prix de l'abonnement a été réduit à DIX FRANCS par an pour Paris, et DOUZE FRANCS pour les départements. Le bureau d'abonnement, pour les étudiants, est ouvert à la librairie Germer Baillière, 17, rue de l'École-de-Médecine.

Le propriétaire-gérant : GERMER BAILLIÈRE.

PARIS. — IMPRIMERIE DE E. MARTINET, RUE MIGNON, 2.

PREMIÈRE ANNÉE. — N° 7. UN NUMÉRO : 30 CENTIMES. 16 JANVIER 1864.

REVUE DES COURS SCIENTIFIQUES DE LA FRANCE ET DE L'ÉTRANGER

PHYSIQUE — CHIMIE — ZOOLOGIE — BOTANIQUE — ANATOMIE — PHYSIOLOGIE
GÉOLOGIE — PALÉONTOLOGIE — MÉDECINE

Paraît tous les Samedis.

	Six mois.	Un an.
Paris	8 fr.	15 fr.
Départements	10	18
Étranger	12	20

Prix de l'abonnement avec la Revue des Cours littéraires.

	Paris	Départ.	Étranger
Six mois	15 fr.	18 fr.	20 fr.
Un an	26	30	35

Rédacteur en chef
M. ODYSSE-BAROT.

Les ouvrages dont deux exemplaires auront été envoyés au bureau du journal seront annoncés et analysés s'il y a lieu.

On s'abonne
A LA LIBRAIRIE GERMER BAILLIÈRE
17, rue de l'École de Médecine,
Et chez tous les libraires, par l'envoi d'un bon de poste, ou d'un mandat sur Paris.

L'abonnement part du 1er décembre ou du 1er juin de chaque année.

SOMMAIRE.

PHYSIOLOGIE EXPÉRIMENTALE.

COURS DE M. J. MOLESCHOTT.

(UNIVERSITÉ DE TURIN.)

Le nom de M. Jacques Moleschott jouit dans l'Europe scientifique d'une autorité assez grande pour nous dispenser de présenter à nos lecteurs l'illustre physiologiste de Heidelberg.

Nous rappellerons seulement que l'intolérance religieuse l'ayant obligé à donner sa démission, le gouvernement italien a eu l'heureuse inspiration de l'appeler à Turin pour y occuper à l'Université la chaire de physiologie expérimentale. C'est son discours inaugural que nous offrons aujourd'hui à nos lecteurs. ODYSSE-BAROT.

Discours d'ouverture. — De la méthode en physiologie.

Très-honorables Messieurs,

Vous vous étonnerez peut-être de voir au sein de cette université, dans une chaire occupée jusqu'ici par un éminent professeur italien, un étranger... Vous comprendrez, dès le premier mot, que je me présente à vous avec une sincère confiance, puisque je ne crains pas de toucher le point le plus délicat que présente notre rencontre ici pour de communs travaux. Je ne le crains pas, parce que j'espère vous paraître de la maison, sans abandonner mon individualité, et même sans perdre mon individualité nationale.

Vous savez que les peuples peuvent se comparer aux arbres. Ni les uns ni les autres ne portent leurs fruits à la même époque.

L'Italie, qui à la gloire des temps classiques a ajouté la gloire plus grande encore de faire revivre au moyen âge des lumières qui paraissaient éteintes, et de faire jaillir de ces sources de lumière une clarté qui resplendit sur toutes les sciences et sur tous les arts, de telle sorte que les muses, pendant la plus grande partie du moyen âge, semblaient s'être toutes réfugiées dans ce pays, — l'Italie eut ensuite un temps de repos relatif, mais d'un repos qui ne dégénéra jamais en un sommeil profond, comme celui où avant le XIIe siècle était enseveli presque le monde entier. Après s'être trouvée pour la culture générale des esprits à la tête de toutes les nations, depuis Dante jusqu'à Giordano Bruno, l'Italie dut laisser un si grand honneur à la France, à l'Angleterre et à la Hollande, et au XVIIIe siècle on voyait le progrès partir de l'Angleterre, traverser la France et entrer dans l'Allemagne qui, malgré les glorieux efforts de la réforme, ne put parvenir à son plein épanouissement avant la seconde moitié du siècle passé.

Les lois qui président au développement général de l'humanité président également au développement de chaque rameau de la science : les diverses nations, tantôt maîtresses, tantôt élèves, alternent leur œuvre, et il arrive un temps où c'est à l'élève qu'échoit l'honneur des recherches et des découvertes.

Quand les *bas temps* tournaient à la décadence, répandant, au milieu de leur mort, la semence d'où devaient germer les sciences exactes, l'Italie eut la gloire et le bonheur de s'approprier le premier et le plus grand réformateur de notre science, le Bruxellois André Vesale. Il eut pour successeurs Fallope, Eustache, Fabrice d'Acquapendente, Malpighi, qui posèrent les solides bases sur lesquelles s'élevèrent tous les perfectionnements successifs de l'anatomie. Mais qui niera qu'après ces premiers maîtres, l'Italie n'a plus eu de savants comparables aux Albinus, aux Camper, aux Sommering, aux Bichat, aux Cuvier et aux Müller?

Dès qu'on étudie la physiologie, on voit que la plus grande partie des plus importantes recherches de ces derniers temps, n'est que la continuation et l'application sérieuse des découvertes de Galvani et de Volta aux phénomènes et aux relations du corps vivant. A côté d'un maître italien qui a répandu et qui répand encore ses lumières sur cette cité, l'Allemagne a pris et prend une part active et prépondérante dans le développement des lois dont on ne pouvait deviner l'existence avant Galvani et Volta. Quiconque travaille sérieusement dans le champ qu'ils ont défriché sera certainement accueilli par eux comme un ami, comme un fils. Ils ne sont nulle part étrangers, ces hommes illustres dont le nom fait non-seulement l'orgueil de l'Italie, mais aussi la gloire de l'Europe et du monde; ils ne verront donc pas un étranger dans un de leurs disciples, très-humble, il est vrai, mais à l'insuffisance duquel suppléera leur bienveillance, un de leurs disciples qui, au delà des Alpes, a appris à les admirer et a puisé dans cette ardente admiration le désir de marcher sur leurs traces dans la mesure de ses forces. Et si petit que soit mon mérite, soyez persuadés que grande est la reconnaissance avec laquelle je déposerai sur l'autel de la science italienne, en présence des jeunes gens qui sont ses adorateurs, tous les fruits qu'a produits et que continue à produire l'esprit germanique auquel je dois principalement mon ardent amour de la science. Cet amour suffit presque à lui seul pour me donner le courage de professer.

Je dis presque à lui seul, messieurs, parce que pour l'enseignement le fond ne suffit pas : plus la science est grave et difficile, plus on doit s'attacher à une forme digne d'elle, austère et pénétrante, et belle toutes les fois qu'il est possible. A cette pensée que je ne puis me présenter à vous que comme étranger, je sens trop la lourde responsabilité que j'ai assumée en entreprenant de vous parler dans votre magnifique langue, et la crainte de mon insuffisance est encore plus grande que ma confiance en votre courtoise bienveillance. C'est à votre langue que l'on pourrait appliquer le mot célèbre du Dante :

> ..... Quanto la cosa è più perfetta,
> Più senta il bene e così la doglienza.

Je vous prie donc, messieurs, d'être indulgents pour moi; la difficulté que j'éprouverai à m'exprimer dans un langage qui n'est pas le mien ne sera certainement pas moindre que celle que vous éprouverez à m'entendre : la grâce, la finesse, la séve, le coloris de votre langue, m'enchantent, et je sens que je ne pourrai user, comme je le voudrais, de tels avantages. Vous serez indulgents, je l'espère, parce que je vous prouverai que moi-même je suis sévère à mon égard; je suis persuadé que je serais indigne de l'honneur qui m'a été fait, quand on m'a appelé à une chaire aussi importante dans votre pays, si je ne pensais tous les jours à me perfectionner, et à parvenir au langage qui convient à la science que je professe, et qui est digne de toute la beauté, de toute la vigueur, de toute la sublimité que pourrait fournir une langue quelconque au monde.

Jusqu'ici, messieurs, je vous ai seulement parlé de moi; permettez-moi de vous parler aussi de vous, de vous présenter pour ainsi dire à vous-mêmes. Ne croyez pas que parce que vous m'êtes inconnus, ce soit une vaine entreprise : votre seule présence dans cette salle vous donne un caractère que je voudrais développer devant vous en peu de mots.

Vous avez lu ce que mon honorable prédécesseur fit inscrire sur la porte de notre école, inscription qui suffirait à elle seule pour attester son mérite. Il l'appela *École de physiologie expérimentale*, et l'explication de ce titre ne serait pas complet si nous pensions seulement aux leçons, qui pour devenir claires et efficaces, demandent le secours de la démonstration expérimentale et de la pratique. Vous êtes ici, parce que, animés du désir de découvrir les mystères de la nature humaine, vous savez que l'esprit de recherche dans la physiologie est mis à une plus forte épreuve que dans les autres sciences naturelles dont elle est la sœur cadette, et une sœur cadette qui, pour vivre, a continuellement besoin du secours empressé de toutes ses sœurs aînées. Les conquêtes que doit notre science aux travaux incessants et vigoureux de tant d'hommes distingués, coopérant dans tous les pays civilisés au même but; quand on les compare à ce qui reste à faire, — soit en observant, soit en interprétant, soit en soumettant l'interprétation à l'épreuve, soit finalement en tâchant de coordonner les faits et les explications par le lien logique d'une théorie bien établie, — de telles conquêtes sont si peu de chose, que l'enseignement de la physiologie serait pour les yeux un bandeau plutôt qu'une lumière, s'il ne dirigeait l'esprit dans ses doutes et ses certitudes, s'il n'entreprenait de former plutôt des scrutateurs de la nature que des élèves. Vous le savez ou du moins vous le sentez dans le fond de votre âme, et il suffit de vous l'indiquer en passant, pour vous rendre lumineuse la pensée de votre poëte, pour ainsi dire votre interprète quand il s'écrie :

> O sol, che sani ogni vista turbata,
> Tu mi contenti sì, quando tu solvi,
> Che non men che saver, dubbiar m'aggrata (1).

Mais où resplendit ce soleil qui dissipe nos doutes, et qui, nous ranimant de sa chaleur, chasse les nuages qui

(1) O soleil, qui guéris toute vue troublée, tu me rends si content quand tu te lèves, que douter n'a pas pour moi moins de charmes que savoir.

obscurcissent la vérité? En répondant à cette question, je vous introduirai finalement dans cette science dont vous devez désormais vous occuper toute votre vie. Et à ce sujet, je vous exposerai la méthode à laquelle doit s'attacher le physiologiste dans ses recherches pour arriver au but.

La physiologie étudie les relations des divers organes et les diverses conditions dans lesquelles ces relations dépendent du monde extérieur. Pour trouver les relations des organes entre eux et avec le monde extérieur, il faut soumettre les organes à notre examen, dans l'état d'isolement comme dans toutes les gradations possibles de leurs combinaisons.

Il y a pour cela deux moyens.

On commence la plupart du temps par comparer différents organismes, dans lesquels un organe quelconque est prépondérant, ou faible, ou manque tout à fait, et de l'ensemble des fonctions qui se manifestent dans l'organisme choisi, on déduit la valeur de l'organe sur lequel se concentre notre recherche.

C'est par une telle confrontation entre les organes digestifs des herbivores et des carnivores que l'induction donna les premières notions sur la physiologie de la digestion. Ainsi, pour me servir d'un exemple, le fait observé que les herbivores ont d'habitude de grandes glandes salivaires, et la supposition que l'on en déduisit que la salive devait posséder une vertu digestive pour les substances nutritives des aliments végétaux, ont préparé la découverte que le liquide se recueillant dans la bouche transforme la fécule en sucre.

Souvent pourtant il reste incertain si le développement excessif ou incomplet d'un organe peut expliquer les caractères essentiels qui s'observent dans une espèce. Il convient alors de suivre l'autre chemin, et de rechercher quelles sont les conséquences de l'extraction d'un ou de plusieurs organes: on en découvre ainsi la véritable signification. Après avoir extrait le foie d'un animal, on a étudié dans l'organisme privé de cette glande la digestion, l'hématose et la métamorphose rétrograde, l'exhalation de l'acide carbonique, l'économie de la chaleur, pour reconnaître le mode et le degré suivant lesquels opère le foie dans toutes ses fonctions. Cette méthode est très-utile pour découvrir si un organe seul possède exclusivement telle vertu, ou bien si la fonction lui est commune avec d'autres organes. Quand on voit, par exemple, qu'un chien auquel on a enlevé les glandes salivaires continue à changer la fécule en sucre, il faut en conclure que cette transformation appartient aussi à d'autres liquides que la salive.

Par les exemples choisis jusqu'ici, pour vous donner une idée préliminaire du travail des physiologistes, vous voyez comment, à chaque instant, on rencontre de graves difficultés. Plus un organisme est compliqué, moins il supporte les opérations que réclame l'examen; et, d'un autre côté, plus est simple la structure d'un animal, moins il sera permis d'en appliquer directement les propriétés à un organisme compliqué comme l'est celui de l'homme.

D'autre part, toute opération, quoiqu'elle paraisse, à première vue, de peu d'importance, devient multiple et compliquée, si on la soumet à une analyse minutieuse. Après avoir extrait le foie, celui-là tomberait dans une très-grossière erreur qui croirait avoir simplement enlevé l'organe où se prépare la bile. L'opération est accompagnée d'une grande perte de sang; elle trouble la circulation dans les viscères, détériore des rameaux nerveux; en outre, par l'extraction du foie, l'animal perd un centre de production de chaleur propre, un organe qui donne le branle à l'évolution des matières organiques. Ajoutez que par la cessation de la production de la bile, la digestion des corps gras se fait moins bien, la formation des excréments subit une altération, l'intestin reste privé d'un excitant naturel, la bile, et la combustion du sang est moins parfaite.

Cet exemple nous montre clairement que les travaux des physiologistes sont moins sûrs que ceux des physiciens et des chimistes. Ceux-ci, en examinant la relation d'un objet avec le monde extérieur, peuvent l'isoler plus ou moins complétement; le chimiste procède en plaçant le corps qu'il veut examiner en présence de plusieurs autres, l'un après l'autre; il en étudie les réactions, l'expose à différentes températures, à des courants électriques, et ainsi de suite; de plus, la destruction ou la décomposition de l'objet lui fournit des lumières pour reconnaître quelle est son essence. Et à propos de ce dernier mode d'investigation, il me souvient d'un mot qu'au temps de ma jeunesse, j'entendis prononcer dans le laboratoire du célèbre Mulder, par un opérateur sous-aide, qui n'était pas plaisant de son naturel. Vous savez comment le chimiste, pour connaître la composition d'une substance organique, la brûle pour en faire l'analyse élémentaire, laquelle ne vaudrait rien si elle n'était faite avec une matière d'une extrême pureté. Quelque délicate que soit l'analyse, la préparation de la substance à l'état de pureté absolue constitue la partie la plus importante du travail. Van der Myden (c'était le nom du sous-aide dont je vous ai parlé), voyant la peine que prenaient les chimistes analystes du laboratoire, porta le jugement suivant : « Étranges gens que les chimistes ! ils travaillent pendant plusieurs jours pour préparer une très-petite quantité de poussière blanche ; ils lavent, trient, précipitent et lavent encore, sèchent, pèsent, et quand tout est bel et bien préparé, ils brûlent le produit à petit feu, dans un long tube plein d'une poussière noire ! »

Le physiologiste, en extrayant un organe de l'ensemble de l'organisme et en le traitant par des réactifs divers, le voit se consumer, se changer dans ses mains, et rarement il peut soumettre deux fois le même objet à la même expérience, dans les mêmes conditions. L'organe va en se refroidissant, et il perd l'activité en l'absence de toutes ces transformations, de toutes ces rénovations qui dépendent de la circulation du sang. Aussi devons-nous nous estimer heureux de pouvoir quelquefois faire une suite de recherches sur un organe isolé, comme sur le cœur extrait du corps ou sur les cuisses arrachées à une grenouille. On voit que le moment favorable pour mettre à l'épreuve la fidélité d'une expérience par voie de simple répétition, est encore assez rare.

Aussi est-ce un devoir absolu pour le physiologiste de rechercher si les effets qui suivent une altération produite dans l'expérimentation sont vraiment les conséquences de cette altération, et ne sont pas plutôt celles d'une circonstance concomitante. Pour déterminer si l'exhalation de l'acide carbonique diminue à raison de l'extraction du foie ou de la perte du sang qui accompagne l'opération, les animaux privés de foie ont été comparés à d'autres animaux auxquels cet organe restait en entier, mais à qui l'on avait enlevé plus de sang qu'ils n'en auraient perdu par l'extraction du foie. Grâce à un tel artifice, on a distingué les effets de ces deux altérations.

Vous voyez, maintenant, que l'étude d'un seul exemple nous conduit à une loi générale en physiologie; c'est celle-ci : Quand le physiologiste croit avoir trouvé un résultat important, avant d'en admettre les conséquences, il doit sonder bien plus longtemps que tout autre investigateur de la nature, car tous les procédés sont différents, et toute conséquence de ce premier résultat, quelque évidente qu'elle paraisse, doit lui suggérer de nouveaux moyens pour éprouver, juger, peser, interpréter et développer la vérité de la thèse fondamentale.

C'est ainsi qu'est confirmé le καιρὸς ὀξὺς; ἡ δὲ πεῖρα σφαλερὴ d'Hippocrate (l'occasion est fugitive, et dangereuse l'expérimentation); et, à raison des périls qui entourent l'opérateur, dans un grand nombre de cas, une minutieuse observation doit être préférée aux plus hardis essais d'expérience, outre que l'observation exacte, en s'aidant de tous les secours que l'entendement fournit aux sens, peut épargner de longues et tortueuses voies d'investigation. La découverte de la circulation par Harvey, en 1619, sans l'aide du microscope, est un monument historique de la pénétration de l'esprit humain, malheureusement trop oublié par ceux qui se soucient peu de connaître l'histoire des efforts d'observation et de réflexion qui ont produit une doctrine que trouverait aujourd'hui un enfant pourvu d'un microscope.

Il n'importe pas moins au physiologiste d'étudier la morphologie. C'est ce que vous pouvez attester vous-mêmes qui, à cette université, avez l'avantage de vous instruire dans la zoonomie et l'organologie générale, avant de consacrer votre temps à la physiologie spéciale de l'homme. Pensez au mouvement ciliaire connu à la fin de 1835, grâce aux recherches de Purkinje et de Valentin, mouvement qui fait aller l'œuf de l'ovaire à l'utérus, le sperme des testicules au canal déférent, et qui facilite la diffusion des substances odorantes, l'évacuation des mucosités de la trachée et des larmes dans les fosses nasales.

On peut dire que parfois, dans la découverte d'un phénomène, un seul regard suffit pour révéler toute une série de progrès sans nécessiter des expériences ultérieures. Les moyens correspondent au but, et dès lors, en morphologie, l'investigateur, préoccupé des phénomènes et de leur explication directe, s'arrête rarement aux théories téléologiques, c'est-à-dire aux *causes finales*, sans chercher la déduction causale de chaque fait, aussi bien pour le résultat que pour les moyens à l'aide desquels ce résultat est produit.

Quand on voit les poissons, destinés à vivre dans l'eau, posséder au lieu de poumons, des branchies admirablement disposées pour respirer l'oxygène de l'eau ; les grenouilles respirer, dans leur jeunesse, au moyen de branchies, et devenant à l'état adulte de véritables amphibies, aspirer l'air à la fois par les poumons et par la peau; les insectes nous montrer, à défaut d'un double système circulatoire, une série de canaux ramifiés par lesquels l'air vient chercher le sang; quand on voit les os aérifères si légers et les réservoirs d'air des oiseaux, le sternum en forme de carène des chauves-souris, de la taupe, des oiseaux, et dont l'absence chez l'autruche explique son impossibilité de voler; quand on pense à l'abondance des sels calcaires qui produisent la solidité du tibia dans les grues, du fémur chez les gallinacés, de l'humérus chez les vautours et les faucons...; quand on met en présence toutes ces considérations, on incline à établir une corrélation constante entre les moyens et le but, à personnifier la nature, à admettre les causes finales. Il est vrai que la nature abonde en exemples qui paraissent corroborer cette manière d'expliquer ces phénomènes. Ainsi l'on voit que chez les animaux dont les facultés intellectuelles sont le plus développées, le contraste entre le sang artériel et le sang veineux est très-marqué, puisque le cerveau, pour fonctionner complétement, a besoin plus qu'aucun autre organe, d'un sang riche en oxygène, tel que nous le retrouvons dans le fœtus de l'homme dont le cerveau veut un sang artériel, tandis qu'un sang veineux suffit à l'abdomen et aux jambes.

Si nous passons aux habitudes, nous trouvons que les poissons dont les spermatozoïdes exigent pour conserver dans l'eau leur mobilité une température différente selon l'espèce, remontent les fleuves plus ou moins avant à l'époque du frai (de Quatrefages, *Comptes rendus de l'Académie des sciences*, t. XXXVI, p. 937, 938). Enfin nous retrouvons encore dans la sphère intellectuelle cette relation téléologique. Le développement plus complet du cerveau de l'homme est compensé, chez la femme, par une plus grande finesse des sens; et le tact plus délicat de celle-ci correspond à la pénétration d'esprit de celui-là, de même que la force de l'homme est vaincue par les charmants attraits du sexe le plus faible.

Mais ces considérations téléologiques peuvent engendrer de graves périls lorsqu'on essaye de les prendre pour guide dans les investigations scientifiques. Le but deviendra différent selon le point de départ individuel, et il s'ensuivra des conclusions arbitraires, puisque plusieurs chemins peuvent conduire au même but; ce n'est pas la fin qui nous fera connaître le moyen, mais bien le moyen qui nous révélera la fin. S'attachant au *simplex veri sigillum* abrité derrière l'autorité de mon compatriote Boerhaave, on a voulu croire que la nature, toujours personnifiée, choisissait partout la voie la plus courte pour arriver au but. Mais, en supposant même que cette thèse fût confirmée plus souvent qu'elle ne l'est en réalité, qui pourrait jamais affirmer que nous connaissons toutes les voies? qui pourrait nous donner le moyen de trouver, en les mesurant, la plus courte de toutes?

Acceptant la méthode téléologique pour rechercher la signification des organes, on a insisté peut-être un peu trop sur l'analogie qui existe entre un organe et un instrument. Or, le plus souvent, l'usage des instruments fabriqués par la main de l'homme est simple et conduit droit au but, tandis que les parties de l'instrument sont plus ou moins indépendantes les unes des autres. Au contraire, dans l'organisme, tous les organes exercent sur tous une certaine influence : (*tutti gli organi influiscono su tutti*), et à chaque organe est assignée une fonction multiple, de même que souvent plusieurs organes coopèrent au parfait accomplissement d'une seule fonction.

Tant qu'on ignora l'existence des vaisseaux chylifères, l'absorption était attribuée exclusivement aux veines. En 1622, Aselli découvrit les voies par lesquelles le chyle est conduit dans le torrent sanguin, et voici qu'aussitôt, laissant de côté les veines, on attribua aux vaisseaux chylifères, aux vaisseaux chylifères seuls, la faculté d'absorber les substances qui se dégagent de nos humeurs, comme si l'on eût certainement trouvé le véritable agent de l'absorption. Il était réservé à notre siècle de rendre justice aux veines, en démontrant, grâce aux travaux de Tiedemann et de Gmelin, que non-seulement les vaisseaux chylifères, mais aussi les vaisseaux sanguifères qui conduisent le sang au cœur, méritent le nom de veines absorbantes.

Pendant longtemps on ne sut rien du foie, sinon que son conduit excréteur répand la bile dans l'intestin, et, sans autre examen, on décida que le rôle du foie se bornait à digérer une partie des aliments. Un examen plus attentif fit reconnaître qu'aucune fraction des substances alimentaires n'est dissoute par la bile dans des proportions notables, avant qu'une partie de la bile ne soit évacuée avec les excréments sans avoir subi autre chose qu'une décomposition partielle. C'est alors que s'éleva la question de savoir si le foie sert à la sécrétion ou bien à l'excrétion. En cherchant ainsi l'usage de l'organe, la physiologie du foie ne fit presque aucun progrès.

Mais dès qu'on en vint à rechercher la cause de ce fait singulier : que la graisse des aliments, bien que presque insoluble dans les sucs digestifs, est pourtant digérée par l'organisme, on découvrit que la bile est un agent très-puissant qui fait passer les matières adipeuses, divisées en gouttelettes microscopiques, de l'intestin dans les vaisseaux chylifères. On reconnut aussi qu'une partie de la bile, venue indirectement du sang, retourne au torrent sanguin pour y être consumée (*bruciata*) ; on rencontra dans les excréments quelques produits de la décomposition de la bile, et il fut ainsi démontré que le foie joue un rôle dans la sécrétion aussi bien que dans l'excrétion. C'est dans le foie que se forment ces globules rouges du sang, et d'un autre côté, il contient des matières qui proviennent de la décomposition des substances organiques (si l'on enlève le foie à un animal, on voit diminuer la quantité d'acide carbonique expiré). Il en résulte que le foie entre non-seulement dans la formation progressive du sang, mais encore dans les transformations des tissus.

Il y a une surabondance de faits qui tous concourent à prouver que, non-seulement ces organes, mais aussi les divers organismes, font souvent et activement ce qui n'est nullement proportionné au but qui leur est assigné. Vous voyez, chez les carnivores, les belettes tuer infiniment plus d'animaux qu'elles n'en peuvent manger, et se contenter ensuite de les saigner. Vous voyez le cricet vulgaire (rat taupe du Cap) faire encore plus, recueillant pour l'hiver d'abondantes provisions auxquelles il ne doit pas toucher, puisqu'il reste plongé durant toute la saison froide dans un sommeil léthargique (F. de Filippi, *Règne animal*. Milan, 1852, p. 70).

De tous ces faits pour lesquels on a imaginé une explication téléologique, vous n'en trouverez pas un seul peut-être qui ne vienne se heurter à un autre phénomène, dérivant de la même source et rendant presque ridicule la théorie des causes finales.

On considère, par exemple, comme une chose rationnelle que l'épiderme, quand il est souvent exposé au chaud, devienne plus épais et plus dur, afin de protéger contre l'excès de la chaleur la main du chimiste, du verrier, du cuisinier. Mais il y a aussi le soulier qui en se resserrant produit des cors douloureux aux pieds. Je comprends combien il doit paraître utile que nous respirions avec moins d'énergie dans un air chaud, parce qu'il se produit une moindre quantité de chaleur animale; mais il en résulte que dans un air chaud le danger de la suffocation devient plus grand. On a coutume d'admirer la structure de l'œil adaptée aux différentes intensités de la lumière, la pupille se resserrant quand l'œil est frappé d'une lumière trop vive, tandis qu'elle se dilate dans l'obscurité; mais les muscles lisses, moteurs immédiats de l'iris, quand ils viennent à être irrités par un corps étranger, se contractent en le resserrant et peuvent causer des inflammations parfois mortelles.

On attribue à une vertu médicatrice de la nature cet instinct machinal qui porte les enfants rachitiques, et dans les os desquels se fait sentir une pénurie de sels calcaires, à manger de la craie; mais ne voyons-nous pas parfois les jeunes gens pâles, dont le sang est très-pauvre en fer, repousser les aliments les plus ferrifères, — la viande, par exemple, — qui rendraient des couleurs à leurs joues?

Un certain proverbe italien prétend que les grands hommes ont d'ordinaire le tempérament très-amoureux, et l'on pourrait téléologiquement s'en réjouir, dans l'espoir de voir les esprits supérieurs se multiplier beaucoup plus que les médiocres, si l'on ne pensait aux phthisiques, que la même passion excite à répandre les germes de la maladie qui doit rendre leurs enfants aussi malheureux qu'eux-mêmes. Avec quels arguments d'explication téléologique répondrez-vous au père qui verrait volontiers la tête nue de son bambin couverte de cheveux pour la défendre du froid et du chaud, également dangereux à ce tendre cerveau? Comment satisferez-vous le vieillard qui, durant les longues nuits d'hiver, cherche en vain sous les couvertures le sommeil qu'une loi physiologique refuse si fréquemment à la vieillesse?

Malgré tout, ne croyez pas, messieurs, que je sois, je ne sais si je dois dire assez téméraire ou assez aveugle, pour dénier à la nature un dessein, un but. Tous ceux dont je partage les idées en combattant la téléologie ne repoussent nullement le τέλος, qu'ils devinent, qu'ils voient parfois avec Aristote dans la nature — et comment se pourrait-il faire que l'effet ne correspondît point à la cause qui le produit? — Mais ils veulent prémunir l'investigateur contre les labyrinthes dans lesquels irait se perdre sa recherche si, plus hardie dans l'élan que patiente dans les fatigues de l'observation, elle tentait de deviner le but au lieu de s'en tenir au *rerum cognoscere causas*.

Il viendra un temps, si éloigné qu'il soit, où la physiologie pourra avec Galien s'approprier le titre *de usu partium*. Le tout une fois connu, il dépendra du goût de donner le premier rang dans le cadre des fonctions à la fin ou à la cause. Mais pour nous qui en sommes réduits à l'investigation, et qui demandons à la physiologie la clef des mystères dont nous sommes entourés, la vraie méthode doit consister, non à nous précipiter en volant vers le but, mais à descendre en méditant, en expérimentant, jusqu'à la dernière cause.

Il ne suffit pas même d'avoir trouvé la cause fondamentale d'un phénomène dans l'organisme. C'est un caractère essentiel de l'organisme que toutes les parties, en lui, agissent sur toutes les autres ; et d'un autre côté, tous les organes dépendent du monde extérieur : il en résulte que l'organisme va toujours se modifiant. La vie n'*est* jamais, elle *devient* toujours ; elle n'est pas un état, mais un flux, contenu toutefois dans une cellule individuelle. Aussi le physiologiste doit-il d'abord rechercher quelles relations existent entre la mobilité des fonctions et toutes les circonstances internes et externes ; et pour déterminer l'influence d'une circonstance quelconque, il doit mesurer l'augmentation positive ou négative du phénomène, en le comparant à l'augmentation ou à la diminution de l'action supposée, action qui ne pourra être admise si l'on ne trouve pas une proportion continue, soit directe, soit inverse, entre elle et le développement du phénomène étudié.

Mais voici qu'une nouvelle difficulté se présente dans la recherche physiologique : c'est que parfois l'augmentation de l'influence active finit par énerver l'organe réagissant, de sorte qu'on voit s'affaiblir en lui la faculté de répondre à l'action dans une mesure, croissante ou décroissante, proportionnelle au degré de la force modificatrice. Ainsi l'on voit les nerfs du cœur augmenter le nombre et la force des battements cardiaques, sous l'empire d'une irritation très-faible, tandis qu'une irritation puissante des mêmes nerfs produit une diminution dans la fréquence et dans l'énergie du pouls, et peut même arrêter la fonction du cœur, ce qui a porté un grand nombre de physiologistes distingués à admettre l'existence de nerfs impéditifs des mouvements cardiaques, nerfs qui n'existent en aucune façon.

Résumant le programme de l'investigation physiologique, nous trouvons qu'elle doit consister dans l'observation comparative des organismes, dans l'expérience soumise au contrôle le plus sévère, dans la critique expérimentale de toute conséquence qui semble dériver d'un fait observé. Il appartient au physiologiste de suivre avec soin la totalité des phénomènes, d'en rechercher la cause, s'abstenant de prétendre en deviner le but qui ne se révèle qu'après la connaissance de la série entière des causes et des effets. Il importe encore au physiologiste de mesurer les conditions auxquelles on attribue une influence modificatrice dans le développement des fonctions, en tenant toujours compte des lois de l'énervation qui limitent la proportionnalité entre l'irritation et les effets qu'elle peut produire.

Traduit de l'italien par Eugène Mir.

CHIMIE.

COURS DE M. BALARD.

(COLLÉGE DE FRANCE.)

Propriétés générales des corps.

ATOMES. — DIVISIBILITÉ. — FORCES ATTRACTIVES ET RÉPULSIVES.

Les corps sont susceptibles de plusieurs modes de division. On peut les diviser par une action mécanique, mais la chaleur et les phénomènes chimiques peuvent produire en eux une désagrégation beaucoup plus grande. On explique aujourd'hui cette divisibilité différente d'une manière toute naturelle.

D'après Ampère, qui a écrit à cet égard des choses très-remarquables, les corps sont composés de parcelles insécables que l'on désigne sous le nom d'*atomes*.

Ces atomes, que les physiciens supposent généralement sphériques et susceptibles d'éprouver des mouvements particuliers, peuvent se constituer en groupements plus complexes et former des molécules.

Concevez maintenant des groupements plus compliqués dans lesquels les molécules se substitueront aux atomes, et vous aurez ce qu'on appelle des particules.

Ainsi nous avons trois ordres de fragments de matière à considérer. D'abord les atomes proprement dits, les parties réellement insécables, puis les molécules qui sont le résultat de la juxtaposition des atomes, et enfin des particules formées par la réunion de ces mêmes molécules, portions infiniment petites d'un corps solide, liquide ou gazeux, selon qu'il affecte lui-même l'un de ces liquides.

Quant aux atomes et aux molécules, ils sont essentiellement solides; invisibles à raison de leur ténuité, ils ne deviennent visibles qu'en se juxtaposant. Quand vous regardez du haut d'une éminence une prairie couverte de fleurs, elle vous semble revêtue tout entière d'une couleur uniforme, et quoique vous ne voyez pas les fleurs en particulier, vous distinguez la nuance générale. De même, incapables que nous sommes de voir les molécules séparément, nous sommes pourtant impressionnés par les différentes propriétés qui leur sont spéciales.

Les molécules sont retenues à distance les unes des autres par ce qui reste des forces attractives ou répulsives qui agissent sur leurs atomes. En effet, les atomes ne sont pas juxtaposés de manière qu'il y ait contact entre eux. Ils sont maintenus à certaines distances par des forces, dont les unes sont attractives et les autres répulsives. C'est l'opinion d'Ampère et des physiciens que je reproduis, et il en est de même des molécules qui sont à leur tour retenues isolées par l'excédant des forces par lesquelles les atomes sont groupés. Les molécules sont donc, dirons-nous, retenues à distance par ce qui reste de la force attractive spéciale propre aux atomes, et par la répulsion qui s'établit entre elles et l'éther interposé!

En effet, suivant la pensée d'Ampère, dans l'espace qui sépare les molécules se trouve l'éther dont les mouvements vibratoires donnent naissance aux phénomènes calorifiques. Au moyen de cet éther et de cette constitution moléculaire que nous venons de concevoir, les phénomènes du son, de la chaleur et de la lumière s'expliquent. Une série de particules, mises à côté les unes des autres, vibrent, tendent à se rapprocher ou à s'éloigner; voilà le mouvement qui engendre le son. Ce mouvement s'exécute-t-il dans les molécules qui composent une particule ou dans les atomes qui forment une molécule, vous trouvez dans ces vibrations différentes de quoi expliquer les phénomènes de la chaleur et de la lumière, quand les corps sont liquides ou gazeux. Dans les corps solides ils peuvent présenter plus de complications. Car rien n'empêche de concevoir que des particules puissent être réunies à leur tour les unes à côté des autres, de manière à constituer des groupements plus complexes.

Ces forces dont nous venons de parler, qui maintiennent à distance les molécules et les particules des corps, quelles sont-elles? Quelle est leur nature? Il y a deux sortes de forces : d'un côté les forces attractives, de l'autre les forces répulsives. Dans ces derniers temps, M. Faye a essayé de donner de l'existence de cette force répulsive des preuves expérimentales, qu'il a essayé d'appliquer à l'explication de la forme des comètes.

Laissons de côté pour un moment les forces répulsives, et voyons ce que c'est que les forces attractives.

Vous allez me dire : Il n'est pas nécessaire de la chercher bien loin; c'est la gravitation; cela se voit du premier coup d'œil, puisque la matière s'attire, il faut bien que les différentes particules de la matière s'attirent aussi. Cela est vrai, mais il faut encore cependant un certain raisonnement pour arriver à concevoir comme identiques des phénomènes si dissemblables, et pour les rattacher à une cause analogue quand ils se présentent dans des conditions si différentes.

Au premier abord, en effet, il semble qu'il n'y ait rien de commun entre les forces qui agissent sur les masses à de grandes distances, et celles qui produisent les phénomènes chimiques.

Mais si nous examinons les phénomènes intermédiaires, nous voyons un rapprochement plus raisonnable, qui nous permet de penser que ce n'est pas chose impossible.

Ainsi, ce n'est pas le soleil seul qui attire les planètes; vous savez que le mouvement elliptique qui est déterminé par l'action du soleil, est modifié par l'action des planètes elles-mêmes les unes sur les autres, et qu'elles exercent à leur tour sur leurs satellites; qu'ainsi l'action que la terre exerce sur la lune, elle l'exerce sur une planète quelconque; vous voyez donc que du phénomène de la gravitation universelle dans toute sa grandeur, nous passons à des phénomènes plus rapprochés de nous.

En outre, ce n'est pas seulement la terre tout entière qui attire les corps, une portion de la terre est susceptible de le faire d'une manière sensible.

Au commencement de ce siècle, un physicien irlandais fit cette observation curieuse, que le fil à plomb, au lieu de se tendre directement vers le centre de la terre, se rapprochait d'une montagne quand il y avait une montagne dans le voisinage. Répétant la même expérience, et se plaçant du côté opposé de la montagne, il vit que l'angle produit était en sens inverse, de telle sorte qu'une attraction sensible était exercée, non-seulement par la terre, mais même par la montagne.

Encore un pas de plus et Cavendish, dans une expérience célèbre, ayant suspendu à l'extrémité d'un plan deux masses de plomb égales, les ayant soustraites à l'action de la pesanteur au moyen de la résistance d'un fil et les ayant équilibrées, en approcha une sphère de même métal, et vit que cette sphère les attirait, de manière que ce n'était plus une montagne, mais une masse de quelques kilogrammes de plomb, qui avait la propriété d'exercer l'attraction sur le fil à plomb.

Nous arrivons donc à des phénomènes du même ordre par des transitions insensibles.

Mais si nous admettons que les phénomènes chimiques sont le résultat de la gravitation, il faut aussi que nous nous fassions des espaces intermédiaires qui séparent les molécules des corps les unes des autres, une idée tout autre que celle qu'on en a au premier aspect. En effet, dans l'origine on s'est imaginé que les parties des corps se touchaient ; plus tard on a admis que les molécules ne se touchent que dans certains points ; plus tard encore il a été prouvé qu'elles ne se touchaient pas du tout ; enfin, on en est venu à croire que les espaces qui les séparaient étaient beaucoup plus grands que les portions elles-mêmes de la matière.

Nous n'avons jamais vu un corps dans ses détails, l'exiguïté des parties dont ils se composent, nous l'interdit ; mais nous pouvons nous en faire une idée un peu nette en jetant les yeux sur ce qu'on appelle, dans le ciel, une *nébuleuse résoluble*. Ces nébuleuses se présentent sur le ciel comme de simples lueurs, et sont en réalité composées d'une infinité de points divers, peu éloignés les uns des autres, et qu'on n'aperçoit qu'à l'aide d'un instrument suffisamment puissant. Eh bien ! ces nébuleuses représentent l'état dans lequel se trouvent les corps, et les espaces intermédiaires se sont tellement agrandis dans l'idée de certains physiciens, ils en sont arrivés à réduire de telle sorte les parties occupées par la matière, qu'un physicien dont le nom est européen, en est venu à nier la matière et à ne plus la considérer que comme formée par des points mathématiques, centres des forces. C'est, d'après lui, la disposition de ces points mathématiques qui constitue les propriétés des corps.

Nous ne nous arrêterons pas sur ces considérations qui s'écartent trop de notre sujet, mais nous nous demanderons quelles sont les lois que suivent ces forces quelles qu'elles soient.

Il est facile de démontrer que, quand même les forces actractives ne seraient autre chose que la gravitation universelle, elles ne peuvent pas agir selon la même loi, qui doit rester exclusivement propre aux atomes isolés. En effet, cette loi de la gravitation universelle à quoi s'applique-t-elle ? Elle s'applique seulement de point à point. Quand on veut l'étendre aux masses physiques, aux corps célestes, par exemple, on ne peut le faire qu'en admettant que leur distance est incomparablement plus grande que les dimensions de leurs masses. Dans cette condition, les forces attractives qui émanent des particules des corps deviennent toutes égales et directes ; leurs directions deviennent parallèles entre elles, et ces différentes forces se composent en une résultante unique qui se conforme à cette loi.

Que la terre, au lieu d'être sphérique, ait la forme tétraédrique, il est probable qu'elle exercerait, pour le mouvement général de la lune autour de son centre, la même action, la même influence, à cause de la distance considérable qu'il y a entre elle et la lune ; mais si nous opérions à des distances très-rapprochées, n'est-il pas évident que ces corps dont nous étudierions l'action sur certaines matières, suivant qu'elles offriront ou telle arète ou telle face, produiront des différences d'action, que les faces différentes auront des influences diverses, et que la gravitation ne s'exercerait pas d'après ces lois. Remarquez que ce ne sera pas seulement une molécule unique qui agira, elle sera influencée par cette autre, puis par cette autre, en raison de leur proximité. Or, des forces qui suivent une même loi peuvent agir d'une façon toute différente, quand elles agissent simultanément.

La lune attire la terre et ses diverses parties, en raison directe de sa masse et en raison inverse du carré de la distance. Le soleil agit sur la terre d'après la même loi ; il semblerait dès lors que les phénomènes de marée qui sont la conséquence de l'action simultanée de la lune et du soleil, devraient être inversement proportionnels au carré de la distance ; eh bien ! non ! On démontre par le calcul que les phénomènes des marées doivent, par suite de ce concours de causes agissant proportionnellement et en sens inverse du carré de la distance, être inversement proportionnels au cube de la distance.

Aussi vous voyez que, lors même que les causes qui tendent à rapprocher les molécules les unes des autres ne seraient autre chose que la gravitation universelle, par cela même qu'elles agissent par plusieurs molécules à la fois à de petites distances, et que les forces particulières des molécules peuvent jouer un rôle distinct dans l'ensemble des phénomènes, on ne devra pas en conclure qu'elles agissent d'après la même loi.

Il est probable qu'elles décroissent plus rapidement par suite de la distance. Nous n'avons que des conjectures à émettre sur la loi de cette décroissance ; mais quelle que soit sa rapidité, on peut assurer que les forces répulsives qui agissent doivent décroître d'une manière encore plus rapide, sans cela on ne comprendrait pas comment les corps se maintiennent dans un état d'équilibre à la fois mobile et stable.

En effet, supposons que l'attraction et la répulsion soient toutes deux en raison inverse du carré de la distance, nous rendons deux fois plus considérable la distance entre les molécules et un corps, l'attraction devient quatre fois plus petite, mais la répulsion décroissant dans la même proportion, ces molécules se maintiendront dans la même position. Que nous poussions l'épreuve plus loin, et que nous rendions cette distance quatre fois, cinq fois plus grande, le rapport entre les forces attractives et répulsives étant toujours le même, le corps resterait dans l'état nouveau qu'on lui a fait acquérir, et l'on sait bien que cela n'a pas lieu.

Admettons, au contraire, que l'attraction décroît comme le carré, et la répulsion comme le cube de la distance, par exemple, et que nous rendions la distance moléculaire deux fois plus grande, l'attraction étant devenue quatre fois plus petite, la répulsion l'est devenue huit fois davantage ; vous voyez qu'il n'y aura plus équilibre entre l'attraction et la répulsion, que l'attraction devra l'emporter, et que les molécules, après avoir été écartées, devront tendre à se rapprocher.

Au contraire, concevons que nous rendions la distance moléculaire deux fois plus petite, l'attraction étant en raison inverse du carré, devient quatre fois plus considérable; mais la répulsion étant comme le cube, le devient trois fois plus, les molécules ne peuvent rester dans cette place, elles se repoussent, et l'on comprend quel est l'état d'équilibre toujours flottant dans lequel elles se maintiennent, en raison de la différence existant entre la loi de décroissement des forces répulsives et attractives.

Quelque idée qu'on attache à ces forces répulsives qui ont une si grande influence sur l'état physique des corps, les physiciens s'accordent à considérer la chaleur comme une des plus actives et des plus puissantes.

Il existe trois sortes d'états physiques pour les corps : l'état solide, l'état liquide et l'état gazeux; et vous savez que c'est à la chaleur que sont dus ces états si différents.

Les solides sont caractérisés par cette circonstance, que leurs molécules sont convenablement attachées l'une à l'autre : quand on en meut une, on les meut toutes. Ces solides peuvent avoir une forme particulière, et quand ils sont placés sur un plan, ils le pressent d'une façon perpendiculaire et non sur les côtés.

Les liquides n'ont pas de forces par eux-mêmes; ils pressent sur les côtés comme sur les fonds ; leurs molécules se déplacent avec la plus grande facilité. Quant aux corps gazeux, ils présentent, vous le savez, une cohésion négative. Leurs molécules, au lieu de tendre à se réunir, tendent, au contraire, à s'écarter les unes des autres.

On admet généralement que dans un solide l'équilibre qu'il y a entre les molécules est stable ; on ne peut déplacer les molécules sans casser le corps solide. Dans certaines limites, on peut bien opérer un déplacement de ces mollécules, mais elles reviennent alors à leur situation première, à raison de certaines dispositions particulières qui constituent l'élasticité.

Dans les liquides, la position des molécules est indéterminée ; il est probable que si les particules dans les corps solides ont une orientation, elles n'en ont pas dans les corps liquides en général. Cependant il ne faut pas être trop exclusif, et les phénomènes de la polarisation rotatoire sont venus démontrer que certains d'entre eux ont des molécules orientées d'une certaine façon.

Dans les corps gazeux, enfin, il n'y a plus d'équilibre, puisqu'il faut employer des forces extérieures pour les maintenir dans un espace donné, et que, quand les forces n'existent pas, ils augmentent indéfiniment de volume.

Dans les gaz, nous ne distinguons pas généralement plusieurs états ; cependant l'oxygène et l'ozone présentent une exception à ce principe. Les corps liquides peuvent présenter des états divers, mais l'orientation des molécules ne paraît pas être la cause de ces changements. Dans les corps solides, au contraire, on pense que l'orientation moléculaire joue un rôle constant. En général, on reconnaît deux états particuliers des corps solides : l'état amorphe et l'état cristallin. Les corps amorphes peuvent se présenter sous divers aspects. L'aspect globuleux, qui est, en quelque sorte, l'état normal pour les êtres doués de la vie, est en même temps un état transitoire par lequel semblent passer les corps cristallins, quand ils viennent à se produire.

On a donné le nom d'*état vitreux* à celui de certains corps qui, tout en étant solides, ressemblent à des corps liquides par leur constitution et leur aspect.

Dans l'état vitreux, tout porte à penser que les molécules ont l'orientation qu'elles avaient quand les corps étaient liquides, et qu'elles ont précisément la même disposition. Elles ont changé d'état d'équilibre. Au lieu de l'équilibre indéterminé des liquides, elles ont pris l'équilibre stable des solides, mais sans changer de position.

Tout porte à croire que dans les corps solides, il y a une orientation moléculaire. L'état cristallin, le clivage, une foule de particularités de ce genre, tendent à nous le faire penser. La chaleur, en se transportant inégalement dans diverses directions; la lumière, en se transmettant d'une manière inégale, en fournissent la preuve. Un rayon moléculaire, en effet, doit être considéré par le physicien comme une espèce d'émissaire qui pénètre dans l'intérieur des corps, et qui, par les renseignements qu'il nous apporte, nous apprend la manière dont ils sont construits, sans cependant à cause de son immatérialité en troubler l'état d'équilibre.

Cette cohésion, qui tend à réunir ensemble les molécules de même nature, est l'apanage des corps solides; elle n'est pas toujours la même ; elle présente quelque chose de distinct, qui se manifeste, tantôt par la résistance au frottement : c'est la dureté proprement dite, tantôt par la résistance à l'écrasement : c'est la ténacité dont on tire un si grand parti, et qui existe dans le fer avec une si grande intensité ; tantôt les molécules, sans se désunir, glissent les unes sur les autres, tendent à s'écarter de leurs voisines, tout en restant adhérentes à d'autres : c'est cet état qu'on appelle du nom de *malléabilité*, quand les corps sont susceptibles de s'étendre en superficie; du nom de *ductilité*, quand ils s'étendent en longueur.

Mais y a-t-il quelque chose de semblable dans les liquides? Au premier aspect, on serait disposé à croire que non. Nous voyons la facilité avec laquelle ils se désagrégent; mais quand on étudie le phénomène de près, on voit qu'il y a une cohésion qui tend à réunir leurs molécules. Ainsi, quand le vent souffle, s'il n'y avait pas de cohésion entre les molécules de l'eau, le vent les disperserait comme il disperse les grains de sable. Quand vous avez un liquide et qu'il est en quantité assez considérable, il n'a pas de forme particulière, parce que la pesanteur le force à prendre la forme sphérique, qui est celle de la surface de la terre; mais si vous agissez avec une quantité extrêmement petite de liquide, et que la pesanteur ne vienne pas changer l'attraction particulière que ces molécules exercent les unes sur les autres, la forme qu'il prend vous montre qu'il y a entre elles une certaine cohésion. C'est précisément ce qui fait que le mercure se divise si aisément en globules sphériques, d'autant plus parfaits qu'ils sont plus petits; que les gouttes d'eau qui forment la rosée, ou qui se trouvent à la surface de corps présentant une matière cireuse, affectent également une forme globuleuse. C'est l'attraction des molécules du mercure ou de l'eau les unes pour les autres qui produit ce phénomène.

Nous devons à M. Plateau des expériences qui le font ressortir d'une manière saisissante.

Prenons un mélange d'alcool et d'eau fait dans les proportions convenables pour qu'il ait la densité de l'huile, et mêlons-y de l'huile : des globules d'huile parfaitement distincts les uns des autres et affectant la forme sphérique, se forment immédiatement par l'affusion de cette huile dans ce mélange; son poids se trouvant ainsi détruit par la pesanteur du liquide qu'elle déplace, l'huile se tiendra au milieu du liquide, et cela donnera lieu à des expériences qui sont très-intéressantes, et que j'essayerai de vous montrer dans la prochaine leçon, mon désir étant de faire ici les expériences que le temps limité donné à l'enseignement ne permet pas toujours de faire ailleurs.

M. Plateau est ainsi parvenu, en introduisant cette huile dans l'intérieur d'un liquide d'une même pesanteur, à produire des sphères d'une densité assez considérable, de plusieurs centimètres de diamètre.

Si l'on fait pénétrer dans l'intérieur de la sphère une petite seringue, de manière à n'occasionner dans le liquide ambiant aucune perturbation, et qu'on pompe une partie de l'huile qui la compose, la sphère diminue, mais en conservant sa forme ; si maintenant on glisse dans la sphère une espèce de cadre de fil de fer, et qu'on aspire l'huile de manière à enlever ce qui excède le volume du cadre, l'huile, au lieu de rester sphérique, arrivera à prendre la forme du cadre, et s'il est cubique, tétraédrique, à constituer un cube, un tétraèdre, par suite de l'attraction exercée par ses molécules sur elles-mêmes et sur les côtés de ce cadre.

Ces phénomènes n'ont, en définitive, qu'un résultat, qu'une conséquence, c'est de démontrer qu'il y a une attraction moléculaire qui réunit les particules des corps liquides.

Nous devons à un chimiste belge, M. Donny, des expériences encore très-curieuses.

Quand on introduit de l'eau dans un tube étroit, si l'on vient à faire le vide dans l'intérieur de ce tube, un vide exact, parfait, à la suite duquel se produit ce qu'on appelle le *phénomène du marteau*, phénomène qui consiste en ce que, si l'on renverse le tube, on entend le choc du liquide contre le tube lui-même; si l'on opère, dis-je, de cette manière, on trouve que l'eau qui, n'ayant pas dans ce tube à subir la pression de l'air, semblerait devoir bouillir à une température très-basse, ne peut cependant, par suite de l'attraction qui existe entre ses molécules, arriver à l'ébullition qu'à une température de 130 ou 140 degrés au-dessus de zéro.

Il y a des expériences bien plus simples qui montrent cette cohésion des liquides. Voilà de l'eau; je l'agite, et comme cette eau agitée a une certaine densité qui est plus grande que celle de l'air que j'y introduis, les bulles d'air semblent sortir du liquide, et mettent un certain temps à s'échapper. Si nous opérons avec l'alcool, ce phénomène de disparition des bulles deviendra plus rapide ; il le sera encore davantage avec l'éther, de telle sorte qu'on peut juger par là de la viscosité plus ou moins grande que présentent ces liquides. C'est cette espèce de viscosité qui permet aux yeux experts dans le commerce des spiritueux, de reconnaître en gros le titre d'un alcool par la rapidité avec laquelle disparaissent les bulles.

Prenons maintenant un vase renfermant un liquide et plaçons-y un ajutage, de manière que ce liquide puisse s'écouler par cet ajutage. L'expérience montre que la nature de cet ajutage ne produit aucun effet sur la rapidité de l'écoulement; c'est qu'il se forme contre les parois intérieures de l'ajutage une couche de liquide, et que c'est dans cette espèce de gaîne que le mouvement, du reste, se produit.

Suivant que, dans ce vase, vous avez mis tel ou tel liquide, il s'en échappe des quantités particulières par l'ajutage, selon la nature du liquide, et cela résulte de la spécialité d'action des molécules liquides les unes sur les autres.

Dans les gaz, nous trouvons quelque chose d'analogue.

Les gaz sont susceptibles, nous le verrons dans la séance prochaine, de se diffuser dans l'espace. Ces diffusions peuvent avoir lieu d'après des lois qui ont été établies par M. Graham, et dont nous aurons à nous entretenir. Quand on vient à introduire des gaz dans l'intérieur d'un appareil du genre de celui dont nous venons de parler, on s'aperçoit d'abord que la nature de l'ajutage, quoique la matière solide ait pour les gaz des attractions très-inégales, ne joue aucun rôle dans leur écoulement; comme si, de même que nous l'avons constaté pour les liquides, il se formait une gaîne de gaz, adhérente à l'ajutage, dans l'intérieur de laquelle se ferait le mouvement du gaz, on reconnaît que les quantités qui s'échappent, selon la nature des gaz, sont très-inégales, et qu'elles sont loin d'être en rapport avec leur densité; qu'ainsi l'hydrogène se dégage autrement que l'azote. Vous voyez qu'il y a là quelque chose qui rappelle cette spécialité d'action des molécules liquides les unes sur les autres, que nous venons d'étudier.

BALARD.

HISTOIRE DES CHEMINS DE FER.

CONFÉRENCE DE M. PERDONNET.

(ASSOCIATION POLYTECHNIQUE.)

Le pont du Rhin.

I.

Un philosophe grec avait écrit sur la porte de son école ces mots : « Nul n'entrera ici, s'il n'est géomètre. » Loin de suivre cet exemple, j'écrirais volontiers sur la mienne : « Nul n'entrera ici, s'il est savant », car je veux parler aux ignorants, aux adultes avides d'instruction. Et du reste, y a-t-il aujourd'hui de savant universel? Le champ de la science est trop vaste, nul cerveau humain ne saurait embrasser toute la connaissance humaine. Nous avons des hommes spéciaux ; le médecin n'est pas ingénieur, et réciproquement. Mes portes sont donc ouvertes à tous ; savants et ignorants peuvent venir m'entendre, et s'ils emportent seulement une notion nouvelle, je n'aurai pas perdu mon temps.

Il y a deux ans, je faisais, à Metz, des conférences comme celles que j'ai déjà faites devant vous. Dans cette ville si éclairée, si libérale, j'eus l'auditoire le plus brillant : des officiers supérieurs, des autorités, des dignitaires religieux ; je vous avoue que cet entourage m'inquiétait un peu. Je craignais qu'un auditeur mal élevé ne se levât et ne m'interrompît en s'écriant : « Mais, monsieur, nous savons tout ce que vous nous dites là. » Au lieu de cela, je fus écouté dans un silence religieux; c'est que je parlais devant des hommes instruits, et que les ignorants seuls croient tout savoir. Puis je devais surtout cet accueil à ces nombreux officiers sortis de l'École polytechnique, qui, comme vous, jeunes élèves de cette école, étaient venus en grand nombre entourer et soutenir de leurs sympathies l'Association polytechnique, œuvre de leurs anciens.

Mes prédécesseurs dans cette chaire ont rendu ma tâche difficile, et je suis heureux de voir autant de mes vieux amis dans mon auditoire, quand je songe que je viens après l'éloquent et spirituel Babinet, l'illustre Trousseau, le bienveillant Bouchardat, le hardi de Lesseps, le littéraire Thierry, le brillant Samson, le lucide Barral, l'intéressant Jules Duval, le spirituel Paulin-Paris, et l'attique Philarète Chasles. Je viens causer avec vous, comme un ancien ami, sans prétention, avec le seul et vif désir de vous être utile.

Avant d'aborder l'objet spécial de cet entretien : le pont du Rhin, nous allons, si vous voulez bien le permettre, jeter un coup d'œil rétrospectif sur l'histoire des chemins de fer que je vous ai déjà racontée en 1860.

Commençons par l'Angleterre, le berceau des chemins de fer à grande vitesse. Si vous jetiez les yeux sur une carte de chemins de fer anglais, vous reconnaîtriez que ce réseau, semblable à une toile d'araignée, offre des mailles si serrées, qu'il est impossible d'y intercaler le plus petit embranchement, et vous vous demanderiez comment il est possible que chaque année l'Angleterre exécute 400 à 500 kilomètres nouveaux. A cette objection, messieurs, la réponse est facile. Quand les Anglais eurent constaté que leur sol ne présentait plus d'espace libre pour créer de nouvelles lignes, ils établirent des voies souterraines et des voies aériennes. Tous ceux de vous qui ont été à Londres, connaissent ce chemin souterrain qui se développe sous Londres sur une longueur de 12 kilomètres. Éclairé au gaz et desservi par des puits qui donnent accès de la station aux wagons, ce chemin est d'un grand rapport. On pouvait croire que ces voies aériennes et souterraines contribueraient à réduire la circulation à la surface. Il n'en est rien. Les convois partent pleins toutes les cinq minutes, et cependant les omnibus n'en sont pas moins complets.

A Paris, deux ingénieurs de mes amis, MM. Flachat et Brame, ont proposé la création d'une voie souterraine, depuis la Villette jusqu'aux halles qui se trouveraient ainsi approvisionnées. Ce chemin se fera certainement un jour, mais il ne servira qu'aux marchandises, car le Français, plus habitué que l'Anglais aux douceurs du beau soleil, s'habituera difficilement à voyager, comme l'intrépide John Bull, dans les entrailles de la terre, quelque illuminées qu'elles soient. Il est aussi question de construire un chemin à arcades allant de la gare de la Bastille à l'hôtel de ville ; la réalisation de ce projet coûterait dix millions, qu'on pourrait plus utilement employer, par exemple, à construire des salles pour les conférences de l'Association polytechnique, ou mieux encore des écoles primaires.

Si de la métropole anglaise, nous passons à ses colonies, nous voyons l'Inde sillonnée dans tous les sens par des chemins de fer qui décupleront les revenus de la colonie, et y rendront la rébellion plus difficile. On y transporte d'Angleterre des ponts tout faits ; les piles sont composées d'anneaux de fonte qui se superposent sur place, et les piles faites, on pose dessus un tablier rigide. L'Angleterre est une grande nation, en ce sens que rien ne lui coûte, quand elle sait qu'elle récoltera au centuple de sa dépense ; mais elle ne donnera jamais un shilling pour une idée, pour un sentiment ; l'Angleterre est grande surtout par son égoïsme ; et c'est pour cela que je ne l'aime pas, car dans ce pays qui se vante sans cesse, on voit se coudoyer une opulence sans limite et une misère sans borne. Le culte des intérêts lui a arraché le cœur.

Passons aux États-Unis. Lorsque, il y a trois ans, je vous faisais l'histoire des chemins de fer, je vous disais qu'ils étaient le plus grand instrument de civilisation pacifique, et voici que la grande république des États-Unis, par cette guerre terrible et cruelle, paraît venir me donner un démenti. Ne détruit-elle pas ses chemins de fer pour en faire des *Merrimacs?* Eh bien ! messieurs, quelque déplorables que soient ces événements, ils n'infirment en rien ma prophétie. Je n'ai pas dit, en effet, que les chemins de fer dussent *hic* et *nunc* supprimer la guerre ; j'ai seulement voulu dire que, grâce aux chemins de fer, les mœurs se modifieraient, les intérêts se mêleraient, les préjugés disparaîtraient, les relations se créeraient, de telle façon qu'il viendrait un jour où les diverses nations ne formant plus qu'une seule et même famille, réaliseraient le rêve du bon abbé de Saint-Pierre, et jouiraient d'une paix indestructible. Mais cette transformation, à laquelle les chemins de fer doivent conduire, n'est pas l'œuvre d'un jour; le mal se fait vite, mais le bien vient lentement. La paix régnera, je n'en doute pas, mais auparavant les nations ont encore des comptes à régler.

Passons à l'Espagne, pays si longtemps rétrograde, et qui commence à se couvrir d'un important réseau. J'avais dit : « Les chemins de fer entrent en Espagne, les moines en sortent, » et certain journal, dénaturant ma pensée, fit un long article pour énumérer tous les services rendus à la civilisation par les moines. Aussi bien que le journal, je sais ce qui est dû aux moines, à certains moines du moins. J'honore les moines défricheurs et cultivateurs; j'honore les moines du mont Saint-Bernard, qui exposent leur vie pour sauver celle des voyageurs; j'honore les moines féminins, qui, sur le champ de bataille, dans les ambulances, dans les hôpitaux, soignent nos blessés, nos malades ; mais je ne professe aucun respect pour les moines paresseux qui s'engraissent des sueurs du peuple. Je dois ajouter, pour rendre hommage à la vérité, qu'après examen, j'ai reconnu que ces moines avaient quitté l'Espagne avant l'introduction des chemins de fer. Reconnaissons aussi que, sous le rapport de la tolérance, l'Espagne, quoiqu'elle laisse encore à désirer, a bien fait quelque progrès ; et, à ce sujet, permettez-moi de vous citer une petite anecdote.

Vous connaissez tous la famille Pereire, israélite et espagnole, que bien des gens attaquent, parce qu'ils sont envieux de sa fortune, mais que j'honore, moi, parce que cette fortune résulte du travail et de l'intelligence, et qu'elle en fait un noble usage. Il y a deux siècles, cette famille eut, à cause de sa foi religieuse, un de ses membres brûlé par la très-sainte inquisition ; désirant échapper à ce mode de conversion, les membres survivants de la famille Pereire émigrèrent et vinrent se réfugier à Bordeaux où ils reçurent une hospitalité comme on sait la donner en France à tous les persécutés. Depuis ce temps, MM. Pereire se sont occupés de chemins de fer, et dernièrement ils rentraient en Espagne sur une locomotive. Pour reconnaître le service qu'ils rendaient à ce pays si cruel pour leur ancêtre, la reine leur envoyait, à ces israélites, la grand'croix d'Isabelle *la Catholique.* Dites après ce fait que les chemins de fer ne sont pas un agent de la civilisation.

En Italie, on travaille activement à compléter le réseau ; il ne sera pas terminé, que l'unité sera faite.

En Russie, les chemins de fer sont suspendus par la guerre, et quelle guerre ! tirons un voile.

L'Allemagne continue paisiblement son réseau.

La France, dans sept ou huit ans, aura vingt mille kilomètres de chemin de fer; il y a vingt-trois ans, elle en avait à peine quelques kilomètres. Pour vous donner une idée de la faveur qu'a prise en France cette création, permettez-moi de vous tracer le tableau de deux inaugurations. A l'ouverture du chemin de Versailles, il y a vingt-quatre ans, personne, pas même le maire de la ville, ne vint recevoir le train d'inauguration ; les administrateurs, arrivés seuls, se rendirent à l'auberge où ils dînèrent à leurs frais, avant de repartir toujours seuls pour Paris. Il y a deux ans, on inaugurait un petit embranchement, de Troyes à Bar-sur-Seine : à l'arrivée du train on tirait le canon ; les administrateurs, escortés par une haie de pompiers, étaient reçus par le maire qui leur faisait un discours auquel répondait le président du conseil ; ils étaient solennellement conduits à un banquet offert par la ville; ils avaient pour convives le préfet, le sous-préfet ; des toasts étaient portés; le soir il y avait bal et feu d'artifice. Comparez cette réception et celle d'il y a vingt-quatre ans. La dernière était une grande fête où les administrateurs étaient reçus comme des souverains, mais aussi le chemin de fer est un véritable souverain et un grand révolutionnaire.

— La suite au prochain numéro. —

Le propriétaire-gérant : GERMER BAILLIÈRE.

PARIS. — IMPRIMERIE DE E. MARTINET, RUE MIGNON, 2.

PREMIÈRE ANNÉE. — N° 8. UN NUMÉRO : 30 CENTIMES. 23 JANVIER 1864.

REVUE DES COURS SCIENTIFIQUES DE LA FRANCE ET DE L'ETRANGER

PHYSIQUE — CHIMIE — ZOOLOGIE — BOTANIQUE — ANATOMIE — PHYSIOLOGIE
GÉOLOGIE — PALÉONTOLOGIE — MÉDECINE

Paraît tous les Samedis.

Paris.........	Six mois.	8 fr.	Un an.	15 fr.
Départements..	—	10	—	18
Étranger......	—	12	—	20

Prix de l'abonnement avec la Revue des Cours littéraires.

Six mois.....	Paris, 15 fr.	Départ., 18 fr.	Étranger, 20 fr.
Un an.......	— 26	— 30	— 35

Rédacteur en chef
M. ODYSSE-BAROT

Les ouvrages dont deux exemplaires auront été envoyés au bureau du journal seront annoncés et analysés s'il y a lieu.

On s'abonne
A LA LIBRAIRIE GERMER BAILLIÈRE
17, rue de l'École de Médecine,
Et chez tous les libraires, par l'envoi d'un bon de poste, ou d'un mandat sur Paris.

L'abonnement part du 1er décembre ou du 1er juin de chaque année.

SOMMAIRE.

HISTOIRE NATURELLE DES CORPS ORGANISÉS.

COURS DE M. GUSTAVE FLOURENS.

(COLLÉGE DE FRANCE.)

(Voyez les nos 5 et 6.)

II, III, IV, V, VI.

M. Gustave Flourens, avant d'entrer dans le détail des peuples, a voulu, en quelques leçons, donner une idée de l'univers au point de vue de l'espèce humaine.

D'abord il a traité des rapports entre l'âme et la matière. Ces rapports sont de deux sortes : 1° rapports de l'âme avec la portion de matière individualisée autour d'elle pour lui former un corps; 2° rapports de l'âme avec la matière qui lui est étrangère.

Dans la *seconde leçon*, il a pris à l'origine cette matière étrangère à l'homme. Il a montré comment les planètes se sont formées par la condensation de la matière dont elles se composent. Cette matière, d'abord aussi ténue que les nébuleuses non résolubles répandues dans l'espace, occupe beaucoup de place et développe beaucoup de chaleur. Ses molécules se repoussent; mais le rayonnement dans l'espace diminue sans cesse cette chaleur. Alors l'attraction triomphe de la répulsion. L'attraction précipite vers le centre la grande masse de matière : ainsi se forme le soleil. Le refroidissement étant inégal, des lambeaux de matière constituent des zones concentriques au soleil; l'attraction force ces zones à tourner autour du soleil et à prendre la figure sphérique : ainsi se forment les planètes, notre globe terrestre, par exemple. — Des molécules qui se repoussent ou s'attirent : deux forces dans la matière, attraction et répulsion.

Dans la *troisième leçon*, il a suivi les différentes périodes du refroidissement sur notre globe terrestre; les mers, d'abord en vapeur dans l'atmosphère, puis se déposant sur l'enveloppe solide du feu central et la recouvrant, sauf quelques îlots granitiques, boursouflures primitives de cette enveloppe; ces îlots servant de noyaux aux continents, au moyen des sédiments que les mers arrachent à leurs bassins et viennent y adosser; les différents mouvements successifs d'exhaussement et d'affaissement qui émergent ou immergent ces continents, la végétation apparaissant, puis l'animation, et celle-ci se perfectionnant à mesure que les conditions d'existence deviennent meilleures ; enfin l'apparition de l'homme.

Dans la *quatrième*, il a esquissé les lois du mouvement organique de la matière. Ce mouvement, supérieur au précédent, à l'inorganique, donne naissance à des êtres bien plus parfaits, doués de mouvements automatiques (les végétaux), de mouvements automatiques et spontanés (les animaux). Il est aussi déterminé par l'attraction et la répulsion. L'attraction force quelques corps simples à entrer dans des compositions complexes auxquelles la matière répugne et que la répulsion détruit sans cesse. De là la succession rapide des individus parmi les êtres organisés. L'œuf est un petit monde distinct, où le nouvel être ne perçoit les influences extérieures, trop fortes pour lui, que corrigées par son milieu individuel.

Dans la *cinquième leçon*, il a traité des rapports de l'âme avec le corps. Pour communiquer avec celui-ci, l'âme a besoin d'un organe, c'est le cerveau. Repoussant la localisation grossière et superficielle des facultés de l'âme par Gall, le professeur en admet une autre intime et profonde, que nos sens ne peuvent percevoir, mais qui se révèle par des faits, dont il a indiqué quelques-uns. Et ici, ce n'est point, comme dans le système immoral et faux de Gall, l'organe qui détermine la fonction, mais la fonction qui détermine l'organe. L'homme conserve donc son libre arbitre et le mérite de ses actions bonnes ou mauvaises.

La *sixième leçon* a été consacrée à la grande question de l'espèce, fondement de toute la science. L'espèce n'est point une convention, un terme de classification. C'est le fait le plus positif qui existe. Les individus ne sont que des représentants passagers de l'espèce : ils ont en dépôt pour un moment l'ensemble de formes corrélatives et mutuellement dépendantes qui constitue l'espèce. Ils la conserveront en se reproduisant. Aucune espèce ne peut se perpétuer au moyen d'un seul couple, d'une seule famille. Les unions consanguines suffisent à vicier l'hérédité; elles produisent pour l'âme, l'idiotie et la folie; pour le corps, le rachitisme et les scrofules. L'humanité a apparu par des tribus primitives nombreuses et dont les individus étaient en âge de se suffire à eux-mêmes. Ce sont là des faits complétement acquis à la science.

VII.

Des Aryas.

Messieurs,

Dans les leçons précédentes, nous vous avons présenté les bases de notre enseignement de cette année; nous allons, dès aujourd'hui, aborder l'examen de chacun des peuples. Mais auparavant je veux vous exposer en quelques mots les termes de classification dont nous nous servirons. S'agit-il d'un Français, par exemple, et voulons-nous descendre de l'espèce à l'individu, dernier terme de la classification, nous établirons la nomenclature suivante : espèce : humaine; — division : aryane; — sous-division : latine; — section : française; — sous-section : picarde; — famille X... — individu N... Cette marche descendante est facile, mais si nous voulions remonter de l'individu à l'origine du mouvement, la question deviendrait plus complexe; car, comme je l'ai dit, il est impossible à une seule famille de se propager, et nous verrons par de fréquents exemples, combien les unions trop rapprochées sont dangereuses pour l'âme comme pour le corps.

Après avoir établi cette classification, passons à l'étude de la division aryane. Disons d'abord que le nom d'Arya signifie en sanscrit : *pur*, *brave*. Le nom national des Aryas voulait donc dire les hommes purs. Les Grecs avaient emprunté au même radical le nom de leur dieu de la guerre, Mars (Ἄρης), de la vertu (ἀρετή).

Comment a-t-on pu parvenir à la connaissance de ce peuple primitif des Aryas? M. Adolphe Pictet a fait pour eux ce qu'il appelle à juste titre de la paléontologie linguistique. La langue d'un peuple, expression de sa pensée, est l'image exacte de ses mœurs, de ses habitudes, de ses connaissances. Retrouver les mots d'une langue, c'est reconstituer un peuple. Or, si les langues primitives ont pu se perdre, les mots qui les composaient, dans leur partie essentielle au moins, dans leurs radicaux, se sont conservés. Et avec ces radicaux, on peut rétablir une langue, comme avec des fragments d'un squelette on peut reconstituer une espèce perdue. Si dans toutes les langues européennes (excepté la langue basque), on trouve un même radical pour désigner un même objet, il faut en conclure qu'elles dérivent toutes d'une même langue primitive, d'où elles ont tiré ce radical, en le modifiant suivant le génie particulier à chacune d'elles. Puis, quand on compare ces langues européennes au sanscrit et au zend, on découvre dans ces deux idiomes des mots tout à fait semblables, des ressemblances continuelles, surtout avec le grec, le latin, le lithuanien en particulier. Il y eut donc un peuple primitif qui parla un langage, souche des langues sacrées de l'Inde, de la Perse et de nos langues européennes, langage perdu aujourd'hui, mais que l'on peut rétablir en prenant dans toutes ces langues secondaires les radicaux qu'elles offrent en commun. Ces radicaux sont bien la langue primitive. Ainsi, par cette étude linguistique, nous arrivons à la connaissance des mots dont se servaient les Aryas, et, par suite, des idées que représentaient ces mots, de l'état de civilisation, de l'histoire de ce peuple.

Tous ces renseignements concordent à faire des Aryas un peuple pasteur, aux mœurs douces, très-intelligent et très-bien doué. Leur ambition, c'était d'avoir de nombreux troupeaux, la richesse et la santé, car de l'âme ils ne s'inquiétaient pas encore. Peuple enfant, s'impressionnant vivement, aimant le monde extérieur et l'exprimant dans son langage avec une richesse et une facilité merveilleuses. Peuple déjà amoureux de la liberté dont ses descendants, Grecs, Français, Anglais, seront les grands défenseurs, gouverné par des chefs de tribus, semblables aux Caciques américains. Peuple bon et reconnaissant, plein d'affection pour qui lui fait du bien, célébrant dans des hymnes magnifiques les bienfaits de ses dieux matériels : la nuit qui apporte aux mortels fatigués le doux repos, la splendide aurore qui ramène la gaieté, le fleuve limpide, les verdoyants pâturages, la boisson fermentée qui ranime les cœurs. Peuple brave, avançant courageusement à travers le monde, ne regardant jamais en arrière, toujours vainqueur, tant il a de force d'âme, des ennemis qui l'entourent, de tous ces autres peuples, jaloux de sa supériorité, qui avant son expansion se sont partagé la terre. Nous avons le droit d'être fiers de notre origine. L'homme-peuple, de même que l'homme-individu, est le seul artisan de sa destinée : si nous sommes grands, c'est parce que nos ancêtres, dès le début de leur action, ont voulu être grands.

Quel fut le séjour originaire de ce peuple Arya? Tous les peuples ont un paradis, un séjour d'enfance qu'ils ornent des plus belles couleurs dans leurs légendes, et dont le souvenir leur reste toujours cher. Ainsi l'homme-individu adore la maison paternelle où se sont écoulées ses plus heureuses années, et ne l'oublie jamais. Dans les livres zends, dans les livres sacrés de la Perse, il est fait mention d'un pays fortuné, l'*Ariane de l'origine* (Airyana vaêga) : et ce pays est situé au nord du plateau de l'Iran, du second séjour habité par les Persans qui descendirent ensuite plus bas au midi, jusqu'au Farsistan actuel. Des traditions analogues se retrouvent chez les Hindous: c'est toujours au nord que ces peuples placent leur paradis.

Ces données et l'étude de la langue aryane, qui nous apprend les noms des végétaux et des animaux connus des Aryas, fixent leur pays dans l'ancienne Sogdiane et Bactriane (Boukharie actuelle, dans le Turkestan). Ce pays nous est peu connu ; il est dangereux pour les Européens d'y pénétrer, à cause de la perfidie des Ouzbecks qui l'occupent. Un jeune Polonais, le lieutenant Witkiewicz, l'a pourtant visité en partie, mais nous en avons surtout une bonne relation par l'Anglais sir Alexander Burnes (*Travels into Bokhara*); sa description concorde avec celle de Quinte-Curce dans l'expédition d'Alexandre. La Bactriane était un pays fertile, boisé dans certaines parties, riche en pâturages, bien arrosé par des sources nombreuses, produisant le blé, la vigne, nourrissant les hommes, les troupeaux en abondance. Elle était donc propre à servir de berceau à un peuple primitif, et elle seule, dans cette région, y est propre. Plus au nord, nous trouvons les steppes des Kirghiz, habitables seulement pour des hordes nomades, steppes salées couvertes de lacs saumâtres, derniers vestiges d'une ancienne mer, dont la Caspienne et l'Aral sont les débris. A l'ouest, ce sont des dunes de sables mouvants, soulevées par les moindres vents, comme dans le Sahara. A l'est, se dresse la barrière neigeuse des monts Belour, limite de l'Asie occidentale. Les traditions, la linguistique et la topographie placent donc la première patrie de nos ancêtres dans la Bactriane.

La société aryane se retrouve tout entière dans les Védas, c'est-à-dire le livre, la bible, des Hindous. C'est le père de famille, patriarche, chef des siens, accomplissant le sacrifice qui doit assurer à ceux-ci la richesse et le bonheur. Dans les Védas, il n'est point fait mention des castes, des dieux de castes (Brahma, Vichnou, Siva). Ce sont là pourtant les grands faits sociaux de l'Hindoustan, et nous les trouverons dans toutes les œuvres postérieures. Les trois principaux dieux des Védas sont des dieux matériels : l'Air (Indra), le Feu (Mithra), l'Eau (Varouna). L'inspiration est pourtant quelquefois très-élevée :

« Alors rien n'existait, ni le non-être, ni l'être; ni air, » ni région supérieure. Quelle était donc l'enveloppe de » toutes choses? Où était le réceptacle de l'eau? Où était » la profondeur impénétrable de l'air? Il n'y avait point » de mort, point d'immortalité; pas de flambeau du jour » et de la nuit. Mais Lui seul respirait, absorbé dans sa » propre pensée. Il n'existait rien, absolument rien autre » que Lui. Les ténèbres étaient, au commencement, en- » veloppées de ténèbres; l'eau était sans éclat, et tout » était confondu en Lui. L'Être reposait dans le vide qui » le portait; et cet univers fut enfin produit par la force » de sa dévotion. D'abord le désir se forma dans son es- » prit, et ce fut là la première semence.

» C'est ainsi que les sages, méditant dans leur cœur et » leur intelligence, ont expliqué le lien de l'être au non- » être dans lequel il est. Le rayon lumineux de ces sages » s'est étendu partout; il a été en bas, il a été en haut. » C'est qu'ils étaient pleins d'une semence féconde; c'est » qu'ils avaient une grande pensée. La propre pensée » de l'être survivra à tout, comme elle a tout précédé.

» Mais qui connaît exactement ces choses? Qui pourra » les dire? Ces êtres, d'où viennent-ils? Cette création, » d'où vient-elle? Les dieux ont été produits, parce qu'il » a bien voulu les produire. Mais Lui, qui peut savoir » d'où il vient lui-même? Qui peut savoir d'où est sortie » cette création si diverse? Peut-elle, ne peut-elle pas se » soutenir elle-même? Celui qui, du haut du ciel, a les » yeux sur ce monde qu'il domine, peut seul savoir si » cela est ou savoir si cela n'est pas. »

Mais, en général, c'est le bien-être matériel que demandent ces hymnes :

« O Indra! viens à ce sacrifice; savoure les mets et » toutes les libations que nous t'offrons, dieu grand, dieu » victorieux dans ta splendeur et ta force! Répandez du » vase apprêté par vous cette boisson qui réjouit Indra, » notre joie; répandez cette boisson puissante en l'hon- » neur d'un dieu tout-puissant. Savoure, ô dieu au no- » ble visage, les hymnes qui doivent te réjouir et te flatter! » Roi de tous les humains, amène les autres dieux à nos » sacrifices. O Indra! j'ai versé avec les libations ces » chants qui te célèbrent; ils ont monté vers toi, qui es » maître de combler tous nos vœux, et tu les as reçus. » Réunis pour nous ces biens si divers que l'homme » peut souhaiter, ô Indra! ils sont en toi avec une suffi- » sante, avec une merveilleuse abondance. Conduis- » nous heureusement à la richesse que nous désirons; » ô le plus puissant des dieux, conduis-nous à la gloire! » Conserve-nous, durant notre vie entière, les bien- » faits de nombreux troupeaux et d'une nourriture » féconde que rien ne puisse nous ravir. Donne-nous » l'éclat et la fortune avec tous ses dons, ô Indra! que » transportent sous mille formes les brillants chariots. » Oui, nous invoquons dans nos hymnes, Indra, le riche » souverain de la richesse; il aime nos chants, il vient

» nous défendre, et le père de famille qui célèbre le sacrifice avec ces libations dès longtemps apprêtées, » chante la gloire puissante du grand Indra devenu l'hôte » de sa maison. »

La richesse, ce sont surtout les troupeaux qui paissent les gras pâturages de la Bactriane, et ces peuples heureux n'ont encore d'autre souci que d'obtenir la multiplication de leurs trésors. La passion du jeu, si forte chez les Aryas-Hindous, malgré les défenses de leur législateur, a inspiré un hymne où le délire du joueur est peint avec une énergie sauvage et une vérité saisissante :

« Ces dés qui s'agitent, qui tombent en l'air, et qui » roulent sur la poussière, ces enfants du dieu du jeu » me rendent fou. Mon ivresse est pareille à celle du » Soma.

» Ma femme ne me maltraite point ; elle ne m'injurie » pas ; elle a toujours été bonne avec moi ; et moi pour » un dé qui d'un seul coup peut tout ruiner, je laisse une » si tendre épouse !

» Ma belle-mère me hait ; ma femme me retient ; le » pauvre qui me demande l'aumône n'est pas satisfait par » moi, car je mène la vie d'un vieux et mauvais cheval » de louage.

» D'autres s'occupent de la femme de l'homme qui met » toute sa science dans les coups d'un dé triomphant. » Son père, sa mère, ses frères, disent de lui : « Nous » ne le connaissons pas ; qu'on l'enchaîne et qu'on l'em- » mène.

» Quand j'y réfléchis, je ne veux plus être maîtrisé » par ces dés ; mais je me laisse entraîner par des amis. » En tombant, les dés font entendre leur voix, et je vais » à leur appel comme une amante ivre d'amour.

» Le fou arrive à la réunion tout échauffé : « Je gagnerai », se dit-il. Aussitôt les dés s'emparent du désir du » joueur, et lui leur donne en un seul jour tout ce qu'il » possède.

» Les dés sont comme les crocs dont se servent les » conducteurs des éléphants pour presser leur monture ; » ils déchirent, ils brûlent d'espérances, de regrets ; ils » s'attachent à la jeunesse, tantôt victorieux, tantôt abat- » tus ; et ils se couvrent de miel pour séduire l'âme de » l'insensé.

» Cependant l'essaim des cinquante-trois points se livre » à ses jeux, comme le divin, le pieux Savitri ; ils ne » cèdent jamais à la colère ni à la menace, tandis qu'il » n'y a pas de roi qui ne doive leur rendre hommage et » se prosterner devant eux.

» Ils roulent sur le sol, ils tremblent dans l'air, et, » quoique privés de bras, ils dominent celui qui a des » bras. Charbons du ciel tombés sur la terre, tout froids » qu'ils sont, ils brûlent le cœur.

» L'épouse du joueur se désole de l'abandon où il la » laisse ; sa mère s'afflige de l'absence d'un fils qu'elle » ne voit plus. Lui-même tremble de rencontrer son » créancier ; il convoite le bien des autres, et il ne rentre » plus chez lui que la nuit.

» Quand le joueur revoit sa femme, il s'attriste en pen- » sant que la couche d'autres épouses est heureuse et » tranquille ; mais, dès le matin, il a attelé de nouveau » ses noirs coursiers, et quand Agni finit sa lumière, il » se couche par terre comme un misérable vidhala.

» Celui qui le premier a été le général de votre grande » armée, le premier roi de votre race, ô Dés ! à celui-là » je lui rends hommage. Je ne dédaigne pas vos présents, » mais je dis en toute vérité ceci :

« Ne joue pas aux dés ; laboure plutôt la terre comme » un laboureur, et jouis du fruit de ton travail avec » abondance, avec sagesse : c'est là que sont tes vaches, » tes trésors, ô joueur ! c'est là qu'est ta femme. » Que » Savitri m'assure ce bonheur, et je m'en contente.

» Mais traitez-moi en ami, ô Dés ! Ne vous fâchez pas » contre nous ; ne venez pas avec un cœur impitoyable ; » que votre courroux s'appesantisse ailleurs, et qu'un » autre que nous soit dans les liens de ces noirs com- » battants. »

Gustave Flourens.

PHYSIQUE APPLIQUÉE AUX ARTS.

COURS DE M. EDMOND BECQUEREL.

(Conservatoire des arts et métiers.)

De l'électricité atmosphérique.

(Suite. — Voyez le n° 5.)

II.

Après avoir étudié l'état électrique de notre atmosphère par un temps calme, nous avons, dans un numéro précédent, commencé d'examiner l'état électrique du ciel alors qu'il est chargé de nuages ; nous avons dit que, dans ce cas, l'électricité est tantôt positive, tantôt négative.

Comment concevoir ces charges d'électricité positive ou négative que peuvent présenter les nuages ? M. Becquerel en donne l'explication suivante.

Supposons d'abord un nuage ayant du fluide positif. Voici comment on peut en comprendre l'origine. Ce nuage, comme on le sait, résulte d'une condensation de la vapeur d'eau que contient l'atmosphère. En se condensant, la vapeur produit une multitude innombrable de vésicules liquides qui se forment simultanément sur un grand espace. Ces particules d'eau constituent des corps conducteurs ; elles naissent dans un milieu chargé d'électricité positive (un ciel serein ayant toujours le fluide positif) ; cette électricité vitrée se porte sur toutes ces vésicules et reste à la surface de chacune d'elles, car d'abord elles sont isolées. Mais la condensation augmentant, ces vésicules viennent à se toucher ; alors le fluide électrique passe de l'une à l'autre pour se porter à la surface du nuage, qui n'est que la réunion de toutes ces particules. Actuellement, ce nuage se comportera, pour l'observateur, comme chargé d'électricité positive.

Quant aux nuages sur lesquels s'est accumulé du fluide négatif, on explique ainsi ce fait par des effets d'influence. Un nuage chargé de fluide positif existe à une certaine hauteur, au-dessous se trouve une autre couche nuageuse à l'état neutre. Sous l'influence du fluide positif que contient le nuage supérieur, le fluide neutre du nuage inférieur est décomposé en fluide positif et en fluide négatif. L'électricité négative est attirée à la partie supérieure de ce nuage, en regard de l'électricité positive du premier nuage, tandis que son fluide positif est repoussé à sa surface inférieure. Que maintenant ce nuage qui en haut a du fluide résineux, en bas du fluide vitreux libre, vienne à passer au-dessus d'un objet élevé, d'un arbre par exemple, le fluide neutre de l'arbre pourra être décomposé par influence, et une décharge résultant de la combinaison du fluide positif du nuage avec le fluide négatif de l'arbre en sera la conséquence. Voici donc l'électricité positive de cette couche nuageuse qui sera disparue; dès lors le nuage sera entièrement chargé de fluide résineux.

On peut encore concevoir d'une autre façon le départ de l'électricité positive d'un nuage qui a subi l'influence d'un autre nuage primitivement chargé de fluide vitré. Ce nuage, sur lequel les deux électricités ont été séparées, est généralement, comme ceci se présente pour tous les nuages, très-loin d'être dans un état de fixité absolue. Tandis qu'à sa partie supérieure, il y a condensation d'eau, sa partie inférieure s'évapore. Or, ne peut-on pas dire qu'en même temps disparaît son électricité positive qui a été refoulée à sa surface inférieure? Ainsi donc, bientôt ce nuage n'aura plus que du fluide positif.

Actuellement que l'on sait qu'un nuage peut être chargé d'électricité positive ou d'électricité négative, que même il peut être alternativement positif et négatif, on peut se demander si, au simple aspect, on distinguera un nuage positif d'un nuage négatif. Ordinairement, fait remarquer M. Becquerel, les nuages chargés de fluide positif sont d'un rose plus transparent; au contraire, les nuages gris plombé indiquent habituellement la présence de l'éléctricité résineuse. Quelle est la cause de cette différence d'aspect? On l'ignore.

Ayant bien établi la nature de l'électricité qui se trouve dans une atmosphère calme, puis dans les nuages, M. Becquerel indique alors les circonstances dans lesquelles les orages apparaîtront. Tous les nuages, dit le savant professeur, renferment de l'électricité, et les nuages ordinaires ne diffèrent des nuages orageux que par la quantité de fluide qu'ils contiennent. Qui produit ces nuages orageux, ou bien quelle est la cause qui accumule dans ces nuages une plus grande quantité d'électricité? D'après ce que nous avons dit au commencement de cet article sur la manière dont le fluide positif se répand dans un nuage, nous voyons que, plus la condensation de la vapeur qui forme le nuage sera rapide, plus la quantité d'électricité qui sera accumulée dans ce nuage sera considérable.

Or, quelles sont les circonstances qui amèneront une condensation rapide de la vapeur dans l'atmosphère? Il y a deux cas où le phénomène de condensation se présentera dans ces conditions.

L'été, toutes les fois que la chaleur se fait sentir vivement sur la terre, qu'il y a une grande évaporation sur le sol, la vapeur ainsi formée gagne les régions supérieures, puis se résout très-brusquement en vésicules liquides. Cette condensation rapide produit des nuages orageux, et l'orage, si des courants d'air surviennent, pourra être transporté loin du lieu de sa formation.

Cette cause explique pourquoi, après un orage dans un pays, souvent cet orage se répète plusieurs jours de suite et aux mêmes heures. En effet, si les circonstances atmosphériques sont restées les mêmes, si la chaleur qui s'est fait sentir un jour se fait encore sentir le lendemain, ne voit-on pas que la précipitation de la vapeur se répétera dans les mêmes conditions que la veille et qu'un orage en sera de nouveau la conséquence? Mais que le vent soit changé, les conditions alors deviennent différentes, il n'y a plus de motif pour que le phénomène de l'orage se produise d'une façon identique.

Une précipitation rapide de vapeur se produira encore dans le cas suivant, c'est lorsque deux vents opposés viendront à se rencontrer; mais ici l'orage dû à cette cause ne se présentera pas successivement d'une façon uniforme. Il n'y a aucune raison, en effet, pour que cette rencontre de vents opposés revienne périodiquement.

Ainsi donc, toute cause de condensation rapide de vapeur amène un orage. On comprend de là que la distribution des orages sur le globe doive être très-inégale. On a remarqué que le nombre des orages qui ont lieu chaque année diminue de l'équateur aux pôles. Mais il n'y a aucune loi régulière à ce sujet. On le constate d'ailleurs par les résultats suivants, qui sont une moyenne du nombre des orages qui ont lieu annuellement en différents pays du monde.

A Calcutta, on compte soixante orages par an; ils ont surtout lieu en juillet, août et septembre. Aux États-Unis, le nombre en est de vingt à quarante. Au Chili, il n'y en a pas. En France, on en compte chaque année quatorze à dix-sept; quatorze à Paris, seize à Toulon. A Saint-Pétersbourg, il y a annuellement dix orages; au Caire, seulement trois ou quatre.

Or, le Caire, où le nombre des orages est moindre qu'à Paris, est dans une région bien plus tropicale que la nôtre. Par ce seul fait, qu'un pays est plus près de l'équateur qu'un autre, il ne faut donc pas en conclure qu'il y aura là plus d'orages; ce sera une probabilité, mais non une certitude.

Quand les nuages orageux se sont chargés d'électricité, que le fluide a acquis une tension plus ou moins grande, il se produit alors des effets analogues à ceux que nous obtenons de l'électricité développée par nos machines; mais ces phénomènes s'accomplissent sur une échelle bien autrement grande. Dans l'orage, l'étincelle électrique est représentée par l'éclair; le tonnerre correspond à ce léger bruit que nous remarquons au moment de la reconstitution des deux électricités dans nos expériences. Quant aux actions mécaniques, aux effets de transport, aux actions physiologiques, à ces phénomènes si puissants que produit la foudre, personne ne les ignore.

L'éclair est donc l'étincelle électrique; elle sillonne généralement une grande étendue du ciel, et sa trace est presque toujours une courbe en zigzag. Pour sa durée, elle est très-courte, on l'a évaluée à un millionième de seconde.

Comment se rendre compte de la détermination de cet espace de temps, qui semble échapper à toutes nos mesures? Voici la méthode; elle repose sur la considération de phénomènes optiques.

Supposons un disque ayant des secteurs colorés. En repos, il nous paraît avoir des nuances diverses, nous voyons ses différents secteurs, nous le voyons tel qu'il est. Mais faisons-le tourner. Comme la durée des sensations sur la rétine dure un certain temps, l'œil voit successivement à chaque place les différents secteurs, il voit donc le mélange des diverses couleurs qui les caractérisent, et si ces couleurs ont été disposées dans l'ordre des couleurs du prisme, évidemment le disque paraîtra gris. Si le disque en mouvement reçoit une lumière qui n'ait qu'une durée très-courte, les secteurs ne seront éclairés que pendant un intervalle correspondant à ce temps, et si la durée de la lumière est moindre que la durée du passage des différents secteurs les uns sur les autres, ils n'auront pas le temps de se superposer dans la rétine, et nous verrons le disque avec ses diverses couleurs, tel que s'il était en repos. Actuellement, employons comme lumière l'étincelle électrique ou l'éclair, et augmentons la vitesse de rotation de l'appareil jusqu'à ce qu'au moment de la décharge le disque reste gris. La durée du passage d'un secteur sur l'autre ne sera plus alors inférieure à la durée de l'éclair; nous aurons là une limite physique de cet intervalle de temps.

Outre ce premier genre d'éclairs, dont la durée est pour ainsi dire instantanée, on en connaît une autre variété, mais se montrant bien plus rarement : c'est *l'éclair en boule*. On a vu quelquefois, pendant un orage, une boule de feu arriver jusqu'à terre, se mouvant d'une façon très-irrégulière et avec une vitesse qui n'est pas très-grande, puis faire violemment explosion. Ce phénomène, jusqu'ici, n'a pu être expliqué; on a essayé de le rattacher aux effets d'influence, mais, pour le moment, il n'y a aucune bonne théorie à ce sujet.

Après que l'éclair a brillé, nous entendons le tonnerre. Généralement, entre l'apparition de l'éclair et le bruit, il y a un intervalle de quelques secondes. Le tonnerre est produit pas les couches d'air violemment déplacées et revenant rapidement à leur première position.

Les effets de la foudre sont, comme nous l'avons dit plus haut, les effets de l'étincelle électrique, mais sur une échelle immense, et causent de temps à autre de terribles accidents.

Le paratonnerre est un appareil destiné à mettre les bâtiments, et généralement tous les objets élevés, à l'abri de la foudre. Il fut proposé par Franklin; mais déjà, bien des siècles avant lui, les prêtres étrusques se servaient dans leurs temples d'une disposition analogue pour soutirer la foudre des nuages.

Voici son principe. Au sommet d'un édifice on a mis une barre terminée en pointe par le haut, et mise par sa partie inférieure en communication avec le sol. Qu'un nuage s'approche, l'influence qu'il exerce sur le paratonnerre attire à la partie supérieure de l'appareil de l'électricité de nom contraire à celle du nuage; elle s'échappe par la pointe et va neutraliser le fluide libre de la nuée.

Ordinairement, ceci s'accomplira sans bruit; mais il peut arriver aussi qu'une décharge ait lieu : dans ce cas elle frappe la tige, et, trouvant dans la tige et dans ses accessoires un corps bon conducteur, le fluide la suit et va se perdre dans la terre, sans se porter latéralement sur les différentes parties du bâtiment.

Voici la disposition du paratonnerre. On a une tige de 7 à 8 mètres de hauteur, diminuant de la base à la partie supérieure; la base a environ 5 centimètres de côté. L'appareil se termine par une pointe de platine, à laquelle on a proposé de substituer une portion de cône métallique recouvert de feuilles de platine. La tige communique par sa partie inférieure avec la terre : il faut, entre cette tige et le globe, une communication permanente et aussi bonne que possible ; pour cela, on adapte une barre de fer allant du paratonnerre au sol et que l'on réunit par les meilleures soudures. Il ne suffit pas que le conducteur touche la terre, il faut qu'il y pénètre profondément, environ jusqu'à 8 à 10 mètres, et autant que possible, qu'il atteigne une couche liquide. Si un défaut de conductibilité se présente dans l'appareil, loin de garantir du danger, il peut causer des dégâts très-considérables.

C'est en Amérique que l'emploi des paratonnerres s'est principalement répandu. Ils sont très-utiles, surtout pour les navires; car, sur la terre, que la foudre tombe, elle rencontre généralement un arbre, qu'elle suivra. Mais, sur la mer, où la surface est unie, le vaisseau est le seul objet qui présente au fluide le chemin de moindre résistance; il a donc bien des chances pour être foudroyé, s'il n'est garanti par un paratonnerre. On emploie comme paratonnerre, dans ce cas, une tige et des plaques de cuivre descendant le long du mât et rejoignant le doublage du navire.

A l'électricité atmosphérique on a attribué un certain nombre d'autres phénomènes; nous citerons, entre autres, la grêle, les trombes, les aurores boréales.

La grêle est une chute d'eau glacée en forme de

sphères; les grêlons atteignent jusqu'à la grosseur d'un œuf de pigeon. Volta supposait que la grêle était produite par des parcelles de nuages, qui, situées entre deux nuées électrisées d'une façon différente, étaient alternativement attirées et repoussées par des échanges successifs d'électricité. Cette explication est loin d'être satisfaisante; on sait seulement que ce ne sont que les nuages fortement orageux qui produisent la grêle.

Les trombes sont dues à des nuages orageux qui rasent le sol; leur théorie est mal connue.

Les aurores boréales sont produites par l'électricité du globe. Ce phénomène est dû à la réunion des deux électricités, l'électricité de la terre, qui est négative, et l'électricité positive de l'atmosphère. Pourquoi ces fluides électriques se réunissent-ils aux pôles? On ne le sait pas.

J. DE LIGNIÈRES, ingénieur civil.

HISTOIRE DES CHEMINS DE FER.

CONFÉRENCE DE M. PERDONNET.

(ASSOCIATION POLYTECHNIQUE.)

Le pont du Rhin.

(Suite et fin. — Voyez le n° 7.)

II.

Maintenant que nous avons esquissé à grands traits l'histoire des chemins de fer, nous allons aborder le sujet principal de cet entretien : le pont du Rhin.

Il y a vingt ans, il n'y avait sur le Rhin que des ponts de bateaux, excepté à Bâle un petit pont de bois. Ce fait s'expliquait par deux raisons. La première, c'est qu'on ne construisait alors que des ponts à arches en pierre ou en métal, dont la forme et les piles étroites et resserrées gênaient énormément la navigation; on ne connaissait pas les ponts tubulaires qu'inventa Stephenson : aujourd'hui, le tablier horizontal permet aux bateaux de passer facilement, les travées sont plus longues et les piles plus écartées. La seconde raison, peut-être encore plus grave que la première, était que les peuples, se défiant les uns des autres, voulaient entre eux des barrières protectrices. Les chemins de fer sont venus, et ils ont fait disparaître toutes ces difficultés morales et physiques. Aujourd'hui les Allemands ne nous aiment pas beaucoup encore, mais ils nous sont bien moins hostiles: des traités de commerce ont été conclus, le pont de Cologne a été construit; puis est venu celui de Kehl, pour lequel les négociations ont été longues; cependant le grand-duc de Bade en a partagé les frais, et si la Confédération n'avait construit sur la rive une forteresse et exigé sur chaque bord un pont tournant, ce serait une œuvre d'art irréprochable. Les deux extrémités le défigurent et ses forteresses ne le protégent pas, car n'avons-nous pas à la citadelle de Strasbourg d'excellents canons rayés; il serait facile d'ailleurs de passer le Rhin en vingt autres endroits sur un de ces ponts de bateaux que le génie improvise si rapidement.

La construction a été difficile : il s'agissait de jeter des piles à 20 mètres de profondeur dans un terrain mouvant et dans un courant rapide; chaque pile devait être construite en deux mois, entre deux crues du Rhin qui auraient tout emporté. Ce problème a été heureusement résolu par M. Fleur-Saint-Denis, ingénieur des ponts et chaussées, dont nous avons à regretter la mort prématurée.

Afin de vous faire plus facilement comprendre le procédé employé au Rhin, je vais vous expliquer celui plus simple, mais moins commode, dont on s'est servi au pont de Mâcon; tous deux reposent sur l'emploi de l'air comprimé. Encore une petite digression sur l'air comprimé, puis nous nous occuperons des opérations sur la Saône et sur le Rhin. L'air est un corps gazeux, contenant du fluide calorique, susceptible de dilatation, de compression, et doué d'élasticité. C'est par l'emploi de ces diverses propriétés de l'air qu'on est parvenu à exécuter sans grands dangers ces travaux difficiles.

Pour jeter les piles dans la Saône, bien moins rapide que le Rhin, on descendait sur le sol du fleuve un tube de fonte; ce tube était extérieurement entouré d'eau, et intérieurement il en contenait au même niveau qu'à l'extérieur; il s'agissait de chasser cette eau pour loger à l'intérieur du tube les ouvriers chargés du déblaiement: c'est ici que commence le rôle de l'air comprimé.

Sur la partie supérieure de ce tube on en posait un nouveau, fermé, à chacune de ses extrémités, par une soupape; c'est dans cette chambre d'introduction, ou sas à air, qu'on plaçait les ouvriers pour les faire descendre dans le tube. — A cet effet, on insufflait au-dessous de la soupape inférieure, entre l'eau du fleuve et cette soupape, une certaine quantité d'air comprimé, qui, faisant office de piston, venait presser sur la colonne d'eau contenue dans le tube et la forçait à s'échapper en bouillonnant par la partie inférieure du tube. — Après cette première partie de l'opération, on introduisait les ouvriers dans le sas à air, on fermait la soupape supérieure, puis on mettait en communication, à l'aide d'un petit tuyau et d'un robinet, la partie inférieure et la partie supérieure du tube (sas à air). — Une fois l'équilibre établi, c'est-à-dire quand l'air comprimé du tube avait pénétré dans le sas à air, et que la pression y était la même, on ouvrait la soupape inférieure et l'on faisait descendre sur le lit du fleuve les ouvriers, qui allaient piocher le sol, afin de provoquer la descente du tube jusqu'à la profondeur jugée nécessaire.

Au fur et à mesure de l'enfoncement, afin de se tenir toujours à une certaine hauteur au-dessus du niveau des eaux du fleuve, on ajoutait de nouveaux anneaux et l'on remontait le sas à air.

Pour sortir du tube, les ouvriers passaient dans la chambre à air comme ils y avaient passé en entrant.

On fermait la soupape inférieure; on laissait échapper doucement l'air comprimé dans la chambre à air, ce qui s'appelait *décomprimer l'ouvrier;* puis enfin on ouvrait la soupape supérieure et l'ouvrier sortait.

La sortie des déblais s'effectuait avec lenteur, car elle demandait la même opération, le même temps et la même perte d'air comprimé que pour l'introduction ou la sortie des ouvriers.

L'enfoncement du tube ne se faisait pas non plus sans présenter de nombreuses difficultés. Souvent il s'inclinait, et alors le redressement demandait beaucoup de temps et de peines.

L'expérience acquise à Mâcon devait servir à Kehl, où la nécessité d'agir plus vivement était la première condition de réussite. Au lieu d'un tube, on construisit un caisson rectangulaire; au-dessus du caisson, trois tubes, dont deux, surmontés d'un sas à air, étaient destinés au passage des ouvriers, et le troisième, celui du milieu, à l'extraction des terres déblayées. Ce dernier seul ne fut pas vidé d'eau et descendait jusqu'au sol; les deux destinés aux ouvriers furent remplis d'air comprimé et n'allaient pas plus bas que le caisson. Sur ce caisson également rempli d'air comprimé, on construisit à sec, c'est-à-dire au-dessus de l'eau, sans cuvelage et sans épuisement, la maçonnerie, dont le poids progressif le maintenait dans une position verticale; les ouvriers dans le caisson jetaient la terre extraite au bas du grand tube, qui, au moyen d'une chaîne à draguer et de ses godets, remontait ce déblai. Lorsque le caisson fut descendu à 20 mètres au fond du fleuve, on l'emplit de béton, et, contrairement au procédé de Mâcon, on retira les tubes, qui furent aussi remplacés par du béton. Il faut remarquer aussi que le caisson était suspendu par quatre tringles qui permettaient, au moyen de verrins, de le redresser du côté où il se serait incliné. (Le savant professeur, pour rendre plus lucides à son auditoire ses explications techniques, était entouré d'ingénieuses machines en mouvement, plan en relief et figuratif dû à la main habile de son intelligent secrétaire, M. Jacquin.) Dans les terrains sablonneux, le système du pont du Rhin est maintenant le seul en usage : on ne peut se servir de la drague, les déblais sont extraits par le sas à air; mais, pour le reste, le procédé est le même, et conserve tous ses avantages dans les terrains argileux.

Examinons maintenant ces travaux au point de vue de la santé des ouvriers. J'ai à ce sujet de curieuses et intéressantes études faites par M. le docteur Foley, ancien élève de l'École polytechnique des plus distingués, professeur à l'Association polytechnique, dans la construction du pont d'Argenteuil, fondé aussi par le moyen de l'air comprimé. Ce courageux praticien a accompagné les ouvriers dans le caisson, et il y est resté le temps nécessaire pour y recueillir les observations suivantes. L'ouvrier est introduit dans le sas à air et soumis peu à peu à l'air comprimé qui presse sur son corps, et particulièrement sur la membrane du tympan; il éprouve la sensation que lui ferait ressentir un poinçon violemment enfoncé dans l'oreille. Descendu dans le caisson à air comprimé, il transpire, c'est l'effet de la compression; il n'a pourtant pas soif, ce que le docteur Foley explique par la vapeur d'eau en suspension dans l'air comprimé; le goût et l'odorat s'oblitèrent, la parole devient difficile, l'ouvrier bégaye et ne saurait siffler; l'ouïe devient plus subtile, grâce à la densité qui transmet mieux les sons; un grand appétit se manifeste. En commençant ce travail, la fatigue se fait peu sentir; mais, au bout d'un certain temps, l'ouvrier doit être remplacé. Le travail enlève les forces, il *démolit,* pour ainsi dire, l'individu; les matériaux de démolition vont au cœur par la circulation du sang noir ou sang veineux, puis au poumon, d'où la partie qui cesse de pouvoir être utilisée s'envole en acide carbonique; le sang rouge est réparateur, et il l'est d'autant plus dans l'air comprimé qu'il est plus oxygéné. Le sang noir, pour employer une expression d'ingénieur, déblaye, et le sang rouge remblaye. Le régulateur de ce travail, c'est le système nerveux; mais ce système nerveux est oblitéré par la pression de l'air, qui, si elle enrichit notre capital sanguin, appauvrit notre trésor nerveux par défaut de sensations, en sorte que ce trésor accumulé par l'ouvrier dans les temps de repos s'épuise vite, et alors arrivent la fatigue excessive et l'amaigrissement; puis, au bout d'un certain temps, l'ouvrier devient incapable de continuer son travail sans s'exposer au danger de mort.

Comme toujours, Hippocrate dit oui et Galien dit non.

Le docteur Hermel dit à peu près le contraire du docteur Foley; mais je prétends, par une simple réflexion, concilier ces deux assertions opposées. A Argenteuil, où l'air comprimé était constamment renouvelé, les ouvriers n'ont pas dû souffrir beaucoup, et M. Foley a pu écrire consciencieusement le mémoire que je viens de vous analyser succinctement; à Kehl, et à Lorient surtout, l'air était moins pur, moins renouvelé, et M. Hermel a pu dire avec raison que les ouvriers avaient souffert de l'altération de l'air plus encore que de la compression.

En quittant le travail, l'ouvrier est *décomprimé* peu à peu; il éprouve du bruissement dans l'oreille, des picotements; sa vue se trouble, il a froid; quelquefois il se produit des hémorrhagies ou des congestions. Un des élèves de l'École centrale, dans des travaux à Lorient, a eu une attaque de paralysie qui n'a pas duré moins de dix mois. Il y a danger à *décomprimer* trop rapidement.

On a accusé les entrepreneurs de ne pas payer aux ouvriers le temps qu'ils passaient dans l'écluse à air; ce reproche tombera quand on saura que la décompression dure trois minutes au maximum. M. le docteur François, qui a soigné les ouvriers employés au pont du Rhin, mérite les plus grands éloges pour le zèle qu'il a apporté dans cette délicate mission; mais ce n'est point un fait isolé que ce dévouement, il est commun à tous les médecins, et je suis heureux de pouvoir ici, dans cette enceinte consacrée à l'enseignement médical, exprimer au corps tout entier toute la reconnaissance que nous leur devons pour les soins qu'ils prodiguent sans relâche à nos employés et à nos ouvriers. Dans les épidémies, dans les accidents, dans les maladies de toutes sortes qui assiégent si souvent notre pauvre humanité, le médecin, sans se préoccuper de son salaire, met toute sa science, tout son cœur au traitement des malades qui l'appellent: la médecine est la plus belle profession, car elle permet d'exercer toutes les qualités du cœur. N'avons-nous pas vu dernièrement un illustre chirurgien de cette Faculté passer les Alpes, et aller prouver à l'Europe attentive que si les Français savaient faire des blessures, ils n'étaient pas moins habiles à les guérir. Honneur donc à ces hommes, à ces médecins qui unissent le dévouement à la science (1)!

Évariste Thévenin.

PHYSIQUE GÉNÉRALE.

CONFÉRENCES DE M. J.-J. BARRAL.

(ASSOCIATION POLYTECHNIQUE.)

De l'air au point de vue de la physique du globe et de l'hygiène.

I.

(Suite. — Voyez le n° 5.)

Par un ciel transparent, dans sa seconde ascension, Gay-Lussac atteignit 6000 mètres de hauteur, et constata une température de 9° au-dessous de zéro; il rapporta de l'air dont l'analyse consigna la même composition en oxygène et azote que notre air ambiant. Le voyageur fut obligé de se débarrasser de son lest; il jeta même une chaise de bois blanc qui tomba auprès d'une bergère. Naturellement celle-ci vit un miracle dont parlèrent les journaux, et que Gay-Lussac aurait pu expliquer sans l'intervention de science divinatoire.

Pendant cinquante ans, il n'y eut plus d'expériences; leurs difficultés, leurs prix et leurs dangers, en détournaient ceux qui y songeaient. Enfin, en 1850, deux personnes (2), encouragées par Arago, résolurent de tenter une nouvelle ascension. Ce fut au mois de juin de cette année qu'eut lieu l'expédition. L'Observatoire fut le point de départ, et un jour de tempête fut choisi à dessein. Le ballon, qui avait déjà servi, mesurait 16 mètres de diamètre; 120 hommes de troupe pouvaient à peine le retenir; violemment agité par le vent qui le terrassa à plusieurs reprises, il subit, avant l'ascension, diverses déchirures, qu'on s'empressait de réparer immédiatement. On parvint à saisir rapidement un instant de calme, et les hardis voyageurs se hâtèrent de monter dans la nacelle, et de crier les mots sacramentels : « Lâchez tout ! » Ils s'enlevèrent avec une vitesse inouïe; en deux minutes ils parvinrent au milieu de la tempête aérienne, et ils ne virent et n'entendirent plus rien de la vie terrestre. Mû par un sentiment facile à comprendre, le propriétaire du ballon, craignant la destruction de son enveloppe, avait, à l'insu des voyageurs, coupé la corde qui l'entourait : au lieu de 12 mètres de long, elle n'en avait plus que 8. Cette précaution faillit être fatale aux voyageurs, puisqu'elle ne permettait plus au ballon de prendre le développement sur lequel on comptait. Arrivés enfin au sein des nuages, les voyageurs, entourés d'un silence dont on ne saurait se faire une idée exacte, virent baisser le mercure au baromètre, leur pouls s'agiter, leur respiration devenir difficile; à peine distants d'un mètre, ils ne pouvaient s'entretenir sans faire de grands efforts de voix; le ballon augmentait de volume; le baromètre était descendu à une pression de 35 à 36 centimètres; la température était au-dessous de zéro. Bientôt même, cédant à une rafale, le ballon s'abattit sur les voyageurs, et déborda de chaque côté de la nacelle; la corde de la soupape ne fonctionnait plus; le ballon était chargé d'eau congelée: le moment était critique, la situation périlleuse. Plein de sang-froid et de hardiesse, un des voyageurs, armé d'un couteau, fit une scission au ballon, qui alors se dégonfla. Le baromètre remonta, un violent courant d'air se fit sentir, et le ballon descendit avec une telle rapidité que le vent inférieur s'y engouffra. C'est en vain que le lest fut jeté par-dessus les bords, la vitesse de la descente ne diminua pas, et 3000 mètres furent franchis en une minute. Un des voyageurs ramassa sur ses genoux tous les objets lourds que contenait encore la nacelle; l'autre, stoïque, attendait silencieusement la mort; leurs yeux étaient éblouis par une plaine d'argent et par un soleil éclatant. Enfin la terre leur apparut, mais semblable à un damier. L'un des voyageurs, pour amortir la chute, jeta tous les objets qu'il avait réunis, à l'exception du baromètre et du thermomètre qu'il voulait conserver précieusement, comme des témoins irrécusables de leurs observations. Grâce à cet allégement subit, la terre fut abordée moins violemment, près de Lagny, quoique la nacelle, renversée encore et traînée par le ballon, rasât la vigne dont elle brisait les échalas. Une pluie torrentielle venait s'ajouter à la triste position de ces hardis explorateurs. Des ouvriers agricoles, effrayés par cette soudaine apparition, les regardaient stupéfaits, sans leur porter secours. Le ballon faisait l'effet d'une voile traînant les voyageurs. L'un d'eux, à demi hors de la nacelle, aurait pu sans danger prendre terre; mais retenu par le souvenir de Biot, il ne voulut pas abandonner son compagnon. Enfin, les paysans, attirés par les cris des voyageurs, se décidèrent à saisir la corde, et mirent fin à ce

(1) Ces leçons feront partie du 4e volume des *Entretiens populaires*, publiés chez Hachette.

(2) Prenant sur nous de déchirer le voile trop modeste sous lequel le savant professeur a dissimulé les noms de ces deux intrépides observateurs, nous dirons au lecteur qu'ils se nomment MM. Barral et Bixio, et que leur descente périlleuse a été racontée avec verve et sympathie par M. Perdonnet dans une de ses leçons sur les *grandes inventions*. (Voy. la 2e série des *Entretiens populaires* recueillis et publiés par M. Évariste Thévenin. Chez Hachette.)

périlleux voyage. Les deux voyageurs s'embrassèrent et jurèrent de recommencer leur expédition ; chose très-difficile, car il fallait échapper aux supplications des familles justement effrayées par le récit des dangers qu'elles apprirent par les journaux.

Dans cette première ascension, les voyageurs avaient constaté que les nuages n'étaient pas polarisés ; que la température était basse dans un nuage de 4000 mètres d'épaisseur, dont l'immobilité n'était qu'apparente ; qu'on y faisait 50 kilomètres à l'heure. Ils avaient remarqué aussi d'autres phénomènes intéressants sur la respiration, et sur les poules et les pigeons qu'ils avaient emportés ; en un mot, ils avaient acquis de l'expérience pour une seconde tentative.

Le thermomètre et le baromètre ne sauraient être des témoins suspects ; ils portaient des échelles arbitraires dont les voyageurs ne connaissaient pas la clef, et de plus ils étaient enfermés dans une enveloppe métallique percée de distance en distance. La bonne foi ne put donc être suspectée, et les erreurs furent impossibles, grâce à ces précautions.

HISTOIRE DE LA MÉDECINE ET DES DOCTRINES MÉDICALES.

COURS DE M. BOUCHUT.

(ÉCOLE PRATIQUE DE LA FACULTÉ DE MÉDECINE.)

I.

Du mysticisme médical et de la théurgie.

(Suite. — Voyez les nos 1, 2, 3, 5 et 6.)

VIII. HOMŒOPATHIE. — Au moment où les merveilles du magnétisme animal préoccupaient encore les esprits, lorsqu'on commençait à peine à se désabuser des supercheries de Mesmer et de Cagliostro, à l'aurore du somnambulisme, parut, en 1790, une nouvelle transformation du mysticisme médical. Dans cette nouvelle superstition, l'auteur crut devoir accorder à des propriétés occultes et fantastiques de la matière magnétisée des vertus thérapeutiques d'autant plus fortes qu'on emploie moins de substance, et que l'intention de l'expérimentateur est plus formelle. Ce mysticisme est celui d'Hahnemann, c'est l'*homœopathie*.

Il y a, dans cette folie allemande, deux choses à considérer : la doctrine et la thérapeutique. — Par sa doctrine *Similia similibus curantur*, empruntée à Paracelse, qui l'avait prise à l'antique médecine de Galien, l'homœopathie a une prétention philosophique élevée, et elle serait discutable dans l'erreur de son absolutisme ; mais, par le surnaturel de sa thérapeutique, elle sort des domaines de la science, et rentre dans ceux de la superstition médicale. Il n'y aurait même pas à en parler si elle n'avait conquis le suffrage de gens que leur intelligence devrait le plus mettre à l'abri d'une pareille mystification. En effet, ce n'est pas dans les classes pauvres ou ignorantes de la société qu'elle trouve des adeptes : ses clients et ses patrons sont justement des personnes riches, éclairées, des ministres, des officiers supérieurs, des lettrés, des femmes nerveuses du plus haut monde, des gens qui, souvent, se vantent de leur incrédulité, des *esprits forts*, ne croyant, ni aux miracles, ni au surnaturel, traitant assez mal les choses de la religion, et les considérant comme les restes d'une superstition destinée à s'éteindre. Ces personnes d'élite ne croient pas au surnaturel, mais elles croient, avec l'homœopathie, qu'un novemdécillionième de silice ou de charbon végétal, trituré d'une certaine façon, a des propriétés thérapeutiques plus puissantes qu'un caillou ou qu'un gros morceau de braise.

De toutes les inconséquences de l'esprit humain, c'est là, à mon sens au moins, une des plus fortes qu'il ait jamais été donné à l'histoire de faire connaître.

Pour Hahnemann, il n'y a pas de maladies, il n'y a que des malades et des symptômes ; il est inutile de faire un diagnostic, et il faut noter avec le plus grand soin tous les phénomènes que présente le patient, pour appliquer les remèdes propres à combattre chacun de ces accidents. Peu importent la pneumonie, la pleurésie ou la fièvre typhoïde, ce diagnostic local ne sert à rien ; ce qu'il faut rechercher, c'est ce qu'éprouve celui qui souffre, constater un mal de tête, le siége de la douleur, son caractère, l'heure de son retour ; constater la soif, reconnaître la couleur des crachats ; en un mot, faire ce qu'on appelle la médecine des symptômes.

Un malade vomit, par exemple, il faut combattre le vomissement. Mais ce phénomène morbide se présente dans des affections souvent bien différentes ; n'importe, on combat le vomissement.

C'est ainsi qu'un homme éminent, occupant, il y a quelques années, un poste élevé dans le gouvernement de son pays, a payé de la vie sa foi dans l'homœopathie. Cet illustre personnage, atteint de hernie étranglée, se mit tout à coup à vomir de la bile, puis des matières jaunes liquides ; il fit appeler un médecin homœopathe, qui administra des globules contre le vomissement. Mais ces infiniment petits ne produisaient pas de soulagement, et, dans un état désespéré, le malade fit appeler un chirurgien. A peine celui-ci eut-il examiné les matières rendues, qu'il devina la nature du mal, et, portant son examen sur l'abdomen, il découvrit une hernie étranglée. Malheureusement l'étranglement avait duré trop longtemps, et le mal était arrivé à un point où toute opération était inutile. La mort fut la conséquence de cette erreur.

De plus, pour l'homœopathie il y a deux choses dans les remèdes : l'*effet primitif* et l'*effet secondaire*, celui-ci étant l'opposé du premier ; il s'ensuit que si l'on veut combattre un symptôme, il faut employer des agents dont l'effet primitif soit semblable au symptôme existant, pour produire l'effet secondaire, qui est la guérison. Ainsi la quinine ne guérit la fièvre que parce qu'elle provoque, dit Hahnemann, un mouvement fébrile primitif, suivi d'un effet inverse d'apyrexie. — Un bain chaud est suivi de froid ; le froid est suivi de chaleur, et les substances qui apaisent commencent par exciter : exemple, l'opium et l'alcool. C'est en vertu de ce principe que, ne voulant pas combattre un symptôme donné par des agents qui, physiologiquement, produisent un effet contraire, dans la crainte que la réaction de cet effet ne soit suivie de la réapparition du symptôme primitif, c'est-à-dire de l'augmentation du mal, il ordonne de choisir un remède produisant primitivement l'effet semblable au symptôme existant. C'est, pour lui, le meilleur moyen d'en déterminer la guérison. *Similia similibus curantur.*

Mais voici où commence l'incroyable folie du système. On ne doit agir qu'avec des doses très-faibles de médicament, car l'*action de la substance employée est en raison inverse de sa quantité*. Là est le principe thérapeutique fondamental de la doctrine. En effet, dans cette posologie infinitésimale, le point de départ est un grain dans une quantité centuple de sucre de lait, de sorte que chaque grain de poudre renferme un centième de grain de la substance (0,01). C'est ce qu'on appelle une *première atténuation*. A une *deuxième atténuation*, ce centième de grain mêlé à cent grains d'excipient donne, pour chaque grain, un dix-millième (0,0001). De même pour la *troisième atténuation*, et alors un grain de la substance représente la millionième partie de ce qui a été divisé (0,000001).

Hahnemann est allé ainsi jusqu'à la *trentième atténuation* ; c'est-à-dire à la proportion d'un novemdécillionième, soit une fraction ayant pour numérateur l'unité et pour dénominateur 59 zéros (0,00000000000000000 000000000000000000000000000000000000000001). Un homœopathe de Saint-Pétersbourg, le docteur Korsakoff, est allé encore plus loin, et il a poussé la réduction des doses jusqu'à la *cent cinquantième atténuation*, c'est-à-dire à une fraction ayant, pour dénominateur 3000 zéros. Lorsqu'il s'agit de substances liquides, la préparation est la même, mais porte un nom différent, celui de *dilution*, et les doses médicamenteuses sont ainsi réduites jusqu'à la trentième dilution.

Pourquoi ces atténuations et ces dilutions? C'est pour *dynamiser* le médicament, et les triturations ou les dilutions successives, faites d'une certaine manière, n'ont d'autre but que d'accroître la force du remède, qui est d'autant plus actif, qu'il est plus *dilué* ou plus *atténué*.

Ainsi la dilution trentième de la bryone est infiniment plus active que la première, et, bien qu'elle n'en renferme que la novemdécillionième partie, ses effets sont d'une énergie excessive, en rapport inverse avec la proportion décroissante de la substance.

C'est, comme on le voit, la magnétisation du médicament, semblable au magnétisme des arbres par le marquis de Puységur, des tables par les spirits, ou des carafes d'eau par les somnambules, que l'on considère comme pouvant donner à la substance employée les plus merveilleuses propriétés curatives. Quelle folie ! Est-il possible de pousser plus loin la crédulité, la superstition, ou, ce qui est plus pénible à dire, la supercherie ; car il est impossible qu'un homme encore doué de sens commun ait pu croire à de pareilles dérogations aux lois de la nature.

Mais, dira-t-on, cela guérit? Oui, cela est quelquefois vrai. En effet, on peut ainsi guérir ceux qui, ayant une maladie aiguë, que dissipe tout naturellement la nature, aidée de la diète et du repos, n'ont besoin de prendre aucun remède. Cela guérit encore ceux qui croient à l'action miraculeuse des remèdes préparés par les soins d'une mystérieuse doctrine, car ici l'imagination excitée imprime à l'organisme un mouvement intime, de nature à dissiper certaines douleurs ou à guérir quelques névroses.

C'est ici un effet analogue à celui que produisent les incubations dans les temples, les charmes, les amulettes, certaines eaux minérales et la conviction d'une guérison prochaine. C'est l'analogue d'une purgation produite par une boulette de mie de pain, ou un chiffon de papier réputé devoir produire une action purgative.

Tout repose ici sur la crédulité de celui qu'on soigne, et l'incrédule ne tire aucun avantage de cette médication. Comment de rien pourrait-on produire quelque chose? Et, en effet, les maladies chroniques qu'une dose infinitésimale ne guérit pas cèdent bien à une dose convenable du médicament approprié.

L'homœopathie ne peut guérir que les maux qui se guérissent par les seuls efforts de la nature, ou les affections nerveuses que calme et dissipe l'influence de l'imagination et de la volonté.

Je n'insisterai pas davantage sur cette aberration, qui fait la honte de notre époque médicale, et dont la vogue n'est pas près de cesser. Elle marche de compagnie avec le *somnambulisme artificiel*, qui lui dispute le suffrage des gens du monde, et par lequel on opère, disent les crédules, de si grandes merveilles thérapeutiques, avec les *médiums* et les *spirits*, qui prédisent l'avenir, et avec les *tables tournantes*, dont les oracles servent encore de guide médical à une foule de personnes.

Somnambulisme artificiel. — Spiritisme, médiums. — Depuis la découverte du somnambulisme artificiel, en 1785, par M. de Puységur, c'est-à-dire du sommeil nerveux avec exaltation des sens, produit par les passes du magnétisme animal, les thaumaturges, les médicastres, les magnétiseurs et les charlatans se sont emparés du phénomène pour créer une pratique médicale assez lucrative.

La prétention du somnambulisme artificiel est, comme on le sait, de créer une sorte de *seconde vue*, de divination de l'avenir, de vue à distances éloignées, de transposition des sens, et, au moyen de ces dispositions surnaturelles, de prédire les événements, de voir dans la pensée d'autrui, de le suivre dans ses actions, dans les contrées les plus lointaines, de distinguer la conformation normale ou pathologique des organes d'un malade, de dire sans aucune étude la cause des maladies et leur remède, enfin de voir par le dos ou par les talons, sans le secours des yeux; d'entendre avec les oreilles bien closes, de sentir des odeurs ou des saveurs qui n'existent pas, qui ne frappent point le goût ni l'odorat, et cela uniquement par l'influence de la volonté des magnétiseurs, etc. Dans cette médecine, les amis d'un malade portent à la somnambule une mèche de cheveux, une chemise, un gilet de flanelle ou quelque chose de la personne qui consulte, et dans son sommeil la devineresse dit le mal et indique le remède.

C'est le plus souvent un remède insignifiant, car la police ne permettrait pas autre chose, les médicaments actifs ne pouvant être délivrés que par ordonnance de médecin.

Dans quelques cas les somnambules vont à domicile, mais les choses se passent là comme chez elles, et, après avoir touché le malade des mains, elles font une insignifiante prescription, généralement composée d'infusions végétales et d'applications extérieures sédatives.

De nos jours l'action mystérieuse occulte et fantastique de la matière sur l'homme se révèle par d'autres pratiques inspirées du même sentiment et des mêmes superstitions.

Il y a des êtres qu'il n'est plus nécessaire de magnétiser pour endormir et qui ont une telle exaltation cérébrale, qu'à leur volonté, pour ainsi dire, ils peuvent se mettre dans l'état de sommeil nerveux et du somnambulisme. Ici le magnétiseur n'est pas nécessaire; ce sont les *médecins*. Ces êtres faibles, impressionnables et excitables au dernier degré, s'endorment quand il leur plaît, et, pendant ce sommeil, causent d'une façon singulière, pour amuser les oisifs de nos salons et les esprits crédules de la haute société. Ils prédisent l'avenir, indiquent la retraite des voleurs et des objets volés, distinguent les maladies et en font connaître les remèdes. Ce sont des magnétisés, moins les magnétiseurs, et il faut toute la crédulité du monde pour que leurs sottises obtiennent des auditeurs. Du reste, ils savent trouver le moyen de maintenir cette crédulité dans l'esprit de leurs spectateurs. Lorsqu'un médecin fait son entrée dans un salon, il commence par examiner toutes les physionomies, et s'il en trouve de peu sympathiques, il a soin de les faire éloigner; alors, ne conservant que des croyants, il se place dans une demi-obscurité, et peut en toute assurance se livrer à ses jongleries qui sont acceptées sans contestations.

Ailleurs ce sont les *tables tournantes* animées par des esprits invisibles, disant l'âge de celui qui les interroge, lui indiquant l'avenir, l'époque de sa mort, la nature de ses maladies et jusqu'aux remèdes à employer. Ces *esprits frappeurs* que les *spirits* (c'est le nom que prennent aujourd'hui ceux qui croient aux manifestations des esprits) consultent et dont ils expliquent les oracles, tant sous le double rapport de la santé et de la maladie, que sous celui des intérêts ordinaires de l'existence.

Jamais peut-être l'esprit de crédulité n'est allé aussi loin depuis l'avénement du christianisme et la renaissance des lettres. On se croirait aux beaux jours d'un enfant séduit par les contes de fées, ou aux absurdes féeries du théâtre contemporain; mais en réalité ce sont les idées de la civilisation naissante, de la barbarie et de l'ignorance qu'on essaye d'introduire de nouveau parmi nous.

— La suite à un prochain numéro. —

VARIÉTÉS.

Depuis le 1er janvier, la *France médicale*, pour inaugurer sa onzième année, a doublé sa périodicité sans augmenter son prix d'abonnement. Elle paraît désormais le mercredi et le samedi, sous la direction du docteur HENRI FAVRE, l'auteur estimé du *Développement de la série naturelle*. Le prix d'abonnement reste fixé à 12 francs pour la France et 20 francs pour l'étranger.

— Le docteur Tripier a ouvert mercredi dernier, rue St-Dominique, 2, des conférences cliniques sur l'électrothérapie qui se continueront les lundis et mercredis à dix heures et demie.

— Nous donnons ci-après le sommaire de la *partie littéraire* de notre publication :

Sommaire de la Revue des Cours littéraires.

Histoire et morale : Cours de M. ALFRED MAURY. De l'état de la civilisation chez les peuples anciens, et particulièrement chez les Grecs. — Droit de la nature et des gens : Cours de M. AD. FRANCK. Les publicistes du XIXe siècle : madame de Staël. — Littérature grecque : Cours de M. EGGER. La science historique chez les Grecs et chez les autres peuples de l'antiquité. — Grammaire comparée : Cours de M. HASE. De l'article. — Poésie française : Cours de M. SAINT-RENÉ TAILLANDIER. Discours d'ouverture (suite).

Nous rappellerons à nos abonnés de la *Revue des Cours scientifiques* que pour recevoir la *Revue des Cours littéraires* il leur suffit d'envoyer à M. Germer Baillière, comme supplément, une des sommes suivantes :

Six mois. Paris.....	7 fr.	— Départements...	8 fr.
Un an. —	11 fr.	— — ...	12 fr.

Le propriétaire-gérant : GERMER BAILLIÈRE.

PARIS. — IMPRIMERIE DE E. MARTINET, RUE MIGNON, 2.

PREMIÈRE ANNÉE. — N° 9. UN NUMÉRO : 30 CENTIMES. 30 JANVIER 1864.

REVUE DES COURS SCIENTIFIQUES DE LA FRANCE ET DE L'ETRANGER

PHYSIQUE — CHIMIE — ZOOLOGIE — BOTANIQUE — ANATOMIE — PHYSIOLOGIE
GÉOLOGIE — PALÉONTOLOGIE — MÉDECINE

Paraît tous les Samedis.

	Six mois.	Un an.
Paris	8 fr.	15 fr.
Départements	10	18
Étranger	12	20

Prix de l'abonnement avec la Revue des Cours littéraires.

	Paris	Départ.	Étranger
Six mois	15 fr.	18 fr.	20 fr.
Un an	26	30	35

Rédacteur en chef
M. ODYSSE-BAROT

Les ouvrages dont deux exemplaires auront été envoyés au bureau du journal seront annoncés et analysés s'il y a lieu.

On s'abonne
A LA LIBRAIRIE GERMER BAILLIÈRE
17, rue de l'École de Médecine,
Et chez tous les libraires, par l'envoi d'un bon de poste, ou d'un mandat sur Paris.

L'abonnement part du 1er décembre ou du 1er juin de chaque année.

AVIS. — Le succès toujours croissant et désormais assuré de notre entreprise nous permet d'offrir aujourd'hui à nos lecteurs, sans augmentation de prix, un supplément de huit colonnes, que l'abondance des matières rendait nécessaire.

SOMMAIRE.

CHIMIE AGRICOLE.

COURS DE M. BOUSSINGAULT.

(Conservatoire des arts et métiers.)

De la végétation.

I.

Le cours professé par M. Boussingault au Conservatoire comprend, cette année, l'étude de l'alimentation, du développement et de l'engraissement du bétail. M. Boussingault étudie ensuite la végétation et la géologie agricole.

Nous commençons ici le compte rendu de ce cours aux leçons sur la végétation.

Où les végétaux puisent-ils leurs aliments? Quelles en sont les sources? Telle est la question que M. Boussingault a posée d'abord et qu'il a résolue en trois ou quatre leçons d'une façon si nette et, on peut bien le dire aussi, si élégante.

Les végétaux prennent leurs aliments dans l'atmosphère et dans le sol, dans l'atmosphère principalement ; mais ceci s'opère par un ordre de phénomènes différents de ceux que l'on a reconnus quand on a étudié la nutrition dans les animaux. Ceux-ci brûlent du carbone, forment de l'acide carbonique et répandent ce gaz dans l'air. Les végétaux, au contraire, *débrûlent* le carbone, c'est-à-dire décomposent l'acide carbonique et en restituent le carbone au milieu dans lequel nous vivons.

L'atmosphère étant surtout, comme nous venons de le dire, l'origine de la végétation, il convient d'en connaître la constitution. Nous ne la rappellerons ici que très-brièvement.

Le fond de l'océan atmosphérique est formé d'azote et d'oxygène dans les proportions de 79 parties d'azote environ et de 21 d'oxygène pour 100 parties d'air.

On y trouve encore de l'acide carbonique, de l'ammoniaque, des composés nitreux, des substances minérales qui appartiennent évidemment aux parties solides du sol. On y rencontre même des êtres organisés microscopiques, dont l'existence a été la cause de la célèbre discussion sur les générations spontanées.

Aujourd'hui, le doute n'est plus possible ; si ces êtres microscopiques se montrent dans l'air, c'est qu'il y a dans ce milieu répandus çà et là des œufs dont ils proviennent.

Il est un principe général : Il y a toujours un germe

pour l'animal comme pour le végétal. L'œuf est le germe du premier, le végétal a le sien dans la graine.

Celle-ci se compose de l'*épisperme*, de l'*endosperme* et de l'*embryon*. Dans le blé, cette dernière partie est très-peu développée, l'endosperme prédomine. Il y a d'autres graines qui sont formées presque entièrement par l'embryon : le haricot en est un exemple.

Si maintenant nous examinons la composition chimique de la graine, nous voyons qu'elle a de l'albumine, de la dextrine, de l'amidon, des matières grasses, des phosphates. Telles sont aussi précisément les substances qui constituent le lait et les œufs.

Dans l'embryon, on distingue toutes les parties constitutives de la plante, la racine, la tige, les feuilles. Ces organes y sont à l'état rudimentaire, et s'appellent : la *gemmule*, le *radicelle*, le *cotylédon* ou les *cotylédons*, suivant que le végétal appartient à l'une des deux grandes divisions des plantes monocotylédonées ou dicotylédonées.

Ainsi donc, non-seulement la composition chimique est la même, mais le fait de préexistence des organes essentiels de l'être se retrouve dans la graine comme dans l'œuf. L'analogie ne s'arrête pas là. Pour que le végétal se développe, il faut que l'embryon se trouve au contact de l'air; dans l'œuf aussi, le concours de l'air est nécessaire au développement de l'animal.

Que se passera-t-il quand la graine se trouvera dans des circonstances favorables, en présence de l'oxygène de l'air? Alors toutes les parties cachées dans l'embryon se développeront et grossiront, la graine se gonflera, puis tombera : ce sera la germination.

Mais le phénomène n'a lieu qu'autant que l'embryon est vivant. Or, fréquemment il est mort, et alors pas de développement de la plante. Comment reconnaître si des graines germeront? C'est là une question importante en agriculture. On a un lot de graines, on en fait germer un certain nombre prises au hasard. Pour cela, on recueille, par exemple, cent graines, on les place entre des feuilles de papier humectées d'eau, puis on les abandonne à une température d'environ 15 degrés pendant quelques jours. La germination, durant cet intervalle, s'est opérée. On compte les graines germées; dans le cas où les graines sont bonnes pour la semence, on en trouve de quatre-vingt-dix à quatre-vingt-quinze.

Pour que l'embryon ne soit pas tué, il faut que la graine soit conservée avec soin : une graine bien mûre, suffisamment sèche, résistera parfaitement; mais si l'on veut garder une graine lorsqu'elle est encore humide, elle est envahie par des corpuscules qui détruisent l'embryon.

Il est un moyen que l'on emploie assez souvent dans les campagnes dans le but d'obtenir de bonnes graines. Il consiste à les exposer quelque temps à une certaine température. C'est là un procédé dangereux. Ne savons-nous pas que si nous chauffons un œuf de poule à 60 degrés, nous aurons un œuf dur, d'où bien évidemment il ne sortira pas de poulet? Il en est de même de la graine. En la portant à une certaine température, on en coagule l'albumine, et le germe ne peut plus se développer.

A cette occasion, M. Boussingault cite l'expérience suivante, qu'il fit, il y a un certain nombre d'années, au Conservatoire. M. Pouillet, pour des expériences de physique, avait eu besoin de produire un froid de 100 degrés. M. Boussingault profita de cette circonstance pour rechercher si des graines bien constituées pouvaient supporter cette température. Il soumit à l'influence de ce froid considérable des graines de trèfle et de froment, pendant une durée de trois heures, puis il les planta ; elles se développèrent. Il prit ensuite des graines un peu gonflées par l'humidité ; le résultat fut tout différent : il n'y eut aucune germination. En effet, l'eau qu'elles contenaient se congela, se dilata et amena la rupture des vaisseaux et la destruction de l'embryon. Ainsi donc, une graine, pourvu qu'elle soit convenablement desséchée, peut supporter un froid très-grand.

Connaissant maintenant les circonstances favorables à la conservation de la vitalité de la graine, il est naturel de rechercher quelle est la durée de la faculté germinatrice. Elle est très-variable. Le tableau suivant en est une preuve :

La graine de tabac se conserve bonne 10 ans.
— de rave — 17
— de melon — 41
— de haricot — 140
— de froment — 100

Ces chiffres n'ont rien d'absolu. Cependant il faut reconnaître qu'il y a des graines perdant très-rapidement leur faculté de germer, tandis que d'autres la conservent très-longtemps. Les personnes qui ont habité les tropiques savent, en effet, avec quelle hâte on sème la graine du café ; on n'attend même pas qu'elle soit sortie de sa cerise pour la planter : elle cesse si vite d'être bonne. Au contraire, tout le monde sait que du froment semé après plusieurs siècles d'existence s'est parfaitement développé.

Il est une cause qui fait que les graines perdent finalement après un certain temps leur propriété de germer; ceci se présente surtout pour les graines oléagineuses : il y a une production de certains acides gras, d'huiles volatiles, qui, en réagissant sur l'embryon, arrivent, après une certaine durée de contact, à tuer cette partie vivante. Il en est de même d'un œuf qui, exposé pendant quelque temps à la vapeur d'essence de térébenthine, ne pourra plus se développer.

Nous avons dit ci-dessus que, quand une graine saine a été humectée convenablement et que l'on vient à l'exposer à l'air, la germination commence. La radicelle apparaît d'abord, elle s'enfonce verticalement dans le sol, puis on voit sortir la tigelle avec les cotylédons. Bientôt ces cotylédons, qui nourrissent la plante aux premiers moments de sa croissance, se dessèchent et tombent, les feuilles paraissent, la plante se développe, fructifie et porte des graines à son tour. Tel est le fait de la végétation.

Que se passe-t-il pendant l'accomplissement de cet acte? La balance et l'analyse chimique nous éclairent sur la nature des phénomènes qui ont lieu.

Et d'abord on a pris du froment, on l'a planté dans du sable préalablement calciné, puis humecté d'eau. Bientôt la radicelle apparut, puis la tigelle à son tour se disposa à sortir; en ce moment on arrêta la germination. Il suffit, pour cela, de soumettre le vase contenant le sable et la graine à la chaleur d'une étuve; l'embryon se dessèche, et toute germination cesse immédiatement. On a pesé le froment avant et après cette expérience. Voici d'ailleurs les nombres obtenus dans les expériences que cite M. Boussingault.

Les graines de froment employées, supposées sèches, pesaient 2gr,439. Après la germination et quand on eut arrêté le développement, alors que la tigelle allait se montrer, ce qui nécessita une durée de trois jours, on constata que ces mêmes graines pesaient 2gr,365. Il y avait donc eu une perte dans le poids de la matière employée. Telle fut la conséquence de cette première expérience.

On en fit une seconde. On continua, dans des circonstances identiques, la germination du froment à l'air et à la lumière; cette fois, on laissa la tigelle se développer, des feuilles apparurent; ce fut alors que l'on arrêta la végétation, et l'on pesa. On avait pris 2gr,644 de froment supposé sec; après le développement de la tigelle et l'arrêt de la germination au moment de l'apparition des feuilles, on reconnut que les plantes pesaient 3gr,22. Il y avait donc eu ici un gain assez considérable.

Ainsi donc, dans le premier phénomène, la plante a perdu; elle a gagné pendant l'accomplissement du second. Nous avons là deux phénomènes inverses.

C'est l'analyse chimique actuellement qui doit parler; elle dit la nature des principes perdus dans le premier cas et ajoutés dans le second cas. On détermine la constitution de la graine, la quantité de carbone, d'oxygène, etc., qui y entrent avant la germination; on constate ensuite le poids de ces mêmes principes qui se trouvent dans les graines germées, et ceci se répète pour les deux séries d'expériences que nous avons citées. N'est-il pas évident qu'alors on pourra tirer de ces chiffres des conclusions importantes?

Voici les résultats obtenus :

1re *expérience*. — Le froment, avant la germination, pesait 2gr,439; il était composé de :

	gr.
Carbone	1,132
Hydrogène	0,141
Oxygène	1,073
Azote	0,085

Quand la graine eut germé, on a trouvé comme poids total, 2gr,365. La composition de la plante était alors la suivante :

	gr.
Carbone	1,111
Hydrogène	0,139
Oxygène	1,026
Azote	0,085

Ainsi la perte, qui était de 0gr,07, était répartie ainsi :

	gr.
Carbone	0,020
Hydrogène	0,002
Oxygène	0,047

Pour le poids de l'azote, il n'avait pas varié sensiblement.

La perte qui a eu lieu était donc due à une disparition de carbone, d'hydrogène et d'oxygène.

2e *expérience*. — Le froment pesait avant la germination 2gr,644; il était composé de :

	gr.
Carbone	0,767
Hydrogène	0,085
Oxygène	0,725
Azote	0,725

Quand le grain eut germé, que la tigelle se fut développée, la plante pesait 3gr,22. Ce poids se répartissait ainsi :

	gr.
Carbone	1,456
Hydrogène	0,173
Oxygène	1,333

Quant à l'azote, il y en avait seulement un peu plus que dans la graine. Ainsi donc il y a eu ici acquisition principalement de carbone, d'hydrogène et d'oxygène.

Ayant les résultats ci-dessus, et considérant la manière dont l'expérience s'est opérée, il est naturel, pour en tirer les conséquences, de faire ces réflexions. Dans le premier cas, les éléments perdus ont dû aller dans l'atmosphère; quant aux éléments fixés dans le second cas, ils furent nécessairement empruntés à l'atmosphère et à l'eau. On doit alors se demander d'où viennent ces matières que les plantes ont ainsi recueillies dans l'air. Or, dans l'atmosphère, il existe de la vapeur d'eau; c'est là que la plante a pris son oxygène et son hydrogène; l'azote est un des éléments de l'air; enfin, l'atmosphère contient de l'acide carbonique, la plante a pu en retirer son carbone.

L'origine du carbone de la plante est donc bien l'acide carbonique de l'air, comme l'origine de l'hydrogène et de l'oxygène est la vapeur d'eau, et comme aussi l'air lui-même est l'origine de l'azote.

On remarque ici deux résultats en quelque sorte contradictoires. Dans la première expérience, lorsque nous n'avons considéré que la germination de la plante jusqu'au moment où la tigelle apparaît, la diminution de poids qui a eu lieu tenait en assez grande partie à la disparition d'une portion du carbone de la graine. Ainsi donc, dans cette première phase de la germination, la plante se comporte comme un animal, elle brûle du carbone et respire. L'expérience suivante prouve bien en effet que le carbone qui est parti s'est échappé à l'état d'acide carbonique. On fait germer une graine dans une atmosphère limitée, sous un bocal par exemple; puis on analyse cet air, on constate qu'il renferme après la germination une proportion d'acide carbonique supérieure à celle qu'il avait précédemment.

Dans la deuxième expérience, il y a eu gain de carbone, et ce carbone provient de l'acide carbonique de l'atmosphère. Mais ce carbone n'entre-t-il pas dans la plante à l'état d'acide carbonique? Non. En effet, cherchons dans le végétal le rapport entre la quantité d'oxygène et la quantité d'hydrogène. Nous constatons que ces deux éléments s'y rencontrent dans les proportions qui constituent l'eau. Il y a donc eu fixation des éléments de l'eau, et il n'y a pas dans la plante d'excès d'oxygène que l'on puisse attribuer semblablement à une fixation d'acide carbonique. Comment se fait-il donc que le carbone entre seul, tandis que dans l'air il n'est qu'à l'état d'acide carbonique?

Il se produit là un phénomène tout spécial : le carbone vient dans la plante et l'oxygène de l'acide carbonique se répand dans l'atmosphère. Des expériences ont montré que ce dernier gaz, au contact des parties vertes des végétaux et à la lumière solaire, est décomposé par les feuilles; il dégage son oxygène, tandis que la plante s'assimile son carbone.

J. DE LIGNIÈRES, ingénieur civil.

HISTOIRE NATURELLE DES CORPS ORGANISÉS.

COURS DE M. GUSTAVE FLOURENS.

(COLLÉGE DE FRANCE.)

(Voyez les nos 4, 5 et 8.)

VIII.

Des Hindous.

TABLEAU I.

VARIÉTÉ BLANCHE. — DIVISION ARYANE. — SOUS-DIVISION HINDOUE.

CONSTITUTION. — *Crâne* ovale, occiput proéminent, pommettes peu développées, os crâniens minces et légers; visage régulier, yeux grands et vifs, bouche petite, nez étroit, menton arrondi, cheveux noirs et lisses. *Muscles* émaciés, bien moins vigoureux que ceux des Aryas-Européens; point de mollets, mains petites et faibles. *Taille* généralement inférieure à celle des Européens. *Teint* assez clair au nord, plus foncé au midi, la plante des pieds et la paume des mains restant blanches; transitions variées du blanc au cuivré.

CARACTÈRE. — Mou et résigné, patient à l'excès, originellement très-doux, rendu féroce par le climat; génie tout méridional d'une inépuisable fécondité, mais moins réglé que celui des Grecs, tour à tour sublime et extravagant; sentiments religieux très-développés, nation entière asservie à des pratiques et à des observances monacales.

ACTION. — Nulle en dehors de l'Hindoustan : point d'émigration, excepté celle des Gitanos : l'esprit entreprenant des Aryas s'énerve sous cette latitude. Successivement tous les peuples ont voulu posséder ce magnifique pays et en ont occupé une partie plus ou moins grande. Conquête *assyrienne* sous Sémiramis (au nord); *égyptienne* sous Ramsès (Sésostris); *perse* sous Darius Ier; *grecque* sous Alexandre et Séleucus Ier Nicator; *arabe* sous la dynastie des Ommiades; *mongole* sous les Gengiskhanides, Tamerlan, Babour (grands Mogols); *persane* sous Nadir-schah; *portugaise* sous Vasco de Gama (littoral occidental); établissements *hollandais* et *danois*; *française* sous Dupleix et La Bourdonnais; *anglaise* sous Clive et Warren Hastings. Malgré tant de désastres, la nationalité hindoue subsiste toujours. Mais il est résulté du contact de tant de peuples de nombreux mélanges qui se sont surajoutés aux mélanges primitifs, entre les émigrés de l'Aryane et les premiers habitants, noirs et jaunes, de l'Hindoustan.

Messieurs,

C'est par l'étude du *Ramayana*, de ce magnifique poëme, que nous pourrons le mieux nous faire une idée du caractère hindou. Rama est fils d'un roi; son père a fait un serment imprudent. Il a promis à la marâtre de Rama de le déshériter, au profit du fils de celle-ci. Il tient son serment, tant la religion de la foi jurée est grande chez les Hindous; mais il meurt de chagrin d'avoir déshérité le meilleur des fils. Rama est parti pour l'exil, accompagné de son frère Lakchmana et de sa femme Sita. Ce sont trois nobles personnages; le dévouement du frère est beau, celui de la femme est sublime. « Reste en ces palais, fille des rois, lui dit Rama, ne me suis pas sur le triste et sombre sentier de l'exil. — Non, répond Sita, l'époux est l'asile de la femme : partout où tu seras, au milieu des bêtes sauvages et des forêts, je serai heureuse et contente. » Rama est digne de ce dévouement, jamais il n'y eut de caractère aussi noble, aussi pur, aussi grand. Bharata, le fils de la marâtre, est un honnête homme, il ne veut point de ce trône qui appartient à Rama et va le trouver dans la solitude où celui-ci s'est retiré. De là une lutte magnifique de désintéressement entre ces deux hommes. Rama s'enfonce plus avant dans les forêts, afin que le vœu de son père s'accomplisse, afin que Bharata reste roi. Partout il secourt les malheureux, il s'attaque courageusement aux méchants. Ceux-ci se vengent; ne pouvant vaincre le héros par la force ouverte, ils emploient lâchement une ruse odieuse. Pendant son absence, le perfide Ravana tue le fidèle vautour qui gardait Sita et enlève celle-ci. Rama, désespéré, ne trouvant au milieu des forêts aucune assistance humaine, fait alliance avec le roi des singes, le brave Hanouman. Car les animaux ne sont point, pour les Hindous, comme pour les Occidentaux, séparés de l'humanité par un abîme. Ce sont des âmes humaines condamnées, pour quelque faute commise dans leur existence précédente, à devenir passagèrement bestiales : par une bonne conduite elles pourront remonter à l'humanité. Hanouman rassemble ses singes, leur fait construire un pont entre le continent et l'île de Ceylan où Ravana a emmené Sita. Le ravisseur est vaincu, Sita reprise. Mais elle a été longtemps séparée de Rama; le poëte ne veut point que le moindre doute puisse ternir sa vertu. Elle fait apprêter un bûcher et traverse les flammes, tandis que les dieux viennent lui rendre justice. Alors, après tant d'épreuves, le plus complet bonheur pour ce noble couple. Cependant le courageux singe Hanouman, le libérateur de Sita, était tombé dans les embûches de ses ennemis et avait juré de retourner vers eux. En vain, on s'efforce de le retenir, il part pendant la nuit, et va, comme Régulus, se livrer aux tortures.

Jamais il n'y eut conception plus grande, plus élevée. Dans sa préface, le poëte promet à son lecteur, gloire, longue vie, richesses, bon lot à la prochaine renaissance. Tout cela vaut les promesses mensongères de nos auteurs dans leurs avertissements. En réalité, on devient meilleur en lisant le Ramayana. L'idée du devoir est partout dominante ; l'honneur, la probité, le courage, l'austérité, anoblissent les caractères. Le sujet est un, l'action entière se rapporte à Rama. Le *mouni*, le solitaire Valmiki, a trouvé les inspirations les plus heureuses, les accents les plus nobles, surtout quand il s'agit de la femme. Et ici il est bien supérieur à Homère et aux tragiques grecs ; ni Pénélope, ni Alceste ne sont des types aussi purs, aussi gracieux, aussi parfaits que Sita. Mais Valmiki est prêtre, ses héros sont trop pieux : derrière toutes ces vertus on sent la règle, le directeur, et non point la conscience seule.

Ces prêtres de l'Hindoustan, ces Brachmanes, méritaient le renom de profonde sagesse que leur ont accordé les Grecs. Leur plus belle œuvre, leur œuvre collective, c'est la loi de Manou. Ce n'est point un code sec et aride, un recueil de formules, comme nos lois civiles européennes. Ce n'est point une compilation sans ordre comme les lois religieuses d'autres Asiatiques.

Loi civile et religieuse en même temps, parfaitement ordonnée, brève et complète, observée depuis trois mille ans. Tout est prévu; l'homme, pour ces prêtres, est un automate dont il faut monter tous les ressorts. Elle le suit dans les détails les plus intimes de la vie, attachant une importance excessive aux moindres choses, le pénétrant de terreurs infinies pour les plus petites omissions de devoirs religieux. Non-seulement elle applique à chaque faute une peine actuelle et humaine, mais par delà ces peines elle a tout un vaste système de punitions et de récompenses. L'univers entier est soumis à la loi des renaissances; nulle existence, même celle des êtres inorganiques, qui ne soit un châtiment ou une rémunération. Les Hindous ne conçoivent pas qu'aucune existence puisse ni commencer ni finir. Ce n'est point une immortalité tronquée, ayant un commencement et n'ayant point de fin, comme chez d'autres peuples; c'est l'éternité. Ils distinguent parfaitement l'âme et la vie, comme le montre l'hymne suivant des Védas.

« Les sens disputaient entre eux : C'est moi qui suis » le premier, c'est moi qui suis le premier, » s'écriaient- » ils. Puis ils se dirent : Allons, sortons de ce corps; » celui d'entre nous qui, en sortant du corps, le fera » tomber, sera le premier.

» La parole sortit : l'homme ne parlait plus; mais il » mangeait, il buvait et vivait toujours. La vue sortit : » l'homme ne voyait plus; mais il mangeait, il buvait et » vivait toujours. Le manas (1) sortit : l'intelligence som- » meillait dans l'homme; mais il mangeait, il buvait et » vivait toujours. Le souffle de vie sortit : à peine fut-il » dehors, que le corps tomba; le corps fut dissous, il » fut anéanti. »

Ce serait un beau sujet d'étudier combien, dès l'origine, les Aryas eurent d'idées justes, que la connaissance des faits vient confirmer chaque jour ; tandis que les Araméens ne se sont point élevés au-dessus de cette ignorance grossière qui nous est révélée par leurs livres sacrés. Cet hymne est le commentaire d'une expérience célèbre de mon père. Enlevez à un animal son cerveau, vous lui ôtez son âme, sa volonté, le pouvoir de faire des mouvements spontanés, voulus, de prendre sa nourriture. Mais la vie persiste, et si vous lui mettez au contact de l'œsophage où commencent les mouvements automatiques, sa nourriture; si vous substituez votre volonté à la sienne, il pourra vivre sans âme, comme l'idiot.

Les Hindous distinguent donc deux principes dans les êtres, dont l'un périt, tandis que l'autre est éternel. Les âmes des dieux sont caractérisées par la bonté ; celles des hommes par la passion, c'est-à-dire qu'elles font tour à tour le bien ou le mal; celles des animaux par l'obscurité. Observation encore bien juste : il semble que les âmes des animaux soient des âmes humaines obscurcies, où la lumière n'a pu se faire. Sur cette échelle des êtres, les âmes montent ou descendent selon leurs mérites : celui qui souffre, celui qui est dans une condition malheureuse est un coupable qui expie ses crimes. La résignation seule, l'accomplissement de ses devoirs peut le sauver et lui obtenir une renaissance meilleure. Les dieux eux-mêmes, s'ils forment une caste supérieure à l'homme, n'en sont pas moins soumis à la loi de la renaissance selon leurs mérites. Aussi désirent-

(1) *Mens*, l'âme.

ils ardemment le *nishreyasa*, la récompense suprême, l'absorption dans Brahma, le grand dieu, bien différente, comme nous le verrons plus tard, du *nirvana* bouddhique. Quand on fait le bien avec l'espoir d'obtenir une récompense, on devient dieu; quand on le fait avec un désintéressement complet, on conquiert le *nishreyasa*.

Jamais la résignation n'a été aussi fortement inculquée à l'humanité : de là l'immense pouvoir des prêtres dans l'Hindoustan. Ils forment la caste supérieure, la caste des *Brachmanes*, maîtresse de l'univers entier, pouvant créer, par ses dévotions et ses austérités, des mondes nouveaux, des divinités nouvelles. La loi de Manou est constamment occupée d'assurer les priviléges des prêtres, de leur faire obtenir de pieuses donations, de les faire respecter de tous. Mais elle veut qu'ils soient respectables; elle leur impose un long noviciat, de patientes études, puis, à la fin de leur carrière, la retraite dans la solitude, loin de leur femme et de leurs enfants. La caste sacerdotale ne peut s'allier par mariages avec d'autres castes, elle est donc complétement fermée. Le grand dieu, c'est *Brahma*, le dieu des prêtres. *Siva*, le dieu de la destruction, représente dans la *Trimourti*, ou trinité hindoue, la seconde caste, celle des *Kchattryas* ou guerriers. Le roi est choisi parmi les Kchattryas, mais ce sont les Brachmanes qui gouvernent sous son nom. Il doit sans cesse les consulter, leur obéir; il est constamment surveillé par un chapelain et un directeur. Les laboureurs et les marchands, les *Vaysias*, ont pour dieu *Vichnou*, le dieu réparateur, conservateur. A eux la richesse et surtout le devoir d'enrichir les prêtres. Puis viennent les *Soudras*, qui n'ont aucun droit: ils doivent servir les autres castes; s'ils le font avec soumission, ils obtiendront une meilleure renaissance. Quant aux *Tchandalas*, issus du mélange des castes, leur partage c'est l'opprobre et la répulsion universelle, car en les fréquentant on perdrait sa caste.

Ainsi est fondée sur le mensonge l'exploitation par la caste sacerdotale de ce vaste pays de l'Hindoustan, depuis trois mille ans. Les conquérants étrangers sont venus de tous les points du monde, rien n'a changé, les rites sont les mêmes, les hommes se croient aussi les mêmes, et leur éternité les console. Le maître étranger périra tôt ou tard; qu'importent les siècles à qui est éternel. Les Brachmanes se font soldats pour gagner leur vie; ils se battent bravement comme cipayes. Mais ils ne perdent point leur caste; ils accomplissent leurs devoirs religieux comme au temps de Manou, préparent eux-mêmes leurs aliments, et ne les partagent avec aucun de leurs compatriotes, s'il n'est de même caste. La crainte d'une souillure est si grande, que, dans les villes hindoues, le malheureux qui n'a plus de caste périt sans aucun secours. Isoler ainsi les hommes, est un excellent moyen de les dominer, un moyen de prêtre pour empêcher toute révolte.

Le Mahabharata offre moins d'intérêt que le Ramayana. Ce n'est point une épopée, c'est une compilation de poëmes destinés à mettre à la portée de tous la connaissance de la religion hindoue, compilation gigantesque de deux cent mille vers. L'Iliade n'en a que seize mille. Mais certains épisodes présentent de merveilleuses beautés et brillent encore par l'élévation morale. Les Pouranas sont les Védas du peuple, développement luxuriant de légendes, de traditions souvent contradictoires, des croyances mythologiques des diverses sectes. Quant aux Brahmanas et aux Oupanischads, ce sont surtout des traités religieux, des commentaires védiques.

La peau des Aryas-Hindous, placés sous un climat tropical, a bruni; mais dans les parties qui ne sont jamais exposées à la lumière solaire, la paume des mains, la plante des pieds, elle est restée blanche. Cette coloration est un fait secondaire; elle est transmissible par hérédité, à cause de leur long séjour dans ce climat, mais n'est point originelle. La peau des races colorées ne possède aucun organe qui fasse défaut dans celle de la race blanche. L'homme profond est partout le même et ne présente nulle variation spécifique. Entre la partie supérieure de l'épiderme et le derme se trouve le corps muqueux, où un pigment coloré peut se déposer chez le blanc, aussi bien que chez le jaune ou le noir. Mais la coloration de ces deux variétés, jaune et noire, est originelle. Quant à l'émaciation des Aryas-Hindous, à la petitesse de leurs mains, elle provient du climat et du régime. Ils se nourrissent de riz et n'ont même point toujours cette misérable nourriture en quantité suffisante.

A côté des Hindous, qui parlent des langues flexionnelles, se trouvent les Dravidas, qui parlent des langues d'agglutination. (*Le professeur présente une carte linguistique de l'Hindoustan.*) Ces Dravidas, n'appartenant point à la division aryane, nous occuperont plus tard. Quant aux Hindous, ils possèdent deux langues sacrées, deux langues mortes, sanscrit et pali; ils parlent aujourd'hui l'hindoustani et un certain nombre de dialectes provinciaux.

GUSTAVE FLOURENS.

PATHOLOGIE GÉNÉRALE.

COURS DE M. CHAUFFARD.

(FACULTÉ DE MÉDECINE.)

(Voyez les nos 4 et 6.)

II.

De la science de la vie dans ses rapports nécessaires avec la science des maladies.

Messieurs,

Je vous ai proposé de notre enseignement la définition suivante : la pathologie générale est la science des lois nécessaires de la vie et de la maladie.

Cette définition implique dans les termes qui la composent l'une des plus hautes vérités de la science, et le plus admirable spectacle auquel puisse assister l'observateur qui sait dépasser les formes extérieures des phénomènes vitaux, et atteindre à leurs réalités intérieures et constitutives. En effet, notre définition de la pathologie générale rapproche deux termes : la vie et la maladie, et impose à ces deux grandes manifestations de l'être les mêmes lois générales, les mêmes directions nécessaires, mêmes principes et même fin. Je veux essayer aujourd'hui de vous faire pressentir l'influence capitale de ce point de doctrine et le rôle supérieur qui lui revient dans la constitution de la science médicale.

Cette vérité est l'un des fondements de la médecine grecque, dont l'esprit synthétique a atteint une si merveilleuse puissance. « La même nature suffit à tout, dit Hippocrate, dans l'état de santé comme dans l'état de maladie. » Il dit encore avec plus de précision : « Quæ » faciunt in homine sano actiones sanas, eadem in » ægroto morbosas. »

Sous sa forme concise, l'enseignement hippocratique est complet, et il suffit d'en dégager les conséquences immédiates pour avoir tous les développements légitimes de ce dogme qui, dans l'homme malade, veut, avant tout, retrouver l'homme vivant, qui sait découvrir sous les modalités variées de la maladie les lois essentielles et primordiales de la vie. Malgré l'abandon dans lequel la science actuelle a laissé cette étude féconde, et qui est tel que celle-ci ne semble désigner rien de réel et de pratique; malgré cet abandon, le sens logique suffit à le faire pressentir : la maladie est soumise à la vie ; quelque profond que soit le trouble de l'organisme, la maladie demeure une forme anomale, une simple modalité de la vie. La vie doit donc nous livrer toutes les conditions essentielles de la maladie : les lois qui traduisent les caractères fondamentaux de la vie, ceux sans lesquels la vie ne serait pas, ceux qui touchent à son essence, à sa constitution première et causale, ces lois doivent se retrouver lois essentielles de la maladie et en traduire pareillement les caractères fondamentaux. C'est donc dans la vie que nous avons à chercher les caractères premiers de la maladie, les fondements mêmes de la pathologie et de la clinique.

Ces rapports évidents et nécessaires de la vie et de la maladie sont pour la médecine la source des enseignements dogmatiques les plus élevés : par cela même ils contenaient en germe une longue et funeste suite d'erreurs dont l'apparition ne s'est pas fait attendre, et dont le développement s'est poursuivi avec cette logique qui semble donner au mal, plus qu'au vrai, une expansion irrésistible. La vie, en effet, dominant la maladie et lui imprimant ses propres caractères, il s'ensuit que toute erreur portant sur la vie, que toute interprétation arbitraire et systématique de ce fait primordial, doit nécessairement se reproduire dans l'étude de la maladie et se multiplier dans le vaste champ des faits pathologiques. L'idée systématique ne reste pas au point de départ, erreur immobile ou n'enfantant que des conséquences éloignées : loin de là ; les conséquences se précipitent et abondent ; on semble oublier les origines et le premier établissement de l'erreur pour en suivre surtout les développements dans la science des maladies. C'est dans cette science qu'on en cherche la consécration ; c'est en vue d'elle que le système paraît conçu ; c'est en elle qu'il montre sa fécondité et accumule les conceptions hypothétiques ; c'est sur elle qu'il appuie un art illusoire et dangereux.

La longue et fatigante histoire des systèmes médicaux ne démontre que trop cette filiation des idées doctrinales, qui soumet la connaissance entière des faits morbides à la connaissance première de la vie. Les méthodistes en ont fourni un antique exemple, demeuré célèbre par la rigueur avec laquelle la notion systématique s'y montre conduite de la vie à la maladie, et par l'image première de ces conceptions dichotomiques que, de nos jours, Broussais a renouvelées avec tant d'éclat. Thémison et Soranus, par la théorie du *strictum*, du *laxum* et du *mixtum*, prétendaient poser les conditions de la santé et de la maladie : la santé dans la juste mesure du *strictum* et du *laxum ;* la maladie dans l'exagération de l'un ou de l'autre. Le *mixtum*, dans le premier cas, était convenable; il était vicié dans le second. Vous pouvez juger, par des échos qui retentissent encore dans le souvenir de tous nos maîtres, quelle pathologie et quelle thérapeutique répondaient à des erreurs qui ne sont placées au faîte de la science que pour la couvrir d'ombres et y altérer l'interprétation de tous les faits particuliers.

Ce ne sont pas seulement les systèmes absolus et qui n'admettent rien dans la vie au delà des formules qu'ils imaginent, ce ne sont pas ces seuls systèmes qui prolongent et développent dans la science des maladies des idées préconçues et fausses émises au sujet de la vie. Il faut y joindre ces notions, ces enseignements divergents qui accueillent et associent l'idée vraie et l'idée systématique. Ces associations, qui, parmi nous, ont étouffé tant de vérités et nous ont valu tant de mécomptes, apparaissent à l'origine même de la science. Les livres hippocratiques en renferment déjà des germes manifestes, et dont la fécondité ne s'est que trop révélée dans la suite. En effet, à côté de ces vues portées avec puissance et sûreté sur la nature vivante, sur son unité, sur la spontanéité et l'harmonie de ses actes, sur la fin naturelle à laquelle tendent ceux-ci dans l'état de santé comme dans l'état de maladie; à côté de toutes ces grandes lois, image fidèle de la vie, on rencontre dans les traités hippocratiques les hypothèses naissantes sur le juste mélange des humeurs, raison de la vie et de la santé : le trouble de ce mélange, la prédominance de l'une de ces humeurs donnait, par cela même, la raison de la maladie. Ces idées devaient enfanter l'humorisme systématique de Galien : subordonnées dans la médecine de Cos, effacées devant les réalités de la nature vivante, devant les synergies réglées et convergentes de la maladie, les hypothèses humorales prennent peu à peu le dessus, infestent la science entière du médecin de Pergame, et étouffent pour des siècles l'observation simple, directe, intuitive de l'organisme vivant. Galien, en effet, donne, comme cause première et absolue de la santé, la crase des humeurs cardinales, sang, phlegme, bile jaune, bile noire : il déduit de là la notion de la maladie, et définit celle-ci une altération des humeurs cardinales, soit en quantité, soit en qualité, soit dans leur rapport avec les solides. Ces idées, qui mettaient l'altération de la matière au premier rang, le conduisent à dire que la lésion des organes est antérieure à celle des fonctions, assertion qui est devenue le dogme fondamental de l'organicisme moderne. Galien, certainement, n'est pas toujours asservi à ces préjugés, et le commentateur d'Hippocrate reparaît souvent hippocratiste : néanmoins on ne peut méconnaître la large part qu'il leur accorde, et combien les vérités médicales qu'il avoue en sont diminuées et perdent de l'heureuse influence qui leur reviendrait. En effet, les explications sensibles des faits morbides sont si séduisantes, et mettent tellement à nos faibles portées les actes émis par la vie réagissante, qu'il faut de la vie une entente profonde pour savoir combien, en réalité, elle se dérobe à ces poursuites grossières et contre nature ! Aussi les hypothèses galéniques ont-elles subjugué la science jusqu'à l'anéantir, en lui substituant de stériles commentaires pendant toute la longue nuit de la décadence romaine et de l'obscur moyen âge. Il n'a fallu rien moins que la tumultueuse et puissante rénovation de l'esprit humain, à la renaissance, pour dissiper ces ténèbres : détruire Galien et avec lui toutes les usurpations d'autorité, devint, en médecine, le mot d'ordre et le besoin de tout progrès.

Malheureusement, en secouant le joug de la parole du maître pour retourner à l'observation vivante et aux enseignements de la nature, les esprits affranchis ne rejetèrent pas le joug plus lourd des vieux préjugés. Imaginer une vie arbitraire, et par elle expliquer la maladie et déduire une pathologie entière, demeura trop souvent le rêve des médecins ; et ce rêve vint, comme par le passé, corrompre les découvertes les plus admirables, toutes les conquêtes opérées dans l'analyse et dans l'intelligence des faits vitaux. A côté de la restauration des grandes vérités hippocratiques, les pathologistes édifièrent une nouvelle suite de systèmes, qui jouirent tous d'une faveur passagère et bruyante, car chacun avait la prétention de révéler le mystérieux comment des choses, dont la poursuite nous tourmentait toujours et avait échappé à tous les efforts.

Ces systèmes, les médecins en demandèrent les éléments partout autour d'eux : ils les puisèrent tour à tour dans les premiers essais théoriques d'une chimie se dégageant avec peine des ténèbres de l'alchimisme, dans les démonstrations merveilleuses d'une physique naissante dont s'enthousiasmaient des savants qui en mesuraient la portée et pressentaient le monde nouveau qu'elles devaient fonder ; les découvertes physiologiques elles-mêmes, et, entre toutes, celle de la circulation du sang, semblaient confirmer les emprunts que les médecins étaient tentés de faire à toutes les sciences étrangères à la leur. C'est ainsi que s'élevèrent les systèmes de chimiatrie et d'iatro-mécanicisme, dont l'apparition et la chute successive occupent une si large place dans l'histoire de la renaissance médicale. Paracelse et Sylvius de le Boë inventent une pathologie où tout est effervescence et fermentation, création de principes sulfureux, terreux ou acides. Sylvius prétend que la santé résulte de l'union exacte de l'alcali et de l'acide ; la maladie provient uniquement du dérangement de cette union ; les épaississements visqueux des humeurs, ou leur dissolution, ou l'atténuation de leur viscosité naturelle, leur corruption ou putréfaction, leur bouillonnement ou leur ralentissement et leur refroidissement, remplacent toutes les idées galéniques sur le mélange des quatre humeurs cardinales, et deviennent la base des théories pathogéniques nouvelles. L'iatro-mécanicisme, dont les formes étaient plus scientifiques et le principe plus apparent et plus certain, vint peu à peu rejeter dans l'ombre les plus informes des suppositions chimiatriques, et se soumettre les autres. Il garda les assertions émises sur les qualités extérieures des humeurs, viscosité, épaississement ou atténuation variable, pour les associer aux causes de mouvement mécanique, expression suprême de la vie. De Borelli à Hoffmann, de Boerhaave à Van Swieten, tout s'explique dans la vie et dans la maladie par des dérangements mécaniques : l'organisme vivant n'est qu'une machine en mouvement. Écoutez Frédéric Hoffmann, l'un des plus savants médecins du siècle passé : « La vie, suivant lui, est le mouvement progressif et circulaire des humeurs, causé par la pression du cœur et des artères et le ressort des fibres, lequel, par le moyen des sécrétions et des excrétions, maintient l'intégrité du corps, le préserve de la corruption et règle toutes les fonctions. »

La glorieuse rénovation de la philosophie vint aider encore à ces entraînements systématiques. Nul ne sapa plus résolûment l'idée de vie que notre grand Descartes. Pour lui, tout l'homme fut dans la pensée ; l'âme ne fut douée d'aucune autre puissance ; être et penser furent tout un ; l'organisme et la vie, placés bien loin de l'âme, furent, de tous points, assimilés à une machine et au mouvement mécanique. De la naissance de l'embryon et de ses premiers développements, jusqu'aux actes les plus élevés de l'animalité, tout fut déclaré passif et automatique : les animaux, n'ayant pas d'âme, ne furent, comme le corps de l'homme, que de merveilleux mécanismes, assemblages compliqués, mais admirablement ordonnés, de poulies, de cordons, de canaux, de fluides poussés, de ressorts mis en jeu par un feu intérieur et de même nature que le feu ou le calorique physique.

Vous savez, messieurs, le prestige qu'acquirent les doctrines du réformateur de la philosophie moderne; vous comprenez l'influence qu'elles durent exercer sur la médecine, de tout temps et si nécessairement impressionnée par les croyances philosophiques régnantes. Descartes vous fait comprendre Boerhaave, surtout si, en regard de la renaissance philosophique, vous considérez l'avénement et l'essor hardi des sciences physiques. Vous auriez tort de croire ces aberrations doctrinales entièrement effacées. Les fortes influences se survivent longtemps à elles-mêmes : elles se transforment en apparence, mais subsistent dans leurs principes. L'organicisme actuel n'est-il pas souvent une simple forme du cartésianisme? Tous les médecins organiciens, en effet, ne sont pas d'absolus matérialistes : beaucoup, et les plus considérables, croient à l'âme humaine; mais à l'imitation de Descartes, ils la séparent absolument du corps et de la vie; l'âme pense et ne peut rien au delà; et comme la pensée est étrangère à l'objet de la médecine, ils déclarent que l'âme et son étude appartient entière aux philosophes; le corps seul est dévolu à la médecine. Or, le corps, son union avec l'âme étant mise de côté, n'est, disent-ils, qu'une machine, et la vie n'est que la mise en mouvement de la machine; la vie n'est qu'un résultat des forces physico-chimiques de la matière. Cet enseignement n'est-il pas un legs de la philosophie cartésienne? Qu'importe que les explications physico-chimiques aient changé? du moment qu'elles sont admises comme principe de la vie, la doctrine subsiste identique. On peut même dire, à la louange de l'organicisme moderne, que, conséquent avec lui-même, il a rejeté, autant qu'il l'a pu, les alliances de mécanicisme et de nature, de spontanéité vivante, que la médecine du siècle passé admettait sans y regarder de trop près. Notre organicisme s'est dépouillé de tout vitalisme importun; mais, par cette rigueur de logique, s'il s'est mieux affirmé comme système, il s'est plus anéanti comme médecine vraie, il a plus sûrement sacrifié l'esprit médical et pratique. Je vous en ferai juge en face de toutes les grandes vérités de notre science.

Ces profondes déviations de la science médicale, nous ne les rencontrons pas seulement dans ces systèmes qui détruisent radicalement la vie dans son principe même, mais encore dans ceux-là qui semblent aborder de plus près la vie et la reconnaître dans son unité, dans sa cause et force propres. Ce n'est pas tout, en effet, que de proclamer cette unité et cette cause, il faut savoir unir cette unité à la pluralité mobile dont elle est le lien, il faut développer cette cause dans la suite entière de ses effets. C'est frapper au cœur la vie et l'être que de séparer arbitrairement de l'organisme animé la force animatrice, que d'isoler la cause et l'effet. Établir d'un côté la cause vitale indépendante de son produit organique, et de l'autre voir le produit organique subsister en dehors de la cause qui l'engendre, c'est anéantir fatalement les deux. Or, c'est là ce qu'ont fait jusqu'ici tous les médecins qui ont prétendu donner au vitalisme traditionnel les formes déterminées d'une doctrine philosophique. Stahl, en effet, révolté des dégradations que le chimisme et le mécanicisme de son temps infligeaient à la médecine, et, pour les éloigner, revenant avec énergie aux doctrines animistes, Stahl ne sait que donner l'âme humaine pour moteur à la machine organique. Un moteur nouveau était invoqué, cela est vrai; mais l'organisme mû n'en demeurait pas moins machine, et le mécanicisme reparaissait sous la direction omnipotente et intelligente de l'âme. Cette conception tronquée de la vie amenait à son tour une pathologie où tout était dénaturé, pour paraître œuvre d'une âme sage et prévoyante, et la thérapeutique était sacrifiée à cette idée préconçue. Sous des formes plus spécieuses, les mêmes erreurs se reproduisent à Montpellier, où le principe vital est aussi ontologiquement constitué que l'âme stahlienne; et toutes ces faiblesses de la pensée initiale vous les verrez dégénérer en faiblesses correspondantes de la pensée médicale.

Je n'ai pas épuisé ce thème, messieurs, ni ces démonstrations historiques; il me resterait encore à vous montrer bien d'autres dégénérations de notre science, toutes remontant à cette même origine, l'erreur dans la conception de la vie. Je pourrais vous montrer, en particulier, la physiologie et ses plus fécondes découvertes servant à leur tour à corrompre l'idée de vie, et à augmenter le nombre des systèmes biologiques. Haller, en effet, et sa découverte de l'irritabilité, ne sont-ils pas devenus la source de tous les systèmes modernes fondés sur les propriétés vitales? Cullen et Brown, Bichat et Broussais, n'ont-ils pas remué la médecine jusque dans ses fondements à l'aide de leurs hypothèses de la vie fondée sur les propriétés vitales d'incitabilité, de contractilité, d'irritabilité? Mais il n'est pas besoin, messieurs, de poursuivre plus loin cette étude : vous pouvez en juger déjà, l'histoire de notre science témoigne incessamment des rapports nécessaires de la science de la vie et de la science des maladies. L'une est vraiment la base de l'autre; base de toutes nos vérités, comme je vous le montrerai, base des plus redoutables erreurs, comme vous venez de le voir.

— La suite à un prochain numéro. —

ZOOLOGIE (REPTILES, BATRACIENS ET POISSONS.)

COURS DE M. A. DUMÉRIL.

(MUSÉUM D'HISTOIRE NATURELLE.)

II.

Les Sauriens.

(Fin. — Voyez les n°s 2, 3 et 6.)

Nous avons consacré notre dernière séance à l'examen rapide des divisions qui sont établies parmi les familles des sauriens, puis à l'étude de trois de ces familles; aujourd'hui nous allons examiner les caractères que présentent les six dernières. Celle des *varaniens*, dont nous devons nous occuper d'abord, comprend un seul genre élevé au rang de famille, car il se présente avec des caractères si tranchés et des particularités si notables, qu'il mérite de prendre un rang supérieur dans la hiérarchie zoologique.

Les varans n'ont pas la peau couverte d'écailles, mais de granulations plus ou moins saillantes. Leur langue diffère essentiellement de celle des caméléoniens : elle est comparable à celle des serpents, très-longue, très-protractile et profondément fendue; elle peut rentrer dans une espèce de fourreau formé d'une membrane muqueuse et de tissu cellulaire. On pourrait, par cette conformité de la langue, appeler les varaniens des lézards à langue de serpent. Chez les caméléoniens, nous avons vu une langue pouvant s'allonger d'une longueur égale à celle du corps et terminée par un renflement. Chez les geckotiens, elle est à peine fendue; ici, au contraire, elle est longue et bifide. C'est donc un caractère essentiel. En examinant à la loupe la disposition des téguments, on voit qu'ils se composent de tubercules entourés chacun d'une série annulaire de tubercules beaucoup plus petits ; ce caractère est encore très-propre à faire comprendre la différence capitale qui existe entre les varaniens et les autres sauriens, relativement à la disposition de l'écaillure. Ils ont la tête allongée, le corps déprimé, la queue longue, presque toujours comprimée et très-effilée; ils sont très-bien organisés pour la course, et la natation est facilitée par la forme de la queue, si ce n'est chez deux espèces terrestres, où elle est arrondie. Ces sauriens, qui peuvent arriver à une taille de deux mètres, sont carnassiers, leurs dents sont fortes et pointues; ils se jettent sur les animaux qui viennent au bord de l'eau pour se désaltérer. Un dernier caractère général qui sert à les distinguer, c'est qu'ils n'ont pas de crête sur le dos, qui est plat : aussi les a-t-on nommés *platynotes*. Quant au nom qui sert ordinairement pour les désigner, il vient du mot arabe *ouaran*. Les différentes espèces de varaniens se reconnaissent, soit par la position des narines, soit par leur queue plus ou moins comprimée et leur couleur.

Les varans ne se rencontrent jamais dans l'Amérique, mais les espèces sont répandues dans l'Afrique, l'Asie et la Nouvelle-Hollande.

La cinquième famille est celle des *eunotes* ou *iguaniens*. Cette dernière désignation est tirée de l'espagnol *igoana*, et est généralement adoptée pour désigner un grand nombre d'animaux de l'Amérique du Sud. La dénomination d'*eunotes* vient de ce que, dans certaines espèces, le dos est couvert d'une crête qui est susceptible de prendre une vive coloration; mais tous les iguaniens n'ont pas cette crête. Cependant il est bon de rappeler sa présence chez quelques iguaniens, pour les distinguer des platynotes. Cette grande famille est divisée en un grand nombre de genres; mais la première division qui doit être établie, est celle des *acrodontes* et des *pleurodontes* En effet, les iguaniens n'ont pas tous les dents disposées de la même façon. Je vous l'ai dit, de tous les sauriens, les crocodiliens sont les seuls qui aient les dents implantées dans des alvéoles; mais chez les iguaniens il y a deux modes d'adhérence fort différents. Les uns ont, comme les caméléoniens, les dents placées tout à fait sur la crête des os maxillaires : ce sont les acrodontes. Chez les autres, au contraire, les dents ne semblent pas être aussi favorablement disposées pour retenir, déchirer, quelquefois broyer les aliments; au lieu d'être sur le sommet des os maxillaires, elles sont placées contre la partie interne de ces os. On ne peut donner une meilleure image de cette disposition, qu'en la comparant à une palissade de planches appuyée contre un mur et le dépassant : telle est la particularité anatomique propre aux pleurodontes. Voilà donc la première division qui peut être établie, d'après le système dentaire, entre les iguaniens.

Le corps de ces sauriens est couvert d'écailles quelquefois entuilées, quelquefois placées les unes à côté des autres; ce ne sont plus des écussons comme chez les crocodiliens, ni des tubercules comme chez les trois familles précédentes, et il n'y a pas l'apparence chagrinée qui se présente chez les amphisbéniens. Les écailles sont semblables sur le dos, les flancs, le ventre; c'est un caractère très-important, dont il est nécessaire de tenir compte pour distinguer les iguaniens des familles suivantes qui présentent une disposition différente des téguments. Il y a sur la tête de ces sauriens une plaque médiane régulière.

Nous avons déjà parlé de la crête dorsale servant à distinguer quelques espèces d'iguaniens.

La langue est libre à sa partie antérieure, non bifide, épaisse, volumineuse, à peine contractile, et ne rentre pas dans un fourreau, comme nous l'avons vu chez les varaniens. Les doigts sont libres et allongés; leurs téguments sont très-remarquables par l'éclat de leurs couleurs. A la partie inférieure du cou se trouve une sorte de goître, de poche cutanée dans laquelle l'air peut entrer; la colère, l'amour, font ressortir davantage l'éclat des couleurs de cette poche. Quelques iguaniens de l'Océanie, au lieu de ce goître, ont un large repli cutané, comme le saurien à collerette dit chlamydosaure.

Je ne puis passer en revue les différents genres d'acrodontes et de pleurodontes, il suffit d'en signaler quelques-uns. Tels sont : les iguanes proprement dits, à grand fanon sous le cou; les anolis, dont les doigts sont semblables à ceux des geckos; les stellions et le fouette-queue d'Égypte, remarquables par leur queue entourée d'anneaux composés d'écailles épineuses; les istiures, qui ont une crête élevée qui s'étend sur le dos et sur une partie de la queue; le basilic, remarquable par son capuchon et par sa longue crête dorsale; les phrynosomes et les molochs armés, offrant sur la tête et sur le dos de longues épines; le dragon, qui est doué de la propriété de pouvoir s'élever et se soutenir dans l'air par suite de prolongements latéraux des téguments soutenus par de longues côtes : ce ne sont pas de véritables ailes que possède cet animal, mais un parachute.

La sixième famille des sauriens est celle des *lacertiens* ou *autosaures*. Les lacertiens ont la tête couverte de grandes plaques polygonales, régulières, dont les formes sont assez constantes pour que dans l'étude zoologique des espèces on puisse en tenir compte. Le second caractère des lacertiens est d'avoir le corps couvert de véritables écailles, mais non semblables sur toutes les parties du corps : car la région ventrale est couverte de grandes plaques carrées très-importantes à étudier, et il faut souvent compter les rangées longitudinales, qui changent avec l'espèce. Ils ont, dans leur conformation générale, de l'analogie avec les iguaniens; c'est-à-dire que ce sont, en général, des sauriens élancés, à pattes robustes et à doigts longs. Il est évident que des animaux ainsi organisés doivent être non-seulement bons marcheurs, mais bons grimpeurs; en effet, comme les iguaniens, ils vivent souvent sur les arbres, quelques-uns vont chercher leur proie jusque dans l'eau. Certaines espèces se nourrissent de fruits, de jeunes oiseaux, d'œufs dont ils lapent le jaune comme les chiens. Leur langue offre quelque analogie avec celle des varaniens; elle est étranglée à la base et n'a pas ce fourreau que l'on a vu chez ceux-ci; mais elle est également fendue, elle est quelquefois rude. Les lacertiens ont été divisés en deux groupes, d'après le système dentaire. Ils sont tous pleurodontes, mais quelques-uns ont les dents creuses, peu solidement attachées; d'autres les ont pleines, et elles sont alors très-adhérentes aux mâchoires : de là les groupes des *cœlodontes* et des *pléodontes*. Lorsque nous étudierons les serpents, nous verrons quelles ressources plus précieuses encore nous fournira le système dentaire; lui seul donne prise aux zoologistes pour y établir des familles. Parmi les cœlodontes, les uns ont les doigts lisses, d'autres ont des aspérités sur les bords des doigts, c'est-à-dire les doigts en scie. Les genres sont nombreux, et c'est à cette famille qu'appartiennent les lézards de nos pays; les lézards des murailles et des souches, le lézard vert; le lézard ocellé, qui ne se trouve que dans le midi de la France.

Après les lacertiens viennent les *cyclosaures*. Ces sauriens ont le corps couvert d'écailles disposées d'une manière régulière, parallèle, formant des verticilles; à la partie inférieure, de grandes plaques assez semblables aux plaques du ventre des lacertiens; entre les plaques du ventre et celles du dos, se trouve un sillon plus ou moins profond, dont la raison physiologique n'est pas connue. Le nom de *ptychopleures* est destiné à rappeler cette particularité. Le sillon n'existe pas dans toutes les espèces; mais lorsqu'il manque, la disposition des écailles du corps suffit pour qu'on ne les confonde pas avec les autres familles de sauriens. La tête est revêtue de plaques polygonales régulières. De plus, jusqu'ici, nous avons vu des animaux ayant tous des membres bien développés, toujours au nombre de quatre, munis de doigts séparés ou en forme de pinces; dans cette famille, les membres sont plus courts, et, par des dégradations successives, on descend vers des espèces qui n'ont plus que des pattes très-peu développées; puis la paire antérieure disparaît, comme chez le pseudope; enfin, chez les ophisaures, qui ressemblent tout à fait aux serpents, elles manquent complétement : nous verrons qu'ils en diffèrent par la forme de la tête et celle de la langue.

L'avant-dernière famille des sauriens est celle des *scincoïdiens*. L'écaillure de ces reptiles ne permet aucune confusion avec les autres familles; quelques-uns ont quatre pattes, d'autres n'en ont que deux, soit une paire antérieure, soit une paire postérieure; d'autres enfin n'en possèdent qu'à l'état rudimentaire, ou même sont apodes et colubriformes. Ajoutons que chez ces sauriens les écailles ressemblent beaucoup à des écailles de poisson, c'est-à-dire que le bord postérieur en est arrondi; elles se recouvrent en partie; elles sont disposées en lignes obliques et sont semblables sur le dos et sur le ventre. La tête est protégée par des plaques régulières en forme de polygones. En Algérie, on appelle ces scincoïdiens : *poissons des sables*. Le type de cette famille est le scinque des pharmacies, vanté par les médecins arabes comme alexipharmaque et aphrodisiaque.

Il y a, chez ces sauriens, comme nous l'avons dit, une dégradation des membres comparable à celle que nous avons remarquée chez les chalcidiens; il ne faut pas que cette dégradation des membres et ces apparences serpentiformes de certaines espèces de ces deux familles puissent faire supposer que l'on passe par des transitions bien ménagées des sauriens aux ophidiens. Il y a un abîme que rien ne peut combler, comme le prouvent les caractères suivants : la présence d'un rudiment de sternum, la conformation de la tête, tout autre que chez les ophidiens; la soudure des deux branches de la mâchoire inférieure : c'est donc une ressemblance plus apparente que réelle.

J'en dirai autant des sauriens de la neuvième et dernière famille de cet ordre, qui sont les *amphisbènes* ou *doubles-marcheurs*. Ils ont les yeux complétement cachés sous la peau, de sorte qu'il serait difficile, si l'on ne regardait la fente de la bouche, de distinguer la tête de la queue.

Leur caractère essentiel consiste dans l'aspect tout à fait spécial des téguments, qui, durs et privés d'écailles, présentent, dans toute la longueur du corps, des verticilles subdivisés chacun, par de petites lignes longitudinales très-rapprochées, en compartiments quadrilatères un peu saillants comme des tubercules réguliers. La peau semble en quelque sorte ciselée : c'est ce que le nom de *glyptodermes* imposé à ces reptiles est destiné à rappeler. Une différence assez importante a permis d'établir deux groupes. Quelques-uns ont le corps couvert de plaques quadrilatères dans toute son étendue : ce sont les *am-*

phisbènes; d'autres ont la partie inférieure du tronc couverte de grandes plaques assez comparables aux écailles qui couvrent la tête : ce sont les *lépidosomes*. Sauf cette différence, il y en a peu de tranchées entre les espèces de cette famille.

Voilà une énumération (un peu rapide, il est vrai) des familles dont l'ordre des sauriens se compose; dans la prochaine séance nous commencerons l'examen de celles qui appartiennent à l'ordre des ophidiens.— Oscar Muller.

HISTOIRE DES CHEMINS DE FER.

CONFÉRENCE DE M. PERDONNET.

(ASSOCIATION POLYTECHNIQUE.)

(Voyez les nos 7 et 8.)

II.

Le mont Cenis.

Nous allons étudier aujourd'hui la voie ferrée à travers les montagnes, les régions des neiges et des tourmentes. Les chemins de fer ne sont que d'hier, et déjà ils ont accompli un progrès qui étonne quand on considère leur point de départ. Lorsqu'il y a trente-trois ans, fut construit le premier chemin de fer de Manchester à Liverpool, de la ville la plus industrieuse au port le plus commerçant d'Angleterre, il s'agissait seulement de parcourir trente kilomètres sur un terrain plat; en voyant le succès de ce premier essai, les pessimistes s'écriaient : Vous réussirez sur un petit parcours, sur un terrain facile, mais vous échouerez sur les longs parcours et sur les terrains accidentés ! Bientôt les ingénieurs leur donnaient le plus éclatant démenti ; pour toute réponse, ils construisirent le chemin de Londres à Birmingham, puis à Bristol; de Paris à Orléans et à Rouen. Là, comme de Manchester à Liverpool, le succès fut complet.

Jusqu'ici on avait expérimenté seulement sur des terrains plats; mais l'Allemagne vint prouver qu'on pouvait faire franchir aux locomotives des terrains plus accidentés; elle construisit les chemins de Stuttgard à Ulm, de Vienne à Trieste, et de Dresde à Prague; l'Italie franchissait les Apennins par la ligne de Turin à Gênes.

Lorsque l'on considère les résultats obtenus, peut-on croire que la locomotive s'arrêtera au pied des montagnes neigeuses, que l'Italie sera condamnée à rester éternellement séparée de la France, de la Suisse et de l'Allemagne par une immense barrière infranchissable aux wagons? C'est un grand problème dont certainement les ingénieurs trouveront la solution.

En Suisse, la question des chemins de fer est devenue une question politique, qui l'agite autant au moins que celle du Holstein agite l'Allemagne. Pour les dernières élections au Conseil fédéral, les électeurs ne demandaient pas aux candidats leur profession de foi politique, mais s'ils appuieraient le passage du chemin de fer par le Simplon ou par le Saint-Gothard; et ils votaient suivant la réponse du candidat.

Avant d'examiner les projets proposés pour le passage des Alpes à l'aide de chemins de fer, voyons quelles sont les différentes routes qui relient aujourd'hui Paris à l'Italie : le chemin de fer ne suivra pas exactement le tracé des routes de terre, mais il devra s'en éloigner le moins possible; il devra surtout éviter les circuits trop prononcés et les fortes rampes.

La première route qui s'offre à l'esprit et aux yeux, quand on considère une carte, est celle du mont Cenis, qui est presque directe de Paris à Turin; la seconde, par le Simplon, aboutit plus directement à Milan ; il en existe une troisième, par le Saint-Gothard, et enfin la quatrième est la route d'Allemagne.

La première, celle par le mont Cenis, ne date que du commencement du siècle ; cependant les historiens prétendent que cette voie fut suivie, il y a plus de deux mille ans, par Annibal, qui, voulant aller frapper Rome au cœur de sa puissance, se fraya, dit-on, un passage en attaquant la roche par le vinaigre. Si ce fait était vrai, nous devrions en conclure que le vinaigre moderne a bien dégénéré du vinaigre antique; cette même route devait être suivie, en 1859, par une armée française qui eut et exécuta la glorieuse mission d'affranchir l'Italie.

La seconde route, celle du Simplon, ordonnée par Bonaparte, est un des plus beaux travaux qu'aient exécutés les ingénieurs des ponts et chaussées, parmi lesquels nous citerons MM. Ceard, Cordier, Polonceau, tous élèves de l'École polytechnique. Les officiers d'artillerie et du génie peuvent aussi, en certains cas, être appelés à exécuter de semblables travaux. Le général Bonaparte ne voulut pas passer par le mont Cenis; sachant que la victoire est souvent au plus agile, il voulut tout à la fois accabler les Autrichiens et leur couper la retraite : c'est dans ce but qu'il franchit le grand Saint-Bernard; il gagnait ainsi quarante-huit heures qu'il sut bien mettre à profit. On rapporte qu'avant de tenter ce passage difficile, qu'il exécuta, non pas, comme le dit la légende, sur un cheval fougueux, mais bien sur un modeste mulet, il demanda l'avis du général Marescot : « Ce sera difficile, répondit le général, mais rien n'est impossible à une armée française. » Et ce passage, dont tous connaissent l'émouvante histoire, s'effectua presque sans accident. Du versant italien, Bonaparte s'élance, comme l'aigle sur sa proie, sur les Autrichiens, qui ne l'attendaient pas; il les culbute et les chasse de l'Italie, dont nous devions les expulser une seconde fois, cinquante ans plus tard. La gorge du Saint-Gothard fut plusieurs fois le théâtre des luttes de l'armée française : tout le monde connaît les combats qu'y livra aux Russes, commandés par Souwaroff, le vaillant général Lecourbe.

Pour le chemin de fer qui doit relier la France à l'Italie, différents tracés ont été proposés par les ingénieurs. M. Flachat propose des courbes sur les flancs des montagnes, ou des zigzags, comme ceux des chemins américains, qui traversent les Alleghanys. Le second projet, dû à M. Somelier, gravit le flanc de la montagne jusqu'à 1200 mètres, et là, arrivé dans la région des avalanches et des tourmentes, il perce dans la montagne un souterrain de 12 kilomètres. M. Wetly, ingénieur suisse, propose aussi, par le Saint-Gothard, un souterrain qui n'aurait pas moins de 15 kilomètres. MM. Piaron de Mondésir et Lehaitre gravissent le Simplon par des courbes et des zigzags, jusqu'à une hauteur de 1700 mètres; puis ils percent un souterrain plus court que ceux du mont Cenis et du Saint-Gothard de 1200 à 1700 mètres; se trouvant dans la région des avalanches et des tourmentes, ils couvrent la voie. Plus tard, nous examinerons lequel de ces trois systèmes de tracés est préférable. Pour le moment, nous nous occuperons du parcours du mont Cenis, objet principal de cette conférence.

Afin de bien faire comprendre comment se percent les longs tunnels, comme celui du mont Cenis, jetons un coup d'œil sur le travail des mines; l'analogie est frappante.

On trouve, dans le sein des montagnes, de grandes crevasses, dans lesquelles se forment les gîtes métallifères; c'est ce qu'on appelle *un filon*. On trouve généralement plusieurs filons parallèles, qui descendent à une plus ou moins grande profondeur. Pour exploiter ces filons, on ouvre, au pied de la montagne, une galerie aussi longue que possible; l'eau de la montagne descend par les fissures naturelles du terrain, dans la galerie qui sert à dessécher les gîtes métallifères, et conduisent les eaux dans la vallée; de cette façon, les mineurs peuvent travailler à sec.

Voici comment on opère pour établir cette galerie. On perce de distance en distance des puits verticaux, qu'on réunit au fond par des galeries souterraines; par ce moyen, on se procure de nombreux points d'attaque, on accélère le travail, et la réunion de tous ces chemins couverts établis entre chaque puits forme la galerie nécessaire à l'exploitation; de plus, chaque puits sert d'orifice à l'extraction des déblais, qui deviendrait d'une lenteur impossible, s'il n'existait qu'une ouverture, et ils renouvellent l'air que vicient dans le souterrain la respiration des ouvriers et la combustion des lampes.

Comme on le voit, le travail du mineur est pénible; mais, à la fatigue viennent s'ajouter de grands périls : quelquefois la galerie se trouve envahie par un de ces amas d'eaux souterraines, dont on ignore l'existence, comme jadis, près de Liége, la Meuse envahit une mine. Dans les mines de charbon, ce sont d'autres dangers; le gaz hydrogène s'enflamme, produit des explosions et des éboulements. Les Romains condamnaient leurs esclaves au travail des mines.

On creuse aussi des galeries sous les rivières : vous connaissez tous le tunnel sous la Tamise, œuvre de notre compatriote Brunel. Un pont jeté sur la Tamise aurait gêné la navigation; on résolut de passer sous le fleuve; trois fois la Tamise envahit le tunnel, trois fois Brunel s'en rendit maître. Il me racontait que pendant ces travaux, il se faisait réveiller toutes les demi-heures, afin d'être toujours au courant de leur état. Il fallut de la persévérance, du courage, du travail et de l'argent; puis, quand l'œuvre fut terminée, elle ne fut pas utilisée : on y construisit des boutiques tenues par des jeunes filles, qui toutes meurent poitrinaires, mais qu'importe aux Anglais, la vente y est fructueuse !

En France, nous avons des tunnels sur les lignes de chemins de fer; le plus long de tous est celui de la Nerthe, sur le chemin de fer d'Avignon à Marseille : il a 4600 mètres de longueur.

Dans les Alpes, au mont Viso, on trouve aussi une galerie de 72 mètres qui, suivant M. Ladoucette, aurait été percée par Annibal : M. Menu de Saint-Mesmin, secrétaire de l'Association philotechnique, préfet des études au collége Chaptal, a retrouvé et publié, dans l'*Annuaire scientifique* de M. Deherain, un document du plus haut intérêt, duquel il résulte que, sous Louis XI, le marquis de Saluces aurait eu l'intention de percer une assez longue galerie souterraine près de Nîmes.

C'est en 1852 que commencèrent les premières études sur les souterrains du mont Cenis. MM. de Cavour et Paleocapa ont fait accepter ce projet, qui fut aussi appuyé par le général Menabrea. M. Somelier en trouva l'exécution difficile, non pas tant à cause de sa longueur de 12 kilomètres, que par l'impossibilité de percer des puits qui auraient dû avoir plus de 600 mètres de profondeur. Il fallait attaquer par les deux extrémités, ce qui était très-long, et une difficulté très-grande devait se présenter pour la ventilation.

Chacun sait que, pour percer la roche, on la perfore de trous cylindriques d'une profondeur de 50 à 70 centimètres. On introduit dans ce trou de la poudre maintenue par une bourre très-serrée; en y mettant le feu, on produit un gaz dont le développement est évalué à 1750 fois le volume de poudre; après l'explosion, on se sert de la pince pour élargir le trou. La poudre a l'immense inconvénient de vicier promptement l'air, dont on cherche à maintenir la pureté par tous les moyens; c'est même dans ce but qu'à ces travaux souterrains on se sert de lampes à gaz et non à l'huile.

M. Mauss, inspecteur général des ponts et chaussées en Belgique, a inventé, pour broyer la roche, un instrument spécial. Cet instrument était mis en mouvement par un moteur placé à l'extérieur, et le mouvement du moteur devait être transmis à l'instrument par un système de poulies et de cordes ou de courroies. Ce mode de transmission paraissant défectueux, la machine de M. Mauss n'a jamais été employée. MM. Valaury et Buquet ont proposé une autre machine, consistant en un disque de fer armé de ciseaux dont on n'a jamais fait usage. Un Anglais, M. Bartlet, voulait se servir de fleurets de mine mus par une machine à vapeur placée dans la galerie. La machine à vapeur ayant l'inconvénient de vicier l'air, fut également rejetée. MM. Somelier, Grandis et Grattone, font sauter la roche avec la poudre, mais, dans le percement des trous, ils remplacent la main de l'homme par une machine, non à vapeur, mais à air comprimé.

A l'extrémité de la galerie, on établit un compresseur qui consiste dans un vase de fonte hermétiquement fermé et contenant l'air comprimé au moyen d'une pompe mue par une roue hydraulique que fait tourner un cours d'eau. Cet air se rend, au moyen de tuyaux cylindriques établis le long du souterrain, jusqu'à son extrémité, et là meut un piston qui frappe sur le fleuret et lui imprime un mouvement rotatoire; le fleuret attaque la roche, et l'air comprimé, après avoir agi sur ce fleuret, étant rejeté au dehors, sert à ventiler la galerie.

Ce système est très-ingénieux, mais la machine est compliquée et délicate, son entretien est coûteux; elle donne, en une année, 7 millions 500 000 coups de fleuret, sous une pression de 90 kilogrammes. Les fleurets, on le conçoit aisément, s'usent vite; on s'occupe de perfectionner la machine. Il y a beaucoup à faire pour l'améliorer et pour augmenter la ventilation, dont les difficultés s'accroissent chaque jour. Déjà on a remplacé la poudre de guerre par le fulmi-coton, dont l'embrasement produit moins de gaz délétères.

L'air comprimé chassé par les tuyaux, dont nous avons parlé plus haut, expulse l'air vicié, et, pour doubler son action, on va établir à l'entrée de la galerie des machines aspirantes pour extraire le mauvais air. M. Somelier a aussi apporté de grands perfectionnements aux compresseurs, qui bientôt pourront fournir, dans le même temps, trois fois plus d'air coûtant trois fois moins. L'extraction des déblais est fort lente; il faut sept heures en moyenne pour percer les trous, et six heures pour faire éclater la mine et extraire les déblais; et plus le travail avancera, plus ces lenteurs s'augmenteront. On craignait, dans l'origine, que la perte de pression dans une conduite d'une grande longueur fût considérable. On supposait aussi que l'air comprimé pouvait s'échapper du réservoir de fonte par les joints du vase, par les pores du métal. La pratique a prouvé que ces craintes étaient chimériques.

La galerie percée par cette machine est loin d'avoir la dimension nécessaire; il faudra l'élargir. Emploiera-t-on à ce travail la main de l'homme ou des machines? La question est à l'étude.

Toutefois des parties ont déjà été élargies par les moyens ordinaires : la nature des roches traversées, composées jusqu'ici de grès, de schiste calcaire, n'a pas présenté de graves difficultés; on a trouvé des filets de quartz en assez grande abondance. M. Amédée Burat, savant géologue, professeur à l'École centrale des arts et manufactures, a visité dernièrement les travaux, et a reconnu que, selon toute probabilité, rien ne viendrait entraver l'entreprise.

Quelle sera la durée de ces travaux? Commencés en 1857, ils ne devaient, disait-on, durer que six ans. Les six années sont écoulées, et il n'y a que 2000 mètres environ de percés. A chaque extrémité de la galerie, on perce chaque jour un mètre ; il faudra donc encore douze ans à peu près pour la terminer, si l'on ne perfectionne les moyens d'attaque.

La dépense, qui devait être de 2000 à 3000 francs par mètre, monte à 4000, et les sceptiques disent même davantage.

Les adversaires du projet prétendent que dans ce souterrain se produiront des courants d'air trop violents; les tunnels existant déjà démentent cette assertion, et, du reste, eût-elle quelque chose de fondé, il y a toujours moyen de modérer la ventilation.

M. Leschot, ingénieur civil, élève de l'École centrale, a inventé une machine qui remplacera peut-être avec avantage les fleurets dans un terrain dur. Elle consiste en une couronne d'acier armée de diamants noirs et bruts beaucoup plus durs que le diamant blanc qu'ils servent à polir. C'est la première fois que le diamant, objet de luxe féminin, trouve un emploi véritablement industriel. Une machine Lenoir met l'instrument en marche, et cette couronne à diamants aigus use et perce rapidement la roche. (Les auditeurs voient marcher cette machine, qui entame facilement un morceau de granit semblable à celui qui borde nos trottoirs.)

La machine Lenoir est une machine fixe, destinée à remplacer le travail de l'homme; elle peut s'employer à tous les étages et dans tous les logements. Au lieu d'être mue par la vapeur, elle marche par le gaz hydrogène. Le gaz pousse un piston, puis lorsqu'il doit rétrograder, l'air se mélange au gaz déjà employé, l'étincelle électrique allume le gaz et l'air, qui se transforment en vapeur d'eau. On se sert d'eau pour refroidir le cylindre.

M. Lenoir a apporté de grands perfectionnements à cette machine; il en a aujourd'hui plus de deux cents qui fonctionnent. Une machine de la force d'un demi-cheval, c'est-à-dire pouvant remplacer trois ouvriers, coûte 1000 francs; l'intérêt du capital est de 50 francs; la dépense journalière en gaz et air monte à 3 francs: elle économise trois journées d'ouvriers à 3 francs l'un, soit 9 francs. La machine Lenoir n'est pas sans défauts, mais chaque jour l'inventeur y apporte des améliorations.

On se sert de la machine Lenoir au *Grand hôtel* pour monter les voyageurs d'étage en étage, ainsi que pour le service; on l'emploie à broyer du chocolat, et, rue Lafayette, on en voit fonctionner une qui monte la pierre d'une maison en construction.

Maintenant que nous avons étudié les différents projets et les divers moyens d'exécution, disons quel est celui qui, selon nous, mérite la préférence.

La question est en même temps financière et technique. Examinons d'abord le point de vue financier.

S'il faut en croire des devis dressés avec beaucoup de soin par M. l'ingénieur Lehaitre, la dépense pour l'établissement du chemin de fer, dans la partie où il n'existe encore en ce moment qu'une route de terre, c'est-à-dire, entre Coire et Camerlata, par la voie du Luckmanier, entre Lucerne et Camerlata, par celle du Saint-Gothard, entre Sion et Arona, par celle du Simplon, serait, par le chemin de Luckmanier, de 101 millions; du Simplon, de 101 millions également, et du Saint-Gothard, 75 millions; en sorte que la construction des deux passages, Simplon et Luckmanier, ne coûterait pas beaucoup plus que celle du passage Saint-Gothard.

Je n'ai pas une foi absolue dans les devis des ingénieurs. Il faut cependant partir de certaines données pour établir une comparaison, et je n'en connais pas qui me paraissent plus satisfaisantes que celle de M. Lehaitre. Je donnerais, en les adoptant, la préférence à l'exécution simultanée des deux passages, Simplon et Luckmanier, qui satisfont à de bien plus grands intérêts que l'exécution du Saint-Gothard seul, et j'ajournerais indéfiniment l'exécution de la voie du Saint-Gothard.

Il y a d'ailleurs une autre raison bien plus forte pour renoncer à l'exécution du Saint-Gothard. Quel que soit le chemin que l'on prenne, il faudra de grands capitaux pour le construire. Où les trouvera-t-on? Dans les caisses des gouvernements ou des capitalistes. Pour le chemin du Saint-Gothard, ce ne sera ni les gouvernements de France, d'Italie ou d'Allemagne qui fourniront des fonds; restent les cantons du nord de la Suisse ou du centre, et quelques cantons de l'est ou de l'ouest, dont une partie n'est pas très-riche, et qui en général sont peu disposés à risquer de grosses sommes pour des travaux d'utilité publique.

Quant aux capitalistes, ils n'ont pas eu lieu jusqu'à présent de se louer beaucoup des procédés des cantons suisses à leur égard. J'ai appris, malheureusement à mes dépens, jusqu'à quel point ils peuvent compter sur le concours de certains cantons; et puis le célèbre M. Staempfli, l'ancien président du Conseil fédéral, n'a-t-il pas dit tout récemment qu'en Suisse on accueillait volontiers les capitaux étrangers, mais qu'on ne voulait pas de capitalistes, c'est-à-dire qu'on acceptait la dot mais non la fille. Ce n'est vraiment pas très-encourageant pour les capitalistes, et nous n'en connaissons guère qui voudraient confier leurs capitaux à M. Staempfli.

Pour ce qui est du Simplon et du Luckmanier, si, comme pour le Saint-Gothard, on ne peut pas trop compter sur le concours immédiat et très-ardent des capitalistes seuls, au moins peut-on espérer celui des gouvernements de France et d'Italie, ou d'Allemagne et d'Italie, et alors, peut-être, les capitalistes, rassurés, se joindront-ils à ces gouvernements, malgré les paroles de M. Staempfli.

Le mont Cenis n'est pas en question, puisque le capital est trouvé pour l'exécuter.

Passons maintenant à la question technique.

Le système des courbes et des zigzags est le moins cher, mais il est long; la circulation y serait souvent interrompue et même pendant plusieurs mois consécutifs; il présente encore l'inconvénient de rampes très-fortes, sur lesquelles la locomotive, malgré les perfectionnements récents qu'y a apportés M. Petiet, ne pourrait remorquer des charges suffisantes. Je préfère donc le long souterrain, quoique plus cher.

Le système de MM. Piaron de Mondésir et Lehaitre pour passer le Simplon est un système intermédiaire, il emploie les rampes et le souterrain; son économie le recommande aux capitalistes.

Quant au mont Cenis, on a bien fait de diriger le tracé sous la montagne. Cette grande entreprise n'est pas une spéculation, elle a un caractère éminemment politique.

Il fallait unir la France à l'Italie par une voie ferrée en tout temps praticable à la locomotive. En présence d'un tel but, quelle minime objection que la dépense de cent millions et la durée de vingt ans! Ce laps de temps et cette somme sont insignifiants pour deux grands pays comme la France et l'Italie. La vie de l'homme est bornée, mais celle des peuples est éternelle! Au moyen âge, la foi de nos pères usait des siècles et des millions à construire des cathédrales; les chemins de fer ont bien aussi leur utilité. Le percement du mont Cenis, dût-il donc coûter deux cents millions et durer quarante ans, j'approuverais encore cette grande entreprise, et en voici les motifs. Supposons que deux pouces de neige seulement fussent tombés au moment où notre armée allait délivrer l'Italie, c'était un retard considérable qui permettait aux Autrichiens de marcher sur Turin; l'indépendance de l'Italie était encore indéfiniment ajournée. Le mont Cenis percé, c'est l'alliance indissoluble de la France et de l'Italie; alliance mieux cimentée par le mélange des intérêts que par les pactes de familles. Le mont Cenis percé, on peut avec plus de raison appliquer aux Alpes le mot de Louis XIV sur les Pyrénées; le mont Cenis percé, c'est l'Autriche refoulée sans espoir de retour; le mont Cenis percé, c'est le triomphe du progrès et de la liberté! (1) — Évariste Thévenin.

HISTOIRE DE LA MÉDECINE ET DES DOCTRINES MÉDICALES.

COURS DE M. BOUCHUT.

(ÉCOLE PRATIQUE DE LA FACULTÉ DE MÉDECINE.)

(Suite. — Voyez les nos 1, 2, 3, 5, 6 et 8.)

Dans le dernier fragment publié du cours de l'histoire de la médecine, à propos du *magnétisme*, des *spirites* et des *médiums*, il y a, page 96, une erreur typographique que nous prions le lecteur de vouloir bien rectifier. A la *ligne* 35 *et* 46, au lieu du mot *médecin*, il faut lire *Médium*.

IX. *Réaction contre le mysticisme. Hypnotisme.* — Heureusement pour notre époque, le sentiment du merveilleux et le goût du surnaturel qui servent de base à ce mysticisme médical et à ce charlatanisme ne sont le

(1) Cette conférence fera partie du 4e volume des ENTRETIENS POPULAIRES, publiés chez Hachette.

partage que d'un petit nombre de personnes qui, pour la plupart, n'osent avouer leur participation à ces erreurs.

Tout ce qui pense avec maturité s'élève contre le progrès de ces superstitions religieuses ou médicales. La science est là d'ailleurs pour donner aujourd'hui l'explication de ces phénomènes réputés surnaturels, produits par des esprits ou par des influences occultes, démoniaques ; et l'imagination ou l'innervation troublées, c'est-à-dire l'état nerveux des sujets surexcité par des influences toutes naturelles, sont la cause de ces phénomènes considérés comme la manifestation d'influences occultes ou spirites.

La science a aujourd'hui établi par l'organe de M. Chevreul, de M. Schiff, de M. Babinet, etc., comment se fait la rotation de la baguette divinatoire des sources et des mines ; comment s'accomplit le mouvement des tables tournantes ou du pendule explorateur tenu à un fil entre les doigts ; comment se font des visions du miroir magique, le bruit des esprits frappeurs, etc. Elle a montré, après le P. Kircher, par les travaux de M. Braid, la raison du sommeil somnambulique, de l'extase, de l'exaltation des sens et de l'insensibilité qui s'observent dans le magnétisme animal et qu'on produit sans magnétisme.

Cette dernière découverte est la plus importante et constitue l'*hypnotisme*. On la doit à M. Braid, de Manchester. En 1841, ce médecin vit qu'il suffisait de regarder à une distance de quelques centimètres du nez, pendant vingt ou trente minutes, très-fixement un corps brillant, pour s'endormir, devenir insensible, cataleptique, et pouvoir subir des opérations sans douleur.

C'était le sommeil magnétique produit sans magnétisme, uniquement sous l'influence d'un léger strabisme et de la fixité des yeux sur un objet rapproché; en d'autres termes, c'était le sommeil provoqué par action réflexe à l'occasion de la souffrance oculaire.

Dans ce fait se trouve l'explication d'une partie des merveilles du fluide magnétique, et celui qui s'endort les genoux contre les genoux de celui qui le magnétise et lui passe les mains à fleur de peau en lui regardant de près dans les yeux, s'endort par hypnotisme sans intervention d'un prétendu fluide animal.

La preuve, c'est que dans les Indes, le docteur Esdaile, longtemps avant que Braid ait publié ses recherches, endort ses malades sans les magnétiser, et en plaçant derrière eux, au-dessus de leur tête, lorsqu'ils sont couchés, la tête de son domestique nègre, qu'ils doivent regarder assez longtemps.

Dans un ouvrage publié à Londres en 1852 (*Sur la clairvoyance naturelle et mesmérique, avec l'application du mesmérisme à la pratique de la chirurgie et de la médecine*), le docteur Esdaile faisait connaître les résultats de deux cent soixante et une opérations très-diverses, exécutées sans douleur pour le patient, par un procédé qui n'est évidemment autre chose que le sommeil nerveux. Parmi ces opérations figurent deux cents ablations de tumeurs provenant de la maladie si commune dans les Indes, et que l'on désigne sous le nom d'*elephantiasis*. On sait que les tumeurs dites éléphantiasiques atteignent parfois des dimensions énormes ; le poids des tumeurs enlevées par le docteur Esdaile, sous l'influence de ce qu'il appelle l'*état mesmérique*, variait depuis dix jusqu'à cent livres. Une commission, nommée par le gouvernement du Bengale, ayant révoqué ces faits en doute, M. Esdaile répéta ses opérations devant les commissaires, dans un hôpital mis à sa disposition par le gouvernement. Or, voici en quoi consistait le procédé suivi par M. Esdaile pour rendre ses malades insensibles à la douleur de l'opération.

Le patient étant couché sur un lit assez bas, dans une chambre un peu obscure, un individu quelconque du service, le plus souvent un serviteur nègre, se place debout à la tête du lit et s'incline en avant, jusqu'à ce que son visage soit placé immédiatement au-dessus du visage du malade. Il demeure dans cette attitude fixe pendant un quart d'heure ou une demi-heure, en faisant, par intervalles, avec les mains, des passes sur la tête ou sur la poitrine.

Le patient finit par tomber ainsi dans un état de catalepsie et d'insensibilité qui permet de pratiquer sur lui, sans douleur, les opérations les plus longues. M. Esdaile se servait aussi, pour arriver au même résultat, de ce qu'il nommait le *procédé européen*, qui consistait dans l'emploi des passes et manipulations diverses qui sont propres à nos magnétiseurs. L'auteur ajoute que ce dernier procédé réussit surtout chez les Européens, tandis que le premier s'applique mieux aux indigènes.

Quand on considère que le visage du nègre indien, qui fait fonction de *mesmériste*, se tient incliné et immobile un long espace de temps au-dessus du visage du patient, ses yeux étant fixés sur les yeux du malade, il devient évident que l'état physiologique provoqué par ce moyen de fascination n'est autre chose que le sommeil nerveux.

— La suite à un prochain numéro. —

VARIÉTÉS.

Nous rappellerons à nos abonnés de la *Revue des cours scientifiques* que, pour recevoir la *Revue des cours littéraires*, il leur suffit d'envoyer à M. Germer Baillière, comme supplément, une des sommes suivantes :

Six mois. Paris.....	7 fr. —	Départements...	8 fr.
Un an. —	11 fr. —	— ...	12 fr.

Nous donnons ci-après le sommaire de la *partie littéraire* de notre publication :

Sommaire de la Revue des cours littéraires du 30 janvier.

Histoire des législations comparées : Cours de M. ÉDOUARD LABOULAYE. III. Histoire des colonies américaines avant la révolution de 1776. — Poésie française : Cours de M. SAINT-RENÉ TAILLANDIER. Discours d'ouverture (fin). — Éloquence latine : Cours de M. HAVET. Les discours de Cicéron contre Verrès.

Le propriétaire-gérant : GERMER BAILLIÈRE.

PARIS. — IMPRIMERIE DE E. MARTINET, RUE MIGNON, 2.

PREMIÈRE ANNÉE. — N° 10. UN NUMÉRO : 30 CENTIMES. 6 FÉVRIER 1864.

REVUE DES COURS SCIENTIFIQUES DE LA FRANCE ET DE L'ETRANGER

PHYSIQUE — CHIMIE — ZOOLOGIE — BOTANIQUE — ANATOMIE — PHYSIOLOGIE
GÉOLOGIE — PALÉONTOLOGIE — MÉDECINE

Paraît tous les Samedis.

	Six mois.	Un an.
Paris	8 fr.	15 fr.
Départements	10	18
Étranger	12	20

Prix de l'abonnement avec la Revue des Cours littéraires.

	Paris	Départ.	Étranger
Six mois	15 fr.	18 fr.	20 fr.
Un an	26	30	35

Rédacteur en chef
M. ODYSSE-BAROT

Les ouvrages dont deux exemplaires auront été envoyés au bureau du journal seront annoncés et analysés s'il y a lieu.

On s'abonne
A LA LIBRAIRIE GERMER BAILLIÈRE
17, rue de l'École de Médecine,
Et chez tous les libraires, par l'envoi d'un bon de poste, ou d'un mandat sur Paris.

L'abonnement part du 1er décembre ou du 1er juin de chaque année.

SOMMAIRE.

NAVIGATION AÉRIENNE.

COURS DE M. BARRAL.

(ENTRETIENS ET LECTURES DE LA RUE DE LA PAIX.)

I.

Historique de l'aérostation.

Messieurs,

Le sujet dont je vais vous entretenir est un de ceux qui ont eu la prérogative d'intéresser, je pourrais même dire de passionner bien des générations.

Quand les hommes ont conçu des êtres d'une nature supérieure à la leur, ils les ont toujours représentés ayant la faculté de traverser les airs à leur gré. Tels étaient les dieux que nous chantent les poëtes grecs et latins; tels on se figure encore les esprits et les anges. Quand au contraire les anciens nous parlent de mortels assez audacieux pour tenter de s'élever dans les airs, ils nous les présentent dans leur chute comme frappés par la colère céleste. Tel est Icare précipité dans la mer et payant de sa vie la témérité qui le fait s'approcher du soleil.

Quoi de plus digne de flatter notre amour-propre, d'exciter notre ambition, que cette conquête de l'air, qui est l'espoir de l'humanité depuis les temps les plus reculés. Voler comme l'aigle, le condor; conquérir l'air comme nous avons conquis la terre et les mers, tel est notre rêve, telle est peut-être la faculté que nos descendants sauront acquérir. Leur tâche sera rendue plus facile par nos tentatives diverses, quelque infructueuses qu'elles soient. Peut-être même l'homme n'est-il pas destiné à vivre toujours invariablement fixé sur notre planète, et saura-t-il trouver un moyen de franchir les espaces célestes. Bien des rêveries poétiques, considérées généralement comme des contes fantastiques, des bluettes, nous font entrevoir cette tendance de l'esprit humain, cette aspiration de toutes les âmes, qui n'est peut-être qu'un vague pressentiment, une sorte de conscience des forces que notre génie peut développer un jour. Mais n'allons pas trop loin, et tâchons de rester dans la question actuelle.

La question de la navigation aérienne fut longtemps considérée comme une folie; quelques personnes, encore aujourd'hui, pensent ainsi. Tout ce qui sort de l'ordinaire est traité de même jusqu'au jour de la réussite. Si pourtant on jetait un coup d'œil sur l'histoire, on devrait être porté à une plus grande indulgence.

Il n'y a pas de sujet ayant donné lieu à plus d'inventions, de tentatives, que celui qui nous occupe. Il ne faut pas s'en étonner, car, dans toute invention, l'idée ne vient pas complète du premier jet. Une seule intelligence suffit rarement à la développer complétement; d'abord embryonnaire, elle s'échauffe en traversant des générations, et, comme l'œuf après l'incubation, elle finit par éclore quand arrive le terme voulu. L'ardeur avec laquelle les inventeurs poursuivent leur but, malgré les déboires qui les attendent, prouve que l'invention en général est dans notre nature et comme un mode de perfectibilité. On ne doit donc pas la rejeter si facilement avec dédain. Il ne faut certes pas admirer sans raison un fat qui, se trompant lui-même, cherche à jeter de la poudre aux yeux et à faire prendre au sérieux ses erreurs ou ses folies; mais il faut craindre de mépriser l'homme de génie dont la hardiesse semble témérité, tandis qu'elle est le résultat et la preuve de son génie même.

L'idée de s'élever dans l'air est fort ancienne, ainsi que je vous l'ai déjà fait voir; et pourtant, après force tentatives inutiles, nous arrivons jusqu'au siècle dernier, où, pour la première fois, il semble qu'on ait fait quelque chose qui soit digne d'être mentionné.

Icare fit probablement des essais fort défigurés par la fable, il tenta peut-être d'employer une voile tendue contre le vent.

Roger Bacon et le P. Gallien imaginèrent des systèmes non essayés, qui furent jetés à la tête de Montgolfier pour le décourager.

En 1670, le père jésuite Lanna, en Italie, a projeté et décrit un navire propre à naviguer dans les airs. Des globes vides soutenaient la nacelle. Mais comment faire le vide dans ces globes, lui objectait-on? Il ne savait le dire; aussi Leibnitz traita-t-il la question d'absurde.

Un père dominicain, de la faculté d'Avignon, inventa un navire propre, disait-il, à voyager dans certaines couches de l'atmosphère. Il voulait planer dans une région supérieure à celle où se forment les grêlons.

Montgolfier cherchait aussi un moyen de s'élever dans les airs, quand madame Montgolfier vint lui apprendre que dans un des séchoirs de leur papeterie, elle venait de voir s'enlever un jupon qu'elle avait suspendu au-dessus de la source de chaleur pour le sécher rapidement. Frappé de ce fait, dont il saisit la cause, Montgolfier voulut le reproduire, et réussit à faire envoler un globe de papier de quarante pieds de capacité, rempli d'air chaud. Voulant recommencer l'expérience, il y convoqua ses collègues des états généraux du Vivarais, alors assemblés. Une montgolfière de 110 mètres cubes, c'est-à-dire de 35 mètres de circonférence, fut gonflée et partit devant eux.

Cette expérience eut un énorme retentissement.

Charles et Pilâtre de Rozier, qui vivaient à cette époque et qui étaient à Paris quand eut lieu cette expérience, en entendirent parler sans en connaître les détails. Ils crurent que l'enveloppe était de soie, et qu'elle était gonflée avec de l'hydrogène. Ils firent ainsi, et sont par conséquent les inventeurs du ballon.

Bientôt on sut comment avait été faite l'expérience d'Annonay. Un savant hardi ne craignit pas de s'élever à 300 pieds dans une montgolfière captive. Cela parut si extraordinaire, que tout Paris voulut y assister; à chaque ascension le peuple poussait des cris de joie.

Plus tard, Pilâtre de Rozier tenta à son tour une ascension. Son ballon était gonflé avec de l'hydrogène, et ce gaz était dilaté par la chaleur d'un foyer que portait le ballon. Mais, comme il arrivait à 500 mètres de hauteur, le ballon prit feu, et l'aéronaute fut précipité à terre. Il tomba entre Boulogne et Marquise, et, renouvelant la fable d'Icare, il paya son audace de sa vie.

Pendant longtemps les ascensions furent uniquement un spectacle, fort attrayant du reste, mais sans aucune utilité réelle. Sous la république, on fit la première application des aérostats, en créant le corps des aérostiers, qui, placés dans un ballon captif, observaient pendant une bataille les mouvements des ennemis et les indiquaient. Plus tard, les ascensions furent appliquées à des observations météorologiques.

Mais, avant d'aller plus loin, il devient nécessaire de décrire le ballon.

L'aérostat est un sphéroïde de soie d'un tissu fin; l'étoffe est rendue imperméable par de l'huile de lin épaissie avec de la litharge. Cet enduit est passé surtout à l'endroit des coutures pour fermer les trous d'aiguille. A la partie supérieure est une soupape s'ouvrant de haut en bas, à laquelle est fixée une corde qui sort de l'enveloppe par la partie inférieure; cette soupape est maintenue par un ressort.

Par-dessus le ballon est un filet qui s'en détache vers l'équateur, et dont les cordes sont, à partir de là, les génératrices d'un hyperboloïde gauche à une seule nappe, dont l'équateur est un parallèle et le cercle d'attache des cordes le collier. Ce cercle est de bois très-dur, généralement de frêne; on y attache la nacelle où sont les voyageurs, les agrès et le lest.

Considérons une montgolfière remplie d'air chaud, dont nous supposerons la température telle que le poids de cet air ne soit que la moitié du poids du même volume d'air à la température ambiante. Si le poids de l'enveloppe et des accessoires que la montgolfière doit enlever, est plus petit que celui de l'air chaud qu'elle contient, le poids total du système se trouvera plus léger que l'air déplacé. Il se passera donc ce qui se passe quand un corps plus léger que l'eau se trouve au fond de celle-ci. La montgolfière s'enlèvera et montera jusqu'à ce qu'elle ait atteint une région de l'atmosphère où le volume d'air qu'elle déplace pèse précisément le même poids qu'elle. Pour une même température, le poids qu'on peut faire enlever à l'appareil croît avec son cube. On peut donc enlever tel poids donné, en faisant une montgolfière de dimension suffisante.

Avec un ballon gonflé d'hydrogène, ceci est encore plus facile, puisque ce gaz ne pèse qu'un douzième de ce que pèserait un égal volume d'air dans les mêmes conditions de température, pression et hygrométrie, soit un sixième du poids de l'air que nous supposions remplir la montgolfière. Le ballon aura donc un cube qui ne sera que le sixième du précédent, ou, si vous aimez mieux, son diamètre sera représenté par 1, celui de la montgolfière par 2,5 à peu près. En outre de sa moindre dimension, il présente l'énorme avantage d'être à l'abri de l'incendie. Si l'on employait de l'hydrogène chauffé, on augmenterait encore la force ascensionnelle du ballon:

c'est sans doute ce que tenta Pilâtre de Rozier; mais cet avantage ne peut actuellement s'obtenir qu'en s'exposant à de trop grands dangers. On y renonce pour cette raison.

A mesure qu'on monte, la pression atmosphérique diminue; celle du gaz compris dans l'enveloppe tendant à se mettre en équilibre avec la pression extérieure, le ballon se gonfle de lui-même, si l'on a eu soin au départ de ne pas le remplir complétement. Si l'on a négligé cette précaution, il faut perdre du gaz pour ne pas voir l'enveloppe se déchirer sous la pression intérieure.

Arrivé à une certaine hauteur, on ne peut s'élever davantage, car le poids de l'air diminue avec sa pression, et une fois qu'on est arrivé dans une couche telle que le poids d'air déplacé se trouve égal à celui de l'aérostat, il faut diminuer le poids de ce dernier pour s'élever encore. On peut obtenir ce résultat en jetant du lest emporté dans ce but, mais c'est une ressource bien limitée.

Pour descendre, on ouvre la soupape et on laisse échapper une certaine quantité de gaz. Le volume du ballon diminuant, il arrive un moment où il ne peut plus porter sa charge, et descend avec une vitesse accélérée. Si l'on descendait ainsi d'un seul coup d'une grande hauteur, la vitesse que l'on aurait acquise en arrivant à terre serait effrayante, et l'aéronaute pourrait bien être broyé dans la chute. C'est pourquoi on descend par cascades, c'est-à-dire d'abord de 500 mètres; puis jetant du lest, on remonte de 100, pour redescendre ensuite de 500, remonter à nouveau, et ainsi de suite, jusqu'à ce qu'on arrive à terre, ce qu'un habile aéronaute peut faire avec la plus grande précision et sans accident aucun.

Avec un ballon tel que je viens de le décrire, on ne va pas où l'on veut, mais bien où porte le vent. D'ailleurs, tant qu'on est dans les airs, on n'a rien à craindre. Le danger de la navigation aérienne est bien moindre en réalité que ceux auxquels nous exposent les voyages en voiture, sur mer, ou même en chemins de fer. Les chocs deviennent chose impossible; les tempêtes aériennes ne produisent point d'effet nuisible, sauf le cas du tonnerre, sur lequel je reviendrai. Emporté par l'ouragan sans éprouver aucune gêne de la grande vitesse qui vous emporte et dont on ne s'aperçoit pas, on ne descendra qu'après s'être soustrait à l'action des courants trop rapides.

Depuis que des savants ont exploré l'atmosphère, grâce au ballon, nous en connaissons à peu près les huit kilomètres inférieurs. Nous savons que la composition de l'air est sensiblement constante, quelle que soit la hauteur à laquelle on prend cet air; que plus on s'élève, moins on retrouve de ces poussières excessivement ténues qui voltigent dans l'atmosphère, et qu'un rayon de soleil rend visibles dans une chambre obscure. On a aussi constaté que la température et la pression décroissent à mesure qu'on s'élève; il en est de même de la quantité de vapeur d'eau.

Mais au delà du champ de nos explorations, à quelle hauteur est la limite supérieure de l'atmosphère? Il faut avouer que nous connaissons fort peu, en somme, le vaste océan au fond duquel nous vivons comme certains zoophytes, certains mollusques, au fond des mers.

On a fait bien des calculs pour en déterminer la hauteur. Ayant évalué, grâce à Torricelli, la pression qu'il exerce sur une surface donnée, on a cherché à en déduire l'épaisseur de la couche qu'il forme autour de la terre, et l'on n'a pu trouver la hauteur de cette colonne d'air. Tantôt on s'est arrêté à 30 kilomètres, tantôt à 130 et même 140; mais généralement on s'arrête de 60 à 70 kilomètres. Mais, à mesure qu'on s'élève, la température, la pression, la quantité de vapeur d'eau diminuent, et il est bien difficile d'en tenir compte dans ce calcul. De même, comment apprécier l'action provenant du mouvement de la terre?

On a été conduit à admettre que l'épaisseur de l'atmosphère est de 70 kilomètres, en se basant sur les phénomènes du crépuscule. Quand le soleil disparaît à l'horizon, il arrive un moment où ses rayons ne nous parviennent plus, tandis qu'il éclaire encore l'atmosphère. Le phénomène inverse s'observe le matin. Le mouvement de la terre, par rapport au soleil, étant parfaitement connu, la durée du crépuscule peut servir à déterminer la hauteur à laquelle se trouvent les zones qui nous paraissent illuminées les dernières.

Mais dans ce calcul entrent encore certaines hypothèses qui ne permettent point d'en établir la certitude. Par d'autres raisons que je ne puis développer ici, nous sommes amenés à admettre que tous les résultats de calculs sont beaucoup trop faibles. Ainsi l'observation des étoiles filantes conduit à un résultat bien plus considérable que celui qui nous est fourni par la durée du crépuscule.

Dans l'atmosphère se trouve la vapeur d'eau provenant de l'évaporation spontanée des fleuves, des lacs et des mers. Cette vapeur, arrivée dans les régions froides de l'atmosphère, s'y condense, suivant la température, en eau vésiculaire, et forme alors les nuages, ou en glaçons qui constituent la grêle ou la neige. Ces nuages, emportés par les vents, voyagent au-dessus de nos têtes, en nous donnant une idée de la vitesse énorme des courants auxquels ils obéissent.

Les vents sont dus à l'échauffement successif des divers points du sol. Mille causes qui nous sont inconnues, ou que nous connaissons mal, influent pour faire varier leur direction. De là provient leur irrégularité.

Cette étude rapide était nécessaire pour rendre plus claires certaines des questions que je veux vous exposer; mais je ne vais pas plus loin, de peur de vous faire oublier un peu le sujet principal, et je reprends l'historique des tentatives faites depuis le commencement du siècle pour conquérir ce magnifique domaine que nous venons d'entrevoir.

A Hambourg, le 10 juillet 1803, Robertson et un de

ses compatriotes, Sacharoff, se sont élevés à une très-grande hauteur et sont tombés aux environs de Hanovre. Une autre fois, à Saint-Pétersbourg, ils s'élèvent à 3000 mètres, et vont retomber à vingt lieues de leur point de départ. Ils cherchaient les variations de l'intensité magnétique suivant la hauteur. D'après leurs expériences, la boussole pourra servir pour se diriger, aussi bien dans les airs que sur terre ou sur mer.

Des savants français ayant demandé au gouvernement son concours pour des expériences, Biot et Gay-Lussac partirent du Conservatoire des arts et métiers, et s'élevèrent à 4000 mètres. Ils y ressentirent un froid très-vif. Biot, esprit fin, délicat et peu aventureux, désira descendre, et son désir prévalut sur celui de Gay-Lussac, qui eût préféré rester plus longtemps et faire de plus nombreuses observations. Biot, arrivé à terre, se sentit si joyeux, qu'il sauta hors de la nacelle sans songer au danger qui en résultait pour son compagnon. En effet, le ballon, subitement allégé de 75 kilogrammes, repartit immédiatement avec un tel ressaut, que les instruments furent brisés.

Désireux de recommencer ses observations avec des instruments vérifiés au retour, Gay-Lussac repartit une seconde fois. Il était seul, et parvint à 7000 mètres en jetant presque tout son lest. Les nuages, peu nombreux, lui paraissaient aussi loin qu'au départ, ce qui prouve que l'atmosphère est plus profonde qu'on ne le croit.

Il avait emporté des ballons de verre qu'il rapporta remplis d'air pris à différentes hauteurs.

Jusqu'en 1850 il n'y eut point de nouvelles expériences. Gay-Lussac avait établi que l'aiguille aimantée faisait autant d'oscillations dans l'atmosphère que sur le sol. On en conclut que l'action magnétique décroît à mesure qu'on s'élève, puisqu'alors la température diminue.

Poussés par Arago, deux amis furent curieux d'établir la relation entre la décroissance de la température et la quantité de vapeur d'eau. Le 29 juin 1850, ils partirent dans un ballon appartenant à M. Dupuis-Delcourt. L'aérostat, couché sur le flanc, dans un pré de l'Observatoire de Paris, fut rempli d'hydrogène produit par l'action de l'acide chlorhydrique sur de l'eau et du fer. Le vent furieux gênait énormément le gonflement, si bien que cent vingt hommes demandés successivement à la garnison du Luxembourg avaient grand'peine à maintenir le ballon que le vent jetait contre les arbres, où il se déchirait. Des ouvrières que l'on avait conservées par bonheur réparaient les accidents. On avait mis la nacelle à 17 mètres de l'aérostat pour que celui-ci ne puisse gêner les observations. Mais le propriétaire de l'aérostat, craignant que le grand vent ne le détériorât, fit raccourcir les cordes de suspension, et l'on partit, la nacelle étant à 4 mètres seulement du ballon. Ils arrivèrent rapidement dans les nuages, qui étaient à 500 mètres (la hauteur où l'on se trouve se calcule par la formule de Laplace, vérifiée sur les hautes montagnes); arrivés à cette hauteur, ils n'apercevaient plus le sol. Autour d'eux régnait un silence absolu, dont rien sur la terre ne donne une idée. Il leur semblait qu'ils étaient immobiles, tout en faisant vingt lieues à l'heure, d'après plusieurs appréciations fort exactes. Ils ne voyaient rien et pouvaient se croire dans un brouillard fort épais. Enfin ils dépassèrent la couche des nuages; alors ils purent jouir d'un spectacle magique, bien autrement splendide que celui de la terre au départ. Le soleil au-dessus d'eux; au-dessous les nuages d'un blanc d'argent parfaitement pur; avec des ombres, des mamelons énormes environnés de profondes dépressions, comme dans un paysage alpestre. La lumière, réfléchie à la surface de ces nuages, étudiée avec la lunette de Biot, fit voir que les lois de la réflexion ne sont pas encore entièrement connues, car elle n'obéit pas à celles que nous connaissons.

Ils n'éprouvèrent aucune espèce de saignement. Leurs pulsations étaient devenues fort rapides, l'ouïe très-fine; les sons paraissaient fort bas, quoi qu'ils fissent pour les rendre aigus; ils constatèrent une grande gêne dans la respiration.

Le ballon, énormément dilaté, venait reposer sur leur tête, ce qui les empêcha d'aller plus loin. Incommodés par le contact de l'aérostat, l'un des voyageurs donna un coup de canif dans la partie inférieure de l'enveloppe. Aussitôt un jet d'hydrogène vient frapper son visage, et suffoqué, il se trouve mal. Mais presque en même temps le ballon, se dégonflant, commence à descendre; l'air revient et le ranime. Le baromètre accuse une descente d'une effrayante rapidité; ils se croient perdus et jettent du lest. L'un d'eux, craignant d'être cause de quelque accident s'il jette les sacs, veut les vider lentement, et voit avec surprise le sable flotter au-dessus d'eux. Il n'y a plus à hésiter, on jette les sacs et l'on arrive à obtenir un peu de ressaut. Puis la chute recommence, leur lest est épuisé, la terre grandit avec une incroyable rapidité; ils se débarrassent de tous leurs effets, de tous les objets qu'ils trouvent autour d'eux, et obtiennent encore un peu de ressaut. Mais le dégonflement continue sans relâche, et les deux amis recommencent leur descente vertigineuse, se préparant à mourir dans les bras l'un de l'autre. Ils tombent enfin dans un champ de vigne; la violence du coup rejette l'un en dehors de la nacelle, la face contre terre, tandis qu'il reste enlacé par les jambes à son compagnon que le ballon entraîne. Songeant à l'accident qu'aurait pu causer la précipitation de Biot, celui qui est hors de la nacelle, s'oubliant pour son ami, lui crie de bien le tenir, et s'accroche à un cep qui casse, puis à un autre qui cède aussi; s'accroche encore, et appelle des paysans qui, à quelques pas seulement, les regardaient avec effroi sans leur porter secours. Cependant il a saisi de toutes ses forces un cep vigoureux; les paysans, voyant le ballon s'arrêter, viennent à son aide, et les deux amis ayant mis pied à terre, l'un d'eux s'évanouit, puis revenant à lui, se jette dans les bras de son ami. « Notre expérience n'a pas réussi, disent-ils, nous la recommencerons! » (1)

Ils étaient tombés de 7000 mètres en quatre minutes et demie.

M. Nadar, voulant attirer l'attention publique sur la navigation aérienne, vient de refaire deux voyages dont on parlera longtemps. La soupape devait être mal installée; le ressort, trop faible au premier voyage, a dû la laisser entr'ouverte tout le temps. Dans le second, l'inverse a dû se produire; la corde devait être trop faible ou le ressort trop fort, ce qui a empêché de manœuvrer la soupape. Si l'on avait pu la manœuvrer, les infortunés voyageurs n'eussent pas été traînés si longtemps. La crainte de tomber dans la mer, quand apparurent les marais du Hanovre, les fit précipiter leur descente et fut cause des troubles et péripéties que vous connaissez.

Malgré les terribles émotions qui les ont assaillis à la fin de leur voyage, les passagers du Géant se souviendront longtemps des sensations diverses qu'ils ont éprouvées à leur départ en voyant la terre se dérober rapidement sous leurs pieds, les aspects des choses varier avec une inconcevable rapidité. Le paysage prend des aspects nouveaux et variables suivant la hauteur; on aperçoit successivement, dans un temps très-court, les diverses faces des objets; le point de vue varie constamment. Il me semble impossible qu'un peintre puisse bien comprendre un paysage à vol d'oiseau sans avoir été en ballon.

Les immenses dimensions des aérostats et leurs difficultés d'exécution, ainsi que l'impossibilité de les soustraire à l'impulsion du vent, les ont fait abandonner par MM. de Ponton d'Amécourt, de la Landelle et Nadar. Aidés par un habile mathématicien, M. Landur, ils ont songé à l'emploi de l'hélice pour l'aviation. L'emploi d'une seule hélice eût fait valser la nacelle en sens inverse, ce qui n'était pas acceptable; aussi a-t-on mis sur le même axe deux hélices tournant en sens contraire, et calculées de telle sorte que la composante horizontale de la réaction de l'air sur elles soit nulle. Au contraire, les composantes verticales s'ajoutent.

Vous pouvez voir des *hélicoptères* s'enlever sous l'action d'un ressort; mais ce moteur est mauvais, car son action dure peu. D'ailleurs il ne peut que donner une force préalablement emmagasinée. Pour produire cette force, il faudrait une machine puissante qu'il vaut mieux atteler directement à l'hélicoptère. Une machine à vapeur est le moteur auquel il est le plus naturel de songer. Malheureusement, pour avoir une machine d'une grande force, il faut qu'elle soit très-lourde. Cette difficulté, fort sérieuse, sera étudiée quand son tour viendra. Il suffit, pour le moment, de vous dire que M. de Ponton d'Amécourt construit une machine à vapeur ne pesant que le quart d'une machine ordinaire de même force. M. Franchot, inventeur de la lampe modérateur et d'un nouveau moteur à air comprimé, s'est aussi préoccupé de la recherche d'un nouveau moteur ayant une grande force par rapport à son poids. Il affirme qu'on pourra s'élever dans les airs.

Les hommes dont je vous parle en ce moment sont des hommes sérieux, d'un mérite reconnu. Leurs opinions doivent donc être prises en grande considération.

Cependant je ne partage pas d'une manière absolue leur manière de voir sur un point. Il ne faut probablement pas dire que l'aérostat doive être complétement proscrit. Je n'aime aucune proscription tant qu'elle n'est pas obligatoire, et le dernier mot n'est pas encore dit sur ce sujet.

Probablement il sera nécessaire, si l'on conserve le ballon, de modifier sa forme. D'ailleurs sa manœuvre est plus facile que ne le prétendent ceux qui n'y sont jamais montés. Feu le général Meunier dit que si l'on avait pour lest de l'air dans une capacité rigide, on pourrait facilement monter à volonté de 200 à 300 mètres, ou descendre d'autant, un nombre illimité de fois.

D'ailleurs tout en suivant la direction du vent, il est facile de se diriger en allant à gauche ou à droite dans le courant qui vous entraîne. C'est de cette façon seulement qu'on peut chercher à diriger les aérostats; vouloir les faire marcher contre le vent, c'est chercher à côté de la question et la compliquer inutilement. — P. Watcau.

(1) Que nos lecteurs nous permettent une indiscrétion : ces deux courageux amis s'appelaient MM. Barral et Bixio.

PALÉONTOLOGIE.

COURS DE M. D'ARCHIAC.

(MUSÉUM D'HISTOIRE NATURELLE.)

(Voyez les nos 1 et 2.)

II.

Distribution de la faune quaternaire en Europe.

Messieurs,

Nous allons continuer nos études de paléontologie stratigraphique comparée, et poursuivre à la surface de l'Europe et des autres continents nos recherches sur la distribution de la faune quaternaire.

Nous examinerons d'abord, dans chaque grande région, comme nous l'avons fait précédemment, les dépôts de transport des plaines, des plateaux et des vallées; ensuite nous traiterons des cavernes à ossements et des brèches osseuses.

Dans l'est de la France, nous trouvons les vallées de la Moselle, de la Meurthe, de la Meuse, et de tous les grands cours d'eau qui descendent des Vosges, occupées par des dépôts de transport comparables à ceux du bassin de la Seine, et renfermant çà et là les débris des mêmes mammifères. Ainsi, dans le département de la Moselle, ont été recueillis des restes d'*Elephas primigenius*, de *Rhinoceros tichorhinus*, de *Bos primigenius*, de *Cervus tarandus* (Renne), de Cheval, etc., particulièrement dans les vallées de la Seille et de la Sarre.

La chaîne des Vosges paraît avoir été, à une époque peu ancienne, couverte de glaciers qui ont laissé des traces semblables à celles des glaciers actuels, telles que des surfaces polies, striées, sillonnées, et dans les parties basses des vallées, des accumulations de détritus connues sous le nom de *moraines latérales*, *frontales*, etc. Il en est de même de la chaîne parallèle de la forêt Noire, qui borde le Rhin à l'est.

Les dépôts quaternaires qui remplissent le fond de la dépression comprise entre ces deux chaînes se composent de trois éléments principaux :

1° L'*alluvion ancienne*, nommée *lehm* dans le pays, qui recouvre les parties basses de la vallée, s'élève à une certaine hauteur sur ses flancs. C'est une alluvion jaunâtre, plus ou moins sablonneuse et calcarifère. Elle repose sur des dépôts de transport caillouteux et avec blocs, qui, venus des Vosges et de la forêt Noire, sont en rapport avec les phénomènes glaciaires de ces chaînes, et s'appuient à leur tour sur un dépôt de cailloux roulés, désigné sous le nom de *dépôt erratique alpin*, ou de *diluvium alpin*, et occupant le fond de la plaine du Rhin.

Ces trois éléments représentent trois époques successives. Le plus inférieur est d'origine alpine, les matériaux qui le composent venant en grande partie des Alpes, puis du Jura suisse, et, dans une très-faible proportion, des roches ignées récentes du Kaiserslhul ; le second comprend ces deux dépôts dont les montagnes latérales ont fourni tous les matériaux ; enfin, le troisième est constitué par le grand dépôt d'alluvion qui vient recouvrir le tout.

L'alluvion ancienne atteint 400 à 450 mètres d'altitude sur les flancs du massif volcanique du Kaisersthul ; elle s'abaisse à mesure qu'on se dirige vers le nord. Ainsi, entre Heidelberg et Heilbronn, elle est à 260 mètres, et, aux environs de Bonn, à 65 mètres seulement. Lorsqu'on remonte la vallée, au contraire, elle se termine entre Waldshutt et Schaffhouse. A trois kilomètres au sud de Bâle, elle repose presque horizontalement sur la mollasse tertiaire, à plus de 357 mètres d'altitude, ou à près de 100 mètres au-dessus des eaux actuelles du Rhin.

Les coquilles fluviatiles et terrestres sont en prodigieuse quantité dans ce lehm, d'où le nom de *Schneckenhœuselboden*, ou sol à escargots, comme on l'appelle dans le pays. Les quinze espèces les plus fréquentes sont, dans l'ordre de leur plus grand nombre : *Succinea oblonga*, sous-variété *elongata*, *Helix hispida*, *Pupa muscorum*, *Helix arbustorum*, *Clausilia parvula*, *Pupa columella*, *P. edentula*, *Helix cristallina*, *Clausilia gracilis*, *Helix pulchella*, *Helix montana*, *Pupa dolium*, *Clausilia dubia*, *Pupa pygmæa*, *Bulimus lubricus*, *Pupa secale*. Sept autres sont très-rares, et, sur vingt-deux espèces en tout, il n'y en a qu'une lacustre, le *Limneus minutus*, dont on a seulement trouvé vingt-huit individus, sur plus de deux cent mille individus de diverses espèces recueillis dans le lehm.

Le plus grand nombre de ces espèces sont identiques avec celles qui vivent encore dans le pays ; les autres s'en éloignent si peu, qu'elles peuvent être considérées comme de simples variétés. Presque toutes vivent aujourd'hui dans les régions froides et humides, et quelques-unes s'élèvent dans les Alpes jusqu'à la limite des neiges perpétuelles.

Le même dépôt a offert, surtout vers sa partie inférieure, des ossements de mammifères éteints, *Elephas primigenius*, *Rhinoceros tichorhinus*, puis de Bœuf, de Cheval, de Cerfs, etc.

La formation de ce dépôt a donné lieu à de nombreuses hypothèses, dont nous n'avons point à parler ici, et nous nous bornerons à rappeler à ce sujet les conclusions de M. Lyell, qui sont : 1° Que le lehm est minéralogiquement semblable aux sédiments actuels du Rhin ; 2° que ses coquilles fluviatiles et terrestres sont analogues aux espèces vivantes ; 3° que le nombre des individus des coquilles terrestres est ordinairement supérieur à celui des coquilles aquatiques, comme on l'observe encore parmi celles que le Rhin charrie aujourd'hui ; 4° que le lehm doit avoir été formé graduellement, les coquilles étant intactes et les lits qu'elles forment alternant parfois avec des lits de gravier ou de matières volcaniques ; 5° que quelques éruptions volcaniques ont dû avoir lieu pendant et après sa formation.

Les dépôts caillouteux venus des Vosges et de la forêt Noire renferment, dans leurs parties inférieures, des couches de sable rouge, où l'on trouve des coquilles fluviatiles, *Planorbis*, *Paludina* et *Cyclas*, plus abondantes que dans le Rhin.

Le dépôt de gravier du fond de la vallée du Rhin, ou *diluvium alpin*, nous montre la marche que le cours des eaux a suivie. Il se compose de débris venus des Alpes, d'autres des cantons jurassiques de la Suisse, une certaine quantité des Vosges et de la forêt Noire, et enfin quelques-uns sont originaires du massif igné du Kaisersthul.

C'est particulièrement dans ce dépôt de sable et de cailloux que se trouvent les ossements de grands mammifères : *Elephas primigenius*, *Rhinoceros tichorhinus*, *Ursus spelæus*, *Hyæna spelæa*, *Cervus euryceros*, *Equus adameticus*, *Bos priscus*, *Cervus priscus*. C'est probablement de ce même dépôt que provient un fossile très-remarquable, désigné par Duvernoy sous le nom de *Stereoceros typus* ou *Galli*, consistant en une portion de crâne ayant appartenu à un très-grand herbivore qui devait participer à la fois du Cheval et du Rhinocéros, mais plus voisin, s'il n'est identique avec l'*Elasmotherium* de la Russie.

Si nous essayons actuellement de comparer l'ensemble des dépôts quaternaires du bassin du Rhin avec ceux du nord de la France, nous trouverons que le lehm de la première région peut être représenté par l'alluvion ancienne de la seconde ; au-dessous vient le dépôt de transport particulier, dû au voisinage des Vosges et de la forêt Noire, résultant d'une action glaciaire et s'intercalant ainsi entre le lehm et le *diluvium alpin*, comme dans certaines parties du bassin de la Seine on rencontre un dépôt de transport caillouteux et sableux rouge sans fossiles. Enfin, les sables à cailloux roulés du fond de la plaine du Rhin sont parfaitement comparables à ceux qui occupent la partie inférieure des vallées du nord de la France et de la Belgique, car on y trouve les mêmes fossiles; ils ont les mêmes caractères physiques et sont composés exclusivement de détritus des roches qui constituent les bassins respectifs de chacune de ces dépressions.

L'examen des sédiments quaternaires de la vallée inférieure de la Loire nous offrirait peu d'intérêt au point de vue de la paléontologie, nous y reviendrons en traitant des cavernes et des brèches osseuses; mais il en est autrement lorsqu'on remonte le bassin particulier de l'Allier, dans la Limagne d'Auvergne, où les dépôts de cet âge ont présenté un vaste champ d'étude.

La publication des *Recherches* de Cuvier *sur les ossements fossiles*, et celle des *Reliquiæ diluvianæ* de W. Buckland, avaient, comme on sait, donné une vive impulsion à l'étude des restes de vertébrés du terrain tertiaire et des dépôts plus récents. A cet égard, le centre de la France ne resta point en arrière du mouvement qui s'était produit au nord, et ce fut surtout au delà de Clermont, où déjà quelques échantillons avaient été signalés, que des naturalistes du pays entreprirent des recherches fructueuses qui ne tardèrent pas à donner à la petite ville d'Issoire une célébrité que les observations plus récentes n'ont fait que confirmer.

Le premier ouvrage important exécuté dans cette voie, est l'*Essai géologique et minéralogique sur les environs d'Issoire, et principalement sur la montagne de Boulade*, par MM. Devèze, de Chabriol et Bouillet, publié en 1827, accompagné d'une carte, de coupes géologiques et de 27 planches consacrées à représenter les restes de vertébrés trouvés dans les dépôts d'eau douce de ce pays.

Les profils détaillés et le profil général des environs d'Issoire que nous reproduisons sur le tableau montrent bien les rapports des diverses roches granitiques à la base, puis lacustres et d'origine volcanique, qui viennent au-dessus. Mais parmi les roches stratifiées, si les dépôts calcaires d'eau douce réguliers sont bien distincts par leur position inférieure comme par leurs caractères : 1° des dépôts de cailloux roulés de la plaine d'Issoire; 2° des sables et des cailloux roulés du plateau de la Croix de Saint-Antoine au nord-ouest; 3° des sables et des cailloux roulés de la montagne de Boulade, située un peu au delà, et qui sont recouverts par une grande épaisseur de tufs volcaniques, les relations de ces trois dépôts clastiques ou détritiques ne sont pas suffisamment établies, de sorte que les fossiles qui y ont été trouvés sur divers points, et que les auteurs rangent dans quatre formations alluviales, ne sont pas distribués stratigraphiquement d'une manière satisfaisante; aussi la plupart des fossiles et des observations géologiques consignés dans ce travail devront-ils être mentionnés lorsque nous traiterons du terrain tertiaire.

L'année d'ensuite, MM. Croizet et Jobert publièrent leurs *Recherches sur les ossements fossiles du département du Puy-de-Dôme*, ouvrage accompagné d'une carte hydrographique, de 8 planches de coupes détaillées et de 48 planches de vertébrés fossiles. Les coupes géologiques de ce travail sont fort instructives, et les auteurs y distinguent, stratigraphiquement et en rapport avec les éruptions basaltiques, quatre époques d'*alluvions anciennes*. Mais si l'on compare les faunes ostéologiques de ces quatre époques, et surtout la plus importante, celle de la troisième, on reconnaît encore qu'elles n'appartiennent point, pour la plupart, à la période qui nous occupe, et qu'elles doivent être rangées dans le terrain tertiaire supérieur.

En général, on peut dire qu'on n'admettait alors en Auvergne, que deux faunes ostéologiques, l'une comprise dans les dépôts lacustres marneux ou calcaires régulièrement stratifiés, inférieurs aux basaltes et reposant sur le granite ou le terrain houiller; l'autre, disséminée dans les diverses couches de sable, de gravier, de cailloux alternant avec des tufs ponceux ou autres produits volcaniques, souvent surmontés de basaltes, et enfin se trouvant aussi dans des amas plus récents encore.

Si donc, en coordonnant les profils géologiques de ces deux ouvrages, comme nous le faisons au tableau, on peut se faire une idée assez exacte des relations des couches aux environs d'Issoire, il n'en est pas de même de la distribution des diverses faunes qu'elles renferment.

Ce ne fut qu'en 1843 que M. Pomel, qui avait fait une étude stratigraphique et paléozoologique de ces mêmes dépôts, parvint à y distinguer une faune réellement *quaternaire*, non pas dans le sens qu'il attribuait alors à cette expression, pour lui synonyme de tertiaire supérieure, mais dans celui que nous lui avons assigné depuis. Il désignait alors cette faune par l'expression de *faune des atterrissements*. Le type des dépôts de cet âge reposait sur le dyke basaltique qui forme l'extrémité méridionale de la montagne appelée Tour de Boulade, au nord-est d'Issoire, sur la rive gauche de l'Allier.

Cette faune, dit l'auteur, comprend les espèces de tous les gisements connus actuellement, autres que ceux précédemment cités (tertiaires). Ces gîtes sont nombreux, accidentels, éparpillés sur le sol de l'Auvergne, dans la vallée de la Limagne. Ils sont bien certainement synchroniques du grand phénomène diluvien ou erratique, car ils renferment les mêmes espèces que les terrains de ce dernier genre, quoiqu'ils ne présentent nulle part leurs caractères géologiques et qu'ils soient le plus souvent le résultat d'éboulements lents et partiels de certaines parties peu cohérentes des flancs des collines calcaires ou basaltiques. Les accumulations de fossiles que l'on trouve en outre sous les basaltes les plus récents, sous les laves, dans leurs fissures, dans les travertins et le limon de quelques grottes, font encore partie de la faune quaternaire, qui aurait commencé avant les derniers épanchements basaltiques, et se serait continuée jusqu'après les éruptions des volcans à cratère. Il n'y aurait eu, par conséquent, aucune relation entre les phénomènes biologiques et physiques du centre de la France à cette époque.

Cette localité de la Tour de Boulade a d'abord offert des restes d'Éléphant, de *Rhinoceros tichorhinus*, de Cheval, de Bœuf, de Renne, de Cerf, d'Antilope, de *Felis* et de *Canis*, et l'on en a retrouvé ensuite dans une multitude d'autres, telles que Champeix, les Peyrolles, Tormeil, Malbattu, Paix, Anciat, Neschers, Coudes, la Maison-Blanche, Pardines, aux environs d'Issoire, et plus loin, à Gergovia, Montpeyroux, Sarlive, Aubière, Saint-Privat, dans la Haute-Loire, et Chatelperou (Allier).

En revenant plus tard sur ce sujet (1846), M. Pomel a fait voir le peu de raison qu'il y avait à distinguer deux faunes parmi ces restes de vertébrés, comme l'avait pensé M. Bravard : l'une composée de grands animaux, l'autre de petits. Ils appartiennent, les uns et les autres, en réalité, à une même classe de dépôts, dont les différences ne tiennent qu'à des circonstances locales et accidentelles. Dans ces dépôts de la Limagne, il y a reconnu l'Éléphant sous deux formes : l'*Elephas primigenius* et l'*Elephas meridionalis*, qui, pour nous aujourd'hui, constituent deux espèces distinctes. M. Pomel avait suivi probablement les idées de M. de Blainville à ce sujet. L'Hippopotame a été trouvé dans les environs de Tormeil et de Montaigu; le Cochon ou Sanglier, à la Tour de Boulade. Des ossements de *Rhinoceros tichorhinus*, de Cheval, de Renne, une espèce de Bouc gigantesque (*Capra Rozeti*), le Mouton, le Cerf, ont été rencontrés en abondance dans plusieurs localités. Le plus remarquable de tous les ruminants, après le Renne, est cet énorme Bœuf, si différent de l'Aurochs par la disposition de ses cornes, et qui est connu sous le nom de *Bos primigenius*. Outre ces grands mammifères, on trouve des restes de Lièvres avec ceux de Renne, de Marmottes, de Hamster, de quatre espèces de Campagnols et d'insectivores (Musaraigne, Taupe, Hérisson), et enfin plusieurs carnassiers. Les petites espèces sont celles qui se rapprochent le plus des vivantes, et même souvent sont identiques.

Dans certaines circonstances, des restes de cette faune sont enfouis sous les laves, dans leurs fentes ou dans les dépôts adossés à leurs escarpements; d'où il résulte que les grands mammifères éteints vivaient avant et ont vécu depuis les derniers épanchements des volcans à cratère, dernière manifestation eux-mêmes de cette série de phénomènes ignés qui avaient caractérisé les derniers moments de l'ère tertiaire de cette région.

Néanmoins on n'y retrouve aucune trace de grandes catastrophes, de grands bouleversements qui aient détruit ou modifié les conditions extérieures pour anéantir toutes ces générations ou en reléguer quelques-unes dans d'autres pays, et elles ont dû s'éteindre par des causes qu'il est bien difficile d'apprécier aujourd'hui. Ainsi, dans le centre de la France, il n'y a pas eu de phénomène diluvien proprement dit; il n'y a pas eu non plus, malgré l'élévation des montagnes, de phénomènes glaciaires.

Les phénomènes qui ont amené l'enfouissement de cette faune seraient donc différents de ceux que nous avons observés dans le nord de l'Europe, en Angleterre, dans le nord de la France, dans le bassin du Rhin, et cependant le caractère des faunes est partout sensiblement le même.

Enfin, dans son *Catalogue méthodique et descriptif des vertébrés fossiles*, publié en 1853, M. Pomel énumère soixante-deux espèces qui appartiennent à la faune quaternaire, nommée par lui *diluvienne*, et dont plusieurs sont très-voisines de celles de notre époque. Ce sont : sept espèces d'insectivores, vingt-trois ongulés (pachydermes, solipèdes, ruminants) et quatre reptiles.

La présence des proboscidiens constitue le caractère le plus important de cette faune, et la différencie surtout de la faune actuelle du pays.

Jusqu'ici, en général, nous n'avions reconnu qu'une faune de mammifères quaternaires. Nous avions bien signalé, dans l'est de l'Angleterre, le long des falaises du Suffolk et du Norfolk, quelques dépôts plus anciens que les couches lacustres supérieures à l'argile à blocs (*boulders clay*), et dans lesquels des restes d'Éléphant, d'une espèce différente de l'*Elephas primigenius*, avaient été rencontrés, mais ce fait ne s'était pas reproduit très-distinctement ailleurs.

M. Pomel, en comparant les éléments de sa *faune diluvienne* de l'Auvergne avec les divers gisements d'où ils provenaient, a cru pouvoir y reconnaître la preuve de l'existence de deux faunes appartenant à cette même époque, mais non contemporaines. C'est dans la montagne de Perier, si célèbre par sa faune tertiaire supérieure, qu'ont été aussi recueillies les espèces quaternaires les plus anciennes. Elles gisent au-dessus des conglomérats ponceux, et peut-être même dans les sables qui alternent avec ceux-ci dans la partie supérieure, tandis que les fossiles tertiaires sont dans les dépôts placés sous ces mêmes conglomérats.

Les espèces particulières à ce gisement et à ceux qui lui correspondent aux environs d'Issoire sont : *Erinaceus major*, *Ursus spelæus*, *Hyæna brevirostris*, *Canis neschersiensis*, *Elephas meridionalis*, *Rhinoceros leptorhinus*, *Tapirus*, *Equus robustus*, *Hippopotamus major*, *Cervus ambiguus*, *Cervus macroglochis*, *Capra Rozeti*, *Bos priscus*.

Les gisements de la seconde faune quaternaire seraient, dans la vallée de l'Allier, les alluvions du fond des vallées, peu élevées au-dessus des grandes eaux actuelles, les éboulis sur les flancs des collines, les fentes des travertins et des laves anciennes, quelquefois les scories mêmes de ces laves, et enfin des grottes et des cavernes. Chacun de ces gîtes ne renferme pas un grand nombre d'espèces, quelques-uns sont dépourvus des grandes, d'autres des petites; ce qui pourrait faire croire à des différences d'âge et à des faunes distinctes, tandis qu'en réalité ce sont les résultats de causes locales purement accidentelles.

Les genres actuels du centre de la France représentés dans ces dépôts de diverses sortes sont : parmi les insectivores, des Taupes et des Musaraignes ; parmi les rongeurs, des Loirs, Campagnols, Rats et Lièvres ; parmi les carnassiers, des Blaireaux, Martes, Putois, grand *Felis* et le Chien; parmi les ongulés, le Cochon, le Cerf, le Mouton, le Bouc, le Bœuf et le Cheval; parmi les reptiles, des Lézards, des Couleuvres et des Grenouilles.

Les espèces des genres étrangers au pays appartiennent aux genres *Spermophile*, *Arctomys*, *Lemmus*, *Cricetus*, *Lagomys*, parmi les rongeurs; *Ursus* et *Hyæna* (*H. spelæa*), parmi les carnassiers; Éléphant (*E. primigenius*), Rhinocéros (*R. tichorhinus*), Antilope, parmi les ongulés.

Ainsi, avec les Éléphants, les Rhinocéros, les Hyènes, les grands *Felis*, l'Antilope, qui rappellent la faune actuelle des climats chauds de l'Afrique, habitaient les Spermophiles, les Marmottes, les Lagomys, les Lemmings et le Renne des climats froids de nos jours.

De même aussi, plus nous nous avançons dans l'étude des organismes de l'époque quaternaire, plus nous acquérons la preuve de sa longue durée, aussi bien par une succession de faunes distinctes que par la série des phénomènes physiques qui s'y sont produits.

Vicomte D'ARCHIAC.

HISTOIRE NATURELLE DES CORPS ORGANISÉS.

COURS DE M. GUSTAVE FLOURENS.

(COLLÉGE DE FRANCE.)

(Voyez les nos 4, 5, 8 et 9.)

IX.

TABLEAU II.

SOUS-DIVISION PERSANE.

CONSTITUTION. — *Tête* ovale, traits réguliers et majestueux; yeux bien fendus (yeux de gazelle) ; barbe noire et épaisse, cheveux bouclés, abondants; profil allongé. *Muscles* assez robustes, bien développés. *Taille* moyenne. *Teint* blanc.

CARACTÈRE. — Brave, gai, actif, très-superstitieux; corrompu par la conquête araméenne (Arabes); génie fécond, mais hyperbolique (les œuvres vraiment nationales ont été détruites par les Arabes) ; historiens nombreux; artistes anciens, supérieurs à ceux de l'Hindoustan.

ACTION. — Sortis du Farsistan sous les Achéménides (Cyrus, Cambyse, Darius, Xerxès, etc.), les Persans soumettent l'Asie occidentale jusqu'à l'Indus, l'Égypte, et menacent les Grecs. Commandés par Alexandre, ceux-ci font la conquête de la Perse. Les Arsacides (Parthes) y fondent un puissant empire, qui se maintient indépendant entre les deux empires chinois et romain. Tombé en décadence sous les derniers Sassanides, il est conquis par les Arabes, puis morcelé en États indépendants, dont les Turcs sedjoucides (Togrul-beg) reforment une monarchie. Conquête mongole (Gengis-Khan, Houlagou); invasions ottomanes ; victoires de Nadir-Schah dans l'Hindoustan. Convoitée par la Russie et l'Angleterre, la Perse actuelle est très-sympathique à la France.

SECTION TADJIKE.

(Vrais Persans).

SECTION AFGHANE.

Grands, robustes, violents, les Afghans sont la terreur des autres Orientaux. — Dialecte *pouchto*, peu de littérature.

SECTION BELOUTCHE.

Pasteurs nomades, sauvages et cruels, mais hospitaliers; taille élevée, traits réguliers. — Dialecte *Beloutche*.

SECTION KURDE.

Montagnards indépendants, demi-barbares, traits grossiers; teint foncé, larges épaules. — Dialecte *Kurde*.

SECTION OSSÈTE.

Peuple barbare, adonné au pillage; soumis aux Russes. — Dialecte *Ossète*.

Messieurs,

Je ne crains point de donner des Persans une idée trop élevée en les appelant les Français de l'Orient. C'est, en effet, un peuple très-brave, spirituel, vif et léger. Ils ont la plus vive sympathie pour nous; ils envoient à Paris leur jeunesse pour s'initier aux connaissances de l'Occident. L'école persane est dirigée par l'un des professeurs du Collége de France, M. Chodzko, homme de cœur et d'intelligence, capable, en faisant aimer à ses élèves les idées et la civilisation françaises, d'assurer notre prédominance dans cette partie de l'Orient. La Russie, déjà maîtresse à Khiva, en Boukharie, l'Angleterre établie dans l'Hindoustan, menacent toutes deux la Perse et tendent à se la partager. Entre ces deux rivales de la France, la Perse n'a d'autre recours que notre alliance, et elle a su le comprendre.

Nous ne sommes plus en présence d'Aryas émaciés par un climat tropical, comme le sont les Hindous. Le climat de la Perse est généralement tempéré; les vallées sont chaudes, fertiles et agréables. Mais les parties élevées sont parfois très-froides, et l'on peut, en une même journée, passer du climat de la France méridionale à celui de la Sibérie. Le Persan est bien musclé, les montagnards sont très-robustes. Les bas-reliefs de Persépolis, cette illustre capitale de la Perse antique, nous offrent de belles figures de Persans ; et nous retrouvons ces mêmes figures chez les habitants actuels de la Perse, les Tadjiks ou vrais Persans. Tant il est vrai que les types persistent immuables, toutes les fois qu'il n'y a ni mélanges, ni changement de territoire, et par suite de climat. La population du nord de la Perse est principalement turque, et il y a, dans tout le pays, des nomades d'origines très-diverses. Les traits indiqués dans le tableau sont ceux du Tadjik : cet œil de gazelle, célébré dans les poésies persanes et regardé par ce peuple comme une supériorité nationale; cette figure calme, majestueuse, qui n'indique point le génie comme les beaux types *grecs que nous étudierons* dans la prochaine leçon, mais au moins une intelligence heureusement constituée; ce riche développement du système pileux qui encadre bien le visage. La sculpture, chez les Persans, est supérieure à celle des Hindous : elle ne vaut point la sculpture grecque, mais elle nous retrace fidèlement le type persan.

Ce peuple est très-superstitieux : la Perse est la patrie des fées, des génies, des péris, des anges, l'arsenal des superstitions. Nous verrons plus tard combien certain peuple araméen lui en a emprunté. L'extase est fréquente en Perse, on s'y croit volontiers en communication avec des êtres surnaturels. La sorcellerie est même la seule religion qui subsiste encore dans ce pays. L'islamisme est le culte officiel; les persécutions, l'inquisition l'y ont établi, et en apparence les Persans sont très-pieux. Mais derrière cette hypocrisie obligée, il y a la plus complète incrédulité. Les Sofis n'admettent aucun dogme, et regardent le Coran comme un simple livre humain de morale. Les Guèbres ont conservé l'ancienne religion nationale; ils sont nombreux surtout dans le Farsistan, noyau de la Perse. Ils gardent aussi l'usage de ces odieuses alliances entre frère et sœur, et même entre mère et fils, familières aux anciens Persans. Comme la nation entière n'était pas assujettie à ces alliances, simplement faites à titre de bonnes œuvres; comme tous les Persans n'avaient point de sœurs et devaient forcément s'allier ailleurs, il est impossible de rien conclure de la fécondité de ces unions incestueuses, qu'un certain parti voudrait en vain réhabiliter.

Les livres sacrés de la Perse ne sont pas aussi bien conservés que ceux de l'Hindoustan. Loin de nous offrir un code moral, civil et religieux, ils ne se composent plus que d'insipides livres de prières, de cérémonies sacrées, d'offices. Les paroles que doit prononcer l'officiant et le servant sont exactement notées; les prêtres persans, Mobeds et Destours, y trouvent un rituel complet; mais ces formules pieuses n'ont aucun intérêt pour nous. La théogonie persane est plus curieuse. Zervane-Akéréne, c'est-à-dire le temps sans limites, est le dieu suprême. Au-dessous de ce dieu en viennent deux autres, l'un bon, Ormuzd, l'autre méchant, Ahriman. De la lutte de ces deux divinités résulte l'association constante du bien et du mal. Nous verrons plus tard cette doctrine introduite dans le christianisme par le médecin persan Manés, s'établir en France, où les Albigeois, qui l'adoptèrent, furent massacrés. Sous les ordres de ces deux divinités principales, est placée toute une milice céleste. Ormuzd commande aux Amschaspands, Ahriman aux Dews. Pour résister aux attaques des divinités malfaisantes, pour se sauver et obtenir d'Ormuzd sa grâce, l'homme a besoin d'un médiateur. Car il est corrompu par le péché originel, par la faute de ses premiers parents, Meschia et Meschiané. Ce médiateur est Mithra, c'est-à-dire le soleil. Mithra est le nom arya du feu, nous le retrouvons aussi dans les Védas. Le soleil est à la fois la lumière matérielle et la lumière morale, le symbole de la loyauté, de la vérité, de la vertu. Le culte mithriaque a pour image principale un beau jeune homme, fortement musclé, vêtu du costume national persan, le type tadjik le plus pur, c'est Mithra. La tête levée vers le ciel, il accomplit le sacrifice qui doit sauver l'homme. D'une main il presse l'encolure d'un superbe taureau, de son genou gauche il le maintient courbé; puis, de sa main droite restée libre, il lui enfonce sa dague dans le flanc. Sur le noble animal, victime expiatoire des fautes humaines, s'acharnent des êtres vils et rampants, symboles des vices de l'homme; en avant, le serpent qui se colle à ses flancs et boit avidement le sang de la blessure; en arrière, le scorpion difforme, puis le chien immonde.

Il y eut un moment où le culte mithriaque obtint dans l'Occident beaucoup de vogue. Alors Rome, dégoûtée de ses tristes dieux, tombés dans la fange, voués à la risée publique, demandait à l'Asie, mère des religions, un culte nouveau. Chaque jour arrivaient, en Italie, des divinités étrangères, avec leurs prêtres, leurs dogmes et leurs rites : les unes, obscènes, infâmes; les autres, stupides et nulles. Mithra valait mieux que ses compétiteurs : il eut surtout des succès dans l'armée. Les initiations mithriaques ressemblaient à celles de la franc-maçonnerie; elles se composaient d'épreuves plus ou moins dangereuses. Ce dieu combattant, toujours la dague à la main, plaisait aux légionnaires romains : de là ces bas-reliefs mithriaques que nous retrouvons dans les pays où ils ont passé, avec cette inscription : *Deo invicto Soli Mithræ.*

Xénophon nous fait une merveilleuse peinture des mœurs pures des Persans primitifs. Ainsi Tacite accorde aux Germains les vertus qui manquaient aux Romains; c'est un artifice permis à l'écrivain moraliste. Cependant les vices que nous trouvons dans la Perse actuelle n'appartiennent pas au caractère national; ils sont le fruit de l'importation d'une religion araméenne. Le fatalisme musulman détruit la volonté, la conscience, énerve et amollit les âmes, partout il a profondément corrompu les peuples. C'est aussi à la conquête araméenne que nous devons la perte des œuvres anciennes du génie persan. Firdousi, historien plutôt que poëte, auteur du Schah-Nameh ou Livre des rois persans; Sâdi, dont le Gulistan, ou Jardin des roses, peut le mieux nous donner une idée de cette poésie orientale, brillante, gracieuse, riche en splendides couleurs; Hafiz, dont les *ghazels* (odes) sont si populaires, le chantre aimable, l'Anacréon des Persans, voilà les richesses poétiques de ce peuple.

Le génie arya a perdu sous le climat hindou un de ses principaux caractères. Placé au milieu de cette végétation tropicale, de cette animation luxuriante, absorbé dans la contemplation de ce monde matériel éblouissant, avec lequel il s'est confondu, dans lequel il a cru qu'il renaissait sans cesse, l'homme a oublié le temps et la suite des faits humains. Point de chronologie, point d'histoire chez les Hindous; on ne peut distinguer si tel fait s'est accompli cinq siècles plus tôt ou plus tard. Les Aryas-Gaulois et Kymris n'ont pas su davantage conserver la mémoire de leur action; au milieu des vastes forêts gauloises, le druide songeait aussi à d'autres existences, au lieu de s'occuper à transmettre aux générations nouvelles les souvenirs nationaux. Les Aryas-Persans, au contraire, comme les Grecs, aiment passionnément l'histoire. Ils se livrent, avec la même ardeur, à des discussions historiques et à des discussions métaphysiques. Quel Persan, même le plus pauvre et le plus malheureux, ignore les héros nationaux, Djemschid, Roustem, et n'est prêt à vous raconter leurs belles actions? Les Arabes ont détruit une grande partie des annales persanes; il n'en existe pas moins de nombreux historiens. Et aujourd'hui encore l'histoire est cultivée dans ce pays, sinon avec beaucoup de critique, au moins avec beaucoup de zèle.

Il est impossible de parler de la Perse sans citer notre représentant dans ce pays, M. de Gobineau, dont l'ouvrage, *Trois ans en Asie,* nous initie aux coutumes, aux mœurs actuelles des Persans. Ce sont de grands enfants, pleins de gaieté et d'insouciance, dont la vie est bien différente de la nôtre, si sévère et si laborieuse. Dans ces vallées charmantes, sous ce beau climat, l'existence est facile; point de travail excessif, point de misère. D'ailleurs tous s'entr'aident volontiers, le peuple est bon. Les promenades dans la ville, les conversations des bazars, les sarcasmes, les lazzis, les visites où se donne carrière cette politesse orientale si exagérée, voilà les distractions habituelles. Les femmes se promènent librement, méconnaissables pour tous sous les voiles dont elles sont couvertes, et passent leur journée à discuter des emplettes chez les marchands : celles des campagnes sont très-laborieuses. Sur les routes se rencontrent des hommes appartenant à toutes les religions qui se partagent l'Asie, féconde en superstitions : chacun d'eux est persuadé que sa religion est la seule bonne, et pourtant il admet qu'on puisse avoir des croyances différentes.

Nous ne trouvons point chez les Persans la belle sculpture grecque, mais nous trouvons un art supérieur à celui de l'Hindoustan. Les dieux hindous sont difformes, bizarres, extravagants; ils ont plusieurs têtes, des rangées de bras. Dès que l'homme, au lieu de bien rendre la réalité en la pénétrant dans ses traits intimes, veut inventer ce qui n'est point, il tombe dans le laid, dans l'absurde. Les artistes persans, lorsqu'ils ont voulu représenter des êtres surnaturels, impossibles, ont eu recours à des combinaisons : de là ces têtes humaines, calmes, majestueuses, dominatrices, coiffées de la tiare royale, ornées de barbes imposantes, implantées sur des corps de lions ou de taureaux, et les ailes données à ces taureaux pour indiquer des êtres célestes. La sagesse de l'homme, la puissance royale, la force musculaire des plus robustes animaux, les ailes de l'aigle, tout ce que l'homme trouve dans la réalité de plus élevé, voilà les éléments d'une image divine.

Le législateur persan Zoroastre nous est mal connu; nous ne pouvons fixer la date de son existence, c'est pourtant un personnage réel. Si pour la connaissance des livres sanscrits nous avons eu recours à des Anglais, dont les principaux sont William Jones et Colebrooke, nous devons à un Français celle des livres zends. Anquetil-Duperron, voulant parvenir à déchiffrer un de ces livres apporté en Europe, s'engagea, comme soldat, faute de ressources, dans notre armée de l'Hindoustan. De ce pays il passa en Perse, où il se lia avec les prêtres, Mobeds et Destours, qui lui communiquèrent leur science. Il a ouvert la voie; c'est en suivant sa trace que nous arrivons aujourd'hui à une meilleure connaissance des livres zends. Dans l'Hindoustan il y a deux langues mortes, littéraires, sanscrit et pali; dans la Perse il en est de même. Le zend et le parsi ne sont plus parlés; diverses autres formes de ces langues ont eu cours successivement. La langue actuelle des Persans a été fortement aramaïsée par la conquête arabe. Quant aux dialectes de l'Afghanistan et du Béloutchistan, ils nous offrent peu d'intérêt, bien qu'il existe quelques poésies afghanes. Le nom national des Afghans est *Pouschtaneh*, que nous retrouvons dans l'Hindoustan, où ils reçurent, quand ils en firent la conquête, le nom de Patans. Ils sont pleins de bravoure et même d'insolence militaire; toujours armés, ils font fuir devant eux les autres Orientaux. Sur les plateaux élevés du Béloutchistan, sous un climat rude, s'est conservée une population robuste, sauvage, étrangère au commerce et à l'industrie, conduisant ses troupeaux de pâturage en pâturage, nomade comme aux temps primitifs.

GUSTAVE FLOURENS.

HISTOLOGIE.

COURS DE M. CH. ROBIN.

(FACULTÉ DE MÉDECINE.)

(Voyez les nos 1, 3 et 5.)

III.

Sur ce qu'on doit entendre par organisation dans l'état actuel de la science.

Le désir de pénétrer dans la réalité des choses, autant qu'il est en nous de le faire, conduit inévitablement tout esprit habitué à réfléchir, ou livré aux recherches scientifiques, à s'enquérir des notions que nous pouvons posséder sur la substance organisée.

Déterminer la nature moléculaire de la matière en dehors de laquelle aucun acte de la vie animale, pas plus que de la vie végétative, ne peut être constaté, n'est en effet chose indifférente pour personne, car, selon l'expression de Cuvier, « la vie suppose l'être vivant comme l'attribut suppose le sujet ».

Buffon le premier a tenté d'établir nettement les relations qui existent entre les formes de la matière qui, dans certaines conditions, est douée de vie, et celles de la matière qui, à juste titre appelée matière brute ou commune, ne jouit que de l'activité générale, chimique, physique et mécanique.

« Pour peu qu'on ait réfléchi, dit-il, sur l'origine de » nos connaissances, il est aisé de s'apercevoir que nous » ne pouvons en acquérir que par la voie de comparaison ; » ce qui est absolument incomparable est absolument in- » compréhensible. » (Buffon, *Histoire naturelle*, Paris, 1749, in-4, t. II, p. 430.)

C'est guidé par ce principe créateur des sciences organiques et par des connaissances générales de l'ordre le plus élevé, c'est en s'appuyant sur des études préalables d'ordre expérimental les plus variées, qu'il cherche à se rendre compte de ce que peut être la substance qui, dans les animaux comme dans les végétaux, a les facultés de se renouveler sans se détruire, de se développer, de se reproduire, et partant de se multiplier ; qui, dans les animaux, a de plus la faculté de se contracter et celle de sentir, pourvu que persistent certaines conditions, les unes, intérieures, relatives à la composition moléculaire, les autres, extérieures, concernant les *milieux* qui l'entourent.

« Nous devons donc dire qu'étant formés de terre et » composés de poussière, nous avons en effet avec la terre » et la poussière des rapports communs qui nous lient à » la matière en général : telles sont l'étendue, l'impéné- » trabilité, la pesanteur, etc... Mais comme nous n'aper- » cevons pas ces rapports purement matériels, comme ils » ne font aucune impression au dedans de nous-mêmes, » comme ils subsistent sans notre participation et qu'a- » près la mort ou avant la vie, ils existent et ne nous af- » fectent point du tout, on ne peut pas dire qu'ils fassent » partie de notre être ; c'est donc l'organisation, la vie, » l'âme qui fait proprement notre existence. » (P. 4.)

« ....Nous différons beaucoup des végétaux, cepen- » dant nous leur ressemblons plus qu'ils ne ressemblent » aux minéraux, et cela parce qu'ils ont une espèce de » forme vivante, une organisation animée semblable en » quelque façon à la nôtre, au lieu que les minéraux n'ont » aucun organe. » (P. 5.)

L'erreur de Buffon commence où elle devenait inévitable dans l'état où se trouvaient alors nos connaissances sur les lois de la composition chimique et de la formation des corps cristallisables et coagulables. . « Tous les » animaux, dit-il, se nourrissent de végétaux ou d'autres » animaux qui se nourrissent eux-mêmes de végétaux ; » il y a donc dans la nature une *matière commune aux uns* » *et aux autres*, qui sert à la nutrition et au développe- » ment de tout ce qui vit ou végète. Cette matière ne » peut opérer la nutrition et le développement qu'en s'as- » similant à chaque partie du corps de l'animal ou du » végétal, et en pénétrant intimement la forme de ces » parties que j'ai appelée le moule intérieur. » (P. 420.)

Cette matière commune aux uns et aux autres n'existe pas ; ce sont au contraire des principes divers, nombreux, que l'être organisé emprunte aux milieux ambiants et s'assimile, c'est-à-dire fixe temporairement en les modifiant de manière à les rendre semblables à ceux qui composent sa substance. Cette composition offre, il est vrai, un fait commun, une loi constante qui se retrouve dans toute substance qui assimile et désassimile ; mais les principes assimilés diffèrent en nature et en quantité de l'une à l'autre des formes diverses sous lesquelles se présente la matière organisée ; formes à chacune desquelles est inhérent quelque attribut dynamique distinct et particulier.

Buffon appelle *matière organique nutritive et productive universellement répandue* celle qu'il suppose jouer le rôle signalé plus haut.

« Cette matière *productive* est composée de particules » organiques toujours actives dont le mouvement et l'ac- » tion sont fixés par les parties brutes de la matière en » général, et particulièrement par les *particules* huileuses » et salines ; mais dès qu'on les dégage de cette matière » étrangère, elles reprennent leur action, et produisent » différentes espèces de végétations et d'autres êtres ani- » més qui se meuvent progressivement. » (P. 421.)

— La suite à un prochain numéro. —

Erratum. — C'est par suite d'une erreur que la leçon d'ouverture du cours de chimie du collége de France, insérée dans notre n° 7, porte la signature de M. Balard. L'éminent professeur n'avait pu précisément, pour cette leçon, nous prêter le concours bienveillant qu'il nous a promis. Il faut lire au bas de cette leçon la signature de notre collaborateur M. Muller.

Le propriétaire-gérant : Germer Baillière.

PARIS. — IMPRIMERIE DE E. MARTINET, RUE MIGNON, 2.

PREMIÈRE ANNÉE. — N° 11. UN NUMÉRO : 30 CENTIMES. 13 FÉVRIER 1864.

REVUE DES COURS SCIENTIFIQUES DE LA FRANCE ET DE L'ETRANGER

PHYSIQUE — CHIMIE — ZOOLOGIE — BOTANIQUE — ANATOMIE — PHYSIOLOGIE
GÉOLOGIE — PALÉONTOLOGIE — MÉDECINE

Paraît tous les Samedis.

	Six mois.	Un an.
Paris.........	8 fr.	15 fr.
Départements..	10	18
Étranger......	12	20

Prix de l'abonnement avec la Revue des Cours littéraires.

	Paris	Départ.	Étranger
Six mois.....	15 fr.	18 fr.	20 fr.
Un an.......	26	30	35

Rédacteur en chef
M. ODYSSE-BAROT

Les ouvrages dont deux exemplaires auront été envoyés au bureau du journal seront annoncés et analysés s'il y a lieu.

On s'abonne
A LA LIBRAIRIE GERMER BAILLIÈRE
17, rue de l'École de Médecine,
Et chez tous les libraires, par l'envoi d'un bon de poste, ou d'un mandat sur Paris.

L'abonnement part du 1er décembre ou du 1er juin de chaque année.

SOMMAIRE.

HISTOIRE NATURELLE DES CORPS ORGANISÉS.

COURS DE M. GUSTAVE FLOURENS.

(COLLÉGE DE FRANCE.)

(Voy. les nos 4, 5, 8, 9 et 10.)

X.

Des Grecs.

TABLEAU III.

SOUS-DIVISION GRECQUE. — SECTION HELLÉNIQUE.

CONSTITUTION. — *Tête* globuleuse, front haut, nez droit; os maxillaires tout à fait perpendiculaires; dents blanches, lèvres fines, bouche petite et bien fendue; menton élégamment arrondi, assez saillant; yeux bleus, grands et largement ouverts, bordés de longs cils. Face d'une régularité parfaite, offrant les plus gracieux contours; oreilles bien dessinées; cheveux lisses et fins, blonds ou noirs. *Muscles* pleins, fermes et robustes; attaches musculaires délicates. *Taille* généralement élevée. *Teint* aussi blanc que le climat le permet.

CARACTÈRE. — Non moins heureux que la constitution, offre le développement le plus complet des meilleures puissances de l'âme humaine, fruit de la liberté bien comprise et de l'éducation bien dirigée. Jamais la pensée ne s'est élevée aussi haut; jamais l'expression des idées ou des passions de l'âme et des formes de la matière n'a été aussi belle. Tous les peuples européens actuels (excepté les Russes) s'inspirent de cette noble civilisation.

ACTION. — Sorties de l'Asie, des tribus aryanes vinrent s'établir, par colonies successives, dans la Grèce, où elles se mélangèrent avec des Araméens (Danaüs, Cécrops, Cadmus); réunies pour une guerre commune contre les Pélasges-Troyens, elles formèrent une nation. L'insuffisance du territoire et les dissensions politiques amenèrent de nombreuses et brillantes émigrations des Grecs sur tout le littoral de la Méditerranée. Ils fondèrent la liberté européenne et surent la défendre contre le despotisme asiatique; mais ils s'épuisèrent par leurs divisions et tombèrent sous le despotisme *macédonien* d'abord, puis *romain*, et enfin *turc*, le plus dégradant de tous. Pourtant l'empire d'Orient (Bas-Empire) conserva la lumière antique, source de notre civilisation moderne, jusqu'au jour où les Lascaris vinrent la transmettre aux Italiens et aux Français (Renaissance). Et le peuple grec, dont les traits rappellent ceux de ses pères, retrouvera aussi leurs grandes inspirations.

Sous-section ionienne.

Renferme les premiers des Grecs (Athéniens) fortement mélangés avec les Pélasges : constitution très-belle; caractère spirituel, intelligent et brave; gouvernements démocratiques. Les Ioniens enlevèrent aux Phéniciens le commerce de la Méditerranée et colonisèrent l'Asie Mineure, les îles Égéennes, le Pont-Euxin, l'Italie méridionale, la Sicile, l'Égypte (Naucratis), la Gaule (Marseille). Dialectes : *ionien ancien* (Homère), *nouveau* (Hérodote); *attique ancien*, *moyen* (Thucydide), *nouveau* (Démosthène).

Sous-section dorienne.

Génie rude et farouche; développement intellectuel bien inférieur (Sparte); société guerrière, organisée comme un couvent (communisme), réduisant les vaincus au plus dur esclavage (ilotes). Quelques colonies. Dialecte *dorien* le plus âpre, le moins élégant de tous.

Sous-section éolienne.

Expulsés du Péloponèse et de la Béotie par les Doriens, les Éoliens remontèrent en Thrace et passèrent en Asie Mineure (Éolie). Dialecte *éolien* (Corinne, Sapho, Pindare).

Sous-section achéenne.

Établis d'abord en Thessalie, puis dans le Péloponèse et sur les bords du golfe de Corinthe, les Achéens fondèrent aussi des colonies en Asie. Gouvernements monarchiques d'abord (Pélopides, Agamemnon), puis républiques fédératives. Ligue achéenne.

Section macédonienne (antique).

Section albanaise (moderne).

Il en sera traité ultérieurement à propos des Pélasges.

Messieurs,

Vous vous rappelez la loi que nous avons établie dans les premières leçons de ce cours : « Les mélanges entre peuples de même race sont essentiellement bienfaisants. » Nous avons considéré chacune des trois races comme un type dont les qualités de l'âme et du corps étaient diversement réparties entre les tribus primitives par lesquelles la race avait apparu. Et nous avons dit que s'il y avait un peuple dont les mélanges fussent le plus nombreux possible, sans sortir des limites de la race, ce peuple parviendrait à réunir la plus grande somme de qualités éparses, à s'en emparer, à les fondre dans sa constitution et son caractère, et par suite à se grandir, à s'améliorer. Nous avons prouvé au contraire, par les lois physiologiques et par de nombreux exemples, que les mélanges entre peuples de races différentes étaient malfaisants et funestes.

Parmi les nations actuelles, les Français et les Anglais, parmi les nations anciennes, les Grecs, nous révèlent l'immense supériorité des peuples bien mélangés. Tout ce qu'il y a de meilleur, de plus élevé, dans les deux génies de la race blanche, le génie arya et le génie araméen, les Grecs l'ont possédé. La Grèce s'est formée par la superposition et la fusion de diverses colonies aryanes et araméennes, sorties successivement de l'Asie. Le génie arya composait le fond de la nation, il a prédominé; mais il s'est enrichi de bien des éléments qui lui manquaient, qui font défaut à tous les Aryas non aramaïsés, tels que les Aryas-Slaves et les Aryas-Germains.

De là ces beautés infinies de la Grèce, ces splendeurs, ces enchantements, cette vaste intelligence, ces succès perpétuels. Avant Homère, ces nobles poëtes dont les noms seuls nous sont parvenus, Musée, Orphée, Eumolpe, Linus, Tamyris, de son temps Phémios et Démodocos. Homère qui, loin d'être aveugle, a le mieux vu et le mieux peint les faits matériels, tellement que ses descriptions des différentes parties de la Grèce sont encore les plus précises et les plus exactes; Homère, qui a le mieux connu les hommes, le mieux compris les faits humains; Homère, la source éternelle du beau. Il ne s'arrêtait point au dehors, il pénétrait l'homme même, l'homme profond, et il l'exprimait dans toute sa vérité. Pindare, les amours de la Grèce, qui partageait avec les dieux les offrandes faites à Delphes, qui avait droit de cité dans toutes les villes grecques, qui sut allier avec la mesure, la précision, la sobre élégance hellénique, les magnificences de la féerie orientale. Ici, ce sont les taureaux qui vomissent des flammes, et ce dragon formidable, aux yeux verdâtres, au regard fascinant, plus large et plus grand que les vaisseaux à cinquante rangées de rames, qui, dans ses dents, tient la toison d'or. L'âme de Phryxus est enfermée dans un palais enchanté, au fond d'une forêt. Il faut la délivrer, il faut conquérir la toison d'or. Pour tenter cette dangereuse et illustre entreprise, combien s'offrent d'aventuriers, tous des héros, c'est-à-dire fils des dieux et des femmes mortelles, les Argonautes. Image fidèle de la société grecque, où la jeunesse était toujours prête à conquérir la gloire et la fortune à travers les périls. Et leur chef Jason soumet les taureaux au joug, leur fait tracer un sillon droit, ferme, profond, tue le dragon et s'empare du trésor. Alors, Pindare donne au roi Arcésilas, dont il célèbre la victoire à la course des chars, les plus nobles conseils, les idées les plus élevées.

Comme le chêne robuste des forêts reste encore debout, quand la hache tranchante a mutilé le branchage qui faisait sa gloire et sa beauté, quand l'incendie allumé à sa base a noirci son tronc, même quand il sert de colonne et supporte le toit d'un palais, ainsi le peuple est immortel. Détruisez l'élite de la nation, semblable aux branches qui couronnent et illustrent le front du chêne; mettez-la en feu par les séditions et les luttes des partis, écrasez-la, despote, sous votre tyrannie, le peuple, comme l'arbre, répare ses ruines. Arcésilas rendra la paix et le bonheur aux habitants de Cyrène. Il est facile de bouleverser une cité; les plus pauvres hères en sont capables. Mais la replacer sur ses bases, maintenir l'équité pour tous, calmer les partis, ces partis extrêmes qui veulent s'entre-déchirer et tout perdre, c'est œuvre de génie. La récompense que demande Pindare pour ses chants, source d'éternel honneur, c'est le rappel à Cyrène par le roi Arcésilas de l'exilé Démophile, qui est l'hôte du poëte dans la ville de Thèbes. Démophile ne se mêlera plus de politique; il ne demande qu'à revoir sa patrie, à y mourir en paix. Et tout cela rendu avec une abondance d'expression, une richesse d'accent dignes de la pensée. Pour comprendre l'enthousiasme qui enflammait la Grèce à la lecture de ces odes, dans les grands jeux célébrés à l'isthme, il nous faudrait aussi en concevoir la mise en scène. Nous n'avons plus que les paroles; la prononciation vive, sonore, méridionale, les danses sacrées des jeunes filles, les instruments de musique qui complétaient l'harmonie, nous manquent. Telle était la popularité du poëte, que pour l'entendre tous les peuples grecs abandonnaient leurs séjours et se dirigeaient en foule vers le rendez-vous. Ainsi, à notre époque, en Angleterre, pour assister à un meeting, des milliers d'hommes accourent de tous pays.

Un mouvement, une agitation, une vie, dont nous ne pouvons, au milieu de notre existence assoupie, nous faire idée. Une immense émulation soulevant toutes les âmes et les poussant vers le bien. « Ce n'est point par l'euphonie du langage, ni par telle qualité de l'âme ou telle vertu corporelle que les Athéniens l'emportent sur tous les Grecs, nous dit Xénophon, c'est par l'amour de la gloire, aiguillon vers toute belle chose. » Les peuples s'envoyant mutuellement des couronnes; Athènes sauvant Périnthe et Byzance, et ces deux villes lui décernant des couronnes d'or, et des statues placées sur le Bosphore représentant Byzance et Périnthe couronnant Athènes. Toujours de grandes et nobles idées, et des peuples entiers les comprenant et les embrassant avec ardeur. Et avant tout la liberté, une liberté immense, sans bornes, ce bien inappréciable et qui surpasse tous les autres. Puis des hommes tels que Démosthène, orateur et non pas avocat; le suprême bon sens, l'homme qui parle à d'autres hommes et veut persuader leur raison, non pas le code, l'article et la formule. Magistrat, il comprend aussi bien les intérêts généraux d'Athènes que ceux des particuliers, des classes pauvres, sur lesquelles pèsent, comme partout, les plus lourds fardeaux, le service maritime entre autres. Et il les en exonère par une loi qui le rend proportionnel à la fortune. Comptable, il signe des quittances pour les subsides fournis aux villes grecques par le roi de Perse afin de lutter contre la puissance macédonienne. Mais il n'est pas corrompu, vendu, comme on l'a insinué faussement. Les vendus, ce sont les Eschines qui déconseillent l'intérêt grec et préparent l'asservissement de leur patrie pour gagner la solde macédonienne.

Tout cela était bien beau, mais ne pouvait durer. Derrière les Démosthènes, vrais et grands citoyens, il y avait les Cléons, infâmes démagogues, flattant bassement le peuple, afin d'obtenir sa confiance et de l'exploiter. Il y avait les ambitions royales qui semaient de l'or, les Philippes de Macédoine. Démosthène le combat noblement; il ne cherche point à ravaler l'ennemi commun, il lui accorde toute sa grandeur. Pour conquérir la gloire et fonder sa suprématie, il avait fait, nous dit-il, le plein et entier sacrifice de son corps. Une clavicule brisée, un œil crevé, un bras, une jambe emportés sur les champs de bataille, voilà par quels moyens il se faisait maître des hommes. Puis il avait, ce Philippe, roi absolu de Macédoine, un grand avantage, un avantage décisif. Dans ses lettres aux Athéniens et aux Thébains, citées par Démosthène, on sent l'arrogance d'un monarque qui commande seul à son peuple, à ses armées. Impulsion unique, partant d'une seule volonté; victoire assurée sur ces républiques aux mille têtes. Républiques où se trouvent toujours des orateurs prêts à vendre pour un morceau de pain leur patrie à l'étranger, prêts à lui inspirer les plus funestes résolutions et à communiquer ces résolutions à celui qui les a achetés. Donc, ils furent vaincus et la liberté périt. Donc, ce peuple macédonien que Démosthène reniait énergiquement comme ἀλλοφύλον, étranger à la Grèce, y devint le maître. Spectacle navrant, la force morale succombant devant la force matérielle, Démosthène s'empoisonnant à Calaurie, Cicéron égorgé par un caporal romain : ceux qui savaient penser, parler, agir, invincibles obstacles à l'asservissement des peuples, abattus par d'imbéciles gladiateurs.

Si les Grecs furent grands, c'est qu'ils eurent l'intelligence de la liberté. Vous avez remarqué, Messieurs, que jamais cet enseignement-ci n'a été souillé par le verbiage métaphysique. Nous avons expliqué les faits matériels, sans jamais employer des mots dénués de sens, tels que *nature*, ni recourir à des êtres impossibles. Jamais il n'a été question de causes finales ni d'harmonies naturelles. Jamais nous n'avons eu aucune admiration pour des faits qui ne peuvent être autrement, ni mieux, ni moins bien, qui n'ont qu'une manière d'être. Nous n'avons admis absolument que des faits et les lois de ces faits. Défions-nous également du verbiage politique. Ce mot de liberté sonne bien; il sert aujourd'hui de réclame à tous les partis. Partis qui, s'ils arrivaient au pouvoir, seraient encore plus despotes, plus intolérants que personne, on les a vus à l'œuvre. Leur prétendue liberté n'est qu'un leurre et un mensonge; ces gens-là sont capables de rendre le despotisme désirable.

La vraie liberté donne des droits précieux, mais elle impose de grands devoirs. Ainsi la comprenaient les Grecs. Vouloir les droits, prétendre les donner à un peuple incapable de remplir les devoirs, c'est une absurdité ou un crime, un moyen d'arriver au pouvoir en ruinant sa patrie. Pour être libre, il faut des vertus, des vertus difficiles; tant qu'un peuple ne les a pas, il a raison, afin de conserver au moins le bien-être matériel, de se soumettre à un pouvoir absolu quelconque. Il doit s'instruire, s'améliorer, s'il veut devenir digne d'exercer sa liberté; c'est un long et pénible travail que peu ont la force d'entreprendre. Or, les Grecs avaient les vertus républicaines; ils les acquéraient par une éducation excellente. Ils savaient que l'homme est tout entier dans l'enfant; bien élever l'enfant était pour eux le premier des arts. Puis, dans l'homme ainsi élevé, ils avaient confiance: ils ne mutilaient point son âme pour l'améliorer, Au contraire, ils voulaient le plein et entier développement de celle-ci. Jamais, chez aucun peuple, l'individu ne fut aussi complet, l'État aussi peu de chose, la nation aussi grande.

De même qu'ils employaient l'éloquence, la persuasion pour diriger l'action des hommes, ils se servaient de l'éducation pour les gouverner. La société a deux moyens de régler les rapports de ses membres entre eux, la loi et l'éducation. La loi, toujours dure même quand elle est juste, punissant, n'améliorant point, vengeresse cruelle; l'éducation, sourire des mères, aimable maîtresse de vertu, douce et insinuante. Pour maintenir la loi : le fer, les armées permanentes, une partie de la nation toujours prête à égorger l'autre. Pour maintenir l'éducation : la parole, qui s'adresse à des âmes bien préparées et obtient d'elles la pratique des vertus.

Parmi les Grecs modernes, si appauvris et si dégradés par l'esclavage turc, se sont pourtant conservées ces nobles et excellentes habitudes. Notre compatriote Pouqueville l'a remarqué : «Dans ce pays, les enfants s'élèvent et grandissent dans une complète liberté ; ils ne sont point traités durement comme dans d'autres pays qui se croient civilisés, et leur figure ne porte jamais la trace d'un sentiment de peine. »

Ainsi ils ont pu faire de grandes et belles choses. Ainsi de petites villes comme Athènes, remplissent encore aujourd'hui l'univers de leur souvenir, de leurs idées. Athènes, moins considérable que tant de nos villes provinciales, vouées à la torpeur et à l'ignorance. Mais les Athéniens travaillèrent plus que n'a jamais travaillé aucun autre peuple, et cette activité incessante a porté ses fruits. Toujours des luttes, des combats ; cet amour du repos qui domine nos sociétés modernes leur était inconnu. Quand la Grèce reposait un moment, ses fils émigraient, et le monde se couvrait de colons, d'aventuriers grecs. Quand l'Asie se jetait sur eux, ils attendaient de pied ferme les hordes barbares, et à force de courage, de dévouement, d'intelligence, ils sauvaient leur patrie. Un seul peuple les fit trembler, celui qui de tout temps effraya et vainquit tous les peuples, nos ancêtres Gaulois.

Ils n'avaient pas de religions. Des fables spirituelles, source de magnifiques inspirations poétiques, des croyances ingénieuses pour satisfaire l'instinct de crédulité, des mystères, des initiations, des oracles, instruments politiques. Mais point de caste sacerdotale ni d'oppression religieuse de la pensée. L'intolérance qui frappa Socrate fut plutôt civile que cléricale. Jamais, pour eux comme pour les Asiatiques, la religion ne devint la principale préoccupation. Ils n'ont point de livre sacré, tel que l'Avesta persan ou le Code de Manou ; leurs lois de Solon et de Lycurgue sont toutes laïques. L'épopée homérique renferme leurs croyances : des dieux supérieurs à l'homme, plus puissants que lui, mais ayant aussi ses passions et ses vices; le gouvernement céleste également copié sur la société grecque primitive. L'empire appartenant au meilleur, au plus éloquent, au plus brave et au plus robuste. Jupiter, pour se faire obéir des autres dieux, obligé de leur rappeler qu'il est le plus fort, ou bien s'emparant de leurs esprits par la persuasion. Ainsi Achille frappe Thersite quand celui-ci l'outrage. Ainsi Ulysse par son éloquence s'empare de l'assentiment des autres chefs et de l'armée.

Aristophane, qui eut le tort de se faire le vengeur des sophistes ruinés par Socrate, peintre éloquent et spirituel des ridicules d'une démocratie. Ce vieillard *Démos* (le peuple) tombé en enfance, d'humeur difficile, défiant à l'excès, et en même temps se livrant au premier intrigant venu. « O peuple, tu as une belle puissance et tous » à l'envi te font la cour. Mais tu es facile à mener, tu » ne sais rien refuser à qui te flatte, et tu prends au sé- » rieux toutes les belles paroles de tes orateurs. Te » tromper, c'est un plaisir, tu as toujours les oreilles » ouvertes au mensonge et la raison absente. » Le corroyeur Cléon gouverne la république athénienne ; on cherche un génie de même force à lui opposer, et l'on trouve un charcutier. Celui-ci, aussi ignorant que son rival, aussi impudent, aussi grand parleur, lui dispute le pouvoir devant les juges. Puis il faut gagner le peuple ; le charcutier lui donne des anchois, un manteau, des souliers. Première défaite de Cléon. Cléon donne du blé, l'autre un repas entier. Défaite complète de Cléon, qui interroge son successeur élu, afin de savoir s'il a bien tous les vices nécessaires au maniement des affaires publiques dans l'illustre ville des Gobe-mouches. Pauvre peuple, grand enfant que l'on séduit avec des hochets, avec un morceau de viande, ne s'apercevant jamais que pour lui donner un gâteau, il faut commencer par le lui prendre.

L'influence des Grecs sur notre civilisation européenne, sur notre caractère, a été si grande, que je voudrais pouvoir leur consacrer une plus longue attention. Mais je me suis engagé à étudier cette année l'humanité entière dans les diverses modifications de son âme et de son corps. Le temps nous presse. Les tragiques grecs nous sont connus par leurs grands imitateurs Corneille et Racine ; ils avaient écrit tant de pièces, et le faible nombre qui nous en reste est encore ce qui existe de plus beau comme expression des passions. Le vieil Eschyle, le destin vivant, grandiose, sauvage, effrayant comme cette sombre famille des Atrides, dont les infortunes l'inspirent; soldat et poëte, chantant, dans ses *Perses*, l'hymne national de délivrance de la Grèce. Sophocle, la perfection, la grandeur de l'âme, qui se révèle à elle-même son immense force et lutte énergiquement contre le destin antique. Euripide, le romantique, moins élevé mais plus vrai, moins effrayant, plus émouvant; les passions remplacent le destin.

Hérodote, le conteur, le premier voyageur qui ait su bien voir et bien expliquer les faits, dont les récits nous serviront dans l'histoire de plusieurs peuples. Xénophon, historien, soldat, philosophe, modèle parfait du génie grec; élégance, souplesse, variété. Thucydide, pensée élevée, style noble et vif; orateur dans l'histoire, d'une exactitude complète dans ses descriptions géographiques et politiques des peuples, où il n'admet plus rien de fabuleux, de surnaturel, comme Hérodote et même Tite-Live, comme le font encore à titre sacré tant d'historiens modernes. Cette guerre du Péloponèse, guerre de sauvages, de rapines et de destruction, où chaque parti va ravager les terres de ses ennemis ou de leurs alliés, puis s'enfuit dès que se présentent des défenseurs. Ainsi se battaient les héros d'Homère, ainsi se battent les Océaniens.

Jamais la pensée humaine ne fut aussi vaste que chez Aristote. Ils ne s'enfermaient point, ces Grecs, entre quatre murailles, comme des chevaux de manége, pour y faire tourner leur pensée dans un étroit espace, durant toute leur vie. Leur intelligence s'appliquait également bien à tous les sujets. L'action n'était point, comme chez nous, séparée par un abîme de la pensée; le même homme pensait et agissait. L'orateur qui l'emportait dans l'assemblée était chargé de commander lui-même l'expédition qu'il avait fait décider. Toutes les idées religieuses des Européens sur la divinité, l'âme, la destinée de l'homme, viennent d'Aristote ou de Platon ; les Araméens n'étaient capables de rien inventer, et les introducteurs de la religion araméenne en Europe n'ont fait qu'osciller entre ces deux Grecs.

Cette figure de l'Apollon du Belvédère, comme je l'ai déjà dit, est réelle; nous en pourrions encore trouver des modèles vivants dans la Grèce. Aucun type de fantaisie ne serait aussi beau. Si la sculpture grecque fut supérieure à toutes les autres, c'est parce qu'elle est toujours et avant tout restée vraie. Nous pouvons donc nous faire une idée, d'après cette tête, du magnifique développement cérébral qu'atteignit parfois la population hellénique. Cet angle facial est de plus de 90 degrés : de là l'intelligence, la noblesse, la majesté de cette figure. Ce front, interprète de l'âme, révèle la plus grande richesse morale et intellectuelle, un cerveau capable des plus hautes conceptions et des plus généreuses vertus. Des copies de cette figure se retrouvent dans les ateliers de tous nos sculpteurs, soit pour les inspirer, soit pour leur reposer la vue de leurs propres productions. Le modèle, trouvé au XVIe siècle à Antium, en Italie, est à Rome, dans le Belvédère, petit pavillon qui couronne le Vatican, palais des papes. Dumont d'Urville a rapporté à Paris, au Louvre, un autre chef-d'œuvre, la Vénus de Milo, petite île de cinq cents habitants, brillante jadis, elle aussi, par les magnificences de l'art. Ce sera notre modèle pour le type grec féminin.

Tant de grandeurs durèrent peu. Il y avait un horrible fléau dans cette société grecque : l'esclavage. Quelques hommes jouissaient des droits de citoyens; au-dessous venait une nombreuse plèbe esclave, très-malheureuse à Sparte, moins durement traitée à Athènes. Le grand travail de notre société moderne, c'est de devenir équitable pour tous; la société grecque n'a point cherché à l'être : voilà pourquoi, malgré toute sa supériorité, elle a péri. Puis la femme n'était point traitée en égale de l'homme. Et ceci est le résultat des mélanges araméens. Les Aryas-Germains ont rapporté ensuite en Europe des idées plus généreuses, plus élevées. Les Aryas-Hindous, nous l'avons vu, ont eu pour elle le plus profond respect jusqu'à l'époque de la conquête araméenne, qui les a pervertis. Les livres sacrés des Araméens-Beni-Israël nous apprennent ce qu'était la femme pour ces peuples sensuels. Ce fut la corruption de la famille qui perdit les Grecs; la désunion des villes ne fut qu'un fait secondaire, car elles se retrouvaient toujours unies contre l'ennemi : elles conservaient toujours leurs institutions et leurs fêtes communes.

Nous traiterons des Pélasges en même temps que des autres peuples morts : Étrusques, Assyriens. Les peuples morts ont laissé des traces dans les mélanges, mais ne se sont pas continués par des nations actuellement existantes. Nous donnerons aussi une carte d'ensemble des migrations aryanes dans l'Occident. Il est pénible de quitter les Grecs, et tout paraît mesquin lorsqu'il faut ensuite rentrer dans notre civilisation. Non que les Français soient incapables des grandes choses que firent les Grecs, mais ils ont été trop longtemps soumis à ce système araméen-sacerdotal qui mutile l'âme sous prétexte de l'améliorer, tandis que le système grec l'améliore en lui donnant son plein, libre et entier développement. De cet esprit théocratique sont nées ces mille inventions inconnues aux Grecs, capables d'hébéter les peuples, en leur ôtant toute indépendance, toute initiative, toute intelligence, sans aucun profit pour les gouvernements.

De la Grèce moderne il y a peu de chose à dire. Elle s'est rendue récemment ridicule par ses aspirations monarchiques exagérées : elle a un roi maintenant, qu'elle le garde et soit contente. La conquête turque l'a bien dégradée. Mais ne la jugeons point trop sévèrement; l'Italie, elle aussi, avait subi une dégradation semblable, et nous avons eu le bonheur de la voir se relever. La guerre de l'indépendance hellénique a montré de nobles caractères et de grands dévouements. Les chants populaires de la Grèce moderne révèlent des âmes fortes, des sentiments dignes de l'antiquité.

GUSTAVE FLOURENS.

NAVIGATION AÉRIENNE.

COURS DE M. BARRAL.

(ENTRETIENS ET LECTURES DE LA RUE DE LA PAIX.)

(Voy. le n° 10.)

II.

Les aérostats.

Messieurs,

Après avoir tracé l'histoire de la navigation aérienne dans le passé, j'ai montré dans le présent la probabilité d'une solution.

Plusieurs de mes auditeurs considèrent ce que j'avance comme une utopie, rien qu'une utopie. Qu'ils me permettent de leur rappeler comment furent traitées, au commencement du siècle, plusieurs questions connues de tous et aujourd'hui décidées.

Il y a soixante-dix ans, Lebon inventa le gaz d'éclairage. Rebuté de toutes parts, ne pouvant faire prendre au sérieux son projet, il meurt en exil, se brûlant la cervelle, et généralement considéré comme un fou. Trente ans plus tard, de grandes villes s'éclairent au gaz, qui maintenant est employé pour le chauffage et pour le moteur Lenoir.

En 1805, Fulton propose à Napoléon Ier d'appliquer la vapeur à la navigation. L'Institut tout entier déclare la chose absurde ; vous savez s'il eut raison.

En 1811, on ne croit pas à la possibilité des chemins de fer. La *Revue d'Édimbourg*, fort bien rédigée d'ailleurs, déclare que les frères Gray, qui proposent ce système, sont des fous bons à mettre aux petites-maisons. C'était en 1822 ou 1823 que s'écrivait ceci. Combien de lignes n'a-t-on pas construites peu d'années après!

En 1823, Ampère annonçant la télégraphie électrique, on s'écrie de tous côtés que les mathématiques lui ont tourné la tête. Aujourd'hui, par le moyen de l'électricité, on peut envoyer son portrait de Paris à Saint-Pétersbourg. Des câbles sous-marins sont établis en divers points et relient le nouveau monde à l'ancien.

Niepce et Daguerre, en 1840, annonçant que par l'influence de la lumière solaire sur certaines substances, on pourra faire des portraits avec une chambre obscure, se voient accusés de ne savoir ce qu'ils disent. Davy, qui s'était livré aux mêmes recherches qu'eux, les dit insensés.

Plus tard, quand ils prouvent au monde que leurs travaux ne sont pas sans avoir donné des résultats, on leur dit qu'ils ne pourront reproduire que des natures mortes, des monuments.

Permettez-moi de vous dire, avec Arago : « Quand une chose n'est pas contraire à la géométrie, ne disons jamais que c'est impossible, contentons-nous de la dire très-difficile. » J'aime mieux d'ailleurs avoir trop grande confiance en nos forces que d'être de ceux auxquels on reprochera peut-être un jour de s'être opposés au progrès.

Dans le monde intelligent, il y a un savant abbé qui dit qu'on est toujours emporté par le vent, et qu'on aurait beau substituer un navire à la nacelle, il faudrait obéir quand même aux courants d'air.

Eh ! mon Dieu ! si ce savant abbé avait fait une seule ascension, il verrait que dans les airs il n'y a plus de vent pour le navigateur, quel que soit l'ouragan qui l'emporte.

Disons-le d'ailleurs, si l'on a vu des accidents terribles, c'est à notre inexpérience qu'il faut les attribuer. Si des mécaniciens veulent apporter leur concours, nous arriverons certainement à des perfectionnements imprévus, qui rendront ces accidents de plus en plus rares.

Pour lever tous les doutes, permettez-moi d'ajouter à l'historique déjà fait le récit d'une expédition dont je faisais partie.

C'est le 7 juillet 1850, un mois après le voyage dont je vous ai parlé précédemment, que le départ eut lieu. Le temps était aussi mauvais que la première fois; il fallait cent vingt hommes pour maintenir le ballon. Les apprêts, qui se faisaient dans le jardin de l'Observatoire, avaient été commencés dès dix heures du matin, mais on ne put partir qu'à deux heures de l'après-midi. MM. Arago, Regnault et Walferdin, qui portaient un grand intérêt à l'expérience, assistaient à ces préparatifs. Le premier encourageait les voyageurs à partir malgré la pluie diluvienne et l'extrême violence du vent, leur rappelant quel intérêt il y avait pour la science à explorer l'atmosphère dans de pareils ouragans.

Leur ballon était le même que la première fois, raccommodé, car il en avait besoin, et de plus la nacelle se trouvait cette fois à 12 mètres de l'équateur du ballon, à 3 mètres au-dessous de l'extrémité inférieure de l'appendice cylindrique portant la soupape. En se plaçant à cette distance, on n'avait plus à craindre que le ballon ne vînt, comme la fois précédente, se reposer sur la nacelle, ni que sa température pût influer sur celle des thermomètres qu'il emportait.

De plus, pour faciliter leurs manœuvres de descente, les voyageurs emportèrent du lest divisé en sacs pesant chacun 1 kilogramme; une corde longue de 300 mètres, portant, de 50 en 50 mètres, des poids de plomb de 100 grammes chacun ; enfin, une corde de 50 mètres, avec une ancre pesant 20 kilogrammes. Ces deux cordes furent enroulées autour du cerceau. Déroulée une fois dans les airs, la première devait faire éviter le choc en atterrissant, puisque à mesure que le ballon se rapprocherait du sol pendant les 300 derniers mètres de la chute, il se déchargerait de plus en plus. Quant à l'ancre, elle était destinée à s'accrocher à quelque arbre ou maison, pour empêcher qu'ils ne fussent traînés, car ils ne pouvaient toujours compter trouver des ceps de vigne auxquels ils pussent se retenir. Ces deux précautions, fort bonnes, du reste, n'étaient pas complètes. Il est, en effet, fort difficile de dérouler une corde de cette longueur et de ce poids en la tenant seulement avec ses mains. Il était impossible, d'ailleurs, de se mettre à deux pour cette opération, car la nacelle, fort légère, eût chaviré. Les deux voyageurs eurent besoin de tout leur courage et de tout leur sang-froid dans cette circonstance, car les forces faillirent leur faire défaut.

Le ballon était gonflé à moitié d'hydrogène pur, préparé par l'action de l'acide chlorhydrique sur le fer, et lavé pour qu'il n'y ait pas d'acide entraîné. Ce dernier, en effet, compromettrait la solidité de l'étoffe formant l'enveloppe. Ils emportaient les mêmes instruments que dans le précédent voyage.

Ils partent. L'aérostat, chassé par le vent, était déjà très-élevé, que la nacelle n'avait pas encore quitté terre. Quand enfin elle s'élève, se mettant à osciller, elle vient rencontrer l'un des mâts qu'on avait élevés pour maintenir le ballon, s'engage sous une corde qui menace de culbuter les voyageurs dès le départ ; mais, par un brusque mouvement, ils s'en débarrassent, et continuent leur voyage. Pour éviter le dôme du Val-de-Grâce, ils jettent du lest, et, rapidement emportés vers le fort d'Ivry, passent au-dessus d'un bataillon faisant l'exercice, qui pousse un grand cri. Ce fut le dernier bruit qu'ils entendirent.

Arrivés à 3500 mètres, ils voient encore la terre. La Seine leur paraît un petit filet d'eau serpentant entre des cabanes dont ils ne voient que le toit. La température est de 16 degrés, la pression de 750 millimètres. Au bout de huit minutes, la température n'était plus que de 13 degrés ; en quinze ou vingt minutes, elle arrive à 0 degré. On était alors à 3700 mètres de hauteur, et l'on pénétrait dans les nuages.

Ceux-ci étaient continus ; de véritables brouillards de plus de 4000 mètres d'épaisseur. Au-dessous étaient de petits nuages détachés.

Les voyageurs s'élèvent à 7000 mètres sans traverser ce nuage qui les enveloppait. La terre avait complétement disparu ; ils étaient dans le repos et le silence le plus absolu. Le son était devenu très-faible, tellement, qu'ils avaient peine à se faire entendre quand ils parlaient ; et une petite clochette suspendue au bout d'une corde de 15 mètres ne s'entendait plus. Le baromètre était à 400 millimètres. Le ballon était gonflé complétement, ainsi que l'appendice.

Un coup de vent succède subitement au repos, mais ne dure qu'un instant; on venait de passer dans une couche d'air se mouvant dans une direction différente de celle qu'avait la première.

La soupape s'entr'ouvre et du gaz s'échappe avec une traînée blanchâtre produite par l'humidité et un peu d'hydrogène sulfuré, dont la présence est attestée par l'odeur. Plus tard, une déchirure d'un mètre et demi se fait à la partie inférieure de l'ajutage, mais la perte est faible, grâce à la grande légèreté de l'hydrogène. L'ascension continue encore un peu. Le thermomètre marquait alors — 24 degrés.

Les voyageurs voient avec surprise le disque du soleil à 30 degrés environ au-dessous de la nacelle, en même temps qu'à la même hauteur au-dessus. Ils se trouvaient alors dans un nuage formé de glaçons, qui, étant évidemment des cristaux réguliers, de petits prismes, constituaient un miroir toujours à la hauteur de l'œil et s'élevant avec l'observateur. L'abbé Mariotte avait conçu cette présence de petits glaçons dans l'atmosphère, pour expliquer les halos, parhélies, parasélènes. Ces glaçons tombaient avec une lenteur extrême et couvraient leurs habits de givre, ainsi que le carnet sur lequel s'inscrivaient les notes.

On avait emporté des pigeons voyageurs ayant déjà fait plusieurs voyages, d'habitudes connues, aux pattes desquels on avait mis de petits parchemins indiquant l'heure à laquelle on les lâchait, la température et la pression barométrique. Quand on ouvrit leur cage, ils ne voulurent pas sortir, il fallut les en chasser, encore se retenaient-ils à la nacelle et aux habits des voyageurs. Ce n'est pas sans quelque regret qu'on se rappelle ces pauvres animaux demandant appui et grâce, mais que l'intérêt de la science et la nécessité de l'expérience ont fait jeter hors de la nacelle. Ils se mirent à tournoyer (n'était-ce pas le ballon qui tournait sur lui-même? la boussole était trop agitée pour permettre de le constater), puis disparurent à 40 mètres environ. Jamais on ne les a revus nulle part, que je sache.

Les nuages, se déchirant un instant, furent étudiés au polariscope, et l'on reconnut qu'ils sont parfaitement analogues, comme composition, à ceux que forme la vapeur sortant d'une cheminée.

Jetant encore un peu de lest, on continue à monter. On prend de l'air dans les ballons emportés à cet effet. Le froid est si vif, que l'un des voyageurs, voulant se servir d'un canif pour enlever un bouchon qui gêne l'observation du thermomètre, le laisse échapper. Il en est de même d'un couteau qu'il ouvre dans le même but. Ses mains étaient engourdies. D'ailleurs le thermomètre était descendu au-dessous de sa dernière graduation, c'est-à-dire au-dessous de — 39 degrés. Le mercure du baromètre était solidifié. On était alors à 7050 mètres, on n'était pas sorti des nuages. A la même heure, il y avait + 19 degrés à terre.

Très-éprouvés par le froid, ne voyant plus rien de curieux pour la science, et n'ayant plus que quelques kilogrammes de lest, ils se décident à descendre.

En redescendant, ils retrouvent les mêmes couches de glaçons, ce qui prouve que le nuage avait une très-grande longueur. A 3000 mètres, la température devient un peu supérieure à 0 degré ; on revoit la terre, qui paraît fuir rapidement; les hommes et les animaux paraissent avoir 5 à 6 centimètres de hauteur. La campagne file sous leurs yeux, ce qui leur prouve qu'ils marchent. Par bonheur pour eux, l'air est redevenu calme; ils descendent auprès d'une forêt, et, grâce à leur corde à poids, touchent terre dans un champ, tout doucement, presque sans fouler l'herbe, comme on poserait un berceau. Mais un garde champêtre qui passait par là, leur tire un coup de fusil ; la balle passe peu au-dessus de leur tête, coupe la corde à poids, et les voyageurs sont de nouveau enlevés à 200 ou 300 mètres, l'ancre ayant été arrachée. Enfin, ils redescendent sans encombre auprès d'une mare à canards.

Le village où ils mirent pied à terre se nomme les Peux, commune de Saint-Denis-les-Relais. Il est situé tout près de Coulommiers, à cinq lieues de la Ferté-sous-Jouarre, à 70 kilomètres de Paris. Ce trajet, sans compter les zigzags, s'était effectué en une heure et demie.

La population de Saint-Denis fut charmante. Chacun s'empressait d'apporter des provisions et du vin, pour les offrir aux voyageurs. Une bonne vieille disait à ses enfants de bien regarder, car ils ne verraient pas souvent pareil spectacle. Un forgeron à barbe blanche, les bras nus, s'avance vers nous, et, après nous avoir regardés un instant, nous appelle par nos noms. Nous n'étions pas peu surpris, car nous n'avions prononcé que nos prénoms; mais le brave homme lisait les journaux, et avait reconnu mon ami, qui était représentant du peuple, à sa décoration.

« Nous savons que vous êtes des savants et non des Poitevin, » disait-il.

Il fallait cependant tout ranger. Les voyageurs demandent au curé du village de vouloir bien leur prêter des draps pour envelopper leur ballon. Bien qu'il dût être l'homme le plus lettré de l'endroit, cet abbé, qui s'intéressait peu sans doute à notre entreprise, nous refusa. Pardon de cette lointaine confidence. Mais les braves paysans nous en offrirent vingt paires. Leurs femmes nous aidèrent, et disaient entre elles : « C'est pourtant » de la soie ! Dire qu'on l'a abîmée ainsi, tandis qu'on » en pourrait faire des robes. »

Cependant le cantonnier qui avait tiré sur les deux amis vient, et leur demande s'ils sont contents du service qu'il leur a rendu en coupant la corde. Il fut très-difficile de faire comprendre à cet homme qu'on n'a pas plus le droit de tirer sur un aéronaute que sur une voiture.

A ces exceptions près, ces braves paysans forment la population la plus intelligente qu'on puisse voir en dehors des villes.

Après s'être reposés quelque temps, les voyageurs prennent une voiture et vont rejoindre le chemin de fer. En route ils versent; une partie de leurs instruments se brisent, eux-mêmes sont blessés, moins heureux en voiture que dans les airs. Enfin ils reviennent à Paris, où leurs familles étaient fort inquiètes sur leur sort. Les savants aussi les attendaient, et leur retour fut fêté de toutes parts. Les appareils gradués par M. Regnault, sans indications connues des voyageurs, lui sont rendus, ainsi que le procès-verbal. La précaution prise de donner à la relation des expériences la sanction des témoins matériels ne doit jamais être négligée. Bien des gens, s'il n'en est pas ainsi, sont peu convaincus, et objectent le dicton : *A beau mentir qui vient de haut !*

C'est ainsi qu'on n'a pas voulu croire d'abord à la basse température dont j'ai parlé; mais les thermomètres à maxima et minima qu'on avait emportés témoignaient du fait et ne pouvaient tromper. M. Arago déclara (pardonnez-moi de le dire) que l'observation de ce froid extrême dans les hautes régions de l'atmosphère était la plus belle découverte météorologique du siècle.

Quelle conséquence tirer d'une expédition si hasardeuse? D'abord l'explication de la grêle, des grêlons, des parhélies, puis des brusques changements de température qui se manifestent souvent en plein été. A terre, il y avait + 18 degrés, et dans les airs, à 7000 mètres, — 40 degrés. D'où venait cette différence de température qui s'élève à 58 degrés? J'ai dit qu'à 4500 mètres, un changement brusque s'était manifesté dans la direction de l'aérostat. Marchant dans la direction de l'ouest vers l'est, les observateurs rencontrent un courant qui vient du pôle et se dirige du nord vers le sud-ouest. Cette couche de nuages versait de l'air froid à mesure qu'elle passait sur toute la surface de la terre.

Les voyageurs avaient prié quarante physiciens situés dans différents lieux, de faire des observations de température, de quart d'heure en quart d'heure, pendant la durée de l'expérience. Durant cette journée et le lendemain, toutes ces observations furent envoyées à l'Observatoire. Du dépouillement il résulta que la température avait baissé en moyenne de 4 degrés à la surface de la terre, comparaison faite du lendemain de l'expérience à la veille. En comparant entre eux les résultats obtenus simultanément dans les diverses stations, Saint-Pétersbourg, Berlin, Paris, Madrid, etc., on voyait que l'abaissement de température se propageait du nord-est au sud-ouest. C'était donc bien cette couche de nuages qui déversait à la surface de l'Europe les frimas qu'elle apportait du nord.

On avait cru jusqu'alors que les nuages avaient peu d'épaisseur, on leur donnait au plus 500 mètres. On ignorait comment ils pouvaient se maintenir, qu'il s'y formait de petits glaçons, ni comment la lumière agissait à travers leur épaisseur.

Des expériences de polarisation faites pendant l'ascension ont démontré l'explication de tous ces phénomènes, en même temps que l'existence de ceux qu'on ignorait.

Vous l'avez vu, messieurs, ce moyen, qui semblait devoir présenter bien des dangers, puisqu'on partait pendant une tempête, ne fut réellement pas bien terrible.

On ne s'imagine pas d'ailleurs quelles agréables sensations on éprouve en voyageant ainsi ! Il n'en existe pas de plus douces et de plus poétiques; je les souhaite à nos neveux !

Les Anglais, chez qui l'amour des sciences se montre d'une manière plus pratique que chez nous, ont des sociétés qui s'occupent d'aérostation et fournissent les fonds nécessaires aux expériences. En France, au contraire, chacun se trouve abandonné à ses propres forces, ce qui a sans doute empêché de se produire bien des tentatives, de faire bien des expériences. Mais maintenant les masses deviennent sympathiques à cette question de la navigation aérienne ; aussi a-t-elle plus de chances de succès aujourd'hui.

C'est surtout dans le monde éclairé, du reste, je le dis à regret, que l'on considère le plus souvent ces questions comme des utopies ; quelques savants illustres leur sont néanmoins favorables.

Passons actuellement à l'étude des systèmes proposés ou tentés pour naviguer dans les airs.

En France, les inventeurs sont nombreux et ont beaucoup travaillé. Je diviserai leurs systèmes en trois catégories :

1° Ballons captifs;
2° Ballons libres;
3° Machines.

I.— Dans la première catégorie se range naturellement le système du docteur Pierre Moreau, de la Dordogne. Des ballons portant les voyageurs sont attachés à un câble horizontal courant sur des poulies que portent des poteaux ; ils sont mis en mouvement par des machines fixes tirant le câble. On a projeté d'établir un service de ce genre de la place de la Concorde à la Muette. M. Jules Séguin, qui a proposé l'application de ce procédé, présentait, à l'appui de son projet, un devis fort bien fait, établissant qu'on aurait des bénéfices. Mais par un grand vent, ces ballons captifs ne seront-ils pas jetés à terre?

M. Gustave Flourens, dans une brochure qu'il vient de publier, intitulée : *Ce qui est possible* (1), déclare qu'il serait très-avantageux d'établir des réseaux de ce genre sur toute la terre. Ce serait plus agréable et plus économique que les chemins de fer. Il dépeint aussi ce que sera la cité future, quand la navigation aérienne aura changé nos habitudes et fait remanier nos villes. De la sorte, on pourrait presque dire alors qu'il n'y aurait plus de distance pour les hommes comme actuellement pour leurs pensées.

II. — Au sujet des ballons libres, nous comptons des systèmes nombreux.

Le général Meunier a imaginé d'employer une enveloppe tout à fait imperméable, divisée en deux par un diaphragme de caoutchouc. Une pompe foulante permet de chasser de l'air dans la partie inférieure, où l'on peut le retenir au moyen de robinets. On arrive de la sorte à faire varier le poids de l'aérostat sans perte de gaz ni de lest. L'inventeur de ce système fit à ce sujet une brochure reproduite dans *La navigation aérienne en Chine.* C'est un Français, ce Chinois, mais il a cru pouvoir mieux convaincre ses concitoyens en leur faisant croire que les Chinois étaient beaucoup plus avancés que nous sur cette question. Dans ce but, il raconte une ascension qu'il suppose avoir eu lieu dans le Céleste Empire.

Au lieu de la forme sphérique, on a donné des formes bien diverses aux ballons qu'on veut diriger. On a imité la forme de l'oiseau, celle du poisson.

Un ouvrier intelligent, Constantin Martin, a fait un vaisseau véritable dont les voiles sont remplacées par des ballons de forme très-aplatie. Ce sont ceux-ci qui supportent le système, et mis en mouvement au moyen d'un levier particulier, ils doivent recevoir l'action du vent qui fera marcher le navire.

M. Farcot, habile constructeur de machines à vapeur, a fait un aérostat muni d'une nacelle en forme de vaisseau, avec ses machines et sa production de gaz. Il arrivera peut-être à quelque résultat sérieux.

Le prince de Wittgenstein, prince russe envoyé à Paris pour étudier la question qui nous occupe, croit qu'on pourra naviguer en appliquant le système de Meunier. Il s'agirait alors de manœuvrer la pompe de façon à monter jusqu'à ce qu'on soit dans la couche d'air qui, par la direction même du courant, puisse porter au point voulu.

M. Giffart, que tout le monde connaît maintenant, pour son injecteur appliqué aux locomotives, a fait une expérience, en 1852, qui prouve qu'un ballon libre peut être dirigé. M. Carmien de Luze aussi.

Un ingénieur des mines, qui gardait l'anonyme parce qu'alors cette question était en défaveur, fit, il y a vingt ans, quatre fort bons articles dans le *Magasin pittoresque.* Il imagina l'aéronef, en associant le ballon et les plans inclinés.

III.— Les appareils de la troisième catégorie se passent complétement de l'aérostat. Le cerf-volant est le premier auquel on ait songé. Il est peu d'enfants, en effet, qui n'aient été soulevés par un cerf-volant de grandes dimensions, un jour de grand vent.

M. de Louvrié a fait dans cette voie une tentative qui semble faire espérer quelque résultat.

MM. de Ponton d'Amécourt, de la Landelle et Nadar veulent obtenir la force ascensionnelle au moyen de deux hélices tournant l'une en sens inverse de l'autre, dont l'axe vertical peut être incliné de façon à obtenir un mouvement suivant une direction quelconque. L'idée de cette application de l'hélice avait été émise déjà en 1850.

M. Franchot a démontré qu'on pouvait s'enlever avec un propulseur sans ballon, et que sitôt qu'on pourrait employer l'hélice en lui donnant une vitesse de rotation suffisante, mieux valait abandonner l'aérostat.

Il a construit une turbinelle, sorte de moulin existant à Saint-Denis, pouvant faire marcher l'arbre central, et disposée de telle sorte que les ailes se présentent toujours normalement au vent. Inversement, si l'on fait tourner l'arbre, les ailes agiront toujours normalement à une même direction perpendiculaire à cet arbre. On pourra donc, avec un mouvement de rotation suffisant, employer utilement cet appareil. Il est préférable à l'hélice, les calculs tendent à le démontrer. A vitesse égale, il produit une force dix-huit fois plus grande; avec une vitesse qui n'est que le sixième, il produira donc une force triple.

M. Gustave Flourens imagine que pour la navigation aérienne, on emploiera une machine Lenoir. On produirait le gaz au fur et à mesure des besoins. L'eau, l'acide et le métal constitueraient un lest utile, car on jetterait le sel produit.

Tel est l'état actuel de la question ; il y a fort à faire encore, mais les hommes de bonne volonté ne manquent pas. La condition sérieuse du succès est dans l'examen

(1) Nous recommandons vivement à nos lecteurs cette intéressante publication, qui paraît chez Garnier frères.

détaillé des études déjà faites, seul moyen par lequel on puisse éviter la reproduction d'erreurs déjà commises et de cercles vicieux où l'esprit tournerait fatalement.

Et alors l'homme, qui, selon le mot de Pascal, vieillit et apprend toujours; l'homme, qui a déchiré les entrailles de la terre d'un pôle à l'autre, qui lance avec l'éclair sa pensée, qui sillonne aujourd'hui les mers malgré les vents et les tempêtes, s'élancera en maître dans cet empire de l'air qui lui fut jusqu'alors interdit, vers les cieux inconnus et profonds d'où lui vinrent si longtemps ses terreurs, ses superstitions et ses rêves!

P. Wateau.

HISTOLOGIE.

COURS DE M. CH. ROBIN.

(FACULTÉ DE MÉDECINE.)

(Voyez les nos 1, 3, 5 et 10.)

III.

Sur ce qu'on doit entendre par organisation dans l'état actuel de la science.

Buffon revenait ainsi aux hypothèses généralement adoptées avant lui, en admettant cette matière organique commune, préexistante, qui, dans la production de ce qui est organisé, ne ferait que se fixer aux parties brutes ou non organisées de la matière en général, pour s'en dégager et reprendre ses propriétés premières, afin de reformer ensuite d'autres êtres. Ses prédécesseurs n'avaient également raisonné que par hypothèses, en cherchant, soit en dehors des notions fournies par la géométrie et la mécanique, soit à l'aide de ces notions même, à découvrir en quoi consistent essentiellement la génération et l'organisation. Il était difficile de procéder autrement à cette époque, la physique et la chimie ne fournissant pas encore les moyens nécessaires pour recueillir les documents indispensables à la solution de cette question.

Ils admettaient comme préexistante, simple et irréductible à d'autres principes, cette matière, dont il s'agissait précisément de déterminer le mode de production et la composition; puis chacun, selon le point de départ qu'il avait choisi, la considérait comme servant à la nutrition et au développement, sous l'influence de la vie, de l'âme végétative, de la force plastique ou formatrice, etc., ou, au contraire, comme accomplissant ces actes par elle-même, par sa propre activité.

Aujourd'hui que sont connus les caractères généraux et beaucoup des caractères particuliers de la substance organisée, ces hypothèses doivent être abandonnées au domaine de l'histoire. L'étude, par observations directes, des phénomènes de la naissance de cette substance sous ses diverses formes, c'est-à-dire des éléments anatomiques, peut être abordée en dehors de toutes suppositions à priori.

Les réflexions les plus simples font sentir la nécessité d'avoir résolu ces questions pour se rendre compte de la nature des phénomènes normaux et morbides qui frappent immédiatement nos yeux. Leur examen montre combien sont vaines et rétrogrades les attaques des médecins métaphysiciens qui, sans même s'instruire des faits connus qui s'y rapportent, croient pouvoir faire abstraction de ces notions, et se rapprocher beaucoup plus de la vérité que ceux qui la découvrent pas à pas, en mettant à sa place quelques phrases redondantes.

Il ne faudrait pas croire, cependant, que les anatomistes et les médecins n'aient tenté d'arriver à posséder une idée exacte de l'organisation, à l'aide des moyens physiques et chimiques tels qu'ils les possédaient alors. Ceux qui repoussent aveuglément de l'enseignement les notions que ces moyens nous ont fait acquérir depuis que la physique et la chimie ont pris le caractère de sciences pleinement constituées, n'ont pour se détromper qu'à ouvrir Boerhaave (*Methodus studii medici*, Amstelædami, 1751, in-4, édit. de Haller, t. I, p. 245 et suiv.). Ils verront avec quelle logique rigoureuse les praticiens, aussi bien que les philosophes de cette époque, ont cherché, par une division successive de chaque ordre d'organes, à déterminer leurs parties constituantes élémentaires, et ce que ces dernières pouvaient avoir de commun. Ce n'est pas sans étonnement que l'on voit le nombre de traités et de dissertations qui ont été publiés sur ce sujet. Tous ou presque tous, il est vrai, concluent à l'existence d'une seule espèce de partie simple ou élémentaire, la *fibre*, composée elle-même de *terre* fixée à un *gluten aqueux* et *oléagineux*. La notion d'*organisation* se réduit alors à celle d'un arrangement physique, particulier, de la fibre ultime avec ses semblables, arrangement variable d'une région du corps à l'autre pour former les membranes et les autres organes diversement groupés. Comme conséquence, l'*organisme* prend le titre de *mécanique animale* (*fabrica corporis humani*), mécanique qui resterait à l'état purement statique et sans dynamique, si un ou plusieurs principes actifs ne venaient s'y joindre.

Le passage suivant des *Contes philosophiques* de Voltaire résume d'une manière saillante les vues de ses contemporains sur ce sujet, et mérite d'être mentionné à cet égard : « Quelle *mécanique* incompréhensible a soumis » les organes au sentiment, à la pensée? Comment une » seule idée douloureuse dérange-t-elle le cours du sang? » Et comment le sang, à son tour, porte-t-il ses irrégu» larités dans l'entendement humain? Quel est ce fluide » inconnu, et dont l'existence est certaine, qui vole en » moins d'un clin d'œil dans tous les canaux, produit les » sensations, la mémoire, la tristesse ou la joie, la raison » ou le vertige, rappelle avec horreur ce qu'on voudrait » oublier, et fait d'un animal pensant, ou un objet d'ad» miration, ou un sujet de pitié et de larmes? »

Les termes dans lesquels Hunter formule scientifiquement ses vues sur le sujet qui nous occupe, indiquent très-exactement les idées de la plupart de ses prédécesseurs et celles de bien de ses successeurs.

« ....La matière primitive ou commune, d'abord » décomposée suivant certaines lois, entre ensuite dans » une combinaison particulière, en vertu de laquelle elle » devient matière animale; cette matière animale subissant ensuite un certain arrangement, devient matière » animale vivante. Mais cette combinaison et cet arrangement, par leurs modes divers, donnent naissance aux » diverses variétés de la matière animale...... »

« Tels sont les matériaux qui entrent dans la composition des animaux. Voyons comment ces matériaux sont » disposés pour former un animal. On peut les considérer » maintenant sous un point de vue mécanique, comme » les éléments constitutifs d'une machine ayant chacun » leur spécialité de forme et leur but à remplir. Ces éléments, combinés ensemble, forment des parties qui » constituent des organes variés destinés à produire les » effets mécaniques nécessaires à l'entretien de la vie. » Ces organes, réunis d'après certaines lois fixes, forment » des animaux. Cet arrangement de la matière animale » est ce qu'on doit entendre par *organisation*.

» Si cette idée de l'organisation est juste, l'organisation » et la vie sont deux choses distinctes; car le corps privé » de vie est organisé aussi bien que le corps vivant, puisque le même arrangement mécanique existe dans l'un » et dans l'autre.

» L'organisation rentre donc dans nos idées de l'association mécanique des parties, et ses effets définitifs » doivent être mécaniques, car il est impossible de produire du mouvement dans la matière, sans avoir pour » résultat un effet mécanique. »

Pour mettre en action cette association mécanique, qui, je le répète, est encore considérée, par nombre d'auteurs, comme le caractère essentiel de toute organisation, il suffit de lui adjoindre un ou plusieurs principes. L'hypothèse qui les crée ne les prive, du reste, d'aucune des qualités désirables, pour qu'il soit possible de se rendre compte, à leur aide, des actes accomplis par l'organisme. C'est ce que fait Hunter : « J'ai cherché » à démontrer, dit-il, que la matière animale diffère de » la matière commune sous beaucoup de rapports; que » cette matière animale a un principe qui lui est propre, » que j'appelle la *vie;* que cette vie est le *second pas* de » la matière animale ou second phénomène *essentiel* » qu'elle offre à considérer : l'*animalisation* est le premier, la *vivification* est le second. » (Hunter, *Leçons sur les principes de la chirurgie*, 1786, dans *Œuvres complètes*, Paris, 1843, in-8, t. I, p. 264, 278 et 279.)

Je n'étendrai pas à d'autres auteurs les citations de ce genre. Il n'est personne qui, en ouvrant un livre d'anatomie ou de physiologie, ne voie qu'à l'époque actuelle, comme à celle de Hunter, l'idée d'organisation ne s'élève pas au-dessus de celle d'une *association mécanique* de parties, organes, tissus ou éléments anatomiques; que pour tous, les mots *organisation, texture* ou *structure* sont synonymes; que tous pensent qu'il n'y a pas organisation s'il n'y a pas enchevêtrement de fibres; mais, réciproquement, ils admettent que tout ce qui est fibrillaire ou simplement strié est organisé. Nulle erreur aussi, quelque grossière qu'elle soit, n'a eu plus de succès que celle qui, conséquence de la précédente, fait admettre encore aujourd'hui par quelques auteurs, que *le corps privé de vie est organisé aussi bien que le corps vivant, parce que le même arrangement mécanique existe dans l'un et dans l'autre* (Hunter).

Changements apportés à la notion d'organisation par les progrès modernes de la science.

La forme et l'arrangement des parties ayant une configuration propre, c'est-à-dire des caractères d'ordre géométrique et mécanique, tels sont donc les attributs dont on cherche communément encore à tirer une idée générale de l'organisation. De là découlent des opinions erronées sur la nature du sang, de la lymphe et même des autres humeurs; mais surtout de là provient l'interprétation erronée d'un grand nombre de phénomènes physiologiques.

Depuis près de quarante années pourtant, un ordre de notions plus exactes et plus précises s'est introduit dans la science, et n'a pas cessé d'être pris en considération par ceux qui se préoccupent de ces questions difficiles et importantes, au lieu de se borner à copier les phrases toutes faites de leurs devanciers. Depuis que M. Chevreul a fait sentir la nécessité d'étendre l'idée d'espèce aux corps simples et composés dont s'occupe la chimie, une voie nouvelle a été ouverte aux physiologistes et aux anatomistes. M. Chevreul lui-même en a tracé la direction plus nettement que personne, par ses éminents travaux sur les principes immédiats constituant la substance des végétaux et des animaux.

La détermination exacte des caractères propres à chacune des espèces des principes qui par leur association forment cette substance, et que l'analyse en retire, a permis de porter la question sur son véritable terrain et de la résoudre. En premier lieu, elle a fait connaître la nature élémentaire ou chimique de ces principes immédiats. Comme conséquence de ces notions, on a vu que ces principes sont : 1° les uns d'origine minérale; 2° les autres cristallisables ou volatils sans décomposition, comme les précédents, mais formés au sein même de la substance analysée, bien que susceptibles aussi d'être fabriqués artificiellement par l'homme; 3° qu'il est enfin de ces principes qui ne sont pas cristallisables. Ces derniers sont les plus abondants, quant à la masse et en poids, tant qu'on ne les a pas privés de leur eau de constitution. Toute substance organisée renferme des principes de ces trois ordres, et nulle parcelle ne possède des principes immédiats de l'un ou de deux seulement de ces ordres. Dans la rénovation moléculaire continue, qui est le phénomène propre le plus général de toute substance organisée dite vivante, les principes du premier ordre servent de matériaux à la formation des principes du troisième groupe, ou servent de véhicule à ces matériaux. Au contraire, les principes du second ordre sont formés à l'aide et aux dépens des éléments de ceux du dernier principalement, au sein même de l'économie, dont ils sont bientôt expulsés : c'est ainsi que les substances du troisième groupe persistent dans l'organisme, bien que s'y composant et s'y décomposant incessamment, à l'aide des premiers qui entrent et par la production des seconds qui sortent.

C'est par la présence de principes d'origine minérale dans toute substance organisée, c'est aussi par la présence d'une très-faible proportion de substances organiques dans les couches solides et liquides du globe, que les êtres organisés se rattachent au globe terrestre au point de vue même de leur *composition intime ou immédiate ;* c'est par là que se manifeste leur soumission fatale au monde extérieur d'une manière aussi énergique qu'ils lui sont subordonnés physiquement par la pesanteur.

En second lieu, elle a montré quel est le mode de combinaison ou d'association, molécule à molécule, de ces principes dans toute parcelle de substance organisée. Toute notion exacte sur l'état d'organisation restait donc impossible, tant que la chimie n'était pas encore assez avancée pour servir de moyen à l'acquisition de documents précis sur la nature des principes immédiats de nos tissus et de nos humeurs.

En troisième lieu, en même temps que ces caractères communs à toute substance organisée étaient déterminés scientifiquement, l'analyse anatomique a prouvé que cette substance n'est uniforme nulle part. On entend dire par là qu'elle est divisée en parcelles de configuration et de volume déterminés, qui sont d'espèces diverses, tant d'après ce qu'offre de particulier cette forme, ce volume, que d'après leur structure intérieure. Mais, de plus, chaque espèce de ces parties, dites élémentaires ou éléments anatomiques, diffère des autres au point de vue de sa composition immédiate, c'est-à-dire du nombre et de la nature des principes associés ensemble pour en constituer la substance.

C'est de la sorte qu'on est arrivé à déterminer qu'au delà de l'arrangement mécanique réciproque des parties élémentaires qui composent nos tissus et nos humeurs, qu'au delà, enfin, de la structure propre à chacun d'eux, il existe un caractère plus général encore qui leur est commun : c'est cette composition immédiate, mentionnée tout à l'heure ; c'est ce mode spécial d'association moléculaire, de principes nombreux appartenant à trois groupes distincts. C'est là ce qu'il faut connaître pour avoir une notion exacte de ce en quoi consiste essentiellement l'*organisation*. Aussi a-t-on vu qu'en médecine, au delà des lésions directement saisissables à nos sens, tels que la vue et le toucher, il y en a qui sont moléculaires, qui sont caractérisées par une quantité anormale de tels ou tels des principes immédiats naturels, par la présence de principes accidentels, par des modifications isomériques de tels ou tels des principes naturels, et par des changements dans leur mode d'association moléculaire.

La même série de recherches a conduit à établir graduellement une harmonie complète entre la notion d'organisation et celle des actes qui ont la substance organisée pour *substratum*, entre la statique et la dynamique biologiques en un mot.

La substance organisée ne manifeste aucune des qualités qui lui sont spéciales et dites vitales, tant qu'elle ne se trouve pas placée dans certaines conditions déterminées de température, d'humidité, etc., appelées conditions de *milieu*, extérieures à l'agent représenté par chaque particule de substance organisée, ou par l'organisme qui résulte de la juxtaposition de ces éléments anatomiques. Ces conditions physiques et chimiques n'ont pas de ressemblance avec les propriétés immanentes à toute substance organisée. Elles sont seulement les conditions d'existence à la fois statique et dynamique de ces propriétés ; car, dès qu'elles disparaissent, ces propriétés cessent de se manifester, et peu après l'organisation, c'est-à-dire l'état moléculaire spécial signalé plus haut, se modifie, et la substance même se dissocie.

— La suite à un prochain numéro. —

Le propriétaire-gérant : GERMER BAILLIÈRE.

PARIS. — IMPRIMERIE DE E. MARTINET, RUE MIGNON, 2.

PREMIÈRE ANNÉE. — N° 12. UN NUMÉRO : 30 CENTIMES. 20 FÉVRIER 1864.

REVUE
DES
COURS SCIENTIFIQUES
DE LA FRANCE ET DE L'ETRANGER

PHYSIQUE — CHIMIE — ZOOLOGIE — BOTANIQUE — ANATOMIE — PHYSIOLOGIE
GÉOLOGIE — PALÉONTOLOGIE — MÉDECINE

Paraît tous les Samedis.

	Six mois.	Un an.
Paris.........	8 fr.	15 fr.
Départements..	10	18
Étranger......	12	20

Prix de l'abonnement avec la Revue des Cours littéraires.

	Paris,	Départ.,	Étranger,
Six mois....	15 fr.	18 fr.	20 fr.
Un an......	26	30	35

Rédacteur en chef
M. ODYSSE-BAROT.

Les ouvrages dont deux exemplaires auront été envoyés au bureau du journal seront annoncés et analysés s'il y a lieu.

On s'abonne
A LA LIBRAIRIE GERMER BAILLIÈRE
17, rue de l'École de Médecine,
Et chez tous les libraires, par l'envoi d'un bon de poste, ou d'un mandat sur Paris.

L'abonnement part du 1er décembre ou du 1er juin de chaque année.

SOMMAIRE.

PALÉONTOLOGIE.

COURS DE M. A. D'ARCHIAC.

(MUSÉUM D'HISTOIRE NATURELLE.)

(Suite. — Voy. les nos 1, 2 et 10.)

III.

De la faune quaternaire dans le Velay, dans les Pyrénées et dans le bassin du Rhône. — Dépôts lacustres réguliers.

Messieurs,

Velay. — Si maintenant, nous élevant plus haut, nous passons de la vallée de l'Allier dans le bassin supérieur de la Loire, dans le Velay, nous trouverons aux environs du Puy de nouveaux sujets d'étude.

Ici les éléments de la faune quaternaire ne se trouvent plus dans des dépôts sédimentaires réguliers, mais dans des conglomérats plus ou moins remaniés, d'origine volcanique, et disposés assez irrégulièrement sur les flancs ou dans les anfractuosités des produits ignés ; ces gisements sont donc bien moins comparables entre eux que la plupart de ceux que nous avons mentionnés jusqu'ici.

Lorsque du Puy on se dirige au nord, en suivant la route de Clermont, celle-ci, à une demi-lieue de la ville, atteint la montagne de la Denise, qu'elle parcourt dans toute son étendue. Le sommet et les flancs de la montagne présentent une grande quantité de scories très-fraîches, de lapilli, de pouzzolanes, à travers lesquelles percent çà et là des masses basaltiques qui se projettent autour et au-dessous. Parmi ces masses affleurent au sud deux rangées de colonnes basaltiques superposées : la supérieure connue sous le nom de la *Croix de paille*, et l'inférieure, qui baigne la rivière de la Borne, appelée les *Orgues d'Expailly*. Le noyau de la montagne est formé par une roche massive, brèche ou peperino, analogue à la roche de Corneille, dans la ville même du Puy. C'est à travers cette roche que se sont fait jour les laves les plus récentes et les scories qui couvrent la surface extérieure de la Denise.

Le gisement fossilifère de cette montagne n'a été découvert que depuis peu de temps, car, dans un très-bon travail, publié en 1823, Bertrand Roux n'en fait aucune mention, non plus que les géologues qui, après lui, avaient étudié ce pays ; ce qui tient à ce qu'il était complétement distinct des dépôts stratifiés et compris dans des produits volcaniques. En 1844, M. Aymard, naturaliste du Puy, annonça avoir reconnu, sur le versant sud-sud-ouest de la montagne, près de la maison dite l'Ermitage, des restes d'ossements humains dans un bloc de la roche ignée, qu'il n'avait pas, d'ailleurs, recueilli lui-même en place, mais dont l'authenticité du gisement ne lui laissait aucune incertitude. C'étaient deux portions de mâchoire supérieure avec une partie des dents, une portion antérieure du frontal, deux autres fragments des os du crâne, une vertèbre lombaire, la moitié d'un radius et des os du métatarse.

La roche, en cet endroit, se compose de plusieurs lits

plus ou moins épais de cendres ocracées et argiloïdes, alternant avec d'autres lits formés de cendres, de scories, de fragments basaltiques, quelquefois mélangés de sable quartzeux et volcanique. M. Aymard remarqua, en outre, que les ossements étaient brisés, couchés en divers sens, horizontalement et obliquement, et provenaient de deux individus. Aucun autre fossile n'a été rencontré avec ces débris humains, et depuis lors on n'en a pas découvert de nouveaux.

Mais en contournant la montagne et en s'avançant du côté de Polignac, vers l'est, M. Aymard avait reconnu l'existence de brèches semblables, en même temps que des restes de grands mammifères appartenant aux genres Bœuf, Cheval, Éléphant, Rhinocéros, Cerf, et même des ossements de Mastodonte, que nous rencontrons ici pour la première fois, mêlés à des débris d'espèces considérées comme quaternaires. L'auteur crut voir, dans l'existence, sur la même montagne, et à si peu de distance l'un de l'autre, de ce gisement d'ossements humains et de ce dépôt quaternaire, la preuve de la contemporanéité de l'homme avec les grandes espèces éteintes de cette faune, représentée aussi par les mêmes espèces dans les scories et les cendres volcaniques de Saint-Privat, vallée de l'Allier, comme dans les brèches et les marnes limoneuses de Solilhac.

Cette découverte de M. Aymard fut contestée, et donna lieu à d'assez longues discussions sur l'authenticité même de la pièce que l'on attribua à une supercherie de la part de quelque ouvrier intelligent, car il est évident que l'arrangement des pièces avait été fait au moins avec beaucoup d'habileté; d'un autre côté, on objectait que l'enfouissement des os était postérieur à la formation de la roche.

En revenant, trois ans après, sur ce sujet, le même observateur signala plusieurs Mastodontes dans des gisements qu'il croyait être du même âge que les précédents. L'une de ces espèces serait plus grande que le Mastodonte de l'Ohio; il la désigne sous le nom de *M. Vellavus;* la seconde présenterait aussi quelques caractères particuliers; la troisième est appelée *M. Vialetti*, et dans cette localité de Vialette, le *M. augustidens* aurait encore été rencontré dans les mêmes alluvions volcaniques. M. Pomel, qui soutenait alors que le bloc à ossements humains de la Denise était fabriqué par quelque ouvrier, objecta à M. Aymard que ces Mastodontes, au moins les trois premiers, pouvaient bien appartenir à la à la même espèce, et que, quelle que fût l'ancienneté relative des débris humains, on ne pouvait pas encore admettre leur contemporanéité avec ces grands mammifères. A ce dernier égard, le naturaliste du Puy ajouta peu après : « Je me confirme de plus en plus dans l'opinion que ces dépouilles humaines ne remontent pas à des temps bien reculés. Il est probable, au contraire, que leur enfouissement est dû à l'un des derniers paroxysmes de nos volcans. Cet événement a pu être rapproché, sinon contemporain, de l'époque pendant laquelle vivaient encore, dans nos régions, les Mastodontes, les Éléphants, les Rhinocéros, etc. » Ici l'auteur appuie la contemporanéité des deux premiers de ces grands mammifères par la découverte, aux environs de Polignac, de fragments de dents appartenant à l'un et à l'autre.

Plus tard le même naturaliste observa, à la montagne de la Denise, des fentes remplies de conglomérats volcaniques, probablement entraînés par les eaux, et dans une des plus grandes, des ossements de carnassiers, de pachydermes et de ruminants. L'Hyène, l'Ours, le Bœuf, l'Antilope, le Sanglier, le Cerf (3 espèces), le Cheval, le Rhinocéros, et le genre Ours, signalé pour la première fois dans cette partie de l'Auvergne, réunis ici, lui firent penser que ces dépôts des brèches et des fentes de la Denise pouvaient être comparés à des conglomérats également ossifères qui se trouvent dans le haut de la vallée de l'Allier, près de Saint-Privat, à ceux de Vialette, de Solilhac, etc., situés à peu près sous le même méridien.

D'un autre côté, dit M. Aymard, les empreintes végétales et les dépouilles testacées de certaines espèces de mollusques, recueillies dans ces alluvions volcaniques, indiquent, par leur analogie avec les espèces actuelles, que, depuis la période des volcans il ne s'est pas écoulé un laps de temps assez considérable pour avoir apporté des changements notables dans la température du pays.

Il fait remarquer en outre que, dans cette partie du bassin de la Loire, il n'y a pas eu de dépôts diluviens, et qu'on n'y observe non plus aucune trace d'ancien glacier. Cette région, comme le bassin de l'Allier, a donc échappé, dans une certaine limite, aux phénomènes qui se sont produits dans presque tout le reste de l'Europe.

M. Pomel, dans le travail dont nous avons déjà parlé, a cru retrouver, dans cette partie du bassin supérieur de la Loire, la faune ancienne quaternaire, dont la position stratigraphique était bien établie à la montagne de Périer. Il y signale l'*Hyœna brevirostris*, le *Rhinoceros Aymardi*, voisin du *R. leptorhinus*, et peut-être le *Megatherium latidens*. Les caractères de l'espèce d'Hyène sont d'ailleurs très-incomplétement donnés. Beaucoup d'autres espèces se rapporteraient à la seconde faune, mais l'auteur n'en signale point les gisements, et il se borne à exprimer la pensée que cette région, étudiée avec le soin convenable, pourrait permettre de résoudre ou mieux de confirmer la question relative aux deux faunes de mammifères quaternaires.

Dans le Velay, où l'on manque de niveau stratigraphique nettement déterminé auquel on puisse se reporter, ce sera seulement après avoir comparé avec soin chaque ensemble de dépôts et de faunes que l'on pourra établir un certain synchronisme; car ici, comme dans l'Allier, tous ces débris de mammifères sont enfouis dans des conglomérats volcaniques plus ou moins incohérents, discontinus, ne se raccordant que très-difficilement entre eux, et le plus ordinairement point du tout.

M. Pomel, revenant ici sur les ossements humains de la montagne de la Denise, dont il admet cette fois la parfaite authenticité, croit que les hommes de ce gisement ont été témoins de la dernière des grandes perturbations du globe. Les traces de leur existence antérieure deviennent, dit-il, chaque jour plus nombreuses, et lui-même a eu l'occasion de la constater en Auvergne même, par la découverte de débris d'une industrie grossière. Toutefois il ne partage pas l'opinion de M. Aymard, quant à l'époque où vivaient les individus auxquels ces débris appartenaient. D'après ce dernier naturaliste, ils feraient partie d'une faune plus ou moins ancienne, de celle des conglomérats ossifères découverts sur d'autres points de la montagne, et parmi lesquels on a reconnu des ossements de Mastodontes; tandis que M. Pomel, malgré la difficulté de déterminer l'âge d'un gisement isolé et sans autres termes de comparaison directe, pense que ces os se trouvent plutôt dans un remaniement de scories contemporaines au plus des atterrissements avec débris de Renne et d'*Elephas primigenius*, conformément aux observations faites en Auvergne.

Pied nord des Pyrénées. — Si nous jetons actuellement un coup d'œil sur le versant nord des Pyrénées, nous y verrons les dépôts quaternaires prendre une grande extension, et résulter des détritus descendus des montagnes dans les bassins de l'Adour, de la Garonne, de l'Ariége et de l'Aude. Nous avons déjà eu occasion de signaler leurs caractères dans le second volume de l'*Histoire des progrès de la géologie*. Depuis lors, les études ont été continuées; mais, sous le rapport paléozoologique, elles ont encore apporté peu de faits d'un grand intérêt.

Ces dépôts sont formés, comme partout, par une vaste accumulation de cailloux roulés, dont l'âge est parfois difficile à distinguer nettement des dépôts plus anciens. Au-dessus règne aussi un sédiment argilo-sableux assez analogue au lehm de la vallée du Rhin, à l'alluvion ancienne du nord de la France.

M. Noulet a décrit, en 1851, sous le nom de *lehm sous-pyrénéen*, un dépôt fort étendu dont les caractères semblent varier, suivant qu'il appartient à des bassins creusés dans le terrain tertiaire moyen (mollasse), ou bien en communication directe avec les vallées des Pyrénées.

Dans les bassins intérieurs qui n'ont de communication directe ni avec la chaîne ni avec les grands amas de cailloux déposés le long de son pied, c'est un limon jaunâtre, argilo-sableux, un peu ferrugineux, micacé, calcarifère; quelques ossements d'*Elephas primigenius* y ont été rencontrés avec beaucoup de coquilles terrestres d'espèces vivantes. Les ossements sont le plus fréquents dans un lit de sable grossier placé à la base du dépôt, reposant immédiatement sur la mollasse, et dont les caractères varient suivant les lieux. Les coquilles fluviatiles et terrestres manquent dans ce gravier.

Ces dépôts, qui se lient intimement entre eux, s'observent à toutes les hauteurs, depuis le sommet des collines tertiaires jusqu'à quelques mètres au-dessus du lit des cours d'eau; ailleurs que dans les grandes vallées, ils ne se montrent plus que par places.

Dans le bassin de l'Adour plus particulièrement, on observe à la base tous les cailloux roulés des roches des Pyrénées, dont le volume décroît à mesure qu'on s'éloigne de la chaîne, puis au-dessus le lehm ou l'alluvion argilo-sableuse, calcarifère, plus ou moins mélangée de gravier. On doit à M. Leymerie la description des modifications et de la distribution de ces sédiments dans l'étendue du bassin.

Le lehm et les graviers qui l'accompagnent renferment partout, dans le bassin de la Garonne et de ses affluents, des restes des mêmes mammifères éteints; toutes les coquilles fluviatiles et terrestres qu'on y trouve sont vivantes. Les dépôts d'ossements se trouvent dans les vallées, à une hauteur intermédiaire entre le point le plus bas et le point le plus haut que ces dépôts atteignent.

M. Noulet a signalé ensuite les diverses localités où des ossements d'Éléphant, de *Rhinoceros tichorhinus*, de Bœuf, de Cheval, de *Felis*, de grand Cerf, ont été rencontrés dans les vallées de la Garonne, de l'Ariége, du Tarn, du Lot, de la Baize et du Gers. Sur dix-neuf gisements signalés, l'*Elephas primigenius* a été trouvé dans dix-huit; le Rhinocéros, dans trois (Clermont, Moissac, Agen); les Bœufs et les Chevaux, dans un grand nombre; le grand *Felis*, une seule fois. C'est la localité de Clermont près de Toulouse qui, jusqu'à présent, s'est montrée la plus riche. Le même naturaliste l'a décrite en 1859.

Au sud-est de la ville, touchant au faubourg, au lieu dit l'Infernet, à un kilomètre de l'embouchure de l'Ariége, sur sa rive droite, on a rencontré, au-dessus des couches tertiaires moyennes et à la base de ce lehm, un lit de sable grossier, siliceux et argilo-calcaire, mélangé de galets et d'autres éléments de la roche sous-jacente. Cette couche de gravier se suit régulièrement à une altitude de 160^{m},96, et a présenté les mêmes caractères dans les diverses exploitations qu'on y a faites. Les os qu'elle renfermait étaient, pour la plupart, brisés. Ce sont : une dent du *Felis spelæus;* des dents de l'*Elephas primigenius* avec des défenses; des os de *Rhinoceros tichorhinus*, de l'*Equus caballus*, nombreux, de Bœuf, de *Cervus giganteus*, associés avec des cailloux quartzeux, évidemment taillés de main d'homme et provenant des Pyrénées. Ce sont d'ailleurs les seuls ayant cette origine que l'on trouve dans ce dépôt.

Aux environs de Toulouse, ces graviers à ossements ne s'élèvent jamais beaucoup au-dessus du cours actuel des eaux, et ces pierres taillées doivent annoncer ici la contemporanéité de l'homme avec les grands mammifères éteints, comme dans la vallée de la Somme, dans les comtés de l'est de l'Angleterre, etc.

Bassin du Rhône. — Nous avons déjà éprouvé, dans certaines parties de la France, quelque difficulté à classer les dépôts quaternaires, par suite de leur discontinuité ou de l'incertitude de leurs autres caractères; cette difficulté augmente dans le bassin du Rhône et de la Saône en raison de certaines circonstances que nous indiquerons tout à l'heure.

Lorsqu'il y a quinze ans nous nous occupions de coordonner les matériaux publiés jusque-là sur ce sujet, les résultats paraissaient assez simples, ou pouvoir être raccordés sans trop de peine avec ce que l'on connaissait ailleurs; mais les nombreux travaux donnés depuis, quoique exécutés par des observateurs de mérite, loin d'avoir contribué à éclaircir et à généraliser les vues, semblent, par la diversité des opinions émises, n'avoir produit qu'une obscurité plus profonde. Nous n'avons pas, on le conçoit, à rechercher ici, par un examen détaillé, l'origine et les causes de ces dissentiments plus ou moins profonds; nous ne dirons à ce sujet que ce qui est nécessaire pour nous rendre bien compte du niveau de la couche principale où se rencontre la faune qui nous occupe, niveau sur lequel on est d'ailleurs assez généralement d'accord.

A la surface de la Bresse, comme dans la vallée du Rhône et les parties basses de celles de ses affluents, l'Isère, la Drôme et la Durance, est un limon plus ou moins argileux, ferrugineux, jaunâtre ou brunâtre, désigné aux environs de Valence sous le nom de *terre à pisé*; montrant souvent à sa base des cailloux plus ou moins roulés, souvent quartzeux (environs de Lyon) et quelquefois striés, caractère assigné aux débris de roches dures qui ont été soumis à l'action des glaciers. Or, c'est ce dépôt qui, dans la vaste dépression que nous considérons, est le gisement des restes de grands mammifères de l'époque quaternaire.

Pour donner une idée de la diversité des opinions émises sur quelques-unes des couches meubles sous-jacentes, nous rappellerons que la colline de la Croix-Rousse, à laquelle la ville de Lyon est adossée, présente du côté du Rhône, le long du faubourg Saint-Clair, au-dessus de la mollasse tertiaire à fossiles marins qui en constitue la base, un dépôt de sable, de gravier et de cailloux, regardé longtemps comme le type du *diluvium alpin*, et analogue, par conséquent, à celui que nous avons vu occuper le fond de la vallée du Rhin. Ce qui devait appuyer cette manière de voir, c'est que, plus haut, le plateau de la Croix-Rousse offrait une assise de cailloux roulés de quartz, des argiles sableuses et le véritable lehm. Sur le versant opposé, le long de la Saône, en face de l'île Barbe, le tout recouvrait le gneiss, sans intermédiaire.

Plus récemment, le dépôt de cailloux avec sable et gravier de la route de Genève a présenté des fossiles marins de l'âge de la mollasse, mais leur état a fait penser à quelques personnes qu'ils pouvaient être remaniés et provenir originairement de couches plus anciennes; ce qui permettait de conserver le dépôt en question dans le terrain quaternaire, tandis que d'autres observateurs, ayant trouvé des restes de Mastodontes dans des dépôts analogues, n'ont pas hésité à en faire un sédiment tertiaire.

D'un autre côté, le grand dépôt de cailloux roulés de la Bresse, qui s'étend entre le pied du Jura et les montagnes du Mâconnais et du Beaujolais, a été aussi le sujet d'opinions opposées; mais ici, comme en aval de Lyon, dans les bassins de l'Isère et de la Drôme, c'est au-dessus que paraissent avoir été seulement rencontrés les débris de mammifères quaternaires, associés, comme toujours, aux coquilles fluviatiles et terrestres qui vivent encore dans le pays. Ainsi, des ossements d'*Elephas primigenius* sont signalés aux environs de Lyon, à Saint-Cyr, Saint-Symphorien, sur la route de Vienne, à Sainte-Foy, à Saint-Just, et sur d'autres points où le sol est composé comme sur le plateau de Sathonay, de cette alluvion ancienne argilo-sableuse, avec un lit de cailloux roulés. En 1822, on a découvert, à la Croix-Rousse, une grande quantité d'ossements d'Éléphants, de Chevaux, de Bœufs, brisés et mêlés, à 2m,50 de profondeur au-dessous du Cours.

Les recherches de la paléozoologie réellement quaternaire ont donc été peu fructueuses jusqu'à présent, si nous nous bornons aux dépôts réguliers du bassin de la Saône et du Rhône, et l'horizon général marqué par la présence de rares débris de mammifères éteints, dans l'alluvion ancienne (*lehm*, *lœss*, ou terre à pisé), avec le lit de cailloux de quartz immédiatement sous-jacent, est le seul qui semble appartenir avec certitude à l'époque dont nous parlons. Tout ce qui est au-dessous serait le résultat de phénomènes plus anciens (glaciaires ou diluviens), sans faune correspondante connue, ou même tertiaires.

Disons maintenant quelques mots pour justifier les incertitudes qui règnent encore sur l'âge véritable et la relation de beaucoup de ces dépôts meubles que l'on suit depuis les environs de Dijon, depuis le cœur de la Bourgogne, jusqu'aux vastes plaines de cailloux de la Crau, jusqu'au delta du Rhône constituant la Camargue. Le manque de vues générales systématiques suffisamment démontrées semble tenir aux causes suivantes : 1° à l'absence de dépôts marins réguliers, suivis, à un niveau bien déterminé et bien caractérisé après la mollasse, et comme nous en avons trouvé dans le nord et l'ouest de l'Europe, par conséquent à l'absence de repère général certain; 2° aux dislocations plus ou moins nombreuses et plus ou moins prononcées, qui, après cette même époque, ont modifié le niveau des diverses parties de cette surface, et en ont rendu le raccordement plus difficile; 3° aux dépôts lacustres qui se sont formés sans continuité ou ont été partiellement dénudés depuis, et qui sont également difficiles à paralléliser; 4° enfin aux reliefs fort accidentés des parois des bassins, surtout en aval de Lyon, et qui, pendant l'époque quaternaire, ont modifié et diversifié à l'infini des phénomènes eux-mêmes très-variés et très-complexes.

L'orographie du Dauphiné et de la Provence, comparée à celle du pied nord des Pyrénées et des chaînes latérales de la vallée du Rhin, fait en outre très-bien comprendre l'enchevêtrement et le polymorphisme des résultats qui, depuis plus de trente ans, exercent la sagacité de géologues fort distingués.

Dépôts lacustres réguliers. — Jusqu'ici nous n'avons pas eu à mentionner en France de dépôts lacustres d'une certaine importance, et comparables par leur position à ceux de l'est de l'Angleterre. Quelques traces peu caractérisées, surtout peu étendues, ont seulement été signalées dans les vallées de la Somme et de la Seine; mais, dès 1818, Marcel de Serres en indiquait aux environs de Montpellier, où des observations subséquentes ont bien constaté leur postériorité aux dépôts des sables jaunes de cette localité, représentant les derniers sédiments tertiaires.

Au nord et à l'est de Montpellier, à Castelnau, sur les bords du Lez, et sans doute sur d'autres points, des tufs d'eau douce ont jusqu'à 20 à 30 mètres d'épaisseur. Dans la plaine de Sauret, à la Valette, à Gasconnet, Montferrier, aux Clapiers et dans la plaine de Fontcouverte, on en indique également.

La roche n'est point stratifiée; elle est tantôt dure et compacte, tantôt tendre, poreuse, presque uniquement composée de troncs et de feuilles de végétaux, ou bien c'est un sable blanchâtre passant à un poudingue. On y remarque des canaux sinueux fort étendus et de grands troncs d'arbres dicotylédones pétrifiés. Les fossiles de ce travertin sont des Paludines, des Cyclostomes (*C. elegans*, très-commun), des Bulimes, des Helix, des Limnées, des restes de vigne, de conifères, de laurinées, et le Chêne vert. On n'y a pas encore trouvé d'ossements de mammifères, et toutes les coquilles fluviatiles et terrestres ont leurs analogues vivant dans le pays.

Ces tufs d'eau douce sont recouverts, quoique rarement, par le grand dépôt de cailloux roulés qui se continue à travers le département du Gard jusqu'à la plaine de la Crau, sur la rive gauche du Rhône, mais dans lequel il ne semble pas que des fossiles aient été signalés jusqu'à présent.

Tels sont les faits qu'il nous a paru nécessaire d'exposer d'abord sur la distribution générale de la faune quaternaire de la France, dans les dépôts plus ou moins réguliers des plaines, des plateaux et du fond des vallées. Nous en poursuivrons actuellement l'étude dans des gisements moins réguliers sans doute, mais beaucoup plus riches, plus variés, où les animaux vertébrés, plus abondants, et dans un meilleur état de conservation, nous permettront de nous faire une idée plus complète des caractères de la population qui vivait alors à la surface de notre pays.

A. d'Archiac.

PHYSIQUE APPLIQUÉE AUX ARTS.

COURS DE M. EDMOND BECQUEREL.

(Conservatoire des arts et métiers.)

(Voyez les nos 5 et 8.)

III.

Électricité dynamique.

Après avoir traité de l'électricité statique, et après avoir examiné la question de l'électricité atmosphérique, M. Edmond Becquerel aborde l'électricité dynamique.

Jusqu'ici, dit M. Becquerel, nous avons étudié seulement les phénomènes que présente l'électricité en équilibre à la surface du corps. Nous avons constaté que le frottement donne lieu à un dégagement de fluide électrique; nous nous sommes appuyés sur cette remarque pour indiquer la construction d'appareils qui nous permettent d'obtenir ce fluide. Nous avons ensuite montré qu'il peut produire des effets intéressants; il donne lieu, par exemple, à l'étincelle électrique.

Mais l'électricité peut être engendrée aussi par d'autres causes que le frottement, et, sous l'action de ces causes plus puissantes, elle acquiert la continuité. Des fluides de noms contraires en effet apparaissent et se renouvellent sans cesse aux deux extrémités de la pile, appareil employé généralement dans ce cas, et que nous décrirons plus loin. Que l'on joigne ces deux extrémités ou *pôles* par un corps conducteur, un fil métallique, par exemple, il sera traversé d'une façon non interrompue par le fluide, il y aura là un courant continu d'électricité; elle forme alors ce que l'on nomme un *circuit*. Quand elle est ainsi mise en mouvement, elle donne naissance à de nouveaux phénomènes bien autrement remarquables, et qui ont été utilisés dans les applications.

Le principe essentiel qui sert de base au développement de l'électricité dans les piles et dans tous les appareils dont il sera question plus tard est le suivant : *Toutes les fois qu'un métal s'altère par l'action d'un liquide, il y a dégagement d'électricité; le métal altéré prend l'électricité négative, le liquide qui attaque le métal prend l'électricité positive.*

On suppose, par exemple, un vase renfermant de l'eau acidulée à l'aide d'un acide. Cet acide peut être quelconque, sulfurique, nitrique, chlorhydrique, peu importe; l'eau pure même agirait, mais d'une manière presque insensible, à cause de la faiblesse de son action chimique. Dans ce vase, on place une lame de zinc, métal facilement attaquable, comme le prouve le dégagement d'hydrogène qui s'effectue tout le long de la lame aussitôt après son immersion. Il se produit du fluide électrique dans ces circonstances; le métal prend l'électricité négative, et le liquide l'électricité positive.

Actuellement, que l'on plonge dans ce liquide chargé d'électricité positive, et dans lequel est déjà la lame de zinc, une autre lame d'un métal inattaquable par les acides, comme le platine, l'or, l'argent, ou seulement moins attaquable que le zinc; cette nouvelle lame s'empare de l'électricité positive du liquide. Cette réunion de deux métaux plongeant sans se toucher dans un même liquide par lequel ils sont inégalement altérés, constitue ce qu'on a appelé un *couple voltaïque*.

Tel est le principe de la découverte de Volta. Seulement, Volta pensait que le fluide électrique était dégagé au contact des métaux. Et, en effet, pour observer directement le phénomène qui se produit, il faut faire communiquer en dehors du liquide les métaux immergés à l'aide de fils conducteurs, et former un circuit. Or, Volta rapportait à ce contact ce qui a lieu quand le liquide attaque le métal. Mais, toutes les recherches, tous les travaux qui furent faits depuis cette époque nous forcent à croire qu'il faut une action moléculaire quelconque pour qu'il y ait un dégagement d'électricité, et que le simple contact de deux métaux ne suffit pas pour produire cet effet continu.

Quoi qu'il en soit, Volta, après avoir reconnu que chaque fois que deux métaux inégalement altérables sont en présence d'un liquide conducteur, il y a dégagement d'électricité, est arrivé à la construction de l'appareil qui l'a immortalisé. C'est la pile voltaïque. Ce nom a été maintenu à tous les appareils du même genre qui ont pour objet d'amener un dégagement d'électricité par suite de la réaction d'un liquide, bien qu'ils ne soient plus construits dans la forme particulière qui avait valu le nom de pile à l'instrument primitif.

Nous allons rappeler ici comment Volta procéda dans l'établissement de sa pile. Comme la théorie qui attribue au contact des métaux le dégagement de l'électricité n'est plus admise, on se servira pour la démonstration de la théorie de l'action chimique, qui rend compte de tous les phénomènes.

Soit un disque de cuivre, ce disque peut devenir l'un des deux éléments constituants d'un couple. Au lieu de le placer dans un vase rempli d'un liquide conducteur, Volta imagina de placer au-dessus du métal que l'on suppose communiquer avec le sol une rondelle de drap imbibée d'eau acidulée. Sur cette étoffe humide, il mit un disque de zinc. Ainsi le cuivre et le zinc se trouvent ici en présence, séparés par du drap humecté de liquide. D'après le principe cité plus haut, évidemment il y a là un dégagement d'électricité: le zinc prend l'électricité négative; le liquide, l'électricité positive, qu'il transmet au cuivre. Ce métal communique au sol, l'électricité positive va s'y perdre; quant au zinc, il reste chargé de fluide négatif. Alors Volta superposa au zinc un second disque de cuivre, puis une nouvelle rondelle de drap humide et une autre plaque de zinc. Quel est l'effet de ce second couple? Un dégagement d'électricité exactement identique avec celui qui a eu lieu dans le premier. Le zinc, comme précédemment, prend l'électricité négative; le cuivre, l'électricité positive. Or, ne voit-on pas que, dans ce cas, le deuxième disque de cuivre chargé positivement se trouve en présence du premier disque de zinc qui se charge négativement? Ces électricités contraires se neutralisent, et il ne reste, quand les deux couples sont superposés, que le fluide négatif à la partie supérieure; l'électricité positive se perdant dans le sol. Mais voici un fait remarquable : le fluide libre a une tension double. Ceci a été vérifié avec la balance de torsion.

Il est possible de mettre ainsi dix, vingt, cent couples les uns au-dessus des autres; on obtiendra toujours le même effet, pourvu que la pile soit chargée dans le même sens. Si l'on a cent couples, par exemple, à la partie supérieure, il se produira une action qui sera cent fois plus forte, comme tension, bien entendu, que celle qui se manifesterait si l'on ne possédait qu'un couple. Ainsi donc, la charge d'électricité négative grandit en proportion du nombre des couples.

Il est inutile de rappeler ici que si l'on plaçait la pile en sens inverse, l'effet contraire se produirait : l'électricité négative irait se perdre dans le sol, et l'électricité positive s'accumulerait à la partie supérieure. De même, au lieu de faire communiquer l'un des pôles avec le sol, qu'on vienne à les laisser libres tous deux, on a en bas du fluide positif, et en haut de l'électricité négative. Réunit-on alors les deux bouts chargés d'électricités contraires, la combinaison des deux fluides s'effectue, et une étincelle en est la conséquence.

Avec l'électricité, soit vitrée, soit résineuse, que l'on peut recueillir à l'un ou à l'autre des deux pôles d'une pile ainsi construite, on peut charger un condensateur, agir sur des corps légers, démontrer que la tension de l'électricité croît à mesure que l'on augmente les éléments de l'appareil. Mais on arrive encore à d'autres effets non moins remarquables.

Et d'abord, on se mouille légèrement le doigt, et l'on touche les extrémités de la pile : chaque fois que le contact a lieu, on reçoit une petite commotion. Elle provient du passage du fluide électrique; elle est analogue à celle que l'on ressent quand on touche les deux garnitures extérieures et intérieures d'une bouteille de Leyde. Or, cette décharge, si l'on renouvelle le contact à des intervalles très-courts, se répétera. Ceci ne démontre-t-il pas que la formation de l'électricité nécessaire pour produire la commotion se fait très-promptement? Ainsi donc le fluide électrique, dans les circonstances actuelles, se dégage en quantité très-grande et passe avec une rapidité extrême dans le circuit.

Nous venons de parler de *quantité* d'électricité; précédemment nous avons employé le mot *tension* du fluide électrique. Ce sont là deux termes qu'il ne faut pas confondre. La tension est cette accumulation de l'électricité à la surface des conducteurs qui fait que la décharge peut avoir lieu à une distance plus ou moins grande. La quantité d'électricité peut être extrêmement considérable et la tension être très-faible, c'est-à-dire que la décharge ne pourra avoir lieu qu'à une distance très-courte, et cependant elle sera très-forte. La pile de Volta en offre un exemple.

On a construit aussi des appareils qui ne donnent que très-peu de quantité, et qui fournissent beaucoup de tension : ce sont les *piles sèches*. Ce sont des piles composées d'un très-grand nombre d'éléments, mais dont les surfaces ne sont pas très-étendues. Les corps qui donnent l'électricité, au lieu d'être, comme dans la pile de Volta, du zinc, du cuivre et du drap humide, sont une lame d'étain, une feuille saupoudrée de peroxyde de manganèse et du papier ordinaire. Ce papier, qui contient toujours un peu d'humidité, fait ici l'office de liquide conducteur. Il est possible, en raison de leur peu d'épaisseur, d'entasser bon nombre de ces disques les uns sur les autres, trois ou quatre mille, si l'on veut. Quand la pile est ainsi constituée, on coule tout autour du soufre, afin d'y maintenir l'humidité. On constate alors que les deux pôles sont chargés d'électricités contraires. On a remarqué que des appareils de ce genre peuvent marcher pendant huit à dix ans; on en a même profité pour construire de prétendus mouvements perpétuels. Cette pile en réalité n'est pas sèche, et la dénomination qu'on lui a attribuée est tout à fait impropre. Si elle peut dégager du fluide électrique, c'est uniquement parce que dans le papier, comme nous l'avons déjà dit, il y a toujours un peu d'humidité. Ce genre d'appareils n'offre d'ailleurs d'utilité que dans quelques circonstances particulières, dans le cas, par exemple, où l'on veut faire des expériences qui doivent se prolonger plusieurs jours, parce que ces piles fournissent une tension très-considérable et que l'on peut regarder comme rigoureusement constante; si l'on voulait s'en servir pour décomposer des dissolutions salines, on n'obtiendrait que des commotions insuffisantes, car la quantité d'électricité produite est extrêmement faible; la tension, au contraire, est excessive en raison du nombre des éléments.

Lorsque Volta eut découvert la pile, et que tous les physiciens se furent empressés de renouveler ses expériences, on vit bientôt qu'il y aurait des inconvénients très-graves à conserver ses appareils. Ils ne fonctionnent réellement bien, en effet, que pendant quelques instants.

Un inconvénient dont tous s'aperçurent immédiatement, résultait de la disposition en colonne. En effet, tous les couples s'appuyant les uns sur les autres, les rondelles humides, surtout celles qui se trouvaient à la partie inférieure de la pile, subissaient une pression assez considérable. Cette compression en chassait le liquide qu'elles contenaient, et amenait par suite une déperdition rapide de l'électricité. Il importait donc de se mettre dans des conditions telles qu'on ne fût pas obligé d'étager les couples les uns sur les autres.

On eut alors les *piles à auges*. C'est en réalité le même appareil; seulement les disques, au lieu d'être superposés, se placent horizontalement; ils ne sont plus ronds, mais carrés, et ils sont espacés très-loin les uns des autres. On les introduit dans une boîte rectangulaire de bois, ouverte seulement à la partie supérieure. Ces plaques métalliques, avec les parois fermées de la boîte, constituent des auges dans les intervalles qui les séparent. Le liquide est contenu dans ces auges, et il n'y a plus de rondelles de drap. Évidemment, on constate ici une amélioration. Avec cet appareil, on peut obtenir les mêmes effets qu'avec la pile primitive de Volta, et on les réalise dans des conditions meilleures.

Après la pile à auges est venue la *pile à couronne*. Ce sont simplement des vases ou tasses. Chaque tasse représente un couple; une lame de zinc et une lame de cuivre plongent sans se toucher dans le liquide acidulé dont chacune d'entre elles est remplie. Chaque lame se recourbe supérieurement et se soude au-dessus du vase à la lame de l'autre métal qui entre dans la tasse voisine. On a ainsi une série de fers à cheval, formée de deux métaux, et chacun de ces fers à cheval indépendants l'un de l'autre plonge à la fois dans deux vases consécutifs. Il y a donc communication de proche en proche d'une extrémité à l'autre de la pile. Cette disposition est bonne en ce sens qu'elle peut isoler complétement les couples, mais les surfaces de ces couples ne peuvent pas être très-considérables, sous peine de donner un développement gênant à l'appareil.

Wollaston, à son tour, quelques années après la découverte de Volta, construisit une pile dont les éléments pouvaient avoir une dimension plus forte que ceux des piles dont nous venons de parler, et se manier avec une facilité extrême. Pendant un certain nombre d'années, jusqu'en 1835, on l'employa de préférence, et toutes les recherches auxquelles on se livra sur l'électricité durant une huitaine d'années furent faites avec cette pile. Les couples étaient formés bien simplement de lames de zinc tenues à une distance constante de lames de cuivre, et sans qu'il y eût communication entre elles. La forme des couples était celle-ci : une lame de zinc au centre, en contact avec un conducteur de cuivre qui pouvait communiquer à chacun des couples voisins; puis une lame de cuivre recourbée enveloppant complétement la lame de zinc, mais maintenue cependant à une certaine distance par des rondelles de bois ou de liége. Que l'on suppose maintenant ces deux plaques métalliques plongeant dans un vase rempli d'eau acidulée, et l'on a un couple de la pile de Wollaston. On pourrait enlever simultanément les deux métaux, les deux lames de cuivre et de zinc, et empêcher l'appareil de fonctionner.

Mais toutes ces piles sont défectueuses : elles offrent une déperdition rapide de l'électricité depuis les premiers instants où l'on agit; si bien qu'après quelques minutes, la plupart du temps, les phénomènes cessent de se produire. On ne s'est pas d'abord rendu compte de cette diminution, et ce n'est qu'un certain nombre d'années après la découverte de Volta, vers 1829, que le principe qui donne lieu à la déperdition de l'électricité dans les piles voltaïques a été parfaitement connu. On vit qu'il ne fallait pas se servir d'un seul liquide ; on s'aperçut qu'il fallait avoir recours à des piles *composées*, les seules qui puissent donner lieu à des courants constants d'électricité.

Dans un prochain numéro, nous parlerons des piles composées, puis nous commencerons les applications industrielles de cette partie de l'électricité. Il sera d'abord question des effets calorifiques produits par cet agent. — J. de Lignières.

MÉTÉOROLOGIE.

COURS DE M. LE Dr GRELLOIS.

(GRAND AMPHITHÉATRE DE LA FACULTÉ DE MÉDECINE.)

Aperçu historique sur la météorologie.

La Société météorologique de France a décidé qu'elle ouvrirait, chaque année, un cours de météorologie théorique et appliquée, professé par un de ses membres.

Le choix de la Société s'est porté sur M. Renou, ancien élève de l'École polytechnique. Mais il a paru qu'il serait utile de faire précéder le cours de ce professeur par une introduction historique, destinée à retracer à grands traits les diverses phases subies par la météorologie depuis son origine jusqu'à l'époque moderne. Elle a confié ce soin à son président (pour 1863), M. le docteur Grellois.

La météorologie est la science de l'atmosphère ; la composition de l'enveloppe aérienne de la terre, les modifications et les phénomènes qui s'accomplissent dans son sein, forment le domaine de cette science.

Après avoir rappelé en quelques mots l'utilité de la météorologie, dont les applications s'adressent à la marine, à l'agriculture, à la médecine, à l'industrie, le professeur reconnaît que les prophéties météorologiques ont eu peu de succès jusqu'ici, mais il pense qu'on ne saurait désespérer d'arriver un jour à la découverte d'une loi qui permette de prédire la succession et le retour des phénomènes atmosphériques, comme on prédit la succession et le retour des phénomènes astronomiques. Les prédictions à courte échéance sont déjà entrées dans le domaine pratique, grâce à la haute initiative de la France, et le réseau météorologique qui couvre aujourd'hui l'Europe ne sera pas une des moindres gloires de notre époque et de notre pays.

Mille superstitions obscurcissent l'origine de la météorologie, qui doit sa naissance à la *curiosité* et à l'*admiration* qu'inspirent certains phénomènes ; à la *terreur* qui accompagne les grands accidents de la nature, tels que les tremblements de terre, la foudre, les tempêtes ; à la *reconnaissance* pour l'Être tout-puissant qui préside aux météores bienfaisants, les pluies fécondantes, la rosée, les vents légers.

Toutes les religions primitives s'inspirèrent de ces imposants phénomènes : les dieux de l'Égypte, de la Grèce et de Rome paraissent n'être que des symboles, le plus souvent empruntés à l'air et à ses modifications. Quels que soient les noms sous lesquels aient été adorés, chez les divers peuples de l'antiquité, Jupiter, Vulcain, Neptune, Junon, Apollon, ces dieux symbolisaient l'éther, le feu, l'air, l'eau, le soleil, qu'on supposait des dieux réels et pourvus d'intelligence. Les dieux du nord de la vieille Europe sont un reflet de son âpre climat. Les poésies bibliques, non moins que les diverses mythologies, non moins que les chants des bardes, empruntent à la météorologie leurs plus saisissantes images. On retrouve encore aujourd'hui de nombreuses superstitions météorologiques chez les peuples arriérés dans la civilisation et même dans les classes inférieures des peuples civilisés.

De ces superstitions naquit, dans l'antiquité, le discrédit dont fut frappée cette science, que l'on confondait avec la magie et l'astrologie, sciences chimériques dont elle aurait toujours dû rester distincte. Le nom de météorologiste représente souvent, dans l'antiquité grecque, la même idée que celui de sophiste ou d'imposteur. On reconnaissait d'ailleurs, à certains hommes, le pouvoir de commander aux météores, et ces hommes, connus au moyen âge sous le nom de tempestaires, étaient des objets d'horreur et d'exécration.

Les grands phénomènes atmosphériques étaient presque toujours considérés comme des prodiges, et les circonstances fabuleuses qu'on y ajoutait étaient souvent, plus que le phénomène lui-même, propres à exalter l'imagination. Citons principalement les matières variées qui, sous le nom général de pluies prodigieuses, tombent ou semblent tomber du ciel ; les phénomènes fulminaires, suivant les conditions qui les environnent ; tous les phénomènes ignés ; les tremblements de terre : les uns et les autres étaient des avertissements du ciel et l'on en tirait des pronostics pour l'avenir.

Les premiers philosophes de la Grèce ne sont point restés étrangers à l'observation des phénomènes atmosphériques, mais il ne nous reste plus, de leurs nombreux écrits, que quelques fragments tronqués et incomplets.

Aristophane a donné une courte théorie météorologique dans sa comédie des *Nuées*. Hippocrate nous a laissé de beaux témoignages de l'observation des phénomènes atmosphériques. Mais Aristote est, pour nous, le père de la météorologie : il a rassemblé tous les éléments épars qui constituaient, de son temps, la science de l'air, les a résumés et réunis, en les contrôlant par ses propres observations. On trouve dans Aristote bien des erreurs, à peine quelques lambeaux de théories applicables aujourd'hui, mais on y voit aussi la preuve d'un esprit d'observation qu'on a trop de tendance à refuser aux anciens, et l'on admire surtout, dans l'œuvre d'une époque aussi reculée, l'absence de ces superstitions, nées longtemps avant ce philosophe, et qui pendant bien des siècles encore ont obscurci la science, paralysé tout progrès.

L'univers, suivant Aristote, est animé d'un double

mouvement circulaire dans lequel sont entraînés tous les corps de la nature. Les quatre éléments, le feu, l'air, l'eau et la terre, sont soumis à cette rotation universelle, mais, de plus, ils sont animés d'un double mouvement, l'un se rapprochant, l'autre s'éloignant du centre. Ces quatre éléments donnent naissance à tous les corps; mais l'harmonie de l'univers force encore à reconnaître l'existence d'un principe plus général, l'éther, fluide éminemment subtil, répandu partout dans l'espace.

Les météores sont produits par deux exhalaisons qui s'élèvent dans l'atmosphère : l'une sèche, qu'on peut appeler *fumée*, ayant quelques rapports avec le feu ; l'autre humide, de la nature de l'eau, qui a reçu le nom de *vapeur*. Dans ces deux exhalaisons est tout le secret de la météorologie ancienne, complétement développée dans les trois premiers livres du *Traité des météores* d'Aristote.

Théophraste, son disciple et son ami, nous a laissé un livre remarquable sur les vents, traité moins didactique, mais plus pratique que celui d'Aristote. On lui doit aussi divers *Traités sur les signes du temps*, livres dans lesquels on est surpris de rencontrer toutes les prédictions populaires sur les changements atmosphériques qui ont encore cours aujourd'hui. Faut-il en conclure qu'avec le temps les erreurs jettent des racines plus profondes, ou qu'on doit admettre comme vérités irrécusables des opinions qui ont pour elles la consécration de plus de vingt siècles? Plus tard, ces pronostics ont été répétés par Aratus, qui en a ajouté quelques-uns. Épicure, dans une lettre qui nous est parvenue, expose la théorie du mouvement, du vide et des atomes. Cette théorie lui sert à l'explication des météores, reproduite dans le beau poëme de Lucrèce *sur la nature des choses*. Ajoutant à l'œuvre de ce poëte celles de Pline et de Sénèque, il reste peu pour la météorologie chez les Romains. Aucun de ces noms n'a régné dans l'école; Aristote seul a mérité le surnom de maître, que lui ont donné ses nombreux commentateurs, grecs, latins, arabes, depuis Alexandre d'Aphrodisie, Olympiodore et Jean le grammairien, jusqu'à Averrhoès, Albert le Grand, saint Thomas d'Aquin et tant d'autres.

Mais il faut arriver au XVIIe siècle pour voir la météorologie prendre quelque essor, et entrer, avec le Napolitain Porta, dans une voie aussi rationnelle que pouvaient le permettre les préjugés du temps et l'absence d'instruments d'observation. Dans le même siècle, Descartes pose les premières bases solides de la météorologie, quoiqu'elles ne s'appuient guère que sur des hypothèses. Ce philosophe clôt la période historique de la météorologie dans l'antiquité, et la sépare de la météorologie moderne.

HISTOLOGIE.

COURS DE M. CH. ROBIN.

(FACULTÉ DE MÉDECINE.)

(Voyez les n°s 1, 3, 5, 10 et 11.)

III.

Sur ce qu'on doit entendre par organisation dans l'état actuel de la science.

De ces qualités immanentes à la substance organisée, tant qu'elle se trouve dans ces conditions de milieu, la plus générale consiste en un renouvellement continu des principes immédiats de cette substance sans qu'elle se détruise ; elle est en voie incessante de rénovation moléculaire, par pénétration de certains principes qui se combinent avec ceux qui la composent, en même temps qu'a lieu l'issue de principes différents provenant de la décomposition d'une portion des premiers. Dès que change ou disparaît le milieu dans lequel sont puisés les principes qui pénètrent, et rejetés ceux qui sortent, la substance organisée change ou bien cesse de se nourrir; car c'est ce mouvement continu de composition et de décomposition de la substance organisée, qui pourtant ne se détruit pas, qu'on nomme *nutrition*.

Toute partie de substance organisée qui se nourrit, mais celle-là seulement, jouit en outre de la propriété de se développer et de donner naissance directement ou indirectement à des éléments anatomiques semblables ou analogues à elle. Enfin, certains des éléments doués des trois qualités précédentes ont, chez les animaux, la propriété de se contracter, et d'autres sont doués d'innervation.

La forme et la structure des éléments anatomiques persistent alors que les principes immédiats qui les constituaient d'abord ont été détruits et remplacés, molécule à molécule, durant la *fossilisation*. La vie est alors empêchée, et par d'autres causes encore que par la disparition des conditions de *milieu* dans lesquelles existaient d'abord les corps fossilisés; elle est empêchée par la destruction de ce qu'il y a d'essentiel dans l'*organisation*, l'état moléculaire.

Ce fait montre très-nettement qu'au delà des dispositions organiques dites de *structure* et de *texture* des éléments anatomiques, il y a, dans ce qu'on nomme organisation, plus que ces arrangements géométriques et mécaniques, puisque, dans les fossiles, il ne reste pas trace de la matière même de l'animal ou de la plante qui ont vécu, bien que pourtant la structure soit mathématiquement conservée jusque dans ses moindres détails. On croit toucher un être qui a vécu, qui est organisé, et l'on n'a sous les yeux que la matière brute qui l'a remplacé molécule à molécule. Il faut donc de toute nécessité, dans toute étude anatomique, descendre jusqu'à l'examen du mode d'union moléculaire des principes immédiats, de leur nature et de leurs proportions, pour avoir une idée juste de la constitution de l'organisme qu'on veut connaître.

Examen des différences qui séparent l'état d'organisation des états purement mécaniques de la matière.

On ne saurait trop le répéter, essentiellement parlant, l'organisation est un mode particulier d'association moléculaire de principes immédiats de plusieurs espèces, appartenant à trois classes distinctes : principes réunis en quantités différentes d'une portion à l'autre de la substance organisée, mais toujours dans un rapport déterminé, et formant dans chaque particule un tout homogène.

Il faut donc se garder de croire que l'organisation consiste spécialement en un certain mode d'arrangement mécanique des parties agissantes, comme Hunter l'admettait et pouvait encore être autorisé à l'admettre, au point où en était l'anatomie à l'époque où il écrivait.

C'est dans ses *Leçons sur les principes de la chirurgie* que Hunter aborde l'étude de ces problèmes. L'importance que, dans un ouvrage de ce genre, il donne aux questions de cet ordre, toutes d'une solution plus délicate et plus difficile que celles qui se rapportent à la composition élémentaire et à la texture des organes, sont d'un grand enseignement. Cette importance prouve que cet éminent chirurgien ne considérait pas comme inutile à la pratique médicale, et seulement bonne pour des savants, la détermination de la constitution intime et du mode d'évolution des tissus normaux, qui nous conduit à préciser la manière dont proviennent de ceux-ci les produits morbides; seul moyen d'arriver un jour à voir comment procéder pour prévenir ou entraver leur développement. Elle montre quelle étrange tendance d'opposition aux progrès de l'esprit humain et quelle étroitesse de vues conduisent ceux qui négligent ces notions, à professer hautement et avec une insistance jalouse leur inutilité pour le médecin et le chirurgien. Oubliant que les choses ignorées ne sauraient être pratiques, de nos jours suivant eux, les chirurgiens devraient se borner à l'étude de l'anatomie descriptive. Vous voyez enfin combien il y a lieu de se tenir en garde contre les insinuations de ceux qui, traitant de nouveautés les choses qu'ils n'apprennent pas, recommandent la défiance à leur égard, alors qu'ils devraient au moins les étudier d'abord, afin que leurs conseils, demandés ou non, fussent donnés d'après une connaissance réelle des choses, et non d'après des suppositions fautives.

Pour compléter l'ensemble des notions exposées plus haut, il importe d'ajouter que l'organisation n'est pas une ; elle offre plusieurs degrés de plus en plus complexes, qui consistent chacun en quelque arrangement mécanique particulier des parties élémentaires actives en nous d'une manière immédiate ; mais ces divers degrés reposent sur un fonds commun que représente l'état d'association moléculaire précédemment indiqué. L'examen de la nature et de l'enchaînement logique et scientifique de ces divers degrés d'organisation est même des plus intéressants.

C'est cette particularité que l'organisation n'est pas *une*, mais offre plusieurs degrés d'une complication croissante, qui est la condition statique de l'existence des phénomènes du développement, de l'évolution, considérés dans l'ordre dynamique.

L'évolution consiste en effet, d'une part, en une augmentation des dimensions et un changement corrélatifs de tous les autres caractères, soit extérieurs, soit de constitution intime, tant des éléments anatomiques que des humeurs, dont l'état d'association moléculaire des principes immédiats est la condition d'existence. Elle consiste, d'autre part, en l'apparition successive des divers ordres de parties et des divers arrangements de celles-ci qui caractérisent les autres degrés de l'organisation ; apparition successive et arrangements de plus en plus complexes qu'on ne verrait point se produire si l'organisation était une, homogène, uniforme.

Par conséquent, tant que dans l'étude de l'organisation, on se tient à ce que la notion de cet état offre de plus général, tant que l'on ne s'avance pas encore jusqu'à l'examen de l'arrangement réciproque des parties organisées élémentaires, rien ne diffère plus que l'état d'organisation et celui d'une machine. Rien de plus faux que la comparaison de l'un à l'autre sous ce point de vue, et, de la part de ceux qui la répètent, elle indique certainement qu'ils ignorent ce qui caractérise essentiellement l'organisation.

Le mode particulier d'association moléculaire des principes immédiats, caractéristique de l'état d'organisation, permet la rénovation incessante des matériaux dont sont composées les parties directement actives en nous, sans qu'elles se détruisent; il en résulte que la notion d'organisme, au point de vue dynamique, est spécifiée par la connaissance des changements continus, c'est-à-dire des modes d'évolution que présente l'économie dans une direction déterminée, et en rapport avec cette constitution, plus que par cette constitution même envisagée à un moment donné.

Dans une machine, au contraire, ce qui importe par-dessus tout, c'est l'absence de ces changements moléculaires dans l'intimité de chaque partie directement active ; c'est que chacune de celles-ci reste fixe et immobile moléculairement, sans évolution, par conséquent. Si ce changement se manifeste, il devient la condition capitale de la destruction du mécanisme, de la cessation de ses actes, tandis qu'il est la condition d'existence essentielle de l'organisme ; de telle sorte que ce qui est la condition de l'accomplissement des actes de l'un est la cause de la cessation de ceux de l'autre.

Ce n'est donc pas dans quelque mode particulier d'arrangement mécanique, tel que, par exemple, une disposition fibrillaire, avec entrecroisement et intrication, qu'il faut rechercher les caractères de l'organisation. Ces particularités peuvent en effet exister, sans qu'il y ait organisation ; c'est ce qu'on observe lors de la coagulation artificielle ou spontanée d'un grand nombre de *substances organiques*. On sait aussi que dans le passage graduel de l'état de non-organisation à celui d'organisation, il y a tout autre chose qu'un simple groupement mécanique de parties diverses. Cette transition est le résultat d'une succession d'actes moléculaires, et, derrière les états mécanique et physique de la substance qui est le siége de ces actes, il y a toujours la composition immédiate et l'état moléculaire ou d'association spéciale des principes constituants qui domine tout, et dont il faut tenir compte avant tout.

Un des caractères de la substance organisée est de ne pas être identique avec elle-même, soit dans le temps, soit dans toute la masse de chaque être qui vit ou a vécu, qui en est constitué, et cela non-seulement au point de vue de la configuration extérieure du volume, des caractères physiques, mais encore au point de vue de la composition immédiate, en tant que matière organisée. Ici elle est en masses ou couches amorphes, ailleurs à l'état de granulations, de filaments, etc.; chacune de ces parties à son tour offre une consistance, une couleur, des réactions chimiques différentes ; souvent même de la matière organisée sous forme de granulations moléculaires visibles au microscope, de gouttelettes liquides, etc., se trouve associée à une masse homogène pour composer des tubes, des filaments, ou plus souvent des masses polyédriques creuses ou non, appelées *cellules*, etc. Et dans l'intérieur de chacune des parties ainsi constituées, ayant son mode de naissance, de développement, sa manière propre d'agir, chaque portion qui est à l'état de noyau, de granule, de gouttes ou de contenu liquide, est formée de substance organisée distincte des autres portions par sa composition immédiate et par le mode d'union moléculaire de ses principes constituants.

Or, toutes ces dispositions spécifiques de granulations, corpuscules, etc., présentant des couleurs et réactions diverses, sont des particularités dites de *structure*, qui doivent être prises en considération; car chacune de ces parties, quelque petite qu'elle soit, joue un rôle différent des autres, du moment qu'elle réagit autrement au contact des menstrues chimiques, dès l'instant qu'elle a une autre consistance, etc. Chacune attire à elle, d'une manière spéciale, les matériaux nutritifs, ou les expulse, d'une façon particulière aussi, dans le double acte d'assimilation et de désassimilation. On sent dès à présent combien, avant d'étudier la réunion de ces diverses parties de la substance organisée, formant des éléments anatomiques, des humeurs et des tissus, il importe de les envisager en général, puis séparément, quand elles diffèrent; sans cela il serait impossible de saisir combien sont complexes les parties du corps, dont les actes nous semblent simples, parce qu'ils frappent quelqu'un de nos sens d'une manière immédiate.

Vous voyez maintenant que si, d'une part, la notion d'organisation ne réside pas uniquement dans celle d'une disposition mécanique de parties homogènes ou hétérogènes, identiques ou d'espèces diverses, d'autre part l'organisation n'est pas connue entièrement lorsqu'on ne possède encore que la notion générale d'association moléculaire de principes divers, qui domine pourtant toutes les autres et qui est la plus essentielle.

Les divers degrés d'organisation, de plus en plus complexes, que nous devons définir maintenant, sont les suivants :

1° Une matière complétement homogène, amorphe, sans structure en un mot, pourra être reconnue comme substance organisée, vivante ou ayant vécu, si elle a ce seul caractère : d'être constituée par des principes immédiats nombreux appartenant à trois groupes ou classes distinctes, unis molécule à molécule, par combinaison et dissolution réciproques. C'est là, il est vrai, le degré d'organisation le plus simple, le plus élémentaire, mais c'est le caractère d'ordre organique le plus général, le plus invariable, et il suffit à lui seul pour qu'on puisse dire qu'il y a organisation, que la substance est organisée. Toute simple qu'est cette organisation, c'est assez pour que la substance puisse *vivre ;* et réciproquement, quels que soient du reste les autres caractères de cette matière, tant d'ordre inorganique que de structure, si celui qui vient d'être défini n'existe pas, il n'y a pas organisation, ni vie par conséquent.

Il suit de là qu'une cellule végétale ou animale, ou tout autre élément anatomique ayant figure de fibre, de tube, etc., sont organisés.

Ils ont d'abord pour caractère d'être formés de substance organisée, caractère qui ne se retrouve dans aucun des corps du règne minéral. Il y a même des éléments anatomiques qui n'ont que ce caractère-là : telles sont la substance homogène du cartilage, celle de la capsule du cristallin, la matière amorphe de la moelle des os, celle de la substance grise du cerveau, etc.

2° Mais, en général, chaque *élément anatomique* offre en outre un autre degré d'organisation d'ordre plus élevé : c'est d'avoir une *structure*, c'est-à-dire d'être *construit de parties* (*structus*) *diverses de cette substance organisée*. Ces parties constituantes diffèrent de forme, de volume, de consistance, de couleur, de solubilité ; elles diffèrent, en outre, par leur composition chimique. Dans une cellule, le corps de la cellule, le noyau, le nucléole, les granulations moléculaires en sont des exemples.

Ainsi prise en elle-même, la matière organisée n'a pas de structure ; mais les parties qui en sont construites, comme les *éléments anatomiques figurés*, en offrent une qui leur est propre. Avec cette structure, avec ce nouveau degré d'organisation, nous voyons apparaître dans chaque espèce d'éléments anatomiques, ou seulement une modification en plus ou en moins de la propriété de nutrition; ou bien d'autres qualités, celle de développement et celle de reproduction; ou encore une ou deux propriétés d'un autre ordre, la sensibilité et la contractilité, appelées propriétés animales, parce qu'on ne les trouve que chez les animaux. C'est cet ensemble de propriétés qu'on nomme *propriétés vitales élémentaires*, ou simplement *propriétés vitales*.

3° Un troisième degré d'organisation s'observe dans les tissus et les caractérise. Ici s'introduit d'une manière manifeste la notion d'arrangement mécanique, longtemps considéré comme le fait dominant et le plus général dans toute organisation.

4° Les *tissus* ont d'abord les caractères d'ordre organique précédemment énumérés, savoir : d'être formés de matière organisée, et d'avoir une structure, c'est-à-dire d'être construits de parties diverses, distinctes, isolables, qui sont les éléments anatomiques amorphes ou figurés.

Mais, en outre, ils ont un caractère propre, c'est une *texture* spéciale, c'est-à-dire un arrangement réciproque particulier à chacun de ces éléments anatomiques dont ils sont composés. A ce degré nouveau d'organisation se rattachent comme attribut physiologique, outre les propriétés vitales élémentaires, plusieurs autres dites *propriétés de tissu*, les unes d'ordre organique, comme la sécrétion et l'absorption, les autres physiques, comme l'élasticité, l'hygrométricité, etc.

La *structure* et la *texture* sont les seuls degrés d'arrangement de la substance organisée qui aient reçu des noms particuliers. Chacun d'eux est fort différent de l'autre, et le dernier de ces mots ne saurait être employé pour le précédent sans erreur.

La structure a pour chaque espèce d'éléments anatomiques quelque chose de spécifique, qui est caractéristique et qu'on ne retrouve pas dans d'autres espèces. La spécificité de la texture n'est pas moins caractéristique, c'est-à-dire que tout élément anatomique offre, dans chacun des points différents de l'économie où il se rencontre, quelque chose de particulier dans son arrangement par rapport aux autres espèces d'éléments avec lesquelles il s'enchevêtre. Il en résulte, d'un lieu à l'autre de l'économie, de grandes différences dans l'aspect des tissus, qui pourtant, au point de vue de la composition intime, ont la même espèce pour élément principal.

Les *humeurs* ont pour caractère ou attribut anatomique l'état de combinaison par dissolution réciproque de principes immédiats nombreux, ainsi que l'état de suspension dans lequel se trouvent les éléments anatomiques que renferment plusieurs d'entre elles.

5° Le degré d'organisation caractéristique des *systèmes anatomiques* est une *conformation générale* propre à chacun d'eux; ils se divisent en parties similaires ou organes premiers. Les tissus, envisagés au point de vue de ce qui les caractérise essentiellement, savoir, la composition anatomique et la texture, n'offrent rien de semblable. Ils présentent comme attribut physiologique toutes les propriétés ci-dessus, et, de plus, chacun quelque *usage général* commun à toutes les parties du système.

Si maintenant vous voulez considérer les autres branches de l'anatomie, vous verrez que :

6° Les organes ont naturellement tous les caractères précédents, puisqu'ils sont composés de matière organisée sous forme d'éléments enchevêtrés en tissu, subdivisés eux-mêmes en parties similaires appartenant à divers systèmes; mais chacun a pour degré d'organisation qui lui est propre une *conformation spéciale*, et à ce caractère se rapporte, au point de vue physiologique, l'idée d'un ou de plusieurs *usages* spéciaux dévolus exclusivement à chacun d'eux.

7° Les appareils nous montrent d'abord des caractères de structure et de conformation particulières, tenant à ce qu'ils sont formés d'organes divers; mais leur degré d'organisation nouveau est un arrangement spécial avec solidarité par continuité médiate ou immédiate des organes qui les constituent. Ils jouissent de toutes les propriétés physiologiques possédées par toutes les autres parties du corps, et il faut leur rattacher en outre l'idée de *fonction* accomplie par chaque appareil et unique pour chacun d'eux; mais en se gardant de se servir du terme *fonction* pour désigner tous les actes de l'économie, de quelque ordre qu'ils soient, tels que les propriétés élémentaires, celles des tissus, etc., comme le font encore beaucoup d'auteurs.

8° Chaque organisme ou corps organisé, considéré individuellement dans son ensemble, réunit naturellement tous les attributs précédents, mais de plus il offre une *disposition morphologique* ou *conformation extérieure* qui lui est propre et qui est la résultante des degrés d'organisation plus simples. Il manifeste l'ensemble des actes physiologiques énumérés ci-dessus, et d'autres appelés *résultats*, ensemble qui reçoit le nom de *vitalité*.

Il y a donc dans chaque organisme autant de degrés d'organisation qu'il y a d'ordres de parties qui le constituent; chaque ordre de ces parties offre également un attribut dynamique, physiologique ou vital correspondant, qui lui est inhérent, méritant un nom distinct; attributs ne pouvant sans erreur être confondus sous une seule dénomination.

— La suite à un prochain numéro. —

Le propriétaire-gérant : GERMER BAILLIÈRE.

PARIS. — IMPRIMERIE DE E. MARTINET, RUE MIGNON, 2.

PREMIÈRE ANNÉE. — N° 13. UN NUMÉRO : 30 CENTIMES. 27 FÉVRIER 1864.

REVUE DES COURS SCIENTIFIQUES DE LA FRANCE ET DE L'ETRANGER

PHYSIQUE — CHIMIE — ZOOLOGIE — BOTANIQUE — ANATOMIE — PHYSIOLOGIE
GÉOLOGIE — PALÉONTOLOGIE — MÉDECINE

Paraît tous les Samedis.

	Six mois.		Un an.
Paris	8 fr.		15 fr.
Départements	10		18
Étranger	12		20

Prix de l'abonnement avec la Revue des Cours littéraires.

Six mois..... Paris, 15 fr. Départ., 18 fr. Étranger, 20 fr.
Un an....... — 26 — 30 — 35

Rédacteur en chef
M. ODYSSE-BAROT

Les ouvrages dont deux exemplaires auront été envoyés au bureau du journal seront annoncés et analysés s'il y a lieu.

On s'abonne
A LA LIBRAIRIE GERMER BAILLIÈRE
17, rue de l'École de Médecine,
Et chez tous les libraires, par l'envoi d'un bon de poste, ou d'un mandat sur Paris.

L'abonnement part du 1er décembre ou du 1er juin de chaque année.

SOMMAIRE.

CHIMIE APPLIQUÉE AUX ARTS.

COURS DE M. PELIGOT.

(CONSERVATOIRE DES ARTS ET MÉTIERS.)

IV.

(Voy. les nos 3, 4 et 6.)

Les métaux employés dans l'industrie. De l'aluminium.

Messieurs,

Nous nous occuperons aujourd'hui de l'aluminium. De tous les métaux dont nous avons à nous occuper cette année, l'aluminium est le seul qui soit employé à l'état libre comme métal, et encore, sous cette forme, son emploi est-il récent et fort limité. Ses propriétés sont telles, en effet, que sa préparation en grand n'a pu être entreprise que depuis peu d'années. Les procédés métallurgiques ordinaires ne pouvant s'appliquer à l'oxyde d'aluminium, il a fallu modifier totalement ces procédés pour arriver à obtenir le métal dont nous parlons.

Ce n'est pas que le minerai fasse défaut; il est au contraire très-commun, car l'alumine forme la base de toutes les argiles, qui sont des combinaisons de silice, d'alumine et d'eau. L'alumine provient des roches feldspathiques, qui sont elles-mêmes un élément des terrains anciens, et c'est avec la silice et la chaux la matière la plus répandue dans la nature; la silice et l'alumine existant dans les terrains anciens, le carbonate de chaux, au contraire, se manifestant dans les terrains de création plus récente.

Les argiles présentent des applications industrielles nombreuses et importantes; on les emploie pour fabriquer toutes les poteries, et elles jouent un rôle considérable dans la qualité des chaux. Les chaux hydrauliques doivent en effet leur propriété de faire prise sous l'eau à l'argile qu'elles renferment.

Quant à l'alumine, elle donne naissance à différents sels employés dans l'industrie, notamment à l'alun, qui est une matière indispensable à la teinture. On en tire l'aluminium, dont nous avons d'abord à nous occuper.

L'aluminium n'est réellement connu que depuis un petit nombre d'années, et cela parce qu'on ne peut l'obtenir par les procédés en usage pour la préparation des autres métaux, procédés qui consistent à décomposer des oxydes métalliques par le charbon. L'alumine, en effet, n'est pas décomposable par le charbon, et ce n'est que depuis peu de temps qu'on s'est rendu compte d'une manière plus précise des propriétés de ce métal; ce n'est, d'ailleurs, que grâce à la connaissance des métaux alcalins et de leur préparation à bon marché, qu'on y est arrivé.

Ce métal a été obtenu, en 1827, par un célèbre chimiste de Berlin, M. Wöhler, mais en très-petite quantité et sous forme de très-petits globules. Méconnaissant complétement ses propriétés, M. Wöhler croyait que l'aluminium était un métal très-oxydable qui décomposait l'eau à la température de l'ébullition; ce n'est que depuis quelques années seulement que le contraire a été démontré.

M. Henri Sainte-Claire Deville a prouvé, en 1854, qu'on pouvait obtenir l'aluminium industriellement, et au lieu de valoir 20 000 francs le kilogramme, comme autrefois, il put bientôt être produit à raison de 3000 francs; il ne coûte plus aujourd'hui que 120 à 150 francs : on pourrait même le vendre à meilleur marché, si sa consommation était plus importante, car les matières qu'on emploie sont communes, à vil prix. Ce qui le rend encore cher, ce sont les frais généraux occasionnés pour le produire; or, ces frais généraux diminueraient nécessairement si la demande était plus grande : c'est donc un de ces corps qui attendent des applications qui, en se multipliant, les mettront à meilleur marché.

Le procédé que M. Deville a employé est le même, quant au principe, que celui indiqué par M. Wöhler : il consiste à décomposer le chlorure d'aluminium par le sodium. Ce composé volatil, mis en contact avec un métal très-avide d'oxygène ou de chlore, un métal alcalin, tel que le potassium, le sodium, donne naissance, par exemple, à du chlorure de sodium et à de l'aluminium : c'est là le principe. Seulement, pour obtenir ce dernier métal en grande quantité, il fallait avoir le sodium à un prix beaucoup plus bas qu'on ne l'avait il y a un certain nombre d'années, où il coûtait 2000 francs le kilogramme; comme aujourd'hui il ne revient plus qu'à 8 ou 9 francs, l'aluminium peut être fabriqué à assez bon marché et sur une plus grande échelle, 3 kilos de sodium étant nécessaires pour préparer 1 kilo d'aluminium. Il faut se rappeler qu'on obtient le sodium en décomposant le carbonate de soude par la craie et le charbon, et cela dans des conditions très-économiques.

Ce chlorure d'aluminium est un composé qui se conserve mal au contact de l'air, qui attire l'humidité; il est en outre volatil et difficile à manier. On doit à M. Deville la découverte d'un composé de chlorure d'aluminium et de chlorure de sodium, contenant un équivalent de chacun de ces deux corps, qui se prépare dans de meilleures conditions, et convient mieux pour la préparation de l'aluminium.

Pour obtenir ce composé, il suffit de faire arriver un courant de chlore sec sur un mélange d'alumine, de charbon et de sel marin dans une cornue de terre, comme celles employées pour la fabrication du gaz d'éclairage. Ce mélange, qui doit être parfaitement sec, étant chauffé à une température rouge, on introduit, par un tube de grès placé à la partie inférieure, du chlore sec. Sous l'influence de ce chlore, l'alumine est décomposée par le charbon, le sel marin se combine avec pour donner naissance à un composé plus volatil que le sel marin. Ce composé se dégage dans une chambre dont les parois sont de briques, et ce chlorure, qui reste fondu à une température peu élevée, devient l'élément principal pour la préparation de l'aluminium.

Dans d'autres appareils, on fait tomber le chlorure fondu dans des pots de terre qui présentent la disposition des pots à fleurs; on en détache facilement ce chlorure double de sodium et d'aluminium une fois obtenu.

Pour préparer l'aluminium, il suffit de le mettre en contact, à une température élevée, avec le sodium. A cet effet, on emploie maintenant un appareil d'une grande simplicité. C'est un fourneau à réverbère, semblable à ceux dont on se sert pour la soude artificielle. A la partie supérieure il y a une ouverture qu'on ferme à volonté. Lorsque le four est chauffé au rouge blanc, on introduit sur la sole, qui est un peu creuse, le mélange avec une certaine quantité de matière inerte qui a pour objet de faciliter sa fusion. C'est du sel marin, et surtout, de préférence, une substance minérale qui existe dans le Groenland, la cryolithe. Cette matière est venue fort à propos pour la préparation de l'aluminium. C'est un fluorure double d'aluminium et de sodium; elle est souvent cristallisée et présente toujours la même composition. Elle fond à une température élevée, et comme cette substance renferme de l'aluminium, elle peut servir à volonté de fondant ou de matière première pour la préparation du métal.

On ferme, et au bout de quelques instants on entend la réaction se produire : le sodium décompose le chlorure d'aluminium, et l'on obtient ainsi un mélange de fondant et d'aluminium fondu. Il faut que l'atmosphère du four ne soit pas oxydante, et l'on arrive à ce résultat en faisant, à un moment donné, dériver par des carneaux l'air qui a passé sous la grille. Quand la température a été maintenue élevée pendant un certain temps, on procède à la coulée. D'une part, on a une scorie très-liquide, et, d'autre part, le métal à l'état fondu. On débouche le trou de coulée, par lequel la scorie s'échappe d'abord et est reçue dans des caisses de tôle, où elle se moule immédiatement : cette scorie, dans les opérations ultérieures, est ajoutée comme fondant. On fait ensuite écouler sur une dalle de grès le métal, qui est accompagné d'une scorie qui est peu fluide. On la traite par l'eau pour en séparer les parties solubles, notamment le sel marin, et l'aluminium en poudre, qu'on soumet à la fusion.

Il existe une usine dans le Midi, qui en produit 150 à 200 kilos par mois; on fait également de l'aluminium en Angleterre.

Pour obtenir l'alumine qui sert à la production du chlorure double de sodium et d'aluminium, on s'est servi d'abord d'alun à base d'ammoniaque, ou du sulfate d'alumine et d'ammoniaque. Soumis à la chaleur, le sulfate d'ammoniaque disparaît, le sulfate d'alumine se décompose, et l'on obtient de l'alumine à l'état anhydre. C'est une matière blanche extrêmement divisée et complétement infusible. Comme elle revenait à un prix très-élevé, attendu que l'alun ammoniacal en fournissait fort peu, 11 pour 100 seulement, on avait été conduit à employer la cryolithe, qui est très-commune au Groenland, et ne coûte guère que le remboursement des frais de transport; on la chauffait avec le sodium, en présence d'une certaine quantité de sel marin employé comme fondant, et on la décomposait ainsi.

Par un hasard heureux, à proximité de l'usine dont nous avons parlé, on a trouvé une matière minérale qui était dédaignée comme minerai de fer, par suite de sa mauvaise qualité : c'est la *bauxite*. On en a découvert des masses très-considérables dans les Bouches-du-Rhône, dans le Var, etc. C'est de l'alumine accompagnée de peu de matières étrangères, renfermant de 65 à 75 pour 100 de cette substance, du peroxyde de fer, 1 à 3 pour 100 de silice, et une petite quantité d'eau qui est variable. La cryolithe ne renferme elle-même que 11 à 12 pour 100 d'aluminium.

Il fallait seulement trouver un procédé économique pour séparer l'alumine de l'oxyde de fer que cette matière renferme, car le fer nuit beaucoup aux propriétés de l'aluminium. Pour extraire l'alumine de la bauxite, on commence par réduire cette matière en poudre, puis on la fond au four à réverbère, à une température peu élevée, avec du sel de soude. La soude se combine avec l'alumine, et comme l'aluminate de soude est soluble, quand on traite le résidu par l'eau, on obtient du peroxyde de fer. La dissolution, traitée par l'acide chlorhydrique, fournit du chlorure de sodium, et d'autre part de l'alumine à l'état d'hydrate.

L'aluminate de soude a pour composition : 2 équivalents d'alumine et 3 équivalents de soude; or, quand on traite la dissolution par 3 équivalents d'acide chlorhydrique, on obtient 3 équivalents de sel marin, plus 2 équivalents d'alumine, plus 3 équivalents d'eau. L'alumine étant séparée, on a une dissolution qui renferme le sel marin, et cette dissolution étant évaporée, rentre dans le travail pour d'autres préparations d'aluminium.

L'aluminium est un métal blanc, présentant une couleur un peu bleuâtre. Il a une grande ductilité et une malléabilité telle, qu'on peut l'obtenir facilement en feuilles minces par le procédé employé pour l'or et l'argent: ces deux derniers métaux, le platine et l'aluminium sont les métaux qui nous offrent la plus grande malléabilité. Il possède un éclat métallique assez vif, bien qu'il soit toujours un peu terni par la couche très-légère d'oxyde qui se trouve à sa surface; par suite, ce métal, bien que très-oxydable, n'acquiert pas en présence de l'air une oxydation plus apparente.

L'aluminium présente une grande sonorité. Soumis à l'action de la chaleur, il se refroidit beaucoup plus lentement que les autres métaux, ce qui vient de sa grande capacité calorifique et de son faible pouvoir émissif. Chauffé davantage, il entre en fusion à la température du rouge vif. Sa fusibilité est moins grande que celle du zinc, et plus grande que celle de l'argent. Par le refroidissement, le métal conserve son brillant, parce que la couche d'oxyde qui se forme, bien que très-faible, empêche le contact ultérieur du métal avec l'air, et lui conserve, par suite, indéfiniment sa blancheur à l'air sec comme à l'air humide. L'aluminium possède la propriété de ne pas noircir en présence de l'acide sulfhydrique, ainsi que cela arrive pour l'argent. Ces différentes propriétés montrent comment on a pu être conduit à comparer l'aluminium aux métaux précieux.

Mais son caractère essentiel, le caractère qui en fait un corps tout à fait nouveau, un corps qui manquait à l'industrie, bien que celle-ci n'en ait pas encore tiré tout le parti qu'elle en retirera plus tard, c'est sa densité.

Cette densité est égale à 2,56, c'est-à-dire qu'elle se rapproche de celle du verre ou de la porcelaine; c'est là une propriété précieuse, quand il s'agit de fabriquer des objets qui tirent une partie de leur valeur de leur légèreté même, l'aluminium étant en même temps un métal, ainsi que nous l'avons dit, très-malléable, très-ductile, et présentant une ténacité comparable à celle des métaux les plus précieux. Si l'on a un morceau d'aluminium offrant la forme d'un cube plein ayant un décimètre de côté, qui, lorsqu'il s'agit d'un décimètre cube d'eau, pèse un kilogramme, le poids sera égal à $2^{kil},56$; or, un pareil cube d'argent donnera $10^{kil},47$; un de platine, $21^{kil},7$. Si l'on représente maintenant par l'unité la densité de l'aluminium, celle de l'argent sera représentée par 4,2, celle du platine par 8,6.

Grâce à cette faible densité, si l'on a égard au volume des corps, un vase d'argent et un vase d'aluminium présentant le même volume, on arrive à ce résultat que, bien que le prix de ce dernier métal soit encore élevé, il n'en existe pas moins dès à présent une grande différence entre les deux corps : et c'est ainsi qu'un vase d'argent qui vaudrait 100 francs, ne coûterait que 15 à 16 francs, s'il était d'aluminium. A ce point de vue, l'aluminium peut donc présenter des applications intéressantes, d'autant mieux qu'on peut s'en servir pour faire des vases très-convenables pour la préparation des aliments. Les vases étamés s'attaquent, en effet, sous l'influence des liqueurs acides, et il y a formation de sels d'étain qui ont un goût de marée désagréable; or, il n'en est pas de même pour les sels formés par l'aluminium.

Si cette substance est peu altérable, elle doit, comme nous l'avons dit, cette propriété à la couche d'oxyde qui est toujours à sa surface. Soumis à une température élevée, l'aluminium en masse s'oxyde aussi, mais très-superficiellement; mais l'oxydation devient beaucoup plus grande quand le métal est dans un plus grand état de division. Si l'on en soumet des feuilles à une température élevée, il brûle avec un vif éclat; la matière se transforme en un produit blanc, complétement infusible : c'est de l'alumine ou oxyde d'aluminium.

Le métal dont nous nous occupons, précisément à cause de la couche très-légère, très-superficielle d'oxyde qui le recouvre habituellement, résiste à l'action d'un certain nombre d'agents auxquels ne résisterait pas le métal pur lui-même. Le mercure, par exemple, se combine facilement avec les autres métaux, l'or, l'argent, le cuivre, qui donnent immédiatement des amalgames; or il n'y a pas amalgamation avec l'aluminium, qui résiste complétement, non pas qu'il ne puisse se combiner comme les autres métaux, parce qu'il est, nous le répétons, préservé par la couche d'oxyde dont nous avons parlé. Si l'on vient, par conséquent, à la faire disparaître de sa surface, l'amalgamation a lieu immédiatement. Décapez le métal, et l'amalgamation se produira immédiatement, à la condition, toutefois, que ce ne soit pas à l'air, mais sous le mercure même, car il y aurait autrement oxydation immédiate au contact de l'air. On peut encore plonger l'aluminium dans une liqueur acide qui contient du mercure en dissolution; la couche d'oxyde est alors dissoute par la dissolution, et le contact avec le mercure a lieu. Cette amalgamation est accompagnée bientôt d'une oxydation.

Cette difficulté que présente l'aluminium d'être conservé à l'air sans aucune oxydation explique d'ailleurs la très-grande difficulté qu'on éprouve quand il s'agit de le souder. Pendant assez longtemps, on a été obligé de faire usage de procédés d'emboutissage, ou simplement de pièces fondues. On avait essayé de faire usage de zinc, mais la soudure offrait l'inconvénient de n'être pas solide. La difficulté tient à ce que l'oxyde qui se trouve à la surface n'est pas dissous par le borax et les autres matières usitées pour souder, et par suite l'adhérence était impossible.

Il y a quelques années, M. Mourey employa des moyens très-rationnels et très-pratiques; il prépare la soudure à l'aide de l'aluminium lui-même. Cet alliage est un mélange de zinc, d'aluminium et de cuivre, et l'un des mélanges dont il se sert le plus fréquemment est composé de 90 parties de zinc, de 6 d'aluminium et de 4 de cuivre. On obtient ainsi une soudure qui, étant employée avec des fers à souder également d'aluminium, ainsi que sur des pièces grattées à l'avance, permet de souder ces pièces à peu près dans les mêmes conditions que les autres métaux. J'ajouterai que pour obtenir ce résultat, il est nécessaire de chauffer les objets au moyen du gaz, qui empêche aussi l'oxydation.

Enfin, il me reste à indiquer les autres propriétés chimiques de l'aluminium.

C'est un métal qui résiste bien à l'action des acides qui agissent le plus habituellement sur les autres métaux, et sous ce rapport, il présente des anomalies fort singulières. Ainsi le dissolvant habituel des métaux est l'acide azotique; or, l'acide azotique n'attaque pas l'aluminium, même lorsque cet acide est très-concentré. L'acide sulfurique attaque très-peu l'aluminium, mais l'acide chlorhydrique l'attaque avec une très-grande facilité; le métal se dissout alors en donnant naissance à un dégagement d'hydrogène, et à une liqueur qui renferme du chlorure d'aluminium.

Les dissolutions alcalines agissent sur ce corps; quand on le met en contact avec une dissolution bouillante de potasse ou de soude caustique, il se dissout avec dégagement d'hydrogène, et de là résulte de l'aluminate de potasse ou de l'aluminate de soude.

En lavant des pièces d'aluminium avec une dissolution alcaline, on peut les décaper.

L'aluminium est un métal dont on se sert à l'état libre pour faire notamment des objets de bijouterie qui n'ont pas une bien grande valeur, et surtout pour fabriquer des pièces qui doivent être recherchées à cause de leur légèreté, telles que des pièces d'arpentage, les sextants, les tubes des lunettes marines, etc.

Associé au cuivre, il donne naissance à des alliages très-précieux : un alliage formé de 90 parties de cuivre et de 10 d'aluminium seulement possède la propriété de se travailler à la manière du fer, pouvant être forgé, travaillé au marteau. Si l'on diminue la quantité d'aluminium, 5 parties de ce métal et 95 de cuivre, on a un alliage inaltérable à l'air, et dont on fait des objets d'ornements et des couverts, assurément d'un emploi dangereux à cause du cuivre, mais qui sont d'une fort belle couleur, et qui conservent leur éclat au contact de l'air.

Enfin, le bronze d'aluminium est intéressant au point de vue de sa dureté, qui permet d'en faire des coussinets. On a même essayé d'en faire des armes à feu, et l'on a constaté qu'on avait là un alliage qui paraissait convenir aussi bien, pour cet usage, que le bronze formé de cuivre et d'étain.

HISTOIRE NATURELLE DES CORPS ORGANISÉS.

COURS DE M. GUSTAVE FLOURENS.

(COLLÉGE DE FRANCE.)

(Voy. les nos 4, 5, 8, 9, 10 et 11.)

XI.

Des Romains.

TABLEAU IV.

SOUS-DIVISION LATINE. — SECTION ROMAINE.

Constitution. — *Tête*, cou, épaules larges ; front assez bas, tempes développées ; nez aquilin, menton arrondi et saillant; bouche et oreilles grandes; figure sévère, traits rudes et vulgaires auprès de ceux des Grecs. — *Muscles* bien développés, très-robustes. — *Taille* moins grande, *teint* moins clair que ceux des Aryas-Gaulois.

Caractère. — Énergique, ferme, constant, entreprenant et sage, mais dur, étroit, superstitieux (culte étrusque). Peuple de soldats, de plaideurs et d'augures, sachant se perfectionner par des emprunts faits aux vaincus, agriculteur et conquérant, point marchand comme les Grecs; fondateur des deux idées du droit et du devoir (devoir laïque), doué du génie de la règle, de l'ordre, de la discipline; soumettant les autres peuples, non pour les exploiter, mais pour leur donner ses lois et les faire entrer dans sa civilisation; travaillant comme s'il devait être éternel (monuments romains). Gouvernement oligarchique. Pensée élevée, mais inférieure à celle de la Grèce, dont elle n'est qu'un reflet; plus d'intelligence que d'esprit. Moins d'invention poétique que chez les Hindous et les Grecs. Historiens éloquents; avocats habiles; la vraie éloquence nationale est forte et fière (les Gracques); le principe d'autorité partout absolu et inflexible, même dans l'organisation de la famille; celle-ci (femme, enfants) est la propriété du père de famille, qui a le droit d'en mésuser impunément (droit de vie et de mort).

Action. — Il y eut parmi les fondateurs de Rome des représentants de tous les peuples blancs. De ce vaste mélange originel résulta une nation forte et bien douée (élément pélasge, d'où vient aux Romains le goût pour l'agriculture et la solidité des constructions). Rapide développement de la puissance romaine sous les rois, tour à tour organisateurs et guerriers. Établissement de la république; luttes perpétuelles des plébéiens contre les patriciens pour conquérir les droits civils et politiques. Efforts des Italiens pour écraser Rome, qui les soumet tous, grâce à la sagesse, à la constance, à l'énergie du sénat, au patriotisme froid du peuple. Rome devient seule maîtresse de la Méditerranée occidentale par la destruction de Carthage (colonie araméenne). Grande expansion au dehors, conquêtes d'Espagne, de Grèce, d'Afrique septentrionale, d'Asie occidentale, du sud-est de la Gaule. Les premiers bans d'envahisseurs sont détruits (Marius et les Kymris). Les premières révoltes d'esclaves étouffées (l'Africain Spartacus). Mais l'ancienne lutte entre l'aristocratie et la démocratie a changé de face : il ne s'agit plus de transformer la constitution romaine; chaque parti veut imposer à la république son chef. Proscriptions. Triomphe définitif de la démocratie avec un ambitieux de génie, vainqueur des Gaulois, César. A qui a soumis la Gaule Rome n'a plus rien à refuser. Dernières luttes du sénat. Pacification du monde romain sous Auguste. Conservation des vieilles formes républicaines dans l'établissement d'une monarchie militaire, intelligente sous Auguste, soupçonneuse et méchante sous Tibère, infâme sous Néron (avilissement des caractères, turpitudes, nobles résistances des Stoïciens). Domination des prétoriens, qui font des empereurs à leur gré. Mérites des Flaviens et des Antonins (Vespasien, Titus; Trajan, Adrien, Antonin, Marc-Aurèle). Les légionnaires veulent avoir leurs empereurs, aussi bien que les prétoriens; l'armée de chaque province nomme le sien. Grands jurisconsultes. Empereurs-soldats, envahisseurs repoussés. Monarchie bureaucratique de Dioclétien. Avénement du christianisme sous Constantin. Fondation de l'empire d'Occident, sa ruine..

Messieurs,

En comparant ce type romain, tiré des médailles et des bustes antiques, avec l'Apollon grec, nous voyons aussitôt combien sont différents les deux peuples. D'un côté, toute la délicatesse, toute la distinction d'un visage qui trahit la pleine indépendance du génie, l'organe non déformé par la contrainte; de l'autre, le reflet vulgaire d'une âme qui emprunte à autrui ses inspirations. D'un côté l'invention, c'est-à-dire la liberté; de l'autre, l'imitation, c'est-à-dire la règle. Les règles sont faites par des esprits médiocres et stériles, qui comprennent mal les maîtres et veulent tirer de leurs ouvrages la loi de toute production nouvelle. Les meilleurs maîtres sont hommes, par conséquent faillibles; d'ailleurs, ils n'ont point tout fait.

La Grèce brillait de son propre éclat, Rome ne brille que d'un éclat emprunté. Chez celle-ci, nous trouverons encore de nobles poëmes, de belles et grandes idées bien rendues, des œuvres pleines d'attrait, mais point d'originalité. Pour peindre avec entière vérité, pour faire vivre son sujet, il faut y croire. Homère avait foi dans ses dieux; Virgile est un homme d'esprit qui ne croit point, qui ne peut croire aux superstitions populaires, mais s'en sert comme d'un excellent moyen poétique. Il y a chez ces dieux helléniques qui exagèrent l'humanité dans ses vices et dans ses vertus, une richesse d'action merveilleuse, une puissance de passions sans pareille, source des beautés littéraires antiques, tarie lorsque ces croyances ont disparu.

Pour qui sort du monde grec, le monde romain paraît sombre et étroit. Ici la formule, le mien et le tien, le code avec son noir attirail; la superstition avec son personnel ordinaire, prêtres, augures, aruspices. Cependant les fonctions sacerdotales n'appartenaient point à une caste distincte; elles étaient dans les mains patriciennes un moyen de plus, et un très-bon moyen, de maîtriser le peuple. Toutes ces préoccupations assombrissent ce visage, il n'a pas l'expansion sympathique du Grec, il est dur et sévère, mais il est intelligent. Il respire la force, il a conscience de sa force et saura la faire sentir aux autres peuples. Il est né dominateur; que les nations étrangères lui obéissent. Le commandement, c'est son bien. Fortement musclé, il parcourt l'Europe, la haute Afrique, l'Asie occidentale, à pied, laissant partout d'indestructibles monuments de son passage. Les généraux le savent: le légionnaire romain a une telle vigueur, qu'il faut le fatiguer par des travaux manuels durs et pénibles, lorsqu'il n'est point en marche, afin de maintenir la discipline. C'est ce que fait Marius. La taille romaine était moins élevée que celle des Gaulois; tous les auteurs nous peignent l'étonnement des villes italiennes à la vue de ces hommes à la stature gigantesque, qui du haut des Alpes fondent sur elles. Le teint romain était foncé; ce que l'Italie remarque aussi dans les Gaulois, c'est la blancheur de leur peau. Ainsi de petits hommes, à la tête large, aux épaules carrées, massives, fermes comme des rocs.

Le type romain ne se retrouve plus dans l'Italie actuelle, fortement mélangée d'une infinité de peuples différents. Il paraîtrait pourtant que les habitants du faubourg Transtévérin de Rome auraient conservé sur cette rive du Tibre l'ancien type. Il en doit être ainsi, s'ils n'ont point subi de mélanges; nous avons vu le même fait pour certains Grecs et certains Persans actuels, dont la figure rappelle parfaitement celle de leurs ancêtres. Les Trasteverini répètent avec orgueil : *Siamo Romani*, nous sommes Romains.

Il est un peuple arya dont nous avons déjà parlé à propos des Grecs : les Pélasges. Ce peuple maniait des rochers que nous aurions peine à soulever avec nos plus puissantes machines. Il en construisait des monuments, des enceintes de villes aussi durables que les montagnes. La construction pélasgique subsiste encore, et toutes les constructions plus récentes qui étaient venues s'y adosser, grecques, arabes, espagnoles, ont disparu ou tombent en ruines. De ce peuple rien autre ne subsiste? Il était agriculteur, voilà pourquoi il a péri. Il avait abandonné les armes, et, se trouvant en présence de tribus guerrières, il n'a pu se défendre; celles-ci l'ont détruit. Cependant l'élément pélasgique, qui contribua beaucoup à la fondation de Rome, se retrouve dans le caractère de celle-ci. Rome avait l'esprit guerrier, mais en même temps elle aimait beaucoup l'agriculture. Elle ne bâtissait point, comme nous, pour quelques jours, mais pour des siècles.

Si elle emprunta sa culture littéraire aux Grecs, elle prit ses superstitions aux Étrusques. C'était un peuple riche, civilisé, inventeur, dont les monuments ont beaucoup d'originalité. Il fournit le fonds des croyances et des cérémonies romaines. Puis, à mesure que de nouveaux peuples furent soumis, Rome accepta leurs dieux et les installa dans son Panthéon. Excellente mesure : elle voulait faire entrer tous les vaincus dans la cité; c'était les y attacher par la religion. D'ailleurs, il ne peut y avoir qu'avantage à s'enrichir en divinités; de pareilles acquisitions deviennent infailliblement tôt ou tard profitables. Le Romain primitif était tout superstition : à la guerre, si les poulets sacrés refusaient de manger, il refusait de se battre, et, si le général passait outre, l'armée, démoralisée, se laissait vaincre par l'ennemi. Dans la paix, pour tenir une assemblée, il fallait écouter attentivement si aucune souris ne criait, et quand par hasard ce présage effrayant venait à se produire, on devait immédiatement rompre l'assemblée, afin d'éviter les plus terribles catastrophes.

Ce sont les lois des Romains qui nous gouvernent encore. C'est qu'ils avaient deux idées dont ils sont les fondateurs dans le monde : l'idée du droit et l'idée du devoir. Ceci est bien à eux, non qu'ils n'aient pas emprunté de lois aux Grecs, non que les Germains n'aient aussi apporté leurs lois propres dans la Gaule, l'Italie, l'Espagne. Mais le peuple légiste, le peuple dont l'esprit a fait prévaloir la justice humaine, l'équité, l'impartialité, le droit laïque, sur le droit religieux, arbitraire, partial, inique, qui procède de la grâce, de l'absolu, et rétribue les travailleurs de la dernière heure comme ceux de la première, c'est le peuple romain. Le sentiment du devoir était tout-puissant : droit et devoir sont corrélatifs. Au milieu des plus redoutables épreuves, Rome se maintint, parce que chacun fit son devoir. Le sénat, inébranlable, ne désespérant jamais de la chose publique, était l'intelligence; il pensait et il commandait : le peuple agissait, mourait à son poste et sauvait la patrie.

Ces patriciens orgueilleux, maîtres tout-puissants de la nation, menaient rudement les plébéiens. Comme l'oligarchie anglaise, ils étaient avisés, prudents; ils gouvernaient bien et fondaient la grandeur romaine. Mais quelle oppression pour le peuple! Hommes nés dans la même cité, respirant le même air, foulant le même sol, menacés par les mêmes ennemis et sachant s'unir contre ceux-ci, mais séparés par la plus complète inégalité. De là des haines, des discordes, des luttes perpétuelles. Et dans ces luttes combien les caractères grandissaient. Il fallait être courageux, intelligent, adroit, persévérant, pour conquérir un peu de liberté. Il fallait être éloquent comme les Gracques : « Malheureux, où irai-je maintenant? Au Capitole : le sang de mon frère y ruisselle! Chez moi, j'y verrais ma mère misérable, abattue et désespérée..... Ils ont tué mon frère, le meilleur des hommes! Le sang de Scipion l'Africain, que sa fille Cornélie nous avait donné, périt. De cette glorieuse famille ne restent plus qu'un enfant en bas âge et moi. Et si, afin de conserver, de perpétuer ce grand nom, je vous demandais un peu de repos, vous ne me l'accorderiez pas. »

Cette société romaine, si sombre et si sévère à l'origine, mais si forte, s'était constituée par un vaste mélange. Hommes énergiques, bandits qui deviendront honnêtes si leur activité est bien dirigée, exilés de toutes les villes italiennes, qui n'ont point voulu se soumettre au parti vainqueur. Ils portaient tous un peu de terre de leur patrie : au milieu de l'enceinte de la cité nouvelle fut creusé un fossé; et ils y jetèrent chacun leur poignée de terre, et le tout fut mêlé, et le fossé emblématique prit le nom de Monde.

La femme était plus respectée que chez les Grecs. Les alliances consanguines, à l'orientale, étaient sévèrement prohibées; elles le furent moins chez les Grecs. Mais ce principe d'autorité, qui fait le fonds du caractère romain, ne fléchissait même pas dans la famille. Là cependant les plus durs caractères devraient s'adoucir. Pour la moindre faute, la femme pouvait être condamnée à mort par son seigneur et maître. Le fils dépendait toujours du père; l'autorité publique disparaissait devant celle du père de famille. La puissance paternelle s'exerçait même sur le premier magistrat du peuple romain, sur le consul.

Ainsi l'ancienne Rome ne subsistait que par une tension excessive de tous les liens sociaux et politiques. Cela ne pouvait durer : le relâchement était nécessaire. Cette famille, si sévèrement constituée, se brisa, et fit place à la débauche, qui tue promptement les nations. Ce peuple si maltraité se révolta, combattit les patriciens avec des tribuns d'abord, puis avec des empereurs. La débauche, c'était la ruine; l'empire c'était la servitude : Rome tomba.

La démocratie devait infailliblement triompher. Malgré tout son génie, César n'aurait rien fondé, s'il s'était appuyé sur le sénat. Il se fit démocrate et calcula bien. Il faisait beau voir, dans les boues de la Gaule, à travers forêts et marécages, nu-tête, recevant sur son crâne chauve les pluies torrentielles, à pied, à la tête de son armée, ou à cheval, entre quatre secrétaires, dictant à la fois des promesses à l'un, des menaces à l'autre, des lettres pour ses partisans italiens, des lettres pour ses partisans gaulois, ce pâle débauché de Rome, terreur des maris, perdu de dettes, ayant dépensé dix millions pour acheter les consciences romaines. Huit années de cette rude vie en Gaule, qui lui firent une armée toute dévouée, une popularité immense; l'empire valait bien cela. Les républicains le tuèrent. Crime et sottise. Est-ce que le sort des nations dépend de l'existence d'un homme? N'ont-elles pas toujours le gouvernement dont elles sont dignes par leur conduite? Améliorez les hommes en les instruisant, ils n'auront plus besoin de maîtres.

D'abord un hypocrite habile; il continue cette fiction singulière qui ménage l'amour-propre des Romains, habitués au mépris des monarchies et du servilisme oriental. Lui qui n'a point conquis la Gaule, il s'intitule *imperator*, c'est-à-dire général victorieux. C'est un général qui donne la paix à ses concitoyens, en leur enlevant toutes les magistratures, tous les pouvoirs et en les prenant pour lui. Puis, des hommes d'esprit, mais faux et méchants, des imbéciles, des fous, des idiots. Ce pouvoir absolu sur tout le monde occidental leur porte à la tête : ils ont été élevés par des laquais, ils sont entourés de courtisans; qui donc, à leur place, serait meilleur qu'eux?

Ils ont été cruellement châtiés par l'histoire. Au milieu de ce peuple ondoyant, de toute provenance, corrompu, sans dignité, qui demande à son maître du pain et des jeux, passe une noble figure, mais triste et soucieuse. Vengeance terrible de l'humanité, Tacite a parlé; leurs noms sont voués à l'infamie, à l'éternel opprobre. Et cependant ils avaient fait du bien : sur le tombeau de Néron, des mains reconnaissantes entretinrent longtemps des fleurs. Ce ne sont point les courtisans qui rendent de pareils hommages où il n'y a plus rien à gagner; l'âme du peuple en est seule capable.

Ils se consolaient de l'éloquence perdue, du forum muet, ces grands orateurs, en faisant revivre le passé. Ils rendaient la parole à leurs ancêtres, ils retraçaient leur splendide langage dans d'immortelles histoires. Il y avait des sénateurs qui réunissaient chez eux quelques-uns de leurs amis. On s'entretenait de la liberté antique, des nobles actions, des caractères sublimes, de tout ce qui, jadis, s'était fait de beau et de bien. Puis on apportait des coupes, on faisait les dernières libations, et le maître de la maison s'entr'ouvrait les veines. Stoïcisme, vertu des forts, mais impuissante et stérile. S'abstenir de faire le mal, le supporter courageusement, ne suffit pas, il faut faire le bien. Au lieu de s'absorber dans cette vertu orgueilleuse et solitaire, il faut aimer les hommes, se dévouer. Le stoïcisme ne pouvait rien pour la foule, et celle-ci, dégoûtée du mal, ne voulait plus de l'orgie immonde où les puissants étaient attablés.

Dans les villages gaulois, la famille vivait heureuse et tranquille. Survenait quelque expédition romaine, les jeunes gens étaient réduits en esclavage et emmenés à Rome. Elle était cruelle pour le pauvre enfant séparé de sa mère et de ses frères, cette grande ville. Un jour, il manquait un gladiateur, on le faisait descendre dans l'arène. Et pour amuser le peuple-roi, il lui fallait déchirer avec le fer d'autres Gaulois, ses compatriotes bien-aimés. Ces esclaves, le soir, lorsque les ténèbres couvraient Rome et cachaient leur marche, descendaient par des issues secrètes dans les catacombes. Là, ils appelaient de leurs vœux des temps meilleurs, une société plus pure, plus juste; et ils avaient dans l'avenir une foi immense. Et ils se donnaient le nom du pauvre charpentier de Judée qui avait tant aimé les hommes, et ils se reconnaissaient au signe du dévouement, l'instrument de son supplice. GUSTAVE FLOURENS.

HISTOLOGIE.

COURS DE M. CH. ROBIN.

(FACULTÉ DE MÉDECINE.)

(Voyez les nos 1, 3, 5, 10, 11 et 12.)

III.

Sur ce qu'on doit entendre par organisation dans l'état actuel de la science.

Ainsi chacun des degrés d'organisation propres à l'un des ordres de parties de l'économie se retrouve dans celles de ces parties qui sont d'un ordre plus élevé en complication; mais chacune de celles-ci en possède en outre un de plus.

Cette gradation, si importante offerte par les caractères d'ordre organique de plus en plus complexes que présentent les diverses parties du corps, n'a pu être déterminée qu'après la systématisation de l'anatomie générale, comme science, et après que sa liaison à l'autre moitié de l'anatomie a été établie. Sa connaissance vient se joindre à nombre de faits de détail pour montrer avec eux que l'analyse des tissus et des humeurs faite à l'aide du microscope, que l'étude de l'anatomie générale, en un mot, est loin d'avoir fait négliger celle de l'anatomie descriptive. L'examen approfondi de cette question prouve, au contraire, que, loin de conduire à abaisser le niveau de celle-ci, elle l'a relevé en donnant plus de précision à la détermination de la nature de chaque organe. Elle a surtout mené individuellement chacun de ceux qui ont étudié l'anatomie générale en même temps que l'anatomie descriptive, à retenir plus exactement les détails arides concernant la forme, les saillies et les rapports des organes; ces détails échappent en effet, tant qu'ils ne sont appris que mécaniquement, à l'aide de la mémoire seule; ils se gravent au contraire dans l'esprit lorsque l'étude de leur structure est venue rendre raison de leur existence. C'est là ce que prouvent les examens subis devant cette faculté, contrairement à quelques allégations superficielles de ceux qui nient l'importance de ces notions, dans l'espoir de faire ainsi oublier le peu de soin qu'ils ont mis à s'en pénétrer au fur et à mesure qu'elles se développaient.

Mais revenons au sujet même de cette leçon.

A partir du degré d'organisation qui est inhérent à la plupart des éléments anatomiques (structure), ce ne sont plus, à proprement parler, des parties nouvelles ni des phénomènes nouveaux d'ordre organique qu'on observe dans l'économie, mais seulement des dispositions ou arrangements réciproques nouveaux de ces parties élémentaires amorphes ou figurées.

C'est grâce à cela et à sa rénovation moléculaire incessante que l'organisme devient un type de force, l'exemple le plus parfait de l'utilisation des forces vives, se manifestant sous la forme d'un ensemble d'actions infiniment petites, réunies, puis exprimées, si l'on peut dire ainsi, par un organe ou un appareil unique. C'est par là que l'économie animale devient type de toute organisation, à imiter ou à suivre du plus près possible, toutes les fois qu'il s'agit de donner une communauté d'efforts à ce qui ne peut s'effectuer que par la division du travail.

En résumé, ainsi que de Blainville l'avait déjà assez nettement conçu en 1822, d'après les récents travaux de M. Chevreul, la notion d'organisation envisagée dans ce qu'elle a d'absolument général se réduit à celle d'une association de principes divers et hétérogènes moléculairement unis en un système commun temporairement indissoluble.

La faible stabilité de cette complexe combinaison est à la fois la condition d'existence de sa rénovation moléculaire incessante ou nutritive, et celle de sa dissociation moléculaire également, après une durée restreinte. Cette rénovation nutritive est, au point de vue dynamique, la condition d'existence de tous les autres modes d'activité propres aux êtres organisés; modes d'action qui cessent d'exister lorsque la nutrition est ralentie ou troublée au delà de certaines limites. Cette dernière cesse à son tour lorsque l'association moléculaire caractéristique de l'organisation vient à subir quelque changement dans sa nature ou son homogénéité naturelle, soit par suite de modifications des milieux dans lesquels elle prend et rejette des matériaux, soit par suite d'inégalités dans son sein même, entre ces actes de combinaison assimilatrice et d'expulsion désassimilatrice. Cette cessation (caractéristique de la mort) coexiste avec la dissociation moléculaire, saisissable à nos moyens actuels d'observation, qui est le premier acte de la *désorganisation*; celle-ci précède d'un temps variable la décomposition cadavérique ou destruction chimique directement appréciable à nos sens de tels ou tels des principes immédiats constitutifs.

ZOOLOGIE (REPTILES, BATRACIENS ET POISSONS.)

COURS DE M. A. DUMÉRIL.

(MUSÉUM D'HISTOIRE NATURELLE.)

(Suite. —Voy. les n°s 2, 3, 6 et 9.)

III.

Les Ophidiens.

Messieurs,

Dans les précédentes séances, nous avons passé en revue les familles qui composent les ordres des chéloniens et des sauriens; nous avons examiné, de cette façon, une grande partie de ce que les anciens zoologistes, et Lacépède particulièrement, appelaient les quadrupèdes ovipares; mais ne s'attachant pas assez à respecter les véritables affinités naturelles, les mêmes zoologistes rangeaient parmi ces derniers les batraciens anoures et urodèles.

L'autre groupe, celui des serpents, tel qu'il était envisagé par Lacépède et les zoologistes qui l'ont précédé, n'était pas moins hétérogène, car on y adjoignait un certain nombre d'animaux qui ne devaient point entrer dans cet ordre. La division des reptiles en deux groupes, les uns ayant des pattes, les autres n'en ayant pas, est donc tout à fait artificielle, puisqu'on range ainsi au nombre des serpents des animaux qui n'en ont pas l'organisation.

Les serpents sont des reptiles qui présentent une apparence tout à fait différente des sauriens, des chéloniens et des batraciens, en ce que leur corps est extrêmement allongé et privé de pattes; mais, je le répète, ce dernier caractère, qui semblait autrefois suffisant pour distinguer les serpents, n'a qu'une importance secondaire. Leur nom d'*ophidiens* est tiré des deux mots grecs : ὄφις, serpent, et εἶδος, forme.

Lorsqu'on examine le squelette des ophidiens, on est frappé de ce fait, qu'il est, pour ainsi dire, réduit à sa plus simple expression, c'est-à-dire à une colonne vertébrale supportant des côtes, n'ayant point de membres, et terminée, à sa partie antérieure, par un renflement crânien. Il ne faudrait cependant pas croire que les serpents soient absolument privés de pattes, ce serait une exagération; car chez quelques-uns d'entre eux on en trouve des vestiges : chez les pythons, les boas, par exemple. Il y a trace de membres pelviens, comme nous avons trouvé trace de sternum chez des sauriens apodes. Les ophidiens sont les animaux qui possèdent le plus grand nombre de vertèbres, et chacune des vertèbres du tronc supporte une paire de côtes dont le rôle est intéressant à étudier; car les côtes ne forment pas seulement une enveloppe, une cage thoracique, ce sont encore, en quelque sorte, des paires de membres qui aident à la progression de ces animaux. Je ne fais que signaler ce fait en passant; quand nous étudierons la locomotion, je m'y arrêterai. Un caractère qui différencie ces côtes de celles des autres vertébrés, c'est qu'elles sont complétement privées de sternum, et ont par conséquent leur extrémité inférieure libre. Cette disposition est nécessaire à ces animaux, qui, ne pouvant mâcher leur proie et l'avalant tout entière, ont besoin d'une certaine amplitude de la cage thoracique. Un autre caractère important du squelette est la variabilité dans la longueur de la queue des ophidiens, qui, commençant dès l'ouverture cloacale, atteint, chez quelques individus, une dimension considérable.

La tête des ophidiens présente des particularités très-notables. Ainsi, les deux branches de la mâchoire inférieure sont disjointes : c'est encore un artifice de la nature, qui permet à ces animaux d'engloutir une proie considérable; parce que les deux branches s'écartant, l'orifice buccal devient plus grand. De plus, les os de la face ne sont pas solidement unis au reste du crâne, ce qui donne une certaine mobilité à la partie antérieure de la tête. Une disposition anatomique essentielle, distinctive, c'est que l'articulation de la mâchoire inférieure est toujours ou presque toujours (les exceptions sont très-rares) située au delà du trou occipital; de plus, entre l'extrémité postérieure de la mâchoire inférieure et la partie postérieure et latérale du crâne, se trouve une pièce intermédiaire, ayant quelque analogie avec l'os carré des oiseaux; cet os rejette en dehors et en arrière l'articulation; par conséquent, lorsque les branches de la mâchoire viennent à s'abaisser, elles peuvent, en s'écartant, donner à la bouche une amplitude d'autant plus grande, que leur extrémité postérieure est plus éloignée du crâne.

Le système dentaire présente des caractères très-curieux à étudier. Ainsi, les dents sont, à peu d'exceptions près, des crochets acérés, dont la pointe est dirigée en arrière; cette forme les rend impropres à broyer, mais ils servent à retenir la proie. Le tympan manque, aussi considère-t-on les ophidiens comme étant tout à fait sourds; l'oreille interne seule existe, et la chaîne des osselets est représentée par une simple tige ou columelle osseuse logée au milieu des parties molles, car il n'y a pas de caisse. Il y a absence de paupières, ce qui donne à l'œil de ces animaux une fixité effrayante. Il ne faut pas croire pour cela que les yeux ne soient pas protégés; ils sont recouverts par une lame mince d'épiderme qui est un voile protecteur laissant traverser la lumière; et cet épiderme se renouvelle chaque fois que l'animal change de peau.

Les téguments sont toujours couverts d'écailles; cependant, chez les acrochordes, on trouve des tubercules comparables à ceux des varans. Les écailles des serpents sont imbriquées et disposées avec régularité en rangées plus ou moins nombreuses, dont le zoologiste doit tenir compte dans la détermination des espèces. Tantôt ces écailles sont très-lisses, et, par conséquent, douces au toucher; tantôt, au contraire, elles présentent, sur leur ligne médiane, une saillie nommée carène, assez forte pour que, dans certains cas, un bruit puisse se produire quand l'animal détermine le frottement de ces écailles les unes contre les autres. Les serpents ont en général sur la tête de grandes plaques ou écailles analogues à celles que l'on voit sur la tête des lacertiens, des scincoïdiens et des cyclosaures; elles manquent, le plus souvent, sur la tête des serpents venimeux et de quelques serpents de la famille des boas. Outre ces plaques de la partie supérieure de la tête, il en est d'autres qu'il faut étudier avec soin : ainsi, les plaques nasales, celles qui entourent les yeux, les temporales; les sous-maxillaires, séparées par un sillon plus ou moins profond; les plaques ventrales, qui diffèrent par leur forme de celles des régions supérieure et latérales, et correspondent chacune à une paire de côtes; puis enfin, les plaques de la queue, le plus souvent, sont placées sur deux rangs. Ces détails peuvent vous paraître un peu minutieux, mais vous verrez qu'il est absolument nécessaire d'en tenir compte; car, pour arriver à bien distinguer entre eux ces reptiles, il faut noter tous leurs caractères extérieurs, et ces caractères sont d'une constance telle, que le zoologiste peut s'appuyer sur les particularités qui résultent de leur examen.

Il est encore un caractère général des ophidiens dont je dois vous parler : c'est qu'ils ont tous la langue mobile, profondément bifide et pouvant rentrer dans un fourreau. Nous avons déjà vu ce caractère chez les varaniens. En arrière de sa base se trouve la glotte. Or, quand le serpent avale une proie volumineuse, la déglutition durant quelquefois très-longtemps, l'animal périrait si la glotte conservait cette position; mais, par un admirable artifice, elle vient se porter en avant, et se placer entre les deux branches de la mâchoire inférieure, sur le plancher de la bouche. L'introduction de l'air peut alors se faire avec facilité.

Les ophidiens sont des reptiles ovipares, quelques-uns cependant ovovivipares (ainsi, les vipères tirent leur nom de ce caractère).

Lorsqu'on étudie les ophidiens, on se trouve en présence d'un nombre considérable d'animaux offrant entre eux beaucoup plus de ressemblance que ceux des autres ordres de reptiles; vous avez vu que, dès la première inspection, on peut facilement distinguer les familles des sauriens entre elles, soit par les différences de l'écaillure, soit par la forme de la langue et par la conformation des pattes. Chez les ophidiens, rien de pareil; les membres manquent; les plaques de la tête chez beaucoup se ressemblent ainsi que les écailles du corps; quelquefois celui-ci est comprimé, quelquefois arrondi. Quoi qu'il en soit, on ne voit pas des caractères qui permettent d'établir des divisions bien tranchées parmi ces animaux; aussi peut-on dire que la classification des serpents est la pierre d'achoppement de la zoologie.

Un zoologiste, M. Schlegel, a voulu trouver un moyen de division en se basant sur la physionomie de ces animaux, c'est-à-dire sur l'ensemble de tout leur extérieur; c'est une classification naturelle; mais malheureusement, quoique excellente pour certains groupes, elle laisse dans une grande confusion pour d'autres. Mais M. Schlegel n'a pas voulu se servir de certains autres caractères qui lui seraient venus en aide et lui auraient permis d'établir des coupes fondées sur des différences bien manifestes. Il n'entre pas dans ma pensée de croire qu'il faut écarter la physionomie; au contraire, elle joue un grand rôle, mais elle ne suffit pas; il faut chercher d'autres caractères.

On a voulu également diviser les serpents en deux groupes : les venimeux et les non venimeux. On était d'autant plus fondé à établir cette division, que le plus grand nombre des serpents venimeux offre un certain ensemble de caractères qui permet de les distinguer; mais il y a une difficulté : c'est que divers serpents venimeux ressemblent aux couleuvres ; de plus, en supposant cette division excellente, elle serait loin d'être suffisante, car on aurait ainsi, d'une part, un groupe très-peu nombreux de serpents, les venimeux ; et de l'autre, un groupe considérable.

Il fallait donc voir, tout en conservant cette première division, si parmi la grande quantité des serpents sans venin, il n'y avait pas possibilité de former des familles.

Telle fut la pensée qui préoccupa mon père et Bibron. Ils se livrèrent à une longue série de recherches sur l'ostéologie de la tête des serpents, pour établir une classification basée sur le système dentaire. Leurs études furent couronnées de succès, et ils purent, par ce moyen, former des divisions très-nettes.

Cette classification, fondée sur des bases toutes nouvelles, est adoptée par un grand nombre de musées pour l'arrangement des collections, et est parfaitement corroborée par les particularités de l'organisation générale et par l'ensemble de la physionomie.

Si nous nous occupons maintenant de cet arrangement établi d'après le système dentaire, nous trouvons, en premier lieu, des dents ayant un sillon et, par conséquent, destinées à servir de gouttières au venin qui entre dans la plaie, et est sécrété à la base de ces dents ; d'un autre côté, nous voyons des dents complétement lisses, ne pouvant contenir de venin ; de là deux divisions : dents de serpents venimeux; dents de serpents non venimeux. Parmi les serpents ayant des dents sans sillon, les uns n'en ont que sur l'une des mâchoires : ce sont les opotérodontes ou ophidiens vermiformes, que leur conformation générale permet parfaitement de distinguer ; les autres, au contraire, ont des dents sur les deux mâchoires : ce sont les aglyphodontes.

Les serpents dont les dents sont sillonnées et qui sont, par conséquent, venimeux, présentent trois divisions : les uns ont, en avant, les dents sillonnées, d'autres ont ces crochets antérieurs creusés par un canal, et enfin les troisièmes ont, derrière les dents ordinaires, des dents creusées d'un sillon, tout à fait à la partie postérieure de la mâchoire supérieure. On est surpris, lorsqu'on examine les déterminations qui ont été faites autrefois, et mêmes celles faites par M. Schlegel, de voir combien de serpents venimeux de ce dernier groupe ont été rangés parmi de véritables couleuvres !

Voilà donc les serpents divisés en cinq sous-ordres. Le premier sous-ordre comprend les opotérodontes : ce sont ces serpents aveugles, ayant l'apparence de vers de terre ; l'œil est presque complétement caché; chez quelques espèces, on ne le voit même pas du tout, ce qui, avec les petites dimensions de la tête et la forme des plaques dont elle est recouverte, lui donne un aspect tout particulier. Ils ont des écailles tout à fait comparables à celles des scincoïdiens, ce qui fait que souvent quelques-uns de ces sauriens appartenant aux espèces apodes ont été rangés parmi les serpents.

Ces opotérodontes, à forme arrondie, à tête obtuse, vivent sous terre ; mais ils ne peuvent se creuser des trous, et se cachent dans ceux que d'autres animaux ont creusés; leur bouche est très-petite et ne leur permet d'avaler que de petites proies; quand on examine leur système dentaire, on arrive à constater une disposition tout à fait singulière, qui ne se rencontre que chez ces serpents, c'est qu'ils ont des dents à l'une des mâchoires seulement, soit en haut, soit en bas; ce qui a donné lieu à la distinction en deux familles. Tous ces serpents sont étrangers à notre climat.

Après cette famille des opotérodontes vient la seconde famille des serpents non venimeux : les aglyphodontes. Parmi ces aglyphodontes ou serpents non venimeux ayant des dents et deux mâchoires, on a pu, au moyen du système dentaire, établir au moins douze familles bien distinctes ; les deux premières sont très-intéressantes à connaître à cause des grands animaux qu'elles comprennent; aussi me bornerai-je à leur étude, pour terminer cette séance. Ces deux familles, dis-je, sont intéressantes par la grandeur, la force de quelques-unes des espèces qu'elles renferment : tels sont les pythons, les boas, si redoutables par leur puissance musculaire, quoique non venimeux. On a vu, dit-on, de ces animaux atteindre 10 mètres et même 15 mètres de longueur, sur 40 à 50 centimètres de diamètre. Quant à nous, nous n'en avons jamais vu offrant cette taille énorme; le plus gros python que nous possédions a près de 7 mètres de long; cependant quelques voyageurs assurent en avoir vu dont les proportions atteignaient celles d'un mât de navire. Les pythons et les boas ont été divisés en deux familles par les différences qu'ils présentent dans le système dentaire et dans certains caractères de la conformation générale des pièces de l'écaillure qui protégent la tête et la face inférieure de la queue.

Les pythons sont remarquables en ce qu'ils ont des dents sur l'os intermaxillaire; ce sont les serpents qui ont le plus de dents; la dénomination de holodontiens est destinée à rappeler ce caractère anatomique. Les boas, au contraire, n'ont pas de dents sur cet os intermaxillaire. De plus, si nous examinons la tête d'un python et celle d'un boa, nous trouvons une différence très-notable. Chez le python, elle est recouverte à sa partie supérieure de plaques polygonales, tandis que celle du boa est recouverte, non de plaques, mais d'écailles semblables à celles du reste du corps. Je dois ajouter que ces holodontiens, outre les pythons qui sont arboricoles et ont la queue préhensile, comprennent des espèces terrestres beaucoup plus petites, et dont la queue n'est pas prenante : ce sont les tortricides ou rouleaux. L'autre famille, celle des aprotérodontiens, ne renferme pas seulement les boas. A la suite de ce groupe, qui est parallèle à celui des pythons, il faut placer parmi les aprotérodontiens, et parallèlement aux tortricides, les éryx, serpents fouisseurs de taille peu développée, constituant le groupe des érycides.

Nous continuerons, dans notre prochaine séance, l'énumération des autres familles. — Oscar Muller.

HISTOIRE DE LA MÉDECINE ET DES DOCTRINES MÉDICALES.

COURS DE M. BOUCHUT.

(École pratique de la Faculté de médecine.)

(Suite. — Voy. les nos 1, 2, 3, 5, 6, 8 et 9.)

Un autre fait que l'on peut invoquer à propos du même sujet, c'est celui que présentent les moines du mont Athos, qui se jettent dans de longues extases cataleptiques, prolongées par eux à volonté, en se regardant fixement l'ombilic. On ne peut attribuer qu'au sommeil nerveux l'état extatique provoqué chez ces moines par cette singulière contemplation.

«Les fakirs des grandes Indes tombent en catalepsie en se regardant pendant un quart d'heure le bout du nez. Au bout de ce temps, une flamme bleuâtre semble leur apparaître, dit-on, à l'extrémité du nez, et bientôt la catalepsie se manifeste. C'est évidemment grâce au sommeil nerveux, que les fakirs indiens peuvent conserver pendant un temps si considérable ces attitudes et ces poses extraordinaires qui leur attirent le respect et l'admiration de la multitude. » (L. Figuier, *Histoire du merveilleux*, t. III, p. 371.)

Mais voici qui est encore plus curieux, et qui se rapproche encore davantage de l'hypnotisme : « Dans une lettre adressée du Caire, au mois de février 1860, au rédacteur de la *Gazette médicale de Paris*, par le docteur Rossi, médecin du prince Halem-pacha, on trouve des détails précis sur les procédés que les sorciers d'Égypte emploient pour obtenir le sommeil accompagné d'insensibilité : « Dans cette contrée des traditions, écrit M. le docteur Rossi, dans ce pays où ce qu'on fait aujourd'hui s'y fait déjà depuis quarante siècles, se trouve une classe de personnes qui font leur profession du *mandeb*. Les effets qu'ils produisent, méprisés jusqu'à ce jour par le mot banal de charlatanisme, sont les mêmes que M. Braid a annoncés dernièrement. Bien plus, comme vous l'aviez pressenti par inductions scientifiques, dans leurs mains l'hypnotisme n'est que le premier anneau de la chaîne phénoménale qui se clôt par les phénomènes du somnambulisme magnétique.

» Voici comment ils opèrent :

» Ils font usage généralement d'une assiette de faïence et parfaitement blanche. C'est l'objet lumineux de M. Braid. Dans le centre de cette assiette ils dessinent, avec une plume et de l'encre, deux triangles croisés l'un dans l'autre, et remplissent le vide de ladite figure géométrique par des mots cabalistiques : c'est probablement pour concentrer le regard sur un point limité. Puis, pour augmenter la lucidité de la surface de l'assiette, ils y versent un peu d'huile.

» Ils choisissent en général un jeune sujet pour leurs expériences, et ils lui ordonnent de fixer le regard au centre du double triangle croisé. Quatre ou cinq minutes après, voici les effets qui se produisent. Le sujet commence à voir un point noir au milieu de l'assiette; ce point noir grandit; quelques instants après, change de forme, se transforme en différentes apparitions qui voltigent devant les yeux. Arrivé à ce point d'hallucination, le sujet acquiert souvent une lucidité somnambulique aussi extraordinaire que celle des magnétisés.

» Il y a pourtant des *cheks* (ceux qui produisent ces phénomènes sont vénérés comme cheks) qui, plus simples dans leurs apparats, sans recourir aux figures géométriques et aux mots cabalistiques, font tout bonnement de l'hypnotisme et du somnambulisme à la manière de M. Braid, en faisant fixer le regard du sujet dans une boule de cristal; et comme ils n'ont pas un Charrière pour leur confectionner quelque joli appareil, ils emploient une de ces boules qui servent, dans certaines maisons, de lampes en y mettant de l'huile. » (L. Figuier, *Histoire du merveilleux*, t. III, p. 373.)

Pareil phénomène s'obtient chez les coqs, dont on tient le bec par terre à l'extrémité d'une ligne blanche qu'ils sont obligés de regarder pendant longtemps. Ces animaux perdent bientôt connaissance, deviennent insensibles, et on peut les manier ou les tourner comme on veut.

Si le sommeil, la catalepsie, l'extase et l'insensibilité ne se produisent pas chez tous ceux qu'on soumet à l'expérience, ils se produisent, dans la moitié des cas, surtout chez les sujets nerveux, et particulièrement chez les femmes, comme dans le magnétisme animal. Cela suffit pour montrer l'analogie des phénomènes et presque leur identité. J'ajouterai qu'il n'en faut pas plus pour démontrer que le fluide magnétique n'existe pas; que les merveilles de Mesmer, de Cagliostro, de M. de Puységur et de tous les magnétiseurs, que celles des tables tournantes, des médiums et des spiritistes sont des phénomènes vrais, quoique souvent mélangés de simulation, et que dans leur réalité ils n'ont rien que de naturel et d'explicable par les troubles du système nerveux.

La sympathie et les actions réflexes, telles sont les causes du sommeil cataleptique, anesthésique et extatique observé chez les démoniaques, chez les somnambules, chez les malades et chez les fous.

Quoi que fassent les spiritistes et les esprits amoureux de la superstition, enclins à voir le surnaturel et des prodiges là où un examen plus attentif fait découvrir l'exercice des forces ordinaires, si admirables, de la nature et de l'organisation, le merveilleux s'en va, et n'a plus d'asile que dans les âmes faibles et chez les peuples sauvages ou encore au début de la civilisation.

En effet, ce qui s'est passé, il y a deux mille ans, et ce qu'on a vu au moyen âge, se reproduit encore aujourd'hui de la même manière. La démonologie existe dans la Savoie du XIXe siècle, et nous retrouvons actuellement les prodiges de la théurgie antique chez les peuplades sauvages de l'Amérique, où la civilisation n'a point encore pénétré.

X. — *Du mysticisme médical chez les Peaux rouges du* XIXe *siècle.* — Chez les Indiens de l'Amérique, la médecine ne se sépare point de la religion. Elle consiste à prier, à chanter, à danser et à fumer pour la guérison des malades. D'après l'abbé Domenech (voy. *Gazette hebdomadaire*, 1862, n°s 26 et 28), qui, en 1862, a publié le récit de son voyage dans les déserts du nouveau monde, la médecine et la religion, filles du ciel, émanées du sein du grand esprit, ont été données aux hommes par *Monabodzo*, et s'exercent dans des temples, qui ne sont autre chose que de véritables cabanes, aussi appelées *loges de médecine*.

Chez les Pawnies, la loge de médecine est consacrée au culte d'un oiseau symbolique, fétiche représentant de l'étoile du matin, et qu'il faut invoquer dans les occasions importantes. Cet oiseau, ou plutôt ce fétiche est une sorte de boîte contenant des plantes aromatiques, dont le parfum est agréable au grand esprit, et qui possèdent le pouvoir de fermer les blessures, de soulager les maux. On le désigne sous le nom de *sac à médecine*. Indépendamment de ceux qui sont l'objet d'un culte public dans les loges, il en est d'autres que chacun porte avec soi en guise d'amulettes ou de talismans. On ne les a pas sans initiation, et celui qui perd le sien devient un objet de mépris. Pour se réhabiliter, il faut en prendre un autre sur le corps d'un ennemi tué de sa main.

Comme le sac à médecine ne préserve pas toujours de la blessure ni des maladies, il y a des *hommes médecines* qui se chargent du soin de les guérir. Ces hommes médecines sont des sortes de prêtres, de médecins, de magiciens, de sorciers, qui en même temps expliquent les augures et prédisent l'avenir. Ils pratiquent des pénitences très-rigoureuses, se mutilent, possèdent et vendent des charmes, et président à toutes les cérémonies religieuses; ils dirigent les danses, les chants et même font tomber l'eau du ciel.

Les épreuves d'admission à ce titre sont très-difficiles, et chez les Dacotas elles sont extrêmement barbares. Le candidat, auquel on a fait sur la poitrine deux incisions dans lesquelles on passe des brochettes de bois, est attaché par ces brochettes à une corde fixée à une perche de 8 à 10 mètres, et on le suspend un peu au-dessus du sol, les pieds touchant à peine la terre, depuis le lever jusqu'au coucher du soleil. Pendant tout ce temps, il tient son sac à médecine à la main, regarde le soleil et reçoit les cadeaux, tels que, hache, fusil, pipe, mocassins, qui sont mis à terre, et qu'il prend à la fin du jour, quand on le décroche. On les admire d'autant plus, qu'ils ont montré beaucoup de courage et de sang-froid. Quant à leurs connaissances, elles sont à peu près nulles, et ils ne savent qu'un peu d'anatomie apprise en disséquant des animaux. Quant à leur pathologie, elle se résume dans cet aphorisme : « La cause des maladies est due à l'esprit d'un animal malfaisant qui s'introduit dans le corps de l'homme. »

— La suite à un prochain numéro. —

Le propriétaire-gérant : GERMER BAILLIÈRE.

PARIS. — IMPRIMERIE DE E. MARTINET, RUE MIGNON, 2.

PREMIÈRE ANNÉE. — N° 14. UN NUMÉRO : 30 CENTIMES. 5 MARS 1864.

REVUE DES COURS SCIENTIFIQUES DE LA FRANCE ET DE L'ETRANGER

PHYSIQUE — CHIMIE — ZOOLOGIE — BOTANIQUE — ANATOMIE — PHYSIOLOGIE
GÉOLOGIE — PALÉONTOLOGIE — MÉDECINE

Paraît tous les Samedis.

	Six mois.	Un an.
Paris	8 fr.	15 fr.
Départements	10	18
Étranger	12	20

Prix de l'abonnement avec la Revue des Cours littéraires.

	Paris	Départ.	Étranger
Six mois	15 fr.	18 fr.	20 fr.
Un an	26	30	35

Rédacteur en chef
M. ODYSSE-BAROT

Les ouvrages dont deux exemplaires auront été envoyés au bureau du journal seront annoncés et analysés s'il y a lieu.

On s'abonne
A LA LIBRAIRIE GERMER BAILLIÈRE
17, rue de l'École de Médecine,
Et chez tous les libraires, par l'envoi d'un bon de poste, ou d'un mandat sur Paris.

L'abonnement part du 1er décembre ou du 1er juin de chaque année.

AVIS. — En raison de l'abondance des matières, nous offrons encore aujourd'hui à nos lecteurs, sans augmentation de prix, un supplément de huit colonnes.

SOMMAIRE.

CHIMIE AGRICOLE.

COURS DE M. BOUSSINGAULT.

(CONSERVATOIRE DES ARTS ET MÉTIERS.)

De la végétation.

(Suite. — Voy. le n° 9.)

II.

Les végétaux, comme il a été dit à la fin d'un article précédent, décomposent, sous l'influence de la lumière et à l'aide de leurs parties vertes, l'acide carbonique qui se trouve dans l'atmosphère. Ils s'assimilent son carbone; quant à son oxygène, ils le dégagent pur et libre dans le milieu où nous vivons.

Cette assertion est confirmée par l'expérience suivante, que chacun peut répéter bien facilement. Dans un bocal de verre on introduit des feuilles, puis on y verse de l'eau chargée d'acide carbonique. On peut, pour cela, se contenter de prendre l'eau de pluie, qui a généralement en dissolution une quantité suffisante de cet acide. On expose l'appareil au soleil. Immédiatement on voit une foule de bulles apparaître à la surface des feuilles, y rester adhérentes quelques instants, puis se réunir et monter à la partie supérieure du vase, au-dessus de la surface de niveau du liquide. Qu'on examine ce gaz, on constate qu'il rallume un corps n'ayant plus que quelques points en ignition, qu'il est éminemment propre à entretenir la vie. C'est de l'oxygène. Veut-on maintenant faire l'expérience en mettant le flacon à l'abri de la lumière : ici plus d'apparition d'oxygène, tout semble rester à l'état primitif; et même, dans le cas précédent, un dégagement abondant de gaz ayant lieu, si l'on recouvre le bocal d'une étoffe qui intercepte les rayons solaires, tout cesse d'une façon instantanée : on dirait une action voltaïque.

Ne pourrait-on pas mettre à profit dans l'industrie cette décomposition de l'acide carbonique, cette formation de l'oxygène par les feuilles? Peut-être, dit M. Boussingault, dans les pays tropicaux, où la végétation est abondante, là où se trouvent des sources renfermant de grandes quantités d'acide carbonique, emploierait-on avec un certain avantage ce moyen pour obtenir de l'oxygène, qui, il est vrai, ne serait pas absolument pur.

Quoi qu'il en soit, il se passe là un phénomène très-remarquable. Nous voyons une plante dont l'organisation est bien faible, sous la seule influence de la lumière solaire, décomposer immédiatement l'acide carbonique en carbone et en oxygène; et le chimiste, dans son laboratoire, en employant les moyens les plus puissants que nous connaissions, n'est jamais parvenu à réduire ce gaz en ses deux éléments.

Un autre fait vient encore surprendre à la première vue, mais dans ce cas l'explication est facile. La décomposition de l'acide carbonique par les feuilles sous l'influence de la lumière solaire s'effectue aussi bien dans l'air chargé de ce gaz que dans l'eau qui est saturée. Or, dira-t-on, comment ces organes peuvent-ils fonctionner de même dans un mélange gazeux que dans le sein d'un liquide? *Pour que la réduction de l'acide carbonique à la lumière solaire se manifeste sous l'influence des parties vertes des végétaux, il faut toujours la présence de l'eau.* Ce principe réduit à néant l'objection précédente. Qu'une feuille bien desséchée soit exposée au soleil dans une atmosphère d'air et d'acide carbonique, aucune réaction n'a lieu; d'un autre côté, il est facile de prouver que, quand les organes foliacés fonctionnent à l'air, dans les conditions ordinaires, ils fonctionnent en réalité dans un milieu liquide. Les feuilles, en effet, renferment généralement 75 pour 100 d'eau au minimum; cette proportion n'en fait-elle pas une vraie nappe liquide?

Il faut, a-t-il été rappelé ci-dessus, le concours de la lumière pour que les parties vertes des végétaux décomposent l'acide carbonique de l'atmosphère. Que se passera-t-il donc la nuit? Tout restera-t-il dans un état absolument stationnaire? Non. Dans l'obscurité, au contraire, il y a absorption d'oxygène atmosphérique par les feuilles, et en retour production d'acide carbonique. C'est même de là que provient le danger de dormir dans une chambre de faible capacité, en présence d'une grande quantité de plantes; il y a asphyxie par le fait de la diminution de l'oxygène remplacé par de l'acide carbonique.

Ainsi donc, voici deux faits, et ils sont bien certains, bien faciles à vérifier : 1° à la lumière, les feuilles fixent du carbone; 2° à l'obscurité, les feuilles dégagent du gaz acide carbonique aux dépens du carbone du végétal.

Mais, si la nuit les plantes perdent le carbone qu'elles ont gagné pendant la durée du jour, comment feront-elles des progrès? L'analyse chimique a montré que, dans l'obscurité, la perte en carbone est infiniment moindre que la quantité de cet élément assimilé à la lumière par le végétal. Des expériences furent faites à ce sujet sur un jeune plant de colza. En douze heures, au soleil, il réduisit en ses éléments 1992 centimètres cubes d'acide carbonique; en douze heures de nuit, il exhala seulement 47 centimètres cubes de ce dernier gaz.

Ce phénomène de production d'acide carbonique pendant la nuit est très-digne de remarque; voici une feuille qui se conduit comme un animal. Saussure appela ceci la respiration des plantes. En apparence, il y a des végétaux qui respirent et d'autres qui ne respirent pas; les feuilles de certaines plantes en très-peu de temps dégagent beaucoup d'acide carbonique, tandis que d'autres plantes, placées dans des conditions identiques, paraissent n'exhaler aucune quantité de ce gaz. Dans le premier cas, le végétal a un parenchyme très-mince, et alors l'acide carbonique formé, ne pouvant se dissoudre, se répand dans l'atmosphère; dans la seconde circonstance, au contraire, le parenchyme est épais, et il retient en dissolution, dans le liquide qui l'imprègne, la presque totalité du gaz formé. Telle est la cause de ce fait; réellement, dans l'un et l'autre cas, il y a formation d'acide carbonique.

Le carbone dans les végétaux proviendrait donc de l'acide carbonique répandu dans l'atmosphère. Or, l'atmosphère n'en renferme que $\frac{4}{10000}$; et tout d'abord il semble étrange qu'une proportion si faible de ce gaz puisse concourir d'une façon si efficace à la constitution des plantes. Mais il ne faut pas juger de l'importance des éléments de l'air par la quantité de ces mêmes éléments. C'est le contraire, l'acide carbonique joue un très-grand rôle, et il n'y entre que pour quelques millièmes; le carbonate et le nitrate d'ammoniaque ne peuvent s'y doser, et cependant ces infiniment petits, disséminés dans l'air, ont bien plus d'action que l'azote gazeux, qui constitue les quatre cinquièmes de notre atmosphère et qui n'en est qu'un élément simplement passif.

On pourra encore présenter l'objection suivante : Comment une quantité si faible de gaz carbonique peut-elle fournir aux plantes tant de carbone? A cet égard, aucun doute ne pourra subsister, quand on saura que l'atmosphère pèse autant que 581 000 cubes de cuivre ayant chacun un kilomètre de côté. Ne voit-on pas alors que les quatre dix-millièmes de ce poids, dont on ne se fait aucune idée, sont encore bien considérables, et certes peuvent bien fournir le carbone nécessaire à la végétation?

D'ailleurs, une circonstance vient favoriser d'une façon remarquable le passage du carbone de l'acide carbonique dans les plantes : c'est la largeur des feuilles. Les feuilles ont généralement une surface très-considérable, et cette disposition leur fut donnée pour qu'elles pussent prélever les matières qui sont en petite quantité dans l'atmosphère. On a cherché la surface que présentent les appareils foliacés d'un certain nombre de végétaux. Voici les résultats :

Surface de feuilles d'un hectare de différentes cultures.

	Mètres carrés.
Pommes de terre.	28 000
Topinambours	142 000
Bananiers..	141 000
Tabac..	110 862

On a voulu se rendre compte aussi du poids de carbone contenu dans ces plantes. On a trouvé que les feuilles et les tiges de tabac d'un hectare de culture contenaient en carbone 4501^{k},6. La durée de cette végétation avait été de quatre-vingt-six jours. Ces plantes couvrant la superficie d'un hectare avaient donc assimilé en moyenne, toutes les vingt-quatre heures, 52^{k},32 de carbone.

De ce qui vient d'être dit et des résultats d'expérience que nous venons de citer, on peut tirer cette conclusion: L'atmosphère fournit aux plantes beaucoup de carbone, et cela pour deux raisons principales : 1° parce que cet élément existe dans l'air en grande quantité à l'état d'acide carbonique; 2° parce que la disposition des organes foliacés des plantes a été admirablement calculée pour se l'assimiler.

Cependant il est encore une autre cause qui apporte de l'acide carbonique, et conséquemment du carbone, aux végétaux : c'est le milieu où vivent leurs racines. Le sol est baigné par les eaux; or, dans l'eau, il y a beaucoup d'acide carbonique. La preuve en est dans les chiffres suivants :

Un mètre cube d'eau du Rhin contient 8 litres de ce gaz.

Un mètre cube d'eau d'Arcueil en contient 26.

Cet acide carbonique, que les racines puisent dans la terre, est emporté dans l'organisme de la plante, et, arrivant aux feuilles, est décomposé sous l'influence solaire.

On a prétendu qu'il y avait d'autres sources de carbone pour la végétation; on a affirmé que l'humus fournissait cet élément d'une manière directe. A cela M. Boussingault répond qu'il ne connaît aucune expérience qui indique que le carbone aille directement dans la plante. Ainsi donc, dire que le carbone de l'humus va former le carbone de la cellule, cela n'est nullement prouvé. Cependant il est un fait parfaitement avéré, l'humus contribue à fournir du carbone à la plante, mais à la condition que cet élément soit transformé préalablement en acide carbonique.

En résumé, la source unique du carbone dans la végétation est l'acide carbonique, soit que ce gaz provienne directement de l'atmosphère, soit qu'il soit enlevé par les racines aux eaux qui baignent le sol, ou qu'il soit fourni par le carbone de l'humus.

L'atmosphère et la vapeur aqueuse contenant tous les éléments qui entrent dans l'organisation des végétaux, c'est-à-dire du carbone, de l'hydrogène, de l'oxygène et de l'azote, on doit se demander si une plante mise dans un sable humide et exposée à l'air atmosphérique se développera. L'expérience fut faite. Le sable employé fut du quartz préalablement calciné; on le mit dans un pot porté pareillement à la température rouge avant l'expérience, pour éviter la présence des matières organiques, puis on l'humecta d'eau distillée. On y introduisit une graine. Cette graine germa, la plante se développa, mais très-lentement; on eut des feuilles, des fleurs, des fruits, mais tous ces produits furent chétifs et rabougris. L'analyse indiqua que la quantité de carbone, d'hydrogène et d'oxygène assimilée par la plante pendant sa végétation était très-peu considérable, et que la proportion d'azote fixé était encore moindre. Or, pourquoi dans un milieu comme notre atmosphère, où l'acide carbonique est en quantité suffisante, où il y a en abondance de l'oxygène, de l'azote et de la vapeur d'eau pour fournir l'hydrogène, la plante ne s'est-elle pas développée aussi bien que dans les conditions habituelles? Évidemment, un principe lui manquait; ce principe était l'azote sans doute. On fut amené à le supposer, en considérant le faible gain en azote fait par le végétal pendant l'expérience. A cette hypothèse, se présenta l'objection suivante : l'air renferme 79 pour 100 d'azote, ce corps ne fait donc pas défaut à la plante. On fut alors conduit à penser que l'azote à l'état libre n'était pas directement assimilable, et que s'il y a eu acquisition de cet élément d'après les résultats rappelés ci-dessus, ce gain provenait des composés azotés répandus dans l'atmosphère et qui sont directement absorbés par les plantes. Partant de là, on fit cette expérience : On forma une atmosphère confinée ayant beaucoup d'azote gazeux, d'oxygène, d'acide carbonique et de vapeur d'eau; mais on évita autant que possible dans ce milieu la présence de l'acide azotique et de l'ammoniaque. On y fit germer une graine de haricot, on laissa la plante se développer, puis on l'analysa. Le poids de l'azote fixé pendant la végétation fut trouvé nul. Ceci prouve bien que l'azote à l'état pur ne peut être directement absorbé par les plantes.

Jusqu'ici on ne connaît que deux principes azotés immédiatement assimilables : l'ammoniaque et l'acide azotique, qui comprend aussi les nitrates. Ceci est si vrai, que si l'on prend un sol stérile, qu'on le divise en deux parties; que dans l'une on y mette une graine sans y rien ajouter, et que dans l'autre on y sème une graine pareillement, après y avoir ajouté du nitrate de potasse par exemple, les résultats de la végétation sont tout différents. Ainsi donc, des substances uniquement minérales se transforment et entrent dans l'organisme des plantes. C'est là, à vrai dire, le point de départ de la théorie des engrais dans la culture. Ce n'est pas le carbone qui manque jamais, l'hydrogène ne fait pas non plus défaut; ce dont la plante est souvent privée plus ou moins, c'est d'azote assimilable. Or, un végétal s'assimile les éléments dont il a besoin, chacun dans une certaine proportion par rapport aux autres; il suffit donc qu'un seul de ces éléments manque, pour que la végétation languisse.

Les phénomènes généraux de la végétation ainsi exposés, M. Boussingault résume les caractères distinctifs qui différencient les animaux des végétaux. Ces différences entre le règne animal et le règne végétal avaient été énoncées dans le temps, par le savant professeur, avec M. Dumas, dans la *Statique chimique*.

L'animal est locomoteur, le végétal est immobile.

L'animal brûle le carbone, le végétal débrûle le carbone.

L'animal brûle l'hydrogène, le végétal débrûle l'hydrogène.

L'animal forme de l'ammoniaque par la combustion des matières qui le constituent, le végétal dissout les éléments de l'ammoniaque.

L'animal exhale de l'acide carbonique, le végétal fixe les éléments de l'acide carbonique.

L'animal exhale de l'eau, le végétal fixe de l'eau.

L'animal consomme de l'oxygène, le végétal produit de l'oxygène.

L'animal consomme des matières azotées, le végétal produit des matières azotées.

L'animal consomme des graines, le végétal produit des graines.

L'animal produit de la chaleur, le végétal absorbe de la chaleur et produit du froid.

L'animal rend ses éléments à l'air et à la terre, le végétal prend ses éléments à l'air et à la terre.

Ainsi donc, entre ces deux règnes, tout est contraste; tout ce que l'animal détruit, le végétal le reconstitue.

J. de Lignières, ingénieur civil.

PALÉONTOLOGIE.

COURS DE M. A. D'ARCHIAC (1).

(Muséum d'histoire naturelle.)

(Voy. les nos 1, 2, 10 et 12.)

IV.

Cavernes et brèches osseuses de la France.

Messieurs,

L'étude des fossiles rencontrés dans les cavernes, dans les brèches osseuses et les grottes, est plutôt du domaine de la zoologie que de la géologie proprement dite; car il n'y a point de rapport nécessaire entre ces débris organiques et les roches qui les entourent; il n'y a point cette relation regardée comme une des bases de la paléontologie stratigraphique, parce qu'il n'y a point de contemporanéité entre la formation des couches et l'enfouissement des fossiles, en un mot, entre le contenant et le contenu.

La présence de ces corps dans les cavernes résulte de circonstances indépendantes de celles qui ont déposé les couches qui en constituent les parois, et de plus, le moment où ils y ont été entraînés et ensevelis peut être assez différent du temps où ils vivaient, comme de celui où la cavité a été formée.

Cependant, quelle que soit l'ancienneté du terrain dans lequel se trouvent les cavernes et les brèches osseuses, depuis les dépôts de transition jusqu'aux derniers sédiments tertiaires; quel que soit le point de la terre où on les observe, dans l'ancien comme dans le nouveau continent, dans l'hémisphère nord comme dans l'hémisphère sud, partout les débris organiques qu'on y a trouvés appartiennent à la même faune contemporaine, précisément celle que nous rencontrons dans les dépôts stratifiés des plaines et des vallées, et que nous désignons sous le nom de *faune quaternaire*.

Ainsi les cavernes, les grottes et les fentes des roches, à quelque terrain et à quelque pays du globe qu'elles appartiennent, seraient restées vides pendant des milliers de siècles, car les causes qui les ont produites ont pu agir dans tous les temps; tandis que toutes, à un moment donné, ou dans une période très-courte, géologiquement parlant, ont été plus ou moins remplies par des alluvions locales, sableuses ou argileuses, enveloppant les débris de la faune contemporaine qui y furent entraînés en même temps. C'est là sans doute un phénomène bien remarquable qui ne s'était jamais produit avec ce caractère de généralité, et qui ne s'est pas renouvelé depuis. Il est donc bien propre aussi à distinguer l'époque où il s'est manifesté de celle qui l'a précédé comme de celui qui l'a suivi.

Nous avons déjà décrit, en Angleterre et en Belgique, des cavernes qui présentaient sous le rapport géologique et paléozoologique un très-vif intérêt; il en sera de même, et plus encore en France, parce que notre pays contient un grand nombre de roches calcaires, et que c'est en général dans les couches de cette nature que se trouvent les brèches et les cavernes à ossements.

Quoique depuis 1825, il se soit manifesté en France un mouvement prononcé vers ce genre de recherches, et que d'importants ouvrages, dont nous aurons à faire connaître les principaux résultats, aient été publiés, il y a eu, de 1840 à 1855, un certain ralentissement, soit que l'on crût n'avoir plus rien à découvrir, soit par tout autre motif; mais, dans ces derniers temps, une impulsion plus vive que jamais a été donnée à ces études, parce qu'on s'efforce de trouver en fouillant les cavernes, non plus seulement les restes des populations d'animaux qui avaient précédé l'arrivée de l'homme sur la terre, mais des preuves que l'homme lui-même a été contemporain de ceux d'entre eux dont les espèces sont éteintes.

Tous les anatomistes qui se sont occupés des ossements fossiles ont compris l'importance de l'examen des cavernes et des brèches osseuses. W. Buckland, dans ses *Reliquiæ diluvianæ;* G. Cuvier, dans les tomes VI et VII de ses *Recherches,* insistent particulièrement sur ce point, en donnant une description sommaire des cavernes à ossements et des brèches osseuses connues de leur temps. Depuis lors, Marcel de Serres a donné, en 1838, son *Essai sur les cavernes à ossements*, dans lequel il a rassemblé une foule de documents sur ce sujet; M. J. Desnoyers, un excellent article dans le *Dictionnaire universel d'histoire naturelle* (vol. VI, page 343, 1845); et nous-même avons dû, dans le second volume de l'*Histoire des progrès de la géologie*, rapporter tout ce qui avait été écrit de 1834 à 1848. Ces diverses publications générales, faciles à consulter, nous permettront de nous arrêter davantage sur les résultats des recherches les plus récentes. Nous ne nous astreindrons pas, on le conçoit, à mentionner toutes les cavernes ou brèches osseuses dans lesquelles des fossiles ont été rencontrés, mais seulement celles dont les fouilles ou l'étude des animaux qu'elles renfermaient ont apporté des faits importants à la paléozoologie.

Comme en traitant, le printemps dernier, des dépôts quaternaires des environs de Paris, nous avons mentionné

(1) Erratum. — Page 138, 2e col., ligne 39, au lieu de *Megatherium latidens*, lisez *Megantereon latidens* (*Machairodus*).

les diverses localités où des ossements de vertébrés avaient été observés dans les fentes des roches tertiaires, soit du gypse de Montmorency, des calcaires lacustres de Sevran, des sables moyens d'Auvers, du calcaire grossier du plateau de Bicêtre, soit des grès supérieurs de Fontainebleau, de la Ferté-Aleps, d'Étampes, etc., nous passerons tout de suite à l'examen des grottes les plus importantes de la Bourgogne. Parmi celles-ci se font remarquer celles d'Arcy, au sud de Vermanton, qui traversent presque entièrement un petit promontoire de calcaire jurassique que contourne la rivière de la Cure.

Ces cavités, dont les ouvertures sont situées au sud, à 9 mètres au-dessus du niveau de la rivière, sont disposées en chapelets les unes à la suite des autres, et présentent des rétrécissements et des expansions plus ou moins considérables, sur une longueur totale de 875 mètres.

Observées par Buffon dès 1740, elles ont été visitées par P. Perrault, Desmarest, Daubenton, et plus récemment par de Bonnard, inspecteur général des mines, l'un des premiers qui ont introduit en France la véritable méthode d'observation géologique. Ce dernier fit faire, en 1829, des recherches qui ne furent pas très-fructueuses, ayant seulement découvert une portion de crâne d'Hippopotame très-bien conservée.

En 1845, la Société géologique de France parcourut ces grottes dont M. Belgrand avait levé le plan, et l'on n'y trouva qu'un os d'Éléphant.

Ce fut en 1853 que Robineau-Desvoidy fit faire des fouilles plus heureuses, car il y reconnut des restes d'*Ursus spelæus*, d'*Hyæna spelæa*, de *Rhinoceros tichorhinus*, d'*Elephas primigenius*, de Daim, de Cerf, de Chevreuil, de Bœuf, de Renne, d'Ane et de Cheval.

En 1858, M. de Vibraye entreprit, dans la grotte dite *des Fées*, des fouilles plus suivies, mieux dirigées que les précédentes, qui amenèrent aussi des résultats plus importants. Les tranchées exécutées en travers, ou d'une paroi à l'autre, firent connaître que les couches de remblai qui formaient le sol de la caverne, se composaient de haut en bas de la manière suivante :

1° Dépôt argilo-sableux que l'auteur compare au lœss ou lehm, ne renfermant que des restes d'animaux vivant encore dans le pays (Renard, Blaireau).

2° Couche composée de débris empruntés aux roches oolithiques des parois de la caverne. Ces fragments étaient agglomérés par une matière argilo-sableuse rougeâtre, qui est, comme on sait, le caractère constant de toutes les brèches osseuses des cavernes du midi de la France, et l'on pourrait même dire de tous les pays. Dans cette brèche rouge, de $0^m,75$ d'épaisseur, ont été trouvés des restes de ruminants (Renne, etc.).

3° Couche de $1^m,50$ ayant nivelé les inégalités du plancher de la grotte, et renfermant des restes d'*Ursus spelæus*, d'*Hyæna spelæa*, de *Rhinoceros tichorhinus*, peut-être de *Bos priscus* et d'*Equus adamiticus*.

Dans cette grotte, qui a dû servir d'habitation aux premières populations humaines du pays, on a trouvé d'anciens foyers creusés en forme d'entonnoirs, avec des silex taillés (couteaux), des os et des bois de Cerf, également travaillés en fer de lance ou de flèche. La construction de ces entonnoirs est évidemment postérieure aux dépôts précédents dans lesquels ils ont été excavés. Aucun instrument ou objet de métal n'ayant été rencontré, on est naturellement porté à placer dans l'âge de pierre les habitants de ces cavernes.

Dans la brèche osseuse rouge, M. de Vibraye a trouvé des silex travaillés colorés par le fer, comme les ossements de Cerf, de Bœuf ou de Cheval, avec lesquels ces couteaux sont associés.

Enfin, dans la troisième couche, ou la plus basse, en un point de la grotte où les dépôts ne paraissaient avoir subi aucun dérangement depuis leur formation, on découvrit en contact avec des os d'*Ursus spelæus*, d'*Hyæna spelæa*, de *Rhinoceros tichorhinus*, une mâchoire humaine ayant encore deux de ses dents en place : la première prémolaire inférieure droite, et la première grosse molaire du même côté. Tous les caractères de la substance de cette mâchoire étaient d'ailleurs identiques avec ceux des os des grands mammifères qui lui étaient associés, et très-différents au contraire de ceux de la brèche osseuse rouge placée dessus, et plus encore des os récents de la couche supérieure.

M. de Vibraye a mis tous ses soins à vérifier l'authenticité du gisement de cette mâchoire, et à s'assurer qu'aucune circonstance étrangère n'avait pu l'y introduire après la formation du dépôt. Il y a donc lieu de croire à la contemporanéité de son enfouissement avec celui des restes d'animaux éteints. On a objecté cependant qu'elle avait pu y être introduite accidentellement; que, comme la rivière, dans ses grandes crues, s'élevait assez haut pour pénétrer dans la grotte, elle pouvait y avoir charrié cette mâchoire à une époque plus récente que la couche où elle a été trouvée; que le diluvium de la vallée n'étant pas semblable à cette même couche, celle-ci pouvait en être un remaniement plus récent. Mais, sans prendre parti dans la question, on doit reconnaître que ces diverses objections sont peu fondées; d'ailleurs, la succession normale des trois couches et leurs caractères distinctifs pétrographiques et zoologiques à la fois y répondent, à ce qu'il semble, suffisamment quant à présent.

Près de Châtillon-sur-Seine, M. J. Baudoin a signalé aussi, en 1860, des silex taillés de diverses formes, disséminés à 1, 2 et 3 mètres de profondeur, dans un dépôt d'argile marneuse quaternaire, qui n'avait évidemment subi aucun dérangement depuis sa formation. Dans les cavernes de Balot, au sud-ouest de la même ville, il a recueilli des restes d'*Ursus spelæus*, de Chien, de Renard, de Rat d'eau, de Lapin, de Cochon, de Cheval, d'Ane, de Renne, de Cerf, d'Aurochs et du Bœuf commun. Des ossements de Chauves-Souris, de Taupes et de Rats trouvés dans la partie supérieure du limon, sont peut-être plus récents que ceux qui constituent l'ensemble du dépôt ossifère.

Des ossements de mammifères ont aussi été observés dans les grottes de Plombières-lez-Dijon, à la montagne de Genay, au nord de Semur. Sur la rive gauche de la Saône, en face de Tournon, M. Canat a découvert les défenses et une grande partie du squelette d'un Éléphant, dans une argile rougeâtre remplissant une fente du calcaire jurassique. Rozet a décrit aussi plusieurs cavernes ossifères de la Bourgogne, entre autres celles de Vergisson (Saône-et-Loire), ouverte également dans un calcaire jurassique, et dans laquelle se trouvaient des ossements de deux époques différentes. Les uns, engagés dans un travertin rougeâtre, sont distribués à l'entrée, dans une partie du fond et dans les anfractuosités des parois de la caverne; les autres ont été apportés depuis par des animaux carnivores qui la fréquentent encore aujourd'hui.

Nous mentionnerons ici ces restes d'une espèce de Bœuf (crâne, humérus, fémur, métatarse, sacrum, vertèbres), dont le gisement n'est pas bien connu, mais qui sont étiquetés comme provenant des environs de Langres. Ils n'ont point l'aspect des os des cavernes, et ressemblent plutôt à ceux qui proviennent des sols tourbeux. Les caractères du crâne sont exactement ceux du *Bos longifrons*, Owen, trouvé d'abord en Islande, puis dans les dépôts lacustres de l'est de l'Angleterre, avec l'Éléphant et le Rhinocéros, dans les marais des environs de Bridgewater, etc. Cette espèce n'avait pas encore été signalée en France.

Si nous passons actuellement aux grottes plus importantes de la Franche-Comté, nous parlerons d'abord de celle d'Échenoz, située à une lieue au sud de Vesoul, dans les calcaires de l'oolithe inférieure. La présence des ossements fossiles y était connue depuis longtemps, mais étudiée particulièrement en 1830 par M. Thirria, les restes de mammifères ont été déterminés par Cuvier. Ils forment en général, au milieu de l'argile que recouvre une couche de stalagmites, un lit de 8 à 16 centimètres, où ils se recouvrent les uns les autres confusément, sans jamais avoir conservé leur position relative. Ils n'ont pas cependant été complétement disloqués, car on trouve presque toujours des vertèbres dorsales près des crânes et des mâchoires; des humérus et des cubitus près des bassins; des calcanéums, des os métatarsiens, métacarpiens ou phalangiens, près des fémurs, des tibias, des cubitus, etc.

Ces os ont été rapportés à l'*Ursus spelæus arctoideus*, Cuv. (*U. Pitorrii*, M. de S.), à l'Hyène des cavernes, au *Felis spelæa*, au Lion, au Cerf, au Sanglier, à l'Éléphant, dont les échantillons sont sous vos yeux, comme tous ceux qui ont été décrits par notre grand anatomiste, et qui font partie des collections du Muséum.

Dans l'une des grottes de Fouvent les Bas, près de Champlitte, les restes d'herbivores se sont montrés plus nombreux que ceux des carnassiers, et constituent une sorte de brèche. Cuvier y a reconnu diverses parties du squelette et des dents d'Éléphant, de Rhinocéros, d'Hyène, d'*Ursus spelæus*, de Cheval, de Bœuf et de Lion. Ces deux derniers genres résultent de fouilles récentes, la connaissance des autres remonte à la première année de ce siècle.

Les grottes d'Osselles, sur la rive droite du Doubs, au sud de Besançon, décrites par Fargeaux en 1827, et visitées par W. Buckland, ont présenté surtout une très-grande quantité d'ossements d'Ours (*U. spelæus*) de tous les âges, et dont on a souvent fait des espèces différentes, comme nous le dirons tout à l'heure. La grotte de Gondenaus, ouverte aussi dans des calcaires jurassiques, a présenté, enfouis dans le dépôt marneux qui en recouvrait le sol, des restes du même Ours, de Bœuf, de *Sus*, de Chèvre, de *Canis*, etc.

Quoique les os d'Ours fossiles soient très-répandus en France, comme dans les autres parties de l'Europe, ce n'est qu'assez tard qu'ils y ont été distingués, puisque nous voyons que les premiers qu'ait connus Cuvier, sont ceux que lui avait envoyés Duvernoy, et qui provenaient, non pas des cavernes de la Franche-Comté, mais d'une brèche dans une fente du calcaire jurassique de Châtillon, près de Saint-Hippolyte, sur la rive gauche du Doubs.

La caverne de Sentenheim, ouverte dans les calcaires jurassiques, à l'entrée de la vallée de Massevaux, au pied oriental du Ballon d'Alsace, a donné lieu à des recherches qui ont été plus fructueuses encore que les précédentes par leurs résultats paléozoologiques.

M. Delbos, qui a fait une étude particulière des ossements qu'on y a trouvés, y a reconnu des restes de Loup, de Renard, de ruminant de la taille d'un Chevreuil, et peut-être d'un petit insectivore; mais ce sont surtout les ossements d'Ours, dont plus de deux cents pièces déterminables ont été recueillies, qui ont suggéré à l'auteur la pensée d'une révision comparative de toutes les espèces du genre, tant à l'état vivant qu'à l'état fossile. Ce qui est digne de remarque, c'est que ce gisement n'a encore présenté aucun reste d'Hyène, de *Felis* ni de pachyderme.

Cet examen monographique du genre Ours a conduit M. Delbos à des résultats intéressants aux points de vue anatomique et géologique, résultats que nous résumerons, tout en faisant remarquer que ce travail, quoique minutieux, laisse à regretter des dessins qui missent sous les yeux les objets en discussion.

L'auteur remarque d'abord qu'aux trois espèces fossiles admises par Cuvier (*U. spelæus, arctoideus* et *priscus*), M. de Serres a ajouté l'*U. Pitorrii*, et Schmerling les *U. giganteus* et *leodiensis*; tandis que de Blainville, partant d'un principe différent, réduisait ces six espèces à une seule, qui elle-même aurait été la souche des Ours brun, noir et gris actuels, lesquels à leur tour n'auraient constitué que trois variétés d'un seul type. Comprenant ensuite que la connaissance de la tête, des dents, des os longs et de quelques autres pièces qui servaient aux anatomistes pour déterminer les genres et les espèces, pouvait être poussée plus loin, c'est-à-dire aux autres parties du squelette, M. Delbos a apporté dans l'examen comparatif de ces parties, jugées jusqu'alors moins importantes, toute l'attention concentrée sur les autres, et a cherché des caractères génériques et spécifiques dans tous les éléments constitutifs de la charpente osseuse de ces vertébrés.

Il commence par comparer quatre espèces vivantes, telles que les admettait Cuvier : l'Ours brun d'Europe, l'Ours noir d'Europe, l'Ours noir d'Amérique et l'Ours blanc polaire ; ce dernier différant d'ailleurs beaucoup plus des trois autres que ceux-ci ne diffèrent entre eux. Les Ours brun et noir d'Europe se ressemblent aussi plus qu'ils ne se rapprochent de l'Ours noir d'Amérique ; aussi plusieurs naturalistes les regardent-ils comme ne faisant qu'une seule espèce.

De la comparaison de ces quatre types auxquels viennent s'ajouter les Ours de l'Asie et des Cordillères, il résulterait que les espèces actuelles que l'on peut admettre se distinguent par de légères modifications dans la forme des crêtes du crâne (temporales et sagittales), des dents, la perforation du condyle de l'humérus ; par des proportions différentes dans les parties homologues, telles que la longueur relative du crâne et de la face, la largeur, la hauteur de la tête, etc. ; par les différences dans les proportions de certaines parties, relativement à l'ensemble, telles que la longueur du corps, du cou, des pieds. Enfin, quant à la taille, elle dépendrait autant des races et des variétés que des espèces elles-mêmes.

Si donc, dit l'auteur, nous trouvons dans les Ours fossiles des différences de cette sorte, on pourra les considérer comme indiquant aussi des espèces distinctes. On remarquera, cependant, qu'il ne s'appuie pas encore sur un principe hors de contestation, car il prend ses caractères différentiels sur des types jugés différents, mais sans démonstration préalable rigoureuse, puisqu'ils sont contestés, et ensuite il omet de mentionner comme terme de comparaison l'espèce la plus remarquable de nos jours, et sur laquelle nous reviendrons tout à l'heure.

Passant à la discussion des espèces fossiles, M. Delbos s'attache à faire voir que l'*Ursus arctoideus* de Cuvier n'est qu'une simple variété, à front moins bombé, de l'*U. spelæus* ; que l'*U. Pitorrii* de Marcel de Serres ne peut non plus être conservé, c'est seulement le type d'une grande race de l'Ours des cavernes. Les *U. giganteus*, *spelæus minor* et *leodiensis*, que Schmerling a signalés dans les cavernes de la province de Liége, ne reposent que sur des différences de taille. Ainsi, le premier représente l'*U. Pitorrii*, le second ne diffère pas même par la taille de l'*U. spelæus* type, et le troisième n'est qu'une variété de l'Ours à front plat, *U. arctoideus*.

Ainsi, après ce travail d'analyse comparative assez attentif, mais qui ne met pas sous nos yeux tous les éléments de la discussion, il n'y aurait que deux espèces d'Ours fossiles suffisamment caractérisés : l'*Ursus spelæus* et l'*U. priscus*, Goldf.

L'Ours des cavernes, distingué des espèces vivantes par Cuvier, Laurillard, M. R. Owen, etc., a été considéré, ainsi qu'on l'a dit, par de Blainville, comme la souche originaire de ceux de nos jours. Mais il s'en distingue, au premier abord, par sa taille constamment d'un cinquième ou d'un quart plus grande, par l'élévation très-prononcée du front, au-dessus de la base du nez, et par les deux protubérances convexes de ce même front, qui donnent au profil un aspect particulier. Le diamètre de l'orbite est plus petit que dans l'Ours brun d'Europe. Le crâne est presque de moitié plus long ; l'humérus, de deux septièmes, quoique le cubitus, le radius et le tibia soient de même longueur. Les grands Ours bruns vivants ont les os beaucoup plus grêles que les fossiles. A taille égale, ces derniers devaient être plus massifs et plus robustes que les vivants.

Pour faciliter la comparaison, nous mettons sous vos yeux, non-seulement les crânes des Ours d'Europe et plusieurs crânes fossiles parfaitement caractérisés, mais encore le squelette de la plus grande espèce de nos jours, de l'Ours de la Californie ou des montagnes Rocheuses (*U. ferox*, Lew., *U. horribilis*, Ord. ; *Danis ferox*, Gray), qui n'était pas connu dans nos collections au temps de Cuvier, et dont les dimensions, comme vous le voyez, sont bien loin d'atteindre celle de l'Ours des cavernes, ou à *front bombé*. Quant à l'*U. arctoideus* de Cuvier, on peut encore le considérer comme une variété du précédent, dont il diffère par son front moins bombé et qui le rapproche de l'Ours ordinaire (*U. arctos*). Tous les ossements de la caverne de Sentenheim appartenant au genre Ours se rapportent à une seule espèce, l'*U. spelæus* et sa variété.

Quant à l'*U. priscus*, Gold., des cavernes de l'Allemagne, il semble en différer beaucoup plus que les espèces vivantes ne diffèrent entre elles. Ainsi il présente, à l'état adulte, de petites fausses molaires qui manquent dans l'*U. spelæus* ; le front est déprimé ; la ligne du profil, plus basse, forme un arc régulier à peu près comme dans l'Ours polaire, et sa taille est constamment plus petite.

La caverne de Sentenheim renfermait d'ailleurs des individus de tous les âges, des coprolithes prouvant que, comme les autres grottes du voisinage, elle avait dû être longtemps fréquentée par les Ours ; ce qui n'exclut pas la possibilité que les eaux n'y aient apporté, par la suite, du gravier et des cailloux qui auront contribué à un enfouissement des restes d'animaux et au remplissage partiel de ces cavités.

L'absence d'autres carnassiers et de ruminants, ou leur petit nombre relatif, pouvait confirmer cette explication de M. Delbos ; mais, d'un autre côté, nous avons vu que Schmerling s'était fait une opinion contraire pour les cavernes de la province de Liége, où il n'admettait pas que les Ours eussent vécu plutôt que les Hyènes.

Nous avons dû insister un peu sur cette étude particulière d'un genre, à cause de l'enseignement général qui en ressort pour les personnes qui s'occupent des grands vertébrés fossiles, et qui croient souvent trouver plusieurs espèces du même genre réunies sur un point où elles auraient vécu ensemble.

Voyons ce qui se passe aujourd'hui à cet égard. Dans les mammifères comme chez les oiseaux et les reptiles, plus un animal est de grande taille, moins il y a d'espèces de son genre habitant la même région ; et pour les extrêmes, tels que l'Éléphant, le Rhinocéros, l'Hippopotame, le Chameau, la Girafe, l'Autruche, le Casoar, le Crocodile, etc., il n'y en a qu'une seule espèce dans un pays donné. Que l'on prenne les carnassiers, en particulier le Lion, le Jaguar, l'Hyène, l'Ours, le Tigre, ou bien des ruminants et des solipèdes, ce sera la même chose; toujours une ou deux espèces au plus bien caractérisées, ou à très-peu près.

Or, cette répartition, qui tient évidemment à l'équilibre que la nature a toujours dû maintenir, a dû exister dans les temps géologiques comme de nos jours. De sorte, qu'à priori, lorsque l'on trouve dans une caverne ou dans une couche de peu d'étendue une multitude d'os appartenant évidemment à un même genre, il y a de grandes probabilités pour qu'ils proviennent d'une seule espèce. Nous devons, dans ce cas, nous défier d'autant plus de notre propension à multiplier celles-ci, que les éléments ostéologiques que nous comparons sont moins complets.

Il ne peut pas y avoir eu sur la terre à la fois beaucoup d'espèces d'animaux de très-grande taille, et il y en avait d'autant moins, que les continents ou les portions émergées du sol étaient moins étendues. Aussi ne les voit-on se multiplier que dans les dépôts tertiaires moyens et supérieurs, et acquérir leur maximum de développement pendant l'époque quaternaire, tandis que dans la période tertiaire inférieure, et surtout pendant les premiers temps ou jusqu'après les dépôts nummulitiques, les terres émergées étaient comparativement peu considérables.

En résumé, il est toujours important, pour ne point s'égarer dans l'étude des fossiles, d'avoir présent à la pensée ce qui se passe de nos jours. Il y a des lois que la nature n'a jamais enfreintes, parce qu'elles tiennent à l'essence même des choses, et nous ne devons pas les perdre de vue dans nos recherches sur le passé de la Terre.

A. d'Archiac.

PHYSIQUE APPLIQUÉE AUX ARTS.

COURS DE M. EDMOND BECQUEREL.

(Conservatoire des arts et métiers.)

(Voy. les nos 5, 8 et 12.)

IV.

Électricité dynamique.

EFFETS PHYSIQUES DE LA PILE.

Lorsqu'il eut décrit les principales piles simples, M. Becquerel indiqua les principes sur lesquels repose la construction des appareils qui servent à comparer l'intensité des courants, puis il donna la description des piles composées.

Nous allons résumer ci-dessous, d'une façon très-brève, ces questions, puis nous commencerons immédiatement à parler des applications de la pile.

Et d'abord, l'intensité d'un courant est, comme on le sait, la propriété d'un courant de manifester des effets plus ou moins énergiques. Qu'est-ce qu'un courant double d'un autre? Ce sera un courant qui, dans des conditions identiques, produira le même résultat que deux courants absolument semblables à cet autre courant. Cette intensité étant donc une quantité, il était naturel de chercher des moyens pour pouvoir en effectuer facilement la mesure. La méthode employée généralement repose sur une remarque excessivement importante, due à Œrsted, et dont, d'ailleurs, il sera bientôt question quand on traitera de l'électro-magnétisme.

Cette observation est la suivante : un courant électrique dévie l'aiguille aimantée. Or, supposons qu'un courant dévie cette aiguille d'une certaine quantité ; si un autre courant, placé dans les mêmes circonstances, produit le même résultat, ce sera un courant d'une intensité égale à celle du premier. Nous faisons agir ces deux courants à la fois; il y a une certaine déviation, nous la notons. Qu'un courant quelconque fasse produire le même écart à l'aiguille, ce sera un courant égal à la somme des deux premiers; il sera double en intensité de chacun pris séparément. Tel est le principe du *galvanomètre*, ou appareil employé pour effectuer la mesure de l'intensité des courants.

Quelles sont les lois auxquelles est soumise cette intensité des courants? Une première loi très-importante, et dont l'application revient souvent, est la suivante : *L'intensité d'un courant diminue à mesure que croît la longueur du circuit.* Que se passera-t-il si le métal formant les conducteurs varie ? On remarque que des fils de même section et de même longueur, mais de nature différente, diminuent inégalement l'intensité du courant.

Les fils, ou en général les conducteurs que parcourt un courant, constituent pour sa marche un obstacle qui est plus ou moins énergique, suivant que le corps est plus ou moins conducteur. Cette résistance opposée au parcours du fluide électrique, et dont il ne triomphe qu'en s'affaiblissant, est appelée la *résistance du circuit.* Il fut constaté que *les résistances sont en raison inverse des sections et en raison directe des longueurs.* Une loi rattache l'intensité à la résistance. Cette relation, dite loi de Ohm, est la suivante : *L'intensité d'un courant donné par un élément de pile varie en raison inverse de la somme des résistances qui composent le circuit.*

Tels sont les principes les plus essentiels, dont l'énoncé reviendra souvent, quand il sera question d'intensité de courants.

Après avoir expliqué précédemment les piles simples, nous avons dit qu'elles donnaient lieu à une déperdition rapide de l'électricité. Ce défaut les a fait remplacer par les piles dites composées.

A quoi est due cette déperdition? Elle provient de modifications qu'éprouve la pile dans les éléments qui la constituent. C'est d'abord l'hydrogène d'une portion de l'eau décomposée qui, se déposant sur le cuivre, constitue un corps oxydable, jouant le même rôle que le zinc ; l'effet de cette substance est alors un effet opposé à la force électromotrice principale dont l'action est ainsi détruite en partie. D'un autre côté, l'eau acidulée, en attaquant le zinc, perd de sa force et bientôt n'est plus assez énergique. Une troisième modification des éléments de la pile est la suivante : le sulfate de zinc formé est attaqué par l'acide, et du zinc vient se déposer sur le cuivre ; l'eau acidulée se trouve alors en présence de deux lames de zinc en réalité ; elle peut les attaquer : deux actions inverses se produisent et s'annulent.

Telles sont les principales modifications qu'éprouve la pile à un seul liquide, et qui causent un affaiblissement rapide du courant.

Aussi, dès le moment que les piles composées furent connues, les piles simples ont été presque généralement abandonnées. M. Becquerel est entré dans de longs détails sur la construction des piles composées; nous allons seulement ici en résumer les principes en quelques mots.

Dans la pile de Daniell, le cuivre constitue un vase ayant une galerie supérieurement, dans laquelle se trouvent des cristaux de sulfate de cuivre. Ce vase est rempli d'une dissolution de sulfate. Il renferme un deuxième vase poreux de porcelaine dégourdie, contenant de l'eau acidulée, et au centre duquel a été placé le zinc. Les deux métaux cuivre et zinc, grâce à cette porosité de la porcelaine, plongent dans une couche continue de liquide; une pile voltaïque se trouve constituée par cette suite non interrompue de métaux et de liquides. Ici les principales causes d'affaiblissement des piles simples sont détruites : ainsi l'hydrogène et le zinc ne pourront plus aller former un dépôt sur le cuivre, ce qui, comme nous l'avons vu ci-dessus, est si nuisible ; d'un autre côté, les cristaux de sulfate de cuivre de la galerie, se dissolvant dans le liquide à mesure que du cuivre se dépose, maintiendront toujours la dissolution au même degré de concentration. Quant à l'inconvénient de l'eau acidulée qui s'altère, Daniell essaya d'y remédier en remplaçant peu à peu ce liquide acidulé.

Grove, dans le but d'empêcher l'hydrogène de se déposer sur le cuivre, remplaça dans l'appareil l'acide sulfurique du vase poreux par de l'acide azotique, corps très-oxydant ; mais comme cet acide attaque le cuivre, à ce métal il dut substituer du platine. Bunsen remplaça ensuite le platine par des cylindres de coke, puis par des cylindres de charbon des cornues à gaz. La pile de Bunsen, ainsi constituée, est employée le plus habituellement aujourd'hui.

Connaissant les moyens de produire ainsi de l'électricité, nous nous occuperons maintenant des effets des courants électriques et des applications que l'industrie en a tirées. Ces effets se partagent en effets : 1° physiques, 2° chimiques, 3° magnétiques.

Effets physiques.

Un premier phénomène tenant aux effets physiques, et qui se manifeste dans le passage du courant électrique, est un phénomène mécanique en vertu duquel les corps tendent à être entraînés dans une certaine direction.

L'expérience suivante confirmera d'ailleurs cette assertion. On a un vase divisé en deux parties par une membrane perméable, une vessie, par exemple. On met de l'eau dans ce vase; elle est d'abord au même niveau des deux côtés. Si maintenant on fait passer un courant électrique à travers le liquide, on constate que l'eau s'élève d'un côté de la membrane et s'abaisse de l'autre. Il y a donc eu transport du liquide sous l'influence du courant ; de plus, on voit que ce transport a eu lieu du pôle positif au pôle négatif. De quoi dépend l'effet produit dans ces circonstances ? On trouve qu'il est proportionnel à l'intensité du courant électrique, à la conductibilité du liquide, et en raison inverse de la surface de la membrane perméable, toutes choses égales d'ailleurs.

Un autre genre de phénomènes physiques qui se manifestent toutes les fois que l'électricité traverse les corps, ce sont les variations de température. Un courant électrique ne peut cheminer dans un corps sans qu'il y ait échauffement. Dans certaines circonstances exceptionnelles, il y a abaissement de température : ceci a lieu pour le passage du courant d'un corps dans un autre ; mais si l'électricité traverse un corps homogène, il y a toujours élévation de température. Ce phénomène calorifique peut amener l'inflammation des corps ; il a lieu non-seulement dans le gaz, mais encore dans les solides et les liquides.

On opère ici sur un fil de platine. On remarque que sur ce fil l'effet est continu ; donc, pendant tout le temps que le courant électrique passe, le même phénomène de chaleur se manifeste. Si maintenant on vient à interrompre le courant, aussitôt le phénomène cesse. L'effet dépend de l'intensité du courant électrique, du conducteur, de sa nature, de sa résistance à la conductibilité et de ses dimensions.

Comme nous l'avons dit ci-dessus, le dégagement de chaleur dans le passage du courant électrique est un phénomène général; quel que soit le courant en intensité, toutes les fois que l'électricité traversera un corps homogène, il y aura élévation de température.

Nous allons actuellement examiner de quoi dépend la quantité de chaleur produite.

La quantité de chaleur produite est directement proportionnelle au carré de la quantité d'électricité qui passe dans un temps donné.

Autre loi : *La quantité de chaleur produite est proportionnelle à la résistance à la conductibilité.* Si l'on a une pile où l'intensité du courant reste la même quand la résistance à la conductibilité devient double, on a une quantité de chaleur développée qui est double. De là il résulte qu'un petit fil s'échauffe plus au passage du courant qu'un gros fil, car un petit fil résiste plus à la conductibilité qu'un fil de dimension supérieure.

Puisque le phénomène de l'élévation de température est tel que cette élévation dépend de la résistance à la conductibilité, si le courant traverse un gros circuit, le phénomène n'est plus sensible : ainsi, on peut mettre la main sur un gros fil où le courant passe. Ceci explique un effet dont les personnes qui, dans l'industrie, manient souvent les piles, s'aperçoivent et profitent. On suppose une pile *montée sur les conductibilités;* elle fonctionne normalement : vient-on à toucher les fils, on constate que leur température est la même que celle de l'air ambiant, même au passage du courant. Si cette pile, au contraire, fonctionne irrégulièrement, si le courant circule mal; que l'on mette la main sur les fils, comme il y a dans ce cas un mauvais contact, où la résistance à la conductibilité a une grande valeur, on ressent immédiatement une chaleur sensible. On est averti par là qu'il y a une déperdition d'électricité.

On a montré ci-dessus le phénomène de l'incandescence d'un fil de platine au passage du courant. On fait maintenant passer un courant électrique à travers un fil de cuivre de faible diamètre; le fil est porté au rouge à un certain moment, puis il cesse d'être rouge, pour reprendre la température rouge encore deux ou trois fois. Le courant cependant a traversé le fil d'une façon continue. Le phénomène d'échauffement du corps ne serait-il plus continu dans le cas actuel? Il n'en est rien. Cette anomalie apparente provient de ce que le fil se refroidit dans l'atmosphère par rayonnement et par contact de l'air. Si l'on fait en sorte que le fil ait une étendue moins considérable, si on le rapproche en spirale, on constate en effet que l'incandescence a lieu d'une façon continue, car alors la déperdition de chaleur est bien moindre. Mais que le fil soit en spirale ou non, dans tous les cas la même quantité de chaleur est produite.

De la loi citée ci-dessus, qu'à égalité de courant, le phénomène calorifique dépend de la résistance à la conductibilité du circuit, il résulte encore ceci : si l'on a un circuit très-bon conducteur partout, et mauvais conducteur en un seul endroit, on a en ce point une élévation de température. Cette remarque a été mise à profit en beaucoup de circonstances.

On doit, par exemple, produire une élévation de température dans un milieu quelconque; prenons le vide. On fait traverser la platine de la machine pneumatique aux fils de la pile. Ces fils sont de cuivre; on leur a attaché une spirale de platine en un endroit tel qu'elle se trouve sous la cloche de la machine. On fait le vide, puis on fait passer le courant; les fils ne s'échauffent pas, mais la température de la spirale s'élève, au point qu'elle peut atteindre l'incandescence. Toutes les réactions chimiques, sous l'influence de la chaleur, qu'on voudra produire dans une atmosphère quelconque, pourront être réalisées ainsi ; on peut même dire que beaucoup d'expériences ne sont possibles que par ce mode d'échauffement.

On s'est demandé si l'on pourrait utiliser les phénomènes calorifiques ainsi produits, comme moyen de chauffage. Ce mode de chauffage serait bien trop dispendieux; on l'a prouvé en s'appuyant sur cette loi : *Dans un couple ou dans une pile, la somme de chaleur qui se développe par actions chimiques et physiques est constante.* On a une pile composée d'un certain nombre de couples ou d'éléments; une spirale de platine, attachée aux fils de la pile, plonge dans un calorimètre; un thermomètre est dans la pile. Le circuit n'est pas encore établi. Sous l'influence des phénomènes chimiques, il y a eu une augmentation de température indiquée par le thermomètre; on note la quantité de chaleur ainsi produite. On fait passer le courant; il se produit un échauffement au dehors, indiqué par le calorimètre, mais l'échauffement au dedans de la pile est moindre. On ajoute les deux sommes d'actions calorifiques; on obtient une certaine quantité de chaleur qui est la même que la quantité de chaleur développée à l'intérieur de la pile avant l'établissement du courant. Ainsi donc, par les actions chimiques, une certaine quantité de chaleur est produite à l'intérieur de la pile; si maintenant de la chaleur se manifeste au dehors de la pile sous l'influence des phénomènes électriques, c'est aux dépens de la quantité de chaleur produite par les actions chimiques.

De là il est facile de conclure quelle est au maximum la quantité de chaleur qu'on peut produire avec l'électricité.

On a une pile ordinaire. Un kilogramme de zinc produit, en brûlant, 1628 calories; un kilogramme de charbon, par sa combustion complète, développe 8000 calories : d'où, quand un kilogramme de zinc brûlera, il produira le même effet qu'un cinquième de kilogramme de charbon. Or, un kilogramme de zinc produit dans une pile, à l'extérieur, au plus la moitié de l'effet calorifique qu'il est susceptible de développer sous l'influence des phénomènes chimiques seuls. Il produira donc dans une pile, sur le circuit, au plus la moitié de l'effet que produira $\frac{1}{5}$ de kilogramme de charbon en brûlant, ou $\frac{1}{5 \times 2}$.

Si l'on prend le prix de revient de $\frac{1}{5 \cdot 2}$ de kil. de charbon et d'un kilogramme de zinc, on trouve que la quantité de chaleur réalisée sur le circuit de la pile coûterait cent cinquante fois plus que la même quantité de chaleur développée directement en brûlant une certaine quantité de charbon dans un foyer. — J. de Lignières.

HISTOIRE NATURELLE DES CORPS ORGANISÉS.

COURS DE M. GUSTAVE FLOURENS.

(COLLÉGE DE FRANCE.)

(Voy. les nos 4, 5, 8, 9, 10, 11 et 13.)

XII.

Des Italiens.

TABLEAU V.

SECTION ITALIENNE.

Italiens du nord. — Constitution : *Crâne* ovale ; front haut, intelligent ; pommettes peu développées ; œil grand, bouche petite, nez droit et fin ; cheveux lisses, châtains ou bruns. *Muscles* bien développés. *Taille* moyenne. *Teint* assez clair, analogue à celui des Français.

Italiens du sud. — Constitution sèche. *Crâne* globuleux ; front moins haut, se rapprochant de celui des anciens Romains (Trasteverini) ; pommettes plus saillantes, bouche moyenne, lèvres plus fortes, nez généralement aquilin, menton arrondi ; cheveux moins lisses, noirs. *Taille* moyenne. *Teint* plus foncé.

SOUS-SECTIONS.

Dialecte vénitien, le plus doux des dialectes italiens, prononciation féminine, employé par Goldoni ; parlé aussi dans l'Istrie (à Trieste) et dans la Dalmatie.

Dialecte lombard (Milan), rude, accent dur.

Dialecte tyrolien, le plus corrompu de tous.

Dialecte piémontais, très-francisé, se rapprochant de notre provençal, mais inférieur à celui-ci.

Dialecte génois, analogue au piémontais, mais encore plus mélangé.

Dialecte toscan, le plus pur, le plus harmonieux, le plus correct, sauf l'accent provincial dans la prononciation ; c'est avec le toscan que le Florentin Dante fonda la langue italienne (*Divine comédie*).

Dialectes bolonais et bergamasque, les plus rudes de tous.

Dialecte romain, le plus pur après le toscan. Ce sont les Romains qui prononcent l'italien avec le plus d'élégance et de noblesse.

Dialecte napolitain, littérature riche.

Dialecte calabrais, très-inculte.

Dialecte sarde : la langue latine s'est conservée dans l'île de Sardaigne, surtout parmi les montagnards.

Dialecte corse, toscan fortement mélangé d'arabe et d'espagnol, accent très-rude.

Dialecte sicilien, plein de vivacité et de force, mais moins beau que le toscan.

(La langue *maltaise* (île de Malte) est une langue araméenne (arabe) écrite avec nos caractères latins.)

Action. — Les Barbares vainqueurs respectent Rome ; Alaric s'y établit avec ses Wisigoths, qui s'adoucissent et se civilisent. Mais ils appartiennent à la secte d'Arius (qui n'admet point la divinité de Jésus), et Alaric se montre tolérant, en admettant aux emplois des non-catholiques. La population romaine, excitée par les prêtres, se soulève et lui ferme les portes de la ville. Alaric, furieux, saccage Rome et en massacre la population. L'évêque de Rome, Léon Ier, arrête Attila, mais n'obtient pas le même succès avec le Vandale Genséric (nouveau pillage de Rome). Établissement des Hérules sous Odoacre, homme de talent, mais qui ne peut rien fonder de durable, à cause des dissensions religieuses (il est également arien). Grande immigration des Ostrogoths en Italie ; leur établissement sous Théodoric, qui ramène l'ordre, la paix, la prospérité en Italie, lui rend sa grandeur passée, et fond les deux peuples en un seul. Il respecte les catholiques, mais défend de persécuter les juifs, ce qui provoque une vive opposition cléricale contre lui. Il se venge en persécutant (Boëce, Symmaque), et par ces persécutions ruine lui-même sa grande œuvre. L'empire d'Orient s'empare de l'Italie, mais ne peut la défendre. Alors Rome se soumet sans peine à la domination de son évêque, qui, par sa suprématie sur les autres évêques, lui restitue un peu de son ancienne gloire. Cette suprématie est acceptée par les autres siéges, afin d'établir, dans le catholicisme, de l'unité pour résister aux hérésies. Les sauvages Lombards envahissent l'Italie désarmée et en dépossèdent les habitants. Puis ils s'adoucissent et se civilisent sous le gouvernement d'une femme (Théodelinde). L'Italie va devenir une nation, mais les papes ne veulent point de maître. Pour conserver leur pouvoir temporel, il leur faut un souverain éloigné, nominal (empereur d'Orient, ou d'Occident restauré), et de nouveaux envahisseurs à opposer sans cesse à quiconque tentera de donner l'unité et l'indépendance à l'Italie. Contre les rois lombards, qui pourtant se sont faits orthodoxes et rendent les Italiens heureux (Luitprand), ils appellent les Francs (Charlemagne empereur d'Occident). Ruine de l'empire carlovingien ; l'Italie n'a plus de maître étranger. Ignominies papales (Marozia). Le pape Jean XII appelle les Allemands (saint empire germanique : Othon III). Le pape Grégoire VII (Hildebrand) tente de s'asservir l'Europe entière, de la soumettre à une théocratie féodale. Luttes des Italiens pour repousser les

Allemands. Splendide développement des communes italiennes, mais elles n'ont point de centre ; Rome, leur seule capitale possible, ne leur appartient pas. De là leur désunion et leurs tristes luttes intestines. Quand même le pape et l'empereur disparaissent, l'Italie n'a plus la force de rien faire pour se sauver elle-même. Français-Angevins, Aragonais, Hongrois, envahisseurs sur envahisseurs. Et pourtant l'Italie est une nation, mais elle porte la mort dans son sein : c'est de Rome même qu'on appelle l'étranger. Toute force morale a disparu dans ce malheureux pays. Corruption profonde cachée sous l'éclat d'une belle civilisation. L'Italie n'est plus qu'une proie dont les Français, les Allemands, les Espagnols, s'emparent tour à tour. Princes italiens protecteurs des arts, renaissance; vice-rois espagnols, misère et désolation. Réaction sacerdotale contre la renaissance, inquisition. Les papes ont essayé parfois, avec courage et intelligence, de chasser les étrangers d'Italie; mais c'était pour la soumettre à une théocratie, qui n'aurait jamais pu en faire une nation. Princes réformateurs s'inspirant de la philosophie française. Réveil définitif à notre époque ; sacrifice des indépendances locales pour fonder l'unité de la nation.

Messieurs,

« Connais-tu le pays où les citronniers fleurissent, où » les oranges dorées brillent sous le feuillage sombre? » C'est là, c'est là que nous allons. » Éternel et irrésistible attrait du soleil méridional, qui depuis des siècles attire sur l'Italie tous les peuples du Nord. La chanson allemande, toutes les nations l'ont répétée. Sous notre soleil triste et brumeux, comment ne point rêver de ces merveilleux pays éclairés par une lumière pure, éclatante, enrichis par une végétation magnifique. Combien d'envahisseurs se sont précipités de tout temps sur l'Hindoustan, combien sur l'Italie : en Amérique ne voyons-nous pas aussi les États du Sud, au climat chaud et fécond, envahis par ceux du Nord.

Tant que l'empire romain resta debout, les étrangers furent repoussés de l'Italie, ou n'y entrèrent que comme esclaves. Les Gaulois seuls y avaient pénétré et s'y étaient établis. A la chute de Rome, ce fut le tour des Germains ; et ils y sont encore. Les splendides palais construits par les marchands vénitiens avec le prix des richesses orientales, servent de casernes aux soldats croates ou esclavons. Et sur la place Saint-Marc, les canons autrichiens restent en permanence, prêts à écraser l'insurrection italienne. Malheureux Allemands, condamnés par l'odieuse politique dont ils sont les instruments, à servir de geôliers et de bourreaux à tous les autres peuples européens, latins ou slaves.

Pourquoi l'Italie a-t-elle plus souffert qu'aucun autre pays? Pourquoi, à l'époque où dans le reste de l'Europe, les envahisseurs se fixaient, se civilisaient et devenaient capables de repousser les invasions nouvelles, l'Italie seule est-elle restée ouverte et sans défense? Pourquoi cette noble contrée, mère féconde du génie, illustration du monde, fondatrice de la civilisation moderne, a-t-elle été malheureuse entre toutes? Pourquoi ses fils, héritiers de tant de forces et de tant de grandeurs, sont-ils jadis tombés dans la perversion la plus révoltante? Pourquoi, lorsqu'ils se sont relevés et ont voulu reconquérir leur indépendance et leur vertu, ont-ils été abandonnés par les autres nations, maudits même par des personnes honnêtes mais aveuglées, mitraillés, torturés, entraînés en Moravie pour porter les lourdes chaînes du Spielberg?

Parce que les hypocrites qui avaient crucifié Jésus, s'emparèrent de son dévouement à l'humanité, force immense, capable de subjuguer le monde ; et ils s'en servirent pour acquérir des richesses, des jouissances matérielles, de la domination dont ils sont furieusement avides. Et ils s'allièrent avec les puissants, eux qui se disaient les successeurs du pauvre ouvrier, eux dont le règne avait commencé dans les catacombes par des sociétés secrètes d'esclaves; et ils dirent à ces puissants : « Le fer ne vous suffit pas, nous avons une force plus grande ; partagez avec nous l'exploitation des peuples, et nous leur dirons que cette exploitation est de droit divin, et nous les rendrons éternellement dociles. » Et ils tuèrent la conscience, la raison, la volonté, toutes les vertus de l'homme; et ils mirent à la place la foi étroite, sombre, cruelle, la religion judaïque, que Jésus avait voulu détruire.

« Il y avait une fois un prince allemand et un prêtre » italien qui se mirent d'accord par un arrangement » singulier. Le prince prit des terres qui ne lui appar- » tenaient pas, et il en fit présent au prêtre. L'Italien re- » connaissant, prit une couronne qui ne lui appartenait » pas davantage, et la mit sur le front de l'Allemand. De » là sont venus tous les malheurs de l'Italie. On sait com- » ment les descendants du prince, nommé Charlemagne, » prétendaient que l'Occident était à eux, puisqu'ils en » avaient reçu la couronne. Les successeurs du prêtre, » nommé Léon, déclarèrent que la couronne était leur » propriété, puisqu'ils s'étaient arrogé le droit de la » donner. De là les luttes fatales du sacerdoce et de » l'empire, les irréconciliables partis des Guelfes et des » Gibelins, les excommunications des papes, les inva- » sions des Césars, le duel implacable de l'épée et de la » croix sur le sein meurtri de cette pauvre Italie qui en » saigne encore.

» Mais il arrivait quelquefois aux deux adversaires de » s'entendre. C'était quand la raison humaine, révoltée » contre le prêtre au nom de la conscience, et contre le » prince au nom de la liberté, disait à tous deux : —Vous » n'êtes pas nos maîtres. — Toi, prêtre, contente-toi de » prier : ton royaume n'est pas de ce monde. — Toi, » César, retourne dans ton Allemagne : l'Italie s'appar- » tient. Alors le pape et le César se donnaient la main » pour étouffer à deux la raison humaine. »

Ainsi parlait Leopardi. A notre époque l'Italie a changé de face; et si l'avilissement des âmes, fruit du joug clérical, dure encore chez quelques Italiens, détestables sicaires, si des crimes ont pu souiller cette belle et grande cause, de bien nobles caractères se sont montrés. Des villes illustres, anciennes capitales d'États florissants, ont eu le courage de renoncer à leur glorieuse autonomie pour devenir complétement italiennes et capables de résister enfin par l'union à l'éternel ennemi de leur patrie. La France, qui, elle aussi, avait voulu jadis entrer en partage des lambeaux de ce pays, la France à qui l'on enseignait naguère que l'abaissement d'un peuple voisin importait à sa puissance, s'est inspirée de conseils plus généreux et a sauvé l'Italie. Mais pourquoi cette grande œuvre est-elle encore incomplète? Pourquoi tant d'agitations dans l'Europe, et pourquoi ces nations condamnées depuis des siècles à aller chercher leur tombeau en Italie pour y soutenir le joug clérical, sont-elles encore aujourd'hui prêtes à s'entre-déchirer pour le même motif? Nos frères veillent à Rome; ils font la haie afin d'empêcher une population indignée de mettre dehors ceux qui, grâce à notre appui, nous maudissent impunément, nous et nos idées françaises, généreuses et libératrices. Ce sujet a le privilége d'inspirer nos orateurs actuels, de leur fournir de longs et superbes développements oratoires, écrits ou parlés, pour ou contre; nous n'avons heureusement point de tels frais d'éloquence à faire. Nous sommes ici pour faire de la science, rien que de la science.

L'italien le plus pur est celui de Florence; la meilleure prononciation est celle de Rome. C'est le poëte, le créateur, qui fonde les langues. Dante a donné à l'Italie son langage, harmonieux entre tous. Corneille a donné à la France la langue la plus claire, la plus précise, la plus énergique qui existe. Tous deux se rattachent à la grande inspiration grecque, source de toutes beautés. L'un par Virgile, imitateur d'Homère : « O toi, honneur et lumière des autres poëtes, tu es mon » maître; je te dois ce beau style qui me fait honorer. » L'autre par Sénèque, imitateur des tragiques grecs. Arioste pénètre dans le monde des merveilles, dans le monde oriental; il y prend la féerie, et la transporte en Europe. Quand elle sera définitivement arrachée à ses perfides et cruels ennemis de Rome, quand elle cessera d'être torturée par les terribles inquiétudes sur son avenir qui l'assaillent encore, l'Italie renaîtra à la noble vie de l'intelligence, dont elle a tous les éléments.

GUSTAVE FLOURENS.

CHIMIE APPLIQUÉE A L'INDUSTRIE.

COURS DE M. PAYEN.

(CONSERVATOIRE DES ARTS ET MÉTIERS.)

(Voy. le n° 2.)

II.

Les applications du sulfure de carbone.

Après avoir examiné l'appareil de M. Deïss servant à la préparation en grand du sulfure de carbone, et avant de passer à l'étude de ses différentes applications, M. Payen présente ainsi qu'il suit son prix de revient. Le calcul est basé sur une seule journée de travail, pendant laquelle on met dans l'appareil décrit précédemment 500 kilogrammes de soufre, à 10 fr. 50 cent. les 100 kilogrammes, ce qui représente une dépense de 102 fr. 50 cent.; 5 sacs de braise pesant 180 kilogrammes et coûtant 20 francs. Quant à la main-d'œuvre, elle se compose de quatre ouvriers : deux de jour et deux de nuit, dont la paye totale est de 18 francs; un ouvrier employé à peser le soufre, 4 francs; quatre enfants, dont deux sont occupés à préparer les cartouches, deux à les remplir, 6 francs. La quantité de combustible servant à élever la température au rouge vif est de 20 hectolitres de coke, à 1 fr. 20 cent. l'hectolitre : 24 francs. Enfin, la rectification, le nettoyage des cornues, les frais généraux, sont représentés par une dépense journalière de 20 fr. 50 cent. Nous avons donc un total de 195 francs par jour; mais il reste à déduire de cette dépense la valeur de 75 kilogrammes de soufre, que l'on reprend dans le premier condenseur, et, après la rectification, le soufre entraîné par le sulfure de carbone n'est pas perdu : on le retrouve dans le premier récipient et dans le résidu de la rectification. Ces 75 kilogrammes de soufre représentent au moins 15 francs. On obtient, à la fin de l'opération, 400 kilogrammes de sulfure de carbone qui ont coûté 195 francs, moins les 15 du soufre repris, 180 francs. Les 100 kilogrammes de sulfure de carbone reviennent donc à 45 francs, ce qui fait 45 centimes le kilogramme.

Ce prix minime permet donc de l'employer aux usages que nous allons indiquer. Si l'on emploie deux appareils, on obtient une quantité de 800 kilogrammes par jour.

Quelques observations touchant l'emmagasinage et le transvasement du sulfure de carbone doivent précéder l'énumération de ses différentes applications. Les magasins doivent être construits isolément, afin de pouvoir réprimer facilement les accidents. Une autre précaution très-importante consiste à construire ces magasins en matériaux très-légers, et il doit en être de même pour tous ceux qui contiennent des matières explosives. Comme par le transvasement il se dégage toujours de la vapeur de sulfure de carbone, la prudence commande de ne jamais le faire à la lumière. A ce propos, il est bon d'indiquer le vase de sûreté de M. Gérard, avec lequel tout danger disparaît. C'est un vase de zinc fermé de toutes parts, reposant sur des traverses, de sorte qu'on peut le mettre à une hauteur suffisante pour effectuer le transvasement, c'est-à-dire à 60 ou 80 centimètres du sol. Ordinairement on met deux rangées de ces vases qui peuvent contenir une quantité considérable de sulfure de carbone dans un espace assez petit. Au moment du transvasement, il faut avoir soin d'établir dans le magasin un courant d'air; on obvie par ce moyen aux accidents qui pourraient survenir.

Le vase cylindrique a 60 ou 80 centimètres de diamètre; ces dimensions le rendent très-stable : première condition du problème que s'est posé M. Gérard, car il est nécessaire d'éviter tout déplacement. A la partie inférieure de ce vase est une ouverture de 4 à 5 centimètres de diamètre, surmontée d'une petite tubulure de même diamètre. Dans cette tubulure on introduit un tube également de zinc, qui descend jusqu'au fond, afin qu'on puisse prendre le liquide à la partie la plus inférieure du vase. A la partie supérieure, ce tube vertical forme une espèce de rebord qui s'appuie sur la tubulure dépassant le vase, de manière qu'en collant du papier autour, on ait une fermeture hermétique. On remplit le vase en mettant un entonnoir sur cette ouverture, et, pour que l'air circule et permette l'écoulement, il y a un petit robinet; c'est à peu près la même disposition que celle que l'on donne aux tonneaux de vin. Si le vase ainsi rempli doit rester quelque temps dans le magasin, on verse une petite quantité d'eau qui surnage, comme nous le savons, sur le sulfure de carbone, et, grâce à cette précaution, on pourrait laisser la tubulure supérieure ouverte, sans que le liquide puisse se dégager. Quelquefois on met une lame de verre sur le vase pour éviter la poussière; mais cette précaution ne vaut pas l'emploi d'une couche d'eau : d'abord parce qu'on n'obtient pas une fermeture aussi hermétique; ensuite parce que, par la dilatation et la contraction du sulfure de carbone, on risque de faire rompre le vase.

Pour soutirer le liquide de ce vase, on se sert d'un siphon dont la branche la plus longue est à l'extérieur et porte à l'extrémité un petit robinet. Ce siphon de laiton peut être amorcé très-facilement. La branche la plus courte, qui doit entrer dans l'intérieur du tube dont nous avons parlé, se recourbe et se relève d'environ 3 centimètres, afin que le liquide reste dans cette branche, lorsqu'il n'y a pas d'issue de l'autre côté : c'est le moyen de préparer un siphon qui soit constamment amorcé. Pour l'amorcer la première fois, on remplit, à l'aide d'un entonnoir, la branche la plus longue, puis on plonge dans le liquide la branche la plus courte. Dès que l'écoulement a commencé, on peut soutirer le sulfure de carbone; lorsqu'on a obtenu la quantité que l'on désirait soutirer, on ferme le robinet, on enlève le siphon, qui reste toujours amorcé et dont les deux branches sont remplies de sulfure de carbone. Par ce moyen, le transvasement est facile et l'on évite les accidents. La dernière précaution à prendre, est de ne jamais approcher de lumière des vases vides; car la vapeur du sulfure de carbone, étant plus lourde que l'air, reste au fond du vase; on s'exposerait donc, en approchant une lumière de l'ouverture des vases vides, à une explosion qui, quelquefois, s'est produite et a occasionné des accidents graves.

Le savant professeur passe alors à l'énumération des principales applications du sulfure de carbone. Ces applications se multiplient chaque jour. Une des plus généralement en usage, c'est la préparation des pâtes de caoutchouc, l'épuration de la gutta-percha. Cette application consiste à *volcaniser* ou *vulcaniser* le caoutchouc pour rendre son élasticité plus stable. Un centième de sulfure de carbone peut suffire pour assurer une élasticité parfaitement stable au caoutchouc. Ce dernier corps, à l'état normal, est souple, élastique; mais si on le laisse refroidir à 0 degré, il n'y a plus de stabilité dans son élasticité; pour lui conserver cette propriété, il faut le combiner avec un centième environ de soufre. Pour obtenir cette combinaison, on prend 2 1/2 pour 100 de son poids de chlorure de soufre pour 100 de sulfure de carbone; ce mélange a la propriété d'introduire du soufre dans l'épaisseur d'une lame mince de caoutchouc. En effet, en plongeant ce mélange dans l'eau, celle-ci est décomposée; l'hydrogène se combine avec le chlore, et le soufre est mis en liberté. On obtient instantanément, au bout d'une minute, une volcanisation sulfureuse. Il est très-important de faire cette opération dans un endroit bien ventilé, où les courants emportent facilement les vapeurs insalubres qui en résultent.

Une autre application du sulfure de carbone consiste dans la destruction des insectes : c'est un des agents les plus délétères pour les charançons, par exemple, si nuisibles au blé. On peut même, par ce moyen, détruire les larves et même les œufs de ces insectes.

On renferme les blés dans de vastes silos de tôle; par chaque hectolitre de grains, on met 2 grammes, 2 grammes et demi de sulfure de carbone (quantité assez faible). Ce sulfure de carbone est placé dans un vase à la partie supérieure des silos; sa vapeur, étant plus lourde que celle de l'air, tend à descendre et traverse les grains. Ce courant de vapeur de sulfure de carbone rend l'air tout à fait irrespirable pour les insectes et les tue. On pourrait se servir de ce moyen pour les fourrures précieuses. On emploie le camphre, mais celui-ci coûte douze à quinze fois plus cher. Pour montrer l'efficacité du sulfure de carbone dans ce cas, M. Payen fait, devant ses auditeurs, une expérience consistant à faire respirer du sulfure de carbone à un oiseau enfermé sous une cage de verre. Bientôt l'animal s'affaisse sur lui-même, et l'asphyxie serait complète, si l'on ne s'empressait de lui donner de l'air respirable. Il est donc très-dangereux de s'exposer à cette vapeur délétère.

Le sulfure de carbone sert encore à l'extraction d'une foule de substances qui se trouveraient perdues dans les résidus, et qui représentent des valeurs considérables. On s'en sert pour extraire des huiles des tourteaux de graines oléagineuses. Dans certaines usines, on soumet à une pression énergique les graines oléagineuses; on les broie sous un manége ; quand on les a distillées une première fois, on les fait réchauffer, puis, à l'aide d'une seconde, d'une troisième pression, on obtient encore de l'huile.

Mais ces opérations successives demandent beaucoup plus de travail que pour la première pression, et donnent beaucoup moins de produits. Pour extraire ces huiles au moyen du sulfure de carbone, il suffit d'un appareil que je décrirai en parlant de l'extraction des marcs de l'huile. Ce moyen est, comme nous le verrons, très-économique, et permet d'extraire de l'huile qu'il eût été difficile d'obtenir par la pression. On peut extraire des huiles des sciures de bois qui ont servi à leur filtration. On se sert également du sulfure de carbone pour extraire la cire dans laquelle se trouve des larves de mouches à miel, des matières étrangères.

Naguère les matières grasses, les huiles contenues dans les laines que l'on voulait travailler, étaient perdues; maintenant on peut les extraire par la distillation du sulfure de carbone; on peut même extraire les huiles de lin qui servent à marquer les moutons. On emploie avec avantage ce corps pour extraire les matières grasses des os. Toutes les parties spongieuses des os contiennent des matières grasses qui sont utilisées depuis que l'industrie a fait tant de progrès. Ce n'est guère que depuis 1811 que l'on se sert des os réduits en charbon pour la décoloration des sirops. Le procédé mis en usage pour retirer les matières grasses est, chez ceux que l'on nomme fondeurs d'os, l'ébullition; mais, par ce moyen, on ne retire que la moitié de ces produits ; par le sulfure de carbone, au contraire, on enlève des os la totalité des matières grasses. Les résidus de cette opération sont des os dégraissés, excellents pour la fabrication du noir animal. Les chiffons enduits, soit de beurre, d'huile d'olive, soit d'axonge, de suif ordinaire, comme on s'en sert pour graisser les machines, peuvent être dégraissés par le sulfure de carbone ; et l'on retire de cette opération un double avantage : d'abord on reprend les matières grasses qui étaient autrefois perdues ; ensuite les matières filamenteuses, que l'on rejetait parce qu'elles étaient sales. A ce propos, il est bon de rappeler que bien des incendies se sont déclarés spontanément, sans qu'on ait pu en reconnaître tout d'abord la cause. Ils provenaient de chiffons enduits de matières grasses et jetés négligemment dans un coin de l'atelier. Et cela se comprend facilement : c'est que sous l'influence de la porosité, les matières grasses, surtout les huiles siccatives, absorbent l'oxygène de l'air avec une grande puissance (c'est ce qui constitue la qualité siccative des peintures). Cette absorption de l'oxygène détermine une élévation de température assez grande pour permettre l'inflammation d'un de ces chiffons, qui, par les matières grasses qu'il contient, est éminemment combustible. Aussi la Société de salubrité et d'hygiène a-t-elle recommandé, dans beaucoup d'instructions, de ne jamais jeter les matières qui contiennent des corps gras au hasard dans les ateliers, mais bien de les mettre dans un étouffoir, de telle sorte que l'incendie ne soit plus possible. — Oscar Muller.

HISTOIRE DE LA MÉDECINE ET DES DOCTRINES MÉDICALES.

COURS DE M. BOUCHUT.

(ÉCOLE PRATIQUE DE LA FACULTÉ DE MÉDECINE.)

(Suite. — Voy. les nos 1, 2, 3, 5, 6, 8, 9 et 13.)

Pour visiter les malades ils ont un costume particulier, fait avec une peau d'ours jaune, qui les couvre presque entièrement. Ils s'attachent autour du cou, de la ceinture et des bras, une foule d'animaux empaillés et de serpents à sonnettes, crapauds, chauves-souris, chouettes, canards, etc. Dans leurs mains se trouvent le *tambour à médecine* et la *lance magique,* bâton à l'extrémité duquel sont suspendues des dépouilles de rats, de lézards et de couleuvres.

Si la maladie est légère, ils emploient les infusions et les décoctions de plantes, le sassafras, par exemple, contre la pleurésie. Ils purgent avec l'euphorbe et l'huile de ricin. Ils emploient les douches, les frictions, et quelquefois la saignée, qui est faite avec un couteau ou un silex aigu. Dans quelques cas ils ont recours à des passes qui ressemblent beaucoup à celles du magnétisme.

Quand le cas est grave, le médecin se livre à des gambades, des sauts, des contorsions et des cris, en tournant autour du malade ou en le faisant tourner lui-même. *C'est la danse de la médecine.*

D'autres fois la danse est remplacée par des chants lugubres, que les assistants accompagnent au son du tambour. Ensuite le malade est étendu sur le dos, massé, frictionné, et l'on écrase sa poitrine pour faire sortir le mal par la bouche. C'est une espèce d'exorcisme pour chasser l'esprit malfaisant qui est dans le corps du malade et qui est la cause de tout le mal.

II.

Origine démoniaque attribuée aux maladies nerveuses et mentales.

Ce n'est pas, ainsi qu'on est généralement disposé à le croire, le christianisme qui a imaginé l'influence démoniaque ou la présence du démon, pour expliquer les mauvaises actions de l'homme et la production de ses maux ou de ses infirmités. Non. C'est là une idée aussi ancienne que la civilisation.

En raison de leur cosmogonie, qui multipliait les esprits et les dieux à l'infini, les anciens furent conduits à expliquer les maladies et la mort par l'influence surnaturelle de leurs divinités irritées. Sous ce rapport, les dieux de l'Olympe et ceux de l'enfer avaient un pouvoir égal. La mort était le coup porté par un être invisible; les épidémies étaient le résultat de la vengeance des dieux; et comme dans la guerre on avait vu les dieux répandre autour d'eux la désolation et la mort, les maladies nerveuses, mentales et convulsives, étaient attribuées à des êtres invisibles introduits dans le corps: de là l'idée de la *possession* et de l'influence des *esprits infernaux* ou des *démons* sur l'homme. Pythagore pensait que les maladies qui attaquent l'homme et les animaux étaient dues à des démons répandus dans l'air (Diogène Laerce, VIII, I, § 32). C'était alors la croyance générale.

D'après la plupart des philosophes grecs, chaque homme avait son démon particulier personnifiant son individualité morale; et si le démon était en fureur, il en résultait une sorte de folie, état des *démoniaques* ou des *possédés de dieu*. Les dieux ou les démons, tels étaient les principes des désordres intellectuels et des autres troubles locaux de l'organisation.

Aussi chassait-on déjà les démons par des purifications, des sacrifices et certaines formules sacramentelles, des ablutions et des fumigations. Une fois guéri, le malade consacrait une offrande aux dieux (*Hipp.*, Littré, VIII, p. 468).

Bien que ces croyances fussent très-générales en Grèce, elles n'étaient pas universelles. Déjà Hippocrate, à propos de l'épilepsie, appelée le *mal sacré*, déclare que cette maladie, comme toutes les autres, n'a pas un caractère surnaturel. Plutarque, tout en admettant l'inspiration des fous, dit qu'il n'y a que les enfants, les vieilles femmes et les gens d'esprit faible qui croient être obsédés par un méchant démon (Plut., Dion., § 2). Plotin, en possession de notions plus justes sur la physique que beaucoup de sages de son temps, comprit tout ce qu'il y avait de chimérique dans l'idée de la possession, et l'un des chapitres de ses *Ennéades*, dirigé contre les gnostiques, a pour but de les réfuter. Il n'est pas inutile de rappeler ici ses paroles, elles achèveront de mettre en lumière la manière dont les anciens se représentaient l'introduction des démons dans le corps de l'homme. « Ils se glorifient encore, écrit le philosophe néo-platonicien, de chasser les maladies. Si c'était par la tempérance, par une vie bien réglée, comme les sages, ils auraient une prétention raisonnable; mais ils affirment que les maladies sont des démons, qu'ils peuvent les chasser par leurs paroles, et ils s'en vantent, afin de passer pour des hommes vénérables auprès du vulgaire, toujours porté à admirer la puissance de la magie. Ils ne sauraient persuader à des hommes raisonnables que nos maladies n'ont pas de causes appréciables, comme la fatigue, la plénitude, la vacuité, la corruption, en un mot, une altération qui a un principe intérieur ou extérieur. On le voit par la nature même des remèdes. Souvent on chasse la maladie en dégageant les intestins ou en donnant une potion; souvent aussi on a recours à la diète et à une saignée. Est-ce parce que le démon a faim ou parce que la potion le fait dépérir? Quand une personne est guérie immédiatement, le démon reste ou sort. S'il reste, comment sa présence n'empêche-t-elle pas la guérison? S'il sort, pourquoi? Que lui est-il arrivé? Est-ce qu'il était nourri par la maladie? En ce cas, la maladie était autre chose que le démon. S'il entre sans qu'il y ait de cause de maladie, pourquoi celui dans le corps duquel il pénètre n'est-il pas toujours malade? S'il entre dans un corps quand il y a déjà une cause naturelle de maladie, en quoi contribue-t-il à cette maladie? Cette cause suffit pour produire la fièvre. Il est ridicule d'admettre que la maladie ait une cause, et que, dès que cette cause agit, il y ait un démon tout prêt à venir la seconder. » (A. Maury, *Magie*, p. 271.)

La doctrine de la possession avait également cours en Égypte, et parmi beaucoup de preuves, on peut citer celle que fournit une thèse égyptienne de la bibliothèque impériale de Paris, relative à une princesse vivant au XIIIe siècle avant Jésus-Christ, et guérie de sa possession par l'opération du dieu Khons :

« Le pharaon Rhamsès Méri-Amoun s'était transporté jusque dans la Mésopotamie pour recevoir les tributs des princes soumis à son empire. Parmi eux, se trouvait le chef de Bakhtan; celui-ci profita de la circonstance pour présenter sa fille au pharaon. Sa beauté attira les regards du monarque, qui la choisit pour épouse, et la ramena en Égypte, où elle reçut le nom de Néférou-Ra, c'est-à-dire beauté du soleil. Cette princesse avait une jeune sœur, Bint-Reschit, qui était atteinte d'un mal terrible. Le chef de Bakhtan envoya consulter sur l'état de la pauvre enfant ces médecins égyptiens dont l'antiquité a vanté la science profonde. Le pharaon, auquel le prince d'Asie avait adressé un messager, choisit un membre du collége sacré, qui consentit à aller au pays de Bakhtan. C'était Thot-Em-Hevi; il trouva Bint-Reschit obsédée par un esprit.

» Le délire était si persistant, que ses efforts furent vains pour expulser le démon. Le chef de Bakhtan eut alors la pensée de recourir à quelque divinité. Il dépêcha un nouveau message à son royal gendre pour connaître le dieu à implorer.

» Rhamsès consulta le dieu Khons, surnommé *dieu tranquille dans sa perfection*; il le supplia de tourner sa face vers Khons, le conseiller de Thèbes, le grand dieu qui chasse les rebelles, afin de lui communiquer sa vertu divine, et pour qu'il pût guérir la fille du prince de Bakhtan. »

— La suite à un prochain numéro. —

Le propriétaire-gérant : Germer Baillière.

PARIS. — IMPRIMERIE DE E. MARTINET, RUE MIGNON, 2.

PREMIÈRE ANNÉE. — N° 15. UN NUMÉRO : 30 CENTIMES. 12 MARS 1864.

REVUE DES COURS SCIENTIFIQUES DE LA FRANCE ET DE L'ETRANGER

PHYSIQUE — CHIMIE — ZOOLOGIE — BOTANIQUE — ANATOMIE — PHYSIOLOGIE
GÉOLOGIE — PALÉONTOLOGIE — MÉDECINE

Paraît tous les Samedis.

	Six mois.		Un an.
Paris.........	Six mois. 8 fr.		Un an. 15 fr.
Départements..	— 10		— 18
Étranger......	— 12		— 20

Prix de l'abonnement avec la Revue des Cours littéraires.

Six mois..... Paris, 15 fr. Départ., 18 fr. Étranger, 20 fr.
Un an....... — 26 — 30 — 35

Rédacteur en chef
M. ODYSSE-BAROT

Les ouvrages dont deux exemplaires auront été envoyés au bureau du journal seront annoncés et analysés s'il y a lieu.

On s'abonne
A LA LIBRAIRIE GERMER BAILLIÈRE
17, rue de l'École de Médecine,
Et chez tous les libraires, par l'envoi d'un bon de poste, ou d'un mandat sur Paris.

L'abonnement part du 1er décembre ou du 1er juin de chaque année.

SOMMAIRE.

PHYSIQUE.

COURS DE M. JAMIN.

(SOIRÉES SCIENTIFIQUES DE LA SORBONNE.)

Des divers états de la matière.

Donner à la jeunesse l'occasion et le désir d'apprendre, épargner à l'âge mûr le danger d'oublier, et offrir à tous un utile emploi du temps, tel est le but élevé de ces conférences. On peut dire que jamais ce programme ne sera mieux rempli qu'il ne l'a été lundi dernier par M. Jamin. La science, comme l'a dit avec raison l'éminent professeur, est, de sa nature, dépensière et envahissante. Heureusement elle rapporte encore plus qu'elle ne coûte. Du reste, quand il s'agit d'instruction, on ne saurait être prodigue. Les quinze ou dix-huit cents spectateurs qui se pressaient lundi dans le grand amphithéâtre de la Sorbonne l'ont prouvé par leurs applaudissements. Aussi faut-il dire que rien n'avait été négligé pour satisfaire leur curiosité. Le soin donné par le professeur et par ses aides à la disposition des appareils et à l'exécution des expériences, est au-dessus de tout éloge. On ne pouvait mieux faire. Et je crains bien de ne donner ici qu'une idée très-affaiblie d'une leçon où l'expérimentation a joué le plus grand rôle. Je vais néanmoins essayer d'en rendre compte aux lecteurs de la *Revue*, en les priant de m'accorder l'indulgence dont j'ai besoin.

La salle tout entière est enveloppée d'un réseau de fils conducteurs communiquant, les uns avec l'appareil d'induction de Ruhmkorff, les autres avec des piles de plusieurs centaines d'éléments. Un phare électrique éclaire la salle; et, à l'aide d'un appareil automoteur, il peut, sans changer de place, projeter successivement sa lumière, réfléchie par un miroir métallique, sur chaque appareil en expérience, qu'il entoure d'une auréole resplendissante, de façon à rendre les opérations du professeur également visibles pour tous les assistants.

Les nombreux becs de gaz disposés pour l'éclairage ordinaire de la salle sont eux-mêmes mis en rapport avec l'appareil de Ruhmkorff, dont les électrodes se font face au-dessus de chaque bec.

M. Jamin profite de cette ingénieuse disposition pour montrer quelques effets de l'étincelle électrique. La salle étant plongée dans l'obscurité par l'interruption du courant qui alimente le phare et par la fermeture du compteur à gaz, il rallume instantanément tous les becs en faisant jaillir l'étincelle de Ruhmkorff à l'extrémité des fils. L'habile physicien manœuvre lui-même son appareil ; et, entre deux pointes de laiton qui se font face et que l'on peut éloigner graduellement l'une de l'autre en les faisant tourner autour d'un axe, il fait jaillir une magnifique étincelle, ou plutôt une série d'étincelles qui se succèdent avec une rapidité inouïe, et produisent à l'œil et à l'oreille l'effet de la foudre dans les nuages.

Après ces préliminaires, le professeur aborde le sujet de sa leçon, l'étude des propriétés générales de la matière et des corps considérés dans les divers états qu'ils peuvent présenter dans la nature. Il est inutile d'insister sur les corps solides. Ils ont une forme déterminée qu'ils doivent à l'adhérence de leurs molécules. Les liquides, au contraire, n'ont pas de forme propre; grâce à l'extrême mobilité de leurs molécules, ils prennent toujours celle du vase qui les contient. C'est à cette mobilité des molécules de l'eau qu'est due la division en gouttelettes pulvérulentes de l'eau qui tombe dans l'atmosphère, comme les montrent les cascades et les jets d'eau : c'est la résistance de l'air qui les sépare. Mais dans le vide, l'eau tomberait en masse en gardant toujours la forme du récipient qui la renferme. On fait cette expérience avec le *marteau d'eau*. Ce n'est autre chose qu'un tube de verre où l'on a fait le vide, après y avoir introduit une certaine quantité d'eau. Si l'on retourne le tube, on voit l'eau tomber en masse sur la paroi opposée, avec le bruit que ferait un corps solide.

Le type des corps à l'état gazeux est l'air atmosphérique. Comme tous les autres gaz, il jouit de trois propriétés essentielles : la pesanteur, la compressibilité et l'élasticité. La force élastique, c'est-à-dire la force d'expansion, augmente quand on diminue son volume. Si l'on fait glisser un piston bien graissé et bouchant hermétiquement dans un tube de verre à parois assez épaisses pour résister à la pression, on éprouve d'autant plus de difficulté à faire cheminer ce piston, qu'il approche davantage de la fin de sa course; ce qui prouve évidemment que la force élastique du gaz augmente à mesure qu'on le comprime. Cet instrument a reçu le nom de *briquet à air*. En effet, quand on enfonce brusquement le piston, l'air s'échauffe assez pour allumer un morceau de fulmi-coton placé au fond du tube : preuve que l'air s'échauffe quand on le comprime. L'élasticité et la pesanteur de l'air sont encore mises en évidence d'une façon palpable, à l'aide des *hémisphères de Magdebourg*. Ce sont deux hémisphères creux de laiton, qui s'adaptent exactement l'un sur l'autre. Tant qu'ils sont remplis d'air, on peut facilement les séparer, parce que la pression de l'air intérieur sur la surface concave fait équilibre à la pression atmosphérique sur la surface convexe. Mais si l'on adapte les hémisphères superposés sur le conduit d'une machine pneumatique, au moyen du pas de vis à robinet que porte l'hémisphère inférieur, et qu'on fasse le vide dans l'appareil, il n'est plus possible de séparer les hémisphères l'un de l'autre. (L'expérience est faite sous les yeux des spectateurs.) Après avoir intercepté l'entrée de l'air en fermant le robinet, on enlève les hémisphères du plateau de la machine pneumatique, et l'on suspend des poids à l'hémisphère inférieur. Impossible de les séparer ainsi; mais si l'on ouvre le robinet, l'air pénètre dans l'intérieur, et les hémisphères se séparent aussitôt.

Mais ces trois propriétés ne sont pas les seules qui distinguent les gaz. Voici du gaz oxygène renfermé dans une éprouvette. Il est incolore, inodore et insipide comme l'air; si bien qu'à première vue, on pourrait le confondre avec lui. Mais si nous faisons brûler un morceau de phosphore dans cette éprouvette, nous allons manifester une propriété du gaz oxygène qui n'appartient pas à l'air. Ainsi, le phosphore, qui brûle sans beaucoup d'éclat dans l'air, brûlera au contraire avec un éclat excessif dans l'oxygène. De même, si nous mettons dans l'éprouvette une spirale de fer terminée par un morceau d'amadou incandescent, nous voyons l'amadou enflammer le fer, qui brûle en donnant des étincelles très-brillantes. Rien de semblable ne se produirait dans l'air.

Si maintenant nous approchions une bougie allumée d'une cloche remplie d'hydrogène, nous verrions la bougie s'éteindre et l'hydrogène s'enflammer; ce qui prouve, en définitive, que, malgré leur identité apparente, la classe des fluides élastiques offre autant de variétés que celles des solides et des liquides.

Le but principal de cette leçon est de démontrer que tous les corps peuvent changer d'état, et présenter tour à tour l'état gazeux, l'état liquide ou l'état solide. Pour le prouver, nous allons opérer sur quelques substances déterminées, nous opérerons ensuite sur d'autres corps; et, faisant la somme des ressemblances et des dissemblances individuelles, nous verrons que tous les corps éprouvent les mêmes changements d'état et sont soumis à des lois générales invariables.

Choisissons comme premier exemple une substance bien connue, l'eau. Refroidie au-dessous de 0 degré, elle passe à l'état solide. Mais si tout à coup la température s'élève par l'invasion du vent du midi ou par toute autre cause, la glace fond, reste à 0 degré pendant toute la durée de la fusion, et elle repasse à l'état liquide. Si l'on augmente ensuite la température jusqu'à 100 degrés, l'eau entre en ébullition et se transforme en gaz; ce gaz se nomme vapeur. Si nous avions considéré d'abord l'eau à l'état gazeux, nous aurions vu les phénomènes inverses se produire par le refroidissement, c'est-à-dire la vapeur se liquéfier au-dessous de 100 degrés, et le liquide passer à l'état solide à 0 degré. Il en est ainsi de tous les corps. Mais, avant de m'occuper des autres, il faut étudier la vaporisation de l'eau d'une manière plus complète. Voici un cylindre de verre; nous allons y verser de l'eau à 30 degrés, puis nous fermerons hermétiquement l'extrémité supérieure avec une rondelle de cuivre munie d'un robinet. A ce robinet est adapté un tube de caoutchouc qui communique avec le conduit de la machine pneumatique. Nous allons faire le vide dans le cylindre, et à mesure que le vide se fera, nous verrons des bulles se former à la surface de l'eau, qui finira par bouillir comme si elle était à 100 degrés. (Inutile de répéter que toutes ces expériences se font sous les yeux des assistants.) En faisant un vide à peu près complet, on pourrait, de la même manière, faire bouillir de l'eau à 0 degré, et le point d'ébullition se confondrait avec celui de congélation.

Puisque l'ébullition est avancée quand on diminue la pression, il est clair que l'effet inverse se produirait si l'on comprimait du gaz ou simplement de la vapeur au-dessus de l'eau, l'ébullition serait retardée en raison de la pression; et l'on pourrait ainsi élever de l'eau à 200 ou

300 degrés, sans la faire bouillir. On fait cette expérience avec la marmite de Papin. C'est un cylindre de cuivre à parois très-épaisses, pouvant supporter de très-fortes pressions. La paroi mobile est constituée par un couvercle d'acier très-résistant, maintenu en place par un écrou et muni d'une *soupape de sûreté*. Elle consiste en une petite ouverture sur laquelle s'appuie un levier maintenu à l'une de ses extrémités, et chargé à l'autre de façon que le levier se soulève dès que la vapeur atteint une pression déterminée. Si l'on chauffe l'eau renfermée dans cet appareil, il se forme de la vapeur à la surface du liquide; mais à mesure que la quantité de vapeur augmente, elle comprime le liquide, de façon à faire équilibre à l'élasticité des bulles qui tendent à se dégager de son sein. L'ébullition est donc impossible. (M. Jamin ouvre la soupape, et il s'échappe un jet de vapeur avec un sifflement comparable à celui d'une locomotive. Le professeur peut impunément recevoir ce jet de vapeur sur la main, ce qui prouve qu'il se refroidit considérablement au moment où il se répand dans l'air en augmentant de volume.)

Cette expérience prouve qu'on peut maintenir l'eau à l'état liquide à une température supérieure à celle de son ébullition, pourvu qu'on la tienne enfermée dans un vase assez résistant, sous une pression assez forte. Or, il en est de même de toutes les vapeurs et de tous les gaz. Nous allons prouver qu'en comprimant les gaz ou en les refroidissant suffisamment pour produire leur maximum de condensation, on pourra de même les faire repasser à l'état liquide. Nous allons opérer sur le gaz acide carbonique. C'est un gaz non respirable et incapable d'entretenir la combustion. Pour liquéfier ce gaz, nous nous servirons de l'appareil de Thilorier. Il se compose de deux cylindres de fonte exactement semblables, à parois très-épaisses, et maintenus, pour surcroît de précautions, par des cercles de fer. Ces cylindres se ferment à l'aide de bouchons à vis munis de robinets. L'un et l'autre se meuvent sur un axe horizontal qui sert d'essieu à deux roues. Ce mécanisme sert à déplacer l'appareil, qui serait sans cela assez difficile à mouvoir à cause de son poids énorme. Les deux cylindres peuvent être mis en communication au moyen d'un tube de cuivre qui s'adapte aux robinets.

Pour liquéfier l'acide carbonique, on introduit dans l'un des deux cylindres du bicarbonate de soude, et l'on y suspend un tube de cuivre rempli d'acide sulfurique. Puis on bouche le cylindre et l'on ferme le robinet. On fait alors osciller l'appareil autour de son axe. L'acide sulfurique se répandant sur le bicarbonate de soude, il se dégage une très-grande quantité d'acide carbonique qui se liquéfie par sa propre pression. Pour le faire passer dans le deuxième cylindre, il suffit d'adapter aux bouchons le tube de cuivre et d'ouvrir les robinets. L'action chimique ayant suffisamment échauffé le premier cylindre, le liquide distille et vient se condenser dans le deuxième cylindre. Mais la pression du gaz formé devient excessive (50 atmosphères environ), elle empêche le reste du liquide de se vaporiser.

Si maintenant on ouvre le robinet, le liquide, violemment comprimé par le gaz, jaillit avec force; et, sa pression diminuant tout à coup, il se vaporise rapidement, et la partie qui se vaporise emprunte à celle qui reste une assez grande quantité de chaleur pour la faire passer à l'état solide. On voit ainsi l'acide carbonique liquide se congeler sous forme de neige. La température de cette neige est de 70 degrés au-dessous de zéro. On peut la recueillir dans une boite de fer-blanc munie de deux poignées de drap qui servent à préserver de ce froid vraiment glacial les mains de l'expérimentateur. Cette boîte est munie d'un tube que l'on adapte au robinet de l'appareil. Avec la neige ainsi recueillie, on peut solidifier le mercure. Afin d'obtenir une température encore plus basse, on mêle l'acide carbonique à l'éther. On forme ainsi une pâte molle qui donne une température de 80 degrés au-dessous de zéro. C'est deux fois plus qu'il n'en faut pour solidifier le mercure, qui se congèle à — 40 degrés. (Le mercure, placé dans un vase de bois, mauvais conducteur de la chaleur, est entouré du mélange précité. Il prend la forme d'une masse de plomb que l'on martèle avec un marteau de bois sous les yeux du public. Si l'on se servait d'un marteau de fer, il communiquerait son calorique au mercure, qui fondrait rapidement.)

Nous allons, par un procédé analogue, solidifier le protoxyde d'azote. Pour cela, il faut d'abord le condenser par une pompe foulante dans une cornue de fer très-résistante. Quand il est suffisamment comprimé, il se liquéfie. On le verse alors dans un tube de verre très-bien desséché d'avance et renfermé lui-même dans un flacon rempli d'air sec. Il faut prendre toutes ces précautions, afin que le froid produit par le protoxyde d'azote liquide (88 degrés au-dessous de zéro) ne dissimule pas les phénomènes aux yeux des observateurs en condensant autour du tube la vapeur d'eau ambiante. Cela fait, si nous versons quelques gouttes d'eau à la surface du liquide, nous allons voir une effervescence se produire absolument comme si l'eau tombait sur du fer rouge. Cela tient à l'immense différence de température entre l'eau et le protoxyde d'azote. Celui-ci se vaporise au contact de l'eau, à une température de — 88 degrés.

Si l'on verse du mercure sur ce liquide, on le voit se solidifier comme tout à l'heure au contact de l'acide carbonique solide, et il se produit une très-vive ébullition, comme si l'on projetait du plomb fondu dans de l'eau froide.

On sait que le protoxyde d'azote a la propriété d'enflammer les corps en combustion. Si nous prenons, par exemple, un morceau de charbon près de s'éteindre dans l'air, nous le verrons devenir incandescent au contact du protoxyde d'azote liquide. Nous aurons ainsi superposés dans le même vase, et en contact l'un avec l'autre, trois corps, dont l'un, le charbon, brûle à une température de 700 à 800 degrés au-dessus de zéro sur un liquide à 88 degrés au-dessous de zéro, qui repose lui-même sur du mercure à la même température.

Pour compléter cet exposé, il faut insister sur une loi physique importante. On sait que l'eau en ébullition reste à une température constante, 100 degrés au-dessus de zéro. Cependant la source de chaleur lui communique du calorique. Ce calorique, qui n'est pas manifesté par le thermomètre, a été désigné sous le nom de chaleur latente. C'est précisément cet excédant de chaleur qui produit le changement d'état du corps. Aussi, toutes les fois qu'un liquide passe à l'état de vapeur, il se produit un très-grand refroidissement. Ce refroidissement n'est pas sensible quand la vaporisation a lieu sous l'influence d'un foyer de chaleur. Mais dans l'évaporation lente, alors que la vapeur qui le forme doit emprunter son calorique de vaporisation au liquide lui-même et au vase qui le contient, il en résulte un abaissement de température souvent très-considérable. C'est sur cette théorie qu'est fondée l'expérience suivante :

Si l'on chauffe au-dessus d'un fourneau une capsule de platine jusqu'au rouge, on pourra y faire bouillir du protoxyde d'azote liquide. Mais comme ce liquide bout à 88 degrés au-dessous de zéro, on pourra dans la même capsule congeler en même temps du mercure au contact du protoxyde d'azote. On aura ainsi le singulier spectacle d'un corps se congelant à — 40 degrés au sein d'une flamme excessivement chaude.

Il nous reste encore à solidifier le protoxyde d'azote. Pour cela, nous allons le mettre dans le vide. L'ébullition se fera très-vite et le refroidissement sera très-rapide. Nous obtiendrons ainsi une température de 110 à 120 degrés au-dessous de zéro. Il y aura un boursouflement subit, et le liquide se congèlera instantanément sous l'aspect d'une neige très-fine et très-blanche.

C'est en se fondant sur le dégagement de froid produit par les liquides qui passent à l'état gazeux, que M. Carré est parvenu à fabriquer de la glace à bon marché. Son appareil se compose de deux cylindres de fonte très-résistants, qui contiennent dans leur intérieur un second cylindre rempli d'eau. Les deux cylindres intérieurs sont reliés par un tube de cuivre, et munis l'un et l'autre d'un robinet auquel on peut adapter une machine de compression. Dans l'un des deux cylindres on comprime du gaz ammoniac jusqu'à liquéfaction, puis on ferme le robinet. On le met alors sur un fourneau. La chaleur vaporise l'ammoniaque qui s'écoule dans le deuxième cylindre par le tube de communication, et le refroidissement produit par ce nouveau changement d'état suffit pour congeler l'eau contenue dans le cylindre intérieur. Comme l'appareil est hermétiquement fermé, le même gaz peut ainsi servir tant que durera l'appareil.

Jusqu'à ce jour on est parvenu à liquéfier tous les gaz; cependant l'oxygène, l'hydrogène et l'azote ont résisté. Mais rien ne prouve que ces gaz doivent faire toujours exception à la loi générale qui régit tous les corps. S'ils sont restés réfractaires jusqu'à ce jour, c'est plutôt grâce à l'impuissance de nos appareils qu'à leurs propriétés particulières. Il est probable qu'un jour ou l'autre ils obéiront à la loi commune.

Nous avons vu successivement les gaz se liquéfier et même se solidifier sous l'influence d'une température suffisamment basse. Il nous reste maintenant à résoudre le problème inverse : liquéfier et volatiliser les solides. Prenons d'abord le fer. A la température ordinaire des fourneaux de laboratoire, il nous serait impossible de le fondre. Mais si nous mettons une spirale de fil de fer entre les deux électrodes de l'appareil de Ruhmkorff, nous allons voir le métal entrer en fusion sous l'influence de la chaleur dégagée par l'étincelle. Il se produit une véritable pluie de feu. On pourrait aussi fondre le fer et le platine à l'aide du chalumeau. Ce petit appareil se compose de deux tubes, l'un, central, qui amène de l'oxygène, l'autre, concentrique, qui conduit l'hydrogène, de façon que les gaz se mêlent en sortant. Si on les enflamme, il se produit un jet de flamme bleuâtre. C'est la flamme la plus chaude que l'on puisse obtenir sans le secours de la pile. Le fer et le platine y fondent assez facilement. M. Henri Sainte-Claire Deville a voulu appliquer cette propriété du chalumeau pour la fonte du platine dans l'industrie. Pour cela, il fallait trouver un creuset qui ne fût pas lui-même fusible à cette haute température. La chaux se trouve précisément dans ces conditions. On a donc construit un creuset de chaux. On a recouvert ce creuset avec un couvercle de la même substance, en laissant seulement une ouverture supérieure pour l'introduction du chalumeau, et deux ouvertures latérales pour permettre la sortie des gaz et l'introduction du métal. Alors il a suffi de faire arriver le jet du chalumeau dans le creuset pour fondre d'assez grandes quantités de platine. (M. Jamin fait fondre par ce procédé à peu près une livre de platine sous les yeux des spectateurs; et ce métal, coulé dans un moule de chaux, revient bientôt à son état primitif, en conservant la forme du moule dans lequel il a été reçu.)

Avec la lumière électrique on produirait une température encore plus élevée. Aucun métal ne résiste à ce puissant dissolvant. Avec une pile de 600 éléments, M. Despretz a fondu et volatilisé le charbon lui-même.

Non-seulement le charbon, mais tous les autres corps se volatilisent dans l'arc électrique ; on le démontre par un procédé qui mérite d'être remarqué. Mettons dans un creuset de charbon un petit morceau de métal, de zinc par exemple, et faisons passer le courant d'une pile énergique entre ce métal et une pointe de charbon : on verra jaillir une lumière éblouissante, mais dont la couleur varie avec le métal, preuve que ce métal volatilisé existe à l'état de gaz dans la flamme. Pour le prouver plus irrécusablement, faisons passer la lumière à travers un prisme, et faisons l'obscurité dans la salle. Vous allez voir un spectre se dessiner sur l'écran qui est en face de vous. Mais, suivant que nous ferons brûler dans l'arc lumineux du cuivre, du zinc, du thallium ou de l'argent, vous verrez le spectre se modifier et présenter des raies caractéristiques pour chaque métal employé. Vous pouvez examiner maintenant les différents spectres produits sur l'écran. Le charbon produit seul un spectre continu. Le cuivre donne une raie verte assez prononcée ; le zinc, une raie vert foncé et une rouge. L'argent en donne deux, l'une vert jaune, l'autre vert clair. Le sodium est caractérisé par une raie d'un jaune éclatant, tandis que le thallium en présente une d'un vert très-brillant. — F. Taule.

HISTOIRE DE LA SCIENCE.

COURS DE M. HENRI FAVRE.

(ENTRETIENS DE LA RUE DE LA PAIX.)

Du génie scientifique de la révolution.

Messieurs,

En venant au milieu de vous évoquer le génie scientifique de la révolution, je ne me dissimule pas les difficultés de ma tâche. Confiant dans la bienveillance que vous prêtez toujours à ceux qui viennent vous entretenir de tout ce qui a trait à l'épanouissement de l'intelligence et aux progrès de la liberté, j'espère pouvoir en quelques traits bien tranchés vous esquisser le tableau général de cette face de notre grande époque révolutionnaire, et peut-être, en dissipant quelques préjugés, porter dans cette phase de notre histoire une lumière qui, de notre temps, est plus nécessaire que jamais.

Jusqu'à présent les personnes qui se sont occupées de la révolution, même les esprits qui ont le mieux étudié les questions, ont fait de préférence, sur ce terrain, ce que Montesquieu appelait de l'*histoire de bataille*, et ce qu'on pourrait appeler en langage plus dramatique, de l'*histoire massacre*.

Ce côté terrible, redoutable de la révolution, nous n'avons aucun intérêt à le justifier, mais c'est notre devoir de nous en rendre compte, en proclamant bien haut que ce n'est pas là le fond de la révolution française. Si on l'a cru, si l'on a vu là le fond de la révolution, c'est qu'on n'a pas été le chercher là où il était réellement. C'est dans la puissance d'organisation pratique, rationnelle qu'a déployée la révolution, que se trouve le nerf de l'activité française à cette époque ; c'est surtout dans ce développement magnifique d'institutions fécondes, qu'on n'a pas jusqu'à présent restituées à sa mémoire.

Il y a là, selon nous, une lacune que nos plus grands historiens, et Louis Blanc lui-même, qui a fait la dernière histoire de la révolution à peu près complète, à peu près générale, ont trop négligé de combler.

Eh bien ! c'est ce côté que je vous demande la permission de vous exposer dans ses termes généraux. Dans toute révolution, il y a un côté politique, sanglant, cruel, barbare. Vous ne serez donc pas étonnés qu'au début même de mon exposition, je rencontre ce côté répulsif dont la légende a agrandi les proportions, et qui a donné lieu à des accusations graves dont il est bon de démontrer l'injustice. Vous savez tous que la révolution française a frappé des têtes supérieures. Lavoisier, Condorcet, Bailly, sont les trois grandes victimes, je dirais volontiers les victimes sacramentelles que la révolution a demandées à la science; je dis, a demandées, non que la révolution ait eu pour principe de condamner les savants, c'est une thèse toute contraire que je soutiens, mais toutes les classes sociales ont été frappées, depuis le roi jusqu'aux hommes des plus humbles classes du peuple, toutes les parties de la nation ont fourni leur contingent de sacrifices. Cela étant, je dirai presque qu'il serait regrettable qu'au milieu des douleurs de l'enfantement de la révolution, l'intelligence n'eût pas eu ses victimes. Par conséquent, avant d'entrer dans l'exposition complète du génie scientifique de la révolution, dans l'étude de ses idées, et les expressions que ces idées ont revêtues pour leurs applications, permettez-moi de débarrasser mon sujet de ce que j'appellerai cette tache de sang, que l'on rencontre sur le seuil du temple où je désire vous faire pénétrer.

Donc Lavoisier, Condorcet, Bailly, ont été sacrifiés par la révolution, et même un jour, quelque énergumène hébertiste a prononcé ces paroles, qu'on a mises sur le front de la révolution tout entière : *Nous n'avons pas besoin de savants.* Tout à l'heure, au contraire, vous reconnaîtrez que jamais à aucune époque on n'a eu plus besoin de savants, et qu'à aucune époque non plus il n'y a eu plus de savants, plus d'hommes distingués, soit dans les spécialités, soit dans les termes généraux de l'intelligence. La révolution, si elle n'avait pas eu besoin de savants, ne les aurait pas honorés comme elle l'a fait.

Tout en regrettant de voir Lavoisier mourir sur l'échafaud, Condorcet, forcé de se sacrifier pour ne pas tomber entre les mains de ses ennemis; Bailly, dont la fin est si désastreuse, si lugubre, si terrible, il faut se demander pourquoi ces trois victimes particulières ont été sacrifiées par la révolution, et comment il se fait que d'autres intelligences, qui valaient moins peut-être, et d'autres qui valaient plus, ont pu traverser la révolution, non-seulement sans être atteintes, mais en étant protégées, et en étant elles-mêmes les soutiens de la révolution. Pendant toute la révolution, jamais un savant n'a émigré; on a vu des savants étrangers venir en France, mais jamais on n'a vu un Français relevant de la science fuir cette terre qui s'émancipait, où le génie humain s'ouvrait à une vie nouvelle.

Pourquoi donc ces victimes illustres ont-elles été frappées? Pourquoi leur nom a-t-il été ajouté au bilan lugubre de la révolution? Est-ce comme chimiste que Lavoisier, par exemple, a été condamné? Non, celui-là a été frappé d'une manière aveugle; il a été compris dans une catégorie d'hommes sur lesquels pesaient les haines populaires, il a été condamné parce qu'il était fermier général ; peut-être quelque hébertiste le condamna-t-il parce qu'il voyait en ce financier de l'ancien régime un pur aristocrate. Il y a beaucoup de choses de cette nature dans la révolution, mais cela ne tient pas au fond même de la révolution; ce ne sont là en définitive que des accidents révolutionnaires. Sans doute, il est regrettable que Lavoisier n'ait pas terminé son œuvre, mais croyez-vous que la civilisation ait changé sa direction parce qu'un homme lui a manqué? Lavoisier avait des élèves qui le continuèrent. Son collaborateur, Guyton-Morveau, qui, lui, ne sortit jamais du mouvement dans lequel était alors entraînée la France, Guyton-Morveau, qui tenait de si près au Comité de salut public, a été un des organisateurs de l'intelligence de cette époque. Ce n'est donc pas parce qu'il faisait de la science, mais parce qu'il était fermier général que Lavoisier a été condamné.

Pour Bailly, il était déjà âgé lors de la révolution. Il était connu comme astronome; mais certainement si Bailly n'eût traversé la révolution, son nom ne nous fût pas parvenu. Pourquoi a-t-il été frappé? Est-ce comme savant? Personne, au milieu de la tourmente révolutionnaire, n'envisagea Bailly sous cet aspect; nul ne s'inquiéta de ses titres scientifiques. Non! il avait traversé toute la période si agitée depuis l'ouverture des états généraux, où des premiers il prêta le serment du Jeu de paume, jusqu'au moment où il a été suspect en remplissant des fonctions publiques. Tout le monde sait qu'il avait été à la tête de la commune de Paris, qui changea de direction entre les mains de Chaumette, mais qui, dans les siennes, relevait de la royauté. Nul aujourd'hui n'ignore que c'est pendant qu'il était maire de la commune de Paris, qu'eurent lieu ces massacres du Champ de Mars, qui soulevèrent à un si haut degré les colères du peuple ; vous n'ignorez pas que c'était là un grief terrible, et que c'est pour le lui faire expier que le peuple exerça plus tard sur lui cette vendetta cruelle, que nous devons flétrir, mais qui n'en est pas moins la preuve que ce n'est pas comme savant qu'il fut atteint, mais comme chef de la commune de Paris ayant à rendre compte des massacres du Champ de Mars.

Maintenant il est regrettable que pendant la révolution on ait vu le peuple accomplir cette vendetta sauvage! Cette mort de Bailly, qu'on a peut-être mise en un relief exagéré, tous les partis, vous le savez, ont leur légende, nous sommes les premiers à la déplorer.

Ce peuple qui se jette à la suite de Bailly, qui l'injurie, comme dans sa propre cause, est-ce au savant qu'il s'adresse? Vous connaissez tous cette parole que l'on attribue à Bailly. C'était un vieillard; il faisait froid, et il fallait qu'il se rendît à pied au milieu de cette foule furieuse, jusqu'au lieu où il allait mourir. Un homme du peuple lui dit : « Tu trembles, Bailly ! » Et le vieux savant répondit : « Oui, je tremble, mais c'est de froid. » Toutes ces choses sont lugubres, terribles; mais qu'en conclure? C'est que lorsque la révolution est venue émanciper les intelligences, elle s'est trouvée en présence d'un peuple aigri par la misère; elle est venue changer les sentiments de ce peuple, lui enseigner le devoir; c'est précisément parce qu'elle a travaillé à cette amélioration de la masse populaire, c'est parce qu'elle s'est donné cette tâche, que ce peuple s'est enfin ouvert à l'humanité et à la sympathie.

Je passe à Condorcet. C'était un homme de l'ancien régime; mais, en sa qualité de savant, il s'engagea dans le mouvement de la révolution. C'est le caractère de tous les savants : les uns plus, les autres moins. Vous savez que le maître de l'intelligence, Voltaire lui-même avait dit : « Il ne se passera pas dix ans avant que nous » ne voyons de grandes choses, et nos enfants seront » bien heureux. » Il est certain que si le maître pouvait regretter de ne plus avoir assez d'années devant lui pour assister à ce grand avenir qu'il prévoyait, ceux qui se considéraient comme relevant de son génie, devaient être heureux d'en prendre leur part. Condorcet était un homme de l'aristocratie, mais l'aristocratie était composée d'éléments nombreux; il était, on peut le dire, du tiers état de l'ancien régime, et il fut élevé au premier rang par le régime nouveau. Condorcet était girondin, et un jour, dans une des phases de la tempête politique, il fut frappé au milieu des girondins et subit le sort commun à toute la Gironde. Condorcet avait fait le rapport de 1792 sur l'instruction publique, de même que Talleyrand en avait fait un en 1791. Dès que la révolution commence, vous voyez qu'elle s'occupe de l'instruction, et qu'elle charge d'être le rapporteur de la loi qu'elle veut promulguer, en 1791, un prêtre, homme appartenant à ce parti clérical et libéral à la fois que nous avons vu si souvent à l'œuvre et dont il faut que nous nous souvenions. Talleyrand, à l'assemblée législative, avait fait le rapport de la loi pour l'organisation de l'enseignement national; Condorcet avait fait le sien sous la domination de la Gironde, et il nous représente l'idée doctrinaire. Mais remarquez que la révolution ne s'en tient ni à Talleyrand ni à Condorcet, elle n'accepte ni le rapport de l'un ni celui de l'autre. Ce fut le projet de Monge qui, sur un rapport de Barrère, fait à la convention en 1794, en l'an II de la république, que la révolution adopta définitivement comme plus conforme à ses principes.

Les girondins étaient des hommes de cœur, d'intelligence, d'activité; ils représentaient au sein de la révolution la liberté individuelle. Ce n'était donc pas seulement, comme on a voulu le croire, d'aimables artistes, s'occupant à évoquer ce qu'il pouvait y avoir de souvenirs classiques dans la révolution. Non, c'étaient des hommes stoïques qui ont démontré par leur mort qu'ils savaient ce que c'était que de se sacrifier; ils ont mieux aimé sacrifier leurs personnes que leurs idées : c'est là un de leurs grands mérites. Quand Vergniaud, leur chef, au milieu de cette tourmente, invoque le principe supérieur du sacrifice, ils sont tous prêts à se dévouer et à mourir. Les girondins ont toujours refusé de s'insurger contre la république. Tant que les vrais girondins ont vécu, ils n'ont jamais voulu faire alliance avec le parti rétrograde. Beaucoup d'entre eux se sont frappés de leurs propres mains. Condorcet en est un exemple. Condorcet n'a pas été frappé par le bras de la révolution, il s'est frappé stoïquement comme Caton, il est mort en laissant à la république son testament immortel, son *Esquisse des progrès de l'esprit humain.*

Eh bien ! est-ce que la Convention (car il faut arriver à cette grande figure, c'est là que nous allons voir se révéler le génie de la révolution dans ses principes et dans ses applications) ; est-ce que la Convention, quand elle apprend que le livre des *Progrès de l'esprit humain* existe (car ce livre ne parut pas pendant la vie de Condorcet; quand il se suicida pour ne pas compromettre la personne qui lui avait donné l'hospitalité, Condorcet laissa son œuvre entre des mains amies), est-ce que la Convention répudia ce testament sublime ! Elle l'a recueilli, au contraire, avec enthousiasme et reconnaissance. Quand Daunou, en 1794, vint, ce livre à la main, dire à la Convention : Voilà l'œuvre de cet homme qui s'est fait justice à lui-même, et qui, dans un moment d'erreur de notre part, a été sacrifié; que fait la Convention? Elle dit : Condorcet était un grand génie, je l'accepte; et non-seulement elle l'accepte, car, quand la Convention acceptait quelque chose, ce n'était pas pour la forme, elle vote que l'*Esquisse des progrès de l'esprit humain* sera imprimée aux frais de la Convention, et que trois mille exemplaires en seront distribués dans les communes de France. Ainsi la révolution, si elle frappait les hommes, respectait l'esprit humain. Nous devons aujourd'hui demander qu'on respecte la personne humaine, c'est ce qui a manqué à la révolution. Elle n'était pas assez avancée pour réunir la personne à l'idée, elle sacrifiait la personne pour garder l'idée : voilà quel était le principe de la révolution.

C'est aujourd'hui ce qu'il faut que nous distinguions parfaitement. Nous valons mieux que nos pères, mais pourquoi? Tout simplement parce que nous sommes leurs fils, parce qu'ils nous ont fait un piédestal de leur dévouement, de leur activité, de leur constance. Il est bien aisé aujourd'hui de dire : Ces gens ont été cruels. On oublie trop, en leur lançant cette accusation, que nos pères s'étaient voués, sans restriction, au triomphe de l'idée qui les dominait tout entiers. «Que nos noms soient maudits, s'écriaient-ils, au milieu des crises terribles qu'ils avaient à traverser, mais que la France soit sauvée ! » Sans une idée, sans un principe supérieur, l'homme qui s'oublie lui-même dans la lutte jusqu'à être froidement cruel est un monstre. S'il y eut en ce temps des gens de cette espèce, il n'y en eut guère, et c'est dans le camp des hébertistes qu'il faut aller les chercher.

Qu'est-ce, en effet, qu'un hébertiste? Un être qui, au lieu de s'occuper de ces tendances supérieures de l'esprit humain, s'occupe de la satisfaction de ses instincts les plus bas. Cet hébertisme, c'est lui qui a dit : Pas de savants ! Puisque nous sommes ici à faire des entretiens et des lectures, je vous citerai un passage d'un écrivain d'avenir, de M. Mario Proth, qui, dans un travail remarquable, intitulé *Silhouette de la révolution*, a tracé ce petit portrait des hébertistes :

« Les hébertistes poursuivaient, en logique, la même tendance individualiste que les girondins. Il y avait toutefois, de ceux-ci à ceux-là, l'énorme distance qui sépare les tendances élevées des instincts infimes, l'aspiration sublime des réclamations basses. Les girondins, emportés par la tourmente, léguèrent aux hébertistes un rôle supérieur, qui ne pouvait que dévier et s'avilir entre leurs mains. La Gironde avait trop tôt prêché l'humanité ; l'hébertisme poussa à la réaction par l'exagération des excès ; par lui la destruction tourna au vandalisme et le drame à la force grossière. Cette raison, dont les girondins avaient été les représentants trop directs pour songer à l'adorer, les hébertistes l'incarnèrent en une déesse de carrefour, aux cyniques appas, qui avait pour autel un tonneau et pour desservants deux canonniers la pipe à la bouche. »

Vous voyez précisément, dans ce portrait, la vraie physionomie des hébertistes : ils ne pouvaient voir l'abstraction, cela leur était impossible, il faut que la chair soit là, que leurs sens se repaissent de formes palpables. C'est là un caractère très-accentué chez les hébertistes, qui, dans tous les actes du drame révolutionnaire, ont joué un rôle plus important que nous ne le pensons et dont nous sommes à tout jamais débarrassés.

Quand le peuple reconnaît quelque chose ou quelqu'un qui entre dans ce qu'il sait, ou qui est dans le courant de ses sympathies, il est le premier à sauver ce qui peut être sacrifié par d'aveugles emportements. Rappelez-vous les massacres de septembre. Quelques hommes s'improvisent bourreaux, et l'on s'apprête à sacrifier le premier qui se présentera. Quel est-il? C'est un ci-devant, un aristocrate, vous savez le terrible effet des mots convenus, c'est un abbé ! Cependant ces justiciers terribles se rappellent l'abbé Sicard, on se souvient qu'il a éduqué les sourds-muets, et immédiatement ces gens, non-seulement ne sacrifient pas l'abbé Sicard, mais le sauvent, le portent en triomphe. Voilà ce que faisait le peuple quand il savait ce qu'il faisait, quand il n'y avait pas là d'hébertiste. Ce qu'il faut que nous fassions, par conséquent, c'est qu'en distinguant entre les sentiments et les instincts du peuple, nous gémissions sur les crimes qui ont pu se commettre, et que nous ne condamnions pas pour cela la révolution.

Cette tache de sang effacée du seuil du temple, entrons dans le temple et demandons-nous quel fut le génie propre de la révolution. Nous allons passer au triomphe, nous allons voir ce que la révolution a fait des hommes quand elle les a pris pour en faire ses missionnaires, ses apôtres, ses soldats, ses généraux. Et d'abord, qu'est-ce que c'est que la révolution dans son génie scientifique? qu'est-ce que veut dire : génie scientifique de la révolution?

Il y a eu d'autres révolutions que la révolution française, seulement il n'y a qu'elle pour nous. Nous datons de la révolution française, c'est donc son génie qui nous intéresse.

Eh bien! le génie de la révolution française, c'est l'émancipation de l'esprit humain dans toute son activité, sans autres bornes que celles-ci : savoir, connaître, appliquer, dans la mesure voulue, pour dominer ce qui nous entoure, au plus grand bénéfice de l'humanité. Le terme qui indique cela avant la révolution, c'est le mot *physiocrate*, l'esprit humain dominant la nature au bénéfice de l'humanité, créant des forces vives qui permettent à l'homme de se considérer partout comme le dominateur de ce qui l'asservissait naguère, faisant de la nature une auxiliaire pour son émancipation. La révolution dit à l'homme : Voilà ta puissance, utilise-la, grandis-toi.

Tel est le génie propre de notre révolution. Où le trouve-t-on ce génie? Partout, à toutes les époques de la révolution! Vous prenez la révolution à ses débuts, que fait-elle? Elle proclame les droits de l'homme et du citoyen; elle vous dit : Toutes les fois que vous serez un homme, un citoyen, voilà vos droits, connaissez-les, je vous les confie. Il est vrai que je vous défends de les abdiquer. Elle n'était pas tolérante sur l'abdication des droits, elle vous imposait des devoirs, elle vous contraignait souvent de recevoir votre droit; elle n'admettait pas qu'on pût refuser de faire son devoir, qui, pour elle, était votre droit. Et puis, ce n'était pas seulement le droit de l'homme et du citoyen français qu'elle proclamait, mais les droits de l'homme et du citoyen en général. La preuve de cette vérité est manifeste. Partout où la révolution trouve quelqu'un qui est persécuté, qui est poursuivi, qui n'a pas de refuge, elle lui dit : Ici on est libre. Vous savez ce beau décret qu'elle porte contre l'esclavage. Elle ne dit pas : L'esclavage est aboli ; elle dit : Tout homme qui touche le sol de la France est libre. Voilà comme on est libre. Il ne s'agit pas de douanes, ni de formalités d'aucune sorte; elle dit : Vous êtes un homme, vous entrez sur mon territoire, vous ne pouvez être esclave; car un esclave ne peut continuer à l'être sur le sol français, même de son plein consentement : si bien qu'aujourd'hui il est absolument impossible, en France, à qui que ce soit, d'avoir un esclave; il est impossible à un homme de se vendre à un autre homme.

C'est par là que la révolution a commencé : est-ce que ce caractère se retrouve pour ce qui regarde les sciences? Un exemple va nous montrer que sur ce point de haute importance la France d'alors resta à la hauteur de sa mission.

Un savant du premier ordre, Priestley, grand physicien, chimiste éminent qui a découvert presque tous les gaz, changé, renouvelé presque entièrement la chimie, est chassé d'Angleterre. Ce savant illustre arrive au libre examen de la nature au lieu de se contenter du libre examen de la Bible. Priestley fait du naturalisme; il est chimiste physicien, il en tire les conséquences, et l'Angleterre lui dit : Hors de l'Église anglicane pas de salut, et on le prie de s'en aller le plus loin possible. Vous savez que quand les Anglais ne savent où aller, ils s'en vont aux États-Unis, cette succursale qu'ils ont établie de l'autre côté de l'Océan pour leur liberté. Priestley s'en va donc en Amérique, et là, en effet, on le laissa faire de la chimie tout à son aise, aussi largement que possible. Mais qu'est-ce que va faire la révolution française, cette révolution qui a frappé aveuglément un fermier général, qui, par hasard, s'est trouvé être un grand chimiste? Qu'est-ce qu'elle va faire à l'égard de Priestley? La Convention déclare non-seulement qu'elle s'occupe de Priestley, elle le proclame citoyen français. Remarquons bien qu'elle ne dit pas à Priestley : Je te fais citoyen. Elle avait déclaré les droits de l'homme et du citoyen, et Priestley en avait sa part. Non, elle le fait *citoyen français*; ce titre, c'est une gloire et un honneur, il fallait s'appeler Priestley pour l'obtenir ainsi. Chose plus étrange! l'assemblée française nomme ce savant exilé membre de la Convention : être membre de la Convention pour un savant comme Priestley, nous ne pouvons facilement nous rendre compte de cela aujourd'hui, parce que nos assemblées, quelles que soient leurs attributions, ne nous donnent aucune image de ce que c'était que la Convention.

La Convention, en ce temps-là, fut à la fois un concile, une administration, un gouvernement et une Académie. Eh bien! Priestley est nommé membre de la Convention, c'est comme si on l'avait nommé membre correspondant étranger de l'Académie des sciences.

Le caractère de la révolution française au point de vue scientifique, c'est la raison, mais par-dessus tout la pratique. Par conséquent, la Convention, où se concentra tout le génie de cette époque, fut-elle éminemment rationnelle et pratique? Permettez-moi de vous montrer ce qu'elle pratiquait. Elle a besoin de tout, et elle trouve tout. Ses moyens d'action, elle les demande au dévouement, à l'intelligence, à la pensée profonde, à l'enthousiasme indéfini; elle n'en a pas d'autres, mais ceux-là sont infaillibles, et jamais ils ne lui ont manqué.

Prenons, par exemple, Carnot. C'est un des grands savants de la révolution, mais on ne le connaît que comme l'organisateur de la victoire. Pour jouer ce rôle, il fallait une très-grande intelligence, et Carnot a été cette intelligence-là. Carnot a été scientifiquement jugé par un esprit qui était très-capable de le comprendre, par Arago. Le sentiment qui inspirait Carnot animait également Arago; comme Carnot, Arago avait été lancé dans le mouvement militaire pendant un certain temps du moins. Les convictions républicaines qu'il sut allier à sa valeur de savant rendirent surtout Arago apte à comprendre un homme dont toute la gloire avait été de fonder la république, en chassant l'étranger qui voulait l'étouffer. Arago était donc bien capable de comprendre Carnot.

Eh bien ! voilà ce qu'il écrivait de lui dans l'éloge académique qu'il prononça dans la séance publique de l'Institut, le 21 août 1837 :

« Jetons, dit le biographe, nos regards sur une autre face de l'administration de la guerre, et Carnot ne nous paraîtra ni moins grand ni moins heureux. On manque de cuivre pur ; à la voix de la patrie éplorée, les sciences trouvent dans les cloches des couvents, des églises, des horloges gothiques, la mine inépuisable d'où elle extraira sans retard tout le métal que l'Angleterre, la Suède, la Russie, lui refusent. On n'a point de salpêtre ; des terrains où jadis on ne sut chercher cette substance que pour s'assurer de la délicatesse d'un moyen d'analyse chimique, fourniront à tous les besoins de nos armées, de nos escadres. »

A propos de salpêtre, permettez-moi de vous raconter un fait dont Arago ne parle pas, mais qui est cité par Biot, savant recommandable, qui, bien qu'il eût traversé la révolution, n'en a pas moins vécu très-vieux, et est mort académicien. Il y a quelques jours, celui qui l'a remplacé à l'Académie française, a eu bien soin de dire, dans son discours de réception, que son savant prédécesseur ne s'était jamais occupé de politique. En effet, Biot s'était absorbé tout entier dans la science ; aussi la révolution, qui ne frappait jamais les hommes complétement adonnés à la science, eut-elle en Biot un témoin véridique de ce qui se passa de scientifique à cette époque. Dans son *Histoire des sciences sous la révolution*, Biot rapporte le fait suivant :

« Pour fabriquer de la poudre, on extrait le salpêtre du sol, et l'on invente un moyen de le raffiner et sécher en quelques jours. Ce fut en suppléant aux moulins à vent, en faisant tourner par des hommes des tonneaux où le charbon, le soufre et le salpêtre étaient mêlés avec des boules de cuivre. Aussi, un membre du Comité de salut public put dire : « On montrera la terre salpêtrée, et cinq jours après on en chargera les canons. »

Voilà comme ils parlaient dans ce temps. On se disait : « Nous ne savons pas faire de salpêtre ; c'est bien, nous allons en chercher. Non-seulement ils en cherchaient, mais ils en trouvaient. C'est ainsi qu'ils ont battu tout le monde : ils allaient plus vite que les autres sur les ailes mêmes du génie de l'humanité. »

Arago reprend : « La préparation des cuirs destinés à la chaussure exigeait des mois entiers de travail ; d'aussi longs délais ne sauraient se concilier avec les besoins de nos soldats, et l'art des tanneurs reçoit des perfectionnements inespérés. Désormais des jours y remplaceront des mois. La fabrication des armes est si minutieuse, que ses lenteurs paraissent inévitables. Des moyens mécaniques viennent aussitôt fortifier, diriger, remplacer la main de l'ouvrier ; les produits naissent au gré des besoins. Les ballons n'avaient été jusqu'en 1794 qu'un simple objet de curiosité. A la bataille de Fleurus, un ballon portera le général Morlot dans la région des nuages ; de là les moindres manœuvres de l'ennemi seront aperçues, signalées à l'instant ; et une invention toute française procurera à nos armes un éclatant triomphe. Les crayons de graphite (*mine de plomb*) sont la plume et l'encre de l'officier en campagne. Le graphite est une des substances que la nature semblait avoir refusées à notre sol. Le Comité de salut public ordonne de le créer de toutes pièces ; et cet ordre de faire une découverte est exécuté sans retard : le pays s'enrichit d'une nouvelle industrie. Enfin, car il faut bien me résigner à ne pas tout dire, les premières idées du télégraphe sont tirées des in-folio où depuis des centaines d'années elles restaient enfouies sans profit ; on les perfectionne, on les étend, on les applique, et, dès ce moment, les ordres arrivent en quelques minutes aux armées. Le Comité de salut public suit de Paris toutes les péripéties de la guerre, comme s'il siégeait au milieu des combattants.

» Ces créations en quelque sorte spontanées, ces directions patriotiques données à tant de nobles intelligences, cet art aujourd'hui perdu d'éveiller le génie, de l'arracher à son indolence habituelle, occupera toujours une large place dans les annales du Comité de salut public et dans l'histoire de la vie de Carnot. Sans sortir toutefois du sujet qui nous occupe, nous aurions encore bien d'autres services à signaler. »

C'est Arago qui dit cela. Les commentaires sont inutiles, tant ces vérités sont parfaitement rendues. Dans ces lignes brille avec éclat ce qu'on entendait par génie pratique de la révolution. Un autre côté du génie scientifique de la révolution, c'est d'être bienfaisant. Quand on parle de bienfaisance, on croit toujours voir subitement apparaître une armée de Saint-Vincent de Paul ; on ne voit la bienfaisance que sous cette forme-là, qui a son mérite spécial, mais qui n'est pas heureusement la seule forme que la bienfaisance puisse revêtir. Nous ne reconnaissons comme bienfaisance que celle qui produit réellement du bien. Pour que la bienfaisance fasse du bien, il faut qu'il y ait un principe en vertu duquel elle le fait. La révolution n'a jamais compris l'aumône ; elle a donné des récompenses, des secours ; des aumônes, jamais : comme citoyen, on ne reçoit pas d'aumône.

Dr HENRI FAVRE.

— La fin au prochain numéro. —

CHIMIE APPLIQUÉE AUX ARTS.

COURS DE M. PELIGOT.

(CONSERVATOIRE DES ARTS ET MÉTIERS.)

(Voy. les n°s 3, 4, 6 et 13.)

V.

Des composés formés par l'aluminium.

De l'oxyde d'aluminium. — Comme nous l'avons dit, l'oxyde d'aluminium, ou l'alumine, est très-répandu dans la nature, surtout sous forme d'argile, de kaolin, dans les différentes roches feldspathiques. L'alumine se présente sous diverses formes, cristallisée ou amorphe.

Cristallisée, elle constitue ce qu'on appelle le *corindon*, qui, coloré en rouge, n'est autre chose que le rubis oriental : c'est une pierre précieuse rare, chère, quelquefois plus chère même que le diamant. Quand cette substance est colorée en bleu, ce qu'elle doit à la présence d'une petite quantité d'oxyde de fer, elle prend le nom de saphir ; colorée en jaune, elle s'appelle topaze orientale.

L'alumine présente une forme cristalline différente de celle du diamant ; ce dernier corps, en effet, dérive de la forme octaédrique, tandis que les cristaux d'alumine ont l'apparence rhomboédrique, et nous offrent le phénomène de la double réfraction, ce qui aide à distinguer l'oxyde d'aluminium du diamant.

La densité est ici de 3,9 à 4, c'est-à-dire plus considérable que celle du diamant. A l'état de corindon granulaire, l'alumine constitue une matière très-dure, connue sous le nom d'*émeri*, ordinairement mélangée avec une certaine quantité d'oxyde de fer, auquel elle doit sa couleur brune. On l'emploie pour polir les métaux, le fer, l'acier, les cristaux, les glaces, etc. Le papier à l'émeri n'est autre chose que du papier ordinaire, sur lequel on étend une couche de colle destinée à fixer l'émeri réduit en poudre plus ou moins fine.

L'alumine est obtenue à l'état amorphe par différents procédés, entre autres à l'aide de l'alun ammoniacal, qui, soumis à la calcination, abandonne ses éléments, à l'exception de l'alumine ; cet alun est une combinaison de sulfate d'ammoniaque et d'alumine.

On peut avoir aussi l'alumine à l'état d'hydrate, en abandonnant au contact de l'air une dissolution d'aluminate de soude, qu'on obtient facilement en calcinant l'alumine avec du sel de soude. Il se produit du carbonate de soude, et l'alumine se dépose peu à peu ; quand l'opération se fait lentement, on finit par obtenir une matière cristallisée qui est de l'hydrate d'alumine contenant 3 équivalents d'eau :

$$Al^2O^3,3HO.$$

L'alumine hydratée, soumise à la chaleur, abandonne une certaine quantité de son eau, et constitue une matière blanche ; et quand, au lieu d'employer la température d'un foyer ordinaire, on se sert d'une température élevée, à l'aide du chalumeau à gaz, on obtient de l'alumine à l'état fondu, qui présente des propriétés comparables à celles de l'alumine cristallisée. Si l'on vient à ajouter une petite quantité d'oxyde de chrome, on a en définitive l'une des pierres précieuses dont nous avons parlé, le rubis, et c'est ainsi que M. Gaudin est arrivé à produire des rubis artificiels présentant les mêmes caractères physiques que l'alumine naturelle. On y arrive, d'ailleurs, par différents procédés. On peut, par exemple, ainsi que l'a fait Ebelmen, dissoudre l'alumine dans l'acide borique fondu à une température élevée, et y ajouter la petite quantité d'oxyde colorant nécessaire pour avoir la coloration voulue. Ce mélange est introduit dans une capsule de platine, et maintenu à la température élevée exigée pour la cuisson de la porcelaine. Dans ces conditions, l'acide borique se dissout peu à peu, et l'alumine se précipite avec toutes les qualités qui appartiennent au rubis ou au saphir oriental.

MM. Sainte-Claire Deville et Caron sont arrivés aux mêmes résultats par un procédé différent. Il consiste à soumettre le fluorure d'aluminium à l'action d'une température élevée, dans un creuset de charbon contenant dans une nacelle de l'acide borique fondu ; les vapeurs se rencontrant alors, il en résulte du fluorure de bore gazeux et de l'alumine à l'état cristallisé.

Indépendamment de l'alumine à l'état de pureté, Ebelmen est arrivé à obtenir de la même façon une combinaison d'alumine et de magnésie, qui constitue le rubis spinelle, pierre précieuse qui est formée d'un équivalent d'alumine et d'un équivalent de magnésie. A cet effet, le mélange des deux substances dans les proportions voulues est chauffé longtemps dans un four à porcelaine avec de l'acide borique.

L'alumine à l'état d'hydrate présente les caractères des oxydes indifférents qui ont pour propriété essentielle de jouer indifféremment le rôle de base et d'acide, selon la nature des corps avec lesquels on les met en contact. Avec un acide énergique, on obtient un sel où l'alumine joue le rôle de base ; dans le rubis spinelle, l'alumine joue le rôle d'acide ; dans le feldspath, l'alumine joue le rôle de base : le feldspath est une combinaison de silicate d'alumine et de silicate de potasse. L'alumine, prise à l'état gélatineux, et mise en contact avec de l'acide sulfurique, donnera du sulfate d'alumine, où l'alumine jouera le rôle de base. D'autre part, si l'on prend une certaine quantité d'alumine à l'état d'hydrate, et qu'on la mette en contact avec de la potasse, de la soude, la dissolution se produit, et il en résulte un véritable sel où l'alumine joue le rôle d'acide, et l'on obtient, par conséquent, de l'aluminate de potasse.

Quand l'alumine à l'état d'hydrate est mise en contact avec l'eau chaude, et maintenue à la température de l'ébullition pendant un temps assez long, elle devient sensiblement insoluble dans les acides et dans les alcalis ; elle prend un état particulier qu'on appelle état allotropique. La même chose arrive quand on emploie l'acétate d'alumine, qui perd de l'acide acétique ; l'alumine devient de même insoluble.

L'alumine hydratée sert à fixer les couleurs dans la fabrication des tissus, en se combinant avec la matière colorante organique. Quand on met une matière colorante en contact avec une dissolution d'alumine, si l'on vient à opérer la précipitation de cet oxyde en ajoutant une certaine quantité d'alcali, la matière organique se combine avec l'alumine, et donne naissance à un produit qu'on appelle laque, produit insoluble dans l'eau, par suite de la combinaison avec l'alumine. On peut obtenir le même résultat au moyen de l'aluminate de soude, en y ajoutant une quantité convenable d'acide.

Parmi les autres composés formés par l'aluminium, il y a le *chlorure d'aluminium*, qui présente de l'intérêt au point de vue de ses propriétés, ainsi qu'à cause de son emploi dans la préparation de l'alumine.

Le chlorure d'aluminium ne s'obtient pas quand on fait arriver un courant de chlore sur de l'alumine, l'affinité du métal pour l'oxygène étant trop grande. Il ne se produit qu'en le mélangeant avec du charbon, ce qui donne en même temps de l'oxyde de carbone et de l'acide carbonique.

Le chlorure d'aluminium est volatil avant 100 degrés ; on peut donc le distiller très-facilement. En contact avec un métal alcalin, du sodium, on obtient du chlorure de sodium et de l'aluminium. Comme il est très-avide d'eau, on se sert de préférence de chlorure double d'aluminium et de sodium, que l'on obtient en faisant passer du chlore sur un mélange d'alumine, de charbon et de sel marin. Ce produit se solidifie par le refroidissement, et se moule. La difficulté de cette préparation consiste surtout à avoir des produits complétement exempts de fer, car la couleur jaunâtre que présente toujours le chlorure double, est due à du peroxyde de fer ; ce n'est qu'à l'aide de purifications convenables qu'on arrive à obtenir l'alumine exempte de fer. A l'aide du carbonate de soude, on obtient de l'aluminate de soude qu'on dissout dans l'eau, tandis que le peroxyde de fer est insoluble. Toutefois, bien qu'insoluble, on n'arrive pas à avoir des produits parfaitement exempts de fer, les vases dont on fait usage étant d'argile ferrugineuse; de là cette couleur jaune : l'aluminium du commerce contient toujours une petite quantité de fer.

Le *sulfate d'alumine* est un sel qui présente quelques applications dignes d'intérêt. A l'état neutre, c'est un produit qu'on obtient facilement à l'état cristallisé; on le trouve même dans la nature sous forme de cristaux fibreux. Il est formé de 1 équivalent d'alumine, de 3 équivalents d'acide sulfurique, et de 18 équivalents d'eau; l'alumine, étant un sesquioxyde, exige, pour former un sulfate neutre, 3 équivalents d'acide sulfurique. Vous savez, en effet, que les sulfates neutres sont ceux dans lesquels le rapport entre l'oxygène de la base et l'oxygène de l'acide est comme 1 à 3.

Le sulfate d'alumine se prépare en quantité considérable pour la fabrication du papier collé ; car, pour rendre le papier plus ou moins imperméable à l'eau, on le colle au moyen de l'amidon et d'un savon résineux et alumineux, en ajoutant à la pâte une certaine quantité d'alun, ou plutôt de sulfate d'alumine. Ce sulfate d'alumine s'obtient en traitant les argiles blanches par l'acide sulfurique dans un degré de concentration moyen : on prend de préférence l'acide sulfurique provenant des chambres de plomb. La silice se trouve alors mise en liberté, et l'on a de cette façon une dissolution de sulfate d'alumine qui renferme toujours, du reste, une certaine quantité de fer, qu'on sépare en saturant la liqueur, qui est encore acide, par une certaine quantité d'oxyde de zinc qui possède la propriété de précipiter le fer à l'état de sesquioxyde de fer; puis on décante, et l'on évapore la dissolution jusqu'à ce qu'elle se solidifie par le refroidissement.

Le sulfate d'alumine est d'ailleurs un corps extrêmement soluble dans l'eau, présentant une réaction acide très-prononcée. Quand on met une dissolution de sulfate d'alumine en contact avec un alcali, avec la potassse, on obtient d'abord un précipité blanc qui n'est pas de l'alumine à l'état d'hydrate, c'est un sous-sulfate d'alumine; si l'on y ajoute de la potasse en excès, le sous-sulfate se décompose, et donne naissance à de l'aluminate de potasse. Le sulfate d'alumine peut, par conséquent, servir à la préparation des laques, comme l'alun, comme l'aluminate de potasse, quand on ajoute une matière colorante. Quand on soumet ce sulfate d'alumine à la calcination, l'acide sulfurique s'en va, et l'on obtient un résidu blanc : c'est l'alumine à l'état anhydre.

Ce sel se combine facilement avec d'autres sulfates alcalins, de manière à donner naissance à des sels doubles, qu'on désigne sous le nom d'*aluns*. Le plus commun, celui qui est le type des autres, est l'alun à base de potasse dont voici la composition :

$$Al^2O^3,3SO^3 + KO,SO^3 + 24HO.$$

Les aluns peuvent être formés par différents oxydes qui sont isomorphes, c'est-à-dire qui présentent la même composition que l'alumine. Ainsi, l'alumine peut être remplacée par le sesquioxyde de chrome, ou bien encore par le sesquioxyde de fer.

L'alun à base de potasse et l'alun à base d'ammoniaque ont des caractères peu différents : l'un et l'autre cristallisent sous forme d'octaèdres, la solubilité est à peu près la même, et l'on s'en sert indistinctement pour la teinture, sauf en ce qui concerne le prix. J'ajouterai que ces aluns se prêtent facilement à la formation de cristaux volumineux qu'on nourrit par un procédé dû à Leblanc.

L'alun à base de potasse, qui est le type des aluns, comme nous l'avons dit, est un sel qui présente une saveur fortement astringente. Il est beaucoup plus soluble à chaud qu'à froid : à 10 degrés, 100 parties d'eau dissolvent 9 parties d'alun seulement; à la température de 50 degrés, 100 parties d'eau dissolvent 30,9 d'alun; à 100 degrés, 100 parties d'eau dissolvent 357 parties d'alun. On comprend, par suite, que si l'on abandonne au refroidissement la dissolution, elle fournira aisément l'alun à l'état cristallisé. Quand on soumet l'alun à l'action de la chaleur, il éprouve la fusion aqueuse, c'est-à-dire qu'une certaine quantité d'alun se dissout dans l'eau, qui devient libre, et l'on a une dissolution saturée à la température de l'ébullition, dissolution qui reste trouble parce qu'il n'y a pas assez d'eau pour tout dissoudre. Si l'on chauffe davantage, l'alun se décompose, le sulfate d'alumine abandonne l'acide sulfurique, et l'alumine qui prend naissance décompose le sulfate de potasse, de manière à produire de l'aluminate de potasse. Si, au lieu d'opérer avec l'alun à base de potasse, on emploie l'alun à base d'ammoniaque, on a de l'alumine à l'état anhydre : c'était le procédé employé autrefois pour avoir de l'alumine pure.

L'alun possède la propriété de cristalliser, tantôt sous forme de cubes, tantôt sous la forme octaédrique; c'est ce qui arrive, pour cette dernière forme, quand la cristallisation se fait dans des liqueurs acides. On donne la préférence à la forme cubique, quand il s'agit d'obtenir des couleurs qui se modifient sous l'influence des acides : c'est l'alun de Rome. Il possède cet avantage pour les couleurs délicates, d'offrir un degré d'acidité moins grand, et d'être complétement exempt de fer, tandis que l'alun ordinaire peut en contenir.

Pour constater la présence de ce métal, il faut faire un essai qui consiste à mettre la dissolution d'alun en contact avec une dissolution de prussiate jaune de potasse; ce réactif est très-propre à faire connaître la présence du fer à l'état de sesquioxyde : la liqueur prend alors une couleur bleue plus ou moins prononcée.

Pour préparer l'alun, dont l'usage en teinture est très-considérable, comme nous l'avons dit, afin de fixer les couleurs, qui deviennent ainsi insolubles dans l'eau, on emploie différents procédés. Pour avoir l'alun cubique, on se sert d'une matière qui n'existe d'ailleurs dans la nature que dans des conditions assez rares : c'est un produit qu'on désigne sous le nom d'*alunite*, et qui se rencontre dans les États romains, ainsi qu'en Hongrie. C'est une combinaison de sulfate d'alumine et de sulfate de potasse formée d'un équivalent de sulfate d'alumine basique et d'un équivalent de sulfate de potasse. La quantité d'acide sulfurique est ici moins considérable que dans l'alun, où il y a 3 équivalents. Pour tirer l'alun de cette matière, on la soumet à une légère calcination, puis on l'abandonne ensuite à elle-même, en présence de l'air, pendant quelques mois, après y avoir ajouté une certaine quantité d'eau. La calcination désagrége la matière, pour l'amener sous une forme différente; celle-ci, traitée par l'eau, fournit l'alun à l'état cristallisé.

Un autre procédé consiste à traiter l'argile par l'acide sulfurique. On sait que les argiles proviennent de la décomposition des roches feldspathiques. Les argiles sont plus ou moins ferrugineuses : les argiles ordinaires, employées pour la fabrication des briques et de la poterie commune, contiennent du fer en quantité considérable, auquel elles doivent leur couleur grise ou leur couleur rouge; la couleur est blanche pour l'argile plus pure, comme le kaolin.

Quand on traite, soit l'argile commune, soit le kaolin, par l'acide sulfurique, dans un degré de concentration moyen, tel que l'acide des chambres de plomb, en soumettant le mélange à l'action d'une température ménagée, l'acide sulfurique se combine avec l'alumine, et la silice reste à l'état insoluble. On ajoute de l'eau et du sulfate de potasse; on fait évaporer la liqueur et on la soumet à la cristallisation. L'alun qu'on obtient renferme une petite quantité de fer qu'on peut séparer par de nouvelles cristallisations.

Il y a un troisième procédé qui est intimement lié à la fabrication du sulfate de fer. On a des substances minérales qui contiennent du fer et de l'alumine : ce sont des schistes alumineux qu'on trouve notamment à Bouxwiller, dans le département du Bas-Rhin.

Ces schistes sont en effet composés, d'une part, d'une certaine quantité de matières organiques de la nature de la houille employée comme combustible, et, d'autre part, d'argile et d'une certaine quantité de sulfure de fer. Abandonnés à l'air, le sulfure de fer se transforme en sulfate de fer, en même temps l'acide sulfurique qui prend naissance se combine avec l'alumine, et de là résultent tout à la fois du sulfate de fer et du sulfate d'alumine. Quand la matière a été abandonnée au contact de l'air pendant un temps suffisant, on y met le feu, en entretenant une combustion lente pour terminer la réaction chimique commencée sous l'influence de l'air. On la soumet ensuite au lessivage, et l'on obtient des liqueurs de sulfate de fer et de sulfate d'alumine qu'on évapore ; par la cristallisation, on a du sulfate de protoxyde de fer moins soluble que le sulfate d'alumine. Quand les liqueurs ont abandonné le sulfate de fer qu'elles renferment, non pas toutefois la totalité, on obtient ce qu'on appelle des *eaux mères*, qui contiennent du sulfate d'alumine en grande quantité et du sulfate de fer. On ajoute le cristalliseur, le sulfate de potasse ou d'ammoniaque, et l'on agite les dissolutions pendant leur refroidissement, de manière à obtenir une matière très-divisée. On la recueille dans des vases percés à double fond, afin de la faire égoutter et de la laver. Une fois lavé, cet alun en farine est dissous dans de l'eau bouillante, et la liqueur est introduite dans de vastes cristallisoirs qui ne sont autres que des cuviers de bois avec des douves mobiles. Opérant sur de grandes masses, on obtient ainsi l'alun en cristaux octaédriques ordinairement très-volumineux.

Treshardy.

CHRONIQUE.

Les soirées scientifiques et littéraires de la Sorbonne obtiennent décidément un succès d'enthousiasme. Jeudi, M. Jamin, à la prière de M. le ministre, a bien voulu répéter sa leçon *sur les divers états de la matière*. L'affluence n'était pas moins grande que la première fois. Nous avons remarqué des notabilités dans tous les genres. Au premier rang, en face du professeur, était assise madame Georges Sand.

Lundi prochain, 14, M. Gratiolet traitera *de l'homme et de son rang dans la création*. Nous publierons cette conférence dans notre prochain numéro.

Dimanche, 13 mars, M. Bertrand, de l'Académie des sciences, donnera à la salle Barthélemy un entretien sur l'astronome Tycho-Brahé. Nous le publierons également.

L'Annuaire de M. le professeur Bouchardat et celui de MM. Garnier et Wahu viennent de paraître.

Le propriétaire-gérant : Germer Baillière.

PARIS. — IMPRIMERIE DE E. MARTINET, RUE MIGNON, 2.

PREMIÈRE ANNÉE. — N° 16. UN NUMÉRO : 30 CENTIMES. 19 MARS 1864.

REVUE
DES
COURS SCIENTIFIQUES
DE LA FRANCE ET DE L'ETRANGER

PHYSIQUE — CHIMIE — ZOOLOGIE — BOTANIQUE — ANATOMIE — PHYSIOLOGIE
GÉOLOGIE — PALÉONTOLOGIE — MÉDECINE

Paraît tous les Samedis.

	Six mois.	Un an.
Paris	8 fr.	15 fr.
Départements	10	18
Étranger	12	20

Prix de l'abonnement avec la Revue des Cours littéraires.

Six mois..... Paris, 15 fr. Départ., 18 fr. Étranger, 20 fr.
Un an....... — 26 — 30 — 35

Rédacteur en chef
M. ODYSSE-BAROT

Les ouvrages dont deux exemplaires auront été envoyés au bureau du journal seront annoncés et analysés s'il y a lieu.

On s'abonne
A LA LIBRAIRIE GERMER BAILLIÈRE
17, rue de l'École de Médecine,
Et chez tous les libraires, par l'envoi d'un bon de poste, ou d'un mandat sur Paris.

L'abonnement part du 1er décembre ou du 1er juin de chaque année.

AVIS. — L'abondance des matières nous engage encore, et pour la troisième fois, à donner gratuitement à nos lecteurs un supplément de huit colonnes.

SOMMAIRE.

ANTHROPOLOGIE.

CONFÉRENCE DE M. GRATIOLET.

(SOIRÉES SCIENTIFIQUES DE LA SORBONNE.)

De l'homme et de sa place dans la création.

L'histoire naturelle des règnes vivants n'aurait pas de but, disait l'illustre Blainville, si elle ne servait de base à la philosophie. Nous la voyons, en effet, sous le nom de paléontologie, fournir des éléments précieux à l'histoire de la terre; sous le nom de physiologie, traiter de l'origine des êtres animés et de leurs facultés diverses : à tous ces points de vue, c'est donc une science éminemment philosophique, comme le voulait ce grand naturaliste. Mais sa pensée est vraie surtout pour cette partie de l'histoire naturelle qui a l'homme pour objet, et qu'on appelle l'anthropologie.

Cette science est un champ clos où combattent toutes les doctrines philosophiques. Parmi ceux qui la cultivent, les uns n'accordent à la raison que ce qu'elle peut acquérir par les sens, et ne voient dans l'homme qu'un animal : c'est l'école physiologique. Elle tient surtout grand compte des caractères tirés de l'organisation de l'homme, et considère les facultés qui le distinguent comme un résultat de cette organisation agissante.

L'école philosophique, au contraire, s'attache plus particulièrement à l'étude des facultés intellectuelles de l'homme, et, constatant en lui l'existence de facultés, disons le mot, de *propriétés* absolument nouvelles, elle sépare l'homme des animaux pour élever son type à la hauteur d'un règne.

Cette idée ne manque certainement pas de grandeur, et, au premier abord, elle peut séduire l'esprit; mais ses dangers en histoire naturelle sont considérables, et elle est née d'un sentiment intérieur, bien plus que de l'observation des faits. Les physiologistes lui opposent en effet de nombreuses objections.

L'homme, après tout, est vraiment un animal par son organisation intime et son mode d'existence. Il est un animal vertébré; il naît et meurt comme les animaux ; il se nourrit comme eux, et reproduit dans le plan de son organisme intérieur toutes les conditions fondamentales réalisées chez les vertébrés. C'est donc incontestablement un animal vertébré. Mais dans ce groupe il se rapproche bien plus des mammifères, et c'est un mammifère monodelphe par toutes les circonstances de son développement. Comment en douter quand on retrouve chez lui les poils, la sécrétion lactée avec ses glandes spéciales, et la disposition des appareils nerveux et locomoteurs qui distingue ces animaux?

Mais l'homme n'est pas un monodelphe quelconque : pour Linnæus, c'est un primate, le premier de tous. Les anatomistes modernes ont singulièrement réduit cet ordre des primates, dans lequel Linnæus rassemblait l'homme, le singe, les makis et les chauves-souris, et qui ne comprend plus aujourd'hui que les singes. Or, suivant un célèbre naturaliste anglais, M. Huxley, l'homme s'éloignerait moins de l'orang-outang, du chimpanzé ou du grand gorille que ceux-ci des sapajous et des petits singes à griffes de l'Amérique méridionale. Cette comparaison entre l'homme et le singe, le vulgaire la fait lui-même tout spontanément, et il aperçoit si bien cette ressemblance, que les grands singes anthropoïdes sont, à ses yeux, les hommes des bois. Les compagnons de l'amiral carthaginois Hannon s'emparent de quelques femelles de grand singe, probablement de chimpanzé; ils les prennent pour des femmes sauvages. Le mot *orang* signifie homme, et un naturaliste fort connu, M. Bory de Saint-Vincent, inclinait fort, en effet, à faire un homme du singe qui porte ce nom : il est vrai qu'il le connaissait fort peu.

Pour combattre nos adversaires, il faut d'abord leur concéder tout ce qu'il y a de vrai dans leur opinion, et en quelque sorte leur fournir nous-mêmes des armes : c'est tout armés que nous voulons les attaquer et les vaincre. Oui, si l'on ne considère que le côté matériel de la question, l'homme ressemble au singe par beaucoup de points, et nous allons le prouver.

Nous ne parlerons pas de la forme extérieure, qui, dans ses grandes lignes, est évidemment analogue dans les deux groupes. Mais le squelette de l'homme a beaucoup de rapports avec celui des singes, et cette analogie se poursuit dans les viscères, les vaisseaux sanguins, les organes des sens et le système dentaire. Les recherches les plus récentes sur l'organisation cérébrale ont conduit au même résultat, et il est démontré que, sous ce point de vue, l'homme se rapproche énormément des singes, bien plus, il ne ressemble absolument qu'à eux : à tel point que si l'on venait quelque jour à classer les animaux mammifères d'après l'étude du cerveau, c'est-à-dire de l'organe animal par excellence, il faudrait élever ce groupe des primates, comprenant à la fois l'homme et les singes, au rang de sous-classe dans la division des mammifères monodelphes.

Quelques détails anatomiques sont indispensables pour faire saisir ces analogies intimes, et on nous les pardonnera, en comprenant l'importance qu'ils vont avoir tout à l'heure pour la suite de cette exposition.

Chez tous les animaux vertébrés, et par conséquent dans les mammifères, les nerfs aboutissent à une tige commune qu'on appelle partout la moelle épinière. Cette tige pénètre dans le crâne, où elle s'augmente de quatre nouvelles masses nerveuses, qui se succèdent d'arrière en avant : le cervelet, les lobes optiques et les lobes olfactifs, et au-dessus des lobes olfactifs, entre eux et les lobes optiques, les hémisphères du cerveau. Le cervelet n'est pas l'organe de l'intelligence, mais il coordonne tous les mouvements de l'automate; disposition admirable, car si l'intelligence devait porter une attention continuelle à tous les mouvements que le corps exécute, elle n'aurait pas le temps de contempler le beau et de poursuivre la vérité. Le cervelet, organe de coordination, a des rapports intimes avec le nerf de l'audition. Les lobes optiques sont également des centres d'automatisme mécanique; ils ont des rapports directs avec les nerfs de la vue, et guident le corps dans le sens des impressions lumineuses. Les lobes olfactifs ont rapport au sens de l'odorat et peut-être du goût. Mais le cerveau a rapport à tout; il est la condition de l'harmonie; il est la salle du grand conseil, suivant M. le docteur Guepin : c'est le temple où réside le dieu, suivant l'expression plus poétique et plus vraie de Malpighi.

Dans tous les mammifères monodelphes qui sont au-dessous des singes, le cerveau, se prolongeant en arrière, recouvre les tubercules quadrijumeaux ou lobes optiques; mais il laisse le cervelet à découvert; les lobes olfactifs sont énormes, sauf quelques rares exceptions commandées par les nécessités d'un séjour plus ou moins aquatique. Leur volume égale quelquefois celui du cerveau lui-même. Les deux moitiés du cerveau sont séparées et contiennent chacune dans leur intérieur une cavité semi-lunaire que l'on appelle ventricule latéral; ce ventricule ne fournit jamais de prolongement ou de corne postérieure. Ces deux moitiés du cerveau sont en outre munies et traversées par un cordon nerveux intermédiaire, connu des anatomistes sous le nom de commissure antérieure. Cette commissure a des rapports incertains avec les lobes antérieurs du cerveau, mais elle s'épanouit presque en entier dans les lobes olfactifs; elle est si bien liée à leur fortune, qu'on la voit se développer et disparaître avec eux. Ainsi nous trouvons à la fois un lobe olfactif et une commissure antérieure chez les baleines, qui, écumant la surface des mers, peuvent exercer l'olfaction très-visible. Mais ces parties sont simultanément anéanties chez les dauphins, qui poursuivent leur proie sous les eaux, c'est-à-dire dans un milieu où aucun mammifère ne peut respirer. Enfin, les nerfs du sens le plus noble, celui de la vision, les nerfs optiques, n'ont aucun rapport direct avec le cerveau, organe de l'intelligence. Ils se rendent exclusivement, au moins en apparence, dans un centre d'automatisme mécanique, dans les tubercules quadrijumeaux ou lobes optiques. Les choses se passent ainsi, sans exception, dans tous les mammifères monodelphes qui sont au-dessous des singes; mais les singes font exception, ils réalisent un type cérébral tout nouveau.

En effet, chez les singes, le cerveau, se prolongeant en arrière au-dessus du cervelet, le recouvre complétement. Les lobes olfactifs sont réduits à un tractus grêle, et cette réduction excessive n'est en aucune façon la conséquence du milieu ambiant, tous les singes étant aériens. Il y a une corne postérieure énorme aux ventricules latéraux, et elle occupe tout l'intérieur des lobes postérieurs des hémisphères. A la vérité, ce fait a été nié par M. Owen, mais son erreur saute aux yeux. La commissure antérieure n'a plus aucun rapport avec les lobes olfactifs ; elle s'épanouit tout entière dans les lobes postérieurs du cerveau. Enfin, le nerf optique, qui chez les autres mammifères se portait tout entier dans un centre d'automatisme, les tubercules quadrijumeaux, n'envoie plus à ces tubercules qu'une racine grêle, et s'épanouit presque en entier dans les hémisphères cérébraux, organes d'intelligence.

Ces faits, faciles à constater, ont un sens précis, l'odorat prédominait d'une manière frappante dans le premier type; dans le second, celui des singes, c'est le mode-lumière qui prend le dessus. Les premiers sont des animaux-odorat; on pourrait dire que les singes sont déjà des animaux-lumière.

L'homme, dans les traits généraux de son organisation cérébrale, se rapproche complétement des singes. Le cerveau, se prolongeant en arrière, recouvre complétement le cervelet et le dépasse dans beaucoup de cas. Les lobes olfactifs sont rudimentaires et bien plus réduits encore que chez les singes. Le ventricule latéral a aussi une corne postérieure, un peu moins large, il est vrai, que chez les singes. La commissure antérieure n'a aucun rapport avec les lobes olfactifs, et s'épanouit tout entière dans les lobes postérieurs du cerveau. Enfin, le nerf optique n'envoie qu'une racine très-grêle dans les tubercules optiques et pénètre par des expansions infiniment multipliées dans l'intérieur des hémisphères cérébraux.

Ainsi l'encéphale de l'homme et celui des singes présentent une ressemblance typique, et cette ressemblance est exclusive; l'homme ressemble au singe et ne ressemble qu'à lui.

Ces analogies peuvent se poursuivre plus loin. La surface du cerveau de l'homme est plissée, et ces plis ou circonvolutions se groupent dans un ordre constant. Cet ordre est le même chez les singes, sauf quelques différences de détail qui n'altèrent pas le plan général.

L'anatomie comparée démontre ces analogies; toutes les différences portent sur des caractères secondaires : sur le volume, sur la complication et sur les proportions réciproques des parties. Mais ces différences n'altèrent en rien l'unité du type; elles sont attestées par des faits visibles, incontestables : les nier, c'est se refuser à l'évidence.

Voilà les faits qu'invoque l'école physiologique, et ces faits sont réels. Nous avons suivi la comparaison aussi loin que possible. Je le répète, les faits invoqués sont vrais; mais sont-ils toute la vérité? Au delà de ces ressemblances avouées viennent des différences qu'on n'avoue pas. Or, ne vous semble-t-il pas qu'une vérité incomplète et tronquée est voisine de l'erreur?

C'est une loi sans exception, en histoire naturelle, que le semblable se développe d'une manière semblable; l'ordre du développement sérial des espèces est conforme à l'ordre du développement embryonnaire dans une même famille naturelle. Toute exception à cette règle constitue une anomalie sans exemple, un véritable prodige. Or, ce prodige est réalisé par l'homme.

Le cerveau de l'homme adulte, avons-nous dit, est semblable à celui du singe, et cependant il se développe à certains égards d'une manière toute différente. Ainsi, par exemple, les plis dans le cerveau des singes apparaissent d'abord sur les lobes inférieurs, et, en dernier lieu, sur les lobes frontaux. Dans l'homme, l'inverse a lieu : les plis frontaux apparaissent les premiers, les plis inférieurs sont les derniers. Il en résulte des différences perpétuelles pendant la vie fœtale, et l'homme, à cet égard, se présente comme une irrésoluble exception. Ainsi, à aucune époque, ce cerveau humain, semblable typiquement au cerveau du singe, n'est un cerveau de singe. Il échappe à la règle commune. On ne peut faire, de l'homme matériel, ni un règne, ni un embranchement, ni une classe, ni un ordre, ni une famille d'un ordre. Il est à part des êtres qui lui sont le plus semblables. Il apparaît, passez-moi le mot, aux yeux du naturaliste, qui le rangerait parmi les singes, comme une anomalie.

Nous avons considéré jusqu'ici les formes d'une manière abstraite, sans égard aux accommodations extérieures, et, pour ainsi dire, typiquement. Mais en se réalisant, tout animal fait partie de l'harmonie du monde, il y joue son rôle dans le concert des êtres créés; il a sa mission, ou, en d'autres termes, sa nature propre, et cette mission est écrite dans ses organes, modifiés pour une accommodation spéciale. Ces modifications lui donnent un caractère propre; la forme n'est plus seulement une limite, elle devient un symbole, un langage qui rend visible la nature invisible de l'être.

Comparons donc à ce point de vue le symbolisme des formes chez le primate normal, le singe, et chez le primate exceptionnel, l'homme. Nous prendrons, bien entendu, les grands singes, qui, par suite de leur ressemblance avec l'homme, ont été nommés anthropoïdes ou anthropomorphes, l'orang, le chimpanzé, le gorille, et, pour abréger, nous étudierons surtout la main et la physionomie de la face.

La main du singe, et, en lui appliquant ce nom nous avons presque peur de prononcer un blasphème, la main du singe anthropoïde n'est qu'un crochet préhenseur. Dans la main d'une guenon ou d'un macaque, le pouce n'a aucune liberté; son tendon émanant du tendon que fléchit les autres doigts, les flexions de toutes ces extrémités sont simultanées; mais, à défaut d'indépendance, il a beaucoup de force. Cette liberté qui lui manque chez les petits singes, le pouce l'acquiert-il dans les anthropoïdes? Le tendon qui le meut, aboutissant à un muscle distinct, va-t-il leur permettre de se mouvoir plus librement? Loin de là : ce tendon s'anéantit, et la force du pouce disparaît; il ne se perfectionne pas, il se dégrade; à peine ces longs doigts crochus peuvent-ils, en se recourbant, toucher un à un à l'extrémité unguéale du pouce. L'ongle qui les termine est court, difforme, inflexible;

c'est déjà une griffe. Il serait difficile d'imaginer un organe plus mal adapté à l'exercice du toucher.

Mais cette main, si imparfaite pour ce but, qui n'est pas le sien, comme elle est admirablement adaptée aux besoins particuliers d'un singe arboricole ! avec quelle exactitude elle s'applique, en se recourbant dans toutes ses parties, sur des rameaux cylindriques ! quelle force dans ce crochet suspenseur ! D'ailleurs cette main, s'associant aux mouvements du membre postérieur, n'est, après tout, que l'organe habituel d'une locomotion quadrupède ; les singes sont toujours mal à leur aise sur la terre; leur sol véritable, c'est le sol inégal que leur offrent les branches des arbres. En réalité, la main n'est donc libre que dans le repos de l'animal, et encore cette liberté se réduit-elle à des mouvements de préhension brutale.

Quelle différence dans la main de l'homme ! Le pouce s'agrandit; il acquiert une force prodigieuse, une liberté presque sans limites; sa pulpe tactile s'oppose, avec une indépendance complète, simultanément ou tour à tour, aux pulpes de tous les autres doigts. Ceux-ci, recouverts à leur extrémité d'ongles élastiques, réalisent toutes les conditions d'un organe propre à mesurer l'intensité des pressions. La paume de la main du singe ne pouvait s'appliquer qu'à un cylindre; celle de la main humaine peut encore se creuser en gouttière longitudinale, ou se façonner en coupe, de manière à s'appliquer aux surfaces sphériques. Elle était simplement organe préhenseur; elle devient mesure; elle était crochet, elle devient compas, suivant l'admirable expression de Blainville, et le compas suppose déjà le géomètre. Elle saisissait jusque-là le sol ou l'aliment; désormais, passez-moi le mot, elle pourra saisir aussi des idées. (Applaudissements).

Cette haute destination de la main de l'homme est écrite dans son indépendance. Elle n'a plus aucun rapport avec les membres postérieurs pour la locomotion du corps ; toutes ses relations seront tournées désormais vers les organes des sens supérieurs. Ainsi transformée, la main humaine ne devient-elle pas un nouvel organe? Ce compas vivant, nous le disions à l'instant, ne rend-il pas témoignage du géomètre qui l'emploie? Cette complète indépendance de la main a pour condition nécessaire l'attitude verticale du corps, attitude de liberté souveraine que ne présentent pas les singes. Car on vous trompe en vous disant que certains singes marchent sur deux membres; à peine peuvent-ils conserver quelque temps cette attitude dans le repos ; mais dès qu'ils veulent se mouvoir, ils reviennent à leurs habitudes quadrupèdes. La station verticale reste donc le privilége de l'homme, noble symbole justement célébré par les poëtes, et nous pourrions rappeler ici les vers d'Ovide, s'ils n'étaient dans toutes les mémoires :

> Os homini sublime dedit, cœlumque tueri
> Jussit.....

Passons maintenant au symbolisme de la face, bien plus significatif encore.

Si nous considérons la composition anatomique toute seule, la tête de l'homme et celle du singe se ressemblent exactement. Mais quelle différence profonde si nous prenons le type réalisé !

Dans la tête du singe, la face l'emporte à tel point sur le crâne, que ce dernier, caché pour ainsi dire derrière elle, ne présente plus de front. Dans cette face les mâchoires prédominent; la bouche n'est qu'un rictus laissant apparaître chez le mâle adulte des dents énormes et des canines entrecroisées, comme dans les animaux carnassiers. Cette face, où la force brutale et la fureur insatiable semblent avoir établi leur empire, est d'un aspect hideux; l'oreille est sans lobule, le nez n'a ni saillie, ni véritables narines, et les ouvertures olfactives s'ouvrent au-dessus des lèvres dans une fosse monstrueuse. Le sourire est impossible à cette bouche ; la lèvre et le menton se confondent en une sorte de valve arrondie s'opposant à la lèvre supérieure; et quand la bouche est fermée, leurs bords, intimement ajustés, sont droits, plats, et ne laissent apparaître aucun épanouissement de la muqueuse : on le sent tout de suite, ces lèvres ne parleront jamais. (Vifs applaudissements.) La face, ridée par l'action grimaçante des muscles, n'a jamais la divine expression de la jeunesse, et les yeux, qu'aucun front ne surmonte, semblent ne voir que pour le corps et non pour l'intelligence. Voilà ce que raconte cette face, cent fois plus dégradée par l'expression que celle de ce chien que l'intelligence humaine a conquis.

Que raconte, au contraire, la tête humaine? Le développement énorme du front qui la domine fait intervenir dans l'expression générale de la face le signe de l'intelligence. L'organe de la force brutale, les mâchoires s'amoindrissent, et des lèvres mobiles, sur le bord desquelles s'épanouissent les muqueuses, les dissimulent encore par les oscillations incessantes de leurs courbures : ces frémissements traduisent ainsi les plus secrètes émotions de la vie. De plus, l'œil qui, chez les singes anthropomorphes, était refoulé dans le crâne, se loge ici dans la face elle-même pour l'animer, et perd cette expression lubrique qui le caractérisait, la saillie du nez semble prolonger le front et accuser de plus en plus dans cette harmonie la prédominance du cerveau, organe de l'intelligence. Les narines, devenues indépendantes et mobiles, frémissent légèrement et contribuent à l'expression des lèvres, sur lesquelles apparaît pour la première fois le sourire, ce symbole béni de la joie douce et bienveillante. On voit encore se développer certains signes de l'ordre de ceux que Blainville appelait les *pavillons* et les signes de l'être : tels sont les lobules de l'oreille, auxquels il faut joindre ces narines et ce bord épanoui des lèvres que nous venons déjà d'indiquer.

On dira peut-être que nous parlons exclusivement de la race blanche, et que cette race n'est pas la seule. Il y a, en effet, des hommes à museau saillant parmi les nègres et dans certaines races dégradées : ces races formeraient-elles donc un passage entre l'homme et les singes? Non, mille fois non. Leur difformité même proteste contre une pareille assimilation. Loin de s'amoindrir, tous les pavillons humains s'agrandissent, s'exagèrent encore chez elles : ce lobule de l'oreille, ces narines, ces lèvres, qui sont les caractères exclusifs de l'homme, se développent jusqu'à la difformité. Et, — admirez l'instinct bizarre des sauvages ! — ils ont pour ces pavillons une passion poussée jusqu'à la folie ; ils y attachent des anneaux, des pierres, des dents, des plumes brillantes ; ils cherchent, par tous les moyens imaginables, à diriger l'attention sur eux. Dans toutes les races, l'homme n'est-il pas fier de son front, et n'y a-t-on pas attaché de tout temps le signe de la puissance souveraine !

Tout proteste donc dans la face dégradée du nègre contre cette assimilation impie ; les signes de l'humanité sont en lui : la main libre et le front, indice du cerveau, commandant aux organes inférieurs de la face.

Ainsi, toutes les expressions du corps témoignent dans l'homme d'une autre nature. L'homme matériel est sans doute un animal, mais c'est un animal transfiguré, et, si l'on peut ainsi parler, changé en symbole.

Nous avons parlé des organes de l'homme, et, par le sens de leur physionomie, nous l'avons séparé du singe ; il nous reste à indiquer ses facultés propres.

L'homme, disait naguère un naturaliste célèbre, ne se distingue pas des animaux par le langage. En effet, tous les êtres ont un langage propre qui exprime leurs émotions et leur propre nature : d'un bout à l'autre de la série animale, ils se racontent eux-mêmes par le cri, par les gestes, par la physionomie, mais ils ne racontent rien du monde. Le langage de la physionomie est commun à tous les animaux, il est soumis à des règles uniformes, et se retrouve chez l'homme comme partout : à ce point de vue, l'homme ne se distingue donc pas des animaux. Mais il a aussi un autre langage, et ce langage n'appartient qu'à lui ; par ce langage, l'homme ne se raconte pas seulement lui-même, il raconte les idées qu'il a de l'univers : aucun animal n'offre le moindre germe d'une pareille faculté.

Ce langage est-il la seule faculté propre à l'homme? Non assurément. L'animal commande à son corps au gré de ses passions, mais il ne commande qu'à son corps. Est-il besoin de vous rappeler, après la conférence de notre savant collègue M. Jamin, que l'homme seul sait commander aussi aux puissances de la nature?

Enfin, les oiseaux construisent des nids, bien des animaux sont architectes ou maçons; mais ils agissent toujours automatiquement, et toujours de la même manière : c'est l'instinct, et l'instinct seul, qui les fait agir, car ils n'ont aucune faculté représentative des choses réelles et des idées. L'homme seul est créateur de *formes*, seul il sculpte et dessine; et cette puissance créatrice de formes, offre une incontestable ressemblance avec la puissance qui a conçu et créé les réalités extérieures, cette puissance propre à l'homme justifie donc le verset de la Genèse : *Dieu créa l'homme à son image et à sa ressemblance.* L'homme est poursuivi d'un incessant besoin d'activité et de domination qui le pousse à soumettre la nature ; c'est le sens de la fable antique de Prométhée dérobant le feu du ciel. L'animal, au delà de l'horizon des sens, ne connaît même pas son espèce ; l'homme se préoccupe de tous les peuples de l'univers et du passé comme de l'avenir. Dans le passé, ne pouvant scruter les premières origines, il invente des cosmogonies ; que dis-je? il veut aussi régner sur l'avenir : il le prévoit, il s'en empare par la pensée, le conçoit sans limites, et prétend à l'immortalité. Cet instinct sublime de l'homme le tromperait-il? Mais quel instinct a jamais trompé un animal? Or, pourquoi cette puissance de l'instinct toujours vraie dans les animaux ne serait-elle menteuse que dans l'homme !

Nous ne pouvons terminer cette exposition sans nous demander pourquoi l'homme ressemble plus au singe qu'aux autres animaux. Le plan d'organisation du corps des singes réalise une liberté plus grande ; le plan d'organisation de leur cerveau réalise les conditions d'un rapport plus intime avec la lumière. Or, n'était-il pas naturel que l'intelligence s'incarnât dans des organes libres, dans un cerveau plein de lumière ?

L'homme, par son organisation, est donc un animal. C'est l'animal que traite le médecin. C'est ce corps vivant qui a faim et soif, chaud et froid, qui souffre ou sent la joie, qui naît comme la bête et meurt comme elle. Mais dans ce corps animal se manifestent des facultés toutes nouvelles ; ces facultés sont propres à l'homme, elles ne sont absolument qu'à lui. Le singe le plus semblable à l'homme par son organisation cérébrale n'en offre pas même un vestige.

Qui expliquera ces prodigieuses différences dans des corps semblables, si tout dans l'homme résultait de l'organisation? Loin de rapprocher l'homme du singe, leur similitude matérielle ne fait-elle pas mieux ressortir encore la profondeur de l'abîme qui les sépare ?

Ainsi l'homme intelligent couronne le règne animal. Il apparaît au sommet de la série ; mais, suivant l'expression de mon cher et illustre maître, Henri de Blainville, il la dépasse et plane au-dessus d'elle.

ÉMILE ALGLAVE.

PALÉONTOLOGIE.

COURS DE M. A. D'ARCHIAC.

(MUSÉUM D'HISTOIRE NATURELLE.)

(Voy. les n°s 1, 2, 10, 12 et 14.)

V.

Cavernes et brèches osseuses du centre et de l'ouest de la France.

Si, poursuivant nos recherches dans les parties centrales et occidentales de la France, nous jetons d'abord un coup d'œil sur le bassin inférieur de la Loire, nous aurons à signaler les résultats de quelques observations faites par M. Bourgeois au hameau des Caves, près de Vallières-les-Grandes, non loin d'Amboise, dans la petite vallée de la Maze (Loir-et-Cher), à 7 mètres au-dessus du niveau du ruisseau.

Une fente, ou cavité allongée, ouverte en cet endroit dans la craie jaune de Touraine, paraît avoir été remplie à trois reprises différentes. La partie inférieure du sol de remblai consiste en une marne argileuse; la partie moyenne est une argile jaune, et la partie supérieure une alluvion sableuse, contenant des cailloux roulés, semblables à ceux du diluvium de la vallée de la Loire.

La couche inférieure était la plus riche en débris organiques, et renfermait les ossements les plus volumineux; la seconde en a présenté fort peu, et la troisième offrait presque partout une multitude d'ossements de petites dimensions. Malheureusement, en les recueillant, M. Bourgeois ne songea pas à noter la couche dans laquelle chaque os avait été trouvé, de sorte que la liste qu'il en a donnée, en faisant connaître l'ensemble des caractères de cette faune, ne permettait pas de juger s'il y avait eu dans le pays plusieurs faunes successives en rapport avec chacune de ces couches.

Les espèces et les genres mentionnés sont l'*Hyæna spelæa*, un grand *Felis* (Tigre ou Lion), un Chien ou Loup (*Canis spelæus*, Gold.), le Renard, le Blaireau (*Meles fossilis*, Munst.), une Belette ou Putois; des ossements de rongeur (Campagnol), de Cheval (*Equus adamiticus*), très-communs; parmi les pachydermes, des restes de *Rhinoceros tichorhinus*, très-rares, le Cochon (*Sus fossilis*); parmi les ruminants, le *Bos primigenius*, très-commun; des ossements de deux espèces de Cerfs, dont un serait le *C. megaceros;* beaucoup de restes de petits batraciens, de poissons voisins des Érythrins, et des coquilles qui vivent encore aujourd'hui dans le pays, particulièrement les *Helix lapicida*, *nemoralis*, et le *Cyclostoma elegans*.

Ce qui est venu ajouter un intérêt particulier à ces premiers résultats qui remontent à 1849, c'est que tout récemment le même observateur a constaté, dans cette localité, la présence de silex taillés, disséminés, dit-il, à tous les niveaux, depuis la partie inférieure où se rencontrent plus fréquemment les gros ossements, jusqu'à la supérieure où dominent ceux de petits rongeurs, de batraciens, les écailles et les vertèbres de poissons. La simple inspection des lieux suffit pour démontrer que le sol est parfaitement vierge, et que les objets travaillés n'ont pu y être introduits par une cause quelconque depuis sa formation.

Un peu au sud-est de ce point, près de Saint-Aignan, dans la vallée du Cher, une cavité également dans la craie jaune du pays, a présenté des restes d'Éléphant en assez mauvais état, mais reconnaissables, des os de Rhinocéros, de Cheval, une mâchoire de Chien-loup, et quelques autres débris moins déterminables; ce qui prouve que le remplissage des fentes s'est effectué dans cette vallée comme dans toutes les autres.

Si nous descendons plus loin dans la vallée de la Loire, jusqu'au delà d'Angers, les calcaires anciens des environs de Chalonne, sur la rive gauche du fleuve, nous offriront encore des excavations naturelles dont le sol est jonché d'ossements d'Ours, d'Hyène, de Blaireau, de Campagnol, de Lièvre, de Lapin, de Cheval, de *Rhinoceros tichorhinus*, de Cerf, de Renne, de Mouton, de grand Bœuf, de Sanglier et de Grenouille. Il en est de même dans certaines carrières des environs, telles que celles du Petit-Fourneau et de Liré.

Ainsi, le long de la Loire, comme le long de la Seine, de l'Oise, de la Somme, de la plupart de nos rivières, nous retrouvons les éléments de la faune quaternaire dans les cavernes et les brèches, comme dans les alluvions qui en occupent le fond.

Lorsque nous avons traité de cette faune dans la Limagne, ou en remontant la vallée de l'Allier, affluent de la Loire, nous avons dit comment une partie de ses éléments se trouvait comprise dans des éboulements au pied des collines, et dans les fentes des roches volcaniques; aussi nous bornerons-nous à rappeler sommairement les faits pour les lier à ce qui précède.

Les brèches osseuses de l'Auvergne se trouvent dans des travertins et dans les laves des volcans à cratère. C'est au village de Coudes, sur l'Allier, à deux lieues d'Issoire, que se trouvent les premières. Des fentes de la roche calcaire ont été remplies de fragments d'aragonite, de travertin, de quartz résinite ou de carbonate de chaux pulvérulent qui entourent des ossements dont les analogues se rencontrent enveloppés dans le travertin lui-même. Près d'Orbières, au sud de Clermont, des fissures de la lave sortie du cratère de Gravenoire sont aussi remplies de sable volcanique, de calcaire pulvérulent et d'ossements pour la plupart encroûtés de carbonate de chaux. Ce sont les mêmes que ceux de Coudes et des autres dépôts d'atterrissements de cette époque dans lesquels M. Pomel a cité deux espèces d'Éléphants, mais dont le gisement était douteux, le *Rhinoceros tichorhinus*, le Cheval, le Sanglier, le Bœuf, l'Antilope, le Cerf, un *Felis*, le Putois, le Chien, la Taupe, la Musaraigne, le Lièvre, le Spermophile, le Campagnol, le Hamster, le Rat, huit espèces d'oiseaux, un Lézard, des batraciens, des serpents, des poissons et des Hélices, des Cyclostomes, des Bulimes, des Maillots, dont les espèces vivent encore dans le pays.

Cette faune fossile, la plus récente de celles qui ont successivement vécu sur le sol de l'Auvergne, se trouve parfaitement caractérisée par le mélange d'espèces perdues et d'animaux encore vivants, dont quelques-uns habitent les régions glacées du Nord, tandis que d'autres ont leurs analogues sous les zones tropicales. (Voyez ce que nous avons dit à ce sujet, n° 10, p. 120, 6 février.)

En continuant l'examen des cavernes et des brèches osseuses sur le pourtour du plateau central, nous trouverons celle de Lhommaizé, dans la formation oolithique, à cinq lieues à l'est de Poitiers, où M. Mauduyt a reconnu trois couches distinctes renfermant des ossements. Dans la plus inférieure, étaient ceux de pachydermes et de ruminants (Cerf, Bœuf, Cheval, Cochon, etc.) complétement fossilisés ou mal conservés; dans la couche immédiatement au-dessus, les débris dans un meilleur état de conservation, ont appartenu à des carnassiers (Lion, Tigre, Hyène ou Chien); enfin les ossements répandus dans l'alluvion supérieure de la caverne, étaient peu ou point altérés, et provenaient de rongeurs, de petits carnassiers, dont les analogues vivent encore sur les lieux mêmes.

On remarquera ici une certaine disposition générale qui rappelle celle que nous venons d'indiquer dans la brèche de Vallières et dans la grotte d'Arcy, et qui prouve l'utilité d'observer avec soin la succession des dépôts dans ces excavations, ainsi que la distribution des fossiles dans chacun d'eux. Ce n'est que de cette manière que l'on parviendra avec le temps à établir une chronologie, laquelle sans doute ne remontera jamais bien haut, mais pourra cependant nous éclairer sur l'existence de l'homme avant les temps historiques.

Dans une brèche dure tapissant les parois d'une grotte du calcaire jurassique de Savigné, entre Civray et Charroux, M. Jolly a trouvé des armes de silex, des os travaillés et des ossements d'herbivores et de rongeurs, mais rien ne prouvait encore que ces derniers appartinssent à des espèces éteintes, et par conséquent que la brèche fût antérieure à l'époque actuelle.

Plus au sud-ouest, dans le département de la Charente-Inférieure, près de la petite ville de Pons, au hameau de Soute, les carrières de Piplart, ouvertes dans un calcaire de la craie, ont fait découvrir de nombreux ossements de carnassiers, de pachydermes, de ruminants et de rongeurs (Tigre, Chien, Éléphant, Rhinocéros, Hippopotame, Bœuf, Bison, Renne, Daim, Élan, Cheval, etc.). Ils étaient enfouis dans un dépôt d'alluvion de 1m,50 d'épaisseur, et divisé en plusieurs lits. Leur détermination, faite très-sommairement il y a trente ans par Chaudruc de Crezannes, demanderait sans doute un nouvel examen plus approfondi.

Dans le département de la Gironde, les calcaires tertiaires de Saint-Macaire, sur la rive droite du fleuve, ont présenté, en 1827, à Billaudel, dans la carrière d'Avison, les ossements d'Hyène, de Blaireau, de *Felis*, de Marte, de Taupe, de Musaraigne, de Campagnol, de Cheval, de Sanglier, de Renne, de Cerf et de Bœuf, qui sont sous vos yeux.

Ainsi, vous le voyez, messieurs, dans le calcaire de transition, aussi bien que dans les calcaires tertiaires, dans ceux de la formation crétacée comme dans ceux de la formation jurassique, partout, quel que soit l'âge du terrain, nous retrouvons la faune quaternaire composée des mêmes éléments que nous vous avions signalés dans l'ouest et le nord de l'Europe.

Nous devrions, pour suivre l'ordre géographique, parler ici des cavernes du département de la Dordogne, mais nous y reviendrons tout à l'heure, après avoir traité de celle des environs de Figeac (Lot), qui, sous le rapport zoologique offre un intérêt particulier.

A quatre lieues et demie de cette ville, sur la rive droite de la Celle, au sommet d'une montagne, à environ 350 mètres d'altitude, on découvrit, en 1818, dans un calcaire jurassique, non loin du village de Bringues, une caverne ou plutôt une fente verticale de 2m,4 de large, dans laquelle on descendit jusqu'à environ 18 mètres. Une grande quantité d'os s'y trouvaient mélangés dans une terre rougeâtre avec des fragments de la roche encaissante, soit libres, soit réunis par du carbonate de chaux.

Un certain nombre de ces os furent adressés par Delpont à G. Cuvier, qui y reconnut des restes de Cerf, de Renne, de Rhinocéros, de Bœuf et de Cheval, que vous voyez ici.

En général, messieurs, nous profitons des occasions que les circonstances nous présentent, pour faire l'histoire des fossiles les plus importants, et lorsqu'une espèce, ayant offert, dans une localité, une très-grande quantité de débris, a donné lieu à un travail ostéologique comparé assez approfondi, nous devons exposer les résultats de ces études particulières, afin de faire disparaître, au fur et à mesure que nous avançons, les incertitudes qui peuvent encore rester dans l'esprit du paléontologiste sur la valeur de telle ou telle distinction spécifique. Or, la caverne de Bringues a permis de résoudre la question qui se rattachait à l'histoire du Renne fossile.

Lorsque Cuvier reçut ces fragments fort incomplets de bois de ruminant, il fut frappé de leur ressemblance avec ceux que, près d'un siècle auparavant, Guettard avait présentés à l'Académie des sciences, et qui provenaient d'une fente dans les grès supérieurs d'Étampes. Quoique les éléments de comparaison fussent alors très-insuffisants, on avait déjà soupçonné que ce pouvait être des bois de Renne, et Cuvier, avec ces nouveaux matériaux dont fait partie cette portion de crâne, confirma la détermination de son prédécesseur, sans cependant que les pièces qu'il possédait lui permissent encore de se prononcer sur l'identité ou la non-identité du Renne fossile des cavernes de France, avec celui qui vit encore dans les régions polaires arctiques. Néanmoins il penchait pour les rapprocher, tandis que Schmerling, dans son grand travail sur les cavernes de la province de Liége, tout en admettant l'identité des bois trouvés dans ces cavernes avec ceux décrits en France, pensait que les uns et les autres appartenaient à une espèce fossile différente de la vivante. De son côté, J. de Christol, d'après une tête de Renne trouvée aux environs de Pézénas, établissait une autre espèce fondée sur la jonction des intermaxillaires aux os propres du nez, sur l'absence de canines et sur d'autres caractères qui, s'ils eussent été démontrés, eussent eu une valeur réelle, mais que l'état incomplet du spécimen ne permettait pas de constater suffisamment.

Tel était l'état de la question, lorsqu'en 1837 M. Puel, médecin distingué qui s'occupe avec succès d'histoire naturelle, reprit les fouilles de la caverne de Bringues.

Elles produisirent de nombreux ossements de Lièvre, de Campagnol et d'autres rongeurs, de trois espèces d'oiseaux (Perdrix, Pie), de Rhinocéros, de Cerf du Canada, de Cheval (*Equus caballus*), d'Ane (*E. asinus*), d'Aurochs ou Bœuf, à front large et bombé, mais surtout de Renne dont on reconnut 21 mâchoires, 17 dents isolées, 15 fragments de bois, 11 portions de crâne, 54 vertèbres, 10 portions de sacrum, 40 côtes, 10 omoplates, 26 humérus, 5 cubitus, 23 radius, 32 fémurs, 32 tibias, etc. Ce sont ces matériaux qui ont permis à M. Puel de se livrer à une étude comparative approfondie du Renne fossile avec le Renne.

Discutant avec sagacité les opinions de ses prédécesseurs et démontrant combien étaient peu fondées les prétendues distinctions invoquées par Schmerling et de Christol, il fit voir que tous les restes recueillis dans la caverne de Bringues appartenaient à une seule espèce, laquelle est identique avec le *Cervus tarandus* ou Renne actuel du nord de l'Europe et de l'Asie.

Cette conclusion, qui n'a point été infirmée depuis, à ce que nous sachions, était fort importante en ce qu'elle établissait la contemporanéité, dans cette partie de la France comme dans les autres, d'une espèce très-répandue alors, et qui n'y vit plus aujourd'hui, mais est reléguée dans les parties les plus froides de l'ancien et du nouveau continent, avec des espèces dont les congénères n'existent plus au contraire que sous les tropiques ou dans leur voisinage. Cette détermination avait encore un autre intérêt que des recherches plus récentes sont venues justifier.

Si nous revenons actuellement sur nos pas, dans le département de la Dordogne, nous rappellerons d'abord que depuis longtemps on avait signalé, dans la caverne de Miremont, au sud-est de Périgueux, ouverte dans des calcaires de la craie supérieure, un limon rouge avec cailloux, renfermant des os d'*Ursus spelæus* et beaucoup d'autres brisés, des fragments de silex également nombreux, et des coquilles terrestres d'espèces vivantes. Mais des recherches plus récentes, faites l'automne dernier par MM. Lartet et Christy, ont appelé particulièrement l'attention sur cette partie du bassin de la Vézère. En mettant sous vos yeux ces curieux produits des fouilles exécutées par ces savants dans la caverne des Eyzies, nous y ajouterons les détails que le premier a bien voulu nous communiquer, et qui n'ont pas encore été publiés.

La grotte des Eyzies, située près de Tayac, dans l'escarpement qui borde la petite rivière de la Beune, non loin de sa jonction avec la Vézère, est ouverte, comme celle de Miremont, dans un calcaire crétacé supérieur, à 35 mètres environ au-dessus du fond de la vallée; sa largeur est de 16 mètres, sa profondeur de 12 et sa hauteur de 6. Le sol est formé par une brèche osseuse dont vous pouvez apprécier ici tous les caractères, et qui est recouverte d'une terre meuble, noirâtre, renfermant, comme la brèche elle-même, des os nombreux, des silex taillés et des cailloux de diverses roches, la plupart étrangères au bassin de la Beune.

La partie inférieure de la brèche, composée ainsi d'os brisés, de silex taillés ou non et de cailloux divers, est consolidée en une sorte de conglomérat brunâtre, par des infiltrations de carbonate de chaux, constituant en quelque sorte le plancher d'un ancien lieu d'habitation que MM. Lartet et Christy ont pu faire enlever par grandes plaques. On y fabriquait sans doute aussi des pierres taillées, si l'on en juge par la prodigieuse quantité des silex désignés sous le nom de *couteaux*, et la présence de ces pierres appelées *nuclei* ou *bloc-matrice*.

La plupart des os reconnus proviennent d'animaux qui ont pu servir à la nourriture de l'homme, tels que le Renne, le Bœuf (Aurochs?), le Cheval, le Chamois ou petit Mouflon, le *Cervus megaceros* (?), le Cerf commun, des oiseaux et des poissons probablement d'eau douce.

Tous les os longs qui renfermaient de la moelle sont fendus; les autres sont entiers; beaucoup portent des traces, des entailles ou rayures d'instrument tranchant. On n'a pas observé de restes du Sanglier, comme dans la plupart des grottes qui ont servi d'habitation, et l'on n'a reconnu qu'un os de Lièvre. Outre les silex taillés, répandus à profusion dans la partie meuble et dans la partie consolidée du plancher de la grotte, on y a observé des objets travaillés en bois de Renne, des flèches barbelées, des aiguilles ou alênes, etc. Un fragment de défense d'Éléphant, également travaillé, y est signalé, et des restes de charbon abondants sont quelquefois engagés dans la partie solide du conglomérat.

Plusieurs autres grottes du pays, visitées par MM. Lartet et Christy, leur ont présenté les mêmes circonstances. Dans celle de Moustier, située au nord, sur les bords de la Vézère, ils ont remarqué la présence de silex taillés en hache, du type de ceux de la vallée de la Somme, ou du diluvium, qui ne s'étaient trouvés que très-rarement dans les autres : ils y étaient associés avec les os de Renne, d'Aurochs, de Cheval, d'Hyène et des lames détachées de dents d'Éléphant.

Cependant il n'est pas encore démontré, à ce qu'il semble, que les os d'*Ursus spelæus* et d'*Hyæna spelæa* proviennent ici d'animaux contemporains de l'homme, parce qu'ils ne portent pas ces marques indiquant que les animaux ont pu servir à sa nourriture, ce qui, d'ailleurs, est rare sur les os des carnivores.

On trouve encore, dans plusieurs vallées du même pays, le long des escarpements ou adossées à des roches en saillie et surplombantes, des preuves que les habitants de la même époque y ont fait un long séjour. Ce sont les accumulations des restes de la nourriture des aborigènes, sorte de Kjökkenmöddings formés ici, non pas de coquilles marines, mais par d'innombrables ossements de Renne, d'Aurochs, de Cheval, toujours fendus, brisés, et accompagnés de silex taillés.

Les os qui n'avaient point de moelle sont intacts, ce qui prouverait l'absence du chien domestique, qui, nous le savons, utilisait ces restes chez les anciens habitants du Danemark.

En résumé, suivant M. Lartet, tous ces matériaux laissés comme témoignage de leur présence par les populations aborigènes de cette partie de la France, soit dans les grottes, soit à ciel ouvert, appartiendraient à une phase intermédiaire où le Renne abondait encore dans l'ouest de l'Europe. Les restes de Rhinocéros n'y ont été observés nulle part, et d'un autre côté, on n'y a point rencontré de silex polis de l'*âge de pierre anté-historique*.

Or, si nous nous rappelons que nous avons signalé, dans les leçons précédentes, des preuves de la contemporanéité de l'homme avec les grandes espèces éteintes de pachydermes dont nous ne retrouvons plus de traces dans ces cavernes, où les restes de Rennes sont au contraire si constants, et si nous vous annonçons en même temps qu'on vient de découvrir, dans plusieurs grottes de la haute vallée de l'Ariége, des témoignages de l'existence de populations qui auraient été contemporaines des habitations lacustres de la Suisse, nous pouvons espérer, par des études comparatives très-suivies, de reconstruire un jour l'histoire de l'humanité dans notre pays antérieurement à toute tradition écrite. Les leçons prochaines nous apporteront d'ailleurs encore de nombreux témoignages à l'appui de ces vues nouvelles.

A. D'Archiac.

HISTOIRE DE LA SCIENCE.

COURS DE M. HENRI FAVRE.

(Entretiens de la rue de la Paix.)

(Suite et fin. — Voyez le n° 15.)

Du génie scientifique de la révolution.

Pour faire le bien, il faut donc un principe ; ce principe, c'est celui-ci. Tout homme qui vient en ce monde est respectable. Pourquoi? Parce qu'il est homme, et aussi parce qu'il doit devenir citoyen. Voilà le fond de la question. Eh bien ! il y a un décret qui montre cela parfaitement ; c'est le décret que la Convention rend pour ce qu'on appelle les filles-mères. Voilà encore un décret sur lequel on a dit beaucoup de mal. Pour bien des gens, en effet, quand on soulage quelqu'un qui est dans une position irrégulière, il semble que l'on commette un crime. Pourquoi la Convention rend-elle ce décret? Parce qu'elle ne voit pas seulement dans l'homme un être plus ou moins chimérique, fantastique, impossible, qu'il faut rallier à un principe tout à fait en dehors de l'ordre social. Dans l'humanité, elle considère les êtres vivants, capables de bien, de mal, de douleur, ayant parfois besoin d'assistance ; elle se dit alors : Voilà une fille qui est mère ; elle est fille, c'est vrai, mais elle est mère, et, comme elle est mère, elle est dans une situation de souffrance particulière ; il faut l'assister.

C'est la déclaration des droits de l'homme appliquée à la femme. Ce n'est pas tout. La Convention ne voit pas seulement la mère, elle voit aussi l'enfant qui doit devenir un citoyen. C'est là son grand principe. Les gens qui n'ont pas pénétré dans les entrailles de cette révolution, que j'appellerai maternelle, ne peuvent comprendre qu'on assiste les filles dans cette position. La Convention ne les assistait pas parce qu'elles étaient filles, mais parce qu'elles étaient mères. Elle n'assistait pas l'enfant par un vague sentiment de charité, mais par un sentiment de conscience. Elle n'entrevoyait pas seulement une âme à sauver, mais une puissance individuelle à la fois organique et sociale à préserver.

La Convention rendit sur les filles-mères ce décret célèbre :

« Toute fille qui, pendant dix ans, soutiendra avec le seul fruit de son travail son enfant illégitime, aura droit à une récompense publique. »

On a oublié ce petit correctif du dévouement et de la durée des soins maternels, quand on a attaqué la révolution sur ce sujet, où éclatent la mansuétude et la sympathie éclairée de nos pères.

Tout à l'heure, je vous lisais Arago, permettez-moi de faire suivre ce décret de quelques réflexions de M. Legouvé, qui, vous le savez, est un maître ès arts pour tout ce qui touche aux femmes.

« La philosophie s'est fort indignée contre ce décret; les politiques l'ont flétri comme une prime donnée à la débauche ; la raillerie l'a même frappé de ridicule ; nous avouerons sans crainte qu'il nous paraît admirable. C'est la première fois que la loi civile a ressemblé à la loi religieuse ; c'est la première fois qu'on a reconnu au repentir toute la grandeur réparatrice que Jésus-Christ lui a attribuée. »

Repentir! ce mot est de trop. Le décret ne parle pas de repentir, il signale seulement un devoir à accomplir.

La révolution, dans les idées qu'elle se faisait de la science en ce monde, se montre donc avant tout préoccupée du côté rationnel, pratique et bienfaisant. Mais pour pénétrer dans l'essence même de son génie scientifique, on ne saurait s'en tenir à cette exposition générale. La révolution a suivi inexorablement sa marche. D'abord, elle fut très-fraternelle, enthousiaste, et elle l'est restée toujours. Sous des formes différentes, elle a été enthousiaste d'une manière lyrique, puis d'une manière dramatique, et enfin d'une manière organisatrice; elle n'a manqué à aucun de ces termes de l'activité humaine. Ceux qui sont poëtes ne voient de la révolution que son côté lyrique, et je vous citerai M. Michelet, qui a écrit des pages entraînantes sur ce côté de la révolution. D'autres n'en ont vu que le côté dramatique, ce sont ceux qui aiment la guerre; moi, je ne l'aime pas; je préfère de beaucoup les bienfaisantes et pacifiques occupations de la science.

Maintenant, il y a le côté organisateur. Oh! quant à celui-là, il faut nous expliquer! Plus tard on a fait aussi de l'organisation, on en a fait pour les besoins de la politique; mais à ces modes d'organisation il manque quelque chose. Ce sont peut-être de belles cristallisations, mais ce ne sont que des cristallisations, la vie y manque le plus souvent. Eh bien, non-seulement la révolution a organisé en mode vivant, mais elle n'a organisé qu'en mode vivant. Voilà quel est son caractère suprême.

Eh bien! la Convention décréta, par exemple, qu'il y aurait des écoles normales. Oh! des écoles normales comme il en fut créé en ce temps-là, ce sont des choses que nous ne connaissons plus. Des écoles normales, il y en a beaucoup aujourd'hui, mais il n'y a pas de ces écoles normales dont je vais vous parler tout à l'heure.

J'ai le premier volume des leçons de l'école normale de cette époque, permettez-moi de vous dire comme on comprenait cette institution. « Les professeurs aux écoles normales ont pris, avec les représentants du peuple et entre eux, l'engagement de ne point lire ou débiter de mémoire des discours écrits. Ils parleront; leurs idées seront préparées sans doute, leurs discours ne le seront point. Ni une science, ni un art ne peuvent être improvisés; mais la parole pour en rendre compte peut l'être; ils ont pensé qu'elle devait l'être: en ce sens, tous improviseront. C'est donc ce qu'ils auront dit en improvisant qui sera recueilli par des sténographes et publié par l'impression. »

Plus loin, le narrateur nous initie aux espérances que l'on fondait sur la création de ces écoles. « Si l'on réfléchit, dit-il, sur le but que cette belle institution se propose et sur les moyens qui sont proposés pour atteindre ce but, on peut espérer que la même révolution qui s'est faite dans le système social et politique va s'opérer aussi dans la théorie des sciences et des arts. Ces grandes espérances ne seront point déçues. Les élèves aux écoles normales savent que la révolution, que nous devons au progrès des lumières, ne peut s'achever et se consolider que par les progrès plus grands encore qu'elles doivent faire. »

Voyons maintenant comment se démontraient ces vérités. Croyez-vous qu'il y ait seulement dans les écoles normales un professeur dans sa chaire et des élèves sur leurs bancs? Le professeur parle librement à des élèves jouissant de toute leur liberté. Est-ce là une simple figure de rhétorique! Non; quand le professeur avait parlé, il sortait de sa chaire, et immédiatement les élèves qui avaient entendu le professeur se levaient à leur tour, improvisaient sur la leçon du professeur, l'interrogeaient, lui posaient des objections, et il est dit, tant le respect pour la liberté était réel, il est dit que quand un élève aura fait une objection à laquelle le professeur n'aura pu répondre immédiatement, on accordera au professeur jusqu'au lendemain pour méditer sa réponse.

Voilà quel était le principe fondamental. Voilà quelle était la manière dont ces écoles étaient constituées. Quelle était l'impression que cela faisait sur les intelligences de cette époque, qu'on s'imagine avoir été comprimées par tous les drames lugubres de la révolution!

L'homme qui réorganisa complétement l'instruction était une intelligence d'une puissance étrange, que notre époque a eu le bonheur de posséder, car il atteignit un âge très-avancé: je veux parler de Lakanal, qui mourut en 1845. De lui, M. Legouvé, dans sa biographie de Jean Reynaud, nous raconte qu'il ne pouvait faire l'éloge funèbre d'un de ses amis sans parler de la révolution (et cela se conçoit, car un conventionnel ne devait guère prononcer d'éloges funèbres que ceux qui le replaçaient au point de vue de ses souvenirs profonds), qu'il ne pouvait voir écrit sur un livre le nom Prussien sans le marquer à l'encre rouge. C'est que, malgré son grand âge, Lakanal n'avait pas oublié que c'étaient les Prussiens qui les premiers avaient attaqué la liberté française, et pour ce fait, il les marquait à l'encre rouge.

Lakanal fut la grande figure organisatrice de l'instruction française pendant la révolution. Partout on le retrouve organisant tout, se mêlant à toutes choses, et s'inspirant sans cesse du génie scientifique de la France, qui s'était pour ainsi dire incarné en lui.

Voilà comment on organisa, comment on installa l'école normale fondée par la Convention, et qui s'ouvrit au Muséum d'histoire naturelle, qui venait également d'être réorganisé. Le chroniqueur de l'école normale raconte en ces termes l'inauguration: « Elle s'est faite, dit-il, le 1er pluviôse. La séance était présidée par les citoyens Lakanal et Deleyre, tous deux amis des sciences et des arts, et, par cette raison, choisis par la Convention nationale pour la représenter près les écoles normales. »

Ainsi, la Convention ne dit pas aux écoles: Je vous envoie des conventionnels; il ne suffisait pas qu'ils fussent membres de la Convention, il fallait qu'ils fussent amis des sciences et des arts, et qu'ils comprissent bien la portée de la mission qui leur était confiée.

Le rapporteur continue: « Il n'a pas été fait de discours d'ouverture. Le public peut conclure de cette omission volontaire, que dans cette première des écoles, il sera moins question de mots que de choses, de verbiage académique que de philosophie exacte, de démonstrations et de vérités. On a commencé la séance par la lecture des décrets de la Convention nationale pour l'établissement des *écoles normales*. A l'annonce de cette loi, tous les élèves et tous les spectateurs se sont découverts, ils se sont levés d'un mouvement spontané comme pour mieux l'écouter et par respect pour elle. Quel discours eût pu faire une aussi vive impression ! La présence des représentants du peuple, des plus habiles professeurs et de leurs élèves rassemblés de tous les points de la république, tout cela parlait assez éloquemment. Cette première séance des écoles normales fera sûrement époque dans l'histoire de la révolution française, ainsi que dans les annales des connaissances humaines. »

Laplace, Monge, Haüy, firent séance tenante leur leçon, après avoir donné lecture de leurs programmes.

Haüy, qui était un prêtre, se trouve professeur de l'école normale en 1794. Vous voyez qu'on n'avait pas l'horreur du prêtre en lui-même ; on avait l'horreur de l'ennemi, sous quelque forme qu'il se présentât, mais jamais de l'homme, de quelque robe qu'il fût revêtu. Aussi vit-on à cette époque surgir la pléiade lumineuse des savants illustres sur les travaux desquels repose notre vie moderne, puisque nous leur devons l'industrie.

Dans ces écoles normales de la république, non-seulement le professeur est respecté, la liberté de l'élève est consacrée, mais il n'y a nul privilége de naissance ou de fortune. Le favoritisme y est rendu impossible, car les élèves sont envoyés de tous les points du territoire par le libre suffrage de leurs concitoyens.

On ne fait point passer un examen aux élèves, on les envoie comme reconnus capables, et on leur dit : « Allez représenter à Paris, foyer actuel de toute lumière, l'intelligence dont notre pays doit fournir son contingent. » Or, à cette époque, on était général à vingt ans, mais on était aussi professeur à vingt ans. Tel est le caractère du génie de la révolution qui se manifeste ici tout entier.

Maintenant un autre point important, c'est de voir quelle est l'influence qu'a eue ce génie sur la production des faits intellectuels.

Vous savez qu'il y avait un établissement qu'on appelait *Jardin du roi ;* on l'avait supprimé, et l'on en avait fait le Muséum. C'est ainsi que procédait la révolution : elle changeait l'étiquette, non pour le vain plaisir d'en substituer une nouvelle à l'ancienne, mais pour changer en même temps le fond des choses. Au Jardin du roi, il y avait de beaux arbres, de belles fleurs, on y cultivait la botanique : c'était certainement agréable pour les personnes qui aiment la verdure, les suaves odeurs, mais ce n'était suffisant pour la compréhension vraie de l'organisation des êtres vivants. Il fallait passer du joli au profond. On créa la science organique, la grande création de l'esprit français régénéré par la liberté d'investigation. La science alors reprit le couteau du sacrificateur que les prêtres des anciennes religions plongeaient autrefois dans les entrailles des victimes dans un but superstitieux, et le remit aux mains de ceux qui eurent le courage de s'en servir au profit du savoir et de l'humanité.

Il y en a qui ont eu peur de ces redoutables mystères. En face des infiniment petits que lui révélait le microscope, un savant germain, Zimmermann, l'auteur de la *Bible de la nature*, était mort fou de terreur. Geoffroy Saint-Hilaire, soutenu par le génie raffermi de la France, acquit dans cette voie une gloire immortelle.

Lakanal connaissait Geoffroy Saint-Hilaire, dont le père cultivait déjà la science, et était un botaniste distingué d'Étampes, qui a fait souche de savants. Lakanal pensa à confier l'organisation du Muséum à Geoffroy Saint-Hilaire.

Vous savez ce qu'est aujourd'hui ce bel établissement, et personne n'ignore qu'il a dû se dédoubler pour donner naissance au Jardin d'acclimatation.

Au Jardin du roi, il y avait de beaux arbres, on y cultivait des fleurs rares et précieuses. Cela ne pouvait suffire à l'étude sérieuse de la nature. La Convention voulut que la recherche sérieuse n'eût pas de limite. Elle décrétait la victoire, elle décréta aussi la science ; et la victoire aussi répondit sur ce terrain à l'appel de ceux qui l'avaient provoquée. Geoffroy Saint-Hilaire eut l'honneur de réaliser la pensée de la Convention. Il créa la science organique avec les plus faibles moyens possibles, car c'est le caractère de la révolution d'avoir toujours fait de très-grandes choses avec des ressources minimes.

On donnait la chasse aux biches, aux daims, aux cerfs, aux chevreuils des parcs royaux aux environs de Paris, ceux de Saint-Cloud, de Neuilly, par exemple. En ce temps de disette, les gens du peuple mangeaient les cerfs et les chevreuils, qui avaient appartenu à la royauté : les rois les mangeaient bien, on ne voit pas pourquoi le peuple n'en aurait pas fait autant. Henri IV lui avait promis la poule au pot, on ne lui avait pas tenu parole. Le peuple prenait les cerfs pour se dédommager. Geoffroy Saint-Hilaire dit à la Convention : « Donnez-moi de ces cerfs et de ces daims. » On lui en envoya sa part, mais il ne les mangea pas. Puis la Convention fit un jour main basse sur tous les animaux féroces des bateleurs des environs de Paris, et envoya cela au Jardin du roi. Geoffroy Saint-Hilaire ne vit pas arriver tout cela sans une inquiétude très-légitime ; on lui envoyait bien des animaux, mais on n'avait pas eu l'idée de lui envoyer en même temps de quoi les nourrir.

Il se dit : « Qu'à cela ne tienne ! » Et le voilà transformé en berger de bêtes féroces.

La science organique était créée. Geoffroy Saint-Hilaire avait senti la flamme de la révolution qui toute sa vie lui réchauffa le cœur. Cuvier vint plus tard avec son intelligence claire, mais froide, dominer ce vaste pays de la science organique, qu'avait dépisté son enthousiaste prédécesseur. Cuvier, dévoué avant tout à l'ordre classique et officiel, est arrivé à être un des grands de ce monde ; Geoffroy, qui voua toute son existence à la libre découverte des larges horizons de la science, est simplement un grand homme devant la postérité.

Voilà comment s'ouvrit le cours de Geoffroy Saint-Hilaire au Muséum; l'homme et l'époque se réflètent là sans ombre et sans voile :

« Citoyens,

« Le lieu où nous nous trouvons réunis, l'objet qui » nous rassemble, tout vous prouve qu'un nouvel ordre » de choses s'est établi dans ce monument des sciences. » Tandis que nos frères d'armes vont repousser d'un » bras nerveux les efforts des rois coalisés, et cimenter » de leur sang les bases de notre république, nous, dans » le silence de l'étude, nous allons acquérir de nouvelles » connaissances, afin d'ajouter un nouveau rayon à la » gloire nationale. »

« Dans le silence de l'étude », remarquez ce mot, il est dans le génie de la révolution. L'homme de science, on lui assure autant que possible la tranquillité. La Convention néanmoins ne pouvait donner à tous que la sécurité dont elle jouissait elle-même; or il y avait dans son sein de terribles luttes, et souvent le protecteur de la veille était emporté dans la tempête du lendemain. Cependant toutes les fois que la Convention put couvrir de son égide les hommes d'étude, elle n'a pas manqué de le faire. Si nos pères furent parfois terribles pour les autres, ils étaient résignés pour eux-mêmes. Hégésippe Moreau, dans sa belle pièce de vers sur Merlin de Thionville, dit, en rappelant les sombres tableaux de cette époque gigantesque :

Au dieu qu'ils confessaient votant d'horribles fêtes,
Pour lui bâtir un temple ils entassaient des têtes;
Et, quand il le fallait, résignés au malheur,
Couronnaient l'édifice en y portant la leur.

La révolution a protégé les savants autant qu'elle l'a pu ; elle leur donnait les moyens d'être grands, mais elle voulait qu'on obéît au génie dont elle relevait elle-même : on doit convenir que l'obéissance n'a rien de pénible à ce prix-là. Partout où la révolution évoque les hommes, elle les fait grands. Elle a la puissance créatrice du génie, et la preuve, c'est que tout ce qu'elle a fondé subsiste. L'École polytechnique, c'est une de nos gloires; les Arts et Métiers, c'est peut-être l'école polytechnique de l'avenir; le Muséum d'histoire naturelle, tout cela a été créé par la Convention. Elle ne pouvait faire mieux : sentant que sa tâche était limitée, elle déposait hors de son sein tous les germes qui lui avaient été confiés; elle se hâtait de leur faire prendre racine dans la nation elle-même. Bien qu'on ait cru, sous je ne sais quelle influence, que la science n'était venue qu'après que la tempête eut été calmée, il reste incontestablement vrai que c'est dans le fort de la tempête que la science a été créée.

Plus tard, on était plus à l'aise, mais on n'a pas créé davantage; on n'a fait qu'étendre la conséquence des principes qui, dès l'origine, avaient été nettement posés.

Maintenant il y a un autre point de vue dont je veux vous entretenir : c'est celui de la justice distributive. Aujourd'hui, le corps législatif, ni aucune des assemblées parlementaires de nos jours, ne représentent ce que représentait la Convention. Ainsi il y a une foule de choses dont nous ne nous doutons plus.

Je mets sous vos yeux le tableau des gratifications accordées par le bureau de consultation des arts et métiers de la Convention, depuis le 19 octobre 1791 jusqu'au 1er janvier 1793. On voit dans ce document le soin qu'on prenait alors pour récompenser et encourager les découvertes et les inventions. Le nom, l'adresse, l'œuvre et la somme donnée sont indiqués avec précision.

Cette pièce n'est peut-être pas très-connue, mais elle n'en est pas moins très-authentique, car elle est sortie de l'imprimerie même de la Convention. En la consultant, on constate que, suivant la loi de 91, il a été distribué trois cent mille livres, qui ont été employées à des dépenses extraordinaires, telles que celles de la commission des monuments, du Muséum, etc., somme dont il sera rendu compte à la Convention nationale. Par conséquent, il y a là un principe de justice toujours présent à la pensée des Français de ce temps-là.

Le mode selon lequel se pratiquait alors cette justice distributive est fort intéressant à rappeler. Dans une pièce que je ne puis vous lire, car le temps s'avance, est rapporté le fait suivant : Un citoyen découvre une matière tinctoriale qui permet de se passer de la cochenille, et il fait hommage à la Convention d'un drapeau teint par son procédé; la société savante le *Lycée des arts et métiers* vient en corps à la barre de la Convention présenter un rapport sur cet objet. La députation dit à cette occasion que le citoyen Bruley, tel était le nom de l'heureux inventeur, épargne à la France de payer dorénavant dix-huit à vingt millions par an à l'Espagne, parce qu'on pourra désormais se passer de la cochenille. Que fait la Convention? Elle appelle devant elle l'inventeur, accepte le drapeau qui prouve sa découverte, et lui donne une mention honorable; mais elle ordonne à son comité des arts de lui faire un rapport sous trois jours, sous trois jours, entendez-vous ! Il est certain qu'aujourd'hui si nos Académies faisaient leur rapport si promptement, elles qui n'ont pas la France à sauver, les inventeurs ne s'en plaindraient pas.

Maintenant, messieurs, le temps me presse, et je veux terminer par un côté tout autre de la révolution, et qui vous montrera le rayonnement de son génie.

Les grandes lignes que je vous ai indiquées prouvent quels étaient les principes, les tendances de la révolution dans l'application scientifique. La Convention est disparue, la réaction naît; la révolution change d'aspect, mais elle persiste, elle s'incarne, on l'a toujours dit du moins, dans le cœur des soldats. Les soldats, à eux seuls, n'étaient pas capables de contenir la révolution dans leur cœur, quelque grand, quelque héroïque qu'il fût d'ailleurs. Pourtant nos armées se pénétrèrent fortement du souffle puissant de cette époque. Dans une campagne bien curieuse à plus d'un titre, le soldat et le savant de la révolution se trouvèrent réunis sur le même champ d'honneur.

L'expédition d'Égypte n'est pas faite par la Convention, elle est conçue par de tout autres pouvoirs.

On envoya donc une expédition en Égypte. Elle paraissait fantastique; elle ne l'était peut-être pas tant qu'on l'a cru, car vous voyez qu'on pense à l'heure qu'il est à percer l'isthme de Suez : probablement on voulait aller voir en 1799 ce qu'il y avait à faire pour plus tard en ce pays-là. Cette expédition d'Égypte ne ressemble à aucune autre de notre temps. Dans nulle autre, nous ne voyons ce fait d'une compagnie de savants accompagnant l'expédition. Le général qui commande l'armée d'Égypte est Bonaparte, et Bonaparte signe : *Membre de l'Institut*. Il est donc fier de revêtir un caractère scientifique.

Il y avait à côté de Bonaparte, Monge, Berthollet, Geoffroy Saint-Hilaire, Desgenettes. On sait avec quel courage ce médecin s'inocula la peste, pour rassurer l'armée contre la crainte de la contagion.

Mais il y a un fait moins connu, qui s'est passé à la capitulation d'Alexandrie, et dont je demande la permission de vous entretenir. Geoffroy Saint-Hilaire avait réuni en Égypte d'immenses collections, pendant que son rival, Cuvier, restait attaché aux rivages moins dangereux du Muséum parisien.

Il ne faut pas croire que cette guerre d'Égypte fût commode : on y assassinait nos généraux, témoin Kléber, et l'on finit par être fait prisonnier par les Anglais, ce qui n'était pas beaucoup plus agréable.

L'Angleterre est, vous le savez, une nation pratique. Quand elle veut faire quelque chose de pratique en Égypte, elle s'allie toujours avec les Turcs.

Les Turcs ne font rien, c'est vrai, mais ils servent à couvrir l'action de l'Angleterre. Au moment où l'Angleterre obtenait la capitulation d'Alexandrie, Geoffroy Saint-Hilaire se trouvait pris avec l'armée. Il était soldat de la science. Les Anglais consentaient bien à rendre les soldats avec les honneurs de la guerre : ça se fait entre soldats, l'honneur est satisfait, tout s'arrange ; mais il s'agissait de s'emparer des collections précieuses de Geoffroy Saint-Hilaire. Le savant ne pouvait dire aux soldats: « Défendez mes collections », les soldats étaient prisonniers ; c'était donc le caractère stoïque du savant qui devait seul se dresser devant l'Angleterre.

Cette capitulation mettait aux mains des Anglais toutes les richesses scientifiques de la commission française. Hutchison l'exigeait, malgré toutes les protestations. Ce fut alors que, par un élan courageux, une inspiration énergique, Geoffroy Saint-Hilaire sauva une partie que tout le monde croyait perdue. « Non, s'écria-t-il, nous n'obéirons pas ! Votre armée n'entre dans la place que dans deux jours ! Eh bien ! d'ici là le sacrifice sera consommé, nous brûlerons nous-mêmes nos richesses. Vous disposerez ensuite de nos personnes comme bon vous semblera. »

Remarquez qu'à cette époque les droits des belligérants n'étaient pas bien établis. Mais Geoffroy Saint-Hilaire disait : « Que mes collections soient sauvées, et moi, après cela, je m'arrangerai. » Hamilton lui dit : « Vous ne ferez pas cela. » Geoffroy Saint-Hilaire lui répondit : « Nous le ferons. C'est à la célébrité que vous visez; eh bien ! comptez sur la sévérité de l'histoire, vous aurez aussi brûlé une bibliothèque d'Alexandrie. »

Eh bien ! quand la révolution n'aurait inspiré à nos savants que cette fermeté contre l'ennemi séculaire, je dis qu'elle aurait assez fait pour élever son génie au sommet où il doit être placé.

Voilà, messieurs, comment la révolution a eu un génie scientifique, qui s'est affirmé par le dévouement, par l'enthousiasme, par toutes les grandeurs morales. Et partout où le génie de la révolution s'est montré, les étrangers eux-mêmes, ces hommes qui nous combattaient en aveugle, se sont inclinés. Michelet raconte qu'au siége de Mayence, les Prussiens, qui avaient fait cette fameuse proclamation du duc de Brunswick, à laquelle Valmy avait répondu ; les Prussiens, dis-je, finirent par comprendre que l'idée française pouvait bien avoir sa grandeur; et quand ils virent un général qui était membre de l'Institut, le général Meunier, qui, pour combattre pour la France, avait quitté sa femme et ses enfants, se faire tuer dans une sortie nocturne, ils communièrent, ne fût-ce que pour un moment, avec le génie même de la révolution française. Pendant que nos soldats enterraient leur général, en pleurant comme pleurent les soldats, *en dedans*, ils cessèrent le feu pour rendre hommage à ce dévouement du savant qui s'était fait soldat pour défendre le sol français.

Partout vous verrez le même caractère, le même génie. C'est ce génie que j'ai voulu vous peindre en ses traits les plus généreux.

J'affirme qu'aujourd'hui nous devons bénir cette révolution, parce qu'elle nous a permis de relever le côté scientifique, intellectuel de l'humanité. Il faut que nous le disions à la France, il faut que nous le disions aussi aux étrangers, qui plus tard, je l'espère, seront tout à fait avec nous. C'est de la révolution qu'est sorti ce grand mouvement scientifique et intellectuel de notre temps. Ce mouvement salutaire ne s'arrêtera point, parce qu'il a pour point de départ des principes éternels ; la révolution non plus ne périra pas, parce qu'elle s'appuie à son tour sur la science. Dr Henri Favre.

HISTOIRE DE LA MÉDECINE ET DES DOCTRINES MÉDICALES.

COURS DE M. BOUCHUT.

(ÉCOLE PRATIQUE DE LA FACULTÉ DE MÉDECINE.)

(Suite. — Voy. les nos 1, 2, 3, 5, 6, 8, 9, 13 et 14.)

Sans doute qu'il est ici question d'une image du même dieu Khons, adoré à Thèbes sous un attribut particulier, et qui, invoqué comme un pur esprit, recevait le nom de *tranquille dans sa perfection*, car la prière du pharaon ayant été exaucée, le texte égyptien nous dit que Khons communiqua par quatre fois sa vertu divine à l'idole révérée de Thèbes, laquelle fut envoyée en grande pompe au pays de Bakhtan, et placée dans une de ces chapelles portatives usitées en Egypte, et que les Grecs appelaient *naos*, suivie de barques sacrées portatives ou *baris*, et d'une nombreuse escorte. « Le chef de Bakhtan se prosterna respectueusement à l'arrivée de l'idole, en l'invoquant; elle fut portée à la demeure de Bin-Reschit, qui se trouva aussitôt guérie, et par reconnaissance, son père fit célébrer en l'honneur du dieu de Thèbes une fête solennelle, sur le conseil même de l'esprit dont la princesse était possédée, car le démon s'avoua lui-même vaincu. On fit, pour l'apaiser, une riche offrande à l'esprit, sur l'ordre du prophète qu'inspirait le dieu. Khons ordonna au démon de partir et d'aller où il voudrait. Saisi d'une vive dévotion pour une divinité puissante, le chef de Bakhtan retint près de quatre années l'idole bienfaisante.

» Mais, sur l'avis d'un songe dans lequel il avait vu Khons sortir de son *naos* sous la figure d'un épervier d'or, et s'élever au ciel dans la direction de l'Égypte, il consentit qu'on la ramenât dans sa patrie. La précieuse idole fut renvoyée à Thèbes, dans son temple, avec une nombreuse escorte et accompagnée de riches présents. » (A. Maury, *Magie*, p. 274).

Les Assyriens et les Perses partageaient les mêmes idées. A Ceylan, au Tibet, en Chine, il en était de même, et ces idées sont encore aujourd'hui en faveur.

Il y a peu de peuples, écrit le missionnaire Huc (*Voyage au Tibet*, t. II, p. 140), qui soient plus crédules que les Chinois en matière de revenants et d'exorcismes. La moindre altération de la santé, le plus simple mal de tête, sont regardés comme un effet de l'influence démoniaque. C'est chez eux que les Tao-ssé (Stanislas Julien, *Récompenses et peines*) prétendent avoir le don de chasser les Tchoug-snée du corps des personnes possédées.

Partout, chez tous les peuples sauvages ou peu civilisés, chez les Mongols, les Samoyèdes, les Kirghises, les Tchouvaches, les tribus indiennes de l'Amérique, les Patagons; en Océanie, en Australie, à la Caroline; chez les peuples noirs d'Éthiopie et d'Abyssinie, chez les musulmans et les Arabes, a existé ou existe encore la même superstition (A. Maury, *De la magie*, p. 277). Partout aussi ce sont les prières, les exorcismes, les incantations, les fumigations, les amulettes, les corrections, la musique, etc., qui sont mis en œuvre pour guérir les démoniaques.

I. *Disparition de la possession.* — Au milieu de cette superstition prolongée qui attribue toutes les maladies nerveuses et mentales à l'obsession démoniaque, on voit çà et là quelques médecins lutter de tout leur pouvoir contre cette idée, imitant en cela l'exemple d'Hippocrate. Ainsi, pour faire évacuer les démons qui agitent les malades, dit Celse (lib. III, c. XVIII), il faut les mettre au pain et à l'eau, et leur donner des coups de bâton.

Au IVe siècle, Posidonius niait la réalité de la possession, et disait qu'il n'y a pas de démons qui tourmentent les hommes, mais que les démoniaques sont simplement des malades (Philastorge, *Histoire ecclésiastique*, VIII, X).

Plus tard les Pères de l'Église se joignent aux médecins, et déclarent que la possession n'est qu'une maladie naturelle. Mais, malgré ce secours, les vieilles croyances démonologiques triomphaient des suggestions éclairées de la philosophie et de la médecine. On commença à admettre, avec P. Zachias, médecin du pape Innocent X, que les possédés étaient des mélancoliques dont la maladie attirait le démon, et auquel elle servait d'instrument, mais que dans beaucoup de cas, des gens extravagants, des femmes mal réglées qu'on tenait pour possédées, n'avaient aucune communication avec l'esprit malin.

Cette opinion mixte et intermédiaire a longtemps régné. Ce fut celle de Sennert, de Frédéric Hoffmann au XVIIe siècle, mais elle fut vivement combattue par un grand nombre de médecins.

Guainerius de Pavie, en 1440, niait déjà toute espèce de possession (Friedreich, *op. cit.*, p. 103), et plus tard Poponat affirmait que puisque des purgations ou un autre traitement médical faisait cesser la possession, il n'y avait pas d'influence du démon, et que les phénomènes démoniaques devaient être simplement des maladies (*De incantatione*, p. 155, Basil., 1556). Ce fut l'opinion de Montaigne, de Charron, de Cyrano de Bergerac, de Bonet, de Riolan, qui manifesta son opinion à l'occasion du procès d'Urbain Grandier.

En lisant les ouvrages de Salomon Semler (*Commentatio de demoniacis quorum in Novo Testamento fit mentio*, Halx, 1770-1779, in-4°), de Gruner, de Farmer, de Lindinger (*Médecine des Hébreux*), de Domb (*Theologumenæ*, Heidelberg, 1806, p. 333), on voit le point de départ de la réforme introduite dans les doctrines de la possession, doctrines qui furent adoptées par les théologiens. Ainsi l'abbé Bergier (*Dictionnaire de théologie*), au mot ESPRIT, déclare que le nom d'*esprit mauvais* a été donné dans l'Écriture à des maladies simplement inconnues et regardées comme incurables.

Un trappiste, le père Debreyne, à la fois médecin et théologien, pense de même (*Essais de théologie morale*, chap. IV, p. 356); et faisant ses réserves sur les possessions rapportées dans l'Ancien Testament qui sont articles *de foi*, il déclare que les autres possédés ne sont que des malades ou des charlatans.

III.

Du mysticisme et de la théurgie dans leurs rapports avec l'étiologie et avec la thérapeutique.

Si, par l'apparition d'une maladie interne ou à l'occasion d'une épidémie, chacun, lorsque régnait le mysticisme médical, se croyait puni par les divinités outragées ou sous le coup d'une attaque des génies du mal, démons ou esprits infernaux, on essayait de recouvrer la santé en se rendant les dieux favorables par des prières, des offrandes, des sacrifices, etc. Mais il arriva que ces prières ne furent pas entendues des dieux, ce qui donna l'idée de les faire implorer par les hommes renommés par leur sagesse et leurs vertus. Ceux-ci formèrent des adeptes, et devinrent ainsi les intermédiaires entre la Divinité et les hommes ; ils s'attribuèrent, en outre, la mission d'expliquer les songes.

Malade, victime de la colère des dieux ou des esprits infernaux, l'homme croyait que le rêve cachait un avertissement ou une menace pour l'avenir, et, soit qu'il ait eu naturellement son rêve ou que les prêtres l'eussent provoqué par des narcotiques, il attendait des ministres des dieux l'oracle qui devait le guérir ou le condamner à d'éternelles souffrances.

Chez tous les peuples primitifs, les songes ont été considérés comme des symptômes, et c'est de la théurgie ancienne que l'idée a passé en médecine, sans y rester, car la science moderne n'ajoute plus qu'une très-médiocre importance à ce phénomène.

I. *Des songes.* — Toute l'antiquité, dit M. Renouard (*Histoire de la médecine*, t. I, p. 90), a eu foi dans les songes, et chacun pensait que la Divinité usait de ce moyen pour se mettre en rapport avec les mortels. Les prêtres y croyaient comme les philosophes ou comme les esprits les plus vulgaires, et ils voyaient là, outre la manifestation des volontés du ciel, des indications qu'ils ont exagérées, mais qui ont une certaine importance.

Le livre des songes qui se trouve dans la collection hippocratique sans être d'Hippocrate, en est la preuve.

On pensait alors que, pendant le sommeil, l'âme, n'étant point distraite par les besoins du corps, qui partage son activité, pouvait avoir une pénétration plus grande, qu'elle voyait les choses de l'état physiologique et pathologique, qu'elle entendait celles qui sont du ressort de l'ouïe, qu'elle touchait, marchait, s'affligeait et s'irritait. De là l'idée d'ajouter foi aux songes, le soin de les expliquer, pour reconnaître ceux que les dieux envoient pour annoncer d'avance les biens et les maux dont sont menacés les villes et les particuliers; de là, enfin, la nécessité de recourir à la prière, aux sacrifices ou au régime, pour se défendre et échapper au danger en implorant la clémence du ciel.

C'est ainsi qu'on étudiait les rêves naturels ; ou bien on les faisait naître par des impressions provoquées dans la veille, par les lieux, les sensations, les vapeurs, substances et pommades narcotiques.

C'était souvent dans des grottes ténébreuses, des antres profonds remplis de vapeurs d'acide carbonique, d'hydrogène sulfuré, que l'on allait consulter les oracles. On y ajoutait l'influence d'un jeûne prolongé. Tout cela constituait ce qu'on appelait l'*incubation*.

Les malades avaient des visions représentant les divinités médicales, preuve évidente de la divinité des oracles, corroborée par les guérisons miraculeuses qu'on y voyait se réaliser. De là les pèlerinages aux temples d'Esculape, d'Isis, de Sérapis, qui se montraient quelquefois en songe à leurs adorateurs. On venait dormir dans le temple pour voir en songe le dieu qui devait vous guérir. « Ceux qui vont consulter en songe la déesse Isis, dit Diodore de Sicile (I, 25), recouvrent la santé contre toute attente. »

Plusieurs, dont la guérison était regardée par les médecins comme désespérée, à cause de la difficulté du traitement de la maladie, ont été sauvés de la sorte; et d'autres qui étaient privés tout à fait de l'usage de la vue ou de quelque autre partie du corps, en se réfugiant, pour ainsi dire, dans les bras de la déesse, furent rendus à la jouissance de leurs facultés (A. Maury, p. 237). Des inscriptions font foi de ces guérisons, et l'on en retrouve de pareilles en l'honneur d'Esculape et de Sérapis.

En Égypte, en Grèce, partout se faisait l'incubation, et l'on allait à d'immenses distances implorer les faveurs des dieux, soit de ceux que je viens de citer, soit des dieux Sotères, soit de la déesse Ino à Thalames, ou Demithée dans la Chersonèse.

En arrivant au temps d'Hippocrate, on peut voir, par le passage suivant, extrait de la collection hippocratique, toute l'importance qu'on ajoutait aux songes à cette époque :

« Voir les morts purs et vêtus de blanc est favorable, ainsi que recevoir d'eux quelque chose de pur ; car cela dénote la santé du corps et la salubrité de ce qui y est introduit. En effet, c'est des morts que viennent les nourritures, les croissances et les semences ; or, que cela entre pur dans le corps, c'est une idée de santé.

» Voir le contraire, c'est-à-dire les morts nus ou vêtus de noir, ou non purs, ou recevant quelque chose, ou emportant quelque chose de la maison, est défavorable ; car c'est annonce de maladie : ce qui entre impur dans le corps est nuisible. Il faut déterger par les courses au cerceau et les promenades, par le vomissement, et, à la suite, par une nourriture molle et légère qu'on accroîtra graduellement.

» Voir dans le sommeil des corps de forme étrange et être saisi de frayeur, indique une plénitude d'aliments inaccoutumés, une sécrétion, un flux bilieux et une maladie dangereuse. Dans ce cas on vomira, après quoi on suivra une progression graduelle pendant cinq jours par des aliments aussi légers que possible, qui ne seront ni abondants, ni âcres, ni desséchants, ni échauffants ; quant aux exercices, on usera surtout des exercices naturels, si ce n'est des promenades après le dîner. On prendra des bains chauds ; on se reposera ; on se gardera du soleil et du froid. Si pendant le sommeil on croit prendre la nourriture ou la boisson habituelle, cela dénote le besoin d'aliments et l'appétit de l'âme : des viandes dont on rêve les plus fortes indiquent l'excès de besoin ; des viandes plus faibles indiquent un besoin moindre. Manger en rêve est bon comme manger en réalité. Il ne convient donc pas de diminuer les aliments ; car ce signe témoigne qu'il y a grand besoin de nourriture. La signification est la même quand on s'imagine, en dormant, manger des pains où entrent du fromage et du miel. Boire de l'eau limpide est bon signe ; tout le reste est nuisible. Tous les objets habituels que l'on croit voir indiquent le désir de l'âme. Tout ce que l'on fait effrayé indique l'arrêt du sang par la sécheresse ; il convient alors de refroidir et d'humecter le corps.

» Toutes les fois que l'on se bat, que l'on est piqué ou enchaîné par un autre, cela indique qu'il s'est fait dans le corps une sécrétion contrariant le mouvement circulatoire ; il convient de vomir, d'atténuer et de se promener, d'user d'aliments légers, de vomir, et après le vomissement de se nourrir par progression, pendant cinq jours. S'égarer ou monter péniblement a la même signification. Passages de rivières, hoplites, ennemis, monstres à forme étrange, tout cela indique maladie ou délire. Il convient d'user d'aliments légers, mous, en petite quantité, de vomir, et après d'accroître doucement la nourriture pendant cinq jours. Exercices naturels et beaucoup, si ce n'est après le dîner ; bains chauds ; repas ; se garder du froid, du soleil. En suivant les indications que j'ai tracées, on demeurera en santé pendant sa vie. Et par moi a été découvert le régime autant qu'un homme peut découvrir avec l'aide des dieux. » (Hippocrate, *Du régime*, livre IV, ou *Des songes*, traduction de Littré, t. VI, p. 661.)

Tout ce livre des songes repose sur l'idée que le rêve est l'indice de la bienveillance ou de la menace des dieux, qui donnent la santé ou la maladie. Et si ce n'est plus la pensée des médecins, c'est encore, à peu de choses près, celle d'un grand nombre de personnes de notre temps. Dans l'envoi des rêves, Dieu est remplacé par la providence, le destin ou le hasard. Mais c'est toujours un phénomène réputé surnaturel dans lequel on cherche à trouver une signification.

Quand on avait, par l'incubation dans un temple (ce qui est de nos jours remplacé par les pèlerinages ou par les neuvaines) et par la prière accompagnée d'offrandes, interrogé les dieux par l'intermédiaire des prêtres et cherché à se les rendre favorables, il n'y avait plus qu'à attendre la voix de l'oracle.

Des pénitences, des sacrifices et des offrandes, accompagnés de prescriptions hygiéniques et médicamenteuses, étaient ordonnés aux malades, et quelques-uns se trouvaient guéris. Plus tard, la sorcellerie, la superstition et le charlatanisme aidant, vinrent les philtres, les charmes, les amulettes, les talismans, les arcanes, les eaux minérales, la musique, les attouchements, les corrections, etc. Alors, ce furent des grimoires, des paroles magiques, des exorcismes, la torture et le bûcher.

Quand, ainsi que cela s'observe souvent, l'épilepsie ou la folie venait à se transmettre par imitation, par une sorte de contagion morale, on supposait que le démon passait du corps des possédés dans celui des nouveaux malades. C'est de la sorte qu'on tenta de guérir le malheureux roi Charles VI, tenu pour possédé.

Juvénal des Ursins nous apprend qu'un prêtre, nommé Yves Gilemme, et trois autres personnes, accomplirent de vains efforts pour faire passer le démon dont était tourmenté le monarque dans le corps de douze hommes qui leur avaient été amenés enchaînés. N'ayant pu y réussir, les exorcistes alléguèrent pour excuse que ces hommes s'étaient couverts du signe de la croix. D'autres moyens n'eurent pas plus d'effet, et chacun sait qu'on en fut réduit à user pour Charles VI d'un remède moins chrétien, celui d'Odette de Champdivers (A. Maury, p. 328).

Il y eut aussi des saints qui avaient la vertu de guérir la possession. On institua des pèlerinages où l'acte de foi était associé à des pratiques médicales, telles que le jeûne et les purgations. On y entendait de la musique d'église, et ce moyen était ce qu'on recherchait au pèlerinage de saint Guy pour obtenir la guérison de la chorée.

La rage était guérie par l'attouchement de l'étole de saint Hubert, *aidée d'une forte cautérisation.*

Des immersions froides étaient ordonnées aux pèlerins atteints d'aliénation mentale et de folie.

Enfin, de nos jours, dans l'homœopathie, ce sont des vertus miraculeuses de la matière, et son énergie en raison inverse de sa quantité, c'est-à-dire de véritables propriétés occultes, qui sont considérées par quelques mystiques comme devant guérir toutes les maladies.

— La suite à un prochain numéro. —

Le propriétaire-gérant : Germer Baillière.

PARIS. — IMPRIMERIE DE E. MARTINET, RUE MIGNON, 2.

PREMIÈRE ANNÉE. — N° 17. UN NUMÉRO : 30 CENTIMES. 26 MARS 1864.

REVUE
DES
COURS SCIENTIFIQUES
DE LA FRANCE ET DE L'ETRANGER

PHYSIQUE — CHIMIE — ZOOLOGIE — BOTANIQUE — ANATOMIE — PHYSIOLOGIE
GÉOLOGIE — PALÉONTOLOGIE — MÉDECINE

Paraît tous les Samedis.

	Six mois.		Un an.	
Paris.........	Six mois. 8 fr.		Un an. 15 fr.	
Départements ..	—	10	—	18
Étranger......	—	12	—	20

Prix de l'abonnement avec la Revue des Cours littéraires.

Six mois..... Paris, 15 fr. Départ., 18 fr. Étranger, 20 fr.
Un an....... — 26 — 30 — 35

Rédacteur en chef
M. ODYSSE-BAROT

Les ouvrages dont deux exemplaires auront été envoyés au bureau du journal seront annoncés et analysés s'il y a lieu.

On s'abonne
A LA LIBRAIRIE GERMER BAILLIÈRE
17, rue de l'École de Médecine,
Et chez tous les libraires, par l'envoi d'un bon de poste, ou d'un mandat sur Paris.

L'abonnement part du 1er décembre ou du 1er juin de chaque année.

SOMMAIRE.

CHIMIE.

COURS DE M. S. DE LUCA.

(UNIVERSITÉ DE NAPLES.)

I.

Sur les généralités de la chimie.

Les corps qui existent à la surface du globe, ceux que l'on trouve dans les entrailles de la terre, et les autres qui sont plongés dans les eaux ou en suspension dans l'atmosphère, peuvent se ramener à deux grandes catégories : les corps organiques, et les corps inorganiques ou minéraux. Les premiers sont produits par des êtres semblables à eux ; ils ont une existence limitée dans laquelle se renferment leur apparition, leur développement et leur fin ; ils comprennent les plantes et les animaux. Les autres, incapables de se reproduire, sont formés par des êtres qui leur sont dissemblables, et leur existence ne connaît pas de limites.

Une semence ou un germe produisent, sous l'influence de conditions favorables, des êtres semblables à ceux par lesquels ils ont eux-mêmes été produits ; tandis que pour former l'eau, le marbre, le plâtre, il faut des éléments qui n'ont aucune ressemblance avec ces corps. En effet, l'oxygène et l'hydrogène diffèrent de l'eau; le carbone et le calcium ne ressemblent point au marbre ; le soufre, l'oxygène et le calcium, n'ont pas la plus petite relation avec le plâtre. Et pourtant l'eau est composée d'hydrogène et d'oxygène ; le marbre, ou carbonate de chaux, est une combinaison d'oxygène, de carbone et de calcium; et le plâtre, qui est un sulfate calcaire, contient du soufre, de l'oxygène et du calcium.

Les trois grands règnes de la nature comprennent les minéraux, les végétaux et les animaux.

Les minéraux sont des corps inertes, formés par la simple agrégation de parties semblables, et constituent la partie solide de la terre. Les végétaux sont privés de mouvement, mais possèdent des organes et des fonctions vitales. Les animaux, enfin, ont une organisation plus parfaite et plus compliquée, et sont doués de mouvement et d'intelligence.

Linnæus disait : « Les minéraux croissent; les végétaux croissent et vivent; les animaux croissent, vivent et sentent. » La chimie ne peut se contenter de ces définitions, qui ont le défaut de nous laisser ignorer la composition et la nature intime des corps.

Une espèce minéralogique définie a une composition constante dans la masse et dans les parties. Prenons, par exemple, un morceau de marbre, c'est-à-dire de carbonate de chaux. La composition de cette substance est telle que sur 100 parties, 44 sont représentées par de l'acide carbonique, et 56 par de la chaux. Si maintenant nous faisons l'analyse d'une petite fraction de ce morceau de marbre, nous trouverons que l'acide carbonique et la chaux sont précisément dans la proportion de 44 à 56 ; et si nous faisons ensuite l'analyse du morceau de marbre tout entier, nous trouverons exactement les mêmes quantités d'acide carbonique et de chaux. Par conséquent, dans les espèces minéralogiques définies, et en général dans tous les minéraux, on observe que la composition élémentaire est constante dans les parties et dans le tout.

Dans les plantes et dans leurs diverses parties, il y a des principes très-divers. La racine, qui est ordinairement enfoncée dans le sol ; la tige et les branches, où se trouvent les feuilles, où s'épanouissent les fleurs, où croissent les fruits, ont une composition élémentaire différente. D'un autre côté, les plantes contiennent des substances solides dans lesquelles circulent des liquides imprégnés de corps aériformes qui, tantôt s'assimilent à l'organisme végétal, et tantôt se trouvent éliminés. La composition des plantes n'est donc pas homogène dans toutes leurs parties. De plus, les divers organes des plantes contiennent souvent des principes organiques particuliers. Ainsi la racine de curcuma contient une substance jaune ; l'écorce des fruits du genre citron renferme des essences spéciales, le suc du limon contient l'acide citrique ; ainsi des olives on extrait l'huile commune ; ainsi on extrait des feuilles de laurier-cerise l'acide hydrocyanique et l'essence d'amandes amères ; ainsi c'est ordinairement dans les semences et dans les racines que l'on trouve l'amidon, etc.

On en peut dire autant des animaux, chez lesquels la composition des parties ne répond nullement à celle du tout. Les animaux ne sont pas formés d'une substance homogène : ils contiennent des matières fixes et des éléments volatiles, des corps solides qui en forment le squelette, des liquides qui alimentent la circulation, et des corps aériformes qui entretiennent la respiration. Ainsi, dans les animaux et dans les végétaux, la composition des parties n'est pas identique avec celle du tout, et cette composition est déterminée par les conditions d'existence des individus.

Les végétaux diffèrent encore des animaux en ce que le carbone prédomine chez ceux-là, tandis que chez ceux-ci ce sont l'azote et le phosphate de chaux qui jouent le principal rôle.

Désirant nous borner à étudier les caractères physiques des corps de la nature, nous resterons toujours dans le domaine des sciences descriptives ; mais voulant rechercher les causes et les forces qui portent la matière à prendre de nouvelles formes, à se métamorphoser, à acquérir des propriétés nouvelles, nous nous trouverons sur le terrain des sciences spéculatives, entre lesquelles la chimie occupe le premier rang. Quel est l'objet de la chimie ? Examinons avant tout et avec attention les phénomènes que nous présentent les corps mis en contact les uns avec les autres, dans des conditions spéciales.

Le soufre est de couleur jaune-citron ; il a une densité double de celle de l'eau, et le frottement le rend électrique et lui donne la propriété d'attirer les corps légers ; il est mauvais conducteur du calorique ; il est friable et se réduit aisément en poudre ; à une température supérieure de quelques degrés seulement à celle de l'eau bouillante, il devient liquide et transparent comme l'huile ; à une température plus élevée, il se volatilise. Telles sont les propriétés physiques qui nous font connaître l'état présent du soufre.

Cependant le soufre brûlé au contact de l'air s'évanouit entièrement, et, au lieu d'un corps inodore, insoluble dans l'eau, n'altérant point la teinture de tournesol, on obtient une substance invisible comme l'air, d'une odeur très-pénétrante, très-soluble dans l'eau et capable de réagir sur les teintures végétales colorées : il s'est produit de l'acide sulfureux, qui est une combinaison de soufre et d'oxygène. La chimie étudie toutes les phases de cette métamorphose du soufre et les conditions nécessaires pour la réaliser.

Cet acide sulfureux, qui a des caractères aussi particuliers, s'il est mis dans des conditions favorables, en présence d'une nouvelle quantité d'oxygène, se transforme en acide sulfurique, substance solide, cristallisée et blanche, qui, au contact de l'air, répand des vapeurs épaisses et qui, combinée avec l'eau, donne naissance à l'acide sulfurique ordinaire, appelé vulgairement *huile de vitriol*, qui est inodore, qui exerce une action énergique sur les matières colorantes, qui est liquide, pesant, extrêmement caustique, et peut produire la mort quand il réagit sur l'organisme vivant des animaux. La chimie étudie et détermine les conditions de formation de ces divers composés.

Si nous faisons ensuite agir l'acide sulfurique ordinaire sur la chaux, il se produit une forte chaleur, et l'on obtient le sulfate calcaire, connu sous le nom de *plâtre*, corps solide et blanc, cristallisable, très-peu soluble dans l'eau, mais très-soluble, à chaud, dans l'acide hydrochlorique.

Ce plâtre, mêlé intimement avec la poudre de charbon et soumis à une température élevée, fournit, d'une part, le sulfure de calcium, corps fixe et soluble ; et, d'autre part, tout l'oxygène de l'acide sulfurique et de la chaux s'unit au carbone pour former deux substances gazeuses, l'oxyde de carbone et l'acide carbonique, qui se répandent dans l'atmosphère.

Le sulfure de calcium, mis en contact avec l'acide hydrochlorique, produit le chlorure de chaux et l'hydrogène sulfuré, qui est gazeux et a l'odeur des œufs pourris. L'hydrogène sulfuré peut être décomposé par l'iode ou par un courant électrique, et dans ce cas on obtient le soufre isolé à l'état solide, ce même soufre qui s'était transformé d'abord en acide sulfureux, puis en acide sulfurique, puis en sulfate de chaux et en sulfure de calcium, et enfin en hydrogène sulfuré.

En outre, ce même soufre, corps solide, peut se combiner avec le carbone, autre corps solide, pour produire un liquide très-mobile, extrêmement volatile et d'une odeur insupportable, qui s'appelle sulfure de carbone. Ce sulfure, en brûlant au contact de l'air, produit de l'acide sulfureux et de l'acide carbonique, précisément les mêmes composés que fournissent le carbone et le soufre, lorsqu'on les brûle séparément au contact de l'air.

En précisant les relations matérielles qui unissent le

soufre au carbone dans le sulfure de carbone, le soufre à l'hydrogène dans l'hydrogène sulfuré, le soufre à l'oxygène dans l'acide sulfureux et dans l'acide sulfurique, l'acide sulfurique à la chaux dans le plâtre, le soufre au calcium dans le sulfure de calcium, on est complétement sur le terrain de la chimie : cette science a donc pour objet les métamorphoses de la matière, et, dans son étude des corps, elle nous dévoile à la fois leur passé et leur avenir (*svela ne' corpi il loro passato ed il loro futuro*).

Répétons-le encore : la chimie s'occupe des transformations de la matière, approfondit l'origine des corps, scrute leur passé et leur avenir, et accompagne la substance dans ses diverses phases, jusqu'à son retour à l'état primitif. Je ne dis pas jusqu'à sa fin, parce qu'elle n'a pas de fin. La matière est indestructible et ne fait que changer de forme.

Dans toutes ces métamorphoses de la matière, on observe divers phénomènes ou apparences : un développement de chaleur et de lumière, une attraction ou une répulsion entre les molécules, un changement d'état dans les corps, de nouvelles propriétés physiques et chimiques dans les substances produites. Il est nécessaire de savoir si ces phénomènes appartiennent au domaine de la physique ou à celui de la chimie.

L'aimant, naturel ou artificiel, attire la limaille de fer; mais le fer doux ne jouit pas de la même faculté. Si pourtant un fil de fer est mis en contact avec un aimant, il en acquiert aussitôt les propriétés, non pas d'une manière permanente, mais aussi longtemps que dure le contact. En effet, si l'on détache de l'aimant le fil de fer, celui-ci n'attire plus la limaille, et les parcelles qui s'y trouvaient adhérentes s'en séparent avec facilité. Ce phénomène est donc purement physique, puisque les propriétés acquises par le fer ne sont pas permanentes et disparaissent dès qu'on supprime la cause qui les a produites.

Une barre de fer exposée à l'action de la chaleur se dilate et augmente de volume ; mais si on la soustrait à l'influence calorifique, la chaleur du fer se met en équilibre avec celle des corps voisins, et la barre, en se refroidissant, reprend son volume primitif, sans avoir subi la moindre altération dans son poids et dans ses autres propriétés. Il s'agit donc encore ici d'un phénomène physique, puisque la nature du métal n'est pas modifiée.

Le soufre, le verre, les résines, soumis au frottement, acquièrent la propriété momentanée d'attirer les corps légers, sans changer de nature ni de poids. Ce sont encore là des phénomènes physiques.

Prenons maintenant du fer, sous une forme quelconque, et exposons-le au contact de l'air et de l'humidité. Au bout de quelque temps, il se couvre d'une couche pulvérulente d'un jaune rouge, et produit ce qu'on appelle la *rouille*, qui a des propriétés entièrement différentes de celles du fer employé, et se trouve plus pesante que ce métal. La nature du fer est donc changée, son poids est augmenté ; la rouille qui s'est formée n'est ni ductile ni malléable comme le fer ; elle contient de nouveaux éléments, et constitue un composé dans lequel entrent, outre le fer, l'oxygène, l'eau, l'azote et l'acide carbonique. Ce phénomène est du domaine de la chimie.

On peut réduire le fer en poudre très-fine, et dans cet état, le triturer dans un mortier avec de la fleur de soufre, de manière à en faire un mélange qui présente à l'œil nu une teinte uniforme. Pourtant, à l'aide d'une lentille grossissante ou d'un microscope, on peut observer distinctement les particules de fer et les distinguer de celles du soufre ; et, en outre, au moyen d'un aimant, on peut séparer tout le fer du soufre. Ainsi, ces deux corps simples, mélangés par un procédé mécanique, peuvent être isolés de nouveau, dans la quantité primitivement employée et avec toutes leurs propriétés. Jusqu'ici il n'y a rien de particulier : c'est une action purement mécanique qui nous a donné ce mélange de fer et de soufre.

Mais si l'on soumet ce mélange de fer et de soufre à l'influence de la chaleur, on observe que le métalloïde entre aussitôt en fusion, puis se combine avec le fer pour former une véritable combinaison, le sulfure de fer, de couleur noire. La formation de ce sulfure est accompagnée d'un notable dégagement de lumière et de chaleur.

Le sulfure de fer a des propriétés différentes du fer et du soufre. L'aimant ne parvient pas à en séparer le fer, ni le sulfure de carbone à éliminer le soufre. Les deux corps simples ne sont donc pas seulement mêlés, mais combinés ; ce n'est pas d'un mélange qu'il s'agit, mais d'une combinaison. Le phénomène est chimique.

Le marbre, chauffé à une température élevée, perd de son poids et acquiert des propriétés nouvelles. Avant de subir l'action de la chaleur, le marbre n'est pas altéré par l'eau. Au contraire, dès qu'on le calcine, l'eau le réduit en poudre, avec production d'une chaleur considérable, et il se forme de l'hydrate de chaux ou chaux éteinte. Ce phénomène est du ressort de la chimie, puisque le marbre, qui est un carbonate de chaux, perd, sous l'influence de la chaleur, tout son acide carbonique, se transforme en un oxyde de calcium qui se combine avec l'eau.

Tous ces exemples, que l'on pourrait multiplier à l'infini, peuvent nous montrer la différence essentielle qui existe entre les phénomènes physiques, toujours transitoires et de peu de durée, et les phénomènes chimiques, qui sont toujours permanents, parce qu'ils proviennent des altérations profondes que subit la matière.

Un des caractères les plus importants que l'on observe dans les phénomènes chimiques est l'inaltérabilité de poids des substances qui entrent en réaction. Ceci nous conduit à parler de l'indestructibilité de la matière.

Dans la nature, rien ne se perd, rien ne se crée. Ce qui se détruit et ce qui se crée, ce sont les formes de la matière, mais le poids qui les représente n'est pas changé d'une manière appréciable. Ainsi, une chandelle qui brûle se consume et se détruit dans la forme; mais le poids des éléments matériels qui la constituent reste exactement le même après que la forme de la chandelle s'est évanouie. En effet, la matière grasse de la chandelle est formée, en majeure partie, d'hydrogène et de carbone; tout l'hydrogène, en se combinant avec l'oxygène de l'air atmosphérique, se transforme en eau, et le carbone de la chandelle elle-même donne naissance à deux substances gazeuses incolores, l'oxyde de carbone et l'acide carbonique, qui, de même que la vapeur aqueuse, se répandent dans l'atmosphère. Donc, la quantité de matière existant dans la chandelle ne se détruit pas; elle donne origine à diverses substances gazeuses que nous ne voyons pas, parce qu'elles sont dépourvues de couleur.

Le bois ou le charbon qui brûlent dans nos cheminées laissent peu de cendres pour résidu; toutes les autres substances volatiles qu'ils contiennent ou qui se forment aux dépens de l'oxygène de l'air, se mêlent à l'atmosphère; par conséquent, il n'y a de détruit que la forme du bois et du charbon.

Le diamant qui brûle dans l'oxygène, disparaît sans laisser aucun résidu, parce que la totalité se transforme en acide carbonique. Ainsi la forme solide du métalloïde se détruit; mais le poids du diamant employé se retrouve tout entier dans l'acide carbonique qui s'est formé aux dépens du carbone et de l'oxygène.

Avec une livre d'argent on peut faire une médaille, une monnaie, un anneau, un fil, une lame, un creuset, une capsule, une spatule, et d'autres objets de diverses formes. Mais tous ces objets ne peuvent avoir que le poids exact d'une livre. La forme primitive de la livre d'argent peut donc être détruite, et non le poids.

Les formes de la matière varient à l'infini, mais le poids des éléments matériels qui entrent dans la constitution de ces formes est invariable. Si l'on avait pu peser le globe, il y a dix siècles, et si on le pesait aujourd'hui, on ne trouverait pas la plus minime différence dans son poids, malgré le nombre incalculable des générations d'animaux et de plantes qui ont disparu, et si nombreux que soient les changements qui se sont accomplis dans les êtres du règne minéral. Les générations passées, sous quelque forme ou quelque dénomination que ce soit, ont donné naissance aux formes des générations actuelles, et celles-ci préparent les formes qui constitueront les générations futures. Dans la nature donc, rien ne se perd, rien ne se crée; il n'existe, il ne naît, il ne meurt rien autre chose que des formes : quant à la matière, elle est indestructible, éternelle; elle représente un poids invariable. L'objet de la chimie est d'étudier les corps pesants de la nature, de faire connaître leurs caractères, comment ils s'unissent ou se séparent, et de déterminer les combinaisons possibles qui se forment entre eux.

De l'examen de tous ces corps pesants, il résulte que quelques-uns d'entre eux sont *simples*, c'est-à-dire que, soumis à toutes les expériences, à toutes les réactions que la chimie peut réaliser, et même avec l'aide de la physique, ils ne donnent point une autre substance de nature différente. Les corps *composés*, au contraire, peuvent fournir avec les mêmes expériences d'autres corps différents de la substance primitive. Ainsi tous les corps de la nature peuvent se diviser en deux grandes classes : les *corps simples* et les *corps composés*.

L'eau, soumise à l'action d'un courant électrique, se décompose en deux éléments gazeux, l'hydrogène et l'oxygène, qui ne présentent plus les propriétés du liquide, et ont eux-mêmes des caractères différents. De plus, ces éléments, assujettis à l'influence de tous les réactifs et de tous les agents dont nous pouvons disposer, ne se divisent jamais en d'autres éléments, et conservent toujours leurs propriétés : l'oxygène, capable de rallumer les corps en ignition, comme une bougie récemment éteinte, d'activer la combustion des corps qui brûlent faiblement dans l'air, et l'hydrogène, qui brûle au contact de l'air en produisant une vapeur aqueuse, sont deux corps simples.

De même si nous prenons l'oxyde rouge de mercure, et que nous le fassions chauffer dans un tube, au bout de peu d'instants il se produit un gaz qui présente les mêmes propriétés que l'oxygène, dont nous parlions tout à l'heure, et des globules de mercure métallique se déposent sur la partie froide du tube; donc, l'oxyde de mercure est un corps composé d'oxygène et de mercure, comme l'eau est un corps composé d'oxygène et d'hydrogène.

Les corps simples se classent en deux groupes principaux. Dans l'un sont réunis les *métaux*, comme l'or, l'argent, le fer, l'étain, le cuivre, corps très-pesants d'ordinaire, malléables, et doués d'un éclat métallique. Dans l'autre on a réuni les *métalloïdes*, qui, en général, n'ont pas d'éclat métallique et sont assez légers.

Cela posé, pour unir entre eux les métaux ou les métalloïdes entre eux, ou même pour combiner ensemble les métaux et les métalloïdes, on a besoin de quelques forces, de même que pour séparer un corps composé en ses divers éléments. Il est donc nécessaire de connaître et d'étudier les *forces* semblables.

Le caractère essentiel de ces forces est de ne pouvoir s'exercer qu'au contact des molécules qui constituent les corps. L'hydrate de baryte se dissout dans l'eau, comme aussi l'acide sulfurique, qui est liquide, peut s'unir à l'eau en formant une solution plus faible; ces deux solutions de baryte et d'acide sulfurique réagissent l'une sur l'autre, et donnent naissance, en se combinant, à un corps solide, le sulfate de baryte, insoluble dans l'eau. Mais une telle réaction ne peut se produire qu'au contact des deux solutions.

Les forces chimiques comprennent : l'*affinité*, la *cohésion* et la *dissolution*.

La force sous l'influence de laquelle se produisent les combinaisons, force dont nous ignorons complétement l'essence, et qui réunit les molécules de nature diverse, a reçu le nom d'*affinité*.

Ce nom semblerait indiquer qu'elle s'exerce entre des corps ayant entre eux quelque analogie, mais elle agit au contraire avec une bien plus grande énergie entre des corps doués de propriétés entièrement différentes, et, dans ce cas, les combinaisons formées sont intimes et durables. En voici quelques exemples :

L'acide sulfurique rougit le sirop de violette et la teinture de tournesol, n'altère pas la couleur du curcuma, met en liberté l'acide carbonique des carbonates, produit avec la chaux caustique ou avec la baryte un grand dégagement de chaleur, détruit les substances organisées, et, au contact de l'organisme vivant, peut même produire la mort.

D'un autre côté, la soude que l'on extrait des cendres des plantes marines, verdit le sirop de violette, n'altère pas la teinture de tournesol, rougit celle de curcuma, ne réagit point sur les carbonates, altère les substances organisées, et peut produire la mort dans l'organisme vivant des animaux.

L'acide sulfurique et la soude ont donc des propriétés diverses et énergiques; on ne saurait les confondre. En unissant pourtant l'acide sulfurique à la soude, on formera du sulfate de soude, qui n'altère point la couleur du sirop de violette, ni celle de la teinture de tournesol, ni celle de la teinture de curcuma, ne produit pas la moindre réaction sur les carbonates et dans l'organisme vivant des animaux, n'agit point en caustique ni en substance vénéneuse. L'affinité a donc pour résultat de produire des composés dont les propriétés diffèrent de celles des composants; et, en effet, le sulfate de soude n'a ni les propriétés de l'acide sulfurique, ni celles de la soude.

Le chlore, à la température ordinaire, est un gaz de couleur jaune verdâtre, capable de produire la mort des animaux qui le respirent; il décolore les teintures bleues végétales; se combine avec les métaux et avec les métalloïdes pour former des chlorures, et cette formation est ordinairement accompagnée d'un dégagement de lumière et de chaleur.

Le sodium est un métal assez léger pour se maintenir à la surface de l'eau; il décompose l'eau elle-même à la température ordinaire, avec formation d'oxyde de sodium et dégagement d'hydrogène. Le sodium s'altère à l'air atmosphérique, puisqu'il se combine avec l'oxygène; par conséquent, on ne le peut conserver ni dans l'eau, ni dans des récipients renfermant de l'air, ni dans des liquides contenant de l'oxygène; il faut le tenir dans des carbures d'hydrogène liquides, comme celui que l'on appelle huile de naphte. Le sodium, mis au contact de l'organisme animal, agit comme un caustique énergique, en détruit les formes organiques, et lui enlève de l'oxygène.

Le chlore et le sodium peuvent se combiner en perdant toutes leurs propriétés respectives, et donnent naissance à un composé, le chlorure de sodium, connu communément sous le nom de sel marin, ou même de sel de cuisine. Or, le sel marin est inodore, se dissout dans l'eau, cristallise sous des formes déterminées, n'a pas d'action sur les teintures végétales colorées, a une saveur saline, est très-employé dans l'économie domestique, et n'a pas la moindre action vénéneuse sur l'organisme vivant des animaux. Le sel marin diffère donc du chlore et du sodium, et l'affinité est la force qui préside à la combinaison de deux éléments aussi radicalement opposés entre eux.

L'affinité produit, selon les corps divers entre lesquels elle s'exerce, des phénomènes différents, qui constituent les formes variées de cette force. Ainsi, deux corps liquides produisent parfois en s'unissant un corps solide : on peut s'en assurer en ajoutant à une solution alcoolique d'acide stéarique une autre solution alcoolique de soude, ou bien à une solution de nitrate de chaux une solution de carbonate de potasse. Souvent deux solides, en se combinant, forment un liquide. En effet, si l'on fait passer des vapeurs de soufre sur du charbon chauffé, il se forme du sulfure de carbone, qui, à la température ordinaire, est liquide, se réduit en vapeur avec la plus grande facilité, a une odeur peu agréable, et ne se dissout pas dans l'eau, qui est moins pesante que lui. Parfois deux solides produisent une substance gazeuse : la chaux caustique, mêlée au sel ammoniac, développe de l'ammoniaque, même à la température ordinaire, et se fait reconnaître par une odeur très-pénétrante. Deux gaz peuvent produire un liquide, comme l'hydrogène et l'oxygène qui se combinent sous l'influence de la chaleur, des étincelles électriques ou de l'éponge de platine, pour former de l'eau, qui est liquide à la température ordinaire. Deux gaz peuvent produire un solide : le gaz ammoniaque et le gaz acide chlorhydrique se combinent à la température ordinaire et donnent naissance à un solide appelé sel ammoniac.

L'affinité s'exerce diversement selon les divers corps, et le nombre des composés qu'elle forme est d'autant plus petit que son énergie est plus grande. Ainsi, entre l'oxygène et le potassium, qui ont l'un pour l'autre une grande affinité, il ne se forme qu'un seul composé important et défini, l'oxyde de potassium, dans lequel les éléments sont si fortement unis, qu'il est très-difficile de les séparer. On en peut dire autant de la combinaison du sodium et de l'oxygène, comme aussi des combinaisons que l'on obtient entre le calcium, le baryum, le strontium, et l'oxygène.

Il n'en est point ainsi quand les corps qui s'unissent ont l'un pour l'autre une faible affinité; dans ce cas, le nombre des composés qui peuvent se former est relativement considérable, et les propriétés des éléments restent plus ou moins distinctes; en outre, de tels composés se désagrégent avec la plus grande facilité, sous les plus légères influences. Ainsi, l'oxygène et l'azote, entre lesquels il y a très-peu d'affinité, peuvent former, par des moyens indirects, cinq composés divers : le protoxyde d'azote, le bioxyde d'azote, l'acide azoteux, l'acide hypoazotique et l'acide azotique, tous facilement décomposables.

Il est donc important de bien se rappeler que quand l'affinité est prédominante, le nombre des composés est très-limité, leur décomposition très-difficile, et que leurs propriétés sont tout à fait différentes de celles des corps élémentaires qui les ont formés.

L'affinité est modifiée par beaucoup de causes, dont les principales sont : la chaleur, l'électricité, la lumière, la masse, l'état des corps, la pression, l'extrême division des corps, etc.

Sous l'influence de la chaleur, l'acide nitrique, réagissant sur le mercure, se décompose : il se dégage des vapeurs nitreuses, le mercure s'oxyde, l'oxyde se combine avec l'acide nitrique; le nitrate de mercure ainsi formé est blanc et se cristallise. Ce nitrate de mercure, sous l'influence de la chaleur, peut se décomposer à une température plus élevée : il se dégage des vapeurs nitreuses, et il reste de l'oxyde de mercure qui est rouge. Ce même oxyde de mercure, avec une chaleur suffisante, se scinde en ses éléments, l'oxygène et le mercure. Donc, la chaleur, qui unit le mercure à l'oxygène, et l'oxyde de mercure à l'acide nitrique, peut diviser les composés formés avec les éléments primitifs.

La lumière directe du soleil unit instantanément le chlore et l'hydrogène pour former de l'acide chlorhydrique. La même lumière désagrége de nombreux composés, altère presque tous les sels d'argent : il nous suffira de dire que c'est sur cette propriété de la lumière solaire qu'est fondé l'art de la photographie.

Un courant électrique décompose l'eau en ses éléments, et ce même courant électrique peut réunir ces mêmes éléments pour former de l'eau.

Le platine, extrêmement divisé, unit l'hydrogène à l'oxygène, même à la température ordinaire; mais le même platine, chauffé fortement, décompose l'eau en ses éléments.

La masse des corps en présence a, elle aussi, une grande influence sur la manière dont s'exerce l'affinité. Si l'on fait passer de la vapeur d'eau en excès sur du fer chauffé, il se forme de l'oxyde de fer et l'hydrogène se dégage, c'est-à-dire que l'eau se décompose ; d'un autre côté, en faisant passer un courant d'hydrogène sur l'oxyde de fer chauffé, celui-ci revient à l'état métallique, et il se forme de l'eau. Dans la première expérience, l'eau était en excès, et il s'est formé de l'oxyde de fer; dans la seconde, l'hydrogène était en excès, et l'oxyde de fer s'est décomposé, et il s'est formé cette même eau qui, dans le premier cas, s'était décomposée en présence du fer.

L'état des corps a une grande influence sur l'affinité. Ainsi, un mélange de fer et de soufre ne produit pas de sulfure de fer à la température ordinaire, les deux éléments se trouvant à l'état solide. Mais si l'on applique l'action de la chaleur sur le mélange des deux éléments, et si l'on fait passer le soufre de l'état solide à l'état liquide, augmentant, de cette manière, les points de contact entre les deux corps, alors il se forme du sulfure de fer, avec dégagement de lumière et de chaleur. Il en arrive de même entre le soufre et le cuivre, entre le soufre et le plomb : l'état solide du soufre s'oppose à la formation du sulfure de cuivre et de plomb; mais l'action de la chaleur et le changement d'état du soufre opèrent la formation de ces sulfures.

L'acide sulfurique, dans les conditions ordinaires de pression atmosphérique, décompose le carbonate de chaux, avec dégagement d'acide carbonique; si l'on augmente la pression, le dégagement gazeux s'arrête. De nombreuses combinaisons s'obtiennent à des pressions plus ou moins grandes, au moyen d'un contact plus ou moins prolongé et d'un degré de chaleur plus ou moins fort.

L'état d'extrême division des corps favorise aussi l'affinité. Le phosphore, en forme cylindrique ou en petits morceaux, ne brûle pas à la température ordinaire de l'atmosphère, c'est-à-dire qu'il ne se combine pas avec l'oxygène en dégageant de la lumière et de la chaleur; pour qu'il en soit ainsi, il est nécessaire de porter sa température à 60 degrés centigrades. Mais si l'on verse sur une feuille de papier une solution de phosphore dans le sulfure de carbone, après la volatilisation spontanée du dissolvant il reste du phosphore extrêmement divisé, et dans cet état il s'enflamme spontanément, à la température ordinaire, en dégageant de la lumière et de la chaleur.

Le fer appelé *pyrophorique*, que l'on prépare en faisant passer un courant d'hydrogène sur l'oxyde de fer chauffé, a aussi la propriété de s'enflammer spontanément au contact de l'air, c'est-à-dire de se combiner avec l'oxygène atmosphérique pour former un oxyde de fer, en dégageant de la lumière et de la chaleur. Ce fer, en effet, se trouve dans un état d'extrême division, et cette condition est très-favorable à sa combinaison avec l'oxygène. — Traduit de l'italien par Odysse-Barot.

— La fin au prochain numéro. —

HISTOIRE NATURELLE DES CORPS ORGANISÉS.

COURS DE M. GUSTAVE FLOURENS.

(COLLÉGE DE FRANCE.)

(Voy. les nos 4, 5, 8, 9, 10, 11, 13 et 14.)

XIII, XIV, XV.

TABLEAU VI.

SECTIONS GAULOISE ET KYMRIE

(GADHEL, GAEL, DANS LEUR LANGUE NATIONALE).

Constitution. — *a*. Gaulois. — *Tête* arrondie, sphérique; front moyen, nez droit, yeux grands, bleus, largement ouverts; menton rond, cheveux blonds, abondants. *Muscles* bien développés, mais moins résistants que ceux des Romains. *Taille* élevée, moins pourtant que celle des Kimris. *Teint* blanc. — *b.* Kymris. — *Tête* allongée, front haut et large ; nez saillant, parfois recourbé, ayant les ailes relevées ; menton saillant. *Taille* très-élevée. *Teint* moins blanc, cheveux moins blonds.

Caractère. — Sympathique, bon et généreux, hospitalier, franc, ouvert, communicatif, compatissant à toutes les souffrances ; toujours prêts à rendre service, à défendre les faibles et les opprimés, mais dominateurs, ne pouvant supporter la résistance, et la punissant cruellement ; courage indomptable, témérité excessive, profond mépris du danger, indifférence absolue pour la mort ; ils tiennent beaucoup à l'honneur, point du tout à la vie, jamais ils ne combattent par la ruse, ils se font tuer par jeu (duel) ; curiosité enfantine, amour des nouveautés et des aventures ; gaieté, imagination vive, sincérité, finesse ; génie élevé, éloquence forte, impétueuse, enthousiaste, sensée et railleuse ; peuple parleur ; force morale très-grande, conscience toute-puissante ; individualité aussi développée que chez les Grecs, mais n'empêchant point les dévouements (patronage) ; émulation, désir de gloire, estime de soi, vanité, fierté, caractère léger, fougueux, mobile et passionné, irritable, querelleur ; esprit de justice, la femme choisit elle-même son époux, les enfants héritent par portions égales, peu ou point d'esclavage ; point de caste sacerdotale, clergé recruté par le savoir et le mérite (ovates, bardes, druides), mais sacrifices humains. Caractère des Kymris, un peu moins turbulent.

Action. — De tous les Aryas, ce sont les Gaulois qui ont été le plus loin. Ils atteignirent les limites de l'Occident (France, Angleterre), et revinrent ensuite, à plusieurs reprises, sur leurs pas (en Italie, en Grèce, en Asie Mineure), semant partout l'effroi sur leur passage. Dans la Gaule, ils trouvèrent des Araméens déjà établis au midi (Ibères, Aquitains, Ligures, Euskes ou Basques), ils les repoussèrent vers les Pyrénées, traversèrent ces montagnes, et se mêlèrent avec les Ibères ou Araméens d'Espagne (Celtibères). Sous le nom d'Ambras (Ambrons des Romains, c'est-à-dire les vaillants), ils envahirent la haute Italie, en expulsèrent les Sicules et y fondèrent une nation, qui fut ensuite soumise en partie par les Étrusques. Colonie phocéenne de Marseille chez le clan gallo-ligure des Ségobriges. Les Kymris, partis après les Gaulois, s'étaient arrêtés dans la Crimée, dans le pays compris entre le Danube et le Volga. L'arrivée des Germains les refoula à l'Occident : ils remontèrent jusqu'à la Chersonèse cimbrique (Danemark) et le golfe de Finlande (Esthonie), puis fondirent sur la Gaule, sous le commandement de Hu-Gadarn, s'emparèrent du sud de l'Angleterre, du nord et du nord-est de la France, et se mêlèrent aux Gaulois sur les bords de la Seine et de la Loire. Émigrations nouvelles des Gaulois, établissement de Sigovèse entre les Alpes Illyriennes et le Danube, de Bellovèse en Italie, qui venge les Ambras des Étrusques. Nouvelles bandes gauloises (Boïens) en Italie. Villes gauloises, Vergann (Bergame), Pataw (Padoue), Fearann (Vérone), Mediolann (Milan). Siége de Clusium, les Gaulois marchent sur Rome, et la prennent. Invasion des Kymris-Belges dans le nord de la France, des Kymris-Volces dans le Languedoc. La phalange macédonienne défaite, comme la légion romaine, par les Gaulois qui envahissent la Grèce. Courageuse défense des Athéniens aux Thermopyles ; pillage de Delphes. Colonies gauloises établies en Thrace, en Asie Mineure, et rançonnant le pays ; leur défaite par Antiochus Soter. Aventuriers gaulois au service d'Hannibal, des successeurs d'Alexandre, des rois d'Asie. Désunion des Gaulois, à cause de leur amour excessif d'indépendance et de domination ; esprit druidique étroit qui arrête l'essor vers la civilisation. Vengeance de Rome, destruction de la Gaule cisalpine (Gallia togata). Marseille attire les Romains dans la Gaule transalpine ; ils y fondent des colonies (Aix, Narbonne), et s'emparent de la Provence. Nouvelle invasion des Kimris, détruits par Marius. Les Eduens appellent César ; guerre acharnée pendant huit ans. La Gaule, soumise, accepte la civilisation romaine ; fondations de villes par Auguste ; monuments romains. Malgré tant de faveurs, la Gaule, à la mort de Néron, fait une tentative de sécession (empire gaulois de Civilis, Classicus, Tutor et Sabinus). Sécession sous Gallien ; fondation de l'empire transalpin. Posthume, Victorinus, Victoria, repoussent également les Romains, et les Germains, qui veulent franchir le Rhin. Aurélien fait rentrer la Gaule dans l'empire romain. Bagaudes, paysans ruinés par le fisc, écrasés par Maximien. La Gaule défendue contre les Germains par Julien, Valentinien, Théodose, mais elle est désarmée ; et quand Rome ne peut plus la protéger, les Germains franchissent impunément la barrière rhénane.

TABLEAU VII.

DERNIERS DÉBRIS DES ANCIENNES LANGUES NATIONALES DE LA FRANCE QUI SUBSISTENT ENCORE, SOIT EN FRANCE, SOIT DANS L'ARCHIPEL ANGLAIS.

La langue gauloise se rapproche moins que la langue kymrie de la langue mère, la langue aryane.

- Langue gauloise.
  - Idiome *erse* ou albanack, gaëlique des auteurs, parlé par les montagnards écossais (Highlanders).
  - Idiome *manks*, parlé dans l'île de Man (dans la mer d'Irlande).
  - Idiome *erinakh* (irlandais des Français, *irish* des Anglais), parlé en Irlande ; très-guttural.
- Langue kymrie.
  - Idiome *kymraig* (*welsh* des Anglais), parlé par les paysans du pays de Galles.
  - Idiome *cornique*, parlé dans le Cornouailles anglais (éteint depuis cinquante ans).
  - Idiome *breton* (breizad, brézounecq).
    - Dialecte *trécorien*, parlé dans le canton de Tréguier.
    - Dialecte *léonard*, originaire de Saint-Pol-de-Léon, et parlé dans toute la basse Bretagne.
    - Dialecte *cornouaillais*, parlé dans le pays de Quimper.
    - Dialecte *vannetais*, parlé dans le pays de Vannes.

TABLEAU VIII.

SECTION FRANÇAISE.

ORIGINES FRANÇAISES.

TABLEAU CHRONOLOGIQUE DES DIVERSES POPULATIONS QUI SE SONT SUPERPOSÉES EN FRANCE, ET DONT LES MÉLANGES CONSTITUENT LA NATION FRANÇAISE ACTUELLE.

a. Araméens-Basques, premiers possesseurs du sol dans le midi et dans l'ouest de la France, ont noirci les cheveux et les yeux, et diminué la taille des Français, par leurs mélanges avec les Aryas-Gaulois et Kimris, mais en même temps ils ont donné au génie français une souplesse, une vivacité, une étendue, qui manquent aux Aryas-Gaulois, Kymris et Germains d'Angleterre et d'Allemagne non aramaïsés.

b. Aryas-Gaulois (fonds de la population). { 1er ban — *Gaulois.* / 2e ban — *Kymris.* } Taille élevée, yeux bleus, cheveux blonds.

c. Colonies grecques (sous-section ionienne). Marseille, Monaco, Nice, Agde, Antibes, Arles en partie (Θελίνη), Hyères, Eaube, Avignon (Roses, Denia, Empurias en Espagne). Ces colonies marchandes répandent dans toute la France sud-orientale le génie et le sang grecs. De là vient la beauté des figures dans certaines villes méridionales, et l'éloquence.

d. Colonies romaines. D'abord, dans le Languedoc Narbonne, dans la Provence Aix, puis de proche en proche, les relations avec les Romains, les établissements des légions dans les villes, introduisent le type romain.

e. Envahisseurs *Aryas-Germains* ou même *Aryas-Slaves* qui ne font que traverser la France, sans guère y laisser de traces de leur passage (Alains, Vandales, Suèves).

f. Aryas-Germains. { 1er ban — *Burgundes.* / 2e ban — *Goths.* / 3e ban — *Francs.* }

Ceux-ci se fixent et modifient légèrement la Gaule (1).

(D'autres Germains vinrent ensuite sur le littoral français. L'établissement des Normands dans la Neustrie, étant un fait local, sera étudié à propos de cette province. Peut-être quelques Lombards se sont-ils fixés dans la Provence et la Bourgogne. Les Araméens-Arabes ont formé quelques populations maudites, dont il sera traité, ainsi que des Basques français et espagnols, à propos des Araméens.)

TABLEAU IX.

GERMAINS GAELISÉS.

SOUS-SECTION BURGUNDE.

CONSTITUTION. — *Crâne* allongé. *Taille* gigantesque (2m,07), *muscles* robustes.

(1) Ces envahisseurs étaient infiniment moins nombreux qu'on ne se l'imagine d'ordinaire. La bande de Clovis ne se composait que de 5 à 6000 hommes. — O.-B.

CARACTÈRE. — Doux et facile; le géant se mettait à genoux pour parler aux hommes de taille ordinaire.

ACTION. — La tribu burgunde, en arrivant dans l'Europe, s'était établie entre la Vistule et l'Oder (Posnanie actuelle occupée par les Slaves-Polonais). Les Goths-Gépides lui ayant pris son territoire, elle émigra en partie au nord, dans l'île de Bornholm (mer Baltique), en partie à l'occident, dans la Gaule, d'où les Romains les expulsèrent. Ils y revinrent plus tard, et s'y fixèrent dans le pays qui prit leur nom en partie, et où ils se fondirent aisément avec les habitants.

SOUS-SECTION GOTHIQUE.

CONSTITUTION. — *Taille* élevée, *teint* blanc, yeux bleus, cheveux blonds, belle prestance et grande vigueur.

CARACTÈRE. — Courage indomptable, turbulence, audace; pillards, entreprenants.

ACTION. — La grande nation gothique fatiguait de ses incursions perpétuelles les Romains, qui avaient consenti à lui payer tribut. Ils étaient établis dans la Scandinavie; leur empire occupait toute l'Europe centrale, du Don à l'est à la Theiss à l'ouest, de la Baltique au nord à la mer Noire au sud. Ceux qui habitaient à l'ouest du Dnieper s'appelaient les Occidentaux (Wisigoths); ceux qui habitaient à l'est, les Orientaux (Ostrogoths): ceux-ci allèrent occuper l'Italie; ceux-là pénétrèrent dans la France, dont ils prirent le sud-ouest, entre la Loire et les Pyrénées. Toulouse fut leur capitale. En France, ils furent soumis par les Francs; en Espagne, ils restèrent les maîtres jusqu'à la conquête arabe.

SOUS-SECTION FRANQUE.

CONSTITUTION. — *Taille* élevée, large carrure; *muscles* très-développés et très-robustes; yeux bleus, grands et vifs, regard fier; nez long, physionomie animée; cheveux blonds, parfois roux, abondants.

CARACTÈRE. — Impétueux, ardents, intrépides, adroits et intelligents.

ACTION. — Les tribus germaines établies entre le Rhin, le Weser et le Mein, étaient réunies en confédération sous le nom de Francs (hommes fiers), Saliens à l'est, Ripuaires à l'ouest (sur le Rhin). Ils passaient constamment ce fleuve, et enfin ils s'établirent dans le nord de la France, qui fut ainsi partagée entre les trois bans de conquérants germains. Clovis et ses successeurs parvinrent à fonder la suprématie des Francs, qui donnèrent leur nom au pays.

GUSTAVE FLOURENS.

HISTOIRE DE LA MÉDECINE ET DES DOCTRINES MÉDICALES.

COURS DE M. BOUCHUT.

(École pratique de la Faculté de médecine.)

(Suite. — Voy. les nos 1, 2, 3, 5, 6, 8, 9, 13, 14 et 16.)

Ce n'est pas assez d'avoir fait connaître toutes les pratiques de la théurgie, de la démonomanie et du mysticisme médical, depuis les temps les plus reculés de l'histoire jusqu'au temps où nous vivons.

Leur persistance est un fait qui ne saurait exister sans cause, et dès qu'on y réfléchit, on voit qu'il y a ici un élément moral à découvrir, d nt l'existence explique pourquoi les doctrines théurgiques et les causes occultes ont pris une si profonde racine dans la pensée de l'homme, pourquoi elles trouvent et trouveront toujours de nombreux disciples.

Dans cet assemblage de choses sacrées et profanes, respectables ou ridicules, innocentes ou cruelles, honorables ou déshonnêtes, dont le tableau constitue en quelque sorte l'histoire du merveilleux et du surnaturel en médecine, l'esprit humain trouve une leçon dont il doit savoir tirer parti.

Pour mon compte, je me reprocherais de passer sous silence cet enseignement de l'histoire, et je veux m'en servir pour démontrer les rapports de ce mysticisme avec la civilisation, avec la politique, avec les croyances religieuses, et plus encore, avec ces facultés personnelles de l'homme qu'on appelle la religiosité et l'imagination.

Je l'ai déjà dit, la magie des Chaldéens et des Égyptiens, la théurgie de la Grèce et de Rome, la théurgie chrétienne, la démonomanie et la sorcellerie du moyen âge, les puissances occultes du magnétisme, le somnambulisme médical, l'homœopathie, le spiritisme moderne, etc., représentent, avec le polythéisme antique, le christianisme et la physique moderne, l'influence multiple de la théocratie, de la superstition païenne, du mysticisme scientifique, de l'ignorance populaire et de la science.

Mais la théocratie n'est possible, et le mysticisme religieux ou le profane ne peuvent exister que par suite de cette disposition innée qu'on appelle l'*imagination*, et qui, en tous lieux, chez tous les peuples, est partout la source des créations poétiques. La forme et l'objet du merveilleux varient, mais non le merveilleux, et en médecine, si la théocratie favorise le développement de la théurgie et de la démonomanie, le merveilleux se retrouve sous forme de sorcellerie, de magie ou de magnétisme, dans les gouvernements libres de quelques républiques, ou chez ceux qui, en dehors des influences religieuses ou sceptiques, n'en croient pas moins aux esprits et aux propriétés occultes de la matière, ainsi qu'à leur influence sur la santé.

A côté des premiers mages et des prêtres médecins, il y a le magicien, l'oracle, le sorcier, le devin, le somnambule, le magnétiseur, avec cette différence que la foi pure et désintéressée des premiers disparaît chez les autres, et est remplacée par le plus avide et le plus effronté charlatanisme. Partout c'est l'imagination et l'amour du merveilleux qui font les frais du culte et qui servent de base à la doctrine : sans elle, point de prosélytisme, point d'adeptes et point de succès; par elle, au contraire, des fervents sectaires et des miracles pour entraîner la conviction des incrédules.

Qu'est-ce donc que l'imagination? Quels sont ses rapports avec la religiosité innée de l'homme? Comment peut-elle servir de base à certaines pratiques médicales? Quelle est donc son influence sur la santé et la guérison des maladies? Je vais le dire, et c'est là l'enseignement que fournit au médecin l'histoire de la théurgie et du mysticisme médical.

II. *De l'imagination.* — L'imagination (de *imago*, image) est cette admirable faculté de l'esprit humain en vertu de laquelle l'homme *découvre dans sa pensée des images particulières, étrangères aux sensations présentes.*

L'animal raisonne, l'homme seul peut imaginer. Ce sont, chez les uns, des images coordonnées, réelles, comme elles le sont dans la nature ; chez les autres, des images abstraites; ailleurs, enfin, des images bizarres et sans ordre, comme dans le délire et dans les songes. Mais partout c'est une réminiscence ou une création de l'esprit. Chose singulière, c'est par cette faculté que se révèlent à la fois le génie et la folie. Par elle, se soutient l'espérance, cette grande consolation des malheureux; et sans elle, on peut dire sans rien exagérer, la vie n'est que la plus amère des déceptions. C'est elle qui dirige les premières pensées de l'enfant dans ses jeux, qui crée les plus nobles passions de l'homme, et qui, en même temps qu'elle lui ouvre la porte des maladies, lui fournit aussi le plus surprenant des moyens de guérison.

L'imagination, qui varie avec l'âge, est très-vive dans l'enfance. C'est à ce point que les anciens Grecs supposaient que les regards d'une personne étrangère avaient le funeste pouvoir de faire maigrir et dépérir les enfants à la mamelle, et qu'ils soustrayaient ceux-ci à l'*œil de l'envie* et à l'haleine des personnes qu'ils supposaient capables de les infecter. Ils essayaient même de prévenir ces dangers en mettant au cou des enfants une balle d'or ou d'argent pour attirer les regards et les détourner de la figure. (Virey, Imagination, p. 24, *Dictionnaire des sciences médicales.*)

Sa vivacité est différente selon le sexe, selon le climat et selon le régime. Tout le monde sait que dans les pays de l'Orient, où règne une température élevée, où la nourriture est peu abondante et où le jeûne est facile, l'imagination s'exalte au plus haut degré, favorise les extases poétiques et engendre ces illusions sensoriales dont l'histoire nous conserve le souvenir.

L'imagination a un pouvoir immense, non-seulement sur la conservation de la santé, mais encore sur l'apparition des maladies et sur leur guérison. Charron l'a dit (*De la sagesse*, XVIII) : « L'imagination est une puissante chose... Ses effets sont merveilleux et étranges... ; elle fait perdre le sens, la cognoissance, le jugement, fait devenir fol et insensé..., fait deviner les choses secrètes et à venir, et cause les enthousiasmes, les prédictions et merveilleuses intentions, et ravit en extase, réellement tue et fait mourir. Bref, c'est d'elle que viennent la plupart des choses que le vulgaire appelle *miracles, visions, enchantemens.* Ce n'est pas le diable, ni l'esprit, comme il le pense, mais c'est l'effet de l'imagination, ou de celle de l'agent qui fait de telles choses, ou du patient et spectateur qui peut voir ce qu'il ne voit pas. »

On sait, en effet, que la frayeur des épidémies dispose tout particulièrement à l'apparition du mal ceux qui en redoutent vivement les atteintes, et que les médecins ne traversent si impunément les contagions que parce qu'ils n'en ont pas peur. L'appréhension d'une maladie la fait quelquefois apparaître par suite des effets de la concentration de la pensée sur l'organe qu'on suppose malade et qui ne l'est pas encore.

De cette disposition d'esprit résulte, dans cet organe, un afflux de sang suivi de la maladie analogue ou semblable à celle qu'on redoutait. C'est ainsi que les étudiants en médecine, qui craignent une maladie de cœur ou une carie vertébrale, ont des palpitations fort incommodes ou un notable affaiblissement des membres inférieurs, avec des fourmillements paraplégiques.

On cite le fait d'un Esquimau qui, ayant perdu sa femme, éprouva un si ferme désir d'allaiter son enfant, que du lait se forma dans ses mamelles et qu'il essaya de nourrir au sein (*Revue Britannique*, 4e série, t. XVI, p. 52). Ce fait, qu'il ne faut accepter qu'avec réserve, est plus commun chez la femme encore vierge. Il a été plusieurs fois observé chez des jeunes filles qui ont essayé de se substituer à une mère qui venait de mourir. En donnant leur sein vide, la succion de l'enfant y faisait venir du lait.

Le mysticisme religieux produit de semblables phénomènes, et parmi eux, les plus étranges sont ceux qui sont connus sous le nom de *stigmatisations.*

L'exemple le plus frappant est celui de saint François d'Assise. « Ce religieux était arrivé à la fin de sa carrière, après avoir vu réussir tous ses projets. Il avait obtenu du pape Honorius III la confirmation de l'ordre fondé par lui, pour les deux sexes ; il avait inauguré une règle nouvelle, qui était regardée comme la conception la plus parfaite qu'on eût jamais eue de la vie monastique. Satisfait d'une tâche si glorieuse, il s'était démis du généralat entre les mains de Pierre de Catane, pour ne plus songer qu'à son salut. Il se retira, en conséquence, dans une solitude de l'Apennin, entre l'Arno et le Tibre, non loin de Camaldoli et de Vallombrosa, et fixa sa retraite sur une montagne appelée l'Alverne, que lui avait abandonnée le propriétaire, un seigneur du pays, nommé Orlando Cataneo : là, dégagé de tous les devoirs et de toutes les préoccupations de la vie pratique, il se livrait sans mesure aux rigueurs de l'ascétisme le plus sévère et méditait incessamment en Dieu.

Des extases s'emparaient de temps à autre de son esprit, et le rendaient de plus en plus indifférent aux objets de la terre. Les macérations, les abstinences, se succédaient chez lui sans relâche. Parmi les carêmes surérogatoires qu'il s'était imposés, se trouvaient les quarante jours qui séparent la fête de l'Assomption de celle de Saint-Michel. Exténué par le jeûne et s'abîmant une fois dans les élans de la prière la plus ardente, il crut entendre Dieu qui lui ordonnait d'ouvrir l'Évangile, afin que ses yeux pussent y lire ce qui serait le plus agréable à son créateur. Frappé de cet avertissement divin, saint François remercia Dieu dans une nouvelle prière qui dépassait encore en ferveur celles auxquelles il se livrait depuis le commencement de ce carême. « Ouvre-moi le livre sacré », dit-il au frère Léon, qui l'avait suivi dans sa retraite. Trois fois cette épreuve fut faite, et trois fois le volume s'ouvrit à la passion de Jésus-Christ. Le saint crut reconnaître là un ordre de pousser son imitation de la vie du Sauveur plus loin qu'il ne l'avait encore fait. Sans doute, il avait imposé silence à la chair par la mortification, et crucifié son esprit et ses désirs, mais il n'avait point encore soumis son corps au supplice de la passion, et c'était le supplice que Dieu lui prescrivait en lui montrant du doigt le récit de l'Évangile.

Après cette épreuve, le solitaire n'eut plus qu'une pensée : le crucifiement de son divin Maître. Il en passa et repassa en esprit les douloureuses phases, exaltant davantage son imagination à chaque oraison. En même temps qu'il exténuait son corps par un jeûne prolongé, il travailla à évoquer en lui le tableau émouvant du Sauveur sur la croix.

Dans ses visions, il était tellement absorbé par la contemplation du Dieu souffrant, qu'il perdait conscience de lui-même, et se trouvait transporté dans un monde surhumain. Le jour de l'Exaltation de la croix, se livrant plus encore que de coutume, en raison de la solennité, à une de ces contemplations extatiques, il crut voir un séraphin ayant six ailes ardentes et lumineuses descendre rapidement de la voûte des cieux et s'approcher de lui. L'esprit évangélique soutenait entre ses ailes la figure d'un homme, les pieds et les mains attachés à une croix. Lorsque le saint assistait à ce spectacle miraculeux avec une onction et un étonnement profonds, la vision s'évanouissait tout à coup. Mais le pieux anachorète en avait ressenti un contre-coup étrange, et toute son économie était demeurée profondément troublée. Il éprouva surtout aux pieds et aux mains des sensations douloureuses qui firent bientôt place à des ulcérations, à des espèces de plaies qu'il considéra comme les stigmates de la passion du Christ.

Ce miracle eut un immense retentissement. Rien

n'était plus fait pour frapper des imaginations avides du merveilleux, et fortifier la vénération profonde que ce saint personnage excitait par ses travaux et ses vertus. Le pape proclama les stigmates de saint François un don miraculeux de la grâce, et les chrétiens tinrent le prodige pour une démonstration péremptoire du mystère de la Rédemption, à raison surtout de cette circonstance que les stigmates avaient été imprimés au saint jour de l'Exaltation de la croix.

L'allégresse que causa le miracle fut surtout grande chez les franciscains. C'était le triomphe de leur ordre; ce prodige donnait une preuve éclatante de l'amour infini de Jésus-Christ pour leur fondateur, puisqu'il l'avait choisi pour offrir sur la terre une image visible de sa divinité. Il y eut donc désormais pour les religieux mendiants deux passions, celle de Jésus-Christ et celle de saint François. On vit un gardien des cordeliers de Reims, le père Lanfranc, faire inscrire au fronton de son couvent : *Deo homini et beato Francisco, utrique crucifixo ;* « A l'homme-Dieu et à saint François, tous deux crucifiés. » (Maury, *Magie*, p. 349.)

D'autres moines, Philippe d'Acqueria, Benoît de Reggio, Charles de Saeta; Dodo, de l'ordre des Prémontrés; Angèle del Paz, de Perpignan; Nicolas de Ravenne, sainte Catherine de Sienne, etc., eurent le même avantage, et rêvant sans cesse aux souffrances de la passion, en virent les stigmates se montrer sur leur corps. Une fois répandue, la nouvelle de ces stigmatisations en fit paraître d'autres dans les cloîtres du XVe siècle. Mais des variations se produisirent. Sainte Catherine de Raconisio et quelques autres eurent sur le front les stigmates de la couronne d'épines. D'autres éprouvèrent les douleurs de la flagellation et en conservèrent les marques, complétant ainsi dans leurs extases toutes les douloureuses circonstances de la passion. Ce fut une véritable épidémie, et pendant près d'un siècle on ne parlait que de semblables miracles. Ils se reproduisirent jusqu'au siècle dernier.

Des phénomènes semblables à ceux de la stigmatisation ont été obtenus en d'autres circonstances. Ainsi on a vu des individus s'imaginer en rêves recevoir des blessures, des coups, être frappés de maladies, et avoir au réveil, ou quelques jours après, les stigmates de ces contusions sur les parties qu'ils supposaient atteintes, ou les symptômes de la maladie rêvée. L'histoire nous apprend que les solitaires de la Thébaïde et quelques visionnaires faisaient voir sur leur peau les marques rougeâtres laissées par le fouet du démon ou de l'ange qui les avait châtiés. On sait aussi que les malades lutinés dans le sommeil par le succube montrent sur le corps des taches violacées que les auteurs de démonologie ont appelées *sugillationes*, stigmates qui, dans les procès de sorcellerie, servaient à établir le fait de la pression démoniaque.

Burdach dit qu'on a vu une tache bleue sur le corps d'un homme qui venait de rêver avoir reçu une contusion.

Le docteur Marmisse, de Bordeaux, rapportait, dans l'*Union médicale* de 1862, le fait curieux que voici : Une dame, souffrante déjà depuis quelque temps, eut besoin d'être saignée. Sa femme de chambre, qui lui était très-attachée et qui la soignait très-assidûment, assista à cette petite opération; elle en ressentit une émotion si profonde, qu'au moment où le praticien enfonçait sa lancette dans le bras de la malade, la servante éprouva au pli du coude le sentiment d'une piqûre, et vit, peu de temps après, apparaître une petite plaie dans cet endroit.

Le docteur Elliotson a recueilli un assez grand nombre de faits, dans lesquels l'attention concentrée sur une partie du corps y a fait naître de la douleur. Ainsi, les hystériques, dont les fonctions périodiques sont supprimées, ont souvent des hémorrhagies par les divers organes sur lesquels elles portent leur attention.

Un travail matériel dans l'économie peut donc s'opérer sous l'influence des préoccupations de l'âme, et, selon le degré de cette influence, la chair en garde les traces apparentes. Ces faits sont de la plus haute importance; et ils justifient parfaitement la croyance populaire sur le rapport des pensées de la femme enceinte et les taches qui se produisent quelquefois sur le corps de l'enfant.

Si la pensée agit sur la matière, elle agit encore plus sur la sensation; de là les hallucinations de la vue, de l'ouïe, de l'odorat des extatiques dans leurs rapports avec Dieu, les sensations du toucher qui leur fait croire qu'elles sont enlevées de terre, et les ravissements qu'elles éprouvent de leur commerce avec Jésus-Christ. Cette influence de l'imagination sur la vitalité des organes, sur leurs fonctions et sur les sensations, est telle, qu'on a vu le trouble de cette faculté être suivi d'une mort immédiate. En voici un exemple. En 1784, dans un rapport de Bailly sur le magnétisme, ce philosophe attribue les crises nerveuses magnétiques à l'imagination. A ce sujet, il rapporte l'anecdote suivante. En 1750, à Copenhague, voulant éprouver les effets de l'imagination sur le corps, quelques médecins obtinrent qu'un criminel, condamné au supplice de la roue, périrait par un moyen plus doux, tel que l'hémorrhagie. Après l'avoir conduit, les yeux bandés, dans la pièce où il devait mourir, on piqua le patient aux bras et aux jambes et l'on simula un bruit d'écoulement de liquide. Bientôt le condamné fut pris de syncopes, de sueurs froides, de convulsions, et il mourut au bout de deux heures et demie... Or, il n'y avait pas eu de saignée; de simples piqûres, sans hémorrhagie, avaient été faites aux bras et aux jambes, et l'eau s'écoulant de quatre robinets ouverts simulait le bruit du sang tombant dans un vase. La mort de ce malheureux fut donc l'effet des troubles de son imagination. (L. Figuier, *Histoire du merveilleux*, t. III, p. 341.)

Les maux enfantés par les troubles de l'imagination ne sont rien en comparaison des bienfaits qu'elle procure ; ses guérisons sont innombrables, et là où elle ne peut guérir, elle apporte du moins le bonheur, la joie et la douce espérance d'une amélioration prochaine.

Contentement passe richesse, dit avec raison le proverbe, et cela est bien vrai, car il suffit souvent d'avoir confiance en celui qui peut guérir, pour être soulagé ou guéri. En médecine, comme ailleurs, la foi est une force dont la puissance est sans limites et fait des miracles. Les incubations dans les temples, les paroles magiques, les charmes, les grimoires, les philtres, les arcanes, les talismans, les nombres, les amulettes, les terreurs morales, les attouchements royaux, ceux d'un prêtre, d'un oracle ou d'un médecin, en sont la preuve ; et les malades qui croient fermement à ces influences sont, dans beaucoup de cas, bien près d'être guéris.

Profanes ou sacrés, tous les pèlerinages et toutes les pratiques du mysticisme médical produisirent des merveilles.

C'est ainsi que le simple toucher du roi guérissait les scrofuleux ; que les exorcismes faisaient disparaître les attaques convulsives chez les malheureux qui en étaient atteints.

C'est pour la même raison que la main d'un mort appliquée sur des écrouelles les a fait guérir (van Helmont et Bayle) ; que Pyrrhus, roi des Épirotes, avec son pied, obtenait des guérisons miraculeuses (Tacite).

Hertwig (*Obs. medic.*) rapporte qu'un médecin ayant donné à un paysan une ordonnance écrite pour avoir une purgation, lui dit : *Vous prendrez cela.* Notre homme, rentré chez lui, se met au lit, avale le papier, qui le purge fortement, et peu après il revient dire au médecin que sa purgation l'a guéri.

Des guérisons ont été obtenues aussi par le simulacre des exorcismes.

Une prétendue possédée faisait beaucoup de dupes au temps d'Henri III. Amenée devant l'évêque d'Amiens, celui-ci ordonna à un laïque de se vêtir d'habits sacerdotaux, et de feindre de l'exorciser sur les Évangiles ; mais on lut en place les épîtres de Cicéron. Ce diable, qui ne se doutait pas de la ruse et ne connaissait pas le latin, s'agita avec violence, comme s'il eût déjà ressenti les tourments de l'enfer. Le voilà donc conjuré par l'incrédule Cicéron, comme par les plus saints apôtres.

Les pèlerinages produisirent aussi des merveilles, et cela dans toutes les religions. Ainsi, à Cachemire, on conserve précieusement trois poils de la barbe de Mahomet qui accomplissent des cures miraculeuses chez les nombreux pèlerins qui viennent chaque année implorer la relique du grand prophète.

Moi-même, qui n'ai guère de prétention à passer pour sorcier, ni pour un envoyé céleste ou pour un prophète, j'ai fait des miracles, et j'ai guéri des malades qui ont eu l'immense avantage d'avoir en moi une confiance excessive que je n'aurais jamais osé m'accorder.

— La suite à un prochain numéro. —

CHRONIQUE.

En réponse à la leçon de M. Bouchut, consacrée à l'examen des doctrines homœopathiques (voy. le n° 8), nous avons reçu de M. le docteur Turrel, médecin à Toulon, une longue et fort intéressante lettre, pleine de raisons solides, d'arguments sérieux, et remarquablement écrite ; ce qui ne gâte jamais rien. Nous regrettons vivement de ne pouvoir la publier ; mais la *Revue des cours* est un journal d'exposition et non un journal de polémique. Nous ne prenons parti ni pour l'allopathie ni pour l'homœopathie :

Non nostrum inter vos tantas componere lites.

Qu'un médecin homœopathe expose quelque part, — avec talent — dans un cours public, les doctrines de son école, et nous ne refuserons certes pas de lui ouvrir nos colonnes.

Qu'il s'agisse de science, de littérature, d'histoire, de philosophie, d'esthétique, notre journal doit être et est, avant tout, une publication éclectique. — Odysso-Barot.

— Tous nos lecteurs savent déjà, sans doute, que M. Charles Daremberg vient d'être chargé par le ministre de l'instruction publique d'un *cours d'histoire de la médecine* au Collège de France. Nous compléterons cette bonne nouvelle en leur annonçant que M. Daremberg doit ouvrir son cours le 15 avril.

— Le succès des *soirées scientifiques et littéraires* de la Sorbonne grandit chaque semaine. La conférence de M. Wurtz *sur les phénomènes de la combustion* n'a pas été moins bien accueillie que les précédentes. Suspendues pendant les vacances de Pâques, ces soirées seront rouvertes par un entretien de M. Le Verrier sur l'astronomie. Puis viendront, si nous sommes bien informés, des conférences de M. Pasteur sur les générations spontanées, et de M. Hébert sur la formation de l'écorce terrestre.

— La Prusse vient de perdre un de ses médecins les plus éminents. M. le docteur Casper, le célèbre professeur de médecine légale à Berlin, a été frappé de mort subite.

On sait que son *Traité de médecine légale*, en deux volumes, a été traduit en français par M. Gustave Germer Baillière.

Le propriétaire-gérant : Germer Baillière.

PARIS. — IMPRIMERIE DE E. MARTINET, RUE MIGNON, 2.

PREMIÈRE ANNÉE. — N° 18. UN NUMÉRO : 30 CENTIMES. 2 AVRIL 1864.

REVUE DES COURS SCIENTIFIQUES DE LA FRANCE ET DE L'ETRANGER

PHYSIQUE — CHIMIE — ZOOLOGIE — BOTANIQUE — ANATOMIE — PHYSIOLOGIE
GÉOLOGIE — PALÉONTOLOGIE — MÉDECINE

Paraît tous les Samedis.

	Six mois.		Un an.
Paris.........	8 fr.		15 fr.
Départements..	10		18
Étranger......	12		20

Prix de l'abonnement avec la Revue des Cours littéraires.

Six mois..... Paris, 15 fr. Départ., 18 fr. Étranger, 20 fr.
Un an....... — 26 — 30 — 35

Rédacteur en chef
M. ODYSSE-BAROT

Les ouvrages dont deux exemplaires auront été envoyés au bureau du journal seront annoncés et analysés s'il y a lieu.

On s'abonne
A LA LIBRAIRIE GERMER BAILLIÈRE
17, rue de l'École de Médecine,
Et chez tous les libraires, par l'envoi d'un bon de poste, ou d'un mandat sur Paris.

L'abonnement part du 1er décembre ou du 1er juin de chaque année.

AVIS. — Par un arrêté de M. le Préfet de police, la vente de notre journal est autorisée sur la voie publique et dans les gares de chemins de fer.

Notre prochain numéro contiendra encore un supplément de huit colonnes offert gratuitement à nos lecteurs.

SOMMAIRE.

PALÉONTOLOGIE.

COURS DE M. A. D'ARCHIAC.

(MUSÉUM D'HISTOIRE NATURELLE.)

(Voy. les nos 1, 2, 10, 12, 14 et 16.)

VI.

Cavernes et brèches osseuses du Languedoc.

Messieurs,

Le Languedoc est la province de France où les cavernes à ossements ont fourni le plus de matériaux à la paléozoologie de notre pays, matériaux qui ont été l'objet de publications remarquables.

Dès 1828, M. Tournal signalait dans la caverne de Bize, au nord-ouest de Narbonne, des ossements humains enfouis dans un limon et une brèche, avec des restes de poteries, des bois de Cerf, des os travaillés, et des débris d'animaux, dont plusieurs espèces seraient éteintes, et d'autres vivraient encore dans le pays ou ailleurs (Cerf, Chamois, Chevreuil, Antilope, Ours, etc.). Dans le département du Gard, de Christol indiqua, vers le même temps, des cavernes où des os humains se trouvaient associés à ceux du Rhinocéros, du Cerf, du Cheval, du Bœuf et de l'Hyène; aussi le premier de ces naturalistes n'hésita-t-il pas à admettre la contemporanéité des uns et des autres.

M. Tournal divisa la période géologique moderne, qu'il appelait *anthropœienne* ou caractérisée par la présence de l'homme, en sous-périodes, l'une *anté-historique*, l'autre *historique*, précisément comme nous le faisons aujourd'hui, cette dernière ne remontant pas au delà de sept mille ans, lors de la construction de Thèbes. Marcel de Serres admettait aussi la contemporanéité de l'homme avec les espèces éteintes, et l'on a vu qu'en 1829, Schmerling arrivait à la même conclusion par l'étude des cavernes de la province de Liége. La démonstration donnée alors de ce fait important, dont nous verrons que la première notion remonte bien plus loin encore, n'eut cependant aucun effet sur les esprits, qui n'en continuèrent pas moins à se rattacher à une négation commode, dispensant de tout examen. Si nous insistons sur cette circonstance, c'est parce que beaucoup de personnes, peu versées dans l'histoire de la science, sont souvent disposées à faire honneur de ces résultats à des recherches et à des publications de vingt-cinq ou trente ans postérieures à celles que nous venons de rappeler.

Mais, des divers travaux exécutés dans les cavernes du Languedoc, ceux de la caverne de Lunel-Viel, découverte en 1800, ont été de beaucoup les plus fructueux. Après celles du Yorkshire et de la province de Liége, c'est cette localité qui a présenté le plus de formes variées.

Situées à trois lieues à l'est de Montpellier, sur la route de Nîmes, à 18 mètres seulement au-dessus du niveau de la Méditerranée, ces cavités sont ouvertes dans un calcaire de la période tertiaire moyenne ou mollasse (calcaire moellon). Elles constituent plusieurs pièces ou chambres, reliées par des couloirs, et dans lesquelles ont été apportés successivement un limon avec gravier à dents de Squales, un dépôt limoneux rougeâtre, rempli d'ossements, et du sable au-dessus. Leur étendue en longueur est d'environ 140 mètres; leur plus grande largeur est de 12 mètres, et la hauteur de 3 ou 4.

Les fouilles exécutées à partir de 1824 par une commission désignée à cet effet furent continuées jusqu'en 1827, et leurs résultats, étudiés avec soin, furent publiés en 1839, par MM. Marcel de Serres, Dubreuil et Jean-Jean, dans un ouvrage accompagné de nombreuses planches. Ces naturalistes ont pu déterminer 35 ou 36 espèces de mammifères terrestres, dont 17 carnassiers, 4 ou 5 rongeurs, 6 pachydermes, 8 ruminants, ou 18 ou 19 herbivores, c'est-à-dire plus de la moitié du total. Dans aucune des cavernes du midi de la France, la proportion des carnassiers n'a été trouvée aussi considérable qu'ici.

Parmi les herbivores, les restes de Cerfs, de Bœufs ou de Chevaux sont les plus abondants; parmi les carnassiers, le genre Hyène domine, sans que cependant ces animaux paraissent avoir été très-nombreux. A l'exception du genre Lion ou Tigre (*Felis*), des Hyènes, du Rhinocéros et de l'Éléphant, les autres mammifères terrestres ont encore leurs analogues dans le pays. Les restes de reptiles, d'oiseaux et de mollusques terrestres, offrent la même analogie avec les espèces vivantes.

Les ossements rapportés au Lion, au Tigre, à l'Hyène, annoncent des animaux d'un sixième plus grands que leurs congénères actuels, et montrent en outre des différences spécifiques que nous apprécierons plus loin. Il y aurait des traces de deux espèces de Rhinocéros, que les auteurs rapportent aux *R. incisivus*, Cuv., et *minutus*. Les restes d'Éléphant sont d'ailleurs très-rares. En résumé, sur 19 espèces d'herbivores, M. Marcel de Serres et ses collaborateurs pensent qu'il n'y en a que 2 d'éteintes, et sur 14 carnassiers, 4, les autres étant peu déterminables. Suivons un instant MM. Marcel de Serres, Dubreuil et Jean-Jean dans l'énumération des caractères de cette faune.

Parmi les carnassiers plantigrades, ils admettent la présence de deux espèces d'Ours, l'*U. spelæus* et l'*U. arctoideus*, ou l'Ours à front bombé et l'Ours à front aplati. Déjà Marcel de Serres avait, de son côté, établi une troisième espèce, sous le nom d'*U. Pitorrii*, pour des ossements trouvés dans la caverne de Fausan; mais, en réalité, nous avons fait voir que cette espèce devait être réunie à l'Ours des cavernes, dont l'*U. arctoideus* n'était lui-même qu'une variété à front moins bombé, de sorte qu'il n'y a à Lunel, comme dans tous les gisements analogues, qu'une seule espèce d'Ours.

Le Blaireau est ensuite signalé, ainsi que le Putois, la Loutre, le Chien, le Loup et le Renard. Les auteurs auxquels nous devons ces recherches ont fait ici une étude particulière du genre Hyène, et après avoir rappelé les caractères des trois espèces vivantes, l'Hyène rayée du Levant, l'Hyène tachetée du Cap, et l'Hyène brune de la Nubie et de l'Abyssinie, qui est la plus petite, ils croient pouvoir aussi en distinguer aussi trois, ou au moins deux dans cette caverne.

Cependant, tout en donnant à celles-ci les noms d'*Hyæna spelæa*, celle qui avait été depuis longtemps décrite, et qui se rapprocherait de l'Hyène tachetée, puis d'*H. prisca* à la seconde, qui se rapprocherait de l'Hyène rayée, et enfin d'*H. intermedia* à la troisième, qui présente des caractères communs avec les deux autres, ils ne prétendent point affirmer qu'elles diffèrent absolument des espèces actuelles, les éléments fournis par les têtes et les dents trouvées dans la caverne de Lunel-Viel leur paraissant insuffisants. Il semble donc que la réserve eût encore dû être poussée plus loin, et qu'il ne fallait pas mentionner trois espèces, surtout leur donner des noms, quand on n'avait que cinq têtes en tout à comparer.

Quoi qu'il en soit, avec ces Hyènes devaient vivre cinq espèces de *Felis*, dont deux atteignaient une très-grande taille. Le *Felis spelæa*, entre autres, surpassait d'un sixième les plus grands Lions de nos jours. Sa force, sans doute proportionnée à sa taille, devait le rendre un ennemi redoutable pour tous ses contemporains. Une seconde espèce était voisine du *Felis leo* de l'Afrique; une troisième, du Léopard; une quatrième, du Serval, et la dernière, du Chat sauvage (*F. ferus*). Une espèce semble aussi voisine des Genettes. Parmi ces carnassiers, trois seulement, suivant les auteurs, seraient éteints (*Hyæna intermedia*, *Felis spelæa*, *Ursus spelæus*).

Parmi les rongeurs, il y a des représentants de trois genres, dont les espèces auraient leurs analogues vivants. Ce sont : 1 Castor, 2 Rats et 3 Lièvres ou Lapins.

Les pachydermes n'ont présenté que quelques restes d'Éléphant peu déterminables, rapportés à l'*E. primigenius*; des dents et d'assez nombreux ossements qui sembleraient indiquer deux espèces de Rhinocéros, peut-être les *R. incisivus*, et *minutus*, comme on l'a déjà dit; deux Sangliers : l'un, désigné sous le nom de *Sus priscus*, serait de grande taille; l'autre, le Sanglier actuel (*Sus scropha*).

Deux races de Chevaux ont été distinguées : l'une, grande comme les plus élevées de nos jours; l'autre, petite, rappelant celle de la Camargue. Des individus de divers âges, comme dans les animaux précédents, ont permis de constater le fait. Ces races se rapportent d'ailleurs à l'espèce actuelle (*E. caballus*), et d'autres cavernes, telles que celles de Bize et d'Argou, ont aussi présenté des races différentes, qui s'étaient produites indépendamment des croisements dus à l'influence de l'homme. Ces Chevaux ont offert, les uns le sabot élevé, comme ceux qui vivent encore dans les lieux secs et arides; les autres, le sabot bas, élargi, comme ceux qui fréquentent les lieux humides et marécageux, conditions d'*habitat* que nous voyons encore aux environs de Lunel-Viel comme aux environs de Narbonne.

Les Chevaux sauvages d'alors, comme ceux d'aujourd'hui, avaient généralement la tête plus forte et plus grande que ceux qui ont été soumis à la domination de l'homme. Les restes, d'ailleurs très-nombreux, ensevelis dans le limon rouge de la caverne de Lunel-Viel, étaient dans un fort mauvais état, tous brisés et fracturés, à peu près comme dans celle de Bize.

Parmi les ruminants, l'abondance et la variété des restes du genre Cerf ont particulièrement appelé l'attention de MM. de Serres, Dubreuil et Jean-Jean. Ils ont d'abord fait remarquer que, malgré la multiplicité des espèces actuelles, elles conservaient leurs caractères en rapport avec les pays qu'elles habitent. Un petit nombre sont aujourd'hui communes aux deux continents; l'Élan et le Renne ont pu s'y répandre par le Nord; 5 espèces seraient propres à l'Amérique septentrionale; 4, à celle du Sud; 4, communes à l'Europe et à l'Asie (le Cerf commun, le Daim, le Chevreuil et l'Ahu); 14, particulières à l'Inde, à l'Indo-Chine et aux archipels du sud-est. De sorte que si ces données résultent d'études comparatives suffisantes de 29 espèces de Cerfs vivants, 2, comme on vient de le dire, seraient communes à l'ancien et au nouveau continent, 9 propres à celui-ci, et 18 à celui-là.

La distribution de ces animaux dans le sens de la hauteur est limitée comme leur parcours géographique. Dans l'Amérique centrale et méridionale, certaines espèces vivent jusqu'à 14 et 1500 mètres d'altitude. Une seule, suivant Alexandre de Humboldt, s'élèverait jusqu'à 4000 mètres.

Maintenant, la population des Cerfs du Languedoc, pendant l'époque quaternaire, à en juger d'après le travail que nous analysons, aurait été supérieure à celle d'une province quelconque de nos jours, car ils formeraient un cinquième de la population des animaux mammifères recueillis dans la caverne de Lunel-Viel.

Comme pour les genres précédents, les auteurs ont désigné les espèces qu'ils ont cru devoir admettre par des noms particuliers, sans toutefois prétendre qu'elles dussent constituer des espèces réellement différentes de celles qui ont été décrites jusqu'à présent. Ce mode de procéder, qui avait pour but de se faire mieux comprendre du lecteur et d'attirer l'attention sur ces fossiles, a les plus graves inconvénients dans une nomenclature, où il introduit ainsi une confusion d'idées et de noms très-fâcheuse. Ainsi le Cerf intermédiaire (*C. intermedius*), la plus grande des espèces des cavernes de Lunel-Viel, se rapproche du Cerf commun et de celui du Canada; le Cerf à meules couronnées (*C. coronatus*); le Cerf dont la dernière molaire inférieure présente un double cône (*C. antiquus*); celui dont les meules et les bois sont demi-aplatis, et qui est désigné sous le nom de *C. pseudo-virgineus*, à cause de sa ressemblance avec le Cerf de la Virginie, sont des dénominations établies sans doute après un travail consciencieux, mais qui n'ont aucune valeur réelle, et attendent un nouvel examen critique des faits.

Pour les Bœufs, dont le nombre des espèces vivantes est moins considérable que celui des Cerfs, dont les espèces du nouveau continent différeraient toutes de celles de l'ancien, et dont le genre n'a pris un grand développement que dans la période qui nous occupe, on en compte actuellement trois espèces en Europe, et MM. de Serres, Dubreuil et Jean-Jean en reconnaissent aussi trois dans la caverne de Lunel-Viel : l'Aurochs, le *Bos intermedius*, un peu plus grand que le Bœuf domestique, mais qui pourrait n'être pas une espèce nouvelle, et un Bœuf de la taille des Bœufs actuels, et ne paraissant pas différer du *Bos taurus*.

Mais en faisant remarquer que le nombre des espèces de ruminants trouvées dans ces cavernes est peu considérable en comparaison des animaux de cet ordre qui vivent actuellement à la surface du globe, les auteurs ne songent pas qu'il n'y a aujourd'hui, sur aucun point de la terre, une étendue égale à celle du département du Gard, où l'on trouve réunies et vivant ensemble un pareil nombre d'espèces du même genre, Cerfs ou Bœufs; et nous en dirons autant pour les grands *Felis* et les Hyènes : ce qui nous permet encore de douter de la valeur absolue de ces déterminations scientifiques.

Outre ces nombreux ossements de mammifères terrestres, le dépôt de remplissage de la caverne de Lunel-Viel a encore présenté des restes d'oiseaux de proie, de passereaux, d'échassiers et de palmipèdes. Les fossiles marins qu'on y a rencontrés provenaient évidemment de la roche environnante. C'étaient des dents de Squales et des coquilles. Des six espèces de coquilles terrestres qui s'y trouvaient mélangées (*Cyclostoma elegans, Bulimus decollatus, Helix nemoralis, fruticum, variabilis, rhodostoma*), deux, les *H. nemoralis* et *fruticum*, ne vivent plus sur les lieux; quelques restes d'insectes (*Helope, Carabus, Trichius, Cetonia, Chrysomela*) ont aussi été rencontrés.

Des faits qui précèdent, et d'un grand nombre d'autres qu'ils énumèrent, les auteurs concluent que le remplissage des cavernes et l'enfouissement des restes d'animaux qu'on y trouve sont postérieurs à l'établissement de l'homme dans le pays, conclusions qui reposent sur le mélange d'un grand nombre d'espèces perdues, disent-ils (page 230), avec des ossements humains, des produits de notre industrie, et enfin avec des restes de ces mêmes races éteintes, travaillés et façonnés par la main des hommes.

Marcel de Serres, dans son *Essai sur les cavernes à ossements* (page 196), publié l'année précédente, disait également : « Il paraît donc bien établi, soit d'après les faits, » soit d'après ceux que nous avons énumérés dans nos » différents travaux, que l'homme a été contemporain des » espèces perdues, disséminées avec ces débris dans certaines des cavernes à ossements de l'Europe. »

Ainsi tous les naturalistes du Midi, qui avaient alors le plus étudié cette question, étaient d'accord, tandis que le savant bibliothécaire du Muséum, M. J. Desnoyers, qui, lui aussi, s'était beaucoup occupé de ce sujet, arrivait en 1845 à des conclusions opposées, dans un excellent article du *Dictionnaire universel d'histoire naturelle* que nous avons déjà cité. « Nous » croyons, dit-il, prudent, dans l'état actuel des obser- » vations, de nous borner à notre troisième hypothèse, » savoir : Que la réunion sur le même sol souterrain, » avec les espèces perdues, des ossements de l'homme » et des vestiges de son industrie, ne serait que le résul- » tat de plusieurs causes fortuites, non simultanées, pos- » térieures au comblement de la plus grande partie des » cavernes, et pouvant indiquer des dépôts et des rema- » niements plus modernes. »

Depuis lors, Marcel de Serres, dans ses dernières années, semble avoir abandonné les convictions de toute sa vie, tandis que M. Desnoyers est devenu un des plus chauds partisans de la contemporanéité de l'homme avec les grandes espèces de mammifères éteints.

D'autres cavernes du Languedoc, pour être moins importantes que celles dont nous venons de parler, ne doivent pas cependant être passées sous silence. Ainsi les cavernes de Fausan, près de Minerve (Hérault), ont fourni plusieurs espèces d'Ours, que nous croyons pouvoir ramener toutes à l'*U. spelæus*, un *Canis*, très-voisin du *C. familiaris;* une Hyène, un *Felis leopardus*, un Lièvre ou Lapin, des restes d'Éléphant, de Cheval et de plusieurs Cerfs. Des objets d'industrie humaine ont été trouvés dans le même limon que les ossements d'Ours.

Les cavernes de Mialet et de Jobertas (Gard), ouvertes dans des calcaires secondaires, ont offert à Marcel de Serres les mêmes ossements d'Ours que la précédente; quatre *Felis* (*F. pardus*, *spelæus*, *priscus* et *ferus*), le Renard, le Lièvre, le Lapin, le Sanglier et le Cheval; deux espèces d'Antilopes, la Chèvre, un Cerf; trois espèces ou variétés du genre *Bos;* des oiseaux de quatre espèces, et des ossements humains appartenant à deux époques différentes, les uns dans le limon inférieur avec les débris d'Ours, les autres, plus récents, dans la terre meuble qui le recouvre. Il en est de même des débris disséminés dans l'une et l'autre couche.

Les cavernes de Bize et de l'Hermite (Aude), dont nous avons déjà parlé, ont surtout présenté beaucoup de restes d'herbivores, constituant souvent par leur réunion une véritable brèche osseuse sur les parois des cavernes, brèches différentes d'ailleurs de celles qui ont dans la même localité rempli des fentes étroites de la roche, et dans lesquelles on ne trouve que des os de petits mammifères rongeurs, etc. Des ossements humains ont été rencontrés avec les coquilles terrestres et les ossements de mammifères éteints, et des débris d'industrie, dans la brèche qui était appliquée à la voûte de la cavité. Ces ossements d'animaux provenaient de deux Chauves-Souris, de l'Ours des cavernes, du Loup, du Renard, du *Felis serval*, du Lièvre, du Lapin, du Rat, du Sanglier, du Cheval, de deux espèces de Cerfs (*C. Destremii* et *Reboulii*), de deux espèces de Boucs, de Chèvres, d'Antilopes, de Bœufs et d'oiseaux divers.

Des coquilles marines tertiaires peu anciennes, et des coquilles terrestres semblables à celles de la caverne de Lunel-Viel, s'y trouvaient associées. Les cavernes de Pondres et de Souvignargues (Gard) ont présenté, avec les restes des mêmes mammifères, des débris d'industrie et des ossements humains. Celles des environs de Meyrueis (Lozère), surtout à Nabrigas, ont aussi offert la réunion de circonstances analogues, comme celles des environs du Vigan et de Bruniquel (Tarn). Plus au sud, dans les Pyrénées-Orientales, la grotte d'Argou renfermait des ossements uniquement d'herbivores (*Rhinoceros tichorhinus*, *Sus scropha*, *Equus caballus*, *Bos ferus*, *B. taurus*, *Ovis tragelaphus*, *Capreolus Tournalii* et *Reboulii*).

Enfin, messieurs, la brèche osseuse des calcaires jurassiques de la montagne isolée de Cette a été décrite par Cuvier, qui y a signalé les ossements de Lapins, de rongeurs, d'oiseaux, de serpent, qui sont sous vos yeux.

Les cavernes à ossements du versant nord des Pyrénées, dont nous nous occuperons dans la séance prochaine, nous feront voir que les recherches plus récentes dont elles ont été l'objet n'ont pas été moins fructueuses que les précédentes pour l'histoire zoologique de l'époque qui nous occupe. A. d'Archiac.

PHYSIQUE APPLIQUÉE AUX ARTS.

COURS DE M. EDMOND BECQUEREL.

(Conservatoire des arts et métiers.)

(Voy. les nos 5, 8, 12 et 14.)

V.

Électricité dynamique.

Effets chimiques de la pile.

Après avoir parlé des phénomènes physiques qui apparaissent sous l'influence de l'électricité, M. Becquerel commence l'étude si importante des phénomènes chimiques qui se manifestent quand le fluide électrique traverse des conducteurs solides ou liquides. Ces phénomènes ont conduit à la galvanoplastie, à la dorure, à l'argenture, etc., applications qui feront le sujet des leçons suivantes.

Le principal effet chimique de l'électricité est la réduction de corps composés en leurs éléments. Ces phénomènes de décomposition chimique produite par le fluide électrique se retrouvent en beaucoup de circonstances.

Nous allons en donner un exemple remarquable, celui de la décomposition de l'eau. Pour l'observer, on emploie un appareil appelé *voltamètre*. Cet instrument, qui peut servir pour déterminer la quantité d'électricité qui passe dans un circuit, se compose d'un vase de verre dans l'intérieur duquel on mettra l'eau à décomposer. Ce vase est fixé sur un pied ; il a la forme d'un entonnoir dont l'ouverture la plus large est vers le haut. A sa base inférieure aboutissent les *électrodes*. On nomme ainsi les extrémités des conducteurs par lesquels l'électricité se rend dans les dissolutions. Nous supposons, par exemple, deux fils de platine; ils passent d'abord à travers un liége enduit de résine, fermant l'appareil inférieurement, puis ils arrivent au contact du liquide. Tel est le voltamètre.

L'eau du verre baignant les électrodes, que l'on mette les deux fils en relation avec les deux pôles d'une pile, on constate que des bulles gazeuses se dégagent autour de ces électrodes. Si l'on emploie de l'eau distillée, si la pile est de peu d'éléments, le phénomène est très-peu sensible. Dans le cas où la pile peut fournir beaucoup d'électricité, la décomposition devient plus manifeste. Mais vient-on à verser dans l'intérieur de la masse liquide quelques gouttes d'un acide formant un hydrate avec l'eau, immédiatement un dégagement tumultueux de bulles part de chaque électrode.

Qu'au-dessus de chacun d'eux on mette une éprouvette remplie d'eau, le gaz monte à la partie supérieure de ces éprouvettes et déprime le liquide. On remarque que la dépression est plus grande dans l'éprouvette qui se trouve au-dessus du fil communiquant au pôle négatif. Ainsi donc, de ce côté, le gaz se dégage en plus grande quantité qu'autour de l'autre fil qui est en relation avec le pôle positif, et la proportion des volumes gazeux qui se produisent est de 2 à 1. Quels sont ces gaz? On reconnaît que le gaz le plus abondant est de l'hydrogène, l'autre est de l'oxygène. Leur rapport en volume, nous venons de le voir, est de 2 à 1 ; or, on sait que la composition de l'eau en volume est précisément de 2 volumes d'hydrogène pour 1 volume d'oxygène. Donc, *l'eau est réduite par le passage d'un courant électrique en ses éléments ; l'oxygène se rend au pôle positif et l'hydrogène au pôle négatif.*

On a remarqué précédemment que la décomposition de l'eau est bien plus facile lorsqu'elle a été acidulée. On a cherché à expliquer ce fait, en disant qu'alors c'est un hydrate qui est décomposé par le passage du courant électrique. Non, il faut bien le reconnaître, c'est l'eau elle-même qui éprouve cette réduction; car, que l'on emploie comme acide, de l'acide sulfurique, chlorhydrique, etc., toujours le même effet se produit. Si dans la circonstance où l'eau est pure, le dégagement de gaz est peu abondant, cela tient à ce que ce liquide est mauvais conducteur de l'électricité, tandis qu'une fois acidulé, il conduit parfaitement le fluide électrique.

Le même phénomène aura-t-il lieu, en employant, au lieu de pile, une machine électrique? On a remarqué que les choses se passeront d'une façon identique. Il a été constaté que, dans toutes les circonstances où l'électricité se transmet dans l'intérieur de l'eau, ce liquide est décomposé de la façon indiquée ci-dessus.

Ce fait est très-remarquable; ce fut le premier exemple de décomposition électro-chimique : il fut trouvé par Nicholson et Carlisle, peu après la découverte de la pile.

L'eau n'est pas le seul composé qui se réduise quand on en fait traverser la masse par un courant électrique. Prenons un autre liquide, de l'acide chlorhydrique, par exemple, en solution concentrée; les mêmes effets se reproduisent : au pôle négatif on a de l'hydrogène, du chlore au pôle positif. On constate de plus que les deux gaz se sont dégagés en volumes égaux; l'acide chlorhydrique, en effet, est composé de volumes égaux de chlore et d'hydrogène.

Soit maintenant de l'eau renfermant un sel en dissolution, une dissolution de sulfate de cuivre. On fait passer le courant au moyen de lames de platine dans l'intérieur du liquide; on voit qu'il y a une décomposition non-seulement de l'eau, mais encore de la dissolution du sel de cuivre. Avant le passage du fluide, les deux lames métalliques restent parfaitement blanches dans la dissolution; aussitôt que le courant arrive, un dépôt très-rapide de cuivre métallique s'opère sur la lame qui communique au pôle négatif, en un instant elle devient complétement rouge. Quant à l'autre lame, au pôle positif, elle reste blanche comme avant l'expérience. Si l'on observe le phénomène de plus près, on constate qu'ici il y a un dégagement d'oxygène et un transport d'acide sulfurique. Ainsi, au pôle positif on retrouve les éléments qui, réunis au cuivre du pôle négatif, reconstituent le sel dissous.

Il est un moyen très-simple de démontrer expérimentalement qu'au pôle positif il y a de l'oxygène et de l'acide sulfurique. Au pôle négatif, on maintient une lame de platine; au pôle positif, on dispose comme lame décomposante une lame de cuivre. Ces deux lames sont pesées avant l'expérience, on en détermine de nouveau le poids après avoir laissé le courant circuler quelques minutes. Le poids de la lame de platine est augmentée, l'excès donne le cuivre déposé ; quant à la lame de cuivre, elle est diminuée de poids, et justement de la même quantité dont l'autre s'est accrue. S'il se fait là une dissolution, il faut qu'il y ait altération du cuivre et combinaison. Ceci résulte du transport de l'oxygène et de l'acide sulfurique au pôle positif : l'oxygène attaque le cuivre, l'acide se combine avec l'oxyde; de là il s'opère une production de sulfate de cuivre. Si l'on détermine le degré de concentration de la dissolution après l'expérience, on trouve qu'il n'a pas varié. D'où, si au pôle négatif il se dépose du métal, au pôle positif viennent de l'oxygène et l'acide sulfurique, qui, se combinant avec le cuivre, régénèrent le sel à mesure qu'il se décompose. Cet effet qui se produit au pôle positif fut utilisé : on se sert d'un *électrode soluble*, c'est-à-dire d'une lame qui se dissout. Ceci est pratiqué en dorure pour maintenir les bains toujours au même degré de concentration.

Il est une application de cette propriété que nous allons citer immédiatement.

On veut graver sur cuivre. On a un rouleau de ce métal tel que ceux, par exemple, qui doivent servir aux impressions sur étoffes. Au lieu d'effectuer la gravure à l'eau-forte, on utilise simplement l'action qui se produit au pôle positif, on fait une *gravure à la pile*. Un vase contient une dissolution de sulfate de cuivre; dans ce vase, au pôle positif, on met le rouleau de cuivre; comme électrode négatif, on suspend une lame de platine. Le rouleau a été recouvert d'un vernis protégeant le métal. Avec une pointe on a tracé sur ce vernis des traits représentant le dessin à produire, et ce tracé est fait de façon que le métal soit mis à nu en ces endroits. Sous l'influence du courant électrique, il y a alors une attaque de cuivre partout où il est à découvert. Le métal se creuse en ces points et d'une façon bien plus régulière que ne le produirait un acide, car ici l'action a lieu suivant une direction normale à la surface.

Au lieu d'un sel de cuivre, on pourrait prendre des sels d'or, d'argent, de plomb. Dans toutes les circonstances où l'on possède un sel soluble renfermant un métal, tel que l'un de ceux que nous venons de citer, le courant électrique en opère la réduction.

Il y a des circonstances où les effets ne sont pas directement appréciables, et au premier abord on ne sait pas si la décomposition a lieu : c'est le cas des dissolutions contenant des sels de métaux alcalins; on voit des gaz se dégager, il semble que l'eau seule soit réduite. Voici les conditions particulières dans lesquelles il convient de se placer, pour démontrer que cependant la décomposition du sel a lieu. On a de l'eau renfermant en dissolution du sulfate de soude ou du chlorure de sodium ; on verse dans cette eau une teinture qui change d'aspect suivant que le liquide renferme un acide ou un alcali. La teinture de violette convient très-bien; cette teinture, qui est naturellement très-légèrement bleuâtre, prend une coloration rouge lorsqu'elle est même très-peu acidulée. Y verse-t-on quelques gouttes d'un alcali, on constate une teinte d'une couleur verte très-vive. A l'aide de ce réactif, il est facile de démontrer que le courant décompose le sel alcalin. On verse un peu de cette teinture dans la liqueur où est la dissolution de sulfate de soude; elle prend alors une teinte bleuâtre. On fait passer le courant. Près de l'électrode négatif la teinte devient verte, de l'autre côté elle prend une couleur rouge. On en conclut qu'il y a eu une décomposition électro-chimique du sel dissous. Par conséquent, quand la réduction n'est pas immédiatement appréciable, on peut, au moyen d'actions secondaires, la rendre manifeste.

Ces phénomènes sont-ils généraux? Oui. *Toutes les fois que l'électricité traverse une dissolution ou un liquide, cette dissolution ou ce liquide est toujours décomposé.*

Quant à indiquer à priori la nature des éléments qui doivent apparaître à chacun des pôles, on ne le saurait faire. Ceci dépend de l'intensité du courant, des actions secondaires qui peuvent se produire, etc. Il est un cas spécial où le fluide électrique passe, et où évidemment il n'y a aucune décomposition, c'est lorsqu'il s'agit de corps simples : dans le mercure, par exemple, tout reste à l'état primitif.

On s'est demandé si une certaine quantité d'électricité ne pouvait pas traverser la dissolution sans opérer de décomposition. Il suffit que des traces de fluide électrique traversent une dissolution saline pour que l'on puisse montrer qu'il y a eu réduction. En résumé, quand un liquide laisse passer l'électricité, que ce liquide n'est pas lui-même un corps simple, on peut manifester la présence d'éléments différents aux deux pôles, et ces éléments réunis reforment le sel dissous.

Les effets qui se produisent dépendent : 1° du dissolvant, 2° du sel dissous, 3° de la nature des électrodes, 4° de l'intensité du courant.

L'eau peut être seule décomposée, quelquefois il n'y a que le sel dissous qui soit réduit. Ainsi, prenons du sulfate de cuivre parfaitement neutre; il semble, dans ces conditions, que le sel soit décomposé de préférence à l'eau. Si la dissolution est acidulée, au contraire, la décomposition de l'eau est bien évidente. Ceci provient probablement de ce que, dans le premier cas, le sel est décomposé lui-même par l'électricité. Dans d'autres circonstances, quand la dissolution saline est acide, l'action décomposante se porte particulièrement sur l'eau, et la réduction du cuivre, dans ce cas, provient d'une action secondaire due à l'hydrogène naissant.

On voit ainsi que, lorsque dans le même liquide on aura plusieurs corps mélangés, le fluide électrique ne les réduira pas tous à la fois, mais le courant décomposera de préférence les corps les meilleurs conducteurs.

Il faut tenir compte aussi de l'influence qu'exercent sur l'eau les éléments mis en liberté par le courant. Ceci est très-manifeste pour les métaux alcalins. Pourquoi, lorsque l'on a en dissolution un sel de potasse ou de soude, par le passage de l'électricité, n'obtient-on pas au pôle négatif du potassium et du sodium, de même que l'on a du cuivre en employant un sel de cuivre? Le motif est que le potassium et le sodium réagissent sur l'eau.

Davy a fait à ce sujet des expériences remarquables. Il a montré que, si l'on s'entoure de précautions suffisantes, si l'on augmente beaucoup l'intensité de la pile, on peut vaincre les effets secondaires, et obtenir les métaux, bases des sels sur lesquels on opère. C'est ainsi qu'il isola le potassium et le sodium. Voici la marche qu'il suivit. Sur une lame de platine communiquant au pôle positif de la pile, il mit un morceau de potasse, légèrement humide, dans laquelle plongeait l'électrode négatif; puis il fit passer le courant électrique provenant d'une pile de 60 éléments. Dans ces conditions on vit autour du fil négatif, au-dessus de la potasse, une flamme très-brillante. Cette flamme est due à la combustion du potassium, qui, mis en liberté par l'électricité et transporté au pôle négatif, s'oxyde de nouveau au contact de l'humidité, en développant une vive chaleur. Davy, voulant recueillir ce corps, mit au centre de la plaque de potasse une large goutte de mercure, dans laquelle il introduisit le fil négatif. Le potassium réduit forma alors, avec le mercure, un amalgame, d'où il le sépara par la distillation. Par conséquent, en augmentant l'intensité du courant et en prenant les précautions convenables, on peut vaincre les plus fortes affinités chimiques.

Comment l'électricité agit-elle dans ces phénomènes de réduction? Toutes les molécules de la dissolution sont-elles soumises à l'action décomposante du fluide qui la traverse? Les éléments décomposés se transportent-ils en masse aux deux pôles? Pour se rendre compte de ce qui se produit, on admet l'explication suivante. Quand l'électricité passe dans le liquide, toutes les molécules intermédiaires sont décomposées, mais il y a une recomposition immédiate de proche en proche, de sorte que la décomposition n'apparaît qu'aux deux pôles. Ne considérons qu'une seule ligne de molécules liquides, ce raisonnement pouvant d'ailleurs se répéter pour toutes les autres lignes. Supposons toute cette file de molécules soumises au même instant à la décomposition électro-chimique. La première molécule d'eau, la plus rapprochée du pôle négatif, se dédouble en deux molécules d'hydrogène, qui gagnent le pôle négatif, et en une molécule d'oxygène, qui tend à aller vers le pôle positif. Le même résultat a lieu pour la deuxième molécule d'eau; mais ses deux molécules d'hydrogène se combinent avec la molécule d'oxygène de la molécule d'eau précédente pour régénérer une molécule d'eau, et ainsi de suite jusqu'à l'autre extrémité. On voit donc qu'il n'y aura finalement que deux molécules d'hydrogène en liberté au pôle négatif, et une molécule d'oxygène au pôle positif. — J. de Lignières.

CHIMIE.

COURS DE M. S. DE LUCA.

(UNIVERSITÉ DE NAPLES.)

I.

Sur les généralités de la chimie.

(Fin. — Voy. le n° 17.)

La *dissolution* est cette force en vertu de laquelle un corps solide, un liquide ou une substance aériforme, se mêlent intimement à un liquide, de manière à se trouver également distribués dans la masse, en formant avec elle un tout homogène. Le corps dissous ne perd pas ses propriétés, et l'on peut lui rendre son état primitif par l'élimination du dissolvant. Ainsi, 1 gramme de sel marin dissous dans un litre d'eau se trouve également distribué dans toute la masse, dont la plus petite parcelle offrira les réactions du chlorure de sodium, aura une saveur saline, sera précipitée par le nitrate d'argent, et donnera par l'évaporation la quantité de sel marin qu'elle tenait dissoute.

Un gramme de sulfate de cuivre dissous dans un litre d'eau sera tellement distribué dans le liquide, que la millième partie de celui-ci, c'est-à-dire 1 centimètre cube, contiendra la millième partie de 1 gramme de sulfate de cuivre, c'est-à-dire 1 milligramme. La plus minime partie de la solution présentera toutes les réactions particulières à l'acide sulfurique et au cuivre : elle donnera avec les sels de baryte et de plomb un précipité blanc, sera colorée en bleu par l'ammoniaque, et donnera un précipité rouge, ou du moins une coloration rouge, avec le prussiate jaune de potasse. L'évaporation du liquide mettra en liberté tout le sulfate de cuivre qui s'y trouvait dissous, avec toutes ses propriétés primitives.

Les corps dissous dans les liquides ne perdent aucune de leurs propriétés. Le soufre, qui se dissout très-bien dans le sulfure de carbone, peut être obtenu de nouveau à l'état solide et avec toutes ses propriétés par l'élimination du dissolvant. Si vous faites évaporer de l'eau contenant du sucre en dissolution, celui-ci cristallisera.

Au contraire de l'affinité, qui se manifeste toujours entre des substances différentes, la dissolution s'exerce plus facilement entre des substances et des liquides présentant entre eux quelque analogie. Ainsi, l'eau, qui est riche en oxygène, dissout la plus grande partie des substances oxygénées ; l'alcool, l'éther, riches en carbone et en hydrogène, dissolvent les substances résineuses et les corps gras, qui contiennent aussi beaucoup de carbone et d'hydrogène; le mercure, qui est un liquide métallique, dissout presque tous les métaux.

Ainsi, tandis que dans les combinaisons véritables les propriétés des éléments combinés se neutralisent, dans la dissolution les corps conservent leurs propriétés respectives, et deviennent plus propres à subir les lois de l'affinité, par la multiplication des points de contact entre les molécules capables de réagir. Faites un mélange intime de bicarbonate de soude et d'acide tartrique, ces deux corps étant pris à l'état solide, vous n'obtiendrez pas la moindre réaction. Mais en ajoutant au mélange un peu d'eau, qui dissoudra les deux corps et rendra leur contact plus intime, vous verrez l'acide tartrique se combiner avec la soude, et mettre en liberté l'acide carbonique, qui se dégagera en produisant une abondante effervescence.

Si l'on prend un corps quelconque, il est évident que, de tous les autres, il n'en est aucun qui présente avec lui une plus grande ressemblance que lui-même : la plus rigoureuse analogie existe entre les parties homogènes de ce même corps. Prenant donc 2 parties de ce corps et les unissant ensemble, on obtiendra un tout identique avec les parties considérées isolément. Cette force en vertu de laquelle s'unissent les parties d'un même corps a reçu le nom de *cohésion*. La cohésion diffère de l'affinité en ce sens qu'elle tend à réunir des molécules homogènes, qu'elles soient simples ou composées. Ainsi une certaine quantité de soufre peut s'unir à une autre quantité du même métalloïde, pour former une masse plus considérable de soufre. L'eau, en s'unissant à l'eau, donnera une masse plus grande de ce liquide ; mais les propriétés de l'eau et celles du soufre ne seront pas changées. L'affinité et la cohésion tendent à réunir les molécules des corps; la dissolution, au contraire, les écarte, comme le fait la chaleur.

La cohésion et la force de répulsion due à la chaleur, en agissant simultanément sur les molécules des corps, déterminent les divers états sous lesquels ils se présentent. Les corps se présentent sous trois états : ils sont *solides*, *liquides* et *aériformes* ou *gazeux*.

Les solides ont une forme déterminée et un volume constant, indépendamment de la position qu'ils occupent et des autres conditions au milieu desquelles ils se trouvent. Ainsi un cylindre de soufre conservera cette forme, qu'il soit dans l'air atmosphérique, qu'il soit plongé dans des liquides, qu'il soit en contact avec des corps solides.

Les liquides ont un volume constant, mais ils prennent la forme des vases qui les contiennent. Un litre d'eau prendra la forme sphérique dans un vase sphérique, et la forme conique ou cylindrique dans des récipients coniques ou cylindriques.

Les corps aériformes n'ont ni forme déterminée, ni volume constant ; mais leur forme et leur volume sont précisément ceux des récipients dans lesquels ils se trouvent. Ainsi, un litre d'air introduit dans un ballon de 10 litres, prendra la forme du ballon et décuplera de volume.

Quand la force de cohésion prédomine dans les corps, ils sont solides; quand la cohésion est contre-balancée par la force expansive de la chaleur, les corps sont liquides, et quand la force de cohésion est nulle, les corps prennent l'état aériforme.

Cependant l'état des corps n'est pas absolu, mais relatif à la quantité de chaleur à laquelle ils sont exposés, ou mieux au degré divers des forces cohésives. L'eau et le mercure sont liquides à la température ordinaire, et l'action de la chaleur les transforme en vapeurs, les réduit à l'état aériforme. Ces mêmes vapeurs, sous l'influence d'un abaissement de température, reprennent l'état liquide, et si le mercure se refroidit à une température de 40 degrés au-dessous de zéro, et l'eau seulement à zéro, l'un et l'autre deviennent solides.

On connaît l'acide carbonique sous les trois états. A la température ordinaire, il est gazeux; avec une pression considérable, on l'obtient liquide, et si ce liquide s'évapore librement à l'air, une partie de l'acide carbonique liquide se solidifie (1).

L'alcool n'a pu jusqu'ici être obtenu à l'état solide ; l'oxygène, l'hydrogène et l'azote n'ont pu être ni liquéfiés, ni solidifiés. Cela prouve seulement que les moyens dont nous pouvons disposer sont limités, et qu'ils ne nous ont pas permis jusqu'à ce jour de réaliser la température à laquelle l'alcool devient solide, ou celle à laquelle l'hydrogène, l'oxygène et l'azote, deviennent liquides.

Le platine fond avec difficulté à une température extrêmement élevée, mais il ne se volatilise pas : ce qui revient à dire que nous ne pouvons pas produire le degré de chaleur nécessaire pour réduire le platine en vapeurs.

Les corps peuvent donc tous se présenter sous les trois états, solide, liquide et aériforme, si l'on emploie, ou l'action de la chaleur, ou la pression, dans le cas où ils ne peuvent se décomposer sous l'influence de cette première force.

L'intensité plus ou moins grande de cette cohésion entre les molécules des corps change souvent les propriétés et la valeur des corps eux-mêmes. Par exemple, le diamant est le plus dur de tous les corps; il a une grande valeur commerciale, et n'est autre chose que du carbone. Mais le graphite, le charbon fossile, le noir de fumée, contiennent le même élément, le même carbone qui se trouve pur dans le diamant, puisque dans une atmosphère d'oxygène ils peuvent fournir de l'acide carbonique; mais personne n'ignore la différence de valeur commerciale qui existe entre le diamant, le graphite et le noir de fumée.

Quand les corps passent de l'état gazeux ou de l'état liquide à l'état solide, ils affectent ordinairement des formes déterminées et symétriques; on dit alors qu'ils cristallisent. Il y a trois modes généraux de cristallisation : par *fusion*, par *dissolution* ou par *volatilisation* ou *sublimation*.

La méthode de fusion s'applique aux métaux et aux substances fusibles : le plomb, le bismuth, l'antimoine, peuvent être obtenus cristallisés par la fusion, de même que le soufre. Pour faire cristalliser le soufre, il faut le fondre dans un creuset de terre, puis laisser en repos le récipient jusqu'à ce qu'il se forme à la partie supérieure du soufre liquide une croûte solide, que l'on perce avec un fer rouge en deux points opposés. Par l'un de ces trous on fait écouler le soufre central encore liquide, et de cette manière tout le soufre adhérent aux parois internes du creuset se présente sous la forme de longs cristaux prismatiques. On opère de la même manière pour faire cristalliser le bismuth, et en général toutes les substances fusibles.

On fait cristalliser par la dissolution les substances solubles. Ainsi, le nitrate de potasse se dissout dans l'eau et se dissout en plus grande quantité dans l'eau

(1) Voyez, à ce sujet, la conférence de M. Jamin sur *les divers états de la matière* (*Revue des cours scientifiques* du 12 mars, n° 15).

chaude. Si on laisse refroidir lentement cette dissolution, l'excès du sel dissous à chaud se dépose par le refroidissement sous forme de cristaux.

Le soufre se dissout dans le sulfure de carbone, et la solution, si elle est faite à chaud, dépose par le refroidissement du soufre cristallisé; si elle est faite à la température ordinaire, et abandonnée à elle-même, elle dépose encore des cristaux de soufre.

Les cristaux obtenus par l'évaporation spontanée des liquides sont plus parfaits, parce qu'ils se forment plus lentement.

Les liquides employés le plus communément pour dissoudre les corps et les faire cristalliser, sont l'eau, l'alcool, l'éther, le sulfure de carbone, la benzine, etc.

On fait cristalliser par volatilisation ou sublimation les substances volatiles. L'iode, soumis à la chaleur, se réduit en vapeurs violettes qui, par le refroidissement, se déposent en beaux cristaux. L'arsenic, étant chauffé, produit des vapeurs qui se déposent, sous forme cristalline, sur les parties froides des récipients. Le camphre, le mercure doux, le sublimé corrosif, le sel ammoniac, l'acide benzoïque, et beaucoup d'autres substances, peuvent cristalliser par sublimation ou volatilisation.

On connaît beaucoup d'autres moyens de faire cristalliser les corps, mais ils sont rarement employés et d'une exécution difficile. Les métaux, quand on les trouve à l'état salin ou dissous dans l'eau, peuvent être mis en liberté par d'autres métaux et obtenus cristallisés. *L'arbre de Saturne*, par exemple, n'est autre chose que du plomb cristallisé qui s'est séparé par le moyen du zinc, d'un sel soluble de plomb. L'argent, le cuivre, et d'autres métaux, peuvent s'obtenir de la même manière à l'état cristallin.

Les courants électriques, en traversant certaines solutions salines, déposent souvent, sous forme cristalline, les métaux qui y sont contenus; et les cristaux ainsi obtenus sont plus ou moins nets et définis, selon l'intensité des courants et la nature des sels.

En général, les corps insolubles dans l'eau ne cristallisent pas et n'ont aucune forme déterminée; c'est pourquoi on les appelle *amorphes*. Un corps est dit *dimorphe*, quand il peut cristalliser sous deux formes diverses et incompatibles : le soufre est dans ce cas. Un corps est dit *polymorphe*, quand il peut affecter plus de deux formes cristallines incompatibles entre elles, c'est-à-dire ne pouvant dériver d'un même type.

Il est nécessaire, enfin, de mentionner certaines actions et certains phénomènes que l'on appelle de *contact*, qui ne se peuvent expliquer par les forces chimiques connues, et qui, par ce motif, ont été réunis en un seul groupe et attribués à une cause inconnue, désignée sous le nom de force *catalytique*. Ainsi l'éponge de platine fait brûler l'hydrogène au contact de l'air, fait combiner l'hydrogène avec l'oxygène, quand ces deux métaux se trouvent mélangés, sans que le métal perde ses propriétés, augmente ou diminue de poids. Le platine, dans ce cas, imprime aux molécules de l'hydrogène et de l'oxygène des dispositions particulières, sous l'influence desquelles ils se combinent pour former de l'eau.

Certains sels, comme le sulfate de soude, peuvent se dissoudre dans l'eau, surtout à chaud, et les solutions ainsi obtenues, quoique saturées et contenant même un excès de sel, se maintiennent liquides et ne cristallisent point à la température ordinaire. Cependant la cristallisation se produit, ou par l'agitation brusque du liquide, ou en versant la solution d'un récipient dans un autre, ou même en agitant ce liquide avec une baguette de verre. On peut faire cristalliser instantanément le même liquide en y faisant tomber un cristal de sulfate de soude ou une simple goutte d'eau. La première impression de la chaleur peut aussi faire cristalliser la même solution. Les solutions d'acétate de plomb, de pyrophosphate de soude et d'autres sels peuvent offrir les mêmes phénomènes.

Le deutoiodure de mercure, soumis à l'influence de la chaleur, acquiert une couleur jaune; mais quand il est dans cet état, il peut reprendre instantanément sa couleur primitive, si on le touche avec un corps solide, par exemple avec une baguette de verre.

Le chlorate de potasse fondu par l'action de la chaleur peut se maintenir pendant quelque temps dans cet état sans dégager la moindre parcelle d'oxygène. Mais si l'on ajoute au chlorate en fusion une pincée d'oxyde de cuivre ou de bioxyde de manganèse, ou même de peroxyde de fer, le développement gazeux de l'oxygène se manifeste avec beaucoup d'énergie, et il se produit une chaleur considérable.

On peut considérer l'eau oxygénée, ainsi que l'indique son nom, comme formée d'eau et d'un excès d'oxygène combiné avec le liquide. Cet excès d'oxygène se trouve uni à l'eau par une faible affinité, de manière que la plus légère influence suffit pour l'éliminer; mais le dégagement se fait à l'instant, si l'on ajoute du bioxyde de manganèse.

Les acides iodhydrique, bromhydrique, sulfhydrique et sélénhydrique ne peuvent s'obtenir par l'action directe des corps simples dont ils sont formés, ni à la température ordinaire, ni sous l'influence de la chaleur. Mais si l'on fait intervenir la présence des corps poreux en général, et en particulier la pierre ponce ou l'éponge de platine, les composés indiqués se forment aussitôt : l'iode se combine avec l'hydrogène pour former l'acide iodhydrique, le brome et l'hydrogène s'unissent et forment l'acide bromhydrique, le soufre et l'hydrogène engendrent l'acide sulfhydrique, et le sélénium et l'hydrogène produisent l'acide sélénhydrique.

Ces phénomènes et d'autres encore démontrent clairement qu'il y a des corps qui agissent par leur présence, de manière à imprimer aux molécules des dispositions particulières qu'elles n'avaient pas auparavant, et sous l'influence desquelles se produisent certaines combinaisons ou décompositions, sans que ces corps, sans que ces agents passifs perdent leurs propriétés, en acquièrent de nouvelles, augmentent ou diminuent de poids.

Traduit de l'italien par
Odysse-Barot.

HISTOIRE DE LA MÉDECINE ET DES DOCTRINES MÉDICALES.

COURS DE M. BOUCHUT.

(École pratique de la Faculté de médecine.)

(Suite. — Voy. les nos 1, 2, 3, 5, 6, 8, 9, 13, 14, 16 et 17.)

En 1849, lorsque j'étais chef de clinique à l'Hôtel-Dieu, on m'apporta une petite fille de onze ans, nommée Louise Parquin, qu'une frayeur excessive, causée par une tentative de viol, avait rendue muette et paralytique des quatre membres. Cette enfant venait de la province. Pendant deux mois, tout avait été mis en œuvre par les médecins de la localité et des environs, mais tout était resté infructueux. Désespéré, le père voulut amener son enfant à Paris. Celle-ci, qui n'entendait parler de la grande ville, de ses grands médecins et de l'Hôtel-Dieu que d'une façon pompeuse, pour elle plus saisissante en raison de son âge, arriva pleine de foi à l'Hôtel-Dieu pour y chercher la guérison. Le soir, je la vis muette et paralytique, et fâché de trouver une infirme dans un hôpital, je ne fis aucune prescription. Elle était encore dans le même état le lendemain matin. J'ajournai tout traitement. Dans la journée, elle commença à parler; le jour d'après, elle commençait à remuer les jambes; et le troisième jour, elle marchait dans les salles, complétement guérie : sa foi l'avait sauvée. Une impression morale vive, de nature différente, lui avait, à quelques mois de distance, enlevé et rendu l'usage de la langue et des membres.

J'ai vu une fille hystérique et frappée depuis quelques mois d'une paralysie des membres inférieurs qui avait résisté à tout traitement. On lui annonça qu'on allait la guérir par la cautérisation du dos avec le fer rouge. Au jour fixé, assise nue devant le brasier où chauffaient les fers, on prit un *cautère froid* dont on se servit pour toucher la colonne vertébrale. Aussitôt la jeune fille, qui n'avait rien vu, pousse des cris de douleur comme si on l'avait brûlée, et, faisant des efforts pour échapper à cette cautérisation imaginaire, se lève, se sauve comme si elle avait le feu dans les reins.

A ces récits je veux en joindre un autre, non moins curieux, et dans lequel un simple effort d'imagination, l'espérance de guérir, a fait le miracle de la disparition subite d'une paralysie.

On le trouve dans la *Revue britannique* et dans le charmant livre du baron Feuchtersleben (*Hygiène de l'âme*, 1854, p. 33).

Un médecin anglais, le docteur Beddoës, croyait que l'oxyde nitreux était un spécifique certain contre la paralysie. Davy, Coleridge et lui se déterminèrent à tenter une expérience sur un paralytique de bonne maison, abandonné par les médecins. Le patient ne fut point averti du traitement auquel on allait le soumettre. Davy commença par placer sous la langue de ce malade un petit thermomètre de poche, dont il se servait dans ces occasions pour connaître le degré de chaleur du sang, degré que l'oxyde nitreux devait augmenter. A peine le paralytique eut-il senti le thermomètre entre ses dents, qu'il fut persuadé que la cure s'opérait et que l'instrument merveilleux qui devait le guérir n'était autre que le thermomètre : « Ah ! s'écria-t-il, je me sens mieux. » Davy adressa un regard expressif à Beddoës et à Coleridge. Au lieu du spécifique, on se contenta du thermomètre, qui, pendant quinze jours consécutifs, fut placé avec toute la solennité convenable sous la langue de ce pauvre homme, dont les membres se délièrent, et dont la santé renaquit, dont la cure fut complète, et auquel on ne fit subir aucun autre traitement. Si Davy n'eût pas entouré d'un certain mystère son expérience, s'il avait négligé la partie dramatique de son art, s'il avait dit au patient : Voici un thermomètre qui doit servir à tel usage, le malade serait resté paralytique, et le traitement par l'oxyde nitreux aurait peut-être entraîné la mort.

III. *De l'imitation dans ses rapports avec la production et la guérison des maladies.* — A l'influence de l'imagination qui crée les maladies et qui les fait disparaître, il faut, pour bien comprendre tout ce qui est relatif à l'histoire de la théurgie et du mysticisme médical, et des qualités thérapeutiques occultes accordées à la matière, tenir compte d'une autre disposition de l'esprit, qui exerce une action tout aussi réelle tant sur la production des maladies que sur leur propagation et sur leur guérison : je veux parler de l'*imitation*. On ne tient pas, en toute chose, à faire comme son voisin, mais un sentiment irrésistible y pousse l'individu, et, en bien comme en mal, il fait instinctivement ce qu'il a vu faire. L'imagination n'y est pour rien, et la pensée subjuguée impose aux organes la reproduction involontaire des actes accomplis par un autre. Comme l'imagination, l'imitation est la source d'un grand nombre de maladies, surtout des névroses convulsives et mentales, mais il faut dire aussi qu'elle peut être l'instrument de leur guérison.

« La vue des angoisses d'aultrui m'angoisse matériellement, et a mon sentiment souvent usurpé le sentiment d'un tiers; un tousseur continuel irrite mon poulmon et mon gosier. » (Montaigne.)

C'est dans l'humanité l'histoire de Panurge et de ses moutons : « Panurge, sans aultre chose dire, jecte en pleine mer son mouton criant et bellant. Tous les aultres moutons, criant et bellant en pareille intonation, commencerent soy jecter et saulter en mer après à la file. La foule estoyt à qui premier y saulteroyt après leur compaignon. Possible n'estoyt des les en guarder.

Comme vous scavez estre du mouton le naturel toujours suivre le premier quelque part qu'il aille. » (F. Rabelais, *Pantagruel*, liv. IV, chap. VIII.)

L'imitation produit toutes les névroses, et à ce titre il n'est pas surprenant qu'elle ait produit les épidémies de folie suicide, de convulsions, de démonomanie, de lycanthropie, etc., dont l'histoire a gardé le souvenir.

Ce n'est pas seulement de nos jours qu'on a constaté l'influence de l'imitation sur la production et la guérison des maladies.

En effet, deux cents ans avant la guerre de Troie, on vit les filles de Prœtus en proie à des attaques d'hystérie, qui erraient à travers les campagnes, se croyant changées en génisses; bientôt, la maladie se propageant, ce fut une véritable épidémie de lycanthropie parmi les femmes d'Argos. Le berger Mélampe parvint à guérir les filles du roi. Ayant remarqué que ses chèvres se purgeaient en mangeant de l'ellébore, il eut l'idée d'en faire prendre à ses malades.

Ensuite, pensant qu'une grande fatigue musculaire ne ferait que compléter la cure, il les fit poursuivre à outrance par de jeunes garçons.

Il obtint ainsi une guérison complète, et bientôt l'épidémie cessa d'elle-même. Prœtus, en récompense d'un si grand service, voulut lui donner une de ses filles en mariage, mais Mélampe n'accepta qu'à la condition que son frère aurait la même faveur et qu'il épouserait une des Prœtides.

Nous trouvons dans Plutarque le récit d'une épidémie de suicide qui régnait chez les filles de Milet.

Elles avaient adopté un lieu spécial où chaque jour un grand nombre d'entre elles venaient se pendre. Pour arrêter cette triste monomanie, il ne fallut rien moins qu'un édit de la république qui ordonnait d'exposer à nu, en public et la corde au cou, les filles qui se seraient pendues. Les magistrats, en frappant l'imagination populaire de terreur par l'idée d'une profanation, réussirent ainsi à arrêter les suicides qui dépeuplaient leur ville.

A une époque beaucoup plus rapprochée de la nôtre, on a vu un fait du même genre se produire à Lyon, où de nombreuses jeunes filles se précipitèrent dans le Rhône, choisissant toujours le même lieu.

Un autre fait analogue a existé à Artois. Une jeune fille s'étant noyée dans une mare, celle-ci devint bientôt un lieu de prédilection que choisirent plusieurs jeunes filles qui recherchaient la mort avec une sorte d'avidité.

Dernièrement encore, il y eut, à la maison de détention de la Roquette, une épidémie de suicide parmi les jeunes détenus. Un enfant, anéanti par la dureté de la discipline, eut l'idée de mettre fin à ses jours; il parvint à s'échapper de son cachot et se précipita du haut d'un pont. Peu de jours après, on constata un nouveau suicide dans le même endroit, puis un autre, jusqu'à ce qu'enfin on prît des mesures pour mettre fin à cette sorte de monomanie.

Tout le monde connaît l'histoire de cette fameuse guérite qu'on fut obligé de brûler; car depuis qu'un soldat s'y était brûlé la cervelle, tous ceux qui y montaient la garde suivaient ce funeste exemple.

Il en est de même de cette porte des Invalides, où un grand nombre de vétérans mirent fin à leurs jours depuis que l'un d'entre eux s'y était pendu. On ne put arrêter cette folie suicide qu'en détruisant la porte.

De tous ces faits on peut rapprocher ceux qui se passaient au moyen âge. L'histoire du vampirisme et de la lycanthropie en offre des exemples curieux.

On voyait des hommes errer dans les forêts, se prétendant changés en loup, ou s'accuser de sucer le sang des enfants et de manger de la chair humaine.

Tous les faits que je viens d'indiquer se sont souvent reproduits, mais il en est de moins connus et qui n'en sont pas moins intéressants.

Il en est un qui, produit pendant la bataille de Lutzen, a été l'objet d'un curieux conflit entre l'autorité de Larrey et l'omnipotence de Napoléon Ier.

Le lendemain de la victoire, dans le compte rendu du chirurgien en chef Larrey, l'empereur s'aperçut que beaucoup de jeunes soldats, parmi les nouvelles recrues, avaient à la main des blessures qui n'étaient pas ordinaires et qu'il crut n'être pas le résultat du combat. Suspectant là des mutilations volontaires, épidémiques et contagieuses, accomplies dans le but d'échapper au service militaire; encouragé d'ailleurs, dans cette funeste pensée, par quelques-uns de ses généraux, il entre en colère, et, pour arrêter le mal à ses débuts par une vigoureuse intimidation, il ordonne de décimer les blessés en fusillant ceux que désignerait le sort. Aussi humain que courageux dans la circonstance, Larrey veut persuader à l'empereur qu'il se trompe, et il insiste avec une telle vigueur, que l'empereur le congédie presque en disgrâce en lui demandant un rapport pour le lendemain.

Larrey se retire et fait le rapport exigé. Il revient alors, sûr de lui-même, certain de faire cesser le mal que veut atteindre l'empereur, sans recourir à aucune violente extrémité. Il attribue à la maladresse et à l'inexpérience des armes ce que l'empereur croyait être un lâche effet de la préméditation, et il réussit à sauver la vie de ses semblables en honorant glorieusement la sienne.

Le même phénomène de mutilation volontaire s'est reproduit de nos jours en Afrique. Un soldat s'étant fait sauter l'index, il est bientôt imité par un grand nombre de ses camarades. On fut obligé de disperser le régiment. Mais le bruit de ces mutilations s'étant répandu, on les vit, pendant quelque temps, se reproduire dans divers endroits.

C'est à l'imitation qu'on doit rapporter aussi tous les phénomènes de convulsions qu'on a observés à Saint-Guy, dans les Cévennes, sur le tombeau du diacre

Pàris, etc., de même que ceux qui se passaient autour du baquet de Mesmer.

— La suite à un prochain numéro. —

CHRONIQUE.

Nous publierons dans un prochain numéro une deuxième leçon de M. de Luca *sur les spectres chimiques* et *sur les nouveaux métaux découverts par le moyen de l'analyse spectrale*. Nous donnerons ensuite deux lectures faites à *Royal Institution*, à Londres, par M. le professeur Lubbock, *sur l'antiquité de l'homme*. Puis viendront des leçons de M. Faraday et de M. Tyndall. Enfin M. Gustave Germer Baillière, qui n'est pas seulement l'un des plus habiles éditeurs de Paris, qui ne se borne pas à publier les livres des autres, mais qui en écrit aussi lui-même à l'occasion, M. Baillière a bien voulu nous promettre de traduire, pour la *Revue des cours scientifiques*, quelques leçons des plus illustres professeurs de l'Université de Berlin.

— La deuxième série des soirées scientifiques et littéraires de la Sorbonne s'est ouverte jeudi dernier, 31 mars, par une conférence de M. Le Verrier sur l'état de l'astronomie moderne. Elle continuera le *lundi* et le *jeudi* de chaque semaine, le lundi pour les lettres; le jeudi pour les sciences. Voici l'ordre des entretiens pour la partie scientifique (voyez, pour la partie littéraire, la *Revue des cours littéraires* de ce jour) :

7 avril. — M. Pasteur : Sur les générations spontanées.

14 avril. — M. Martins, professeur à la Faculté de médecine de Montpellier : Climat et constitution physique de l'Algérie.

21 avril. — M. Desains : De l'acoustique.

28 avril. — M. H. Sainte-Claire Deville : L'aluminium.

12 mai. — M. Hébert : Constitution de la voûte solide du globe.

— Aux Entretiens et Lectures, 7, rue de la Paix, ce soir, 2 avril, à huit heures et demie, conférence de M. le docteur Henri Favre sur *Benjamin Franklin*.

— M. A. d'Archiac reprendra son cours de paléontologie au Muséum d'histoire naturelle, mercredi prochain, 6 avril, à midi et demi, dans l'amphithéâtre d'anatomie comparée.

Notre éminent collaborateur examinera les caractères et la distribution des faunes et des flores de l'époque tertiaire.

— M. Flourens a fait hommage à l'Académie des sciences du premier volume des *Chefs-d'œuvres littéraires de Buffon*, qu'il édite à la librairie Garnier frères. Nous empruntons à la préface de M. Flourens quelques lignes qui feront mieux apprécier le but qu'il a voulu atteindre.

« On me demande, dit M. Flourens, un choix des œuvres littéraires de Buffon. Il faudrait les donner toutes. Tout est littéraire dans Buffon... L'étude de la nature ne fut dans Buffon que la seconde passion. La première passion fut d'atteindre aux beautés du style, ce beau supérieur à tous les beaux, cet indice le plus sûr et cette marque la plus éclatante de la grandeur intellectuelle...

» J'ouvre ce recueil par le discours de réception à l'Académie française. Après, je place l'*Histoire universelle de l'homme*, où tout, pensée et style, est d'un ordre si noble, si élevé, si délicat... Les histoires des animaux domestiques, le cheval, l'âne, le bœuf, la brebis, la chèvre; le cochon, le cochon de Siam et le sanglier; le chien, le chat terminent ce premier volume. Le second volume commencera par les deux vues *de la nature*, ces deux morceaux où la plus haute éloquence, et la plus neuve, s'unit à ce que la pensée a de plus abstrait. Les vues seront suivies de la *distinction* des animaux des deux continents; puis reviendront encore quelques histoires d'animaux célèbres, quadrupèdes ou oiseaux, le lion, le tigre, l'éléphant, le castor, etc.; le perroquet, le camichi, le cygne, le paon, le rossignol, l'oiseau-mouche, la fauvette, etc. »

— Nous publierons dans notre prochain numéro la conférence de M. Wurtz *sur les phénomènes de la combustion*. — Léon Danicourt.

Le propriétaire-gérant : GERMER BAILLIÈRE.

PARIS. — IMPRIMERIE DE E. MARTINET, RUE MIGNON, 2.

PREMIÈRE ANNÉE. — N° 19. UN NUMÉRO : 30 CENTIMES. 9 AVRIL 1864.

REVUE
DES
COURS SCIENTIFIQUES
DE LA FRANCE ET DE L'ETRANGER

PHYSIQUE — CHIMIE — ZOOLOGIE — BOTANIQUE — ANATOMIE — PHYSIOLOGIE
GÉOLOGIE — PALÉONTOLOGIE — MÉDECINE

Paraît tous les Samedis.

	Six mois.		Un an.
Paris	Six mois. 8 fr.		Un an. 15 fr.
Départements	— 10		— 18
Étranger	— 12		— 20

Prix de l'abonnement avec la Revue des Cours littéraires.

Six mois..... Paris, 15 fr. Départ., 18 fr. Étranger, 20 fr.
Un an....... — 26 — 30 — 35

Rédacteur en chef
M. ODYSSE-BAROT

Les ouvrages dont deux exemplaires auront été envoyés au bureau du journal seront annoncés et analysés s'il y a lieu.

On s'abonne
A LA LIBRAIRIE GERMER BAILLIÈRE
17, rue de l'École de Médecine,
Et chez tous les libraires, par l'envoi d'un bon de poste, ou d'un mandat sur Paris.

L'abonnement part du 1er décembre ou du 1er juin de chaque année.

AVIS. — Notre numéro d'aujourd'hui contient un supplément de huit colonnes.

SOMMAIRE.

PHYSIOLOGIE GÉNÉRALE.

COURS DE M. CLAUDE BERNARD.

(FACULTÉ DES SCIENCES.)

I.

Leçon d'ouverture. — Des organismes. De l'anatomie générale et de son histoire.

Chaque science a son problème spécial à résoudre, son but propre à poursuivre, en un mot, son objet déterminé, et, à ce titre, la physiologie est la science qui étudie les phénomènes manifestés par les êtres vivants : c'est donc la science de la vie, la biologie, comme on l'appelle souvent.

Dès le premier abord, tout le monde s'accorde à reconnaître que les corps vivants obéissent à des lois qui leur sont propres, et que les phénomènes qu'ils présentent dans leur développement sont infiniment plus complexes et plus difficiles à approfondir que ceux de la nature inorganique. Les sciences qui s'occupent des corps bruts, plus accessibles à l'esprit humain, se sont donc constituées les premières, et leurs progrès sont bien antérieurs au développement des sciences qui étudient la nature organisée.

Cependant il ne faudrait pas en conclure que la science des corps vivants repose sur d'autres bases que celles des corps bruts. La méthode et les principes scientifiques sont les mêmes dans la physiologie, qui embrasse les phénomènes de la vie, et dans les sciences physico-chimiques, qui s'occupent des phénomènes manifestés par les corps bruts. Tout ce qui est vrai d'un côté l'est également de l'autre : il n'y a pas deux natures contradictoires qui donneraient lieu à deux ordres de sciences opposés.

En effet, quel que soit le genre de phénomènes auquel les sciences se rapportent, elles ont toutes un but commun et identique, un but qu'elles poursuivent partout dans leurs recherches et qui est le couronnement de tous leurs efforts : ce but final, c'est de ramener les phénomènes à leurs causes prochaines, c'est-à-dire de les rattacher à leurs conditions immédiates d'existence. Ainsi, de même que les sciences physico-chimiques déterminent les circonstances dont le concours est indispensable pour la production de chaque phénomène dans la nature inorganique, de même aussi la physiologie a pour objet propre d'expliquer les phénomènes de la vie en les déduisant d'une manière nécessaire des conditions qui leur donnent naissance.

Les causes ou les conditions de la manifestation de tout phénomène, qu'il se produise dans la nature inanimée ou dans la nature vivante, ces causes sont constamment doubles. Elles se trouvent à la fois dans le *corps*, brut ou vivant, qui manifeste le phénomène, et dans le *milieu*, inorganique ou organique, au sein duquel ce phénomène est manifesté. Supprimez l'une ou l'autre de ces conditions élémentaires, et le phénomène, qu'on est ainsi amené à considérer comme le produit de la rencontre de ces deux causes, le phénomène s'évanouit complétement. Dans l'ordre des sciences physico-chimiques, prenez un corps et supprimez le milieu ambiant, chaleur, lumière, électricité, gaz ou liquide, il ne se manifeste plus aucun phénomène; supprimez le corps lui-même, et tout disparaîtra également.

La manifestation des phénomènes de la vie est soumise aussi à cette double condition qui se trouve, d'une part dans l'*être vivant*, c'est-à-dire dans l'*organisme* manifestant le phénomène, et d'autre part dans le *milieu* où vit cet être organisé. Si l'on altère ou si l'on détruit l'organisme sans modifier le milieu, la vie s'arrête aussitôt. Altérez ou supprimez le milieu en laissant l'organisme intact, et la vie cessera également. Le phénomène vital n'est donc tout entier ni dans l'organisme seul, ni dans le milieu seul : c'est, en quelque sorte, un effet produit par le contact entre l'organisme vivant et le milieu qui l'entoure. Comme on le voit, cela revient exactement aux conditions d'existence des phénomènes dans la nature inorganique, et nous avions raison de dire que les principes qui dirigent le physicien et le chimiste dominent également la physiologie et doivent guider celui qui l'étudie.

La physiologie embrasse donc deux ordres d'études distincts que nous allons examiner successivement : l'étude de l'organisation et l'étude des milieux dans lesquels les parties organisées ou vivantes peuvent manifester leurs propriétés.

C'est l'organisation que nous devons examiner en premier lieu, car c'est là d'abord qu'on a été chercher le secret des phénomènes de la vie, et, comme on le pense bien, elle a été de tout temps l'objet d'une étude constante.

DE L'ORGANISATION.

L'étude de l'organisation peut se proposer deux buts distincts, et, suivant qu'elle poursuit l'un ou l'autre, son esprit, sa méthode, ses tendances, varient notablement. Dans un cas, elle sert à caractériser les êtres vivants, à classer leurs formes variées à l'infini, et à saisir ainsi les tendances de la nature pour reconstruire le plan d'après lequel l'ensemble des êtres vivants a dû être constitué : c'est le point de vue du zoologiste. Par la comparaison des organismes, cette étude suit les diverses fonctions vitales à travers les variétés de leurs appareils, dans l'ensemble des êtres vivants, animaux ou végétaux. Suivant qu'on monte ou qu'on descend l'échelle des êtres, elle constate ainsi une complexité croissante ou une simplification successive dans les moyens qu'emploie la nature pour mettre en jeu une même fonction, qui, malgré tous ces changements, reste identique dans son essence. L'anatomie comparée détermine encore suivant quelles règles les organes, les appareils vitaux, se modifient pour fonctionner dans des milieux différents et maintenir une harmonie parfaite entre la vie et les instruments organiques chargés d'en accomplir les actes. En un mot, suivant la belle expression de Gœthe, la nature est un grand artiste qui sait diversifier de mille façons un thème unique. Une condition vitale élémentaire étant donnée, elle en varie à l'infini les organes et les procédés de manifestation, suivant des lois que la phytologie, la zoologie et l'anatomie comparée cherchent à déterminer.

Nous n'aurons pas à nous occuper ici de l'organisation sous ce point de vue. Cet enseignement vous est amplement donné dans cette Faculté, et il incombe à nos éminents collègues les professeurs de zoologie, d'anatomie comparée et de botanique (MM. Milne Edwards, Gratiolet et Duchartre).

La physiologie générale considère l'organisation des êtres vivants à un tout autre point de vue, qui sera naturellement le nôtre. La physiologie générale n'est pas, comme l'ont cru certains auteurs, la science des généralités physiologiques, ou, en d'autres termes, la physiologie de tous les êtres vivants, animaux ou végétaux : c'est la science qui a pour objet de déterminer les *conditions élémentaires des phénomènes de la vie*. Elle ne doit donc plus s'occuper de la variation des appareils organiques dont la structure diffère beaucoup, pour la même fonction, aux différents degrés de l'échelle des êtres. Son but, c'est de remonter à la condition élémentaire du phénomène vital, condition qui est identique chez tous les animaux. Elle ne cherche pas à saisir les différences qui séparent les êtres, mais les points communs qui les réunissent et constituent l'essence des phénomènes vitaux. Pour la physiologie générale, tous les caractères anatomiques de classe, de genre, d'espèce, doivent disparaître ; ce sont là seulement des formes diverses de manifestation de la vie, mais qui n'en constituent point les conditions essentielles, car tous les êtres qui les présentent vivent également, et réunissent tous, par conséquent, en dehors de ces caractères variables, l'ensemble des conditions élémentaires de la vie. Prenez, par exemple, l'appareil locomoteur : il ne s'agit pas d'étudier ses formes, qui varient dans les diverses classes, mais de déterminer la condition initiale du mouvement, qui est identique dans toutes. Nous en pourrions dire autant de l'appareil respiratoire et de tous les autres.

Quand on entre dans la considération des parties organiques élémentaires, il n'y a donc plus de physiologie comparée, car toutes les différences de genres et d'espèces doivent disparaître devant les causes générales : il n'y a plus de mammifères, d'oiseaux ou de reptiles, plus d'animaux à sang chaud ou à sang froid. Partout où l'on retrouve les fibres nerveuses ou musculaires, leur nature est toujours la même. Et si l'on constate des différences de propriétés entre les fibres d'un lapin et celles d'une grenouille, elles ne tiennent pas du tout à ce que l'un est un mammifère et l'autre un batracien, et à ce que l'animal à sang chaud est d'une nature différente de l'animal à sang froid ; c'est exclusivement un résultat des circonstances extérieures, résultat dû à des conditions spéciales dans lesquelles se trouvent les fibres musculaires et nerveuses, car nous vous montrerons que par de simples changements de température, on peut donner aux muscles de la grenouille toutes les propriétés que possèdent ceux d'un animal à sang chaud, et aux muscles d'un lapin les caractères qu'on trouve dans les animaux à sang froid, comme la grenouille.

Une foule d'autres différences physiologiques, qui paraissent séparer les genres ou les espèces, n'ont pas d'autre sens. Ainsi, on a distingué souvent les urines des carnivores de celles des herbivores : les premiers auraient des urines acides, les seconds des urines fortement alcalines. Cette différence existe sans doute, mais elle ne tient aucunement à l'espèce, au groupe zoologique ; car il suffit, pour la faire disparaître, de changer les conditions d'existence de l'animal. Transformez un herbivore en carnivore, ce qui se fait tout simplement en le laissant à jeun, et il sécrétera une urine très-nettement acide. La différence de réaction des urines n'est donc pas caractéristique, et elle n'a rien de spécifique.

Il faut donc distinguer avec soin, dans l'étude de l'organisation, le point de vue zoologique du point de vue physiologique. Ils répondent à deux problèmes distincts, aussi nettement séparés l'un de l'autre que la physique et la chimie le sont de la minéralogie : il y aurait dès lors grand inconvénient à les confondre. Le physiologiste étudie la machine vivante, absolument comme le physicien étudie la nature inorganique, c'est-à-dire en faisant abstraction des formes individuelles, pour ne considérer que les conditions du mécanisme en lui-même. Aussi les dénominations anciennes de physique animale et végétale, pour désigner la physiologie, nous semblent-elles excellentes, et peut-être aurait-on bien fait de les conserver.

Nous avons maintenant à examiner comment doit se faire l'étude de l'organisation au point de vue de la physiologie générale. Cette étude est l'objet de l'anatomie générale. Mais par quelle suite de procédés cette dernière science est-elle arrivée à déterminer, dans l'organisme des différents êtres vivants, les parties qui leur sont communes et qui donnent lieu, par leurs propriétés identiques, à des conditions vitales élémentaires semblables ?

Il faut tout d'abord reconnaître que la physiologie générale et l'anatomie générale, qui lui sert de fondement et de point de départ, sont des sciences toutes nouvelles : elles sont nées dans ce siècle même, et par conséquent leur histoire est facile à faire.

Néanmoins cette tendance à simplifier, à généraliser les connaissances anatomiques pour ramener tous les tissus à certains types primordiaux, cette tendance peut se constater dès les temps les plus anciens, bien qu'elle n'ait abouti que tout récemment à la constitution d'une nouvelle science.

Les premiers anatomistes ont tout de suite séparé les divers organes du corps humain. C'était une chose fort facile et qui ne pouvait les arrêter longtemps. Mais Galien distinguait déjà tous les tissus organiques en deux grandes classes : les parties dissimilaires d'un côté, comme les muscles formés de trois substances, la substance musculaire, son enveloppe et le tendon ; et les parties similaires de l'autre, comme les os, qui ne comprennent qu'une seule substance dans leurs diverses régions, la substance osseuse.

Les idées de Galien régnèrent longtemps d'une manière absolue, et servirent de fondement unique à la connaissance du corps humain pendant tout le moyen âge. Au XIVe siècle, les études anatomiques se raniment, et il apparaît une nouvelle école qui manifeste les mêmes tendances à la généralisation : ce sont Mundini, Vésale, Eustache, Fallope, etc. Ce dernier distinguait les os, les cartilages, la graisse, la chair, les nerfs, les ligaments, les poils, la peau, etc. Il classait tous ces tissus en tissus complexes, comme les muscles, et tissus simples, comme les os, ce qui revenait exactement aux tissus similaires et dissimilaires de Galien.

Au XVe siècle, avec Malpighi, Verheyen, Leuwenhoeck, etc., apparaît l'anatomie microscopique, qui poussa plus loin la décomposition analytique de l'organisme, et distingua des parties d'une nature bien plus déliée. Ce mouvement se continue dans les siècles suivants d'une manière régulière, et au XVIIIe siècle nous trouvons, entre autres noms célèbres, Morgagni et Lieberkühn, qui font faire de nouveaux progrès à l'anatomie microscopique.

A la fin du XVIIIe siècle, Haller publie ses *Elementa corporis humani.* Par ses études sur les propriétés des parties sensibles et des parties contractiles du corps, il éveille cette idée que certaines énergies déterminées, certaines manifestations vitales, doivent être rapportées aux plus petites particules du corps humain, où résideraient leurs causes productrices. Pinel, en France, émit cette même idée, et, ce qui est fort remarquable à cette époque, il avança que les parties similaires devaient avoir toujours les mêmes propriétés en quelque endroit du corps qu'elles fussent placées. Comme il était médecin, il appliqua aux phénomènes pathologiques la même théorie qu'aux phénomènes physiologiques proprement dits, et il soutint, par exemple, que les membranes séreuses étaient partout le siége des mêmes affections.

Enfin, au commencement de ce siècle, apparaît Bichat, le véritable fondateur de l'anatomie générale.

Bichat distingua vingt et un tissus, et comme cette classification a été le point de départ de toutes les théories postérieures, nous devons la donner complétement :

1. Tissu cellulaire.
2. Tissu nerveux de la vie animale.
3. Tissu nerveux de la vie organique.

4. Tissu artériel.
5. Tissu veineux.
6. Tissu des vaisseaux exhalants.
7. Tissu des vaisseaux absorbants et de leurs glandes.
8. Tissu osseux.
9. Tissu médullaire.
10. Tissu cartilagineux.
11. Tissu fibreux.
12. Tissu fibro-cartilagineux.
13. Tissu musculaire de la vie animale.
14. Tissu musculaire de la vie organique.
15. Tissu muqueux.
16. Tissu séreux.
17. Tissu synovial.
18. Tissu glandulaire.
19. Tissu cutané.
20. Tissu épidermique.
21. Tissu pileux.

Les progrès de la science ont permis de relever des erreurs dans ce tableau, et bien des changements y ont été faits depuis. Mais ce qui caractérise l'œuvre scientifique de Bichat, c'est d'avoir étudié avec soin les propriétés de chacun de ces tissus, et d'y avoir localisé un phénomène vital élémentaire. Chaque tissu élémentaire représentait une fonction particulière. Toutes les propriétés vitales étaient donc ramenées à des tissus, et c'était une révolution analogue à celle que Lavoisier venait d'opérer quelques années auparavant dans l'étude des corps inorganiques. En effet, ces tissus n'étaient plus des organes, mais des parties élémentaires rendant compte de la constitution et des phénomènes des corps vivants, comme les corps simples de la chimie nouvelle expliquaient les phénomènes manifestés par les corps inanimés. Depuis Bichat, le nombre de ces phénomènes élémentaires, et, par conséquent, des tissus qui leur correspondent, a été beaucoup réduit, mais son idée fondamentale, à savoir que toutes les manifestations de la vie sont attachées à des tissus divers, cette idée a survécu parce qu'elle était juste, et elle se développe tous les jours par de nouveaux progrès.

En Allemagne, un grand nombre d'anatomistes, tout en acceptant les idées de Bichat, modifièrent plus ou moins sa classification des tissus. Walter ne reconnait plus que onze tissus élémentaires, et il émet déjà cette idée, alors bien avancée, qu'ils dérivent tous du tissu cellulaire par diverses transformations. Rudolphi, dans son traité *De corporis humani partibus similaribus*, publié en 1809, réduit encore ce nombre : il admet seulement huit tissus simples avec trois tissus composés. Toutes ces tentatives indiquaient le besoin de simplifier la classification de Bichat, en faisant rentrer les tissus les uns dans les autres. Cependant la tendance contraire se fait jour, quoique d'une manière exceptionnelle, par l'admission des nouveaux tissus. Ainsi, on trouve dans les publications du temps un mémoire sur des vaisseaux d'absorption spermatique, que Bichat ne reconnaissait point. Ces travaux n'avaient du reste, pour base, qu'une notion fausse sur la génération; mais cette idée physiologique entraînait l'admission d'un nouveau tissu, pour rendre compte de la nouvelle fonction qu'on supposait : c'était donc toujours une application de la théorie de Bichat.

En 1815, Meckel, dans son *Manuel d'anatomie humaine*, admet onze tissus élémentaires.

En 1819, Mayer publie son *Traité sur l'histologie et une nouvelle division des tissus du corps de l'homme*. C'est lui qui substitue le premier le nom d'*histologie* à celui d'*anatomie générale*, et depuis lors ils ont été employés indifféremment l'un et l'autre pour représenter une classification méthodique des tissus élémentaires des corps vivants.

En 1822, Hensinger, dans son *Système d'histologie*, admet encore onze tissus, et sa classification ne présente guère qu'un trait caractéristique : c'est l'admission, à côté du tissu glandulaire, d'un tissu parenchymateux, dont le foie peut fournir le type, et dont il n'avait pas encore été question jusque-là.

En 1830, Ernest Henri Weber distingue quinze tissus élémentaires qu'il divise en trois classes, suivant leur degré de complication. La première classe comprend les tissus corné et dentaire ; la seconde, les tissus cellulaire et nerveux ; et la troisième, qui en comprend dix à elle seule, se termine par le tissu érectile.

Après 1830, s'ouvre une nouvelle ère pour l'anatomie générale : c'est le commencement de la période de l'histogénèse. Jusque-là on s'était contenté de comparer les propriétés des tissus pour les ranger méthodiquement ; mais les nombreux essais de classification tentés à cette époque firent comprendre que ce que Bichat regardait comme l'élément primitif n'avait pas ce caractère, et qu'il fallait chercher plus loin encore : d'autres idées se firent donc jour.

Krause (*Manuel de l'anatomie de l'homme*) dit déjà, en 1833, que tous les tissus doivent être considérés comme des modifications du tissu cellulaire, idée entrevue depuis longtemps, du reste, par Walter. Dutrochet et Mirbel parlent beaucoup de l'histogenèse, c'est-à-dire de l'origine des tissus ; ils placent cette origine dans la cellule, et Dutrochet pose déjà cette loi, que *la cellule conserve son activité vitale aussi longtemps que ses parois restent solides et que son contenu est encore pur et fluide*. En Allemagne, Brown, avec un de ses compatriotes, découvre le noyau de la cellule qu'il considère comme une condition primaire du développement organique. Schultz assimile les globules de sang à des cellules, et, en 1838, R. Wagner compare l'œuf lui-même à une cellule.

C'est alors, en 1839, qu'apparaissent Schleiden et Schwann, qui trouvent toutes ces idées préparées, et généralisent la cellule comme condition élémentaire de l'organisation, Schwann dans les animaux, Schleiden dans les végétaux. Ils montrent que les tissus se développent par des cellules. Alors s'ouvre pour l'histologie une nouvelle ère.

On cherche à saisir, à travers le développement de l'embryon, la transformation des cellules dans d'autres éléments. On conserve encore les tissus, parce qu'en définitive ce sont des assemblages d'organes primitifs ; mais aujourd'hui l'histologie s'entend surtout de l'étude des éléments extrêmement ténus qui composent ces tissus, et qu'on appelle même fort souvent éléments histologiques. C'est à cette époque que s'établit la théorie cellulaire, qui considère tous les organes comme une dérivation de la cellule, l'œuf lui-même étant une cellule qui donne naissance à beaucoup d'autres.

Cependant, bien qu'on soit parfaitement d'accord sur le développement des végétaux, comme des animaux, par des cellules, il y a encore bien des dissidences. Ainsi, Schwann admettait que des cellules peuvent prendre naissance dans des liquides qui n'en contiennent pas encore, dans une liqueur albumineuse appelée *blastème*. Cette idée est vivement combattue aujourd'hui en Allemagne par la plupart des physiologistes, qui n'y voient pas autre chose que la génération spontanée. Les cellules ne se développant pas spontanément, elles doivent donc procéder les unes des autres par le fractionnement ; et, en effet, on voit dans l'œuf une cellule primitive se fractionner en plusieurs parties, pour donner naissance à autant de cellules dérivées, et ainsi de suite. Les physiologistes allemands admettent ce mode de formation d'une manière absolue ; il paraît cependant un peu difficile de faire rentrer tous les faits dans cette donnée. Divers tissus procèdent certainement par transformation de la cellule, mais il en est d'autres qu'on ne peut guère expliquer de cette manière, et qui supposent un autre mécanisme. M. Robin, en France, ainsi que d'autres, oppose avec raison, suivant nous, de sérieuses objections à cette théorie absolue ; et, en Allemagne, Brücke a avancé qu'il n'était pas possible d'expliquer tous les éléments du corps par une dérivation de simples cellules ; il propose donc de substituer le terme d'organismes élémentaires à celui d'éléments dérivés de cellules, comme plus conforme à l'état de la science.

Sans chercher à résoudre ces questions d'histogenèse, constatons ce fait, maintenant bien établi, à savoir que toutes les manifestations de la vie sont exclusivement attachées aux parties élémentaires des corps vivants : ce sont les éléments anatomiques ou organiques, cellules ou organismes élémentaires, comme on voudra. En effet, chaque organe a sa vie propre, son autonomie ; il peut se développer et se reproduire indépendamment des tissus voisins. Sans doute, pendant la vie, tous ces tissus entretiennent des relations nombreuses qui les font concourir à l'harmonie de l'ensemble, mais on pourrait, jusqu'à un certain point, comparer chaque individu à un polypier résultant de la juxtaposition d'une foule d'organismes vivants.

Ce sont ces éléments organiques qu'il faut considérer comme l'origine des manifestations vitales. Sans doute, ce ne sont pas des éléments au point de vue de la chimie minérale, car ce ne sont pas des corps simples, et l'on pourrait, par l'action des agents naturels, les résoudre en oxygène, azote, carbone, etc. Mais, si on les détruit ainsi, on fait en même temps disparaître toutes les propriétés vitales, tandis qu'on peut les isoler sans altérer en rien ces propriétés : c'est donc à eux que la vie est attachée, et les corps simples de la chimie sont peut-être des éléments de la nature brute, mais non à coup sûr des éléments organiques.

Pour avoir une idée exacte de ces parties élémentaires, il faut les considérer dans des organismes élevés, c'est-à-dire complexes. On a dit souvent que les organismes inférieurs sont plus simples que les supérieurs ; mais notre opinion est tout justement l'opposé de celle-là. Au moins est-il certain que les diverses propriétés vitales sont moins bien isolées et séparées les unes des autres dans les êtres inférieurs : il y a donc avantage à expérimenter sur des animaux élevés, car, à mesure qu'un élément s'isole, il est plus facile d'en saisir les propriétés particulières.

Nous disons expérimenter : c'est qu'en effet, pour connaître, à notre point de vue, l'organisation élémentaire, il faut l'étudier, par l'observation et l'expérimentation, sur les animaux vivants. Il ne faudrait pas s'imaginer qu'on puisse saisir sur le cadavre le secret des phénomènes de la vie. Quand l'anatomiste nous dit que la présence des fibres musculaires dans tel organe lui apprend qu'il a la propriété d'être contractile, il se réfère implicitement aux caractères qui ont été observés sur l'être vivant, car le seul aspect des fibres mortes ne prouve aucunement leur contractilité. Croire que la structure nous apprend quelque chose à cet égard, c'est donc commettre une confusion, c'est transformer un à posteriori en à priori.

Ainsi, c'est aux tissus vivants et doués de toutes leurs propriétés que nous devons nous adresser pour connaître ce que le cadavre ne nous révélera jamais, et c'est l'expérimentation qui nous en fournira les moyens. Nous aurons donc à montrer chez les différents êtres comment on a pu déterminer ces propriétés multiples en opérant sur les tissus vivants, et nous donnerons, cette année, un certain développement à ces expériences.

Mais cette étude des cellules et des fibres élémentaires est incomplète et stérile quand elle reste isolée ; il faut y joindre celle des milieux qui leur fournissent les conditions indispensables de leur existence. Car, pour faire un dernier rapprochement entre la nature inanimée et la nature vivante, nous devons considérer que, dans l'une comme dans l'autre, la matière est essentiellement inerte. Jamais un corps ne peut se donner à lui-même le mouvement ; la fibre nerveuse ou musculaire n'a pas de privilége à cet égard : elle restera aussi éternellement en repos, si une influence étrangère ne l'en fait sortir. Cette excitation indispensable, qui est ainsi la véritable cause des phénomènes vitaux, doit venir de quelque part : nous en trouverons la condition dans le milieu au sein duquel se développe l'organisme vivant. Ce milieu, dans lequel se déterminent à la fois les propriétés des corps vivants et le moment de leur action, constitue donc la seconde condition d'activité organique que nous indiquions en commençant, et la prochaine leçon sera consacrée à son étude. — Emile Alglave.

CHIMIE.

COURS DE M. WURTZ.

(SOIRÉES SCIENTIFIQUES DE LA SORBONNE.)

Combustion.

De tout temps cette question a occupé l'esprit des savants et des philosophes; il n'en est guère de plus importante dans la science. Sans la combustion, en effet, point de chaleur, et, partant, point de vie sur la terre. Les plantes et les animaux disparaissent, il ne reste plus que le monde minéral. Plusieurs théories ont été imaginées pour expliquer ce mystérieux phénomène, mais il faut arriver à Lavoisier pour en trouver une interprétation satisfaisante.

Déjà, avant lui, on s'était aperçu que la présence de l'air était nécessaire pour que la combustion pût s'opérer. Vers 1630, Jean Rey et Brun avaient constaté que le plomb augmente de poids lorsqu'on le chauffe dans un fourneau au contact de l'air. Pierre Borel, qui vivait à la même époque, rapporte que M. de Chambulans, son ami, ayant calciné cent livres de plomb, il retira cent dix-huit livres d'oxyde de plomb. Quelques autres de ses amis, calcinant une livre d'antimoine, trouvèrent, après l'opération, dix-huit onces de résidu. Le chevalier Digby observe de même que le vitriol, le salpêtre et quelques autres substances augmentent de poids par l'attraction de l'air seulement (Mémoire de Jean Rey sur la cause qui produit l'augmentation de poids de l'étain et du plomb par la calcination). Selon Jean Rey, « ce surcroît de poids vient de l'air, qui, dans le » vase, a été espaissi, appesanti et rendu aucunement » adhésif par la véhémente et longuement continue cha- » leur du fourneau. »

Ce rôle de l'air, entrevu par Jean Rey, avait été longtemps méconnu et le fut encore après lui, par la faute de Stahl et de son école. D'après Stahl et les animistes, tous les corps combustibles renfermeraient un principe inflammable, le *phlogistique*. Ainsi, tout corps qui brûle perd son phlogistique, et il est d'autant plus combustible qu'il en contient davantage. Un corps qui aurait perdu tout son phlogistique ne pourrait s'enflammer, mais il pourrait reprendre sa propriété si on le chauffait avec un corps phlogistiqué. La substance observée par Jean Rey et Brun sur le plomb calciné n'est autre chose, pour Stahl, que du plomb déphlogistiqué. Cette théorie, purement spéculative, n'avait aucune base dans les faits: car le plomb, comme l'avait parfaitement prouvé Jean Rey, loin de perdre quelque chose en se calcinant, s'assimile au contraire un élément nouveau, et c'est précisément la fixation de cette substance nouvelle sur le plomb qui produit le phénomène de la combustion. Mais tel est l'empire des idées préconçues, que les faits eux-mêmes, les mieux constatés, sont obligés de capituler devant elles. La théorie de Stahl, qui avait le double inconvénient d'être en contradiction avec les faits et de ne rien expliquer du tout, n'en domina pas moins dans la science jusqu'au XVIIIe siècle. L'explication si plausible de Jean Rey fut oubliée, et nous verrons Priestley lui-même, préoccupé de cette idée du phlogistique, si malencontreusement imaginée par Stahl, laisser à Lavoisier tout l'honneur d'une découverte qui aurait dû lui revenir : car c'est lui qui, le premier, a isolé le gaz oxygène, le principe et l'agent de toutes les combustions. C'est le 1er août 1774 que Priestley obtint l'oxygène par la calcination du précipité rouge ou oxyde de mercure. Ce nouveau gaz fut appelé, par lui, *air déphlogistiqué*.

En 1775, Lavoisier, par sa belle analyse de l'air, qui restera comme un modèle dans la science, ruina définitivement la théorie du phlogistique. Il prouva que l'air atmosphérique est un mélange de deux gaz : l'un, l'oxygène, qui entretient la combustion et la respiration; l'autre, l'azote, qui n'est ni comburant ni respirable. Pour faire son expérience, Lavoisier se servit d'une cornue de verre dans laquelle il introduisit du mercure. Le bec de la cornue fut plongée, sous une éprouvette, dans la cuve à mercure, tandis que son corps reposait sur un fourneau incandescent. Le mercure fut ainsi chauffé pendant douze jours. Il se forma peu à peu à la surface du mercure de petites pellicules rouges, dont le nombre et le volume augmentèrent graduellement. Avant l'opération, Lavoisier avait eu le soin de calculer le volume et la pression de l'air contenu dans la cornue. Après la calcination du mercure, il constata que cet air recueilli sous la cloche était réduit aux cinq sixièmes de son volume. Il observa en outre qu'il n'était plus propre à la respiration ni à la combustion, car les animaux qu'on y introduisait y périssaient en peu d'instants et les lumières s'y éteignaient immédiatement. Il analysa ensuite, par le même procédé, les pellicules rouges qui flottaient à la surface du mercure. Ces pellicules se dédoublèrent en un gaz, qu'il recueillit sous l'éprouvette, et en gouttelettes de mercure métallique qui restèrent au fond de la cornue. Une bougie, introduite dans le gaz ainsi obtenu, y répandait un éclat resplendissant. Ce gaz était d'ailleurs éminemment propre à la respiration. Enfin, la quantité de gaz recueilli était précisément égale au sixième environ de l'air contenu dans la cornue pendant la première opération. « En réfléchissant sur les circonstances de cette expérience, dit Lavoisier, on voit que le mercure, en se calcinant, absorbe la partie soluble et respirable de l'air; que la portion d'air qui reste est une espèce de *mofette*, incapable d'entretenir la combustion et la respiration. L'air de l'atmosphère est donc composé de deux fluides élastiques, de nature différente et, pour ainsi dire, opposée. »

Ainsi, d'après Lavoisier, le phénomène de la combustion est dû non à une absorption de l'air tout entier, comme l'avait pensé Jean Rey, mais à l'absorption de l'oxygène de l'atmosphère.

C'est là l'origine d'une théorie nouvelle sur la constitution des corps. Tandis que Stahl avait représenté tous les corps combustibles comme des composés qui perdaient un de leurs éléments en brûlant, Lavoisier reconnut qu'il y avait des corps indécomposables, et par conséquent simples; et, qu'au lieu de se dédoubler en brûlant, ils se combinaient au contraire avec l'oxygène pour former une série nouvelle, qu'il appela corps composés binaires, par opposition aux corps simples. Ces nouveaux corps ainsi obtenus par la fixation de l'oxygène constituèrent les *bases* ou *oxydes*, et les *acides*. Lavoisier créait du même coup la nomenclature chimique, qui inaugura l'avénement de la chimie moderne, et ouvrit à cette science un champ désormais sans limites.

De la mémorable expérience de Lavoisier, il résulte encore un fait digne de remarque. L'oxyde rouge de mercure semble disparaître par la calcination. Mais il n'en est rien. La chaleur n'enlève rien, ne supprime rien. Elle transforme seulement l'oxyde en mercure métallique et en oxygène. De même, quand le bois brûle au contact de l'air, il semble disparaître, car, la combustion opérée, il ne reste plus que de la cendre. Mais cette cendre n'est autre chose que le résidu minéral qui était primitivement contenu dans la trame ligneuse. Quant à la fumée qui s'échappe dans l'atmosphère, c'est tout simplement de la vapeur d'eau préalablement renfermée dans le bois, et de l'acide carbonique formé par la combustion du carbone qui sert de base à toutes les plantes. Ainsi, tout se transforme, mais rien ne se perd dans la nature.

Nous allons montrer par d'autres expériences la vérité de ces principes. Prenons un charbon incandescent et transportons-le dans une éprouvette remplie d'oxygène. Il y brûle avec un vif éclat en s'unissant à l'oxygène pour former de l'acide carbonique, qui s'accumule dans l'éprouvette. Pour mettre en évidence la présence de ce nouveau corps, il suffit de verser de l'eau de chaux dans l'éprouvette. Vous voyez aussitôt l'eau se troubler et un précipité blanc se former au fond du vase. Ce précipité n'est autre chose que du carbonate de chaux, qui résulte de la combinaison de l'acide carbonique avec l'oxyde de calcium contenu en dissolution dans l'eau.

Si nous faisons brûler du soufre dans l'oxygène, nous allons voir se produire un phénomène analogue. Le soufre, qui brûlait dans l'air avec une flamme d'un bleu très-pâle, brûle maintenant dans l'oxygène avec une flamme d'un bleu éclatant, et il se forme des vapeurs d'acide sulfureux.

Plaçons maintenant un morceau de phosphore dans de l'eau chaude. Le phosphore, étant fusible à une assez faible température (44°,2), il se dépose, au fond du vase, sous l'aspect d'une huile jaunâtre. Nous allons faire dégager, à l'aide d'un gazomètre, du gaz oxygène sous l'eau, au contact du phosphore fondu. A peine l'expérience est-elle commencée, que vous pouvez voir déjà le phosphore s'enflammer sous l'eau, au contact de l'oxygène, en répandant des vapeurs rougeâtres, mélange d'oxyde rouge, de phosphore et d'acide phosphorique. Ces vapeurs traversent le liquide et viennent crever à la surface, où elles forment une pellicule rouge d'oxyde de phosphore, tandis que l'acide phosphorique se répand en vapeur blanche dans l'atmosphère. Cette singulière propriété du phosphore tient à l'affinité excessive qu'il possède pour l'oxygène. Il n'en est pas ainsi pour tous les corps. Déjà nous avons vu que le charbon ne peut se combiner avec l'oxygène que s'il a été préalablement enflammé au contact d'un corps en ignition.

Les métaux se combinent avec l'oxygène à des températures variables. Le fer, par exemple, brûle dans l'oxygène, mais il faut qu'il soit préalablement porté au rouge par une source de chaleur. Soit une spirale de fer doux; nous allons y attacher un peu d'amadou incandescent. Dans l'air, l'amadou brûlerait seul et il n'y aurait point de combinaison. Mais si nous transportons cette spirale de fer dans un flacon rempli d'oxygène, la combustion de l'amadou devient beaucoup plus active, il se développe une vive lumière et une forte chaleur. Le fer est bientôt porté au rouge sombre, et dès lors il acquiert une prodigieuse affinité pour l'oxygène. La combinaison a lieu avec un vif dégagement de lumière et de chaleur. Le fer entre en fusion, et tombe au fond de l'eau en étincelles très-brillantes, et assez chaudes pour fondre le verre et s'incruster dans les parois du vase.

Si au lieu de fil de fer nous avions du fer réduit en poudre impalpable, nous verrions le phénomène se produire sans l'intervention de la chaleur. — En disant ces mots, M. Wurtz répand dans l'air du fer ainsi porphyrisé (fer pyrophorique), contenu dans une éprouvette de verre. L'affinité se manifeste instantanément, et la poudre de fer tombe de l'éprouvette en une véritable pluie de feu, qui n'est autre chose que de l'oxyde de fer.

D'autres métaux peuvent ainsi se combiner avec l'oxygène et dégager de la chaleur. Le magnésium, par exemple, en brûlant dans l'oxygène, produit un très-grand dégagement de chaleur et une flamme étincelante qui ne le cède pas en éclat à celle de l'arc voltaïque.

Le zinc brûle aussi dans l'oxygène avec une flamme verte, en répandant des vapeurs blanches d'oxyde de zinc, qui se condensent rapidement dans l'atmosphère et retombent sous forme de neige. Ce sont ces flocons blancs d'oxyde de zinc que les anciens avaient appelés *laine philosophique* (*lana philosophica*). A propos du zinc, il est bon de faire une remarque qui peut s'appliquer à tous les corps. Toutes les fois qu'un corps, en brûlant, produit de la flamme, c'est que ce corps se volatilise, car la flamme n'est autre chose qu'un gaz en ignition. La belle flamme verte que vous voyez se produire au-dessus du creuset où brûle le zinc, est précisément entretenue par les vapeurs de ce métal volatilisé par la chaleur. Les flammes sont d'autant plus éclairantes qu'elles renferment plus d'éléments solides. Aussi, vous avez vu avec quel éclat brûlait le phosphore dans l'oxygène. C'est que précisément l'acide phosphorique, qui résulte de la combustion, est un acide fixe. Nous allons maintenant enflammer de l'hydrogène pur au contact de l'air. Comme ici il n'y a pas d'éléments solides, mais seulement une combinaison directe d'oxygène et d'hydrogène, nous n'obtiendrons qu'une flamme bleuâtre excessivement pâle. En recevant cette flamme sous une cloche de verre communiquant elle-même avec un ballon vide, nous allons voir de la vapeur d'eau se déposer sur la cloche et se condenser dans le ballon par suite de la combinaison des deux gaz. La combustion produit évidemment, dans ce cas, un double phénomène : un phénomène chimique, la combinaison de l'hydrogène avec l'oxygène, d'où résulte l'eau, et un phénomène physique, le dégagement de chaleur et de lumière. Il en est ainsi toujours, seulement il arrive quelquefois que la combustion a lieu sans lumière et sans chaleur apparente. La combinaison qui s'opère dans ces conditions a été désignée sous le nom de *combustion lente*. Mais avant de parler de ce mode particulier de l'oxydation, nous allons donner encore quelques exemples de combustions plus énergiques.

Vous avez vu tout à l'heure le phosphore fondu brûler au fond d'une éprouvette remplie d'eau. Si, au lieu de phosphore pur, nous prenions de l'hydrogène phosphoré, nous produirions un phénomène analogue, mais encore plus intense. Le gaz est si avide d'oxygène, qu'il se combine avec lui au contact de l'air. En voici une certaine quantité qui a été conservée dans cette éprouvette, où l'on avait préalablement fait le vide barométrique. Nous allons renverser cette éprouvette sous l'eau, et vous allez voir aussitôt des bulles de gaz se dégager du liquide et brûler à sa surface. La fumée blanchâtre qui résulte de la combustion, et s'élève dans l'atmosphère sous forme de couronne, n'est autre chose que de l'acide phosphorique. L'hydrogène phosphoré s'est dédoublé, et le phosphore a abandonné l'hydrogène pour se combiner avec l'oxygène de l'air.

Voici une autre éprouvette remplie d'un liquide, le zinc-éthyle, combinaison de carbone, de zinc et d'hydrogène ; ce liquide est si avide d'oxygène, qu'il nous suffira de casser l'éprouvette pour le voir s'enflammer au contact de l'air. Il se forme ainsi de l'oxyde de zinc, de l'acide carbonique et de l'eau. De sorte que chacun des corps composants a absorbé de l'oxygène, et il s'est formé trois combinaisons nouvelles qui ont chacune l'oxygène pour radical.

Nous avons opéré jusqu'à présent sur l'oxygène pur, sur l'air atmosphérique ou sur des composés non oxygénés. Si nous prenions certains sels oxygénés, nous pourrions produire aussi des combustions très-vives. Ainsi, par exemple, l'azotate de potasse, corps très-riche en oxygène, se dédouble facilement au contact du charbon incandescent. Il se produit un grand dégagement d'acide carbonique, et le corps, en brûlant, s'élève dans l'atmosphère en étincelles brillantes, tout à fait semblables à celles d'un feu d'artifice. C'est à cette combustibilité excessive de l'azotate de potasse et à l'énorme quantité de gaz qui se forme dans ce cas, que sont dues les propriétés explosives de la poudre à canon. On sait, en effet, que la poudre de guerre n'est autre chose qu'un mélange de salpêtre (azotate de potasse), de soufre et de charbon. Le fulmi-coton est aussi très-facilement inflammable et très-explosible. Il a une telle avidité pour l'oxygène, qu'on peut l'enflammer au-dessus de la poudre sans que celle-ci prenne feu. — Cette curieuse expérience est faite sous les yeux des spectateurs. M. Wurtz place du fulmi-coton bien desséché sur de la poudre de chasse, et il enflamme successivement le fulmi-coton et la poudre. C'est le plus bel exemple qu'on puisse donner de la puissance des affinités chimiques.

L'eau elle-même est un corps oxydé, et par conséquent une source d'oxygène. Si nous la mettons en contact avec un corps très-avide d'oxygène, le potassium par exemple, nous le verrons se décomposer. L'oxygène s'unira au potassium pour former de la potasse, et l'hydrogène s'enflammera à la surface du liquide au contact du corps comburant.

On a cru longtemps que l'oxygène était le seul corps capable d'entretenir la combustion ; il n'en est rien. Le chlore, découvert pas Scheele en 1774, est un agent comburant encore plus énergique que l'oxygène. C'est sans doute pour cela que Scheele l'avait nommé *acide marin déphlogistiqué*. C'est le gaz jaune verdâtre que vous pouvez voir dans ce flacon de verre. L'antimoine, qui ne peut brûler dans l'oxygène s'il n'a été préalablement chauffé au rouge, brûle dans le chlore à la température ordinaire, et se transforme en chlorure d'antimoine. L'arsenic s'y enflamme aussi en donnant naissance à du chlorure d'arsenic. — Voici dans cette éprouvette un mélange de chlore et d'hydrogène carboné. Nous pouvons facilement enflammer l'hydrogène carboné en provoquant sa combinaison avec le chlore. Il suffit pour cela d'échauffer un peu le mélange à l'aide de la lampe à alcool. L'hydrogène s'enflamme au contact du chlore, et le carbone se dépose sur les parois de l'éprouvette.

Nous pourrions de même faire brûler de la tournure de cuivre au contact du soufre. Voici un ballon qui contient un mélange de ces deux corps. Nous allons le chauffer sur un fourneau, et, à mesure que les vapeurs de soufre se formeront, nous verrons la tournure de cuivre devenir incandescente. Il y a fixation des vapeurs de soufre sur le cuivre, et, par suite, dégagement de chaleur et de lumière.

Je vous ai déjà dit que toutes les combustions ne donnent pas lieu à un dégagement de lumière. Il en est, en effet, qui s'effectuent plus modestement. La chaleur elle-même, qui accompagne toutes les combustions chimiques, semble aussi faire défaut dans certains cas. Ce sont là les phénomènes de *combustion lente* dont je vous ai déjà dit un mot au début de cette conférence. Il est bon de nous y arrêter un instant. Le phosphore, abandonné à lui-même au contact de l'air, brûle ainsi lentement sans chaleur apparente et avec un très-faible dégagement du lumière (phosphorescence), perceptible seulement dans l'obscurité. Voici des barreaux de phosphore qui ont séjourné longtemps dans ce vase. Ils ont légèrement rougi au contact de l'air, et il s'est formé au fond du verre un liquide qui n'est autre chose que de l'acide phosphorique hydraté. Il en est de même du fer qui fixe l'oxygène au contact de l'eau ou de l'air humide, et se recouvre d'une pellicule rouge brun de protoxyde de fer. C'est ce qu'on nomme vulgairement la *rouille*.

Pour montrer que les combustions lentes dégagent de la chaleur, nous allons soumettre des vapeurs d'alcool à une combustion de ce genre. Il suffit, pour cela, de faire rougir un fil de platine dans la flamme de la lampe à esprit-de-vin. Le platine rougi, nous allons éteindre la lampe en laissant le fil se refroidir lentement au-dessus de la mèche. Les vapeurs alcooliques qui se dégagent de la mèche vont bientôt s'enflammer de nouveau au contact du fil de platine. Il y a ici une combustion lente d'hydrogène et d'oxygène au contact de l'air et du fil de platine rougi par la chaleur. L'hydrogène s'enflammerait à froid au contact du platine, si celui-ci était réduit en éponge. C'est une propriété spéciale de l'éponge de platine que l'on a désignée sous le nom de *force catalytique*. C'est à l'aide d'une force de ce genre qu'on a essayé d'expliquer certaines actions mystérieuses qui ont lieu dans les réactions naturelles de la chimie organique, la fermentation, par exemple. Mais c'est un sujet dont nous n'avons pas à nous occuper ici. Ces phénomènes de combustion lente sont multipliés dans la nature. Tous les détritus végétaux ou animaux contenant de l'hydrogène et du carbone se consument ainsi lentement au contact de l'humidité et de l'oxygène de l'air.

La combustion lente constitue à elle seule une des plus importantes fonctions de la vie des plantes et des animaux, la respiration. En 1674, Jean Mayow avait reconnu que l'air renferme un principe (*gaz, esprit nitro-aérien, igno-aérien*) apte à entretenir la vie en passant dans le sang par la respiration. C'est ce même gaz nitro-aérien qui, selon lui, produit la *rutilance* du sang artériel, et par suite la *chaleur animale*. Mais il devait s'écouler un siècle avant que cette idée du génie fût fécondée par l'expérimentation et vérifiée par l'analyse chimique. En découvrant l'oxygène, Priestley fit faire un pas de plus à la question. Mais, comme il était imbu des idées de Stahl sur le phlogistique, il ne put soupçonner les conséquences physiologiques de sa découverte.

Après avoir expliqué le phénomène de la combustion par la fixation de l'oxygène, Lavoisier s'appliqua à démontrer qu'il se passait quelque chose d'également semblable dans l'acte respiratoire. Il prit un moineau franc qu'il plaça sous une cloche remplie d'air au-dessus de la cuve à mercure. L'animal vécut ainsi pendant quelques minutes, mais il éprouva bientôt du malaise, les symptômes de l'asphyxie se manifestèrent, et la mort survint au bout d'une demi-heure environ. Après cette première expérience, Lavoisier ayant analysé le résidu du gaz contenu dans la cloche, il constata qu'il avait considérablement diminué de volume. Il reconnut, en outre, que le gaz restant n'était plus de l'air pur, mais de l'air mélangé avec de l'acide carbonique. Le dégagement de l'acide carbonique par l'expiration peut être mis en évidence par une expérience bien simple. Il suffit de souffler dans l'eau de chaux avec un tube de verre ; l'eau se trouble aussitôt, et il se forme un précipité blanc de carbonate de chaux. Lavoisier répéta ensuite son expérience, et il put ramener à la vie ses oiseaux à demi-asphyxiés par le manque d'air, en faisant dégager dans la cloche un courant continu d'oxygène pur. Il remarqua même que ces petits animaux y respirent plus facilement que dans l'air. — La dernière partie de cette expérience est répétée par M. Wurtz sous les yeux de l'auditoire.

L'acide carbonique rendu par l'expiration provient de la combustion du carbone contenu dans les tissus et transporté dans le poumon par l'intermédiaire du sang veineux. De son côté, l'oxygène pénétrant dans les vésicules pulmonaires par la trachée et par les bronches, il se produit un phénomène d'endosmose. L'acide carbonique, qui existe tout formé dans le sang, disparaît pour faire place à l'oxygène. C'est ainsi que le sang artériel, qui a cédé aux organes ses propriétés vivifiantes par l'acte de la nutrition, les recouvre par l'intervention de l'air atmosphérique, et peut présider indéfiniment à l'entretien de la vie. L'acte respiratoire consiste essentiellement dans cet échange des gaz à travers les parois des vésicules pulmonaires. C'est, comme on le voit, un phénomène purement physique qui est mis en jeu par un acte physiologique, la contraction des muscles respirateurs. Ainsi sont maintenues dans leur intégrité les propriétés vivifiantes du liquide nourricier vicié par les produits de la combustion ; ainsi est entretenu le foyer de la chaleur animale qui permet aux animaux de braver les intempéries des saisons, et à l'homme de se transporter impunément sous les latitudes les plus variables. Il résulte des expériences de MM. Andral et Gavarret sur la chaleur développée par les êtres vivants, que l'homme brûle en une heure 12 grammes de carbone, soit 250 grammes dans les vingt-quatre heures. De là le besoin impérieux de l'alimentation pour contre-balancer la combustion respiratoire.

Cette théorie de la respiration est un des plus beaux titres de gloire de Lavoisier. Aussi croyons-nous ne pouvoir mieux faire que de rapporter, en finissant, les propres paroles du grand chimiste, qui fut aussi un éminent écrivain : « En partant des connaissances acquises, et en nous réduisant à des idées simples que chacun puisse facilement saisir, nous dirons d'abord que la respiration n'est qu'une combustion lente de carbone et d'hydrogène qui est semblable en tout à celle qui s'opère dans une lampe ou dans une bougie qui brûle, et que, sous ce point de vue, les animaux qui respirent sont de véritables corps combustibles qui brûlent et se consument.

» Dans la respiration, comme dans la combustion, c'est l'air de l'atmosphère qui fournit l'oxygène et le calorique ; mais, comme dans la respiration, c'est la substance même de l'animal, c'est le sang qui fournit la combustion : si les animaux ne réparaient pas habituellement par les aliments ce qu'ils perdent par la respiration, l'huile manquerait bientôt à lampe, et l'animal périrait comme une lampe qui s'éteint lorsqu'elle manque de nourriture.

» On dirait que cette analogie qui existe entre la respiration et la combustion n'avait point échappé aux poëtes, ou plutôt aux philosophes de l'antiquité, dont ils étaient les interprètes et les organes. Ce feu dérobé du ciel, ce flambeau de Prométhée ne présente pas seulement une idée ingénieuse et poétique, c'est la peinture fidèle des opérations de la nature. On peut donc dire, avec les anciens, que le flambeau de la vie s'allume au moment où l'enfant respire pour la première fois, et qu'il ne s'éteint qu'à la mort. » (*Mémoires de l'Académie des sciences*, 1781.) — F. TOULO.

ZOOLOGIE.

COURS DE M. GRATIOLET.

(FACULTÉ DES SCIENCES.)

I.

Leçon d'ouverture. — Comparaison du type des vertébrés avec celui des articulés.

En prenant possession de sa chaire, qu'il ne doit plus quitter désormais (1), au milieu d'un nombreux concours de personnes de tout âge, M. Gratiolet remercie son auditoire de la bienveillance dont il lui a donné des preuves si constantes pendant les deux ans qu'il a occupé cette chaire à titre de suppléant. Puis il rappelle le souvenir des deux illustres naturalistes auxquels il succède, M. Isidore Geoffroy Saint-Hilaire et M. de Blainville, l'un et l'autre philosophes remarquables, quoique leurs idées fussent très-différentes.

M. Isidore Geoffroy Saint-Hilaire, suivant la tradition de son père, considérait tous les êtres comme formant une échelle de réalisations de plus en plus parfaites d'un type unique; au milieu des variétés innombrables de la nature, il prétendait retrouver partout l'unité de composition et de structure. Cette idée ne manquait pas de grandeur, et, s'il avait suffi d'un grand talent pour assurer son triomphe, M. Isidore Geoffroy Saint-Hilaire l'eût, sans aucun doute, fait régner dans la science. Mais les objections s'élevaient de toutes parts, et les dangers de cette théorie apparurent bientôt manifestement. On se contentait d'abord de soutenir que le plan d'organisation était le même chez tous les êtres; mais il vint ensuite des naturalistes qui prétendirent que les espèces se transformaient les unes dans les autres, de sorte que l'homme comptait des poissons parmi ses ancêtres, en passant par tous les degrés intermédiaires de l'échelle animale: de l'unité de plan, on était passé à l'unité d'origine.

M. de Blainville admettait la série animale; mais ce qu'il y voyait, ce n'était pas une chaîne continue comme une série logarithmique, une ligne sans interruption, c'était pour lui une échelle de perfections, d'ordres différents. A ses yeux, l'animal était caractérisé par la sensibilité, et le degré de cette sensibilité lui servait de mesure pour déterminer le rang de chaque être dans la création. La sensibilité se manifestait par le mouvement, et se traduisait par la forme générale du corps. Il admettait donc son plan général dans la nature, mais il y voyait des réalisations définies et distinctes. Le règne animal comprenait, à ses yeux, quatre grands types caractérisés par la forme générale du corps. Au dernier degré de l'échelle, se trouvent des êtres très-simples, ayant à peine quelques notions du monde extérieur; leur forme reste indéterminée, et se rapproche plus ou moins de celle d'une sphère : ce sont les *amorphozoaires*. Dans le groupe suivant, la sphère cherche à s'épanouir, et envoie des rayons dans tous les sens: ce sont les *actinozoaires* ou *rayonnés*. Dans un troisième groupe, les rapports de l'animal avec le monde se dessinent d'une manière plus intelligible. On voit paraître dans le corps une partie directrice et une partie dirigée ; le corps s'allonge, sa forme générale devient elliptique; en même temps qu'il s'applique au sol par une de ses faces, par l'autre il reçoit la lumière ; mais le corps n'est pas soutenu par une charpente solide, et les mouvements n'offrent jamais de précision : ce sont les *malacozoaires*. Le quatrième groupe est caractérisé par une symétrie parfaite des deux côtés du corps de l'animal, qui est toujours soutenu par une charpente solide, et dont les mouvements acquièrent par suite une plus grande précision : ce sont les *zygozoaires*, qui comprennent eux-mêmes deux divisions, suivant que cette charpente solide est extérieure ou intérieure. Dans le premier cas, ce sont les animaux articulés extérieurement, ou *annelés ;* dans le second, les animaux articulés intérieurement, ou *vertébrés*.

Dans le cours de l'année dernière, le professeur a étudié les animaux vertébrés ; les leçons de cette année

(1) M. Gratiolet a été nommé professeur titulaire au mois de décembre 1863.

doivent être consacrées aux autres groupes, en commençant naturellement par les animaux annelés. Mais avant d'entrer en matière, le professeur a voulu comparer rapidement le type général des vertébrés avec celui des articulés, pour faire saisir leurs différences essentielles: c'était la transition la plus naturelle entre le cours de l'année dernière et celui qui va commencer.

Tout animal vertébré a pour axe solide une pièce appelée vertèbre, formée d'un corps central avec des appendices supérieurs et d'autres inférieurs, constituant deux anneaux de grandeurs fort inégales. Ces vertèbres se répètent ainsi les unes à la suite des autres, de sorte que l'ensemble des anneaux devient ainsi une espèce de tube. Dans l'anneau supérieur, se trouve une masse nerveuse, terminée à l'une de ses extrémités par un gros renflement (noyau encéphalique), et dominée en haut par une suite de ganglions nerveux, avec lesquels elle est en communication. Le système vasculaire pénètre dans cet ensemble, mais seulement pour le nourrir. Au contraire, c'est lui qui domine dans l'anneau inférieur, où s'accomplissent les fonctions de la nutrition. On y trouve un système nerveux particulier, le grand sympathique, qui préside à ces fonctions. L'axe est terminé par une tête produite par une transformation profonde des vertèbres, et qui porte les organes des sens. Enfin le corps est pourvu de quatre membres, qui se modifient de diverses manières pour s'accommoder au genre de vie de l'animal; mais ce nombre n'est jamais dépassé.

Dans l'animal annelé, au contraire, plus de squelette intérieur. Les parties dures sont à l'extérieur, ce qui diminue beaucoup la sensibilité, sans nuire toutefois à la manifestation de l'activité musculaire. Le corps d'un animal articulé est formé d'une série d'anneaux qui se répètent comme les vertèbres, mais qui en diffèrent essentiellement. Au lieu des quatre membres des vertébrés, chaque anneau porte ou peut porter des appendices particuliers, pattes ou ailes, qui sont ainsi en nombre indéfini. Tous ces anneaux sont traversés par un tube continu, le tube digestif, et dans la tête au-dessus de ce tube on observe deux gros renflements nerveux ou ganglions, nommés les *ganglions cérébraux*. Ces masses nerveuses se relient chacune à une série d'autres ganglions semblables, mais plus petits, disposés tout le long du corps de l'animal, de telle sorte que chaque anneau en possède un; il est bien entendu que de petits cordons nerveux relient ces ganglions et complètent la chaîne. Tel est, en gros, le système nerveux des insectes. Mais ce qu'il faut remarquer, c'est que cette chaîne de ganglions se trouve placée en dessous du tube digestif; c'est donc tout le contraire de ce que nous avons vu chez les vertébrés; il semble qu'ici le système vasculaire domine, tandis que le système nerveux, qui est le véritable caractère de l'animalité, n'a qu'une influence subordonnée. Quelques naturalistes ont bien essayé de dire que l'annelé était un vertébré retourné, mais on n'y gagne rien, car si l'on replace alors la série des ganglions nerveux au-dessus du système vasculaire, on place en dessous la masse centrale par excellence, les ganglions cérébraux. Ainsi la disparité est complète, et ce serait une chimère que de poursuivre une conciliation impossible. — Émile Alglave.

PHYSIQUE APPLIQUÉE AUX ARTS.

COURS DE M. EDMOND BECQUEREL.

(CONSERVATOIRE DES ARTS ET MÉTIERS.)

(Voy. les nos 5, 8, 12, 14 et 18.)

VI.

Électricité dynamique.

Application des effets chimiques. — Galvanoplastie.

On a parlé précédemment de l'action décomposante de l'électricité; on a vu que toutes les fois que le fluide électrique traverse une dissolution, il se produit une réduction chimique, et que dans le cas où cet effet n'apparaît pas immédiatement, il suffit de précautions particulières pour le manifester.

L'exemple suivant prouve le parti que l'on peut tirer dans l'industrie de ces phénomènes. On suppose une dissolution de sulfate de cuivre à travers laquelle on fait passer un courant: au pôle négatif se dépose, comme on l'a vu, du cuivre métallique; au pôle positif, apparaissent de l'oxygène et de l'acide sulfurique. On prend une disposition particulière, de façon que le dépôt métallique n'ait lieu que sur une seule face de l'électrode, et on laisse l'action se prolonger pendant toute une journée, par exemple; après ce temps, on constate qu'une certaine quantité de cuivre s'est amassée sur la surface de l'électrode négatif. Ce dépôt est épais, et il peut être séparé de la lame primitive. Or si cette lame, cet électrode négatif, présente des creux ou des reliefs, le dépôt de cuivre les reproduit d'une façon inverse; il s'effectue là un véritable moulage.

Ce fait a constitué l'industrie de la galvanoplastie. Son but est celui-ci : Une surface étant donnée, on veut mouler cette surface à l'aide d'un métal. On coule ainsi, en quelque sorte, un métal à froid à la surface d'un autre métal. On a étendu le nom de *galvanoplastie* à toutes les applications industrielles où l'on recouvre un métal d'un autre métal, quel qu'il soit. Mais il convient de réserver cette dénomination d'une manière plus particulière à l'opération qui consiste à déposer un métal en couche épaisse sur une surface métallique ou *métallisée*, de façon à en avoir la reproduction exacte. S'il s'agit d'un dépôt mince, c'est à peu près analogue; mais dans le premier cas, il ne faut pas une adhérence parfaite entre la substance qui se dépose et le corps sur lequel s'effectue le dépôt; dans l'autre circonstance, c'est l'effet contraire que l'on recherche.

On s'occupera d'abord de la galvanoplastie proprement dite. Différents métaux peuvent se déposer ainsi en couches épaisses. Ces métaux sont : l'or, l'argent, le nickel, le cobalt, le cuivre. Comme le dernier métal est celui qui se prête le mieux aux applications, il ne sera question que du cuivre dans ce que l'on dira ci-dessous ; d'ailleurs, pour les autres métaux, les appareils restent les mêmes, les dissolutions seules doivent changer.

L'opération de la galvanoplastie comporte trois parties distinctes :

1° Préparation de la surface à recouvrir, ou du moule.

2° Disposition des appareils telle, que le dépôt soit obtenu dans des conditions favorables, et que le métal soit malléable.

3° Choix d'une dissolution convenable pour que le dépôt soit malléable.

Ces trois points vont être examinés successivement.

1° *Préparation du moule.* — La préparation du moule est la disposition à donner à la surface placée au pôle négatif, et sur laquelle le courant électrique fera déposer le cuivre. En général, c'est la condition essentielle, dit M. Becquerel, pour que l'opération réussisse bien : tel est le moule, tel est le dépôt. Il convient donc que l'on mette tous ses soins à bien le préparer.

Une surface quelconque étant donnée, si on la moule directement, elle n'est reproduite que d'une façon incomplète par le dépôt galvanoplastique ; là où des reliefs étaient représentés sur la surface primitive, le dépôt de cuivre figure des creux, et inversement. S'il s'agit donc de reproduire un objet, et pour fixer les idées, nous supposons une médaille, on fera en sorte, autant que possible, d'employer comme moule la contre-épreuve de ce médaillon, c'est-à-dire son creux. Si l'on veut se servir de l'objet primitif lui-même pour en tirer les reproductions sur cuivre, il faut alors deux opérations successives : on effectue un premier dépôt qui donne la contre-épreuve, puis sur cette contre-épreuve se fait un deuxième dépôt définitif.

Admettons d'abord que le cas que nous citons actuellement se présente. La surface donnée, pour en avoir directement le moulage, est en conséquence une surface métallique ; l'opération est très-simple, car le métal est conducteur de l'électricité. Il suffit d'attacher au pôle négatif, dans la dissolution, cette médaille, et le dépôt de cuivre s'y effectue. Pour garantir du dépôt le dos ou certaines parties de l'objet qui est donné comme moule, il suffit de l'enduire en ces points d'un vernis de cire ou d'une substance quelconque empêchant le passage du courant électrique.

Mais comment empêcher qu'il n'y ait une adhérence entre le cuivre déposé et le métal qui constitue le médaillon primitif? Il suffit, pour éviter cet effet, de passer à la surface de ce moule une légère couche de plombagine, ou bien encore on expose la médaille à des vapeurs d'iode ; la pellicule excessivement mince de cette substance qui vient se condenser, suffit pour empêcher une adhérence trop vive.

Nous allons examiner maintenant comment sont faits les moules, dans le cas où l'on ne veut pas se servir du modèle primitif lui-même. Ce sont d'ailleurs les conditions dans lesquelles on se place le plus habituellement.

En quelques circonstances, si l'on veut une excellente reproduction pour y opérer le dépôt, on emploie une contre-épreuve obtenue avec du plomb, et par pression. C'est ainsi que cela se pratique pour les billets de banque. Ils ne sont tirés que sur des planches de cuivre obtenues par la galvanoplastie. Or ces planches sont formées par dépôt sur des types ou moules de plomb. Pour faire ces types, on opère par pression ; on a la surface métallique primitive sur laquelle fut gravé le dessin du billet de banque. On applique au dessus une lame de plomb, et l'on exerce une certaine pression, qui fait que sur cette lame le dessin se trouve reproduit en creux d'une manière très-exacte. C'est là-dessus que l'on effectuera le dépôt galvanoplastique du cuivre.

Quelquefois, mais ceci devient rare aujourd'hui, on emploie des moules d'alliage fusible ; généralement, quand il s'agit de corps de petite dimension, et demandant une grande exactitude, de bas-reliefs de très-peu d'étendue, de médailles dont la dépouille est facile, on opère, comme nous venons de le montrer, en prenant une contre-épreuve sur plomb et par pression.

Dans le cas où l'on doit reproduire des objets d'une certaine grandeur, on peut employer le plâtre, et opérer sur des moules formés avec cette substance. Le plâtre alors doit subir deux préparations préalables, nécessitées l'une par sa porosité, l'autre par sa non-conductibilité de l'électricité.

Ce corps, comme on le sait, est poreux, et si on le plongeait immédiatement dans la dissolution, il y aurait pénétration du liquide, d'où dépôt de cuivre dans l'intérieur de sa masse. On évite cet inconvénient très-simplement. On a en fusion un bain de cire ou de suif, de stéarine et de résine ; on y plonge le plâtre, on le retire après quelques instants, et l'on en frotte la surface à chaud avec un pinceau. Cette substance cesse alors d'être perméable. Quant à rendre le plâtre conducteur de l'électricité, la plombagine s'y prête d'une façon satisfaisante. Elle conduit l'électricité moins bien qu'un métal, ceci est vrai, mais suffisamment pour que le dépôt galvanoplastique puisse s'effectuer. On chauffe la pièce à *métalliser*, puis on promène à sa surface un pinceau contenant de la plombagine. Le plâtre devient noir, il y a une adhérence de plombagine en couche excessivement faible ; mais ceci suffit pour rendre le moule conducteur de l'électricité. On enduit ainsi tout le plâtre de plombagine ; on évite cependant d'en mettre sur le verso et sur les parties où l'on ne veut pas que le dépôt s'effectue. Puis, pour que le cuivre se fixe simultanément sur toute l'étendue que l'on veut recouvrir, on met des bandes de plomb tout autour. Dans ces conditions, le dépôt se fera comme sur une lame métallique.

Néanmoins ce n'est pas avec le plâtre que se font aujourd'hui la plupart des moules. Il est une matière qui se prête merveilleusement au moulage, et qui a rendu la galvanoplastie possible sur une très-grande échelle : c'est la gutta-percha. Ce corps se ramollit très-facilement; plongé dans de l'eau à 100 degrés, il est assez malléable pour prendre toutes les formes des objets à mouler; ramené à 8 degrés, il reprend une grande dureté. On voit par là quels services la gutta-percha peut rendre à l'industrie dont nous nous occupons. Cette matière a rendu possible l'application de la galvanoplastie dans mille circonstances; elle a même permis, en prenant des précautions particulières, d'obtenir immédiatement des objets en ronde-bosse. Les empreintes qu'elle donne sont très-fidèles; la preuve est dans l'exemple suivant : La plupart des types pour reproduire des dessins typographiques sont obtenus maintenant par la galvanoplastie sur des moulages de gutta-percha, qui sont pris eux-mêmes sur la planche de bois primitive. La gravure sur bois subsiste donc dans toute sa pureté, puisqu'elle ne sert nullement à tirer des dessins, et qu'elle ne donne que quelques types sur gutta-percha.

Il convient d'opérer de préférence par pression, si l'on veut un moulage très-exact; mais pour cela, il faut que l'objet dont il s'agit ne s'écrase pas. Cette méthode, par exemple, pourra être pratiquée pour des bas-reliefs, des objets d'orfévrerie, des statuettes primitivement faites de cuivre, de bronze ou de fonte. Si le modèle dans ces circonstances est de dépouille facile, on comprimera la surface sur la gutta-percha. On commence par déposer une plaque de cette substance de l'épaisseur du moule à obtenir; elle est très-chaude et elle est exactement plane. Dessus cette plaque, on applique le sujet à reproduire, et l'on effectue la compression de façon qu'elle ait lieu également en tous points. Une fois cette action exercée, on laisse refroidir, on enlève tout le système, et on le plonge dans l'eau pour achever le refroidissement et empêcher qu'il n'y ait adhérence; on sépare alors le moule de la surface, et l'on a une contre-épreuve généralement très-fidèle.

Quelquefois on ne peut pas employer la compression pour produire le moulage : ainsi, lorsque l'on a de très-grandes surfaces, des objets de plâtre, de terre, etc., cette pratique deviendrait très-difficile; le plâtre se briserait sous la pression. On moule alors en fondant la gutta-percha. Elle se fond facilement, et pour la rendre encore plus fusible, on y ajoute un dixième d'huile de lin. Il n'y a pas à craindre dans ces circonstances que la gutta-percha ne reste adhérente à la surface du moule ; on a remarqué qu'en métallisant simplement le plâtre au moyen de la plombagine, cela suffit pour empêcher cet effet de se produire. On attend donc le refroidissement complet de la matière, et l'on enlève le plâtre.

Généralement, si l'on veut une reproduction parfaite, il faut que chaque moule ne serve qu'une fois; on reprend donc la gutta-percha pour obtenir d'autres moules. Souvent, si le modèle donné est de plâtre, que l'on en obtienne un moulage parfait, on peut sacrifier le plâtre, le briser; on a un dépôt de cuivre qui est la contre-épreuve, et l'on prend les moules sur ce cuivre.

La gutta-percha n'étant pas conductrice, il faut la recouvrir d'une substance qui la métallise; il se fait ici une opération analogue à celle qui se pratique pour le plâtre. On emploie pour cela la plombagine ; on passe un pinceau enduit de cette substance sur les contours. Quant au moyen de faire communiquer ce moule avec le pôle négatif, ceci est fort simple ; il suffit d'enfoncer l'extrémité du fil de cuivre ou de l'électrode dans son intérieur. Il est encore une autre précaution. La gutta-percha étant moins dense que l'eau, pour la faire tomber au fond de la dissolution, on se sert d'un contre-poids ; à la partie inférieure du moule on attache un petit panier métallique dans lequel on introduit du plomb en quantité convenable.

La gutta-percha, comme il a été dit ci-dessus, peut quelquefois servir pour les reproductions de certains objets en ronde-bosse; on emploie alors, soit la compression, soit la fusion de cette matière. Mais, dans la plupart des cas, les sujets en ronde-bosses ne peuvent être obtenus ainsi. Quelquefois on les obtiendra par deux coquilles séparées que l'on joindra ensuite. Le plus souvent, il faut ici faire intervenir l'art du mouleur. On sépare complétement toutes les parties les plus saillantes ; on rapporte ensuite sur l'objet principal, moulé ordinairement en deux parties, ces portions moulées à part et obtenues par des coquilles séparées.

II. *Disposition des appareils.* — Elle est très-simple. Si l'on ne veut reproduire que des objets de petite dimension, on peut employer l'appareil suivant, qui sert de pile et d'appareil décomposant à la fois. On a un vase plus ou moins grand rempli de la dissolution de sulfate de cuivre. A sa partie inférieure, est placé l'objet sur lequel le dépôt doit s'effectuer, ou le moule simplement métallisé; il plonge complétement dans le liquide. Un support de bois de forme annulaire est mis dans l'intérieur du vase; il est soutenu par des crochets, et est placé de façon que le niveau de la dissolution de sulfate le dépasse un peu.

Sur ce support, on dépose un deuxième vase servant de diaphragme; il est ouvert à ses deux extrémités; seulement, à sa partie inférieure, est tendue une vessie perméable. Dans son intérieur, on verse de l'eau acidulée par de l'acide sulfurique. Ce vase poreux sépare donc deux liquides : l'un est à son intérieur, il est formé par de l'eau acidulée; l'autre est à son extérieur, il contient une dissolution de sulfate de cuivre. Dans le premier, on plonge un disque de zinc fondu et amalgamé pour empêcher la déperdition par l'hydrogène; ce métal est soutenu par un fil de cuivre ; dans le second liquide, se trouve, comme nous l'avons dit ci-dessus, le moule qui doit se recouvrir de cuivre. Dans ces conditions, si l'on réunit le moule et le disque de zinc par un fil conducteur, le courant électrique peut passer, l'attaque ayant lieu de la part de l'eau acidulée sur le zinc.

On voit combien cet appareil est simple; c'est un couple voltaïque. A mesure que le dépôt de cuivre s'effectue, il se forme du sulfate de zinc intérieurement. Tous les deux jours, on enlève le liquide chargé de ce sel; ce sulfate de zinc est utilisé ultérieurement dans les opérations de teinture. Comme la dissolution se dégarnit en cuivre, il convient d'avoir dans son intérieur du sulfate de cuivre pour conserver toujours la même densité au liquide. A cet effet, sur le support de bois dont il a été question précédemment, on place des cristaux qui se dissolvent graduellement.

Tel est l'appareil usité dans l'industrie de la galvanoplastie, sous le nom d'*appareil simple*. — J. de Lignières.

HISTOIRE DE LA MÉDECINE ET DES DOCTRINES MÉDICALES.

COURS DE M. BOUCHUT.

(ÉCOLE PRATIQUE DE LA FACULTÉ DE MÉDECINE.)

(Fin. — Voy. les nos 1, 2, 3, 5, 6, 8, 9, 13, 14, 16, 17 et 18.)

J'ai publié l'année dernière plusieurs faits de convulsions, dont la cause doit certainement être attribuée à l'imitation. En voici, du reste, quelques-uns que je reproduis ici :

Au mois de juin 1848, à l'époque de nos discordes civiles, lorsque tant d'ouvriers sans ouvrage étaient dans le besoin, le gouvernement provisoire eut l'idée de créer des ateliers nationaux de femmes, où l'on pourrait faire fabriquer les chemises de la troupe moyennant un modique salaire quotidien. Plusieurs ateliers furent ouverts : l'un d'eux fut installé au bout de la rue de Grenelle, dans le vaste manége de M. Hope.

Quatre cents femmes furent installées dans ce manége, dont la quantité d'air fut mesurée et fixée à 5000 mètres cubes, ce qui donnait environ 12 mètres cubes par ouvrière. De vastes fenêtres pratiquées dans la partie supérieure, près du toit, répandaient à profusion l'air et la lumière dans cette vaste enceinte.

La durée du travail était de dix heures, avec un repos de deux heures dans la matinée et un repos semblable après midi. Ce n'était pas là une règle bien pénible, et l'occupation n'était guère fatigante, ni exercée dans de mauvaises conditions de salubrité.

Malgré cela, au bout de quinze jours, on vint annoncer à la mairie que des accidents sérieux, alarmants pour la population, se manifestaient sur le personnel de l'atelier national du manége Hope.

Une des ouvrières perdit tout à coup connaissance, elle pâlit et eut des convulsions toniques et cloniques dans les membres, avec serrement des mâchoires. A l'autre bout du manége, une seconde ouvrière, qui n'avait pas vu la première, éprouva des accidents à peu près semblables; puis ce fut une troisième, successivement d'autres encore, prises çà et là dans cette immense assemblée; si bien qu'en deux heures il y eut trente de ces femmes jeunes ou âgées qu'on fut obligé d'emporter loin du manége. On allait les étendre en plein air, sur l'esplanade des Invalides, alors couverte de gazon; et malgré l'ardeur du soleil et une atmosphère étouffante, sous l'influence d'un peu d'eau fraîche, tous ces accidents nerveux cessèrent en vingt ou trente minutes, d'après ce qui me fut raconté.

Le lendemain, les malades de la veille revinrent à l'atelier pour reprendre leur travail. Au bout de quelques heures, l'une d'elles fut de nouveau surprise par une perte de connaissance avec convulsions générales. Il y en eut une seconde, puis une troisième, et les mêmes phénomènes nerveux, à quelques nuances près, se montraient sur quarante-cinq personnes, qui furent portées à l'air et couchées sur le gazon de l'esplanade. De ce nombre, il y en eut beaucoup qui avaient été malades le jour précédent, mais l'affection nerveuse avait évidemment fait de nouvelles victimes.

Le troisième jour, mêmes accidents sur quarante ouvrières, et la population de ces quartiers ne put assister sans murmure à ce spectacle quotidien d'ouvrières accumulées dans un vaste atelier de travail, et qui présentaient ainsi des accidents de syncope convulsive, pouvant, par la crainte de la mort, effrayer ceux qui ne sont pas familiarisés avec les malades. Ignorance ou malveillance, on entendit accuser le gouvernement provisoire de vouloir se débarrasser de ceux qu'il ne voulait pas avoir à nourrir; des menaces de vengeance se firent entendre et arrivèrent jusqu'à la mairie. Elle était alors dirigée par deux confrères, MM. Dujardin-Beaumetz et Des Étangs, qui me donnèrent mission d'étudier ces accidents, pour en faire connaître les causes dans un rapport à M. le préfet de police. C'est ce que je fis aussitôt; mais je revins pour observer la suite des événements et prendre des notes précises sur les faits que j'avais signalés.

Je ne vis les malades qu'au troisième jour, lorsque cent quinze d'entre elles avaient déjà été affectées. Plusieurs avaient eu peu de chose. Au moment de ma visite, quelques-unes avaient repris l'usage des sens et ne ressentaient plus rien de leur attaque. Quinze étaient encore à peu près sans connaissance, étendues sur le gazon, au milieu d'une foule immense que ce spectacle avait profondément émue et passionnée. Toutes avaient le visage naturel; quelques-unes étaient roides, immobiles, les yeux fermés, avec rigidité des membres, insensibles au bruit, aux odeurs, à la piqûre d'une épingle et le pouls très-ralenti. D'autres avaient des soubresauts du tronc, des secousses musculaires dans les membres, le même ralentissement du pouls et la même insensibilité des organes des sens. Je n'en ai pas vu qui eussent de vraies convulsions, ni les spasmes cyniques de certains cas d'hystérie; aucune n'eut de pleurs ni de suffocation véritable.

Et quand, après avoir repris leurs sens, elles purent me raconter leurs sensations, elles me dirent qu'elles avaient été prises d'étouffement avec fourmillements des membres, de vertiges avec besoin d'air, crainte d'une mort prochaine, et alors qu'elles étaient tombées sans connaissance dans l'état convulsif que je viens de décrire.

Quelques-unes de ces femmes étaient antérieurement sujettes à des pertes de connaissance ou à des attaques d'hystérie, mais il y en eut un grand nombre, et j'ai le regret de n'avoir pu les compter, qui furent prises pour la première fois de ces accidents nerveux.

Ne trouvant rien dans le manége qui pût expliquer ces accidents; aucune mauvaise odeur, pas de chaleur excessive, le sol étant fréquemment arrosé; pas d'insuffisance d'air, puisqu'il y avait 12 mètres d'air par personne en plein jour; pas d'accumulation d'acide carbonique, puisqu'une allumette brûlait à peu de distance de la terre, je pensai :

1° Que les accidents nerveux observés sur les ouvrières du manége Hope étaient des syncopes convulsives, probablement de nature hystérique;

2° Qu'ils étaient le résultat d'une contagion nerveuse;

3° Qu'il fallait renvoyer les ouvrières malades pour empêcher la propagation du mal à d'autres personnes;

4° Qu'il fallait faire ventiler le manége au moyen d'ouvertures pratiquées dans le bas de la muraille.

Ces conclusions furent adoptées, et la peur du renvoi de l'atelier, l'absence de tout principe contagieux hystérique, ou la ventilation plus complète, firent immédiatement cesser la manifestation des syncopes convulsives.

Des faits du même genre se sont produits en 1861, à l'église de Montmartre, le jour de la première communion, et les syncopes convulsives contractées ainsi sous l'influence d'une émotion morale ont été, pour une enfant, le point de départ d'une épilepsie fort grave. Ce récit a son importance, comme on va en juger.

Le 9 juin 1861, les enfants de la paroisse de Montmartre étaient rassemblés pour la retraite de la première communion, qui devait avoir lieu le jeudi suivant, 13 du même mois. Il y avait dans l'église cent cinquante garçons et à peu près cent cinquante filles, ce qui pouvait faire cinq cents personnes avec les assistants.

Dès le premier jour, le sanctuaire n'étant pas encombré et nul exercice de piété n'ayant encore surexcité l'imagination des enfants, trois filles furent prises de perte de connaissance et de mouvements convulsifs généraux qui durèrent quelques instants. C'était une syncope convulsive. Il en fut de même aux offices du lendemain, 10, le matin et le soir. Le jour d'après, 11, les mêmes accidents se reproduisirent sur trois ou quatre autres jeunes filles; le mercredi 12, les convulsions apparurent encore sur quelques jeunes filles. Les ecclésiastiques, craignant alors de trop exalter l'imagination de ces enfants, prièrent le prédicateur, jusque-là toujours réservé, de ne pas se laisser aller à aucun entraînement de paroles capables d'exciter la terreur; il n'y eut là, par conséquent, aucune de ces intimidations morales auxquelles on a l'habitude de se livrer pour inspirer l'horreur du vice en montrant les vengeances du ciel prêtes à punir le pécheur. Malgré ces précautions, le 13, jour de la première communion, au milieu d'une assistance nombreuse, évaluée à trois mille personnes, par une chaleur excessive, bien que toutes les fenêtres fussent ouvertes, douze ou treize jeunes filles furent prises de convulsions avec perte de connaissance; on fut obligé de les emporter hors de l'église. Prises çà et là dans l'assemblée sans se voir les unes les autres, elles poussaient un cri, tombaient en syncope, et se tordaient sur le sol. Chez quelques enfants, l'attaque dura peu; mais il en est d'autres chez lesquelles la perte de connaissance dura une heure et demie, avec les apparences les plus graves.

Aux offices du soir, une vingtaine d'enfants furent prises comme le matin, avec les mêmes symptômes, durant de quelques minutes à une heure. On remarqua aussi que plusieurs de ces enfants étaient prises pour la deuxième ou troisième fois.

On amena à l'hôpital Sainte-Eugénie une de ces enfants, et dans mes salles j'ai pu l'observer avec soin.

Elle était prise, trois ou quatre fois par jour, de céphalalgie, de vertige, de strabisme, suivis de syncope convulsive. Elle tombait n'importe où elle se trouvait, en se frappant avec violence sur le sol et en se faisant de très-fortes contusions. Le visage était rouge, la bouche tordue, écumeuse; il y avait du strabisme, et quelquefois l'enfant se mordait profondément la langue.

Elle se débattait avec violence et se roulait comme une possédée, sans connaissance, insensible au bruit et à la douleur; ses membres roidis se dressaient et s'abaissaient avec violence, puis au bout de dix minutes les accidents se calmaient pour reparaître avec la même force ou cesser définitivement.

Alors l'enfant revenait un peu à elle, restait abasourdie, étonnée et comme endormie pendant une heure. Les yeux troublés ne voyaient que du feu, et, à la fin de chaque attaque, elle disait voir quelque temps devant elle un grand crucifix rouge. Il ne lui restait qu'un peu d'insensibilité aux avant-bras et aux mains.

A l'exception de ces accidents, elle mangeait bien et paraissait en très-bonne santé.

Ces attaques convulsives épileptiformes ont duré près de deux mois et ont été guéries par des *lavements de chloroforme* administrés trois fois par jour.

On pourrait multiplier indéfiniment les exemples de névroses dues à l'imitation. Cela serait inutile; mais disons, pour compléter le sujet en discussion, qu'il est aussi un grand nombre de phénomènes organiques qui sont sous l'influence de l'imagination.

Beaucoup de gens ne peuvent voir *vomir* devant eux sans avoir des nausées ou sans vomir; c'est ce qui arrive fréquemment à l'occasion du mal de mer dans les traversées pénibles. La *toux de coqueluche* est, comme sa cause, contagieuse au même degré, et j'ai vu plusieurs fois, dans mes salles de l'hôpital des Enfants-malades, des enfants atteints de coqueluche tousser en même temps, dès que l'un d'eux avait donné le signal. Ce n'est cependant pas là une imitation vaniteuse, semblable à celle qui engendre un certain nombre de névroses mentales.

On ne peut voir *bâiller* quelqu'un sans bâiller soi-même. Le *rire* amène le rire.

On a vu le *hoquet* se reproduire par contagion, et, en 1698, à la Nouvelle-France, dans l'hôpital de Villamané, une fille entrée avec le hoquet et les convulsions transmit son mal, au bout de trois jours, à quatre autres filles affectées de maladies différentes.

Des cris, des *miaulements* se transmettent enfin de la même manière. On en verra la preuve dans le récit suivant.

« M. Nicolle a connu une maison religieuse où se sont produits des faits remarquables.

» C'était une communauté très-nombreuse de filles, lesquelles se trouvaient saisies, tous les jours, à la même heure, d'un accès de vapeurs, le plus singulier et pour sa nature et pour son universalité, car tout le couvent y tombait à la fois; on y entendait un miaulement général par toute la maison, qui durait pendant plusieurs heures, au grand scandale de la religion et du voisinage, qui entendait miauler toutes ces filles. On ne trouva pas de meilleur moyen, plus prompt, ni plus efficace, pour arrêter ces imaginations blessées, qu'en les frappant d'une impression qui les retînt toutes et toutes à la fois. Ce fut de leur faire signifier, par ordre des magistrats, qu'il y aurait à la porte du couvent une compagnie de soldats qui, au premier miaulement, entreraient dans le couvent, et que sur-le-champ ces soldats fouetteraient chaque fille qui aurait miaulé.

» Il n'en fallut pas davantage pour faire cesser cette ridicule scène, car l'imagination de ces religieuses, frappée par la honte qu'elles auraient d'être fouettées par des soldats, les réduisit au parfait silence. » (*Naturalisme des convulsions.* Soleure, 1733, t. II, p. 30. Extrait de Tissot, t. III, p. 288.)

Des faits d'imitation donnant lieu à de véritables névroses s'observent même chez les animaux. Ainsi, le témoignage de MM. Leblanc, Bouley, Reynal, confirme ce que l'on sait de la contagion du *tic* chez le cheval, et de l'*avortement* chez les vaches.

Qu'un cheval prenne l'habitude de serrer convulsivement sa mangeoire et d'avoir des éructations, et d'autres bêtes voisines prendront le même tic.

Il en est de même du *tic de l'ours*, lorsqu'un cheval, habitué à remuer sa tête comme l'ours blanc, transmet sa mauvaise habitude à d'autres. On sait, enfin, que dans une étable où plusieurs vaches sont pleines, celle qui avorte provoque quelquefois l'avortement sur toutes les autres placées dans le voisinage.

Au reste, si l'imitation est quelquefois l'origine de certaines maladies et l'un des moyens de leur propagation, comme on le voit dans les épidémies de névroses convulsives et mentales, elle peut aussi être l'instrument de leur guérison.

C'est par l'imitation qu'on se guérit dans certains pèlerinages ; et sans contester la réalité des cures de l'épilepsie obtenues à Tain, dans la Drôme, au moyen du *Galium album* cueilli la nuit de la pleine lune de mai, il y a des cas où la guérison est le fait de l'imagination frappée par le récit de guérisons miraculeuses, et de l'imitation qui dispose à la répétition du même phénomène. Ces mots, *où guérit-on?* accueillis avec enthousiasme par les malades, sont souvent pour eux un instrument de salut, et dans les névroses que propage l'imitation, c'est aussi l'imitation de la guérison qui peut faire cesser le mal.

VI. *Conclusions.* — La théurgie et le mysticisme médical ont régné et règnent encore, comme doctrine thérapeutique, dans tous les pays. Ils vivront toujours. C'est la médecine primitive des peuples encore au début de la civilisation, comme elle est celle de l'ignorance et de la superstition chez les peuplades sauvages qu'une science réelle n'a pas encore éclairés, et on la retrouve chez tous les individus d'esprit faible et peu cultivé.

Très-favorisée par le polythéisme et par la théocratie, elle fuit devant la lumière des sciences modernes, et si elle trouve des adeptes au milieu de pays civilisés comme le nôtre, c'est en secret et dans les bas-fonds de la société ignorante. Elle se mêle parfois aux saines doctrines, à petites doses, en quelque sorte, et la médecine, telle que nous la pratiquons, a encore sa petite part de merveilleux et d'influences occultes. Ici, seulement, le mysticisme est l'appoint de la doctrine, au lieu d'en être la base, et, sans croire qu'on puisse jamais le faire disparaître entièrement, il est certain que son influence diminuera de jour en jour, par le fait même des progrès de la science. Sous ce rapport, l'histoire du passé nous montre ce que doit être l'avenir.

CHRONIQUE.

L'ouverture du cours de médecine légale de M. Tardieu, le nouveau doyen de la Faculté de médecine, a eu lieu avant-hier mercredi, à quatre heures, au milieu d'une affluence considérable d'auditeurs de toutes classes. Le talent bien connu de M. Tardieu, son intervention si puissante dans un procès qui vient de passionner l'opinion publique, les fonctions élevées dont il vient d'être chargé dans des circonstances difficiles, tout contribuait à donner à cette séance un éclat vraiment exceptionnel. Avant d'entrer en matière, M. Tardieu a voulu adresser quelques conseils empreints d'une indulgence toute paternelle aux élèves de l'École de médecine, réunis presque tous pour lui témoigner leur sympathie. Il leur a fait part tout d'abord des améliorations qu'il avait pu opérer dans l'intérêt des études : la réouverture du jardin botanique de la Faculté, qui aura lieu incessamment ; la clinique d'ophthalmologie établie au Bureau central de l'assistance publique ; les facilités nouvelles données aux élèves pour la pratique des accouchements. Il a terminé en priant les étudiants de s'adresser à lui dans tous les malheurs qui pouvaient leur arriver, et de compter toujours avant tout sur son indulgence. — Émile Alglave.

Erratum. — Dans le dernier numéro, à l'avant-dernière colonne, au lieu de *voûte solide du globe*, il faut lire *croûte solide*.

Le propriétaire-gérant : Germer Baillière.

PARIS. — IMPRIMERIE DE E. MARTINET, RUE MIGNON, 2.

PREMIÈRE ANNÉE. — N° 20. UN NUMÉRO : 30 CENTIMES. 16 AVRIL 1864.

REVUE DES COURS SCIENTIFIQUES DE LA FRANCE ET DE L'ETRANGER

PHYSIQUE — CHIMIE — ZOOLOGIE — BOTANIQUE — ANATOMIE — PHYSIOLOGIE
GÉOLOGIE — PALÉONTOLOGIE — MÉDECINE

Paraît tous les Samedis.

	Six mois.		Un an.
Paris.........	8 fr.		15 fr.
Départements..	—	10	— 18
Étranger......	—	12	— 20

Prix de l'abonnement avec la Revue des Cours littéraires.

Six mois..... Paris, 15 fr. Départ., 18 fr. Étranger, 20 fr.
Un an....... — 26 — 30 — 35

Rédacteur en chef
M. ODYSSE-BAROT

Les ouvrages dont deux exemplaires auront été envoyés au bureau du journal seront annoncés et analysés s'il y a lieu.

On s'abonne
A LA LIBRAIRIE GERMER BAILLIÈRE
17, rue de l'École de Médecine,
Et chez tous les libraires, par l'envoi d'un bon de poste, ou d'un mandat sur Paris.

L'abonnement part du 1er décembre ou du 1er juin de chaque année.

SOMMAIRE.

PHYSIQUE APPLIQUÉE AUX ARTS.

COURS DE M. EDMOND BECQUEREL.

(CONSERVATOIRE DES ARTS ET MÉTIERS.)

(Voy. les nos 5, 8, 12, 14, 18 et 19.)

VII.

Électricité dynamique.

Applications. Galvanoplastie (suite.)

On a distingué précédemment trois points dans l'exposition de l'industrie galvanoplastique : 1° la préparation de la surface à recouvrir ou du moule ; 2° la disposition des appareils pour que le dépôt soit obtenu dans de bonnes conditions ; 3° le choix d'une dissolution convenable pour que ce dépôt soit malléable.

La première partie a été traitée; on a de même expliqué une disposition de l'appareil employé le plus généralement et dit *appareil simple*. Dans l'industrie, quand l'objet soumis à l'opération de la galvanoplastie présente des dimensions considérables, ou que l'on veut obtenir simultanément un grand nombre d'épreuves, l'appareil simple présente cette autre forme.

On a une auge de bois, garnie intérieurement de gutta-percha, qui renferme la dissolution de sulfate de cuivre sur laquelle on veut agir. Cette cuve présente des dimensions considérables : il y en a qui peuvent avoir jusqu'à 500 000 litres de liquide. Dans l'intérieur, sont posés des vases poreux atteignant jusqu'à 1 mètre de hauteur et plus ; ils contiennent l'eau acidulée et les cylindres de zinc, attachés chacun par un fil ou une pince à une même tringle qui a toute la longueur de la cuve. Quant aux moules, ils sont suspendus à une autre tringle qui communique avec la première par un conducteur métallique. Des sacs de toile à voiles remplis de cristaux de sulfate de cuivre sont placés en divers points de l'auge, et ainsi la dissolution se trouve toujours maintenue au même degré de concentration. En ces conditions, chaque dépôt se fait sur chaque moule, et isolément, dans la même cuve.

Théoriquement, on doit obtenir ici un équivalent de cuivre pour chaque équivalent de zinc qui a été rongé ; on devrait donc, puisque les équivalents de ces deux métaux diffèrent très-peu, user à peu près autant de cuivre que de zinc. En pratique, ce n'est pas absolument vrai ; on consomme un peu plus de zinc, un quart en plus environ : ainsi pour avoir un dépôt de 32 kilogrammes de cuivre, on emploie 40 kilogrammes de zinc. Ceci s'explique par les pertes provenant des supports, etc.

La disposition que présente l'appareil simple est la meilleure, la plus économique évidemment, et la plus usitée, comme nous l'avons dit ci-dessus.

Cependant, quelquefois, il faut employer l'appareil *composé*. La pile, ou tout autre appareil fournissant l'électricité, et le vase dans lequel se trouvent le moule et la dissolution de sulfate, sont alors séparés ; ils constituent deux parties bien distinctes. Les deux fils du couple se rendent dans la cuve : à l'extrémité du fil qui représente le pôle positif, on met un électrode soluble, c'est-à-dire une lame de cuivre; au pôle négatif, est suspendu l'objet sur lequel le dépôt doit s'effectuer. Évidemment, dans le cas actuel, des cristaux de sulfate de cuivre sont inutiles pour maintenir la dissolution à un degré constant de concentration, puisqu'on a ici un électrode soluble.

L'appareil composé est employé de préférence à l'appareil simple, quand on veut obtenir des dépôts très-lents, et par conséquent très-durs; car plus le dépôt s'effectue rapidement, moins il présente de consistance. Ainsi on se servira de ce procédé pour obtenir les moules qui servent au tirage des planches gravées; les dessins, il faut le reconnaître, sont aussi reproduits sur le moule d'une manière plus correcte par cette méthode. Il arrive quelquefois, en faisant usage de l'appareil composé, que le dépôt présente des stries, si l'objet sur lequel le cuivre a dû se fixer a été mis dans une position verticale. Le remède est simple, il suffit de placer le moule horizontalement, ainsi que l'électrode soluble. Dans cette nouvelle disposition, pour empêcher les impuretés provenant de la lame de cuivre de venir, en tombant, troubler le dépôt, on enveloppe cette lame dans un sac de toile qui retient toutes les matières étrangères que le cuivre peut renfermer.

Il est une autre forme sous laquelle on peut employer l'appareil composé, c'est le procédé Lenoir. Ici il n'y a plus d'électrode soluble. On a deux coquilles de gutta-percha représentant par leur réunion l'objet à reproduire, et qui est un sujet en ronde bosse. Le but que l'on se propose est d'obtenir un dépôt métallique dans leur intérieur. On pratique dans ces moules, avec un fil chauffé au rouge, de petits trous, de façon à offrir au gaz produit, comme nous allons voir, une libre communication, et l'on dispose une carcasse de fil de platine de façon à suivre à l'intérieur de ces coquilles tous leurs contours; enfin, on métallise toute la surface interne au moyen de plombagine. Ces précautions prises, on réunit les deux coquilles, et on les place dans une cuve contenant une dissolution de sulfate de cuivre. Une pile est dans le voisinage : son pôle positif, représenté par un fil de platine, plonge dans la dissolution; son pôle négatif communique avec le fil de platine qui suit les contours internes du moule. Le courant passe. On sait ce qui se produit : décomposition du sulfate, dépôt de cuivre au pôle négatif, le long des contours du fil, sur la surface du moule; formation d'oxygène au pôle positif; les ouvertures pratiquées dans la gutta-percha permettent une libre circulation au gaz et au liquide. Après plusieurs jours, l'intérieur du moule est rempli par un dépôt métallique; on a ici une reproduction en ronde bosse, où toute soudure est inutile pour réunir, comme dans les autres méthodes, les fragments provenant de coquilles séparées.

Ce procédé est bon, mais il occasionne des dépenses plus considérables; il y a, en effet, une production de gaz qui nécessite une plus grande force, et par conséquent une plus grande consommation de zinc et d'acide dans la pile. Dans les méthodes précédentes, s'il s'agit de dépôts galvaniques ordinaires, il faut compter qu'ils reviennent généralement à 20 francs par kilogramme de cuivre déposé; dans le cas où le sujet nécessite une certaine main-d'œuvre, ce prix doit être porté à 25 francs; si l'on opère par le procédé Lenoir, ces chiffres seront plus élevés.

3° *Choix d'une dissolution.* — Connaissant la préparation du moule, puis la disposition des appareils, nous allons maintenant rechercher quelle est la dissolution la plus convenable.

La meilleure dissolution, c'est la dissolution de sulfate de cuivre, c'est la plus facile à obtenir. Il est une condition essentielle que doit remplir la liqueur : il faut qu'elle fournisse un dépôt de cuivre malléable. Or, si l'on emploie du sulfate neutre, le cuivre qui se dépose est cassant; est-il acidulé, le métal qui se produit est malléable. Cela étant, voici les proportions que la pratique indique comme les plus favorables : à la dissolution de sulfate de cuivre saturé à 15°, on ajoute 1/100° en volume d'acide sulfurique concentré; le liquide marque alors 24 degrés Baumé.

Pourquoi le cuivre déposé est-il malléable quand le sulfate est acide, et ne l'est-il pas quand il est neutre? On suppose que ce fait provient de ce que, dans la première circonstance, l'action de l'électricité se porte de préférence sur l'eau, et que la réduction du métal n'est qu'un phénomène secondaire dû à l'hydrogène naissant. Il paraîtrait qu'en se déposant dans de telles conditions, le cuivre jouit de la propriété d'être malléable, et qu'il ne l'est pas quand la réduction a lieu directement.

Après avoir ainsi décrit les principes de l'art de la galvanoplastie, M. Becquerel montre les principaux résultats que l'on retire aujourd'hui de cette industrie. Le savant professeur fait remarquer quelques-uns des bas-reliefs de la colonne Trajane reproduits par la galvanoplastie, et qui sont exposés dans l'amphithéâtre. Ils proviennent de l'importante usine de M. Oudry, et voici comment ils furent obtenus. Les plâtres furent pris sur la colonne Trajane elle-même, puis envoyés à Paris; on en obtint des contre-épreuves au moyen de la gutta-percha; on métallisa ensuite les surfaces, et à l'aide d'appareils simples on effectua les dépôts; puis, après être arrivé à une épaisseur de 2 millimètres environ, on arrêta l'action du courant, et l'on enleva la gutta-percha.

Il est ensuite question de l'*électrotypie*, une des grandes applications de la galvanoplastie. C'est la reproduction des types qui doivent servir pour l'impression des ouvrages ou pour les planches gravées. Une fois la planche d'impression obtenue, si l'on veut en conserver des clichés, il suffit d'en prendre un moulage à l'aide de la gutta-percha; on obtiendra ensuite par dépôt une planche de cuivre qui pourra servir à tirer typographiquement. M. Becquerel montre des planches obtenues ainsi, et données au Conservatoire, en 1855, par l'imprimerie impériale de Vienne.

Il en sera de même, si l'on veut reproduire des gravures sur bois. Sur cette planche de bois, qui au tirage serait bientôt altérée, et donnerait des dessins manquant de netteté, on prend une contre-épreuve en gutta-percha, et en y déposant le cuivre à l'aide du courant électrique, on obtient un type qui ne craint plus une altération aussi prompte.

De même pour les timbres-poste, les billets de banque, on emploie des types qui sont des reproductions galvanoplastiques. Dans ces derniers cas, comme il faut une grande perfection de dessin, les contre-épreuves ne sont plus faites avec la gutta-percha; on les obtient au moyen de lames de plomb. Cette question d'ailleurs a été traitée dans un article précédent.

Il y a encore la *galvanographie* ou l'*électrographie*.

Sur une plaque de cuivre, on effectue des dessins avec une certaine encre noire qui jouit de la propriété de conserver une certaine épaisseur aux endroits où on l'applique, et là où l'ombre doit être maximum, on donnera pareillement aux traits une épaisseur maximum.

Un sujet quelconque ayant été ainsi tracé sur cette planche, on effectue un moulage qui reproduit des creux et des reliefs correspondant aux blancs et aux noirs que présente le dessin. A l'aide de cette contre-épreuve, on opère comme à l'ordinaire; on obtient ainsi des planches avec lesquelles on peut tirer des gravures qui ont une certaine analogie avec les gravures à l'eau-forte.

On peut encore suivre la méthode suivante. Sur une plaque de verre, on dépose une couche de cire, puis on y effectue un dessin avec un stylet, de façon à mettre le verre à nu aux endroits où l'on trace des traits. On attaque alors par l'acide fluorhydrique, qui ronge le verre là seulement où il a été mis à découvert. Ceci fait, on enlève la cire, on a un dessin gravé sur le verre; la gutta-percha en donne un moulage, et le dépôt galvanoplastique fournit une plaque de cuivre qui permettra de tirer le dessin que l'on a tracé primitivement sur la cire.

Ces diverses méthodes pour obtenir des planches gravées sont ingénieuses, et donnent généralement de bons résultats. Tout récemment, un autre procédé a été trouvé, qui permet d'obtenir par un moulage galvanoplastique, avec une grande perfection, des gravures en relief ou en creux. Cette découverte est due à M. Dulos.

L'habile graveur s'est appuyé sur un principe physique nouveau et très-curieux. Voici une expérience qui le manifestera et nous donnera une idée de ce procédé. Supposons une plaque argentée et mate. On a dessiné sur la surface de cette planche avec une encre grasse ou avec un crayon lithographique ordinaire; puis on y projette du mercure ou toute autre substance mouillant l'argent. Un effet très-digne de remarque apparaît. Là où l'argent est à nu, la substance, le mercure par exemple, se dépose sur une assez grande épaisseur; mais près des endroits où le crayon a marqué des traits, comme le mercure ne les mouille pas, ce liquide présente une surface recourbée, tangente précisément à la marque du crayon.

C'est un phénomène de capillarité. Ainsi aux points où le crayon a été déposé, et là seulement, la planche métallique n'est pas recouverte de mercure. Ceci obtenu, on conçoit que l'on puisse prendre un moulage de cette surface en cire ou en plâtre, et obtenir un dépôt galvanoplastique qui représentera des reliefs ou des creux correspondant, les premiers aux parties où la surface argentée a été mouillée, les creux aux portions où elle ne l'a pas été.

Mais le mercure ne présente pas une solidité suffisante pour résister à la déformation, lorsque l'on voudra prendre un moulage de cette surface; aussi M. Dulos lui a-t-il substitué un amalgame, qui d'abord est presque liquide, mais qui bientôt se solidifie et devient très-dur.

En suivant la marche indiquée ci-dessus, on a obtenu un moulage en cire, où les reliefs correspondent aux parties dessinées. Inversement, ce moulage peut présenter des creux là où le dessin fut tracé; voici comment on opérera pour y parvenir. Après avoir fait les traits à l'encre lithographique, on recouvre, sous l'action de la pile, la plaque d'une couche de fer, dont le dépôt ne s'effectue qu'aux endroits où il n'y a pas d'encre. Cette encre est enlevée au moyen de la benzine; les traits du dessin sont alors représentés par le cuivre, la couche de fer correspond aux noirs. Dès lors, si l'on plonge la planche dans un bain de cyanure d'argent, et si l'on fait passer le courant, ces mêmes traits du dessin seront reproduits par un dépôt d'argent. Ceci obtenu, on verse sur la surface de la plaque l'amalgame encore liquide; il s'élève un relief sur ces parties argentées, et il ne mouille pas le fer. Cet amalgame une fois solidifié, on prend le moulage de la surface, et l'on obtient des creux qui correspondent aux parties dessinées.

On peut donc obtenir par ce procédé très-simple, comme nous venons de le voir, des gravures en taille-douce ou des gravures typographiques.

Dans le cas où l'on désire des dessins en taille-douce, il convient, pour avoir un très-bon tirage, de recourir à un ferrage préalable de la planche d'impression qui a été obtenue en cuivre par la galvanoplastie. Ce ferrage est réalisé par le procédé de l'*aciérage* des plaques. Une cuve contient une solution de chlorhydrate d'ammoniaque marquant 7 degrés Baumé. Dans ce bain, au pôle négatif d'une pile de deux éléments, on suspend la plaque que l'on veut aciérer; au pôle négatif, plongeant pareillement dans le liquide, est une lame de fer. On fait passer le courant; cette lame est attaquée par le chlore de la dissolution, il se forme du chlorure de fer, et au pôle négatif il se dépose une couche de fer excessivement mince, mais très-dure. — J. de Lignières.

ZOOLOGIE.

COURS DE M. GRATIOLET.

(Faculté des sciences.)

(Voy. le n° 19.)

II.

Des insectes en général.

Dans la dernière séance, nous avons comparé au type des animaux vertébrés celui des animaux articulés extérieurement, que nous devons étudier cette année.

Les animaux articulés n'ont pas de squelette intérieur comme les vertébrés, sauf quelques parties dures appartenant au tube digestif; mais, en revanche, ils ont un squelette extérieur composé d'anneaux qui se répètent à la suite les uns des autres. Cette charpente n'offre pas une composition chimique analogue à celle des os des vertébrés. Les os ont pour base un cartilage qui se résout en colle par la chaleur et l'eau. Au contraire, les téguments des insectes sont formés d'une matière insoluble dans la potasse, soluble dans l'acide sulfurique, matière assez analogue à la corne, mais qui ne donne pas, quand on la brûle, l'odeur caractéristique de cette dernière substance.

Les animaux articulés se divisent en deux grands groupes :

1° Les articulés aquatiques, c'est-à-dire ceux qui respirent l'air dissous dans l'eau;

Et 2° ceux qui respirent l'air en nature dans l'atmosphère.

Dans ce dernier groupe, on considère d'abord à part ceux qui ont une tête distincte du corps. Ils se subdivisent à leur tour en deux ordres, les uns formés de trois parties distinctes et possédant six pattes, ce qui leur a fait donner le nom d'*hexapodes;* les autres comprenant une série indéfinie de segments semblables, et par suite un nombre de pattes également indéfini, d'où leur nom de *myriapodes.*

Le corps d'un hexapode est formé de trois parties distinctes : la *tête*, le *thorax* et l'*abdomen.*

La tête est bien nommée, car elle loge les organes des sens et la principale masse du système nerveux, comme la partie correspondante dans le corps d'un vertébré. Le thorax, qui porte les organes locomoteurs, l'est beaucoup moins bien, car il ne concentre pas absolument l'appareil de la respiration et de la circulation. A certains points de vue, c'est plutôt l'abdomen qui joue le rôle d'un véritable thorax; en effet, ce sont les mouvements de cet organe qui déterminent l'inspiration et l'expiration chez ces animaux.

Puisque le corps d'un hexapode se compose d'anneaux qui se répètent les uns à la suite des autres d'une manière fort analogue, nous devons d'abord donner une idée de la composition de ces organes, de ces vertèbres extérieures, comme il nous arrivera quelquefois de les appeler, mais sans qu'il faille attacher à cette expression un sens bien précis. Nous prenons pour type un anneau de l'abdomen.

Du haut en bas l'anneau se compose de trois pièces superposées : au-dessus se trouve le *notum* (νῶτον, dos), ou pièce dorsale; au-dessous du *notum*, le *flanc*, et au-dessous du *flanc*, à la face inférieure, le *pectus*, ou pièce ventrale. Le flanc est divisé, suivant une scissure diagonale, en deux pièces distinctes : l'inférieure porte le nom d'*episternum*, parce qu'elle repose sur la pièce ventrale, nommée souvent *sternum;* la supérieure s'appelle l'*épimère :* c'est là que s'articulent les membres inférieurs. Le demi-anneau supérieur, ou *notum*, se compose d'avant en arrière de quatre pièces disposées les unes derrière les autres, et qui sont le *præscutum*, le *scutum*, le *scutellum* et le *postscutellum*. Leurs noms indiquent, du reste, assez leur disposition relative. Les ailes, quand il y en a, s'articulent toujours sur le *scutum.*

Comme nous l'avons déjà dit, les anneaux qui forment le corps d'un hexapode peuvent se répartir en trois groupes : la tête, le thorax et l'abdomen. Peut-être faudrait-il distinguer encore derrière l'abdomen une quatrième partie, l'*armure génitale*, formée d'anneaux considérablement transformés pour servir à la fonction de reproduction. Dans le thorax et l'abdomen on peut facilement reconnaître toutes les parties de l'anneau typique que nous venons de décrire.

Le thorax comprend trois anneaux. Le premier, appelé *prothorax*, est toujours pourvu d'une paire de pattes; le second, nommé *mésothorax*, porte quelquefois des pattes et toujours des ailes. Enfin le troisième, ou *métathorax*, porte toujours des pattes, et en outre des ailes, quand l'insecte en possède quatre. Mais il n'y a jamais plus de deux paires d'ailes. On distingue de même le *prosternum*, le *mesosternum* et le *metasternum*, correspondant au prothorax, au mésothorax et au métathorax.

L'abdomen se compose de six à huit anneaux qui présentent à peu près la même composition que ceux du thorax. Mais, dans la tête, on ne peut guère retrouver toutes ces parties, et jamais, à notre connaissance, aucun anatomiste ne l'a tenté. Cependant nous avons une connaissance assez complète de cette région pour que la description en soit facile.

La tête forme une sorte de boîte solide présentant deux ouvertures, l'une en arrière, c'est le *trou occipital;* l'autre en avant, c'est le *trou buccal*. Au-dessus et en avant du trou occipital se trouve une première partie solide nommée le *protocrâne;* après vient l'*épicrâne*, qui forme la majeure partie des parois de la tête et présente un trou fermé par une lame cornée, à la manière d'un verre de montre : c'est là qu'est logé l'œil multiple ou œil à facettes de ces animaux. Quelquefois cet œil est divisé en deux par un prolongement de la membrane cornée, nommée le *canthus*. C'est encore l'*épicrâne* qui porte les antennes dans une de ses parties appelée le *torus*. Au-devant des antennes se trouve le *front*, et au delà le *vertex*. On rencontre quelquefois sur ce *vertex* des yeux simples ou ocelles, qui peuvent servir de caractères dans la classification. Devant l'*épicrâne*, en se dirigeant vers le *trou buccal*, on aperçoit l'*épistome*, composé de deux pièces distinctes : l'*épistome proprement dit* et le *postépistome* par derrière. A l'*épistome* s'attache une dernière pièce, c'est le *labrum*, qui forme la lèvre supérieure du trou buccal.

A la partie inférieure du crâne, et pour le fermer, se développe encore toute une série de pièces : c'est d'abord, au-devant du trou occipital, la *pièce basilaire*, correspondant par sa position à l'os basilaire des vertébrés. Devant celle-ci, la pièce *probasilaire*, qui en est souvent fort peu distincte. Puis, en suivant toujours la ligne médiane, on trouve successivement le *menton*, l'*hypoglotte* et enfin la *languette*, celle-ci souvent très-allongée, de manière à former comme un dard.

Il y a donc cinq pièces en haut comme en bas, précieuse indication pour ceux qui veulent chercher des analogies dans ces deux parties du crâne; mais il faut se défier de ces analogies, car ces pièces sont souvent décomposées en plusieurs autres.

Telles sont, en résumé, les pièces de l'axe. Il est important de ne pas mêler leur description avec celle des pièces appendiculaires, comme certains auteurs ont eu le tort de le faire, car on produit alors une indéchiffrable confusion où le malheureux lecteur ne peut plus se retrouver.

Parmi ces parties, la bouche est la première à étudier, et, au point de vue de sa composition, nous devons distinguer les insectes broyeurs et les insectes suceurs.

Chez les broyeurs, toutes les pièces sont libres pour exécuter des mouvements actifs. On remarque, au contraire, dans la bouche des suceurs, qui se nourrissent de liquides, une tendance marquée vers la forme d'un tube, terminé quelquefois par une pointe pour piquer la proie.

Nous prendrons pour type les insectes broyeurs, qui nous offrent toutes les pièces bien distinctes les unes des autres, et nous montrerons ensuite comment elles se modifient pour devenir propres à la succion.

On trouve d'abord sous le *labrum* deux crochets vigoureux : ce sont les *mandibules*, parties dures propres à déchirer la proie, et que l'on compare aux mâchoires des vertébrés; elles offrent des inégalités ou des découpures qui ont été comparées aux dents des mammifères, et appelées comme elles, suivant leurs formes diverses, *incisives*, *canines* et *molaires*. Cela n'indique toutefois aucune assimilation entre deux genres d'organes dont la composition est toute différente : il n'y faut voir que de simples analogies fonctionnelles.

Chez les vertébrés, c'est la mâchoire supérieure qui porte en latin le nom de *maxilla*, et la mâchoire inférieure celui de *mandibula*. Puisqu'on voulait établir une sorte de parallélisme entre les deux types, ce sont donc les mandibules qu'on aurait dû nommer *mâchoires* (*maxilla*). Au lieu de cela, on a procédé inversement, et l'on a donné le nom de *mâchoire* à l'ensemble des pièces inférieures de la bouche, contrariété de dénominations fort fâcheuse, car elle engendre la confusion et surcharge inutilement la mémoire.

La mâchoire inférieure se compose d'abord d'une pièce courte nommée *gond*, ou pièce *cardinale*, suivie d'une autre plus longue, qu'on appelle la *tige*, et qui se divise en deux lobes de dimensions fort inégales : ce sont des pinces beaucoup plus délicates que les mandibules et qui font cheminer les aliments dans la bouche. Le petit lobe, souvent peu important, prend quelquefois la forme d'un petit palpe, nommé alors *palpe interne*, par opposition avec un autre dont nous allons parler. Cette disposition s'observe surtout chez les insectes carnassiers. La tige porte un autre palpe beaucoup plus constant, formé de trois ou quatre articles et qui se détache du premier lobe de la tige près de son point de jonction avec le gond : c'est le *palpe maxillaire* ou *externe*. La même disposition se répète naturellement de l'autre côté de l'axe du corps, car nous avons affaire à des animaux bisymétriques, et tous ces palpes peuvent agir comme les mandibules, en se rapprochant deux à deux. La langue s'appuie sur l'hypoglotte, et en dessous se trouve un autre palpe nommé *palpe labial*. Enfin la languette porte également de petits palpes, les *paraglosses*.

Ainsi nous trouvons d'abord le *labre*, qui ferme la fosse buccale en avant et en haut; puis, sur les côtés, de vigoureux crochets destinés à déchirer la proie, les *mandibules*, qui sont mis en mouvement par des muscles énergiques remplissant presque toute la tête. Au-dessous se trouvent les mâchoires, organes plus délicats armés de palpes nombreux qui servent surtout à la locomotion des aliments, car la bouche des insectes ne paraît pas pourvue d'un appareil de déglutition proprement dit. Enfin ces palpes sont probablement, en outre, les organes du goût, et cette place est très-bien choisie, car il est bon que l'animal apprécie la nourriture avant de l'avaler. On pourrait peut-être aussi attribuer cette fonction aux paraglosses. Mais il est très-difficile d'élucider cette question, car ces animaux, emprisonnés pour ainsi dire dans leur squelette extérieur, ne peuvent guère manifester leurs émotions au dehors. Du reste, ils réalisent un type inférieur organisé surtout pour le mouvement. Mais ce n'est pas à dire qu'ils soient dépourvus de sensibilité, quoique ses opérations restent fort obscures.

Voyons maintenant comment cet ensemble d'appareils se transforme chez les suceurs (1). Parmi ces derniers, les hyménoptères forment, en quelque sorte, une tran-

(1) Ces analogies de composition entre les insectes suceurs et les broyeurs ont été en grande partie mises en lumière par les travaux si intéressants de Savigny et d'Audouin sur l'anatomie comparée des insectes.

sition entre les insectes broyeurs et les insectes suceurs. C'est donc par eux que nous devons commencer.

Chez les hyménoptères, dont l'abeille constitue le type, la partie supérieure des appendices de la bouche est très-peu modifiée, mais la languette s'allonge beaucoup; on sent qu'on est devant un animal vivant de matière sucrée et qui aime à goûter sa nourriture. La mâchoire subit une transformation fort simple : ses deux lobes terminaux prennent la forme de deux palettes qui entourent la languette et constituent un tube presque complétement fermé, dans lequel les mouvements de la languette font cheminer le miel.

Un autre type d'insectes suceurs est celui des hémiptères, qu'on peut se représenter par la punaise des bois et la cigale, fort commune dans le Midi, mais plus rare au nord. La bouche de ces insectes est terminée par une tige quadri-articulée, en forme de tube, dans laquelle pénètrent quatre filets ou aiguillons extrêmement déliés et pointus. Cette pièce est constituée par le menton recouvert en gouttière et fendu supérieurement, par l'hypoglotte, et enfin par la languette, recourbée pour former un tube qui reste ouvert à sa partie supérieure; mais le labre vient le fermer. Quant aux quatre filets qu'il contient, les deux supérieurs représentent les mandibules et les deux inférieurs les mâchoires. Ce sont donc les parties que nous avons trouvées chez les insectes broyeurs avec un emploi tout différent.

Les papillons nous offrent encore un autre type d'insectes suceurs. Le tube qui conduit à la bouche n'offre pas tout à fait la même composition que ceux que nous venons de voir : le labre se réduit à un petit tubercule souvent à peine visible, et l'on voit sur ses côtés de petits lobes représentant les mandibules à l'état rudimentaire. Mais la tige et le gond des mâchoires sont fondus en une articulation unique réunie au labre, qui forme lui-même une première articulation, et ces mâchoires se terminent par des gouttières qui constituent, par leur rapprochement, le tube aspirateur. Au-dessous on observe de petits palpes placés à l'extrémité de la trompe.

Les diptères nous fournissent encore un type d'insectes suceurs différent. Enfin les parasites et les mouches présentent des formes plus simples. Mais le temps nous manque aujourd'hui pour les étudier successivement.

Émile Alglave.

PALÉONTOLOGIE.

COURS DE M. A. D'ARCHIAC.

(MUSÉUM D'HISTOIRE NATURELLE.)

(Voy. les nos 1, 2, 10, 12, 14, 16 et 18.)

VII.

Cavernes et brèches osseuses des Pyrénées.

Messieurs,

On comprend, d'après ce que nous avons dit jusqu'à présent, que les roches calcaires des pentes inférieures de la chaîne des Pyrénées ont dû présenter souvent aux recherches des naturalistes des cavernes et des grottes résultant de fentes et de crevasses élargies, modifiées ensuite par le passage des eaux souterraines auxquelles elles offraient ainsi des issues naturelles.

Dans les calcaires jurassiques des environs de Bagnères-de-Bigorre, des faits de cette nature ont depuis longtemps attiré l'attention, et nous signalerons particulièrement ceux qu'a fait connaître récemment un observateur du pays, M. Philippe, qui distingue les grottes des vallées et celles des montagnes.

Parmi les premières, la grotte de Beaudéan a offert, dans un limon argilo-calcaire et ferrugineux, des os du *Rhinoceros tichorhinus* et de Cerf (*C. pyrenaicus* de l'auteur).

A un kilomètre de Bagnères, à droite de la route de Campan, les cavernes d'Aurensan renfermaient l'*Elephas primigenius*, le *Rhinoceros tichorhinus*, le *R. africanus*, le *Cervus pyrenaicus*, le *C. Lartetii*, le *C. alces*, le *Felis leo*, le *Felis ferus* ou Chat sauvage, l'*Histrix cristata* (Porc-Épic), le *Lepus pyrenaicus* et l'*Erinaceus europæus*. Au-dessus de la couche argilo-calcaire ferrugineuse qui contenait ces ossements, et qui constitue le fond du sol de la cavité, est une couche meuble, sèche, composée de débris de végétaux, de coquilles et de très-petits graviers avec des *Helix hortensis*, des os de batraciens, de rongeurs, d'insectivores, appartenant tous à la faune actuelle du pays.

Dans la plupart des cavernes de la contrée, on rencontre d'ailleurs des restes plus ou moins nombreux d'*Ursus spelæus*, de *Canis vulpes*, d'*Hyæna spelæa*, de *Sus scropha*, de Cheval, de Renne, d'Aurochs, de Bœuf.

Les grottes des hauteurs se trouvent dans le massif de Bédat, qui domine Bagnères à l'ouest, derrière le mont Olivet et à l'Élysée-Cottin, à 200 mètres au-dessus du fond de la vallée. Dans cette dernière localité, le limon argilo-calcaire ferrugineux, très-épais, a fourni des dents d'Hyène, des restes de Renard, de Panthère et de rongeurs. Dans la partie du mont Bédat appelée *Ès-taliens*, un amas bréchiforme a offert à MM. Philippe et Davezac des restes de Chevreuil, de Cheval, de Cerf (*C. pyrenaicus*), de Renne, d'Aurochs, de Bœuf (*B. primigenius*) et de Putois, avec des coquilles terrestres (*Helix olivetorum*, *variabilis, striata, Cyclostoma obscurum*). Ces espèces se trouvent pour la plupart dans les gisements des vallées; mais, suivant la remarque de M. Leymerie, les restes de grands pachydermes manquent dans ceux-ci.

La liste générale des mammifères fossiles de ces cavernes comprend 40 espèces, dont 12 seraient éteintes, plus 12 espèces d'oiseaux et 2 batraciens.

Les plus répandues dans ces gisements appartiennent aux genres Ours, Hyène, Cheval, Bœuf, Cerf (Élan et Renne), ainsi qu'au Rhinocéros. M. Leymerie signale particulièrement un Rhinocéros bicorne, voisin de celui qui vit aujourd'hui dans le sud de l'Afrique; mais quant à la présence de deux arrière-molaires humaines, trouvées par M. Philippe dans un de ces gisements, il ne les considère pas comme une preuve suffisante de la contemporanéité de l'homme avec le remplissage des cavernes, et par conséquent avec les espèces d'animaux éteints. Nous allons voir que dans le moment même où le professeur de géologie de la Faculté de Toulouse énonçait cette opinion, des découvertes imprévues venaient apporter des faits propres à appuyer une manière de voir absolument contraire.

M. Ed. Lartet fit connaître, il y a trois ans (*Ann. des sc. nat.*, 4e série, Zoologie, vol. XV), qu'un ouvrier, en abattant, dix ans auparavant, un talus de terre meuble au pied d'un escarpement de calcaire tertiaire du groupe nummulitique, près de la petite ville d'Aurignac, sur la route de Boulogne (Haute-Garonne), avait mis à découvert une sorte de dalle de pierre posée debout contre une ouverture qu'elle bouchait, et qu'après l'avoir retirée, il avait aperçu une cavité ou sorte de niche dans laquelle se trouvait une grande quantité d'ossements humains. Ces ossements furent enlevés alors par les soins du maire de la commune, et ensevelis dans une fosse particulière du cimetière de la paroisse, dont on n'a pu depuis retrouver l'emplacement. On avait recueilli avec ces restes humains des dents de carnassiers, d'herbivores et de petits corps ronds, percés, destinés à être portés comme ornements, qui engagèrent M. Lartet à faire exécuter en cet endroit des fouilles qui produisirent les résultats suivants.

Dans le sol même de la petite caverne, à la surface duquel on avait trouvé les ossements humains précédemment enlevés, on rencontra d'abord des os et des dents d'homme, puis des objets divers en bois de Renne travaillés, des os de l'Ours des cavernes, des dents de Cheval, d'Aurochs, de Renne, de Renard, etc. Cette couche de terre ossifère se prolongeait en dehors de la caverne, et en continuant à l'exploiter, on découvrit au-dessous une terre noirâtre, mélangée de cendre et de charbon, qui renfermait aussi des dents d'Aurochs, de Renne et des os calcinés ou roussis. Cette couche de cendre et de charbon avait une superficie de 5 à 6 mètres, et une épaisseur de 15 à 20 centimètres. Comme dans la terre meuble, au-dessus, les os d'herbivores étaient plus abondants que ceux de carnassiers, quoique le nombre des espèces des deux ordres fût à peu près le même.

Parmi les premiers, M. Lartet a pu déterminer les os d'*Elephas primigenius*, de *Rhinoceros tichorhinus*, de 12 à 15 Chevaux (*E. caballus*), d'un Ane, de Sanglier, de Cerf (*C. elaphus*), de *C. megaceros*, de 3 ou 4 Chevreuils, de 10 ou 12 Rennes, et de 12 à 15 Aurochs (*Bison europæus*). Parmi les seconds, des ossements de 5 ou 6 Ours des cavernes, d'une autre espèce de petite taille, peut-être l'*U. arctos;* d'un ou deux Blaireaux, de Putois, de *Felis spelæa*, de *F. ferus*, de 5 ou 6 Hyènes des cavernes, de 3 Loups, et de 18 à 20 Renards. On remarquera que dans cette énumération d'espèces, le grand *Felis* des cavernes n'est représenté que par deux dents; l'Éléphant, par deux molaires; le Sanglier, par deux incisives. L'absence des restes de Lièvre et de Lapin est en outre d'accord avec ce que l'on sait de la répugnance des peuples primitifs de l'ouest de l'Europe à se nourrir de ces animaux. Il n'en était pas de même du Cheval et du Rhinocéros, dont les os nombreux, par leur cassure et les traces apparentes d'instruments tranchants, prouvent que ces animaux avaient servi à l'alimentation de l'homme comme le Renne et le Cerf, dont les os longs sont tous cassés ou fendus de la manière la plus favorable pour en extraire la moelle.

Suivant M. Lartet, les premières traces d'êtres animés trouvées dans ces couches meubles, sont celles de l'homme établissant sur la plate-forme en dehors de la petite grotte un foyer qui, par l'épaisseur de la couche de cendre, prouve un séjour assez long en cet endroit; l'absence de trace de feu à l'intérieur, et l'état de conservation des ossements d'animaux qu'on y a trouvés, prouvent en outre que, dès l'origine, cette cavité, fermée à tout accès du dehors, a dû être consacrée à des sépultures humaines. La grande quantité de restes d'animaux ayant servi à l'alimentation de l'homme, et leur présence à des niveaux différents, indiqueraient des réunions successives en cet endroit, peut-être lors de l'inhumation des corps ensevelis dans la grotte.

L'ancienneté de cette sépulture ne peut être établie, ni par la tradition, ni par l'histoire, ni par des données numismatiques. L'absence de tout objet de métal, et la présence au contraire de ceux de silex et d'os, la feraient déjà remonter à l'âge de pierre; mais les données paléontologiques doivent la faire regarder comme antérieure. La race humaine de la caverne d'Aurignac a été évidemment contemporaine, dit M. Lartet, de l'Aurochs, du Renne, du Cerf gigantesque, du Rhinocéros, de l'Hyène, etc., et du grand Ours des cavernes, l'espèce la plus anciennement disparue de ces grands mammifères qui caractérisent l'époque quaternaire.

Mais ces curieuses recherches de M. Lartet ne se sont pas bornées à cette localité, et nous allons voir qu'elles ont été étendues à une autre partie du versant nord des Pyrénées, d'abord dans la vallée de l'Ariége.

Déjà, en 1858, M. Fontan avait découvert, au sud de

Saint-Gaudens, dans la montagne du Ker, près de Massat, deux grottes ossifères dont il donna la description. Deux ans après, M. Lartet les visita de nouveau, et nous consignerons ici les principaux résultats de ses recherches et de celles de son prédécesseur.

Ces grottes sont situées à deux niveaux différents; la plus élevée est à 100 mètres au-dessus du fond de la vallée que parcourt l'Arac, l'autre à 20 mètres seulement.

La plus élevée a présenté deux couches distinctes : l'une, superficielle, contenant des cendres, du charbon, des débris de poteries et des médailles romaines; l'autre, inférieure, paraissant avoir été remaniée par le passage de courants; elle renfermait beaucoup d'espèces de la faune actuelle, le Hérisson, le Bouquetin, le Chamois, le Blaireau, le Renard, le Cerf, le Chevreuil, etc., dont le degré d'altération était semblable à celui des os du grand Ours des cavernes, du *Felis* des cavernes, et de l'Hyène, avec lesquels ils se trouvaient mélangés. Mais il n'y avait pas de traces de Rhinocéros, d'Éléphant, de Cheval, ni de Bœuf, ce qui se comprend, vu la position élevée de cette caverne.

Dans ce même conglomérat d'ossements d'animaux éteints et vivants encore, M. Fontan a découvert deux dents humaines, des flèches et des os de Cerf travaillés, prouvant que l'homme avait vécu dans cette caverne à la même époque que les animaux dont on y trouvait les restes, et que depuis elle avait été habitée de nouveau par des populations de l'époque gallo-romaine.

La deuxième grotte, celle qui est située au bas de la montagne, n'a offert ni cendre, ni charbon, mais un certain nombre de flèches, de harpons et d'autres objets de bois de Cerf, des couteaux de silex et un grand nombre d'*Helix nemoralis* dans le voisinage. Parmi les ossements, il n'y en avait que d'herbivores, de Cerfs, de Chamois et de Bouquetin.

M. Lartet remarqua comme à Aurignac l'absence du Lièvre et du Lapin. Les os, dans cette localité, sont fendus, cassés, comme ceux des cavernes du Périgord et des Kjökkenmöddings du Danemark, et ils portent des traces d'instruments tranchants.

Cette station humaine est beaucoup moins ancienne que celle d'Aurignac, où les hommes étaient trouvés en relation directe d'antagonisme avec un ensemble d'espèces gigantesques éteintes, tout à fait quaternaires, tandis qu'à Massat on ne rencontre plus que des traces d'Aurochs, qui existe encore dans les forêts de la Lithuanie.

Peu après, M. Lartet, accompagné de M. Alphonse Milne Edwards, a visité la grotte de Lourdes, ouverte à l'ouest de Bagnères-de-Bigorre, dans des calcaires secondaires. Des fragments de crâne humain y ont été trouvés associés à des restes de Renard, de Cheval, de Sanglier, de Cerf, de Chamois, de Bouquetin, de Renne, d'Aurochs, de Bœuf, de Taupe, de Campagnol et d'oiseaux. Les os de Cheval surtout y étaient abondants; ceux de Cerf peu communs, au contraire, sans doute parce que ceux de Renne s'y trouvent en grande quantité, et qu'en général le Cerf et le Renne n'habitent pas les mêmes lieux. La plupart des os d'Aurochs, de Cheval et de Renne, qui sont le plus répandus, portent des marques d'instruments tranchants qui ont dû servir à enlever la chair qui les entourait.

On a rencontré aussi beaucoup d'objets façonnés, soit de silex, soit de bois de Cerf et de Renne, des stylets, des poinçons, des aiguilles, des têtes de flèches, etc., particulièrement dans le voisinage d'anciens foyers découverts à une certaine profondeur, et marqués par des plaques de grès rougies au feu. Aucune trace d'animaux domestiques n'y a été observée, non plus que dans les cavernes du Périgord. Malgré la grande quantité d'ossements dont les habitants de ces cavernes avaient mangé les chairs, nulle part il n'y avait de traces de l'existence du Chien, que nous trouvons seulement dès que nous arrivons à la période anté-historique proprement dite, comme en Danemark et chez les peuples de la Suisse, à l'époque des habitations lacustres. C'est pour les stations les plus anciennes un caractère négatif dont il faut jusqu'à présent tenir compte dans ce genre de recherches.

Par l'observation comparée du contenu de diverses cavernes, M. Lartet arrive, relativement à l'existence anté-historique de l'homme, à une conclusion que nous avons souvent opposée aux personnes qui ne voient dans l'ensemble de l'époque quaternaire qu'un moment de perturbation des lois générales de la nature. Ainsi, entre les caractères observés dans la grotte inférieure de Massat et ceux de la grotte d'Aurignac, qui dénotent tous les traits de la vie sauvage soumise aux mêmes instincts, il y a cependant des différences qui indiquent un laps de temps considérable, et cet intervalle, dit le savant paléontologiste, nous paraîtra d'autant plus long, que tout tend à démontrer que la disparition des espèces dites *diluviennes* a été, non pas simultanée, comme on l'a supposé longtemps, mais graduelle et successive pendant une longue série de siècles.

A l'appui de cette idée, M. Lartet a cherché à faire l'histoire paléontologique des neuf types principaux qui caractérisent la faune quaternaire, et qui seraient, dans l'ordre d'apparition ou d'ancienneté :

L'*Ursus spelæus*,
L'*Hyæna spelæa*,
Le *Felis spelæus*,
L'*Elephas primigenius*,
Le *Rhinoceros tichorhinus*,
Le *Megaceros hibernicus*,
Le *Cervus tarandus*,
Le *Bison d'Europe*,
Le *Bos primigenius*.

Il conclut ensuite de cet examen détaillé que leur apparition en Europe n'a pas été simultanée; que leur extinction paraît aussi avoir été successive, au moins pour plusieurs d'entre eux, et que, s'il était possible d'arriver à déterminer l'ordre dans lequel ces espèces ont disparu, on trouverait, dans ces dates paléontologiques, un moyen de fixer l'âge relatif des stations où l'homme a dû évidemment être en rapport direct avec quelques-unes d'entre elles. C'est ainsi qu'appliquant ces vues à ce que l'on sait de la grotte inférieure de Massat, où l'Aurochs reste seul des grandes espèces caractéristiques, puis à celles de Bize, de Savigné, du mont Salève, d'Arcy (couche moyenne), comme à celles du Périgord, où l'on ne trouve que le Renne; aux gisements des environs de Toulouse, des bassins de la Seine et de la Somme, où les restes de l'industrie de l'homme sont associés aux ossements d'Éléphants, de Rhinocéros, d'Hyène, de Cerf gigantesque, etc.; aux grottes d'Aurignac, d'Arcy (couche inférieure), et enfin à la caverne supérieure de Massat, où l'*Ursus spelæus* accompagne ces mêmes traces de l'homme, on pourrait avoir, pour la période de l'humanité primitive, l'*âge du grand Ours des cavernes*, l'*âge de l'Éléphant et du Rhinocéros*, l'*âge du Renne* et l'*âge de l'Aurochs*, auxquels feraient suite, dans la période moderne, les *âges de pierre*, *de bronze* et *de fer* des archéologues.

Ces divisions n'auraient de valeur, on le conçoit, que par rapport à une région donnée, la persistance ou l'extinction de ces animaux n'ayant pas été nécessairement la même dans tous les pays.

Il nous reste encore, pour terminer ce qui concerne les cavernes à ossements du versant nord des Pyrénées, à dire quelques mots des recherches plus récentes qui ont été faites dans celle de l'Herm, près du village de ce nom, dans le département de l'Ariége. Cette grotte, ouverte dans des roches crétacées, et décrite avec beaucoup de soin, en 1862, par M. l'abbé Pouech (*Bull. de la Soc. géol. de France*, vol. XIX, p. 564, 1862), se compose de plusieurs salles reliées entre elles par de nombreux couloirs. Dans certaines parties les plus reculées et les plus éloignées de l'entrée actuelle, les ossements d'Ours se rencontrent à profusion, épars, disloqués, confusément enveloppés dans un limon calcaréo-argileux jaunâtre, recouvert d'une couche épaisse de stalagmites. Des ossements d'Hyène, du genre *Canis*, du grand *Felis* des cavernes, de Cheval et de quelques autres herbivores, s'y trouvent associés.

Dans la partie nord-ouest, sur un autre point, les ossements sont entassés dans un terreau roussâtre friable, sans être recouverts de stalagmites. Il y avait également des restes d'Hyène, du grand *Felis* et des ossements humains, sur lesquels nous reviendrons tout à l'heure.

M. Pouech pense que parmi ces innombrables débris du genre Ours, il pourrait y en avoir provenant de cinq espèces : l'une, l'*U. spelæus*, se trouve particulièrement dans la galerie supérieure; la seconde, moins grande d'un cinquième, aux formes plus allongées, plus grêles, au crâne plus étroit, dont les arcades zygomatiques sont moins saillantes et les dents moins fortes, toutes proportions gardées, est représentée partout en grande quantité, et semblerait être voisine de l'*U. priscus*. Quant aux trois autres types, ils sont moins bien caractérisés et pourraient n'être que des variétés.

Ces ossements ont été déposés successivement pendant une longue période de temps qui se rapprocherait beaucoup de nos jours. Ils sont dans des états de conservation différents, mais en général en rapport avec leur ancienneté relative, ceux qui sont le plus près de la surface étant en général les moins altérés. Outre les divers points où les os disposés par couches prouvent que cette caverne a dû être habitée pendant un grand laps de temps, la présence d'individus de tous les âges confirme encore cette conclusion.

Quant à l'existence de l'homme pendant que ces animaux vivaient dans le pays, l'auteur pense qu'on ne peut pas la conclure des ossements humains trouvés dans cette caverne, et que lui-même a observés en 1847 et en 1861. Un squelette entier trouvé couché le long de la paroi de la grotte était à peine recouvert d'un peu de terreau, et les caractères des os prouvaient son peu d'ancienneté relative, ce qui devait le faire regarder comme appartenant à l'époque historique.

Nous ne nous arrêterons pas aux considérations théoriques dont M. Pouech a fait suivre sa description si exacte de la grotte de l'Herm, et qui sont étrangères à notre sujet; mais nous ajouterons ici, comme complément de ses recherches, les résultats un peu différents que M. F. Garrigou a déduits des siennes et de celles de quelques autres naturalistes du pays (*Bull. de la Soc. géol. de France*, vol. XX, p. 305, 1863).

L'auteur reconnaît avec M. Pouech la richesse prodigieuse de ces excavations en ossements d'Ours. Ainsi, il a pu recueillir lui-même 16 crânes entiers, 250 canines, un nombre considérable de molaires et d'os de toutes les parties du squelette, des plus grandes espèces comme de celles de dimensions intermédiaires; mais il pense qu'il n'y en a que trois qui soient suffisamment caractérisées : le grand Ours des cavernes à front bombé; un second, plus petit, à front moins bombé; et un troisième, de moindres dimensions encore, ressemblant beaucoup à l'Ours brun actuel. Le fait sur lequel il insiste particulièrement, est la présence de débris d'industrie humaine et de l'homme lui-même, sous une stalagmite très-dure, de 10 à 30 centimètres d'épaisseur, qui n'avait jamais été brisée. C'étaient des molaires de lait, des molaires définitives, des incisives, des canines, une phalange, associées avec des débris d'Ours de toutes les tailles, et à côté se trouvaient des canines d'Hyène et des coprolithes du même animal.

Dans une autre salle de la grotte se sont rencontrés des restes de charbon dans les couches supérieures du limon, ainsi que dans la stalagmite elle-même; puis ailleurs, des *couteaux* de quartzite semblables à ceux que nous avons signalés d'après M. Noulet, associés aux ossements de mammifères éteints dans le gisement de Clermont près Toulouse (voy. *Revue des cours scientifiques*, n° 12, p. 139). Plusieurs des os d'animaux associés à ces restes de l'existence de l'homme portaient des traces d'instrument tranchant.

L'auteur décrit en outre certaines mâchoires inférieures d'Ours, dont la branche montante aurait toujours été enlevée, et le reste conservé avec la canine, de manière à former une sorte d'arme ou d'outil. D'autres mâchoires sont percées de trous parfaitement ronds, par lesquels pouvait être passé un lien destiné à les suspendre.

Contrairement à la manière de voir de M. Pouech, M. Garrigou pense que la caverne de l'Herm a été ouverte avant l'ère quaternaire, et habitée ensuite par les Ours, les Hyènes et les grands *Felis*, en même temps que l'homme vivait dans la contrée.

Dans la caverne du Maz-d'Azil (Ariége), ajoute-t-il plus loin, nous avons trouvé trois couches d'âges différents, l'une relative à l'Ours et au Lion, l'autre au Mammouth et au Rhinocéros, exploitée et employée pour l'empierrement d'une route avant qu'on ait pu l'étudier, la troisième de l'âge du Renne. Dans la première, une phalange d'Ours, percée de part en part, portait des traces qui ne peuvent être attribuées qu'à la main de l'homme; dans le gisement du Renne, des silex taillés et de nombreux ossements de cet animal, offrant des entailles et des raies ayant la même origine, constatent encore la présence de l'homme vivant dans les mêmes conditions et dans le même temps.

Enfin, comme complément à tout ce qui précède, nous rappellerons que, plus récemment encore, le même observateur a constaté, dans de nombreuses cavernes des environs de Tarascon, sur les bords de l'Ariége et de ses affluents, des restes de l'existence de l'homme qui doivent être rapportés à l'époque des habitations lacustres de la Suisse, ou *anté-historique*, tandis que ceux dont nous venons de parler sont pour la plupart quaternaires ou *antédiluviens*.

Nous aurions ainsi, réunis dans ces seules vallées du bassin de l'Ariége, les éléments d'une chronologie humaine que nous n'avons encore trouvée nulle part aussi complète sur un aussi petit espace.

Messieurs, malgré les preuves que nous nous sommes attaché à accumuler dans cette leçon et dans les précédentes sur la contemporanéité de l'homme avec les grandes espèces éteintes de mammifères, il y a sans doute des personnes auxquelles ces preuves ne suffisent pas, et qui persistent dans leur ancienne croyance. Mais l'histoire des sciences nous offre à chaque pas de ces résistances à l'introduction d'idées nouvelles qui contrarient les théories, froissent les opinions ou les amours-propres; il ne faut donc point s'étonner de ce qui se passe aujourd'hui à l'égard de cette question, et nous devons attendre tout du temps et de la persévérance des recherches, qui feront justice de ces oppositions comme ils ont déjà fait de tant d'autres. A. d'Archiac.

HISTOIRE NATURELLE DES CORPS ORGANISÉS.

COURS DE M. GUSTAVE FLOURENS.

(Voy. les nos 4, 5, 8, 9, 10, 11, 13, 14 et 17.)

XVI, XVII.

Section française.

CLASSIFICATION LINGUISTIQUE.

Avant la conquête romaine, quatre langues étaient parlées dans les Gaules : au sud-ouest, la langue *euskara*, qui s'est conservée chez les Basques et n'a guère influé sur la langue française (excepté quelques mots basques qui sont devenus français : ainsi, ennui, *enoc* en basque, *enojo* en espagnol); au sud-est, la langue *grecque*, qui a laissé des traces dans la langue d'oc; à l'est et au centre, la langue *gauloise*, qui s'est conservée dans une partie de l'archipel anglais; au nord et au nord-ouest, la langue *kymrie*, qui s'est conservée dans la Bretagne. Ces deux anciennes langues nationales ne sont plus représentées dans le français actuel que par des noms de lieux et un petit nombre d'autres mots (*bec*, *dune*, *blanc*, *cri*, *truand*, *parc*, *quai*, etc., etc.)

La langue *latine*, importée par les Romains au milieu d'un peuple intelligent et avide de civilisation, devint bientôt la seule langue des Gaulois (sauf dans la Bretagne). Mais elle subit de profondes modifications en s'adaptant au génie et aux organes vocaux d'une nation différente. Les ignorances locales la déformèrent de mille manières, et de là résultèrent plusieurs dialectes. Dès lors commence la langue française, constituée, de même que les autres langues néo-latines (espagnol, italien, valaque), par l'abréviation des mots un peu longs et pompeux du latin littéraire. Cette abréviation avait déjà commencé en Italie (inscriptions de Pompéi), où le langage vulgaire (langue rustique, romaine ou romane) procédait de même. Ce sont de perpétuelles contractions des mots (ainsi *frigdam*, au lieu de *frigidam*, d'où froide), puis des altérations ou même des suppressions des terminaisons. Quand arrivent les Barbares, toute culture littéraire cesse, et la langue des sujets de l'empire romain s'altère de plus en plus. L'isolement commence; chacun la transforme à son gré, chaque province se fait son dialecte particulier. Pour conserver l'unité de langage dans un même pays, il faut des communications constantes entre les différentes provinces, de l'instruction, de la civilisation. Sinon, chaque village en vient à parler un patois distinct. Aujourd'hui, les patois tendent à disparaître, puisque les voyages, les rapports sont plus faciles, les connaissances plus répandues.

Les Germains conquérants des Gaules prirent le langage des vaincus. Loin de germaniser notre langue, ils perdirent complétement la leur. La langue latine, supérieure à la langue germanique, a toujours détruit celle-ci, lorsqu'elles se sont trouvées en présence l'une de l'autre. Ainsi, les Normands francisèrent leur langue en Neustrie, et aujourd'hui encore, à notre contact, les Allemands défigurent la leur en y introduisant des mots français antipathiques au génie de celle-ci. Mais la langue des Francs (langue *francique*, dialecte du haut allemand), en se fondant dans le latin roman, y laissa son empreinte. Rudesse de formes, dureté de prononciation, grossièreté septentrionale, vinrent enlaidir la langue des vaincus, et il a fallu le génie des trouvères pour polir ensuite ce langage ainsi modifié. Cependant très-peu de mots allemands parvinrent à y pénétrer. C'est la *langue d'oil*, parlée au nord de la Loire.

Au midi de ce fleuve, l'influence romaine résista mieux, et le latin roman des Gaulois conserva plus de pureté. Sous un climat moins rude, les cordes vocales des Germains-Wisigoths s'assouplirent; les vaincus leur enseignèrent l'élégance du parler. Ainsi s'établit cette *langue d'oc*, dont le dialecte *agénais* est le plus beau type, dialecte chanté comme le toscan, qui peut disputer à celui-ci le prix de l'harmonie. Mais tous deux perdent leur charme lorsqu'ils sont écrits.

La langue française actuelle, bien mélangée, comme la population, a fait tomber ces deux idiomes et leurs différents dialectes au rang de patois. Mais elle n'en est qu'une heureuse combinaison ; elle doit à la langue d'oil son énergie, sa force, sa clarté, à la langue d'oc, sa douceur, sa variété, sa souplesse.

Notre écriture actuelle est aussi due aux Romains. Bien que n'ayant pas de monuments écrits, les Gaulois connaissaient l'*écriture boustrophédon*. C'est l'ancienne écriture des Aryas; elle se retrouve chez les Étrusques et les Pélasges. Elle consiste, au lieu d'écrire de gauche à droite, comme les Aryas-Hindous et les Aryas-Européens actuels, ou de droite à gauche, comme les Araméens, à écrire alternativement une ligne de droite à gauche et une ligne de gauche à droite. Ainsi, le bœuf qui laboure trace les sillons; de là vient le nom grec de l'écriture aryane.

LANGUE FRANÇAISE.

A. *Idiome du Nord* (langue d'oil) (théotisque, thyois, roman-wallon), parlé au nord de la Loire (trouvères).

Dialectes.	Provinces où ils sont parlés.	
a. Picard	Artois. Picardie. Valois.	
	Laonnais. Soissonnais.	Dans l'Ile-de-France.
b. Normand	Normandie. Maine. Aurigny, Guernesey, Jersey. Bas Canada.	
c. Bourguignon.	Champagne. Nivernais. Franche-Comté. Bresse et Mâconnais. Lyonnais.	
d. Lorrain et Messin.		
e. Wallon	Hainaut. Namur. Liége. Luxembourg. Brabant (en partie).	Provinces belges.

B. *Idiome du Sud* (langue d'oc) (roman-provençal), parlé au midi de la Loire (troubadours).

Dialectes.	Provinces où ils sont parlés.
a. Poitevin	Poitou. Aunis. Saintonge. Angoumois.
b. Périgourdin.	Périgord.
c. Limousin.	Limoges.
d. Auvergnat. *e.* Dauphinois.	mélangés de langue d'oil.
f. Agénais	Vallée de la Garonne. { Toulouse. Agen.
g. Provençal.	Provence.
h. Languedocien.	Haut Languedoc.
i. Catalan	Bas Languedoc. Roussillon. Espagne septentrionale.
j. Béarnais	Montagnards du Béarn.

SOUS-SECTION BRETONNE.

CONSTITUTION. — *Crâne* globuleux, osseux; front assez développé, tempes peu profondes; visages allongés dans certaines parties de la Bretagne, arrondis dans d'autres; yeux noirs ou bruns, cheveux noirs, nez droit et saillant, bouche moyenne. *Muscles* très-robustes. *Taille* courte et ramassée, trapue. *Teint* variable, brun, jaune pâle, clair. Si la langue des Bretons les rattache au type gallo-kymri, leur taille diminuée, leurs yeux et leurs cheveux noircis indiquent qu'il y avait des Araméens-Basques établis dans la Bretagne, comme dans la Gascogne, lors de l'arrivée des Gaulois, et que ceux-ci se mélangèrent avec eux. Transitions nombreuses du Breton pur au Breton aramaïsé, ou même pleinement araméen.

CARACTÈRE. — Entêté, réfléchi, répugnance aux idées nouvelles, point de curiosité; déteste le changement si cher aux Français plus latinisés; attachement profond à sa religion, à son pays breton dont l'isolement lui plaît, à sa famille; amour de l'égalité, imagination vive, féconde en superstitions; poésie originale, naïve, douce et mélancolique; bravoure et constance, fidélité, impartialité, habitudes simples, indépendance, fierté (du Guesclin, Abélard, Descartes, Chateaubriand).

ACTION. — Les Bretons primitifs, tatoués comme les sauvages, vêtus de peaux de bêtes, soumis aux Druides, se faisaient la guerre de tribu à tribu. Trois peuples principaux dominaient dans l'Armorique à l'époque de la conquête césarienne (Vénètes, Osismiens, Curiosolites). César extermina le peuple vénète et soumit l'Armorique. Conan Mériadec se déclare indépendant (?). Après la chute de l'empire romain, la Bretagne lutte constamment pour conserver son autonomie, contre les Francs à l'est, et les Normands au nord. Noménoé, roi de Bretagne. La Bretagne disputée entre la France et l'Angleterre. Charles de Blois et Jean de Montfort. Le duché de Bretagne passe par mariage au roi de France Charles VIII, puis à François Ier. Réunion définitive sous ce prince de la Bretagne à la France, mais plus apparente que réelle. Sous la monarchie, les provinces gardaient encore beaucoup d'indépendance locale (parlements, lois particulières, priviléges, coutumes). Quand la Convention veut exiger l'unité absolue (république une et indivisible), la Bretagne se soulève et combat pour son autonomie, représentée par sa religion et son roi (guerres de Vendée). Dernière résistance provinciale contre l'unification de la France.

SOUS-SECTION PICARDE.

Constitution. — *Tête* ovale, front haut, cheveux généralement blonds, yeux bleus. *Teint* blanc, belle carnation; musculature moyenne. *Taille* élevée en général.

Caractère. — Brave, bienveillant, actif, fier et indépendant; industrieux, intelligent, vif et ardent sous une froideur apparente, très-irascible; esprit révolutionnaire, pays de révolte et de résistance : *Communes* (Amiens, Laon, Noyon, Saint-Quentin, s'insurgent les premières). *Réforme* (Calvin supprime toute hiérarchie ecclésiastique). *Ligue* (les ligueurs veulent donner à la France un roi picard, Guise, de la maison de Lorraine). *Révolution de* 1789 (l'incendiaire Camille Desmoulins, Robespierre d'Arras, le démagogue communiste Babeuf). *Révolte de la pensée contre l'autorité* (le professeur du Collége de France, Ramus, massacré à la Saint-Barthélemy). Verve malicieuse, esprit satirique et mordant.

Origine. — 1° *Kymris-Belges* (Morini, Ambiani, Veromandui, Bellovaci, Suessiones), peuples très-courageux, soumis avec peine par les Romains. — 2° *Franks*, qui s'établissent en Picardie (Amiens) et la comprennent dans le royaume de Neustrie.

Langue. — L'ancien dialecte picard, peu agréable, dur, mais ferme et sonore, avait plus d'éléments germaniques à cause des invasions normandes, que les autres dialectes d'oïl. Sa littérature est très-riche (chansons, romans, contes, poëmes.) Le patois picard actuel est un langage villageois, badin, puéril, incapable d'exprimer les idées abstraites. Il varie de commune à commune.

Action. — Sous les Romains, la Picardie faisait partie de la seconde Belgique ; sous les Franks, de la Neustrie. Puis elle eut ses comtes particuliers, comte d'Amiens, comte de Ponthieu, de Valois, etc., dont le suzerain était le comte de Flandre. Elle devint une province anglaise pendant la guerre de cent ans. Les Anglais conservèrent même Calais jusqu'en 1558 (pays reconquis). Reprise par Charles VII, la Picardie fut annexée au duché de Bourgogne, et enfin réunie à la France par Louis XI.

Gustave Flourens.

CHRONIQUE.

Nous publierons dans notre prochain numéro la conférence de M. Pasteur *sur les générations spontanées*. Fidèle à notre programme de stricte impartialité, nous donnerons en même temps une très-remarquable leçon de M. F. A. Pouchet. Nos lecteurs auront donc sous les yeux les pièces du procès; ils entendront à la fois un *panspermiste*, le savant chimiste de l'École normale, et un *hétérogéniste*, l'éminent physiologiste de Rouen. A ceux de nos lecteurs qui voudraient étudier de plus près et plus profondément ce difficile problème, nous recommandons un volume que M. Pouchet vient de publier chez M. Victor Masson, sous ce titre : *Nouvelles expériences sur la génération spontanée et la résistance vitale*. — Odysse-Barot.

— M. Daremberg ouvrira son cours d'*histoire de la médecine* au Collége de France lundi prochain, 18 avril, à une heure et demie, et le continuera les jeudis et lundis, à la même heure.

— M. Baillon a ouvert son cours d'histoire naturelle médicale à la Faculté de médecine le 8 avril. Il le continuera les lundis, mercredis et vendredis, à onze heures. Nous commencerons dans le prochain numéro le compte rendu de ce cours, qui sera rédigé par M. Bocquillon, docteur ès-sciences.

— M. Chatin a ouvert jeudi dernier, à l'École de pharmacie, son cours de botanique, qui sera continué les mardis, jeudis et samedis, à deux heures.

Le professeur fera demain dimanche, 17 avril, une herborisation dans la vallée de l'Yvette. Le rendez-vous est à la gare de Montparnasse, pour le train quittant Paris à huit heures du matin pour la station de Laverrière. Des billets donnant droit à une réduction sur le prix des places seront distribués à la gare un quart d'heure avant le départ.

Le propriétaire-gérant : Germer Baillière.

Paris. — Imprimerie de E. Martinet, rue Mignon, 2.

PREMIÈRE ANNÉE. — N° 21. UN NUMÉRO : 30 CENTIMES. 23 AVRIL 1864.

REVUE
DES
COURS SCIENTIFIQUES
DE LA FRANCE ET DE L'ETRANGER

PHYSIQUE — CHIMIE — ZOOLOGIE — BOTANIQUE — ANATOMIE — PHYSIOLOGIE
GÉOLOGIE — PALÉONTOLOGIE — MÉDECINE

Paraît tous les Samedis.

	Six mois.	Un an.
Paris	8 fr.	15 fr.
Départements	10	18
Étranger	12	20

Prix de l'abonnement avec la Revue des Cours littéraires.

	Paris	Départ.	Étranger
Six mois	15 fr.	18 fr.	20 fr.
Un an	26	30	35

Rédacteur en chef
M. ODYSSE-BAROT

Les ouvrages dont deux exemplaires auront été envoyés au bureau du journal seront annoncés et analysés s'il y a lieu.

On s'abonne
A LA LIBRAIRIE GERMER BAILLIÈRE
17, rue de l'École de Médecine,
Et chez tous les libraires, par l'envoi d'un bon de poste, ou d'un mandat sur Paris.

L'abonnement part du 1er décembre ou du 1er juin de chaque année.

AVIS. — Notre numéro d'aujourd'hui contient encore un supplément. C'est le cinquième que nous donnons depuis la fondation du journal.

SOMMAIRE.

CHIMIE APPLIQUÉE A LA PHYSIOLOGIE.

COURS DE M. PASTEUR.

(SOIRÉES SCIENTIFIQUES DE LA SORBONNE.)

Des générations spontanées.

Messieurs,

De bien grands problèmes s'agitent aujourd'hui et tiennent tous les esprits en éveil : unité ou multiplicité des races humaines; création de l'homme depuis quelques mille ans ou depuis quelques mille siècles; fixité des espèces, ou transformation lente et progressive des espèces les unes dans les autres; la matière réputée éternelle, en dehors d'elle le néant; l'idée de Dieu inutile : voilà quelques-unes des questions livrées de nos jours aux disputes des hommes.

Ne craignez pas que je vienne ici avec la prétention de résoudre l'un quelconque de ces graves sujets; mais à côté d'eux, dans le voisinage de ces mystères, il y a une question plus modeste qui leur est directement ou indirectement associée, et dont je puis oser peut-être vous entretenir, parce qu'elle est accessible à l'expérience, et qu'à ce point de vue j'en ai fait l'objet d'études que je crois sévères et consciencieuses.

C'est la question des générations dites spontanées. La matière peut-elle s'organiser d'elle-même? En d'autres termes, des êtres peuvent-ils venir au monde sans parents, sans aïeux? Voilà la question à résoudre.

Il faut bien le dire, la croyance aux générations spontanées a été une croyance de tous les âges; universellement répandue dans l'antiquité, plus restreinte dans les temps modernes, et surtout de nos jours. C'est cette croyance que je viens combattre.

Sa durée pour ainsi dire indéfinie à travers les âges m'inquiète fort peu, car vous savez sans doute que les plus grandes erreurs peuvent compter par siècles leur existence; et d'ailleurs, si cette durée pouvait vous paraître un argument, il me suffirait de rappeler ici la puérilité des motifs allégués autrefois en faveur de la doctrine.

Voici, par exemple, ce qu'écrivait encore au XVIIe siècle un célèbre médecin alchimiste, Van Helmont :

« L'eau de fontaine la plus pure, dit Van Helmont, mise dans un vase imprégné de l'odeur d'un ferment, se moisit et engendre des vers. Les odeurs qui s'élèvent du fond des marais produisent des grenouilles, des limaces, des sangsues, des herbes... Creusez un trou dans une brique, mettez-y de l'herbe de basilic pilée, appliquez une seconde brique sur la première, de façon que le trou soit parfaitement couvert, exposez les deux briques au soleil, et au bout de quelques jours, l'odeur de basilic, agissant comme ferment, changera l'herbe en véritables scorpions. »

Et ailleurs, et notez bien que l'expérience dont je vais parler, Van Helmont affirme l'avoir faite. Ce sera dans cette leçon la première preuve qu'il est aisé de faire des expériences, mais très-malaisé d'en faire d'irréprochables :

« Si l'on comprime une chemise sale dans l'orifice d'un vaisseau contenant des grains de froment, le ferment sorti de la chemise sale, modifié par l'odeur du grain, donne lieu à la transmutation du froment en souris après vingt et un jours environ, et Van Helmont ajoute que les souris sont adultes; qu'il en est de mâles et de femelles, et qu'elles peuvent reproduire l'espèce en s'accouplant. »

Voilà, messieurs, les expériences qui, au XVIIe siècle, appuyaient la doctrine de la génération spontanée.

Puisque, il y a deux siècles seulement, on pouvait écrire sur ce sujet de pareilles énormités, que nous importe la durée de cette croyance à travers les âges? que nous importent les noms de ceux qui l'ont défendue de leur parole ou de leurs écrits, qu'ils s'appellent Épicure, Aristote ou Van Helmont?

Tout au contraire, si je me place au point de vue historique, je pourrai remarquer que cette doctrine a suivi le développement de toutes les idées fausses; qu'au lieu de grandir avec le temps, ce qui est le propre de la vérité, elle a toujours été s'amoindrissant et se circonscrivant sans cesse. Aujourd'hui il n'est pas un seul naturaliste qui croie à la génération spontanée d'un insecte, d'un mollusque et encore moins d'un animal vertébré.

Mais à la fin du XVIIe siècle, une immense découverte, celle du microscope, vint révéler à l'homme tout un monde nouveau, le monde des infiniment petits. A peine vaincue en ce qui concerne les êtres supérieurs, la doctrine de la génération spontanée reparut, disant avec audace : Voici mon domaine. C'est vrai, je m'étais trompée, les conditions actuelles ne sont plus celles qui conviennent aux êtres supérieurs, mais elles s'appliquent encore aux êtres microscopiques; c'est là qu'il y a des générations spontanées. — Et en effet, chose étrange, dans l'espace de quelques heures, on voyait apparaître sur le porte-objet du nouvel et merveilleux instrument des animalcules à l'infini, d'une simplicité d'organisation quelquefois si grande qu'elle excluait toute possibilité de génération sexuelle. Et ces êtres étaient si nombreux, si divers, si bizarres de formes, leur origine était tellement liée à la présence de toute matière animale ou végétale morte, en voie de désorganisation, qu'on en vint à cette théorie spécieuse, d'autant plus séduisante qu'elle avait à son service le style souple, brillant, imagé et très-autorisé de l'illustre naturaliste Buffon :

« La matière des êtres vivants conserve après la mort un reste de vitalité. La vie réside essentiellement dans les dernières molécules des corps. Ces molécules sont arrangées comme dans un moule. Autant d'êtres, autant de moules différents, et, lorsque la mort fait cesser le jeu de l'organisation, c'est-à-dire la puissance de ce moule, la décomposition du corps suit, et les molécules organiques, qui toutes survivent, se retrouvant en liberté dans la dissolution et la putréfaction des corps, passent dans d'autres corps aussitôt qu'elles sont pompées par la puissance de quelque autre moule; seulement il arrive une infinité de générations spontanées dans cet intermède où la puissance du moule est sans action, c'est-à-dire dans cet intervalle de temps pendant lequel les molécules organiques se trouvent en liberté dans la matière des corps morts et décomposés; ces molécules organiques, toujours actives, travaillent à remuer la matière putréfiée; elles s'en approprient quelques particules brutes et forment par leur réunion une multitude de petits corps organisés dont les uns, comme les vers de terre, les champignons, etc., etc., paraissent être des animaux ou des végétaux assez grands, mais dont les autres, en nombre presque infini, ne se voient qu'au microscope. Tous ces corps n'existent que par une génération spontanée, et ils remplissent l'intervalle que la nature a mis entre la simple molécule organique vivante et l'animal ou le végétal; aussi trouve-t-on tous les degrés, toutes les nuances imaginables dans cette suite, dans cette chaîne d'êtres qui descend de l'animal le mieux organisé à la molécule simplement organique. »

Voilà, messieurs, pour Buffon la doctrine de la génération spontanée, ou, comme on l'appelle souvent quand il s'agit de ce grand naturaliste, la théorie des molécules organiques de Buffon. Je n'irai pas plus loin sans placer sous vos yeux quelques-unes de ces générations que Buffon disait spontanées. Je ne vous montrerai cependant ni des vers de terre ni des champignons. Vous venez de l'entendre, Buffon croyait encore que ces êtres-là venaient au monde sans parents. On ne le croit plus aujourd'hui. Ce qu'il faut que je vous montre, ce sont des êtres microscopiques, parce que c'est là, dit-on, que la génération spontanée est reléguée de nos jours, là où il est plus difficile, en effet, de porter la lumière de l'expérience. Mais ayez confiance, je l'y ferai pénétrer tout à l'heure, et vous ne sortirez pas d'ici sans être convaincus que la génération spontanée des êtres microscopiques est une chimère à l'égal de la génération spontanée des vers de terre et des champignons de Buffon, à l'égal de la génération spontanée des scorpions et des souris de Van Helmont.

(A ce moment, M. Pasteur fait projeter sur le tableau quelques-unes de ces petites générations dites spontanées.)

Voici en premier lieu, dit-il, de toutes les productions végétales la plus simple qui existe : c'est la levûre de bière.

Vous voyez qu'elle se compose de cellules renfermant quelquefois un noyau, un *nucléus*, comme disent les botanistes. Cette végétation microscopique se reproduit de la façon suivante :

Chaque cellule pousse un petit bourgeon, un petit bourrelet. Ce bourrelet grandit, et quand il a atteint les dimensions de la cellule mère, il s'en détache et il va à côté bourgeonner à son tour.

Le n° 2 est une végétation tout à fait du même ordre. On y distingue mieux le bourgeonnement.

Le n° 3 montre comment prennent naissance toutes les moisissures. Elles ont pour graine, pour spore, c'est le terme consacré en botanique, des globules comme celui-ci. Placées dans un milieu convenable, dans une infusion de matières organiques pouvant leur fournir les éléments nutritifs dont ces graines ont besoin, elles grossissent d'abord sensiblement, puis elles s'allongent en tubes qui prennent un très-grand développement. Très-souvent, le plus ordinairement même, ces tubes se ramifient, et lorsque leurs extrémités arrivent au contact de l'air, que ces tubes ne sont plus dans l'intérieur du liquide, ils se couvrent de diverses façons, à leurs extrémités, de cellules pareilles à celles-ci, c'est-à-dire de graines capables de reproduire l'espèce.

Je vais placer maintenant sous vos yeux quelques animalcules.

Si l'on fait une infusion de matière organique, si l'on place, par exemple, dans de l'eau un peu de foin, certains principes du foin se dissolvent et fournissent des aliments appropriés au développement des êtres microscopiques.

(Des infusoires de l'eau de foin sont projetés sur le tableau : ce sont de petites cellules qui s'agitent très-vivement, qui courent, vont et viennent.)

Ces petits êtres ont environ cinq millièmes de millimètre de diamètre, c'est-à-dire que si vous divisiez un millimètre en mille parties et que vous prissiez cinq de ces parties, vous auriez le diamètre de ces globules.

(Puis des anguillules sont projetées sur le tableau. Leur mouvement, analogue à celui des serpents, est très-rapide, d'autant plus rapide qu'elles sont en proie aux convulsions de la mort. Elles périssent au bout de quelques instants, à cause de la haute température développée au foyer du microscope.)

Voilà, messieurs, quelques-unes des générations que Buffon disait et qu'on dit encore spontanées de nos jours.

Des controverses très-animées s'élevèrent alors comme aujourd'hui entre les savants, controverses d'autant plus vives, d'autant plus passionnées, qu'elles avaient leur contre-coup dans l'opinion publique, toujours partagée, vous le savez, entre deux grands courants d'idées, aussi vieux que le monde, et qui, de nos jours, s'appellent le matérialisme et le spiritualisme. Quelle conquête, messieurs, quelle conquête pour le matérialisme s'il pouvait protester qu'il s'appuie sur le fait avéré de la matière s'organisant d'elle-même, prenant vie d'elle-même; la matière, qui a en elle déjà toutes les forces connues. La voyez-vous encore dans la première de ces soirées, dans cette exhibition des plus beaux phénomènes de la nature? La voyez-vous encore si puissante et si faible, obéissant à merci à toutes les volontés du savant? Ah! si nous pouvions lui ajouter cette autre force qui s'appelle la vie, et la vie variable dans ses manifestations avec les conditions de nos expériences, quoi de plus naturel alors que de la déifier, cette matière? A quoi bon recourir à l'idée d'une création primordiale, devant le mystère de laquelle il faut bien s'incliner? A quoi bon l'idée d'un Dieu créateur? Écoutez plutôt, c'est un des adeptes de la doctrine qui va parler :

« Assistons à l'œuvre divine, dit un écrivain éminent : prenons une goutte d'eau dans la mer, nous y verrons recommencer la primitive création. Dieu n'opère pas de telle façon aujourd'hui et d'autre demain. Ma goutte d'eau, je n'en fais pas doute, va dans ses transformations me raconter l'univers. Attendons et observons. Qui peut prévoir, deviner l'histoire de cette goutte d'eau? Plante-animal, animal-plante, qui le premier doit en sortir? Cette goutte, sera-ce l'infusoire, la monade primitive, qui, s'agitant et vibrant, se fait bientôt vibrion; qui, montant de rang en rang, polype, corail ou perle, arrivera peut-être en dix mille ans à la dignité d'insecte?

» Cette goutte, ce qui va en venir, sera-ce le fil végétal, le léger duvet soyeux qu'on ne prendrait pas pour un être, et qui déjà n'est pas moins que le cheveu premier-né d'une jeune déesse, cheveu sensible, amoureux, dit si bien cheveu de Vénus? Ceci n'est point de la fable, c'est de l'histoire naturelle. Ce cheveu de deux natures (végétale et animale), où s'épaissit la goutte d'eau, c'est bien l'aîné de la vie.....

» Ces conferves, comme on les appelle, se trouvent universellement dans l'eau douce et dans l'eau salée quand elle est tranquille. Elles commencent la double série des plantes originaires de la mer et de celles qui sont devenues terrestres quand la mer a émergé. Hors de l'eau monte la famille des innombrables champignons, dans l'eau celle des conferves, algues et autres plantes analogues. »

Ainsi, messieurs, la doctrine de la génération spontanée est-elle admise, et l'histoire de la création et de l'origine du monde organique n'est pas plus difficile que cela. On prend une goutte d'eau dans la mer, de cette eau (M. Michelet l'a développé dans de belles pages) qui renferme un peu de matière azotée, de mucus de la mer, de gelée féconde comme il l'appelle, et, au sein de cette matière inanimée, les premiers êtres de la création prennent naissance spontanément, puis peu à peu ils se transforment et montent de rang en rang, par exemple en dix mille ans, à l'état d'insectes, et au bout de cent mille ans sans doute à l'état d'hommes.

Comprenez-vous maintenant le lien qui existe entre la question des générations spontanées et ces grands problèmes que j'ai énumérés en commençant? Mais, messieurs, dans un pareil sujet, assez de poésie comme cela, assez de fantaisie et de solutions instinctives; il est temps que la science, la vraie méthode reprenne ses droits et les exerce.

Il n'y a ici ni religion, ni philosophie, ni athéisme, ni matérialisme, ni spiritualisme qui tienne. Je pourrais même ajouter : Comme savant, peu m'importe. C'est une question de fait; je l'ai abordée sans idée préconçue, aussi prêt à déclarer, si l'expérience m'en avait imposé l'aveu, qu'il existe des générations spontanées, que je suis persuadé aujourd'hui que ceux qui les affirment ont un bandeau sur les yeux.

Je prends pour guide ces paroles de Buffon, si vrai et si bien inspiré cette fois :

« J'avoue, dit Buffon, que rien ne serait si beau que d'établir d'abord un seul principe pour ensuite expliquer l'univers, et je conviens que, si l'on était assez heureux pour deviner, toute la peine que l'on se donne à faire des expériences serait bien inutile. Mais les gens sensés voient assez combien cette idée est vaine et chimérique .. C'est par des expériences fines, raisonnées et suivies, que l'on force la nature à découvrir son secret. Toutes les autres méthodes n'ont jamais réussi... Il ne s'agit pas de savoir ce qui arriverait dans telle ou telle hypothèse... Il s'agit de bien savoir ce qui arrive et de bien connaître ce qui se présente à nos yeux. »

Est-ce donc à dire que, dans ce débat relatif aux générations spontanées, partisans et adversaires n'expérimentent pas à l'envi? Pensez-vous que d'un côté il y ait seulement des poëtes, des romanciers, des savants à systèmes; de l'autre, des gens prudents qui ne veulent croire qu'aux résultats de l'expérience? Non, non; Dieu merci, nous sommes plus avancés que cela; la philosophie des sciences est plus avant que cela dans nos mœurs, dans nos habitudes de penser, et des deux côtés personne ne veut croire qu'à l'expérience. En voulez-vous la preuve? L'éminent historien que je citais tout à l'heure s'exprime ainsi : « La mort fait la vie. » Harvey lui-même n'osa pas démentir cette croyance antique. En disant : « Tout vient de l'œuf », il ajouta : « ou des éléments dissous de la vie précédente. » Puis M. Michelet continue ainsi :

« C'est justement la théorie qui vient de renaître avec tant d'éclat par les expériences de M. Pouchet. »

Cette phrase, messieurs, placée dans un livre d'imagination qui n'a aucune prétention à la science, qui n'a d'autre prétention que celle de nous émouvoir par le spectacle de la fécondité de la vie au sein des mers, me paraît un des plus beaux hommages que l'on puisse rendre à la puissance de la méthode expérimentale. Qu'importe que M. Michelet ne prenne dans la science que ce qui convient à ses idées préconçues, et qu'importe aussi qu'à côté du nom de M. Pouchet il ne place pas le nom de celui qui le corrige; ce que j'admire, c'est qu'il proclame qu'il enchaîne sa pensée aux résultats de l'expérience.

Si je vous disais que vous trouveriez encore dans Buffon, dans Buffon, un naturaliste de génie qui avait débuté dans la carrière des sciences par de belles expériences de physique, habitué en quelque chose par conséquent à la méthode expérimentale et qui en parlait tout à l'heure en termes si magnifiques, si je vous disais que vous trouveriez encore dans Buffon des phrases comme celle-ci : « Cherchons une hypothèse pour ériger un système.» Comprenez-vous le progrès maintenant, lorsque, de nos jours, un romancier se croit tenu de nous dire : « L'expérience est mon guide.» C'est là ce que j'admire et ce qui me fait dire que la philosophie des sciences fait partie intégrante du sens commun. Vous en avez une autre preuve : trouvez donc de notre temps un système philosophique qui ne soit pas plus ou moins frotté de science, pardonnez-moi la vulgarité de cette expression. C'est le même hommage sous une autre forme, c'est le même signe du temps; seulement il ne faut pas croire à l'intelligence de la science chez tous ceux qui en empruntent le langage.

Quoi qu'il en soit, dans ce débat, des deux côtés il y a des expériences, des deux côtés il y a des expérimentateurs. Par conséquent, la question est réduite à ces termes : Qui est-ce qui se trompe? qui est-ce qui expérimente à la Van Helmont? qui est-ce qui laisse rentrer les souris dans le pot de linge sale, à son insu, et les proclame ensuite des générations spontanées? Est-ce vous, partisans de la doctrine? est-ce moi, son adversaire? C'est ce qu'il s'agit de déterminer maintenant avec précision.

Vous n'attendez pas sans doute de moi, messieurs, que je rapporte toutes les expériences en litige; ce serait fatiguer inutilement votre attention. Je choisirai parmi les plus importantes.

Assurément, s'il existe des faits que les partisans de la doctrine de la génération spontanée doivent tenir pour vrais, ce sont ceux-là pour lesquels ils se sont crus autorisés à relever le drapeau de leur doctrine, tant soit peu oubliée et vaincue depuis la fin du dernier siècle. Ce fut en 1858 que M. Pouchet, directeur du Muséum d'histoire naturelle de Rouen, membre correspondant de l'Académie des sciences, vint déclarer à cette Académie qu'il avait réussi à instituer des expériences qui démontraient péremptoirement l'existence d'êtres microscopiques venus au monde sans germes, par conséquent sans parents semblables à eux.

Voici les expressions et les expériences de ce savant naturaliste : « L'air atmosphérique n'est pas et ne peut pas être le véhicule des germes des premiers organismes. J'ai pensé que ce ne serait laisser aucune prise à la critique si je parvenais à déterminer l'évolution de quelque être organisé en remplaçant l'air atmosphérique par de l'air artificiel. »

Voyez bien ce que l'auteur veut établir. L'air, dit-il, ne peut pas être, n'est pas le véhicule des germes des premiers organismes. C'est qu'en effet les naturalistes qui ne croient pas à la génération spontanée prétendent que les germes des êtres microscopiques existent dans l'air; que l'air les charrie, les transporte à distance, après les avoir soulevés dans les lieux où pullulent ces petits êtres. Voilà l'hypothèse des adversaires de la génération spontanée, et M. Pouchet, qui veut la combattre, ajoute avec pleine raison : « Je ne laisserai aucune prise à la critique si je parviens à déterminer la génération de quelques êtres organisés en substituant un air artificiel à celui de l'atmosphère. » C'est vrai et logique; voyons comment M. Pouchet va s'y prendre. L'expérience est ainsi racontée dans son mémoire :

« Un flacon d'un litre de capacité fut rempli d'eau bouillante, et, ayant été bouché hermétiquement avec la plus grande précaution, immédiatement on le renversa sur une cuve à mercure; lorsque l'eau fut totalement refroidie, on le déboucha sous le métal et l'on y introduisit un demi-litre de gaz oxygène pur, » de ce gaz, ajoute M. Pasteur, qui est la partie vitale et salubre de l'air, aussi nécessaire à la vie des êtres microscopiques qu'il l'est à la vie des grands animaux et des grands végétaux. Jusqu'ici il n'y a encore que de l'eau pure et du gaz oxygène dans le vase ; achevons l'infusion.

« Aussitôt après, dit M. Pouchet, on y mit, sous le mercure, une petite botte de foin pesant 10 grammes, renfermée dans un flacon bouché à l'émeri et sortant d'une étuve chauffée à 100 degrés, où elle était restée trente minutes. »

(M. Pasteur figure alors cette expérience. Il place le flacon sous le mercure, le débouche et fait passer le foin dans le ballon déjà disposé à l'avance sur la cuve à mercure.)

Voilà, messieurs, l'expérience qui a remis en question la doctrine des générations spontanées.

Voici son résultat : au bout de huit jours il y avait dans l'infusion une moisissure développée. Quelle est la conclusion de M. Pouchet? C'est que l'air atmosphérique n'est pas le véhicule des germes, des êtres microscopiques.

En effet, que voulez-vous objecter à M. Pouchet? Lui direz-vous : L'oxygène que vous avez employé renfermait peut-être des germes. — Mais non, répondra-t-il, car je l'ai fait sortir d'une combinaison chimique. — C'est vrai ; il ne pouvait renfermer des germes. Lui direz-vous : L'eau que vous avez employée renfermait des germes. — Mais il vous répondra : Cette eau, qui avait été exposée au contact de l'air, aurait pu en recevoir, mais j'ai eu soin de la placer bouillante dans le vase, et à cette température, si des germes avaient existé, ils auraient perdu leur fécondité. Lui direz-vous : C'est le foin. — Mais non : le foin sortait d'une étuve chauffée à 100 degrés. On lui fit cependant cette dernière objection, car il y a de singuliers êtres qui, chauffés à 100 degrés, ne périssent pas; mais il répondit : Qu'à cela ne tienne ! Et il chauffa le foin à 200, 300 degrés.... Il dit même, je crois, qu'il a été jusqu'à la carbonisation. Eh bien, je l'admets, l'expérience ainsi conduite est irréprochable, mais seulement sur tous les points qui ont appelé l'attention de l'auteur. Je vais démontrer qu'il y a une cause d'erreur que M. Pouchet n'a pas aperçue, dont il ne s'est pas le moins du monde douté, dont personne ne s'était douté avant lui, et cette cause d'erreur rend son expérience complétement illusoire, aussi mauvaise que celle du pot de linge sale de Van Helmont; je vais vous montrer par où les souris sont entrées. Je vais démontrer que, dans toute expérience du genre de celle qui nous occupe, il faut absolument proscrire l'emploi de la cuve à mercure. Je vais vous démontrer, cela paraît bien extraordinaire au premier abord, que c'est le mercure qui, dans toutes les expériences de cette nature, apporte dans les vases les germes, ou mieux, pour que mon expression n'aille pas présentement au delà du fait démontré, les poussières qui sont en suspension dans l'air.

Il n'est personne parmi vous, messieurs, qui ne sache qu'il y a toujours des poussières en suspension dans l'air. La poussière est un ennemi domestique que tout le monde connaît. Qui d'entre vous n'a vu un rayon de soleil pénétrant par la jointure d'un volet ou d'une persienne dans une chambre mal éclairée? Qui d'entre vous ne s'est amusé à suivre de l'œil les mouvements capricieux de ces mille petits corps, d'un si petit volume, d'un si petit poids, que l'air peut les porter comme il porte la fumée. L'air de cette salle est tout rempli de ces petits brins de poussière, de ces mille petits riens, qu'il ne faut pas dédaigner toutefois, car ils portent quelquefois avec eux la maladie ou la mort : le typhus, le choléra, la fièvre jaune et tant d'autres fléaux. L'air de cette salle en est rempli. Pourquoi ne les voyons-nous pas? Ils sont éclairés cependant. Nous ne les voyons pas parce qu'ils sont si petits, d'un si faible volume, que les quelques rayons de lumière que chacun d'eux envoie à notre œil sont perdus, confondus dans le très-grand nombre de rayons que nous envoient même les plus petits objets de cette salle, qui sont toujours d'une grosseur considérable par rapport à chacun de ces petits corps. Nous ne les voyons pas par la même raison que le jour nous ne voyons pas les étoiles à la voûte du ciel. Mais faisons la nuit autour de nous, rendons tout obscur, et éclairons seulement ces petits corps, alors nous les verrons comme le soir on voit les étoiles.

Nous allons produire l'obscurité dans la salle et lancer un faisceau de lumière.

Vous pouvez voir, messieurs, s'agiter bien des poussières dans ce faisceau lumineux. Du reste, ce faisceau de lumière, vous ne le voyez lui-même que parce qu'il y a des brins de poussière dans l'air de la salle. Si vous les supprimiez, vous ne verriez rien, car ce n'est pas la lumière elle-même qui est visible.

Ainsi, messieurs, il y a de la poussière partout dans cette salle. Si j'avais eu quelques instants de plus, je vous aurais dit : Regardez bien dans ce faisceau de lumière, approchez-vous, et vous verrez que ces petits brins de poussière, quoique agités de mouvements divers, tombent toujours plus ou moins vite; vous en distinguez quelques-uns, et l'instant d'après ils sont un peu plus bas, bien qu'ils flottent dans l'air. Tout en flottant, ils tombent. C'est ainsi que se couvrent de poussière tous les objets, nos meubles, nos vêtements. Il tombe donc en ce moment de la poussière sur tous ces objets, sur ces livres, sur ces papiers, sur cette table, sur le mercure de cette cuve.

Il en tombait tout à l'heure, il y a une heure, deux heures, ce matin, hier. Depuis que ce mercure est sorti de sa mine, il reçoit des poussières, indépendamment de celles qui s'incorporent dans l'intérieur du métal par l'effet des manipulations nombreuses auxquelles on le soumet dans nos laboratoires. Eh bien, je vais vous démontrer qu'il n'est pas possible de toucher à ce mercure, d'effectuer une manipulation quelconque sur ce mercure, d'y placer la main, un flacon, sans introduire dans l'intérieur de la cuve les poussières qui sont à la surface.

Afin de rendre visible l'épreuve à laquelle je vais soumettre la surface de cette cuve à mercure, je vais produire l'obscurité, et éclairer seulement la cuve, puis saupoudrer de la poussière en assez grande quantité. Cela fait, j'enfonce un objet quelconque dans le mercure de la cuve, un bâton de verre par exemple; aussitôt vous voyez les poussières cheminer et se diriger toutes du côté de l'endroit où j'enfonce le bâton de verre, et pénétrer dans l'espace entre le verre et le mercure, parce que le mercure ne mouille pas le verre.

Voici, messieurs, une cuve beaucoup plus profonde, où l'expérience se fera d'une manière plus saisissante. Elle se compose d'un tube de fer d'un mètre de profondeur, surmonté d'une cuvette. Toute la surface du mercure contenu dans ce vase est couverte de poussière. J'y enfonce le bâton de verre, et peu à peu la surface du mercure se découvre complétement et prend un aspect métallique, de terne qu'elle était auparavant. Toutes les poussières sont dans l'intérieur, à la partie inférieure de la cuve, et la surface se couvrira de nouveau de poussière quand je retirerai le bâton de verre.

Quelle est la conséquence, messieurs, de cette épreuve si simple, mais si grave, pour le point qui nous occupe? C'est qu'il n'est pas possible de manipuler sur la cuve à mercure sans faire pénétrer dans l'intérieur du vase les poussières qui sont à sa surface. C'est vrai, M. Pouchet a éloigné les poussières en se servant de gaz oxygène, d'air artificiel; il a éloigné les germes qui pouvaient être dans l'eau, dans le foin; mais ce qu'il n'a pas éloigné, ce sont les poussières, et par suite les germes qui sont à la surface du mercure.

Mais je vais cependant au delà de l'expérience. Je viens de démontrer qu'il est impossible de manipuler sur la cuve à mercure sans introduire dans le vase les poussières qui sont à la surface. Mais quand je dis les poussières et que j'ajoute par conséquent les germes, je vais plus loin que l'expérience. Que reste-t-il donc à faire? Il faut que j'arrive à établir que les poussières qui flottent dans l'air renferment des germes d'organismes inférieurs. Eh bien, messieurs, il n'y a rien de plus simple, quel que soit le lieu du globe où l'on opère, que de réunir les poussières qui sont dans l'air, de les examiner au microscope, d'étudier leur composition et de voir ce qu'elles renferment.

Voici un tube de verre qui est ouvert à ses deux extrémités.

Vous avez vu tout à l'heure qu'il y avait de la poussière dans cette salle, qu'il y en a partout. Je suppose que je place l'extrémité du tube de verre à ma bouche et que j'aspire. En aspirant, je fais entrer dans ma bouche, dans l'intérieur de mes poumons, les poussières qui sont en suspension dans l'air. Si je veux prolonger cette aspiration, je n'aurai qu'à mettre en communication l'extrémité du tube avec un vase rempli d'eau.

On entend aussitôt le bruit de l'aspiration. Par conséquent, il est évident que la poussière passe dans l'intérieur du tube.

Or, si je place dans ce tube une petite bourre de coton, il est bien clair que si la bourre de coton n'est pas trop tassée de manière à intercepter le passage de l'air, la poussière va rester en grande partie en presque totalité sur le coton. Je suppose que l'expérience soit faite : voici une de ces bourres ainsi chargées. Les personnes qui sont à petite distance peuvent voir qu'elle en est presque noire. Quoi de plus simple que de mettre un peu d'eau dans ce verre de montre, où je dépose cette bourre de coton, de la malaxer entre les doigts et de faire tomber sur une lame de verre une goutte de cette eau qui tient en suspension la poussière, de laisser l'eau s'évaporer, de rajouter une seconde, puis une troisième goutte et ainsi de suite. On accumulera ainsi sur cette lame de verre une grande quantité de la poussière qui était sur la bourre de coton, alors on observera au microscope. Or, en agissant ainsi ou par un moyen un peu plus compliqué, dans le détail duquel je n'entre pas, voici ce que l'on observe. — M. Duboscq va projeter sur le tableau l'image des poussières recueillies dans l'atmosphère.

Vous y voyez beaucoup de choses amorphes, de la suie, du carbonate de chaux, peut-être de petits fragments de laine, de soie, de coton, enlevés à vos vêtements. Mais au milieu de ces choses amorphes, vous apercevez des corpuscules tels que ceux-ci, qui sont évidemment des corpuscules organisés. Vous voyez donc qu'il y a toujours associés aux poussières amorphes qui flottent dans l'air des corpuscules organisés. Si vous preniez la dimension de ces corpuscules, que vous placiez à côté une de ces graines de moisissure dont je vous ai montré le mode de germination, il serait impossible au plus habile naturaliste d'établir la moindre différence entre ces objets. Ce sont là, messieurs, les germes des êtres microscopiques.

Je pourrais maintenant par un artifice particulier, en brisant d'une certaine façon l'extrémité de ces vases dans lesquels il y a des infusions organiques très-altérables au contact de l'air atmosphérique ordinaire, mais qui ne s'altèrent pas ici parce que l'air renfermé dans ces vases a été porté à une température très-élevée et a été ainsi rendu impropre à provoquer l'apparition des êtres microscopiques, vous montrer qu'on peut semer dans l'intérieur de ces vases les corpuscules qui sont en suspension dans l'air, et reconnaître au bout de deux ou trois jours que les vases ainsi ensemencés donnent lieu à des êtres microscopiques. Je pourrais, d'autre part, recueillir les corpuscules de l'air sur de l'amiante, et ensemencer celle-ci après l'avoir fait brûler dans la flamme pour détruire les corpuscules. Dans ce cas, l'infusion reste parfaitement intacte, comme si l'on n'avait rien semé. Donc, ces corpuscules sont bien évidemment des germes, et vous en aurez encore tout à l'heure d'autres preuves non moins convaincantes.

Mais, messieurs, j'ai hâte d'arriver à des expériences, à des démonstrations si saisissantes, que vous ne voudrez retenir que celles-là.

Nous avons prouvé tout à l'heure que M. Pouchet s'était trompé, parce qu'il avait employé dans ses premières expériences une cuve à mercure.

Supprimons l'emploi de la cuve à mercure, puisque nous avons reconnu qu'elle donnait lieu à des erreurs inévitables. Voici, messieurs, une infusion de matière organique d'une limpidité parfaite, limpide comme de l'eau distillée, et qui est extrêmement altérable. Elle a été préparée aujourd'hui. Demain déjà elle contiendra des animalcules, de petits infusoires ou des flocons de moisissures.

Je place une portion de cette infusion de matière organique dans un vase à long col, tel que celui-ci. Je suppose que je fasse bouillir le liquide et qu'ensuite je laisse refroidir. Au bout de quelques jours, il y aura des moisissures ou des animalcules infusoires développés dans le liquide. En faisant bouillir, j'ai détruit les germes qui pouvaient exister dans le liquide et à la surface des parois du vase. Mais comme cette infusion se trouve remise au contact de l'air, elle s'altère comme toutes les infusions.

Maintenant je suppose que je répète cette expérience, mais qu'avant de faire bouillir le liquide, j'étire à la lampe d'émailleur le col du ballon, de manière à l'effiler, en laissant toutefois son extrémité ouverte. Cela fait, je porte le liquide du ballon à l'ébullition, puis je le laisse refroidir. Or, le liquide de ce deuxième ballon restera complétement inaltéré, non pas deux jours, non pas trois, quatre, non pas un mois, une année, mais trois et quatre années, car l'expérience dont je vous parle a déjà cette durée. Le liquide reste parfaitement limpide, limpide comme de l'eau distillée. Quelle différence y a-t-il donc entre ces deux vases? Ils renferment le même liquide, ils renferment tous deux de l'air, tous les deux sont ouverts. Pourquoi donc celui-ci s'altère-t-il, tandis que celui-là ne s'altère pas? La seule différence, messieurs, qui existe entre les deux vases, la voici : Dans celui-ci, les poussières qui sont en suspension dans l'air et leurs germes peuvent tomber par le goulot du vase et arriver au contact du liquide où ils trouvent un aliment approprié, et se développent. De là, les êtres microscopiques. Ici, au contraire, il n'est pas possible, ou du moins il est très-difficile, à moins que l'air ne soit vivement agité, que les poussières en suspension dans l'air puissent entrer dans ce vase. Où vont-elles? Elles tombent sur le col recourbé. Quand l'air rentre dans le vase par les lois de la diffusion et les variations de température, celles-ci n'étant jamais brusques, l'air rentre lentement et assez lentement pour que ses poussières et toutes les particules solides qu'il charrie tombent à l'ouverture du col, ou s'arrêtent dans les premières parties de la courbure.

Cette expérience, messieurs, est pleine d'enseignements. Car remarquez bien que tout ce qu'il y a dans l'air, tout, hormis ses poussières, peut entrer très-facilement dans l'intérieur du vase et arriver au contact du liquide. Imaginez ce que vous voudrez dans l'air, électricité, magnétisme, ozone, et même ce que nous n'y connaissons pas encore, tout peut entrer et venir au contact de l'infusion. Il n'y a qu'une chose qui ne puisse pas rentrer facilement, ce sont les poussières en suspension dans l'air, et la preuve que c'est bien cela, c'est que si j'agite vivement le vase deux ou trois fois, dans deux ou trois jours il renferme des animalcules et des moisissures. Pourquoi? Parce que la rentrée de l'air a eu lieu brusquement et a entraîné avec lui des poussières.

Et par conséquent, messieurs, moi aussi, pourrais-je dire, en vous montrant ce liquide : J'ai pris dans l'immensité de la création ma goutte d'eau, et je l'ai prise toute pleine de la gelée féconde, c'est-à-dire, pour parler le langage de la science, toute pleine des éléments appropriés au développement des êtres inférieurs. Et j'attends, et j'observe, et je l'interroge, et je lui demande de vouloir bien recommencer pour moi la primitive création; ce serait un si beau spectacle! Mais elle est muette! Elle est muette depuis plusieurs années que ces expériences sont commencées. Ah! c'est que j'ai éloigné d'elle, et que j'éloigne encore en ce moment, la seule chose qu'il n'ait pas été donné à l'homme de produire, j'ai éloigné d'elle les germes qui flottent dans l'air, j'ai éloigné d'elle la vie, car la vie c'est le germe et le germe c'est la vie. Jamais la doctrine de la génération spontanée ne se relèvera du coup mortel que cette simple expérience lui porte.

Cependant, messieurs, on peut encore aller plus loin. Il y a une circonstance qui a singulièrement obscurci le sujet qui nous occupe. Vous savez tous que le jus de raisin ne s'altère pas, ne fermente pas, tant qu'il n'a pas eu le contact de l'air. Tant que le grain est attaché à la grappe, le jus qui est dans l'intérieur du grain ne fermente pas. Mais dès que le grain se trouve déchiré et que le jus est exposé à l'air, il s'altère, et si vous examinez alors ce jus au microscope, vous y voyez une petite végétation, c'est celle que je vous ai montrée tout à l'heure.

Gay-Lussac le premier a reconnu qu'il suffisait de

mettre au contact d'une grande quantité de jus de raisin une bulle d'air pour provoquer la fermentation, et, par conséquent, la production de cette végétation cryptogamique. Ce fait a été peu à peu, sans preuves bien étudiées, étendu à toutes les infusions de matières organiques; par exemple, on disait : Prenez une conserve d'Appert et mettez-la au contact de l'air, ou seulement introduisez dans l'intérieur de la conserve une très-petite quantité d'air, la conserve s'altérera, et si vous l'examinez au microscope, vous y trouverez des animalcules infusoires et des moisissures. Alors les partisans de la génération spontanée ont fait l'objection suivante : ils ont dit à leurs adversaires : Mais comment voulez-vous qu'il y ait dans l'air atmosphérique assez de germes d'êtres microscopiques pour que la plus petite bulle d'air renferme les germes qui peuvent se développer dans toutes les infusions organiques, cela n'est pas possible. S'il en était ainsi, il y aurait dans l'air encombrement de matière organique, elle y formerait un brouillard épais. Je crois même que M. Pouchet a dit : « Cela formerait un brouillard dense comme du fer. »

Je me rappelle qu'au moment où j'ai commencé à m'occuper de ces études, cette objection me paraissait difficile à résoudre. Je ne comprenais pas que chaque petite bulle d'air pût fournir à chaque infusion les germes propres à cette infusion. Cette objection est donc sérieuse, mais à quelle condition, c'est que la base sur laquelle elle s'appuie soit une base solide. Eh bien, je vais vous démontrer qu'il est absolument faux qu'une petite quantité d'air, prise en n'importe quel point de la surface du globe, soit capable de provoquer le développement d'organismes microscopiques dans une infusion quelle qu'elle soit.

Je prends une matière organique parfaitement limpide, tellement altérable que demain vous la verriez toute trouble, pourvu que la température soit de 15 à 25 degrés.

Je place dans un vase une certaine quantité de cette infusion très-putrescible, j'étire le col, puis je fais bouillir le liquide. L'air qui était dans le ballon est forcé d'en sortir par le dégagement de la vapeur d'eau. D'ailleurs, en chauffant le liquide jusqu'à 100 degrés, je détruis la fécondité des germes que l'air a pu y apporter.

Au moment où le liquide est en ébullition depuis quelques minutes, je ferme, à l'aide d'une lampe d'émailleur, l'extrémité du tube, en faisant fondre le verre, puis je laisse refroidir. (Voici des vases préparés de cette manière.) Ces vases, par conséquent, sont vides d'air, et, au point de vue de la génération spontanée, tout aussi bien qu'à celui de la doctrine contraire, il n'est pas possible que le liquide qu'ils contiennent s'altère. Je suppose maintenant que je brise leur col; vous entendez un sifflement : c'est l'air qui est entré avec force dans le ballon, parce que le vide y existait. Je le referme alors. Qu'y a-t-il dans ce vase? Une infusion de matière organique très-altérable, putrescible; et quoi encore? De l'air ordinaire, de l'air de cette salle, qui est entré avec force, entraînant avec lui toutes les poussières qu'il tient en suspension.

Si la génération spontanée existe, le liquide va s'altérer, il n'est pas possible qu'il en soit autrement. En effet, cela arrive ainsi; mais il s'altère seulement dans certains cas, c'est-à-dire que si je prends, par exemple, vingt ballons tels que celui-ci, préparés comme je l'ai indiqué il y a un instant, que j'ouvre, ainsi que je l'ai fait tout à l'heure, ces vingt ballons, que je les referme ensuite, et que j'abandonne ces vases dans une étuve, il arrive constamment, c'est l'expérience qui le démontre, et rien au monde ne peut détruire la puissance de ce fait, il arrive constamment qu'un certain nombre de ces ballons restent entièrement inaltérés, sans qu'il s'y développe le moindre animalcule, la moindre moisissure. Par conséquent, messieurs, la génération spontanée n'existe pas. Quoi de plus impossible, en effet, qu'un tel résultat dans l'hypothèse de la génération spontanée ! Au contraire, quoi de plus naturel, je dis plus, quoi de plus nécessaire dans la doctrine adverse! En effet, s'il est vrai qu'il existe des germes dans l'air, il y a évidemment dissémination de ces germes, il est clair qu'il y en a ici, et que là il n'y en a pas. Qui dit dissémination aérienne des germes dit absence de continuité de la cause des générations spontanées. Aussi savez-vous ce qui est arrivé? Les partisans de la génération spontanée disent : Cela n'est pas vrai. C'est-à-dire qu'ils nient l'évidence. Et quand est-ce que le nombre des ballons qui ne s'altèrent pas sera le plus considérable? C'est évidemment quand on s'éloignera des lieux habités, où il y a beaucoup de poussière, des lieux bas, humides, marécageux, quand on s'élèvera sur des montagnes ou qu'on descendra dans les profondeurs de la terre. Allez, par exemple, sur un glacier, sur la Mer de glace, il est bien clair que l'air, quoique renfermant encore des poussières, en renferme moins que dans cette salle.

J'ai fait, messieurs, toutes ces expériences. Parmi les vases que je vous présente, il en est qui ont été ouverts dans un appartement, dans un laboratoire, dans un jardin, sur le Jura, à huit cent et tant de mètres d'élévation; d'autres qui ont été ouverts sur la Mer de glace. Sur la Mer de glace, j'en ai ouvert vingt. Un seul s'est altéré. C'est le 22 septembre 1860 que j'ai fait cette expérience. Et croyez-vous par hasard qu'il y ait quelque chose dans ces liquides qui les ait empêchés de s'altérer? Brisez le col de ces ballons; demain, après-demain au plus tard, il y aura des organismes si la température des ballons est de 20 à 25 degrés. Dix-neuf ballons sur vingt sont restés intacts parmi ceux du Montanvert, douze parmi ceux du Jura, et quinze parmi ceux qui ont été ouverts dans la campagne au pied du Jura.

Je vous disais tout à l'heure que plus on s'éloignait des habitations, moins il y a de germes dans l'air, et plus grand est le nombre des ballons qui ne s'altèrent pas.

Inversement, plus on se rapproche des habitations, et plus grand est le nombre des ballons qui s'altèrent. J'en ai eu une preuve intéressante et que je dois vous raconter. J'avais emporté, pour refermer mes ballons sur la Mer de glace, une lampe à jet d'alcool. J'ouvre mes vingt ballons, et me mets en mesure de les refermer. Chose singulière ! le soleil donnant sur la glace, la blancheur de la glace était telle qu'il me fut impossible de distinguer le jet d'alcool enflammé, que le vent rendait d'ailleurs un peu mobile. Je ne suis pas parvenu à maintenir sur l'extrémité effilée du col le jet de la flamme assez longtemps pour pouvoir en fermer l'ouverture : je ne la voyais pas. Vous me direz : Vous auriez pu faire ombre autour de votre lampe avec vos vêtements. Oui; mais les vêtements auraient été une source de poussière, et j'aurais couru risque d'introduire dans l'air que je voulais recueillir précisément ce que j'avais intérêt à éloigner. Je fus obligé de passer la nuit à la petite auberge du Montanvert, et de recommencer l'expérience le lendemain avant le lever du soleil, avec une autre série de vingt ballons.

Je ne refermai que le lendemain les vingt ballons rapportés à l'auberge, qui avaient donc été exposés une nuit, ouverts, aux poussières de la chambre que j'occupais. Eh bien ! savez-vous combien il y en eut qui s'altérèrent? Treize sur vingt.

Messieurs, si l'heure avancée ne m'obligeait de finir, j'aurais pu vous montrer en terminant les liquides les plus altérables qu'il y ait au monde, au moins ceux qui ont cette réputation, le sang et l'urine, prélevés par un artifice particulier dans les veines ou dans la vessie d'animaux vivants en pleine santé, exposés ensuite au contact de l'air, mais de l'air privé de ses germes, de ses poussières, et je vous aurais fait voir que ces liquides ne sont pas le moins du monde altérés. Cette expérience date du mois de mars 1863. L'urine conserve jusqu'à son odeur; il n'y a aucune espèce de putréfaction. Il en est de même du sang. Et remarquez qu'il s'agit de liquides qui n'ont subi aucune élévation de température. Jusqu'à présent j'avais toujours fait bouillir les liquides; mais ce sang et ces urines sont tels qu'ils étaient quand on les a pris sur des animaux vivants. Donc, encore une fois, la génération spontanée des êtres microscopiques est une chimère.

Non, il n'y a aucune circonstance aujourd'hui connue dans laquelle on puisse affirmer que des êtres microscopiques sont venus au monde sans germes, sans parents semblables à eux. Ceux qui le prétendent ont été le jouet d'illusions, d'expériences mal faites, entachées d'erreurs qu'ils n'ont pas su apercevoir ou qu'ils n'ont pas su éviter.

Maintenant, messieurs, il y aurait un beau sujet à traiter : c'est celui du rôle, dans l'économie générale de la création, de quelques-uns de ces petits êtres qui sont les agents de la fermentation, les agents de la putréfaction, de la désorganisation de tout ce qui a eu vie à la surface du globe. Ce rôle est immense, merveilleux, vraiment émouvant. Un jour peut-être me sera-t-il donné de vous exposer ici quelques-uns de ces résultats. Dieu veuille que ce soit encore en présence d'une aussi brillante assemblée !

PHYSIOLOGIE COMPARÉE.

COURS DE M. POUCHET.

(MUSÉUM D'HISTOIRE NATURELLE DE ROUEN.)

Les générations spontanées (1).

Deux opinions sont en présence au sujet des animaux et des plantes qui apparaissent partout où une substance organique se décompose.

Quelques savants pensent que l'atmosphère charrie tous les promoteurs de cette incommensurable fécondité qui se manifeste au milieu de toutes les matières abandonnées à la fermentation ou à la putréfaction.

D'autres, pour la plupart physiologistes, croient que l'air ne recèle nullement dans les proportions convenables les œufs et les semences qu'il faudrait qu'il contînt pour cela, et que les plantes ou les infusoires qui surgissent partout où une substance organique s'altère, s'y développent par génération spontanée.

Ceux qui soutiennent la première de ces opinions sont vulgairement appelés *panspermistes ;* les partisans de la seconde, *hétérogénistes.*

Les naturalistes se sont servis de trois moyens pour arriver à la connaissance de la vérité : de la micrographie, des expériences chimiques et des expériences physiologiques.

I. — MICROGRAPHIE ATMOSPHÉRIQUE, OU LES FAITS DÉMONTRÉS.

Nous n'en sommes plus à l'époque de Bonnet et de Spallanzani, dont on nous reproduit sans cesse les idées. Grâce à nos instruments qui amplifient quinze cents fois le diamètre des objets, ou qui coupent un millimètre en dix mille parties, la micrographie atmosphérique a acquis un grand degré de certitude, et elle a anéanti toutes ces frivoles hypothèses qui avaient tant de crédit durant le siècle dernier, et prêtaient une si grande animation au style épistolaire de nos devanciers. On peut facilement dresser le catalogue des corpuscules de l'air, à l'aide de cinq moyens, soit en observant simplement la poussière, l'eau ou la neige, soit en employant l'aéroscope ou l'examen des organes respiratoires des animaux.

En opérant sur la poussière au repos, que l'on rencontre dans les solitaires détours de nos vieux monuments, on peut recueillir le dépôt de corpuscules de

(1) Consulter sur ce sujet les récents travaux qui suivent : POUCHET, *Nouvelles recherches sur la génération spontanée.* Paris, 1864, Victor Masson et fils. — MANTEGAZZA, *Sulla generazione spontanea note sperimentali.* Milan, 1864. — JOLY, *Examen critique du mémoire de M. Pasteur relatif aux générations spontanées.* Toulouse, 1864.

plusieurs millions de mètres cubes d'air, et retrouver tout ce qui, depuis un certain nombre de siècles, en a altéré la pureté.

La neige, en tombant à gros flocons, recueille aussi, avec une grande perfection, tous les détritus de l'air. Tant qu'il gèle, la blancheur de celle-ci n'en est nullement altérée; mais quand la neige fond, les corpuscules, en se rassemblant à la surface de celle-ci, y forment une couche épaisse et d'un noir sale. Dans 500 grammes de neige fondue à vaisseaux clos, j'ai rencontré jusqu'à 57 milligrammes de ces corpuscules.

L'aéroscope, qui rassemble sur une lame de verre les moindres corpuscules qui flottent dans l'atmosphère, et à l'aide duquel on étire, si on le veut, un décimètre cube d'air sur plusieurs lieues de longueur, a amplement contribué à élucider la micrographie atmosphérique. En employant cet instrument, le docteur Eiselt a découvert dans l'air le pus d'une ophthalmie contagieuse qui sévissait dans un hôpital de Prague.

Enfin, en faisant passer des courants d'eau distillée dans les plus fines divisions de l'appareil respiratoire des animaux, on y recueille aussi une foule de corpuscules que l'air y apporte à chaque inspiration. On en rencontre même jusque dans la profondeur des os pneumatiques des oiseaux; et ces corpuscules s'engouffrent si abondamment dans ceux-ci, qu'en les y recueillant, leur examen traduit ostensiblement les mœurs de chacune des espèces. Chez les oiseaux qui n'habitent que les forêts, on ne trouve que des parcelles végétales. Chez ceux qui vivent tantôt dans celles-ci et tantôt dans nos villes, on découvre un mélange de tout ce qui appartient à la civilisation et aux campagnes : telles sont nos corneilles. Un paon, habitant une somptueuse demeure, avait ses os remplis de filaments de laine et de soie des plus belles couleurs, qui n'étaient que des vestiges des travaux ou des riches vêtements des châtelaines dont il embellissait la basse-cour.

Quel que soit le procédé dont on se serve pour étudier les corpuscules de l'air, on reconnaît que ceux-ci se composent essentiellement des débris du sol, de nos habitations, de nos vêtements et de notre nourriture. Aussi, plus on expérimente près des grandes villes, plus on reconnaît que l'atmosphère est surchargée de corpuscules. En pleine mer et sur les hautes montagnes de l'Europe, nous avons reconnu que ceux-ci étaient d'une grande rareté. Il en est de même dans la profondeur des cavernes.

Après les débris diversicolores des étoffes de nos vêtements, ce qui abonde le plus dans l'air, c'est la fécule normale ou panifiée des diverses espèces de céréales dont se nourrit l'homme, et c'est elle que quelques savants ont confondue avec des œufs atmosphériques. Ce qu'il y a même d'extrêmement notable dans ce fait, c'est que fréquemment la fécule qui flotte dans l'air y a contracté une teinte d'un beau bleu, analogue à celle que lui donne l'iode.

Lorsque nous annonçâmes ce fait pour la première fois, on le récusa. Mais nous avons montré que telle était l'abondance de la fécule dans l'air, que chacune des mouches qui y voltigent en recueille assez sur ses ailes, dans nos cités, pour qu'on y en trouve parfois vingt à trente grains.

Nous avons découvert de la fécule, non-seulement dans les dépôts récents de l'atmosphère, mais encore dans la poussière de nos monuments gothiques, noircie par cinq ou six siècles d'ancienneté. Nous en avons même rencontré dans les hypogées de la Thébaïde, où elle datait peut-être de l'époque des Pharaons!

Parmi les corpuscules de l'air de nos villes, il faut aussi ranger la fumée. On y en rencontre d'abondantes parcelles, parmi lesquelles un œil exercé distingue même la fumée de nos foyers, provenant de la combustion du bois, de celle de nos usines, où l'on emploie le charbon de terre.

Il n'y a qu'une chose qui manque essentiellement dans l'air, ce sont les œufs et les semences que les panspermistes disent y abonder. Si cela était vrai, comme pour subvenir à la fécondité qui s'observe partout, chaque centimètre cubique doit en contenir beaucoup, on pourrait les montrer, ce que l'on ne fait jamais. La poussière au repos recueillie dans un monument ancien offrant parfois le dépôt de plusieurs millions de mètres cubiques d'air, devrait en recéler énormément, et cependant le micrographe le plus exercé n'y en voit pas un seul.

On a dit qu'en faisant passer de l'air à travers du coton, on en recueillait facilement les œufs et les spores. Ceux-ci, avec nos excellents microscopes, comme nous vous le faisons voir chaque jour, peuvent s'apercevoir de la grosseur d'un grain de vesce, et même plus; aussi peut-on les montrer partout où il y en a. Jamais encore on ne l'a fait, et l'on s'est borné à ne discourir que sur les corps reproducteurs invisibles des vibrions et des monades.

Une expérience dont l'appareil est sous vos yeux démontre jusqu'à l'évidence que la panspermie n'est qu'une hypothèse sans valeur. Je prends une décoction susceptible de donner des millions de paramécies au bout de cinq ou six jours; et, comme pendant ce temps on n'observe pas de scissiparité, pas de ponte, il faut par conséquent, d'après les errements des panspermistes, que chacun de ces microzoaires provienne d'un œuf aérien. Le liquide est confiné dans un décimètre cube d'air. Pour l'intelligence de l'expérience, disons que ce liquide présente seulement un million de paramécies.

Au moment où je commence cette expérience, je fais passer à travers un globule de coton un décimètre cube du même air. Il est évident que, si la panspermie est vraie, je devrai rencontrer dans ce globule de coton environ un million d'œufs de paramécies, et cependant l'observation microscopique n'en fait pas découvrir un seul.

Je fais plus, je continue encore l'expérience. Puis, après avoir fait traverser ce globule de coton par 100 décimètres cubes d'air, qui devraient le remplir de 100 millions d'œufs, je l'examine de nouveau au microscope, et je n'en rencontre pas plus que précédemment!

L'illustre Richard Owen a calculé qu'il existait parfois plus de 500 millions d'animalcules dans une seule goutte d'eau. Aussi, si la dissémination aérienne était réelle, l'atmosphère serait encombrée des prétendus germes des panspermistes, et absolument imperméable pour nous. Il y a tant et tant d'espèces végétales et animales qui se développent sur les corps en putréfaction, qu'on a calculé, et ce calcul n'est pas exagéré, que, pour subvenir à l'incommensurable fécondité qu'on prête à l'air, il faudrait que chacun de ses millimètres cubiques tînt constamment 6 milliards 250 millions d'œufs ou spores en disponibilité.

Ce sont des suppositions effrayantes. Les hétérogénistes n'ont jamais poussé si loin leur témérité.

Si tant d'expériences accablantes, tant de recherches inutiles, ne démontraient l'inanité de la panspermie, je pourrais me borner à en appeler à votre raison.

Lorsque des physiologistes de la valeur de de Baër, Hensche, Burdach, Ehrenberg, Mantegazza, R. Wagner, R. Leuckart, Joly, Schaffhausen et Wyman, viennent affirmer n'avoir jamais pu découvrir d'œufs ou de spores dans l'air, qui doit-on croire, ou de ces savants qui sont tous là dans leur domaine, ou d'un habile chimiste qui, presque seul, prétend que l'atmosphère en est bourrée?

Mis en demeure de nous montrer leurs trop fameux *germes*, les panspermistes ont eu de continuelles défaillances. Ce serait cependant facile, si leur doctrine avait quelque fondement.

On trouve de tout dans l'air, de tout ce qui nous environne, de tout ce qui est employé pour nos besoins et pour nos plaisirs. De tout enfin, excepté de ces introuvables œufs dont on nous parle sans cesse, et que l'on ne nous montre jamais, jamais!

II.— Les expériences chimiques, ou les voies anciennes.

Plusieurs savants, dans l'intention de démontrer que l'air était rempli de ce qu'ils appelaient des *germes*, tourmentaient diversement, soit celui-ci, soit les liqueurs fermentescibles employées dans leurs expériences.

Spallanzani faisait bouillir celles-ci jusqu'à trois quarts d'heure avant de sceller hermétiquement ses ballons.

Le savant jésuite Needham, très-partisan des générations spontanées, lui reprochait avec raison de torturer toutes ses substances, et de paralyser les phénomènes biologiques. C'est encore là qu'en sont aujourd'hui les chimistes.

Schultze ne laissait pénétrer l'air dans ses fioles à médecine qu'en le lavant dans de l'acide sulfurique concentré.

Nous avons prouvé que cette expérience n'était pas sérieuse, et que bien conduite, elle fournissait toujours des proto-organismes.

Schwann calcinait ce même air lorsqu'il rentrait dans ses ballons.

Cette expérience fut acclamée par les chimistes comme l'*ultimatum* de la science. Mais c'était en lui prêtant une portée que ne lui avait pas donnée le célèbre Allemand. En effet, Schwann ayant reconnu que certaines substances se putréfiaient dans l'air calciné, ne pouvait rationnellement admettre que, pour les unes, la température rouge brûlait les *germes*, tandis qu'elle les laissait intacts pour les autres.

Déjà Ingenhousz avait recueilli des organismes dans de l'air deux fois calciné. L'illustre Mantegazza, qui le premier, dans ces dernières années, a répété l'expérience fameuse, a obtenu un semblable résultat; il en a été de même de MM. Joly et Musset, auxquels on doit de beaux travaux sur les générations spontanées; et M. Wymann, professeur de physiologie à l'université de Cambridge, a également vu se développer des proto-organismes dans un liquide qui avait subi deux heures d'ébullition, à la pression de deux atmosphères et demie, et qui n'était en contact qu'avec de l'air calciné.

Ainsi donc, il ne peut y avoir de doutes: l'expérience tant vantée de Schwann doit être rayée de la science.

Schrœder tamisait l'air à travers du coton. Mais son expérience n'était pas plus exacte. Parfois les substances s'altéraient.

Enfin vient le tour de M. Pasteur. Ce chimiste, dans les expériences auxquelles il semble plus particulièrement s'arrêter aujourd'hui, prend des ballons dans lesquels il introduit un liquide altérable et de l'air atmosphérique.

Les uns, après un certain temps, se remplissent d'organismes, tandis que les autres n'en présentent nullement. Ce savant en infère que là l'air contient des œufs ou des semences en suspension, tandis que dans l'endroit voisin il en est absolument vierge.

La panspermie générale n'était pas tenable; la panspermie limitée que vient d'inventer l'habile chimiste ne l'est pas davantage.

Vos expériences, pourrait-on lui dire, nous font rétrograder d'un siècle; elles ne sont qu'une réminiscence de celles de l'école de Pavie; et, après tant d'années, nous sommes forcé de leur adresser les mêmes objections que leur faisait le collaborateur de Buffon.

Aussi, en paraphrasant une apostrophe célèbre de l'un de nos orateurs, je puis également m'écrier : « Je vous » connais, monsieur Pasteur, il y a cent ans, vous vous » nommiez l'abbé Spallanzani, et moi, je suis votre » Needham! »

Votre argumentation date encore d'une époque plus reculée, c'est de la dialectique du XIIIe siècle. Jamais la scolastique n'a poussé plus loin la témérité de la parole et sa nébuleuse logique.

Nous allons le prouver.

Êtes-vous forcé de reconnaître que l'expérience de Schwann est fausse? Renversant toutes les notions de la physiologie, vous admettez, malgré l'autorité des Bulliard, des Schwann, des Milne Edwards, des Cl. Bernard et des H. Hoffmann, que des œufs et des semences résistent une dizaine de minutes à l'ébullition! Vos partisans vont même plus loin. Depuis l'expérience de J. Wyman, on les voit oser dire qu'une ébullition de huit heures et la température du rouge blanc ne suffisent pas pour tuer d'invisibles œufs ou d'impalpables semences! Sommes-nous au XIXe siècle?

Ailleurs, troublé par la fécondité des appareils des hétérogénistes, vous l'expliquez triomphalement à l'Académie ou dans vos leçons, en prétendant que c'est le mercure qui peuple leurs ballons, et... ils ne l'emploient seulement pas, à l'instar de J. Wyman; ou ils le font chauffer comme Mantegazza, Joly et Musset, ce qui revient au même!...

L'oscillation que le savant directeur de l'École normale observe dans ses ballons, tient tout simplement à ce que son mode expérimental, absolument chimique, torture les facteurs de l'opération; et que, comme il emploie une liqueur faiblement putrescible, parfois celle-ci ne fermente pas.

Mais, au contraire, les hétérogénistes, en réunissant tous les éléments biologiques favorables, et en employant des substances plus altérables, obtiennent constamment des animaux ou des plantes dans leurs appareils.

Un décimètre cube d'air pris dans les villes, sur les montagnes, au milieu de la mer ou dans la profondeur des grottes, dans leurs mains est toujours fécond.

Si M. Pasteur rapportait du Montanvert des ballons stériles, MM. Joly, Musset et nous, en nous élevant beaucoup plus haut dans les Pyrénées, et jusque sur les glaciers de la Maladetta, nous en redescendions avec des ballons remplis d'animalcules. Les pics de l'Aragon, plus sauvages et plus altiers que le mont Blanc des dames, venaient lui donner un splendide démenti.

L'étude de la micrographie atmosphérique nous a prouvé qu'il n'existait ni œufs, ni spores dans l'air. L'expérience qui suit confirme cette assertion, et démontre que les expériences d'ensemencement sont absolument illusoires. Dans celles-ci, on sème l'inconnu et l'on récolte le produit du hasard.

Je fis, à cet effet, des expériences sur des proportions colossales, afin de paralyser toutes les objections. J'employai une machine à vapeur de la force de 8 chevaux, et dont le puissant ventilateur, à l'aide de ses 1500 tours par minute, en moins de six heures, remplirait d'air toute la vaste nef de Notre-Dame de Paris. Dans des bocaux d'un litre et de deux litres de contenance, on prépara diverses macérations. Ces bocaux furent ensuite placés dans le large conduit que l'air parcourt pour se rendre à un haut fourneau; et le ventilateur fut mis en marche avec une vitesse modérée, afin de permettre aux *germes* organiques de s'arrêter plus facilement à la surface des liquides, qu'on avait, dans ce but, hérissée d'aspérités, en faisant saillir de place en place quelques tiges des végétaux en macération. La vitesse du ventilateur fut réduite, à cet effet, à 500 tours par minute. Les bocaux restèrent exposés à son courant pendant deux heures; et l'on calcula que, durant ce temps, un volume de 6 millions de litres d'air environ les avait frappés.

Il est évident que, si l'air est le réceptacle des germes, et que si c'est lui qui les disperse, les vases qui ont été labourés par 6 millions de mètres cubes de ce fluide doivent contenir 6 millions de fois plus d'animalcules que ceux qui n'ont été en contact qu'avec une atmosphère d'un litre d'air; l'expérience prouva, au contraire, qu'il y avait autant d'animalcules dans les uns que dans les autres. Il nous semble qu'un fait semblable suffit seul pour constater que l'hétérogénie, dans cette circonstance, est l'unique source de toute vitalité.

L'observation démontre elle-même qu'il n'existe point d'œufs ni de spores dans l'air, attendant partout l'occasion de se développer.

On connaît une suite de petites plantes qui n'apparaissent que sur les insectes morts ou malades. Chacun d'eux a la sienne. Et parfois même, si l'animal subit des métamorphoses, une espèce particulière est affectée à la larve, une autre à la chrysalide, et une troisième ne s'observe que sur l'individu parfait. Tel est le cas de l'*Isaria Sphingum* et de l'*Isaria Aranearum*. Y a-t-il donc toujours dans l'atmosphère quelques semences attendant le cadavre d'un papillon ou d'une araignée?

Un frêle champignon, de 10 à 15 centimètres de longueur, le *Cordyceps Robertsii*, ne s'est jamais rencontré que sur l'intervalle des deux derniers anneaux d'une chenille exotique. L'air, dans ses espaces infinis, recèle-t-il donc d'inutiles masses de spores pour n'en ensemencer qu'à de si rares époques un lambeau de peau qui n'a pas plus d'un millimètre carré? N'est-il pas plus rationnel de croire que celui-ci n'est que le produit d'une altération de tissu?

On connaît une bien singulière plante, semblable à un bouchon de cheveux, le *Racodium cellare*, qui n'a jamais été rencontré que dans les celliers, sur nos vieilles futailles. Où donc étaient ses semences avant l'invention de celles-ci, lorsque nos pères mettaient leur vin dans des amphores?

Les levûres ne sont que des spores qui produisent presque autant de végétaux divers qu'il y a de fermentations. Ces semences ont-elles donc été façonnées à l'époque de la création, dans la prévision du moment où le Groenlandais ou le Patagon inventeront une boisson, ou celui où le chimiste va découvrir un produit nouveau dans le silence de son laboratoire?

Un végétal particulier envahit certains sels de baryte, c'est l'*Hygrocrocis barytica*. On ne le connaît que dans ceux-ci. Ses semences ont-elles donc traversé les siècles et les cataclysmes, en flottant dans l'air, pour attendre l'époque à laquelle Scheele, vers 1774, nous faisait connaître ces remarquables corps.

N'est-il pas plus simple, comme la raison l'indique,

de croire qu'en suivant des lois immuables, de nouveaux corps se développent avec les nouvelles combinaisons que forme la nature ou l'homme.

Enserrés de toutes parts, les adversaires de l'hétérogénie n'échappent qu'en inventant des prodiges.

Ainsi, vous le voyez, messieurs, la panspermie succombe en présence même des expériences que ses fauteurs invoquaient comme son palladium; et elle succombe également par le simple fait de l'observation et de l'accablante raison.

III. — Les expériences physiologiques, ou les voies nouvelles.

C'était avec beaucoup de raison que Needham reprochait aux adversaires des générations spontanées de n'offrir que des expériences dans lesquelles ils torturaient tous les corps.

Avec cette perfection expérimentale, qui est une des conquêtes de notre siècle, on devait s'attendre à voir enfin les recherches scientifiques sortir de leurs anciens errements. Le XIXe siècle ne pouvait en rester au XVIIIe.

Aux expériences chimiques les hétérogénistes ont substitué les expériences physiologiques.

A ce qui entrave la genèse spontanée, tout ce qui la favorise.

Aux nébuleuses supputations sur l'invisible, des faits ostensibles.

Aux œufs inapercevables, les œufs tangibles.

Aux monades et aux vibrions, dont on ignore l'essence, les microzoaires ciliés qui sont parfaitement connus.

Voici ce qu'ont fait les savants qui, tels que Pineau, Mantegazza, Joly et Musset, se sont, ainsi que nous, occupés tout dernièrement de cette grande question !

Une des expériences physiologiques les plus propres à démontrer l'absence des œufs atmosphériques et la genèse spontanée est celle qui suit :

On prend une éprouvette et on la remplit d'une macération filtrée propre à engendrer de gros microzoaires ciliés.

On prend ensuite une large cuvette de cristal, à fond très-plan, et l'on verse dedans une égale quantité de la même macération qui remplit l'éprouvette. Celle-ci est ensuite placée au milieu de la cuvette.

Au bout de quatre ou cinq jours, par une température de 20 degrés en moyenne, l'éprouvette présente une membrane proligère et est remplie de *microzoaires ciliés*. La cuvette, au contraire, n'offre qu'une membrane proligère à peine apparente, arachnoïde, et ne contient aucun microzoaire cilié.

Si les œufs tombaient de l'atmosphère, comme le prétendent les panspermistes, il n'y aurait pas de raison au monde qui pût faire que, dans la même portion d'air, l'éprouvette en soit constamment remplie et la cuvette jamais. Celle-ci même, à cause de sa surface bien autrement étendue, devrait en récolter infiniment plus.

Si dans l'éprouvette il y a des microzoaires ciliés, cela tient à ce que, dans l'étroite surface qu'offre le liquide, les cadavres des monadaires et des vibrioniens ont pu former une membrane proligère assez compacte pour devenir un stroma ovigère.

Si, au contraire, dans la cuvette il n'y en a jamais un seul, cela tient à ce que la surface du liquide étant énormément plus considérable, ces mêmes cadavres ne forment qu'une membrane excessivement mince, arachnoïde, et qui ne s'élève point à la puissance d'un *stroma proligère*.

Quand on est assez zoologiste pour fouiller une semblable expérience, on reconnaît qu'il n'a pu y avoir là ni scissiparité, ni reproduction sexuelle, ni génération alternante.

La membrane proligère est si bien l'indispensable producteur des animalcules ciliés, que si l'on emploie un liquide propice à leur existence, en ayant soin de l'enlever, jamais il ne s'en forme un seul.

Ainsi, je remplis une haute éprouvette de cristal avec une liqueur fermentescible. Quand, au bout de quatre ou cinq jours, sa membrane proligère, étant bien formée, produit des myriades de paramécies, je soutire dans une autre éprouvette une partie du liquide à l'aide d'un robinet, et je l'abandonne.

Comme il ne se forme pas dans celle-ci de membrane proligère assez épaisse pour arriver à la puissance d'un stroma, jamais vous n'y rencontrez de microzoaires ciliés; tandis qu'ils continuent à pulluler dans la première éprouvette.

L'expérience de Treviranus suffirait à elle seule pour démontrer l'inanité de la panspermie. Ce grand physiologiste prenait trois verres : l'un était rempli d'une liqueur fermentescible, un autre d'une autre liqueur, et le troisième d'un mélange à parties égales de chacune de celles-ci.

Après un certain nombre de jours, ce dernier était rempli d'organismes absolument différents de ceux des deux autres verres.

Voici, sous vos yeux, cette expérience : il s'est produit dans un verre des organismes blancs, dans un autre des protophytes verts, et dans le mélange des organismes d'un beau bleu d'indigo, que je n'ai encore jamais vus.

Y avait-il donc en suspension dans l'atmosphère, je vous le demande, des semences en prévision du moment où nous allions produire un mélange d'urine et d'eau de sarrasin?

Enfin, une expérience capitale, décisive, que personne n'a niée, renverse à elle seule, anéantit toutes les expériences à vaisseaux clos. Je plonge un flacon dans une cuve de moût de bière en ébullition depuis cinq heures, et quand sous ce liquide bouillonnant il a été rempli, on le bouche hermétiquement et on le retire.

Au bout d'un petit nombre de jours, ce flacon se remplit de levûres diverses.

Aucun des savants de l'école physiologique n'admettrait cependant que les spores de levûre ont pu résister à cinq heures d'ébullition. S'il se forme de ces végétaux, il est là impossible qu'ils proviennent d'une autre origine que de la génération spontanée !

Mais, ce qui domine toute la question, ce qui lui a donné une évidence désormais inattaquable, c'est l'observation directe de l'embryogénie des grands infusoires.

C'est au docteur Pineau qu'est due la gloire d'avoir le premier parfaitement vu et décrit l'apparition des microzoaires ciliés.

Nicolet, Joly, Musset et Schaffhausen ont aussi parfaitement étudié ce phénomène; et nous-même. nous en avons décrit toutes les phases, depuis le moment où les premiers granules se groupent pour former dans la membrane proligère des espèces de nébuleuses qui se transforment en autant d'œufs qu'animent bientôt la gyration et le *punctum saliens*, jusqu'à celui où l'observateur les voit éclore sous ses yeux !

Nous avons déjà fait suivre à divers zoologistes toutes les phases de l'embryogénie des microzoaires; le doute n'est plus permis.

Aussi les hétérogénistes peuvent-ils s'écrier que toutes les expériences chimiques du monde, fussent-elles accumulées à la hauteur de cet amphithéâtre, jamais ne saperont une parcelle de ce qu'ont vu et revu des hommes de la valeur de MM. Pineau, Joly, Nicolet, Schaffhausen et Musset ! — G. Pennetier.

HISTOIRE NATURELLE MÉDICALE.

COURS DE M. BAILLON.

(FACULTÉ DE MÉDECINE.)

Leçon d'ouverture.

L'enseignement pratique de l'Histoire naturelle médicale a été négligé dans ces derniers temps. M. Baillon se propose de le remettre en vigueur. Il engage ses nombreux auditeurs à ne pas se contenter du cours; il faut, dit-il, vérifier les faits: on ne sait bien, en histoire naturelle, que les choses qu'on a vues soi-même. Toutes les facilités seront données aux élèves; il ne leur sera indiqué que des exemples précis, et ils les vérifieront sans peine dans les collections et dans le nouveau jardin de la Faculté. M. le Ministre de l'instruction publique, dont la sollicitude s'étend à toutes les branches de l'enseignement, vient en effet de décider le rétablissement du jardin détruit depuis quelques années. M. Baillon en remercie publiquement M. le Ministre; il remercie non moins vivement M. le Doyen, dont le dévouement intelligent pour la Faculté a déjà été indiqué par d'heureuses améliorations. M. Tardieu a provoqué le rétablissement du jardin botanique, il facilitera de tout son pouvoir l'étude de l'histoire naturelle. Tout nous fait espérer qu'il ramènera ces beaux temps de gloire et de succès des Richard.

L'objet du cours sera l'étude, au point de vue médical, des êtres organisés. Les uns sont les animaux; les autres, d'un intérêt peut-être plus grand par le nombre de médicaments qu'ils fournissent, sont les végétaux. Tous ont la même origine, tous naissent de ce qu'on appelle vulgairement un *germe*.— Le germe doit-il devenir un animal, il sera placé dans un ovule ou dans un œuf, qui n'est qu'un ovule plus complet. S'il est placé dans un ovule, l'animal aura une organisation simple; s'il est placé dans un œuf, l'organisation sera plus compliquée. Doit-il devenir un végétal, il sera placé dans une graine à l'état d'embryon, ou il se présentera sous la forme de spore; dans le premier cas, l'organisation du végétal sera compliquée; dans le second, elle sera très-simple.

Citons quelques exemples de ce dernier cas.

Vous avez déjà vu sans doute ces filaments blancs qui tapissent quelques endroits de la muqueuse buccale dans l'affection connue sous le nom de *muguet;* chaque filament est un champignon, c'est l'*Oïdium albicans*. Comment s'est développé ce parasite? Dans son premier âge, c'était un petit sac à parois hyalines, une *spore* en suspension dans l'air; elle est venue ensuite au contact de la muqueuse, s'y est fixée, et a produit d'autres cellules allongées en filaments.

La maladie des vers à soie appelée *muscardine* est également produite par un végétal parasite, le *Botrytis Bassiana*. Lorsqu'il est à l'état de spore, il vient se fixer sur les orifices des organes respiratoires qu'on remarque sur les parties latérales de l'insecte. Là il se développe, et devient un petit végétal ramifié.

Lorsqu'on veut cultiver le Champignon de couche, le champignon comestible si connu à Paris, on n'a qu'à placer sur du fumier ces longs filaments connus sous le nom de *blanc de champignon*. Bientôt, sur ces filaments, naîtra un pédicule terminé par un chapeau en forme de parapluie. A la face inférieure de ce chapeau sont des lames rayonnantes d'où s'échappe une poussière formée d'une infinité de spores. Ces spores, à leur tour, reproduiront le *mycélium*, ou blanc de champignon.

Toutes les plantes qui, comme celles que nous venons de citer, naissent d'une spore, peuvent se reproduire par spores, ont reçu le nom d'*agames*, parce qu'on a pensé qu'elles n'avaient pas d'organes de reproduction; le nom de *cryptogames* est préférable, car il semble indiquer que ces organes sont difficiles à voir, et que la reproduction est cachée.

Parlons d'une tout autre plante qui, en raison de l'énorme volume de ses fruits et de ses graines, sera un excellent exemple: c'est le Courbaril (*Hymenæa courbaril*), dont on retirait une espèce de résine animé. En examinant une graine, nous voyons à l'extérieur une enveloppe sèche formée de trois tuniques intimement unies. Ce nombre trois n'est pas constant pour les graines de toutes les plantes; l'enveloppe est souvent double, quelquefois unique. Quoi qu'il en soit, elle constitue les *téguments* de la graine.

Sous les enveloppes, est un corps appelé *embryon*, qui est pour le Courbaril ce que la spore est pour le Champignon.

Les plantes qui peuvent se reproduire ainsi au moyen d'un embryon ont reçu le nom de *phanérogames*, afin d'indiquer par cette dénomination que leurs organes de reproduction sont apparents.

On remarque au pourtour de l'embryon une rainure circulaire, et si l'on en écarte les bords, on voit s'éloigner l'une de l'autre deux moitiés qui ne sont pas complétement indépendantes. Elles sont réunies par un petit corps conique, à sommet supérieur, qui proémine entre elles : c'est ce petit corps qui deviendra plus tard la tige, le tronc du Courbaril. On l'appelle la petite tige, la *tigelle*. La tigelle se continue inférieurement par une autre masse conique, à sommet inférieur: c'est cette dernière qui, si l'on met la graine dans les conditions favorables à la germination, s'enfoncera dans le sol et deviendra la racine. Elle s'appelle la *radicule*. Au sommet de la tigelle, on peut voir un renflement constitué par de petites lames concaves emboîtées les unes dans les autres ; ces petites lames deviendront des feuilles, et le renflement qu'elles forment a reçu le nom de *gemmule*. Les deux masses charnues qui cachaient la tigelle ne sont autre chose que les premières feuilles, mais des feuilles épaissies, gorgées de sucs, des *cotylédons*.

Ces mêmes remarques peuvent se faire sur des graines de Lentille, qui ne diffèrent de celles du Courbaril que par leur moindre volume.

Toutes les plantes dont l'embryon porte ainsi deux cotylédons ont été appelées par A. L. de Jussieu plantes *dicotylédonées*. Cette seule présence de deux cotylédons dans l'embryon entraîne, pour le végétal, un mode particulier d'organisation.

Lorsque le Maïs est arrivé à maturité, il porte de longs cylindres jaunes, composés de petites masses qu'on désigne ordinairement sous le nom de grains de Maïs. Or, ces prétendues graines sont de véritables fruits, comme nous le verrons plus loin. Pour obtenir la graine isolée, il suffit d'ôter la pellicule qui recouvre chaque grain. On la voit composée, comme la graine de la Lentille, des téguments et d'un embryon. Cet embryon a sa radicule, sa tigelle munie de sa gemmule, mais son cotylédon est unique. Comme ce cotylédon était sans voisin, rien ne le gênait dans son développement; il a pris la forme d'un capuchon et recouvre presque entièrement la tigelle.

Toutes les plantes dont l'embryon, comme celui du Maïs, ne porte qu'un seul cotylédon, sont dites *monocotylédonées*. La présence d'un seul cotylédon entraîne aussi pour la plante un mode particulier d'organisation.

D'après ce qui vient d'être dit, nous pouvons donc établir dans les plantes deux grands groupes : 1° les *Agames* ou *Cryptogames*, qu'on peut appeler aussi *Acotylédonées*, puisqu'elles n'ont pas d'embryon, et partant pas de cotylédons ; 2° les *Phanérogames*, qui ont un embryon. Les phanérogames dont l'embryon a deux cotylédons seront dites *Dicotylédonées*, celles dont l'embryon n'aura qu'un seul cotylédon porteront le nom de *Monocotylédonées*.

Si, reprenant la graine du Maïs, on la coupe verticalement, on s'aperçoit bientôt que la description qui vient d'en être faite n'est pas complète. En effet, outre les téguments, outre l'embryon qui se trouve à la partie inférieure et un peu latérale, on voit une substance blanche, pulvérulente si la graine est mûre, et en quantité assez considérable.

En quoi cette substance est-elle utile à l'embryon?

Pour répondre à cette question, suivons comparativement la germination de la Lentille et celle du Maïs. Nous verrons, dans le premier cas, les cotylédons maigrir, s'épuiser à mesure que les autres parties de l'embryon grandissent; ils nourrissent l'embryon. Dans le second cas, le cotylédon, maigre, chétif, ne peut avoir le même usage; cependant l'embryon grandit, et en même temps la masse voisine de matière pulvérulente s'appauvrit : elle faisait donc office de réservoir, et les sucs abondants qu'elle contenait devaient plus tard passer à l'embryon.

Il n'est pas inutile de remarquer l'analogie de fonction de ce réservoir avec celle du blanc de l'œuf des oiseaux; c'est ce qui a porté Gærtner à lui donner le nom d'*albumen*. Plus récemment, on a créé de nouvelles dénominations : c'était un périsperme pour de Jussieu, un endosperme pour L. C. Richard, mots qu'il faut se hâter d'oublier, si l'on veut éviter la confusion.

L'étude de l'albumen a son importance au point de vue pratique, car c'est l'albumen qui, dans le Maïs, le Blé, contient beaucoup de fécule ; qui, dans le Ricin, le Croton, fournit les huiles si connues; dans le Café, donne cet arome si agréable, etc.

L'embryon est donc une plante qui n'a plus qu'à grandir. A cette fin, il faut le placer dans des circonstances favorables ; c'est ce que fait l'agriculteur en exécutant les semailles. Toutes les graines n'ont pas besoin de la main de l'homme; il en est qui, dans certaines circonstances, peuvent se semer elles-mêmes : nous voulons seulement parler ici de celles dont l'enveloppe extérieure facilite la dissémination.

Cette enveloppe est, en effet, très-variable d'aspect et de structure chez les graines des différentes plantes. Tantôt le tégument superficiel sera lisse; formé de plusieurs couches, ou même d'une seule couche de cellules, toutes ayant même hauteur. Dans l'Épurge, les dos des cellules sont bombés ; il en résulte une surface à petites proéminences séparées par des dépressions peu sensibles. Dans une jeune graine de Cotonnier, on voit les cellules de la périphérie se bomber d'abord comme celles de l'Épurge, et à mesure que la graine mûrit, l'extrémité bombée s'allonge de plus en plus; elle finit par devenir un tube creux, qui a trente ou quarante fois le diamètre de la graine, et qui n'est autre que le *coton*. Ce mode de développement du coton explique sa structure, et permet de le distinguer d'un brin de fil, de soie ou de laine. Dans les Épilobes, le développement des poils ne se fait plus à toute la surface de la graine, mais seulement à la base; c'est près du sommet, chez les Dompte-venin. Les graines du *Paulownia*, qui, à une certaine époque de l'année, tombent en pluie, doivent leur dissémination à des productions analogues. Cependant ici les cellules ne sont pas restées indépendantes pour devenir des poils, elles sont restées accolées par rangées, et il en est résulté de véritables ailes très-minces.

Dans les exemples précédents, des gaz seuls occupaient l'intérieur de ces productions cellulaires entièrement développées; ces gaz peuvent être remplacés par des produits solides ou liquides, par des principes aromatiques. C'est ainsi qu'à la surface de la Muscade, il se développe une production jaunâtre, le *macis*, qui, par son arome, a les mêmes usages que la graine. Les botanistes ont donné à une telle production le nom d'*arille*. — H. Bocquillon.

CHRONIQUE.

Demain dimanche, 24 avril, se réuniront dans le grand amphithéâtre de l'École de médecine les étudiants qui donnent leur adhésion à l'Association de secours mutuels dont la fondation leur a été proposée par M. le doyen de la Faculté de médecine. Nous ne saurions trop engager les élèves à se rendre à l'appel qui leur est fait. Jusqu'à présent on n'a su s'entendre et agir que dans un parti hostile à tous les progrès; pourquoi la jeunesse des écoles, qui représente la démocratie dans ce qu'elle a de plus généreux, ne saurait-elle pas, elle aussi, veiller par la mutualité au bien-être de tous ses membres? L'Association pourra, nous n'en doutons pas, porter assistance, non-seulement dans le cas de misère, mais toutes les fois qu'un de ses membres s'adressera à elle dans une de ces circonstances difficiles qui ne sont pas rares dans la vie de l'étudiant. Nous considérons comme un devoir pour tout étudiant libéral d'aller porter sa pierre pour la construction de cet édifice, qui pourra être précieux un jour. — G. B.

— ENTRETIENS ET LECTURES, 7, rue de la Paix. — Ce soir, samedi 23 avril, à huit heures et demie, conférence de M. Odysse-Barot, *Les poëtes panthéistes de l'Angleterre : Byron, Shelley.*

— SOIRÉES SCIENTIFIQUES DE LA SORBONNE. — Jeudi prochain, 28 avril, à huit heures, conférence de M. H. Sainte-Claire Deville sur l'*aluminium*.

— Le cours d'histoire de la médecine de M. Daremberg est de nouveau ajourné jusqu'au complet rétablissement du professeur.

— M. Fremy ouvrira mardi prochain, 26 avril, à deux heures, au Muséum, son cours de chimie inorganique, et le continuera les mardis, jeudis, samedis à la même heure.

Les auditeurs qui voudront faire une étude approfondie de la chimie trouveront au Muséum un laboratoire dans lequel ils pourront gratuitement s'exercer aux manipulations chimiques, sous la surveillance des professeurs.

— M. Émile Blanchard ouvrira mercredi, 27 avril, à *une heure*, au Muséum, son cours de zoologie (animaux articulés), et le continuera les lundis, mercredis et vendredis à la même heure.

Le propriétaire-gérant : GERMER BAILLIÈRE.

PARIS. — IMPRIMERIE DE E. MARTINET, RUE MIGNON, 2.

PREMIÈRE ANNÉE. — N° 22. UN NUMÉRO : 30 CENTIMES. 30 AVRIL 1864.

REVUE
DES
COURS SCIENTIFIQUES
DE LA FRANCE ET DE L'ETRANGER

PHYSIQUE — CHIMIE — ZOOLOGIE — BOTANIQUE — ANATOMIE — PHYSIOLOGIE
GÉOLOGIE — PALÉONTOLOGIE — MÉDECINE

Paraît tous les Samedis.

Paris.........	Six mois.	8 fr.	Un an.	15 fr.
Départements..	—	10	—	18
Étranger......	—	12	—	20

Prix de l'abonnement avec la Revue des Cours littéraires.

Six mois.....	Paris, 15 fr.	Départ., 18 fr.	Étranger, 20 fr.
Un an.......	— 26	— 30	— 35

Rédacteur en chef
M. ODYSSE-BAROT

Les ouvrages dont deux exemplaires auront été envoyés au bureau du journal seront annoncés et analysés s'il y a lieu.

On s'abonne
A LA LIBRAIRIE GERMER BAILLIÈRE
17, rue de l'École de Médecine,
Et chez tous les libraires, par l'envoi d'un bon de poste, ou d'un mandat sur Paris.

L'abonnement part du 1er décembre ou du 1er juin de chaque année.

AVIS. — Le succès toujours croissant de notre entreprise nous engage à faire de nouveaux efforts pour mériter de plus en plus l'accueil sympathique que nos deux journaux ont rencontré dans toutes les classes de la société lettrée.

A dater d'aujourd'hui, chacun de nos recueils contiendra deux feuilles d'impression au lieu d'une feuille et demie, sans que le prix d'abonnement soit augmenté ! Le supplément de huit colonnes que nous avons donné plusieurs fois deviendra permanent.

Si l'abondance des matières, la multiplicité des cours récemment ouverts, l'obligation de ne pas mettre trop d'intervalle entre les leçons de chacun de nos éminents collaborateurs, rendaient cette mesure presque indispensable, nous espérons pourtant que le public d'élite, auquel s'adresse la REVUE DES COURS, saura nous en tenir compte.

SOMMAIRE.

PHYSIOLOGIE GÉNÉRALE.

COURS DE M. CLAUDE BERNARD.

(Faculté des sciences.)

(Voy. le n° 19.)

II.

Des milieux physiologiques.

La première condition de la vie est une organisation ou un organisme, et nous avons vu, dans la dernière leçon, comment la science était arrivée successivement à analyser ou à décomposer les corps vivants complexes pour les ramener à leurs éléments organiques.

La théorie dite cellulaire exprime ce résultat général, à savoir, que tout être vivant et tous les tissus ou parties qui le composent dérivent primitivement et morphologiquement de cellules qui, par des modifications ou métamorphoses, donnent successivement naissance à tous les éléments organiques définis. Ces éléments, en se groupant ensemble, donnent eux-mêmes naissance aux tissus et aux organes.

Les classifications de ces divers éléments ont beaucoup varié, et chaque histologiste a, pour ainsi dire, donné la sienne. Suivant les époques, le nombre des tissus primitifs a été restreint ou exagéré outre mesure, et nous ne pouvons entrer ici dans le détail de toutes ces théories. Cependant, pour donner une idée de ces classifications, nous en reproduirons une qui nous paraît des plus simples, celle de Leydig.

Suivant cet auteur, le développement cellulaire donne naissance à quatre éléments, qui sont, dans l'ordre de leur élévation organique : 1° l'*élément nerveux* ; — 2° l'*élément musculaire* ; — 3° l'*élément conjonctif* ou *cellulaire* ; — 4° l'*élément resté à l'état de cellule*.

L'élément nerveux comprend les tissus nerveux ; il forme la partie essentielle des organes de la sensibilité, ou le système nerveux en général.

L'élément musculaire forme la partie essentielle des muscles, des tissus du système musculaire.

L'élément conjonctif ou cellulaire comprend, dans ses modifications, le tissu osseux, le tissu fibreux, le tissu cartilagineux, le tissu jaune élastique, le tissu cellulaire proprement dit, etc.

Enfin, l'élément resté à l'état de cellule est représenté par les glandes, les tissus glandulaire, parenchymateux et gélatineux, les divers épithéliums, les globules du sang, etc.

Mais ne perdons pas de vue que ces classifications anatomiques, ces évolutions morphologiques, ne sauraient servir de base absolue au physiologiste. En effet, de ce que tous les organismes, tous les tissus, tous les éléments, se ramènent à une origine cellulaire, cette commune origine ne peut nous expliquer en aucune manière leur diversité si grande de propriétés physiologiques. Ce sont les propriétés des éléments histologiques, et non leurs formes, qui peuvent intéresser en physiologie. Il faut donc toujours en arriver à l'étude expérimentale des tissus, pour découvrir ces propriétés. Dès lors, l'organisation ou les formes anatomiques ne servent plus que de caractères pour reconnaître et localiser les propriétés physiologiques que l'expérience nous a révélées; mais à priori, l'organisation n'apprend rien, et ce n'est jamais qu'un rapport à posteriori qu'on peut constater.

Avant d'arriver à l'étude expérimentale des propriétés des tissus chez les êtres vivants, étude qui fait l'objet spécial de ce cours et qui doit servir de base à l'explication de tous les phénomènes de la vie, il est nécessaire d'exposer l'influence et le rôle particulier de chacune des deux conditions indispensables à la manifestation de ces phénomènes, que nous avons déterminées dans la dernière leçon : nous vous avons déjà entretenus de l'organisation, il ne reste donc plus à traiter que l'influence des milieux dans lesquels l'être vivant ou l'élément organique manifeste ses propriétés : ce sera l'objet particulier de cette leçon.

DES MILIEUX PHYSIOLOGIQUES.

En physiologie, il faut donner le nom de milieux à l'ensemble des circonstances qui environnent l'être vivant, et dans lesquelles il trouve les conditions propres à développer, entretenir et manifester la vie qui l'anime. Ces conditions générales sont : l'air, l'eau, les matières nutritives ou constitutives de l'être vivant (aliments), la chaleur, la lumière, l'électricité, etc. On peut dire, en général, que tous les êtres vivants trouvent primitivement ces conditions de leur existence dans le milieu cosmique qui les entoure. A leur mort, ils restituent au monde minéral leurs éléments constitutifs, qu'ils lui ont empruntés pour quelque temps; ces éléments pourront bientôt servir à de nouveaux êtres, qui périront à leur tour, et ainsi de suite : de telle sorte qu'il y a un mouvement perpétuel, un *circulus* sans fin, comme disent les physiologistes, qui fait passer la matière d'un règne dans l'autre en maintenant toujours leur harmonie réciproque.

Mais, de plus, pendant la durée même de la vie dans les êtres organisés, les manifestations de leurs phénomènes sont plus ou moins étroitement liées aux circonstances extérieures du milieu cosmique, et varient avec elles. Des physiologistes ont dit que ce qui caractérisait l'être vivant, c'était son indépendance vis-à-vis des phénomènes extérieurs. Cependant cette indépendance est loin d'être absolue; l'être vivant n'est indépendant de l'extérieur que d'une manière toute relative. Ainsi les végétaux et les animaux à sang froid suivent toutes les variations de la température ambiante. Sans doute les animaux à sang chaud paraissent, à cet égard, jouir d'une complète indépendance; mais cette constance de la température tient à des circonstances toutes particulières, que nous expliquerons dans un instant, et vous verrez que cette indépendance n'est qu'apparente et n'existe pas réellement. L'influence des milieux est générale et aucun être n'y échappe; mais cette influence, pour être efficace, doit s'exercer sur les éléments organiques et non sur la périphérie des organismes ou assemblages qu'ils forment.

L'organisme de tous les êtres vivants est composé de gaz et de matières minérales ou organiques plus ou moins nombreux. Il n'y a pas un seul animal qui soit constitué d'une seule substance; il en faut toujours au moins trois : une substance azotée, une substance non azotée et une substance terreuse. Il en faut au moins trois, disons-nous, dans les êtres vivants les plus simples, mais il y en a souvent davantage. Chez les êtres rudimentaires, la vie n'a pour *substratum* qu'une matière très-peu complexe, comme nous venons de l'indiquer. Mais à mesure qu'on s'élève dans l'échelle animale, les organismes se compliquent, et ils empruntent au monde minéral un nombre d'éléments de plus en plus grand. Cependant il n'entre jamais dans ces combinaisons une bien grande quantité de corps simples, comme le prouve la composition du corps humain, le plus complexe de tous, que nous donnons ici :

ÉLÉMENTS DU CORPS HUMAIN.

Corps simples.

Oxygène.	Chlore.
Hydrogène.	—
Azote.	Sodium.
Carbone.	Potassium.
—	Calcium.
Soufre.	Magnésium.
Phosphore.	Silicium.
Fluor.	Fer.

Combinaisons inorganiques.

Eau.
Acide carbonique (combiné avec la chaux, la potasse et d'autres bases).
Ammoniaque.
Cyanogène (en combinaison).
Acide sulfurique (en combinaison).
Hydrogène sulfuré.
Acide phosphorique (en combinaison).
Chlorures divers.
Combinaisons de l'oxygène avec le sodium, le potassium, le calcium, le magnésium, le silicium et le fer.

Combinaisons organiques non azotées.

Sucres de raisin, de lait, etc.
Glycogène.
Graisses et acides gras.
Acides butyrique, lactique, formique.

Combinaisons organiques azotées.

Albumine.	cholique (acides de la bile).
Fibrine.	Leucine.
Caséine.	Tyrosine.
Gélatine.	Créatine, créatinine.
Mucine.	Acide inosique.
Urée.	—
Acide urique.	Diverses matières colorantes
Acide hippurique.	ou ferments, comme la
Acides glycocholique et tauro-	diastase, etc.

Ainsi, tout cela se ramène à quatorze corps simples de la chimie minérale. Buffon avait supposé que les corps organisés devaient contenir une espèce particulière de matière qui ne se retrouverait que chez eux, et serait l'origine de leurs propriétés; mais cette hypothèse a été complétement démentie par les faits. Seulement, sous l'influence de la vie et avec ces mêmes corps simples qui forment la base du monde minéral, il se forme des combinaisons dites *organiques*, parce qu'elles sont des produits de l'organisme, et qu'on les chercherait en vain autre part.

Voilà les éléments qui entrent dans la composition du corps vivant le plus complexe, celui de l'homme ; mais si nous prenions une cellule de levûre de bière, elle nous montrerait, comme bien vous pensez, une constitution tout autrement simple. Cette différence de complication dans les organismes s'accompagne d'une différence parallèle dans les milieux. En effet, il faut que l'être vivant trouve dans le milieu cosmique qui l'entoure tous les éléments constitutifs de son corps : il habitera donc forcément un milieu d'autant plus composé, qu'il réalisera un type plus élevé et que sa constitution sera elle-même plus complexe. Ainsi, M. Pasteur a montré que la levûre de bière se développe dans de l'eau distillée où l'on met un peu de sucre, une matière calcaire et de l'ammoniaque. Il est évident qu'on ne pourrait faire vivre dans un pareil milieu un animal tant soit peu élevé.

Parcourons maintenant les principales circonstances extérieures qui influent sur les phénomènes vitaux.

Air. — L'air est une des conditions les plus immédiatement indispensables à la vie. L'être organisé, quel qu'il soit, à qui on enlève l'air, périt plus ou moins rapidement, mais périt toujours. Chez les végétaux, cette asphyxie est extrêmement lente.

Les animaux inférieurs résistent aussi assez longtemps, et Biot a tenu des insectes, pendant plusieurs heures, dans le vide de la machine pneumatique, sans qu'ils parussent incommodés ; les animaux à sang chaud, au contraire, sont bien plus vite asphyxiés. Tous ces faits peuvent se ramener à cette loi générale : un animal privé d'air meurt d'autant plus rapidement, que les phénomènes vitaux sont plus actifs chez lui.

Cela se comprend très-bien, car si la vie est plus active, elle consomme plus d'oxygène, et la mort arrive, non pas quand il n'y a plus d'oxygène à l'extérieur, mais quand il n'y en a plus à l'intérieur en contact avec les éléments organiques de l'être vivant qui ressentent cette privation d'oxygène.

Cuvier, frappé de la rapidité avec laquelle les animaux supérieurs, comme les oiseaux, mouraient par la privation d'air, tandis qu'ils résistent bien plus longtemps à la privation de nourriture; Cuvier, pour expliquer cette différence, avait émis l'idée que la respiration est une fonction continue, et la nutrition une fonction intermittente. Mais cette idée est erronée, car tous les animaux, et surtout les animaux supérieurs, ont dans leur corps des réservoirs d'air et de matières nutritives : la mort arrive quand ils ont épuisé ces provisions. Les animaux périssent donc plus ou moins rapidement, parce qu'ils consomment plus ou moins vite ces réserves qu'ils portent en eux-mêmes, ce qui tient évidemment à l'activité plus ou moins grande de la vie. Le mammifère périt en quelques minutes quand on lui enlève l'air, tandis qu'une grenouille meurt fort lentement. Mais le mammifère résisterait tout aussi longtemps, si on le mettait dans les mêmes conditions que la grenouille, c'est-à-dire si on le transformait en animal à sang froid, parce qu'alors l'activité de ses fonctions vitales serait considérablement diminuée. Tout ce que nous disons ici n'est pas une explication plus ou moins plausible et ingénieuse; c'est le résultat d'expériences directes, nombreuses et irréfragables ; en effet, on ne trouve plus jamais dans le sang d'un animal asphyxié l'oxygène qui fait partie de sa constitution normale.

Eau. — L'eau est indispensable à l'accomplissement des phénomènes de la vie et des phénomènes physico-chimiques qui l'accompagnent. Un poisson retiré de l'eau meurt bien vite, parce qu'il ne peut pas respirer l'air directement. Mais les animaux aériens sont à cet égard dans la même situation que les animaux aquatiques ; ils ne peuvent également respirer ou exercer leurs autres fonctions qu'au moyen de tissus sans cesse lubrifiés par une certaine humidité : les membranes desséchées perdent leurs propriétés vitales. La soustraction de l'eau amène, chez certains infusoires et chez les rotifères, des phénomènes curieux de vie latente. Ces animaux, convenablement desséchés, perdent toute propriété vitale, au moins en apparence, et peuvent rester ainsi des années entières ; mais dès qu'on leur rend un peu d'eau, ils recommencent à vivre comme auparavant, pourvu qu'on n'ait pas dépassé un certain degré dans cette dessiccation. Les animaux un peu élevés ne sont plus évidemment susceptibles d'entretenir ainsi la vie à l'état latent; chez eux, la privation d'eau entraîne la cessation définitive de la vie avec divers phénomènes variables, suivant les circonstances dans lesquelles on opère. Tous les êtres ne périssent pas ainsi avec une égale rapidité, par la soustraction d'eau, et, dans le même être, les différents tissus sont affectés plus ou moins vite. Ainsi la grenouille est un des animaux qui éprouvent le plus vivement ce besoin d'humidité, et parmi les organes qui la composent, le premier de tous qui est attaqué dans ce cas, c'est le cristallin de l'œil : cette altération se traduit par une opacité considérable qui constitue une véritable cataracte; mais, dès qu'on remet l'animal dans l'eau, la transparence du cristallin reparaît immédiatement, et il devient propre de nouveau à remplir toutes ses fonctions dans la vision. La cornée transparente subit des modifications analogues. Dans tous les cas, l'absence de l'eau fait sentir son action sur des éléments organiques.

Aliments. — Les aliments comprennent trois ordres de substances correspondant aux trois matières diverses qui se trouvent nécessairement dans tout organisme, comme nous l'avons dit. Les animaux supportent bien plus longtemps la privation d'aliments que la privation d'air. Cependant ils finissent tous par mourir d'inanition, plus ou moins vite dans les diverses espèces, suivant la rapidité plus ou moins grande des phénomènes vitaux, et particulièrement de la combustion respiratoire. Le cheval et le chien peuvent quelquefois vivre jusqu'à trente jours sans manger; la grenouille peut vivre bien plus longtemps encore, et il n'est pas rare d'en voir dans nos laboratoires qui passent six mois ou un an sans prendre aucune nourriture.

On raconte une foule de faits merveilleux sur des crapauds retrouvés au milieu de blocs de pierre où ils devaient être enfermés depuis des milliers d'années. Sans croire à ces anecdotes plus ou moins fabuleuses, nous aurions voulu éclaircir la question. On avait déjà enfermé des crapauds, ainsi que d'autres animaux à sang froid, dans une masse de plâtre où ils étaient morts assez rapidement. Mais cette expérience ne prouvait rien, car le crapaud entouré de tous côtés par un corps très-avide d'humidité, avait été dépouillé rapidement de l'eau que contenait son organisme, et qui était indispensable à son action; il y avait donc là deux causes de destruction non isolées, et il était impossible de faire la part de chacune d'elles. L'expérience était donc à recommencer, et voici comment nous la disposâmes. Un crapaud fut enfermé dans un vase poreux, clos, entouré de terre saturée d'humidité, pour que l'animal ne fût soumis à aucune action desséchante. Ce vase était placé dans le sol, à une certaine profondeur, et abrité de manière que sa température restât à peu près constante. Au bout d'un an, exhumation du crapaud, qui n'avait point cessé de vivre. La seconde année, il vivait encore, malgré ce jeûne si prolongé, mais il était considérablement amaigri. A la troisième exhumation, faite il y a très-peu de temps, le crapaud était mort, mais il était peut-être mort accidentellement. L'hiver, plus rigoureux que les précédents, avait permis à la gelée de pénétrer plus avant dans la terre, et le crapaud avait été saisi par le froid. Cette expérience suffit toutefois à montrer que ces animaux à sang froid supportent la privation de nourriture pendant une durée tout autrement longue que les animaux supérieurs. En effet, un oiseau meurt de faim au bout de deux ou trois jours tout au plus.

Nous avons déjà parlé de l'erreur de Cuvier qui considérait la nutrition comme une fonction intermittente, tandis que la respiration serait une fonction continue. En effet, si l'animal résiste pendant un temps donné à la privation de nourriture, c'est que le sang est pour lui un liquide nourricier, un véritable réservoir nutritif dans lequel ses éléments histologiques puisent leur nourriture; seulement les aliments lui manquent pour restaurer son sang. Il est donc exactement vrai, comme on le dit vulgairement, qu'un animal à jeun se nourrit de sa propre substance. Mais cela montre aussi que la privation de nourriture atteint les éléments organiques par suite de l'appauvrissement du sang.

Température. — La vie n'est possible qu'entre certaines limites de température, et ces limites varient pour les diverses espèces.

Un très-grand nombre d'êtres vivants suivent les variations de température du milieu ambiant et se mettent en équilibre calorifique avec ce milieu plus ou moins rapidement, suivant leur masse; ce sont les végétaux et les animaux à sang froid. Certains végétaux peuvent se développer dans la neige, et les animaux inférieurs vivent facilement à 0 degré, tant que les liquides intérieurs ne sont pas gelés; mais, à partir de ce moment, la vie n'est plus possible. Nous avons sans doute entendu parler bien des fois d'animaux complétement gelés, qui pouvaient revivre, et nous avons essayé de reproduire ces phénomènes sans jamais y réussir. On peut, il est vrai, sans inconvénient, faire descendre la température ambiante au-dessous de zéro, mais pendant un temps assez court pour que les liquides organiques ne se congèlent pas, car une fois cette congélation intérieure opérée, les phénomènes vitaux ont toujours cessé de se produire.

Voilà pour les limites inférieures de température chez les êtres vivants. Quant aux limites supérieures, pour un animal à sang froid, ce sera environ 30 degrés au-dessus de zéro; il meurt quand on l'échauffe au delà, et que cette température le pénètre jusqu'à ses éléments anatomiques.

Chez les animaux élevés, comme les mammifères, la limite inférieure de la température sera environ 20 degrés au-dessous de zéro; nous ne pouvons déterminer exactement cette limite inférieure chez les oiseaux, parce que nous n'avons pas fait d'expériences à ce sujet. La limite supérieure est 45 degrés pour les mammifères et 50 degrés pour les oiseaux : c'est, des deux côtés, une marge de 5 degrés environ, car la température normale des mammifères est de 38 à 40 degrés au-dessus de zéro, tandis que celle des oiseaux s'élève à 44 ou 45 degrés. Un animal peut vivre momentanément dans une étuve sèche, à des températures bien supérieures à celles-là, 100 degrés et même 120 degrés, mais il faut toujours que la température intérieure ne dépasse pas les limites que nous venons d'indiquer, c'est-à-dire un excès de 5 degrés environ sur la température normale ; seulement, comme il faut un temps assez long pour que cet excès se produise, les animaux peuvent supporter pendant quelques moments une chaleur bien plus considérable.

Les animaux supérieurs, dont nous venons de parler, ont donc une température fixe qui leur est propre, plus élevée, en général, que celle du milieu ambiant, ce qui les a fait nommer animaux à sang chaud. Ils jouissent d'une faculté propre de résistance qui, dans les conditions normales, maintient leur sang à 40 degrés environ au-dessus de zéro.

Les phénomènes de la vie se ralentissent, en général, quand la température baisse, pour devenir plus actifs quand elle s'élève : ce qui coïncide avec un ralentissement ou une accélération corrélative des phénomènes physico-chimiques liés aux phénomènes vitaux proprement dits.

Mais nous pouvons répéter ici ce que nous avons dit de toutes les autres influences extérieures : la température n'exerce une action salutaire ou nuisible sur les manifestations de la vie que parce qu'elle atteint les éléments organiques constitutifs de l'être. Nous avons vu, chez les animaux à sang chaud, la température du milieu intérieur se maintenir beaucoup mieux que chez les animaux à sang froid. Mais cette résistance est loin d'être absolue, et l'on ne peut prétendre qu'il y ait là une véritable indépendance des agents extérieurs. L'animal à sang chaud dont on refroidit convenablement le sang ne diffère plus d'un animal à sang froid. Ainsi, nous prenons un lapin et nous le mettons dans un vase complétement entouré de glace pour ne pas le mouiller et laisser agir le froid seul : il se refroidit peu à peu, sa température intérieure ne peut plus résister à cette absorption continue de chaleur, et baisse progressivement; tous ses mouvements deviennent lents comme ceux des animaux à sang froid ; enfin, il périt vers 18 ou 20 degrés au-dessus de zéro. Ainsi, si le mammifère résiste à une température assez basse, c'est parce que la température de son milieu intérieur se maintient, et elle se maintient par diverses causes qui tiennent toutes au système nerveux et sont régies par lui. En effet, nous avons montré qu'en blessant d'une certaine façon le système nerveux d'un animal à sang chaud, on peut lui donner toutes les propriétés des animaux à sang froid, et faire ainsi, par exemple, un véritable lapin à sang froid. Les animaux à sang chaud ne sont donc pas plus indépendants que les autres : ils sont mieux protégés, voilà tout.

Lumière, électricité. — L'influence de la lumière et de l'électricité est moins bien connue que celle des conditions précédentes. Mais ces agents naturels ne sauraient également agir sur l'être vivant qu'en atteignant ses éléments organiques constitutifs, les seules parties actives dans la manifestation des phénomènes vitaux.

De tout ce qui précède, il résulte que nous devons distinguer avec soin deux ordres de milieux : les milieux cosmiques et les milieux intérieurs, distinction importante que nous avons toujours faite et qui nous semble indispensable pour analyser toutes les circonstances de la vie. Mais il faut toujours considérer les milieux extérieurs comme exerçant leur action sur les milieux internes qui constituent ainsi une sorte d'intermédiaire entre le milieu cosmique et les éléments organiques de l'être vivant.

La considération du seul milieu cosmique peut suffire pour la phytologie et la zoologie; mais au point de vue de la physiologie générale, qui remonte aux éléments organiques des manifestations de la vie, cela ne suffit plus. En effet, pour comprendre la vie de l'organisme dans son ensemble, il faut connaître ses rapports avec le milieu cosmique général, au sein duquel il se développe; de même, pour concevoir la vie de l'élément anatomique, il faudra aussi connaître le milieu organique qui lui présente seul les conditions diverses de son existence.

Dans tous nos cours de physiologie générale, nous avons donc toujours professé qu'il fallait admettre deux ordres de milieux bien distincts pour les êtres vivants :

1° Les *milieux cosmiques* ou *extérieurs*, appartenant à l'individu tout entier;

2° Les *milieux organiques* ou *intérieurs*, appartenant aux éléments anatomiques qui composent l'être vivant.

Cette idée, que nous croyons avoir développée le premier, a déjà été adoptée par plusieurs physiologistes, et vous serez à même de juger par vous-mêmes combien elle rend plus facile et plus claire l'analyse des phénomènes élémentaires de la vie.

Chez les êtres inférieurs, il n'y a, pour ainsi dire, pas de milieu organique distinct : ainsi les infusoires, tels que les vorticelles, les paramécies, subissent immédiatement les influences du milieu extérieur ; ils vivent dans l'eau et s'y nourrissent d'une façon extrêmement simple. Ce sont, en quelque sorte, des éléments organiques libres, vivant dans les milieux extérieurs : mais nous n'allons pas jusqu'à les considérer comme des cellules simples. Pour tous les végétaux en général, on peut encore se contenter de la considération du milieu extérieur.

Mais à mesure qu'on s'élève dans l'échelle des êtres vivants, l'organisation se complique, les éléments histologiques deviennent plus délicats, et ne peuvent plus vivre directement dans le milieu extérieur. Alors de deux choses l'une : ou ces animaux se créent un milieu intérieur, ou ils prennent d'autres êtres pour milieu, et deviennent parasites : tels sont les infusoires hématozoaires, les helminthes, les vers intestinaux en général, etc. — Ces organismes parasitaires empruntent donc, en quelque sorte, à d'autres êtres vivants les milieux qu'ils ne savent pas se créer eux-mêmes. Cette nécessité de milieux spéciaux entraîne chez eux les migrations les plus singulières, migrations analogues à celles des animaux élevés qui changent de climats. Citons l'œstre du cheval, l'anguillule du froment, la trichine, etc., etc.

Mais ce que nous voulons surtout faire ressortir, c'est la formation de milieux organiques propres. Dans les êtres plus élevés, les éléments histologiques ne pouvant plus s'accommoder des influences physico-chimiques extérieures, le milieu intérieur prend une importance toute nouvelle, et se constitue sous la forme d'un liquide circulant qui met incessamment les organes en rapport les uns avec les autres et avec l'extérieur : ce liquide, c'est le sang ou liquide nourricier.

Le sang n'est pas autre chose qu'un milieu intérieur dans lequel vivent les éléments anatomiques, comme les poissons vivent dans l'eau, c'est-à-dire sans être le moins du monde imbibés dans leur substance. Ainsi les globules du sang nagent dans le sérum, mais ils n'en sont pas pénétrés, comme on le croyait autrefois; ainsi la potasse domine dans l'intérieur du globule du sang, tandis qu'à l'extérieur du globule, la soude domine dans la liqueur alcaline où il nage. Il y a seulement des phénomènes d'endosmose à travers les parois des éléments histologiques.

A mesure que le milieu intérieur s'élève, il tend à s'isoler plus complétement des milieux extérieurs, et ne présente plus que des conditions organiques modifiées d'une manière spéciale pour le développement des éléments anatomiques, qui sont ainsi de plus en plus protégés contre les influences du dehors. Le sang alors conserve sa température propre, donne des matières nutritives spéciales, etc. —Nous comprenons ici, sous le nom de *milieux intérieurs*, le sang et tous les liquides plasmatiques ou blastématiques qui en dérivent.

Les milieux intérieurs sont donc des produits de l'organisme ; toutes les parties constitutives du sang, azotées ou non, albumine, fibrine, sucre, graisse, etc., sont dans ce cas, sauf les globules du sang, qui sont des éléments organiques. Il y a, en effet, dans le corps certains éléments qui créent le milieu dans lequel les autres doivent vivre : ce sont les organes dits de nutrition (digestion, respiration, sécrétions), qui n'ont pas d'autre fonction que de préparer un liquide nourricier général, dans lequel se développent les éléments organiques essentiels à la vie, tels que les fibres musculaires et nerveuses, etc.

Il y a, de plus, des organes que nous avons appelés *organes de sécrétion interne*, tels que le foie, la rate, les glandes sanguines, qui apportent dans le sang certains éléments particuliers. Ainsi les cellules glycogéniques n'ont pas d'autre rôle que de faire du sucre, matière qui entre dans la composition du sang.

Des considérations que nous venons d'exposer, on peut tirer les conclusions suivantes :

1° Dans l'étude des propriétés physiologiques des éléments, nous avons à considérer, d'une part, les propriétés spéciales de l'élément, et, d'autre part, les conditions de manifestation de ces propriétés, conditions qui se trouvent dans le milieu organique tout à fait local et spécial entourant cet élément.

2° Parmi les éléments organiques, il en est qui agissent seulement par leurs produits, et d'autres directement par leurs propriétés intimes. Ainsi, tous les éléments glandulaires ont pour fonction de préparer des produits organiques qui doivent servir à d'autres éléments anatomiques qu'on pourrait ainsi considérer comme supérieurs à eux. Au contraire, les fibres musculaires et nerveuses agissent par leurs propriétés directes, qui entretiennent l'activité des organes préparateurs des milieux organiques. C'est donc un circuit continuel d'influences réciproques qui constituent l'harmonie de la vie.

Il nous faudra maintenant entrer dans l'analyse expérimentale des phénomènes élémentaires de la vie, en suivant les deux conditions qui leur donnent naissance, élément histologique et milieu. C'est ce que nous ferons dans la prochaine leçon, en commençant l'étude de l'irritabilité, qui a été considérée comme la propriété fondamentale de tous les éléments ou tissus vivants.

Émile Alglave.

ASTRONOMIE.

COURS DE M. LE VERRIER.

(SOIRÉES SCIENTIFIQUES DE LA SORBONNE.)

De l'état de l'astronomie moderne.

Nous avions l'intention de publier un compte rendu sténographique de la belle leçon de M. Le Verrier.

Malheureusement pour nous, pendant que la savante parole de l'illustre directeur de l'Observatoire de Paris promenait, deux heures durant, son auditoire charmé à travers les merveilles de cette science de prodiges, l'astronomie, le plus souvent, les nécessités de ses démonstrations le forçaient à transformer l'amphithéâtre en chambre noire gigantesque; et la sténographie s'accommode malaisément de l'obscurité.

Force nous est donc de nous en remettre à notre mémoire du soin de suivre la spirituelle causerie de l'éminent professeur, dans ses pérégrinations de deux heures à travers l'espace.

Heureux si nous ne restons pas trop au-dessous de notre tâche, et si nous réussissons à faire partager à nos lecteurs l'intérêt profond que nous avons éprouvé.

C'est avec une bonhomie charmante que M. Le Verrier a fait aux sociétés savantes des départements, qui formaient ce soir-là le public de la Sorbonne, les honneurs de son immense domaine.

Il ne pouvait être question en deux heures, d'une étude approfondie de l'astronomie. Le ciel et la science sont trop vastes pour cela. Force lui était donc, comme il lui était difficile de ne pas aller bien loin et bien haut, de circonscrire du moins, autant que possible, le champ si vaste de son enseignement.

D'abord, il a tenu à honneur de nous apprendre de quelles ressources disposait cette science si grande, et pourtant si sûre d'elle-même; il a voulu nous montrer quelle part la France prenait à cette enquête des mondes, à laquelle concourent à l'envi toutes les nations civilisées, ou qui prétendent l'être, de quels engins formidables sont armés nos observatoires, où nous en sommes aujourd'hui et où nous en serons demain, grâce aux découvertes et à la persévérance d'un jeune, mais déjà illustre savant, auquel l'éminent professeur s'est plu à rendre toute justice, de M. Léon Foucault.

Les verres d'optique des grands instruments, dit M. Le Verrier, sont de deux sortes, les verres de lunettes et les verres de télescope : « Dans les verres de lunettes, » les rayons passent à travers la matière pour aller for- » mer en arrière l'image qu'on doit étudier ; il en résulte » que cette matière doit être d'une pureté absolue. Dans » les télescopes, au contraire, les rayons des objets qu'on » veut étudier, après être venus frapper le miroir, se ré- » fléchissent, et forment l'image en avant. De là l'avan- » tage des télescopes ; s'ils sont de verre, il n'est pas » nécessaire que la matière soit d'une très-grande pu- » reté. »

C'est en Hollande que furent inventés les verres de lunettes, et c'est Galilée qui les fit servir le premier, ou du moins un des premiers, pour l'étude des astres, et qui, en 1610, construisit une lunette sur les données qui lui furent fournies par des savants français.

Mais les instruments dont se servait Galilée avaient un grave défaut : les verres qu'il employait coloraient les objets, et cette coloration, résultat de la décomposition de la lumière dans son passage à travers les lentilles, a été longtemps une des grandes difficultés contre lesquelles l'astronomie a eu à lutter.

Huyghens, pour y échapper, construisait des objectifs de 120, de 170 et même de 210 pieds de foyer, qui sont encore aujourd'hui conservés comme des curiosités de la science, à la Société royale de Londres, et ce n'est que vers le milieu du siècle dernier, qu'un physicien anglais, Dollond, après une controverse avec Euler, découvrit le moyen, sans donner aux objectifs une trop grande longueur de foyer, d'obtenir des images exempts de toute coloration.

Ce moyen consiste à construire les verres d'optique, non plus d'une seule pièce, comme on le faisait primitivement, mais en combinant, pour former la lentille, deux verres de différente nature, de manière à faire dévier les rayons sans les décomposer.

Il faut donc, pour construire les objectifs dans ce système, deux verres, l'un de *crown-glass* (verre vert), et l'autre de *flint-glass* (verre blanc).

Ces objectifs peuvent se placer aux extrémités de deux genres directement très-différents. Le premier de ces instruments, la lunette méridienne, immobile sur son axe, ne peut se mouvoir que dans un plan.

Avec le second, la lunette équatoriale, on peut au contraire aller chercher les astres dans tous les coins du ciel.

La lunette méridienne est la base de l'astronomie moderne. C'est grâce à l'invention de cet instrument qu'on a pu, avec des erreurs très-minimes, établir les principales données de la mécanique céleste.

L'Observatoire de Paris en possède une dont le tube a 5 mètres, et dont l'objectif a neuf pouces de diamètre. C'est le plus puissant de tous les instruments de ce genre. Celle de l'Observatoire de Greenwich n'a que huit pouces anglais de diamètre (sept pouces et demi de France), et Washington, « qui s'occupe en ce moment tout aussi ac- » tivement de ces instruments d'astronomie, que s'il » n'avait pas de gros canons à construire, s'enorgueillit » de ce qu'il pourra, à la fin de l'année, rivaliser avec les » observatoires de Paris et de Greenwich, car il aura un » grand instrument de huit pouces français, ce qui, en le » laissant dans un état d'infériorité vis-à-vis de la France, » lui constituera une supériorité sur l'Angleterre. »

L'observatoire anglais, par d'autres côtés, a d'ailleurs, ajoute M. Le Verrier, à son tour la supériorité sur nous. « Nous marchons d'un commun accord, et nous avons, » pour ainsi dire, fondu les deux observatoires en un seul. » C'est de la bonne entente cordiale, et sur un pied de » parfaite égalité. Nous avons réfléchi que, puisque les » observatoires de France et d'Angleterre étaient sur une » base d'absolue précision, il n'était pas nécessaire qu'on » fît la même besogne des deux côtés du détroit ; en » conséquence, j'ai fait avec le directeur de Greenwich » un traité en forme, par lequel nous observons chacun » la marche du temps, l'observatoire anglais depuis la » nouvelle jusqu'à la pleine lune, et le nôtre depuis la » pleine lune jusqu'à la nouvelle. »

En outre, il a été établi dans ces derniers temps, à l'Observatoire de Paris, un bel instrument équatorial, construit par la maison Secrétan, et dont l'objectif, d'une puissance considérable, permet de découvrir des étoiles de quinzième et de seizième grandeur.

M. Le Verrier montre ensuite deux grands verres, l'un de crown-glass, l'autre de flint-glass, d'une pureté parfaite, qui ne sont pas encore taillés, mais dont on pourrait construire un objectif de 75 centimètres de diamètre.

« J'espère, ajoute-t-il, que nous pourrons obtenir un » jour d'avoir ces verres taillés, montés sur un tube im- » mense, et manœuvrés dans une grande maison tour- » nante. »

Quant aux télescopes, ces instruments étaient autrefois construits en métal. « On en taillait la surface avec » beaucoup de peine ; on s'y reprenait cinquante, cent » fois de suite, avant d'arriver à un résultat satisfaisant ; » puis, quand on avait obtenu un bon miroir de téles- » cope, l'humidité de l'air faisant son effet, le miroir » s'oxydait, et il fallait recommencer sur nouveaux frais » comme si l'on n'avait rien fait. »

Les choses en étaient là, quand M. Léon Foucault, dans ces derniers temps, imagina de substituer le verre au métal.

Le miroir de verre a cet avantage qu'une fois construit, il l'est une fois pour toutes, et ne peut plus s'altérer.

Cependant, si l'on se bornait à tailler un miroir sphérique ou parabolique, on perdrait une partie de la lumière qui passerait à travers le verre. Pour éviter cet inconvénient, l'auteur a imaginé un procédé des plus simples, à l'aide duquel se dépose en quelques instants sur le miroir une mince couche d'argent, sur laquelle il suffit ensuite de donner un léger coup de tampon pour obtenir un poli parfait.

M. Léon Foucault a commencé par construire ainsi un miroir d'un très-petit modèle, puis il est arrivé à en fabriquer de 10 et de 20 centimètres.

« C'est, dit M. Le Verrier, un instrument d'une commodité parfaite, d'une précision très-grande et d'un prix modique que le télescope de M. Léon Foucault, établi dans ces dimensions, et que les personnes qui aiment l'astronomie ne sauraient se refuser, d'autant plus qu'on peut faire, en s'en servant, de l'astronomie très-sérieuse, et rendre des services réels à la science. Et si ceux qui se procureraient des petits instruments de ce genre voulaient chercher de petites planètes, ils en trouveraient, cela n'est pas douteux ! »

Il est fort probable que dans ce public de savants qui formait l'auditoire de l'illustre astronome, il y avait quelqu'un de ces rares élèves qui ont eu l'insigne bonheur d'être les Christophe Colomb d'un monde, mais enfin on est si peu habitué généralement à faire de ces trouvailles de planètes, que l'assertion de l'illustre astronome se traduisit sur bien des visages par un sourire où il y avait quelque peu d'incrédulité.

« Vous croyez que je plaisante, reprit M. Le Verrier, mais rien n'est plus simple que de trouver une planète, et voici comment on s'y prend.

» Voulez-vous découvrir une petite planète, munissez-vous d'une de ces cartes sur lesquelles sont classées toutes les étoiles, et dirigez votre lunette sur la région du ciel que vous voulez explorer. La carte est divisée en petits carrés dans chacun desquels se trouvent réparties une, deux, trois, quatre, cinq étoiles. Regardez immédiatement dans le ciel, dans lequel ces carrés sont représentés par des fils placés dans le télescope, et comptez les étoiles.

» Si vous ne trouvez rien de nouveau, recommencez tous les soirs sans vous lasser, pendant des semaines, pendant des mois, toute l'année, s'il le faut ; le moment viendra où vous serez payé de votre peine, et où, après avoir compté dans la lunette un, deux, trois, quatre, cinq, six, vous apercevrez un beau soir un astre qui ne sera pas indiqué sur votre carte, et le cœur vous battra, en songeant que vous venez de découvrir un monde ! Hélas ! il s'agira de prononcer alors si celui qui a fait la carte n'y a pas oublié une étoile, si la prétendue découverte est étoile ou planète. Mais le moyen est bien simple, et en suivant une heure, un quart d'heure encore le nouvel astre, on peut parfaitement juger s'il est fixe ou errant ; s'il est fixe, c'est tout simplement une étoile et l'on n'a rien trouvé ; s'il est errant, c'est une planète nouvelle qu'on a découverte ; nous en sommes aujourd'hui à quatre-vingts entre Mars et Jupiter.

» Vous le voyez donc, j'avais bien raison de le dire, ce n'est pas plus difficile que cela de trouver une planète, il ne s'agit que d'avoir de la patience. »

Nous souhaitons de tout notre cœur que le chaleureux appel fait par M. Le Verrier soit entendu, et qu'il se révèle en France beaucoup d'astronomes, que des observatoires surgissent sur tous les points du territoire. C'est qu'en effet nous sommes sous ce rapport bien au-dessous de nos bons voisins les Anglais. Chez nous, en dehors de l'astronomie officielle, il n'y a pas grand'chose, tandis que l'Angleterre compte une dizaine d'observatoires particuliers très-bien établis, et où de beaux travaux ont été faits. A Londres, il y a un magnifique observatoire qui a été élevé par un brasseur de bière, et où huit petites planètes ont été découvertes ; à Liverpool, un autre brasseur et un marchand de papier en ont fondé un de leur côté, à la construction duquel ils ont dépensé 500 000 francs, et ce brasseur de Liverpool, M. Lassell, a eu l'honneur, après Huyghens et Herschel, de découvrir un anneau interne de Saturne, que ses illustres devanciers n'avaient pas aperçu, et un satellite de cette planète.

En Amérique, à Cincinnati, tous les commerçants de la ville, épiciers, brasseurs, boulangers, etc., se sont associés pour construire, sur une colline qui domine la ville, un observatoire, où ils ont établi une puissante lunette, dont l'objectif a douze pouces de diamètre, à l'instigation et sous la direction d'un homme, mort depuis, au service de son pays, dans les rangs de l'armée fédérale, le général Mittchell.

Il faut bien le reconnaître en toute humilité, dans notre chère France, l'initiative individuelle ne fait pas souvent de ces miracles, et c'est triste à dire, mais cela est, nos industriels enrichis ne savent pas faire un emploi aussi scientifique, tranchons le mot, aussi intelligent de leur fortune.

Puis M. Foucault a construit un télescope de 40 centimètres, qui a une très-grande puissance. « En examinant la lune avec ce miroir, dit M. Le Verrier, mes collègues du cap de Bonne-Espérance et de Greenwich s'écrièrent tous les deux : Nous n'avons jamais rien vu de si beau. »

M. Le Verrier met ensuite sous les yeux du public un objectif de 80 centimètres de diamètre, que M. Léon Foucault lui-même a perfectionné, et qui fait partie d'un immense télescope destiné à être placé à Marseille dans un observatoire construit sur le plateau de Longchamps.

Malheureusement, des instruments d'une dimension aussi considérable ne peuvent servir la moitié du temps dans le Nord à cause des intempéries du climat. Ce qu'on aperçoit quand on force le grossissement, ce sont les impuretés de l'atmosphère et non les détails des astres. L'Observatoire de Paris crut donc, dans l'intérêt de la science, devoir se dessaisir de ce magnifique télescope en faveur d'une ville du Midi. Quand on connut cette décision, ce fut, dit M. Le Verrier, une admirable émulation entre ces villes. Toutes voulaient l'avoir : ce fut Marseille qui l'obtint.

« On nous avait assuré, dit encore M. Le Verrier, qu'à » Marseille nous ne trouverions que la préoccupation » de la cote de la Bourse et du prix des marchandises ; » on nous l'avait tant répété, qu'en nous rendant au con- » seil municipal, nous n'étions pas sans éprouver une » certaine inquiétude; mais il n'est pas un coin de la » France où, quand il s'agit des œuvres de l'art et de la » science, on n'obtienne une réponse favorable, et quand » nous sommes sortis du conseil, nous emportions un » traité qui nous donnait un terrain de 350 000 francs » pour construire notre observatoire, des fonds pour le » bâtir, et un traitement annuel de 15 000 francs pour » payer les astronomes.

» Mais, messieurs, en resterons-nous là? Ce n'est pas » mon avis, et nous avons préparé quelque chose qui » peut-être encouragera notre pays à aller plus avant. » J'ai insisté auprès de M. Léon Foucault pour qu'il ne » crût pas son œuvre achevée, et pour qu'il entreprît la » construction d'un télescope plus considérable.

» J'éprouve la plus grande satisfaction de pouvoir » placer sous vos yeux cet immense bloc de verre qui a » 75 centimètres d'épaisseur et $1^m,25$ de diamètre. » Nous espérons, avec ce bloc de verre, construire un » grand télescope supérieur en précision à tous les téles- » copes connus.

» C'est M. Sauter, l'habile constructeur de verres, qui » a bien voulu faire le premier travail de dégrossisse- » ment, et qui a travaillé nuit et jour pour arriver à vous » présenter ce verre, poli dans toutes les dimensions, » de tous les côtés.

» Il est juste aussi, messieurs, de remercier la manu- » facture de Saint-Gobain, qui a donné tous ses soins à » la fonte du verre; ce n'était pas, je vous l'assure, un » travail d'enfant que de fondre un morceau de verre de » cette dimension, et l'on n'y a pas réussi du premier » coup. Le bloc que je vous présente est le troisième » qui ait été fondu. Il a fallu faire un four spécial et » prendre une infinité de précautions. Enfin, Saint-Go- » bain n'a voulu accepter, pour prix de son travail, que » ses déboursés, ne comptant son temps pour rien.

» Eh bien, messieurs, nous sommes donc en mesure, » si notre pays le désire, de construire ce grand téles- » cope. Il faut pour cela quatre choses. Un miroir, la » matière du miroir, la voici; des physiciens qui aient » fait leur preuve dans des travaux d'un ordre inférieur, » mais considérable, nous les avons; des constructions » capables de porter une maison tournante, propor- » tionnée à la grandeur d'un instrument aussi colos- » sal, nous les avons aussi; il nous faut encore une cin- » quième chose, mais celle-là nous n'en parlerons pas. »

Ici se termine la première partie du cours, celle qui a rapport à ces merveilleux instruments à l'aide desquels les astronomes peuvent interroger les profondeurs des cieux.

Nous passerons rapidement sur la seconde, dans laquelle le savant professeur s'est attaché surtout à décrire à larges traits la constitution physique du soleil, et qu'il a terminée par de rapides considérations sur quatre planètes, Jupiter, Saturne, Mars et Vénus, et sur la lune. Il nous faudrait, pour pouvoir faire bien comprendre à nos lecteurs ce que nous avons entendu, pouvoir leur montrer aussi ce que nous avons vu, faire passer sous leurs yeux l'image grossie de ces planètes, projetée sur un large écran vivement éclairé par les rayons de la lumière électrique.

Comment leur représenter, avec les seules ressources d'un talent d'écrivain sur lequel nous ne nous faisons pas d'illusion, l'étrange aspect de Saturne enchâssé dans ces magnifiques anneaux lumineux qui intriguent si fort les faiseurs d'hypothèses, et la physionomie ravagée de la fidèle compagne de notre terre, la lune, dont nous ne voulons pas dire de mal, mais qui ne gagne pas à être vue de trop près, et qui crevassée, lézardée, horriblement montagneuse, couverte de volcans éteints, dont les cratères ouvrent sur tous les points de sa surface leurs bouches béantes et noires, nous paraît mériter un peu les anathèmes que lui prodiguait jadis le prophète illuminé du phalanstère.

Quant au soleil, dont M. Le Verrier a commencé par nous présenter une image photographiée, prise le 17 juillet de l'année dernière, et qu'il nous a montrée successivement sous toutes ses faces, il est d'un aspect plus rassurant que notre satellite, et les taches qui se développent à sa surface et dont quelques-unes atteignent des proportions énormes, notamment celle qui a été observée en 1832 et qui avait trente mille lieues de diamètre, soit le onzième de la surface totale de l'astre, ne laissent pas que de nous faire concevoir quelques craintes. Dieu sait fort heureusement dans quel incalculable avenir ces craintes peuvent se réaliser, et pour le moment, la science nous apprend que le soleil, tel qu'il est aujourd'hui, pourrait féconder deux milliards huit cent millions de terres comme la nôtre, placées à la distance où elle se trouve de ce foyer de vie et de lumière.

Le soleil est parfaitement circulaire et présente exactement le même diamètre dans tous les sens. Il faut en conclure qu'il tourne sur lui-même, mais avec lenteur, car sans cela la force centrifuge agissant, il subirait comme Jupiter, comme la terre, une dépression.

Les bords du soleil sont moins lumineux que le centre : « J'appelle, dit M. Le Verrier, d'autant plus » votre attention sur ce point, que l'on a soutenu souvent » que le soleil est également lumineux dans toute son » étendue. Or, la différence est tellement considérable, » que lorsqu'il y a des taches au centre du soleil, si l'on » cache tout le soleil avec un écran, excepté ces taches

» et le bord, on arrive à trouver qu'elles sont plus lumineuses que les bords du soleil. La démonstration est » donc faite sans réplique, car ces taches étant moins » lumineuses que le centre, et plus lumineuses que le » bord, c'est donc à plus forte raison que le bord est » moins lumineux que le centre.

» Si donc on a voulu quelquefois que le bord fût plus » lumineux que le centre, c'est qu'il y avait là une théorie » et que la vérité contrariait la théorie. »

Quand on observe les taches du soleil plusieurs jours de suite, on s'aperçoit qu'elles ne gardent pas toujours la même place. Elles s'avancent du bord oriental vers le bord occidental en douze jours trois quarts, et faisant le tour du soleil pour reparaître ensuite au bord oriental, elles mettent vingt-cinq jours et six heures à l'accomplir. On a observé des taches qui ont fait ainsi huit fois le tour du soleil et ont reparu huit fois au bord oriental. Les formes qu'elles prennent dans leur révolution autour du soleil prouvent qu'elles tournent avec lui et qu'elles lui appartiennent. Il faut donc en conclure que le soleil tourne sur lui-même en vingt-cinq jours six heures.

Ces taches ne vont pas en se dégradant à la surface du soleil, elles s'y découpent brusquement. Le centre en est noir, il est entouré d'une partie moins grisâtre qui s'étend jusqu'aux bords, et qu'on appelle la pénombre, et autour de ces bords grisâtres, se détache un contour lumineux, qu'on appelle les facules du soleil. Ces taches ont une mobilité extrême, elles se rejoignent et se disjoignent quelquefois très-rapidement, et il y a quelques années, il est arrivé à un observateur qui en étudiait un petit groupe et dont l'attention avait été détournée pendant quelques instants, de ne plus les retrouver. Elles avaient complétement disparu.

La tache la plus grande qui ait été observée sur le soleil après celle de 1832 dont nous avons déjà parlé est celle qui a été aperçue par Mayer, en mai 1758, et qui avait un diamètre de seize mille lieues.

Les éclipses totales du soleil ont fourni naturellement un champ d'études précieux à l'observation.

On se rappelle que lors de l'éclipse du 18 juillet 1860, des astronomes anglais et français, parmi lesquels l'illustre directeur de l'Observatoire de Paris, se rendirent en Espagne pour l'étudier.

M. Le Verrier a terminé sa courte étude de la constitution physique du soleil, par l'exposé des phénomènes merveilleux auxquels il a assisté; il a raconté la grandeur du spectacle, cette auréole immense, cette gloire, comme l'appellent les astronomes, qui apparaît aux yeux éblouis du spectateur aussitôt que le soleil disparaît derrière le disque de la lune, et qui projette sur le ciel tout entier son rayonnement lumineux. Puis il a signalé cette découverte inattendue d'une atmosphère du soleil, d'un développement considérable du sein de laquelle émergent des protubérances roses qui occupent jusqu'à soixante et quatre-vingts degrés du ciel.

Aujourd'hui, la théorie de Herschel n'est plus admissible, et surtout après la découverte de cette atmosphère, il n'est plus possible de se contenter de son hypothèse de la photosphère recouvrant une autre atmosphère obscure et relativement froide, dans laquelle le noyau solide du soleil se trouvait enveloppé de telle manière que la température pouvait y être fort douce, et qu'il ne semblait pas impossible qu'il y régnât un printemps perpétuel.

L. Danicourt.

PALÉONTOLOGIE.

COURS DE M. A. D'ARCHIAC.

(Muséum d'histoire naturelle.)

(Voy. les nos 1, 2, 10, 12, 14, 16 18 et 20.)

De la faune quaternaire au pied des Alpes occidentales.

Messieurs,

Si, après avoir esquissé les caractères et la distribution de la faune quaternaire sur le pourtour du massif central de la France et sur les pentes inférieures des Pyrénées, nous recherchons actuellement ses traces plus à l'est, le long du versant occidental des Alpes, nous mentionnerons d'abord, à 2 kilomètres au sud-ouest d'Antibes, vers le cap Gros, un rocher de calcaire secondaire, présentant des fentes de 1 à 2 pieds de large, remplies de concrétions rougeâtres et d'ossements. Les fentes, parallèles entre elles, sont à peu près verticales et dirigées N. S. La plus large renfermait des restes de Chevaux de grande taille, de plusieurs Cerfs, d'un Mouton ou Antilope, etc. (Voy. Cuvier, *Recherches sur les ossements fossiles*, vol. VI, p. 361.)

Les exploitations et les travaux exécutés dans les collines du Mont-Boron et du château de Nice ont mis à découvert des brèches osseuses comprises dans les fentes et les cavités des calcaires secondaires, et dans lesquelles Cuvier a pu reconnaître des ossements de grand *Felis* (Lion ou Tigre), de Bœufs, de Cerfs (deux espèces différentes de celles d'Europe), d'Antilope, de Mouton, de Cheval, de Rat d'eau et d'une Tortue de terre voisine de la *Testudo radiata* de la Nouvelle-Hollande.

« Ces os de Tortue, dit en terminant Cuvier, ces dents » d'un Tigre ou d'un Lion, ces dents de Cerfs inconnus, » sont ce qui m'a désabusé sur la nature des brèches » osseuses et sur l'époque de leur formation. Je ne doute » plus maintenant que celles dont la pâte est compacte » et dure ne soient au moins aussi anciennes que les dé» pôts meubles remplis d'os d'Éléphants, de Rhinocéros » et d'Hippopotames, ou que ces cavernes dont le sol est » jonché de tant d'os de carnassiers. »

Les panégyristes de notre grand anatomiste, qui citent si souvent de lui des passages d'un faible intérêt, ont oublié celui-ci, qui a le double mérite de montrer avec quelle facilité il se rendait à l'évidence des faits, et de formuler sur ce synchronisme une opinion que quarante années de recherches assidues et comparées n'ont fait que confirmer.

Ces derniers exemples complètent ce que nous avions à dire sur les cavernes à ossements et les brèches osseuses de la France, et nous reprendrons actuellement l'examen de la faune quaternaire des dépôts récents des vallées, d'abord de ce côté des Alpes, et ensuite sur leur versant méridional.

Notre but n'étant pas d'étudier les phénomènes physiques de cette époque, phénomènes si complexes sur le pourtour de cette chaîne, nous nous bornerons à reproduire ici les réflexions que nous avait suggérées, il y a quinze ans, l'examen attentif de tous les travaux exécutés alors (*Histoire des progrès de la géologie*, vol. II, p. 257), et nous verrons ensuite ce que les recherches plus récentes y sont venues ajouter :

« En Suisse, la faune quaternaire paraît avoir été peu » riche en individus et en espèces, et de plus la position » relative des détritus qui renferment les ossements de » grands mammifères (*Elephas primigenius*, *Ursus spelœus*, *Bos priscus*, *Cervus euryceros* ou *megaceros*, peut-» être le *C. alces fossilis*, H. v. M.), avec la formation » erratique proprement dite, laisse encore beaucoup d'in-» certitude, n'ayant été déterminée que sur un petit » nombre de points.

» Cependant s'il était démontré, ainsi que nous l'avons » déjà fait pressentir, que le phénomène erratique des » Alpes est postérieur au dépôt du lehm de la vallée du » Rhin, lequel est lui-même plus récent que les cailloux » roulés qu'il recouvre ; comme ces derniers, dans tout » l'ouest de l'Europe, sont caractérisés par la faune des » grands mammifères propres à l'époque quaternaire, il » serait également démontré que le phénomène erratique » des Alpes est plus récent qu'aucun de ceux du même » genre que nous connaissons; qu'il a été séparé du » phénomène des stries et des surfaces polies d'une » grande partie de l'hémisphère boréal par tout le » temps qu'a vécu la faune quaternaire, tant marine que » terrestre, et qu'il reste ainsi, du moins quant à présent, » comme un fait à part dans l'histoire des dernières mo-» difications de la surface du globe.

» L'absence de sédiments marins postérieurs aux » marnes subapennines dans les plaines qui bordent au » nord et à l'ouest le pied des Alpes, ainsi que dans les » vallées qui en descendent, disions-nous plus loin » (p. 271), a fait douter longtemps de l'âge des dépôts de » transport qui s'étendent sur ces plaines et ces vallées. » Il paraissait rationnel, en n'envisageant que le massif » des Alpes et les pays voisins, de les attribuer à » l'effet d'un soulèvement qui aurait mis fin à la forma-» tion tertiaire supérieure; mais une étude comparative » plus étendue ne permet plus d'admettre cette opinion, » et force au contraire à reconnaître qu'un laps de » temps considérable s'est écoulé entre ce dernier grand » soulèvement des Alpes et les accumulations détritiques » dont la cause est peut-être encore contestée, mais dont » l'âge se déduit de considérations générales dont les » unes sont en rapport avec cette cause et dont les autres » lui sont étrangères.

» Nous avons vu, en effet, dans les diverses parties de » l'Europe que nous avons étudiées, des phénomènes » semblables, sauf quelquefois les dimensions, à ceux » qui se sont passés dans la région des Alpes ; en outre, » ces phénomènes se sont manifestés dans chacun de ces » centres, indépendamment les uns des autres, dans la » même grande période, ce qui n'implique pas absolu-» ment que tous ont eu lieu au même moment. Dans » chaque région erratique, si l'on peut s'exprimer ainsi, » les détritus ont des limites déterminées, et leur posi-» tion, par rapport aux dépôts antérieurs, est toujours » comparable. Nous avons dit de plus que là où le phé-» nomène s'est exercé avec le moins d'intensité, sur une » échelle moindre et non loin de la mer, il avait laissé » des traces analogues à celles que l'on observe dans les » parties élevées des Alpes. Or, dans la plupart de ces » localités, excepté dans le voisinage immédiat de cette » dernière chaîne, les dépôts erratiques meubles et non » stratifiés, comme les dépôts sédimentaires réguliers, » postérieurs à ce phénomène, renfermaient les restes » d'une faune également comparable sur tous ces points.

» Le petit nombre des débris de cette faune, recueillis » dans la zone erratique des Alpes, avait pu ne pas frap-» per au premier abord, et être attribué à quelques ani-» maux peu différents de ceux de la période tertiaire su-» périeure; mais tous les résultats que les nouvelles » recherches permettent de grouper aujourd'hui doivent » faire admettre que les détritus erratiques descendus » des Alpes appartiennent à l'époque quaternaire et sont » dus à une cause analogue à celle qui s'est étendue sur » tout l'hémisphère nord; cependant rien ne prouve en-» core, comme nous le disions ci-dessus, que le phéno-» mène ait été synchronique de ceux dont nous avons » parlé, tandis qu'il y a de fortes présomptions pour » croire qu'il est beaucoup plus récent. »

De ce que les roches striées et polies du premier phénomène glaciaire n'ont pas encore été observées sous le dépôt désigné par l'expression de *diluvium alpin*, dans la plaine suisse comme dans la vallée du Rhin, et de ce que l'on ne connaît pas de vrais blocs erratiques de cette première période, on n'en peut rien conclure contre la probabilité du fait, car ces traces peuvent très-bien être masquées aujourd'hui sous des dépôts plus récents, ou avoir été détruites ou altérées par les actions glaciaires directes et indirectes plus considérables, de la seconde période. Nous ne prétendons nullement, d'ailleurs, que le premier phénomène ait eu l'importance du second en durée et en étendue, pas plus que dans ses effets mécaniques. Il a pu être beaucoup plus limité; mais l'étude de toute la partie nord de l'Amérique nous apportera bientôt de nouvelles preuves à l'appui de ces vues.

Nous avons déjà exposé, dans les leçons précédentes (*Revue des cours scientifiques*, nos 10 et 12), la position de la faune qui nous occupe dans la vallée du Rhin moyen, entre les Vosges et la forêt Noire, et dans celle du Rhône, dans le Dauphiné et la Provence, vallées dont les dépôts quaternaires se rattachent plus ou moins directement au massif des Alpes; voyons si, en nous rapprochant davantage de ce dernier, les recherches récentes ont pu modifier les conclusions précédemment émises.

M. de Mortillet signale en Savoie, vers le fond des vallées, au-dessus de la mollasse, un dépôt composé de sables, de graviers, de cailloux, de marnes et d'argiles, irrégulièrement stratifiés. Dans le bassin de Chambéry, une couche puissante de lignite se trouve presque immédiatement sous les cailloux. Les marnes et les argiles, mieux stratifiées que les sables et les graviers, renferment de nombreuses coquilles fluviatiles et terrestres qui paraissent vivre encore toutes dans le pays, comme les végétaux du lignite, tandis qu'il n'en serait pas de même des insectes. Les restes de mammifères, peu nombreux dans ces dépôts, consistent en une défense d'Éléphant trouvée à l'embouchure de la London dans le Rhône, près de Genève, puis en dents de Rhinocéros et d'Éléphant provenant du canton de Vaud et du département de l'Isère. Ces ossements, suivant l'auteur, suffisent pour que les dépôts soient jugés quaternaires et de l'époque de la dernière faune géologique, si riche en grands mammifères. Mais on conçoit que cette conclusion n'est pas suffisamment justifiée, ces restes de pachydermes pouvant appartenir à des espèces de la formation tertiaire supérieure.

Quoi qu'il en soit, M. de Mortillet décrit ensuite comme plus récente ce qu'il appelle la *formation glaciaire*, comprenant les argiles à cailloux striés et les blocs erratiques. Lorsque les argiles reposent sur des roches compactes, la surface de ces dernières est toujours polie et présente des stries fines plus ou moins allongées. Si le premier rapprochement de l'auteur est réellement fondé, il s'accorde bien avec les vues théoriques que nous avons exprimées ci-dessus.

Les gisements authentiques de grands mammifères quaternaires dans la vallée suisse sont assez rares; nous citerons particulièrement celui d'un crâne d'*Elephas primigenius*, trouvé près de Dürnten, à 4 kilomètres de Rapperschweil (Saint-Gall). La coupe faite par M. Escher de la Linth, et publiée par M. Ch. Martins, a présenté les détails suivants à partir de la surface du sol (*Bulletin de la Société géologique de France*, vol. VII, 1850, p. 601) :

1° Blocs et fragments anguleux d'origine glaciaire;

2° Cailloux roulés, arrondis, atteignant le volume de la tête et semblables à ceux du nagelfluh;

3° Argiles bleuâtres et jaunâtres;

4° Bois bitumineux (pins, genévriers, bouleaux), mélangés de sable et d'argile;

5° Gisement du crâne d'Éléphant trouvé en 1841;

6° Argile grisâtre et sable fin, avec *Planorbis*, *Paludina*, *Cyclas;*

7° Mollasse et nagelfluh tertiaires (non traversés).

Suivant l'auteur, le crâne d'Éléphant serait inférieur ici au diluvium alpin et dans un dépôt lacustre; mais nous pensons que, comme pour ceux dont a parlé M. de Mortillet, il serait nécessaire que l'espèce du grand proboscidien fût vérifiée. Si c'est réellement le Mammouth, nous trouverions encore dans cet exemple une preuve à l'appui des deux phénomènes glaciaires. M. Martins admet, d'ailleurs, en Suisse trois dépôts de transport successifs : le *diluvium à ossements*, le *diluvium alpin* mal caractérisé, un *diluvium glaciaire* très-nettement caractérisé au contraire. M. Alph. Favre reconnaît la justesse de ces distinctions, surtout pour le premier et le troisième, quoique l'un ne renferme que peu d'ossements, et que l'autre en présente provenant d'espèces identiques avec celles qui vivent encore dans le pays; mais ils diffèrent, suivant lui, par leurs caractères minéralogiques et par leur gisement, le premier ayant l'aspect d'un dépôt lacustre, le dernier celui d'un dépôt glaciaire.

Dans les vallées du Jura de Neuchâtel, des ossements de l'*Elephas primigenius* ont été rencontrés dans un diluvium peu épais, composé de roches secondaires du pays et surmonté d'un dépôt d'origine glaciaire provenant des Alpes. Quant aux autres découvertes d'ossements de grands mammifères, on n'a pas assez exactement constaté les circonstances du gisement pour en pouvoir rien conclure : ainsi on a recueilli, comme on l'a vu, une défense d'Eléphant dans le dépôt de cailloux roulés des environs de Genève, puis d'autres débris de cette espèce dans le lit de la Sarine près de Fribourg, aux environs de Neuchâtel, de Soleure, d'Olten, d'Aarau, de Liestal, dans la vallée de la Barse, à Dornach, à Grellingen, à Rheinfelden, etc.

Suivant M. Desor, et contrairement à ce que l'on vient de dire, les dépôts dans lesquels ces ossements ont été rencontrés seraient postérieurs aux phénomènes glaciaires et aux accumulations détritiques qu'ils ont produites. Mais on trouverait facilement dans la réponse de ce savant à la lettre de M. Collomb des arguments contraires à sa thèse, et appuyant celle des deux périodes glaciaires qu'il avait admise lors de ses publications sur les phénomènes analogues de l'Amérique du Nord, où nous en trouverons, en effet, des preuves plus positives encore qu'en Europe.

Aussi M. Collomb (*Bulletin de la Société des sciences naturelles de Neuchâtel*, t. V, 1861), après avoir étudié et comparé les données du problème dans les bassins de la Somme, de la Seine, du Rhin et de la vallée suisse, et il aurait pu les prendre au delà de la Manche, où elles ont encore plus de certitude et sont plus complètes, a-t-il pu dire avec infiniment de probabilité :

« Il résulte donc de ma manière de voir que si les » faits recueillis à Amiens, à Abbeville et ailleurs; que si » les restes de l'industrie humaine, tels que haches et au-

» tres débris en silex, les entailles faites de main d'homme, » reconnues sur les ossements fossiles, sont bien positive- » ment enfouis dans les couches inférieures du diluvium » sans avoir été dérangés plus tard ; il résulte, dis-je, que » l'homme existait avant les anciens glaciers des Vosges » et avant la dernière extension de ceux des Alpes, en » compagnie de l'*Elephas primigenius*, du *Rhinoceros* » *tichorhinus*, du *Bos priscus*, etc. Or, comme il est en » même temps postérieur à l'extension des glaces du » nord, il faut qu'il y ait eu, à partir de la fin du terrain » tertiaire, au moins deux époques de grande extension » des glaciers, l'une au commencement de la série qui » est représentée par le phénomène du nord, l'autre dans » des temps très-rapprochés de nous, dont je trouve des » traces palpables dans les Vosges; mais rien ne prouve » qu'il faille se limiter à ces deux extensions; peut-être, » pendant le cycle quaternaire, y en a-t-il eu d'autres » qui ne sont pas encore étudiées. »

Ces conclusions de M. Collomb rentrent donc parfaitement dans celles que nous avons émises en 1848, et nous les verrons confirmées aussi dans la prochaine leçon, par l'examen des faits analogues qui se sont produits au pied du versant méridional des Alpes. Quant aux discussions et aux dissentiments qui se manifesteront sans doute longtemps encore de ce côté de la chaîne parmi les naturalistes, vous en trouverez, messieurs, en grande partie l'explication dans ce que nous avons déjà dit sur ce sujet après avoir traité du bassin du Rhône (*Revue des cours scientifiques*, n° 12, p. 140).

A. d'Archiac.

HISTOIRE NATURELLE DES CORPS ORGANISÉS.

COURS DE M. GUSTAVE FLOURENS.

(Voy. les n°s 4, 5, 8, 9, 10, 11, 13, 14, 17 et 20.)

XVIII, XIX, XX, XXI.

Les Normands; les Flamands; les Champenois; les Lorrains.

SOUS-SECTION NORMANDE.

Constitution. — *Crâne* ovale, pommettes un peu saillantes, front moyennement développé; nez droit et pointu, bouche moyenne, lèvres un peu épaisses; œil bleu, sans beaucoup d'animation, mais inquisiteur; cheveux généralement blonds. *Muscles* bien développés. *Taille* moyenne. *Teint* blanc d'origine, mais jauni par le voisinage de la mer. Les traits durcissent vite; dans les ports, les figures jeunes ne présentent aucune fraîcheur, aucune délicatesse. A côté de populations assez laides, se retrouvent parfois ces types de beauté scandinave féminine, dont l'aristocratie anglaise, originaire de Normandie, est fière de posséder encore quelques exemplaires (teint rosé, très-belle carnation; yeux bleu clair, limpides, regard doux et pénétrant; figure suave, pensive, candide; cheveux blond doré; attaches fines, taille svelte). Transitions variées de ce beau type septentrional, digne d'être opposé au type méridional grec, par des figures ternes, insignifiantes, sans expression, à des types enlaidis et désagréables.

Constitution des Scandinaves envahisseurs de la Normandie. — *Crâne* ovale très-allongé, yeux bleu très-clair, cheveux blonds; *taille* élancée, fort élevée. Grande beauté, beaucoup de force et de courage. Dans le Calvados et dans la Manche à Saint-Vaast (Cotentin), se voient encore aujourd'hui des hommes de très-haute taille, très-vigoureux; à Bayeux et à Vire, on observe des cheveux blond ardent, roux. Dans les vieilles villes du littoral existent aussi des monuments d'architecture scandinave (toits étagés.)

Caractère. — Intelligent, laborieux, énergique, habile et industrieux, audacieux, mais à bon escient, tant qu'il y a à gagner, aventureux et entreprenant; aptitude à se gouverner eux-mêmes, qui se retrouve chez toutes leurs colonies, Anglais, Américains, (Yankees); peu sympathique, dur à soi-même et à autrui, avide, exploitant les gens, sans leur avoir aucune reconnaissance des services rendus, réglant trop sa vertu d'après le code, qui constitue le fonds de la littérature normande; n'a point la bonhomie et la franchise des septentrionaux, ni l'expansion, la vive cordialité des méridionaux; toujours sur le qui-vive pour défendre son droit, et le poussant jusqu'aux dernières limites, processif, calculateur, chicanier, égoïste, retors, tenace, marchand et agriculteur. L'agriculture est très-avancée dans ce pays : élevage de bestiaux (herbagers), industrie cotonnière très-développée.

Origine. — En s'établissant sur le sol français, les Kymris s'étaient fusionnés avec les Gaulois au centre et à l'ouest. La population de la Normandie, à l'époque de la conquête césarienne, provenait de cette fusion. Elle se divisait en sept peuples principaux, Caletes (Caux), Veliocasses (Rouen), Lexovii (Lisieux), Eburovices (Évreux), Unelli (Carentan), Baiocasses (Bayeux), Abrincatui (Avranches). Elle se romanisa fortement, puis survint l'invasion des Franks. Mais le génie romain s'y maintint, comme en général dans tout le royaume de *Neustrie*. Ce royaume (ainsi appelé des mots franciques *ne oster reich*, royaume qui n'est pas de l'est, royaume de l'ouest) s'étendait depuis la Bretagne et la Loire jusqu'à Troyes, Soissons, Cambrai. A partir de ces villes commençait l'*Austrasie* (*oster reich*, royaume de l'est), fortement germanisée par les Franks, et qui s'étendait jusqu'au Rhin, limite de leur séjour originel en Europe, la France orientale (*Franconie*). La Lorraine a longtemps conservé des traces profondes de cette germanisation. Dans la Normandie, ainsi mélangée de Gaulois, de Kymris, de Romains et de Franks, vinrent s'établir, après de nombreux ravages sur tout le littoral français, des Germains septentrionaux, les Normands (hommes du Nord), Danois et Scandinaves. Ils se francisèrent et donnèrent aux habitants du pays leur esprit aventureux.

Langue. — Le dialecte normand (langue d'oil) ne différait guère, avant l'établissement des Scandinaves, des autres parlers néo-latins employés au nord de la Loire. Les Normands, en l'adoptant, le scandinavisèrent. Ainsi dans les appellations de localités se retrouvent les noms germains des chefs normands, accolés au mot latin *ville* (Trouville, Ingouville, Fatouville), ou au mot germain *tot*, qui signifie maison (Sassetot, Yvetot). Ainsi le mot *bec*, qui signifie rivière (Bolbec, Québec au Canada); le mot *fleur* (*flod*, fleuve : Honfleur, Harfleur); le mot *beuf* (*boe*, demeure : Quillebeuf, Criquebeuf). Ce dialecte conquérant eut les plus belles destinées : il pénétra dans le Maine, dans l'Ile-de-France, la Bretagne, l'Anjou, la Vendée; il fut importé dans la Sicile, au Canada, où il se parle encore. Mais surtout il eut la gloire, au lieu de périr obscurément comme tant d'autres, dans la province qui le parlait, d'aller servir à la fondation des deux grandes langues modernes, anglais et français. L'anglais provient du mélange de la langue parlée par Guillaume le Conquérant et ses compagnons avec la langue germanique des Saxons d'Angleterre vaincus. Le français a été fixé par des Normands, lorsqu'il est devenu langue universelle de la France, et a triomphé des dialectes provinciaux en acquérant une culture littéraire supérieure. D'abord Malherbe (de Caen), génie patient, réglé, correct, qui donne l'unité au langage et *dégasconne* la cour, sous le grand unificateur politique Henri IV. Ensuite Corneille (de Rouen); le Cid est l'aurore de la belle langue française définitive qui va régner sous le grand unificateur politique Louis XIV. Le dialecte normand actuel n'est plus qu'un patois; celui des villes diffère de celui du littoral et de celui des campagnes. Mais il s'est conservé pur à Jersey. Il est généralement parlé avec un accent traînard, plaintif, nasillard.

Parlers locaux remarquables. — Tandis que le langage scandinave disparaissait partout ailleurs, dans le Bessin (Bayeux), et le Cotentin, il se conserva jusqu'au XIe siècle. — A côté de Dieppe, de l'autre côté du port, existe un village de pêcheurs complétement étrangers à la ville, le *Pollet*. Les habitants de ce village ont la prononciation douce, molle, efféminée, des Vénitiens; comme ceux-ci, ils transforment le *g* en *z*, et ils aimaient les costumes pittoresques, de couleurs voyantes. C'est probablement une *colonie vénitienne* en France.

Action. — Les Romains comprirent la Normandie dans la seconde Lyonnaise, y fondèrent des villes, y établirent des routes. Pendant la domination franque (royaume de Neustrie), la foi chrétienne s'y répandit rapidement (fondations d'abbayes, de monastères, servant d'écoles d'écriture et de droit). Avec la conquête scandinave commence la grande époque de la Normandie. A l'intérieur, un pays bien cultivé, riche par l'agriculture et le commerce, se suffisant à lui-même (pêcheries, pâturages, céréales), routes bien entretenues, prompte et bonne justice, parfaite sécurité, point de misère, partout l'esprit pratique, l'adresse et l'activité, que nous retrouvons chez les Anglais. Sur les frontières, des agrandissements de territoire (Maine, Perche). A l'extérieur, d'utiles entreprises, de profitables conquêtes. Il y avait beaucoup à gagner dans l'Italie méridionale, mi-grecque, mi-lombarde, incapable de repousser les chercheurs de fortune : les fils d'un pauvre gentilhomme du Cotentin s'y font des duchés, de petits États, d'où ils vont piller tout alentour. Gens bien pensants d'ailleurs, pleins de dévotion et de respect pour le pape, dont ils sont les vainqueurs et s'instituent les soldats. Ils savent toujours mettre le ciel de leur côté; et cela est immense. En Italie, ils se font inféoder, comme gens d'Église et défenseurs du saint-siége, le royaume des Deux-Siciles. En Angleterre, Guillaume le Conquérant se fait donner par le pape l'investiture du pays, peuplé de mécréants qui n'acquittent point les impôts dus au saint-siége ; ainsi son entreprise devient une œuvre pie, elle attire toutes les bonnes âmes, et ses ennemis ont le ciel contre eux. En Palestine, sous prétexte de délivrance du tombeau divin, ils se taillent un petit empire, et sur le chemin prennent le plus possible aux Grecs. Leur activité ne se bornait pas à l'Europe : ils fondèrent la magnifique colonie du Canada, s'établirent sur plusieurs points du territoire des États-Unis actuels et à la Guadeloupe. Ils avaient fondé aussi des comptoirs en Afrique (Petit-Dieppe, au Sénégal), aux îles Canaries, dans l'Hindoustan, au Brésil, aux îles de la Sonde. Ils ont le génie colonisateur, que nous retrouvons chez les Anglais. Si Dieppe, dont les marins étaient jadis la terreur des Espagnols, des Portugais et des Anglais, n'a plus son ancienne prospérité, les agrandissements maritimes modernes de la France n'en ont pas moins porté sur la Normandie (le Havre, Cherbourg). Le Havre est le port de Paris.

SOUS-SECTION FLAMANDE.

Constitution. — *Tête* ovale, front haut et large, nez droit, bouche grande, menton arrondi, cheveux blonds, yeux bleus. *Muscles* très-bien développés, solides et massifs; beaux hommes, grands, vigoureux, bien bâtis; carnation fraîche. *Taille* élevée, généralement au-dessus de la moyenne française. *Teint* blanc, ou rougi par un sang richement coloré.

Caractère. — Bonhomie et bonne foi, simplicité pleine de noblesse, franchise et honnêteté; jugement droit et sain, bon sens; peuple raisonnable, moins expansif que les méridionaux, mais bienveillant, serviable et sûr (ces deux génies contraires ont peine à se comprendre et à s'accorder); beaucoup d'intelligence; esprit positif, un peu froid et un peu lourd ; moins de souplesse, moins de fougue, plus de constance que dans le Midi; sagesse et modération, patience, courage très-grand, activité, fierté et respect de soi ; attachement profond à la liberté, non point par passion, mais par raison, parce qu'elle est essentiellement utile et profitable; opiniâtreté, superstition plutôt que dévotion (la dévotion est toute méridionale : Italiens, Espagnols) ; propreté, industrie avancée, culture prospère. Le Flamand excelle dans la peinture exacte de la réalité, soit avec les paroles (génie observateur et narrateur de Philippe de Commines; description naïve et vivante des faits, matériels surtout, chez Froissart, de Valenciennes), soit avec les couleurs (école flamande, beautés vraies, mais un peu vulgaires, la forme domine l'idée; Rubens sait allier l'imagination méridionale à la vigueur septentrionale). Mais le Flamand n'a point la forte pensée bretonne (Abélard, Descartes), ni l'invention poétique et l'éloquence bourguignonnes.

Langue. — Le dialecte wallon, parlé dans les provinces belges méridionales, est essentiellement français, malgré quelques mots empruntés à l'allemand. Il appartient à la langue d'oil et se rapproche du picard, mais a conservé plus de formes latines. Quant à la langue flamande, elle est toute germanique, comme le hollandais. Elle est parlée dans la partie belge de la Flandre, et pénètre en France jusqu'à Dunkerque.

Origine et action. — Peuplé par des Kymris non mélangés (*Morini*, *Nervii*, *Menopii*), ce pays belliqueux fut difficilement soumis par César. Le nom des Kymris subsiste encore dans des dénominations de localités, les plus persistantes de toutes (ainsi Cambrai, *Cameracum*). Les Francs l'annexèrent à leur royaume de Neustrie. Charlemagne y déporta six mille Saxons (Saint-Omer). Le comté de Flandre devint, par l'industrie et l'activité de ses habitants, un des pays les plus florissants de l'Europe. Perpétuellement disputée entre la France et l'Angleterre, sa possession fut un des principaux motifs de la guerre de cent ans. Il a fait partie de la France, puis a été réuni à la Hollande (royaume des Pays-Bas), et enfin s'est constitué en royaume indépendant. Ce qui en reste à la France forme le département du Nord, le plus riche et le plus peuplé.

SOUS-SECTION CHAMPENOISE.

Tête généralement ronde, yeux bleus assez grands, bouche moyenne, front assez haut, nez droit, cheveux bruns ou blonds. *Muscles* bien développés. *Teint* coloré. *Taille* moyenne. Il est impossible de donner pour la Champagne un aussi bon type que pour la Normandie ou la Picardie. Sa situation explique ceci : elle a fait partie du royaume d'Austrasie et a été ainsi germanisée, mais l'élément primitif (gaulois et kymri) a repris le dessus, tout en se modifiant diversement de localité à localité. La Champagne continue les plaines habitées par les Slaves et les Germains, c'est une grande route, un lieu de passage. C'est là que de tout temps s'est livré le grand combat entre les deux mondes européens oriental et occidental (Attila défait à Châlons-sur-Marne; Dumouriez vainqueur à Valmy, près de Sainte-Ménéhould; campagne de France, Champaubert, Montmirail, Château-Thierry, etc.). Mais la Champagne est essentiellement française, tandis que la Lorraine s'est laissé dominer longtemps par l'esprit germanique, et que la Flandre en partie (Belgique sous l'influence anglaise) penche vers cet esprit, la Champagne le repousse énergiquement. Elle défend les Latins contre l'envahissement germanique, de même que la Pologne défend les Germains contre l'envahissement mongol. C'est le bouclier de la capitale française, de Paris.

Caractère. — Peuple guerrier, déteste cordialement le voisin Prussien, dont les invasions l'ont tant fait souffrir, et ne désire rien tant que lui donner de sévères leçons; d'ailleurs plein de mansuétude et de bonhomie (on l'accuse d'être moutonnier), mais de bonhomie railleuse et fine (la Fontaine); observateur spirituel, conteur ingénieux, grâce et simplicité, génie historique de même qu'en Flandre (Villehardouin, Joinville); très-actif et très-commerçant jadis (les foires champenoises étaient un centre commercial européen), un peu nonchalant aujourd'hui, gai et moqueur, assez disciplinable, à condition de rire de ses maîtres. Le caractère de cette province, si voisine de Paris, a évidemment influé en ceci sur le caractère parisien?

Langue. — Rien de remarquable. Le dialecte champenois subit les influences des dialectes voisins. Au midi, il devient bourguignon ; au nord, il se picardise. Fabliaux, poëmes, contes facétieux, chansons de gestes, abondent au moyen âge dans ce dialecte ; car le Champenois, essentiellement narrateur, tenait à n'omettre aucune de ses actions. Les seigneurs écrivaient leurs mémoires, et les boutiquiers troyens, n'ayant pas de mémoires à écrire, composaient des satires contre les seigneurs.

Origine et action. — La Champagne était peuplée de Kymris au nord et de Gaulois kymrisés au sud : *Remi* (Reims), *Tricasses* (Troyes), *Lingones* (Langres), *Senones* (Sens). Les Romains la partagèrent entre leurs provinces de Belgique deuxième et de Lyonnaise première et quatrième. Les Francs s'y établirent et la comprirent dans leur royaume d'Austrasie. Puis elle devint un comté, gouverné par ses comtes avec pleine indépendance (états de Champagne). Villes épiscopales, Reims, Langres, Châlons (Clovis baptisé par saint Remi). Elle fut annexée au domaine royal par mariage sous Philippe-le-Bel. Viticulture très-intelligente, grandes manufactures de tissus à Reims.

SOUS-SECTION LORRAINE.

Constitution. — *Tête* ovale, front haut, cheveux bruns ou châtains, yeux grands, nez fin, lèvres minces, menton arrondi, figure osseuse, sèche. *Muscles* assez robustes, bien développés. *Taille* moyenne. *Teint* blanc.

Caractère. — Intelligent, très-brave (Ney, Fabert), beaucoup de distinction, de fierté et d'amour de l'indépendance. Le Lorrain est capable d'agir et de bien agir, mais assez paresseux. Peuple frontière, il a opté pour la France et a eu raison. Seulement, il hésite entre les deux génies : le génie allemand, rêveur, enfantin, indécis, vague ; le génie français, ferme, soutenu, déterminé, lumineux. Placée entre ces deux mondes, la Lorraine les a regardés et les a aimés tous deux. Elle a aimé la folle ballade, la séduisante légende ; elle a aimé la grande pensée française reine du monde. Mais elle n'a pu recueillir et concentrer son propre génie ; elle n'a rien produit, excepté Gilbert. Et cependant, plus qu'aucune autre province, elle aime l'instruction et elle est fière à juste titre de sa ville savante, Nancy. Elle fait la transition de l'activité française à la quiétude, au laisser-aller de cette Allemagne où rien n'a changé, où subsiste encore la féodalité, où l'on rêve, où l'on chante, où l'on travaille beaucoup sans jamais agir. Elle a tous les courages, le courage passionné et le courage froid. Les anabaptistes des Vosges, ne voulant point verser le sang, satisfont à la conscription, en servant comme soldats du train, et malgré les plus furieuses décharges de l'ennemi, ne laissent jamais les blessés attendre leurs secours. Elle a un patriotisme ardent, un amour vif et profond de cette France, au caractère sympathique, qui se fait des amis, des frères, de ceux qui se joignent à elle, tandis que l'Allemagne s'en fait des esclaves, d'irréconciliables ennemis (ainsi la Hongrie, la haute Italie).

Langue. — Le dialecte lorrain, appelé aussi austrasien, et dont on distingue le *messin* (patois du pays de Metz), ressemble au bourguignon et au champenois, mais il est plus picardisé.

Origine et action. — La Lorraine était peuplée par des Kymris, les *Mediomatrices* (Metz), qui occupaient aussi une partie de l'Alsace, les *Veroduni* (Verdun), les *Leuci*, cap. *Tullum* (Toul). Sous les Romains, elle fit partie de la Belgique première. Elle subit profondément l'influence germanique des Francs, qui s'y plaisaient beaucoup (Charlemagne). Les manies nobiliaires allemandes, l'étiquette, la noblesse grande et petite, masculine et féminine, tout cela y fut implanté et y réussit parfaitement (chapitre noble de Remiremont, où il fallait posséder deux cents ans de noblesse paternelle et maternelle pour être nonne). La Lorraine prit son nom de Lothaire, dont elle formait en partie le royaume (*Loher régne*, en langue d'oïl). Elle fut pendant quelque temps soumise, tantôt à la domination allemande, tantôt à la domination française. Puis elle fut définitivement rattachée à l'empire germanique, qui lui donna des ducs alsaciens, héréditaires, mais vassaux du Saint-Empire. Ces ducs y régnèrent pendant sept siècles : le dernier, François (III de Lorraine, Ier d'Allemagne), échangea son duché contre la couronne impériale. Il épousa la dernière représentante des Habsbourg, Marie-Thérèse, fut élu empereur, et fonda ainsi la maison actuellement régnante de Lorraine-Autriche, si fière de son ancienneté de sept siècles. Le beau-père de Louis XV, Stanislas Leczinski, roi dépossédé de Pologne, obtint le duché de Lorraine vacant. De là ces familles polonaises que l'on trouve aujourd'hui encore établies dans ce pays. Stanislas, de roi devenu philosophe, ne songea plus qu'à faire le bonheur des hommes. Il embellit Nancy, y fonda une bibliothèque, une académie (académie de Stanislas) ; son souvenir y vit encore. Enfin, à la mort du Polonais, il y a un siècle, la Lorraine fut annexée à la France, à laquelle elle appartenait déjà de fait. Nancy, fière, prude, déserte, vit dans le passé, en dehors du grand mouvement commercial et industriel moderne. Ses belles et larges rues ne sont point salies, mais l'herbe y pousse. Tandis que la noblesse champenoise prenait bravement son parti et tenait boutique, l'aristocratique Lorraine n'a jamais voulu déroger. La population de Metz est très-mélangée originellement ; ancienne ville libre impériale et épiscopale, ayant droit de refuge, elle a réuni bien des populations différentes.

CHRONIQUE.

Dimanche dernier a eu lieu dans le grand amphithéâtre de l'École de médecine une réunion générale des étudiants, présidée par leur doyen, M. Tardieu. M. le doyen a pris la parole pour inviter les étudiants à former une Association fraternelle. Cette proposition a été reçue avec faveur par la majorité. M. Tardieu a proposé ensuite la nomination immédiate d'une commission chargée d'élaborer les statuts de l'Association future. Une discussion assez vive, mais toujours courtoise, s'est engagée à ce sujet. Quelques étudiants, adoptant l'opinion du doyen, se sont prononcés pour le vote immédiat. D'autres ont demandé la remise à huitaine, objectant, avec raison, qu'il fallait préalablement laisser se produire les candidatures, et que ce n'était pas trop de huit jours pour s'éclairer sur le mérite et les intentions des candidats.

Le renvoi à huitaine a été adopté par l'assemblée, qui a voté par assis et levé.

Le nombre des membres de la commission a été fixé à quinze.

Enfin il a été décidé que le vote aurait lieu par scrutin de liste.

Demain dimanche, 1er mai, le scrutin sera ouvert à onze heures, à la Faculté.

Des réunions ont eu lieu dans le courant de la semaine. Plusieurs candidats ont été entendus ; et, à l'heure qu'il est, trois listes sont en présence. Nous recommandons la suivante aux suffrages des étudiants. Sans connaître personnellement tous les jeunes gens qui la composent, nous les savons animés d'un esprit très-libéral et sincèrement dévoués aux intérêts de leurs camarades. Voici, d'après l'un d'eux, la devise de tous : *union*, *solidarité*, *liberté*. Nous ne pensons pas que les étudiants puissent faire un meilleur choix. — G. B.

Voici les noms des quinze candidats : MM. Bertin (Georges) ; — Bouchereau, interne des hôpitaux ; — Buisson (Louis-Maurice) ; — Clémenceau, interne provisoire ; — Dourlen (Gustave) ; — Dubois (Paul) ; — Febvre (Ferdinand) ; — Jaclard (Victor) ; — Leverdays (Émile) ; — Levraud (Léonce) ; — Onimus (Ernest) ; — Regnard, interne des hôpitaux ; — Rey (Aristide) ; — Richard (Émile) ; — Taule (Ferdinand).

— M. Ad. Brongniart ouvrira son cours de botanique, au Muséum, lundi prochain, 2 mai, à neuf heures et demie du matin, et le continuera les lundis, mercredis et vendredis à la même heure.

— Le professeur Huxley a récemment fait au Collége des chirurgiens de Londres un cours sur la structure et la classification des mammifères. On parle beaucoup de ces leçons, et il est à penser qu'elles seront bientôt publiées.

Le propriétaire-gérant : Germer Baillière.

PARIS. — IMPRIMERIE DE E. MARTINET, RUE MIGNON, 2.

PREMIÈRE ANNÉE. — N° 23. UN NUMÉRO : 30 CENTIMES. 7 MAI 1864.

REVUE DES COURS SCIENTIFIQUES

DE LA FRANCE ET DE L'ETRANGER

PHYSIQUE — CHIMIE — ZOOLOGIE — BOTANIQUE — ANATOMIE — PHYSIOLOGIE
GÉOLOGIE — PALÉONTOLOGIE — MÉDECINE

Paraît tous les Samedis.

Paris.........	Six mois. 8 fr.	Un an.	15 fr.
Départements..	— 10	—	18
Étranger......	— 12	—	20

Prix de l'abonnement avec la Revue des Cours littéraires.

Six mois.....	Paris, 15 fr.	Départ., 18 fr.	Étranger, 20 fr.
Un an.......	— 26	— 30	— 35

Rédacteur en chef
M. ODYSSE-BAROT

Les ouvrages dont deux exemplaires auront été envoyés au bureau du journal seront annoncés et analysés s'il y a lieu.

On s'abonne
A LA LIBRAIRIE GERMER BAILLIÈRE
17, rue de l'École de Médecine,
Et chez tous les libraires, par l'envoi d'un bon de poste, ou d'un mandat sur Paris.

L'abonnement part du 1er décembre ou du 1er juin de chaque année.

SOMMAIRE.

EMBRYOGÉNIE COMPARÉE.

COURS DE M. COSTE.

(COLLÉGE DE FRANCE.)

I.

De l'origine des espèces. Examen des théories de Lamarck et de Darwin.

Avant d'entrer dans le fond du sujet, le professeur indique le but de l'embryogénie comparée et passe en revue les phénomènes qui ont amené un certain nombre de naturalistes à admettre les générations spontanées. Il rappelle les expériences de Redi et celles plus récentes de M. Balbiani ; et, sans conclure pour ou contre l'hétérogénie, il démontre que les exemples de générations spontanées relevés par les physiologistes du siècle dernier, à propos des polypes et de certains infusoires, n'ont pu résister à un examen plus approfondi des actes physiologiques. Après avoir ainsi jeté un coup d'œil rapide sur les faits particuliers et considéré les êtres dans leur développement individuel, il aborde le difficile et important problème de l'origine des espèces. Bien que la question des générations spontanées ait été longuement traitée déjà dans les colonnes de ce journal, nous conservons l'ordre adopté par le professeur lui-même, comme le plus naturel et le plus propre à éclaircir le sujet. Cela dit, il ne nous reste plus qu'à exposer aussi fidèlement que possible les idées émises par l'éminent physiologiste du Collége de France.

L'embryogénie comparée a pour but, l'étude du développement de la vie chez les êtres organisés. A l'encontre de la physiologie, qui prend l'animal à l'état adulte pour en faire l'objet de son analyse et déterminer les lois de son organisation actuelle, l'embryogénie s'élève graduellement du simple au composé, partant de l'œuf, de la cellule primordiale, pour arriver à l'animal complet. Cette première phase de l'être qui précède la vie de relation, cette période embryonnaire pendant laquelle l'animal existe, en quelque sorte, à l'état virtuel, est signalée par des transformations importantes et extrêmement curieuses, à tel point que l'animal, une fois formé, n'a absolument aucun rapport de ressemblance avec les formes qui l'ont précédé et dont il émane.

Mais, il ne suffit pas au naturaliste de suivre ainsi, pas à pas, le processus organique et d'étudier l'animal en lui-même, pour déterminer le mode de développement qui lui est propre. La science vise plus haut et plus loin. Les faits particuliers sont des pierres d'attente, qui servent au philosophe à édifier les lois générales qui régissent les phénomènes. C'est ainsi que le naturaliste, après avoir étudié le développement de la vie dans les diverses branches du règne animal, établit les rapports communs qui relient ses observations les unes aux autres, afin d'en déduire les lois générales qui président au développement de l'espèce ; ou, en d'autres termes, le plan général de la création. Tel est surtout le but élevé de l'embryogénie comparée.

Et d'abord, y a-t-il en réalité un plan général? C'est la

question préjudicielle qui se pose tout naturellement au début de cette étude. Le monde, et en particulier la matière organisée, sont-ils le produit d'une cause intelligente, créatrice, ou tout simplement le résultat du hasard, l'œuvre fortuite de la rencontre des atomes? Cette question, aussi vieille que le monde, a de tout temps sollicité les préoccupations de l'esprit humain. Diversement résolue, dans l'antiquité aussi bien que de nos jours, par les philosophes et par les naturalistes, elle reste encore pendante devant l'aréopage de la science, et livrée aux disputes les plus ardentes. C'est là le privilége et l'écueil des grandes questions scientifiques. En même temps qu'elles provoquent l'enthousiasme des esprits élevés, toujours avides d'agrandir le champ des connaissances acquises, elles excitent autour d'elles les clameurs passionnées et moins nobles des intérêts et des partis. Pour nous, restant fidèles à la méthode de Bacon, qui fait la gloire et les succès de la science moderne, nous aborderons la question sans parti pris et sans opinion préconçue, avec les faits pour guide et l'expérience pour règle.

Je vous disais tout à l'heure que deux philosophies rivales se sont de tout temps partagé le domaine de l'esprit. Toutes deux ont d'illustres patrons dans l'antiquité. L'une, qui procède de Pythagore et de Platon, affirme que le monde est le produit d'une cause intelligente, et que la vie elle-même n'est qu'une émanation de cette cause souveraine. Elle croit à la multiplicité des espèces produites, dès l'origine des choses, par la force créatrice, à leur immutabilité et à leur propagation indéfinie. S'il faut s'en rapporter aux naturalistes de cette école, les types des animaux et des plantes, actuellement connus, auraient été créés de toute pièce et se seraient propagés à travers les siècles par une chaîne non interrompue de générations successives et par filiation naturelle. Pour eux, point de génèse spontanée. Tout animal organisé vient d'un œuf et d'un parent semblable à lui : *Omne vivum ex ovo*, comme l'a dit Harvey. Cette opinion est universellement admise aujourd'hui par tous les savants de l'école spiritualiste.

L'école matérialiste, qui se couvre des grands noms d'Aristote, d'Épicure et de Lucrèce, soutient, au contraire, que toutes les espèces, connues ou inconnues, présentes ou futures, sont nées ou naîtront de la matière éternelle par l'unique intervention des forces qu'elle met en jeu. Elle assigne à tous les êtres la monade, la cellule pour origine, elle pense que les espèces peuvent disparaître avec les conditions physiques qui leur ont donné naissance; elle croit à leur transformation successive et à leur variabilité indéfinie. Tel est, sommairement indiqué, l'état actuel de la question. Avant d'entrer dans les détails, il me paraît indispensable de revenir un instant sur mes pas pour examiner le chemin parcouru par nos prédécesseurs et vérifier avec vous la valeur de leurs recherches.

Il y a à peine trente ans que Baer démontra définitivement l'existence de l'ovule dans la vésicule de Graaf chez les mammifères et l'espèce humaine; encore n'en avait-il pas fait connaître la structure intime. C'est en découvrant la vésicule germinative dans l'œuf des mammifères, que j'ai eu le bonheur de prouver l'identité absolue de l'œuf humain et de celui des oiseaux. Graaf avait pressenti cette grande vérité sans pouvoir la démontrer. Vous savez les clameurs qui se firent autour de son nom, et les violences dont il fut l'objet, tant de la part des savants que de la part des gens du monde. Harvey lui-même, par une intuition du génie et par une induction d'ailleurs très-naturelle, avait aussi, affirmé le phénomène de l'ovulation longtemps avant les physiologistes de ce siècle. Voici les propres paroles du grand physiologiste anglais, dont, il faut bien le dire, on a usé et abusé : « Les animaux et les végétaux naissent tous, soit spontanément, soit d'autres êtres organisés, soit en eux, soit de parties d'entre eux, soit par la putréfaction de leurs excréments..... Il est général qu'ils tirent leur origine d'un principe vivant, de telle sorte que tout ce qui a vie ait un élément générateur, d'où il tire son origine et qui l'engendre. » Vous voyez qu'il n'y a là rien de contraire à l'idée de la génération spontanée. Harvey, dans plusieurs autres passages de son livre (*Exercitationes de generatione animalium*), assimile la génération à une sorte de sécrétion produite par l'ovaire sous l'influence de la liqueur fécondante. Vous savez qu'il a été démontré depuis, que le spermatozoïde en suspension dans le liquide séminal n'est autre chose que l'ovule mâle. Je n'insiste pas sur ce point.

Mais si l'ovule a été facile à découvrir chez les animaux supérieurs, il n'en a pas été de même dans les espèces ultimes de la série. Ainsi, vers le milieu du XVIIe siècle, tout le monde croyait que la viande et le fromage, en se putréfiant, donnaient naissance à des êtres nouveaux. C'est Redi qui démontra que ces vers, que l'on croyait nés spontanément par le seul fait de la putréfaction, étaient le produit naturel et direct des œufs de mouches préalablement déposés sur la viande par ces insectes. Ces œufs, trouvant dans la viande putréfiée un milieu favorable pour se développer, donnaient naissance à ces articulés de nature spéciale, connus vulgairement sous le nom d'asticots. Il fut démontré de même, et tout le monde admet aujourd'hui que les entozoaires, tels que le ténia, les filaires, les douves du foie et du cerveau, les hydatides, les trichines, qui semblent se développer spontanément au sein des tissus animaux, se forment également par généagénèse, c'est-à-dire, que ces êtres doivent la vie à des larves d'insectes ou à des animaux de même espèce qu'eux, auxquels il a suffi de se trouver dans un milieu favorable pour se développer et prendre des formes nouvelles. Ainsi les cysticerques, ces vers vésiculaires qui produisent la ladrerie du cochon, et que l'on trouve dans les intestins du lapin, rejetés au dehors sous forme d'œufs et repris par les herbivores, produisent le ténia chez l'homme et chez les carnivores qui se nourrissent de ces derniers. Les innombrables œufs pondus par le ténia reproduisent à leur tour l'animal primitif. Les expériences de MM. Baillet et Van Beneden ne laissent aucun doute à ce sujet. Quant aux animalcules que l'on a trouvé enkystés dans le cerveau des moutons morts du tournis, il est également prouvé aujourd'hui qu'ils ne sont pas le fait d'une génération spontanée; mais que, transportés par le torrent circulatoire, ils ont percé les parois des vaisseaux et se sont creusé à travers la substance cérébrale des sillons comblés plus tard par la cicatrisation. Donc, si simples que soient les êtres que nous venons de passer en revue, vous voyez qu'ils émanent tous d'un œuf et qu'ils ont tous des parents. Ainsi, la génération spontanée recule à mesure que la science se développe. Je ne veux pas dire par là qu'elle n'est point possible, je veux seulement vous prouver que, jusqu'à ce jour, on a mal choisi les exemples et faussement interprété les phénomènes qu'on a relevés en sa faveur.

Si nous descendons plus bas encore, et que nous arrivons à la limite ultime où les organismes semblent se confondre; si nous examinons les infusoires, nous verrons que leur existence s'explique de même sans l'intervention de la génération spontanée. J'ai fait partie d'une commission, qui a décerné récemment un prix à M. Balbiani, pour un mémoire lu à l'Académie des sciences, et dans lequel il est prouvé que les infusoires sont pourvus d'organes de la génération. Ces organes ont été désignés par les physiologistes sous le nom de *noyaux* et de *nucléoles*. Nous verrons aussi plus tard que ces animalcules se développent par voie de segmentation. Il suffit que nous sachions dès à présent que ces organismes sont beaucoup plus complexes qu'on ne l'avait soupçonné d'abord.

Si, des infusoires, nous passons aux hydres, aux polypes, aux méduses, nous verrons que là encore, malgré l'opinion contraire de Lamarck, la génération s'accomplit normalement. Ainsi, dans les polypes bryozoaires, tels que la *crustatella muccedo*, il y a, à l'intérieur du corps, un petit filament qui contient les œufs. Quand l'hiver arrive, l'animal meurt; mais ses œufs, déposés sur le sable ou attachés aux plantes aquatiques par une foule de petits crochets disposés à la surface de l'enveloppe cornée qui les recouvre, résistent aux froids de l'hiver; et, le printemps venu, ils donnent naissance à une nouvelle génération de polypes.

J'avais besoin de ces développements préliminaires pour vous montrer l'état actuel de l'embriogénie et le double problème qu'elle est appelée à résoudre. Maintenant que vous savez où en est la science en ce qui touche la genèse individuelle, nous allons revenir à notre point de départ et aborder la question de l'origine des espèces. Abandonnant les organismes isolés, nous avons à nous occuper de rechercher les lois du développement de la vie dans le règne animal.

Le monde vivant forme-t-il un laboratoire fermé dans lequel tout ce qui est organisé vient de la vie, ou bien y a-t-il, à chaque instant, des créations nouvelles, des générations qui surgissent sous l'influence des phénomènes physiques et des milieux ambiants? L'animal ainsi créé peut-il transmettre ses facultés à ses descendants; ces facultés elles-mêmes sont-elles susceptibles de se transformer avec les générations successives et de progresser à tel point que nous puissions concevoir l'existence de l'homme par la seule variabilité des espèces? L'homme, en un mot, n'est-il autre chose qu'une monade perfectionnée? Tels sont les problèmes que la science s'est toujours posés. Mais ce n'est que depuis le commencement de ce siècle qu'ils ont été examinés dans un esprit véritablement philosophique et scientifique.

C'est à un illustre naturaliste français, Lamarck, qu'est due la première tentative dans cette voie. C'est lui qui, le premier, a essayé d'établir les lois générales de la création, en se fondant sur la mutabilité des espèces. Les deux Geoffroy Saint-Hilaire ont marché sur les traces de Lamarck; et aujourd'hui même, un de ses disciples les plus distingués, M. Darwin, est venu appuyer de son talent et de son expérience la conception philosophique de son maître. Moins hardi que l'auteur de la *Philosophie zoologique*, M. Darwin n'ose pas affirmer la formation actuelle des êtres par voie de genèse spontanée. Cependant, il n'hésite pas à en faire dériver les végétaux, les animaux et l'homme lui-même, par une suite de transformations successives, et, selon lui, indéfinies d'un prototype primordial unique. Nous allons commencer par examiner les travaux du maître, nous passerons ensuite à ceux de son élève.

« Il faut, dit Lamarck, qu'il y ait une génération spontanée, sans quoi on ne pourrait expliquer la reproduction des êtres inférieurs et, en particulier, des polypes. » Vous savez maintenant à quoi vous en tenir sur la valeur de cette proposition. Et, sans rien préjuger, d'ailleurs, sur la possibilité de ce mode d'évolution de la matière organisée, vous pouvez affirmer, dès à présent, que Lamarck s'est trompé, au moins en ce qui concerne les polypes, et qu'il n'est nullement nécessaire, pour expliquer leur reproduction, d'avoir recours à l'hypothèse de la génération spontanée. Pour Lamarck, c'est la monade qui est l'élément primordial développé spontanément à l'origine du monde organique. C'est d'elle que dérivent toutes les créations ultérieures.

Quoi qu'il en soit, Lamarck, pour établir l'existence de la monade, procède comme nous l'avons fait nous-même au début de cette leçon. Il commence par étudier le développement de la vie individuelle. Partant ensuite des phénomènes qui se passent à l'intérieur de l'organisme, il se demande si la matière brute, la matière inorganique, n'obéit point aux mêmes lois que la matière organisée. Il conclut à l'affirmative. Les germes mâle et femelle, dont la fusion produit le nouvel être, ne sont, en effet, pour lui, que des éléments dénués de vie et par conséquent, inorganiques. Ce premier fait admis, vous sentez combien est logique la déduction de Lamarck. En vérité, si cela était, son système paraîtrait inattaquable. Mais, est-il vrai, messieurs, qu'il en soit ainsi? L'ovule fécondé peut-il être assimilé à de la matière inerte? Qui d'entre vous le pense aujourd'hui? Je vais néanmoins vous exposer les observations de Lamarck. Justifiées ou non, elles ont eu un grand éclat dans la science, elles ont formé d'illustres disciples, et c'est encore, sous bien des rapports, la plus hardie tentative de philosophie naturelle qui ait été faite de notre temps.

L'œuf conçu comme une matière inerte, comme une sorte de blastème gélatineux, tel est le point de départ de la théorie de Lamarck. Pour lui, l'œuf fécondé lui-même, n'est pas encore vivant, mais seulement préparé à la vie. C'est la vapeur fécondante, l'*aura seminalis* dégagée par le sperme qui, si les conditions sont favorables, va créer la vie dans l'ovule. Mais pour que cette création ait lieu, le contact du sperme ne suffit pas. Il faut de la chaleur, de l'humidité et d'autres conditions sans lesquelles la vie n'apparaîtrait pas dans l'œuf, même après la fécondation. Vous savez ce qu'il faut penser de cette hypothèse de l'*aura seminalis*. Elle est complétement ruinée aujourd'hui. Vous n'ignorez pas non plus que l'œuf de la poule, que l'œuf humain, quelle que soit la période à laquelle on les considère après la fécondation, n'en sont pas moins vivants. Cela est si vrai que, pendant son trajet dans l'oviducte, l'œuf subit des transformations très-importantes, telles que la segmentation du vitellus, etc. La vie est là à l'état latent. Il suffit d'un peu de chaleur et de quelques autres conditions secondaires pour en provoquer la manifestation.

Je reprends les idées de Lamarck. Cette *aura seminalis*, cette vapeur, qui a provoqué l'apparition de la vie dans l'œuf, ne serait-elle pas une force analogue à la chaleur, à l'électricité? Tout le fait supposer. Puisque ce n'est que par l'augmentation de la chaleur que la vie peut se développer. Cela admis, on conçoit facilement que des conditions aussi simples se réalisent souvent dans la nature. Ainsi, par exemple, qu'un peu de cette matière inorganique tendant à l'organisation se trouve dans un milieu humide et chaud, que l'électricité agisse sur elle d'une certaine façon, et la vie se produira immédiatement. Mais, messieurs, tout cela est hypothèse. Ce n'est pas ainsi que les choses se passent dans la réalité. La chaleur, la lumière, l'électricité ne donnent pas la vie, elles en permettent seulement le développement. Cela est vrai pour les germes comme pour les animaux et pour les plantes. La théorie de Lamarck pèche donc par la base. L'évolution spontanée de la monade reste donc à prouver.

Mais il faut suivre Lamarck dans le développement de son système. La monade ayant besoin d'humidité pour se développer, a dû nécessairement naître dans l'eau. C'est donc au sein des eaux que la vie est apparue pour la première fois. Conclusion : tous les animaux et toutes les plantes de l'époque actuelle dérivent des animaux et des plantes aquatiques.

Nous allons entrer dès à présent dans un ordre d'idées entièrement nouveau, quoique implicitement contenu dans ces prémisses. Il s'agit de l'influence attribuée par Lamarck aux milieux physiques et aux nécessités organiques sur la transformation des espèces; en d'autres termes, de l'action réciproque des milieux sur les organes et de ces organes, eux-mêmes, sur l'évolution progressive des êtres. « Ce ne sont pas les organes, dit Lamarck, c'est-à-dire, la nature et la forme des parties du corps d'un animal, qui ont donné lieu à ses habitudes et à ses facultés particulières; ce sont, au contraire, ses habitudes, sa manière de vivre et les circonstances dans lesquelles se sont rencontrés les individus dont il provient, qui ont, avec le temps, constitué la forme de son corps, enfin, les facultés dont il jouit. » (*Philosophie zoologique*, page 237). Telle est, en quelques mots, l'idée fondamentale de la philosophie zoologique. De cette simple vue de l'esprit provoquée par la méditation et l'observation attentive de la nature, nous allons voir découler des conséquences fécondes.

Voici la matière appelée à la vie sous la forme de monade. Les influences extérieures vont agir sur le nouvel être, de façon à favoriser ou à enrayer son développement. Si le milieu ne lui est pas favorable, ses organes vont s'atrophier, et il va marcher vers sa ruine; dans le premier cas, au contraire, ils vont croître sans cesse jusqu'à ce qu'ils aient atteint le dernier terme de leur évolution. Alors, l'animal réagissant à son tour sur les milieux ambiants, sa puissance fonctionnelle augmentera en raison directe de l'usage qu'il en fera, et ses organes s'accommoderont peu à peu aux habitudes et aux besoins qu'il aura à satisfaire. « C'est ainsi que la taupe qui, par ses habitudes, fait très-peu d'usage de la vue, n'a que des yeux très-petits et à peine apparents, parce qu'elle exerce très-peu cet organe. L'aspalax, qui vit sous terre comme la taupe, et qui vraisemblablement s'expose encore moins qu'elle à la lumière du jour, a totalement perdu l'usage de la vue. Aussi n'offre-t-il plus que des vestiges de l'organe qui en est le siége. » (*Philosophie naturelle*, passim.). On voit donc que l'exercice fortifie les organes, tandis que le défaut d'emploi, devenu constant par suite de l'habitude, les appauvrit graduellement et peut même finir par les faire disparaître complétement. On peut concevoir de la sorte que si un animal se trouve placé, par l'action du temps, dans des conditions variables; si la nécessité lui crée des besoins nouveaux, il s'ensuivra des aptitudes nouvelles aussi. C'est ainsi qu'on arrive à se faire une idée du progrès ou de la dégradation des espèces. Soit, par exemple, un animal déjà modifié par le changement de ses habitudes et un long séjour, dans un milieu étranger à celui où il a pris naissance. Que cet animal en rencontre un autre dans des conditions analogues. Si c'est un mâle et une femelle, ils s'accoupleront et leur postérité portera nécessairement, à un degré encore plus prononcé, l'empreinte des modifications qu'eux-mêmes avaient subies; et de modifications en modifications; on pourra ainsi arriver, au bout d'un temps plus ou moins long, à une génération d'individus très-différente de la souche primitive. Et si, par l'influence de plus en plus favorable des milieux, par l'exercice de plus en plus actif des organes et des fonctions, l'animal va toujours en se perfectionnant davantage, on conçoit que, par la suite des siècles et des transformations successives, la vie soit arrivée de son expression la plus simple, la monade, à cette organisation à la fois si délicate et si complexe, l'homme civilisé.

Voici encore quelques exemples qui vous donneront une idée plus nette de la logique de Lamarck et du merveilleux usage qu'il en a fait. L'oiseau, que le besoin attire sur l'eau pour y trouver la proie qui le fait vivre, écarte les doigts de ses pieds lorsqu'il veut frapper l'eau et se mouvoir à la surface. La peau qui unit ses doigts à leur base, contracte, par ces écartements des doigts sans cesse répétés, l'habitude de s'étendre; ainsi, avec le temps, les larges membranes qui unissent les doigts des canards, des oies, etc., se sont formées telles que nous les voyons. De même, l'on sait que l'oiseau de rivage, qui ne se plaît point à nager, et qui cependant a besoin d'approcher des bords de l'eau pour y chercher sa proie, devra faire tous ses efforts pour étendre et allonger ses pieds de façon à ne pas s'enfoncer dans la vase. Si, de plus, il a besoin de plonger au fond de l'eau pour y chercher le poisson, il s'efforcera d'allonger son cou afin d'y parvenir plus facilement. Et cet exercice longtemps prolongé créera une aptitude nouvelle qui, transmise de génération en génération, finira par produire chez les descendants, des caractères organiques complétement nouveaux.

Si maintenant nous abandonnons la classe des oiseaux pour passer à celle des mammifères, nous allons avoir des exemples tout aussi frappants de cette puissance de l'habitude sur le développement ou sur l'atrophie des organes, et par suite, sur le progrès ou la dégénérescence de l'espèce. Rappelez-vous le kanguroo. Cet animal, qui porte ses petits dans la poche qu'il a sous l'abdomen, a pris l'habitude de se tenir comme debout, posé seulement sur ses pieds de derrière et sur sa queue, et de ne se déplacer qu'à l'aide d'une suite de sauts, dans lesquels il conserve son attitude relevée pour ne point gêner ses petits. De là le développement si exagéré de ses jambes de derrière par rapport à ses pattes de devant, qui sont presque rudimentaires. De là aussi l'épanouissement de la queue qui sert à l'animal pour élargir sa base de sustensation et pour exécuter ses principaux mouvements. Donc, influence des milieux sur l'animal, action lente des habitudes organiques, et enfin, élection naturelle, c'est-à-dire, accouplement de l'animal modifié avec son analogue : telles sont, d'après Lamarck, les conditions principales qui font varier les espèces et qui provoquent, soit leur dégénérescence ou leur disparition, soit, au contraire, leur progrès indéfini.

Telle est la théorie poussée jusqu'à ses conséquences ultimes. Mais si ingénieuse qu'elle soit, vous comprenez maintenant combien elle est hypothétique et insuffisante pour expliquer les différences si radicales qui existent entre la plupart des espèces animales. La logique n'en est pas moins très-séduisante. Et il n'est pas très-étonnant qu'elle ait trouvé des adeptes, même parmi les plus grands naturalistes de notre temps. Dans un livre remarquable, qui a fait beaucoup de bruit en Angleterre et en France, M. Darwin a repris les idées de Lamarck et les a soutenues avec une force de talent et de conviction qui méritent la plus sérieuse attention. Nous y reviendrons. — F. Taule.

GÉOGRAPHIE PHYSIQUE.

COURS DE M. BURAT.

(CONSERVATOIRE DES ARTS ET MÉTIERS.)

Les courants marins.

Nous croyons être agréable aux lecteurs de la *Revue* en leur mettant sous les yeux une intéressante leçon de M. Burat sur les mouvements qui agitent la mer, ainsi que sur les vastes courants qui la sillonnent.

Après avoir rappelé qu'il s'est occupé précédemment de la nature des eaux de l'Océan, de la vie animale et végétale qui s'y développe, le professeur continue en ces termes :

La mer ne se maintient pas uniformément horizontale, elle éprouve des perturbations qui en troublent l'équilibre. Parmi ces perturbations, les unes sont irrégulières et inconstantes comme les vents qui les font naître, et produisent des vagues dont la hauteur peut aller en pleine mer jusqu'à onze mètres seulement, malgré les assertions hyperboliques de certains navigateurs qui les ont souvent comparées à des montagnes; cette élévation de onze mètres suffit malheureusement pour occasionner les plus grands sinistres. Les autres perturbations sont régulières et périodiques, et constituent ce qu'on appelle la marée, c'est-à-dire, le flux et le reflux. Elles sont dues à la position et à l'élévation de la lune et du soleil sur la terre, et affectent toutes les mers, excepté les petites, comme la mer Méditerranée, où les marées sont très-faibles.

Quand on visite un port de mer, on peut remarquer que les oscillations périodiques de la mer s'effectuent à des intervalles réguliers, et qu'elles se répètent environ deux fois par jour. Les eaux s'élèvent pendant environ 6 heures, c'est le flux; parvenues à leur plus grande hauteur, elles y restent un moment, c'est la pleine mer; puis redescendent, et c'est ce qu'on appelle le reflux; enfin, arrivées à leur plus grand abaissement, elles s'y maintiennent un instant et constituent ce qu'on appelle la basse mer.

J'ai dit que l'oscillation totale durait 12 heures *environ*, parce qu'en observant ce mouvement, on ne tarde pas à s'apercevoir que la durée des oscillations est toujours un peu plus longue ; ainsi, si la pleine mer a lieu à midi, elle aura lieu le soir, non pas à minuit, mais à minuit 25 minutes; le lendemain, ce sera à midi 50 minutes, et ainsi de suite. Voilà donc ce qui se reproduit uniformément.

Tant que les Anciens ne quittèrent pas les bords de la mer Méditerranée, ils donnèrent peu d'attention à ce phénomène, mais dès qu'ils fréquentèrent l'Océan, il excita leur curiosité. Des naturalistes cherchèrent la cause de ce mouvement, mais ne pouvant la découvrir, ils l'appelèrent avec désespoir le tombeau de la curiosité humaine. Pline cependant l'avait attribué à l'influence simultanée du soleil et de la lune, mais il n'en donnait que de vagues aperçus ; c'était la théorie de Newton à qui seul était réservé la gloire de nous faire connaître ce phénomène qui n'est qu'une conséquence de l'attraction universelle, surtout de l'attraction de la lune qui agit plus ou moins sur les eaux de la mer, suivant que cette action a une direction se rapprochant plus ou moins de la verticale. Il faut du reste constater qu'il y a un double phénomène, les eaux s'élevant non-seulement du côté de l'astre qui les attire, mais encore du côté opposé de la sphère.

Comme nous l'avons dit, la lune n'est pas seule à produire cet effet, le soleil exerce sur les eaux une action analogue à celle de la lune, et si l'influence du soleil est moins grande, il faut l'attribuer à la distance plus considérable qui nous en sépare.

Les deux astres agissant en même temps sur la mer, il en résulte que leur action se produit de diverses manières, suivant leur position relative. Se trouvent-ils sur la même ligne, leur action s'ajoutant l'une à l'autre, ils attirent la terre dans le même sens; sont-ils, au contraire, placés à angle droit par rapport l'un à l'autre, leur influence s'atténue réciproquement; c'est cette dernière position que les astronomes appellent *quadrature*.

Dans le premier cas, qui se présente aux nouvelles lunes, les marées sont les plus fortes; dans le second, elles sont les plus faibles.

Nous savons que dans une mer de petite dimension, et par conséquent dans un lac, les oscillations sont peu prononcées, et nous avons cité à l'appui la mer Méditerranée, où elles sont à peine sensibles, car le détroit de Gibraltar n'est pas assez large pour que les oscillations de l'Océan atlantique puissent se propager à l'intérieur de la mer dont nous parlons.

Les inégalités de la mer, les pentes douces ou escarpées des côtes rendent, dans la pleine mer, les marées plus ou moins puissantes. C'est le littoral de la Manche qui nous offre les plus hautes; à Saint-Malo, les marées atteignent 15 à 18 mètres, et cela tient à ce que la Manche, se trouvant resserrée entre la France et l'Angleterre, le flot qui s'avance ne trouvant pas à se développer, monte contre les barrières qui lui font obstacle, et s'élève ainsi dans cette passe trop étroite.

En dehors des marées, la mer a des mouvements propres, elle a des courants qui la sillonnent, et qui forment d'immenses fleuves à travers la masse océanique : ils méritent de fixer notre attention.

L'existence de ces courants s'explique d'une manière fort simple, entre les grandes mers et celles qui sont presque entièrement renfermées entre des côtes, ou qui ne communiquent avec l'Océan que par des détroits : de ce nombre sont la mer Rouge et la mer Méditerranée.

La première, par exemple, est resserrée entre deux côtes arides et rapprochées, sur une étendue de 350 lieues. Elle offre une vaste surface à l'évaporation qui est d'autant plus considérable que les vents qui soufflent de l'Égypte et de l'Arabie sont plus chauds et plus desséchés; et comme aucun cours d'eau de quelque importance, aucune pluie abondante, ne viennent compenser les pertes occasionnées par cette évaporation, il faut bien que la mer des Indes fournisse à la mer Rouge une quantité d'eau proportionnée à celle qui a été perdue, pour que l'équilibre se maintienne entre les deux mers.

Il en est de même pour la Méditerranée qui reçoit, il est vrai, de très-grands fleuves, le Rhône, le Pô, etc., mais qui subit une évaporation représentée par une masse encore plus considérable que la masse d'eau apportée par ces fleuves tributaires; cette quantité ainsi perdue est évaluée à trois fois le volume des eaux que tous ces fleuves viennent jeter dans son sein. Il faut donc, pour que le niveau soit maintenu entre cette mer et l'Océan atlantique, qu'un courant venu de là lui déverse une certaine quantité d'eau à travers le détroit de Gibraltar.

Mais ici se présente une question curieuse qui a donné lieu à des observations plus curieuses encore. Ces courants, venus de la grande mer qui alimentent la mer Rouge et la mer Méditerranée, arrivent chargés de sel; or, l'évaporation n'enlevant que des eaux sensiblement pures, et précipitant au contraire le sel, il devrait se former de vastes dépôts du sel laissé libre par les eaux évaporées. Mais où sont ces dépôts salins qui devraient naître sous l'influence de ces approvisionnements de sel continus? Nulle part on n'en a trouvé de traces, et les sondages les plus profonds n'en ont pu révéler la moindre existence ; ces dépôts de sel n'existent donc pas. Mais puisque les eaux des deux mers conservent toujours le même degré de salure, il faut en conclure qu'il y a des voies d'écoulement qui empêchent ce travail de la cristallisation du sel.

Après bien des hypothèses, on a donc reconnu ce fait, qu'il existe des contre-courants sous-marins qui seuls peuvent donner l'explication de ce phénomène. Ainsi, tandis qu'un courant de surface déverse les eaux de l'Océan atlantique dans la mer Méditerranée par le détroit de Gibraltar, il existe dans la profondeur de ce détroit un contre-courant sous-marin par lequel une partie des eaux de la mer Méditerranée, retournant à l'Océan, lui restitue le sel laissé libre par l'évaporation.

L'existence de ces contre-courants fut d'ailleurs indiquée par une observation faite vers la fin du xve siècle. Dans une guerre maritime, un navire hollandais avait été coulé à l'entrée du détroit de Gibraltar, du côté de l'Océan. Au lieu de sombrer sur place, grâce à un chargement d'huile et d'alcool qui, comme on le sait, sont plus légers que l'eau, le bâtiment était resté entre deux eaux. Or, quand il échoua, ce ne fut pas à l'intérieur du détroit, et au lieu d'aller à l'est, ce navire avait dérivé souterrainement en sens contraire, sous l'influence du courant des couches inférieures.

Le fait a été en outre confirmé depuis, et voici comment. On a dit : le contre-courant sous-marin doit rendre moins d'eau à l'Océan que l'Océan n'en a fourni à la mer Méditerranée, puisque le courant de surface a pour but de former une compensation; ce courant doit donc avoir une eau plus chargée de sel; en effet, on a exploré le détroit de Gibraltar et les régions voisines, et en recueillant de l'eau à plus de mille mètres de profondeur, l'on a rencontré une eau contenant quatre fois plus de sel que n'en contiennent les eaux communes de la mer.

Cela nous amène à établir un principe fondamental dont les observations ont démontré la justesse et l'universalité : c'est que, toutes les fois qu'un courant se manifeste d'une manière constante et régulière, il doit y avoir sur un autre point un courant équivalent destiné à maintenir l'équilibre des mers.

Nous allons retrouver une application de cette loi générale, si importante sur une échelle bien autrement grande dans les magnifiques courants maritimes dont nous allons parler et qui offrent l'intérêt le plus considérable au point de vue de la géographie physique de notre globe : il s'agit du vaste système de courants et de contre-courants qui emportent les eaux chaudes vers les régions polaires, et qui ramènent ces eaux vers les régions tropicales.

Je vous parlerai d'abord du plus célèbre de ces courants, de celui connu sous le nom anglais de Gulf-Stream ou courant du Golfe, épithète qui lui vient de ce qu'il se fait surtout sentir à la sortie du golfe du Mexique; en voici la description sommaire empruntée à l'Américain Maury :

« Il est un fleuve au sein même de l'Océan; dans les plus grandes sécheresses, jamais il ne tarit; dans les plus grandes crues, jamais il ne déborde ses rives ni son lit : il est plus majestueux que le fleuve des Amazones, plus rapide que le Mississipi. »

Je vais d'abord vous donner une idée de sa direction.

Il prend naissance un peu au-dessus du cap de Bonne-Espérance, se dirige vers l'ouest et vient frapper les côtes de l'Amérique du Sud. Il entre alors dans le golfe du Mexique, ressort par la pointe de la Floride; il se dirige vers le nord, parallèlement aux États-Unis, jusqu'au banc de Terre-Neuve. A ce moment, le courant tourne à l'est, en suivant, pour ainsi dire, un des parallèles de la sphère, et vient frapper les îles Britanniques. Aux îles Britanniques, il se divise en deux branches : l'une de ces branches longe l'Irlande, l'Écosse, la Norwége, et finit par se perdre dans la mer Glaciale; l'autre se dirige de notre côté, suit notre littoral de l'ouest, les sinuosités du golfe de Gascogne, et vient se perdre à son point de départ, c'est-à-dire dans les régions tropicales où il avait pris naissance. Vous voyez quel espace immense parcourt ce courant.

Il était, du reste, connu avant même qu'on en eût constaté directement l'existence. C'est ainsi que les pêcheurs de baleines et de morues qui fréquentent les côtes de l'Amérique du Nord ne s'approvisionnent jamais de bois de chauffage, parce qu'ils savent que le courant leur apportera des arbres déracinés par le Mississipi et transportés du fleuve vers le banc de Terre-Neuve. Ainsi encore, bien avant la découverte de l'Amérique, les Écossais, les Irlandais, les Norwégiens, voyaient avec étonnement arriver sur leurs côtes des végétaux inconnus à leur pays. On dit même qu'une pirogue indienne était venue échouer sur les côtes de Norwége, en sorte que ce courant avait apporté à l'Europe, bien avant la découverte de l'Amérique, les produits de la nature et de l'industrie d'une terre encore ignorée.

Le Gulf-Stream est aujourd'hui parfaitement connu. Le circuit qu'il décrit et que parcourent ses eaux est quelque chose comme 20 ou 30000 kilomètres, c'est-à-dire un développement égal à la moitié ou aux deux tiers de la circonférence de la terre.

Que sont nos plus grands fleuves en comparaison de ce fleuve de la mer? Quant à sa largeur, à sa sortie du golfe du Mexique, elle n'est que de 56 kilomètres et sa profondeur de 300 mètres; mais il s'élargit jusqu'à des centaines de lieues, et la rapidité de son cours diminue graduellement. Le commandant américain Maury pouvait donc dire sans exagération qu'aucun fleuve terrestre ne pouvait rivaliser avec cet immense courant.

Mais ce qui est encore plus singulier que sa dimension, c'est sa température : il arrive à la pointe de Terre-Neuve, avec des provisions de chaleur telles, qu'il manifeste en plein hiver des écarts de température de 12 et même de 17 degrés, comparé à l'état de l'air environnant.

Ces différences sont, du reste, encore plus considérables au delà du quarantième parallèle : là, quand l'atmosphère descend au-dessous de zéro, le courant se maintient à plus de 26 degrés de chaleur. Ajoutons que ces eaux possèdent un joli reflet bleu qui les dessine en lignes tranchées sur les eaux de l'Océan.

Demandons-nous maintenant quelle est la cause, l'origine de ce grand courant qui sillonne l'océan Atlantique?

On avait cru d'abord qu'il était alimenté par les eaux du Mississipi qui se déversent dans le golfe du Mexique, et qu'il représentait, en quelque sorte, le cours de ce grand fleuve indéfiniment prolongé à travers l'Océan; mais aujourd'hui une pareille hypothèse n'est pas un instant admissible, vu l'énorme volume d'eau qui s'en échappe, et la science s'est chargée de nous éclairer sur la mystérieuse origine du Gulf-Stream.

Il prend sa source dans les régions tropicales, sous la chaleur ardente du soleil. Que se passe-t-il donc dans ces régions tropicales? Le voici :

La chaleur du soleil pénètre les couches liquides les plus voisines; elle les dilate, les tuméfie, les élève au-dessus de leur niveau, puis, par l'effet de leur pesanteur, ces eaux glissent vers une zone froide, dans la direction des régions polaires. Il en résulte que la zone torride est pour nous une sorte de foyer incandescent, la mer des Antilles et le golfe du Mexique étant comme des chaudières où l'eau s'échauffe et monte vers les régions tempérées, en glissant vers les pôles. On a calculé que la quantité de chaleur que le golfe du Mexique envoie jusqu'au quarantième degré de latitude est si considérable que, si elle se dégageait instantanément, elle élèverait à la température du fer rouge la colonne atmosphérique placée au-dessus.

Ici se présente une objection : Pourquoi ce grand fleuve, au lieu de couler directement du sud vers le nord, tourne-t-il vers l'est, et se dirige-t-il des États-Unis vers l'Europe, de l'ouest vers l'est? Cela s'explique par le mouvement de rotation qui entraîne notre globe, par le mouvement diurne, ces grands courants subissant l'impulsion générale. Tout, sur notre globe, fournit la justesse de cette explication, et, s'il est vrai que la direction vers l'est soit due à cette cause, c'est alors également vers l'est que doivent se porter les bois de dérive, les épaves flottantes que le courant entraîne du golfe du Mexique à travers l'Océan; eh bien, c'est ce qui a lieu, car toutes ces épaves se réunissent d'un seul côté du courant, et ce côté, c'est le côté oriental, c'est le côté de l'est.

Le grand Océan, la mer Pacifique nous offrent le pendant du Gulf-Stream.

C'est également entre les régions tropicales qu'il prend naissance. Du golfe du Bengale il descend, par la presqu'île de Malacca, vers les îles de la Sonde; à partir de ces îles il se divise en deux branches : l'une vient frapper les côtes de l'Australie, et, se tournant brusquement vers l'est, vient chauffer les terres de la Nouvelle-Zélande; l'autre branche remonte vers le nord, et, à la hauteur des Philippines, il se porte vers l'est et vient frapper les îles Aléontiennes, puis continue à travers la mer de Behring et finit par se perdre dans la mer Arctique.

Le courant du Gulf-Stream, avons-nous dit, apporte des épaves aux côtes de l'Europe; or, il en est de même du second, qui charrie des camphriers de l'île Formose et des bois noirs détachés des côtes de la Chine jusqu'aux îles Aléoutiennes.

Voilà donc deux grands courants, qui déversent des torrents d'eau chaude destinée à réchauffer les régions du Nord.

Nous avons maintenant à signaler la contre-partie de ces courants, contre-partie sans laquelle la circulation ne serait pas complète. Cet équilibre s'opère par voie sous-marine.

Ainsi, tandis que les deux grands courants, dont nous avons parlé, déversent leurs eaux chaudes dans les régions polaires, des contre-courants sous-marins ramènent les eaux froides du pôle vers les régions équatoriales. La mer Glaciale arctique reçoit une masse d'eau énorme : ce sont d'abord les vapeurs atmosphériques, qui s'y précipitent à raison du froid extrême qui s'y fait sentir; puis ensuite les grands fleuves, puis les eaux que le grand courant du Pacifique et une des branches du Gulf-Stream déversent dans la mer Arctique. Que deviennent donc ces masses énormes liquides? Il faut de toute nécessité une voie d'écoulement; or, cette voie existe.

La masse d'eau dont il s'agit s'échappe, en effet, par le détroit de Davis, et c'est ce qu'on appelle le flot polaire qui apporte ces montagnes de glace que la mer de Behring charrie périodiquement jusqu'au grand banc de Terre-Neuve.

Pour vous donner une idée de la dimension de ces montagnes de glace, je vous dirai qu'une seule *banquise* couvrait 300 000 mètres carrés environ et formait un poids de 20 billions de tonnes que la mer Glaciale envoyait d'un seul bloc dans l'océan Atlantique. Mais ce flux ne tarde pas à rencontrer le courant contraire à la hauteur des pointes de Terre-Neuve; c'est là que se trouve la ligne de démarcation qui sépare le courant d'eau froide du courant d'eau chaude, et c'est là que se fondent ces montagnes flottantes qui descendent par le détroit de Davis. Aussi a-t-on pu dire que les bancs de Terre-Neuve ne sont que le produit de la rencontre de ces deux courants, qui, en s'entre-choquant, laissent en dépôt à cet endroit les amas de sable et de rochers qu'ils entraînent.

Mais que devient le courant de ce flot polaire? Il se partage en deux branches : l'une de ces branches plonge et disparaît en poursuivant sa route au-dessous des eaux chaudes du premier courant, tandis que l'autre branche reste à la surface et vient baigner les côtes des États-Unis.

Ici encore, vous me demanderez comment on a pu constater l'existence de ce courant sous-marin? Eh bien, c'est à l'aide du thermomètre, qui a constaté que la température décroissait sans cesse avec la profondeur, et l'on s'est aperçu qu'il descendait jusqu'aux limites les plus voisines de la glace fondante, c'est-à-dire qu'au-dessous des eaux chaudes du Gulf-Stream il y a des eaux froides, presque glacées. Ainsi se révèle l'existence de ce grand courant polaire qui concourt au mutuel échange que se font les masses liquides.

Veut-on savoir de quelle importance est pour nous en particulier le Gulf-Stream?

Au point de vue de la navigation, c'est l'existence de ce courant qui fait que la traversée des États-Unis en Europe est beaucoup plus rapide que celle d'Europe aux États-Unis. Il résulte, en effet, d'observations continuées pendant six ou huit ans que les paquebots à voiles ne mettent que vingt-trois jours de New-York à Liverpool, tandis qu'ils en mettent quarante pour aller de Liverpool à New-York.

En outre, les courants d'eau chaude sont un des grands moyens employés pour tempérer les froids des latitudes élevées, et c'est ainsi que la nature améliore ces climats, tandis qu'en retournant vers l'équateur après s'être refroidis, ils viennent apporter la fraîcheur à l'air des pays chauds.

Comme exemple de leur influence sur les climats, je citerai ce fait, que, grâce à ces eaux chaudes du Gulf-Stream, qui longe les îles Britanniques et les côtes de France, notre littoral européen jouit d'un climat bien plus doux que le littoral de l'Amérique qui nous fait face : il gèle à Boston, par exemple, tandis qu'à la même latitude en Espagne, par exemple, on récolte les olives.

Treshardy.

CHIMIE.

COURS DE M. H. SAINTE-CLAIRE DEVILLE.

(FACULTÉ DES SCIENCES.)

Lois de constitution des sels.

Il n'est pas aisé de donner d'un sel une définition rigoureuse, c'est l'analyse qui le définit.

Prenons du sulfate de potasse, matière soluble et cristallisable; décomposons-le. Nous y trouvons deux éléments : l'un, l'acide sulfurique, qui rougit la teinture bleue du tournesol; l'autre, la base, qui ramène au bleu la teinture rougie par l'acide. Ces deux corps forment, par leur combinaison, le *sel*.

Mettons maintenant le sulfate de potasse dans la teinture de tournesol bleue ou rouge, il n'y a aucun changement de couleur; donc, dans le sulfate de potasse, les deux éléments, acide et base, se sont *neutralisés* l'un l'autre, et nous dirons que ce sel est un sel *neutre*. Nous donnerons ce nom à tout sel sans action sur le tournesol.

Nous avons choisi un sel constitué par des éléments énergiques, la potasse et l'acide sulfurique. Ce sont ces sels que nous étudierons d'abord. Nous suivons en cela la méthode des sciences naturelles; l'analogie nous permettra d'étendre nos résultats.

Répétons une expérience due à Wenzel, et tâchons d'en tirer des conséquences. Prenons du sulfate de potasse et du nitrate de baryte, constatons que ce sont deux sels neutres; mélangeons les deux dissolutions : il se forme aussitôt un précipité de sulfate de baryte, et du nitrate de potasse reste dissous. La liqueur a conservé néanmoins sa neutralité vis-à-vis du tournesol; donc, de la double décomposition de deux sels *neutres* résultent deux autres sels *neutres*. C'est là le principe de la *conservation des neutralités* de Wenzel.

Cette expérience montre encore que les quantités de potasse et de baryte qui neutralisent une même quantité d'acide sulfurique, neutralisent une même quantité d'acide nitrique.

Le résultat est le même si nous substituons au nitrate de baryte le nitrate de soude, le nitrate de chaux, des nitrates contenant des bases fortes. L'expérience nous apprend donc que les quantités de bases qui saturent une même quantité d'acide sulfurique saturent aussi une même quantité d'acide nitrique; ces quantités de bases *s'équivalent* donc vis-à-vis de ces acides. Si nous dressons une table contenant les poids de potasse, de baryte, de soude, de chaux, qui se combinent avec 40 grammes d'acide sulfurique, cette table donnera le poids des mêmes bases qui neutralisent :

54 gr. d'acide nitrique,
$91^{gr},5$ d'acide perchlorique, etc.

Nous trouvons ainsi que :

40 gr. d'acide sulfurique,
54 gr. d'acide nitrique,
$91^{gr},5$ d'acide perchlorique,

saturent :

47 gr. de potasse,
76 gr. de baryte,
28 gr. de chaux,
31 gr. de soude, etc.

Allons plus loin, cherchons la composition des bases et des acides inscrits dans ce tableau.

Nous trouvons que 47 grammes de potasse, 76 grammes de baryte, 28 grammes de chaux, 31 grammes de soude, etc., contiennent 8 grammes d'oxygène. La quantité d'oxygène est donc *constante*. C'est l'analyse qui conduisit Berzelius à cette loi; mais cet illustre savant la restitua à Richter, après l'avoir retrouvée dans un ouvrage oublié de ce dernier chimiste.

Berzelius analysa aussi les acides, et il trouva que :

40 grammes d'acide sulfurique contiennent 16 grammes de soufre, 24 grammes d'oxygène.

54 grammes d'acide nitrique contiennent 14 grammes d'azote, 40 grammes d'oxygène.

$91^{gr},5$ d'acide perchlorique contiennent $35^{gr},5$ de chlore, 56 grammes d'oxygène.

Or, $24 = 8 \times 3 \quad 40 = 8 \times 5 \quad 56 = 8 \times 7$.

Donc, dans les sulfates, le rapport de la quantité d'oxygène de la base à la quantité d'oxygène de l'acide est $\frac{1}{3}$; pour les nitrates, ce rapport est $\frac{1}{5}$; pour les perchlorates, $\frac{1}{7}$.

Si donc nous appelons *genre de sels* tous les sels qui ont le même acide, la loi de Berzelius s'énonce comme il suit :

Dans un même genre de sels, le rapport de la quantité d'oxygène de la base à la quantité d'oxygène de l'acide est un nombre constant simple. Cette loi nous permet de donner du sel neutre une définition qui ne dépendra plus que de l'analyse, et non du tournesol. Nous appellerons désormais sels neutres, ceux qui satisfont à la loi de Berzelius.

Le sulfate de cuivre, qui contient :

70 grammes d'oxyde de cuivre, formés de 32 grammes de cuivre et 8 grammes d'oxygène ;

40 grammes d'acide sulfurique, formés de 16 grammes de soufre et 24 grammes d'oxygène,

le tout combiné avec de l'eau, est un sel neutre, d'après notre nouvelle définition; cependant il rougit le tournesol : nos deux définitions sont donc en contradiction. Cherchons leur valeur relative. La matière colorante du tournesol est un acide rouge très-faible, l'acide lithmique; combiné avec la soude, il donne un sel bleu. Si nous mettons la teinture rouge en contact avec du carbonate de soude, l'acide lithmique déplace l'acide carbonique et forme du lithmate de soude bleu; l'acide sulfurique décompose ce lithmate bleu et met l'acide lithmique rouge en liberté. Le sulfate de cuivre contient de l'acide sulfurique combiné avec une base peu énergique; en contact avec le lithmate de soude, il produit une double décomposition : il se forme du lithmate de cuivre, ou il se sépare de l'acide lithmique qui est rouge. Nous voyons donc que les sels neutres peuvent réagir sur le tournesol, et que le critérium qui nous a servi jusqu'ici doit être subordonné à la loi de Berzelius.

Ces faits bien établis, cherchons quelles conséquences nous pouvons encore tirer de la loi de Richter. C'est la précipitation des métaux les uns par les autres qui a conduit Richter à sa découverte. Le nitrate d'argent contient une base très-énergique formée de 108 grammes d'argent et 8 d'oxygène; ce sel est sans action sur le tournesol. Mettons du mercure dans la dissolution, l'argent se précipite à l'état cristallin et forme ce que l'on appelle l'*arbre de Diane*. Dans cette expérience, il n'y a pas le moindre dégagement de gaz. La même chose a lieu en plongeant une lame de cuivre dans la dissolution, et si nous prenons une liqueur contenant 108 grammes d'argent, et par suite 8 grammes d'oxygène, nous pouvons constater avec la balance que la lame de cuivre a perdu 32 grammes lorsque tout l'argent s'est précipité. 32 grammes de cuivre et 108 d'argent *s'équivalent* donc vis-à-vis de 8 grammes d'oxygène, et 32 sera l'*équivalent* du cuivre par rapport à l'argent. Le sel d'argent était neutre, le sel de cuivre formé l'est aussi; néanmoins il rougit le tournesol, et nous savons pourquoi. C'est là une preuve de plus qui vient à l'appui de notre seconde définition du sel neutre.

De même, si nous mettons du zinc dans le sulfate de cuivre, il se dissoudra aussi sans dégagement de gaz, et pour 32 grammes de cuivre il disparaîtra 33 grammes de zinc. Le zinc, mis dans le sulfate d'eau, donne un dégagement de gaz, il y a véritable précipité métallique d'hydrogène. Le gaz qui est produit par 33 grammes de zinc, et qui était combiné avec 8 grammes d'oxygène, pèse 1 gramme. Nous pouvons donc dire que 108 grammes d'argent, 32 de cuivre, 33 de zinc, etc., sont les *équivalents* de l'argent, du cuivre, du zinc, etc., par rapport à celui de l'hydrogène pris pour unité.

C'est le principe de la conservation des neutralités de Wenzel qui nous a permis d'établir tous ces faits. La notion du sel neutre n'est pas absolue; la loi de Berzelius n'est qu'une convention, mais une convention rationnelle. Où cette loi n'est plus évidente, c'est lorsqu'il s'agit de sels appartenant à des métaux donnant plusieurs oxydes. Le sulfate de protoxyde de fer contient 28 grammes de fer et 8 d'oxygène pour 40 grammes d'acide sulfurique; dans le sulfate de sesquioxyde de fer, la base est formée par 56 grammes de fer et 24 d'oxygène, avec trois fois 40 grammes d'acide sulfurique. Il n'y a plus ici aucune raison pour dire que l'un de ces sels soit neutre plutôt que l'autre, car tous deux rougissent le tournesol. Mais il existe un sulfate d'alumine analogue au sulfate de sesquioxyde de fer; c'est ce sulfate qui entre dans la composition de l'alun : or, l'alun est un sel double formé par du sulfate d'alumine et du sulfate neutre de potasse, avec 24 équivalents d'eau; c'est un sel parfaitement cristallisé, et nous pouvons admettre que le sulfate d'alumine qui entre dans sa composition est un sel neutre. Dans cet alun privé d'eau, nous pouvons substituer au soufre le silicium; l'analyse montre encore que le silicate d'alumine vérifie aussi la loi de Berzelius. La loi de Berzelius est donc bien une convention légitime.

De ces faits et de ces raisonnements, découle la *théorie des équivalents*. Nous sommes conduits à dire que l'équivalent d'un métal est la quantité du métal qui se combine avec 8 grammes d'oxygène. L'équivalent du métalloïde est la quantité de ce corps qui entre dans un équivalent d'acide.

Les corps se combinent en plusieurs proportions. Il existe, par exemple, trois carbonates de soude; ils contiennent différentes quantités d'eau et ont une composition distincte. Ce sont : le carbonate de soude du commerce, le natron, et le sel de Vichy. Prenons de ces trois sels des quantités telles que chacune contienne 1 gramme de soude; faisons-les passer dans des éprouvettes contenant une solution d'acide chlorhydrique : ces sels sont décomposés, et donnent des volumes d'acide carbonique qui sont entre eux comme 1 : 1,5 : 2. La quantité de base étant constante, les quantités d'acides sont dans des rapports simples. Ce fait n'est pas particulier aux carbonates de soude, il est vrai pour toutes les combinaisons, et nous pouvons énoncer la loi suivante, qui porte le nom de *loi des proportions multiples de Dalton*. — *Toutes les fois que deux corps se combinent en diverses proportions, pour une quantité constante de l'un, les quantités de l'autre corps ont entre elles des rapports simples*. C'est Wollaston qui le premier établit cette loi en étudiant les oxalates.

Lois de Berthollet.

Les lois de Berthollet représentent, après les lois des équivalents et les lois des proportions simples, ce qu'il y a de plus net dans la science. Nous pouvons les expliquer sans avoir recours à l'affinité. Ce mot n'exprime aucune idée claire; au lieu de nous représenter un fait, il ne nous montre qu'une qualité. Ce n'est que quand nous aurons des résultats un peu moins précis, que nous serons obligés de l'employer. Faisons d'abord quelques expériences, nous en tirerons ensuite des conclusions.

Action des acides sur les sels. — Versons de l'acide sulfurique dans du nitrate de baryte. L'acide sulfurique a chassé l'acide nitrique. L'affinité est impuissante pour expliquer ce fait; car si nous versons de l'acide *oxalique* dans du sulfate de cuivre, il y a précipité d'oxalate de cuivre, bien que l'acide sulfurique soit plus énergique et ait, comme on le dit, des affinités plus puissantes que l'acide oxalique. Mais remarquons que pendant l'expérience il s'est produit des changements dans l'état physique des corps; de liquides ils sont devenus solides, et c'est la différence de solubilité qui, dans les deux cas, a produit la précipitation. Pour expliquer ce phénomène, il faut donc faire intervenir la cohésion; toutes les fois qu'il peut se produire un état de cohésion maximum, il se produit. Par conséquent, quand il s'agit de l'action des acides sur les sels, nous pouvons affirmer que, *quand on peut avoir un précipité insoluble, ce précipité se forme.* C'est la première loi de Berthollet.

Prenons du carbonate de soude soluble, traitons-le par l'acide acétique; il y a effervescence produite par le dégagement d'acide carbonique, et de l'acétate de soude reste dissous. Faisons cristalliser ce sel, puis chauffons-le dans une capsule de platine avec de l'acide sulfurique; il se dégage des vapeurs d'acide acétique reconnaissables à leur odeur de vinaigre. Cet acide volatil, à la température de l'expérience, s'est dégagé par la même cause qui chassa l'acide carbonique gazeux à la température ordinaire. Le sulfate de soude peut lui-même être décomposé par un acide plus fixe, l'acide phosphorique vitreux. Mais il faut opérer à une température telle, que l'acide sulfurique est décomposé en oxygène et acide sulfureux dont on reconnaît la présence par le tournesol. Ce réactif est d'abord rougi, puis décoloré. Nous sommes donc en présence de ce fait, que toutes les fois que l'acide d'un sel pourra prendre un minimum de cohésion, il le prendra, et nous pouvons énoncer cette loi de Berthollet :

Quand de l'action d'un acide sur un sel il peut résulter un sel fixe et un acide volatil, ce dernier se dégage.

Action des bases. — Ces deux lois régissent les actions des acides sur les sels; en étudiant les actions des bases, Berthollet est arrivé à des résultats analogues. La potasse précipite les sels de cuivre, de fer, de magnésie, parce qu'elle forme des sels solubles, et que les oxydes de cuivre, de fer, de magnésie, sont insolubles. En général, *dans le mélange d'un sel et d'une base, la base insoluble se précipite.* C'est encore la cohésion seule qui intervient ici; car, si nous versons de la potasse dans un sel de chaux, il y a précipité; mais l'eau de chaux à son tour précipite les sels de potasse, les affinités de la chaux et de la potasse ne peuvent expliquer ces faits.

Un second ordre de phénomènes se présente à nous dans l'action de la potasse sur le sel ammoniac, il se dégage de l'ammoniaque. *La base volatile est chassée par la base fixe, parce qu'elle tend à prendre le minimum de cohésion.*

Action d'un sel sur un autre. — *Quand du mélange de deux sels peut résulter : un sel soluble, ce sel se précipite; un sel volatil, ce sel se forme.* Versons dans le nitrate de baryte du sulfate de potasse, du sulfate de baryte insoluble se précipite. C'est encore l'insolubilité qui est ici la cause déterminante. Mettons en effet du sulfate de magnésie dans deux verres à expériences ; versons dans l'un d'eux une solution d'un sel ammoniacal, puis de l'ammoniaque dans les deux verres. Il y a précipité dans le verre ne contenant pas de sel ammoniacal, et rien ne se produit dans l'autre, parce que la magnésie est insoluble dans l'eau et soluble dans les sels ammoniacaux.

D'après ces faits, les phénomènes de précipitation dépendent de causes physiques; ils peuvent donc varier avec les circonstances où l'on expérimente. Les liqueurs dans lesquelles on fait les dissolutions, la température, peuvent modifier et même renverser les phénomènes.

Prenons, par exemple, l'acétate de soude produit tantôt par l'action de l'acide acétique sur le carbonate de soude. Dissolvons-le dans l'alcool et faisons passer un courant d'acide carbonique. Au bout de quelque temps, il se précipite du carbonate de soude, l'acide carbonique a déplacé l'acide acétique. Si maintenant nous versons de l'eau dans la liqueur, le carbonate sera de nouveau décomposé par l'acide acétique. La chaleur n'a pas une moins grande influence que le dissolvant. Dans du sulfate de chaux, versons du carbonate d'ammoniaque, il y a précipité de carbonate de chaux insoluble; mais chauffons ensemble le carbonate de chaux et le sulfate d'ammoniaque obtenus, à une température suffisamment élevée, il y aura réaction inverse de la précédente, et production de carbonate d'ammoniaque.

M. Balard a su tirer un très-grand parti de ces différences de solubilité pour précipiter le sulfate de soude des eaux mères des salines. Les eaux mères contiennent du sulfate de magnésie et du chlorure de sodium; au-dessous de 0°, le sulfate de soude est très-peu soluble : par la basse température de l'hiver ou même par un froid artificiel, il se précipite du sulfate de soude qu'autrefois l'industrie était obligée de se procurer à grands frais.

Lorsque la cohésion n'intervient plus, lorsque la solubilité et l'insolubilité sont insuffisantes pour expliquer le phénomène, nous ne pouvons plus prévoir ce qui doit arriver. C'est alors que nous devons faire intervenir l'idée de l'affinité, et nous borner à des remarques générales qui peuvent nous guider dans nos recherches. Versons, par exemple, de l'acide nitrique dans du sulfate de potasse, il ne se produit aucun précipité et nous ne savons ce qui se passe; l'alcool mis dans la liqueur précipite du sulfate de potasse. Nous ne pouvons donc pas conclure que le sulfate ait été décomposé; cela ne nous dit rien sur ce qui se passait avant la présence de l'alcool. Berthollet a été plus loin, il a voulu rendre compte de ce fait. Il a dit que l'acide sulfurique et l'acide nitrique se partageaient la potasse proportionnellement à leurs masses. Cette idée de partage est inexacte, nous allons le prouver par une expérience due à Thenard et qui est devenue classique. Mettons du tournesol dans trois éprouvettes à pied. Une goutte d'acide sulfurique fait passer au rouge pelure d'oignon l'éprouvette de droite; colorons en rouge vineux celle de gauche, en y mettant de l'acide borique concentré. Versons du sulfate de potasse dans celle du milieu, le tournesol n'est pas altéré. Ajoutons-y de l'acide borique. S'il est vrai que la potasse se partage entre les deux acides, de l'acide sulfurique sera mis en liberté, et la couleur pelure d'oignon de droite devra se produire au milieu. Il n'en est rien; c'est le rouge vineux de l'acide borique seul qui se produit. La potasse ne s'est donc pas partagée entre les deux acides proportionnellement à leurs masses. Une expérience va nous montrer comment ces phénomènes peuvent s'expliquer. L'acétate de soude est un sel incolore formé d'un acide faible et d'une base forte; le sulfate de peroxyde de fer est jaune et contient une base faible et un acide énergique. Ces deux sels, en réagissant l'un sur l'autre, donnent de l'acétate de peroxyde de fer, qui est rouge, et du sulfate de soude. Il résulte de là que, dans les mélanges, les acides forts tendent à s'unir aux bases fortes, les acides faibles aux bases faibles, et nous dirons qu'en général, les acides forts s'unissent aux bases fortes, les acides faibles s'unissent aux bases faibles. — SANCERY.

HISTOIRE NATURELLE DES CORPS ORGANISÉS.

COURS DE M. GUSTAVE FLOURENS.

(Voy. les nos 4, 5, 8, 9, 10, 11, 13, 14, 17, 20 et 22.)

XXII, XXIII.

Les Alsaciens, les Bourguignons, les Auvergnats.

SOUS-SECTION ALSACIENNE.

CONSTITUTION. — *Tête* large, front haut, yeux bleus, cheveux blonds, blond ardent, roux. *Taille* grande, beau développement musculaire. *Teint* blanc, bonne carnation.

CARACTÈRE. — Peuple honnête, bienveillant, hospitalier, laborieux; bravoure et fermeté, les armées républicaines furent souvent commandées par des Alsaciens (Kellermann, Kléber, Schérer, Rapp, Lefebvre); plein de patriotisme français; aimant l'instruction, plus avancé sous ce rapport que le reste de la France, plus avancé aussi dans l'amélioration du sort des travailleurs (société industrielle de Mulhouse); prédilection pour les armes spéciales qui demandent de l'intelligence et du calme, de l'aplomb et de la précision (l'artillerie française se recrute beaucoup d'Alsaciens). Esprit satirique et naïf. Le génie patient, minutieux, observateur de l'Allemagne commence; mais on ne retrouve plus les merveilleux élans du génie français si profond et si varié.

LANGUES ET ORIGINE. — L'Alsace était peuplée : 1° au nord, par des Kymris, les *Mediomatrices*, établis aussi en Lorraine; ils occupaient la basse Alsace en partie; 2° au midi, par des Gaulois, les *Rauraci*, clients des Séquanes, qui s'étendaient en Suisse jusqu'au Jura helvétique et occupaient en France une grande partie du département du Haut-Rhin actuel; 3° à l'est et au centre, par des Germains, les *Tribocci* (capitale *Argentoratum*, Strasbourg), situés au milieu de la province. D'autres Germains, établis sur la rive droite du Rhin, s'étendirent aussi sur la gauche, ce furent, au nord des Tribocci, les *Nemetes* (Haguenau) et les *Vangiones*. Or, ces divisions anciennes de la population subsistent encore dans le langage, le costume et les mœurs. Dans le Bas-Rhin, à partir de Haguenau, on parle un bon allemand. Dans le voisinage de la Franche-Comté au sud, de la Lorraine à l'ouest, la population, originellement kymrie ou gauloise, mais fortement germanisée, parle un langage qui n'est ni français, ni allemand, un patois inintelligible où les deux langues, grossièrement fusionnées, se gâtent mutuellement. Dans le centre de la province, dans la capitale, se parle le dialecte alsacien, appartenant aux langues germaniques, qui ne manque point de vigueur ni d'originalité.

ACTION. — Le voisinage du Rhin, limite de la Gaule et de la Germanie, a donné à l'Alsace une physionomie distincte. Elle a été germanisée la première; l'élément germain introduit en abondance a pu masquer l'élément français (gaulois et kymri), mais a été impuissant à l'absorber. Les sympathies sont toujours restées françaises. Les Romains la partagèrent entre leur Grande Séquanaise et leur Germanie première. La confédération germanique des *Alemanni*, qui voulait l'envahir, fut d'abord repoussée par les empereurs romains, puis s'établit jusqu'aux Vosges, et fut soumise par Clovis à la domination franque. L'Alsace a relevé de l'empire d'Allemagne jusqu'à Louis XIV, qui l'annexa à la France; annexion complétée en 1789.

SOUS-SECTION BOURGUIGNONNE.

CONSTITUTION. — *Tête* ovale, front assez développé, tempes profondes, bouche moyenne, lèvres un peu épaisses, nez arrondi, assez gros, menton proéminent, cheveux blonds ou chatains, œil moyen, bleu, parfois gris. *Muscles* robustes, bien développés. *Teint* assez clair, belle carnation sanguine. *Taille* élevée.

CARACTÈRE. — Aucun peuple en France n'a aussi bien conservé le caractère gaulois. Protégé par les montagnes ou collines qui ferment le bassin du Rhône au nord, ce pays se trouve en dehors de la grande voie des émigrations aryanes dans l'extrême occident. Aussi ses premiers habitants, les Gaulois qui s'y étaient établis purent-ils s'y maintenir purs de toute kymrisation, lors de l'invasion des Kymris ; excepté au nord (les *Lingones* (Langres) kymrisés pénétraient dans la Bourgogne). Ils ne changèrent pas davantage leur caractère lors de l'invasion germanique. Treize ans avant l'arrivée des Wisigoths, soixante ans avant celle des Franks, les Burgundes vinrent occuper ce pays et s'y conduisirent fort bien. Quand les nouveaux envahisseurs arrivèrent, ils trouvèrent la place déjà prise, et le pays défendu par sa situation. Au lieu de ravages, de ruines et de désolations, comme dans les autres parties de la Gaule, il y eut là un arrangement à l'amiable entre les anciens maîtres du sol et les nouveaux venus. Car ces Burgundes, ces terribles géants septentrionaux, descendus des bords de la Wartha, étaient d'excellentes gens. On leur avait pris leur pays; ils en demandaient un autre pour y vivre en paix. Ils étaient forgerons, surtout charpentiers et menuisiers, métiers qu'ils exerçaient avec avantage au milieu des vastes forêts posnaniennes. Ils apprirent la langue du pays, et s'y rendirent très-utiles en travaillant le bois et le fer. Leur bonhomie se retrouve encore dans le caractère bourguignon; leur haute taille et leur carnation dans la constitution bourguignonne. Mais ils n'ont nullement germanisé le vieux génie gaulois. Ils n'étaient point de force. Dans les parties de la France, où des conquérants allemands, moins débonnaires, ont influé sur le génie gaulois, ce n'a jamais été que par la violence, et pour alourdir (exemple, la Flandre) ou stériliser (exemple, la Lorraine) ce génie. Dans la Bourgogne, ils n'ont fait que du bien, grâce à leur placidité, en fixant l'esprit gaulois, trop vif, trop remuant, trop agité, qui n'aurait jamais rien produit, s'il n'avait eu pour éducateurs, des peuples plus calmes, plus posés, Romains et Allemands. C'est là le rôle des Allemands dans les mélanges entre eux et les Français. Moyennant ces circonstances précieuses, nous retrouvons dans cette province, la plus féconde en grands hommes, tout l'ancien caractère de nos pères Gaulois, tels que le dépeignent les historiens grecs et romains. L'éloquence, l'expression heureuse de la pensée sous toutes ses formes, parlée (Bossuet), chantée (Lamartine), écrite (Buffon), sentiment (Sévigné); l'esprit gaulois (Piron); même l'emphase, la déclamation, reprochées à nos pères (Crébillon). Les Bourguignons, en général, n'ont perdu ni l'esprit fin, railleur, pénétrant, ni la bienveillance, l'affabilité, la franchise, les mœurs hospitalières de leurs ancêtres. Ils ont toujours leur imagination mobile, vive, brillante, leur activité (culture et industrie très-avancées), leur amour de l'indépendance (seule avec le Berry, la Bourgogne est restée intacte de la domination anglaise pendant la guerre de cent ans, et en 1815, a lutté là dernière contre les envahisseurs étrangers). Elle tient le milieu entre les deux Frances, si différentes, du nord et du sud, et participe aux qualités de toutes deux.

LANGUE. — Le dialecte bourguignon a eu plus d'extension que les deux autres grands dialectes d'oïl, normand et picard, à cause de l'établissement du royaume de Bourgogne. Ainsi les langages parlés en Nivernais, en Franche-Comté, en Champagne, en Lyonnais, dérivent de ce dialecte. Il a de la mollesse, même une certaine grâce naïve et enfantine. Dans les parties les plus reculées de la province, il est encore seul parlé.

ACTION. — Avant la conquête romaine, les Gaulois qui occupaient la Bourgogne formaient la puissante confédération des *Eduens*, ayant pour capitale *Bibracte* (*Augusta Æduorum*, *Augustodunum* sous les Romains, aujourd'hui Autun), et pour associés les *Mandubii* (cap. *Alesia*, près Semur), les *Ambarri* (Ambérieux). Les Éduens, avec l'inconséquence nationale, appelèrent les Romains déjà établis en Provence et commandés alors par César, proconsul de la Cisalpine, à leur aide contre les Helvètes, peuple gaulois, et les Suèves, peuple germain, avec lesquels ils étaient en guerre. Ils voulurent ensuite, mais trop tard, réparer leur faute, et chasser leurs alliés, qui se transformaient en maîtres. Ils ne purent que s'illustrer par la belle résistance d'Alesia. Soumis, ils excellèrent dans la civilisation romaine, et Bibracte devint le grand centre intellectuel de la Gaule. Ses écoles d'éloquence, célèbres partout, donnaient au style l'abondance, l'éclat, qualités essentiellement gauloises. L'égalité complète de droit, l'isonomie la plus parfaite entre les Burgundes et les Gaulois fut établie par la loi gombette (du roi Gombaud), code bourguignon emprunté avec intelligence, mi-partie aux lois romaines, mi-partie aux lois allemandes. Les Franks, qui voulaient soumettre la Bourgogne, furent d'abord repoussés, puis ils vainquirent et l'annexèrent à leur royaume d'Austrasie. Cependant, elle resta distincte, et conserva ses lois propres, ses coutumes, ses usages particuliers, jusqu'à la révolution de 1789, dont elle adopta avec enthousiasme les principes. Au moyen âge, sous le nom de royaume de Bourgogne, était compris tout le bassin du Rhône, qui se partagea en royaume de Bourgogne cisjurane ou d'Arles, au midi (Provence, Vivarais, Lyonnais, Savoie) ; en royaume de Bourgogne transjurane, au nord (Franche-Comté et Suisse en partie), et en duché de Bourgogne (Bourgogne proprement dite). A l'avénement des temps modernes, la grande résistance féodale était dans la maison de Bourgogne, représentée par le duc Charles le Téméraire, plus puissant que le roi de France. Mais celui-ci devait l'emporter ; car il avait pour lui le sentiment national, unitaire et égalitaire. Le Téméraire se perdit, comme l'a toujours fait la noblesse française, comme elle l'avait fait pendant la guerre de cent ans, par son audace inconsidérée, sa *témérité*. En vain, il essaya de reconstituer l'ancien royaume, artificiel et impossible, de Lotharingie, mi-français, mi-allemand, relevant du Saint Empire, démembrement de la France, composé des Pays-Bas, de la Lorraine, de l'Alsace, de la Bourgogne, de la Franche-Comté, de la Suisse, de la Provence, il fut vaincu par les Suisses, et alla se faire tuer aux portes de Nancy. A sa mort, Louis XI réunit définitivement la Bourgogne à la France.

SOUS-SECTION FRANC-COMTOISE.

La constitution rappelle celle du Bourguignon. La langue se rattache aussi au dialecte bourguignon.

CARACTÈRE.—Patient, sobre, laborieux; durement traités par leurs anciens maîtres, les Francs-Comtois sont soumis, et comme les Auvergnats, se contentent des petits gains, des petits métiers (colportage); très-économes, intelligents et bons, mais peu expansifs, travailleurs adroits (horlogerie). Cependant, le grand souffle poétique de Bourgogne se continue (Rouget de l'Isle, Victor Hugo; haute, vaste et puissante pensée de Cuvier).

ORIGINE ET ACTION. — Population gauloise, mélangée de Burgundes. Les *Sequani*, avec les Arvernes et les Éduens, formaient les trois grandes confédérations gauloises. Leur capitale *Vesontio* (Besançon) se soumit volontiers à César et devint florissante comme métropole de la Grande Séquanaise. La Franche-Comté fit partie des royaumes de Bourgogne, appartint aux ducs de Bourgogne, à l'Autriche, à l'Espagne, puis fut enfin conquise par Louis XIV. Ces changements de domination et les luttes qui les amenaient l'avaient ruinée; elle fut encore cruellement frappée par la révocation de l'édit de Nantes. Elle s'est relevée depuis par le commerce et l'industrie, et a courageusement repoussé en 1814 et en 1815 les envahisseurs étrangers.

LYON.

Ce n'est pas une ville qui reproduise comme les autres la physionomie de la province à laquelle elle appartient, c'est, de même que Paris, une cité ayant son caractère propre, bien tranché. C'est la limite des deux langues d'*oïl* et d'*oc*, la transition du midi au nord. Transition rude et sévère; le Provençal cueille ses olives et danse les gaies farandoles, sous un ciel pur et limpide; le Lyonnais travaille dans le sombre atelier, et n'aperçoit le soleil qu'à travers un voile de brouillards et de fumée. Voici déjà la ville industrielle du nord, Lyon, Lille, Londres. Dans cette vaste ville de mélanges et de fusion, dont les ateliers ont de tout temps attiré, non-seulement les populations voisines, mais bien d'autres, il est impossible de donner une bonne formule de la constitution. Ancienne colonie éduenne de Bibracte (*Segusii*), Lyon devint une grande ville avec la conquête des Romains. Posséder Lyon pour eux, c'était posséder les Gaules. A qui vient d'Italie, elle peut à son gré ouvrir ou fermer le passage (retour de l'île d'Elbe). Aussi les empereurs la comblèrent-ils de privilèges, afin de la rendre florissante, et d'y asseoir solidement la domination romaine. Les provinces prirent son nom (Lyonnaises). Située dans une position dominatrice, au confluent de deux fleuves comme Constantinople l'est au confluent de deux mers, sur le passage des peuples, elle a constamment prospéré. François Ier y introduisit l'industrie des soieries, qui l'enrichit et l'illustre depuis lors. Malgré bien des désastres, malgré surtout la terrible vengeance de la Convention contre laquelle elle s'était révoltée, et ses insurrections à notre époque, elle conserve son rang. La dévotion, le mysticisme, comme dans toutes les villes industrielles, sombres, où l'âme n'a guère de satisfactions, sont très-développés.

Langue d'oc.

SOUS-SECTION AUVERGNATE.

Les Araméens-Basques (yeux et cheveux noirs) qui avaient les premiers occupé une grande partie du territoire français, se sont maintenus purs de tout mélange dans les Pyrénées, où jamais les Aryas-Gaulois (yeux bleus, cheveux blonds) n'ont pénétré. Ailleurs, ils ont été détruits. Mais, dans les pays d'accès difficile, comme les deux noyaux granitiques de la France (Bretagne et Auvergne), ils ont pu résister à l'invasion gauloise. Et ils s'y sont mélangés plus ou moins avec les nouveaux venus. De là cette diversité de constitutions, tantôt aryanes, tantôt araméennes, que l'on observe dans ces deux provinces.

CONSTITUTION. — *Tête* globuleuse, s'élargissant vers le haut; os crâniens, durs et épais; front moyen ou peu développé, assez droit, face anguleuse; nez arrondi et fort; yeux noirs, bruns, bruns clair ou orangé, bleus, bleus clair ou gris, gris orangé; cheveux noirs, bruns, blonds. *Taille* épaisse et lourde, petite, moyenne, quelquefois élevée; muscles robustes. *Teint* blanc, brunâtre, foncé; populations laides, à côté de populations belles.

CARACTÈRE. — Montagnards durs à la peine et à la fatigue; aimant profondément leur pays comme les Bretons (l'Auvergnat vend son travail dans les villes pour gagner quelques centaines de francs, et retourner acheter un morceau de terre dans sa montagne); hommes primitifs, passant des années au milieu de la civilisation moderne sans y rien comprendre; sobres et parcimonieux, âpres au gain, avides et rusés, mais honnêtes, méfiants, tenaces; vues étroites, intelligence peu vive, lourdeur et gaucherie; pays pauvre, peuple pauvre. Force et profondeur de la pensée chez Pascal, comme en Bretagne chez Abélard et Descartes; Pascal, grande âme torturée par l'impossible accord de la raison et de la foi. Génie solide et résistant, grands légistes (l'Hôpital, Duprat, Domat, Anne Dubourg); le bon et brave Desaix, âme antique; le Vercingétorix, fils de Celtill, défenseur héroïque de la liberté gauloise.

LANGUE. — Le patois alsacien est désagréable et incorrect, parce qu'il résulte d'un mauvais mélange entre le français et l'allemand; le patois auvergnat, parce qu'il résulte d'un mauvais mélange entre la langue d'oil et la langue d'oc. C'est ici la frontière. Toute l'Auvergne parlait primitivement au nord comme au midi une assez bonne langue d'oc. Il y eut des troubadours à Clermont, et cette langue auvergnate, si dégradée et si mal famée depuis, eut, elle aussi, ses beaux jours et sa gloire, ses chants d'amour et ses sirventes. Mais les rapports avec les septentrionaux, et surtout la conquête du pays jusqu'aux monts Dore par les rois de France, y introduisirent la langue d'oil, qui gâta la langue d'oc, et se gâta elle-même. De ceci résulta ce parler dur, grossier, cacophonique, guttural, désagréable à entendre, que nous connaissons. Sur le versant opposé des monts Dore, dans la haute Auvergne, la langue d'oc s'est mieux conservée.

ORIGINE ET ACTION. — L'esprit gaulois a toujours été anticlérical, c'est ce qui fait sa force, sa vertu et sa grandeur. L'esprit clérical a toujours été le même dans toutes les religions : domination absolue, étroite de la société par tous les moyens, trahisons, empoisonnements, forfaits de tous genres. A qui défend l'intérêt divin et remplace sa conscience par une règle, tout est permis. Ce fut le parti prêtre qui appela les Romains en Gaule, comme au moyen âge ce furent les prêtres d'une autre religion qui appelèrent constamment les envahisseurs étrangers en Italie. Sans cette trahison sacerdotale, jamais les Romains n'auraient pénétré dans l'invincible Gaule, qui ne se serait point trouvée ensuite désarmée et offerte comme une proie aux Germains, lors de la chute de l'empire romain. Les Gaulois étaient gouvernés par des chefs de clans héréditaires (appelés rois par les Grecs et les Romains, qui les confondaient avec les souverains asiatiques). Cette vieille organisation de la société gauloise s'est conservée jusqu'aux temps modernes en Écosse. Les Kymris, au contraire, étaient gouvernés par leurs druides ou prêtres, se recrutant par élection. Ceux-ci dominaient dans le bassin de la Seine; ils avaient même établi leur prépondérance chez une population toute gauloise, les Éduens (Bourgogne), en s'aidant adroitement du parti populaire. Ils s'étaient faits libéraux par calcul, ils soutenaient la résistance des populations urbaines et de leurs magistrats élus contre le despotisme des chefs de clans. Ils représentaient l'élection, et devenaient de plus en plus puissants. Mais, s'ils avaient pénétré chez les Gaulois-Éduens, ils ne purent pénétrer chez les Gaulois-Arvernes (Auvergne). L'opposition gauloise contre la théocratie druidique, se fit jour par une ligue entre la confédération des Arvernes et celle des Séquanes (Franche-Comté). Contre leurs voisins éduens les Séquanes appelèrent des Germains-Suèves, ennemis du parti druidique; contre ces Suèves, un druide éduen alla à Rome appeler les Romains, qui repoussèrent d'abord les envahisseurs Helvètes, puis détruisirent les Suèves. Faute sur faute, trahison sur trahison. Cependant les Arvernes, véritables patriotes gaulois, formèrent contre l'étranger la grande ligue méridionale dont ils furent les chefs. Quand les violences de César, ses extorsions terribles, car il faisait payer par les Gaulois l'empire qu'il achetait à Rome, eurent soulevé contre lui, même le parti sacerdotal qui l'avait appelé, les Éduens, mieux inspirés, se rallièrent aux Arvernes. Le généralissime de l'armée gauloise était un Vercingétorix arverne, fils de Celtill, qui avait péri victime des défiances du parti populaire. C'était un héros dont le génie, s'il avait été mieux secondé, aurait arraché la Gaule à César. Ce noble et magnanime jeune homme réunit tous ses compatriotes pour la défense de la patrie, fait le désert devant les Romains, relève les courages gaulois abattus après la perte d'Avaricum (Bourges), est vaincu en bataille rangée, mais s'enferme dans Alesia, s'y défend admirablement, et succombe enfin devant la famine. Avec lui périt la liberté gauloise et l'honneur romain : car il s'était livré volontairement à César, comme Napoléon aux Anglais, et César l'envoie dans les cachots de Rome attendre six ans la cérémonie du triomphe, où il est exposé aux insultes de la canaille esclave, puis le fait égorger dans le Tullianum. Jamais il n'y eut énergie, bravoure, intelligence militaire aussi grande que celle de ce Gaulois. Avant l'arrivée des Romains, la confédération arverne était florissante entre toutes. Les mines d'or et d'argent, du plateau central, qui ont été parfaitement exploitées, car il n'en reste aujourd'hui que de faibles traces (galène argentifère de Pontgibaud), lui fournissaient d'immenses richesses. Ces Gaulois avaient le même goût que les sauvages, un goût enfantin pour les ornements brillants, les parures guerrières, les panaches étincelants, le faste et l'ostentation, les colliers d'argent ou d'or, les couleurs voyantes (ce dernier goût, à défaut des autres qu'il serait difficile de satisfaire, subsiste encore en Auvergne). Leurs chefs, afin de faire preuve irrécusable d'opulence, prenaient plaisir à jeter des pièces d'or et d'argent à la foule. Leur domination sur les peuples gaulois s'étendait jusqu'aux portes de Marseille, et ils intervinrent en faveur d'un chef salyen dépossédé par les Romains. Soumis à ceux-ci, ils portent noblement le joug et s'illustrent par leur instruction. On retrouve encore chez eux l'ancienne hospitalité, cordiale et somptueuse, de leurs ancêtres, le pays est riche et bien cultivé, les bibliothèques sont pleines des chefs-d'œuvre grecs et romains. Seuls dans tout l'empire romain, ils tiennent tête aux envahisseurs germains. Placés entre les Burgondes et les Wisigoths, ils les repoussent tous deux, et se défendent héroïquement. Abandonnés par les Romains, ils tombent sous la domination des Wisigoths, combattent avec ceux-ci contre les Franks et sont vaincus à Vouillé.

Alors les Franks, pleins de cupidité, fondent sur ce magnifique pays, le ravagent et s'en emparent. L'Auvergne fut annexée au duché d'Aquitaine, puis releva du comté de Toulouse, et ensuite du comté de Poitiers. Elle appartint aux Anglais avec la Guyenne, mais leur fut constamment disputée par les rois de France. Réunie à la couronne, elle forma un des grands gouvernements. Peu de provinces ont un aussi beau passé.

BOURBONNAIS. BERRY.

Constitution. — Populations gauloises qui ont conservé la tête ronde, le front moyen, les yeux bleus, les cheveux blonds, le nez droit des Gaulois.

Action. — Les *Bituriges* (Bourges), de la confédération éduenne, partageaient ces pays avec les Éduens eux-mêmes, les Arvernes et les *Boii*. Émigration de Bellovèse en Italie, de Sigovèse en Allemagne. Résistance courageuse des Bituriges à César (prise d'Avaricum). Conquête du Berry par les Wisigoths, puis par les Franks, qui en forment un comté, vendu par son dernier comte à Philippe Ier pour 60,000 sous d'or. Depuis lors, le Berry a constamment servi à faire un apanage aux princes du sang. Les idées libératrices de 1789 y furent parfaitement accueillies, et s'y établirent sans éprouver aucune résistance. Mais ces populations sont généralement assez indolentes. Aux environs de Bourges, le roi Charles VII établit une colonie d'Écossais, et leur concéda la forêt de Hautebrune à défricher (commune de Saint-Martin-d'Auxigny). Ce sont les hommes appelés *Forétins* à Bourges, qui portent encore des noms étrangers au pays, et se distinguent des populations environnantes par leur intelligence, leur activité, leur agriculture plus avancée. Ne s'étant point mélangés, ils ont conservé leur type. Le Bourbonnais appartint également aux Wisigoths, puis aux Franks, eut des comtes ou barons particuliers, et enfin devint un apanage des princes de la famille royale (confiscation de l'héritage du connétable de Bourbon après sa défection).

Gustave Flourens.

CHRONIQUE.

Dimanche dernier a eu lieu à l'École de médecine l'élection des membres du comité chargé de dresser les statuts de l'Association des étudiants. Près de huit cents jeunes gens ont pris part au vote. La liste patronnée par nous l'a emporté à une forte majorité. Sur les quinze candidats qui la composaient, treize ont été élus. Voici la composition du comité : 1° Bouchereau, interne des hôpitaux ; 2° Rey (Aristide) ; 3° Clémenceau, interne provisoire ; 4° Regnard, interne des hôpitaux ; 5° Leverdays (Émile) ; 6° Bertin (Georges) ; 7° Dourlen (Gustave) ; 8° Bouchard, interne des hôpitaux ; 9° Dubois (Paul) ; 10° Febvre (Ferdinand) ; 11° Taule (Ferdinand) ; 12° Buisson (Maurice) ; 13° Levraud (Léonce) ; 14° Onimus (Ernest) ; 15° Farabœuf.

MM. Bouchard et Farabœuf sont les seuls membres nommés en dehors de notre liste.

— La commission nommée pour élaborer les statuts de l'Association fraternelle des étudiants en médecine s'est réunie le 2 mai 1864.

Au moment d'entrer en fonctions, elle a voté à l'unanimité qu'il serait adressé des remercîments à M. le doyen pour l'appui libéral qu'il vient de prêter à la constitution de l'Association, et pour l'impartialité qui a présidé à la formation de la commission elle-même.

La commission voulant, avant tout, sauvegarder son indépendance, heureuse d'ailleurs de se trouver sur ce point d'accord avec M. le doyen, a décidé :

1° La commission siégera et délibérera seule sans l'assistance d'aucune personne étrangère.

2° Elle recevra avec reconnaissance les communications que voudra bien lui envoyer M. le doyen, se réservant d'entrer exceptionnellement, et par un vote d'opportunité, en relation directe avec lui.

Sommaire de la Revue des Cours littéraires, numéro du 7 mai.

Littératures étrangères comparées : cours de M. *Philarète Chasles*. La musique, la poésie et les arts de la Provence moderne. — Littérature du moyen age : cours de M. *Paulin Paris*. Idée générale des romans de la table ronde. — Philologie comparée : cours de M. *Jules Oppert*. Histoire du déchiffrement des inscriptions cunéiformes perses. — Histoire littéraire : cours de M. *Ev. Thévenin*. Les origines du théâtre en France. — Correspondance et chronique.

Le propriétaire-gérant : Germer Baillière.

Paris. — Imprimerie de E. Martinet, rue Mignon, 2.

PREMIÈRE ANNÉE. — N° 24. UN NUMÉRO : 30 CENTIMES. 14 MAI 1864.

REVUE
DES
COURS SCIENTIFIQUES
DE LA FRANCE ET DE L'ETRANGER

PHYSIQUE — CHIMIE — ZOOLOGIE — BOTANIQUE — ANATOMIE — PHYSIOLOGIE
GÉOLOGIE — PALÉONTOLOGIE — MÉDECINE

Paraît tous les Samedis.

	Six mois.	Un an.
Paris	8 fr.	15 fr.
Départements	10	18
Étranger	12	20

Prix de l'abonnement avec la Revue des Cours littéraires.

	Paris	Départ.	Étranger
Six mois	15 fr.	18 fr.	20 fr.
Un an	26	30	35

Rédacteur en chef
M. ODYSSE-BAROT

Les ouvrages dont deux exemplaires auront été envoyés au bureau du journal seront annoncés et analysés s'il y a lieu.

On s'abonne
A LA LIBRAIRIE GERMER BAILLIÈRE
17, rue de l'École de Médecine,
Et chez tous les libraires, par l'envoi d'un bon de poste, ou d'un mandat sur Paris.

L'abonnement part du 1er décembre ou du 1er juin de chaque année.

SOMMAIRE.

PHYSIOLOGIE GÉNÉRALE.

COURS DE M. CLAUDE BERNARD.

(FACULTÉ DES SCIENCES.)

(Voy. les nos 19 et 22.)

III.

De l'irritabilité.

Nous avons reconnu dans l'être vivant trois ordres de matières :

1° Des matières minérales se ramenant toutes à quatorze corps simples dont nous avons donné la liste dans la dernière leçon; mais ces corps simples ne s'y trouvent pas en général à l'état de liberté, sauf l'oxygène et l'azote dissous dans le sang. Encore beaucoup de physiologistes ont-ils pensé que l'oxygène se trouvait là à l'état de combinaison, fort instable, il est vrai, avec les globules du sang. D'autres admettent qu'il s'y trouve à l'état d'oxygène actif ou d'ozone.

2° Des matières organiques, mais non organisées, les unes azotées, les autres qui ne le sont pas, dissoutes en grande partie dans les liquides de l'organisme.

Ces deux parties constituent le milieu dans lequel vit la troisième espèce de matière que nous avons à considérer.

3° Des éléments anatomiques ou organiques, cellules et fibres, présentant en général des formes déterminées, solides par conséquent, sauf peut-être ce qu'on appelle le protoplasma.

Ces trois ordres de choses se retrouvent dans tous les êtres vivants, depuis les plus compliqués jusqu'aux plus simples, soit animal, soit végétal.

Mais les matières des deux premiers ordres sont passives en quelque sorte dans l'organisme, et servent simplement à constituer les milieux intérieurs des éléments anatomiques. Seuls ces éléments anatomiques sont actifs, et ils influent sur le milieu qui les entoure à la façon d'organismes élémentaires. Ils possèdent tous la propriété de réagir sous l'influence des excitants en manifestant leur activité spéciale.

Puisqu'il n'y a que les éléments anatomiques qui soient vivants, ce sont eux seuls qui pourront nous donner les caractères de la vie. Or, chaque tissu présente des propriétés différentes, et l'on serait ainsi tenté de dire qu'il n'y a pas de caractère vital essentiel. Cependant les physiologistes ont essayé de déterminer ce caractère vital essentiel au milieu des variations de propriétés des tissus, et ils l'ont appelé l'*irritabilité*, c'est-à-dire l'aptitude à réagir physiologiquement par un phénomène spécial dans les influences extérieures, comme l'indique le mot lui-même. Cette propriété n'appartient ni aux matières minérales, ni aux matières organiques. C'est le privilége exclusif de la matière organisée et vivante, c'est-à-dire des éléments anatomiques vivants, qui sont, par conséquent, les seules parties irritables de l'organisme. Tous les êtres vivants sont donc irritables par les éléments histologiques qu'ils comprennent, et ils perdent cette propriété au moment de la mort. La propriété d'irritabilité distingue donc la matière organisée de celle qui ne l'est pas; et, de plus, parmi les matières organisées, elle distingue celle qui est vivante de celle qui ne vit plus. En un mot, l'irritabilité caractérise la vie.

La matière par elle-même est inerte, même la matière vivante, en ce sens qu'elle doit être considérée comme dépourvue de toute spontanéité. Mais cette matière vivante est irritable, et elle peut ainsi entrer en activité pour manifester ses propriétés particulières, ce qui serait impossible si elle était à la fois dépourvue de spontanéité et d'irritabilité. L'irritabilité est donc la propriété fondamentale de la vie.

La question de l'irritabilité est par suite une question extrêmement importante, et l'on peut dire qu'il n'en est aucune qui le soit davantage; cependant elle a donné lieu à bien des discussions, et elle a été quelquefois obscurcie, oubliée même, pour reparaître sous une autre forme. Il est arrivé plus d'une fois, et il arrive encore souvent que l'on confond l'irritabilité, qui est une propriété générale de la matière vivante, avec certaines propriétés spéciales de tissus ou d'éléments anatomiques déterminés. On applique donc ce mot à des choses souvent très-différentes les unes des autres, et il devient dès lors indispensable d'indiquer le sens qu'il prend aux époques successives de la science. Pour cela, nous devons faire l'histoire de la théorie de l'irritabilité.

Ce mot apparaît pour la première fois à la fin du XVIIe siècle. Avant cette époque, on essayait d'expliquer la vie par l'animisme de Platon et d'Aristote, ou par le naturisme d'Hippocrate, doctrine qui admettait une âme du monde animant et réglant toutes choses, et, par conséquent, la vie comme tout le reste. C'est à la fin du XVIIe siècle que la question se localise par le mot et aussi par les faits qui lui correspondent.

Glisson (1672) est le premier physiologiste qui attribua aux animaux une force spéciale déterminant les mouvements organiques. Il appela cette force *irritabilité*, parce qu'elle était mise en activité par des influences extérieures diverses, qu'il nommait *causes irritantes*, et qui manifestent ainsi les propriétés des corps organisés. Glisson attribua à toute matière vivante la faculté d'irritabilité, c'est-à-dire une aptitude particulière à percevoir les causes irritantes avec une tendance à réagir contre elles par des mouvements qu'il considérait en général comme des contractions.

Glisson analysa tous ces phénomènes avec soin, et il chercha à séparer nettement la perception de l'irritabilité, de la sensibilité ou de la sensation. Il admit trois manières distinctes de percevoir les causes irritantes, trois sortes d'irritabilités : l'*irritabilité naturelle*, l'*irritabilité sensitive*, et enfin, *celle qui dépend de la volonté*. La première appartient à la fibre animale, en général, et même au sang et aux humeurs. La seconde s'opère sur la fibre irritable par l'intermédiaire des nerfs irrités. Enfin, la troisième appartient à la volonté, c'est-à-dire au cerveau, qui met les muscles en mouvement par une excitation partie de l'intérieur. Ainsi, Glisson admettait non-seulement des excitations extérieures, mais encore des excitations internes, car le cerveau était à ses yeux l'irritant du nerf.

La théorie de Glisson se résumait donc en une force motrice, organique ou vitale, inhérente à l'organisme, l'irritabilité, force qui est sollicitée à entrer en action, soit par des irritations extérieures, soit par des irritations intérieures engendrées dans le corps vivant lui-même.

Les contemporains de Glisson le comprirent peu. Entraînés par les doctrines iatromécaniques qui régnaient alors, ils ne saisirent pas ce qu'il y avait d'essentiellement physiologique dans cette idée de l'irritabilité qui enlève à la matière vivante toute spontanéité d'action, et place toujours l'origine des mouvements qui l'animent dans des causes irritantes placées en dehors d'elle. Ils cherchèrent l'explication des phénomènes vitaux dans le mouvement direct et spontané des diverses parties du corps vivant.

A la même époque, Pacchioni et Baglivi développèrent des idées qui semblent, au premier abord, se rapprocher de celles de Glisson, mais qui en diffèrent cependant beaucoup. Ils faisaient dériver tous les mouvements organiques des contractions de la dure-mère, une des enveloppes du cerveau, contractions qu'on pouvait observer, en effet, sur l'animal vivant, en lui ouvrant le crâne. Cette idée, qui avait probablement aussi sa source dans les observations microscopiques de Leuwenhoeck, fut adoptée par Boerhaave et transportée par lui dans la médecine.

Ainsi, on était bien loin alors des idées de Glisson, que tout le monde avait perdues de vue; c'est seulement beaucoup plus tard qu'on devait y revenir.

Stahl (1708) s'en éloigna encore davantage. Ses connaissances chimiques étaient bien plus développées que celles de ses prédécesseurs, ce qui lui permit de faire ressortir le premier, avec toute la netteté désirable, les différences qui séparaient les êtres vivants, et notamment les animaux, des êtres privés de vie. Il reconnut et signala parfaitement les particularités de structure des êtres organisés en rapport avec leurs facultés spéciales, si éloignées des propriétés de la matière brute. Mais il arriva à une différence radicale, en supposant que les forces physico-chimiques tendent sans cesse à détruire l'organisme vivant. Cette idée de Stahl se perpétua longtemps, et l'on trouve encore la même idée dans Bichat, qui définit la vie, *l'ensemble des fonctions qui résistent à la mort*. En effet, la mort, c'est ici les forces extérieures agissant sur l'organisme et parvenant à le détruire.

Toutefois Stahl ne voulut pas admettre l'irritabilité de Glisson et regarder l'activité vitale comme inhérente à la matière vivante elle-même. En effet, il ne pouvait, dans cette théorie, attribuer aucune spontanéité à cette matière, puisqu'elle était mise en mouvement par des causes excitantes extérieures, et il devenait dès lors impossible d'expliquer la spontanéité dont jouissent néanmoins l'homme et les animaux. Stahl considéra donc la force vitale comme extérieure à la matière vivante, et il admit une substance immatérielle, l'âme, qui est la cause fondamentale de la vie et des mouvements qui s'y rattachent; c'est en elle que réside cette résistance particulière aux influences extérieures qui tendent à détruire l'organisme. Quoique Descartes et Van Helmont eussent déjà soutenu des doctrines assez analogues, Stahl développa et poussa si loin cette théorie, qu'il doit être regardé comme le fondateur de l'animisme moderne dans la physiologie.

Nous n'avons pas besoin de dire qu'il n'est ici question de l'âme qu'au point de vue physiologique, et que nous laissons entièrement de côté l'âme des théologiens et des philosophes.

Ainsi, suivant Stahl, le corps animal, en cette seule qualité, n'a point la faculté de se mouvoir, mais il est mis en mouvement par une substance immatérielle, l'âme, qui n'est localisée dans aucun organe particulier, et qui agit au moyen du système nerveux. Les mouvements musculaires, conscients ou inconscients, sont donc produits par l'âme, et Stahl admettait la même origine pour les mouvements de ton et de relâchement (mouvements nutritifs), ce qui fut pour Frédéric Hoffmann le point de départ de toute une théorie médicale. Toute cause irritante mise en contact avec un organe quelconque détermine d'abord un changement dans l'âme, et la sollicite à exercer à son tour sur l'organe irrité une réaction qui se manifeste par des mouvements physiologiques.

Les idées de Stahl trouvèrent un grand nombre d'adhérents parmi ses contemporains; mais elles eurent aussi des contradicteurs qui argumentaient ainsi contre elles.

On ne peut, disaient-ils, s'empêcher de distinguer le mouvement en lui-même de la force qui le produit et le dirige. Ce sont donc là deux choses tout à fait différentes l'une de l'autre. Or, quand on prend un intestin ou un morceau de fibre musculaire et qu'on vient à l'irriter, bien que séparé du reste de l'organisme, il n'a pas perdu la propriété de se mouvoir. Supposer qu'en pareil cas la force motrice est placée dans l'âme, c'est admettre implicitement la divisibilité de celle-ci, doctrine tout à fait incompatible avec la notion qu'on nous en donne, car on dit toujours qu'elle est une et indivisible par son essence. D'un autre côté, on observe dans les végétaux des mouvements déterminés par des excitations diverses, et pourtant personne ne supposait qu'ils eussent une âme. Stahl répondait que ce n'était point là des mouvements physiologiques, mais des mouvements purement physiques et mécaniques, explication qui était exacte dans un certain nombre de cas : ainsi, la déhiscence de certains fruits s'opère exclusivement sous des influences hygrométriques. Mais Stahl prenait l'exception pour la règle, car l'observation prouve d'une manière péremptoire qu'il y a aussi dans les plantes des mouvements vitaux proprement dits. Aussi un de ses partisans, E. Darwin, pour écarter définitivement toutes ces objections, accorda une âme aux végétaux comme aux animaux.

Gorter (1748) reprit l'idée de l'irritabilité de Glisson, et il la développa en agrandissant beaucoup le champ de ses applications. Il admit dans toutes les parties des corps vivants un principe spécial qui produisait des mouvements sous l'influence des excitations qui l'atteignaient, et il le distingua nettement de l'élasticité et des forces physico-chimiques. Il admit également ce principe d'activité interne dans les végétaux, et le sépara ainsi de la force nerveuse.

Winter, Lups et Gaub développèrent encore les idées de Gorter. Winter considérait l'irritabilité comme une force inhérente à chaque fibre du corps animal, force qui pouvait être mise en mouvement, soit par l'influence des nerfs, soit par l'influence d'excitations de nature et d'origine fort diverses. Lups montra que l'irritabilité appartient également aux végétaux; il expliqua, par cette propriété, le mouvement des anthères et des pistils. Enfin, Gaub admit que l'irritabilité devait exister dans les liquides de l'organisme, comme le sang, aussi bien que dans les solides qui se forment à leurs dépens.

Dans toutes les doctrines qui précèdent, les physiologistes ont cherché à reconnaître aux parties vivantes une force d'activité spéciale et non spontanée, qu'ils distinguaient très-bien, soit des forces physiques résidant dans la nature minérale, soit de l'âme, force toute spontanée. Mais dans tout cela il y avait beaucoup plus de mots que d'expérimentations véritables, et la discussion portait plutôt sur une qualité hypothétique que sur des faits bien observés.

Le premier physiologiste qui ait introduit l'expérimentation directe dans cette question, c'est Haller (1777), un siècle après Glisson. Haller mit à découvert des muscles, des nerfs, le cœur, des vaisseaux, des membranes, des tendons, des ligaments, des cartilages, des os, des glandes, des viscères, sur des animaux de différentes classes, et il soumit ces organes à l'action d'un grand nombre d'agents divers, chimiques, physiques, mécaniques, pour constater l'effet produit dans ces parties par tous ces irritants.

En se fondant sur ses expériences, Haller reconnut dans les tissus vivants l'existence de deux forces distinctes. D'abord, une propriété qui les ramène à leur situation primitive, quand ils en ont été écartés par des tiraillements en sens divers, propriété qu'Haller désigne sous le nom de *contractilité* ou *rétractilité*. C'est une force purement physique, se confondant avec l'élasticité, et qu'on retrouve, par conséquent, dans les animaux morts comme dans les êtres vivants. La seconde force inhérente aux tissus vivants, quand ils sont irrités, Haller l'appela *irritabilité*. C'est une propriété exclusive du muscle, qui peut, dans des circonstances données, se raccourcir brusquement. Toutes ces dénominations avaient des inconvénients et embrouillaient le langage, car le mot *contractilité*, employé par Haller pour représenter les phénomènes de l'élasticité dans les corps vivants, avait toujours désigné la propriété qu'ont les muscles de se raccourcir, propriété qu'il appelait maintenant irritabilité; ce dernier terme ne s'appliquait donc plus à une propriété générale des corps vivants, mais à une propriété spéciale du muscle. On ne saurait trop louer Haller d'avoir voulu étudier expérimentalement la question de l'irritabilité; cependant, en fait, il rétrécit singulièrement cette question et y porte même la confusion par sa terminologie. Il fit perdre à la question sa généralité, inconvénient qui ne tient pas à la méthode employée, mais à l'imperfection des moyens anatomiques et physiologiques qu'on possédait alors pour caractériser les propriétés des divers tissus.

Haller, ayant remarqué qu'il produisait de la douleur en irritant les nerfs, considéra la sensation comme une propriété vitale particulière des nerfs et des tissus nerveux, et lui donna le nom de force nerveuse ou *sensibilité*.

Avec ces deux seules propriétés, irritabilité et sensibilité, Haller voulait reconstruire toute la physiologie; il ne voyait partout que la fibre musculaire irritable et la fibre nerveuse sensible; c'était donc bien simplifier les choses à certains points de vue, en les compliquant à d'autres, car ces mots prenaient souvent des sens différents. D'ailleurs cette théorie était exposée à plusieurs objections. Les végétaux et même beaucoup de parties animales sont dépourvus de ces deux propriétés, irritabilité et sensibilité, indiquées par Haller comme les seules forces de la vie; et cependant, comment douter qu'on ait là des êtres vivants? D'un autre côté, les phénomènes de formation, de nutrition et de secrétion, se produisent par l'effet d'excitations extérieures. Ces parties où se manifestent ces phénomènes sont donc irritables. Double résultat qui s'accorde mal avec les doctrines précédentes.

Les idées et les expériences de Haller soulevèrent une vive controverse qui dura pendant près d'un demi-siècle. Un grand nombre de physiologistes prirent part à cette lutte, qui avait son origine dans l'insuffisance de la doctrine de Haller, pour rendre compte des phénomènes de la vie. Il se produisit encore bien des complications théoriques que nous ne pouvons exposer ici, car les mémoires écrits alors sur cette question ne forment pas moins de trois volumes. Haller eut ses partisans et ses détracteurs. Les premiers poursuivirent et discutèrent ses expériences pour en prouver l'exactitude: tels sont Fontana, Signa et beaucoup d'autres. Les seconds, comme Lary, Whytt, Cullen, etc., firent plus d'expériences pour leur propre compte, en cherchant des objections contre les idées de Haller. Ils attribuèrent la faculté d'irritabilité, non-seulement aux muscles et aux nerfs, mais encore au tissu cellulaire, aux membranes, aux vaisseaux eux-mêmes, qu'ils prétendaient faire contracter sous l'influence des excitants, ce que Haller ne voulut jamais admettre; il était même fort vif sur ce dernier point, contre son habitude. Cependant, s'il vivait de nos jours, il verrait que ce résultat ne contrariait en rien ses idées, puisqu'on a découvert, dans la tunique des vaisseaux, des fibres musculaires encore inconnues à cette époque.

Dans les idées de Haller, il fallait admettre que le nerf était le seul excitant de la fibre musculaire; de sorte qu'il enseignait l'indépendance parfaite des deux propriétés constatées par lui, tout en avouant qu'elles pouvaient réagir mutuellement l'une sur l'autre. Whytt, Lary et d'autres encore, lui contestèrent cette idée. Ils tendirent à croire que la présence de nerfs dans la partie excitée était une condition indispensable à la manifestation de l'irritabilité, et que si le muscle était irritable, c'était seulement par les nerfs qu'il contenait, opinion que partage encore aujourd'hui un petit nombre de physiologistes. Ils confondirent l'irritabilité avec la force nerveuse, et ils érigèrent cette dernière propriété en force fondamentale de la vie animale. Au fond, il ne restait donc plus que la sensibilité et les nerfs, qui en sont le siége exclusif.

Cette fusion des deux propriétés vitales reçut plus tard de notables développements, et, comme nous le disions, elle compte encore aujourd'hui même quelques partisans. Pour ce qui nous concerne, notre opinion est bien arrêtée depuis longtemps, et nous sommes pour Haller contre Whytt, Lary et tous les autres; mais nous nous rendons parfaitement compte des raisons qui ont empêché cet assentiment de devenir tout à fait général. En effet, quand on excite un muscle, on ne sait jamais si l'on n'excite pas un nerf en même temps. Il est bien vrai qu'alors qu'on n'obtient plus rien en irritant un tronc nerveux mis à nu, on trouve encore le muscle irritable; mais les adversaires de Haller répondent avec beaucoup de force, que les nerfs meurent de la périphérie vers le centre, et qu'on ne sait jamais si l'on n'obtiendrait pas quelque chose en irritant l'extrémité du nerf.

Cette opinion, qui attribue toute l'irritabilité aux nerfs, ne se rapproche qu'en apparence de celle de Stahl; elle en diffère en ce qu'on admet pour le nerf la possibilité d'agir indépendamment de l'âme; c'est là, en quelque sorte, les mouvements réflexes tels qu'on les connaît aujourd'hui.

Au fond, ce qu'on cherche toujours, c'est la propriété fondamentale des êtres vivants; aussi a-t-on donné le nom de *névristes* à ceux qui placent dans les nerfs la propriété essentielle des êtres vivants. Cette théorie ne pouvait évidemment s'appliquer qu'aux animaux, car les plantes n'ont ni muscles, ni nerfs. Comme elle ne s'appuyait pas d'ailleurs sur des preuves suffisantes, elle ne pouvait se soutenir et fut bientôt abandonnée pour une autre hypothèse, celle des vitalistes. C'est ainsi que des hypothèses sans cesse renouvelées succédèrent aux expériences de Haller, parce que l'esprit, toujours trop impatient, voulait obtenir un système complet, sans attendre les longs résultats de l'observation.

Stahl avait établi une différence radicale entre les phénomènes de la nature brute et ceux de la nature vivante. On conserva ce fait intéressant, mais la théorie de l'âme fut abandonnée. De même, l'irritabilité de Glisson, l'irritabilité et la sensibilité de Haller, parurent obscures, insuffisantes et mal définies. On eut donc recours à l'admission d'une autre force fondamentale, de laquelle dépendent toutes les manifestations de la vie, dans les plantes comme dans les animaux, et qu'on désigna sous le nom de *force vitale* ou *principe vital*. Cette force, qui régit tous les phénomènes vitaux, donne l'irritabilité aux parties contractiles des plantes et des animaux, c'est-à-dire la propriété d'être affectées par les excitants extérieurs. (Le mot d'*irritabilité* est pris ici au sens de Glisson, et non à celui de Haller.) On admettait encore chez les animaux l'âme de Stahl, qui, de concert avec le principe vital, présidait aux phénomènes intellectuels. Cette théorie fut soutenue par Barthez, en France, Hufeland et Blumenbach, en Allemagne, etc.

Mais le principe vital n'est après tout qu'une qualité occulte dont rien ne prouve l'existence. Aussi voulut-on rechercher son origine et sa cause, et cette théorie se développa encore. Les uns, avec Barthez, ne voulaient pas qu'on se demandât l'origine du principe vital; c'était pour eux une force simple et immatérielle, un principe premier et spécial à la vie. D'autres n'y virent qu'une résultante des forces physico-chimiques générales et complexes qui existent dans les êtres vivants; c'est avec eux qu'apparut ce qu'on peut appeler le matérialisme. On essaya même d'élever l'oxygène et l'électricité, récemment découverts, au rang de principes de la vie. — On le voit facilement, les idées d'irritabilité avaient disparu d'une manière complète dans toutes ces hypothèses.

C'est vers la fin du siècle dernier et au commencement de celui-ci, que la question de l'irritabilité renaquit avec Brown, pour se développer alors expérimentalement et d'une manière continue jusqu'à nos jours. Ce sont ces développements que nous suivrons dans la prochaine leçon. — Émile Alglave.

HYGIÈNE.

COURS DE M. BOUCHARDAT.

(FACULTÉ DE MÉDECINE.)

Leçon d'ouverture.

Définition. — L'*hygiène* est cette partie des sciences médicales qui a pour but d'étudier les moyens de conserver et de perfectionner la santé de l'homme. On donne le nom d'*hygiène privée* à l'ensemble des connaissances qui s'appliquent à l'individu pris isolément, et celui d'*hygiène publique* aux règles ou préceptes qui s'appliquent aux agglomérations d'hommes. Cette distinction, qui est utile dans la pratique, paraît au premier abord satisfaisante sous le rapport scientifique; mais l'expérience montre qu'en séparant complétement l'hygiène publique de l'hygiène privée, on s'expose, lorsqu'on traite de l'une ou de l'autre, à de nombreuses répétitions, si l'on ne veut pas scinder les questions. Il est bien préférable de confondre dans une étude commune ces deux parties de la science, et de ne réserver pour la division de l'hygiène publique que les questions pour ainsi dire administratives, qui se séparent nettement du cadre principal. Nous reviendrons bientôt sur ce sujet en traitant des classifications.

Simplicité apparente de l'hygiène. — Dans l'esprit des gens du monde, des médecins eux-mêmes, l'hygiène est la science la plus facile; elle se résume pour ainsi dire en un précepte : *user de tout modérément.* Sans nier la vérité de cette maxime, sans vouloir prétendre qu'en hygiène il s'agisse en général d'autres choses que des conditions les plus ordinaires de la vie, qui nous sont familières par notre première éducation et qui nous ont été transmises par la tradition la plus positive, nous dirons : les études ne sont plus aussi simples, lorsqu'on veut élever l'hygiène au rang des sciences. Il faut connaître l'homme dans les diverses conditions où il peut exister ou être placé; tout ce qui se rapporte aux âges, aux sexes, aux imminences morbides, aux professions, etc., est du ressort de l'hygiène. Il faut connaître l'action sur l'homme de tous les modificateurs physiques et intellectuels, et savoir en régler la mesure la plus favorable à la santé. Pour bien démêler l'action de ces différents modificateurs, il faut les avoir étudiés en eux-mêmes; une connaissance implique nécessairement l'autre. On voit par cet exposé rapide quelle est la grandeur des études qui sont indispensables au médecin hygiéniste.

De la direction nouvelle de l'hygiène.—Jusqu'ici je marche assez d'accord avec tous les auteurs qui ont traité de l'hygiène, dans la manière dont j'envisage les généralités de cette science, et cependant on verra, par la suite de cet ouvrage, que dans bien des occasions je me place sur un terrain d'étude pour ainsi dire nouveau. Mais, avant de chercher à donner une idée de la direction que j'essaye d'imprimer à l'hygiène, je dois indiquer ses principaux rapports avec les différentes parties de la médecine.

La branche des sciences médicales qui a les rapports les plus intimes avec l'hygiène est certainement la *physiologie*; l'une est la science de la vie, l'autre de la santé. Là où la physiologie finit, l'hygiène commence; leurs moyens d'étude sont les mêmes, ils se continuent et se complètent les uns par les autres : on peut dire en quelque sorte que, sous beaucoup de rapports, l'hygiène n'est que la physiologie appliquée.

La *physique* nous apprend à connaître les modificateurs les plus puissants, la chaleur, l'électricité, la lumière, etc. Sous ce point de vue, c'est une base de l'hygiène; mais un écueil qu'il faut éviter, c'est de refaire, à propos de l'hygiène, l'étude de ces grands modificateurs, et de confondre ainsi la physique et l'hygiène. Si l'on veut parcourir les traités d'hygiène les plus récents, on ne tardera pas à s'apercevoir que bien des pages écrites dans cette direction doivent être supprimées; les lois physiques sont mal exposées, mal démontrées, et l'on ravit ainsi un temps précieux qu'on emploierait bien mieux à scruter les problèmes ardus de l'hygiène.

L'*histoire naturelle* nous apprend à connaître les modificateurs les plus divers. Sous ce rapport, c'est un auxiliaire indispensable de l'hygiène; quand elle se spécialise, elle peut en être considérée comme une extension : ainsi les connaissances qui se rapportent aux aliments, aux parasites nuisibles à l'homme, sont à la fois du domaine de l'histoire naturelle médicale et de l'hygiène.

La *chimie* touche à l'hygiène par les points les plus essentiels : c'est elle qui nous fait connaître les modificateurs les plus importants, l'air, les eaux, les aliments, etc.; elle nous apprend à en suivre, à en comprendre l'usage, à pénétrer dans l'intérieur des phénomènes les plus intimes qui se passent dans l'économie vivante. C'est par son secours que nous pouvons suivre bien souvent la filiation qui existe entre nos aliments et les excrétions. C'est depuis que Lavoisier nous a appris à aborder, par l'observation et la balance, l'étude des principaux phénomènes de la vie, que l'on a fait dans cette direction des conquêtes définitives. C'est en suivant la route tracée par Lavoisier que l'hygiène est entrée dans une ère nouvelle, qu'elle peut souvent rapprocher par la synthèse des conditions qui, avant son concours, paraissaient des plus disparates.

Après avoir proclamé aussi haut les services que nous a rendus et que l'on peut attendre de la chimie, j'ai besoin de dire que, dans l'organisme vivant, il y a autre chose que des phénomènes ordinaires. Les forces que la chimie emploie sont toutes-puissantes pour décomposer; mais pour former des molécules organiques complexes, sa puissance a des limites, à moins qu'on ne fasse intervenir une force nouvelle : la vie. C'est dans les organes vivants que se produisent seulement des matières organiques, telles que l'albumine, la fibrine, que nous savons parfaitement décomposer par les moyens ordinaires de la chimie, mais que par eux nous ne pouvons former, en empruntant au règne organique les éléments nécessaires pour les produire. Une objection qui ne manquera pas de venir à l'esprit est celle-ci : On n'a pas produit jusqu'ici par les seules forces chimiques de la fibrine, mais cela se réalisera un jour, comme, en empruntant au règne inorganique ses éléments, on a formé l'urée de toutes pièces. A cela nous répondrons : L'urée est une combinaison chimique définie qu'on a observée d'abord parmi les produits de l'organisation, mais qui ne leur est pas plus spéciale que l'acide carbonique exhalé des poumons. Jusqu'ici au moins ce n'est que dans les organes vivants, sous l'impulsion d'une force spéciale, que les molécules inorganiques ont pu s'associer, pour former une molécule complexe comme la fibrine, l'albumine.

Je ne méconnais pas les conquêtes brillantes qu'on doit à la chimie moderne, marchant résolûment dans la voie synthétique; mais ne donnons pas, comme on a cherché à le faire, à ces découvertes, la portée qu'elles n'ont pas. Redoutons l'ivresse de Prométhée.

Si jusqu'ici l'hygiène a emprunté des secours aux autres branches des sciences médicales, elle va à son tour en prêter à la plus importante, à la *thérapeutique*.

Dans la plupart des maladies, c'est le plus souvent à la bonne direction des moyens hygéniques que l'on doit la promptitude et la sûreté du rétablissement. Certes, ce n'est pas moi qui veux médire des remèdes empruntés à la pharmacologie; mais je puis affirmer, sans crainte d'être démenti, que l'évidente utilité des remèdes est beaucoup moins générale qu'on ne le dit et qu'on ne le croit. On trouvera par hasard, de temps à autre, à en faire des applications heureuses, et, par contre, tous les jours les prescriptions hygiéniques bien entendues ont une incontestable utilité. Notre maître à tous, le divin Hippocrate, avait une thérapeutique aussi simple que bornée; c'est par les moyens hygiéniques que le père de la médecine traitait la plupart des maladies. Sydenham n'avait pas moins de confiance en eux. Répétons avec lui : *Ego sum medicus, non autem formularum prescriptor.* »

La thérapeutique des convalescents n'est-elle pas presque toujours une application des lois de l'hygiène? n'est-ce pas en les observant, qu'on peut éviter ces maladies incidentes qui viennent si souvent compliquer et entraver les convalescences, et éterniser la maladie?

La thérapeutique et l'hygiène se confondent souvent dans le but qu'elles se proposent, les moyens d'action seuls diffèrent. N'avons-nous pas vu, de notre temps, un empirique remplacer, et souvent avec succès, tout l'arsenal thérapeutique par un seul agent hygiénique : *l'eau froide*. Combien l'exemple des succès réels de Priestnitz doit nous engager à réfléchir. J'ai la ferme confiance que l'emploi rationnel et bien dirigé des moyens hygiéniques que les entraîneurs savent si bien appliquer, aurait une puissance considérable dans une foule d'affections chroniques. Dans le traitement de la glycosurie, sur lequel mon attention s'est fixée depuis un si grand nombre d'années, combien la place des moyens pharmaceutiques est restreinte, si je la compare aux services que je demande aux modificateurs hygiéniques. En publiant son ouvrage remarquable sur les applications de l'hygiène à la thérapeutique, M. le professeur Ribes, de Montpellier, n'est-il pas entré dans le même ordre d'idées? Les applications raisonnées et bien étudiées de l'hygiène formeront bientôt la base de la thérapeutique vraiment scientifique.

La *pathologie* offre un point de contact avec l'hygiène,

qui, dans un avenir que chacun peut prévoir, pourra réunir ces deux parties de la médecine en ce qu'elles ont de plus essentiel. Ce point de contact est l'étiologie.

Si jusqu'ici le pathologiste a cherché ailleurs que dans l'étiologie la base de ses études, c'est moins la philosophie que l'imperfection de la science qu'il faut en accuser. On comprend de plus en plus que les classifications nosologiques qui s'appuient sur les lésions des organes, sur les symptômes, etc., sont des classifications temporaires, qui sont les meilleures aujourd'hui, parce que la connaissance des causes est encore trop peu avancée, mais auxquelles il ne faudra plus penser quand la science sera faite. Cet avenir que j'entrevois ne se réalisera pas pour nous ; c'est des générations nouvelles que sortira le Messie de la médecine définitivement constituée. En attendant, je suis heureux de proclamer ici, que si le drapeau du pathologiste est encore hésitant, celui de l'hygiéniste ne doit plus l'être. C'est l'étude des causes qui constitue aujourd'hui le fondement de l'hygiène; ceci me conduit naturellement à exposer les principes généraux qui me guident dans la direction nouvelle que je cherche à imprimer à cette branche importante de nos connaissances médicales.

Cette direction va découler naturellement de l'extension que je vais donner à la définition de l'hygiène. Nous avons dit « l'hygiène est la branche des sciences médicales qui a pour but d'étudier les moyens de conserver et de perfectionner la santé, etc. » Comment conserve-t-on la santé? Évidemment en prévenant les causes des maladies. Pour prévenir ces causes, il faut les connaître; de même que pour éviter un précipice, rien n'est mieux que de savoir où il est et quelle en est la profondeur.

Il ne sera pas besoin d'insister longuement pour établir l'utilité pratique de la connaissance des causes, quelques exemples suffiront pour cela. Quand on a su que la cause de la gale était l'*acarus*, le traitement de cette maladie n'a pas tardé à devenir sûr, inoffensif et rapide. La connaissance des mucédinées qui accompagnent ou déterminent les teignes a rationalisé le traitement de ces affections. Quand on a su rapporter à l'intoxication plombique les accidents aussi redoutables que variés qui de temps en temps ont apparu après l'usage de vins, de bières, de cidres ou d'eau même falsifiés ou altérés par leur séjour dans des réservoirs métalliques, toute incertitude a été écartée pour guérir et prévenir ces affections.

Je pourrais multiplier ici ces exemples, mais ces vérités apparaîtront avec plus de netteté dans le cours de cet ouvrage, quand elles auront reçu les preuves et les développements qu'elles comportent.

L'étude des causes est, comme je l'ai dit, la partie la plus élevée, mais aussi la plus difficile de la médecine. Autrefois cette étude consistait en une classification ingrate et banale que chacun abordait à son corps défendant; j'ai l'espérance qu'il n'en sera bientôt plus ainsi. En s'appuyant sur les données expérimentales de la chimie et de la physiologie, on pourra s'élever par la synthèse aux questions les plus ardues de l'étiologie : selon moi, l'avenir de l'hygiène est dans cette direction. C'est aussi celui de la médecine. Jadis les systèmes se succédaient, en laissant à peine des traces de leur passage : aujourd'hui c'était le jour de Brown, demain c'était celui de Broussais. Personne n'a mieux que notre célèbre réformateur montré dans son *Examen des doctrines* l'inanité de ces systèmes ; le sien n'a pas été plus heureux. De son vivant il a pu en contempler les ruines, et voir naître et se fortifier ce doute général, cet éclectisme poussé jusqu'à l'exagération, qui a pu ébranler pour un moment les esprits les plus fermes. Mais, grâce à Dieu, nous savons aujourd'hui dans quelle voie nous devons marcher. Si nous reconnaissons qu'un système général de médecine est un rêve qui n'est plus de notre temps, nous admettons aussi que les connaissances médicales peuvent se grouper en divers faisceaux, pour constituer des doctrines isolées qui formeront la philosophie de la science, que le temps ne fera que consolider. Ces doctrines médicales ont pour base principale l'étude des causes, qui forme ainsi le fondement de l'hygiène et l'avenir de la médecine.

Pour créer ces doctrines médicales, il est une époque de transition qui est indispensable. C'est par le temps et par les efforts de tous que les vérités s'établissent. Pour diriger ces efforts, il faut un fanal qui nous éclaire. C'est ce fanal auquel on donne le nom d'*hypothèse* auquel on ne peut se dispenser d'avoir recours. Sans doute la lumière qu'il nous fournit est souvent trompeuse ou vacillante, mais on ne peut s'en passer.

Seulement il ne faut accepter les résultats de l'hypothèse que pour ce qu'ils sont, c'est-à-dire comme douteux et éminemment transitoires. L'hypothèse conduit à la vérité, mais il ne faut pas la prendre, comme on le fait encore si souvent en médecine, pour la vérité elle-même. Voilà l'hypothèse qui rend mieux compte des faits, c'est une locution à laquelle nous aurons souvent recours.

Nous saurons à chaque instant avouer que nous ne savons pas, et pour cela nous ne resterons pas immobiles. Nous nous dirigerons dans des routes nouvelles, en nous servant d'hypothèses qui s'élèveront au rang de doctrine simmuables, quand par des observations ou des expériences que tous pourront répéter, on aura démontré leur réalité.

Une hypothèse ne peut passer à l'état de vérité qu'autant que les conséquences légitimes auxquelles elle conduit se vérifient, et qu'on démontre ensuite que, réciproquement, l'exactitude des déductions entraîne celle du principe.

Les vérités s'établissent, avons-nous dit, par des expériences ou des observations irréprochables et convenablement répétées. L'anatomie pathologique, qui n'est qu'une des formes de l'observation et qui a été abordée avec tant d'ardeur et de succès par les médecins éminents de notre époque, a fourni son contingent de vérités pour grouper les faisceaux des connaissances médicales. Et, par exemple, les travaux si admirables de M. Louis sur la fièvre typhoïde, lui ont permis de constituer une espèce morbide parfaitement définie, en prenant pour point de départ des caractères anatomiques aussi remarquables par leur constance que celle des pustules dans la variole. La lumière étant produite, tous les faits qui paraissent exceptionnels, inexplicables, n'ont pas résisté à un examen attentif.

Autour de cette espèce morbide viennent s'en réunir d'autres, la peste d'Orient, le typhus fever, qui forment aujourd'hui un des groupes les plus naturels de la pathologie.

La féconde utilité de ces rapprochements nous apparaît surtout lorsque nous abordons les grands problèmes de l'étiologie ; si nous pouvons arriver, par l'observation et l'expérience, à démêler les causes d'une de ces grandes affections, il ne nous restera plus qu'à appliquer à la maladie congénère les connaissances que nous aurons acquises : en marchant ainsi du connu à l'inconnu, les difficultés s'aplanissent et des doctrines médicales partielles s'établissent d'une façon définitive.

On peut déjà entrevoir, par les considérations que j'ai exposées, combien l'étude des causes des maladies et des moyens de les éviter est hérissée de difficultés; elles ne sont guère moins considérables lorsqu'on aborde scientifiquement l'étude du perfectionnement physique de l'homme.

Comment pouvons-nous perfectionner notre santé? C'est en étudiant à l'aide de l'observation et de l'expérience les modifications heureuses qu'on peut faire éprouver à l'organisme par le régime. Les enseignements si nets que nous pouvons puiser dans les pratiques variées de l'entraînement nous montrent que l'on peut entrevoir, dans cette direction, des progrès considérables. Nous reviendrons souvent sur ces sujets intéressants; mais combien ces études, qui avaient séduit la brillante imagination d'Hippolyte Royer Collard, sont neuves, variées, difficiles.

Les rapports du physique et du moral, et réciproquement, occupent une grande place dans l'hygiène. Que de difficultés présente cette étude! Les problèmes si élevés qui se rapportent à l'*hygiène de l'âme* doivent nous offrir de beaux sujets de méditation.

Cette branche de l'hygiène se confond avec la philosophie, son domaine est immense; à l'époque où notre savant prédécesseur, Hallé, a réuni l'hygiène dans ses leçons en un corps de doctrine, il cherchait à l'agrandir encore; il s'est efforcé de faire un inventaire général des connaissances humaines dans leurs rapports avec l'hygiène. On comprend sans peine comment ce programme était pour ainsi dire infini; il était formé d'un assemblage de lambeaux empruntés à toutes les sciences, et particulièrement à la physique, dont l'enseignement était à cette époque réuni à celui de l'hygiène. On retrouve encore la trace de ces deux cours dans les ouvrages les plus modernes, qui ont en cela, bien à tort, suivi religieusement les pas du maître. Craignant, pour ainsi dire, qu'on n'aperçoive pas à l'hygiène une raison d'être bien distincte, Hallé a cherché à faire converger vers elle l'ensemble des connaissances humaines. Sans doute, cette vue est grande et vraie; mais, pour bien faire, il faut savoir se borner à ce qui peut nous conduire plus directement au but, que nous ne devons jamais perdre de vue.

Éclairés aujourd'hui par les lumières des sciences physiques et naturelles, par les progrès de la physiologie nouvelle, on peut approfondir quelques-unes des questions les plus importantes; il faut pour cela, tout en comprenant l'ensemble de ces questions, scruter celles qui peuvent éclairer d'une lumière vive, inattendue, les causes des maladies les plus communes et les plus curieuses, ou celles qui peuvent nous montrer comment on peut perfectionner la santé en éloignant aussi loin que possible ces deux ennemis implacables de l'humanité, la vieillesse et la mort.

Il ne faut pas se contenter de sentences s'appliquant à tout, et débitées sans preuves, mais n'aborder que ce qui peut être démontré par l'expérience et par l'observation. Si Hallé s'efforçait de tout comprendre dans l'hygiène, je crois qu'il faut laisser dans l'ombre une foule de détails oiseux, ou qui ne peuvent se démontrer. Il restera beaucoup à faire pour nos successeurs, mais à chaque jour suffit sa peine. Nous nous bornerons, autant que possible, à ce qui peut aujourd'hui nous faire approcher du but que nous poursuivons. En entrant dans cette direction, on verra que l'hygiène ne comprend plus un ensemble de connaissances banales, mais qu'elle s'attaque aux problèmes les plus élevés et les plus difficiles de la science, et qu'elle réclame les connaissances les plus précises.

Si nous considérons maintenant d'une manière générale l'hygiène au point de vue de ses applications, nous trouvons que depuis le commencement de ce siècle, avec des oscillations diverses, elle a fait d'incontestables progrès, qui sont nettement accusés par la progression de la durée moyenne de la vie.

Avant 89, les tableaux de Duvillars nous apprennent que la durée moyenne de la vie était de 28 ans; en 1817, elle s'élève à 31 ; en 1834, à 34, et en 1853, à 36.

Ainsi, d'une manière générale, on peut dire que l'hygiène a marché avec les progrès de la civilisation (1). Hâtons-nous cependant d'ajouter qu'une civilisation trop avancée dans une certaine direction, trop raffinée, conduit l'humanité à la décadence, et tend évidemment à abréger la durée moyenne de la vie. L'agglomération du peuple dans de grandes manufactures n'a pas été un pro-

(1) Partout, dans les campagnes, où l'on a plus et mieux travaillé à la terre, la vie moyenne s'est accrue. Des études savantes, que M. Delatrambais a consignées dans un mémoire sur le mouvement de la population dans le Berry, établissent que l'ouverture des routes agricoles a contribué à élever le niveau de la vie moyenne dans les localités qui en ont été largement pourvues. Le crétinisme a disparu de certaines localités de notre Savoie, quand elles ont été sillonnées par de larges voies de communication.

grès sous tous les points ; il n'est besoin que de rappeler ici l'état déplorable d'une partie des populations ouvrières de Manchester et de Lille.

Dans certains quartiers de ces villes, la durée moyenne de la vie était descendue au-dessous du chiffre le plus bas que nous avons cité.

Le mouvement des habitants des campagnes vers les grandes villes est un résultat fâcheux des progrès de la civilisation. Dans ces populations éloignées des champs naissent des besoins factices qu'il faut satisfaire en négligeant les réels ; avec bien d'autres maux il apparaît chez elles, avec plus d'intensité, cet état que l'on peut désigner sous le nom d'ennui de la vie, que l'on cherche à combattre par ces moteurs du système nerveux, le tabac, l'alcool, ces fléaux de l'humanité, qui la conduiront à la décadence, si leur usage abusif s'étend incessamment.

Les progrès de l'hygiène effectués chez nous s'appuient sur trois bases principales : l'égalité devant la loi, le travail énergique et la moralité.

L'habitant des campagnes, par le jeu régulier de nos lois, est devenu propriétaire de la plus grande partie du sol, qui a constitué sa grande caisse d'épargne (Bouchardat, *Du morcellement*). Depuis le commencement du siècle, il est devenu prévoyant pour économiser, afin d'acheter un coin de terre sur lequel il a bravement employé ses forces ; le travail énergique et continu a éloigné la misère et raffermi la moralité. L'aisance et les bonnes mœurs sont les meilleurs auxiliaires de l'hygiène.

Ajoutons ici que les grands travaux conçus par des hommes qui savent s'élever à la hauteur des grands problèmes de l'hygiène publique peuvent rendre des services immenses en augmentant l'aisance des travailleurs et en assainissant de vastes contrées.

Depuis un siècle de grands progrès ont été réalisés, de plus grands encore sont en voie de réalisation ; je vais, dans une rapide esquisse, indiquer les uns et les autres.

Certaines grandes endémies qui ont exercé des ravages considérables dans les siècles passés se sont beaucoup amoindries de notre temps.

Le scorbut était une des grandes causes de mort des marins et des populations qui habitaient les mers du Nord ; grâce aux progrès de l'hygiène, les ravages de cette redoutable affection ont été successivement refoulés dans les contrées de plus en plus septentrionales.

A Paris, à la fin du siècle de Louis XIV, le scorbut a sévi avec une redoutable intensité ; il y a trente ans à peine, il exerçait des ravages constants dans la division des aliénées agitées à l'hospice de la Salpêtrière : aujourd'hui le scorbut endémique a disparu de Paris.

Quand la Hollande était habitée par des familles entassées dans des logements humides, le scorbut endémique y apparaissait souvent. Aujourd'hui que le Hollandais se distingue par le confort de ses habitations, la maladie du Nord y a disparu ; elle ne se montre plus endémiquement que parmi les populations pauvres des contrées les plus septentrionales de l'Europe.

L'ergotisme, l'acrodynie ont à bien des reprises décimé les populations nécessiteuses de l'Europe dans les siècles qui ont précédé le XVIIIe ; aujourd'hui c'est à peine si l'on peut en signaler de rares exemples.

Si le goître endémique, et le crétinisme qui le suit, se montrent encore dans plusieurs vallées encaissées des montagnes éloignées de la mer, on peut prévoir le temps où les effets désastreux de cette cause puissante de la dégradation humaine s'amoindriront considérablement.

Nous connaissons bien aujourd'hui les conditions de formation et de propagation des effluves des marais, de ce fléau qui énerve et décime les populations de certaines régions des pays chauds et tempérés ; il ne s'agit plus que de se mettre à l'œuvre pour éloigner un des plus grands obstacles au progrès de l'humanité.

Si nous concentrons nos regards sur ce que nous pouvons observer autour de nous, nous voyons certaines grandes diathèses y exercer des ravages qui ont semblé jusqu'ici presque toujours croissants ; j'ai l'espérance que l'étude philosophique des causes nous montrera la voie qu'il faut suivre pour conjurer ces grands maux.

Nous sommes sinon impuissants, au moins bien insuffisants pour guérir les affections scrofuleuse, tuberculeuse ou cancéreuse : quand les grands accidents ont éclaté, nous assistons souvent comme des témoins passifs au progrès du mal ; mais plus on scrutera attentivement ces difficiles problèmes, mieux on verra que ces accidents n'éclatent que lorsqu'ils ont été préparés de longue date par une mauvaise direction hygiénique. L'édifice de la santé se mine peu à peu, il faut l'élément du temps pour qu'une cause désastreuse prépare l'organisation à un mal dont on n'a pas su prévoir l'invasion. J'ai la ferme espérance que le temps n'est pas éloigné où l'on appréciera très-nettement l'influence de ces causes qui préparent ainsi l'organisme à l'invasion de ces irrémédiables affections. Bien souvent il sera facile d'éviter le mal en évitant les causes qui le produisent.

La goutte, la pierre urique, sont des maladies très-difficiles à combattre médicalement quand elles sont déclarées, très-faciles au contraire à prévenir chez les prédisposés, par le régime, un exercice suffisant et une surveillance attentive des grandes excrétions.

Plus les idées saines et grandes sur la médecine gagneront du terrain, mieux on s'apercevra que le médecin de la santé est infiniment plus et plus souvent utile que le médecin des maladies ; qu'il peut être bien autrement puissant pour prévenir nos maux que pour les guérir ; mais que pour que ces vérités s'établissent et se vulgarisent, bien des efforts sont encore nécessaires. Avant tout, des études longues et difficiles sont indispensables pour éclaircir des questions qui jusqu'ici ont paru inabordables, mais que, grâce au progrès des sciences d'observation, on pourra attaquer aujourd'hui.

Pour répandre ces vérités dans le public éclairé qui doit en profiter le premier, pour ensuite les propager, il faut le convaincre de l'élévation de ces études et de leur mérite. Pour cela, il ne faut pas procéder par préceptes et sentences, mais ne rien avancer qui ne puisse se prouver à l'aide des méthodes exactes dont la science moderne est en possession.

Les grandes vérités de l'hygiène ont été conquises ou par l'empirisme, ou par l'observation médicale. Si jusqu'ici la part de l'empirisme ou de l'observation universelle a été la plus large, le rôle du médecin a grandi de notre temps et est appelé à grandir encore. Les vérités qui se sont établies par le temps, par l'observation universelle, sont associées à des préjugés, le bon grain est mêlé à l'ivraie; aujourd'hui nous devons chercher à le démêler. Les changements de condition dans lesquelles l'homme se trouve placé sont, de nos jours, beaucoup plus fréquents; ces changements nécessitent des changements dans la direction de la santé : ce que l'expérience nous avait appris pour une condition donnée, n'est plus acceptable pour une autre; si l'on persiste dans la voie qui était bonne, quand la condition vient à changer, des causes imprévues de maladies apparaissent et se révèlent par des désastres. C'est surtout dans l'hygiène du soldat, du marin, qu'on trouvera de nombreuses exceptions à ces règles fondées par l'empirisme.

Jadis les grands préceptes d'hygiène publique empirique étaient conservés et consacrés, ou par les généraux d'armée, ou par les législateurs religieux. Ne citons ici que quelques-uns des admirables préceptes hygiéniques qu'on trouve ou dans les Livres saints, ou dans le Coran. L'abstinence des alcooliques, du porc, ce type des animaux à graisse, n'était-elle pas de première nécessité dans ces régions brûlantes habitées par les Juifs et par les Arabes? L'utilité, dans ces conditions, des ablutions journalières ne peut échapper à personne.

Les connaissances approfondies des grands généraux d'armée de l'antiquité en hygiène publique positive nous sont attestées par trop de faits pour que nous puissions les mettre en doute. Ce que nous savons sur l'éducation physique des soldats de Sparte, des légionnaires de Rome, montre que rien d'essentiel n'était oublié. Les généraux romains avaient des connaissances pratiques des plus solides sur les soins se rapportant à l'alimentation, à l'emploi des forces, à la graduation des exercices, aux vêtements, aux campements. Ces connaissances pratiques nous sont accusées par ce fait capital de la conservation de grandes armées dans des campagnes lointaines et de longue durée. A Rome, il existait plusieurs charges se rapportant à l'hygiène de la ville.

Les généraux modernes se reposent sur les médecins de la conservation et de la direction de ces grands préceptes d'hygiène publique, et ils ont raison; assez d'autres choses leur sont dévolues : les progrès des connaissances humaines en ont nécessité la division. Constatons seulement que cette intervention des médecins a souvent manqué son but, parce qu'elle n'a pas été complète. Quand on abdique, il ne faut pas abdiquer à demi. C'est après les désastres qu'on apprécie l'importance des lois de l'hygiène qu'on a transgressées. Citons au hasard :

Après les funestes journées de juin, un grand nombre de familles d'ouvriers parisiens allèrent en Algérie chercher de la tranquillité et du travail. Les idées saines d'hygiène ne présidèrent pas toujours aux installations; plusieurs localités furent imprudemment choisies. Ainsi, cent trente sept familles s'établirent en 1849 dans le village de Zurich ; après un an à peine, il n'en restait plus que treize : la fièvre ou la dysenterie qui les avaient décimées n'avaient épargné personne. Dans les campagnes longues et lointaines, il tombe bien plus d'hommes par la maladie que par le plomb de l'ennemi ; la responsabilité qui pèse sur le général de la santé est aussi grande que celle qui incombe au général de la bataille; mais pour qu'il l'accepte et remplisse son rôle avec l'élévation qu'il comporte, il lui faut un pouvoir qui souvent ne lui est pas accordé, parce que l'utilité n'en est pas comprise comme elle devrait l'être.

Ce n'est pas seulement dans les conseils des armées que le médecin est devenu le représentant des idées exactes de l'hygiène, mais encore dans toutes les carrières civiles, ce rôle providentiel se révèle surtout auprès des classes militantes.

C'est pour les travailleurs, pour les êtres éprouvés par la misère et la souffrance que la vigilance de l'hygiène est indispensable. Quand on traite les grandes questions qui les intéressent, les yeux se tournent tout d'abord aujourd'hui du côté du médecin; mais, pour qu'il soit à la hauteur de sa tâche, des études longues, sérieuses, lui sont indispensables : il faut que la science, par sa précision, impose à tous la confiance. Dans les conseils d'hygiène où il va s'asseoir, il se trouvera à côté de magistrats, d'ingénieurs, de pharmaciens, tous hommes recommandables par une éducation forte, et il doit être l'arbitre suprême dans une foule de questions qui peuvent se présenter. Je vais en citer quelques-unes. S'agit-il, par exemple, d'une distribution d'eau potable dans la ville qu'il habite, c'est à lui qu'on demandera si ces eaux sont parfaitement saines, si leur usage ne déterminera à la longue aucune maladie endémique, le goître par exemple. Si ces eaux ont besoin d'être conservées, il faudra qu'il connaisse et apprécie l'influence des réservoirs, des tuyaux conducteurs; si elles ne sont pas limpides, il faudra qu'il puisse se prononcer sur la valeur des différents procédés de filtration qui sont en usage.

L'éclairage au gaz tend chaque jour à s'établir dans les villes les moins importantes : que de questions intéressantes vont se présenter, se rapportant au choix du gaz qui peut être fourni par les corps gras, les résines, la houille, etc.; au choix des tuyaux de conduite, dont les imperfections amènent des fuites qui déterminent avec le temps l'infection du sol des villes, comme nous en avons des exemples si nets à Paris, et qui peuvent causer des explosions, des asphyxies.

Tout ce qui se rapporte aux engrais prend chaque jour dans le sein des villes qui les produisent une importance capitale. D'un côté on veut à tout prix écarter ces odeurs infectes, quelquefois dangereuses et toujours si incommodes; de l'autre, on veut utiliser pour l'agriculture ces engrais si riches qu'on laisse encore en beaucoup de lieux, par une déplorable incurie, se perdre en infectant l'air. Il faut que le jeune médecin, membre des conseils d'hygiène, connaisse tout ce qui se rapporte aux voiries, aux désinfectants, etc.

Les questions les plus diverses se rapportant au chauffage, à la ventilation, se présenteront à l'improviste à propos de la construction d'hôpitaux, de salles d'asile, de crèches, de théâtre.

Les avaries et falsifications des substances alimentaires feront naître des questions qu'il faudra immédiatement résoudre : quelle est la ville où l'on ne débite que des vins naturels, des vinaigres vrais, de la bière faite seulement avec de l'orge germée et du houblon, du lait qui n'a pas été écrémé ni additionné d'eau? Et par-dessus tout cela vienne la disette, c'est au médecin hygiéniste qu'il faudra s'adresser pour prévenir les altérations de l'aliment usuel, pain, maïs, afin de prévenir le retour de ces épidémies d'ergotisme, d'acrodynie, de pellagre.

Dans la pratique médicale, chaque jour le jeune médecin est interrogé sur ces questions d'hygiène usuelle sur lesquelles les hommes bien élevés ont des notions assez exactes. Ses réponses serviront à le juger.

L'hygiène, dans notre temps, est une science aussi mobile et aussi progressive que tous les arts utiles qui reçoivent des perfectionnements journaliers. Ces progrès merveilleux de l'industrie créent de nouvelles conditions hygiéniques qui peuvent être bonnes et mauvaises.

Combien de questions hygiéniques nouvelles n'a pas fait naître l'établissement des chemins de fer? La vivacité de l'air, la réverbération des fourneaux, les mouvements spéciaux, ont créé l'hygiène spéciale des chauffeurs et des mécaniciens des voies ferrées.

Pour maintenir les fils du télégraphe électrique, on emploie des crochets émaillés; dans la fabrication de l'émail intervient le cristal à base de silicate de plomb ; les ouvriers qui l'insufflent sur les pièces sont atteints d'accidents saturnins, surtout lorsqu'ils abusent des alcooliques.

Parmi les arts qui ont été heureusement modifiés par les progrès de la science, nous citerons la dorure sur métaux qui, grâce aux belles inventions de Ruolz et Elkington, n'expose plus les ouvriers aux accidents mercuriels; citons encore la substitution du blanc de zinc au blanc de plomb, l'utilisation du gluten des amidonneries, etc.

Parmi les arts nouveaux qui ont fait naître pour les ouvriers des conditions hygiéniques mauvaises, mentionnons la fabrication des allumettes chimiques, qui expose les ouvriers à la carie des mâchoires, et tous à l'empoisonnement, à l'incendie. La découverte du phosphore rouge, l'emploi des allumettes sans phosphore, permettront d'éviter ces dangers. La dissolution du caoutchouc dans le sulfure de carbone produit chez quelques ouvriers une paralysie passagère et l'impuissance. Je pourrais multiplier ces citations; mais ces questions seront ultérieurement traitées.

Tout concourt donc à nous prouver, non-seulement l'utilité des connaissances précises en ce qui se rapporte à l'hygiène, mais encore l'extrême mobilité de ces connaissances.

Ai-je besoin de redire que si le jeune médecin s'assied dans les conseils des armées et de la marine, quelle responsabilité immense peut peser sur lui, quand il s'agira de régler le régime le plus convenable suivant les lieux et la saison ; les localités les plus favorables aux campements, la durée et la puissance des travaux, les conditions si difficiles qui doivent présider aux colonisations. Le bien qu'il peut faire est immense; mais une science complète lui est indispensable pour entraîner les convictions par la puissance de la raison et par des preuves que l'expérience ne doit que fortifier.

Dr BOUCHARDAT.

PALÉONTOLOGIE.

COURS DE M. A. D'ARCHIAC.

(MUSÉUM D'HISTOIRE NATURELLE.)

(Voy. les nos 1, 2, 10, 12, 14, 16, 18, 20 et 22.)

IX.

Faune quaternaire de l'Italie septentrionale et centrale.

Messieurs,

Les doutes que les relations compliquées des dépôts de transport plus ou moins récents du versant occidendal des Alpes, en France et en Suisse, pouvaient laisser dans l'esprit des observateurs, devaient cesser par l'étude des plaines plus ouvertes et plus régulières qui bordent le versant italien. En Piémont, les faits se présentent avec une simplicité relative, qu'ont fait ressortir, en 1850, MM. Ch. Martins et H. Gastaldi, dans leur *Essai sur les terrains supérieurs de la vallée du Pô aux environs de Turin.*

Le fond de cette vallée est occupé par le *diluvium alpin*, dans lequel les auteurs n'ont trouvé ni fossiles, ni cailloux striés. Il se compose de cailloux roulés provenant tous des Alpes, et dont la grosseur diminue à mesure qu'on s'éloigne de la chaîne. De 40 à 50 centimètres de diamètre près de son pied, aux environs de Turin, ils ont rarement le volume de la tête, et sont mélangés de gravier et de sable. Leur stratification, peu régulière, ressemble à celle des dépôts formés par les torrents actuels, et tout démontre que ces éléments ont été entraînés par des eaux rapides d'autant plus loin que leur volume était plus faible.

Au-dessus du diluvium alpin, s'élèvent des collines,

organes les plus essentiels, circulatoires, respiratoires, digestifs, cœur, poumons, estomac. De là résulte le stationnement du sang dans la tête et la poitrine, qui se traduit par les respirations courtes, les oppressions, les palpitations, les suffocations, les hémorrhagies pulmonaires, l'apoplexie continue à petite dose, la phthisie; de là les digestions difficiles, l'estomac toujours souffrant, le foie engorgé, la distorsion de la taille par atrophie des muscles rendus incapables de soutenir le tronc; de là le développement incomplet des enfants, leurs infirmités congénitales de l'âme et du corps; tant d'estropiés et d'imbéciles. Une autre mode, non moins criminelle et stupide, reste de barbarie qui se retrouve également chez les sauvages océaniens, subsiste encore dans la Normandie, la Bretagne, le Poitou, le Limousin, la Haute-Garonne. Elle consiste à déformer la tête des enfants, au moyen de pétrissages des os encore tendres, et de coiffes plus ou moins rigides étroitement serrées, selon la forme réputée la plus agréable dans le pays (têtes annulaires, bilobées, etc.). On produit ainsi, à coup sûr, des idiots, des épileptiques, des fous, en atrophiant le cerveau, organe de l'âme, par la compression de la boîte qui le renferme. Le Français est essentiellement esclave de la mode; il y sacrifie tout, même ce qu'il a de plus cher et de plus précieux. Ce qu'en dira-t-on est son plus grand souci; de là l'empire de la routine et la conservation d'antiquailles contre lesquelles le bon sens public proteste, mais dont personne n'ose le premier secouer le triste joug. C'est que l'opinion est toute-puissante en France; reine de la société, elle porte des jugements sans appel. Cependant, qui l'a pour soi peut beaucoup faire; chacun aime celui qui s'expose, et lui est reconnaissant. Le Français est plein de vanité; l'ancienne manie gauloise de se distinguer le porte quelquefois à tenir plus à un ruban qu'à sa propre estime, à se faire solliciteur, afin d'éclipser les honnêtes gens qui ne sont rien, pas même décorés. Il est badaud; la vue d'une livrée militaire ou administrative, d'un costume officiel quelconque, le plonge dans l'extase. Il se plaint constamment de son gouvernement, quel qu'il soit; comme si chaque nation n'avait pas le gouvernement dont elle est digne par sa conduite, comme s'il ne dépendait pas d'elle seule de l'améliorer en se corrigeant elle-même de ses défauts, de ses craintes, de ses idées fausses. Il accuse avec raison son administration de trop faire, et il n'essaye de rien faire par lui-même. Il a l'esprit moins positif, moins pratique que l'Anglais, moins d'initiative individuelle. Il aime passionnément l'égalité, et il n'en a pas du tout; de profondes démarcations existent, non-seulement entre chaque profession, entre chaque quartier d'une ville, entre chaque étage d'une maison, mais même entre chaque convié à une même table; autant de castes que de familles. Qui pénètre dans une caste autre que la sienne est un aventurier ou une bête curieuse, ayant droit de cité partout, à condition d'exhiber, sinon ses talents, au moins sa personne (savant, poëte, artiste distingué). Et pourtant le Français est très-sociable. Il voudrait la liberté, et elle lui est complétement étrangère; nul peuple sur la terre n'est soumis à autant d'oppressions, petites ou grandes, jusqu'à celle des portiers, inconnue en Angleterre et en Espagne, qui lui ferment sa porte, espionnent sa conduite et la commentent malignement, le tyrannisent sans pitié, sans respect pour le foyer domestique et les dieux pénates. A cause de sa légèreté et turbulence notoires, il est soumis à la surveillance perpétuelle de la haute et basse police, servie par une innombrable armée d'agents, appuyée par une garnison suffisante. Il est facile à tromper, car il a trop de confiance dans ses grands hommes; il les admire sur parole, il leur laisse tout faire, et maudit ceux qui s'opposent à eux, sauf à s'apercevoir ensuite qu'ils n'ont fait que des sottises. Quand il résiste au pouvoir, sa résistance est plus souvent systématique que raisonnée. Son ennemi, c'est son maître, et il se venge de ce maître comme un écolier, en lui jouant le plus de mauvais tours possible, sans s'apercevoir que c'est à lui-même qu'il fait tort; que l'État, c'est la nation. Il n'a pas su encore séparer la loi et l'arbitraire; c'est pourquoi il n'aime point la loi comme l'aime l'Anglais, et n'est pas fâché de la voir quelquefois en déconfiture. Il a de grandes hardiesses de pensée, surtout dans la conversation, qui n'existe qu'en France, avec toute sa vivacité, sa liberté, son agrément; et il a de grandes faiblesses d'action, de longues torpeurs, puis des réveils terribles, où il veut tout faire en une heure. Et comme il n'y parvient pas, il se décourage aussitôt et renonce à tout. Il manque surtout de persévérance; il use toute sa patience dans les moments d'inaction, et n'en conserve plus du tout pour les moments d'action. Il se laisse généralement gouverner par les femmes, plus puissantes en France que dans aucun autre pays; et il les maintient dans l'ignorance, sous prétexte de les mieux gouverner. D'où il résulte que celles-ci appartiennent aux exploiteurs de la crédulité publique, leur donnent la société à dévorer, et leur confient les générations nouvelles. On le dupe aisément, comme tous les honnêtes gens, en prenant le masque de la vertu et du bien; aussi la France est-elle une terre promise pour tous ceux qui trafiquent de ces denrées. Il est bon, essentiellement bon, sympathique à tous ceux qui souffrent, toujours prêt à se dévouer pour les autres peuples, à verser son sang pour les délivrer. Il leur a appris ce que sont les droits et les devoirs des citoyens, ce qu'est la patrie. Il sait exprimer nettement ses idées, et elles deviennent cosmopolites, et elles vont partout porter la délivrance. Il possède le génie littéraire par excellence, le goût délicat, le jugement sûr, l'expression élevée; sa langue ne souffre rien d'obscur, rien de trivial. Il est inventeur. Paris résume bien la France. Cette ville a Molière et Voltaire, les plus puissants génies, les plus sympathiques et les plus attrayants. La Touraine a Rabelais. Ces trois hommes n'en font qu'un à époques différentes, un génie libérateur de la société, ennemi de tous les jougs qu'elle subit par ignorance et faiblesse, joug clérical, joug légiste, joug médical. Puis Beaumarchais, de Paris encore. Tours, Blois, Orléans; dans le nord, Laon; toutes ont été plus ou moins résidences royales, capitales successives de la monarchie qui cherchait son centre. L'esprit unitaire, introduit parmi les Gaulois, fédéralistes comme les Germains et les Ligures, par la domination romaine, fut développé surtout par le besoin de résister à l'oppression féodale. La nation se groupa autour de la royauté, et celle-ci étant d'origine franque, la capitale dut être septentrionale. De là Paris, qui domine, coordonne et mélange en un tout harmonieux les divers éléments français, qui pense et agit, qui travaille avec une activité fébrile pour l'indolente province; Paris, dont les greniers froids, tristes, meurtriers, abritent plus d'hommes d'esprit qu'il n'y en a dans le reste du monde.

GUSTAVE FLOURENS.

PALÉONTOLOGIE.

COURS DE M. A. D'ARCHIAC.

(MUSÉUM D'HISTOIRE NATURELLE.)

(Voy. les nos 1, 2, 10, 12, 14, 16, 18, 20, 22 et 24.)

X.

Faune quaternaire circum-méditerranéenne.

Messieurs,

En poursuivant au delà des États romains nos recherches sur la faune quaternaire et les dépôts qui la renferment, nous trouvons, aux environs de Naples, puis en Sicile et dans les îles voisines, des témoignages non moins certains qu'au nord de la longue durée des phénomènes de cette époque, mais avec des caractères assez différents et en rapport avec des causes physiques également différentes. Ainsi L. Pilla signale, à la montagne de l'Ascension, des couches de cet âge qui atteignent 965 mètres d'altitude. Sur certains points, elles recouvrent la formation tertiaire subapennine, et contiennent des coquilles et des débris de végétaux dont les espèces vivent dans le pays.

M. P. Philippi, après avoir examiné 92 espèces de mollusques testacés, extraites d'une argile exploitée, provenant de la décomposition de cendres volcaniques, avait conclu que l'île d'Ischia, dans le golfe de Naples, avait été soulevée depuis la période subapennine, car trois seulement de ces coquilles ne se sont point rencontrées dans la Méditerranée. Depuis ces premières déductions, la comparaison de toutes les espèces tertiaires de la Sicile et de l'Italie méridionale lui a fait admettre que le passage de l'époque tertiaire à l'époque moderne avait été parfaitement graduel, et que, sans l'intervention d'aucun bouleversement ni d'aucun changement brusque, certaines espèces avaient disparu de temps en temps, et d'autres s'étaient développées jusqu'à l'existence complète de la faune actuelle. Aussi ce naturaliste n'a-t-il pu établir aucune division dans cette série de dépôts, ni tracer de limites pour séparer les époques tertiaire, quaternaire et moderne. Au reste, le massif de l'Époméo, qui occupe une partie d'Ischia, comme tous les tufs volcaniques de la Campanie et des îles de la côte de Baïa, où se trouvent des coquilles d'espèces vivantes modifiées quelquefois dans certains de leurs caractères, tels que leurs dimensions et leur plus ou moins d'abondance, est plus récent que les marnes subapennines et appartient à l'époque dont nous nous occupons.

Mais nulle part encore les sédiments marins de cet âge n'ont acquis un plus grand développement qu'en Sicile, où l'on pourrait signaler deux phases distinctes dans leur dépôt. Dans la plus ancienne viendraient se ranger les couches qui occupent près de la moitié de la surface de l'île, atteignant vers son centre, à Castrogiovani, une élévation de 900 mètres; dans la plus récente, celles qui entourent la base de l'Etna et se voient le long de la côte, où elles renferment des espèces fossiles qui toutes vivent encore dans le voisinage.

Parmi les premières, les supérieures sont calcaires et les inférieures argileuses, comme on peut le voir aux environs de Syracuse, de Girgenti et de Castrogiovani. De 124 espèces de coquilles que M. Philippi y a recueillies, 35 seraient éteintes, ce qui est en effet une proportion plus forte que celle que nous trouvons habituellement dans les dépôts quaternaires. Mais, suivant l'auteur et conformément à ce que l'on vient de dire, cette proportion diminuerait graduellement de bas en haut, de telle sorte qu'aucune division ne serait possible dans cette puissante série, qui commence après les marnes subapennines pour se confondre à la fin avec les sédiments modernes. Les calcaires, d'un blanc jaunâtre, tantôt grossiers, tantôt compactes, dont l'épaisseur varie quelquefois de 200 à 300 mètres, renferment les fossiles à tous les états de conservation, soit pourvus encore de leur matière animale et revêtus de leurs couleurs, soit à l'état de moules et d'empreintes. Vers le bas, les calcaires passent à des grès et à des conglomérats, puis à des marnes bleues, semblables à celles des collines subapennines, où les coquilles et les polypiers sont parfaitement conservés.

Les dépôts au sud de la plaine de Catane montrent des alternances de sédiments marins et de produits volcaniques, qui prouvent que les phénomènes ignés se sont manifestés sous les eaux, comme de nos jours nous en avons encore vu des exemples.

Parmi les coquilles les plus abondantes dans ces couches et qui ne le sont pas moins dans la mer actuelle, on peut citer le *Pecten Jacobæus*, si répandu dans les calcaires de Palerme, de Girgenti, comme dans ceux qui alternent avec les produits volcaniques, jusqu'à une très-grande élévation, entre Syracuse et Vizzini.

« Plus nous réfléchissons à la quantité considérable de

» ces coquilles récentes, dit M. Lyell, plus nous nous » étonnons de l'épaisseur, de la solidité et de la hauteur » au-dessus de la mer des masses rocheuses dans les- » quelles elles sont enfouies, et en même temps des chan- » gements géographiques survenus depuis leur origine. » Sans oublier que les couches supérieures ont été dépo- » sées sous les eaux, il faut, pour avoir une idée juste de » leur ancienneté, examiner séparément les innombrables » particules dont se compose l'ensemble, et les lits suc- » cessifs de coquilles, de coraux, de cendres volcaniques, » de conglomérats, de coulées de lave, et calculer le » temps nécessaire pour l'élévation graduelle des roches » et l'excavation des vallées. Dans cette supposition, la » période historique représenterait à peine une unité ap- » préciable, car nous trouvons d'anciens temples grecs, » comme ceux d'Agrigente, construits avec le calcaire » moderne, sur des collines constituées par ce même cal- » caire, sans que l'emplacement paraisse avoir subi la » plus faible altération depuis que les Grecs ont colonisé » pour la première fois cette île. »

Nous voyons, en outre, que la faune et la flore d'une grande partie de la Sicile sont plus anciennes que l'île elle-même, qu'elles ont préexisté à son émersion. En effet, lors de sa sortie du sein des eaux, la Méditerranée était déjà peuplée de presque toutes les espèces de mollusques, de radiaires, d'annélides, de polypiers et de rhizopodes qui l'habitent actuellement. On peut également présumer qu'avant l'émersion de cette région, les mêmes coquilles terrestres et d'eau douce, et presque tous les animaux et les plantes qui peuplent la Sicile, existaient déjà, car sa faune et sa flore terrestres sont précisément celles des autres terres environnantes de la Méditerranée. Mais nous verrons plus loin que l'étude des animaux fossiles trouvés dans les cavernes est venue apporter quelques modifications à ces premiers aperçus.

En Sardaigne, Alb. de la Marmora signale sur une multitude de points les grès quaternaires analogues à ceux de Livourne. Ils occupent, dans sa partie sud-ouest, une zone allongée du nord-ouest au sud-est, d'Oristano à Cagliari, partageant ainsi l'île en deux portions inégales. Tout le golfe de Palmas est bordé d'une large zone de la même époque. Une couche de couleur ocreuse, qui, partant du bord de la mer, augmente en s'approchant de Montreale, recouvre le grès précédent. Elle renferme d'abord des coquilles marines qui disparaissent à mesure qu'on s'éloigne du littoral, puis des coquilles terrestres, et passe à une sorte de brèche, en s'étendant indifféremment sur les diverses roches tertiaires et quaternaires. Les anciennes plages soulevées des environs de Cagliari montrent partout les coquilles qui vivent sur la côte voisine, et au milieu de celles-ci des fragments de poteries d'un caractère particulier, et différant complétement de celles de l'époque romaine. Les coquilles observées dans la terre rouge étaient à une altitude maximum de 30 mètres.

Dans les îles Baléares, la plaine de la partie sud de Majorque et presque tout le pourtour de l'île, excepté au nord-ouest, sont occupés par un dépôt quaternaire dans lequel Alb. de la Marmora a reconnu les mêmes circonstances de gisement et la même variété de composition qu'en Sardaigne. Près de la côte, c'est un grès calcaire avec un ciment argileux et rougeâtre ou jaunâtre, et des coquilles semblables à celles qui vivent encore sur la plage. Cette roche et ses variétés sont également identiques avec celles qui leur correspondent en Sicile et en Toscane. Au sud-est de Palma, elle s'élève à 10 mètres au-dessus de la mer et sert de fondement à la ville d'Alcudia. En s'éloignant de la côte, le grès, comme dans d'autres localités, devient compacte et passe à un calcaire lacustre rougeâtre, avec des Hélices et des Cyclostomes. Dans le voisinage des montagnes, il forme un véritable poudingue, et l'on y trouve près de Palma des brèches osseuses à pâte rouge semblables à celles du midi de la France et de Palerme. A Ciutadela, dans l'île Minorque, le terrain tertiaire horizontal, qui est à 40 mètres au-dessus du niveau de la mer, est recouvert transgressivement dans les parties basses du sol par les dépôts précédents.

J. Haime, qui visita Majorque en 1853, étudia ces couches, particulièrement aux environs de Palma, à l'est de cette ville, et près d'Arta à la Cueva de la Ermita. Il a remarqué que toutes les espèces qu'on y trouve vivent actuellement dans la Méditerranée, mais que les plus abondantes ne sont pas les mêmes au sud et au nord. Ainsi, aux environs de Palma, dominent le *Strombus mediterraneus*, le *Conus mediterraneus*, le *Murex trunculus*, l'*Arca Noæ*, l'*A. barbata*, le *Mactra corallina*, le *Venus gallina*, le *Cardium rusticum*; tandis qu'auprès d'Arta ce sont : le *Cardita calyculata*, le *Chama gryphoides*, le *Pectunculus violacescens*, le *Vermetus triqueter*.

Sur le pourtour du rocher de Gibraltar, l'assise quaternaire la plus remarquable, suivant M. J. Smith, est un grès rouge rempli de coquilles récentes, et atteignant jusqu'à 100 mètres d'épaisseur. La brèche qui couvre les flancs de la montagne est formée de fragments calcaires cimentés par le carbonate de chaux comme le grès précédent. Nous reviendrons plus loin sur les brèches osseuses de cette localité. Les dépôts de coquilles modernes paraissent s'élever jusqu'à 180 mètres au-dessus de la mer. Ils sont horizontaux, et l'on ne remarque aucune dislocation en rapport avec ce changement de niveau.

Les dépôts quaternaires de l'Espagne n'ont pas encore été l'objet d'un travail particulier, et à plus forte raison leur faune nous est-elle à peu près inconnue. On sait que la chaîne cantabrique, sur son versant nord, et celle du Guadarama, sont bordées, sur une largeur de 25 à 30 kilomètres, de dépôts détritiques qui en proviennent. La Sierra Morena, quoique fort ancienne, n'en présente pas. La grande plaine de la Manche et celle de la Nouvelle-Castille sont presque partout sans blocs et sans gravier, suivant les observations de M. de Verneuil, et toute la région montagneuse orientale entre cette plaine et la Méditerranée en serait complétement dépourvue.

Dans les couches quaternaires inférieures des bords du Manzanarès, près de Madrid, M. C. de Prado a rencontré des restes de Bœuf, de Cheval, quelques fragments de dents de Rhinocéros et des portions de molaires d'une espèce d'Éléphant rapporté, par M. Lartet, à celui qui vit actuellement en Afrique. C'est dans ce même dépôt que M. de Verneuil a trouvé des silex taillés en forme de haches, semblables à ceux des environs d'Amiens et d'Abbeville; de sorte que dans ce pays l'homme aurait été aussi contemporain d'un Éléphant, mais d'une espèce qui vit encore dans l'Afrique centrale et australe, et non d'une espèce éteinte, comme dans le nord-ouest de l'Europe. En Andalousie et aux environs de Grenade, des restes de ce grand pachyderme (*E. africanus*) auraient été aussi rencontrés.

La côte d'Afrique nous offre des faits analogues à ceux dont nous venons de parler. A Oran, les grès quaternaires reposant sur les couches tertiaires sont surmontés par des brèches osseuses. Les environs de Mostaganem et d'Arzew les montrent au-dessus des couches crétacées. Au cap Matifou et à Alger, on y observe deux assises : l'une, inférieure, d'argiles exploitées pour les poteries et les briques; l'autre, calcaire, remplie de coquilles analogues aux espèces actuelles. Un calcaire avec des coquilles spathiques, grès et argile rouge, postérieur aux couches subapennines de Coléah au mont Chénouan, paraît être du même âge que les brèches osseuses et les travertins, et ces derniers, comme ceux des environs de Rome, supportent la ville de Milianah, à 800 mètres d'altitude, tandis que toutes les sources sont encore à une haute température sur le revers opposé de la montagne.

Plus à l'est, à une plus ou moins grande distance de la mer, M. Renou a décrit des argiles recouvertes par un grès calcaire ou sableux, poreux et percé de trous cylindriques verticaux. A la Calle, ce grès est à 100 mètres au-dessus de la mer et repose sur un grès crétacé. A Bone, il atteint 110 à 120 mètres, et recouvre le calcaire saccharoïde et les schistes talqueux. A Djidjelli, la superposition est la même qu'à la Calle. Dans la province de Constantine, les collines de Coudiat-Aty seraient formées, suivant Boblaye, d'une masse puissante de sable, de gravier et de blocs de l'époque quaternaire.

Les pierres employées pour l'un des forts de Tunis ont été extraites d'une carrière de grès de cette époque. Ceux-ci ont servi également pour la construction des grands réservoirs de Carthage, et on les trouve en effet en place au cap de ce nom et sur le territoire de la Marsa, au-dessous de la maison de bain du Bey del Campo.

Aussi Alb. de la Marmora a-t-il conclu de tous ces faits qu'il avait observés dans cette partie occidentale du bassin méditerranéen : 1° Que ces grès appartiennent à une formation particulière, probablement limitée à ce bassin, où ils se montrent partout, mais principalement sur le littoral des continents et des îles. 2° Qu'ils sont distincts des dépôts tertiaires sur lesquels ils reposent transgressivement. 3° Que dans les pays volcanisés ils sont séparés de ces derniers par les grandes coulées basaltiques qui recouvrent ceux-ci (Sardaigne, Sicile), ou bien font partie des assises supérieures de tufs ponceux recouvrant les strates tertiaires (Montalto de Canino); près de Palerme, où il n'y a point de laves, ils sont séparés des sédiments antérieurs par un lit de galets du calcaire secondaire de la montagne de Sainte-Rosalie. 4° Que lorsque ces grès prennent un développement un peu considérable, ils passent, à une certaine distance du rivage actuel, à un calcaire rougeâtre avec des coquilles terrestres, tandis que sur la côte les coquilles sont marines. 5° Que, malgré leur âge géologiquement récent, ces couches n'en appartiennent pas moins à une époque fort ancienne sous le rapport historique, puisqu'elles étaient déjà disloquées lorsqu'on creusa les tombeaux qui, en Sicile, appartiennent aux temps les plus reculés de la présence de l'homme dans cette île.

Ces recherches, que nous compléterons, dans la prochaine leçon, par l'examen de la partie orientale du bassin méditerranéen et par celui des cavernes et des brèches osseuses de la même région, nous feront voir que les phénomènes dynamiques qui ont accidenté les dépôts quaternaires se sont aussi manifestés presque partout le long des côtes et des îles, ne différant, suivant les lieux, que par leur amplitude. Ces dislocations remonteraient peut-être à l'apparition des volcans éteints ou à cratères encore existants, et qui, probablement contemporains en Portugal, en Espagne, en France, en Italie, en Sardaigne, en Sicile, en Grèce, dans les îles de l'Archipel, en Asie Mineure et en Syrie, sont caractérisés par ces longues traînées de bouches ignivomes postérieures aux grandes éruptions basaltiques et trachytiques, phénomènes dont les dernières manifestations ou les derniers anneaux semblent se lier à l'époque ténébreuse des migrations pélasgiques.

A. D'ARCHIAC.

ZOOLOGIE.

COURS DE M. GRATIOLET.

(FACULTÉ DES SCIENCES.)

(Voy. les nos 19 et 20.)

III.

Des insectes en général. — Suite.

Nous avons décrit, dans la dernière leçon, la composition générale d'un segment d'insecte. Ce segment peut se diviser en deux portions, l'arc supérieur et l'arc inférieur, et, en tenant compte d'une manière convenable des décompositions qu'éprouvent souvent certaines pièces, on arrive à trouver dans chacun de ces deux arcs six parties distinctes. Mais le *scutum* ou *tergite*, dans l'arc supérieur, et le *sternum* ou *sternite*, dans l'arc inférieur, sont les pièces les moins variables et les plus importantes.

Quant à la répartition de ces anneaux en régions, nous savons que le thorax en comprend trois, et l'abdomen huit. Derrière le huitième anneau de l'abdomen se trouve l'ouverture de l'oviducte. Plus en arrière encore, on voit en général trois segments très-variables dans leur aspect. Ils contribuent à former, soit l'*armure génitale*, soit encore des organes qui servent comme instruments de défense.

Pour compléter cette description, nous devons ajouter que chaque segment possède une petite ouverture entourée d'un cercle corné ou péritrème, et constituant l'ouverture des voies respiratoires ou stomates. Des valvules permettent à l'animal de fermer ces ouvertures quand il veut. Un insecte plongé dans l'eau peut en être retiré après un temps relativement fort long, une demi-heure ou une heure, sans avoir été asphyxié, parce que les valvules, en se fermant, empêchent l'accès de l'eau; le même mécanisme permet à l'insecte de se soustraire à l'action des gaz délétères.

Les insectes ont été nommés *hexapodes* par M. de Blainville, parce qu'ils possèdent six membres. La description de ces membres est donc très-importante; mais comme ils se répètent symétriquement de chaque côté du corps, et que les pattes du même côté se ressemblent, il suffit d'en décrire une seule pour connaître les autres.

Le membre inférieur se compose, en partant du corps, des pièces suivantes : le *trochantin*, la *hanche*, le *trochanter*, la *cuisse* ou *fémur* s'articulant avec la *jambe*, qui est terminée par une série de pièces composant le *tarse*. Les deux dernières pièces du tarse portent des sortes de ventouses ou des prolongements pileux, et le nombre des pièces de cette partie, variant de cinq à deux, sert à distinguer les insectes sous les noms de *pentamères*, *tétramères*, *trimères*, *hétéromères*, suivant qu'ils ont cinq, quatre, trois ou deux articles aux tarses.

Les ailes sont toujours attachées sur le mésothorax ou le métathorax, jamais sur le prothorax, et leur nombre ne dépasse jamais quatre.

A la racine de l'aile se trouve une série de pièces échappant à toute description par leur infinie variété. L'aile elle-même est une sorte de grande surface semblable à une voile, où l'on remarque des *nervures* ou baguettes de substance cornée, accompagnées de trachées et soutenant les ailes dans le vol. Il y a d'abord une *nervure costale* aboutissant à un petit renflement corné nommé *stigmate;* en dessous est la nervure *sous-costale*, qui se divise en nervures *radiale* et *cubitale*. Une autre nervure traverse l'aile vers sa moitié : c'est la *nervure médiane;* en dessous, on trouve la *nervure sous-médiane;* et vers le bord inférieur de l'aile, la *nervure anale*, ainsi nommée on ne sait trop pourquoi; enfin, on trouve encore dans quelques cas une *nervure sous-anale*.

Ces nervures sont l'origine d'autres nervures plus petites, nommées *nervules*, qui, se croisant dans tous les sens, peuvent les réunir les unes avec les autres. Mais elles n'ont pas encore été suffisamment décrites pour que nous puissions indiquer leur trajet, même d'une manière sommaire. Bornons-nous à dire qu'on appelle *cellule* une aire délimitée sur la surface de l'aile par un certain nombre de nervules. Une des plus remarquables est la cellule *discoïdale*, surface hérissée de poils excessivement petits, qui en rendent fort difficile l'examen microscopique, parce qu'ils empêchent la membrane de se mouiller. Vers la nervure sous-costale se trouve une autre petite région, remplie de papilles, également fort intéressante.

Arrivons maintenant aux organes des sens chez les insectes.

Il est incontestable que le toucher existe chez les insectes; mais il est très-localisé, car l'enveloppe dure qui enveloppe leur corps est bien plus protectrice que sensitive. Cependant le sens du toucher peut se développer dans certaines parties spéciales, moins dures que le reste, comme le bout des pattes et des antennes : celles-ci sont toujours agitées dans ce but, et cette agitation n'est peut-être pas non plus sans rapport avec le sens de l'odorat, qu'on a voulu placer en cet endroit. Quant au sens du goût, il n'est pas sans vraisemblance que son siége soit répandu dans toute la bouche.

Pour le sens de la vue, il faut distinguer les *yeux simples* ou *ocelles*, et les *yeux composés*. Les premiers offrent à peu près les mêmes lois de composition que chez les animaux supérieurs. On trouve d'abord la cornée, qui est comme un verre de montre derrière lequel Müller a cru voir un cristallin nié par Dujardin. Ce dernier considère la cornée comme un assemblage de surfaces superposées de courbures différentes, et qui, par leur réunion, font l'office d'un véritable cristallin. Derrière cette cornée, on trouve le *corps vitré*, puis une membrane comparable à la choroïde de l'œil des vertébrés, et laissant un espace vide circulaire comme la pupille. Au fond, s'étend le nerf optique, dont la distance à la cornée est maintenue constante par des muscles convenablement disposés.

Mais la structure des *yeux composés* est bien plus compliquée. Leur surface n'est plus une courbe continue; elle offre des facettes polygonales ou quadrilatères. Derrière chaque facette se trouve le *corps conique*, qui s'y appuie par sa base, tandis que sa pointe se rattache au ganglion optique; il est enveloppé d'une membrane noire tout à fait analogue à la choroïde. Dans les insectes où la cornée est très-molle, comme chez les diptères, par exemple, on remarque de grands culs-de-sac entre ce ganglion optique et la cornée.

Reste à savoir comment des images, des objets extérieurs, peuvent se former dans des yeux multiples ainsi composés. Leuwenhoeck avait déjà remarqué que chaque facette a son foyer; mais cette observation avait été oubliée, et Treviranus ne voyait dans cet œil qu'une surface nerveuse comparable à un miroir : mais un miroir ne pouvait former des images, et cette théorie fut vite abandonnée. Jean Müller suppose que chacune des parties correspondant à une facette est formée d'un tube terminé par une surface convexe, et dont les parois sont revêtues de pigment noir; l'intérieur est rempli d'une substance diaphane. Tous les faisceaux trop divergents seraient ainsi dévorés par la cornée, et les faisceaux dirigés suivant l'axe pénétreraient seuls jusqu'au nerf optique; mais il n'y aurait pas d'appareil de concentration bien déterminé. Ce serait donc là une vue très-imparfaite, suffisante néanmoins pour former des images; seulement les images ne se superposeraient point exactement, et l'on aurait ainsi une sorte de mosaïque. Müller, en effet, ne croyait pas qu'un appareil dioptrique fût possible dans l'œil des insectes. Mais encore doivent-ils avoir une vue plus nette qu'il ne le supposait : toute leur existence le prouve. Chaque physiologiste, pour ainsi dire, a eu sa théorie particulière de la vision chez les insectes, et nous ne pouvons les reproduire toutes ici. Bornons-nous à ajouter que M. Leydig considère le corps conique comme un bâtonnet nerveux.

Aujourd'hui, tout le monde s'accorde à reconnaître que dans l'œil multiple des insectes, comme dans l'ocelle, on trouve d'abord une cornée, puis un barillet membraneux, dont les parois sont couvertes d'un pigment noir et qui est rempli d'un corps vitré. Le nerf arrive à la surface postérieure du barillet, et a une apparence annelée, ce qui ferait croire qu'il est susceptible de se contracter pour l'accommodation de l'œil aux distances. Il se termine par une expansion nerveuse correspondant parfaitement à la rétine et fort facile à perdre dans l'observation. Peut-être la choroïde elle-même est-elle contractile. Quant à l'objection de Müller, — que les facettes opposées de l'œil multiple décomposeraient la lumière en sens inverse, et, par conséquent, déformeraient les images inversement, ce qui rendrait impossible toute superposition de ces images, et, par suite, toute vision distincte, — cette objection ne doit pas nous arrêter, car il n'est pas plus difficile de concevoir la vue d'une seule image avec deux yeux qu'avec vingt-huit mille, nombre que présentent certains insectes. Chaque œil voit une image propre, mais ces images se recouvrent dans leurs parties communes, et comme elles sont prises à des points de vue différents, elles donnent la sensation du relief des corps de la même manière que dans le stéréoscope. En considérant un morceau de craie successivement avec l'œil droit, puis avec l'œil gauche, et, enfin, avec les deux en même temps, on voit toujours la face antérieure, mais on aperçoit la face latérale gauche avec l'œil gauche, la face latérale droite avec l'œil droit, et les deux faces latérales en même temps quand on ouvre les deux yeux. C'est la même chose chez les insectes, et, grâce à cet œil multiple, ils peuvent voir tout le tour de l'horizon, malgré la fixité de l'œil lui-même, qui n'est pas mobile, comme chez l'homme, de manière à pouvoir se diriger successivement dans tous les sens. La netteté et la puissance de la vue des insectes est bien mise en évidence par la rapidité vertigineuse avec laquelle ils se meuvent à travers les branches des arbres où le moindre choc les briserait comme un morceau de verre.

Il est incontestable que les insectes entendent les bruits qui se font autour d'eux : car les cigales, par exemple, cessent leur chant dès qu'on les approche. Mais où sont les organes de l'audition, voilà qui est moins clair. On s'est à peu près entendu pour les placer sur les antennes. Blainville n'émit à ce sujet que de pures vues anatomiques. M. Lespés crut y voir de petits organes circulaires, où aboutissait un nerf, et auquel il attribua cette fonction. M. Claparède, de Genève, prétendit que l'appareil décrit par M. Lespés n'était qu'un poil atrophié, et que cet observateur s'était laissé tromper par une simple apparence due au microscope. M. de Siebold crut trouver cet organe chez les orthoptères, au sommet du membre inférieur. M. Leydig, examinant à la base de l'aile, sous la nervure sous-costale, un espace chargé de petits tubes, y découvrit de petits nerfs terminés par des bâtonnets, et il attribua à cet appareil la fonction de percevoir les sons. A coup sûr, il y a là des organes de sens; mais de quel sens? Claparède s'est tenu, à ce sujet, dans une réserve prudente, qui n'est pas sans raison ; car il y a bien des objections à élever contre cette détermination : d'abord une variété de place considérable d'une espèce à l'autre, variété fort surprenante quand il s'agit d'un organe aussi important. Ce qui peut encore étonner, c'est le choix d'une partie aussi fragile, aussi facilement séparable, pour y placer un sens dont l'usage est si essentiel. — Émile Alglave.

CHIMIE.

CONFÉRENCE DE M. H. SAINTE-CLAIRE DEVILLE.

(SOIRÉES SCIENTIFIQUES DE LA SORBONNE.)

L'aluminium.

M. Deville a consacré cette séance à l'étude de l'aluminium considéré en lui-même, et surtout dans ses applications industrielles. Le professeur, cherchant avant tout à se mettre à la portée de l'auditoire varié qui l'écoutait, ne s'est pas contenté de faire de la science sérieuse, il l'a voulue claire, attrayante, communicative. Le public lui en a su gré et le lui a prouvé par ses applaudissements. Nous ne comptons pas assez sur notre mémoire pour reproduire dans son intégrité cette causerie vive, spirituelle, étincelante, qui fait aimer la science en la rendant accessible à tous. Bornons-nous donc, faute de mieux, au compte rendu purement scientifique de la leçon.

Tout le monde sait ce que c'est que l'argile, cette matière terreuse, malléable, dont se servent les sculpteurs pour faire leurs modèles. C'est elle qui, mêlée à l'humus, forme la base de la terre arable. Cette argile, si humble d'aspect, est composée d'éléments d'une beauté extraordinaire. Outre les poteries, les porcelaines et les divers objets d'art que l'on fabrique avec elle, elle contient à l'état de combinaison des substances qui peuvent rivaliser avec le diamant et les métaux précieux.

Deux éléments principaux et très-facilement isolables entrent dans la composition de l'argile, l'alumine et la silice. La silice n'est autre chose que le quartz ou cristal de roche. Il y en a plusieurs variétés. Tels sont le quartz hyalin, ou cristal de roche proprement dit; le quartz coloré, qui comprend la fausse topaze colorée en jaune clair par le peroxyde de fer; l'émeraude et l'aigue marine, d'une couleur verte; le lazulite outremer, ou bleu d'outremer, autrefois si recherché par les peintres, qu'ils le payaient jusqu'à 6000 francs le kilogramme; les différentes espèces d'agates (agate rubanée, onyx, agate limoneuse ou jaspée, cornaline, sardoine, saphirine, chrysoprase); et enfin le silex, ou pierre à feu, et le quartz terreux, ou tripoli, dont on se sert pour polir les glaces et les métaux. La pierre meulière, le jaspe et le grès ne sont que des variétés de quartz terreux.

L'alumine n'est pas moins remarquable par la variété et l'éclat des pierres précieuses qu'elle fournit. Lorsqu'elle est pure et cristallisée, on lui donne le nom de corindon. C'est la substance la plus dure et la plus recherchée après le diamant. Quand il est rouge, le corindon prend le nom de rubis. Il s'appelle topaze orientale quand il est jaune, saphir oriental quand il est bleu, améthyste orientale quand il est pourpre ou violet. Dans une leçon professée à l'Institution royale de Londres, M. Deville a vu deux magnifiques saphirs qui valaient environ 600 000 fr. C'est le cas de répéter avec le professeur, que le Créateur, en nous tirant d'un bloc d'argile, ne nous a pas beaucoup humiliés.

En enlevant son oxygène à l'alumine, on obtient l'aluminium. C'est de ce métal qu'il va être question dans cette conférence. L'aluminium existe en très-grande abondance dans l'argile, à l'état de silicate d'alumine. Ce n'est que depuis 1854, grâce aux travaux de M. Deville, qu'on a pu l'extraire à l'état de pureté. Ce qu'on prenait avant lui pour l'aluminium n'était qu'un mélange de platine et de chlorure double d'aluminium et de potassium. Wöhler avait obtenu ce mélange en faisant réagir le chlorure d'aluminium chauffé au rouge sur le potassium. On comprend, au prix où est encore le potassium, quelle devait être la dépense occasionnée par un pareil procédé, qui n'atteignait pas même son but, puisqu'il ne donnait pas le métal pur. En substituant le sodium au potassium et en prenant quelques précautions particulières, M. Deville a pu obtenir l'aluminium pur, et, ce qui n'est pas à dédaigner, à bon marché. Il a ainsi réellement découvert un nouveau métal, qui, par ses propriétés, peut être placé au rang des métaux utiles. M. Deville met sous les yeux des auditeurs une foule d'échantillons d'objets de toutes sortes fabriqués en aluminium, tels que couteaux, couverts, ciboires, crucifix, bustes et statues diverses. On comprend par cette simple énumération les usages multiples auxquels on peut le faire servir.

Son éclat le cède à peine à celui de l'argent. Il est plus malléable que lui, très-tenace, et il peut le remplacer avantageusement dans une foule de cas. Une assiette de porcelaine en contient un cinquième environ, c'est-à-dire 100 grammes. Sa légèreté est telle qu'avec ces 100 grammes d'aluminium on pourrait composer deux autres assiettes ayant chacune la surface de la première.

Pour montrer ses propriétés et les avantages qu'on en peut retirer, nous allons procéder par comparaison. Prenons, par exemple, du fer, de l'argent et de l'aluminium. En examinant successivement l'action de l'oxygène et de l'hydrogène sur ces trois métaux, nous verrons bientôt en quoi ils diffèrent et quelles sont les qualités qui distinguent spécialement l'aluminium. M. Deville essaye au chalumeau les trois métaux. L'aluminium fond, mais n'est pas altéré. L'argent entre en ébullition et se volatilise, mais il résiste aussi à l'oxydation. Quant à la fonte, elle devient d'un rouge éblouissant et entre bientôt en fusion, en répandant autour du creuset des étincelles brillantes qui offrent l'aspect d'un feu d'artifice. Ces étincelles ne sont autre que du fer oxydulé; il reste en outre, dans le creuset, un résidu à l'état d'oxyde magnétique.

M. Deville profite des expériences précédentes pour montrer à l'auditoire l'aluminium fondu. C'est une pâte blanche très-brillante. M. Deville en fait verser dans plusieurs moules, et quelques instants après il en retire des barreaux d'aluminium d'un très-beau blanc, légèrement bleuâtre, assez analogue à la couleur des monnaies d'argent lorsqu'elles sont neuves. Le métal moulé se refroidit avec une lenteur extraordinaire. Sa chaleur spécifique est, en effet, très-considérable.

Le soufre, pas plus que l'oxygène, n'a d'action sur l'aluminium. M. Deville plonge successivement une lame d'argent, une lame de cuivre et une lame d'aluminium dans de l'acide sulfurique. L'argent et le cuivre noircissent, et il se forme du sulfure de cuivre et du sulfure d'argent. L'aluminium, au contraire, reste parfaitement intact.

L'acide azotique faible ou concentré n'agit pas à froid sur l'aluminium, mais il l'attaque légèrement lorsqu'il est chaud. L'acide chlorhydrique le dissout, au contraire, très-énergiquement. — Les dissolutions alcalines, l'ammoniaque lui-même, l'attaquent très-vite en donnant naissance à un dégagement d'hydrogène. Mais les alcalis purs, même fondus, ne l'attaquent pas. Les jus de fruits acides n'ont pas d'action sur lui. Cependant l'acide acétique, le vinaigre surtout, lorsqu'il est mêlé au chlorure de sodium (sel de cuisine) le dissout lentement. — On peut le fondre au contact de l'azotate de potasse (sel de nitre), sans qu'il éprouve la moindre altération.

En 1854, un kilogramme d'aluminium valait 3000 fr. Il avait coûté à M. Deville lui-même avant cette époque jusqu'à 100 francs le gramme, c'est-à-dire 100 000 francs le kilogramme, et encore était-il impur. Aujourd'hui il ne vaut guère plus de 100 francs le kilogramme. On comprendra facilement cette énorme différence, si l'on considère que, grâce aux efforts de M. Deville, le prix du sodium, qui était, en 1854, de plus de 2000 francs, était descendu trois ans plus tard à 20 francs ; actuellement il ne coûte plus que 6 francs.

Propriétés physiques. — Je vous ai déjà parlé, ajoute M. Deville, de la malléabilité de l'aluminium. Voici une tige en forme de foudre qui représente ce qu'on peut faire de plus difficile en fait de forgeage. Eh bien, c'est avec le marteau seul et à froid qu'elle a été fabriquée. Son excessive légèreté vous est déjà connue. Sa densité est de 2,5 environ, c'est-à-dire cinq fois plus faible que celle de l'argent et dix fois moindre que celle du platine. Vous sentez quels avantages cette légèreté pourrait offrir dans la fabrication des objets que l'on a coutume de porter sur soi, ou qui, pour leur usage, nécessitent des déplacements fréquents. Mais la routine est si puissante, que ce métal si commode trouve encore beaucoup de peine à s'introduire dans nos habitudes. Ainsi, par exemple, on fabrique aujourd'hui des lunettes de spectacle, et surtout des lunettes marines, avec l'aluminium. En voici une, vous ne vous en douteriez guère à sa couleur noire. C'est une précaution contre les conservateurs récalcitrants. Comme, avant tout, il ne faut pas blesser les habitudes reçues, on a pris le parti de vernir l'aluminium de façon à pouvoir dire que ce n'en est pas.

Ses propriétés physiques m'amènent à vous parler de sa sonorité. Vous allez en juger. M. Deville fait choquer l'un contre l'autre deux barreaux d'aluminium suspendus par un fil. Il se produit alors un son très-pur et très-éclatant, dont le timbre rappelle à la fois celui du bronze et de l'argent.

M. Deville fait ensuite passer au laminoir une tige d'aluminium de 22 centimètres environ. Après la seconde épreuve, le ruban a déjà acquis près de 2 mètres de longueur. L'essai à la filière n'est pas moins concluant. Avec de très-courts barreaux d'aluminium M. Deville obtient un fil de plusieurs mètres de long.

Une des applications les plus utiles de l'aluminium, c'est l'emploi qu'on en fait pour fabriquer les ustensiles de cuisine. Il a, sous ce rapport, des avantages qui le placent peut-être au-dessus de l'argent. Nous avons vu, en effet, que l'argent est très-facilement attaqué par les sulfures. L'aluminium présente à cet égard une complète immunité. Certains acides végétaux, tels que le vinaigre, le dissolvent bien un peu à la longue ; mais cette action est tellement lente qu'elle est à peine sensible et qu'on peut la négliger. Du reste, cette action du vinaigre irait-elle jusqu'à la dissolution complète du métal dans les aliments, qu'elle n'aurait absolument aucun inconvénient pour la santé. On sait très-bien qu'il n'en est ainsi ni pour le cuivre ni pour l'étain. L'étain a d'ailleurs un autre désavantage qui rend la cuisine de Paris souvent fort désagréable aux palais délicats. Les sels qu'il forme au contact des acides végétaux, et du vinaigre en particulier, communiquent aux mets un goût de marée très-prononcé. Et, quoique leur ingestion ne soit pas très-dangereuse, elle peut être quelquefois très-désagréable, même quand on y est habitué. Un empoisonnement par les sels d'étain a eu lieu une fois à l'École normale de Paris. Immédiatement après le repas, tous les élèves furent pris d'accidents qui, sans être graves, ne laissaient pas que d'avoir leur côté déplaisant. Quant aux inconvénients du cuivre, chacun les connaît assez, il est inutile d'y insister. Ceux de l'argent seraient peut-être encore plus graves, si les quantités de sel absorbé étaient assez considérables. M. Deville fait bouillir du sel marin dans une casserole d'argent ; puis il plonge dans la dissolution du papier de tournesol rougi. Le papier bleuit immédiatement. L'argent a été attaqué par le chlore, et il s'est formé un chlorure d'argent. Heureusement la quantité de chlorure formé est tellement faible, qu'elle est toujours négligeable. Il n'en est pas moins vrai qu'il y a là un poison, et un poison assez violent. D'ailleurs il n'y a qu'un petit nombre de privilégiés qui puissent se passer la fantaisie toute royale des plats d'argent. Une casserole d'argent se paye au poids de l'or, tandis que M. Deville espère que, d'ici à quelques années, tout le monde pourra faire de la cuisine agréable et hygiénique avec l'aluminium. Assurément ce serait là un grand progrès et des plus utiles, puisqu'il augmenterait le bien-être et diminuerait dans une certaine mesure les dangers de tout genre qui assiégent les classes laborieuses. Nous ne pouvons que faire des vœux pour que les espérances de M. Deville se réalisent le plus promptement possible.

L'aluminium est déjà très-employé dans les arts et surtout dans la bijouterie. M. Deville a fait disposer sur une table et sur des consoles adjacentes une foule d'objets d'aluminium fondu ou ciselé : des couteaux, des couverts, des assiettes, des services à thé et à café, des parures de tout genre, des bustes, des statues, etc. Quelques-uns de ces objets sont fabriqués avec un alliage particulier, le bronze d'aluminium, qui contient environ un dixième de cuivre. Cet alliage est aussi malléable que l'argent, plus dur que l'acier, et il offre une belle couleur jaune d'or. Il est, en outre, beaucoup moins altérable que le bronze ordinaire. On l'emploie beaucoup aujourd'hui, à cause de sa dureté et de son inaltérabilité, pour construire les coussinets des machines à vapeur.

Quand on fait des statues avec de l'aluminium pur, on le brunit légèrement avec du noir de fumée pour le rendre plus doux d'effet. Il est d'ailleurs, sous ce rapport, bien supérieur à l'argent, dont l'éclat blesse les yeux et rend les reliefs moins accusés. Pour donner une idée plus complète encore du prix relativement peu élevé de l'aluminium, M. Deville met sous les yeux de l'auditoire une belle montre de bronze d'aluminium, qui offre, par son éclat, toutes les apparences de l'or. Cette montre a été fabriquée à Genève. Elle marque la seconde et ses ressorts sont excellents. Si elle était d'or, elle vaudrait au moins 200 francs. Telle qu'elle, avec sa chaîne, également d'aluminium, elle ne coûte que 36 francs. En somme, si les applications de l'aluminium sont encore assez restreintes aujourd'hui, on peut prévoir que ce métal est appelé à jouer un grand rôle à l'avenir dans l'industrie et dans les arts. Il suffit pour cela qu'il puisse être fabriqué dans de bonnes conditions d'économie. C'est à quoi ont tendu jusqu'à ce jour les efforts de M. Deville. Déjà il a obtenu de très-grands résultats; tout fait espérer qu'il ira plus loin encore. L'excessive légèreté du métal rendra d'ailleurs le problème moins difficile. « Il ne faut pas oublier, en effet, qu'avec un kilogramme d'aluminium on fait le même objet pour lequel il est nécessaire d'employer $7^k,519$ d'or, $4^k,081$ d'argent, $3^k,419$ de cuivre, $2^k,847$ d'étain, $2^k,679$ de zinc. »

F. Taule.

CHRONIQUE.

Par suite d'un déplorable concours de circonstances; par suite, surtout, de la maladie qui tient en ce moment éloigné de sa chaire l'éminent professeur de géologie à la Faculté des sciences, il s'est glissé, dans le compte rendu de la conférence si remarquable faite à la Sorbonne par M. Hébert, un grand nombre d'erreurs graves, tant sous le rapport des faits qu'en ce qui concerne les conclusions théoriques qu'il en a tirées.

Si nos lecteurs veulent bien réfléchir que, malgré toute l'habileté des sténographes, les comptes rendus des débats de nos assemblées politiques contiennent invariablement, chaque jour, de nombreuses inexactitudes, ainsi que l'attestent les réclamations qui ne manquent jamais de s'élever au commencement de la séance, ils comprendront qu'en dépit du zèle, du talent et de la science de nos collaborateurs, en dépit du soin extrême qui est apporté à la rédaction du journal, nous ne puissions être d'une manière absolue à l'abri de toutes causes d'erreurs.

O. B.

M. Hébert reprendra lundi prochain, à deux heures, son cours de géologie à la Faculté des sciences.

— M. Vulpian, agrégé de la Faculté de médecine, ouvrira, comme remplaçant de M. Flourens, le cours de physiologie comparée au Muséum d'histoire naturelle, mardi prochain, 7 juin, à onze heures et demie, et le continuera les mardis, jeudis, samedis, à la même heure.

— M. Henri de Parville, rédacteur de la chronique scientifique du *Constitutionnel*, fera samedi prochain, 4 juin, à l'Association polytechnique de Sceaux, à huit heures très-précises du soir, une conférence sur l'*influence de la lune sur le temps*.

— Le *Courrier des sciences, de l'industrie et de l'agriculture*, édité dorénavant, comme nous l'avons dit, par la librairie Germer Baillière, a été fondé par M. Victor Meunier, rédacteur scientifique de l'*Opinion nationale*, qui continue d'en être le rédacteur en chef. Il paraît toutes les semaines par numéros de 32 pages grand in-8°, et forme par an deux volumes composés ensemble de plus de 1450 pages. Chaque volume est accompagné de deux tables, l'une par ordre de matières, l'autre par noms d'auteurs, qui rendent faciles tous les genres de recherches. Ainsi que l'indique son titre, le *Courrier* embrasse toutes les sciences et leurs applications. Chaque numéro contient, outre un grand nombre d'articles de physique, de chimie, d'histoire naturelle, d'industrie, d'agriculture, etc., un bulletin de la semaine, et un compte rendu de l'Académie des sciences, rédigés l'un et l'autre par le rédacteur en chef. Périodiquement, le *Courrier* donne les comptes rendus détaillés des séances de la Société d'encouragement et des Sociétés industrielles de Mulhouse et d'Amiens; et c'est le seul recueil scientifique qui suive avec régularité les travaux de ces importantes Sociétés. *Vulgariser* les connaissances positives, tel est son but; et il convient également à l'homme du monde, au manufacturier et au savant. Des gravures sur bois accompagnent le texte chaque fois que le sujet l'exige. Pour montrer avec quelle compétence les articles sont traités, il nous suffira de citer la liste des collaborateurs du journal; ce sont :

MM. BAUDRIMONT, professeur de chimie à la Faculté des sciences de Bordeaux; — BAZIN, professeur d'anatomie et de physiologie à la même Faculté; — A. BÉCHAMP, professeur de chimie à la Faculté de médecine de Montpellier; — Ch. BLONDEAU, professeur de physique au lycée de Laval; — BOUTIGNY (d'Évreux); — Éd. DUBOIS, professeur d'astronomie et de navigation à l'école impériale navale de Brest; — J. FOURNET, correspondant de l'Institut, professeur de minéralogie et de géologie à la Faculté des sciences de Lyon; — FUSTER, professeur de clinique médicale à la Faculté de Montpellier; — Édouard GAND, professeur de tissage et agent général de la Société industrielle d'Amiens; — Marc-Antoine GAUDIN, calculateur du Bureau des longitudes; — le docteur GUYON, correspondant de l'Institut; — JOLY, professeur de zoologie à la Faculté des sciences de Toulouse; — A. LAVOCAT, professeur d'anatomie et de physiologie à l'école impériale vétérinaire de Toulouse; — H. LECOQ, correspondant de l'Institut, professeur d'histoire naturelle à la Faculté des sciences de Clermont-Ferrand; — Moïse LION, à Beaune; — Paul MANTEGAZZA, professeur à l'Université de Pavie; — Élie MARGOLLÉ, ancien officier de vaisseau, à Toulon; — Ch. MÈNE, chimiste à Lyon; — Ch. MUSSET, docteur ès sciences naturelles à Toulouse; — Raphaël NAPOLI, membre de l'Académie royale des sciences, à Naples; — PREISSER, professeur de physique à l'école supérieure des sciences de Rouen; — F. A. POUCHET, correspondant de l'Institut, directeur du muséum d'histoire naturelle de Rouen; — V. RAULIN, professeur de botanique, minéralogie et géologie à la Faculté des sciences de Bordeaux; — RICHARD (du Cantal), vice-président de la Société impériale zoologique d'acclimatation; — le docteur SAVARDAN, à la Chapelle-Gaugain; — SIRE, docteur ès sciences à Besançon; — Fréd. TROYON, conservateur du musée d'antiquités à Lausanne; — le docteur TURCK, médecin aux eaux de Plombières (Vosges); — Benj. VALZ, correspondant de l'Institut, directeur honoraire de l'observatoire de Marseille; — F. ZURCHER, ancien officier de vaisseau, à Toulon.

Le *Courrier des sciences* est moitié moins cher que les journaux analogues. Le prix d'abonnement est de 12 francs par an pour Paris, de 15 francs pour les départements. Les abonnements partent du 1er janvier. La série actuelle ayant commencé le 1er septembre dernier, les quatre derniers mois de l'année 1863 forment un volume de 472 pages, le premier de la collection, dont il ne reste plus qu'un nombre restreint d'exemplaires, qu'on peut se procurer au prix de 5 francs. On s'abonne à la librairie Germer Baillière, 17, rue de l'École-de-Médecine, à Paris.

Léon Danicourt.

Le propriétaire-gérant : GERMER BAILLIÈRE.

PARIS. — IMPRIMERIE DE E. MARTINET, RUE MIGNON, 2.

PREMIÈRE ANNÉE. — N° 28. UN NUMÉRO : 30 CENTIMES. 11 JUIN 1864.

REVUE
DES
COURS SCIENTIFIQUES
DE LA FRANCE ET DE L'ETRANGER

PHYSIQUE — CHIMIE — ZOOLOGIE — BOTANIQUE — ANATOMIE — PHYSIOLOGIE
GÉOLOGIE — PALÉONTOLOGIE — MÉDECINE

Paraît tous les Samedis.

	Six mois.	Un an.
Paris.........	8 fr.	15 fr.
Départements ..	10	18
Étranger	12	20

Prix de l'abonnement avec la Revue des Cours littéraires.

Six mois.... Paris, 15 fr. Départ., 18 fr. Étranger, 20 fr.
Un an....... — 26 — 30 — 35

Rédacteur en chef
M. ODYSSE-BAROT

Les ouvrages dont deux exemplaires auront été envoyés au bureau du journal seront annoncés et analysés s'il y a lieu.

On s'abonne
A LA LIBRAIRIE GERMER BAILLIÈRE
17, rue de l'École de Médecine,
Et chez tous les libraires, par l'envoi d'un bon de poste, ou d'un mandat sur Paris.

L'abonnement part du 1er décembre ou du 1er juin de chaque année.

SOMMAIRE.

EMBRYOGÉNIE COMPARÉE.

COURS DE M. COSTE.

(COLLÉGE DE FRANCE.)

(Voy. les nos 23 et 25.)

III.

Aperçu général sur l'organisation des êtres.

Nous avons demandé jusqu'à présent à la philosophie et à l'anatomie comparée de nous renseigner sur l'origine probable des êtres et sur leurs différents modes de développement. Je vous ai exposé assez longuement les théories de Lamarck et de Darwin sur l'origine des espèces, et les dernières expériences de M. Pasteur sur les générations spontanées. Vous savez quelles ont été mes conclusions à cet égard. Je n'ai pas à y revenir. Il est temps d'aborder enfin l'objet même de ce cours, l'étude de l'œuf et de l'embryon. Vous me permettrez cependant, avant de passer aux questions de détail, de vous donner une idée générale de l'organisation des êtres, telle qu'on peut la concevoir d'après les données actuelles de l'embryogénie comparée. Peut-être parviendrai-je ainsi à vous rendre la science plus attrayante en vous montrant tout d'abord son importance philosophique et son utilité pratique.

L'étude de l'organisation peut être abordée de deux façons : 1° par l'analyse et le scalpel à la main : c'est le procédé des anatomistes et des physiologistes; 2° par la synthèse : c'est le procédé de l'embryogénie. Dans le premier cas, on étudie l'organisme sur le cadavre comme on le fait dans les amphithéâtres d'anatomie, ou bien sur le vivant à l'aide des vivisections. Dans le second cas, au contraire, on suit la route inverse : au lieu de disséquer l'animal adulte ou de lui faire subir des mutilations pour reconnaître l'état des organes internes, et assister au jeu des fonctions, on prend ce même animal à l'état d'œuf, on assiste à sa formation et à toutes les modifications qu'il éprouve aux différentes périodes de la vie embryonnaire.

En suivant cette méthode, nous constatons deux faits de la plus haute importance : nous verrons que certaines parties de l'embryon se dégradent et finissent par disparaître par les progrès du développement, pour faire place à de nouveaux organes tout à fait différents de ceux qui semblent leur avoir donné naissance. Nous constaterons, en outre, que l'animal supérieur, pendant les diverses phases de la vie embryonnaire, présente les plus grandes analogies de structure avec les animaux inférieurs à l'état adulte.

Si, par exemple, nous considérons l'appareil circulatoire chez l'homme, nous le verrons d'abord constitué par une trame vasculaire très-simple, qui imprègne toutes les parties de l'embryon, comme chez les animaux inférieurs. Vous savez en effet que, chez ces animaux, la circulation s'opère à l'aide de vaisseaux multipliés, qui, en se contractant, projettent le sang dans toutes les parties de l'organisme. Mais cet état, qui est permanent chez les êtres placés au bas de l'échelle, disparaît bientôt chez le fœtus humain. Tous ces vaisseaux se ramifient peu à peu, et vont s'aboucher, par des ramuscules latéraux, dans un vaste canal central, qui est le *punctum saliens* d'Aristote, le premier vestige du cœur. Suivant Reichert, cet organe n'est pas parfaitement creux dès le début. Il est simplement constitué par des cellules lâchement unies, qui s'écartent peu à peu sous l'influence du courant sanguin, pour former les parois des ventricules.

Le système veineux est formé sur un plan à peu près semblable. Quatre branches principales, deux supérieures plus grosses, deux inférieures plus petites, se rendent au bulbe cardiaque pour donner naissance aux oreillettes. Ces quatre troncs veineux reçoivent dans leur trajet les autres veines moins volumineuses, qui partent du blastoderme. Ainsi il n'y a, à proprement parler, à cette période, qu'un cœur rudimentaire, composé de deux cavités, une oreillette et un ventricule, tandis que les ramuscules latéraux du bulbe aortique représentent une sorte d'appareil branchial qui complète l'analogie de la circulation embryonnaire chez l'homme avec celle des poissons. Cet appareil branchial n'est pas, à la vérité, un organe d'hématose comme chez ces derniers. Mais, à cela près, il en diffère très-peu par la forme et la disposition anatomique.

Plus tard, de la base des deux arcs inférieurs naîtront les artères pulmonaires, tandis que les artères carotides et sous-clavières se forment aux dépens des arcs supérieurs, et que l'arc médian du côté gauche se transforme en crosse de l'aorte. Un travail analogue s'opère dans le système veineux. De sorte que le cœur est alors constitué par quatre cavités qui communiquent ensemble, non-seulement par les orifices auriculo-ventriculaires largement ouverts, mais par le trou de Botal et le canal artériel, dont on voit encore les vestiges chez l'adulte. Les deux circulations semblent se confondre en une seule, et le sang veineux est mêlé au sang artériel comme chez les reptiles. Ce n'est que plus tard, par l'oblitération du trou de Botal et du canal artériel, que la circulation pulmonaire sera définitivement établie.

Je pourrais ainsi prendre tous les appareils de l'organisme les uns après les autres. Il me serait facile de constater, en leur faisant subir une semblable analyse, que, chez les animaux supérieurs, chacun de ces appareils passe, pendant le cours de son développement, par une succession de formes transitoires qui reproduisent jusqu'à un certain point les formes permanentes de tous les degrés de la série.

Si ces assimilations étaient rigoureusement exactes, on en devrait conclure naturellement que les corps organisés sont disposés en série progressivement croissante, et que l'organisme le plus complexe doit réunir en lui tous les termes dont cette série est composée. L'homme serait ainsi à lui seul un véritable microcosme, qui reproduirait, dans les phases successives de son développement, une image synthétique de la création tout entière. Admirable synthèse, qui pourrait être considérée comme le dernier terme et le couronnement de l'édifice vivant.

« Mais il ne suffit pas de démontrer ces faits pour chaque organe en particulier. Il faut le faire pour l'ensemble. Voyons donc comment cet organisme supérieur pourra, par le déroulement successif de sa forme primitive, nous faire comprendre la véritable gradation de la série vivante. Nous examinerons ensuite le sens qu'il faut attacher à ces prétendues métamorphoses, et nous ferons voir que, loin de venir en aide à la théorie de la transfiguration des êtres sous l'influence des agents extérieurs, ces prétendues métamorphoses, convenablement interprétées, en excluent au contraire la possibilité. » (Voyez, pour plus de détails, l'ouvrage de M. Coste sur le développement des êtres organisés.)

L'organisme supérieur présente deux phases fondamentales dans son développement. La première, qui est marquée par l'apparition de l'œuf et du blastoderme, correspond à la division des invertébrés. La seconde, qui présente un appareil branchial transitoire, répond à la classe des vertébrés.

La forme organique la plus simple est incontestablement la cellule. S'il est vrai que l'organisme supérieur et l'homme lui-même présentent des analogies successives avec les principaux types de la série vivante, il faut nécessairement qu'à l'origine ils affectent plus ou moins la forme cellulaire. C'est en effet ce qui a lieu, du moins en apparence, dans l'origine. Quoi de plus semblable à une cellule que l'œuf, lorsqu'il vient de sortir de la vésicule de Graaf? Son contenu représente le *cytoblastème*. Le *nucléole* correspond très-bien à la vésicule germinative, le *noyau* à la tache que cette vésicule renferme. Rien de plus parfaitement identique dans la forme. Il y a pourtant une différence fondamentale, c'est que la cellule persiste et reste toujours identique avec elle-même, tandis que l'œuf fécondé se développe, et disparaît pour céder sa place à l'embryon.

Le vitellus se résorbe peu à peu pour constituer une sphère creuse qui double la membrane vitelline, et qui, sous le nom de *blastoderme*, donnera plus tard naissance au tégument externe du fœtus. On pourrait donc, à la rigueur, comparer l'embryon, à cette époque, au sac membraneux formé par le corps des polypes et des hydres. Mais la ligne primitive, qui fournit les premiers vestiges de la colonne vertébrale de l'animal adulte, déjà visible à ce moment, suffirait seule pour différencier l'embryon vertébré des animaux inférieurs. Le blastoderme se montre bientôt lui-même, doublé d'un second feuillet, qui est l'origine du canal intestinal. Cette troisième phase de la vie embryonnaire pourrait très-bien être rapprochée de l'organisation permanente des actinozoaires, dont le caractère essentiel consiste dans la séparation de la peau et de l'intestin.

Les deux feuillets du blastoderme, feuillet sensorial ou tégumentaire, et feuillet interne ou viscéral, s'individualisent peu à peu, et ne communiquent plus l'un avec l'autre que par leurs extrémités, la bouche et l'anus. Le cœur apparaît alors entre la peau et l'intestin, sous la forme d'un canal central assez analogue au vaisseau dorsal des insectes. Puis la cloison interblastodermique se dédouble, le diaphragme se forme en même temps que le bulbe aortique avec ses rameaux latéraux analogues à l'appareil branchial des poissons. Le bourgeonnement de la face et des membres a lieu aussi à cette époque. Il se produit alors des phénomènes très-curieux, dont je dois vous entretenir pendant quelques instants, car on y rencontre des analogies plus frappantes encore que celles que nous avons constatées jusqu'à présent avec les espèces inférieures de la série. Ils fournissent aussi l'explication de plusieurs vices de conformation, tels que le bec-de-lièvre, l'exstrophie de la vessie, et une foule de monstruosités qui résultent simplement de la permanence de certains états primitifs. Ce sont, en un mot, de véritables arrêts de développement.

Ainsi, par exemple, quand on étudie le développement de la bouche, on ne trouve d'abord qu'une ouverture transversale. Plus tard on voit émerger un bourgeon frontal et deux bourgeons latéraux qui convergent vers un point de la ligne médiane, laissant entre eux un intervalle qui constituera l'orifice buccal. Autour de cet orifice, se développent ensuite plusieurs appendices qui, en se combinant, formeront les lèvres et les ailes du nez. On voit de même, au niveau de l'appareil branchial, dont nous avons déjà parlé à propos du système vasculaire, apparaître quatre nouveaux appendices : 1° deux mandibules inférieures, une de chaque côté de la ligne médiane : ce sont les rudiments de la mâchoire inférieure; 2° deux appendices supérieurs à ces derniers, moins proéminents, mais bien plus libres : c'est l'origine des mâchoires supérieures. Le bourgeon le plus central, destiné à s'effacer dans l'espèce humaine, à persister dans la plupart des mammifères pour porter les incisives, a reçu, à cause de sa destination future, le nom de *bourgeon incisif*.

Le développement de ces diverses parties écarte tout ce qui est sur les côtés. De sorte que chez le fœtus, à un certain moment, les yeux sont sur les parties latérales de la tête. Ainsi s'explique cette particularité singulière chez certaines races. Si le bourgeon incisif se développe outre mesure, le nez sera fortement épaté, la figure large, et les yeux écartés de la ligne médiane, comme chez les nègres. Si, au contraire, le développement se fait régulièrement, géométriquement, si je puis ainsi dire, on aura les belles formes de la race caucasique, le type grec tel que nous l'a transmis la statuaire antique. A ce bourgeonnement externe correspond un travail interne qui contribue à former la voûte palatine, le pharynx, la langue et le plancher de la bouche. Supposez que ce développement s'arrête sur la ligne médiane, et vous aurez le bec-de-lièvre double. Si une mandibule se développe plus d'un côté que de l'autre, il en résultera un bec-de-lièvre simple. Si l'arrêt de développement avait lieu à l'intérieur, au niveau de la voûte palatine, il y aurait communication directe entre la cavité buccale et les fosses nasales. C'est à cette monstruosité que l'on remédie en pratiquant l'opération de la staphyloraphie. On avive les bords de la solution de continuité, et on les rapproche par des points de suture, afin d'en déterminer la réunion définitive. On crée en même temps une luette artificielle en adossant l'un à l'autre les deux lambeaux pédiculés que l'on a enlevés pour aviver les bords de l'écartement anormal.

Si vous comparez ce bourgeonnement de la face humaine avec les mandibules des insectes, vous ne pourrez vous empêcher de reconnaître l'unité de plan qui a présidé à la formation des êtres. L'embryologie explique aussi la disposition de certains organes, dont l'absence paraît constituer au premier abord une extravagance physiologique. On est frappé, non sans raison, de la suppression de la vessie chez la plupart des oiseaux ; cependant cette vessie existe pendant l'évolution du poulet. D'un autre côté, quand on étudie le développement des mammifères, on reconnaît qu'à une certaine période de la vie embryonnaire, il existe aussi chez ces derniers un véritable cloaque analogue à celui des oiseaux. C'est le moment où la vésicule allantoïde, non oblitérée, laisse communiquer l'intestin avec l'ouraque et la vessie. Les corps de Wolff, organes de dépuration transitoire, disparaissent aussi à une certaine époque de la gestation pour faire place aux reins et aux uretères. De ce qu'un organe manque à l'état adulte, il n'en faut donc pas conclure qu'il n'a jamais existé, et repousser toute analogie de structure entre deux espèces. Il suffit, en effet, comme vous venez de le voir, de remonter aux sources de la vie pour retrouver les vestiges des organes disparus.

Le système nerveux est le plus bel exemple qu'on puisse donner du développement progressif des organismes vivants. D'abord constitué par une simple corde dorsale, comme chez les poissons, il affecte successivement la forme de l'appareil nerveux des reptiles et des oiseaux, pour acquérir enfin ce développement si remarquable qui fait du cerveau humain une véritable exception par le nombre des circonvolutions et l'immense supériorité de son poids relativement à celui des autres animaux. On peut donc affirmer que l'homme n'acquiert le privilége de la supériorité hiérarchique qu'après avoir passé par les divers degrés de la série. Est-ce à dire pour cela que l'homme n'est qu'une monade transformée, comme le pensait Lamarck, ou le dernier terme d'une longue suite de métamorphoses, comme le croit M. Darwin? C'est là l'opinion de Geoffroy Saint-Hilaire, d'Oken, de Gœthe, de Carus. Malgré l'imposante autorité de ces grands noms, vous me permettrez de ne pas me ranger à leur avis. En effet, si intimes que soient les ressemblances, vous avez vu qu'elles ne sont jamais parfaites. Du reste, sous cette identité apparente des formes transitoires, il existe des différences fondamentales qui ne permettent pas d'admettre la possibilité d'une transfiguration absolue. Nous allons en trouver un exemple très-remarquable dans la façon dont les deux sexes se dégagent d'une forme primitive commune.

Les travaux d'Ackermann, d'Antenrieth, de Tiedemann, de Meckel, de Blainville, de Geoffroy Saint-Hilaire et de M. Serres, ont prouvé de la façon la plus nette l'identité absolue des deux sexes à l'origine. Comme les organes génitaux affectent alors l'apparence de la vulve, ils en ont conclu que le sexe était primitivement femelle, et que l'organe mâle n'était que le développement prolongé du clitoris et des grandes lèvres. En partant de cette idée, on en vint à penser que l'on pourrait arbitrairement provoquer tel ou tel sexe chez l'embryon en modifiant les conditions extérieures du développement. L'œuf n'étant pas considéré comme autonome, et le sexe n'apparaissant qu'à un certain moment de la vie embryonnaire, il était tout naturel d'en conclure que le passage du sexe femelle au sexe mâle avait lieu postérieurement à la conception. La raison du sexe mâle ne résidant pas dans le germe, le hasard seul devait être souverain dans cette affaire.

On pouvait répondre à cela que la constitution féminime du sexe primitif était plus que douteuse, que c'était plutôt un état neutre. Le clitoris et les petites lèvres acquièrent en effet, à cette époque, des dimensions tout à fait hors de proportions avec celles qu'ils présentent chez l'adulte. Ici encore l'identité n'est qu'apparente, et l'indifférence sexuelle primitive n'est en réalité qu'une pure forme phénoménale; car s'il y a identité dans les sexes au trente-cinquième jour de la gestation, à fortiori cette identité doit-elle exister antérieurement au moment du développement de la vésicule blastodermique. Il suffirait donc de placer des œufs dans des conditions parfaitement semblables pour obtenir constamment des sexes identiques. Eh bien, il y a une expérience de ce genre qui se fait toute seule dans la nature.

Depuis la belle découverte de Schirac, confirmée par Huber, on sait que les abeilles ouvrières sont des femelles infécondes qui, privées de la faculté de produire des œufs, consacrent toute leur activité à faire éclore ceux de la reine mère, et travaillent ainsi au profit de la communauté. La mère abeille discerne parfaitement ceux de ses œufs qui doivent produire des femelles fécondes, des ouvrières ou des faux bourdons. Les ouvrières elles-mêmes ne se trompent pas à cet égard; elles ont toujours soin de placer les œufs de reines dans les cellules royales, où elles leur distribuent la gelée spéciale destinée à ces larves privilégiées, gelée qui à elle seule peut transformer une ouvrière en femelle féconde, et sans laquelle les larves royales elles-mêmes demeureraient stériles. Les mâles et les ouvrières ont aussi leurs alvéoles particuliers, où elles reçoivent une nourriture différente de celle des reines. Cette prévision de la mère abeille et des ouvrières indique déjà d'une façon très-manifeste que les œufs sont marqués d'avance du caractère sexuel.

Mais, en admettant cette souveraineté du milieu et de l'alimentation sur la destinée ultérieure des germes, il devrait en résulter nécessairement que les œufs mâles transportés dans les cellules royales produiraient des femelles fécondes. Il n'en est rien : la prévision des sexes abandonne quelquefois les abeilles travailleuses et la reine elle-même. Tandis que durant les dix premiers mois de sa naissance elle produit indifféremment des œufs d'ouvrières et de mâles, vers le onzième, au contraire, elle ne peut plus produire que des œufs de faux bourdons.

On peut provoquer cette demi-stérilité de la mère abeille en la forçant à rentrer dans la ruche pendant les vingt-cinq premiers jours après son éclosion. La fécondation, ne pouvant se faire qu'assez haut dans l'atmosphère, n'a pas lieu, et la reine en est réduite à ne pondre que des œufs de mâles pendant le reste de son existence. Elle perd alors son instinct, ainsi que les ouvrières. Celles-ci déposent indistinctement les œufs dans tous les alvéoles, et on les voit donner aux faux bourdons qui se trouvent dans les cellules royales la même alimentation et les mêmes soins qu'aux reines futures. Mais leurs espérances restent toujours vaines, et, malgré tous leurs efforts, les faux bourdons restent faux bourdons, et la ruche devient inféconde.

Les circonstances extérieures peuvent bien, en effet, amoindrir les causes qui président au développement, mais elles n'ont jamais le pouvoir de les détourner de leur direction primordiale. On peut bien, en soumettant les germes femelles des abeilles à des influences diverses, en faire éclore des femelles stériles ou fécondes, mais on ne réussira jamais à faire passer un sexe dans un autre. « C'est que la similitude de configuration extérieure pendant la vie embryonnaire n'est, comme nous l'avons déjà dit, qu'une forme phénoménale, et non point l'expression rigoureuse de l'identité; c'est que, sous cette forme et au delà de ce que l'œil saisit, il y a quelque chose que l'œil ne peut atteindre, et qui renferme en soi la raison suffisante de toutes les différences que l'unité de configuration nous dissimule, différences qui deviennent enfin visibles par les progrès ultérieurs du développement. »

Les considérations précédentes m'amènent à vous parler de quelques expériences récentes sur la production artificielle des sexes. Les physiologistes qui ont étudié les divers modes de fécondation dans la série animale, M. Thury entre autres, pensent qu'on peut produire différents sexes, suivant le moment de la copulation. Pour faire un mâle, d'après M. Thury, il faut que la fécondation atteigne un œuf complétement développé. Si, au contraire, l'œuf n'est pas parfaitement mûr au moment de la fécondation, on obtient toujours des femelles. Il suffirait donc de mettre les femelles au mâle dans les premiers instants du rut pour obtenir des femelles, et d'attendre quelques jours pour avoir des mâles. La fécondation des mâles aurait lieu, selon lui, dans l'oviducte, et celle des femelles dans l'ovaire lui-même, au moment de la rupture de la vésicule de Graaf.

J'ai fait à cet égard quelques expériences qui sont encore en voie d'exécution et dont je vous rendrai compte quand elles seront terminées. Je puis cependant vous dire dès aujourd'hui les premiers résultats que j'ai obtenus. En examinant les modifications subies dans l'intérieur de l'oviducte par l'œuf non fécondé, j'ai constaté que la cicatricule, organe essentiel à la fécondation, était déjà en voie de décomposition dans le canal utéro-ovarien. L'action du mâle s'exercerait donc, dans ce cas, sur un œuf stérile. Il est donc à peu près sûr que la fécondation n'a pas lieu dans l'oviducte. Chez les femelles de mammifères, il est plus difficile de suivre les migrations de l'œuf. Cependant j'ai examiné des œufs de chienne et de lapine non fécondés pendant toute la période du rut, et je suis constamment arrivé aux mêmes résultats. La décomposition du germe, quand l'élément mâle n'est pas intervenu à temps, est déjà commencée alors même qu'il n'a séjourné que quelques heures dans l'oviducte. La fécondation est donc un phénomène ovarien. Si parfois elle a lieu dans l'oviducte, ce ne peut être que tout près du pavillon. D'après cela, on ne peut plus guère mettre en doute que le sexe ne soit déjà déterminé dans l'ovaire.

Posé dans ces termes, le problème de la production des sexes paraît assez facile à résoudre, surtout dans les espèces à pontes successives, chez lesquelles la même fécondation atteint plusieurs œufs à la fois. En expérimentant sur les poules, j'ai vu qu'un seul accouplement fécondait jusqu'à sept œufs. Pour vérifier la loi énoncée par M. Thury, j'ai pris une poule vierge que j'ai séparée du coq immédiatement après la première approche; j'ai ensuite mis à part le produit des pontes successives, en ayant soin de donner à chaque œuf son numéro d'ordre. Si la loi de M. Thury est vraie, j'aurais dû trouver, en ouvrant les œufs quelques jours après, des poulets mâles ou femelles, suivant l'ordre de la ponte. Les œufs pondus les premiers étaient évidemment les plus développés au moment de la fécondation; ils devaient produire des mâles, et les autres des femelles, sans intercalation. Jusqu'à présent il n'en a rien été. Cette régularité nécessaire dans l'évolution successive des mâles et des femelles ne s'est point manifestée; cependant je n'oserais me prononcer encore dans un sens ou dans l'autre. Quand mes expériences seront suffisamment multipliées, si je les crois concluantes, je vous en ferai connaître les résultats définitifs. — F. Taulo.

CHIMIE AGRICOLE.

COURS DE M. BOUSSINGAULT.

(CONSERVATOIRE DES ARTS ET MÉTIERS.)

(Voy. les nos 9 et 14.)

De la végétation.

III.

On a vu précédemment que, lors de la germination, il y a une absorption d'oxygène et une production d'acide carbonique : c'est d'abord une véritable respiration, la graine respire comme l'œuf; puis les cotylédons, la tigelle, la radicelle commencent à se montrer. Dès ce moment le phénomène change : sous l'influence de la lumière solaire, c'est de l'acide carbonique qui est absorbé et de l'oxygène qui est exhalé. Grâce au carbone de cet acide, à l'hydrogène, à l'oxygène, à l'azote que les jeunes organes de la plante puisent dans le sol et surtout dans l'air, le végétal se développe, il se couvre de feuilles; sa tige, ses racines atteignent leur croissance; il porte des fleurs, des fruits; il donne enfin ses graines à son tour, puis il se détruit.

Tel est le phénomène de la végétation qui s'accomplit dans les plantes herbacées. S'il s'agit de plantes qui ne sont pas annuelles, les choses se passent d'une façon un peu différente. A mesure que la tige du végétal se développe, à l'extrémité des branches ou entre les aisselles des feuilles il se forme des bourgeons. Ceux-ci ne tombent pas au commencement de l'hiver, comme les feuilles, ils se comportent comme de véritables graines; de leur intérieur on voit sortir des feuilles, de nouvelles branches, et c'est en suivant ce mode de croissance que l'arbre atteint ces dimensions quelquefois prodigieuses dont nous donnerons bientôt des exemples.

Quand une plante se développe ainsi, nous voyons ses organes prendre une direction particulière : ainsi la racine descend dans le sol. On a prétendu qu'elle fuyait la lumière; nullement. On peut parfaitement faire germer des graines au soleil, et si ce fait n'est pas général, c'est que le soleil les dessèche. De même quand la tige monte, elle se couvre de rameaux qui suivent d'abord la même direction qu'elle, puis qui bientôt s'en écartent.

Hales en chercha l'explication. Il dit : Les racines s'enfoncent dans la terre, les branches s'éloignent de la tige mère. Ce doit être en vertu d'une cause simple; ne serait-ce pas par le fait de la gravitation? Il fit alors les expériences suivantes, qui confirmèrent ce qu'il avait supposé.

Il mit une graine dans des conditions telles que l'attraction de la terre fût supprimée. Pour cela, il prit une roue dont le diamètre était calculé de façon qu'en la tournant avec une vitesse de cent cinquante tours par minute, la force de la gravitation fût annulée par la force centrifuge. On sait que l'on appelle ainsi une force qui combat la pesanteur, et qui fait que lorsqu'on tourne violemment une fronde et qu'on lâche la ficelle, la pierre, au lieu de tomber en vertu de son poids, s'échappe suivant la tangente au cercle. Sur la circonférence de cette roue, du côté intérieur, il mit de la terre et il y planta des fèves. Il adapta ensuite l'appareil à un engrenage de moulin, et il le laissa tourner pendant un mois. L'attraction terrestre étant détruite dans ces conditions, il n'y avait plus de raison, en admettant l'hypothèse précédente, pour que les racines descendissent vers le sol, elles devaient prendre au contraire la direction de la force qui maintenant les sollicitait. Or, ceci arriva précisément : les racines poussèrent en fuyant le centre de la roue, tandis que les tiges convergèrent vers ce point.

Hales fit de plus cette seconde expérience : il inclina la roue presque horizontalement, et il en modéra la vitesse de rotation de façon que la force d'attraction dominât la force centrifuge; il vit alors les racines descendre en faisant un certain angle avec la verticale.

Ces résultats étaient concluants. Dès lors on fut convaincu de ceci : *Si les racines descendent verticalement, c'est en raison de la pesanteur*; *si les branches s'écartent du tronc, c'est aussi par le fait de la pesanteur.*

M. Boussingault arrive ensuite au phénomène de l'ascension de l'eau dans les plantes.

Les végétaux, dit le savant professeur, sont en grande partie constitués par de l'eau; on sait, en effet, qu'ils en renferment 80 pour 100 en moyenne. Or, les végétaux poussent, se développent, et pendant toute leur croissance l'eau est partout. La plante ne boit pas comme les êtres du règne animal; d'où vient alors ce liquide? Il provient du sol où sont les racines. Ainsi donc ces organes puisent l'eau dans la terre pour la faire monter dans toutes les parties de la plante. Comment s'opère cette ascension? C'est là un fait très-difficile à comprendre; les mouvements des liquides dans les plantes sont encore mal connus. La racine a une multitude de filaments terminés par des spongioles, et entre ces spongioles pénètre l'eau dont la terre est humectée. Ce que l'on comprend moins, c'est la rapidité avec laquelle ce liquide s'élève dans le végétal aux plus grandes hauteurs.

On pensa que la capillarité devait jouer un rôle dans l'action qui se produit dans ces circonstances. Si l'on plonge dans un vase contenant de l'eau deux lames de verre de façon à les maintenir parallèles, mais seulement à une distance excessivement faible, — elles ne seront séparées, par exemple, que par une fraction de millimètre, — on voit le liquide s'élever entre ces deux surfaces au-dessus du niveau de celui qui est contenu dans le vase. Ceci arrive parce que cette portion de l'eau se trouve ainsi soustraite en partie à l'action de la pesanteur. Que l'on remplace ces deux lames par un tube excessivement fin, le liquide s'élèvera encore dans ce tube, et par les mêmes raisons, au-dessus de son niveau à l'extérieur : ce sont là les phénomènes de capillarité. On a remarqué que la capillarité ne se manifeste de la sorte qu'autant que le liquide mouille le corps solide. Ainsi le mercure ne mouille pas le verre, il ne s'élèvera pas dans un tube de cette substance, ni entre deux plans de verre parallèles; de plus, le phénomène de capillarité est d'autant plus énergique que le tube est de diamètre moindre, ou que les surfaces planes sont plus rapprochées. Or, on remarque que précisément les vaisseaux qui sont à l'intérieur des végétaux satisfont à ces conditions : 1° ils sont excessivement fins, ou, comme on dit en physique, *capillaires*; 2° ils sont mouillés par les liquides qui les baignent.

Mais cette force ascensionnelle due à la capillarité est-elle assez considérable pour que l'on puisse en tenir compte dans le cas actuel? Les expériences qui furent faites ont montré que dans un tube de 1 millimètre de diamètre intérieur, à la température de 10°, l'eau s'élève à 3 millimètres au-dessus de son niveau à l'extérieur; dans un tube de 1 dixième de millimètre de diamètre, cette hauteur atteint 30 centimètres, et si le diamètre est réduit à 1 centième de millimètre, le liquide monte à 3 mètres. Or, un vaisseau capillaire qui aurait 1 centième de millimètre peut être relativement considéré comme très-gros.

Ainsi donc, il semble naturel d'admettre que la capillarité joue un certain rôle dans l'ascension des liquides dans les végétaux. Ces résultats nous montrent en même temps que d'autres causes doivent aussi intervenir et joindre leur action à celle de la force capillaire, qui seule ne saurait évidemment pas faire monter les liquides à ces hauteurs considérables qu'atteignent les arbres en général.

Une autre action qu'il convient d'ajouter à l'influence de la capillarité, pour expliquer l'ascension de l'eau, c'est la force d'*endosmose.*

Qu'est-ce que l'endosmose? Supposons une vessie; elle forme une sorte de sac qui a été remplie d'eau sucrée et que nous fixons à l'extrémité inférieure d'un tube de verre. Cela étant, ce sac est plongé dans de l'eau pure. Nous constatons que dans ces circonstances le niveau du liquide s'élève dans le tube. On voit, en effet, l'eau pure pénétrer abondamment à l'intérieur de la vessie, et il n'y a pas échange, le liquide sucré n'en sort qu'en très-petite quantité. Ce phénomène est un phénomène d'endosmose. Or, dans les organes des végétaux, il y a des lamelles organiques qui ont une grande analogie avec la vessie. Ces lamelles forment des sacs renfermant dans leur intérieur la séve liquide, plus dense que l'eau, qui se trouve à l'extérieur. On comprend donc que de l'eau doive s'élever dans la plante en vertu de cette cause que l'on appelle endosmose.

Incontestablement, outre la capillarité, outre l'endosmose, il y a encore d'autres forces qui contribuent à l'ascension de l'eau. Comment, en effet, expliquer par ces deux seules causes l'énergie excessive que possède un végétal pour attirer les liquides dans son organisme? Hales fit à ce sujet une expérience par laquelle il mesura cette force d'ascension. Il pratiqua une tranchée près d'un poirier, et ayant mis une racine à jour, il y adapta une extrémité d'un tube de verre. Ce tube était à angle droit, il était rempli d'eau, et son autre extrémité plongeait dans un vase contenant du mercure. Il eut le résultat suivant : la racine ayant 13 millimètres carrés de section, en six minutes la hauteur de mercure aspiré fut de 22 centimètres, ce qui représente une colonne de 3 mètres d'eau.

Chaque organe de la plante en général concourt à ce mouvement des liquides dans son intérieur. Les feuilles surtout jouent ici un rôle important. C'est encore à Hales à qui nous devons l'expérience qui montra leur transpiration. Il planta un hélianthe dans un vase imperméable; ce vase reçut un couvercle de plomb sur toute sa surface libre. Un tube, qu'on pouvait ouvrir et fermer à volonté, permettait d'arroser le sol qui entourait les racines de l'hélianthe. On pesa tout le système le matin, après avoir arrosé la plante de cette manière; la perte de poids, déterminée le soir, donna l'eau qui était sortie par les feuilles. Ce liquide, en effet, vu les précautions prises, n'avait pu s'échapper que par les feuilles ou par la tige. Or, comme on n'avait rien vu sortir par la tige, c'étaient les organes foliacés qui avaient produit cette transpiration. Les résultats numériques furent les suivants. La surface des feuilles de l'hélianthe étant de 4 mètres carrés, en douze heures de jour, par un beau temps, il y eut 612 grammes d'eau exhalée. En douze heures de nuit, l'air étant agité, cette quantité fut réduite à 92 grammes. Une autre nuit où la rosée était très-abondante, il n'y eut pas de transpiration. Enfin, par une nuit très-humide, un phénomène inverse se produisit : il y eut acquisition d'eau, la plante reçut par les feuilles 50 grammes de ce liquide. Ces expériences furent répétées d'une façon identique sur un chou : les feuilles avaient 2 mètres carrés de surface; en une journée elles exhalèrent 580 grammes d'eau.

Grâce à ces expériences et à d'autres semblables, on put déterminer la quantité d'eau qu'un hectare de différentes cultures évapore par les feuilles. On trouve qu'un hectare de choux exhale en douze heures de jour, l'été, et par un beau temps, 20 mètres cubes d'eau; un hectare de houblon en évapore jusqu'à 25 mètres cubes. Il faut donc qu'une même quantité d'eau pénètre sans cesse sur les racines et vienne remplacer celle qui s'évapore constamment par les feuilles. Comment les racines peuvent-elles absorber une masse d'eau aussi considérable? On le comprendra quand on aura une idée de la grande surface qu'offrent ces organes. Hales la mesura : il constata que le chou ordinaire présente un développement de racines qui atteint 153 mètres de long; dans l'hélianthe, cette longueur des racines est de 470 mètres, et elles présentent une surface totale de 1^{mq},7. C'est dans le sol où les racines puisent toute cette eau. Au premier abord, on ne voit pas bien comment la terre, dans les conditions ordinaires, peut fournir une telle quantité de ce liquide; on ne se fait pas généralement une idée juste de l'eau que renferme le sol près de sa surface. Un hectare de bonne terre arable, considérée sur une profondeur de 33 centimètres (c'est jusque-là où la charrue pénètre en moyenne), a au maximum d'imbibition 2500 mètres cubes d'eau. Dans ces conditions, la terre, complétement humectée, n'est pas propre à la végétation; mais si nous prenons une autre limite, si nous considérons un sol qui semble tout à fait sec, nous constatons qu'il renferme encore 12 à 14 pour 100 d'eau, ce qui correspond à 500 mètres cubes d'eau, l'hectare de terrain considéré sur une profondeur de 33 centimètres. Certes, il y a là de quoi fournir aux racines le liquide qui leur est nécessaire.

Cette eau absorbée à l'intérieur du végétal reste-t-elle à l'état d'eau pure jusqu'au moment où elle est évaporée par les feuilles? Non; dans l'organisme de la plante elle se modifie, elle devient la séve. Quant aux mouvements de cette séve, nos connaissances à ce sujet sont très-peu avancées; ce que nous savons, c'est que tout semble se passer comme s'il y avait deux espèces de séves : une séve montante et une séve descendante.

Hales détermina ainsi la marche de la séve ascendante. Il plongea une branche garnie de ses feuilles dans une dissolution colorée en rouge. Quand le liquide eut été aspiré dans ce rameau, il le coupa en deux : il vit alors une trace rouge dans les fibres ligneuses du bois; cette marque allait de la base inférieure de la branche jusqu'à sa partie supérieure : c'était la marche de la séve ascendante. Arrivée aux extrémités de la plante, la séve va dans les feuilles et s'évapore en grande partie. Une autre portion redescend en suivant, non pas les parties internes du bois, mais un chemin entre l'écorce et le liber, puis elle se dirige vers les racines.

Comment montrer qu'il paraît exister une séve descendante? On pratique une ligature bien serrée autour de la tige d'un arbre au moyen d'un anneau ou par tout autre procédé. Après un intervalle de deux années, par exemple, on constate que l'écorce est gonflée et forme un bourrelet au-dessus de cette ligature; au-dessous, au contraire, la tige a conservé le diamètre qu'elle avait lorsque cette opération fut pratiquée. Ceci semble indiquer qu'il y a une matière descendant vers la terre et que la ligature a arrêtée. On peut encore faire une incision annulaire sur l'arbre; au-dessus il se forme une protubérance, car il y a eu un obstacle qui a causé en ces points une accumulation de matière.

On a cherché la composition de ces deux espèces de séves. Quant à la séve ascendante, sa nature est fort simple, elle est constituée presque uniquement par de l'eau. Elle vient de la terre, en effet, où ce n'était que de l'eau, et elle monte si vite, qu'elle prend peu de principes dans l'intérieur du végétal. Sa densité augmente, et cela devait se prévoir, à mesure qu'elle s'élève. Dans un platane, au bas du tronc, la densité de la séve ascendante est de 1,004, à 2 mètres de hauteur elle est de 1,08. On y rencontre les principes qui existent dans le sol, des traces de phosphates, de silice, d'alumine. Ces corps se trouvaient dans l'eau que les racines ont aspirée.

La séve descendante, au contraire, présente des caractères bien prononcés : c'est là que s'élaborent tous les principes les plus actifs de la végétation. La séve descendante de l'érable, par exemple, contient des matières sucrées, et à ce point qu'on l'exploite pour en retirer le sucre; celle du pin contient des huiles essentielles, la résine. Il est un végétal du nouveau continent dont la séve descendante est un sang analogue au sang des animaux. Un autre arbre qui croît sous les tropiques, l'arbre de la vache, donne en abondance, par sa séve descendante, un lait tout à fait comparable au lait de ce mammifère. Sa composition est, pour 100 parties :

Fibrine, albumine	3,73
Eau	72,86
Cire, résines, sels, phosphates, sucre, etc.	23,41
	100,00

J. de Lignières.

PHYSIQUE APPLIQUÉE AUX ARTS.

COURS DE M. EDMOND BECQUEREL.

(CONSERVATOIRE DES ARTS ET MÉTIERS.)

(Voy. les n°s 5, 8, 12, 14, 18, 19, 20 et 25.)

IX.

Électricité dynamique.

Applications. — Dorure, argenture (suite).

L'application de la propriété décomposante de l'électricité permet en certaines circonstances d'obtenir des dépôts minces et adhérents d'un métal à la surface d'un autre métal; nous avons vu ce phénomène mis à profit dans la dorure et l'argenture.

Quelquefois aussi on veut obtenir à la surface d'un corps conducteur un dépôt de cuivre remplissant ces mêmes conditions d'une faible épaisseur et d'une grande adhérence. Tel est le cas qui se présente pour les objets de fer que l'on veut dorer. Il faut les cuivrer préalablement. Pour effectuer cette opération, on emploie un bain au cyanure qui a généralement la composition suivante : 1 partie de cyanure de cuivre, 10 à 12 parties de cyanure de potassium, et 100 parties d'eau. On dépose encore le cuivre en couches minces à la surface de certaines pièces auxquelles on désire donner une apparence d'objets de cuivre : ainsi sur une statuette de plâtre on pourra effectuer ce dépôt, on la cuivrera. Dans cette circonstance on n'a pas recours au bain de cyanure, mais à une dissolution de sulfate acidulée; le plâtre a été préalablement métallisé au moyen de la plombagine. C'est d'une manière identique que l'on opérera le cuivrage des ballons de verre.

M. Oudry pensa que pour des pièces de fer ou de fonte, telles que statues, bas-reliefs, etc., il y aurait un très-grand avantage à les recouvrir d'une couche très-peu épaisse de cuivre, puis de bronzer ce cuivre : on leur donne ainsi une apparence de bronze très-agréable à l'œil; de plus, et c'est là le point capital, on leur assure une très-grande durée, car ces objets ne s'altéreront plus à l'air, comme ceci arriverait bientôt si la fonte ou le fer étaient directement exposés aux influences atmosphériques.

Le procédé que M. Oudry suivit à l'origine consistait à cuivrer d'abord la pièce proposée au moyen de la dissolution de cyanure; puis, le dépôt de cuivre obtenu, à l'introduire dans un bain galvanoplastique ordinaire. Mais il abandonna bientôt cette manière d'opérer : loin de rendre les objets inaltérables, elle augmenta au contraire la rapidité de leur destruction. En effet, il était conduit ainsi à déposer un métal relativement peu altérable, le cuivre, à la surface d'un autre métal très-altérable, le fer ou la fonte.

Or, que se passe-t-il si une partie de la couche vient à être enlevée, de façon que l'humidité puisse s'infiltrer entre le fer et le cuivre? Un couple voltaïque est formé, et dès lors un des métaux est plus attaqué qu'il ne le serait s'il était seul; l'autre, au contraire, le métal le moins altérable, est préservé davantage. Ainsi le fer sera rongé, il sera attaqué par l'oxygène de l'eau décomposée sous l'influence du courant; quant au cuivre, il se recouvrira d'hydrogène. M. Oudry eut recours alors à une autre méthode, qui permet de ne pas employer de bains de cyanure : c'est déjà un grand avantage, car ces bains sont difficiles à manier; de plus, l'inconvénient si grave que nous venons de signaler est écarté. Ici, en effet, le contact entre les deux métaux cuivre et fer, ou fonte, est évité. On met pour cela un mastic qui, restant complétement adhérent à chacun des deux métaux, les sépare l'un de l'autre. Aussi, lorsque l'eau vient à s'infiltrer, elle n'arrive pas jusqu'au fer. Ce vernis fait donc fonction d'un préservatif qui revêt les deux métaux.

Ce procédé s'applique très-facilement dans l'usine d'Auteuil, même à des objets présentant un volume considérable. On dépose à chaud une couche de mastic à la surface de ces pièces faites de fer ou de fonte, puis on métallise avec de la plombagine. Ceci étant, on place l'objet dans un bain à appareil simple; on obtient ainsi une couche de cuivre extrêmement régulière.

(M. Becquerel montre divers objets ainsi cuivrés et provenant de l'usine de M. Oudry; entre autres, il présente des clous employés dans la marine. Un de ces clous a été coupé, et là où la section fut faite, on voit que tout autour il s'est déposée d'une façon très-régulière une épaisseur de cuivre de 2 millimètres; la forme primitive a donc été conservée. M. Becquerel fait voir encore une plaque de blindage sur laquelle on a déposé une couche de cuivre de 3 millimètres d'épaisseur.)

Le dépôt de cuivre ainsi obtenu, naturellement les objets présentent l'aspect du cuivre. Or, pour ce qui est destiné à l'ornementation, ce n'est pas là une apparence agréable à l'œil : on bronze alors ces pièces. Ce bronzage s'effectue de différentes manières, suivant les couleurs que l'on désire. Quelquefois on se borne à passer à la surface une couche très-mince d'un liquide ammoniacal. Dans d'autres circonstances, la liqueur employée est un mélange de verdet (acétate de cuivre) et de quelques autres substances.

Pour donner une idée de l'importance de la fabrication par les procédés de M. Oudry, M. Becquerel rappelle qu'actuellement tous les candélabres de Paris sont bronzés par ce moyen. Ces pièces furent coulées primitivement en fonte de fer; chaque pied de candélabre est livré à raison de 216 fr. Il se consomme dans cette usine jusqu'à 1200 kilogrammes de cuivre par jour, et l'on est parvenu à livrer en douze heures vingt-cinq à vingt-huit candélabres, chacun d'eux recevant une couche de cuivre dont le poids total est de 8 à 9 kilogrammes. Les deux fontaines de la place de la Concorde furent pareillement recouvertes de cuivre par les procédés de M. Oudry. On voit que les influences atmosphériques ne les ont pas altérées. La masse totale de cuivre employée pour ce cuivrage fut de 15 000 à 16 000 kilogrammes; l'épaisseur de la couche est de 3 millimètres. La fonte avait d'abord reçu un mastic, ce fut sur ce mastic que le cuivre se déposa. Ainsi, par les exemples que nous venons de citer, nous voyons que M. Oudry, en faisant cette invention, a rendu à l'industrie un très-grand service.

M. Becquerel aborde ensuite la question suivante : Peut-on déposer, par les procédés de galvanoplastie ou de dorure et d'argenture, des métaux quelconques, ou des alliages quelconques, à la surface d'un corps métallique ou métallisé?

Nous nous occuperons d'abord du dépôt simultané de plusieurs métaux, c'est-à-dire de la formation des alliages. Il semble tout d'abord qu'en mettant dans un bain une dissolution de deux sels métalliques, cuivre et zinc, par exemple, dans les proportions qui constituent le laiton, on aura sur la pièce proposée le dépôt simultané de ces deux métaux, d'où la formation d'un alliage. Cette opération paraît donc très-simple, mais les choses généralement ne se passent pas de la sorte : le dépôt des métaux ne s'effectue pas dans les proportions suivant lesquelles les sels furent mélangés. En effet, quand le courant électrique passe dans la dissolution, il suit le corps le meilleur conducteur, et le dépôt s'effectue en raison de la plus grande faculté conductrice. Il faut donc des proportions différentes des sels dissous que celles que l'on déduirait de la composition des alliages.

Ainsi, on peut avoir une couche de bronze en mettant dans le bain 6 parties de cyanure de cuivre et 2 parties de bioxyde d'étain; on emploie 1 litre d'une dissolution de cyanure de potassium. Le dépôt de bronze que l'on obtient de cette manière, en faisant passer le courant électrique, ne peut atteindre une grande épaisseur : aussitôt que la couche augmente, ce dépôt ne s'effectue plus que d'une façon très-irrégulière, il n'est plus cohérent. Il en est de même du laiton : on obtient un laitonnage à la pile. Il faut pour cela se mettre dans des conditions spéciales. Pour obtenir ce dépôt simultané de zinc et de cuivre, il convient d'employer un bain ainsi composé :

Sulfate de zinc.	6	parties.
Sulfate de cuivre.	1	—
Cyanure de potassium. . . .	10	—
Eau.	100	—

On voit par ces chiffres qu'il faut forcer la proportion de zinc et diminuer celle de cuivre; et, en effet, si l'on augmente la quantité de cuivre, il ne se dépose que du cuivre, le sulfate de cuivre étant le corps le meilleur conducteur. Une bonne précaution à prendre est de mettre au pôle positif une lame de laiton.

Le même inconvénient signalé pour les dépôts de bronze se reproduit ici pour le laiton : on ne peut arriver à obtenir une couche d'une certaine épaisseur qui soit adhérente. Ainsi, par le dépôt simultané de plusieurs métaux, on n'est parvenu jusqu'ici qu'à obtenir des couches extrêmement minces qui suffisent pour donner un aspect particulier aux pièces, mais qui ne forment en aucune façon un dépôt malléable.

L'autre partie de la question est celle-ci : D'autres métaux que le cuivre peuvent-ils être déposés en couches épaisses? Quelquefois on arrive à obtenir ainsi le fer, le nickel et le cobalt. Pour le fer, on emploie l'appareil composé et le protochlorure de fer; mais la lame qui se dépose dans ces conditions n'est pas malléable, elle est très-cassante. Quant au nickel et au cobalt, ils forment un dépôt assez cohérent; on se sert, pour faire la dissolution, du chlorure de ces métaux. Il est possible qu'en s'entourant de précautions convenables, on puisse parvenir à produire par la galvanoplastie des objets d'art en cobalt et en nickel. Ce serait là un assez grand avantage, car ces métaux sont peu altérables et ils ont un bel aspect. Ainsi, le fer, le cobalt, le nickel, dans certains cas, peuvent être employés pour l'industrie galvanoplastique; mais d'une manière courante on n'utilise que le cuivre, l'or et l'argent. Les autres métaux, tels que le platine, l'étain, le zinc, etc., n'ont été soumis qu'à peu d'expériences, qui d'ailleurs n'ont pas été favorables.

L'étain cependant a pu donner des résultats assez remarquables. On sait que le ferblanc est du fer recouvert d'une couche d'étain : ceci se pratique ordinairement en plongeant la pièce de fer dans un bain d'étain en fusion. Or, M. Roseleur est parvenu à faire cet étamage au moyen de la pile. Le bain qu'il emploie est formé ainsi :

Eau.	1000	grammes.
Pyrophosphate de soude.	20	—
Chlorure d'étain.	5	—

M. Roseleur se sert de la dissolution bouillante, et il a recours à un appareil simple. On étame ainsi d'une façon très-régulière des objets de fer ou de fonte.

Des exemples que l'on vient de citer on conclura ceci : L'or, le cuivre, l'argent, s'obtiennent en couches minces comme en dépôts épais et malléables, et sans difficulté. Avec le fer, le cobalt et le nickel on peut atteindre ces mêmes résultats, mais en prenant des précautions spéciales. Le platine, l'étain, le plomb, le zinc, ont pu être déposés en couches très-minces, suffisantes cependant pour changer l'aspect des pièces et les rendre moins altérables, mais jamais on n'est parvenu à réaliser par la pile une couche de ces métaux épaisse et adhérente.

Les effets électro-chimiques qui se manifestent lorsqu'il y a une altération de métaux jouent souvent un rôle très-important qu'il est nécessaire de ne pas méconnaître, et se produisent en mille circonstances. On sait que toutes les fois que deux métaux inégalement attaquables dans un milieu sont en contact dans ce milieu, il en résulte un couple voltaïque ; le métal qui s'altère le plus donne au dehors l'électricité négative, l'autre l'électricité positive. Ainsi, quand on met dans un liquide deux métaux tels que le zinc et le cuivre, le premier étant plus altérable que le second, s'ils viennent à se toucher, il y a un dégagement de fluide électrique : le zinc prend l'électricité négative, et le cuivre l'électricité positive. Le courant décompose le liquide ; sur la lame de cuivre viennent s'accumuler l'hydrogène et les bases résultant de la réduction ; l'autre lame reçoit à sa surface l'oxygène et les acides, c'est-à-dire les éléments qui peuvent l'altérer. Ainsi le zinc, qui est le métal le plus altérable, par ce seul fait de la constitution du couple, sera plus attaqué qu'il ne l'aurait été s'il s'était trouvé seul dans le liquide ; le cuivre, au contraire, sera préservé davantage. Il a été d'ailleurs question ci-dessus de ce phénomène, lorsque nous nous sommes occupés du cuivrage de la fonte. Voici de plus une expérience très-simple qui le rend bien manifeste : Que l'on mette une lame de zinc amalgamé dans un vase contenant de l'eau acidulée : l'attaque dans ces conditions est très-faible, on n'observe aucun dégagement de gaz hydrogène. Vient-on à introduire dans le liquide un fil de platine : tant qu'il n'y a pas contact entre les deux métaux, rien n'apparaît ; mais au moment où le platine touche le zinc, il se produit immédiatement un dégagement de bulles très-abondantes autour de cette tige, et le zinc est attaqué ; on le vérifie en prenant son poids avant et après l'expérience. Comment se produit cette altération ? Elle a lieu sous l'influence du courant.

Deux conséquences se déduisent des faits que nous venons d'exposer. La première, déjà citée, consiste en ceci : un métal altérable s'attaque toujours plus lorsqu'il touche un métal moins altérable que lui. Prenons, par exemple, du plomb et du fer. Seuls, ils ne se détruisent pas très-rapidement sous l'influence atmosphérique. Mettons-les en contact avec de l'argent, de l'or, ils s'altéreront très-promptement. Ainsi, on sait que les médailles de plomb doré n'ont qu'une courte durée, le plomb devient friable. En effet, nous avons deux métaux inégalement altérables en présence, et l'humidité de l'atmosphère intervenant, il se forme un couple. Le fer qui aura des traces de rouille se rouillera bien vite, par cela même qu'il en aura ; car cette substance fera fonction d'un corps moins altérable que le fer. En certaines circonstances même, des effets de ce genre se produisent pour un même métal, s'il a été inégalement comprimé. C'est ce qui fait que dans les arts on ne peut pas employer le plomb laminé. En effet, il n'a pas été également comprimé dans cette opération ; on a donc des parties de ce métal inégalement altérables, et de leur contact il résulte un couple. Prend-on, au contraire, du plomb coulé, ce phénomène ne se manifeste plus, car il est bien homogène.

Réciproquement, un métal pourra être moins attaqué et même préservé, s'il touche un métal plus altérable que lui. Ainsi, avec le zinc on protége le fer. On zingue le fer, c'est-à-dire on le revêt d'une couche de zinc : ce dernier métal est plus altérable que le fer, il s'attaque, il se forme à l'air un sous-oxyde ; mais celui-ci constitue à la surface un vernis qui protége la pièce contre toute action ultérieure, et le fer reste intact.

Il a été question, dans un article précédent, du procédé de gravure de M. Dulos. On sait que par ce moyen on peut à volonté obtenir une gravure en relief ou en creux. Cette méthode est fondée sur les phénomènes capillaires, et l'on y utilise de plus les actions galvanoplastiques. M. Vial a donné récemment un autre procédé de gravure, très-simple pareillement. Les dessins que l'on obtient ainsi sont analogues aux gravures en taille-douce. Ce procédé est une application des effets électro-chimiques dont nous venons de parler.

On sait comment s'effectue la gravure à l'eau-forte. On recouvre d'un vernis la surface d'une plaque métallique, puis, avec un stylet, on enlève le vernis en certains points et l'on trace ainsi le dessin. Ceci étant, on verse un acide ; partout où le métal est à découvert, il est rongé, et l'on obtient ainsi, quand le vernis est enlevé, une planche gravée en creux. M. Vial arrive à ce même résultat bien plus promptement.

Voici comment il opère. Il prend une plaque d'acier sur laquelle il trace le dessin proposé. Il se sert pour cela d'une encre grasse ; les traits plus épais représentent les ombres du dessin. Puis on plonge la planche dans un bain de sulfate de cuivre renfermant certaines autres matières, et principalement de l'acide azotique. Un effet curieux se produit ici. Il semble tout d'abord qu'au contact de ces acides la plaque doit s'altérer aux endroits où elle n'est pas recouverte d'encre. Nullement. Aux premiers instants, il s'effectue un dépôt de cuivre partout où l'acier est à découvert ; bientôt après le métal se creuse au-dessous des traits du dessin ; on lave la planche, on enlève le cuivre déposé avec de l'ammoniaque, et la gravure du dessin en creux est achevée.

Quels sont les effets qui se sont accomplis ici ? En plongeant la plaque dans la dissolution saline, on fait déposer sur sa surface une couche de cuivre peu adhérente, par suite de l'action sur l'acier du sulfate de cuivre et de l'acide azotique. Or, on met ainsi en contact deux métaux, dont l'un, le fer, est plus altérable que le cuivre; un couple est donc formé. D'un autre côté, l'encre grasse, qui constitue les traits du dessin, laisse pénétrer par capillarité la dissolution saline; ce liquide, après quelques instants, arrive au contact de l'acier que recouvre l'encre. Cette dissolution de sulfate de cuivre ainsi parvenue jusqu'à l'acier se trouve sous l'influence du courant électrique; la décomposition du sel devient alors électrochimique, et comme le fer, le métal le plus altérable, constitue le pôle négatif, il reçoit les acides sulfurique et azotique; il est alors rongé, et d'autant plus profondément, que la couche d'encre est plus épaisse. Quant au cuivre provenant de cette décomposition, il se dépose sur les bords, il soulève l'encre de façon à faire un dessin en relief en cuivre; l'ammoniaque vient ensuite le dissoudre, et donne une plaque gravée qui ne présente que des creux correspondants aux traits d'encre primitifs.

J. de Lignières.

HISTOIRE DE LA SCIENCE.

COURS DE M. HENRI FAVRE.

(ENTRETIENS ET LECTURES DE LA RUE DE LA PAIX.)

(Voy. les nos 15 et 16.)

Étude sur Franklin.

Messieurs,

Il y a des hommes dont le nom est si généralement connu, que, du moment qu'on le prononce, on est certain d'exciter une sympathie universelle.

De ce nombre est sans contredit Benjamin Franklin. Franklin a en effet une célébrité toute spéciale. Son caractère, son éducation, ses actes, sa vie tout entière, sont marqués d'un cachet à la fois de simplicité et de grandeur, de puissance intellectuelle: de simplicité par la modestie de son origine, de grandeur par les événements auxquels il se mêle, et de puissance intellectuelle par les inventions que lui suggère son génie. Si bien qu'il est difficile de trouver dans l'histoire un autre homme qui ait à la fois cette physionomie bien connue et profonde.

Franklin appartient à un monde particulier, au monde américain. Le monde américain, lorsque Franklin y apparaît, a une signification toute spéciale, c'est un monde en formation; et Franklin, qui a une très-longue existence, passe toute cette existence à se former lui-même pour former son pays. Il représente complétement le génie du peuple américain du Nord, de ce qu'on appelle la Nouvelle-Angleterre, qui, au moment où vivait Franklin, avait bien une autre importance que la partie de l'Amérique qui a conservé ce nom, et qui aujourd'hui est fondue dans ces États du Nord qui tiennent tête à une autre portion de l'Amérique pour constituer un principe nouveau de liberté, de même que du temps de Franklin l'Amérique entière tenait tête à l'Angleterre pour constituer son indépendance.

Franklin prend part au mouvement scientifique de son époque, et c'est sous ce point de vue, sous lequel il est peut-être le moins connu, que je m'attacherai surtout à vous le présenter. De plus, il est mêlé aux événements politiques de son temps, ce qui le met en rapport avec l'Europe et les deux grandes nations qui avaient alors la suprématie incontestable de l'idée et de la pratique, la France et l'Angleterre.

Franklin, pour bien le comprendre, doit être pris dès son origine, parce que cette origine bien appréciée, il est facile de tirer un enseignement qui fait aisément comprendre son rôle comme individu et comme homme politique.

Franklin est né le 17 juillet 1706, à Boston, d'un père qui avait quitté l'Angleterre avec une famille déjà assez nombreuse. Ce père anglais était presbytérien. Il appartenait à cette Église particulière qui avait pour caractère tout à fait spécial de rejeter non-seulement le pape, mais l'Église anglicane, l'épiscopat, qui en matière religieuse représente l'aristocratie, de même que les lords la représente au point de vue politique. Les presbytériens étaient des hommes qui ne relevaient que de leur conscience, et qui avaient un sentiment profond de leur individualité. Seulement ils rattachaient cette individualité à la croyance chrétienne, qu'ils puisaient dans la Bible, selon l'impression que cette Bible pouvait leur faire. Par conséquent, du moment qu'on était presbytérien, il fallait déjà avoir une certaine culture intellectuelle: il est impossible d'interpréter un livre quand on ne sait pas lire.

Le père de Franklin, tout ouvrier qu'il était, savait donc lire la Bible et avait conscience qu'il savait la lire. C'est vous dire que dans l'éducation qu'il a donnée à son fils, il ne perdit jamais de vue ses principes, sa foi. Lorsque la croyance est aussi solidement établie dans la conscience, non-seulement elle est respectable, elle est en même temps très-importante au point de vue de l'action de l'individu sur la société. Le père de Franklin était un artisan, il avait une petite propriété de trente acres, et il y avait une forge qui était dans la famille à titre reversible.

Vous retrouvez là, dans cette famille d'artisan, cette hiérarchie féodale qui ne tient pas seulement au sommet de l'Angleterre, mais qui descend jusque dans les racines de la race anglo-saxonne.

Ces pauvres gens, se trouvant à l'étroit et pour l'exercice de leur industrie, de leur travail manuel, et surtout pour l'exercice de leur croyance religieuse, résolurent de quitter l'Angleterre. Lors de la restauration qui s'était faite à cette époque, l'Angleterre anglicane repoussait les presbytériens; elle les empêchait non-seulement de se réunir, mais d'avoir aucune espèce d'autonomie: c'était une excommunication locale. On empêchait ces gens de croire à leur façon, on leur refusait la liberté de conscience ; ils voulaient se la donner, mais ne pouvant le faire dans la mère patrie, ils allèrent se la donner dans la Nouvelle-Angleterre.

Le père de Franklin arriva en Amérique ayant déjà d'une première femme trois ou quatre enfants. Il se remaria en Amérique, et il eut encore là sept ou huit enfants, dont le dernier fut Benjamin Franklin.

Arrivé en Amérique, il fallait vivre ; mais les presbytériens, ces hommes de travail et de croyance, étaient revenus, pour ainsi dire, aux principes du patriarcat : les grandes familles ne les effrayaient pas. C'était pour eux une gloire et un devoir. Il y avait là comme une sorte de gouvernement de la famille, que le père de Franklin n'abdiqua en aucune façon. Seulement, comme en Angleterre il s'était occupé de teinture des soies, en arrivant dans un pays colonial qui n'avait que des besoins premiers, il fut obligé de changer d'état, et se fit fabricant de chandelles.

Son fils Benjamin Franklin, le dernier venu, montra dès sa plus tendre enfance une grande aptitude au travail, et son père, qui était revenu à ses vieilles idées qu'on peut appeler juives, tant le protestantisme presbytérien avait pris la Bible à la lettre, voulait faire de son enfant pour ainsi dire une offrande au Seigneur et qu'il fût employé au culte presbytérien.

Sous cette influence, il l'envoya à l'école ; il voulait qu'il apprît tout ce qu'il lui était possible d'apprendre. Mais les ressources étaient minimes, la famille nombreuse, et le père de Franklin fut obligé de faire ce que tant de prolétaires font aujourd'hui, de retirer son enfant de l'école et de le mettre en apprentissage. Le premier apprentissage qu'il trouva à lui donner, tout naturellement ce fut de l'employer chez lui, et Benjamin Franklin fut obligé d'apprendre à faire des chandelles. Il ne s'éleva pas, bien entendu, tout d'abord aux hautes fonctions de cet état simple, il fut employé dans le menu détail. On raconte qu'il fut pendant très-longtemps occupé à remplir des moules de suif, à couper des mèches et à faire les commissions de son père. Cet état, qui n'avait rien de bien esthétique, on en conviendra, inspirait à Franklin une grande répugnance.

Il avait un goût prononcé pour la mer. Le père Franklin craignait toujours que son Benjamin ne s'enfuît de la maison ; il fit tout au monde pour le détourner de cela, il le releva de ses humbles fonctions, et il résolut de le mettre dans une école pour y apprendre les premiers éléments des mathématiques. Mais, ainsi que le raconte M. Mignet, cet homme, qui devint très-savant dans les sciences physiques, ne put apprendre l'arithmétique ; ce qui prouve qu'entre l'arithmétique et les sciences physiques il y avait une grande différence, et qu'on peut devenir un physicien très-profond sans être fort en arithmétique.

Cependant, malgré la bonne volonté du père, cette éducation ne pouvait se continuer. Un jour le père prit son fils avec lui et alla le promener chez tous les artisans de son voisinage, voulant ainsi éprouver la vocation de son Benjamin ; enfin il s'arrêta à ce moyen terme que son fils entrerait chez un de ses frères qui était coutelier. Mais on n'entre pas en apprentissage à des conditions aussi simples que cela, et celles qui lui furent faites étaient telles, que Franklin ne put continuer longtemps ce travail qui le mettait encore à la charge de sa famille.

Cependant il était encore très-jeune, et il profitait de ses instants de liberté pour manifester deux tendances qui ont toujours été le fond de son caractère, une passion énorme de s'instruire et une activité considérable, qui le portaient toujours à être directeur, conducteur d'hommes : il commandait très-facilement à ceux qui l'entouraient. Il raconte dans les mémoires qu'il a écrits lui-même, avec une très-grande bonhomie, qu'avec ses petits camarades, il n'hésitait pas à tenter les aventures les plus risquées.

« Le métier que je faisais me déplaisait, dit-il, et j'avais un goût décidé pour la marine, mais mon père se prononça contre. Cependant, demeurant près de la mer, j'étais sans cesse à l'eau ; j'appris à nager et à conduire une barque, et quand j'étais embarqué avec d'autres enfants, j'étais ordinairement pris pour pilote, surtout dans les cas difficiles. »

Ce fut ce qui arriva toute sa vie. On le prit toujours dans les cas les plus difficiles de la formation des États-Unis, pour résoudre les difficultés politiques et sociales. « En général, j'étais en toute occasion le meneur de mes camarades, et parfois il m'arrivait de les *mener* dans l'embarras. J'en citerai un exemple, parce qu'il montre déjà une tendance vers des projets d'intérêt public, quoique je la dirigeasse alors fort mal. Il y avait un marais salant à la suite d'un étang sur lequel était construit un moulin, et souvent, à la haute marée, nous nous mettions à pêcher sur le bord, et à force de piétiner nous en avions fait un véritable bourbier. Je fis la proposition d'y construire un quai sur lequel nous stationnerions de pied ferme, et je montrai à mes camarades un gros tas de pierres destinées à la construction d'une maison près du marais, et qui conviendraient merveilleusement à notre projet. »

Ainsi vous voyez cet enfant qui avait peut-être douze ou treize ans, qui plus tard, devenu homme, s'occupera à fonder des bibliothèques, à créer toutes les institutions politiques de son *État*, il voit immédiatement qu'il ne faut pas patauger dans la boue. L'enfant français, lui, ne songerait pas au chemin, et aimerait beaucoup mieux marcher dans la boue que de se donner toute cette peine. L'enfant *yankee*, au contraire, a cet instinct du confortable, du bien-être, qui est inné dans sa race. Le voilà qui se met immédiatement à construire un chemin.

« Le soir donc, lorsque les ouvriers furent retournés chez eux, j'assemblai un bon nombre de mes compagnons, et nous nous mîmes à l'ouvrage avec l'ardeur d'une fourmilière, quelquefois deux ou trois après une pierre; si bien que nous les portâmes toutes pour faire notre petit quai. Enquête sur les auteurs de cet enlèvement; nous fûmes découverts, accusés, et nos pères nous corrigèrent. J'eus beau démontrer l'utilité de mes travaux, mon père sut me convaincre que *ce qui n'était pas honnête ne pouvait être vraiment utile.* »

Ils n'avaient pas fait un travail pour cause d'utilité publique, il en résulta qu'ils furent punis par leurs pères. Remarquons bien cette morale presbytérienne qui est donnée par ce père qui corrige son enfant, non pas brutalement, mais pour lui apprendre qu'il a mal fait, lui enseignant ainsi que ce qui est malhonnête ne peut être vraiment utile. Voilà quels seront les fondements de la morale de Franklin.

Franklin, au milieu de cette liberté qui lui était donnée par le défaut de surveillance, s'occupa de ses études intellectuelles. Il aimait à lire; il cherchait tous les moyens de trouver des livres, et c'est ce qui le conduisit, au bout d'un certain temps, à changer son état de coutelier en celui d'imprimeur. Il avait un de ses frères, James Franklin, qui était imprimeur. Il entra chez lui, et se mit à travailler avec ardeur. Vous voyez chez Franklin ce que nous avons vu chez des intelligences remarquables de notre époque. Pierre Leroux, Proudhon par exemple, sont sortis du fond du prolétariat, et se sont élevés à l'intelligence par leur travail. C'est là une des grandeurs de Franklin, que chaque fois qu'il est appelé à des fonctions, il en profite pour s'élever plus haut. Un des caractères les plus remarquables de sa vie, c'est de ne jamais séparer l'instinct pratique de l'idée supérieure qu'il se fait de l'existence et de sa destinée.

C'est ce qui caractérise Franklin, et, l'on peut le dire, tous les ouvriers véritablement ouvriers. Ils ne veulent pas séparer leur intelligence de leur pratique, et par conséquent ils sont très-aptes à faire ce qu'ils ont une fois conçu. Le difficile pour eux, c'est d'arriver à concevoir. Quel avantage n'est-ce pas pour un ouvrier que de pouvoir s'instruire en imprimant, en composant des livres! Il y a toute une éducation intellectuelle qui résulte de la publicité. C'est pour cela que la liberté de la presse est en soi une chose excellente. C'est que, malgré soi, on lit un journal qui passe, et souvent, s'il fallait se déranger seulement un peu pour aller trouver, dans une bibliothèque, ce que vous donne la feuille volante, on resterait chez soi, on ne songerait pas à se compléter par la culture de l'esprit, et à se développer intellectuellement pour devenir un homme, un citoyen.

C'est pour cela que la vie de Franklin m'intéresse. Ce n'est pas seulement un homme distingué, un Américain né un certain jour et ayant de certaines qualités; c'est en même temps un type. De quoi est-il le type et en quoi nous intéresse-t-il spécialement? C'est qu'il est le représentant de l'ouvrier laborieux, mais ce n'est pas un ouvrier qui se courbe devant le travail. Quand le travail ne lui convient pas, il déclare ses répugnances. Il aimerait mieux être marin que fabricant de chandelles, mais il est un ouvrier à condition que son intelligence soit satisfaite, qu'il gagne sa vie honnêtement, honorablement.

Franklin n'a commencé réellement à être ouvrier qu'à vingt-deux ou vingt-trois ans. Pendant tout le temps de l'apprentissage, comment faire pour cultiver son intelligence? Eh bien, Franklin a résolu ce problème d'une manière merveilleuse, et je ne doute pas que parmi nos prolétaires français il n'y ait des exemples inconnus, sans doute, mais qui ne sont pas moins méritoires, d'une pareille persévérance.

Franklin étant chez son frère, ce frère le traitait rudement; c'était un simple manœuvre qui ne connaissait que les résultats obtenus. Franklin, qui n'avait pas de salaire, s'arrangea avec son frère et lui dit un jour ceci : « Tu ne me payes pas, c'est bien, mais tu me nourris; donne-moi ce que tu voudras pour ma nourriture, et je me charge du reste. » Et cet enfant réalisa ce phénomène de se faire une intelligence aux dépens de son corps, il devint ce qu'on appelle un légumiste, il ne mangea plus rien de vivant. Il se condamna à vivre comme un ascète de la Thébaïde en pleine civilisation; il se fit un principe de ce genre de vie: cela lui parut très-simple, il ne s'en porta pas plus mal; le peu qu'il économisa, il l'employa à acheter des livres.

Aujourd'hui nous avons des livres facilement. Mais figurez-vous où l'on pouvait en être, au XVIIIe siècle, sous ce rapport en Amérique, à quinze cents lieues de l'Europe, dans un pays tout primitif, colonial, où tout devait venir d'Angleterre.

Il fallait avoir un certain nombre d'ouvrages, des ouvrages de choix; car enfin ce que Franklin voulait lire, ce n'étaient pas des nouvelles, des anecdotes. C'étaient les grands hommes de Plutarque qu'il lisait. Or les grands hommes de Plutarque, c'est l'effort de l'énergie individuelle qu'ils représentent.

Franklin les lit à seize ans en économisant sur sa nourriture!

Franklin avait un frère très-dur; la fraternité, on le voit, est une chose très-belle, mais quand elle ne se pratique pas de trop près.

Son frère, en 1721, fonda un journal. C'était le second qui s'était fondé à Boston; aujourd'hui, il y a des milliers de journaux en Amérique, on ne les compte plus. Franklin était appelé à composer le journal et en faisait la mise en pages. Mais comme il avait lu, et que, selon le proverbe, *dans le pays des aveugles les borgnes sont rois;* comme au milieu d'une société peu dense, peu lettrée, il suffit qu'on ait quelques notions pour acquérir une valeur relative, Franklin voulut, au lieu d'être simplement imprimeur du journal, en devenir l'un des rédacteurs. Et comment s'y prit-il? Ne se fiant pas à son frère, il ne voulut pas dire qu'il était capable d'écrire. En général, on ne vous sait pas bon gré de vouloir écrire. Au moment où un homme veut se manifester comme écrivain, il a à peu près contre lui tout le monde.

Franklin avait contre lui son frère et son père, qui n'était pas flatté que son fils se fît écrivain. Franklin écrivit donc sous un pseudonyme, plia très-adroitement son article et le glissa sous la porte de l'imprimerie. On n'en fut pas surpris, parce que c'était le moyen de recueillir les articles. On soumit cette prose inédite au comité de rédaction qui déclara que c'était assez convenable, et que, puisqu'il arrivait une correspondance bénévole assez convenable, on pouvait l'accepter. L'article passa. Franklin fut enchanté de son stratagème, et il continua pendant quelque temps. Mais l'orgueil le prit, il n'avait alors que dix-huit ans, il voulut faire savoir que c'était lui qui avait fait ces articles. Immédiatement il reçut une algarade de son frère, d'autant plus qu'un de ces articles avait amené une difficulté avec le gouvernement.

Il subit une verte semonce. On lui dit qu'il était incroyable qu'un ouvrier se permît de composer le journal au point de vue intellectuel.

Cela fit toute une affaire dans la famille, et l'on riva un peu plus fortement la chaîne de l'ouvrier. Il voulut quitter la maison de son frère, mais il n'y eut pas moyen de rompre son engagement, et on le soumit à un contrat d'apprentissage un peu plus strict. Son frère devenant encore plus dur avec lui, il résolut de partir, laissant le contrat pour ce qu'il valait, et il partit à l'aventure. Il s'en alla à New-York. Il s'imaginait y trouver aisément de l'ouvrage, mais il n'était qu'imprimeur, et en ce temps-là, en Amérique, c'était un métier insuffisant.

Dans les pays qui n'ont point de vie active, au point de vue intellectuel, l'état d'imprimeur n'est pas des meilleurs; c'est comme la position d'écrivain quand il n'y a pas de liberté de la presse. Le père de Franklin avait dit avec conviction à son fils : «Fais-y bien attention, tous ceux qui écrivent meurent de faim.» Le jeune ouvrier, sans grandes ressources, fut obligé de quitter New-York et s'en alla, d'après quelques renseignements assez plausibles, à Philadelphie, où il trouva en effet de l'ouvrage. Dans cette ville, il se lia avec un chef d'atelier qui était peu capable, mais qui avait besoin d'ouvriers intelligents. C'était l'imprimeur Keimer. Ce dernier avait été chargé, par le gouvernement, d'imprimer les bank-notes, le papier qui avait cours en Pensylvanie pour les transactions générales. Franklin, qui connaissait tout ce qui se rattachait aux différentes branches de l'imprimerie, se mit à graver lui-même cette planche. Ce fut une bonne fortune pour son patron. Mais, avec cet homme comme avec son frère, Franklin ne s'entendait guère, car les hommes du fait sont avec l'idée d'une méfiance excessive. Toutes les fois que dans une action il se manifeste une apparence d'idée, l'artisan qui est soupçonné de cette progression est presque convaincu de devoir être un mauvais ouvrier; il a beau montrer qu'il est réellement un homme du métier par la pratique, les hommes de sa classe sont les premiers à ne pas y croire. Franklin fut obligé de rompre avec Keimer comme il avait été contraint de se séparer de son frère James.

Il entra alors en relations avec le gouverneur anglais. Sir William Keith était, je ne dirai pas un gouverneur de comédie, mais un gouverneur sans aucune espèce de consistance. C'était un esprit léger, un peu aventureux, et qui promettait volontiers sa protection à tout le monde. Il dit à Franklin que s'il voulait partir pour l'Angleterre, il lui donnerait toutes les recommandations possibles. Franklin, se trouvant très-honoré, consentit à s'embarquer. Quand il arriva à Londres, il vit que les meilleures recommandations sont celles qu'on se donne à soi-même, et qu'on ne tient bien que ce qu'on sait se donner la possibilité de ne pas perdre. Il vit que William Keith n'avait aucune espèce d'influence en Angleterre; il fit ce qu'il avait fait partout, contre fortune bon cœur, et se refit ouvrier. Alors enfin il gagna un salaire.

Quoiqu'il eût toujours ce même désir de s'instruire, ce respect de lui-même, qui ne l'abandonnaient jamais, il s'était opéré en lui une révolution intellectuelle d'une très-grande importance.

Son père, comme nous l'avons dit, était presbytérien, c'est-à-dire un homme qui entendait ne relever que du dogme révélé inscrit dans la Bible, librement interprétée par la conscience de chacun. Bien lire éternellement la Bible peut avoir du charme pour ceux à qui elle plaît; mais à force de la lire, certains esprits peuvent finir par s'imaginer qu'ils la comprennent, et alors ce n'est plus pour eux qu'une chose usuelle, qu'un livre comme tous les autres, qui ne peut plus les satisfaire seul. C'est ce qui arriva à Franklin. Il lut beaucoup d'autres livres, des livres qui procédaient de ce mouvement philosophique particulier qu'on appela le mouvement philosophique du XVIIIe siècle. Le jeune ouvrier se laissait ainsi guider par les intelligences mises en rapport avec la nature, sans se préoccuper de la révélation. Franklin devint, non pas précisément un philosophe, mais ce qu'on appelait au XVIIIe siècle un libertin, non pas un homme de débauche, mais un homme qui ne se rattachait plus à grand'chose qu'à sa conscience et à son discernement. Il lui arriva pourtant de faire ce qu'il appelle dans ses mémoires, *ses errata*. Le tout se réduit à un nombre minime de petites peccadilles qui ne sont pas bien graves. Ainsi, dans son premier *erratum*, il s'accuse d'avoir rompu son contrat avec son frère. Dans le second, l'erreur qu'il se reproche est un peu plus grave. On l'avait chargé de recouvrer une créance, et au lieu de la remettre à celui à qui elle revenait, il se servit de la somme, non pour lui, mais pour un mauvais sujet, nommé Collins, qu'il aimait beaucoup.

Collins abusa de cette affection de Franklin et ne lui rendit pas la somme qu'il lui avait prêtée. Heureusement que cette somme ne fut réclamée que plus tard, et Franklin se mit en mesure de s'acquitter. Franklin, cependant, s'accuse de cette action, et je crois qu'il fait bien. C'est cette espèce de sentiment intime qu'on rencontre chez le véritable travailleur. Le bon travailleur tient à l'argent, non comme l'avare, mais parce qu'il considère l'argent comme la récompense de l'effort. C'est sacré, un salaire! L'ouvrier considère l'argent comme un salaire, et ne reconnaît de véritablement acquis que l'argent qui représente un salaire. Eh bien, Franklin, vous le voyez, ne manque à aucun de ces caractères qui représentent le travailleur dans ses instincts, dans ses impressions primitives, fort respectables et que nous ne saurions trop étudier, parce que nous sommes dans une période dans laquelle il est bon de le faire. Il commit une autre peccadille, excusable pour son âge. Il avait connu à Londres un autre mauvais sujet, nommé Ralph, bon vivant, d'un caractère qui contrastait singulièrement avec la nature réfléchie, concentrée, de Franklin. Franklin lui avait aussi prêté quelque argent. Ralph était marié une fois en Amérique, et il était venu en Europe se remarier. Ça se fait quelquefois en Europe, et vous savez comment on se marie en Amérique : on se marie en chemin de fer, en waggon, par le télégraphe; il est vrai qu'on peut être atteint par la loi, mais enfin on se marie et l'on se remarie très-facilement. Ralph s'était donc marié une seconde fois. Franklin se demanda si c'était une chose bien sérieuse que ce mariage. Et il nous raconte, avec une naïveté toute bourgeoise, qu'un jour il s'amusa à faire quelques petites insinuations un peu irrévérencieuses à madame Ralph. Madame Ralph, qui était une femme honnête, le repoussa ; mais M. Ralph, ayant appris ce qui s'était passé, lui dit ceci : « Dès ce » moment je ne vous dois rien, je suis quitte complé- » tement avec vous. » C'est-à-dire qu'il profita de la circonstance pour faire déchirer sa lettre de change. Franklin mit cela aux profits et pertes ; c'est le quatrième de ses *errata*.

Il vit que cet ordre de connaissances le menait plus loin qu'il ne voulait aller; il reprit conscience de lui-même, et retourna en Amérique. Avant de partir d'Amérique, il avait connu une jeune fille, miss Read, avec laquelle il avait fait certains actes de fiançailles; mais comme il était jeune encore, la mère de la jeune fille lui avait dit : « Allez faire votre tour d'Angleterre. » Il alla faire son tour d'Angleterre, mais il oublia d'écrire à miss Read, et ce fut, à son sens, un *erratum* qu'il se reprocha. La mère fit un *erratum* beaucoup plus grave, elle maria sa fille avec le premier venu. Miss Read avait épousé un homme ivrogne, n'ayant aucune moralité et qui était bigame. Franklin se rappela la jeune fille en arrivant en Amérique; on lui dit qu'elle était mariée avec un bigame, mais que cela ne tirait pas à conséquence, vu qu'on allait régler la question de bigamie. Il attendit que l'affaire fût réglée, et il épousa miss Read, qui était une très-honnête femme, d'un dévouement très-solide. Franklin avait reconnu en elle une femme de tête, de conduite; il l'associa à la direction de ses affaires, lui confiant des intérêts fort sérieux, quand lui-même s'engagea dans des entreprises considérables : il n'eut qu'à s'applaudir de ce choix qui réalisait la pensée qu'il avait eue d'avoir une compagne capable d'être une bonne mère de famille, digne de toute confiance et de toute affection.

Par conséquent, vous le voyez, il suit sa voie depuis un bout jusqu'à l'autre, ne manquant d'aucun des caractères qui tiennent à son origine. Il était encore ouvrier en arrivant d'Angleterre, il s'était perfectionné dans son état; et arriver d'Angleterre aux colonies, c'était comme en France arriver de Paris. C'est un relief. On a pris les bonnes manières au point de vue du travail. Franklin retourna à Philadelphie, où il retrouva Keimer, et rentra dans sa maison. Il perfectionna l'imprimerie où il était appelé à travailler. Chose étrange! Voilà bien les rapports du patron et de l'ouvrier. Keimer représentait parfaitement le patron-ouvrier. Que fit-il? Il se dit : Voilà Franklin qui arrive d'Angleterre, il doit en savoir long. Si je le prends à mon service, il faudra que je le paye en conséquence. Il rusa donc avec lui, il le prit pour enseigner à d'autres ouvriers ce que lui, Franklin, savait très-bien, se proposant de le renvoyer, en digne patron qu'il était, quand il pourrait le remplacer. Franklin se douta de ce projet, il n'en apprit aux autres que pour son argent, et il s'arrangea de façon à s'entendre avec William Keith. Il reconnut qu'il avait chance, s'il trouvait moyen de s'installer lui-même, d'être patron à son tour, soutenu qu'il était par les personnes importantes de la ville et par le gouverneur lui-même. Mais pour se faire patron, il faut en avoir les moyens ou trouver un associé. Il y avait dans son atelier un ouvrier nommé Mérédith, dont le père avait du bien ou prétendait en avoir. Ils firent une association entre eux, et comme Keimer était un homme d'assez peu de conduite, ils lui achetèrent son imprimerie. Le père de Mérédith fournit les fonds. On commanda les presses, les caractères, en Angleterre; il fallut faire venir tout cela à grands frais, car les colonies ne fabriquaient pas. Enfin, Franklin put voir son imprimerie en état de fonctionner, et il y entra avec Mérédith.

Mais Mérédith était un autre Keimer..... Il n'avait vu dans sa nouvelle position qu'une chose, c'est qu'elle le faisait passer à l'état de maître, il rêvait une espèce de bourgeoisie fainéante : l'association, dans ces conditions, ne pouvait servir qu'à faire passer la direction de la chose commune entre les mains du plus intelligent et du plus actif. Franklin avait tout ce qu'il fallait pour être un patron; il avait la confiance de ses concitoyens, l'estime de tous, mais il n'avait pas de capitaux. Il vit qu'il lui faudrait prendre la suite des affaires : on lui prêta des fonds, et il eut son imprimerie à lui. Voilà donc Franklin passé à l'état de maître. Eh bien, si Franklin n'avait été qu'un ouvrier vulgaire, il n'aurait songé qu'à une chose, à faire, comme on dit, son affaire. Mais, au contraire, que fait-il? Lui qui avait été en Angleterre, il se dit : Je suis imprimeur, je fais venir mes caractères, mes presses de Londres, il faut que je fasse venir mon papier; pourquoi ne m'affranchirais-je pas de ce tribut payé à l'Angleterre? Et il se mit à faire fabriquer son papier lui-même; il voulut ne relever que de lui-même pour les matières premières qu'il employait. Mais s'il n'eût été qu'un homme d'affaires, un grand manufacturier, il n'eût pas été Franklin. A ces habiletés, on gagne son petit million, si l'occasion s'en présente; mais on ne devient pas un homme de génie, un type. Eh bien, que fait-il? Immédiatement il fonde un journal. Il ne va pas s'attacher à faire des premiers-Philadelphie, il fait servir son journal à la vulgarisation des idées pratiques; il n'invente rien, il n'improvise rien; il s'entend avec des ouvriers.

Voilà le principe d'association. Il n'est pas patron pour faire uniquement ses affaires; il comprend très-bien qu'il ne peut avoir qu'une action éphémère sur les intelligences, parce qu'il n'est pas soutenu par le milieu qui l'entoure, parce qu'il peut venir de la métropole un empêchement. Alors que fait Franklin? Il comprend qu'il faut solidariser les intérêts sur le sol, il fonde une *junte* ou association avec les commerçants de Philadelphie; il offre à lui-même et aux autres cet avantage de solidariser les intérêts. Qu'est-ce qu'il met à côté de cette junte? Une bibliothèque. Et comment est-elle fondée cette bibliothèque? Cela paraîtrait bien simple aujourd'hui. Mais, pour fonder une bibliothèque, il faut des livres, et en Amérique, au XVIIIe siècle, on n'en avait pas. Il ne dit pas à ces gens : il faut que nous achetions des livres; il leur dit : Apportons chacun nos livres. Ils apportent donc chacun leurs livres dans leur bibliothèque publique, mettent en commun leurs lectures. De sorte que la réunion, de bourgeoise qu'elle était, devient sociale, elle se sanctifie en s'étendant : au lieu d'avoir une simple réunion, on a une Eglise de l'intelligence, qui fournit aux esprits une nourriture bien supérieure à la lecture perpétuelle de la Bible, quelque presbytérienne qu'elle puisse être.

HENRI FAVRE.

— La suite à un prochain numéro. —

CHRONIQUE.

L'Association fondée pour aider au développement des études d'astronomie et de physique du globe a tenu sa première séance générale le 3 juin, à trois heures, à l'Observatoire impérial.

Quatre cents membres environ étaient présents.

M. Duruy, en s'inscrivant parmi les membres de l'Association, a bien voulu l'autoriser, conformément à la demande du directeur de l'Observatoire, à tenir ses séances dans les galeries de cet établissement.

Le comité propose, et l'Association, entrant immédiatement dans la voie qu'elle s'est tracée, adopte diverses résolutions pour les progrès de l'astronomie et de la physique du globe. L'Observatoire impérial possède deux disques de flint et de crown propres à la construction d'un grand objectif de $0^{m},75$; il possède en outre un magnifique disque de verre de $1^{m},25$ de diamètre, destiné à la construction d'un miroir de télescope.

Il est à désirer que les deux grands instruments qu'on pourrait obtenir, au moyen de la taille de ces verres, soient entrepris sans délai et menés à bonne fin : et ce sera une mesure à la fois convenable et scientifique de placer l'un d'eux dans une des villes du Midi.

L'Association apprend avec satisfaction que l'État est disposé à construire immédiatement l'un de ces grands instruments. Elle vote une subvention de *cinquante mille francs*, applicable à la construction d'un second pour lequel elle sait qu'on disposera en outre d'une somme de *soixante-dix mille francs*, fournie par la ville où cet instrument sera établi.

La commission chargée des premières propositions relatives à la météorologie fait ensuite, par l'organe de M. Renou, un rapport que l'abondance des matières ne nous permet pas de reproduire.

— La commission *ad hoc* de l'Académie des sciences a arrêté que le prix Napoléon III, de cinquante mille francs, pour la plus heureuse application de la pile, serait donné sans partage à M. Ruhmkorff. Par cette décision, qui surprendra quelque peu, mais qui est en réalité une très bonne action, la commission a voulu récompenser noblement l'artiste modeste et éminent qui, le premier, a résolu pratiquement le grand problème de la transformation de l'électricité dynamique en électricité statique, et fait de la machine d'induction une machine électrique d'usage facile et très-puissante. M. Ruhmkorff, en outre, avec un désintéressement admirable, n'a pas voulu s'assurer par des brevets le monopole d'une invention qui l'aurait grandement enrichi.

— Les noms de MM. Claude Bernard, Léon Foucault et Adolphe Wurtz viennent d'être placés sur la liste des candidats aux places vacantes d'associés étrangers de la Société royale de Londres.

— M. le docteur Bouchardat a fait dimanche dernier, dans le grand amphithéâtre de l'École de médecine, une première et intéressante conférence *sur l'hygiène des ouvriers*. La seconde aura lieu demain, 12 juin, à dix heures.

Léon Danicourt.

— On lit dans les *Mondes* :

M. Flourens fait hommage de la troisième édition, revue et en partie refondue, de son *Ontologie naturelle*, ou étude philosophique des êtres. « Je voudrais, dit l'illustre auteur, offrir un tableau exact du savoir de notre époque sur les êtres naturels considérés en eux-mêmes. Il faut savoir des êtres comment ils se *spécifient*, comment ils se *forment*, comment ils sont *distribués* dans l'espace, comment ils se sont *succédé* dans le temps. Ces grandes questions se présentent pour la première fois ici, rapprochées et unies ensemble par un lien philosophique. » Ce petit volume, dont le titre seul ne nous semble pas très-juste, est pensé, ordonné, écrit avec un talent vraiment extraordinaire. Nous n'avons jamais rien lu de plus étincelant et de plus attrayant; nous savions par cœur la première édition, et il nous a fallu de très-grands efforts pour nous détacher de la troisième, pour ne pas la dévorer d'un seul trait. Jamais questions plus fondamentales ne furent plus nettement posées et plus finement résolues. Pour réparer un oubli involontaire, nous citerons quelques lignes du chapitre relatif à la durée de la gestation. « Tout dans la nature, et très-particulièrement tout ce qui se rapporte à la fécondité, est soumis à des lois. Ces lois nous échappent souvent, mais elles existent. Une expérience faite par Aristote va nous en révéler une des plus délicates. Le pigeon produit deux œufs, l'un mâle, l'autre femelle ; cela est invariable, ou à fort peu près. Aristote voulut savoir quel était celui des deux sexes qui naissait le premier. Il trouva que toujours le premier œuf donnait le mâle et le second la femelle. J'ai répété cette petite et jolie expérience. J'ai observé les pontes d'un même couple de pigeons jusqu'à onze fois de suite ; dix fois consécutives l'œuf mâle est sorti le premier.... Ainsi donc, dans l'espèce du pigeon, la loi générale est que le mâle naît le premier. »

Après cette présentation, M. Flourens remercie tous et chacun de ses confrères de l'intérêt qu'ils lui ont porté pendant sa dernière et si cruelle maladie. Il est heureux de reconnaître qu'il doit la vie à son confrère M. Velpeau, et il le prie d'accepter cet hommage public d'une reconnaissance sans bornes. M. Velpeau se défend de ces remerciments qu'il croit exagérés; il n'a fait que tout ce que tout autre chirurgien eût fait comme lui; ce qui ne l'empêche pas de se réjouir grandement d'avoir pu ramener au sein de l'Académie, avec l'espoir de l'y voir longtemps encore, un confrère illustre, pour lequel il professe la plus vive et la plus affectueuse sympathie. — F. Moigno.

Le propriétaire-gérant : GERMER BAILLIÈRE.

PARIS. — IMPRIMERIE DE E. MARTINET, RUE MIGNON, 2.

PREMIÈRE ANNÉE. — N° 29. UN NUMÉRO : 30 CENTIMES. 18 JUIN 1864.

REVUE DES COURS SCIENTIFIQUES DE LA FRANCE ET DE L'ETRANGER

PHYSIQUE — CHIMIE — ZOOLOGIE — BOTANIQUE — ANATOMIE — PHYSIOLOGIE
GÉOLOGIE — PALÉONTOLOGIE — MÉDECINE

Paraît tous les Samedis.

	Six mois.	Un an.
Paris	8 fr.	15 fr.
Départements	10	18
Étranger	12	20

Prix de l'abonnement avec la Revue des Cours littéraires.
Six mois..... Paris, 15 fr. Départ., 18 fr. Étranger, 20 fr.
Un an....... — 26 — 30 — 35

Rédacteur en chef
M. ODYSSE-BAROT

Les ouvrages dont deux exemplaires auront été envoyés au bureau du journal seront annoncés et analysés s'il y a lieu.

On s'abonne
A LA LIBRAIRIE GERMER BAILLIÈRE
17, rue de l'École de Médecine,
Et chez tous les libraires, par l'envoi d'un bon de poste, ou d'un mandat sur Paris.

L'abonnement part du 1er décembre ou du 1er juin de chaque année.

SOMMAIRE.

PHYSIOLOGIE GÉNÉRALE.

COURS DE M. CLAUDE BERNARD.

(Faculté des sciences.)

(Voy. les nos 19, 22, 24 et 27.)

V.

Classification des phénomènes de la vie.

Nous avons étudié dans les dernières séances une propriété générale qui distingue la matière vivante de la matière brute : c'est l'irritabilité, c'est-à-dire la propriété de réagir sous l'influence des excitants extérieurs. Mais il est bien évident que si l'irritabilité est la propriété générale de la matière vivante, chaque partie vivante réagit d'une manière qui lui est propre, et produit des phénomènes particuliers qui engendrent l'infinie variété de tout ce qui manifeste la vie. Toutes ces parties organiques se distinguent donc par leurs réactions physiologiques, et il y a, à ce point de vue, des parties similaires et des parties dissimilaires.

Nous devons essayer aujourd'hui de classer les phénomènes de la vie, en n'oubliant pas que cette classification doit porter seulement sur les fonctions propres de l'économie vivante, et non sur les êtres animés qui accomplissent ces fonctions. Il y a longtemps qu'on a tenté des classifications de ce genre, et toutes peuvent se ramener à trois grandes classes :

1° Des classifications zoologiques, ou plutôt les classifications physiologiques qu'elles entraînent;

2° Des classifications qui prennent surtout l'homme pour point de départ;

3° Des classifications propres à la physiologie générale.

Dans les classifications de la première espèce, on cherche toujours à concevoir un certain ordre que réalisent les êtres vivants, et dans lequel ils se rangent suivant les formes variées et la complexité croissante de leurs organes. Elles ne prennent donc pas pour point de départ la nature même des fonctions vitales, mais la complication des organes et des appareils. On peut distinguer alors des parties similaires et des parties dissimilaires, ce qui est complétement indépendant du nombre des organes. Ainsi, un arbre a beaucoup de feuilles, mais il n'en est pas plus parfait pour cela; car toutes ces feuilles, si nombreuses qu'elles soient, c'est toujours le même organe. Or, ce qu'il faut considérer, ce n'est pas la multiplicité d'un organe se répétant un nombre indéfini de fois, mais la diversité des organes qu'on rencontre chez un individu. C'est ce qui arrive presque toujours dans les animaux élevés, tandis que le caractère contraire est un indice d'infériorité. L'animal inférieur, qui n'est formé que de cellules, est un être très-inférieur, car il n'a qu'un seul genre d'organe, la cellule; mais cet organe se répète indéfiniment, tandis qu'un vertébré aura des cellules et des fibres très-diverses dans leurs formes et leurs propriétés.

Ces classifications se retrouvent dans tous les traités

d'histoire naturelle; nous n'aurons donc pas à nous en occuper ici, et nous nous bornerons à faire une seule remarque : c'est qu'elles ne représentent pas bien les faits au point de vue de la physiologie générale, car elles n'indiquent aucunement la complexité réelle et plus ou moins grande des phénomènes physiologiques.

Nous avons déjà dit que pour étudier une fonction vitale quelconque, il ne fallait pas, pour la trouver plus simple, la prendre dans un animal inférieur, mais bien dans un animal élevé où elle est plus isolée, par suite plus facile à saisir, et où elle se prête mieux à l'expérimentation. Il ne faudrait pas croire, en effet, que l'animal inférieur est plus simple, que ses fonctions sont moins compliquées ou moins nombreuses, et qu'on pourrait les prendre pour ainsi dire à leur naissance, pour suivre ensuite leur développement dans les animaux supérieurs, qui auraient ainsi des propriétés nouvelles se surajoutant aux premières. L'animal inférieur possède toutes les propriétés qu'on retrouve aux degrés les plus élevés de l'échelle des êtres; mais il les possède à l'état confus, et pour ainsi dire répandues dans toutes les parties du corps. Ainsi l'infusoire, qui s'agite et se dirige dans le liquide où il a pris naissance, possède évidemment la propriété de se mouvoir; il doit être doué de sensibilité pour déterminer ses mouvements; enfin il peut se reproduire, puisque l'espèce ne périt pas. Voilà donc la vie à son degré le plus intime, avec toutes les fonctions qu'elle manifeste chez les animaux élevés. Mais quand on cherche les organes de chacune de ces fonctions, on ne peut plus rien distinguer, et c'est à ce point de vue seulement qu'on doit parler de la prétendue simplicité des animaux inférieurs.

Beaucoup de physiologistes croient même qu'il faut admettre chez ces animaux inférieurs tous les éléments qui se développent chez les animaux élevés : ceux-ci se constitueraient par une transformation successive des éléments organiques qui les ferait passer par des degrés de perfection successive. Ainsi l'œuf est d'abord une cellule simple, qui se développe ensuite par une différentiation progressive de ses parties, jusqu'à devenir un être très-complexe. Il en est de même dans l'échelle animale : à mesure qu'on monte, la différentiation est plus nette, plus avancée, et c'est elle qui constitue la perfection de plus en plus grande des êtres animés.

L'animal le plus élevé, c'est donc celui chez lequel toutes les fonctions sont isolées les unes des autres autant que possible. Mais de ce qu'un animal élevé a des moyens de manifestation bien mieux isolés, c'est-à-dire plus perfectionnés, il ne faudrait pas croire que tous les mouvements qui s'opèrent en lui sont exclusivement le résultat de ces moyens d'action perfectionnés; il possède également tous les modes d'activité imparfaits qu'on trouve chez les animaux inférieurs, et ces modes d'activité jouent un rôle notable dans l'accomplissement des phénomènes qu'ils manifestent. Ainsi, les animaux les plus inférieurs n'ont que des cils vibratiles; chez d'autres, nous trouvons le sarcode, substance rétractile produisant des mouvements toujours lents, quoique nets; plus haut, dans l'échelle des êtres, nous rencontrons des fibres musculaires, organes propres à déterminer des mouvements bien plus puissants, quoique encore avec une perfection différente. Ce sont d'abord des mouvements lents qui ne sont dirigés par aucun système nerveux apparent; puis nous trouvons des nerfs, d'abord des nerfs de mouvement et enfin des nerfs de sentiment.

Si maintenant nous considérons un animal placé au sommet de l'échelle, l'homme, par exemple, il possède tous ces mouvements que nous avons observés chez les êtres moins parfaits que lui. Ainsi, il possédera des fibres musculaires et un système nerveux à son état de développement le plus complet, mais il aura aussi des mouvements sarcodiques et des cils vibratiles, organes de certains mouvements intimes dont il n'a pas conscience. Il est donc permis de dire que l'animal élevé représente et résume tous ceux qui le précèdent dans l'échelle des perfections successives. Mais au fond il n'est ni plus parfait ni plus élevé; il ne possède pas de fonctions essentielles que les autres ne possèdent aussi : seulement ces fonctions sont mieux isolées chez lui et manifestées avec luxe, voilà tout.

La seconde espèce de classifications des phénomènes vitaux dont nous avons parlé se rapporte à celles qui prennent surtout l'homme pour point de départ. Au fond, toutes ces classifications n'offrent entre elles que des différences fort légères.

La classification de Galien n'est pas, à proprement parler, une classification des fonctions, elle est purement anatomique. Son traité *De usu partium* n'est pas autre chose qu'une étude des usages de chaque organe.

Haller donne encore une classification purement anatomique; seulement, au lieu d'étudier chaque organe en particulier, il étudie chaque groupe de fonctions, ce qui est déjà plus philosophique.

La première classification qui doive nous arrêter, c'est celle de Bichat. Buffon avait déjà indiqué l'idée fondamentale de cette classification, mais c'est Bichat qui l'a développée, et elle lui appartient véritablement. Bichat distingue les fonctions vitales communes aux animaux et aux végétaux, et les fonctions propres aux animaux seulement. Ce sont, d'une part les fonctions de la vie, organique ou végétative, et d'autre part les fonctions de la vie animale ou de relation. Bichat va plus loin : il veut distinguer non-seulement les fonctions, mais aussi les organes qui les accomplissent, au point de vue anatomique. Il pose donc en principe que les organes de la vie organique sont simples, tandis que les organes de la vie animale sont doubles et symétriques. Mais il y a bien des objections à faire contre cette classification absolue. Ainsi les reins, les poumons, qui appartiennent sans conteste au système de la vie organique, sont des organes doubles. Il est vrai que Bichat avait surtout en vue les organes de la nutrition; mais là encore son idée est contestable, car il y a beaucoup d'organes doubles dans les intestins à certaines époques du développement embryonnaire. Pour ne citer qu'un seul exemple, le fœtus présente deux pancréas distincts, qui se réunissent ensuite pour n'en former qu'un seul.

Mais Bichat faisait avant tout une distinction profonde, et très-juste, entre les phénomènes de la vie individuelle et les phénomènes de la vie de l'espèce. En effet, la génération est évidemment inutile au point de vue de l'individu, car les animaux peuvent parfaitement vivre sans accomplir cette fonction; chez certaines espèces, il y a même des *neutres* totalement dépourvus de sexe.

Ce sont surtout les fonctions de la vie individuelle qu'il divisait en fonctions de relation ou de la vie animale, et fonctions végétatives ou de la vie organique. Dans les fonctions de la vie organique, il distinguait la respiration, la circulation, la nutrition, la digestion, la sécrétion, l'exhalation, etc. Ces fonctions sont généralement inconscientes et continuelles : ainsi la circulation s'exerce constamment, la nutrition constamment, la respiration constamment, et ainsi de suite. Il est vrai que la digestion est intermittente, mais le principe est exact, au moins en général.

Dans les fonctions de la vie animale, Bichat distinguait d'abord les sens, puis les mouvements de toute espèce dus au système locomoteur proprement dit, et enfin les divers sentiments. Il subdivisait ensuite tous ces phénomènes, et les étudiait dans leurs détails.

Dans les phénomènes relatifs à la propagation de l'espèce, il distinguait le sexe masculin, le sexe féminin et l'hermaphroditisme, ou réunion des deux sexes chez le même individu; puis il parcourait les différentes périodes du développement de l'embryon ou fœtus.

Sans doute, tous les phénomènes vitaux trouvent leur place dans les cadres de cette classification, mais les détails en sont souvent inacceptables à nos yeux. A un point de vue général, nous pouvons bien admettre ses grandes divisions, quoiqu'elles signifient simplement que certains phénomènes sont conscients, et que les autres ne le sont pas; que certains phénomènes sont soumis à l'action du système nerveux central, et intermittents dans leur manifestation, tandis que les autres échappent à cette action, et se produisent d'une manière continue.

Mais quand Bichat veut introduire ces classifications dans la physiologie générale, il rencontre des difficultés fort graves. En effet, il avait admis des systèmes de tissus ayant chacun des propriétés spéciales, et notamment deux systèmes musculaires différents, l'un de la vie organique, l'autre de la vie animale. Sans doute, il y avait bien là deux séries de phénomènes distincts, mais ces deux vies différentes ont toutes deux des mouvements qui se produisent également par des fibres contractiles, et, au fond, tout ce qu'il y avait à dire, c'est que les mouvements manifestés par les uns étaient conscients, tandis que les autres ne l'étaient pas.

Nous verrons en effet qu'on ne peut aucunement distinguer les fibres musculaires entre elles, par cette circonstance que les unes appartiennent à l'un des deux systèmes musculaires, à l'une des deux vies, si l'on veut, tandis que les autres appartiennent au système de l'autre vie. On avait cru d'abord que les fibres musculaires de la vie animale étaient toutes striées, et que cette forme plus parfaite ne se rencontrait pas dans le système de la vie organique. Mais c'était une erreur, car le cœur, qui appartient évidemment à la vie organique, possède des fibres striées, et dans certains animaux les intestins en ont également. Il y a donc des fibres striées dans les deux systèmes, et l'on ne peut plus soutenir cette distinction, ni physiologiquement, ni anatomiquement.

Il en est de même de la distinction tirée du système nerveux. On ne peut prétendre qu'il y en a un exclusivement réservé à la vie animale, et un autre complétement propre à la vie organique, car on trouve à chaque instant des filaments nerveux du grand sympathique, ou vaso-moteur, se rendant dans un organe de la vie animale, et réciproquement.

On peut en dire autant du système glandulaire: il n'est pas plus permis de soutenir que les glandes se montrent exclusivement dans les organes d'une des deux vies, et sont étrangères à l'autre, car s'il y a de nombreuses glandes annexées au canal digestif, il y en a aussi dans les organes des sens, la peau, et bien autre part encore.

Ainsi la classification de Bichat ne peut être admise en physiologie générale, parce qu'elle établit des distinctions qui n'existent plus pour cette science. Mais on peut très-bien la conserver en physiologie spéciale, dans la physiologie humaine notamment, et dans celle des animaux élevés. Ainsi les fibres musculaires de l'utérus qui concourent à la vie de l'espèce, n'ont évidemment rien de particulier au point de vue de la physiologie générale, mais il peut être intéressant de les distinguer dans la physiologie humaine. Cette classification est, en effet, généralement adoptée, parce qu'elle est commode et bonne dans ses traits généraux. On y a cependant apporté quelques modifications peu importantes, et dans le détail desquelles il serait trop long d'entrer. Ainsi, sans parler de Günther (1), Cuvier et Dugès proposèrent de distinguer : 1° les *fonctions vitales*, communes à tous les êtres vivants, animaux ou végétaux, et 2° les *fonctions animales* appartenant aux animaux seulement. Mais il est facile de voir que cela revient exactement à la division de Bichat entre les phénomènes de la vie organique et ceux de la vie animale.

(1) Günther classait ainsi les phénomènes fondamentaux de la vie :

1° Imbibition.
2° Endosmose.
3° Affinité chimique.
4° Chaleur propre.
5° Phénomènes électriques.
6° Mouvements vibratiles et mouvements musculaires.
7° Influence du système nerveux.

Puisque la classification de Bichat ne peut convenir à la physiologie générale, nous avons maintenant à chercher des classifications propres à cette science. Il y a eu plusieurs tentatives dans ce sens, et nous devons les indiquer sommairement.

Remarquons tout d'abord qu'il est naturel aujourd'hui d'aller chercher les propriétés vitales dans les éléments histologiques, tandis qu'il était non moins naturel que Bichat se contentât de les chercher dans les tissus, puisqu'il les considérait comme les éléments primitifs des organes. Nous devrions donc faire une classification des éléments histologiques; sans doute, ce n'est là qu'une classification anatomique, et non une classification physiologique proprement dite, mais elle doit toujours arriver au même résultat, puisque en définitive les fonctions vitales résident dans les éléments organiques.

A ce point de vue, Leydig distinguait les tissus nerveux, musculaire, glandulaire et conjonctif. Nous aurions donc à suivre les propriétés de chacun de ces tissus, et nous obtiendrions ainsi une classification fondée sur l'anatomie générale. Mais cette manière de procéder présente des inconvénients, car fort souvent on laisse échapper des faits qui ne se rattachent étroitement à aucun des tissus élémentaires. Ainsi Haller, qui veut fonder la physiologie entière sur la fibre sensible et la fibre contractile ou musculaire, est amené à négliger tout ce qui ne rentre pas dans cette donnée trop étroite, et sa définition de la physiologie, *anatomia animata*, n'est pas toujours vraie. Les physiologistes solidistes, qui s'y attachent exclusivement, laissent de côté tous les liquides de l'organisme, comme on l'a reproché à Brown et à Broussais; les humoristes tombent peut-être dans l'excès contraire, mais il est certain que les anatomistes ne tiennent pas assez de compte des liquides divers, des sels du sang, etc., et des phénomènes physico-chimiques qui jouent pourtant un rôle notable dans les manifestations vitales.

Aussi je pense qu'il faut d'abord étudier les fonctions dans leurs apparences, c'est-à-dire leurs manifestations, pour en chercher ensuite l'explication naturelle. L'anatomie ne présente que les rapports des fonctions avec les organes, et les phénomènes physico-chimiques ne peuvent se comprendre que par l'étude de la nature extérieure, c'est-à-dire du milieu, jamais par celle des organes eux-mêmes. Ce point de vue très-instructif a donné naissance à des classifications dont nous devons parler un instant.

L'action de la vie donne lieu à trois ordres de phénomènes : d'abord des phénomènes physiques et des phénomènes chimiques, qui se passent là comme ils se passeraient autre part dans la nature brute, et qu'on ne doit pas considérer comme opposés à la vie et sans cesse en lutte avec elle, mais au contraire comme concourant à sa manifestation ; puis des phénomènes vitaux propres aux êtres vivants, et qui ne se produisent que là. Il n'est pas toujours très-facile de distinguer ces différents phénomènes les uns des autres, car ils sont souvent connexes et intimement unis. Tel phénomène vital à un moment donné, devient ensuite chimique. Aussi a-t-on prétendu qu'avec les progrès de la physiologie, tous les phénomènes vitaux disparaîtraient pour rentrer dans la classe des phénomènes physico-chimiques. Quelques explications sont indispensables pour bien indiquer ce qu'on entend par là.

Il se produit d'abord dans les corps vivants des phénomènes évidemment chimiques, que personne n'a jamais été tenté d'attribuer à l'action propre de la vie: telle est la formation du phosphate de chaux, du carbonate de chaux, etc. Il est bien clair que tout cela se produit là absolument comme dans la nature brute. Mais il y a aussi une foule de phénomènes chimiques qui n'appartiennent qu'aux êtres vivants, et ne se manifestent qu'entre des matières préparées par l'organisme. Toutes les fermentations sont dans ce cas, et il faut en distinguer deux espèces bien distinctes. Certaines actions produites dans l'organisme furent d'abord considérées comme essentiellement vitales; aujourd'hui, il est bien établi que ce sont des phénomènes chimiques, et c'est ce qui a fait croire que tous les phénomènes vitaux se ramèneraient de même à des phénomènes chimiques.

Nous ne le croyons pas, et l'on va comprendre quelles sont nos raisons. Prenons, par exemple, la digestion, qui fut longtemps considérée comme un phénomène exclusivement vital. Les expériences de Spallanzani et de Réaumur, confirmées par les recherches modernes, montrèrent qu'on pouvait la produire dans un verre. C'était donc un phénomène chimique dû à l'action de la pepsine et de l'acide lactique contenus dans le suc gastrique, phénomènes que ces corps peuvent produire partout, quand on les met dans des conditions convenables de température. De même la respiration est une combustion dans laquelle se détruisent des matières hydrocarbonées. Ainsi voilà toute une série de phénomènes véritablement chimiques, mais on ne peut pas tout y faire rentrer. En effet, ce sont bien là des actions chimiques, puisqu'on peut les produire partout artificiellement, mais elles sont intimement liées à l'organisme, car elles y trouvent les agents de leur production. Ainsi le suc gastrique est sécrété par des cellules spéciales, et ne se forme jamais hors de l'être vivant : voilà l'action vitale. Mais une fois formé dans l'organisme, il est abandonné, pour ainsi dire, par la force vitale, et devient un agent chimique ordinaire. La production de ces liquides chimiques de l'organisme ne se fait donc que sous l'influence de la vie, et toutes les excrétions sont dans ce cas.

On peut en dire autant des sécrétions intérieures, par exemple de la formation du sucre chez les animaux et les végétaux. Elle a lieu de la même manière, dans les deux règnes, mais bien plus rapidement chez les animaux, où l'on peut le voir pour ainsi dire se former. Si nous prenons les animaux supérieurs, nous trouvons cette fonction localisée dans le foie. Quelque part que le sucre se produise ainsi, il y a toujours deux choses à distinguer, la force qui produit l'action, et le liquide qui est produit. La formation du sucre peut être suivie avec soin. On voit d'abord apparaître une cellule qui n'a pas de forme déterminée; puis dans cette cellule se forme un produit amidonné. A partir de ce moment, nous avons affaire à un produit purement chimique; l'action vitale cesse, et tout ce qui se passe ensuite, transformation de l'amidon en dextrine, de la dextrine en glycose, puis en acide lactique et en acide carbonique, tout cela peut se faire ailleurs. Ainsi ce qui est dû à l'action vitale, ce n'est pas la production du sucre, mais la formation d'une cellule contenant de l'amidon.

C'est pour cela qu'on a observé des faits si surprenants au premier abord, et qui s'expliquent pourtant bien facilement. Ainsi le foie a encore l'air de fonctionner après la mort, ce qui étonne beaucoup certaines personnes, parce qu'elles n'ont pas bien saisi le sens et la nature véritable de ces phénomènes. Cependant on ne peut se révolter contre les faits, et il faut bien les accepter, sauf à les interpréter ensuite, si on le peut. Or, voici l'expérience faite bien des fois, et que tout le monde peut répéter. On prend le foie d'un animal mort récemment, et on le lave intérieurement avec soin, en y introduisant de l'eau par la veine porte. Le sucre, étant soluble dans l'eau, s'en va complétement avec ce liquide, et l'on peut s'en convaincre par l'impossibilité d'en trouver des traces notables dans le foie à ce moment. Si l'on abandonne alors le foie à lui-même pendant une ou plusieurs heures, on y trouve cette fois une grande quantité de sucre, et bien plus généralement qu'on n'en avait pu enlever par le lavage préliminaire. Il ne peut y avoir là qu'un phénomène purement chimique, puisqu'il se produit également après la mort. En lavant le foie, on a bien enlevé tout le sucre qui était soluble, mais on n'a pas touché à l'amidon qui ne l'est pas, et celui-ci, sous l'influence de la diastase et des autres agents chimiques qui se trouvent toujours dans le foie, s'est changé en sucre. Cela est si vrai, que si l'on relave le foie une seconde fois en laissant écouler un temps convenable entre les deux lavages, on ne retrouvera plus de sucre désormais, ce qui ne manquerait pas d'arriver en admettant que le foie continue à en produire sous l'influence de l'action vitale.

Ainsi nous distinguerons des phénomènes physiques, des phénomènes chimiques et des phénomènes vitaux. Il est clair que ces derniers sont les plus importants; ils résident essentiellement dans les éléments organiques cellulaire ou conjonctif, glandulaire, musculaire et nerveux. Nous considérerons d'abord les phénomènes les plus élevés de l'organisme, ceux que manifestent les systèmes nerveux et musculaire; puis les éléments restés à l'état de cellules, soit les épithéliums, soit les glandes; ensuite les cellules elles-mêmes, et leur rôle, soit dans la nutrition, soit dans la génération, car au fond c'est toujours la même chose: la nutrition n'est qu'une génération continuée, où tout s'opère encore par la cellule; enfin, un quatrième ordre de phénomènes, ce sont ceux qui sont dus au tissu conjonctif et à la formation de divers organes, comme la charpente osseuse. Il est certain qu'il y a là encore un phénomène vital, car c'est la cellule du périoste qui précipite le carbonate ou le phosphate de chaux pour former les os.

Quant aux phénomènes physiques et chimiques, il n'est pas nécessaire de les considérer à part dans leur ensemble, car jamais le phénomène vital ne peut se produire sans être accompagné de phénomènes physiques ou chimiques. Ainsi la fermentation a pour agent essentiel le milieu dans lequel elle se développe. Tous les phénomènes physico-chimiques viendront donc se ranger à côté des phénomènes vitaux, avec lesquels ils concourent à l'accomplissement des phénomènes de la vie, les uns à titre de milieu, les autres à titre d'organisme ou d'élément vital. C'est donc toujours cette double condition que nous avons signalée au début de ce cours, l'organisation d'un côté, le milieu de l'autre. — Emile Alglave.

BOTANIQUE.

COURS DE M. BAILLON.

(FACULTÉ DE MÉDECINE.)

(Voy. les nos 21 et 25.)

III.

Racines (suite). — Axes et appendices.

Plusieurs arbres ne doivent leur station verticale qu'à la présence de racines adventives. Dans le *Pandanus utilis* ou Vacquois, elles naissent sur le tronc à diverses hauteurs, s'en échappent comme autant de grosses cordes, en faisant un angle plus ou moins aigu, et viennent se fixer au sol.

La même chose a lieu pour les Mangliers, arbres qui ne croissent que dans des terrains mouvants, et qui seraient bientôt renversés, si des racines adventives en grand nombre, parties du tronc et des rameaux, ne les maintenaient en place.

Certaines Lianes mesurent une longueur de plusieurs centaines de mètres, et l'on conçoit qu'une seule racine ne suffirait pas à donner au végétal toute la quantité de nourriture nécessaire; aussi naît-il de distance en distance des racines adventives qui servent d'auxiliaires à la racine proprement dite.

Ailleurs elles la remplacent complétement; c'est ce que nous pourrons constater dans un grand nombre de plantes usuelles.

Si vous examinez un Oignon pendant l'hiver, vous ne lui verrez pas de racines; mais si vous placez son extrémité inférieure dans un lieu humide, à une certaine température, vous en verrez sortir une foule de petits cordons, qui ne sont autres que des racines adventives. L'endroit où elles naissent s'appelle le *plateau*. Elles n'auront pas une longue durée, car elles se dessécheront à la fin de la période végétative, et ce n'est qu'au commencement de la période végétative suivante que d'autres les remplaceront.

On pourrait faire les mêmes remarques sur ces parties souterraines de l'Iris qu'on a désignées à tort sous le nom de racines, et sur les tubercules de la Pomme de terre. Pendant l'hiver, ces parties de plantes ne végètent pas; mais qu'on les place dans le sol au printemps, il se développera sur elles une quantité de racines adventives.

Il suffit souvent du contact de la terre humide pour le développement de ces sortes de racines : nous constaterons aussi ce fait pour beaucoup de plantes que nous aurons l'occasion d'étudier; aujourd'hui, nous en citerons seulement une autrefois usitée en médecine, et qui a reçu le nom de Véronique beccabunga. Faites germer des graines de cette plante, vous verrez d'abord la radicule sortir et s'enfoncer en terre; mais c'est sur la tigelle que doit se fixer votre attention. La tigelle s'élève verticalement à une faible hauteur, puis s'incline, se couche et s'allonge. Essayez de la relever, et vous ne tarderez pas à vous apercevoir qu'elle est fixée au sol en certains endroits par des groupes de racines adventives. Ce mode de végétation a fait donner au Beccabunga le nom de plante *rampante*. Il ne faut pas la confondre avec la petite Véronique rustique qui fleurit au printemps; la tige de celle-ci est aussi horizontale, mais elle ne porte pas de racines adventives: on la dit *couchée*.

Remarquez que souvent la racine proprement dite du Beccabunga se détruit; que la base de la tige se dessèche, mais que la partie supérieure continue de se développer. Dans ces circonstances, les racines adventives sont pour la portion supérieure du végétal ce que la racine proprement dite était au premier âge pour le végétal tout entier; elles suffisent à la nourriture et à l'accroissement de la portion restante et en font un individu indépendant. On dit qu'il s'est effectué dans ce cas une *marcotte naturelle*.

Ce procédé qu'emploie la nature pour faire développer des racines adventives a été imité aussi par les horticulteurs, et il est devenu entre leurs mains un excellent moyen de multiplication de beaucoup de plantes. — Ils courbent jusqu'à terre une branche flexible d'un végétal et l'y assujettissent au moyen d'un crochet; bientôt, au point de contact, de petites saillies se montrent, s'allongent, s'enfoncent dans le sol et puisent toute la nourriture nécessaire à l'extrémité de la branche. Dès lors cette extrémité peut être séparée de la plante mère et devenir un végétal indépendant. On a donné à cette opération le nom de *marcotte artificielle*. — Elle a été variée de mille manières, mais toutes reposent sur le même principe. Si, par exemple, on veut faire une marcotte des rameaux non flexibles, ce ne sera plus la branche qu'on abaissera jusqu'à terre, mais la terre qu'on élèvera jusqu'à la branche. Voici le procédé employé le plus souvent. On fait passer la branche à marcotter dans l'axe d'un pot qui porte une fente latérale; on fixe ce pot, on le remplit de terre, et l'on y entretient l'humidité. Au bout de quelque temps, des racines adventives se sont développées, et lorsqu'on les juge en assez grand nombre et assez fortes, on peut, comme dans l'opération précédente, séparer la branche du tronc et la replanter dans un autre endroit.

Dans ces opérations de marcotte, l'horticulteur ne pouvait séparer sa branche qu'après s'être assuré du développement des racines. Il peut être plus hardi, il peut la couper d'abord, et l'enfoncer immédiatement en terre par son bout inférieur. A cette extrémité, se développeront les racines adventives. Cette nouvelle opération porte le nom de *bouturage;* elle n'a pas réussi jusqu'ici avec toutes les plantes, mais elle se pratique avec grand succès sur un bon nombre.

L'humidité n'est pas la seule cause qui favorise le développement des racines adventives, il en est d'autres fournies par la plante elle-même. On a remarqué, en effet, que ces racines se montrent de préférence au voisinage des feuilles, dans ces points que les botanistes désignent sous le nom de *nœuds vitaux;* elles se montrent souvent aussi sur ces petites taches qu'on voit facilement sur le tronc de certains arbres, et qu'on appelle des *lenticelles*. Ces petites taches, dont nous étudierons plus tard la formation, correspondent à des solutions de continuité de l'enveloppe extérieure ou épiderme.

Toutes ces remarques n'ont pas échappé aux horticulteurs; aussi se sont-ils empressés d'imiter les faits qu'ils avaient devant les yeux. Ils savent que les racines adventives prennent naissance sous l'écorce, et lorsqu'une plante est rebelle à les produire, ils crèvent cette écorce, font de petites entailles, et leurs essais sont souvent couronnés de succès.

Pénétrons plus loin dans l'étude des racines; examinons quelle en est la structure, d'abord sans le secours d'aucun instrument grossissant. Nous verrons facilement qu'à la surface est une pellicule mince, qui constitue l'*épiderme;* elle n'existe ordinairement pas dans le voisinage de l'extrémité inférieure. Sous l'épiderme, est une couche que vous voyez très-épaisse, colorée dans cette Carotte : c'est l'*écorce*. Elle constitue la partie de la racine la plus riche en sucs, en principes actifs; c'est elle qui est plus particulièrement utilisée dans l'Ipécacuanha, le Grenadier, le Simarouba. Lorsqu'on a fait la section horizontale de la racine de la Carotte, on voit l'écorce sous forme d'une zone entourer un cylindre d'un tissu plus clair; ce cylindre, c'est le *bois;* c'est cette partie qui devient sèche, filandreuse dans les Carottes, les Navets, etc. Enfin, l'axe du cylindre de bois est occupé par un tissu mou, qui est la *moelle*. On a souvent nié l'existence de cette dernière partie, parce qu'on n'examinait que des racines vieillies où elle est peu apparente, mais on la distingue très-facilement dans les jeunes racines. Plus tard, le tissu du bois sera en plus grande quantité, et la moelle, n'augmentant pas dans la même proportion, semble disparaître ou n'apparaît que comme un mince filet, mais elle n'en existe pas moins.

En résumé, nous constatons dans la racine, de la périphérie au centre, les parties suivantes : l'*épiderme*; l'*écorce*, le *bois* et la *moelle*.

Nous avons vu précédemment que pendant que la racine s'enfonce en terre, la tige s'élève en l'air. On a appelé la première *axe descendant*, la seconde *axe ascendant*. Entre elles existe certainement une zone intermédiaire, zone théorique qui n'appartient, ni à l'axe ascendant, ni à l'axe descendant; on lui a donné le nom de *collet*.

A mesure que la tige s'allonge, les points d'insertion s'éloignent, et les feuilles deviennent de plus en plus distantes les unes des autres. Elles ne sont pas disséminées çà et là sur la tige; on remarque bientôt qu'elles y sont disposées avec une grande régularité, une régularité mathématique, sur laquelle nous reviendrons bientôt.

En ce moment, examinons comment s'insère chaque feuille. Elle forme avec l'axe un plan oblique, et détermine par conséquent deux angles : l'un est supérieur et aigu, l'autre est inférieur et obtus. C'est l'angle aigu qui doit appeler notre attention; on le désigne sous le nom d'*angle axillaire*, ou, pour abréger, sous celui d'*aisselle*, aisselle de la feuille. Lorsqu'on regarde au fond de cette aisselle, on voit un petit corps globuleux, qui d'abord paraît formé d'une seule pièce; mais en grandissant, il étale tout ce que nous avons remarqué dans la gemmule, un axe central et des feuilles: c'est un *bourgeon axillaire*. Il se développera en rameau, et à l'aisselle de chacune de ses feuilles naîtront d'autres bourgeons axillaires qui se développeront comme lui. Tel est le point de départ de la ramification des végétaux, qui donne aux arbres et à la contrée qu'ils habitent un aspect tout particulier.

Quel que soit le nombre des organes des plantes, on peut toujours les ranger sous deux chefs principaux : les uns sont *axiles*, ils forment le *système axile;* les autres sont appendiculaires, ils appartiennent au *système appendiculaire*.

Ainsi, dans l'embryon, la radicule et la tigelle constituent des axes. Quant au renflement que nous avons désigné sous le nom de gemmule, c'est un organe complexe. Coupons cette gemmule de Marronnier par le milieu, dans le sens de sa longueur, nous remarquerons que nous aurons partagé en deux parties symétriques le cône qui en occupe le centre, et qui forme l'extrémité de la tige, que ce cône porte les unes au-dessus des autres un nombre plus ou moins grand d'écailles, de feuilles: il constitue la partie *axile* de la gemmule. Nous remarquerons en même temps que les écailles, les feuilles, ne portent aucun organe, qu'elles naissent sur l'axe: ce sont des *appendices*. Les mêmes remarques peuvent être faites sur tous les bourgeons, car tous sont composés exactement comme la gemmule.

On appellera donc *axes* tous les organes qui, n'étant portés par aucun autre, pourront porter des appendices, quelque variables qu'ils soient d'ailleurs pour la forme, la durée, la couleur, la consistance. On réservera le nom d'*appendices* à tous les organes qui sont nés sur d'autres, sur des axes par conséquent; ils ne peuvent jamais porter d'autres organes.

Ces définitions nous seront bientôt d'une grande importance; nous les invoquerons sans cesse quand il s'agira de déterminer la nature des différentes parties des végétaux.

Puisque les feuilles naissent sur les tiges dans un ordre très-régulier, les rameaux, qui ne se développent qu'à leur aisselle, devront affecter la même disposition. Il sera facile de déterminer d'avance leur point de départ, car les feuilles naissent toujours les premières; si parfois elles se détachent peu après leur naissance, elles laissent toujours sur l'organe axile une cicatrice qui indique l'endroit qu'elles occupaient.

Ce fait, que les feuilles sont disposées sur la tige avec régularité, va vous servir pour distinguer des racines toutes les tiges qui y ressemblent.

La pomme de terre est citée dans les anciens livres de botanique comme un exemple de racine tuberculeuse. Est-ce une tige? est-ce une racine? Appliquons les notions précédentes. A sa surface, nous remarquons des dépressions qu'on appelle vulgairement des *yeux;* ces yeux, comme vous le voyez, sont disposés sur des lignes spirales, avec un ordre mathématique; à la base de chacun d'eux, est une petite écaille grise, rudiment de la feuille. Cette petite écaille peut avoir été détruite par le frottement, mais la cicatrice en est visible. Dans le fond de la dépression, à l'aisselle de l'écaille ou de sa cicatrice, est un petit corps globuleux qu'on reconnaîtra, en l'examinant de plus près, pour un véritable bourgeon. La pomme de terre, présentant tous les caractères de la tige, est certainement une tige. — BOCQUILLON.

HISTOIRE NATURELLE DES CORPS ORGANISÉS.

COURS DE M. GUSTAVE FLOURENS.

(COLLÉGE DE FRANCE.)

(Voy. les n°s 4, 5, 8, 9, 10, 11, 13, 14, 17, 20, 22, 23, 24, 25 et 27.)

XXVII.

SECTION ESPAGNOLE.

ORIGINE. — *Les Araméens-Basques* (Ibères), premiers habitants de l'Espagne, offraient dans leur caractère et leur constitution tous les traits que nous observons chez cette sous-division des Araméens : *teint* brun, yeux et cheveux noirs; *taille* petite, épaules larges, physionomie fière; muscles robustes, agilité très-grande, beaucoup de légèreté à la course; caractère sombre, mélancolique, taciturne, plus rusé que brave ; costume noir, aucun goût pour la parure; exploitation intelligente et active des richesses métalliques que possédait l'Espagne à cette époque ; amour de l'indépendance: de là le fractionnement en une infinité de petites tribus et la soumission par les envahisseurs, partout où il s'était établi, de ce peuple mal organisé, politiquement, pour la résistance à l'étranger. Dure condition, esclavage des femmes, comme chez tous les peuples araméens : elles travaillaient dans les mines, labouraient les champs. D'après Strabon, les Turdétans (Bétique) auraient eu une civilisation très-développée, des poëmes, des lois, des ouvrages d'histoire. Quand l'invasion gauloise s'empara de l'Europe occidentale, les Ibères furent refoulés au sud par les envahisseurs descendus des Pyrénées. Ceux-ci occupèrent les Asturies (*Cantabres* et *Astures*), la Navarre (*Vascones*), la Galice et le Tras os Montes (*Gallaïci*), le Portugal (*Lusitani* et *Celtici*, dans l'Alemtéjo), le nord de l'Estremadure et le midi du royaume de Léon (*Vettones*), c'est-à-dire l'ouest de l'Espagne. Les Ibères, après avoir longtemps lutté contre les Gaulois, s'accordèrent avec ceux-ci et se mélangèrent dans toute la zone centrale de l'Espagne, intermédiaire entre la zone occidentale appartenant aux Gaulois purs, et la zone orientale aux Ibères purs. La population celtibérienne se composait des *Vaccœi*, capitale Palencia (dans le royaume de Léon); des *Pelendones* et des *Arevaci* (dans la Vieille-Castille), ayant pour ville la fameuse Numance; des *Carpetani* (Tolède); des *Olcades* et des *Oretani* (dans la Nouvelle-Castille, à l'ouest). Les Ibères s'étaient maintenus indépendants et purs de tout mélange à l'est. C'étaient les *Ceretani*, les *Lacetani* et les *Cosetani*, dans la Catalogne ; les *Ilergetes*, dans l'Aragon; les *Edetani*, dans la province de Valence et dans le sud de l'Aragon ; les *Contestani*, dans le sud de la province de Valence; les *Bastitani*, dans la Murcie ; les *Bastuli*, dans la province de Grenade; les *Bœturiani*, les *Turduli* et les *Turdetani*, dans l'Andalousie. — L'élément phénicien (de Tyr ou de Carthage) n'a guère joué un plus grand rôle que sur le littoral français, bien que ce peuple marchand ait entretenu des relations très-suivies avec l'Espagne pour l'exploitation des mines, et fondé sur le littoral et à l'embouchure des fleuves des comptoirs : *Gades* (Cadix), *Hispalis* (Séville), *Carteïa* (près de Gibraltar), *Malaca* (Malaga), qui devint très-florissante, et enfin la nouvelle Carthage, *Carthago nova* (Carthagène), dont Asdrubal fit la capitale des établissements phéniciens dans ce pays. Les Carthaginois tiraient de l'Espagne de l'or et des soldats pour combattre Rome. Les Grecs fondèrent aussi des colonies en Espagne pour leur commerce : *Rosas* (colonie des insulaires rhodiens à l'embouchure de la Fluvia), *Emporion* (colonie marseillaise), *Saguntus* (colonie des insulaires zacynthiens, à l'embouchure du Pallantias, près de la Murviedro actuelle, très-florissante, et alliée des Romains comme Marseille, en France), *Dianium* (Denia). — L'Espagne devint le champ de bataille de la grande lutte entre les Aryas (Romains) et les Araméens (Carthaginois) pour la domination de l'Europe. Les Romains enlevèrent toute la péninsule aux Carthaginois, et finirent par s'en emparer. Mais il leur fallut longtemps lutter par la trahison aussi bien que par les armes ; ils se montrèrent peut-être encore plus cruels que César dans les Gaules. Les Espagnols, comme les Gaulois, furent vaincus faute d'union et de discipline militaire. Partout le système fédératif établi chez les Gaulois, les Ibères, les Germains, succomba devant le système unitaire établi chez les Romains et importé par eux en Occident. En vain l'Espagne se souleva et triompha quelque temps avec le berger Viriathe ; en vain le parti démocratique, battu à Rome par Sylla, obtint en Espagne d'éclatants succès sous le commandement de l'Italien Sertorius, qui essaya d'y fonder une république. Les généraux romains se défirent par trahison de ces deux adversaires, et le pays, excepté les montagnards Cantabres et Astures, fut définitivement soumis. Les langues nationales disparurent devant la langue romaine, comme, en Gaule, le kymri et le gaulois; comme a aussi disparu l'allemand, quand il s'est trouvé en présence du latin (envahisseurs germains). L'élément romain fut importé moins abondamment que dans le sud-est de la Gaule, mais de manière à laisser des traces profondes dans la population. Ainsi la famille des Sénèques, qui représente bien le mélange du génie romain avec le génie espagnol, tire son origine de cette fusion entre les vainqueurs et les vaincus. — A la chute de l'empire romain, les nations germaines se partagèrent l'Espagne comme la Gaule.

Le premier ban d'envahisseurs, les *Suèves*, occupa le nord-ouest (Galice et Tras os Montes); les *Alains*, l'ouest et le centre (Portugal, Estremadure, Nouvelle-Castille); les *Vandales*, le midi (Andalousie et Grenade). Le second ban, composé des *Wisigoths*, s'empara de la *Catalogne*, et soumit à sa domination tous les autres Germains conquérants de l'Espagne, comme les Francs soumirent tous ceux de la Gaule. A ces divers éléments, araméen-ibère, arya-gaulois, romain, grec et germain ainsi répartis, vint s'ajouter l'élément araméen-arabe et maure (Almohades). Ainsi fut renforcée l'aramaïsation de l'Espagne déjà si complète; de là vient son caractère bien distinct au milieu des autres peuples de la sous-division latine. Cependant l'élément arya, importé par les conquérants gaulois, romains et germains, était trop antipathique à l'élément araméen pour ne point lutter contre la domination de celui-ci. Tandis que l'Espagne orientale, la plus araméenne, était soumise aux Arabes, les Gaulois conservaient leur indépendance dans le nord-ouest (Asturie, royaume de Léon, Vieille-Castille). En vain les Arabes, repoussés par les Espagnols, appelèrent à leur secours les Maures, ils ne conservaient plus à la fin du moyen âge que Grenade en Europe. Elle leur fut enlevée en 1492 par Ferdinand d'Aragon. Mais ils restèrent dans le pays, où beaucoup d'Arabes étaient également établis, et se mélangèrent avec la population.

Langue. — Avant la conquête romaine, dans la province de Grenade, colonisée par les Phéniciens, se parlait la langue *bastule*, mélange de phénicien et d'euskara ; dans la Celtibérie, le *celtibérien*, mélange de gaulois et d'euskara; et dans le reste du pays, des idiomes euskariens plus ou moins modifiés. La langue latine triompha de tous ces idiomes, puis des idiomes allemands qui n'ont guère laissé de traces dans l'espagnol actuel. Elle triompha de l'arabe, mais elle reçut de cette langue méridionale et bien cultivée une empreinte ineffaçable qui fait le génie de la langue espagnole. Dans cette langue subsistent encore trois grandes divisions : à l'ouest, le *portugais*, le plus latin, le moins arabe; à l'est, le *catalan* (Catalogne et Valence); au centre, le *castillan* (espagnol proprement dit), grave, énergique, mais tenant de l'arabe beaucoup de pompe et d'emphase orientales.

Constitution. — *Tête* globuleuse plutôt qu'ovale; front plat, fuyant, tempes rétrécies; grands yeux, longs, noirs ou bruns, sourcils épais, cheveux noirs; système pileux en général bien développé; nez fin, narines mobiles; dents blanches et belles, lèvres charnues, menton saillant; la face prédomine sur le crâne, le développement sensuel sur le développement intellectuel (fait araméen); *taille* peu haute, muscles pleins, robustes, agilité et souplesse basques; *teint* foncé.

Le Catalan est généralement grand et vigoureux; le Castillan maigre; le Galicien très-fortement musclé, mais lourd et épais de taille; l'Andalous, au contraire, mince et frêle.

Caractère. — Chaque province offre un caractère dominant, résultat des mélanges qu'elle a subis. Le Catalan, le plus septentrional des Espagnols, est aussi le plus laborieux; il est actif et industrieux, mais irascible et violent; l'Aragonais, plein d'entêtement et de morgue; le Castillan, fier à l'excès, paresseux et pauvre en vrai gentilhomme, altier, grave, fidèle à son honneur et à ses serments, d'une grande probité; le Galicien émigre comme l'Auvergnat, auquel il ressemble beaucoup, pour aller gagner sa vie dans les menus métiers; l'Andalous est vantard, hâbleur, léger, petit-maître, mais spirituel. Quant à Grenade, Murcie et Valence, ces provinces ont conservé beaucoup de traits mauresques dans le caractère, la physionomie et les mœurs. — Le sentiment national et le sentiment religieux, développés par la lutte contre les Maures, étrangers et musulmans, sont très-puissants en Espagne; le principal mobile de ce peuple est l'orgueil, malheur à qui l'offense! Les passions, vives, ardentes, ont besoin d'aliments, d'émotions, de spectacles; de là l'excessive dévotion, le mysticisme, les représentations religieuses, les combats de taureaux. L'esprit pratique, le bon sens, l'activité, voilà ce qui manque le plus à l'Espagne. Bravoure, sobriété, générosité, dévouement, dignité, respect de soi; mais roideur, étiquette, l'exagération et l'excès en toutes choses. La passion domine toujours; la tolérance, l'ordre septentrional, le respect pour les opinions d'autrui, sont peu connus; les partis sont tous extrêmes. Sous les dehors majestueux de l'Arabe, sous la gravité asiatique, se cachent une animation très-grande, une vivacité, une fougue excessives. Les sentiments chevaleresques viennent des Germains-Wisigoths (Hidalgos, fils des Goths); l'entêtement, l'amour de l'indépendance nationale, des Ibères. C'est parmi les nations européennes, celle qui, grâce à son isolement et à ses mélanges arabes, a le plus d'originalité. Ignorance du peuple, peu de mouvement intellectuel.

Sous l'empire romain, l'Espagne fournit beaucoup d'hommes distingués, et le génie espagnol eut à Rome le même succès qu'il eut ensuite en France (le *Cid*). Porcius Latro vint fonder à Rome une école d'éloquence espagnole, et bien qu'on lui reprochât l'emphase, la boursouflure, l'exagération, le style tendu et déclamatoire, il exerça une influence décisive sur la littérature. Ses compatriotes accoururent : orateurs, Junius Gallion; poëtes, Sextilius Hena, Silius Italicus, Martial, Lucain; naturalistes, Columelle et Turanius Gracilis; géographes, Pomponius Mela; historiens, Herennius Senecio, Florus; rhéteurs, Quintilien, et surtout les Sénèques. L'Espagne donna aussi au monde romain un bon empereur, Trajan. Elle a eu de grands peintres (Murillo), des poëtes (Camoëns, Guilhem de Castro, Lope de Vega, Calderon, Tirso de Molina), et surtout un grand penseur, Cervantes, le plus populaire de tous, le Molière espagnol. Si elle n'a point produit autant de génies que les autres nations latines, c'est qu'après les invasions germaines, elle a constamment subi les invasions arabes, et a été absorbée par la lutte contre celles-ci. Puis quand elle en a été délivrée, l'inquisition est venue défendre la pensée. Après une expansion magnifique, après avoir possédé un empire plus grand et plus riche que l'empire romain, l'Espagne, ruinée par l'inquisition, qui de trente millions fit descendre sa population à six, ruinée par l'afflux des métaux précieux d'Amérique qui rendit la nation excessivement paresseuse, est tombée dans une déchéance terrible, dont elle se relève depuis un siècle.

Gustave Flourens.

PALÉONTOLOGIE.

COURS DE M. A. D'ARCHIAC.

(Muséum d'histoire naturelle.)

(Voy. les nos 1, 2, 10, 12, 14, 16, 18, 20, 22, 24 et 27.)

XI.

Faune quaternaire circum-méditerranéenne (suite).

Messieurs,

Si nous poursuivons nos recherches sur le pourtour du bassin oriental de la Méditerranée, les côtes d'Afrique, le delta du Nil, l'isthme de Suez et le littoral de la Syrie

(Giébel, Tyr, Sidon, Saint-Jean d'Acre) nous présenteront des faits analogues à ceux dont nous vous avons entretenus dans la dernière leçon; mais c'est surtout dans la région nord du bassin, explorée depuis longtemps, que nous trouverons de nouvelles preuves des phénomènes de cette époque.

Ainsi, sur le pourtour de l'île de Chypre récemment étudiée par M. Alb. Gaudry, règne une sorte de cordon littoral formé de dépôts quaternaires, dont la superposition aux couches tertiaires est démontrée par une multitude de coupes faites avec soin et qui ne laissent aucune incertitude sur leurs rapports stratigraphiques discordants. Pour les fossiles, M. Gaudry fait remarquer que les 12 espèces de coquilles recueillies dans les sédiments quaternaires de Thavlou vivent encore sur la côte voisine, sauf peut-être la *Cypræa elongata*, Brocc. A Larnaca, sur 32 espèces, 4 n'ont pas encore été retrouvées vivantes (*Natica*, voisine de la *N. mamillaris*, Linn.; *Cerithium spina*, Partsch; *Buccinum turbinellus*, Brocc.; *Pectunculus inflatus*, Risso). A la Scala, sur 90 espèces, 6 seulement sont inconnues aujourd'hui dans ces mers. Ces dépôts diffèrent donc sensiblement de ceux que l'auteur a décrits comme tertiaires supérieurs, car dans quelques-uns de ces derniers, un tiers seulement des fossiles a ses analogues vivants, et dans d'autres il y en a les deux tiers.

D'un autre côté, l'examen de la faune des dépôts correspondants de l'île de Rhodes a donné à M. P. Fischer le résultat suivant : sur environ 300 espèces recueillies par M. Prus : 147 mollusques gastéropodes ont offert 12 ou 15 espèces éteintes; 74 acéphales, 8 ou 10; 4 espèces d'annélides et 4 crustacés, dont 3 Balanes ont encore leurs analogues vivants; sur 10 espèces d'échinodermes, 4 sont éteintes; mais 30 espèces de bryozoaires, 8 polypiers, 20 foraminifères et 2 *Vioa* sont encore représentés dans les mers voisines. Cette faune serait donc tout à fait comparable à celle des dépôts de la Sicile étudiés par M. Philippi.

Plus au nord, à la sortie des Dardanelles, sur le rivage de Tenedos et de la Troade, derrière Abydos, dans la baie de Sestos, M. A. Boué signale des poudingues coquilliers qui indiquent aussi un abaissement des eaux ou un soulèvement des terres. Comme ils ne renferment que des coquilles vivant encore dans la mer voisine, ce sont des dépôts comparativement très-récents. On en trouve des blocs remplis d'Huîtres au nord-ouest de Rodosto et au nord d'Erekli (l'ancienne Héraclée), sur la mer de Marmara. Par leur faible élévation au-dessus de son niveau actuel et par leurs fossiles, ces couches se distinguent facilement de celles des collines tertiaires du même pays.

Les exemples que nous venons de citer sur le périmètre de la Méditerranée et dans plusieurs de ses principales îles suffisent sans doute pour constater la généralité de dépôts plus récents que ceux des marnes sub-apennines, des sables et des conglomérats supérieurs qui en dépendent. Leurs niveaux relatifs dans la plupart des cas, leur stratification discordante ou transgressive, les caractères minéralogiques et la comparaison de l'ensemble de leurs fossiles, justifient cette distinction. Mais leur âge est-il par cela seul déterminé? et en supposant qu'ils appartiennent tous à l'époque quaternaire, sont-ils tous contemporains? Il nous manque encore pour répondre à ces questions plusieurs données essentielles.

En effet, sur le pourtour de cette mer intérieure on n'a pas encore cité de ces roches polies, striées et sillonnées qui, dans le nord de l'Europe et mieux encore en Amérique, comme nous le dirons bientôt, servent de *substratum* aux premiers sédiments quaternaires; aucune trace de phénomène glaciaire n'apparaît sur les strates que ces derniers recouvrent. En outre, nous ne voyons point signalés dans ceux-ci les restes de cette faune de grands mammifères éteints, qui partout, dans l'ouest, le centre et le nord de l'Europe, caractérisent la phase paléontologique la plus importante de l'ère quaternaire. Nulle part aussi ces dépôts ne sont recouverts par des couches plus récentes, soit de la même époque, soit de l'époque moderne, du moins le fait n'a pas été signalé. Enfin, l'appréciation tirée de la proportion des espèces éteintes est, comme nous l'avons fait voir à plusieurs reprises (1), sans valeur réelle, et dans le cas particulier qui nous occupe, elle prouverait seulement, si elle pouvait être utilisée, que parmi les dépôts que nous considérons, il y en a qui, tout en étant plus récents que le terrain tertiaire supérieur, sont néanmoins plus anciens que d'autres; de même qu'il en existe à tous les niveaux, depuis quelques mètres jusqu'à 900 mètres d'altitude.

Nous n'avons donc, dans l'état actuel des choses, aucun moyen de constater que tel ou tel des dépôts que nous avons signalés n'est pas aussi bien de l'époque actuelle que de celle qui l'a précédée. Mais à cet égard, pour ce qui concerne les côtes de l'Asie Mineure, les îles de l'Archipel grec, la Grèce continentale, le Péloponèse et les îles qui en dépendent, pour la grande Grèce, les îles du golfe de Naples et la Sicile, on pourra retirer beaucoup de fruit de la lecture attentive des anciens auteurs, et en particulier du troisième chapitre du premier livre de la *Géographie* de Strabon. L'apparition et la disparition des îles, l'émersion ou la submersion des côtes, l'ensablement des rivages, en un mot tous les phénomènes physiques qui tendaient à modifier les caractères de ces pays, ont été observés avec beaucoup de soin, et l'on pourra souvent reconnaître que tel ou tel fait étudié de nos jours est un de ceux dont les traditions nous ont conservé le souvenir, et qu'il appartient par conséquent à l'époque moderne comme ceux que nous avons rappelés ailleurs (2).

(1) *Histoire des progrès de la géologie*, vol. II, p. 520. — *Cours de paléontologie stratigraphique*, 2e partie, p. 134.

(2) *Cours de paléontologie stratigraphique*, 2e partie, p. 304. — *Histoire des progrès de la géologie*, vol. I, p. 645-666.

Voyons actuellement si l'examen des brèches et des cavernes à ossements de la même région ne pourrait pas jeter quelque lumière sur cette question d'une faune incontestablement quaternaire.

Les roches calcaires des monts Pisani, en Toscane, présentent de vastes cavités ou véritables cavernes, et des fentes souvent remplies de ciment rougeâtre, en partie spathique, enveloppant des fragments de roche et constituant de véritables brèches où se rencontrent de nombreux ossements. La formation de ces brèches paraît remonter à l'époque qui nous occupe, à en juger, dit M. Savi, par les fossiles qu'elles renferment. En effet, la brèche du mont Oliveto, déjà observée par Targioni, a frappé Cuvier par sa ressemblance avec celle de Gibraltar et la présence d'ossements de Cerfs avec des coquilles terrestres. La *grotta* de Molpa, au cap Palinure, entre le golfe de Salerne et celui de Policastro, a aussi présenté une brèche remplie d'os de ruminants (Cerfs, etc.).

En Sicile, les grottes à ossements sont connues de temps immémorial. Les anciens en faisaient les tombeaux des géants et des cyclopes, premiers habitants de l'île. Dans le voisinage de Syracuse sont la *grotta santa* et celle appelée *mandia dei Cappuccini*, ouvertes dans des calcaires à 21 mètres au-dessus du niveau de la mer; elles ont présenté, avec des coquilles marines d'espèces vivantes, des ossements d'*Ursus etruscus* ou *Felis cultridens* (*Machairodus*), de *Canis*, d'*Hippopotamus major*, de Bœuf, de Cerf et d'Antilope.

On en connaît trois aux environs de Palerme, celle de San Ciro, près de Mare Dolce, celles d'Olivella et de Billiemi. Une quatrième se trouve près de Carini, c'est la *grotta* Maccagnone, dans la montagne Longue; et en 1859 deux autres furent découvertes : la *grotta perciata*, à Mandello, à l'extrémité nord du monte Gallo, deux lieues au nord-ouest de Palerme, et celle de *San Teodoro*, à mi-chemin de Palerme à Messine, au pied du mont San Fratello, non loin du village d'*Acqua dolce*.

La caverne de San Ciro, ouverte dans des calcaires peu anciens, à trois milles au sud de Palerme et à 60 mètres au-dessus du niveau de la mer, montre des ossements plus ou moins roulés, cimentés par du carbonate de chaux, et constituant une brèche de 6 à 7 mètres d'épaisseur, qui, en se prolongeant en dehors de la cavité, renferme des fragments de roches et des galets. Le sol de la caverne est en outre couvert de coquilles marines, et dans le sable qui était accumulé vers le fond, 45 espèces, sauf deux ou trois, étaient toutes vivantes sur la côte. En 1547 et en 1667, des ossements extraits de cette caverne furent attribués à des géants de dix-huit pieds, et il est étonnant que Cuvier n'ait pu décrire, comme provenant de cette localité, qu'une mâchoire inférieure de Cheval et un fragment d'os de Cerf.

La presque totalité de la masse énorme d'ossements que renferme cette brèche, suivant de Christol (*Obs. sur les brèches osseuses*, 1834), appartient à l'Hippopotame, animal qui ne s'éloigne jamais beaucoup des bords du fleuve où il vit. Sur environ trente quintaux d'ossements, cet auteur a trouvé qu'à l'exception de six os seulement qui se rapportent aux genres Bœuf et Cerf, tout le reste provient d'Hippopotames. Les os de ce genre annoncent une prodigieuse quantité d'individus de tous les âges; on y reconnaît un grand nombre de très-jeunes Hippopotames, dont les dents de lait ne sont pas encore sorties, et dont les os sont épiphysés; les vieux individus présentent en général des dimensions moindres que celles de l'espèce vivante, à laquelle cependant on les a rapportés, et ils sont de moitié moins grands que l'Hippopotame fossile de Pézenas. Beaucoup de ces os ont été roulés au point d'être méconnaissables, et sur 300 astragales examinés, 40 étaient tellement usés, qu'ils étaient réduits à la moitié de leur épaisseur. Ces résultats ne peuvent être dus qu'à l'action des vagues longtemps prolongée à l'entrée de la caverne alors au niveau de la mer (1). Des restes d'Éléphant, d'une grande espèce, de *Canis*, de *Daim*, et peut-être d'Ours, ont été signalés depuis dans cette même localité.

La *grotta perciata*, située à deux lieues au nord-ouest de Palerme, à 49 mètres au-dessus du niveau de la mer, dans une montagne de calcaires crétacés à Hippurites, sur lesquels reposent des couches tertiaires supérieures, et plus bas des conglomérats récents, a été étudiée en 1859 par M. F. Anca (*Bull. Soc. géol. de France*, vol. XVII, 1860, p. 684), qui y a reconnu, sur une épaisseur totale de $1^m,50$, quatre couches distinctes : 1° une terre sablonneuse avec des coquilles terrestres et marines; 2° une terre grise compacte avec des ossements brisés et des pierres taillées; 3° une couche d'ossements avec des coquilles terrestres et des pierres taillées; 4° à la base et reposant sur la roche de la caverne, un sable argileux rougeâtre avec des coquilles marines (*Fusus*, *Murex*, etc.). Dans une grotte voisine on a également trouvé des silex taillés avec des coquilles et des ossements brisés.

Les fossiles de la *grotta perciata* appartiennent au genre Cerf (une ou deux espèces) au *Sus scrofa?*, à l'Ane, au Lapin, au Crapaud, à un oiseau indéterminé et aux coquilles suivantes : *Patella ferruginea* ou *Lamarckii*, *P. vulgata*, *Monodonta fragaroides*, *Murex brandaris*, *Fusus?*, *Helix aspersa*, *H. Mazzuli*, *H. vermiculata*, *Bulimus decollatus*.

La grotte de *San Teodoro*, située à 65 mètres au-dessus de la mer et distante d'un kilomètre de la côte, a 70 mètres de profondeur. A 10 mètres de l'entrée, les fouilles exécutées par M. Anca, sur une épaisseur de $3^m,50$, ont fait connaître : 1° un sable argileux; 2° une terre sableuse avec des ossements de Cerf, de Cheval, de Sanglier et des pierres taillées; 3° une terre semblable avec des fragments de pierre de la voûte; 4° des fragments de la même roche mélangés avec des dents d'Éléphant (*E. africanus*), des débris de rongeurs, de batraciens, des

(1) En 1830, plusieurs navires apportèrent à Marseille des chargements de ces os fossiles de Sicile pour les fabriques de noir animal, mais l'absence de matière animale les fit jeter à la mer.

coquilles marines (*Ostrea*, *Cardium*) et trois *Helix*; 5° une couche terreuse avec des fragments calcaires et sans fossiles. Sur un autre point de la grotte, on a retrouvé la couche n° 2 avec ses fossiles et les pierres taillées qui sont des trachytes et des phonolithes.

Une cavité latérale de cette même grotte a présenté un gisement assez différent des précédents, et dans lequel les ossements étaient plus nombreux et plus variés (carnassiers, Cerfs (beaucoup d'os et de bois), coprolithes d'Hyène, Éléphant, Cheval, Bœuf).

L'auteur croit pouvoir conclure de ces faits, qu'il y a dans cette grotte deux dépôts ossifères distincts par leur position, la diversité des animaux, la présence des armes de pierres taillées dans l'un et leur absence dans l'autre, et par conséquent les preuves de deux époques.

Jusqu'à présent, les armes de pierres taillées n'ont été rencontrées que dans les localités où ont été signalés les restes de Cerfs et de Sangliers; elles manquent dans les autres ou y sont extrêmement rares. C'est dans la grotte de Maccagnone que les pierres taillées furent découvertes pour la première fois en 1859 par MM. Anca, Porcari et Falconer. Il y avait à l'entrée une couche formée par des os de Cerfs, recouverte par un riche dépôt d'os d'Hippopotame. Depuis, on en a observé, comme on vient de le dire, dans les deux grottes précédentes; mais jusqu'à présent ces produits de l'industrie primitive de l'homme n'ont pas été cités dans celles de San Ciro, de Belliemi et d'Olivella, où les restes de Cerfs sont excessivement rares.

Les fossiles de la grotte de San Teodoro, à la détermination desquels M. Lartet a apporté son savant concours, sont, parmi les carnassiers : l'Hyène tachetée, un Ours se rapprochant de l'Ours brun des Alpes (*U. arctos*), le Loup et le Renard; parmi les rongeurs, le Porc-Épic, le Lapin; parmi les pachydermes, l'*Elephas antiquus*, l'*E. africanus?*, l'Hippopotame, une ou deux espèces, le *Sus scrofa*, ressemblant au Sanglier du nord de l'Afrique; parmi les solipèdes, l'Ane; parmi les ruminants, un Bœuf de taille moyenne, une seconde espèce plus petite et très-élancée; le Cerf, une ou deux espèces, le Mouton ou un ruminant voisin; parmi les batraciens, un grand Crapaud, puis un oiseau indéterminé, l'*Helix aspersa*, une Huître et le *Cardium edule*.

Or, cette liste de fossiles ne résout point la question de l'âge des dépôts qui les renferment, ou bien elle les ferait regarder comme plus récents que l'époque quaternaire proprement dite. Car si, d'une part, les genres Hyène, Ours, Porc-Épic, Éléphant, Hippopotame, ne vivent plus dans le pays, les espèces qui les y ont représentés lors du remplissage des cavernes se rapprochent davantage de celles qui vivent encore sur les continents voisins que des espèces quaternaires. Il n'y a donc rien non plus à conclure de ces données quant à l'ancienneté de l'établissement de l'homme dans le pays.

Des recherches ultérieures (*Bull. Soc. géol.*, vol. XVIII, 1860, p. 90) ont convaincu M. F. Anca que l'*Elephas africanus* avait bien réellement vécu en Sicile avec l'Hyène tachetée et l'Hippopotame. Mais les ossements de ces animaux n'existant pas dans les dépôts supérieurs de la grotte de San Teodoro avec ceux de Cerf, de Bœuf, de Cheval, de Sanglier et les restes d'industrie humaine, on peut admettre qu'il y avait une communication directe entre la Sicile et la côte d'Afrique avant l'apparition de l'homme dans le pays, et que l'extinction des espèces africaines dans l'île coïnciderait avec sa séparation du continent, après laquelle aussi l'homme en aurait pris possession.

« En Sardaigne, près de Cagliari, dit Cuvier (*Ossements » fossiles*, vol. VI, p. 404), dans un rocher voisin de la » mer, est une grande couche ou plutôt un grand filon » rempli d'une quantité prodigieuse de très-petits osse- » ments que l'on dirait avoir été pilés et entassés, et qui » ne sont liés que par une petite quantité de terre rou- » geâtre durcie. » Dans un fragment de pierre blanche provenant de cette brèche, entouré d'une croûte de cet amas de petits os, et, en tout, à peine de la grosseur du poing, le savant anatomiste put déterminer la présence d'au moins quatre espèces : un Lagomys, un Campagnol, une Musaraigne et un Lézard. Une de ces espèces est éteinte, une autre est étrangère au pays. La brèche dont parlait Cuvier est aujourd'hui épuisée; elle remplissait une cavité en entonnoir située au sommet de la colline tertiaire de Montreale, à 45 mètres au-dessus du niveau de la mer et à 500 mètres du rivage actuel. Les fossiles qu'on y a découverts appartiennent aux *Cynotherium sardum*, Renard, Ours, *Sorex*, *Lagomys sardus*, *Myoxus glis*, *Mus*, *Arvicola*, *Arctomys*, *Sus*, *Cervus*, avec des restes d'oiseaux de divers ordres, des coquilles marines, entre autres le *Mytilus edulis*.

A ce que nous avons dit précédemment sur les dépôts quaternaires de la Sardaigne, nous ajouterons ici que M. Meneghini considère la *panchina* comme s'étant formée à plusieurs époques, et d'une manière continue pendant un laps de temps fort long, de sorte qu'il y a une différence sensible entre la faune des premières et celle des dernières encore en voie de formation. Cette manière de voir, qui s'accorde avec celle que nous avions déduite ci-dessus de résultats plus généraux, explique la contradiction apparente des conclusions de l'auteur. Il cite 27 espèces de mollusques et un crustacé dans les dépôts quaternaires, et dans les plages soulevées, 40 espèces différentes des précédentes, quoique également vivantes.

La brèche osseuse observée en Corse, au nord de Bastia, à 200 mètres au-dessus de la mer dans un calcaire bleuâtre et blanchâtre, est formée de terre rougeâtre remplissant des fentes de la roche et enveloppant une innombrable quantité d'os parmi lesquels Cuvier reconnut ceux d'un *Lagomys* (*L. corsicanus*), voisin du *L. alpinus* qui habite les régions montagneuses froides de la Sibérie, mais plus grand, et un Rat d'eau. On y a signalé depuis des restes de ruminants, de Daim, d'Antilope et de Lapin.

Nous avons déjà mentionné les brèches osseuses de

Nice, d'Antibes et de Cette, sur le littoral de la France (1); Bowler a décrit les dépôts d'ossements de Concud, une lieue au nord-ouest de Terruel, en Aragon; mais les échantillons de cette localité étudiés par Cuvier, et qui se rapportent à des Anes, des Bœufs, des Moutons et des Cerfs très-semblables à ceux d'aujourd'hui, peuvent faire douter de leur ancienneté, aussi bien que la relation du voyageur anglais qui y a vu des ossements d'animaux domestiques et même des ossements humains. Les brèches du rocher de Gibraltar n'ont offert que des débris de rongeurs et de ruminants (Lagomys, deux Lapins et deux Cerfs). On y a cité à la vérité des restes de l'Ours des cavernes, mais ce fait, qui serait unique dans toute cette région, n'a pas été suffisamment établi. La découverte en Espagne de l'*Elephas africanus* fossile viendrait appuyer l'hypothèse que nous avons vue émise tout à l'heure. Ce grand pachyderme aurait habité le sud de l'Europe avant la formation du détroit de Gibraltar, alors que le Sahara était une mer qui séparait l'Algérie de l'intérieur de l'Afrique, ce qui rend également compte de la présence dans la partie méditerranéenne de ce continent, d'animaux appartenant au nord de l'Europe (2).

Dans l'île de Malte, des vertébrés fossiles ont été récemment découverts, entre autres une espèce d'Éléphant remarquable par sa petitesse, et désignée sous le nom d'*E. melitensis*.

On connaît seulement, par les mémoires de Spallanzani, l'existence de brèches osseuses dans l'île de Cérigo; ce qu'en disent Fortis et Cuvier après lui, n'apprend rien sur les animaux qu'elles renferment, et montre seulement que les détails donnés par le savant naturaliste italien ne doivent être acceptés qu'avec beaucoup de réserve.

Les découvertes récemment faites dans nos possessions du nord de l'Afrique compléteront ce coup d'œil sur la faune quaternaire circum-méditerranéenne. A 6 kilomètres au sud d'Alger, à l'est du village de Birmandreis, et à une altitude de 132 mètres, une grotte ouverte dans le terrain tertiaire a présenté un revêtement de stalagmite, enveloppant des os de Cheval, de Bœuf et d'un jeune carnassier indéterminé. Les brèches osseuses entre Oran et Mers-el-Kebir ont les mêmes caractères que celles du midi de la France. On y trouve, suivant M. Milne Edwards, des débris de Bœuf, de Cheval, d'Ours, etc., comme dans les cavernes. Des restes d'*Elephas africanus* ont été rencontrés aux environs de Guelma, et l'on voit cité par Cuvier, mais sans aucune authenticité, l'*E. primigenius* dans les États barbaresques, puis par d'autres naturalistes, un Rhinocéros indéterminé, le *Bubalus antiquus* de Sétif, quelques os du *Bos primigenius*, dans une grotte près de Bougie, une Antilope, un Chien et une Hyène non déterminés spécifiquement.

(1) *Revue des cours scientifiques*, n° 18, p. 220, et n° 22, p. 282.

(2) L'existence de l'Éléphant fossile dans le voisinage immédiat de Madrid était connue dès le commencement de ce siècle.

Si maintenant nous comparons les caractères de cette faune de mammifères quaternaires circum-méditerranéenne avec celle que nous avons décrite au nord des Alpes et des Pyrénées, nous trouverons qu'abstraction faite des dents d'*Elephas primigenius* constatées au mont Sacré, près de Rome, et dans le diluvium de la vallée du Pô, en amont de Turin, nulle part on n'y a encore signalé avec certitude les espèces les plus caractéristiques des dépôts du nord (*Rhinoceros tichorhinus*, *Ursus spelæus*, *Hyæna spelæa*, *Cervus euryceros*, *Aurochs*, Renne, *Felis latidens* (*Machairodus*), *Felis spelæa*, *Trogontherium*), et l'*Hippopotamus major* s'y trouve plutôt dans les dépôts tertiaires supérieurs avec l'*Elephas meridionalis* que dans des dépôts plus récents.

D'un autre côté, l'espèce d'Éléphant la plus authentique et la plus généralement répandue, l'Hyène et peut-être le Rhinocéros, seraient plus voisins de ceux qui vivent encore en Afrique, et il en serait de même des autres ruminants ou pachydermes plus semblables aux espèces actuelles que leurs congénères de l'époque quaternaire dans le nord. Ainsi, sauf quelques petits rongeurs, non-seulement cette faune quaternaire méditerranéenne différerait notablement de celle du nord, mais encore elle se rapprocherait beaucoup plus de la faune actuelle qui vit au sud, que celle du nord ne se rapproche de la faune actuelle de la même région.

Les données fournies par l'examen des brèches osseuses et des cavernes ne contribuent donc pas encore à résoudre les questions que les dépôts quaternaires avaient laissées incertaines, et les relations ou le synchronisme des unes et des autres ne sont pas, sur le périmètre de la Méditerranée, appuyées de preuves paléozoologiques aussi concluantes que dans le nord et l'ouest de l'Europe. En outre, si la contemporanéité absolue des faunes dans les deux régions peut rester douteuse, il est à remarquer que les différences entre les faunes de nos jours et les faunes quaternaires d'un continent donné semblent être moins prononcées, à mesure qu'on s'avance du nord vers le sud. A. D'ARCHIAC

FRAGMENTS DE CRITIQUE MÉDICALE.

Par le Dr EM. CHAUFFARD, agrégé de la Faculté de médecine de Paris.

Broussais. — Magendie. — Chomel.

L'histoire médicale de ce temps offrira aux méditations des générations futures les plus instructives leçons. La succession des faits, les passions et les travaux des hommes s'y montrent en des rapports d'une logique évidente et rigoureuse, à ce point que, des prémisses posées, tout s'y poursuit jusqu'à l'accomplissement des conséquences extrêmes. En face de ces conséquences surgissent certaines réactions destinées à les combattre, et que suscitent les nécessités des choses. Ces réactions, cependant, n'arrêtent ni ne changent, d'une façon durable, le mouvement des esprits. Sur les fluctuations apparentes, sur le conflit des opinions et des préjugés, plane une inspiration commune qui jette l'unité au sein d'éléments qui semblent en lutte, et conduit à des aboutissants identiques qui semblent partir de points opposés. Toutes les agitations et tous les changements dont nous avons été les témoins ont ainsi un lien qui les rassemble, et ne sont que les témoignages divers d'une même philosophie.

Ce mouvement, réglé par une influence supérieure, a suivi bien des directions variées. Ces directions peuvent se ramener à des types définis; et chacun de ces types s'incarne en des individualités qui les ont conçus fortement, et en sont la représentation vivante. Nous voudrions présenter comme tels trois hommes qui ont exercé une action considérable sur la médecine contemporaine, Broussais, Magendie, Chomel; nous voudrions montrer rapidement, et par les grands côtés, le caractère de leur œuvre. Chacun d'eux a semblé marcher dans des voies bien différentes; chacun a cependant poursuivi l'application des mêmes principes généraux; chacun, par suite, a plus ou moins rencontré les mêmes écueils, sombré ou faibli sous la même impuissance. Chacun a, pour sa part, justifié cette éternelle vérité que tout vit, que tout marche, que tout aboutit en raison de la doctrine, âme cachée de toute pensée et de toute action. La spontanéité humaine et les accidents qui interviennent modifient la forme des convictions et des événements accomplis; mais, au-dessous, le fond subsiste identique. Broussais, Magendie, Chomel, traduisent à ceux qui savent lire le secret de leurs œuvres, les étapes diverses et les évolutions d'un même fait, le philosophisme de la sensation appliqué à la médecine : il peut n'être pas sans intérêt de montrer que des efforts dissemblables, et qui souvent se sont combattus, cachaient les mêmes origines, et se trouvaient condamnés à d'inévitables, sinon à de pareilles chutes.

I.

Les dunes bretonnes ont vu naître presque simultanément trois hommes destinés à agiter en sens divers les esprits de leur temps. Chateaubriand, Lamennais, Broussais, entendirent dans leur enfance les mêmes bruits de l'Océan, s'émurent aux mêmes violences de la tempête. Leur intelligence et leurs passions semblent avoir retenu, sans l'oublier jamais, l'accent des premiers échos qui les frappèrent. Ces hommes, dans les milieux différents où ils vécurent, aimèrent les orages, et ne se sentirent à l'aise que dans les luttes qu'ils soulevèrent autour d'eux, ou dans lesquelles ils se jetèrent avec tous les emportements de leur bouillante nature. Le travail patient et désintéressé du bruit, la recherche calme du bien et de la vérité, leur furent inconnus et les auraient lassés tout d'abord, tant la contrainte eût été forte. Combattre et détruire leur était un impérieux besoin et leur plus savoureuse jouissance. Dominer, asservir leur temps fut leur autre passion; ils montrèrent un dédain presque injurieux pour tout ce qui ne venait pas d'eux, et pour ceux qui ne se convertissaient pas à l'admiration qui leur semblait due. Leur orgueil, maladie profonde des générations d'alors, fut démesuré, et ne transigea jamais; le toucher, c'était les blesser au plus vif, et jamais ils ne pardonnèrent cette injure. Ils voulurent de la popularité à tout prix, et bien des fois les opinions nouvelles qu'ils embrassaient avaient leur source dans le désir insatiable de plaire à la foule et d'être acclamés d'elle. Ces caractères se tempérèrent dans le plus grand de ces hommes : Chateaubriand sut en effacer les plus âpres saillies, et soumettre sa vie à des convictions qui en firent l'honneur. Les deux autres ne purent en rien maîtriser les exagérations et les débordements auxquels les poussaient les forces sauvages de leur esprit. L'un eut certainement plus de grandeur et de génie; Broussais, plus de grossièreté dans la forme et des colères moins généreuses. L'un montait souvent par-dessus les sommets visibles, et y perdait le sens du réel et du possible; l'autre se plaisait à descendre aux plus bas niveaux les problèmes les plus élevés. S'adressant surtout à la multitude, tous les deux y soulevèrent de fanatiques enthousiasmes, mais sans y répandre les germes de salutaires enseignements; leur action fut plus d'agiter que d'être directement utiles.

Broussais trouva devant lui, au début de sa carrière, une science médicale profondément affaiblie, celle que M. Dubois (d'Amiens) a appelée, dans ses *Éloges*, la médecine de l'an III. Cette science professait le culte des traditions médicales, dont cependant elle ne savait recueillir que des débris inanimés. Elle proposait à l'admiration les maîtres anciens, sans en comprendre la sincérité naïve et forte, sans voir combien leur esprit d'observation était pénétrant et hardi, sans saisir tout ce qu'il y avait de vie et d'inspiration à travers les voiles et les ignorances de leur analyse. Les temps ont leur mystérieuse harmonie et leur unité cachée. La médecine de l'an III rappelait, sur bien des points, la littérature près de laquelle elle vivait, la direction suivie à côté dans les arts plastiques, et la philosophie sous laquelle sommeillait la pensée. Dans ce monde de l'esprit, où tout devrait être création et liberté, tout était devenu froid, convenu, officiel, réglementaire; tout y semblait aspirer à l'uniforme; la spontanéité y était étouffée et l'originalité proscrite, pour mieux éviter les écarts et ne pas troubler l'immobile autorité des règles consacrées. On croyait aimer et imiter les anciens, sans se douter que l'asservissement est précisément ce qu'il y a de plus contraire au génie indépendant, à la simplicité naturelle de l'antiquité. L'enseignement à voix éteinte de la philosophie de la sensation régnait dans ce calme, et ne risquait pas d'agiter les intelligences. Condillac, commenté et timidement revu par Laromiguière, Cabanis et les philosophes de l'Institut, occupaient les esprits à une analyse superficielle et nominale, qui masquait aux regards les problèmes inquiétants, les réalités vivantes et suprêmes des choses. Du sein de ces régions endormies sortait parfois une voix librement émue, un élan d'affranchissement et de volonté, dont le retentissement prolongé indiquait un esprit nouveau qui couvait dans le silence et allait bientôt éclater.

La médecine de ce temps n'était guère plus vivante que les lettres, les arts et la philosophie; elle était devenue uniquement et stérilement nosographique, sous la direction d'un maître à débile sagesse, le vénérable Pinel. La science de Pinel s'adonnait tout entière à un faux amour d'ordre et de classification, s'inspirait d'une crainte incessante de l'esprit d'hypothèse et de théorie. Observer, décrire et classer les phénomènes morbides sans les interpréter, en composer des groupes distincts, faciles à reconnaître au moyen de caractères extérieurs simples et fixes, était pour lui l'idéal de la science. Il trouvait *plus de présomption que de lumières et de sagesse* aux médecins qui, *une maladie étant donnée,* se proposaient d'en *trouver le remède.* « L'examen comparatif, disait-il, de la marche sage et circonspecte suivie maintenant dans toutes les parties de l'histoire naturelle doit, sans doute, faire beaucoup rabattre de ces prétentions exagérées, inspirer plus de circonspection et de réserve, et apprendre à se borner au problème suivant, qui est bien plus mesuré et circonscrit : *une maladie étant donnée, déterminer son vrai caractère et le rang qu'elle doit occuper dans un tableau nosologique.* »

Tant que le régime impérial et les terribles jeux auxquels il se plaisait durèrent, ils fournirent aux intelligences un aliment qui déguisa la pauvreté de ce qui leur venait d'ailleurs. Les bruits et les préoccupations publiques contribuèrent évidemment au maintien de la science facile et écourtée qu'enseignait la *Nosographie philosophique* de Pinel. Les ombres paisibles des choses et les satisfactions factices ne répugnent pas à ceux dont les jours comptent des réalités poignantes, et voient des spectacles où le sort du monde s'agite. Corvisart et Bichat s'essayaient cependant à ouvrir des voies nouvelles et fécondes. Corvisart, moins largement inspiré, ne touchait qu'à un point spécial de la médecine, et se bornait à éclairer l'étude obscure des maladies du cœur; Bichat créait avec génie l'anatomie générale; il montrait que le composé organique, que la diversité des organes et des tissus se ramenaient à des tissus premiers et élémentaires doués de propriétés spéciales, et qu'organes et tissus composés sentaient et agissaient en raison des tissus élémentaires qui les composaient. Mais Corvisart et Bichat, malgré le souffle nouveau qui les poussait, laissaient aux mains de Pinel la direction suprême, et ne dénonçaient pas ouvertement l'inanité d'une science vouée aux seuls phénomènes, satisfaite d'artifices et de mots. Un mouvement extraordinaire, une fermentation longtemps contenue s'empara de tous après les désastres qui mirent fin à l'empire. Les passions et les audaces de l'esprit se réveillèrent ensemble, et s'attaquèrent à toutes les formes de l'art respectées jusqu'alors, et tout à coup vieillies et chancelantes. La médecine ne pouvait demeurer immobile en cet entraînement général. Là, comme ailleurs, une jeunesse impatiente de tout respect, et conquise d'avance au mépris des traditions qu'elle ignorait, attendait une réforme, et la voulait bruyante, entremêlée de luttes et de violence, radicale dans ses affirmations. Il fallait faire croire à cette foule fiévreuse qu'on lui ouvrait une science nouvelle, en face de laquelle le passé n'était qu'une longue suite de mensonges et d'avortements. Nous avions perdu la conquête du monde, et les royaumes, un instant soumis, nous avaient en un jour fatal échappé; vaincus de ce côté, nous avions besoin de glorieux dédommagements, et de courir à d'autres victoires, soudaines et remplies d'étonnements comme les premières.

Broussais vint, ressentant en lui-même les agitations et les besoins de son temps; il leur prêta sa propre et bouillante énergie, et commença contre l'enseignement de Pinel, qui résumait aux yeux de tous le passé médical, une suite d'attaques véhémentes et sarcastiques, qui émurent et bientôt enivrèrent des esprits dont elles satisfaisaient les préjugés et l'orgueil. L'*Examen de la doctrine médicale généralement adoptée* commença en 1816 cette guerre qui eut tant de force pour détruire et montra tant d'impuissance pour fonder. Atteindre et blesser au cœur la médecine de Pinel n'était pas difficile. Son fougueux antagoniste prouva sans peine tout ce que les groupes de symptômes, donnés pour les seules réalités morbides, avaient d'artificiel; il engloba sous le nom d'ontologisme toutes ces créations nosographiques; il prétendit que la maladie n'était rien en dehors de la lésion d'un ou de plusieurs organes; dans la recherche des lésions consistait la vraie médecine: tout ce qui ne traduisait pas une lésion ou son effet n'était que vaine imagination, fiction ontologique. Cette argumentation, Broussais la reproduisit sans fin, la colora d'invectives ardentes; il appela à son aide les protestations que tous les sectaires emploient avec succès; il déclara ne parler que pour l'amour désintéressé de l'humanité, se posa en victime des puissances du jour, accusa la Faculté tout entière, coupable de repousser ses doctrines, coterie désastreuse qui voulait éteindre la lumière, dont il éclairait enfin le plus utile des arts. Il s'empara d'un mot qui devenait magique, et se posa en apôtre du progrès; à sa polémique médicale il mêla habilement toutes les passions politiques et religieuses qui fermentaient autour de lui; il accusa d'intolérance, d'obscurantisme, d'esprit rétrograde tous ceux qui s'opposaient à ce qu'il appelait la réforme. Ceux qui l'acceptaient pour maître étaient hommes de progrès et d'avenir; ceux-là seuls étaient libéraux, indépendants, n'étaient pas séides d'un pouvoir ennemi de toutes les libertés. Broussais intéressa ainsi à son œuvre les sentiments d'opposition étroite et vulgaire qui régnaient alors. La popularité qu'il recherchait avec tant d'avidité lui devint une force pour établir et propager le système qu'il voulait substituer à la science renversée.

Le réformateur, en effet, ne s'était pas borné à détruire l'édifice nosographique du jour. Dans cette destruction il avait entraîné toute la médecine, la vieille médecine, dont Pinel semblait le dernier venu et le résumé parfait, tant l'ignorance des traditions et des œuvres médicales était profonde alors. Sur ce sol où il avait fait table rase, Broussais avait à reconstruire. Ses efforts de conception ne durent pas être très-pénibles, ni sortir de longues et patientes méditations. De tels esprits ne savent que contredire, même lorsqu'ils affirment. Broussais se borna à retourner un système contre lequel il avait dirigé ses plus ardentes attaques. Il se mit à l'opposé du brownisme qu'il surprit au déclin d'une grande vogue, et que Pinel avait associé à ses divisions nosographiques. Brown ne voyait dans la maladie que faiblesse de l'organisme; Broussais affirma que tout y était excès de force et inflammation. Il eut le soin de présenter ces deux derniers termes comme synonymes; puis il n'eut qu'à montrer que toutes les maladies offraient une inflammation. Ce point-ci, il le donna comme la conclusion de sa lutte contre Pinel et l'ontologisme. Toute maladie provient d'une lésion d'organe; une lésion est toujours une inflammation ou le produit d'une inflammation; toute maladie se réduit donc, en définitive, à une inflammation. La différence des maladies particulières provient uniquement de la diversité des organes enflammés. Cependant il est un organe, l'estomac, dont l'inflammation se mêle à toutes les autres, soit comme point de départ et cause réelle des inflammations en apparence étrangères à lui, soit comme retentissement sympathique, effet plus ou moins éloigné d'inflammations nées en d'autres régions et sous d'autres influences que celles qui l'atteignent. De là la fréquence extrême de la gastrite. Celle-ci devint un instant l'unique maladie; et le langage de nombre de médecins répondant à toute question, *gastrite*, en prit une teinte de ridicule qui n'est pas encore effacée de tous les souvenirs.

Pour mieux assurer sa doctrine pathologique, Broussais édifia une doctrine physiologique congénère; de la sorte il dominait l'état de santé comme l'état de maladie, il s'emparait de l'être vivant dans toutes ses modalités. Sa doctrine de la vie n'était pas moins simple que celle qu'il enseignait en pathologie. La vie n'est qu'une propriété de la matière organique; cette propriété est la *contractilité*, terme qui a pour synonymes *irritabilité* et *excitabilité*. Pas de vie sans excitation, sans irritation des organes. Les puissances excitantes agissent constamment sur l'organisme, et lorsqu'elles dépassent la mesure, l'irritation devient morbide, se change en inflammation. Les organes des sens et les muqueuses, et, en particulier, la muqueuse de l'estomac sont le foyer principal de l'excitabilité; rien d'étonnant, par conséquent, que l'irritation inflammatoire de l'estomac, soit si commune. A ces conceptions de la vie et de la maladie, répondaient une hygiène et une thérapeutique aussi exclusives qu'elles : la vie n'étant qu'irritation, la maladie qu'inflammation, l'art de conserver la santé et celui de guérir ne pouvaient avoir qu'un but, calmer l'être toujours irrité, éteindre l'inflammation qui seule a pouvoir de le rendre malade.

Il serait hors de raison d'imiter certains professeurs qui ont dépensé toute leur éloquence à prouver que Bichat et Broussais, avec leurs propriétés vitales, constituaient une nouvelle ontologie aussi condamnable que les anciennes, attendu que les propriétés vitales ne s'isolent de la matière organique et ne se touchent pas plus que la force ou le principe vital. Il serait pareillement superflu de prouver, avec M. Rostan, qu'il n'y a pas qu'une seule maladie, l'inflammation et la gastrite, mais qu'il existe au contraire plusieurs et de nombreuses maladies. Ces efforts de démonstration paraîtraient aujourd'hui aussi singuliers que les singulières idées qu'ils étaient destinés à réfuter. Les temps sont loin où il a pu être utile de montrer tout ce que la médecine dite physiologique avait de faux et d'arbitraire, et les dangers qu'elle renfermait.

On a beaucoup accusé les médecins de s'être laissé séduire par d'aussi étroites conceptions, et d'avoir cédé aux emportements d'une polémique aussi inconsistante qu'erronée. On oublie, dans ces accusations, les résistances qui se sont produites, et elles ont été, sinon populaires et générales, du moins dignes de la science; les retours honorables aux vérités outragées, et ils ont été nombreux : il est peu de médecins qui, éclairés par la pratique, n'aient abandonné les trompeuses apparences qui avaient entraîné leur jeunesse inexpérimentée. La médecine de l'irritation s'appuyait en outre sur un fait transitoire qui, momentanément au moins, devait la rendre moins désastreuse en application : ce fait était la constitution inflammatoire des maladies régnantes; constitution de celles que les anciens appelaient stationnaires, pour désigner un règne prolongé durant un nombre variable d'années. L'observation clinique sembla ainsi, pour un temps, venir en aide à la réforme médicale, sauf à lui infliger, au changement de la constitution morbide, un éclatant démenti.

Si l'on tient un juste compte de ces considérations; si l'on réfléchit, en outre, que Broussais, dans sa lutte contre la médecine traditionnelle, s'était armé de toutes les perfidies, avait fait appel aux plus mauvaises passions comme aux généreuses, parlait à des générations que le sentiment des réalités vivantes ne fortifiait pas, on s'étonnera moins de son bruyant mais court succès.

— La suite à un prochain numéro. —

Dans la dernière séance de l'Académie des sciences, M. Flourens a annoncé que MM. F. A. Pouchet, Joly et Musset se tenaient à la disposition de l'Académie pour faire, concurremment avec M. Pasteur, de nouvelles et décisives expériences sur les générations spontanées. Les savants hétérogénistes sont en instance auprès de M. le ministre de l'instruction publique pour obtenir l'autorisation d'exposer leurs idées dans une conférence à la Sorbonne.

— Aujourd'hui, samedi 18 juin, M. Barral fera, à l'Association polytechnique de Sceaux, à huit heures précises, une conférence sur l'*agriculture du département de la Seine*.

Le propriétaire-gérant : GERMER BAILLIÈRE.

PARIS. — IMPRIMERIE DE E. MARTINET, RUE MIGNON, 2.

PREMIÈRE ANNÉE. — N° 30. UN NUMÉRO : 30 CENTIMES. 25 JUIN 1864.

REVUE DES COURS SCIENTIFIQUES DE LA FRANCE ET DE L'ETRANGER

PHYSIQUE — CHIMIE — ZOOLOGIE — BOTANIQUE — ANATOMIE — PHYSIOLOGIE
GÉOLOGIE — PALÉONTOLOGIE — MÉDECINE

Paraît tous les Samedis.

	Six mois.		Un an.
Paris	8 fr.		15 fr.
Départements	10		18
Étranger	12		20

Prix de l'abonnement avec la Revue des Cours littéraires.

Six mois..... Paris, 15 fr. Départ., 18 fr. Étranger, 20 fr.
Un an....... — 26 — 30 — 35

Rédacteur en chef
M. ODYSSE-BAROT

Les ouvrages dont deux exemplaires auront été envoyés au bureau du journal seront annoncés et analysés s'il y a lieu.

On s'abonne
A LA LIBRAIRIE GERMER BAILLIÈRE
17, rue de l'École de Médecine,
Et chez tous les libraires, par l'envoi d'un bon de poste, ou d'un mandat sur Paris.

L'abonnement part du 1er décembre ou du 1er juin de chaque année.

SOMMAIRE.

HISTOIRE DE LA SCIENCE.

COURS DE M. HENRI FAVRE.

(ENTRETIENS ET LECTURES DE LA RUE DE LA PAIX.)

(Voy. les nos 15, 16 et 28.)

Étude sur Franklin. (Fin).

La bibliothèque fondée par Franklin fut supprimée, parce que les livres n'étaient pas surveillés. Et ceci est très-remarquable. En France, on aurait le dévouement de donner ses livres; mais si les livres se perdaient, l'accident paraîtrait de peu d'importance.

Le Yankee ne perd jamais rien; il ne veut pas que sa personnalité soit supprimée. Chacun voyant que ses livres n'étaient pas conservés, on se dit : « Nous n'avons pas le moyen de conserver nos livres dans cet ordre-là; reprenons-les. » Franklin ne s'arrêta pas pour si peu. On avait fait une junte, on avait montré qu'on pouvait fonder une bibliothèque. Son journal lui servit à étendre le principe de la junte. Vous voyez toujours le procédé américain : d'un côté, l'individu, qui ne veut pas abdiquer; l'association, qui lui donne la puissance du groupe; et le journal, qui est toujours là pour dire ce qu'il faut faire, les inconvénients et les avantages des affaires qu'on entreprend.

Alors que fit Franklin? Il fit une souscription. Il dit : « Chacun de nous va s'engager à verser dix francs pendant cinquante ans. » Si l'on disait à un Français ordinaire, — il y a des Français extraordinaires, c'est vrai; mais enfin si l'on disait à un Français : « Tu verseras dix francs pendant cinquante ans », il répondrait : « Dans cinquante ans le monde sera fini; je n'existerai plus dans cinquante ans. » Eh bien! Franklin dit : « Pendant cinquante ans nous verserons dix francs chacun. » Et puis on fit venir des livres d'Angleterre; on s'arrangea de manière que le lieu choisi pour les placer fût mieux approprié. Le goût vint; et ainsi fut fondée la bibliothèque de Philadelphie. Aujourd'hui, en Amérique, les bibliothèques sont partout.

Franklin a un journal à lui, est à la tête d'une association. Que fait-il? Vous croyez qu'il va s'amuser à se dire : « Je suis un bien grand personnage; j'ai sauvé au moins l'humanité! » Il a eu la prétention de faire toujours bien ce qu'il faisait; il n'a jamais rien fait par enthousiasme et par entraînement, mais avec clairvoyance, suite et discernement. C'est encore une qualité des Américains dans leur ordre normal; je ne parle pas des Américains d'aujourd'hui, ils sont dans une crise, mais de l'Américain fondamental, celui qui restera. Eh bien! cet Américain ne fait pas d'enthousiasme, il ne fait jamais que ce qu'il veut faire.

Franklin avait pris son journal pour moyen d'action; mais il comprend que c'était encore un mode trop élevé, quelque chose de trop supérieur, et il fait cette chose toute simple, mais si difficile à bien établir : il compose un almanach.

En France, nous achetons ceux qu'on nous fait, mais nous n'avons pas ce chef-d'œuvre qu'on appelle l'*Alma-*

nach du bonhomme Richard, qui réfléchit la pensée courante de l'Amérique, cette espèce de bon sens pratique qui dans Franklin s'est incarné. Franklin, qui faisait des articles en cachette quand il était compositeur, se résolut à faire des almanachs pour la vulgarisation de ses idées Bientôt il condamna cet almanach. Son œuvre s'est appelée d'un nom choisi et charmant : la *Science du bonhomme Richard*.

La *Science du bonhomme Richard*, c'est la science mise au niveau des gens qui en ont le plus besoin. Quand Franklin n'aurait fait que la *Science du bonhomme Richard*, science qui n'est pas éternelle (ce n'est pas une bible qu'a voulu faire Franklin), mais qui est un modèle; quand on a fait un modèle comme celui-là, qu'on s'est appris à lire soi-même, qu'on a acheté des livres en se privant de nourriture, qu'on a été simple ouvrier, qu'on a été obligé de se déplacer de son lieu pour aller en Angleterre, et de revenir d'Angleterre dans son lieu natal pour s'y établir, on a déjà le cachet de la véritable grandeur. Quand Franklin serait mort en laissant le *Bonhomme Richard*, ce serait encore un homme dont le nom mériterait de vivre. A ce moment, Franklin est à l'apogée de la première phase de sa vie. C'est là que se termine sa vie d'ouvrier.

Assurément ces aspects du caractère humain n'ont rien de bien dramatique; il n'y a pas d'épopée à faire avec la vie de Franklin; mais vous voyez pourtant combien cette vie est complète en son genre. Tout homme qui se trouvera dans les conditions où Franklin s'est trouvé devra forcément parcourir la même voie ; et voilà ce qu'il disait dans la première partie de ses *Mémoires*, qui explique parfaitement la physionomie sous laquelle il nous est apparu :

« Né dans l'indigence et dans l'obscurité, et y ayant passé mes premières années, je me suis élevé dans le monde à un état d'opulence, et j'y ai acquis quelque célébrité. La fortune ayant continué à me favoriser, même à une époque de ma vie déjà avancée, mes descendants seront peut-être charmés de connaître les moyens que j'ai employés pour cela, et qui, grâce à la Providence, m'ont si bien réussi ; et ils peuvent servir de leçon utile à ceux d'entre eux qui, se trouvant dans des circonstances semblables, croiraient devoir les imiter. »

C'est bien là le testament d'un honnête homme, d'un père de famille qui s'est élevé par son travail. On y reconnaît le type de tous ceux qui voudront exister de la même façon.

Nous avons vu Franklin passer de l'état d'apprenti à l'état d'ouvrier, de l'état d'ouvrier à l'état de patron, de l'état de patron à l'état de publiciste, de l'état de publiciste à l'état d'organisateur de société, puisqu'il avait fait une junte, c'est-à-dire une petite société. Il comprit, à vingt-six ans à peu près, que la destinée de l'homme n'est pas contenue exclusivement dans le travail manuel et dans l'acquisition des richesses. Au moment où il avait perdu ses croyances bibliques, il était tombé dans la philosophie très-relâchée, très-peu élevée, que l'Angleterre du XVIIIe siècle lui avait transmise, et que la France, par un certain côté, reflétait beaucoup. Il était fort ébranlé. Avant de donner le *Bonhomme Richard* aux autres, il se l'était donné à lui-même. Il est curieux de voir cet homme qui s'est réalisé à lui seul non une religion, il n'en avait pas besoin, et je crois qu'il n'en a jamais eu besoin, mais une morale en dehors de toute espèce de religion, à priori, de conception abstraite. Je ne dis pas que c'est ce qu'il y a de mieux au monde : je vous raconte simplement la vie de Franklin. Il ne croit plus à la Bible ; il n'est plus presbytérien ; il laisse cet ordre de croyance à son père, et il étudie des auteurs variés. Cependant il n'a plus de morale, de principe de conduite ; il sent qu'il va se dissoudre : il a résisté ; il a fait ce qu'il a pu. Il est des moments dans la vie où l'on change de centre d'action. Franklin reconnut que s'il manquait de point de repère, il était perdu. Il lit la Bible, et, dans le livre des Prophètes, il trouve ces paroles : « La longue vie est dans ta main droite, et la fortune dans ta main gauche. » Ce précepte lui parut sage et salutaire, ce fut pour lui une inspiration.

Ainsi, dans une partie de sa vie, Franklin a encore lu la Bible, et il réduit les enseignements qu'il y trouve à quelque chose de fort simple : à vivre longtemps. C'est quelque chose, car vous savez que l'épicuréisme dit volontiers : *Courte et bonne*. Franklin pense : Oui, il faut qu'elle soit bonne, mais qu'elle soit longue. Quand un homme, en effet, jette au vent son existence, c'est qu'il n'a pas confiance dans la destinée qu'il a à remplir. Il faut se défier de ceux qui ne croient pas à la vie. Quand un homme, à vingt ans, ne sait que faire, ce qu'il a de mieux à faire, c'est de s'en aller. Franklin se dit donc : « Il faut que je vive longtemps; quant à la fortune, je me charge de cela, pour peu que je sois un bon travailleur, que je profite bien des circonstances qui me sont données. » Pour vivre longtemps, il s'arrangea de façon à avoir une morale, et comme il ne l'avait pas prise dans la Bible, que la philosophie lui paraissait insuffisante, car ceux qu'on appelle des philosophes, ceux du moins qu'avait lus Franklin, vivaient beaucoup plus en dehors de la philosophie qu'on ne le pense généralement, il se dit : « Il faut, pour vivre longtemps, posséder un certain nombre de qualités. » Il rédigea à son usage une morale en action ; en voici les articles fondamentaux :

Ire QUALITÉ. *Tempérance*. — Ne mangez pas jusqu'à vous abrutir, ne buvez pas jusqu'à vous échauffer la tête.

IIe. *Silence*. — Ne parlez que de ce qui peut être utile à vous et aux autres.

IIIe. *Ordre*. — Que chaque chose ait sa place fixe. Assignez à chacune de vos affaires une partie de votre temps.

IVe. *Résolution*. — Formez la résolution d'exécuter ce que vous devez faire, et exécutez ce que vous aurez résolu.

V^e^. *Frugalité*. — Ne faites que des dépenses utiles pour vous et pour les autres, c'est-à-dire ne prodiguez rien.

Aussi, vous voyez l'homme qui débute par la tempérance, qui sait se taire, à moins qu'il ne soit obligé de parler pour quelque chose d'utile; qui veut que tout soit en ordre et qu'on exécute ce qu'on a à faire. Voilà bien l'homme d'épargne, l'ouvrier qui a gagné sa vie à la sueur de son front et qui a le sentiment de ce qu'il peut valoir. Il se dit : « Il faut que je gagne, parce que quand j'aurai gagné, je transformerai mon gain en une industrie particulière. »

VIe. *Industrie.* — Ne perdez pas le temps, occupez-vous toujours de quelque objet utile. Ne faites rien qui ne soit nécessaire.

Ainsi, c'est toujours l'homme d'atelier, qui change plutôt de métier que de renoncer à l'activité. Il agit toujours, mais enfin il veut faire quelque chose d'utile.

VIIe. *Sincérité.* — N'employez aucun détour; que l'innocence et la justice président à vos pensées et dictent vos discours.

La sincérité, Franklin l'a pratiquée sur un terrain où jusqu'à présent il fallait porter la duplicité. Franklin, quand il fut *homme d'État*, reste en toute circonstance parfaitement sincère. Combien il est franc quand il parle à lord Chatam, lorsqu'il soutient l'Angleterre dans la guerre de sept ans; il lui dit : « Conquérez le Canada »; et à cinquante ans il marche à la tête des volontaires en plein hiver : il va faire son devoir. Ses concitoyens l'ont nommé colonel, douze cents volontaires le suivent. Les Anglais pensèrent qu'un pareil colonel pourrait servir aussi bien contre eux que pour eux, aussi Franklin ne resta-t-il pas colonel. Plus tard, lorsqu'il vint en France pour traiter avec Louis XVI, on lui envoya d'Angleterre des diplomates, des hommes de seconde main, de ces amis pour lui dire : « Réconciliez-vous avec l'Angleterre; il y a moyen de s'entendre. » On s'entend toujours avec l'Angleterre quand on lui a montré les dents. Franklin répondit : « Je suis allié avec la France, je resterai avec la France. » Et il mit sa signature au bas du traité français. On voit que cette morale qu'il avait faite d'abord pour vivre longtemps, il l'employa pour agir d'une manière convenable.

VIIIe. *Justice.* — Ne faites tort à personne, et rendez aux autres le service qu'ils ont droit d'attendre de vous.

IXe. *Modération.* — Évitez les extrêmes; n'ayez pas pour les injures le ressentiment que vous croyez qu'elles méritent.

Franklin se défia de l'enthousiasme, mais il comprit très-bien que la modération n'était pas la faiblesse. Lorsqu'il fut traduit devant la barre des Communes anglaises, parce qu'il avait été chargé de présenter une requête des colonies, l'avocat de la cour, un de ces avocats qui ont des paroles toutes faites contre les ennemis de ceux qui les font parler, crut qu'il avait devant lui un bonhomme très-vulgaire, et prononça un discours très-agressif. Franklin, avec sa bonhomie supérieure, dit : « Voilà un discours qui peut être très-spirituel, mais celui qui l'a fait prononcer le payera plus cher qu'il ne se l'imagine. »

X^e. *Propreté.* — Ne souffrez aucune malpropreté sur vous, sur vos vêtements ni dans votre demeure.

XIe. *Tranquillité.* — Ne vous laissez pas émouvoir par des bagatelles ou par des accidents ordinaires et inévitables.

XIIe *Chasteté.* — Sacrifiez rarement à Vénus, seulement par raison de santé et pour accroître votre famille, sans en contracter ni lourdeur de tête, ni faiblesse de corps; sans risquer de commettre votre paix, votre réputation ou celle des autres.

Franklin est là tout entier. Trois jours avant sa mort, à quatre-vingt-quatre ans, il dit à sa fille : « Ma fille, fais-moi mon lit; il faut que je meure dans la propreté. » C'est très-beau; c'est la grandeur d'un homme qui comprend la haute signification de la mort, ce résumé si important à bien faire d'une existence consciencieusement parcourue.

XIIIe. *Humilité.* — Imitez Jésus et Socrate.

Vous le voyez, cet homme sage qui ne s'attache à aucune Église proprement dite; il finit par ceci : Imitez Jésus et Socrate. N'est-ce pas un écho de la pensée qui faisait dire à Jean-Jacques Rousseau : « Si la mort de Socrate est d'un sage, celle de Jésus est d'un Dieu. » Voilà comment Franklin se fit une morale. Il appliqua ses axiomes et s'appliqua de manière à ne les jamais transgresser. Chaque jour il faisait son examen de conscience au nom de la morale qu'il s'était imposée. Quand un homme s'est donné à lui-même sa morale, il n'a qu'un seul devoir, c'est de s'y soumettre. On n'a pas à demander à son semblable : « Que crois-tu? » mais bien : « Comment pratiques-tu les croyances que tu t'es données ou que tu acceptes. »

Franklin était désormais muni de ce que l'on peut appeler les sacrements de la morale. Sa carrière, d'autre part, avait été très-brillante : il avait été fonctionnaire public; on l'avait nommé directeur des postes. Il doubla ou tripla le revenu des postes; le gouverneur fut enchanté. On ne peut doubler ou tripler le revenu de l'État sans engager des fonds. Franklin comprit fort bien que le directeur des postes rentrerait dans les fonds qu'il engagerait au service de l'État; il les avança, et il eut l'avantage de faire gagner de l'argent au gouvernement et d'en tirer profit.

Un point qui met en saillie la haute raison de Franklin, c'est la manière intelligente avec laquelle il se retira des affaires. Il commença dans ses propres ateliers à créer des hommes capables d'agir; puis il les envoya comme des missionnaires de l'industrie dans les différents pays de l'Amérique du Nord; il leur donna ce qui lui avait manqué à lui-même : des fonds. Il comprit très-bien que c'étaient des patrons qu'il instituait, des centres d'action qu'il installait. Il ne leur dit pas : « Je vous donne ceci parce que vous êtes mes frères, mais parce qu'il est nécessaire que l'industrie grandisse. Nous formons une association du capital et du travail; je vous laisse libres, mais vous me payerez les intérêts de mon capital, et vous serez les représentants de mon industrie. » Enfin il transmit à celui qu'il aimait le mieux la suite de ses propres affaires; en un mot, il fit une liquidation sociale et non une liquidation individuelle. Il ne se contenta pas de mettre la clef de son secrétaire dans sa poche, en disant : « J'ai accompli ma mission, et je vais jouir de la vie. » Loin de là, il va transformer son existence; il va travailler à être un homme d'intelligence; il va se faire savant. Franklin, homme d'habileté, de pratique, avait créé une bibliothèque, puis avait fondé une Société à Philadelphie. Il était ainsi au centre des relations nombreuses. Il reçut un jour d'Angleterre des renseignements très-précieux sur des découvertes importantes faites en électricité. Le XVIIIe siècle a cela de remarquable, qu'il est entré à pleines voiles dans la voie expérimentale; et c'était l'ordre physique, électrique, qui était la grande vogue du moment. Il ne faut pas s'imaginer qu'au XVIIIe siècle le monde fût indifférent à la science. Le progrès s'est fait sur certains côtés aujourd'hui, mais certainement il y a moins de préoccupation de recherches scientifiques qu'au XVIIIe siècle. Il y avait en France des académies provinciales, des hommes d'étude, qui s'occupaient non-seulement de se mettre au courant de la science, mais d'en chercher les éléments. Franklin entra longuement en rapport avec ces hommes. En Angleterre, c'était la même chose. On s'envoyait d'académie à académie non des bulletins de séances académiques, mais on s'excitait les uns les autres au travail; et ainsi la science se faisait en mode spontané. Les résultats étaient excellents, parce qu'on ne prenait pas de choses toutes faites, mais qu'on s'appliquait à résoudre des questions auxquelles les esprits se passionnaient, parce qu'elles offraient de grands problèmes à résoudre. Voilà l'état de la science au XVIIIe siècle.

Franklin reçut donc la nouvelle qu'on venait de découvrir la bouteille de Leyde, la machine électrique, de très-grandes découvertes que je ne puis en ce moment vous exposer. Franklin fut frappé de cela; et, comme il avait la main toujours prête à l'expérimentation, il fit alors le carillon électrique, l'araignée artificielle, qui excitèrent beaucoup ses confrères aux recherches. Puis il fit sa théorie : il voulut comprendre. Ce n'était pas seulement un bel esprit, il voulut se rendre compte des expériences faites. Il vit dans l'électricité, dans ce feu du ciel, une force immense, qui pouvait être dirigée, domptée. Il ne s'imagina pas de la mettre en petits morceaux comme on le fait à présent, d'y voir du *positif* et du *négatif*, du *résineux* et du *vitreux*, il y vit immédiatement la grande force de la nature; il l'appela immédiatement le fluide universel. Il vit qu'en tout équilibre d'ordre dynamique, ce fluide était en plus ou moins, et qu'il fallait le suivre dans toutes ses manifestations. Franklin a émis cette théorie à laquelle on reviendra, on y est déjà revenu en Allemagne, de l'*unité des forces physiques*. Franklin voit tout de suite que pour que sa découverte ait une grande vérité, il faut qu'il l'embrasse dans son universalité. A cet effet, il rentre dans la pratique. Il fait des applications très-belles de l'électricité; il s'occupe de la valeur des pointes dans l'émission du fluide électrique; il ne s'amuse pas à examiner les flammèches électriques qui s'échappent des pointes, il dit : « Voilà comment je soutire de l'électricité du globe; eh bien ! si ma pointe me sert à cela, si la foudre est cette grande puissance que je considère comme étant libre et universelle dans le monde, ne puis-je la soustraire, lui donner un écoulement? ne puis-je faire suivre un chemin régulier à cette force aveugle ? » Et il inventa le paratonnerre.

Croyez-vous que le paratonnerre ait été une chose simple à trouver? Permettez-moi de vous dire quelles sont les conséquences qu'il fallut que le génie de Franklin tirât pour assimiler cette force qu'on voyait se mouvoir le long d'un fil de soie, étant la même force qui grondait au-dessus de nos têtes, pour retrouver ce que l'antiquité avait conçu et qu'on avait perdu, ce que l'Étrurie avait pratiqué sous le nom de *rites fulguraux*. Vous vous rappelez qu'un roi de Rome fut foudroyé pour avoir pratiqué les rites fulguraux à l'encontre des prêtres qui s'en étaient réservé le monopole. Eh bien ! Franklin retrouva ces grandes vérités par son génie, et voici ce qu'il vint révéler sur ce sujet :

1° Il observa que les éclairs décrivent communément une ligne brisée ou flexueuse; il en est de même, dit-il, de l'électricité, quand on la tire d'un corps irrégulier à quelque distance.

2° Le tonnerre frappe de préférence les objets les plus élevés et les plus pointus, comme les hautes montagnes, les arbres, les tours, les clochers, les mâts des vaisseaux, les pointes des piques, etc. De même tous les conducteurs aigus rejettent le fluide électrique plus volontiers que ceux qui sont terminés par des surfaces plates ou arrondies.

3° On remarque que la foudre suit toujours le meilleur conducteur et le plus à sa portée. L'électricité en fait de même dans la décharge de la bouteille de Leyde.

4° Le tonnerre met le feu. L'électricité aussi détermine l'inflammation des matières combustibles : telles que la poudre, l'alcool, les résines et même le bois.

5° Le tonnerre fait souvent fondre les métaux. L'électricité fait la même chose.

6° On a vu souvent des corps de diverses matières, plus ou moins épais, déchirés ou perforés par la foudre. On obtient des effets semblables avec la décharge électrique.

7° On cite plusieurs exemples de personnes que le tonnerre a rendues aveugles. Franklin avait vu un pigeon frappé de cécité à la suite d'une décharge électrique par laquelle il croyait l'avoir tué.

8° Dans un orage arrivé à Stetham, le tonnerre avait emporté la dorure qui couvrait la moulure d'un panneau de menuiserie, sans entamer le bois ni même gâter le reste de la peinture. Franklin avait imité ce bizarre effet de la foudre en collant une bande de papier par-dessus les filets de la reliure d'un livre, et en faisant passer à travers une étincelle électrique.

9° Le tonnerre tue les hommes et les animaux. On a tué aussi des animaux par la commotion électrique. Les plus grands que Franklin et ses amis eussent tués étaient une poule et un dindon.

10° Enfin le tonnerre détruit quelquefois la propriété des aimants, en renverse les pôles naturels. Franklin produisit le même résultat avec l'électricité.

Il ne s'agit plus là d'un simple curieux, mais d'une immense intelligence, d'un savant du premier ordre. Je ne sais vraiment pas s'il y a aujourd'hui un homme de génie en Europe qui pourrait tirer une conclusion aussi haute que celle-ci. Franklin fit plus : non content d'avoir établi ce principe, il voulut l'appliquer, et il l'appliqua. A cet effet, il créa le cerf-volant électrique, puis il conclut qu'il fallait se servir d'un artifice analogue pour dégager cette masse d'électricité qui pourrait devenir dangereuse, et la dériver par un chemin qu'on lui donnerait.

En France, un homme très-intelligent aussi, le chevalier de Romans, qui était des environs de Bordeaux, et qui était membre de cette académie de Bordeaux dont faisait partie Montesquieu, s'était occupé de ce problème. M. de Romans fit un cerf-volant électrique ; il le lança, et reçut une étincelle très-vigoureuse. Et dans l'expérience il reconnut même que le nuage se chargeait, parce qu'il remarqua qu'une seconde étincelle était plus forte que la première ; il vit, en outre, des pailles qui étaient au-dessous de la corde se mettre en danse : par conséquent, il y avait une puissance qui les poussait ; il l'avait parfaitement compris. Aujourd'hui, on est très-satisfait des théories immobilistes dans lesquelles on a resserré la science. Jamais il n'est arrivé à Franklin de dire que la foudre était de l'électricité *statique*, qu'elle était inerte. Que conclut M. de Romans, c'est que la charge d'en haut était beaucoup plus forte. Il dit à ceux qui l'entouraient : « Mettez-vous un peu plus loin. » Et il marcha dévoué au salut public..... A Saint-Pétersbourg, le docteur Niehmann, qui fit l'expérience dans son laboratoire, fut foudroyé net ; et Franklin lui-même, dans les premières expériences qu'il fit avec son fils dans une prairie, avait placé son appareil d'une manière dangereuse, et il faillit devenir victime. Les savants véritables n'ont en aucun temps eu peur du danger.

Le plus grand obstacle au progrès de la science, ce sont les masses ignorantes. Quand elles ne sont pas prévenues qu'un phénomène relève des lois ordinaires, elles en ont peur, et si elles voient un homme qui s'en joue sans crainte, elles se défient de lui, s'imaginent qu'il a fait un pacte avec quelque puissance infernale. Voilà ce qui arriva à M. de Romans. Un jour, il allait à Bordeaux pour recommencer son expérience ; il s'arrêta chez un cafetier, et il y déposa son instrument, qui était une chose assez simple. Dans ce moment, un orage éclata. On se défiait déjà du chevalier de Romans, on disait : « Il manie le feu du ciel ; il a dû faire un pacte avec le malin. » Puis il paraît des flammes bleues ; ça vient d'en bas, ça sent le soufre : c'est de la magie. Le chevalier avait laissé son appareil chez le cafetier ; la foudre arriva et tomba sur la maison. Immédiatement on accusa l'instrument du fait ; la foule se précipita chez le cafetier : on voulut l'étrangler, et le peuple ne se calma qu'après avoir mis en pièces l'inoffensif instrument.

On a vu, il y a quelques semaines, les ouvriers affluer à la Sorbonne pour jouir de cet admirable spectacle de toutes nos richesses scientifiques. Eh bien ! je dis que si les hommes les plus simples pouvaient voir manœuvrer d'une manière rhythmique, disciplinée, toutes les grandes forces de la nature, ils béniraient la science qui assure leur liberté.

Lors donc que des hommes comme Franklin quittent des affaires fructueuses, abandonnent des fonctions rétribuées richement pour se livrer à ces grandes fonctions de la science, pour créer le paratonnerre, par exemple, qui rencontra d'abord tant d'obstacles, on ne peut s'empêcher de célébrer leur mémoire et d'être saisi d'un vif sentiment d'admiration.

Il y eut bientôt des paratonnerres partout en Pensylvanie, en Amérique : car dans ce pays, du moment qu'une découverte nouvelle se réalise, elle est vite acceptée. En France, il n'en est pas de même. On ne se résigne que quand il n'y a plus qu'à suivre les autres nations. Pour le paratonnerre, l'esprit français ne se mit point en frais d'initiative. Pour s'en convaincre, il suffit de rappeler ce que raconte sur ce point M. L. Figuier dans son intéressant livre des *Découvertes scientifiques* ; « En 1782, tous les édifices publics de Philadelphie avaient été munis de paratonnerres, un seul faisait exception : c'était l'hôtel de l'ambassade de France. Le 27 mars de cette année, un orage éclata sur la ville et tomba précisément sur cet hôtel. Il y occasionna divers ravages, et frappa un officier français, qui mourut au bout de quelques jours. On ne manqua pas, après cet événement, de placer un paratonnerre sur l'hôtel, qui dès lors fut épargné par la foudre. »

Ainsi, il faut d'abord que la foudre tombe ; et si elle n'avait tué personne, on aurait même trouvé que cela avait quelque chose d'amusant. Mais enfin elle avait tué un officier de la maison, on mit un paratonnerre. En France, il y avait eu des difficultés théoriques pour établir le paratonnerre. Mais en Angleterre, il y avait eu une complication plus singulière. Franklin avait déjà commencé sa lutte contre l'Angleterre, et le roi George III déclara que cet *insurgent* ne pouvait avoir cours dans le royaume de Sa Majesté sous quelque forme que ce fût. Il ordonna à ses savants, à ses propres savants à lui, de déclarer qu'il n'était pas possible que ce rebelle eût une science qui eût le sens commun. Cependant les Anglais, qui sont gens prudents, se dirent : « Si nous ne pouvons faire un paratonnerre qui soit celui de Franklin, il faut en faire un autre. Le paratonnerre de Franklin se termine en pointe, il faut y mettre une boule. » De sorte que, pour satisfaire les haines du roi, ils firent un paratonnerre qui ne préservait pas de la foudre. Par contre, ce paratonnerre absurde avait l'avantage de n'avoir rien emprunté à l'esprit de rébellion et de mettre à couvert les dogmes passés de l'orthodoxie royale : il y avait ainsi compensation.

Le *Bonhomme Richard* ne se fiait pas trop aux lenteurs académiques. Il envoya donc des lettres à son ami P. Collinson, dans lesquelles il consignait ses découvertes. Ces lettres furent traduites dans toutes les langues de l'Europe. La réputation scientifique devait lui donner plus tard cette autorité, cette notoriété particulière, qui faisaient que quand il passait quelque part, on disait : « C'est le docteur Franklin. » On respectait l'Amérique parce qu'elle avait produit un savant aussi illustre, qui mettait sa gloire au service de son pays, auquel il voulait donner la liberté. Telle est la haute puissance du génie. Les grandeurs de la vie politique sont éphémères, les grandeurs de l'intelligence sont de tous les temps et de tous les pays. Quand les États-Unis auront accompli leur révolution, que nous-mêmes aurons accompli la nôtre, on oubliera et les péripéties de 1789 et la guerre d'Amérique, mais on n'oubliera pas qu'il y a eu un homme qui s'appelait Franklin. Cet homme est au nombre des grands génies, des grands bienfaiteurs de l'humanité.

J'ai encore quelques mots à dire sur sa vie politique, le temps me presse, et je me suis un peu étendu sur la partie scientifique de sa vie; mais quand il s'agit de la science, il y a tant de choses à dire qu'on se laisse toujours un peu entraîner.

Franklin entra dans la politique tout naturellement. Il ne fit pas de la politique la grande affaire de sa vie. Les circonstances seules l'amenèrent dans la lice; mais quand il y fut entré, il s'y conduisit vaillamment.

Pendant la guerre de sept ans, la France était alliée avec l'Autriche et était en lutte avec l'Angleterre. L'Amérique, qui suivait la fortune de l'Angleterre, se trouvait, par suite, en guerre de son côté avec la colonie française du Canada. Franklin, en homme pratique, se dit : « Nous appartenons à l'Angleterre, il faut que l'Amérique arme; mais il ne faut pas en demander la permission. » Immédiatement on leva des impôts, on vota des fonds, on passa la frontière, on se fit battre un peu, après avoir d'abord eu quelques succès. L'Angleterre finit par triompher dans cette guerre; et alors elle se dit : « Ces gens se remuent beaucoup; ils se donnent le droit de se voter des fonds. Je m'en sers; mais s'ils les votaient pour s'en servir eux-mêmes, ce serait plus désagréable. » Elle se souvint de l'incident. L'Amérique, qui avait toutes les libertés anglaises, songea un moment à se nommer un président. L'Angleterre demanda à le nommer elle-même; les Américains ne tenaient pas du tout à cet excès de zèle de l'Angleterre. L'affaire en resta là. On n'en avait pas moins, dès la guerre de sept ans, ébauché l'idée de cette présidence des États-Unis, qui, plus tard, fut reprise dans la guerre de l'indépendance. En cette circonstance, il s'éleva une contestation entre les descendants de William Penn, qui possédaient directement le sol, car les États-Unis ont été fondés d'une façon toute particulière. La Nouvelle-Angleterre avait été fondée par les presbytériens. D'autres, comme William Penn, avaient acheté le sol, et il y avait là un droit contre lequel on ne pouvait rien. Lorsqu'on vota des fonds pour la guerre du Canada afin de défendre les colonies, le droit de propriété commença à être effacé par le droit de défense des États. Les descendants de Penn ne voulurent pas payer l'impôt, si l'on ne reconnaissait pas le droit de propriété qui leur appartenait. Cela occasionna une contestation dans les États. Quatre ou cinq États, la Géorgie, le Massachusetts, etc., nommèrent Franklin leur délégué en Angleterre. Appelé à la barre de la chambre des Communes, l'envoyé expliqua son affaire d'une façon bien nette. On fit une transaction. Voilà le premier pas de Franklin dans la vie politique. Quand il revint dans son pays, les aristocrates du lieu lui voulaient beaucoup de mal; ils s'arrangèrent pour qu'il ne fût pas renommé aux chambres. Ils crurent avoir fait une grande chose. Les imprudents ! ils ne voyaient pas que, s'ils avaient éloigné l'homme, ils n'avaient pas changé la situation.

Lorsque fut soulevée la question de la taxe sur le thé, on ne trouva pas d'autre délégué que Franklin à envoyer en Angleterre. Il y revint de nouveau. Les ministres anglais voulaient rattacher complétement les colonies à l'Angleterre, et que tous les fonctionnaires fussent nommés par le pouvoir.

Les Américains, menacés dans leurs droits les plus immédiats, confièrent leur défense près de la métropole à Franklin. En Angleterre, on fit injurier Franklin par l'avocat de la couronne. Le sage ambassadeur se borna à répondre par la publication d'un petit livre, toujours dans le style du *Bonhomme Richard;* seulement il y avait mis cette épigraphe significative : « *Les flots ne se soulèvent que quand le vent souffle.* »

L'Angleterre ne tint compte de cet avertissement, et l'on se prépara en Amérique à résister. Immédiatement les treize États qui avaient essayé de se joindre en 1754 se réunirent en 1774, et firent, d'un commun accord, une déclaration d'indépendance. Préalablement on avait refusé de recevoir les produits anglais et jeté quelques ballots de thé à la mer par mesure de protestation. Cependant la révolte, continuant, demandait plus d'attention. On aboutissait à la guerre. Une colonie qui n'a pas d'armée organisée ne devient pas militaire d'un jour à l'autre. Tout le monde enfin n'a pas le génie militaire. L'Amérique d'aujourd'hui le possède plus qu'elle n'en a besoin; mais en 1774, il fallait un grand dévouement à ces braves commerçants qui affirmaient leur liberté, et, mettant leurs fortunes au service de leur idée, de leur conscience, ne voulaient pas abdiquer leurs droits devant la volonté de l'Angleterre. Franklin expliqua à l'Angleterre ce qui en était, et s'entendit avec lord Chatam. William Pitt défendit un bill qui était d'accord avec ce que voulait Franklin. Mais bientôt celui-ci fut obligé de quitter l'Angleterre parce qu'on le menaçait de le faire arrêter.

Franklin affréta un petit navire, et quand on voulut l'arrêter, il était parti, faisant preuve une fois de plus de cette habileté pratique qui jamais ne l'abandonnait. Il repartit en Amérique et assista à la fondation des États-Unis. Vous savez qu'il se révéla à cette époque une figure d'une puissance énorme, type presque inimitable, Washington. Ce simple arpenteur de la Caroline, qui n'avait été d'abord qu'un homme d'énergie, d'activité et de travail, fut un bon soldat, puis un bon général. Il eut ce mérite immense de se faire battre avec confiance et de ne jamais désespérer devant la défaite. Ayant en main le sort de son pays, il ne songea jamais ni à être un Monck, ni à devenir un maître, et s'honora de rester le chef républicain des États-Unis.

Franklin était surtout l'homme du conseil; il fut un grand homme d'État, et la tête de la révolution, comme Washington en était le bras. Ainsi, partout et toujours, Franklin est le même. Quand il vient en France, il sait très-bien prendre son point d'appui sur le tiers état. Entre Franklin et Turgot l'union était très-facile. C'étaient des hommes de même ordre, de même trempe. Quoi qu'il arrive, il ne faudra jamais oublier que c'est à cette union de la science, de la philosophie, de la chevalerie française, des Lafayette avec des hommes de bon sens comme Turgot et Franklin, qu'il s'est établi entre la France et l'Amérique de ces sympathies que les siècles ne peuvent détruire.

Je ne vous raconterai pas ce que fit Franklin à Versailles, mais permettez-moi de vous dire ce qu'il fit à Paris.

Il resta à Paris neuf ans, chez le duc d'Aumont, à Passy. Il n'y resta pas comme un de ces diplomates qui ont pour mission de sauver les couronnes de ceux qui les ont envoyés à beaux deniers comptants; il faisait ce qu'il avait à faire comme homme politique; mais là ne se bornait pas son action. Malgré ses soixante-dix ans accomplis, il fut un homme vivant, sympathique. Il fréquenta les centres de philosophie. Il alla chez madame Helvétius, où il fut reçu admirablement. A la grâce du vieillard il joignit toujours cette galanterie fine qui n'appartient qu'aux hommes de bonne conscience et qui jouissent de cette loyauté de l'esprit qui ne se perd jamais. Il vit là les Condorcet, les Turgot, qui préparaient la séparation de la France d'avec elle-même, séparation bien plus douloureuse que celle des colonies de la mère patrie.

Franklin vécut avec eux, il causa avec eux. Il vint apporter à ces hommes supérieurs le principe de l'association qu'il avait créée à son origine. Il trouva à Paris des sociétés un peu vagues, un peu flottantes, ce qu'on appelait des sociétés apolloniennes, où l'on cultivait les bouquets à Chloris et toutes les badineries poétiques si charmantes de cette époque.

Franklin démontra qu'il fallait fonder une société des *arts et métiers*, un *musée de Paris*. Il déroula tout un programme. Lavoisier s'en fit le rapporteur. On nomma Franklin président de la société; il voulut donc travailler en France. En France ne travaillait-il pas pour l'humanité en donnant son nom, sa présidence à la fondation première de ces académies qui devaient bientôt surgir tout armées du génie même de notre révolution?

Avant de quitter la France, Franklin fut l'occasion d'une de ces grandes scènes qui ne se rencontrent que bien rarement dans l'histoire de l'humanité.

Un jour, on apprit que Voltaire était revenu pour mourir dans ce Paris qui avait été le foyer de sa gloire. Quand Franklin, qui, lui aussi, était aux extrémités de l'âge, sut que Voltaire était là, il se transporta, lui Franklin, le représentant de la liberté d'un pays, auprès de ce vieillard qui était le symbole de la liberté d'un monde. Voltaire, avec ce tact exquis qui est dans le génie français, chercha dans son intelligence, et il retrouva dans ses souvenirs cette langue anglaise qu'il avait été apprendre au sortir de la Bastille. Il essaya de parler anglais et dit : « Monsieur Franklin mérite bien que je parle sa langue. » Et immédiatement Franklin reprit la parole en français.

Franklin avait amené avec lui un de ses petits-fils.

Le Voltaire qu'on a représenté comme un esprit satanique, se transformant en pontife de l'humanité, s'improvisa consécrateur; et, imposant ses mains au petit-fils de Franklin, il dit : « *God and liberty!* Dieu et liberté. » Et l'Amérique qui se fondait, et la France qui allait s'affranchir, étaient consacrées par les deux plus beaux génies des deux pays.

Eh bien ! ce grand spectacle, quand on l'a compris, on ne l'oublie jamais, et il n'y a rien de plus beau. Quoi de plus beau, quand on songe que ce Benjamin Franklin, l'un des plus merveilleux exemples de ce que peuvent faire la volonté et l'intelligence des hommes, qui a su se servir contre l'Angleterre de cette épée de la vieille France qui allait se rajeunir par la liberté, n'est autre que le fils de James le presbytérien, qui avait fui l'intolérante Angleterre pour abriter sa foi de libre croyant sur le continent nouveau que son fils devait un jour affranchir!

HENRI FAVRE.

EMBRYOGÉNIE COMPARÉE.

COURS DE M. COSTE.

(COLLÉGE DE FRANCE.)

(Voy. les nos 23, 25 et 28.)

IV.

Considérations historiques sur la génération. — Théories des anciens et des modernes.

Avant d'étudier la génération dans ses éléments mâle et femelle et dans les phénomènes successifs de l'évolution embryonnaire, il est bon de savoir ce qu'ont pensé nos prédécesseurs sur cette question. C'est à cette revue rétrospective que le professeur consacre la leçon d'aujourd'hui, réservant pour la séance prochaine l'étude de la vésicule de de Graaf et de son contenu.

Privés de toutes les ressources instrumentales et de tous les moyens d'observation qui ont servi aux découvertes modernes, les anciens ont dû s'en rapporter à leur seule raison pour résoudre la plupart des problèmes naturels. Un des plus importants et des plus curieux était, sans contredit, celui de la génération. Expliquer comment il pouvait se faire que du rapprochement de deux individus de sexes différents, il en résultât un troisième semblable aux deux premiers, héritant de leurs maladies et de leurs vices, de leurs bonnes et de leurs mauvaises qualités; pénétrer le secret de la production des sexes, c'était là, à coup sûr, des questions bien dignes d'exciter la curiosité des philosophes et des observateurs.

Hippocrate est le premier qui ait donné de ces faits une explication rationnelle. Pour lui, le mâle et la femelle sécrètent une liqueur séminale, et c'est du contact de ces deux liqueurs pendant l'acte reproducteur que résulte le nouvel être. Quant à la ressemblance plus ou moins grande qui existe entre les parents et leurs enfants, Hippocrate l'attribue aux proportions variables de liqueur séminale que chacun d'eux a fournies. Si le père a fourni une plus grande proportion de particules fécondantes, l'enfant lui ressemblera plus qu'à sa mère. Dans le cas contraire, c'est l'effet inverse qui se produit. Enfin, si les proportions sont égales de part et d'autre, l'enfant ressemble également à l'un et à l'autre de ses parents.

C'était déjà beaucoup que d'avoir fait comprendre la possibilité des ressemblances en admettant le double concours du père et de la mère dans l'acte de la génération. Mais Hippocrate alla plus loin encore. Pour expliquer la cause efficiente de l'identité des formes organiques dans une même espèce, il supposa que la semence, chez le mâle aussi bien que chez la femelle, dérivait de toutes les parties du corps, et qu'elle était transportée aux parties génitales par l'intermédiaire des reins. La matrice et le testicule n'étaient, d'après cela, que des organes de dépôt, de véritables réceptacles où s'emmagasinaient les particules séminales pour y former une sorte d'extrait qui contenait la synthèse de l'organisme tout entier. La forme du nouvel être ne pouvait être qu'une image fidèle des organismes paternels, puisqu'elle résultait de la coordination de particules identiques avec les composantes de ces organismes. « Cette image, selon l'expression de M. Coste, devait nécessairement se répéter dans le germe avec autant de rigueur que celle d'un corps réfléchi dans une glace qui le rapetisse; avec cette différence cependant que, dans la glace, c'est la configuration extérieure du corps qui est seule reproduite, tandis que dans l'acte de la génération cette reproduction a lieu dans le fond et dans la forme. » « *Prodit autem et mulieri et viro, ab universo corpore, ab imbecillibus imbecillem, et a validis validum, eodemque modo fœtui distribui necesse est.* » (Hippocrate, *Opera omnia.*) Ainsi s'expliquaient tout naturellement les qualités et les défauts, les maladies héréditaires, les défectuosités et les anomalies de tout genre. Si les parents étaient estropiés ou manchots, les enfants devaient nécessairement l'être aussi. Comment aurait-il pu en être autrement, puisque les membres ou les organes qui auraient dû fournir leur contingent de particules séminales manquaient chez l'un ou l'autre des parents et quelquefois chez tous les deux?

Quant à la cause déterminante des sexes, elle se retrouvait tout naturellement dans la prépondérance plus ou moins marquée de la liqueur mâle ou femelle. Mais cette explication ne suffisant pas à Hippocrate, il se crut obligé d'en imaginer une autre qui est vraiment peu digne de la logique habituelle de ce grand esprit. Il supposa qu'il y avait dans la semence de chacun des parents des parties fortes et des parties faibles; en d'autres termes, une semence mâle et une semence femelle. « Et » in viro tum muliebre, tum masculum semen inest, » eodemque modo in muliere se habet. » (Hippocr., *Op. omnia.*) Quand les deux semences mâles se combinaient, il en résultait un garçon. Dans le cas contraire, on obtenait une fille. Si la semence mâle du père s'unissait à la semence femelle de la mère, suivant que l'une ou l'autre dominait, on avait un enfant d'une nature molle et efféminée, ou une fille avec la plupart des attributs virils.

Cette doctrine, très-séduisante par sa logique, n'était qu'une pure conception de l'esprit. Hippocrate la soutint avec le talent et l'imagination que vous lui connaissez. Pour lui, elle était la meilleure explication possible du sentiment de plaisir qui accompagne le coït. Cette sensation indéfinissable, qui irradie dans l'organisme tout entier, provient précisément de l'ébranlement général qui résulte du déplacement des molécules séminales, et la lassitude universelle, le sentiment de prostration et de faiblesse qui suit l'acte reproducteur s'explique non moins naturellement par l'appauvrissement momentané qui résulte de la perte de ces mêmes molécules. Toutes ces interprétations sont assurément fort ingénieuses et très-poétiques. Leur seul défaut est de ne point s'accorder avec les faits physiologiques. Ce n'est pas à Hippocrate qu'il faut se plaindre de cette imperfection, mais à la science de son temps. C'était déjà quelque chose que de chercher une explication rationnelle à des phénomènes si mystérieux. Il n'en est pas moins vrai que la théorie d'Hippocrate a servi de couvert à une foule de fables médicales. Je n'en rapporterai qu'une seule qui a été reproduite sous mille formes. Elle repose sur la nécessité des ressemblances, impliquées par la théorie hippocratique entre les enfants et leurs parents. On rapportait qu'un homme de Chalcédoine qui était tatoué au bras, avait procréé un fils tatoué comme lui.

Le génie observateur d'Aristote s'éleva contre ces déductions absurdes. Il s'en servit pour combattre la théorie d'Hippocrate. Mais, en réalité, il ne fit que la présenter sous une forme nouvelle, et peut-être moins satisfaisante pour l'esprit. Pour lui, la liqueur séminale ne provient pas de toutes les parties du corps. Le sang menstruel est le seul élément matériel fourni par la femelle dans la génération. La semence du mâle n'agit que comme force coordinatrice, comme principe du mouvement et de la forme chez le nouvel être. En un mot, la semence du mâle est au sang menstruel ce que le menuisier est au bois qu'il travaille, ce que le potier est à l'argile qu'il façonne, ce qu'est le maçon à l'édifice qu'il construit. « Nam et faber adest ligno et figulus limo, deinique omnis actio et motio ultima juxta materiam est, ut ædificatio in iis quæ ædificantur. » (Aristote, *De generat. animalium.*)

Aristote fait ressortir tout ce qu'il y a d'exagéré dans les assertions d'Hippocrate et de ses disciples au sujet de la ressemblance des enfants avec leurs parents. Il réfute sans peine les prétendues observations de pères manchots, qui produisent des enfants affectés de la même défectuosité organique. Mais, chose curieuse, pour réduire à néant toutes ces fables, il s'appuie lui-même sur une histoire merveilleuse. « Il y avait à Étis, en Péloponèse, dit-il, une femme blanche qui, ayant conçu d'un noir, accoucha d'une fille blanche, laquelle, mariée à un blanc, accoucha d'un enfant noir. » En effet, il n'y avait rien à dire à cela. L'argument paraissait péremptoire. Malheureusement, il n'avait pas plus de consistance que ceux de ses adversaires.

Galien admit, comme Hippocrate, que le mâle et la femelle sécrétaient une liqueur séminale. Il repoussa l'assimilation établie par Aristote entre la semence femelle et le sang menstruel. Mais, grâce à ses connaissances anatomiques, il put aller beaucoup plus loin que ses deux prédécesseurs. Il fut le premier à reconnaître l'analogie des ovaires avec les testicules, et il appela ces organes, *testicules femelles.* C'est l'ovaire qui, selon lui, sécrétait la liqueur séminale fournie par la femelle, et il considéra les trompes dites de *Fallope* comme les canaux vecteurs de ce fluide vers la cavité de la matrice. Hérophile, avant lui, avait aussi décrit les trompes utérines. Mais il ne s'était point douté de leur rôle physiologique. Ce n'est donc pas à Fallope qu'il faut attribuer la découverte qui porte son nom, mais à Galien. Car si Fallope a mieux décrit les trompes qu'on ne l'avait fait avant lui, il a complétement méconnu, comme Hérophile, la fonction qu'elles sont destinées à remplir. Vous voyez que l'anatomie avait déjà fait de grands progrès avec Galien. Mais, dominé par les idées anciennes, il ne vit qu'un fluide séminal dans la sécrétion de l'ovaire. Galien ne pouvait faire plus. Il fallut vingt siècles encore, et le microscope, pour que l'on pût avoir une connaissance exacte du vrai rôle de l'ovaire dans l'acte de la génération.

Les théories d'Hippocrate et de Galien ont régné tour à tour et concurremment, dans la science, jusqu'au XVIIe siècle. Fabrice d'Acquapendente fit faire un pas de plus à la question, en publiant ses belles recherches sur le développement du poulet, et ses planches sur la gestation de l'espèce humaine, des mammifères et des poissons cartilagineux. On entra alors dans une voie nouvelle, celle de l'observation et des expériences physiologiques. C'est alors que Harvey, médecin du roi Charles Ier, entreprit ses expériences sur les daims et les chèvres des parcs royaux. Il mit plusieurs femelles en rapport avec les mâles, et les ayant ouvertes quarante heures après la copulation, il examina au microscope le contenu de la matrice, qui ne lui fournit pas la moindre trace de fluide séminal. Il en revint alors à la théorie dynamique d'Aristote, et soutint de nouveau que le fluide séminal du mâle n'intervenait pas matériellement dans la fécondation. Le rôle du sperme se bornait, selon lui, à une simple action magnétique qui, en stimulant la matrice, la mettait à même d'exercer sa fonction. Comme il avait vu la membrane muqueuse de l'utérus tuméfiée et boursouflée, de façon à rappeler l'aspect de la matière cérébrale, il se figura que la matrice concevait l'embryon comme le cerveau conçoit la pensée. C'est, dit-il, seulement à partir du quinzième jour de la fécondation que la matrice, disposée à la conception sous l'influence de l'*aura seminalis*, transsude l'humeur blanche qui doit donner naissance à l'œuf. De là son fameux axiome : « *Omne vivum ex ovo* », dont on peut voir maintenant la véritable signification, qui n'a rien de commun avec celle qu'on lui donne habituellement. Harvey a complétement ignoré, en effet, ce qui se passe dans l'ovaire. L'œuf, pour lui, n'est autre chose que le résultat de l'organisation du fluide séminal sécrété par la matrice.

Le roi Charles Ier, qui assistait à ces expériences, ne pouvait pas comprendre qu'il n'y eût rien dans la matrice après la fécondation. De nouvelles expériences furent faites par ses ordres, et Harvey persista dans ses conclusions. Et pourtant, pendant tout un siècle avant les expériences d'Harvey, Vésale, Fallope, Castro, Riolan, avaient signalé dans les *testicules* de la femme des vésicules remplies de lymphe, dont la présence eût dû leur faire soupçonner la vérité. Mais l'influence des idées reçues l'avait emporté. Fallope lui-même, qui avait reconnu les rapports de position de la trompe avec l'ovaire, et si bien décrit la future vésicule de de Graaf (1), ne se sert de ses connaissances que pour révoquer en doute l'opinion des anatomistes, tels que Castro et Vésale, qui, à l'exemple de Galien, pensaient que la liqueur séminale de la femme est sécrétée par l'ovaire. Cela n'est pas possible, dit-il, puisqu'il y a solution de continuité entre la trompe et le testicule femelle. Quant à Riolan, il adopte l'opinion de Galien sous toutes réserves, en faisant appel à de nouvelles expériences.

Ainsi Harvey lui-même, pour avoir méconnu le lieu et les premiers phénomènes de la fécondation, avait été entraîné à combattre les découvertes de ses contemporains, et à nier les faits depuis longtemps constatés par Galien. La science, en réalité, restait toujours stationnaire, dominée par cette idée fausse des deux semences qui entachait toutes les théories des anciens. Les médecins prenaient parti pour Hippocrate et pour Galien, sans aucun avantage pour la vérité. Cependant les travaux de Fallope, quelle que fût leur imperfection, ne devaient pas rester longtemps stériles. Sténon, mieux inspiré que l'auteur des *Observations anatomiques*, se garda bien de déduire, comme lui, de la disposition même des trompes, l'impossibilité de la sécrétion ovarienne. Après de nombreuses dissections pratiquées sur les oiseaux, il avait remarqué que, chez eux comme chez les mammifères, le pavillon de la trompe n'était pas directement appliqué sur l'ovaire, ce qui n'empêchait pas le moins du monde l'œuf de s'engager dans l'oviducte en tombant de l'ovaire. Il n'y avait pas de raison pour que ce qui était possible chez les ovipares ne le fût point chez l'homme et chez les mammifères. De là à assimiler les *testicules femelles* aux ovaires des oiseaux, et les vésicules ovariennes à des œufs véritables, il n'y avait qu'un pas. Ce pas, Sténon n'hésita pas à le faire. L'opinion de Sténon, immédiatement adoptée et soutenue par van Horne, inaugura une ère nouvelle dans les études physiologiques.

Mais, en réalité, Sténon et van Horne n'avaient fait que poser la question, sans chercher à la résoudre expérimentalement. Cette gloire était réservée à Régnier de Graaf. Ce grand physiologiste ne se borna pas à répéter les assertions de ses prédécesseurs. Il ouvrit plusieurs femelles de mammifères quelques jours après l'accouplement, et il démontra que les vésicules limpides observées par Galien, Riolan, Fallope, Sténon et van Horne avaient disparu de l'ovaire par suite de la conception, et qu'on retrouvait dans la matrice un nombre égal de vésicules, ayant la forme de globules transparents, entourés d'une atmosphère albumineuse. On ne pouvait douter de l'identité de ces deux produits, car chaque vésicule, en s'échappant, laissait sa trace sur l'ovaire. Graaf, en effet, avait remarqué qu'il y avait toujours autant de germes développés dans la matrice que de déchirures sur la paroi ovarienne. Cette corrélation évidente entre le nombre des germes développés et celui des vésicules rompues ne pouvait plus laisser aucun doute sur la nature du phénomène. Le prétendu fluide séminal des femelles de mammifères n'était donc autre chose qu'un œuf, et cet œuf n'était point sécrété par la matrice, comme on l'avait cru jusqu'alors, sur la foi des anciens, mais par l'ovaire lui-même. La loi des analogies fonctionnelles apparaissait ici dans toute sa force; l'homme rentrait par là même dans le plan général de l'organisation, et émanait d'un œuf comme les autres animaux.

La découverte de de Graaf fut cependant loin de rallier toutes les opinions. Le préjugé religieux, qui ne pouvait se résoudre à admettre que l'homme eût une origine commune avec les autres animaux, et un sentiment de jalousie excité par le bruit qui se faisait autour de cette importante découverte, suscitèrent à de Graaf de véhéments contradicteurs. Swammerdam fut un de ceux qui le poursuivirent avec le plus d'acharnement de leurs accusations malveillantes. Après l'avoir reconnu pour l'auteur de la découverte, il voulut ensuite l'en dépouiller, et de Graaf en fut si profondément affligé, qu'il en mourut de chagrin à l'âge de trente-deux ans. Mais sa découverte ne fut point perdue pour la science. Un siècle et demi plus tard, Baer et M. Coste lui-même devaient reprendre ses expériences, et, en les complétant, assurer à jamais sa conquête. De Graaf, en effet, n'avait pas parfaitement déterminé le phénomène de l'ovulation. En confondant l'ovule avec la vésicule ovarienne, il avait commis une erreur que ses recherches ultérieures lui auraient sans doute permis de corriger, si une mort prématurée ne l'avait trop tôt arraché à ses études favorites.

Les faits dont de Graaf venait d'enrichir la science auraient probablement fini par triompher, malgré les préjugés, si une autre découverte, faite à peu près vers la même époque, n'était venue momentanément les annihiler. Au mois d'août 1677, un étudiant de l'université de Leyde, Louis Ham, découvrit dans le sperme de l'homme et des mammifères des corpuscules vivants. Il s'empressa de les montrer à son maître, Leuwenhoeck, qui en fit part à la Société royale de Londres. L'étonnement fut extrême, et l'émotion produite par cette étrange découverte fit oublier complétement les expériences de de Graaf. A quoi bon s'occuper, en effet, de ce que pouvait contenir la vésicule de de Graaf, puisqu'on trouvait l'ébauche du nouvel être tout entière dans la liqueur séminale du mâle? Le roi Charles II voulut voir ces êtres microscopiques, dont l'imagination du vulgaire et celle des savants firent bientôt autant de *larves*, autant d'*homunculus*, qui, pour revêtir leur forme définitive, n'avaient plus besoin que d'un milieu favorable. On s'habitua à considérer dès lors la matrice comme un simple récipient destiné à loger l'animalcule spermatique et à lui

(1) « Vidi quidem in ipsis quasdam veluti vesicas aqua vel humore » aqueo, alias luteo, alias verò limpido turgentes. Sed nunquam semen » vidi, nisi in vasis ipsis spermaticis vel delatoriis vocatis. » (Fallope, *Observat. anatomicæ*. Paris, 1572, p. 118.)

fournir les conditions nécessaires à son développement. La solution du problème reculait de plus en plus. Pour la troisième fois depuis Galien, l'esprit humain faisait fausse route sous l'empire d'une idée préconçue. Mal interprétée, la découverte de Ham fut plus nuisible qu'utile, car elle fit oublier celle de de Graaf, qui seule pouvait la rendre féconde. Tous les naturalistes de l'Europe se mirent à examiner le sperme, sans qu'aucun d'eux songeât à déterminer son rôle par rapport à l'œuf. Cinquante années furent ainsi employées en vaines recherches. On passait toujours à côté de la question.

C'est alors que Buffon essaya de relever la théorie d'Hippocrate du discrédit où elle était tombée. Il soutint que les animalcules spermatiques n'étaient rien moins que des animaux ou des germes préformés, comme on le pensait généralement; que ces prétendues larves n'étaient autre chose que les molécules organiques, dont avait parlé Hippocrate; que ces molécules, rassemblées dans les testicules du mâle et de la femelle, se réunissaient dans la matrice pendant l'acte de la copulation, et s'y coordonnaient de façon à former le nouvel être. C'est pour expliquer leur mode de coordination qu'il inventa sa théorie des *moules organiques*.

Pour faire prévaloir cette théorie, Buffon voulut lui donner la sanction des faits. Dans ce but, il se mit à étudier l'ovaire au microscope, et, soit qu'il se fît illusion ou qu'il opérât dans de mauvaises conditions, il y découvrit des corps mouvants tout à fait semblables à ceux observés par Ham et Leuwenhoeck dans le sperme. C'est à tel point que Needham et Daubenton, qui l'aidaient dans ses expériences, s'y trompèrent eux-mêmes plusieurs fois de suite.

Encouragé par ce premier succès, Buffon voulut aller plus loin encore. Il s'agissait de prouver maintenant que ces molécules contenues dans les testicules du mâle et de la femelle venaient bien réellement de toutes les parties du corps. Pour cela, il prit de la viande, la fit infuser dans l'eau avec des débris de plantes, et, au bout de quelques jours, il examina le résidu au microscope. Cette fois encore, il découvrit des animalcules analogues aux spermatozoïdes. Il se crut dès lors autorisé à affirmer que tous les corps organisés se composaient de molécules mouvantes extrêmement ténues, incorruptibles et impérissables. La mort de l'animal ou de la plante pouvait bien provoquer leur dissociation, mais non les anéantir.

Il en résultait évidemment que la nature tout entière était remplie de ces molécules organiques, lesquelles, servant d'aliment aux plantes et aux animaux, circulaient avec le fluide nourricier dans toutes les parties du corps où elles trouvaient des *moules* disposés pour les recevoir. Pendant les premières années de la vie, ces molécules étaient uniquement employées à la nutrition. Mais, une fois le développement terminé, tous les moules étaient remplis et l'organisme saturé. La puberté coïncidait précisément avec ce moment de saturation, qui ne permettait plus aux tissus de fixer de nouvelles molécules vivantes. C'est alors que les testicules, presque atrophiés chez le jeune animal, prenaient un développement très-rapide, par suite de la fixation des molécules organiques en excès dans les autres parties du corps. Les semences du mâle et de la femelle ainsi accumulées dans l'ovaire et dans le testicule se rencontraient dans la matrice au moment du coït. Les molécules organiques trouvant là un moule vide, la force coordinatrice pouvait s'exercer efficacement sur elles, et les agréger de façon à former un nouvel être semblable à ses parents. Il se passait là quelque chose d'analogue à ce qui a lieu dans les combinaisons chimiques, entre deux corps qui cristallisent dans le même système. Les molécules mâles et femelles s'unissaient deux à deux, dans le même ordre où elles se trouvaient d'abord pour former un seul tout harmonique et complexe, participant à la fois des qualités du père et de la mère. Nous ne connaissons pas, pour notre compte, de meilleure comparaison pour faire saisir cette obscure théorie (1).

Buffon explique de la même façon la production des sexes. Ce sont les molécules mâles venues des organes génitaux du père qui produisent le sexe mâle chez l'embryon, et réciproquement. Il attribue, en outre, une nature particulière aux molécules sexuelles. En vertu de cette propriété spéciale, il se formerait une sorte de polarisation dans l'œuf fécondé. Les molécules *sexuelles* du mâle attireraient vers elles les molécules *corporelles* de la femelle, et *vice versâ*. « De là on pourrait conclure, dit Buffon, que l'enfant mâle est formé des molécules organiques du père pour les parties sexuelles, et des molécules organiques de la mère pour tout le reste du corps, et qu'au contraire, la femelle ne tire de la mère que le sexe, et qu'elle prend tout le reste de son père; les garçons devraient donc, à l'exception des parties du sexe, ressembler davantage à leur mère qu'à leur père, et les filles plus au père qu'à la mère. » Cependant, il ajoute : « Cette conséquence qui suit nécessairement notre supposition n'est peut-être pas assez conforme à l'expérience. »

Cette théorie fut assez mal accueillie par les savants, et eut peu de cours dans la science. Mais elle eut un résultat fâcheux, ce fut d'engendrer le scepticisme et le découragement dans l'esprit des physiologistes. Ne pouvant accepter l'opinion de de Graaf, qui n'était pas suffisamment prouvée, et que Buffon avait fortement ébranlée par ses critiques, ne voulant pas davantage de la théorie tout hypothétique de Buffon, ils se crurent impuissants à résoudre le problème de la génération. Le moment était favorable pour les solutions négatives.

On ne peut caractériser d'une autre façon la théorie de la préexistence et de l'emboîtement des germes à laquelle Bonnet a attaché son nom. Bonnet supposait que

(1) Cette théorie est exposée très-longuement dans le remarquable ouvrage de M. Coste. Nous y renvoyons le lecteur.

les germes avaient été créés de toute éternité par une intervention suprême, et qu'ils existaient, emboîtés les uns dans les autres, dans l'œuf des oiseaux et des mammifères, « n'attendant, pour commencer à se développer, que le secours de certaines causes. » Cette cause efficiente du développement des germes, constituait, à proprement parler, la fécondation. Mais le mâle n'apportait rien au germe ; il provoquait seulement son évolution par le contact de la liqueur séminale. Il pourrait se faire aussi, disait Bonnet, que les germes, au lieu d'être ainsi emboîtés dans l'œuf, fussent répandus dans toute la nature. Chaque corps organisé se présenterait alors sous l'image d'un petit monde qui contiendrait à l'état de miniature infiniment petite toutes les espèces de plantes et d'animaux. Il faut entendre Bonnet lui-même pour comprendre jusqu'où peut aller l'enthousiasme de l'esprit humain pour une idée fausse. On est persuadé alors que, hors des voies sévères de l'observation, il n'y a pas de science possible. Car il n'est pas d'aberrations, si colossales qu'elles soient, que l'imagination et la logique ne puissent colorer d'une apparence de vérité.

Haller, en découvrant des veines et des artères dans la vésicule ombilicale du poulet et de la brebis, vint donner une nouvelle force à la théorie de Bonnet. Ces deux grands esprits, confondant le jaune avec la membrane vasculaire qui lui sert d'enveloppe, et qui, en effet, fait partie intégrante de l'embryon, furent naturellement amenés à admettre l'existence du poulet dans l'œuf avant la fécondation. Le jaune se montre, à la vérité, dans l'œuf longtemps avant les approches du mâle. Mais nous savons parfaitement aujourd'hui que ce n'est là qu'un élément accessoire du poulet, élément dont on ne trouve pas le moindre vestige dans un grand nombre d'espèces. Ce n'est pas le vitellus qui donne naissance à la vésicule ombilicale, mais bien la cicatricule.

« Il n'y a donc dans l'œuf d'autre préexistence que celle des matériaux prédestinés à la formation du fœtus, et non celle de ce fœtus en miniature. Quand la fécondation a complété ces matériaux en y introduisant ceux que le mâle doit fournir, l'activité qui réside en eux, et qui les anime, les transfigure et leur imprime la forme de l'espèce qu'ils sont destinés à reproduire. Cette activité précède donc cette forme, puisqu'elle la crée. Elle la contient en *puissance*, en attendant qu'elle puisse la traduire en acte. La préexistence se réduit donc ainsi à un fait purement virtuel, et c'est à cela que doivent se borner toutes les prétentions de la théorie de l'évolution. »

Les idées de Bonnet, soutenues avec talent par leur auteur, et appuyées sur les expériences de Haller, eurent un succès prodigieux, et il n'en fallut pas davantage pour faire abandonner l'étude des *formations organiques*. L'influence de Bonnet avait été si profonde sur les esprits, que, un demi-siècle plus tard, M. Serres se croyait obligé de réfuter sa théorie avant d'exposer la sienne. C'est grâce à l'initiative de cet éminent physiologiste, que l'embryogénie rentra enfin dans la voie expérimentale.

Déjà, en 1827, Baer, revenant aux idées de de Graaf, avait étudié l'ovaire des mammifères, et avait montré l'ovule dans la vésicule de de Graaf. Ce fut fait dès lors de la théorie des anciens et de celle de Bonnet. L'hypothèse des deux semences et celle de l'emboîtement n'avaient plus de raison d'être. L'ovulation des mammifères était définitivement établie.

Mais la science nouvelle ne devait pas s'arrêter en si beau chemin. M. Coste, en découvrant (1833) la vésicule germinative méconnue par Baer, prouva que l'œuf était composé des mêmes éléments dans toute la série animale. Cela revenait à dire que tous les animaux avaient une origine commune, que tous procédaient d'un œuf. L'opinion de de Graaf triomphait donc enfin de l'injuste oubli où on l'avait laissée pendant plus d'un siècle, et la formule d'Harvey, qui n'avait pas eu de sens jusqu'alors, s'élevait désormais à la hauteur d'un principe de philosophie naturelle. La sécrétion spermatique, le fluide séminal restait l'apanage exclusif du mâle, tandis que la fonction de l'ovulation était dévolue à la femelle.

C'est cet œuf et ce sperme que nous allons étudier maintenant. Nous verrons que ces deux éléments offrent des analogies remarquables dans la série animale, et que ces analogies persistent dans l'embryon. Dans la dernière leçon, nous avons déjà constaté les résultats généraux obtenus par l'embryogénie dans la voie nouvelle où elle s'est engagée. Il ne reste plus qu'à vous montrer les moyens dont elle s'est servie pour arriver à son but, ce que j'appellerai, si vous le voulez bien, les pièces justificatives de la science. Ce sera là l'objet de nos prochaines conférences. Nous commencerons par étudier l'œuf, puis le sperme, et enfin le développement de l'embryon. Dans la leçon de samedi, nous aborderons l'étude de l'œuf dans la série animale avant la fécondation. — F. Taule.

FRAGMENTS DE CRITIQUE MÉDICALE.

Par le Dr Em. Chauffard, agrégé de la Faculté de médecine de Paris.

Broussais. — Magendie. — Chomel.

(Suite. — Voyez le n° 29.)

On ne connaîtrait pas tout Broussais, si à côté du médecin on ne plaçait le philosophe, d'autant plus que ses attaques et ses affirmations d'un côté se soutenaient des attaques et des affirmations qu'il émettait de l'autre. Si les conceptions du physiologiste surent revêtir un air de nouveauté douteuse qui suffit à tromper ceux qu'elles surprirent, les conceptions du philosophe manquèrent de ce moyen de séduction et de rapide fortune. Il y suppléa par les violences du langage et par l'aveu brutal des conséquences extrêmes. Broussais, en effet, s'empara simplement du matérialisme de Cabanis ; mais au lieu de lui laisser une forme grave et un peu sceptique, il le produisit avec une hardiesse, un ton absolu, une puissance de dénigrement contre les doctrines opposées, qui ajoutèrent à la gloire du médecin un fleuron qui ne la déshonorait pas. Le livre de l'*irritation et de la folie* fut le manifeste de ce matérialisme acerbe; si nous osions jouer sur le titre du livre, et si nous pouvions oublier quelle fut la célébrité de l'auteur, nous dirions que cette œuvre est vraiment celle d'un fou irrité. On ne saurait imaginer ce qu'est cette longue argumentation d'un volume contre toute doctrine qui tendrait à laisser soupçonner qu'il est en nous autre chose que la matière même; que la pensée n'est pas le résultat unique de la texture de notre cerveau, et que toutes les idées ne viennent pas du seul exercice des sens, ne sont pas produits de sensation pure. Prononcer les mots d'âme, d'observation intérieure, de conscience, de raison, suffit à soulever les colères et à amener les injures de l'écrivain. Les kanto-platoniciens, tel est le nom qu'il aime à leur donner, relevaient en face de lui la philosophie des humiliations du sensualisme; dans un enseignement demeuré célèbre, ils adressaient à la raison humaine les plus fécondes interrogations et lui demandaient la connaissance fondamentale et l'entente première des choses. Broussais ne pouvait entendre ces voix importunes, sans les outrager; en maint endroit, il dit de ces éloquents interprètes du spiritualisme platonicien, que ce sont des malades dont le cerveau est irrité, et perçoit des désirs qu'ils transforment ensuite en réalités. « C'est la perception confuse, dit-il, de toutes ces sensations intérieures qu'ils (les psychologistes) prennent pour la preuve de l'existence de leur principe incorporel, intelligent, et d'une révélation à priori. Ces hommes vivent dans un effort continuel d'expressions qui n'aboutit qu'à substituer, dans leurs discours, une figure à une autre figure, et à dépraver la langue, quand il n'a pas un résultat plus fâcheux sur les fonctions de leurs cerveaux. En effet, ces sensations elles-mêmes ne sont que des irritations de leurs viscères, et des irritations analogues à celles qui président aux mouvements instinctifs : le cerveau les excite, les autres viscères les lui renvoient, les reçoivent encore de lui, et la santé de l'appareil splanchnique peut en souffrir. »

De pareilles choses ont pu s'écrire sérieusement, et ont trouvé, que dis-je, trouvent encore, et nombreux, des lecteurs qui les acceptent, lesquels déclarent en même temps ne reconnaître que le positif et repousser tout ce qui est suspect d'hypothèse. Les voix, les sensations intérieures de la conscience considérées comme irritations de viscères, renvoyées au cerveau qui les excite, et données comme troubles probables de la santé ! Voilà ce que regardent comme positif, ou bien près de l'être, des savants que nous n'accusons pas d'être malades! A quels incroyables abaissements peut donc descendre la pensée!

La conscience et la raison, il faut abattre sans pitié ces mots qui sont le grand obstacle au progrès; il faut accabler de sarcasmes les psychologistes et les rationalistes. Les premiers sont en proie à des troubles morbides; que seront les seconds pour Broussais? Des jongleurs de mots dont il va percer les boursouflures et déchirer les vaines images. « Comment argumenter, dit-il, avec les rationalistes, qui ne se piquent pas de rigueur dans les déductions, et qui ne craignent pas d'avancer des assertions mystérieuses et inintelligibles, comme celle de dire que la raison, quoique impersonnelle, apparaît à l'homme individuel? Les rationalistes parlent de l'homme comme s'ils étaient d'une nature supérieure à l'homme. Je ne leur demanderai pas de définir les mots qu'ils emploient; ils ne s'abaissent pas jusqu'à la grammaire; ils ne font pas plus de cas de cet instrument, quoiqu'ils s'en servent dans l'intention de prouver, que de la matière nerveuse avec laquelle ils le mettent en œuvre. Ils s'élancent de plein vol dans un monde idéal, d'où ils regardent avec pitié ce qui se passe dans celui-ci. Toutefois, sans les apostropher, je me permettrai quelques réflexions sur leur langage. *La raison est une émanation de Dieu;* sorte de figure qui compare Dieu à une planète, ou à une source d'eau, et la raison à des rayons de lumière, à de l'eau, ou à quelque chose de plus subtil qui en émane, c'est-à-dire qui s'en écoule. Avant que je puisse admettre que la raison est l'une ou l'autre de ces choses, il faut que je sache par quels moyens ils s'en sont assurés, et j'apprends d'eux qu'ils tiennent cela de leur conscience, de cette espèce de Janus qui, par une de ses faces, regarde et entend la raison qui lui parle au nom de l'absolu, et, par l'autre, se met en relation, au moyen des sens, avec le monde phénoménal. Alors je me demande à moi-même si ce n'est pas avilir Dieu que d'en faire un corps susceptible de donner des émanations matérielles; et si, d'autre part, la raison considérée comme un fluide qui coule, qui écoute sans oreille et parle sans bouche à la conscience qui n'a point d'organe auditif, n'est pas une chose imaginaire. Admettons cependant que la conscience dont on ne m'a point montré les oreilles, ait entendu tout cela de la bouche de la raison, que personne n'a encore vue : à qui l'a-t-elle raconté avant que le rationaliste eût parlé? A elle-même, sans doute, à moins qu'il n'y ait encore là un autre être doué de la faculté d'entendre. Quoi qu'il en soit, l'être intérieur qui a appris toutes ces merveilles se sert du moyen des organes vocaux pour les faire parvenir aux oreilles des profanes, afin que celles-ci les rendent à leurs différentes consciences. » Il faut s'arrêter; nous n'épuiserions pas l'insensé de ce livre, quelles longues que fussent les citations. Les pages qui suivent, comme celles qui précèdent, sont de même style et apportent les mêmes basses déclamations. Cependant la philosophie de Broussais n'est pas morte avec lui; vivante avant lui, elle vit encore sous nos yeux. Le *positivisme* a recueilli les enseignements de Cabanis et de Broussais, comme nous l'avons démontré dans notre travail sur la *philosophie positive dans ses rapports avec la médecine;* il les a exagérés s'il est possible, et il les prodigue sous toutes les formes à une jeunesse heureuse du culte des sens et de la matière auquel on la convie, fière d'avoir remplacé par le fétichisme du fait cette suite de problèmes émouvants que l'esprit n'élucidait pas sans efforts, qu'il fallait poursuivre par une méditation recueillie; fatigue pénible et vaine, et que viennent assombrir encore des notions de dignité et de devoir devenues pesantes aujourd'hui.

Broussais s'éteignit dans la solitude et l'abandon. En vain, pour retrouver le fruit de ses triomphes, se déclarait-il l'apôtre de toutes les nouveautés suspectes qui avaient un jour de faveur ; la foule, un instant ramenée, s'éloignait de nouveau. Il lui importait peu de se contredire : il avait criblé de ses attaques les doctrines et les rêves phrénologiques; il oublia ses premières invectives, et devint le plus ardent défenseur de cette même phrénologie, dès qu'il vit qu'elle pouvait rappeler sa popularité effacée, et servir ses opinions vivaces de matérialisme. Malgré tant d'efforts, un silence poignant avait remplacé les acclamations emportées auxquelles on l'avait accoutumé; ses injures ne blessaient plus, son enseignement ne soulevait qu'un douloureux dédain. Il fallut la mort pour ranimer les souvenirs éteints de sa gloire. A cette dernière heure, la jeunesse se rappela Broussais, et décerna une ovation finale à celui qui avait tant surexcité et ses préjugés et ses vanités. Les étudiants s'attelèrent au char funèbre qui portait les dépouilles du tribun médical, et le conduisirent au champ de son premier et suprême repos. Le silence revint plus profond sur cette tombe. Le bruit des panégyriques officiels l'a seul, et de loin en loin, interrompu; mais l'interruption, si enflée que fût sa voix, ne réveillait plus d'échos soutenus.

La mort est le suprême juge ; elle relève les hommes qui ont été vraiment grands et utiles, elle rejette dans l'oubli ceux qui ont surpris et violenté la renommée plus qu'ils ne l'ont légitimement conquise et méritée : mais ce jugement ne s'exprime guère au lendemain des funérailles; il faut souvent que la mort remonte dans le temps, pour que les passions soulevées se taisent et que la gloire réelle ressorte. On a pu croire, un instant, que la figure de Broussais allait grandir après lui. Le ton forcé et presque lyrique des louanges posthumes qu'on lui a décernées a pu en imposer pour quelque temps. Ses obsèques à marche triomphante se couronnèrent des plus ardents discours ; la Faculté, l'Académie de médecine, l'Académie des sciences morales, eurent des orateurs qui célébrèrent, en le grandissant par delà toute mesure, le membre illustre qu'elles avaient perdu ; une statue lui fut élevée au Val-de-Grâce, et, en de nouveaux discours d'apparat, la médecine militaire exalta sans réserve le médecin dont elle était fière. Que l'on place la réalité en regard de ces éloges bruyants : quel contraste ! quel abandon pour des travaux qui devaient inaugurer une médecine nouvelle, et porter la lumière là où le passé n'avait laissé que ténèbres ! Aujourd'hui les œuvres de Broussais n'ont plus que deux sortes de lecteurs : les uns, rares amis de la science, les ouvrent pour apprendre dans les documents originaux l'histoire d'une période agitée de la médecine ; d'autres les parcourent pour y recueillir pieusement l'expression hardie du matérialisme dont ils se déclarent les survivants dévoués. Ces derniers seuls sont les vrais fils de Broussais, mais fils du philosophe plutôt que du médecin. Sous le nom de *positiviste* qu'ils arborent, ils se nourrissent des mêmes chimères, professent les mêmes mépris, et montrent les mêmes ignorances. Aussi la science, qu'ils prétendent créer, n'est ni moins informe, ni plus viable que celle de la physiologie de l'irritation. Cette science ne dure pas, elle passe sans cesse ; et cette disparition incessante est prise par les esprits prévenus pour un incessant progrès. Humiliant spectacle !

Il n'est pas de grand homme sans une grande œuvre accomplie : il a fallu trouver à Broussais cette œuvre qui seule pouvait soutenir les assurances de gloire qu'on lui prodiguait. On n'aurait osé invoquer comme telle la fondation de son éphémère physiologisme. Pouvait-on le louer si haut pour une construction qui n'avait abrité que des erreurs et désertée de tous aujourd'hui ? Non; en dehors de ses conceptions systématiques, il fallait lui découvrir un titre plus sérieux et une influence plus durable. Dans ce but, on a prétendu en faire l'initiateur et le père de la médecine moderne. Cette assertion, émise sans un examen bien sévère et avec une sorte de parti pris, semblait justifier la longue et passionnée polémique où s'était consumée la vie de Broussais. La lutte du passé et de l'avenir, beau thème à soutenir pour ceux qui aiment les thèses bien dessinées et les oppositions tranchées ! Aussi cette idée, communément acceptée, est-elle devenue le symbole de ces temps de combat et l'excuse de luttes où le langage était peu mesuré. Il fallait, croyait-on, ces violences pour établir le triomphe de l'inspiration moderne en médecine. Les éloges de Broussais lui attribuent tous la gloire d'avoir rempli cette orageuse mais utile mission. Écoutons M. Dubois (d'Amiens) : « Il nous a tous ramenés à l'étude des lésions organiques, à la recherche du diagnostic local et à la véritable interprétation des symptômes. C'est en cela, je le répète, que Broussais s'est montré digne de sa haute renommée; c'est en cela qu'il a rendu d'immenses services à la science..... ; c'est en ce sens qu'il est resté le promoteur de tous les progrès accomplis de nos jours en médecine ; c'est à lui qu'il faut en rapporter l'honneur. Explorer les organes, interpréter les symptômes, voilà, je le répète, ce qu'il a enseigné aux nouvelles générations, et c'est ce qui lui méritera une reconnaissance éternelle. Sa gloire, comme théoricien, a été brillante sans doute, mais tumultueuse et passagère; comme clinicien, sa gloire grandira à mesure que la science fera de nouveaux progrès. Son système n'a pu avoir qu'une existence éphémère ; son impulsion clinique porte encore aujourd'hui ses fruits. »

Broussais a-t-il droit à la part que ces lignes lui font ? Est-il réellement le promoteur de tous les progrès accomplis de nos jours en médecine? nous a-t-il ramenés à l'étude des lésions organiques, à la recherche du diagnostic local? Nous ne saurions reconnaître un tel mérite à celui-là même qui, suivant nous, a dévié de leur cours légitime les études anatomo-pathologiques, à celui qui a profondément vicié l'interprétation des symptômes, et donné à la pratique médicale des bases mensongères. L'anatomie pathologique existait bien avant Broussais; avant lui elle conduisait à l'intelligence des symptômes observés durant la vie, et servait d'appui aux inductions thérapeutiques. M. Dubois le reconnaît lui-même dans l'éloge dont nous venons de citer quelques lignes : Morgagni, Bichat, Pinel, Prost, il aurait pu dire tous les médecins de quelque valeur, marchaient déjà dans cette voie féconde; l'impulsion était devenue irrésistible et générale : pas une école célèbre qui ne favorisât ce mouvement. Qu'a donc fait Broussais que n'aient voulu et fait ses devanciers, et quel est son rôle propre dans l'évolution de la médecine moderne, dans la science plus particulièrement fondée sur l'étude directe des lésions de tissus et d'organes? Le voici, en peu de mots. Les médecins, avant Broussais, cherchaient dans l'anatomie pathologique un moyen de progrès pour l'histoire des maladies, mais nullement les matériaux d'une révolution doctrinale de la science. En découvrant et en analysant une lésion, ils ne prétendaient pas révéler la cause du mal et sa nature même; ils admettaient d'instinct, au-dessus de cette lésion, une détermination de l'activité vivante, une affection propre de la vie; ils faisaient de la lésion, non un point de départ premier d'où tout symptôme, tout acte morbide devait découler; mais, au contraire, un aboutissant, un effet important à connaître, moins en lui-même que pour saisir à travers lui la nature de la cause qui le provoquait. La médecine antique s'inspire toute de ces notions, et en tire sa vraie grandeur. Elle n'expose pas clairement et dogmatiquement les principes généraux auxquels elle obéit; semblable au bel art primitif, elle les sent et les réalise dans une application inconsciente. Cette application, poursuivie à travers les siècles, a lentement constitué le faisceau mêlé et puissant des traditions médicales.

Ces traditions, Broussais est venu les briser. Son œuvre propre a été, non de montrer les progrès que l'anatomie pathologique bien comprise réservait à la médecine, mais d'instituer une philosophie erronée enseignant que la lésion était toute la maladie; que le médecin n'avait rien à voir en dehors de ce fait tout matériel; que ce fait était le principe même de la science. La lésion, suivant le langage du réformateur, c'est le *cri de l'organe souffrant* et le *douloureux mobile du désordre universel;* c'est sur ce point qu'il faut *porter le baume consolateur;* le reste n'est qu'ontologisme. Tout ce qui n'exprime pas une lésion d'organe, mais prétend traduire une modalité du système vivant, une affection même de la vie; tous les termes généraux de la langue médicale, force, faiblesse, ataxie, adynamie, diathèse; ou ces autres mots qui désignent les maladies spéciales autrement que par des dénominations tirées des organes atteints, comme les mots typhus, catarrhe, choléra, variole, les mots d'épidémie et de contagion; tous ces termes et les idées qu'ils expriment sont des créations d'êtres fantastiques, les rêves d'une médecine vieillie, qui doivent se dissiper aux clartés de la médecine physiologique. Qu'est cet enseignement, sinon l'introduction en pathologie de tous les préjugés du matérialisme philosophique, qui lui aussi ne reconnaît que le fait de la sensation, que l'organe impressionné et sentant? Oui, Broussais peut être nommé le fondateur de la médecine moderne, mais en tant qu'on ne voit d'elle que les erreurs qu'elle professe, et dont elle a tant de peine à secouer le lourd fardeau.

L'anatomie pathologique éclaire le médecin dans l'art difficile de rapporter aux organes lésés les symptômes observés. Cet art, à le prendre en dehors de toute exagération systématique, et non comme constituant la médecine tout entière, le devons-nous à Broussais? Pas plus que nous ne lui devons la connaissance des rapports généraux de la lésion avec la maladie. Ce sont des contemporains de Broussais qui ont réalisé, sur ce point, ces merveilleux progrès, honneur de la science actuelle; et, parmi ces contemporains, il en est un qu'il faut citer entre tous, Laennec. C'est à lui que remonte l'impulsion féconde qui se poursuit aujourd'hui. Broussais n'a pas droit à revendiquer une telle action sur la direction de nos études. Loin qu'on doive le considérer comme l'initiateur des progrès véritables auxquels l'anatomie pathologique conduit la science des maladies, on doit le regarder comme celui qui a éloigné ces progrès; car il est le créateur de cet ensemble d'erreurs qui demandent à cette anatomie ce qu'elle ne peut donner, à savoir, la raison même des maladies. Il a tourné du côté du faux les sources mêmes du vrai qu'on entrevoyait avant lui.

Nous ne concluons pas de ces faits que, sans Broussais, la vérité pure eût lieu, et que l'étude des lésions se fût poursuivie sans enfanter les orgueilleuses illusions auxquelles elle nous a entraînés. Non, sans doute; ce rôle systématique, si Broussais ne s'en fût emparé, eût tenté d'autres esprits, tant il offre de séductions trompeuses, tant il flatte en nous d'incurables faiblesses, tant il est aisé à soutenir. Aussi se prend-on à douter et de l'originalité de la réforme et de celle du réformateur; il n'y a pas là une forte et toute personnelle initiative. Mais, en tout cas, et quand même Broussais seul eût pu concevoir et remplir ce rôle, le caractère n'en eût pas changé : se faire l'apôtre intolérant et exclusif d'une erreur capitale, étouffer violemment toutes les vérités qui la contrarient, ne saurait passer pour un titre de gloire; cela surtout ne peut s'appeler servir aux progrès de la science et de l'art.

Où donc trouverons-nous la grandeur vantée de cet homme, où sa mission et ses services? Sa grandeur est moins dans sa science réelle que dans l'ardeur de son tempérament et dans la puissance d'agitation qu'il y puisait. Il avait un besoin incesssant de lutter, de détruire, de triompher sur des ruines. Il a, par suite, remué jusqu'aux fondements le sol de la science; il a rendu des services par cela seul qu'il a combattu et forcé chacun à combattre. Il a imprimé aux esprits de son temps des secousses qui sont devenues fécondes. Les uns se sont armés contre lui, et ont donné aux vérités qu'il attaquait des développements inattendus; les autres ont déployé un infatigable labeur pour édifier une fausse science, et, entrés dans des voies que l'erreur ouvrait, ils ont su rencontrer des faits importants, découvrir de nouveaux moyens d'analyse, contribuer à l'avancement de nos connaissances. Ce sont là des services réels. Mais Broussais ne les a rendus qu'en succombant lui-même dans la lutte; à cette seule condition il a été utile. S'il eût pu durer, si les préjugés auxquels il a fait appel nous eussent subjugués sans retour, Broussais eût été la plus fatale figure de notre histoire: il eût consommé la décadence définitive de notre science et de notre art.

— La suite à un prochain numéro. —

CHRONIQUE.

La leçon de M. Moleschott *sur les limites de la nature humaine*, que nous avons publiée dans un de nos derniers numéros, a scandalisé M. l'abbé Moigno. Après avoir reproduit tout le début du célèbre professeur, le directeur des *Mondes* s'écrie avec douleur : « Quel étrange langage, et quel sens lui donner? Quel triste spectacle aussi que de voir un homme distingué arborer si tristement le drapeau de la fatalité. Et cela, non plus dans la brumeuse Hollande, dans l'abstraite Allemagne, mais dans la si lumineuse Italie! »

Au lieu de ces exclamations sentimentales, nous aimerions mieux trouver sous la plume de notre savant confrère de bonnes raisons, une bonne réfutation, si elle est possible. Les brumes de l'Allemagne n'ont rien à voir en cette affaire. Si M. Moleschott avait raison à Heidelberg, pourquoi aurait-il tort à Turin? Ses idées ne sont ni *tristes*, ni *étranges*; elles sont vraies ou fausses. Prouvez donc qu'elles sont fausses. Les épithètes n'ont jamais été des arguments.

— Des conférences scientifiques populaires viennent d'être inaugurées à Naples, dans les salles mêmes de l'Université. M. de Luca, le chimiste éminent dont nous avons publié récemment une leçon d'ouverture, a donné l'exemple en ouvrant un cours gratuit de chimie pour les ouvriers, qui accourent en foule pour entendre ses leçons.

— La grande bataille sur les générations spontanées n'aura pas lieu! l'*Alabama* hétérogéniste et le *Kearseage* panspermiste n'en viendront pas aux mains cette fois-ci encore, et la faute n'en est point, hâtons-nous de le dire, à MM. Pouchet, Joly et Musset. Le capitaine Semmes aurait-il accepté le combat si on lui avait préalablement encloué la moitié de ses canons, si l'on avait tracé autour de lui un cercle étroit dont il ne lui eût pas été permis de sortir, si on ne lui avait pas laissé la liberté complète de ses allures, de ses manœuvres, de ses évolutions? Le capitaine Semmes aurait refusé de quitter le port. C'est ce que vont faire sans doute, avec raison, les savants hétérogénistes.

— Par décision ministérielle du 20 juin courant, M. le docteur Henri Favre est autorisé à ouvrir dans les salons de l'établissement thermal d'Enghien des conférences publiques pour la vulgarisation des notions d'hygiène et de physiologie.

— M. Hébert, professeur à la Faculté des sciences, fera les 9, 10 et 11 juillet une excursion géologique à Damery, Épernay, etc. On peut se faire inscrire jusqu'au 1er juillet.

— M. Eugène Flachat fera demain dimanche, 26 juin, dans le grand amphithéâtre de l'École de médecine, une conférence sur la navigation à vapeur.

— Voici le sommaire du dernier numéro de l'excellent journal de M. Victor Meunier, le *Courrier des sciences*, édité par M. Germer Baillière.

« Bulletin, par M. Victor Meunier. — Les îles de Chincha, p. 673. — Agronomie, chimie agricole et physiologie, p. 673. — Traité théorique et pratique de la télégraphie électrique, par M. du Moncel, p. 676. — Lettres sur la génération spontanée, adressées à M. Pasteur par M. Victor Meunier, p. 677. — Opinion de M. Louis Figuier sur la leçon de M. Pasteur, p. 680. — Promenades scientifiques aux environs de Paris, par M. Ludovic ***, p. 685. — Académie des sciences, séance du 13 juin : Compte rendu, par M. Victor Meunier, p. 691. — Nouvelles diverses : Arrivée à Paris de MM. Joly, Ch. Musset et Pouchet, p. 697. — Remède contre la maladie des vers à soie, p. 698. — Répression de la fraude en matière d'engrais, p. 699. — Prochaine séance de la Société chimique, p. 699. — Exposition à la Nouvelle-Zélande, p. 699. — Parquets de caoutchouc, p. 700. — Exploitation de l'Asie centrale, p. 700.

Léon Danicourt.

Le propriétaire-gérant : GERMER BAILLIÈRE.

PARIS. — IMPRIMERIE DE E. MARTINET, RUE MIGNON, 2.

PREMIÈRE ANNÉE. — N° 31. UN NUMÉRO : 30 CENTIMES. 2 JUILLET 1864

REVUE

DES

COURS SCIENTIFIQUES

DE LA FRANCE ET DE L'ETRANGER

PHYSIQUE — CHIMIE — ZOOLOGIE — BOTANIQUE — ANATOMIE — PHYSIOLOGIE
GÉOLOGIE — PALÉONTOLOGIE — MÉDECINE

Paraît tous les Samedis.

	Six mois.		Un an.
Paris	Six mois. 8 fr.	Un an. 15 fr.
Départements	— 10	— 18
Étranger	— 12	— 20

Prix de l'abonnement avec la Revue des Cours littéraires.

Six mois...... Paris, 15 fr. Départ., 18 fr. Étranger, 20 fr.
Un an....... — 26 — 30 — 35

Rédacteur en chef
M. ODYSSE-BAROT

Les ouvrages dont deux exemplaires auront été envoyés au bureau du journal seront annoncés et analysés s'il y a lieu.

On s'abonne
A LA LIBRAIRIE GERMER BAILLIÈRE
17, rue de l'École de Médecine,
Et chez tous les libraires, par l'envoi d'un bon de poste, ou d'un mandat sur Paris.

L'abonnement part du 1er décembre ou du 1er juin de chaque année.

SOMMAIRE.

CHIMIE AGRICOLE.

COURS DE M. BOUSSINGAULT.

(CONSERVATOIRE DES ARTS ET MÉTIERS.)

(Voy. les nos 9, 14 et 28.)

IV.

De la végétation (fin). — Géologie agricole.

Dans les questions relatives à la végétation qui ont été traitées jusqu'ici, on a reconnu qu'il y a dans les plantes trois organes principaux, les racines et les feuilles, qui fonctionnent, les premières dans le sol, les secondes dans l'atmosphère, puis la tige, qui est intermédiaire entre les deux autres.

Mais cette tige, ces racines, ces feuilles, ne sont pas des organes simples. En effet, examinons-les au microscope, nous les voyons constituées d'une infinité de cellules ; il y a donc là, dans chacune de ces parties principales du végétal, une infinité d'individus. Or, considérons ces cellules en tel ou tel point de l'organisme, nous leur voyons ces caractères généraux : ce sont de petits sacs d'une matière membraneuse, remplis d'un liquide visqueux, dans lequel, au microscope, on distingue des points ou *nœuds* d'où rayonnent des filaments. Quant à la constitution chimique de la cellule, on reconnaît que l'enveloppe est de la cellulose, et le liquide une dissolution d'albumine.

La cellulose a cette composition :

Carbone	44,6	
Hydrogène	6,1	proportion constituant l'eau.
Oxygène	49,3	
	100,0	

Ainsi elle est un composé de carbone, d'hydrogène et d'oxygène ; elle se forme donc aux dépens de l'eau et de l'acide carbonique de l'atmosphère.

Pour l'albumine, c'est une matière azotée ainsi constituée :

Carbone	53,3
Hydrogène	7,3
Oxygène	23,7
Azote	15,7
	100,0

Ce même principe existe dans l'organisme animal.

Souvent aussi il se trouve en dissolution avec l'albumine des matières sucrées ; elles sont composées de carbone, puis d'hydrogène et d'oxygène, dans les proportions qui constituent l'eau.

Comment s'opère l'accroissement du végétal ? L'examen des cellules le démontre. Examinons la plante à son origine. On a une cellule élémentaire. Grâce aux éléments puisés à l'extérieur, elle se multiplie en elle-même ; les nœuds grandissent, le sac s'accroît. Bientôt celui-ci se divise, il se forme plusieurs cellules distinctes dont chacune devient un centre. De cellule en cellule c'est ainsi que se forme tout l'organisme de la plante. Ainsi donc, les organes des végétaux sont essentiellement constitués par des cellules, et l'action que produit un organe est la résultante des actions de toutes les cellules qui le forment.

Que l'on enlève, par exemple, les $\frac{9}{10}$ d'une racine, elle continue néanmoins à jouer son rôle, car il lui reste des éléments qui agissent ; mais comme le nombre de ces cellules agissantes est diminué, elle fonctionne d'une manière moins énergique. Il en est de même des feuilles. On sait que sous l'influence de la lumière solaire, elles décomposent l'acide carbonique tenu en dissolution dans l'eau. En réalité, ce phénomène est dû, non à la feuille elle-même, mais à chacune des cellules vivantes qui entrent dans sa constitution. L'expérience suivante le démontre facilement. Si l'on prend une feuille, qu'on l'écrase, puis que cette pulpe soit mise dans une eau saturée d'acide carbonique, à la lumière solaire, aucun effet ne se produit. La décomposition du gaz, au contraire, se manifeste, si la feuille, au lieu d'avoir été triturée, a été coupée en morceaux, quelque petits qu'ils soient d'ailleurs. Dans la première circonstance, en effet, toutes les cellules ont été détruites ; dans l'autre cas, la plupart furent laissées intactes.

La vie végétale consiste donc dans la somme des existences de toutes les cellules qui se trouvent dans la plante. Chaque cellule engendre une autre cellule, et ainsi de suite ; et c'est de la sorte que certains arbres atteignent ces dimensions prodigieuses dont nous allons donner quelques exemples. A Fribourg, il est un tilleul qui a 20 mètres de hauteur et 11^{m},7 de circonférence près du tronc : il a 400 ans d'existence. On cite en Amérique un arbre mesurant 15^{m},6 de circonférence et 23 mètres de hauteur, et un autre dont la circonférence atteint 18 mètres. Au Mexique, se trouve un cyprès dont la hauteur est de 32 mètres, et la circonférence de 12 mètres : il était déjà célèbre à l'époque de la conquête de ce pays par Fernand Cortez.

Si nous nous plaçons sous un autre point de vue pour examiner cette puissance de production des cellules, nous arrivons de même à des résultats non moins remarquables.

Considérons, par exemple, la production végétale qui s'accomplit sur un hectare dans l'espace d'une année et dans notre pays. On trouve qu'une prairie artificielle donne, dans ces conditions, 4300 kilos de foin sec ou 5100 kilos de luzerne sèche. Le poids du froment que l'on obtient pareillement dans une bonne terre atteint, paille et grain compris, 5500 kilogrammes. On a été tenté de croire que la production forestière devait dépasser ces résultats ; il n'en est rien. M. Chevreul a déterminé ce qui était produit en bois dans les forêts des Vosges pendant une année et par hectare. Il trouva comme moyenne de soixante-trois ans d'expérience, le chiffre de 3500 kilogrammes de bois sec.

Ici se terminent les notions sur la végétation que M. Boussingault a données dans le cours de cette année.

Le savant professeur passe ensuite à une autre partie de la chimie agricole, la géologie agricole.

GÉOLOGIE AGRICOLE.

L'atmosphère, comme on l'a montré, contient le carbone, l'oxygène et l'hydrogène qui entrent dans la constitution des végétaux. Il renferme aussi les principes azotés directement assimilables, l'acide nitrique et l'ammoniaque ; mais il n'en possède que des quantités insuffisantes. Enfin, d'autres principes lui manquent, ce sont les substances minérales. Or, ces substances minérales sont indispensables à la végétation ; il n'est pas de plante qui en soit dépourvue. Incinérons, en effet, une plante quelconque, nous obtenons toujours un résidu ; si elle n'avait que du carbone, de l'hydrogène, de l'oxygène et de l'azote, il ne resterait rien : ces cendres sont de nature minérale.

D'où viennent ces matières minérales ? De la terre. C'est aussi la terre qui fournit au végétal les éléments azotés dont la proportion est trop faible dans l'atmosphère, et qui se trouvent en quantité convenable dans un sol de bonne qualité.

Qu'est-ce que la terre ? Quelle est son origine ? La terre végétale provient de la destruction des roches à la surface du globe. Comme elle donne à la plante ses principes minéraux, il faut conclure de là que tous les sels de nature minérale que l'on rencontre dans la végétation existent fatalement dans la constitution des roches qui forment la croûte solide de notre planète. Ainsi il y a de la potasse, de la soude dans les roches ; les cendres de végétaux en renferment, nous le savons, des proportions notables. Il en est de même de la silice, de la magnésie, des oxydes de fer et de manganèse, des acides phosphorique, sulfurique et du chlore. L'alumine seule, élément essentiel des roches, n'existe pas dans les plantes. L'analyse des cendres en a bien révélé de faibles quantités, mais dans ce cas elle provenait de la terre dont il est impossible de débarrasser complétement les racines d'un végétal. C'est là, d'ailleurs, la seule exception.

Ces roches qui forment la surface solide du globe, sont l'assemblage, le mélange de certaines substances minérales très-peu nombreuses.

Ces substances minérales ont, comme éléments constitutifs, les matières que nous venons de citer : la potasse, la soude, la chaux, la magnésie, l'alumine, la silice, les oxydes de fer et de manganèse, l'acide sulfurique, l'acide phosphorique et le chlore.

Au moyen de ces composés binaires se sont formées les espèces minérales. Nous allons énumérer les plus communes. En général, ce sont des sels. Prenons d'abord les silicates. Au premier rang vient le quartz; c'est de la silice pure. Le feldspath, très-commun aussi, est un silicate d'alumine et de potasse; quelquefois cette dernière base est remplacée par de la soude : il prend alors le nom de feldspath albite. Le mica est composé de silice, d'alumine, de potasse et de magnésie. L'amphibole, remarquable par ses cristaux verts, contient de la silice, de l'alumine, de la chaux et de la magnésie. Le talc, pour 100 parties, renferme 58 de silice et 33 de magnésie. Le pyroxène, produit volcanique, a de la silice, de la chaux et de la magnésie. L'analyse de ces espèces minérales a montré que ce sont des composés en proportions définies; c'est-à-dire il existe un certain rapport entre l'oxygène de l'acide et l'oxygène de la base. Le feldspath, par exemple, renferme 12 d'oxygène dans l'acide et 4 dans la base, ce qui fournit un rapport de 3 à 1; dans le mica le rapport de l'oxygène de l'acide à l'oxygène de la base est de 1 à 1; cette proportion est de 2 à 1 dans le pyroxène. Ce sont donc là de véritables sels parfaitement constitués. Indépendamment de ces silicates, il entre dans les roches, comme espèces minérales, des sulfates, des carbonates, des phosphates : ainsi le gypse ou plâtre est du sulfate de chaux.

Comment distinguer ces espèces? Comment savoir si une roche est calcaire, gypseuse ou siliceuse? Les moyens sont simples et très-faciles à pratiquer.

Une roche est-elle calcaire : mise dans un vase avec de l'eau, au contact d'un acide, elle donne lieu à une vive effervescence due au dégagement de l'acide carbonique. On peut être assuré que toute pierre qui présente ce caractère renferme un carbonate. C'est un calcaire pur si, dans ces circonstances, la totalité de la matière se dissout. Quant à la chaux, elle se reconnaîtra dans la dissolution au moyen du réactif qui, en chimie, révèle habituellement cette base, l'oxalate d'ammoniaque. Il se formera, dans ce cas, un précipité abondant d'oxalate de chaux. La pierre proposée n'a pas présenté d'effervescence; ce n'est pas un calcaire. Elle peut être un sulfate. Dans cette hypothèse, elle se dissout un peu dans l'eau, et si à cette eau on ajoute un sel soluble de baryte, du nitrate de baryte, par exemple, il se fait un précipité abondant de sulfate de baryte.

Enfin il y a des roches qui, traitées par un acide, ne dégagent pas d'acide carbonique comme le calcaire, qui ne se dissolvent pas dans l'eau, et ne forment pas de précipités par les sels solubles de baryte, comme le sulfate de chaux. Elles sont alors constituées par des silicates, ou simplement par de la silice.

Cette constitution des espèces minérales est très-importante à connaître dans l'agriculture, elles y jouent un très-grand rôle. Citons la potasse, par exemple : nous savons que la plante en renferme une forte proportion. C'est que dans les roches cette base existe en grande abondance. Le feldspath en renferme 12 p. 100. Ainsi un mètre cube de feldspath, pesant 2400 kilos, fournira 288 kilos de potasse ou une quantité équivalente à 422$^{kil.}$,5 de carbonate de potasse anhydre.

Non-seulement, dit M. Boussingault, ces espèces minérales que nous venons de citer constituent les roches que nous habitons, mais elles forment encore les masses minérales des planètes qui nous environnent. En effet, les mondes qui nous entourent nous envoient des échantillons de leur constitution, les aérolithes. On les a examinés soigneusement, on les a analysés, et l'on a vu qu'ils renfermaient les substances que nous connaissons.

Longtemps cette chute des aérolithes parut un phénomène singulier, longtemps on douta de leur origine. Cependant, depuis l'antiquité la plus reculée, on a reconnu et mentionné des chutes de pierres : les Chinois avaient un catalogue énonçant les pierres tombées du ciel depuis des temps très-anciens. Néanmoins, au commencement de ce siècle, Vauquelin, ayant attribué cette origine à certains blocs minéraux, eut contre son opinion toute l'Académie. Mais quelques années plus tard il tomba à Laigle une véritable pluie de pierres. Un bloc énorme et incandescent fut aperçu descendant du ciel; puis il se divisa en une multitude de morceaux lorsqu'il arriva à terre. On rechercha ces fragments : leur grosseur variait de 3 grammes à 8 kilogrammes. On les analysa ensuite; on y trouva de la silice, de l'alumine, de la chaux, de la magnésie, des oxydes de fer et de manganèse, du soufre, du phosphore et du fer.

Quelle est l'origine de ces matières? Elles viennent des espaces célestes évidemment. Laplace pensa que s'il y avait des volcans dans la lune, il pourrait y avoir de là une émission de roches volcaniques sur la terre. Il fit un calcul dans cette hypothèse, et il vit qu'il ne fallait pas une très-grande force pour produire ce résultat. On peut dire encore : Il existe des fragments errants dans l'univers; ils peuvent se rencontrer dans la sphère d'attraction de notre planète, et dans ce cas ils sont attirés à sa surface. — J. de Lignières.

ZOOLOGIE (ANIMAUX ARTICULÉS).

COURS DE M. ÉMILE BLANCHARD.

(MUSÉUM D'HISTOIRE NATURELLE.)

Leçon d'ouverture.

Messieurs,

Si l'on aborde la lecture d'un livre où l'on cherche une instruction plutôt qu'un amusement, on jette volontiers un coup d'œil sur la préface. On aime à savoir promptement où l'auteur doit vous conduire, quels faits il exposera, et surtout quelles idées présideront à l'exposition des faits.

Entre cet ensemble de leçons, qu'on appelle un cours, et le livre, il y a, il est vrai, une différence fort considérable. Chaque leçon, portant d'ordinaire sur un sujet déterminé, doit être accompagnée d'une démonstration sur les objets eux-mêmes, ce qu'aucun livre ne peut offrir.

Malgré cette différence et cet avantage, les leçons, ces parties détachées qui concourent à former l'ensemble, doivent être reliées suivant un ordre méthodique pour conduire d'une manière aussi heureuse que possible à une connaissance de faits nombreux qui seront étudiés sous un point de vue principal.

Or, messieurs, un premier aperçu des sujets qui vont nous occuper essentiellement, une idée générale de la façon dont nous aurons à les envisager, ne vous paraîtront peut-être pas inutiles. Aussi j'espère que l'on ne me saura pas mauvais gré de m'en tenir aujourd'hui à la préface.

La science qui a pour objet la connaissance des êtres animés est si complexe, qu'il y a bien des voies différentes pour l'aborder et qu'elle a été cultivée suivant les temps, suivant les esprits, sous une foule de points de vue particuliers. Pour en donner une idée nette et pour montrer comment s'est constituée peu à peu la science moderne, je ne crois pouvoir mieux faire que de jeter d'abord un rapide coup d'œil sur les écrits de quelques-uns de ces naturalistes qui ont tracé, soit dans une direction, soit dans une autre, les voies les plus profondes, et dont les noms traversent les siècles.

L'observation des animaux est nécessairement aussi ancienne que le monde. Dès la plus haute antiquité, les hommes ont dû porter leur attention sur les espèces qui pouvaient leur servir de nourriture ; ils étudièrent leurs ruses, leurs moyens de défense, afin de s'en emparer plus facilement. Les peuples primitifs des bords de la mer avaient observé les mœurs, la manière de vivre, les époques de passage, de certains poissons, et parvenaient ainsi à se les procurer en abondance. Les Phéniciens avaient reconnu qu'un mollusque de la mer fournissait une couleur magnifique. Les Égyptiens n'ignoraient pas l'industrie des abeilles.

La zoologie ne prend néanmoins le caractère d'une science qu'avec Aristote.

Les écrits de ce savant nous donnent toutes les connaissances scientifiques de l'antiquité. Ce philosophe, tour à tour soldat, vendeur de drogues sur les places publiques d'Athènes, disciple de Platon et précepteur d'Alexandre le Grand, a laissé une bien remarquable histoire des animaux. Les habitudes, les instincts, la conformation extérieure des êtres, étaient surtout l'objet de ses études. Une lecture attentive de ses œuvres montre qu'il avait beaucoup observé par lui-même.

On a cité souvent, bien à tort, Pline l'ancien à côté d'Aristote. Celui-ci n'était qu'un érudit, un compilateur recevant tout sans examen, sans critique ; aussi ne doit-on consulter ses ouvrages qu'avec défiance.

Dans les premiers siècles de l'ère chrétienne, les sciences tombent dans l'oubli. Au moyen âge, avec le goût des lettres on perd l'art de l'observation; on ne songe plus qu'à étudier les écrits de l'antiquité ; Aristote surtout est mis à contribution, et ses traités donnent matière à une foule de commentaires, à d'interminables discussions. Pendant une longue période, on ne trouve à citer, en fait de travaux sur les sciences naturelles, que les écrits d'Albert le Grand. Au XIIIe siècle, le moine Roger Bacon insiste sur la nécessité de s'attacher à l'observation et de ne plus s'en tenir aux écrits des anciens.

Il faut arriver à la Renaissance pour voir un grand mouvement imprimé aux sciences. L'homme attire principalement l'attention; quoi de plus légitime ? Au XVIe siècle, paraissent ces grands anatomistes : Vésale, Colombo, Fabricius d'Acquapendente, qui se livrent à des études plus attentives sur le corps humain. Vers le commencement du XVIIe siècle (1628), William Harvey, né en Angleterre, à Folkstone (comté de Kent), médecin de Charles Ier, fait une découverte immense en histoire naturelle : il démontre la circulation du sang chez les animaux par une multitude d'expériences. Les anciens médecins avaient les idées les plus fausses sur ce grand phénomène.

Le XVIIe siècle est fécond pour les sciences d'observation et d'expérience, et les études sont portées avec ardeur sur la structure de tous les animaux. Redi, Malpighi, dirigent leurs investigations, non-seulement sur l'homme, mais principalement sur les insectes. Chaque recherche montre que ces petits animaux sont des machines vivantes admirablement organisées. Dans le même temps se fonde à Florence une société de physiciens, de naturalistes, de médecins (*Accademia del Cimento*), dans le but de contrôler par l'expérimentation les doctrines reçues jusqu'alors.

En 1637, naquit en Hollande Jean Swammerdam. Il étudia d'abord la médecine ; mais s'apercevant bientôt que ses études sur l'homme et les mammifères ne lui fournissaient pas de résultats bien nouveaux, il s'occupa surtout des insectes. Il publia, en 1669, une *Histoire générale des insectes;* six ans plus tard (1675), une *Histoire de l'Ephémère*, dont il avait découvert les métamorphoses. Ce mot de métamorphose reste attaché au nom de Swammerdam. Les anciens voyaient le changement d'un être en un autre dans le passage de l'état de larve à l'état d'insecte parfait ; c'était pour eux, comme dans la Fable, un phénomène analogue au changement d'Actéon en cerf, de Daphné en laurier. Ils ne se doutaient pas que pendant ses métamorphoses, l'insecte modifie ses organes et en acquiert de nouveaux. Swammerdam mourut en 1680, à l'âge de quarante-trois ans. Il avait passé les dernières années de sa vie dans une retraite absolue. L'esprit de cet homme, sans cesse en extase devant les merveilles de la nature, se troubla comme celui de Pascal ; il tomba alors dans un tel dénûment, qu'il vendit à vil prix les manuscrits et les dessins du grand ouvrage qu'il préparait. Un demi-siècle plus tard, le célèbre Boerhaave publia les travaux de Swammerdam à ses frais et avec un grand luxe, sous le titre de *Biblia naturæ*.

Réaumur (Ferchaut de), né à la Rochelle en 1683, ouvrit une voie nouvelle à l'étude de la zoologie. Il porta ses recherches sur les mœurs et sur l'industrie des insectes.

Au commencement du XVIIIe siècle et la même année (1707), naquirent Buffon, en France, Linnée, en Suède. Ces deux hommes exercèrent une grande influence sur les sciences naturelles. Buffon observa les particularités que nous présentent les animaux pour en tirer des déductions philosophiques. C'étaient les conditions biologiques des êtres qui attiraient son attention d'une manière spéciale. Les livres de ce naturaliste sont écrits dans un style magnifique.

Au fur et à mesure que se poursuivait l'étude des animaux, on éprouvait, pour les désigner, des difficultés de plus en plus grandes. Linnée donna, un des premiers, un tableau complet d'une méthode de classification (1735-1766). Il n'avait pris en considération, pour constituer les groupes, que les ressemblances d'un ou de deux mêmes organes. Ces organes, choisis d'avance, fournissent des caractères artificiels, et les groupes qui en résultent sont des réunions factices subordonnées uniquement à l'organe choisi par le classificateur. Linnée, dans son *Système* ou *Méthode artificielle de classification*, s'était surtout proposé un but : permettre à chacun de trouver le nom scientifique d'un animal donné. Le système ne peut donner aucune idée des divers rapports de ressemblance établis entre les divers genres d'un même règne. Aussi cette classification, qui rendit de grands services à l'époque où elle fut publiée, dut-elle être modifiée; mais il faut remarquer que Linnée s'est néanmoins souvent rapproché de la méthode naturelle dans son exposition des caractères des animaux.

C'est en 1798 que parut le *Tableau du règne animal* de G. Cuvier. Les êtres étaient groupés d'après les ressemblances que pouvaient offrir tous leurs organes. C'était là une *Méthode naturelle de classification*. Les botanistes ont eu la gloire de donner l'exemple aux zoologistes, en déterminant avant eux les vrais principes de la méthode naturelle. Ces vrais principes furent exposés dans l'ouvrage d'Antoine-Laurent de Jussieu, *Genera plantarum*, publié en 1789.

Nous terminerons ici l'histoire des hommes qui ont le plus contribué aux progrès de la zoologie. Il resterait bien à citer les noms des naturalistes qui, de nos jours, ont fait avancer cette science; cela nous entraînerait trop loin pour le moment; nous n'en parlerons qu'en traitant des parties qui ont été, de la part de ces hommes, l'objet d'études spéciales.

Dans le cours de cette année, nous montrerons le rôle que les insectes, les arachnides et les crustacés remplissent dans la nature; nous traiterons particulièrement des espèces nuisibles et des espèces utiles, en ayant soin d'appeler l'attention sur les particularités les plus remarquables de leur organisation.

Nous étudierons, parmi les espèces nuisibles, celles surtout qui font subir des pertes considérables à l'agriculture. A peine la plante est-elle revêtue de son feuillage, avant même parfois que ses bourgeons soient épanouis, l'insecte la ronge ; ses racines sont coupées; elle ne pompe plus les sucs nourriciers de la terre, ses rameaux s'inclinent, sa tige est minée; tout se fane; ses feuilles sont rongées, ses fonctions ne s'exercent plus, elle dépérit; ses fleurs sont attaquées, la plus belle parure de la plante disparaît, et ses fruits sont perdus. La connaissance des mœurs de chaque espèce et des ruses qu'elle met en œuvre pour sa propre conservation peut seule permettre de choisir les moyens et le moment le plus favorable pour arrêter une multiplication trop souvent funeste aux produits de la terre. Il importe donc bien essentiellement de savoir distinguer les insectes nuisibles aux végétaux, de ne pas les confondre avec les espèces carnassières, car celles-ci semblent nées pour empêcher les espèces *phytophages*, nom sous lequel on les désigne, de se multiplier au delà de certaines limites assignées par la nature.

Les insectes utiles, dont l'industrie tire un grand parti, doivent être également l'objet de nos observations. Quelques exemples suffiront pour nous montrer les richesses immenses que ces insectes apportent dans les contrées où ils vivent. Une espèce d'hyménoptère, le cynips, détermine sur les chênes du Levant la production d'excroissances qu'on nomme dans le commerce, *noix de galle*. Cette noix de galle donne une couleur noire qui sert à fabriquer l'encre ordinaire. Chaque année on en recueille 680 000 kilogrammes, représentant une valeur de plus de 1 million 500 000 francs. Les abeilles fournissent pour 15 à 20 millions de francs de miel et de cire par année. On vend annuellement pour 16 à 17 millions de francs d'une espèce de cochenille qui vit sur le cactus nopal, et qui donne une matière rouge qui sert à faire le carmin. Les vers à soie produisent à l'industrie, chaque année, pour des centaines de millions de francs.

Messieurs, vous savez maintenant sur quels sujets je désire appeler votre attention. Je n'irai pas plus loin aujourd'hui. Dans notre séance prochaine nous examinerons de plus près les êtres dont nous nous proposons l'étude ; et je crois qu'en ayant à insister sur les pertes immenses que certains insectes font subir à notre agriculture, sur les ressources prodigieuses que d'autres fournissent à notre industrie nationale, nous reconnaîtrons bien souvent que rien n'est plus grand, que rien n'est plus profitable, au sein de la civilisation, qu'une vérité conquise, qu'une lumière de plus pour l'esprit humain. — J. Lesguillons.

PALÉONTOLOGIE.

COURS DE M. A. D'ARCHIAC.

(MUSÉUM D'HISTOIRE NATURELLE.)

(Voy. les nos 1, 2, 10, 12, 14, 16, 18, 20, 22, 24, 27 et 29.)

XII.

Faune quaternaire de l'Europe centrale.

Messieurs,

Les reliefs accidentés et si multipliés de l'Europe centrale, qui divisent sa surface en une infinité de petits bassins en relation avec celui du Danube au sud, avec celui du Rhin à l'ouest, et avec ceux du Weser, de l'Elbe, de l'Oder et de la Vistule au nord, rendent l'étude de ses dépôts quaternaires extrêmement compliquée, et nous arrêteraient beaucoup trop longtemps si nous voulions vous en présenter un tableau complet. Ces dépôts n'ont point d'ailleurs offert de caractères différents de ceux que nous avons examinés jusqu'ici ; et, d'après ce que nous avons dit du bassin du Rhin moyen et des régions baltiques, on peut concevoir que les phénomènes analogues qui se sont manifestés sur les diverses parties des deux plans inclinés, l'un au sud, vers le thalweg de la vallée du Danube, et l'autre au nord, vers les côtes de la Baltique, ont donné lieu à des résultats tout à fait comparables à ceux que nous avons décrits.

Les débris de grands mammifères recueillis dans cet espace, soit dans les dépôts de transport des vallées, soit dans les cavernes et les brèches osseuses, s'accordent également avec ceux que nous connaissons à l'est et à l'ouest; les recherches attentives et multipliées dont ils ont été l'objet et l'examen qu'on en a fait ont apporté de précieux matériaux pour la paléozoologie des vertébrés quaternaires.

Il serait superflu d'entrer ici dans l'énumération de tous ces faits, qui d'ailleurs se reproduisent presque toujours avec les mêmes caractères, et dont la plupart sont consignés dans des ouvrages généraux (1); aussi nous bornerons-nous à vous entretenir des plus importants, de ceux qui sont le plus propres à donner une idée juste de la composition de la faune quaternaire de cette région, puis de son identité avec celles des régions qui l'entourent, enfin de la simultanéité comme de l'analogie des phénomènes qui partout semblent avoir concouru à son extinction. Nous prendrons d'abord nos exemples dans les dépôts de transport des vallées et ensuite dans les cavernes et les brèches osseuses.

Dès 1701, David Spleiss décrivait les nombreux ossements fossiles découverts dans les couches superficielles des environs de Canstadt, près de Stuttgard, dans la vallée du Neckar; et, peu après, J. Sam. Carl démontrait, par leur composition chimique, leur origine organique jusqu'alors contestée. C'étaient des restes d'Hyènes mêlés à des débris d'Éléphants, de Rhinocéros, de Chevaux, de Bœufs, de Cerfs, de Lièvres et de petits carnassiers, enveloppés dans une masse d'argile sableuse jaunâtre, avec des cailloux roulés et en partie consolidés, constituant ainsi une sorte de brèche. Ces os étaient entassés sans ordre; la plus grande partie étaient brisés, et quelques-uns étaient roulés.

En 1816, on recueillit en une journée, à Seilberg, près de Canstadt, 21 dents ou fragments de dents d'Éléphant avec un grand nombre d'os ; et, en continuant les fouilles, on trouva 13 défenses et quelques molaires du même animal, rassemblées près les unes des autres, comme si on les avait réunies exprès. Elles furent enlevées toutes avec soin par ordre du roi et conservées dans l'argile qui les enveloppait. Les plus grandes défenses, quoique ayant perdu leurs extrémités, avaient encore huit pieds de long et un pied de diamètre. Elles étaient dans un bon état de conservation, et leur courbure formait les trois quarts d'un cercle.

Les dépôts quaternaires de Canstadt ont d'ailleurs présenté quelques os humains et des restes d'Ours, de Tigre, d'Hyène, de Loup, de Chien?, de Renard?, de Taupe, de Belette, de Martre ou Putois, de Castor, d'*Hippudæus amphibius*, d'*H. arvalis*, de Lièvre, de *Cervus euryceros*, de quatre ou cinq autres espèces de Cerf ou d'Antilope, de *Bos primigenius*, de Cheval, de *Sus*, d'*Elephas primigenius* et de *Rhinoceros tichorhinus*. (G. F. Jæger, *Ueber die fossilen Saugethiere*, etc., 1839.)

La même année, on découvrit également au village de Thiede, à 4 milles au sud-ouest de Brunswick, un amas d'os, de dents et de défenses d'Éléphant dans un limon argileux qui recouvrait le gypse exploité dans le grès rouge. Sur un espace de dix pieds carrés seulement, on recueillit 11 défenses, dont une avait onze pieds de long, puis une seconde, quatorze pieds huit pouces sur treize pouces de diamètre; leur courbure était exactement en demi-cercle. 30 molaires et beaucoup d'os du même animal étaient associés à des dents et à des os de Rhinocéros, de Cheval, de Bœuf et de Cerf. Tous ces débris étaient mêlés confusément, sans avoir été roulés ni brisés. Les dents étaient isolées et sans les mâchoires. (W. Buckland, *Reliquiæ diluvianæ*.)

Des os d'*Ursus spelæus* ont été rencontrés dans le lehm du Brisgau ; dans celui de Mosbach, près de Wiesbaden, on a signalé des ossements de mammifères avec des restes humains, puis des restes de Marmotte, ainsi qu'à Kœstrich, près de Mayence. Ce dernier fait tendrait à prouver que ces animaux vivaient alors sur des points qui

(1) G. Cuvier, *Recherches sur les ossements fossiles*, vol. II, VI, *passim*. — W. Buckland, *Reliquiæ diluvianæ*, 1823. — M. de Serres, *Essai sur les cavernes à ossements*, 1825. — Id., *Des ossements humains des cavernes*, 1835. — J. Desnoyers, art. GROTTES ou CAVERNES, *Dictionn. univ. d'histoire naturelle*, vol. VI (1845), p. 343.—D'Archiac, *Hist. des progrès de la géologie*, vol. II (1848), p. 285. — *Cours de paléontologie stratigraphique*, 1re partie, 1862.

n'étaient pas à plus de 300 mètres d'altitude. Dans le pays de Munster, des os fossiles de pachydermes, de ruminants et de solipèdes ont été également extraits des alluvions quaternaires. Le dépôt du lehm de Sigmaringen, en Wurtemberg, a présenté des dents d'*Ursus spelæus* et de *Rhinoceros tichorhinus*. Ce dernier pachyderme a été découvert en Saxe, à Ober Gebra, à Oelsnitz, ainsi que sur une multitude d'autres points, puis associé à l'Éléphant sur une étendue de huit lieues dans l'alluvion ancienne de la Theiss, dans le comitat de Sohl, en Hongrie. Nous nous bornerons à ces quelques citations, qui suffisent pour montrer que les dépôts quaternaires de l'Allemagne ne diffèrent point, sous ce rapport, de ceux des autres parties de l'Europe, et nous allons voir qu'il en est de même des cavernes.

Quoique les Éléphants et les Rhinocéros aient joué un rôle fort important dans la faune de cette époque en Allemagne, puisque Blumenbach, au commencement de ce siècle, assurait avoir vu des restes des premiers provenant de plus de 200 individus, et des seconds de plus de 30, et qu'en outre leur origine fut connue du temps de Leibnitz (*Protogæa*), qui avait constaté la présence d'Éléphants fossiles dans la grotte de Scharzfeld, la fréquence des restes d'Ours avait encore plus frappé les naturalistes. Ainsi, dès 1672, J. Paterson Hayn figure des ossements d'Ours provenant des cavernes des Carpathes, et qu'il avait trouvés en 1622; l'année suivante, Wollgnad en signale en Transylvanie, mais c'est Bruckmann qui, en 1725 et 1732, reconnaît le premier leur véritable origine. En 1774, Esper décrivit les cavernes à ossements du margraviat de Bayreuth, sujet sur lequel revint Rosenmüller en 1804, et que traitèrent plus tard, avec toutes les lumières de la science moderne, Hunter, Sœmmering, Goldfuss, G. Cuvier et W. Buckland.

Le petit district de Muggendorf, que traverse la route de Nuremberg à Bayreuth, et qu'arrosent la rivière de la Weissent et ses affluents, est un des points les plus remarquables de toute l'Allemagne par ses nombreuses cavernes ouvertes dans des calcaires jurassiques. Celle de Gailenreuth, entre autres, a depuis longtemps attiré l'attention des naturalistes. Le sol était, lors des premières fouilles, entièrement recouvert d'une couche épaisse de stalagmites, quelquefois réunies aux stalactites descendant de la voûte. Sous cette première couche de stalagmites est un lit composé d'ossements et de terre alluviale mélangés de cailloux et de fragments anguleux de calcaire solide. Vers le fond de la grotte, des excavations descendent à plus de vingt-cinq pieds dans une brèche composée d'os, de limon et de cailloux cimentés par du carbonate de chaux, et dont la base n'a pas été atteinte.

Esper a fait exécuter des fouilles avec beaucoup de soin, et dans son ouvrage publié en 1774, il donne de bonnes figures des résultats de ses recherches. On y voit la prédominance des restes d'Ours, mais aussi des dents provenant de l'Hyène et d'un grand *Felis*. Sa description minutieuse et diffuse prouve qu'il ne reconnut point à quels animaux ces restes innombrables avaient appartenu. Cependant il n'en fut pas de même d'une mâchoire d'homme présentant encore deux molaires et une incisive, et d'une omoplate avec son apophyse coracoïde parfaitement intacte, « trouvées, dit l'auteur, parmi les os » d'animaux dont les cavernes de Gailenreuth sont rem» plies, et dans cette couche qui, suivant toute probabi» lité, est primitive, je crois pouvoir supposer de raison » que ces os humains sont aussi anciens que les autres » ossements d'animaux, et le même accident les a placés » ici. Quant à la grandeur, ces deux os ne s'écartaient » point du tout de la proportion ordinaire d'une taille de » cinq à six pieds, que le Créateur a donnée à l'homme. »

En 1795, J. C. Rosenmüller représente un crâne complet, avec les deux mâchoires garnies de toutes leurs dents, de l'espèce d'Ours si répandue dans cette caverne; puis, en 1804, un travail spécial sur ce sujet, dans lequel il n'admet pas que les ossements d'Homme, de Cheval, de Bœuf, de Brebis, de Cerf, de Chevreuil, de Blaireau, de Chien et de Renard soient contemporains de ceux des Ours, des Loups et d'un grand *Felis* associés à ces derniers, toujours moins bien conservés que les précédents. « La description qu'on vient de lire, dit-il en terminant, » prouve évidemment que ces os appartiennent à un ani» mal de la famille des Ours, mais d'une espèce qui sur» passe de beaucoup en grosseur toutes les espèces con» nues de cette famille. » Suivant Rosenmüller, on n'aurait jamais trouvé de débris d'Éléphant ni de Rhinocéros dans les mêmes cavernes où abondent ceux de l'Ours, de cette grande espèce que Blumenbach a appelée *U. spelæus*, et que nous retrouvons partout à l'état fossile, depuis Odessa, sur les bords de la mer Noire, jusque dans les cavernes de l'ouest de l'Angleterre.

Dans ces diverses excavations naturelles du district de Muggendorf, les os sont disposés de la même manière, soit disséminés, soit accumulés en couches ou en monceaux de plusieurs mètres d'épaisseur. Il y en a partout, depuis l'entrée jusque dans les parties les plus reculées, et les os de toutes sortes et de tous les âges sont entassés pêle-mêle. Les squelettes s'observent généralement à la partie inférieure du dépôt; les mâchoires inférieures rarement avec les supérieures, et le tout est enveloppé d'une terre brune argileuse ou marneuse.

Dans les cavernes de Gailenreuth et de Mockas, beaucoup d'os sont recouverts de stalactites, et des lits entiers de plusieurs pieds d'épaisseur constituent ainsi une brèche solide. Suivant les localités, les os sont plus ou moins altérés. A Mockas, où ils le sont le plus, même l'émail des dents, ils sont blancs et ne contiennent plus de matière animale. Ils ont d'ailleurs conservé leurs formes, et lorsqu'on les brise, ils résonnent comme un corps métallique qu'on laisse tomber à terre. Ils sont exclusivement composés de phosphate de chaux. D'innombrables générations d'Ours ont dû se succéder pour produire de pareilles accumulations dans lesquelles s'observent des individus de tous les âges.

Les trois quarts au moins des ossements des cavernes de la Franconie appartiennent à des Ours, suivant la remarque de Cuvier; la moitié de l'autre quart, à une espèce d'Hyène, et le reste à divers carnassiers. Les travaux des paléontologistes plus récents (Wagner, Braun, etc.) ont permis d'apprécier la faune des mammifères qui peuplaient alors cette petite région du centre de l'Allemagne. Ainsi la caverne de Gailenreuth a présenté des restes de l'*Ursus spelæus*, de Blaireau, de Glouton (*G. spelæus*), de Belette ou Putois (*M. diluviana*), de Chien ou de Loup (*C. spelæus*), de Renard (*C. vulpinaris*), d'Hyène (*H. spelæa*), de 2 espèces de Tigre ou de Lion (*F. spelæa*), de Chat (*F. catus*), de Loir (*M. glis fossilis*), d'Écureuil (*S. diluvianus*), de Rat (*M. diluvianus*), de Campagnol (*H. major* et *minor*), de Castor, de Cheval, de Cerf, de Chevreuil, de Bœuf et de Mouton.

La caverne de Rabenstein, située en aval de la précédente, sur la rive gauche de la Weissent, a présenté, avec des débris de la même espèce d'Ours, des restes d'*Elephas primigenius*, de *Rhinoceros tichorhinus*, de Cheval et de Renne (*C. tarandus*); tandis que dans celle de Brumberg, on a trouvé beaucoup d'insectivores (Chauve-Souris, Musaraigne, Taupe, Hérisson), des carnassiers (Blaireau, Loup), des rongeurs (Loir, Rat, Campagnol, Lièvre, etc.); parmi les pachydermes, le Sanglier, le Cheval, et parmi les ruminants, les *Cervus elaphus*, *priscus*, *euryceros*, c'est-à-dire une association d'animaux très-différente de celle des autres cavernes.

Les cavernes de Sundwich et de Klütterhohle, en Westphalie, celles de Bauman et de Scharzfeld, dans la région hercynienne, déjà signalées, comme on l'a dit, par Leibnitz, celles des environs de Peggau, en Bohême, les cavités du gypse de Kœstriz, non loin d'Iéna, et une multitude d'autres, ont offert des résultats analogues, depuis le bassin du Rhin jusqu'en Valachie. Ainsi M. H. de Meyer, en rassemblant toutes les données acquises sur les fossiles des cavernes de la vallée de la Lahn, y a reconnu 53 espèces de vertébrés. Sur 30 espèces de mammifères, 12 ont disparu du pays; 15 espèces d'oiseaux, 17 espèces de batraciens et une espèce de poisson auraient encore leurs analogues vivant en Allemagne.

Les caractères généraux de cette faune sont ceux des animaux de l'hémisphère oriental, et la faune diluvienne de la vallée de la Lahn, comme probablement celle de toute l'Europe, se composerait, d'après le savant paléontologiste allemand : 1° d'espèces identiques avec celles qui vivent aujourd'hui dans le même pays; 2° d'espèces dont les identiques ne vivent plus que dans d'autres régions; 3° d'espèces éteintes, dont les analogues se trouvent aussi à l'état fossile en Asie et en Afrique, mais avec d'autres espèces qui vivent en Europe. Ces faits, constatés dès 1844, sont donc directement opposés à cette hypothèse gratuite qui avait encore à cette époque de nombreux partisans, savoir, que les espèces avaient disparu par des catastrophes violentes et des changements subits de température. Bronn, Philippi et plusieurs autres, malgré leurs excellentes raisons, n'étaient pas encore parvenus à déraciner ces erreurs d'un autre âge.

On voit donc par ce qui précède, et comme nous le disions en commençant, que la faune des cavernes du centre de l'Europe est parfaitement comparable à celle des dépôts quaternaires des vallées, et que l'une et l'autre ne diffèrent point non plus de ce que nous avions déjà vu dans le nord, dans l'est et dans l'ouest du même continent. L'uniformité des caractères de cette faune, jointe à l'analogie des divers gisements où on la rencontre, confirme ainsi la contemporanéité de tous les éléments qui la constituent, et nous en trouverons encore de nouvelles preuves à mesure que nous nous avancerons vers l'est.

En Valachie, près d'Olteniza, des restes d'*Elephas primigenius* et de Cheval ont été rencontrés dans des dépôts superficiels; on cite également des débris du premier de ces animaux dans le voisinage de Constantinople, mais sans constatation bien précise du gisement ni de l'espèce. Tel est à peu près ce que nous savons de cette faune terrestre dans la Turquie d'Europe, car les vagues indications d'os de géants trouvés dans quelques parties de l'Asie Mineure, suivant les auteurs de l'antiquité grecque et latine, n'ont pas été confirmées par la découverte de mammifères fossiles dans ce pays. Les voyageurs de notre temps n'y ont pas même constaté de dépôts quaternaires, si ce n'est dans le voisinage plus ou moins immédiat de la mer.

Nous avons déjà traité de la faune de cette époque sur le périmètre de la mer Noire et dans la Russie méridionale; dans notre prochaine leçon, nous en poursuivrons l'étude sur les pentes de l'Oural et en Asie.

A. D'ARCHIAC.

ZOOLOGIE AGRICOLE.

COURS DE M. GEORGES POUCHET.

(ÉCOLE D'AGRICULTURE DE LA SEINE-INFÉRIEURE.)

Les parasites des animaux domestiques.

Messieurs,

On appelle *parasites* certains animaux qui, pendant une partie de leur existence ou pendant toute leur existence, vivent aux dépens d'un autre animal, soit à la surface de son corps, soit à l'intérieur de ses organes. Tout animal, en effet, peut devenir pour d'autres animaux une sorte de sol où ceux-ci trouvent l'alimentation, l'humidité, la chaleur dont ils ont besoin, et les gaz respirables nécessaires en dissolution dans les liquides de l'*animal-terrain :* c'est le nom précis qu'il faut donner à l'être sur lequel ou par lequel en vit un autre.

Les parasites appartiennent presque tous aux classes inférieures du règne animal. Ce sont des insectes et des vers, dont nous allons avoir aujourd'hui à nous entretenir.

On peut dire en thèse générale, que les parasites apportent toujours un dommage quelconque à l'animal-terrain sur lequel ils vivent, et si celui-ci est un animal domestique, on comprend que leur étude rentre dans le cadre de l'enseignement que vous venez chercher ici, puisqu'elle intéresse directement l'agriculture. Il faut bien avouer que ce dommage n'est pas toujours appréciable et ne se traduit pas toujours par des chiffres sensibles au grand livre de la ferme; mais au moins devons-nous nous garder de cette croyance populaire que certains parasites sont favorables à la santé!

Vous devinez, messieurs, à quel déplorable préjugé de nos classes indigentes je fais allusion. Êtes-vous sans avoir entendu dire, dans les bas quartiers de notre cité ouvrière, que les *poux* sont bons à l'enfant? Je vous demande, messieurs, une fois pour toutes, en traitant le grave sujet que j'ai choisi aujourd'hui, la permission d'appeler les choses par leur nom. Je vous demande la permission de ne recourir à aucune locution détournée, à aucune périphrase. Le caractère de cet enseignement départemental est d'être essentiellement clair et pratique. Les noms scientifiques seraient ici aussi mal placés que les précautions oratoires. Nous avons à nous occuper de détails repoussants peut-être pour les gens du monde, mais qui ne le sont plus pour le producteur, dont ils diminuent les bénéfices, et pour l'administrateur, qui doit voir là d'importantes questions d'hygiène et de santé publique.

Je reviens à cette croyance dont je vous parlais; mais je sais, et je dois le dire tout de suite, qu'elle n'a pas sa source dans l'ignorance proprement dite de nos populations malheureuses. C'est plus haut et plus loin qu'il faut en rechercher l'origine: c'est le reste de doctrines médicales vieillies, et qui, passant dans la science, ont jeté au public ce qu'elles avaient de mauvais. Aussi j'excuse ce préjugé, dont j'ai voulu vous dire un mot parce que nous allons, dans un instant, le retrouver sous une autre forme, à propos du cheval. Mais les expressions vont me manquer pour flétrir cette ignominie fréquente de ne pas vouloir se laisser guérir du ver solitaire, sous prétexte que, grâce à lui, on peut manger davantage. C'est là, messieurs, un vice doublé d'une erreur, et vous verrez dans un instant, quand les parasites des animaux domestiques nous ramèneront tout naturellement à traiter ce sujet, qu'on joue gros jeu à nourrir un hôte de ce genre, et que ces mangeurs grossiers risquent de payer chèrement les bénéfices erronés de leur honteuse association.

Les parasites sont donc préjudiciables. Le dommage causé par eux est direct ou indirect. Il est direct et pécuniaire, quand leur présence gêne l'animal domestique dans son travail, quand elle le rend malade, et par conséquent le déprécie sur le marché. La viande des animaux atteints peut devenir impropre à la salaison; elle est dans certains cas jetée à la voirie par l'administration; enfin la mort même du bétail est parfois due à l'action des parasites. — Le dommage qu'ils causent est indirect et hygiénique, quand ils passent, comme nous le verrons, des animaux domestiques à l'homme, et produisent chez celui-ci un état de maladie qui peut également amener la mort.

Les parasites des animaux domestiques sont très-nombreux. Je ne vais vous entretenir aujourd'hui, messieurs, que de certains d'entre eux dont l'histoire et le danger pour l'homme ont été, dans ces temps derniers, l'objet d'une attention toute particulière, surtout en Allemagne. Mais d'abord je veux vous parler d'un insecte dont la vie aventureuse sera comme une introduction aux faits curieux que nous allons avoir à signaler.

On vous a dit précédemment les caractères généraux des insectes; vous savez comment, tour à tour larve, nymphe, image, ils habitent ou du moins peuvent habiter sous ces différents états des milieux très-différents; comment ils passent, en se métamorphosant, de la terre, de l'eau, des viandes putréfiées, dans la chaude atmosphère où se déploient leurs ailes. L'*œstre du cheval* appartient au septième ordre des insectes, c'est par conséquent un diptère, c'est-à-dire un insecte à deux ailes; il ressemble beaucoup à une grosse mouche, mais plus velue. A l'état de larve, il n'a pas de membres propres à la marche, mais seulement deux énormes crochets disposés à l'extrémité de son corps cylindrique; à l'état parfait, il ne prend que peu ou point de nourriture, et semble seulement s'occuper de la reproduction. Après l'accouplement, la femelle se met à la recherche de l'animal sur lequel elle doit déposer ses œufs, car ses larves vont vivre en parasites. Elle pond donc sur la peau d'un cheval; les œufs éclosent. Le cheval, tourmenté par ces vers qui enfoncent déjà leurs crochets dans sa peau, se lèche et avale, sans les blesser autrement, un certain nombre de ces larves. Celles-ci, portées dans l'estomac, au milieu des matières alimentaires, continuent cependant de vivre sans que les sucs corrodants de l'estomac, qui dissolvent tant de choses, aient puissance pour les tuer et les dissoudre. Elles s'attachent avec leurs crochets à la muqueuse stomacale, surtout au voisinage du pylore, et leur nombre est parfois là si considérable, qu'elles se touchent, pressées les unes contre les autres.

Le cheval ne paraît pas souffrir autrement de leur présence, mais c'est tout ce que nous pouvons dire. On a cru que ces crochets enfoncés dans la paroi de l'estomac faisaient l'office d'excitants, et donnaient appétit au cheval, qui se portait mieux, mangeant davantage. Je vous ai dit ce qu'il fallait penser de semblables assertions, et qu'elles étaient au moins contraires à toute vraisemblance, sinon à toute vérité.

Quand l'œstre du cheval touche au moment où va finir sa première existence, les crochets de sa larve se rétractent, elle tombe dans la cavité stomacale, et là, n'étant plus retenue par rien, elle est naturellement entraînée avec les matières alimentaires et rejetée au dehors avec les excréments. Elle tombe sur la terre, et s'y cache pour revenir au jour un mois ou six semaines plus tard, avec des ailes.

A cette existence singulière, messieurs, qui se passe en partie dans le corps d'un animal, en partie dans des milieux tout différents, selon l'état de développement où arrive successivement le même être, à ce voyage à travers un corps vivant, on a donné dans les sciences le nom de *migration*. Nous allons en retrouver de beaucoup plus compliquées, mais qui s'expliqueront tout naturellement par celle des larves d'œstre.

J'arrive, messieurs, à l'étude de quelques vers parasites ou intestinaux, comme vous voudrez les appeler, une des plus graves que puisse aborder l'agriculture, parce que la santé publique, comme nous allons le voir, est liée dans une certaine mesure à la connaissance du mode de vie de ces vers.

Permettez-moi de vous décrire sommairement le *tænia* ou *ver solitaire*. Vous connaissez tous cet animal entouré de tant de préjugés, dont le plus faux est assurément qu'il soit solitaire. Il porte en avant une petite tête globuleuse, grosse à peu près comme une tête d'épingle. Celle-ci, examinée avec un verre grossissant, présente latéralement quatre enfoncements circulaires appelés ventouses ou suçoirs. En avant, elle offre ordinairement une ou deux rangées de petits crochets disposés en cercle ou en couronne autour de l'extrémité de l'axe de l'animal. La tête est soutenue par un cou mince, où l'on distingue déjà une division parfaitement nette en anneaux successifs; puis ceux-ci vont grandissant à mesure que l'on s'éloigne de la tête, et arrivent jusqu'à mesurer environ un centimètre de long sur autant de large : ces anneaux peuvent être au nombre de plusieurs centaines.

Il y aurait, messieurs, une intéressante leçon à faire pour vous montrer que l'être que nous appelons tænia n'est pas un animal simple, mais une collection d'animaux soudés; que la tête du tænia n'est pas une tête..... Il y aurait les plus curieux mystères de la nature à vous révéler, si nous ne nous étions fait une règle, dans ce cours pratique, de ne prendre à la science pure que ce qui nous conduit directement à l'application ; et tout ce que nous avons maintenant à dire s'expliquera très-bien en admettant que le tænia est un animal composé de plusieurs anneaux et muni d'une tête.

La présence d'un tænia dans l'intestin de l'homme ne paraît pas par elle-même bien grave. Il vit là sans faire deviner autrement sa présence que quand il se révèle lui-même en sortant en tout ou en partie par les voies naturelles. Le tænia, en effet, avec sa petite tête sur ce corps énorme, est incapable de perforer l'intestin, et ne saurait en sortir à travers ses parois.

Au-dessous de la tête du tænia, dans la région la plus étroite du cou, il se forme sans cesse de nouveaux anneaux, et le ver s'allongerait indéfiniment, si les derniers anneaux ne tombaient pas à mesure, se détachant ainsi après avoir occupé successivement tous les rangs de cette chaîne qui compose l'animal d'une extrémité à l'autre. — Quand un anneau se détache, il est en général plein d'œufs, et dans chacun de ces œufs on peut apercevoir, avec le microscope, un embryon. Cet embryon est armé de six crochets seulement, et on l'appelle, en raison de cette particularité, *hexacanthe*. Il éclôt toujours dans l'intestin, mais là nous le perdons de vue; des expériences positives, et qui ne peuvent laisser de doute, nous montrent de nouveau le jeune tænia dans d'autres régions de l'économie que l'intestin, mais déjà transformé, métamorphosé. C'est bien lui, c'est bien le même animal ; mais dans ce premier état de larve hexacanthe en liberté, la science n'a pu l'observer encore directement au milieu des tissus. Ce qu'il faut admettre, ce que démontre l'expérience à défaut d'observation directe, c'est que, tandis que le tænia adulte est forcément confiné dans l'intestin, la larve hexacanthe en sort au contraire avec la plus grande facilité. Elle y travaille sans doute aussitôt qu'elle a quitté la coque de l'œuf. Elle pénètre jusqu'au centre des papilles dans la veinule qui ramène les sucs nourriciers de l'intestin ; elle est aussitôt entraînée par le torrent circulatoire jusqu'au cœur, et de là lancée violemment par les artères sur tous les points de l'économie. Arrêtée enfin parce qu'elle se trouve engagée dans des conduits sanguins trop étroits pour qu'elle les franchisse, elle obstrue ceux-ci et meurt sur place ou continue de se développer. Dans le premier cas, rien de grave; mais dans le second, vous voyez d'ici tous les accidents qui peuvent suivre, et vous comprendrez qu'on n'a pas impunément un ver dans le cerveau, par exemple, au contact de la substance même de l'organe central de la vie. — Vous comprenez enfin, messieurs, que ce n'est pas toujours impunément qu'on nourrit un tænia à l'intérieur de son corps, et qu'il faut toujours s'en délivrer bien vite.

Mais quand le jeune tænia, au lieu d'habiter l'intestin, qui semble sa demeure normale, et où il grandit à l'aise, est ainsi porté au milieu des tissus, où il reste condamné à l'immobilité, son développement offre tout de suite quelque chose d'anormal. Au lieu que la tête produise une série considérable d'anneaux, on n'en voit que quelques-uns naître au-dessous d'elle, terminés par une vaste cavité arrondie, pleine d'un liquide clair et transparent. L'animal prend alors le nom de *ver vésiculaire*. C'est ici que nous allons retrouver quelque analogie avec les migrations de l'œstre. Que l'on introduise ce ver vésiculaire dans l'intestin d'un autre animal, propre également à son développement, alors on voit ceci : la vésicule terminale est digérée par les sucs intestinaux, pendant que la tête et la partie avoisinante composant le cou n'est pas attaquée ; elle reprend, au contraire, son développement arrêté momentanément dans le milieu défavorable où elle se trouvait, et le ver vésiculaire devient un tænia !

Voyons maintenant comment tous ces faits que j'ai essayé de vous présenter dans une simplicité favorable à l'application, vont prendre dans la pratique une importance énorme.

Occupons-nous, par exemple, du ver qui cause chez le porc la maladie appelée *ladrerie*. Ce ver est précisément le *tænia* de l'homme, quelque peu flatteur pour nous que soit ce rapprochement; seulement le tænia n'a plus ici sa forme rubanaire habituelle. Il est à l'état vésiculaire et répandu dans tous les organes du corps de l'animal, entre les fibres de ses muscles, sous sa peau, dans son cerveau, dans sa langue.

Vous savez, messieurs, cet effroi immense qui s'empara au moyen âge de toute l'Europe, pour la *lèpre* ou *ladrerie*. La maladie qui a conservé ce nom chez le porc est tout à fait différente, et n'a qu'une ressemblance superficielle avec le fléau du XIVe siècle, les deux affections se manifestant par des tubercules à la peau. En effet, la ladrerie du porc se présente d'abord sous l'aspect de petites éminences autour des parties génitales, autour des yeux et du groin, grosses ordinairement comme des noisettes. Il s'en montre aussi un grand nombre à la partie postérieure de la langue et au-dessous d'elle. C'est même là qu'on les trouve le plus souvent, et autrefois, sur un certain nombre de marchés des provinces de France, il y avait des sortes de commissaires chargés de vérifier si les porcs étaient ladres ou non : pour s'en assurer, ils ouvraient la gueule de l'animal et lui examinaient la langue. On les appelait *langueyeurs*. C'est peut-être à eux que nous devons encore aujourd'hui la rareté relative de la viande ladre sur nos marchés, pendant qu'elle est extrêmement commune, au contraire, en Angleterre et en Allemagne, où elle a une influence aussi décisive que funeste sur la santé publique.

Ces tubercules des cochons ladres sont dus simplement à la présence de tænias à l'état vésiculaire, qui prennent alors le nom de *cysticerques*. Tant que le porc n'en nourrit que quelques-uns dans son lard, il vit en général très-bien; mais si des larves *hexacanthes* sont écloses par centaines dans l'intestin, en ont perforé les parois, ont peuplé l'animal, alors le porc devient réellement malade; il maigrit, son lard devient moins ferme, prend plus difficilement la salaison, se garde moins. La maladie poussée à l'excès pourrait amener la mort de l'animal.

C'est sans doute la vue de ces désordres, autant qu'une ressemblance grossière avec la lèpre, qui autrefois avait inquiété les populations et frappé leur imagination. Plus tard, quand on sut la véritable cause de la maladie, une ère de sécurité complète succéda à ces anciennes préoccupations : c'était un ver, peu importait de l'avaler; il craquait sous la dent, et voilà tout. On lui donnait le nom technique de *grêlon*, et l'on ne s'en occupait pas davantage. Aujourd'hui, que les migrations du tænia nous sont connues, vous comprendrez sans peine que l'attention ait dû se réveiller : il importe de ne pas introduire dans son estomac ce ver vésiculaire, qui peut y devenir un tænia dont les larves, à leur tour, peuvent infester l'économie entière et produire des accidents plus ou moins graves.

Sans doute la cuisson prévient tout danger en tuant le parasite; mais si nous, en France, nous mangeons la viande de porc cuite, si les cochons ladres sont relativement rares, il n'en est plus de même en Angleterre et surtout en Allemagne. Dans certaines parties de l'Allemagne centrale, la viande de porc est d'un usage universel, tout le monde en mange; on en mange toute l'année, et la plupart du temps à peine cuite, simplement fumée, presque crue. Aussi beaucoup de cysticerques sont portés vivants dans l'intestin de l'homme; ils y prospèrent, ils y grandissent sous forme de tænias, et pendant que leurs larves hexacanthes peuvent directement infester l'économie même, un certain nombre d'anneaux détachés et pleins d'œufs tombent sur le sol par les voies naturelles, et sont mangés par les porcs, qu'ils infestent à leur tour de cysticerques.

Tout cela, messieurs, ce ne sont pas de vaines théories. Les choses ont été directement observées par un modeste médecin d'une petite ville d'Allemagne, nommé Küchenmeister. Déjà sur la trace de la réalité, il apprit un jour qu'à trente lieues de son village, on devait exécuter un malheureux; il fit le voyage. Il obtint des autorités la permission d'administrer au condamné, à différents intervalles, des cysticerques de cochon bien vivants que l'on mêla à de la charcuterie. Et Küchenmeister retrouva dans l'intestin du supplicié des tænias arrivés à différents états de développement en raison du temps plus ou moins long depuis lequel les cysticerques avaient été administrés. Aussi le professeur Virchow, de Berlin, le même qui est aujourd'hui à la tête du parti libéral en Prusse, nous disait-il, il y a déjà deux ans, que c'était évidemment à la charcuterie allemande qu'il fallait attribuer le nombre prodigieux des affections vermineuses de l'autre côté du Rhin. En France même, M. Delpech a présenté l'année dernière un mémoire à l'Académie de médecine, où il signale le fait de deux individus atteints de tænia après l'usage de la viande de cochon crue. D'autres faits, dont je dois la connaissance à M. le docteur E. Leudet, sembleraient même démontrer que la viande de bœuf crue, que l'on a quelquefois administrée comme remède, n'est pas non plus sans danger de produire le tænia. C'est d'ailleurs aussi l'opinion de M. Sée, médecin de l'hôpital Beaujon, à Paris.

Puisque j'en suis, messieurs, à vous entretenir de cette infection de toute l'économie d'un animal par de jeunes individus parasites sortis de l'intestin, permettez-moi de terminer en arrêtant votre attention sur des faits d'une gravité extrême qui sont évidemment appelés à rentrer dans l'ordre de faits qui nous occupe.

Il y a quelques années, en Angleterre, M. Richard Owen découvrit, sur des individus morts de maladie singulière, une lésion toute nouvelle. Tous les muscles de ces sujets étaient farcis de points blanchâtres, au milieu desquels on découvrit un petit ver enroulé sur lui-même, à l'état de larve sans aucun doute : c'était la présence de ces vers par milliers dans tous les muscles qui avait évidemment causé la mort. Ils n'appartenaient pas toutefois à la famille des tænias, et on les désigna sous le nom de *trichines*.

En Allemagne (remarquez, messieurs, en Angleterre et en Allemagne), les mêmes faits furent également observés, et en comparant tout cela à ce qui se passe dans l'infection du porc par les larves hexacanthes du tænia, il fut évident que l'on se trouvait devant deux faits analogues.

Toutefois l'état adulte du trichine est encore pour nous un mystère, et ce mystère est d'autant plus singulier, que nous propageons à volonté le trichine. Nous le semons à l'état jeune, nous recueillons la génération suivante à l'état jeune, et nous ne connaissons pas l'intermédiaire, c'est-à-dire l'animal à l'âge de reproduction. Je m'explique. A l'hôpital de la Charité de Berlin, quand il meurt un homme du trichine, on donne à manger à de jeunes lapins quelques fragments de sa chair en contenant une douzaine, une vingtaine. Quinze jours après, le lapin meurt infesté de trichines. Et c'est bien une autre génération, puisqu'ils se sont multipliés et qu'on les retrouve là par centaines.

Il suffit donc d'une seule bouchée de la chair peu cuite d'un animal atteint de trichines, pour mettre en danger la vie d'un homme. Or, c'est encore dans les pays où le porc est l'aliment journalier qu'on rencontre le trichine : l'Angleterre et l'Allemagne. De l'autre côté du Rhin, on fit même une remarque bien autrement grave. On observa dans des petites villes, particulièrement favorables à la découverte d'un tel fait, on observa des épidémies de trichines qui avaient, dans certains cas, ceci de particulier, que tous les malades atteints à la fois se trouvaient être clients d'un même charcutier.

En 1862, à Planen, en Saxe, vingt-cinq à trente personnes tombèrent malades du trichine dans ces conditions. A Calbe, en Prusse, trente-huit personnes sont atteintes, toujours dans les mêmes circonstances. Tout récemment, à Hettstaedt, dans les duchés saxons, au mois d'octobre dernier, une épidémie pareille sévit, et j'ai là sous les yeux une proclamation émanant de la police de la ville, qui, sur l'avis des médecins de l'université de Halle, engage les habitants à s'abstenir de viande de porc.

Quelques cas de trichines ont été observés à Strasbourg, Messieurs, et c'est ici que j'appelle votre attention. Ne faudra-t-il pas que l'État prenne un jour des mesures efficaces pour prévenir l'irruption en France d'un pareil fléau? Est-ce trop présumer que de penser que dans un temps plus ou moins rapproché, on prohibera de la manière la plus absolue l'entrée en France de la viande de porc, sous quelque forme que ce soit, venant d'Angleterre, et surtout d'Allemagne.

Vous le voyez, messieurs, ce sera là un éclatant exemple de l'appui que la Science sociale, c'est-à-dire la science appliquée par excellence, peut trouver dans les sciences pures; ou plutôt celle-ci constitue la seule base sur laquelle on puisse asseoir solidement l'édifice social. Honorons et maintenons au premier rang ceux qui font de la science pour la science. C'est elle qui précède nécessairement l'application. Le télégraphe électrique, la vapeur, toutes nos grandes inventions datent des recherches de quelques hommes qui se croyaient simplement et qui s'appelaient des *curieux* de la nature. Le pauvre médecin de campagne allemand qui se demanda un jour si le tænia de l'homme n'avait pas quelque rapport avec le cysticerque du cochon, et qui entreprit à ses frais, pour en avoir le cœur net, un voyage de trente lieues, croyait ne faire que de la science purement spéculatrice. Vous voyez où il nous conduit : à ses travaux obscurs quelques législateurs puiseront peut-être un jour la gloire de prévenir d'épouvantables épidémies, et d'assurer la santé publique, de tous les intérêts nationaux le plus désirable, parce qu'elle est le commencement du travail, de l'activité et de la force.

GEORGES POUCHET.

BOTANIQUE.

COURS DE M. BAILLON.

(FACULTÉ DE MÉDECINE.)

(Voy. les nos 21, 25 et 29.)

IV.

Tiges.

Si l'on réserve le nom de tige à l'axe de la gemmule grandie, il ne convient pas de le donner au tubercule de la Pomme de terre, car celui-ci n'existe pas dans l'embryon; c'est un véritable bourgeon, un bourgeon souterrain, et si on lui donne parfois le nom de tige, c'est qu'il se comporte exactement comme elle.

Qu'on le mette dans le sol, les petits renflements que nous avons remarqués dans les dépressions s'allongent et s'élèvent hors de terre; ils deviendront ces parties vertes qu'on a cru être des tiges, mais bien à tort; ce ne sont que des rameaux aériens, des bourgeons axillaires développés et grandis.

Le tubercule de la Pomme de terre n'a été si longtemps regardé comme une racine qu'à cause de sa couleur terne et de sa forme; la nature de ses petites écailles a été inconnue, parce que ces organes ne présentent ni la forme ni la couleur verte des feuilles. Mais rappelons que rien n'est variable dans les végétaux comme la forme, la consistance; que, par conséquent, les caractères qu'elles fournissent sont dénués de valeur. La couleur des feuilles n'est pas moins variable ; il suffit d'ailleurs que ces organes soient privés de lumière pour que la couleur verte ne se montre pas ou disparaisse. C'est ce que nous voyons journellement pour les plantes cultivées dans les caves.

On ne doit donc pas s'étonner que toutes ces parties souterraines de plantes qu'on appelle des oignons, des bulbes, des rhizomes, ne présentent pas, en général, la teinte verte, bien qu'elles soient aussi des tiges. Ce sont des tiges, et pour en avoir la conviction, il suffirait de remarquer, comme précédemment, qu'elles portent des feuilles régulièrement placées, et que les parties vertes qui se montrent au printemps prennent naissance à l'aisselle de ces feuilles. Mais nous emploierons ici un autre procédé : nous ferons germer la graine d'une Scille, par exemple, et nous suivrons jusqu'à son parfait développement la jeune plante qui en sortira. L'embryon de la Scille s'échappe de sa graine à la manière de celui du Maïs; la radicule s'enfonçant en terre, la gemmule s'élevant verticalement et portant des feuilles disposées régulièrement à diverses hauteurs. Tandis que les feuilles de la partie supérieure de la tige sont minces, longues, vertes, il en est un certain nombre placées à sa base qui s'épaississent, deviennent écailleuses et restent cachées sous le sol. Comme elles ne reçoivent pas de lumière, elles restent blanchâtres; elles forment par leur ensemble un corps renflé auquel on a donné le nom de *bulbe*. Si l'on coupe ce bulbe par un plan vertical et médian, on voit que toutes les écailles épaisses, blanches, imbriquées, sont insérées avec beaucoup de régularité sur un axe central peu élevé : c'est cet axe central dont la base a reçu le nom de *plateau*.

Puisque les écailles blanches ne sont que des feuilles, elles doivent porter un bourgeon à leur aisselle. On y trouve, en effet, après que la plante a fleuri, un petit corps renflé, blanc, que l'on désigne en horticulture sous le nom de *caïeu*, mais que nous reconnaîtrons bientôt pour un véritable bourgeon. A la fin de la période végétative, toute la partie verte de la tige se dessèche, la racine se détruit, et il ne reste plus de la Scille que cette partie que nous avons appelée le bulbe. Le bulbe reste inactif pendant l'hiver, et à la période végétative suivante, s'il est placé dans le sol ou un milieu humide, on voit des racines adventives se produire sur son plateau pour remplacer la racine proprement dite. Un ou plusieurs des caïeux que nous avons remarqués à l'aisselle des écailles se développent en rameaux qui s'élèvent au-dessus du sol et portent feuilles et fleurs.

Vous remarquez qu'un bulbe tel que celui du Lis se compose d'écailles étroites, qu'elles se recouvrent comme les tuiles d'un toit, qu'on les détache facilement : c'est ce qui lui a fait donner le nom de *bulbe écailleux*.

En appliquant les mêmes procédés d'investigation à l'Oignon, à l'Ail, à la Jacinthe, on verrait aussi des bulbes se former à la base de la tige de ces plantes, mais ils diffèrent de celui du Lis par quelques légères modifications.

Tandis que la majorité des écailles du Lis représentent des feuilles tout entières, celles des bulbes dont il est question ne sont que la base amincie de feuilles dont le sommet s'est détruit. Ces feuilles étaient nées sur la portion inférieure et souterraine de la tige. Plus longues que celles du Lis, elles s'élançaient hors de terre à une assez grande hauteur ; vertes et effilées à leur partie supérieure, elles formaient, à leur partie inférieure placée dans l'obscurité, de larges lames blanchâtres qui entouraient la tige et se recouvraient les unes les autres. A la fin de la période végétative, toutes les parties vertes se sont desséchées et flétries, laissant la trace de leur existence au sommet du bulbe; il n'est resté que les bases des feuilles portées sur le plateau. Vient-on à couper le bulbe, soit verticalement, soit horizontalement, on remarque que toutes ces parties inférieures des feuilles forment autant de tuniques concentriques s'enveloppant les unes les autres presque complétement. De là le nom de *bulbe tuniqué* donné à tous les bulbes qui présentent cette disposition.

Chaque tunique peut porter, comme chaque écaille du Lis, un caïeu à son aisselle. C'est ce caïeu qui, détaché, puis transplanté, se développera et portera feuilles et fleurs.

Le bulbe de la Tulipe paraît être, à première vue, un simple renflement de la tige ; mais lorsqu'on le coupe en travers, on voit qu'il est formé de tuniques en petit nombre, se disjoignant difficilement, d'autant plus épaisses qu'elles sont plus internes. C'est donc un bulbe tuniqué, mais il établit une transition entre ceux de l'Ail, de la Jacinthe, etc., qui sont *feuillés*, et ceux du Safran, du Colchique, qui sont des bulbes *pleins* et dont nous allons nous occuper.

Les bulbes de Safran qu'on trouve dans le commerce sont des renflements piriformes sans racines; mais lorsqu'on les met dans le sol, on voit bientôt s'allonger une tige avec ses feuilles, et plus tard se montrera la fleur. En même temps le bulbe s'atrophie, se détruit; en même temps aussi leur nouveau bulbe apparaît : il est constitué par un renflement de la base de la jeune tige et placé sur le premier.

Lorsqu'on arrache une plante entière de Colchique d'automne, on voit à sa base deux renflements placés l'un contre l'autre : l'un est l'ancien bulbe qui s'épuise, on y remarque les traces de racines adventives détruites; l'autre est le nouveau bulbe, développement ultérieur d'un bourgeon latéral né sur l'ancien bulbe, et qui devra donner un troisième bulbe à la période végétative suivante. Les dispositions qu'affectent l'un par rapport à l'autre les bulbes de Colchique permettent de les distinguer de tout autre. Ils portent sur le côté une encoche dans laquelle s'avançait le bulbe voisin.

Nous avons dit plus haut que les caïeux qui naissent sur les bulbes ne sont que des bourgeons, qu'on peut les détacher, les mettre en terre, et qu'ils développeront de nouvelles plantes. Or, les petits renflements qui sont dans l'aisselle des petites écailles, dans les yeux des tubercules de la Pomme de terre, sont aussi des rameaux; on pourra donc de même les détacher et s'en servir pour la multiplication de la plante. C'est le procédé employé en agriculture. On n'enfouit pas dans le sol le tubercule tout entier; on le coupe d'abord en un certain nombre de parties, et l'on plante chaque partie séparément. Si l'on se rappelle le principe sur lequel est fondé ce procédé, on comprendra que toutes les parties du tubercule ne sont pas aptes à reproduire la plante, qu'il ne faudrait pas faire des fragments au hasard et en quantité considérable, mais il faut et il suffit que chacun des fragments renferme au moins un bourgeon. Plusieurs ont pensé que les tubercules de Dahlia, qui présentent une si grande analogie de forme avec ceux de la Pomme de terre, pouvaient subir les mêmes mutilations et avaient la propriété de produire de nouvelles plantes. Nous avons vu que ces tubercules sont des racines, ne présentent aucun bourgeon, et ne pourront jamais par eux-mêmes donner lieu à de nouveaux individus. Qu'est-ce donc qui reproduit le Dahlia? Avant de répondre à cette question, on doit faire remarquer que les tubercules du Dahlia qui doivent être replacés en terre sont toujours surmontés de la base de la tige de l'année précédente, et que sur cette tige il se trouve des bourgeons. Dès lors il est facile de comprendre comment la plante se reproduit. Les racines sont des réservoirs de sucs qui fournissent à ces bourgeons une nourriture abondante, et qui leur permettent de prendre rapidement un grand développement.

Cette partie de l'Iris connue sous le nom de *rhizome*, qui donne la poudre d'Iris et sert à fabriquer certains pois à cautère, n'est pas plus une racine que le tubercule de la Pomme de terre. Si on l'examine pendant l'hiver, on lui trouvera une forme plus ou moins cylindrique avec une extrémité s'allongeant en cône. De distance en distance elle présente des enfoncements, des renflements; mais ce qui est le plus caractéristique, c'est la présence d'entailles en forme de croissants disposées très-régulièrement, cicatrices de feuilles qui se sont détruites. Au printemps, l'extrémité unique s'élève, les petites feuilles dont elle est munie se développent et verdissent, les bourgeons axillaires donnent des rameaux qui ramifient le rhizome, et des racines adventives s'établissent à la partie inférieure. Plus tard, les racines se détruisent, ainsi que toutes les parties vertes qui se sont montrées hors de terre; il ne reste plus de l'Iris que sa partie souterraine, qui végétera au printemps suivant, comme à la période végétative précédente.

Que le soc de la charrue rencontre, en labourant, une racine de Peuplier et qu'elle l'écorche, il naîtra sur la cicatrice un bourgeon qui s'élèvera hors du sol, présentant une tige et des feuilles. Qu'une roue de voiture passant dans un chemin creux entame une racine du même arbre faisant saillie au bas du talus, il se développera aussi un bourgeon sur l'endroit lésé. Les blessures faites aux racines pouvant exister dans des endroits quelconques, les branches nées en ces endroits n'affecteront par conséquent entre elles aucune régularité de position.

Il importe d'établir une distinction entre les différents bourgeons. Ceux qui nous ont occupés jusqu'ici se développaient toujours sur la tige et avec une *grande régularité*, ce sont des *bourgeons naturels*. Il en est d'autres qui peuvent se développer sur les racines, non plus régulièrement, rien ne fait prévoir l'endroit qu'ils occuperont: ce sont des *bourgeons adventifs*.

Les tiges sont tellement variables de forme, d'aspect, de consistance, que les botanistes se sont crus obligés de créer des mots pour les caractériser.

Quand une tige est un cylindre ayant à peu près partout le même diamètre, portant des feuilles au sommet, comme celle des Palmiers, ils lui ont donné le nom de *stipe*. Si cette tige cylindrique est creuse et garnie de nœuds annulaires, comme dans le Blé, le Seigle, ils l'ont appelée *chaume*. C'est un *tronc* chez les arbres dicotylédonés de notre pays, et le nom de *hampe* sert à désigner la tige et les rameaux de plantes bulbifères et autres. Mais quelque nombreux que soient les noms qu'on pourrait encore inventer, ils ne le seraient jamais assez pour donner une idée des mille variations que les tiges subissent; toutes ces formes se relient les unes aux autres avec des nuances tellement insensibles, que la langue la plus riche ne saurait les exprimer par un seul mot.

Il arrive, dans certaines plantes, que la tige s'élève à peine de terre; elle a la forme d'un petit cône surbaissé garni de feuilles qui la cachent complétement. On disait de ces plantes qu'elles étaient *acaules*, c'est-à-dire sans tige; expression évidemment mauvaise, car si une plante n'avait pas de tige, elle n'aurait pas de feuilles. Une plante acaule devra donc être pour nous le synonyme de plante à tige courte.

La taille des végétaux est aussi variable que leur forme. Pour s'en faire une idée, il suffit de rappeler deux exemples tels que la Radiole dans notre pays, le *Sequoia gigantea* de la Californie. La tige de la première n'a que quelques millimètres de hauteur avant de se ramifier, et est grêle comme un cheveu; le second est un arbre immense dont le tronc n'a pas moins de 10 mètres de circonférence et 80 mètres de hauteur. Entre ces deux extrêmes, nous trouverions tous les intermédiaires.

On conçoit fort bien que si la tige est grêle, la plante ne s'élèvera pas verticalement dans l'atmosphère, elle retombera et s'allongera à la surface du sol. Quand elle manque d'organes pour l'y fixer, comme nous l'avons vu dans la Véronique agreste, on la dit *couchée;* elle est *rampante* quand elle porte des racines adventives : nous en avons eu un exemple dans la Véronique beccabunga. D'autres plantes à tige grêle s'élèvent cependant; elles profitent de la présence des corps voisins, tels que des arbres, des échalas, pour s'y accrocher ou s'y enrouler. Elles développent, pour s'y maintenir, des vrilles, comme la Vigne, et on les dit alors *sarmenteuses;* ou bien c'est la tige elle-même qui s'y enroule comme dans le Houblon: dans ce cas, elles sont *volubiles.*

Faites germer une graine de Houblon, et lorsque la jeune tige s'élèvera, enfoncez en terre, près d'elle, une perche pour la soutenir. Bientôt la tige s'élancera sur la perche et y grimpera en décrivant une spire. Si vous procédez de même avec la graine du Liseron, les mêmes phénomènes se présenteront. Mais remarquez que, dans le premier cas, la plante s'enroulait de gauche à droite et décrivait une spire *sinistrorsum;* dans le second, elle s'enroulait de droite à gauche, sa spire était *dextrorsum.* Or, quelle que soit la direction de la spire, quelque effort qu'on fasse pour rendre *sinistrorsum* une spire *dextrorsum*, et *vice versâ*, la direction reste toujours la même pour une plante donnée.

D'où viennent donc alors ces contradictions sur la direction de telle ou telle tige? Pourquoi l'un appelle-t-il *sinistrorsum* ce que l'autre appelle *dextrorsum?* Selon qu'on regardera une même tige de bas en haut ou de haut en bas, ou à des hauteurs différentes, elle paraîtra s'enrouler tantôt à droite, tantôt à gauche, et cependant la direction ne varie pas. Aussi, pour la déterminer, faut-il la rapporter à une ligne fixe. Cette ligne c'est l'observateur placé dans l'axe de la spire. Si la spire va de sa droite à sa gauche, en passant devant lui, elle sera, pour nous, *sinistrorsum*, et *dextrorsum* dans le cas contraire.

Bocquillon.

CHRONIQUE.

Note adressée par MM. Pouchet, Joly et Musset a la Commission des expériences relatives a la génération spontanée.

Messieurs,

Lorsque nous nous sommes présentés chez M. Flourens pour l'informer de notre arrivée à Paris, ainsi que de notre désir de nous mettre le plus tôt possible en rapport avec la Commission chargée de suivre nos expériences sur l'hétérogénie, nous avons trouvé auprès de M. le secrétaire perpétuel de l'Académie des sciences autant d'impartialité que de bienveillance. « Dans mon opinion, nous a-t-il dit, *vous devez faire vos expériences comme vous l'entendrez*. M. Pasteur aura aussi, pour exécuter les siennes, *pleine et entière liberté*. Ensuite la Commission décidera. » Ces conditions étaient dictées par la plus stricte justice; aussi les avions-nous acceptées avec plaisir, et même avec reconnaissance.

Mais, quelle n'a pas été notre surprise, lorsque nous avons entendu MM. Dumas, Balard et Brongniart nous imposer un programme tout à fait différent de celui de M. Flourens, un programme tellement restreint, qu'il se bornait à *une seule expérience*, à une expérience de M. Pasteur, qui, selon nous, ne prouve absolument rien, et dont les résultats, *quels qu'ils soient*, positifs ou négatifs, peuvent être également invoqués par notre adversaire en faveur de la *panspermie localisée.*

Nous sommes venus à Paris, non pour glorifier les expériences de M. Pasteur, mais bien pour en démontrer devant vous la complète inanité. Nos lettres insérées dans les *Comptes rendus de l'Académie*, et notamment celle du 6 juin, prouvent surabondamment, par leur contexte même, que tel était réellement le but de notre long et dispendieux voyage.

La convocation signée le 6 juin par M. le secrétaire perpétuel, ne permet pas le moindre doute à cet égard.

En effet, elle est ainsi conçue :

« J'ai l'honneur de vous rappeler l'engagement que vous avez pris » de vous trouver le 15 juin pour la répétition *de vos expériences* relatives à la génération spontanée. »

De plus, on lit dans les *Comptes rendus* (séance du 4 janvier 1864) : « L'Académie a chargé une commission de faire répéter devant elle les expériences dont les résultats sont invoqués comme favorables ou contraires à la doctrine des générations spontanées. »

La Commission dont il s'agit avait été nommée d'après le vœu que nous avions exprimé nous-mêmes en disant : « Il y aurait un moyen bien simple de terminer cet interminable débat, ce serait que l'Académie des sciences de Paris voulût bien nommer une Commission devant laquelle M. Pasteur et nous, répéterions les *principales expériences* sur lesquelles *s'appuient de part et d'autre* des conclusions contradictoires. » (*Comptes rendus de l'Institut*, séance du 30 novembre 1863.)

Il était donc bien entendu que nous répéterions nos principales expériences, et nous avions en conséquence préparé le programme que nous avons eu l'honneur d'adresser à la Commission.

Quoi qu'on en ait dit, la question qu'il s'agit de résoudre est, avant tout, une question de physiologie, de micrographie aérienne et d'embryogénie microscopique. La chimie n'y intervient qu'à titre d'auxiliaire, et pourvu qu'elle n'entrave pas les conditions indispensables à la manifestation de la vie. Or, c'est précisément ce qui arrive dans l'expérience de M. Pasteur.

D'après cette idée, juste selon nous, nous voulions entreprendre de démontrer :

1° Que l'air ne renferme pas normalement ce nombre incalculable d'œufs et de spores dont l'a si gratuitement peuplé notre savant antagoniste.

2° La semi-panspermie une fois renversée, nous nous proposions de démontrer encore, en répétant, comme nous l'avons toujours dit et écrit, *nos principales expériences*, que l'hétérogénie est une réalité.

3° Enfin, nous prenions l'engagement de prouver, contradictoirement aux assertions de M. Pasteur, qu'avec une substance fermentescible laissée à notre choix et bouillie, on obtiendra *constamment et partout* des productions organisées, dans des vases hermétiquement clos, contenant un décimètre cube d'air naturel.

La Commission, refusant d'accepter notre programme, programme que nous avons restreint aux faits les plus indispensables à établir, nous nous voyons dans l'impossibilité absolue de nous rendre aux conditions qu'elle nous impose, attendu que ces conditions sont en opposition *formelle* avec celles que l'Académie a insérées dans les *Comptes rendus* des 16 et 30 novembre 1863, du 4 janvier 1864, ainsi qu'avec celles que nous avons formulées de nouveau dans notre communication du 5 juin courant.

Avant de finir, nous exprimerons un regret bien légitime, c'est de voir la Commission, et notre adversaire lui-même, ne tenir aucun compte de nos nombreuses expériences, cependant pour la plupart confirmées par celles de J. Wyman, de Schaaffhausen et de Mantegazza; c'est de la voir accorder une importance exclusive à un seul des résultats les plus contestables de notre antagoniste, tandis qu'elle refuse, non-seulement de nous laisser répéter devant elle les expériences que nous comptions faire à Paris, mais encore d'examiner les moyens de preuve immédiate que nous offrions, séance tenante, de soumettre à l'examen attentif de plusieurs de ses membres.

En présence des obstacles tout à fait inattendus qu'on nous oppose, notre conscience nous dit que nous n'avons qu'un seul parti à prendre, c'est de protester au nom de la science, et de réserver les droits de l'avenir.

Signé POUCHET, N. JOLY, CH. MUSSET.

P. S. Nous prions M. le secrétaire perpétuel de vouloir bien communiquer cette lettre à l'Académie, et l'insérer dans les *Comptes rendus*.

M. Joly, professeur à la Faculté des sciences et à l'École de médecine de Toulouse, a fait mardi soir, dans le grand amphithéâtre de l'École de médecine, une conférence sur la génération spontanée. Le savant hétérogéniste a obtenu un immense succès. Nous rendrons compte de cette magnifique séance.

— M. le docteur Henri Favre, autorisé, par le ministre de l'instruction publique, à faire des conférences scientifiques pour la vulgarisation de l'hygiène et de la physiologie, ouvrira son cours dans les salons du grand établissement thermal d'Enghien, le samedi 2 juillet, de deux à quatre heures de l'après-midi. Il le continuera tous les samedis, à la même heure, dans le même établissement.

Congrès des sciences sociales à Amsterdam.

(*Du 26 septembre au 1er octobre.*)

Nous recevons de l'*Association internationale des sciences sociales*, dont le siége est à Bruxelles, le programme du prochain congrès qui se tiendra à Amsterdam, et nous nous empressons de le publier.

PREMIÈRE SECTION. — LÉGISLATION COMPARÉE.

I. Quels sont, dans le gouvernement représentatif, les moyens les plus pratiques pour assurer la liberté des électeurs et la sincérité des votes?

II. Le respect de la liberté individuelle exige-t-il qu'on accorde aux prévenus le droit de se faire assister d'un conseil pendant l'instruction, et, en cas d'affirmative, quelle devrait être la mission de ce conseil?

III. Le développement des relations commerciales ne réclame-t-il pas un code de commerce unique et commun à toutes les nations? En cas d'affirmative, le code de commerce allemand répond-il à ce besoin?

IV. Quelles sont les règles à établir par la loi pour l'organisation des sociétés à responsabilité limitée?

V. Faut-il soumettre les étrangers à des lois exceptionnelles ou spéciales, et sur quels principes ces lois devraient-elles être basées?

VI. Quels sont les moyens pratiques de concilier la liberté des langues avec les nécessités de l'ordre politique, administratif et judiciaire, dans les pays où plusieurs langues sont en usage?

La première section aura encore à examiner le travail de la commission instituée à Gand pour la question de l'exécution des jugements en pays étrangers.

DEUXIÈME SECTION. — INSTRUCTION ET ÉDUCATION.

I. Quelle est la meilleure organisation d'un enseignement moyen professionnel, tant pour les filles que pour les garçons?

II. Quelle est l'influence de l'enseignement littéraire sur l'individu et sur ses rapports avec la société? Cet enseignement est-il possible à tous les degrés de l'instruction publique? Quelle part et quel caractère convient-il de lui donner dans chacun de ces degrés, pour le rendre profitable tant à la société qu'à l'individu?

III. L'éducation domestique de l'enfant devant être d'accord avec l'enseignement de l'école, par quels moyens pourrait-on acquérir sur les parents l'influence nécessaire pour amener et conserver cet accord?

IV. Quels sont, à part l'intervention de l'État, les moyens de faire participer tous les enfants aux bienfaits de l'instruction primaire?

V. Quelle part doit être réservée à la famille dans l'éducation des deux sexes? Faut-il préférer l'éducation particulière à l'éducation publique et l'internat à l'externat? Indiquer les moyens de réaliser les principes admis.

TROISIÈME SECTION. — ART ET LITTÉRATURE.

I. Le développement de l'esprit d'analyse et de critique dans les arts, et principalement en peinture, est-il une entrave à la force créatrice, ou bien a-t-il pour effet de la provoquer et de l'augmenter? Quels faits peut-on invoquer à l'appui de l'une ou de l'autre opinion?

II. Quels sont les moyens employés chez les différents peuples, surtout de nos jours, pour accroître la part faite à l'art, sous toutes formes, dans l'éducation et l'enseignement du peuple? Parmi ces moyens, quels sont les meilleurs?

III. Quelles sont les causes du développement du réalisme dans les arts et dans les lettres? Cette doctrine répond-elle au but de l'art?

QUATRIÈME SECTION. — BIENFAISANCE ET HYGIÈNE PUBLIQUE.

I. Quelle est, d'après les faits comparés, l'influence exercée par les établissements de bienfaisance publique (monts-de-piété, hospices, hôpitaux, etc.) sur l'état moral de la classe ouvrière?

II. Quelles sont les mesures à prendre pour organiser les éléments d'assistance pour les cas de naufrages? Quels sont, en présence des mesures adoptées sur les côtes d'Angleterre, de Flandre, de Hollande et de France, les moyens d'arriver à l'uniformité internationale dans l'organisation de cette branche de la bienfaisance publique?

III. Quelle est la meilleure manière d'organiser les secours de la bienfaisance à domicile? Comment ces secours sont-ils organisés dans dans les Pays-Bas?

IV. Peut-on abolir sans inconvénients les quarantaines : *a*. En général ; *b*. dans les ports de l'Europe autres que ceux de la Méditerranée?

V. Par quelles mesures pourrait-on empêcher la sophistication des denrées alimentaires de la manière la moins nuisible au commerce?

VI. Comment peut-on, dans les grandes cités coupées de rivières ou de canaux, utiliser les matières fécales au profit de l'agriculture, sans nuire à la santé des habitants?

CINQUIÈME SECTION. — ÉCONOMIE POLITIQUE.

I. Quelle a été et quelle doit être l'influence des sciences économiques sur le régime colonial? Quels sont, au même point de vue, les droits et les devoirs des peuples de l'Europe qui possèdent des colonies, envers les aborigènes?

II. Quels sont les moyens pratiques par lesquels on arriverait à réaliser, dans un avenir prochain, l'uniformité des monnaies, des poids et des mesures?

III. Est-il désirable de voir introduire dans les diverses législations le principe de la liberté des banques d'émission?

IV. L'État doit-il se réserver le monopole des chemins de fer, canaux, postes et télégraphes? Ces monopoles doivent-ils servir à augmenter les ressources du trésor public?

V. Dans l'hypothèse de la suppression des douanes, quels seraient les procédés à employer pour percevoir ou remplacer les impôts indirects, notamment les droits d'accise?

Bureaux de l'association : 20, rue de l'Enclume (quartier Léopold), Bruxelles.

Léon Danicourt.

Le quatrième numéro du *Journal de l'anatomie, de la physiologie normales et pathologiques de l'homme et des animaux*, dirigé par M. Ch. Robin, vient de paraître. En voici le sommaire :

Ch. Robin. Mémoire sur les divers modes de la naissance de la substance organisée en général, et des éléments anatomiques en particulier. (*Suite*). — Jacquart (H.). De la distribution des nerfs pneumogastriques dans les poumons des ophidiens. (Pl. XII). — Grandeau (Louis). Expériences sur l'action physiologique des sels de potassium, de sodium et de rubidium injectés dans les veines. — Cornil. Recherches sur la structure de la muqueuse du col utérin à l'état normal. (Pl. XIII). — Estor et Saint-Pierre. Recherches expérimentales sur les causes de la coloration rouge des tissus enflammés. — Hiffelsheim et Ch. Robin. Sur le rapport de la capacité de chaque oreillette avec celle du ventricule correspondant. — Analyses et extraits de travaux français et étrangers : Notes historiques sur la capacité absolue et relative des cavités du cœur, par M. Ch. Robin. — Recherches sur la respiration, par le docteur Max Pettenkofer, analyse par M. L. Grandeau. — Les théories et les mouvements du cœur devant les Académies des sciences et de médecine, analyse par M. Ch. Robin.

Le propriétaire-gérant : GERMER BAILLIÈRE.

PARIS. — IMPRIMERIE DE E. MARTINET, RUE MIGNON, 2.

PREMIÈRE ANNÉE. — N° 32. UN NUMÉRO : 30 CENTIMES. 9 JUILLET 1864.

REVUE DES COURS SCIENTIFIQUES DE LA FRANCE ET DE L'ETRANGER

PHYSIQUE — CHIMIE — ZOOLOGIE — BOTANIQUE — ANATOMIE — PHYSIOLOGIE
GÉOLOGIE — PALÉONTOLOGIE — MÉDECINE

Paraît tous les Samedis.

	Six mois.		Un an.	
Paris.........	Six mois.	8 fr.	Un an.	15 fr.
Départements..	—	10	—	18
Étranger......	—	12	—	20

Prix de l'abonnement avec la Revue des Cours littéraires.

Six mois.... Paris, 15 fr. Départ., 18 fr. Étranger, 20 fr.
Un an....... — 26 — 30 — 35

Rédacteur en chef
M. ODYSSE-BAROT

Les ouvrages dont deux exemplaires auront été envoyés au bureau du journal seront annoncés et analysés s'il y a lieu.

On s'abonne
A LA LIBRAIRIE GERMER BAILLIÈRE
17, rue de l'École de Médecine,
Et chez tous les libraires, par l'envoi d'un bon de poste, ou d'un mandat sur Paris.

L'abonnement part du 1er décembre ou du 1er juin de chaque année.

SOMMAIRE.

PHYSIOLOGIE COMPARÉE.

COURS DE M. VULPIAN.

(MUSÉUM D'HISTOIRE NATURELLE.)

Leçon d'ouverture.

Messieurs,

M. Flourens, désirant terminer des travaux importants dont il s'occupe depuis des années, m'a chargé de le remplacer dans cette chaire. C'est à lui, je ne l'oublierai jamais, que je dois l'honneur de prendre la parole dans une enceinte où se sont fait entendre et où se font encore entendre chaque jour tant de voix éminentes. Je devais, avant tout, l'en remercier publiquement.

Je dois aussi des remercîments à M. Philipeaux, son aide-naturaliste, auquel revenait de droit cette suppléance, et que sa vive amitié pour moi a poussé à s'effacer pour me laisser asseoir à cette place qu'il eût pourtant si bien remplie.

Ce n'est pas sans émotion, messieurs, que je parais devant vous; mais ce qui me soutient et m'encourage, c'est, d'une part, que je compte sur votre indulgence, et, d'autre part, c'est qu'il s'agit de la physiologie du système nerveux, c'est-à-dire de cette partie de la physiologie qui doit à M. Flourens ses principaux progrès. Or, voici bientôt vingt ans que je fréquente le laboratoire de M. Flourens, que je vois ses expériences, que je les répète, que je me suis pénétré de ses œuvres. Par conséquent, et c'est ce qui m'encourage, je serai l'interprète fidèle de mon illustre maître. Voilà pour le fonds du cours.

Quant au reste, messieurs, vous aurez toute ma bonne volonté, c'est ce que je puis vous promettre.

Les êtres les plus inférieurs de l'échelle animale sont constitués par une masse granuleuse, sans aucun élément *anatomique figuré*. Cependant ils ont des fonctions animales ; ils ont aussi des fonctions organiques. Toutes ces fonctions s'exercent par cette masse appelée depuis longtemps par Dujardin, *sarcode*. Et cependant elles ont lieu sans organes distincts. C'est ainsi que toutes leurs fonctions s'accomplissent sans appareil digestif, sans appareil circulatoire, sans appareil nerveux, sans appareil générateur.

Mais en s'élevant dans la série, on trouve encore des animaux inférieurs, sous bien des rapports, qui ne sont plus formés par cette substance granuleuse, homogène, mais par des cellules juxtaposées et semblables les unes aux autres. On voit déjà se dessiner chez eux les *éléments anatomiques*. Tels sont les animaux désignés sous le nom d'hydres, ou de polypes d'eau douce, exclusivement composés de cellules presque toutes destinées au même usage. C'est ce que tend à prouver les expériences de Trembley.

On sait, en effet, que la cavité digestive chez les hydres est constituée par une simple poche communiquant à l'extérieur par une seule ouverture, qui sert à la fois et de bouche et d'anus.

Eh bien ! ce naturaliste génevois du siècle dernier, en renversant ces polypes, en rendant externe leur cavité interne, a vu ces êtres continuer de vivre. D'après lui, ils digéraient alors par leur tégument externe devenu paroi stomacale. Il a été plus loin encore : en les mutilant, en les segmentant en tous sens, à l'infini, chacun de ces fragments, loin de périr, est devenu bientôt un animal complet; ce qui tient à ce que, comme je viens de le dire, toutes les parties de l'animal, ayant la même structure (*cellules*), doivent remplir les mêmes fonctions ; et que par conséquent l'ablation de quelques-unes de ces parties ne doit en rien entraîner la cessation des actes accomplis par les autres. C'est ainsi que l'on comprend encore pourquoi ces diverses parties séparées de l'individu, quelque petites qu'elles soient, continuent elles-mêmes de vivre.

Mais ces faits, messieurs, se passent à peu près exclusivement chez les animaux tout à fait inférieurs.

Si l'on s'élève plus haut encore, on voit alors se produire des variations nombreuses dans les formes, dans les fonctions. C'est alors qu'on voit les organes se dessiner (*digestion, innervation*). Et c'est sur ces derniers organes, les organes de l'innervation, que je vais, dans cette leçon d'introduction, jeter un coup d'œil général.

Au milieu des cellules primitives de l'animal, on en voit apparaître d'autres de forme variable. C'est ainsi que bientôt on voit les *cellules nerveuses ;* en même temps qu'elles une *matière granuleuse amorphe*, qu'on trouve surtout en grande quantité dans le cerveau ; et enfin les *fibres nerveuses*.

Ce sont ces éléments qui vont constituer le système nerveux. Dès lors toutes les fonctions diffuses de ce système se concentrent pour constituer les fonctions de l'innervation.

Elles ont une très-grande importance dans l'étude de la vie « qui, examinée plus en détail, dit Bichat, nous » offre deux modifications remarquables. L'une est » commune au végétal et à l'animal, l'autre est le par- » tage spécial de ce dernier. »

Plus loin, Bichat ajoute :

« J'appelle vie organique l'ensemble des fonctions de » la première classe, parce que tous les êtres organisés, » végétaux ou animaux, en jouissent à un degré plus ou » moins marqué, et que la texture organique est la seule » condition nécessaire à son exercice. Les fonctions de » la seconde classe forment la vie animale, ainsi nom- » mée parce qu'elle est l'attribut exclusif du règne » animal. »

C'est ainsi que Bichat a développé une idée dont les germes, ainsi que l'a démontré M. Flourens, se retrouvent dans Buffon.

Ainsi donc il y a deux ordres de fonctions, les *fonctions animales* et les *fonctions organiques*. Nous adopterons ce classement systématique comme un moyen commode d'exposition, tout en en comprenant bien les défectuosités.

Passons donc rapidement en revue ces deux ordres de fonctions. Et d'abord commençons par les *fonctions animales*.

La *sensibilité*, ou mieux l'*excitabilité*, la *motilité*, l'*instinct* et l'*intelligence*, constituent les principales fonctions de ce groupe. Un mot sur chacune de ces fonctions.

L'animal entretient, pour ainsi dire, un commerce continuel avec le monde extérieur. Il en reçoit des impressions, et réagit.

Quelquefois la réaction se fait sans qu'il y ait eu sensation, sans que l'animal en ait eu conscience ; c'est ce qui constitue l'*action réflexe*.

D'autres fois il a conscience de l'impression; il sent, et alors exécute des actes variés. Ce sont les actes *sensitivo-moteurs*, *automatiques*, *non volontaires*. C'est dans ce groupe qu'on peut ranger les phénomènes de l'émotion.

Dans d'autres cas, il peut n'y avoir aucune espèce d'excitation du monde extérieur, et cependant on observe des mouvements qui paraissent avoir pour cause excitatrice et pour but l'accomplissement de certains besoins plus ou moins impérieux. Ce sont là des phénomènes d'*instinct*.

Chez un certain nombre d'animaux, ce ne sont plus des sensations brutes, ce sont de véritables *perceptions*. Et à l'occasion, soit de perceptions actuelles, soit de perceptions plus ou moins anciennes, évoquées par la mémoire et fixées par l'attention, il se fait une sorte de délibération suivie d'ordinaire d'une décision qui engendre des mouvements volontaires. Ce sont les phénomènes de l'*intelligence*.

Ces phénomènes sont à l'état d'ébauche chez les animaux inférieurs. Il faut même remonter jusqu'aux articulés pour trouver des indices d'intelligence. Plus alors on s'élève dans l'échelle, plus on les trouve marqués. Et chez l'homme ils atteignent un si grand développement et un caractère tellement élevé, que plusieurs naturalistes ont été entraînés jusqu'à faire de l'homme un règne à part : le *règne humain*, le *règne hominal*.

Singulière illusion scientifique, messieurs ! Ce n'est point ici le lieu de m'étendre sur un pareil sujet; je me contenterai, pour toute appréciation sur cette manière de voir, de dire, en faisant allusion à une cause d'erreur signalée par Bacon, que pour moi : *C'est le dernier terme de l'admiration de l'homme par l'homme*.

Tous ces phénomènes dont je viens de vous parler, depuis la plus simple action réflexe jusqu'aux actes intellectuels les plus élevés, ne sont que les manifestations de l'activité des diverses parties du système nerveux.

Tel est le tableau général, bien incomplet, il est vrai, que j'avais à vous présenter sur les fonctions animales du système nerveux.

Quant aux fonctions de la vie organique, le système nerveux y joue aussi un très-grand rôle. Chez les végétaux, toutes les fonctions, à quelques exceptions près, s'accomplissent sans mouvementts apparents. Chez les animaux, au contraire, elles ne peuvent s'exécuter sans un grand nombre de mouvements.

Prenons la digestion, par exemple. Nous voyons aussitôt des mouvements volontaires. Tels sont les mouvements de préhension, mouvements préparatoires si vous voulez, mais qui n'en sont pas moins du ressort de la digestion. Tels sont encore les phénomènes de la mastication.

A côté de ces mouvements volontaires se placent des mouvements à la fois et instinctifs et réflexes, et des mouvements purement réflexes. Tels sont les mouvements de la déglutition chez les animaux supérieurs, mouvements qui sont en partie soumis à la volonté, et qui en partie y échappent. Tels sont encore les mouvements de déjection, etc. Tels sont aussi les mouvements de l'estomac et de l'intestin, qui eux sont des mouvements réflexes.

Si nous passons à d'autres fonctions organiques, c'est encore la même chose; nous voyons l'action réflexe se manifester presque partout.

C'est ainsi que les mouvements du cœur, pour certains physiologistes, seraient entièrement soumis à l'action réflexe. Et la chose est encore bien plus nette pour les vaisseaux dont les contractions paraissent destinées à gouverner les circulations locales dans les points plus ou moins éloignés du centre circulatoire.

Nous pourrions ainsi passer en revue toutes les fonctions organiques, et nous arriverions à poser cette loi : *Que la plupart des phénomènes de nutrition, de circulation, de sécrétion, se passent grâce aux mouvements réflexes; sont, en un mot, sous la dépendance de l'action réflexe.*

Or c'est le système nerveux qui est le foyer, le centre de ces actions réflexes. Vous voyez donc, messieurs, que le système nerveux joue le principal rôle, le grand rôle dans les fonctions animales ; et vous voyez aussi quelle est son importance dans les fonctions organiques.

Quelle est donc la disposition de ce système d'une importance si considérable dans la vie des animaux ?

Dans le système nerveux, nous trouvons deux ordres de parties bien distinctes : des *parties centrales* (centres de réception et de réaction, centres instinctifs, centres intellectuels) ; et des *parties conductrices* (destinées à mettre les parties périphériques en rapport avec les parties centrales).

Les parties centrales se présentent tantôt sous la forme de petites masses distinctes (ganglions nerveux) ; tantôt, au contraire, réunies sous forme de masses plus ou moins considérables : c'est ce qui constitue l'*axe cérébro-spinal* ou *myélencéphale.*

Ce sont ces organes centraux qui se trouvent être les points d'origine ou de terminaison des organes conducteurs ou *nerfs.*

Suivant le sens dans lequel s'opère la transmission (car elle peut s'opérer dans deux sens), on peut diviser les nerfs en deux ordres :

1° Les nerfs centripètes ou afférents ;

2° Les nerfs centrifuges ou efférents.

Parmi les nerfs centripètes, on a distingué (distinction sans importance du reste) ceux qui conduisent au centre nerveux les *impressions suivies de sensation*, de ceux qui portent au système nerveux les *impressions non suivies de sensation.* Aux premiers on a donné le nom de *nerfs de la sensibilité*, et aux seconds celui de *nerfs excito-moteurs.*

Les nerfs centrifuges sont presque tous des nerfs moteurs. Cependant il existe des nerfs centrifuges qui ne sont pas moteurs : tels sont ceux de l'appareil électrique de la torpille.

Peut-être aussi existe-t-il des nerfs présidant aux actions intimes (sécrétions, par exemple), et qui ne seraient pas, à proprement parler, des nerfs moteurs. Il pourrait bien, dans ce cas, y avoir une action directe sur la glande elle-même ; mais c'est une question que je n'ai point l'intention de traiter actuellement.

On a cherché à établir des distinctions entre les centres nerveux. On a considéré l'un de ces systèmes comme affecté aux *fonctions animales*, l'autre aux *fonctions organiques.*

Le premier, ou système nerveux de la vie animale, est constitué par l'axe cérébro-spinal chez les animaux supérieurs. Quant au deuxième, c'est le système du grand sympathique.

Ces deux systèmes existent chez presque tous les animaux pourvus d'un appareil d'innervation. C'est ainsi qu'on les retrouve dans les annelés, dans les mollusques. Je ne parlerai pas des zoophytes, parce que ces animaux sont encore fort peu connus.

Chez les annelés et les mollusques, les deux systèmes sont tous les deux ganglionnaires.

Chez les animaux supérieurs (les vertébrés,) le système grand sympathique est exclusivement composé de ganglions. Quant à l'autre, il en contient aussi, mais il est presque entièrement constitué par le myélencéphale.

Cependant nous serons conduits à considérer, avec la plupart des naturalistes modernes, l'axe cérébro-spinal des vertébrés comme constitué par la fusion de ganglions analogues à ceux de la chaîne ganglionnaire des invertébrés.

Ces quelques notions générales dessinées à grands traits, arrivons à la division du cours.

Je le diviserai en deux parties. Dans la première, je ferai l'étude de la physiologie générale du système nerveux. Dans la deuxième, je m'occuperai de sa physiologie comparée.

Dans la première, nous commencerons par nous débarrasser des animaux inférieurs (protozoaires), qui servent, comme nous le verrons dans la leçon prochaine, de transition entre les végétaux et les animaux. Il n'existe pas chez eux de système nerveux figuré, et cependant ils ont des fonctions qui, chez d'autres, ne peuvent s'exercer sans système nerveux. C'est une anomalie plus apparente que réelle.

Nous étudierons ensuite les phénomènes de sensibilité et de mouvement des végétaux, en les comparant à ceux des animaux.

Alors (et nous serons forcés de nous en tenir presque exclusivement aux données fournies par l'étude des vertébrés, vu la pénurie des notions acquises jusqu'ici sur les invertébrés) nous aborderons la physiologie générale du système nerveux par l'étude des *conducteurs* ou *nerfs*, à propos desquels nous aurons à parler de la belle découverte de Charles Bell et de Magendie. C'est à ces physiologistes, en effet, qu'on doit la distinction des nerfs en *nerfs sensitifs* et *nerfs moteurs*.

Un grand nombre de physiologistes admettent que les nerfs sont différents *non seulement par leurs fonctions, mais par leurs propriétés physiologiques*, de telle sorte que les uns seraient considérés comme propres exclusivement à transmettre les impressions sensitives, et les autres les mouvements.

Mon opinion est que tous ces nerfs, qu'ils servent à la sensibilité ou au mouvement, soit de la vie organique, soit de la vie animale, sont *semblables au point de vue de leurs propriétés physiologiques*, et ce sera pour moi une occasion de vous faire comprendre la distinction si importante, et à laquelle on fait pourtant si peu attention, entre les *propriétés physiologiques* et les *fonctions des organes*.

Je vous donnerai du reste là-dessus l'opinion des auteurs avec leurs expériences. Je répéterai devant vous les expériences contradictoires; et nous tâcherons de juger impartialement et scientifiquement ces questions.

C'est ici le lieu, messieurs, de dire quelques mots sur les expériences en général. Je vous ai parlé d'expériences. Je me propose d'en faire le plus souvent possible. Il faut savoir s'élever au-dessus des appréciations injustes dont les expériences physiologiques ont été l'objet.

Ce qu'il faut stigmatiser et proscrire, ce sont les cruautés inutiles, et ce n'est pas dans le domaine de la physiologie qu'elles se commettent. Mais ce qu'il faut au contraire, je ne dirai pas tolérer, mais encourager, ce sont les expériences que font les physiologistes sous leur responsabilité morale, pour interroger la nature et la contraindre à livrer ses secrets.

Je rechercherai, messieurs, avec vous si les propriétés viennent du système central, ou si elles appartiennent aux nerfs, comme la contractilité appartient aux muscles. Et j'espère vous démontrer de la façon la plus nette l'indépendance complète de ces propriétés.

Ensuite nous étudierons la moelle épinière.

Nous passerons en revue les travaux les plus importants qui ont été faits sur la physiologie de la moelle, depuis les expériences célèbres de Galien jusqu'aux recherches les plus modernes. Nous verrons que ce n'est point, en effet, comme l'avait cru Galien, et comme l'ont cru à sa suite tous les physiologistes jusqu'au siècle dernier, un simple cordon nerveux, ou réunion de tous les nerfs de l'organisme.

C'est un grand centre nerveux. Il s'y passe des phénomènes remarquables, ceux de la *dispersion des irritations* (Flourens).

C'est encore le grand centre des actions réflexes, notion établie sur de nombreux travaux. Il suffira de vous citer les noms célèbres de Robert Whytt, Prochaska, Bichat, Legallois, Flourens, Marshall-Hall, Muller.

De là nous arriverons à l'encéphale, et nous nous y étendrons longuement, car aujourd'hui sa physiologie est très-connue. Avant M. Flourens, il y régnait un chaos bizarre; mais mon savant maître a su démêler ce chaos. D'abord, et ce n'est pas là le moindre service qu'il ait rendu à la physiologie, il a créé une méthode différente de celle de ses prédécesseurs; de là ses belles découvertes sur l'encéphale.

Avant lui on ignorait que le cerveau proprement dit était le centre exclusif de l'instinct et de l'intelligence. C'est lui qui a prouvé que le centre sensitif de l'appareil visuel se trouvait dans les tubercules quadrijumeaux, et il a montré la différence entre le centre sensitif et le centre perceptif, faisant voir aussi pour la première fois, et d'une manière indiscutable, la différence qu'il y a entre une *sensation* et une *perception*.

Ce qui existe ici existe naturellement pour toutes les autres sensations. Leur centre sensitif paraît être dans la protubérance et le bulbe rachidien, tandis que le centre perceptif, comme pour la vision, réside aussi dans les hémisphères cérébraux.

C'est encore lui qui a fait connaître les fonctions du cervelet comme organe de la *coordination* des *mouvements* et de l'*équilibration;* fonctions dont l'existence même était inconnue avant lui, malgré des travaux très-nombreux sur cet organe. Vous connaissez tous, enfin, ses travaux classiques sur le point qu'il a désigné sous le nom de *nœud vital*.

Après cette étude nous passerons à celle du système grand sympathique, et nous aurons immédiatement à nous poser les questions suivantes:

Ce système est-il indépendant? Fonctionne-t-il par lui-même?

La physiologie ancienne voulait qu'il fût sous la dépendance du système central cérébro-spinal, qu'il n'en fût qu'une partie.

Plus tard d'autres physiologistes, et parmi eux Winslow, Bichat, en ont fait un système indépendant.

Jusque dans ces derniers temps, la première opinion a prévalu, et le grand sympathique était une dépendance presque absolue du système cérébro-spinal. Mais les récentes expériences de M. Claude Bernard ont prouvé que les ganglions du grand sympathique sont des centres, jusqu'à un certain point, indépendants. Ce sont des centres de certains mouvements réflexes.

Cette étude du grand sympathique nous conduira à nous occuper de l'influence du système nerveux sur la nutrition, sur la circulation, sur les sécrétions, et particulièrement sur les mouvements réflexes.

Dans toutes ces études, nous prendrons toujours l'expérimentation pour guide.

Après cela nous étudierons enfin le développement du système nerveux, et finalement l'influence de ce système sur le développement de nos organes.

Dans la deuxième partie du cours, nous traiterons de la physiologie comparée du système nerveux. Nous commencerons par les invertébrés.

1° D'abord les *zoophytes*. On n'a encore que des notions anatomiques tout à fait restreintes sur leur système nerveux. Nous serons donc forcés de nous en tenir à quelques données très-imparfaites sur la physiologie de ce système.

2° Les *mollusques*. On a un certain nombre de travaux sur l'anatomie de leur système nerveux; mais nous sommes encore très-pauvres en ce qui concerne sa physiologie, et nous en sommes réduits sur ce point à des inductions fondées sur l'anatomie.

3° Nous étudierons les *articulés*, sur l'anatomie et la physiologie desquels nous avons une plus grande richesse. Sur l'anatomie, nous avons les travaux de Swammerdam, Lyonnais, Newport, Milne Edwards, Quatrefages, Blanchard, Leydig, Faivre.

Pour la physiologie, l'instinct a aussi inspiré de nombreux travaux à des observateurs sagaces. Et enfin, dans ces derniers temps, certains physiologistes ont fait des expériences sur leur système nerveux. Ce qui fait que nous donnerons à leur étude une extension plus grande.

4° Enfin, nous arriverons aux *vertébrés*, et nous ferons des expériences nombreuses sur les poissons, les batraciens, les reptiles, les oiseaux, les mammifères.

Nous verrons ainsi le caractère de généralité des découvertes physiologiques dues à M. Flourens.

Mais, messieurs, je n'aurai pas la prétention d'être complet. Le champ de cette étude est trop étendu en effet, car d'immenses progrès datent de ce siècle.

Le XVIIe siècle a été illustré par la découverte d'Harvey sur la circulation du sang, et celle de Pecquet sur la circulation lymphatique.

Le XVIIIe siècle a vu les découvertes de Haller sur le système nerveux. C'est lui qui, le premier, a découvert que *l'irritabilité musculaire* était tout à fait indépendante du système nerveux. C'est lui aussi qui a distingué dans le corps les parties sensibles de celles qui ne le sont pas. Jusqu'à lui on ignorait que les nerfs seuls étaient sensibles.

C'est encore le XVIIIe siècle qui voit naître la théorie véritable de la respiration que découvre le génie de Lavoisier.

Le XVIIIe siècle, enfin, par les recherches de Pourfour-Dupetit sur le grand sympathique, a été l'aurore des travaux de notre siècle sur ce système.

Notre siècle n'a rien à envier aux siècles passés.

Au XIXe siècle, en effet, revient l'honneur d'avoir établi la distinction des nerfs de la sensibilité et du mouvement. C'est encore à ce siècle que se rattachent les grandes découvertes sur l'encéphale.

Ne soyons donc pas trop louangeurs du temps passé, car notre siècle a vu non-seulement se produire ces admirables applications de la science qui ont si profondément modifié et amélioré la vie sociale; mais encore il a vu naître, dans le domaine des sciences pures, des progrès inespérés qui ont élargi au delà de tout ce qu'on pouvait prévoir le cercle des jouissances les plus fortes et les plus pures, celles de la pensée. —Lacrousille.

HISTOIRE NATURELLE DES CORPS ORGANISÉS.

COURS DE M. GUSTAVE FLOURENS.

(COLLÉGE DE FRANCE.)

(Voy. les n°s 4, 5, 8, 11, 13, 14, 17, 20, 22-25, 27 et 29.)

XXVIII, XXIX, XXX.

Sous-division germaine.

SECTION ANGLAISE.

L'archipel anglais resta, probablement en grande partie, désert jusqu'à l'arrivée des Gaulois dans l'Occident. Cependant, d'après Tacite, les *Silures*, peuple du pays de Galles, auraient eu les cheveux crêpés, le teint foncé des Araméens d'Espagne. Il se pourrait donc qu'avant les Gaulois ces Araméens se fussent déjà établis en Angleterre comme en Gaule. Arrêtés dans leur émigration par l'Atlantique, les Gaulois remontèrent au nord et découvrirent une île assez vaste, qui reçut le nom de *Prydain* (Grande-Bretagne). Quelques tribus s'y établirent; puis, quand survint l'invasion des Kymris, ceux-ci passèrent aussi dans cette île. Et alors les Gaulois furent refoulés au nord de l'Angleterre et dans l'île voisine qui fut appelée *Erin*, l'île des Aryas (Irlande). Les Kymris se firent place à l'est et au midi, comme cela devait être naturellement. Et cette division primordiale de la population anglaise subsiste encore de nos jours, malgré toutes les superpositions successives de conquérants germains. Car l'Irlande parle l'*erinakh*, idiome de notre ancienne langue gauloise, a conservé la magnifique carnation de nos ancêtres et résiste courageusement à l'absorption germaine. L'Écosse, au moins chez ses montagnards (Highlanders), garde encore l'*erse*, autre idiome gaulois, et ne s'est anglaisée que depuis un siècle. La langue kymrie a disparu à l'est à cause des invasions germaines, mais persiste dans le sud-ouest : le pays de Galles parle le *kymraig*, idiome kymri, et le Cornouailles parlait naguère le *cornique*, de même origine. Ces premiers habitants de l'Angleterre avaient le même caractère et la même constitution que ceux de la France : cheveux blonds, yeux bleus, peau blanche, taille haute. N'ayant point de mélanges avec des Araméens, ils conservèrent même mieux ces traits gaulois. Ils étaient partagés en tribus ennemies entre elles, mais formant aussi des confédérations gouvernées par des chefs de clans, bien moins puissants que les Druides. Ceux-ci, introduits par les Kymris, rendaient la justice entre particuliers et entre tribus, élevaient la jeunesse et possédaient toute la science (croyances et légendes aryanes). En général, les Gaulois insulaires étaient moins avancés que ceux du continent. Ils mettaient aussi leur gloire à combattre nus, tatoués comme les sauvages, et leurs guerres de tribu à tribu étaient perpétuelles. Les femmes se battaient aussi bien que les hommes, avec le sabre gaulois, la lance et les javelots. Ils laissaient flotter leurs longues chevelures, portaient la moustache et se couvraient de saies dans le midi, de peaux de mouton dans le nord. Ils habitaient de misérables cabanes, vivaient de chasse ou de troupeaux et n'avaient guère de cultures que dans le sud-est. Ils avaient l'impétuosité, l'ardeur effrénée, l'amour des ornements brillants, la curiosité enfantine de leurs frères d'outre-Manche ; c'étaient aussi d'infatigables parleurs. Les *Calédoniens*, qui habitaient une partie de l'Écosse, auraient été une colonie germaine, d'après Tacite, qui les distingue des Gaulois par leur grand développement musculaire et leurs cheveux rouges. Mais cette colonie, établie après les Gaulois et les Kymris, en guerre continuelle avec eux, n'a pu modifier le type gaulois. Ces Calédoniens furent appelés *Pictes* (Picti, par les Romains), et absorbés par les *Scots*, peuple gaulois, émigré de l'Irlande, qui donna son nom à l'Écosse. Au midi de ceux-ci venaient les *Brigantes*, puissante confédération qui avait pour capitale *Eboracum* (York) ; puis les *Ordovices* et les *Silures*, dans le pays de Galles ; les *Trinobantes*, qui avaient pour capitale *Londinium* (Londres) ; au nord de ceux-ci, les *Iceni ;* à l'ouest, les *Dobuni* et les *Cassii*. Les noms des tribus kymriques établies des deux côtés du détroit se retrouvaient les mêmes dans la France septentrionale et l'Angleterre : ainsi les *Belgæ*, les *Parisii*, les *Atrebates*. Le Cornouailles était habité par les *Damnonii*, et le Kent par les *Cantii*.

Les Phéniciens eurent des rapports commerciaux avec l'Angleterre pour l'exploitation des mines, comme avec le reste du littoral gaulois, mais n'y modifièrent pas davantage la population. Les Romains ne pouvaient conquérir la Gaule sans l'isoler de la Germanie et surtout de l'île sacrée, de l'Angleterre, foyer de la résistance. De là les campagnes de César au delà du Rhin et de la Manche. Mais la Grande-Bretagne a été de tout temps protégée par la mer qui baigne ses côtes contre les entreprises des peuples continentaux (expéditions de César, invincible Armada, camp de Boulogne). La flotte césarienne fut en partie détruite et les troupes de débarquement furent repoussées. Une seconde expédition fut plus heureuse, mais n'enleva point leur indépendance aux insulaires. Ils la conservèrent encore un siècle, puis la perdirent par leurs dissensions. Un chef de clan dépossédé alla lui-même appeler les Romains. Ainsi partout succomba la grande nation gauloise, maîtresse de tout l'Occident européen, de la haute Italie même, mais divisée, tandis que Rome formait un seul et même tout, une monarchie, oligarchique d'abord, puis impériale. Ni la supériorité des armes, ni l'excellente organisation de leur légion n'auraient suffi aux Romains pour triompher de ces adversaires, si ceux-ci, au lieu de former de petites confédérations ennemies les unes des autres, avaient conservé leur unité nationale. Mais nulle part, autant qu'en Bretagne, le clan ne fut absorbant. Non-seulement il supprimait les liens nationaux, il absorbait même complétement l'individu et la famille. C'était le communisme parfait ; tous les biens étaient en commun, les enfants appartenaient au clan et ne connaissaient point leur père. Les Romains profitèrent de ces divisions pour soumettre la Bretagne, mais ils traitèrent avec le plus profond mépris leurs nouveaux sujets. Au lieu de chercher à les civiliser comme les Gaulois du continent, ils ne songèrent qu'à les accabler d'impôts et à les pressurer le plus possible. Ils mirent eux-mêmes des bornes à leurs conquêtes en bâtissant au nord des murailles contre les incursions des Pictes. Car ils sentaient bien que cette extension continue et forcée de leur empire en devenait la ruine. Dans cette île éloignée, ils n'envoyèrent que des agents du fisc et des troupes d'occupation qui ne modifièrent aucunement la population. Ce séjour leur déplaisait autant que celui de l'Hindoustan déplaît aujourd'hui aux Anglais. Ils n'y allaient que par devoir, pour faire leur service militaire ou pour s'enrichir le plus promptement possible en volant les contribuables. De tout l'ancien monde gaulois, l'archipel anglais est donc la seule partie qui n'ait été nullement romanisée.

Ainsi les peuples méditerranéens n'ont donné à l'Angleterre aucun élément nouveau, et ceci fera son originalité. Son caractère et son action, sa prédominance actuelle sur tous les peuples germains s'expliqueront par le mélange des deux éléments gaulois et germain. Bien moins mélangée que la France, qui à ces deux éléments joint les éléments araméen-basque, romain, grec, elle n'aura point l'universalité de celle-ci, ce caractère sympathique et attrayant pour tous les peuples qui se trouvent résumés, unis, dans le peuple français, tandis qu'ils sont repoussés par la morgue et la raideur britanniques ; ce génie souple et vaste, le plus vaste qui existe ; ces idées à l'expansion rapide et féconde. La grandeur de l'Angleterre ne commencera même que quand elle aura été un peu francisée par l'intermédiaire des Normands. Pas plus que les Romains, les Grecs ne modifièrent les Anglais. Ils ne formèrent aucun établissement sur ce littoral ; on n'y trouve aucun de ces noms de colonies par lesquels de tout temps les émigrés ont rappelé celui de leur métropole (ainsi Sagonte, colonie de Zacynthe ;

Rhodanousia, de Rhodes; New-York, colonie anglaise; Nouvelle-Orléans, colonie française). Le seul nom grec est celui des îles Sorlingues, *Cassitérides* (de κασσίτερος, étain). Pour les Grecs, ces insulaires étaient de redoutables sauvages; leurs historiens accusaient les Irlandais d'anthropophagie. Ce qui est le centre du monde moderne était l'extrémité du monde antique (*ultima Thule*), le pays le plus reculé et le plus barbare.

L'Irlande, toute gauloise, aurait reçu des colonies de Kymris-Belges sur sa côte orientale et de Gaulois du Portugal; mais protégée par sa situation, elle échappa aux Romains et aux Germains. Ceux-ci fondèrent seulement sur le littoral trois petits royaumes (Dublin, Waterford, Limerick). Ils ne pénétrèrent point dans l'intérieur et se gaëlisèrent bientôt. Aussi la Gaule s'est-elle conservée tout entière avec sa pureté primitive dans ce dernier refuge, malgré la conquête normande et les violences du gouvernement britannique pour anglaiser le pays de force. Une antipathie profonde sépare les deux esprits gaulois et germain. L'Irlandais ne veut ni du confort ni de la richesse. Mais il veut n'être pas exploité. Il tient beaucoup à son indépendance, à ses traditions, à ses croyances. Il a l'instinct de la famille et l'amour du passé au plus haut degré. Peu lui importe le reste du monde; il n'a jamais désiré faire aucune conquête ni commerciale ni guerrière. Il ne demande qu'à vivre au milieu de ses souvenirs, dans un fier isolement. Terre de foi vraie, sincère, et de fidélité aux croyances, l'Irlande défendit sa religion gauloise, puis embrassa avec ardeur le christianisme, et lui conserva sa forme et sa vertu première tant qu'elle eut la force de résister au despotisme malfaisant de Rome : et aujourd'hui elle est capable de soutenir la dernière le catholicisme romain quand tous l'auront abandonné. C'est l'obstination et la résistance que nous retrouvons chez nos Bretons de France; mais à notre époque les chemins de fer pénètrent en Bretagne, malgré les barricades des villageois, et y portent des idées nouvelles assez sympathiques pour conquérir ces populations. Tandis que l'Irlande est vouée à l'isolement et ne connaît ses voisins que comme oppresseurs. Tout contact avec l'étranger froisse, blesse ces âmes délicates; elles souffrent, elles les amoureuses de l'idéal, à côté du Normand calculateur et positif, d'un génie tout matériel; elles souffrent à Rome, leur cité sainte, ville de monsignors habitués à trafiquer de miracles, qui se moquent agréablement de la naïveté, de la bonne foi, de l'immense crédulité irlandaise. Alors elles se renferment dans le souvenir de ce qui n'est plus, de ce grand monde gaulois, si beau et si bon, si rempli de force morale, de générosité, de courage. De là ces tristesses infinies, cette poésie mélancolique, pleine de sensibilité et d'émotions, d'inconsolables douleurs. Poésie toute aryane, se rapprochant de celle des Védas, nommant aussi d'un nom personnel l'animal, l'objet inanimé même, croyant aussi à des transmigrations à travers une série d'existences, selon les mérites. Mais à cette idée fausse elles en joignent une autre qui est parfaitement vraie, celle de l'hérédité. Ainsi le chevalier Parceval, dont le père et les frères ont péri en accomplissant le noble devoir de chevalerie, en se dévouant à la protection des malheureux, à la défense des opprimés. Désespérée, sa mère l'entraîne au fond des campagnes solitaires dès sa plus tendre enfance, afin que rien ne lui révèle sa dangereuse vocation. Mais un jour, sur la lisière de la forêt, l'enfant voit passer deux chevaliers et part avec eux. L'âme, comme le corps, se transmet de père en fils, améliorée ou avilie selon la conduite de chacun; et c'est là l'immortalité véritable, la récompense ou le châtiment de notre vie. Ils croient aussi à la voix du sang, et s'imaginent que deux hommes inconnus l'un à l'autre, en se rencontrant doivent se reconnaître, s'ils sont de même famille, de même clan. Toutes ces croyances élevées, communes jadis à tous les Gaulois, se sont conservées en Irlande; mais depuis Cromwell elle a tant souffert, qu'elle a beaucoup oublié. Quand les républicains anglais voulurent imposer l'unité à tout l'archipel britannique, ils eurent à lutter contre l'Irlande, comme les républicains français contre la Bretagne et la Vendée. Cromwell et son lieutenant Ireton désolèrent l'Irlande; le souvenir de leurs cruautés y vit encore. Ces Gaulois, soit en France, soit en Irlande, défendaient contre la monarchie importée par les Romains en Occident le système fédéral de la Gaule, dont ils avaient conservé les dernières traces sous l'ancien régime, dans leur indépendance provinciale. Malgré tant de belles qualités, tant de vertus, l'Irlande est incomplète comme tout peuple qui n'a pas été mélangé. De là son impuissance à agir, à entrer dans la vie moderne, à briser le joug qui l'écrase. Les deux nations victimes qui souffrent le plus en Europe maintenant, c'est l'Irlande et la Pologne, toutes deux faute de mélanges. Il y a une époque dans la vie des peuples qui convient aux mélanges, où il est temps pour eux d'enrichir leur âme native de tout ce qui lui manque. Cette époque passée, ils ne peuvent plus rien s'assimiler, ils repoussent tous les éléments étrangers et se renferment dans leur isolement. Ainsi l'individu n'a qu'un âge pour ouvrir son âme à l'humanité, à l'instruction. L'exemple de l'Irlande nous montre ce qu'auraient été les autres Gaulois s'ils avaient échappé comme elle aux mélanges qui ont fécondé leur génie. Tandis que la population augmente dans le reste de l'Europe, elle décroît sans cesse, par famine ou par émigration, dans la malheureuse Irlande.

En Angleterre, l'élément germain, au contraire, a abondé et a recouvert l'élément gaulois ou kymri. Rome entraîna dans sa chute tous les peuples qu'elle avait soumis : pour s'assurer de leur obéissance, elle leur avait retiré le droit de se défendre et de repousser les envahisseurs, elle leur avait ôté les armes. Tant qu'elle eut d'excellentes légions et à leur tête des Marius, elle put détruire les derniers venus des Kymris et empêcher les Germains de passer le Rhin; elle put faire la police de l'Occident et donner aux nations la paix romaine. Mais quand il fallut, pour défendre la métropole, retirer des provinces les légionnaires, elle laissa en face de la grande invasion germaine des peuples déshabitués des armes, amollis par la servitude, désunis par caractère, qu'elle s'était attachée à diviser encore davantage afin de les mieux maîtriser. Sortis de l'Aryane, les Germains avaient suivi la trace des Gaulois et des Kymris. Une partie des Aryas avait peuplé la presqu'île orientale, l'Hindoustan ; les autres marchaient vers la presqu'île occidentale, l'Europe, plus vaste et plus découpée. Le courant occidental d'émigration ne pouvait s'arrêter qu'aux limites de l'Occident, à l'Atlantique, et c'est le même mouvement qui pousse encore aujourd'hui vers l'ouest une partie des Slaves, les derniers venus des Aryas en Europe. Les Germains avaient occupé d'abord les contrées abandonnées par les Kymris, puis ils étaient venus se presser aux frontières du monde gallo-romain, sur les bords du Rhin et de la mer du Nord. Ceux du littoral étaient devenus marins par situation ; c'étaient d'intrépides corsaires qui se laissaient porter par les tempêtes sur les rivages voisins et en rançonnaient les habitants. Quelques-uns sortis du Danemark, appartenant à la tribu des *Jutes* (Jutland) de la confédération des *Saxons* (c'est-à-dire guerriers aux couteaux de pierre) vinrent aborder à la pointe du comté de Kent. Les anciens sujets de Rome étaient restés exposés, depuis le départ de ses légions, aux incursions des montagnards septentrionaux, des Pictes, qui maintenant franchissaient impunément les murailles romaines et accouraient sans cesse piller les contrées du midi. Ces malheureux Gaulois, incapables de se défendre, habitués par les Romains à l'obéissance passive pendant quatre siècles, aussi inconséquents que les Gaulois-Éduens quand ils appelèrent César en Bourgogne, commirent la faute de demander à ces écumeurs de mer leur secours contre les Pictes. Les Pictes furent défaits, et les alliés des Bretons obtinrent en récompense un établissement dans l'île de Thanet, à l'embouchure de la Tamise. Dès lors l'Angleterre fut ouverte aux Germains. La mer du Nord, mieux appelée Océan germanique, était couverte de leurs barques longues et étroites, comme la Méditerranée l'avait été des barques grecques. Mais les Grecs avaient un génie bien supérieur à celui des Germains ; le littoral méditerranéen devint le foyer de la civilisation européenne, le littoral germanique n'eut jamais d'aussi brillantes colonies. Le Danemark, les embouchures de l'Elbe vomissaient sans cesse de nouveaux aventuriers sur l'Angleterre. En vain les Bretons reprirent courage et se défendirent énergiquement sous le commandement d'Arthur, le grand héros national ; en vain ils furent secourus par une expédition de Bretons français, ils ne purent empêcher la fondation de quatre royaumes saxons : *Kent*, avec Canterbury pour capitale ; *Sussex* (Saxe du sud) ; *Wessex* (Saxe de l'ouest ; *Essex* (Saxe de l'est), avec Londres pour capitale ; c'est-à-dire que des Jutes et des Frisons occupèrent tout le sud-est de l'Angleterre. A ceux-ci vinrent bientôt se joindre d'autres Germains du Danemark, qui ont donné leur nom au pays, les *Angles*, comme les Francs ont donné le leur à la France. C'était une tribu entière qui émigrait, attirée vers l'île occidentale par les succès que ses voisins les Jutes y avaient obtenus, entraînée vers l'ouest par la même impulsion que les Germains continentaux. Ces Angles occupèrent d'abord tout le littoral entre le golfe du Forth et celui de l'Humber, y fondèrent deux royaumes : celui de *Bernicie* au nord, et de *Deïre* au sud, réunis sous le nom commun de *North Humber land* (pays au nord de l'Humber), et refoulèrent les Bretons indépendants vers la mer d'Irlande, dans le Cumberland (*Cumbrie*). Puis la fondation du royaume d'*Est Anglie*, capitale Norwich, et de *Mercie* (*mark*, frontière), rejoignit les possessions des Saxons et compléta l'heptarchie anglo-saxonne. Ainsi les Germains étaient maîtres de tout le littoral oriental, et les Bretons ne conservaient plus que l'ouest du pays, la partie la plus éloignée de l'invasion germaine, la mieux défendue par sa situation, la presqu'île de Cornouailles (*Cornu Galliæ*, corne de la Gaule), où s'est conservé jusqu'à notre époque un idiome kymri ; la *Cambrie* (Kymri) ou pays de Galles (Gaëls), qui parle encore le kymraig ; enfin la *Cumbrie*, qui fut soumise plus tard. Ce fut une première expropriation des Gaulois. Beaucoup se réfugièrent dans le pays de Galles ; un plus grand nombre retourna dans la Gaule continentale, d'où étaient venus leurs ancêtres, si bien que l'Armorike, qui accueillit ces fugitifs, changea de nom et reçut d'eux celui de leur patrie perdue, celui de Bretagne (*Prydain*), tandis que l'île prenait de ses nouveaux possesseurs son nom actuel d'Angleterre (*England*, terre des Angles). Nom exact, puisque les Angles avaient émigré avec leurs familles et s'étaient emparés du sol des Bretons, expulsés ou exterminés. Ceux qui restèrent dans les pays occupés par les Angles furent complétement asservis. Ainsi, tandis qu'en Gaule les vainqueurs germains, après avoir pillé les vaincus, finirent par se mélanger avec eux et furent absorbés par ceux-ci, qui étaient les plus nombreux ; en Angleterre, il y eut destruction, refoulement ou asservissement des vaincus et simple juxtaposition des vainqueurs. De là la non-homogénéité du Royaume-*uni* de Grande-Bretagne, et ces haines terribles, encore vivaces, entre les oppresseurs et les opprimés. Les Germains n'ont jamais su que se faire détester des peuples conquis. Au lieu de fonder, comme les Gaulois, avec des éléments hétérogènes une nation aussi une que la France, ils n'ont constitué que des États artificiels, tels que l'Autriche, la Prusse, l'Angleterre. Ils n'ont point notre caractère cordial et sympathique, généreux et dévoué ; égoïsme, raideur, dédains, voilà ce qui leur aliène tous les cœurs.

Les populations germaines qui avaient occupé dans le Danemark les pays laissés libres par l'émigration des Jutes et des Angles, se tournaient, elles aussi, vers l'Occident, et infestaient la mer du Nord. A ces Danois se joignaient des Norvégiens appelés *Northmans* (hommes du Nord). Ils fondirent sur les Anglo-Saxons, et leur firent autant de mal que ceux-ci en avaient fait aux Bretons. Ils étaient animés d'une haine féroce contre ces renégats, qui avaient abandonné pour le christianisme la religion nationale des Germains, le culte d'Odin. Ils ravagèrent le pays, s'y établirent même et y dominèrent, mais sans y apporter d'élément nouveau ; tout au plus renforcèrent-ils l'élément germain. La conquête normande, au contraire, donna à l'Angleterre une vie nouvelle. En s'établissant en France, les Northmans avaient beaucoup gagné ; ils s'étaient trouvés au milieu d'une population civilisée par les Romains. Les habitants de la Neustrie, comme tous les sujets de Rome, étaient tombés dans la plus profonde inertie, dans l'apathie, où était plongé à l'époque de la conquête germaine l'empire romain, ruiné par le fonctionnarisme impérial. La bureaucratie, transformée en noblesse par les empereurs, dotée de riches pensions, épuisait les peuples surchargés d'impôts. Ce régime d'oppression et de misère avait fait partout le désert. Le militarisme, qui constituait au profit d'une armée recrutée surtout de Barbares le courage et le droit de se défendre en monopoles, avait énervé tous les cœurs. Mais au milieu de cette profonde déchéance, les populations romanisées conservaient les traditions de la belle civilisation gréco-latine. Surviennent, comme en Normandie, au milieu d'elles, des hommes énergiques, aussi énergiques que les Francs, mais bien plus avisés, et l'activité renaîtra, et les vainqueurs se civiliseront. Les Normands épousèrent des femmes indigènes, qui apprirent à leurs enfants la langue française. Ainsi, dès la seconde génération les Normands parlaient un français faiblement mélangé d'allemand. Ils avaient pris goût à leur conquête, ils l'administraient fort bien. Tout flibustiers qu'ils étaient, ils avaient le génie de l'ordre et de la loi. S'ils pillaient les peuples, ils n'en observaient pas moins entre eux des règles de justice très-sévères. Ils avaient aussi le génie de l'association, de la *guilde*, qu'ils ont importé en Angleterre ; ceci manquait aux Romains, qui ont établi chez nous la malheureuse idée de l'État se substituant en toutes choses aux citoyens. Ils étaient marins, tandis que les Francs étaient un peuple essentiellement continental. Ce sont eux qui ont fondé les marines française et anglaise. Grâce au bon ordre qu'ils maintenaient en Normandie, tandis que l'anarchie seigneuriale régnait dans le reste du pays, la richesse, le commerce, la population gallo-romaine affluaient chez eux. Ils se francisèrent donc beaucoup, tout en gardant leur caractère audacieux et entreprenant. Quand Guillaume le Conquérant convoqua les aventuriers du continent pour la conquête de l'Angleterre, les Normands qui y prirent part étaient plus d'à moitié Français, et les autres provinces françaises lui fournirent un nombreux contingent. Les noms des fondateurs de l'aristocratie anglaise étaient complétement français (Saint-Léger, Malebranche, Bonvilain, Colet, Beauchamp, Œil-de-Bœuf, Bigot, Musard, Durand, Jay, etc.). Ces vilains, avides et inexorables, dépouillèrent complétement les Anglais, s'arrogeant, d'après le mode féodal, la possession du sol conquis, qui est restée depuis lors concentrée dans les mains de leurs héritiers ou successeurs, les *landlords*. Le livre du jugement (*doomsday-book*) consacra cette grande et si durable expropriation d'une nation entière. Toute vengeance des vaincus contre leurs oppresseurs fut cruellement punie. Si un *Français* était tué, les habitants du canton où le meurtre avait été commis en étaient rendus solidaires, et devaient retrouver le meurtrier ou payer 47 marcs d'argent, à moins qu'ils ne parvinssent à prouver l'*anglaiserie* de la victime. Les Anglais, Gaulois, Saxons, Danois, se soumirent en général ; beaucoup pourtant, les plus braves, préférèrent l'exil en Irlande, en Danemark, en Flandre, à Constantinople (garde varangienne des empereurs d'Orient), ou allèrent dans les forêts faire une guerre de partisans sous le nom d'*outlaws*, bandits hors la loi (Robin Hood). Plus tard, la nation retrouva beaucoup d'énergie pour le commerce et les grandes entreprises maritimes, contrainte par ses maîtres à travailler, à s'enrichir et à les enrichir. Le respect de la loi, si profond en Angleterre, a été inculqué aux esprits dès l'origine même de la conquête normande. Au milieu d'une population si durement traitée, les barons avaient besoin de donner à la loi une force immense, afin de posséder en elle un inébranlable appui. Mais la loi, si elle est protectrice de la nation contre l'autorité royale, ne l'est nullement contre l'exploitation seigneuriale. Elle est toujours complice de l'oligarchie ; c'est une loi de caste, de priviléges et d'iniquité. Toutes les institutions, depuis la Grande Charte jusqu'aux plus modernes, sont oligarchiques. L'aristocratie a façonné le caractère de ces peuples à sa convenance ; elle les a asservis, mais avec intelligence, les décapitant sans cesse en ouvrant ses rangs au mérite et leur enlevant ainsi tous leurs défenseurs, ce que la noblesse française, moins bien inspirée, n'a point su faire ; les attachant à sa durée en s'instituant leur protectrice contre le despotisme royal, en leur accordant une part dans les immunités qu'elle arrachait aux souverains, les obligeant en leur prenant leur patrimoine à s'en faire un nouveau par l'industrie et le commerce. Les souffrances de la conquête française, loin d'être stériles, ont valu à l'Angleterre toute sa grandeur ; ce qu'elle est maintenant, elle le doit à cette conquête et aux persécutions, qui forcèrent ensuite les hommes les plus industrieux de la France, les protestants, à émigrer chez les peuples germains.

La langue anglaise est remarquable parce qu'elle résulte de la fusion du latin, imposé par la conquête romaine à la France et à l'Espagne, avec l'allemand, langue primitive des Germains. Avant la conquête romaine, le gaulois et le kymri étaient seuls parlés dans tout l'archipel britannique ; cette conquête ne changea rien au langage ni à la civilisation des insulaires. Mais la conquête germaine importa l'allemand dans toute la partie orientale de la Grande-Bretagne, où s'établirent les hommes d'origine germaine ; les langues gauloises se conservèrent à l'occident et au nord (Cornouailles, Galles, Écosse, Irlande). Celles-ci survécurent intactes à la conquête normande, grâce à l'isolement des peuples qui les parlaient. Il n'en fut pas de même de l'allemand, qui se modifia sous l'influence normande. Le français fut d'abord la langue de la cour, la langue officielle, et il reste aujourd'hui encore des traces de ceci dans certaines formules consacrées, telles que : *La royne le veult*, à l'ouverture des Chambres. — *La royne remercie ses bons sujets et accepte leur bénévolence*, c'est-à-dire leur argent; quand un impôt a été voté. — *La royne avisera*, quand on lui demande quelque chose. — *Dieu et mon droit*. — *Honny soit qui mal y pense*, devise de l'ordre de la Jarretière (1). C'est comme le latin conservé dans la liturgie catholique en souvenir de notre ancienne sujétion à l'empire romain. Les rois d'origine normande, les héritiers de Guillaume le Conquérant ne comprenaient pas un mot d'allemand. Leurs sujets, au contraire, étaient obligés, pour plaider leurs affaires, pour obtenir des charges, des fonctions publiques et les exercer, d'apprendre le français. Il y eut un compromis entre les deux langues : le français se germanisa, changea complétement d'accent et de génie, prit un tiers de mots allemands. Ainsi fut créée une langue nouvelle en même temps qu'une nation nouvelle. Les États-Unis parlent un anglais diversement altéré, selon l'origine des émigrés d'Europe qui habitent chaque contrée (Scandinaves, Allemands, Hollandais, Français, Espagnols). La langue littéraire des Américains se rapproche le plus possible de l'anglais classique.

Comme il y a eu dans l'archipel britannique destruction sur certains points de la population primitive, juxtaposition sur d'autres de deux populations, l'une gauloise, l'autre germaine, qui sont restées isolées, les types se sont conservés plus distincts qu'en France, où il y a eu généralement fusion. La figure osseuse, à saillies bien accusées; la taille élevée, élancée; les membres longs, grêles; les cheveux peu foncés, blonds, roux; les yeux gris des conquérants, font contraste avec la taille moins élevée, les figures à reliefs peu accentués, le regard doux et soumis, les petites mains et les petits pieds que l'on peut observer chez les descendants des vaincus. Aux États-Unis quelques mélanges ont eu lieu avec les indigènes, et ont formé certains types nouveaux dont il n'est point permis d'attribuer l'existence à un effet mystérieux d'habitation dans les mêmes lieux sans aucun mélange, comme on a voulu le faire.

GUSTAVE FLOURENS.

(1) La noblesse tient encore, par vanité, à rappeler son origine française : de là ces inscriptions lapidaires, dans notre langue, sur des tombes anglaises. Malheureusement les marbriers n'ont pas suffisamment étudié. Ainsi tout le monde peut voir à Westminster l'inscription suivante : *Un roi, un foi, un loi.*

SCIENCES APPLIQUÉES.

CONFÉRENCE DE M. L'ABBÉ MOIGNO.

(SALLE DE LA SOCIÉTÉ D'ENCOURAGEMENT, 44, RUE BONAPARTE.)

Revue orale mensuelle du progrès.

Appareil d'éclairage par la lumière électrique, de M. Serrin. — Aérolithes du 14 mai. — Théorie de la voix humaine, et larynx artificiel de M. le docteur Fournié. — Pneumonoscope de M. le docteur Collongues. — Stéthoscope de M. Kœnig. — Cornet acoustique de M. Communal. — Le magnésium et sa lumière. — Allumeur électrique du gaz de M. Cornelius. — Gazo-lampe Mille. — Gaz d'éclairage engendré des essences de pétrole. — Siphon lumineux de M. Subra. — Appareil amplificateur des épreuves photographiques de M. van Monckhoven. — Bijoux photo-microscopiques de Dagron. — — Photo-électro-sculpture, arts réunis, de MM. Willème, Lenoir, Christofle. — Télégraphe imprimant de M. Hughes.

M. l'abbé Moigno avait annoncé dans son programme que ses conférences auraient lieu à la lumière électrique installée en permanence dans la salle. Le savant professeur donne de courtes explications à ce sujet.

L'appareil destiné à l'éclairage de la salle est installé.

M. Serrin, l'inventeur de cet appareil, est là, prêt à le faire fonctionner; toutefois, au grand regret du savant professeur, il faudra se contenter aujourd'hui de quelques expériences. La lumière qui se dégage des pointes de charbon est si vive, qu'il y aurait trop de fatigue pour les yeux de ses auditeurs, si on la laissait briller pendant toute la durée de la conférence. Dans les prochaines séances, elle sera enfermée dans des verres dépolis, et alors elle deviendra d'autant plus agréable qu'elle ne dégage aucune chaleur, et qu'elle permettra de laisser les fenêtres ouvertes.

M. Moigno, après ces préliminaires, aborde son programme. L'événement principal du mois qui vient de s'écouler, dit-il, a été la chute d'aérolithes, ou pierres tombées du ciel. Le 14 mai dernier, vers neuf heures du soir, un bolide est apparu dans l'air. Ce bolide semblait au regard avoir à peu près le diamètre de la lune, mais sa lumière était tellement éblouissante, qu'il a été aperçu, non-seulement dans le Midi, mais à Gisors par M. Brongniart. En traversant l'air, il laissait derrière lui une traînée lumineuse; puis à un moment donné, il a éclaté, et une quantité assez considérable de pierres sont tombées dans les environs d'Orgueil, dans le département de Tarn-et-Garonne. Voici une de ces pierres, que je suis bien heureux de pouvoir vous montrer; elle est tombée dans le jardin de M. le curé de Campmas, qui l'a envoyée à Paris. Elle est tout à fait extraordinaire. On n'en a pas encore vu de semblable, mais elle a bien cependant tous les caractères d'un aérolithe. Très-friable, parce que le bolide d'où elle provient a pris feu dans l'air, elle renferme une quantité considérable de charbon à l'état de graphite, 5 pour 100 de chlorures divers, du chlorhydrate d'ammoniaque, et par conséquent de l'azote. Ces pierres tombées du ciel sont pour nous un grand enseignement. Elles nous accusent ce qui se passe dans les régions d'où elles viennent, régions qui sont très-éloignées de nous, et qu'à vrai dire, nous ne connaissons pas; elles nous montrent qu'il n'y a pas seulement là du fer, du nickel, mais du charbon ou graphite, mais de l'azote, mais presque toutes les substances que nous trouvons à la surface de la terre.

En voici une seconde, également très-curieuse, mais très-différente : c'est celle qui est tombée à Tourine-la-Grosse, à deux lieues de Louvain, le 7 décembre dernier.

En voilà une troisième qui vous étonnera bien davantage. Elle a fait partie d'une masse énorme trouvée dans la vallée de Mexico, et qui n'est autre chose qu'un véritable monceau de fer météorique. Nous savons seulement qu'elle était tombée du ciel avant 1754. Enfin, je puis vous en présenter un quatrième échantillon; et quand ces quatre aérolithes, qui m'ont été généreusement prêtés par M. Seemann, auront passé sous vos yeux, vous aurez vu tout ce qu'on peut voir en ce genre.

Une particularité qu'il faut noter quand on parle des aérolithes, c'est que ces corps prennent feu en traversant l'atmosphère de la terre avec une vitesse considérable. J'aurai à parler souvent, dans la suite de ces leçons, des découvertes de la science moderne, relativement à la transformation de la force mécanique en chaleur; eh bien, les bolides, en prenant feu dans leur passage à travers l'atmosphère, fournissent une des meilleures preuves qu'on puisse donner de la réalité de ce phénomène.

Je n'insiste pas davantage sur ce point; je désire seulement que vous constatiez que l'aérolithe du 14 mai a figuré à notre première conférence. Maintenant, nous allons passer à une partie de la physique bien différente, et nous occuper d'acoustique.

M. l'abbé Moigno passe successivement en revue quelques instruments d'acoustique médicale remarquables à divers titres. C'est le larynx artificiel de M. le docteur Édouard Fournié, le pneumonoscope de M. le docteur Collongues, le cornet acoustique de M. Communal. Celui de ces instruments qui nous a paru le plus intéressant, parce qu'il nous a semblé le plus vraiment utile, c'est le stéthoscope de M. Kœnig. Le stéthoscope est un appareil dont les médecins se servent pour ausculter la poitrine, et y discerner les bruits qui s'y produisent. Celui qu'on emploie d'ordinaire est tout simplement un petit cercle de bois creux. M. le docteur Hiffelsheim, désirant un appareil plus parfait, s'est adressé à M. Kœnig, et celui-ci a été assez heureux pour résoudre sur-le-champ le problème qui lui était posé. Il a fait un stéthoscope très-simple. C'est une petite calotte de cuivre dans laquelle il y a deux membranes de caoutchouc unies à leur circonférence, et dont on fait, en introduisant de l'air entre elles, une sorte de lentille.

Cette lentille, ainsi insufflée d'air, devient un excellent appareil d'acoustique pour tous les bruits de la poitrine et du cœur. A la partie supérieure de la calotte de cuivre est adapté un tube, qui peut avoir jusqu'à 2 et 3 mètres de long. En appliquant cet appareil sur l'organe qu'on veut ausculter, on entend directement tous les bruits qui s'y produisent, lorsqu'on porte à son oreille l'extrémité du tube.

J'ai (nous rendons la parole à M. l'abbé Moigno) donné hier à M. Kœnig une idée qu'il a immédiatement réalisée, et que je puis vous montrer à l'état d'appareil. J'ai dit à M. Kœnig : Sur votre petite calotte sphérique mettez, non plus un tube, mais quatre, mais cinq tubes, et quatre, cinq personnes pourront entendre en même temps les battements du cœur d'un malade, et les entendre même à une grande distance. Cette découverte a une véritable importance. Il faut avoir été à l'hôpital pour savoir quels sont les tourments des pauvres malades qu'une quinzaine d'élèves viennent souvent ausculter les uns après les autres.

C'est vraiment quelque chose d'affligeant. Eh bien, l'instrument que je vous présente rend cette opération inoffensive. C'est donc, au point de vue de l'humanité, une découverte très-heureuse.

J'ai à vous parler maintenant, continue le savant professeur, du magnésium et de sa lumière éblouissante.

On a découvert, il y a quelques années, un métal que tout le monde connaît aujourd'hui, l'aluminium. Ce qui caractérise l'aluminium, c'est d'abord sa légèreté, c'est ensuite qu'il est inattaquable par les acides, mais c'est aussi sa sonorité. Voici une petite clochette, la première qui ait été faite avec ce métal : elle rend un son, comme vous l'entendez, assez remarquable; l'aluminium est donc un métal sonore. Il manifeste chaque jour des propriétés nouvelles, et qui le rendent extrêmement utile. L'alliage de l'aluminium et du cuivre forme un métal très-précieux, très-dur, qui déjà a rendu de grands services à l'industrie. On pourrait dire assez justement que c'est du similor, car il a tout à fait la couleur de l'or. Lorsque le bronze d'aluminium renferme 90 pour 100 de cuivre, et 10 pour 100 d'aluminium, il acquiert toutes les propriétés des métaux les plus résistants.

Voici un canon de pistolet de bronze d'aluminium, que M. Christofle fils a eu l'obligeance de me prêter. Son père a obtenu il y a trois ans, de Sa Majesté l'empereur, l'autorisation de construire à ses frais un canon de 4 avec cette matière. Ce canon, depuis cette époque, est tiré chaque jour. On a résolu de le tirer jusqu'à ce qu'il éclate, ou qu'il n'en reste plus rien. Eh bien! il est encore intact, et tel qu'il était le premier jour.

Mais l'attention s'est portée depuis sur un autre métal, qui a aussi de merveilleuses propriétés, et qu'on pourrait appeler un métal lumineux : c'est le magnésium. Découvert depuis longtemps déjà, on ne l'avait obtenu jusqu'ici qu'en petites quantités, et il est resté pendant près de quarante ans à l'état de métal rare. Aujourd'hui, il tend à prendre son essor.

La magnésie est une terre comme l'alumine ; vous connaissez tous cette poudre blanche qui entre dans la combinaison de plusieurs sels employés généralement comme purgatifs.

De cette magnésie, on extrait un métal qu'on appelle magnésium, et qui ressemble par la couleur à l'aluminium. Si celui-ci est extrêmement léger, le magnésium l'est encore plus. En voici un morceau, le plus beau qui existe en France, et que je dois à l'obligeance de MM. Rousseau frères. Ce métal a beaucoup de propriétés. S'il était moins rare et moins cher, il ferait pour les navires d'excellentes cuirasses, complétement inaltérables à la mer. Heureusement, on peut espérer qu'il deviendra beaucoup plus commun, car la magnésie est très-abondante. Nous avons en France un calcaire magnésien; il y a en Grèce de la magnésie presque pure; surtout, il y a dans la mer des quantités énormes de magnésie. On a calculé qu'il y en avait de quoi faire une montagne cubique de 18 à 20 kilomètres de côté.

La qualité la plus curieuse du magnésium, c'est qu'il est extrêmement lumineux.

J'ai eu le bonheur de recevoir de Manchester, pour cette séance, un fil de magnésium. Il m'a été envoyé dans une lettre, et sa légèreté est si grande, que cette lettre n'en a pas reçu de surtaxe. C'est le premier fil de magnésium qui soit arrivé à Paris. Il a 2 millimètres de diamètre. Nous allons l'allumer avec une lampe à alcool. La lumière qu'elle donne a presque, vous le voyez, la vivacité de la lumière électrique. C'est une fraction de la lumière solaire, une partie aliquote, et c'est beaucoup. Si l'on allume un fil de magnésium, et que l'on se place à une distance assez grande pour que l'irradiation donne à cette flamme le volume apparent du soleil, on reconnaît que cette lumière est un cinq-centième à peu près de la lumière solaire; mais si on la compare à la lumière solaire sous un autre rapport, non plus sous le rapport éclairant, mais sous le rapport de l'action chimique, on trouve qu'elle s'en rapproche beaucoup plus.

Vous savez que, dans un faisceau lumineux, il y a trois sortes de rayons : les rayons calorifiques, ceux qui avoisinent le rouge; les rayons lumineux, ceux qui comprennent l'orangé, le jaune et le vert; enfin les rayons chimiques, ceux qui sont du côté du violet. Ainsi le spectre se partage en trois parties distinctes : la partie calorifique, la partie lumineuse et la partie chimique. La partie calorifique se mesure au moyen du thermomètre. Si vous faites l'expérience, vous verrez que le rayon rouge est le plus chaud de tous les rayons visibles, et qu'un peu à sa gauche, dans le spectre, il y a des rayons que nous ne voyons pas, mais qui sont vus par le thermomètre, et qui sont encore plus chauds : de façon que le maximum de chaleur du spectre se trouve au delà du rayon rouge, dans les rayons invisibles. La partie lumineuse du spectre, c'est le jaune et l'orangé. C'est l'œil qui, jouissant du pouvoir d'être impressionnable à la lumière, nous en donne la preuve. Du côté du violet, il y a des rayons moins chauds, moins lumineux, mais plus actifs au point de vue chimique ou photogénique : les dames qui ont fait faire leur portrait savent bien qu'une robe de couleur violette produit un effet beaucoup plus considérable que tout le reste de leur ajustement. Eh bien, on trouve, au point de vue chimique, que la lumière du magnésium est le trente-sixième de la lumière solaire. Nous voilà en possession aujourd'hui, par un moyen très-simple, d'une lumière qui est seulement trente-six fois moins photogénique que la lumière solaire, d'une lumière éminemment propre aux usages photographiques. On a déjà fait l'essai de cette lumière; en plaçant la personne dont on voulait reproduire les traits à 1 ou 2 mètres d'un fil de magnésium enflammé, on a pu faire des portraits photographiques. J'aurais voulu, pour la commodité de nos expériences, que ce fil fût monté sur une petite bobine se déroulant mécaniquement, de manière que la pointe du fil restât dans la flamme de l'alcool. Pour éclairer une lunette de nuit, ce serait là un instrument extrêmement précieux. Qu'est-ce que j'appelle une lunette de nuit? Ce serait une lunette à deux corps. Un des corps serait une lunette ordinaire, et l'autre un appareil d'optique qui projetterait à l'infini un faisceau de rayons parallèles. Quand je braquerais ma lunette la nuit, j'aurais au foyer du second corps de ma lunette du magnésium que j'allumerais; il donnerait un faisceau de rayons brillants que mon appareil rendrait parallèles, et qui iraient se projeter à une très-grande distance, et éclairer les points que je voudrais voir. Ainsi, à un moment donné, je projetterais à une distance d'une ou deux lieues un faisceau de rayon lumineux sur un navire, et je verrais ce qui s'y passe. En un mot, j'éclairerais à toute distance ce que je voudrais voir, et je regarderais sans être vu ce que j'aurais éclairé. C'est le nouveau et important problème dont le magnésium va rendre la solution très-facile.

Le prix de ce métal est encore assez élevé. M. Rousseau m'a dit qu'il pouvait le livrer au commerce au prix de 1000 francs le kilogramme, mais il est évident qu'on arrivera bientôt à le produire à meilleur compte. N'importe, dût-il continuer à coûter 1000 francs le kilogramme, qu'on pourrait encore en tirer parti; car, d'un kilogramme de magnésium, il y a de véritables torrents de lumière à faire jaillir. Le problème est déjà à peu près résolu. On m'affirme qu'en Angleterre, on a un mètre de fil de magnésium pour 60 centimes. Voilà donc une conquête nouvelle scientifique.

Après avoir consacré quelques instants à l'allumeur électrique des becs de gaz de M. Cornelius (de Philadelphie), fort joli instrument qui, en Amérique, est déjà très en usage, M. l'abbé Moigno passe à l'examen d'une découverte tout autrement importante.

J'ai à vous entretenir maintenant, dit-il, d'une invention très-nouvelle, originale, et que je crois riche du plus grand avenir. Vous savez tous ce que c'est que le pétrole. C'est une espèce d'huile minérale que l'on trouve en quantités considérables dans le Canada, en Pensylvanie, dans la mer Caspienne, etc.; dans le Japon, on trouve de véritables gouffres qui en sont remplis, et dont on n'a pas encore déterminé la profondeur.

Les huiles de pétrole dont on se sert pour l'éclairage ont besoin d'être clarifiées et distillées. Avant qu'on puisse en faire usage, il faut qu'on les débarrasse de ce qu'on appelle l'essence de pétrole.

Cette essence, dont il faut débarrasser l'huile de pétrole avant de s'en servir, si l'on veut qu'elle ne soit pas dangereuse dans l'emploi, et éviter de très-graves accidents, ne contient aucune matière grasse dont on puisse tirer parti dans l'industrie, et elle n'aurait pas d'emploi, si l'on n'avait trouvé le moyen de l'utiliser dans la peinture, en remplacement de l'essence de térébenthine que la guerre d'Amérique a rendue excessivement chère.

Cette essence de pétrole, M. Mille en a tiré un parti admirable. Il a déjà réalisé deux appareils que je vais décrire tour à tour, un appareil portatif et un appareil fixe, grâce auxquels elle trouve son emploi de la manière la plus utile.

Voici un petit récipient métallique que vous pouvez renverser sens dessus dessous sans en rien faire tomber. Vous auriez beau approcher une allumette de tous ces robinets, vous n'obtiendriez aucune apparence de feu. Il n'y a rien dans l'appareil. Nous allons y verser un peu de cette essence de pétrole, un décilitre, un centilitre même, et notre récipient est chargé.

Si maintenant nous laissons l'air y entrer, et que nous approchions une allumette des robinets, un jet de flamme s'échappe de chacun d'eux. Il est devenu une source de lumière, un véritable gaz en jaillit, et cela d'une manière tout à fait inoffensive, sans qu'aucune explosion soit possible.

Ce gaz, vous pourrez le conduire partout; vous le mènerez très-facilement à 100 mètres de distance. On pourrait, sur une terrasse de l'Observatoire, avoir un appareil comme celui-là, qui distribuerait du gaz dans tout l'établissement.

L'air entre dans l'appareil par le fait même de sa pression, de sa simple diffusion; nous ne l'aidons en rien. Il traverse une éponge chargée de pétrole; il prend la vapeur de pétrole deux fois plus lourde que lui. Ce mélange d'air et de vapeur de pétrole tombe, et tombe si bien, qu'on essayerait vainement d'allumer en haut. La vapeur ne tend pas à monter, mais à descendre; l'air sert lui-même d'obturateur. Voilà donc un appareil qui peut être employé à mille usages, à éclairer les voitures des chemins de fer par exemple. Ce qui se produit dans cet appareil est extrêmement simple. L'air, en y pénétrant, devient le plus beau des gaz, plus beau que le gaz d'éclairage ordinaire.

. . . .

Dans mon petit ermitage de Saint-Germain des Prés, sur le toit de la petite maison que je dois à mes fonctions d'occuper, un petit appareil Mille est installé; et cet appareil m'a donné au-dessus de mon bureau un gaz magnifique.

Nous avons établi ici un de nos appareils, et M. Mille va avoir la bonté d'allumer les becs de ce candélabre: il n'y a aucune espèce de danger à craindre. Nous aurions pu amener le gaz dans tous ces lustres. Eh bien, à ce petit appareil qui donne une telle provision de gaz, nous ne touchons pas; il n'y a ni gazomètre, ni ventilateur, absolument rien. Supposez maintenant que le numéro de chaque maison soit éclairé par un bec semblable, quelle ville pourrait avoir un plus magnifique éclairage! M. Mille est un simple ouvrier; je l'ai entouré d'autant d'affection que j'ai pu, jusqu'à ce qu'il soit arrivé à rendre son invention pratique. Du reste, tout est prêt maintenant. Le conseil municipal de salubrité a donné son approbation. Cette source de gaz va servir non-seulement à l'éclairage, mais au chauffage, et dans les cours des maisons on pourra avoir des appareils qui distribueront le gaz dans les cuisines.

Je passe maintenant à une autre invention, aussi originale, aussi neuve, qui est due à un professeur de mathématiques, M. Subra.

M. Subra a eu une idée qui est en bon train de faire son chemin dans le monde. Jusqu'ici, dans l'éclairage au gaz, on faisait arriver le gaz par le fond de l'appareil. M. Subra l'y fait arriver par en haut; il en résulte que la flamme est tout entière renfermée dans le verre. C'est ce qu'il appelle le siphon lumineux, ou le bec à flamme renversée. La flamme étant renfermée entièrement dans le verre, il n'y a plus aucune espèce de danger.

Vous savez les accidents qu'occasionnent les rampes ordinaires des théâtres. Le gaz, arrivé par le fond des becs, brûle au dehors; si une robe s'approchait du bec, elle prenait feu. Grâce au siphon lumineux de M. Subra, ces accidents sont devenus tout à fait impossibles. Déjà la moitié de la rampe de l'Opéra est éclairée par le siphon lumineux, l'autre moitié est restée ce qu'elle était autrefois. Voici ce qu'on y a gagné. D'abord la flamme est tout à fait inoffensive. En second lieu, en raison des dangers que présentait l'ancien système, on était obligé de descendre la lumière au-dessous de la scène, et de la renvoyer par des réflecteurs. Avec le système de M. Subra, vous pouvez laisser les becs à la hauteur de la scène; on n'a plus besoin de réflecteurs, et l'on a remarqué que l'éclairage de la rampe ancienne faisait ombre par rapport à la rampe nouvelle. Voici donc que le problème si difficile de l'éclairage des théâtres est résolu tout d'un coup d'une manière inespérée, et si bien résolu, que trois ou quatre rampes de théâtre, d'après le système Subra, sont commandées pour Paris, pour Saint-Pétersbourg, pour Londres, pour Lorient, etc., et que dans l'espace d'un ou deux mois l'invention de M. Subra a rempli le monde, tant elle semble originale et utile.

Il y a plus encore. Dans un mois, je vous ferai voir des globes destinés à être fixés au plafond. Dans ces globes, la flamme descendra par le fond, et répandra une lumière qui ne sera plus empêchée par la masse métallique des appareils, et en même temps tous les produits de la combustion, emportés par des tubes, iront à la cheminée, et de la cheminée au dehors.

M. l'abbé Moigno s'occupe ensuite de l'appareil amplificateur des épreuves photographiques de M. van Monckhoven, des bijoux photo-microscopiques de M. Dagron, etc. Il explique avec cette lucidité parfaite qui est le propre de son talent, les procédés employés par les inventeurs pour obtenir ces infiniment grands et ces infiniment petits de la photographie, et enfin il aborde, en terminant, l'examen d'une des plus étonnantes industries que notre époque ait vues naître, la photosculpture.

Toutes ces statuettes, dit-il, les unes de plâtre, les autres de biscuit, celles-ci de cuivre pur, mais qui ont reçu une teinte de bronze, tous ces objets ont été faits sans le concours de la main de l'homme.

Tout cela a été le travail des agents physiques dont nous avons tant parlé ce soir, de la lumière et de l'électricité. Il y a là le concours de trois grands arts, la photosculpture de M. Willème, la galvanoplastie en ronde bosse de M. Lenoir, et le travail galvanoplastique de MM. Christofle et Bouquet. Je prends ce buste, qui est celui de M. de la Rochefoucauld. Je suppose que je parvienne à faire passer par l'axe de ce buste un assez grand nombre de plans pour le couper en tranches assez minces. Ces tranches séparées ne représenteraient plus rien, mais en les réunissant, je pourrais reconstruire le buste. Il serait impossible de couper ainsi un buste. Ce travail, nous le demandons à la photographie. Il y a sur le boulevard de l'Étoile un établissement très-curieux, que je vous engage à visiter. C'est celui de M. Willème. Là vous arrivez; vous vous placez debout sur une estrade, au centre d'une rotonde, et quand vous êtes debout et immobile, il y a dix-huit objectifs braqués sur vous, et qui prennent en même temps de vous dix-huit profils différents. On a, sur un de ces piédestaux dont se servent les statuaires, une masse de terre. Cette masse de terre, elle va être parcourue par la pointe d'un pantographe, en même temps que l'autre pointe suivra les contours ainsi que les limites d'ombre et de lumière des dix-huit photographies. Vous comprenez que la première pointe détache la terre de manière à produire une silhouette conforme, quoique agrandie, à celle que dessine la seconde sur la photographie. On reproduit cette opération pour les autres profils dans l'ordre dans lequel ils se succèdent; il en résulte que lorsque le travail est achevé, au bout de quelques heures, la terre a été tellement dégrossie, qu'on dirait que ce travail a été fait par la main d'un véritable statuaire, et qu'on a une représentation exacte de la personne photographiée. Quand on a obtenu la statuette en terre, il n'y a rien de si facile que de la mouler. Ce buste en plâtre que vous voyez est le produit de la photosculpture.

Maintenant, si j'avais fait agir directement la pointe pantographique sur un bloc de pâte de porcelaine, et qu'ayant obtenu une statuette, je l'eusse fait cuire, j'aurais obtenu un biscuit. En voici un. Cette statuette, qui est un objet d'art assez remarquable, est encore une œuvre automatique.

La photosculpture, il ne faut pas que j'exagère rien, ne donnerait pas une statuette complétement achevée, mais elle donnerait une statuette aussi parfaite que celle qui sort des mains du praticien. Eh bien, quand le praticien a ébauché la statue, il faut que le statuaire adoucisse les angles; de même, quand la photographie a fait son travail, il y a encore quelque chose à faire, mais ce n'était presque rien.

Veut-on maintenant avoir une statuette de bronze, de telle sorte que la main n'y ait aucune part? On y réussit parfaitement avec la galvanoplastie en ronde bosse de M. Lenoir, et je vais vous dire le secret de cette belle industrie.

Il s'agit donc de reproduire une statuette. Cette statuette, pour la reproduire, on la moule; mais si l'on s'était contenté d'un simple moule, on n'aurait pu obtenir la ronde bosse, il y aurait beaucoup de parties qui auraient fait entièrement défaut; et dans la statue, quand on l'aurait retirée du moule, on trouverait plus de creux que de pleins. Qu'a-t-il fallu faire? Vous savez quel est le phénomène qui sert de base à la galvanoplastie. C'est du cuivre qui, sous l'action de la pile, va se déposer par atomes sur un autre métal. Pour forcer le cuivre à remplir jusqu'au sommet de la tête, et à descendre jusqu'à l'extrémité des pieds, il a fallu faire au sein du moule une espèce de carcasse de fil de platine, une sorte de squelette reproduisant assez parfaitement la statue elle-même.

Quand on a garni l'intérieur d'un moule avec ce squelette de platine, on le referme; une fois refermé, on le met tout simplement dans un bain de sulfate de cuivre. On le met en communication avec les deux pôles de la pile, et sans que l'on y touche, le cuivre qui résulte de la décomposition du sulfate sous l'action électrique va se déposer peu à peu, et avec une assez grande rapidité, dans tous les sens, au sein du moule, de manière à le remplir; si bien que, lorsque vous ouvrez le moule, vous y trouvez une statuette telle que vous la voyez ici.

Ça été un problème très-considérable que d'arriver à faire, non-seulement des surfaces pleines, mais des rondes bosses par la galvanoplastie. On obtenait bien des rondes bosses, mais le cuivre était beaucoup trop mince. M. Christofle, qui était, lui aussi, un concurrent très-sérieux pour le prix Napoléon, est arrivé à donner à ses œuvres galvanoplastiques toute la force désirable, et à en faire un métal comparable au bronze.

Quand on a obtenu ce cuivre rouge, qui est absolument pur, on lui donne les plus beaux tons possibles, et on le transforme à son gré, tantôt en bronze florentin, tantôt en bronze vert antique: rien n'est plus facile que de donner toutes les patines possibles au cuivre rouge.

Enfin, avant de clore la séance, M. l'abbé Moigno entre dans quelques détails sur le télégraphe Hughes, instrument d'invention américaine, qui imprime deux cents lettres à la minute, et qui est peut-être, dit le savant professeur, le chef-d'œuvre de la télégraphie. — L. Danicourt.

CHRONIQUE.

Aujourd'hui paraît en brochure, à la librairie Germer Baillière, l'éloquente conférence de M. Joly *sur la génération spontanée*, que son étendue ne nous permettait pas de publier dans un seul numéro, et que nous n'avons pas voulu scinder.

Cette séance restera, nous osons l'affirmer, le plus grand événement scientifique de 1864. Tous ceux qui y assistaient en sont sortis avec une conviction complète; tous les gens de bonne foi qui liront la brochure deviendront forcément hétérogénistes. M. Joly a reçu déjà un grand nombre de lettres d'adhésion signées de noms recommandables, et nous connaissons, pour notre part, trois médecins fort distingués que la conférence du savant professeur a convertis à l'hétérogénie.

MM. Pouchet, Joly, Musset, sont dignement vengés des procédés étranges de la commission de l'Institut.

Nous donnons ci-après le résumé et les conclusions de la conférence de M. Joly.

Odysse-Barot.

Conclusions.

Je crois avoir répondu, au nom de mes amis et au mien, à toutes les objections, et réfuté les principales expériences de M. Pasteur.

Nous avons prouvé, je pense, que ni l'air, ni l'eau, ni le corps putrescible employés dans les infusions, ne pouvant renfermer les germes des *microphytes* ou des *microzoaires* qu'on y voit apparaître, il faut nécessairement en conclure que ces productions doivent leur origine à la génération hétérogène.

A. L'air n'est pas le véhicule de ces germes prétendus :

1° Puisqu'on ne saurait nous les montrer; 2° puisque ni le coton-poudre, collecteur de notre habile antagoniste, ni l'aéroscope de M. Pouchet, ni les plaques de verre glycérinées, ne sauraient les mettre en évidence; 3° puisque l'air ordinaire peut être remplacé par de l'air artificiel, par de l'oxygène pur (*expériences de Pouchet et de Mantegazza*), ou par de l'air chauffé à blanc.

B. Ce n'est pas l'eau non plus qui charrie ces germes maudits, car nous croyons, nous, pour l'avoir expérimenté cent fois et davantage, que l'eau soumise à l'ébullition ne renferme plus un seul être vivant, que tous périssent à cette température.

D'ailleurs, à cette eau qui a bouilli on peut substituer de l'eau obtenue par la combinaison directe des deux gaz (oxygène et hydrogène) qui les constituent, et la vie y apparaît comme dans l'eau ordinaire. Mantegazza et Pouchet l'ont démontré.

C. Enfin, les germes dont il s'agit ne peuvent pas non plus se glisser, à la manière des souris de Van Helmont, dans la substance organique employée, puisque nous supposons que cette substance a subi l'action d'une température de 100 à 150 degrés centigrades, et quelquefois davantage.

La conclusion est facile à tirer.

Mais, nous ne saurions trop le répéter, ces sortes d'expériences faites *in vitro et ampulla*, c'est-à-dire dans des ballons exactement fermés, mettent à la libre manifestation de la vie des obstacles que nous avons plusieurs fois signalés, bien que tout récemment encore notre adversaire nous ait reproché de n'avoir pas eu « la *perspicacité* » nécessaire pour les apercevoir. S'il veut avoir la preuve irrécusable du contraire, nous le renverrons aux deux ouvrages de M. Pouchet sur l'hétérogénie, à la thèse de M. Musset sur le même sujet (p. 13), à mon *Examen critique* précédemment cité, enfin à la communication que nous avons faite ces jours derniers à l'Institut (*Séance du 13 juin 1864*).

Nous avons dit plus d'une fois, et nous répétons encore, puisqu'on nous y oblige, que la question des générations spontanées est, avant tout, une question de physiologie, de micrographie aérienne et d'embryogénie microscopique.

Or, pour étudier la vie, la physiologie, science de la vie par excellence, ne commence pas par l'entraver, par la mettre au supplice.

Voilà justement pourquoi, après l'avoir soumise, pour l'acquit de notre conscience, aux terribles épreuves que vous savez, nous avons voulu enfin la voir s'épanouir à l'aise, et l'observer d'abord à son berceau, puis dans sa libre et merveilleuse fécondité.

Nous avons vu les proto-organismes, soit animaux, soit végétaux, se former au sein d'une *pellicule proligère*, formée elle-même aux dépens de la matière organique ou hémi organisée.

Toujours et *partout*, quand les conditions de la vie se trouvent réunies, et quelle que fût la substance organique employée, nous avons vu naître d'abord des *bactéries*, des monades ou des spores de levûre et de mucédinées. Les monadaires ont apparu ensuite, prenant naissance dans la membrane formée par les débris des *bactéries*. Puis les *infusoires ciliés* se sont montrés à leur tour, et la vie s'est arrêtée là.

Nulle part, pas plus à Paris qu'à Toulouse, pas plus à Rouen que sur les glaciers de la Maladetta, notre aéroscope n'a recueilli ces germes fantastiques, qui, vous dit-on, voyagent dans l'air, ou du moins nous ne les avons observés que si rarement, et dans des proportions tellement minimes, qu'il nous paraît impossible de leur attribuer l'étonnante fécondité de toutes nos infusions.

Donc ces germes n'existent pas; donc la panspermie est *une chimère*, la semi-panspermie un *faux-fuyant;* l'hétérogénie, à nos yeux du moins, une réalité.

Notre réponse aux attaques dirigées contre l'hétérogénie.

Malheureusement, messieurs, l'hétérogénie a beau se montrer pressante. En vain, elle oppose ses conclusions, logiquement déduites, aux conclusions de ses antagonistes, ses expériences à leurs expériences. Les noms illustres des Buffon, des Pallas, des Lamarck, des Carus, des Humboldt, des Richard Owen, des Nees von Esenbeck, des Schaafhausen, des Jeffries Wyman, des Mantegazza, des Pouchet, ne suffisent point, je ne dirai pas pour la faire accueillir avec bienveillance par certains esprits prévenus, mais simplement pour la mettre à l'abri de l'injure, de la calomnie, des accusations les plus graves et les plus mal fondées.

C'est une *monstruosité philosophique*, s'écriait l'an dernier un philosophe que je ne veux pas nommer.

S'il fallait en croire un orateur, sans contredit très-éloquent, mais évidemment très-peu instruit de la doctrine qu'il condamne, les hétérogénistes seraient des *fils du* XVIIIe *siècle égarés dans le* XIXe : leur théorie est une *théorie malsaine*, et, pour l'établir, il a *fallu que l'impiété se fît naturaliste.*

Ils étaient donc impies les saint Augustin, les saint Jean, les saint Jérôme, etc., qui croyaient, comme nous, aux générations spontanées?

Il faut donc ranger au nombre des ignorants et des athées ce haut dignitaire de l'Église, qui, en sa qualité de président du dernier congrès scientifique tenu à Bordeaux, adressait au plus jeune d'entre nous (M. Musset) de chaleureuses félicitations sur la manière distinguée dont il avait soutenu, devant l'assemblée, une thèse dont lui, cardinal archevêque, avait le bon esprit de ne pas être le moins du monde scandalisé.

Ah! plût à Dieu que l'impiété se fît naturaliste! car alors elle ne serait plus l'impiété.

Le philosophe Diderot, dont certainement le témoignage ici n'est pas suspect, le philosophe Diderot ne demandait, pour convaincre un athée, que les ailes d'un papillon, et « je pourrais, disait-il, l'écraser du poids de l'univers. »

Plût à Dieu que la théologie elle-même se fît naturaliste! car alors elle puiserait, dans l'étude attentive et réfléchie de la nature, des arguments et des moyens de conviction qu'elle ignore ou dont elle méconnaît la puissance.

Lucilio Vanini, accusé d'athéisme devant le parlement de Toulouse, se contenta, pour toute réponse, de ramasser à terre un brin de paille, et le montrant à ses juges, de leur demander avec le calme de l'innocence : « Est-ce vous, est-ce moi qui avons fait cela? »

Écartons ces funèbres et douloureux souvenirs, et revenons à M. Pasteur.

Eh bien, M. Pasteur croyait-il avoir réellement, comme on l'a écrit, *charge d'âmes*, lorsque, désertant le champ paisible de la science pure pour entrer dans l'arène pleine d'écueils de la controverse religieuse, il vous disait avec la fougue d'un missionnaire : « Quelle conquête, messieurs, quelle conquête pour le matérialisme s'il pouvait protester qu'il s'appuie sur le fait avéré de la matière s'organisant d'elle-même, prenant vie d'elle-même, la matière qui a déjà en elle toutes les forces connues! Ah! si nous pouvions lui ajouter cette autre force qui s'appelle la vie, la vie variable dans ses manifestations avec les conditions de nos expériences, quoi de plus naturel alors que de la déifier, cette matière? A quoi bon recourir à l'idée d'une création primordiale devant le mystère de laquelle il faut bien s'incliner? A quoi bon l'idée d'un Dieu créateur? Écoutez plutôt, c'est un des adeptes de la doctrine qui va parler. » (L. Pasteur, *Conférence de la Sorbonne*, dans *Revue des cours scientifiques*, n° du 25 avril 1864, p. 259.)

Cet adepte, messieurs, dont l'hétérogénie pourrait à bon droit se glorifier, vous le connaissez tous : c'est le défenseur éloquent de nos libertés, c'est notre historien naturaliste et poëte. Mais, malgré notre respectueuse admiration pour son immense talent d'écrivain, nous n'avons jamais songé, ni mes amis ni moi, à invoquer en faveur de notre thèse l'autorité de M. Michelet, en tant que naturaliste. Lui-même ne nous l'eût pas permis, car il n'a pas fait, que nous sachions du moins, d'études spéciales sur le sujet qui nous occupe. Il a jugé par sentiment, avec sa riche imagination et sous l'empire d'une idée poétiquement vraie.

C'est ainsi, messieurs, que nous jugeons tous quelquefois; c'est ainsi que j'avais jugé et enseigné moi-même, alors que j'étais, comme l'est aujourd'hui M. Pasteur, adversaire déclaré de l'hétérogénie, c'est-à-dire avant d'avoir lu et médité le livre si plein de science et de conscience que nous devons à M. Pouchet; avant d'avoir, avec l'utile et très-intelligent concours de mon élève et ami M. Musset, institué des expériences nouvelles et répété la plupart de celles de l'habile directeur du Muséum d'histoire naturelle de Rouen. Converti maintenant à l'hétérogénie par l'évidence des faits, je ne prétends imposer ma croyance à personne, et encore moins l'imposer comme un dogme en dehors duquel il n'y a point de salut.

Seulement, afin de bien prouver à M. Pasteur qu'il a fait peser gratuitement sur les hétérogénistes une accusation aussi calomnieuse qu'elle est peu bienveillante, nous lui demanderons la permission, et à vous aussi, messieurs, de lui citer une page écrite par le docteur Karl, c'est-à-dire par l'un de nous (M. Musset), à notre retour de la Maladetta.

« D'où vient l'homme? d'où vient la rose? d'où vient le ver de terre? Tous viennent de Dieu. Quels étaient les germes d'où ils sortirent? Dira-t-on qu'ils étaient semblables à eux? Puisque Dieu a créé, pourquoi Dieu ne créerait-il plus? Aurait-il cessé d'être le Dieu vivant et Providence? Qui donc a vu la source de la vie et en a mesuré les limites? Qui oserait assurer, au milieu du fourmillement des mondes, que Dieu a fini son œuvre et qu'il se repose éternellement dans un éternel repos? Pourquoi dire à Dieu, l'infini : C'est assez, rien de plus? Homme né d'hier et qui mourras demain, voudrais-tu juger du passé de l'univers et de son avenir par ton présent? Pauvre seconde qui mesure le temps!

» Mais on insiste, et l'on dit : Voit-on de nos jours naître spontanément des animaux supérieurs? Objection puérile. Voit-on s'élever de nos jours des Alpes et des Pyrénées? » (Karl, *Les hétérogénistes dans les glaciers*.)

Mais laissons aux théologiens la théologie, aux savants la science, « car il y a danger, dit avec raison M. de Quatrefages, il y a danger à vouloir souder trop intimement le dogme à la science. Le premier relève avant tout de la foi, et par coeséquent du sentiment. Il est de sa nature absolu et affiche la prétention d'être immuable. La science est fille de l'expérience et du raisonnement : elle a ses doutes et ses réserves ; elle est surtout essentiellement progressive, c'est-à-dire changeante et sujette à des transformations. »

Toute union entre elle et le dogme ne peut donc que préparer des déchirements inévitables et douloureux.

Les textes sacrés ne se prêtent pas toujours aux interprétations, parfois spirituelles, parfois aussi puériles, qu'on accueille aujourd'hui avec tant de faveur. Ces interprétations elles-mêmes, acceptables un jour, sont souvent démenties le lendemain par quelque nouveau progrès, et l'opposition qu'on a voulu dissimuler n'en ressort que plus clairement. « Laissons donc à chacun son domaine : au savant la science, au théologien la théologie. » (De Quatrefages, *Revue des deux mondes*, 15 décembre 1860.)

Nous profiterons de ce sage conseil, et nous ne suivrons pas notre adversaire sur le terrain brûlant où il s'est imprudemment engagé.

Du reste, cette excursion regrettable, ou plutôt cette introduction forcée de la science pure dans un domaine qui n'est pas le sien, a été relevée avec autant de succès que de talent, et à quelques jours seulement d'intervalle, par deux de nos publicistes les plus distingués (Eugène Noël et Victor Meunier) : « Et hier encore vous avez pu admirer la haute raison, la logique inflexible et le style nerveux du spirituel et savant auteur des *Lettres sur l'hétérogénie*, adressées à M. Pasteur, et publiées dans l'un de nos journaux les plus estimés et les plus répandus. »

Quant à nous, messieurs, à ceux qui dénaturent ou proscrivent nos doctrines sans les connaître, ou du moins, sans les avoir suffisamment étudiées, nous nous contenterons de dire, avec l'illustre Mantegazza : « *L'ostracismo puo essere in politica una suprema e dolorosa necessità ; nelle scienze è simpre un insulto al vero, una condamna per chi lo pronuncia.* » C'est-à-dire : « L'ostracisme peut être en politique une suprême et douloureuse nécessité; dans les sciences, il est toujours une insulte à la vérité, une condamnation pour celui qui le prononce. » (*Mantegazza*, ouvrage cité.)

A ceux qui vont répétant partout que nous avons un bandeau et même une taie épaisse sur les yeux, nous répondrons : « Nous sommes venus tout exprès dans la capitale, au foyer de toutes les lumières, pour vous prier de nous opérer de cette *cataracte scientifique* dont vous nous dites atteints. » A notre très-grand regret, vous nous renvoyez dans nos provinces avec cette même infirmité. Mais, avant de partir, nous tenons essentiellement « à ce qu'il soit bien établi que nous désirions ardemment notre guérison, ne fût-ce que pour voir dans l'air de Paris ces fameux germes que vous n'avez pas voulu nous montrer, et que vous dites avoir montrés à tout Paris (*sic*). »

A ceux qui se decernent un brevet d'orthodoxie et à nous un brevet d'impiété, nous répondrons par ces paroles pleines de mansuétude et de vraie charité :

« *Quod homo est in oculis Dei, hoc est et nihil amplius* » (saint François d'Assise). « Ce que l'homme est aux yeux de Dieu, il l'est, et rien de plus. »

Nous sommes, nous, d'humbles chercheurs de la science, c'est-à-dire de la vérité. Nous la cherchons de bonne foi, avec simplicité de cœur, avec désintéressement, sans préoccupations ambitieuses et sans arrière-pensée d'avenir.

Pourquoi donc craindrions-nous de jamais trouver l'œuvre en contradiction flagrante avec la pensée de l'ouvrier?

Quand Newton eut découvert la grande et magnifique loi de l'attraction universelle, cette loi se montra-t-elle subversive de la religion révélée, comme le craignait Leibnitz?

La terre ne continue-t-elle pas à se mouvoir autour de son orbite, et à raconter aussi haut que les cieux la gloire du Créateur, bien que Galilée ait langui longtemps dans les cachots de l'inquisition?

Le livre de Copernic sur les *Révolutions des corps célestes* fut condamné par l'*Index* ; mais ce grand homme ne comprit jamais, il nous le dit lui-même, que la vérité pût mettre la foi en péril, et il se réserva toujours le droit de la chercher et d'y croire. Nous pensons comme Copernic, et nous continuerons d'agir comme il a fait.

Que nous importent des clameurs plus ou moins intéressées, des railleries plus ou moins spirituelles, un silence plus ou moins dédaigneux, et même un déni de justice que déjà l'opinion publique a sévèrement jugé? Que nous importent, malgré ce qu'elles ont de grave aux yeux de ceux qu'on égare, des accusations dont tout l'odieux retombe sur les accusateurs?

A ces attaques passionnées, à ces imputations calomnieuses, à cet orage que l'on cherche à faire gronder sur nos têtes, nous opposerons le calme, la dignité, la résignation, le courage et la confiance en l'avenir.

« *Numquid Deus indiget vestro mendacio, ut pro illo loquamini dolos?* » (Job.)

Enfin, à ceux qui mettent à notre défense des entraves indignes d'eux et de la science qui les a faits si renommés et si puissants, nous répéterons avec l'accent d'une conviction profonde, avec l'espoir, ou plutôt avec la certitude de trouver de l'écho dans vos âmes généreuses, nous répéterons ces paroles qu'imprimait naguère dans le *Journal des savants* un savant véritablement digne de ce nom, M. Bertrand, de l'Institut. Il disait :

« La vérité est toute-puissante et invincible, et si l'on peut, en la comprimant, retarder quelquefois son triomphe, c'est pour en accroître l'éclat. » (J. Bertrand, *Copernic et ses travaux*, *Journal des savants*, février 1864.)

Le propriétaire-gérant : GERMER BAILLIÈRE.

PARIS. — IMPRIMERIE DE E. MARTINET, RUE MIGNON, 2.

PREMIÈRE ANNÉE. — N° 33. UN NUMÉRO : 30 CENTIMES. 16 JUILLET 1864.

REVUE
DES
COURS SCIENTIFIQUES
DE LA FRANCE ET DE L'ETRANGER

PHYSIQUE — CHIMIE — ZOOLOGIE — BOTANIQUE — ANATOMIE — PHYSIOLOGIE
GÉOLOGIE — PALÉONTOLOGIE — MÉDECINE

Paraît tous les Samedis.

	Six mois.	Un an.
Paris.........	8 fr.	15 fr.
Départements..	10	18
Étranger......	12	20

Prix de l'abonnement avec la Revue des Cours littéraires.

	Paris	Départ.	Étranger
Six mois....	15 fr.	18 fr.	20 fr.
Un an.......	26	30	35

Rédacteur en chef
M. ODYSSE-BAROT

Les ouvrages dont deux exemplaires auront été envoyés au bureau du journal seront annoncés et analysés s'il y a lieu.

On s'abonne
A LA LIBRAIRIE GERMER BAILLIÈRE
17, rue de l'École de Médecine,
Et chez tous les libraires, par l'envoi d'un bon de poste, ou d'un mandat sur Paris.

L'abonnement part du 1er décembre ou du 1er juin de chaque année.

SOMMAIRE.

EMBRYOGÉNIE COMPARÉE.

COURS DE M. COSTE.

(COLLÉGE DE FRANCE.)

(Voy. les nos 23, 25, 28 et 30.)

V.

Produit femelle de la génération.— Œuf dans l'ovaire.

Les anciens, en admettant l'hypothèse des deux semences, s'étaient complétement trompés sur les phénomènes fondamentaux de la génération. Galien luimême, qui avait étudié l'ovaire sur le cadavre des mammifères, n'avait vu qu'un liquide dans la vésicule de de Graaf. Malgré les découvertes de de Graaf et de Ham, la science était restée stationnaire. On peut même dire qu'elle avait reculé. Car la théorie de Buffon ne fut qu'une réminiscence de celle d'Hippocrate, et celle de Bonnet une conception à priori, une véritable fin de non-recevoir, qui établissait l'impuissance des physiologistes, bien plutôt qu'elle ne résolvait la question. Ni l'une ni l'autre n'avaient de base scientifique.

Baer, en découvrant l'ovule dans la vésicule de de Graaf, avait constaté par là même le fait initial et le véritable mode de la génération chez la femelle. On admit enfin que la femelle ne fournit pas un fluide, mais un œuf à la fécondation, et que cet œuf est sécrété par l'ovaire. Les recherches de Leuwenhoeck, reprises en même temps par les physiologistes, démontrèrent, en outre, que l'animalcule spermatique se forme dans un organe correspondant à l'ovaire, le testicule.

En étudiant le sperme dans le testicule, on reconnaît que cet animalcule est renfermé dans une sorte de vésicule spermatogène analogue à la vésicule de de Graaf. Dans l'intérieur de cet *ovule mâle* on reconnut, comme dans la vésicule ovarienne, une matière granuleuse analogue au *cumulus* ou *disque proligère;* matière granuleuse qui, en se transformant, donnait naissance au spermatozoïde. Donc, chez le mâle, pas plus que chez la femelle, il n'y a, à proprement parler, de fluide séminal, ou du moins, s'il y en a un, ce n'est pas lui qui féconde, comme nous le verrons plus tard. Ce sont les corpuscules spermatiques, éléments organiques plutôt solides que fluides, qui, en s'unissant à l'œuf femelle, donnent naissance à l'embryon.

L'œuf étudié dans l'ovaire, après la rupture de la vésicule de de Graaf, se présente sous l'aspect d'une vésicule plus ou moins complexe. Émané de l'ovaire chez presque tous les animaux, il peut naître indistinctement sur tous les points du corps de quelques-uns de ceux qui occupent les degrés inférieurs de la série. Il y a des espèces chez lesquelles la vésicule de de Graaf n'existe pas. Dans ce cas l'ovule est isolé dans l'ovaire ou dans le tissu qui en tient lieu. Chez quelques autres, cette vésicule se réduit, comme chez les reptiles et les oiseaux, à une véritable capsule qui s'applique directement sur l'œuf. La vésicule de de Graaf n'existe, avec tous ses éléments, que chez les mammifères seuls.

Outre le feuillet péritonéal et la capsule fibreuse qui entourent le tissu de l'ovaire, on reconnaît chez ces derniers deux membranes propres à la vésicule de de Graaf, l'une, externe, fibreuse, l'autre, interne, celluleuse, entre lesquelles rampent des vaisseaux propres. A la face interne de cette seconde membrane se trouve une couche celluleuse désignée par Baer sous le nom de *membrane granuleuse*, et avec plus de raison par M. Coste, sous celui de *membrane celluleuse*. Elle est, en effet, composée de cellules dont on distingue parfaitement le contenu granuleux au microscope. Malgré les affirmations contraires de M. Pouchet, M. Coste n'a pu y découvrir de vaisseaux. Les observations de Bischoff, de M. Courty et de M. Longet confirment, sous ce rapport, l'opinion de M. Coste. Il est probable que ce sont les vaisseaux de la vésicule elle-même que M. Pouchet aura cru voir dans la membrane celluleuse.

Sur le point habituellement le plus rapproché de la surface de l'ovaire, et correspondant à la partie de la vésicule de de Graaf qui se rompt lors de la ponte, les cellules de la membrane celluleuse sont plus nombreuses et agglomérées de façon à constituer un véritable renflement, désigné par Baer sous le nom de *cumulus* ou *disque proligère*. L'œuf est logé et, pour ainsi dire, enchâssé au centre de cet amas granuleux. Du reste, il y est parfaitement libre, et il n'entretient avec les granulations environnantes qu'un simple rapport de contact. « Cet œuf se compose, comme toutes les cellules, d'une membrane enveloppante que l'on désigne sous le nom de *vitelline*, et d'un contenu cellulaire connu sous celui de *vitellus*. On y trouve, en outre, une vésicule particulière plongée dans ce vitellus, et qu'on appelle *vésicule germinative*. »

La membrane vitelline est une vésicule close qui contient la substance propre de l'œuf : le vitellus, la vésicule germinative et la cicatricule. Elle est tellement mince et transparente chez la femme et chez les mammifères en général, que c'est à peine si l'on peut la distinguer au microscope. Elle apparaît comme un disque réfringent autour du vitellus, ce qui lui a fait donner par quelques physiologistes le nom de *zone transparente*. Mais ce n'est là qu'une apparence ; car la membrane vitelline est en réalité une sphère creuse, parfaitement continue dans toute son étendue.

Chez les oiseaux, la membrane vitelline est légèrement fibreuse et un peu plus résistante que chez les mammifères. Mince et granulée chez certaines espèces de reptiles, de poissons, de mollusques et d'insectes, elle garde chez d'autres la texture fibreuse qu'elle présente chez les oiseaux. Elle est, du reste, constamment lisse et transparente dans toutes les classes. Chez les polypes et les hydres, elle porte, comme nous l'avons déjà dit, sur toute l'étendue de sa surface, des appendices en forme de pointes ou de crochets, à l'aide desquels l'œuf peut être suspendu aux feuilles des arbustes ou des plantes aquatiques (1). Elle affecte en outre une texture cornée qui sert à protéger l'œuf contre les chocs extérieurs et les intempéries des saisons. Au commencement du printemps, quand le moment de l'éclosion arrive, cette capsule s'ouvre par son milieu, comme les valves d'une huître, pour laisser sortir le nouvel être. Du reste, cette disposition n'existe pas seulement chez les animaux inférieurs. Quelque chose d'analogue se passe dans l'œuf des mammifères, lorsqu'il est parvenu dans la matrice. La membrane vitelline se couvre de végétations analogues aux villosités intestinales qui pénètrent dans le tissu de la muqueuse utérine de façon à y incruster l'ovule. Cette propriété de la membrane vitelline suffit pour prouver qu'elle est bien réellement vivante. C'est donc en vain que certains physiologistes ont voulu l'assimiler à un produit purement inorganique. Il est vrai qu'elle ne contient ni vaisseaux ni ramuscules nerveux. Mais cela ne prouve rien, sinon que ces éléments ne sont pas absolument nécessaires pour constituer la vie à son origine.

Le contenu de l'œuf joue quelquefois un double rôle par rapport au germe. Tandis que chez certaines espèces il est employé tout entier à la formation du blastoderme, chez d'autres, au contraire, une partie seulement s'organise pour former la trame embryonnaire, l'autre constituant un élément de nutrition. La meilleure preuve qu'on puisse donner à priori de cette double fonction, c'est la différence que présente ce contenu dans les diverses classes de la série. Chez les mammifères qui restent attachés au sein maternel et qui font partie intégrante de l'organisme de la femelle jusqu'à l'époque de la parturition, c'est-à-dire jusqu'au développement complet de l'embryon, le vitellus (2) est très-petit. Au contraire, chez d'autres vertébrés, tels que les oiseaux, les poissons et les reptiles, et en général chez tous les invertébrés (mollusques, insectes, etc.) qui sont ovipares, et dont l'embryon se développe en dehors du sein maternel, le vitellus est relativement très-développé. Chez les oiseaux et les reptiles, par exemple, il acquiert des proportions très-considérables. Cela s'explique naturellement par la nécessité où se trouvent ces espèces de vivre pendant la période embryonnaire uniquement aux dépens d'une partie de l'œuf. Une réserve de ce genre eût été superflue chez la femme et les autres femelles de mammifères. Car, chez ces dernières, l'embryon trouve dans l'utérus et dans la circulation utéro placentaire tous les éléments de calorification et de nutrition nécessaires à son développement.

(1) Chez certains poissons, comme les aiguilles de mer, elle est complétement hérissée de très-longs appendices villeux qui contribuent à fixer l'œuf aux corps étrangers environnants.

(2) Par ce mot de *vitellus* nous désignons en ce moment tout le contenu de la membrane vitelline. Mais ce contenu présentant des éléments divers, suivant les espèces, le mot *vitellus* pourra être employé, chez quelques-unes d'entre elles, dans un sens plus déterminé que nous ne lui donnons pas encore.

« On peut donc établir comme une règle générale, que la proportion du vitellus est en raison directe de la pauvreté des milieux, et en raison inverse de leur richesse; que là où ces milieux sont insuffisants, l'œuf porte avec lui les provisions dont il a besoin, et qu'alors le vitellus est assez abondant pour qu'il en reste encore, même après l'éclosion, dans le ventre du nouveau-né, une quantité plus ou moins grande. » Nous allons étudier maintenant le vitellus dans sa composition intime, afin de nous rendre un compte exact des différences que nous n'avons fait que signaler jusqu'à présent d'une façon générale.

Le vitellus, examiné au microscope, offre l'aspect d'une masse de granulations homogènes assez analogues à des globules de graisse ou d'albumine coagulée. Ces globules sont reliés entre eux par un liquide gélatineux probablement constitué par de l'albumine liquide. Quoi qu'en ait dit Bischoff, cette masse n'est pas flottante dans la membrane vitelline. Elle la remplit intégralement tant que l'œuf n'est point fécondé. Quelque chose d'analogue se passe en effet dans l'œuf après la fécondation, mais cela tient à la condensation du vitellus, mais non, comme l'a cru Bischoff, à une disposition originelle de l'appareil vitellin. Quelques physiologistes, parmi lesquels viennent se placer des noms éminents dans la science contemporaine, tels que Valentin, Krause, Wharton Jones, Barry, Wagner, ont pensé que la membrane vitelline était constituée par deux feuillets. Pour eux, la permanence de forme du vitellus après la fécondation, alors qu'en réalité il flotte dans son enveloppe extérieure, serait précisément due au feuillet interne, qui, en se rétractant, maintiendrait ainsi les granules vitellins. Mais cette conception, très-ingénieuse, et très-logique au point de vue spéculatif, n'est qu'une pure hypothèse que l'observation ne justifie point. M. Coste a prouvé par des expériences multipliées qu'il n'en était pas ainsi, et tout le monde admet aujourd'hui avec lui la simplicité de la membrane vitelline. Le raisonnement de Wagner et de ses partisans tombe d'ailleurs devant les faits du même genre observés dans les autres cellules, dont le nucléole, bien que flottant au sein du contenu cellulaire, n'est nullement maintenu par une membrane supplémentaire. Notons en passant un phénomène important au point de vue de l'anatomie comparée. La petitesse du vitellus qui caractérise l'œuf des mammifères disparaît chez l'ornithorhynque, dont la bizarre conformation semble marquer la transition de la classe des oiseaux à celle des mammifères. « Le vitellus de l'ornithorhynque revêt, par son volume tout à fait exceptionnel (celui d'un pois environ), les caractères de celui des ovipares, et devient lui-même une preuve de cette transition que les recherches de Geoffroy St-Hilaire et de Blainville ont depuis longtemps mise en évidence. »

Le vitellus des oiseaux, qui est le plus développé, s'éloigne peu à peu de l'état rudimentaire où doit rester celui des femelles de mammifères. A la surface des granulations vitellines, et immédiatement au-dessous de la face interne de la membrane du même nom, apparaît bientôt une couche de cellules analogues à celles qui tapissent la vésicule de de Graaf. Cette *couche* ou *membrane celluleuse* est constituée par des cellules à contenu purement granulé, reliées entre elles, comme les granules vitellins, par un liquide albumineux. Ce liquide n'est autre chose qu'un produit de sécrétion ovarienne qui a pénétré par endosmose à travers la membrane vitelline. C'est au-dessous de cette première membrane celluleuse que se montre la *couche granuleuse* qui résulte de la condensation d'un certain nombre de granules vitellins autour de la partie centrale du vitellus naissant. Le centre du vitellus constitue ainsi une sorte de noyau entouré de tout côté par la couche granuleuse. Mais ce noyau, qui se transformera plus tard en cicatricule et au sein duquel réside la vésicule germinative, ne s'isole de la paroi granuleuse que dans une portion de son pourtour. Il reste confondu avec elle dans un point de sa surface. Or, à mesure que l'œuf grandit, la couche granuleuse qui tapisse la face interne de la membrane celluleuse prend une extension proportionnelle. C'est ce qui explique la migration apparente de la cicatricule et de la vésicule germinative, qui, d'abord au centre de l'œuf, finissent par gagner la périphérie. Mais il n'y a pas là de déplacement réel. Tous les éléments de l'œuf conservent leurs rapports pendant toute la durée du développement. La vésicule germinative et la cicatricule ne font que s'éloigner du centre en même temps que la paroi vitelline, à laquelle elles sont suspendues.

A mesure que la couche superficielle du vitellus se convertit en membrane granuleuse et enserre dans son tissu la vésicule du germe, l'œuf continue à grandir et absorbe les fluides que l'ovaire lui fournit par endosmose. Il se forme alors à l'intérieur de la couche granuleuse un grand nombre de globules moléculaires qui, plus tard, se creusent pour constituer de véritables vésicules transparentes. Ces vésicules renferment dans leur cavité de nombreux granules moléculaires reliés entre eux par un liquide gélatineux. Cette évolution nouvelle constitue, à proprement parler, l'élément nutritif du vitellus. Ce sont ces globules et le liquide gélatineux qui les agrége, qui, en se multipliant, donnent au vitellus sa couleur caractéristique. A mesure que le contenu de ces vésicules se modifie, on voit l'œuf passer successivement du blanc au jaune pâle et du jaune pâle a la couleur rouge la plus foncée. Pour montrer que le vitellus est bien composé alors de vésicules closes, il suffit de le mettre dans l'eau. Les vésicules se rompent et laissent échapper en grande abondance des granules moléculaires qui inondent le champ du microscope. Ces granules sont constitués chimiquement par une matière grasse en partie suspendue, en partie dissoute dans le liquide albumineux que les vésicules renferment. Il se passe là une sorte de précipitation ou de cristallisation analogue au dépôt qui se forme dans les dissolutions saturées.

Toutes les vésicules vitellines ne renferment pas une égale proportion de globules moléculaires ; la précipitation n'a pas lieu dans toutes en même temps. Les vésicules les moins développées occupent le centre du vitellus. Il s'ensuit qu'au centre, il y a toujours un espace plus clair qu'à la périphérie. Cet espace apparaît au microscope sous la forme d'une bouteille vide dont le goulot aboutit à la cicatricule. Alors qu'on ne connaissait pas encore la véritable composition de l'œuf, on supposait que cette espèce de cavité (*latebra* de Purkinje) n'était autre chose que la place occupée d'abord par la vésicule germinative qui avait quitté le centre de l'œuf pour gagner la périphérie. Mais en réalité ce canal vitellin n'existe pas. Ce n'est qu'une simple apparence qui résulte de la transparence des vésicules vitellines en cet endroit. Ainsi, l'œuf des oiseaux parvenu au dernier terme de son évolution est composé de vésicules closes de dimensions variables, dont le contenu granuleux, agrégé par une lymphe albumineuse, constitue la nourriture future de l'embryon.

Nous venons de constater des différences assez marquées dans l'organisation du vitellus chez les mammifères et les oiseaux. Si nous poursuivions cette étude dans les autres classes de la série animale, nous verrions que les animaux forment deux catégories bien distinctes sous ce rapport : « Dans la première catégorie, qui comprend l'homme, les mammifères, les batraciens, les poissons osseux et tous les invertébrés, à l'exception des céphalopodes, les modifications qu'éprouve le vitellus se bornent à une multiplication plus ou moins grande des granules, des globules ou des vésicules dont le vitellus se compose, et la vésicule germinative immergée au sein de la masse formée par ces granules, ces globules ou ces cellules, s'y dissout sans qu'on voie jamais apparaître une membrane granuleuse destinée à organiser un blastoderme.

» Dans la seconde catégorie, au contraire, à laquelle se rapportent les oiseaux, les reptiles écailleux, les poissons cartilagineux, les céphalopodes, la vésicule germinative y est toujours saisie dans l'épaisseur d'une couche granuleuse préexistante, et le rudiment du blastoderme, représenté par la cicatricule, attend que la fécondation vienne éveiller en lui l'activité dont il a besoin pour développer l'être nouveau. »

Ces deux catégories présentent, il est vrai, l'une et l'autre, la segmentation du vitellus après la fécondation. Mais, tandis que dans la première cette segmentation porte sur ce vitellus tout entier, dans la seconde elle se borne à la cicatricule. C'est là une nouvelle preuve qui vient à l'appui de l'opinion déjà émise sur la nature purement nutritive du vitellus, chez les ovipares.

Reste à déterminer maintenant quelles sont les différences essentielles que présente la substance du vitellus dans les diverses classes. M. Coste résume ces différences dans les deux propositions suivantes, qui résultent de ses observations personnelles sur les œufs de la femme, des femelles de mammifères, des oiseaux, des reptiles, des poissons, des mollusques, des crustacés et des insectes :

« 1° Chez les animaux qui ont une cicatricule distincte (oiseaux, reptiles écailleux, poissons cartilagineux, mollusques, céphalopodes), le vitellus est, dans le plus grand nombre des cas, composé de vésicules ou cellules remplies de matière nutritive qu'elles tiennent en réserve pour le développement du germe. La cicatricule, exclusivement formée de granules ou de globules élémentaires, y représente seule ce germe.

» 2° Chez les animaux qui ont été considérés jusqu'ici comme n'ayant pas de cicatricule distincte (hommes, mammifères, batraciens, poissons osseux et tous les invertébrés, à l'exception des céphalopodes), le vitellus tout entier a une constitution fort analogue à celle de la cicatricule. Il ne renferme ordinairement pas de vésicules, se compose le plus souvent, comme la cicatricule, de granules ou de globules moléculaires, et, comme la cicatricule, il représente le germe. Cependant il n'y a rien d'absolu dans cette règle, puisqu'elle présente un certain nombre d'exceptions. » Ainsi, par exemple, chez les écrevisses, les crabes, les aranéides, la matière vitelline est constituée par des globules homogènes sans cavité intérieure. Pour s'en assurer, on n'a qu'à écraser les œufs de ces animaux sous le porte-objet du microscope. Ils résistent à la pression, et il est impossible de constater la rupture d'une membrane enveloppante. C'est qu'en réalité cette membrane n'existe pas.

A mesure que l'époque de la maturité de l'œuf approche, la couche granuleuse périphérique du vitellus, d'où émane la cicatricule, s'individualise et se circonscrit davantage. La cicatricule acquiert dès lors une existence indépendante. Elle forme un disque granuleux très-mince, reposant sur le jaune par l'une de ses faces, et recouverte, de l'autre côté, par la membrane vitelline. Le plan qu'elle occupe à la surface du vitellus ne varie jamais. Elle est toujours placée à l'extrémité du canal vitellin. Ce qui est surtout important à noter, c'est sa parfaite identité de composition avec le vitellus pendant la première phase de son développement. Comme lui elle contient des globules pleins parfaitement homogènes, liés entre eux par un liquide diaphane et visqueux qui les empêche de se dissocier. Du reste, point de cellule enveloppante, point de vésicule graisseuse, comme dans la seconde phase de l'évolution vitelline. La cicatricule des oiseaux est entièrement composée des mêmes éléments que le vitellus des mammifères ; de sorte que le premier rudiment du vitellus, chez les oiseaux, peut être considéré comme constitué uniquement par la cicatricule. Les vésicules vitellines diffèrent en effet complétement des granules de la cicatricule, ce qui prouve bien que la destination physiologique de ces deux éléments est entièrement différente chez les animaux dont l'œuf est pourvu de cicatricule et chez ceux qui n'en ont pas.

L'un concourt à la nutrition du germe, tandis que l'autre participe directement à son développement; il en fait partie intégrante dès les premiers instants de la fécondation. Aussi verrons-nous la segmentation, qui est le premier phénomène de la fécondation, porter uniquement sur la cicatricule chez les animaux qui en sont pourvus, tandis que chez les autres elle porte sur le vitellus tout entier.

Trompé par une théorie erronée, dont nous démontrerons la fausseté en faisant l'histoire de la vésicule germinative, Baer avait désigné la cicatricule sous le nom de *couche proligère*, comme la membrane interne de la vésicule de de Graaf. Il avait, en outre, distingué dans cette couche une partie centrale ou *cumulus*, et une partie enveloppante ou *disque*, ces deux parties pouvant exister isolément, selon lui, dans certaines espèces. Nous verrons qu'il n'en est rien. Les différences reposent sur la présence ou l'absence de la cicatricule, et dans ce cas sur les fonctions diverses du vitellus, et non sur cette distinction, qui est tout à fait arbitraire. Ce qu'il y a de certain, c'est que les granules de la cicatricule n'offrent pas le même aspect au centre que sur les bords. La zone qui entoure immédiatement la vésicule germinative semble plus condensée et offre une couleur blanchâtre qui résulte de cet entassement des molécules et peut-être aussi d'une certaine différence dans leur composition. C'est cette zone blanche qui apparaît à la surface du vitellus, sous la forme d'une tache circulaire parfaitement visible, à travers la membrane vitelline.

La vésicule germinative a été découverte par Purkinje, dans la cicatricule de l'œuf des oiseaux. Logée au centre du cumulus, elle y est enchâssée comme une bague dans son chaton. Elle est si limpide, par rapport aux granules qui l'entourent, qu'elle simule une petite ouverture. C'est par cette ouverture, tout à fait hypothétique, que certains physiologistes ont voulu faire passer l'animalcule spermatique au moment où il pénètre dans l'œuf. Nous verrons plus tard le cas qu'il faut faire de cette explication.

Baer, après avoir découvert l'ovule chez les mammifères, essaya en vain de reconnaître la vésicule germinative signalée et démontrée par Purkinje dans l'œuf des oiseaux. Ses efforts restant infructueux, il ne put néanmoins se résoudre à admettre une pareille aberration dans les analogies fonctionnelles. Pour rétablir l'unité de plan, il assimila la vésicule de de Graaf à l'œuf des ovipares, et l'ovule des mammifères à la vésicule germinative. Cette théorie, quelque séduisante qu'elle parût au premier abord, était évidemment fausse, car elle établissait une analogie impossible entre l'ovule, qui persiste et se développe après la fécondation, et la vésicule germinative, qui n'a qu'une existence tout à fait éphémère. Chose plus grave encore, Baer oubliait que la vésicule de de Graaf, au lieu de suivre l'ovule dans ses migrations à travers l'oviducte, fait partie intégrante de l'ovaire, où elle persiste quelque temps après la ponte à l'état de corps jaune, pour s'oblitérer définitivement, alors que l'œuf, complétement développé, a donné naissance au nouvel être. Malgré ces objections, Baer persista dans sa théorie, à laquelle il donna de grands développements. Nous n'y insisterons pas davantage. Elle est universellement abandonnée aujourd'hui et a été rendue complétement inutile par la découverte de M. Coste, qui a démontré l'existence de la vésicule de Purkinje dans l'ovule des mammifères et des vivipares en général.

« La vésicule germinative est une cellule close toujours sphérique dès l'origine, mais subissant chez un grand nombre d'espèces, à mesure qu'elle approche de sa maturité, une dépression ou un aplatissement plus ou moins prononcé, comme on peut facilement le constater sur celle des oiseaux, des reptiles, des batraciens et des poissons cartilagineux. » Sa cavité est remplie d'un fluide albumineux au milieu duquel flottent des corpuscules excessivement ténus, auxquels certains physiologistes ont voulu faire jouer un rôle important dans la fécondation. Nous verrons bientôt ce qu'il faut penser de cette opinion. La vésicule germinative apparaît de très-bonne heure dans l'œuf. Elle est contemporaine des premiers granules vitellins. MM. Purkinje et Baer pensent même qu'elle les précède. Ils basent surtout leur opinion sur la position centrale de la vésicule germinative; mais cette position est plus apparente que réelle. Si elle paraît occuper le centre du vitellus, c'est qu'au début elle est relativement beaucoup plus développée que ce dernier, qui s'accroît ensuite beaucoup plus qu'elle. Il en résulte que la vésicule germinative peut très-bien se trouver légèrement en dehors du point central du vitellus, sans que cette excentricité ait été parfaitement constatée. Du reste, si l'on admet cette position centrale de la vésicule du germe, il devient très-difficile d'expliquer sa situation ultérieure à la surface de l'œuf.

Certains physiologistes ont voulu expliquer cette prétendue migration de la vésicule germinative par la légèreté relative de sa pesanteur spécifique. D'autres ont supposé qu'il se détachait de la paroi de la membrane vitelline une sorte de filament musculaire analogue au *gubernaculum testis*, qui, en se rétractant, amènerait la vésicule à la surface. Ce sont là des hypothèses qui ne me semblent pas nécessaires. Ce que nous avons déjà dit à propos de la cicatricule nous paraît pouvoir s'appliquer aussi à la vésicule germinative qui en occupe le centre. N'est-il pas en effet plus simple d'admettre que la couche granuleuse qui enveloppe le vitellus, en se dilatant peu à peu, entraîne avec elle la vésicule germinative sans que celle-ci ait en réalité changé de place. Si elle se trouve éloignée du lieu où elle était d'abord, c'est simplement parce que la sphère dont elle occupait un point, s'est dilatée en une sphère plus grande. La vésicule a changé de place comme les autres parties de l'œuf auxquelles elle était liée, mais les rapports de ces dernières sont toujours les mêmes.

On ne peut pas admettre aujourd'hui l'opinion de Baer

et de Purkinje sur les fonctions de la vésicule germinative. Pour ces deux physiologistes, c'est elle seule qui donnerait naissance au germe en confondant son contenu avec la partie fécondante de la semence du mâle (1). Pour MM. Barry et Wagner, le véritable rudiment du germe consisterait dans les granules flottant au sein du liquide de la vésicule. Cette dernière hypothèse n'est pas plus admissible que la première. Et il est étonnant que M. Barry, qui a découvert la segmentation du vitellus, ne se soit pas aperçu des conséquences impliquées par sa propre découverte. En effet, puisque le vitellus, en se segmentant, donne naissance au blastoderme, il est impossible de ne pas lui accorder une grande part dans la constitution de l'embryon. C'est ce à quoi n'ont point réfléchi les physiologistes qui ont considéré la vésicule germinative comme le point de départ exclusif du germe. Il résulte d'ailleurs des observations de M. Coste sur l'évolution de l'œuf, que chez les animaux qui sont seuls pourvus de cicatricule, c'est sur celle-ci que porte la segmentation. Elle a donc aussi son rôle dans la genèse du blastoderme. Il ne s'agit donc plus de savoir si c'est la vésicule germinative qui fournit tous les éléments du germe, mais simplement si elle entre pour une part quelconque dans les sphères granuleuses qui résultent de la segmentation du vitellus ou de la cicatricule. Ramené dans ces limites, le problème devient beaucoup plus facile à résoudre. Nous l'examinerons de nouveau lorsque nous traiterons de l'union du spermatozoïde avec l'œuf.

Nous ne pouvons cependant passer sous silence l'opinion de Schwann, qui a voulu appliquer la théorie de Schleiden sur la genèse des végétaux à l'évolution du germe des animaux. Pour lui, l'œuf n'est autre chose qu'une cellule. La *tache germinative* (2), observée par Wagner dans l'intérieur de la vésicule germinative des batraciens et de quelques poissons osseux, constitue le *nucléole;* la vésicule germinative elle-même tient lieu de *noyau*, et la membrane vitelline fournit la *paroi cellulaire*. Cette théorie ingénieuse a pour elle l'analogie. Mais en admettant que l'œuf soit en effet une cellule, rien ne prouve que son évolution ait lieu comme le suppose Schwann. Car on voit, même chez les végétaux, des nucléoles et des noyaux subir des transformations plus ou moins variées.

Quant à la disparition de la vésicule germinative, il est évident qu'elle ne saurait être attribuée à la formation du germe, puisque ce phénomène a lieu avant la fécondation, quand on tient les femelles séparées du mâle. On ne peut pas admettre non plus, avec Purkinje, que cette disparition soit causée par la compression exercée par les parois de l'oviducte sur les ovules qui le parcourent. Car il y a des animaux, les cécilies, par exemple, parmi les poissons, dont l'embryon se développe dans l'ovaire lui-même et ne s'engage dans le canal vecteur qu'après sa complète évolution. Il est difficile, dans l'état actuel de la science, d'assigner une cause bien déterminée à ce phénomène. On peut tout au plus dire, avec M. Coste, que c'est le terme naturel de l'existence d'une partie qui a épuisé son rôle.

Origine de l'œuf. — Nous venons d'étudier l'œuf dans ses éléments constitutifs, mais nous n'avons encore rien dit sur son origine et sur son mode de formation. L'œuf est-il, en effet, une cellule, comme le pense Schwann; fait-il partie intégrante de l'ovaire, ou bien ne serait-il que le résultat de la concentration des fluides contenus dans ses loges? Est-ce un élément détaché directement de la substance propre de la mère, ou une simple sécrétion?

On ne peut résoudre ces questions sans avoir préalablement répondu à celle-ci : A quelle époque l'œuf prend-il naissance? Sous ce rapport, l'expérience ne laisse aucun doute. L'œuf est formé dans l'ovaire longtemps avant la puberté. « En sorte, dit M. Coste (*loc. cit.*), qu'une femme, parvenue au terme de sa grossesse, représente trois générations emboîtées, dont la première est représentée par les œufs de la mère elle-même, la seconde par l'enfant qu'elle renferme dans son sein, et la troisième par les germes de l'ovaire de cet enfant. » Il ne faut donc pas se contenter d'examiner l'ovule de l'ovaire des femelles nubiles. Il faut le prendre à tous les âges. C'est ainsi qu'ont procédé tous les physiologistes, depuis Baer et Purkinje jusqu'à M. Coste lui-même. Presque tous sont arrivés à des résultats différents. Les deux premiers, frappés du volume excessif de la vésicule germinative dans les œufs les moins développés, l'ont considérée comme l'origine de l'ovule. C'est pour eux une sorte de centre, autour duquel viennent successivement se déposer tous les éléments de l'œuf. L'opinion de Wagner ne diffère de celle de Baer et de Purkinje que par le rôle qu'il attribue à la tache germinative, qui, pour lui, est le point initial. Nous avons vu comment Schwann, adoptant en partie les idées de Wagner, les a prises pour point de départ de sa théorie cellulaire. M. Coste pense comme Schwann, que l'œuf est une cellule, mais il diffère avec lui sur le mécanisme de sa formation. Tandis que dans la théorie de Schwann le nucléole est le centre primitif de l'œuf, pour M. Coste, au contraire, c'est le nucléole qui serait le dernier formé.

En examinant au microscope les petits grains contenus dans l'ovaire tubuleux des insectes, il s'est convaincu

(1) L'opinion de Purkinje diffère un peu de celle de Baer. Le premier pense que la vésicule s'aplatit peu à peu, et que le blastoderme résulte de l'accolement de ses parois. M. Baer croit au contraire qu'elle se rompt au moment de la fécondation, et que son contenu, épanché au dehors, s'unit au spermatozoïde pour constituer le blastoderme.

(2) Cette tache consiste en un amas régulier de granules affectant une forme plus ou moins lenticulaire, plus ou moins sphéroïdale, et appliqués sur un point de la paroi vésiculaire. (Coste, *Histoire générale du développement des êtres organisés*, p. 133.)

sans peine que ce n'étaient point là des taches germinatives, comme le croyait Wagner, mais de véritables œufs pourvus de leur membrane vitelline. Il n'a jamais vu, d'ailleurs, à quelque moment qu'il ait exercé ses investigations, ces œufs se composer des couches stratifiées qui devraient exister avant la formation de la membrane vitelline, selon la théorie de Schwann. Il en a conclu tout naturellement que les diverses parties de l'œuf se formaient au sein de cette membrane. Voici, selon lui, le mécanisme de cette formation : « Un globule moléculaire se détache de l'ovaire et reste libre dans une des loges de cet organe. Ce globule, d'abord plein, homogène, solide, se change bientôt en une vésicule transparente (la membrane vitelline), dans la cavité naissante de laquelle se forme presque simultanément un nouveau globule qui se convertit à son tour en vésicule germinative, au sein de laquelle peuvent naître un ou plusieurs granules germinatifs. »

Cette théorie n'a pas la prétention d'être autre chose qu'une hypothèse. Mais, si de nouvelles observations viennent la confirmer, elle aura sur celle de Schwann l'avantage de résoudre un double problème. « Car, selon la remarque judicieuse de M. Coste, en démontrant que l'ovule primitif est un fragment détaché de l'ovaire, on ramènera les trois modes de propagation connus sous les noms de *gemmiparité*, de *scissiparité*, d'*oviparité*, à une règle commune, et l'on ne confondra plus le produit femelle de la fécondation avec les sécrétions ordinaires de l'organisme. » — F. Toule.

PALÉONTOLOGIE.

COURS DE M. A. D'ARCHIAC.

(MUSÉUM D'HISTOIRE NATURELLE.)

(Voy. les nos 1, 2, 10, 12, 14, 16, 18, 20, 22, 24, 27, 29 et 31.)

XIII.

Faune quaternaire de l'Asie.

ASIE SEPTENTRIONALE.

Messieurs,

Le caractère le plus remarquable du nord de l'Asie, de ces immenses surfaces comprises entre l'Oural à l'ouest, l'Altaï au sud et la mer Glaciale au nord, ce qui, depuis près de deux siècles, a toujours attiré l'attention des naturalistes, c'est la présence, sur une infinité de points, de débris de grands mammifères pachydermes, particulièrement d'Éléphants et de Rhinocéros enfouis dans les dépôts superficiels des vallées et dans le sol glacé des côtes. Nous avons déjà exposé la partie historique de ces découvertes dans la première partie du cours (*Cours de paléontologie stratigraphique*, 1re partie, 1862, p. 150), il ne nous reste donc à vous parler aujourd'hui que des recherches plus récentes dont cette faune a été l'objet.

On attribue à l'action des agents atmosphériques la destruction successive des sommités de l'Oural et l'accumulation dans les vallées qui en descendent des amas de détritus qu'on y observe. C'est dans ces dépressions que l'on trouve des alluvions ou dépôts aurifères et platinifères, débris des filons que renfermaient les roches des sommets, et que la nature a pris pour ainsi dire le soin de bocarder elle-même, et d'offrir à l'homme dans l'état le plus favorable à l'exploitation.

Dans leurs explorations sur les deux versants de l'Oural, MM. Murchison, de Verneuil et de Keyserling, ont reconnu que les diverses roches ignées s'y sont succédé à des époques déterminées, et que les minerais d'or et de platine ont été amenés dans la plus récente de ces époques, lors de l'élévation des hautes cimes, lorsque la ligne actuelle de partage fut établie et que les granites syénitiques et les autres roches comparativement peu anciennes apparurent le long du versant asiatique. L'or et le platine en grains, résultant de la destruction et du lavage de ces produits ignés, n'ont été trouvés jusqu'à présent que dans les dépôts où l'on a recueilli des ossements d'Éléphants et de Rhinocéros, et cela presque exclusivement sur le versant oriental de la chaîne, de sorte qu'il y a une relation particulière entre deux ordres de phénomènes entièrement différents. Si l'on remarque, en outre, que les veines aurifères manquent dans les anciennes couches détritiques de la chaîne, on ne pourra douter que l'or ne soit ici la substance minérale la moins éloignée de l'époque historique.

La nature et la disposition du sol, dans les endroits où les détritus aurifères ont été accumulés, montrent que ces dépôts diffèrent de ceux de l'époque permienne du versant opposé, en ce qu'ils se sont formés après que la chaîne eut acquis une grande partie de son relief, et seulement sur sa pente orientale, lorsque les vallées actuelles existaient déjà et qu'elles étaient habitées par de grands quadrupèdes très-voisins des nôtres. Avant que la chaîne eût atteint le relief qu'elle affecte aujourd'hui, l'espace occupé par l'Oural était une ride basse, dirigé N., S., et formant la côte orientale d'un continent sur lequel vécurent plus tard et pendant longtemps ces grands mammifères.

Les auteurs de la *Géologie de la Russie d'Europe* admettent qu'à l'époque des Éléphants et des dépôts aurifères, il existait beaucoup de grands lacs qui furent mis à sec lors de la formation du relief actuel. Leurs eaux, en s'écoulant, déposèrent les sables aurifères et les ossements des animaux qui avaient vécu dans le voisinage. Peut-être pourrait-on s'étonner de ne point retrouver ici, non plus que dans les autres pays où la même hypothèse a été invoquée, tout ou partie des dépôts stratifiés qu'ont dû former ces lacs supposés, ni aucune trace des coquilles d'eau douce ou terrestres qui ont dû les peupler; d'autant plus que la couche argileuse qui recouvre les alluvions de l'Oural ressemble au lehm des vallées du Rhin et du Danube, lequel renferme aussi, comme nous l'avons vu, des ossements des mêmes grands mammifères et des coquilles fluviatiles et terrestres très-abondantes.

Sur les limites de l'Europe et de l'Asie, le nombre de ces ossements augmente à mesure que l'on s'avance dans la Sibérie et que l'on descend les affluents et les vallées de l'Ob et du Tobol.

D'après les vues d'Alex. de Humboldt, le soulèvement en masse de l'Oural, de l'Altaï et de tout le continent asiatique doit avoir tellement refroidi la Sibérie, que les forêts où vivaient en si grand nombre l'*Elephas primigenius*, le *Rhinoceros tichorhinus*, le *Cervus megaceros*, le *Bos Pallasii*, l'Aurochs, l'*Elasmotherium*, etc., et qui s'étendaient jusque vers la mer Glaciale, se sont reculées dans leurs limites actuelles. Lors du dernier soulèvement de l'Oural, la débâcle des lacs supposés a pu entraîner les grands mammifères dans les rivières, qui les auront transportés, avec les alluvions et les boues, jusque sur les bords des grands fleuves et de la mer Glaciale, par l'Ob, l'Yénissei et la Lena.

M. Murchison fait remarquer que longtemps avant la création des Éléphants, les contre-forts septentrionaux de l'Altaï circonscrivaient à leur origine les principales rivières qui descendent de la chaîne et se dirigent vers le nord. Les embouchures actuelles de ces fleuves étaient sous les eaux, puisque des débris marins sont, comme on l'a vu, associés avec les ossements de mammifères jusqu'à une certaine distance de la côte; de sorte que, suivant cette manière de voir, une élévation en masse de la Sibérie, à 30 ou 60 mètres au-dessus de son niveau à l'époque des Éléphants, suffirait pour expliquer le desséchement des côtes nord, dans les vases desquelles les ossements sont enfouis, de même que l'abaissement de température sur cette vaste surface continentale.

Partout où les restes de pachydermes ont été rencontrés, depuis les pentes supérieures des deux versants de l'Oural jusqu'aux embouchures des grandes rivières de la Sibérie, tout annonce que ces mammifères ont vécu dans le voisinage de lacs et d'estuaires, où pendant longtemps leurs débris se sont accumulés et ont été parfois entraînés jusqu'à la mer, puis mélangés avec les restes d'animaux marins. Ainsi, de l'Oural et de la Sibérie à l'est, de la Crimée et du Caucase au sud, comme des Carpathes à l'ouest, ont été charriés les ossements de cette faune terrestre qui a précédé l'époque actuelle, et la quantité de ces débris est en rapport avec l'étendue des surfaces émergées que ces animaux ont habitées, et, par conséquent, avec la quantité de nourriture qu'ils devaient y trouver.

On pourrait objecter aux suppositions que nous venons de rappeler, que, si ces mammifères ont vécu dans le voisinage des lacs et des estuaires, c'est que le niveau général du sol de cette région était déjà très-bas, et, comme aujourd'hui les alluvions glacées dans lesquelles ils sont enfouis se trouvent aussi très-peu au-dessus de la mer, on ne voit pas bien en quoi a pu consister le soulèvement en masse. De plus, ce soulèvement de la Sibérie, en le supposant de 30 à 60 mètres, n'aurait occasionné, suivant la loi du décroissement, encore peu certaine à la vérité, qu'un abaissement de température d'à peine un tiers de degré centigrade, abaissement insuffisant pour occasionner des modifications très-sensibles dans les productions végétales. Il est donc difficile de comprendre, d'une part, un soulèvement récent de quelque importance, et de l'autre, l'effet qu'on lui attribue.

Quant aux applications que l'on serait tenté de faire à l'Oural de la théorie des anciens glaciers, elles semblent jusqu'à présent dénuées de probabilité, car cette chaîne, dont les pics s'élèvent à 1525 mètres, quoique située en grande partie sous une latitude froide où la neige persiste pendant huit mois de l'année et ne fond pas même complétement sur quelques sommités, n'a offert aucun des caractères qui résultent de l'action des glaciers, et tout annonce qu'elle n'en a jamais été couverte d'une manière permanente.

Le versant nord de l'Altaï nous offre encore les mêmes phénomènes que les pentes orientales de l'Oural; les alluvions aurifères y sont en rapport avec la disparition des Éléphants et des Rhinocéros. « Si, d'une part, dit » M. P. de Tchihatcheff (*Voyage dans l'Altaï oriental*, » 1845, p. 397), les ossements fossiles, dont tous les » atterrissements aurifères de la chaîne sont plus ou » moins remplis, leur assignent un âge très-récent; de » l'autre, la nature du terrain qui les supporte se rattache » à l'époque la plus ancienne des dépôts sédimentaires. » En effet, partout où les alluvions ne reposent pas sur » la roche qui semble les avoir produites, elles se trou- » vent constamment supportées par des terrains anciens » (silurien, dévonien ou carbonifère), qui forment la plus » grande partie du pays; et si par la pensée on faisait dis- » paraître tous les détritus minéralogiques des atterrisse- » ments aurifères, en ne laissant en place que les restes » d'animaux qu'ils renferment, on aurait le spectacle » curieux de bois d'Élans et de Cerfs encore existants, » se mêlant aux *Spirifer* et aux *Productus* des dépôts » anciens; on verrait les représentants des deux époques » extrêmes de la création franchir l'abîme insondable » qui les sépare, comme pour attester que, pendant cette » myriade de siècles, il n'y avait ici d'autres manifesta- » tions de la vie organique que celles qui tiennent de » près au commencement de la série des êtres, et celles » qui semblent la terminer de nos jours. »

Tout le terrain de transition avait été ainsi redressé avant l'époque secondaire, et il était resté au-dessus des eaux jusqu'au dépôt des alluvions aurifères contemporaines des Éléphants et des Rhinocéros.

Comme dans l'Oural et dans la Turquie d'Europe, les pentes de l'Altaï n'ont pas encore offert de blocs erratiques. Les glaciers sont d'ailleurs très-rares dans cette chaîne, et l'on ne connaît que ceux des colonnes de Katoune ou du mont Bielouka, signalés par M. Gebler.

Cependant la difficulté de tout observer dans de pareils voyages ne permet pas encore d'affirmer qu'on ne puisse y découvrir des traces de phénomènes erratiques plus ou moins analogues à celles de l'Europe et du nord de l'Amérique.

Mais, si à l'identité des caractères minéralogiques et géologiques des sables aurifères de l'Altaï avec ceux de l'Oural, on ajoute encore, dans les premiers, la présence d'ossements de l'*Elephas primigenius*, de *Rhinoceros tichorhinus*, de *Bos primigenius*, de *Bos priscus*, de Cerfs, d'Élans, etc., que l'on trouve sur les points les plus éloignés, et surtout dans les dépôts de l'Alataou, comme dans ceux des environs de Barnaoul, des bords de l'Aleï, de l'Inia et dans les cavernes de Tcharitsch, dont nous parlerons tout à l'heure, on sera porté à attribuer les uns et les autres à des causes analogues et contemporaines. Un autre point important de ressemblance, c'est que, dans les deux chaînes, la production de l'or dans les roches en place appartient aussi à une époque très-récente, à celle des dernières commotions qui ont fait surgir des produits ignés.

Les cavernes ouvertes dans les calcaires anciens des bords du Khankhara et de la Tcharitsch, dans le gouvernement de Tomsk, ont offert des restes de *Cervus megaceros*, de Bœuf, de Cheval, d'*Arctomys spelæus*, Fisch., de *Myoxus fossilis*, d'*Ursus spelæus*, de *Lagomys*, de Glouton, (*G. spelæus*), de Putois (l'espèce vivante), de *Felis spelæa*, d'*Hyæna spelæa*, de *Canis spelæus*, de Chauve-souris, etc.

Si nous prolongeons maintenant nos regards au nord du système montagneux de l'Altaï, dans cette vaste étendue de pays comprise entre l'Oural et la chaîne d'Okhotsk, et sillonnée par les immenses cours d'eau de l'Ob, de l'Yénissei et de la Lena avec leurs innombrables affluents, nous remarquerons que des végétaux ligneux à tige droite vivent encore au delà du cercle polaire, sous le 71ᵉ de lat., comme l'a constaté l'intrépide voyageur M. Middendorf, et cela très-peu au sud de l'espace dans lequel on a découvert la plus grande quantité d'ossements d'Éléphants. Si l'on ajoute que de grandes accumulations de bois à demi fossile ou de lignite imparfait s'observent, sur une multitude de points, engagées dans les dépôts les plus superficiels de la Sibérie, et semblent annoncer l'existence d'immenses forêts couvrant le sol pendant l'époque quaternaire, il ne paraîtra pas hors de vraisemblance que les grands pachydermes aient pu vivre, sinon sur les lieux mêmes où on les trouve enfouis dans une terre glacée, du moins à une distance peu considérable.

Les longs poils dont les Éléphants étaient couverts, la structure des dents révélée par les recherches de M. Owen, les observations de M. Brandt, qui a reconnu, par les restes de nourriture retrouvés dans les cavités des dents, que ces animaux se nourrissaient de végétaux essentiellement du Nord, conduisent à la même conclusion. Si ce dernier savant a pu réellement distinguer aussi, par l'état des vaisseaux sanguins de la tête d'un *Rhinoceros tichorhinus* du Viloui, que l'animal avait dû périr des suites d'une asphyxie résultant d'une immersion, et que les matières terreuses adhérentes aux os sont des vases d'eau douce, on pourra penser que ces cadavres ont été saisis presque subitement dans un sol gelé et non dans des blocs de glace.

A 300 kilomètres de la mer Glaciale, M. Middendorf a recueilli avec les débris d'Éléphants, et comme l'avait déjà dit Pallas, des coquilles marines dont les espèces vivent encore le long des côtes. Cette autre circonstance, que les squelettes ont été rencontrés plusieurs fois debout sur leurs pieds, fait aussi supposer que ces grands pachydermes se sont enfoncés dans la vase, et que, dans cette position, ils auront été ensevelis dans les dépôts successifs de matières terreuses.

M. Brandt ajoute que le flot ou le courant d'eau qui les a fait périr a dû venir du nord ; mais il est peu probable que ces animaux marchassent précisément vers le danger qui les menaçait, tandis qu'il est naturel de supposer que ce danger venait du sud, où les ossements de leurs contemporains sont ensevelis dans les alluvions des vallées de l'Altaï. Les courants qui ont déposé ces derniers poussaient devant eux vers le nord les Éléphants, les Rhinocéros et les autres herbivores qui habitaient les plaines et les forêts, et qui durent s'enfoncer ainsi dans les marais des pays qu'ils ne connaissaient pas. Mais une autre circonstance, qui a dû accompagner ou suivre de très-près le phénomène quel qu'il soit, c'est un abaissement rapide de température, tel que la décomposition des chairs et des autres parties molles ait été prévenue dans un grand nombre de cas. Il a fallu, de plus, que cette température ne se soit jamais relevée ensuite pour faire dégeler ce sol glacé, qui nous a ainsi conservé presque entiers les animaux ensevelis depuis tant de siècles.

Ce qui est également peu compatible avec la supposition des eaux venant du nord, où il n'y a point de montagnes, c'est que, au delà de la zone dont nous venons de parler, d'immenses surfaces et des îles entières, comme dans le groupe des Lachow et dans la Nouvelle-Sibérie, sont pour ainsi dire formées d'ossements d'Éléphants et d'autres mammifères éteints entassés et roulés dans le sable, la vase et le gravier. Souvent on les observe dans une roche qu'on prendrait pour un grès dur, et qui n'est que du sable cimenté et consolidé par de la glace, car le sol de ces régions ne dégèle jamais, dans l'été, à plus d'un pied au-dessous de la surface.

C'est, en général, dans des buttes irrégulières, disposées en séries, que l'on rencontre les ossements dont le nombre s'accroît à mesure qu'on s'avance vers le nord, et l'on a remarqué qu'en même temps les os comme les défenses perdaient beaucoup de leur poids. La première des îles Lachow est exploitée depuis quatre-vingts ans par les marchands de fourrures, qui n'ont cessé de faire des cargaisons de ces défenses, pour les porter à l'intérieur de la Sibérie et les répandre sur les divers marchés de la Russie; malgré cette extraction continue, la quantité de ces débris ne semble pas avoir diminué. Sur les îles, les défenses sont beaucoup plus blanches et plus fraîches que sur le continent, et les os de plusieurs autres mammifères, sans doute de Rhinocéros, de Bœuf, de Cheval, de Cerf, sont associés à ceux d'Éléphants. (Voyez, pour les documents bibliographiques relatifs à ce sujet, *Histoire des progrès de la géologie*, volume II, 1848, p. 312-319.)

ASIE MÉRIDIONALE.

Autant la faune qui nous occupe s'est montrée riche et féconde dans toute la partie nord du continent asiatique, c'est-à-dire sur cet immense plan incliné, depuis les pentes inférieures de l'Altaï jusqu'à la mer Glaciale, autant, jusqu'à présent du moins, elle paraît être pauvre dans sa partie sud. Ce n'est pas que les dépôts quaternaires n'y soient représentés aussi sur de grandes étendues, mais on n'y a encore que très-rarement signalé des fossiles, faute, sans doute, de recherches spéciales.

Ainsi, dans la province d'Erzeroum, au sud du Mourad-Tchan, au village de Sharvoon, près de Khanos, on a découvert, dans un dépôt de sable et d'argile, avec *Dreissena*, des restes d'Éléphant. C'étaient des dents molaires qui semblent être intermédiaires entre celles des *E. primigenius* et *indicus*, quoique plus voisines de ce dernier, et que M. Falconer a désignées sous le nom d'*E. armeniacus*.

Les autres documents que nous possédons sont presque exclusivement géologiques. Ainsi, M. Russegger nous représente le fond de la vallée de Balbek, entre le Liban et l'Anti-Liban, occupé par un dépôt de transport diluvien; MM. Ainsworth, R. Hamilton et Loftuss, décrivent le bassin moyen et inférieur de l'Euphrate, celui du Tigre, la plaine de Babylone et jusqu'au golfe Persique, comme recouverts par un dépôt erratique très-développé, parfaitement continu, d'une largeur variable suivant le cours du fleuve, et composé de sable, de gravier, de cailloux et même de blocs provenant des diverses roches ignées ou sédimentaires, qui constituent le versant sud du Taurus et les collines qui bordent le bassin.

Est-ce à l'époque quaternaire qu'il faut faire remonter ces dépôts signalés récemment en Perse, dans la vallée de l'Abhar, par M. de Filippi, et qui renferment, à divers niveaux, des restes de charbon, des os, des fragments de poteries en pâte noire très-grossière? Et ces *tepés*, ou monticules coniques, isolés, composés de matériaux incohérents, renfermant les mêmes traces d'industrie primitive et de beaucoup antérieurs, sans doute, à la fondation de Ninive et de Babylone? Ou bien, ce qui est plus probable, serait ce des témoins de l'âge de pierre dans cette contrée, où les traditions bibliques que nous retrouvons d'ailleurs chez les peuples de tous les pays, ne contribuent guère à éclaircir la question? Quoi qu'il en soit, c'est dans ces régions, regardées comme le berceau de l'humanité, qui ont été, du moins, le théâtre des plus anciennes civilisations, qu'il serait important de trouver des documents analogues à ceux que l'on a recueillis en si grande quantité dans le nord et l'ouest de l'Europe.

Plus loin, dans l'Inde, où de semblables recherches ne seraient pas moins précieuses, des pentes de l'Himalaya à la mer, d'immenses dépôts de transport occupent le fond des vallées ou recouvrent les plateaux, et doivent renfermer des débris de mammifères, sur lesquels nous possédons encore peu de détails, les accumulations si riches en ossements de ce pays ayant été rapportées pour la plupart à l'époque tertiaire supérieure ou moyenne. Des dépôts coquilliers marins règnent le long de la côte de Pondichéry à Madras et au delà, recouverts par les sables modernes; ils s'étendent jusqu'à une certaine distance dans les terres, et leurs fossiles ont leurs identiques vivant presque tous dans la mer voisine.

Deux dépôts particuliers, fort étendus dans l'Inde et sans doute quaternaires, sont le *kunker*, sorte de tuf calcaire concrétionné, semblable au travertin de Rome, observé jusqu'à 1200 mètres d'altitude, particulièrement dans les districts que traversent les basaltes ou les roches trappéennes, puis le *reguer*, ou terre noire à coton, analogue au tschornoïzem de la Russie, d'une origine tout aussi énigmatique et occupant un tiers au moins de l'Inde méridionale, les plateaux élevés, le pays d'Hydrabad, de Nagpour et le sud des Mahrattes.

Dans les vallées de la presqu'île orientale, comme dans les îles voisines où les alluvions aurifères et stannifères sont exploitées de temps immémorial, nous ne sachions pas qu'elles aient encore présenté ces accumulations d'ossements de mammifères si constantes sur les pentes de l'Oural et de l'Altaï.

Les îles de la Sonde, Telango, Madura, Samou, Sandalwood, Sumbawa, Timor, Lambock, une partie des côtes de Java, sont formées de roches presque exclusivement composées de coquilles, d'annélides, de radiaires et de polypiers, qui vivent encore sur la côte voisine. Ces calcaires blancs, très-solides, atteignent aujourd'hui jusqu'à 600 mètres d'altitude.

Enfin, les annales historiques de la Chine, scrutées par Ed. Biot, nous apprennent que des mers intérieures ont existé sur l'emplacement du désert actuel de Gobi, et aux environs du lac Ho-ho-noor. L'une de ces mers se serait déversée sur la Chine basse par un affluent du fleuve Jaune, et l'autre par la gorge de Tsy-chy. Le déluge d'Yao aurait été occasionné 2400 ans avant J. C., par le soulèvement simultané ou très-rapproché de deux grands systèmes de montagnes : l'un, barrant le fleuve Jaune qui coulait à l'ouest, le rejeta au sud, où il rejoignit la rivière Oney du Chen-si; l'autre, interceptant le cours du grand Kiang, couvrit de lacs et de marais la Chine centrale; il concourut avec le premier à modifier le cours du Chang-tong et celui du Pe-tche-ly.

Ainsi, messieurs, dans tout l'ancien continent, depuis l'ouest de l'Europe jusqu'aux régions les plus reculées de l'Asie orientale, et même dans les îlots perdus au milieu de l'océan Pacifique (îles Sandwich), partout les traditions des peuples ont conservé le souvenir de grandes perturbations dues aux déplacements des masses d'eau de la surface. Maintenant faut-il y voir la preuve que l'homme a paru, en effet, avant l'extinction de la faune quaternaire, plus ou moins en rapport avec ces phénomènes, ou bien seulement des événements plus récents, partiels, indépendants, non contemporains et distincts de la cause générale qui a concouru à cette extinction, en mettant fin à l'époque dont nous nous occupons? C'est une question sur laquelle nous reviendrons après avoir examiné au même point de vue les autres continents.

A. D'ARCHIAC.

HYGIÈNE ET PHYSIOLOGIE.

COURS DE M. HENRI FAVRE.

(INSTITUT HYDROLOGIQUE D'ENGHIEN.)

Du divorce entre le monde et la science.

Mesdames et Messieurs,

L'intention qui me guide en venant m'entretenir avec vous de deux sciences que le monde étudie peu et subit toujours, est celle-ci : Le grand monde a ses idées, ses sentiments, son activité, ses occupations, ses fréquentations particulières; il obéit à un ordre de destinées dont il a une conscience plus ou moins claire, il fait acte de civilisation. Mais, au milieu de l'entraînement social, sous l'empire des préoccupations continuelles qui les absorbent tout entiers, les gens du monde oublient souvent le fonds même de leur nature; ils peuvent être victimes à chaque instant de la non-compréhension des éléments qui les entourent et qui peuvent leur nuire ou les frapper sans merci. C'est pourquoi, à certaines époques, s'il y a des défaillances dans les croyances scientifiques; si la science, de son côté, est engagée dans une voie qui ne soit pas immédiatement attenante au salut de chacun, le grand nombre se trouve exposé à une foule de troubles moraux qui ne manquent pas de gravité. Il m'a semblé que nous étions dans l'une de ces périodes. J'ai cru que pendant ces quelques semaines de beaux jours où l'on peut quitter Paris et se recueillir en face d'une nature vraiment charmante, il était bon de se demander si cette nature, qui a tant de charmes apparents, ne cachait pas quelques dangers. J'ai pris l'engagement avec moi-même de renseigner les personnes qui peuvent en avoir besoin, sur les inconvénients de cette nature mal comprise. Je me suis demandé s'il ne serait pas utile et intéressant de faire une revue, un examen consciencieux des rapports que le grand monde peut avoir avec la nature, et de rattacher cet examen à un principe général, à l'étude de la physiologie et de l'hygiène.

La physiologie et l'hygiène constituent un ordre de connaissances qu'on abandonne ordinairement aux personnes qui s'occupent de l'art médical; et comme pour arriver à avoir l'aptitude nécessaire à l'exercice de cet art, il y a des études particulières, des obligations spéciales à remplir, le monde continue sa marche sans s'occuper du travail de ceux qui se préparent à être les gardiens de ses heureux loisirs, de son salut.

Entre les intelligences qui pratiquent et travaillent en secret et les intelligences qui se livrent au courant de la vie, il y a un hiatus énorme. La science n'est pas considérée comme rendant tous les services qu'on pourrait en attendre; il y a des malentendus entre le monde et le médecin, des insuffisances de la part du médecin, et de cet état de choses résulte un inconvénient considérable. Au lieu que la société continue sa marche rationnelle, intelligente, réfléchie, ayant toujours à côté d'elle tous les éléments qui peuvent être d'accord avec le côté supérieur qu'elle représente, on voit des erreurs immenses, des épidémies morales surgir sous toutes les formes que nous avons vues éclater depuis quelques années.

Il n'y a pas eu d'erreurs, de choses fantastiques qui n'aient été évoquées devant cette espèce de séparation plus ou moins motivée, plus ou moins fatale entre le médecin et le monde. Alors le monde qu'a-t-il fait? Est-ce qu'il est venu substituer son intelligence propre aux conseils de la science, dans ce défaut d'harmonie et d'entente existant entre lui et la médecine? Pas du tout. Quand il a vu la science se replier sur elle-même, le monde s'est replié aussi. Le monde a sa manière de réfléchir; il a sa raison à lui, à laquelle il soumet tout autour de lui et se soumet lui-même. Après avoir essayé de substituer cette raison, qu'on peut appeler le sens commun, à l'interrogation un peu orgueilleuse de la science, le monde s'est laissé aller à un abandon néfaste de lui-même; il s'est jeté dans une sorte d'abîme; il s'est livré à tous les charlatanismes, aux pratiques du plus incroyable empirisme. Il y a donc aujourd'hui une actualité plus grande que jamais à venir dire aux gens du monde quelle est la direction véritable qu'ils doivent suivre dans leurs rapports avec la nature, pour la réalisation de leur destinée; en tant qu'obligatoirement soumis aux règles de l'organisation bien comprise, il n'est pas sans à-propos non plus de venir dire aux médecins que le temps de ce travail d'analyse, de cette recherche spéciale dans laquelle la science est engagée depuis si longtemps, est sinon terminé, du moins doit être renfermé dans certaines frontières, qui nous permettent d'apprécier judicieusement la mission que la science nous appelle à accomplir de notre mieux.

Ce ne sont pas les médecins qui, dans les cinquante dernières années, ont déterminé pour la plus grande part le courant du monde vers le naturisme. C'est le XVIIIe siècle surtout qui a levé l'étendard de l'affirmation énergique des droits naturels. C'est Jean-Jacques Rousseau qui a été le grand apôtre de ce retour du monde vers la nature. Depuis cette époque, il y a une sorte d'enchaînement extrême entretenu par le caractère du mouvement littéraire qui se produisit à cette époque. A ces incitations si puissantes de la littérature vint se joindre le mouvement industriel préparé par les plus forts esprits de ce temps-là. Sans consulter ni les traditions du passé, ni même les besoins réels et immédiats du présent, on était alors à une impulsion irrésistible. Ainsi on préparait fructueusement l'avenir. Mais, sous le coup de ces nécessités transitoires, le monde se trouva lancé dans une voie qui aboutissait fatalement, au milieu d'événements mal compris, à des accidents de tous genres.

En effet, les accidents ont été nombreux. Que faisait-on à la fin du XVIIe siècle ? Si nous examinons ce qui se passait à la fin du règne de Louis XIV, il nous sera facile de juger de la métamorphose radicale que la marche des choses parvint à réaliser. Sous le grand roi, on avait été tout entier à l'étiquette. Louis XIV avait entouré la vie sociale d'un cercle infranchissable de conventions et de préjugés ; nous voyons, du temps de la régence, se déclarer un mouvement vers la nature : on rompt en visière avec l'étiquette sociale, on saute par-dessus toutes ces frontières artificielles du rigorisme pour faire ce qu'on appelle de la fantaisie, du laisser-aller ; on s'engage dans une sorte de mouvement que l'on qualifie alors dans le bon sens du mot, dans le sens latin, de *libertinage*, c'est-à-dire que l'on prend sa liberté. Une fois décidé, ce retour vers la nature s'accentue de plus en plus ; il prend enfin sa double formule dans deux activités intellectuelles du premier ordre : l'une, au point de vue du sentiment, s'incarne dans Jean-Jacques Rousseau, et l'autre, au point de vue de la compréhension, de la logique, du drame de la destinée, se couvre du nom de Diderot. De ces deux formules, l'une représente la sympathie. Celle-là a été écoutée surtout par les femmes : c'est Jean-Jacques Rousseau qui s'adresse au grand monde. Il y avait alors ces salons où se trouvaient des femmes d'une intelligence remarquable qui en étaient le centre, le rayonnement, et pour ainsi dire la divinité. Jean-Jacques Rousseau, de sa personne, était un être parfaitement naturel. Parti de très-bas, ayant traversé les événements les plus chaotiques, il avait toujours vécu en présence de la nature. Né à Genève, au pied des Alpes, il avait fait, au milieu des montagnes de la Savoie, une assez longue station chez Mme de Warens ; saisi par les aspects grandioses de ce pays, il prit un vif sentiment de la nature, qu'il colora des tons de sa diction charmeresse, de son style enchanteur. Il entre de plain-pied dans cette société supérieure qui se laisse aller doucement aux ivresses séduisantes de la nature.

Eh bien, chose étrange, lorsque l'autre formule, le côté puissant, actif, intellectuel, du retour vers la nature, se synthétise en une œuvre colossale qu'on appelle l'*Encyclopédie*, dont Diderot fut le grand artiste ; c'est Jean-Jacques Rousseau, ce Jean-Jacques qui avait parlé aux dames, qui leur avait fait voir quel charme et quelle puissance elles pouvaient trouver dans l'accomplissement de leur œuvre suprême, qui les avait incitées à reconstruire la famille ; c'est ce Jean-Jacques qui ne permettait même pas que l'enfant eût des langes, parce qu'il croyait que c'était une atteinte à la liberté future de celui qui devait être un jour citoyen ; c'est lui qui, lorsque la science du temps prend une formule décisive, la combat et s'insurge contre elle ! Dès lors une sorte d'antagonisme se révèle entre les deux côtés de la nature : le côté rationnel et le côté du sentiment.

On fondait alors les sciences organiques sous l'impulsion d'une très-haute et très-puissante individualité, celle de Haller, qui avait mis la science dans la voie de la recherche physiologique. Alors, comme Jean-Jacques lui-même fut débordé par cette expansion du retour vers la nature, par cet orgueil de la raison qui voulait avoir ses bases solides avant d'avoir ses mesures étroites, Haller abandonna, à la fin du XVIIe siècle, cette voie de progrès, où il s'était engagé le premier, à propos d'une question importante, à savoir : la manière dont les êtres se développent dans leur période embryonnaire. Haller, qui avait été un des premiers à démontrer que les êtres se forment par une puissance spéciale qui a pour effet de relier entre eux les éléments dont ils ont besoin pour constituer leurs organes divers, ce qui constitue la théorie de l'*épigénèse*, Haller revient au principe de la préformation de l'être entier dans l'embryon. A cette occasion, il écrit une lettre où il déclare qu'il est convaincu que sa première manière d'envisager cette question est la bonne, mais que, considérant que les philosophes de l'*Encyclopédie* se servent de ces phénomènes pour détruire toutes les croyances et tous les sentiments qu'il est habitué à respecter, il ne veut pas donner des armes contre ces sentiments et ces croyances. Vous voyez que, dans ce retour vers la nature, toutes les fois que l'intelligence et le sentiment se trouvent en face l'un de l'autre, et que l'intelligence veut entraîner le sentiment plus loin qu'il ne comptait aller, celui-ci recule. Dans leur naïveté, les hommes qui subordonnent ainsi la science au sentiment supposent qu'il suffira qu'ils se retirent, pour que le mouvement s'arrête : mais le mouvement, vous le savez, ne s'arrête jamais.

Vers la fin du XVIIIe siècle, ces deux éléments impérissables, le sentiment et la raison, se trouvèrent réunis dans une sorte de pastorale vraiment charmante. Vous vous rappelez le petit Trianon, et les caprices burlesques de Marie-Antoinette. C'était une manière pour la cour de revenir à la nature. Il y avait là des bergers bien frisés, des bergères à rubans roses, toute une nature de convention galamment travestie. C'était, en un mode spécial, la recherche de la nature ! Marie-Antoinette, la bergère de Trianon, la boulangère de Versailles, comme on l'appelait, servit pour ainsi dire d'intermédiaire pour la première réunion qui ait eu lieu du monde avec la science. A côté d'elle, il y avait un homme qui, le premier, au XVIIIe siècle, après Buffon, vit qu'il y avait dans la nature, entre tous les êtres vivants, des rapports exacts, des points de contact. Il devina ainsi ce qui est devenu depuis l'anatomie comparée. Vicq d'Azyr était du beau monde de son époque, et pendant que Beaumarchais amusait les sœurs du roi, il voulut amuser les dames de la cour ; il imagina de faire au petit Trianon des conférences, je ne dirai pas précisément comme celles que nous faisons aujourd'hui, mais enfin dans lesquelles il se proposait de mettre le monde en rapport avec la science, et ce fut là, je crois, la première manifestation sérieuse à côté du pouvoir de la science organique.

En ce temps-là, les dames du monde, les philosophes les plus chrétiens, aussi bien que les physiologistes les plus exacts, tous tendent vers la nature. Personne ne songe à s'arrêter, jusqu'au jour où l'on voit se dresser devant soi cette espèce de pic effroyable de l'*Encyclopédie*, qui semble amonceler la tempête. Alors les dames de la cour abandonnent Vicq d'Azyr, et l'on arrive ainsi jusqu'au grand mouvement de la Révolution, après avoir passé par la physiocratie.

Ce grand mouvement, qui nous a menés à des abîmes effrayants, on s'aperçoit qu'il s'est créé tout naturellement.

On a été poussé vers la nature par un attrait dont on ne pouvait se défendre. L'esprit, un besoin réel, tout nous y a entraînés. Et depuis, qu'est-il arrivé ? De même que Jean-Jacques Rousseau a reculé devant l'*Encyclopédie*, qu'il trouvait trop rationnelle, moins sentimentale que lui-même, l'*Encyclopédie*, qui avant la Révolution a fait la conquête de la science, a oublié à son tour ce côté du sentiment que Jean-Jacques Rousseau avait introduit, et alors, avec la roideur de la logique, la raison n'a pas voulu sortir du cadre qu'elle s'était tracé. Cette première rupture, qui s'était accomplie entre le sentiment des littérateurs et l'inflexible logique des philosophes, est devenue une effroyable séparation entre ces deux côtés de l'activité humaine. Il est advenu de là que les dames du monde, que l'initiative de Jean-Jacques avait éveillées à la nature, ont été abandonnées à elles-mêmes par les docteurs trop rigides de la raison pure. Il faut pourtant que le sentiment se donne un aliment quelconque ; livré à ses seules impulsions, il s'est donné une nourriture véritablement délétère. On disait autrefois que la nature a horreur du vide ; c'est qu'en effet il est impossible que toute place ne soit pas prise. Il est évident que le cœur de la plus sentimentale partie du genre humain a dû aller à ce qu'il regardait comme sa véritable destinée. On a consenti, dans toutes les communions, à des concordats plus ou moins applicables ; on a fait une sorte de syncrétisme entre ce qui restait des croyances antiques et la croyance moderne.

On posait ainsi un frein à des débordements redoutables. Mais ce n'étaient là que des barrières bien insuffisantes. La tendance vers la nature ne fut point enrayée, elle prit seulement une autre voie. Quant au côté de la raison, il prit un point d'appui solide dans l'étude approfondie des sciences naturelles, mais le conflit n'était pas conjuré.

Les médecins enrôlés forcément sous le drapeau exclusif des sciences organiques ont cru devoir abandonner le monde à lui-même, dans la quiétude momentanée qu'il s'était donnée.

Nous devons nous élever à une hauteur d'action plus complète. Il faut embrasser un horizon où l'on entrevoie la réunion facile du sentiment supérieur avec la raison pratique. La physiologie bien comprise, l'hygiène sainement appréciée dans sa valeur profonde, n'offrent-elles pas le véritable terrain de la conciliation ? C'est une des nécessités de notre époque de faire cesser l'espèce de division qui existe entre les deux termes de notre constitution intime. Comment le faire cesser ? Est-ce par le moyen du pouvoir ? Le pouvoir va-t-il décréter qu'il prend parti pour le sentiment et la raison ? Le pouvoir a ses sentiments personnels ; sa responsabilité se pose sur un certain terrain d'action. Quant aux sentiments généraux de la vie quotidienne, cela ne saurait être directement de son ressort. Il est évident qu'il doit s'établir comme une sorte d'arbitrage entre les hommes qui ont le principe rationnel, et les personnes qui représentent d'une façon plus spéciale le côté du sentiment. Si l'on craint de [se demander où l'on en est, et cela tranquillement, paisiblement, entre soi et comme en famille, le divorce ne fera que s'étendre et le désastre s'agrandira. En effet, aujourd'hui les conditions de notre existence sont bien différentes de celles de nos pères. De nos jours, par le mouvement de l'industrie, par cette espèce de satisfaction qu'on a de pouvoir à peu près réaliser tous les désirs qu'on peut rêver, chacun ayant ses désirs en ce monde, il en résulte qu'il y a une certaine difficulté de la vie commune. Ainsi, on se dit : Je veux voyager, je voyagerai. Mais on ne peut voyager seul, on a des devoirs de famille, des obligations sociales.

En fait, tel voyage, au point de vue hygiénique et moral, peut-être excellent pour une jeune dame accompagnée de son mari, ou pour une jeune fille placée sous le patronage d'une famille qui a la connaissance exacte de ce que c'est qu'une destinée de jeune fille, qui sait comment on peut garantir cette jeune fille des inconvénients des voyages.

Mais supposons qu'on fasse voyager un enfant. On le fait voyager comme une grande personne ; on se dit, s'il est fatigué en route, il dormira en wagon. Ainsi, voilà des déplacements considérables qui s'opèrent. La famille se déplace tout entière, sans but, parce que dans l'intérieur d'une famille il y a un désir qui veut se satisfaire. Il est écrit dans le code que la femme est obligée de suivre son mari. Il est plus vrai de croire que dans la plupart de ces voyages improvisés, qui s'opèrent journellement dans notre ordre social, c'est bien plutôt le mari qui suit la femme.

Une femme, une mère de famille, la dame la plus estimable du monde, obéissant à un instinct bon en soi, mais qui n'est pas suffisamment réservé dans la mesure où il devrait être satisfait, peut entraîner avec elle son mari, ses enfants, des bonnes. Tout ce monde va s'installer, où? Dans des sortes d'hôtelleries, de caravansérails appropriés plus ou moins à leur destination; d'une manière générale, toujours; particulière, jamais. Et puis va-t-on se promener? Non. On se donne un but conventionnel. Les uns disent: Nous irons gravir la montagne. On ne se demande pas si on a les poumons constitués de manière à pouvoir gravir la montagne. Voilà des gens qui sont habitués à vivre dans les plaines, à respirer l'atmosphère des grandes villes, qui ont des poitrines étroites; ils conviennent qu'ils iront escalader le pic du Mont-Blanc. D'autres se diront: Il faut aller voir la mer. On est convenu de faire de l'air de la mer, de l'eau de la mer, une sorte de panacée universelle. On n'a garde de se demander ce que c'est que le vent de la mer, ce que c'est que la mer elle-même, au point de vue de ses éléments constitutifs, de ses mouvements. Chacun se met à l'eau; les uns y prennent des frissons intenses, les autres des maux de tête et des vertiges. On peut ainsi, sans l'avoir aucunement prévu, se trouver atteint de maladies très-sérieuses, qui viendront éclater au milieu de ces plaisirs qu'on s'était promis, sans autre garantie que le désir qui a poussé à aller braver des éléments qu'on ne connaît pas.

Tout cela n'est certainement pas répréhensible en soi. Il est clair que la nature a été faite pour que les hommes se mettent en rapport avec elle. Cependant il est aisé de comprendre que ce n'est pas impunément qu'on descend des hauteurs de la civilisation pour se lancer en pleine nature sans la plus petite transition. On ne peut pas brusquement quitter ce bien-être artificiel que procure la pratique de la vie sociale, que le luxe bien entendu apporte à chacun de nous. On ne renonce pas sans inconvénient à toutes les délicatesses, à tout le confort d'une existence pour ainsi dire capitonnée, et cela pour aller, sans trop de précautions, se soumettre au régime de la vie au grand air, et braver le vent, la pluie, le soleil, les plus mauvaises conditions hygiéniques. Et cependant le monde continue ainsi. On apprend que telle personne qu'on avait vue partir bien portante de Paris, ou d'une grande ville, est revenue gravement malade; et si le médecin avait eu la bonhomie de conseiller ou de laisser faire, ne pouvant rien empêcher, on dit: La médecine n'y connaît rien, la science n'est pas exacte. Si ce voyage, qui avait commencé par un caprice, finit par des désagréments, on en revient mécontent de la nature et de la médecine; il est vrai qu'on n'est pas mécontent de soi-même. Nous retrouvons encore là une lutte entre les nécessités de la vie sociale, qui a ses exigences, et cet instinct irrécusable qui entraîne les êtres humains vers la nature. Là est le vrai problème de l'hygiène et de la physiologie.

Quant à la nature, elle est impassible, elle obéit à des lois immuables. Qu'elle soit aride comme un désert, douce comme un bosquet, ou terrible comme un ouragan, elle nous voit passer sans changer, en quoi que ce soit, ni les lois qui la dominent, ni les aspects qu'elle reçoit de l'exécution de ces lois. Ce n'est donc pas vers la nature qu'il faut nous retourner, si nous voulons nous trouver sur le vrai terrain de notre liberté. Quant au monde, il a ses exigences et ses libertés particulières. Les libertés, j'en suis le plus respectueux admirateur. J'aime la liberté sous toutes les formes. Toutefois on ne juge d'une liberté que par ses fruits, quoiqu'il ne faille pas la combattre dans son principe. Il n'y a rien à faire à l'encontre de la liberté. Le monde traverse la nature à des degrés très-divers. On la tempère, on l'assouplit en consultant ses lois. A Paris, je ne dirai pas qu'on nous fait une nature artificielle, mais on introduit la nature au milieu de la civilisation. C'est très-intelligent, c'est très-louable. Cependant, malgré la beauté des arbres qu'on transplante au sein de la capitale, malgré tout le soin qu'on met à orner nos squares de verdure et de fleurs, on ne saurait considérer chaque habitant de Paris comme en rapport avec la vraie nature, avec la nature dans toute son ampleur. Dans ces conditions aussi favorables que le comporte l'enceinte resserrée d'une grande ville, la nature pour chacun de nous est encore à l'état de besoin à satisfaire. Cette nature dont nous ne pouvons nous passer, cet air pur, ce mouvement des eaux, cette verdure des arbres, il faut nous arranger de façon que nous puissions nous en repaître sans en souffrir. A la physiologie, à l'hygiène, il appartient de nous apprendre, en se fondant sur les connaissances les plus larges et les plus précises, ce que la nature doit être dans notre équilibre physique et dans notre activité morale, quels dangers elle peut nous faire courir, quel ordre de bien-être nous devons lui demander. C'est dans le parallélisme de ces deux grands points que je veux me placer. C'est l'exposé des accidents ou des bienfaits que l'homme peut rencontrer dans ses rapports avec la nature que je désire faire devant vous dans la suite de ces conférences. En d'autres termes, ce que je tiens à vous faire comprendre, c'est que la physiologie et l'hygiène doivent être étudiées dans leurs rapports avec les individus mêmes auxquels ces sciences doivent s'appliquer.

La physiologie, si on la considère dans ses lois générales, n'a pas pour l'individu d'intérêt bien immédiat. L'hygiène est certainement quelque chose d'avantageux dans le milieu social; mais quand on quitte ce grand cercle de la vie sociale pour descendre dans le cercle propre de la vie individuelle, on reconnaîtra qu'en s'en tenant aux préceptes vulgaires, on reste dans un vague qui ne correspond pas suffisamment à la mission, aux devoirs qu'ont à remplir les médecins. Le médecin, à notre avis du moins, doit avoir constamment en vue les individus qu'il traite, qui le consultent. L'individualité humaine, voilà le point culminant de la véritable physiologie, de la seule hygiène supérieure. Les individus, pour être judicieusement appréciés par le praticien, ont besoin d'être considérés en eux-mêmes, dans leur constitution, dans leur genre de vie. Il est impossible, tant qu'on restera dans les lignes générales de l'hygiène sociale, que le divorce entre le monde et la médecine puisse cesser. On a pu considérer, jusqu'à un certain point, la médecine comme correspondant suffisamment aux urgences du milieu social administratif. Jusqu'à présent, elle n'a point paru correspondre d'une façon irrécusable à la revendication incessante de l'activité personnelle du médecin vis-à-vis des activités individuelles qu'il faut guérir ou sauver.

C'est parce que, comme je vous le disais en commençant, on a épuisé dans l'école le côté logique, rationnel de la science, qu'il a paru très-simple à cette médecine de correspondre, par certains principes plus ou moins bien établis, aux besoins de ce qu'on appelle l'hygiène générale. De même il a paru très-facile de détacher des dogmes de physiologie pour les nécessités courantes de la médecine pratique. Cependant il fallait qu'il y eût une lacune. Cette lacune, on l'a vue poindre au moment où ce côté de l'activité générale est venu toucher aux nécessités immédiates de l'individualité. Et quand cela est-il apparu ?

Lorsque le mouvement scientifique ayant étendu son développement à tous les éléments de notre société, on se trouva en face de l'industrie, qui s'appelait elle-même la dominatrice de la nature, et lorsque la société, en s'engageant dans ce mouvement, fit appel à la science des médecins pour éviter les inconvénients qu'il pouvait y avoir, non plus pour les masses, mais pour les individus eux-mêmes. Vous voyez que par ce point l'individualité a fait sa revendication. Alors il n'a pas suffi de formules générales, de grandes lignes administratives, on a demandé aux médecins d'opérer aux quatre points de l'horizon ce salut individuel, par une science profondément individualisée.

Chose étrange! pendant que l'administration s'occupait de déterminer des lignes générales dans lesquelles toutes les activités collectives viendraient se coordonner, un homme, dont il faut que je prononce le nom, parce qu'il représente tout un principe d'application, est arrivé, a ouvert une voie à laquelle la médecine a eu tort de ne pas faire assez d'attention : cet homme, c'est Raspail. Pendant que la médecine officielle tendait à s'absorber en des lignes générales, ce novateur hardi songea à correspondre à des nécessités plus particulières à chacun des individus auxquels il s'adressait. Il leur a donné un livre de préceptes. C'est une sorte de bible plus ou moins bien composée. Je ne cherche pas en ce moment à en déterminer la valeur. Quoi qu'il en soit, il y eut ainsi une sorte de revendication, au sein des masses populaires, du droit de s'occuper directement et soi-même de sa propre santé. C'est là une manifestation remarquable des rapports du peuple avec la médecine; il faut savoir en tirer une juste interprétation.

Pendant ce temps, remarquez le lien, le grand monde, plus libre que la masse, le grand monde qui peut suivre ses caprices par des déplacements plus faciles, a fait exactement la même chose, quoique d'une façon différente, pour correspondre au sens indestructible de l'individualité. Le grand monde avait son hygiène déterminée d'avance par une sorte d'éducation sociale; ses tendances supérieures étaient circonscrites en des cadres de croyances parfaitement acceptées. Malgré cela, les gens du monde n'ont pu se contenter de cette ordonnance trop générale. Chacun d'eux a voulu reconquérir son individualité dans le champ de l'application médicale. A ses risques et périls, chacun a voulu se commettre personnellement à une pratique qui lui semblait plus directement reversible. Une fois ce champ ouvert, il n'y a pas eu de fantaisies, de sorciers, de devins, d'inventeurs possibles ou impossibles qui n'aient servi de direction particulière. Chaque personne du grand monde, homme, femme, jeune fille, sont allés tantôt ensemble, tantôt séparément, consulter ceux qui leur paraissaient devoir correspondre d'une manière plus ou moins exacte, fictive, miraculeuse, au besoin qu'ils avaient de rencontrer quelque chose qui correspondît immédiatement à ce besoin de direction personnelle que nul ne peut abdiquer, parce que c'est le sens intime de son individualité plus ou moins mal comprise.

Pendant que la physiologie classique et l'hygiène officielle se formulaient d'une manière plus satisfaisante en apparence, le peuple avait en médecine son Koran, son prophète, et se soumettait à une sorte de médication complète qui avait dans ses lignes quelques éléments excellents. D'un autre côté, le grand monde aboutissait à la même voie, tout en paraissant avoir oublié sa formule d'activité rationnelle. Les gens du monde en arrivaient là par la porte la plus étrange, par les combinaisons les plus incroyables. Ils s'en allaient en France ou à l'étranger, faisant venir du plus loin possible tout ce qui pouvait avoir une formule excentrique, incroyable, dans l'espoir de trouver ce qu'ils recherchaient avec ardeur, à savoir, ce qui pouvait satisfaire à leur besoin particulier. De cette situation si intéressante, nous pouvons causer ici tout à notre aise à propos de physiologie et d'hygiène. Je ne suis responsable d'aucune espèce de thérapeutique, d'aucune pratique acceptée ou insolite. Je ne parle au nom d'aucune espèce de médecine officielle ou non. Je suis libre dans le programme où il m'est si commode de me renfermer. Je viens, au nom de la science prise dans toute sa latitude, parler à des gens du monde intelligents et sympathiques, au contact desquels je ne pourrai que m'instruire en travaillant à les éclairer.

En venant dans ce salon, mon but est de jeter les bases d'un arbitrage devenu nécessaire entre les hommes de science et les gens du monde, si bien faits pour s'entendre dans une communauté de sentiments et de raison. Je vous exposerai, en conséquence, certains côtés de la science organique, de cette science qui a pour but de nous faire voir par quels admirables ressorts se maintient l'équilibre de notre organisation en face d'une nature qui la dévore et de l'idée qui la sublime. Car c'est là notre double danger. Vivre, c'est durer dans certaines conditions organiques. Lorsqu'on dit qu'un être est vivant, on ne détermine rien. On croit que la vie se fait toute seule, que ce qu'on appelle la mère nature nous est propice en toute occasion. Mais la mère nature est inflexible dans ses lois; elle nous détruit comme elle nous conserve. Le principe supérieur de notre être peut maintenir le côté organique; mais de même que la nature, il peut aussi troubler ou détruire notre santé. C'est entre ces deux abîmes de la nature et de l'idée qu'il faut que nous parcourions toutes les phases de notre existence organique, depuis le moment où nous apparaissons sur la terre, passant par toute cette filière d'âges, de changements divers qui nous sont imposés par notre destinée d'homme, jusqu'au moment de la mort.

Et non-seulement ceci nous regarde individuellement, mais il faut aussi que nous comprenions ce que c'est qu'une destinée, ce que c'est que notre destinée vis-à-vis de celle d'autrui, et la destinée d'autrui vis-à-vis de la nôtre. Comme père, comme mère de famille, comme responsable de la part de bien social qu'il faut que nous fassions, nous ne saurions apporter trop d'attention à ces deux principes. L'idée peut nous défendre, la nature peut nous anéantir. L'hygiène a pour but de maintenir un équilibre très-instable, artificiel, mais qui, quand il est bien fait, est pour ainsi dire indestructible pendant le temps qu'il nous est permis de vivre. Quant à la physiologie, elle a pour but de nous faire voir quelles sont les forces dont nous disposons, et celles contre lesquelles nous devons nous prémunir. Nous pouvons toujours dire à la nature : Je te comprends, je t'aime, je t'admire, mais je ne te subirai jamais. Je conduirai ma destinée moi-même, à travers les dédales et les précipices, jusqu'au moment où je me poserai devant la formule suprême, celle de la mort. C'est à ce point culminant que se trouve la clef même de l'hygiène. Si vous ne mettez en effet au sommet de l'hygiène la mort, si vous ne voyez que c'est vers cette mort qu'il faut tendre pour qu'elle donne tous les secrets et tous les produits épurés de l'être contenus dans les opérations de la vie, vous n'aurez pas d'hygiène, vous n'aurez pas de physiologie; la connaissance, hors de ces principes que l'observation consacre, se réduit à une philosophie vague. Ce qu'il faut s'attacher à atteindre et à posséder, c'est cette science entière et irréfutable, que je me permettrai, au point de vue de l'hygiène, de considérer comme une véritable rédemptrice, car elle nous apprend à faire notre salut organique dans le monde, ce qui est pour tous et pour chacun du plus immédiat intérêt.

HENRI FAVRE.

CHRONIQUE.

— Le *Répertoire de pharmacie*, dirigé par M. le professeur Bouchardat, entre dans sa vingt et unième année. Nous recommandons à nos lecteurs cette publication, qui chaque mois résume et analyse les travaux qui sont le plus susceptibles d'intéresser les pharmaciens et les chimistes.

— Nous avons à annoncer une publication importante, le *Dictionnaire encyclopédique des sciences médicales*, publié sous la direction de MM. les docteurs RAIGE-DELORME et DECHAMBRE, avec la collaboration d'une centaine de médecins les plus distingués. Le premier demi-volume qui vient de paraître va de la lettre A à ACC. Nous y avons remarqué les articles suivants : ABCÈS, par M. le professeur Denonvilliers; ABDOMEN : *anatomie*, par M. Le Fort; *physiologie*, par M. Liégeois; *pathologie médicale*, par M. Axenfeld; *pathologie chirurgicale*, par MM. Guyon et Follin; ABSORPTION, par M. J. Béclard; ACCLIMATEMENT, par M. Bertillon; ACCOMMODATION, par M. Giraud-Teulon, et ACCOUCHEMENTS, par MM. Depaul et Pajot.

— Nous rappellerons à nos lecteurs qu'un nouveau volume commence pour le *Courrier des sciences*, dirigé par M. VICTOR MEUNIER, et que l'on reçoit des abonnements partant du 1er juillet, et commençant le nouveau volume.

Léon Danicourt.

Le propriétaire-gérant : GERMER BAILLIÈRE.

PARIS. — IMPRIMERIE DE E. MARTINET, RUE MIGNON, 2.

PREMIÈRE ANNÉE. — N° 34. UN NUMÉRO : 30 CENTIMES. 23 JUILLET 1864.

REVUE
DES
COURS SCIENTIFIQUES
DE LA FRANCE ET DE L'ETRANGER

PHYSIQUE — CHIMIE — ZOOLOGIE — BOTANIQUE — ANATOMIE — PHYSIOLOGIE
GÉOLOGIE — PALÉONTOLOGIE — MÉDECINE

Paraît tous les Samedis.

Paris.........	Six mois.	8 fr.	Un an.	15 fr.
Départements ..	—	10	—	18
Étranger	—	12	—	20

Prix de l'abonnement avec la Revue des Cours littéraires.

Six mois..... Paris, 15 fr. Départ., 18 fr. Étranger, 20 fr.
Un an....... — 26 — 30 — 35

Rédacteur en chef
M. ODYSSE-BAROT

Les ouvrages dont deux exemplaires auront été envoyés au bureau du journal seront annoncés et analysés s'il y a lieu.

On s'abonne
A LA LIBRAIRIE GERMER BAILLIÈRE
17, rue de l'École de Médecine,
Et chez tous les libraires, par l'envoi d'un bon de poste, ou d'un mandat sur Paris.

L'abonnement part du 1er décembre ou du 1er juin de chaque année.

SOMMAIRE.

ZOOLOGIE COMPARÉE.

COURS DE M. F. DE FILIPPI.

(UNIVERSITÉ DE TURIN.)

L'homme et les singes.

I.

Messieurs,

L'admirable et grande variété de formes des plantes et des animaux qui peuplent aujourd'hui la surface de la terre n'est pas apparue tout ensemble d'un seul jet; mais elle a été précédée par une succession d'autres formes diverses, d'autres mondes de vivants, qui ont laissé, comme un témoignage de leur existence passée, des dépouilles plus ou moins complètes dans les couches de l'écorce terrestre.

Servons-nous donc d'une locution fort usitée, parlons donc encore des époques de la nature. Lorsque, par cette puissance qui n'appartient qu'à l'esprit humain, on fait revivre les générations passées, et qu'on les contemple dans leur ordre chronologique, on est frappé de ces deux faits : que chaque grande époque de l'histoire physique de notre globe se distingue par un ensemble de formes organiques qui lui sont propres ; qu'il y a une différence énorme entre les plantes et les animaux des premières époques de la création et les formes actuellement existantes; mais, qu'à mesure qu'on s'éloigne de ces âges primitifs, ces différences vont diminuant d'une manière insensible, jusqu'à l'époque actuelle, qui a pour caractère distinctif la présence de l'homme.

Tels sont les résultats purs et simples de l'observation. Quel usage en ferons-nous? Quel sera le sens de ces pages du grand livre de la création?

Ici nous n'avons à choisir qu'entre deux hypothèses, que nous aurons le courage d'appeler théories.

L'une fait intervenir directement, dans l'apparition de toute forme organique, l'action plastique d'une cause première, d'une force créatrice, et dans la disparition de ces formes l'action destructive des révolutions telluriques : elle fait passer tour à tour la vie et la mort à la surface de la terre, comme la craie et l'éponge sur le tableau noir d'un maître d'école. Selon cette théorie, les types spécifiques sont inaltérables, fixes, et à la place de ceux qui se sont éteints, d'autres ont successivement reparu par une nouvelle création immédiate.

Comme vous le concevez aisément, messieurs, cette théorie se résume en une série de *postulatums* indiscutables de leur nature ; elle est d'une simplicité qui séduit, mais d'une simplicité qui trompe. Elle repousse toutes les questions, mais il en est une qui l'embarrasse fort et que la finesse sarcastique du peuple oppose en riant aux naturalistes, à savoir : lequel, de l'œuf ou de la poule, a été créé d'abord. En somme, elle n'a pas du tout le caractère d'une théorie ; c'est une hypothèse grossière et spécieuse, qui suit les destinées de la géologie cataclystique; et par le discrédit désormais irrévocable de celle-ci, elle a perdu tout fondement, je dirais presque tout prétexte d'être.

La seconde théorie part d'un principe diamétralement opposé : de la variabilité des types spécifiques. Elle admet le développement continuel et multiforme d'une création unique, non interrompue ; elle admet (et comment pourrait-il en être autrement ?) le même ordre chronologique des diverses formes d'animaux et de plantes qui ont successivement peuplé la terre, mais elle les considère comme le résultat d'une simple transmutation continue et progressive ; elle établit, par exemple, entre les animaux d'une époque et ceux d'une époque subséquente, un lien génésique comme entre ascendants et descendants.

Cette théorie, elle aussi, est hypothétique, mais au moins elle est en parfaite harmonie avec le fait capital du développement progressif de la création organique ; elle s'appuie sur le double principe philosophique de l'action constante et du minimum d'action, et ses prémisses fondamentales peuvent être contrôlées par les faits qui se renouvellent sous nos propres yeux.

Les difficultés de son application à des cas particuliers sont encore très-graves ; mais elles dépendent en grande partie de l'extrême pénurie de matériaux présents et connus, en comparaison de ceux qui sont encore cachés à l'œil humain. C'est précisément parce qu'elle a le courage d'affronter une mer de questions, confiante dans le temps et dans les découvertes ultérieures de la science, que cette théorie doit avoir la préférence sur une autre qui, de parti pris, tourne le dos à toutes les questions.

Les premières idées sur la variabilité des espèces, sur leur filiation généalogique, apparaissent déjà dans les écrits de quelques philosophes de la nature du siècle dernier : dans Erasme Darwin, dans Gœthe, dans Geoffroy Saint-Hilaire ; puis elles se développent et se forment en corps de doctrine dans la *Philosophie zoologique* de Lamarck. Et la direction des sciences naturelles dans cette voie est si puissamment tracée, que, malgré l'autorité de Cuvier, une sorte de prédisposition fatale à abandonner le dogme de l'immutabilité des espèces se révèle à chaque page dans les écrits d'un grand nombre d'observateurs, comme ces germes de mécontentement populaire qui annoncent les révolutions sociales. C'est, en effet, une véritable révolution de la philosophie zoologique que vient d'accomplir Charles Darwin, neveu d'Erasme, dans un livre qui fait époque dans la science, par la richesse des observations et la puissance irrésistible de l'argumentation.

Il n'entre pas dans mon plan de discuter ici, ni même d'exposer en résumé les idées fondamentales du célèbre auteur de l'*Origine des espèces*; je veux seulement indiquer quelques points qui intéressent plus directement mon sujet.

Il n'est personne qui ne sache que les nombreuses races diverses de nos animaux domestiques proviennent d'une souche unique. Beaucoup de ces races se distinguent entre elles par des caractères d'une importance au moins égale, souvent supérieure, à ceux sur lesquels sont fondées les distinctions des espèces. Nous voyons de nos yeux des déviations accidentelles du type originaire, je dirais presque des monstruosités du premier degré, se fixer et se transmettre héréditairement ; nous voyons ainsi se perpétuer une race qui, dans une certaine mesure, et parfois même d'une manière très-notable, diffère de ses parents. En 1770, en Amérique, un taureau né accidentellement sans cornes fut la souche d'une race, qui aujourd'hui encore se maintient et se propage, de bœufs sans cornes. Nous disons qu'il s'agit ici d'une race et non d'une espèce, parce que nous avons été nous-mêmes témoins de son origine. Sans cette circonstance, quel naturaliste, rencontrant des bœufs sans cornes dans quelque coin reculé de la terre, hésiterait à en faire une espèce tout à fait particulière, ou même plus qu'une espèce, un genre ? Et combien de races ne distinguons-nous pas, de bœufs, de moutons, de chevaux, de chiens, races que l'homme perpétue, ou modifie, ou transforme en tant de façons, selon ses propres besoins ?

C'est de cette manière qu'a pris naissance une véritable industrie, que l'on peut bien appeler créatrice, et qui forme une des branches les plus importantes de l'économie rurale, industrie dans laquelle les Anglais seront toujours nos maîtres.

Je pourrais citer quelques autres exemples particuliers ; mais j'en choisirai un seul, que j'emprunterai au livre immortel sur l'origine des espèces. En Angleterre s'est introduite la mode d'élever une multitude de races de pigeons ; elle s'est introduite avec cette sorte de manie, et aussi avec cette intelligente obstination qui caractérisent les blonds fils d'Albion. C'est au point qu'on a vu se fonder divers clubs de *colombiculteurs*.

Or, Darwin a fait une étude tout à fait particulière des différentes races de ces oiseaux, et il a trouvé que leur variabilité touche véritablement au merveilleux. Le bec, la couleur et la qualité de la robe, le nombre des plumes timonières, le nombre des vertèbres, les caractères des pattes, du sternum, les mœurs elles-mêmes, tout change d'une race à l'autre. Il n'est pas un seul caractère qui se maintienne, entre tous ceux qui sont considérés comme distinctifs des espèces ornithologiques.

Et pourtant nous ne pouvons refuser de reconnaître que toutes ces races proviennent d'une espèce unique, qui est le pigeon biset (*Columbia livia*). Cherchez à faire accepter cette conclusion à un simple amateur de pigeons, il vous répondra par un refus non moins énergique que celui que nous pourrions attendre d'un naturaliste de la vieille école, en présence de l'idée logique et conséquente de dériver d'un seul et même tronc commun toutes les espèces de colombes.

Il est vrai que dans toutes ces variations de nos espèces d'animaux domestiques, intervient toujours l'action de l'homme, plus ou moins directe, tantôt méthodique, tantôt inconsciente. Mais l'homme ne fait que mettre en jeu et diriger les causes naturelles pour en voir plus tôt sortir les effets. D'un autre côté, l'accumulation dans les races permanentes de variétés accidentelles n'est pas soumise seulement à ce que Darwin appelle l'*élection humaine*, mais aussi à l'*élection naturelle*, c'est-à-dire à la loi de conservation de ces variations fortuites du type, qui mettent les individus chez lesquels elles se sont manifestées, en état de rester, d'une manière spéciale, vainqueurs dans la lutte incessante des êtres pour leur existence (1).

Ces assemblages systématiques, toujours très-complexes, que les naturalistes appellent variétés, espèces, genres, familles, ordres, classes, sont des créations de notre esprit, comme les compagnies, les bataillons, les régiments, les brigades, dans l'organisation militaire. L'extension de chacune de ces classes est arbitraire; elle est déterminée par les vues particulières de celui qui les compose, par des raisons que chacun évalue à sa manière. Les naturalistes ont toujours été d'accord là-dessus ; seulement, pour avoir au moins entre eux une base commune, ils étaient convenus de cet axiome : que les espèces existent dans la nature. Auparavant ils avaient fait plus, ils avaient rendu cet axiome plus compliqué et plus solennel, en l'exprimant par cette phrase, devenue traditionnelle et comme sacrée dans les écoles : il y a autant d'espèces qu'il en a été créé à l'origine Mais, quand on arrive à la pratique, il est bien souvent impossible de distinguer avec précision ce qui est race de ce qui est espèce : entre deux espèces primitivement très-bien distinctes, on découvre très-souvent, trop souvent pour la commodité des déterminations systématiques, des variations intermédiaires constantes, que les naturalistes commencent déjà à appeler espèces darwiniennes. Enfin, le dernier résultat est celui-ci, que le fameux axiome s'en est allé tenir compagnie aux autres troncs brisés de la libre pensée. Une détermination physiologique de l'espèce est impossible, et désormais nous ne pouvons plus parler que d'espèces systématiques, d'espèces de convention. Ce que nous sommes habitués à nommer races, ou variétés, ce sont des espèces qui commencent ; ce que nous appelons espèces, ce sont des variétés bien définies et surtout sanctionnées par une origine lointaine.

Enfin, l'ensemble des espèces créées peut être représenté par un arbre : les rameaux verts de l'année sont les espèces actuelles ; les boutons sont les variétés ou races, ou, en d'autres termes, les espèces de l'avenir ; les rameaux ligneux des années précédentes sont les espèces passées, souches des espèces actuelles. Parmi ces rameaux, les vieux bourgeons desséchés et vaincus par les autres, dans ce que Darwin appelle la lutte pour l'existence, sont les espèces éteintes sans succession.

Essayons maintenant d'appliquer ces prémisses à un seul sujet, à celui qui est le nœud de la grande question que nous nous proposons de discuter : l'homme et les singes.

II.

Dans la grande famille des singes, il en est trois qui se distinguent par leur ressemblance avec l'homme : aussi les appelle-t-on singes anthropoïdes. Ce sont l'orang-outang de Bornéo, le chimpanzé de Guinée, le gorille du Gabon, tous les trois supérieurs aux autres singes par leurs grandes dimensions, par l'absence de la queue, des bourses aux joues, des callosités fessières, et par leur marche tantôt verticale, tantôt horizontale, dans laquelle ils ne posent pas à terre la paume des mains, mais le dos des doigts pliés. Chacun de ces trois noms correspond à une espèce unique, selon l'opinion générale des naturalistes; mais Blyth voudrait distinguer quatre espèces d'orang-outang, Duvernoy deux de chimpanzé; Duchaillu, autorité quelque peu suspecte, à la vérité, deux espèces de ce même genre. On peut résoudre cette question au moyen de l'hypothèse d'autant de races ou d'espèces de l'avenir, engendrées selon l'élection naturelle par chacune des trois espèces systématiques communément acceptées.

Les trois singes anthropoïdes sont propres, comme nous le verrons, à l'hémisphère oriental, à cet hémisphère dans lequel nous devons chercher le berceau du genre humain. Maintenant, laissant de côté les singes américains, qui forment un groupe à part et relativement inférieur, nous pouvons grouper les autres singes de manière à former trois séries, dont chacune se rattache à sa propre espèce anthropoïde. Les babouins se rapprochent du gorille, les macaques du chimpanzé; les cercopithèques, les semnopithèques, les gibbons, de l'orang-outang. Ces trois séries ont été établies d'une façon fort ingénieuse par M. Gratiolet, indépendamment des idées du célèbre réformateur anglais, avant que ces idées fussent lancées dans le monde scientifique et fondées sur la seule considération des caractères du cerveau, qui pour chaque série tient à un propre type secondaire ; mais elles reçoivent de plus la sanction de quelques autres caractères de l'organisation, et de leur position géographique respective. — En somme, le gorille est un babouin perfectionné, le chimpanzé un macaque perfectionné, l'orang-outang un gibbon perfectionné. M. Gratiolet n'a pas dit les choses d'une façon aussi explicite, mais il les fait résulter de tout l'admirable ensemble de ses recherches sur les replis cérébraux des primates.

(1) L'éleveur choisit dans son troupeau tous ces individus qui naissent avec des propriétés qu'il lui convient de perpétuer, et élimine tous les autres; voilà un exemple de ce qu'on appelle l'*élection humaine*.

En dehors de l'action de l'homme, dans ce domaine libre de la nature, chaque espèce est susceptible de présenter des variations dans des directions diverses. Quelques-unes de ces variations se distingueront par quelque caractère d'utilité spéciale, destiné à conserver la variété ainsi formée. La loi de cette conservation est ce que Darwin appelle *élection naturelle*

Voici maintenant trois séries que je voudrais résolûment appeler séries darwiniennes. Dans l'arbre symbolique qui nous a servi un instant à représenter le règne animal, les espèces ou variétés les plus distinctes des babouins doivent correspondre à autant de rameaux verts latéraux d'une branche principale qui porte comme branche terminale le gorille. Groupez maintenant de la même manière les macaques et le chimpanzé, les cercopithèques, les semnopithèques, les gibbons et l'orang-outang. Ce premier pas une fois fait, il n'y a pas de raison pour s'arrêter et ne pas oser le second; et ainsi, fidèles au même principe, nous réunirons à leur tour les trois branches mères sur une branche mère plus ancienne, et, rétrogradant toujours logiquement dans la série des époques antéhumaines, nous serons conduits à faire dériver tous les singes d'un tronc commun.

Nous venons de préparer la voie à un problème bien plus grave : Quelle est la place de l'homme dans l'empire de la nature? Quelles sont, et à quel degré, ses affinités zoologiques? Vous connaissez, messieurs, la plaisanterie faite à Platon par Diogène. Platon définit l'homme un animal à deux pieds et sans plumes, et Diogène lui jette un coq déplumé en s'écriant : « Voici ton homme ! » Dans toutes les écoles, on ne fait guère que répéter à peu près la définition de Platon, avec cette seule variante curieuse, à savoir, que l'homme est un animal bimane plutôt qu'un bipède.

Voici donc la place que nous ont assignée les naturalistes :

Selon Linnæus, nous appartenons à la classe des mammifères, à l'ordre des primates : chefs de file, il est vrai, mais en ligne avec les singes.

Blumenbach et Cuvier, établissant une démarcation entre les primates de Linnæus, fondent, d'un côté, tout exprès pour nous, l'ordre des bimanes, et relèguent de l'autre celui des quadrumanes. Nous commencions à peine, dans ce nouveau poste, à nous sentir mieux assis sur le trône de la nature, quand on vit surgir Geoffroy Saint-Hilaire, qui devait essayer de rétablir l'ancienne parenté entre l'homme et les singes, en démontrant que, nous aussi, à l'origine, nous avons été quadrumanes.

Owen a voulu faire mieux. Il a cherché dans la tête de l'homme ce titre de noblesse qu'on venait de lui arracher des pieds, et il a fondé l'ordre des *archécéphales*, c'est-à-dire des mammifères ayant de grands hémisphères cérébraux, riches en circonvolutions et couvrant entièrement le cervelet et les lobes olfactifs. Mais la science, cette impitoyable niveleuse, s'étant avancée de nouveau, est restée maîtresse du terrain.

Enfin, les limites précises entre l'homme et le singe sont encore aujourd'hui la torture des anatomistes, et toujours les différences, qui se présentent d'abord nettes et précises, s'évanouissent sous l'analyse. Le fantôme d'une odieuse parenté n'est pas plutôt frappé, qu'il se relève plus sévère et plus humiliant. Il ne nous reste qu'une seule chose à faire : l'affronter.

III.

Ne croyez pas, messieurs, que je veuille, par le simple amour du paradoxe, ressusciter une question sortie de quelque cerveau étrange des temps passés. Il s'agit d'une question vivante, qui n'a cessé de brûler sourdement sous la cendre en attendant le moment opportun pour se présenter de nouveau dans toute sa grave plénitude.

Et ce moment arriva, il y a quelques années, quand un voyageur américain, M. Duchaillu, rapporta de l'occident de l'Afrique équatoriale de nombreuses dépouilles de gorille, et raconta aux amateurs de nouvelles piquantes des choses merveilleuses de cet horrible gros singe. Le gorille devint la bête à la mode, le favori des journaux et des conversations de la cité de Londres, reparaissant de temps à autre à son poste d'honneur entre le coton et la politique. Une lutte très-vive s'engagea entre les deux plus valeureux champions de la science anatomique en Angleterre, entre Owen et Huxley; et le public d'outre-Manche, si cultivé et si avide de culture, la suivit avec cette attention, avec ce froid fanatisme et avec ces acclamations humoristiques qui sont une expression constante de son caractère. La partie était ainsi engagée : Owen, d'un côté, s'étudiant à dégager l'homme de cette étroite parenté avec les singes; Huxley, de l'autre, travaillant à resserrer les liens anatomiques qui l'y rattachent.

Cette question vaut donc la peine qu'on s'en occupe.

Les singes avec lesquels nous devons supporter la confrontation sont ces trois espèces que vous connaissez : l'orang-outang, le chimpanzé, le gorille, et dont vous voyez les dépouilles rangées devant vous.

La première impression, quand on les regarde, est qu'ils diffèrent de l'homme à tel point, qu'on ne comprend pas comment une aussi grande distance a pu être mise en question, et qu'on éprouve une aversion décidée à subir ce supplice de Mézence, auquel certains cerveaux curieux de naturalistes veulent nous condamner. Mais l'homme, qui se sent homme, ne se refuse jamais à faire pénétrer son regard sous le voile des apparences.

Dressons le bilan des différences et des analogies de l'homme avec les singes; notez bien que je parle de bilan et de mesure, parce que notre examen doit porter uniquement sur ce qui peut se voir, se toucher, se peser.

La diversité si grande de la face se présente ici tout d'abord. Celle du chimpanzé est la moins éloignée du visage humain; celle du gorille, au contraire, est épouvantablement bestiale. Mais ne mettons pas en comparaison avec ces singes la tête de Napoléon ou de l'empereur Nicolas; prenons celle d'un *Papou*, d'un nègre de l'Australie, et alors la distance entre les deux sujets de comparaison diminue de beaucoup. L'angle facial des races humaines oscille entre deux extrêmes, qui sont 85 et 64 degrés; mais, dans les singes, nous trouvons un maximum peu éloigné du minimum humain. Dans le jeune orang-outang, chez qui la première dentition n'est pas encore achevée, l'angle facial est de 60 degrés. Une différence entre l'homme et le singe existe sous ce rapport, sans doute; mais ce n'est qu'une différence du plus au moins.

Chez l'orang-outang, la longueur des extrémités antérieures est énorme; avec les doigts étendus, elles atteignent presque au talon, et de ce côté il dépasse le chimpanzé et le gorille. Les extrémités antérieures n'arrivent chez celui-là qu'à la moitié, et chez celui-ci qu'au tiers supérieur de la jambe. Mais les extrémités antérieures nous offrent matière à une considération bien plus importante.

Chez l'homme et chez les singes de l'ordre le plus élevé, la longueur du bras dépasse celle de l'avant-bras; dans les singes américains commence la proportion inverse, c'est-à-dire la prédominance de l'avant-bras sur le bras; de même la longueur relative de la main est en proportion croissante en partant de l'espèce humaine. Ce sont deux caractères combinés de dégradation qui se montrent toujours plus évidents et d'une manière plus constante en descendant dans la série des mammifères; mais ils commencent déjà à se manifester dans l'espèce humaine, dans la race nègre. Dans celle-ci, la suprématie du bras sur l'avant-bras est déjà moindre que dans la race caucasique, et la main a des doigts plus longs, plus maigres, et les extrémités antérieures étendues le long de ses flancs arrivent un peu au delà de la moitié de la cuisse, où elles s'arrêtent, au contraire, chez l'Européen. Et si, dans l'ordre des caractères annoncés, nous arrivons maintenant aux singes anthropoïdes, le gorille et le chimpanzé ont un avantage décidé sur l'orang-outang, dans lequel la grande longueur des extrémités antérieures s'applique particulièrement à l'avant-bras et à la main, et dont les doigts sont relativement plus fins et plus maigres.

J'arrive à la différence la plus importante, celle qui consiste à dire que l'homme est bimane et que les singes sont quadrumanes. Mais ici il importe de nous bien entendre sur les caractères qui distinguent la main du pied.

Il faut d'abord reconnaître que la main et le pied sont des parties parfaitement homologues entre elles, comme le sont isolément les parties des extrémités antérieures avec les parties correspondantes des extrémités postérieures : là l'omoplate, ici le bassin; là l'humérus, puis le radius; ici le fémur, puis le tibia; là le carpe, le métacarpe et les phalanges, ici le tarse, le métatarse et les phalanges. Mais, dans la sphère de cette homologie, il y a place pour une modification telle, que la partie terminale d'une des extrémités sera appelée main, tandis qu'on donnera le nom de pied à l'autre partie. Les caractères assignés communément à la main sont la mobilité des doigts de tous et de chacun, et surtout la mobilité du pouce, s'écartant des autres doigts et leur étant opposable. Il est réel que ces caractères se retrouvent dans les extrémités postérieures des singes; mais, comme Bory de Saint-Vincent l'a fait observer, le pied peut acquérir la faculté d'empoigner, ce qui est le caractère de la main, par la force de l'exercice, même chez l'homme. Et Geoffroy Saint-Hilaire est allé plus loin, il est allé jusqu'à soutenir que l'homme lui-même était originairement un quadrumane.

Dans les statues antiques, le pouce des pieds est représenté divergent des autres doigts, indice de la primitive indépendance de ses mouvements. Il s'est conservé comme un reste de cette indépendance chez certaines populations qui ne connaissent pas l'usage de la chaussure. Les Charruas, tribu indienne de l'Amérique méridionale, excellents cavaliers, se servent, au lieu d'étriers, d'un simple anneau dans lequel ils mettent seulement les orteils en les y tenant étroitement serrés. Les Indiens de l'Orénoque, ceux du Yucatan, les nègres de l'Australie, peuvent avec les doigts des pieds ramasser de la monnaie à terre, saisir des pierres et les lancer; les Bengalis savent se servir aussi des pieds pour manier la rame. Enfin que de choses ne fait-on pas avec les pieds!

Mais tout cela ne suffit pas encore pour constituer une main. Dans la fameuse lutte entre Owen et Huxley, ce dernier a démontré jusqu'à l'évidence que ce que l'on appelle la main postérieure des quadrumanes est un vrai pied, auquel s'attache un muscle long péronier, dont les doigts sont munis d'un muscle fléchisseur court et d'un extenseur court, dont le tarse se compose de sept os disposés comme dans le pied humain. Et ainsi il repousse absolument la dénomination de quadrumanes consacrée par l'autorité de Cuvier et par un long usage, et il rétablit l'antique ordre des primates, comprenant l'homme et les singes, non comme l'avait fait Geoffroy Saint-Hilaire, en ramenant les hommes au type quadrumane, mais au contraire en faisant des singes eux-mêmes des bimanes.

Il est vrai que, dans les singes, le pouce des pieds est beaucoup plus court que les autres doigts, tandis que le contraire a lieu dans le pied humain; mais regardez combien s'allonge déjà le pouce chez le chimpanzé et chez le gorille, qui sont encore en ce point supérieurs à l'orang-outang.

La marche des singes est tout à fait particulière et bien différente de celle de l'homme. Ils posent sur la terre, non la plante, mais le bord extérieur du pied, faisant arc avec les doigts et retournant en dedans la partie plantaire, qui, moins exercée par une pression continue, reste ainsi beaucoup moins large que la partie correspondante du pied humain. Or, la plante des pieds du gorille est déjà plus large que celle de l'orang et même du chimpanzé, et la partie qui touche la terre est plus grande, le talon est plus robuste. Par ce caractère, le gorille est encore au-dessus des autres singes anthropoïdes.

D'un autre côté, observez les premiers pas d'un petit enfant : dans l'incertitude de ses mouvements, il tient les pieds tournés en dedans, comme en souvenir d'un caractère originaire qui doit bientôt s'effacer. Je vous demande pardon, ô mères qui m'écoutez. La science, pour être fidèle et entière, est forcée aujourd'hui de profaner vos plus douces joies.

Traduit de l'italien par ODYSSE-BAROT.

— La suite au prochain numéro. —

PHYSIOLOGIE GÉNÉRALE.

COURS DE M. CLAUDE BERNARD.

(FACULTÉ DES SCIENCES.)

(Voy. les nos 19, 22, 24, 27 et 29.)

VI.

Des mouvements chez les êtres vivants. — Mouvement ciliaire. — Mouvement sarcodique.

Nous entrons aujourd'hui dans l'analyse des circonstances qui président à la manifestation des phénomènes vitaux. Ces phénomènes ne peuvent pas se produire sans être accompagnés de phénomènes physico-chimiques qui leur servent de conditions et de milieu : il y a donc entre ces deux ordres de faits un parallélisme complet et une dépendance mutuelle, de sorte que si les phénomènes physico-chimiques diminuent d'intensité, les phénomènes vitaux s'affaiblissent également.

Or, les propriétés vitales résident toujours dans les organes élémentaires des êtres vivants, qui sont ainsi le siége véritable de tous les phénomènes de la vie. C'est donc à leur étude que se ramènent toutes les questions physiologiques, soit à l'état normal, soit à l'état pathologique; et quand nous nous occupons d'un phénomène vital, quel qu'il soit, la première chose à déterminer, c'est la partie histologique dans laquelle il se manifeste. Il ne faut point, du reste, s'effrayer de la grande diversité de phénomènes qu'on observe chez les êtres vivants; tous ces phénomènes présentent des points communs, et, envisagés d'une manière convenable, ils se ramènent à un petit nombre de classes bien distinctes. Ainsi, quelque variés que soient les appareils organiques, ils sont toujours formés de cellules et de fibres, et toutes les fonctions vitales, sans exception, aboutissent comme résultat final, soit à un produit physique, soit à un produit chimique : c'est ce produit physique ou chimique qui constitue le phénomène vital lui-même.

Dans l'étude des diverses manifestations de la vie, nous commencerons par les phénomènes de mouvement et de sensibilité, en nous adressant surtout aux organes des animaux élevés, qui présentent toutes les fonctions plus développées et mieux isolées.

Parmi les mouvements qui se produisent dans les êtres vivants, il faut d'abord distinguer les mouvements physiques et les mouvements vitaux proprement dits. Il y a, en effet, dans les êtres organisés des mouvements qui sont dus à des propriétés purement physiques : par exemple, la déhiscence de certaines graines qui s'opère exclusivement sous des influences hygrométriques. Citons aussi des mouvements moléculaires appelés mouvements browniens, et qu'on observe également chez les animaux et chez les végétaux : ils se produisent partout où l'on a des particules très-ténues disséminées au milieu d'un liquide et dans toute poussière suffisamment divisée, organique ou non. Enfin, les phénomènes d'élasticité sont encore du même genre. Mais la physiologie générale n'a rien à voir à tous ces mouvements, qui se produisent dans les corps vivants de la même manière que dans les corps bruts : nous n'en parlerons donc pas.

Restent les mouvements vitaux proprement dits, qui se distinguent en trois classes :

1° Le *mouvement vibratile*, dû à l'oscillation de cils ou poils libres à l'une de leurs extrémités et implantés à l'autre dans des cellules isolées ou réunies en membranes.

2° Le *mouvement sarcodique*, dû à la contraction, ou plutôt à la rétraction d'une substance vivante particulière, contractile, mais dépourvue de nerfs, et mise en mouvement par des influences extérieures que nous examinerons.

3° Le *mouvement musculaire*, dû à la contraction d'une substance particulière pourvue de nerfs. — Ce genre de mouvement est de beaucoup le plus élevé dans l'échelle des mouvements physiologiques, car il est dirigé par un système nerveux harmonisateur qui lui donne bien plus de précision, de rapidité et de puissance.

De ces trois espèces de mouvements, les deux premières existent chez les végétaux comme chez les animaux; le mouvement musculaire seul est spécial à ces derniers.

Nous étudierons d'abord le mouvement ciliaire.

Le mouvement ciliaire ou vibratile est un mouvement moléculaire qui ne s'aperçoit qu'au microscope, et qui est dû aux propriétés particulières de certains éléments anatomiques. Ces éléments sont les cellules épithéliales, vibratiles ou ciliaires : elles ont une forme cylindrique ou ovoïde, quelquefois conique ; leur intérieur est rempli d'un liquide spécial, et leur partie centrale est occupée par un *noyau* au milieu duquel on aperçoit un *nucléole*. Cette cellule porte des cils très-déliés en nombre variable, — quelquefois un seul, jamais plus de huit, — et de longueurs égales ou inégales, suivant les cas. Ces cils sont généralement un peu renflés à leur base, quelquefois aplatis et obtus, surtout chez les vertébrés ; d'autres fois cylindriques et terminés par une extrémité pointue, particulièrement chez les invertébrés. Ils s'agitent toujours, et déterminent ainsi un mouvement, soit dans la cellule qui les porte, si elle est libre, soit dans les liquides au milieu desquels ils s'agitent, si cette cellule est fixée à une membrane qui leur rend tout déplacement impossible.

Ces mouvements ciliaires constituent un mode particulier de locomotion chez les animaux inférieurs : par exemple, chez les infusoires, et surtout chez les paramécies. L'animal est constitué en quelque sorte par une cellule vibratile isolée, et, à l'aide de ces cils, cette cellule s'agite rapidement dans les liquides où elle vit. — D'autres fois l'infusoire est fixé : ainsi les *vorticelles* sont retenues par une pédicule contractile qu'on a comparé à une fibre musculaire, peut-être sans raison. L'animal représente un entonnoir sur le bord duquel sont implantés des cils vibratiles qui, par leurs mouvements, font entrer les substances étrangères dans l'entonnoir; mais si l'on coupe ce pédicule, l'animal, redevenant mobile, est transporté par le mouvement des cils, à peu près comme le mouvement d'une hélice fait avancer un navire.

Ces cils vibratiles se retrouvent dans beaucoup d'autres animaux, et même chez l'homme, comme nous aurons occasion de le constater. Ils sont extrêmement multipliés chez tous les invertébrés, mais particulièrement chez les mollusques. Seulement, chez les infusoires, nous pouvions considérer la cellule comme isolée et constituant à elle seule l'animal, tandis que nous trouvons maintenant des surfaces vibratiles tout entières produites par la réunion d'un nombre plus ou moins considérable de cellules semblables à celle que nous avons décrite, et qui se juxtaposent de manière à former une membrane continue. L'embryon se meut encore dans l'œuf comme une véritable cellule ; mais, à l'état adulte, on ne trouve plus chez les animaux un peu élevés que des surfaces vibratiles, et elles y sont en très-grand nombre, comme on le verra tout à l'heure. L'huître peut aussi se mouvoir au moyen de cils vibratiles, du moins dans les premiers moments de son existence. En sortant de la valve, elle porte en effet autour de la bouche une couronne de cils vibratiles qui lui permettent de se transporter dans la mer pendant trois ou quatre jours; cette couronne se détache alors, et continue quelque temps encore à se mouvoir seule dans la mer ; quant à l'huître, elle tombe au fond et s'y fixe par une exsudation particulière.

Passons maintenant à l'étude des membranes vibratiles. Elles sont connues depuis très-longtemps, mais les travaux de Purkinje et Valentin ont surtout mis en lumière leurs propriétés et leurs développements considérables.

Les membranes vibratiles sont le siége de mouvements toujours dirigés dans le même sens. C'est quelquefois un mouvement infundibuliforme; ce qui se présente surtout à l'extrémité de la bouche, où cette disposition a pour but de faire pénétrer les aliments dans le canal intestinal. D'autres fois ce sont des mouvements ondulés semblables à ceux que le vent produit dans un champ de blé ; ou bien encore ce sont des mouvements rectilignes dirigés de dedans en dehors, ou de dehors en dedans, suivant les cas.

Ces mouvements, comme les cils qui les produisent, se retrouvent dans toute l'échelle animale et même chez l'homme, ainsi que nous l'avons déjà dit ; sans doute toutes les membranes muqueuses ne sont pas pourvues de ces organes, mais on en trouve dans un très-grand nombre. Les mollusques possèdent des cils vibratiles sur la muqueuse du canal intestinal et aussi sur la peau, de sorte qu'ils ont comme un vêtement complet de membranes vibratiles. Dans les animaux plus élevés, les cils vibratiles ne se montrent plus guère sur la peau : ainsi, chez les vertébrés, tous les mouvements ciliaires sont relégués à l'intérieur du corps; cependant certains vertébrés en présentent encore sur la peau, à l'état de larve : les têtards de grenouille, par exemple ; mais au fur et à mesure que l'animal se développe, les mouvements ciliaires se concentrent dans la queue, et finissent également par se réfugier dans les membranes muqueuses internes.

Purkinje et Valentin ont étudié surtout les différentes membranes sur lesquelles on rencontre des cils vibratiles.

Disons tout d'abord que ces organes ne sont pas un privilége exclusif des muqueuses, bien qu'on les trouve plus souvent là qu'ailleurs ; on en rencontre aussi dans les cavités closes, les membranes séreuses, comme l'arachnoïde, les ventricules du cerveau, etc. Il y en a même dans le règne végétal, notamment chez les algues et les mousses.

Les conduits des voies respiratoires possèdent des cils vibratiles chez tous les vertébrés. Les mouvements de ces cils ont presque toujours une direction telle qu'ils déterminent un mouvement total de dedans en dehors; cette disposition, qu'on rencontre chez les mammifères, les oiseaux et les reptiles, a pour but d'expulser des voies respiratoires les matières étrangères qui pourraient s'y être introduites. Cet épithélium commence avec l'ouverture des voies respiratoires, aux fosses nasales, et se continue par la trachée et les bronches; mais quand on arrive aux vésicules pulmonaires, c'est-à-dire à la partie vraiment fonctionnelle, on ne trouve plus de cils, ce qui autorise à penser que c'est seulement une membrane protectrice.

Le canal digestif des vertébrés ne présente de mouvements vibratiles que depuis la bouche jusqu'à l'estomac, et non plus dans toute son étendue, comme chez les mollusques ; cependant les têtards de grenouille en ont encore sur toute la longueur des voies digestives : mais il se produit là aussi ce que nous avons déjà indiqué pour la peau des mêmes animaux, c'est-à-dire que lorsqu'ils passent à l'état adulte, les cils disparaissent dans toute la partie du canal digestif qui vient après l'estomac. M. Corty a remarqué que l'intestin cessait d'avoir des cils vibratiles à une très-petite distance du canal cholédoque qui y amène la bile, et cette disparition des cils vibratiles coïncidant avec l'arrivée de la bile, il s'est cru autorisé à en conclure que c'était cette humeur qui détruisait les cils. On a en effet observé que la bile déposée sur une membrane muqueuse y arrêtait les mouvements vibratiles. Cependant, chez les mollusques, on trouve des cils vibratiles même dans les conduits biliaires, où ils sont continuellement humectés de cette humeur, sans être pour cela le moins du monde arrêtés. On peut répondre, il est vrai, que la bile des mollusques n'a peut-être pas les mêmes propriétés que celle des vertébrés ; hypothèse qui n'a rien d'invraisemblable, car la composition de la bile n'est pas exactement la même dans les deux embranchements : ainsi on y trouve toujours du sucre chez les mollusques, tandis qu'il n'y en a jamais chez les vertébrés.

Les cils vibratiles se montrent aussi fort répandus et avec des proportions très-remarquables dans les organes génitaux des deux sexes. Pour ce qui est des organes femelles, l'utérus et les trompes de Fallope présentent particulièrement des mouvements vibratiles très-marqués, et on leur a attribué des usages spéciaux en rapport avec l'accomplissement de la fonction reproductrice, surtout avec le transport, soit de la liqueur séminale, soit de l'œuf lui-même. Ces mouvements ont en effet des directions telles, qu'ils peuvent produire les effets qu'on leur suppose. Ainsi, dans les trompes, ils se dirigent de l'ovaire vers l'utérus, et peuvent ainsi concourir, d'une manière notable, au transport de l'œuf. Dans le vagin, ils ont des directions en sens différents, qui produisent un mouvement total de dehors en dedans très-propre à favoriser le cheminement de la liqueur séminale jusqu'au col de l'utérus.

Les cils vibratiles, tels que nous venons de les décrire, existent seulement dans les organes génitaux femelles. Mais les organes mâles possèdent un autre élément qu'on peut en rapprocher avec toute raison : ce sont les spermatozoaires, constitués par une sorte de grosse cellule leur servant de corps, et terminée par un prolongement ayant toutes les apparences des cils vibratiles, qui s'agite avec activité, et au moyen duquel ils se meuvent rapidement dans la liqueur séminale. Ces animalcules, — auxquels on pourrait aussi comparer les spores des cryptogames dans le règne végétal, — ces animalcules peuvent être considérés comme des cellules vibratiles isolées. Les organes mâles possèdent donc des cils vibratiles comme les organes femelles ; seulement, au lieu d'y être à l'état de membranes, ils y sont à l'état de cellules isolées : voilà toute la différence.

Ces mouvements vibratiles ont été admis, d'une manière presque unanime, par tous les physiologistes, et ils ont même donné lieu à certaines observations très-curieuses, dont nous allons parler en indiquant les conditions qui président à l'accomplissement de ce phénomène.

Et tout d'abord, le mouvement vibratile est un mouvement constant, perpétuel ; ce qui est d'autant plus remarquable, que les mouvements sarcodique et musculaire, dont nous parlerons ensuite, sont toujours intermittents. Cependant les cellules qui servent à ce mouvement ne sont point perpétuelles comme lui ; elles se remplacent assez vite comme toutes les cellules épithéliales. Sous les cellules superficielles qui sont arrivées à leur complet développement, on trouve d'autres cellules non encore pourvues de cils, et qui, lorsque les premières tombent, arrivent à leur tour à la surface, et se munissent alors de cils pour remplacer ceux qui avaient disparu par suite de l'usure. On peut observer ce fait très-facilement sur la trachée. Pour cela, on racle la muqueuse avec soin, de manière à enlever toutes les cellules pourvues de cils vibratiles, et, quelques jours après, on constate que les cils ont reparu en aussi grande abondance qu'auparavant. On peut même, en les isolant de la membrane à laquelle elles adhéraient, leur laisser leurs propriétés particulières, et ces cellules ciliaires se meuvent alors dans les liquides où on les met absolument comme les infusoires dont nous parlions tout à l'heure.

Les cils vibratiles des organes génitaux femelles tombent à l'époque de la mue, et, pendant la même période, les organes mâles ne possèdent plus de zoospermes avec prolongement mobile, comme on l'a constaté bien des fois dans les testicules du coq. Cette disparition des cils vibratiles coïncide avec une interruption complète des fonctions reproductrices, ce qui semble bien prouver la réalité du rôle qu'on a attribué à ces petits organes dans la génération. Les maladies inflammatoires produisent le même effet dans les membranes muqueuses qu'elles affectent. Ainsi la bronchite détruit complétement les cils vibratiles des bronches, qui reparaissent après la guérison de la maladie.

Harvey a fait connaître une anomalie très-curieuse qu'on peut surtout constater chez les chevrettes, et qu'on a rattachée aux particularités des mouvements vibratiles. Souvent la mue arrive chez ces animaux presque aussitôt après la fécondation. On prend alors un certain nombre de chevrettes ; on en sacrifie une ou plusieurs quelques jours après la fécondation, et l'on constate qu'il n'y a pas d'œuf dans l'utérus. Les autres, qui se trouvaient identiquement dans les mêmes conditions, sont mises à part et complétement isolées depuis la fécondation ; et cependant il arrive qu'une partie d'entre elles mettent bas au bout d'un certain temps. Comment rendre raison de ce fait ? Ziegler a proposé l'explication suivante. L'œuf était transporté le long de la trompe, de l'ovaire à l'utérus, au moyen des mouvements vibratiles ; mais, l'époque de la mue arrivant, il est surpris en route par la chute des cils, et il reste en place au milieu de la trompe, jusqu'à ce que les mouvements vibratiles renaissent et lui permettent de descendre alors jusqu'à l'utérus. Il n'est plus étonnant dès lors qu'en ouvrant la chevrette pendant la période de la mue, on ne trouve aucun œuf dans l'utérus. Tous ces faits montrent bien l'importance des mouvements vibratiles dans les phénomènes de la génération, surtout si l'on veut considérer les spermatozoaires comme des cellules vibratiles isolées.

Il nous faut indiquer maintenant les conditions d'existence de ces mouvements ciliaires. Ce sont des mouvements d'une nature toute particulière, des mouvements essentiellement organiques ou vitaux, et toujours constants, comme nous l'avons déjà dit. On peut, sous l'influence de certains agents, diminuer ou augmenter leur intensité. Mais ce qui les distingue surtout, c'est qu'ils sont complétement indépendants du système nerveux, et qu'ils échappent à l'action de toutes les substances toxiques aujourd'hui connues. Chaque élément histologique a ses poisons particuliers qui le détruisent, et amènent ainsi la mort de l'animal en supprimant un des éléments essentiels de l'harmonie vitale. Les cils vibratiles font exception, car on peut empoisonner un animal avec de l'opium, du curare, de la strychnine ou toute autre matière, jamais on ne détruira les mouvements vibratiles, qui persistent toujours un certain temps après la mort. Cependant les anesthésiques arrêtent ces mouvements. Ainsi, qu'on place un œsophage de grenouille sous une cloche avec une éponge imbibée d'éther liquide, qui, en s'évaporant rapidement, constituera une atmosphère anesthésique, et l'on verra bientôt les mouvements vibratiles cesser complétement. Mais si on lève la cloche pour laisser les vapeurs d'éther se dissiper dans l'air, les mouvements vibratiles recommenceront aussitôt, car ils étaient simplement suspendus et non détruits, comme cela arrive sous l'influence d'un poison. L'action des anesthésiques est du reste la seule que l'on connaisse, et c'est probablement une action physique.

On peut considérer les mouvements vibratiles, soit dans leur intensité, soit dans leurs causes, soit dans leurs directions.

L'intensité est plus ou moins grande, suivant que la température est plus ou moins élevée : ainsi, chez une grenouille, les mouvements ciliaires sont bien plus rapides en été qu'en hiver. Ces mouvements sont du reste très-énergiques, et les moyens de les constater fort faciles. Il y a d'abord l'observation microscopique simple. Ces mouvements vibratiles se confondent souvent à l'œil en une sorte d'ondulation. Du reste, tous les micrographes savent qu'en rodant légèrement avec un cure-oreille la muqueuse du nez, on en ramène un certain nombre de cellules ciliaires dont il est très-facile d'observer l'agitation constante. On peut aussi mettre ces mouvements en évidence par les transports de matière qu'ils effectuent : ainsi, qu'on développe la muqueuse d'une trachée ou d'un œsophage de grenouille, et qu'on dépose à une extrémité, convenablement choisie, de la poudre de charbon ou même de petits grains de plomb, et ces corps seront transportés à l'autre bout, comme vous pourrez le voir dans un instant. Mais voici une expérience plus saisissante encore. On a disposé horizontalement et avec une tension convenable un œsophage de grenouille fraîchement préparé, dans lequel est engagé un fétu de paille qui en remplit assez exactement la cavité cylindrique, de manière à subir toute l'action des cils vibratiles. Sous cette influence, le fétu chemine très-rapidement, et sa vitesse, dans l'expérience qui s'accomplit ici, est d'un centimètre par minute : c'est une vitesse qu'on peut facilement suivre de l'œil.

On peut encore introduire dans les poumons d'une grenouille de la poudre de charbon ; au bout d'un quart d'heure, quelquefois moins, toute cette poudre déposée dans le poumon se retrouve dans l'estomac. Comment a pu se faire ce transport? Évidemment par les voies naturelles. Mais quel en est l'agent? Les mouvements vibratiles sans aucun doute ; car dans la trachée, ces mouvements sont orientés de manière à rejeter dans le pharynx toutes les substances qu'ils atteignent, tandis que les cils du canal digestif tendent au contraire à transporter, du pharynx dans l'estomac, tous les objets placés sur le trajet. Certains parasites, qui vivent dans l'intérieur de nos organes, ne peuvent s'y reproduire que par un procédé analogue. Ainsi l'helminthe est un parasite des poumons, et cependant ses œufs ne peuvent se développer que dans le canal intestinal : il y avait là un fait très-singulier, que les mouvements vibratiles sont venus expliquer tout naturellement. — Émile Alglave.

— La fin au prochain numéro. —

FRAGMENTS DE CRITIQUE MÉDICALE.

Par le Dr Em. Chauffard, agrégé de la Faculté de médecine de Paris.

Broussais. — Magendie. — Chomel.

(Suite. — Voyez les nos 29 et 30.)

II.

Broussais, qui ne voulait pas d'une raison qui parle sans bouche et d'une conscience qui entend sans oreilles, rencontra des émules, et forma des disciples qui prirent à la lettre de tels préceptes, portèrent aux dernières limites le culte du fait matériel, et se promirent de ne croire qu'au pur témoignage des sens. Parmi ces matérialistes déterminés, fut Magendie, professeur au Collége de France, membre de l'Institut et de l'Académie de médecine, médecin de l'Hôtel-Dieu, commandeur de l'ordre de la Légion d'honneur. Les hautes positions et les honneurs officiels ne lui ont pas manqué ; tous les moyens d'action lui ont été donnés pour aider à l'autorité de ses leçons, et à son influence sur les générations médicales qui l'ont eu pour exemple ou pour maître.

Magendie regardait le passé des sciences médicales et physiologiques comme vide de faits démontrés, dépourvu de valeur scientifique, perdu dans les chimères, entaché de métaphysique ; et ce mot seul était, à ses yeux, la plus absolue condamnation. Lire Hippocrate et Sydenham lui paraissait une bien vaine curiosité ; en admirer les œuvres et prétendre en retirer quelque fruit, lui semblait un fait de si étrange hallucination, qu'il n'avait que pitié pour ceux qui en étaient les victimes. L'ignorance est toujours au point de départ de tels jugements : ce passé, Magendie ne le connaissait pas ; il le jugeait d'après des vues toutes superficielles et des opinions préconçues, recueillies au hasard et avec le plus distrait dédain. Il repoussait avec un égal mépris les théories proposées par ses contemporains ; il n'avait pas assez de railleries envers la médecine physiologique de Broussais; il l'accusait d'ontologisme, retournant victorieusement contre elle les armes qu'elle avait employées pour combattre.

Magendie avança donc que tout était à refaire, et il osa affirmer qu'il ne croirait en médecine qu'à ce qu'il aurait constaté directement par la vue ou le toucher. Or, voir et toucher ne se peuvent, à bien dire, au lit des malades ; l'observation clinique porte sur des phénomènes complexes qui se passent dans la profondeur des tissus, s'y associent, s'influencent et se masquent les uns les autres, s'entr'aident ou se combattent, et s'enveloppent ainsi de voiles accumulés que soulève l'intelligence plutôt que les sens. Magendie ne comprit et n'estima pas plus l'observation médicale que la science qu'elle avait créée ; il lui substitua l'observation expérimentale. L'une conduit à imaginer les entités factices dont les médecins ont rempli leur science, à créer des mots sonores et creux, comme diathèse, idiosyncrasie, génie épidémique, inflammation, fièvre, et tant d'autres qui ne représentent que des rêves, et que, jusqu'à ce jour, nous avons cru exprimer des réalités : des réalités qui se dérobent aux atteintes directes des sens ! L'observation expérimentale, au contraire, apprend des faits visibles et certains, qu'à volonté on peut provoquer au sein des organes, et qui donnent la connaissance exacte de la lésion produite et du symptôme qu'elle amène après elle. En conséquence, Magendie voua sa vie scientifique à une suite non interrompue de vivisections et d'expérimentations; il dissociait les tissus des animaux vivants, enlevait les organes, tourmentait les fibres et les nerfs, liait ou ouvrait les vaisseaux ; il retirait le sang et, à la place, injectait des liqueurs putrides; il soumettait de force à telle ou telle alimentation les animaux de son laboratoire ; il les sacrifiait ensuite à tel ou tel moment. C'est par là que Magendie chercha la vérité médicale. On devine le caractère que dut prendre son enseignement, et ce que devint la chaire du Collége de France. Ce ne fut plus une chaire, mais une table à vivisections toujours couverte de sujets en sacrifice. Ce n'était plus une démonstration, un exposé didactique que l'on allait y entendre ; c'étaient des expériences auxquelles on allait assister. L'expérimentation, quittant le silence et le recueillement du laboratoire, avait remplacé la parole, et cette muette éloquence occupait seule le public. La lassitude de ces sanglants exercices ne parut jamais gagner l'infatigable professeur ; ils lui plaisaient sans doute par eux-mêmes, car il les répétait sans nécessité, et dans le seul but de remplir la séance, et de montrer à des auditeurs, qui les connaissaient déjà, les expériences où éclatait son habileté (1).

En de telles recherches, ce physiologiste professait qu'il fallait se borner à constater et à exprimer le fait brut. Cela seul offre quelque certitude, et l'art souverain consiste à éloigner les erreurs des sens et les illusions phénoménales. Des faits expérimentalement perçus, Magendie proscrivait ou croyait proscrire tout *mélange de raisonnement* ; la science, suivant lui, n'a besoin ni de théories, ni de lois, ni de rapports généraux : elle est un vaste recueil de faits divers, plus ou moins classés par les analogies extérieures. Il aurait ambitionné pour elle l'ordre et le titre d'une publication contemporaine : *Un million de faits*. Magendie a laissé des disciples qui n'ont pas craint de le louer de cette manière d'entendre la science. Il n'en faudrait pas conclure que le maître et les disciples aient été ou soient fidèles à la méthode qu'ils préconisent. Le propre de ces esprits positifs est de marcher à l'opposé de la voie qu'ils prétendent suivre. Maître et disciples n'ont jamais cessé de parler au nom d'hypothèses, en croyant les bannir, se sont livrés d'emblée aux opinions préconçues, tout en les couvrant du plus sévère blâme. Mais ces hypothèses, au lieu de les puiser vivantes dans un ordre élevé et réel, au lieu de leur donner une inébranlable fermeté en les demandant à des causes en harmonie avec l'observation sincère des choses, ils les ont placées au plus bas des conceptions de l'esprit, et les ont trouvées, loin de toute activité et de toute génération des choses, dans les imaginations chancelantes d'un impossible mécanicisme.

Magendie, en effet, a hardiment supprimé la vie des faits vitaux ; car la vie ne se touche pas, ne s'isole pas en une substance accessible aux sens. La vie, cause et force propres, régissant un ensemble de faits spéciaux, est une hypothèse que le progrès chasse devant lui. Elle marque l'état d'enfance de la science. Aujourd'hui tout s'est éclairé : au lieu de la vie, les forces physico-chimiques; les faits vitaux deviennent faits physiques. L'être vivant et l'organisation bien vus, se montrent un simple composé chimique ; la sensibilité et l'intelligence rentrent dans les manifestations inattendues de la matière pure, et apparaissent comme le résultat démontré de sa complexité. Quelle merveilleuse puissance acquièrent tout à coup ces questions un peu négligées jusqu'ici du plus ou moins de complexité de la matière ! Moins de complexité, un minéral, un sel, un cristal; plus de complexité, l'être vivant, sentant et réagissant !

C'est sur ces bases que reposent les *Leçons sur les phénomènes physiques de la vie, professées au collége de France* ; titre étrange et qui conduit au cœur des tentatives et des préjugés du professeur. Le sens doctrinal des réalités

(1) En traçant ce tableau, nous n'entendons aucunement blâmer l'expérimentation, ni les vivisections. Ce sont des moyens d'observation dont nous apprécions la valeur. Il ne s'agit ici que de juger l'expérimentation dans ses prétentions de méthode scientifique, et non comme procédé d'analyse, ce qui est absolument différent. La méthode qui fait la science, et le procédé analytique qui atteint à la connaissance d'un fait, sont séparés d'infinies distances, malgré la confusion que trop de savants, parmi nous, établissent entre les deux.

est demeuré si longtemps affaissé, que cet énoncé ne révoltait pas tous les médecins qui l'entendaient. Si l'on parlait devant des physiciens de *leçons sur les phénomènes vitaux de la physique*, ils douteraient aussitôt du bon sens de l'auteur ; et, nous, nous laissons passer sans protestation ces incroyables mots, « phénomènes physiques de la vie » ! Nous ne répondons pas aussitôt : De pareils phénomènes ne sauraient exister ; il n'y a dans la vie que des phénomènes vitaux ; tant qu'il s'agit de phénomènes physiques, la vie leur demeure étrangère. Certainement la vie ayant pour condition nécessaire de manifestation et de développement un agrégat purement matériel, cet agrégat, en tant que matière organique, appartient tout entier aux forces physico-chimiques. Ces forces enveloppent incessamment la vie ; elles lui composent des conditions permanentes qui ne pourraient lui faire défaut, sans qu'elle s'arrêtât aussitôt. Mais ces conditions d'exercice de la vie ne sont en rien la vie, ni le principe de ses manifestations ; les choses ne se jugent que dans leurs causes : c'est là qu'elles puisent leur réalité propre, c'est par là qu'elles existent et paraissent. Lors donc qu'on traite de la vie, on traite uniquement des phénomènes vitaux ; les effets ne sauraient se séparer des causes, et trouver hors d'elles leur qualification distincte. Les phénomènes physiques de la vie sont une monstruosité pour qui sait la valeur des choses et demande au langage de la traduire.

Subtilités vaines, fantômes d'une imagination surmenée, répondrait Magendie, répondent encore les expérimentateurs positivistes ! Que signifient ces distinctions entre les conditions et le principe des choses ? Tout cela c'est de la métaphysique ! Ne raisonnons pas tant ; retournons au laboratoire ; voyons, touchons, expérimentons : la science est là. Quelle science !

Plus sont contraires à la vérité les préjugés auxquels on appartient, plus on dépense d'activité à les défendre et à les propager. Le faux donne souvent plus d'ardeur à ses adeptes que le vrai n'en inspire à ceux qu'il éclaire. Celui-ci laisse une sorte de calme et de satisfaction qui, parfois, arrêtent les impulsions créatrices et les agitations fécondes ; l'autre a besoin de se chercher perpétuellement de nouvelles preuves et de nouveaux appuis ; il semble deviner ce qu'ont de fragile et d'inconsistant ceux qu'il a cru pouvoir invoquer jusqu'ici : il faut qu'il éblouisse en passant sans relâche d'un sujet à l'autre, en déplaçant l'attention au point de la fatiguer incessamment. C'est là le secret d'un grand nombre de travaux ; ce fut évidemment le mobile de la rare activité et de l'ardeur de recherche déployées par Magendie. Quelle fut la moisson rapportée par ce labeur continu de toute une vie ? Ne semble-t-il pas qu'à travers le nombre démesuré de ses expérimentations, Magendie a dû recueillir une ample gerbe de faits nouveaux, instructifs, certains, définitivement acquis à la science de l'être vivant ?

Au premier aperçu, l'accumulation d'expériences et de mémoires laissés par Magendie promet une riche récolte ; à l'examen détaillé, on est surpris de trouver si pauvre un si lourd dossier. Si l'on élimine les travaux perdus à soutenir des interprétations erronées des phénomènes physiologiques, ou des essais thérapeutiques sans valeur, ou des théories et des distinctions pathologiques sans portée durable, on ne trouve à mentionner que quelques constatations, le plus souvent incomplètes, de faits peu importants. Certes ce siècle compte de grandes découvertes en physiologie : aucune ne se rattache au nom de Magendie. Ch. Bell, en méditant sur des faits d'observation vulgaire, en étudiant avec une sagacité éclairée les dispositions anatomiques des nerfs et leur naissance de la moelle épinière, en faisant quelques rares expériences pour confirmer ce que son intelligence découvrait, Ch. Bell a doté la science de l'être vivant de l'admirable distinction des nerfs de sentiment et des nerfs de mouvement. Magendie a essayé un instant de tourner vers lui, de conquérir pour son compte une découverte qui en rien n'était sienne ; il a multiplié les vivisections à ce sujet, de façon à mêler, pour un moment, son nom au bruit d'une telle conquête de la science. Son agitation ne fit que mieux ressortir le génie de Ch. Bell qui avait su voir à peu de frais et avec sûreté ce que le physiologiste français n'avait pas su rencontrer dans son travail tout voué à l'opération expérimentale, mais que le recueillement et l'observation réfléchie ne venaient jamais féconder.

Si Magendie ne peut compter parmi ces rares génies qui, comme Aselli, Pecquet, Haller, Ch. Bell, ont jeté de soudaines et abondantes clartés sur les mystères vivants de l'organisme, est-il du moins de ceux qui ont élucidé certaines des conditions physiques de la vie ? A-t-il réussi, lui qui considérait cette vie comme physique dans son principe, à déterminer la production physique de quelques phénomènes organiques, et a-t-il aidé à la connaissance analytique de fonctions vitales, en les poursuivant dans les réalisations matérielles qui leur servent de support ? Ici, encore, la stérilité de l'œuvre de Magendie demeure frappante.

La préoccupation constante de sacrifier tout ce qui semblait se rapporter à une faculté spécialement vitale, et de préférer toujours à de telles facultés l'unique force physique, l'a conduit d'erreur en erreur, même sur le terrain des conditions physiques de l'être. Ainsi, dans cette capitale fonction de la circulation du sang, où le mécanisme est si évident comme condition, et si faux comme principe de la fonction, Magendie, pour tout réduire à l'ordre mécanique, nia la contractilité des artères et des capillaires sanguins, que la physiologie de son temps reconnaissait déjà, que depuis on a mis hors de toute contestation, et que laissait deviner la pure observation des modifications brusques et spontanées qui surviennent dans la circulation capillaire de telle ou telle partie, soit dans l'état pathologique, soit même dans l'état physiologique, sous l'influence de causes diverses, et des émotions morales en particulier. Mais la contractilité sentait par trop la vie et son activité propre; Magendie lui préféra l'élasticité, propriété toute physique, qu'il associait à l'impulsion hydraulique dont le cœur était l'instrument. Il expliquait ainsi toute la circulation, celle des gros vaisseaux comme celle des capillaires. Quant au cœur, il se gardait d'y rien admettre qui pût en faire un organe vivant; il n'y voyait qu'une machine hydraulique qui fonctionnait exactement comme celles que l'industrie de l'homme fabrique. « Magendie, dit M. Fréd. Dubois dans la remarquable étude qu'il a consacrée à ce physiologiste, Magendie était tellement pénétré de cette idée, qu'il avait été jusqu'à proscrire les dénominations, devenues vulgaires, de cœur, d'oreillettes et de ventricules; pour lui il n'y avait plus dans la poitrine que deux pompes adossées l'une à l'autre, l'une qu'il appelait la pompe droite, et l'autre la pompe gauche. Ce n'est pas tout, au lieu de ventricules et oreillettes, il aurait voulu qu'on dît corps de pompe et réservoirs. Il aurait même voulu qu'on ne parlât plus d'artères ni de veines, mais qu'on dît tout simplement les grands tuyaux et les petits tuyaux. Bref, il était revenu, sous ce rapport, à la physiologie de Descartes. »

La découverte de l'auscultation avait cependant introduit un nouveau problème tout physique dans la physiologie du cœur : les bruits cardiaques attendaient une explication qui pût cadrer avec la théorie des mouvements de l'organe où ils se passaient. Ce problème, dont l'étude offrait de si admirables applications dans une partie jusqu'alors obscure de la pathologie, devait solliciter Magendie; il n'eut pas le bonheur de le résoudre. Son expérimentation marchait trop *sans mélange de raisonnement*, pour rencontrer de ces succès; il laissa à un médecin qui raisonnait plus qu'il n'expérimentait, le mérite d'établir une théorie solide de la production de ces bruits. Nous serions bien tenté de donner tout le bagage scientifique de Magendie pour l'honneur qu'a obtenu M. Rouannet d'avoir éclairé ce petit point de la physiologie cardiaque, tout limité que soit ce point aux conditions mécaniques de la circulation du cœur.

Il y a de l'hydraulique dans les conditions des fonctions circulatoires; et si Magendie, en n'y voyant que cela, a mutilé ou gravement dénaturé la physiologie du cœur et des vaisseaux, du moins il n'a pas soumis cette partie de la physiologie à un fait entièrement fictif et dépourvu de tout rapport avec les phénomènes qu'on lui donnait à régir. L'esprit positif de Magendie devait fournir de plus chimériques théories, et ce savant, qui assurait ne croire qu'à ce qu'il voyait et touchait, devait aboutir aux plus complètes illusions. Comment désigner, en effet, les explications au moyen desquelles il prétendit exposer les secrets cachés de deux des plus essentielles et plus générales fonctions, l'absorption et l'exhalation. Ici, comme toujours, Magendie chercha à ramener ces actes de l'économie vivante à des phénomènes exclusivement physiques; il y supprima la vie, et considéra ces fonctions, non dans leur principe, dans leur cause de mouvement, dans leurs rapports avec l'ensemble des synergies vivantes, mais uniquement dans leur mode d'exécution. Ce dernier côté existe seul à ses yeux; il devient le fait initial et majeur, portant en lui la connaissance de toutes les autres circonstances de la fonction. Dans ce sens, l'étude capitale consiste à déterminer le comment physique de cette exécution : il faut savoir par quel procédé matériel les divers vaisseaux absorbent les fluides placés en dehors d'eux, et laissent échapper les fluides qu'ils renferment. Tel est le problème obscur que le physiologiste a à résoudre; il est plus difficile que celui des conditions mécaniques de la circulation; sa solution présente un intérêt subordonné, mais réel, dans l'histoire des fonctions d'absorption et d'exhalation; car une fonction n'est complétement connue que lorsqu'elle est déterminée, d'un côté, dans sa cause, dans ses rapports avec l'unité et la fin de l'être, et de l'autre, dans ses conditions physiques et instrumentales. — Or, Magendie aboutit, sur l'exercice instrumental des fonctions d'absorption et d'exhalation aux plus singulières assertions. Il pensa d'abord à l'attraction moléculaire; puis il admit une sorte de *tamisage* qui, à travers de petits pertuis, laissait pénétrer dans les canaux destinés à l'absorption les fluides les plus ténus. Enfin, reconnaissant l'insuffisance de ces explications, il s'adressa à un phénomène physique vulgaire dont il s'efforça de rehausser le rôle, en le rendant maître de l'une des fonctions les plus importantes de la vie: il attribua à l'imbibition l'absorption; et pour expliquer l'exhalation, il admit une imbibition en sens inverse, qu'il appela l'exbibition.

A cet unique fait physique se ramène l'éternel mouvement de la matière organique, qui ne saurait un instant s'arrêter, sans que par retour s'arrête la vie; à une propriété passive d'imbibition se réduit le rôle de cette prétendue activité vitale qui sans cesse prend au monde extérieur des matériaux de réparation, qui sans cesse lui rend des matériaux usés et désormais impropres à la nutrition. Oui, Magendie le dit hardiment : « Ces deux grandes fonctions auxquelles on a donné le nom d'absorption et d'exhalation, ne sont autre chose, pour nous, que l'imbibition s'effectuant tantôt du dehors au dedans et tantôt du dedans au dehors. »

« Telle a été, dit M. Fréd. Dubois dans le discours que nous citions plus haut, l'étrange doctrine à laquelle Magendie s'était définitivement arrêté, et qu'il a toujours professée depuis. Et ne croyez pas qu'en cela il ait cru faire une simple supposition ou un rapprochement. Magendie croyait, et très-sérieusement, qu'il avait fait en cela une belle et grande découverte; il le croyait si bien, qu'il prétendait avoir déjà éprouvé le sort réservé à tous ceux qui ont fait de grandes choses dans le monde; qu'il avait été d'abord honni et presque persécuté; mais que si de son vivant il n'avait eu pour prix de ses travaux sur l'imbibition que dédain et rebuts, il pouvait du moins porter avec confiance ses regards dans l'avenir: car, ajoutait-il, des expériences comme les siennes doivent recevoir du temps une juste et éclatante sanction. » Il n'est besoin de rappeler de quelle manière le temps a prononcé.

On le voit, l'expérimentation à outrance, et le mépris pour l'interrogation de la pensée et l'observation réfléchie n'ont pas livré à Magendie l'une de ces découvertes qui marquent un nom; ils ne l'ont pas sauvegardé des plus graves erreurs, et son matérialisme semble avoir d'autant plus fatalement échoué contre l'écueil des vaines théories, qu'il était plus absolu. Mais alors même que Magendie eût échappé aux conséquences ordinaires de ses préjugés, quand même un éclair de l'esprit fût venu éclairer son travail, et lui eût révélé quelques-unes des conditions physiques des phénomènes vitaux recherchées par lui avec tant d'ardeur, il n'eût pas pour cela justifié sa méthode et les principes sur lesquels il la fondait. Il eût été plus heureux, mais ses enseignements eussent été aussi condamnables. Le succès est une mauvaise justification, en science comme en toute chose. Une découverte même importante n'eût pas empêché la physiologie de Magendie d'être frappée d'un vice radical, et de méconnaître les plus hautes et les plus essentielles vérités de la science de la vie. Il n'est pas, en effet, de plus mortelle erreur en biologie que de supprimer les causes des phénomènes vitaux pour mettre à leur place les simples conditions de ces phénomènes. C'est partout effacer l'activité et la spontanéité, qui sont la règle suprême de ces phénomènes, pour y substituer l'état passif et mécanique, qui sont la négation même de cette règle. Nul plus que Magendie ne fut malheureusement fidèle à de tels préjugés : aussi nul ne vit son travail frappé d'une plus éloquente stérilité. C'est un enseignement à méditer, d'autant plus que les exemples de Magendie, que ses préceptes et ses méthodes demeurent hautement glorifiés, comme nous le montrerons, et séduisent encore nombre d'entre nous.

De plus tristes révélations nous attendent, si nous cherchons à quelle médecine la méthode et la science exclusivement expérimentales ont fait descendre Magendie. La table à expérience du laboratoire ne peut être dressée dans une salle de malades; une contemplation de désordres et de mutilations pareils à ceux que le physiologiste produit sur les organes de l'animal vivant fait ici défaut. Au lieu de phénomènes suscités à volonté et placés dans un factice isolement, il faut observer des phénomènes complexes, variables, mutuellement enchaînés, soumis à une cause qui les règle, à une évolution spéciale qui les modifie ou les pousse suivant leur nature propre. C'était un art inconnu à ce savant et nié de lui ; il ne savait qu'expérimenter. L'observation des affections et des réactions de la nature vivante lui semblait une œuvre de métaphysique. Cette observation, en effet, ne fait pas toucher la production mécanique et physique des phénomènes; elle poursuit des entités imaginaires sous forme de groupes symptomatiques, que rien de réel et d'accessible ne relie; et conduit ceux dont le ferme esprit ne repousse pas de telles fictions à la création de tout un vaste et chimérique ensemble d'idées et de mots qui ne traduisent aucun fait directement appréciable aux sens. Qu'est la contagion, par exemple? Qu'est le mot épidémie, celui d'hérédité, de diathèse, d'idiosyncrasie? Que sont la fièvre et l'inflammation, le catarrhe et le rhumatisme, l'ataxie et l'adynamie? Que sont les innombrables mots de la langue médicale ancienne, qui expriment des dispositions ou des états généraux de l'économie, dispositions ou états que le scalpel, le microscope et les réactifs chimiques ne peuvent atteindre? Qu'est tout cela, sinon de la philosophie, de la métaphysique, du verbiage, de l'hypothèse, termes variés de choses identiques? En présence du malade, Magendie se trouvait devant une énigme dont il ne comprenait ni la portée ni le sens. Tout, pour lui, se couvrait d'obscurités invincibles dans l'ordre pathologique. Il n'en était pas, comme Broussais, à ne voir qu'à travers le voile des préjugés et d'un système exclusif; il en était à ne rien voir, à ne rien discerner; les moyens d'analyse et ceux d'expression, tout lui manquait à la fois.

Je ne produirai pas des exemples particuliers pour prouver l'impuissance médicale de Magendie : elle n'est que trop avérée, et éclate chaque fois que le physiologiste veut parler en médecin. Pouvait-il en être autrement? Ces idées et ces mots que Magendie réprouvait avec passion, comme entachés de métaphysique, ne sont-ils pas l'âme même de la médecine? Quel est l'observateur digne de ce nom qui ne placera pas au faîte de toute observation et de toute science médicale les faits généraux qui se rapportent aux facultés premières et essentielles de l'activité vivante, à l'état des forces et à l'idiosyncrasie ; ceux qui expriment les éléments morbides communs, ceux qui traduisent les conditions étiologiques communes? Ces faits, domaine de la pathologie générale, sont la raison scientifique, et comme la pure et immortelle substance de la médecine : ils dominent l'ordre pathologique tout entier; et, attirant à eux les faits particuliers, ils leur communiquent la vie qui leur manque, et les soustraient à la constatation empirique pour les inscrire parmi les connaissances réelles et positives. Or ces fai s généraux, Magendie les niait. Au lieu de s'attacher à éclairer ce que conservaient de confus et d'incertain ces idées mères de la science, au lieu de les développer et de les préciser en leur soumettant une plus longue suite de faits bien constatés, Magendie les raillait sans pitié, ne se doutant pas que ses railleries s'usaient contre le plus solide et le plus admirable monument qu'eût jamais élevé la science de l'homme vivant. Les attaques se sont multipliées et se multiplient encore contre ces assises fondamentales de la médecine; celles-ci n'en restent pas moins inébranlables; et, pour qui sait mesurer les progrès véritables que réalisent les travaux de notre temps, il est manifeste que le retour vers ces grandes vérités, un instant obscurcies, demeure le plus élevé et le plus pratiquement fécond de ces progrès. Rattacher les lésions et les troubles divers aux causes qui les suscitent et les soutiennent; voir l'affection interne et primitive derrière toutes les manifestations locales qui évoluent ou se succèdent; ramener à l'unité active et génératrice des phénomènes qui semblent épars, dissemblables, étrangers les uns aux autres; en un mot, saisir l'invisible producteur à travers le visible produit, n'est-ce pas là le grand art qui renaît parmi nous, et qui promet à la médecine l'ère des certitudes et des applications thérapeutiques, appuyées sur l'intelligence vraie de la nature vivante et sur les indications directement fournies par ses besoins? Nous pouvons marcher dans cette voie, sans redouter les échos des négations et des dédains de Magendie.

La possibilité de saisir la production physique des désordres morbides et d'y opposer une action physique contraire devenait le seul art légitime dans l'ordre expérimental où se plaçait Magendie. La médecine des indications fondée sur les affections et les réactions de l'économie vivante lui semblait le plus nébuleux des rêves; une médication digne de ce nom est celle-là, seulement, qui peut remettre en l'état le ressort endommagé de la machine organique. Or, l'esprit le plus décidément systématique ne saurait imaginer une médecine et un art qui réalisent de telles conditions physico-mécaniques. Aussi, pour Magendie, n'y avait-il pas plus d'art médical qu'il n'y avait de médecine. Le scepticisme thérapeutique devait s'offrir comme l'inévitable refuge de cet illustre expérimentateur. L'art de guérir lui paraissait un leurre bon à prendre les simples parmi les savants, au plus, bon à calmer l'imagination de ceux qui le réclament. « Aussi, dit M. Fr. Dubois, avait-il à peu près abandonné son service d'hôpital, et ne faisait-il plus à l'Hôtel-Dieu que de courtes et rares visites; c'étaient ses internes qui, en son absence, et pour soulager les malades, prenaient sur eux de pratiquer quelques saignées et d'administrer quelques médicaments. Magendie n'y mettait pas d'empêchements; mais c'était de leur part une prétention qui le faisait sourire : « On voit bien, leur disait-il quelque- » fois, que vous n'avez jamais essayé de ne rien faire! » En ville, dans les consultations avec les confrères, il ne faisait aucun mystère de sa parfaite indifférence pour toute espèce de médication. Si quelque jeune praticien, plein de foi dans son art, insistait avec chaleur pour lui faire approuver tel ou tel moyen de traitement, Magendie n'y mettait pas d'opposition; il se contentait de répondre : « Si cela vous amuse, faites-le. » Tel était le scepticisme à la fois railleur et impuissant auquel cette médecine d'amphithéâtre avait conduit Magendie. »

Si cela vous amuse, faites-le! Quoi donc, notre art peut-il tomber si bas, qu'un médecin ose jamais le proposer comme jeu! Prononcer de telles paroles, est-ce se respecter soi-même et respecter les autres! Osons le dire librement et en face de tous : le scepticisme ne peut être au fond de la pensée et devenir la règle d'un médecin, sans altérer en lui le sens moral et flétrir la dignité du caractère. Systématiquement arrivé en plein doute, le médecin ne peut, sans mentir à lui-même et mentir aux autres, garder la charge d'un service d'hôpital, ni se rendre aux invitations de malades qui espèrent en lui. Il doit abandonner tout exercice d'un art auquel il ne croit pas. Magendie ne le fit pas; sa conscience ne lui fit pas entendre ces avertissements délicats qui élèvent si haut l'homme qui sait leur obéir. Les malades, attirés par la réputation de Magendie, lui demandaient un conseil thérapeutique motivé; de pareils conseils n'existaient pas d'après lui. Pourquoi venait-il auprès d'eux? pourquoi des semblants de délibération? pourquoi de vaines paroles et de vaines prescriptions? Comment sa conscience acceptait-elle les hontes d'un tel simulacre? La conscience! Magendie aurait pu railler à bon droit ce mot métaphysique. Quelle est cette chimère? Est-ce un fait visible ou palpable? que peut-on écouter une voix idéale et qui ne frappe pas le sens? Obéir à cette prétendue voix ou lui résister, pratiquer ou renier un art fictif, faire ou ne pas faire ceci ou cela, qu'importe? Tout en ce genre est un et identique, car tout se perd dans les ténèbres du monde philosophique et moral.

Le sensualisme comme méthode philosophique, l'expérimentation comme unique procédé d'observation et de science, la négation pour tous les faits et toutes les vérités que l'expérience n'atteint pas directement, le scepticisme comme règle de l'art médical, sont les anneaux enchaînés d'un même cercle. Il faut y ajouter la crédulité, compagne nécessaire du scepticisme, et l'amour déréglé des essais thérapeutiques, suite non moins inévitable de la crédulité. Celui qui doute de tout est toujours sur le point de croire à tout. Quand l'expérimentation est le seul guide et le seul juge, sur quoi repousser une affirmation que l'on n'aura pas soumise à l'expérimentation? On peut tout proposer à l'expérimentateur, il est prêt à tout faire. Magendie en a fourni de trop fâcheux exemples; je ne me sens pas le courage de les rappeler.

— La suite à un prochain numéro. —

REVUE BIBLIOGRAPHIQUE.

Cours de paléontologie stratigraphique, professé au Muséum d'histoire naturelle par M. A. D'ARCHIAC. 2e partie. Un fort volume. (Savy, éditeur, rue Hautefeuille.)

Il y a longtemps que je désirais parler de ce livre si remarquable. Au moment où j'allais commencer mon compte rendu, j'ai trouvé dans la *Presse* l'article suivant de M. Sanson, et je m'empresse de le reproduire, me réservant de revenir à mon tour sur ce magnifique ouvrage.

O. B.

C'est dans les livres et dans les journaux spéciaux qu'il faut aller chercher, cette semaine, le mouvement scientifique. De ce côté, nous sommes un peu débordés, tant est grande l'activité de la production. On ne peut suivre le courant qu'à la condition de compter beaucoup sur l'intelligence du lecteur et de lui signaler seulement des choses sur lesquelles on s'étendrait volontiers.

Comment donner ici, par exemple, toute l'attention qu'il mériterait au cours de paléontologie stratigraphique professé au Muséum d'histoire naturelle par M. d'Archiac, et dont la deuxième partie vient de paraître en un fort volume à la librairie Savy? Je ne sais, pour ma part, rien de plus attachant que les études de ce genre, où se révèle à l'esprit étonné et ravi tout à la fois l'histoire de notre globe terrestre écrite dans ses propres entrailles. Rien de plus propre, avec l'astronomie considérée dans son ensemble, à élargir la pensée en l'élevant. J'ai dit naguère ici même, dans un feuilleton sans doute oublié, combien les justes notions sur ces grands phénomènes cosmiques sont propres à ramener l'orgueil humain aux proportions qui lui conviennent. Je voudrais qu'il me fût possible, suivant M. d'Archiac dans les profondeurs de la terre, comme je suivais alors dans l'immensité des espaces planétaires les charmantes causeries de mon excellent confrère M. Guillemin sur les mondes, je voudrais qu'il me fût donné de pouvoir exposer surtout ces considérations relatives à l'origine de la vie, aux perfectionnements successifs des êtres par lesquels elle s'est manifestée et perpétuée depuis son apparition, que le savant paléontologiste a tracées dans son cours d'une touche si ferme et en même temps si colorée. Je n'en puis malheureusement faire concevoir qu'une faible idée, en signalant seulement les traits généraux.

M. d'Archiac est un des représentants les plus autorisés de la nouvelle école géologique, qui repousse l'hypothèse de ces révolutions imaginaires, de ces cataclysmes dont on a tant abusé pour concilier les faits scientifiques avec des traditions respectables à un tout autre point de vue. Les phénomènes que le savant observe dans l'épaisseur de la couche terrestre sont des phénomènes graduels, dont la durée dépasse probablement tout ce que l'imagination peut concevoir. Il n'y a point dans tout cela de saut brusque, de lacune ni de bouleversement. La flore et la faune se continuent en se transformant. C'est l'évolution qui se montre, non la révolution, depuis la plante aquatique jusqu'à l'homme, le dernier né des habitants de la planète. Et il faut citer, pour mettre en lumière l'esprit qui guide le savant professeur dans ces études si grandioses par leur objet, un passage bien propre à le faire apprécier : « Ce plan gradué et néanmoins toujours complet, dit M. d'Archiac, que la nature a suivi jusqu'à l'apparition de l'homme, n'a pas eu nécessairement pour but l'existence ni l'agrément de ce dernier. Cette idée d'une cause finale bornée, à laquelle nous voyons même encore aujourd'hui bon nombre d'esprits se rattacher, en se fondant sur l'apparence déceptive de certaines données générales que ne justifie nullement une étude plus sérieuse des faits, flattait trop notre amour-propre pour n'être pas souvent reproduite. Mais rien, jusqu'à présent, ne prouve que l'homme soit la fin ou le dernier mot de la création; qu'il en soit, comme on l'a dit, le couronnement; et, en effet, l'idée de créatures plus parfaites, douées d'attributs différents, se retrouve en germe dans toutes les théogonies, chez tous les peuples d'un développement moral assez avancé, comme le pressentiment de ce que l'avenir doit réaliser. Relativement à l'histoire de la terre, la venue de l'homme n'a rien offert de particulier; elle ne coïncide avec aucun phénomène spécial : elle se confond avec les autres éléments d'une forme terrestre remarquable par les dimensions gigantesques de ses principaux types, dont plusieurs ont disparu, tandis que le plus grand nombre vivent encore. Par ses caractères physiques, l'homme se rattache évidemment à tout ce qui l'environne comme à tout ce qui l'a précédé, mais il s'en distingue si nettement à d'autres égards, que certains anthropologistes ont pu être tentés de croire à un règne à part : le *règne humain.* »

On voit clairement que l'auteur ne compte pas parmi ces anthropologistes-là. Il ne se prononce point, mais uniquement sans doute parce que c'est le propre du vrai savant de ne se prononcer que sur les sujets qui ont fait l'objet de ses recherches particulières. Il en est autrement pour l'espèce, par exemple, à l'occasion de laquelle M. d'Archiac a fait du livre de M. Darwin un examen qui ne laisse rien à désirer. La théorie du naturaliste anglais sur l'origine des espèces ne s'en relèvera pas. Cela est net, précis, rigoureux comme la science même, et exempt de préjugés d'aucune sorte. Pas un argument qui ne soit réduit à sa valeur et réfuté, pas un fait qui ne soit ramené à ses justes proportions. C'est un modèle de courtoise discussion, dans laquelle l'hypothèse des mutations de l'espèce succombe, mais où la personnalité de celui qui l'a défendue avec talent grandit.

André Sanson.

CHRONIQUE.

Mercredi dernier, l'Observatoire de Paris était en fête; M. Le Verrier offrait aux membres de l'Association pour les progrès de l'astronomie et de la météorologie, une soirée scientifique qui a été une des plus charmantes soirées auxquelles il nous ait été donné d'assister.

Dans les salons et dans les galeries de l'Observatoire la foule était grande; mais contrairement à ce qui arrive d'ordinaire, dans cette foule, les noms obscurs étaient en petit nombre. C'étaient les noms illustres qui formaient la majorité.

Nous n'en citerons aucun, faute de pouvoir les citer tous. Nous dirons seulement que M. Duruy, l'habile ministre qu'on est toujours sûr de rencontrer là où un progrès s'accomplit, assistait à cette fête de la science.

Dans les salons on avait improvisé un petit musée. La machine à gaz de Lenoir, la machine à graver de Gaiffe, l'appareil de Ruhmkorff, le merveilleux télégraphe Caselli, accomplissaient leurs miracles industriels discrètement, sans bruit, en machines qui savent leur monde.

Sur les terrasses, il y avait toute une armée de lunettes, de télescopes, parmi lesquels le magnifique instrument que M. Léon Foucault vient de construire pour l'Observatoire de Marseille.

Les jardins étaient éclairés à la lumière électrique. C'était un enchantement.

Nous avons bien été un peu tentés, pour faire comme les autres, de mettre notre œil aux télescopes et de regarder ce qui se passait dans les mondes. Mais cet ici-bas, que certains esprits moroses nous peignent sous des couleurs si sombres, se faisait si aimable dans cette belle demeure ; l'hospitalité de l'illustre directeur de lO'bservatoire était si charmante, que nous nous sommes laissé tout doucement aller à oublier le ciel pour la terre, qui avait aussi ses étoiles.

Quand l'Association pour les progrès astronomiques tiendra de nouvelles séances, nous en rendrons compte à nos lecteurs un peu plus scientifiquement ; mais, pour cette fois, il nous est impossible de leur parler de la lune et des planètes. Nous avons été trop distraits par les séductions de cette douce soirée. L. DANICOURT.

— M. Fremy a lu dans la dernière séance de l'Académie des sciences une note sur les corps hémiorganisés :

« Mon nom ayant été cité plusieurs fois dans des publications récentes sur la génération spontanée, je crois devoir formuler nettement devant l'Académie les opinions que j'ai toujours émises sur cette importante question, soit dans mes cours, soit dans mes travaux sur les fermentations.

» Ai-je besoin de dire que je repousse sans hésitation l'idée de génération spontanée, si on l'applique à la production d'un être organisé, même le plus simple, avec des éléments qui ne possèdent pas la force vitale. La synthèse chimique permet sans doute de reproduire un grand nombre de principes immédiats d'origine végétale ou animale, mais l'organisation oppose, selon moi, aux reproductions synthétiques une barrière infranchissable.

» A côté de ces principes immédiats définis que la synthèse peut former, tels que la glycose, l'acide oxalique et l'urée, il existe d'autres substances beaucoup moins stables que les précédentes, mais aussi beaucoup plus complexes quant à leur constitution. Elles contiennent tous les éléments des organes ; on y trouve du carbone, de l'hydrogène, de l'oxygène, de l'azote, même du phosphore, du soufre, souvent de la chaux et des substances alcalines : ces corps sont les albumines, la fibrine, l'osséine, les substances vitellines, etc.; il est impossible, selon moi, de les considérer comme des principes immédiats définis; je les distingue sous le nom général de *corps hémiorganisés*.

» Ils se trouvent, par rapport à l'organisation, à la formation des tissus, à la production des ferments et à la putréfaction, presque dans le même état qu'une graine sèche qui traverse des années sans présenter de phénomène de végétation, et qui germe dès qu'on la soumet à l'influence de l'air, de l'humidité et de la chaleur.

» Des corps hémiorganisés, qui contiennent tous les éléments des organes, peuvent, comme la graine sèche, se maintenir longtemps dans un état d'immobilité organique ; mais aussi ils peuvent en *sortir*, et fournir, aux dépens de leur propre substance, tous les éléments de l'organisation, lorsque les circonstances deviennent favorables au développement organique.

» Je n'ai pas à faire connaître aujourd'hui toutes les conditions qui peuvent faire participer les corps hémiorganisés aux phénomènes réels de l'organisation ; mais une des plus importantes est, selon moi, celle de l'*entraînement organique*.

» On sait aujourd'hui, en chimie, avec quelle facilité un corps qui s'altère peut en entraîner un autre. C'est ainsi que, dans la nitrification, des phénomènes variés d'oxydation déterminent et entraînent l'oxydation de l'ammoniaque des corps azotés, et même celle de l'azote, comme M. Chevreul le démontrait encore récemment.

» Des corps hémiorganisés peuvent recevoir l'ébranlement vital et être aussi entraînés dans l'organisation par des corps vivants dont ils reçoivent l'influence ; ils forment alors des membranes, des tissus, des ferments ; ils pourront s'organiser et se décomposer ensuite : en un mot, ils seront vivants eux-mêmes.

» C'est ainsi que je comprends le rôle des substances albumineuses dans les phénomènes de développement et de décomposition organiques.

» Je ne les considère donc pas comme servant de nourriture à des animaux et à des végétaux qui seraient ses seuls agents de fermentation, mais je leur attribue un rôle direct, et j'admets que, sous les influences que j'ai citées précédemment, elles peuvent éprouver une organisation véritable et complète.

» Si les idées que je soumets à l'Académie étaient acceptées, elles auraient l'avantage d'expliquer, d'un côté, le rôle incontestable que jouent les êtres organisés dans les phénomènes de fermentation et de désorganisation, et, d'un autre côté, la part constitutive, également évidente pour moi, des milieux albumineux dans lesquels se développent les ferments, les moisissures et les infusoires.

» Je me contente d'énoncer aujourd'hui ces premiers principes : dans une autre communication, j'aurai à examiner si les corps hémiorganisés peuvent présenter des phénomènes d'organisation sous d'autres influences que celles des êtres organisés. »

ERRATA. — Dans le dernier numéro, cours de M. Coste, 4e colonne, ligne 1, au lieu de *elle affecte, en outre*, lisez *elle perd alors sa transparence et affecte*.

8e colonne, ligne 21, fermez les guillemets après le mot *germe*, et mettez en note la phrase qui commence par *cependant*, en la faisant suivre de celle-ci : *ainsi, par exemple, M. Coste a vu des apparences de cellules dans le vitellus des oursins, parmi les êtres inférieurs*.

10e colonne, ligne 6, au lieu de *cécilies*, lisez *pœcilies*. — 11e colonne, ligne 18, au lieu de *granules germinatifs*, lisez *macules germinatives*.

Le propriétaire-gérant : GERMER BAILLIÈRE.

PARIS. — IMPRIMERIE DE E. MARTINET, RUE MIGNON, 2.

PREMIÈRE ANNÉE. — N° 35. UN NUMÉRO : 30 CENTIMES. 30 JUILLET 1864.

REVUE DES COURS SCIENTIFIQUES DE LA FRANCE ET DE L'ETRANGER

PHYSIQUE — CHIMIE — ZOOLOGIE — BOTANIQUE — ANATOMIE — PHYSIOLOGIE
GÉOLOGIE — PALÉONTOLOGIE — MÉDECINE

Paraît tous les Samedis.

	Six mois.	Un an.
Paris	8 fr.	15 fr.
Départements	10	18
Étranger	12	20

Prix de l'abonnement avec la Revue des Cours littéraires.

Six mois..... Paris, 15 fr. Départ., 18 fr. Étranger, 20 fr.
Un an....... — 26 — 30 — 35

Rédacteur en chef
M. ODYSSE-BAROT

Les ouvrages dont deux exemplaires auront été envoyés au bureau du journal seront annoncés et analysés s'il y a lieu.

On s'abonne
A LA LIBRAIRIE GERMER BAILLIÈRE
17, rue de l'École de Médecine,
Et chez tous les libraires, par l'envoi d'un bon de poste, ou d'un mandat sur Paris.

L'abonnement part du 1er décembre ou du 1er juin de chaque année.

SOMMAIRE.

ZOOLOGIE COMPARÉE.

COURS DE M. F. DE FILIPPI.

(UNIVERSITÉ DE TURIN.)

(Voy. le n° 34.)

L'homme et les singes.

IV.

Un poil fin, très-court, disséminé sur tout le corps, contrastant avec une chevelure épaisse, constitue un autre caractère distinctif de l'homme ; mais ici encore il ne s'agit que d'une différence du plus au moins. L'orang-outang a le poil très-rare, particulièrement à la face, aux parties antérieures du tronc et dans l'intérieur des cuisses, où le nu prédomine et laisse voir une chair rouge. A la région postérieure de la tête, le poil, plus long et disposé en rose autour d'un centre, montre déjà une disposition analogue à celle que l'on observe dans la chevelure humaine.

Si nous faisons un examen comparatif des caractères de la peau, les analogies entre l'homme et les singes seront plus grandes que les différences. Dans la généralité des singes comme chez tous les mammifères, le poil de l'avant-bras a la même direction que sur le bras : il se dirige du côté de la main. Il en est tout autrement dans l'homme, mais non pas dans l'homme seul : et cette exception se montre aussi dans l'orang-outang, dans le chimpanzé et dans le gorille. Chez tous, le poil, à la moitié inférieure de l'avant-bras, est tourné en dehors ; puis il se relève graduellement et se tourne vers le cubitus.

Portant maintenant notre attention sur la peau proprement dite, nous verrons encore l'homme et les singes faire cause commune et se séparer des autres animaux. Par des conditions spéciales inhérentes à sa structure élémentaire, la peau de l'homme prend, surtout sous les atteintes du froid, cette aspérité particulière connue sous le nom de *chair de poule*. Pendant longtemps ce phénomène a été considéré comme propre à l'homme, jusqu'à ce qu'on en vînt à le découvrir aussi dans l'orang-outang.

La peau de la paume de la main et de la plante du pied dans l'homme se présente avec la même richesse de papilles groupées de la même manière, avec la même richesse de nerfs se terminant également dans ces papilles elles-mêmes ; et par ces caractères elle se différencie de la peau des autres régions du corps. L'exercice du sens actif, localisé, du toucher, est en relation étroite avec la particularité anatomique que je viens de mentionner. Si l'homologie parfaite entre la main et le pied ne vous était surabondamment démontrée, ce serait là un nouvel argument. Or, la paume de ce que l'on appelle les quatre mains des singes, présente aussi les mêmes papilles groupées de la même manière, avec les mêmes filets nerveux ; et ces caractères changent totalement au delà des singes.

Les différences légères et variables que, dans l'homme et dans les singes, présentent les muscles des différentes parties du corps, ne sont pas pour notre sujet d'une grande importance. Il y en a pourtant que, sans le secours du scalpel anatomique, l'œil aperçoit immédiatement, comme par exemple celles qui se révèlent dans les formes extérieures. Le développement des muscles qui forment le mollet donne à la statue humaine des reliefs et une rotondité que l'on cherche en vain dans le singe ; mais notez bien que je parle de la statue humaine typique réalisée chez l'Européen ; que la race nègre, au contraire, sous ce rapport, sert de transition entre l'homme et les quadrumanes.

Portons maintenant notre attention sur le squelette, et avant tout sur le crâne.

Quant à la forme générale, le crâne des singes se distingue bien vite du crâne humain par le prolongement des os maxillaires et de la mandibule, par l'inclinaison des dents incisives, d'où dérive en grande partie l'acuité de l'angle facial. En étroite corrélation avec ce caractère, conformément à la loi de Daubenton, le trou occipital se transporte en arrière : de là la position moins concentrée du crâne sur la colonne vertébrale, et de là encore la nécessité d'une force plus grande de l'aponévrose occipito-cervicale et de ses insertions. Le front déprimé fuyant en arrière, les orbites creusées, les os du nez petits et déprimés, sont les caractères particuliers de la physionomie des singes.

Mais, outre qu'il ne s'agit ici que de simples différences de quantité et de proportion, on doit observer que la distance énorme entre deux extrêmes, tels que seraient, par exemple, un crâne de la race humaine caucasique et un crâne de babouin, diminue si l'on met en présence, d'un côté, un crâne de nègre d'Australie, ou mieux un crâne de la race primitive de l'âge de pierre, et de l'autre un crâne de jeune chimpanzé.

Un fait anatomique qui a bien moins d'importance au point de vue scientifique que sous le rapport historique, est le suivant : Dans tous les mammifères, les dents incisives supérieures sont plantées dans deux os particuliers, qui se joignent sur la ligne médiane de la face, et latéralement, avec les os maxillaires contigus ; aussi les anatomistes ont-ils nommé ces os, os incisifs ou intermaxillaires.

Dans l'homme seul, disait-on, ces os manquent, et les dents incisives sont alors supportées par la partie antérieure des maxillaires eux-mêmes. Galien, forcé par les préjugés de son temps d'étudier l'anatomie sur les singes, les avait déjà connus, et Sylvius, en en constatant l'absence dans l'espèce humaine, rencontrait par hasard une étrange opinion, qui ne paraît plus aussi étrange aujourd'hui : il disait que l'homme les avait perdus par son genre de vie efféminé et perverti. A la fin du siècle dernier, une découverte due au génie de Gœthe fait époque dans la science, en imprimant une nouvelle impulsion à la philosophie anatomique : je veux parler de la découverte des os intermaxillaires chez l'homme, mais chez l'homme aux premiers moments de sa vie, avant qu'il ait vu la lumière du soleil, ces os se soudant presque aussitôt avec les maxillaires correspondants. D'autre part, ces os intermaxillaires ou incisifs se trouvent dans les mêmes conditions précises de fugitive existence chez le chimpanzé, chez le singe qui prime tous les autres par les caractères du crâne.

Dans l'orang-outang et dans le gorille, au contraire, les os intermaxillaires persistent distincts beaucoup plus tard dans la vie, et ne se soudent avec les maxillaires que dans la vieillesse. Dans ces deux espèces, les formes du crâne, par le progrès de l'âge, dévient rapidement du type humain : avec l'allongement des mâchoires doit croître la puissance musculaire qui meut la mandibule, et l'accroissement des muscles, et spécialement des temporaux, détermine une plus grande extension de leur base ; ces deux muscles étendent leurs insertions jusque sur le sommet de la tête où ils se rencontrent, en déterminant la formation d'une forte crête longitudinale. En même temps, la force toujours croissante de l'aponévrose occipito-cervicale, qui tient la place du ligament cervical des vrais quadrupèdes, détermine la formation d'une grande crête osseuse transversale sur l'occiput, d'où l'énorme déformation du crâne dans l'orang-outang et dans le gorille adultes. Pour servir d'attache solide à l'extrémité opposée de cette aponévrose, on voit dans ces deux espèces se développer extraordinairement les appendices épineux des vertèbres cervicales, comme vous le voyez dans ce squelette de vieux gorille, qui est en ce moment sous vos yeux.

Laissons le crâne, et alors, pour la largeur du sternum, pour la forme de l'omoplate, pour l'ampleur et la direction du bassin, capable de soutenir la plus grande partie du poids des viscères abdominaux, c'est le gorille qui prend le pas sur les deux autres singes rivaux.

V.

Mais la difficulté de la question gît tout entière dans le contenu de la boîte du crâne : abîme des plus grands mystères ! Ici, on peut aisément s'égarer. Combien de grands esprits y sont entrés avec audace, qui n'ont pas su trouver la porte de sortie ! Que ce soit là pour nous une leçon de prudence ; tenons-nous-en aux choses extérieures et matérielles. Avec cette restriction, il nous reste encore, par bonheur, assez d'espace pour nous mouvoir dans les plus discrètes exigences de notre sujet.

Vous savez, messieurs, que le cerveau n'est pas un organe, mais un ensemble d'organes. Il faut distinguer d'abord, au devant de la cavité du crâne, les hémisphères cérébraux, séparés entre eux par un sillon qui se creuse jusqu'à la lame transversale de conjonction que l'on appelle corps calleux. En arrière se trouve le cervelet; entre ceux-là et celui-ci, au-dessous de tous les deux, la moelle allongée, qui ensuite se continue avec la moelle épinière, qui pénètre dans le canal des vertèbres.

Désirant nous arrêter à cette division grossière, respectable par son ancienneté, nous dirons que la moelle allongée est la masse centrale d'où partent les nerfs des sens et des mouvements des diverses parties de la tête, et en outre une paire de nerfs, les plus importants de tous, qui, descendant aux côtés du cou, pénètrent dans le thorax et vont au poumon, au cœur, à l'estomac.

Le cervelet est l'organe régulateur des mouvements. Les hémisphères sont l'instrument matériel servant à l'exercice de cette faculté que l'on comprend sous le mot générique d'intelligence. Nous devons distinguer en eux la partie qui est à la base du crâne de celle qui se retourne en haut, et, dans le cas d'exubérance, se porte en arrière jusqu'à recouvrir plus ou moins le cervelet. La première fournit des filets nerveux aux organes sensoriaux, tels que ceux de l'odorat et de la vue; la seconde est celle dans laquelle se concentrent particulièrement ces nobles attributions que dans le langage ordinaire on attribue à l'ensemble des hémisphères cérébraux. C'est cette partie de la masse entière du cerveau qui présentera dans la série animale les plus grandes variations, selon les variétés de développement des activités intellectuelles; c'est elle que nous trouvons plus développée dans les mammifères que dans les oiseaux, et parmi les divers mammifères, plus développée chez les intelligents que chez les stupides: plus dans les singes, par exemple, que dans les lapins.

Les singes et l'homme possèdent cependant en commun ces signes distinctifs que l'on peut discerner d'un coup d'œil sur l'ensemble de la masse encéphalique : les hémisphères cérébraux se prolongent antérieurement au delà des lobes olfactifs rudimentaires, et postérieurement jusqu'au point de couvrir tout le cervelet, parfois jusqu'à le dépasser, et ils le dépassent réellement aussi bien dans l'homme que dans les singes supérieurs. Des trois lobes du cervelet, le lobe médian devient alors excessivement petit, et réduit à ce que les anatomistes appellent éminence vermiculaire inférieure.

La superficie des hémisphères est dans beaucoup de mammifères, et chez les mammifères seuls, indiquée par des plis et des sillons tortueux, par ce que l'on appelle circonvolutions cérébrales.

Ces circonvolutions sont d'une grande importance, et en général nous pouvons dire que leur complication est un indice de supériorité dans l'échelle animale; mais gardez-vous bien de prendre cette expression dans un sens absolu. La loi réelle est celle-ci : que le développement des hémisphères est en raison directe du degré d'intelligence des animaux ; mais ce développement ne s'exprime pas toujours par la formation des circonvolutions, parce qu'il dépend encore d'un autre fait, de la capacité du crâne relativement aux dimensions du corps entier. Or, cette relation est telle, qu'en diminuant dans la série animale les dimensions générales du corps, elle ne diminue pas dans une égale proportion la capacité du crâne, mais dans une proportion moindre. Vous concevez aisément que si, dans les animaux de petite corpulence, la capacité du crâne est restée relativement grande, les hémisphères cérébraux pourront se développer, sans former ces replis de leur substance dans lesquels consistent particulièrement les circonvolutions. Voici pourquoi vous trouverez des plis et des sillons cérébraux dans les stupides moutons; une cervelle lisse, au contraire, dans les vifs, gracieux et malicieux ouistitis.

La prédominance des hémisphères, particulièrement dans leur portion supérieure, sur les autres parties de la masse encéphalique, est très-grande chez l'homme, grande encore chez les singes anthropoïdes ; elle décroît, à partir de ceux-ci, dans les quadrumanes inférieurs. La comparaison directe des pièces que vous avez sous les yeux suffit pour prouver mon assertion, et me dispense de vous donner les détails des mesures comparatives de poids ou de volume.

Les deux hémisphères cérébraux sont, à leur extrémité antérieure ou frontale, qui s'avance sur les lobes olfactifs, larges et arrondis chez l'homme et dans les singes anthropoïdes ; plus ou moins aigus, au contraire, chez les autres singes.

Le développement des circonvolutions cérébrales marche de front avec ces caractères de supériorité : elles sont à leur maximum de complication, de relief des plis, de profondeur des sillons, dans l'espèce humaine ; puis dans l'orang-outang et dans le chimpanzé. Par ce caractère encore le gorille reste au dernier plan. C'est une chose singulière, en effet, que la pauvreté des circonvolutions cérébrales dans ce singe ; défaut bien plus significatif, si l'on songe à la stature du gorille, plus élevée que celle des deux autres singes anthropoïdes, et à la loi, ici violée, de l'accroissement du nombre et des complications des circonvolutions du cerveau dans les mammifères, en proportion du volume du corps.

La forme et la direction des circonvolutions cérébrales ne sont pas arbitraires, mais elles suivent un type déterminé par chacune des grandes divisions de la classe des mammifères. L'ordre constant de leur distribution dans le cerveau humain fut pour la première fois démontré par notre compatriote Rolando.

A la partie latérale et inférieure des hémisphères, il faut d'abord distinguer un grand sillon, que les anatomistes appellent depuis longtemps *scissure de Sylvius*, et qui est, ne l'oubliez pas, caractéristique de l'homme et des singes. En écartant les bords de cette scissure, on découvre dans son intérieur un petit lobe, que l'on appelle *insula* de Reil (lobe central de M. Gratiolet), autour duquel sont distribuées les circonvolutions ou plis cérébraux, de manière à former quatre provinces bien distinctes, chacune comprenant un certain nombre de plis parallèles entre eux, et en opposition avec ceux des provinces voisines. M. Gratiolet, à qui la science est redevable du travail le plus important qui ait été fait sur ce sujet, donne à ces provinces le nom de *lobes*, et distingue alors un lobe frontal, un pariétal, un temporal et un occipital. Je ne puis entrer dans de minutieux détails sur la distribution des plis cérébraux dans chacun de ces lobes. J'ajouterai seulement que la complication des plis supérieurs du lobe frontal, et le grand développement de ce lobe élèvent, il est vrai, le cerveau de l'homme au-dessus de celui des singes anthropoïdes, mais pourtant dans la ligne des simples quantités relatives. Entre les lobes pariétaux et l'occipital, sont d'autres plis (quatre pour l'ordinaire), que M. Gratiolet appelle *plis de passage*, tous extérieurs dans le cerveau humain, dans lequel ils rendent beaucoup plus petit le lobe occipital, et font disparaître le sillon perpendiculaire qui le sépare des lobes pariétaux : autre caractère de suprématie ! Ces plis de passage sont au contraire, dans les singes, plus ou moins couverts, et cachés dans le repli dont nous parlons plus haut, moins pourtant dans l'orang-outang que dans les deux autres singes rivaux.

Le principal résultat des très-ingénieuses recherches de M. Gratiolet est celui-ci : Que la distribution des plis ou circonvolutions cérébrales suit, dans ce que l'on appelle les *quadrumanes*, un plan caractéristique différent de celui des autres grandes divisions des mammifères, et que le cerveau humain lui-même s'accommode parfaitement à ce plan, comme le degré le plus élevé d'une grande série qui, passant par les singes anthropoïdes, se continue dans les autres singes proprement dits, et se termine au degré inférieur des ouistitis.

Mais existe-t-il peut-être dans le cerveau humain quelque organe nouveau qui manque aux singes? Owen a cru pouvoir l'indiquer dans une proéminence qui se trouve dans le prolongement postérieur de la cavité interne des hémisphères, c'est-à-dire des ventricules cérébraux; dans cette proéminence que les anatomistes appellent le petit pied d'hippocampe. Et pourtant Cuvier l'avait déjà donné comme caractéristique de l'homme et des singes en commun, et Tiedemann comme propre au moins à quelques-uns des singes anthropoïdes. L'assertion de la grande et légitime autorité d'Owen a poussé quelques autres anatomistes anglais à la recherche du petit pied d'hippocampe, et le petit pied d'hippocampe fut découvert aussi dans le chimpanzé, et encore, quoique réduit, dans les autres singes.

Dernière illusion évanouie !

Si nous nous en tenons donc aux purs caractères anatomiques du cerveau, l'homme ne diffère pas plus des singes que ne diffèrent entre elles les diverses familles systématiques de singes, pas plus, par exemple, que les ouistitis ne s'éloignent des singes communs.

Examinons maintenant un autre système organique qui a les rapports les plus étroits avec la vie psychique des animaux : l'appareil de la voix. Je dois ici indiquer particulièrement les deux poches laryngiennes qui existent dans les trois singes anthropoïdes et manquent chez l'homme. Ces poches latérales, qui se gonflent quand l'animal crie, et augmentent alors la rebutante férocité de son aspect, doivent servir grandement à donner aussi à sa voix une raucité sauvage toute particulière. Dans le chimpanzé, elles sont petites, grandes au contraire chez l'orang-outang, plus grandes encore chez le gorille, dans lequel elles communiquent en outre avec une troisième et énorme poche médiane compliquée par des expansions latérales. Ici se fait jour, pour un instant, l'espérance de trouver, au moins dans cet organe si noble, quelque caractère décisif, et non pas seulement de quantité, par lequel l'homme se distingue des singes; mais cette espérance s'évanouit encore devant cette circonstance que, dans un même genre de singes, dans ceux, par exemple, des macaques et des babouins, il y a des espèces pourvues de poches laryngiennes et des espèces qui en sont privées.

En résumant tout ce qui précède, vous voyez, messieurs, que, si nous voulons nous retrancher dans le camp de l'anatomie pure, la grande barrière entre les bimanes et les quadrumanes doit être définitivement abattue et l'ordre des primates rétabli. Dans ce siècle d'unifications, en voilà une qu'il nous faudra bien faire !

VI.

Il serait du plus grand intérêt de découvrir les premières origines de l'homme dans l'histoire du monde, de connaître les caractères précis des races primitives, et de faire ensuite la comparaison directe de ces caractères avec ceux des singes anthropoïdes; mais nous sommes encore bien loin de posséder des matériaux suffisants pour entreprendre une pareille tâche.

Vous savez, messieurs, combien de faits nous voyons affluer de toutes parts, qui nous obligent à faire remonter l'origine de la race humaine beaucoup plus haut dans la série des siècles qu'on ne le croyait d'abord. Certainement, l'homme a vécu en Europe en compagnie de diverses espèces de mammifères qui sont depuis longtemps éteintes, avec l'ours des cavernes, avec le lion des cavernes, avec le cerf aux grandes cornes, avec le rhinocéros au nez fendu, avec l'éléphant velu (*mammouth*), avec l'éléphant méridional. Dans des dépôts incontestablement naturels, qui n'ont été ni remués ni bouleversés après leur formation, dans les dépôts immédiatement supérieurs aux marnes et aux sables subapennins, on trouve, mêlés à des restes de ces espèces, des débris de squelettes humains et des objets travaillés par la main de l'homme. En s'en tenant aux observations faites jusqu'à ce jour, on dirait que l'homme ne descend pas plus bas dans la série des formations géologiques.

Les singes ont sans doute habité l'Europe avant l'homme. Sur la célèbre colline de Sansan, au sud de la

France, M. Lartet a découvert des ossements d'un singe anthropoïde analogue aux gibbons; une autre espèce de singe a été trouvée dans une brèche ossifère de Grèce. L'une et l'autre formation appartiennent à ce terrain que les géologues appellent terrain tertiaire moyen ou terrain miocène.

Si nous devons nous en rapporter à quelque rare fragment fossile, les singes descendent probablement encore d'un degré plus bas dans la série des formations géologiques, dans le terrain tertiaire inférieur ou éocène.

D'après les rares matériaux que nous possédons jusqu'ici, on devrait croire qu'il a primitivement existé en Europe une race humaine différente de celles qui l'habitent actuellement; une race au front déprimé, aux incisives tournées en dehors; mais on ignore encore si cette race est apparue en Europe seule ou bien concurremment avec d'autres races différentes. Il n'y a que peu d'années que de pareilles études, si abstruses et si délicates par elles-mêmes, sont entrées dans la science; et jusqu'ici il serait téméraire de hasarder des assertions dans un sens ou dans l'autre. Je ne dois pourtant pas passer sous silence la merveilleuse découverte faite, en 1858, dans une petite grotte à Neanderthal, près Dusseldorf, de quelques débris d'un squelette humain très-probablement contemporain de l'*Elephas primigenius*, et qui seraient les représentants d'un type humain tout à fait bestial.

Le crâne est caractérisé par une forte saillie du bord supérieur de l'orbite, par la grande dépression du front, oblique en arrière, par l'obliquité de l'occiput en avant. Quelques os longs, seul reste du tronc de ce squelette, en grande partie dispersé, se distinguent par la grosseur des parois et par les aspérités très-prononcées des attaches musculaires.

Il suffit aujourd'hui d'exposer les faits; à quelles conclusions conduisent-ils notre esprit désenchanté? C'est ce qu'il est presque inutile de dire. Si l'homme, dans son ensemble, par sa configuration, est un animal de l'ordre des primates, à peine séparé des singes par cette distance qui sépare un genre d'un autre dans un ordre zoologique; s'il est rationnel de faire dériver tous les primates d'une souche unique; si, dans la succession chronologique des êtres vivants, les singes ont précédé l'homme, la dernière conséquence se présente d'elle-même, sans la chercher. Quand Lamarck, par la force de ses raisonnements, en arrivait à faire dériver l'homme des singes, personne n'aurait cru qu'une semblable proposition pût jamais être soutenue un seul instant. Or, nous voici, après tant d'années, absolument au même point. La monstrueuse proposition, ne l'oubliez pas, est tout ce qui nous reste de la grande lutte que le gorille a suscitée en Angleterre. Vous pouvez imaginer si, dans cette nation, impassible par habitude en face de toute excentricité, les esprits se sont accommodés facilement d'un blason aussi inattendu. A la grêle de protestations qui, sous toutes formes, venaient l'assaillir, Huxley opposait froidement, d'abord les raisons de la science, et puis ces mémorables paroles : « Si j'avais à choisir mes ancêtres entre un homme qui emploie son esprit à se moquer de la recherche du vrai, ou un singe perfectible, je préférerais le singe ! »

Traduit de l'italien par ODYSSE-BAROT.

— La fin au prochain numéro. —

PHYSIQUE APPLIQUÉE AUX ARTS.

COURS DE M. EDMOND BECQUEREL.

(CONSERVATOIRE DES ARTS ET MÉTIERS.)

(Voy. les nos 5, 8, 12, 14, 18, 19, 20, 25 et 28.)

X.

Électricité dynamique.

APPLICATIONS. — GALVANOPLASTIE, DORURE, ETC. (SUITE.)

Quand il a été question de la galvanoplastie et de la dorure, on a vu que si l'on fait passer un courant électrique dans une dissolution saline, il se produit une série de phénomènes très-remarquables, sur lesquels précisément sont basées ces industries. Il y a décomposition sous l'influence du fluide électrique. Au pôle négatif se dépose le métal de la dissolution, ou bien il y a des actions secondaires qui interviennent dans le cas des métaux alcalins, mais peu importe ; au pôle positif apparaissent l'oxygène et les acides qui, unis au métal fixé sur l'autre électrode, peuvent reconstituer le sel dissous.

Or, supposons que l'électrode positif soit une lame du métal qui se trouve dans la composition du sel dissous ; supposons que ce métal puisse passer à un degré d'oxydation supérieur, et que de plus ce peroxyde soit incapable de s'unir aux acides qui entrent en combinaison avec le protoxyde dans la liqueur.

Que se passera-t-il, dans cette hypothèse, quand la pile fonctionnera? Au pôle positif, on verra paraître un peroxyde du métal sur lequel on aura agi. Tel est le cas qui se présente pour le plomb, pour le manganèse, etc. Ainsi, en admettant, par exemple, une dissolution d'un sel de plomb : de l'oxygène naissant vient d'abord se fixer sur cette plaque de plomb, qui constitue l'électrode positif et le fait arriver au degré d'oxydation le plus élevé. Mais comme ce nouvel oxyde ne peut s'unir à l'acide qui se dépose simultanément au même pôle, il résulte de là qu'il reste fixé sur la surface de la lame.

Cette propriété curieuse peut être mise à profit pour revêtir des corps de nuances très-vives et très-variées. Les peroxydes, en effet, ne sont pas dans les mêmes conditions physiques que les métaux. Ceux-ci, pris même en couches très-minces, sont opaques, d'où leur aspect ne varie pas ; les peroxydes, au contraire, peuvent être transparents. Or, si à la surface d'un corps on dépose une substance transparente, il se passe un phénomène très-remarquable; cette matière transparente, très-divisée, peut présenter des nuances très-vives : ce sont les phénomènes des anneaux colorés. Lorsqu'on forme, par exemple, une bulle de savon, on la voit incolore comme l'eau tant qu'elle offre une certaine épaisseur. Mais, souffle-t-on cette bulle de façon à l'amincir de plus en plus, la surface, parvenue à une certaine limite, apparaît rouge et verte. Cet effet se manifeste pour des corps transparents quelconques arrivés à un grand degré de minceur; ceci est dû à la réflexion de la lumière, à la première face et à la deuxième face.

Aussi, comme les peroxydes, principalement le peroxyde de plomb, pris à un grand état de division, sont transparents, ils offrent ces mêmes résultats quand, sous l'influence d'un courant électrique, ils se précipitent d'une dissolution saline; ils présentent des couches très-colorées. Toutes ces nuances, d'ailleurs, disparaîtront dès que le dépôt atteindra une certaine épaisseur.

On procède de la manière suivante pour réussir. Au lieu de prendre une dissolution quelconque d'un sel de plomb, on emploie une dissolution d'oxyde de plomb dans la potasse, un plombate de potasse; il est dans des conditions bien plus favorables que l'acétate de plomb. On mélange 1 litre d'eau, 100 grammes de potasse et 150 grammes de litharge, puis on fait bouillir très-longtemps. On a ainsi une combinaison d'oxyde de plomb avec la potasse. Ce liquide est disposé dans un vase à fond plat; tout est prêt alors pour commencer l'opération.

La pièce sur laquelle on veut agir est placée dans ce vase au pôle positif. Dès que le courant passe, une teinte se manifeste sur cette lame en son milieu; cette teinte s'agrandit et envahit toute la surface. On obtient ainsi une série d'anneaux colorés; le dépôt, en effet, est d'autant moins considérable que l'on s'éloigne davantage des parties qui sont en face du fil, et suivant telle ou telle épaisseur de dépôt, on aura une couleur différente. Il convient, pour obtenir une grande régularité dans la formation des anneaux, de faire communiquer l'objet au pôle positif par plusieurs fils dont les points d'attache sont symétriquement choisis d'après la forme; on opère de même pour le pôle négatif, on le multiplie aussi. Il est bon pareillement de constituer ainsi cet électrode négatif : il sera formé par des fils de platine très-fins scellés dans des tubes de verre, et ces fils seront coupés ras au sortir des tubes.

En exagérant les effets produits, on obtient des nuances différentes. On a évalué l'épaisseur de ces couches. La couche du premier anneau a une épaisseur de $\frac{1}{10000}$ de millimètre; celle du deuxième a une épaisseur double; pour la troisième, elle est triple, etc. L'épaisseur est ainsi proportionnelle au nombre des anneaux.

Veut-on obtenir maintenant une teinte uniforme? On met le fil à une certaine distance et l'on agite. Les effets alors sont égalisés, les anneaux ne se produisent plus, et l'on a une couleur qui est la même sur toute l'étendue de la lame. Cette teinte peut être très-vive; mais laissons continuer l'action : la nuance brunit de plus en plus, et finit par arriver à la couleur du peroxyde de plomb. Ainsi, sur une même lame, au moyen d'une seule substance, on peut faire venir des nuances très-variées. Ces couleurs diverses indiquent des épaisseurs différentes.

Ces couches sont assez adhérentes, et l'on chercha à les utiliser. Ceci est possible dans le cas où il s'agit d'objets que la main ne touche pas. Le peroxyde de plomb s'altère en effet au contact des acides avec une telle facilité, que le simple contact de la main, par les légères traces d'acide dont les doigts sont imprégnés, suffit pour le détruire. Mais si on les conserve sous des globes de verre, ces objets gardent très-longtemps, et avec toute la vivacité primitive, les nuances qu'on leur a données. (M. Becquerel montre à ce sujet un dépôt de peroxyde obtenu il y a plus de vingt ans, et qui a conservé tout son éclat.)

Ici se terminent les principales applications de l'électrochimie. Avant de terminer cette partie de la physique, M. Becquerel résout encore deux questions importantes relatives au même sujet; il montre que les décompositions produites par le courant électrique se font en proportions définies, et que l'on peut trouver combien, avec un couple donné, on peut décomposer de matière.

Supposons que l'on prenne un appareil à décomposition, un voltamètre. Il contient une dissolution de sulfate de cuivre, à travers laquelle on fait passer un courant fourni par un couple ordinaire, qui est placé à l'extérieur. Il y a réduction. La lame métallique qui se trouve au pôle négatif a été pesée avant et après cet effet, et l'on connaît ainsi le poids du métal qui s'est déposé, et par conséquent la quantité de sel qui a été décomposé. On détermine de même le poids du zinc qui a été dissous pendant l'opération. On arrive ainsi à cette conséquence remarquable : Si l'on a un dépôt de $5^{gr},8$ de cuivre sur la lame négative, la quantité de zinc qui fut rongée dans le bain est représentée par 6 grammes. Or, répétons cette expérience dans des conditions diverses, faisons en sorte que le dépôt de cuivre soit représenté par d'autres nombres; le poids du zinc qui disparaît varie en même temps, et nous trouvons que ce rapport $\frac{5,8}{6}$ est dans tous les cas constamment maintenu. Au lieu d'opérer avec une dissolution d'un sel de cuivre, on peut se servir d'une dissolution de sel de plomb. Alors on trouve un poids de plomb fixé, représenté par 19 pour la même quantité de zinc, 6 grammes, qui fut dissoute. Cette proportion entre le zinc et le plomb, $\frac{6}{19}$, sera pareillement maintenue dans toutes les expériences que l'on pourra faire.

Que l'on prenne d'autres nombres, les mêmes effets se présentent, on a des rapports dépendants de la nature du métal, mais invariables pour un même métal. On a été conduit dès lors à rechercher à quo correspondent ces nombres : 6 pour le zinc, 5,8 pour le cuivre, 19 pour le plomb ; on trouva que c'étaient précisément les équivalents chimiques de ces métaux. Ainsi, pour des actions chimiques produites à l'intérieur de la pile, qui correspondent à des équivalents chimiques, on obtient en dehors un dépôt de métal dont le poids correspond de même à des équivalents chimiques.

Cette loi est très-simple et elle est mise en évidence par l'expérience suivante :

On prend une série d'appareils décomposant contenant de l'eau, du sulfate de cuivre, un sel soluble de plomb, du nitrate d'argent, etc. On les met en communication avec une pile de 10 éléments, par exemple, puis on fait passer le courant. On constate que pour un litre d'hydrogène qui fut recueilli, on a 5^{gr},8 de cuivre, 19^{gr},9 de plomb, etc. Ces nombres sont proportionnels aux équivalents chimiques des mêmes métaux. Cette expérience très-curieuse, jointe à la détermination du poids du zinc qui est usé dans chaque couple, prouve que les phénomènes de décomposition électro-chimique se produisent toujours en proportions définies. On désignera dès lors sous le nom d'*équivalent d'électricité* la quantité d'électricité nécessaire pour déterminer la décomposition de l'équivalent chimique dans un corps.

On voit par conséquent que, relativement aux décompositions électro-chimiques, il existe une loi très-simple qui se rapproche de la loi de Dulong et de Petit touchant les actions calorifiques, et dont l'énoncé est le suivant : *Les équivalents chimiques des corps exigent la même quantité de chaleur pour s'échauffer de 1 degré.* En ce qui concerne la décomposition électro-chimique, la loi peut prendre une forme semblable : *Les équivalents chimiques des corps, pour être décomposés, exigent la même quantité d'électricité.*

De cette loi résulte un autre effet très-important à bien connaître. On vient de voir que pour 6 grammes de zinc que l'on consomme dans un couple, il se dépose 5^{gr},8 de cuivre d'une dissolution saline. Or, au lieu d'avoir une pile de 1 élément, on prend une pile de 10 éléments pour déterminer cette réduction. Combien usera-t-on de zinc dans ce cas? Chaque couple fonctionne et le courant électrique est simultanément transmis à la dissolution de sulfate. Le poids du métal qui se dépose correspond à l'équivalent chimique dissous dans chaque couple de la pile. Ainsi, chaque couple travaille seul; on a donc, pour 6 grammes de zinc disparus dans chacun d'eux, un poids total de cuivre déposé qui est de 5^{gr},8. Il ne se réduit donc qu'une quantité de cuivre proportionnelle à la quantité de zinc usé dans chaque élément. Ainsi, par une réaction chimique dix fois plus intense, on ne manifeste qu'un effet électro-chimique représenté par la dixième partie. Comment expliquer ce fait, qui semble contredire ce qui a été énoncé ci-dessus? Il faut ici considérer le temps comme élément; il faut tenir compte de la durée que met un dépôt à se produire. Ainsi, dans l'exemple précédent, lorsqu'on a employé dix couples, tous ces couples, par rapport au dépôt de cuivre produit, ont fonctionné comme si chacun d'eux était seul, mais l'action fut bien plus rapide. Ceci explique pourquoi, dans l'industrie de la galvanoplastie, il y a un grand avantage à se servir d'un appareil simple, c'est-à-dire d'un appareil qui n'emploie qu'un seul couple. En effet, ici, pour un effet chimique qui ne détermine que l'usure d'un équivalent de zinc, on a un équivalent de métal qui se dépose. Ainsi, il faut bien connaître ce fait : Quand on emploie une pile formée d'un certain nombre d'éléments montés en tension, chaque élément fonctionne comme s'il était seul, et, pour produire un effet le plus économiquement possible, il faut avoir recours à une pile d'un seul couple.

Une autre question est celle-ci : Avec un couple de dimensions données, en une heure quelle action chimique pourra-t-on produire au dehors? Quelle quantité de plomb, de cuivre, etc., obtiendra-t-on de la sorte? Ce problème se résout facilement quand on connaît la nature du couple employé, ainsi que la résistance à la conductibilité.

Des expériences furent faites à ce sujet par M. Becquerel. Il employa un couple de Bunsen. La résistance à la conductibilité que l'on utilise dans les couples de Bunsen varie entre 10 mètres et 5 mètres de longueur de fil de cuivre de 1 millimètre de diamètre. Il prit ces deux cas extrêmes. Dans la première circonstance, le dépôt de zinc, après une heure, fut de 11 grammes, et dans l'autre cas il fut de 22 grammes. Ainsi donc, un couple de Bunsen, tel que ceux que l'on emploie dans l'industrie, déposera au dehors, en une heure, une quantité de zinc dont le poids sera compris entre 11 grammes et 22 grammes.

Veut-on maintenant savoir les effets de décomposition produits par une pile de cette nature en employant d'autres métaux ; il suffit de rechercher les équivalents chimiques de ces métaux correspondants à 11 grammes ou 22 grammes de zinc. Ainsi donc, c'est une idée fausse de croire qu'avec une pile donnée, on peut développer une quantité d'action chimique indéfinie. Avec chaque couple pris isolément, on peut au plus donner une quantité d'action électro-chimique correspondant à un dépôt de zinc de 22 grammes par heure. C'est là l'effet maximum qu'il est possible de réaliser avec la pile la plus forte que nous connaissions. — J. de Lignières.

PHYSIOLOGIE COMPARÉE.

COURS DE M. VULPIAN.

(MUSÉUM D'HISTOIRE NATURELLE.)

(Voy. le n° 32).

II.

Le système nerveux considéré comme appareil de perfectionnement chez les animaux. — Comparaison avec les végétaux.

Une des premières questions qui se présentent est la suivante : Les fonctions qui s'exécutent chez les animaux supérieurs au moyen du système nerveux ne peuvent-elles se produire que si le système nerveux existe? La solution de ce problème est d'une haute importance ; et, pour y arriver, pour démontrer que ces fonctions s'exécutent en l'absence du système nerveux, je veux emprunter mes preuves au règne animal et au règne végétal. Je vous montrerai des animaux complétement privés de système nerveux, chez qui, cependant, existent les phénomènes caractéristiques de la vie animale, et parmi les végétaux nous trouverons des exemples d'organismes possédant des fonctions analogues aux fonctions des êtres supérieurs, sans qu'il y ait trace de système nerveux.

Prenons, au bas de l'échelle animale, les Protozoaires, qui forment un groupe très-nombreux, et que l'on doit séparer des autres zoophytes, qui leur sont bien supérieurs. Ils ont été divisés en deux sections : 1° les stomatodes, qui sont pourvus d'une bouche; 2° les astomatodes, qui en sont dépourvus. La première section, celle des stomatodes, est constituée par un groupe très-nombreux, celui des infusoires. Mais nous les laisserons de côté, parce que leur organisation est, en quelque sorte, assez élevée, et parce que peut-être on pourrait trouver chez quelques-uns d'entre eux des traces de système nerveux. Dans le deuxième groupe, nous trouvons les rhizopodes, les spongiaires et les grégarinides. Ces derniers vivent en parasites dans le corps d'autres animaux, des lombrics terrestres, par exemple. Chez les spongiaires, les phénomènes de la vie animale sont très-latents. Pendant longtemps on a cru qu'il n'y avait chez eux aucun mouvement; plus tard, on a admis l'existence des cils vibratiles, à cause des courants si remarquables que forme l'eau au travers des canaux des éponges; mais l'existence de cils fût-elle bien constatée, on n'en pourrait tirer aucune induction relative à la présence d'éléments nerveux, car le mouvement vibratile est indépendant de l'innervation ; on le retrouve même dans le règne végétal. La substance molle des spongiaires est formée de corps amœbiformes incorporés dans une matière homogène et gélatineuse, et il se passe dans ces corps des mouvements et des phénomènes analogues à ceux que l'on observe chez les rhizopodes, dont je vais vous entretenir.

Les rhizopodes forment des groupes assez nombreux avec des degrés divers de simplicité. Ce sont de petites masses limitées de matière gélatiniforme sans enveloppes, possédant seulement quelques granulations. Dujardin a donné à la substance qui constitue ces petites masses le nom de *sarcode*. Or, il se passe chez ces rhizopodes des phénomènes très-manifestes d'excitabilité et de mouvement, deux mots, du reste, qui en physiologie ne peuvent pas se séparer. La matière granuleuse qui les constitue offre, tant qu'elle est vivante, un mouvement intérieur plus ou moins lent, mais continu; de plus, on voit sortir de ces masses des expansions sarcodiques qui affectent des formes très-diverses, et peuvent même se réunir les unes aux autres.

Chez la *Gromia fuviatilis*, par exemple, chez laquelle la partie périphérique du corps est plus épaisse que la partie centrale, on voit ces expansions, formées d'une substance très-molle et glutineuse, sortir d'une extrémité du corps, se ramifier, puis adhérer en certains points les unes aux autres. A leurs points de contact, il se forme des centres d'attraction de la matière sarcodique, qui s'y amasse bientôt en certaine quantité. Chez certains rhizopodes, ces phénomènes se montrent sur toute la surface du corps; d'autres empruntent au sable ou aux matériaux calcaires dissous dans l'eau, les éléments d'une carapace percée de trous pour le passage des expansions.

Ces expansions sont pour l'animal des organes de locomotion. Elles adhèrent aux corps voisins, grâce à la viscosité de leur surface, puis l'animal les contracte et transporte ainsi son corps. Elles servent à la préhension des aliments. Les corpuscules nutritifs adhèrent à ces filaments; une contraction les rapproche de la surface du corps, qui se déprime et laisse pénétrer ainsi l'aliment progressivement vers les parties centrales. La périphérie vient le recouvrir, et l'aliment se trouve digéré comme dans un estomac qui semble s'y former à volonté au milieu de la matière sarcodique ; puis le résidu de la digestion est rejeté par un mécanisme semblable à celui de l'introduction, mais inverse.

Ces expansions, qui ont reçu le nom de *pseudopodes*, servent aussi à la reproduction de l'animal, par le procédé dit de gemmation. Aux points de rencontre des expansions, la matière sarcodique forme, comme nous l'avons dit, de petits amas, lesquels peuvent se détacher, et constituer de nouveaux animaux semblables à celui qui leur a donné naissance.

Ces animaux, d'une organisation si simple, sont très-importants à étudier pour l'histoire du globe terrestre, car c'est parmi eux que prennent place les foraminifères. Ce sont de vrais rhizopodes, pourvus d'une carapace solide, laquelle est tantôt percée de trous sur toute sa surface, et qui tantôt n'en présente qu'en un seul point. Leur mode de reproduction est très-simple: il a lieu tantôt par segmentation, tantôt par gemmation, donnant aux animaux des formes très-variées, et entre autres une forme hélicoïde analogue à celle de la coquille de l'escargot, ou mieux de la coquille des nautiles. Cette analogie est tellement frappante, qu'à une époque où l'organisation de ces êtres inférieurs n'était point connue, la forme de leur carapace les avait fait rapprocher des mollusques supérieurs, des céphalopodes. (Voyez la première édition du *Règne animal* de Cuvier et l'ouvrage d'Alcide d'Orbigny.)

Ces foraminifères ont formé une grande partie de la croûte terrestre. Les couches de craie et celles de calcaire grossier sont composées de leurs débris. On a construit, avec ces débris, la plupart des maisons de Paris et des environs, et la plus grande des pyramides d'Égypte est formée de pierres nummulitiques.

Nous venons de voir les organisations les plus simples, voyons les rhizopodes plus complexes. L'*Actinophrys sol* se présente sous la forme d'un corpuscule arrondi, d'où émanent, dans tous les sens, des expansions sarcodiques. Sous le champ du microscope, on ne voit que celles qui se trouvent au foyer, ce qui donne à l'animal l'apparence d'un soleil. Cet animal n'est pas entièrement homogène dans toute sa masse, car sa partie centrale, nommée *endosarcode*, est moins fluide que la partie périphérique (ou *entosarcode*); de plus, il contient un appareil circulatoire rudimentaire. On y trouve, en effet, une petite vésicule, la vésicule contractile, qui se contracte et se vide, et des petits canaux, qui alors se remplissent; puis le liquide revient dans la vésicule. Enfin, il a un noyau qui joue un grand rôle dans leur reproduction. Le protée, *amibe diffluente*, émet des expansions digitiformes, qui changent d'apparence sans cesse et assez rapidement, pour qu'on puisse les observer sous le champ du microscope. Il présente les mêmes complications que le précédent. De plus, et c'est là un degré très-marqué de supériorité, les expansions se montrent à la face inférieure du corps, ce qui donne à l'animal une attitude normale. L'étude du mouvement des protées cause une illusion dont on ne peut tout d'abord se défendre. On croit que l'animal roule à la façon d'une boule; mais en prenant des points de repère, tels que la vésicule contractile ou le noyau, on s'aperçoit qu'ils restent fixes, et que l'illusion était produite, sous le champ du microscope, par le changement incessant des expansions et le déplacement continuel de la matière intérieure.

Chez les protozaires, la revue rapide que nous venons de faire nous montre donc, à un degré plus ou moins manifeste, les phénomènes de la vie animale; et pourtant il n'y a pas le moindre indice d'éléments du système nerveux. Et l'on ne peut pas objecter l'insuffisance de nos moyens d'investigation, nos instruments sont assez puissants; le corps de ces animaux est diaphane, et l'on n'y voit ni fibres, ni cellules nerveuses.

Si nous arrivons aux polypes d'eau douce, célèbres par les expériences de Trembley, nous trouvons une organisation déjà bien différente. Leur corps est entièrement formé de cellules. Ils ont un pied, une cavité offrant une ouverture par laquelle entrent les aliments, et par laquelle sont rejetés les résidus de la digestion. Autour de cette ouverture se trouvent de longs filaments, tentacules que l'animal allonge ou retire à volonté. La préhension, chez ces polypes, est d'autant plus parfaite, que la surface est garnie d'organes hastifères, et qu'ils peuvent excréter une matière toxique. Cependant quelques auteurs comparent leur action, non à une influence toxique, mais à une influence électrique, analogue à celle de la torpille. L'étude de ces animaux, grâce à leur transparence, est très-facile. On n'y trouve aucun élément de système nerveux. Le fait suivant démontrerait aussi l'absence de système nerveux chez les hydres, si ce genre de preuves avait toute la valeur qu'on lui avait d'abord attribuée par les poisons. Chacun sait, depuis les travaux de M. Cl. Bernard, que le curare enlève aux nerfs moteurs toute action sur les muscles. Le polype, mis dans une quantité de curare suffisante pour empoisonner une grenouille, mais insuffisante pour agir chimiquement sur les tissus, n'est pas empoisonné, et continue à vivre et à se mouvoir tant que l'eau ne croupit pas.

Nous croyons avoir bien démontré, par ce premier ordre de faits, qu'il n'y a point de système nerveux chez ces animaux, et que, cependant, il y a des fonctions animales bien manifestes. On pourrait en dire autant de bien d'autres zoophytes : par exemple, des actinies.

Passons aux preuves tirées des végétaux. Nous allons trouver dans ce règne deux ordres de mouvements : des mouvements provoqués par une excitation, comme chez un animal, et des mouvements spontanés. On sait que si l'on irrite une feuille de la laitue sauvage, lorsque la plante est en fleur, il se produit une exsudation de suc laiteux. De même, si l'on presse les poils tubuleux de l'ortie, il y a contraction des organes vénéneux qui sont à leur base et issue du produit toxique. On connaît très-bien aussi le mouvement des filets de l'épine-vinette, lorsqu'on excite leur base. Le filet s'incline vers le style, et l'anthère chargée de pollen touche le stigmate. Nous ne ferons également que mentionner les phénomènes que présentent les feuilles de la plante nommée *Dionæa muscipula*, et nous en viendrons immédiatement à des exemples plus connus encore. Chez quelques oxalidées, mais surtout sur des mimosées, et en particulier la sensitive, si l'on touche les feuilles, on voit les folioles, horizontales avant l'excitation, se replier dans toute la longueur de la feuille. Vous voyez le phénomène se produire ici sous vous yeux. Puis, la feuille entière se fléchit, et enfin le pétiole vient se fléchir en s'inclinant vers la terre. Il se passe des mouvements analogues, comme mécanisme, à ceux que l'on peut provoquer chez une grenouille dont on a enlevé tout l'encéphale, et qui n'a plus de volonté. Mais le phénomène peut être plus remarquable encore. Dans une serre chaude et bien éclairée, le mouvement, si l'excitation est intense, se propage de la foliole touchée, en passant par le pétiole, à toute la plante. Si l'on agit sur la partie centrale de la plante, au lieu d'agir sur la périphérie ; si l'on fait tomber sur les racines quelques gouttes d'acide sulfurique, par exemple, on voit le phénomène se produire en sens inverse, c'est-à-dire du centre vers la périphérie, du pétiole vers les folioles.

Analysons ce phénomène, et nous y voyons de l'excitabilité, une transmission de l'excitation reçue, et enfin une réaction dans le mouvement produit. On n'observe pas autre chose chez certains animaux. Je passe sous silence les explications que Dutrochet, l'auteur de l'*endosmose*, a voulu donner de ce phénomène; pour ma part, sans approfondir la question, je crois qu'il faut y voir quelque chose d'analogue à ce qui se passe dans les muscles des animaux supérieurs. On trouve, en effet, aux points d'attache des folioles et dans les renflements qui se trouvent à la base des pétioles, des cellules contenant une gelée finement granuleuse, qui a de l'analogie avec la substance des fibres musculaires des animaux supérieurs, ces cellules se raccourcissent, se contractent sous l'influence des excitations, ainsi qu'on peut s'en assurer en faisant l'expérience pendant qu'on examine le tissu à l'aide du microscope (1).

On a recherché un système nerveux au moyen des poisons. Macaire Princeps arrosait la sensitive avec une dissolution de strychnine, et l'expérimentateur a dû ressentir une grande joie en voyant que la plante perdait son excitabilité. Mais cela provenait de ce que, dans l'expérience, on faisait une plaie aux racines pour favoriser l'absorption du poison.

Les expériences de Gœppert et celles de Dutrochet ont démontré que, lorsque l'expérience est faite d'une autre façon, lorsque, par exemple, on se borne à arroser la plante avec des solutions aqueuses de substances toxiques végétales, non-seulement les plantes n'en souffrent pas, mais encore elles paraissent prospérer davantage. M. Leclerc, de Tours, et plusieurs observateurs, entre autres M. W. Coldstream, ont fait voir que, soumise aux vapeurs du chloroforme ou de l'éther, la sensitive perdait de son excitabilité et qu'elle conservait la position ouverte ou fermée qu'elle avait au début de l'expérience. Vous pouvez constater, par l'expérience qui est sous vos yeux, l'exactitude des assertions de ces expérimentateurs. Mais ce fait n'a pas besoin de système nerveux pour être expliqué : le chloroforme et l'éther agissent chimiquement sur une plante comme sur un animal.

Si des mouvements provoqués nous passons aux mouvements spontanés, nous en trouverons un exemple bien remarquable chez le *Desmodium gyrans*, sainfoin oscillant du Bengale. Comme vous le voyez, chaque feuille se compose de trois folioles. Une grande, médiane, et de chaque côté deux petites. La foliole médiane est à peu près immobile en dehors des heures de sommeil; dans

(1) Si ma mémoire ne me trompe pas, on a trouvé dans cette gelée une matière grasse dont la composition se rapprocherait assez de celle de la substance médullaire des centres nerveux.

les conditions fâcheuses seulement, elle s'incline légèrement vers sa base. Il n'en est pas de même des latérales : vous voyez que l'une s'abaisse, tandis que l'autre se relève. Ce mouvement de pendule s'exécute en trente secondes environ; il est accompagné d'un petit mouvement de rotation sur la base. Il se produit jour et nuit sans interruption, et n'a rien d'analogue avec le sommeil des plantes.

M. Vulpian, après avoir dit quelques mots du sommeil des plantes, cite encore d'autres exemples de mouvements spontanés ou provoqués, que l'on rencontre dans les organes reproducteurs de quelques végétaux. M. F. Cohn a trouvé, dans les filets des anthères des cynarées, des cellules allongées, se contractant sous l'influence des excitants, de l'électricité entre autres, et offrant alors des stries transversales très-prononcées, ce qui leur donne une certaine analogie d'aspect avec les fibres musculaires striées. Enfin, les corps qui concourent à la reproduction d'un grand nombre de végétaux inférieurs sont munis de cils vibratiles, et sont doués d'un mouvement comparable à celui de certains infusoires. Ces corps sont, comme on le sait, les anthérozoïdes et les zoospores.

Tels sont les faits que je voulais vous exposer brièvement, pour vous montrer que des fonctions qui, chez les animaux supérieurs, exigent, pour s'accomplir, la participation du système nerveux, c'est-à-dire l'excitabilité et le mouvement, peuvent exister en l'absence de tout indice d'éléments nerveux.

Ainsi, le système nerveux n'est qu'un appareil de perfectionnement. Au bas de l'échelle animale, les propriétés sont diffuses ; elles se localisent au fur et à mesure qu'on s'élève, et sont alors l'apanage d'organes qui leur sont exclusivement consacrés.

Cette étude avait d'ailleurs un autre but, c'était de nous convaincre qu'il n'existe pas une radicale différence entre les végétaux et les animaux; nous avons vu des animaux qui n'ont pas de bouche ni de cavité digestive, ce qui les rapproche des végétaux. Les naturalistes ont été parfois très-embarrassés pour classer certains êtres. Les bacillariées et les diatomacées, qui sont douées de mouvements, et qui autrefois étaient des animaux pour les savants les plus consciencieux, sont maintenant rangées parmi les végétaux. Aujourd'hui encore, on hésite pour la place à donner au *Volvox globator*, qui est presque visible à l'œil nu, et qui jouit d'un mouvement spontané, tout à fait semblable à celui d'un bon nombre d'infusoires. La plupart des naturalistes le rangent maintenant parmi les végétaux.

Et les vibrions ! Beaucoup d'auteurs les considèrent comme des animaux; on a même été jusqu'à prétendre, se fondant sur les phénomènes vitaux présentés par ces êtres, que des animaux pouvaient exister dans une atmosphère chargée d'acide carbonique et dépourvue d'oxygène, et l'on ne s'est pas posé la question préalable, très-importante, de savoir si c'étaient des animaux ou des végétaux. Pour nous, nous n'hésitons pas à le dire, ce sont des végétaux.

Où chercherait-on les traits distinctifs propres à établir, d'une façon rigoureuse, la nature végétale ou animale de tels ou tels êtres équivoques? Qui songerait aujourd'hui à les chercher dans le mode de reproduction? Ce n'est pas l'excitabilité, la sensibilité qui pourraient les fournir, ni le caractère de rigidité de tissus existant chez les végétaux, puisque M. de Bary a trouvé une vésicule contractile dans les organes reproducteurs de certaines algues. La découverte, faite par M. Schmidt, de la cellulose dans l'enveloppe tégumentaire des tuniciers, découverte confirmée et étendue par les recherches de MM. Lœwig et Kölliker, empêche de prendre la composition chimique comme caractère différentiel absolu. En réalité, il ne semble y avoir de différence bien tranchée entre les protophytes et les protozoaires que celle qui est fondée sur la nature de leurs aliments et sur la manière dont ils sont incorporés. Encore cette différence ne peut-elle être acceptée qu'à titre provisoire.

Nous devons en conclure que la nature n'a pas établi de ligne de démarcation brusque entre les deux règnes. *Natura non facit saltus.* Les animaux et les végétaux se continuent par une progression insensible, et c'est avec raison qu'on les a réunis sous le nom commun de *règne organique.* — E. Bremond.

PHYSIOLOGIE GÉNÉRALE.

COURS DE M. CLAUDE BERNARD.

(FACULTÉ DES SCIENCES.)

(Voy. les n°s 19, 22, 24, 27, 29 et 34.)

VI.

Des mouvements chez les êtres vivants. — Mouvement ciliaire. — Mouvement sarcodique. (Fin)

Un élève de M. Claude Bernard, M. Calliburcès, a imaginé un petit appareil fort ingénieux qui permet de mesurer l'intensité des mouvements vibratiles. Il se compose essentiellement d'un petit cylindre de verre traversé par un fil rigide qui suit ses mouvements, et se termine au milieu d'un cadran où il porte une aiguille fixée perpendiculairement à son extrémité. Cette aiguille se meut naturellement sur le cadran, et chaque tour qu'elle fait correspond à un tour du cylindre de verre. Pour se servir de cet appareil, il suffit de placer le cylindre de verre sur une membrane vibratile, qui lui imprime un mouvement de rotation dont la rapidité sert à mesurer l'intensité du mouvement vibratile lui-même.

Les mouvements vibratiles sont continuellement liés à certaines conditions de nutrition. En effet, ils ont pour organes essentiels des cellules, et il faut que la nutrition en développe incessamment de nouvelles pour remplacer celles qui tombent, car toutes les cellules épithéliales sont caduques et dépérissent même assez rapidement. Aussi, quand les fonctions de nutrition sont provisoirement interrompues dans certains organes par suite de causes morbides, comme les maladies inflammatoires des bronches, il n'y a plus de mouvements des cils vibratiles. Chez les animaux hibernants, les mouvements ciliaires cessent également pendant l'hibernation. Ainsi ce ne sont pas là des mouvements mécaniques, mais bien véritablement des mouvements vitaux.

Comme nous l'avons déjà dit, ces mouvements éprouvent des modifications importantes sous l'influence de la chaleur ou du froid. L'abaissement de la température en diminue l'intensité et la rapidité ; son élévation produit l'effet contraire, mais tant qu'on reste dans certaines limites. Ainsi, l'œsophage d'une grenouille ne présente aucun mouvement vibratile à 0°; en élevant ensuite progressivement la température, ces mouvements croissent de même. Pendant le même temps, l'aiguille de l'appareil de M. Calliburcès fait sept tours, si la membrane vibratile est à 10°, et douze tours, si elle est à 20°. Cette intensité va en augmentant jusqu'à 50° ou 60°, point à partir duquel le mouvement commence à diminuer, pour cesser complétement à 80°, et ne plus reparaître désormais. Car c'est un caractère des phénomènes vitaux de pouvoir renaître par une élévation de température, quand on les a arrêtés au moyen du froid, et de ne le pouvoir plus quand c'est la chaleur qui les a détruits : la matière organique est alors altérée sans remède, peut-être par la coagulation de certains éléments.

Le sec et l'humide exercent aussi une certaine influence sur ces mouvements, qui sont, à vrai dire, des mouvements aquatiques. Les animaux qui en possèdent à l'extérieur, comme les têtards de grenouille et les mollusques, vivent dans l'eau, et les membranes muqueuses ou séreuses qui les présentent chez les animaux supérieurs sont toujours baignées de liquides. Quand on dessèche un peu ces membranes, on voit bientôt diminuer progressivement l'intensité de ces mouvements, qui ne tarderaient pas à s'arrêter tout à fait si l'on continuait la dessiccation. Les phénomènes de réviviscence découverts par Spallanzani ont été observés d'abord sur les rotifères, qui sont animés de mouvements vibratiles : ces animaux, convenablement desséchés, perdent toute espèce de mouvement, et après être restés dans cet état pendant plusieurs années, ils peuvent recommencer à se mouvoir si on leur rend un peu d'eau. Mais nous ne croyons pas que des phénomènes du même genre puissent se produire chez les animaux supérieurs, ni même chez la grenouille. Ainsi on ne pourrait plus faire renaître les mouvements vibratiles dans un œsophage de grenouille convenablement desséché.

Les gaz n'exercent aucune influence sur les cils vibratiles, comme il est facile de s'en convaincre en plaçant successivement un œsophage de grenouille dans le vide, dans l'acide carbonique, dans l'oxygène, dans l'azote et dans les autres gaz : les mouvements ciliaires y continuent toujours absolument comme dans l'air.

Au contraire, les liquides ont une action très-marquée. Les acides arrêtent immédiatement tout mouvement ciliaire : et nous ne parlons pas ici d'acides forts, comme l'acide sulfurique ou l'acide azotique, qui pourraient agir chimiquement sur la matière des cils vibratiles; les acides les plus faibles suffisent parfaitement pour amener ce résultat, par exemple l'acide acétique très-dilué. Les corps neutres sont plus favorables aux mouvements vibratiles; mais ce qui en augmente tout particulièrement l'intensité, ce sont les alcalis, surtout l'ammoniaque et la soude, comme l'ont montré les expériences de Virchow. On peut même, avec ces bases puissantes, ranimer les mouvements ciliaires dans les corps où ils s'étaient arrêtés sous l'influence des acides : par exemple, dans les liquides contenant des zoospermes. C'est pour cela qu'on rencontre bien souvent des mouvements vibratiles dans des cadavres déjà en putréfaction, parce qu'ils présentent le milieu fortement alcalin propre à entretenir ces mouvements. Mais, par contre, nous verrons ces mouvements s'éteindre fort vite quand le milieu présentera une réaction acide.

Les mouvements ciliaires sont beaucoup plus intenses chez les invertébrés que chez les vertébrés, et chez les animaux à sang froid que chez les animaux à sang chaud. Il faut donc prendre des animaux à sang froid quand on veut faire des expériences sur ce mode de mouvement. C'est d'ailleurs un des phénomènes vitaux les plus tenaces et qui persistent le plus longtemps après la mort. On a fait à ce sujet des observations sur l'homme lui-même. Mais pour qu'elles donnent un résultat satisfaisant, il faut prendre des personnes mortes brusquement par suite d'un accident, car chez les sujets qui ont succombé à une longue maladie, les mouvements vibratiles sont déjà considérablement affaiblis ou même tout à fait éteints au moment de la mort. Gosselin, en opérant sur des personnes décapitées, a constaté la persistance des mouvements vibratiles dans la muqueuse du nez, vingt-quatre et même trente-six heures après la mort, tandis que les muscles et les nerfs conservent à peine leurs propriétés vitales pendant une heure.

Nous avons déjà signalé l'immunité complète des cils vibratiles en ce qui concerne les matières toxiques. Il y a des poisons qui atteignent la cellule nerveuse, d'autres les globules du sang, d'autres encore la fibre musculaire ou vasculaire, etc.; mais jusqu'ici on n'en connaît pas qui agissent sur les cils vibratiles. On pourrait croire que cela tient à l'absence de communication entre ces organes et les systèmes circulatoire et nerveux; mais cette explication ne peut suffire, car Müller a déposé le poison sur la membrane vibratile elle-même, sans obtenir plus de résultat. Nous avons dit également que les anesthésiques arrêtaient les mouvements ciliaires; mais c'est une simple suspension qui n'altère aucunement l'organe, car ces mouvements recommencent aussitôt que l'influence anesthésique a disparu.

Nous avons déterminé les conditions générales du mouvement vibratile, cherchons maintenant à quelles causes il faut le rapporter.

Ehrenberg, qui s'est beaucoup occupé de ces mouvements, surtout chez les infusoires, croyait d'abord qu'on pouvait les attribuer à l'action de muscles particuliers. En effet, on voit ordinairement à la base de chaque cil un petit renflement où Ehrenberg supposait l'existence d'un petit muscle. Cette théorie s'appliquait bien à certains faits. Ainsi, chez les rotateurs, il y a à la fois des mouvements vibratiles et des mouvements musculaires qui sont unis entre eux par une intime connexion; car en empoisonnant l'animal, on fait cesser tout mouvement. Mais les observations d'Ehrenberg ont été longuement discutées par Müller, et personne n'a pu arriver à une parfaite conviction sur ce point. Il est impossible d'apercevoir au microscope les muscles supposés par Ehrenberg; aussi se borne-t-on généralement à dire que les mouvements ciliaires sont inconnus dans leurs causes et qu'on ne sait à quel tissu les rapporter, bien qu'il soit très-certain qu'ils sont dus à la substance que contiennent les cils vibratiles, quelles que soient la forme et la nature de cette substance.

Les mouvements vibratiles se distinguent des mouvements musculaires par deux points principaux, leur constance et leur indépendance complète vis-à-vis du système nerveux. Mais ils présentent aussi avec eux des analogies nombreuses. Ainsi les mouvements musculaires se ralentissent sous l'influence du froid et s'exagèrent par l'action de la chaleur, dans le cœur notamment, circonstance que nous avons constatée dans les mouvements vibratiles. L'influence des acides est aussi la même des deux côtés, et la rigidité cadavérique des muscles n'arrive même que par le développement d'un acide dans leurs tissus baignés normalement d'une liqueur alcaline.

Il est d'ailleurs impossible aujourd'hui de faire une distinction complète entre les différentes espèces de mouvements que possèdent les êtres vivants. Ces mouvements se fondent insensiblement les uns dans les autres. Ainsi on a bien distingué le mouvement ciliaire dont nous venons de parler, le mouvement sarcodique dû à une substance contractile et amorphe, et le mouvement musculaire produit par une substance contractile à forme déterminée, fibre ou cellule, et soumise à l'influence d'un système nerveux. Mais nous verrons que l'influence du système nerveux ne se fait pas sentir dans tous les cas sur les mouvements musculaires, car on peut trouver dans certaines circonstances un système musculaire assez développé sans aucune trace de système nerveux; inversement, l'influence du système nerveux s'exerce quelquefois en dehors du tissu musculaire. Si nous donnons toutes ces classifications, c'est qu'elles existent dans la science; mais encore devons-nous dire quelle est notre opinion sur leur valeur.

Les époques auxquelles apparaissent, dans le développement embryonnaire, le système musculaire d'un côté et le système nerveux de l'autre, ces époques ne sont aucunement liées entre elles. Ainsi, une observation connue depuis fort longtemps déjà, mais qui a été signalée particulièrement et mise en lumière par M. Claude Bernard, c'est que le cœur du petit poulet bat dès les premières heures de l'incubation, c'est-à-dire à une époque où il n'y a certainement pas encore la moindre trace de système nerveux. D'un autre côté, les muscles des membres se contractent sous l'influence des changements de température de l'air extérieur, du froid ou du chaud, et cependant ils ne subissent encore aucune action de la part du système nerveux, dont le développement commence à peine. C'est même à cette circonstance que sont dues les contractions, car les muscles, qui ne sont pas encore soumis à l'influence nerveuse, sont bien plus facilement influençables par le froid et le chaud que les muscles déjà dominés par cette influence. On n'a pas oublié que les mouvements des cils vibratiles, si souvent influencés ou provoqués par la chaleur et le froid, ne subissent jamais aucune action de la part du système nerveux. Les effets produits par les changements de température varient donc beaucoup suivant les circonstances dans lesquelles on se place. Ainsi prenez un poulet au quinzième ou seizième jour de son développement, et un changement brusque de température, élévation ou abaissement, fera contracter, non pas seulement le cœur et le gésier, mais aussi les membres antérieurs et postérieurs. Quand le développement sera terminé, le cœur et le gésier se contracteront encore sous des influences de ce genre; mais deux ou trois jours après l'éclosion, les membres y échapperont complétement, parce que le système nerveux, en s'emparant d'un muscle, diminue considérablement sa sensibilité aux phénomènes calorifiques.

Ainsi, pour nous résumer, nous croyons que toutes ces substances contractiles ne sont que des degrés divers d'une même substance, et tous ces mouvements des variétés d'un mouvement unique dans son essence. Il y a en effet des influences qui les accompagnent partout et se reproduisent dans tous les cas, à quelque espèce de mouvement qu'on ait affaire, notamment les influences calorifiques, celles des acides et des alcalis, etc. Ce sont donc là, nous venons de le dire, autant de degrés divers d'une même chose, et encore ces degrés sont-ils bien difficiles à distinguer les uns des autres.

Les mouvements sarcodiques, dont nous avons maintenant à dire quelques mots, correspondent à ce que certains physiologistes ont appelé le *tissu cellulaire contractile.* Ces mouvements sont en général fort lents; ils tiennent à une substance contractile amorphe, le *sarcode,* et le type en est fourni par un infusoire nommé *amibe.* Ces animaux ne sont pas précisément diffluents, mais ils n'ont aucune forme déterminée, et sont susceptibles de les prendre toutes successivement. Quelquefois on les voit tout ronds; un instant après, ils poussent des prolongements qui se multiplient quelquefois en croix ou en étoile, pour revenir ensuite à la forme circulaire ou à toute autre, et pousser encore des prolongements dont la disposition varie indéfiniment. Ces mouvements sont influençables par la chaleur ou le froid, et tous les micrographes ont remarqué qu'au moment où ils cessent, il se manifeste une sorte de coagulation fort analogue à celle qu'on observe dans les tubes musculaires pendant la rigidité cadavérique. Cette substance sarcodique est souvent très-réfringente, et sa texture uniforme ne présente rien de remarquable, si ce n'est des granulations plus ou moins nombreuses qui peuvent se déplacer facilement. Malgré de nombreuses expériences, on n'a encore pu constater, au moment de la contraction, aucun changement appréciable dans l'état de la substance sarcodique. On a seulement observé que lorsque l'animal va pousser un prolongement dans un certain sens, une plus grande quantité de granulations se porte de ce côté.

Les mouvements sarcodiques existent dans les végétaux comme dans les animaux.

Cet état de la substance contractile, où elle n'est pas renfermée dans des tubes, ne doit pas nous étonner, car ce n'est pas une particularité du tissu sarcodique, c'est aussi le premier état de la substance musculaire dans le développement de l'animal. Ainsi le cœur du petit poulet, qui commence à battre après quelques heures d'incubation, n'est pas encore défini sous forme de fibres, et se trouve dans un état fort analogue à celui du tissu sarcodique.

On invoque souvent, et avec raison, ces propriétés du tissu sarcodique pour expliquer certains mouvements dont on n'aperçoit pas la cause, par exemple ceux des villosités intestinales du lapin. Mais nous ne pouvons pas nous arrêter plus longtemps sur ces détails, parce que nous avons hâte d'arriver au système musculaire proprement dit, qui nous fournira des expériences plus nombreuses et plus intéressantes. — Émile Alglave.

HISTOIRE NATURELLE DES CORPS ORGANISÉS.

COURS DE M. GUSTAVE FLOURENS.

(COLLÉGE DE FRANCE.)

(Voy. les nos 4, 5, 8-11, 13, 14, 17, 20, 22-25, 27, 29 et 32.)

XXXI, XXXII.

SECTION ALLEMANDE.

Les peuples Aryas, sortis de la Sogdiane, qui forment la population actuelle de l'Europe et sont venus s'établir entre les Mongols à l'est, l'océan Atlantique à l'ouest, les Araméens au sud, se trouvent juxtaposés par bandes distinctes : Gaulois, Germains, Slaves. Ils devaient se mélanger, et se mélangent en effet les uns avec les autres de l'ouest à l'est : le Gaulois avec le Germain, le Germain avec le Slave, le Slave avec le Mongol. Au midi, ils se mélangent tous avec l'Araméen. Aussi au midi, la couleur des yeux et des cheveux brunit, noircit. A l'est, la tête s'élargit, puis les pommettes se développent et deviennent de plus en plus saillantes, le visage s'aplatit. Mais entre ces types si différents, les transitions, les passages abondent; car l'intensité des mélanges de deux types voisins va en décroissant graduellement jusqu'aux points où ces types se trouvent à l'état pur et en augmentant jusqu'à leurs frontières mitoyennes.

L'ancienne division des Germains en trois groupes qui nous est conservée par Tacite : *Ingævones*, au nord, *Herminones*, au centre, *Istævones* au sud, paraît avoir été purement géographique et sans aucun rapport avec des différences de types. Leur nom, comme toutes les appellations primitives de peuples et d'individus, est un qualificatif qui rappelle leur caractère le plus saillant, celui auquel ils tenaient le plus (*wehr*, arme, *mann*, homme : les hommes d'armes, les guerriers, les Germains). Le nom de *Deutschen* (*Teutones* des Romains), qu'ils portent encore, aurait la même signification, puisqu'il dérive de *Teutsch*, leur dieu de la guerre. Quant au nom d'Allemands, que leur donnent les Français, il n'a aucune valeur; c'était celui d'une confédération voisine du Rhin, et par là plus connue en Gaule (*alle mænner*, tous les hommes, association d'hommes). Le système fédératif, établi dans tout l'Occident avant les conquêtes des Romains, existait chez les Germains comme chez les Gaulois et les Araméens d'Europe. Les principales confédérations germaines étaient celle des *Goths*, dont nous avons déjà parlé à propos de leur établissement en France, des *Suèves*, des *Alemans*, des *Saxons* et des *Francs*. Chacune de ces confédérations comprenait, comme les confédérations gauloises, un certain nombre de tribus puissantes et de tribus protégées, clientes.

Ces anciens Germains avaient tous une constitution aryane très-prononcée comme les Gaulois primitifs : yeux bleus, cheveux et barbe blonds ou roux (*chevelures dorées*, *yeux d'azur*), teint blanc. Ils se distinguaient des Gaulois par cette couleur rousse, bien plus répandue chez eux, par leurs muscles plus massifs, leur teint plus clair, leur tête forte et large, évasée, leur bouche plus ouverte, leurs yeux moins longs, leurs pommettes plus saillantes. Leur stature était élevée, quelquefois même gigantesque (*Burgundes*), leur carnation fort belle. Beaucoup de ces traits ont persisté chez les Allemands actuels : ils ont encore une grande taille en général, des formes pleines, des yeux et des cheveux moins foncés, des têtes carrées. Mais le type n'a pu se conserver dans toute sa pureté que là où le climat n'a point changé et où il n'y a pas eu de mélanges. Ainsi les Scandinaves, dont le climat actuel est analogue à celui de l'ancienne Germanie, ont aussi le mieux gardé leur constitution primitive. Les Allemands ayant cessé d'habiter, comme leurs ancêtres, au milieu d'une température froide et humide de marécages et de forêts (*forêt Hercynienne*, du Rhin à la Vistule), ayant assaini et déboisé leur sol, bâti des villes, ont ressenti dans leur constitution les effets de cette amélioration de leur climat. Quant aux mélanges, ils se sont faits au midi avec des populations araméennes : aussi les cheveux et les yeux sont-ils devenus bruns ou même noirs. A l'est, ils se sont faits avec des populations slaves, et l'on voit le type allemand passer au type slave.

La langue allemande, pas plus que la langue française, n'est homogène. De même que celle-ci se divisait en langue d'oïl et en langue d'oc, l'une pour les populations septentrionales, l'autre pour les populations méridionales; l'allemand se partage en haut allemand (*oberdeutsch*) parlé au midi, et en bas allemand (*niederdeutsch*) parlé au nord. Le plus ancien monument de cette langue que nous possédions est le *Codex argenteus*, fragment d'une traduction de la Bible faite dans la langue des Goths de Mœsie (Valachie actuelle) par leur évêque Ulphilas, pour les convertir au christianisme, comme plus tard Luther en fit une dans la langue des Allemands pour fonder la réforme. Le langage de ces Goths de Mœsie a reçu le nom de *mésogothique;* c'est un dialecte éteint, qui représente bien l'allemand primitif, et se rapproche beaucoup du sanscrit, ou de l'ancienne langue aryane perdue, surtout par les formes grammaticales. L'*Edda* des Scandinaves nous a conservé l'ancien dialecte germain *norræna*, de même âge que le mésogothique. Le norræna est la souche des langues scandinaves actuelles, *danois*, *norwégien*, *suédois*, et subsiste encore presque intact dans l'Islande, grâce à l'éloignement de cette île, comme le gaulois subsiste en Irlande, le kymri en Bretagne, le latin en Sardaigne.

Le haut allemand est devenu la langue nationale écrite de tous les Allemands proprement dits; le bas allemand est celle des Hollandais et d'une partie des Belges (*dialecte flamand*). Mais beaucoup de populations allemandes du nord (Poméranie, Mecklenbourg, Holstein, Westphalie) continuent à parler comme patois le bas allemand qui règne ainsi sur le littoral de la mer du Nord et de la Baltique depuis Dunkerque jusqu'au golfe de Dantzick. De même que le français a tiré parti, pour se former, de ses deux idiomes d'oïl et d'oc, l'allemand littéraire fondé par Luther, le haut allemand actuel, provient d'une fusion des deux idiomes du nord et du sud, qui s'est accomplie dans les provinces centrales et a donné l'allemand moyen (*mitteldeutsch*). Entre l'Allemagne du nord et celle du midi, comme entre la France septentrionale et la France méridionale, la différence de climat est assez grande pour influer sur le langage des populations et le modifier. A l'est, quelques populations slaves ont adopté l'allemand; en Bohême, en Moravie, en Pologne, il a fait des progrès. A l'ouest, il a toujours reculé, parce que là il a affaire au français, bien supérieur par l'éclat et l'élégance, la netteté et la brièveté. Le français n'est qu'un dérivé du latin : celui-ci s'est imposé à tout l'Occident européen ; c'est la seule langue qui ait fait d'aussi grandes conquêtes, et qui puisse devenir universelle.

Les Germains avaient en commun avec les Gaulois une grande bravoure : de même que ceux-ci ils voulurent conquérir tout l'Occident. Les Gaulois pénétrèrent en Italie et en Grèce : les Germains, arrivés plus tard, trouvèrent à l'époque de leur expansion des barrières sur le Rhin et sur le Danube; le champ ouvert à leur activité était moins vaste. Ce fut aussi un désavantage pour eux de n'être point forcés, comme les Gaulois, à entrer dans le monde romain, où ceux-ci ont si bien complété leur génie, l'enrichissant d'éléments qui manquent au génie allemand et lui manqueront toujours. S'ils n'ont pas été soumis à Rome, ceci ne tient point à leur valeur, qui n'était aucunement supérieure à celle des Gaulois, mais à leur situation. Établis en arrière des Gaulois, ils se trouvaient en dehors du cercle de l'action romaine : là où elle devait forcément s'arrêter, sous peine de périr par une extension démesurée. L'empire d'Auguste était déjà trop vaste pour durer longtemps ; et ses successeurs, afin d'en assurer les frontières, furent obligés de l'accroître par de perpétuelles conquêtes. Placés dans la même position par rapport à l'Italie que les Gaulois, les Germains auraient également succombé par désunion; ils étaient également divisés en confédérations, et Rome était une. Ce système fédératif subsiste encore chez eux, au moins en image, dans le morcellement féodal de leur patrie. Ils ont toujours été rebelles à l'unification, comme l'étaient les Gaulois avant la conquête romaine. Et ce sont ceux-ci qui, par les guerres de la république française et de l'empire, ont porté sur la rive droite du Rhin les seules idées unitaires qui y existent. Ce sont les Français qui, en foulant le sol allemand, ont révélé à ces masses mi-slaves, mi-allemandes, le sentiment de nationalité qui commence à les animer. Elles étaient restées jusqu'alors insoucieuses de leur origine et de leurs liens véritables de fraternité. Le sentiment national n'est même pas encore compris par les Allemands, puisque plusieurs parmi eux regardent comme des rebelles les Slaves qui veulent rompre les attaches allemandes. Les idées du moyen âge, qui faisaient consister la puissance de l'Allemagne dans la soumission du plus grand nombre possible de peuples hétérogènes au Saint-Empire subsistent encore dans bien des esprits. Et elles sont aussi funestes à l'Allemagne dominatrice qu'à ses esclaves étrangers. Grâce à sa situation médiane en Europe, elle a pu en opprimer tous les peuples, ceux de l'Orient et ceux de l'Occident, ceux du Midi et ceux du Nord, aujourd'hui même le Danemark. Tandis que les Français luttent par la pensée et par les armes pour la libération des peuples, les Allemands combattent pour les asservir, et maintiennent la féodalité qu'ils ont imposée à l'Europe. L'idée d'indépendance est germaine ; elle se retrouve en Angleterre, mais c'est une idée égoïste. L'idée de liberté est gauloise, c'est une idée dévouée : le Français aimerait la liberté pour lui et la donne aux autres peuples. Hors de la France, l'idée vraie de liberté pour tous et par tous n'a jamais existé. Athènes avait quelques citoyens libres, très-libres ; mais la masse était esclave. Les plébéiens de Rome étaient les sujets des patriciens, et il en est de même dans l'Angleterre actuelle, où les citoyens possèdent beaucoup d'indépendance, des droits précieux contre le pouvoir central, mais point la liberté réelle, inséparable de l'égalité.

Quand les Germains pénétrèrent dans l'empire romain, entraînant à leur suite quelques hordes slaves, ils conquirent aisément les Gaulois désarmés et amollis à dessein par leurs maîtres. La civilisation produisit sur eux un effet encore bien plus énervant. En moins de rien ils perdirent toute leur énergie, et ceci fut le salut des vaincus, qui purent se relever peu à peu, et reprendre possession d'eux-mêmes : d'abord en fondant les communes, réaction toute gauloise par l'esprit, romaine par la législation, contre la féodalité germaine; puis en affranchissant du joug de ses vassaux nobles la royauté, qui est restée au contraire, chez les Germains-Anglais, sous la tutelle de l'oligarchie conquérante, ainsi qu'au moyen âge. Les Mérovingiens mouraient tous jeunes, de débauche, comme des barbares jetés au milieu d'une civilisation dont ils abusent terriblement. Il y eut pourtant, parmi ces sauvages destructeurs de la grande et savante organisation romaine, des esprits supérieurs qui voulurent l'imiter et l'introduire parmi leurs compatriotes. Mais ce fut en vain ; l'unification répugnait trop au caractère germain. Ni Éwarik chez les Goths d'Espagne, ni Théodoric chez ceux d'Italie, ni Charlemagne chez les Francs, ne réussirent. La tentative de Charlemagne était encore la plus irréalisable, puisqu'il essayait la fusion des deux mondes gaulois et germain, si distincts. Malgré toute sa puissance, il ne put empêcher la disparition de la langue allemande sur la rive gauche du Rhin, et sa grammaire du dialecte francique ne parvint point à le faire durer. Tout ce que les Germains ont pu fonder par delà le Rhin, c'est la féodalité, l'oppression odieuse qui a duré pendant tout le moyen âge.

Le caractère allemand est resté, sous bien des rapports, celui des anciens Germains, d'un peuple-enfant; il n'a pas été mûri par la domination romaine. Ils ont encore la candeur et la bonhomie primitive; naïfs et rusés, ordinairement froids, exaltés par moments, intelligents, mais lourds. C'est un grand génie qui, faute d'avoir été assez mélangé, est resté incomplet. Toutes les œuvres germaniques demeurent incomplètes : la réforme de Luther est incomplète, au lieu de supprimer l'absolu et l'absurde, il les diminue; la révolution de Cromwell est incomplète ; le Faust est incomplet; les cathédrales de Cologne et de Strasbourg, magnifiques chefs-d'œuvre, sont incomplètes. Aucune pensée allemande ne trouve son complément et sa lumière dans un cerveau allemand ; il faut, pour qu'elle devienne vivante, universelle, qu'elle ait traversé un cerveau français. D'ailleurs, l'Allemand détruit bien plus qu'il ne crée. Tandis que les peuples inventeurs s'épuisent à trouver, lui s'épuise à détruire. C'est un grand service qu'il rend à l'humanité : le Français ne sait point détruire; il aime mieux rire des dogmes vermoulus, et croit qu'il suffit d'en décréter la suppression. Ni le rire ni le décret ne suffisent, et ces dogmes hébéteraient encore longtemps les sociétés, si l'Allemand ne les ruinait de fond en comble, en les disséquant sérieusement, minutieusement, consciencieusement. Aucun travail pour lui n'est fastidieux; son cerveau, au large dans une boîte évasée, supporte mieux la grosse fatigue, les longues contraintes, et souffre moins de l'afflux sanguin. Le cerveau, comme l'estomac allemand, aime à être occupé, il lui faut une pâture substantielle; il ne tient pas autant que son voisin d'outre-Rhin à la délicatesse de celle-ci. Le Français, plus vif, dès qu'il a conçu l'idée, veut la réaliser ; c'est là le moindre souci de l'Allemand, il pense pour penser. Car il aime l'instruction, et sait bien mieux que le Français universaliser ses connaissances. Leibnitz, génie universel comme Aristote ; Gœthe, poëte et savant, voilà des Allemands. Gœthe sentait bien ce qui manquait à son pays : de la lumière, de la lumière, plus de lumière encore. De la clarté française, de l'ordre dans les idées : et les connaissances humaines devront à l'Allemagne leurs plus rapides progrès. Aucun peuple n'a autant médité que l'Allemand, aucun peuple n'a autant travaillé que l'Anglais. Mais la méditation allemande est trop audacieuse : elle veut tout assujettir à la raison, même ce qui lui échappe nécessairement, l'infini. De là les obscurités de la philosophie allemande moderne, qui se paie encore de mots, tandis que la France ne veut plus que des faits, et a définitivement rompu avec la métaphysique.

Les hardiesses de la pensée ne passent point dans l'action. Celle-ci est terne et nulle. Schiller a sa pointe d'insoumission et de révolte dans les *Brigands*. Ses compatriotes, en paroles, font bon marché de leurs antiquailles, mais ne savent pas s'en débarrasser. Ils ont des aspirations plutôt que des idées, ils sentent, ils imaginent, mais n'inventent point. Et pour traduire ces aspirations, ces sentiments, ces images, ils ont la musique, qui est leur prédilection. Celle-ci aussi est incomplète, elle fait sentir vaguement ce qu'elle ne pourrait exprimer. Elle se passe de la fixité, de l'ordre, qui manquent au génie allemand. Faute de savoir écrire avec netteté sa pensée, l'Allemand la chante. — Abel Flourens.

CHRONIQUE.

M. Trémaux adresse à l'Académie des sciences une nouvelle suite à ses considérations sur les transformations des êtres et les conditions dans lesquelles elles se produisent :

« Dans tous les êtres vivants, dit M de Quatrefages, l'espèce est soumise à une double action, d'où résultent deux ordres de faits accusant, les uns une tendance manifeste à la stabilité, les autres une tendance non moins évidente à la variation. A quelles causes faut-il faire remonter cette double action? C'est là une question que se sont posée de tout temps les plus sérieux penseurs, les plus grands physiologistes depuis Aristote et Hippocrate jusqu'à Burdach et Müller. »

« Cette double action, dit M. Trémaux, est la nature du sol qui diversifie et perfectionne les êtres ou les laisse stationnaires, selon les conditions où ils se trouvent, et la fécondité qui, par le croisement, groupe dans une même espèce tout ce qu'elle embrasse. Avec ces deux ordres de faits tout s'explique ; le mystère tant cherché devient une chose très-simple.

» Pour que la transformation en espèce distincte devienne réelle, les faits nous montrent qu'il ne faut pas seulement une différence accidentelle ou de sélection peu soutenue, comme celle des êtres difformes, des nains, etc.; il faut que ces différences, quoique moins apparentes, conviennent au milieu et soient longtemps soutenues, afin que des modifications plus intimes aient le temps de se produire et de se fixer.

» Par exemple, en prenant les races européennes et nègres, telles que nous les voyons, que faut-il pour qu'elles deviennent espèces distinctes? D'abord une plus grande différence de sol pour surmonter l'effet des croisements; mais moins encore, il suffirait qu'une cause quelconque empêchât d'agir le croisement avec les races intermédiaires; et, celui-ci cessant complétement d'apporter des éléments plus parfaits au nègre, il s'écartera davantage du type favorisé, n'étant plus soumis qu'au sol qui différencie.

» La limite de la race et de l'espèce n'est qu'un équilibre conditionnel entre deux influences contraires, celle du sol et celle de l'effet produit par la fécondité entre les êtres. Quand les êtres subissent une action de croisement plus forte que le sol, les races se rapprochent, se concentrent et l'espèce devient plus distincte. Au contraire, si l'action du sol l'emporte, les différences spécifiques diminuent, celles des races augmentent et, poussée assez loin, la race devient nécessairement espèce. »

Le propriétaire-gérant : GERMER BAILLIÈRE.

PARIS. — IMPRIMERIE DE E. MARTINET, RUE MIGNON, 2.

PREMIÈRE ANNÉE. — N° 36. UN NUMÉRO : 30 CENTIMES. 6 AOUT 1864.

REVUE
DES
COURS SCIENTIFIQUES
DE LA FRANCE ET DE L'ETRANGER

PHYSIQUE — CHIMIE — ZOOLOGIE — BOTANIQUE — ANATOMIE — PHYSIOLOGIE
GÉOLOGIE — PALÉONTOLOGIE — MÉDECINE

Paraît tous les Samedis.

	Six mois.	Un an.
Paris	8 fr.	15 fr.
Départements	10	18
Étranger	12	20

Prix de l'abonnement avec la Revue des Cours littéraires.
Six mois..... Paris, 15 fr. Départ., 18 fr. Étranger, 20 fr.
Un an....... — 26 — 30 — 35

Rédacteur en chef
M. ODYSSE-BAROT

Les ouvrages dont deux exemplaires auront été envoyés au bureau du journal seront annoncés et analysés s'il y a lieu.

On s'abonne
A LA LIBRAIRIE GERMER BAILLIÈRE
17, rue de l'École de Médecine,
Et chez tous les libraires, par l'envoi d'un bon de poste, ou d'un mandat sur Paris.

L'abonnement part du 1er décembre ou du 1er juin de chaque année.

SOMMAIRE.

ZOOLOGIE COMPARÉE.

COURS DE M. F. DE FILIPPI.

(UNIVERSITÉ DE TURIN.)

(Voy. les nos 34 et 35.)

L'homme et les singes (fin).

VII.

La théorie de Darwin n'a rien d'alarmant, messieurs. On l'a trouvée hétérodoxe, tandis qu'on déclarait orthodoxe la théorie contraire. Eh bien, on pourrait peut-être intervertir les rôles; mais je ne veux pas en ce moment me fourrer dans ce guêpier. Je me bornerai à faire appel à la liberté de discussion, et à dire que toute théorie de philosophie naturelle doit être jugée en elle-même, avec son propre critérium, et non par ces déductions illogiques et hasardées qui peuvent se présenter à l'esprit de quelqu'un. Il faut avoir confiance dans la science. Si ce qui vous choque est une erreur, la science elle-même le découvrira par la discussion paisible, conduite avec cette méthode rigoureuse qui lui est propre. Si, au contraire, c'est la vérité, nous ne pouvons craindre que deux vérités en viennent à se contredire.

Dire que l'homme dérive d'un singe, ce n'est autre chose que l'expression d'un fait anatomique, rattaché par ses liens les plus naturels à une induction physiologique. Or, à moins de prouver que l'un des deux éléments ou tous les deux sont faux, vous devez accepter leur connexion.

Il serait profondément humiliant pour nous qu'à un singe eût été réservé l'honneur d'une création directe, et à nous la honte d'une dérivation; mais il n'en est point ainsi. Il faut accepter la théorie de Darwin dans tout son développement ou la repousser tout entière; ou ne pas faire le premier pas, ou faire aussi tous les autres. Ici, comme dans bien d'autres vicissitudes de l'esprit humain, le pire système est celui des systèmes mixtes, de ces philosophes hybrides, qui se masquent trop souvent sous la parole spécieuse de l'éclectisme. L'homme est une dérivation des singes, et ceux-ci sont une filiation du rameau des lémuriens, lequel, à son tour, s'implante sur l'embranchement des phalangiens, qui s'attache à une autre tige; et ainsi, petit à petit, on descend par l'arbre généalogique des animaux, jusqu'au tronc, jusqu'à une souche unique pour tous. Et alors de quoi s'agit-il, sinon d'un nouveau mode de concevoir la création organique? De quoi s'agit-il, sinon d'un sens nouveau à donner au mot *créer*, qui entre si souvent dans notre langage, et qui n'a jusqu'à présent aucune idée déterminée? Dans un poisson, par exemple, transformer en appareil pulmonaire la double vessie natatoire, c'est créer le type *reptile;* supprimer dans un reptile le canal artériel, recouvrir la peau de plumes, c'est créer le type *oiseau* (1). Faire que dans un singe le front devienne plus élevé, l'angle facial moins aigu, le crâne plus large, le cerveau plus développé; que les extrémités postérieures s'allongent, et que le pouce des pieds s'allonge aussi, c'est créer l'homme anatomique. Enfin, que fait la science? Elle ne fait que substituer à la forme symbolique de la poussière de la terre la forme scientifique d'un organisme, à la constitution duquel a concouru toute la création précédente. La parenté avec les singes est ainsi complétement absorbée dans une parenté plus générale; et loin d'en être humilié, l'homme doit s'enorgueillir en songeant que tout vient se résumer en lui, dernier terme de la création.

Permettez-moi maintenant de me débarrasser d'une autre question qui me paraît secondaire, mais qui a son importance. Étant admis que l'homme dérive du singe, quel sera notre ancêtre direct? quel sera notre plus proche parent entre les trois singes anthropoïdes d'aujourd'hui? J'ai essayé de vous montrer qu'aucun d'eux n'a de titres absolus de prééminence sur les deux autres; que si l'un semble prévaloir par un caractère, il déchoit par un autre; que si par les caractères du cerveau, par la distribution du poil, l'orang-outang surpasse les singes rivaux, le chimpanzé, par la forme de la tête, par les proportions des extrémités, par le développement moindre des poches laryngiennes, se place à son tour au-dessus de l'orang-outang; que si le gorille est le dernier des singes anthropoïdes par les caractères du cerveau et du crâne, et par la complication des poches laryngiennes, il est pourtant supérieur à tous les autres par les caractères ostéologiques du tronc et des extrémités. Il me semble résulter clairement de tout ce qui précède, que nous ne devons chercher notre souche primitive dans aucun des singes anthropoïdes, mais dans une forme, aujourd'hui perdue, appartenant aux époques antéhumaines. En d'autres termes, les singes actuels sont le rameau cadet, et nous, le rameau principal d'un même tronc généalogique.

Entre les nombreuses et récentes publications relatives à ces ardentes questions de l'origine de l'homme, de ses affinités zoologiques, il faut donner une place distincte à l'ouvrage de M. C. Vogt, dont le quatrième et dernier fascicule vient de paraître. On ne peut rien lire de plus attrayant par l'ordonnance, la lucidité des idées, l'admirable clarté de l'exposition, l'abondance et la variété de l'érudition. C'est un livre éminent qui peut servir de base aux discussions ultérieures sur un sujet de si haute importance et qui présente des difficultés si compliquées.

Comme dans ses autres publications antérieures, M. Vogt admet la pluralité des espèces du genre humain, et l'origine autochthone des espèces elles-mêmes. Or, partant des trois séries de M. Gratiolet, il admet que chacune d'elles a produit sa propre race (ou espèce) humaine. Ainsi sont dérivées : de l'orang-outang une race primitive brachycéphale; du chimpanzé et du gorille deux races dolicocéphales. Il reste une très-grave difficulté : l'homme de l'hémisphère occidental. Mais à cette proposition, M. Vogt s'écrie : « Pourquoi ne ferions-nous pas dériver des singes américains les diverses espèces d'hommes américains? » Ainsi du même coup, il pose la question, et il la tranche avec un point d'interrogation.

Je me rappelle avec un véritable plaisir dans quelle circonstance cette idée sur l'origine multilatérale des races humaines vint à surgir dans l'esprit de M. Vogt. Nous étions ensemble, l'automne dernier, dans un joyeux cercle d'amis, au fond d'une des plus pittoresques vallées de la Suisse. Le lieu, l'heure, la cordiale intimité des interlocuteurs dépouillaient la discussion de toute rigueur pédantesque, et la rendaient vive, colorée, animée autant que possible. Voilà qu'aujourd'hui cette idée est entrée dans la grande arène de la science avec toute sa gravité naturelle. M. Vogt est certainement loin de prétendre qu'elle puisse passer indiscutée et qu'on ne puisse lui opposer la difficulté de rattacher l'homme d'Amérique à un type local de singe. Les belles recherches de M. Gratiolet, si justement appréciées de M. Vogt, mettent en pleine évidence la grande infériorité du type des singes américains, et les considérations des autres ordres de caractères confirment pleinement cette conclusion.

Cette infériorité est telle, que la vraie place systématique des singes du nouveau continent est dans le grand intervalle qui sépare des lémuriens les singes de l'ancien continent. La connexion entre deux groupes aussi distincts est établie, en premier lieu, par le douroucouli (*Nyctipithecus*), qui conserve encore des caractères aussi frappants du lémurien, dans ses mœurs nocturnes, dans les proportions de ses extrémités, dans ses grands yeux,

(1) Il se passera encore beaucoup et beaucoup d'années avant que les grandes inductions générales de la théorie de Darwin puissent être développées dans une série ordonnée de faits incontestables ; avant que l'on arrive à compléter des séries génétiques exactes, en réunissant les formes aujourd'hui vivantes aux formes passées. Le matériel paléontologique de toutes les collections du monde mises ensemble est vraiment imposant, et chaque année s'enrichit de nouvelles découvertes ; mais ce n'est absolument rien en comparaison de tout ce qui est enseveli, et soustrait, peut-être pour toujours, à toute investigation humaine. Ces propositions que j'ai mises en avant doivent être considérées comme des exemples propres à expliquer une idée, et rien de plus. Il me suffit maintenant de les laver du reproche d'excessive témérité. Les rapports entre les poissons et les reptiles sont déjà depuis longtemps connus et discutés. Une forme intermédiaire entre les poissons et les reptiles existe dans le genre vivant des *Lepidosiren*, que l'on peut considérer comme le dernier rejeton, près de disparaître, du rameau qui, à une époque tout à fait reculée, a donné naissance aux reptiles squameux. Le merveilleux *Archeopteryx* des schistes de Solenhofen, d'après l'admirable analyse d'Owen, est un oiseau, non un reptile, comme on l'avait cru d'abord, mais un oiseau tout à fait anormal par le nombre des doigts des extrémités antérieures, des vertèbres caudales, et par le mode d'insertion des timonières dans ces vertèbres. Il n'est pas trop audacieux de dire que cette anomalie consiste en quelque ligne de conjonction avec les reptiles.

et surtout dans un reste de communication entre l'orbite et la fosse temporale, communication qui, bien que dans tous les singes américains elle se réduise à un simple petit trou donnant passage à une ramification artérielle, ne perd pas pourtant une signification de caractère propre à cette espèce de singes, et de caractère héréditaire du lémurien. Quiconque admet la doctrine de Darwin, ne doit éprouver aucune difficulté à convertir ces rapports systématiques en véritables rapports généalogiques; et alors on repousse bien loin l'idée de ramener finalement la série des singes américains à une forme anthropoïde. Et la portée de cette considération va jusqu'à intervenir dans la question plus générale de l'origine des races humaines, et à admettre de préférence qu'elles dérivent toutes d'un tronc unique.

Retournons maintenant à notre sujet principal. Jusqu'ici nous n'avons considéré dans l'homme que cette partie de lui-même qui se mesure avec le mètre, avec la balance, avec la chambre photographique. Tout serait-il fini là? Suffirait-il donc, pour faire l'homme, de prendre un singe, de lui allonger les jambes, de lui ouvrir l'angle facial, de dilater la capacité de son crâne, et d'y mettre quelques grammes de plus de cette pâte phosphorée que l'on appelle cervelle? N'est-il réservé au naturaliste rien de plus que le vain amour de Pygmalion?

L'étude de la structure, de la forme, des rapports des organes, est le premier fondement de la philosophie zoologique, mais elle n'en est pas l'édifice. Rien de tout ce qui reflète la vie des animaux, leurs actions, les causes déterminantes de ces actions, ne doit être laissé à l'écart par le naturaliste. Lyonnet, avec sa merveilleuse anatomie de la chenille du saule; Huber et Réaumur, avec leurs non moins merveilleuses observations sur les mœurs des insectes, se complètent réciproquement.

Chaque os, chaque muscle, chaque protubérance cérébrale de l'homme, a son pendant chez les animaux. Les phénomènes de l'un marchent parallèlement avec les phénomènes de l'autre; voyons donc si ce parallélisme se maintient quand nous passons aux manifestations instinctives et intellectuelles. Or, c'est à ce point que nous voyons commencer, au contraire, une divergence que tous les naturalistes reconnaissent. Ils discutent sur le plus ou le moins, mais ils la reconnaissent en principe.

Je suis sûr que vous serez tous d'accord avec moi, messieurs, dans ce raisonnement élémentaire : plus les inégalités physiques entre l'homme et le singe tendent à disparaître, plus les inégalités qui restent, les différences virtuelles, acquièrent d'importance. La place de l'homme dans la nature doit être déterminée, non par le plus ou le moins de caractères morphologiques sujets à varier même dans les limites étroites de l'espèce, mais par la comparaison de la virtualité propre de l'homme avec celle des animaux. Dès que le naturaliste a pu démontrer qu'il n'y a que des différences de proportions, et bien légères encore, entre le cerveau de l'homme et celui du singe, il a fait tout ce que la science exigeait de lui. Il n'est plus seul maintenant à juger s'il n'y a qu'une différence de degrés entre l'instinct et la raison, ou entre la raison bestiale et la raison humaine. Quand il aura cru résoudre la question en affirmant que dans l'homme et dans les animaux réside un même principe vital, ou bien qu'il n'en existe ni dans ceux-ci ni dans celui-là, il verra s'avancer, comme une phalange poudreuse au moment décisif de la bataille, la conscience générale, à laquelle il lui faudra bien céder le terrain.

Au lieu des déclarations suspectes du naturaliste, j'aime mieux recueillir ici ses confessions tacites; elles sont bien autrement éloquentes. Il voit dans une ruche une société admirablement organisée : une reine, une cour, un peuple d'industrieux prolétaires; puis des combattants, et des vainqueurs restant maîtres du terrain, et des vaincus qui sont expulsés. Sur les plages désertes de l'Afrique, il voit de grands monceaux de boue séchée, et à l'intérieur un autre royaume, celui des termites, qui a aussi ses reines, ses essaims de courtisans, ses troupes de soldats et ses immenses armées de travailleurs. Le long des rives les plus solitaires des fleuves du Canada, il voit les villages et les chaussées des castors; dans les forêts vierges de Bornéo, les grossières cabanes de l'orang-outang. Ici il est dans son domaine; ici il doit regarder, rechercher, étudier, et il n'aura jamais assez regardé, recherché, étudié; ici il est tout, excepté législateur. Le naturaliste doit-il maintenant, avec la même hardiesse de légitime autorité, scruter les formes, les raisons, les principes directeurs des édifices, des sociétés, des industries, des guerres de cet autre animal que l'on appelle l'homme? Certainement, il n'est pas un seul naturaliste qui ose aller aussi loin; il n'en est aucun qui veuille faire de la zoologie la science universelle. Quand il s'agit des animaux, le naturaliste soumet tout à ses investigations; de l'homme, au contraire, il ne veut connaître que le seul cadavre. D'où vient cette différence, sinon, en quelque sorte, de ce que, sans le vouloir, il se sent trop porté à faire à l'homme une place distincte dans la création?

Dans une couche de sable, dans une couche d'argile, ensemble avec des os d'éléphants et de rhinocéros, au centre de la docte Europe, le naturaliste retrouve quelque fragment de charbon, quelque caillou taillé, quelque os travaillé, et il n'hésite pas un instant à s'écrier : Voici des traces de l'homme primitif; et il ne lui est jamais venu à l'esprit l'idée d'attribuer ces travaux si simples à un singe. Pour que le singe soit capable d'allumer une branche sèche, de frapper une pierre contre une autre, il faut qu'il devienne homme.

Voici tacitement reconnue, et d'un consentement unanime, une distinction qui a bien un peu plus de valeur que ce pauvre petit pied d'hippocampe dont on a tant parlé, une distinction indéterminable physiquement, mais plus forte que toute une série de sophismes.

Il découle de tout ceci un sentiment intérieur qui conduit logiquement à une concession plus explicite et plus formelle. Mais vous avez vu ce que fait le naturaliste : lésinant comme l'avare qui mesure le drap destiné à habiller ses domestiques, c'est beaucoup s'il se laisse arracher la concession d'un ordre distinct pour l'homme dans la classe des mammifères. Or, on ne peut échapper à ce dilemme : ou l'on veut considérer seulement la partie matérielle de l'homme, et alors, en bonne zoologie, on ne peut concéder cette séparation, il y a trop de ressemblance entre l'homme et les singes; ou l'on veut faire entrer aussi dans la comparaison la puissance, et alors, en meilleure zoologie, il y a trop de distance. En somme, messieurs, nous ne serons pas indiscrets si nous forçons un peu la main à ce dispensateur de blasons. Cherchons hardiment l'investiture d'un règne; une voix intérieure nous dit assez que nous la méritons.

En réalité, ce droit nous a déjà été reconnu par quelques savants : par Nees d'Esenbeck, par Jan, par M. Serres, par M. de Quatrefages; mais le règne humain, quatrième règne de la nature, est placé par quelques grandes autorités scientifiques dans des conditions pareilles à celles que nous présente dans le monde politique l'empire germanique. Voyons lequel des deux se constituera le plus tôt.

La légitimité de ce règne ne peut être contestée. Celui qui l'accepte et celui qui la repousse concourent également à la démontrer, puisque de tant de priviléges moraux qui distinguent l'homme des animaux, de tant d'attributs exclusifs, il en est deux qui sont incontestables : celui de se mettre lui-même en question et celui de se mettre en lutte avec ses propres sentiments. Quiconque ne veut pas reconnaître comme un apanage exclusif de l'homme le doute philosophique, le sentiment moral, le sentiment religieux, devra voir au fond du calice des misères humaines ces trois choses qui lui sont tout à fait propres et caractéristiques : le mensonge, le scepticisme, le suicide.

Comme la puissance décide seule de la place qu'occupe un être vivant dans la nature, je la puis démontrer par les mêmes procédés incontestables de la philosophie naturelle. Les deux règnes végétal et animal, en allant chacun de leur côté, des formes supérieures et compliquées aux formes inférieures et simples, présentent deux séries convergentes et si semblables, que les naturalistes disputent encore aujourd'hui plus que jamais sur leur limite précise. Ici encore les caractères différentiels, qui semblaient d'abord si nets et précis entre les animaux et les plantes, en viennent, grâce aux progrès de la science, à disparaître l'un après l'autre, précisément comme entre les animaux et l'homme. Le naturaliste trouve souvent sous le microscope de très-petits et très-simples êtres vivants, auxquels il ne sait trop quelle nature attribuer. Avec la même composition précise, avec les mêmes mouvements précis, l'un absorbe de l'eau, de l'acide carbonique et de l'ammoniaque, produit de la décomposition continue des matières organiques, et il sera appelé un végétal; l'autre, au contraire, introduit dans son petit corps des substances organiques indécomposées, il mange, et par cela seul il sera appelé animal. Voici deux puissances virtuelles tout à fait distinctes dans deux organismes très-simples et tout à fait semblables. De la nature de ces organismes nous ne pouvons rien saisir, puisque la virtualité ou potentialité propre de chacun ne se traduit pas en action. La force de la logique nous oblige à continuer les conséquences du principe de Darwin jusqu'à une origine commune aux animaux et aux plantes; et pourtant on maintient la distinction des deux règnes animal et végétal. Il n'est jamais venu à personne la pensée de la supprimer, par cela seul qu'il est difficile, et même parfois pratiquement impossible, de séparer par une ligne bien nette les organismes inférieurs des deux règnes.

Une dernière considération, messieurs. Réfléchissez un instant aux conséquences immédiates ou cachées de cet acte si simple qui consiste à allumer un morceau de bois sec, acte auquel n'est jamais arrivé la capacité du singe. De là on arrive aussitôt à la marmite, premier fondement de la famille, à l'autel fumant et à la forge, premiers fondements de la société humaine. Mais ce n'est pas encore ce que je veux dire. Une pensée que j'ai prise au vol dans une conversation familière avec un de mes savants amis, me semble conduire à reconnaître dans l'idée d'un règne humain une haute idée téléologique. A la vérité, le naturaliste doit se tenir en garde contre le principe des causes finales, pour éviter le danger de faire de la science sentimentale; mais quand une manifestation de ce principe jaillit d'elle-même, sans tourmenter les faits, je ne vois pas pourquoi on la repousserait comme une tentation funeste. Écoutez maintenant. L'économie générale de la nature se maintient par l'action combinée et antagoniste des plantes et des animaux. Les plantes absorbent les substances élémentaires de leur organisme, qu'elles puisent en petite partie dans la terre, et en grande partie dans l'air; elles fabriquent ainsi la matière organique qui alimente l'organisme animal. Vous savez combien, dans les tissus de la plante, et spécialement dans le bois, prédomine le carbone, qui reste, sous la forme de charbon, quand les autres principes élémentaires, l'oxygène, l'hydrogène, l'azote, sont éliminés. Or, les plantes empruntent tout leur carbone à l'air atmosphérique, où il existe à l'état d'acide carbonique. L'acide carbonique de l'air est donc le principal aliment des plantes. Tout le carbone qui est solidifié, ou dans l'organisme des plantes, ou dans celui des animaux, ou dans ces énormes couches de lignite et de charbon fossile qui font partie de l'écorce terrestre, a été pris tout entier à l'air, et, dans l'économie générale de la nature, il doit être de nouveau reversé dans l'air. Mais ces immenses couches de lignite et de charbon fossile sont un capital considérable tout à fait perdu pour la végétation. L'homme seul est appelé par la nature à vivifier ce capital, à le restituer utilement par les mille et mille bouches de ses retentissantes usines au grand réservoir atmosphérique. Les armoiries du règne humain portent donc la double couronne de l'ordre moral et de l'ordre téléologique.

Traduit de l'italien par ODYSSE-BAROT.

PALÉONTOLOGIE.

COURS DE M. A. D'ARCHIAC.

(MUSÉUM D'HISTOIRE NATURELLE.)

(Voy. les nos 1, 2, 10, 12, 14, 16, 18, 20, 22, 24, 27, 29, 31 et 33.)

XIV.

Faune quaternaire de l'Amérique du Nord.

Messieurs,

Les phénomènes quaternaires de la partie septentrionale du nouveau continent n'ont été ni moins variés ni moins importants que dans l'ancien; mais, par suite d'une disposition orographique plus simple, il nous sera facile d'en donner une idée générale sans descendre dans d'aussi nombreux détails, et, d'un autre côté, la faune, au moins jusqu'à présent, semble avoir été beaucoup moins riche en genres et en espèces.

Comme dans les régions précédentes, les caractères des phénomènes physiques de cette époque se lient trop intimement dans celle-ci à l'histoire de sa faune, pour que l'on puisse étudier cette dernière sans s'être préalablement occupé des premiers. Nous traiterons ce sujet en le divisant en quatre sections, comme il suit (1) :

1° Roches polies, striées et sillonnées du Nord; dépôts de sable, de blocs, de cailloux roulés et striés, ou *drift*, de la même région; absence de débris organiques marins, d'eau douce ou terrestre.

2° Dépôts marins et lacustres des États-Unis du Nord.

3° Dépôts marins et lacustres des États-Unis du Sud.

4° Examen particulier des grands mammifères de cette époque.

PREMIÈRE SECTION.

ROCHES POLIES, STRIÉES ET SILLONNÉES, DÉPOTS DE SABLE, DE CAILLOUX ROULÉS ET DE BLOCS OU DRIFT ANCIEN DU NORD.

Le phénomène des stries, des surfaces polies et des sillons s'observe sur les granites, les syénites et les diorites des côtes nord et sud du lac Supérieur. Leur direction est N., S., et, lorsque le lac est tranquille, on peut les apercevoir se prolongeant encore sous ses eaux dans la même direction. Il en est aussi de même sur le pourtour des îles de ce lac. Or, depuis cette région jusqu'à l'embouchure du Saint-Laurent, dans les États de Michigan, de New-York, de Vermont, de Massachusetts, du Maine, et dans la Nouvelle-Écosse, comme sur les deux rives du fleuve, on observe des stries à la surface des roches anciennes, cristallines ou sédimentaires, recouvertes d'un dépôt de transport sablonneux, caillouteux, argileux, avec des blocs, soit enveloppés dans la masse, soit isolés à leur surface. La direction générale des stries et des sillons est N.-O., S.-E., et c'est aussi celle des traînées de sable, de blocs et de cailloux, à moins que les reliefs du sol ne les aient fait dévier.

Le *drift*, nom sous lequel nous avons vu désigner en Angleterre des amas superficiels de sables, de cailloux et pierres, est appliqué en Amérique à des dépôts de même origine, antérieurs à ceux qui renferment des coquilles marines ou lacustres, et aux terrasses des rivières et des lacs.

La limite sud de ce vaste dépôt s'observe vers le 39e degré de latitude, et s'étend à travers la Pennsylvanie, l'Ohio, l'Indiana, l'Illinois et Iowa. Sa limite nord n'est pas connue. Ces amas détritiques couvrent toutes les plaines; ils s'élèvent jusqu'à 1800 mètres sur les flancs du mont Washington; à 600 dans les montagnes Vertes, etc. Leurs matériaux sont de grosseur variable. Les blocs n'excèdent pas ordinairement un pied cube, mais il y en a de 1000, et même de 20 000 pieds cubes à Bradford (Massachusetts) : un de ces blocs ne pèse pas moins de 500 000 livres; à Whitingham (Vermont), dans les montagnes Vertes, il y en a de 40 000 pieds cubes (Hitchcock, Dana, *Manual of geology*, 1863, p. 537).

Le drift ne renferme aucune preuve de la nature de l'eau dans laquelle et par laquelle il a été transporté; il n'y a aucune trace d'organismes marins, contemporains du phénomène; il ressemble par conséquent en cela au grand dépôt erratique du nord de l'Europe. La grosseur de ses éléments diminue du N. au S., et beaucoup d'entre eux ont parcouru des espaces de 40, 60 et 100 milles. Partout, comme on l'a dit, ils recouvrent la surface des roches anciennes polies, sillonnées et striées par un agent qui les a précédés.

Les blocs de granite et de syénite de l'État du Maine viennent du nord ou du nord-est, et il en est de même dans la Nouvelle-Écosse; de sorte que depuis cette province jusqu'aux bords occidentaux des grands lacs, sur une étendue de 12 à 1500 milles, les mêmes faits se reproduisent.

Dans le New-Hampshire, ces détritus forment des collines régulières, coniques, de 60 à 90 mètres de hauteur, couronnées de nombreux blocs de granite syénitique. Sur les côtes du Massachusetts, des environs de Boston au cap Anne, les ondulations du sol dues à ces dépôts ont 100 mètres d'élévation, et le nombre des blocs, souvent de 9 à 12 mètres de diamètre, que l'on voit à leur surface, est réellement prodigieux.

M. Hitchcock, un des premiers géologues américains qui aient appelé l'attention sur ce sujet, fait remarquer que la direction des courants qui ont transporté ces ma-

(1) Nous avions déjà adopté ces divisions en 1848 (*Histoire des progrès de la géologie*, vol. II), mais le but particulier de ces leçons et les nouvelles découvertes faites dans cette partie de la science nous ont engagé à en changer l'ordre.

tériaux dans les États de Massachusetts et de New-York, était N.-O., S.-E., sauf deux exceptions, dues à des circonstances locales. Dans le Connecticut, les amas détritiques ont été transportés du N.-N.-O. au S.-S.-E. Dans l'île Longue, en face de New-York, les blocs erratiques abondent particulièrement, comme on pouvait s'y attendre, sur le versant nord des collines, et jusque sur le bord de la mer opposé au continent; ils sont au contraire assez rares sur leur versant sud. Ce sont d'ailleurs toujours les mêmes roches cristallines, provenant des montagnes situées dans la région du nord, puis des grès et des calcaires fossilifères du terrain de transition des bords de l'Hudson.

D'après M. Emmons, les débris de roches feldspathiques, avec labradorite, que l'on trouve dans le comté de Saint-Laurent (New-York), proviennent du Labrador, et ils auraient été apportés par un courant dirigé N., S.; ceux du comté d'Orange proviendraient du comté d'Essex. Le sable, les cailloux et les blocs qui reposent sur les argiles coquillières des bords du lac Champlain semblent appartenir au second phénomène erratique, car le même géologue a très-bien fait remarquer qu'ils sont plus récents que l'époque du frottement et du polissage des roches de transition, et en particulier des calcaires. Les surfaces polies, dit-il, passent toujours sous les argiles et les sables coquilliers, qui les ont ainsi préservées de toute altération. Il regarde néanmoins l'émersion de ces couches comme le dernier phénomène qui ait affecté la vallée du lac Champlain, et sans qu'il ait été accompagné de secousses violentes.

Les blocs de la roche d'hypersthène du comté d'Essex se montrent tous dans la vallée de la Mohawk, et jusque dans le comté d'Orange, suivant des lignes situées presque au sud de la roche en place. Les blocs de roches analogues que l'on rencontre à l'ouest, sur les bords du lac Ontario et du Saint-Laurent, semblent plutôt venir du nord.

Dans les comtés du nord-est de la Pennsylvanie et les districts adjacents de l'État de New-York, on remarque, dit M. H. D. Rogers, que les sillons, très-fréquents sur les sommets de toutes les chaînes de cette partie des Apalaches, sont dirigés presque N., S., comme l'indiquerait leur trajet à travers la Nouvelle-Angleterre et la région des lacs. Ceux qui se trouvent sur les flancs et au fond des vallées suivent avec une grande exactitude les contours de ces dernières, se conformant ainsi à toutes les inflexions d'une masse d'eau en mouvement, qui aurait parcouru les sommets et les dépressions de ces chaînes. Les stries résulteraient du frottement des matériaux venus du N., sous l'impulsion rapide qu'une ou plusieurs inondations soudaines leur auraient imprimée.

Dans le Maryland, les dépôts erratiques forment une bande très-considérable de matériaux meubles, dont le volume diminue à mesure qu'ils s'éloignent de la chaîne primaire du nord-ouest.

Dans le vaste espace qui comprend, à l'ouest de cette région, le bassin hydrographique du Mississippi supérieur, et sur lequel J. N. Nicollet a donné des détails si intéressants, un grand dépôt de sable, de gravier, de cailloux et d'argile, arrangés par zones et accompagnés de blocs plus ou moins volumineux, occupe presque toujours les dépressions du sol. Il se montre constamment entre la terre végétale et les roches de divers âges qui constituent le pays. Au nord et au sud de la partie occidentale du lac Supérieur, et jusqu'à la moitié de la distance de la rivière Saint-Pierre, le dépôt recouvre les roches primaires; au sud de Saint-Pierre, à l'est et à l'ouest du Mississippi, il s'étend sur les couches siluriennes, tandis que dans le Missouri supérieur, il surmonte la formation crétacée.

Partout il se mêle avec les détritus des roches en place sous-jacentes. Son épaisseur, très-variable, atteint quelquefois 45 à 50 mètres. On le trouve avec les blocs erratiques, au sommet des collines, sur les plateaux élevés, aussi bien que dans les plaines et les vallées. Il a nivelé ou modifié les anciennes irrégularités du sol, et sa surface a été modifiée elle-même ensuite par les eaux et les agents atmosphériques.

En général, les blocs erratiques ne sont point arrondis, et ceux qui présentent ce caractère le doivent à la décomposition qui a eu lieu depuis leur transport. Ils paraissent avoir été amenés du nord, et abondent particulièrement sur les bords des grands lacs et sur les flancs des vallées. Leur volume a depuis quelques centimètres jusqu'à un mètre cube environ, et les plus gros, souvent placés sur les points les plus élevés, sont aussi les plus éloignés du lieu de leur origine. Ils ne sont pas d'ailleurs plus nombreux sur les pentes nord que sur les pentes opposées des collines. Les roches qui les constituent sont des granites syénitiques, des syénites, des gneiss, des amphibolites, du jaspe rouge, des cailloux de quartz, et une grande variété d'agates et de cornalines. Le sable et le gravier sont composés de petits fragments des mêmes roches. Le plateau du coteau de Prairie, comme l'a dit M. Catlin, est aussi occupé par la formation erratique, et d'innombrables blocs encombrent les abords de ses lacs.

Les surfaces polies, striées et sillonnées, de même que les dépôts de transport sans fossiles qui les recouvrent, sont des phénomènes qui, pour nous, appartiennent à la première période glaciaire, celle à laquelle nous avons rapporté les effets analogues du nord de l'Europe.

A. d'Archiac.

— La suite à un prochain numéro. —

PHYSIQUE APPLIQUÉE AUX ARTS.

COURS DE M. EDMOND BECQUEREL.

(CONSERVATOIRE DES ARTS ET MÉTIERS.)

(Voy. les nos 5, 8, 12, 14, 18, 19, 20, 25, 28 et 35.)

XI.

Électricité dynamique.

APPLICATIONS. EFFETS LUMINEUX DE LA PILE.

Une série de phénomènes très-remarquables, que l'on peut rattacher aux effets physiques de la pile, ce sont les phénomènes lumineux.

L'électricité, considérée d'une manière générale, produit ces phénomènes quand les fluides électriques sont en mouvement ou que leur équilibre a été rompu ; il faut, de plus, que la tension qui détermine ce mouvement constitue une force assez considérable. La lumière développée dans ces conditions, et en supposant que le fluide traverse des corps qui le conduisent bien, est attribuée à l'incandescence momentanée de particules arrachées au conducteur; il y a là toute une file de molécules qui sont portées au rouge : c'est un effet lumineux par irradiation qui se produit.

On va examiner maintenant, d'une façon particulière, les effets qui ont lieu quand on fait passer des courants obtenus au moyen de la pile à travers des corps très-mauvais conducteurs. On suppose, par exemple, que les deux pôles d'une pile soient terminés par deux cônes de charbon : la pile est de peu d'éléments, cinquante par exemple, et les deux cônes sont à une certaine distance. Rien n'apparaît dans ces circonstances, cependant il devrait y avoir une étincelle, si la tension de l'électricité était suffisante ; mais dans la pile voltaïque les tensions sont faibles ; c'est ici une différence qu'elle a avec les machines électriques ordinaires. Si l'on augmente la tension par le nombre des éléments, si l'on en prend deux mille, alors à distance on pourra constater une petite étincelle.

Mais si l'on emploie comme ci-dessus une pile de peu d'éléments, et si l'on vient à mettre les deux cônes de charbon en contact, immédiatement ils sont portés à l'incandescence, l'*arc voltaïque* apparaît. C'est une masse de feu qui ne reste pas immobile; on la voit tourner autour des deux cônes. Ecartons maintenant les deux pôles à 6 millimètres, par exemple, le phénomène continue ; éloignons-les davantage, l'arc s'allonge, et à deux centimètres environ il se rompt. Actuellement, pour rétablir le phénomène, il faudra renouveler le contact.

Quelle explication donner de cette expérience de l'arc voltaïque, qui fut faite d'abord par Davy? Il y a ici une succession d'étincelles qui se manifestent; un courant s'est établi par les matières incandescentes enlevées au conducteur. C'est par l'intermédiaire du carbone (ou de l'acide carbonique, si l'on opère dans l'air) transformé à l'état de vapeur, que le courant électrique peut passer. Ainsi, l'arc voltaïque a pour cause l'incandescence de particules de charbon transportées d'un pôle à l'autre.

Si cette expérience se fait au contact de l'air, on voit que le cône de charbon du pôle positif s'use deux fois plus que celui qui se trouve au pôle négatif. En effet, en même temps qu'il y a incandescence, il y a une très-grande élévation de température, et il s'effectue une combustion de carbone dans le milieu atmosphérique. Pour éviter cette combustion, on peut opérer dans le vide ; on fait ce que l'on nomme l'*œuf électrique*. On a pratiqué le vide, au moyen d'une machine pneumatique, dans un vase de verre de forme ellipsoïdale, qui est pénétré par les deux cônes de charbon terminant le pôle de la pile. Que l'on fasse passer le courant, des effets identiques à ceux que nous venons d'énoncer ci-dessus se répètent ; seulement on peut allonger l'arc plus que dans l'air. Or, ici il n'y a plus combustion du carbone, cependant il y a de la lumière qui apparaît. Ce fait prouve bien que ce n'est pas la combustion qui entretient l'incandescence dans le cas où l'on opère dans l'air. Vient-on maintenant à examiner attentivement l'effet qui se produit dans l'œuf électrique, on constate que le cône de charbon placé au pôle positif diminue, tandis que l'autre augmente. Ainsi, si nous disposons le cône négatif à la partie supérieure du vase et au-dessous le cône positif, nous remarquons que ce dernier prend la forme d'un corps mamelonné, tandis que l'autre se ronge inégalement. Il y a donc un transport de matière du pôle positif au pôle négatif en même temps que le phénomène lumineux se produit. Or, dans un article précédent, nous avons cité une expérience où l'on voit un courant qui traverse un liquide, transporter une portion de ce liquide du pôle positif au pôle négatif. C'est une action du même genre qui a lieu dans les circonstances actuelles ; il y a transport d'une portion incandescente du charbon. Dans l'air, indépendamment de ce transport, il y a la combustion, et le pôle positif s'use plus rapidement que ne s'accroît le charbon du pôle négatif; le rapport de cette différence est de 2 à 1.

Ainsi, l'effet lumineux est dû au passage du charbon incandescent d'un pôle à l'autre ; il y a ici un véritable conducteur en incandescence. L'étincelle doit être assimilée à un fil de platine que l'on porterait au rouge, puisqu'elle est constituée par une réunion de molécules gazeuses portées au rouge par suite du passage du courant. Si ceci est vrai, il faut démontrer que l'effet est indépendant du milieu qui enveloppe les deux cônes. Nous avons vu que l'expérience a été réalisée dans le vide, elle réussit de même dans l'eau. En résumé, soit dans le vide, soit dans un gaz ou un liquide, il suffit que l'électricité passe entre deux corps mauvais conducteurs pour obtenir une étincelle.

En même temps que ces phénomènes lumineux se manifestent dans l'arc voltaïque, il y a une énorme élévation de température. Si l'on y introduit en effet un corps métallique fondant à une très-haute température, on constate facilement sa fusion. Il faut 1400 degrés pour fondre le fer, il fond bientôt dans l'arc voltaïque ; il en est de même du platine, dont le point de fusion est vers 1500 à 1600 degrés.

C'est le foyer de chaleur le plus puissant dont nous puissions disposer. Les matières, même les plus réfractaires, y sont amenées à l'état de fusion : tel est le cas de l'alumine, de la silice. Le diamant y devient éblouissant; tout à coup il prend une apparence opaque, il se change en un morceau de graphite: ceci montre que le diamant n'est que du charbon condensé.

M. Becquerel a mesuré la température du pôle positif, car c'est là que la chaleur est le plus vive. Il s'est servi pour cela des phénomènes d'irradiation. Il existe en effet un rapport constant entre l'intensité lumineuse que présente un corps et sa température. On trouve ainsi que la chaleur développée au pôle positif est de 2000 degrés. Cette température est bien plus élevée que celle que l'on peut obtenir par tous les autres moyens ; le chalumeau à gaz, par exemple, ne donne qu'une chaleur de 1600 degrés.

Les phénomènes lumineux qui se manifestent quand l'arc voltaïque passe ainsi entre deux cônes de charbon sont tellement remarquables et ont une telle intensité, que l'on a immédiatement voulu les utiliser pour l'éclairage. Mais ici de grands inconvénients se présentent, et cette source lumineuse ne peut être mise à profit que dans certaines circonstances spéciales. On ne peut pas en effet, par ce moyen, diviser la lumière (le motif sera indiqué plus loin) ; on aura une clarté très-vive, mais elle sera seulement concentrée à un point. Or, ceci est tout à fait contraire à ce que réclame l'éclairage public ; il faut dans ce cas diviser la lumière autant que possible, pour éviter les ombres noires et désagréables qui apparaissent quand elle part d'un seul endroit.

Quant au prix de revient de ce mode d'éclairage, il n'est pas très-élevé. Si la lumière est obtenue au moyen de la pile, elle ne coûte guère plus, à intensité égale, que celle que l'on produit au moyen du gaz. Le gaz d'éclairage coûte 30 centimes le mètre cube; la pile voltaïque use de 3 centimes à 4 centimes par élément et par heure, et 50 éléments peuvent donner une intensité lumineuse comparable à celle de 500 bougies. Mais on peut avoir la lumière électrique bien meilleur marché : c'est au moyen des appareils magnéto-électriques ; la dépense alors n'est plus que le cinquième de celui que nécessite une pile voltaïque. Nous reviendrons sur ce sujet quand il sera question des phénomènes d'induction.

On a vu précédemment que l'arc voltaïque était formé par l'incandescence de particules transportées d'un pôle à l'autre ; le milieu gazeux qui enveloppe les pôles joue aussi un certain rôle dans la production de cette lumière, et la preuve est que le phénomène lumineux varie dans ses effets, dans son intensité, suivant la nature du gaz. Faisons en effet passer des décharges électriques à travers un tube renfermant du chlore, puis de l'hydrogène et ensuite de l'air, nous voyons que dans le premier cas la lumière a une teinte verdâtre, dans une autre circonstance elle est blanchâtre. Avec le chlore, le gaz le plus dense, l'intensité lumineuse est maximum ; avec l'hydrogène, qui est le plus léger, elle est minimum. Cependant, dans ces différentes expériences, les conducteurs sont restés les mêmes, la nature du gaz seule a varié. Ainsi, il y a non-seulement les particules arrachées aux conducteurs qui sont portées à l'incandescence, mais les molécules du milieu gazeux qui entoure les pôles le sont pareillement. Connaissant les causes de la lumière électrique, nous allons actuellement en rechercher la composition.

Pour étudier les éléments d'un foyer lumineux, on emploie, dit M. Becquerel, les phénomènes de décomposition de la lumière. On supposera que la réfraction soit connue. On sait que, lorsqu'un faisceau de lumière composée passe à travers un prisme, au lieu d'obtenir, sur un écran placé en face, une trace blanche et de même hauteur que la hauteur de l'ouverture qui laisse pénétrer ce faisceau dans la chambre et traverser le prisme, on observe une image oblongue et diversement colorée ; elle est due aux différences de réfrangibilité des divers rayons. C'est le spectre lumineux ; la partie qui est la moins réfractée est la rouge, à l'autre extrémité se trouve le violet.

Or, examinons le spectre formé par la lumière électrique, en employant, pour produire l'arc voltaïque, des conducteurs de diverses natures. On remarque que l'image spectrale projetée sur le tableau n'est pas continue ; elle présente des lignes brillantes constantes pour les mêmes conducteurs, mais variables suivant les conducteurs. Elles furent observées d'abord par Frauenhofer. Masson, plus tard, établit que ces lignes brillantes constituaient des groupes caractéristiques pour chaque métal. Ainsi, lorsqu'on produit l'arc voltaïque entre deux tiges de cuivre, on observe dans le spectre un certain nombre de raies vertes, et toutes les fois que l'on opérera dans des conditions identiques, on verra toujours ces mêmes lignes vertes aux mêmes endroits. Des conducteurs de zinc donneront des lignes tout à fait différentes.

Récemment, MM. Bunsen et Kirchhoff ont poussé bien plus loin encore cette étude. Ils constatèrent que les raies obtenues dans les conditions précédentes sont identiques avec les raies qui apparaissent dans le spectre produit par une flamme ordinaire, au milieu de laquelle brûlent ces mêmes métaux. En effectuant des expériences sur un grand nombre de corps pour déterminer les raies propres à chaque métal, ils reconnurent, dans certains cas, l'apparition de raies qui ne se rapportaient à aucun des métaux connus. Ils furent par là conduits à étudier à fond les substances qui leur offraient ces particularités, et ils y trouvèrent deux métaux nouveaux, le *cæsium* et le *rubidium*. Le premier de ces métaux doit son nom à ce que, dans le spectre, il offre une ligne bleue caractéristique, et le second à ce qu'il présente une ligne rouge. Ils sont tous deux très-voisins par leurs propriétés du potassium, et ils furent rattachés au groupe des métaux alcalins. Quelque temps après, M. Lamy découvrit dans les résidus des chambres de plomb une substance qui donnait au spectre une ligne verte particulière. Ceci l'amena à faire connaître un autre métal, le *thallium*.

Nous allons parler maintenant de l'application si remarquable de ces découvertes à l'étude chimique des astres.

En étudiant le spectre du sodium, MM. Bunsen et Kirchhoff furent conduits à formuler la loi suivante : *La vapeur d'un métal, mise comme un écran sur le passage d'une lumière composée, arrête les rayons lumineux qui sont identiques avec ceux que le métal émet lui-même.*

Supposons, par exemple, une flamme d'alcool très-peu lumineuse et contenant des traces de vapeur de sodium. Derrière cette flamme, on fait apparaître la lumière de l'arc voltaïque produit entre deux cônes de charbon. Dans les conditions ordinaires, le spectre d'une flamme ayant des vapeurs de carbone est continu ; ici nous le verrons interrompu par une raie noire parfaitement marquée.

C'est que le sodium a un pouvoir émissif très-grand pour certains rayons (à cela est due la raie jaune caractéristique du spectre de ce métal); il absorbe les rayons correspondants à ceux-ci, qu'émet l'autre source lumineuse, et comme les autres rayons, en traversant cette sorte d'écran, n'ont été nullement altérés, ils font ressortir en noir, sur l'image du spectre, ceux qui ont été retenus. Ce phénomène sera d'autant plus marqué, que la seconde source de lumière sera plus vive par rapport à celle qui est interposée sur son trajet.

Ceci a permis de rechercher les matières qui peuvent se trouver dans l'atmosphère du soleil. Si l'on étudie le spectre solaire, on n'y remarque aucune raie brillante. Il ne se présente que des lignes complétement noires. On a tiré de là cette conclusion : Dans l'atmosphère qui enveloppe cet astre, il y a des corps à l'état de vapeurs. S'ils agissaient isolément, ils donneraient des raies brillantes ; mais comme il y a un noyau central bien plus lumineux, au passage de cette atmosphère qui forme écran, il y a une absorption de rayons qu'elle émettrait si elle éclairait seule.

On a cherché dès lors quels sont les métaux qui ont des raies brillantes correspondant à ces lignes obscures que présente le spectre solaire. On vit ainsi que son atmosphère renfermait du fer, du magnésium, du potassium, du sodium, du chrome, du nickel, du cobalt, de l'aluminium ; quant à l'or, l'argent, le mercure, l'arsenic, l'étain, le cadmium, le plomb, on n'en a, par ces moyens, découvert aucune trace.

Ces résultats ne doivent pas être regardés comme absolument certains ; il reste à prouver qu'à l'aide de ces métaux on ne peut produire qu'un groupe déterminé de raies. Peut-être, par exemple, un autre corps que le sodium peut-il donner les mêmes lignes que ce métal dans l'image spectrale. On ne peut donc pas affirmer que ce sont là les seuls corps qui existent dans l'atmosphère solaire. Mais c'est déjà beaucoup d'être arrivé à connaître approximativement la nature des éléments qui contituent l'atmosphère de cet astre. — J. de Lignières.

FRAGMENTS DE CRITIQUE MÉDICALE.

Par le D[r] Em. Chauffard, agrégé de la Faculté de médecine de Paris.

Broussais. — Magendie. — Chomel.

(Suite. — Voyez les n°s 29, 30 et 34.)

III.

Les préjugés qui inspirèrent la vie scientifique de Magendie, et qu'il a propagés avec une ardente constance, ne sont pas éteints, tant s'en faut; ils conservent encore des défenseurs dévoués. Les uns les acceptent avec une satisfaction entière et une franchise dont ils ne mesurent pas la hardiesse; comme M. le professeur Rostan, ils répètent encore ces paroles de Magendie : « Je ne puis concevoir comment on peut soutenir l'idée qu'entre les lois qui régissent les corps vivants et celles qui règlent les corps inertes, il existe une ligne de démarcation qu'il n'est pas permis de franchir. » La vie, suivant ces médecins, n'est pas un *fait principe*, c'est-à-dire se rapportant à une causalité spéciale; elle est un résultat de l'organisation moléculaire et de l'aptitude des organes à agir. Cette organisation, cette disposition moléculaire, cette aptitude qui engendre la vie, qu'est-elle à son tour? Un simple produit de la matière physique, un résultat de sa complexité. Cette physiologie rétrograde prétend, sous le nom d'organicisme, se donner comme un système nouveau. Pourquoi oublier Descartes, et lui dérober le mérite d'aussi précieuses inventions? N'a-t-il pas émis, dans ses détails les plus précis, la conception philosophico-médicale que M. Rostan nous propose? N'a-t-il pas associé, de sa propre autorité, une âme immortelle à une machine hydraulico-mécanique chauffée par le feu, armée de ressorts, de poulies, de cordages, d'organes disposés au mouvement? N'invoque-t-il pas, lui aussi, l'intervention d'une volonté supérieure et créatrice pour expliquer cet informe assemblage qui nous est donné pour l'être vivant? Il en était bon besoin, sans doute; mais est-il permis, en science, d'invoquer de pareilles interventions? Quelle étrange existence que celle que l'on constitue ainsi par une sorte de violence, que l'on compose d'éléments hétérogènes que rien ne pousse d'eux-mêmes l'un vers l'autre, et qui se sépareraient, n'était l'Être suprême qui exige leur réunion? Mais laissons les souvenirs et les questions qui se pressent en foule sur ce sujet. La physiologie de Descartes a beau reparaître affirmative et satisfaite d'elle-même, elle devient tous les jours plus étrangère au mouvement scientifique. Ces contrefaçons de Magendie n'offrent guère de sérieux dangers; elles ne sauraient tromper que des médecins incapables de s'interroger, et qui ne peuvent élever leurs conceptions au-dessus du mécanisme, de la juxtaposition et des mutuels rapports des pièces organiques.

Ce physiologisme, doublé d'animisme et de théocratisme, fait aujourd'hui sourire ceux-là mêmes qui, vraiment imbus du positivisme actuel, ne croient qu'à l'analyse des phénomènes et à la constatation brute des faits physico-organiques. Ceux-ci sont les vrais et importants continuateurs de l'œuvre de Magendie. Leur activité que nous louons sincèrement, leurs patientes et délicates recherches, les faits analytiques dont ils enrichissent le domaine biologique, leur ont valu une incontestable influence. Mais à ces travaux méritoires, ils associent les négations philosophiques auxquelles se plaisait Magendie; ils professent le même mépris des doctrines, montrent les mêmes ignorances du passé, et encouragent les plus orgueilleuses et vaines aspirations.

Si ces derniers enseignements n'étaient donnés que par des voix isolées, sans retentissement et sans haute autorité, nous les entendrions avec moins de regret, et les subirions comme un mal nécessaire. Car, nous le savons, il est des préjugés et des illusions qui doivent garder leur tente dressée sur le sol médical : bien des travailleurs, parmi nous, pour soutenir leurs efforts, ont besoin de recourir aux excitations de certaines erreurs, et de donner pour théâtre à leurs travaux des horizons factices. Mais les enseignements dont nous parlons ont conquis un rare prestige; des maîtres influents se sont dévoués à les développer; une école opiniâtre et convaincue les reçoit et les propage. Ils menacent la science et l'art médical. La médecine du passé et l'observation clinique sont déclarées déchues; la médecine, nous disent-ils, ne jouit pas encore de l'existence scientifique. L'expérimentation peut seule relever des abaissements où elle se traîne depuis vingt siècles la science de l'homme vivant. La *médecine expérimentale*, voilà le mot nouveau sous lequel on glorifie l'ensemble des opinions dont Magendie s'était fait l'apôtre. Pour les médecins de cette école, il n'y a de démontré en médecine que ce que l'expérimentation établit directement; le reste n'est que vue d'esprit, supposition gratuite ou stérile généralisation. L'expérimentation est l'unique méthode scientifique; elle est le seul agent de nos progrès futurs. S'il y a, médicalement, peu de chose de certain, c'est que l'expérimentation a été jusqu'ici peu consultée. La médecine commence à peine, ses principaux linéaments ne sont pas encore fixés; comme l'enfant à sa naissance, elle bégaye ses premières paroles.

Devant de telles affirmations, bien des médecins seront disposés à penser que nous exagérons la portée de paroles peu mesurées, ou que nous relevons d'obscures assertions qu'il serait préférable de laisser dans l'oubli. Nous le répétons, il s'agit au contraire d'enseignements considérables; et, afin de préciser, nous avouerons n'avoir fait ci-dessus que traduire fidèlement l'enseignement donné du haut de cette même chaire du Collége de France qu'occupait Magendie. Oui, l'élève et l'éminent successeur de Magendie ne craint pas de nous conseiller une réforme radicale de la science, et il nous annonce l'avénement d'une médecine nouvelle, la médecine expérimentale. Si l'on veut juger de la méthode de la réforme et du programme de la science future, il faut lire la leçon d'ouverture prononcée cette année même au Collége de France (1). La voix elle-même de Magendie semble avoir parlé ce jour-là; c'est à peine si quelques nuances et quelques accents réservés sont venus témoigner que les temps ont marché, et qu'il faut adoucir certains traits et tempérer de trop audacieuses témérités. Il ne sera pas sans intérêt de justifier notre dire, et, en empruntant des citations à cette seule leçon, de retrouver Magendie vivant encore et enseignant parmi nous.

Magendie déclarait l'expérimentation la seule méthode scientifique : « Pour l'expérimentateur, dit M. Claude Bernard, il n'y a qu'un seul grand livre éternel, c'est celui de la nature; il n'y a et il n'y aura jamais qu'une seule méthode pour le lire, c'est la méthode expérimentale. Telle est en deux mots notre profession de foi scientifique; tel est le programme de notre enseignement. »

Magendie ne reconnaissait d'autre autorité que celle des faits : « Le premier caractère de la méthode expérimentale, dit M. Claude Bernard, est de ne relever que d'elle-même, parce qu'elle renferme en elle son critérium, qui est l'expérience. Elle ne reconnaît d'autre autorité que celle des faits. »

Magendie considérait la médecine comme n'étant pas encore une science constituée, c'est-à-dire comme n'ayant trouvé ni sa méthode ni ses principes; il avait l'horreur de toute systématisation : « La médecine, prétend M. Claude Bernard, à raison de la complexité des phénomènes dont elle s'occupe, devra être une des dernières sciences constituées. Quoiqu'elle soit encore très-loin de cet état, cela ne nous empêche pas de comprendre que les systèmes médicaux ont fait leur temps, et que la médecine scientifique ou expérimentale est la seule médecine de l'avenir. C'est de ce côté qu'il faut tourner nos regards, et faire converger toutes nos recherches. »

Magendie avouait son scepticisme sur tous les points consacrés par la tradition médicale; l'oubli des anciens efforts de la science lui semblait un premier et essentiel progrès. « Dans les sciences, dit son successeur, la foi est une erreur, et le scepticisme est un progrès. Tous les systèmes à priori ou métaphysiques que les sciences ont créés dans leur évolution embryonnaire doivent, plus

(1) *Cours de médecine du Collége de France*, 15 mars 1864. — *Leçon d'ouverture : La médecine expérimentale* (*Gazette médicale de Paris*, 23 avril 1864).

tard, quand la science tend à se constituer, être oubliés, et disparaître comme des moyens transitoires devenus inutiles. Le progrès n'est donc pas de restaurer ou de réveiller les anciens systèmes; le vrai progrès consiste à les oublier et à les remplacer par la connaissance de la loi des phénomènes. » Que le lecteur réfléchisse à ces déclarations. N'expliquent-elles pas, à elles seules, l'extraordinaire ignorance qui règne dans l'école expérimentale et positiviste sur l'ensemble des traditions médicales, et le ridicule exposé que cette école en fait, alors qu'elle s'y arrête un instant pour les repousser avec un inqualifiable dédain?

Magendie professait que la science de la vie n'avait qu'un but à poursuivre : déterminer le mode des phénomènes vitaux, établir les conditions expérimentales des fonctions organiques; montrer l'enchaînement, les dépendances et les relations physico-organiques des phénomènes physiologiqnes ou pathologiques. Sous le nom de loi et de conditions des phénomènes, nous allons retrouver les mêmes errements : « Le but que se propose la méthode expérimentale, dit M. Claude Bernard, est le même dans toutes les sciences. Ce but consiste à rattacher par l'expérience les phénomènes naturels à leurs conditions d'existence, ou, autrement dit, à leurs causes prochaines. On obtient par ce moyen la loi du phénomène, et l'on peut s'en rendre maître. L'expérimentateur doit donc en médecine chercher à déterminer les conditions d'existence des phénomènes physiologiques et pathologiques, afin de pouvoir les diriger. » Les médecins éclairés peuvent juger à ces seules lignes quelles illusions nourrit l'expérimentateur. Nous montrerons, un jour, et en détail, quelle chimère c'est de croire pouvoir diriger les phénomènes pathologiques, par cela qu'on aurait déterminé leurs conditions d'existence. Qui de nous imaginera qu'en supposant connus le mode production, les conditions organiques de la fièvre, il aura le pouvoir de la diriger, de l'arrêter, de la susciter?

Magendie raillait sans pitié ceux qui croyaient devoir interroger la nature des causes premières, et lui demander la nature même des phénomènes observés; à ces causes, il refusait toute réalité possible. Aujourd'hui, on exprime sur ce sujet d'apparents ménagements : on ne nie pas les causes dites premières; mais on n'en proscrit pas moins la recherche, parce que ces causes sont inaccessibles à l'expérience, et qu'il ne faut tenir compte, en science, que de ce que l'expérimentation permet de saisir et de voir. « Cette étude expérimentale, dit M. Claude Bernard, doit bannir à jamais de la médecine la recherche chimérique de la cause première de la vie, qui est insaisissable par l'expérience, comme la cause première de tout autre genre de phénomènes. Par suite disparaîtront nécessairement tous les systèmes de médecine dans lesquels on personnifie cette cause première, ainsi que cela se rencontre toujours dans l'enfance des sciences. » Reconnaître une cause, n'est en rien la personnifier. Nul n'a prétendu et surtout ne prétend atteindre à la connaissance des causes premières, c'est-à-dire des causes réelles et effectives, par une action directe et physique, et qui permette de les montrer séparées des effets qu'elles régissent, isolées de l'organisme. Cette absurdité, qui commence par détruire la notion même de cause et de force, en imaginant pour elles une impossible matérialisation, est la plus gratuite supposition et la plus inutile. Poursuivre la vie en dehors de l'organisme, et les fonctions en dehors des organes, n'appartient à aucune école médicale, et il serait temps de ne plus prêter aux autres de pareilles divagations pour se donner le facile triomphe de les condamner solennellement. Non, il n'est pas nécessaire que nos sens saisissent une cause et une force pour que nous la connaissions et la jugions. Une cause et une force se lisent et se jugent dans les phénomènes qu'elles réalisent, dans la suite des effets visibles par lesquels elles se développent. La vie se perçoit et se connaît dans l'organisme qu'elle anime, elle évolue en lui et par lui : parler d'elle, et la déterminer par l'observation de ses manifestations organiques, n'est pas créer des entités factices, mais lire et comprendre ce livre de la nature que l'on nous propose de consulter, livre émouvant, perpétuellement engendré, toujours plein de la cause qui l'écrit et de l'activité qu'il raconte. L'ordre vivant est à lui seul notre proche et lointain horizon; et sur tous les points de cet horizon, nous portons la lumière souveraine de la cause que l'on nous dit d'éteindre.

Ce n'est pas là une vaine dispute de mots; c'est la science tout entière, dont le sort s'agite dans ces suprêmes distinctions. Car ceux qui s'acharnent ainsi à proscrire l'étude des causes premières, que font-ils en réalité? Ils proscrivent la vérité et lui substituent d'inévitables erreurs. La notion de cause est tellement fondamentale, tellement inhérente à l'esprit, que ceux mêmes qui la repoussent, la reprennent aussitôt sans le savoir, et sous d'autres noms. On ne veut pas de la vie comme cause première, parce qu'on ne veut pas d'une cause première; on déclare s'en tenir aux conditions expérimentales des phénomènes vitaux; mais, ces conditions expérimentales, on leur attribue bientôt, et avec le plus parfait laisser-aller, le rôle des causes condamnées; et comme ces conditions expérimentales sont toutes physico-chimiques, ce sont les forces physico-chimiques que l'on donne, sans le savoir, comme les causes premières et réelles des phénomènes vitaux. La vie disparaît par cela seul : on ne la prend pas comme notion doctrinale et supérieure des faits vitaux; on craint de bâtir avec elle un système, de placer une entité imaginaire en tête de la science; on bâtit le système inverse, et l'on introduit la plus fatale erreur au sein des sciences biologiques. On supprime la cause réelle dans tous les effets qu'elle suscite, pour rapporter ces effets à une cause erronée; et de la sorte on corrompt, dans leur germe, la suite entière des notions et des faits biologiques. C'est là qu'il faut surprendre la secrète et profonde faiblesse de la plupart des études physiologiques de ce temps. On dissocie toutes les fonctions organiques, on oublie l'unité dont elles réalisent les modalités diverses, les concours synergiques qu'elles affectent, la fin pour laquelle elles sont ordonnées; on efface leur activité propre, pour ne chercher en elles que le mode d'exécution, que le comment physique, que le mécanisme organique. Ces dernières études, loin d'être subordonnées et de traduire les conditions analytiques ou instrumentales de l'être, sont affranchies de toute soumission et de tout rapport, et considérées en elles-mêmes et comme indépendantes. Elles portent, dès lors, en elles leur principe et leur cause; le mécanicisme s'impose à l'économie vivante, et vient en régler les manifestations diverses. Les phénomènes vitaux, au lieu de surgir et de marcher dans leur palpitante spontanéité, se transforment en phénomènes passifs, et l'économie ne reçoit plus que des mouvements communiqués.

Le mal qui sévit aux origines grandit et s'accentue en traits plus énergiques, à mesure que ses applications se mutiplient et s'éloignent. Aussi les erreurs précédentes, transportées de la biologie dans la pathologie, semblent y devenir plus absolues et plus ouvertement subversives. On a repoussé la vie comme cause et force propres du domaine de la physiologie; on a demandé aux conditions physiques la raison des phénomènes vitaux : on transporte ce préjugé mortel, en pathologie, en demandant la raison des phénomènes morbides non plus à l'affection, c'est-à-dire à la vie affectée, mais à la lésion, au trouble de la machine, directement provoqués par un effort hostile, par un choc extérieur. On poursuit une pathogénie mécanico-organique, et l'on en déduit la nature de la maladie! Magendie raillait les médecins (ce mot revient bien souvent; mais la raillerie n'est-elle pas l'arme obligée de ceux qui placent la supériorité de l'esprit dans les négations?) qui demandaient aux diathèses, au génie épidémique, à la constitution médicale régnante, aux habitudes, aux prédispositions héréditaires ou idiosyncrasiques, aux influences morales, à l'état des réactions vitales, la nature des maladies observées par eux. Que sont ces mots vagues, sinon une fantaisie pure de l'esprit que l'expérimentation ne règle pas? Aujourd'hui, les mêmes préjugés sont émis : «Il me suffira, dit M. Claude Bernard, de vous prévenir contre les objections banales de certains médecins qui vous diront que ce qu'on voit sur les chiens ne saurait s'appliquer à l'homme; que les maladies sont liées à des diathèses ou à des constitutions médicales, et que chaque malade a son idiosyncrasie que jamais l'expérimentation ne pourra atteindre, etc. Il n'y a là que des mots qui cachent l'ignorance de ceux qui les prononcent, et rien de plus. »

C'est en ces termes et avec cet abandon dédaigneux que la physiologie expérimentale repousse des notions qui sont la suprême règle de la pratique, le produit le plus élevé et le plus pur de l'observation médicale. Je le demande aux médecins, qu'ils imaginent ce que deviendrait la science et ce que deviendrait l'art, si l'on en supprimait ces racines nourricières! Que l'on essaye de retrancher un seul de ces mots, et la notion qu'il représente, la diathèse, par exemple, et que l'on mesure par la pensée quelle mutilation subirait la médecine! En quelle nuit profonde tomberait une des plus larges parts de la nosologie! Quelle obscurité aussitôt répandue sur un nombre immense de phénomènes morbides! Et la thérapeutique, lancée au combat contre une suite interminable de manifestations locales, ne deviendrait-elle pas le plus impuissant et le plus meurtrier des arts?

Nous avons vu la thérapeutique de Magendie se résumer dans l'indifférence et le scepticisme. La science expérimentale qu'il avait acquise le laissait sans direction au lit du malade; il l'avouait, et se riait de ceux qui croyaient à la science et à l'art. La médecine expérimentale que l'on professe aujourd'hui n'observe pas une logique aussi outrée; elle fait la part des nécessités pratiques, et s'attache à ne pas révolter trop fortement contre elle l'esprit des médecins. Elle sépare la science de l'art, et nous exhorte à faire de la science, de la vraie science, quoiqu'elle ne conduise pas encore à une thérapeutique sûre et éclairée. Mais, ajoute-t-elle, cela ne doit pas empêcher le médecin, dont la science est muette en face du malade, de se livrer à l'empirisme, et d'appliquer, à défaut de médications rationnelles, des médications dont on ne comprend ni le pourquoi ni l'action, mais qui ont le privilége d'être efficaces. Tels sont les préceptes adoucis donnés aujourd'hui au Collége de France. « Des médecins, dit M. Claude Bernard, plus occupés de la pratique que de la théorie, sont arrivés à regarder la médecine comme une simple industrie. Ils croient qu'il faut détourner l'esprit des jeunes gens de toutes ces études théoriques, qui sont pour le moment sans application, et ils soutiennent que les Facultés doivent faire des guérisseurs, c'est-à-dire instruire les élèves dans l'application de leur art, au lieu de leur donner une brillante éducation scientifique, qui les laisserait dans l'embarras au lit des malades. Ce raisonnement, qui est dangereux parce qu'il favorise à la fois l'ignorance et la paresse, est doublement erroné. D'abord, la médecine scientifique ou expérimentale n'exclut pas l'empirisme ni la connaissance des moyens que la médecine pratique y a puisés jusqu'ici. Au contraire, l'empirisme a été le terrain sur lequel se sont développées toutes les sciences. Le médecin expérimentateur ne nie donc pas les faits de l'empirisme; il les critique, les analyse, cherche à les expliquer et à en trouver la loi par tous les moyens que la science actuelle peut lui fournir. Cette tendance scientifique qui élève l'esprit n'empêche pas d'employer, comme le praticien, les remèdes empiriques tant qu'on ne pourra pas faire mieux. »

Sachons voir ce que cachent ces lignes, et peser les conseils qui nous sont offerts. Que nous conseille-t-on? Ou d'agir en vertu d'explications organico-mécaniques, et d'après les déductions de la physiologie expérimentale, ou d'agir empiriquement, c'est-à-dire sans règle assurée, sans données scientifiques, livrées par une connaissance rationnelle des phénomènes physiologiques et pathologiques. Avons-nous besoin de démontrer ce que serait la première de ces deux thérapeutiques? L'art de guérir doit-il aucune de ses précieuses ressources à la médecine expérimentale? Nous l'avançons hautement, si l'on voulait combattre les symptômes morbides par des moyens fondés sur l'idée que l'expérimentation nous donne de leur production organique, nous instituerions fatalement la plus désastreuse des thérapeutiques. Nous combattrions, dans l'accès fébrile, une période de froid intense par les réfrigérants et les antiphlogistiques, car le froid initial de la fièvre est produit par l'irritation et l'état sthénique des nerfs vaso-moteurs; et nous traiterions par les toniques et les cordiaux la période subséquente de chaleur et de turgescence, car elle est due à l'asthénie, à l'état semi-paralytique de ces mêmes nerfs vaso-moteurs. Dans les deux cas, nous irions à l'encontre de la nature souffrante.

En dehors d'une thérapeutique basée sur d'aussi perfides éléments, tombons-nous nécessairement dans l'empirisme? Nullement; l'observation et la tradition médicales ont lentement élevé l'art admirable des indications médicales, fournies par la nature vivante, par l'étude de la marche naturelle des maladies, de leurs terminaisons, des ressources que crée et déploie l'économie réagissante. C'est sur cette base qui n'est en rien empirique, qui est toute rationnelle, mais d'un rationalisme sain et réel, et non artificiel et systématique, que repose la thérapeutique à laquelle nous croyons. Tout ce qui est assis sur ce sol des indications devient par cela seul scientifique; l'empirisme lui-même y est transformé et ennobli. Nous accueillons, en effet, l'empirisme; il est des indications auxquelles nous n'avons pu satisfaire que par la constatation empirique des effets de telle ou telle substance étrangère, qualifiée de médicament dès que son pouvoir de remplir une indication thérapeutique a été reconnu. Mais ce côté empirique ne domine pas dans l'art; il y est soumis à la connaissance des indications; et, dans cette soumission, il perd son caractère de connaissance purement empirique pour s'élever au caractère du fait scientifique et prendre place dans le domaine d'un art légitime et régulier. L'empirisme n'a pas été, comme on nous le dit, le terrain sur lequel se sont développées toutes les sciences; non, ce n'est, au contraire, qu'en quittant ce terrain que les sciences se sont constituées. C'est en acquérant les notions premières de leur sujet, c'est en prenant conscience de leurs principes fondamentaux, et possession de leur méthode, que les sciences peuvent naître et se développer: ainsi, de l'alchimie se dégagea, en un jour de lumière, la chimie moderne; et ce n'est pas dans les données empiriques que se trouvent les éléments créateurs et nécessaires dont les sciences doivent sortir. Ne séparons donc jamais la science de l'art. Répudions ce déplorable préjugé qui semble admettre, parmi nous, des savants d'un côté et des artistes de l'autre. Sachons-le bien, former des savants, c'est former des guérisseurs, et réciproquement. Quoi qu'on en dise au Collége de France, instruire les élèves dans l'application de leur art, c'est leur donner une solide éducation scientifique, supérieure à celle qui leur apprendrait une inutile science, et les laisserait dans l'embarras au lit des malades. Il n'y a pas d'enseignement médical sans un sentiment profond de ces vérités. Aussi écoutez l'un des plus savants professeurs de notre Faculté : «Sans la notion des principes, dit M. Monneret, pas de véritable science; sans les méthodes rigoureuses d'observation, sans l'art, point de véritables médecins. Qu'on cesse donc de se dire exclusivement théoricien ou praticien, savant ou artiste. Les qualités que ces mots désignent indiquent, quand elles sont réunies, toute la perfection désirable chez un médecin; séparées l'une de l'autre, elles ne sont que des défauts (1). » Ces paroles autorisées montrent l'étroite et indispensable alliance de la science et de l'art; elles font justice de ces prétendues éducations scientifiques qui ne tournent pas directement au profit de l'art, et de ce prétendu art empirique qui ne découle pas directement de la science elle-même.

Veut-on voir cependant où peut conduire le mélange informe de science à l'état naissant et d'art exclusivement empirique, auquel on convie les médecins? Veut-on juger du trouble des intelligences qui s'inspirent de tels dogmes, et du caractère véritable des habitudes thérapeutiques qui en ressort? Nous n'avons pas à le demander à l'illustre physiologiste du Collége de France, que ses devoirs ne placent pas en face du malade. Il faut plutôt recueillir sur ce point les aveux de ceux qui ont épousé les espoirs de la médecine expérimentale, et se voient en même temps obligés de satisfaire chaque jour aux obligations pratiques de la profession médicale. Leur situation ne semble-t-elle pas douloureuse? Voici, par exemple, comment s'exprime l'un de mes plus distingués collègues, M. le docteur Lorain, que les théories et les promesses que nous combattons ont ouvertement séduit: « Quant aux indications thérapeutiques motivées, je voudrais bien savoir à quelles lois obéit l'anarchie thérapeutique dont la médecine nous donne l'affligeant spectacle. Quoi! des indications thérapeutiques motivées! Est-ce que la thérapeutique n'est pas souvent la négation de la raison et du sens commun? Est-ce que la tradition aveugle, l'empirisme inconscient, l'inspiration ou la fantaisie, ne sont pas les règles de la thérapeutique presque tout entière? Est-ce pour nous que l'auteur réclame cet honneur? Nous le déclinons. Est-ce pour lui? Alors nous l'attendons aux preuves, trop certain à l'avance du résultat de cette enquête (2). »

(1) *Traité de pathologie générale*, vol. I, p. 5.

(2) Ces lignes appartiennent à une suite d'articles intitulés : *A propos du Traité de pathologie générale de M. Em. Chauffard; études de philosophie médicale*, par M. Lorain, agrégé de la Faculté de Paris (*Gazette des hôpitaux*, juillet 1863).

Ne croirait-on pas entendre Magendie avec plus de feu et d'élan ? Sans doute, M. Lorain, en écrivant ces lignes, a dû exagérer, en ce qui le concerne et en ce qui concerne l'école dont il parle, l'anarchie thérapeutique dont la médecine offre, suivant lui, l'affligeant spectacle. Nous le connaissons trop pour ne pas savoir qu'il se refuserait à une thérapeutique de hasard et de fantaisie, et qu'il ne se résoudrait pas à un pareil jeu sur la vie des autres; il comprend les devoirs du médecin, et il est à leur hauteur; mais que dire d'un enseignement qui pousse à de tels aveux un de ses plus distingués adeptes?

Dira-t-on que ces aveux expriment la dure réalité, même pour ceux qui les repoussent? On nous attend personnellement aux preuves, et l'on annonce à l'avance les résultats de l'enquête : ces preuves, nous pouvons nous refuser à les donner, sans ébranler en rien les jugements que nous portons sur l'art dont on nous fait le tableau, et sur la science qui aboutit à de tels faits pratiques. Certes, nous ne dirons jamais : Venez nous voir à l'œuvre, et jugez des doctrines que nous soutenons. Un tel appel ne serait pas seulement outrecuidant; il prouverait à lui seul que nous ne connaissons ni la hauteur, ni les difficultés, ni les réalités de l'art que nous cultivons. Oui, il y a une thérapeutique qui n'est ni la négation du sens commun et de la raison, ni un empirisme inconscient, ni une arbitraire fantaisie ; oui, il y a des indications thérapeutiques motivées: la tradition médicale, qui domine et surpasse les plus éminents d'entre nous, l'établit contre toutes les dénégations; la science l'affirme et le prouve avec des certitudes invincibles, et nul n'a encore ébranlé ces deux colonnes de l'art. Mais ces indications thérapeutiques, il faut les découvrir; il faut souvent les dégager du milieu des obscurités qui les enveloppent, les saisir à travers des formes mobiles, des phénomènes tumultueux, des apparences trompeuses. Nous ne le savons que trop, exceller en cet art est un don rare, et dont sont éloignés bien de ceux qui se vantent de le posséder; cela prouve-t-il que cet art n'existe pas? Pour nous, en face du malade, nous ne croyons jamais qu'une thérapeutique motivée n'existe pas; mais nous doutons souvent de nos lumières pour la trouver; nous ne doutons pas de l'art en lui-même, mais de l'art réalisé par nous. Que notre collègue en arrive à ce doute et le formule, soit pour son compte, soit pour celui des autres, rien de mieux; mais si son scepticisme et ses négations s'étendent véritablement jusqu'à l'art lui-même, qu'il y regarde de près, et qu'il se demande si ce n'est pas là un indice que la voie dans laquelle il est engagé n'est pas la véritable voie médicale. La question en vaut la peine : un esprit fin comme le sien, soutenu par une instruction étendue, peut résister à l'anarchie thérapeutique dont il est témoin plutôt qu'acteur. Mais M. Lorain est-il sûr que les paroles qu'il prononce, que le scepticisme qu'il proclame avec tant de franchise, n'exerceront pas une funeste influence sur les jeunes intelligences qui l'écoutent, et ne les détourneront pas peu à peu, et malgré l'exemple contraire que sûrement il leur donne, du travail, de la science et du devoir lui-même. Pour aimer et respecter son art, ne faut-il pas y croire? Et si l'on n'aime ni ne respecte l'art que l'on pratique, où sont les devoirs? Que devient la mission du médecin? Où est bientôt la dignité du caractère? Tout se tient, s'enchaîne et se commande dans les actions humaines. Les exigences, en particulier, et les pentes de la vie médicale sont telles, qu'il faut, pour la conserver intègre, veiller avec soin à la pureté des sources; c'est par là surtout que nous pouvons nous défendre contre un assaut incessant de flots corrupteurs.

Il serait superflu d'emprunter de plus longues citations à l'enseignement actuel du Collége de France : celles-ci suffisent à en faire apprécier le caractère dogmatique. Elles nous montrent que l'école expérimentale n'a répudié aucun des préjugés patronnés par son chef. Magendie a pu disparaître; son esprit vit tout entier, et anime une ardente et laborieuse génération. Ses préjugés, qui, dans l'art, se résumaient en un scepticisme absolu, se voilent aujourd'hui sous un empirisme d'attente; ou, lorsqu'ils se découvrent, laissent voir l'anarchie, maîtresse souveraine de la thérapeutique. L'anarchie, en science et en art, n'est qu'une forme de scepticisme. L'école expérimentale conserve donc immobiles les dogmes sur lesquels Magendie l'avait fondée : les mêmes méthodes sont exclusivement employées; les mêmes interprétations du passé médical sont émises, les mêmes dédains affichés; les mêmes promesses sont faites sans être plus tenues: on en appelle aux mêmes et stériles progrès; on attend toujours tout de l'avenir; le présent aboutit à la même impuissance pratique.

Cependant cette école, toujours à l'exemple de son chef, travaille et sans relâche. C'est là sa gloire, et nous sommes heureux de le reconnaître. Elle soumet la matière organique et les fonctions de l'être à des interrogations multipliées, ingénieuses, et qui, dans les mains heureuses de l'éminent physiologiste dont nous venons de combattre les tendances médicales, ont produit de brillantes analyses. C'est là une éloquente justification que nous proclamons bien haut. Nous ne cédons pas, cependant, à l'entraînement du plaidoyer en acte qu'on a le droit de nous opposer; nous ne croyons pas devoir faire fléchir l'ensemble des plus importantes vérités devant les succès d'une expérimentation habile et pénétrante. Ces succès, la science en profite et s'en sert pour porter plus loin ses vues, et ajouter de nouveaux détails au tableau animé de la vie; mais elle sait que ces nuances et ces traits nouveaux ne peuvent trouver leur véritable place qu'à la lumière de notions synthétiques définitivement acquises, et immuables sur les sommets d'où elles rayonnent. La science de l'homme est en possession de ses principes et de ses méthodes; seule, cette possession lui permet de retrouver la vie dans les actes et dans les phénomènes que l'expérimentation perçoit ou suscite, et d'acquérir ainsi une connaissance réelle et scientifique de ces mêmes actes et phénomènes.

— La fin à un prochain numéro. —

REVUE BIBLIOGRAPHIQUE.

Examen du livre de M. Darwin sur l'origine des espèces, par P. Flourens.—Un volume in-18, chez Garnier frères, 6, rue des Saints-Pères, et Palais-Royal, 215.

« Tout l'esprit d'un auteur consiste à bien définir et à bien peindre », disait la Bruyère, et à cette règle si simple en apparence, combien peu d'écrits ont satisfait jusqu'à présent. C'est à leur nombre bien restreint que doit être joint l'excellent ouvrage de M. Flourens sur *l'origine des espèces*, ouvrage que se disputent les penseurs délicats et les esprits justes.

La question de l'origine des espèces, agitée depuis si longtemps, venait d'être relevée par M. Darwin. Disciple de Lamarck et de Geoffroy Saint-Hilaire, le savant anglais, à leur exemple, prétendait que l'espèce changeait continûment, et que l'amélioration des individus était le but de ses continuelles modifications. Tous les animaux, l'homme lui-même, selon lui, seraient venus d'un petit nombre de types primitifs, et même, à la rigueur, d'un prototype qui, se métamorphosant sans cesse, aurait revêtu successivement toutes les formes du règne animal. Écrit dans un style élégant, l'ouvrage de M. Darwin se recommande par le tour ingénieux que son auteur sait donner à ses pensées et à ses théories. L'étrangeté même de ses idées lui a valu une vogue incontestable chez ces esprits que les paradoxes, en fait de science, charment toujours, et qui se figurent que plus une doctrine est invraisemblable, plus elle est vraie.

On sait la fameuse querelle qui, il y a quelques années à peine, animait encore la science; la querelle de Cuvier et de Geoffroy Saint-Hilaire. La lutte n'était pas finie avec eux. Le disciple de Lamarck et de Geoffroy devait trouver dans M. Flourens un antagoniste chaleureux, un défenseur inébranlable des idées justes et vraies. C'est ainsi que le livre de M. Darwin a valu au public un des meilleurs ouvrages de critique qui aient été faits depuis longtemps, et à la science la solution de ce grand problème de l'origine des espèces.

Analysons les objections que M. Flourens fait à la théorie du savant anglais. Quelle chose le frappe dès l'abord? L'usage trop fréquent d'un style figuré, rempli de métaphores, reproche qu'il adresse, non-seulement à M. Darwin, mais encore à un grand nombre d'écrivains. En effet, sans le secours d'un style clair et précis, les sciences ne peuvent arriver ni à la force, ni à la lumière.

Et ne croyez pas que l'éminent secrétaire perpétuel de l'Académie des sciences ne nous décèle ici qu'un défaut littéraire; la fausseté du système du philosophe anglais provient en grande partie de ce vice de langage. Pour arriver, en effet, à expliquer ces changements continuels dans l'espèce, quelle hypothèse imagine-t-il? « La » nature, dit-il, a deux pouvoirs, celui d'élire, *élection* » *naturelle*, et de détruire les êtres disgraciés, *concurrence* » *vitale.* » Mais, lui demande-t-on, qu'est-ce que cette nature, quel est cet être que vous personnifiez, et dont vous faites un intermédiaire entre le Créateur et la créature? « La nature d'un être organisé est son organisation », dit M. Flourens. Qu'est-ce alors que cet être qui choisit et gouverne le règne animal à son gré, sinon une illusion, une erreur qui n'est plus de notre temps? La science ne croit pas plus maintenant aux jeux et aux volontés de la nature qu'à l'horreur du vide.

Cependant, privé de cet être chimérique dont l'existence était indispensable à sa théorie, M. Darwin voit tout son système s'écrouler. Sans cette *nature*, qui se chargera du soin d'élire certains individus et d'en faire périr d'autres; qui poursuivra partout et toujours cette œuvre incessante de perfectionnement? On le voit, ébloui lui-même par ses métaphores et la dangereuse obscurité de son style, M. Darwin ne se rend plus compte du sens de ses termes, il se fait illusion à lui-même, croit en la nature, fiction de son entendement, à laquelle, par un contre-sens incroyable, il refuse l'intelligence et accorde le pouvoir d'élire.

Il est vrai qu'il lui vient des remords et qu'il avoue avec naïveté « que c'est par métaphore qu'il parle ainsi, » et que dans le sens littéral du mot, il n'est pas dou- » teux que le terme d'élection naturelle ne soit un contre- » sens. — Mais alors, réplique M. Flourens, pourquoi » s'en servir, pourquoi accommoder à ce langage faux » toutes ses explications? Pourquoi écrire un livre tout » entier dans l'esprit faux que ce langage implique? »

Mais il reste une question à aborder, indépendamment de cette nature et de ces deux facultés d'élire et de détruire à son gré, indépendamment de toute cette théorie habilement construite, mais dont la vanité nous est désormais connue: l'espèce est-elle muable, et peut-elle, par de continuelles modifications, revêtir les formes les plus dissemblables? En effet, si différentes espèces peuvent s'unir entre elles et engendrer des métis d'une fécondité continue, le système du savant anglais est vrai, l'espèce est muable, et tous les animaux peuvent venir d'un premier type. Si, au contraire, les croisements entre espèces différentes sont stériles au bout d'un petit nombre de générations, nous devons en conclure que l'espèce est fixe, et que le passage d'un prototype à travers toutes les formes du règne animal n'est qu'une chimère.

L'espèce est fixe, dit M. Flourens, et il le prouve par une de ses découvertes. Il établit, en effet, que le caractère essentiel de l'espèce est la fécondité continue. Pour cela, il fait accoupler des animaux d'espèces différentes. Il obtient le croisement de chiens et de louves, et la fécondité s'arrête à la troisième génération. Des métis de chacal et de chien atteignent la quatrième, mais ne la dépassent pas. Et les choses se passent de même dans le règne animal et dans le règne végétal. L'hybridation chez les végétaux donne le même résultat, et confirme ces expériences. Ainsi, puisque toute union étrangère est frappée de stérilité, l'espèce est fixe, et, grâce à cette découverte, on ne peut plus dire que tous les êtres proviennent d'un premier type qui aurait passé successivement par toutes les formes.

Cependant M. Darwin invoque à l'appui de sa théorie ces remarquables modifications que la vie domestique fait éprouver aux animaux. « A plus forte raison, dit-il, » la nature, incommensurablement plus puissante que » l'homme, doit produire dans l'espèce des changements » bien plus grands. »

Ici M. Flourens l'arrête, et lui demande s'il ne confond pas deux faits bien différents, la mutabilité et la variabilité de l'espèce. L'espèce ne peut changer, nous l'avons vu, c'est-à-dire qu'elle ne peut s'unir à une autre pour en créer une nouvelle. Mais l'espèce admet en soi certaine variabilité. Chacun des individus, en effet, qui la composent, aux caractères généraux et spécifiques joint des caractères particuliers et individuels. C'est ainsi que la domesticité a pu faire naître des races si différentes, sans pouvoir altérer l'espèce. L'erreur de M. Darwin est donc d'avoir confondu ces deux faits.

Mais, devons-nous nous en étonner? Non, sans doute. La légèreté, en effet, avec laquelle il explique les termes dont il se sert, fait prévoir ses fautes. Entendons-le parler du sujet même de son livre, de l'espèce. « Aucune » des définitions de l'espèce, dit-il, n'a encore pleinement satisfait les naturalistes, et cependant chacun » d'eux sait au moins vaguement ce qu'il entend quand » il parle d'espèces. » M. Darwin, il faut l'avouer, est resté en ce point parfaitement d'accord avec lui-même, car il sait si vaguement ce qu'il entend par espèce, qu'il la confond toujours, comme nous venons de le voir, avec la variété, et là est toute son erreur.

Les modifications que la domesticité produit chez les animaux ne proviennent donc que de la variabilité, et ne peuvent jamais dépasser la limite infranchissable qui sépare les espèces entre elles. Mais l'animal, à peine est-il libre, à peine est-il rendu à la vie sauvage, qu'il retourne infailliblement à la couleur et au type primitif de son espèce. M. Roulin a vu les animaux transportés dans le nouveau monde, et rendus à la liberté, perdre bientôt leurs livrées de servage, et reprendre les vêtements de la nature. « Or, qu'est-ce que cet invincible penchant des » espèces, dit M. Flourens, à remonter toujours vers leurs » souches, sinon le dernier et distinctif indice de leur » fixité ? »

Quelle est donc l'origine de l'espèce ? M. Darwin n'en dit pas un mot. Cette question fait le titre de son livre, et il ne la traite que d'une manière dérisoire. Il suppose, en effet, que tous les êtres ont reçu l'existence les uns des autres, sans s'apercevoir qu'il tombe infailliblement dans un cercle vicieux.

Pour combler cette lacune, M. Flourens présente les deux systèmes possibles : la *génération spontanée*, ou la *main de Dieu*. Mais, dit-il, la génération spontanée n'est qu'une chimère, et pour nous le prouver, il retrace l'histoire de cette fameuse théorie.

Dans l'antiquité, Aristote et Épicure la présentent. Épicure veut bien avouer que, de son temps, la terre fatiguée n'engendre plus de grands animaux, mais elle engendre tous les insectes. Aristote, esprit infiniment plus juste, reconnaît que certains insectes, comme les abeilles, ne naissent pas spontanément. Ainsi donc, dès son origine, cette hypothèse se voit réduite à ne comprendre que la classe des insectes. Mais elle n'est pas au bout de ses défaites. Plus tard, Redi, Swammerdam, Réaumur, la chassent encore de ce domaine, et démontrent que l'insecte ne peut être produit que par un insecte de même espèce. De nos jours, enfin, elle était reportée sur les infusoires, espérant peut-être que, grâce à l'imperceptibilité de ces animaux, il serait impossible de lui présenter des preuves visibles. M. Pasteur lui offre des faits irrécusables. Pour avoir, en effet, des animalcules, que faut-il, si la génération spontanée est vraie? De l'air et des liqueurs putrescibles. Or, M. Pasteur met de l'air et des liqueurs putrescibles ensemble, et rien ne se produit. La génération spontanée n'est donc qu'une chimère.

Reste un autre système, la main de Dieu; cédons ici la parole à M. Flourens : « Dès qu'on remonte à Dieu, » tout s'explique. Ce n'est pas une vaine nature, une » nature personnifiée et que chacun personnifie à son » gré, mais un art, un grand art. On passe des systèmes » puérils des hommes à la réalité des choses, et dès » qu'on en est là, on voit bien vite ce que l'on sait, ce » qu'on peut savoir, ce qu'on ignore : il n'y a plus d'il- » lusion possible. »

Tel est le livre qui tranche une question qui, depuis si longtemps, occupait les esprits. C'est ainsi que ce grand problème, agité pendant tant de siècles, obscurci par tant d'hypothèses, devait trouver enfin sa solution dans l'ouvrage de M. Flourens. William Harrison.

Le propriétaire-gérant : Germer Baillière.

PARIS. — IMPRIMERIE DE E. MARTINET, RUE MIGNON, 2.

PREMIÈRE ANNÉE. — N° 37. UN NUMÉRO : 30 CENTIMES. 13 AOUT 1864.

REVUE
DES
COURS SCIENTIFIQUES
DE LA FRANCE ET DE L'ETRANGER

PHYSIQUE — CHIMIE — ZOOLOGIE — BOTANIQUE — ANATOMIE — PHYSIOLOGIE
GÉOLOGIE — PALÉONTOLOGIE — MÉDECINE

Paraît tous les Samedis.

	Six mois.	Un an.
Paris	8 fr.	15 fr.
Départements	10	18
Étranger	12	20

Prix de l'abonnement avec la Revue des Cours littéraires.

	Paris	Départ.	Étranger
Six mois	15 fr.	18 fr.	20 fr.
Un an	26	30	35

Rédacteur en chef
M. ODYSSE-BAROT

Les ouvrages dont deux exemplaires auront été envoyés au bureau du journal seront annoncés et analysés s'il y a lieu.

On s'abonne
A LA LIBRAIRIE GERMER BAILLIÈRE
17, rue de l'École de Médecine,
Et chez tous les libraires, par l'envoi d'un bon de poste, ou d'un mandat sur Paris.

L'abonnement part du 1er décembre ou du 1er juin de chaque année.

SOMMAIRE.

CHIMIE AGRICOLE.

COURS DE M. BOUSSINGAULT.

(CONSERVATOIRE DES ARTS ET MÉTIERS.)

(Voy. les nos 9, 14, 28 et 31.)

V.

Géologie agricole (suite).

Du mélange des espèces minérales qui ont été énoncées dans un article précédent, résultent, d'une manière immédiate, les *roches cristallines.*

Une des plus importantes est le granite. Il est composé de feldspath, de mica et de quartz. Quelquefois le mica est remplacé par du talc; la roche prend alors le nom de protogyne ou granite de Saint-Bernard. Si c'est l'amphibole qui a pris la place du mica, on a la syénite.

Le gneiss est un granite schisteux; comme le granite proprement dit, il est composé de feldspath, de mica et de quartz, mais ici ces substances sont réunies par feuillets entremêlés. Le micaschiste est constitué par du mica que traversent de petites veines de quartz; quand le mica se trouve seul, que la roche est composée de petites lamelles empilées, on a le schiste argileux.

On donne le nom de porphyre à une roche dure, compacte, qui est formée de cristaux de feldspath et de quartz, et qui renferme souvent du mica et de l'amphibole. L'albite et le pyroxène réunis constituent la dolérite; ce sont aussi ces mêmes éléments qui entrent dans la formation des basaltes.

Le trachyte, roche remarquable en ce qu'elle constitue les cimes les plus élevées du globe, est un assemblage d'albite et de mica.

On peut citer encore parmi les roches cristallines qu'il importe le plus de connaître : le quartzite, qui est du quartz pur; le calcaire saccharoïde ou marbre, qui est du carbonate de chaux, etc.

Telles sont les principales roches cristallines. Indépendamment de cette classe, il est une autre espèce de roches : il y a les roches *sédimentaires.* Celles-ci ne présentent aucune trace de cristallisation; on peut les considérer comme formées de fragments plus ou moins altérés qui proviennent des roches cristallines. Un caractère spécial des roches sédimentaires, et sur lequel nous reviendrons bientôt, c'est la *stratification,* qui indique très-nettement que ces roches ne se sont pas formées d'un seul coup.

L'idée qu'il convient de se faire sur la disposition générale des roches cristallines et sédimentaires est la suivante : les roches cristallines forment la masse de l'écorce solide de notre planète, puis çà et là et sur leurs flancs, dans les vallées, apparaissent les roches sédimentaires.

Quelle est l'origine des roches sédimentaires et cristallines? C'est là une question à laquelle on ne saurait répondre avec certitude. Sans doute, dit M. Boussingault, nous avons bien des raisons pour croire que les roches cristallines furent formées dans des conditions de température extrêmement élevées. Ne pouvons-nous pas imaginer une masse en fusion renfermant tous les éléments qui peuvent constituer les substances minérales? Dans de telles conditions, en vertu des affinités chimiques, ces éléments ne peuvent-ils pas se combiner entre eux et donner naissance aux espèces minérales? Évidemment, tout cela nous semble possible, mais la preuve que les choses se sont passées de la sorte, où la prendre?

Nous n'avons donc là qu'une présomption, très-forte d'ailleurs, il faut l'avouer. Des faits de même ordre ne se passent-ils pas journellement dans les usines métallurgiques? Dans le haut fourneau, les matières sont en fusion ; vient-on à laisser refroidir cette masse liquide, elle se solidifie, et alors, au lieu de présenter un tout homogène bien uni, elle se montre cristallisée; on voit apparaître des cristaux de pyroxène, de mica, quelquefois même de feldspath. Il n'y a donc rien d'extraordinaire à supposer que dans la nature, le pyroxène, le mica, et aussi bien les autres substances cristallines, se soient formés de la sorte sous l'influence d'une haute température.

Ebelmen fit à ce sujet des expériences importantes; il voulut reproduire des minéraux cristallisés : l'émeraude, le rubis, etc., et il y réussit.

Pour former l'émeraude, par exemple, il se plaça dans les conditions suivantes. Il prit une lame de platine dont il fit une boîte; il y mit de l'acide borique et en proportions voulues les matières qui entrent dans la composition de l'émeraude, c'est-à-dire pour 100 parties :

Silice	68,4
Alumine	17,6
Glucine	13,1
Oxyde de chrome	0,9
	100,0

Il chauffa au rouge pendant plusieurs jours, et voici ce qui arriva. L'acide borique a la propriété de dissoudre les diverses matières que nous venons d'énoncer, la silice, l'alumine, la glucine, l'oxyde de chrome; mais il est volatil, et alors il abandonne ces substances non volatiles; celles-ci, dans de telles circonstances, s'unissent et produisent une émeraude. Pour faire du rubis, il opère d'une manière analogue.

M. Henri Sainte-Claire Deville, par une autre méthode, a reproduit aussi des minéraux. Il pensa que dans la nature ceux-ci pouvaient se former sans avoir éprouvé une fusion absolue; que certains courants de vapeurs pouvaient entraîner les substances qui les constituent, et en laissant déposer ces matières, donner les minéraux cristallisés. Pour le vérifier, il se plaça dans des conditions identiques. Dans un tube était de l'oxyde de fer amorphe; il fit passer à travers ce tube, et d'une manière très-lente, un courant d'acide chlorhydrique: il trouva après quelques jours de magnifiques cristaux de fer oligiste déposés à la partie antérieure du tube.

Cette hypothèse d'une origine ignée pour les roches cristallines, qui nous semble si raisonnable, fut violemment combattue quand elle voulut se substituer à une autre hypothèse qui admettait que toutes les roches avaient été formées par l'eau. Deux écoles divisèrent alors les géologues : il y eut les neptuniens et les plutonistes. Ce que les neptuniens opposaient le plus aux plutonistes était la masse énorme des eaux qui couvrent le globe. Comment admettre, disaient-ils, que notre planète ait été incandescente au milieu d'une telle quantité d'eau? Mais un physicien italien montra qu'il n'y avait aucun motif qui empêchât d'admettre l'existence d'une matière incandescente au sein d'un liquide. Qu'on plonge, en effet, dans de l'eau, une boule d'argent portée au rouge, on la voit rester incandescente pendant un certain temps; il s'est formé, en effet, tout autour une couche de vapeur qui empêche la déperdition de la chaleur. Une autre objection des neptuniens fut celle-ci: Comment admettre dans des roches qu'on suppose formées par voie ignée l'existence de matières calcaires (au milieu du gneiss on trouve des calcaires cristallisés)? A la température rouge, le calcaire ou carbonate de chaux ne se décompose-t-il pas en chaux et en acide carbonique?

Une expérience bien simple vint encore renverser cette objection. En chauffant à une haute température de la craie renfermée dans un canon de fusil hermétiquement bouché, on obtint du marbre. On prouva ainsi que le calcaire ne se décompose pas quand il est soumis à une température élevée sous une forte pression, et que de plus, lorsqu'il fond en de telles conditions, il cristallise par le refroidissement.

Aujourd'hui, la théorie des plutonistes est généralement adoptée; des phénomènes nombreux viennent d'ailleurs l'appuyer et montrer que la terre a subi autrefois une température très-élevée; les phénomènes volcaniques nous le prouveront bientôt.

Avant de passer à l'étude de ces phénomènes volcaniques, M. Boussingault donne rapidement quelques notions de physique terrestre, qu'il sera utile de connaître pour la suite de ces leçons.

Il convient, avant tout, de savoir quelle est la forme de la terre, puis quel est son volume.

La terre est un sphéroïde aplati aux pôles, renflé à l'équateur. Cette figure, qui approche beaucoup de celle d'une sphère, résulte, d'après les calculs de Laplace, de ce qui arrive à toute masse fluide ou molle qui est animée d'une rotation semblable à celle que possède notre planète. Laplace en tira cette conclusion : le globe terrestre a été fluide à une certaine époque, puis il s'est consolidé en conservant la forme que lui avait donnée son mouvement de rotation. La différence entre les deux axes du sphéroïde est d'ailleurs très-faible : ainsi, l'axe polaire est à l'axe équatorial dans le rapport de 304 à 305; quant aux dimensions réelles de ces deux diamètres, elles sont 12 753 700 mètres pour le diamètre équatorial, et 12 711 900 pour le diamètre polaire. Calculant avec ces données la surface du globe, on trouva qu'elle est de 5 millions de myriamètres carrés; le volume est de 108 millions de mètres cubes.

Une autre question intéressante à résoudre, surtout pour les conclusions que l'on pouvait ensuite tirer, était la détermination de la densité du globe. Pour arriver à ce résultat, il faut d'une façon générale deux éléments, le volume et le poids. Le volume, on le connaissait d'après ce que nous venons de dire; restait à trouver le poids. Or, peser la terre, semble être une opération peu facile. Il fallut donc avoir recours à des méthodes détournées. Nous ne décrirons pas ici le procédé aussi simple qu'admirable employé par Cavendish; il suffira d'en faire connaître le principe. Au moyen d'une balance de Coulomb, il détermina la force attractive d'une masse de plomb (on sait que la masse d'un corps est le produit de son volume par sa densité, et que tous les corps s'attirent en raison directe de leur masse et en raison inverse du carré des distances). Cette force attractive d'une masse de plomb fut comparée à la force attractive du globe dont le volume est connu; il déduisit de là, par un calcul très-simple, la masse du globe, et conséquemment sa densité moyenne. Cavendish trouve ainsi que notre planète a une densité de 5,48, ou que cette densité est environ cinq fois plus grande que celle de l'eau. Pour bien faire comprendre ce fait, voici ce que l'on peut dire: Supposons par la pensée que l'on mélange très-intimement tous les éléments de la terre sans aucune exception, et que l'on en fasse un tout bien homogène; or, si dans cette masse fictive on venait à prendre un volume de 1 litre et à le peser, on trouverait que le poids en serait de 5 kilogrammes environ, sachant d'ailleurs que le poids d'un litre d'eau est de 1 kilogramme. Quant aux déductions que l'on peut tirer de ces résultats, en voici une qui ne manque pas d'intérêt. Nous savons très-exactement quelle est la densité de toutes les substances connues. Ainsi, par exemple, en prenant pour unité la densité de l'eau pure, voici les densités de quelques corps:

Eau pure	1,00
Eau de mer	1,03
Granite, roches cristallines	2,75
Roches calcaires	2,70
Peroxyde de fer	5,00
Fer	7,20
Argent	10,47
Or	19,00
Platine	22,00

Nous venons de voir que la densité de notre planète est de 5,48. Ainsi donc les matières qui en composent principalement la surface, le calcaire, le granite et les autres roches cristallines, ne doivent plus s'y trouver de même à une certaine profondeur, car leur densité n'est pas supérieure à 2,75. Il faut donc que le centre de la terre soit occupé par des matières fort pesantes, pour qu'elle puisse présenter la densité moyenne de 5,48. Quant à dire quelles sont ces matières, nous ne le saurions.

Revenons maintenant à l'étude de la surface de ce monde que nous habitons. Prenons un globe terrestre et examinons-le. Nous sommes frappés tout d'abord de la grande étendue couverte par les eaux: le rapport de la surface occupée par les mers à la surface des continents est de 3 à 1. Cet Océan mérite donc un examen attentif.

De quoi est formée la mer? Elle est constituée en grande partie par de l'eau; elle renferme aussi des sels en certaines proportions. Voici les résultats d'une analyse récente. Il s'agit d'une eau de mer recueillie sur les côtes de la Méditerranée, et dont la densité est de 1,026.

Dans 1 litre de cette eau, on a trouvé:

Carbonate de chaux	0,118
Sulfate de chaux	1,392
Sulfate de magnésie	2,341
Chlorure de magnésium	3,202
Chlorure de potassium	0,518
Bromure et iodure de sodium	0,570
Chlorure de sodium	30,182
	38,323
Eau	987,477

Cette mer renferme des habitants, peut-être même en a-t-elle plus que la surface de la terre. Or, pour vivre, les animaux ont besoin de respirer; une atmosphère est pareillement nécessaire aux plantes. Comment alors, dans le sein de l'Océan, la vie est-elle possible pour une multitude d'animaux et de végétaux? C'est que l'Océan renferme une atmosphère analogue à celle que nous respirons. Dans 1 mètre cube d'eau de mer, il y a 21 litres de gaz, et 100 parties de ce gaz sont ainsi constituées:

Oxygène	32
Azote	48
Acide carbonique	19

L'atmosphère dans laquelle nous vivons a, comme on le sait, 21 pour 100 d'oxygène, 79 d'azote, et seulement quelques dix-millièmes d'acide carbonique: ainsi l'atmosphère de la mer est plus riche que la nôtre en oxygène et en acide carbonique.

On vient d'indiquer une analyse de l'eau de la mer; on y a vu la présence d'un certain nombre de sels. Mais ce ne sont pas les seules substances qui s'y rencontrent. Il y a, dit M. Boussingault, de tout dans les eaux de l'Océan; il suffit de chercher. Ainsi, M. Malagutti y a découvert de l'argent: dans 100 litres d'eau de mer, il a trouvé 1 milligramme d'argent.

La profondeur des mers est-elle en rapport avec l'immense surface qu'elles couvrent sur le globe? Laplace l'a calculée d'après deux hypothèses. Dans la première, il a trouvé que la profondeur moyenne de l'Océan est de 3500 mètres. En partant de la deuxième hypothèse, il est arrivé à 4500 mètres. Ceci ne dit nullement qu'il n'existe pas dans la mer des profondeurs bien plus considérables. Il y a des endroits où le fond n'a jamais été atteint : un marin anglais a donné en un certain point jusqu'à 14 000 mètres de sonde sans rien rencontrer.

Ordinairement, la surface des mers est calme; dans les tempêtes, les vagues apparaissent. L'agitation qu'éprouve la mer dans ces circonstances a été beaucoup exagérée. Dans une expédition faite il y a quelques mois pour étudier les bâtiments cuirassés, M. Dupuy de Lôme a pu mesurer la hauteur des vagues. Il a pris ces mesures pendant une tempête très-violente dans la mer de Biscaye, alors que le bâtiment était dans le sillon des vagues, il ne leur a pas trouvé plus de 10 mètres d'élévation.

Cette agitation de la mer pendant les tempêtes s'arrête complétement à l'intérieur; à 100 mètres de profondeur, les eaux ne sont plus en mouvement, et au fond de l'Océan il y a toujours une immobilité absolue. Les sondages nous en donnent la preuve; ils nous montrent que le fond de la mer est comme un vaste désert de sable : c'est une plaine immense, couverte de débris d'infusoires. En effet, c'est vers la surface de la mer que vivent les végétaux et les animaux qui l'habitent; dans ses profondeurs, il n'y a pas de lumière, d'où la vie y est impossible; mais, à mesure que ces êtres de la surface meurent, leurs débris tombent au fond de l'Océan.

Au-dessus des mers, apparaissent les continents, les îles, les montagnes; leur hauteur est peu considérable, relativement à l'étendue du globe. Ainsi, prenons dans les diverses parties du monde les cimes les plus élevées, nous avons ces résultats : le pic de Ténériffe, en Afrique, s'élève à 3700 mètres au-dessus du niveau de la mer; le mont Blanc, en Europe, atteint 4810 mètres d'altitude, et le pic de l'Himalaya, en Asie, le point le plus élevé du monde, 8548 mètres.

Humboldt a cherché quelle peut être la hauteur moyenne des continents, il a trouvé qu'elle est de 300 mètres. Ainsi, si l'on nivelait toutes les montagnes, si l'on donnait à toutes les parties de la terre qui sont émergées une hauteur uniforme, on aurait en tous ces points une altitude de 300 mètres au-dessus de l'Océan.

Si nous comparons le volume des terres qui se trouvent émergées au-dessus de la surface des mers avec leurs profondeurs, ou si nous supposions que tous les continents, jusqu'au niveau de la mer, vinssent à être rasés et jetés dans l'Océan, nous ne verrions plus rien alors à la surface du globe que l'immensité des eaux; tout serait liquide, si ce n'est aux pôles, où il y aurait des amas de glace. — J. de Lignières.

EMBRYOGÉNIE COMPARÉE.

COURS DE M. COSTE.

(Collége de France.)

(Voy. les nos 23, 25, 28, 30 et 33.)

VI.

Chute de l'œuf. — Rut et menstruation.

L'œuf, à mesure qu'il se développe, tend à se dégager du tissu de l'ovaire. Cependant il reste enfermé dans la vésicule de de Graaf et la remplit complétement jusqu'au moment de la déhiscence, qui coïncide avec la maturité de l'œuf. Celui-ci s'échappe alors de sa capsule en vertu d'un mécanisme qui diffère selon les espèces.

Pour s'en faire une idée exacte, il est nécessaire de rappeler en deux mots la composition de la vésicule de de Graaf. Nous avons déjà dit qu'elle est constituée par deux membranes : l'une, interne, fibreuse; l'autre, interne, muqueuse et vasculaire. Ces deux membranes sont reliées entre elles par un tissu cellulaire très-fin, entre les mailles duquel rampent les vaisseaux de la capsule. A la face interne de la membrane muqueuse se trouve la couche cellulaire dont nous avons déjà parlé. Cette couche offre, en un point de sa circonférence, un amas de cellules un peu plus condensées que dans le reste de sa masse. C'est au sein de ce cumulus celluleux, improprement appelé *disque proligère* par Baer, qu'est logé l'ovule. Il y occupe une position tout à fait semblable à celle de la vésicule germinative, par rapport à la cicatricule ou aux granules vitellins primitifs. On l'aperçoit très-distinctement au microscope, immédiatement au-dessous de la paroi capsulaire.

Chez les oiseaux, les reptiles, les poissons et les invertébrés, en général, le contenu de la vésicule de de Graaf est uniquement constitué par les deux éléments que nous venons de signaler. L'ovule, en grandissant, est toujours chez eux au contact des membranes de la vésicule ovarienne. Il refoule peu à peu ces membranes, à mesure qu'il se développe, finit par les briser sur un point déterminé d'avance, et s'échappe à travers l'ouverture que son volume et sa maturation provoquent, L'expansion capsulaire produite par le développement de l'œuf est quelquefois si considérable, que les vésicules sont flottantes à la surface de l'ovaire, et n'y tiennent plus que par un pédicule très-étroit. Chacune d'elles offre l'aspect d'un grain de raisin suspendu à la grappe dont il fait partie. C'est à travers ce pédicule que passent les vaisseaux qui vont se distribuer à la surface de la membrane muqueuse.

Sur le point de la circonférence capsulaire ordinairement opposé à l'insertion des vaisseaux, on aperçoit une zone blanchâtre très-apparente sur la vésicule des oiseaux et des lézards. C'est au centre de cette ligne blanche, point d'intersection des derniers ramuscules vasculaires, que se fait la déchirure. On dirait qu'il s'opère en cet endroit une sorte de mortification par arrêt de la circulation capillaire. La compression intérieure augmentant toujours par suite de la maturation de l'œuf, on conçoit, en effet, que les membranes puissent être amincies au point que la circulation y soit partiellement interrompue. Mais les observations de M. Coste n'ont pas complétement confirmé cette interprétation. L'existence de la ligne blanche tient surtout, selon lui, à une disposition particulière des vaisseaux qui, au lieu de s'anastomoser en ce point comme sur le reste de la surface capsulaire, semblent s'arrêter et se replier sur eux-mêmes pour livrer passage à l'œuf. Ce qui prouve que la compression excentrique de l'œuf est pour peu de chose dans la production de cette ligne, c'est que, dans certaines espèces (oiseaux et lézards), elle apparaît au début même du développement de la vésicule. M. Coste a constaté d'ailleurs que l'étendue de cette zone est toujours proportionnée à la grosseur de l'œuf qui doit la franchir.

Les choses vont se passer différemment chez la femme et chez les femelles de mammifères. Ici ce n'est plus l'œuf qui rompra sa capsule pour opérer lui-même sa délivrance. Sa petitesse lui interdirait un pareil effort. Il faudra qu'une force nouvelle, un liquide particulier intervienne pour opérer son expulsion. Le phénomène qui, chez les oiseaux, semble s'accomplir par le seul effort de l'œuf, se produira chez les mammifères à l'aide d'un élément qui semble en quelque sorte étranger à l'ovule.

Il se forme, en effet, dans la vésicule de de Graaf, au moment de la maturation de l'œuf, un liquide particulier qui, en augmentant de quantité, distend peu à peu ses parois et la fait saillir à la surface de l'ovaire, dont les tuniques sont elles-mêmes refoulées et amincies par le développement de la vésicule. La couche cellulaire suit le mouvement d'expansion provoqué par le liquide, et l'ovule enchâssé dans cette couche se trouve ainsi entraîné avec elle au point culminant de la vésicule, dans une position qui rend son expulsion inévitable. Les capsules restent ainsi stationnaires jusqu'au moment où une surexcitation spéciale, provoquée, soit par la maturité de l'œuf, soit par le rapprochement sexuel, vienne en déterminer la rupture. Alors le liquide, sécrété en très-grande abondance, ne peut plus contenir dans la mince enveloppe qui l'entoure. Il la brise et entraîne avec lui l'ovule, qui est saisi au passage par le pavillon de la trompe, et entraîné dans l'oviducte par une sorte d'aspiration analogue à l'ascension des liquides dans les tubes capillaires. Nous reviendrons sur ce mécanisme en parlant de la fécondation.

Il arrive quelquefois que l'ovule, au lieu d'être placé vers le point culminant de la vésicule de de Graaf, se trouve retenu, soit sur les côtés, soit même dans la partie la plus profonde. M. Pouchet a cru qu'il en était toujours ainsi chez la truie; mais M. Coste n'a jamais pu parvenir à vérifier cette assertion. Les nombreuses autopsies qu'il a faites l'ont au contraire parfaitement convaincu que chez la truie, comme chez les autres animaux, l'ovule occupe constamment le sommet de la vésicule, et fait saillie au-dessous de la tunique péritonéale. La disposition signalée par M. Pouchet se présente, il est vrai, dans certains cas. Mais ce sont des cas très-exceptionnels, tout à fait anormaux, dans lesquels il se produit ordinairement des grossesses ovariennes.

M. Pouchet n'admet pas non plus que la rupture de la vésicule soit due à l'expansion du liquide intérieur. Ce liquide serait au contraire résorbé, selon lui, au moment de la maturation de l'œuf. A cette résorption succéderait une hémorrhagie capillaire, dont le caillot, en s'accumulant dans la partie déclive de la capsule, amènerait l'ovule à la superficie, pour en provoquer plus tard l'expulsion définitive. Cette hémorrhagie, purement accidentelle, ne saurait être admise comme un phénomène physiologique. Ce qu'il y a de certain, c'est que l'ovule n'est pas expulsé brusquement de l'ovaire. Il commence par rompre l'enveloppe capsulaire; puis les tuniques propres de l'ovaire se brisent à leur tour pour lui livrer passage.

M. Coste a également constaté que chez les femelles qui pondent plusieurs œufs à la fois, la déhiscence ne se fait pas simultanément pour tous les œufs. Ainsi, chez les lapins, il y a déjà des œufs dans la trompe, pendant que d'autres sont sur le pavillon ou tiennent encore à l'ovaire par l'intermédiaire de la couche celluleuse.

Les cellules intravésiculaires présentent d'ailleurs chez ces animaux une particularité assez remarquable. Elles sont reliées les unes aux autres par des filaments celluleux très-déliés, auxquels M. Barry a donné le nom de *rétinacle*. Ils serviraient, selon lui, à maintenir l'ovule dans sa position fixe, tandis que pour d'autres physiologistes, ils seraient destinés à favoriser sa sortie, en l'entraînant à leur suite. Il est probable que toutes ces interprétations sont sans fondement. Car, si ces filaments avaient une aussi grande importance physiologique, on ne voit pas pourquoi les autres animaux en seraient dépourvus. Il n'est d'ailleurs pas besoin de cette intervention pour concevoir le phénomène de l'ovulation. Cette disposition, reconnue par M. Coste chez la plupart des rongeurs, tient sans doute à un phénomène purement mécanique. C'est le liquide visqueux de la vésicule qui se creuse ainsi des lacunes à travers les cellules, et les amincit au point de les transformer en véritables fibres analogues à celles des végétaux.

Après avoir décrit le mécanisme de la déhiscence, il nous reste à en déterminer la cause efficiente. Chez les oiseaux et les ovipares, en général, il est bien évident que ce phénomène est tout à fait spontané et se fait en dehors de l'excitation provoquée par le mâle. Ce fait est encore plus évident, s'il est possible, chez les animaux dont les œufs ne sont jamais fécondés qu'après leur expulsion au dehors. On sait, en effet, que chez les batraciens anoures, le mâle, cramponné à la femelle, arrose les œufs de sa semence à mesure que celle-ci les pond.

Chez les poissons osseux, la femelle pond ses œufs, et elle est souvent absente quand le mâle les féconde. Le phénomène de l'ovulation spontanée n'est donc pas douteux chez ces animaux. Mais l'observation était moins facile à l'égard des femelles de mammifères. Avant la découverte de de Graaf, il était tout naturel qu'on ne pût expliquer un fait encore inconnu dans son essence. Aussi croyait-on que le fluide séminal introduit dans les organes génitaux de la femme avait seul le pouvoir d'y déterminer la sécrétion spéciale qui doit donner naissance au germe. Mais, plus tard, quand Baer eut démontré que la femme et les femelles de mammifères ont, non-seulement des œufs, mais que ces œufs préexistent dans l'ovaire à l'acte de conception ; quand, de son côté, Carus eut démontré leur existence dans l'ovaire des jeunes filles avant la puberté, il fallut bien trouver une autre explication. C'est alors qu'on songea à assimiler le rut et la menstruation à la ponte spontanée des ovipares.

Déjà, en 1837, M. Coste écrivait les lignes suivantes, qui ouvrirent une voie nouvelle aux recherches des physiologistes : « A l'époque du rut, dit M. Coste (*Embryogénie comparée*, Paris, 1837, p. 454 et 455), les vésicules de de Graaf, celles du moins qui sont arrivées à maturité, distendues par le liquide au sein duquel l'œuf se trouve suspendu, se déchirent en nombre fort variable. Mais, à quelle époque les œufs sont-ils parvenus dans la matrice? Ce passage ne saurait avoir lieu à une époque rigoureusement déterminée pour toutes les femelles. On reconnaît, en effet, à l'existence des corps jaunes dans les ovaires des femelles vierges, que *la déchirure des vésicules de de Graaf se produit indépendamment de l'acte copulateur*. Il s'ensuit que dans les cas où l'accouplement a lieu lors de leur maturité complète, elles laissent échapper l'œuf au moment même, ou à une époque plus ou moins éloignée, suivant qu'elles se rompent plus ou moins tardivement. On peut concevoir aussi que si l'accouplement ne s'opère qu'à une époque postérieure à celle qui est marquée pour leur maturité normale, les œufs parvenus dans l'utérus ou en voie d'y arriver, reçoivent l'influence du mâle, ou dans celui-ci, ou pendant qu'ils parcourent le canal vecteur. »

On voit, par cette citation, que déjà, à cette époque, M. Coste avait affirmé la chute spontanée de l'œuf chez les mammifères. J'aurais pu m'arrêter aux mots soulignés qui expriment son opinion sur le sujet actuellement en litige, mais j'ai voulu aller jusqu'au bout pour constater un des avantages de la méthode expérimentale dans les sciences physiologiques. Comme on peut le voir par la dernière phrase, M. Coste pensait alors, en raisonnant par induction, que la fécondation pouvait avoir lieu indifféremment dans l'ovaire, dans la trompe ou dans la matrice elle-même. Des expériences nouvelles, activement poursuivies depuis cette époque, l'ont conduit à modifier ses opinions à cet égard. Nous reviendrons plus tard sur ces expériences, qui semblent établir d'une manière définitive que la fécondation n'a jamais lieu que dans l'ovaire ou dans un point très-rapproché de cet organe.

Quant au phénomène de l'ovulation spontanée, il a été mis hors de doute par les expériences de M. Coste d'abord, et plus tard par celles de MM. Pouchet, Raciborski et Bischoff. La production des corps jaunes sur l'ovaire, en dehors des approches du mâle, ne saurait laisser aucun doute à cet egard. Est-ce à dire pour cela que l'influence du mâle et l'excitation génésiaque soient complétement étrangères à cet acte physiologique? Non, sans doute. Les expériences de M. Coste prouvent, au contraire, que la présence du mâle et la copulation peuvent provoquer ou tout au moins accélérer la rupture de la vésicule de de Graaf. « L'expérience m'a appris, dit M. Coste (*Hist. gén. du développement des êtres organisés*, page 183), que si le rapprochement des sexes n'est pas la cause essentielle du phénomène, il a au moins le pouvoir d'en précipiter la réalisation, et souvent même d'empêcher qu'il n'avorte. J'ai vu, en effet, que sur des lapines tuées dix ou quinze heures après le coït, les œufs avaient ordinairement quitté les ovaires, tandis qu'ils y étaient encore renfermés sur celles qu'on avait eu soin de soustraire au mâle au moment même où elles allaient en subir l'influence. Il y a donc entre une femelle fécondée et celle dont on a empêché l'accouplement cette différence que, dans l'une, la rupture des capsules ovariennes est prompte, et que, dans l'autre, elle est tardive, ou même, dans certains cas, ne se réalise point. » (Voyez, à ce sujet, les expériences décrites par M. Coste dans son grand ouvrage, pages 184 et suivantes.) Du reste, cette influence du coït et du fluide séminal sur la ponte des mammifères s'accorde très-bien avec le mécanisme de la déhiscence chez ces animaux. Chez les oiseaux, dont l'œuf opère lui-même sa délivrance par son propre développement, il n'est pas étonnant que l'influence du mâle soit à peu près inutile pour provoquer la ponte. Mais chez les mammifères et chez la femme, où le phénomène résulte d'une fluxion spéciale dans l'intérieur des follicules de de Graaf, il est tout naturel que le coït et le sperme, agissant comme stimulants, accélèrent ou provoquent cette fluxion, lorsqu'elle se fait attendre.

Nous avons déjà dit que les vésicules de de Graaf existent chez les femelles longtemps avant la fécondation. Elles se forment, en effet, d'assez bonne heure pour qu'on ait pu en découvrir dans les ovaires du fœtus à terme. Mais depuis cette époque jusqu'à la puberté, elles ne manifestent aucune propriété spéciale. Ce sont des germes latents qui attendent le moment favorable pour manifester leur vitalité. Dès que ce moment arrive, elles acquièrent un développement très-rapide. C'est alors que se produit pour la première fois le phénomène de l'ovulation spontanée. Le travail qui s'accomplit dans l'ovaire au moment de la puberté retentit profondément sur tout le reste de l'organisme. Les oviductes et l'utérus, siége d'une excitation spéciale, se gonflent et subissent des modifications particulières, destinées à préparer un milieu favorable au développement de l'œuf. Les animaux qui se trouvent dans ces conditions entrent, comme on dit, *en rut* ou *en amour*.

Ce phénomène a toujours lieu à des intervalles réguliers, mais plus ou moins rapprochés, selon les espèces. Chez les animaux qui vivent à l'état sauvage, il se produit moins fréquemment que chez la femme et les animaux domestiques, et il coïncide habituellement avec le retour des saisons. Il se manifeste chez la poule par une coloration plus intense de la crête, chez les mammifères, en général, par une tuméfaction et une injection variqueuse de l'appareil vasculaire de la vulve. Ce gonflement, qui acquiert des proportions presque monstrueuse chez certains singes (*Macacus libidinosus*), est accompagné chez la chienne d'une sécrétion muqueuse très-odorante qui attire les mâles. Cette sécrétion s'observe d'ailleurs à des degrés divers chez tous les mammifères. Beaucoup moins marquée chez les femelles de singe et chez la femme, elle est remplacée par un écoulement sanguin plus ou moins abondant, qui constitue le phénomène connu sous le nom de *menstruation*. Le rut n'est donc, comme on le voit, que la manifestation intérieure de l'ovulation, et c'est seulement à cette époque que la déhiscence s'opère. Cela est si vrai, que, en tout autre temps, les femelles refusent obstinément de subir les approches du mâle; comme si leur instinct les avertissait de l'inutilité d'un accouplement nécessairement stérile.

En est-il de même chez la femme? En d'autres termes, la menstruation peut-elle être de tout point assimilée au rut des autres mammifères? La question semble oiseuse au premier abord; et l'on pourrait la considérer comme résolue à priori par l'analogie fonctionnelle et par l'expérience de chaque jour. De tout temps, en effet, on a reconnu que les jeunes filles ne deviennent nubiles et fécondes qu'à dater du jour de leur première menstruation. Hippocrate lui-même, malgré ses idées erronées sur la nature de l'écoulement menstruel, ne l'en considérait pas moins comme la condition la plus favorable à la fécondation. Aussi recommandait-il aux femmes qui désiraient avoir des enfants de choisir l'époque menstruelle pour cohabiter avec leurs maris. Galien était du même avis. Quant à Aristote, il se sert indistinctement du mot *menstrue*, pour désigner le flux cataménial de la femme et l'écoulement périodique qui suinte par la vulve des mammifères en chaleur. Plus tard, Boerhaave s'exprime à cet égard d'une façon tout aussi positive : « *Feminæ semper concipiunt post ultima menstrua et vix ullo alio tempore.* » La chose est si connue des femmes, dit Haller, que celles qui craignent de faire des enfants redoutent, à ce moment, d'avoir des relations avec les hommes. « *Res est verissima; etiam mulierculis nota, quæ ea perioda coire mare metuunt, quoties non est e re earum concipere* (1). » L'opinion des accoucheurs n'est pas moins explicite. Pour Lecat, la menstruation n'est autre chose qu'une *phlogose voluptueuse*. Pour Dugès, elle résulte d'une excitation générale, qui a pour point de départ un travail particulier de l'ovaire. Quant au phénomène en lui-même, il le considère comme l'analogue du rut chez les animaux.

Mais personne n'avait encore songé à examiner *de visu* la nature du travail qui s'accomplit dans l'ovaire au moment de la menstruation. C'est à M. Négrier que revient l'honneur d'avoir le premier posé nettement le problème. Dans son Mémoire lu à la Société de médecine d'Angers, le 7 novembre 1831, il prouva, par des faits constatés sur le cadavre, que la menstruation coïncide avec la rupture d'une ou plusieurs vésicules de de Graaf. La théorie de l'ovulation spontanée, affirmée quatre ans auparavant par M. Coste, venait de porter ses fruits. M. Pouchet a consacré depuis de longs et remarquables travaux au développement des idées émises par M. Négrier. Pour lui, la menstruation revenant périodiquement comme le rut, cette hémorrhagie physiologique ayant lieu d'ailleurs chez les singes, on ne saurait douter de l'identité du phénomène dans toutes les espèces. Or, dit M. Pouchet, l'expérience ayant prouvé que l'époque du rut est la seule pendant laquelle les femelles de mammifères puissent être fécondées, il doit en être de même chez la femme. La menstruation est donc, comme le rut, le signe extérieur de la déhiscence; et tout rapprochement sexuel en dehors de cette période doit rester nécessairement stérile.

Mais ces conclusions, si nettes en apparence, le devinrent beaucoup moins lorsque M. Pouchet voulut les faire servir à déterminer le moment précis de la fécondation. N'ayant point fait d'observations sur le cadavre, il fut obligé de s'en tenir à des suppositions qui auraient ruiné une théorie moins solidement établie. « La vésicule de de Graaf se développe, dit-il, pendant le cours de l'époque menstruelle. Puis, soit immédiatement après la cessation du flux cataménial, soit seulement lorsqu'il s'est écoulé deux ou trois jours après sa terminaison, cette vésicule s'ouvre et laisse échapper l'ovule. L'œuf est alors saisi par le pavillon, et il entre dans la trompe, qu'il franchit habituellement en deux ou six jours. Arrivé dans la matrice, il y est encore retenu de deux à six jours par la *decidua* (nous nous expliquerons tout à l'heure sur le sens donné à ce mot par M. Pouchet), exsudée à la surface de la muqueuse. Enfin, si l'œuf n'est pas imprégné de sperme, il ne se fixe point à l'utérus, et tombe avec la *decidua* du douzième au quatorzième jour, à compter de la cessation des menstrues. Mais tout rapprochement sexuel opéré après la chute simultanée de la *decidua* et de l'œuf, et durant tout le temps qui sépare cette chute de l'époque menstruelle, est absolument in-

(1) Toutes ces citations sont prises dans le grand ouvrage de M. Coste. Nous y renvoyons le lecteur.

fécond. » (Pouchet, *Théorie positive de l'ovulation spontanée*, pages 274, 275 et 467). Il suit de là que les femmes pourraient concevoir pendant vingt-quatre jours chaque mois, et qu'il y en aurait six seulement durant lesquels la fécondation ne pourrait avoir lieu. Si, d'autre part, on en croit M. Raciborski, qui prétend avoir vu des femmes devenir enceintes immédiatement avant l'invasion des règles, il n'y a plus d'assimilation possible entre le rut et la menstruation, puisque la femme peut être indifféremment fécondée à toutes les époques du mois. C'est ainsi que ces deux observateurs sont arrivés en dernière analyse à renverser leurs propres assertions par des déductions inexactes.

Il est vrai que, pour restreindre à quinze jours après la fécondation la possibilité de la conception, M. Pouchet suppose la formation d'une membrane caduque secrétée par la muqueuse utérine. Cette membrane serait destinée à maintenir l'œuf fécondé dans la matrice. Elle se détacherait, au contraire, en entraînant l'œuf avec elle, quand celui-ci n'aurait point été mis en contact avec le sperme. De sorte que si l'œuf n'a pas été fécondé avant la chute de la membrane caduque ou *decidua*, tout rapprochement sexuel restera stérile jusqu'à ce qu'une nouvelle ponte et une nouvelle menstruation viennent rétablir les choses dans leur état. Mais, en réalité, la membrane caduque n'existe pas, au moins telle que l'a décrite M. Pouchet. Il résulte d'ailleurs des expériences de M. Coste sur les cadavres de jeunes femmes suicidées, observées à la morgue de Paris, que l'œuf détaché de l'ovaire pendant la menstruation ou à la fin de cette période, a déjà perdu toute aptitude à la fécondation très-peu de jours après sa chute. « Or, de deux choses l'une, ou bien chez la femme la déhiscence ne peut avoir lieu qu'au temps des règles, et alors il n'y a de conception possible qu'à cette époque ou très-peu de jours après ; ou bien la rupture des capsules ovariennes peut se faire dans la période intermenstruelle, et alors la possibilité de la conception n'aurait pas la menstruation pour limite. » C'est le premier cas qui se produit le plus ordinairement, mais il peut très-bien se faire que le second se réalise, et c'est en effet ce qui arrive quelquefois. Mais cela ne contredit nullement l'idée de l'assimilation du rut et de la menstruation. Il en résulte simplement que chez la femme, l'excitation spéciale qui produit la rupture de la vésicule de de Graaf, et, par suite, la menstruation, peut être provoquée par des causes particulières auxquelles les animaux peuvent moins facilement se soumettre. Nous allons tout à l'heure, en étudiant le flux menstruel et les modifications subies par la matrice durant cette période, insister sur ces causes et donner les raisons de ces différences. — F. Taule.

ZOOLOGIE (REPTILES, BATRACIENS ET POISSONS.)

COURS DE M. A. DUMÉRIL.

(Muséum d'histoire naturelle.)

(Voy. les nos 2, 3, 6, 9 et 13.)

IV.

Les Ophidiens. (Suite.)

Messieurs,

Nous avons, dans notre dernière séance, examiné le sous-ordre des opotérodontes, indiqué sommairement les caractères généraux des aglyphodontes; aujourd'hui, nous allons continuer l'étude de ce sous-ordre, en rappelant en quelques mots ce que nous avons dit sur les deux premières familles.

Les *aglyphodontes* sont des serpents dont les dents sont toutes lisses, sans aucun sillon, n'ayant par conséquent nul appareil propre à contenir et à inoculer du venin.

Les aglyphodontes comprennent un grand nombre de familles, offrant toutes dans leur conformation des différences assez notables, et, suivant l'expression de M. Schlegel, ayant chacune une physionomie différente. On pourrait, en effet, à l'aide des caractères tirés de la physionomie, séparer un certain nombre de familles ; mais ces caractères, assez faciles à saisir du reste, ne me paraissent pas suffisants, et l'on court risque, en en faisant un usage exclusif, de confondre souvent entre eux des serpents qui doivent être séparés. C'est par ce motif que mon père et Bibron se sont surtout attachés à l'étude du système dentaire, dont les différences sont suffisantes pour établir la distinction des familles, et ce mode de classification nous servira surtout dans l'examen rapide que nous devons faire des ophidiens.

Nous avons donc déjà mentionné, comme première famille des aglyphodontes, celle des *holodontiens*, qui ont le système dentaire aussi complet que possible : ainsi, dents maxillaires, dents sous-maxillaires, dents palatines et ptérygoïdiennes, dents intermaxillaires. Ces dernières manquent à beaucoup de serpents; c'est donc un excellent caractère pour distinguer cette famille, qui, outre les pythons, contient les tortricides, ou rouleaux.

La deuxième famille est celle des *aprotérodontiens*, caractérisée par l'absence de dents intermaxillaires, mais cette famille se rapproche éminemment, par les caractères extérieurs, de celle que nous venons d'étudier. Non-seulement elle comprend, de même que la première, des serpents arboricoles comme les pythons, les boas, mais il y a aussi des serpents qui ne grimpent point sur les arbres, et dont la forme est cylindrique comme celle des rouleaux : ce sont les éryx. Outre l'absence de dents intermaxillaires, un autre caractère sert à distinguer cette famille, c'est que la tête est recouverte, non de plaques, mais d'écailles semblables à celles qui garnissent les autres parties du corps.

La troisième famille, celle des *acrochordes*, est très-caractérisée, et, pour elle, l'examen du système dentaire n'est pas essentiellement nécessaire. Son organisation est toute spéciale : ce ne sont plus des écailles imbriquées, disposées avec régularité, formant des lignes obliques; ce sont au contraire des tubercules placés les uns à côté des autres. Cette famille est très-restreinte; outre le genre *acrochorde*, elle en renferme un autre très-curieux qui manque au Muséum de Paris, et dont on trouve un spécimen dans celui de Berlin : les tubercules dont nous venons de parler forment de véritables carènes saillantes sur les deux côtés du corps. Il a reçu un nom destiné à rappeler cette étrange disposition : c'est le genre *xénoderme*. Ces serpents sont aquatiques, et le genre *chersydre* a le corps et la queue comprimés. Leur viviparité est bien constatée.

Vient ensuite la famille des *calamériens*, du mot *calamus*, dénomination destinée à rappeler la forme de ces serpents, qui sont toujours d'une très-petite taille. La famille est excessivement nombreuse en espèces et en genres. Il est à peine nécessaire de s'arrêter sur l'appareil dentaire; les dents sont presque semblables entre elles, et la bouche est excessivement petite. Ces ophidiens vivent dans les lieux cachés, sous terre, et ne peuvent se nourrir que d'animaux peu volumineux, de lombrics.

Après la famille des calamariens, je dois vous dire quelques mots d'une autre petite famille, très-intéressante, qui, au premier abord, semble avoir de nombreux points de ressemblance avec la précédente, et a été confondue souvent avec elle : c'est la famille des *uropeltides* ou *upérolissiens*. Elle présente comme caractères : une rangée de dents maxillaires et pas de dents palatines ni ptérygoïdiennes; son autre caractère distinctif est dans la forme de la queue, qui, au lieu d'être effilée plus ou moins, comme chez les autres serpents, semble tronquée, et l'extrémité postérieure du corps se trouve terminée par une grande écaille de forme particulière, tantôt pointue, tantôt plate, ou bien en forme de dé à coudre.

Ces serpents sont tous de Ceylan ou des îles Philippines, et sont très-rares dans les collections.

Vient ensuite une autre famille, qui ne compte que deux espèces : la famille des *plagiodontiens*, qui ont les dents de travers, c'est-à-dire obliquement dirigées en dedans. Chez tous les autres serpents les dents sont dirigées de haut en bas et un peu d'avant en arrière; c'est un caractère général : eh bien, chez ces deux espèces de serpents dont nous parlons, et qui sont toutes deux de l'Inde, les dents ne sont pas situées de la même façon, et, au lieu d'avoir leur pointe dirigée en bas, elle se porte en dedans, de sorte qu'elles semblent converger les unes vers les autres.

Après les plagiodontiens, vient la famille des *coryphodontiens*. Ce sont des serpents, soit de l'Amérique du Sud, soit de l'Inde, et dont les dents n'ont pas la même dimension à l'extrémité antérieure de la mâchoire et à l'extrémité postérieure; elles suivent une progression particulière.

Chez les autres serpents, elles vont en décroissant de longueur à partir de la deuxième dent; chez les coryphodontiens, les premières sont les plus courtes et les dernières les plus longues. Ces espèces vivent sur les arbres, et offrent cette singularité, qui doit d'autant plus être remarquée qu'elle est très-rare, c'est que, lorsque l'animal est irrité, son corps prend beaucoup plus de dimension en hauteur qu'en largeur, c'est-à-dire que son dos forme une sorte de carène. Nous avons eu occasion d'observer ce changement de forme à la Ménagerie. Chez les najas, il y a augmentation du diamètre transversal. Les coryphodontiens forment un seul genre, et un petit nombre d'espèces.

Après les coryphodontiens, vient une famille nombreuse renfermant beaucoup d'espèces, et dans laquelle on peut reconnaître, d'après des caractères autres que ceux tirés du système dentaire, différents groupes. C'est la famille des *isodontiens*. Au lieu d'avoir les dents dans une proportion décroissante comme les holodontiens, ou croissante comme les coryphodontiens, ces serpents ont toutes les dents maxillaires de la même longueur, à l'exception de la première; les postérieures sont égales en longueur aux antérieures. Tel est le caractère général qui se trouve chez beaucoup de couleuvres, et qui sert très-bien pour distinguer la famille; mais quand on doit délimiter les groupes dont elle se compose, il faut prendre des caractères différents. Ainsi, il y a des espèces absolument arboricoles : genre *dendrophis*. Ce genre présente, comme caractère distinctif de sa conformation, une queue terminée en un filet extrêmement mince; c'est véritablement une espèce de long fouet. De plus, la rangée d'écailles du milieu du dos est beaucoup plus large que toutes les autres; elle forme une ligne médiane très-marquée. Dans le genre *spilote*, la tête est courte et ramassée. Citons aussi le *rhinechis*, serpent fouisseur, qui offre une prolongation particulière du museau; le *rhinechis* se trouve surtout dans les environs de Montpellier. Il y a encore le genre *elaphis*, auquel appartient la couleuvre d'Esculape, qui a derrière la tête un petit collier jaunâtre; elle est verte, plus ou moins piquetée de blanc sur le bord des écailles. Elle vit dans le centre de la France et dans toute l'Europe méridionale.

Après la famille des isodontiens vient une petite famille qui offre, dans son système dentaire, un caractère tout à fait singulier. Jusqu'ici, dans les espèces dont nous nous sommes occupés, les dents n'avaient pas toutes la même longueur, mais cependant offraient entre elles une certaine régularité; au contraire, dans la famille des *lycodontiens*, nous trouvons des dents antérieures en forme de crocs et comparées à des dents de loup, derrière lesquelles se voit un espace sans dents. Certaines espèces ont les crocs peu développés, et les intervalles très-peu marqués, mais ils existent néanmoins. Le nom de *lycodontiens* leur convient donc parfaitement. C'est là une famille caractérisée par l'irrégularité du système dentaire.

Viennent ensuite deux autres familles offrant des caractères que nous n'avons pas encore pu observer. D'abord les *syncrantériens*, dont les deux dents postérieures de chaque côté sont les plus longues, mais forment série continue avec celles qui les précèdent; et ensuite les *diacrantériens*, dont les deux dents postérieures sont aussi les plus longues, mais sont séparées des autres par un petit intervalle. Ces deux noms sont tirés du mot grec κραντῆρες, qui veut dire les dents molaires (dents qui sont à la place des molaires), combiné avec les mots διά et σύν. Voici donc des caractères qui servent parfaitement à distinguer ces deux familles. Celle des diacrantériens, par la disposition de ses dents postérieures, forme une sorte de transition qui nous mène à la classe des serpents venimeux à dents postérieures sillonnées, permettant l'écoulement du produit des glandes venimeuses. Mais chez les aglyphodontes dont il s'agit en ce moment, les dents n'ont pas de sillon comme celles des opisthoglyphes.

La famille des *syncrantériens* renferme un certain nombre de genres. Les uns sont arboricoles, comme les *leptophides*, et ont, par conséquent, le corps mince et effilé; d'autres sont, pour ainsi dire, aquatiques, ou du moins destinés à vivre généralement au bord de l'eau, et même à aller dans l'eau pour y chercher leur proie: tels sont les *tropidonotes*. Ce n'est pas à dire pour cela que ces serpents vivent dans l'eau; ce sont seulement des serpents nageurs. La couleuvre à collier, si connue dans notre pays, appartient à ce dernier genre; elle est très-douce, mais elle répand, quand elle est irritée, une odeur qu'il est difficile de faire passer. Mentionnons encore la couleuvre vipérine, espèce presque aussi commune et très-remarquable par la ressemblance de sa livrée avec celle de la vipère. Les tropidonotes sont représentés en Europe, en Asie, en Afrique, par des espèces qui ont entre elles de grandes analogies, ainsi que dans l'Amérique du Nord, où ils sont plus nombreux qu'en France. Après ce genre tropidonote, où les écailles sont carénées, en vient un autre, qui offre une conformation peu différente, mais où les écailles sont lisses; ils ne sont ni arboricoles, ni aquatiques; ils vivent généralement dans les lieux secs, et vont rarement à l'eau: c'est le genre *coronelle*.

Passons maintenant à la famille des *diacrantériens*. Elle est caractérisée par la présence, de chaque côté, de deux dents plus longues que les autres, placées à l'extrémité postérieure de la mâchoire, et séparées de celles qui les précèdent par un intervalle. Ces diacrantériens forment un certain nombre de genres; je ne veux en indiquer que quelques-uns. Parlons d'abord d'une espèce assez commune dans notre pays, c'est la couleuvre verte et jaune, du genre *zamenis*, qui se rencontre dans la Vendée et le centre de la France. Ce n'est pas précisément un serpent arboricole, quoiqu'il en présente la forme; cette couleuvre n'est dangereuse que par la rapidité avec laquelle elle s'élance pour mordre, mais sa morsure ne présente aucune gravité, puisqu'il n'y a pas de glandes venimeuses. Dans la Ménagerie, on la nourrit avec des oiseaux. Citons un autre genre : celui des *hétérodontes*, remarquable par la forme singulière du museau, qui a l'apparence d'un boutoir.

Nous ne pouvons nous arrêter sur tous ces genres; il nous suffit de vous indiquer les plus remarquables, pour vous donner une idée générale de ces ophidiens. Nous avons donc passé rapidement en revue tout le groupe des aglyphodontes.

Nous allons maintenant étudier les serpents venimeux, et tout d'abord les *opisthoglyphes*. Mais avant, je veux faire une observation sur la dénomination que l'on a employée, et sur le mode de terminaison des mots qui servent à distinguer les serpents venimeux et non venimeux. La terminaison *glyphe* indique la présence d'un sillon, et la terminaison *odonte* appartient aux noms des sous-ordres où manque ce sillon. C'est donc une sorte de moyen mnémonique servant à rappeler si un serpent est ou n'est pas venimeux.

Les opisthoglyphes sont des serpents qui ont le plus grand rapport avec ceux que nous venons d'étudier; longtemps ils ont été confondus avec les couleuvres, mais ce sont des couleuvres dangereuses, qui, par conséquent, offrent quelque chose de trompeur, et dont il faut se défier. Rien n'indique dans leur aspect extérieur qu'ils soient dangereux.

En arrière, sont deux ou trois dents plus longues, creusées sur leur face antérieure d'un sillon, et au-dessus desquelles est placée la glande venimeuse, entourée d'une capsule fibreuse capable de la comprimer pour en faire sortir le venin, qui alors s'écoule par le sillon. Cette glande est tout à fait en arrière, et n'a aucun rapport avec les dents antérieures, tandis que nous verrons une disposition contraire chez les protéroglyphes et les solénoglyphes; je n'insiste pas sur cette disposition, nous en parlerons plus longuement en étudiant ces deux dernières familles.

Les opisthoglyphes sont, nous le disions tout à l'heure, des couleuvres à dents sillonnées en arrière, et la disposition de ces dents permet d'établir plusieurs familles comprenant un certain nombre de genres et d'espèces sur lesquels je ne pourrai pas m'arrêter longtemps. Prenons dans ce groupe la famille la plus arboricole, la plus singulière par sa conformation, celle des *oxycéphaliens*. Nous remarquons comme signe caractéristique, que l'extrémité antérieure de la tête est toujours effilée et même quelquefois munie d'un appendice pointu, un peu mou, posé comme une sorte de corne sur le bout du museau : tels sont les *langaha*, originaires de Madagascar.

Après les oxycéphales, vient la famille des *anisodontiens*, caractérisés surtout par une grande inégalité dans la longueur des dents. Les familles suivantes offrent beaucoup de difficultés pour leur division, les caractères qui les distinguent étant peu faciles à saisir. Aussi était-ce la plus grande difficulté que mon père et Bibron aient eu à surmonter dans leur *Erpétologie générale;* ils sont cependant arrivés à des résultats qui ont été confirmés depuis par les recherches ultérieures. Je veux mentionner encore la famille des *sténocéphaliens*, remarquable par la forme ramassée de la tête. Citons aussi l'*erpéton*, dont la conformation est tout à fait spéciale, en ce que sur l'extrémité antérieure de la tête se trouvent deux prolongements recouverts d'écailles imbriquées, qui forment comme deux cornes; nous avons vu que le *langaha* a aussi un prolongement sur la tête, mais il en a un seul, qui est médian. Nous possédons au Muséum un de ces erpétons, depuis soixante-dix ans; longtemps unique, car cette espèce ne se trouvait dans aucun autre musée, et l'on ignorait de quel pays il était originaire; enfin on apprit qu'il vit dans le royaume de Siam, et maintenant les musées de Paris, de Londres, de Turin et de Milan en possèdent plusieurs. Je crois qu'il est inutile de vous donner de plus amples détails sur ce premier groupe des serpents venimeux; dans la prochaine leçon, nous aurons à nous occuper des serpents venimeux proprement dits, c'est-à-dire des *protéroglyphes* et des *solénoglyphes*.

Oscar Muller.

PALÉONTOLOGIE.

COURS DE M. A. D'ARCHIAC.

(MUSÉUM D'HISTOIRE NATURELLE.)

(Voy. les nos 1, 2, 10, 12, 14, 16, 18, 20, 22, 24, 27, 29, 31, 33 et 36.)

XIV.

Faune quaternaire de l'Amérique du Nord. (Suite.)

DEUXIÈME SECTION.

DÉPOTS MARINS ET LACUSTRES DES ÉTATS-UNIS DU NORD.

M. Bayfield signala, un des premiers, des argiles, des sables et des graviers stratifiés, horizontaux, d'une épaisseur totale de 60 à 90 mètres, dans les vallées de la rive gauche du Saint-Laurent, et qui séparent les montagnes granitiques vers son embouchure. L'argile est au contact de la roche ancienne, et le gravier au-dessus. On y trouve des coquilles dont les analogues vivent encore sur la côte voisine.

A Beauport, situé sur la rive gauche, à trois milles au-dessous de Québec, les couches siluriennes sont recouvertes à 164 mètres d'altitude ou à 158 mètres au-dessus du fleuve (93 mètres au-dessus du lac Ontario), par une couche d'argile sableuse, remplie de *Saxicava rugosa*. Sur la pente de la colline, elle est surmontée d'un dépôt de gravier et de blocs, et elle repose alors sur une série de sable, de gravier avec blocs et d'argiles schisteuses, qui se continuent jusqu'au fond de la vallée, excavée dans le terrain de transition. Sir Ch. Lyell, qui a donné une bonne coupe de cette localité, y signale vingt-trois espèces de fossiles (*Tritonium anglicanum*, *T. fornicatum*, *Trichotropis borealis*, *Natica clausa*, *Velutina*, *Scalaria grœnlandica*, *S. borealis*, *Littorina palliata*, *Mya truncata*, *M. arenaria*, *Saxicava rugosa*, *Tellina grœnlandica*, *T. calcarea*, *Astarte laurentiana*, *Cardium grœnlandicum*, *C. islandicum*, *Nucula* (espèce trouvée aussi dans le Saint-Laurent), *Mytilus edulis*, *Pecten islandicus*, *Terebratula psittacea*, *Balanus miser*, *B. Uddevallensis*, *Echinus granulatus*), dont les analogues vivent aujourd'hui dans les mers du Nord, ce qui fait penser que le climat, à cette latitude, était, comme celui des côtes de Norvége, dans les dépôts desquelles nous les avons mentionnées, plus froid que de nos jours. En amont des chutes de Montmorency, près du pont, un lit de gravier, de sable, avec des blocs de syénite, et reposant sur le calcaire silurien, renferme aussi la *Saxicava rugosa*, et la *Tellina grœnlandica*. Cette faune marine de Beaufort et des autres dépôts contemporains de ce pays se rapproche aussi plus de celle des régions arctiques actuelles que de celle du Canada, et il y avait plus d'analogie entre les coquilles qui vivaient dans cette dernière région et sur le littoral de la Scandinavie, ou de part et d'autre de l'Atlantique, qu'on ne l'observe actuellement.

Sur le pourtour du lac Champlain, comme dans le bassin de la rivière Hudson, les dépôts de cet âge avec ou sans fossiles sont très-répandus. Ainsi, dans le premier de ces bassins, ils ne sont pas continus à la vérité, mais occupent çà et là des surfaces de 2 à 4 milles d'étendue. Plus développés du côté de Vermont, on les suit des bords du lac au pied des montagnes Vertes, jusqu'à 61 mètres d'élévation au-dessus de son niveau actuel. D'après M. Ed. Emmons, la mer qui les a déposés occupait non-seulement tout l'emplacement du lac, mais encore la vallée de l'Hudson, de sorte qu'un long bras de mer existait depuis le golfe Saint-Laurent jusqu'à New-York. Le niveau du lac Champlain étant à 27^{m},96 au-dessus de la mer, un soulèvement du continent d'au moins 89 mètres aurait isolé le lac de la vallée d'Hudson. Sa profondeur est d'ailleurs de 182^{m},82, et par conséquent de 154^{m},86 au-dessous du niveau de l'Atlantique. Toutes les coquilles trouvées dans ces dépôts sont des espèces vivantes.

Sur les bords est et ouest de la même dépression, à Fort-Kent et à Burlington, dit M. Lyell, s'observent des coquilles marines dans des dépôts semblables à ceux de Québec. En l'absence du grand dépôt erratique ou *drift* du Nord, ils recouvrent immédiatement les roches polies et sillonnées, absolument comme nous l'avons vu pour les argiles coquillières de la Scandinavie et de l'Écosse.

La plupart des coquilles identiques avec celles d'Uddevalla, sur la côte du Cattégat, viennent confirmer encore la probabilité d'une température plus basse alors que de nos jours.

MM. Hitchcock, Mather et Emmons avaient déjà constaté que l'argile avec blocs et coquilles était plus récente que la formation des sillons et des surfaces polies des roches sous-jacentes dans tout le nord du continent, car, ou bien elle les recouvre immédiatement, ou bien elle en est séparée par un lit de gravier et de blocs qui constitue le *drift* ancien, dont nous avons parlé. En outre, dans les vallées de l'Hudson, de Champlain, et, comme on vient de le voir, dans celle du Saint-Laurent, et sans doute ailleurs, on trouve au-dessus de cette argile quaternaire plus ou moins dénudée ou ravinée un autre dépôt erratique composé de gravier de sable et de cailloux. Par le volume de ses blocs, ce second dépôt de transport serait le résultat de causes aussi énergiques que le premier.

Pour M. H. D. Rogers, qui résumait cette question en 1844, l'époque du *drift* constituait un seul et même tout. La dispersion des matières transportées au loin a été interrompue par un intervalle de repos, lorsqu'une partie de la région septentrionale était plus basse qu'aujourd'hui d'au moins 152 mètres, et que les eaux de la mer entraient dans les vallées. Pendant cette interruption, les eaux du Nord avaient une température aussi froide qu'elle l'est actuellement à la même latitude, et après le dépôt du second *drift*, l'adoucissement de la température favorisa le développement des Mastodontes sur le continent, ainsi que l'existence dans les eaux, au moins jusqu'au nord du Maryland, de certaines coquilles du golfe du Mexique; plus tard, ces dernières furent reléguées au sud, et un faible soulèvement de la côte de l'Atlantique aurait concouru à l'extinction des grands mammifères, circonstance assez analogue à ce que nous avons rappelé pour le nord de l'Asie; mais il est beaucoup plus probable, comme nous le dirons plus loin, que ces changements survenus dans la faune de l'Amérique du Nord concordent avec le phénomène du second *drift*.

Les observations faites depuis n'ont pas sensiblement modifié ces premières conclusions : ainsi M. Hitchcock, par une contraction de langage un peu forcée, désigne les dépôts coquilliers dont nous nous occupons sous le nom d'*époque Champlain*. De la Nouvelle-Angleterre à la Californie et l'Orégon, dit M. Dana (*Manual of geology*, 1863, p. 547), sur une grande partie du continent, les vallées renferment de vastes dépôts alluvions recouvrant le *drift* de l'époque glaciaire. Ils s'élèvent au-dessus du niveau qu'atteignent les eaux actuelles, et constituent des terrasses à plans parallèles dans les vallées, et sur le pourtour des lacs. Leur régularité et leur stratification les distinguent encore très-nettement du *drift*.

Ils manifestent souvent leur origine marine, le long de la mer, sur les bords du lac Champlain, du Saint-Laurent, et se continuent autour du lac Ontario, mais sans présenter alors de débris organiques marins, comme à Brooklyn et sur l'île Longue, près de New-York. Dans le nord du continent, ces dépôts ont été signalés sur les îles Cornwallis, Beechey, et le long du détroit de Barrow, jusqu'à 300 mètres d'altitude.

Ils sont composés de limon, d'argile, de gravier, et accidentellement de blocs. La roche est quelquefois schisteuse, et généralement meuble ou peu solide. L'épaisseur de ces dépôts atteint jusqu'à 300 mètres. Les couches sont horizontales, non dérangées nulle part, et s'observent à tous les niveaux, suivant l'élévation des cours d'eau et des lacs eux-mêmes. Lorsque ces derniers sont à 600 ou 900 mètres, les dépôts participent à cette altitude. Au sud de New-York, ils sont parfois à 3 ou 4 mètres, à Brooklyn et à l'île Longue à 30 mètres, sur les bords du lac Champlain à 142 mètres; on a vu leur élévation sur les rives du Saint-Laurent et dans le détroit de Barrow.

Ces faits prouvent donc, comme nous l'avons déjà dit, que les eaux de la mer ont recouvert une grande étendue de côtes de l'État du Maine, le bassin du Saint-Laurent, et presque jusqu'au lac Ontario, occupant le lac Champlain et plusieurs autres lacs actuels du Canada. Leur profondeur était de plus de 160 mètres à Montréal. Les Baleines et les Phoques habitaient ces eaux, comme le prouvent les restes de *Beluga vermontana*, cétacé voisin de la petite Baleine blanche du Nord, recueillis sur les bords du lac Champlain, à 20 mètres au-dessus de son niveau, ou à 46 mètres au-dessus de celui de la mer.

C'est à l'émersion de ces dépôts, qui, d'ailleurs, n'a pas été simultanée partout, ni de même importance, et à la période qui l'a suivie, que semble correspondre en partie la formation des terrasses des grands lacs, conséquences de l'élévation des terres continentales. Celle-ci décroissait en intensité du N. au S., car, comme on l'a vu, le relèvement, dans les terres arctiques, est plus prononcé que sur les rives du Saint-Laurent, où il a été cependant mieux accusé encore que dans le sud de la Nouvelle-Angleterre. Les terrasses supérieures des grands lacs sont plus élevées que celles au sud de l'Ohio. Le changement de niveau était essentiellement septentrional, comme celui du commencement de la période antérieure aux dépôts du lac Champlain, seulement le mouvement était en sens inverse : c'était un soulèvement au lieu d'un abaissement.

A. d'Archiac.

PHYSIOLOGIE COMPARÉE.

COURS DE M. VULPIAN.

(MUSÉUM D'HISTOIRE NATURELLE.)

(Voy. les n°s 32 et 35).

III.

Structure des nerfs. — Leurs propriétés. — Phénomènes produits par les excitations mécaniques, chimiques, électriques.

Les propriétés nerveuses ne commencent pas à se localiser d'une manière définitive dès l'apparition d'un système spécial. J'en trouve une preuve dans cette facilité qu'offrent les planaires de se laisser segmenter, fractionner, bien que douées d'un système nerveux, sans cependant voir abolir le fonctionnement de cet appareil. Les fonctions y sont encore diffuses en partie.

Il faut arriver aux mollusques supérieurs pour trouver une concentration définitive. A partir de ces animaux, c'est un système de perfectionnement qui contrôle et harmonise en quelque sorte les mouvements. C'est cet appareil dont nous allons étudier les fonctions.

Je l'ai déjà dit dans ma première leçon, cet appareil se compose de parties centrales et de parties conductrices. Le centre, représenté par les ganglions chez les animaux inférieurs, par les ganglions et l'axe cérébro-spinal pour les supérieurs, est l'organe de réception, de perception et aussi de réaction pour les mouvements sollicités par les excitations venues de la périphérie. Les parties conductrices sont représentées par des nerfs qui se rendent du centre à la périphérie. Ces nerfs, dans la plus haute antiquité, ont été confondus avec tous les organes allongés et blancs qui pouvaient leur ressembler, avec les tendons, par exemple, de sorte que l'on concluait des expériences faites sur ces parties comme si elles eussent été faites sur des nerfs. On peut s'étonner de cette ignorance d'Hippocrate et d'Aristote, se demander comment avec de pareilles données on a pu faire de la médecine; il faudrait alors s'étonner, à plus juste titre, comment on a pu faire de la médecine sans connaître les phénomènes de circulation et de respiration. La physiologie était totalement ignorée, et c'est une science très-moderne, en quelque sorte contemporaine. Les prédécesseurs immédiats de Galien, et Galien encore mieux, connaissaient fort bien les nerfs et leurs propriétés: ce qui le prouve, c'est le moyen employé par ce dernier pour arrêter les cris des animaux soumis aux expériences; il leur coupait le nerf récurrent.

On savait autrefois que les nerfs naissaient de la moelle par deux racines qui ne tardaient pas à se réunir, et que ces nerfs se distribuaient par des subdivisions aux muscles et à la peau. Nous verrons qu'il faut arriver au commencement de notre siècle pour voir ces notions fécondées par la physiologie.

Étudions d'abord la structure anatomique des parties conductrices du système nerveux. Considérons leurs propriétés, en faisant abstraction de leur origine et de leur terminaison. La partie essentielle, l'élément anatomique des nerfs, ou, pour employer l'expression de M. Serres, les organites, ce sont les fibres nerveuses. Il nous faut étudier avec soin ces organites qui vont être le théâtre des actions nerveuses. Tant que leur intégrité persiste, ces actions continuent à se manifester, mais elles cessent si l'altération les envahit; elles sont réunies par une enveloppe, le névrilème. Nous étudierons une fibre nerveuse isolée; toutes sont semblables, une seule nous donnera la notion des autres. Laissons de côté le périnèvre (M. Robin), qui contient une, deux ou trois fibres nerveuses. Nous trouvons un tube nerveux constitué par une gaîne celluleuse (gaîne de Schwann). Cette gaîne contient une matière possédant des propriétés anatomiques et chimiques qui lui sont propres, c'est la partie médullaire du nerf; au centre de cette moelle se trouve un filament, qui est le *cylinder axis*, ou filament axile. Il s'agit de savoir quelle est la partie importante dans l'organite : c'est le cylindre axe. L'anatomie le prouve : A leur extrémité périphérique, les nerfs moteurs ne sont plus constitués que par ce filament, qui traverse l'enveloppe de la fibre musculaire, le sarcolemme; et du côté de la moelle, c'est le filament axile seul qui persiste et va se rendre dans la substance grise. Le reste ne forme que des éléments accessoires et auxquels n'est pas dévolue la grande fonction du nerf.

L'anatomie comparée nous fournit des arguments d'une valeur plus grande encore. Chez la lamproie, poisson de la classe des cyclostomes, il n'y a pas de matière médullaire; le cylindre axe est nu. On le voit, il n'y a pas de doute possible sur l'importance de ce filament.

Ces organites ont de petites dimensions; ils ont 7, 8, parfois 15 millièmes de millimètre de diamètre. Si l'on descend l'échelle des vertébrés, on voit les éléments augmenter en volume. Chez la lamproie, certaines fibres nerveuses (fibres de Müller) ont jusqu'à 4 centièmes de millimètre. M. Bilharz a constaté que les nerfs qui se rendent à l'appareil électrique placé sous la peau des flancs du silure sont constitués par une seule fibre nerveuse qui a un millimètre de diamètre, dont les trois quarts appartiennent à la gaîne conjonctive.

La partie centrale de l'organite est constituée par une matière protéique, analogue pour sa combinaison à la fibrille musculaire; la gaîne est assez analogue au sarcolemme, et la matière médullaire est composée en grande partie de graisse, ce qui du reste explique la fréquence des altérations graisseuses qui l'envahissent. Leur réaction est neutre comme celle des muscles; cependant elle devient acide si le nerf a été fortement excité.

Les nerfs du système sympathique offrent une structure analogue à ceux de la vie animale. Cependant un certain nombre de leurs fibres sont dépourvues de gaîne médullaire et portent le nom de fibres de Remak, du nom de l'anatomiste qui les a décrites.

Il y a longtemps que l'on connaît la structure des nerfs telle que je viens de vous l'exposer, et les modernes n'ont rien ajouté sous ce rapport aux travaux de Fontana et de Remak. Chez les crustacés et chez les mollusques, il n'y a pas cette substance médullaire qui donne aux nerfs leur aspect blanc; ils sont assez semblables aux nerfs sympathiques, et leur coloration, se confondant avec celle des tissus voisins, les rend difficiles à suivre, même au microscope. Chez un petit nombre de zoophytes seulement, on trouve un système nerveux. Dans les cours de physiologie, on montre toujours le système nerveux de l'astérie, qui circonscrit l'appareil buccal et donne naissance, à la base de chaque rayon, à des filets nerveux destinés à chacun de ces rayons. Cette description est due à Tiedemann. Il ne paraît pas que ce soit un système nerveux. Cependant quelques zoologistes ont doué avec quelque raison l'astérie d'un système nerveux. Voici pourquoi : On remarque à l'extrémité de chacun des rayons de ce zoophyte un petit point oculaire qui possède tous les caractères d'un œil rudimentaire; on y a même trouvé des membranes et une lentille cristalline analogue à celle des animaux supérieurs. L'animal marche sur le ventre en recourbant l'extrémité de chacun des rayons, de façon à exposer à la lumière l'œil rudimentaire qu'ils portent à leur extrémité. Or il est impossible de comprendre l'existence d'un œil sans un système nerveux, et en effet on trouve quelques nerfs et un ganglion qui complètent cet appareil de la vision chez l'astérie.

Les nerfs possèdent-ils des propriétés analogues à celles des muscles? Cette question vous paraît singulière, et cependant elle a été agitée. Dans un mémoire publié en 1801, Everard Home a tenté de démontrer que les nerfs étaient contractiles. Il avait vu dans les sections des membres les nerfs revenir dès qu'on les avait coupés. Cette observation ne prouve rien. Les nerfs sont distendus, tiraillés avec les parties voisines, et il n'est pas étonnant que, redevenus libres, ils semblent se rétracter.

Chez certains animaux invertébrés (annélides), on trouve, d'après les recherches de M. Leydig, dans leur structure, des parties contractiles. Ceci se passe surtout chez les animaux qui ont des mouvements très-brusques.

Ce qui favorise l'étude des propriétés nerveuses, c'est que nous avons des réactifs à notre disposition : d'une part, en effet, le nerf se termine dans le muscle qui entrera en contraction; de l'autre côté, nous avons le cordon rachidien pour les réactions réflexes.

IV.

Les nerfs sont des conducteurs qui mènent au centre les impressions produites sur la périphérie, et qui ramènent la réaction de ce centre à la périphérie.

Prenons une grenouille, dont le tronc n'est plus relié au train postérieur que par la colonne vertébrale : nous verrons chez cet animal se produire des mouvements volontaires et se manifester de la sensibilité, si l'on vient à pincer le train postérieur. Pour faire la contre-épreuve, on coupe le faisceau nerveux qui se rend à un membre, et aussitôt ce membre perd sa sensibilité et son mouvement.

Au moment où l'on fait l'expérience, il y a une douleur très-vive qui diminue pour quelques instants le mouvement et la sensibilité dans l'autre membre, qui a cependant son nerf intact.

Les nerfs ne sont pas de simples rhéophores sans aucune propriété par eux-mêmes, ils sont encore excitables. Si on les excite, il se produit des réactions de deux ordres : les unes centripètes, ce sont la sensibilité et les mouvements réflexes, que nous expliquerons plus tard ; les autres centrifuges, c'est le mouvement.

Lorsqu'on a coupé un nerf, on a deux bouts, l'un central, celui qui reste fixé à la moelle, l'autre périphérique, celui qui se rend aux muscles. Or, si l'on excite le bout périphérique, on obtient des mouvements de contraction dans les muscles auxquels se distribue ce nerf. Cette propriété a reçu de Haller le nom de *force nerveuse;* M. Flourens l'a étudiée, et lui a donné le nom de *motricité.*

Les nerfs sont encore excitateurs : lorsqu'ils ont subi une excitation, ils la propagent, la transportent à l'extrémité, la transmettent à toutes les parties avec lesquelles ils sont en rapport, et font passer les muscles de l'état de repos à l'état d'activité.

Ces propriétés d'excitabilité peuvent être mises en jeu par des excitants de divers ordres. Les excitants mécaniques, tels que la pression exercée par les mors d'une pince anatomique ; thermiques, une épingle chauffée par l'eau bouillante, ou un morceau de glace; électriques, et enfin chimiques.

On peut employer l'électricité statique (l'étincelle de la bouteille de Leyde produit une excitation), ou bien l'électricité dynamique. Ici il importe d'établir une distinction, d'autant que c'est par le galvanisme que l'on obtient les phénomènes les mieux marqués pour les expériences.

On peut employer des courants continus avec des éléments de Bunsen, ou bien des courants induits ou intermittents. Si l'on emploie un nombre considérable d'éléments de Bunsen, on obtient avec un courant intense, quelle que soit la direction du courant, une contraction pendant toute la durée du passage de ce courant; on peut avoir même des contractions tétaniques. Si les courants sont faibles, il faut distinguer les courants directs des courants inverses.

Si l'on place le pôle négatif à la périphérie et le pôle positif au centre, on a un courant dans le sens du membre, un courant direct, et alors on obtient une contraction au moment où l'on place les deux rhéophores; mais on a beau les laisser en contact, la contraction cesse et ne se reproduit que lorsque l'on enlève les rhéophores.

Du reste, si l'on poursuit l'expérience pendant quelques instants, on voit que l'excitabilité du nerf s'épuise. Si l'on renverse le courant, si l'on fait agir le pôle positif du côté de la périphérie et le pôle négatif du côté du centre, on n'observe rien au moment où le courant passe ; mais on obtient une contraction tétanique au moment où l'on retire les rhéophores. De plus, le courant inverse rend au nerf l'excitabilité que le courant direct lui avait fait perdre, et réciproquement. C'est là un des premiers phénomènes connus sur l'action des courants ; il l'était de Volta, et c'est ce que l'on appelle les *alternatives voltaïques*.

On a prétendu que si l'on faisait passer le courant suivant un diamètre du nerf, on n'obtenait rien. Cette assertion a été ruinée par les expériences de M. Chauveau sur le nerf facial du cheval. Ce qui empêchait tout effet de se produire, c'est qu'on expérimentait sur des nerfs d'un calibre insuffisant, et que probablement les deux pôles n'étaient pas séparés par une distance assez grande.

Passons aux courants interrompus. On observe des contractions pendant tout le temps que le courant passe, jusqu'à ce que le nerf ait perdu son excitabilité. Ce fait est intéressant, surtout au point de vue de l'opinion qui assimile les phénomènes nerveux à des phénomènes électriques. Les phénomènes nerveux, d'après cela, peuvent plutôt être comparés aux effets des courants interrompus qu'à ceux des courants continus.

Les excitants chimiques sont de deux ordres. Il y en a qui agissent sur les muscles et sur les nerfs ; ceux-là sont sans intérêt pour la question qui nous occupe. Il faut étudier ceux qui ont une action presque spéciale sur les nerfs, au moins d'une certaine condition. Le sel marin et la bile sont dans ce cas. Si l'on plonge le nerf crural d'une grenouille dans une capsule remplie d'une dissolution de sel marin, on voit survenir des contractions très-violentes dans les muscles de la cuisse. La bile très-diluée produit aussi une contraction très-violente. Il y a bien d'autres substances qui agissent ainsi ; je vous cite celle-ci comme exemple. M. Kühne a signalé, en 1859, d'autres agents d'excitation, et entre autres la glycérine et l'acide lactique. On obtient par eux des contractions analogues à celles décrites ci-dessus, mais souvent moins violentes.

La physiologie comparée doit étudier l'effet de ces excitants chimiques dans la série animale. On prend un mammifère, et bien que nous n'expérimentions que sur un rat, nous n'avons obtenu que de légères contractions dans la patte. Une goutte de glycérine déposée sur un des derniers ganglions d'une écrevisse détermine la contraction des valves de la queue ; sur les escargots, nous n'avons aucun effet, et cependant, si nous pinçons le ganglion œsophagien, nous avons des mouvements dans le pied.

Il y a une cinquième classe d'excitants dont je veux parler, c'est le défaut de sang.

Si, par une ligature, on prive un membre de sang, il y a excitation, il y a refroidissement, les mouvements se perdent ; et l'animal donne les signes d'une douleur très-vive, analogue à celle que produit chez l'homme la gangrène spontanée par oblitération des vaisseaux. Enfin la périphérie n'est plus sensible au contact des corps voisins. Il ne se produit pas de contraction, quoiqu'il y ait douleur, parce que les muscles, envahis par l'altération, sont tués bien avant les nerfs ; peut-être au début y a-t-il dans les muscles des contractions fibrillaires qui échappent à l'observation. Les nerfs ne produisent plus de contraction, puisque l'élément musculaire a disparu, mais les centres, qui vivent encore, sont les réactifs, qui prouvent par la douleur l'excitation produite. La manière dont se produit cette excitation n'a pas été élucidée. C'est un problème à résoudre.

Une expérience qui montre combien le nerf résiste aux altérations est la suivante, qui nous montrera en même temps un mode d'excitation particulier.

Si l'on abandonne un nerf (nous le supposons toujours en communication avec le muscle), si donc on abandonne un nerf à l'air, et si on le laisse se dessécher, après que le membre a été le siége de crampes (Harless), on observe qu'il perd ses propriétés et les reprend par l'imbibition aqueuse. Cette expérience est analogue à celle que l'on a faite sur les rotifères, les tardigrades, certaines anguillules, etc., qui semblent être morts, si on les dessèche, et qui ressuscitent en quelque sorte, si on les met en contact avec de l'eau.

Après que l'on a fait agir la glycérine, ou le chlorure de sodium ; après que les mouvements convulsifs ont cessé, si l'on cherche à exciter le nerf avec les rhéophores d'une pile, on n'obtient aucun effet ; mais si l'on plonge ce nerf dans l'eau, il reprend son excitabilité après un certain temps. Cette expérience est due à M. Kölliker. Le même physiologiste a fait l'expérience inverse. Il détruisait l'excitabilité nerveuse par l'imbibition aqueuse (Fontana avait déjà signalé cet effet), puis il la faisait revenir en mettant le nerf dans une dissolution salée. On peut faire intervenir le chlorure de sodium, puis le phosphate de soude ; toutes ces expériences établissent que le nerf ne perd que provisoirement son excitabilité.

V.

Nous allons étudier quels sont les phénomènes électriques dont les nerfs sont le siége, ceux que l'on peut y développer d'une façon ou d'une autre, et cette étude nous permettra de juger de la parité que l'on doit établir entre les actions nerveuses et les actions électriques.

Galvani, sans le prouver, avait conclu à cette parité ; bien d'autres, depuis, ont tenté cette démonstration, sans trouver un résultat parfait ; c'est aux recherches de MM. Longet et Matteucci qu'il faut arriver pour trouver des indications sûres. Leurs expériences n'ont pas réussi, parce qu'ils se servaient d'un galvanomètre qui n'était pas assez sensible, bien qu'il fît deux mille quatre cents tours; parce qu'ils appliquaient les fils sur la surface du nerf, et enfin parce que les animaux soumis aux expériences étaient en convulsion, et que, dans ce cas, le courant nerveux disparaît en grande partie. M. du Bois-Reymond, se mettant à l'abri de ces causes d'erreur, a démontré l'existence de courants analogues à ceux que M. Matteucci a signalés dans les muscles. Le galvanomètre dont il fait usage est doué d'une grande sensibilité. Son cadre supporte vingt-quatre mille tours d'un fil de cuivre d'un dixième de millimètre de section ; il a soin d'éviter le contact entre les tissus organisés et les lames métalliques. Il applique le courant de la façon suivante : l'un des fils est mis en rapport avec la *surface naturelle du nerf*, l'autre avec la *surface de section*, et il voit se développer un courant qui va de la surface naturelle vers la surface de section. C'est là le courant nerveux, le courant propre du nerf, qui est sous la dépendance de ce que M. du Bois-Reymond désigne sous le nom de *pouvoir électro-moteur* ou de *force électro-motrice*. Il est un phénomène qui a été appelé *état électro-tonique* du nerf, qui a une grande importance en physiologie générale, et que nous invoquerons plus tard. C'est un argument très-puissant pour les électro-nervistes. Voici ce qu'a observé M. du Bois-Reymond :

On isole sur une grenouille ou sur un lapin un long cordon nerveux; on met en contact deux points de sa surface avec les extrémités d'un galvanomètre ; l'aiguille reste au zéro. Si l'on fait passer un courant voltaïque dans la portion du nerf libre, au-dessus ou au-dessous du circuit fermé par le galvanomètre, on observe une déviation énergique de l'aiguille, qui manifeste un courant aussi longtemps que le courant voltaïque agit sur le nerf. On constate de plus que la direction de ce courant est la même que celle du courant de la pile employée à le développer. Que ce soit un nerf moteur, sensitif ou mixte, le phénomène a toujours lieu; de plus, c'est une propriété que possède le tissu nerveux, à l'exclusion de tout autre tissu.

M. Matteucci fait remarquer que lorsqu'on soumet à l'expérience une mèche de coton imbibée d'un liquide conducteur, on obtient le même effet; mais il faut que le courant soit très-puissant et que les rhéophores soient appliqués à une très-faible distance des fils du galvanomètre. M. du Bois-Reymond, du reste, a ruiné complétement cette objection, et, sans expliquer le fait, il faut se borner à admettre que cet état électro-tonique appartient au nerf encore doué de vie.

Plus il s'est écoulé de temps depuis que l'on a préparé le nerf, moins est considérable la force électro-tonique. On peut la faire cesser en interposant une forte ligature entre les parties du nerf comprises dans le courant de la pile, et celles où sont appliquées le galvanomètre. Si le nerf est coupé, et si ses deux extrémités sont mises en contact, le courant se manifeste au galvanomètre, mais avec une intensité bien moins grande, ce qui est bien différent de ce qui a lieu pour la propagation des actions nerveuses. Si, au lieu de se servir d'un courant continu, on emploie un courant rapidement interrompu, de manière à provoquer une excitation durable, on observe dans une autre partie que ferme le circuit du galvanomètre une modification de son pouvoir électro-moteur, que M. du Bois-Reymond appelle *variation négative*. L'aiguille du galvanomètre, déviée par le courant nerveux propre, rétrograde vers le zéro. On l'observe alors que le nerf a perdu son excitabilité, et qu'il est profondément altéré; cette propriété paraît tenir à la gaîne, comme l'ont prouvé MM. Valentin et Schiff.

Ces divers phénomènes, il faut bien le dire, ont plus de similitude avec des actions physiques qu'avec des actions physiologiques.

La vitesse de propagation de l'excitabilité nerveuse, que l'on a comparée à celle de l'électricité, en diffère cependant considérablement. C'est à M. Helmholtz que nous devons cette appréciation. J'indique les points saillants de l'expérience. Il prend un muscle muni de son nerf, l'excite avec une décharge électrique instantanée, tandis qu'avec un appareil très-parfait il note le temps.

M. Helmholtz a trouvé un centième de seconde pour la durée du temps qui s'écoule entre l'incitation et la première manifestation des effets mécaniques dans le muscle. De là jusqu'au maximum, il s'écoule 8 centièmes de seconde, et pour revenir au relâchement complet, il s'écoule de 3 centièmes de seconde à une seconde entière. Si l'on fait agir le courant à une distance double, on s'aperçoit que la période de maximum et celle de déclin sont les mêmes, mais celle du *temps perdu*, celle qui s'écoule entre l'irritation et la contraction augmente. M. Helmholtz en est venu à établir quelle est la vitesse de propagation, et il l'a fixée à 26 *mètres par seconde*. Il a étudié les diverses causes qui peuvent influer sur cette transmission; comme la température, mais ce que j'ai voulu surtout vous faire ressortir, c'est le chiffre de 26 mètres, qui est bien loin du chiffre de Wheatstone pour la décharge d'une bouteille électrique : 115 000 lieues par seconde, et 70 000 pour la lumière. Du reste, il paraît que la vitesse de la propagation n'est pas la même dans tous les points de la longueur du nerf. D'après M. Herman Munk, la transmission de l'irritation dans une longueur de nerf AC double de BC exige un temps plus que double de la transmission dans cette longueur de nerf BC. — E. Brémond.

Le propriétaire-gérant : Germer Baillière.

PARIS. — IMPRIMERIE DE E. MARTINET, RUE MIGNON, 2.

PREMIÈRE ANNÉE. — N° 38. UN NUMÉRO : 30 CENTIMES. 20 AOUT 1864.

REVUE
DES
COURS SCIENTIFIQUES
DE LA FRANCE ET DE L'ETRANGER

PHYSIQUE — CHIMIE — ZOOLOGIE — BOTANIQUE — ANATOMIE — PHYSIOLOGIE
GÉOLOGIE — PALÉONTOLOGIE — MÉDECINE

Paraît tous les Samedis.

	Six mois.		Un an.	
Paris.........	Six mois.	8 fr.	Un an.	15 fr.
Départements..	—	10	—	18
Étranger......	—	12	—	20

Prix de l'abonnement avec la Revue des Cours littéraires.

Six mois..... Paris, 15 fr. Départ., 18 fr. Étranger, 20 fr.
Un an....... — 26 — 30 — 35

Rédacteur en chef
M. ODYSSE-BAROT

Les ouvrages dont deux exemplaires auront été envoyés au bureau du journal seront annoncés et analysés s'il y a lieu.

On s'abonne
A LA LIBRAIRIE GERMER BAILLIÈRE
17, rue de l'École de Médecine,
Et chez tous les libraires, par l'envoi d'un bon de poste, ou d'un mandat sur Paris.

L'abonnement part du 1er décembre ou du 1er juin de chaque année.

SOMMAIRE.

PHYSIOLOGIE GÉNÉRALE.

COURS DE M. CLAUDE BERNARD.

(FACULTÉ DES SCIENCES.)

(Voy. les nos 19, 22, 24, 27, 29, 34 et 35.)

VII.

Du mouvement musculaire.

Le mouvement musculaire, dont nous commençons aujourd'hui l'étude, caractérise à vrai dire l'animal, car il est produit par une substance particulière constituant tout un vaste système d'organes, et il suppose à la fois le système nerveux qui lui sert d'irritant spécial et le système osseux qui lui fournit les leviers nécessaires pour rendre son action plus précise et plus prompte. Or, en supprimant ces trois systèmes, on supprimerait l'animal presque tout entier, car on n'aurait plus que ce que Leydig appelle les éléments restés à l'état de cellules, les épithéliums, les glandes et les parties de ce genre, c'est-à-dire presque rien. Le système musculaire peut sans doute exister tout seul; mais on ne comprendrait pas sans lui l'existence des os et des nerfs : ces trois choses sont intimement liées les unes aux autres, et c'est le muscle qui explique tout, parce qu'il est la raison de tout dans cet ensemble.

Le mouvement musculaire constitue donc la principale fonction animale, et par suite le système musculaire est le centre des phénomènes manifestés par les êtres vivants.

Si nous remontons à la cause élémentaire de ce mouvement, comme la physiologie générale doit toujours le faire, nous trouvons cette cause dans une substance particulière qui a la propriété de se contracter sous l'influence de certains excitants, vitaux ou autres, mais jamais spontanément, car la matière vivante est aussi incapable que la matière brute de se donner à elle-même le mouvement : elle le reçoit toujours de quelque chose d'extérieur à elle. Cette propriété est identique dans son essence chez tous les animaux; mais elle se montre sous plusieurs aspects différents, suivant la forme que revêt la substance contractile.

La substance contractile se présente sous trois états différents :

1° L'état amorphe tel qu'on le voit dans les méduses et les amibes : toutes les conditions de la substance contractile y existent; mais on n'a qu'une matière presque diffuse répandue indifféremment dans l'animal et ne comprenant aucun organe plus ou moins analogue à la fibre musculaire : c'est le tissu sarcodique ou sarcode que nous avons étudié précédemment et sur lequel il est inutile de revenir.

2° Dans un second état, la substance contractile n'est plus amorphe; elle est déjà limitée dans une forme définie, mais cette forme c'est seulement une cellule : c'est l'état qu'on observe dans les polypes hydraires ou dans les hydres d'eau douce.

3° Enfin, le troisième état de la substance musculaire est celui où elle se présente limitée dans des tubes plus ou moins longs qui constituent les fibres musculaires. Ces fibres elles-mêmes sont de deux sortes, les unes lisses et plates, les autres arrondies et striées.

La substance musculaire peut aussi se présenter dans divers rapports avec l'enveloppe qui l'entoure; elle est tantôt diffluente (sarcode) et tantôt contenue dans une enveloppe élastique qui revient à sa forme première, après la contraction. Enfin, dans l'intestin on trouve des fibres musculaires sans aucun rapport avec les os, et chez certains animaux, comme les mollusques, on ne trouve pas d'os du tout, quoiqu'il y ait des fibres musculaires parfaitement définies. On peut également trouver ces fibres sans aucune trace de système nerveux. C'est donc un tort de vouloir distinguer le sarcode et les fibres musculaires par l'absence ou la présence des nerfs, car si le tissu sarcodique n'a jamais de nerfs, ce tissu musculaire n'en a pas toujours. D'ailleurs, pour tous les organes, mais plus particulièrement peut-être pour les muscles, on trouve chez les animaux supérieurs, à certaines époques de leur développement embryonnaire, des états transitoires qui restent définitifs chez d'autres animaux. L'évolution organique de l'être élevé représente donc ainsi, comme on l'a dit bien souvent, l'échelle animale tout entière. Eh bien! les muscles ne sont point pourvus de nerfs dans les premières périodes de leur développement, même chez les animaux supérieurs.

Le cœur se prête très-bien à l'observation de ce phénomène, surtout chez les oiseaux. Ce muscle a pendant un certain temps l'apparence d'une masse diffluente sans aucune trace de nerfs, ce qui ne l'empêche pas de se contracter sous l'influence d'autres excitants que l'action nerveuse, comme nous l'avons dit dans notre leçon précédente. Plus tard apparaît la substance contractile définie sous forme de cellule, puis les fibres plates et ensuite les fibres striées. C'est seulement après toute cette évolution que le système nerveux commence à se développer. Mais, si l'on tient compte de l'état embryonnaire, il est vrai de dire qu'on trouve tout dans l'homme et que l'animal supérieur représente toutes les formes élémentaires inférieures par lesquelles il a dû passer pour arriver à une perfection plus grande. Nous venons de voir en effet la substance contractile, d'abord sous forme de sarcode, se définir ensuite en cellules qui deviennent des fibres plates, lesquelles se transforment enfin en fibres striées. Il y a là une transmutation successive qu'il est impossible de méconnaître.

Quelques physiologistes ont prétendu que tous les organes de la vie de relation avaient des fibres striées, tandis que les organes de la vie végétative avaient des fibres plates. Mais la zoologie donne un démenti flagrant à tous les systèmes qu'on voudrait établir à ce sujet. Ainsi le cœur est certainement un organe de la vie végétative et il possède cependant des fibres striées; sans doute les muscles de l'intestin sont généralement formés de fibres lisses, mais le gésier des oiseaux et l'intestin des tanches, d'après les précieuses observations d'Ernest-Henry Weber, ont encore des fibres striées. Que ces organes de la vie de relation comportent exclusivement des fibres striées, c'est là encore une proposition qui n'est pas plus vraie, *comme loi*, que la précédente, mais qu'on pourrait peut-être accepter comme une généralité représentant l'aspect ordinaire du phénomène.

On a voulu dire aussi que certains animaux se caractérisaient spécialement par une certaine nature de fibres; ainsi les huîtres n'auraient que des fibres plates, tandis que les insectes ont des fibres striées magnifiques. Mais il faut prendre garde de se laisser aller sur tous ces points à des affirmations trop absolues.

Quand un animal possède des fibres striées, elles sont toujours en rapport avec un système nerveux. Cependant un observateur fort habile, Léon Dufour, a décrit un insecte nevroptère vivant en Espagne, qui posséderait des fibres striées bien caractérisées et n'aurait pas de système nerveux. Mais c'est là un fait qui est resté isolé et qu'on n'a pas eu occasion de vérifier. Aussi malgré toute l'autorité qui s'attache au nom de ce savant, ce résultat renverserait si complétement toutes les données physiologiques que nous préférons y voir une simple difficulté d'observation, bien explicable quand on opère sur des animaux aussi petits que les insectes où le système nerveux, toujours si délicat même chez les gros animaux, prend des proportions si réduites, qu'on a grand'peine à l'atteindre.

Voilà les différentes formes que prend la substance musculaire; mais ce n'est pas à sa forme qu'est due sa propriété, car, malgré ces variations, cette propriété reste partout la même. C'est donc dans la nature même de la substance qu'il faut en chercher l'explication.

La substance musculaire, qu'on peut voir à nu dans les amibes, est une substance semi-fluide et transparente pendant la vie, opaque après la mort, et qui possède le même aspect dans les fibres de l'homme et chez les amibes. Quant à sa composition chimique, c'est une matière protéique ou azotée. Elle a été longtemps prise pour de la fibrine, et la fibrine en dissolution dans le sang était appelée *chair coulante*, ce qui signifiait qu'en se fixant dans les organes elle constituait la fibre musculaire ou la chair proprement dite. Mais cette assimilation est une erreur, car la substance contractile qui nous occupe se dissout dans l'acide chlorhydrique étendu et précipite par les alcalis, double caractère que ne possède pas la fibrine du sang : c'est donc une substance spéciale qu'on appelle substance musculaire et à laquelle Lehmann a proposé de donner le nom de *syntonine*, ce qui a été accepté par beaucoup de physiologistes. La syntonine a une réaction constamment alcaline et elle jouit de la propriété de se contracter sous l'influence des excitants que nous étudierons plus tard en détail.

Chez les amibes la substance contractile se transporte

lentement d'un côté, par rétraction à l'autre, et reste ainsi dans ce nouvel état jusqu'à ce qu'une autre contraction se produise.

La cellule qui représente le second état de la substance contractile est une enveloppe de tissu élastique dérivant du tissu cellulaire conjontif et où se trouve enfermée la substance musculaire. Quand elle se met en mouvement, ou plutôt quand elle entre en contraction, elle s'aplatit dans un sens et s'allonge dans l'autre. Mais, dès que la contraction a cessé, au lieu de rester dans ce nouvel état comme une amibe, la cellule reprend aussitôt sa forme sphérique primitive par l'effet de l'élasticité de son enveloppe.

La fibre musculaire présente la même structure que la cellule; la forme seule diffère. C'est un tube allongé dont les parois sont douées d'élasticité; on peut dire que c'est une cellule très-étendue dans un sens et attachée à ses deux extrémités par des tendons. Seulement la cellule n'est jamais striée et présente seulement quelques granulations à l'intérieur, tandis que les fibres musculaires se divisent en fibres striées et fibres lisses ou fibres-cellules, c'est-à-dire intermédiaires entre les fibres striées et les cellules. Les fibres lisses possèdent des granulations comme les cellules. Les fibres striées sont complétement transparentes, sauf à l'endroit des stries que certains anatomistes considèrent comme des amas de granulations. Après la contraction, la fibre musculaire reprend sa longueur normale par suite de l'élasticité de l'enveloppe et sans que la substance musculaire soit pour rien dans ce second mouvement.

Nous avons donc deux choses parfaitement distinctes à considérer: une propriété vitale, la contractilité, qui fait raccourcir le muscle; et une propriété physique, l'élasticité, qui le ramène à son premier état.

Les fibres musculaires se combinent en nombre plus ou moins grand pour former des organes musculaires, car l'effet produit par un seul élément histologique serait incapable de vaincre les résistances qui s'opposent aux mouvements vitaux. Ces organes musculaires sont tantôt à l'état de membranes, tantôt à l'état de faisceaux plus ou moins allongés, c'est-à-dire de muscles proprement dits. Les fibres sont tantôt lisses et tantôt striées sans qu'il y ait de règle tout à fait absolue à cet égard, comme nous l'avons dit tout à l'heure; généralement elles se juxtaposent comme les fétus de blé dans une gerbe, mais quelquefois aussi elles s'anastomosent de manière à former un véritable réseau. Les fibres anastomosées ne se présentent jamais dans les muscles des membres; l'intestin seul en possède.

On trouve souvent de petits noyaux contre les parois des fibres ou dans l'intérieur de la substance. Quelques histologistes pensent en effet que les fibres commencent par l'état de cellule et s'allongent ensuite de plus en plus. Après ce développement le noyau de la cellule persisterait, et c'est lui que nous retrouverions dans la fibre musculaire. D'autres histologistes admettent au contraire que la fibre musculaire se forme par la juxtaposition d'un certain nombre de cellules, et alors ce n'est plus un noyau mais plusieurs qu'on devrait rencontrer, si telle était bien l'origine de ce corpuscule. Nous ne pouvons entrer ici dans toutes les discussions qu'a soulevées la formation du tissu musculaire, mais il était indispensable de signaler ces noyaux qui sont un des caractères anatomiques de la fibre musculaire.

Généralement le faisceau des fibres musculaires se continue par des tendons qui s'attachent aux os. Mais quelquefois les fibres musculaires s'insèrent directement sur le périoste, et chez les insectes on en trouve souvent qui sont en rapport direct avec les parties dures.

L'enveloppe élastique des cellules ou des fibres s'appelle *sarcolemme* et *myolemme*; plusieurs fibres se réunissent pour former un petit faisceau qui a également son enveloppe élastique nommée *perimysium*; enfin la réunion d'un nombre plus ou moins considérable de ces faisceaux constitue le muscle, qui a aussi sa membrane élastique, l'*aponévrose*. Il y a donc une combinaison et pour ainsi dire une pénétration perpétuelle du tissu élastique et de la substance contractile.

Mais ce n'est pas tout encore: on trouve aussi dans le muscle des vaisseaux, de la graisse et des nerfs dont le rôle très-important mérite une étude à part. Les vaisseaux se glissent entre les fibres musculaires, et comme ils ont des enveloppes extrêmement fines, la nutrition du muscle se fait par endosmose à travers ces enveloppes.

Il nous reste enfin une dernière substance à signaler. On prend un muscle dont on enlève tout le sang qu'il contenait, puis on exprime la substance musculaire et l'on obtient une matière qui a des propriétés particulières et qu'on a nommée *suc musculaire*. Le suc musculaire a une réaction alcaline, et nous signalons cette circonstance avec d'autant plus de soin que nous avons vu les mouvements vibratiles se produire aussi dans un milieu alcalin et s'arrêter dans un milieu acide. Les mêmes phénomènes se reproduisent exactement ici, et les mouvements musculaires s'arrêtent de même dans un milieu acide. Aussi la coupe d'un muscle vivant est-elle toujours alcaline, tandis que la coupe d'un muscle récemment mort est acide.

Le suc musculaire contient des substances albumineuses et beaucoup d'autres substances fort diverses, de la créatine, de l'acide carbonique, de l'oxygène en assez grande quantité. Il disparaît par la contraction du muscle ou plutôt il s'use dans l'accomplissement de cette fonction, car on n'en trouve presque plus ou même plus du tout dans un muscle fatigué.

On pourrait croire que toutes les substances que nous venons de signaler existant dans le sang, elles sont apportées par lui dans le muscle, car malgré toutes les précautions qu'on peut prendre, on n'est jamais sûr d'avoir enlevé complétement le sang. Sans doute, il n'est pas possible d'éviter complétement cette cause possible d'erreur, mais ce n'est pas à dire qu'on ne puisse répondre à l'objection. En effet, la créatine et la créatinine existent bien dans le sang, mais en si petite quantité, qu'il serait impossible de les en retirer; au contraire, le suc musculaire nous en fournit des proportions considérables. Il faut donc bien admettre que ces deux substances se produisent dans le muscle, et c'est alors le sang qui vient les y prendre, bien loin de les apporter. D'un autre côté, on trouve bien des phosphates de potasse et de soude dans le suc musculaire comme dans le sang; mais la potasse domine beaucoup dans le sang et la soude ne domine pas moins dans le suc musculaire : le suc musculaire ne peut donc pas emprunter son alcali au sang.

Quand on sépare un muscle du corps, la vie cesse dans cet organe parce que ses éléments n'ont bientôt plus le milieu nécessaire à leur action; ce milieu constitué par divers liquides s'en va rapidement. Mais on peut renouveler les contractions éteintes en faisant passer dans le muscle un courant de sang qui lui rend le milieu qu'il avait perdu. Cela montre bien que les conditions de manifestation de la contraction musculaire résident dans le milieu organique qui entoure le muscle.

Il s'agit maintenant de montrer expérimentalement les propriétés du système musculaire qui domine tous les organes de la vie de relation, puisque c'est par son intermédiaire que tous les mouvements peuvent s'exécuter.

Nous avons dit que la substance musculaire pouvait se rencontrer, soit à l'état libre et amorphe comme chez les amibes, soit unie à une enveloppe élastique de manière à constituer un système doué à la fois de contractilité et d'élasticité, soit enfin dominée par des nerfs qui lui servent d'irritant et mettent en jeu ses propriétés spéciales. Il n'est pas possible d'opérer sur tous les animaux et il faut nécessairement faire un choix; or ce choix ne peut être douteux, car nous avons déjà dit que les êtres inférieurs possédaient les mêmes propriétés que les êtres supérieurs, mais à un état d'enchevêtrement et de confusion qui rendait leur étude fort difficile, et qu'à mesure qu'on s'élevait dans l'échelle animale, les fonctions se spécialisaient davantage et se distinguaient mieux les unes des autres. Nous devons donc prendre chaque fonction à son plus haut degré de développement, parce qu'elle est alors tout à la fois plus énergique et mieux isolée : nous nous trouverons ainsi dans les conditions d'une bonne expérience. C'est dire que nous opérons sur les vertébrés, et parmi les vertébrés il faut préférer les animaux à sang froid chez lesquels ces phénomènes étant plus lents se continuent plus longtemps après la mort de l'animal et se laissent d'ailleurs bien mieux observer et analyser.

Mais en expérimentant ainsi sur les muscles de vertébrés, on agit en même temps sur les nerfs qui y pénètrent et s'y mêlent intimement, de telle sorte qu'on ne peut jamais avoir de muscles sans nerfs, et qu'il devient possible d'attribuer au système nerveux les propriétés qu'on met en évidence dans les muscles. Il y a bien des animaux chez lesquels la substance musculaire n'est point dominée et pénétrée en tous sens par des nerfs, les méduses et les polypes par exemple. Mais ces êtres inférieurs, doués de moyens de manifestation fort imparfaits et de mouvements très-vagues, ne se prêtent aucunement aux expériences, et il faut renoncer à ce moyen d'éclaircir notre question qui reste dès lors tout entière et s'impose à nous avec une autorité que nous ne pouvons méconnaître. Les propriétés contractiles que nous observons dans le muscle appartiennent-elles au muscle lui-même ou faut-il les rapporter aux nerfs qui le pénètrent partout? C'est la grande question de Haller, si débattue de son temps, et nous devons chercher à la résoudre sans plus tarder, car cette solution est le préliminaire indispensable de toute étude sérieuse sur le mouvement musculaire. Il est évident que nous ne pouvons indiquer ses conditions, ses circonstances, les phénomènes qui l'accompagnent, le précèdent ou le suivent, si nous ne savons d'abord à quelle cause il est dû et dans quelle espèce d'élément il se produit.

Haller avait déjà distingué deux substances tout à fait différentes, deux fibres : d'un côté, la fibre irritable, comme il l'appelait, c'est-à-dire la fibre contractile, le muscle; et de l'autre, la fibre sensible, c'est-à-dire le nerf. Il avait déjà dit que lorsqu'on irritait le nerf et que celui-ci faisait contracter le muscle, il ne communiquait pas à ce muscle une propriété spéciale à l'élément nerveux, mais se bornait à mettre en jeu les propriétés contractiles du muscle lui-même. C'est là ce que ses adversaires ne voulaient point admettre.

Prenons, en effet, une grenouille préparée à la manière de Galvani : il ne reste plus que les deux membres inférieurs soutenus par les nerfs lombaires; mais, comme l'animal vient d'être écorché sous vos yeux, ses tissus conservent encore toutes leurs propriétés vitales. D'ailleurs, nous avons eu soin de nous adresser à un vertébré à sang froid, chez qui, nous venons de le dire, les fonctions vitales persistent plus longtemps après la mort. Voici maintenant un petit appareil inducteur dont les fils aboutissent aux deux branches d'une pince que nous tenons dans la main et qui est très-commode pour produire de légères excitations électriques. Il suffit pour cela d'appliquer les deux pointes de la pince sur l'organe qu'on veut irriter, et celui-ci est immédiatement traversé par le courant électrique. Touchons ainsi les nerfs lombaires, et nous verrons aussitôt les muscles des membres inférieurs se contracter. Mais si nous touchons les muscles eux-mêmes, la contraction se produit encore. Eh bien, disaient les adversaires de Haller, quand vous irritez le nerf, le muscle se contracte, parce que le nerf lui communique sa propriété contractile, et c'est en vain que vous essayez de nous démentir en produisant la contraction par une irritation directe du muscle, car, alors encore, ce n'est pas le muscle seulement que vous irritez, ce sont encore aussi les dernières ramifications nerveuses qui aboutissent aux fibres musculaires.

Quelque détour que l'on prît, l'objection se représentait toujours, et elle était trop sérieuse pour qu'on pût la négliger. Il fallait donc isoler complétement les nerfs des muscles, et ce n'était pas chose facile. On avait en vain essayé de mille moyens divers. Par exemple, on coupait les nerfs qui arrivaient aux muscles le plus avant possible; mais cela n'y faisait rien, car on constatait toujours que plus loin, après la coupure, le nerf conservait encore ses propriétés.

Il fallait donc trouver un autre moyen pour résoudre l'objection, et ce moyen, les contemporains de Haller ne le trouvèrent pas. Aujourd'hui nous avons un moyen toxicologique.

Nous avons répété bien souvent que la science des êtres vivants, à l'état normal ou à l'état pathologique, reposait toujours sur l'étude des éléments histologiques : l'être est un ensemble d'individus divers réunis pour former un tout organique. Chaque poison agit sur un des éléments de cet ensemble en laissant les autres intacts. Mais que ce soit la fibre musculaire, le nerf de sentiment ou de mouvement, le globule du sang ou tout autre élément histologique que nous détruisions ainsi, l'être qui résulte de l'harmonie de tous ces individus n'en est pas moins détruit. Or, si nous trouvons un poison qui tue le nerf sans toucher au muscle, il faudra bien admettre que ce sont là deux substances différentes, car on distingue les substances entre elles par les propriétés qu'elles manifestent, par les réactions qu'elles produisent, et de la différence des phénomènes on est autorisé à induire légitimement la différence des natures. D'un autre côté, les deux substances étant maintenant bien isolées, on pourra distinguer facilement ce qui appartient à l'une et ce qui doit être attribué à l'autre.

Eh bien, ce poison existe : c'est le *wourara* ou *curare*, poison inconnu dans son essence et rentrant dans ce qu'on appelle les poisons de flèches. Les Indiens sauvages d'Amérique s'en servent pour empoisonner leurs armes et rendre ainsi mortelles les moindres blessures. Le curare est comme un bistouri, mais un bistouri très-délicat qui atteint les derniers linéaments des nerfs en épargnant les muscles qui les entourent, et nous allons vous montrer sur une grenouille que l'animal empoisonné ainsi, — ce qui exige de cinq à sept minutes tout au plus, — a conservé intactes toutes les propriétés de son système musculaire, tandis qu'il a perdu toutes celles du système nerveux, au moins du système nerveux moteur, car le système nerveux sensitif est également épargné, et l'action du curare peut servir encore à distinguer le nerf de sentiment du nerf de mouvement.

Comme point de comparaison, nous préparons d'abord une grenouille de la même manière que nous venons de le faire tout à l'heure, c'est-à-dire en conservant seulement les membres postérieurs et les nerfs lombaires. Puis nous empoisonnons avec le curare une grenouille exactement semblable, et comme elle sera écorchée plus tard, on ne pourra pas dire que si ses nerfs ne produisent plus de contraction quand on les irrite, c'est parce que la mort est déjà trop ancienne et que les propriétés vitales commencent à disparaître. Du reste, la mort par le curare est sans douleur, comme on peut le voir sur cette grenouille; il n'y a pas de convulsions, et l'animal ne semble rien ressentir d'extraordinaire; seulement ses membres s'immobilisent de plus en plus. Des accidents de chasse ont permis de faire sur l'homme des observations analogues. Ainsi une personne qui s'était piquée avec une flèche empoisonnée par le curare en voulant tirer sur un singe, eut parfaitement le temps d'appeler ses amis, de leur faire ses adieux et de leur confier ses dernières recommandations, le tout sans le moindre trouble, sans la moindre marque de douleur, la nature seule de sa blessure semblant l'avertir de l'imminence et de la certitude de sa mort. Cette circonstance mérite d'autant mieux d'être notée que les autres poisons produisent de violentes secousses dans l'organisme et occasionnent toujours de vives douleurs.

Voici maintenant notre grenouille qui a subi l'effet du curare. Elle paraît morte et pourtant elle ne l'est pas, cas il n'y a d'empoisonné que le système nerveux moteur : tout le reste est conservé. Elle entend, elle voit, elle sent, mais elle ne peut plus manifester sa sensibilité à l'extérieur, puisque le nerf moteur est détruit; aussi pouvons-nous la pincer partout sans qu'elle paraisse s'en apercevoir ni éprouver aucune souffrance. Cependant cette sensibilité existe parfaitement, et pour la mettre en évidence, nous n'avons qu'à conserver une partie des muscles en préservant de l'action du curare les nerfs qui y arrivent. La chose n'est point difficile. En effet, c'est le sang qui porte dans tout le corps l'action du curare; le nerf de mouvement est atteint d'abord par son extrémité périphérique, c'est-à-dire celle qui plonge dans le muscle, et l'empoisonnement remonte progressivement de là jusqu'à la moelle épinière, mais il ne peut se propager en sens inverse. Nous prenons donc une grenouille et, avant de l'empoisonner, nous lui lions fortement l'aorte dans la région lombaire, de telle sorte que le sang parti du cœur ne puisse plus arriver dans les membres inférieurs; le train postérieur et le train antérieur ne sont donc plus en communication que par la moelle épinière, et cet organe, nous le savons déjà, ne peut servir à propager l'empoisonnement par le curare, qui marche toujours de la périphérie vers le centre, d'autant plus qu'il ne subit lui-même aucune action de la part de cet agent toxique. Au lieu de conserver tout le train postérieur, nous pourrions conserver un seul muscle, le muscle soléaire par exemple, en liant l'artère qui lui amène le sang. La grenouille préparée de cette façon, manifeste alors sa sensibilité par le muscle ou par les membranes dont on lui a conservé l'usage.

Nous pouvons maintenant comparer les phénomènes qui se produisent sur nos trois grenouilles préparées chacune d'une manière différente. D'abord voici la grenouille normale, c'est-à-dire non empoisonnée, préparée tout à l'heure à la manière de Galvani; puis la première grenouille empoisonnée par le curare et que nous disposons de même en ne conservant également que les deux membres inférieurs et les membres lombaires; enfin la grenouille dont nous avons lié l'aorte avant de l'empoisonner pour empêcher l'accès du sang dans le train postérieur. La grenouille normale donne des contractions quand on irrite le nerf avec la petite pince électrique dont nous avons parlé tout à l'heure, et elle en donne également quand on excite le muscle lui-même. Au contraire, la grenouille empoisonnée par le curare contracte bien encore les membres inférieurs quand on électrise directement le muscle, mais elle ne manifeste plus aucun phénomène si l'on agit sur le nerf.

Cette double expérience prouve clairement les deux points que nous voulions démontrer :

1° Le muscle et le nerf constituent deux substances distinctes, puisque les agents qui empoisonnent l'un n'atteignent pas l'autre.

2° C'est dans le muscle que réside la propriété contractile, puisqu'on peut encore mettre en jeu cette propriété en irritant directement le muscle, lorsque le nerf a été détruit par un agent toxique.

Prenons maintenant la troisième grenouille, empoisonnée également par le curare, mais chez laquelle le sang, véhicule de l'intoxication, n'a pu arriver dans les membres inférieurs. Si nous la pinçons aux membres postérieurs, elle retire ces membres; si nous piquons ensuite les pattes de devant, elle ne pourra pas les remuer, puisque l'action du curare lui a rendu là tout mouvement impossible, mais elle remuera encore celles de derrière. Cela montre bien que l'animal a conservé intacts ses nerfs de sentiment même dans la région du corps empoisonné par le curare, puisqu'elle ressent encore dans cette région les impressions de douleur qu'on y produit. L'élément nerveux moteur a seul péri partout où le sang a porté l'action du poison et la mort arrive consécutivement par l'asphyxie résultant elle-même de l'absence de cet élément moteur. Chaque élément histologique a ses propriétés spéciales et ses poisons distincts, mais la mort de l'animal suit inévitablement la destruction d'une des parties du mécanisme; car il n'y a pas d'éléments inactifs dans l'être vivant, et la paralysie d'un seul des éléments suffit pour arrêter l'action de tous les autres.

Ainsi, pour nous résumer, on ne peut considérer le système musculaire comme recevant ses propriétés du système nerveux; il y a influence de l'un sur l'autre, mais voilà tout. Le système musculaire a ses propriétés spéciales, le système nerveux a également les siennes : la contraction résulte de leur rencontre.

Nous avons donc démontré le principe que nous devions examiner avant d'entrer dans l'étude expérimentale du tissu musculaire. Il est maintenant établi que ce tissu constitue un élément histologique séparé, agent essentiel de la contraction musculaire, et nous allons parcourir successivement les propriétés qui le distinguent et les fonctions diverses qu'il accomplit.

Émile Alglave.

HISTOIRE NATURELLE DES CORPS ORGANISÉS.

COURS DE M. GUSTAVE FLOURENS.

(Collége de France.)

(Voy. les nos 4, 5, 8-11, 13, 14, 17, 20, 22-25, 27, 29, 32 et 35.)

XXXIII, XXXIV.

SOUS-DIVISION SLAVE.

Des trois sous-divisions aryanes qui ont peuplé l'Europe, celle des Slaves a le plus souffert. Arrivée la dernière, elle a été condamnée à habiter les plaines orientales et à les défendre contre les invasions des Jaunes. Ces plaines, que les émigrants de la Sogdiane avaient trouvées ouvertes devant eux comme une grande route, restaient aussi ouvertes aux émigrants jaunes. Les populations de la Russie actuelle devaient donc, dès leur établissement en Europe, servir de rempart contre l'invasion asiatique, aux Européens occidentaux, protégés par la disposition de leur sol, très-découpé et très-bien fortifié naturellement. Pour sauver la grande conquête territoriale des peuples blancs à l'occident, il fallait que la première rangée de ces peuples, à l'est, fût sacrifiée. C'est ce qui est arrivé. Les Slaves étaient devenus agriculteurs. D'origine aryane, ils avaient éprouvé le même besoin de fixité que tous les autres Aryas.

Tandis que beaucoup d'Araméens sont restés nomades, que, parmi les Jaunes, les Mongols n'ont pu sortir de cet état primitif, l'Arya n'aspire, dès l'origine, qu'à dételer le chariot de voyage, et à s'emparer du sol par la culture. Cette heureuse tendance a fondé la suprématie actuelle de la division aryane sur le monde entier, en lui permettant d'élever son intelligence, de construire des villes, d'inventer la civilisation. Le Mongol, aussi sauvage que ses troupeaux, les mène de pâturage en pâturage; pour nourrir quelques hordes, il faut d'immenses étendues de terrain. Au début, il y a peu de différences entre la lourde charrette couverte de l'émigrant arya, et celle du Mongol, qui erre aujourd'hui encore dans les steppes asiatiques. Mais ce n'est pour l'Arya qu'un état provisoire, dont il ne tarde pas à sortir. Quand il se retrouve dans les mêmes conditions, il agit toujours de même; dès que l'Européen, dans l'Australie ou l'Amérique actuelle, trouve un sol favorable à la culture, il arrête ses chariots et défriche le terrain. L'indigène, au contraire, continue à errer au milieu des forêts.

Malheureusement les Slaves, en se fixant au sol, perdirent en grande partie les qualités guerrières propres aux peuples pasteurs. La mobilité perpétuelle de ceux-ci, les dangers incessants de rencontre avec d'autres hordes, de lutte pour la possession des pâturages, entretiennent forcément chez eux l'habitude des armes. En même temps, la guerre est une occupation, une distraction nécessaire à ceux qui ne font rien, si ce n'est conduire des troupeaux. L'émigrant marche le fer à la main; quand il s'arrête, il recourbe son fer et l'emploie à déchirer la plaine. Les peuples laboureurs sont occupés du travail du sol, ils n'ont pas le temps de se battre. Jouissant de plus de bien-être, ils deviennent plus doux, plus pacifiques; ils prennent goût au calme et à l'ordre. La propriété, pour eux, est fondée sur le travail; pour les pasteurs, sur le droit du premier occupant, qu'il faut défendre par les armes contre les survenants, et perdre quand ils sont les plus forts. Dans une société primitive de laboureurs, l'équité seule règne; chacun ne possède qu'autant qu'il travaille. Cet état social subsiste jusqu'à l'arrivée d'étrangers conquérants, qui subjuguent ces laboureurs, et les forcent à leur payer un tribut, à travailler pour eux. C'est là l'établissement d'une caste supérieure, d'une aristocratie, et d'un troisième mode de propriété, la propriété de conquête.

Ainsi les Slaves se sont trouvés, de tout temps, exposés au plus terrible danger. Non-seulement les Mongols sont incapables de civilisation, mais ils en sont ennemis : ennemis de la civilisation jaune comme de la civilisation blanche. Les conquérants mongols ont souvent montré une hostilité systématique contre la civilisation, à laquelle leurs sujets ne savent pas atteindre. Grâce à l'état nomade de ces peuples, leurs chefs peuvent mettre en mouvement tout à coup des hordes immenses et les jeter sur un pays tranquille. En couvrant les Européens occidentaux, en recevant le choc de ces barbares et en l'amortissant, les Slaves ont rendu au monde le plus signalé service. Car si l'élément mongol avait prédominé jusqu'à la Vistule, ni les Gaulois, ni les Germains, absorbés par le soin de se défendre, n'auraient pu se civiliser; il n'existerait plus d'autre foyer de lumière aryane que l'Hindoustan, l'Europe septentrionale serait mongole, l'Europe méridionale arabe.

Mais, il en a coûté cher aux Slaves pour devenir ainsi les protecteurs de l'Occident. Ils n'ont pu repousser ces Jaunes, ils ont subi à plusieurs reprises des mélanges funestes avec eux. Ces mélanges, sans leur enlever le type arya, l'ont pourtant beaucoup déprécié et avili; de là l'état arriéré d'un grand nombre de populations slaves. La loi qui régit les mélanges l'ordonne ainsi, comme nous l'avons vu constamment. Dans les limites de la race, ils sont utiles, bienfaisants. Des peuples de même race, mais de tribus primitives différentes, ne peuvent que gagner à se mélanger entre eux le plus possible; les produits acquerront une valeur bien plus grande, parce qu'ils réuniront plus de qualités que n'en possédaient leurs générateurs avant le mélange. Chaque tribu primitive ne possédant point toutes les qualités de la race à laquelle elle appartient, mais une certaine somme de ces qualités, si elle reste isolée et sans mélanges, n'augmentera pas cette somme; elle se bornera à exister, elle ne vivra pas. Si, au contraire, elle se mélange avec d'autres tribus de même race, elle complétera son caractère et sa constitution originels; elle acquerra tout ce qui lui manquait et se trouvait réparti à d'autres. Elle vivra, elle mettra en action toutes les forces de la race à laquelle elle appartient, au lieu de s'en tenir à celles qui lui étaient échues par droit de naissance. De pareils mélanges agrandissent l'humanité, augmentent ses puissances, fécondent les nations. Les mélanges entre races différentes, entre blancs et jaunes, entre jaunes et noirs, ont nécessairement un effet tout contraire. Ils diminuent l'humanité, restreignent ses puissances, amoindrissent et stérilisent les nations. Ils tendent à la fusion de tout ce qu'il y a de diversités dans l'espèce humaine en un seul type uniforme dégradé. Car une séparation profonde existe entre les races aussi distinctes que possible, bien qu'étant de même espèce. Elles sont complétement indépendantes l'une de l'autre; si les produits de mélanges entre elles sont indéfiniment féconds, ce qui indique l'unité d'espèce, ces produits sont inutiles à la conservation de l'espèce, et funestes à son développement normal. Or, les Européens occidentaux n'ont subi que des mélanges bienfaisants, soit entre Aryas, soit entre Aryas et Araméens qui sont aussi de race blanche. De là vient leur supériorité sur les Slaves mélangés avec des Jaunes.

Les Romains et les Grecs, auxquels il nous faut recourir pour toute notion sur les peuples qui ne nous ont point laissé comme eux de monuments écrits, eurent peu de connaissance des Slaves. Ils ne les virent point, comme les Gaulois, envahir l'Italie; ils ne les rencontrèrent point sur les limites de leur empire, comme les Germains. Pour les Grecs, à la mer Noire, aux frontières de la Thessalie et de la Macédoine, commençait le monde effrayant des enchantements et des prodiges, des êtres légendaires à moitié bêtes, à moitié hommes. Pourtant l'intérêt fut plus fort que la peur, et ils fondèrent sur le littoral de la mer Noire quelques comptoirs pour faire le commerce avec les barbares. Ceux-ci ramassaient l'ambre sur les bords de la Baltique, et l'expédiaient aux marchands grecs du Pont-Euxin. Ils leur vendaient aussi des blés, car les grandes plaines orientales ont de tout temps fourni cette denrée au reste de l'Europe. C'étaient des agriculteurs, sachant exploiter les produits de leur travail, s'enrichissant par la vente de leur excédant, de tout ce qu'ils ne consommaient point. Ils n'étaient donc pas inférieurs, comme état social, aux Gaulois et aux Germains, et auraient pu se développer, aussi bien que ceux-ci, s'ils n'avaient pas été ensuite mongolisés.

Le type slave est essentiellement arya : yeux bleus, cheveux blonds, châtains, roux. Il se distingue par la forme de la tête, qui n'a plus rien d'ovale. Tandis que le crâne s'élève chez le Germain, s'allonge chez le Gaulois selon le diamètre antéro-postérieur, ce qui le rend·

ovale, ici, hauteur, largeur, longueur sont à peu près égales, de là une apparence de boîte carrée qu'affectent ces crânes. Ce développement moyen du crâne correspond bien au génie slave, qui n'a ni l'invention gauloise, ni la méditation germaine, mais une certaine médiocrité de puissance, une soumission profonde, un grand amour du calme et de la sécurité. Le front est assez aplati, le nez court, les yeux petits ; les pommettes sont proéminentes quand il y a eu mongolisation ; les sourcils sont minces, et en général le système pileux est peu développé. La poitrine est ample ; car l'air froid et vif de ces contrées fait acquérir à la respiration une intensité plus grande, et aux organes respiratoires plus de volume. Mais, si le buste et les membres supérieurs offrent un beau développement, il n'en est pas de même des membres inférieurs, qui sont parfois courts et grêles. Pourtant les Polonais sont en général grands et bien faits. Leurs femmes ont une beauté remarquable qu'elles conservent fort tard. Le teint est blanc dans le nord ; dans le midi il brunit, et là où il y a eu mélange avec des Araméens les Slaves méridionaux ont des yeux et des cheveux noirs.

Le nom national des Slaves signifie *les hommes qui savent parler*, en opposition avec les Germains, appelés *Niemsi*, parce qu'ils parlaient une autre langue que les Slaves, inintelligible pour ceux-ci. Ainsi les Aryas de l'Hindoustan nommaient *Mlechtas* (c'est-à-dire *les bégayeurs*) ceux qu'ils appelaient aussi *Varvaras* (d'où *Barbares*, c'est-à-dire les hommes aux cheveux crépus), les nègres, au milieu desquels ils se trouvaient et dont ils ne comprenaient pas le langage. Ces peuples, enfants et ignorants, jugeaient les autres peuples comme les personnes sans instruction jugent encore parmi nous tout étranger qui ne comprend pas leur langue maternelle. Elles s'imaginent qu'il n'existe au monde qu'un seul langage ; elles s'irritent contre ceux qui ne le comprennent point, elles l'estiment dépourvu de sens et incapable de faire un bon usage de la parole.

Comme nous l'avons vu pour les Gaulois, pour les Germains, l'uniformité primitive des langues slaves nous indique une tribu secondaire dans la grande tribu aryane primitive. D'abord les Aryas parlent tous le même langage, et ceci est la langue aryane primitive que M. Pictet a essayé de reconstituer. Puis ils se fractionnent en tribus, car ils se sont beaucoup multipliés. Alors, chacune de ces tribus modifie forcément son langage, ce qui arrive toutes les fois qu'il y a séparation, isolement : et ceci nous donne nos langues germaniques, gauloises, slaves, etc., dont le type fut véritablement un à l'origine. Enfin, établies en Europe, ces tribus secondaires donnent, chacune, naissance, en se fractionnant elles-mêmes, à des tribus tertiaires qui sont nos nations européennes ; et ceci est le fondement des idiomes distincts dans les langues secondaires : pour les Slaves, par exemple, des idiomes russe, polonais, tchèque, etc. Il existe donc dans toute langue, dans toute invention primordiale des hommes pour l'expression de la pensée humaine, deux forces : une force d'immuabilité et une force de variabilité limitée. Toute langue est immuable : en effet, après des milliers d'années, nous nous servons encore des mêmes syllabes-racines qui furent employées à l'origine par les inventeurs de notre langage. L'extérieur, la forme, ont varié, ceci est affaire du temps ; le fond est resté constamment le même. Un peuple peut passer à une autre langue empruntée : ainsi la plupart des descendants des Gaulois parlent des langues latines (français, espagnol) ; mais non refaire la langue originelle par des inventions subséquentes. Car la création des langues est un fait tout primordial et ne se produisant qu'une seule fois dans l'existence de chaque tribu. La force de variabilité limitée ne se fait sentir que faiblement par la seule action du temps. Dans une tribu non fractionnée et continuant à habiter son séjour originel, la langue primitive peut se conserver, pendant des siècles, très-peu modifiée. Mais cette force agit puissamment dès qu'il y a séparation, fractionnement de la tribu. Au moment de la séparation, chacune de ces fractions parle le même langage. A peine sont-elles séparées et pour peu qu'elles s'éloignent les unes des autres, elles modifient leur langage en l'appropriant à leurs habitudes nouvelles, aux climats nouveaux qu'elles habitent, aux productions différentes de ces climats, à leurs occupations, à leurs voisinages. Comme elles forment chacune un tout distinct, elles ont aussi chacune leur langage distinct. Et de même que peu d'années suffisent pour empêcher des frères de se reconnaître, elles ne tardent pas à ne pouvoir plus se comprendre si elles se retrouvent en présence les unes des autres. C'est la confusion des langues, fait réel et positif, que les fables hébraïques expliquent, à leur manière, par une intervention divine (*Babel*). Mais tous les dialectes d'une même langue primitive peuvent ensuite être ramenés scientifiquement à leur type originel ; car ils n'ont fait que revêtir un costume différent, que varier dans la forme.

Ce grand fait de la tribu gauloise passant presque tout entière (excepté les Bretons et les Irlandais) à des idiomes latins, nous indique la possibilité d'une langue universelle. Si les Romains avaient dominé dans toute l'Europe, l'allemand et le slave y auraient disparu, comme le gaulois et le kymri. Toute l'Europe parlerait maintenant des langues néo-latines. Un grand pas serait fait vers l'unification du langage. Les gens d'Église, qui ont succédé aux Romains dans la domination des peuples, n'ont pu faire prévaloir leur latin de sacristie. Ils n'ont fait, chez les Slaves et les Germains, que retarder dans chaque pays le progrès des langues nationales, en les réduisant à l'office de patois employés seulement pour les usages les plus vulgaires, les moins nobles. Et s'il nous faut d'autres exemples plus concluants encore, puisqu'ils viennent de peuples n'ayant point une origine commune, n'appartenant pas à la même tribu primitive, nous les prendrons parmi ces nations qui avoisinent l'Hindoustan à l'est, soit en Asie, soit en Océanie. Elles font partie de la race jaune ; elles ont donc un tout autre génie que les Aryas de l'Hindoustan : leurs ancêtres leur ont légué des langues totalement différentes du langage arya, des langues qui envisagent les choses à un autre point de vue, et les expriment d'une manière très-dissemblable. Et cependant combien d'emprunts ont été faits par ces voisins jaunes au langage, à la noble civilisation de l'Hindoustan, dont la lumière a rayonné dans l'Orient, comme celle de la civilisation grecque dans l'Occident. Ainsi voilà encore une expérience bien concluante en faveur de la possibilité d'une langue universelle : des éléments du langage arya passant chez des Jaunes. Aujourd'hui les Chinois apprennent bien le latin qui leur est enseigné par les missionnaires. Il vaudrait mieux leur apprendre une langue vivante, un dérivé du latin, le français par exemple ; mais le fait n'en est pas moins concluant. Combien ils échangeraient rapidement leur langue imparfaite, si difficile à écrire, contre une de ces belles langues, héritières plus ou moins riches de l'heureuse invention des Aryas primitifs. La langue universelle n'est pas une utopie, c'est un des plus grands bienfaits que nous réserve l'avenir. Ce ne sera point un langage savant, artificiel, d'invention abstraite, qui prévaudra, comme plusieurs le pensent ; ce sera évidemment la langue conquérante par excellence, celle qui a triomphé du gaulois, du kymri, de l'allemand, du slave, chaque fois qu'elle s'est trouvée à leur contact, la langue latine sous l'une de ses formes actuelles, soit française, soit italienne. Dès qu'il y a instruction, le français devient la langue usuelle : déjà il est la langue du continent, comme l'anglais est la langue des mers. L'adoption de l'anglais sur les mers tient au grand développement actuel de la marine et des colonies du peuple qui le parle. Ce n'est pas un fait du même ordre que la préférence volontaire accordée au français par la société instruite de tout le continent européen. Et aujourd'hui l'instruction n'appartient, dans chaque nation, qu'à un très-petit nombre ; dans l'Europe orientale, c'est le privilége exclusif de la classe riche. Que demain la liberté et le droit des peuples triomphent, que les théocraties succombent définitivement ; et chaque nation pourra désarmer, et consacrer à son instruction ces millions qui se dépensent chaque jour à solder d'inutiles défenseurs. Alors, le même goût qui existe chez quelques-uns, les seuls qui le connaissent aujourd'hui, pour le français, se manifestera chez tous. Et les enfants de chaque peuple, en même temps que leur langue nationale, apprendront le français. Et ils en viendront bientôt à ne plus parler que le français ; comme les Polonais instruits qui, même chez eux et entre eux, s'expriment volontiers dans cette langue. Ce qui se perd en Europe de temps, d'efforts, d'idées, grâce à la multiplicité des langues chez des peuples si étroitement liés par la communauté de besoins, d'aspirations, de sentiments, d'inventions, nul ne saurait le dire.

Les mêmes découvertes se refont à plusieurs reprises dans chaque langue : on s'ignore réciproquement. Les travaux intellectuels, chez les peuples qui s'y livrent, se font à l'aveugle et sans suite, sans aucun profit pour ceux qui, séparés par un bras de mer, un fleuve, une chaîne de montagnes, étudient le même sujet. Pourtant c'est bien un seul et même esprit qui anime toute l'Europe moderne et dirige ces travaux : faute d'ordre, de méthode, et d'entente générale, ils avancent beaucoup moins rapidement qu'ils ne devraient le faire, eu égard à la somme d'efforts dépensée. L'expression des idées scientifiques dans les langues slaves trop peu formées, non suffisamment assouplies par une grande culture littéraire, est mauvaise et indocile. En allemand, elle est dangereuse : le vague, le manque de précision de la phrase, passent à l'idée. Traduisez en français des idées allemandes, combien en restera-t-il ? longs volumes, amas de rêveries ou de faits insignifiants et sans valeur. Les grands travailleurs allemands ont en main un mauvais instrument. Pour le commerce, il en est de même : les communications sont devenues plus rapides, la locomotion s'est un peu améliorée, mais non les moyens de relation. Sans apprentissage préalable, on ne parvient pas à s'entendre ; le vieux système des interprètes est encore en usage. L'instruction a déjà fait disparaître en France la majeure partie des dialectes conservés, grâce à l'ignorance et à l'immobilité des populations, jusqu'à notre époque : elle fera en grand la même chose dans toute l'Europe. Ce sera aussi le dernier coup porté aux guerres. Des hommes qui s'entendent et se comprennent sont frères : il est bien plus difficile de les amener à s'entre-tuer, s'ils n'y ont aucun intérêt. Déjà la raison a fait des progrès : on ne trouve plus en Europe de troupes mercenaires d'aventuriers, toujours prêtes à piller, saccager, égorger, aux ordres de n'importe qui, et à passer sous les drapeaux de celui qui paye le mieux. Telles les glorieuses bandes qui faisaient la guerre sous les grands généraux allemands avant 1789. Aujourd'hui les partis rétrogrades de l'Allemagne, soutiens du droit divin, font exécuter leurs ordres par de braves jeunes gens arrachés à leurs familles et à leurs villages. Et ceux-ci s'acquittent de leur tâche d'exécuteurs fédéraux avec dégoût : ni le Polonais, ni le Vénitien, enrégimentés dans les troupes allemandes, n'ont plaisir à massacrer les Danois. Les vieux mots de gloire militaire, d'honneur du drapeau, ne trouvent plus prise sur des âmes qui commencent à comprendre les véritables devoirs de l'homme. Donnez-leur la pleine lumière, l'instruction qui leur manque, et ils deviendront incapables de ce métier de bourreaux, de geôliers des autres peuples, et il n'y aura plus moyen, même par aucune violence, de recruter les armées du despotisme. Il n'y a que deux manières de mener les hommes : le sabre et la parole. Le sabre, instrument des théocraties (*ratio ultima regum*) ; la parole, instrument des démocraties. Derrière le sabre, le prêtre et le juge, qui ont besoin de son appui, car ils n'améliorent ni n'aiment les peuples, ils les effrayent et les punissent, l'un par des châtiments futurs, l'autre par des châtiments présents. La parole, lumière des âmes, souveraine force de l'homme bon et sage, refusée à l'ambitieux égoïste, metteuse en œuvre de tout ce qu'il y a chez nous de sentiments élevés, honnêtes, généreux.

Les langues slaves se sont moins éloignées de leur souche que les autres dérivés de la langue aryane. Car elles n'ont pas été modifiées par une culture littéraire, par des relations avec d'autres langues, comme cela est arrivé dans l'Europe occidentale. De ceci résulte aussi que les différents idiomes slaves offrent entre eux de moindres différences que les idiomes germaniques ou latins. Ils doivent encore, puisque l'invention des langues est un fait primordial, et qu'elles tendent à perdre par la culture littéraire, par le mouvement, une partie de leur richesse et de leur simplicité de règles primitive, conservée quand elles restent dans un état stationnaire, ils doivent encore posséder une grammaire meilleure que l'allemand, le français, l'italien. C'est ce qui a lieu en effet. Le lithuanien, langue parlée aujourd'hui encore, sinon dans les villes, à Grodno, à Wilna, à Witebsk, à Mohilew, à Minsk, où l'on emploie de préférence le polonais; au moins dans les campagnes où les paysans ne connaissent pas d'autre langage, reproduit l'arya primitif avec autant de fidélité que le reproduit la langue sanscrite, morte depuis tant de siècles et conservée intacte dans les livres sacrés. Il a cette même richesse grammaticale, cette logique dans la syntaxe, cette simplicité dans les règles, cette harmonie dans les sons, qui font la supériorité du sanscrit. Les Lithuaniens ont également gardé des croyances aryanes toutes primitives aux transmigrations des âmes à travers plusieurs existences graduées selon leurs mérites.

Parmi les récompenses réservées aux bons et aux braves, il en est une dont le caractère est tout local: après leur mort, ils régneront sur les Allemands. Sur le littoral du pays des Lettes, de la nation lithuanienne, c'est-à-dire dans les gouvernements russes de Courlande et de Livonie (Mittau et Riga), se parle le lettonien, qui se distingue par sa germanisation du lithuanien. Ceci est un fait de situation : le voisinage des Allemands a transformé la langue parlée sur les points qui leur étaient le plus accessibles, et lui a enlevé son originalité. Il y a introduit aussi une culture littéraire qui manque au lithuanien. En dehors de la littérature sacrée (traductions de la Bible, catéchismes, psaumes, etc.), qui constitue à elle seule la langue écrite de beaucoup d'idiomes de l'Europe orientale, le lettonien possède des chants nationaux, des ouvrages de grammaire, d'histoire et de poésie.

L'idiome tchèque ou bohême (Bohême, Moravie, Silésie autrichienne, Hongrie septentrionale), sonore, musical, plein de distinction et d'énergie, abondant en racines, a eu de bonne heure une littérature brillante. Ce pays fut d'abord habité par des colons gaulois, des *Boïi*, émigrés de la Gaule, dépossédés ensuite par des Germains, les *Marcomanni* (hommes de la marche, de la frontière, en allemand). Les Germains furent chassés à leur tour par des Slaves, les *Tchèques*, qui conquirent définitivement le pays. L'université de Prague fut une des plus brillantes après celle de Paris, et l'instruction se développa rapidement chez ces populations intelligentes. Le tchèque, plus avancé que l'allemand, devint la langue officielle de toute l'Allemagne; sa connaissance fut imposée aux Électeurs du saint-empire, aux juges, aux diplomates. Le besoin de secouer le joug d'ignorance et d'hébétude imposé à toute l'Europe par le christianisme se fit vivement sentir dans ce pays, et se personnifia dans l'homme qui était à la tête de l'enseignement, le recteur de l'université de Prague, Jean Huss, précurseur de Luther. Il reprit les doctrines de l'éloquent professeur d'Oxford, Jean de Wiclef, qui avait condamné le luxe, les richesses et les débauches des prêtres, leur intervention dans le mariage, la confession, les indulgences, la communion, la domination papale, la hiérarchie sacerdotale. Ce qui souleva Jean Huss, homme honnête et austère, ce fut moins l'absurdité des croyances que l'impureté, l'indignité des ministres du culte. Il n'attaqua d'abord qu'avec réserve et ménagement les dogmes, car il avait un caractère doux, et ne devint agressif que forcé par ses ennemis. Il commence par accuser les prêtres et les moines de voler le peuple au lieu de le soulager, de dépenser honteusement le prix de leurs rapines, de leurs ventes de sacrements et de réconciliations sacriléges au moment de la mort (réconciliations dont l'attente favorise si bien les vices; c'est un marché conclu à l'avance, par lequel tous les crimes sont permis à qui peut les racheter en argent à sa dernière heure); de capter les héritages, et d'extorquer, par l'ignoble crainte de l'enfer, aux lâches, aux pusillanimes, le patrimoine de leurs enfants; enfin de tout ce menu manége de charité bien ordonnée, qui rend l'Église florissante.

Il ose aussi défendre la raison et la liberté de conscience. Donc il ne restait plus, comme le dit l'illustre Gerson, prêtre-libéral de l'époque pourtant, « qu'à » mettre la cognée du bras séculier à la racine de cet » arbre infructueux et maudit. » Ce qui fut fait avec succès, car Jean Huss fut brûlé vif à Constance. Une lutte loyale est impossible à ce parti, il sent bien qu'il n'est pas de force à combattre à armes égales contre la raison humaine : il lui faut, depuis qu'il existe, l'appui du bras séculier, gendarmes, juges, bourreaux. Alors la Bohême prit les armes pour venger le supplice de son grand homme, mis à mort malgré le sauf-conduit impérial. Les Hussites, commandés par l'indomptable Jean Ziska, général aveugle et toujours vainqueur, défirent onze fois les Impériaux, furent encore vainqueurs après sa mort, et finirent par accepter une paix honorable. Jean Huss avait fait une traduction de la Bible en tchèque, comme Wiclef en avait fait une en anglais; Jean Ziska avait écrit des ouvrages d'art militaire. La prose tchèque continua à être cultivée avec succès jusqu'à l'époque de la guerre de Trente ans. Les Tchèques voulaient recouvrer leur autonomie, qui leur avait été enlevée par les Allemands : quand Mathias, empereur d'Autriche, viola leur constitution, ils jetèrent ses représentants par les fenêtres (défénestration de Prague). Ce fut l'origine de la guerre de Trente ans, guerre atroce, où les Tchèques furent vaincus et perdirent leur indépendance, leur nationalité, tous leurs droits. La langue nationale fut proscrite, l'emploi exclusif de l'allemand fut ordonné. Les Allemands furent aidés dans cette tentative de germaniser la Bohême par les jésuites, ennemis de tout ce qu'il y a de bon et de juste en politique comme en morale. Tel jésuite, agent zélé de son ordre, écrivait à ses supérieurs qu'il avait brûlé à lui seul plus de soixante mille volumes. Cette guerre acharnée à l'intelligence, ils la faisaient sous prétexte d'hérésie hussite dont ils accusaient tout livre écrit en tchèque. Puis ils falsifièrent indignement l'histoire de la Bohême, transformant les grands citoyens, les patriotes généreux, en traîtres et en factieux. Nous connaissons fort mal l'histoire de ce pays, la puisant surtout à des sources allemandes ou jésuitiques. Ainsi disparurent beaucoup de monuments précieux. Ainsi les Espagnols, en Amérique, détruisaient les manuscrits mexicains, les regardant comme œuvres diaboliques parce qu'ils ne les comprenaient pas ; ainsi à notre époque même et en France, nous pouvons dans les provinces assister parfois à de pieux incendies des ouvrages de Voltaire, de Rousseau ou de Montesquieu. Le livre, leur ennemi mortel, ils le brûlent quand ils ne peuvent brûler l'auteur ; ce qu'il leur faut, c'est le livre falsifié, le livre-mensonge. Mais ces efforts impies furent vains ; s'il se fit beaucoup de ténèbres dans les esprits et d'avilissement dans les cœurs ; si Prague, dont l'université attirait jadis les étudiants étrangers, resta ensevelie dans un morne silence, le patriotisme ne s'éteignit pas. Une nationalité ne meurt point. Un grand mouvement national se fit et se continue à notre époque ; de nombreuses publications de livres et de journaux en tchèque vinrent réveiller les âmes assoupies. Notre illustre contemporain Schafarik, dont les travaux sur les Slaves sont classiques, est un Tchèque-Hongrois. Les Tchèques sont de petite taille en général ; ils ont des yeux vifs et intelligents, des muscles assez robustes ; ils sont très-patients et très-résignés, mais indomptables quand ils ont secoué le joug : ils ont tant souffert des Allemands qu'ils ne peuvent guère les aimer. Malgré tous les efforts des empereurs d'Autriche, il n'y a pas plus d'un tiers de population allemande en Bohême et en Moravie. La douceur et l'honnêteté de ces populations se retrouvent chez les frères Moraves (ou Bohêmes), successeurs des Hussites, qui vivent en communautés, dans la paix et le travail. Les persécutions religieuses ont aussi d'ailleurs à fonder beaucoup de dévotion chez la majorité catholique. Le tchèque a plusieurs dialectes qui sont parlés dans la Bohême, la Moravie, la Silésie autrichienne, dans les comitats slaves de la Hongrie (dialecte slowaque) qui avoisinent la Moravie et font partie du territoire primitif des Tchèques.

Le *sorabe*, parlé encore dans une partie de la Lusace, et qui se rapproche du tchèque, rappelle une tribu slave établie en Lusace et dans les pays voisins, soumise aux Allemands. C'est du slave fortement germanisé, comme l'a été en général, à cause de sa situation, le peuple qui le parlait.

A côté des *Lettes* (Lithuanie) et des *Tchèques* (Bohême) viennent les *Lecks* (Pologne).

La dévastation de la Pologne, qui s'accomplit périodiquement avec tant de cruauté, est l'œuvre du vieux parti moscovite, inflexible et implacable. Il n'y a point de haines aussi féroces que celles des vieux partis. Puis les Allemands qui gouvernent, qui forment la bureaucratie impériale, maîtresse du pays et du czar lui-même, anoblie comme celle de Dioclétien, ont intérêt dans ces ravages d'un riche pays. Ce sont des coupes réglées. Les Allemands faméliques s'abattent sur la Russie et la dévorent : ceci a lieu toutes les fois qu'un peuple se trouve dans le voisinage d'un autre qui est moins avancé. Ainsi Rome avait ses parasites grecs, remplissant toutes les fonctions imaginables pour s'enrichir. L'armée impériale est requise pour prêter main forte aux spéculateurs et pour détruire le peuple polonais. Elle-même souffre cruellement de ces ordres inhumains. En Pologne, les malheureux soldats russes passent des journées entières, immobiles, les pieds dans la neige fondue, sans vivres, tant cette armée est mal approvisionnée. Puis on leur distribue de l'eau-de-vie, cette eau-de-vie dont le Russe, comme le sauvage, abuse si stupidement. Et alors quand on les a bien alcoolisés, quand on en a fait des bêtes féroces, on les lâche sur de malheureuses populations désarmées, et ils punissent de leurs souffrances ces victimes, et ils commettent les atrocités auxquelles l'Europe occidentale refuse de croire. Le crime n'est pas à ces instruments aveugles, mais à ceux qui dégradent l'homme à ce point.

Chaque génération polonaise, lorsqu'elle est arrivée à la fleur de l'âge, se soulève et se fait décimer. De là les révoltes successives de cet infortuné pays. Le courage des femmes le soutient, car elles sont toutes-puissantes pour le bien comme pour le mal. Et quand un pays en vient à aimer sa servitude, c'est qu'elles sont devenues lâches et ont préféré l'esclavage sordide et paisible à la brûlante liberté. Mais en Pologne, il n'y a pas d'union, c'est ce qui rend impossible le succès des insurrections. De nobles tentatives ont été faites, des sociétés se sont formées pour l'amélioration du sort des paysans. Il y a eu sous les armes une glorieuse fraternité de dangers, une bienfaisante égalité temporaire entre les seigneurs ou leurs fils et les ouvriers varsoviens. Efforts isolés et stériles ; l'horreur de la démocratie paralyse la révolution polonaise. En 1792, l'Europe entière menaçait d'écraser la France ; les Français se battirent non point pour des seigneurs, mais pour eux-mêmes, pour leur patrie, et l'Europe fut vaincue. Demain il pourrait en être de même en Pologne. Dans l'état actuel, le parti moscovite a beau jeu à persuader aux paysans que les seigneurs s'efforcent de rétablir les droits féodaux et font une révolution aristocratique. Quand on veut reconquérir sa patrie, il faut lui faire de sérieux et réels sacrifices.

Toute cette Europe orientale vit encore en plein moyen âge. Avec nos idées et nos aspirations, nous sommes de plusieurs siècles en avance sur ces peuples. Là encore subsistent ces distinctions profondes entre la partie de la nation qui est serve et celle qui est seigneur. En France, il n'y a de servage aujourd'hui que pour qui se vend, que pour qui est esclave de ses passions : l'homme qui sait vouloir, qui sait se commander, est maître de sa destinée; il peut la faire, selon la mesure de son intelligence, brillante ou modeste, mais toujours honorée. En Pologne, les paysans frappent leurs femmes, et celles-ci baisent les pieds des prêtres. Barbarie et superstition. Si vous êtes chrétiens, obéissez aux Russes, disait un pape à de fervents Polonais. Et il avait raison. Devenez hommes, soyez unis, brisez le joug des superstitions, et vous vaincrez. Vous vaincrez seuls, sans rien devoir à ces puissants qui font toujours payer cher leurs bienfaits.

Le type polonais est un des plus beaux que possède l'Europe : c'est le Slave pur. Il passe immédiatement après les types latin et gaulois, avant le type allemand. Il en est de même pour le caractère : quand on vient de traverser l'Allemagne, et qu'après la lourdeur, la lenteur allemande, on se trouve en pleine vivacité polonaise, on croit renaître à la France. Le polonais ressemble au tchèque; c'est une langue guerrière et courageuse, comme ceux qui la parlent, pleine de force et de splendeur. Il s'écrit avec l'alphabet latin; et c'est encore une des vexations imposées par les Moscovites aux Polonais que de les forcer à se servir de l'alphabet russe. Comme du code russe, au lieu du code français, qui, sans être parfait, est infiniment supérieur à celui des Russes, volumineux, rétrograde, complétement inutile d'ailleurs, puisque la volonté du czar est la seule loi. L'alphabet russe n'est ni original ni propre aux Slaves. C'est l'alphabet grec modifié et augmenté par Cyrille d'abord (*caractères cyrilliens*, employés par les Serviens, les Moldaves, les Bulgares), puis par Pierre Ier. L'alphabet *glagolitique*, employé par les Slaves de Bosnie, de Dalmatie et d'Istrie dans leurs livres pieux, n'est que le cyrillien, dont les caractères sont ornementés sans beaucoup de goût et d'intelligence. Les Tchèques se servent de caractères allemands, les Lithuaniens et les Croates de caractères latins.

Les Russes ont été mélangés de Mongols, et ce mélange mauvais a beaucoup produit chez eux d'infériorité intellectuelle, de laideur de l'âme et du corps. Les vices du caractère russe tiennent à l'esclavage. Les Russes sont voleurs, ivrognes et menteurs, pleins de vénalité; pour eux, l'honneur est une chimère française. L'affranchissement des serfs n'a guère amélioré leur état, l'esclavage les avait trop pervertis; pour se relever de cette dégradation profonde, il leur faudrait la liberté réelle. Pleins de soumission devant leurs seigneurs, durement exploités par les intendants de ceux-ci, ils les aimeraient cependant, tant ils sont d'un caractère doux et sympathique, si l'oppression n'était pas insupportable. Parfois ils se vengent en sauvages, comme les *Jacques* du moyen âge, en mettant le feu aux châteaux et en éventrant les intendants. D'ailleurs nous ne savons presque rien de ce vaste empire, où il est interdit à nos idées de pénétrer et d'où la vérité ne peut davantage sortir. Comme jadis l'empire persan, l'empire russe est défendu par un cordon sanitaire contre toute invasion d'idées prohibées.

Ce qui procure un peu de soulagement aux paysans russes, tout en les avilissant, ce qui explique la longue durée du servage, c'est la constitution communiste de la société. L'homme ne vaut que par le travail libre et par l'indépendance, la dignité, que ce travail lui procure. Mais le servage a ses charmes, car il dispense de toute responsabilité, de ces préoccupations terribles qui assiégent l'homme libre et le vieillissent avant l'âge. Dans notre société, chacun a sa part, mais il lui faut la conquérir à force de labeur et d'intelligence. Dans la société russe, comme dans l'ancienne société irlandaise, comme dans beaucoup de sociétés primitives, chacun a sa part assurée en naissant. Plus d'efforts : que la famille se multiplie, chaque nouveau-né est un accroissement de richesse, car il représente un lot de plus dans le partage des biens de la commune. Ce système rétrograde, qui a été jugé à l'épreuve et reconnu impossible en France, qui amoindrit l'homme, en lui ôtant toute initiative, toute valeur morale, a prévalu au moyen âge dans la société cléricale de l'Occident : c'était le couvent. Ce qu'il faut au contraire, c'est dégager le plus possible l'individu de toutes les entraves. Et quand celles de l'ignorance auront été supprimées pour tous, la lutte deviendra équitable; le plus ou moins d'intelligence et de travail seuls établiront de l'inégalité entre les hommes. L'indépendance individuelle, complétement ignorée en Russie, a été au contraire le grand principe de l'aristocratie polonaise, qui l'a même poussé à l'excès. Puisque la volonté d'un seul suffisait à rompre la délibération et enchaînait l'assemblée. Ceci est funeste : la domination de la majorité est juste, celle de la minorité est tyrannique. Mais le principe est bon, et les Russes ne peuvent le comprendre : les libéraux russes, déportés en Sibérie pour leurs audaces, au lieu de vouloir l'abandon de la Pologne dont l'occupation ruine leur patrie, voudraient l'isonomie, l'égalité de droits entre ce pays si avancé et les parties les plus arriérées de l'empire.

Le paysan possède le sol par droit de naissance; il y est enchaîné, cela est vrai, il doit une grande partie de son travail, de ses fruits, à ses maîtres. Mais le sol est fertile : l'esclave insouciant ne veut pas des inquiétudes de l'homme libre. Le communisme a beaucoup fait pour maintenir cette société dans l'enfance, dans un état bestial. Ce sont des enfants : leur faiblesse morale est grande, leur faiblesse physique n'est pas moindre. Habitués à vivre dans leurs cabanes-étuves, au milieu d'une atmosphère étouffée, d'une chaleur humide, ils sont bien moins robustes que les Occidentaux. Combien un soldat en ligne dans l'armée de Souwaroff représente-t-il de victimes, combien ont péri dans l'apprentissage de la vie militaire pour un qui a résisté? Cette armée russe si vantée ne s'est battue qu'une fois à elle seule contre les Occidentaux et a été vaincue : à Zurich, Masséna défit l'invincible Souwaroff. A force d'exercices et de coups, on peut donner de la fermeté aux soldats russes, mais ils n'ont aucun élan. Tous les peuples qui supportent le fouet, les Russes, les Égyptiens, ne sont pas encore parvenus à la dignité d'hommes et capables de la véritable vertu guerrière. — Abel Flourens.

FRAGMENTS DE CRITIQUE MÉDICALE.

Par le Dr Em. Chauffard, agrégé de la Faculté de médecine de Paris.

Broussais. — Magendie. — Chomel.

(Suite. — Voyez les nos 29, 30, 34 et 36.)

IV.

Les figures saillantes de Broussais et de Magendie nous montrent le sensualisme médical, fier de lui-même, s'affirmant sous les formes les plus hardies, et tour à tour les préférées d'une foule livrée aux séductions faciles et aux promesses inconsidérées. La première traduit un sensualisme épris du vieil esprit de système, cherchant à couvrir sa nudité d'un vêtement philosophique, ardent à renverser les traditions vivantes du passé, pour leur substituer des conceptions nées en un jour d'orage, et destinées à ne laisser d'autre bruit que celui de leur soudaine apparition. La seconde introduit un sensualisme plus absolu et plus conséquent, qui dédaigne les aspirations systématiques, et perd dans le fétichisme du fait expérimental le sens, même obscurci, des exigences et des conditions scientifiques. Ce sensualisme simple et net devait évidemment supplanter le premier; il est moins exposé aux questions embarrassantes, aux réfutations, aux attaques; car il refuse d'aller sur le terrain où elles pourraient se produire. Ne croyant qu'aux faits, il prétend n'avoir à répondre qu'aux faits; dès lors il ne reconnaît d'autre adversaire que lui-même, et la lutte le laisse toujours triomphant.

Ces formes sont loin d'épuiser le sensualisme médical : il en est de moins osées, et même de cachées et d'obscures à des degrés divers. Bien des médecins, en effet, se rattachent à l'école philosophique de la sensation, mais le font sans ostentation, et avec une sorte de modération qui, de loin, prend un faux air d'éclectisme et de sagesse. Ils ne mettent pas leur gloire à tirer d'un principe toutes les conséquences qu'il renferme; ils cherchent, au contraire, à en éviter certaines comme des excès fâcheux, et à pallier les termes extrêmes auxquels aboutissent tels savants qui partent du même point de départ. Les maximes les plus sages, disent-ils, et les notions les plus sûres peuvent être tournées en préceptes dangereux, et en assertions condamnables. Peu dévoués à la logique des choses, ces médecins, pressés par la vérité, se font parfois inconséquents, et allient les dogmes contraires. Ils ne reconnaissent pas ouvertement les grandes vérités doctrinales et pratiques de notre science, sans oser cependant les nier hautement. Quand ils les rencontrent malgré eux, ils les amoindrissent le plus qu'ils peuvent; et quand ils les ont ainsi mutilées, quand ils en ont tari la fécondité, et éteint le retentissement dans la science entière, ils condescendent alors à en sauver les tristes débris. Cette science fluctuante et déshonorée est d'un cours plus facile et plus durable que la négation radicale des sectaires fermes dans leur opinion. D'un exemple plus accessible à la foule des esprits paresseux et sans vigueur, elle est plus funeste en cela. La pratique de ces médecins est routinière et sans portée : l'indifférence ou l'entêtement la marquent. Le scepticisme est au fond de leur pensée; seulement ils ne savent le voir, ou ils craignent de l'exprimer. Ils ont quelquefois l'air de croire et ils agissent; mais leur croyance est toute à la surface, et leur action n'est jamais sérieusement motivée.

Parmi ces médecins, il en fut néanmoins qui se montrèrent réellement émus de la décadence que nous préparait le sensualisme déterminé et systématique. Ceux-là tentèrent de remonter le courant, sinon jusqu'aux sources mêmes, de façon du moins à s'éloigner des abîmes; ils luttèrent contre les entraînements avec plus de résolution que les indécis et les timides qui pactisaient trop ouvertement avec les préjugés dont le flot montait. Ils comprirent vaguement la puissance des traditions médicales, et essayèrent d'en retenir plutôt que d'en ranimer les inspirations effacées. Soutenus, en outre, par une observation attentive, et guidés par la droiture naturelle de leur esprit, ils tâchèrent de relever la situation abaissée où les novateurs et les sceptiques avaient conduit la science et l'art. Ces médecins ont peu cherché à inventer; ils n'ont pas prétendu renouveler la face de la science, ni même reculer bien loin les limites des régions connues avant eux; mais ils ont tenté de raffermir la science ébranlée, et de demeurer sur ses domaines désertés. Cette tentative, ils l'ont heureusement poursuivie durant un long enseignement médical; et cet enseignement, sérieusement estimé, leur a valu une juste et durable influence, et leur assure une gloire peu retentissante, mais incontestée.

Cette gloire, et l'on a compris peut-être qu'il s'agit de celle de Chomel et de son école, n'a pas eu cependant le pur éclat dont elle eût pu briller. Le sensualisme et ses faiblesses l'ont gagnée et ternie. Chomel, en effet, n'a pas repoussé les préjugés et les opinions systématiques qui l'offensaient, en leur opposant virilement les saines et fortes doctrines. Il subissait, sans qu'il en eût conscience, le joug dont il se croyait affranchi, et ne saisissait pas l'éternelle inanité du philosophisme régnant. Il n'avait que des moments de révolte, et seulement contre les conséquences extrêmes, alors qu'aux yeux de tous elles menaçaient directement l'existence même de sa chère médecine. Ce fut là le mal caché qui frappa de stérilité ses efforts de sage réaction et éteignit toute vie dans ses écrits dogmatiques. Il crut la vérité médicale sans lien avec les vérités générales; il dédaigna de s'arrêter à celles-ci; il les considéra même comme conduisant le médecin aux systèmes, aux théories préconçues. Pour éviter les erreurs auxquelles mène une fausse philosophie, il proscrivit toute philosophie. Tel fut le caractère de sa lutte contre Broussais. Il opposa au fougueux systématique ce mot d'ordre, bientôt répété par tous : plus de systèmes; tous sont exclusifs et faux. Chomel eût eu raison s'il eût nettement conçu le sens réel du mot repoussé par lui; mais loin de là; système, pour lui, signifiait toute notion première; il ne distinguait en rien les interprétations véritablement systématiques d'avec les principes essentiels et les notions doctrinales. Il condamna les uns comme les autres sous le nom de *théories brillantes*, et prétendit les remplacer par une *tendance constante vers ce qu'il y a de positif en médecine.* Ce positif, il le plaça tout entier dans les faits; il prêcha le règne de l'observation pure réglée avec soin, et pratiquée par des sens exercés.

Chomel ne sut pas voir qu'il ramenait, à travers ces mots et ces préceptes, un sensualisme mortel, et que l'empirisme et le doute, redoutés par lui, étaient au bout d'une application rigoureuse de son enseignement. Il échappa en pratique, et par d'heureuses inconséquences, à ce positif absolu, au phénoménalisme dans lequel il voulait renfermer la pathologie générale. Il entrevit les grandes vérités médicales, celles que ne livre pas la constatation brute des faits matériels de l'organisme, et qui s'élèvent alors qu'on cherche les causes en regard des actes de la nature vivante. Mais ces vérités entrevues, il ne parvenait pas à les préciser; elles semblaient bientôt se dérober à lui, comme des ombres sans corps. Cet éminent médecin ne reconnut jamais la fécondité des éléments souverains et synthétiques de la médecine; il ne sut en saisir la présence immanente au sein de tous les faits médicaux; il les accueillait à un moment comme belles et hardies pensées, pour les délaisser bientôt comme inutiles en réalité, et peut-être dangereuses. Quand il avait célébré les avantages d'une observation prudente et la connaissance exacte des signes de maladies, avantages que d'ailleurs nul ne contestait, Chomel croyait avoir tout dit.

Mais les faits et les idées cherchent leurs pentes naturelles, et l'on ne peut les plier aux exigences de courants contraires. Chomel introduit la lutte et non l'harmonie dans son enseignement hésitant. D'un côté, il professe le rejet de toute doctrine, et la préoccupation exclusive du positif et du fait; il repousse de la science toute pensée qui ne se borne pas à constater et à enregistrer des produits de sensation; à la place d'un art fondé sur les indications fournies par les mouvements et les besoins de la vie, il enseigne un empirisme éclairé des lueurs incertaines de l'observation pure et d'une tradition affaiblie. D'autre part, il ouvre une porte dérobée à des éléments dominateurs, nécessaires, et dont, en même temps, il méconnaît la nature et la puissance.

En effet, ces éléments essentiellement généraux, il faut partout les retrouver; tout fait particulier vit en eux et par eux; prétendre observer en dehors d'eux est une radicale impossibilité, pour qui les accepte un instant. Cette impossibilité, Chomel ne la discernait pas; il semblait vouloir la réaliser comme l'idéal du bon sens dont il faisait son guide. Après avoir déclaré que tout est dans l'observation, et que l'analyse est la seule méthode scientifique, il parlait de vérités synthétiques et générales, comme si celles-ci pouvaient jamais sortir de l'expérience pure et des recherches analytiques. Aussi ces vérités, quand Chomel en invoquait l'image, expiraient-elles sur place, loin de s'étendre et de dominer au loin; l'analyse subsistait bientôt seule, et, sans retour, livrait la science au plus stérile phénoménalisme, ou à un vague et obscur mécanicisme.

La médecine, telle que Chomel la comprend, devient donc une association, ou mieux une juxtaposition d'éléments et de notions contradictoires. Elle ne peut subsister en l'état; il faut qu'elle se transforme et choisisse. Elle a devant elle deux voies qui ne sauraient se rencontrer : dans l'une règnent le culte indépendant des faits, la mobilité incessante et perfide des phénomènes, les vertiges d'une sensation qui veut tout tirer d'elle-même; dans l'autre marchent ceux qui pensent ne connaître les faits qu'en les jugeant dans leurs causes, qui ne comprennent la science que sous l'action créatrice de la notion de cause, de force et de fin; sur cette science plane l'esprit avec ses certitudes supérieures, avec les clartés qu'il va puiser dans les régions des lumières immuables. Tel est le choix redoutable auquel sont conviées nos générations, et qui va décider du sort de la médecine, de ses grandeurs prochaines, ou de sa dégradation fatale.

La direction imprimée aux études et les efforts tentés par l'école expérimentale rendent le danger pressant : « Jamais, dit M. le professeur Monneret, la méthode synthétique n'a été plus nécessaire qu'aujourd'hui, et si l'on ne parvient pas à la faire accepter de nos contemporains et de ceux qui enseignent, on verra les études s'affaiblir et le niveau des connaissances s'abaisser. »

Mais cette méthode synthétique, il faut la concevoir dans sa mâle sévérité. La marche des choses et les mouvements de l'opinion ne souffrent plus des alliances contre nature. Le positivisme philosophique, en pénétrant dans les sciences médicales, nous aura rendu le service d'accuser plus ouvertement les tendances contraires qui nous séparent en deux camps : méthode, doctrine, inspirations pratiques, sens du progrès scientifique, intelligence du passé, appréciation des œuvres accomplies et des besoins de l'avenir, tout est à l'opposé dans les deux directions qui s'offrent à la médecine moderne. La philosophie positive a raffermi tous les préjugés antimétaphysiques de Broussais; ces préjugés, elle en a trouvé une rigoureuse mise en pratique dans l'œuvre exclusivement expérimentale de Magendie; celle-ci est devenue le modèle admiré de tous, et l'auteur est le vrai chef de l'école nouvelle qui a pris pour devise : l'expérimentation, et rien de plus, en tout et pour tout. Cette école attire à elle une part considérable de la génération actuelle; bien des médecins éminents lui appartiennent, sans peut-être saisir la portée de leur adhésion. N'avons-nous pas lu dernièrement une leçon d'introduction pour l'enseignement nouvellement créé de la *médecine comparée*, donner pour base à cet enseignement ce que le professeur appelait la médecine expérimentale ! Ne nous a-t-on pas dit que dans cette nouvelle façon d'étudier la médecine résidaient tous les progrès futurs de la science, et que les faits expérimentaux devaient à eux seuls absorber notre attention, c'est-à-dire l'attention de nos sens; car ceux-ci sont les vrais révélateurs de l'ordre nouveau; il faut leur soumettre les forces créatrices de l'esprit, lesquelles désormais n'auront d'autre affaire que d'enregistrer les faits dûment constatés.

Témoins des résultats engendrés ou préparés par ces déviations profondes de l'esprit philosophique et de l'observation médicale, les médecins qui conservent quelque puissance de discernement et de réflexion éprouvent une répulsion invincible. Ils voient la médecine reculer peu à peu devant une expérimentation qui proscrit toute autre étude qu'elle-même; ils voient toute saine certitude, tout art sérieux disparaître, et laisser le champ à une agitation stérile, à un empirisme chancelant et sans base. Ils cherchent un appui contre des entraînements funestes et contre la hardiesse de négations subversives. Cet appui, ils comprendront bientôt qu'ils ne peuvent le trouver dans des compromis qui laissent indécises toutes les vérités vers lesquelles ils tendent. Ils sentent que la sagesse énervée qui inspirait Chomel est un guide impuissant et qui s'affaisse bien avant d'arriver au but; ils demandent d'autres conseils et d'autres méthodes. Ces besoins, instinctivement ressentis ou clairement perçus, appellent une rénovation médicale. Cette rénovation ne viendra que si la science se retrempe résolûment dans les sources vives du spiritualisme, lesquelles ne sont ni les sources d'un animisme mystique, ni celles d'un théocratisme aussi étranger qu'impuissant dans toute constitution scientifique. Le spiritualisme, fondement des connaissances humaines, est tout entier dans la conception des méthodes fondées sur les notions premières de cause, de force, de substance, notions qui émergent des profondeurs mêmes de la pensée. La science sort donc des puissances propres de l'esprit, et se réalise en découvrant dans les faits observés les conditions nécessaires de toute pensée, qui sont celles de toute activité et de toute existence. L'observation, par conséquent, intervient en toute science pour lui offrir des sujets de développement, des occasions d'extension, des moyens d'analyse, sans lesquels la science périrait. La science est unité dans son principe; et toute unité a besoin d'une multiplicité pour se manifester et s'affirmer; cette multiplicité, l'observation seule la livre.

Ranimée et créatrice, la science deviendra aussitôt et spontanément traditionnelle. Elle saura saisir, à travers les âges et les variations de l'institution médicale, les principes et les vérités cliniques qui répondent aux conditions immuables de la nature vivante; elle verra ces principes acquérir une nouvelle démonstration à chaque fait découvert par l'analyse; et, en retour, donner à ce fait des clartés inattendues, l'enlever au monde des apparences vides, pour l'amener à l'existence réelle et scientifique. La tradition médicale se révélera dans sa plénitude à ceux qui l'aborderont de la sorte. Ce ne sera plus une collection morte, une suite d'œuvres vieillies, auxquelles on rend un culte servile; elle ne fermera pas la voie du progrès à ceux qui s'inspireront d'elle; elle n'éteindra pas les luttes et le mouvement sans lesquels toute science languit et tombe dans les faiblesses du nominalisme. Non, la tradition médicale révivifiée deviendra vraiment l'aliment des forts, le commencement et la condition de toute vraie médecine, l'initiatrice puissante de toutes les conquêtes de l'art. Elle donnera au médecin ce sens rare et précieux des progrès durables; elle lui fera discerner, d'un coup d'œil rapide et sûr, le progrès réel et bienfaisant de ce faux progrès si commun parmi nous, et qui fascine aisément ceux qui ne savent pas lui opposer la résistance des saines et fortes certitudes.

Si l'on nous demandait d'indiquer le trait qui sépare le plus nettement Chomel de Broussais et de Magendie, nous le trouverions dans ce seul fait que Chomel ne prétendit pas créer une science et un art nouveaux. Sans avoir profondément pénétré dans les éléments vivaces de notre passé, il le respecta habituellement, et jamais il n'osa dire : Jusqu'ici la médecine a erré dans les ténèbres, ou est restée à l'état d'enfance. Il n'a pas aspiré à la gloire suspecte des réformateurs violents, ni au rôle d'un novateur hardi. Les préjugés surgissaient autour de lui et l'atteignaient : cependant son bon sens a résisté aux illusions de ceux qui pensent que l'avenir réserve à leurs efforts continués une médecine régénérée et même nouvelle. Il n'a pas pris à la lettre les prédictions que portaient les expérimentateurs de son temps, ni cru que l'ancienne observation médicale fût destinée à ne laisser qu'un souvenir lointain, et qui n'aurait bientôt d'autre charme que celui de rappeler un temps d'heureuse imagination et d'incertitudes vaincues par les sévérités de la méthode expérimentale; souvenir pareil à celui que l'homme, lentement mûri par les durs enseignements de la vie, garde du temps de ses premiers élans et de ses jeunes erreurs.

C'est ce sentiment juste des réalités médicales qui a donné au rôle de Chomel le caractère utile qu'il faut lui reconnaître; c'est de là que provient sa supériorité pratique. Nous pouvons le dire en face de trop fameux exemples : il faut, en médecine, haïr les réformateurs outrés, les promoteurs et les faiseurs d'une science nouvelle, les prophètes, même convaincus, d'une science future. Ces savants, quelle renommée qu'ils acquièrent, exercent une funeste influence; les progrès qu'ils annoncent ne sont pas seulement un leurre, mais un danger; car ils détruisent la vraie science, en en voulant créer une qui prenne date à leurs travaux. Plus on médite sur l'évolution de la médecine, plus on voit que pour obtenir des progrès réels, il faut posséder, aimer le passé, et s'en faire le continuateur dévoué. Le présent a pour mission de réformer des erreurs, de découvrir des applications, des développements, des vérités plus ou moins préparées par les travaux antérieurs; mais il faut que le labeur du jour se relie au labeur des temps qui précèdent, et semble en découler comme d'une inépuisable source. Le médecin qui renie les méthodes et les principes qui ont servi avant lui à l'avancement de la science, est un systématique ou un aveugle. C'est une fatale erreur de croire que la découverte d'un moyen, d'un procédé d'exploration, va changer tout ce qui a été fait, et renouveler dans leur entier les connaissances acquises. Un moyen nouveau d'analyse fournira des faits analytiques nouveaux; mais c'est tout : les lois suprêmes de la médecine, les vérités premières et essentielles, les méthodes et la doctrine qu'elles affirment, n'en sauraient être atteintes. S'il en était autrement, il n'y aurait jamais de science constituée; l'incertitude et le changement seraient l'éternelle condition de toutes nos connaissances. La notion doctrinale de la vie est, pour toujours, destinée à dominer notre science, à diriger toutes ses applications, à fournir la raison dernière des phénomènes organiques. Toute histoire de la vie et de ses affections qui ne relèvera pas directement de cette notion souveraine, restera nécessairement une histoire empirique, sans portée réelle, sans application légitime. L'étendue de l'analyse et de la connaissance expérimentale des faits ne saurait modifier ce caractère inférieur.

Tel fut donc le bonheur de Chomel : il ne se crut pas appelé à créer une médecine nouvelle; il n'entrevoyait pas une médecine de l'avenir destinée à effacer celle que le temps a consacrée. Broussais et Magendie eurent ces audaces, et l'on a vu où elles les avaient conduits. Le même sort attend ceux qui aujourd'hui nourrissent les mêmes espérances et émettent de pareilles prétentions. Il n'y a d'autre médecine dans l'enfance que celle qu'ils nous font ou qu'ils nous préparent. Oui celle-là est vraiment dans l'enfance, et elle est destinée à n'en jamais sortir.

CHRONIQUE.

L'enseignement supérieur n'a point été oublié le 15 août, dans la distribution des décorations; mais il est un nom que nous avons eu le regret et la surprise de ne point rencontrer parmi les nouveaux chevaliers de la Légion d'honneur : c'est celui de M. Joly, professeur à la Faculté des sciences et à l'École de médecine de Toulouse, et dont l'amphithéâtre de la Faculté de médecine de Paris n'oubliera pas de longtemps l'éloquente parole. Nous espérons que cet oubli ne manquera pas d'être réparé à la prochaine promotion.

— M. Godron, doyen de la Faculté des sciences de Nancy, et M. Bouisson, professeur à la Faculté de médecine de Montpellier, sont nommés officier de la Légion d'honneur.

Ont été nommés chevaliers : MM. Bazin, professeur à la Faculté des sciences de Bordeaux ; Ladrey, professeur à la Faculté de Dijon ; Legrand, professeur à la Faculté de Montpellier ; Loir, professeur à la Faculté de Lyon ; Delaunay, professeur à la Faculté de Lille ; Pucheran, aide-naturaliste au Muséum d'histoire naturelle; Lacaze-Duthiers, maître de conférences à l'École normale; Follin, agrégé à la Faculté de médecine de Paris.

— La *Rivista italiana* annonce que les pères Théatins de Saint-Paul Majeur viennent d'établir à Naples des lectures du soir publiques et gratuites, à l'exemple de celles qui ont lieu à Milan et à Turin.

— On écrit de Bucharest, le 25 juillet :

Il vient de paraître un décret du prince Couza, qui a été bien accueilli par tout le monde, et surtout, ce qui est à remarquer, par les classes éclairées. Le premier article de ce décret est ainsi conçu : « Les diverses Facultés existant à Bucharest sont réunies, et prennent le titre d'*Université de Bucharest.* » C'est la première université créée en Roumanie. (*Moniteur.*)

Léon Danicourt.

Le propriétaire-gérant : Germer Baillière.

PARIS. — IMPRIMERIE DE E. MARTINET, RUE MIGNON, 2.

PREMIÈRE ANNÉE. — N° 39. UN NUMÉRO : 30 CENTIMES. 27 AOUT 1864.

REVUE
DES
COURS SCIENTIFIQUES
DE LA FRANCE ET DE L'ETRANGER
PHYSIQUE — CHIMIE — ZOOLOGIE — BOTANIQUE — ANATOMIE — PHYSIOLOGIE
GÉOLOGIE — PALÉONTOLOGIE — MÉDECINE

Paraît tous les Samedis.

	Six mois.		Un an.
Paris.........	8 fr.		15 fr.
Départements..	10		18
Étranger......	12		20

Prix de l'abonnement avec la Revue des Cours littéraires.
Six mois..... Paris, 15 fr. Départ., 18 fr. Étranger, 20 fr.
Un an....... — 26 — 30 — 35

Rédacteur en chef
M. ODYSSE-BAROT

Les ouvrages dont deux exemplaires auront été envoyés au bureau du journal seront annoncés et analysés s'il y a lieu.

On s'abonne
A LA LIBRAIRIE GERMER BAILLIÈRE
17, rue de l'École de Médecine,
Et chez tous les libraires, par l'envoi d'un bon de poste, ou d'un mandat sur Paris.
L'abonnement part du 1er décembre ou du 1er juin de chaque année.

SOMMAIRE.

ZOOLOGIE.

COURS DE M. GRATIOLET.

(FACULTÉ DES SCIENCES.)

(Voy. les nos 19, 20 et 27.)

IV.

Des insectes en général (suite et fin).

Le système vasculaire des insectes est excessivement simple. Sa partie essentielle est constituée par le vaisseau dorsal, espèce de vaisseau longitudinal étranglé de distance en distance, de manière à former des loges séparées les unes des autres par des cloisons valvulaires ; à côté se trouvent de petites ouvertures, nommées oreillettes, se terminant par une sorte de tube qu'on a comparé à l'aorte, mais sans aucune bonne raison. Ce singulier cœur est entouré de fibres qui se croisent et qui se contractent de manière à augmenter les dimensions du tube : c'est là le mécanisme de la diastole. Les muscles qui se trouvent dans les parois mêmes du cœur produisent la systole par leur contraction, ce qui amène la propulsion du sang dans la prétendue aorte dont nous parlions tout à l'heure. Le sang ainsi chassé traverse les pattes et les ailes, pour revenir ensuite au vaisseau dorsal, faisant fonction de cœur, par des courants dérivés traversant une masse liquide sans être contenus dans des vaisseaux. Ces courants extra-vasculaires, agitant les liquides qui remplissent la cavité abdominale, ont été surtout étudiés par Carus. Depuis on a voulu trouver des vaisseaux servant à une circulation plus déterminée ; mais cela n'est peut-être pas nécessaire, car ce système circulatoire incomplet est coordonné avec les appareils voisins dans une harmonie qui permet très-bien l'accomplissement de la fonction. En effet, la circulation a un but constant qu'elle doit toujours atteindre : c'est de ramener le sang au contact de l'air, qui le révivifie et lui fournit les éléments indispensables à sa conservation. Le système circulatoire est donc intimement lié à l'appareil de la respiration, et une circulation parfaitement définie est moins nécessaire quand les organes respiratoires sont eux-mêmes moins nettement déterminés. Or, les insectes respirant par toutes leurs parties et non par un organe spécial et bien localisé, une simple agitation de la masse du sang perpétuellement en contact avec l'air était donc suffisante pour faciliter la respiration. Nous ne devons pas oublier que la vraie perfection des organes n'est pas dans leur complication, ni même dans la perfection particulière de chacun d'eux à l'état d'isolement ; elle réside tout entière dans l'harmonie et la coordination des différents appareils qui concourent à l'accomplissement des phénomènes vitaux.

Passons maintenant aux organes respiratoires qui se lient si intimement au système vasculaire. En décrivant la composition générale des insectes, nous avons vu que chaque segment était muni d'une ouverture, nommée monotrème, fermée par de petites valvules, une membrane circulaire ou des cils. Ces valvules permettent à l'animal de clore ces ouvertures quand on le plonge dans l'eau ou dans des gaz délétères. Aussi ressuscite-t-il facilement après plusieurs heures d'immersion. Quelques naturalistes ont cru que les organes de l'odorat étaient également attachés à ces petites valvules; mais cette hypothèse n'est pas justifiée par les faits, car il n'est aucunement nécessaire que la respiration et l'olfaction soient localisées dans le même endroit du corps : l'exemple des poissons suffirait à le prouver. Ces poches sont les ouvertures de petits tubes à côté desquels se développent de grandes poches qui présentent une véritable analogie avec les cellules aériennes des oiseaux. Elles ont aussi pour but de rendre l'insecte plus léger. Les cellules aériennes des oiseaux se remplissent d'air chaud, moins lourd que le milieu ambiant, et pourraient ainsi être comparées à de petites montgolfières qui soutiendraient l'animal dans l'atmosphère. Mais on aurait tort de croire que les oiseaux possèdent dans ces sacs un second appareil respiratoire, car ils sont peu vasculaires et le sang n'y circule guère; seulement l'air y entre et en sort dans l'acte de la respiration. Quelque chose d'analogue se passe chez les insectes. Ces tubes pénètrent et se ramifient de toutes parts dans l'intérieur du corps, de sorte qu'ici ce n'est plus le sang qui va au-devant de l'air, c'est l'air qui vient trouver le sang. Il n'y a plus de poumon, parce que, à vrai dire, tout l'insecte est poumon. Ces tubes se terminent, dit-on, par de petits culs-de-sac; mais il se pourrait aussi que ces terminaisons fussent des anses : dans la préparation, ils se présentent sous l'aspect de petits fils d'argent très-minces qu'on n'aperçoit pas toujours facilement, à cause de leur faible épaisseur. Aussi leur dissection présente-t-elle les plus grandes difficultés. La trachée (c'est le nom que portent ces tubes) est formée de deux membranes, l'une intérieure, l'autre extérieure, et soutenue par des fils qui se contournent tout à l'entour, comme un ressort à boudin, disposition qu'on trouve aussi chez les végétaux. Ces trachées sont appelées trachées *pulmonaires*, parce qu'elles servent à une respiration comparable à celle qui s'opère dans les poumons des mammifères et des oiseaux. Il y a d'autres trachées qui soulèvent une question intéressante, et qu'on appelle trachées *branchiales*. Ce sont des tubes, quelquefois ramifiés, soutenus par des fils contournés comme les trachées ordinaires et complétement élastiques. Mais ces tubes n'étant pas en rapport avec l'atmosphère, il faut bien admettre que l'animal peut extraire de l'eau une certaine quantité d'air et l'amener dans ces cavités, de sorte qu'au milieu de l'eau il peut respirer avec l'air qu'il a préparé lui-même.

Un anatomiste habile a cru pouvoir reconnaître une autre fonction dans les trachées, et voici comment il y fut conduit. Il injectait dans l'abdomen d'un insecte, avec une seringue d'Anel, de l'essence de térébenthine colorée par du bleu de Prusse, puis il comprimait fortement l'abdomen, et il voyait alors les trachées se colorer partiellement en bleu; résultat qu'il expliqua en admettant dans les parois des trachées l'existence de vaisseaux où le sang pénétrait. Mais bientôt après, les travaux de Dujardin, de MM. Joly et Dufour démontrèrent qu'il n'en est pas ainsi, et les faits avancés s'expliquèrent d'une façon toute naturelle. L'anatomiste auquel nous faisions allusion opérait toujours sur de grosses trachées qu'il trouvait plus commodes pour l'observation. Or, il se produisait là ce qu'on peut observer tous les jours sur les gros tuyaux d'arrosage de cuir ou de caoutchouc : la trachée, ne contenant que de l'air, s'affaissait sous la pression exercée par l'opérateur, et, de cylindrique qu'elle était à l'état normal, elle prenait une forme se rapprochant beaucoup de celle d'un 8. C'était une cause d'erreur à éviter, et, en effet, en prenant de petites trachées dont le diamètre n'excédait pas un sixième de millimètre, toutes les apparences observées précédemment disparaissaient : la circulation péritrachéenne n'est donc qu'une erreur d'observation. D'ailleurs, nous l'avons déjà dit, un réseau circulatoire développé n'était pas nécessaire chez les insectes.

A ces différents appareils nous devons ajouter des glandes. D'abord les glandes urinaires, dont la fonction est la même que chez les autres animaux; puis d'autres glandes qui sont des organes de défense. Les scarabées, par exemple, sécrètent ainsi des liquides volatils, se résolvant quelquefois instantanément en gaz, ce qui leur a mérité aux environs de Paris le nom de petits *bombardiers*. Ces matières, prises en certaine quantité, peuvent irriter fortement la peau de l'homme; à plus forte raison leur action sur les insectes doit-elle être funeste. Chez d'autres insectes, ces liquides sécrétés par des glandes particulières constituent des humeurs défensives, d'une odeur ordinairement fort repoussante, et destinées par le dégoût qu'elles inspirent à éloigner les animaux carnassiers qui poursuivent ces espèces.

Chez d'autres insectes, la sécrétion est liée à une industrie des tubes ou filières se terminant près de la lèvre, sécrétant un liquide particulier qui se dessèche en arrivant à l'air et forme le fil qui sert à tisser un cocon. Quelquefois ces tubes sont placés à la partie postérieure du corps. Enfin la peau présente aussi quelques glandes, et la cire que produisent certains insectes est sécrétée par des organes de ce genre.

Le système nerveux des insectes est très-différent de celui des vertébrés. C'est en vain qu'Étienne Geoffroy-Saint-Hilaire s'est efforcé de le rattacher au même plan, en considérant l'insecte comme un vertébré placé sur le dos; car en redressant ce qui est en arrière, on renverse ce qui est en avant. On trouve d'abord à la partie supérieure de la tête, un peu en arrière de l'épicrâne, deux *ganglions sus-œsophagiens*, réunis par une commissure. Ces deux ganglions communiquent par des cordons nerveux avec un *ganglion sous-œsophagien*, qui pourrait passer pour un simple ganglion analogue à ceux qu'on trouve dans le reste du corps, si M. Faivre n'avait montré qu'il joue un rôle bien plus élevé dans la vie de l'animal. Puis vient la chaîne ganglionnaire générale de l'insecte, qui fournit des filaments nerveux à tous les organes. Au devant des deux gros ganglions sus-œsophagiens se trouve un autre petit ganglion sus-œsophagien d'où part un cordon nerveux arrivant au gésier, et qui préside aux mouvements de toute la partie supérieure du système digestif, le pharynx, le jabot et l'estomac. C'est le nerf récurrent de Lyonnet. Müller avait cru qu'il remplaçait le nerf grand sympathique des vertébrés, mais c'est bien plutôt au nerf pneumogastrique qu'il correspond.

Il nous reste à indiquer les fonctions encore bien obscures de ces différentes parties du système nerveux.

Le ganglion sus-œsophagien, ou ganglion cérébroïde, produit directement un ganglion optique qui fournit les nerfs des yeux, un ganglion supérieur qui donne ceux des antennes, et un ganglion inférieur qui envoie ses ramifications dans les mâchoires. Les autres ganglions placés tout le long du corps fournissent à la fois des fibres de sentiment et des fibres de mouvement, peut-être distinctes dès l'origine. M. Faivre, dans ses remarquables expériences, a montré qu'en enlevant le cerveau, on supprimait la vue, la volition et la plupart des manifestations de l'activité des sens. Si l'on coupe le connectif d'une manière bien symétrique par rapport aux deux gros ganglions cérébroïdes, les mouvements ne se produisent plus; si on le coupe d'une manière asymétrique, les mouvements peuvent encore se manifester, mais ils ne sont plus bien coordonnés. Ces expériences semblent démontrer que dans l'organisation des insectes les ganglions supérieurs jouent le rôle des tubercules quadrijumeaux et du cerveau chez les vertébrés, tandis que les ganglions inférieurs correspondent au cervelet et à la moelle allongée. Quelques naturalistes ont regardé les connectifs comme des pédoncules cérébraux, mais ils sont encore peu étudiés. Enfin les ganglions de la chaîne générale du corps agissent comme la moelle épinière des vertébrés, et concourent à la production de ces mouvements si actifs et si variés qui distinguent les insectes.

Après le système nerveux, un des appareils les plus importants à considérer, c'est l'appareil génital, que nous devons étudier avec soin chez les insectes.

L'organe femelle se compose essentiellement d'un tube plus large dans sa partie inférieure que dans sa partie supérieure, où il se termine en pointe aiguë. Le groupement d'un nombre variable de ces organes élémentaires compose l'ovaire. Il y a toujours deux ovaires : l'un à droite et l'autre à gauche, situés dans l'abdomen, où ils se placent, soit verticalement, soit horizontalement. Quelquefois ils sont contenus tous les deux dans une même enveloppe, ce qui pourrait faire croire qu'il n'y en a qu'un. Ces tubes ovariques se réunissent en général dans une vésicule en forme de calice qui aboutit à l'oviducte. Enfin, les deux oviductes se confondent pour former un canal excréteur qui se trouve relié à deux vésicules remarquables, dont l'une, appelée vésicule *copulative*, reçoit, au moment de l'accouplement, les zoospermes, qui passent ensuite dans l'autre vésicule, appelée *séminale*, où ils activent leur développement. Souvent les zoospermes sont revêtus d'une enveloppe dite *spermatophore*, qu'ils ne quittent que dans la vésicule séminale, où ils séjournent quelquefois pendant toute la durée d'un hiver, en conservant toutes leurs propriétés pour féconder les œufs au printemps.

Les œufs, au moment où ils se produisent dans les ovaires, où leur disposition offre souvent un aspect très-élégant, sont réduits à la vésicule de Purkinje et au vitellus. Plus tard, ils s'enveloppent d'un chorion. Ces œufs présentent des aspects très-variés : tantôt ils sont simplement arrondis, tantôt ils figurent de petites bouteilles ou présentent de petites cornes, etc. Le chorion, assez résistant, est souvent sculpté de dessins qui pourraient caractériser les espèces. Chez les bombyx, il se produit entre les vitellus de plusieurs œufs une ou deux couches de grandes cellules, et un chorion commun vient ensuite envelopper la région des grandes cellules.

Les organes mâles présentent les plus grands rapports avec l'organe femelle. Ils se composent d'un nombre plus ou moins grand de tubes étroits, sécrétant des zoospermes, et se terminant dans un tube plus gros muni d'une vésicule, qui produit un *mucus* particulier destiné à former les enveloppes spermatophores. Les zoospermes se pelotonnent souvent dans les tubes sécréteurs, mais ils se désagrégent en descendant dans le tube large. Mais là ils sont alors enveloppés par les spermatophores qui les protégent contre les influences extérieures.

Les organes des deux sexes sont ordinairement séparés; quelquefois pourtant on les trouve réunis dans le même individu, par exemple chez les pucerons, qui ont été pour Bonnet de (Genève) l'objet de tant d'observations curieuses. Pendant la saison chaude, il ne se produit pas de mâle, et la femelle pond des petits pucerons tout vivants. Bonnet isola les pucerons ainsi obtenus en les plaçant dans des cages de verre où il pouvait suivre tous leurs actes. Il les vit pondre à leur tour des pucerons vivants qui en pondirent d'autres, et ainsi de suite pendant plusieurs générations successives, le tout, bien entendu, sans aucune espèce d'accouplement, puisqu'il n'y avait pas de mâle : c'est ce qu'on appela la parthénogenèse ou la génération par les vierges. Les pucerons se reproduisent presque exclusivement ainsi pendant la saison chaude. Quand les froids arrivent, il naît des mâles, et alors les femelles, régulièrement fécondées par eux, pondent non plus des animaux vivants, mais des œufs suffisamment protégés pour résister aux rigueurs de l'hiver.

De même l'hydre de Trembley, pendant la saison chaude, n'a pas besoin de femelle pour se reproduire. Elle émet des sortes de bourgeons qui se détachent et donnent naissance à de nouveaux individus; ou bien encore l'hydre se fend en deux et se dédouble. Mais quand arrive la saison froide, il faut protéger le germe contre les rigueurs d'une nature marâtre et recourir au mode ordinaire de génération; il se développe alors sur les côtés de l'animal de petits bourgeons, les uns mâles, les autres femelles.

Chez les abeilles, on voit la reine, quand les mâles sont absents, produire seule des œufs de mâle dont le développement fournit des animaux qui fécondent ensuite la femelle. Ainsi la génération par les vierges, si extraordinaire qu'elle paraisse au premier abord, n'est pas un fait très-rare en entomologie.

Les insectes introduisent souvent leurs œufs dans les parties tendres des végétaux, et l'irritation produite par cette blessure est assez grande pour amener le développement de tissus qui ferment la plaie et recouvrent complétement l'œuf d'une enveloppe protectrice. D'autres fois ils introduisent ces œufs dans des larves qui peuvent vivre quelque temps ainsi, malgré ce parasitisme intérieur, et même sécréter un mucus qui guérit la blessure.

Il nous reste à parler des moyens de manifestations extérieures chez les insectes.

On dit souvent, et très à tort, que l'animal a un langage comme l'homme lui-même. Si par langage on entend le langage ordinaire, celui de la voix, la proposition n'est certainement pas vraie. Mais l'homme a aussi un autre langage résultant du jeu des organes et du corps tout entier, c'est le langage physionomique, commun à tous les animaux, mais plus particulièrement à ceux qui ont une enveloppe molle. L'animal raconte toutes ses émotions intérieures, ses plaisirs et ses douleurs, ses passions de tout genre; en un mot, il se raconte lui-même. Tous les animaux se comprennent ainsi, et l'homme, malgré sa supériorité, n'est pas étranger à ce mode d'expression des sentiments intérieurs. C'est grâce à lui qu'il peut s'établir une véritable société entre l'homme et les animaux, par la domestication, et qu'ils arrivent naturellement à se comprendre. Nous n'en voudrions citer pour exemple que le chien, si bien inféodé à l'homme, qu'il paraît en épouser toutes les querelles, en partager toutes les passions, en saisir tous les sentiments, et prendre place pour ainsi dire au foyer de la famille.

Les insectes ne sont pas privés du langage physionomique; mais leurs parties extérieures, étant dures et insensibles presque partout, ne se prêtent pas beaucoup à la flexibilité et à la mobilité indispensables pour exprimer les passions. Aussi en sont-ils à peu près réduits au bruit que peuvent produire ces parties extérieures, et à des phénomènes lumineux qui se manifestent dans certains cas.

Quelques insectes sans doute frappent avec leurs mandibules les parties dures extérieures du corps pour appeler la femelle; mais c'est un fait qui se présente assez rarement et qu'on ne peut pas du reste rapprocher de la voix des animaux vertébrés.

A part certaines exceptions, le mode général de production des sons dans les insectes, tel qu'on l'observe particulièrement chez les diptères et les orthoptères, consiste dans le frottement des anneaux qui ont une surface un peu striée pour rendre ce frottement plus effectif.

Les coléoptères et quelques orthoptères nous présentent un mécanisme différent. Si l'on prend un criquet, on verra que ses élytres ont une bordure assez rigide; la cuisse, qui possède sur la face intérieure une côte légèrement rugueuse, passe rapidement comme un archet sur le bord de l'élytre, qui entre en vibration et produit ainsi le son particulier qui distingue ces animaux.

Chez les sauterelles et les grillons, la disposition varie encore de chaque côté de la ligne médiane des élytres, et à l'intérieur on trouve des côtes hérissées de petites brosses qui ont devant elles une sorte de peau de tambour sur laquelle elles jouent avec une grande agilité. Remarquons, à ce propos, qu'à Paris on prend généralement la sauterelle pour une cigale; la vraie cigale habite le Midi.

Dans la partie méridionale de la France on trouve des sauterelles sans ailes, chez lesquelles les élytres reposent sur le corselet, à la manière d'une selle; ces parties, en frottant les unes contre les autres, produisent un bruit intense au moins pendant une partie de l'année, et ce chant commence justement à se faire entendre au moment où cesse celui des cigales, comme si la nature ne voulait jamais rester complétement aphone.

La cigale mâle, — car la femelle ne chante pas, — présente à la partie inférieure de l'abdomen une large écaille provenant du métathorax et ressemblant assez à un opercule mobile. Si nous coupons cette écaille avec des ciseaux, nous verrons le second anneau écarté singulièrement et divisé en deux régions : l'une inférieure, formée par une membrane excessivement sèche qui repose sur une cellule aérienne; au-dessus, du côté du dos et non plus du ventre, on trouve une sorte de cadre circulaire fermé par une petite lame carrée toujours convexe au dehors; derrière et fixé à cette lame se trouve un petit tendon arrivant à un muscle, de sorte que lorsque ce muscle se contracte, la membrane, de convexe qu'elle était, devient concave, puis redevient convexe au moment du relâchement, et ainsi de suite avec une très-grande rapidité. Ces mouvements si vifs ne paraissent pas fatiguer la cigale, car elle chante ainsi tout le long du jour.

Voilà bien des modes de production du son; mais, malgré la diversité des appareils, il est facile de voir que le son résulte toujours d'une vibration des parties dures extérieures; aussi a-t-on proposé, pour le désigner, le mot de *stridulation*, qui nous paraît très-convenable. — On avait supposé que les ouvertures des stigmates faisaient fonction de cordes vocales, et produisaient aussi un son par les vibrations qu'elles éprouvaient à la sortie de l'air. Mais ce fait n'a pu encore être démontré, et rien ne prouve l'exactitude de cette hypothèse. Il est vrai que le papillon émet un son qui n'est pas encore bien expliqué ; mais il n'est pas probable qu'il soit dû à une cause de ce genre. On pourrait peut-être la rapporter à une trémulation intérieure des muscles.

Les courtilières présentent des organes encore plus développés que la sauterelle ; mais ces insectes sont très-difficiles à attraper, parce qu'ils se cachent à trois ou quatre pieds sous terre.

Mais il y a encore d'autres sons chez les insectes : nous voulons parler de ce qu'on appelle *bourdonnements*.

Quelques personnes ont supposé que les bourdonnements sortaient des stigmates, hypothèse que nous avons déjà repoussée. — On peut croire que l'aile contribue à leur production ; car si l'on prend une mouche à viande et qu'on lui coupe l'aile progressivement, on diminue en même temps le son qu'elle émet, mais pas jusqu'au point de l'éteindre complétement. On peut aussi produire le même effet en coupant les petits balanciers que présentent les moucherons ; mais là encore le son n'est pas tout à fait détruit.

En y regardant de plus près, on voit que la mouche constitue un orchestre complet. Les antennes s'agitent avec une rapidité vertigineuse, les pattes frottent sur le corselet, et les anneaux de l'abdomen participent eux-mêmes à ce mouvement : c'est un frottement universel de toutes les parties du corps les unes contre les autres. On peut démontrer facilement que les stigmates ne sont pour rien dans ce bruit. En effet, si l'on met un mucus animal sur toutes les parties où s'exerce le frottement, en évitant les stigmates, on n'entend plus aucun son. Le liquide ordinairement employé à cet usage, c'est le mucus des limaçons ; il ne faudrait pas employer l'huile, qui est mortelle pour ces animaux.

Toutes les mouches ne bourdonnent pas : c'est une propriété particulière au genre *Musca*. Ce bourdonnement est un signe de grande excitation, et l'insecte le fait entendre lorsqu'il est agité d'une passion vive ou exposé à un péril imminent : par exemple, quand une mouche est saisie par une araignée, ou quand elle cherche un endroit convenable pour déposer ses œufs.

Ainsi les insectes produisent des stridulations, mais non un chant véritable ; ou bien ce n'est qu'un chant monotone et sans modulations : c'est bien alors une stridulation produisant un son proprement dit, mais ce n'est pas une voix, c'est-à-dire une vibration produite par l'écoulement périodiquement interrompu de l'air entre des cordes vocales ou au moins des organes analogues.

Un autre genre de manifestation consiste dans des phénomènes de lumière. Ces phénomènes paraissent dus à un tissu formé de vésicules d'un jaune soufré. Chez le ver luisant elles remplissent la cavité abdominale dans sa partie inférieure, et la transparence des parois exprime la lumière qu'émet cet animal. Mais il doit y avoir autre chose que ces vésicules, traversées du reste par de nombreuses trachées, organes d'une respiration très-active, qui les enflamme pour ainsi dire. Elles sécrètent probablement une liqueur phosphorescente, car les vers luisants laissent sur les gants noirs une trace lumineuse qui s'explique tout naturellement ainsi. — Certains taupins d'Amérique portent dans le thorax une substance particulière assez lumineuse pour qu'on puisse lire à sa clarté ; quelques-uns de ces insectes sont employés comme parure par les femmes de ces pays, et produisent un fort bel effet, surtout dans la chevelure.

Avant d'aborder la classification des insectes, il est indispensable de dire quelques mots de leurs métamorphoses.

Tout animal commence par un œuf, c'est-à-dire par une cellule. Dans l'œuf réside une force vitale qui, comme un architecte, construit progressivement tous les organes de l'être futur. Ceux qui s'obstinent à voir dans la vie un simple résultat des organes, ceux-là n'ont jamais étudié que des animaux adultes ; l'étude du développement embryonnaire leur eût inspiré des idées bien différentes, car la force qui le domine est d'une nature si spirituelle, qu'on ne peut jamais la voir et qu'on ne peut davantage la nier.

Chez les animaux supérieurs, l'œuf devient embryon, et se développe ensuite d'une manière parfaitement régulière. Parmi les insectes, quelques-uns suivent les mêmes phases de développement, et nous en parlerons plus au long en traitant des différents groupes. Mais généralement, dans cette partie du règne animal, le développement est interrompu. Il se forme d'abord une larve incapable de se reproduire ; cette larve devient ensuite une chenille, et la chenille un papillon. La larve a des yeux simples, sans facettes ; elle se nourrit avec beaucoup d'activité et grandit fort vite : pour se prêter à ce développement rapide, il faut qu'elle renouvelle son enveloppe. Mais la dernière mue est caractérisée par un changement extraordinaire. L'insecte s'y prépare quelque temps à l'avance ; il se retire pour se mettre à l'abri, souvent même il s'entoure d'un cocon ; alors la peau se dessèche, et tout à coup de ce corps lourd et informe se dégage la nymphe, qui a déjà des ailes rudimentaires et toutes les formes d'un insecte parfait. C'est véritablement une seconde naissance, car les organes parfaitement définis de la larve ne forment plus qu'une sorte de nuage organique : en un mot, tout retourne à l'état fœtal, et quand on veut disséquer l'animal, rien ne résiste au scalpel, toutes les membranes se déchirent dès qu'on y touche. Les grandes masses de graisse que possédait la larve de chaque côté de son corps ont disparu presque subitement : elles ont servi à la nourriture de l'insecte, qui se développe maintenant avec une étonnante rapidité, et s'échappe bientôt de son enveloppe protectrice : c'est une seconde vie qui commence pour lui, vie bien différente de la première, et qui sera aussi remplie de splendeurs que l'autre fut humble et obscure.

Cependant il ne faudrait pas voir dans cette admirable transformation ce qu'on a appelé une génération alternante. Cette larve si grossière et ce papillon si élégant, c'est bien là le même être, car si la larve repasse de l'état histologique adulte à l'état histologique fœtal, il y a une liaison intime entre la forme qui s'en va et la forme qui se prépare; malgré toutes leurs différences, elles dérivent l'une de l'autre, ce que la génération alternante ne comporte pas. Autant vaudrait dire que, dans le genre humain, l'embryon est le père de l'enfant, l'enfant de l'adulte, et l'adulte du vieillard. Non, il n'en est pas ainsi. La larve et le papillon, c'est toujours le même être; le vieillard et l'enfant, c'est le même individu, et arrivé au terme de sa carrière, l'homme est encore responsable des fautes de sa jeunesse, parce que ces fautes sont les siennes. — Emile Alglave.

CHIMIE.

COURS DE M. BOUSSINGAULT.

(CONSERVATOIRE DES ARTS ET MÉTIERS.)

(Voy. les nos 9, 14, 28, 31 et 37.)

VI.

De la chaleur centrale. — Phénomènes volcaniques, etc.

La terre, comme semblent l'indiquer sa forme sphéroïdale et la constitution des roches cristallines, a dû éprouver, à une certaine époque, une température excessive. Il faut donc, en admettant cette hypothèse, qu'elle soit incandescente dans son intérieur; car une masse aussi considérable ne peut se refroidir que très-lentement. Ainsi la surface terrestre reçoit sa chaleur du soleil, et, dans l'intérieur de la terre, il existe une chaleur propre. Des phénomènes nombreux nous indiquent, d'ailleurs, cet état du globe; au premier rang sont les phénomènes volcaniques.

Un volcan, considéré d'une manière générale, est l'apparition subite, par une fracture qui s'est faite dans le sol, d'une quantité énorme de matière qui est à une température très-élevée. Cette fracture a toujours lieu par étoilement; il est un point central d'où part le volcan, puis toutes les roches avoisinantes portent des crevasses qui rayonnent de ce point.

Si l'on considère un volcan à distance, on voit qu'il a une apparence de cône tronqué; puis, à la partie supérieure, est une large ouverture, qui va en s'amoindrissant à mesure que l'on s'enfonce dans l'intérieur. Le volcan est-il en activité, une masse fondue apparaît dans son intérieur, s'élève et s'épanche par tous les côtés du cratère en formant une vaste couche de lave. Il y a un arrêt; puis survient un nouvel épanchement, d'où une seconde couche de lave. Quelquefois les parois du cratère cèdent avant que la lave soit arrivée à la partie supérieure, et celle-ci sort latéralement des flancs de la montagne, comme les scories en fusion se précipitent des ouvertures d'un haut fourneau.

Il y a des volcans dans lesquels on ne voit jamais apparaître de matières fondues, ce sont les volcans à soulèvements fragmentaires : les volcans des Andes offrent le type de ce genre. Ici, la masse du volcan est formée de trachyte, et cette roche évidemment a surgi en soulevant le terrain cristallin qui l'entoure; ce terrain cristallin est du gneiss.

Il semble tout d'abord difficile d'expliquer ces soulèvements fragmentaires. Pourquoi, quand la force qui les pousse cesse d'agir, ces blocs ne rentrent-ils pas à l'intérieur pour combler les vides qu'ils y ont laissés? Qu'on se rappelle ce fait : quand on creuse un puits en jetant les déblais autour de son orifice, si ensuite on veut le combler avec ces mêmes déblais, il y a toujours un excédant de matière. En effet, tous ces morceaux de roches sont maintenant en fragments, et nécessairement ils laissent entre eux des vides. Les choses se passent d'une manière analogue dans le cas des soulèvements fragmentaires.

Si l'on considère des volcans qui émettent des matières fondues, des volcans par épanchement, comme on les nomme, tels que le Vésuve, on remarque que la lave sort toujours à une température très-élevée; les volcans à soulèvements fragmentaires présentent le même phénomène, les phénomènes d'incandescence y existent pareillement. Le Cotopaxi, volcan de la cordillère des Andes, par exemple, lance des fragments de trachyte qui sont à la température rouge, et telle est la force qui agit intérieurement, que ces morceaux sont projetés à une lieue de distance. M. Boussingault a pu remarquer un bloc de vingt mètres cubes qui fut lancé ainsi à deux lieues, et tout porte à croire qu'il était alors incandescent. Ces volcans à soulèvements fragmentaires, notamment ceux des Andes, lancent aussi beaucoup de matières boueuses; dans ces boues, on trouve fréquemment des poissons. Probablement ces poissons habitent des lacs souterrains qui se trouvent à la base des cratères.

On a eu sous les yeux une preuve de la formation de ces volcans trachytiques dans le soulèvement des volcans de Jorullo. Entre Puebla et Mexico s'étendait autrefois une plaine très-unie. Le lendemain de la nuit du 28 au 29 septembre 1759, on trouva tout le terrain boursouflé; il s'était formé un nombre considérable de petits volcans, d'où sortaient des vapeurs et des flammes. Depuis lors le phénomène a persisté, mais en diminuant d'intensité. On examina la nature de ces roches, on constata qu'elles étaient formées de trachytes; quant à des laves ou à des matières semi-fluides, on n'en a vu aucune trace.

Ainsi donc, il est bien évident que ces volcans apparaissent subitement; au point où le sol offre la moindre résistance, il se perce, et les matières provenant de l'intérieur viennent surgir à la surface.

On a cherché à connaître ce qui se passe dans l'intérieur des volcans. Un des premiers, Soufflot, l'architecte du Panthéon, se fit descendre dans l'Etna. Trente ans plus tard, Spallanzani l'imita. Tous deux sont d'accord dans les remarques qu'ils ont faites dans l'intérieur du cratère. Au fond, ils ont constaté une masse légèrement en ébullition ; cette masse était liquide et avait une apparence vitreuse; de son sein se dégageaient des gaz en abondance. Ils voyaient sans cesse cette matière se tuméfier, prendre un grand boursouflement, arriver à une certaine hauteur, puis retomber, et ainsi de suite.

Davy étudia l'intérieur du Vésuve ; il y remarqua ce que Soufflot et Spallanzani avaient indiqué dans l'Etna : d'abondants dégagements de gaz et une sorte de bouillonnement. Les gaz qui sortent des cratères ont été étudiés avec soin : M. Boussingault, principalement, a analysé les vapeurs qui émanent de la plupart des volcans du globe, ses conclusions ont été les suivantes. Dans tous les volcans de l'Équateur, dans le Vésuve et dans l'Etna, il a trouvé d'une façon constante de la vapeur d'eau, de l'acide carbonique et de la vapeur de soufre. Comme produits gazeux accidentels, on a constaté de l'azote et de l'acide sulfureux. Cet acide sulfureux ne sort pas du volcan lui-même, c'est la vapeur de soufre émanant du cratère qui, s'enflammant au contact de l'air, produit cet acide. Quant à l'azote qui a été remarqué, il provient de l'air dépouillé de son oxygène, par suite de la formation de ce gaz acide sulfureux.

Les volcans donnent comme produits gazeux, nous venons de le dire, de la vapeur de soufre, de la vapeur d'eau et de l'acide carbonique. Or, le nombre des volcans aujourd'hui en activité à la surface de notre planète est d'environ trois cents. Il y a donc lieu de rechercher quelle influence peut avoir sur notre atmosphère une émission de gaz de cette nature et en de telles proportions. Nous remarquerons d'abord que le soufre et la vapeur d'eau se condensent ; reste l'acide carbonique, qui vient se mélanger à l'air. Or, pour donner une idée de l'énorme quantité de ce gaz qui se dégage dans les éruptions volcaniques, M. Boussingault cite le fait suivant : Le Cotopaxi, en un seul jour, dégage plus d'acide carbonique que n'en produirait dix fois la population de Paris. Il semble donc qu'un jour notre atmosphère puisse être modifiée par une arrivée subite d'acide carbonique qui aurait une telle origine ; il n'en est rien. Depuis longtemps on constate toujours dans la constitution de l'air quatre dix-millièmes de cet acide, et cette proportion n'a nullement varié quand tel ou tel volcan est venu faire son apparition ou a cessé d'être en activité.

C'est l'Océan qui maintient constante, malgré les causes qui tendent à la faire varier dans la nature, la proportion d'acide carbonique. La surface recouverte par les eaux est à la portion du globe qui se trouve émergée dans le rapport de 3 à 1 : ainsi notre planète ne présente sur sa plus grande étendue qu'une nappe liquide. Or, l'acide carbonique est bien plus soluble dans l'eau que ne le sont l'oxygène et l'azote, et, comme presque partout il est en présence de ce liquide, il s'y dissout, et en quantité d'autant plus grande, qu'il pourra s'y trouver en excès.

Nous avons indiqué, d'après les observations de Davy, de Spallanzani et de Soufflot, ce qui se passe dans le sein des volcans à épanchements. Quant aux volcans à soulèvements fragmentaires, comment se comportent-ils dans leur intérieur? M. Boussingault se fit descendre dans un de ces volcans près du Cotopaxi. Il ne remarqua pas de masse fondue formant des boursouflements ; il constata seulement un dégagement de vapeurs très-abondantes par de nombreuses fissures pratiquées dans le sol qui formait le fond du cratère. Il voulut déterminer la température de cette vapeur surchauffée. Une lame d'étain qu'il plongea dans une de ces fissures fondit, mais une lame de plomb résista. Cette température était donc comprise entre 225 et 355 degrés. A l'extérieur, aux abords du cratère et jusqu'à une distance assez considérable, il vit une immense quantité de blocs trachytiques et de nombreux puits creusés dans la terre par ces nombreux blocs en incandescence.

On peut donc conclure que dans tous les volcans une force énorme agit de l'intérieur de la terre. Dans les volcans à épanchements, cette force détermine une sortie de laves ; dans les volcans à soulèvements fragmentaires, en vertu de cette même force, des fragments de rochers sont lancés au dehors. Cette force, à quoi est-elle due? C'est un dégagement de vapeurs qui se produit; c'est analogue à une machine qui projette sa vapeur.

La constitution minéralogique des laves a été étudiée. Ces pierres poreuses, rudes au toucher, contiennent comme éléments du feldspath, du pyroxène, du péridot, du fer titané. Ce sont là des substances qui se rencontrent dans les roches cristallines. Quant aux blocs de trachytes lancés par les volcans à soulèvements fragmentaires, ils ne renferment que des trachytes, mais leur surface a pris une apparence vitreuse.

Examinons actuellement l'importance des volcans en eux-mêmes. Considérons d'abord la lave à sa sortie. Quand la lave s'épanche du cratère d'un volcan, elle coule avec une vitesse plus ou moins grande. Cette vitesse dépend de sa fluidité, de la pente du terrain, des obstacles qui se présentent. Ainsi, en 1776, on trouve qu'au Vésuve la lave incandescente parcourut 2000 mètres en quatorze minutes; en 1801, elle parcourut 7000 mètres en deux heures. A l'Etna, on constata que dans l'espace de deux années elle était avancée de 3800 mètres. Cette masse incandescente commence à couler comme un fleuve, puis la surface s'obscurcit, devient pâteuse et se solidifie, tandis que l'intérieur, encore liquide, continue à couler sous la couche solidifiée qui la recouvre.

On a cherché à évaluer la quantité de lave qui sort des volcans. Les chiffres auxquels on est arrivé semblent prodigieux, et cependant, dit M. Boussingault, on est sans doute encore au-dessous de la vérité. Ainsi, en 1737, on évalua la quantité de lave sortie dans une éruption à

11 millions de mètres cubes ; en 1794, on porta cette quantité à 15 millions.

Ces volcans qui émettent de telles quantités de matières et avec une si grande force, doivent causer dans le voisinage des accidents terribles. Ils amènent, en effet, des désastres épouvantables; mais ils sont moins à craindre par la lave elle-même que par les cendres. Une éruption volcanique présente ces diverses phases. Il y a d'abord une quantité énorme de vapeur d'eau qui sort du cratère et produit des orages terribles; puis viennent des fumées noirâtres qui obscurcissent le ciel, ce sont les cendres volcaniques. Enfin la lave apparaît et s'épanche. Or, la lave, on la voit venir le plus souvent, tandis que lorsqu'on est enveloppé subitement dans un nuage de ces matières terreuses ou cendres volcaniques, il n'y a plus moyen de fuir. C'est ainsi que périrent Herculanum et Pompéi. En 79, alors qu'une tranquillité parfaite régnait dans ces deux villes, une pluie de cendres vint les ensevelir et former au-dessus du sol une couche de 17 mètres d'épaisseur; puis la lave vint recouvrir les cendres sur une hauteur de 1 à 2 mètres.

L'apparition des phénomènes volcaniques est précédée de phénomènes d'un autre genre. Avant l'éruption, le sol est fortement agité; on y constate des trépidations plus ou moins violentes : ce sont les tremblements de terre. Ces phénomènes présentent ce fait remarquable, ils se font sentir généralement sur une étendue très-considérable, mais l'intensité n'est pas la même dans les divers points. Ainsi M. Boussingault suivit le tremblement de terre de Caracas sur une étendue de trois cents lieues. A Caracas, la ville fut complétement détruite; dans une autre ville, à dix lieues de Caracas, il n'y eut que de faibles secousses, aucun monument ne fut renversé; un peu plus loin, sur cette même ligne suivie par le phénomène, aucune trépidation ne se fit sentir, tandis qu'à quelque distance de là, une ville eut tous ses édifices renversés.

Il est donc une cause particulière qui fait que le tremblement de terre ne se fait pas sentir avec une intensité égale sur tout son parcours. Les habitants des Andes, familiers avec ces phénomènes, en ont trouvé l'explication. Dans les contrées, disent-ils, où la *roche fait pont*, les tremblements n'occasionnent jamais de grands dégâts. On a remarqué, en effet, que les tremblements les plus violents ont eu lieu sur des terrains cristallins; tandis que là où des dépôts sédimentaires sont venus recouvrir les roches cristallines, les phénomènes sont à peine sensibles. La formation sédimentaire constitue, dans ce cas, une sorte de matelas qui amortit les trépidations qu'éprouve la couche cristalline. Ceci peut nous rassurer contre les craintes que nous pourrions avoir des tremblements de terre; nous sommes à Paris sur un terrain tertiaire, et des tremblements ont lieu probablement dans ce terrain cristallin qui est au-dessous de nous, sans que nous nous en doutions.

Indépendamment de ces trépidations du sol qui tiennent à des phénomènes de nature volcanique, la terre éprouve certaines oscillations, certains mouvements d'un genre tout différent. Ainsi, on prétendit autrefois qu'il y avait un abaissement lent des côtes de la Baltique. Des expériences furent faites à ce sujet, on traça des repères sur les roches qui baignent la mer. Un siècle plus tard, ces repères furent relevés. En certains endroits, on trouva qu'ils étaient restés au niveau de la mer; ailleurs la mer semblait s'être abaissée, et en d'autres points elle paraissait s'être élevée. De la constance du niveau de la mer en certains endroits, on conclut que nulle part elle ne s'était ni abaissée ni élevée; il fallait attribuer ce phénomène au soulèvement ou à l'affaissement des côtes.

Les volcans, comme il a été dit ci-dessus, nous confirment dans l'opinion qu'il existe dans la terre une chaleur centrale. D'autres phénomènes viennent encore appuyer cette hypothèse. Un des principaux est l'élévation de température qui se fait sentir à mesure que l'on s'enfonce dans la terre.

On sait que l'action du soleil est limitée à la surface du sol. Ainsi, à Paris, lorsqu'on est parvenu à une couche de 8 à 10 mètres de profondeur, on a une température invariable. Si l'on continue à descendre, on remarque que la température va en croissant d'une manière rapide. Cette chaleur qui se manifeste ainsi vient du globe. On a remarqué qu'à Paris, à l'Observatoire, à partir de la couche dont la température est invariable et qui marque au thermomètre 10°,3 en toutes les saisons, si l'on descend de 28 mètres, la température croît d'un degré. Dans le duché de Luxembourg, on a creusé un puits artésien très-profond; il atteint 671 mètres. La température à cette profondeur a été trouvée de 34 degrés. Ceci indiquerait qu'il faut descendre de 30 mètres en moyenne pour obtenir une augmentation de température d'un degré. Les résultats de ces deux expériences s'accordent d'une manière sensible, comme on voit.

Ainsi, à une profondeur de 2670 mètres, l'eau est bouillante, et si l'on pénétrait de 4 myriamètres dans la terre, on trouverait la température de la fusion du granit. — J. de Lignières.

PHYSIOLOGIE COMPARÉE.

COURS DE M. VULPIAN.

(MUSÉUM D'HISTOIRE NATURELLE.)

(Voy. les n°s 32, 35 et 37).

VI.

De la distinction des nerfs moteurs et des nerfs sensitifs. Historique de la question. Ch. Bell et Magendie.

Les nerfs, à leur extrémité centrale, naissent de la moelle par deux racines, qui ont reçu le nom de racine antérieure et de racine postérieure, parce qu'on a pris pour type l'homme, ou plutôt la position de la moelle dans la station verticale. Disons-le tout de suite, la racine antérieure est motrice; la racine postérieure porte un ganglion et préside à la sensibilité; un peu au delà du ganglion, elles se réunissent pour former un nerf mixte. Voyons l'historique de cette question et les tâtonnements par lesquels il a fallu passer pour arriver à ces notions.

Érasistrate admettait deux sortes de nerfs: les uns sensitifs, qu'il faisait dériver des méninges; les autres moteurs, qui dérivaient du cerveau et du cervelet. Galien étudia cette division avec soin, et ses observations médicales l'amenèrent à la classification suivante. Il admettait trois espèces de nerfs : les uns durs, qui naissent de la moelle épinière, destinés aux mouvements; les autres mous, destinés aux sensations; enfin des nerfs mixtes, qui jouissent à la fois de la motilité et de la sensibilité. Galien, on le voit, n'avait plus qu'un pas à faire pour arriver à la connaissance des fonctions différentes des racines.

On vécut longtemps sur ces notions. Boerhaave s'en montre complétement partisan. Willis les adopte, mais Haller les traite de pures vues de l'esprit qui ne peuvent se prouver. Il s'appuie sur l'abolition de la sensibilité ou du mouvement séparément dans les apoplexies; et, n'ayant aucune preuve expérimentale à son service, rejette tout simplement ces données. Il ne voit dans la conservation de la sensibilité ou son abolition qu'une différence dans l'étendue de la lésion, mais non une fonction spéciale des nerfs.

Lamarck avait soupçonné aussi l'existence de nerfs distincts destinés à la sensibilité et d'autres destinés aux mouvements. A Walter revient l'honneur d'avoir éveillé l'attention sur les fonctions des racines dans sa *Physiologie zoologique* (1809). Mais comme il n'avait aucune donnée expérimentale, il marcha au hasard, et ce hasard le servit mal; il attribue aux racines antérieures la sensibilité et aux postérieures le mouvement.

On attribue à Charles Bell cette immortelle découverte. Nous allons examiner avec impartialité ses expériences, et nous verrons les inductions qu'on peut en tirer.

Dans un premier travail fort rare aujourd'hui, tiré à cent exemplaires seulement, et intitulé : *An Idea of a new anatomy of the Brain* (London, 1811), mais dont on trouve des extraits suffisants dans son grand *Traité sur le système nerveux*, nous lisons les expériences suivantes :

Il met à nu les racines sur un lapin mort récemment, excite les postérieures sans produire de mouvement; tandis qu'en excitant les racines antérieures avec la pointe du scalpel, il produit des convulsions. Ensuite sur un lapin vivant il coupe les racines postérieures, et voit que les muscles ont conservé le mouvement. Il ajoute seulement que la douleur causée par l'expérience n'a pas permis de constater le degré de sensibilité conservée; du reste, cette seconde question lui semble d'une médiocre importance.

Charles Bell vivait dans les idées de Willis; il croyait que le cervelet était le centre des *actions vitales*, telles que la nutrition, la circulation, les sécrétions, tandis que le cerveau était l'origine des *nerfs satellites de l'âme*, siége de la sensibilité et des mouvements volontaires. Il croyait que les faisceaux postérieurs émanaient du cervelet et devaient donc servir aux fonctions vitales, tandis que les faisceaux antérieurs émanés du cerveau présidaient au mouvement et à la sensibilité. Donc, pour lui, les racines postérieures venant des faisceaux postérieurs étaient destinées à servir d'intermédiaire aux fonctions du cervelet, c'est-à-dire aux actions vitales, et les racines antérieures provenant des faisceaux antérieurs étaient chargées d'exécuter les fonctions dévolues au cerveau, c'est-à-dire les actes de sensibilité et de mouvement.

Voilà ce qui ressort de la lecture attentive de son premier travail, et je déclare qu'il est impossible d'y trouver autre chose.

Interprétons maintenant ses expériences sur le lapin mort: Si l'on excite les racines postérieures, on ne doit rien trouver. En effet, comment apprécier les résultats de l'excitation des actions vitales?

Si l'on excite les racines antérieures, on obtient du mouvement : le second résultat confirmait pleinement ses vues anatomiques et physiologiques. Il y avait mouvement, puisque ces nerfs présidaient à la motilité. La sensibilité ne pouvait plus se manifester, puisque l'animal était mort.

Sur le lapin vivant, après avoir sectionné les racines postérieures, il voit le mouvement persister, ce qui devait arriver nécessairement dans sa théorie. Quant à la sensibilité, il suppose si bien qu'elle persiste, qu'il dit, ainsi que nous l'avons déjà indiqué, qu'il n'a pu s'assurer de son degré, vu la douleur occasionnée par l'expérience.

Vous voyez donc qu'il est impossible de trouver dans les écrits de Charles Bell des preuves à l'appui de l'opinion qui lui attribue l'honneur de cette grande découverte. Bien au contraire, et ce n'est que par des interprétations équivoques qu'il pourra plus tard tirer une autre déduction de cette expérience.

Dix années s'écoulèrent. En 1821, John Shaw, le parent et l'élève de Ch. Bell, vint à Alfort, où il fit sur un âne l'expérience suivante devant Magendie, Dupuy et Spurzheim. Il coupa le nerf facial, et constata l'abolition des mouvements qu'il appelle respiratoires, car il admettait une nouvelle classe de nerfs servant à ces mouvements. Puis il coupe chez un autre animal le nerf sous-orbitaire, branche exclusivement sensitive du trijumeau, et constate que la sensibilité est éteinte dans la peau de la face, et que, de plus, les mouvements de mastication, et tous les mouvements volontaires des muscles faciaux, sont abolis; tandis que les mouvements respiratoires persistent.

En avril 1822, paraît dans le *Journal de Magendie* la traduction d'une dissertation de J. Shaw sur les paralysies partielles, et là encore pas un mot de la distinction des nerfs sensitifs et des nerfs moteurs.

On le voit, rien n'est encore éclairci; de ces expériences ne ressort pas encore la solution de la grande question qui nous occupe. Poursuivons.

Au mois d'août 1822, Magendie publie dans le *Journal de physiologie expérimentale* ses expériences faites sur des chiens. Il coupe les racines postérieures, il y a abolition de la sensibilité seulement. Il coupe les racines antérieures, et le mouvement disparaît. De ces expériences il conclut ce que nous savons aujourd'hui; mais il eut le malheur d'émettre quelques doutes, surtout dans son second mémoire.

Il reprit la question alors. Il chercha si les racines sont les unes purement motrices et les autres purement sensibles.

Il agit sur les racines avant de les couper. En excitant les racines antérieures, il détermina *surtout* du mouvement, mais aussi de la sensibilité, et obtint le même résultat, mais en sens inverse, en excitant les racines postérieures. Il arriva à cette conclusion, que les racines ne possèdent pas de fonctions exclusives. Ce résultat lui parut plus manifeste après les avoir coupées; en pinçant le bout périphérique, il n'obtint rien, ce qui n'est pas étonnant pour les racines postérieures; probablement l'instrumentation avait altéré les racines antérieures.

En galvanisant le bout périphérique de la racine antérieure, il y eut un mouvement bien manifeste, et, chose remarquable, le même effet se produisit lorsqu'il porta l'excitant sur le bout périphérique de la racine postérieure. De toutes ces expériences, Magendie conclut que les racines n'ont pas de fonctions exclusives. Toutefois sa conclusion ultime est que « les racines antérieures sont destinées au mouvement, tandis que les postérieures appartiennent plus exclusivement au sentiment. »

Alors éclatèrent les railleries de Charles Bell, qui s'empressa d'affirmer les fonctions spéciales des racines que Magendie avait proclamées dans son mémoire de 1822; mais ces railleries sont dénuées de fondement. En effet, si l'on pince les racines postérieures intactes, on obtient de la sensibilité et du mouvement produit par une action réflexe. Magendie a vu ce que plus tard Marshall-Hall et Müller expliqueront. Ainsi se trouve justifié le mouvement produit par l'excitation de la racine postérieure.

Si l'on pince, avons-nous dit, la racine antérieure intacte, il y a mouvement, mais aussi sensibilité. Ce fait, qui pouvait ainsi paraître inexplicable, devient explicable, grâce à une découverte postérieure de Magendie, la sensibilité récurrente, que vous trouverez plus loin expliquée.

De plus, après la section des racines, on peut obtenir des mouvements en galvanisant les racines postérieures avec une pile très-forte, parce que l'on obtient, à l'extrémité du membre, un courant dérivé qui excite le muscle doué de fibres sensitives; de plus, il peut y avoir une agitation des fibres motrices par induction.

Je crois vous avoir expliqué suffisamment les hésitations de Magendie. Il a décrit dans son second mémoire ce qu'il a vu; cette assertion était le fait de sa bonne foi et ne méritait nullement d'être incriminée.

Après Magendie, nous devons signaler les travaux de J. Müller (1831) sur les grenouilles. Il fit agir les excitants mécaniques et galvaniques sur les racines intactes qu'il sectionna tour à tour, les racines postérieures d'un côté et les racines antérieures de l'autre. Des expériences confirmatives furent faites par Van Deen, Thomson, Retzius, Stannius, Seubert, Panizza, qui fut le premier à les répéter sur des mammifères, sur des boucs; par Henle, Meyer, Steinruck, Valentin, etc.; enfin on en doit aussi de très-probantes à M. Flourens. Bellingeri voulut douer les racines des mouvements de flexion, et les racines postérieures des mouvements d'extension et de sensibilité.

Viennent ensuite les travaux très-remarquables de M. Longet. En 1839, il fit, sur ce sujet, des leçons publiques; il publia, en 1841, un mémoire intitulé : *Recherches expérimentales et pathologiques sur les propriétés et les fonctions des faisceaux de la moelle épinière et des racines des nerfs rachidiens, précédées d'un examen historique et critique des expériences faites sur les organes depuis Ch. Bell.* Ce mémoire fut couronné par l'Académie des sciences. M. Longet fit des expériences sur des chiens, et se servit des excitations mécaniques et chimiques.

Je crois vous avoir suffisamment montré combien les partisans de Charles Bell ont dénaturé le sens de ses expériences. On en a forcé les conclusions pour lui attribuer la gloire de cette découverte, et Magendie n'est plus alors qu'un plagiaire. Nous devons nous élever avec force contre cette assertion. Je ne suis pas lié envers Magendie, que j'ai vu à peine; mais je crois être un historien fidèle en vous proposant cette revendication. Je vous ai montré que l'étude attentive des idées de Ch. Bell ne pouvait jamais conduire à une pareille conclusion. Il est toujours, en quelque sorte, esclave de la théorie, et reste complétement muet sur la sensibilité dévolue aux racines postérieures. L'Angleterre a été fière de cette gloire, et même, chez les Français, cette injustice a trouvé des échos; des livres classiques écrits par les physiologistes les plus distingués répandent cette erreur parmi vous, et je viens ici, sans passion, sans intérêt, restituer à Magendie cette gloire qui lui appartient bien légitimement. — E. Brémond.

PALÉONTOLOGIE.

COURS DE M. A. D'ARCHIAC.

(MUSÉUM D'HISTOIRE NATURELLE.)

(Voy. les n°s 1, 2, 10, 12, 14, 16, 18, 20, 22, 24, 27, 29, 31, 33, 36 et 37.)

XIV.

Faune quaternaire de l'Amérique du Nord. (Suite.)

IIIe SECTION.

DÉPOTS MARINS ET LACUSTRES DES ÉTATS-UNIS DU SUD.

Si l'on remonte du golfe du Mexique vers la partie orientale du Texas, on parcourt une vaste plaine basse, unie, récemment émergée, sablonneuse, dont le sol est analogue à celui de la côte actuelle et des bas-fonds du golfe. Au nord-ouest, des collines de 30 à 100 mètres d'élévation sont composées de sables et de cailloux roulés plus anciens reposant sur des grès en bancs réguliers. D'après M. F. Roemer, des amas de bois dicotylédones, sorte de lignite imparfait, s'y présentent sur beaucoup de points.

Les argiles et les sables qui constituent les bords du Brazos et de la plupart des autres rivières du pays sont quaternaires, ainsi que les couches de graviers et de sables qui forment une large bande ou zone aride, dirigée E. O. sur une portion considérable du Texas. M. W. Hough a découvert sur les rives du Brazos, près de San-Filippe, une grande quantité d'ossements de mammifères (Tapir, Bœuf, Mastodonte, Eléphant, Mylodon) parmi lesquels ceux d'Éléphant dominent sur ceux de Mastodonte.

Dans la vallée du Mississippi, au-dessus des couches tertiaires inférieures de Vicksburg, de Grand-Gulf, de Rodney et de Natchez, vient un puissant dépôt de limon rempli de coquilles terrestres semblables à celles qui vivent encore en abondance sur les points sujets à être inondés (*Helix thyroides*, *H. ligera*, *H. concava*, *H. setosa*, *H. arborea*, *H. perspectiva*, etc., *Succinea ovalis*, *Helicina orbiculata*) Parmi les coquilles lacustres sont une petite Cyclade et une Paludine. M. Conrad a remarqué que les coquilles terrestres, par suite de l'élévation annuelle des eaux, sont disposées dans les dépôts des lacs actuels, absolument comme dans ce limon ancien que recouvre, en en suivant les ondulations, 2 ou 3 mètres de terres diverses dépourvues de coquilles.

La grande plaine alluviale du Mississippi est bornée à l'est par un plateau élevé de 60 mètres au-dessus de la rivière et inclinant un peu à l'E. ou vers l'intérieur. Cette plate-forme se termine brusquement à Natchez par une ligne de falaises perpendiculaires dont le fleuve mine incessamment la base. Toute la coupe est en cet endroit composée de dépôts quaternaires. Les vingt mètres supérieurs constituent un lehm argileux, semblable à celui de la vallée du Rhin et renfermant des coquilles récentes; la base est composée de sables et de graviers sans fossiles, si ce n'est des bois silicifiés et des polypiers provenant de roches anciennes. Outre les coquilles fluviatiles et terrestres déjà signalées, on trouve dans le limon ou dans l'argile qui est au bas de nombreux ossements et même des squelettes entiers de Mastodonte, de *Megatherium*, de *Mylodon*, d'*Equus*, de *Bos*, etc. C'est particulièrement lors des éboulements qui se produisent dans les ravins que les ossements sont mis à découvert. Dans un de ces éboulements, un os humain a été trouvé avec les débris de mammifères éteints. Mais M. Lyell ne pense pas que la contemporanéité de l'homme avec ces derniers soit prouvée par ce seul fait.

Le golfe de Mexico est bordé, sur plusieurs centaines de milles, par un dépôt uniquement composé de *Cyrena carolinensis* avec quelques *Rongia cyrenoida* (*Gnatodon*). Entre Mobile (*Alabama*) et la Nouvelle-Orléans, de même que dans le voisinage de Franklin (Louisiane), ce banc coquillier suit le contour des baies et se retrouve dans les îles nombreuses de l'embouchure du Mississippi. L'île d'Anatasia (Floride) est entièrement composée de coquilles qui vivent sur la côte. En remontant la rivière Saint-Jean et dans la baie de Tampa, des bancs d'*Ostrea virginiana* se voient à 3 ou 4 mètres au-dessus des hautes eaux. L'*Indian Caye*, la première des petites îles qui bordent la Floride, est formée de calcaires quaternaires qui ne sont composés par places que de myriades de coquilles vivant dans le voisinage et identiques avec celles de Cuba. Tous ces îlots ou cayes ont d'ailleurs une origine semblable et ne diffèrent les uns des autres que par leurs dimensions et leurs formes. Ils reposent sur des récifs de coraux, mais rien ne prouve d'une manière péremptoire que ces dépôts d'origine organique, ceux de la baie de Tampa, où l'on trouve aussi des ossements de Manates, ceux de la pointe de Saratoza, de Ballast-point, de Fort-Brook, avec *Cyrina carolinensis*, *Ostrea virginiana*, *Gnatodon truncatum*, *Fusus corona*, *Natica duplicata*, *Neritina reclivata*, ne soient en tout ou partie de l'époque moderne, ainsi que nous l'avons dit précédemment (1). Ici comme sur le périmètre de la Méditerranée et sur une multitude d'autres points, il nous manque un des criterium zoologiques que nous allons retrouver en remontant un peu vers le nord, en même temps que le criterium physique.

Ainsi M. Cooper a fait voir que dans la Géorgie les couches quaternaires du Maryland s'étendaient plus au S. qu'on ne l'avait cru d'abord, que le *Megatherium* y avait été contemporain de l'Éléphant, du Mastodonte, du Cheval et du Lion. Le pays n'a d'ailleurs éprouvé aucun changement violent depuis que ces animaux l'habitaient, et l'on ne remarque aucune trace d'action diluvienne dans le dépôt de transport qui les enveloppe, non plus qu'aux environs.

L'identité des coquilles fossiles avec celles qui vivent

(1) *Cours de paléontologie stratigraphique*, 1864, 2e partie, p. 311.

encore sur le littoral de la Caroline du Sud, de la Géorgie et de l'Alabama, prouve que la température de l'Océan, à une époque antérieure à l'existence des grands mammifères, était semblable à celle sous laquelle vivent aujourd'hui les mollusques de la côte de la Géorgie. En effet les ossements de *Megatherium*, de Mastodonte, etc., sont intacts dans l'alluvion qui recouvre le sable jaune quaternaire, et c'est au-dessous que l'on rencontre les coquilles marines dont nous venons de parler.

M. Lyell mentionne également à l'embouchure de la Savannah, à Darien et à Brunswick, des dépôts argileux et sablonneux avec des coquilles identiques avec celles qui vivent sur la côte et qui sont recouverts d'argiles foncées renfermant des débris de *Megatherium*, de *Mylodon*, de *Mastodon giganteum*, d'*Elephas primigenius*, de Cheval avec un grand chélonien. On ne remarque aucun mélange entre les deux dépôts. Le niveau relatif avait changé lorsque les ossements ont été apportés, il était à peu près ce qu'il est aujourd'hui. Dans la période actuelle, un nouvel abaissement de la côte semble être démontré par la submersion des troncs de Cyprès qui y croissaient autrefois.

Des ossements de Mastodonte ont été trouvés dans l'argile sableuse de West-Feliciana et dans plusieurs autres localités de l'État de Tennessee, avec le *Megalonyx Jeffersoni*, puis en creusant le canal de l'Ohio, à un mille à l'est de Bloomfield.

Après avoir traité du gisement du *Mastodon giganteum* et des autres fossiles qui lui sont associés à Big-bone-Like (Kentucky) et dans d'autres localités, sir Ch. Lyell conclut que les mammifères éteints de cet État, comme ceux des bords de l'Atlantique, dans les Carolines et la Géorgie, appartenaient au même niveau géologique, les espèces identiques d'Éléphants et de Mastodontes étant associées dans l'un et l'autre cas avec le Cheval, et de plus, le *Megatherium* et le *Mylodon* se rencontrant en Géorgie avec le *Megalonyx* cité à Big-bone-Like.

De part et d'autre de la chaîne des Apalaches les coquilles fossiles terrestres et d'eau douce qui accompagnent les Mastodontes sont les mêmes que celles qui vivent encore sur les lieux. Les quadrupèdes éteints que nous nous sommes borné à mentionner simplement, parce qu'ils seront l'objet particulier de la prochaine leçon, ont vécu après la formation du dépôt erratique, ou *drift ancien*, du nord ; par conséquent le froid supposé du climat qui coïncide probablement avec le transport de ce drift ou lui est même antérieur, n'a point été ici, plus qu'en Europe, la cause de leur destruction.

Enfin, à l'ouest des montagnes Rocheuses, sur les limites du nouveau Mexique et de la Californie, dans l'immense bassin du rio Colorado et de ses affluents, M. J. S. Newberry, qui faisait partie de l'expédition du lieutenant Ives et à qui l'on doit l'une des relations géologiq sles plus intéressantes que l'on ait publiées dans ces derniers temps, a fait connaître le développement très-important qu'y prennent les dépôts quaternaires. Nous citerons, entre autres localités, la *colline de l'Eléphant*, située sur le bord du Colorado, à la sortie des gorges profondes du Black-Canon. En cet endroit les dépôts de transport bien stratifiés recouvrent des trapps et sont surmontés par les alluvions modernes au pied de la colline. Leur épaisseur est d'environ 50 mètres, et une dent d'Éléphant a été extraite du lit de gravier et de blocs qui constitue la base même de la colline.

Messieurs, en traitant plus particulièrement dans notre prochaine leçon des mammifères quaternaires de l'Amérique du Nord, dont la position géologique nous est actuellement bien connue, nous nous occuperons aussi de leur distribution géographique comparée.

A. d'Archiac.

EMBRYOGÉNIE COMPARÉE.

COURS DE M. COSTE.

(Collége de France.)

(Voy. les nos 23, 25, 28, 30, 33 et 37.)

VII.

Rut et menstruation. — (Suite.)

L'invasion des règles se révèle habituellement par une exhalaison muqueuse d'une odeur particulière. Cette odeur est, selon M. Pouchet, tellement caractéristique, qu'à ce seul signe on peut prédire l'irruption prochaine du flux cataménial. Peu à peu le mucus vaginal change de nature. Il prend d'abord une teinte légèrement rosée, qui est due à la présence de quelques globules sanguins mêlés aux globules muqueux. Puis, enfin, l'hémorrhagie se déclare. M. Coste a eu plusieurs fois l'occasion d'observer cette hémorrhagie sur le cadavre de femmes suicidées. Il s'est ainsi convaincu qu'elle avait toujours sa source dans le réseau vasculaire superficiel de la muqueuse utérine. Ce n'est point par de vastes déchirures que le sang s'échappe, mais par de petites gerçures analogues à celles qui se produisent sur la pituitaire dans les épistaxis. On voit sur le trajet des vaisseaux une multitude de petits points rouges, qui font sur la muqueuse l'effet d'un tatouage récent, pratiqué avec une fine épingle. Quelquefois cependant, il arrive qu'un ou deux vaisseaux d'un calibre assez considérable se brisent sous l'influence d'une forte pléthore. Dans ce cas, l'hémorrhagie cesse d'être normale, et peut même dégénérer en accident grave, si l'on n'y met obstacle par de prompts secours.

Le flux sanguin n'est pas absolument nécessaire pour constituer la fonction de la menstruation. Il y a, en effet, certains pays, le Groenland par exemple, où l'écoulement menstruel est à peine rougi par quelques gouttes de sang. Ce fait se produit même quelquefois dans nos climats chez certaines femmes débilitées et chlorotiques à l'excès. Mais alors l'absence de coloration est plutôt pathologique que physiologique, et elle indique un grand affaiblissement dans l'activité vitale.

L'hémorrhagie cesse habituellement au bout de deux ou trois jours. Les menstrues reprennent alors le caractère muqueux qu'elles avaient au début. Les globules sanguins disparaissent peu à peu, et il ne reste plus que des globules muqueux et des fragments d'épithélium, qui sont expulsés avec la sécrétion utéro-vaginale. La durée de chaque période menstruelle est ordinairement de quatre à cinq jours. On peut la voir néanmoins se prolonger pendant huit jours, sans qu'il y ait pour cela aucun trouble dans la fonction. Ces différences dans la durée de l'écoulement proviennent, comme nous le verrons tout à l'heure, du plus ou moins d'activité avec laquelle s'accomplit le travail de l'ovaire. Il est même probable que, dans certains cas, ce travail peut persister quelque temps après la cessation complète des règles.

En ouvrant les cadavres de jeunes filles frappées de mort violente aux approches de leur première menstruation, ou de femmes adultes suicidées au moment de leurs règles, M. Coste a vu que, parmi les vésicules de de Graaf plus ou moins nombreuses, dont les ovaires sont ordinairement pourvus, il y en avait toujours une plus développée que les autres. En même temps, la muqueuse utérine, obéissant aux lois d'une harmonie préétablie, se modifie comme chez les mammifères pendant le rut, et se prépare à recevoir l'ovule dont la chute est imminente. (Coste, *ouvrage cité*, p. 208.)

En effet, pendant que la capsule ovarienne se développe, l'appareil vasculaire de la matrice, stimulé par le travail de l'ovulation, s'injecte et se tuméfie d'une façon toute particulière. Le réseau sous-muqueux apparaît à travers l'épithélium sous la forme d'arborisations très-riches et très-élégantes qui entourent les tubes glandulaires de la muqueuse. Celle-ci est tellement injectée, qu'elle offre, chez certains sujets, une teinte violacée parfois assez intense. C'est sans doute par suite de cette distension que les vaisseaux se rompent et que l'hémorrhagie se produit. Quand la fécondation a eu lieu et que la présence de l'œuf a suffisamment modifié la muqueuse pour lui donner l'apparence de la caduque, certains vaisseaux sont assez gonflés pour atteindre le diamètre d'un tuyau de plume. On peut alors facilement se convaincre que la plupart des vaisseaux ainsi distendus appartiennent au système veineux, et que l'écoulement menstruel est presque entièrement constitué par du sang noir.

Du reste, l'éréthisme dont l'utérus est le siége ne se borne pas au système vasculaire. Les glandes qui sont contenues en si grande abondance dans la muqueuse utérine, y participent aussi. De sorte que la muqueuse, tuméfiée outre mesure, forme de nombreux plis qui affectent l'apparence de circonvolutions analogues aux valvules conniventes de l'intestin grêle. Ces plis ont quelquefois jusqu'à 8 ou 10 millimètres d'épaisseur. Mais, quel que soit le degré de son hypertrophie, la membrane muqueuse reste toujours lisse, et l'on n'y voit jamais ni les villosités ni l'exsudation pseudo-membraneuse que certains physiologistes, M. Pouchet entre autres, ont cru y découvrir. Elle est toujours parfaitement limitée et recouverte par la couche épithéliale. Quand, par exception et sous l'influence de certaines causes morbides, cet épithélium s'exfolie, on distingue parfaitement au microscope, et même à la loupe simple, les solutions de continuité, « et les tubes glandulaires que sa chute découvre, devenus libres et flottants, forment comme une forêt de filaments blancs qui donnent accidentellement à la face interne de l'utérus l'organisation tomenteuse que quelques auteurs ont considérée, à tort, comme permanente et normale. » C'est probablement ce qui a fait dire à Harvey que la muqueuse utérine présentait alors une organisation analogue à la substance cérébrale. Cette supposition trouvait d'ailleurs quelque apparence de raison dans l'existence des circonvolutions déjà décrites.

Ce boursouflement et cet état particulier de la muqueuse utérine ont fait croire à certains physiologistes qu'il se formait alors dans l'utérus une pseudo-membrane décrite par Hunter, et plus tard par MM. Moreau, Velpeau et Pouchet, sous le nom de *decidua,* ou membrane caduque. On supposait que l'œuf, en arrivant dans la matrice, y rencontrait une lymphe plastique en voie d'organisation, qui tapissait toute la cavité utérine et bouchait l'orifice de la trompe. Cette membrane cédait bientôt sous la pression de l'ovule, qui s'en coiffait en la refoulant sur elle-même à la façon d'un double bonnet. La *caduque réfléchie* suivait les destinées de l'œuf, se détachant pour être expulsée avec les règles si la fécondation n'avait pas lieu, persistant au contraire autour du germe fécondé jusqu'au moment de la parturition. M. Coste a prouvé, et M. Charles Robin a soutenu après lui, que rien de semblable n'a lieu. La vérité est qu'il ne se forme point de pseudo-membrane. La muqueuse seule s'hypertrophie et reçoit dans ses plis l'ovule fécondé ou non. Dans le premier cas, elle se replie en effet autour de lui pour former son enveloppe la plus externe, en vertu d'un mécanisme encore mal connu. Du reste, elle ne tombe jamais à la suite des règles, sauf dans certains cas de dysménorrhée grave. Il existe aussi des observations de fausses couches caractérisées par l'expulsion d'une pareille membrane. M. Coste en a une dans sa collection, recueillie dans une circonstance analogue, qui présente exactement la forme de la cavité utérine. Il se produit dans ces cas-là une véritable exfoliation en masse de la muqueuse. L'hypertrophie disparaît peu à peu après l'écoulement menstruel, et les choses rentrent en état jusqu'à la période suivante.

Nous avons déjà dit que la période menstruelle continuait encore quelque temps après l'hémorrhagie sous forme d'écoulement muqueux. Le travail correspondant de l'ovaire se poursuit aussi de son côté. La capsule ovarienne se rompt dès le début de l'écoulement, ou pendant le cours de sa durée, ou vers la fin. Il peut même arriver qu'elle ne soit pas encore rompue quand les menstrues ont cessé complétement. Chez une femme morte le premier jour de l'invasion de ses règles, M. Coste a trouvé une capsule rompue et l'œuf déjà parvenu dans la trompe. Chez une autre, qui s'était précipitée dans la Seine cinq jours après la cessation de l'hémorrhagie, il y avait sur l'ovaire droit une vésicule tellement distendue, qu'une légère pression suffit pour la faire éclater. Enfin chez une troisième, vierge encore, qui s'était jetée du haut d'une fenêtre par désespoir amoureux, quinze jours après ses menstrues, M. Coste a trouvé des traces de corps jaunes. Mais ces corps jaunes ne dataient évidemment pas de la dernière menstruation. Il est probable que, dans ce cas, la vésicule de de Graaf avait avorté ou s'était arrêtée dans son développement.

« En résumant donc tous les faits que j'ai observés, dit M. Coste, je crois qu'il est permis de conclure que chez la femme il y a toujours à chaque menstruation, comme chez les mammifères pendant le rut, une capsule de l'ovaire qui prend sur toutes les autres une prépondérance marquée; qu'elle arrive spontanément à maturité, et le plus ordinairement se déchire à une époque quelconque de cette période pour livrer passage à l'œuf qu'elle renferme. Mais il y a aussi des cas où, à défaut de circonstances favorables, cette capsule distendue peut ne pas atteindre son but, et, toujours comme chez les mammifères, rester stationnaire ou être totalement résorbée. » La menstruation est donc pour la femme, comme pour les autres animaux, l'époque naturelle de la chute de l'œuf, et par conséquent la plus propre à la fécondation. L'identité est d'ailleurs des plus frappantes dans certains cas. Je n'en citerai qu'un, que j'extrais de l'ouvrage de M. Coste. « M. le docteur Hille, médecin de l'armée néerlandaise, à Surinam, possédait une femelle du genre singe, qui, *à chaque renouvellement de lune, était sujette à un flux menstruel abondant, dont la durée était de trois jours environ.* Pendant ce temps, l'animal, qui donnait tous les signes d'une excessive lubricité, était violemment irrité contre les femmes, et particulièrement contre les négresses, qu'elle mordait impitoyablement lorsqu'elle pouvait les atteindre. » Ce fait n'a pas besoin de commentaire.

La femme, il est vrai, pouvant en tout temps se livrer au plaisir de l'amour, ayant d'ailleurs sa raison et son éducation pour égide, n'est point soumise à l'irrésistible nécessité que les femelles des animaux sont périodiquement obligées de subir. Mais cette liberté même la place dans des conditions spéciales. Chez elle, des excitations de toutes sortes, les libres approches de l'homme, et quelquefois sa seule présence, peuvent provoquer le travail de l'ovaire. C'est ce qui explique l'aptitude qu'elle a de concevoir en tout temps.

Du reste, ce privilége n'est pas l'apanage exclusif de l'espèce humaine. Les animaux domestiques, pour lesquels l'homme multiplie les conditions de bien-être, auxquels il fournit une nourriture abondante et des abris soigneusement ménagés, entrent en rut beaucoup plus souvent que ceux qui vivent à l'état sauvage. Ainsi le pigeon voyageur, qui ne dépose ses œufs qu'une ou deux fois par an, tant qu'il reste soumis aux conditions de la vie errante, niche sept ou huit fois lorsqu'il fixe sa demeure dans nos colombiers. On a fait la même remarque sur les lapins de garenne et sur les lapins domestiques. La présence du mâle exerce aussi une influence très-marquée sur le retour du rut. Les lapines qui vivent avec les mâles entrent constamment en rut dès que leurs petits sont sevrés. Elles les abandonnent même quelquefois prématurément, au risque de les laisser mourir de faim, pour céder aux obsessions du mâle. Si, au contraire, on vient à les en séparer, elles s'occupent uniquement du soin de leurs petits, et ne redeviennent en chaleur qu'à des intervalles beaucoup moins rapprochés.

On pourrait, à la vérité, faire cette objection : puisque le rut et la menstruation sont des phénomènes identiques, puisqu'ils se produisent l'un et l'autre sous l'influence de l'ovulation, d'où vient que la chute de l'œuf, lorsqu'elle a lieu durant la période intermenstruelle, ne produit point d'hémorrhagie? C'est que, dans ce cas, répond M. Coste, la cause même qui contribue à provoquer la chute de l'œuf, le coït, est aussi celle qui le féconde; et, en le fécondant, elle fait avorter l'hémorrhagie avant même qu'elle ait pu se produire. On sait en effet que la cessation des règles est un des signes les moins équivoques de la grossesse.

Il me semble superflu d'insister davantage sur la liaison intime qui existe entre le phénomène de l'ovulation et celui du rut ou de la menstruation. Je citerai néanmoins deux ou trois expériences qui sont tout à fait concluantes. On sait que, passé l'époque du rut, les femelles repoussent le mâle avec autant de violence qu'elles en avaient mise à le rechercher auparavant. Eh bien! M. Coste a mis au mâle plusieurs lapines qui manifestaient tous les signes extérieurs du rut, en ayant toujours soin de s'opposer à l'accouplement au moment où il allait avoir lieu. Cette épreuve a été répétée pendant plusieurs jours jusqu'à ce qu'elles refusassent manifestement toute tentative de rapprochement. Jugeant alors que l'époque du rut était passée, on les a ouvertes pour examiner l'état de l'ovaire; et, dans tous les cas où l'évolution des vésicules de de Graaf n'avait point avorté, on a vu qu'elles venaient d'émettre leurs œufs. La cessation du rut coïncide donc évidemment avec la rupture des capsules ovariennes.

M. Coste cite encore l'exemple de deux chattes angoras élevées dans un appartement, à l'abri des atteintes du mâle, jusqu'à l'époque de la puberté. Dès lors, elles commencèrent à entrer en chaleur. La période du rut durait habituellement huit à dix jours; chez l'une d'elles, l'éréthisme persistait quelquefois pendant un mois. Elle était en proie à une grande agitation nerveuse, qui allait, dans certains cas, jusqu'au marasme. Cette crise ataxo-adynamique ne cessait qu'avec le rut. Chose frappante, l'animal, ainsi séparé du mâle, maigrissait à vue d'œil et aurait fini par mourir de langueur si l'on n'avait mis un terme à son angoisse en donnant satisfaction à l'instinct impérieux de la reproduction. Elle fut enfermée une nuit seulement avec le mâle, et le lendemain tous les symptômes du rut avaient disparu. L'influence du coït avait suffi pour ramener le calme dans l'organisme. La chatte épuisée reprit ses forces et, plus tard, éleva ses petits.

Nous avons déjà vu que, chez les femmes suicidées dont l'ovaire a été examiné pendant la période menstruelle, on trouvait constamment une vésicule rompue ou sur le point de se rompre. Il en est donc pour la femme comme pour les autres femelles de mammifères. C'est bien évidemment la fonction de l'ovaire qui détermine chez elle le phénomène de la menstruation; et s'il n'est pas absolument impossible, pour les raisons que nous avons déjà fait valoir, que la fécondation ait lieu dans la période intermenstruelle, c'est assurément cette période qui est la plus favorable à la conception.

Il ne nous reste plus, pour terminer cette longue discussion, qu'à constater ce qui s'est passé dans les cas où l'ablation de l'ovaire a été opérée chez la femme. Il y a des exemples de cette opération qui sont restés célèbres dans la science : l'un a été rapporté par Vierus et l'autre par Percival Pott. Dans le premier cas, il s'agit d'un châtreur qui, irrité des galanteries de sa fille, lui fit subir la même opération qu'il pratiquait aux femelles des animaux domestiques. Elle fut ainsi guérie de son amour, mais devint impropre à la reproduction. Le fait cité par Percival Pott est peut-être plus probant encore; car c'est lui-même qui a pratiqué l'opération et qui en rend compte dans ses Œuvres chirurgicales. Une jeune fille se présenta à sa clinique avec deux petites tumeurs dans l'aine, de chaque côté. Ces tumeurs n'étaient pas enflammées, elles étaient molles au toucher, n'augmentaient pas de volume, mais faisaient souffrir cette jeune fille et la gênaient dans son travail. On se décida à en faire l'ablation, et l'on reconnut qu'elles étaient constituées par l'ovaire lui-même, qui avait pénétré dans le canal inguinal à la suite du ligament rond. La femme jouit depuis cette époque d'une santé parfaite. Mais ses règles disparurent, ses seins s'affaissèrent, son bassin se rétrécit; elle maigrit rapidement, tandis que ses muscles se développaient et que ses membres perdaient leurs formes arrondies. En un mot, elle perdit tous les attributs de son sexe. Ici il ne saurait y avoir de doute; puisque l'ablation des ovaires a fait disparaître les règles, il faut bien qu'il y ait une relation de cause à effet entre la fonction de cet organe et le flux périodique de la femme.

D'ailleurs, s'il faut en croire les faits rapportés par Xanthus dans son *Histoire des rois de Lydie*, la castration aurait été pratiquée chez la femme plusieurs siècles avant l'opération de Percival Pott. Xanthus, cité par Hesychius et par Athénée, prétend qu'Adramite et Gigès faisaient châtrer des femmes, soit pour les préposer à la garde du sérail, soit pour assouvir sur elles leur lubricité en les conservant toujours inféconds. Dans le second cas, ils durent être déçus dans leurs espérances; car on voit, par le fait de Percival Pott, que les femmes ainsi mutilées perdent, avec leur beauté, tout appétit sexuel. La première hypothèse paraît plus probable. Elle semblerait presque confirmée par le récit d'un voyageur moderne qui avait, dit-il, observé de pareils eunuques dans l'Inde.

Ceux de nos lecteurs qui seraient curieux de lire cette observation la trouveront relatée dans l'ouvrage de M. Coste, à la page 236, et dans le journal *l'Expérience* du 9 février 1843. — J. Toulo.

CHRONIQUE.

On sait que M. Coste avait lu à l'Académie des sciences une Note sur les infusoires ciliés. M. Pouchet y a répondu dans l'une des dernières séances par la note suivante :

Physiologie comparée. — Embryogénie des infusoires ciliés. — Réponse aux observations de M. Coste, par M. F. A. Pouchet.

Nous avons vu avec bonheur M. Coste revendiquer la question des générations spontanées. Ainsi que nous n'avons cessé de le répéter depuis plusieurs années, celle-ci, en effet, est essentiellement du domaine de la physiologie.

Une fois sorti de cette voie défectueuse dans laquelle les imitateurs de Spallanzani l'ont enrayée, cette question progressera rapidement; et, si nous ne sommes pas toujours d'accord avec l'illustre embryogéniste du Collége de France, la science gagnera assurément quelque chose à nos débats.

Mais il reste encore un pas de plus pour montrer que cette question est réellement comprise dans toute sa grandeur ; c'est de l'envisager dans ses résultats rétrospectifs, et de voir enfin les géologues l'embrasser dans toutes ses conséquences. Si la science telle qu'ils la posent est vraie, il n'y a pas de raison pour que ce qui, selon eux, s'est déjà présenté tant et tant de fois, ne se reproduise plus aujourd'hui : il faut choisir entre le système de Cuvier, d'Agassiz et de Humboldt, et celui de Lamarck et de Darwin : tout accepter, ou tout renverser.

Je regrette seulement que le savant ami qui me combat ait tant mis de précipitation à publier ses observations, et ne les ait pas exécutées avec cette lente persévérance que depuis plus de cinq ans nous y mettons nous-même. S'il se fût avancé indépendamment de toute influence étrangère, nous n'aurions pas besoin, à notre grand regret, de rectifier aujourd'hui plusieurs de ses assertions, qui manquent de cette précision que l'on était en droit d'attendre d'une intelligence aussi élevée.

M. Coste dit, avec raison, que « si la pellicule formée à la surface de l'eau y est réellement la gangue des infusoires ciliés, ces infusoires ne doivent apparaître dans le liquide qu'après la formation de cette pellicule. »

C'est, en effet, ce qui a toujours lieu.

Si le savant académicien en rencontre, comme il le dit, dès le début de l'expérience, avant la formation du *stroma proligère*, c'est un fait positif, mais l'interprétation erronée qu'il en tire vient de ce qu'il a expérimenté inattentivement.

Rejetons ces bottes de foin secouées sur du papier, ces poussières récoltées à la surface d'une carafe, et en précisant les chiffres, expérimentons avec cette rigueur qu'on doit exiger de nous ; alors tout va devenir évident.

Une prairie ne représente qu'un immense champ de macérations où pullulent d'incalculables légions d'infusoires. Les œufs et les kystes de ceux-ci, en s'attachant aux tiges des graminées qui composent le foin, peuvent produire des animalcules presque aussitôt que ce dernier est dans l'eau. Là l'observation de M. Coste est parfaitement exacte, et elle était de longue date connue de nous. J'ai constaté la présence de kystes et d'œufs d'infusoires dans l'air ; à plus forte raison peut-il s'en trouver sur le foin : nous ne différons seulement que sur le nombre de ces animalcules, *immensément* restreint, selon nous, proportionnellement à celui que donne le stroma proligère ; et en outre parce que ces animalcules ne jouent aucun rôle dans nos expériences (1).

En effet, les gros infusoires que présentent parfois les macérations de foin, quelques heures après qu'on les a commencées, se trouvent frappés de mort pendant les phénomènes de fermentation qui se développent, et donnent au liquide de nouvelles propriétés chimiques. On constate aisément ce fait, car alors on ne rencontre plus que des cadavres dans la macération. Ces animalcules ont si peu de rapports avec ceux qui vont apparaître dans la membrane proligère, qu'ils appartiennent ordinairement à des espèces et même à des genres absolument différents. Et, d'un autre côté, comme en opérant sur des liquides filtrés on arrête ces grosses espèces, il ne peut y avoir de doute.

Il n'y a donc aucune filiation, aucune continuité, aucune parenté même entre les animalcules que le savant académicien mentionne dans la première partie de l'expérience et ceux qui apparaissent durant la dernière. Une phase de mort les sépare : la fermentation, qui tue les premiers habitants et prépare la gangue maternelle de leurs successeurs.

Une expérience facile à répéter prouve même que M. Coste a été induit en erreur.

Entassez du foin dans un gros ballon d'un litre et demi de capacité, et remplissez-le d'eau jusqu'à la moitié du col. Même par une température moyenne de 25°, la fermentation sera fort longue à s'y manifester et mettra trois ou quatre jours avant d'apparaître, et pendant tout ce temps il ne se produira pas de membrane proligère. Si vous examinez la surface du liquide, où, dans la théorie de M. Coste, il devrait s'être amassé tant de microzoaires ciliés, vous n'y en rencontrerez que fort peu malgré son exiguïté (2).

Au contraire, mettez à côté de ce matras 10 grammes du même foin dans 250 grammes d'eau contenue dans un vase à large surface, et après trois jours vous avez dans celui-ci une membrane proligère fort épaisse et une immense population de microzoaires ciliés.

(1) Je prends 10 grammes de foin que je plonge dans une éprouvette contenant 250 centimètres cubes d'eau de source filtrée. Celle-ci est ensuite placée sous une cloche plongeant dans l'eau et contenant un décimètre cube d'air.

1re *Phase de l'expérience.* Après six à dix heures, par une température moyenne de 24° à 28°, lorsqu'il n'existe aucun phénomène de fermentation et que le liquide conserve encore sa translucidité, on trouve parfois dans celui-ci quelques rares infusoires ciliés.

2e *Phase de l'expérience.* Mais vers le deuxième jour, lorsque la fermentation est commencée et que le liquide est devenu trouble et semblable à de l'urine, ce qui est dû aux bactéries et aux vibrions qui l'ont envahi et sont en pleine activité, on n'y trouve plus aucun grand animalcule cilié. Le nouvel état chimique de la macération a tué ceux qu'on y avait découverts précédemment ; et la population, qui doit bientôt surgir, n'a point alors trouvé ses conditions d'existence dans la membrane proligère dont on ne découvre pas encore de traces très-apparentes.

3e *Phase de l'expérience.* Les bactéries et les vibrions meurent eux-mêmes successivement et forment le stroma proligère. Alors seulement apparaissent dans celle-ci les œufs spontanés et les microzoaires ciliés qui les suivent.

(2) Dans quelques expériences que j'ai faites ainsi, je n'ai même jamais pu en découvrir un seul. Il devait cependant s'y en trouver !

Si les observations du savant que je combats étaient exactes, ce serait cependant l'opposé qui devrait arriver.

Je regrette à ce sujet que M. Coste ait oublié les nombreuses expériences qui rendent absolument inadmissible sa manière de voir. En effet, dans l'air confiné, j'ai obtenu de gros infusoires ciliés avec *du foin qui avait subi l'ébullition ;* j'en ai obtenu avec des écrevisses cuites ayant resté une demi-heure dans l'eau bouillante ; j'en ai vu apparaître aussi dans des macérations de crânes d'Égyptiens enlevés aux hypogées de Thèbes ; j'en ai rencontré également dans des macérations d'œufs de python, dans celles de *tænia serrata*, de lin chauffé à 200°, dans de la poussière séculaire chauffée à plus de 280° et presque charbonnée.

Mon savant ami M. Joly, qui défend d'une si éloquente manière la cause de l'hétérogénie, en a observé dans du jaune d'œuf.

Tous ces faits ne prouvent-ils pas avec une irrésistible évidence que l'hypothèse de M. Coste est absolument inadmissible, et que, dans tous ces cas, les animalcules n'ont pu provenir de la source qu'il indique ?

Dans son importante note, M. Coste prétend que les infusoires ciliés franchissent les filtres, et compare leurs œufs à des *graines animales impalpables.*

« J'ai fait passer des infusions à travers trois filtres, dit-il, et sur chaque feuille j'ai trouvé des infusoires ciliés. »

Ce sont ces assertions que je veux combattre de toutes mes forces, parce qu'elles sont de nature à entraver la nouvelle voie d'observations qui est appelée à nous faire sortir des hypothèses surannées de Bonnet et de Spallanzani.

— La fin au prochain numéro. —

— M. le ministre de l'instruction publique a décidé qu'il y avait lieu de pourvoir à la chaire de minéralogie et géologie vacante à la Faculté des sciences de Montpellier par le décès de M. le professeur Marcel de Serres. La liste des candidats ne sera close que le 5 novembre 1864. Les présentations de la Faculté des sciences et du conseil académique n'auront lieu qu'après cette époque. Les candidats devront produire, outre leur acte de naissance et le diplôme de docteur ès sciences naturelles, une *énumération de leurs titres et travaux scientifiques.* Ils sont également invités à faire connaître leurs *services dans l'enseignement.* Ces pièces devront être envoyées, *franco*, soit à M. le recteur de l'Académie de Montpellier, soit au doyen de la Faculté des sciences de cette ville.

Le propriétaire-gérant : GERMER BAILLIÈRE.

PARIS. — IMPRIMERIE DE E. MARTINET, RUE MIGNON, 2.

PREMIÈRE ANNÉE. — N° 40. UN NUMÉRO : 30 CENTIMES. 3 SEPTEMBRE 1864.

REVUE
DES
COURS SCIENTIFIQUES
DE LA FRANCE ET DE L'ETRANGER

PHYSIQUE — CHIMIE — ZOOLOGIE — BOTANIQUE — ANATOMIE — PHYSIOLOGIE
GÉOLOGIE — PALÉONTOLOGIE — MÉDECINE

Paraît tous les Samedis.

	Six mois.		Un an.	
Paris.........	Six mois.	8 fr.	Un an.	15 fr.
Départements..	—	10	—	18
Étranger......	—	12	—	20

Prix de l'abonnement avec la Revue des Cours littéraires.

Six mois..... Paris, 15 fr. Départ., 18 fr. Étranger, 20 fr.
Un an....... — 26 — 30 — 35

Rédacteur en chef
M. ODYSSE-BAROT

Les ouvrages dont deux exemplaires auront été envoyés au bureau du journal seront annoncés et analysés s'il y a lieu.

On s'abonne
A LA LIBRAIRIE GERMER BAILLIÈRE
17, rue de l'École de Médecine,
Et chez tous les libraires, par l'envoi d'un bon de poste, ou d'un mandat sur Paris.

L'abonnement part du 1er décembre ou du 1er juin de chaque année.

SOMMAIRE.

CHIMIE.

COURS DE M. BALARD.

(Collége de France.)

(Voy. le n° 7.)

II.

Des dissolutions.

Messieurs,

Nous avons vu que les corps se forment par la juxtaposition de leurs molécules, et nous sommes arrivés à cette conclusion, que la division des corps est une condition nécessaire pour que les phénomènes chimiques puissent se produire. C'est ce que l'ancienne chimie avait parfaitement compris et avait énoncé dans cet axiome : *Corpora non agunt, nisi soluta.* « Les corps ne peuvent agir les uns sur les autres, si ce n'est quand ils sont en solution. »

Cette vérité, car c'en est une, souffre cependant quelques exceptions.

Si, par exemple, nous mélangeons un sel ammoniacal avec de la chaux, vous allez voir qu'il se produira une réaction. Au bout d'un certain temps, le papier de tournesol rougi deviendra bleu.

Mais ce fait et d'autres analogues ne sont que des exceptions, et presque toujours la présence d'un liquide est indispensable, et je puis vous en donner de nombreux exemples tirés de l'économie domestique.

Ainsi, prenons une certaine quantité de ce bicarbonate de soude, et mêlons-le avec de l'acide tartrique. Voilà des corps qui peuvent exercer une action l'un sur l'autre, et qui devraient l'exercer si leurs molécules étaient dans l'espèce de contact nécessaire pour que la réaction s'effectuât ; cependant aucun phénomène ne se produit, et cela parce que la matière est solide. Ajoutons un peu d'eau à notre mélange, et immédiatement vous voyez qu'une effervescence se manifeste, qu'un dégagement de gaz très-abondant s'effectue. C'est par un procédé de ce genre qu'on fabrique les eaux gazeuses artificielles.

C'est encore un phénomène de ce genre qui se produit quand on met en contact un acide ou un bisulfate avec du chlorure de calcium ou de l'hypochlorure de chaux. Le mélange de ces corps, tant qu'ils demeurent à l'état solide, ne peut produire aucune réaction ; mais aussitôt que l'on y ajoute de l'eau, il y a un dégagement de gaz, et si je ne fais pas l'expérience, c'est qu'elle ne serait pas plus probante que celle que nous venons de faire tout à l'heure. Nous trouvons encore une preuve de la généralité de ce phénomène dans l'expérience suivante :

Voici un mélange de bromate ou de bromure. Ajoutons-y une certaine quantité d'acide tartrique : il n'y a aucune réaction. (Nous aurions mieux fait, au lieu d'acide tartrique, d'employer du bisulfate de soude.) Vous voyez qu'aucun phénomène ne se produit; si maintenant nous ajoutons quelques gouttes d'eau à ce mélange, une réaction se produit, une coloration en rouge se manifeste, et vous montre qu'il y a du brome mis en liberté. Avec le bisulfate de soude, le phénomène eût été beaucoup plus apparent.

L'expérience que je viens de faire devant vous peut être susceptible d'une très-bienfaisante application. Le brome est un contre-poison très-énergique contre la piqûre des flèches empoisonnées des sauvages. Quand on blesse un animal avec une de ces flèches, si l'on met du brome sur la plaie, l'animal, qui serait mort infailliblement, revient à la santé, ou plutôt sa santé n'est pas altérée.

Or, il est certain que la matière dont se servent les sauvages pour empoisonner leurs flèches est une essence de strychnos: c'est un poison d'origine végétale; il ne serait pas impossible que les poisons d'origine animale fussent aussi altérés par le brome. On s'en pourrait servir peut-être contre la morsure du serpent à sonnettes. Mais comme le brome est un corps incommode parce qu'il est très-volatile, vous voyez combien il serait précieux, pour les personnes qui habitent les pays infestés par ces animaux, d'avoir à leur disposition une matière composée comme nous venons de le voir, et qui serait peut-être un remède précieux contre les effets de leur terrible venin.

Il est donc nécessaire, pour que l'action chimique se produise, de faire intervenir la mobilité des molécules.

Nous pouvons obtenir mécaniquement cette mobilité de deux manières différentes: en échauffant et en battant les corps.

Mais abstraction faite de ces procédés, de ces méthodes, il y en a une autre qui consiste à prendre un corps et à le dissoudre, à lui communiquer ainsi la forme liquide au moyen d'une dissolution. Quand un liquide agit sur un solide ou même sur un gaz, il se produit un phénomène remarquable. Le solide perd sa cohésion et sa forme solide, le gaz perd son élasticité et sa forme gazeuse; le solide ou le gaz deviennent liquides, et dans cet état de liquidité se disséminent l'un et l'autre dans la masse liquide qui leur a servi de dissolvant, de quelque manière d'ailleurs que se produise le phénomène de dissolution du solide ou du gaz par le liquide. Ce phénomène peut encore se produire de liquide à liquide, et dans ce cas il peut avoir lieu de deux manières différentes: tantôt les liquides se mêlent dans toute espèce de proportions; tantôt, au contraire, les liquides ne se dissolvent les uns les autres que dans des proportions déterminées.

Dans ces diverses formes, les corps ne changent point de proportions chimiques. Si nous dissolvons du soufre dans de l'eau, nous avons de l'eau soufrée; si nous dissolvons de l'éther dans de l'eau, nous avons de l'eau éthérée. Réciproquement, l'eau conserve toutes ses propriétés lorsqu'elle est dissoute par l'éther.

Ainsi, les phénomènes qui se produisent dans ces circonstances ne sont pas des phénomènes dérivant d'une combinaison, puisqu'il n'en résulte pas de changement dans les propriétés des corps.

On remarque que, parmi les combinaisons, celles qui se produisent le plus énergiquement sont celles qui s'opèrent entre les corps les plus dissemblables; tandis que les phénomènes de dissolution des corps les uns par les autres se produisent au contraire le plus complétement entre les corps qui se ressemblent le plus, de telle sorte que l'on peut dire que c'est la similitude de matière qui amène la possibilité de dissoudre ces corps.

Ainsi, quand on veut dissoudre les corps gras, qui sont très-riches en carbone et en hydrogène, on emploie des carbures d'hydrogène.

Lorsqu'on veut dissoudre les acides ou les sels, de quoi fait-on usage? D'eau, qui est précisément le corps le plus oxygéné que nous connaissions. Quand on veut dissoudre les métaux, communiquer à un métal la fluidité, de quoi se sert-on? D'un métal. Et dans les anciens procédés de la dorure et de l'argenture, c'est en dissolvant l'or et l'argent dans le mercure qu'on parvenait à se procurer ces métaux dans un état de division suffisant pour que l'argenture et la dorure pussent s'opérer.

Dans le phénomène de dissolution, le produit de la solution est un liquide parfaitement homogène. Ainsi, dans l'eau qui a dissous du sel ou du sucre, le microscope le plus énergique ne montre ni trace de sel, ni trace de sucre, on n'aperçoit aucun vestige du corps dissous. Réciproquement, si nous employions cette eau à dissoudre un gaz, la solution gazeuse qu'on obtiendrait ne renfermerait pas de bulles de gaz perceptibles au microscope; de sorte que c'est par la transparence parfaite que nous distinguons la solution de la suspension. Voilà un corps qui est en contact avec l'eau qui se désagrége; vous voyez qu'au bout d'un certain temps il va perdre son caractère extérieur, mais cependant sa présence dans l'eau la trouble; ce n'est donc pas une solution, ce n'est qu'une suspension.

A quels caractères reconnaîtrons-nous qu'un corps est soluble? Nous en prendrons une certaine quantité, nous la mettrons dans un tube de verre, et nous examinerons ce qui se passe lorsqu'on le mettra dans ce tube en contact avec l'eau ou tel autre liquide dissolvant.

Eh bien, si le composé est transparent, nous en concluerons que le corps est soluble; mais, s'il est très-peu soluble et qu'il y ait excès de matière, la liqueur pourrait ne pas être transparente, et nous devrions, si nous nous en tenions à l'apparence, conclure à l'insolubilité du corps. Que ferons-nous pour obtenir un résultat certain? Nous filtrerons la dissolution sur des appareils qui ont pour but de séparer les parties restées solides des parties dissoutes; nous obtiendrons ainsi la transparence de la solution. Alors, si l'eau laissait une tache sur une lame de platine, ce serait une preuve qu'elle a dissous quelque chose; si elle ne laisse pas de tache, c'est qu'elle sera restée pure et n'aura rien dissous.

Quelquefois, cependant, cette épreuve même est insuffisante, et des corps paraissent solubles parce qu'ils passent à travers un filtre même fabriqué avec le papier le plus parfait dont nous puissions faire usage; mais il est facile de montrer que cette solubilité n'est pas complète, et que les corps, au lieu d'être dissous, ne sont que disparus. C'est précisément ce qui arrive pour beaucoup de matières organiques, la fibrine, etc., qui se trouvent dans le sang en un si grand état de dilution, qu'elles paraissent solubles; mais il est possible de s'assurer qu'il n'en est pas ainsi en employant des filtres meilleurs que ceux dont nous parlons : ce sont ceux que forment les végétaux eux-mêmes par les radicules de leurs racines. Les canaux par lesquels circulent les liquides dans les plantes sont d'une exiguïté beaucoup plus grande que celle des pores du papier à filtrer. Si, par exemple, on prend une plante que l'on vient d'arracher, et qui porte le chevelu de ses racines, et si l'on place cette plante dans une petite solution d'iode, on voit s'y former des bourrelets à l'extrémité de ces racines. Ces bourrelets sont produits par le corps dissous qui ne peut pénétrer dans l'intérieur de la plante.

Lorsqu'un liquide n'est pas encore chargé d'un corps solide, la dissolution de ce corps s'effectue rapidement; mais à mesure que la quantité du solide à dissoudre devient plus considérable, la rapidité avec laquelle la dissolution s'opère décroît, et il arrive un terme où elle devient nulle. On dit alors que la solution se trouve saturée, et l'on appelle ce terme le *terme de saturation*. La quantité de solide nécessaire pour obtenir le terme de saturation d'un liquide déterminé est variable selon la nature du solide, mais de plus, elle est variable pour un solide déterminé et une dissolution donnée, et suivant la température. En général, quand le corps est un corps solide, la solubilité croît avec la température; et au contraire, quand le corps est un corps gazeux, elle décroît sous cette influence. Je dis en général, car il y a des exceptions. Ainsi, la solubilité du chlore dans l'eau est d'abord assez grande à une température moyenne de l'eau, va grandissant jusqu'à 8 ou 10 degrés au-dessus de zéro, et ensuite va décroissant. Voilà quelque chose d'anormal. Nous trouvons dans un certain genre de dissolutions salines des anomalies du même ordre : la chaux est relativement plus soluble dans l'eau à froid qu'à chaud. Un très-grand nombre de sels de chaux sont dans ce cas, et voient leur solubilité diminuer à mesure que la température s'élève : par exemple, l'acétate de chaux, et ce composé qu'on pourrait appeler du sucrate de chaux.

Voilà une dissolution d'une limpidité parfaite; il semblerait qu'en chauffant la liqueur, la solubilité dût aller croissant. Eh bien, vous allez voir que c'est l'inverse qui va avoir lieu. A mesure que la température s'élèvera, nous verrons la liqueur devenir louche; au bout d'un certain temps, le louche arrivera à son intensité, et si la température devient suffisamment élevée, la matière se figera d'une manière presque complète, en prenant l'apparence du blanc d'œuf coagulé.

Mais maintenant que ce corps a été déposé par une cause inverse de celle qui agit ordinairement, si on laisse la température s'abaisser, il reviendra à son état primitif.

Eh bien, messieurs, ce phénomène appartient à un très-grand nombre de sels de chaux. Tout simple qu'il est, il joue un rôle très-considérable dans le monde, et c'est lui qui empêche que dans la navigation on puisse employer la vapeur à haute pression. Ce serait évidemment une chose très-utile, mais l'eau de la mer renferme des sels de chaux, du sulfate de chaux. Quand il y a une température à haute pression, ils produisent des phénomènes de ce genre; il n'y a moyen d'employer que de l'eau distillée, qu'il est impossible de se procurer en quantité suffisante dans un voyage au long cours.

Le sulfate de soude nous offre un exemple analogue : il devient moins soluble quand la température s'élève à 33 degrés. A quoi cela tient-il? C'est que la température défait ces corps, les détruit.

Quand nous opérons à une certaine température, nous ne trouvons plus le même corps que celui que nous obtenions à une température plus basse; ce n'est plus sur le même corps que nous agissons, mais sur un nouveau corps qui peut avoir une solubilité moindre.

Ainsi, ces phénomènes bizarres, singuliers, ne nuisent pas à la généralité du principe, que la solubilité va croissant avec la température, que le terme de la saturation s'élève en même temps que la température.

Comment maintenant peut-on se procurer une solution saturée d'un corps? Il y a deux manières :

Ou bien prendre la substance que l'on veut dissoudre, la mettre dans un vase avec une certaine quantité d'eau, et l'agiter pendant un certain temps : cette manière donne rapidement naissance à une solution très-saturée. Ou bien, c'est la seconde manière, augmenter la quantité du liquide, en observant les principes que je viens d'énoncer, et abandonner le liquide à lui-même.

Gay-Lussac s'est assuré, par des expériences directes, que ces deux méthodes conduisent aux mêmes résultats. Mais, pour être sûr que le phénomène a lieu après avoir opéré par la seconde méthode, il faut agiter la solution, car il peut se produire des effets très-particuliers de sursaturation sur lesquels je dois m'arrêter un instant.

Il existe en effet des dissolutions qui, abaissées à la température à laquelle elles devaient déposer des quantités de matières solides, n'en déposent point du tout.

Nous avons là des solutions de sulfate de soude dans l'eau. Elles ont toutes cristallisé, moins une.

Dans d'autres circonstances, le sulfate de soude se maintient à l'abri de la cristallisation; mais, enfin, la seule de ces solutions qui n'ait pas cristallisé nous suffit pour vous montrer le phénomène. Dans cette solution en effet, il suffit d'introduire un corps étranger, une baguette de verre, pour qu'on voie immédiatement la cristallisation s'opérer.

Ce phénomène est déterminé par cette cause qu'on appelle du nom d'*inertie moléculaire*.

Il y a une foule de liquides qui produisent ce phénomène, analogue du reste à celui qui permet à des liquides d'abaisser leur température bien au delà du terme de congélation sans se congeler. Ainsi, l'acide acétique cristallisable peut être abaissé à la température de zéro sans se cristalliser, bien qu'il cristallise ordinairement à 7 ou 8 degrés au-dessus de zéro.

Ces phénomènes de sursaturation se produisent aussi par la solution des gaz dans les liquides. Chacun connaît la manière dont se comporte le vin de Champagne quand il a perdu sa mousse. Si l'on vient à agiter le vin, le gaz commence à se dégager de nouveau, et cela montre que la liqueur était dans un état de sursaturation de la substance gazeuse qu'il contenait en dissolution.

Eh bien, l'acidité de la matière à dissoudre dans un liquide ou l'acidité de la dissolution saturée sont des moyens qu'on peut employer pour obtenir une solution saturée, et Gay-Lussac s'est assuré que les deux manières peuvent donner naissance aux mêmes phénomènes. Un liquide étant donné, une solution donnée, la quantité de matière nécessaire pour produire le degré de saturation est variable, et lorsque les corps restent les mêmes chimiquement, eu égard aux molécules qui les constituent, il suffit d'une variation dans leur état pour que les modifications se produisent. L'acide arsénieux se présente à l'état vitreux et à l'état opaque; eh bien, dans ces deux états, quoique ce soit la même matière, deux modifications se présentent. L'acide arsénieux se dissout dans deux proportions différentes, de telle sorte que le groupement moléculaire étant resté constant, le premier caractère auquel on reconnaît ce phénomène, c'est le changement de la solubilité. L'intensité de la solubilité donne lieu à de grands usages dans l'industrie. Qu'est-ce que la crème de tartre? Un corps dont on fait usage dans la peinture, et qu'on obtient par la solution et la cristallisation; on obtient également l'alun pur par des dissolutions et des cristallisations successives. Le salpêtre s'obtient aussi de la même manière.

Il y a donc une grande importance à déterminer la solubilité des corps. Gay-Lussac a fait un très-grand nombre d'expériences pour apprécier cette solubilité, et nous lui devons non-seulement ces expériences, mais encore la manière de représenter cette solubilité.

Quand on veut déterminer la solubilité d'un corps, on s'arrange pour avoir une solution saturée par l'une ou par l'autre des deux méthodes que nous venons d'indiquer; on en prend un volume déterminé qu'on place dans un ballon, et l'on chauffe ce ballon de manière à opérer l'évaporation de l'eau.

En agissant de cette manière, on observe quelle était la quantité de sel qu'il y avait pour tant d'eau. C'est ce que Gay-Lussac a réalisé pour un grand nombre d'espèces solubles, et nous lui devons une méthode très-commode pour représenter la solubilité des corps, c'est la méthode graphique.

Peut-on énoncer quelque chose de général relativemen à la solubilité des sels ou des corps en général? Non, messieurs; excepté ce que j'ai dit tout à l'heure sur les rapports des molécules les unes avec les autres. Mais quels sont les sels solubles dans l'eau, ceux qui ne sont pas solubles? Nous n'avons rien encore de général à cet égard. Seulement, on peut établir plusieurs principes généraux relativement à la solubilité des sels. On peut dire que presque tous les sels d'ammoniaque sont solubles; les sels de rubidium et de cæsium le sont aussi; les azotates, les acétates, nous présentent également des sels solubles, de manière qu'il y a des principes généraux que nous ne pouvons lier à un principe déterminé, l'idée de la solubilité des sels dans l'eau.

Quand, au lieu de liquides purs et susceptibles de dissoudre un corps, nous avons un liquide déjà chargé de quelque chose; quand au lieu de faire agir sur un corps un liquide propre à le dissoudre, nous faisons agir une solution toute faite, qu'arrive-t-il? L'expérience montre que le liquide saturé d'un sel peut en dissoudre un autre, et c'est là-dessus précisén ent qu'est fondé l'art de purifier les substances salines.

Comment faisons-nous? Nous faisons dissoudre, puis cristalliser. Qu'arrive-t-il? C'est que la solution saturée d'un sel se charge du sel étranger, dont il est moins saturé. Par conséquent, le sel qui est abandonné en quantité notable se dépose lui-même en se dépouillant du sel étranger qui reste en dissolution dans le liquide.

Évidemment, nous avons un sel plus pur; ce sel plus pur a été obtenu par une cristallisation qui donne naissance à des cristaux formés de lames superposées de feuilles cristallines, qui cependant contiennent une certaine quantité de l'eau mère au milieu de laquelle ils se sont formés. Par conséquent, ces sels sont un peu épurés, et si nous fabriquons avec ce sel une nouvelle eau mère, il est évident que les nouveaux cristaux auront fait un pas considérable vers la perfection du corps.

On arrive parfois à une situation singulière : c'est que lorsqu'on a dissous un corps en obtenant une solution saturée de ce corps, non-seulement un sel étranger peut s'y dissoudre; mais ce sel, en se dissolvant, peut provoquer la solution d'une nouvelle quantité de la matière qui s'est d'abord déposée, de manière que le liquide arrive à n'être plus saturé.

Un nouveau sel qu'on introduit dans l'intérieur de ce liquide détruit une portion du sel primitif et donne naissance à d'autres sels; si une portion du sel primitif a été détruite, il n'est pas étonnant que la liqueur soit devenue apte à en dissoudre une nouvelle quantité. C'est une circonstance de ce genre qui joue un rôle fort important dans la cristallisation, dans la purification du salpêtre. On traite le salpêtre par de l'eau saturée de salpêtre; mais en traitant ensemble cette eau par du sel marin, elle cesse d'être saturée de salpêtre, et elle en peut dissoudre une autre quantité.

Généralement, cependant, on peut dire que la présence du sel dans une dissolution nuit à la présence d'un autre sel dans cette même dissolution, quand il ne peut se produire de double décomposition, ou lorsque, par suite de la présence d'un sel double, il ne peut se former de nouvelle saturation. Quels sont les sels entre lesquels il ne peut se produire de phénomènes de double décomposition? Ce sont ceux qui renferment les mêmes acides et les mêmes bases. Entre deux sels de même acidité ou de même base il ne peut y avoir de décomposition.

Ainsi, dans l'eau de la mer qu'on évapore, il y a des sulfates de chaux et de magnésie. Le sulfate de chaux nuit à la solubilité du sulfate de magnésie; cette même eau de mer renferme des chlorures de magnésium et de sodium; le chlorure de magnésium nuit à la solubilité du chlorure de sodium, et par conséquent détermine un dépôt de chlorure de sodium à un degré de concentration où ce dépôt n'aurait pas eu lieu.

Le chlorure nuit à la solubilité du sulfate de magnésie; il détermine donc un dépôt de sulfate de magnésie plus abondant que celui qui aurait pu avoir lieu à une température donnée.

Et tenez, voilà une solution saturée de sel marin et une certaine quantité de solution concentrée de chlorure de magnésium.

La liqueur va cesser d'être liquide; il va se produire un dépôt très-abondant qui vous montrera combien la solubilité d'un corps nuit à la solubilité de tel autre corps.

Si nous avions un chlorure de potassium, il produirait le même phénomène; mais ce phénomène est surtout susceptible de s'effectuer avec l'acide chlorhydrique. L'acide chlorhydrique nuit aussi à la solubilité du chlorure de sodium. Quand on verse de cet acide chlorhydrique dans une solution de chlorure de sodium, il y a un précipité très-abondant. C'est encore le même phénomène qui se produit quand on fait agir de l'acide azotique sur de l'azotate de baryte. Il se produit un précipité de même ordre que celui que nous venons de voir tout à l'heure, et tout cela pour les mêmes motifs.

Léon Danicourt.

PHYSIOLOGIE EXPÉRIMENTALE.

COURS DE M. J. MOLESCHOTT.

(UNIVERSITÉ DE TURIN.)

(Voy. les nos 7 et 26.)

III.

L'unité de la vie.

Messieurs,

Les disciples de Hegel, vous le savez, se sont perdus par l'abus de la trilogie. Malgré la déconsidération qu'ils ont jetée sur la division tripartite, en élevant leur nombre favori à la hauteur d'un dogme, on ne peut nier que le principe triadaire ne renferme parfois une raison profonde.

Qui ne serait frappé, par exemple, de l'application que les hégéliens en ont faite à l'étude de l'histoire universelle? L'histoire, selon Hegel, traverse trois grandes phases. Dans la première, l'humanité franche et libre ne connaît pas de divorce entre l'esprit et la matière : elle se berce paresseusement dans les charmes de la nature, dont elle devine les mystères avec le sentiment bien plus qu'avec la pensée. Dans la deuxième, on voit naître une opposition entre l'hôte pensant de ce monde et les liens terrestres dont il voudrait s'affranchir, aspirant à je ne sais quelle félicité transcendantale. Dans la troisième période enfin, l'homme qui se sent maître de lui, parce qu'il connaît les limites de sa nature, se réconcilie avec le monde extérieur, dont il sait qu'il n'est pas seulement un habitant, mais une partie organique, non le microcosme en opposition avec le macrocosme, dont il cherche à s'isoler dans une indépendance idéale, mais une partie intégrante de l'essence du macrocosme lui-même, dont il veut découvrir les lois, parce que ce sont ces mêmes lois qui régissent le genre humain.

S'il fallait caractériser en un mot chacune de ces trois grandes périodes, j'appellerais la première période *poétique*, la seconde période *analytique*, la troisième période *rationnelle*. Et en osant me servir de semblables dénominations, je ne crains pas que vous découvriez dans mon courage autre chose que l'habitude, généralement admise dans le choix des noms, de donner la préférence aux mots éclatants. En effet, la poésie a daigné accompagner notre espèce à travers tous les siècles, et la raison, qui s'est élevée dans les temps modernes à la conception de l'unité de l'homme et de la nature, n'était certes pas étrangère aux spéculations hardies de la philosophie ionique et à la merveilleuse énergie conservatrice qui résidait dans les cloîtres du moyen âge.

Aujourd'hui, quoique je ne sois plus depuis bien des années un disciple docile de Hegel, je m'attacherai pourtant à appliquer sa méthode triadaire au développement de la science de la vie. Mais il faut tout d'abord observer que dans ce champ scientifique les diverses périodes sont moins tranchées, moins limitées et surtout moins exclusives, que ces grandes phases de l'histoire universelle avec lesquelles, d'ailleurs, elles ne coïncident pas. Néanmoins, ce développement se modelant sur le même type et suivant dans notre domaine spécial la voie même suivie dans le champ plus vaste qui embrasse les destinées complètes de l'humanité, je m'imagine que l'étude du triple caractère qui a marqué et marque encore les travaux des investigateurs de la vie, peut contribuer à mieux indiquer, à élucider plus complétement le but auquel doit tendre la biologie.

II. — Il n'y a pas dans l'esprit humain de tendance plus puissante que celle qui nous fait personnifier la cause inconnue d'une série de phénomènes. Il n'est pas de champ dans lequel soient aussi nombreuses les causes occultes, que dans ce monde merveilleux qui déploie la multiplicité bigarrée des formes et le réseau fécond des fonctions des êtres vivants. Aussi, on dirait que le mot mystère cache une pensée inspirée par la vie organique elle-même.

Chaque organisme vivant conserve sa forme caractéristique et une empreinte individuelle de ses phénomènes vitaux, tandis qu'il change perpétuellement les matériaux qui le constituent dans leurs plus intimes éléments morphologiques. Or, cette force conservatrice qui, dans un milieu renouvelé sans cesse, fait persister le cachet d'une forme organisée ou même d'une série de formes à travers les siècles qui marquent l'intervalle entre deux grandes révolutions terrestres, cette force doit varier pour autant d'espèces de plantes et d'animaux que la terre avec son atmosphère en peut nourrir. Aussi Flore ne suffit pas pour orner les prés de ces belles couleurs et nous embaumer de suaves parfums; mais il nous faut encore Daphné pour couronner de lauriers les têtes glorieuses, de même que Jacinthe et Narcisse ont dû se transformer en fleurs pour parfumer le lit de Junon et de Jupiter. Pomone, non satisfaite des fruits abondants qu'elle produisait, réclama le noble sang de Pyrame et Thisbé, ardents d'amour, pour en teindre les baies du mûrier. L'araignée dut l'art du tissage à l'orgueil d'Arachné. La cruauté de Térée se refléta dans les tristes couleurs de l'épervier, et tandis que Philomèle retrouvait la langue mélodieuse arrachée par Térée, en revêtant la forme du rossignol, la persévérance de sa malheureuse sœur s'est perpétuée dans ce vol patient de l'hirondelle, qui semble fuir encore aujourd'hui son persécuteur. Pour créer des serpents il ne fallut rien moins que des cheveux de l'effrayante Méduse, cette amante de Neptune, dont le sang fut estimé assez noble pour donner le jour à Pégase.

A ces premières et mystiques représentations de causes idéales donnant la vie à des organismes spécifiquement divers, succéda un mode d'envisager les phénomènes naturels, sinon plus sobre, du moins plus abstrait. Alors florissait toujours l'imagination des Hellènes, qui personnifiait la force animée dans des êtres divins au sein des fleuves et des ruisseaux, dans les fleurs et les arbres, quand, après de nombreux penseurs, la forme concrète des puissances naturelles apparut dans les *éléments* d'Empédocle, dans le *pneuma* d'Hippocrate et de Galien. A ce pneuma était dévolu le soin de répandre dans l'organisme la chaleur innée, imaginée par Héraclite, et quand il ne faisait pas son devoir, il en résultait la congélation de la chaleur innée, cette cause de tant de maladies.

La restauration de la méthode d'observation qui signala le siècle de la réforme, jetant, presque exclusivement en Italie, les fondements de l'anatomie humaine tout entière, ne parvint pas à rendre plus précises les idées nuageuses d'un *pneuma* engendrant la vie. Au contraire, avant la découverte de la circulation du sang, l'esprit vital vint se localiser dans le cœur gauche. Et ici nous avons un premier exemple de la non-coïncidence des limites qui déterminent les périodes de l'histoire universelle avec celles qui marquent les époques dans l'histoire spéciale de la physiologie. Pour cette dernière, la première période ne se ferme pas à la fin de l'empire romain; elle persiste non-seulement à travers le moyen âge tout entier, mais sa manière de voir domine encore en grande partie les deux premiers siècles de l'époque moderne.

Pour Paracelse, le contemporain de Vésale, la vie était toute spirituelle. Dans l'iliastre, il reconnaissait explicitement la mère de la matière qui, dans le corps vivant, obéit à l'archée qui en dirige l'assimilation et expulse les substances hétérogènes.

Cependant ce principe ne jouit pas de tous les honneurs avant qu'ils ne lui eussent été conférés par l'esprit libéral de van Helmont, qui en fit un roi, lui donna pour palais l'estomac, pour ministres de nombreux esprits inférieurs chargés de parcourir toutes les parties du corps afin de renouveler et de purifier la matière, lui accorda le droit de paix et de guerre. L'archée, en effet, est très-impressionnable, sujet aux passions qui engendrent des manifestations hostiles aux organes. La maladie était donc, pour van Helmont, la conséquence d'une perturbation de l'archée, qui était épouvanté quand le corps souffrait les frissons de la fièvre; irrité par l'inertie des reins, il produisait l'hydropisie. Van Helmont regardait donc la maladie comme un état de l'archée et celui-ci, d'après lui, déclarait la guerre aux organes. Selon les vues plus imaginatives de Paracelse, la maladie était quelque chose de plus. Elle était capable d'attaquer l'esprit vital, l'archée, et celui-ci pouvait se défendre à l'aide des organes demeurés sains. L'archée, donc, n'est pas seulement l'architecte et le gardien du corps, il est aussi la nature médiatrice en personne. Il est juste pourtant d'ajouter que Paracelse faisait jouer un rôle à la maladie dans le macrocosme aussi bien que dans le microcosme, et ainsi, dans sa manière de voir, la maladie constituait un lien entre la nature extérieure et l'homme.

Gardons-nous de tourner en dérision ces idées, quelque fantasques et extravagantes qu'elles puissent nous paraître. Nous devons au moins nous intéresser à l'éclosion de semblables idées, exprimées parfois sous des formes encore plus étranges, par des hommes d'une valeur encore plus incontestable, parce qu'ayant vécu dans des temps plus propices, ils ont laissé des traces positives de leur productivité intellectuelle.

En fait, où trouver une différence, je ne dis pas de nom, mais de raison intime et d'essence, entre l'*archée* de Paracelse et l'*anima* de Stahl? cette *anima* sans laquelle, suivant lui, ne pourrait pas exister la fièvre, la fièvre que, sous l'empire d'idées préconçues, il refusait aux animaux, précisément parce qu'il leur refusait aussi l'âme. Selon Stahl, ce serait l'âme qui susciterait la fièvre pour combattre énergiquement le levain morbifique et engendrer de cette manière les symptômes d'une maladie aiguë. Si, au contraire, l'âme est vaincue dans ses efforts pour vaincre la puissance maléfique, si elle manque d'énergie, il en résulte les maladies chroniques, qui, aux yeux mêmes du poëte Henri Heine, semblaient accuser l'indolence de l'esprit et la faiblesse de la résistance (1).

Cette âme, en lutte avec la maladie, se retira plus tard pour céder le pas à une autre abstraction, la nature médicatrice, courtisée, pour ne pas dire adorée, par Sydenham et mille savants médecins. Et c'était une religion salutaire qui inspirait le respect de la nature collective sous l'image d'une force directe, moins contre la maladie que contre l'audace de ces médecins impétueux, qui regardaient l'infirmité sous l'aspect d'une entité à détruire.

Il y aurait donc eu toujours pour le moins des entités produites par l'organisme sous des influences telluriques, dont les effets, tournant avec régularité dans un cercle de combinaisons et de successions, se prêtaient bien à être réunis par Sydenham sous l'image ontologique de maladies spécifiques! Mais l'école de Schœnlein, qui, à d'autres points de vue, a conquis de si justes titres de gloire, a ressuscité temporairement dans ce siècle positif les idées de Paracelse, revêtant de formes individuelles et parasites les maladies qui se trouvaient classées en un système artificiel, analogue à celui que Linnæus a imaginé avec un bien plus grand succès pour le règne végétal.

Mais nous sommes loin encore de l'époque où la spécification analytique embrasse de nouveau, et comme des réminiscences de la jeunesse, l'idée poétique de la personnification. Avec celle-ci, qui indiquait une cause personnelle unique, fertile en passions et volontaire, pour expliquer des séries et des ensembles de phénomènes vitaux, marchait de concert le remède universel, l'élixir de la vie, l'*alcahest*, ce liquide fameux, capable de dissoudre toutes les substances.

Dans la pratique, ces généralités ne résistent pas, bien qu'elles soient imaginées par des têtes ardentes. Personne ne croit plus à l'alcahest, depuis qu'on sait que le platine et l'or ne peuvent être dissous que par l'eau régale ; personne n'a plus confiance en une panacée universelle, depuis la découverte des vertus fébrifuges de la quinine. Il en arrive autrement pour les explications théoriques. Les esprits vitaux de Willis, l'éther nerveux de Robinson, l'*enormon* de Boerhaave, intermédiaire entre l'esprit et la matière, se retrouvent pourtant, au siècle de l'oxygène et du galvanisme, dans la *nature* de Bordeu, dans le principe vital de Barthez, et, enfin, dans le *zoogenium* où Schœnlein voyait le substratum de la vie animale.

Il ne s'agit pas pourtant de montrer ici jusqu'où arrive le prestige d'un temps que je voudrais appeler la période vitalistique, téléologique, poétique, de notre science. Ce nom ne serait guère mérité que par le long espace de temps compris entre Hippocrate et Galilée (de 430 avant J. C. jusqu'à 1600 de notre ère). Nous ne rencontrons que dans cette période l'ingénuité qui ne devinait pas encore l'avénement des lois mécaniques, physiques, chimiques, dans les phénomènes vitaux, parce que la connaissance de pareilles lois manquait trop complétement, et les rares découvertes faites alors ne s'étendaient pas au domaine de la médecine. Il n'existait pas encore de contraste entre la représentation poétique, téléologique, vitalistique, et l'exposition réelle, causale, naturelle des faits, parce que la sonde physique n'avait pas pénétré jusqu'alors dans le tourbillon mystérieux de la vie. L'unité de la vie n'était pas supposée, parce qu'on ne pouvait pas entreprendre de l'analyser.

Aucun phénomène vital n'était connu dans son origine, dans son développement progressif et dans ses mouvements en arrière; mais, bien au contraire, l'unité organique et individuelle de la vie n'était pas morcelée; on ne comparait pas encore l'œil vif et pénétrant à une chambre obscure; le cœur n'était pas dégradé jusqu'au rôle de machine hydraulique; et l'on ne pouvait pas songer à avilir les nerfs au point de leur attribuer l'emploi de simples fils conducteurs, subissant un perpétuel renouvellement, grâce au laboratoire de chimie où la pepsine et un peu d'acide chlorhydrique avaient renversé l'*archée* de son trône élevé. — Mais ici je m'arrête un moment, messieurs, parce que, partisan déclaré d'une ère nouvelle, je ne serais pas capable de vous dépeindre avec mes paroles l'enchantement qu'offraient ces siècles à jamais perdus. Laissez-moi plutôt vous développer de poétiques doctrines avec des paroles poétiques, dont je n'ai pas besoin de vous indiquer l'origine.

« Mon fils, que ton esprit garde mes paroles bien comprises, et la lumière se fera sur le doute qui t'inquiète.

» Cette partie, la plus pure du sang, que ne peuvent boire les veines altérées, et qui se conserve comme la desserte d'un festin, reçoit dans le cœur une force plastique qui donne la forme aux membres humains, de même que les entretient le fluide qui circule dans les vaisseaux.

» Ce sang, encore plus épuré, se rend à un lieu qu'il est bien de ne pas nommer, pour se mêler à un autre sang dans un vase préparé par la nature. Là ils se confondent, l'un passif, l'autre doué d'activité, en

(1) Heinrich Heine, *Reisebelder*, 5 Auflage. Hamburg, 1856, p. 67. « Les Tyroliens sont beaux, allègres, honnêtes, bons, et d'une étroitesse d'esprit impénétrable. C'est une race saine, peut-être parce qu'elle est trop stupide pour être malade. »

raison de son origine plus parfaite. Le sang générateur opère d'abord par la coagulation, puis il donne la vie à la matière qu'il avait condensée.

» Cette vertu active devient une âme qui végète à l'instar de la plante, avec cette différence que la plante reste sur le chemin de la vie, et que l'autre arrive au terme de la perfection. Puis l'âme se meut ; puis elle sent confusément comme le fait un polype ; puis enfin elle travaille à organiser les facultés de l'homme dont elle est le germe producteur.

» C'est alors, mon cher fils, que cette vertu génératrice, émanée du cœur, d'où la nature l'étend à tous les membres, tour à tour se contracte et se dilate. Mais comment, n'étant d'abord que purement animale, devient-elle ensuite raisonnable ? Tu ne le comprends pas encore ; et, à ce sujet, a erré un plus savant que toi. Par sa doctrine, en effet, il est conduit à séparer de l'âme l'*intellect possible*, auquel nul organe ne lui semblait affecté.

» Mais que ton esprit s'ouvre à la vérité ; la voici : aussitôt que l'organisation du cerveau s'achève dans le fœtus, le premier moteur se tourne avec complaisance vers cette œuvre merveilleuse de la nature ; il lui souffle un esprit tout nouveau, doué d'une vertu qui attire dans sa substance toutes ces forces vives qu'elle rencontre, et il en fait une âme unique, qui vit, qui sent et qui se réfléchit sur elle-même. T'étonnerais-tu de mes paroles ? Considère le rayon du soleil qui se change en vin, quand il a pénétré l'humeur que laisse couler la vigne.

» Au moment où Lachésis est à bout de son lin, l'âme se sépare de la chair, emportant avec elle, dans sa propre substance, ce qu'elle tenait de Dieu et de l'homme. »

(DANTE, *la Divine comédie*, Purgatoire, chant XXV.)

III. — En limitant la période poétique de la biologie à l'époque où Galilée révéla les lois les plus fondamentales et donna à la physique une méthode, je cours le risque de lire dans l'expression de vos yeux clairvoyants le reproche d'anachronisme. Il est vrai, messieurs, que Georges Stahl, qui naquit après la mort de Galilée et qui était déjà vieux quand le jeune Haller se préparait à sa laborieuse carrière, a été le plus ferme soutien des théories d'un vitalisme sincèrement spirituel, repoussant de la médecine l'application de ces mêmes doctrines chimiques qui ont rendu son nom fameux. Or, nous n'oublions pas que le contraste des principes et l'acharnement à les défendre n'apparaissent qu'à la naissance d'une ère nouvelle. Vous ne seriez pas naturalistes si vous n'aviez bien compris qu'aucune chose, soit organe, soit pensée, ne sort brusquement du chaos et sans aucune préparation. Nous ne commettons donc pas des anachronismes si nous voyons les feuilles de l'arbre antique des siècles joncher le champ qui est en ce moment l'objet de nos études, de même que nous ne commettrons pas une erreur historique quand nous verrons la nouvelle végétation du travail humain s'enraciner dans le jardin fleuri de l'époque poétique.

On ne peut se dispenser de reconnaître qu'avant Harvey — c'est-à-dire avant Galilée — on n'avait encore décrit aucune fonction de la vie organique dans ses caractères matériels, dans son éclosion, dans sa croissance et dans sa décrépitude, dans ses causes et dans ses conséquences, ce qui résume le caractère distinctif de la période vitaliste que j'ai essayé de faire passer devant vous avec ses principales vicissitudes.

A la limite de la nouvelle période on rencontre Galilée, qui est là observant, méditant, dans le baptistère de Pise. C'est lui qui a mangé du fruit défendu de la science, et c'est par lui que l'humanité a été chassée du paradis de la calme poésie, qui inventait pour toute chose un dieu, un héros, une nymphe; pour toute maladie un être parasite, et contre la maladie une âme plus ou moins pointilleuse qui la dompte, chassée du paradis terrestre pour entrer dans le champ sillonné de chemins raboteux qui ne conduisent au but que par le travail patient de l'expérience. C'est l'incessante et absolue abnégation d'un travail infatigable qui donne à cette seconde période l'empreinte ascétique comparable au caractère de la seconde époque de l'histoire universelle.

Non pas, messieurs, que je veuille nier le mérite de quelques-uns des nombreux et importants travaux de la période antérieure ; il n'est personne qui ne croie s'honorer lui-même en partageant sa vénération entre Hippocrate et Aristote, celui-là le père de l'observation clinique et celui-ci le père de l'histoire naturelle. Mais c'est Galilée qui a, le premier, fait les expériences propres à contraindre la nature à nous révéler ses lois; c'est lui qui, plus encore que le grand Bacon lui-même, est le père de la science exacte, ayant prêché autant par l'exemple que par l'exposition des règles méthodiques qui doivent nous guider dans l'investigation de la nature.

Si vous voulez vous convaincre que je ne vais pas trop loin en élevant ainsi la période ascétique de la science au-dessus de la poétique, venez avec moi remonter jusqu'à la limite du XVIe siècle. Interrogeons cet homme illustre, prudent, calme, auquel les historiens modernes de la médecine ont donné le nom d'Hippocrate anglais ; interrogeons Sydenham sur les livres à étudier pour nous mettre en état de former notre esprit à l'exercice de la médecine. Savez-vous ce qu'il répondait : « Lisez *Don Quichotte !* » C'est l'unique réponse que l'on pouvait obtenir de cet esprit sobre et réfléchi, qui, malgré tout, vénérait Hippocrate autant que pas un médecin de l'antiquité ou des temps modernes. Pour qu'une pareille réponse fût possible, combien devaient être nulles les connaissances médicales positives !

Traduit de l'italien par ODYSSE-BAROT.

— La fin au prochain numéro. —

ZOOLOGIE.

COURS DE M. GRATIOLET.

(FACULTÉ DES SCIENCES.)

(Voy. les nos 19, 20, 27 et 39.)

V.

Division générale des insectes.

Nous avons cherché, dans les leçons précédentes, à donner une idée de l'organisation des insectes. Il faut maintenant essayer de dénombrer, non pas toutes leurs formes, ce qui serait aussi fastidieux qu'inutile ici, mais au moins leurs formes principales.

C'est surtout en entomologie que le nombre immense des diverses espèces devient un embarras. Il y a en effet beaucoup de savants qui se plaisent à étudier pour elles-mêmes les formes si multipliées de ces êtres et qui poursuivent ardemment les moindres variétés; à force de chercher, ils finissent par trouver de légères différences, souvent bien superficielles, et de là tant de genres qui se touchent de si près et n'ont pas toujours leur raison d'être bien sérieuse, tant de genres que Linné caractérisait si bien en les appelant *genera tironum*, c'est-à-dire les *genres d'amateurs*.

Nous nous bornerons donc ici à étudier les principales familles; mais avant tout il faut exposer les caractères fondamentaux des grands ordres acceptés par tout le monde, et qui résument en un petit nombre de types toute cette partie du règne animal.

Quand on fait l'histoire des vertébrés, on les distingue tout de suite et fort facilement en cinq grands groupes, suivant la nature de la peau ou de l'enveloppe épidermique et des appendices qu'elle porte. Les mammifères sont nettement caractérisés par les poils, les oiseaux par les plumes, les reptiles par les scutes, et enfin les poissons par les écailles qui leur couvrent tout le corps.

L'insecte n'a point de squelette intérieur, mais sa peau se divise en pièces d'apparence cornée et dont la base est formée de *chitine*. Ce squelette extérieur, ou plutôt cette cuirasse est peu riche en nerfs, et par conséquent peu sensible. D'ailleurs, l'intelligence décroît ici avec la sensibilité. L'insecte, à la vérité, accomplit des merveilles; mais ces merveilles résultent d'une science qui n'est pas la sienne, de la science de l'être qui l'a créé; aussi sait-il tout de science infuse. L'intelligence doit chercher et trouver elle-même ses voies. Telle est la grande différence qui sépare l'intelligence de l'instinct.

La sensibilité étant peu développée dans les insectes, ce sont les organes du mouvement qui fourniront ici les caractères les plus importants pour la classification.

Linné, dans sa division générale des insectes, prenait surtout pour point de départ les ailes, parce que ce sont encore les parties qui offrent les modifications les plus constantes. Il formait ainsi tout d'abord trois grands groupes.

Certains insectes ont quatre ailes, et ce nombre n'est jamais dépassé. D'autres en ont deux seulement, placées, soit sur le mésothorax, soit sur le métathorax, jamais sur le prothorax. Quels que soient leur nombre et leur position, les ailes s'attachent toujours au *scutum*. Enfin, il y a des insectes qui sont tout à fait dépourvus d'ailes. Voici les trois grands groupes de Linné : les *tétraptères*, qui ont quatre ailes; les *diptères*, qui en ont deux; les *aptères*, qui n'en ont pas du tout.

Les tétraptères forment cinq ordres.

En effet, parmi les insectes, il y en a chez lesquels les ailes métathoraciques fonctionnent seules pour le vol; les autres ailes ont bien une fonction, mais qui n'est plus relative au vol. Ce sont des ailes modifiées en forme d'étuis et nommées *élytres*, qui servent à protéger les parties dorsales. Les élytres se réunissent quelquefois suivant une jonction droite et très-serrée, sans constituer pour cela une suture. Tels sont les *coléoptères*, que tout le monde s'accorde à ranger en tête de la classe des insectes. Mais nous verrons que cette caractérisation est insuffisante pour les distinguer d'une manière complète.

Viennent ensuite des animaux qui ont encore deux paires d'ailes ; mais de deux choses l'une : tantôt l'aile mésothoracique est réticulée et impropre au vol; tantôt elle est dure et ferme à sa base et simplement membraneuse à l'autre extrémité, de manière à constituer un demi-élytre. De là le nom d'*hémiptères* qui a été donné à cet ordre; mais nous verrons qu'il le caractérise fort imparfaitement.

Nous trouvons ensuite des insectes dont toutes les ailes sont membraneuses. Mais ces ailes membraneuses sont couvertes d'une sorte de poussière colorée composée de petites écailles réticulées qui donnent à certaines espèces un éclat vraiment admirable. Ce sont les *lépidoptères*, ou insectes à ailes écailleuses.

D'autres insectes ont aussi quatre ailes complétement membraneuses mais parfaitement lisses, tout à fait dépourvues d'écailles, et par conséquent très-différentes des précédentes. Linné, pour les diviser, a eu égard à la disposition des pièces anales; il en a fait deux ordres : les *névroptères*, qui ont pour type les demoiselles, et les *hyménoptères*, qui portent un aiguillon à la queue, et dont les abeilles sont l'exemple le plus vulgaire.

Les *diptères* ne comprennent, à vrai dire, que les mouches dans leur infinie variété. Ils ont seulement des ailes mésothoraciques servant au vol, et ils possèdent en outre une petite tige terminée par un tampon et nommée *balancier*.

Enfin, les *aptères* sont nettement caractérisés par un défaut absolu d'ailes : ce sont les puces, les poux, les podurelles, etc.

Cette classification est simple et commode; mais elle n'a aucun égard aux pièces de la bouche, et elle tient à peine compte des métamorphoses, l'un des phénomènes les plus importants et les plus curieux de l'organisation des insectes.

Latreille, dans le grand ouvrage de Cuvier sur le *Règne animal*, a modifié cette classification, et de sept ordres il en a fait onze, en y ajoutant les myriopodes. Mais cette dernière modification n'est pas heureuse. Sans doute ces animaux ont des trachées comme les insectes ; mais le corps est formé d'une série de segments semblables qu'on ne peut grouper en régions distinctes.

On reconnaît sûrement la classe des insectes à un caractère qui n'est qu'à elle et qui la distingue très-bien, c'est qu'il y a toujours six pieds : d'où le nom d'*hexapodes* que ces animaux ont reçu avec raison.

Quant aux onze ordres de Latreille, ils sont en général parfaitement conçus, et c'est à cette classification qu'il faut s'arrêter.

Et d'abord, dans un premier ordre (c'est le second de Latreille qui forme le premier avec les myriopodes), nous trouvons des animaux qui n'ont jamais d'ailes, mais seulement des appendices abdominaux servant au mouvement. Tels sont les *podurelles*, qu'on trouve si souvent dans nos bibliothèques, et qui se font remarquer par la facilité avec laquelle ils sautent à de grandes distances. Ils sont souvent couverts d'écailles argentées, mais ils ne possèdent pas toujours cette parure. L'aspect de leur queue frangée leur a fait donner le nom de *thysanoures*. Ces insectes ne présentent pas de métamorphoses. L'ordre suivant ne possède plus ces appendices ; les pièces de la bouche sont toujours assez simples, quoiqu'on y trouve déjà des palpes; il n'y a pas de métamorphoses. Quelques espèces, comme les poux, ont une petite trompe qui leur sert de suçoir. On réunit quelquefois ces insectes sous le nom de *parasites*.

Le troisième ordre comprend encore des insectes aptères, mais qui présentent déjà des métamorphoses ; des caractères évidents de supériorité apparaissent, les mâchoires se compliquent, et les mandibules deviennent une espèce de tube formant une sorte de suçoir. Ce sont les *siphonoptères*, ordre qui comprend notamment la puce commune.

Viennent ensuite les espèces ailées. Ce sont à très-peu près celles comprises dans les ordres à ailes de Linné ; mais les groupes ont ici des caractères plus précis, parce qu'on a tenu compte des pièces de la bouche et des métamorphoses.

Et d'abord les *coléoptères*, chez lesquels les deux ailes mésothoraciques sont transformées en deux élytres se joignant le plus souvent bord à bord et sans se croiser. Mais à ce caractère il faut ajouter que le système buccal est toujours parfaitement distinct dans toutes ses parties : les mandibules, généralement très-fortes, jouent le rôle d'agents déchireurs, broyeurs ou rongeurs ; les mâchoires sont complètes et terminées par deux lobes, l'un externe, l'autre interne, de valeur équivalente dans la plupart des cas, quoique le lobe externe soit quelquefois plus important : ces mâchoires, ainsi que le menton, portent toujours des palpes. Enfin les coléoptères présentent des métamorphoses complètes. On pourrait cependant, aux attributs distinctifs que nous venons d'énumérer, ajouter un quatrième caractère tiré de la manière dont les ailes destinées au vol, quand il y en a, se replient pendant le repos pour rentrer sous les élytres. Elles se replient brutalement, pour ainsi dire, de telle sorte qu'elles ne sont pas seulement pliées, mais chiffonnées : aussi le vol de ces insectes est-il lourd et difficile, et ils éprouvent toujours beaucoup de peine, soit à replier leurs ailes sous leurs élytres, soit à les développer quand ils veulent s'envoler. Les petites espèces seules font exception sous ce rapport. Quant au mode qu'ils emploient pour déployer leurs ailes, il consiste à y pousser l'air et le sang en aussi grande quantité que possible, ce qui amène la dilatation de tous les vaisseaux : les plis de l'aile se détendent alors et soulèvent les élytres en se développant.

Dans son grand ordre des *hémiptères*, qu'il caractérisait par ce seul fait que les ailes mésothoraciques étaient semi-coriacées, Linné, pour n'avoir pas étudié suffisamment les mâchoires ou n'avoir pas tenu compte de leur considération, Linné réunissait deux groupes d'insectes très-différents qui constituent véritablement deux ordres distincts. Les uns ont des mâchoires complètes, dont le lobe externe, en forme de valve ou de galette, tient la bouche complétement fermée. Les ailes rappellent l'aspect d'un éventail; elles se déploient et se replient comme lui. Ces insectes n'ont jamais le vol très-puissant. Ce sont les *orthoptères*, ainsi nommés parce que leurs ailes se replient en ligne droite. Kirby a séparé de ce groupe un certain nombre d'espèces dont il formait un ordre à part, celui des *dermoptères*. Ces deux ordres ont pour types des genres un peu différents : pour les orthoptères, ce sont les sauterelles; pour les dermaptères, les perce-oreilles ou forficules, ce qui a fait donner aussi à cet ordre le nom de *forficulaires*. Les forficules ont des élytres d'une grande brièveté, mais jointes bord à bord comme celles des coléoptères. L'éventail de l'aile est porté sur une sorte de pédicule; l'extrémité de l'abdomen se termine par une double pince qui leur donne un aspect menaçant, et leur a valu dans le peuple une réputation mauvaise : en effet, on les appelle vulgairement *perce-oreilles*, et l'on suppose qu'ils se glissent dans les oreilles des dormeurs pour y percer la membrane du tympan. Cet ordre mérite d'être conservé.

Nous trouvons ensuite une dernière partie des hémiptères de Linné, mais distingués profondément des précédents par leurs mâchoires, qui sont transformées en quatre soies renfermées dans un tube, qui résulte d'une modification du labre et des pièces du menton et de la lèvre inférieure. Ces insectes peuvent facilement piquer les végétaux et percer les lames épidermiques les plus dures. Les uns vivent aux dépens des végétaux, les autres sont parasites des animaux. On les appelle *hémiptères* en général, quoique toutes les espèces ne soient pas ailées. Chez d'autres insectes voisins, les quatre ailes sont semblables et divisées en grandes cellules par d'assez fortes nervures : ce sont les *homoptères*, qu'on doit rapprocher des hémiptères à cause de la constitution de la bouche.

Ces deux ordres sont à demi-métamorphoses.

Nous arrivons aux insectes à quatre ailes.

Les uns ont des mâchoires et des mandibules puissantes, des ailes membraneuses et des métamorphoses incomplètes; la larve ressemble assez à l'insecte parfait. Ce sont les *névroptères*.

D'autres, pourvus d'ailes également membraneuses, sont remarquables par ce fait que les deux paires d'ailes agissent de concert sur chaque côté comme une aile unique. Ce sont les *hyménoptères*, — notamment les guêpes et les abeilles, — insectes demi-suceurs, qui ont un aiguillon venimeux ou conformé en une véritable tarière, dont ils se servent pour introduire leurs œufs dans certains milieux organisés propres à faciliter leur développement.

Enfin les *lépidoptères*, ordre qui reste constitué comme dans la classification de Linné ; mais aux caractères distinctifs donnés par ce naturaliste il faut ajouter que les mâchoires, conformées en gouttières, se réunissent pour constituer une sorte de tube.

Les lépidoptères et les hyménoptères présentent des métamorphoses complètes.

Restent les insectes à deux ailes, où nous trouvons d'abord un groupe peu connu, formé d'espèces possédant sur le métathorax deux ailes qui se replient en éventail à peu près comme celles des orthoptères, et des élytres transformés en balanciers mésothoraciques; les pièces de la bouche sont presque exclusivement représentées par les mâchoires, très-amincies du reste. Ce sont les *rhipiptères* de Latreille.

Chez d'autres insectes diptères, la lèvre inférieure forme une véritable trompe articulée terminée par deux petites lèvres charnues, et renfermant un suçoir plus ou moins compliqué, formé par les pièces des mâchoires modifiées en forme de soies. Les ailes mésothoraciques sont bien développées; les ailes métathoraciques ne sont représentées que par les balanciers, sortes de petites massues vibrantes dans lesquelles quelques auteurs placent les organes de l'audition.

Telle est la classification de Latreille; et quoiqu'on s'accorde généralement à séparer des insectes les myriopodes, dont il avait fait un des ordres de cette classe, on obtient encore douze ordres comme lui, en ajoutant celui des dermaptères qu'il avait confondus avec les orthoptères.

Des auteurs allemands ont essayé de rendre cette classification plus philosophique en y mêlant plus intimement la considération des métamorphoses. Ils ont divisé la grande classe des insectes en trois groupes principaux : les *ametabola*, qui ne présentent pas de métamorphoses; les *hemimetabola*, qui ne subissent que des demi-métamorphoses, et les *holometabola*, qui présentent seuls des métamorphoses complètes. Chacun des deux derniers groupes se subdivise à son tour en *broyeurs* et en *suceurs*. Les *ametabola* comprennent notamment les thysanoures et les parasites. Les *hemimetabola* comprennent les hémiptères, les homoptères et une partie des névroptères. Enfin les *holometabola* comprennent les diptères, les siphonaptères, les lépidoptères, les hyménoptères, les coléoptères, etc.

Cette classification ne change pas grande chose aux groupements de Latreille, et elle a le grand inconvénient de séparer l'ordre si naturel des névroptères en deux parties qu'elle range dans des classes distinctes. C'est du reste le défaut ordinaire de ces principes abstraits qui ont un caractère philosophique apparent, mais qu'on ne peut facilement appliquer aux faits.

La difficulté, nous venons de le voir, n'est pas bien grande pour distinguer entre eux les différents ordres de la classe des insectes; mais il n'en est plus de même quand on veut aborder les familles, et si l'on descend jusqu'à l'espèce, la tâche devient bien plus ardue encore, non-seulement au point de vue philosophique, mais aussi et surtout au point de vue des détails de structure, qui sont innombrables. Aussi les entomologistes se partagent-ils ce labeur, parce que le temps borné qui nous est donné ici-bas ne suffirait pas à parcourir une aussi vaste carrière ; ils appliquent la maxime : *Diviser pour régner*, et le travail reste encore assez rude. Souvent une vie tout entière suffit à peine pour étudier un seul ordre. Mais il faut s'en consoler. La science, dans son ensemble, ne peut résulter du travail d'un seul homme; elle est l'œuvre de l'humanité. — Emile Alglave.

PHYSIOLOGIE COMPARÉE.

COURS DE M. VULPIAN.

(MUSÉUM D'HISTOIRE NATURELLE.)

(Voy. les nos 32, 35, 37 et 39.)

VII.

Sensibilité récurrente. — Terminaisons des nerfs.

Racines dans la série animale. —Les phénomènes dus à la double naissance des nerfs sont les mêmes chez tous les vertébrés. Chez les reptiles, les nerfs naissent en un seul cordon, mais les phénomènes physiologiques sont les mêmes que chez les mammifères.

Chez les poissons, chaque racine naît par un seul cordon. On avait prétendu qu'il n'y avait qu'une seule racine; mais M. Owsjanniskow a vu sur la lamproie que les deux racines existent, et MM. Stannius et Wagner ont démontré que les phénomènes étaient semblables à ceux qui se passent chez les mammifères. M. Moreau l'a démontré sur les sélaciens. Du reste, c'est très-net chez ces animaux. Les nerfs naissent par deux racines, mais à leur point et jonction, elles ne s'intriquent pas, elles se juxtaposent seulement; on peut agir, dans les expériences, non pas sur les racines, mais bien sur les nerfs séparés. C'est donc, on le voit, une règle absolue pour tous les vertébrés que cette naissance du nerf par deux racines distinctes.

On trouve quelque chose d'analogue chez les invertébrés : Newport y avait été amené par les expériences de Charles Bell. On voit chez le homard un système ganglionnaire dont j'ai déjà parlé; chaque ganglion est réuni au suivant par deux connectifs : en regardant sur la face supérieure de ces ganglions, on aperçoit un faisceau de fibres qui passe au-dessus du système ganglionnaire sans s'y mêler. De telle sorte un nerf est composé de fibres venues du système ganglionnaire et de fibres venues du faisceau supérieur. Geoffroy Saint-Hilaire a comparé ce système au système cérébro-spinal renversé : si l'on suppose le homard dans la station verticale de l'homme, on voit que les racines antérieures sont sensibles, et les postérieures motrices. Il fallait à cette théorie une démonstration physiologique. M. Longet a montré sur la langouste que la partie supérieure, c'est-à-dire le faisceau du dos, était moins sensible que la partie inférieure. Il a signalé, de plus, la présence d'un petit ganglion sur les racines qui partent du système inférieur.

M. Faivre a expérimenté sur les ganglions thoraciques des dytiques, et a vu que la face inférieure du ganglion était très-sensible, tandis que l'excitabilité motrice était dévolue à la face supérieure.

Chez les mollusques, on ne voit rien de semblable; je l'ai cherché en vain chez les escargots, et cependant on voit chez le poulpe une disposition assez remarquable. Les bras de ce mollusque sont garnis de ventouses qui leur servent à la préhension et à la locomotion. On voit dans ces bras des nerfs qui se renflent alternativement, et ces renflements correspondent à chaque ventouse. D'autre part, on peut observer un plexus nerveux, qui est totalement dépourvu de ganglions.

Cette étude nous amène à déclarer que chez les animaux supérieurs, la naissance par une double racine est un mode de perfectionnement qui n'est pas indispensable aux fonctions nerveuses. On les voit en effet s'effectuer, on trouve des nerfs sensibles et des nerfs moteurs au bas de l'échelle, alors qu'il n'y a plus qu'une seule racine.

Sensibilité récurrente. — Dans cette étude des racines, je vous ai signalé un phénomène qui a causé l'erreur de Magendie, lors de son deuxième mémoire, la sensibilité récurrente; je veux vous en parler plus longuement.

Vous avez vu que lorsque Magendie pinçait la racine antérieure, racine motrice, il obtenait du mouvement, mais aussi de la sensibilité. En 1839, dans ses cours, il revint sur cette question, et parla d'instituer des expériences pour résoudre ce problème. M. Longet, qui assistait à ces leçons, s'en occupa. Il coupa la racine postérieure, et à l'instant la racine antérieure perdit toute sensibilité. Il fut aisé d'en conclure que la racine antérieure était sensible, grâce à des fibres venues de la racine postérieure.

Magendie laissa la racine postérieure intacte; il coupa la racine antérieure, et des deux bouts obtenus par cette section, le bout périphérique seul était sensible. Il donna à ce phénomène le nom de sensibilité récurrente, parce qu'il l'attribuait à un échange de fibres entre les deux racines, de fibres *récurrentes*. Telle fut sa première hypothèse, et c'est à cette théorie que se sont arrêtés la plupart des physiologistes.

Il fallait rechercher où se fait la récurrence. La première idée fut qu'elle se fait au point de jonction des deux racines. Mais une expérience ruine complétement cette hypothèse. Pour cela, il suffit de couper le nerf à six lignes environ de la réunion; en excitant la racine antérieure, on devrait trouver de la sensibilité. Il n'en est rien : la sensibilité est abolie; donc la récurrence se fait plus loin que le point de jonction, puisque la section du nerf au delà l'abolit. Où se fait donc la récurrence?

Magendie pensa qu'elle avait lieu à la périphérie extrême du corps. On croyait que les nerfs arrivés à leur terminaison suivaient un trajet rétrograde et se recourbaient en anses. Il n'en est rien; on sait d'une manière positive que les nerfs ont une terminaison toute différente, nous le verrons plus tard. Mais sur leur trajet, on trouve des anses, et c'est sans doute par elles que se fait la récurrence.

M. Schiffe admet la présence de fibres sensitives rétrogrades naissant aux plexus qui se trouvent à l'extrémité de chaque membre.

Il coupe la racine antérieure par son milieu, voit des fibres saines dans le bout périphérique altéré, et au contraire quelques fibres altérées dans le bout central qui est demeuré sain.

Ces fibres, saines dans le bout périphérique, et altérées dans le bout central, sont évidemment, comme le montrent les travaux de M. Waller, que nous verrons plus tard, des fibres qui, venues de la racine postérieure, se sont jointes à la racine antérieure, après s'être recourbées en anses à une distance plus ou moins grande du lieu de réunion des deux racines.

Tous les savants n'ont pas admis l'hypothèse des fibres rétrogrades. M. Brown-Séquard pense qu'en pinçant la racine antérieure, on détermine une crampe, et que rien n'étant douloureux comme cette violente contraction, il n'est pas étonnant que l'on détermine ainsi de la sensibilité; mais ce qui ruine cette théorie, c'est que dans ce dernier cas, en pinçant le bout périphérique d'une racine antérieure, on détermine une douleur vive, sans qu'il y ait même de contraction appréciable dans la partie à laquelle le nerf se rend. Du reste, même lorsque l'on provoque ainsi des contractions, jamais elles ne présentent les caractères, si faciles à reconnaître, d'une véritable crampe.

Cette sensibilité récurrente s'épuise vite. M. Longet a fait trois cent trente-neuf expériences, sans rien trouver. M. Cl. Bernard fit, en 1846, des expériences, et il a tracé les conditions dans lesquelles elle est le plus manifeste.

Terminaison des nerfs. — Tous les nerfs ne sont pas mixtes, comme ceux qui proviennent de la moelle. Il en est qui sont purement sensitifs, et d'autres purement moteurs. Je citerai comme sensitifs purs : le nerf qui préside à l'odorat, le nerf olfactif; le nerf de la vision, nerf optique; le nerf auditif, nerf de l'ouïe. Parmi ceux qui sont purement moteurs, nous trouvons : le facial, le spinal, l'hypoglosse, qui, moteur pur chez l'homme, est mixte chez plusieurs animaux, tels que le chien, le chat, le mouton, le bœuf, le cochon, etc., grâce à une petite racine postérieure munie de son ganglion. Enfin, il en est qui sont des nerfs mixtes, comme le trijumeau, le glosso-pharyngien, etc. Jusqu'à présent, nous avons étudié le nerf en quelque sorte en lui-même, abstraction faite de son origine apparente et de sa terminaison; ensuite nous avons étudié l'origine; il nous reste à nous occuper de sa terminaison, et ici encore nous devons faire une distinction, étudier séparément le mode de terminaison des nerfs sensitifs, puis celui des nerfs moteurs. Nous laisserons de côté les nerfs vaso-moteurs, ceux qui vont aux glandes; nous les retrouverons plus loin.

Nerfs sensitifs. — Les nerfs sensitifs, que nous appellerons centripètes, puisqu'ils transportent les sensations de la périphérie au centre, vont à la peau, aux membranes muqueuses, aux organes des sens d'une façon plus générale; tandis que les nerfs moteurs vont aux muscles. Étudions comment leur extrémité se comporte dans la peau.

On croyait, et cette idée était fournie par l'illusion de l'examen microscopique, que ces nerfs se terminaient en anses. On a bientôt vu que c'était une notion erronée; que les nerfs se terminaient par des extrémités libres, et que plusieurs d'entre eux se terminaient dans de petits corps particuliers, qui ont reçu le nom de corpuscules du tact.

En effet, lorsqu'on examine une coupe de la peau, on voit au-dessous de la couche de l'épiderme, dans la coupe superficielle du derme, chacun le sait, des petites éminences séparées par de petites excavations. Ces éminences ont reçu le nom de papilles. Les unes reçoivent les vaisseaux capillaires, les autres reçoivent des nerfs; d'où le nom de papilles vasculaires et de papilles nerveuses. Si l'on compare les papilles nerveuses aux papilles vasculaires, on voit que ces papilles contiennent un petit organe offrant des caractères histologiques spéciaux, et dans lequel pénètre la fibre nerveuse (corpuscule du tact).

Je prends le cas où il n'arrive à ces papilles nerveuses qu'une seule fibre nerveuse primitive. Dans ce cas, on le voit, il sera impossible d'invoquer la récurrence. La fibre nerveuse pénètre dans le corpuscule, s'y contourne en spirale, et bientôt on la perd. Ce corpuscule n'est pas un organe plein. Il est formé par un petit sac dont la paroi est pourvue de noyaux, rempli par une matière homogène presque liquide, et qui est susceptible de recevoir des vibrations. On lui a donné les noms différents de corpuscule de Meissner, de Wagner, de corpuscule du tact.

Il semble être un organe de renforcement pour les impressions subies par les extrémités nerveuses. Ce qui prouve qu'ils sont bien les organes de la sensibilité, c'est qu'on les trouve en grande abondance, surtout là où elle se doit plus particulièrement exercer, comme à la paume de la main, à la plante du pied. Ces corpuscules manquent sur le tronc. On peut du reste présumer qu'on les y trouvera plus ou moins modifiés, car leur présence si manifeste dans les parties que je viens d'étudier fait présumer que les nerfs doivent toujours se terminer dans ces organes.

D'autres ont reçu le nom de corpuscules de Pacini, et ont été d'abord trouvés sur le trajet des nerfs collatéraux des doigts. Plus tard, ils ont été trouvés par M. Lacauchie dans le mésentère du chat, sur le trajet de fibres sympathiques. Du reste, leur distribution est très-variée, car M. Herbst a signalé leur présence dans les muscles de la jambe chez le mouton, et les muscles de la queue chez le chat, et M. Lüdden les a observés dans le muscle peaucier du rat.

On a voulu leur donner une structure plus compliquée; au fond, c'est toujours la même chose. C'est toujours un saccule contenant un corpuscule analogue à celui de Meissner, entouré de couches concentriques de tissu cellulaire. On voit arriver à son pédicule un tube nerveux; le filament axile pénètre, se bifurque quelquefois à une distance plus ou moins éloignée de son entrée, et se termine par un renflement en bouton, et les intervalles des lames sont encore comblés avec la gelée que j'ai décrite plus haut. Ces corpuscules devraient s'appeler corpuscules de Vater, du nom de l'anatomiste allemand qui les avait vus le premier.

Nous sommes donc, en résumé, conduits à admettre que les nerfs, dans la peau, se terminent par des organes de renforcement fonctionnel. Cette manière de voir se trouve confirmée d'une façon remarquable par des expériences faites d'abord par Marshall-Hall, puis par Volkmann. En effet, l'irritation de la peau chez les grenouilles produit des actions réflexes, beaucoup plus facilement que ne le fait l'irritation des troncs nerveux.

Voyons comment se comportent les nerfs dans les muqueuses. On y trouve aussi des corpuscules très-manifestes. Dans la conjonctive oculaire, par exemple, ils ont reçu le nom de corpuscules de W. Krause. En effet, au moment où la fibre nerveuse arrive dans la conjonctive, on voit le filament axile pénétrer dans un petit sac rempli de liquide, comme nous l'avons vu plus haut, et se terminer par un petit renflement en forme de bouton. On a trouvé ces corpuscules analogues à ceux du tact chez un grand nombre de mammifères, et il n'est pas sans intérêt de dire que M. Quatrefages, en 1845, en a signalé l'existence chez l'*Amphioxus*, qui, comme on le sait, est le dernier des vertébrés.

Pour la terminaison des nerfs dans les organes des sens, nous aurions beaucoup à dire; de nombreux travaux ont été publiés sur ce sujet, mais nous devons nous borner et indiquer seulement comment elle se fait. Le nerf, arrivé à la surface de l'organe, rencontre une cellule nerveuse dans laquelle il se jette. En général, cette cellule est bipolaire ou multipolaire, et l'un des pôles est en rapport direct avec une fibre nerveuse, ou l'une de ses branches, et l'autre pôle est en rapport avec les cellules épithéliales. Il s'introduit entre ces cellules, et tantôt se prolonge jusqu'à la surface sous la forme d'un bâtonnet, ou même se termine par une sorte de soie courte qui dépasse plus ou moins la surface épithéliale.

Il est impossible d'entrer dans de longs détails sur ce sujet; il suffira de dire que c'est le mode de terminaison chez presque tous les animaux. Il a été constaté pour la membrane muqueuse nasale et pour la membrane des organes acoustiques (vestibule et ampoule par M. Schultz et par d'autres auteurs); pour la membrane de la langue, par M. Axel-Key, et enfin pour la rétine (fibres de Müller). Un mode analogue a été décrit par M. Leydig pour les canaux muqueux des poissons, organes qui, suivant lui, rentreraient dans le groupe des organes des sens, et même, d'après M. Eilhard Schultz, ces canaux seraient surmontés de petites soies libres en rapport, au travers de l'épithélium, avec les extrémités des fibres nerveuses. Il faut rapprocher de ces organes les cryptes muqueux de la torpille, décrits par M. Savi.

Nous pouvons déjà tirer cette conclusion que, pour les nerfs sensitifs, aucune fibre ne rebrousse chemin pour former une anse, et que, probablement, elles se terminent dans ces petits corps que je viens de vous décrire.

Nerfs moteurs. — Pour les nerfs moteurs, il y a un mode de terminaison qui a été indiqué pour la première fois par MM. Prévost et Dumas, et qui a été figuré ensuite par E. Burdach. Ils croyaient que ces nerfs se terminaient en anses. Cette erreur fut partagée par Valentin et Emmert. Les travaux de M. Kühne sur la grenouille avaient démontré qu'au moment où la fibre nerveuse arrive vers le muscle, elle se divise très-souvent en ramifications secondaires; l'enveloppe celluleuse de chacune de ces ramifications se perd, et s'étale sur le sarcolemme; la gaîne s'arrête à l'entrée de la fibre dans le muscle; le cylindre-axe pénètre dans l'intérieur du faisceau primitif du muscle, et se ramifie en un certain nombre de divisions, qui se terminent par de petits organes, sortes de bourgeons terminaux analogues aux corpuscules de W. Krause. On retrouve aussi ce mode de terminaison chez l'hydrophile.

Ce que M. Kühne a décrit comme des ramifications n'est qu'un artifice produit par la préparation, et les noyaux dont il a doué la fibre ne sont que des noyaux du sarcolemme. Ce sont là les résultats auxquels sont arrivés MM. W. Krause et Kölliker, qui ont cherché à vérifier les observations de M. Kühne.

L'anatomiste qui a fait faire les plus grands progrès à cette question, est M. Rouget, professeur de physiologie à la Faculté de médecine de Montpellier. Ses observations ont été faites principalement sur des lézards; il les a d'ailleurs confirmées sur les autres vertébrés. Il a vu que la fibre nerveuse, en arrivant à la fibre musculaire, subit la modification suivante. La gaîne de Schwann, ou gaîne conjonctive, s'étale en se confondant avec le sarcolemme; la matière médullaire de la fibre nerveuse disparaît, et le filament axile pénètre seul dans l'intérieur du sarcolemme, et s'épanouit à la surface de la substance musculaire, sous forme d'une masse grenue, qui fait d'ordinaire une légère saillie, et constitue des sortes de plaques plus ou moins saillantes, que M. Rouget désigne sous le nom de *plaques terminales des nerfs moteurs*. De plus, en ce point, il y a une accumulation de noyaux de la gaîne de Schwann. Ce serait, d'après M. Rouget, la terminaison commune à tous les vertébrés, et même aux insectes (sauterelles). Du reste, un fait intéressant, signalé par cet auteur, c'est que toutes les fibres musculaires ne recevraient point de fibres nerveuses.

L'opinion de M. Rouget, adoptée d'abord par tous les physiologistes, et par M. Kühne lui-même, a été récemment modifiée par ce dernier. M. Kühne a poussé son étude plus loin. Il a cru voir que cette plaque n'était pas la terminaison ultime du nerf; qu'elle était formée d'une accumulation de matières granuleuses, qui, suivant lui, ne serait en rien la continuation du cylindre axile, et qui voilerait la véritable terminaison du nerf. Le cylindre axile pénétrerait plus profondément, et se terminerait au milieu de cette masse granuleuse par une extrémité ramifiée plus ou moins régulièrement. Quelle que soit l'opinion que l'on admette, celle de M. Kühne ou celle de M. Rouget, dont celle-ci n'est, en somme, qu'une modification, il reste un fait qui n'est nié par personne, qui surnage dans cette étude, c'est que le filament axile pénètre seul dans le sarcolemme.

On observe ces sortes de terminaisons dans l'échelle animale, et à ce titre elles sont très-importantes à enregistrer. On les a trouvées chez les oiseaux, les reptiles, les poissons, et jusque chez les insectes. Doyère les a montrées chez les tardigrades; M. Quatrefages, chez les annélides et chez les rotateurs, et enfin Meissner, chez les Mermis. Peut-être trouve-t-on des terminaisons analogues dans les organes électriques des silures (Bilharz).

Je m'arrête pour me résumer, et pour vous présenter l'enseignement qui ressort de cette étude. Je vous ai fait pressentir ma conclusion, et je crois que nous pouvons, après avoir renversé toutes les hypothèses, admettre trois grands faits généraux. D'abord, nous ne trouvons plus que le filament axile nu du nerf; toutes ses enveloppes, parties accessoires, s'arrêtent avant la terminaison ultime. Secondement, et je n'ai pas insisté sur ce fait, qui doit cependant être mentionné, les fibres nerveuses primitives ne sont pas simples du centre à la périphérie, comme on l'avait supposé pendant longtemps; au contraire, elles se divisent et se subdivisent un certain nombre de fois au fur et à mesure qu'elles approchent de la périphérie. L'exemple le plus remarquable que nous ayons, a été fourni par le silure (Bilharz). La fibre nerveuse, qui, à elle seule, constitue tout le nerf électrique de ce poisson, simple à son origine centrale, se divise dans son trajet en autant de branches qu'il y a de plaques électriques. De telle sorte que le silure ne peut pas faire fonctionner une de ces plaques isolément, mais que toutes doivent entrer en même temps en jeu. Enfin, je vous l'ai dit en vous parlant de la récurrence, et je crois que vous êtes convaincus que nous devons admettre cet énoncé : il n'y a pas d'anses; les nerfs se terminent par des extrémités libres; il n'y a pas de communication entre les extrémités. — E. Brémond.

CHRONIQUE.

Physiologie comparée. — *Embryogénie des infusoires ciliés. — Réponse aux observations de M. Coste*, par F. A. Pouchet.

(Suite et fin. — Voy. le n° 39.)

Je regrette que mon savant ami n'ait pas mis plus de précision dans l'énoncé de ses expériences. Ce que je puis assurer, c'est qu'au Muséum de Rouen jamais aucun des gros microzoaires sur lesquels on expérimente ne franchit un filtre simple; et jamais aucun de ses œufs ou de ses kystes ne pourra même le franchir.

Ne nous occupons pas de ce qui échappe à l'œil. Laissons aux physiologistes rhéteurs du siècle dernier leurs œufs et leurs *graines impalpables*, ainsi que leurs *germes incombustibles* ou *métaphysiques;* expérimentateurs de notre époque, ne sortons pas de la limite de l'observation, et nous allons prouver que les êtres qui jouent un rôle fondamental dans nos expériences ne traversent pas un seul filtre.

Nous l'avons déjà démontré par cent expériences répétées devant beaucoup de personnes ; établissons-le par des chiffres (1).

Quels sont les diamètres des gros microzoaires ciliés sur lesquels nous opérons ordinairement? Ils varient de $0^{mm},0500$ à $0^{mm},1000$.

Quels sont les diamètres de leurs œufs? Selon M. Balbiani lui-même, ils ont de $0^{mm},0150$ à $0^{mm},0200$.

Quelles sont les dimensions des porosités du papier? Elles sont au maximum de $0^{mm},0025$ à $0^{mm},0030$.

(1) Les infimes microzoaires ciliés que M. Coste a pu voir passer à travers ses filtres, à l'instar des bactéries, ne sont même pas des jeunes des grosses espèces retenues au-dessus. Les personnes qui ont visité le laboratoire de M. Fremy, qui nous fut ouvert avec une si généreuse libéralité, y ont pu voir l'une de nos macérations dans laquelle vivaient, depuis une douzaine de jours, des légions tassées de gros kolpodes ; tandis qu'une portion de la même macération passée à travers *un filtre simple*, et placée à côté, n'a jamais offert un seul de ces kolpodes, ni un seul infusoire cilié.

Or, il est mathématiquement impossible que des animaux de $0^{mm},0500$ à $0^{mm},1000$, ou des œufs de $0^{mm},0150$ à $0^{mm},0200$, passent par des pertuis qui n'en ont que 30 au plus.

Si une chose étonne, c'est de voir le savant professeur du Collége de France prétendre que les infusoires deviennent assez filiformes pour traverser une telle filière. Loin de là, il n'y passerait pas même un seul de leurs estomacs, car ceux-ci ont jusqu'à $0^{mm},0060$ de diamètre, et les porosités du papier n'en ont que 30 !

Et j'éprouve même un sentiment pénible quand j'entends dire au savant physiologiste que le passage des œufs par les pores des filtres est aussi facile que celui du liquide lui-même !

C'est oublier que ces œufs sont turgides ; c'est oublier même les travaux du naturaliste qui l'a secondé, et dans lesquels les diamètres de ces œufs sont nettement indiqués.

Quelques infusoires, il est vrai, traversent les filtres. J'ai déjà fait connaître cela depuis longtemps, et pour me garantir de cet inconvénient, j'en ai employé jusqu'à dix (1). Mais ce ne sont pas les microzoaires ciliés dont le rôle doit être étudié dans nos macérations, jamais ceux-ci n'en franchissent un seul.

Loin de traverser des filtres, les kolpodes et leurs œufs ne résistent même pas à la porphyrisation.

L'expérience suivante, qui a paru curieuse à quelques savants, suffit pour l'établir.

Un gramme de *Kolpoda cucullus* ayant été broyé pendant deux heures sur un porphyre de cristal, on partagea le produit en deux parties : l'une fut conservée dans un verre et l'autre fut filtrée.

La première partie ne se peupla que de monades.

La partie filtrée, au contraire, au bout de trois jours, était remplie d'une innombrable quantité de vorticelles.

On ne retrouva de kolpodes dans aucune des deux portions du liquide.

Sans doute que, dans cette circonstance, et dans tant d'autres que j'ai citées, ce n'était pas le foin qui fût le véhicule des animalcules inattendus ! ni le filtre qui a laissé passer des vorticelles, qu'on ne trouve que dans la portion de liquide qui n'y a point été soumise.

Mais ce qui a lieu de m'étonner dans la communication que je combats, c'est que M. Coste ait pu croire que j'avais pris pour des œufs spontanés ce qu'il nomme des microzoaires enkystés. Le savant académicien devrait savoir que depuis plus de cinq ans, dans mes écrits, j'ai longuement prévu cette objection et minutieusement et strictement discuté les caractères différentiels de ces deux ordres de corps, qui ne peuvent être confondus que par des observateurs inexacts (2).

L'œuf spontané est clair, transparent et rempli de très-fines granulations ; il est plus petit qu'un microzoaire enkysté, et ne présente d'abord aucune trace d'organes intérieurs. Après avoir subi une phase de parfaite immobilité, le vitellus entre en giration, et l'on s'aperçoit que ce mouvement se fait sous son enveloppe, qui est dépourvue de cils. Après, on voit se manifester le *punctum saliens* dont les mouvements ont un rhythme qui ne peut être confondu avec celui du cœur des microzoaires qui s'enkystent. Enfin, apparaissent les mouvements embryonnaires et le jeune sort de son œuf.

Le microzoaire cilié qui s'enkyste présente, au contraire, des organes internes fort distincts ; il a son appareil digestif, son nucléus et son appareil circulatoire, aussi est-il opaque. Ses mouvements giratoires, véritable agonie, chez lui, durent peu ; ils sont irréguliers et exécutés à l'aide des cils externes qu'on voit s'agiter. Les mouvements du cœur ont un rhythme plus rapproché.

(1) Nouvelles expériences sur les générations spontanées. Paris, 1863, p. 145.

(2) Hétérogénie. Paris, 1857, p. 407. Nouvelles expériences sur les générations spontanées. Paris, 1864, p. 113.

La production de l'œuf spontané est même si intimement liée à l'existence de la membrane proligère, qu'on ne le rencontre *jamais* sans celle-ci. Et cet œuf est si peu un microzoaire enkysté, qu'on le découvre dans son stroma avant qu'on y ait pu distinguer un seul des infusoires dont on prétend cependant le faire provenir.

Afin d'éclairer complétement l'Académie et d'éviter un jugement prématuré, j'aurais désiré voir M. Coste dire aussi que ce que j'avance n'a pas été vu seulement par moi. Quelques observateurs l'ont également reconnu, et je n'ai peut-être fait qu'ajouter un peu à leurs patients travaux. Depuis dix-huit ans, M. Pineau a parfaitement décrit et figuré l'œuf spontané et en a fait une étude toute spéciale. MM. Nicolet, Joly, Musset, Schaffhausen et Mantegazza ont également suivi le développement spontané de divers autres microzoaires.

Ainsi, en paraphrasant le résumé du savant auquel je réponds, et en me fondant sur une série d'expériences que l'on pourrait compter par centaines, je puis affirmer :

1° Que, si des infusoires ciliés s'introduisent fortuitement dans les macérations, ils ne jouent aucun rôle dans les expériences d'hétérogénie.

2° Que ces mêmes infusoires sont tués par les premiers phénomènes de la fermentation.

3° Que la pellicule de la surface des macérations est un véritable stroma proligère pour les microzoaires ciliés.

4° Que toutes les fois que l'on empêche ce stroma de se former ou qu'on l'enlève, jamais on n'observe de microzoaires ciliés.

5° Que ni les microzoaires ciliés qui font le sujet de nos observations, ni leurs kystes, ni leurs œufs, ne peuvent passer à travers les filtres.

6° Que la scissiparité est loin d'avoir l'énergie qu'on lui attribue par la multiplication des microzoaires.

Je me bornerai, pour le moment, à répondre aux faits qui précèdent et que je regarde comme pouvant être seuls élucidés par l'observation directe. A l'égard des *kystes de multiplication et de conservation*, je les connais, je les vois, je les montre à qui le veut et je les ai même représentés dans mes ouvrages ; mais beaucoup plus lent à conclure que mon savant confrère, après quatre années de méditation, ce qui se passe à leur intérieur me semble encore un profond mystère. J'attends.

Je dois ici relever une erreur anatomique que commet le célèbre physiologiste, parce qu'elle est de nature à égarer l'investigation des faits. Dans sa communication, il dit qu'il considère la *vésicule contractile* des microzoaires comme un organe *propulseur d'un appareil aquifère*.

Le premier, je pense avoir démontré que cette vésicule est évidemment le cœur des microzoaires. Je l'ai décrite et figurée avec le plus grand soin, en indiquant même les vaisseaux qui en partent. Mon opinion, émise d'abord en 1847, dans le sein de l'Académie, a été adoptée par Sieboldt, Stannius et Claparède. Aussi n'ai-je pas dû être peu étonné en voyant M. Coste prendre cet organe pour un appareil aquifère. Il n'y a nullement pensé; car si ce qu'il dit était exact, on ne verrait pas cet organe battre à l'intérieur des corps qu'il considère comme des microzoaires enkystés : un infusoire dans cet état ne communique plus avec l'extérieur et n'a pas besoin de pomper d'eau pour des fonctions totalement en suspens. S'il s'agissait d'un appareil aquifère, on ne verrait jamais autant de ces vésicules qu'il y a d'embryons, deux, trois, quatre ou plus, battre à l'intérieur de ces kystes de multiplication. Enfin, comme la moindre attention révèle que le fluide contenu dans la vésicule cardiaque est coloré, et même beaucoup plus coloré que le sang de certains mollusques, il est évident que cette vésicule ne peut être occupée par de l'eau, et par conséquent ne peut être un organe aquifère. C'est un cœur doué de mouvement de diastole et de systole, et qui se remplit et se vide de sang.

Voici ce qu'il était fort utile d'avoir préliminairement élucidé pour préciser la signification du *punctum saliens* de l'œuf spontané.

Je ne répondrai point ici aux faits allégués par M. Milne Edwards, et qui me semblent aujourd'hui avoir obtenu une solution absolument opposée à sa manière de voir.

J'ai déjà eu l'honneur de lui dire que Redi, dont il oppose sans cesse les curieuses observations aux hétérogénistes, malgré celles-ci n'en croyait pas moins à la génération spontanée d'un grand nombre d'insectes et d'autres animaux.

J'ajouterai enfin que l'illustre académicien commet une grave erreur en évoquant de nouveau les expériences de M. Doyère.

Les tardigrades, loin de pouvoir braver une chaleur de 140°, comme celui-ci le prétendait, ne supportent même pas, ainsi que je l'ai démontré, une température de 90°. Dans les expériences si précises de MM. Broca, Charles Robin et Berthelot, jamais ces animalcules n'ont pu résister à la température de 100°. Et si *une seule fois* des rotifères ont paru supporter celle-ci quelques minutes, sans périr, cela fut dû à ce que les expérimentateurs, cette seule fois, s'étaient relâchés de leur rigueur (1).

Aucune de mes expériences sur ce sujet n'a donc été infirmée. Je tiens à constater ce fait.

Je n'ai point non plus à répondre à ce que dit M. Coste, concernant les remarquables observations de M. Davaine. Il s'agit ici d'un autre ordre de faits : c'est peut-être un virus inoculé, et l'apparition des bactéries n'est que la conséquence de l'altération des fluides. On a reconnu tout dernièrement que, sans qu'on les inoculât, ces bactéries envahissaient parfaitement le sang de certains malades, et c'est peut-être là une des plus belles démonstrations de la génération spontanée que l'on puisse invoquer, car c'est l'apparition d'animalcules à l'intérieur d'un fluide contenu dans un système de canaux strictement fermé.

Oui, j'ai bien écrit ces mots au savant professeur du Collége de France : « C'est une idée complétement erronée que de supposer que ce sont les végétaux qui apportent dans les macérations des microzoaires enkystés. »

Je le prouve, puisque j'emploie des *plantes soumises à l'ébullition* ou des *produits animaux*. Il ne peut y avoir de doute.

(1) Il ne peut être ici question des expériences que M. Gavarret faisait simultanément avec M. Doyère.

Voici le sommaire du n° 5 (septembre et octobre) du *Journal de l'anatomie et de la physiologie normales et pathologiques de l'homme et des animaux*, dirigé par M. le professeur ROBIN :

LUYS. Mémoire sur les phénomènes d'innervation cérébelleuse.

V. CORNIL. Mémoire sur les tumeurs épithéliales du corps de l'utérus.

CLAUDE BERNARD. Du rôle des actions réflexes paralysantes dans le phénomène des sécrétions.

CH. ROBIN. Sur les conditions de l'ostéogénie avec ou sans cartilage préexistant.

F. GRÉHANT. Recherches physiques sur la respiration de l'homme.

ANALYSES ET EXTRAITS DE TRAVAUX FRANÇAIS ET ÉTRANGERS. Fonctions de la veine porte, par M. le docteur ORÉ (de Bordeaux). — Recherches expérimentales sur une nouvelle fonction excrémentitielle du foie, par le docteur FLINT (de New-York. — Nouvelles recherches expérimentales sur l'absorption cutanée, par le docteur A. WILLEMIN (de Strasbourg).

Prix de chaque numéro. 3 fr. 50

Prix de l'abonnement : 20 fr. pour la France; 24 fr. pour l'étranger.

S'adresser à la librairie Germer Baillière.

Le propriétaire-gérant : GERMER BAILLIÈRE.

PARIS. — IMPRIMERIE DE E. MARTINET, RUE MIGNON, 2.

PREMIÈRE ANNÉE. — N° 41. UN NUMÉRO : 30 CENTIMES. 10 SEPTEMBRE 1864.

REVUE
DES
COURS SCIENTIFIQUES
DE LA FRANCE ET DE L'ETRANGER

PHYSIQUE — CHIMIE — ZOOLOGIE — BOTANIQUE — ANATOMIE — PHYSIOLOGIE
GÉOLOGIE — PALÉONTOLOGIE — MÉDECINE

Paraît tous les Samedis.

	Six mois.		Un an.	
Paris	Six mois. 8 fr.		Un an. 15 fr.	
Départements	— 10		— 18	
Étranger	— 12		— 20	

Prix de l'abonnement avec la Revue des Cours littéraires.

Six mois..... Paris, 15 fr. Départ., 18 fr. Étranger, 20 fr.
Un an....... — 26 — 30 — 35

Rédacteur en chef
M. ODYSSE-BAROT

Les ouvrages dont deux exemplaires auront été envoyés au bureau du journal seront annoncés et analysés s'il y a lieu.

On s'abonne
A LA LIBRAIRIE GERMER BAILLIÈRE
17, rue de l'École de Médecine,
Et chez tous les libraires, par l'envoi d'un bon de poste, ou d'un mandat sur Paris.

L'abonnement part du 1er décembre ou du 1er juin de chaque année.

SOMMAIRE.

PALÉONTOLOGIE.

COURS DE M. A. D'ARCHIAC.

(MUSÉUM D'HISTOIRE NATURELLE.)

(Voy. les nos 1, 2, 10, 12, 14, 16, 18, 20, 22, 24, 27, 29, 31, 33, 36, 37 et 39.)

XV.

Faune quaternaire de l'Amérique du Nord.

QUATRIÈME SECTION.

EXAMEN PARTICULIER DES MAMMIFÈRES.

Messieurs,

Les mammifères fossiles de l'époque quaternaire dans l'Amérique du Nord présentent jusqu'à présent moins de genres que dans l'ancien continent ; les carnassiers surtout y sont relativement peu nombreux.

Bien que les cavernes ne soient pas rares en Amérique, où l'on en cite même de plus étendues qu'en aucune partie du globe, on n'y a point encore signalé de ces riches ossuaires qui, en Europe, ont tant contribué à nous faire connaître les mammifères de cette époque, et surtout les petites espèces de carnassiers, de rongeurs et d'insectivores; peut-être est-ce la cause qui fait paraître cette faune numériquement si pauvre.

Nous examinerons successivement les principaux genres qui y ont des représentants, en vous renvoyant parfois, pour ce qui concerne leur découverte successive, à ce que nous en avons déjà dit dans la première partie du cours (1). Nous ajouterons seulement ici que les falaises de la baie d'Eschscholtz, situées sur la côte orientale du détroit de Behring, et précisément sous le cercle polaire, sont formées, comme la plupart de celles de la côte asiatique de la mer Glaciale à l'ouest, de dépôts de transport consolidés par la glace, et dans la partie supérieure desquels sont enfouis de nombreux ossements. Ceux-ci ont encore conservé presque toute leur matière animale, et des poils se rencontrent aussi fréquemment. On y a reconnu : l'*Elephas primigenius*, dont les défenses donnent lieu à un commerce actif; l'*Equus fossilis*, le *Cervus alces*, le *C. tarandus;* l'*Ovibos*, ou Bœuf musqué ; l'*Ovibos maximus*, plus grand que l'espèce vivante ; le *Bos* ou *Bison latifrons* (Bison fossile arctique) ; le *Bison crassicornis* ou à cornes pesantes, et une autre espèce.

Ainsi, dès les premiers pas que nous faisons sur le continent américain, en venant de l'ouest, nous trouvons encore l'Éléphant, que nous verrons différer à peine de celui de l'Europe; le Renne, qui vit dans le nord du nouveau continent, aussi bien que de l'ancien. Mais nous remarquerons, comme partout au sud, l'absence du *Rhinoceros tichorhinus*, et même du genre tout entier, puis celle du *Bos primigenius* et du *Cervus megaceros*, tandis

(1) *Cours de paléontologie stratigraphique*, 1re partie, 1862, p. 213.

qu'apparaissent d'autres types de ruminants propres aujourd'hui à l'Amérique du Nord.

Exposons actuellement les caractères généraux et la distribution géographique des principaux types de mammifères, et nous verrons ensuite en quoi l'ensemble de la faune diffère de celle qui, dans le même temps, peuplait l'ancien continent.

ÉLÉPHANT. — Les restes d'Éléphants fossiles, rencontrés fréquemment associés aux autres mammifères quaternaires, et dans des gisements toujours comparables, ont pendant longtemps été rapportés tous à l'*E. primigenius;* mais des comparaisons plus attentives ont permis d'y reconnaître au moins une seconde espèce, à laquelle, dès 1847, M. Falconer donna le nom d'*E. Columbi*. Les molaires, qui ont d'abord été trouvées à San-Felipe, sur les bords du Brazos (Texas), dans l'Alabama et au Mexique, présentent des caractères intermédiaires entre ceux de l'*E. antiquus*, fossile en Europe, et ceux de l'*E. indicus*, qui vit actuellement dans l'Inde. L'*E. Columbi* aurait été d'ailleurs plus différent de l'*E. primigenius* que de ce dernier; c'est le même que M. R. Owen, en 1858, désigna sous le nom d'*E. texianus*. Il a particulièrement habité au sud du 30e degré de latitude, dit M. Blake, et ses molaires, par la moindre complexité de leur structure, étaient mieux adaptées à la nourriture plus succulente qu'offrait la végétation du Texas et du Mexique, qu'aux végétaux durs et coriaces des régions du nord.

Quant au véritable *E. primigenius* de ces dernières contrées, il fut désigné par M. Leidy sous le nom d'*E. americanus*, par ce seul motif qu'il n'était pas probable que la même espèce eût vécu en même temps sur les deux continents. M. Falconer, qui n'a pu se rendre à un raisonnement aussi peu zoologique pour l'espace qu'il le serait pour le temps, a cependant remarqué qu'en l'absence de crâne complet, les molaires de l'Éléphant du nord de l'Amérique présentaient cette différence avec celles de l'ancien continent; que les lames et les éléments qui constituent les collines étaient plus atténués et plus rapprochés, de sorte que, dans un espace donné, on en comptait un plus grand nombre; mais, ajoute-t-il, ce ne serait là qu'un caractère de variété géographique qui commence déjà à se montrer dans les individus provenant de la baie d'Eschscholtz, et tous les autres caractères restent constants.

L'*E. Columbi* a été trouvé au Texas avec le *Tapirus americanus*, le *Bison latifrons*, une espèce de Mastodonte indéterminée, des os supposés de Mylodon, et des restes d'une forme colossale de l'*Elephas primigenius;* puis dans le canal de Brunswick, en Géorgie, avec le *Megatherium*, le *Mylodon*, le Mastodonte, le *Bison latifrons*, l'*Equus americanus*, des os de grand chélonien (*C. Couperi*), etc. A l'île de Skiddaway, près de Savannah, se voit la même association, comme sur les bords de la rivière Ashley, dans la Caroline du Sud. Depuis le Mexique jusqu'en Géorgie, les restes de l'*E. Columbi* ont été constatés sur 18 degrés de longitude et sur 12 de latitude, entre le 32e et le 20e. Nous verrons que, suivant toute probabilité, il s'est encore étendu plus loin vers le sud.

En général, on peut dire que, dans les États situés à l'est du Mississippi, l'*Elephas primigenius* a été rencontré au nord des Alleghanies, et que l'*E. Columbi* prédomine, sans pourtant être seul, dans les États du littoral, au sud de la chaîne, jusqu'à Newborn, près du cap Hatteras. De gigantesques édentés accompagnent l'un et l'autre; le *Megatherium*, cependant, ne s'écartait pas de la région maritime de la Géorgie et de la Caroline du Sud, tandis que le *Mylodon* se trouve à la fois au nord et au sud de la chaîne. Quant aux *Elephas Jacksoni* et *imperator*, l'un de New-York, et l'autre d'une faune plus ancienne ou tertiaire supérieure de Niobrara (Nébraska), ils sont trop imparfaitement connus pour que l'on puisse encore en tenir compte.

MASTODONTE. — Ce grand pachyderme fossile des États-Unis est célèbre dans l'histoire de la science à plus d'un titre. Il fut découvert le premier, en 1705, à Claverack, à 30 milles au sud d'Albany, dans l'État de New-York (1).

Ses dents, mentionnées et figurées par Guettard, puis par Buffon, ont servi à Cuvier, avec quelques autres débris, pour établir le genre dont il est le représentant le plus colossal et le mieux connu ; car non-seulement on en trouve des restes sur une multitude de points, mais encore cinq squelettes complets ont été découverts en place, déterrés et remontés pour divers musées d'histoire naturelle. Trois d'entre eux proviennent des dépôts lacustres marécageux du comté d'Orange (New-York), où ils étaient ensevelis dans la vase ; un quatrième, des marais du New-Jersey, et le cinquième, des bords du Missouri. En général, les ossements sont le plus abondants dans la moitié nord des États de l'est, se trouvant aussi dans ceux du sud, comme au Canada et à la Nouvelle-Écosse. Rares à l'est de l'Hudson, il n'y en a point au delà du Connecticut, tandis qu'à l'ouest des montagnes Rocheuses, on en retrouve jusque dans l'Orégon, sur les rives de la Villammette et en Californie.

Désigné d'abord en 1793 sous le nom d'*Elephas americanus* par Pennant, puis en 1797 sous celui de *Mammouth ohioticum* par Blumenbach, Cuvier, en commençant ses études, adopta cette dénomination générique, à laquelle il ne tarda pas à substituer celle de *Mastodonte* (dents mamelonnées), en y ajoutant l'épithète de *giganteum*, fort convenable à tous égards. Celle d'*ohioticum*, quoique plus ancienne, est mauvaise comme construction grammaticale, et fausse, en ce qu'elle pourrait faire croire que c'est des bords de l'Ohio, ou de l'État de l'Ohio, que proviennent les premiers documents qui les concernent, tandis que c'est, comme on vient de le dire, de celui de New-York. Cet animal a aussi été désigné

(1) Voyez, pour tout ce qui se rapporte à l'histoire de cette découverte, *Cours de paléontologie stratigraphique*, 1re partie, p. 213.

sous des noms très-divers, tels que *Missourium*, *Missourotherium*, *Leviathan*, *Tetracaulodon*, etc. Il était d'ailleurs fort semblable à l'Éléphant par ses défenses supérieures, quelquefois fortement recourbées en spirale, et implantées de la même manière. A la mâchoire inférieure, étaient de petites défenses cylindriques tombant de bonne heure. Six molaires à chaque mâchoire se succédaient aussi d'avant en arrière; elles portent des mamelons coniques à pointe mousse, et réunis par la base en formant un certain nombre de collines transverses.

Le squelette le plus complet, et qui a donné lieu à un excellent ouvrage de M. Warren, est celui qui fut découvert en 1845 sur la rive de l'Hudson, près de Newburg, à 70 milles de New-York. En voulant reconnaître le fond d'un marais desséché pendant l'été, on enleva une couche de tourbe de 60 centimètres; une de mousse rouge, de 25 centimètres, et l'on atteignit au-dessous une marne coquillière de 60 centimètres, où l'on aperçut le sommet du crâne; en continuant à enlever avec précaution la vase argileuse qui venait ensuite, on dégagea tous les os qui étaient en place, l'animal étant couché sur le côté. Sa hauteur totale pouvait être de 3^{m},34; sa longueur jusqu'à la base de la queue, de 5^{m},16; ses défenses avaient 3^{m},64, dont 80 centimètres compris dans les alvéoles, de sorte que, vivant, il devait avoir 3^{m},60 à 4 mètres de hauteur, et de 7^{m},40 à 7^{m},60 de long avec ses défenses.

Les coquilles d'eau douce trouvées dans les marnes (*Limnea Galbana*, *Planorbis parvus*, *Valvata tricarinata*, *Amnicola Galbana*, *Cyclas Galbana*), de même que les infusoires bacillariés (*Eunotia Cocconema*, *Gomphonema*, *Pinnularia viridis*), et autres, sont toutes des espèces qui vivent encore dans le pays.

L'analyse des os a montré qu'ils renfermaient encore une grande quantité de matière animale (27 à 30 pour 100), circonstance que nous avons fait remarquer dans les os du *Cervus megaceros* d'Irlande, qui se trouve dans des conditions d'enfouissement tout à fait comparables à celles-ci. Ordinairement, ces os ne sont pas minéralisés, cependant on en rencontre de silicifiés, et surtout les dents.

Le *Mastodon giganteum* a été trouvé associé avec l'*Elephas primigenius* dans l'État de l'Ohio, la Caroline du Sud, etc.; dans la Nouvelle-Angleterre, quoiqu'il y soit rare. Les os de l'Éléphant ont été rencontrés, comme on sait, dans le Vermont, à 400 mètres au-dessus du lac Champlain. Le genre Mastodonte, qui avait disparu complétement, à ce qu'il semble, de l'ancien continent pendant l'époque quaternaire, est au contraire un des grands animaux qui la caractérisent le mieux dans le nouveau.

Nous avons déjà traité de la contemporanéité supposée de l'homme avec ce grand mammifère dans une de nos leçons de l'année dernière; nous n'y reviendrons donc point ici (1).

(1) *Cours de paléontologie stratigraphique*, 2e partie, 1864, p. 449.

Castoroïde. — Le crâne d'une grande espèce éteinte de Castor (*Castoroides ohioensis*) a été trouvé sur les bords de la Clyde (New-York), dans un gisement semblable au précédent, entre une couche de tourbe et un sable coquillier d'eau douce, reposant sur le *drift* ancien. Ce rongeur, de 1^{m},60 de long, a été observé dans les mêmes conditions dans les États de l'Ohio, du Mississippi, près de Natchez, etc. Le cerveau était moins développé que dans les vrais Castors; les incisives étaient très-fortes; les molaires, formées de trois ou quatre lames distinctes, transversales, à peine ondulées.

Cheval. — Le genre *Equus* présente cette particularité, qu'existant partout en Europe pendant l'époque quaternaire, aussi bien qu'en Amérique, il n'a disparu ensuite complétement que dans ce dernier continent, où l'influence de l'homme l'a ramené de nouveau. On se rend difficilement compte des circonstances qui ont pu concourir à cette extinction sur d'aussi grandes surfaces, sans que le climat et toutes les autres conditions aient cessé de lui être favorables.

M. Leidy, qui a publié un mémoire particulier sur le Cheval fossile en Amérique, rappelle que ses premières traces ont été découvertes seulement en 1826, dans le New-Jersey. Il en distingue deux espèces : l'une, l'*E. curvidens*, que M. A. Owen a décrite, diffère de toutes les espèces fossiles et vivantes d'Europe, et est caractérisée par le grand degré de courbure de ses molaires supérieures; nous en reparlerons en traitant de la faune des pampas de l'Amérique du Sud. Elle a été trouvée dans les dépôts si riches en ossements de Big-Bone-Lick (Kentucky), avec le *Megalonyx*, le Mastodonte, etc. La seconde espèce, désignée sous le nom d'*E. americanus*, provient des environs de Natchez, où elle était associée avec des restes de *Megalonyx*, d'*Ursus*, d'os humain, etc., dans une couche d'argile bleue, tenace, inférieure au dépôt diluvien de la plaine. D'après un assez grand nombre de dents qu'il a examinées, M. Leidy a pu conclure, avec plus de certitude que pour l'espèce précédente, que celle-ci était distincte de toutes celles que l'on connaissait, et que le Cheval d'où elle provenait était digne par sa taille, supérieure à celle de tous les autres, d'être le contemporain de l'Éléphant et du Mastodonte. Les molaires inférieures ont 11 centimètres et demi de long, et les plis de l'émail sont d'un quart plus épais que dans l'espèce vivante; les plis isolés des molaires supérieures sont beaucoup plus froncés aussi, comme dans l'*E. plicidens* fossile d'Angleterre. Cette espèce a encore été rencontrée dans le creusement du canal de Brunswick, près de Darien, en Géorgie, avec les os de *Megatherium*, de Mastodonte, etc. Enfin, une troisième espèce, fondée sur la plus grande délicatesse et les froncements plus nombreux des plis de l'émail, semble pouvoir être établie d'après des dents trouvées dans la Louisiane et sur les bords de la Neuse (Caroline du Nord).

Hipparion. — Ce genre est cité avec beaucoup d'autres sur les bords de la rivière Ashley (Caroline du Sud), mais sans aucun détail particulier qui nous permette de juger de l'exactitude de la détermination.

Bœuf. — Le genre *Bos* a été, comme nous l'avons déjà dit, représenté par plusieurs grandes espèces, telles que le *Bos latifrons*, qui paraît avoir dépassé beaucoup la taille du Bison actuel, et que l'on a trouvé dans les dépôts de la vallée du Mississippi; le Bœuf musqué, ou une espèce très-voisine (*Bootherium*, Leidy), aussi très-répandu. D'autres espèces restent encore à étudier.

Cerf. — Les os du *Cervus americanus*, Leidy, ont été rencontrés à Natchez. Sa taille dépassait celle du grand Cerf d'Irlande (*C. megaceros*), et il habitait la même contrée que l'*Equus americanus*, le géant de la race chevaline.

Lion. — Le *Felis atrox*, Leidy, était aussi grand que le *Felis spelæa*, son contemporain d'Europe; mais il n'a été observé qu'une seule fois dans cette même localité de Natchez.

Ours. — Des traces de ce genre n'ont guère été citées aussi que sur ce point, associées aux débris de Cheval, d'Éléphant, de Mastodonte, de Castoroïde, de *Megalonyx* et de *Mylodon*.

Raton. — Nous trouvons cet animal cité dans une liste générale sans indication de la localité.

Tapir. — Des dents rapportées à ce genre, et qui ont pu être prises pour celles de jeunes Mastodontes, ont été décrites sous le nom de *T. mastodontoides* (Harlan); elles provenaient du Kentucky, et surtout des bords de la rivière Ashley, dans la Caroline du Sud, où elles ont été trouvées avec les autres mammifères de cette époque.

Harlanus americanus. — Sous ce nom, M. Owen a décrit la mâchoire inférieure et les dents très-usées d'un animal voisin du Tapir; il avait été recueilli en Géorgie avec des os de Mastodonte, d'Éléphant, de *Megalonyx*, etc.

Pécari. — Des restes rapportés au genre *Dicotyle* ont été signalés sur les bords de la rivière Ashley, associés à ceux du Cheval, du Mastodonte, etc., et à d'autres rapprochés du genre *Cabiai* (*Hydrochœrus*).

Édentés. — Ce qui caractérise essentiellement la faune des mammifères quaternaires du nouveau continent, c'est la présence d'édentés gigantesques constituant une famille particulière, celle des Mégathéroïdes, et ayant vécu avec les Éléphants, les Mastodontes, les ruminants, et les autres animaux dont nous venons de parler. Nous avons déjà mentionné les circonstances qui se rapportent à leur découverte (1); nous passerons donc immédiatement à l'examen de leurs espèces et de leurs gisements.

Les caractères essentiels de cette famille, comme le dit M. Pictet (1), réunissent ceux des Paresseux avec ceux des Tatous et des Fourmiliers. Ils ont, comme les premiers, des molaires en cylindres creux, composées d'ivoire et de cément sans émail; la tête est courte, comme tronquée, et l'os zygomatique forme une grande apophyse descendante, qui ne s'observe chez aucun autre mammifère; les squelettes se ressemblent surtout par l'omoplate, dont l'acromion et le coracoïde sont réunis. Par le reste de leurs formes, ils se rapprochent des autres familles d'édentés. Ils n'ont que des molaires sans canines, comme les Paresseux; leurs formes générales sont lourdes; les pieds presque égaux : ceux de devant, à quatre ou cinq doigts; ceux de derrière, à trois ou quatre; les externes dépourvus d'ongle; leur queue, longue, est très-forte.

Megatherium. — Le genre le plus anciennement connu, et qui donne son nom à la famille, est le *Megatherium* (grand animal), découvert d'abord, comme nous l'avons dit (2), en 1709, dans les pampas de Buenos-Ayres, et dont l'espèce a été dédiée à Cuvier, sous le nom de *M. Cuvieri*. Les caractères du genre ont été établis d'après cette même espèce, dont les mâchoires présentent cinq dents en haut et quatre en bas, en forme de prismes quadrangulaires; la couronne ayant des collines transverses très-prononcées, droites, comme des prismes triangulaires posés à plat. La mâchoire inférieure, très-prolongée en avant, était fortement excavée en gouttière pour loger une langue cylindrique très-musculaire. Les pieds de devant ont quatre doigts, ceux de derrière trois; les deux externes dépourvus d'ongle, les autres ayant des phalanges unguéales et différentes pour chacun, celle du doigt médian étant très-forte. Les extrémités antérieures sont remarquables par la force de l'épaule, et la partie postérieure de l'animal ne l'est pas moins par un bassin d'une grande dimension, très-solide, dont les os iliaques, très-rugueux sur les bords, forment des hanches saillantes, écartées de 1^{m},45, ce qu'on ne voit dans aucun animal terrestre de nos jours. La cavité cotyloïde étant dirigée tout à fait au-dessous, le fémur supporte directement le corps. Ce dernier os est trois fois aussi épais que celui des plus grands Éléphants, mais sa longueur est proportionnément moindre.

Le *Megatherium* était donc un animal très-fort et très-lourd, dont la queue fournissait un appui dans certaines circonstances, et qui se nourrissait essentiellement de végétaux, de fruits, de feuilles ou de racines. Par sa taille, et surtout par son poids, il dépassait beaucoup les plus grands Rhinocéros de nos jours.

La première découverte authentique des restes de *Megatherium* dans l'Amérique du Nord, fut faite en 1824, par L. Mitchell, qui décrivit deux dents de cet animal, trouvées dans l'île Skiddaway, en Géorgie, et depuis lors d'autres dents et des os de diverses parties du squelette

(1) *Cours de paléontologie stratigraphique*, 1re partie, p. 219.

(1) *Traité de paléontologie*, vol. I, p. 263.

(2) *Loc. cit.*

ont été recueillis dans le même État, et sur les bords de la rivière Ashley, dans la Caroline du Sud. M. Leidy ne pense pas qu'on en ait trouvé authentiquement ailleurs que sur les parties littorales de ces deux États. Dans la tranchée du canal de Brunswick, qui réunit l'Altamaha à la rivière des Tortues, à la base du dépôt alluvien de 1m,25 à 2 mètres, dans une couche d'argile reposant sur le sable jaune, ils étaient associés à des ossements d'*Elephas*, probablement le *Columbi*, d'*Equus americanus*, de *Bos latifrons*, avec un chélonien (*Chelonia Couperi*), et sur les bords de la rivière Ashley, avec le Mastodonte, le Tapir, le Dicotyle, l'*Hipparion* et l'*Hydrochœrus*.

M. J. Leidy, dans son mémoire sur la tribu des Paresseux éteints de l'Amérique du Nord (1853), a reproduit, pour le *Megatherium* de cette région, le raisonnement peu zoologique que nous lui avons vu employer pour séparer l'*Elephas primigenius* du nouveau continent de celui de l'ancien. Comme il n'y a, dit-il, dans aucun autre cas, d'espèce éteinte de cette famille qui soit commune aux deux Amériques, je me crois autorisé, jusqu'à ce qu'il en ait été prouvé autrement par la comparaison de bons échantillons ou de bonnes figures, à regarder le *Megatherium* des États-Unis comme différent de celui des pampas, et à lui donner le nom de *M. mirabile*. Les détails dans lesquels l'auteur entre ensuite sur les diverses pièces qu'il a examinées, ne font ressortir aucune différence essentielle pour justifier cette distinction, et les figures de la planche XV de son ouvrage nous semblent pouvoir s'appliquer parfaitement au *M. Cuvieri*.

MEGALONYX. — Le *Megalonyx* (grand ongle), dont nous avons aussi rappelé l'histoire (1), et à propos duquel nous avons insisté sur la merveilleuse sagacité qu'avait montrée Cuvier dans l'étude d'une de ses extrémités pour en déduire tous les caractères essentiels de l'animal, se distingue au premier abord par ces molaires, au nombre de cinq en haut et quatre en bas, dont la coupe est subelliptique, la couronne excavée, à bord relevé. Les branches de la mâchoire inférieure écartées, et la symphyse étroite distinguent aussi ce genre de ceux qui l'avoisinent. Les grandes phalanges unguéales qui le firent d'abord prendre pour un carnassier gigantesque, mieux étudiées dans leur forme et leur mouvement, l'ont fait, avec plus de raison, placer parmi les édentés, ce que la découverte des autres parties est venue justifier ensuite.

La première espèce de *Megalonyx* connue fut dédiée au président des États-Unis Jefferson, et M. Leidy a donné une étude extrêmement complète de tout ce que l'on savait sur le *M. Jeffersoni*, découvert d'abord en 1797, dans la caverne de Green-Briar, dans l'ouest de la Virginie, et ensuite aux environs de Memphis (Tennessee). Beaucoup d'ossements et un squelette entier ont été rencontrés dans le dépôt des environs de Natchez (Mississippi) que nous avons souvent cité, et associés à des restes de *Mylodon*, de *Mastodonte*, d'*Equus*, de *Bootherium*, de Cerf, d'Ours, de Tapir, etc., dans une argile bleue, tenace, inférieure au dépôt alluvien qui occupe tout le pays, et au-dessous même de la ville. On en a aussi rencontré dans le comté d'Adamss (Mississippi) et dans l'État de l'Alabama.

Sur les bords de l'Ohio, au-dessous d'Henderson (Kentucky), d'Évansville, dans le comté de Vanderburg (Indiana), D. D. Owen en a recueilli de nombreux ossements dans un lit de sable ferrugineux, à quelques mètres au-dessus du niveau de la rivière, avec *Paludina ponderosa*, *Melania canaliculata*, *Cyclas rivularis*, *Cyclostoma*, *Physa*, *Limnea*, *Planorbis tricarinata*, *P. lens*, des fragments d'*Unio*, etc. Plus bas est une argile bleue ou cendrée. Dans ces divers gisements, les os se trouvent dans les mêmes conditions, et sont, dit le savant observateur, d'une date comparativement très-récente, et au moins aussi récente que l'origine de beaucoup des espèces existantes de coquilles univalves, qui peuplent aujourd'hui les eaux de l'Ohio et de ses affluents.

M. Leidy croit pouvoir établir une seconde espèce de *Megalonyx* (*M. dissimilis*) pour quelques dents trouvées dans les ravins des environs de Natchez. L'une d'elles, la première molaire, présente en effet, dans sa coupe elliptique, très-allongée, convexe en dehors, et concave en dedans, avec une sinuosité médiane, des caractères fort différents de la dent correspondante du *M. Jeffersoni*; mais il faudrait des éléments plus nombreux pour se prononcer définitivement à cet égard. Nous en dirons autant de l'établissement de l'*Ereptodon priscus*, d'après une dent molaire trouvée dans la même localité, et dont la coupe transverse, elliptique, à contour sinueux, montre que le fût de la dent était irrégulièrement cannelé ou grossièrement prismatique. La structure générale est d'ailleurs celle des dents de *Megalonyx*.

MYLODON. — Le *Mylodon*, Owen (*Orycterotherium*, Harlan), joint, dit M. Pictet, aux formes lourdes du *Megatherium*, une dentition fort différente, mais rappelant celle du *Megalonyx*, dont elle se distingue cependant profondément, en ce que les dents, cinq en haut et quatre en bas, diffèrent toutes les unes des autres d'avant en arrière. Ainsi, à la mâchoire supérieure, la première est subelliptique, arrondie, la seconde elliptique, et les suivantes triangulaires, avec un sillon à la face interne; à la mâchoire inférieure, la première est aussi elliptique, l'avant-dernière tétragone, et la dernière allongée, grande et bilobée. La forme de la tête rappelle d'ailleurs celle du *Megatherium*. Les caractères de l'omoplate sont ceux de ce dernier genre; les pieds sont égaux, les antérieurs à cinq doigts, les postérieurs à quatre; les deux doigts externes, sans ongles, les autres ayant de grandes phalanges unguéales inégales.

L'espèce de l'Amérique du Nord, décrite d'abord par M. Harlan sous le nom de *Megalonyx laqueatus*, a été reportée depuis au genre *Mylodon* par M. Owen, qui l'a

(1) *Cours de paléontologie stratigraphique*, 1re partie, p. 219.

désignée sous le nom de *M. Harlani*. Elle est caractérisée par la symphyse de la mâchoire inférieure, plus courte et plus large que dans les espèces de l'Amérique méridionale; par la seconde molaire carrée, et la dernière à trois sillons. Des restes de ce grand édenté ont été rencontrés sur une multitude de points. D'abord dans la localité de Big-Bone-Lick (Kentucky); puis dans le ravin du Mammouth (Mississippi), et dans le gisement de Natchez, sur les bords de la rivière Ashley (Caroline du Sud), dans le comté de Benton (Missouri), et sur les bords de la Willammette, tributaire de la Columbia (Orégon).

CÉTACÉS. — Enfin, nous avons déjà mentionné, sur les rives du lac Champlain, les restes de cétacés décrits par M. Thompson sous le nom de *Beluga vermontana*.

Ainsi, messieurs, nous ne connaissons encore que dix-sept genres de mammifères terrestres fossiles dans toute l'Amérique du Nord, comprenant à peine vingt et quelques espèces, et sur lesquelles plusieurs même sont très-douteuses; tandis que de l'autre côté de l'Atlantique, sur une surface aussi restreinte que l'Angleterre, par exemple, nous avons pu compter trente-six genres et cinquante espèces, qui avaient vécu dans le même temps.

Parmi les pachydermes, un Éléphant se serait propagé à la fois dans tout le nord et le centre de l'ancien et du nouveau continent, exemple de distribution géographique que n'offre aucun mammifère de nos jours. Une seconde espèce, plus méridionale, aurait vécu dans le sud des États-Unis et du Mexique. Le genre Mastodonte, qui ne vivait plus en Europe, continuait à être représenté dans les deux Amériques, et particulièrement dans la partie est et sud des États-Unis, par le plus gigantesque de ses types; tandis que le *Rhinoceros tichorhinus*, compagnon si fidèle de l'*Elephas primigenius*, en Europe et en Sibérie, ne l'a point suivi au delà du détroit de Behring.

Le Cheval, le Bœuf, le Cerf, sont représentés par des espèces différentes dans les deux continents, sauf le Renne, qui, trouvé fossile dans les falaises de la baie d'Eschscholtz, vit encore dans les contrées boréales de l'un et de l'autre, avec le Bœuf musqué et le Glouton.

Parmi les animaux carnassiers, quelques traces de *Felis*, d'*Ursus*, de Raton, rappellent à peine l'abondance et les dimensions colossales de ces types de l'Europe, du *Machairodus* et de l'Hyène, qui manquent ici complétement, ainsi que les nombreux petits genres de cet ordre et de ceux de rongeurs, et d'insectivores qui remplissent les dépôts de nos cavernes et les brèches osseuses de l'Europe.

L'Hippopotame de l'ancien continent manque dans le nouveau, comme l'*Elasmotherium* et le *Merycotherium;* mais le *Trogontherium*, ou grand Castor, est représenté dans celui-ci par le *Castoroides*.

D'un autre côté, la faune quaternaire de l'Amérique du Nord est caractérisée par la présence, sur une infinité de points, de genres spéciaux de grands édentés, tous éteints (*Megatherium*, *Megalonyx*, *Mylodon*), et de quelques autres, représentés encore, soit sur ce continent, soit en Asie (Tapir, Dicotyle, *Hydrochœrus*), mais qui n'avaient point d'analogues en Europe.

Ainsi, messieurs, les différences de la faune des mammifères de l'hémisphère boréal à l'époque quaternaire étaient très-prononcées dans ses diverses parties, et cette faune différait aussi notablement de la faune actuelle, quoique certains types, assez nombreux, même parmi les petites espèces, d'après ce que nous avons pu en juger en Europe et ce que nous verrons bientôt dans l'Amérique méridionale, fussent les mêmes que de nos jours. Enfin, on doit remarquer que le grand embranchement des mammifères didelphes, quoique représenté actuellement sur certains points de l'Amérique du Nord, n'y a pas encore été signalé à l'état fossile. Peut-être cette absence est-elle due à la même cause que celle de tous les autres petits mammifères qui ont sans doute existé dans le pays, mais dont les cavernes ne nous ont pas conservé les restes.

A. D'ARCHIAC.

PHYSIQUE APPLIQUÉE AUX ARTS.

COURS DE M. EDMOND BECQUEREL.

(CONSERVATOIRE DES ARTS ET MÉTIERS.)

(Voy. les nos 5, 8, 12, 14, 18, 19, 20, 25, 28, 35 et 36.)

XII.

Les effets chimiques de la lumière.

Après avoir exposé les diverses applications de l'électricité, M. Becquerel traite dans une dernière partie de son cours un autre sujet non moins intéressant, les effets chimiques de la lumière.

On verra dans la lumière, dit le savant professeur, un agent physique puissant qui produit des effets de même ordre que ceux qui se manifestent sous l'influence de la chaleur, outre d'autres effets importants qui lui sont propres.

D'abord, c'est par l'intermédiaire de la lumière que l'on est mis en relation avec les objets extérieurs, car, sans elle, on n'a aucune notion des corps situés à une certaine distance. C'est sous l'influence de cet agent, de rayons émanés de corps lumineux par eux-mêmes, tels que le soleil, que les autres matières nous envoient par réflexion et diffusion des rayons qui nous rendent ces corps visibles; on sait que ces rayons sont rendus sensibles par l'influence qu'ils exercent sur notre rétine.

Ce ne sont pas seulement, nous venons de le dire, par ces phénomènes qui nous rendent les corps visibles que les rayons de lumière se manifestent à nous. On remarque que des effets calorifiques se font sentir quand on reçoit un faisceau de rayons lumineux suffisamment concentré. On sait, par exemple, que si l'on est au soleil, on éprouve une élévation sensible de température, que si l'on reçoit sur un miroir convergent des rayons solaires, on peut, au foyer de ce miroir, enflammer de l'amadou. Ces phénomènes calorifiques sont toujours sensibles quand l'intensité du faisceau lumineux est suffisante.

Ainsi, voici des effets lumineux, puis des effets calorifiques que nous font éprouver les rayons de lumière.

Ils produisent encore des phénomènes d'un autre genre, des phénomènes chimiques proprement dits. Ceux-ci sont décelés dans les corps, soit par de nouvelles combinaisons, soit par des changements de couleur. Tout d'abord, on peut être tenté de croire que ces effets chimiques sont une conséquence immédiate des phénomènes calorifiques dus aux rayons lumineux. Il n'en est rien. Le chlorure d'argent, par exemple, est blanc dans les conditions ordinaires; à la lumière, cette substance s'altère très-rapidement : le chlorure se colore, devient légèrement bleuâtre, puis brun; il continue ensuite à prendre une teinte de plus en plus foncée. Or, la chaleur n'intervient nullement dans la production de ce phénomène; chauffons en effet du chlorure d'argent pur dans l'obscurité, il ne subit aucune modification. Il faut, pour l'altérer, l'action de la lumière. Il y a, dans ce cas, sous cette influence, une séparation des éléments du corps; une partie du chlore est mis en liberté, et il se forme un autre composé renfermant moins de chlore que le chlorure d'argent. Hors la lumière, il n'existe aucun autre agent physique ou chimique qui puisse amener ce résultat.

Enfin, il est un quatrième genre d'actions des rayons de lumière, ce sont les phénomènes de phosphorescence. Quand la lumière agit sur un corps, les phénomènes lumineux ne disparaissent pas généralement à l'instant même où les rayons cessent de tomber sur le corps; on observe ces phénomènes encore pendant quelque temps : le corps est, comme l'on dit, *phosphorescent*. Il y a des substances qui conservent cette propriété pendant un dix-millième de seconde, d'autres pendant quelques minutes, quelques heures; enfin, il existe certaines matières qui gardent leur phosphorescence pendant une durée de trente-six heures.

A quoi sont dus ces divers effets lumineux, physiques, chimiques, phosphorescents? L'hypothèse qui semble la plus probable est la suivante : Ces différents phénomènes ont pour cause les vibrations qui sont transmises du corps lumineux aux substances sur lesquelles l'action se produit. Ces vibrations sont transmises par l'intermédiaire de l'éther; suivant leur vitesse et la nature des corps, tel ou tel effet se manifestera.

Ainsi, quand ces vibrations arrivent à la rétine, il y a un phénomène lumineux. Se transmettent-elles avec une certaine vitesse, alors on observe un phénomène calorifique. Si la substance est dans un état tel, qu'elle puisse être décomposée sous de faibles influences, ou entrer facilement en combinaison, une vitesse des vibrations ayant telle ou telle intensité, amènera une combinaison ou une décomposition. Enfin, lorsque ces vibrations se conserveront pendant une durée plus ou moins considérable, il y aura persistance des impressions lumineuses sur la rétine, il y aura phosphorescence. On voit de la sorte que ces quatre genres de phénomènes peuvent être réunis dans les effets produits par un seul et même agent.

M. Becquerel annonce qu'il consacrera quelques séances à l'étude des principales actions chimiques: elles ont conduit, comme on le sait, à une des plus plus grandes applications de la physique dans les temps modernes, la photographie; on leur doit aussi de nouveaux procédés de gravure. Actuellement, on va indiquer en quelles conditions il importe de se placer pour observer les phénomènes chimiques dus à la lumière.

On peut distinguer dans les phénomènes chimiques produits sous l'influence de l'agent lumineux des actions qui sont immédiatement appréciables, et d'un autre côté, des actions qui ont besoin de *révélateurs* pour être mises en évidence.

Nous nous occuperons en premier lieu des phénomènes qui se manifestent directement à la lumière.

Une des expériences les plus curieuses est la combinaison du chlore et de l'hydrogène. Que l'on mélange en parties égales du chlore et de l'hydrogène, et qu'on les laisse dans l'obscurité, rien ne se produit; mais si l'on élève la température, les deux gaz se combinent rapidement, et une forte explosion se fait entendre. Ce que la chaleur vient de faire dans le cas actuel, la lumière seule le fera aussi : à l'instant où le vase qui contient le mélange des gaz sort de l'obscurité pour être exposé à l'action des rayons solaires, il y a une détonation due à la combinaison du chlore et de l'hydrogène. On objectera peut-être qu'ici c'est la chaleur développée par les rayons solaires qui a déterminé la combinaison. Nullement; il est certaines parties du spectre solaire qui peuvent produire ce phénomène de combinaison, et ces parties du spectre ne donnent pas de chaleur.

Nous venons de donner un exemple de combinaison chimique sous l'influence de la lumière; elle amène aussi des décompositions d'une façon non moins énergique. On en a une preuve dans la réduction partielle du chlorure d'argent, dont il a été question ci-dessus. Nous revenons actuellement sur cette expérience qui a une importance capitale dans l'art de la photographie. On a un précipité de chlorure d'argent que l'on maintient dans l'obscurité; on le délaye dans de l'eau gommée, puis, avec un pinceau, on l'étend sur du papier. La couche obtenue ainsi est sensiblement blanche, mais dès l'instant où elle est exposée à la lumière, elle se colore en prenant une teinte de plus en plus foncée. Quant au papier dont on a fait usage dans le cas actuel, il n'a servi que de support; on déposerait le chlorure sur une plaque de porcelaine, de bois, de marbre, les phénomènes se répéteraient d'une manière identique.

Le chlorure d'argent passe ici, comme on l'a dit, à

l'état de sous-chlorure. On le constate en mettant du chlorure d'argent non altéré sous une cloche de verre que l'on expose ensuite à la lumière. Après un certain temps, on voit que l'atmosphère de la cloche renferme un peu de chlore et que le chlorure a perdu une fraction de son poids. Il y a donc eu, sous l'influence de la lumière, séparation d'une partie des éléments de la substance. Cette réaction demande un certain temps pour se produire.

Le chlorure d'argent n'est pas le seul sel d'argent qui jouisse ainsi de la propriété de se réduire partiellement à la lumière; les iodures, les bromures, et, en général, tous les sels binaires d'argent partagent cette propriété. Les sels d'or et particulièrement le chlorure d'or rentrent dans ce cas. Des effets du même ordre sont encore observés avec les sels de plomb, de mercure, d'urane, de fer.

En général, les corps qui sont sensibles aux influences lumineuses, sont des sels qui présentent des combinaisons à différents degrés. Ces sels sont au maximum ou au minimum. S'ils sont au maximum, ils ont une tendance à se réduire. Les sels d'or, d'urane, de fer, sont dans ce cas; ainsi, prenons un persel de fer, il passera à l'état de protoxyde. La réaction devient évidente en employant une dissolution de perchlorure de fer et d'acide oxalique. Dans l'obscurité, rien n'apparaît, mais dès que l'on expose la dissolution au soleil, on voit un dégagement d'acide carbonique. En effet, le perchlorure de fer tendant à passer à l'état de protochlorure, le chlore mis en liberté se porte sur l'hydrogène de l'acide oxalique, qui ainsi est décomposé et élimine l'acide carbonique qui entrait dans sa composition.

Quelquefois, sous l'influence de la lumière, une action chimique a lieu; mais elle ne peut exister que sur une petite quantité de la matière. Alors, en se servant d'agents révélateurs, on indiquera qu'une action se continue. Le premier phénomène de ce genre qui fut observé est dû à Daguerre; c'est précisément là-dessus qu'est fondé le daguerréotype, car on put dès lors fixer les images de la chambre noire. On prend une feuille de plaqué d'argent et on l'expose à l'action de la vapeur d'iode; elle se couvre ainsi d'une couche excessivement mince d'iodure d'argent. Dans ces conditions, si on l'expose un certain temps à la lumière, il se forme un sous-iodure. Au lieu d'opérer de la sorte, on soumet seulement pendant quelques instants certaines parties de la plaque à l'action des rayons lumineux. On l'a mise, par exemple, dans une chambre noire, et une image lumineuse quelconque est venue se dessiner pendant quelques secondes sur la couche d'iodure. On rentre cette plaque dans l'obscurité, rien n'apparaît, elle semble être telle qu'auparavant. Vient-on maintenant à faire agir sur elle la vapeur de mercure, on voit se former en blanc sur le fond noir qui est le bruni de la plaque l'image de la partie exposée à la lumière. L'action de la lumière a donc été très-faible; la vapeur de mercure donne lieu à une réduction aux endroits où les rayons lumineux ont commencé d'agir, puis le mercure s'amalgamant avec l'argent dans les parties réduites, produit un composé qui reste fixé sur la lame de plaqué. Ainsi, dans le cas qui nous occupe, une action commencée à la lumière se termine sous l'influence d'autres agents.

Il est une autre réaction du même genre et non moins remarquable, qui fut indiquée peu après la découverte de Daguerre : une feuille de papier enduite d'un sel d'argent et exposée pendant quelques secondes à un faisceau lumineux, ne donne pas de coloration sensible. Lorsqu'on la plonge ensuite dans une dissolution de protosulfate de fer, il y a continuation d'action et l'argent se réduit là où les rayons lumineux ont apparu.

Comment analyser les phénomènes produits dans ces diverses circonstances et reconnaître que des actions différentes sont exercées sur les corps de la part des différents rayons lumineux? Pour cela, on décompose la lumière, on forme le *spectre lumineux* et l'on étudie séparément chaque partie de ce spectre au moyen des agents chimiques.

Ainsi, on fait tomber un faisceau de lumière solaire sur un prisme de verre. La lumière est décomposée en passant à travers ce prisme, et le spectre se projette sur un écran. De son examen il résulte les remarques suivantes. D'abord, les rayons visibles sont limités entre le rouge et le violet : aux parties où se trouve le rouge, ce sont les rayons les moins réfrangibles, ceux qui ont une vitesse de vibrations minimum; au contraire, les rayons violets qui sont les plus réfrangibles ont la vitesse de vibrations la plus considérable. Si l'on étudie l'action calorifique, on trouve que c'est dans le rouge et même au delà du rouge que le phénomène est le plus marqué; ainsi, en ces points, le thermomètre montera d'une manière très-sensible ; dans le vert et dans le bleu, l'élévation de température est excessivement faible. Au contraire, les réactions chimiques qui se produisent dans les corps ont lieu particulièrement de ce côté; ainsi, ce sera dans le vert, dans le violet et même au delà du violet qu'elles se manifesteront. Ce ne sont pas les mêmes rayons qui produisent ces phénomènes dans les différents corps. Ainsi, le chlorure d'argent est influencé principalement dans le bleu, dans le violet et au delà du violet, tandis que l'acide chromique s'altère surtout dans le vert et le jaune, et la résine de gaïac au delà du violet; ce sont les rayons verts et rouges qui produisent la désoxydation.

Ainsi, les rayons qui donnent lieu aux effets calorifiques sont les rayons les moins réfrangibles; ceux qui développent les réactions chimiques sont les plus réfrangibles. Ces rayons ne diffèrent nullement les uns des autres; leur nature est la même, ce sont les mêmes rayons; seulement la vitesse de leurs vibrations est différente. Ce n'est donc pas à des agents divers contenus dans la lumière qu'il faut rapporter les différents phénomènes qui s'accomplissent, mais à la différence de vitesse avec laquelle les rayons se transmettent dans des substances constituées différemment. — J. de Lignères.

CHIMIE.

COURS DE M. BOUSSINGAULT.

(CONSERVATOIRE DES ARTS ET MÉTIERS.)

(Voy. les nos 9, 14, 28, 31, 37 et 39.)

VII.

Les roches sédimentaires

Les roches cristallines que nous avons étudiées précédemment constituent la masse principale de l'écorce solide de notre planète. Ce genre de roches n'est cependant pas le seul qui apparaisse à la surface du globe; d'autres roches, d'une nature toute différente, les *roches sédimentaires*, viennent en beaucoup d'endroits recouvrir le gneiss et le granit.

La dénomination de roches sédimentaires indique leur origine ; comme nous l'avons déjà dit, ces roches se sont sans doute formées par dépôts, par sédiments. Des matières étaient en suspension dans les eaux qui recouvraient sur une grande étendue la surface de la terre. Il y eut des moments de repos, et alors ces particules solides se déposèrent au fond du liquide. Quels sont ces corps qui ont pu être tenus ainsi en suspension dans les eaux et qui ont constitué plus tard les roches sédimentaires? D'où viennent ces débris? Examinons les roches sédimentaires. On n'y trouve que trois éléments minéraux: le quartz, le calcaire et l'argile. Le quartz n'y est pas cristallisé, ce sont des particules arrondies; le calcaire y est très-rarement à l'état cristallin; il est ordinairement compacte, à cassure conchoïde. Or, ces trois éléments, quartz, calcaire et argile, se retrouvent dans les roches cristallines; ceci porte donc à penser que les particules qui, en se déposant successivement, ont formé les roches sédimentaires, furent arrachées aux roches cristallines.

Ce qui caractérise d'une manière très-nette ces roches de nature sédimentaire et ce qui les fait distinguer presque immédiatement, c'est la *stratification*. On désigne ainsi la disposition particulière qui résulte du dépôt de matières diverses suspendues dans les eaux et rassemblées lit par lit au fond de ces eaux. Jamais cette circonstance ne se présente pour les terrains primitifs.

Les dépôts sédimentaires ont-ils recouvert à la fois toute l'étendue du globe? Non. Les eaux, comme aujourd'hui, formaient certains bassins à la surface de notre planète; dans chacun de ces bassins une couche sédimentaire se déposa. Une révolution survint; les parties immergées par les eaux furent alors généralement déplacées, et un nouveau sédiment s'effectua. Ainsi donc, en un point de la surface de la terre, on peut rencontrer le terrain primitif; ailleurs on ne comptera qu'un terrain de sédiment; là il y en aura plusieurs ; en d'autres endroits ils pourront être tous superposés.

Plusieurs générations de géologues ont étudié ces roches avec beaucoup de soin. Des recherches nombreuses qui furent faites, il résulte que l'on peut diviser toute cette série de terrains sédimentaires en huit groupes. Voici les noms qui furent donnés aux terrains qui correspondent à chacun de ces groupes :

1° Terrain de transition ;
2° Terrain houiller ;
3° Terrain de grès rouge (pénéen) ;
4° Terrain jurassique ;
5° Terrain crétacé ;
6° Terrain supercrétacé (parisien) ;
7° Terrain des alluvions anciennes ;
8° Terrain des alluvions modernes.

Nous allons voir d'une manière très-rapide ce qui caractérise ces divers terrains.

L'époque dite *de transition* est celle à laquelle appartiennent les premières roches sédimentaires par ordre d'ancienneté. Elle fut ainsi nommée, car elle établit une transition entre les terrains primitifs, qui sont les roches cristallines, et les terrains secondaires, qui sont les dépôts sédimentaires qui se sont formés ultérieurement et qui se distinguent d'une manière très-nette. Ici, pour l'époque de transition, il est souvent difficile de distinguer tout d'abord si une roche est de nature cristalline ou sédimentaire. Cette époque compte trois étages de dépôts : 1° les schistes argileux; 2° les grauwackes ; 3° les calcaires. Il convient de remarquer qu'une ou deux de ces zones peuvent manquer dans le terrain; ainsi en beaucoup de points la grauwacke repose sur le granit. Si elles existent toutes les trois simultanément, la formation est *complète*.

Un des caractères principaux des terrains de sédiment est que toujours on y trouve des débris d'animaux et de végétaux; dans les roches primitives, au contraire, on n'a jamais constaté pareils indices. Grâce à ces traces, on a pu reconstituer, jusqu'à un certain point, la flore et la faune de ces époques, et ces travaux aidèrent beaucoup à distinguer les divers terrains. Chaque époque, en effet, renferme certains animaux et certains végétaux caractéristiques qui ne se rencontrent ni dans les formations précédentes, ni dans les formations ultérieures, et dès que, dans un étage, des débris de cette nature ont été découverts, on peut dire : il appartient à telle ou telle des huit périodes géologiques. Car entre chacune des grandes révolutions terrestres qui terminèrent ces diverses époques, une durée très-considérable a dû s'écouler. Pendant cet intervalle de temps, alors qu'au fond des eaux les sédiments se déposaient, le calme était à la surface du globe, et dans ces circonstances la vie apparaissait. Des plantes et des animaux ont existé, et nécessairement ils furent doués d'une organisation appropriée au milieu, à la température, aux diverses circonstances atmosphériques qu'ils rencontrèrent. Une révolution survint, et elle détruisit tous ces végétaux, tous ces animaux; mais leurs débris, engloutis dans le terrain qui s'est formé pendant qu'ils vivaient, nous rappellent aujourd'hui qu'ils en sont contemporains et les caractérisent. La vie organique, en effet, qui s'est montrée dans l'époque suivante, lorsque le calme fut revenu, s'est développée dans des conditions soit de température, soit de milieu différents, et la plupart des plantes et des animaux eurent une conformation spéciale qui ne fut pas la même que précédemment.

Or, quels sont les fossiles du terrain de transition? (On sait que l'on désigne sous le nom de fossiles ces divers débris organiques.) Dans le schiste argileux, et principalement dans la grauwacke, on voit apparaître le carbone à l'état de graphite ou d'anthracite. C'est là un indice essentiel d'origine végétale. On retrouve aussi dans ce terrain des fucus et de nombreux débris de plantes marines. Sans doute le monde était alors marin; la terre était couverte sur une grande étendue de marais salés peu profonds. Quant à la faune, elle était composée d'animaux destinés à vivre pareillement dans la mer; on rencontre des débris de squales et beaucoup de *trilobites*. Ce dernier fossile est distinctif pour le terrain. C'est un animal d'un genre disparu aujourd'hui; son corps se compose de trois parties parfaitement distinctes : la tête, le thorax et l'abdomen. Généralement il y a absence d'yeux, ce qui nous montre que le trilobite vivait dans l'obscurité.

Après la révolution qui mit fin à l'époque de transition vint le groupe des *terrains houillers*. On y compte deux formations : 1° le calcaire carbonifère ; 2° le grès houiller proprement dit. Les débris organiques abondent dans cette période ; il y a des polypiers, des annélides, des mollusques, des équisétacées, quelques poissons, des prêles, des lycopodiacées. Parmi les plantes de cette dernière espèce, il en était une très-remarquable : c'était une mousse gigantesque qui atteignait jusqu'à 15 mètres de hauteur et qui était très-commune. Parmi les polypiers, on cite surtout l'*encrine :* c'est un animal particulier qui a jusqu'à cent cinquante mille articulations; comme toutes les espèces qui vivaient alors, il était à consistance gélatineuse.

C'est dans ce terrain, où la vie fut si puissante, que l'on rencontre les couches de houille exploitées. Quelle est la constitution chimique de cette houille? En quoi diffère-t-elle par sa composition des végétaux qui croissent actuellement?

L'anthracite renferme en moyenne 92 de carbone pour 100 parties, 3,9 d'hydrogène et 3,2 d'oxygène, le reste est constitué par des cendres.

La houille grasse a 88 de carbone, 5 d'hydrogène, 4,3 d'oxygène, puis des cendres.

Si l'on analyse des plantes sèches, on a comme résultat 47 parties de carbone sur 100 parties, 5 parties d'hydrogène et 40 parties d'oxygène.

Ainsi, dans ces végétaux fossiles, il existe beaucoup plus de carbone que dans nos plantes desséchées ; mais, d'un autre côté, la proportion d'oxygène est bien moindre ; ce gaz fut éliminé en grande partie.

D'où vient le carbone de cette houille ? Il vient de l'atmosphère, dit M. Boussingault. L'atmosphère, comme maintenant, renfermait de l'acide carbonique ; à la lumière, les plantes l'ont décomposé et se sont emparées du carbone. Généralement, lorsque l'on considère la quantité énorme de houille qui fut produite dans ces périodes, on se persuade qu'alors l'atmosphère était plus riche en acide carbonique qu'elle ne l'est aujourd'hui. Cette hypothèse semble inutile pour expliquer les faits qui se sont accomplis. Sous l'équateur, dans les grandes vallées où règne une chaleur excessive, n'y a-t-il pas de nos jours une végétation vraiment incroyable? N'y voit-on pas croître des plantes gigantesques qui se rapprochent un peu des végétaux de l'époque houillère? Cependant, quoique dans ces contrées l'absorption de carbone soit plus considérable, la proportion d'acide carbonique de l'atmosphère est la même que dans notre pays. Ainsi l'atmosphère pouvait bien, à ces époques, ne pas renfermer plus d'acide carbonique qu'il en contient actuellement ; seulement il y avait sur la terre une température excessive et une grande humidité.

La quantité de houille qui existe dans ce terrain est énorme. Ainsi, pour en donner un exemple, nous dirons qu'aujourd'hui on estime à cent millions de tonnes par an l'extraction de ce combustible. Si nous nous reportons à la composition des végétaux de l'époque actuelle lorsqu'ils sont desséchés et qui contiennent, comme nous l'avons dit ci-dessus, 47 parties de carbone pour 100 parties, nous voyons que cette quantité de houille consommée annuellement correspond à une consommation de deux cents millions de tonnes de bois. Certes, la nature a bien fait d'accumuler alors la houille pour les générations actuelles, car nos forêts ne pourraient suffire à fournir le combustible qui nous est nécessaire.

Dans les formations suivantes, cette production de la houille s'est perpétuée, mais d'une manière bien moins énergique.

Mais comment s'est faite cette houille? Il nous semble difficile de la produire avec du bois; si nous l'incinérons, nous obtenons du charbon, et le charbon n'est pas de la houille. Cagniard de Latour chercha la solution du problème, il fit de nombreuses expériences, et finalement il obtint avec du bois de la houille véritable. Pour arriver à ce résultat, il opéra de la sorte : Il mit du bois coupé en morceaux dans un tube, il le ferma hermétiquement, puis il le chauffa à 300 degrés. Quand il retira le tube, il constata que le bois s'était transformé en houille ; ainsi une température qui n'est pas excessivement élevée, lorsqu'elle est accompagnée d'une certaine pression, peut amener ce résultat. Or, ne semble-t-il pas probable que, dans la nature, des conditions identiques se soient rencontrées à cette époque? Une température d'environ 300 degrés pouvait bien résulter de la fermentation occasionnée par une énorme accumulation de matières organiques; quant à la compression à laquelle ces végétaux devaient être soumis, elle était une conséquence de cette accumulation.

Cette théorie fut combattue; on essaya de lui substituer d'autres hypothèses. Une des principales objections que l'on éleva fut celle-ci : Comment se fait-il que l'on trouve dans les couches de houille de nos pays des plantes analogues aux végétaux qui appartiennent à la zone torride? Il suffit de nous rappeler que la terre s'est refroidie et est arrivée à ce point qu'aujourd'hui ce n'est plus le feu central qui chauffe sa surface, ce sont les rayons du soleil. Mais notre planète n'a pas perdu sa chaleur brusquement; avant d'atteindre ce point il a fallu des milliards d'années, et très-longtemps le globe eut à sa superficie une température propre provenant du feu central. Cette température régnait sur toute la surface, et il est évident qu'elle a pu surpasser de beaucoup la température de nos régions tropicales.

A l'époque du terrain houiller succède une troisième époque qui constitue le terrain de *grès rouge*. Ses subdivisions ou étages sont le grès des Vosges; le calcaire magnésien ou zechstein, comme le nomment les Allemands; le grès bigarré, qui doit son nom à ses parcelles de mica; le muschelkalk et les marnes irisées. Dans le grès bigarré, on a trouvé des empreintes de pas d'animaux. Sans doute, les éléments constituant ce grès formaient un sable plus ou moins humide, comme sur les plages du bord de la mer. Ce sable a pu alors retenir des empreintes. On y a trouvé pareillement des empreintes de pattes d'oiseaux. Les débris organiques abondent dans ce groupe, ce sont les cycladées, les sauriens (lézards), des salamandres gigantesques, des poissons.

Après le grès rouge vint l'époque du terrain jurassique; il doit ce nom à ce qu'il domine dans le Jura. On y compte quatre formations : 1° la formation oolithique; 2° le lias; 3° le calcaire; 4° enfin des sables, des argiles et des marnes.

Quels sont les êtres qui habitaient notre planète à cette époque? A mesure que l'on avance, on voit que les végétaux aussi bien que les animaux se perfectionnent; ainsi, outre les algues, les équisétacées, les fougères, on voit apparaître les conifères, les liliacées. Dans le règne animal on constate la présence des sauriens, on voit aussi le *ptérodactyle*. C'était un animal bizarre, ressemblant à une énorme chauve-souris; il en avait les ailes. A ses deux bras étaient attachées des membranes dont il se servait pour voler; ses griffes puissantes semblent indiquer qu'il était destiné à grimper; peut-être ses ailes devaient-elles lui servir simplement de parachute. Le plus grand était de la grandeur d'un cygne; quant à sa tête, elle était excessivement développée : il n'y avait aucune proportion entre la tête de l'animal et son corps.

Le *dinotherium*, qui se rencontre aussi dans ces formations, n'est pas moins curieux. Il avait des nageoires qui lui servaient de pattes, une trompe comme l'éléphant et deux grandes dents avec lesquelles il fouillait sans doute dans la terre. Cet animal était né pour marcher sur la plage et y chercher ses aliments.

Enfin, comme fossiles caractéristiques du terrain jurassique, nous citerons la *bélemnite* et l'*ammonite*. Ce dernier animal présente une certaine analogie avec le nautile. Comme lui, il devait flotter sur la mer au gré des vents, et il devait s'y trouver en grande abondance ; car il y a certaines roches calcaires entièrement formées de débris d'ammonites.

On a parlé précédemment des quatre premiers groupes des terrains sédimentaires. Quatre autres époques restent à voir : ce sont les époques qui correspondent au terrain crétacé, au terrain supercrétacé, aux alluvions anciennes et aux alluvions modernes.

Le terrain *crétacé*, qui se trouve placé au-dessus de la formation jurassique, compte trois assises : inférieurement, c'est le calcaire néocomien; à la partie intermédiaire on voit le grès vert, et à l'étage supérieur se montre la craie. En beaucoup d'endroits la série n'est pas complète : ainsi le terrain crétacé qui se trouve au-dessous du sol de Paris ne compte que deux étages, le grès vert et la craie. En Crimée comme en Danemark, il n'y a qu'une seule assise, qui est la craie.

De quoi est formée cette craie à couleur blanchâtre, qui a donné son nom au terrain? En l'examinant avec soin à l'aide d'un microscope, on reconnaît qu'elle est un assemblage, une agglomération d'une infinité de débris animaux. Dans les couches qu'elle forme elle renferme un grand nombre de rognons de silex; de même dans l'étage du grès vert se trouvent une multitude de nodules. Longtemps on en ignora la nature, jusqu'au moment où Berthier, les ayant analysés, y signala une grande proportion de phosphate de chaux. Dès lors on pensa que ces nodules étaient des détritus des animaux de cette époque; ils offrent aujourd'hui une richesse considérable pour la fertilisation du sol.

Dans ce groupe, on peut signaler comme fossiles une grande quantité de coquilles, des conifères, des cycladées; c'est là aussi, dans le calcaire néocomien, qu'apparaissent pour la première fois des débris de plantes dicotylédones.

Le terrain crétacé est recouvert par le terrain *supercrétacé* ou *parisien*. Celui-ci présente cette particularité, que pour la première fois on y voit apparaître des animaux qui ont vécu dans l'eau douce. Voici la disposition que présente ce terrain à Paris. L'assise inférieure est formée par de l'argile plastique, où l'on aperçoit des coquilles d'eau douce; au-dessus sont des sables et des calcaires grossiers, ils sont remplis de coquilles marines. Ainsi, après un dépôt qui s'est effectué dans l'eau douce, il y eut un autre dépôt qui s'est formé dans l'eau salée. Une troisième assise est constituée par des marnes; on y trouve des débris d'oiseaux et de poissons. Viennent ensuite les meulières, et enfin l'étage du gypse, où beaucoup de fossiles ont été signalés. — J. de Lignières.

PHYSIOLOGIE EXPÉRIMENTALE.

COURS DE M. J. MOLESCHOTT.

(Université de Turin.)

(Voy. les nos 7, 26 et 40.)

III.

L'unité de la vie (Suite.)

Ce qu'étaient alors les connaissances médicales, Paracelse nous le montrera plus clairement, lui, dont l'esprit, pourtant, est une de ces racines que l'étude expérimentale de la seconde période enfonce presque dans la première. Dans son système, les quatre éléments des anciens avaient perdu de leur universalité pour revêtir un sens plus — je n'ose pas dire chimique, — mais alchimique. Tous les corps, disait-il, se composent de sel, de soufre et de mercure, et le salut dépend de l'union entre ces symboles du soluble, du combustible et du volatilisable. Cette analyse substantielle du corps nous paraît, à nous, maintenant, une bizarrerie plus hasardée encore que les précédentes, parce que, ici, les noms réels cachent des vertus artificielles; et sous l'apparence d'une chose positive se présente une pensée vide de toute signification sérieuse. Malgré tout, nous voyons là une tentative pour saisir enfin la matière.

Ces efforts devinrent bien plus significatifs quand Santorio Santoro, au commencement de la période que nous étudions, se mit à examiner avec la balance les entrées et les sorties du corps humain. Il pesa les aliments et les boissons, trouva immuable d'un jour à l'autre le poids de l'homme adulte, et néanmoins les urines et les matières fécales réunies n'atteignaient pas plus de la moitié du poids des aliments consommés dans l'espace de vingt-quatre heures. Il devait donc y avoir d'autres pertes non retrouvables. Ce fut ainsi que Santoro découvrit la perspiration insensible, encore qu'il ne l'ait pas appréciée à sa juste valeur. Il ne pouvait savoir que l'homme adulte inspire en vingt-quatre heures 800 grammes d'oxygène et même davantage. Toutefois le fait démontré par Santoro vaut bien toutes les vues théoriques de Paracelse.

Mais précisément parce que la chimie n'avait pas encore son Galilée, qui devait surgir plus tard en Lavoisier, la mécanique promettait aux physiologistes une plus riche moisson que n'en pouvait fournir l'analyse des substances matérielles qui composent les organes du corps.

Bien souvent les amateurs des sciences physiques et naturelles qui, des hauteurs sereines de la spéculation pure, prenaient en pitié les études médicales, ont reproché à la médecine de n'avoir pas marché de pair avec les sciences exactes qui, grâce à des conditions spéciales, ont la mission de la guider et de lui préparer les voies. Ce reproche peut être vrai, s'adressant à quelques individualités ou à quelques écoles, mais l'histoire de la science le repousse à bon droit. Est-ce que Borelli aussi bien qu'Harvey n'étaient pas des contemporains de Galilée?

Il est vrai qu'Harvey, dans son *Exercitatio anatomica de motu cordis et sanguinis in animalibus*, qui restera, tant par l'ordre chronologique que par la valeur scientifique, le premier modèle d'une monographie physiologique; il est vrai, dis-je, que l'illustre *inventeur* de la circulation du sang, dans ce célèbre ouvrage que ne devrait ignorer aucun étudiant en physiologie, ne fait pas mention de Galilée. Et pourtant Harvey, au commencement du XVIIe siècle, avait habité Padoue, dont l'université soutenait alors, grâce aux célèbres leçons de Fabrice d'Acquapendante et de Galilée lui-même, l'incontestable suprématie que lui avaient si dignement acquise Vesale, Colomb et Fallope. De l'Italie il porta en Angleterre des germes puissants qui n'avaient besoin, pour se développer, que d'une impulsion du génie. Les briques étaient prêtes pour l'édification d'un édifice vivant. La main qui, alors, se préparait à analyser, en observant, en expliquant, en calculant, en devinant un mouvement naturel quelconque, devait répandre une vie latente dans tous les matériaux recueillis par les investigations des siècles antérieurs. Tel est le mérite de Galilée, qui doit dominer même la doctrine de la circulation. Mais ce sera la gloire immortelle d'Harvey d'avoir rendu palpable cette vie latente. Les esprits vitaux, auxquels Bérenger de Carpi avait encore accordé l'hospitalité dans le ventricule gauche du cœur, se concrétisent en sang et en air; l'activité du cœur se construit mécaniquement; l'ensemble des valvules acquiert l'emploi de déterminer la direction du torrent sanguin; le ventricule droit occupe la place du cœur pulmonaire. Alors se révèle la relation si intéressante entre les mouvements respiratoires et l'action hydraulique du cœur. En fermant une artère, le sang n'arrive plus à la périphérie: en comprimant les veines sans comprimer les artères, le sang ne retourne plus au centre cardiaque; puisque dans le premier cas les artères se gonflent au-dessus, et dans le second les veines au-dessous de la ligature. Et toutes ces découvertes Harvey les fait sortir d'expériences et d'observations qui embrassent, d'une manière à peine croyable pour l'époque, toute la chaîne zoologique et les diverses périodes du développement embryonnaire. Il varie les modes d'expérimentation, recherche avec soin toutes les conséquences, et avant d'en avoir obtenu la confirmation de ses hypothèses, il n'en admet aucune à priori; il défend chacune de ses conquêtes contre les attaques des vieilles doctrines; avec le levier des faits, il enlève la barrière des hypothèses, et nous voyons courir le sang non-seulement dans les poumons, mais dans le corps entier; il tourne, il tourne; dans une heure — il le démontre par un calcul très-ingénieux — la quantité qui passe par le cœur surpasse de beaucoup le quart des aliments et des liquides ingérés en vingt-quatre heures. Donc toute la masse doit circuler et traverser le cœur plusieurs fois dans une heure.

Il ne nous reste qu'à fermer le cercle avec la partie intermédiaire entre les artères les plus subtiles et les veines correspondantes. Et cette clôture du circuit est due à Malpighi ; les fondements et le faîte de l'édifice eurent leur origine en Italie.

Arrive Borelli. Il fait connaître les vrais rapports entre les muscles comme forces et les os comme leviers, dans son célèbre ouvrage intitulé *De motu animalium;* il étudie les propriétés physiques du sang, la formation des caillots, la séparation du sérum ; il expose un des plus importants théorèmes de toute la science physiologique : que dans le mouvement de la respiration, les poumons et l'air sont passifs; que les facteurs actifs sont représentés par le diaphragme et par les muscles intercostaux ; que l'expiration normale n'exige le concours d'aucune activité musculaire ; que le diaphragme se relâche, et que dans ce relâchement l'élasticité des poumons et des côtes suffit pour diminuer le volume de la capacité thoracique; que dans la respiration, l'air se mêle au sang pour entretenir la vie des animaux.

Voyez la physique, les mathématiques, la mécanique, exciter, expérimenter, éclaircir, et enfin mesurer l'action du cœur et du diaphragme, c'est-à-dire des viscères, auxquels appartient, de concert avec le cerveau, le rôle capital dans la production des phénomènes vitaux. Ne vous étonnez donc pas si, à dater de ce moment, on commence à parler d'une école iatromathématique, iatromécanique. Ne vous étonnez pas si Chirac eut l'idée de fonder et de doter une chaire d'iatromécanique, — de physique appliquée à la médecine, dirait-on aujourd'hui, — dans cette fameuse école de Montpellier, qui devait se signaler plus tard par un véritable anachronisme de doctrines vitalistes.

La chimie était, à cette époque, de beaucoup moins favorisée, non par l'influence qu'elle sut exercer dans les idées des médecins sur la vie et sur la maladie, — influence qui était encore trop puissante, — mais par les avantages réels et directs qu'elle apportait aux études biologiques. Les faits de chimie rationnelle étaient trop rares, les sains principes de l'analyse chimique faisaient presque entièrement défaut, de même que de saines théories sur les mouvements matériels du monde inorganique aussi bien que du monde organique. La chimie ne savait pas admettre des applications particulières dans cette transformation de la matière, qui plus tard a pu expliquer tant de phénomènes si importants de la vie organique. Et cela nous explique comment dans le siècle de Galilée et dans le siècle suivant que les naturalistes pourraient appeler le siècle de Newton, de Lavoisier et de Galvani, on voit pulluler, mais littéralement pulluler, ces vagues idées d'humeurs et d'effervescence, d'acrimonie acide, imaginées par François Sylvius Dubois, mais adoptées avec un si grand empressement par Sydenham et Boerhaave, c'est-à-dire par les plus illustres médecins du siècle, qui les avaient journellement à la bouche. Et comment s'étonner de la naïveté qui mettait des abstractions chimiques à la place des abstractions vitalistiques, quand nous voyons un quasi contemporain de Boerhaave, ce même Georges Stahl, qui prétendait savoir tout ce qu'il écrivait par révélation directe, par la grâce de Dieu, quand nous le voyons inventer ce fameux phlogistique, dont la présence, selon lui, rendait les corps plus légers avant la combustion qu'après? Et, pourtant, l'enthousiasme, qui permettait à Stahl de croire à une inspiration divine, ne l'empêcha pas de pénétrer lui-même la vanité de ces connaissances chimiques, dont il défendit l'application à tout ce qui se rattache à la vie ou aux maladies de l'homme. Comment mieux démontrer la stérilité de la science chimique à cette époque, qu'en rappelant qu'un esprit aussi analytique que Borelli se contentait de faire sécréter par le cerveau un fluide pur et subtil, doué de propriétés acides ou alcalines, qui se répandait dans les nerfs et qui rencontrait dans les muscles un liquide de qualités opposées, produisant avec lui une effervescence, unique cause de la contraction musculaire?

Si, avant Lavoisier, la chimie est restée au-dessous du rang qu'elle devait un jour occuper, la mécanique, en revanche, en se greffant sur la physiologie, dépassa le but. Borelli, pour ne citer qu'un illustre exemple, voulut expliquer d'une manière purement mécanique la digestion, et il imagina une circulation du suc nerveux agissant dans le cerveau comme centre auquel correspondaient les nerfs à la périphérie : idée que nous retrouvons ensuite, très-légèrement transformée, chez Frédéric Hoffmann. Il y a plus : Borelli eut le courage de nier dès cette époque — avec son cortége de principes vrais, mais dépourvus encore de faits probants — l'*aura seminalis*, et il admit la nécessité d'un contact matériel entre l'œuf et le sperme.

Soit l'insuffisance de preuves à l'appui des propositions chimiatriques de cette époque, soit l'exagération de quelques iatromécaniciens, soit l'esprit de réaction qui s'éleva contre l'invasion de la physique dans le champ de la vie, soit peut-être encore une petite dose de paresse qui opposa une résistance passive à l'obligation d'un travail pénible et incessant, nécessaire pour renverser le prestige d'images simples et séduisantes par l'élasticité même avec laquelle elles s'adaptaient à l'explication de toutes choses, soit toute autre cause quelconque, il y a un fait incontestable : c'est qu'avec la puissance des découvertes positives et des explications exactes, on voyait croître l'opposition vitaliste, qui, à l'époque analytique de notre science, participe de ce caractère de dualisme qui fait du domaine de l'organisme un champ clos où les lois physiques d'une part, et les spontanéités vitalistiques de l'autre, se disputent le terrain.

Quiconque veut présenter avec impartialité le tableau scientifique du XVIIe et du XVIIIe siècle, doit faire observer que ce sont précisément les partisans de ce dualisme qui se sont montrés les plus actifs et les plus utiles promoteurs de la science, et Stahl, plus que tous les autres, il n'est pas besoin de le répéter. Mais Baglivi, Boerhaave, Bordeu, repoussaient également l'application des lois physiques à l'explication des fonctions de l'organisme. Pour Baglivi qui, théoriquement parlant, était un pur iatromécanicien, il en résulta un contraste entre la théorie et la pratique, contraste qui se retrouve bien des fois dans des temps plus récents; pour Boerhaave, il en résulta une grande inconsistance de langage, puisque, en traitant de physiologie et de pathologie, il ne sort jamais de ces mêmes nuages chimiques et physiques qu'il voulait pourtant exclure. La fibre, selon lui, est rigide ou molle, le sang âcre ou sain; les souffrances morales sont les causes principales de la maladie, et ainsi de suite. Et puis la nature médiatrice se sert de la fièvre comme d'une arme à feu pour défendre l'organisme assailli par la maladie.

Pourtant — en dépit de la tergiversation dans la pensée et de la confusion dans le langage — le règne des faits va de jour en jour s'étendant. Lavoisier fait connaître la combustion, et cette variété de la combustion qui est la plus importante pour l'entretien de la vie, la respiration; Senebier, de Saussure, Ingenhousz, révèlent les phénomènes de la nutrition des plantes, nous montrent l'atmosphère comme un lien aérien entre les animaux et les végétaux; Dulong et Despretz découvrent les sources de la chaleur animale; Mulder décrit la ressemblance qui existe entre les corps albumineux des deux règnes organiques, et en tire la conséquence générale que les plantes préparent des aliments aux végétaux. Puis Liebig sut tirer de tous ces faits le glorieux résultat que l'on connaît, plein d'idées assez lumineuses pour jeter une lumière trop éblouissante pour bien des gens, malgré l'ombre qu'y projettent de graves erreurs. Et cependant nous retrouvons aussi chez Liebig ce dualisme qui subordonne les propriétés physiques et chimiques de l'organisme à la force vitale! Un des anatomistes les plus pénétrants de l'Allemagne, Henle, l'a dit avec une image heureuse que vous me permettrez de répéter : « Il ne nous » fait pas grâce, lui non plus, de la force vitale téléologique; » puisque, à l'exemple de ses prédécesseurs, Liebig en» tend l'art d'extraire du tissu subtil de la vie organique » quelques fils sous la forme de procédés chimiques, » pour nous envoyer ensuite l'écheveau brouillé comme » représentant la part du vitalisme. »

Ballottés par de telles vagues d'opposition entre les contemplations théoriques et les nécessités pratiques, d'explications disparates pour tous les phénomènes qui importent le plus à l'homme, les plus sages se mirent à étudier les propriétés spéciales de chacun des organes et des tissus. Les découvertes physiques et chimiques avaient montré la bonne voie, et dès lors les investigateurs sérieux ne pouvaient plus se préoccuper des passions et des volitions des esprits vitaux, de la circulation d'un éther nerveux fictif, d'une prétendue chaleur innée; ils devaient songer uniquement aux propriétés de la matière, à l'activité des organes, au rôle qui leur appartient dans le mouvement vital.

A la tête de cette nouvelle mission nous trouvons Haller et Bichat. Celui-là retira comme un fruit précieux de ses études, l'irritabilité musculaire qui, depuis sa mort jusqu'à ce jour, tantôt combattue tantôt travestie, a toujours grandi et va chaque jour grandissant en précision et en importance; celui-ci en arriva à reconnaître que le corps humain est composé d'un certain nombre d'unités morphologiques, et marchant sur les traces de Morgagni et de Hunter, il prépara l'analyse histologique, physiologique, pathologique des organes. C'est au moyen de cette analyse que l'on est en train de distinguer et d'isoler les parties essentielles, essentiellement diverses, qui se répètent dans plusieurs organes et toutes conspirent à la production des propriétés naturelles, dont l'ensemble, concurremment avec les agents extérieurs, constitue la fonction.

Haller et Bichat, bien que dualistes, eux aussi, ont été les plus hardis promoteurs de la biologie dans la seconde période, et les plus perspicaces de tous quant au but vers lequel devait tendre la science. Ils avaient reconnu l'unité de l'organisme et les conditions auxquelles elle est soumise; mais l'analyse à laquelle ils s'étaient dévoués avec une abnégation touchante, était une besogne trop longue pour leur permettre d'arriver à une vue synthétique des organes. Ceux-ci demeuraient *disjecta membra poetæ*.

A la fin du résumé historique de la première période, messieurs, j'ai pris la liberté d'en faire ressortir le caractère distinctif à l'aide de quelques vers sublimes de Dante. Me trouvant maintenant sur la limite qui sépare la seconde époque de la troisième, je voudrais peindre l'esprit de cette transition, avec les inimitables paroles que Shakspeare, amplifiant en poëte de génie le récit de Tite-Live et de Plutarque, a mises dans la bouche de Ménénius Agrippa : « Un jour, tous les membres du corps » s'étant révoltés contre le ventre, lui reprochaient de » rester oisif et inerte au milieu du corps, toujours oc» cupé à absorber, comme un gouffre, des aliments, sans » se donner la moindre peine pour se les procurer; tan» dis que les autres organes se fatiguaient à voir, à en» tendre, à sentir, ou à quelque autre tâche utile, dans » le but de s'entre-servir mutuellement et de pourvoir aux » besoins du corps entier. Le ventre répondit : Il est vrai, » ô mes amis et mes compagnons, que j'absorbe toute la » nourriture qui vous communique la vie. Mais n'est» il pas vrai également que je suis l'économe et l'inten» dant de la machine entière? N'oubliez donc pas que je » vous restitue tout ce que je reçois et que je le renvoie » transformé en substance vivificatrice dans les veines » qui alimentent le cœur, d'où elle remonte au cerveau, » et circule par mille canaux, pour les besoins et les » fonctions de l'homme. Il n'est pas un nerf qui ne me » doive sa force; il n'en est pas un qui ne tire de moi le » soutien de son existence; et vous, membres amis, vous,

» bien que vous ne puissiez voir ce que je donne en par-
» ticulier à chacun de vous, cependant, tout compte fait,
» je puis conclure que je vous rends la partie la plus
» pure de la farine, ne réservant pour moi que le son
» rouge ! »

IV. — Le langage que Ménénius Agrippa fait tenir aux organes, bien qu'il laisse l'estomac en dehors de la chaîne, montre bien pourtant les services mutuels que se rendent les divers organes. Cet apologue du poëte nous indique la voie qui peut nous amener à mettre en lumière le caractère de la troisième période dans le développement des sciences biologiques, c'est-à-dire de la période que j'appellerai synthétique ou unitaire.

Nous avons vu la seconde période étudier isolément chaque fonction de chaque organe; la troisième s'efforce de découvrir le rapport qui unit les fonctions entre elles, le nœud qui transforme la somme des organes en un produit de facteurs qui constitue l'organisme, la multiplicité des fonctions dans l'unité de la vie.

Nous ne sommes pas pour cela délivrés du mystère qui tourmente l'esprit des naturalistes, quand, repoussés par la puissance des faits connus jusqu'ici, ils abandonnent le terrain de la génération équivoque et se trouvent en face de la reproduction de cette empreinte individuelle que l'on admire dans chaque organisme, jusque dans les végétaux et dans les animaux unicellulaires, sous l'aspect d'une série de mouvements morphologiques, se succédant dans un ordre nécessaire, puisque l'un dérive de l'autre. Ce mystère n'a pas disparu, je le répète, mais nous avons vu disparaître mille autres mystères.

L'archée s'est transformée en une solution de pepsine et d'acide chlorhydrique, laquelle, en vertu de ses qualités chimiques, opère la digestion de l'albumine. L'*aura seminalis* s'est concrétisée dans l'image vivante des spermatozoïdes qui pénètrent dans l'œuf, c'est-à-dire, de nucléoles très-mobiles, qui, en remuant, en frétillant, s'introduisent dans une cellule mûre qui, par des développements ultérieurs, donnera naissance à l'embryon. Ces spermatozoïdes ne sont pas des animalcules parasites, qui, doués d'une vie particulière, cherchent leur route pour arriver du testicule dans l'épididyme. Au contraire, tandis que, dans ce passage, ils sont encore privés de mouvement propre, le courant produit par l'épithélium vibratile dans les vaisseaux efférents les conduit dans la direction qu'ils doivent suivre. Au lieu des esprits vitaux, Charles Bell nous a montré les nerfs moteurs qui se répandent dans les muscles, et nous savons maintenant que des changements moléculaires engendrés par les nerfs se transmettent à la fibre musculaire, dont ils produisent la contraction. Pour nous, l'œil est en réalité une chambre obscure au fond de laquelle se peint sur la rétine l'image renversée et amoindrie des objets que nous voyons. L'éther nerveux s'est condensé en propriétés électriques, optiques, calorifiques, chimiques, et l'idée que la science a retirée de l'observation expérimentale sur la cause de l'activité nerveuse, sur l'excitation des nerfs, sur les conséquences diverses de cette excitation selon la diversité des circonstances, arrive de jour en jour à une formule plus précise, plus claire, plus complète. Le baume que Paracelse plaçait dans le corps comme un chirurgien chargé de cicatriser les blessures, s'est incarné sous la forme d'une substance connective qui mérite à bon droit le nom de tissu cicatrisant. Les esprits des sources minérales, les naïades de la médecine, se préparent déjà à fuir devant la lumière de l'analyse spectrale, craignant que celle-ci ne fasse découvrir dans des quantités minimes de métaux encore inconnus les vertus médicatrices des eaux thermales.

Écartant les nuages dans lesquels se cachaient les êtres personnels avec leurs intentions directes et simples, on voit apparaître l'observation de toutes les modalités qui peuvent se présenter dans le fonctionnement des parties du corps. Élucider cette activité dans toutes ses phases successives, l'examiner dans sa genèse et dans ses rapports universels, telle est, messieurs, la tâche qui se substitue à la tentative plus poétique et, si vous voulez, plus ingénieuse, mais moins sûre et moins complète, d'assigner à chaque organe son but défini, limité, unique. La physiologie a compris qu'elle n'est pas une science systématique; que sa mission ne peut consister à donner à chaque organe son étiquette, comme on le ferait pour les bocaux d'une pharmacie. Son rôle n'est pas de classer, il est d'un ordre plus élevé, plus difficile. Elle doit surprendre le flux de la vie, qui se soustrait de moment en moment à son regard scrutateur, parce qu'aucune voie n'étant fermée à ce courant, il se répand dans toutes les directions. Mais ces ramifications se rejoignent, se concentrent, s'entrecroisent, et de leur choc naît une agitation incessante qui transforme les phénomènes vitaux en un tourbillon de destruction et de réparation.

Il s'agit donc de fixer les images fugitives, de les photographier pour ainsi dire; il faut peindre tous les états successifs de la vie pour comparer l'état ultérieur à l'état précédent, en étudiant en outre isolément toutes les parties de chaque tableau. Alors se découvrent de toutes parts des causes et des effets, des actions et des réactions, et chaque corpuscule sanguin, qu'une recherche patiente et sagace accompagnerait à travers toutes ses phases de génération, de maturité et de mort, à travers toutes les stations de son voyage long et varié, nous raconterait une partie intéressante de l'histoire de tous les organes du corps.

Écartant donc les idées préconçues téléologiques pour nous jeter ardemment dans le fleuve des faits, tantôt remontant à la source, tantôt nous abandonnant avec confiance à son rapide courant, nous verrons partout des rapports entre les phénomènes, la multiplicité des effets, le réseau des fonctions, et du nœud causal, de la correspondance universelle de relations également nécessaires entre toutes les parties nous verrons sortir l'unité.

« *Omne vivum ex ovo !* »

Oui, messieurs, parce que le jaune d'œuf contient toutes les substances chimiques du système nerveux, les corps albumineux et les composés glycériques, la cérébrine, la lécitine et la cholestérine, les phosphates, les chlorures et l'eau. Aussi, c'est un fait naturel que les premières parties qui se forment dans le développement embryologique des vertébrés sont précisément les centres nerveux, entre lesquels, avant tous autres, se montre sous la forme d'un petit tube la moelle allongée qui doit entretenir la circulation et la respiration. Le jaune d'œuf contient encore tous les matériaux du sang, ce qui fait que dans la formation du poussin, le second jour de l'incubation n'est pas achevé que déjà les globules sanguins se trouvent formés. Ceux-ci perdent l'hématosine à laquelle est due leur couleur dès qu'on les plonge dans un liquide aqueux ne contenant pas une certaine quantité de sels en dissolution : or, la composition du plasma sanguin est précisément faite pour écarter le danger de cette immersion qui pervertirait la nature essentielle des globules sanguins. Savez-vous, messieurs, l'importance de ces globules? Pour l'homme adulte, il ne s'agit pas de moins de soixante billions de particules microscopiques, qui toutes travaillent à entretenir la respiration, c'est-à-dire, en premier lieu, l'absorption du gaz oxygène, qui, effectuée par le sang, est due en grande partie aux globules, rouges aussi longtemps que ceux-ci conservent leur vraie constitution. Quelques-uns d'entre eux la perdront non-seulement parce que l'organisme marche lentement et nécessairement vers la mort, mais encore parce que sur cette même route il arrive que toute cellule, toute particule du corps, se détruisent beaucoup plus vite que l'organisme entier du corps, pour faire place à d'autres particules, à d'autres cellules. Mais en perdant leur constitution à laquelle ils doivent le rôle de petites machines respiratoires, les globules sanguins, se décomposent pour donner naissance aux substances colorantes de la bile, à la globuline de la lentille du cristallin et à la mélanine des cellules pigmentaires de l'œil; et c'est ainsi que dans leur mort ils engendrent un liquide qui aidera à transformer les substances nutritives en un sang nouveau, et fabriquent les parties les plus essentielles de la chambre obscure qui constitue l'appareil physique de l'organe visuel.

Si l'irrigation sanguine est contrariée dans une province quelconque de la circulation, chez un animal à température constante, on voit diminuer les facultés motrices et sensitives du système nerveux, et elles finissent par disparaître toutes les fois que l'arrêt de circulation se prolonge trop longtemps. Chez l'homme, il suffit de comprimer pendant un instant la carotide pour voiler et même pour éteindre la lumière de l'intelligence, jusqu'à ce qu'on rétablisse l'accès du sang. Et *vice versâ*, quand par la dilatation des vaisseaux l'afflux du sang augmente dans une région donnée, par exemple dans une moitié entière de la tête, il s'ensuit une exaltation de sensibilité dans tous les nerfs sensitifs, aussi bien dans les nerfs optique et acoustique que dans les ramifications du nerf trijumeau.

Si du sang, de la bonne constitution du sang dépendent le sentiment, le mouvement et la connaissance, c'est à la sensation qu'est dévolue la régularisation suprême du mouvement. Si l'on paralyse les nerfs sensitifs d'une partie du corps, vous en arrêtez le mouvement, non pas parce que la contraction des muscles devient impossible, mais parce qu'il manque l'action des causes qui, dans l'état normal, déterminent le mouvement. Coupez le nerf du menton, la lèvre inférieure devient pendante, bien qu'elle ne soit pas dépourvue de mobilité, par l'absence de la sensation. Ainsi la sécurité de la station verticale, qui résulte de l'exactitude avec laquelle les muscles maintiennent un juste rapport entre le centre de gravité et la surface du point d'appui, est une fonction de la sensibilité de la peau, qui accuse les plus légers changements de pression causés par le déplacement du centre de gravité. Dans la station la plus commode, l'une des jambes fait l'office d'un contre-fort sensible.

Les muscles, d'ailleurs, ne négligent pas de rendre le service qui leur est prêté par les organes de la sensation. Sans les muscles, l'oreille aurait plus souvent à supporter des sons trop aigus ou trop graves : en relâchant la membrane du tympan, ils nous protégent contre les premiers; en augmentant la tension, ils nous défendent contre les seconds. Chacun connaît l'influence analogue des fibres circulaires de l'iris, qui en se contractant resserrent la pupille de manière à ne laisser parvenir à l'œil qu'une moindre quantité de lumière, et c'est la lumière elle-même qui fait contracter les muscles circulaires de l'iris. Enlevez les muscles externes de l'œil, vous ne pourrez plus examiner les objets proches, parce qu'une réfraction plus forte qu'il n'est nécessaire est produite par une plus grande convexité dans le centre de la surface antérieure du cristallin, changement de forme résultant de la compression que la contraction musculaire accomplit sur les bords de la lentille.

En thèse générale, on peut conclure de ces divers exemples que si les nerfs sensibles sont d'un plus grand secours pour le fonctionnement des nerfs moteurs, ceux-ci, pourtant, ne sont pas inutiles au fonctionnement des premiers. Le nerf facial nous en offre un exemple qui embrasse un grand nombre de cas. Il est en même temps un nerf auxiliaire de l'ouïe, en tant qu'il fournit un rameau nerveux au muscle stapédien qui produit le relâchement de la membrane du tympan; il est aussi le nerf auxiliaire de l'odorat, parce qu'il se répand dans les muscles élévateurs communs aux narines et à la lèvre supérieure, et dans les muscles myrtiformes, lesquels se contractent tour à tour dans l'acte de l'olfaction; le nerf facial vient en aide enfin au sens du goût, en tant qu'il influe sur la sécrétion de la salive.

Traduit de l'italien par ODYSSE-BAROT.

— La fin au prochain numéro. —

Le propriétaire-gérant : Germer Baillière.

PARIS. — IMPRIMERIE DE E. MARTINET, RUE MIGNON, 2.

PREMIÈRE ANNÉE. — N° 42. UN NUMÉRO : 30 CENTIMES. 17 SEPTEMBRE 1864.

REVUE DES COURS SCIENTIFIQUES DE LA FRANCE ET DE L'ETRANGER

PHYSIQUE — CHIMIE — ZOOLOGIE — BOTANIQUE — ANATOMIE — PHYSIOLOGIE
GÉOLOGIE — PALÉONTOLOGIE — MÉDECINE

Paraît tous les Samedis.

	Six mois.	Un an.
Paris	8 fr.	15 fr.
Départements	10	18
Étranger	12	20

Prix de l'abonnement avec la Revue des Cours littéraires.

	Paris	Départ.	Étranger
Six mois	15 fr.	18 fr.	20 fr.
Un an	26	30	35

Rédacteur en chef
M. ODYSSE-BAROT

Les ouvrages dont deux exemplaires auront été envoyés au bureau du journal seront annoncés et analysés s'il y a lieu.

On s'abonne
A LA LIBRAIRIE GERMER BAILLIÈRE
17, rue de l'École de Médecine,
Et chez tous les libraires, par l'envoi d'un bon de poste, ou d'un mandat sur Paris.

L'abonnement part du 1er décembre ou du 1er juin de chaque année.

SOMMAIRE.

ANTHROPOLOGIE.

COURS DE M. DE QUATREFAGES.

(MUSÉUM D'HISTOIRE NATURELLE.)

I.

Les races blanches. — Caractères généraux.

Messieurs,

Voilà quatre ans que nous avons commencé ce cours. Après avoir consacré ces quatre années à l'étude des races colorées, il est temps de fermer le cercle que nous avons ouvert ensemble et d'aborder l'examen de la race blanche.

Pour l'histoire des races colorées, ou du moins de la plupart d'entre elles, les matériaux sont peu abondants, et je crois vous avoir dit à ce sujet à peu près tout ce qu'il y avait de plus essentiel au point vue anthropologique et ethnologique.

Mais quand il s'agit des races blanches, et surtout des races européennes, les matériaux sont beaucoup plus abondants. Il en résulte qu'on arrive très-vite sur le terrain de l'histoire et de l'archéologie, terrain qui nous est plus ou moins étranger, et dans lequel nous avons à recueillir seulement ce qui intéresse l'anthropologie et l'ethnologie.

Ceux d'entre vous qui ont assisté à nos leçons précédentes savent comment je comprends les rapports généraux qui unissent différents groupes humains entre eux, et comment, au lieu de véritables groupes isolés les uns des autres, nous avons reconnu certaines répartitions fondamentales.

Nous ne savons rien de l'humanité primitive; nous avons démontré, ou du moins nous croyons l'avoir fait, pendant une série de leçons qui a duré près de deux ans, que cette humanité primitive, quelle qu'elle soit, avait dû remonter à une source unique.

Suivant nous, il y a donc eu une source unique d'où sont descendues toutes les populations qui vivent aujourd'hui sur le globe. Mais il est évident que si les choses se sont passées ainsi, ces populations ont dû présenter, à leur origine, certains caractères que nous ne pouvons reconnaître aujourd'hui, parce que nous n'avons pas de marche pour nous guider dans cette étude.

Nous devons prendre les groupes humains tels que le temps et l'espace les ont faits. En les examinant de cette manière, nous resterons exactement sur le terrain de la science positive, et à le prendre ainsi, nous nous représenterons l'humanité primitive comme une sorte de souche enterrée, et d'où sortiraient trois troncs. Nous ne voyons pas cette souche, mais nous voyons les troncs qui en émanent.

Nous avons désigné ces trois troncs principaux sous les noms de tronc blanc ou Caucasique, jaune ou Mongol, noir ou Éthiopien. Ces expressions sont mauvaises, nous en avons déjà donné la preuve, mais je les trouve dans la science et je ne crois pas devoir les changer; je n'aime à faire des mots nouveaux que lorsqu'ils peuvent exprimer quelque chose de très-positif, de très-précis, et nous n'en sommes pas encore là en anthropologie. J'ai donc accepté ces trois expressions et considéré les trois peuples fondamentaux d'après les caractères particuliers qui les distinguent.

Lorsque nous rencontrons un homme d'une population nouvelle, la première chose qui nous frappe, c'est la taille.

Nous avons examiné avec détail dans quelles limites varie la tête des principales populations, en nous servant de données qui sont actuellement dans la science. Mais, relativement aux populations blanches, nous trouvons très-peu de données, et en réalité, quand il s'agit de les comparer entre elles, les recherches de M. Quetelet, d'un côté, et de M. Lélut, de l'autre, sont à peu près ce qu'il y a de plus certain. Lorsqu'il s'agit de comparer la taille de ces populations avec celle de quelques autres, nous avons ici des chiffres empruntés à M. d'Orbigny pour les Patagons, à un voyageur anglais pour les Boschimans et nous trouvons que les Patagons et les Boschimans représentent les deux extrêmes de l'humanité dans son ensemble; nous voyons, soit que nous regardions les extrêmes, soit la moyenne, que les populations blanches sur lesquelles nous avons des données précises, que nous connaissons le mieux, n'atteignent jamais ni le minimum ni le maximum de la taille. D'un autre côté, si j'évoque mes souvenirs, si je rappelle ce que nous ont appris les différents voyageurs, nous arrivons exactement aux mêmes conclusions.

Quant aux proportions que peut présenter le corps humain chez les différentes races, nous avons insisté à plusieurs reprises sur les belles proportions que prennent diverses populations sauvages, et il est certain que l'avantage n'est pas en faveur de notre race; mais il faut tenir compte, reconnaissant le fait, des habitudes, des nécessités de la vie civilisée, et si nous revenons au dire des voyageurs qui ont examiné les races blanches les plus voisines de l'état sauvage, car il en existe, nous reconnaîtrons que, sous le rapport de la beauté physique, notre race n'est inférieure à aucune autre de celles qu'on rencontre à la surface du globe.

Quelques-unes des particularités relatives à ces proportions et à divers rapprochements ont appelé l'attention des anthropologistes, et l'on a particulièrement insisté sur la longueur relative des bras des nègres. Ce caractère a été bien exagéré, cependant il faut reconnaître qu'il y a quelque chose de fondé dans cette longueur des membres supérieurs chez les nègres, et que l'on peut, jusqu'à un certain point, la considérer comme une des différences qui séparent cette race de la nôtre.

Après la taille, les caractères qui nous frappent le plus sont ceux qui sont empruntés à ce grand organe qui enveloppe et limite le corps dans l'espace. Sans rentrer dans des détails qui seraient beaucoup trop longs, je vous rappellerai en quelques mots quelle est la composition de la peau. Dans la peau, la partie la plus importante est le derme, qui est placée profondément. C'est une couche fibreuse que viennent parcourir des vaisseaux sanguins et au-dessus de laquelle se trouve placé le réseau muqueux qui sécrète des cellules pigmentaires. Puis vient une couche formée par la dessiccation de ces cellules pigmentaires qui forme ce qu'on appelle l'épiderme. A la peau se rattachent encore des annexes, des villosités, d'une part, et d'autre part les glandes sébacées ou sudoripares, dont nous avons aussi à nous occuper.

Dans la peau, une des particularités qui nous frappent le plus, c'est la coloration, et elle est en effet si remarquable, qu'on s'en est servi, comme nous le disions tout à l'heure, pour établir les grandes divisions de l'humanité, en race blanche, race jaune et race noire, dénominations qui sont mauvaises, en ce qu'elles tendent à accréditer des notions complétement inexactes.

Ainsi, quand nous nous sommes occupés des nègres, j'ai eu à vous faire observer que tous les hommes noirs ne sont pas des nègres; et aujourd'hui j'ajouterai que parmi les blancs il y en a qui ne le sont pas, qu'il y a des populations entières qui sont loin d'être blanches et qui font partie cependant de la race blanche : il me suffira de réveiller, à ce sujet, vos souvenirs. Entre la couleur du Flamand et de l'Alsacien et celle de l'habitant du pays basque, des Landes de Gascogne et du Provençal, il y a une différence de teint très-prononcée. Lorsque nous sortons de nos frontières, nous trouvons les Anglais, les Scandinaves d'un côté, de l'autre côté les Italiens, les Espagnols, les Siciliens, chez lesquels le teint se fonce déjà beaucoup, et dans le golfe de Naples vous trouverez des pêcheurs qui, exposés au soleil, tournent au brun, de manière à rappeler les races plus méridionales. Si nous allons plus loin encore, nous trouvons les Arabes du sud tout à fait bronzés, les Hindous appartenant aux castes les plus pures, qui approchent du noir. Vous voyez que l'expression de race blanche n'est pas exacte. On peut cependant la défendre à un certain point de vue, en disant que ce n'est que dans la race blanche qu'on trouve des populations blanches, tandis que, dans les autres races, la peau est toujours plus ou moins colorée.

En réalité, dans les populations les plus blanches, dans celles qui ont le teint le plus clair, le teint n'est ni blanc ni rose, il y a toujours une certaine quantité de jaune qui est nécessaire pour faire ce qu'on appelle la couleur de chair. L'inspection microscopique rend facilement compte de ce fait, qui n'a pas d'exception même chez les femmes les plus blanches, dont la peau est la plus pure. C'est qu'entre l'épiderme, étendu comme un vernis sur toute la surface du corps, et le derme, se trouve la couche pigmentaire dont les cellules présentent une légère teinte jaune. Le jaune se trouve toujours au fond de toutes les colorations des différentes races humaines. Il en résulte que le teint des différentes familles blanches s'explique par la couleur de ces couches successives de la peau, par la plus ou moins grande intensité de la teinte rose du derme, de la teinte jaune du tissu pigmentaire, et de la blancheur plus ou moins transparente de l'épiderme. De là ces nuances diverses qui varient du blanc de l'Anglaise et de la femme scandinave, à la coloration plus foncée des femmes méridionales.

Les annexes de la peau nous présentent aussi un certain nombre de caractères importants à noter, les villosités en particulier. Les villosités sont ces poils qui se trouvent implantés sur plusieurs parties du corps, et qui prennent des noms spéciaux dans quelques régions. Ainsi le plus ou moins de barbe est un caractère qui a une certaine valeur. En général, on peut dire que la race blanche est celle chez laquelle la barbe est le plus accusée. La plupart des races colorées en sont plus ou moins dépourvues, ou du moins elle est chez les hommes qui en sont issus, remarquablement rare et clair-semée. Il y a à ce fait, cependant, une exception sur laquelle nous avons insisté, c'est celle des populations qui occupent certaines îles de l'extrémité nord-est de l'Asie. Là se trouve, paraît-il, la plus barbue et la plus velue des races humaines. Mais en m'appuyant sur ce caractère et sur un certain nombre d'autres, j'ai cherché à vous montrer comment on devait rattacher ces tribus à quelques rameaux plus ou moins écartés de la souche primitive des populations blanches. Une autre circonstance à noter, dans le teint des populations blanches, et je suis obligé de revenir sur ce point qui a une certaine importance, c'est qu'il est le seul qui reproduise d'une manière bien sensible à l'extérieur les diverses impressions de l'âme. Je vous disais tout à l'heure que l'épiderme était répandu sur la surface du corps comme une sorte de vernis plus ou moins transparent. S'il n'est pas assez transparent, les altérations que peuvent présenter les couches plus profondes ne seront pas sensibles, et elles le seront encore moins si la couche de pigment coloré est épaisse ou très-foncée. Voilà pourquoi ce n'est que dans la race blanche qu'il y a des joues roses, où l'on voit les hommes facilement pâlir et rougir, où l'on peut lire sur la figure des hommes les impressions les plus fugitives qu'ils éprouvent. Est-ce à dire que les autres races soient complétement dépourvues de cette faculté de traduire au dehors les impressions de l'âme? Non, messieurs; le nègre lui-même pâlit à sa manière, il devient gris, parce que la teinte qui nous frappe est toujours composée des trois éléments dont nous parlions tout à l'heure, et que la couleur rouge du sang s'entrevoit toujours quelque peu en traversant les couches qui le séparent de notre œil.

Les hommes à peau rouge sont ceux dont le teint est le plus muet, et cette circonstance contribue sans doute beaucoup à cette impassibilité remarquable que les voyageurs signalent chez toutes les populations qui présentent cette peau.

Je passe aux cheveux, qui ne sont autre chose que les villosités du crâne, et qui nous présentent des caractères plus importants que ceux des villosités de la face. Sous le rapport de la couleur, on peut dire qu'assez souvent la couleur de la chevelure répond à celle de la peau. Nous savons qu'en général parmi les blancs, les populations dont la peau est plus ou moins basanée, ont des chevelures foncées. On trouve souvent des exceptions à cette règle, et vous savez que parfois la chevelure la plus noire s'unit au teint le plus éclatant de blancheur. Dans la race blanche, cependant, il y a à signaler un fait important et caractéristique : c'est qu'elle seule donne naissance à des hommes blonds. En effet, le blond cuivré paraît appartenir exclusivement à notre race. Il n'en est pas de même du blond roussâtre ou plutôt du roux. Le roux, nuance que l'on confond parfois avec la teinte blonde, se retrouve dans toutes les races. La coupe, la forme, la structure des cheveux, présentent encore certaines particularités sur lesquelles il serait intéressant d'insister, mais dont le détail nous conduirait trop loin; je me bornerai donc à vous indiquer les différences que vous présente la coupe transversale des cheveux.

Quand on coupe des cheveux des différentes races transversalement, on reconnaît que tantôt cette coupe devient un cercle, ce qui accuse un cheveu cylindrique, tantôt une ellipse ovoïde, tantôt une ellipse beaucoup plus allongée. Ces trois formes extrêmes caractérisent les trois troncs de l'humanité tout entière. La coupe ronde accuse la population jaune, la coupe à ellipse allongée la population nègre, la coupe à ellipse ovoïde la population blanche. Tels sont les caractères généraux des villosités du crâne, tels que les a constatés un auteur américain. Mais un anthropologiste éminent a montré par une étude très-détaillée que les choses n'étaient pas aussi simples. Il a étudié les cheveux chez un beaucoup plus grand nombre de races que cela n'avait été fait avant lui; il a montré beaucoup mieux que ses devanciers, dans ce genre d'étude, l'importance de ces formes de cheveux. Il a trouvé que ces formes variaient infiniment. Grâce à ce travail, tout un ordre de caractères nouveaux se trouve introduit dans l'étude des races.

J'ai à vous dire aussi un mot d'un autre caractère qui se rattache à l'ensemble de l'organisme, mais qui est particulier à certaines des annexes de la peau : je veux parler des glandes sébacées, sudoripares.

Vous savez tous que les nègres exhalent une odeur très-désagréable pour nos organes, et qui est si persistante, qu'un navire qui a servi à la traite se reconnaît à l'odeur, longtemps après qu'il n'a plus transporté de ces cargaisons humaines. On peut se demander si les autres races ne présentent pas un phénomène analogue, et il faudrait pouvoir répondre : Oui. Vous savez que les chiens reconnaissent avec l'odorat, non-seulement leurs maîtres, mais même les étrangers dont on a eu soin à l'avance de leur faire flairer les vêtements. Il est donc évident que chacun de nous a son odeur particulière, et que pour l'apprécier il ne nous manque que des organes exercés. Or, ces organes suffisamment exercés, certaines populations humaines les possèdent. Les Indiens du Pérou savent parfaitement distinguer l'odeur caractéristique de leur race, de la race nègre et de la race blanche, si bien qu'ils ont donné à ces trois odeurs des noms qu'Humboldt même a conservés.

Il est donc évident que si notre odorat était aussi exercé que celui de ces Indiens, nous trouverions dans l'odeur des races une série de caractères particuliers, analogues à ceux que nous tirons de la coloration.

Je laisse de côté quelques autres caractères dont j'aurai occasion de parler plus tard quand nous étudierons la race blanche d'une façon plus détaillée, et j'arrive à ceux que l'on peut tirer de quelques-unes des régions du corps, et particulièrement de la tête.

Dans la tête nous devons distinguer deux parties, la région crânienne et la face. La région crânienne nous présente des caractères que l'on peut considérer comme ostéologiques. La peau qui recouvre la face est tellement moulée sur la boîte osseuse, que nous n'avons à nous en occuper que quand il s'agit de caractères extérieurs autres que ceux du crâne. Dans la face, la chair est également supportée par la boîte osseuse; mais cette boîte osseuse elle-même offre des particularités qui ont une importance considérable en anthropologie. Le nez, par exemple, se compose d'une portion osseuse, d'une portion cartilagineuse et d'une portion molle. Or, le nez dans les races colorées est toujours plus ou moins épaté; cela est parfaitement visible dans les divers portraits que nous avons sous les yeux. Et quand nous avons trouvé le nez saillant dans certaines populations de l'Amérique, en nous appuyant sur ce caractère et sur bien d'autres, nous avons considéré ces races comme se rattachant de très-près aux populations caucasiques. Chez les populations blanches, le nez se détache de la face, il est toujours beaucoup plus proéminent que dans les autres races; et même dans les rameaux du tronc caucasique qui, sous ce rapport, se rapprochent le plus des races colorées, on n'arrive jamais à ces extrémités que nous présentent certaines races jaunes ou noires. Les lèvres aussi peuvent servir de caractère jusqu'à un certain point. Chez les nègres, le bourrelet en saillie qu'elles forment résulte non-seulement de la structure des parties osseuses, mais du développement, de l'épatement de toutes les parties molles. La lèvre du nègre est certainement plus charnue que celle de l'Européen. — L. Danicourt.

— La fin à un prochain numéro. —

PHYSIOLOGIE GÉNÉRALE.

COURS DE M. CLAUDE BERNARD.

(FACULTÉ DES SCIENCES.)

(Voy. les n°s 19, 22, 24, 27, 29, 34, 35 et 38.)

VIII.

De la contraction musculaire et des irritants qui la déterminent. — Électricité musculaire.

Maintenant que nous avons isolé les propriétés du muscle en montrant nettement dans l'acte complexe du mouvement physiologique ce qui lui appartient et ce qui doit être rapporté aux nerfs, nous pouvons étudier séparément ces propriétés en prenant pour point de départ l'élément histologique dans lequel elles ont leur siége.

Considéré en lui-même, le muscle vivant possède deux propriétés vitales : 1° l'*irritabilité*, qui appartient à tous les tissus vivants; 2° la *contractilité*, propriété qui lui est tout à fait spéciale, et en vertu de laquelle se produit le phénomène du mouvement musculaire. L'irritabilité commande nécessairement à la contractilité, puisqu'elle est la propriété vitale par excellence et qu'elle gouverne toutes les manifestations de la vie.

On peut donc considérer dans le muscle, comme dans tous les autres éléments organiques, deux états qui se succèdent alternativement l'un à l'autre : l'état de repos et l'état de fonction ou d'activité. Il y a cependant une exception à faire à cette proposition générale, que tous les éléments histologiques ont des fonctions intermittentes, et cette exception nous la connaissons déjà : les cils vibratiles qui se trouvent notamment dans la trachée et dans les muqueuses en général. Mais avons-nous besoin de rappeler ici ce que nous avons déjà dit précédemment? Ces cellules se détruisent assez rapidement et sont remplacées par d'autres, de sorte que si le mouvement est perpétuel dans la membrane, il n'a qu'une durée limitée dans chaque élément en particulier, et se transmet ainsi sans interruption de l'élément qui périt à l'élément qui lui succède. Or, nous verrons que la nutrition s'opère toujours pendant le repos de l'organe, et c'est ce qui fait qu'un élément où le mouvement est constant, comme une cellule ciliaire, doit nécessairement s'atrophier, et tomber quand toute la force qui s'y trouvait accumulée a été dépensée, puisqu'il ne lui est pas permis de renouveler cette provision de force.

A l'état de repos peut succéder dans la fibre musculaire l'état de contraction. Mais nous avons vu qu'aucun élément histologique n'est capable de se donner le mouvement à lui-même : le muscle ne saurait échapper à cette loi, et il faut que lui aussi reçoive du dehors des excitations qui le déterminent à entrer en action. C'est par l'étude de ces diverses excitations que nous devons commencer.

On a divisé les excitants du muscle en trois classes : les excitants physiques, les excitants chimiques, et les excitants physiologiques ou vitaux.

Les excitants chimiques sont les moins importants, les moins nombreux et en même temps les moins connus. C'est, par exemple, l'acide chlorhydrique extrêmement dilué, l'acide lactique et d'autres acides encore; mais il ne faut pas oublier que nous parlons toujours d'acides faibles, dilués dans une quantité d'eau souvent considérable, et non point d'acides énergiques qui puissent agir comme caustiques. Citons aussi la glycérine. Mais, parmi les divers acides qui produisent l'irritation du muscle, il y en a un auquel on a fait jouer un grand rôle dans la physiologie des muscles, c'est l'acide de la bile ou acide cholique. Quand on touche un muscle avec de la bile, il se contracte aussitôt, et M. Budge a montré que cette action était due à l'acide que contenait la bile, soit à l'état libre, soit à l'état de combinaison, sous la forme de choléate de soude, par exemple, et il a donné une grande influence à ces phénomènes dans la production de l'action musculaire. Il a supposé en effet que les acides de la bile étaient absorbés par les tissus, comme Liebig l'avait déjà pensé, et venaient irriter certains muscles presque toujours en action, comme ceux du cœur, par exemple. M. Budge invoque en faveur de sa théorie d'abord l'action de la bile directement sur les fibres musculaires, et et ensuite ce fait, que les animaux privés de bile maigrissent considérablement, surtout dans leur système musculaire. Cela résulte en effet d'une expérience de Schwann, aujourd'hui bien connue, en physiologie. Ce savant pratiquait sur un animal une fistule biliaire pour faire écouler toute la bile au dehors, et il le conservait ensuite en le nourrissant abondamment. Un jeune animal ainsi traité périssait plus vite; mais l'adulte finissait également par succomber sous l'influence de cette privation absolue de bile. Toutefois, malgré les faits qui paraissent militer en sa faveur, cette théorie n'est pas encore assez bien établie pour occuper une grande place dans la science et pour que nous lui accordions ici un rôle considérable dans l'explication des phénomènes musculaires.

Les irritants physiques sont plus importants que les irritants chimiques. Ce sont surtout la chaleur, le froid et l'électricité. Tous les muscles ne sont pas également influençables par la chaleur et le froid, et l'on a distingué à cet égard les muscles *thermosystaltiques* et les muscles *athermosystaltiques*. Prenez, par exemple, un animal qui vient de mourir, et dont tous les muscles sont naturellement en repos : en le soumettant à la chaleur d'une manière progressive, ce qui se fait commodément avec de l'eau chaude, vous verrez qu'à une température déterminée, certains muscles reprendront leurs fonctions comme pendant la vie. Ainsi, vers 20 degrés, dans le milieu humide dont nous venons de parler, l'estomac et les intestins retrouvent de nouveau leurs propriétés vitales; l'estomac manifeste d'une manière très-marquée des mouvements péristaltiques, c'est-à-dire dirigés du cardia vers le pylore, et l'on peut assister ainsi à une digestion véritable obtenue artificiellement après la mort. Cela dure pendant un temps variable, une demi-heure ou une heure, et l'action est même si rapide, qu'elle se manifeste dès que l'eau chaude a touché l'estomac, avant même que le mercure du thermomètre ait eu le temps de se dilater et de monter dans la tige graduée. On peut répéter exactement les mêmes expériences sur les intestins, mais il faut dans tous les cas que l'on change la température. Ainsi, si le muscle était originairement à 10 degrés, il faut l'élever un peu au delà de cette température initiale, et les phénomènes que nous venons de décrire se manifesteront aussitôt.

L'élévation brusque de la température produit aussi des mouvements musculaires dans les fibres du cœur et de l'utérus, dans le dartos, les cordons qui suspendent les testicules, etc.

Chez le fœtus, cette propriété thermosystaltique existe pour tous les muscles mêmes. On a bien observé tous ces phénomènes sur le gésier des gallinacés; ils s'y manifestent à peu près jusqu'au cinquième jour après l'éclosion : à partir de ce moment, le gésier n'est plus thermosystaltique comme le reste du canal intestinal.

Dans les muscles thermosystaltiques, le froid diminue progressivement les contractions, comme il est facile de le voir dans le cœur, jusqu'à ce qu'elles disparaissent tout à fait. Mais les muscles des membres et en général les muscles de la vie animale n'entrent jamais en action sous la seule influence de la chaleur ou du froid, au moins après la période de formation; l'irritabilité est seulement augmentée par la chaleur et diminuée par le froid.

La lumière constitue aussi un irritant physique; mais son influence est naturellement très-restreinte, car un très-petit nombre de muscles sont exposés à son action. Cependant les muscles de l'iris paraissent soumis à cette influence qui, du reste, n'exclut pas les autres. En effet, si l'on prend l'œil d'un animal à sang froid peu de temps après la mort, on voit que l'iris exposé à la lumière se contracte visiblement. On prend d'ordinaire l'œil d'une anguille, parce qu'il conserve ses propriétés après la mort pendant un temps fort considérable, qui peut aller jusqu'à deux ou trois jours en hiver. L'expérience est du reste fort facile à faire. On place l'œil qu'on veut observer dans une petite boîte ouverte en l'entourant d'une éponge imbibée d'eau pour le maintenir dans un état d'humidité convenable et empêcher sa destruction par évaporation des liquides et dessiccation des membranes. Puis on prend un second œil aussi semblable que possible au premier, et on le dispose avec les mêmes précautions dans une autre boîte fermant hermétiquement, de telle sorte que la lumière ne puisse pas y pénétrer. On laisse les choses en cet état pendant plusieurs heures, car le phénomène est assez long à se produire. On ouvre alors la seconde boîte qui avait été fermée, et l'on constate que l'œil placé dans l'obscurité a maintenant l'ouverture de la pupille beaucoup moins large que l'œil exposé à l'action de la lumière : ce dernier s'est dilaté, tandis que l'autre n'éprouvait aucune modification. Pour rendre la conviction plus complète, on renverse alors l'expérience et l'on change les yeux de boîte : on observe alors sur chacun d'eux un résultat inverse de celui qu'il avait donné précédemment, ce qui prouve bien que la modification produite est due à l'action de la lumière. On peut aussi prendre l'iris seul et le disposer sur un verre de montre; seulement l'expérience doit alors être fort rapide, car la sensibilité de l'iris est bientôt détruite par la dessiccation. Du reste, une lumière très-faible suffit pour obtenir ce résultat, et l'on peut même se contenter de la lumière de la lune.

Le plus important de tous les excitants physiques, c'est l'électricité. Nous ne pouvons évidemment pas entrer ici dans les diverses conditions de construction et de jeu des appareils électriques. Bornons-nous à dire que la physiologie emploie cet agent en courants continus et en courants interrompus, les premiers se distinguant du reste en courants constants et en courants variables. Mais on peut faire passer un courant, même très-fort, dans un muscle, sans y produire la moindre contraction. En effet, ce n'est pas le courant lui-même qui influe, c'est l'état qu'il occasionne dans le muscle. Ainsi, quand on prend un courant constant, il y a contraction au moment où s'établit le courant et au moment où il est interrompu, parce qu'à ces deux moments l'état électrique du muscle est changé. Mais ce n'est pas l'intensité du courant qui produit l'action, c'est sa plus ou moins grande rapidité. Aussi, quand on change brusquement le sens du courant, obtient-on une contraction très-vive.

Enfin, la classe des irritants physiologiques comprend le système nerveux, qui est l'excitant normal du système musculaire; mais nous aurons à en parler trop longuement dans la suite, pour qu'il ne soit pas au moins inutile d'aborder en ce moment cette question.

Nous avons donc à étudier dès maintenant la contraction musculaire qui est déterminée par ces divers excitants, pour indiquer la manière dont le phénomène se produit, ses différentes périodes, son caractère et ses conséquences.

La contraction musculaire consiste essentiellement dans un raccourcissement de la fibre du muscle. Il est facile de se rendre compte du phénomène en observant directement au microscope un muscle en train de se contracter chez un animal vivant. Mais nous sommes obligés d'opérer ici sur des animaux morts et sans microscope. Aussi a-t-on inventé un appareil spécial et fort simple qui permet de suivre la contraction musculaire. Le voici : c'est tout bonnement un muscle de grenouille fraîchement préparé et portant à l'autre une plume dont les mouvements se produisent comme dans un levier coudé. Ces mouvements, visibles de loin, accusent nettement la contraction musculaire quand on irrite le muscle. D'ordinaire, on prend pour cet usage le muscle gastro-cnémien.

Dans l'animal vivant, la contraction est extrêmement rapide : il suffit d'une simple réflexion pour s'en faire une idée. Prenons, par exemple, le cœur, qui donne en général cent vingt pulsations par minute, et encore y a-t-il des animaux dont le cœur bat bien plus vite. Chez les oiseaux, les pulsations sont tellement rapides, qu'on ne peut plus les compter. Cent vingt pulsations par minute, cela fait une pulsation par demi-seconde; mais, entre deux pulsations, il y a un repos; supposons qu'il prenne la moitié de ce temps, et il ne nous restera plus qu'un quart de seconde par chaque pulsation, au maximum. C'est qu'en effet le phénomène dure bien moins longtemps.

M. Elmots, qui s'est beaucoup occupé de toutes ces questions, a inventé, pour déterminer la vitesse de l'acte musculaire, un appareil que nous montrerons ici en parlant de la rapidité de l'influence nerveuse. Le mécanisme de cet appareil consiste essentiellement à comparer la rapidité de l'action musculaire à celle de l'électricité. Voici les résultats auxquels il est arrivé. Il distingue trois périodes dans le mouvement : la pose, la contraction et le relâchement. On peut représenter par une courbe la durée comme la valeur de ces trois phénomènes successifs, qui duraient environ 305 millièmes de seconde dans ses expériences.

D'autres physiologistes ont essayé de représenter graphiquement, d'une manière directe, les différentes périodes de la contraction musculaire. L'appareil qui permet d'atteindre ce résultat, inventé d'abord par Folkmann, a été plusieurs fois modifié depuis; mais, malgré ces variations de détail, il est toujours resté le même au fond. On prend toujours un muscle de grenouille, généralement le gastro-cnémien, en conservant un bout d'os pour le fixer à l'une de ses extrémités. De l'autre côté, le tendon est mobile, et sur ce tendon on dispose une pointe qui puisse inscrire la marche du muscle sur une surface noire disposée à cet effet. Folkmann prenait tout simplement un morceau de verre noirci qui passait rapidement devant la pointe. On constate ainsi facilement que la pose est de beaucoup la plus courte des trois périodes, et que le relâchement se fait plus rapidement que la contraction, au moins dans l'état normal; car M. Beck, de Christiania, a observé qu'à mesure que le muscle se fatiguait, la durée du relâchement augmentait d'une manière sensible, tandis que le temps de la contraction diminuait.

Dans les conditions physiologiques ordinaires, l'action du muscle dure d'autant moins longtemps, que le muscle dépense davantage pendant un temps donné. Cette action musculaire ne se produit du reste que dans un milieu convenable : eau, température convenable, réaction alcaline, etc. Si l'on supprime ce milieu ou même quelques-uns de ses éléments, le muscle ne peut plus se contracter. Ainsi, ces contractions ne peuvent se produire que dans un milieu alcalin, et on les arrête en le rendant acide avec un acide fort étendu, pour ne pas altérer chimiquement les tissus. L'air est également indispensable à l'action musculaire, et un cœur de grenouille placé sous le récipient de la machine pneumatique cesse de battre immédiatement. Ce cœur subit du reste intérieurement une pression très-considérable, car, à la pression atmosphérique, s'ajoute la pression propre du cœur, qui vaut 150 millimètres de mercure environ.

Il faut donc toujours un milieu convenable pour l'action de la fibre musculaire ; et, si les muscles se contractent quelque temps encore après la mort, c'est parce que le suc musculaire, qui contient le milieu nécessaire, persiste avec ses propriétés les plus importantes pendant un temps plus ou moins long après la mort de l'individu.

L'oxygène est aussi nécessaire à l'action musculaire. Déjà au siècle dernier, Humboldt avait remarqué que les battements du cœur ont une activité fort différente dans les différents gaz. L'oxygène pur les active beaucoup, tandis qu'ils cessent complétement dans l'azote ; et il y a même certains gaz, comme l'acide sulfhydrique, qui asphyxient le muscle.

La contraction musculaire est accompagnée d'élasticité. Chaque fibre se raccourcit et gagne en largeur ce qu'elle perd en longueur, comme le muscle total lui-même ; c'est un fait facile à constater en observant la contraction sous le microscope. On avait cru pouvoir expliquer le mécanisme du raccourcissement du muscle en supposant que les fibres se disposaient en zigzag au moment de la contraction, ce qui rendrait compte à la fois de la diminution de longueur et de l'augmentation de grosseur du muscle. Certains auteurs croient même encore aujourd'hui que la contraction musculaire peut se produire à la fois par cette disposition en zigzag et par ce simple élargissement des fibres. Mais on n'a jamais pu constater cette disposition en zigzag chez l'animal vivant : le cadavre seul la présente quelquefois. C'est assez dire que nous ne pouvons admettre cette explication.

D'autres physiologistes ont supposé que l'enveloppe de la fibre se plissait pendant le repos ou le relâchement pour se détendre pendant la contraction, et ils expliquent même par ce plissement l'apparence striée que présentent certains muscles. Mais les micrographes ne pensent pas pouvoir rapporter à une telle cause les stries qu'ils constatent le long des fibres, et tous s'accordent à y voir de simples amas de granulations.

Nous devons donc dire que dans le muscle qui se contracte, il ne se passe rien autre qu'un simple élargissement des fibres par extension de leur tunique élastique.

Dans la contraction, le muscle gagne en largeur exactement autant qu'il perd en longueur. On le prouve d'une manière bien simple en plaçant dans une éprouvette un muscle fraîchement préparé ; on remplit cette éprouvette avec du *sérum*, parce que ce liquide organique conserve parfaitement le muscle qui se trouve ainsi complétement immergé ; puis on excite ce muscle avec une pince électrique ou par tout autre moyen, et l'on constate qu'au moment de la contraction le niveau du liquide reste rigoureusement le même : c'est donc que le volume total du muscle n'a ni augmenté ni diminué, et que l'élargissement a compensé exactement le raccourcissement. On peut donc se figurer un muscle comme un tube de caoutchouc revenant naturellement à ses dimensions et à sa forme primitives, quand il n'est plus sous l'influence de la cause qui avait changé cette forme et ces dimensions. D'ailleurs, le muscle, à l'état normal, est toujours dans un état de demi-contraction appelé *ton musculaire*, et dont nous parlerons plus tard en traitant de l'influence nerveuse à laquelle il est dû.

L'action musculaire s'exalte ou se ralentit parallèlement aux phénomènes physico-chimiques qui se passent dans l'organisme, et surtout dans le muscle lui-même. Ce sont ces phénomènes qu'il nous faut maintenant étudier, surtout les courants électriques qui parcourent incessamment le muscle ; les phénomènes de chaleur qui s'y produisent, notamment par suite de la respiration musculaire, qui est une sorte de combustion accomplie dans les tissus intimes des muscles ; enfin les phénomènes de nutrition, et le phénomène ultime de la vie du muscle, la rigidité cadavérique.

Nous commencerons par l'étude des phénomènes électriques.

Il y a d'abord des animaux qui produisent de l'électricité lorsqu'ils sont vivement excités ou menacés de quelque danger, notamment les poissons électriques et surtout la torpille. Mais ce n'est point de cette nature particulière de phénomènes propre à certains animaux que la physiologie générale doit s'occuper. Il s'agit ici d'électricité produite par tous les muscles, chez tous les animaux, et non par certains animaux et par certains muscles spéciaux. En un mot, nous parlons des phénomènes électriques qui font partie des manifestations essentielles du système musculaire, et sont produits partout par le jeu de ce système.

On n'a observé la production d'électricité dans les muscles que chez la grenouille, mais il ne faudrait pas croire que cela soit une particularité propre à cette espèce. Si l'on a toujours choisi la grenouille pour ces études, c'est qu'il est très-difficile d'opérer sur les animaux à sang chaud, parce que leurs muscles perdent bien plus vite leurs propriétés vitales après la mort de l'individu. Les phénomènes dont nous allons parler existent parfaitement chez ces animaux, mais l'excitabilité des tissus persistant très-peu de temps, ils s'évanouissent fort rapidement. C'est là la seule cause qui empêche de les constater, et en effet, si l'on transforme un lapin en animal à sang froid, ce qui peut se faire facilement au moyen de certaines lésions au système nerveux, comme nous le verrons plus tard, on obtient alors tous les phénomènes électriques constatés d'ordinaire sur la grenouille. La marmotte réalise naturellement cette singulière transformation pendant son long sommeil de l'hiver, et l'on peut en dire autant des animaux hibernants. Tous les phénomènes vitaux acquièrent alors chez eux une remarquable lenteur, et, par suite de cette diminution d'activité, se perpétuent bien plus longtemps après la mort, parce que la provision de force qui existe à ce moment s'épuise beaucoup moins vite. L'animal se trouve alors placé dans les mêmes conditions qu'une grenouille ou qu'un animal à sang froid ordinaire, et l'on peut facilement observer sur son cadavre les mêmes phénomènes.

Il nous est donc permis de poser ce principe, à savoir, que l'électricité se produit chez tous les animaux et dans tous les muscles, sans distinguer entre ceux de la vie animale et ceux de la vie organique.

Ainsi le cœur est électrisé positivement à sa pointe, négativement à sa base, et par suite il est sillonné par les courants qu'engendre nécessairement cette divergence d'état électrique. Il en est de même de l'estomac et de beaucoup d'autres viscères.

Voyons maintenant en quoi consiste cette production électrique du muscle à l'état de repos et à l'état de mouvement.

Chaque fibre musculaire possède un courant électrique allant de la surface au centre. On peut même constater qu'une fibre représente un aimant; car au milieu se trouve une ligne neutre où la tension électrique est nulle, tandis qu'aux deux extrémités on trouve des courants qui vont en décroissant d'intensité jusqu'au milieu. La surface du muscle est électrisée positivement, son centre négativement. Si nous prenons le muscle entier avec ses deux tendons qui lui servent d'attaches et le prolongent, ces tendons continuent l'électricité négative du centre. Pratiquons maintenant une coupe du muscle transversalement à la direction des fibres, il est évident que cette coupe sera électrisée négativement. Pour faire l'expérience, il faut porter dans les appareils une des moitiés du muscle seulement, car si l'on y mettait les deux moitiés, elles se neutraliseraient et l'on n'obtiendrait plus rien.

L'appareil dont on se sert pour ces expériences se compose essentiellement de deux vases remplis d'une dissolution de sulfate de zinc bien neutre; dans chaque vase plonge une lame de zinc portant à sa partie supérieure une petite tige de fer recourbée à angle droit, où l'on attache le fil du galvanomètre. Puis sur le bord de chaque vase on dépose un petit coussinet, qui par une de ses extrémités plonge dans le liquide pour établir la communication et reçoit le muscle sur sa face supérieure. On rapproche alors les deux vases de manière que les coussinets soient vis-à-vis l'un de l'autre, et l'on dispose alors entre les deux coussinets le muscle qu'on veut soumettre à l'expérience, de telle sorte que la tranche de ce muscle porte sur un des coussinets et la surface extérieure sur l'autre. Enfin on complète le circuit en attachant les fils d'un galvanomètre aux deux tiges de fer dont nous avons parlé tout à l'heure. Un galvanomètre peu sensible suffit du reste, car les phénomènes d'électricité musculaire sont très-marqués. On peut facilement, au moyen de cet appareil, vérifier tout ce que nous venons de dire.

Tel est l'état normal ou de repos. Mais quand on fait contracter un muscle, il se manifeste des phénomènes tout différents. Au moment même où se produit la contraction, l'aiguille du galvanomètre revient en sens inverse de son premier mouvement. On a donné de ce fait deux explications différentes. M. Matteucci dit qu'il se produit, au moment de la contraction, un courant inverse de celui qui existe à l'état normal, et pour établir l'exactitude de cette théorie, il a montré qu'un muscle qui se contracte peut produire par influence la contraction d'un autre : c'est ce qu'il appelle la *contraction induite*. M. du Bois-Reymond prétend au contraire que l'*oscillation négative* (c'est ainsi qu'il appelle le brusque revirement de l'aiguille du galvanomètre au moment de la contraction), que cette oscillation est tout simplement due à ce que, au moment de la contraction, tout courant électrique est instantanément supprimé dans le muscle, et l'on comprend bien, en effet, qu'il se produira alors un phénomène analogue à celui qu'engendrait un courant de direction contraire. La force qui écartait l'aiguille du zéro, disparaissant tout à coup, cette aiguille tend immédiatement à regagner sa position d'équilibre qui est au zéro; mais quand elle y est arrivée, elle le dépasse et continue sa marche en vertu de la force acquise, jusqu'à complet épuisement de cette force; puis elle revient sur elle-même et exécute ainsi un certain nombre d'oscillations autour du zéro, suivant le mécanisme si simple des mouvements pendulaires.

M. du Bois-Reymond a, suivant nous, parfaitement établi la valeur de son explication, car il a montré qu'en maintenant un muscle en tétanos, c'est-à-dire en état de contraction permanente pendant un temps assez long, l'aiguille du galvanomètre finissait tout de même par s'arrêter à zéro, au lieu de prendre une position d'équilibre située de l'autre côté du zéro, par rapport à celle qu'elle occupait d'abord; ce qui ne manquerait pas d'arriver, si l'explication de M. Matteucci était vraie et si nous avions alors un courant de sens inverse au courant normal. Quant à la contraction du second muscle, obtenue sous l'influence de la contraction du premier par M. Matteucci, elle peut très-bien s'expliquer par la suppression de tout courant aussi bien que par l'établissement d'un courant nouveau de sens inverse au premier. En effet, pour faire contracter un muscle en dehors de toute influence du nerf, il suffit de changer ou de supprimer l'état électrique de ce muscle, résultat qu'on obtient aussi bien en détruisant tout courant dans le muscle dominant qu'en y faisant naître un courant contraire au courant primitif. On pourrait aussi invoquer en faveur de cette théorie une expérience que nous ferons plus tard, en parlant de l'électricité des nerfs. Elle montre qu'en disposant un nerf au-dessus d'une surface mercurielle, de manière à lui faire faire une petite anse fermée par le mercure, qui offre ainsi à l'électricité nerveuse un trajet plus faible et plus court qu'elle s'empresse de prendre, cette seule suppression du courant électrique nerveux dans la partie qui forme l'anse suffit pour amener immédiatement, au moment où elle se produit, une contraction du muscle influencé par le nerf sur lequel on opère.

Du reste, la contraction induite de Matteucci est parfaitement certaine comme fait, et vous pouvez voir ici que les contractions d'un cœur de grenouille provoquent immédiatement des contractions dans une patte du même animal, à chaque contact des deux muscles entre eux.

Cet état électrique que nous venons de décrire est nécessaire à l'action musculaire. Aussi M. du Bois-Reymond a-t-il observé qu'au moment où le muscle entre en rigidité cadavérique, le courant se renverse, c'est-à-dire que la surface est alors électrisée négativement et l'intérieur positivement, ce que bien des expérimentateurs ont observé depuis. Enfin, tout courant électrique disparaît quand le muscle entre en décomposition. On n'a pas encore expliqué ce fait du renversement du courant au moment de la rigidité cadavérique ; mais il tient peut-être à une cause chimique, car la coupe du muscle, très-nettement alcaline à l'état ordinaire, devient acide au moment de la rigidité cadavérique.

Jusqu'à quel point l'électricité musculaire, telle que nous venons d'en indiquer les effets, est-elle liée au phénomène de la contraction ? C'est ce qu'il nous reste à indiquer maintenant. Ces deux faits sont-ils intimement et nécessairement unis ensemble ? Oui et non. — Quand un muscle se contracte, il possède certainement son courant électrique, et à ce point de vue la liaison paraît être essentielle. Mais, inversement, un muscle peut très-bien posséder encore son courant électrique normal et cependant n'avoir plus ses propriétés contractiles, car les actions chimiques et électriques subsistent souvent longtemps encore après que les phénomènes physiologiques ne s'accomplissent plus.

Mais quelle est la nature de ces rapports incontestables entre les phénomènes électriques du muscle et la contraction qui est sa fonction principale ? Faut-il y voir un rapport de cause à effet ou une simple coïncidence ? Suivant M. Claude Bernard, il n'y a là qu'une simple coïncidence, et rien autre chose ; car les poisons spéciaux des muscles, l'upas antiar, la digitaline, etc., détruisent rapidement dans le muscle toute propriété contractile, tandis qu'ils n'ont aucune influence sur les courants électriques qui les sillonnent. Il y a donc là deux ordres de faits procédant de causes distinctes, et qui ont chacun leurs conditions propres d'existence, puisque les influences qui détruisent les uns n'altèrent point toujours les autres.

L'activité des phénomènes électriques du muscle est intimement unie à l'activité plus ou moins grande des autres phénomènes physico-chimiques qui s'y passent, et notamment aux phénomènes de respiration musculaire, principale source de la chaleur animale, et qui feront le sujet de la prochaine leçon. — Émile Alglave.

CHIMIE.

COURS DE M. BALARD.

(COLLÉGE DE FRANCE.)

(Voy. les nos 7 et 40.)

III.

De la dialyse.

Jusqu'ici, messieurs, nous avons parlé de la solution sans faire la théorie de cette opération. Nous avons exposé les faits, voyons maintenant quelles sont les idées théoriques qu'on a émises sur ce phénomène.

La première idée théorique émise d'une manière rationnelle sur ce sujet l'a été par Lavoisier.

Il raisonnait de la manière suivante :

« Les corps solides, disait-il, par cela même qu'ils sont solides, ont une certaine force de cohésion ; or, quand ils sont dissous, ils deviennent liquides, et cette force de cohésion qui maintenait leurs molécules à l'état solide se trouve vaincue. Qui a vaincu cette force ? C'est l'affinité que les liquides exercent sur les molécules du corps solide. Il résulte de là que quand un corps est mis en présence d'un liquide qui peut le dissoudre, il s'établit une lutte entre la cohésion, qui tend à maintenir les corps à l'état solide d'une part, et l'affinité, qui tend à leur donner la forme liquide de l'autre. L'affinité peut donner la forme liquide quand nous la voyons déterminer dans les corps qu'elle combine des changements si considérables, que les corps composés ne ressemblent en rien à la nature des corps composants, et qu'il est naturel qu'une affinité même très-légère change tout au moins l'état physique des corps.

» Maintenant, dans cette lutte, si la cohésion est la plus forte, le corps est insoluble ; si c'est l'affinité, le corps est soluble.

» Lorsque le dissolvant et le corps à dissoudre sont en présence d'une température élevée, que se passe-t-il ?

» D'un côté, cette température élevée augmente l'affinité ; de l'autre elle tend à détruire la cohésion des molécules : il n'y a donc rien d'étonnant que la cohésion soit facilement rompue dans ces conditions. »

Ce raisonnement paraît très-spécieux, et Lavoisier citait à l'appui de sa théorie certains nombres d'exemples qui lui donnent une très-grande probabilité, exemples parmi lesquels le salpêtre se présente au premier rang.

Je dis que ce raisonnement appliqué au corps dont nous venons de parler paraît spécieux. Mais, pour qu'il fût vrai, il eût fallu deux choses d'abord : que la solution s'exerçât non-seulement de liquide à solide, mais de liquide à liquide, et ensuite qu'elle s'exerçât toujours dans toute espèce de proportions : or, c'est précisément le contraire qui a lieu.

Mais prenons une certaine quantité d'eau, et déposons doucement à la surface de cette eau de l'éther, qui, comme vous allez le voir, est plus léger que l'eau et surnage parfaitement. Je suppose qu'il ait été distillé sur le chlorure de calcium et privé de toute l'humidité qu'il contenait. Au bout d'un certain temps nous trouverons que l'éther se sera saturé d'eau et n'en aura pris qu'une quantité limitée, un quinzième ou un vingtième à peu près ; respectivement, que l'eau se sera saturée d'éther : mais les deux corps ne se seront pas dissous l'un et l'autre dans une proportion indéfinie. Ce qui montre que la formation de la solution s'accomplit d'après d'autres principes que ceux indiqués par Lavoisier.

Cette considération et l'expérience dont je viens de parler ont amené Gay-Lussac à adopter une opinion toute différente, que les expériences de M. Graham ont dans ces derniers temps justifiée complétement.

Pour vous donner un aperçu général du sujet que nous allons traiter, je dirai que Gay-Lussac compare la solution à la vaporisation, et la regarde comme un phénomène tout à fait de même ordre.

Quand les corps volatiles sont placés dans un espace libre, ils deviennent gazeux ; et ce ne sont pas seulement les corps liquides qui peuvent éprouver cette vaporisation, on l'a constatée aussi chez les corps solides.

Prenons un corps, évaporons-le et déterminons la tension de la vapeur.

Nous trouvons que la tension de la vapeur est représentée par une courbe relative à différentes températures.

Dans certaines parties de cette courbe, le corps peut se trouver solide, comme l'eau, par exemple, si nous la prenons à 4, 5, 6 degrés au-dessous de zéro. Vous voyez donc qu'un corps peut se volatiliser tout en étant solide.

Or, savez-vous ce que l'on constate? C'est que cet accroissement resté constant, la vaporisation marche d'une manière uniforme, sans présenter de variations à la température où le corps solide devient liquide.

Il en résulte que des choses aussi différentes qu'un corps solide et qu'un corps liquide sont identiques au point de vue de la vaporisation.

Eh bien, si Gay-Lussac n'avait constaté ce phénomène que sur la vapeur d'eau, il n'aurait pu l'amener au degré de généralité qu'il lui a donné. Mais il existe une substance, l'acide cyanhydrique, qui se solidifie à 20 degrés au-dessous de zéro. Gay-Lussac a déterminé la tension de la vapeur de cet air cyanhydrique. Il s'est aperçu que la courbe qui représente cette tension était parfaitement régulière dans sa marche, n'éprouvait aucun point de rebroussement ; que l'état liquide et l'état solide étaient dans les mêmes conditions par rapport à la vaporisation.

Maintenant que nous avons constaté ce qui se passe dans le phénomène de la vaporisation, passons à la solution.

Si nous avions beaucoup de sels fusibles à une température au-dessous de 100 degrés, nous pourrions répéter les expériences faites sur l'eau par Gay-Lussac; mais nous n'avons pas de sels de cet ordre. Le nitrate de potasse a besoin de 150 à 200 degrés de température pour devenir fusible ; il n'est donc pas dans les conditions nécessaires à un corps soluble au-dessous de 100 degrés. Mais les phénomènes de solution ne s'exercent pas seulement par l'eau. Ainsi, ce carbure d'hydrogène soluble qu'on a commencé à extraire en quantité notable, soit par la dissolution du bois, soit dans les carbures d'hydrogène qui viennent d'Amérique, soit dans ceux trouvés à la surface de la mer Caspienne, cette matière qui reçoit le nom de paraffine, et qui sert à faire des bougies, se dissout dans l'alcool. On peut donc dresser la courbe de solubilité de cette matière dans l'alcool; on s'aperçoit alors que sa courbe de solubilité est parfaitement régulière.

Vous voyez donc que la cohésion n'est évidemment pour rien dans le phénomène de la solution. Avec certains autres acides, on obtient également le même phénomène.

Ainsi, vous le voyez, la cohésion ne joue aucun rôle ; et vous comprenez que s'il était vrai qu'il y ait lutte entre l'affinité et la cohésion, il arriverait que la cohésion, à un moment donné, ne pourrait être vaincue par l'affinité, et que nous ne pourrions jamais arriver au terme de saturation.

Mais puisque la cohésion n'est pas une lutte entre la cohésion et l'affinité, qu'est-ce que c'est? Une espèce d'évaporation d'un liquide solide qui n'a pas de tension propre et qui ne peut devenir gazeux, mais qui peut se vaporiser, pour ainsi dire, en passant à travers les molécules d'un liquide. C'est ce que l'on a appelé du nom de *diffusion*. Ainsi, il faut se représenter les corps solides qui sont placés dans une dissolution comme ayant leurs molécules dans le même état qu'un gaz. Les molécules du corps solide se repoussent comme celles du corps gazeux, et tant qu'il y a de l'espace devant elles, elles marchent, pourvu qu'il y ait un liquide dans les interstices des molécules duquel elles puissent se mouvoir, et comme le dissolvant doit convenir à cette matière, c'est ce qui fait que la nature des corps influe sur leur aptitude à servir de dissolvants.

Maintenant, ces idées de Gay-Lussac viennent de recevoir d'un travail considérable de M. Graham une sanction que je dirai presque complète. Il a fait connaître le phénomène remarquable qui accompagne la diffusion, c'est-à-dire la faculté de se répandre dans l'espace. Mais avant de vous faire l'histoire de cette diffusion, permettez-moi de vous dire un mot de celle des gaz. C'est Gay-Lussac qui nous en a fait connaître les lois.

Quand une masse gazeuse est placée dans un espace où elle peut se répandre, cette masse gazeuse tend à remplir cet espace. Cette tendance n'existe-t-elle que dans l'espace vide d'une manière absolue, ou présentant une moindre tension que le gaz? Non; elle existe lors même que l'espace est plein d'un autre gaz ayant une tension égale au premier.

Un gaz peut s'étendre dans un espace rempli d'un autre gaz.

Les observations faites à cet égard l'ont été par Berthollet. Concevons que nous ayons deux ballons réunis par un tube : un sera rempli d'hydrogène, l'autre d'acide carbonique. L'hydrogène est seize fois plus léger que l'air, l'acide carbonique est plus lourd ; l'hydrogène est vingt-quatre fois plus léger que ce gaz. Vous supposez que les deux gaz vont rester chacun à leur place. Point du tout; au bout d'un temps qui n'est pas long, on trouve que la nature du mélange gazeux, soit qu'on le prenne dans le vase d'en haut, soit qu'on le prenne dans le vase d'en bas, est identique. Les deux gaz se sont mêlés, se sont confondus, se sont répandus jusque dans l'espace particulier occupé par chacun d'eux, et le mélange est devenu uniforme. Eh bien, comment s'opère ce phénomène.

Est-ce une conséquence de l'action des molécules les unes sur les autres? Non : les expériences de M. Graham tendent à prouver que tout cela provient de la masse, et que l'attraction spéciale des gaz l'un pour l'autre n'exerce aucune action.

Quelle est la loi d'après laquelle s'exerce cette diffusion ?

Les expériences de M. Graham ont prouvé que la différence d'écoulement des deux gaz dans l'espace que l'un et l'autre occupent sont en raison inverse des racines carrées de leur densité.

Ainsi, prenons de l'hydrogène dont la densité, je suppose, est 1/16, et prenons de l'air dont la densité est 1.

La racine carrée de 1/16 est 1/4. Vous voyez que les rapports des racines carrées sont entre $\frac{1}{4}$ et 1.

Il en résulte que s'il passe de l'air comme 1/4 dans l'hydrogène, il passera de l'hydrogène comme 1 dans l'espace plein d'air. Eh bien, si nous placions l'espace plein d'air dans un vase plein d'hydrogène, cet espace recevant plus d'air que d'hydrogène, il devra se vider; et réciproquement. Maintenant, si nous plaçons un ballon plein d'air dans un vase plein d'hydrogène, alors il entre plus d'hydrogène dans le ballon plein d'air qu'il n'entrait d'air dans le ballon plein d'hydrogène.

Nous devons à M. Graham une forme particulière d'expériences trop intéressantes pour que je ne vous les montre pas.

Prenons un tube ouvert par les deux bouts. A l'extrémité de l'un des bouts on a mis une plaque de graphite, corps poreux qui, lorsqu'il a été obtenu par les moyens artificiels, présente à la fois une densité parfaitement suffisante, et en même temps assez de force pour que le phénomène de la diffusion dont je viens de vous parler puisse se produire.

Nous allons remplir ce tube de gaz hydrogène, puis le placer dans l'intérieur de cet appareil et l'abandonner à lui-même.

Voilà un petit indicateur qui vous montre où en est le mercure. Le phénomène, comme vous le voyez, commence à être sensible; on voit le mercure monter. La partie supérieure du tube est terminée par le corps poreux, au travers duquel la division du gaz est possible. Il sort de l'hydrogène plus qu'il n'entre d'air, et le mercure va monter dans le tube d'une façon assez notable. Mais déjà le mouvement est sensible.

Maintenant nous pouvons faire la contre-épreuve : car si nous prenons un vase, un tube de ce genre, dans lequel nous avons introduit une certaine quantité d'air, et puis que nous recouvrions ce tube d'un vase plein d'hydrogène, si le phénomène que nous indiquons est vrai, il va se produire précisément l'inverse ; c'est-à-dire qu'il va entrer de l'hydrogène dans l'intérieur du tube et qu'il en sortira de l'air, et qu'au bout d'un certain temps le liquide descendra.

Eh bien, messieurs, les phénomènes relatifs à la diffusion des gaz étant constants, nous pouvons nous occuper de ceux qui concernent les liquides, et de la dissolution des solides dans les liquides et des liquides dans les liquides.

Quand on met un corps solide dans un liquide, le transport du solide s'opère dans toute la masse du liquide; et cela se produit d'une manière assez rapide, non-seulement de solide à solide, mais de liquide à liquide.

Ainsi, nous avons mis hier soir dans l'intérieur de ces vases de la teinture de tournesol, et nous y avons jeté ensuite un petit fragment d'acide tartrique.

En le projetant avec violence, il est arrivé d'une manière très-rapide à l'intérieur du vase, et la teinture de tournesol n'a pas été rougie. Qu'est-il arrivé? Que le sel s'est dissous et que la solution a cheminé dans l'intérieur de ce liquide. Vous voyez qu'il y a une zone parfaitement distincte. A partir d'un certain point, la teinture de tournesol a conservé une couleur bleuâtre, et à la partie inférieure elle a pris la nuance que lui communique l'acide tartrique. Il est donc facile de voir le chemin que l'acide tartrique a fait depuis hier soir. Voilà le phénomène de la diffusion s'exerçant d'un liquide sur un solide.

Ce phénomène peut s'exercer d'un liquide sur un liquide.

Mais la diffusion ne s'exerce pas également sur tous les corps liquides et sur tous les corps solides. A cet égard, les corps solides peuvent se partager en deux classes particulières.

Il y a des corps qui ont des tendances à prendre la forme de cristaux, ceux-là sont très-diffusibles.

Ils s'évaporent dans les liquides d'une manière très-rapide, très-prompte ; ces corps-là ont reçu, à cause de leur état cristallin, le nom de *cristalloïdes.*

Eh bien, la solubilité de ces corps cristalloïdes est en général très-grande, très-nettement prononcée; mais il y a d'autres substances qui ont des propriétés tout opposées, qui, au lieu d'avoir la forme cristalline, ont une forme amorphe souvent globulaire.

Ce sont des corps qui sont solubles, mais qui, pour peu que vous veniez à faire cesser les conditions de leur solubilité, se précipitent.

Voilà, par exemple, une dissolution qui renferme de l'iodure d'amidon : c'est de l'amidon coloré par l'iode. Mais si l'on ajoute de l'acide chlorhydrique, avec le temps vous voyez la liqueur qui devient limpide, et il se forme un dépôt.

Un cristalloïde ne se serait pas composé de la même manière.

En voici un autre exemple, qui nous est donné par la solution de l'indigo. L'indigo aussi se dissout dans l'acide sulfurique, et donne naissance à un acide particulier, qu'on appelle l'acide sulfo-indigotique.

Eh bien, à cette dissolution que voilà, si j'ajoute une certaine quantité d'un corps très-soluble, l'acétate de potasse, vous voyez qu'il y a une couche de matière déposée et une liqueur différente à la partie supérieure.

Ainsi, cette matière, quoiqu'elle pût se dissoudre en grande quantité dans ce liquide, n'avait pas pour cela beaucoup de tendance à rester avec ce liquide : ce qui vous montre que ce n'est pas par la grande quantité de matière dissoute qu'on peut juger de l'aptitude à la solution. Eh bien, messieurs, ces corps dont nous venons de parler sont très-peu diffusibles, ne cheminent ainsi dans l'intérieur du liquide qu'avec une extrême difficulté ; ce sont les analogues des corps extrêmement peu volatiles.

Or, cette faible aptitude à la diffusion se rencontre précisément dans les colles fortes, dans les gélatines et dans les gommes, etc., et surtout dans un très-grand nombre de corps du règne organique ; tandis que les corps cristalloïdes appartiennent au règne minéral. Ces corps qui présentent des propriétés inverses des corps cristalloïdes, on les a appelés du nom de *colloïdes.*

Les colloïdes participent en quelque sorte de la fluidité des liquides, et peuvent servir comme l'eau elle-même pour le phénomène de la diffusion. L'état cristalloïde paraît être l'état statique. Les corps colloïdes éprouvent au contraire des modifications continuelles, leur état est un état dynamique ; la matière n'y est pas à l'état stable, elle est en mouvement et participe, par la force qui l'anime, de cette force qui se manifeste dans les phénomènes vitaux.

Maintenant, comment nous y prendrons-nous pour étudier le phénomène de la diffusion ?

La première méthode établie par Graham était celle-ci. Voici un vase. Concevons que nous l'avons rempli d'une solution d'un sel déterminé ; puis mettons le vase dans l'intérieur de celui-ci, et ensuite recouvrons-le avec un tout petit morceau de liége supporté par un petit appendice. Versons de l'eau dans l'intérieur de ce vase, sans agiter le moins du monde le liquide renfermé dans l'intérieur du vase primitif, et remplissons-le avec soin. Quand nous serons arrivé à un certain terme, au niveau, versons sur le liége lui-même ; il est évident que de cette manière nous pourrons remplir l'intérieur du vase d'une manière parfaite, sans agiter le moins du monde. Voilà le vase rempli, le liége enlevé. Abandonnons cet appareil à lui-même pendant un certain temps, de manière à le mettre à l'abri des phénomènes qui occasionnent des perturbations mécaniques dans les liquides. Eh bien, au bout de quelques heures, nous prendrons le vase et nous analyserons l'eau du vase extérieur ; nous saurons quelle quantité de matière aura été divisée.

Nous pourrons juger ainsi de l'intensité de cette diffusion, et trouver qu'il y aura une beaucoup plus grande quantité de matière qui sera sortie d'un vase que d'un autre.

Est-ce là la seule manière dont on puisse montrer le phénomène de la division ? Il y en a une autre à laquelle M. Graham donne maintenant la préférence.

Concevons que nous avons un vase partagé en parties de quantités égales ; remplissons-le d'eau ; prenons une solution et introduisons-la dans ce vase au moyen d'une pipette très-effilée. Que va-t-il arriver ? C'est que cette solution qui est dense va couler dans l'intérieur du vase. Comme elle est très-dense, elle ne se mêlera pas mécaniquement avec l'eau. Au bout d'un certain temps, nous verrons une couche particulière se former dans l'intérieur du vase, et la couche versée sera séparée de la couche supérieure, qu'elle aura soulevée.

Donc, cette diffusion qui tout à l'heure s'exerçait d'un vase dans un autre, s'exercera dans le même vase maintenant. Quand le phénomène se sera produit, quand il se sera écoulé un temps suffisant pour qu'on puisse étudier le phénomène, nous prendrons un siphon, nous le remplirons d'eau et nous le placerons à la surface du liquide, de manière à n'enlever par ce siphon qu'une certaine quantité de liquide que nous voudrons. Nous enlèverons une partie de la première couche, puis de la seconde. Le vase de Graham a six divisions.

Si c'est une matière homogène, nous analyserons le liquide, et nous comparerons la matière homogène qu'il contient.

Vous voyez que nous avons là un nouveau procédé pour produire le phénomène de la diffusion.

Mais il y a un procédé encore plus simple que celui-là, c'est l'intervention des corps colloïdes. Les corps colloïdes peuvent produire le phénomène de la diffusion comme les corps liquides eux-mêmes. Ce phénomène s'opère à travers les corps colloïdes comme à travers les liquides.

Le papier est une matière textile qui se recouvre d'une matière colloïde. M. Graham a trouvé qu'il était plus commode de se servir d'une espèce de papier-parchemin, découvert il y a une vingtaine d'années, en France, où il n'a pas été apprécié. Mais en Angleterre, au bout de vingt ans, on a vu qu'il avait une utilité; on en a tiré parti sous le nom de papier-parchemin, et l'on s'en sert pour relier les livres. Rien n'est singulier comme les propriétés que ce papier acquiert quand il est immergé dans l'acide sulfurique.

Placé dans l'acide sulfurique, puis dans l'eau, le papier a changé de nature : dans toute la portion qui n'a pas été immergée, il a conservé cette faible résistance qu'il a d'ordinaire, mais la partie immergée a pris au contraire une extrême ténacité.

Eh bien, ce papier-parchemin est un corps éminemment colloïde, et l'on peut faire au travers toutes les expériences de diffusion.

M. Graham a donné de ces corps colloïdes une explication qui n'est pas vraie.

Il a pensé que les corps colloïdes avaient la propriété d'absorber l'eau, de telle sorte que quand on les mettait en contact avec un corps diffusible ou cristalloïde, le cristalloïde prenait l'eau du corps colloïde, et se dissolvant dans l'eau qu'il empruntait à ce corps, il ouvrait la porte par laquelle il devait sortir.

Mais voilà des expériences qui prouvent que cela n'est pas exact : c'est qu'on peut obtenir ce phénomène de diffusion à travers des corps tout simplement poreux, au travers de ces petits vases poreux dont on se sert pour la construction des piles, usage auquel ils servent précisément à raison de cette même porosité. Voilà des phénomènes de diffusion qui se produisent dans l'intérieur de ce vase, et qui ne permettent pas de regarder comme vraie l'explication de M. Graham.

On peut opérer, au moyen de ce phénomène de diffusion inégale, des séparations dans les corps. Concevons que nous ayons deux substances inégalement volatiles; soumettons-les à l'action de la chaleur : la plus volatile se détachera en plus grande abondance, la moins volatile restera. Eh bien, puisque les corps sont inégalement diffusibles, nous pourrons parvenir à les séparer, et cette séparation est une véritable analyse qui s'opère par des moyens très-simples, et on l'a appelée *dialyse*.

Les corps susceptibles d'opérer cette diffusion sont ce qu'on appelle des dialyseurs.

Rien de plus facile que de faire une dialyse; car vous voyez qu'il suffit de placer une feuille de papier dans l'acide sulfurique, elle devient papier-parchemin.

Maintenant, lions ce papier-parchemin autour d'un tambour de tamis, et nous aurons un appareil au moyen duquel nous pourrons d'une manière simple produire des phénomènes de diffusion. Cette méthode est très-sûre, car ici nous n'avons plus la crainte de mélanges mécaniques, puisque la résistance de la matière colloïde s'oppose à tout mélange de ce genre. — Léon Danicourt.

PHYSIOLOGIE EXPÉRIMENTALE.

COURS DE M. J. MOLESCHOTT.

(UNIVERSITÉ DE TURIN.)

(Voy. les nos 7, 26, 40 et 41.)

III.

L'unité de la vie (fin.)

Les nerfs mixtes peuvent, d'une autre manière, faire ressortir l'intime relation qui existe entre les nerfs sensibles et les nerfs moteurs. Mais peut-être n'y en a-t-il pas d'exemple plus remarquable que celui qui est mis en lumière par le nerf pneumogastrique. C'est un fait aujourd'hui connu, qu'une très-légère irritation des fibres motrices au moyen desquelles ce nerf anime le cœur augmente à la fois le nombre et la force des battements cardiaques; une surexcitation des mêmes fibres en diminue, au contraire, la fréquence et l'énergie. Mais, à côté des fibres motrices, le tronc du nerf vague lui-même renferme des fibres sensibles, qui, excitées fortement par l'intervention des grands centres nerveux, reportent le changement qu'elles subissent sur les nerfs du grand sympathique, et sur l'autre pneumogastrique, reproduisant ainsi d'une manière réflexe une fréquence de pouls normale. La même irritation, trop forte pour les fibres motrices, anéantit son effet, parce que, dès qu'une certaine mesure d'intensité et de durée se trouve dépassée, par l'action sur les fibres sensibles contenues dans le même névrilème elle agit sur la moelle allongée et sur la moelle épinière, action qui, par d'autres routes nerveuses, se transmet au cœur. Les fibres sensibles qui, dans le tronc du pneumogastrique, accompagnent les fibres motrices, leurs proches voisines, peuvent être considérées par celles-ci comme des valvules de sécurité.

Aucun organe n'est complet par lui-même. L'œil, outre le nerf optique, a besoin des fibres sensibles du trijumeau, qui se répandent dans l'orbite, afin de faire apprécier la distance des objets. A l'aide des fibres sensibles, dont le plexus cervical, le nerf vague et le trijumeau desservent la peau du pavillon de l'oreille et le conduit auditif externe, y compris la membrane du tympan, nous sommes en état de porter un jugement sur la direction d'où viennent les ondes sonores : la sensation tactile, elle aussi, se fait donc l'auxiliaire du nerf acoustique comme du nerf visuel. La tactilité de la langue complète la sensation que produisent les saveurs dans les nerfs du goût, et l'influence qu'exerce sur eux le nerf olfactif consiste souvent, non-seulement dans une simultanéité d'action, mais encore dans des informations anticipées.

C'est ainsi que se révèle une liaison intime entre les organes, non-seulement parce qu'ils contiennent la raison d'être immédiate l'un de l'autre, mais encore par la coopération mutuelle qui les fait s'entre-secourir, pour assurer la marche, la précision, la mesure et la durée de la fonction. Les organes ne sont plus désunis, par une multiplicité de fonctions entre lesquelles un archée quelconque pourrait allumer la guerre; ils sont tous réunis en tant que travaillant de concert, et conspirant, par des relations nécessaires et innombrables, à l'unité de la vie.

Et comment pourrais-je mieux confirmer la vérité de cette proposition qu'en faisant appel à la multiplicité des rôles que peut remplir une seule fonction, en correspondance directe avec le réseau de ces innombrables rapports qui exigent une pluralité d'organes pour la production d'un seul acte vital.

Chaque organe, en effet, met en œuvre dans toutes les directions ses qualités propres pour contribuer à la vie de l'organisme. Considérez avec moi, je vous en prie, quelques exemples qui mettent en lumière la variété d'action, en procédant graduellement des cas les plus simples aux plus compliqués.

Vous connaissez dans un grand nombre d'articulations ces petits coussinets graisseux composés d'un tissu connectif aréolaire, dans les mailles duquel sont entassées des cellules adipeuses, et qui parfois sont très-riches en vaisseaux sanguins. Nous trouvons ces coussinets sur la surface externe et interne de la jointure huméro-cubitale. Ils forment des poulies pour les muscles, dont ils améliorent le mode d'attache pour opérer sur les os; ils protégent la légère table osseuse placée entre la fosse olécrânienne et la coronoïde de l'humérus, du choc dans la tension et de la percussion de la coronoïde dans la flexion du bras. Ils fournissent du sang, aussi bien pour la nutrition des parties circonvoisines dans lesquelles, ainsi que dans les cartilages, manquent les vaisseaux sanguins, que pour la sécrétion de la synovie, c'est-à-dire de ce liquide visqueux qui lubrifie les extrémités articulaires.

Ou, si vous l'aimez mieux, prenons pour exemple le tube digestif, dont le mouvement fait l'office de la baguette du chimiste, mélangeant les sucs digestifs avec les aliments pour en activer la division et le triturage, mais qui pousse aussi les parties non digérables des aliments et le résidu excrémentitiel de la bile dans le duodénum et au delà, augmente les contacts entre l'émulsion dont doivent résulter le chyle aussi bien que le sang, et les replis de la muqueuse qui, par des millions de cellules, doivent absorber les aliments digérés. Par la compression des villosités, il en chasse le contenu vers les vaisseaux chylifères du mésentère, et en pressant des milliers de glandes entériques, il verse le suc sécrété par elles dans la cavité intestinale, et en fermant les conduits du foie et du pancréas, qui traversent obliquement la tunique musculaire de l'intestin, il empêche que des particules de l'aliment ingéré ne dévient de leur route et ne s'introduisent dans l'ouverture de ces canaux; en obturant le pylore, il maintient les substances nutritives dans l'estomac, jusqu'à ce que les corps albumineux aient subi la puissante influence du suc gastrique; il aide enfin à pousser le sang vers la veine porte, dans laquelle il a à vaincre la prodigieuse résistance du réseau capillaire hépatique.

Et la rate, — pour parler aussi des recoins les plus cachés et les plus mystérieux de l'organisme, — la rate n'est-elle pas en même temps un laboratoire de fabrication pour les corpuscules blancs du sang; de métamorphoses incessantes pour les substances azotées ou non azotées; de préparation pour le sang, dont l'élaboration dans le pancréas produira un suc apte à transformer les plus importantes des substances nutritives?

Et pourtant, ce n'est ni dans la rate, ni dans l'intestin, et encore moins dans les articulations, qu'il faut chercher les rapports de cette multiplicité de fonctions que nous avons en vue. La circulation et la respiration nous en offrent de plus frappants exemples.

De la circulation ne dépend pas seulement la distribution des éléments réparateurs de tous les tissus, de tous les organes, qu'ils soient ou non pourvus de vaisseaux sanguins, mais aussi l'introduction de nouvelles substances nutritives dans le sang lui-même; non-seulement la sécrétion de tous ces sucs qui servent à conserver l'individu et à maintenir l'espèce, mais encore l'élimination des produits de la désorganisation des tissus, pour lesquels *agir* veut dire *se détruire;* non-seulement la production, mais aussi la diffusion et la régularisation de la chaleur; non-seulement le mouvement musculaire, mais même l'impressionnabilité des sens; non seulement la perception et la conscience du sensorium, mais en outre l'expression de la terreur qui fait pâlir, de la joie qui colore les joues d'une teinte rosée.

Le cœur est, en somme, un appareil hydraulique qui emprunte la nourriture à l'intestin et la répand dans toutes les parties du corps; qui puise dans les poumons l'oxygène qui transformera le sang en tissus, et les tissus, par l'action du mouvement, de la sensation, de la pensée, en produits de la combustion; qui engendre du calorique en proportion de la plus ou moins grande quantité de combustibles introduits, et qui envoie avec le sang la chaleur au visage de l'homme que fait rougir la colère ou qu'échauffe l'enthousiasme.

En voilà beaucoup, messieurs, quoique ce ne soit pas tout encore, et que je puisse vous montrer que l'ensemble des fonctions qui constituent l'acte de la respiration est plus grandiose encore, plus fertile en phénomènes vitaux de toutes sortes.

Voici le diaphragme, qui se contracte, et qui verrait diminuer sa propre faculté de dilater la cage thoracique en comprimant en dedans les fausses côtes, s'il n'arrivait que, s'appuyant sur le coussin élastique des viscères abdominaux, il repousse ceux-ci contre les mêmes côtes, qui, de la sorte, se trouvent portées en dehors. Et dans ce même moment de l'inspiration, où se contracte le diaphragme, la contraction des muscles intercostaux augmente la solidité de la paroi thoracique, qui doit résister à la pression de l'air extérieur, plus dense alors que l'air contenu dans les poumons; et l'acte même qui fait naître le danger d'une rupture thoracique porte avec lui le remède. La force aspiratrice du cœur, la sollicitation du courant de sang veineux, de ce sang surtout, qui dans le foie doit traverser un second réseau capillaire, l'afflux du chyle et de la lymphe dans la veine cave, dépendent du moindre poids qui, durant chaque inspiration, oppresse le cœur, grâce à l'élasticité pulmonaire. C'est à l'aide d'un acte modifié de respiration que l'homme diminue le volume de l'abdomen pour le débarrasser des produits de la génération et de la nutrition. La respiration expulse du corps tous les principaux excréments, et non pas seulement l'acide carbonique contenu dans les poumons. Elle distribue au sang les qualités auxquelles le cerveau doit la faculté de penser, l'œil celle de voir, le muscle celle de se contracter; mais elle convertit aussi le sang en tissus, et elle est la source principale de cette chaleur qui est indispensable à la vie de presque tous les organes, et surtout du cœur. Et si l'air vivifie le sang et produit toutes les actions au moyen desquelles la machine humaine se conserve et développe son existence dans le monde extérieur, n'est-ce pas nous, en revanche, qui, par la respiration, donnons la vie à l'air, vie mélodieuse ou intellectuelle, vie sociale, en résumé? et n'est-ce pas à cette fonction respiratoire qu'en parlant je dois l'honneur et le plaisir de me mettre en communication avec vous?

Et puis voici le système nerveux qui reçoit à la périphérie les impressions sensibles, et, après l'élaboration qu'elles subissent dans les appareils auxiliaires de cette même périphérie, les transmet aux centres nerveux, où ils se transforment en sensations intellectuelles ou en sentiments volitifs, qu'il traduit en actes en renvoyant et en propageant, par d'autres voies, vers les muscles ses modifications moléculaires. Ne sert-il pas à entretenir les mouvements de la digestion, de la circulation, de la respiration et de toutes les fonctions secondaires qu'elles impliquent? N'est-il pas le modérateur de l'afflux du sang dans les diverses provinces du corps, et par cela même le régulateur de la température de chacune d'elles, des sécrétions sexuelles et digestives, de l'accroissement et du dépérissement des organes, le gouverneur suprême des actes vitaux et des appétences de l'homme?

Et ne perdriez-vous pas patience, messieurs, si, après tout ce que je viens de dire, je voulais m'étendre longuement sur ce qu'il faut entendre, à mon sens, par l'*unité de la vie?*

Pour moi, elle ne réside pas dans l'hypothèse d'une force vitale, à l'empire despotique de laquelle seraient subordonnées les forces physiques et chimiques, que personne n'a le droit d'écarter de la scène des fonctions organiques. Cette force vitale fut autrefois l'épée de Damoclès suspendue sur la tête des physiologistes en quête de phénomènes nécessaires. Moins encore doit-on rapporter l'unité de la vie à une puissance avide de conquêtes qui daigne s'égarer auprès des forces organiques avec l'intention d'en limiter le champ le plus possible. L'unité de la vie résulte plutôt des contacts profonds et universels qui réunissent toutes les fonctions entre elles, du mariage intime et égalitaire des parties isolées, de ce lien si expressif par la proportion, par la hardiesse, par l'utilité absolue, qui a fait du nom *organique* l'épithète idéale pour désigner l'ordre, la connexion, la symétrie, la désinvolture, la vitalité enfin, dans n'importe quelle création de l'esprit humain : dans les langues, dans les lois, dans l'art, dans toutes les recherches scientifiques.

La vie n'est pas *une*, en ce sens qu'elle serait l'émanation d'une force unique; c'est un état mobile, un flux continuel avec la persistance individuelle des vagues, et qui dépend d'une multitude de qualités inséparables de la matière à l'extérieur et à l'intérieur de l'organisme. Elle est *une*, parce qu'elle ne dépend pas de spontanéités arbitraires, mais qu'elle obéit aux lois absolues de la nécessité naturelle; et elle est complexe, en tant qu'« elle ressemble, — je le dirai avec Gœthe, — à un métier de tisserand, où le pied fait mouvoir d'innombrables fils. Les navettes volent, et en un clin d'œil les fils s'entrelacent par milliers. »

Traduit de l'italien par ODYSSE-BAROT.

CHRONIQUE.

Chimie appliquée. — *Recherches analytiques sur l'eau découverte dans un puits de Pompéi;* par M. S. de Luca.

Jusqu'à présent on n'avait point encore trouvé à Pompéi de puits contenant de l'eau, soit que le liquide se fût évaporé spontanément par l'action du temps, soit qu'il eût été absorbé par la matière poreuse du sol ou par les crevasses volcaniques qu'on y rencontre partout. Mais dernièrement, dans la maison dite du *marchand de marbres*, à cause du grand nombre de pièces de marbre de nature différente qu'on y a trouvées, on a découvert, au centre d'un souterrain protégé par une voûte et éclairé par deux ouvertures pratiquées sur l'un des côtés de cette voûte, un puits circulaire d'environ 25 mètres de profondeur, bien conservé, et contenant de l'eau fraîche et limpide.

L'atmosphère de ce souterrain, au moment de la découverte, n'était pas respirable et se trouvait formée en grande partie d'acide carbonique : elle exerçait sur les organes de l'odorat l'impression piquante particulière à l'acide carbonique. Un chien qu'on y avait introduit pour quelques instants tomba asphyxié, et l'on n'a pu le sauver qu'en le reportant à l'air libre. Les ouvriers n'ont pu y descendre qu'à un certain niveau, au delà duquel la bougie dont ils se servaient s'éteignit, en marquant ainsi la hauteur de l'atmosphère méphitique. Je ne pus moi-même descendre au bas de l'escalier qui conduit au souterrain mentionné qu'en y restant seulement quelques secondes, c'est-à-dire à peine le temps nécessaire pour remplacer l'eau ordinaire contenue dans quelques bouteilles par l'air du souterrain. C'est ainsi que j'ai pu m'assurer que le gaz qui avait pris la place de l'eau dans les bouteilles était en grande partie absorbé par un lait de chaux préparé sur les lieux mêmes.

L'atmosphère viciée du souterrain a été à son tour remplacée avec de l'air extérieur au moyen de courants déterminés par la chaleur due à la combustion de menu bois. Après cette opération, on a descendu dans le puits un seau attaché à une corde : l'eau ainsi retirée était claire et fraîche, et marquait au thermomètre centigrade 15 degrés, tandis que la température extérieure de l'atmosphère était de 18 degrés.

Les personnes qui assistaient à cette découverte ont bu de cette eau, et en général l'ont trouvée excellente ; seulement quelques individus lui ont remarqué un léger goût particulier rappelant l'eau gazeuse. Cette eau n'a pas d'odeur sensible et ne dégage pas visiblement de bulles gazeuses.

Lorsqu'on l'abandonne à elle-même pendant quelques jours, elle laisse déposer sur les parois intérieures du vase une substance blanche cristalline formée de carbonate de chaux. On peut obtenir ce même dépôt, sous forme amorphe, soit par une ébullition prolongée, soit en ajoutant à l'eau un peu d'eau de chaux; mais le trouble qu'elle occasionne disparaît au moyen d'une dissolution d'acide carbonique.

Les gaz que l'eau de Pompéi dégage par l'action de la chaleur contiennent une proportion notable d'acide carbonique, ainsi qu'une petite quantité d'air; cet acide carbonique, qui représente le gaz dissous dans l'eau et celui provenant de la décomposition des bicarbonates par la chaleur, est un mélange d'oxygène et d'azote de l'air provenant de l'eau même, dans le rapport en volume de 8 à 1 environ. Un litre d'eau dégage par l'ébullition, en moyenne, de 20 à 22 centimètres cubes de mélange gazeux.

Il est à remarquer que l'atmosphère du souterrain où se trouve le puits n'est pas de la même nature à toutes les heures de la journée : ainsi le matin, vers le lever du soleil, on peut y descendre sans inconvénient, tandis que vers midi le niveau de l'atmosphère qui éteint les corps en combustion s'élève progressivement au-dessus du sol. Ceci démontre qu'il se dégage par intermittence de l'acide carbonique aux environs ou à l'intérieur du souterrain, et qu'ensuite cet acide est chassé par l'agitation de l'air extérieur.

L'eau de Pompéi indique par le papier rouge de tournesol et par le sirop de violette une légère réaction alcaline due au carbonate de potasse qu'on a pu facilement transformer en crème de tartre. La présence du carbonate de potasse dans l'eau du puits de Pompéi la rapproche beaucoup, sous le rapport de la potabilité, de celle du puits artésien de Grenelle, dans la composition de laquelle les carbonates de chaux et de potasse entrent en forte proportion, comparativement aux autres éléments. Cette potasse dans l'eau de Pompéi provient évidemment des matières feldspathiques et des produits volcaniques dont le sol est formé.

La densité de l'eau de Pompéi, déterminée à la température de 20 à 25 degrés, oscille entre 1,0010 et 1,0013 ; évaporée avec soin, elle laisse un résidu salin, peu abondant, dans lequel on constate la présence de la chaux, de la potasse, de la soude, de la silice et des traces de fer, comme aussi celle de l'acide carbonique, du chlore et, en quantité minime, des acides sulfurique et phosphorique. Les matières organiques s'y trouvent en petite proportion.

En opérant sur le résidu salin provenant de l'évaporation de 10 litres d'eau de Pompéi, on y a constaté les réactions des iodures alcalins; mais ces mêmes réactions ne se manifestent pas quand on opère sur un moindre volume d'eau. Les iodures s'y trouvent par conséquent en proportion très-minime.

Comme l'eau du puits de Pompéi se maintient à un niveau à peu près constant, on doit admettre qu'elle a sa source et son écoulement propres. Dans toutes les maisons de Pompéi d'une certaine importance, l'eau était amenée et distribuée par des conduits en maçonnerie, des tuyaux de terre cuite ou de plomb soudés latéralement et qui sont encore partout en parfait état de conservation. Toutefois on ne sait pas si l'eau arrive aujourd'hui au puits de Pompéi par un canal artificiel et ancien, ou par un chemin naturel à travers des roches volcaniques en communication avec une rivière très-voisine. Les fouilles consécutives éclairciront ce point.

Dans une communication ultérieure j'aurai l'honneur de présenter à l'Académie le dosage exact des éléments qui entrent dans la composition de l'eau du puits de Pompéi.

— Mercredi dernier s'est ouverte à Bath la 34e session annuelle de *l'Association Britannique pour l'avancement des sciences.* Le meeting a été inauguré par un admirable discours du président Sir Charles Lyell. Nous le publierons dans un prochain numéro.

Le propriétaire-gérant : GERMER BAILLIÈRE.

PARIS. — IMPRIMERIE DE E. MARTINET, RUE MIGNON, 2.

PREMIÈRE ANNÉE. — N° 43. UN NUMÉRO : 30 CENTIMES. 24 SEPTEMBRE 1864.

REVUE DES COURS SCIENTIFIQUES DE LA FRANCE ET DE L'ETRANGER

PHYSIQUE — CHIMIE — ZOOLOGIE — BOTANIQUE — ANATOMIE — PHYSIOLOGIE
GÉOLOGIE — PALÉONTOLOGIE — MÉDECINE

Paraît tous les Samedis.

	Six mois.	Un an.
Paris	8 fr.	15 fr.
Départements	10	18
Étranger	12	20

Prix de l'abonnement avec la Revue des Cours littéraires.

	Paris	Départ.	Étranger
Six mois	15 fr.	18 fr.	20 fr.
Un an	26	30	35

Rédacteur en chef M. ODYSSE-BAROT

Les ouvrages dont deux exemplaires auront été envoyés au bureau du journal seront annoncés et analysés s'il y a lieu.

On s'abonne A LA LIBRAIRIE GERMER BAILLIÈRE 17, rue de l'École de Médecine, Et chez tous les libraires, par l'envoi d'un bon de poste, ou d'un mandat sur Paris.

L'abonnement part du 1er décembre ou du 1er juin de chaque année.

SOMMAIRE.

CHIMIE APPLIQUÉE AUX ARTS.

COURS DE M. PÉLIGOT.

(CONSERVATOIRE DES ARTS ET MÉTIERS.)

(Voy. les nos 3, 4, 6, 13, 15 et 25.)

VII.

De l'art céramique.

La céramique, ou l'art de fabriquer les poteries, que nous allons étudier dans cette leçon et dans les leçons suivantes, est un art qui, pour ainsi dire, est aussi ancien que le monde. Platon disait, il y a plus de vingt-deux siècles, que la fabrication des poteries avait dû être une des premières industries créées par l'homme, attendu qu'elle ne nécessite pas l'emploi des métaux.

Cette industrie, qui repose sur l'usage des matières argileuses, produit les objets les plus variés, depuis les plus simples jusqu'aux plus précieux, jusqu'à ceux qui nous présentent les plus belles décorations.

Par suite, cet art nous offre une importance considérable au point de vue de l'histoire du monde. Il existe en effet des monuments céramiques plus anciens que ceux qui nous ont été légués sous forme de monnaies. Les objets métalliques se détruisent en s'oxydant ou peuvent être fondus ; les produits céramiques, au contraire, résistent à l'action du temps et à l'action des hommes. Il y a, par conséquent, au point de vue de l'archéologie, des monuments céramiques qui présentent un très-grand intérêt. Nous citerons, par exemple, les vases étrusques ; ils sont les seuls vestiges des peuples qui habitaient l'Italie avant les Romains.

Les anciens ne savaient donner à leurs ouvrages céramiques que des formes assez grossières. Ces produits étaient façonnés à la main avec de l'argile, puis ils étaient cuits et desséchés à une température peu élevée. Tel fut le mode de fabrication des vases étrusques. Ces objets étaient impropres pour la conservation des liquides ou pour la préparation des aliments.

Ce ne fut qu'au XVe siècle, époque à partir de laquelle on employa la glaçure, les vernis, que l'on parvint à rendre les poteries complétement imperméables. En l'année 1430, l'industrie céramique atteignait un développement considérable ; c'est de ce moment que datent les faïences de Faënza. Après avoir été perdus, ces procédés, auxquels on doit un grand nombre de produits remarquables au point de vue artistique, ne furent retrouvés qu'un siècle plus tard, en Italie d'abord, puis en France par Bernard Palissy. Ce savant, modèle de patience et de courage, arriva, vers l'année 1530, après des essais très-pénibles et très-coûteux, à fournir des matières céramiques présentant les qualités de celles que l'on fabriquait en Italie. Ceci se passait sous les règnes de François Ier et d'Henri II.

La fabrication de la porcelaine, qui peut être considérée comme la poterie la plus précieuse au point de vue des nombreux usages domestiques auxquels on l'emploie, existait en Orient depuis un temps immémorial. Deux mille ans avant l'ère chrétienne, les Chinois et les Japonais s'adonnaient à cette fabrication. En Europe, ce ne fut qu'au commencement du XVIIIe siècle, vers 1710, que l'on s'en occupa. Cette industrie fut d'abord confinée dans la Saxe ; les procédés y étaient gardés dans le plus grand secret. Aussi chercha-t-on bientôt une imitation dans la porcelaine tendre.

Ce fut en 1727 que la fabrication de cette porcelaine tendre prit naissance. Cette fabrication est tout à fait différente de celle de la porcelaine dure, bien qu'au premier abord les produits soient comparables pour l'aspect. Fabriquée d'abord à Vincennes, la porcelaine tendre le fut ensuite à Sèvres, où l'on finit par lui substituer la fabrication de la porcelaine dure en l'année 1774. Vers cette époque, en effet, on découvrit des matières premières qui parurent identiques avec celles que les missionnaires avaient rapportées de la Chine. Ces produits furent trouvés aux environs de Limoges, à Saint-Yrieix ; ce furent le kaolin, le feldspath.

En Angleterre, vers le milieu du XVIIIe siècle, la fabrication des poteries fit des progrès considérables ; de cette époque date la poterie de Wedgwood.

Telle fut la marche progressive que depuis quatre siècles la céramique suivit en Europe ; aujourd'hui elle constitue parmi nous une industrie importante. Non-seulement cet art est employé à la création d'objets de luxe admirables par leur délicatesse et leur beauté, on l'utilise encore à la fabrication de nombreux ustensiles domestiques et industriels.

Toutes les poteries contiennent, comme élément essentiel, de l'argile, c'est-à-dire de la silice et de l'alumine. Indépendamment de ces substances, on trouve encore dans les matières premières qu'on emploie une certaine quantité de chaux, de potasse, de magnésie, d'oxyde de fer. Quelquefois, d'ailleurs, on ajoute aux substances précédentes un peu de phosphate de chaux. Cette addition a lieu notamment pour la fabrication de la porcelaine blanche. Il existe dans les poteries deux parties distinctes : d'une part, il y a la *pâte*, puis, d'autre part, l'*émail*, la *glaçure* ou la *couverte*.

La pâte est toujours formée par de l'argile présentant plus ou moins le caractère de la plasticité, car il est indispensable d'employer de l'argile ayant la propriété de former avec l'eau une pâte plus ou moins liante, qui puisse s'étirer sous l'influence du tour et des différents instruments que l'on emploie pour la travailler. Une fois que la matière, que cette pâte a reçu la forme voulue, on la dessèche d'abord au contact de l'air, et ensuite à une température plus ou moins élevée. Elle éprouve à la cuisson un retrait considérable et acquiert une certaine dureté. Mise ensuite en contact avec l'eau, elle ne présente plus les qualités plastiques que l'argile possédait avant cette opération. D'autre part, vient-on à la soumettre maintenant à la température à laquelle elle fut cuite, elle n'éprouve plus de retrait.

Il existe plusieurs sortes d'argiles : on distingue principalement les *argiles plastiques*, qui sont des mélanges et non des combinaisons définies ; les *argiles figulines*, le *kaolin*, les *marnes* et les *magnésies*.

Les *argiles plastiques* sont des argiles qui sont douces au toucher à l'état sec. Quand on les mélange avec une certaine quantité d'eau et quand on vient à broyer cette pâte, on a une substance liante et longue qui s'étire avec une grande facilité. Ce sont ces argiles qu'on emploie pour la fabrication des produits réfractaires, des creusets, des faïences fines, des objets qui doivent résister à une température très-élevée. Ces argiles, en effet, sont formées d'une manière presque exclusive de silice et d'alumine, matières infusibles. Elles sont souvent blanches, d'autres fois elles sont colorées en gris par suite de la présence de petites quantités d'oxyde de fer.

Les *argiles figulines* présentent une pâte liante qui offre moins de ténacité que la pâte fournie par les argiles plastiques proprement dites. Elles contiennent une certaine quantité de chaux et du fer à l'état de sulfure de fer. Soumises à la cuisson, elles prennent une couleur jaune ou rouge plus ou moins intense ; la coloration est jaune quand ces argiles contiennent seulement une petite quantité de fer ; elle est rouge-brun quand la proportion de fer est plus considérable ; elle devient tout à fait rouge quand le fer est en excès. On peut dire d'une façon générale que la couleur que présente la pâte argileuse est due à des matières étrangères. Les argiles figulines possèdent la propriété de se ramollir à une température élevée ; elles doivent cette faculté à la chaux et à l'oxyde de fer qu'elles renferment. En effet, quand la silice et l'alumine sont à l'état de pureté, l'argile est infusible ; mais associée avec des bases alcalines, de la chaux, de l'oxyde de fer, elle devient plus ou moins fusible. L'argile figuline constitue la variété la plus commune entre les argiles ; on l'emploie pour la fabrication des poteries qui doivent se vendre au plus bas prix possible et qui n'exigent qu'une cuisson à une température peu élevée. C'est là l'origine des poteries les plus communes, les plus grossières, les terres cuites, les pots à fleurs, les briques, les tuyaux de drainage, les faïences à bon marché. On rencontre ces argiles dans beaucoup de localités, à Vanvres, à Arcueil, à Vaugirard, etc.

Une autre variété d'argile est celle qu'on désigne sous le nom de *kaolin* ; elle offre les propriétés les plus précieuses et sert à la fabrication de la porcelaine, des poteries de luxe. Elle se rencontre dans les terrains où se trouve le feldspath qui est un composé de silicate de potasse et de silicate d'alumine. Abandonné à lui-même sous l'influence des agents atmosphériques, ce feldspath subit une sorte de dédoublement d'où résulte du silicate de potasse soluble dans l'eau et un silicate d'alumine basique qui constitue le kaolin. Cette espèce d'argile est ordinairement accompagnée d'une certaine quantité de silice à l'état de sable plus ou moins volumineux qu'on peut distinguer facilement à la simple vue, et qui d'ailleurs peut être séparé par des procédés de lavage. C'est dans les terrains anciens que l'on rencontre ces produits.

La manière dont s'est formé le kaolin dans la nature explique comment il se fait que dans ces argiles on trouve toujours une certaine quantité de potasse. De là provient pour ces substances la propriété de prendre par la cuisson un état qui les rend imperméables, même avant d'avoir été recouvertes de leur vernis. Ceci constitue ce que l'on appelle le *biscuit de porcelaine;* l'argile kaolinique diffère en cela des diverses pâtes argileuses qui sont plus ou moins perméables à l'eau.

Le feldspath est une matière minérale parfaitement définie; c'est, comme nous venons de le dire, un silicate double, qui, par suite de l'alcali qu'il renferme, possède la propriété de fondre à une température élevée à la manière du verre. On comprend par suite qu'on l'emploie comme *couverte* pour la porcelaine; la porcelaine ordinaire, en effet, contient à l'intérieur une matière qui est composée presque exclusivement de kaolin, tandis qu'à l'extérieur c'est une matière vitrifiée.

Les *argiles marneuses* sont des mélanges d'argile et de calcaire. On les distingue très-facilement des argiles proprement dites par le caractère suivant : les met-on en contact avec un acide, on obtient immédiatement une effervescence due au dégagement de l'acide carbonique résultant de la décomposition du calcaire. Ces argiles marneuses forment une pâte qui n'est pas très-liante; il en est du reste à cet égard comme de la pâte produite par le kaolin. Les produits fournis par les marnes sont fusibles à une température peu élevée; on ne les emploie, par conséquent, que pour la poterie la plus commune, celle qui revient à très-bon marché et qui n'exige que peu de combustible.

Enfin, on se sert d'une substance minérale qu'on désigne sous le nom de *magnésie,* et qui est du silicate de magnésie. C'est une argile qui présente une grande infusibilité et qui est employée pour produire des objets qui ressemblent aux porcelaines. Ainsi est faite la porcelaine connue sous le nom de *porcelaine de Piémont;* il en est de même d'une poterie que l'on fabrique en Espagne; mais c'est là un emploi pour ainsi dire exceptionnel.

Nous allons actuellement donner la composition de quelques argiles prises parmi celles qui sont le plus employées dans l'industrie céramique, ou qui présentent les caractères les plus remarquables.

Nous trouvons d'abord une argile réfractaire qui se compose de 65 parties de silice, 24 parties d'alumine, plus une certaine quantité d'eau. L'argile de Montereau, qui est également réfractaire, présente 64,41 de silice, 24,6 d'alumine. L'argile de Cologne, employée pour fabriquer les objets en terre de pipe, contient 66,7 de silice, 24 d'alumine, 1,2 de magnésie, 1,2 de chaux et une certaine quantité d'eau.

Il existe aux environs de Liége une argile réfractaire qui jouit d'une grande réputation; on l'utilise pour la confection des cornues à gaz et des pots de verrerie. Elle contient pour 100 parties, 52 de silice, 27 d'alumine, 2 d'oxyde de fer et 19 d'eau. Si nous arrivons au kaolin des environs de Limoges, dont la composition est du reste assez variable suivant les échantillons, nous trouvons 48 parties de silice, 37 d'alumine, une petite quantité de potasse et de l'eau.

Nous avons vu ci-dessus que lorsque l'argile est soumise à la dessiccation, elle éprouve un retrait considérable, et que, de plus, exposée à une température plus ou moins élevée, elle devient dure et se transforme en poterie. Dans les argiles d'ailleurs, la dessiccation complète ne peut se faire qu'à une haute température, prolongée pendant longtemps. Ce sont, en effet, des substances qui retiennent l'eau avec bien plus d'énergie que la plupart des autres produits chimiques.

Si la matière argileuse est employée seule pour la fabrication d'un objet en poterie d'une forme quelconque, elle éprouve donc par la dessiccation et surtout par la cuisson un retrait. Or ce retrait est considérable et amène nécessairement un fendillement dans différentes parties de l'objet. Pour éviter cet inconvénient, il est indispensable d'introduire dans la pâte des substances qui ont pour effet, en s'unissant à l'argile sous l'influence de la chaleur, de donner un mélange homogène pouvant éprouver au feu un retrait régulier et une sorte de demi-fusion. Ces matières sont connues sous le nom de *matières dégraissantes.*

Elles existent quelquefois naturellement dans les pâtes argileuses; celles-ci se distinguent d'ailleurs des pâtes ordinaires en ce qu'elles n'offrent pas la même plasticité; elles ne se travaillent pas aussi facilement que les pâtes longues qui sont ordinairement formées par les argiles qui ne renferment pas de matières étrangères. Quand ces substances dégraissantes n'existent pas, on est forcé d'en ajouter à la pâte argileuse; on emploiera à cet effet du sable : dans beaucoup de cas, on se sert encore de silex broyé ou de craie. Enfin, on introduit quelquefois dans la pâte argileuse une certaine quantité de la même argile préalablement cuite; c'est ce qu'on appelle du *ciment;* il en est ainsi dans la fabrication des creusets de verrerie.

La fusibilité de ces pâtes est plus ou moins grande, selon leur composition. Ainsi, le silicate d'alumine à l'état de pureté peut être considéré comme étant infusible ; il ne fond qu'à la température extrêmement élevée que l'on obtient au moyen du chalumeau à gaz hydrogène et oxygène. Dans les foyers dont on fait usage dans l'industrie, même dans ceux qui donnent la température la plus élevée, la matière ne fond pas, elle se fritte seulement; tout en prenant plus de volume, la substance conserve sa forme primitive. Si l'argile contient une certaine quantité de chaux ou de potasse, ou encore de l'oxyde de fer, quelques centièmes seulement, on a des produits qui ont une fusibilité plus ou moins grande ; ce sont des propriétés dont on tire un grand parti dans l'industrie céramique.

Le plus souvent, les poteries sont cuites à une température très-peu élevée pour qu'elles soient imperméables. Il n'en sera pas de même nécessairement pour les produits auxquels l'imperméabilité n'est pas une condition indispensable, comme sont les briques, les tuyaux de drainage, les creusets qui servent à fondre le verre ou les métaux.

A part ces exceptions, toutes les poteries ne peuvent être employées qu'autant qu'elles ont été recouvertes d'un vernis qui les rend complétement imperméables. Ce vernis, ou *glaçure*, est de différentes espèces, selon la nature de la poterie elle-même. Nécessairement plus fusible que la pâte qui constitue la poterie, il se trouve vitrifié à une température à laquelle la pâte elle-même ne doit pas être ramollie. Ce vernis est tantôt transparent, tantôt opaque.

Les matières que l'on emploie pour la glaçure sont assez variées. Nous savons que pour la porcelaine on se sert de feldspath. Pour les poteries qui ne peuvent pas résister à une température aussi élevée, on utilise des vernis beaucoup plus fusibles, dans lesquels on introduit une certaine quantité de borax. On se sert encore d'un vernis qu'on obtient à bon marché en introduisant du sel marin en petite quantité. On l'emploie principalement pour les grès communs. Ces grès sont formés avec des argiles plastiques réfractaires ; elles sont assez compactes, mais sans être absolument imperméables, bien qu'elles soient cuites à des températures très-élevées. Quand on introduit du sel marin, il se volatilise; il se trouve en contact avec l'argile et en même temps avec l'eau; il y a alors une décomposition d'où résulte du silicate de soude qui fond à la surface de la pièce, et de l'acide chlorhydrique.

On emploie aussi pour certaines poteries du cristal, des silicates de soude et de plomb. Ce cristal est souvent rendu opaque par l'introduction d'une certaine quantité d'oxyde d'étain; c'est un véritable émail. On opère de cette façon pour les poteries colorées dont on veut cacher la couleur.

L'emploi de ces glaçures présente des effets multiples. Leur but principal est d'abord, comme nous l'avons dit, de donner aux poteries une imperméabilité qui est nécessaire pour la plupart d'entre elles; ensuite on s'en sert pour masquer la couleur que présente la pâte elle-même. Enfin cette couverte donne à l'objet un éclat particulier et permet de lui appliquer différents genres d'ornementation qui peuvent très-bien se produire sur l'émail, mais qui ne pourraient pas s'effectuer sur la poterie.

En résumé, d'après ce qui vient d'être exposé, on voit que la théorie de l'industrie céramique est des plus simples. Il suffit d'utiliser la plasticité de certaines argiles pour façonner les objets au moyen des tours. L'objet est cuit pour lui faire acquérir une solidité convenable, et le plus souvent on lui appliquera une couverte qui le rendra imperméable et lui donnera son éclat.

J. DE LIGNIÈRES, ingénieur civil.

EMBRYOGÉNIE COMPARÉE.

COURS DE M. COSTE.

(COLLÉGE DE FRANCE.)

(Voy. les nos 23, 25, 28, 30, 33, 37 et 39.)

VIII.

Cicatrisation des ovaires ; formation des corps jaunes. — Passage des œufs à travers l'oviducte ; formation de l'albumen.

Il se fait dans l'ovaire, après la rupture des capsules ovariennes, un travail particulier qui tend à combler les vides produits par l'évolution de l'œuf. La paroi capsulaire se flétrit et se résorbe peu à peu, ou bien elle sécrète une lymphe plastique, qui, en se coagulant, concourt nécessairement à donner naissance au *corps jaune*. C'est, dans ce cas, une véritable cicatrisation.

Mais ce travail diffère essentiellement selon les espèces. Chez les animaux inférieurs le phénomène est à peine marqué. Il en est même chez qui il n'a jamais lieu (polypiers). Les œufs se forment alors (exemple : la *Crystatella muceda*) dans un ovaire unique situé dans l'intérieur du sac membraneux qui constitue l'animal. Ce sac, comme nous l'avons déjà dit, est formé de deux membranes invaginées à la façon d'un double bonnet. Grâce aux appendices épineux dont ils sont hérissés, les œufs s'incrustent peu à peu dans la paroi tubuleuse qui leur sert de gaîne. A mesure qu'ils s'y accumulent, ils la compriment et finissent par s'échapper au dehors après l'avoir fait éclater; ou ils y restent engagés jusqu'à ce que la dissolution du polype les mette en liberté. En tout cas, ces animaux ne survivant pas à la ponte, il n'y a pas lieu de se préoccuper de la cicatrisation de l'ovaire.

Chez d'autres animaux, qui ne meurent pas après la ponte, la substance de l'ovaire est si délicate, si ténue, que la cicatrisation passe en quelque sorte inaperçue. Chez les batraciens et les poissons osseux, par exemple, les capsules ovariennes sont tellement amincies au moment de la déhiscence, qu'elles sont résorbées presque immédiatement après leur rupture. Une nouvelle évolution de capsules vient combler le vide existant; il se forme ainsi un nivellement rapide qui résulte à la fois du retrait des capsules rompues et de la proéminence de la nouvelle couche proligère.

Les capsules pédiculées des reptiles écailleux et des oiseaux se rétractent aussi après la ponte et finissent par s'atrophier complétement. Mais, dans ce cas, la résorption est beaucoup plus lente. Sur l'ovaire des oiseaux qui pondent à des intervalles plus ou moins longs, on peut suivre ce mouvement de retrait des capsules de façon à déterminer, à quelques heures près, le moment de chaque ponte. Du reste, les parois des capsules ne sont nullement modifiées après l'expulsion de l'œuf. Il ne s'y forme ni lymphe plastique, ni adhérences membraneuses. Elles restent lisses et polies, et l'on y distingue jusqu'à la fin la couche celluleuse, grisâtre chez les oiseaux et les chéloniens, jaunâtre chez les serpents et les lézards. Chez la femme et chez les mammifères en général, le tissu de l'ovaire, beaucoup plus dense que dans les autres classes, se cicatrise moins facilement; et la capsule fibreuse s'opposant au libre développement du follicule de Graaf, celui-ci doit se creuser un lit dans la substance même de l'ovaire. Il en résulte, après la déhiscence, une lacune assez considérable qui sera comblée par le corps jaune (*corpus luteum*, de Malpighi; *oariule*, de Littré et Robin).

La cicatrisation s'opère de la manière suivante : A peine rompus et débarrassés de leur contenu, les follicules de Graaf sont envahis par une sécrétion plastique, filante, gélatiniforme et presque toujours transparente. Quelquefois néanmoins elle est légèrement colorée par le sang qui s'écoule des vaisseaux de la capsule. Mais cet épanchement, assez fréquent chez la truie, ne se produit que très-rarement chez les autres mammifères. La présence de la lymphe plastique est, au contraire, à peu près constante. M. Coste l'a pourtant vue manquer plus d'une fois dans les follicules rompus de la brebis et de la vache. Aussi, bien que ce phénomène ait une grande importance, il ne saurait être considéré, selon lui, comme absolument indispensable à la cicatrisation. Le corps jaune serait surtout constitué par les modifications du feuillet interne de la capsule. Ce fait n'avait pas échappé à la sagacité de Haller. Il l'avait parfaitement caractérisé en disant que le corps jaune était produit par le bourgeonnement de la paroi intérieure de la vésicule ovarienne. (Haller, *Elementa physiol. concept.* Berne, 1776, t. VIII, p. 33).

Voici d'ailleurs ce qui se passe : Par le seul fait de la rupture et du vide intérieur, les parois capsulaires se rétractent. Mais le retrait du feuillet externe, fibreux et élastique, est toujours plus considérable que celui du feuillet interne, dont la composition est exclusivement cellulo-vasculaire. Ce dernier, étant, du reste, étroitement uni au précédent, est obligé, pour le suivre dans son mouvement, de se replier sur lui-même. Ces plis sont si nombreux et si pressés les uns contre les autres, qu'ils offrent, en petit, l'aspect des circonvolutions cérébrales.

Certains physiologistes, frappés de l'importance de ce phénomène, l'ont considéré comme antérieur à la déhiscence, qui en serait la conséquence ultime. Ce serait en s'épaississant et en se tuméfiant ainsi graduellement que la membrane interne du follicule de Graaf parviendrait à expulser l'ovule. « Pour moi, dit M. Coste, je n'ai jamais observé rien de semblable. Les métamorphoses de la paroi folliculaire sont toujours postérieures à sa rupture. » Il peut arriver que la tunique péritonéale résiste encore quelque temps après la rupture de la vésicule. Alors, il est vrai, le travail intravésiculaire commence avant la déhiscence. Mais cela n'infirme en rien, comme on le voit, l'opinion de M. Coste. Car, même dans ces cas exceptionnels, la capsule est déjà ouverte quand le corps jaune commence à se former.

Le corps jaune ne résulte pas seulement du plissement du feuillet interne. A mesure que le feuillet externe se rétracte, l'interne, de plus en plus comprimé, devient le siége d'une véritable phlogose. Son tissu éminemment vasculaire se gonfle et se modifie profondément sous l'influence de l'irritation mécanique provoquée par la pression. L'hypertrophie est d'autant plus prononcée qu'elle coïncide avec le plissement du feuillet comprimé. Voilà ce qui explique, à la fois, et le nombre et la saillie si prononcée des circonvolutions. Celles-ci, d'abord séparées les unes des autres par la lymphe plastique, s'affrontent peu à peu à mesure que cette lymphe se résorbe. Elles s'épaississent de plus en plus, et finissent par remplir toute la cavité du follicule. Ainsi adossées, ces circonvolutions contractent des adhérences intimes, elles se greffent pour ainsi dire les unes aux autres, et le follicule comblé forme à la surface de l'ovaire une protubérance souvent plus volumineuse que l'ovaire lui-même. Cette tumeur, qui constitue, à proprement parler, le corps jaune, est surtout très-développée chez les primipares. Chez les multipares on en trouve plusieurs; mais leur volume est en raison inverse de leur nombre. On voit à la surface des corps jaunes la trace de la déchirure par laquelle s'est échappé l'œuf. Chez les lapins cette cicatrice est à peu près ronde. Chez la femme, au contraire, elle affecte une forme irrégulière, et son diamètre varie de 2 à 6 millimètres environ.

« Il ne faut pas moins d'un mois tout entier pour que, chez la femme enceinte, les plis ou les circonvolutions d'un follicule rompu en comblent complétement la cavité ou soient à la veille d'adhérer ensemble (1). »

Nous verrons tout à l'heure que ce travail est beaucoup moins long et bien moins important dans les cas où il n'y a point de fécondation. Sur plusieurs pièces recueillies par M. Coste, on voit le corps jaune occuper la moitié et quelquefois les deux tiers de l'ovaire. Mais, comme nous l'avons déjà dit, ce développement excessif du corps jaune ne se montre que chez les primipares. Leur couleur diffère un peu suivant les espèces. Elle est jaune orangé chez la vache, jaune citron chez la femme, rose tendre chez la brebis. Si l'on se demande maintenant quel est l'élément anatomique hypertrophié dans la paroi vésiculaire qui a servi à former le corps jaune, on ne tarde pas à se convaincre que cette hypertrophie est due uniquement au développement des cellules du feuillet interne. La coloration jaune résulte précisément de la

(1) Voici, d'après M. Coste, le relevé des dimensions d'un certain

nature des granulations renfermées dans ces cellules. On peut suivre, au microscope, les progrès de ce travail réparateur et en saisir toutes les nuances. En effet, si l'on examine avec cet instrument le feuillet interne d'un follicule de Graaf un peu avant la rupture, outre le réseau vasculaire très-abondant qui s'y distribue, on y distingue des vésicules à contenu granuleux plus ou moins abondant. Ces vésicules se gonflent de telle façon, après la déhiscence, qu'au moment où le corps jaune remplit toute la cavité de la capsule, si on les examine de nouveau, on constate qu'elles ont acquis un volume cinq ou six fois plus grand que celui qu'elles avaient dès le principe. A mesure que ces vésicules se développent leur contenu se modifie. Le liquide qui baignait les granulations intérieures se résorbe, tandis que le nombre de ces granulations augmente. Celles-ci se pressent les unes contre les autres de façon à ne plus former qu'un tout homogène. C'est à cette condensation qu'est due la coloration plus ou moins prononcée du corps jaune.

Comme on peut le voir dans le tableau ci-contre, ce corps atteint son apogée chez la femme au trentième ou quarantième jour de la grossesse. A partir de ce moment jusqu'à la fin du troisième mois son volume reste à peu près stationnaire. Dès le quatrième mois il va en décroissant jusqu'à la fin de la grossesse, et sa trace persiste quelquefois assez longtemps après l'accouchement. Chez les femmes qui ont eu plusieurs enfants on en trouve souvent six, huit et même dix sur chaque ovaire. Il peut néanmoins arriver exceptionnellement que la résorption a lieu avant la fin de la grossesse. M. Coste a observé un fait de ce genre sur l'ovaire d'une femme morte au huitième mois. Mais c'est là une exception extrêmement rare, puisqu'elle ne s'est montrée qu'une fois à l'observation de M. Coste, malgré les nombreuses recherches auxquelles il s'est livré depuis plus de trente ans. « A mesure que le corps jaune s'anéantit, l'ovaire, dont cette énorme tumeur comprimait le tissu, reprend sa forme primitive, son volume accoutumé. D'autres capsules se développent dans son sein, deviennent turgescentes, s'élèvent à sa surface, s'ouvrent, livrent passage à l'œuf; leurs parois déchirées se plissent, se tuméfient à leur tour, oblitèrent leur cavité, et disparaissent ensuite en suivant les mêmes phases que celles dont je viens de faire l'histoire. »

Le nombre des corps jaunes est ordinairement égal à celui des œufs que l'on rencontre dans la matrice; cependant cette règle n'est pas sans exception. En effet, il peut se faire qu'un follicule de Graaf renferme plus d'un œuf. Dans ce cas, le nombre des œufs trouvés dans l'utérus sera supérieur à celui des corps jaunes. Le contraire peut aussi arriver : c'est-à-dire, que tous les œufs peuvent ne pas arriver à leur destination; quelques-uns peuvent tomber dans la cavité utérine ou avorter pendant le trajet de l'ovaire à l'utérus. Dans ce cas, le nombre des capsules rompues, et par conséquent celui des corps jaunes, sera nécessairement supérieur à celui des œufs fécondés.

Du reste il existe une différence très-appréciable entre les corps jaunes qui se forment à la suite de la conception et ceux qui se développent au moment du rut ou à chaque période menstruelle. Les premiers vont toujours en se développant jusqu'au quatrième mois de la grossesse et acquièrent un volume quelquefois très-considérable. Leur résorption, toujours très-lente, dure, la plupart du temps, jusqu'au troisième mois après l'accouchement; souvent même ils n'ont pas complétement disparu à cette époque. Leur tissu est de plus en plus dense, leur circonvolutions chaque jour plus prononcées et plus multipliées.

Au contraire, chez les femmes non fécondées la période d'évolution des corps jaunes ne dure jamais guère plus de dix jours, et leur trace a presque complétement disparu au bout du trentième jour, à partir de la rupture du follicule de Graaf. Les phénomènes restent identiques dans l'un et l'autre cas pendant les premiers dix jours; mais, dès ce moment, tout change. Tandis que le corps jaune de la gestation se développe, que son tissu se condense chaque jour davantage pour suivre toutes les phases que nous avons décrites, le corps jaune de la menstruation va décroissant et se raréfiant sans cesse, et il a complétement disparu, alors que le premier a à peine atteint la moitié de son développement. S'il n'en était pas ainsi on devrait trouver l'ovaire littéralement criblé de corps jaunes, puisqu'il s'en forme à chaque période menstruelle. L'expérience prouve, au contraire, qu'il n'en est jamais ainsi.

On comprend que cette distinction peut avoir une grande importance en médecine légale. Si, par exemple, il s'agissait de déterminer, par l'examen du cadavre, si une femme a eu un ou plusieurs enfants, un physiolo-

---

nombre de corps jaunes chez la femme aux diverses époques de la grossesse et après l'accouchement.

CORPS JAUNES.

Époque de la grossesse.	Grand diamètre en millimètres.	Petit diamètre en millimètres.
25 à 30 jours	18	13
40 jours environ	24	16
3 mois	25	18
Dans le quatrième mois	15	15
Id.	13 1/2	10
Id.	13	10
Dans le cinquième mois	15	15
A la fin du cinquième mois	13	13
Dans le sixième mois	12	12
Dans le septième mois	10	6
Dans le neuvième mois	15	10

Après l'accouchement.	Grand diamètre en millimètres.	Petit diamètre en millimètres.	
20 heures après	11	7	
3 jours après	10 1/2	7 1/2	gestation double.
Id.	8	7	id.
Id.	9	6	id.
Id.	9	6 1/2	id.
7 jours après	10	5	

giste exercé pourrait, à la seule inspection de l'ovaire, résoudre la question. Dans ce cas, le problème ne serait même pas très-compliqué. Nous avons vu en effet que chez les primipares on ne trouvait qu'un seul corps jaune qui occupait habituellement les trois quarts et quelquefois presque toute la masse de l'ovaire; tandis que chez les multipares on pouvait en rencontrer jusqu'à dix, mais toujours incomparablement plus petits.

Supposons maintenant qu'on soit appelé à se prononcer sur la réalité d'une grossesse (1) et sur la période de la gestation chez une femme que l'on soupçonne avoir été victime de manœuvres abortives. On pourra, par l'absence ou la présence du corps jaune et par son degré d'évolution, affirmer si la grossesse a existé ou non, et, dans l'affirmative, reconnaître d'une façon plus ou moins approximative l'âge du fœtus expulsé. « Il ne faut pas se dissimuler cependant, ajoute sagement M. Coste, que, pour donner à des phénomènes qui peuvent varier dans une certaine limite leur véritable valeur, il ne suffit pas de s'être préparé par quelques observations isolées. Il est indispensable d'avoir vu un grand nombre de faits, afin de se trouver en mesure d'apprécier convenablement ceux qu'on peut être appelé à juger. »

D'après ce que nous avons dit précédemment au sujet de la menstruation, on pourrait conclure (c'est là en effet l'opinion de plusieurs physiologistes) que chaque période menstruelle amène constamment la rupture d'une vésicule de Graaf, et par suite la formation d'un corps jaune. C'est là la règle générale; mais cette règle n'est pas absolument sans exception. Il arrive parfois qu'une capsule avorte avant d'avoir parcouru toutes les phases de son évolution et qu'elle se résorbe sans être déchirée. Dans ce cas il ne peut évidemment pas se former de corps jaune. M. Coste a eu occasion de vérifier plusieurs fois des faits de ce genre sur des lapines en chaleur qu'on avait soustraites au mâle au moment où l'accouplement allait avoir lieu. Il a fait la même observation sur des femmes suicidées quelques jours après leurs règles.

C'est, en réalité, à de Graaf que l'on doit la découverte des corps jaunes. Mais il soutint à tort que ces corps n'apparaissaient jamais que sur les ovaires des femelles fécondées. Après lui, Malpighi les décrivit avec assez d'exactitude et leur donna le nom qu'ils ont conservé dans la science.

(1) Dans les cas ordinaires l'examen de l'ovaire peut paraître superflu; car il y a beaucoup d'autres moyens de reconnaître la grossesse et le moment présumé de l'avortement. Mais, dans certaines conditions exceptionnelles, cette vérification peut être d'une utilité incontestable. Cela me rappelle un cas, cité par M. Tardieu dans sa remarquable monographie sur l'avortement, où, pour faire disparaître les traces du crime, on avait enlevé, en même temps que le corps du délit, les organes génitaux externes et internes de la victime sauf les deux ovaires. L'examen de ces organes ne fut point fait par les experts, ou du moins il n'en est pas fait mention dans leur rapport, sans doute parce que les autres indices parurent suffisants pour éclairer le jury. Il n'en est pas moins vrai qu'on aurait pu trouver là une preuve de plus à l'appui de l'accusation.

Mais il commit une erreur plus grave encore que de Graaf en soutenant que c'était des glandes transitoires destinées à sécréter l'œuf et à le nourrir jusqu'au moment de son expulsion. Buffon essaya d'en tirer part pour étayer son fameux système des molécules organiques. Il les considéra, lui aussi, comme des glandes transitoires. Mais, comme il n'admettait pas l'ovulation des mammifères, il prétendit que ces glandes avaient pour mission de sécréter le fluide séminal de la femelle. C'est Haller qui, revenant aux idées de Graaf, détermina le premier leur mode d'évolution et leur assigna leurs véritables fonctions. Baër a décrit ensuite le mécanisme à l'aide duquel se formaient les circonvolutions du feuillet interne. M. Pouchet a vu comment il s'épanouissait, tandis que M. Coste expliquait la coloration et le développement histologique du corps jaune par l'hypertrophie et la multiplication des cellules de ce même feuillet interne.

Après avoir rendu à chacun ce qui lui revient dans cette importante découverte, il nous reste, pour en finir avec le produit femelle de la génération, à parler du passage des œufs à travers l'oviducte, de la formation de l'albumen et des produits adventifs en général. Ce passage n'a pas lieu de la même façon dans toutes les classes. Il varie selon la disposition de l'ovaire par rapport au canal vecteur. Chez la plupart des invertébrés et chez les poissons osseux l'ovaire se confond avec la paroi interne de l'oviducte, qui se replie sur elle-même en forme de tube canaliculé pour recevoir les œufs. Les œufs sont étagés dans les canalicules ovariens comme le seraient dans un canon de fusil des balles séparées par des rondelles de cuir. Dans ce cas, il suffit que la cloison la plus inférieure qui sépare les œufs de l'oviducte se rompe pour que la déhiscence s'opère. L'œuf le plus rapproché de l'oviducte tombe ainsi par son propre poids dans le canal vecteur; et, à mesure qu'un des diaphragmes membraneux qui séparent les œufs les uns des autres, vient à se rompre, un nouvel œuf est expulsé à son tour. C'est ainsi que se produit la déhiscence chez les insectes. L'œuf le plus inférieur use en grandissant le diaphragme qui le sépare de l'oviducte, le brise et pénètre dans la cavité de ce dernier. Tous les œufs sont ainsi expulsés l'un après l'autre et par le même mécanisme.

Chez les mollusques gastéropodes, tels que les limaces, les limnées, etc., l'ovaire unique est aussi formé par les appendices tubuleux des oviductes. Mais ces appendices, au lieu d'être cloisonnés, se terminent en véritables cæcums qui logent les œufs dans l'épaisseur de leur paroi interne. Ces œufs, en se développant, soulèvent cette paroi, la brisent et tombent dans la cavité des cæcums dont la paroi contractile les chasse dans l'oviducte.

Chez les mollusques céphalopodes (seiches, poulpes, calmars) la disposition est à peu près la même. L'oviducte se termine en cæcum, et c'est au centre de ce cæcum que se trouve placé l'ovaire. De sorte qu'aucun œuf ne peut s'en détacher sans tomber dans le canal qui doit l'expulser au dehors.

Chez les poissons osseux il arrive de deux choses l'une : ou ces animaux n'ont pas d'oviducte, et alors les œufs tombent dans la cavité péritonéale, d'où les contractions des muscles abdominaux les chassent par deux ouvertures placées de chaque côté de l'anus : c'est ainsi que les choses se passent chez la truite, le saumon, l'anguille et la lamproie : ou bien ces animaux ont des oviductes, et dans ce cas l'ovaire étant constitué par la paroi interne de cet oviducte, les œufs y tombent naturellement à l'époque de la déhiscence : c'est ce qui a lieu chez les épinoches, les carpes, les brochets, etc.

Les choses se passent d'une façon un peu plus compliquée chez les poissons cartilagineux, les reptiles, les oiseaux et les mammifères. Ici l'ovaire ne se confond pas avec l'oviducte, comme nous l'avons vu dans les classes précédentes. Ces deux organes sont autonomes et parfaitement séparés l'un de l'autre. Ils se rapprochent seulement au moment de la déhiscence pour éliminer le produit de l'ovulation ou de la conception, s'il y a lieu.

Chez les batraciens et les poissons cartilagineux la trompe n'est pas libre dans l'abdomen. Son pavillon est fixé au foie par un ligament suspenseur, de sorte qu'il ne peut pas, comme chez les reptiles écailleux, les oiseaux et les mammifères, aller à la rencontre de l'ovule. Ce sont les muscles abdominaux qui sont chargés de faire progresser ce dernier dans l'abdomen jusqu'au pavillon de la trompe, qui le saisit alors et le déglutit par une sorte d'aspiration instinctive, que l'on a expliquée de diverses façons. Nous y reviendrons.

Chez les oiseaux et les reptiles écailleux le pavillon, relié à l'ovaire par un ligament assez lâche, va à la rencontre des œufs et choisit les plus mûrs pour les entraîner dans la trompe. La plupart du temps la préhension a lieu avant la rupture de la capsule ; de sorte que l'œuf est déjà dans l'oviducte avant la déhiscence. M. Purkinje avait pensé que la pression du pavillon sur le pédicule de la capsule pouvait, en arrêtant la circulation, provoquer sa rupture ; mais cette pression n'est nullement nécessaire. Car dans les cas où, pour une raison ou pour une autre, le pavillon ne se porte pas au-devant de l'œuf, la capsule n'en est pas moins rompue. Mais alors le vitellus tombe dans l'abdomen, où il ne tarde pas à être résorbé.

« Dans nos climats, aux époques les plus favorables de l'année, quand les poules pondent tous les deux jours, le pavillon exerce la préhension de l'œuf une fois toutes les trente-six heures, et tous les jours si la ponte est quotidienne. » Il peut même arriver que deux œufs qui ont mûri en même temps se détachent simultanément de l'ovaire. Ils sont alors recueillis par le pavillon, qui les chasse l'un à côté de l'autre dans la trompe. Là ils s'entourent d'un albumen commun, et plus tard d'une coque commune : c'est ainsi que se forment les *œufs doubles*. Mais il peut se faire aussi que le pavillon n'ait pas le temps de saisir les deux œufs qui se présentent en même temps à son orifice. Celui qui a échappé au pavillon tombe dans ce cas dans la cavité péritonéale. Cet accident peut d'ailleurs se produire par la simple inertie de la trompe.

La chute simultanée de plusieurs œufs, qui est exceptionnelle chez les oiseaux, est de règle chez la plupart des reptiles. M. Coste en a compté jusqu'à quarante dans chacun des oviductes d'une tortue éléphantine morte au Jardin des plantes. Dans ce cas, les pavillons doivent exercer leur mouvement de préhension autant de fois qu'il y a d'œuf à déglutir. Mais, comme ces animaux pondent tous leurs œufs en une seule fois ou à des intervalles successifs très-rapprochés, les trompes rentrent dans le repos, une fois leur moisson faite, jusqu'à la saison prochaine. — F. TAULE.

— La suite à un prochain numéro. —

ANTHROPOLOGIE.

COURS DE M. DE QUATREFAGES.

(MUSÉUM D'HISTOIRE NATURELLE.)

(Voyez le n° 12.)

I.

Les races blanches. — Caractères généraux (suite).

J'arrive aux caractères que l'on peut tirer du squelette et j'y insisterai un peu plus que sur les précédents.

D'abord, remarquons que dans le squelette il y a diverses régions dont chacune nous présente des particularités qui peuvent servir à l'anthropologie pour la comparaison des races. La première de ces régions est évidemment la tête. Dans la tête il y a, comme nous l'avons déjà dit, à distinguer la portion crânienne et la portion faciale, qui doivent d'abord être considérées séparément pour bien des motifs : d'une part, en effet, il est évident qu'anatomiquement ces régions sont distinctes, puisque la boîte crânienne renferme le centre nerveux, tandis que la face n'en reçoit que l'extension. Ce sont deux régions aussi distinctes que dans le tronc, l'abdomen et la poitrine. Puis nous devons les considérer dans leur ensemble, parce que des rapports qui les unissent résultent des caractères qui ont aussi une certaine valeur. La forme générale du crâne a été examinée à tous les points de vue : on a considéré le crâne de côté, de haut en bas, de face, et les formes que présente la boîte crânienne, envisagée sous ces différents aspects, ont fourni autant de caractères sur lesquels il est utile d'appeler votre attention. Un crâne peut être elliptique, arrondi, etc. Aujourd'hui j'insisterai seulement sur deux caractères dont chacun sert à distinguer la race blanche des races jaunes et noires : le premier résulte du développement sur le côté de l'arcade zygomatique, qui est formée par une apophyse qui se détache du condyle et vient s'unir à l'os de la pommette.

Lorsque l'arcade zygomatique est très-large, la face en reçoit à son tour une largeur très-considérable, et l'ensemble de la figure présente une forme de losange. Cette disposition caractérise les races jaunes proprement dites.

Dans les races blanches, l'arcade zygomatique est toujours plus ou moins évasée; de là la forme allongée que présente la face.

Un autre caractère extrêmement important est celui qui résulte des dispositions des dents et de la mâchoire. Chez les blancs, la mâchoire est presque verticale, très-légèrement avancée en avant. Les dents sont de même verticales et reposent directement les unes sur les autres. Dans d'autres races, au contraire, la mâchoire est projetée en avant, et les dents suivent le même mouvement. Il en résulte que celles de la mâchoire inférieure avancent sur celles de la mâchoire supérieure : c'est ce qu'on appelle le *prognathisme*.

Ce prognathisme peut atteindre les deux mâchoires; alors la mâchoire supérieure est excessivement projetée en avant, les dents de la mâchoire inférieure deviennent presque verticales; mais, dans ce cas, la mâchoire inférieure reste en arrière, les dents et le menton sont obligés de se projeter en avant, et de là vient cette espèce de forme en museau que l'on rencontre chez les nègres, et sur laquelle on s'est appuyé à tort pour établir une sorte de rapprochement entre eux et certains animaux, le singe en particulier.

Je viens de vous dire que, chez les blancs, on ne rencontre pas le prognathisme; que la tête est orthognathe. Cependant il ne faut pas prendre ce fait d'une manière absolue. Jusque chez la population blanche la plus pure, jusqu'au sein de la population européenne la plus élevée en civilisation, nous trouvons des exemples d'un léger prognathisme. Nous verrons que cette disposition est compensée par certains autres caractères particuliers de la face. Il vous sera très-facile de vous assurer que, même chez les Parisiens, les dents sont quelquefois projetées en avant, un peu à la manière du nègre.

Tels sont les caractères que présentent la face et le crâne considérés isolément. Quand on les examine simultanément, quand on prend l'ensemble de la tête, il résulte du rapport de ces parties des caractères qui ont aussi une grande importance.

J'appellerai en particulier votre attention sur un de ces caractères qu'on a beaucoup trop fait valoir, qui a sa valeur en effet, mais non la signification qu'on a voulu lui donner : je veux parler de l'angle facial, c'est-à-dire de l'angle que forme l'intersection de deux plans, l'un passant par le trou auriculaire et l'extrémité des dents, l'autre par le milieu de la tête d'avant en arrière.

Cet angle a été imaginé par Camper, qui l'a établi d'une manière assez peu exacte. Cuvier, Geoffroy Saint-Hilaire s'en sont occupés; ils ont employé la méthode trigonométrique pour arriver à sa détermination. La méthode était lente et douteuse, et nous devons remercier les anthropologistes qui ont fait succéder, à ces mesures toujours entachées d'inexactitude, des méthodes expérimentales.

Martin, en Amérique, a donné le signal, et un savant français a inventé ensuite un instrument beaucoup plus précis. Cet instrument remplace les lignes par des plans, un plan inférieur déterminé d'une manière invariable, et un plan qui vient s'appuyer aux dents ou à l'épine nasale et au front, de manière à indiquer très-exactement sur un arc de cercle divisé le nombre de degrés compris dans l'angle. J'insiste sur cet angle facial, parce que la pensée de Camper a été fort exagérée, et que l'on a voulu voir dans le plus ou moins d'ouverture de cet angle une sorte de mesure de l'intelligence. Camper avait fait d'abord l'application de sa méthode aux médailles antiques, et il avait trouvé que les médailles grecques, dans lesquelles l'expression de majesté et d'intelligence est plus prononcée que dans les médailles romaines, avaient un angle facial plus ouvert, puis il l'avait appliquée aux diverses races humaines, en descendant jusqu'aux animaux; il avait ainsi formé une échelle dont la statue grecque occupait l'extrémité supérieure et le singe l'extrémité inférieure, échelle comparative dans laquelle l'angle facial va toujours en diminuant.

J'ai réalisé graphiquement l'idée exprimée par Camper dans le tableau que voici :

Échelle décroissante des angles faciaux d'après Camper.

Statues grecques	100°	=	110 11
— romaines	95°	=	105 55
Race blanche	80°	=	88 88
— jaune	75°	=	83 33
— nègre	70°	=	77 77
Singes supérieurs	65°	=	72 22

Mais en employant un instrument bien plus précis que ne l'étaient les méthodes de comparaison employées jusqu'alors, on a facilement démontré ce qu'il y a de faux dans l'idée de Camper et d'exagéré dans l'échelle donnée par lui. Ainsi Camper avait dit que l'angle droit ne se rencontrait jamais chez un homme de notre époque, le savant dont je parle l'a trouvé chez un Parisien, homme distingué, il est vrai, mais enfin qui n'est pas un de ceux dont la France s'occupe. Camper avait trouvé que l'angle facial variait entre les races de 10 degrés nonagésimaux, le travail de son contradicteur démontre que la différence va jusqu'à 20 degrés centésimaux.

Enfin, d'après Camper, l'angle facial moyen de la race blanche est de 80 degrés nonagésimaux, et son adversaire a montré qu'il y a là une légère exagération.

Vous voyez que si, dans une même race, une même population, l'écart est plus grand que celui indiqué par Camper, ce qui avait été dit de la mesure de l'intelligence indiquée par l'angle facial est certainement exagéré.

La tête, dans son ensemble, avait été examinée comme je viens de le dire, quand Pritchard eut l'idée de l'étudier de face, et il remarqua que, dans certaines races, si l'on fait passer une tangente par la soudure qui unit les pariétaux avec l'os frontal et le point le plus saillant de l'arcade zygomatique, cette même ligne, dans certaines races, se réunit à une certaine partie de la tête, et qu'il en résulte cette particularité qu'il a désignée sous le nom de *tête pyramidale*.

J'ai eu la pensée de mesurer cet angle, et j'ai imaginé un instrument que vous pourrez voir après la séance. Je me bornerai à dire que le fait signalé par Pritchard est incontestable, et que l'on trouve dans certains cas un angle dont le sommet est placé au-dessus de la tête; mais, dans certains cas aussi, l'arcade zygomatique étant très-prononcée, le crâne très-développé, il en résulte que l'angle a son sommet en bas. J'ai appelé cet angle *angle pariétal*. Il y a donc des angles pariétaux positifs et des angles pariétaux négatifs. Le seul exemple d'angle pariétal négatif que j'aie rencontré, c'est dans la race blanche.

Distrait par d'autres études, je n'ai pu faire un travail très-détaillé sur ce point; mais de l'ensemble des faits connus je crois pouvoir conclure que l'apparition de l'angle pariétal négatif est encore un fait particulier à la race blanche. Il y a entre les deux extrêmes que j'ai rencontrés, le plus grand angle positif et le plus grand angle négatif, une différence de 36 degrés, qui offre un écart assez considérable pour que l'on puisse trouver entre les deux termes opposés des caractères différents pour les diverses races.

J'arrive au squelette humain. La boîte osseuse de la poitrine a bien présenté dans quelques races des caractères intéressants, mais rien qui touche directement à la race blanche; il n'en est pas de même du bassin.

Le bassin a été une des régions du squelette les plus étudiées, ce qui se comprend aisément, puisque sa connaissance peut être utilisée pratiquement dans l'art de l'accouchement. Je veux dire seulement un mot des résultats auxquels est arrivé Weber au point de vue anthropologique. Il a reconnu quatre formes fondamentales de bassins.

Dans certaines races, le bassin est ovale, avec un diamètre tracé d'avant en arrière.

Dans d'autres, il est carré plus ou moins; d'autres fois il est cunéiforme; dans certains cas, il est transversal.

Or, de ces quatre formes diverses, on a trouvé qu'il y en avait toujours une qui est dominante dans certaines races.

Ainsi, la forme ovale avec le grand diamètre antéro-postérieur caractérise la race blanche; la forme ronde appartient à la race nègre, la forme cunéiforme à la race américaine, la forme carrée aux populations qui se rattachent au tronc jaune; mais on trouve toujours dans chaque race un certain nombre d'individus qui présentent la forme dominante dans une autre race. Cette forme du bassin spéciale à la race n'est donc pas un caractère absolu.

Je voudrais maintenant appeler votre attention sur les caractères anatomiques des parties molles; mais ici la science est tout entière à créer, et nous savons peu de chose sur l'anatomie des races en dehors de ce qui touche le squelette. Nous n'avons donc pas à insister sur ce point; il en est de même de la physiologie. Dans l'étude détaillée des races, nous rencontrerons un grand nombre de faits physiologiques qui pourront être d'une certaine manière caractéristiques; mais ils sont en grande partie sous la dépendance des milieux, et ce n'est pas dans une simple esquisse comme celle que nous faisons actuellement qu'il est possible d'insister sur ces faits. On pourrait croire qu'il en est de même de la pathologie, et en fait la plupart des faits pathologiques qui peuvent avoir une valeur distinctive sont sous la dépendance des milieux; mais il y en a quelques-uns qui semblent échapper à cette action spéciale et être propres à la race elle-même : telle est le plus ou le moins de facilité avec laquelle deux races extrêmes, la race blanche et la race nègre, sont affligées par les causes morbides, dont les unes amènent la phthisie, et les autres résultent des émanations paludéennes. La race nègre est incontestablement celle qui est le moins facilement atteinte par les émanations paludéennes, la race blanche est celle qui l'est le plus; la race nègre est celle qui est le plus menacée par la phthisie, la race blanche semble être celle qui l'est le moins. Enfin je laisse bien d'autres détails qui nous conduiraient trop loin, pour appeler votre attention sur des faits d'une tout autre nature.

Dans l'homme, il n'y a pas seulement de la matière, il n'y a pas seulement un corps, il y a en outre quelque chose qui sait juger les sensations qu'il éprouve, quelque chose qui raisonne, de l'intelligence.

Or, ce quelque chose se produit au dehors par des actes, ces actes sont des faits, et ces faits sont différents d'un groupe humain à un autre groupe, d'une race à une autre, susceptibles, par conséquent, de servir de caractères tout aussi bien que les actes instinctifs de l'animal. Ces caractères, l'anthropologie doit en tenir compte. Vous voyez comment, tout en touchant à un ordre de faits dont la philosophie proprement dite semble s'être réservé le monopole, nous restons toujours exclusivement naturalistes et strictement hommes de science. Parmi les faits de l'intelligence, il en est quelques-uns qui ont une importance extrême, considérés comme caractéristiques des races humaines. En première ligne, je dois placer ceux qui se rattachent au langage. Le langage, dans la distinction des races humaines, a souvent tout autant d'importance que l'anatomie, et, dans quelques circonstances, en a en quelque sorte davantage. C'est surtout lorsqu'il s'agit d'ethnologie que la linguistique comparée vient nous apporter des renseignements vraiment merveilleux par ce qu'ils ont d'inattendu et de divinatoire. Au point de vue linguistique, nous avons quelques remarques générales à faire. Vous savez que l'ensemble du langage humain a été partagé en trois groupes principaux : les langues monosyllabiques, les langues agglutinatives et les langues à flexion. Dans les langues monosyllabiques, la pensée s'exprime en bloc et sans distinction aucune, les mots n'expriment aucune nuance. Un grand progrès s'accomplit quand les mots, pour rendre les nuances de la pensée, commencent à se modifier, et, dans le langage agglutinatif, ces modifications s'opèrent par la soudure de certaines molécules qui viennent se placer à la surface des mots; mais elles peuvent avoir lieu aussi par la fusion des mots entre eux, et, lorsque le langage s'est engagé dans cette voie, les mots finissent par se joindre, et il en résulte le langage polysynthétique. Puis un progrès bien plus considérable s'accomplit quand la postposition devient préposition, quand les mots peuvent se modifier par une simple modification de terminaison; le nombre des idées que les mots peuvent rendre s'accroît, les langues à flexion s'organisent, et ce sont incontestablement les plus parfaites. Or, si nous examinons sur la carte ethnographique comment sont répartis les divers langages, nous voyons qu'aucun peuple policé ne parle le langage monosyllabique. Nous rencontrons des peuples assez avancés en civilisation, mais en très-petit nombre, qui parlent le langage agglutinatif et surtout le langage polysynthétique, et nous rencontrerons une exception de ce genre en Europe et en France même; mais toutes les nations qui sont à la tête de la civilisation emploient le langage à flexion.

Bien d'autres faits, toute vanité d'origine mise à part, nous autorisent à placer les races blanches en tête de l'humanité. Je n'ai pas besoin de rappeler quels magnifiques développements a pris, au point de vue intellectuel, la population blanche, quels merveilleux triomphes elle a remportés.

Il y a encore un point sur lequel je serai très-bref, mais où il faut pourtant que je m'arrête un instant. Mes anciens auditeurs savent que je distingue des manifestations de l'intelligence proprement dite les manifestations de la moralité et de la religion.

La moralité et la religion sont pour moi distinctes des phénomènes de l'intelligence. J'ai dit ici pourquoi et comment je croyais pouvoir en agir ainsi. Or, nous avons toujours examiné les actes moraux et religieux des populations comme des phénomènes propres à telles ou telles races; nous aurons à agir de même pour les populations blanches, et alors nous serons obligés de constater un fait auquel on ne s'attend pas sans doute, c'est que ces populations, si distinguées à d'autres égards, sous ce point de vue sont bien moins éloignées des races les plus sauvages qu'on ne le croit d'ordinaire. Nous aurons aussi à faire remarquer qu'entre les divers rameaux du grand tronc blanc il y a certaines différences radicales sur lesquelles on a hésité à tort, suivant moi, dans ces dernières années.

Enfin, messieurs, de l'ensemble des faits que je viens de décrire si rapidement on peut déduire le type idéal des populations blanches. Si nous cherchions à nous faire l'idée de ce que seraient les blancs accomplis, résumant et présentant dans leur plus haut développement les caractères essentiels de ce groupe, nous ferions ce que nous avons fait pour le nègre. Seulement, le nègre, type inférieur de l'humanité, a dû être caractérisé par ce qu'il y a de plus abaissé. C'est, au contraire, par ce qu'il y a de plus élevé et de plus beau que nous devons caractériser le type blanc, et nous devons considérer le blanc idéal comme un homme de taille moyenne ou s'en écartant peu, ayant cette pureté de traits, cette beauté de formes, cette perfection harmonieuse dont les chefs-d'œuvre de l'art grec vous donnent une idée. Cet homme aura le teint blanc; ses cheveux seront longs et fins, mais ils pourront être plus ou moins blonds, tirant quelquefois sur le châtain; sa barbe sera bien fournie et d'ordinaire un peu plus claire que ses cheveux; l'œil sera ou d'un bleu d'azur ou d'un bleu plus ou moins foncé, selon que les cheveux eux-mêmes seront blonds ou tireront sur le châtain, et se rapprocheront plus ou moins du noir. Au point de vue intellectuel, il réunira un sens pratique et un développement scientifique extrêmement accusé, avec une certaine imagination poétique et le sentiment chevaleresque qu'on ne trouve en réalité que dans notre race; enfin il sera très-religieux et très-moral. Tel est l'idéal de l'homme blanc. Il nous reste à voir jusqu'à quel point cet idéal est réalisé dans certaines de nos races, et nous aurons à constater que, quoi qu'on en ait dit, il y a des blancs qui en sont fort éloignés et sont encore à demi sauvages. — L. Danicourt.

CHIMIE.

COURS DE M. BOUSSINGAULT.

(CONSERVATOIRE DES ARTS ET MÉTIERS.)

(Voy. les nos 9, 14, 28, 31, 37, 39 et 41.)

VIII.

Les roches sédimentaires (suite).

C'est à la réunion remarquable de matériaux si propres à la construction qu'offre le terrain supercrétacé ou parisien, que Paris doit son développement. En effet, sur le sol de cette cité et aux environs, dans ce terrain parisien, on rencontre réunis le sable, le plâtre et les meulières, qui sont les meilleures pierres pour bâtir.

Quand ce terrain supercrétacé s'est consolidé, la flore du pays était composée principalement de conifères et de palmiers. On trouve aussi dans ces couches des dépôts considérables de lignite : ce lignite ressemble beaucoup au bois carbonisé. Parmi les animaux qui vivaient à cette époque, il y avait des mammifères qui présentaient une certaine analogie avec ceux de l'époque actuelle : ainsi l'*Anoplotherium* rappelle la gazelle; le *Mylodum* correspond au paresseux.

L'époque suivante est celle des *alluvions anciennes.* Ces terrains recouvrent une étendue immense de la surface du globe. Ici la consolidation a manqué. On reconnaît qu'ils ne dépendent pas de la formation supercrétacée à ce que leurs strates ne sont pas parallèles aux couches de ce terrain. Il a déjà été question de la concordance et de la discordance des couches. On sait que lorsque des assises sont stratifiées parallèlement, quels que soient leur nombre et leur inclinaison, elles restent parallèles : on a une stratification *concordante;* dans le cas contraire, la stratification est *discordante*. Or, on n'a jamais trouvé que des assises appartenant à une même formation fussent en stratification discordante, et les alluvions anciennes n'étant pas en stratification concordante avec le terrain supercrétacé, on peut conclure que ces deux formations sont indépendantes l'une de l'autre.

Les animaux trouvés dans les alluvions anciennes se rapprochent encore plus des espèces actuelles; mais leur taille est gigantesque. Avec les débris d'os que l'on a trouvés on a pu reconstituer des éléphants, des mammouths, des rhinocéros, des aurochs, un cerf bien plus développé que les nôtres, le *Cervus giganteus;* la distance horizontale entre ses bois atteignait 4 mètres.

C'étaient les principaux habitants de cette époque, et il y en avait alors une quantité énorme. Une découverte faite, il y a environ soixante-dix ans, en a donné la preuve. Un Cosaque, en 1799, remarqua à l'embouchure de la Léna un immense tumulus de glace; revenu l'année suivante, il vit à la place de ce bloc de glace le cadavre d'un énorme éléphant parfaitement conservé; il coupa ses défenses et il fit manger à ses chiens cette chair conservée dans de la glace depuis des milliers d'années. Ceci fit du bruit; un savant, envoyé de Saint-Pétersbourg dans ces parages, constata que sur une étendue de trois milles le rivage était couvert de falaises de glace qui renfermaient une grande quantité d'animaux de cette époque très-bien conservés avec leur chair; il y avait des bœufs, des rhinocéros, des éléphants.

Plus tard, en Amérique, on trouva des gisements encore plus considérables de ces animaux contemporains des alluvions anciennes. Ils étaient conservés dans un milieu que l'on peut caractériser d'une manière assez exacte, en disant que c'était de la terre végétale consolidée par de l'eau congelée. A la peau épaisse et velue qui les recouvrait, il y a lieu de penser qu'ils étaient destinés à vivre dans des pays assez froids. Une observation étrange fut faite sur ces cadavres : ils exhalaient une forte odeur de roussi. Ce fait est resté inexpliqué. Probablement, ces animaux furent tués lors du cataclysme qui mit fin à l'époque des alluvions anciennes, puis rejetés alors vers les pôles.

Ce n'est pas seulement sur les bords de la mer Glaciale et dans les régions antarctiques que se rencontrent ces débris d'animaux, qui semblent y avoir été entraînés; on trouve des accumulations analogues d'ossements presque partout où l'alluvion ancienne a pu trouver jour. Ainsi, dans le Jura, il y a des fissures qui sont remplies d'ossements consolidés par une matière boueuse. En un certain nombre d'endroits, on remarque une crevasse pratiquée dans le calcaire jurassique ; cette fracture a été comblée par l'alluvion ancienne; autour sont entassés des déblais de matières trop grosses pour y pénétrer, et intérieurement on découvre des fragments d'os. Tel est l'aspect général des *brèches osseuses.*

Il y a aussi les *cavernes à ossements.* Ce sont des cavernes qui ont été pénétrées par l'alluvion ancienne, et dont le sol renferme une très-grande quantité de fossiles de cette époque. Ces fossiles appartiennent à des espèces très-diverses. Ainsi, dans l'une de ces cavités, on a trouvé à la fois des débris d'hyènes, de tigres, d'ours, de loups, de chevaux, de bœufs, de daims, de lièvres, de lapins; il y avait aussi des os de rats, de souris, de corbeaux, de pigeons, d'alouettes, de canards, de grives, etc. On y a constaté en particulier la présence de beaucoup de dents d'hyènes et d'os d'herbivores partiellement rongés. Ceci fit croire que cette caverne servait de retraite à des hyènes, à l'époque des alluvions anciennes, et qu'elles y transportaient les autres animaux destinés à devenir leur proie. Deux autres découvertes, entre autres, vinrent appuyer cette hypothèse. En Angleterre, dans le Yorkshire, on remarqua dans l'une de ces cavernes, que beaucoup de ces os d'herbivores étaient polis et usés à la surface ; or, c'est là une habitude de l'hyène de polir les os ; puis on constata la présence d'un grand nombre de coprolithes, ou matières fécales provenant de ce carnassier.

D'après ce que nous venons de dire, on a trouvé et l'on rencontre encore continuellement dans les terrains des alluvions anciennes une énorme quantité de débris d'animaux, qui généralement présentaient une grande analogie avec ceux qui vivent aujourd'hui. Quant aux ossements humains, jamais on n'en a découvert dans ces terrains. L'homme n'existait-il pas encore quand l'alluvion ancienne s'est produite? C'est là, dit M. Boussingault, une remarque importante, et qui mérite d'être examinée.

On a prétendu, il est vrai, que l'homme était contemporain de ces époques; on a dit que l'*homme fossile* était découvert. Dans la caverne de Swansea, au milieu de l'alluvion ancienne, et parmi des débris de bœufs, de rhinocéros, etc., on mit au jour le squelette d'un homme de très-grande taille. Quelques années auparavant, dans le nouveau monde, on avait signalé de même un homme fossile qui avait été trouvé sur la plage ; plus tard, on reconnut que c'était un matelot qui était mort en cet endroit. Ceci rendit plus circonspect lorsqu'on étudia l'homme fossile de la caverne de Swansea. Les recherches y furent poursuivies avec un grand soin ; on y constata la présence de certains vestiges de travail : ainsi, on retira du sol de cette caverne des charbons de bois, quelques armes de silex.

On supposa finalement que ce squelette n'était pas antérieur à l'invasion romaine dans le pays de Galles.

Souvent aussi on a retiré des brèches osseuses des ossements humains accompagnés de fragments de poteries et d'armes. Mais un examen rapide montra dans ces diverses circonstances que de tels débris provenaient d'hommes qui avaient dû vivre postérieurement dans ces cavernes ; en effet, on n'a jamais trouvé un ossement humain qui fît réellement partie des brèches osseuses.

Ainsi, dit M. Boussingault, probablement l'homme ne vivait pas à l'époque des alluvions anciennes. Cependant, pour montrer que les ossements humains que l'on a pu trouver ainsi sont contemporains de notre époque, on ne ne doit jamais invoquer comme preuve ce fait, qu'ils sont accompagnés de charbons, d'armes de silex et de poteries grossières.

L'homme, en effet, est naturellement querelleur, et les sauvages les plus abrutis ont des armes ; puis il est en quelque sorte dans son instinct de façonner des ouvrages en terre ; voyons, par exemple, les nègres les plus dégradés, ils pétrissent des poteries en terre glaise. Enfin, l'homme sait toujours faire du feu ; c'est, en quelque sorte, une de ses facultés propres qui le distinguent des autres animaux. Les singes, dit M. Boussingault, dans les forêts du nouveau monde, viennent la nuit se chauffer près du feu qu'ont laissé les voyageurs, mais aucun de ces singes ne mettrait du bois dans ce feu pour l'entretenir. La seule raison qui nous indique que les ossements humains ainsi trouvés en différentes circonstances, ne datent pas de l'époque des alluvions anciennes, c'est qu'aucun de ces os ne fait en réalité partie des brèches osseuses.

En ce moment, néanmoins, il y a dans l'Académie des sciences une vive discussion engagée à ce sujet. Une mâchoire humaine fut trouvée, et quelques savants géologues prétendent qu'elle appartenait à un homme vivant à l'époque de l'alluvion ancienne. L'opinion de M. Élie de Beaumont est que le terrain dans lequel cette mâchoire fut rencontrée est un terrain de l'alluvion moderne qui se forme sous nos yeux. Telle est aussi l'opinion d'un des premiers géologues anglais. Ainsi, jusqu'à preuve contraire, dit M. Boussingault, nous n'admettrons pas que l'homme vivait à l'époque de l'alluvion ancienne.

Après les alluvions anciennes viennent les alluvions modernes, qui forment le terrain correspondant à la huitième et dernière époque géologique. Cette couche se constitue sous nos yeux, et elle est destinée à nous servir de tombeau.

Lorsqu'on examine une roche stratifiée, on voit facilement, et nous l'avons déjà dit, qu'une roche de ce genre a dû se former au milieu d'un grand calme, et dans un bassin d'eau de mer ou d'eau douce. Ce mode de formation admis, on ne peut comprendre comme position des strates que la position horizontale ; une matière qui se précipite dans un liquide en repos doit toujours affecter cette position. Cependant nous constatons dans beaucoup de cas l'existence de strates inclinées. Dirigeons-nous, par exemple, de Paris vers l'est : à Paris, nous voyons que la craie est en couches horizontales ; vers les Vosges, ce banc se redresse, et à Épinal il est presque vertical. Quelle explication donner de cette disposition inclinée de terrains qui sont stratifiés ?

L'explication en fut trouvée en 1784 par Saussure, qui, par là, fit faire un pas immense à la science géologique. Près de Chamounix, il se trouve une vallée dont le terrain primitif est constitué par du gneiss. Au-dessus, appuyés sur ce gneiss, sont disposés en couches verticales des poudingues (on appelle poudingues, en géologie, des fragments de roches arrondis qui sont empâtés dans une substance à contexture plus fine) ; ici ce poudingue était formé par des fragments de micaschiste. En considérant cette disposition inclinée, Saussure comprit qu'il était impossible que la couche ait été ainsi tout d'abord. Il poursuivit son examen, et, à la suite de l'étage vertical des poudingues, il constata que cette même couche avait repris une position horizontale. Ici les nodules qui se trouvent dans la couche ont tous leur grand axe horizontal. C'est la position qui résulte naturellement du dépôt de matières solides dans un liquide : un œuf, comme le dit Saussure, ne peut se tenir seul sur la pointe. Mais à mesure qu'on s'avance vers la montagne, les poudingues redressent leur grand axe. Saussure admit dès lors que tout ce dépôt, d'abord horizontal, fut relevé en partie. Mais à quelle cause attribuer ce soulèvement ? Il eut la hardiesse de dire : « Cette couche fut relevée par le soulèvement du mont Blanc. » — J. de Lignières.

PHYSIOLOGIE GÉNÉRALE.

COURS DE M. CLAUDE BERNARD.

(FACULTÉ DES SCIENCES.)

(Voy. les nos 19, 22, 24, 27, 29, 34, 35, 38 et 42.)

IX.

Respiration musculaire. — Suc musculaire. Rigidité cadavérique.

Après avoir étudié la contraction musculaire dans ses diverses périodes, nous avons décrit le principal des phénomènes physiques qui se passent dans le muscle, les courants électriques. Nous avons maintenant à traiter des phénomènes chimiques, notamment de la respiration musculaire et de ses conséquences, c'est-à-dire de la production calorifique qui maintient la température de l'animal à un degré presque rigoureusement invariable.

Depuis longtemps on a comparé la respiration à une

combustion. En effet, l'oxygène de l'air pénètre dans le sang, où se brûlent des matières hydrocarbonées, et l'on voit expulsée, comme résultat final de l'opération, une quantité notable d'acide carbonique. C'est donc là un phénomène tout à fait analogue dans ses diverses phases à celui qui se passe quand une bougie brûle. Mais la chimie nous fournit deux genres de combustion, la combustion vive et la combustion lente; laquelle des deux sera le type auquel nous pourrons comparer l'acte respiratoire? On avait toujours supposé que cet acte consistait dans une combustion lente, et c'est là effectivement la vérité. Mais la question n'est pas résolue tout entière, car il reste à déterminer où se produit cette combustion lente.

Lavoisier, qui a le premier défini d'une manière convenable et exacte le phénomène respiratoire, Lavoisier le localisait exclusivement dans les poumons. D'après ses idées, c'était le même oxygène qui, pénétrant dans le sang à travers les vésicules pulmonaires, y fournissait l'agent indispensable à la combustion lente des matières hydrocarbonées, et ressortait aussitôt sous la forme d'acide carbonique; c'était cette combustion qui entretenait la chaleur du sang: et la conséquence nécessaire qu'on devait en tirer, c'est que le sang artériel sortant tout droit des poumons, avait une température plus élevée que le sang veineux, refroidi par son long trajet à travers le corps, loin du centre de la chaleur animale. On fit de nombreuses expériences pour vérifier ce fait, et l'on constata effectivement la différence de température désirée en faveur du sang artériel. Nous aurons à discuter ces expériences, et à voir si les résultats qu'elles fournissent ne sont pas dus aux procédés employés ou aux imperfections de méthode, et s'ils peuvent s'accorder avec les théories aujourd'hui démontrées.

L'acte de la respiration comprend d'abord des phénomènes physiques, et notamment un échange de vapeurs entre le sang, milieu intérieur, et l'air, milieu extérieur; le sang fournit de l'acide carbonique; l'air, de l'oxygène. Ces phénomènes se passent dans le poumon, qui agit alors physiquement. Le sang absorbe à très-peu près autant d'oxygène qu'il dégage d'acide carbonique, et c'est là sans doute ce qui a occasionné l'erreur de Lavoisier. Cependant il n'y a pas toujours entre ces deux volumes gazeux un rapport exact, comme le prouvent les expériences de M. Regnault. Ainsi un animal à jeun prend plus d'oxygène à l'air qu'il ne lui rend d'acide carbonique, surtout si c'est un carnivore; au contraire, l'animal en digestion rend plus d'acide carbonique qu'il n'absorbe d'oxygène, particulièrement quand c'est un animal herbivore ou granivore.

Nous avons à expliquer un autre fait d'une importance capitale. La preuve, nous dit-on, que le poumon est bien le siége de la combustion respiratoire, c'est qu'il est le centre de production de la chaleur animale, point bien démontré par ce fait, qu'il réchauffe le sang; toutes les expériences établissent, en effet, que le sang artériel est plus chaud que le sang veineux. Ce raisonnement serait irréfutable si sa base était solide, c'est-à-dire si le fait qui lui sert de point de départ était aussi bien démontré qu'on le prétend; car il est incontestable que la combustion respiratoire est la source principale, sinon unique, de la chaleur animale. Malheureusement, c'est la base qui manque, c'est le point de départ qui est erroné; le fait sur lequel on s'appuie n'est pas démontré, bien au contraire; les expériences qui prétendent le prouver sont inexactes : il faut renverser les termes de la proposition, et dire que le sang veineux est plus chaud que le sang artériel. Du reste, Aristote avait déjà dit que le poumon rafraîchissait le sang. Les expériences de Lavoisier et de ses disciples étaient vraies, si l'on veut, mais mal interprétées. Ce n'était pas erreur de raisonnement, car les hommes ne se trompent pas *logiquement;* la logique leur est naturelle à tous, et ils l'appliquent comme par instinct, et avec toute la certitude d'un instinct; mais, s'ils ne se trompent point en route, en revanche ils parlent souvent de faits mal observés, et ils n'en arrivent pas moins à l'erreur.

C'est qu'en effet il n'est point facile de prendre la température du sang. Généralement, on opère sur un animal mort. Pour cela, on le sacrifie instantanément, soit en lui coupant le bulbe rachidien, soit en lui ouvrant la poitrine, et l'on plonge le plus vite possible des thermomètres dans les deux ventricules du cœur; on trouve alors que le thermomètre du ventricule gauche indique toujours une température plus élevée que celui du ventricule droit, et l'on s'empresse d'en conclure que le sang artériel est plus chaud que le sang veineux. Mais ce résultat si net obtenu d'une manière constante tient à ce qu'on se place dans de mauvaises conditions. En effet, les parois du ventricule gauche sont beaucoup plus épaisses que celles du ventricule droit, et par suite, elles protégent beaucoup mieux contre la réfrigération extérieure le sang qui s'y trouve en stagnation au moment où l'ouverture de la poitrine donne libre accès à l'air bien moins chaud que le sang. Cela est si vrai, que si l'on remplit les deux parties du cœur avec la même eau chaude, et qu'on en prenne ensuite la température dans le cœur droit et dans le cœur gauche, celui-ci donne toujours une température un peu plus élevée, preuve irréfutable que ce résultat est uniquement dû aux conditions dans lesquelles on opère. M. Claude Bernard a fait un grand nombre d'expériences sur des moutons, dans les abattoirs de Paris; il introduisait des thermomètres dans les vaisseaux de la gorge avant leur arrivée dans le cœur, et il trouvait toujours un demi, un tiers de degré, quelquefois même un degré entier de plus dans les veines que dans les artères.

Restent les expériences faites en enfonçant des tiges thermo-électriques dans les veines: toutes les veines sur lesquelles on a opéré ainsi, qu'elles ramenassent le sang de la tête, des membres ou de toute autre partie, ont fourni des résultats qui montraient le sang veineux plus froid que le sang artériel. Cependant les expériences de M. Claude Bernard que nous venons de citer prouvent que c'est le contraire qui est vrai, lorsqu'on prend la température du sang d'une manière convenable, soit dans le cœur, soit plutôt à l'entrée de cet organe. Comment peut-il donc se faire qu'on trouve le sang veineux plus froid dans les veines que le sang artériel, tandis qu'il est certainement plus chaud dans le ventricule droit? La raison de cette apparente contradiction est bien simple : c'est qu'on a toujours pris la température du sang veineux dans les veines superficielles du corps, comme les veines du bras, la veine jugulaire externe, etc., bien plus commodes sans doute pour l'expérimentation, mais qui sont refroidies par un contact incessant avec l'air extérieur à travers les minces parois qui les forment et la peau souvent très-mince aussi qui les recouvre. Mais si nous opérons sur des veines situées plus profondément dans le corps et mieux protégées contre les influences extérieures, la veine jugulaire interne par exemple, nous trouvons des résultats tout opposés : le sang veineux est alors bien plus chaud, et sa température dépasse celle du sang artériel, mesurée dans les mêmes circonstances. Dans certaines veines, la différence est même très-considérable. Ainsi, le sang veineux ramené par les veines hépatiques, et qui revient des intestins, est extrêmement chaud; il a quelquefois 2 degrés de plus que le sang artériel; en se mélangeant avec le sang veineux provenant des membres et des vaisseaux superficiels, il produit un sang veineux total d'une température moyenne, mais encore plus chaud que le sang artériel. C'est dans cet état qu'il arrive au ventricule droit du cœur et que nous avons pris sa température.

De tout ce que nous venons de dire il résulte clairement que le siége de la combustion respiratoire n'est pas dans les poumons, puisque le sang s'y rafraîchit, suivant le pressentiment d'Aristote, au lieu de s'y échauffer, comme on le supposait d'abord. Ces considérations nous mènent également à chercher le siége de cette combustion vers l'extrémité commune des veines et des artères dans les organes, puisque nous avons constaté un notable excès de température en faveur du sang veineux sur le sang artériel. Voilà où nous allons trouver le phénomène que nous poursuivons. En effet, le siége principal de la combustion respiratoire est dans les muscles, ce qui peut être mis en évidence d'une manière bien simple. Voici une éprouvette où nous avons placé des muscles de grenouille; elle contenait tout à l'heure de l'air à l'état naturel, tel que nous le trouvons dans l'atmosphère qui nous entoure, c'est-à-dire avec une très-faible proportion d'acide carbonique. Maintenant, au contraire, l'air renfermé dans cette éprouvette contient une grande quantité d'acide carbonique, ce qui est accusé par le dépôt abondant qu'il provoque dans l'eau de chaux; mais, par contre, la proportion d'oxygène a diminué d'une manière très-considérable, et, en laissant l'expérience se continuer pendant un temps suffisant, l'éprouvette finirait par ne plus contenir que de l'acide carbonique et de l'azote. Le muscle a donc respiré, car cette double altération de l'air est justement ce qui caractérise le phénomène respiratoire au point de vue chimique.

Sans doute, cette expérience est très-nette et ses résultats incontestables; mais ce n'est après tout qu'un moyen de preuve bien inférieur. Il faut toujours opérer sur l'animal vivant; les expériences faites après la mort sur le cadavre entier ou divisé sont bonnes sans doute, mais seulement pour contrôler les résultats déjà obtenus dans les vivisections. Du reste, le phénomène qui nous occupe présente des variations dont il faut tenir compte.

La respiration musculaire introduit de l'acide carbonique dans le sang qui la subit; sous cette influence, le sang veineux sort du muscle plus ou moins noir, tandis qu'il y était entré tout rouge à l'état de sang artériel. Mais cette couleur peut varier notablement suivant les circonstances, et ces variations indiquent celles que subit lui-même le phénomène physique. Ainsi, le sang veineux est beaucoup plus rouge chez un malade que chez un homme sain, et chez les personnes qui tombent en syncope il devient subitement aussi rouge que le sang artériel. Il est beaucoup plus noir que d'ordinaire lorsqu'il sort d'un muscle en mouvement. Du reste, à l'état normal, le muscle n'est jamais dans un état de repos absolu, il est dans un état d'activité ou de demi-contraction tout particulier qu'on appelle ton musculaire, et qui est dû à une action modérée qu'exerce sur lui d'une manière continue le système nerveux moteur.

Il est nécessaire de distinguer les différents états du muscle; car, pour que les analyses répondent à un phénomène vital bien déterminé, il faut, même dans un seul organe, distinguer deux espèces de sang, suivant qu'on le prend à l'état de repos normal ou à l'état de fonction de l'organe. Le muscle en mouvement consomme beaucoup plus d'oxygène et rend bien plus d'acide carbonique, ce qui change notablement la composition du sang qui en sort. Outre ces deux états, celui de contraction ou d'activité, et celui de repos ou plutôt de ton musculaire, il faut en distinguer un troisième, celui de paralysie ou d'immobilité complète du muscle, qu'on obtient en coupant le nerf qui s'y distribue. Quant au sang artériel, sa composition, au point de vue des gaz qu'il tient en dissolution, doit être indépendante de ces diverses circonstances, puisqu'il est envoyé du cœur dans un état constant et unique, et qu'il ne rencontre le long de son trajet aucune cause particulière susceptible de le modifier sur certains points plutôt que sur d'autres. Le sang veineux seul qui sort du muscle change avec l'état de ce muscle.

M. Claude Bernard a fait plusieurs expériences sur le muscle grand couturier du chien. Voici le résultat d'une de ces expériences :

Sur 100 centimètres cubes, M. Cl. Bernard a trouvé :

SANG ARTÉRIEL.

	cc
Oxygène	7,31
Acide carbonique	0,81
	8,12

SANG VEINEUX.

1° A l'état normal ou de ton musculaire, c'est-à-dire le muscle étant en repos, mais soumis à l'influence de son nerf :

	cc
Oxygène	5,00
Acide carbonique	2,50
	7,50

2° A l'état de contraction complète, c'est-à-dire aussitôt après la contraction obtenue, et toujours sous l'influence du muscle :

	cc
Oxygène	4,28
Acide carbonique	4,20
	8,48

3° Enfin à l'état de paralysie du muscle obtenue par la section du nerf qui s'y distribue :

	cc
Oxygène	7,20
Acide carbonique	0,50
	7,70

Voici les résultats d'une autre expérience, toujours faite sur le muscle de la cuisse d'un chien :

SANG ARTÉRIEL.

	cc
Oxygène	9,31
Acide carbonique	0,00
	9,31

SANG VEINEUX.

1° A l'état de repos ou de ton musculaire :

	cc
Oxygène	8,21
Acide carbonique	2,01
	10,22

2° A l'état de contraction complète, c'est-à-dire aussitôt après la contraction obtenue :

	cc
Oxygène	3,31
Acide carbonique	3,21
	6,52

Ces calculs sont toujours faits sur 100 centimètres cubes de sang. Dans cette expérience, on n'a pas analysé le sang dans le troisième état du muscle, celui de paralysie complète.

Quand le nerf du muscle est coupé, le sang veineux qui sort de ce muscle est presque rouge comme dans la syncope, et se rapproche beaucoup par sa couleur du sang artériel, parce que la combustion est alors très-peu active. Les chiffres que nous venons de donner prouvent qu'il s'en rapproche aussi par les quantités des divers gaz qu'il tient en dissolution ; les différences sont, en effet, peu importantes (7^{cc},20 d'oxygène au lieu de 7^{cc},31, et 0^{cc},50 d'acide carbonique au lieu de 0^{cc},81). Le sang sort donc alors du muscle à peu près comme il y est entré. Une observation qui vient confirmer ces résultats, c'est que, chez les paralytiques, le sang veineux est bien plus rouge qu'à l'état normal, pourvu que la paralysie porte sur les nerfs et non sur les centres nerveux proprement dits, car alors la moelle épinière, jouant le rôle de centre, peut, si elle est préservée, maintenir le ton musculaire et entretenir par suite l'activité de la combustion respiratoire.

Au contraire, après la contraction, le sang veineux est tout à fait noir, parce que la combustion est très-active et qu'il contient beaucoup d'acide carbonique (4^{cc},20 au lieu de 2^{cc},50 dans un cas, et 3^{cc},21 au lieu de 2^{cc},01 dans l'autre) et peu d'oxygène (4^{cc},28 au lieu de 5^{cc},00 dans le premier cas, et 3^{cc},31 au lieu de 8^{cc},21 dans le second). Ces expériences nous montrent également les modifications qu'éprouve le sang en traversant le muscle et en y subissant la respiration musculaire. Dans la première expérience, la proportion d'oxygène s'est abaissée de 7^{cc},31 (sur 100 centimètres cubes) à 5^{cc},00, lorsqu'il sort à l'état de ton musculaire, et à 4^{cc},28 s'il sort après la contraction ; tandis que la proportion d'acide carbonique s'élevait de 0^{cc},81 à 2^{cc},50 dans le premier cas, et 4^{cc},20 dans le second. L'autre expérience donne des résultats encore plus différents : la quantité d'oxygène baisse de 9^{cc},31 à 3^{cc},31 pour l'état de contraction, tandis que l'acide carbonique, qu'on n'avait pu trouver en aucune quantité dans le sang artériel, se trouve dans le sang veineux avec la proportion de 3^{cc},21 sur 100 centimètres cubes. Les phénomènes de calorification sont naturellement en rapport avec ces phénomènes chimiques, et c'est ce qui fait que l'exercice musculaire est essentiellement favorable au développement de la chaleur animale.

Émile Alglave.

— La suite à un prochain numéro. —

Le propriétaire-gérant : GERMER BAILLIÈRE.

PARIS. — IMPRIMERIE DE E. MARTINET, RUE MIGNON, 2.

PREMIÈRE ANNÉE. — N° 44. UN NUMÉRO : 30 CENTIMES. 1er OCTOBRE 1864.

REVUE DES COURS SCIENTIFIQUES DE LA FRANCE ET DE L'ETRANGER

PHYSIQUE — CHIMIE — ZOOLOGIE — BOTANIQUE — ANATOMIE — PHYSIOLOGIE
GÉOLOGIE — PALÉONTOLOGIE — MÉDECINE

Paraît tous les Samedis.

	Six mois.	Un an.
Paris.........	8 fr.	15 fr.
Départements ..	10	18
Étranger......	12	20

Prix de l'abonnement avec la Revue des Cours littéraires.

	Paris	Départ.	Étranger
Six mois.....	15 fr.	18 fr.	20 fr.
Un an.......	26	30	35

Rédacteur en chef
M. ODYSSE-BAROT

Les ouvrages dont deux exemplaires auront été envoyés au bureau du journal seront annoncés et analysés s'il y a lieu.

On s'abonne
A LA LIBRAIRIE GERMER BAILLIÈRE
17, rue de l'École de Médecine,
Et chez tous les libraires, par l'envoi d'un bon de poste, ou d'un mandat sur Paris.

L'abonnement part du 1er décembre ou du 1er juin de chaque année.

SOMMAIRE.

PHYSIOLOGIE COMPARÉE.

COURS DE M. VULPIAN.

(MUSÉUM D'HISTOIRE NATURELLE.)

(Voy. les nos 32, 35, 37, 39 et 40.)

VIII.

Action du curare sur les principaux types de la série animale.

Nous allons rechercher les effets de certains poisons sur le système nerveux conducteur. Nous nous occuperons d'une question importante, à savoir, si la motricité nerveuse est indépendante de l'irritabilité musculaire; puis nous comparerons les effets de ces agents toxiques sur les grands types du règne animal.

Dans un cours de physiologie comparée, il est en effet fort intéressant d'étudier l'action d'un poison dans la série animale. Prenons un de ceux qui agissent spécialement sur les nerfs: le curare. C'est un poison préparé par les sauvages de l'Amérique méridionale. Ils s'en servent pour empoisonner leurs armes, lorsqu'ils partent pour la guerre et pour la chasse. Pendant longtemps on a ignoré totalement la composition de ce poison: elle varie avec les pays; mais on sait que la matière toxique principale qu'on y trouve provient du *Strychnos toxifera*.

C'est un poison inoffensif que le curare, lorsqu'on l'absorbe à faible dose et qu'on n'a aucune plaie au tube digestif. Il faudrait en absorber à jeun de grandes quantités pour redouter ses funestes effets. Ce poison, introduit sous la peau, est très-puissant.

Le curare abolit la motricité, tout en laissant intacte l'irritabilité musculaire, deux modes d'activité qu'il faut avoir grand soin de ne pas confondre.

Ce fait a été établi péremptoirement par M. Cl. Bernard. Voici quelle est l'expérience qui le démontre. Nous prenons deux tronçons de grenouilles préparées d'après la méthode de Galvani; une de ces grenouilles a été préalablement empoisonnée avec le curare. On fait agir la pince galvanique sur les nerfs lombaires sans produire le moindre mouvement, tandis que si l'on porte cette pince sur les muscles eux-mêmes, on observe des contractions très-manifestes. Les muscles ont été respectés par le poison, ils se contractent. On se sert du tronçon sain comme de point de comparaison; en effet, l'application de la pile galvanique sur les nerfs lombaires de ce tronçon détermine des mouvements très-considérables dans le train postérieur.

Si l'on expérimente sur les autres batraciens, tels que le triton, la salamandre et le crapaud, on a les mêmes effets; mais on pourrait se demander si l'on obtiendrait des résultats semblables en agissant sur des animaux des autres classes? Or, si l'on empoisonne un mammifère; si, dès que la vie s'éteint, on met à nu le nerf sciatique; si on l'excite, on voit qu'il a conservé de la motricité. Mais si l'on prolonge la vie de l'animal au moyen de la respiration artificielle, on voit cette motricité disparaître après des intervalles qui varient suivant l'ordre auquel appartiennent les animaux soumis à l'expérimentation.

Chez le chien, une demi-heure après la mort, le nerf sciatique est encore moteur; la motricité peut se maintenir trois heures au moins dans le pneumogastrique. Du reste, le chien n'est pas mort, il n'est qu'en léthargie; le cœur continue à battre. Cet état est l'image de la mort, mais la circulation continue à s'effectuer. Si l'on prolongeait la respiration artificielle, le chien reviendrait. Une grenouille, en hiver, après cinq à douze jours, peut revenir à la vie.

D'autres substances produisent le même effet final avec des modifications dans le mode d'action. Dans l'empoisonnement par la strychnine j'ai déjà montré ces convulsions tétaniques. La nicotine, au lieu de produire ces contractions générales, donne naissance à de petits tremblements sur place dans les muscles. L'éther, le chloroforme, peuvent produire encore les mêmes effets, et il est probable que si l'on pratiquait pour les mammifères soumis à ces modes d'intoxication la respiration artificielle, on arriverait pour eux encore à la perte de la motricité.

Je soumets successivement à l'influence du curare un rat: il succombe en quatre minutes, après de petites convulsions. Un pigeon succombe plus tôt; du reste, sa mort est plus douce, il semble s'endormir. Enfin, nous vous montrons une tortue et une tanche, et nous voyons que dans toute la série des vertébrés l'action du poison est la même; et si nous recherchions chez eux les signes de motricité, nous retrouverions les mêmes phénomènes.

La similitude d'organisation et l'analogie dans le mode d'action de ces poisons dans les cinq classes soumises à l'expérimentation indiquent que chez ces animaux les nerfs et les muscles affectent les mêmes rapports.

Passons aux animaux inférieurs. Nous trouvons chez le ver de terre des phénomènes qui se produisent avec une certaine lenteur. Il y a de plus, chez ces animaux, des empoisonnements partiels, parce qu'on y trouve des centres nerveux multiples.

M. Cl. Bernard a signalé la possibilité d'empoisonner avec le curare les sangsues et les insectes. Chez les mollusques, on observe également un empoisonnement, mais il se produit très-lentement.

Nous voyons dans cette nouvelle série d'animaux une grande similitude, mais non l'analogie parfaite que nous avons signalée plus haut. Il faut, je crois, en conclure qu'outre les différences *morphologiques* que présente l'anatomie de ces animaux, il existe encore des différences physiologiques. C'est du reste ce que nous signale l'expérience.

Chez les zoophytes, le curare ne produit en général aucun effet, sans doute à cause de l'absence ou de l'imperfection du système nerveux chez la plupart d'entre eux. Je rappelle l'expérience déjà citée pour le polype, et j'ajoute que j'ai essayé l'action du curare sur l'astérie, sans observer le moindre effet toxique.

Ce n'est pas le seul problème physiologique dont on ait abordé la solution par des expériences faites à l'aide du curare : on a cherché encore à déterminer si les fibres sensitives des nerfs mixtes sont profondément différentes par leurs propriétés des fibres motrices. Peut-on détruire les unes sans altérer les autres? Jouissent-elles de propriétés différentes? Les expériences de M. Cl. Bernard, et avant lui celles de M. Flourens, avaient semblé démontrer que ces fibres différaient totalement.

M. Cl. Bernard prépare une grenouille de la façon suivante : Il place au milieu du corps une forte ligature, de telle façon que le train postérieur n'est plus relié à l'antérieur que par les nerfs qui émanent de la colonne vertébrale; les vaisseaux sont étroitement saisis par cette ligature. On empoisonne la partie antérieure en plaçant du curare sous la peau du dos : la partie antérieure est complétement paralysée, mais la sensibilité y est conservée ; en effet, si l'on pince, si l'on excite vivement ces parties antérieures, on verra se manifester des mouvements dans le train postérieur, qui jouit encore de sa motricité.

Je vous ai déjà montré la modification que j'ai introduite dans cette expérience. J'empoisonne la partie antérieure avec du curare, et lorsque l'empoisonnement est complet, j'introduis sous la peau de la région dorsale une petite quantité de strychnine, de façon à exalter les propriétés réflexes de la moelle; ce qu'on obtient à coup sûr, puisque la circulation de l'animal est intacte, que la moelle est respectée par le curare, et que la strychnine peut ainsi produire ses effets ordinaires sur ces organes. Or, vous pourrez constater, en excitant la partie antérieure, des mouvements très-violents, des contractions tétaniques dans les membres postérieurs.

Une question que l'on doit se poser tout d'abord est la suivante : Le curare semble abolir l'action des nerfs sur les muscles; au point de vue des actions nerveuses, il est important de rechercher si c'est réellement l'action nerveuse qui est abolie.

Les premiers expérimentateurs n'avaient pas étudié l'action intime du curare sur les nerfs. M. Cl. Bernard vit le premier que l'excitabilité était abolie, et en même temps M. Kölliker faisait des expériences dans ce sens; ils virent alors que le curare agit surtout sur la périphérie des nerfs, et non pas sur le reste de leur trajet.

On prend un membre de grenouille pourvu de son nerf et de son vaisseau ; sur ce membre on isole un muscle, le muscle gastro-cnémien, par exemple ; on le sépare de façon qu'il ne soit plus relié au membre que par son nerf et son vaisseau ; on lie le vaisseau, on empoisonne l'animal avec du curare. Ce muscle sera seul intact : si en effet on galvanise le tronc nerveux, qui cependant se rend à tout le membre, on n'obtiendra de mouvements que dans le muscle que l'on a mis en quelque sorte en dehors de la circulation du reste du membre.

Ces mouvements obtenus ainsi par l'intermédiaire d'un nerf nous prouvent péremptoirement que le tronc nerveux n'est pas altéré, que sa périphérie seule est atteinte par le poison. En poursuivant l'expérience, on pourrait prouver que le poison n'agit pas non plus sur les divisions les plus grêles du nerf, et n'agit que sur les extrémités périphériques. Mais nous ne devons pas admettre que le curare ait une action sur les parties périphériques proprement dites; il empêche seulement la transmission de l'excitation nerveuse à la fibre musculaire : c'est ainsi que l'action de la motricité est suspendue.

Le nerf reçoit bien ses excitations du centre, il les transporte bien aux extrémités jusqu'à la fibre musculaire, mais il n'y a pas de manifestation de cette excitation, toute communication physiologique étant interrompue.

Comment ce phénomène se peut-il produire? Assurément on n'agit pas sur une chose fictive; il existe une altération matérielle et une altération dynamique correspondante. Il peut se faire qu'elle porte sur la plaque motrice terminale; et si M. Kühne ne l'a pas vue, si on ne l'a pas constatée encore, on n'est pas en droit de la nier parce que toutes les altérations intimes ne sont pas apparentes; loin de là.

Cette altération doit-elle porter sur la fibre musculaire? Il serait bien curieux qu'elle n'atteignît dans ce cas que sa propriété de recevoir les excitations; nous voyons ainsi que l'action des fibres nerveuses peut être empêchée par des causes qui portent sur l'extrémité périphérique. D'ailleurs, vous le savez, il en est d'autres qui peuvent agir sur le nerf dans son trajet ou sur les extrémités centrales. Enfin la motricité peut encore être abolie par des altérations, soit des muscles, soit des centres nerveux eux-mêmes. Ce sont des faits auxquels il faut bien réfléchir, lorsqu'on se livre à l'étude des paralysies.

IX.

Identité de propriétés des fibres nerveuses motrices et sensitives.

Doit-on, dans les nerfs, distinguer la sensibilité du mouvement? Doit-on trouver des différences profondes et radicales entre les nerfs sensitifs et ceux qui sont les conducteurs des excitations motrices? Sans doute, nous trouvons une différence fondamentale, puisque les uns ramènent au centre les excitations de sensibilité produites sur la périphérie, tandis que les autres conduisent à la périphérie les excitations motrices; mais c'est là une différence fonctionnelle, et il s'agit de savoir s'ils diffèrent par leurs propriétés.

Cette question se rattache à un point de physiologie générale que je dois élucider devant vous. On ne pense pas assez à la différence qui peut exister entre la propriété et la fonction; on se paye de mots sans aller au fond des choses, et on laisse l'erreur s'accréditer. On ne doit pas agir ainsi en science, il faut tout peser, et voilà pourquoi je dois traiter cette question.

La motricité, la sensibilité, sont, en effet, des fonctions, et pas du tout des propriétés. Ce sont des résultats produits par les actions sur les nerfs. Ils sont sensibles parce qu'il se produit une modification dans la masse; ils sont moteurs parce que, après avoir été excités, soit expérimentalement, soit par l'influx cérébral, ils font contracter les muscles. Ce sont là des caractères de fonctions.

Je veux, pour la démonstration, me servir d'un exemple très-connu, très-évident. Les muscles peuvent faire mouvoir les os; si, me servant d'un terme hybride, je disais qu'ils sont ostéo-moteurs, je commettrais une confusion étrange. Si je touche un muscle, il se contracte, voilà la propriété, c'est-à-dire ce qui lui appartient en propre.

Outre la propriété de la fibre musculaire, il faut considérer encore l'activité de cette fibre. Or, cette activité, c'est la contraction musculaire. Tout cela n'est pas encore la fonction. En effet, cette activité doit être envisagée, indépendamment du résultat obtenu.

Que me fait à moi que ce soit pour mouvoir un os ou pour faire resserrer une artère, etc., que se contracte la fibre musculaire. C'est là le résultat, il est variable. Mais la propriété et le mode d'activité sont toujours les mêmes. C'est ce résultat obtenu qui caractérise la fonction. Or, pour les nerfs, le résultat obtenu varie. Mais il est clair qu'il y a une propriété et un mode d'activité constants.

La sensibilité doit être considérée comme un résultat obtenu, comme une fonction; elle se produit en dehors du nerf. Il en est de même de la motricité : elle fait contracter le muscle, comme le muscle fait mouvoir l'os; il faut refuser à la motricité le nom de propriété qu'on lui a donné : c'est là, en effet, une fonction.

La propriété physiologique spéciale de la fibre nerveuse sensitive, c'est l'aptitude à se modifier sous l'influence de l'excitation reçue. Comment désigner cette propriété? Lui donnera-t-on le nom d'excitabilité? Non. Le mot *excitabilité* s'appliquerait tout aussi bien à tout autre élément anatomique. Tout élément anatomique vivant est excitable; mais il agit d'une façon particulière. L'excitabilité, en un mot, est une propriété vitale commune.

On peut, avec M. Lewes, donner à la propriété des fibres nerveuses le nom de *neurilité*; c'est ce qui correspondra à la contractilité des fibres musculaires. Quant à la modification elle-même, c'est-à-dire au mode spécial d'activité des fibres nerveuses correspondant à la contraction musculaire, malheureusement nous n'avons aucun nom à lui donner. Si le mot était plus euphonique, on pourrait l'appeler *neuréréthisme*.

Cela ne se voit pas comme la contraction musculaire,

on ne peut pas constater directement ce mode d'activité; mais les yeux de l'esprit sont plus clairvoyants que ceux du corps, et, ce que notre doigt ne peut pas toucher, notre raisonnement peut l'admettre. Il en est de même de la fibre nerveuse motrice; il faut laisser de côté l'action de l'excitant, la contraction produite, c'est-à-dire l'effet; il faut ici reconnaître également une propriété et un mode d'activité tout à fait indépendants dans la fibre nerveuse elle-même.

Cette confusion a été la source d'un grand nombre d'erreurs, et entre autres de celle qui établit des différences entre les fibres motrices et les fibres sensitives en s'attachant à l'effet produit.

Après ce que je viens de dire, nous arrivons au résultat contraire, et nous disons que les propriétés et le mode d'activité des fibres nerveuses motrices et celles des fibres nerveuses sensitives sont, pour le moins, très-analogues, et peuvent sans inconvénient se désigner par les mêmes noms. Bien des similitudes expérimentales se sont déjà présentées à nous dans les précédentes leçons. Je vous rappellerai entre autres la ressemblance si complète des effets des excitants et des phénomènes électro-nerveux dans les deux ordres de nerfs. Je n'y reviendrai pas; je vous montrerai seulement une analogie remarquable qui se manifeste relativement à l'action des excitants chimiques. Je vous ai montré l'effet du chlorure de sodium sur les nerfs moteurs. Nous allons voir que l'effet est le même sur les nerfs sensitifs. Coupez en effet sur une grenouille décapitée le faisceau des nerfs lombaires; si l'on plonge l'extrémité centrale de ce faisceau dans une solution aqueuse concentrée de ce sel, après quelques instants vous voyez se produire des mouvements très-remarquables et d'une certaine durée dans le membre du côté opposé.

Y a-t-il similitude complète? Des auteurs, et entre autres MM. Cl. Bernard et Kölliker, pensent que sous ces analogies il y a des différences très-marquées.

Je reviens encore une fois sur cette expérience citée plus haut, dans laquelle ils empoisonnent la moitié du corps d'une grenouille avec le curare; je vous l'ai montrée plus manifeste encore en ajoutant la strychnine, qui tétanise l'autre moitié: et, en s'appuyant sur cette expérience, on proclame la différence entre les fibres motrices et les fibres sensitives; il n'en est rien. Le curare, je vous l'ai démontré, empêche la communication physiologique entre les nerfs et les muscles; les nerfs ne sont pas empoisonnés, seulement on change leurs rapports physiologiques avec les muscles. Ils ne peuvent plus agir sur ces organes. Au contraire, les fibres sensitives se rendant à la moelle, qui est restée complétement indemne, peuvent encore y porter des excitations qu'elles ont reçues et mettre en jeu son activité.

M. Flourens a fait, avant M. Cl. Bernard, des expériences qui semblaient aussi démontrer que les fibres sensitives sont différentes des fibres motrices, je vais les répéter devant vous. Elles sont de deux ordres. Dans une première expérience on injecte dans l'artère crurale d'un chien une poudre inerte, du lycopode, par exemple, qui n'a aucune action chimique. L'injection est pratiquée sur le cœur. Aussitôt on met à nu le nerf sciatique; on pourra le pincer, on produira des contractions: il aura donc conservé sa motricité, mais il aura perdu toute sensibilité.

Comment ce phénomène sera-t-il expliqué? Vous avez bien entendu que je vous ai dit que l'injection devait être faite vers le cœur. La poudre de lycopode remonte vers l'aorte; là elle trouve une ondée sanguine qui la fait revenir vers les membres, elle passe dans la moelle, arrêtant sa circulation, elle tue la fonction de la substance grise; d'où la sensibilité est perdue. Le nerf sciatique ne peut plus donner de sensibilité, puisque la substance grise a perdu ses propriétés; mais, comme ni le nerf, ni le muscle n'ont été atteints, il donnera du mouvement encore.

Dans une deuxième expérience, on injecte de l'essence de bergamote dans l'artère crurale d'un chien, en dirigeant l'injection dans le sens inverse de la première expérience. On aura ainsi un effet contraire de celui que nous avons vu plus haut. L'excitation du nerf sciatique détermine de la douleur que l'animal accuse par ses cris, mais ne détermine aucun mouvement. En effet, les essences injectées dans les vaisseaux frappent les muscles de *rigidité chimique*. Ils sont tués, mais le nerf est plus ou moins intact: voilà pourquoi nous avons de la sensibilité et pas de contractions.

Cette expérience vous prouve, en outre, la résistance que le nerf offre toujours à l'altération. Voici une jambe où tout est détruit, le nerf a conservé sa sensibilité; du reste, il a conservé aussi sa motricité, seulement il ne peut plus la manifester, parce que les muscles sont rigides, tout à fait altérés, et n'obéissent plus aux excitations motrices.

Aussi bien le raisonnement que l'expérience, tout concourt donc à vous prouver l'identité des propriétés des fibres nerveuses, soit motrices, soit sensitives. L'effet des agents toxiques ou autres porte sur la fonction, mais non sur la propriété, qui reste intacte. — E. Bremond.

PALÉONTOLOGIE.

COURS DE M. A. D'ARCHIAC.

(MUSÉUM D'HISTOIRE NATURELLE.)

(Voy. les nos 1, 2, 10, 12, 14, 16, 18, 20, 22, 24, 27, 29, 31, 33, 36, 37, 39 et 41.)

XVI.

Faune quaternaire de l'Amérique centrale.

Messieurs,

Autour du lac de Chapala, au Mexique, dans la province de Xalisco, des dépôts d'atterrissement, composés de cailloux et de sable silicéo-argileux, ont présenté de nombreux débris de Mastodontes et des végétaux dicotylédones silicifiés. Le grand nombre de localités où l'on trouve dans ce pays des ossements d'Éléphants, de Mastodontes et de Tapirs, et la position des sédiments d'eau douce, souvent peu éloignés des principaux lacs, ont fait penser à Galeotti qu'une immense invasion des eaux avait occasionné la destruction de ces animaux. Nous vous renverrons, messieurs, à ce que nous avons déjà dit sur ce sujet dans la *première partie du Cours* (1), en traitant de l'histoire des vertébrés fossiles du nouveau continent, et surtout à la *Gigantologia española* du père Torrubia, où sont rapportés tous les renseignements relatifs aux prétendus os de géants de Santa-Elena, au nord de Guayaquil, de Tlascala (Mexique) et du Yucatan.

A Hué-Huetoca, près de Mexico, Alex. de Humboldt a trouvé des fragments de molaires, regardés par Cuvier comme se rapportant à l'Éléphant fossile de Sibérie, et d'autres de Mastodonte comparés à la grande espèce de l'Ohio. On en signale également dans un tuf trachytique près d'Anganguer, et M. H. de Meyer a décrit, comme provenant du Mexique, des ossements de Mastodonte rapportés au *M. angustidens*, d'Éléphant, de Cheval, et, ajoute-t-il, de Rhinocéros; mais à l'égard de ce dernier, l'assertion fondée sur des phalanges du pied est plus que douteuse, aucune autre indication de ce genre n'ayant encore été faite dans les dépôts quaternaires du nouveau monde.

Les rochers qui bordent la côte de Cuba, autour de la Havane, sont formés de calcaires madréporiques, mélangés de grains de sable et de coquilles marines, dont les espèces vivent sur la côte. Ces calcaires se lient sans doute d'une manière intime aux bancs de polypiers de l'époque actuelle, et de manière à rendre leur distinction fort difficile. Ils sont exploités dans de vastes carrières, et ont servi à bâtir tous les édifices publics et les maisons de la ville. Près du village de Tiotihuacan, au pied des montagnes de Patolo, M. Triven mentionne des ossements et des dents d'Éléphant qu'il rapporte à l'*E. primigenius*. Dans l'île de Sainte-Croix comme dans celle d'Antigoa, des marnes, des grès calcarifères coquilliers et des calcaires avec des polypiers semblent encore appartenir à la période quaternaire.

Alex. de Humboldt a rapporté plusieurs os de Mastodonte de Caño del Fiscal, près de Santa-Fé de Bogota (Nouvelle-Grenade). Ce sont particulièrement un humérus et un calcanéum, assimilés au *M. angustidens*, et un tibia du même animal provenant du Camp des Géants, localité ainsi nommée à cause de la multitude des os qu'on y trouve, et qui est élevée de 2500 mètres au-dessus de la mer.

Un fragment de défense recueilli près d'Ybarra, dans la province de Quito, à 3253 mètres d'altitude, a fait présumer que l'Éléphant était descendu jusqu'à l'équateur; mais en l'absence de dents mâchelières, Cuvier doutait encore si cette défense n'avait pas appartenu à un Mastodonte. Les dents de Mastodonte qui ont été trouvées près du volcan d'Imbaburra (province de Quito), à 2340 mètres, ont été désignées par Cuvier sous le nom de Mastodonte des Cordillères (*M. Andium*). Ces dents à tubercules divisés, comme dans le Mastodonte à dents étroites, ont les formes carrées de celles à six pointes du Mastodonte de l'Ohio ; mais leur coupe donne des figures de trèfles au lieu de losanges. Parmi les ossements que Dombey avait rapportés du Pérou, Cuvier a fait représenter une dent implantée dans une portion du palais et une mâchoire inférieure avec deux dents, que le savant anatomiste n'hésite pas à rapprocher du Mastodonte de Simorre, en France, ou *M. angustidens*. Nous reviendrons plus loin sur ces déterminations, ainsi que sur le *Scelidotherium* de la caverne de Sanson, dans les Andes du Cerro de Pasco, à 4000 mètres d'altitude.

Enfin, à la même latitude, dans la partie orientale du continent, M. Perret a rapporté de Cayenne un fragment de molaire d'Éléphant étudié par M. Lartet, qui a fait remarquer l'épaisseur des plaques. M. Falconer s'étant assuré que le Mastodonte de la couche de Tambla (Honduras), dans l'un des passages qui conduit de la plaine de Comayagua au Pacifique, était identique avec le Mastodonte de l'Ohio, regarde comme probable que l'Éléphant fossile de la Géorgie ait pu dépasser aussi le Mexique au sud et s'étendre jusqu'à la Guyane.

Faune quaternaire de l'Amérique méridionale.

Si nous considérons les phénomènes physiques et la faune de l'époque quaternaire de l'Amérique méridionale, en suivant, dans l'exposition des faits, le même ordre que celui que nous avons adopté pour l'ancien continent et l'Amérique du Nord, il nous faudra procéder du sud au nord ou des régions polaires vers le tropique, car dans l'hémisphère austral comme dans l'hémisphère boréal les phénomènes semblent s'être aussi produits en venant du pôle, et on les voit diminuer d'intensité à mesure qu'on s'avance vers les régions équinoxiales, où ils disparaissent.

Nous partagerons comme ci-dessus, et pour ne point embarrasser de détails stratigraphiques les observations zoologiques, notre sujet en cinq sections :

1° Dépôts erratiques de la Terre-de-Feu, de la Patagonie et des îles voisines.

2° Dépôts marins ou plages anciennes soulevées de la côte occidentale.

3° Dépôts ou limon des pampas.

4° Examen particulier des mammifères des pampas.

5° Cavernes à ossements du Brésil.

De ces cinq sections quatre correspondent à des régions géographiques différentes, et il nous faudra par

(1) *Cours de paléontologie stratigraphique*, 1re partie (1862), p. 229.

conséquent rechercher avec soin les preuves de la contemporanéité des faits dans chacune d'elles.

PREMIÈRE SECTION.

DÉPÔTS ERRATIQUES.

Les îles Falkland ou Malouines, formées par le terrain de transition, sont, suivant M. Ch. Darwin, couvertes d'une immense quantité de fragments de roches, accumulés en forme de traînées, de courants ou de nappes, principalement vers le fond des vallées. Ces amas énormes qui remontent jusqu'au sommet des montagnes sont composés de quartzites. On n'y remarque aucune trace de frottement ni de sable dans les interstices, ce qui doit faire regarder leur dispersion comme plus récente que l'émersion des îles. Ces observations, de même que celles qui ont été faites dans les îles voisines et sur le continent, étant antérieures à l'époque où l'attention des naturalistes fut appelée sur les effets des anciens glaciers, on conçoit que ni M. Darwin, ni les voyageurs qui l'avaient précédé, tels que Pernety, n'aient point remarqué ceux qui peuvent exister dans ces régions où l'on n'a point signalé non plus de mammifères fossiles.

Dans la partie orientale de la Terre-de-Feu, les couches tertiaires sont bordées de dépôts plus récents, de 30 à 45 mètres d'épaisseur. Ces plaines basses, émergées dans la période quaternaire, sont composées de grès fin, terreux ou argileux, en lits minces, quelquefois inclinés, souvent associés à des lits de gravier ondulés et contournés. Dans l'île Élisabeth, des coupes de 45 mètres de hauteur montrent une terre blanchâtre, renfermant des fragments de roches de toutes les grosseurs, anguleux ou arrondis, entassés sans ordre et provenant des roches feldspathiques et amphiboliques des environs. Au nord du cap Virgins, à l'entrée du détroit, les falaises de 60 à 90 mètres sont composées de grès horizontaux, argileux avec des lits de cailloux roulés subordonnés.

Après avoir visité les falaises du cap Negro, de Port-Famine et de la baie de Saint-Sébastien, M. Darwin a constaté, sur ce dernier point, que longtemps avant le soulèvement en masse prouvé par le niveau où se voient aujourd'hui les couches coquillières d'espèces vivantes, il existait déjà un large canal communiquant du milieu du détroit avec la haute mer. De nombreux blocs erratiques et du limon non stratifiés se montrent aussi sur les rives du bras oriental. Tous les fragments de roches proviennent des montagnes de l'ouest.

A l'extrémité sud-est de la Terre-de-Feu, les côtes sont occupées aussi par un dépôt non stratifié, analogue à celui du détroit. Celui de l'île de Navarin est semblable au *till* de l'Écosse, et présente tous les caractères des accumulations de blocs et de détritus de l'Angleterre et du nord de l'Europe.

Le gravier erratique de la Patagonie est composé de terre et de sable avec de petits cailloux de quartz et de divers porphyres. Il recouvre la plaine basse sur la rive nord du Rio-Colorado, sa limite extrême de ce côté, où vient finir le limon des pampas. Sur les bords du Rio-Negro, son épaisseur est de 3 à 4 mètres, et les cailloux plus volumineux sont entourés d'une pâte calcaire gris blanchâtre. Ce dépôt a été suivi jusqu'à une distance de 45 milles dans les terres, mais il s'étend sans doute beaucoup au delà, et M. Darwin pense qu'il pourrait représenter la partie supérieure du dépôt des pampas au nord du Colorado.

A Port-Désiré, à 60 et 90 mètres au-dessus des masses de porphyre, s'étend une vaste nappe horizontale de gravier et de cailloux roulés mélangés de terre blanchâtre. Des coquilles marines, éparses à la surface des vallées larges et peu profondes, prouvent que ces plaines ont été récemment émergées. A Port-Saint-Julien, on observe cinq terrasses successives disposées en gradins, depuis le niveau de la mer jusqu'à 275 mètres.

On peut considérer que du Rio-Colorado au détroit de Magellan les graviers quaternaires occupent une surface de 800 milles, s'épaississant, à ce qu'il semble, à mesure qu'on s'avance vers le pied des Cordillères, d'où leurs éléments proviennent en grande partie. Ainsi, sur les bords de la rivière de Santa-Cruz, à 100 milles de son embouchure, le gravier a 65 mètres d'épaisseur, tandis que sur littoral il n'en a plus que 7 ou 8. Ici comme plus au nord s'observent des terrasses sensiblement horizontales s'élevant successivement jusqu'à 365 mètres. Sur chacune d'elles se trouvent des coquilles analogues à celles qui vivent sur la côte et ornées encore de toutes leurs couleurs. Cette disposition est attribuée à des soulèvements successifs très-lents du fond de la mer, et interrompus par des temps d'arrêt qu'indiquent les falaises de chaque terrasse.

Lorsqu'on vient du nord ou de la Plata, on ne rencontre point de blocs erratiques avant d'atteindre la rivière de Santa-Cruz. En remontant celle-ci, on commence à en trouver à 100 milles de l'Atlantique et à 67 milles de la pente la plus rapprochée des Cordillères. A 55 milles de la chaîne, ils deviennent très-nombreux, généralement anguleux, ayant jusqu'à 5 mètres de côté, et ils sont à 426 mètres au-dessus de l'Océan. Ce sont des schistes argileux compactes, des roches feldspathiques, des schistes chloriteux et quartzeux et des laves basaltiques. La plaine de gravier s'étend probablement jusqu'au pied des Cordillères, où elle atteint de 900 à 1000 mètres d'élévation absolue.

De l'embouchure de la Santa-Cruz, à Coy-Inlet et Port-Gallegos, les falaises, composées de couches blanches tufacées, sont recouvertes de lits de graviers. Beaucoup d'ossements non déterminés y ont été recueillis. Des deux côtés du détroit de Magellan, la surface du pays est recouverte soit par le gravier, soit par les blocs arrondis ou anguleux, tous appartenant aux roches de la Terre-de-Feu, c'est-à-dire venant du sud, sauf une espèce de porphyre dont le gisement originaire n'a été trouvé nulle part, et que M. Darwin suppose avoir été apporté des régions polaires par des glaces flottantes.

Cette formation erratique de la Patagonie s'étend sur une surface de 300 milles de l'est à l'ouest. Son épaisseur augmente de l'Atlantique vers la Cordillère, et son épaisseur moyenne, sur une étendue de 630 milles, du nord au sud, est de 15 mètres.

En remontant la côte occidentale le long du Pacifique, M. Darwin a observé deux terrasses de graviers sur divers points des îles Chonos, mais il n'a plus rencontré le dépôt avec blocs dans la partie de l'île Chiloé où il a abordé et où les masses erratiques sont fort nombreuses. Les blocs abondent sur toute la ligne des côtes est et nord et dans les îlots qui bordent la partie orientale. Il n'y en a point du côté opposé ni dans les parties élevées du centre. Ce sont des granites et des syénites qui semblent provenir des Cordillères éloignées de 40 milles.

Il serait difficile de se prononcer d'une manière absolue sur l'âge de ces accumulations de blocs de Chiloé et sur ceux de la Terre-de-Feu, mais il paraît certain que toute la côte orientale du continent et les îles qui la bordent ont été soulevées pendant ou après l'époque quaternaire. Ainsi dans la péninsule de Lacuy, un lit de coquilles d'espèces vivantes sur la côte est à 110 mètres au-dessus de la mer.

Les blocs erratiques s'observent encore autour de Valdivia, de la Conception et sur plusieurs points du centre du Chili, mais sans y être accompagnés, comme au sud, de dépôt argileux ou *till*.

Maintenant comme caractères généraux de ces dépôts, on remarquera qu'au nord du détroit de Magellan, sur la côte de la Patagonie et de la province de la Plata, on ne rencontre ni blocs ni argile (*till*) à la même latitude que sur les côtes de l'océan Pacifique, ce qui tient sans doute au grand éloignement de la Cordillère. Les blocs erratiques ne se montrent de part et d'autre de la chaîne qu'à partir du centre du Chili, et il en est de même dans le Chaco. Quant aux affluents de l'Amazone, sur une longueur de 400 ou 500 lieues, on ne voit pas, dit la Condamine, un seul caillou roulé.

Ainsi, il est remarquable que dans l'hémisphère sud, depuis le 41e degré jusqu'au cap Horn, on retrouve le même phénomène et presque sur une aussi grande échelle que dans les parties septentrionales de l'ancien et du nouveau monde, et de plus avec des limites semblables, car dans les deux hémisphères les débris provenant des régions polaires ou d'autres groupes de montagnes arrivent à une faible distance des tropiques.

Nous ne rappellerons point ce qui a été dit de l'origine de ces dépôts (1), mais nous ferons remarquer que les stries, les sillons, les surfaces polies et moutonnées des roches en place qui, dans l'hémisphère nord, s'observent au-dessous des dépôts erratiques anciens, et qui nous avaient si constamment servi de *criterium* pour établir la base ou le commencement de l'époque quaternaire, nous font jusqu'à présent défaut dans cette partie de l'hémisphère sud. Peut-être les voyageurs futurs combleront-ils cette lacune; car il est peu probable que des phénomènes qui présentent des résultats généraux si semblables, et dont nous établirons tout à l'heure la contemporanéité, ne soient pas dus à la même cause ou n'aient pas la même origine.

A. D'ARCHIAC.

— La suite à un prochain numéro. —

(1) *Hist. des progrès de la géologie*, vol. II (1848), p. 406.

PHYSIOLOGIE GÉNÉRALE.

COURS DE M. CLAUDE BERNARD.

(FACULTÉ DES SCIENCES.)

(Voy. les n°s 19, 22, 24, 27, 29, 34, 35, 38, 42 et 43.)

IX.

Respiration musculaire. — Suc musculaire. Rigidité cadavérique (fin).

Les phénomènes de respiration que nous venons d'analyser ne sont pas les seuls qui se passent dans les muscles : par exemple, il y a des substances qui disparaissent dans la contraction, et l'on trouve dans le muscle des matières spéciales qui ne se trouvent que là et paraissent nécessaires à son action. Ainsi, le suc musculaire qu'on rencontre dans tous les muscles est une substance alcaline contenant beaucoup d'oxygène libre, de la créatine et de la créatinine, matières analogues à l'urée et provenant de la décomposition de substances azotées; puis de l'acide lactique, de la potasse, du sucre et même une matière glycogène. Le suc musculaire est donc une substance fort complexe; il y a, du reste, de grandes différences dans sa composition, suivant qu'on le prend à l'état de repos ou à l'état de contraction du muscle. Mais on ne peut constater ces différences pendant la circulation, qui emporte et renouvelle incessamment cette matière. C'est pour la même raison que le foie ne contient presque pas de sucre tant que continue la circulation; pour faire ces études d'une manière convenable, il faut donc arrêter la circulation.

Dans un muscle frais, on rencontre alors tout ce que nous venons de dire, et de plus une matière grasse. Mais, si l'on prend un muscle fatigué, le suc musculaire est de moins en moins alcalin et finit par devenir acide; la matière albumineuse provenant du foie est presque disparue et remplacée par de l'acide lactique; enfin la partie soluble du muscle augmente en quantité notable. Ainsi, M. Helmholtz a trouvé, sur 100 parties, 0,73 parties solubles dans l'eau en opérant sur un muscle fatigué, tandis qu'un muscle à l'état normal ne lui donnait que 0,65 parties solubles. Il y a donc dans la partie solide du muscle des matières insolubles qui se transforment en matières solubles par suite de la contraction : c'est-à-dire que le muscle s'use sous l'influence du nerf en se contractant, et il faut qu'il se répare pendant le repos. Or, les muscles forment les 19 vingtièmes du volume total du corps humain. Cette seule observation montre toute l'importance de la gymnastique, qui change la composition du sang, lequel réagit ensuite sur le reste de l'organisme. On peut même dire, jusqu'à un certain point, que les influences morales ne sont au fond que des influences physiques ; car la joie, la tristesse et les autres modifications ou impressions qu'on fait rentrer d'ordinaire dans les influences morales, altèrent dans des sens divers la composition du sang, et c'est exclusivement par cet intermédiaire qu'elles peuvent agir sur l'organisme.

Nous avons déjà parlé de la chaleur animale, et montré qu'elle était produite par une combustion qui s'opère dans les muscles, et non dans les poumons, comme le croyait Lavoisier. Mais il y a eu récemment des travaux qui entrent plus avant dans l'intelligence et l'analyse des phénomènes physiques dont le système musculaire est le siége. On tend aujourd'hui à tout simplifier dans les sciences, à ramener les agents les uns aux autres, et à saisir l'unité réelle, quoique cachée, des phénomènes les plus divers en apparence. C'est ainsi qu'on a cru pouvoir assimiler la chaleur et le mouvement, ces deux choses se transformant l'une dans l'autre, le mouvement produisant de la chaleur, et la chaleur du mouvement. On est arrivé dans cette voie jusqu'à chercher l'équivalent mécanique de la chaleur, et à déterminer la quantité de chaleur perdue dans les différentes machines : ainsi, une machine à vapeur laisse perdre inutilement les 89 centièmes de la chaleur produite. Il faut nécessairement qu'il en soit de même dans le muscle ; une certaine quantité de la chaleur produite par la combustion respiratoire doit se perdre pour se transformer en mouvement. Des expériences sur ce sujet se poursuivent actuellement à Breslau, mais le résultat n'en est pas encore connu. A Paris, M. Béclard a fait aussi quelques expériences relatives à cette question, et il a distingué l'état de *contraction statique*, c'est-à-dire sans résistance à entraîner, et l'état de *contraction dynamique*, c'est-à-dire avec résistance à entraîner. Le muscle placé dans ce dernier état produit moins de chaleur, parce qu'il a plus de résistance à vaincre, et par suite plus de force à déployer.

Ainsi, bien des phénomènes divers se passent dans les muscles. Séparés du corps vivant, ces organes conservent toutes leurs propriétés pendant un certain temps, juste ce qu'il leur en faut pour consommer le milieu qu'ils ont emporté avec eux et qui leur permet de manifester encore des phénomènes vitaux. Ils vivent donc plus longtemps par un temps froid que par un temps chaud, parce que les phénomènes se ralentissant sous l'influence d'une température basse, leur provision de milieu s'épuise moins vite. Pour la même raison, les muscles d'un animal à sang froid résistent bien plus longtemps que ceux d'un animal à sang chaud.

Quand la contractilité du muscle a cessé, la rigidité cadavérique apparaît bientôt ; tous les membres, jusqu'alors flasques et mous, deviennent roides et durs ; on ne peut plus comme auparavant leur donner la position qu'on veut, et les articulations résistent aux efforts qu'on fait pour les mettre en mouvement. La rigidité cadavérique est un phénomène tout à fait général, et Nysten, en l'étudiant sur des cadavres de suppliciés, a vu qu'elle commençait d'abord par la tête, pour se propager ensuite progressivement jusqu'aux extrémités des membres inférieurs. La rigidité cadavérique, n'étant après tout que la mort du muscle, doit se produire plus ou moins vite, suivant que l'animal était en bonne ou en mauvaise santé, se portait mieux ou moins bien au moment de la mort. En effet, les muscles seront plus ou moins vigoureux, suivant ces diverses circonstances, et conserveront une provision fort variable de suc musculaire qui leur permettra de résister plus ou moins longtemps à l'invasion de la rigidité cadavérique.

Müller avait supposé que cette rigidité était due à la coagulation de la fibrine du sang ; mais il n'avait fait aucune expérience à l'appui de cette hypothèse, inexacte du reste ; car il est parfaitement certain aujourd'hui que c'est à des causes toutes différentes que nous devons demander l'explication de ce phénomène. Un certain temps après la mort, il se produit dans le muscle de l'acide lactique qui détruit l'alcalinité du suc musculaire, et amène, par suite de la coagulation de la syntonine, la matière contractile renfermée dans les tubes musculaires. M. du Bois-Reymond a constaté, en effet, que les muscles en état de rigidité cadavérique avaient une réaction acide. D'un autre côté, pour arrêter cette rigidité dans le muscle, où elle commence à se faire sentir, il suffit de rendre à ce muscle son milieu normal, le sang, qui, ayant une réaction alcaline, détruit l'acidité de l'acide lactique produit depuis la mort, et rend au muscle ses éléments nutritifs. Inversement, on peut déterminer la rigidité cadavérique par l'action de certaines substances toxiques, et instantanément par la chaleur ; il suffit pour cela de plonger le muscle dans un liquide à une certaine température, 45 degrés environ, qui est insuffisante d'ailleurs pour coaguler l'albumine. Pour être plus sûr d'écarter toute influence étrangère, on prend un liquide incapable d'altérer le muscle en aucune façon, du sérum, par exemple. La température nécessaire est, nous l'avons dit, de 45 degrés environ pour les mammifères ; pour les grenouilles, ce serait 32 degrés seulement, et pour les oiseaux, 50 degrés.

Ce dernier résultat est fort intéressant, parce qu'il permet d'expliquer la mort des animaux placés dans certaines circonstances et la manière dont cette mort se produit. Quand on met des animaux à sang chaud dans un milieu plus chaud qu'eux, ils finissent par s'échauffer, quoique d'une manière beaucoup plus lente que les animaux à sang froid. Ainsi plongez un mammifère, comme un lapin ou un chien, dans une étuve très-chaude, à 80 degrés ou 100 degrés par exemple : bientôt il est haletant, il sue; son pouls bat rapidement, sa respiration se précipite, etc. ; cependant tous ces phénomènes ne sont pas nécessairement suivis de la mort. Mais, tout à coup, il tombe mort presque instantanément, sans présenter les phénomènes ordinaires de l'agonie, sans qu'aucune circonstance remarquable indique l'approche de cette catastrophe. Alors, si l'on ouvre tout de suite le corps de cet animal qui vient de succomber, on constate que tous ses muscles sont dans un état complet de rigidité cadavérique, et en plongeant un thermomètre dans le cœur, on le trouve toujours à 45 degrés, à 1 degré près tout au plus, c'est-à-dire à la température que nous avons vue produire instantanément la rigidité cadavérique sur le muscle mort. Il en serait de même si nous opérions sur un oiseau ou une grenouille, sauf que la température du cœur changerait nécessairement, d'après ce que nous avons dit plus haut : ce serait 50 degrés environ pour un oiseau, et 32 degrés pour une grenouille. On constate, du reste, que le suc musculaire se coagule à ces diverses températures.

Quand cesse la rigidité cadavérique, c'est que la décomposition commence. Il se produit alors de l'ammoniaque, qui sature bien vite l'acidité du suc lactique sous l'influence duquel s'était produite la rigidité cadavérique ; mais le muscle n'a plus alors les conditions nécessaires à son existence, et il ne recouvre plus la contractilité qu'il avait perdue. Quand la rigidité cadavérique s'est produite instantanément sous l'influence de la chaleur ou d'une matière toxique, elle dure beaucoup moins longtemps, mais elle ne disparaît encore que pour faire place à la décomposition du muscle, qui doit restituer tous ses éléments au monde inorganique. La rigidité cadavérique est donc bien, dans tous les cas, le dernier phénomène de la vie du muscle, et c'est avec lui que doit se terminer l'étude que nous avons faite de cet élément histologique si important. — Emile Alglave.

HISTOIRE DE LA MÉDECINE.

COURS DE M. BOUCHUT.

(ÉCOLE PRATIQUE DE LA FACULTÉ DE MÉDECINE.)

(Voy. les nos 1, 2, 3, 5, 6, 8, 9, 13, 14, 16, 17, 18 et 19).

Barthez et le vitalisme (1).

SOMMAIRE : Comment le vitalisme succéda à l'animisme. — Du principe vital selon le professeur Fizes. — Barthez adopte l'idée d'un principe vital distinct de l'âme pensante pour expliquer les mouvements de la vie. — Ce principe n'ayant rien de mécanique est immatériel comme l'âme, et il tient sous sa dépendance : 1° les forces musculaires et toniques; 2° les forces sensitives; 3° la chaleur vitale, et 4° les sympathies. — Réfutation de cette doctrine par Cuvier. — Doctrine de l'auteur de ce livre à cet égard. — L'âme est le principe de la vie ayant à son service, pour la formation et l'entretien du corps, un agent spécial distinct de l'organisation. — L'agent vital est une substance matérielle diluée dans le germe, et est incorporé à la substance des êtres dont il forme la bonne ou mauvaise nature. — On peut agir à volonté sur l'agent vital. — Des maladies et de la divisibilité de l'agent vital. — L'agent vital n'est pas la vie, mais doit être considéré comme étant la condition matérielle de la vie. — On suspend l'action de l'agent vital par le froid, la chaleur et les poisons. — Dans le vitalisme de Barthez, l'homme est pourvu de deux âmes et d'un corps, tandis que dans le vitalisme de l'auteur, il n'y a que l'âme pensante, un agent vital matériel distinct de l'organisation, et enfin l'organisation.

Il y a dans la philosophie des sciences, et particulièrement en médecine, des principes fondamentaux de grandeur et de sécurité dont l'importance n'est jamais mieux comprise qu'au moment où ils s'abîment sous les coups répétés du scepticisme, de la raillerie et de cette critique impuissante qui ne sait que détruire. Qui s'en inspire, marche droit à son but, et qui les néglige, ne tarde pas à trébucher. Ils sont le lien et la force de toutes les parties constitutives de l'ensemble. En dehors de ces principes, il n'y a plus que cette anarchie scientifique dont le refuge est l'empirisme. Détruits sous un nom que le temps ou l'habitude ont vieilli ou fait passer de mode, ils ne tardent pas à renaître, et leur utilité les ramène toujours à l'esprit des générations nouvelles.

Le *naturisme* a ainsi laissé derrière lui les germes du *pneumatisme*, de l'*archéisme* et de l'*animisme*, qui ne sont au fond que la même idée revêtue d'un costume différent et désignée d'un nom nouveau.

Malgré son retentissement, la doctrine de Stahl n'a ja-

(1) Après avoir inséré les premières leçons de M. Bouchut sur l'HISTOIRE DE LA MÉDECINE ET DES DOCTRINES MÉDICALES, nous avons été obligés d'interrompre cette publication ; mais nous croyons devoir donner la fin du cours relative au VITALISME et à la doctrine de Barthez. Au reste, toutes ces leçons viennent d'être réunies en un volume comprenant : le MYSTICISME et la théurgie médicale ; le NATURISME et la médecine d'Hippocrate ; le PNEUMATISME et Athénée ; le GALÉNISME et les œuvres de Galien ; les doctrines des Arabes et de l'École de Salerne ; l'ARCHÉISME avec Paracelse et Van Helmont ; l'ANIMISME de Stahl, et enfin le VITALISME de Barthez. Ce volume sera incessamment mis en vente.

mais pu conquérir tous les suffrages. Les médecins ont toujours répugné à considérer l'âme raisonnable et libre, cette lumière de la conscience et ce principe de toute responsabilité morale, comme l'agent des fonctions vitales inférieures dans ce qu'elles ont de fatal et d'inconscient, comme une substance capable de s'altérer, d'être malade ou fragmentée par un chirurgien.

Les *Petites vies* de Bordeu et sa *Sensibilité générale ou partielle* n'ont pu davantage suffire pour rendre compte de la multiplicité des actes vitaux sympathiquement coordonnés dans un but supérieur de conservation individuelle, et l'animisme abattu, il fallut le relever.

Comme dans les sociétés monarchiques on entend dire : Le roi est mort, vive le roi! les partisans de la force vitale ne laissent jamais vacant le trône de leur opinion, et sous des noms divers lui rendent un perpétuel hommage.

A l'animisme succéda ainsi le *vitalisme* dont Barthez fut le brillant porte-drapeau.

Le nouveau pontife fut-il toujours bien inspiré dans la forme qu'il crut devoir donner au dogme de la puissance vitale? Dans cette métamorphose du naturisme, réussit-il à concilier les droits de la philosophie et de l'observation? C'est ce que je vais rechercher en étudiant son œuvre.

Bordeu, qui n'acceptait pas la personnification de la *Nature* des anciens, des *Archées* de Van Helmont ni de l'*Ame* de Stahl, croyait cependant à la réalité d'une cause générale des phénomèmes vitaux et de la coordination de ces phénomènes pour la conservation de l'être, et il en avait chargé la sensibilité. Il admettait une *sensibilité générale* et des *sensibilités propres*, tout autant de sensibilités individuelles, spéciales, et même indépendantes, qu'il y a d'organes et de tissus. C'étaient là pour lui les *forces de la vie*, et il réclama indirectement, mais très-malicieusement, contre Barthez, lorsque celui-ci commença à parler de son *principe vital*. Il fit remarquer que cette idée avait déjà été lancée en public par un autre, le professeur Fizes, et que Barthez n'avait fait que la reproduire.

« Notre professeur Fizes, dit-il, ne cessait de nous parler du *Principe vital*..... Il nous permettait quelques demandes, et nous lui en faisions pour nous instruire..... Nous lui demandions pourquoi ce principe créateur de toute action dans le corps, et créateur d'une fièvre quelquefois salutaire, procurait aussi la fièvre destructive de la vie. Nous demandions enfin ce que c'est que ce principe vital qui opère le blanc et le noir, qui préside à ce qui lui est opposé comme à ce qui est nécessaire à son existence? Fizes nous en donnait plusieurs définitions, mais toutes obscures, n'apprenant rien. »

Le système de Fizes, continue Bordeu, paraissait être dans l'oubli; le nom du principe vital commençait à vieillir, mais il vient de prendre un nouvel éclat entre les mains d'un de ses successeurs.

M. Barthez, s'élevant bien au-dessus de son devancier, n'a retenu que son expression. Il n'est point mécanicien comme Fizes, mais il le suit dans ce dégoût qu'il avait pour la *nature des anciens*, pour l'*archée*, pour l'*âme* des stahliens, et peut-être pour la *sensibilité* et la *motilité vitale* (c'était la doctrine de Bordeu).

« Ainsi le *principe vital*, continue Bordeu, n'est plus la mécanique du corps dépendant de sa structure; il n'est point la nature, il n'est point l'âme, la sensibilité de l'élément animal : comment et en quoi en diffère-t-il? Ce sera à MM. Lamure et Venel, et ensuite à M. Fouquet, qui s'est déclaré ouvertement pour la *sensibilité*, à éclaircir ce qui peut avoir trait à cette question. Je me contente de les interpeller en passant. Ils diront s'il n'est pas vrai que nous faisons jouer à la *sensibilité* le même rôle qu'on attribue aujourd'hui au principe vital. » (*Œuvres complètes*, p. 971.)

Quoi qu'il en soit, par les développements donnés au sujet, par l'importance de l'argumentation, par le nombre des preuves et même par son titre de : *Nouveaux éléments de la science de l'homme*, Barthez a pour toujours attaché son nom à l'un des plus grands problèmes de philosophie naturelle qu'il soit donné à l'homme d'aborder. Il l'a fait avec plus de talent que de vérité, car en laissant dans l'ombre certaines difficultés que je signalerai, il lui sera impossible d'arriver à une solution définitive. Malgré tous ses mérites, son travail restera incomplet ou insuffisant, et il faudra que l'idée, mûrie par de plus sérieuses méditations, prenne une forme nouvelle dans le cerveau d'un autre philosophe.

Barthez, fort enthousiaste de Newton dont il admirait et la méthode et les découvertes relatives aux lois de l'attraction planétaire, crut avoir fait, pour la nature de l'homme expliqué par la présence d'un principe vital hypothétique, ce que l'auteur anglais avait réalisé en formulant les lois de la gravitation. Il ne vit point que ce n'était là qu'un mot. Ne voulant pas, comme Fizes ni comme Bordeu, accorder à l'âme la cause de l'action spontanée dans toutes les parties du corps, parce que « la nature et les facultés de cet être n'ont été définies que par des notions purement métaphysiques ou théologiques » (t. I, p. 20), il rapporte les divers mouvements qui s'opèrent dans le corps humain « à deux principes différents dont l'action n'est point mécanique. L'un est l'âme pensante, et l'autre le principe de la vie » (t. I, p. 20).

Il appelle principe vital de l'homme la cause qui produit tous les phénomènes de vie dans les corps humains. Le nom de cette cause lui est assez indifférent, et il peut être pris à volonté. S'il préfère celui du principe vital, c'est qu'il présente une idée moins limitée que le nom d'*impetum faciens* (τὸ ἐνορμῶν) que lui donnait Hippocrate, ou autres noms par lesquels on a désigné la cause des fonctions de la vie (t. I, p. 47). Pour lui, enfin, ce principe est distinct du corps et de l'âme, et l'on ignore s'il est « une substance ou seulement un mode du corps humain vivant » (t. I, p. 61).

Est-ce quelque chose de matériel ou n'est-ce rien de tangible? Barthez n'en sait rien; il déclare même ne pas se soucier de résoudre le problème. « Il ne m'importe qu'on attribue ou qu'on refuse une existence particulière et propre à cet être que j'appelle principe vital » (p. 107). — Il le matérialise à chaque instant, mais dans sa pensée il n'y a rien là qui l'oblige. C'est pour la commodité du langage; « dans tout le cours de cet ouvrage, dit-il, je personnifie le principe vital de l'homme pour pouvoir en parler d'une façon plus commode. Cependant, comme je ne veux lui attribuer que ce qui résulte immédiatement de l'expérience, rien n'empêchera que dans mes expressions qui présenteront ce principe comme un être distinct de tous les autres et existant par lui-même, on ne substitue la notion abstraite qu'on peut s'en faire comme d'une simple faculté vitale du corps humain qui nous est inconnue dans son essence, mais qui est douée de forces motrices et sensitives » (p. 107). Cette manière de s'exprimer a de graves inconvénients; elle a occasionné des méprises qui ont beaucoup nui à Barthez. Il faut parler comme on veut être entendu, et quand on professe que le principe vital est affecté de maladies graves (t. II, p. 312), qu'il est affaibli, qu'il agit de telle ou telle façon qu'après la mort il se réunit au principe de l'univers (t. II, p. 339), comment ne pas croire qu'il s'agit d'un être réel plutôt que d'une abstraction?

A ce principe vital métaphysique, Barthez attribue : 1° les *forces musculaires et toniques* formant la cohésion des tissus; 2° les *forces sensitives générales et partielles* étudiées dans les solides et dans les liquides; 3° la *chaleur vitale*, phénomènes qui ne sont que des propriétés de tissu ou la conséquence d'actions électro-chimiques, et 4° les *sympathies*. Barthez aurait pu lui accorder encore l'établissement des autres fonctions, puisque toutes sont sous la dépendance de la vie, et l'on ne voit pas comment, à côté des facultés motrices, sensitives et calorifiques inhérentes au système nerveux, il ne parle pas des fonctions respiratoires, digestives, sécrétoires, etc., qui constituent l'ensemble de l'être vivant. Si bien inspiré que soit Barthez dans la première idée de son œuvre, corrélative de celle des autres naturistes, il reste trop constamment dans les hauteurs inaccessibles de la spéculation intellectuelle, dans les généralités du mouvement de la vie, et il n'aborde aucune des difficultés pratiques de la question qu'il a voulu résoudre. Ce n'est pas tout de proclamer la qualité de principe de la vie et la nécessité qu'il y a d'admettre chez l'homme un principe vital différent de l'âme raisonnable, consciente et libre, car d'autres l'ont fait; il faut, pour sortir des voies battues, dire sans équivoque ce qu'est ce principe, et, si on ne le peut, énoncer au moins les phénomènes ou les lois qui permettent d'en démontrer l'existence. Quand un physicien parle de l'attraction planétaire et de la gravitation, il s'occupe de la nature du phénomène, il le constate, et il en établit les lois d'une façon mathématique par des calculs que chacun peut vérifier. Barthez, qui a voulu imiter la méthode de Newton, et qui semble avoir calqué ses raisonnements sur ceux de l'astronome anglais, constate bien que les phénomènes vitaux, différents de ceux de la matière brute, doivent avoir une cause différente, ce que les anciens avaient déjà dit, mais rien n'indique là l'existence d'un principe vital autre que l'âme, et en admettant cette assertion, chacun peut voir qu'il ne s'agit là que d'une hypothèse.

Barthez ne sait en effet quelle est la nature de ce principe; c'est tantôt une abstraction, l'x des algébristes, et tantôt, au contraire, une substance que modifie l'âge, le climat ou la maladie. De plus, si la nature du principe vital est inconnue et aussi peu importante à connaître que celle de la gravitation, les phénomènes au moyen desquels on en découvre l'existence, sont-ils reconnus comme vrais par tous les médecins? les lois de son exercice sont-elles enfin révélées? Non. Barthez ne fait connaître aucune des lois de la vie, aucun de ses attributs, et les phénomènes sur lesquels il appuie son hypothèse sont l'existence des forces motrices, des forces sensitives, de la chaleur animale et des sympathies. Or de ces quatre phénomènes, les trois premiers dépendent entièrement de certaines propriétés de tissu, sont des fonctions du système nerveux, du système musculaire, de l'absorption d'oxygène au poumon et dans les tissus, et à cet égard les fonctions glandulaires, digestives, etc., pourraient être invoquées au même titre comme une preuve de l'existence du principe vital. Il est évident qu'il n'y a pas là autre chose que des manifestations de la vie organisée, et ces phénomènes n'ont pas le caractère de lois comparables à celles qui nous font admettre une force de gravitation.

Quant à la sympathie, c'est peut-être le seul phénomène qui par ses allures échappe un peu à la localisation des propriétés de tissus et qu'il faille considérer comme un attribut de la vie; encore doit-on reconnaître que dans beaucoup de cas c'est une manifestation du système nerveux. Barthez n'a donc apporté à l'appui de son hypothèse du principe vital aucun phénomène nouveau, ni formulé aucune loi qui la convertisse en fait général de physiologie. Il n'a popularisé qu'un mot en le substituant à ceux qui avaient cours sur la même idée. C'est aussi l'opinion de Cuvier, qui a dit à cette occasion : « Son principe vital, qui n'est ni matériel, ni mécanique, ni intelligent, est précisément ce qu'il fallait expliquer. Dire que le phénomène de la contraction musculaire est un effet du principe vital, que la sensibilité est un autre produit de ce même principe, c'est énumérer des phénomènes, mais ce n'est pas les expliquer. Barthez attribue au principe vital ces phénomènes, et il croit avoir répandu sur eux une grande lumière, tandis qu'il n'a fait que les énoncer en d'autres termes. »

Tant que les philosophes ne sortiront pas du vague et des généralités de la question, il sera impossible que la doctrine du principe vital puisse rallier à elle tous les médecins désireux de voir les principes généraux de la science s'accorder avec les exigences de l'observation. Que m'importe le principe vital? dit l'un. En quoi peut-il modifier les pratiques de l'art? dit l'autre. Et tous les deux se déclarent ennemis des principes abstraits dont les lois sont inconnues, et qui restent, par cela même, sans application. En effet, le principe vital, compris à la façon de Barthez, n'est qu'une occasion de vaines discussions métaphysiques sur l'unité ou la dualité du principe de la vie. N'y a-t-il qu'un principe immatériel de la vie, dont les forces différentes président à la raison, à la conscience, à la sensibilité et aux opérations vitales nécessaires à la conservation de l'être, comme le croient la plupart des médecins de Paris qui accordent aux propriétés des humeurs, des tissus et des organes une action autocratique réelle? En existe-t-il deux également intelligents de leur fin, l'un pour la raison, la volonté, la conscience et la responsabilité morale; l'autre, au contraire, pour la vie et la responsabilité de l'être physique, tous les deux immatériels et impérissables, le premier sensible et libre, l'autre inconscient et l'esclave des propriétés physiques de la matière introduite dans le corps vivant ou des propriétés vitales des tissus; celui-ci enfermé dans le corps comme dans une boîte sans s'occuper de ce qui s'y passe, l'autre étant la fatalité de l'être pour son développement matériel et pour sa conservation limitée? C'est ce que Barthez ne démontre pas. Il affirme qu'il en doit être ainsi, parce que dans sa pensée les phénomènes de la vie indiquent une cause spéciale, mais cette raison, également invoquée par les naturistes et les animistes, est tout aussi probante pour la doctrine de la *nature* ou de l'*âme* présidant à la vie que pour la doctrine du principe vital. A cet égard, les raisons de Barthez ne sont pas valables. Ce qu'il eût fallu démontrer par un grand renfort de bonnes preuves, c'est la différence des deux principes immatériels constituant la nature de l'homme, l'*âme* d'abord, le *principe vital* ensuite, *cette âme de seconde majesté*, comme l'appelle si poétiquement le professeur Lordat. Or, Barthez a évité la difficulté en laissant à ses successeurs et à ses adeptes le soin de la résoudre. C'est là l'écueil du *vitalisme* auquel il a attaché son nom, écueil dangereux où trébuche l'observation et où la raison vient se briser au détriment de la doctrine. M. Bouillier, qui tout récemment a repris la question dans le même sens que Stahl (*De l'unité de l'âme pensante et du principe vital*), l'a surabondamment démontré. C'est l'âme qui est le principe de la vie; il n'est pas besoin d'en admettre deux, car ce que fait la seconde peut être réalisé par la première, et l'existence d'un second principe immatériel, non mécanique, ayant pour attributs la formation et la direction des organes, ne se comprend pas.

En effet, il n'y a au-dessous de l'âme, et à son service, qu'un agent subalterne des forces conservatrices de l'être désigné par ces mots : *force vitale*, ou mieux *agent vital*, et s'il n'y a un principe de vie distinct de l'organisation, auquel on doive rattacher certains phénomènes du développement des êtres, ce principe, qui devient le mobile de la matière vivante au point de l'attirer et de la faire tourner fatalement dans un cycle déterminé, me semble parfaitement saisissable. C'est une substance matérielle qui, par son mélange au germe, devient l'essence et le principe de conservation des organes vivants ; c'est, au service de l'âme maîtresse, un élément qui renferme tous les autres en puissance, mais au moins dans cet agent physique, une fois démontré, nous retrouvons la raison d'être de toutes les maladies innées, du plus grand nombre des maladies accidentelles et de tous les phénomènes physiologiques connus. Ce n'est plus le vague et l'incertitude de la doctrine hypothétique de Barthez condamnée par la raison, c'est quelque chose de précis comme l'expérience raisonnée, et chacun peut se convaincre de la vérité du fait par des observations nouvelles. En effet, comme nous l'avons démontré dans notre livre *De la vie et de ses attributs*, où déjà nous avons combattu l'idée d'un principe vital, immatériel et abstrait, c'est-à-dire d'une seconde âme, il est indispensable d'admettre l'existence d'une force vitale indépendante des organes et des propriétés organiques, force vitale dont nous avons laissé pressentir l'origine et la nature en la considérant comme l'effet d'un *ferment* physiologique propre à chaque espèce, à chaque individu, et dont le rôle serait de mouvoir la matière dans un certain ordre commandé par la nature des espèces (1), des races et des personnes. Si, comme nous nous proposons de le faire connaître, c'est là le premier agent des organes de la vie, puisqu'il commande à tous les autres, et qu'il est destiné à les former bons ou mauvais selon sa nature et sa provenance, il est évident que c'est là un principe de vie avec lequel la philosophie et la médecine doivent compter. C'est en dehors de l'âme immatérielle et libre, seule origine de la vie, une théorie nouvelle dont la base serait l'existence d'un principe de vie matériel, suscep-

(1) Les *ferments*, qu'on fait dériver du mot *fervere* (bouillir), viennent plutôt de *ferre* (porter) et de *mens* (esprit) ; ce sont des substances organiques vivantes constituant des organismes inférieurs, lesquels se reproduisent en nombre incalculable, en absorbant certains éléments du corps avec lesquels ils sont en contact, de façon à engendrer des produits nouveaux très-divers.

Ils absorbent de l'oxygène, exhalent de l'acide carbonique, et produisent de la chaleur. Sans une certaine température et une certaine humidité, ils n'agissent pas. Le froid paralyse leur action ainsi que les poisons, et particulièrement l'acide phénique, le soufre, etc. Ce sont eux qui mettent la matière organique en mouvement pour la décomposer, afin de la reproduire, ou pour l'attirer dans des combinaisons nouvelles appartenant à des êtres d'une organisation plus compliquée. Leur forme est invariable, et même, dans les êtres dont ils favorisent la formation, ils se reproduisent au bout d'un temps quelquefois très-long sous la forme qui leur est propre. Tous les infusoires, tous les pollens, tous les spermatozoaires sont des ferments qui, étant placés en condition convenable, présentent les propriétés que nous venons de faire connaître, et se reproduisent pour recommencer la série des phénomènes qui leur a donné naissance.

tible de modification, et par cela même tombant sous l'analyse. Aux métaphysiciens, laissons donc l'étude de l'âme et de ses différentes facultés; ne gardons pour nous, médecins philosophes, avec l'affirmation de ce principe, que l'étude de l'*agent vital* qui lui est subordonné pour créer les tissus, les organes et tout l'ensemble de l'être dont les fonctions résultent ensuite de l'ensemble des propriétés organiques.

C'est un sujet sur lequel je me propose de revenir, lorsque, après avoir exposé les bases de l'anatomisme et de l'organicisme, et ayant achevé l'histoire de toutes les doctrines médicales, je dirai ma pensée sur l'inconvénient des systèmes absolus qui n'envisagent qu'une seule des faces de la nature humaine; mais pour l'instant il m'est impossible de ne pas en dire quelques mots pour montrer le défaut capital de la doctrine de Barthez.

Toute doctrine qui ne s'appuie que sur un des éléments de la nature de l'homme, si elle est vraie par un de ses côtés, est nécessairement fausse par ce qui lui manque des autres. A force de ne vouloir tenir compte, les uns que de l'âme à la fois chargée des fonctions morales et des opérations matérielles de la vie, les autres que de la *nature*, du *pneuma*, de l'*archée*, de la *sensibilité générale*, du *principe vital*, etc.; les autres enfin que des organes et de leurs propriétés, les médecins n'ont édifié que des systèmes sans valeur et sans durée, plaçant l'observateur devant un homme de fantaisie qui n'est point dans la nature. Il n'y a de vraie doctrine médicale que celle qui tient compte des trois éléments constitutifs de l'homme, l'*âme*, le *ferment séminal* et l'*organisation* avec ses propriétés de tissu.

Il est bien évident que l'organisation et le mécanisme de l'être vivant ne rendent pas compte de la vie, de son origine, de son développement, de ses modifications et de la spontanéité qui préside à la conservation des individus ou des espèces.

Les plus illustres de nos maîtres l'ont reconnu. Dans le passé, ce fut la doctrine d'Hippocrate, d'Arétée, de Galien; et dans les temps modernes nous voyons que Paracelse, Van Helmont, Stahl, Fizes, Bordeu, Barthez, etc., se sont faits les défenseurs de cette opinion, qui a pour elle le double appui de la raison et de l'expérience. Stahl est, entre tous, le médecin qui a le plus contribué à la propagation de cette vérité au profit de l'animisme, et il faut bien dire qu'il a grandement réussi. Non, l'organisation n'explique pas les fonctions de la vie, car l'organisation ne crée pas plus les fonctions qu'elle ne crée les organes; c'est au contraire la fonction à remplir qui forme les tissus dont l'assemblage constitue les organes appelés à fonctionner de telle ou telle manière, qui les maintient pendant la durée des êtres, et c'est le but à réaliser qui fait la différence des organisations. Celui qui n'a pas étudié l'embryogénie et qui envisage l'homme tout développé pour en découvrir la nature, ne la connaîtra jamais. En effet, dans l'homme, la vie est tellement sous la dépendance de l'intégrité des principaux organes, qu'une atteinte sérieuse portée à l'un d'eux entraîne promptement la mort, et il est facile de croire alors que ce sont les organes qui font la vie. Il n'y a cependant là que des apparences trompeuses, et, ici comme partout, le témoignage des sens a besoin d'être rectifié par la raison. Une fois développés, les organes, sans doute, remplissent certaines fonctions, et il est évident que de leur intégrité dépend la régularité de l'exercice fonctionnel. Mais si par l'embryogénie on recherche la cause du développement des organes, de leur conservation à travers la rénovation continuelle de leur substance par la nutrition de leur métamorphose, on s'aperçoit bien vite que ces phénomènes ne sont plus la conséquence de l'organisation; qu'avant eux, il y a quelque chose pour les entretenir; enfin qu'ils sont l'effet d'une cause extérieure, produisant par eux la vie telle que nous l'observons. Ce quelque chose extérieur, incorporé au germe pour faire et pour maintenir l'organisation, c'est-à-dire le mécanisme de la vie, durant autant que l'être lui-même, à l'état de combinaison ou de dilution intime dans tous les tissus, c'est le *ferment séminal*, et la vie dure autant que son action qui s'épuise avec l'âge ou qui ne s'interrompt que par des circonstances accidentelles. A cet agent qui attire la matière vivante extérieure dans le cycle vital de chaque individu se rapporte ce que l'on a dit de la nature de l'archée, de l'âme, et enfin du principe vital.

Recherchons donc maintenant, par des observations exactes, et nous les empruntons pour la plupart à notre livre : *De la vie et de ses attributs*, quelles sont les preuves à l'appui de cette doctrine. Nous les exposerons ainsi qu'il suit :

« 1° Les organes ne créant pas les fonctions, tandis qu'au contraire les fonctions à remplir créant les organes, et maintenant la forme des êtres conformément au type de l'espèce, il en résulte qu'un agent vital et étranger dirige le mouvement de la matière vivante.

» 2° Les attributs de la vie n'étant pas en rapport avec la structure des parties, puisqu'ils existent en dehors de toute organisation, ces attributs dépendent d'un agent vital combiné avec la matière organisée.

» 3° La vie étant la conséquence d'un agent vital formant l'organisation qui lui devient nécessaire pour fonctionner, selon le type de l'espèce, quelle est la nature de cet agent, et peut-on le considérer comme un ferment séminal? »

§ Ier. — LES ORGANES NE CRÉANT PAS LES FONCTIONS, TANDIS QU'AU CONTRAIRE LES FONCTIONS CRÉANT LES ORGANES ET MAINTENANT LA FORME DES ÊTRES SELON LE TYPE DES ESPÈCES, IL EN RÉSULTE QU'UN AGENT VITAL ÉTRANGER DIRIGE LE MOUVEMENT DE LA MATIÈRE VIVANTE.

Burdach a dit : « L'idée de la fonction crée son organe pour se réaliser. » Il avait raison; en effet, ce sont les fonctions que l'être vivant est appelé à remplir qui créent sa forme, ainsi que les organes dont il sera pourvu.

L'œuf, l'ovule, le germe, n'ont pas d'organisation déterminée; ce sont des cellules remplies de granulations nageant au sein d'une matière amorphe, et destinées à pourrir si le contact du ferment séminal n'arrête cette décomposition et ne met leur matière en mouvement pour réaliser la forme d'un nouvel être (1). Ils n'ont pas de structure appréciable. On n'y trouve pas de tissus ni d'organes susceptibles d'expliquer leur sensibilité inconsciente, que j'appelle l'*impressibilité*, ni leurs mouvements. A peine ont-ils été fécondés et placés dans des conditions convenables, qu'ils attirent à eux de l'oxygène et qu'ils rejettent de l'acide carbonique; leur température s'élève; des mouvements s'accomplissent au sein de leur matière amorphe, et ils commencent à faire les tissus d'où sortiront les organes de la vie future et indépendante. Les rudiments du centre nerveux rachidien apparaissent; du sang se forme et circule sans les vaisseaux et sans le cœur, qui ne viennent qu'après; les viscères se dessinent, puis les membres, et enfin l'être est graduellement formé. Il a respiré sans poumons, puisqu'il a absorbé l'oxygène, rejeté l'acide carbonique et fait de la chaleur avant d'avoir ces organes; il a ressenti les impressions extérieures avant d'avoir de cordons nerveux de sensibilité; sa matière s'est agitée avant d'avoir des organes de mouvement, et du sang a pu se former et courir avant d'avoir des vaisseaux ni de cœur pour agent d'impulsion. L'impressibilité, le mouvement, la respiration, la circulation, etc., précèdent donc les organes par lesquels ces fonctions s'exécutent chez l'être adulte, et ce sont ces fonctions, c'est-à-dire la nécessité du but à remplir, qui ont graduellement formé les organes. En voici de nouvelles preuves empruntées à l'étude des animaux.

L'hydre d'eau douce, sorte de petit sac garni de tentacules, étant retournée comme un doigt de gant, digère par sa peau devenue intérieure, et respire au contraire par sa surface interne, jadis chargée de la digestion, mais par violence convertie en surface extérieure tégumentaire.

Quand cette *hydre d'eau douce* est coupée en morceaux, chaque fragment possède tous les éléments de la vie, car il reforme graduellement autant de polypes complets qu'il y avait eu de divisions. N'y a-t-il pas là dans cette reproduction d'un être par un seul de ses fragments la preuve des efforts d'un agent vital distinct de son organisation diluée dans sa substance, et d'une de ses parties créant un nouvel être comme il l'avait déjà fait avec son germe primitif.

Dans la section en deux morceaux d'une *planaire*, la tête reproduit l'estomac, et le tronc, qui contient l'estomac de son côté, reconstruit la tête, etc. On a bientôt deux planaires.

Dans les fausses membranes des séreuses enflammées qui s'organisent ou se font des vaisseaux capillaires, c'est le globule sanguin qui paraît le premier, qui crée des lacunes, et les lacunes à leur tour se convertissent en vaisseaux.

Enfin la structure d'un organe peut varier sans que la fonction cesse de s'accomplir. Ainsi la *respiration* se fait chez l'homme et chez les êtres vivants par des organes de structure essentiellement différente et tellement dissemblable, qu'on ne saurait à priori reconnaître leurs usages. L'homme respire par des poumons, les poissons par des branchies, les insectes par des trachées, les végétaux par les feuilles; enfin chez les mollusques et les infusoires, c'est la peau qui respire, car la fonction respiratoire n'a plus d'organe spécial. La *circulation* se fait par des vaisseaux renforcés d'un cœur contractile, ou par des vaisseaux sans l'auxiliaire d'un cœur, ou enfin par des lacunes sans vaisseaux. La *sensibilité* s'exerce avec des nerfs ou avec des centres nerveux, ou enfin sans le secours de ces organes. Le *mouvement* se réalise avec des muscles et des fibres contractiles ou sans organes appréciables comme dans la matière amorphe de quelques infusoires et dans les granulations vivantes. Enfin il n'est pas jusqu'à l'*intelligence localisée* dans le cerveau chez les êtres supérieurs qui ne puisse s'exercer sans cet organe et sans tissu nerveux, comme on l'observe chez les animaux inférieurs. Chacun sait, en effet, que l'*hydre d'eau douce* dont on a coupé la partie inférieure du corps, ressemble à un vase sans fond, percé comme le tonneau des Danaïdes; eh bien, quand l'animal veut se nourrir d'une mouche, après s'en être emparé avec ses tentacules, il l'introduit dans son sac, mais la voyant sortir par l'autre bout qui est ouvert, il la saisit et l'introduit de nouveau, ce qui est suivi du même résultat; alors il se fâche, reprend l'insecte, l'introduit et le maintient dans son corps tout le temps nécessaire à la digestion. Si ce n'est pas là raisonner sans cerveau et sentir sans cordon nerveux, qu'est-ce donc autre chose que l'influence de l'agent vital veillant à la conservation de l'être dans lequel il est incorporé.

Des infusoires même entièrement dépourvus de structure, les *paramécies*, se font la guerre, s'attaquent, se poursuivent, s'évitent et se rencontrent enfin pour s'anéantir comme s'ils avaient l'honneur de jouir des bienfaits de la civilisation. (Voy. *De la vie et de ses attributs*, p. 123 et suiv.)

Il semble donc que la matière vivante puisse penser, sentir, se mouvoir, respirer, etc., sans organes distincts, et qu'il y ait en elle un principe d'action et de vie autre que celui des viscères particuliers, toujours les mêmes et sans cesse en mouvement.

(1) Les ovules et les germes sont des cellules empruntant à l'être d'où ils proviennent *un atome du ferment* par lequel il vit, qui est dilué dans toute sa substance, et qui se trouve incorporé à toutes les cellules qui en sortent. Chaque cellule est vivante; elle constitue un petit organisme complémentaire du grand, et à ce titre celle du germe jouit de la vie éphémère commune en attendant la vie propre qu'elle recevra dans la fécondation. En elle repose une quantité infinitésimale d'agent vital, ce qu'il faut pour lui donner non-seulement la forme et les diathèses de la mère, mais encore les diathèses et la forme d'un aïeul dont les éléments étaient restés en puissance dans l'organisation maternelle.

La vie n'est donc pas l'effet d'une organisation dont elle précède et dirige le développement, dont elle fabrique les organes pour les assembler conformément au type de l'espèce, enfin dont elle renouvelle plusieurs fois l'ensemble en maintenant toujours la forme des êtres. Elle est la première cause physique de ce mécanisme qui, dans l'âge adulte, devra la dominer au point d'en paraître le principe, mais elle en reste aussi distincte que le chauffeur sur la locomotive qui l'emporte et le tue lorsqu'un des rouages du mécanisme vient à se briser. En se combinant à la matière des tissus, l'agent vital ne cesse pas d'être lui-même et d'agir comme chef de la fédération organique; mais les organes, dont l'ensemble constitue le mécanisme vivant, doués de propriétés propres, peuvent à leur tour, par leurs désordres, rompre l'harmonie et produire la destruction du tout.

Ainsi s'explique le rôle réciproque de l'*agent vital* créateur des organes, conservateur de la forme des êtres et du *mécanisme organisé*, dont les fonctions entretiennent la durée de l'homme. C'est l'agent qui forme et entretient ce que le mécanisme est ensuite chargé de réaliser.

— La fin à un prochain numéro. —

CHRONIQUE.

M. de Luca, le chimiste éminent de l'Université de Naples, vient de fonder dans cette ville une œuvre qui nous paraît destinée à rendre de grands services à la jeunesse. C'est une *Associazione delle conferenze chimiche* (association des conférences chimiques).

Cette association est à la fois une Société d'enseignement mutuel et de secours mutuels. Le premier but est atteint par des réunions périodiques dans lesquelles ne sont permises que des discussions exclusivement scientifiques; le second objet est réalisé au moyen de subventions accordées aux étudiants qui seraient dans l'impossibilité de poursuivre leurs études, et qu'une commission *ad hoc* aurait reconnus dignes de ce témoignage de fraternel intérêt.

L'association a un président, un vice-président, deux secrétaires et un trésorier, qui tous sont élus au scrutin secret et dont les fonctions durent un an.

Il y a trois catégories d'associés : les *associés fondateurs*, les *associés ordinaires* ou *correspondants*, et les *associés honoraires*. L'association tient deux séances ordinaires par mois. Dès que ses moyens le lui permettront, elle publiera un journal, chargé de rendre compte des séances et de publier des travaux de chimie et des sciences qui s'y rattachent.

Il est payé par tous les associés une cotisation de 1 franc par mois, ou de 10 francs pour l'année payée d'avance, ou de 100 francs une fois donnés. Les membres honoraires seuls ne payent point de cotisation régulière; ils contribuent par des dons et offrandes volontaires aux charges de l'association.

La Société a été constituée le 19 juillet dernier. Elle compte déjà quatre-vingts membres fondateurs, parmi lesquels la plupart des professeurs de l'Université de Naples. — O. B.

— Puisque nous parlons de M. de Luca, nous ne pouvons nous dispenser de dire quelques mots de la nouvelle communication adressée par lui, lundi dernier, à l'Académie des sciences, sur les ossements trouvés à Pompéi :

« Les ossements qu'on a trouvés jusqu'à présent à Pompéi appartiennent à l'homme et aux animaux domestiques, tels que le cheval, la chèvre, le chien, le chat, etc., etc. On a monté avec les ossements de ces animaux des squelettes, que l'on peut voir au petit musée de Pompéi. Les dernières fouilles, dirigées par le savant directeur, M. Fiorelli, ont amené une découverte peut-être unique dans son genre, et la voici. Dans une petite rue de Pompéi, sous des amas de débris, on a aperçu un espace vide au fond duquel apparaissaient des ossements : on versa aussitôt dans les creux du plâtre delayé avec de l'eau; la même opération fut répétée sur d'autres endroits où l'on avait vu des ossements semblables. Après quelques instants, savoir le temps nécessaire pour que le plâtre devînt solide, on a enlevé avec beaucoup de soin la croûte extérieure terreuse qui avait servi d'enveloppe, et l'on s'est trouvé en présence de quatre cadavres, deux réunis ensemble, deux autres séparés. Ce sont des corps humains moulés par le Vésuve et conservés dans cette enveloppe de cendre, qui en reproduit les vêtements, la chair, et presque la vie. Je dépose sur le bureau de l'Académie des réductions et des photographies de ces quatre cadavres. Les réductions en plâtre ont été exécutées par un habile employé de Pompéi, et les photographies ont été faites sur ces modèles par M. H. Badié, à Paris. L'un de ces corps est celui d'une femme auprès de laquelle on a retrouvé des pièces de monnaie et des bijoux, ce qui montre qu'elle fuyait emportant ces objets précieux, quand elle tomba dans l'endroit où on l'a retrouvée. On distingue fort bien sa coiffure et le tissu de ses vêtements. La main droite, avec le bras, est séparée du corps ; le bras gauche se lève et se tord, et la main est crispée. Son attitude est celle de l'agonie.

» Près d'elle étaient tombées une femme et une jeune fille : la plus âgée peut-être était la mère. On les voit comme si elles dormaient toutes deux sur le même lit, l'une à la tête et l'autre au pied. La jeune fille avait relevé sa robe sur sa tête, et avait appuyé celle-ci sur un de ses bras. L'une de ses mains est entr'ouverte comme si elle y avait tenu quelque chose. Les jambes sont relevées en arrière et posées l'une sur l'autre.

» Le quatrième corps est celui d'un homme, peut-être d'un soldat, qui, couché sur le dos, est mort bravement. Ses vêtements sont très-bien marqués, les sandales lacées aux pieds, les clous des semelles apparents; le ventre gonflé comme celui des autres corps, peut-être sous l'influence de l'eau dont fut pétrie la cendre, et c'est ce qu'on vérifie sur les noyés ; sa bouche est ouverte, son nez et ses joues se dessinent vigoureusement. Il y a quelque chose de martial et de résolu dans ce beau cadavre.

» Le Vésuve, en couvrant la ville de Pompéi de pierres et de cendres, a protégé la ville engloutie et ses richesses contre les injures du temps et les violences des hommes.

» Tous les os humains de Pompéi n'ont pas la même composition, mais tous contiennent les principes qu'on rencontre dans les os de l'époque actuelle. Lorsqu'on les chauffe dans l'étuve de Gay-Lussac, de 150 à 120 degrés, ils perdent environ de 8 à 9 pour 100 de leur poids : cette perte représente l'eau hygrométrique des os. Par l'action de la chaleur rouge et hors du contact de l'air, les os déjà desséchés noircissent et accusent une perte en poids de plus de 16 pour 100. Si la calcination des os est faite à l'air libre, la diminution du poids s'élève au delà de 20 pour 100, et le charbon disparaît sous la forme d'acide carbonique.

» La matière des os, soluble dans le sulfure de carbone, n'est pas abondante, souvent elle est nulle, et d'autres fois on en obtient des traces. On n'en retire pas des dents de l'homme et du cheval. Les os de grande épaisseur en fournissent un peu, et alors elle brûle sur une lame de platine par l'action de la chaleur, se carbonise d'abord, et ensuite disparaît sans laisser de résidu.

» Sur plusieurs squelettes d'homme et sur un squelette de cheval, j'ai vérifié que les os de la moitié droite du corps sont plus lourds que les os correspondants du côté gauche. Ceci donne une confirmation à mes précédents résultats, que j'ai communiqués l'an dernier à l'Académie, sur les rapports de poids entre les os du squelette chez l'homme. Le squelette du cheval appartient à un animal de cinq ans, et il est de même taille que ceux qu'on voit aujourd'hui dans l'Italie méridionale.

» La quantité d'acide carbonique, et, par conséquent, celle de carbonate de chaux que les os de Pompéi contiennent, est très-variable ; quelquefois on obtient en acide carbonique de 4 à 5 et de 3 à 6, et quelquefois de 8 à 9 pour 100. La chaux est proportionnelle à ces quantités variables d'acide carbonique. Lorsqu'on fait ces dosages d'acide carbonique, le tube de verre dans lequel on introduit la matière des os pulvérisée avec de l'acide sulfurique diminue de poids à chaque opération, et l'on voit qu'il est attaqué. Cette perte est due à du fluor contenu dans les os, et qui a produit avec le silicium du verre du fluorure de silicium volatil. Tous les os examinés contiennent du fluor sous la forme de fluorure de calcium.

» La quantité de phosphate de chaux est aussi variable que le carbonate dans les os de Pompéi. Cette variabilité tient aux actions des agents terrestres et atmosphériques, et particulièrement à celle de l'eau chargée d'acide carbonique, qui à la longue dissout les carbonates et les phosphates de chaux.

» Les os enfouis dans le sol peuvent perdre, par l'action de l'eau et de l'acide carbonique, une grande partie de leurs sels calcaires ; mais les matières organiques des os sont celles qui résistent le plus aux mêmes agents. En effet, les os qu'on vient de mettre à découvert à Pompéi sont en quelque sorte mous, et lorsqu'on les traite par les acides faibles, ils perdent toute leur matière minérale qui passe dans le liquide, tandis que la matière organique reste à l'état gélatineux sous la forme primitive des os. Il n'en est pas ainsi lorsqu'on abandonne les os pour longtemps au contact de l'air ; les acides faibles, dans ce cas, ne séparent presque rien de matière organique.

» L'azote suit les mêmes phases que la matière organique, mais c'est l'élément qui résiste le plus aux agents de l'atmosphère. L'hydrogène et le carbone des matières organiques, par l'action de l'oxygène de l'air, disparaissent progressivement sous la forme d'eau et d'acide carbonique, tandis que l'azote reste engagé avec l'hydrogène et le carbone en excès, en produisant des matières humiques particulières qui opposent une grande résistance à l'action destructive des agents extérieurs. Hors du contact de l'air et sous le sol, la matière organique des os peut se conserver longtemps ; les matières azotées peuvent se conserver encore davantage. Le contraire arrive sous l'influence des éléments atmosphériques : la matière organique azotée se détruit plus facilement que la matière organique non azotée.

» On ne peut donc pas déterminer exactement l'ancienneté des os en dosant l'azote qu'ils contiennent, sans préciser les conditions de leur conservation, ce qu'il n'est pas possible de faire pour une longue période de temps.

» Avec les os de Pompéi appartenant à un cheval, j'ai pu obtenir, en proportion notable, de l'acide carbonique, du phosphate acide de chaux, de l'acide phosphorique, du phosphore, de la gélatine et du noir animal. Ces produits sont précisément ceux qui existaient dans le squelette de l'animal vivant il y a dix-huit siècles, et figureront dans le musée que l'on construit dans ce moment même à Pompéi. »

— Voici le sommaire du n° 14 (2 octobre) du *Courrier des sciences et de l'industrie*, rédigé par M. Victor Meunier :

Physique et chimie : L'homme-singe, par M. V. Meunier. — Le prix de 50 000 francs, rapport de M. Dumas. — Machine à voler, par M. le docteur Noel. — Sur la construction des paratonnerres, par M. Guinard. — Recherches analytiques sur l'eau découverte à Pompéi, par M. de Luca. — Sur la bière falsifiée avec la picrotoxine.

Industrie : Fabrication du fer et de l'acier avec des scories de fer. — Fabrication du sel ammoniacal. — Exploitation industrielle des vinasses de mélasse de betterave. — Teinture en palissandre. — Cuir artificiel.

Horticulture : Arrosement des plantes avec de l'eau tiède. — Propagation des arbres à fruits sans greffe.

Académie des sciences : Séance du 19 septembre.

Nouvelles diverses.

Nous rappellerons à nos abonnés de la *Revue des cours scientifiques* que, pour recevoir la *Revue des cours littéraires*, il leur suffit d'envoyer à M. Germer Baillière, comme supplément, une des sommes suivantes :

Six mois. Paris.....	7 fr. —	Départements...	8 fr.
Un an. —.....	11 fr. —	— ...	12 fr.

Le propriétaire-gérant : GERMER BAILLIÈRE.

PARIS. — IMPRIMERIE DE E. MARTINET, RUE MIGNON, 2.

PREMIÈRE ANNÉE. — N° 45. UN NUMÉRO : 30 CENTIMES. 8 OCTOBRE 1864.

REVUE DES COURS SCIENTIFIQUES DE LA FRANCE ET DE L'ETRANGER

PHYSIQUE — CHIMIE — ZOOLOGIE — BOTANIQUE — ANATOMIE — PHYSIOLOGIE
GÉOLOGIE — PALÉONTOLOGIE — MÉDECINE

Paraît tous les Samedis.

	Six mois.	Un an.
Paris	8 fr.	15 fr.
Départements	10	18
Étranger	12	20

Prix de l'abonnement avec la Revue des Cours littéraires.

	Paris	Départ.	Étranger
Six mois	15 fr.	18 fr.	20 fr.
Un an	26	30	35

Rédacteur en chef
M. ODYSSE-BAROT

Les ouvrages dont deux exemplaires auront été envoyés au bureau du journal seront annoncés et analysés s'il y a lieu.

On s'abonne
A LA LIBRAIRIE GERMER BAILLIÈRE
17, rue de l'École de Médecine,
Et chez tous les libraires, par l'envoi d'un bon de poste, ou d'un mandat sur Paris.

L'abonnement part du 1er décembre ou du 1er juin de chaque année.

SOMMAIRE.

CHIMIE.

COURS DE M. S. DE LUCA.

(UNIVERSITÉ DE NAPLES.)

(Voy. les nos 17 et 18.)

II.

Les spectres chimiques.

Deux savants et consciencieux expérimentateurs, Bunsen et Kirchhoff, ont introduit dans la science des moyens d'observation imprévus, ou pour mieux dire, un système de nouvelles recherches qui, dans son ensemble, constitue une des plus importantes et des plus belles créations scientifiques de notre époque. Si, au commencement de ce siècle, l'électricité, devenue un moyen général et puissant d'analyse chimique, a isolé les métaux des alcalis et des terres; aujourd'hui la lumière, moyen puissant, elle aussi, et énergique d'analyse et de synthèse, après avoir enrichi les arts de la photographie, devient un instrument d'analyse universelle, qui nous révèle non-seulement l'existence de traces infinitésimales de substances disséminées dans les corps qui nous entourent, mais encore des métaux nouveaux que l'analyse chimique n'aurait pu découvrir autrement.

Chacun sait que la lumière solaire se divise en sept couleurs principales, dites simples ou élémentaires, qui commencent par le rouge, se terminent au violet, et dont l'ensemble constitue le spectre solaire. Newton, le premier, a démontré que les sept couleurs du spectre sont inégalement réfrangibles, et que réunies ensemble, elles reconstituent la couleur blanche; c'est à lui que nous devons l'analyse et la synthèse de la lumière. Les sept couleurs du spectre, selon l'ordre de leur réfrangibilité, sont: le violet, l'indigo, le bleu, le vert, le jaune, l'orangé et le rouge. Chacune d'elles comprend une infinité de teintes de réfrangibilités différentes; et au delà du violet il y a des rayons que nous ne voyons pas, mais que certaines substances, telles que le sulfate de quinine, l'essence de mandarine, le chlorure d'argent, nous font immédiatement découvrir; de même, au delà du rouge, il y a des rayons invisibles dont l'existence est démontrée par l'élévation de température qu'indique un thermomètre. En conséquence, le spectre solaire se prolonge au delà du violet et au delà du rouge; mais nous ne pouvons distinguer que la partie moyenne du spectre entier.

En projetant la lumière solaire sur un prisme, on obtient le spectre correspondant des sept couleurs; toutefois, entre un rayon coloré et un autre, il y a une solution de continuité représentée par un espace obscur, dans lequel on observe des lignes noires verticales. Ces lignes obscures, inconnues à Newton, furent étudiées pour la première fois par Wollaston, et ensuite avec plus de soin par Fraunhofer, qui compta dans ce spectre solaire plus de six cents bandes ou lignes obscures irrégulièrement distribuées. Quelques-unes de ces lignes sont très-minces, d'autres plus larges; tantôt plus rapprochées l'une de l'autre, tantôt plus éloignées; mais toutes elles conservent dans le spectre une position invariable; leur teinte est plus ou moins intense et n'est pas la même pour toutes. Les principales et les plus remarquables lignes du spectre ont été indiquées par Fraunhofer au moyen des lettres de l'alphabet A, B, C, D, E, F, G et H.

Kirchhoff, après des observations répétées et qui inspirent la plus grande confiance, a cru pouvoir porter à plusieurs milliers le nombre des lignes noires du spectre solaire. D'autre part, la solution de continuité que l'on observe entre les rayons lumineux prouve que certaines couleurs simples manquent dans les rayons transmis par le soleil. Ces lacunes, que l'on observe dans le spectre de la lumière solaire ont été simplement signalées, sans qu'on ait cherché à en découvrir la cause. Mais quand on eut remarqué que les lignes noires du spectre solaire, depuis l'époque des premières observations jusqu'à celles de Kirchhoff, n'avaient changé ni de nombre ni de position, on en put légitimement conclure que la nature de la lumière solaire n'avait point varié depuis les expériences de Fraunhofer.

La lumière qui vient de la lune et des planètes fournit des spectres exactement identiques avec celui du soleil, et la raison en est claire, puisque les planètes ne nous transmettent que la lumière réfléchie du soleil. Les spectres obtenus au moyen de la lumière des étoiles fixes ont des lignes obscures distribuées d'une manière particulière, et chaque étoile a un spectre propre, avec un certain nombre de lignes noires qui occupent une position spéciale. C'est pourquoi le soleil et les étoiles fixes peuvent être considérés comme autant de corps distincts, dont chacun a une physionomie entièrement propre, indiquée par le spectre que l'on obtient au moyen de la lumière qu'il envoie.

A ce point de vue, les corps célestes peuvent constituer deux groupes bien distincts : dans l'un sont compris ceux qui ont une lumière propre, et en conséquence un spectre particulier : le soleil et les étoiles fixes, qui sont également des soleils, se trouvent dans ce cas; dans l'autre sont réunis les planètes et leurs satellites, qui n'ont pas de lumière propre, mais nous transmettent celle qu'ils reçoivent du soleil, avec lequel ils ont par conséquent un spectre commun. Les corps célestes, et particulièrement les étoiles, présentent donc dans leurs spectres certaines diversités et analogies dont on pourrait se servir pour les classer et pour les distinguer entre eux.

Brewster avait remarqué que les solides et les liquides colorés, placés sur le passage des rayons solaires, produisent dans le spectre des raies noires d'une extension plus ou moins grande, et qui apparaissent en différents endroits du spectre. Les couleurs se trouvent souvent réduites à un plus petit nombre par l'absence de quelques-unes d'entre elles, qui ont totalement disparu, puisque le milieu coloré les a absorbées, et l'espace qui reste noir est précisément celui qu'elles auraient dû éclairer. C'est ce qui fit supposer à Brewster que les lignes noires découvertes par Fraunhofer provenaient de quelque intermédiaire absorbant à travers lequel les rayons auraient été obligés de passer. Le même Brewster fit des expériences avec les gaz : l'acide hypoazotique introduit dans un tube placé sur le passage de la lumière solaire, ou de la lumière du gaz à éclairage, exerça un pouvoir absorbant tel, que de nouvelles et nombreuses lignes noires se montrèrent dans le nouveau spectre. Plus tard on a aussi remarqué que le brome et l'iode en vapeurs produisent des effets analogues.

Les vapeurs métalliques incandescentes donnent des spectres que Fraunhofer avait étudiés, dans lesquels, au milieu de lignes noires, il vit des raies qui variaient en nombre, en splendeur et en largeur, selon la nature du métal. De semblables phénomènes furent ensuite observés par Wheatstone et par Masson.

Les vapeurs incandescentes s'obtiennent directement, quand le métal est volatile, en le portant à une température élevée, et alors ces vapeurs peuvent être prises comme sources de lumière; mais ce procédé n'est applicable qu'à un certain nombre très-restreint de métaux. Il est préférable de faire jaillir l'étincelle électrique entre deux fils formés du métal que l'on veut étudier; et la machine de Ruhmkorff, qui, par une succession rapide d'étincelles, produit le phénomène sans interruption, est excellente pour un tel objet. On peut encore faire usage du courant électrique pour obtenir la température élevée nécessaire à la volatisation d'un métal, et dans ce cas on emploie l'appareil destiné à produire la lumière électrique, et dans une cavité du charbon inférieur on dépose le globule du métal que l'on veut étudier, lequel s'échauffe par le moyen du passage du courant, et en se volatilisant, donne une teinte spéciale à l'arc voltaïque, et par conséquent un spectre avec les raies lumineuses particulières.

Un fort courant électrique passant à travers deux charbons produit une lumière qui, décomposée par le moyen d'un prisme, donne un spectre dont les rayons lumineux se suivent sans interruption et qui ne sont point séparés par des bandes ou des lignes noires, comme on en observe dans le spectre produit par la lumière solaire : le charbon n'étant point une substance volatile. La lumière que l'on obtient en chauffant des corps non volatiles produit des spectres lumineux dans lesquels on ne remarque pas de lignes obscures séparant un rayon d'un autre; on passe, au contraire, par des degrés insensibles d'une couleur du spectre à l'autre.

Les métaux volatiles et les composés de ces métaux, réduits en vapeur à une température élevée, si on les introduit dans une flamme produisant le spectre continu sans lignes obscures, modifient le spectre par l'apparition de diverses lignes brillantes, qui peuvent être rares ou nombreuses, de plus ou moins grande dimension, de position diverse et de couleur différente, selon la nature des métaux. Ordinairement ces lignes brillantes correspondent aux lignes obscures du spectre solaire. Chaque métal a son spectre particulier avec ses lignes brillantes, comme chaque étoile a son spectre avec ses lignes obscures.

Si, dans la flamme produite par le gaz d'éclairage, on suspend un fil de platine plongé dans une solution de chlorure de sodium, le spectre qui se produit dans ce cas consiste en une ligne très-brillante de couleur jaune, qui coïncide exactement avec la raie obscure que Fraunhofer a indiquée par la lettre D dans le spectre solaire. Ces deux raies, dont une obscure, appartenant au spectre solaire, et l'autre jaune et lumineuse, que l'on observe dans le spectre du sodium, occupent le même espace. Ce spectre produit par le chlorure de sodium peut être obtenu au moyen de l'iodure de sodium, du carbonate de soude ou de tout autre sel de soude. Il en résulte que les spectres lumineux des composés métalliques dépendent uniquement des métaux qui s'y trouvent, et nullement des acides ou des autres corps qui entrent dans leur composition. Les métaux alcalins, le potassium, le sodium, le lithium, le strontium, le calcium, ont, chacun, un spectre particulier avec des bandes lumineuses.

La science nous fournit donc un moyen bien simple de reconnaître le métal qui se trouve dans un sel ou dans un composé alcalin quelconque. Ce moyen consiste à chauffer dans la flamme de l'hydrogène, dans celle du gaz d'éclairage ou d'autres substances, le composé métallique, et d'examiner le spectre que l'on en obtient avec ses raies brillantes.

Non-seulement les métaux alcalins, mais tous les autres métaux volatiles, ont un spectre spécial, c'est-à-dire que tout métal a son spectre avec le nombre correspondant de raies brillantes, et avec la position et la dimension que celles-ci conservent.

Deux ou plusieurs métaux brûlés dans une flamme produisent un spectre complexe, dans lequel il est facile de reconnaître le spectre de chaque métal. Ainsi, dans le spectre que produit le laiton, on retrouve non-seulement le spectre du cuivre, mais encore celui du zinc, c'est-à-dire des deux métaux dont se compose le laiton.

Un mélange formé d'un sel de potasse et d'un sel de lithine, soumis à une flamme, produit un spectre composé, dans lequel se trouvent celui du lithium et celui du potassium. Si dans la même flamme on introduit en même temps un sel de soude, on observera la ligne jaune brillante caractéristique du sodium.

L'instrument qui sert à nous faire connaître ces physionomies particulières des corps a reçu le nom de *spectroscope*. Il nous donne, au moyen de la lumière du soleil, le spectre solaire divisé en sept couleurs principales accompagnées des lignes obscures déjà mentionnées; au moyen de la lumière électrique dégagée entre deux charbons, le spectroscope produit le spectre avec ses sept couleurs, mais sans lignes obscures; avec la flamme de l'hydrogène, du sulfure de carbone, du gaz d'éclairage, de l'oxyde de carbone, du soufre, etc., le spectre est identique avec celui que produit la lumière électrique. Et quand dans ces flammes, qui produisent le spectre sans lignes obscures, on brûle des substances métalliques, alors on voit dans le spectroscope les lignes brillantes qui occupent souvent la position des lignes obscures du spectre solaire.

Dans le spectroscope, il y a trois parties distinctes : une pour introduire la lumière, une autre pour la refléter et la décomposer, et une troisième qui sert à transmettre les rayons de lumière, décomposés et mesurés, à l'œil de l'observateur. Le spectroscope a été imaginé d'abord par Fraunhofer, puis modifié par MM. Bunsen et Kirchhoff, et fabriqué en Allemagne. Mais, ensuite, introduit en France, il fut construit à Paris, avec des modifications et des perfectionnements par M. Dubosc.

Ce procédé pour reconnaître les métaux est d'une extrême sensibilité; et, pour s'en convaincre, il suffit de rappeler l'expérience exécutée par Bunsen et Kirchhoff. 3 milligrammes de chlorate de soude mêlés à un peu de sucre de lait furent brûlés dans une chambre de la capacité de 60 mètres cubes : les produits de cette combustion se répandirent dans l'air de la chambre. Or, le spectroscope, situé à une grande distance de l'endroit où se produisait la combustion, indiquait déjà la ligne jaune, brillante, caractéristique du sodium. Par un calcul très-simple, on constate que l'air a dû porter par seconde 1/3 de billionième de gramme de sel de soude, et par conséquent on en doit conclure qu'avec un pareil moyen on peut reconnaître une fraction de matière que ne pourraient pas révéler tous les autres moyens dont la science peut disposer.

L'excessive sensibilité de cette réaction explique pourquoi l'air des laboratoires et des lieux voisins de la mer présentent presque constamment la réaction du sodium; il suffit en effet d'agiter un objet ou d'épousseter un livre, pour que la réaction du sodium se produise subitement, et cela grâce à la grande diffusion dans la nature du chlorure de sodium, si abondant dans les eaux marines. Bien que les autres métaux, tels que le lithium, le potassium, le calcium, le baryum, le strontium et d'autres encore, soient moins sensibles, cependant la fraction de substance nécessaire pour que la réaction se manifeste est assez ténue pour surpasser de beaucoup tous les réactifs les plus sensibles que la science connaît : il suffit de dire que l'on voit distinctement, pendant plus d'une heure, 9 millioniémes de milligramme de carbonate de lithine répandus dans l'air. La méthode analytique dont il s'agit nous fait découvrir des corps dont on ne soupçonnait pas du tout la présence, et que les moyens analytiques les plus sensibles étaient impuissants à révéler. C'est cette méthode qui nous a fait connaître que le lithium est un des métaux les plus répandus dans la nature ; et, en effet, on l'a trouvé dans les eaux de la mer, dans les cendres des fucus, dans un grand nombre de minéraux, dans les terrains granitiques et dans les eaux qui les traversent; dans les cendres des plantes qui croissent sur ces mêmes terrains, comme aussi dans la chair et dans le lait des animaux qui se nourrissent de ces plantes. Il est facile de supposer qu'avec cette extrême sensibilité de réaction on puisse découvrir de nouveaux corps qui, soit par leur grande ressemblance avec les corps connus, soit par leur minime quantité, auraient échappé aux moyens d'analyse antérieurs; et le fait est venu confirmer cette juste supposition. En effet, trois nouveaux corps simples métalliques, le *cæsium*, le *rubidium* et le *thallium*, ont été bientôt découverts au moyen de l'analyse spectrale.

L'usage du spectroscope permet de vérifier la pureté des réactifs ; de reconnaître, dans les précipités obtenus dans le cours de l'analyse de ces corps, la présence de traces quelconques de substances étrangères; et enfin, dans beaucoup de cas, l'examen spectral devra précéder l'analyse qualitative d'une substance, sur la nature de laquelle il fournira toujours de précieuses et utiles indications.

A la sensibilité de cette méthode vient s'ajouter la rapidité de l'exécution. Bunsen, pour faire l'analyse d'un calcaire, se contenta de dissoudre un gramme de ce corps dans l'acide hydrochlorique, et de plonger dans la dissolution acide un fil de platine, qui ensuite, soumis à une flamme, produisit un spectre dans lequel on observait distinctement les lignes brillantes caractéristiques du potassium, du sodium, du lithium, du calcium et du strontium. Certains calcaires naturels ne contiennent pas de strontium, et, par conséquent, dans le spectre on ne remarquait pas les lignes brillantes appartenant à ce métal.

Bunsen fit de la même manière l'analyse de la cendre de tabac en se servant de celle d'un cigare, et il obtint un spectre dans lequel il était facile de distinguer les lignes brillantes propres au potassium, au sodium, au lithium et au calcium; et, en conséquence, il crut pouvoir conclure que ces métaux existent dans les feuilles du tabac.

L'observation des lignes brillantes du spectre permet de reconnaître aisément la présence des quantités indiquées dans le tableau suivant des divers métaux alcalins et alcalins terreux :

MÉTAL.	SEL EXPÉRIMENTÉ.	POIDS DU SEL SENSIBLE.
		milligr.
Sodium	Chlorate de soude.... NaO,ClO^5...	0,0000003
Lithium	Chlorate de lithine.... LiO,ClO^5...	0,000009
Calcium	Chlorure de calcium. . $CaCl$.......	0,00001
Cæsium	Chlorure de cæsium.. . $CsCl$... ...	0,00005
Strontium	Chlorure de strontium. $StCl$... ...	0,00006
Rubidium......	Chlorure de rubidium . $RbCl$	0,0002
Potassium	Chlorure de potassium . KCl	0,001
Baryum.......	Chlorate de baryte.... BaO,ClO^5...	0,001

Mais si, d'un côté, l'analyse du spectre nous fournit un moyen très-simple de reconnaître les plus petites traces de matières répandues à la surface de la terre, de l'autre côté elle ouvre aux investigations de la chimie un champ vierge encore et tout à fait nouveau dans son genre, c'est-à-dire qu'elle nous donne la composition de l'atmosphère du soleil et des étoiles. Et, en effet, comme le principe sur lequel cette méthode est fondée est l'observation d'un gaz incandescent, on comprend comment, en analysant la lumière provenant de ces astres, on peut connaître la composition de leurs atmosphères, en admettant une modification que celles-ci subissent par suite de l'action de leurs noyaux enflammés. Étant admis que le soleil est constitué par une masse gazeuse incandescente, entourée elle-même d'une autre atmosphère moins chaude et moins lumineuse, laquelle contient divers métaux tenus à l'état de vapeurs par la température élevée de la masse centrale. Or il a été démontré que le spectre d'un gaz en combustion se trouve *renversé*, c'est-à-dire que les raies brillantes deviennent obscures quand un feu lumineux très-intense, et donnant par lui-même un spectre continu, se trouve derrière la flamme de ce gaz. On en peut conclure que le spectre du soleil avec ses raies noires n'est autre chose que le spectre renversé de l'atmosphère du soleil; et par conséquent, pour analyser l'atmosphère solaire, il suffit de rechercher les corps qui, mis dans une flamme, donnent lieu aux raies brillantes que l'on observe noires dans le spectre du soleil lui-même.

Un métal réduit à l'état de vapeur donne un spectre qui fournit toujours des lignes brillantes d'une certaine réfrangibilité. Le spectre du sodium, par exemple, produit une raie jaune excessivement brillante, et par conséquent le pouvoir d'émission du sodium, par cette lumière jaune, est considérable ; et comme il y a égalité entre le pouvoir d'émission et le pouvoir absorbant, quand on considère une espèce bien déterminée de chaleur : ainsi le pouvoir absorbant de la vapeur de sodium par la lumière jaune que cette même vapeur émet en si forte proportion doit être bien grand, puisqu'il y a encore égalité entre le pouvoir d'émission et le pouvoir absorbant.

Kirchhoff a montré qu'en faisant passer un rayon de lumière très-brillante à travers la vapeur du sodium, le spectre que l'on obtient porte une ligne noire, précisément dans l'endroit où la ligne jaune du sodium se montre, quand le spectre est formé exclusivement par la vapeur de ce métal.

Entre les résultats obtenus par Kirchhoff, il y a les deux suivants. La vapeur du lithium donne un spectre dans lequel on observe deux raies principales, dont l'une est d'une couleur rouge très-vive et se trouve comprise entre les lignes noires B et C du spectre solaire. Le potassium donne deux lignes rouges très-belles : l'une correspond exactement à la ligne A noire du spectre solaire, l'autre à la ligne B. Les lignes de ces métaux ont été interverties, et sont apparues en noir dans les spectres formés au moyen des rayons lumineux très-intenses qui ont été obligés de traverser les vapeurs de ces métaux avant d'être décomposés par le prisme.

En projetant sur un prisme la lumière que développe la chaux soumise à la flamme du gaz détonant, on ne voit dans la partie jaune du spectre ni ligne brillante ni ligne obscure. Mais si l'on interpose entre cette source lumineuse et le spectroscope la flamme de l'alcool contenant du sel marin, il apparaît une ligne noire exactement sur la division où la ligne jaune brillante indiquait d'abord une quantité considérable de lumière émise par le sodium. L'expérience montre donc que le pouvoir absorbant de la vapeur de sodium est grand pour cette lumière elle-même, dont le pouvoir d'émission est encore plus grand.

Et en réalité, la raie rouge brillante produite par le chlorure de lithium, dans le spectre d'une flamme à gaz, se transforme en ligne noire quand cette flamme est traversée par les rayons directs du soleil. Si, au lieu de chlorure de lithium, on y met le sel marin, on observe une ligne noire précisément là où l'on aurait dû voir la raie jaune. C'est ainsi, et par d'autres expériences un peu différentes, que l'on a interverti les spectres du potassium, du sodium, du strontium, du calcium, du baryum, etc., de manière que, par une connaissance approfondie des spectres des divers métaux et de celui du soleil, on en peut déduire la composition de l'atmosphère de cet astre. En opérant de cette façon, on a trouvé que le fer, le manganèse, le chrome, le nickel, le sodium, le potassium, et beaucoup d'autres corps, se trouvent dans l'atmosphère solaire, tandis qu'on n'y rencontre ni argent, ni cuivre, ni zinc, ni plomb, ni aluminium, ni cobalt, ni antimoine, ni silicium.

Nous voulons espérer que l'analyse spectrale se vulgarisera dans les laboratoires, afin que de grands et nombreux problèmes puissent être résolus par ce moyen d'analyse qui n'a pas besoin de toucher les corps pour les connaître, et auquel il suffit simplement de les voir. L'agriculture, la géologie, ne pourront que tirer de grands avantages de la facilité qu'elles auront de découvrir la composition des terres, des roches et la disposition des corps dans la croûte terrestre. Que si cette méthode, à sa première apparition sur l'horizon scientifique, a tourné ses investigations vers les planètes, espérons qu'elle ne s'y arrêtera pas longtemps, et qu'elle daignera enfin prendre pour but de son examen la composition de notre planète. En effet, nous connaissons seulement la composition des substances qui se trouvent à la surface de la terre ou qui se cachent à une petite profondeur; nous connaissons les matières rejetées par les volcans ou mises à découvert par des soulèvements; mais nous sommes dans une parfaite ignorance relativement à la nature des corps qui forment la partie centrale du globe. En analysant les terrains de dépôt et de transport, et ceux qui ont été très-anciennement recouverts par les eaux, et en recherchant, au moyen de l'analyse spectrale, les corps qui s'y trouvent dans une très-minime proportion, peut-être arriverons-nous à connaître les relations qui existent entre la présence de ces corps et l'âge, l'étendue et l'origine des terrains examinés, et peut-être découvrira-t-on la nature des mers et de leurs lits primitifs, où, avec le progrès des temps, se sont formés des dépôts si prodigieusement variés.

III.

Nouveaux métaux découverts au moyen de l'analyse spectrale.

Les raies brillantes que présentent les spectres des vapeurs incandescentes peuvent servir de réactifs délicats et sûrs pour découvrir certains corps qui se trouvent en petite quantité, ou bien qui ont des réactions communes avec d'autres corps appartenant à la même famille. L'observation spectrale est d'un secours précieux pour découvrir et séparer de tels corps, et par la précision et la sensibilité elle est supérieure aux méthodes usitées jusqu'à ce jour par la chimie.

Grâce à cette nouvelle méthode analytique, on a découvert trois nouveaux métaux : le rubidium, le cæsium et le thallium. La découverte des deux premiers est due à MM. Bunsen et Kirchhoff; le thallium a été découvert par M. Crookes, et extrait ensuite, en quantité notable, par M. Lamy. Voici les particularités de ces découvertes et les propriétés des trois nouveaux métaux.

Rubidium. — Pour obtenir le chlorure de rubidium, on a opéré sur 150 kilogrammes de lépidolite de Saxe. Les eaux mères de cette opération, débarrassées des bases terreuses et de la lithine, furent précipitées par le chlorure de platine, et le précipité, lavé et desséché, fut traité par l'hydrogène, qui donna pour résidu un mélange de platine et de chlorure de rubidium, et ce dernier fut séparé par l'eau. En répétant cette opération plusieurs fois, on obtint un chlorure de rubidium pur, qui, réduit en vapeurs dans une flamme, présenta seulement les lignes brillantes appartenant à ce métal.

Ce chlorure de rubidium, traité par le nitrate d'argent, donne un précipité de chlorure d'argent du poids duquel on déduit l'équivalent du rubidium, en partant de celui de l'hydrogène pris pour unité, et faisant celui de l'argent égal à 107,93 et celui du chlore à 35,46. L'équivalent du rubidium s'est trouvé égal à 85,36.

On a essayé d'extraire le rubidium de son chlorure en fusion en y faisant passer un courant électrique, dont les pôles étaient formés par le graphite et le fer. Le rubidium, isolé de cette manière, brûle à la surface du chlorure avec une flamme rougeâtre; si les pôles de la pile sont formés de platine et de mercure, ce dernier s'amalgame avec le rubidium, et l'on obtient une masse solide, cristalline et blanche, qui est fragile, et décompose l'eau à la température ordinaire, avec développement de chaleur et de l'hydrogène et formation d'oxyde de rubidium.

Le rubidium métallique peut s'obtenir isolé et pur en chauffant à une température élevée un mélange formé de :

Bitartrate de rubidium	89,55
Tartrate neutre de chaux	8,46
Suie d'essence de térébenthine	1,99
	100,00

Le métal distillé se recueille dans un récipient contenant de l'huile de naphte : Bunsen a obtenu, avec 75 grammes de bitartrate, 5 grammes de métal.

Le rubidium fond à 38°,5 centigrades ; sa densité est de 1,516. Le sodium fond à 95°,6 ; le potassium à 52°,5, et le lithium à 180 degrés. Le rubidium brûle sur l'eau, absolument comme le potassium.

Les composés les plus importants du rubidium sont les suivants :

Hydrate d'oxyde de rubidium	RbO,HO.
Carbonate de rubidium	RbO,CO^2.
Bicarbonate de rubidium	$RbO,2CO^2,HO$.
Azotate de rubidium	RbO,AzO^5.
Sulfate de rubidium	RbO,SO^3.
Bisulfate de rubidium	$RbO,2SO^3$.
Alun de rubidium	$RbO,SO^3 + Al^2O^3,3SO^3 + 24HO$.
Perchlorate de rubidium	RbO,ClO^7.
Chlorure de rubidium	$RbCl$.
Chloroplatinate de rubidium	$PtCl^2,RbCl$.
Bichromate de rubidium	$RbO,2CrO^3$.
Chromate neutre de rubidium	RbO,CrO^3.
Oxalate neutre de rubidium	$RbO,\bar{O} + Aq$.
Bioxalate de rubidium	$RbO,2\bar{O} + Aq$.
Bitartrate de rubidium	$RbO,HO,2\bar{T}r$.
Émétique de rubidium	$RbO,Sb^2O^3,2\bar{T} + Aq$.
Tartrate de fer et de rubidium	$RbO,Fe^2O^3,2\bar{T}r$.
Acétate de rubidium	$RbO,\bar{A}$.

Le spectre du rubidium présente deux raies rouges très-brillantes, et c'est pour cela qu'il a reçu le nom de *rubidium*, du mot *rubidus*, par lequel les anciens désignaient la couleur rouge la plus intense. La formule du rubidium est Rb.

Le chloroplatinate de rubidium est complétement insoluble dans l'alcool, et il est moins soluble dans l'eau que le chloroplatinate de potassium. 100 parties d'eau à zéro dissolvent seulement 0,193 parties de chloroplatinate de rubidium, et à 100 degrés elles en dissolvent à peine 0,641 ; le minimum de solubilité est à 13°,5, puisque, à cette température, 100 parties d'eau ne dissolvent que 0,135 de chloroplatinate.

Cæsium. — Ce métal se trouve dans la nature en compagnie du sodium, du potassium, du lithium et du rubidium. On le trouve en proportion plus grande dans les eaux mères des sources minérales de Dürkheim et de Bourbonne-les-Bains. Le traitement par le chlorure de platine précipite le cæsium, le rubidium et le potassium sous forme de chloroplatinate ; le chlorure double de potassium et de platine peut être éliminé au moyen de l'eau, qui le dissout aisément. La séparation du cæsium du rubidium est fondée sur la propriété qu'a le carbonate de cæsium de se dissoudre dans l'alcool, tandis que le carbonate de rubidium n'y est pas soluble.

La détermination de l'équivalent du cæsium s'est faite en transformant le chlorure de cæsium en chlorure d'argent. La moyenne d'un grand nombre de déterminations a donné pour l'équivalent du cæsium le nombre 123,35, en partant de l'équivalent de l'hydrogène égal à l'unité.

Un courant électrique énergique traversant le chlorure de cæsium en fusion met en liberté le métal, qui brûle au contact de l'air. L'amalgame de cæsium s'obtient avec difficulté à l'état solide et cristallin. Le cæsium a la propriété de s'oxyder aisément à l'air et de décomposer l'eau à la température ordinaire. Le cæsium est le plus électropositif de tous les corps simples connus ; ensuite vient le rubidium, et en troisième lieu le potassium.

Le cæsium produit un spectre où l'on remarque deux très-belles raies bleues, et c'est pour cela qu'il a reçu le nom de *cæsium*, de *cæsius*, qui, chez les anciens, désignait la couleur bleue de la partie supérieure du firmament. La formule du cæsium est Cs.

Les composés principaux du cæsium sont les suivants :

Hydrate d'oxyde de cæsium	CsO,HO.
Carbonate de cæsium	CsO,CO^2.
Bicarbonate de cæsium	$CsO,2CO^2,HO$.
Azotate de cæsium	CsO,AzO^5.
Sulfate de cæsium	CsO,SO^3.
Bisulfate de cæsium	$CsO,2SO^3$.
Chlorure de cæsium	$CsCl$.
Chloroplatinate de cæsium	$PtCl^2,CsCl$.

Le chloroplatinate de cæsium est très-peu soluble dans l'eau : 100 parties de ce liquide en dissolvent, à zéro, 0,024 ; à 11 degrés, elles en dissolvent 0,072, et à 100 degrés, elles en dissolvent à peine 0,382. Les solubilités respectives des chloroplatinates de cæsium, de rubidium et de potassium, se trouvent indiquées dans le tableau suivant, pour 100 parties d'eau :

TEMPÉRATURE.	SELS		
	DE POTASSIUM.	DE RUBIDIUM.	DE CÆSIUM.
0° centigrade	0,74	0,184	0,024
10° —	0,90	0,154	0,050
20° —	1,12	0,141	0,079
30° —	1,41	0,145	0,110
40° —	1,76	0,166	0,142
50° —	2,17	0,203	0,177
60° —	2,64	0,258	0,213
70° —	3,19	0,329	0,251
80° —	3,79	0,417	0,291
90° —	4,45	0,521	0,332
100° —	5,18	0,634	0,377

Donc, à 100 degrés centigrades, une partie de chloroplatinate de potassium se dissout dans 19,3 parties d'eau, tandis que le chloroplatinate de rubidium en exige 159, et le chloroplatinate de cæsium se dissout dans 264,7 parties d'eau.

Les composés de cæsium et de rubidium ne sont précipités ni par l'hydrogène sulfuré, ni par le carbonate d'ammoniaque, et en cela ils ressemblent aux sels contenant de la magnésie, de la lithine, de la soude et de la potasse. Cependant ils diffèrent de la magnésie, de la lithine et de la soude, en ce qu'ils sont précipités, comme la potasse, par le chlorure de platine. Les oxydes de cæsium, de rubidium et de potassium, donnent, par l'acide tartrique, un précipité cristallin, et par l'acide hydrofluosilicique un précipité transparent et opalin, et par l'acide perchlorique un précipité cristallin. Les sels de ces oxydes, en général, se volatilisent complétement en colorant en violet la flamme d'un corps en combustion. Les réactifs donc ne distinguent pas les deux nouveaux métaux, le cæsium et le rubidium, du potassium. Le seul moyen de les reconnaître, quand ils se trouvent mêlés à la potasse, nous est fourni par l'analyse spectrale.

Les relations que l'on observe entre les équivalents du potassium, du sodium et des deux nouveaux métaux, le cæsium et le rubidium, méritent d'être rappelées. En effet :

$2Na - Li = K$ ....$(2 \times 23) - 7 = 39$
$2K + Li = Rb$ ....$(2 \times 39) + 7 = 85$
$2Na + K = Rb$ ....$(2 \times 23) + 39 = 85$
$Rb + K = Cs$ ....$85 + 39 = 124$

Thallium. — Ce corps simple a été découvert par Crookes, à Londres, le 30 mars 1861, dans quelques résidus de sélénium, dans les produits d'un échantillon de soufre de Lipari et dans ceux de la pyrite d'Espagne. Crookes observa que ces corps chauffés fortement produisaient un spectre avec une raie brillante d'une magnifique couleur verte qui lui a fait donner son nom de *thallium*. M. Lamy a isolé le thallium en quantité notable des résidus qui se déposent dans les chambres de plomb des fabriques d'acide sulfurique. La préparation consiste à traiter le sulfate ou même le chlorure de thallium par le zinc, lequel prend la place du thallium, et celui-ci se dépose précisément comme fait le plomb, quand une solution de sel de Saturne (acétate neutre de plomb) se trouve en contact avec le zinc. Le thallium a l'apparence du plomb, il a presque la même couleur ; il se raye avec l'ongle, se taille avec un couteau, et laisse sur le papier des traces grises. Il a la même densité que le plomb et à peu près la même fusibilité. Les dissolutions des sels de thallium précipitent en noir avec l'hydrogène sulfuré, en jaune avec les iodures et les chromates solubles, et donnent un précipité blanc avec l'acide hydrochlorique et avec les chlorures solubles. Le thallium a l'éclat métallique à un très-haut degré : il est moins gris que le plomb et moins blanc que l'argent, et par sa couleur il se rapproche plutôt de l'étain et de l'aluminium que de tout autre métal. A la température de 100 degrés, il se ramollit. L'eau enlève au thallium le peu d'oxyde qui se forme à la surface, et de cette manière le rend brillant, précisément comme font les acides sur les autres métaux. Dans un tube fermé d'un côté, le thallium fond à la chaleur de la flamme de l'alcool. Il peut former deux oxydes : le protoxyde, qui est une base analogue à la potasse, soluble dans l'eau et fortement alcaline ; et le peroxyde, qui dégage de l'oxygène à chaud avec les acides. Le thallium brûle dans le chlore sec ; il se combine à chaud avec le brome et avec l'iode sans production de lumière, mais avec développement de chaleur. Il forme trois chlorures, dont l'un correspond au sel marin, l'autre au sesquichlorure de fer, et le troisième au sublimé corrosif.

Le thallium est attaqué lentement par l'acide hydrochlorique concentré et bouillant; l'acide nitrique l'attaque rapidement, comme aussi l'acide sulfurique : ce dernier, concentré et chaud, l'attaque avec une rapidité qui constraste avec la lenteur qu'il met à attaquer le plomb. Son équivalent correspond à 204, en prenant pour unité celui de l'hydrogène. Sa formule est Th ; et sa chaleur spécifique, déterminée par M. Regnault, correspond à 0,03355.

L'hydrate de protoxyde de thallium perd facilement l'eau, soit par l'action de la chaleur, soit dans le vide à la température ordinaire. On obtient de cette manière l'oxyde anhydre, de couleur rougeâtre, tandis que l'oxyde hydraté est d'un blanc jaunâtre.

Le protoxyde de thallium se combine avec les acides carbonique, azotique, sulfurique et phosphorique, et forme des sels solubles et cristallisables ; il se combine aussi avec les acides organiques oxalique, tartrique, citrique, acétique, formique, etc., et forme des sels solubles. Par ces propriétés, le thallium fait partie des métaux alcalins, dont le nombre se trouve maintenant doublé. Il est à remarquer que parmi les métaux alcalins le thallium a l'équivalent le plus élevé et le lithium le plus bas. En effet, les équivalents de ces corps sont :

Lithium	7
Sodium	23
Potassium	39
Rubidium	85
Cæsium	123
Thallium	204

La découverte des trois nouveaux métaux, rubidium, cæsium et thallium, est due entièrement à l'analyse spectrale, sans laquelle les procédés chimiques les plus sensibles et les plus délicats n'auraient pu isoler ces corps, qui existent en quantités infinitésimales dans certains composés naturels. Sans le secours des spectres de ces trois métaux, qui peut savoir quand on aurait su que le chloroplatinate de rubidium est moins soluble que le chloroplatinate de potassium, et que le chloroplatinate de cæsium l'est moins que celui de rubidium?

Une fois connues les particularités de chaque spectre, il n'est pas nécessaire de prendre des mesures précises pour distinguer les raies brillantes; et, en effet, leur couleur, leur position respective, leur forme, leur intensité et leur éclat suffisent même à un observateur peu exercé pour s'orienter. Ces caractères peuvent se comparer à ceux qui servent à reconnaître les divers précipités que l'on obtient au moyen des réactifs communs. Et, en effet, si un précipité est caractérisé par la propriété d'être gélatineux, caséeux, granuleux ou cristallin, les raies du spectre se distinguent par la précision et la diffusion de leurs contours, leur position et leur ampleur. Et de même que dans l'analyse ordinaire, on ne tient compte que des précipités qui peuvent s'obtenir dans les solutions très-diluées, ainsi, dans l'analyse spectrale, on regarde les raies brillantes qu'on peut produire avec la plus petite quantité de matière.

Il existe donc des analogies entre les caractères fournis par l'analyse et ceux que donne l'examen du spectre; mais les phénomènes de coloration que présentent les précipités, les solutions et les vapeurs, avec la méthode d'analyse commune, sont d'une moins grande précision, comparés à ceux que présentent les raies du spectre.

Parmi les précipités qui doivent servir de caractère chimique, la majeure partie sont blancs, et en outre leur coloration n'est pas constante, et même l'intensité des teintes peut varier selon l'état de division du précipité; souvent une trace de substance étrangère suffit pour altérer la couleur au point de ne pas la reconnaître : par conséquent on ne peut considérer comme un caractère chimique certain et assuré la couleur des précipités. Au contraire, les couleurs des raies du spectre sont stables, et leur éclat et leur intensité ne varient pas, malgré la présence de substances étrangères; la position que ces lignes occupent dans le spectre est invariable et constitue une propriété chimique fondamentale que l'on peut comparer au poids équivalent des corps, et comme celui-ci, il est facile de les déterminer avec un exactitude presque mathématique. Les raies du spectre sont d'autant plus visibles que la température de la flamme est plus élevée et que son pouvoir éclairant est plus faible; mais la nature du composé métallique, la diversité des phénomènes chimiques qui se produisent dans chaque flamme et la différence des températures produites par les mêmes flammes, n'exercent aucune influence sur la position des raies du spectre.

L'analyse spectrale donc examine la composition des corps, découvre de nouvelles substances, indique les éléments qui constituent les atmosphères des astres et des planètes, et par sa sensibilité nous fait saisir les traces de matières disséminées dans les corps de la nature. Et c'est le moment de rappeler que l'histoire de la science nous montre à de rares intervalles des hommes éminents et prédestinés qui, presque instantanément, réalisent de grands progrès au moyen d'un simple rapprochement de faits, d'une idée nouvelle, d'un principe fécond, où les observateurs ordinaires trouvent matière à de longues dissertations. Ces hommes s'appellent Galilée, Torricelli, Volta, Newton, Lavoisier; de nos jours nous connaissons deux autres noms à ajouter à cette liste : ceux de Kirchhoff et de Bunsen.

Traduit de l'italien par ODYSSE-BAROT.

PHYSIOLOGIE GÉNÉRALE.

COURS DE M. CLAUDE BERNARD.

(FACULTÉ DES SCIENCES.)

(Voy. les nos 19, 22, 24, 27, 29, 34, 35, 38, 42 43, et 44.)

X.

Du nerf moteur et de son action.

Les différents organes nerveux qu'on trouve chez les animaux supérieurs ont été répartis en deux systèmes distincts : le système cérébro-spinal, et le système du grand sympathique. On considère le premier comme présidant spécialement aux fonctions de la vie animale, tandis que le second se distribuerait dans les organes de la vie végétative, les intestins, l'estomac, etc., dont les mouvements en général sont inconscients et involontaires. Mais nous verrons que cette distinction est bien loin d'être aussi nette qu'on l'a prétendu, au point de vue physiologique; une foule d'actions ou de réactions réciproques, et même des exceptions flagrantes, viennent en déranger la symétrie. D'ailleurs, ces divisions en plusieurs systèmes doivent disparaître devant l'étude générale des organes nerveux, de leurs propriétés physiologiques et de leur rôle dans l'accomplissement des fonctions vitales, car le but de la physiologie générale est d'indiquer les conditions indispensables à la production de chaque phénomène élémentaire, en négligeant les circonstances particulières qui peuvent le modifier.

Cependant n'oublions pas non plus que tous les éléments sont distincts dans l'économie animale; s'il y a fusion, cela provient uniquement de réactions réciproques. Le système nerveux n'échappe point à cette loi générale. Aussi, tout en rejetant certaines distinctions anatomiques qu'aucune différence importante ne vient accuser dans les phénomènes fonctionnels, la physiologie doit distinguer des parties que l'anatomie ne distinguerait pas, parce que leur constitution organique est la même, bien que la fonction soit différente.

Les propriétés générales du système nerveux conduisent à distinguer deux éléments nerveux, bien séparés par leurs fonctions, et correspondant à deux séries de phénomènes très-divers, l'élément moteur d'un côté, l'élément sensitif de l'autre; et nous verrons tout à l'heure que c'est là surtout une distinction physiologique.

Commençons par l'élément moteur.

Le nerf moteur fait partie d'une chaîne continue d'organes réagissant les uns sur les autres et qui ne peuvent s'expliquer l'un sans l'autre. Cependant, dans cet ensemble, chaque partie a ses propriétés particulières qui concourent à l'acte total, et le nerf moteur peut être réellement isolé, bien qu'il soit tenu dans l'organisme entre deux éléments étrangers, l'un qui lui commande, le nerf sensitif, l'autre qui lui obéit, le système musculaire.

Nous avons montré déjà que les nerfs et les muscles sont tout à fait isolés. En effet, détruisez un muscle d'une manière quelconque, en le coupant, en le brûlant, en l'altérant par des actions chimiques, le nerf existe toujours et conserve toutes ses propriétés, sauf à trouver un moyen de les mettre en évidence. Inversement, chez les animaux empoisonnés par le curare, le nerf est complétement mort, tandis que le muscle possède encore toutes ses fonctions qu'il est bien facile de mettre en jeu, par exemple, en l'irritant au moyen de la pince électrique. — L'action des divers poisons est donc un puissant moyen d'analyse qui nous est offert pour l'intelligence des fonctions vitales et leur séparation mutuelle; nous en ferons souvent usage dans l'étude du système nerveux, et dès maintenant nous pouvons dire que le curare, qui nous a déjà permis de distinguer nettement le muscle du nerf moteur, nous permettra également de séparer celui-ci du nerf sensitif, puisque le nerf moteur seul est empoisonné par le curare, le nerf sensitif jouissant, contre l'action de cet agent toxique, d'une immunité aussi complète que celle du muscle lui-même.

Depuis longtemps on avait soupçonné que le système nerveux sensitif et le système nerveux moteur devaient être séparés l'un de l'autre, puisque, en définitive, ils transmettaient des actions marchant en sens inverse. Galien fit même des expériences sur un homme complétement paralysé des mouvements, pour bien mettre en évidence qu'il avait conservé toute sa sensibilité. La démonstration expérimentale de cette théorie ne fut pourtant donnée que dans ce siècle. C'est par des vivisections bien conduites qu'on établit définitivement la distinction des éléments nerveux sensitif et moteur, et ce résultat est dû surtout aux belles expériences de Charles Bell et de Magendie.

Avant les travaux de ces deux illustres savants, un médecin anglais, Walker, avait déjà dit que tous les nerfs émanés d'une même rangée verticale de la moelle épinière étaient de la même nature; il supposait que les racines antérieures correspondaient aux nerfs de sentiment, et les racines postérieures aux nerfs de mouvement. Charles Bell renversa les termes de cette hypothèse; il admit que les racines postérieures correspondaient aux nerfs de sentiment, et les racines antérieures aux nerfs de mouvement. Enfin, c'est Magendie qui établit définitivement cette théorie par ses nombreuses expériences.

Voici comment Charles Bell procéda. En faisant des observations sur les mouvements de la face, il remarqua que ces mouvements peuvent être arrêtés par suite de la perte des nerfs de la septième paire. Il fit alors des expériences sur des chevaux, et il vit que si l'on détruisait les rameaux de la cinquième paire, la sensibilité était perdue, tandis que les nerfs de la septième paire, restés intacts, pouvaient conserver la faculté motrice. Ce fait bien établi, Charles Bell en conclut que la sensibilité et le mouvement étaient toujours conduits par des nerfs distincts, et que dans les nerfs spinaux, chaque espèce de fibre nerveuse correspondait régulièrement à la même rangée de racines. Magendie démontra surabondamment la justesse de cette idée, en opérant sur des chevaux. Müller fit aussi des expériences sur les grenouilles, parce qu'elles résistent très-bien aux vivisections, et que leurs tissus conservent fort longtemps leurs propriétés vitales. Dans toutes ces expériences, on vit très-clairement qu'en coupant les racines postérieures, on détruisait toute sensibilité, tandis que le mouvement était parfaitement conservé et s'obtenait facilement par l'irritation des racines antérieures; au contraire, si l'on coupait ces racines antérieures, le mouvement était perdu et la sensibilité restait intacte. Des altérations pathologiques produisent d'ailleurs les mêmes effets.

Il y a, du reste, d'autres moyens d'établir cette distinction des nerfs de sensibilité et des nerfs de mouvement : par exemple, l'empoisonnement par le curare, qui, n'atteignant que le nerf moteur, détruit la faculté motrice et laisse intacte la faculté sensitive. Ces expériences démontrent donc que le nerf moteur peut être empoisonné sans que le muscle ni le nerf sensitif soient atteints ; et c'est pour cela que nous considérons le nerf moteur comme un élément parfaitement distinct, au point de vue physiologique.

Le nerf moteur part des organes ou de la périphérie, pour se rendre dans la moelle, par laquelle il tient aux centres nerveux. En effet, tous les nerfs qui aboutissent aux muscles, ne sont que des conducteurs destinés à transmettre à ces muscles l'action des centres nerveux.

Charles Bell, à la suite de ses études sur les propriétés des nerfs sensitifs et moteurs, avait conçu un système qui a promptement disparu. Il admettait trois espèces de nerfs moteurs : les nerfs des mouvements volontaires, les nerfs des mouvements involontaires, et les nerfs des mouvements respiratoires. — Maintenant, on les confond tous sous le nom de nerfs moteurs, parce qu'ils ne présentent entre eux aucune différence essentielle, et qu'on ne pourrait, du reste, établir cette division d'une manière bien nette, parmi les différents nerfs moteurs qui se trouvent dans l'organisme.

Les nerfs moteurs, provenant des racines antérieures, et les nerfs de sensibilité, partis des racines postérieures, se distinguent du reste très-facilement. Les racines postérieures, à la différence des racines antérieures, possèdent, en effet, des ganglions ou renflements nerveux, placés à une petite distance de leur sortie de la moelle; la jonction du nerf sensitif avec le nerf moteur correspondant, a lieu un peu après ce ganglion. Quant aux propriétés de ces deux séries de racines, Charles Bell croyait qu'elles étaient tout à fait distinctes et séparées, de telle sorte que les racines postérieures seraient complétement dépourvues de faculté motrice, tandis que les racines antérieures n'auraient aucune sensibilité. Du reste, Charles Bell était un expérimentateur peu habile; il opérait sur un lapin récemment sacrifié, et constatait qu'en pinçant les racines antérieures, il obtenait un mouvement dans les muscles; puis, il concluait par exclusion pour les racines postérieures, et cantonnait ainsi chaque espèce de phénomènes d'une manière absolue.

Magendie reprit toutes ses expériences sur des animaux vivants. Il montra que les racines antérieures étaient sensibles et que l'animal éprouvait de la douleur quand on les pinçait, contrairement aux opinions de Charles Bell. Sans doute, si l'on coupe la racine antérieure, on détruit tout mouvement dans la partie où se distribuait la racine coupée, sans altérer en aucune façon la sensibilité, et inversement, si l'on coupe la racine postérieure, le mouvement est conservé et la sensibilité disparaît dans les parties desservies par cette racine. Mais ce double résultat, parfaitement établi, ne démontre pas la vérité de la théorie de Charles Bell, car il n'est pas moins certain que les deux racines sont toutes les deux sensibles; ce qui est tout à fait opposé à ses idées.

Le nerf moteur, quoique conduisant l'action motrice, est certainement sensible. Mais la sensibilité y suit une marche toute différente de celle que nous constatons dans le nerf de sentiment. En effet, si l'on coupe la racine postérieure, on a deux bouts : l'un, qui tient à la moelle, c'est le bout central; l'autre, qui tient au ganglion, c'est le bout périphérique. Pinçons maintenant les deux bouts : celui qui tient à la moelle a conservé toute sa sensibilité, l'autre l'a complétement perdue; la sensibilité vient donc ici du centre. Coupons maintenant la racine antérieure, nous aurons toujours deux bouts : l'un central, l'autre périphérique, et nous verrons ici que le bout central est insensible, tandis que le bout qui tient à la périphérie est resté doué de sensibilité. La sensibilité ne vient donc plus du centre comme dans la racine postérieure, elle vient de la périphérie. Cette sensibilité de la racine antérieure est une sensibilité d'emprunt qu'elle prend par ses connexions avec la racine postérieure. Et, en effet, quand on coupe la racine antérieure, le bout périphérique ne conserve sa sensibilité qu'à la condition que la racine postérieure soit intacte; si cette dernière est également coupée, la sensibilité, ne pouvant plus parvenir au bout périphérique du nerf de sentiment, ne saurait évidemment passer de là au bout périphérique du nerf moteur. Aussi, des quatre bouts qu'on a dans ce cas, il n'y en a plus qu'un de sensible, c'est le bout central de la racine postérieure, parce que la sensibilité y vient du centre.

Charles Bell avait considéré la moelle épinière comme un gros nerf, et il pensait que les nerfs ne faisaient que se continuer dans la moelle. Mais cette idée est tout à fait inadmissible, car les nerfs sont formés par des petits tubes ayant une composition et une structure particulières : ils se décomposent donc histologiquement en tubes, ce qui n'est pas vrai de la moelle épinière.

L'élément histologique du nerf moteur, c'est un petit tube rempli d'une substance spéciale, et au milieu duquel se continue un cordon central, nommé cylindre axe (*cylinder axis*). La matière qui remplit ce tube est une substance albumineuse, demi-fluide et transparente pendant la vie, qui se coagule après la mort. Quand on coupe le nerf, cette moelle nerveuse forme une exubérance qui sort du tube. Au milieu se trouve, comme on vient de le dire, le filament ou cylindre axe du nerf, qui en forme la partie essentielle et vraiment fonctionnelle. Le tube et la moelle qu'il contient ne sont que des organes protecteurs, tandis que le cylindre axe est la partie conductrice; en effet, quand un nerf doit pénétrer dans les tissus d'un muscle, c'est le cylindre axe qui s'y engage seul, abandonnant ses enveloppes protectrices. Du reste, chez certains animaux, le cylindre axe est nu.

Nous retrouverons cette structure à très-peu près la même, en parlant du nerf sensitif. Quant aux particularités qui distinguent plus ou moins le nerf moteur, bornons-nous à dire que les tubes nerveux qui le composent sont, en général, un peu plus gros que ceux des nerfs sensitifs, la composition de ces derniers restant d'ailleurs la même. La grosseur est, du reste, en rapport avec l'éloignement des parties dans lesquelles doit se distribuer le nerf. Enfin, les cellules nerveuses motrices sont un peu plus grosses que les cellules sensitives.

En pénétrant dans la moelle épinière, le nerf moteur est pourvu de ses trois parties, telles que nous venons de les décrire; là, la moelle disparaît, et les parois du tube se rapprochent du cylindre axe, de manière à le coiffer parfaitement. Le cylindre axe vient ensuite se terminer dans une cellule pourvue d'un noyau central. Cette cellule est toujours *multipolaire*, c'est-à-dire qu'elle a des connexions multiples avec les cellules circonvoisines; elle reçoit d'un côté une fibre nerveuse motrice, et se réunit à d'autres cellules plus ou moins analogues par des fibres distinctes.

Le nerf moteur commence à la cellule motrice : voilà sa véritable origine. C'est elle qui le nourrit, et si elle est détruite, le nerf dépérit rapidement; c'est par elle qu'il se met en rapport avec tout l'appareil nerveux, et, comme nerf moteur, on peut dire avec assurance qu'il ne commence que là.

A l'autre extrémité, le nerf moteur se termine dans le muscle. Mais quels sont ses rapports avec les fibres musculaires pour leur communiquer son influence motrice? Pendant longtemps on avait admis qu'il n'y a pas de contact immédiat; mais on sait aujourd'hui que la fibre nerveuse se termine dans la fibre musculaire.

Ainsi, l'élément nerveux moteur fait partie du système nerveux, mais il occupe une place distincte entre le muscle et le nerf de sensibilité. Cette distinction s'établit anatomiquement par la diversité des origines, et physiologiquement par la différence des propriétés et l'action variée des poisons. Les limites de cet élément moteur sont, d'un côté, la fibre musculaire dans laquelle il se termine, de l'autre, la cellule centrale d'où il part. Cette cellule présente une forme et des caractères particuliers qui lui ont valu le nom de *cellule motrice*.

Le nerf moteur a une vie propre, parfaitement indépendante de celle des autres tissus, et, par une conséquence naturelle, il jouit aussi d'une nutrition particulière, de telle sorte qu'il peut se nourrir sans que les muscles ou les autres nerfs se nourrissent pour cela. Cherchons d'abord à déterminer les conditions essentielles de cette nutrition.

L'origine du nerf moteur est une cellule placée dans la moelle et formée d'un nucléole avec des granulations. De cette cellule partent des tubes nerveux plus ou moins longs, composés, comme on l'a dit, par un cylindre axe qui en est la partie essentielle et qui est protégé par une enveloppe tubulaire remplie d'une substance albumineuse opaque après la mort, mais transparente pendant la vie, ce qui empêche d'apercevoir le nerf. La nutrition du nerf moteur ne se fait point par toutes ses parties, telles que nous venons de les indiquer, mais seulement par la cellule centrale. Aussi, quand on pratique une section qui interrompt toute communication avec la cellule centrale, il y a tout de suite paralysie du nerf, et l'influence de la volonté ne peut plus se transmettre au muscle. Cependant, si l'on prend le bout périphérique du nerf moteur et si on l'irrite avec des irritants spéciaux, on obtient des mouvements dans le muscle, mais seulement pendant un temps limité. Ainsi, dans les premiers temps, on en obtiendra en agissant sur une partie quelconque du nerf; plus tard, c'est-à-dire au bout de quelques jours, l'effet ne se produira plus quand on opérera sur l'extrémité du nerf, près de la section; et il faudra descendre de plus en plus vers l'extrémité périphérique, celle qui plonge dans le muscle, jusqu'à ce qu'on finisse par ne plus rien obtenir du tout, même en irritant le nerf à son entrée dans la substance musculaire. Le nerf moteur perd donc ses propriétés du centre vers la périphérie.

Ces phénomènes physiologiques sont dans une étroite corrélation avec des phénomènes anatomiques qui suivent une marche parallèle. On observe, en effet, après la section du nerf, une coagulation de la matière nerveuse entourant le cylindre axe, coagulation qui se propage également de la périphérie vers le centre, et dont les progrès correspondent exactement à ceux de la disparition des propriétés vitales du nerf. Ainsi donc, si ces propriétés vitales persistent quelque temps encore après la section du nerf, c'est que ce nerf a conservé intact son milieu nutritif, la moelle qui remplit les tubes nerveux. Au fur et à mesure que ce milieu s'altère, ou disparaît, les propriétés physiologiques disparaissent également.

Examinons maintenant le bout qui tient à la cellule nerveuse centrale. Nous voyons qu'il s'est complétement conservé avec toutes ses propriétés; et si nous faisons une section un peu plus haut, nous pourrons encore constater que la partie détachée perd plus ou moins rapidement ses propriétés. La nutrition du nerf moteur s'opère donc certainement par la cellule centrale, puisque le bout qui reste en communication avec elle conserve toujours ses fonctions normales. Nous verrons plus tard qu'il y a toujours une cellule particulière pour le nerf moteur, et une autre pour le nerf sensitif correspondant.

Avant de terminer ces généralités sur le nerf moteur, il faut exposer les expériences faites par M. Moreau, pour démontrer par l'action des poisons la séparation des nerfs sensitifs et des nerfs moteurs. Nous avons déjà dit bien des fois que le curare agit seulement sur les nerfs de mouvement et respecte le système nerveux sensitif: c'est là le point de départ de ces expériences, qui vont être répétées sous vos yeux par M. Moreau lui-même.

Voici d'abord une grenouille dont on a ouvert la peau pour mettre à découvert les nerfs lombaires. Puis on a passé un fil par-dessous et l'on a lié fortement toutes les parties placées devant les nerfs lombaires, veines, artères, etc., de telle sorte que le train antérieur ne communique plus avec le train postérieur que par les nerfs lombaires : c'est absolument comme si l'animal était coupé en deux, et que les deux parties fussent réunies au moyen des nerfs lombaires. Empoisonnons maintenant le train postérieur avec du curare : il ne se produira évidemment rien, puisque la ligature que nous avons pratiquée y a arrêté toute circulation. D'un autre côté, si nous empoisonnons la partie antérieure, le sang, qui sert de véhicule à l'action toxique, sera certainement mis en contact avec tous les nerfs de la partie antérieure : le système nerveux moteur y périra donc complétement. En sera-t-il de même alors dans le train postérieur? Non; et voici pourquoi. L'action du curare sur le nerf moteur s'exerce à l'extrémité périphérique de ce nerf, à celle qui plonge dans le muscle, et elle ne peut se propager par la moelle épinière et la cellule motrice. Or, dans le train antérieur, le sang, corrompu par le curare, sera mis en contact dans le muscle avec l'extrémité périphérique du nerf moteur et pourra lui transmettre l'action du poison. Mais dans le train postérieur, la ligature qui a interrompu la circulation, interdit tout accès au sang corrompu par le curare; les nerfs moteurs ne peuvent donc être atteints que par leur origine dans la moelle épinière, et nous savons que l'empoisonnement ne peut se propager par cette voie.

On pourrait peut-être s'étonner que le nerf moteur s'empoisonne par son extrémité, tandis qu'il se nourrit par la cellule centrale. Les faits sont, du reste, bien établis et aussi incontestés qu'incontestables. Force est donc bien de reconnaître que la cellule centrale est l'élément trophique du nerf moteur, et les expériences qui se font ici mettent hors de doute ce fait, que ce même nerf s'empoisonne exclusivement par la périphérie. Mais il n'y a point là de contradiction, comme on serait tenté de le croire au premier abord, car l'empoisonnement et la nutrition sont deux faits d'ordre tout différent. Quant à la régénération du nerf, la cellule trophique n'y concourt pas; le tronçon isolé se régénère sur place et par toutes ses parties à la fois. Le développement, comme la régénération, se fait également sur place. Aussi, quand on greffe sous la peau d'un animal un morceau du nerf sciatique, je suppose, ce nerf perd d'abord sa propriété anatomique, pour la recouvrer ensuite par la régénération de ses éléments qui s'accomplit très-bien en l'absence de la cellule centrale. Mais il ne peut recouvrer de même sa propriété physiologique, qui n'était au fond qu'un rapport, parce que les termes de ce rapport sont changés ou supprimés.

Après avoir expliqué le mode d'action du curare sur les nerfs moteurs, revenons maintenant à la grenouille qui vient de subir cette action. Si on lui pince les pattes de devant, aucun mouvement ne se produit : elle a l'air de ne plus sentir et d'être paralysée de la sensibilité comme du mouvement. Cependant la sensibilité n'est pas atteinte; mais comme le système moteur est détruit, elle ne peut plus se manifester à l'extérieur par aucun mouvement qui nous révèle sa persistance. Cet exemple nous montre combien le physiologiste doit être réservé dans les conclusions qu'il tire de ses expériences. On ne doit jamais dépasser le fait observé, et si évidente que paraisse la déduction, le fait interne qu'on place derrière les phénomènes apparents, tout cela ne peut avoir la prétention de se poser en vérité démontrée, observée; ce ne sera jamais qu'interprétation plus ou moins juste, mais toujours sujette à l'erreur, et, par conséquent, toujours réformable. Ainsi, dans l'exemple que nous avons ici, il ne faut pas se hâter de dire : *Cette grenouille est empoisonnée du sentiment et du mouvement*, ce qui serait parfaitement faux; il faut se contenter d'exprimer par le langage les phénomènes observés : *Cette grenouille est empoisonnée de manière à ne plus manifester aucun mouvement.* Maintenant, la suppression complète du mouvement suppose-t-elle nécessairement la perte de la sensibilité? C'est une question d'interprétation qui reste tout à fait à part, et qu'on devra résoudre par d'autres expériences.

Mais sur la grenouille telle qu'elle a été préparée ici, nous avons un moyen bien simple de mettre en évidence la persistance de la sensibilité, malgré la destruction du nerf moteur par l'action du curare. Si nous pinçons les pattes postérieures, il est tout naturel que nous obtenions un mouvement dans ces pattes, puisque, grâce à la ligature qui a été faite au milieu du corps, tout le train postérieur a été préservé de l'action du curare. Mais pinçons maintenant les membres antérieurs en observant les membres postérieurs, et nous verrons ceux-ci remuer. Il est donc bien évident par là que la sensibilité persiste dans la partie antérieure du corps qui a subi l'action toxique. L'irritation produite par la pince se transmet à la moelle épinière, et de là au train postérieur, qui lui est resté uni au moyen des nerfs lombaires; et les pattes de derrière peuvent remuer sous cette influence, parce que le système moteur n'y est pas détruit, comme dans la partie antérieure du corps. Au lieu de préserver de l'action du curare toute une moitié du corps, nous aurions pu conserver seulement un seul muscle, comme le muscle soléaire, en liant l'artère qui s'y distribue, ou même une seule fibre, si nous parvenions à l'isoler convenablement; et ce muscle ou cette fibre nous auraient seuls manifesté par leurs contractions la persistance de la sensibilité dans le reste du corps. Il y a donc une distinction très-nette et très-complète entre les divers ordres de phénomènes, malgré la grande complication des actions vitales et leur enchevêtrement inextricable, qui paraît si peu se prêter à l'analyse du physiologiste.

Comme point de comparaison, nous pouvons prendre maintenant cette grenouille qui a été empoisonnée par le curare sans qu'aucune ligature vienne préserver certains membres. Tout mouvement est perdu chez elle. Nous avons beau la pincer, elle paraît complétement insensible, bien que la sensibilité ne soit perdue nulle part, comme nous venons de le montrer; et cet état serait de nature à égarer un expérimentateur trop prompt à conclure.

Mais comment concevoir que la mort arrive par suite de la suppression des nerfs moteurs? C'est ce qui nous reste à expliquer; car si tous les poisons produisent un même résultat final, la cessation de la vie, ils diffèrent beaucoup dans leur mode d'action, et ils donnent chacun, pour ainsi dire, un mécanisme particulier de la mort. Voyons donc comment les choses se passent dans le cas qui nous occupe. — Tous les nerfs moteurs n'ont pas la même sensibilité à l'action du curare. Les plus sensibles sont les nerfs de la moelle épinière. Aussi, quand on n'administre qu'une petite dose de curare, les nerfs moteurs des membres sont bien détruits, mais les nerfs respiratoires ne le sont pas : la vie continue donc dans ce cas, et au bout d'un certain temps, l'animal élimine le poison qu'il avait absorbé, ses nerfs moteurs se régénèrent; il recouvre l'usage de ses membres, et continue à vivre comme auparavant. Mais si la dose est plus forte, les nerfs respiratoires sont détruits comme les autres, et l'animal périt purement et simplement par asphyxie. Cela est si vrai, que si l'on a recours à la respiration artificielle, on peut donner à l'animal le temps d'éliminer le poison, et il échappera ainsi à la mort qui n'aurait point manqué de l'atteindre rapidement.

Du reste, quand la paralysie du nerf moteur arrive à la suite d'une section, le nerf peut également se reproduire. Ainsi, M. Claude Bernard a vu lui-même un jeune homme auquel on avait enlevé une partie du nerf sciatique avec une tumeur qui l'embrassait. Au bout de deux ans, les deux membres se mouvaient aussi bien l'un que l'autre. Quand la fonction reparaît ainsi, c'est évidemment que le nerf s'est reproduit. Cela se présente surtout chez les animaux jeunes, ce qui est tout naturel, puisque le mouvement de nutrition et d'assimilation possède alors bien plus d'énergie. Ces faits n'ont rien qui doivent nous étonner, car, — sans parler des animaux inférieurs, comme les polypes, chez lesquels les phénomènes de ce genre sont si fréquents, — ne savons-nous pas que le lézard peut reproduire sa queue et la salamandre ses pattes? Même parmi les mammifères, Magendie et M. Claude Bernard ont souvent vu des animaux reproduire les lames vertébrales qu'on leur avait enlevées pour mettre à nu le canal vertébral. Or, dans tous ces cas, la régénération de la fonction ou du membre implique évidemment celle du nerf.

Cette régénération du nerf a été suivie avec soin. Elle se produit de la périphérie au centre. — Dans les premiers temps de leur développement, tous les tissus sont à l'état cellulaire, comme on peut le constater très-facilement sur un embryon de veau. On trouve souvent un embryon de 3 à 4 centimètres, présentant la forme du veau très-reconnaissable, et où l'on ne trouve cependant que des cellules douées simplement de propriétés plastiques. Ces cellules servent au développement des fibres postérieures, et quand celles-ci apparaissent, on peut alors obtenir des contractions. Quand le nerf se reforme, les choses doivent se passer d'une manière analogue. On avait cru d'abord que la régénération se faisait par le centre, comme la nutrition, et l'on supposait même que la partie centrale poussait un prolongement qui remplaçait le morceau de nerf enlevé. Mais il est bien démontré aujourd'hui que cette régénération commence par la périphérie. C'est aussi de là, comme nous l'avons dit, que part l'empoisonnement, car c'est par là que le nerf se trouve en contact avec les matériaux de l'organisme.

Reste une dernière question. Ce nerf moteur, qui met en rapport les centres nerveux avec le muscle, doit conduire quelque chose de la cellule centrale à ce muscle qui se contracte sous son influence. Ce quelque chose, pouvons-nous en déterminer la nature et dire ce que c'est?

On s'est bien des fois posé cette question sans pouvoir la résoudre. Pour se tirer d'embarras, on appelle d'ordinaire l'action du nerf, *influence nerveuse*, ce qui ne nous apprend pas grand'chose sur la nature de cette action. Mais les physiciens ont voulu réduire cette influence à un autre agent, à un agent physique, et c'est l'électricité qui se présentait tout naturellement; car, lorsqu'on a soustrait un muscle à l'action de la volonté qui se transmet par le nerf moteur, on peut très-bien remplacer cette action par l'électricité. Cependant cette théorie est à peu près inadmissible dans l'état actuel de la science; car si l'on interrompt le filet nerveux par une section, le courant électrique sera encore transmis par les parties conductrices voisines, tandis que la moindre lésion physiologique ou anatomique empêche l'influence nerveuse de se transmettre au muscle.

L'influence nerveuse est donc une action spéciale, un agent physiologique distinct. Mais ce n'est pas à dire qu'il ne se passe pas dans le nerf des phénomènes électriques d'une importance capitale, au point de vue de leur action physiologique, ni que ces phénomènes ne soient liés par certains rapports plus ou moins étroits à l'influence nerveuse et à la contraction du muscle. Nous étudierons ces phénomènes dans la prochaine leçon.

Émile Alglave.

PALÉONTOLOGIE.

COURS DE M. A. D'ARCHIAC.

(MUSÉUM D'HISTOIRE NATURELLE.)

(Voy. les nos 1, 2, 10, 12, 14, 16, 18, 20, 22, 24, 27, 29, 31, 33, 36, 37, 39, 41 et 44.)

XVI.

Faune quaternaire de l'Amérique méridionale.

DEUXIÈME SECTION.

DÉPOTS MARINS DE LA COTE OCCIDENTALE.

Au Chili, près de l'embouchure du Ropel, on remarque, dit M. Darwin, des coquilles d'espèces vivantes à 1m,25 au-dessus des plus hautes marées, et dans les environs elles s'élèvent jusqu'à 30 mètres. A Bucalèmes, village situé à 10 milles de la mer, il y a des lits considérables de ces mêmes coquilles, ainsi qu'au fond de la vallée de Maypo et à San-Antonio. Sur la côte méridionale du promontoire qui forme la baie de Valparaiso, des bandes continues de ces débris marins se montrent depuis 18 jusqu'à 70 mètres d'élévation, recouvrant une brèche granitique.

Des lits de coquilles récentes s'observent sur une multitude d'autres points, jusqu'à 60 mètres au-dessus de la mer, et les terrasses de Coquimbo, déjà signalées par Basil-Hall, à 75 mètres, sont également composées de coquilles identiques avec celles qui vivent sur la côte. Elles sont enveloppées dans une roche calcaire friable, qui passe vers le bas à une couche où dominent les Balanes, et qui repose sur des grès remplis d'ossements de Requins gigantesques, d'Huîtres et de très-grandes Pernes. Les bancs intermédiaires ont des coquilles communes aux couches supérieures, dont toutes les espèces vivent encore, et aux inférieures, dont le plus grand nombre, au contraire, sont éteintes. Les terrasses parallèles s'observent surtout dans les villages de Guasco et de Copiapo, à 350 milles au nord de Valparaiso, puis au sud, vers la Conception.

Autour de Cobija, Alc. d'Orbigny, dans son *Voyage dans l'Amérique méridionale*, signale un dépôt coquillier marin élevé de 12 à 15 mètres au-dessus de la mer, et dont toutes les espèces vivent sur la côte voisine. Plus haut est une couche argileuse, gris brun, avec des fragments anguleux des roches qui constituent les montagnes environnantes. Jusqu'à une élévation de 100 mètres, des porphyres syénitiques présentent dans leurs cavités des coquilles qui ont vécu en cet endroit comme vivent aujourd'hui leurs analogues à 100 mètres plus bas. Entre Arica et la vallée de Tacna, sur une longueur de quatorze lieues et une largeur d'une lieue, la plage est bordée de dunes s'élevant à plus de 100 mètres, et remplies d'ossements de Cétacés et de coquilles semblables à celles de la côte. Sous les sables mouvants, viennent les bancs de conglomérat, solidifiés par le sel marin qu'on y exploite.

En résumant avec M. Darwin ce que l'on sait de ces anciennes plages soulevées de l'Amérique méridionale, on voit que des bancs de coquilles, émergés depuis un temps plus ou moins long, continus sur des étendues assez considérables, existent du 45e 35′ jusqu'au 12e latitude sud, sur les côtes de l'océan Pacifique, ou sur une longueur de 2075 milles géographiques du S. au N. On sait qu'il en existe encore au delà dans les deux directions.

Sur toute cette ligne de côtes, on rencontre souvent, outre les restes organiques, beaucoup de traces d'érosions, de cavernes, d'anciennes plages, des dunes, des terrasses successives de gravier, toutes au-dessus du niveau actuel de la mer. La rapidité des pentes sur ce versant de la chaîne fait que les coquilles ne se sont encore trouvées qu'à deux ou trois lieues du littoral actuel, mais il existe au delà, jusqu'à 30 ou 40 milles dans l'intérieur des terres, des preuves évidentes du séjour des eaux marines.

D'après la seule considération des coquilles, on peut juger que le soulèvement a été à Chiloé de 106 mètres, à la Conception de 190, et peut-être de 304; à Valparaiso, de 395, et à Coquimbo, de 77. Plus au nord, on n'en a pas cité au-dessus de 90 mètres. A Lima, l'élévation n'a été que de 26 mètres.

Outre que les coquilles de ces dépôts sont les mêmes que celles qui vivent sur la côte, elles s'y trouvent presque toujours aussi dans les mêmes proportions. Alc. d'Orbigny, qui rapportait ces couches coquillières au commencement de l'époque actuelle, parce qu'il méconnaissait celle qui l'a séparée de l'époque tertiaire supérieure, a montré en outre que des deux côtés des Cordillères, cette faune présente les mêmes résultats que celle qui vit actuellement, c'est-à-dire que non-seulement toutes les espèces ont leurs identiques dans les mers voisines, mais encore que l'ensemble des faunes propres aux deux grands océans était alors absolument dans les mêmes conditions qu'aujourd'hui.

L'étude comparative de ces faits sur le littoral de l'océan Pacifique, comme sur divers autres points du globe, indique que le soulèvement des terres est généralement une action intermittente, mais on ne peut pas conclure ici, comme pour la Patagonie, que le soulèvement a été uniforme, et que les époques de dénudation ont été synchroniques sur une grande étendue des côtes. Dans la Patagonie, les périodes de repos et celles de dénudation ont été fort longues, tandis que sur la côte du grand Océan, les terrasses situées à diverses hauteurs, dans les vallées ne permettent pas la même conclusion. Peut-être cette différence tient à ce que, sur ce dernier côté, le voisinage des phénomènes volcaniques aura concouru à des accélérations locales et temporaires de soulèvement.

Si nous comparons actuellement l'étendue du sol soulevé d'alors la position des débris organiques des deux côtés du continent, on reconnaît que sur l'Atlantique, les coquilles ont été rencontrées par places, depuis l'est de la Terre de feu jusqu'à 1180 milles au nord, et, sur l'océan Pacifique, dans une étendue de 2075 milles. Des deux côtés elles se montrent à la même latitude, sur une longueur de 775 milles. Le sol de la Patagonie paraît avoir été soulevé en masse, mais peut-être n'en a-t-il pas été de même dans la région de la Plata.

On voit enfin que, dans l'Amérique du Sud, au moins dans les deux régions géographiques dont nous venons de parler, nous n'avons point rencontré les témoignages physiques ni les preuves zoologiques que ces divers phénomènes sont tous incontestablement quaternaires; mais la troisième région géographique qui nous reste à examiner nous fournira surabondamment la preuve de la seconde sorte.

A. D'ARCHIAC.

— La fin à un prochain numéro. —

PHYSIQUE APPLIQUÉE AUX ARTS.

COURS DE M. EDMOND BECQUEREL.

(Voy. les nos 5, 8, 12, 14, 18, 19, 20, 25, 28, 35, 36 et 41.)

XIII.

Effets chimiques de la lumière (suite).

De la phosphorescence.

On a parlé d'une façon générale, dans la leçon précédente, des différents phénomènes qui ont lieu sous l'influence des rayons de lumière. On a vu que, lorsqu'un faisceau de rayons tombe sur un corps, il se produit un effet lumineux, c'est-à-dire il s'accomplit un phénomène qui nous rend ce corps visible; en outre, on peut remarquer une élévation de température, puis un phénomène d'un genre particulier qu'on appelle phénomène de *phosphorescence*, et enfin des effets chimiques.

Probablement, comme on l'a dit, ces différents phénomènes proviennent des influences d'un seul et même agent. Sans doute, ils sont dus à des vibrations transmises des corps lumineux par eux-mêmes aux diverses autres substances. Quant à cette différence, suivant les rayons qui agissent, que l'on peut remarquer dans les effets qui se manifestent, elle semble tenir à la vitesse plus ou moins grande dont sont animées ces vibrations. Ainsi, lorsque ces vibrations n'ont pas une grande vitesse, c'est-à-dire correspondent aux rayons les moins réfrangibles, il y a sur leur trajet une élévation de température ; là où les rayons seront doués d'une vitesse de vibration plus considérable, il pourra se produire des combinaisons et des décompositions chimiques.

On va s'occuper actuellement du phénomène de phosphorescence. Lorsqu'un corps reçoit un faisceau de rayons d'une substance lumineuse, il conserve les vibrations qui lui ont été ainsi communiquées, ou, comme on dit habituellement, il reste lumineux après la disparition de la source de lumière pendant un certain temps. Cette durée est très-variable. Généralement elle est très-courte (quelquefois elle est moindre qu'un dix-millième de seconde). Il est d'autres corps où cette persistance de l'impression lumineuse subsiste même trente-six heures après que la source de lumière a cessé d'agir. Les substances où cette propriété est ainsi bien manifeste sont dites *phosphorescentes*. En réalité, comme nous allons le voir bientôt, tous les corps sont phosphorescents, mais à des degrés très-différents.

Cette étude de la phosphorescence des corps a été faite avec un très-grand soin par M. Becquerel. Le savant physicien fut d'abord conduit, pour faciliter ses recherches, à construire un instrument qui lui permît d'examiner la lumière transmise par un corps en vertu de son action propre, et non par les rayons lumineux qui tombent sur lui. Ce fut le *phosphoroscope*.

Cet appareil se compose essentiellement de deux roues fixées parallèlement sur un axe commun qui est horizontal. Ce sont deux disques entièrement pleins et opaques, à part quatre ouvertures que présente chacun d'eux. Celles-ci ne se correspondent pas. Là où il y a un vide d'un côté, en face il existe un plein sur l'autre roue. Les ouvertures sont placées de cette manière dyssymétrique afin que la lumière incidente ne puisse traverser l'ensemble des deux disques. Ce système équivaut donc à une roue complétement opaque qui intercepterait toujours le passage des rayons lumineux. Ainsi, un faisceau de lumière qui tombe sur une des faces de l'appareil, quelle que soit la position des disques, ne peut se manifester de l'autre côté. Il en est de même si le système est en mouvement. Il faudrait, pour que la lumière ne fût pas interceptée, que le rayon lumineux incident pût, après avoir traversé une ouverture du premier disque, arriver à un trou de la seconde roue. Or, pour que ceci arrivât, les disques devraient posséder une vitesse de rotation qu'il est impossible de réaliser ; ils devraient faire trois millions de tours par seconde.

Actuellement, supposons que l'on interpose une substance dans l'espace qui se trouve compris entre les deux disques, puis que l'on imprime à ces roues un mouvement de rotation, et il suffit pour cela, au moyen d'une petite manivelle, de faire tourner l'axe sur lequel elles sont placées d'une manière solidaire. Alors cette substance peut être vue par un observateur placé en face de l'appareil chaque fois qu'une ouverture du disque correspondant vient se placer entre la substance et l'œil de cet observateur. D'ailleurs, si de l'autre côté de l'instrument il existe une source lumineuse, la substance peut recevoir directement de la lumière lorsque le rayon lumineux, rencontrant un trou dans le disque qui est vis-à-vis de lui, communique directement avec l'objet sur lequel on expérimente.

Or, s'il y a persistance de l'impression lumineuse ; si les vibrations ainsi transmises ont une certaine durée, et si cette durée est suffisante pour que, avant qu'elles soient éteintes, une ouverture du disque placé du côté de l'observateur puisse passer entre lui et l'objet, celui-ci, dans ces circonstances, paraîtra lumineux en raison de la lumière qu'il aura conservée ou par phosphorescence. Pour que les choses se passent de la sorte, il faut que le temps qui s'écoule entre les passages d'une ouverture de chaque disque sur une même droite horizontale passant par l'œil de l'expérimentateur et l'objet ne soit pas inférieur à la durée de l'impression lumineuse sur cette substance. Une fois qu'on aura réalisé cette vitesse, on verra, à partir de cet instant, le corps lumineux d'une manière continue. En effet, à chaque passage des ouvertures, celui-ci reçoit les mêmes impressions, et cette somme d'actions successives, se transmettant très-rapidement à la rétine, fait l'effet d'une seule action continue.

Tel est le principe du phosphoroscope. Pour communiquer aux disques une vitesse de rotation très-considérable, on a adapté à l'axe un système de roues d'engrenage, et ainsi on arrive à faire jusqu'à quatre cents tours par minute. On peut de la sorte, avec cet appareil, constater la phosphorescence de corps qui ne le sont que pendant $\frac{1}{5000}$ de seconde. Cette durée de l'impression lumineuse se déduit de la vitesse qu'il faut imprimer à l'instrument pour que la substance apparaisse lumineuse.

On reconnaît ainsi que la pierre calcaire, ou carbonate de chaux, reste lumineuse après la disparition de la source de lumière pendant $\frac{1}{3}$ de seconde ; la lumière émise par ce corps est alors d'une teinte orangée, quelle que soit la nature de la lumière incidente. L'alumine donne une persistance qui n'est que de $\frac{1}{100}$ de seconde, et les sels d'urane sont phosphorescents seulement pendant $\frac{1}{1000}$ de seconde. Il y a certaines substances organiques, certains hydrogènes carbonés, par exemple, pour lesquels la durée de la persistance lumineuse ne dépasse pas $\frac{1}{5000}$ de seconde. Enfin, pour certains corps, cette durée est encore moindre, et dans ce cas, pour la constater, il faut employer d'autres phénomènes.

M. Becquerel répète dans l'amphithéâtre du Conservatoire quelques-unes de ces belles expériences. La lumière qu'il emploie est la lumière électrique. Il prend d'abord le carbonate de chaux. Placé sur le support du phosphoroscope, cette pierre donne toujours une lumière orangée, quels que soient les rayons qu'on lui envoie, qu'elle ne reçoive que des rayons rouges ou violets, etc. De même une corde de violon, tendue pour donner telle note de musique, rendra toujours cette note; de même le carbonate de chaux, organisé chimiquement pour donner la teinte orangée, la donnera toujours, quelles que soient les impressions reçues.

M. Becquerel prend ensuite de l'alumine. Ici, en tournant les disques avec la même vitesse que précédemment, rien n'apparaît. Il faut que le mouvement de rotation soit plus rapide, car l'alumine, comme nous l'avons dit tout à l'heure, conserve l'impression lumineuse seulement pendant $\frac{1}{100}$ de seconde. Le corps apparaît alors rouge feu, et la lumière incidente est cette même lumière qui fit paraître orangée la pierre calcaire. C'est que l'alumine est constituée, moléculairement, d'une façon différente du carbonate de chaux, et par conséquent doit présenter une émission de lumière qui n'est plus la même.

Un sel d'urane donne une couleur bleue dans les mêmes circonstances. Un grand nombre d'expériences de ce genre, dit M. Becquerel, ont été faites. Voici les conclusions principales que l'on peut en tirer :

Beaucoup de corps deviennent, au phosphoroscope, lumineux par leur action propre, et cette lumière, ainsi émise, ne correspond nullement à la lumière incidente. En outre, la durée de la persistance lumineuse est très-différente suivant les substances. En général, ce sont les matières solides qui présentent ce phénomène, principalement les minerais et les minéraux, et en première ligne ceux qui sont translucides. Les liquides sont phosphorescents, mais pendant un temps moindre qu'un dix-millième de seconde; les gaz le sont aussi généralement, mais à un degré encore plus faible que les liquides.

Parmi les solides remarquables par leur phosphorescence très-prolongée, on peut citer le spath d'Islande et le diamant. On sait que cette pierre précieuse, exposée quelques instants au jour, puis rentrée dans l'obscurité, projette une lueur assez vive pendant un temps considérable. Enfin les sulfures de calcium, de baryum et de strontium donnent une persistance lumineuse encore plus longue. Si, par exemple, on calcine les carbonates de ces métaux avec du soufre, et que la masse ainsi obtenue soit exposée à la lumière, puis rentrée dans une chambre obscure, elle sera encore lumineuse même trente-six heures après avoir subi l'action du jour.

Ainsi, les corps sont des *réservoirs de vibrations*, et celles-ci persistent pendant un temps plus ou moins long, suivant l'état physique de la substance. Enfin, il n'y a aucune correspondance entre la réfrangibilité des rayons incidents et la réfrangibilité des rayons émis.

J. de Lignières.

CHRONIQUE.

M. Chevreuil ouvrira, le mercredi 12 octobre, à neuf heures trois quarts du matin, dans l'amphithéâtre des Gobelins, son cours de *chimie appliquée à la teinture*, et le continuera les mercredis, jeudis et vendredis, à la même heure. Il fera, cette année, la première partie du cours, comprenant l'*exposition des connaissances chimiques applicables à la teinture*.

— Quelques mouvements viennent d'avoir lieu dans le personnel de la Faculté de médecine de Paris. M. Rostan, professeur de clinique interne à la Faculté de Paris, prend sa retraite, et devient professeur honoraire. M. Grisolle passe de la chaire de thérapeutique et de matière médicale, à la chaire de professeur titulaire de clinique interne; M. Trousseau quitte la chaire de clinique interne et prend la chaire de thérapeutique, qu'il a occupée déjà avec tant d'éclat autrefois; M. Piorry, professeur de clinique interne, service de la Charité, est nommé professeur de clinique interne, service de l'Hôtel-Dieu; M. Natalis Guillot, professeur titulaire de pathologie médicale à la Faculté, est nommé professeur de clinique interne, service de la Charité.

Le propriétaire-gérant : GERMER BAILLIÈRE.

PARIS. — IMPRIMERIE DE E. MARTINET, RUE MIGNON, 2.

PREMIÈRE ANNÉE. — N° 46. UN NUMÉRO : 30 CENTIMES. 15 OCTOBRE 1864.

REVUE
DES
COURS SCIENTIFIQUES
DE LA FRANCE ET DE L'ETRANGER

PHYSIQUE — CHIMIE — ZOOLOGIE — BOTANIQUE — ANATOMIE — PHYSIOLOGIE
GÉOLOGIE — PALÉONTOLOGIE — MÉDECINE

Paraît tous les Samedis.

	Six mois.	Un an.
Paris	8 fr.	15 fr.
Départements	10	18
Étranger	12	20

Prix de l'abonnement avec la Revue des Cours littéraires.

	Paris	Départ.	Étranger
Six mois	15 fr.	18 fr.	20 fr.
Un an	26	30	35

Rédacteur en chef
M. ODYSSE-BAROT

Les ouvrages dont deux exemplaires auront été envoyés au bureau du journal seront annoncés et analysés s'il y a lieu.

On s'abonne
A LA LIBRAIRIE GERMER BAILLIÈRE
17, rue de l'École de Médecine,
Et chez tous les libraires, par l'envoi d'un bon de poste, ou d'un mandat sur Paris.

L'abonnement part du 1er décembre ou du 1er juin de chaque année.

SOMMAIRE.

GÉOLOGIE.

DISCOURS DE SIR CHARLES LYELL.

(ASSOCIATION BRITANNIQUE POUR L'AVANCEMENT DES SCIENCES, 34e SESSION ANNUELLE. — CONGRÈS DE BATH.)

I.

Messieurs,

La belle et riche cité dans laquelle nous avons été invités à tenir, cette année, notre 34e meeting, offre aux amateurs des sciences physiques un intérêt tout à fait exceptionnel. Les géologues l'auraient choisie comme un point central d'observation, d'où, par de courtes excursions à l'est et à l'ouest, ils peuvent étudier ces roches qui constituent d'un côté les plus modernes, et de l'autre les plus anciens souvenirs du passé, tandis qu'à leurs pieds gisent des monuments de la période moyenne de l'histoire de la terre. Mais ce qui ajoute encore à l'importance géologique de Bath, ce sont ses eaux minérales et thermales, auxquelles elle doit son origine, son nom (1) et sa célébrité. Le volume considérable et la haute température de ces eaux les rendent non-seulement uniques dans notre île, mais peut-être sans rivales dans le reste de l'Europe, si nous tenons compte de la distance qui les sépare de la région volcanique la plus voisine. Le lieu où elles surgissent, ainsi que nous l'apprennent les recherches de l'historien et de l'archéologue, était encore solitaire et désert quand les Romains débarquèrent pour la première fois dans notre île : en quelques années il fut converti en une des cités principales de la province nouvellement conquise. Sur l'emplacement des sources chaudes était un vaste marécage d'où s'élevaient dans les airs des nuages de vapeurs blanches; c'est là que fut bâtie la première salle de bains, d'une architecture élégante, ornée de colonnes, de pilastres, de mosaïques. Tout auprès s'éleva un temple somptueux dédié à Minerve, dont on peut voir encore, dans le musée de la ville, quelques statues, quelques autels, avec leurs inscriptions. A ces édifices s'ajoutèrent des casernes, puis les habitations de nouveaux colons, et le tout fut plus tard entouré d'une muraille massive dont les solides fondations existent encore. Une masse de terre et de décombres de près de vingt pieds d'épaisseur sépare le niveau de la ville actuelle du niveau des anciennes *Aquæ solis* des Romains. En creusant à travers cette masse hétérogène, on a trouvé des monnaies et des cercueils de la période saxonne; et un peu plus bas, commençant à la profondeur de douze à quinze pieds, on a déterré des monnaies romaines de la période impériale. Plus bas encore, on voit parfois des pavements en mosaïque qui gardent toujours leurs brillantes couleurs, et dont l'un, ad-

(1) *Bath*, en anglais, veut dire *bain*.

mirablement conservé, nous permet encore de juger de la différence de niveau des anciens bains et des modernes. Sur les pentes et au sommet des pittoresques collines du voisinage ont été mises à jour de nombreuses villas romaines, et les trésors d'art qu'elles recélaient ont vu la lumière. Il n'est pas étonnant que, dans ce lieu favorisé, nous rencontrions tant de témoignages d'une antique grandeur, quand nous songeons à la durée de l'occupation du pays par les troupes impériales et par les riches colons d'un peuple civilisé.

Un de nos plus illustres confrères, M. Daubeny, a remarqué que presque toutes les sources thermales les plus célèbres de l'Europe, telles que celles d'Aix-la-Chapelle, de Baden-Baden, de Naples, de l'Auvergne et des Pyrénées, ont conservé leur température depuis le temps des Romains. Cette uniformité de température, maintenue dans quelques lieux depuis plus de deux mille ans, jointe à la constance du volume d'eau, qui ne varie jamais avec les saisons comme dans les sources ordinaires, jointe aussi à l'identité des matières minérales qui, de siècle en siècle, sont tenues en dissolution par ces eaux, est un fait frappant qui nous sollicite irrésistiblement de traiter cette question des profondes sources souterraines minérales et thermales. Combien de temps a persisté cette uniformité? Les sources sont-elles réellement anciennes relativement à l'histoire de la terre; ou bien, comme le cours des rivières actuelles ou la forme présente des montagnes et des vallées, sont-elles seulement d'une haute antiquité en comparaison de la brièveté des annales humaines? N'en serait-il pas de ces sources comme du Vésuve et de l'Etna, qui, bien qu'ils aient, depuis deux mille ans, vu couler sur leurs flancs plus d'un torrent de lave et plus d'une pluie de cendres, étaient déjà des montagnes de la même hauteur, des mêmes dimensions, dès les premiers temps auxquels nous puissions constater leur existence? En effet, quoique leurs fondations soient vieilles de plusieurs dizaines de mille ans, elles furent posées à une époque où la Méditerranée était déjà habitée par les mêmes espèces de coquilles marines qui la peuplent encore aujourd'hui; de sorte que ces volcans doivent être considérés comme des événements d'hier dans le calendrier géologique. Malgré la persistance générale du caractère des eaux minérales et des sources chaudes, depuis qu'elles nous ont été connues pour la première fois, nous trouvons, par une enquête sérieuse, que quelques-unes d'entre elles, même dans les temps historiques, ont été sujettes à de grands changements, lesquels sont survenus pendant les tremblements de terre qui ont été assez violents pour bouleverser l'écoulement souterrain des eaux et altérer la forme des fissures par lesquelles les eaux s'élèvent. Ainsi, durant le grand tremblement de terre de Lisbonne, en 1755, la température de la *source de la Reine*, à Bagnères de Luchon, dans les Pyrénées, s'éleva soudainement de 75 degrés Fahrenheit. On rapporte aussi que les sources chaudes de Bagnères de Bigorre devinrent subitement froides durant un grand tremblement de terre qui, en 1660, renversa plusieurs maisons de cette ville. On a constaté que les sources chaudes des Pyrénées, des Alpes et de beaucoup d'autres régions, sont situées sur une même ligne sur laquelle les déchirements des roches se sont produits, et ordinairement là où elles ont été déplacées. Ce sont de semblables dislocations de la croûte solide de la terre qui font reconnaître l'emplacement des volcans éteints ou en activité, car la plupart d'entre eux affectent un arrangement linéaire; leur position paraît avoir été déterminée par de grandes lignes de fissures. On peut reconnaître une autre relation entre les volcans et les sources chaudes dans la grande abondance des sources minérales, là où se produisent encore de temps en temps des éruptions volcaniques. C'est aussi dans les mêmes régions que les eaux atteignent parfois à la température de l'eau bouillante. Mais, à mesure que l'on s'éloigne des grands centres de l'activité ignée, on voit les eaux thermales devenir plus rares et moins chaudes, tandis qu'en même temps on les voit se multiplier dans les pays où, comme en Auvergne ou dans l'Eifel, on trouve encore d'innombrables cônes et cratères, si parfaits dans leur forme, et des coulées de laves en si parfaite relation avec la profondeur et la forme des vallées existantes, qu'elles révèlent la date comparativement récente de l'extinction des feux intérieurs. S'il y a des exceptions à cette règle, c'est dans les lieux où se rencontrent des sources thermales, dans les parties des Alpes et des Pyrénées qui ont été violemment bouleversées par les modernes tremblements de terre. Pour pousser plus loin notre comparaison entre les sources minérales et les volcans, nous pouvons considérer l'eau de la source comme représentant ces vastes nuages de vapeur aqueuse qui se dégagent abondamment pendant des jours entiers, quelquefois pendant des semaines, des cratères en éruption. Mais on nous demandera peut-être si, quand nous opposons l'un à l'autre les deux agents en question, il n'y a pas un défaut marqué d'analogie sur un point, qui est celui-ci : les sources thermales n'ont pas la puissance de tirer des profondeurs de la terre des masses volumineuses de matière solide, correspondant aux monceaux de scories et aux coulées de laves que les volcans jettent à la surface du sol.

A cette objection, on peut répondre que la quantité de matière solide ou gazeuse que les sources font sortir des entrailles de la terre est beaucoup plus considérable qu'on ne l'imagine d'ordinaire. Les eaux de Bath sont loin d'être remarquables, entre les sources de l'Europe, par la quantité de matière minérale qu'elles contiennent, et pourtant le professeur Ramsay a calculé que si les sulfates de chaux et de soude, les chlorures de sodium et de magnésium, et les autres éléments minéraux qu'elles contiennent, étaient solidifiés, elles formeraient dans une année une colonne carrée de neuf pieds de diamètre et de cent quarante pieds de haut. Toute cette matière est maintenant transportée tranquillement par un courant d'eau limpide, d'une manière invisible jusqu'à l'Avon, et par l'Avon à la mer. Mais si, au lieu d'être ainsi détournée, elle se déposait autour de l'orifice de sortie, comme les couches siliceuses qui incrustent le bassin circulaire d'un *geyser* de l'Islande, nous verrions bientôt s'élever un cône considérable, avec un cratère au milieu; et si l'action de la source était intermittente, et qu'il s'écoulât dix ou vingt années entre les diverses périodes d'éruption, ou un intervalle de trois siècles, comme c'est le cas pour le Vésuve, — 1306-1631, — l'écoulement se produirait sur une assez vaste échelle pour ne fournir pas un trop insignifiant objet de comparaison avec les éruptions intermittentes d'un volcan. Le docteur Daubeny, après avoir passé un mois entier à l'analyse des eaux de Bath, en 1833, constatait que le dégagement quotidien d'azote ne montait pas à moins de deux cent cinquante pieds cubes. Ce gaz, faisait-il remarquer, n'est pas seulement caractéristique des sources chaudes, mais il se dégage abondamment aussi des cratères, pendant les éruptions. Dans ces deux cas, le savant professeur supposait que cet azote pouvait provenir de l'air atmosphérique, qui se trouve toujours en dissolution dans l'eau de pluie, et qui, lorsque cette eau traverse la croûte terrestre, est forcément entraîné à une grande profondeur, de manière à atteindre les régions chaudes. Là, il perd son oxygène, et l'azote, mis en liberté, remonte à la surface par la force expansive de la chaleur, de la vapeur, ou par l'influence de la pression atmosphérique. Cette théorie a été généralement adoptée comme la meilleure explication de ce développement considérable d'azote, même dans les lieux où les roches d'où surgissent les sources sont cristallines et dépourvues de fossiles. On devra naturellement admettre, toutefois, avec le professeur Bischoff, que dans quelques endroits la matière organique a fourni une large part de l'azote dégagé.

II.

Le gaz acide carbonique est une des autres substances contenues dans les eaux de Bath. Le docteur Bischoff, dans son remarquable ouvrage sur la géologie chimique et physique, quand il vient à parler des exhalations de ce gaz, remarque qu'elles ont un caractère universel, et qu'elles prennent naissance à de grandes profondeurs, devenant plus abondantes à mesure que nous pénétrons plus avant. Il fait observer aussi que lorsque les silicates qui entrent pour une si large part dans la composition des roches les plus anciennes sont filtrés par ce gaz, ils doivent continuellement se décomposer, et les carbonates formés par les nouvelles combinaisons qui se produisent alors augmentent nécessairement le volume des roches altérées. Cette augmentation de volume, dit-il, doit quelquefois donner naissance à une force mécanique d'expansion capable de soulever la croûte de la terre, et la même force peut agir latéralement, de manière à comprimer, à disloquer, à incliner les couches de chaque côté d'une masse dans laquelle se sont développés les nouveaux changements chimiques. Les calculs faits par l'éminent chimiste allemand sur la somme de distension que l'origine des nouveaux produits minéraux peut causer en ajoutant au volume des roches, méritent l'attention des géologues, et viennent les aider puissamment à expliquer ces oscillations réitérées de niveau, ces élévations et ces abaissements du sol, qui se sont fait sentir sur une si vaste échelle aux différentes époques du passé.

Il y a probablement bien des causes à ces soulèvements, à ces affaissements, à ces mouvements latéraux, et une nouvelle hypothèse sur ce point est toujours la bienvenue; mais je crois que l'expansion et la contraction des roches solides, selon qu'elles passent du froid au chaud, et la fusion, puis la solidification des masses minérales, continueront, comme par le passé, à occuper le premier rang parmi les causes principales de ces mouvements.

La température des eaux de Bath varie, dans les différentes sources, de 117 à 120 degrés Fahrenheit. C'est là une élévation extraordinaire, eu égard, comme nous l'avons déjà dit, à la grande distance qui sépare Bath des régions les plus proches des volcans actifs ou éteints et des violents tremblements de terre.

Les sources thermales d'Aix-la-Chapelle ont une bien plus haute température — 135 degrés Fahr. —, mais elles sont situées à moins de 40 milles des cônes volcaniques et des coulées de lave de l'Eifel, qui, quoiqu'ayant perdu leur activité bien avant les temps historiques, appartiennent néanmoins à la période géologique la plus récente. Bath est éloigné d'environ 400 milles (642 kilomètres) de la même partie de l'Allemagne, et de 440 milles de l'Auvergne, autre région volcanique dont les plus récentes éruptions ont été géologiquement contemporaines de celles de l'Eifel. Nous pouvons supposer qu'à l'époque où la France et l'Allemagne étaient le théâtre de convulsions fréquentes, l'Angleterre était plus fréquemment secouée qu'aujourd'hui, et des chocs comme celui d'octobre 1863, qui a produit une si vive sensation dans la partie méridionale de l'île, et dont le maximum de violence s'est produit dans le Herefordshire, ne sont que de faibles réminiscences de l'antique force qui s'est graduellement éteinte. Si vous consultez la carte géologique des environs de cette cité, vous y apercevrez de nombreuses lignes indiquant des déplacements de roches ou des solutions de continuité, et l'un de ces mouvements n'a pas changé les couches, verticalement, de moins de deux cents pieds. Je ne doute pas que les sources de Bath, comme la plupart des eaux thermales, ne marquent l'emplacement de quelque grande convulsion qui aurait fracturé la croûte terrestre à une époque reculée, mais peut-être peu éloignée, géologiquement parlant. La partie supérieure de la fissure par laquelle sortent les eaux thermales est située dans les couches horizontales du *lias* et du *trias*, épaisses de trois cents pieds, et elle doit être plus moderne que la partie inférieure qui traverse les couches inclinées et brisées de la formation houillère sous-jacente, qui est incompatible avec le trias. La nature et la succession de ces roches furent découvertes pour la première fois, en 1817, par William Smith, qui creusait un puits dans le voisinage. Le choc qui a ouvert une communication à travers les roches supérieures doit avoir été de date bien plus récente que celui qui a fracturé les couches plus vieilles ; mais il y a dans la croûte terrestre une tendance à céder plus vite le long des lignes d'une ancienne fracture, qui constitue les points les moins résistants à la force qui agit de l'intérieur. Si nous adoptons la théorie déjà indiquée, que l'azote provient de la désoxydation de l'air atmosphérique entraîné par l'eau de pluie, nous pouvons imaginer que cette eau est fournie par quelque région montagneuse, peut-être très-éloignée, et qu'elle descend à travers des fentes ou des roches poreuses, jusqu'à ce qu'elle rencontre quelque masse de matière chaude qui la convertit en vapeur, et lui permet de s'échapper par une fissure.

Dans son cours, l'eau peut, par la décomposition des éléments gypseux, salins, calcaires, des roches qu'elle traverse, se charger de sulfate de chaux, de chlorure de calcium et d'autres substances. La plus grande partie de ces éléments sont communs à l'eau de mer et pourraient suggérer l'idée d'une origine marine ; mais l'analyse des sources de Bath montre que la proportion relative de leur matière solide est loin de concorder avec celle de la mer, le chlorure de magnésium se trouvant absolument en excès — $0^{gr},91$ par *gallon* ($4^{litres},543$) pour $0^{gr},78$ de sel commun ; tandis que dans l'eau de mer, il y a $1^{gr},75$ de sel ou chlorure de sodium pour $0^{gr},26$ de chlorure de magnésium. Que quelques sources minérales cependant puissent trouver un approvisionnement inépuisable, à travers des fissures et des roches poreuses, dans le lit envahissant de la mer, c'est là une théorie qui n'a rien de déraisonnable, surtout si nous considérons que la contiguïté à la mer de presque tous les volcans actifs s'accorde très-bien avec l'introduction de l'eau salée dans les foyers souterrains de la chaleur volcanique. Le professeur Roscoe, de Manchester, a été récemment prié de faire une analyse minutieuse des eaux de Bath, et il y a découvert trois métaux que l'on n'y avait pas connus jusqu'alors : le cuivre, le strontium et le lithium; mais il y a cherché vainement du cæsium et du rubidium, ces nouveaux métaux, dont l'existence nous a été révélée dans ces dernières années par ce que l'on appelle l'analyse spectrale (1). Le professeur Bunsen, d'Heidelberg, appliqua, en 1860, ce nouveau moyen d'investigation aux eaux thermales de Baden-Baden et de Dürckheim, dans le Palatinat. Il observait, dans le spectre, quelques lignes colorées dont il ne pouvait se rendre compte, et il se détermina à ne pas s'arrêter qu'il n'en eût trouvé la cause. Ce n'était point une tâche facile, car il fut nécessaire d'évaporer 50 tonneaux d'eau, pour obtenir 200 grains de ce qu'il prouva être deux nouveaux métaux. Pris ensemble, leur proportion, par rapport à l'eau, n'était que d'*un* à *trois millions*. Il nomma le premier *cæsium*, à cause des raies bleues-grisâtres qu'il présentait dans le spectre ; et le second *rubidium*, à cause de ses raies rouges. Depuis la réussite de ces expériences, le *thallium*, ainsi appelé de sa raie verte, a été découvert en 1861 par M. Crookes ; et un quatrième métal, nommé *indium*, de sa bande d'un bleu indigo, a été révélé par le professeur Richter, de Freyberg, en Saxe, dans un minerai de zinc du Hartz. Il est impossible de ne pas supposer que la merveilleuse efficacité de quelques sources minérales, froides ou thermales, pour guérir les maladies, avec lesquelles les eaux minérales artificielles n'ont jamais pu rivaliser, est due sans doute à la présence d'un ou de plusieurs corps élémentaires encore inconnus ; et quelques-uns des éléments récemment découverts, si l'on s'en procure une quantité suffisante, peuvent fournir à la médecine des moyens de combattre certaines maladies, rebelles jusqu'ici à toute la science humaine.

Tandis que je poursuivais mes études sur les eaux de Bath, j'appris par hasard qu'une source chaude avait été découverte, à une grande profondeur, dans une mine de cuivre, près de Redruth, en Cornouailles, de la même température à peu près que celles de Bath, et dont, chose étrange, on n'avait jamais parlé jusqu'alors. Il paraît qu'en l'année 1839, une galerie creusée dans un vieux puits coupa une riche mine de cuivre, à une profondeur de 1350 pieds (le pied anglais équivaut à $0^{m},30479$). Ce filon, ou cette fissure métallique, se présentait dans ce qu'on avait appelé d'abord les *united mines*, et, plus tard, les *Clifford amalgamated mines*. De ce filon on vit jaillir tout à coup une puissante source chaude, qui depuis n'a jamais cessé de couler avec la même force. A ma prière, M. Horton Davey, de Redruth, eut la bonté d'envoyer à Londres de nombreux gallons de cette eau, pour être analysée par le professeur William Allen Miller, F. R. S. (membre de la Société Royale de Londres), qui trouva que la quantité de matière solide qu'elle contenait était quatre fois plus considérable que celle contenue dans les eaux de Bath. Sa composition est aussi très-différente à plusieurs égards; elle ne contient que très-peu de sulfate de chaux, et elle est presque entièrement dépourvue de sels de magnésium. Elle est riche en chlorures de calcium et de sodium, et l'on y trouve un des nouveaux métaux, le cæsium, qui ne s'était jamais rencontré jusqu'alors dans les eaux minérales de l'Angleterre. Mais ce qui la distingue tout particulièrement, c'est l'extraordinaire abondance de lithium, métal dont le professeur Roscoe n'avait trouvé qu'une faible trace dans les eaux de Bath ; tandis que dans la source de Cornouailles, ce métal n'entre pas pour moins

(1) Voyez, à ce sujet, dans le dernier numéro (45) de la *Revue des cours scientifiques*, la remarquable leçon de M. de Luca, professeur à l'université de Naples.)

d'un vingt-sixième dans l'ensemble des matières solides qu'elle contient, et qui, comme nous l'avons dit déjà, sont très-volumineuses. Quand le professeur Miller soumit à l'analyse spectrale quelques-unes de ces matières, il put voir la belle raie brillante cramoisie que le lithium produit dans le spectre. Le lithium fut révélé, pour la première fois, en 1817, par Arfvedsen, qui réussit à l'extraire de la pétalite, et on le crut excessivement rare, jusqu'au jour où Bunsen et Kirchhoff, en 1860, montrèrent, au moyen de l'analyse spectrale, que c'est une des substances les plus répandues, existant en de minimes quantités dans presque toutes les eaux minérales et dans la mer, aussi bien que dans le lait, dans le sang humain et dans les cendres de quelques plantes. On s'en est déjà servi en médecine, et nous pouvons, par conséquent, espérer que, maintenant qu'on est parvenu à l'obtenir en grandes quantités et à bien meilleur marché qu'à l'époque où la source minérale de Redruth fut analysée, il deviendra d'une importance excessive. Selon une estimation approximative qui m'a été envoyée, la source des *Clifford amalgamated mines* ne donne pas moins de 200 gallons par minute (le gallon, comme je l'ai dit déjà, équivaut à 4^{litres},543), ce qui est presque égal à la quantité fournie par la source principale de cette ville (King's bath). Quant aux gaz qui se dégagent, ils sont les mêmes que ceux de Bath ; ce sont notamment l'acide carbonique, l'oxygène et l'azote. M. Warington Smyth, qui avait déjà visité le filon de Wheal-Clifford en 1855, l'examina de nouveau en juillet dernier, principalement en vue de répondre à plusieurs questions que je lui avais posées; et en dépit d'une chaleur étouffante, il constata la structure géologique du filon et la température exacte de l'eau. Il trouva que celle-ci était de 122 degrés Fahrenheit à la profondeur de 1350 pieds; mais il est presque convaincu que le thermomètre monterait encore de 2 ou 3 degrés à une distance de deux cents pieds vers l'est, où l'on sait que l'eau jaillit plus librement.

Le filon de Wheal-Clifford est une fissure variant en largeur de six à douze pieds, entre une paroi de granite porphyrique et une autre de schiste argileux. Le long de la ligne de la fissure, qui court de l'est vers l'ouest, il y a eu une légère déviation des roches. La veine est formée principalement de pyrites cellulaires de cuivre et de fer, dont la nature poreuse permet à l'eau chaude de passer librement à travers. Il paraît cependant que dans le prolongement de bas en haut de la même fissure, il n'a été déposé que peu ou point de minerai métallifère; mais, en revanche, du quartz et d'autres substances imperméables, qui obstruaient le cours de l'eau chaude, de manière à l'empêcher de se répandre à la surface du pays. Ç'a été toujours une théorie favorite des mineurs, que la haute température de cette source de Cornouailles est due à l'oxydation des sulfures de cuivre et de fer, qui se décomposent au contact de l'air. Que cette oxydation ait pu y être pour quelque chose, c'est incontestable ; mais qu'elle puisse influencer matériellement la température d'une si large quantité d'eau, il ne saurait en être sérieusement question. Son effet doit être presque insensible ; car le professeur Miller a pu à peine trouver dans l'eau une faible trace d'acide sulfurique, et dans la solution une minime quantité de fer et de cuivre. Si nous comparons la température des sources de Bath, qui surgissent à une altitude de moins de 100 pieds, avec les sources de Wheal-Clifford trouvées à une profondeur de 1350 pieds, nous pouvons naturellement constater l'augmentation de chaleur à mesure que l'on descend dans l'intérieur de la terre. La différence s'élèverait à environ 20 degrés Fahrenheit, si nous adoptons l'estimation déduite par M. Hopkins de toute une série d'observations faites dans le puits de Monkwearmouth, près de Durham, et dans le puits de Dukinfield, près de Manchester, ayant l'un et l'autre 2000 pieds de profondeur. On trouva que dans ces puits la température s'élevait à raison d'un degré Fahrenheit pour une augmentation de profondeur de 65 à 70 pieds. Mais si la source de Wheal-Clifford, au lieu d'être arrêtée dans son cours ascensionnel, avait continué à se faire jour librement à travers les matières poreuses jusqu'à la surface, elle n'aurait pas probablement perdu quelque chose comme 20 degrés Fahrenheit, puisque la chaleur renouvelée, venant d'en bas, aurait échauffé les parois de la fissure et la matière du filon, de manière à élever leur température au-dessus de celle qui appartient aux roches des niveaux correspondants sur chaque côté du filon. L'absence presque entière de magnésium élève une sérieuse objection à l'hypothèse qui ferait dériver de la mer les eaux de cette source ; ou si le sel et les autres produits marins qui s'y trouvent lui faisaient attribuer une pareille origine, nous serions dans la nécessité de supposer qu'il a été laissé en arrière, en combinaison avec quelques-uns des éléments des roches décomposées et altérées à travers lesquelles ont pu passer les eaux thermales.

III.

Les sources chaudes sont, pour la plupart, chargées d'alcalis et d'autres substances très-solubles, et c'est une règle qu'elles ne contiennent point de métaux précieux, ni or, ni argent, ni cuivre, ni étain, ni platine, ni plomb, — une légère trace de cuivre dans les eaux de Bath est un fait exceptionnel. Néanmoins il y a une forte présomption qu'il existe quelque connexité entre l'action des eaux thermales et les phénomènes qui ont rempli les fissures de minerais métalliques. Les éléments constitutifs de ces minerais peuvent, dans le premier cas, sortir de grandes profondeurs, dans un état de sublimation ou de solution dans une eau portée à une haute température, et peuvent ensuite précipiter sur les parois d'une fissure aussitôt que les vapeurs ascensionnelles ou les fluides commencent à s'emparer d'une partie de leur calorique. Presque toutes ces substances, à l'exception des métaux alcalins, la silice et certains gaz, peuvent être ainsi abandonnées en route longtemps avant que la source arrive à la surface de la terre. Si cette théorie est adoptée, il s'ensuivra que la portion métallifère d'une fissure placée originairement à une profondeur de plusieurs milliers de pieds ne deviendra jamais accessible au mineur avant qu'elle n'ait été soulevée par une longue série de convulsions, et que les parties supérieures de la même déchirure, avec leur contenu et les roches qu'elles traversent, n'aient été déplacées par une dénudation aqueuse.

Bien des siècles avant que ces changements ne soient accomplis, les sources thermales et minérales auront cessé de couler, de sorte que le manque d'identité entre les éléments minéraux des sources chaudes et les matières des veines métallifères, au lieu d'être un argument contre la parenté qu'on leur attribue, prouve que les uns et les autres sont les résultats complémentaires d'une seule et même opération naturelle. Mais il est dans la structure de la croûte terrestre d'autres caractères plus mystérieux dans leur nature que le phénomène des veines métallifères, et sur lesquels l'étude des sources thermales a jeté une vive lumière. Je veux parler du métamorphisme des roches sédimentaires. Des couches de différentes époques, dont beaucoup ont été jadis pleines de débris organiques, sont devenues en partie ou en totalité cristallines. Il est admis par tout le monde que la chaleur a servi d'instrument pour produire ce nouvel arrangement des molécules, qui, lorsque le métamorphisme a été poussé à ses dernières limites, efface toute trace des fossiles que contenaient ces couches. Mais, comme des masses montagneuses longues et larges de plusieurs milles et hautes de plusieurs milliers de pieds n'ont subi aucune altération, il a toujours été difficile d'expliquer de quelle manière une quantité de chaleur capable de changer si entièrement la condition moléculaire des roches sédimentaires aurait pu entrer en action, sans annihiler entièrement tout signe de stratification aussi bien que de structure organique. Diverses expériences ont conduit à cette conclusion, que les minéraux qui entrent pour la plus large part dans la composition des roches métamorphiques n'ont pas été formés par la cristallisation succédant à un état de fusion, ou par la voie sèche, mais qu'elles l'ont été par des solutions liquides ou par la voie humide, qui exige un bien moins intense degré de chaleur.

IV.

Les sources thermales chargées d'acide carbonique et d'acide fluorhydrique sont des causes puissantes de décomposition et de réaction chimique dans les roches à travers lesquelles elles s'infiltrent. Si, par conséquent, de notables quantités d'eau chaude pénètrent des masses montagneuses à de grandes profondeurs, elles peuvent, dans le cours des siècles, leur donner une structure cristalline ; et dans quelques cas les couches les plus inférieures et les plus anciennes peuvent rester inaltérées, conservant intacts leurs débris fossiles, tandis que des roches plus récentes sont rendues métamorphiques. Cela peut arriver là où les eaux, après n'avoir rencontré, pendant des milliers de pieds, aucun obstacle à leur mouvement ascensionnel, se trouvent arrêtées, comme dans le cas de la source de Wheal-Clifford, par une obstruction quelconque, qui les fait s'infiltrer à travers les roches environnantes. L'efficacité d'une pareille action hydro-thermale a été admirablement illustrée dans ces dernières années par les expériences et les observations de MM. Senarmont, Daubrée, Delesse, Scheerer, Sorby, Sterry Hunt et d'autres géologues. Les changements que M. Daubrée a prouvé avoir été produits par les eaux alcalines de Plombières, dans les Vosges, sont plus spécialement instructifs. Ces eaux thermales ont une température de 160 degrés Fahrenheit, et elles furent amenées par les Romains jusqu'aux bains au moyen de longs conduits ou aqueducs. Les fondations de quelques-uns de leurs ouvrages consistaient en un lit de béton fait de chaux, de fragments de briques et de grès. L'eau chaude, pendant des siècles, s'est infiltrée à travers cette maçonnerie, et a produit diverses zéolithes, et aussi du spath calcaire, de l'aragonite, du spath fluor, ensemble avec des minéraux siliceux, tels que l'opale, tous trouvés dans les interstices des briques et du mortier, ou constituant une partie de leurs matériaux reconstitués. La quantité de chaleur mise en action dans ce cas, pendant deux mille ans, a sans aucun doute été énorme, quoique son intensité, développée dans n'importe quel moment, ait été toujours fort peu considérable.

L'étude des parties constituantes du granite a, dans ces dernières années, conduit en quelque sorte à cette conclusion, que leur solidification s'est effectuée à des températures de beaucoup inférieures à celles que l'on avait d'abord jugées indispensables. Gustave Rose a fait voir que le quartz granitique a la densité de 2,6, qui caractérise la silice quand elle précipite dans un liquide soluble, et non cette densité inférieure — 2,3 — qui lui appartient quand elle se refroidit et se solidifie par la voie sèche, après un état de fusion. Mais quelques géologues, quand ils connurent l'intervention sur une large échelle de l'eau dans la formation des minéraux constituants des roches granitiques et volcaniques, semblent avoir été, depuis quelques années, beaucoup trop disposés à se passer d'une grande intensité de chaleur dans l'explication de la formation des roches cristallines et non stratifiées. Comme l'eau, à l'état de combinaison solide, entre pour une large part dans les minéraux alumineux et dans quelques autres, et ne joue pas par conséquent un rôle secondaire dans la composition de l'écorce terrestre, il s'ensuit que, lorsque les roches sont en fusion, il doit y avoir de l'eau, indépendamment de celle qui est fournie par la pluie ou par les infiltrations marines, qui se fraye une route dans les régions de la chaleur souterraine. Mais l'existence de l'eau sous une haute pression n'apporte aucun argument contre notre théorie, qui attribue une température excessivement élevée à la masse avec laquelle elle se trouve mêlée. Encore moins le point auquel la matière en fusion doit être refroidie avant de se solidifier et de cristalliser en lave et en granite, ne peut-il apporter aucune preuve du degré de chaleur que la même matière doit avoir acquis quand elle était fondue de manière à former des lacs et des mers dans l'intérieur de la croûte terrestre. Nous apprenons, des expériences de Bunsen sur le grand Geyser, en Islande, qu'à une profondeur de soixante-quatorze pieds seulement, une colonne peut rester à l'état de repos au fond d'un tube, et posséder cependant une chaleur de 120 degrés centigrades ou 248 degrés Fahrenheit.

Quelle ne doit donc pas être la température d'une telle eau à une profondeur de quelques milliers de pieds? Sous une forte pression, elle atteindrait bientôt à la chaleur blanche; et quant à la lave, ceux qui l'ont vue sortir, comme je l'ai vue en 1858, des flancs sud-occidentaux du Vésuve, avec une surface blanche et brillante comme celle du soleil, et qui ont senti la chaleur étouffante qu'elle renvoie, se formeront une haute idée de l'intensité de température de cette même lave au fond d'une colonne verticale haute de plusieurs milles (le mille anglais équivaut à 1609 mètres), et communiquant avec un vaste réservoir de matière fondue qui, si elle commençait un jour à se refroidir, et qu'elle ne reçût jamais de chaleur nouvelle, mettrait à se solidifier une période géologique tout entière! Les sources chaudes sont peut-être au nombre des plus effectifs instruments de cette réfrigération lente, en enlevant lentement à la masse souterraine cette chaleur qu'absorbent d'une manière latente les nuages de vapeur qui se forment au-dessus d'un cratère volcanique durant une éruption, ou au-dessus d'une coulée de lave pendant sa solidification. Il y a plus de quarante ans, M. Scrope, dans son ouvrage sur les volcans, insistait déjà sur le rôle important que joue l'eau dans une éruption, quand elle s'unit intimement aux matières qui composent la lave, aidant, supposait-il, à donner de la mobilité aux matières les plus solides de la masse fluide. Mais en soutenant cette théorie *ignéo-aqueuse*, il ne songea jamais à combattre la doctrine huttonienne sur l'intensité de chaleur que suppose la production des roches nonstratifiées, et spécialement de celles de la classe plutonique. La nature exacte des changements chimiques que l'action hydro-thermale peut effectuer dans l'intérieur de la terre restera pour nous longtemps obscure, parce que les régions où ils ont lieu sont inaccessibles à l'homme. Mais la manière dont les volcans ont changé de position, à travers une série d'époques géologiques, s'éteignant dans une région et faisant éruption dans une autre, pourrait peut-être expliquer l'augmentation de chaleur qui se produit à mesure que nous descendons dans l'intérieur de la terre, sans qu'il nous soit nécessaire de faire appel à une chaleur centrale ou à la fluidité ignée du noyau de la terre.

J'ai fait entendre, au commencement de cette adresse, que les sources thermales de Bath ne devaient pas être, géologiquement parlant, d'une haute antiquité; non pas que je puisse établir cette opinion sur des preuves positives, mais je l'infère des changements considérables que cette région a subis depuis le temps où les mers britanniques, les rivières et les lacs, étaient habités par les espèces existantes de testacés. Il y a déjà plus d'un quart de siècle que sir Roderick Murchison parla pour la première fois du *détroit de Malvern*, bras de mer qu'il supposait avoir autrefois séparé les Galles de l'Angleterre. Que de semblables détroits marins se soient étendus réellement, à une période moderne, entre les embouchures de la Severn et de la Dee, c'est ce qui a été récemment démontré, d'une manière satisfaisante, par la découverte de coquilles marines d'espèces récentes dans le drift couvrant l'espace desséché qui sépare ces embouchures. A l'époque où vivaient ces coquilles, les montagnes du Cotswold, au pied desquelles cette cité est bâtie, formaient une des nombreuses îles d'un archipel, dans lequel l'Angleterre, l'Irlande et l'Écosse étaient alors divisées. La somme de mouvement vertical qui serait nécessaire pour rétablir un tel état de la surface de notre pays serait énorme. Nulle part au monde, d'après nos informations actuelles, on ne voit de traces d'un soulèvement, constaté par des coquilles marines, aussi frappant que dans les Galles. Pour la première fois, en 1831, M. Trimmer constata la présence de coquilles fossiles dans le drift stratifié, sur le sommet d'une colline appelée Moël Tryfaen, près du détroit de Menai, et non loin de la base du Snowdon. Je visitai ce lieu l'année dernière en compagnie d'un de mes amis, M. Symonds, et nous y recueillîmes beaucoup de testacés fossiles. M. Darbishire n'a pas obtenu du même drift moins de cinquante-quatre espèces fossiles, vivant toutes encore aujourd'hui, soit dans les mers septentrionales, soit dans les eaux britanniques, et parmi lesquelles onze espèces sont exclusivement arctiques. La faune entière de cette région atteste un climat plus froid que celui qui appartient de nos jours à ces latitudes, moins froid pourtant que le climat qui nous est révélé par la faune du drift glacial de quelques parties de l'Écosse. Les coquilles dont il s'agit se trouvaient à 1350 pieds au-dessus du niveau de la mer, et elles attestaient un soulèvement du lit de la mer. Une partie considérable de ce qu'on appelle l'époque glaciale s'était déjà écoulée avant que ces couches coquillières se fussent déposées sur la colline de Moël Tryfaen, ainsi que nous le pouvons inférer des surfaces polies et striées de rochers sur lesquelles repose le drift, et de la rencontre de blocs erratiques, lisses et rayés, au fond du même drift. L'évidence d'une période très-froide en Angleterre et dans le nord de l'Amérique, dans les temps dont il est question, est aujourd'hui si universellement reconnue par les géologues, que je la considère comme définitivement établie, et je rechercherai seulement quelles ont été les causes probables du refroidissement de l'Europe centrale à la période dont nous parlons.

Traduit de l'anglais par ODYSSE BAROT.

— La fin à un prochain numéro. —

PHYSIOLOGIE COMPARÉE.

COURS DE M. VULPIAN.

(MUSÉUM D'HISTOIRE NATURELLE.)

(Voy. les nos 32, 35, 37, 39, 40 et 44.)

X.

Indépendance des propriétés nerveuses. — Phénomènes de la dégénération dans les nerfs.

Comme nous l'avons vu, la propriété physiologique du nerf, c'est d'éprouver certaines modifications sous l'influence des excitants; mais est-ce bien la propriété du nerf? Pour qu'elle mérite ce nom, il faut qu'elle soit inhérente au nerf et indépendante des parties avec lesquelles le nerf est en rapport.

Sur cette proposition il y a deux hypothèses que nous allons examiner. D'après la première hypothèse, la propriété nerveuse serait inhérente au nerf. Et tout d'abord je vous avertis que j'adopte cette première théorie. Pour la commodité de la démonstration, pour employer des mots connus, j'appellerai la propriété, *motricité* ou *excitabilité sensitive*. D'après la seconde hypothèse, la motricité serait communiquée au nerf par d'autres parties? Cette théorie a cours encore dans quelques traités, voilà pourquoi je crois devoir l'examiner devant vous.

On dit que les nerfs moteurs empruntent au système nerveux central les forces dont ils sont animés; que les forces motrices sont des émanations des centres nerveux.

Rien qu'en raisonnant sur les mots, nous allons détruire l'hypothèse; les forces, en effet, ne peuvent pas s'emprunter. Mais ne nous en tenons pas à cet argument, que l'on pourrait qualifier de chicane de mots, descendons plus avant dans la question.

Interrogeons les faits. Que disent-ils? Nous avons ici un centre : la moelle; d'autre part, un organe qui va se contracter, le muscle, et entre les deux un nerf. Si nous sectionnons un nerf, si nous le séparons du centre, et que nous pincions le bout périphérique, nous obtenons une contraction musculaire.

Il semblerait que nous ne devrions pas voir se manifester de mouvement; car le nerf, ainsi séparé de son centre, devrait perdre la propriété qu'il lui empruntait. Même ceux qui veulent invoquer cette hypothèse, tous acceptent ce que les yeux constatent, ce qui est aussi clair que le jour. Ils ont recours à un autre artifice pour justifier leur théorie (et notez bien que tout ce que je vous dis ici de la motricité peut s'appliquer aussi bien à la sensibilité). Les partisans de la deuxième hypothèse disent alors que la force empruntée s'accumule comme dans un réservoir dans les parties périphériques. Lorsque l'on a interrompu la communication, cette force s'écoule comme un débit d'eau, pour continuer ma comparaison. Ce second argument est encore plus singulier que le premier; on se demande, en effet, comment une force (mot que la physique a emprunté à la métaphysique) peut ainsi s'accumuler dans une partie quelconque, pour être ensuite mise en jeu à un moment donné.

On va si loin dans cette voie d'hypothèses, que des arguments les plus étranges n'arrêtent pas des physiologistes dont la parole peut faire autorité. Ils savent que si l'on excite le bout périphérique d'un nerf, on épuise cette motricité, qu'ils disent empruntée au centre; qu'en laissant ensuite reposer le nerf, on peut retrouver encore des indices manifestes de sa propriété. Mais, pour se tirer de l'embarras très-grand où les plonge ce fait, ils admettent que par l'excitation on n'épuise pas toute la force contenue dans la phériphérie extrême, mais bien une quantité comprise en A, B. Puis celle qui se trouve encore renfermée en B, C, rebrousse chemin vers le point A, au fur et à mesure qu'on a épuisé celle qui s'y trouvait primitivement. Erreur manifeste! Qu'il me suffise de vous l'exposer, pour que vous en sentiez le peu de fondement.

Mais cette motricité ne tarde pas à disparaître complétement dans la partie périphérique du nerf; le réservoir se vide, pour emprunter une image au système que je viens de réfuter. Il est intéressant de se poser à ce sujet deux questions : 1° Combien de temps persiste-t-elle? 2° Par quel mécanisme disparaît-elle? Quelle est la marche que suit cette disparition?

Pendant longtemps on ne s'est pas livré à l'étude de ce phénomène. Müller (1839) rechercha combien de temps après la section du sciatique on trouve d'excitabilité, et vit avec Sticker que six semaines après cette section on n'en retrouvait plus de traces. Ce premier pas constitue assurément un grand progrès; cependant une pareille donnée est assez vague. En 1840, Günther et Schön comptèrent plus exactement le temps. Ils coupèrent un nerf, et, excitant après douze heures le bout périphérique, obtinrent encore du mouvement. Cependant la motricité était diminuée. Elle était encore plus diminuée après vingt-quatre heures, et encore plus après deux jours; enfin, le quatrième jour il n'y avait plus d'excitabilité motrice. Tandis qu'on arrivait en Allemagne à ces données, M. Longet, en France, constatait les mêmes résultats : il expérimenta sur un plus grand nombre d'animaux, et établit en loi, chez tous les mammifères, que les nerfs avaient perdu leur excitabilité quatre jours après leur séparation des centres nerveux.

M. Longet a de plus donné une formule pour le mécanisme d'après lequel on constate cette disparition. Il a dit qu'elle se faisait dans les nerfs moteurs du centre vers la périphérie : ce qui veut dire que si l'on excite le bout périphérique en un point X, peu éloigné de la section, on n'obtient plus de mouvements; tandis qu'en un point Y, se rapprochant de la périphérie, on en obtiendra. Cette formule est encore vraie pour la perte de l'excitabilité après la mort. Les extrémités périphériques semblent perdre en dernier lieu leur motricité.

Pour les nerfs sensitifs, on observe le phénomène inverse : les manifestations de la sensibilité s'éteignent de la périphérie vers le centre. Cette seconde loi paraîtrait un argument sans réplique pour établir une différence entre les nerfs moteurs et les nerfs sensibles. On a eu recours à elle, en effet; mais je tiens à vous prouver que cette différence n'existe pas, que cet argument n'est que spécieux et nullement valable pour cette démonstration.

Soit après la mort, soit par l'effet d'une section, le nerf perd de sa conductibilité. Si l'on excite le nerf moteur en A, à l'extrémité centrale du bout périphérique, l'excitation n'est pas transportée jusqu'au muscle, il faut alors diminuer la distance, se rapprocher du muscle et exciter en B, je suppose. Pour les nerfs sensitifs, après la mort, nous n'avons qu'à renverser le raisonnement, et les termes en seront les mêmes. En effet, à cause de cette altération, le nerf, moins conductible, ne laisse pas arriver au centre l'excitation sensitive produite sur la périphérie. Il faut, comme ci-dessus, se rapprocher du centre pour obtenir une manifestation de cette sensibilité. Mais il faut dire que, pour les nerfs sensitifs, il existe une autre cause bien plus exacte qui oblige à rapprocher l'excitant du centre nerveux, au fur et à mesure qu'on s'éloigne du moment de la mort : c'est que l'excitabilité de ce centre diminue très-rapidement, et ne peut plus être mise en jeu si l'excitant est appliqué à une trop grande distance. Voilà ce qui a induit en erreur, ce qui a fait dire que la sensibilité disparaissait de la périphérie vers le centre.

Nous arrivons à un fait important. Sous l'influence d'une section, avons-nous dit, les nerfs perdent leur motricité, et cependant, notez ceci avec soin, les muscles restent excitables. Müller, Sticker, Reid et Stannius l'avaient constaté. M. Longet s'est appesanti sur ce fait, et s'est appuyé sur lui pour prouver que l'irritabilité musculaire était complétement différente de l'excitabilité nerveuse.

Je vous ai montré, en effet, que l'on pouvait abolir complétement la motricité nerveuse sans compromettre l'irritabilité musculaire. Et, je vous le dis déjà, cette preuve aura une bien plus grande valeur lorsque je vous aurai parlé des altérations nerveuses. M. Longet a vu cette irritabilité conservée douze semaines après l'anéantissement de la motricité. MM. Martin Magron et Brown-Séquard l'ont vue persister deux ans. Enfin M. Cl. Bernard, vous le savez, empêche avec le curare toute action des nerfs moteurs sur les muscles, et cependant il n'altère en rien l'irritabilité.

De semblables arguments me semblent sans réplique, et je crois pouvoir passer à une autre question. Par quel mécanisme se produit la perte des propriétés dans les nerfs? Sans aucun doute, c'est par une altération. Nous allons nous occuper de savoir quelle est cette altération.

Au moment où la propriété a disparu, cette altération n'est pas encore bien manifeste, elle échappe à nos investigations. Ce n'est que le lendemain, c'est-à-dire cinq jours après la section du nerf, que l'on peut la voir au microscope.

Cette question avait attiré l'attention des physiologistes. Valentin, Hasse, lui avaient fait faire de grands progrès. Steinrück, Günther, Schön, s'en occupèrent; mais c'est à M. A. Waller que revient l'honneur de l'étude complète des altérations des éléments anatomiques des nerfs après leur section. Depuis M. Waller, on a ajouté quelques faits intéressants, mais c'est à lui que sont dus les plus importants travaux sur ce sujet.

Je vous rappelle que la fibre nerveuse primitive se compose de la gaîne de Schwann, d'une matière médullaire dans laquelle se trouve une quantité notable de graisse, et enfin du filament axile. C'est l'altération de ces organites que nous allons suivre pas à pas.

On voit très-manifestement, après quelques jours, que la matière médullaire se segmente. Des sortes de cloisonnements apparaissent dans cette partie, et ce n'est pas une coagulation, mais une véritable segmentation qui constitue la première altération. Après six semaines environ, cette segmentation est devenue plus complète et affecte une forme de globules d'aspect graisseux. Après un mois ou cinq semaines, les granulations de la matière médullaire diminuent de volume, et, après deux ou trois mois, on ne voit plus dans la partie médullaire de la fibre nerveuse que des granulations si fines, qu'elles ressemblent à une poussière qui remplirait la gaîne conjonctive. Enfin, ces granulations disparaissent.

Nous arrivons alors à l'altération ultime. La gaîne de Schwann revient sur elle-même, se plisse, si bien que lorsqu'on examine un certain nombre de fibres nerveuses primitives juxtaposées, on croirait voir sous le champ du microscope un faisceau de tissu cellulaire.

Il est une partie que nous n'avons pas trouvée dans cet examen des organites altérés, c'est le filament axile. C'est qu'en effet l'altération ne porte que sur la partie médullaire de la fibre nerveuse ; on retrouve toujours la gaîne de Schwann et le filament axile : je l'ai vu après six mois, d'une façon très-nette. Ce filament axile subit vraisemblablement des altérations, mais on ne peut pas les reconnaître.

La marche de cette altération peut être modifiée par diverses circonstances. Chez les jeunes animaux, l'altération ultime arrive après deux mois, tandis qu'il en faut six pour l'animal adulte. Le rang que l'individu occupe dans la classe animale a aussi de l'influence : chez les rongeurs elle est plus facile à étudier que chez le chien, par exemple. La saison aussi accélère ou retarde cette altération; on l'a observé surtout chez les marmottes: pendant leur sommeil hibernal, les phénomènes marchent avec une lenteur extrême. Enfin, ils sont plus rapides chez les animaux à température variable que chez les animaux à température constante. Ainsi, chez les batraciens, l'altération n'atteint sa dernière période qu'après un temps très-long.

Pour ce qui concerne les invertébrés, je puis vous dire que j'ai cherché à la produire sur des écrevisses. J'ai coupé les connectifs qui unissent les ganglions de la chaîne abdominale, et après un mois je n'ai observé qu'une augmentation de noyaux nerveux, sur les bords de la section : c'était là probablement le résultat de l'inflammation produite par l'opération.

Cette altération se manifeste jusque dans les divisions les plus extrêmes de la périphérie, et ce fait ajoute une grande force à l'argumentation de M. Longet. On lui a reproché de porter les excitations sur les dernières extrémités, qui auraient pu conserver leur motricité. Vous voyez que ce reproche tombe de lui-même. Il agit sur des organes qui ont complétement perdu leurs propriétés. Peu importe que l'expérimentation ne porte pas sur l'extrémité périphérique même, puisque la structure est détruite. On le voit, l'excitabilité motrice est totalement différente de l'irritabilité musculaire. La seule chose que l'on puisse dire, c'est que l'on obtient des effets plus énergiques en électrisant le muscle par le nerf qu'en l'électrisant directement.

Ainsi, voici un lapin chez lequel le nerf facial du côté droit a été coupé il y a un mois environ : vous voyez que l'électricité appliquée au travers de la peau, sur les muscles faciaux du côté de l'opération, ne produit pas d'effet apparent, tandis qu'il y a des contractions extrêmement fortes si l'on électrise les points homologues du côté opposé. Or, il ne faudrait pas croire que la contractilité fût perdue du côté où le nerf a été coupé: car si nous mettons les muscles à nu, nous y provoquons par l'électricité des contractions non douteuses. La différence entre les effets obtenus des deux côtés au travers de la peau tient principalement à l'intégrité du nerf du côté sain et à son altération complète du côté opposé.

M. Waller a tiré des faits que je viens de vous exposer des données très-importantes de physiologie générale. Lorsque, en effet, on fait la section d'un nerf, on isole le bout périphérique du centre, qui joue vis-à-vis de lui le rôle de centre de nutrition; et alors cette partie périphérique s'altère. Cette donnée a conduit M. Waller à rechercher si l'on observait le même phénomène lorsqu'on coupait les racines antérieures ou les racines postérieures. Or, il a vu ce fait très-intéressant, que lorsqu'on coupait la racine antérieure, c'était le bout périphérique qui s'altérait; tandis que lorsqu'on coupait la racine postérieure, au-dessus du ganglion spinal, la dégénération s'observait dans le bout central. Il faut en conclure que le centre trophique de la racine antérieure, c'est la moelle épinière, puisque dans ce cas le bout central conserve sa structure, et que le centre nutritif de la racine postérieure, c'est le ganglion spinal, qui joue le même rôle que la moelle par rapport à la racine antérieure.

Telle est la première donnée positive que nous ayons possédée sur la physiologie des ganglions spinaux, et depuis M. A. Waller on n'a rien ajouté à cette donnée. Inutile de vous dire que si l'on fait la section au-dessous des ganglions, ce sera le bout périphérique des fibres sensitives et des fibres motrices qui s'altérera.

Ces faits si remarquables ont conduit M. Waller à fonder une méthode extrêmement précieuse pour démêler les fibres nerveuses au delà des plexus. On devrait donner à cette méthode anatomique le nom de son inventeur, et l'appeler méthode *wallérienne*. Ce savant en a tiré des conséquences sur lesquelles nous reviendrons plus tard; mais je dois, par des exemples, vous montrer tout le secours que l'anatomie peut en tirer.

Le pneumogastrique, nerf de la dixième paire, essentiellement sensitif à son point de départ, reçoit des fibres motrices, et s'anastomose, par exemple, avec le spinal, à son passage par le trou déchiré postérieur. Voulez-vous savoir où se rendent ces filets? Arrachez le spinal; examinez le pneumogastrique après deux ou trois semaines: partout où vous trouverez des fibres altérées dans le pneumogastrique, vous pouvez affirmer que ce sont des fibres du spinal.

Voulez-vous savoir si la corde du tympan va à la langue? Arrachez le nerf facial, vous ne trouverez pas de fibres altérées dans les nerfs de la langue; et vous pouvez affirmer que la corde du tympan ne fait que s'accoler au lingual et s'arrête au ganglion sous-maxillaire. Cela est pour moi de la dernière évidence, et résulte d'expériences décisives que j'ai faites sur des chiens et des lapins. Voulez-vous savoir si le grand nerf pétreux superficiel est une émanation du facial ou du trijumeau (par le ganglion sphéno-palatin), ou bien une émanation des deux, opinion qui est celle de M. Longet? Faisons l'expérience suivante. Arrachons le facial et examinons le nerf pétreux; nous verrons qu'il y a, comme j'ai pu m'en assurer, un mélange de fibres nerveuses saines et altérées. Donc, d'après cette expérience, nous sommes autorisés à conclure que le grand nerf pétreux a les deux origines que lui accorde M. Longet. J'ai constaté le même fait relativement au petit nerf pétreux.

Je m'arrête pour vous montrer l'utilité de cette méthode. Bien plus sûrement que les dissections les plus attentives, qui du reste sont parfois très-difficiles, elle vous indique où se trouvent ces fibres que vous cherchez. Ce n'est pas au hasard, mais sous la conduite d'un guide éprouvé, que marchera l'anatomiste, en s'éclairant de ces principes physiologiques, qui sont dus à M. A. Waller.

E. Brémond.

HISTOIRE DE LA MÉDECINE.

COURS DE M. BOUCHUT.

(ÉCOLE PRATIQUE DE LA FACULTÉ DE MÉDECINE.)

(Voy. les nos 1, 2, 3, 5, 6, 8, 9, 13, 14, 16, 17, 18, 19 et 44).

Barthez et le vitalisme (fin).

§ II. — LES ATTRIBUTS DE LA VIE N'ÉTANT PAS EN RAPPORT AVEC LA STRUCTURE DES PARTIES, PUISQU'ON LES OBSERVE EN DEHORS DE TOUTE ORGANISATION, IL FAUT QUE CES ATTRIBUTS DÉPENDENT D'UN AGENT VITAL COMBINÉ AVEC LA MATIÈRE VIVANTE.

Quand on fait dépendre la vie de l'organisation et qu'on la considère comme un effet du mécanisme vivant, la structure de la substance implique rigoureusement sa fonction et ses attributs, et il y a entre ces deux termes un rapport évident de cause à effet. Mais si l'on considère la vie comme une cause dirigeant la matière organique vers telle ou telle forme d'organisation, la modalité de la vie peut bien varier avec la structure ; mais l'agent vital n'en reste pas moins la cause des métamorphoses successives de l'être, et il a des attributs distincts de la structure des organes. Ainsi, en dehors des fonctions dévolues à tel ou tel agencement des tissus et des organes, il y a dans toute matière vivante, quel que soit l'être auquel elle devra appartenir, des attributs vitaux qui n'appartiennent qu'à elle et qui dépendent de la vie. Si ces attributs sont ceux de la matière amorphe où réside l'agent vital, et s'ils existent en dehors de la structure organique, ce que nous allons établir, il est certain qu'il faut les rapporter à l'agent vital lui-même, dont ils sont la manifestation personnelle et directe.

Quels sont ces attributs? Je les ai déjà fait connaître ailleurs (voy. *De la vie et de ses attributs*) ; ce sont : l'*impressibilité*, l'*autocinésie* et la *promorphose*.

1° *Sentir* sans organes de sensibilité, *se mouvoir* sans organes de mouvement, *prendre une forme* particulière en vertu d'une action séminale variable, tels sont les attributs de cette substance qui se combine en se diluant dans la matière des germes pour créer un être temporaire comme cette puissance elle-même. Cette sensibilité, tout à fait inconsciente et inhérente à la matière organique, est celle de l'ovule fécondé qui commence son évolution et dont l'accroissement moléculaire se fait fatalement par suite d'une affinité vitale incontestable. C'est celle des globules du sang, des cellules qui viennent accroître les organes et remplacer celles qui se détruisent. C'est celle enfin de toutes les parties du corps dépourvues de cordons nerveux et qui ne sont pas moins susceptibles de ressentir les impressions extérieures, de s'enflammer, de se désorganiser et de guérir.

2° *Se mouvoir par soi-même*, sans muscles ni fibres contractiles apparentes, tel est le second attribut de la matière vivante que Thalès appelait l'*autocinésie*.

N'est-ce pas ce qu'on observe dans la segmentation de l'ovule fécondé, et dans la formation des premières cellules embryonnaires, dans le mouvement des granules qui s'associent pour former les noyaux et les parois cellulaires, dans tous les mouvements moléculaires constitutifs des tissus ou des organes, et cela indépendamment des muscles ou des fibres contractiles qui ne sont pas encore formés ? N'est-ce pas encore ce qu'apprend l'étude des animaux et des végétaux ? Chacun va pouvoir en juger.

L'embryon d'une annélide, la *grande Térébelle nébuleuse*, qui n'est qu'une masse homogène sans aucun muscle appréciable, se contracte cependant en tous sens, se ramasse en boule et prend toutes les formes.

Les *Amibes*, semblables à une goutte de vernis vivant sans forme déterminée, glissent en masse sur le porte-objet du microscope en présentant les figures les plus diverses et les plus irrégulières.

Certains *Rhizopodes*, couverts d'un test, forment un corps sans organisation définie, et cependant ils poussent à volonté, sur leur surface, des prolongements qui leur servent de moyen d'appui pour s'élever sur les parois polies d'un verre, et après ils font rentrer cet organe temporaire dans la masse commune où il se confond comme ferait un filament soulevé au-dessus d'un corps visqueux.

Il semble que la volonté d'agir ait le pouvoir de créer des organes pour l'action, fait qu'on observe aussi, d'après M. de Quatrefages, dans la *Gromie* et dans la *Milliole*.

Les cellules du *Chara vulgaris*, les granulations du *pollen*, les spores des *Algues d'eau douce ;* tous les spermatozoaires, les *globules rouges* et les *globules blancs* du sang, etc., malgré leur absence d'organes moteurs, offrent des mouvements corpusculaires et des mouvements d'ensemble extrêmement remarquables, dus à cette force motrice vitale, appelée *autocinésie*. Ici encore, c'est l'attribut, incarné dans la matière, qui la dirige pour créer les organes et leurs fonctions. C'est la vie indépendante, non de la matière, mais du mécanisme organisé (1).

3° Enfin *prendre une forme particulière* et tout conduire sciemment d'après une idée préconçue pour réaliser le type des espèces, des races et des variétés selon les différentes actions séminales, voilà le troisième attribut de la vie. Dès l'instant de l'imprégnation, la matière du germe qui va se mouvoir prendra une direction certaine et prévue ; elle construira un type conforme à sa race et

(1) Le noyau des psorospermes (parasites des poissons) est du volume d'un globule du sang. On le voit se dégager peu à peu à l'aide de mouvements de contraction lents des valves qui le tenaient emprisonné, et se mouvoir à la manière des amibes à travers les organes et les tissus avant de reproduire de nouvelles générations de psorospermes.

On trouve ces parasites dans tous les organes des poissons, où ils forment des amas plus ou moins volumineux. Ils n'existent pas dans les muscles du tronc et des centres nerveux. Leur siége de prédilection est la rate et les reins. Ils suivent dans leur développement le trajet des ramifications artérielles logées dans des follicules formés aux dépens de la gaîne celluleuse des artères. (Balbiani, *Comptes rendus*, t. LVII, p. 157, juillet 1863.)

à son espèce, et loin d'être asservie à une organisation qui n'existe point, c'est elle qui imposera à l'organisation commençante la marche à suivre, les métamorphoses à réaliser, la forme à revêtir et jusqu'à une certaine durée d'existence. Cette force de la forme façonne les tissus et les organes selon son essence, elle ne reçoit rien d'eux, et leur donne tout. C'est la vie supérieure à l'organisation, antérieure à ses actes, et distincte du mécanisme d'où l'on voudrait la faire sortir. Qui façonne les tissus? qui forme les organes? qui embellit leur enveloppe? qui maintient le type des êtres à travers la rénovation de leur substance produite par le mouvement d'échange accompli dans l'acte de nutrition moléculaire? qui dirige l'*affinité vitale* et met chaque molécule à sa place: l'atome musculaire au muscle; l'atome osseux dans l'os; l'atome nerveux dans le cerveau, etc.? qui conserve l'individu dans la courte durée, prévue, de son existence fugitive? sinon la *force de la forme*, luttant contre les propriétés de la matière entraînée vers d'autres combinaisons. Toutes les observations attestent l'existence de cette *promorphose*, c'est-à-dire de la force plastique, *nisus formativus* de Blumenbach, force *morpho-plastique* de Flourens; donc l'action précède au lieu de suivre l'apparition des organes de la vie, et par conséquent démontre la puissance d'un agent vital distinct de l'organisation.

§ III. — La vie étant la conséquence d'un agent vital formant l'organisation pour fonctionner selon le type de l'espèce, quelle est la nature de cet agent, et peut-on le considérer comme un ferment séminal?

Si toutes les observations et toutes les expériences démontrent l'existence d'un *agent vital* doué d'attributs particuliers, distincts des propriétés inhérentes aux organes vivants, agent dont l'action précède et entretient le mécanisme organique qu'il forme de lui-même, par degré, en s'y associant pour un temps variable, il est impossible de soutenir que la vie soit un résultat de l'organisation. On doit au contraire dire : *La vie est une cause qui crée, conserve et prolonge l'organisation.* Maintenant quelle est la nature de cette force qui entretient et qui perpétue les espèces. par des lois invariables? Est-ce *Dieu* lui-même, partout présent et partout actif dans la nature, dont l'intervention directe conduirait par une force invisible ce bouillonnement de la vie sur la mort? Est-ce la *nature*, en donnant à ce mot le sens que lui donnait Buffon, c'est-à-dire « *l'ensemble des lois voulues par le Créateur pour l'existence des choses et pour la succession des êtres?* » Est-ce le *pneuma*, comme le pensait Athénée, c'est-à-dire une sorte d'air ou d'éther parcourant les vaisseaux du corps vivant? Est-ce une force occulte, dite *archée*, ayant pour siége principal l'estomac et se divisant entre les principaux organes? Est-ce l'*âme raisonnable?* Est-ce enfin le *principe vital*, seconde puissance immatérielle de l'homme, n'ayant rien de mécanique, aussi abstraite que l'âme raisonnable, mais destinée aux actions vitales, volontaires et involontaires, tandis qu'à celle-ci serait réservé le domaine des choses de l'intelligence, de la volonté, de la conscience, de la morale et de la religiosité? Nous venons de dire, dans notre critique de Barthez, ce qu'il fallait penser de toutes ces opinions, et en ce qui touche le principe vital admis par ce dernier auteur comme une seconde âme dont les attributs n'étaient pas déterminés, nous avons démontré ce qu'il y avait d'inadmissible dans cette hypothèse. Ce n'est plus le moment d'y revenir. Laissant aussi de côté la discussion des autres opinions sur l'intervention directe de Dieu, ou sur le rôle de la nature, de l'archée, de l'âme, dans les phénomènes vitaux, puisque nous nous sommes déjà expliqué à cet égard, nous ne dirons plus qu'un mot sur la nature de l'agent vital, instrument de l'âme, dont nous avons prouvé l'existence et démontré les attributs.

Quel est donc cet agent? Nous avons déjà dit qu'il était matériel comme le corps, et, au service de l'âme, à titre d'agent intermédiaire entre ce principe immatériel et l'organisation. A ses actes, il sera facile d'en reconnaître la nature. L'observation et l'expérience démontrent qu'il est facile à recueillir, qu'il est *transmissible avec* ou *sans mélange* de principes étrangers, qu'il se mêle dans un *état de divisibilité infinie* au germe et à la matière des êtres, de façon à rendre possible la segmentation de la vie, enfin qu'il peut être de qualité variable, produire des êtres débiles, maladifs et chargés de ces *maladies innées*, à échéances variables, connues sous le nom de *maladies héréditaires*. A ces caractères tout le monde doit reconnaître l'influence séminale. C'est qu'en effet l'action séminale sur l'ovule et sur la femelle est le principe de tous les phénomènes organiques ultérieurs, de la forme des êtres dans leur type spécifique et dans les modifications qu'il peut subir, des métamorphoses de l'individu, de la disposition de ses organes, du jeu régulier de ses fonctions, de la plupart de ses maladies, de sa longévité, etc. Il y a une dilution complète de la semence dans toutes les parties de l'ovule, et la moindre portion en est imprégnée au point que tout ce qui en dérive ou qui en sortira plus tard représentera les qualités ou les altérations de cette semence dont elle conserve pour la vie une quantité infinitésimale.

En laissant donc de côté la question de l'âme raisonnable et des rapports de ce principe immatériel avec le corps, pour ne nous occuper que des phénomènes physiques de la vie chez l'homme, nous voyons qu'un agent spécial et distinct s'incorpore au germe humain pour en diriger la substance, et, pour faire un mécanisme avec de bons ou mauvais organes, doués de propriétés particulières, susceptibles de réagir sur l'ensemble. Cet agent est la force extrinsèque du germe. A lui de donner l'impulsion vitale, et si cette impulsion est mauvaise, cancéreuse, lymphatique, nerveuse, syphilitique, scrofuleuse, herpétique, dartreuse, épileptique, vésaniaque, etc., le nouvel être sera la reproduction plus ou moins mitigée du principe qui l'aura lancé dans le monde pour n'y passer qu'un instant, et qui l'y fait vivre valétudinaire, en reproduisant les vices de sa fatale origine. Si je veux blanchir un nègre ou noircir un blanc, je n'ai pas besoin de recourir à l'intervention de l'âme raisonnable, ni d'un principe vital abstrait que je ne connais pas. Il me suffira d'allier la race nègre à la race blanche, ou seulement de constater ce que fait naturellement l'ardeur sensuelle dans les pays où les blancs font de leurs nègres esclaves des instruments de débauche en attendant l'heure d'en faire des instruments de fortune.

Le blanc et le nègre font un 1/2 blanc 1/2 noir.

Le blanc et le mulâtre font un terceron, 3/4 blanc, 1/4 noir.

Le blanc et le terceron font un quarteron, 7/8es blanc, 1/8e noir.

Le blanc et le quarteron font un quinteron, 15/16es blanc, 1/16e noir.

L'action séminale s'est donc chargé de résoudre le problème que j'indiquais; elle a réussi à faire disparaître le noir par la quantité de blanc qu'elle a incorporé à la substance de l'ovule dans la génération. Ce qu'on voit chez l'homme se reproduit à volonté chez certains animaux pour les caractères extérieurs ou intérieurs du corps. Si je veux rougir la chair d'une truite, je n'ai qu'à féconder artificiellement ses œufs avec le frai du saumon, et j'aurai, entre tête et queue, une truite rose complétement saumonée. C'est absolument comme pour la pâte de froment dans laquelle je mets plus ou moins de levûre si je veux faire du pain plus ou moins léger; tout dépend de la quantité de levûre, et le plus petit fragment de ce pain sera de la même nature que le pain dans son entier.

Les phénomènes sont analogues, et cela fait comprendre ce qui se passe dans la formation des diathèses et des races qu'on modifie à peu près comme on le veut.

Ainsi entre le chacal et le chien plusieurs fois accouplés, après avoir vu le produit être moitié chien, moitié chacal, on fait à volonté disparaître les caractères du chacal ou du chien dans les produits ultérieurs.

Il semble donc que l'agent vital puisse s'incorporer intimement, et par dissolution complète, dans la matière femelle pour lui donner le mouvement vital et réaliser l'être mixte où paraissent en mélange variable les qualités physiques ou morales des parents.

On pourrait croire, par un examen superficiel, que l'agent vital sorti de la semence mâle est le seul maître de la génération à venir. L'observation attentive des phénomènes de la nature prouve qu'il n'en est rien. Bien que cet agent soit le moteur, son action est modifiée par la résistance de la matière à mouvoir, c'est-à-dire par les qualités propres des germes, relativement à la forme et aux diathèses de la souche femelle. C'est un alliage organique résultant de l'alliance des forces généalogiques, alliage dans lequel se retrouvent les qualités des êtres réunis. Ainsi les germes fécondés par le même individu à des époques différentes de la vie d'une femme, tantôt valide, tantôt maladive, produisent-ils des êtres différents. C'est ce qu'on voit encore sur la descendance (1) d'un homme bien portant qui a eu des enfants de plusieurs femmes.

Ainsi dans l'état morbide, l'exsudat non absorbé d'une inflammation reste-t-il à l'état de tissu fibro-plastique, ou devient-il tuberculeux, cancéreux, chondroïde, etc., selon la diathèse de ceux où s'accomplit le phénomène?

Dans un autre ordre d'idées, nous voyons quelque chose d'analogue se réaliser, car la même levûre fait du pain différent avec la pâte de blé, d'orge, de seigle, de gluten, etc., uniquement à cause des natures différentes de la pâte employée. Chaque substance a ses ferments, et, par leur composition différente autant que par la variété de ces ferments, elles donnent lieu à des produits de fermentation variables.

En résumé, si l'agent séminal met la matière des germes en mouvement, de façon à reproduire certaines qualités du type femelle, c'est que, d'après son origine, cette matière où réside le ferment maternel, modifie l'influence mâle et résiste plus ou moins à son action, de manière à faire, selon l'expression de Stahl, le *mixte* des êtres vivants.

Par l'agent vital se transmettent au nouvel être ou aux générations suivantes des caractères et des modifications physiques que nous allons indiquer et qui révèlent les lois selon lesquelles peut agir le ferment vital. Ce sont : 1° certaines altérations du sang, d'où résultent le purpura et l'hémorrhaphilie, la goutte et la pierre, les coliques hépatiques, le rhumatisme, la syphilis et le cancer, la scrofule, les tubercules, et enfin toutes les diathèses; 2° certains modes de développement, la haute ou la petite taille et la puberté tardive ou précoce; 3° la fécondité exagérée; 4° certaines idiosyncrasies; 5° la durée de la vie; 6° certaines monstruosités, telles que les doigts surnuméraires, et certains arrêts de développement, tels que la diminution du nombre des doigts, l'albinisme, l'hypospadias, le tablier des Hottentotes, la queue des Niams-Niams, les altérations des organes des sens, etc.; 7° certaines maladies nerveuses, telles que l'hystérie, l'épilepsie, la folie, etc.; 8° par cette même puissance, enfin, se font l'imprégnation de l'organisme maternel et la transmission à la mère de certaines dispositions du mari, qui se reproduisent, lorsque celle-ci, devenant veuve, se trouve mariée à un autre homme et lui donne des enfants. L'agent vital du premier père,

(1) Le dernier né d'une nombreuse famille est souvent plus délicat que les autres enfants, et quelquefois c'est le seul qui devienne phthisique, alors qu'il n'y a eu aucun germe de ce mal chez les parents.

Il semble que la mère, épuisée par de trop nombreuses grossesses, ne puisse plus, à la fin, former de germes d'aussi bonne qualité que les premiers.

Sur ce fait repose l'explication de la débilité des enfants conçus par des parents trop jeunes, trop vieux, ou de santé trop délicate.

resté en partie dans l'organisation de la mère, continue d'agir en elle et se mêle souvent à la descendance de ceux qui l'ont voulu remplacer.

Des enfants d'un second mariage ressemblent quelquefois au premier mari et peuvent en avoir les difformités, les vices ou les maladies. Pareil phénomène s'observe quelquefois en cas d'adultère, ce qui a fait dire : « *Filium ex adultera excusare matrem a culpa.* » Si l'on rapproche ces faits de ceux qu'on observe chez les animaux et qu'on peut reproduire à volonté, on verra que la loi est la même pour tous. Ainsi, une jument fécondée par un cheval, après l'avoir été précédemment par un *âne* ou par un *zèbre*, donne un produit orné des longues oreilles ou des rayures de son aïeul, et il est certain que l'agent séminal du dernier père n'a fait que mettre en mouvement l'influence de celui qui l'avait précédé et qui avait laissé son empreinte dans le corps de la mère. C'est là un phénomène physique plutôt qu'un fait moral, et la théorie d'un agent vital physique fécondant deux générations successives est bien plus facile à comprendre que ne serait le miracle de l'action morale exercée sur une jument passionnée par un zèbre vigoureux ou par un âne de grande maison.

L'agent vital, qui agit le plus ordinairement sur le germe présent ou actuel qu'il modifie plus ou moins, selon les circonstances, agit encore quelquefois sur les germes futurs de l'être qu'il vient d'animer plus directement. Ainsi s'explique l'*atavisme*, c'est-à-dire l'influence séminale de l'aïeul sur ses petits-enfants. Un dartreux ou un goutteux, un strabique, un aliéné, peuvent ne rien transmettre à leur descendance directe, mais ce sont quelques-uns des petits-enfants qui seront fous, strabiques, atteints de goutte ou de maladies cutanées. Il en est de même de la ressemblance, que j'ai vue sauter d'un grand-père à la petite-fille, ou de la couleur, car des enfants blancs peuvent naître de mulâtres ou de nègres ayant eu des blancs parmi leurs aïeux (1).

Ce qu'on observe rarement chez l'homme se rencontre d'une façon bien plus fréquente chez les insectes sous une autre forme. Ainsi, l'agent séminal du puceron mâle féconde dans le puceron femelle, et pour un an, neuf générations de quatre-vingt-dix pucerons femelles à la fois. A la première génération, il n'y a que des femelles toutes imprégnées de l'agent vital du mâle, et elles sont fécondées sans nouvel accouplement. Il en est de même à la seconde génération également composée de femelles fécondes, à la troisième, à la quatrième, etc. ; enfin à la neuvième, qui a lieu vers l'automne, tout change : il naît des mâles et des femelles. Celles-ci pondent des œufs que fécondent les mâles et qui résistent jusqu'au printemps. De ces œufs, comme l'a démontré Bonnet, naissent des pucerons femelles féconds qui recommencent dans leur année la même série des neuf générations rendues fécondes par un seul contact de l'agent vital.

Ce remarquable phénomène de l'action de l'agent vital sur des générations successives s'observe sur le papillon dit *Paquet de feuilles sèches*, qu'on peut séquestrer à sa naissance, et qui pondra des œufs tout fécondés, d'où sortiront des chenilles, des chrysalides et de semblables papillons (Bernouilli); sur le papillon dit *Phalène des sapins* (Pallas); chez les abeilles enfin, qui, par une seule fécondation, pondent des œufs fécondés pendant toute l'année qui suit l'accouplement.

Telles sont les *lois générales et particulières* de la vie, ou plutôt telles sont les propriétés de l'agent physique de la vie dont nous avons démontré l'influence.

Comme propriété générale, il donne à toute matière vivante les trois attributs d'*impressibilité*, d'*autocinésie* et de *promorphose*, tandis que comme propriétés spéciales, il donne aux individus la forme spécifique, la taille, la couleur, la longévité, les déformations et les monstruosités de son origine, les maladies innées, toutes les diathèses, etc.

A ces lois dont l'action permanente entretient la vie de l'homme, des animaux et des végétaux, il est impossible de ne pas reconnaître l'existence de l'*agent vital*, et quand on ne veut pas rester dans les hauteurs de l'abstraction, comme l'a fait Barthez dans ses *Éléments de la nature de l'homme*, pour y faire une métaphysique que ne justifie pas l'observation, quand on étudie la nature de l'homme sur lui-même, dans son développement et dans son organisation, on voit qu'il n'y a pas de place pour l'hypothèse, et que tout se déduit de l'expérience sagement raisonnée.

C'est dans la génération qu'il faut chercher et saisir les

(1) L'*atavisme*, ou hérédité des formes d'un aïeul, signalé par Hippocrate, Aristote, Galien, Pline, Plutarque, Zacchias, Cardan, Maupertuis, Vandermonde, Venette, Roussel, Girou de Buzareingues, Duchesne, Burdach, etc., sur des faits personnels, est, comme l'a dit Montaigne, « une de ces estrangetez si incompréhensibles qu'elles surpassent toute » la difficulté des miracles. » Le poil chez les animaux, la couleur des cheveux chez l'homme, les taches de naissance, la couleur noire ou blanche de la peau, la taille, la ressemblance, la polydactylie, le bec-de-lièvre, la claudication, les pieds bots, la surdité, l'héméralopie, etc., ont été constatés comme des vices traversant en puissance une génération pour ne se reproduire qu'à la génération suivante par le fait d'une influence latente de l'aïeul. Il est bien évident, quand on réfléchit à cette « estrangeté miraculeuse », qu'elle ne s'explique que de deux manières, soit par l'existence d'un agent vital matériel transmis par la génération, demeurant à l'état latent comme une graine en repos dans la première descendance, pour se manifester à la seconde, soit par l'action de la seconde âme, c'est-à-dire d'un principe vital immatériel. Si l'on admet que l'agent séminal est la cause de la fécondation et des formes, ce qu'il est impossible de contester, il faut convenir que c'est la même puissance qui est le principe des formes et des monstruosités de la deuxième génération. Pour repousser cette conséquence, il faudrait admettre la divisibilité de la substance immatérielle du principe vital, et soutenir qu'une de ses parties fait la vie de l'être présent, tandis que l'autre, restant d'abord immobile, ne se manifesterait que dans une seconde génération, ce qui est absurde. A moins de faire cette hypothèse, on doit voir dans l'atavisme une nouvelle preuve expérimentale du rôle exercé par le ferment séminal.

lois de la vie, puisque c'est de là que part l'impulsion vitale avec un agent qui s'incorpore, soit au germe, soit à la femelle, à l'état de force vive combinée à la substance du nouvel être, pour lui donner la forme qu'il devra maintenir contre les tendances destructives du dehors. De l'action séminale dépendent la fixité des espèces, la permanence des races et la variété des individus. Par elle, l'homme est petit ou grand, valétudinaire ou vigoureux, éphémère ou vivace, sanguin ou bilieux, et si les influences extérieures viennent à modifier l'organisation, c'est encore par elle que l'être amélioré pourra voir sa descendance éviter les causes de mort qui entouraient son berceau. Maintenant quelle est la nature de cet agent? Pouvons-nous le dire? A cet égard, tout n'est encore qu'incertitude. La chose importante est de savoir que là est le véritable agent physique de la vie susceptible de dégénérer, sur lequel on peut avoir action, et qu'on peut guérir pour épurer l'origine des générations nouvelles. Sa nature importe peu, car, sans la connaître, on peut agir sur l'agent lui-même, le modifier indirectement, et notre ignorance sur son mode d'action ne change rien au rôle qu'il faut lui faire jouer dans les phénomènes de la vie.

Pour moi cependant, s'il m'est permis de hasarder une opinion, je dirai qu'il faut considérer l'action séminale comme étant l'analogue de celle des ferments.

En effet, mélangée à la substance du germe placé en lieu convenable, celle-ci se met en mouvement, absorbe de l'oxygène, rejette l'acide carbonique (le fait est facile à constater sur l'œuf de la poule), s'échauffe, se divise et engendre une foule de cellules vivantes (1) formant bientôt une membrane où paraîtront les rudiments du nouvel être. Combinées et diluées dans cette substance, toutes les cellules qui se sont formées et d'où sortent les organes, en conservent un atome qui les vivifie d'une façon identique et particulière, ce qui forme déjà les diathèses. Pour toujours cette imbibition aura de l'influence sur la nutrition de l'individu, et tant qu'il vivra, ce ferment, qui est dilué partout, continuera d'appeler à lui les matières organiques pour maintenir la forme des organes, comme primitivement il avait appelé ces matières pour les créer et les constituer selon le type spécifique. C'est à ce point que dans les êtres inférieurs coupés en morceaux, le ferment contenu dans chaque partie recomplète l'animal en lui donnant ce qui lui manque (1). La tête du limaçon, l'œil ou le bras de la salamandre, la queue du lézard, la moitié des planaires, les membres des polypes, etc., se reproduisent après leur ablation au moyen de l'instrument tranchant. Chez l'homme, il n'en est pas ainsi; mais l'agent vital refait les parties au fur et à mesure que les décompose le mouvement d'absorption interstitielle, il répare les parties blessées, et c'est quand il cesse d'agir naturellement ou accidentellement, que toute fermentation venant à s'interrompre on voit arriver la mort (2).

L'agent vital incorporé à la matière vivante des germes ne met cette matière en mouvement, c'est-à-dire en fermentation, que sous l'influence de la chaleur, de l'air, quelquefois de la lumière ou d'une certaine humidité. Sans cela la vie reste en puissance pendant des mois, pendant des années ou pendant des siècles. Ainsi l'œuf fécondé des oiseaux a besoin d'être couvé à l'air; les œufs d'insectes n'éclosent qu'à une certaine température; il faut aux graines de l'eau et de la chaleur, et les graines de blé recueillies dans des momies d'Égypte vieilles de trois mille ans, ne sortent de leur torpeur que lorsqu'elles sont échauffées et humectées de façon suffisante. Tous les ferments sont de même. La levûre de bière ou *cérévisique*, la levûre malique et les autres n'entrent en action, c'est-à-dire ne se reproduisent que sous l'influence de l'air, de la lumière et de la chaleur. Hors de

(1) Il n'y a pas de fécondation sans augmentation de température, due à l'absorption de l'oxygène et à l'exhalation de l'acide carbonique. — Ainsi la fécondation des fleurs d'*Arum italicum*, d'*A. cordifolium*, d'*A. maculatum*, est accompagnée d'une élévation de température qui, d'après Lamarck, Hubert, Senebier, peut aller jusqu'à 20 et 25 degrés au-dessus de la température ambiante. Dans la germination de l'orge, où se fait également l'absorption d'oxygène, et une exhalation d'acide carbonique assez considérable pour asphyxier les brasseurs si les germiers ne sont pas bien disposés, il y a également une notable élévation de température.

C'est la même chose dans l'incubation de l'œuf fécondé des oiseaux; sous ce rapport, la fermentation, la germination et l'incubation présentent des phénomènes de calorification semblables dus à la même cause.

(1) Les transplantations osseuses obtenues au moyen de lambeau de périoste d'un animal porté dans un autre, les greffes animales et végétales si faciles à réaliser, la segmentation des animaux dont les fragments reproduisent un animal entier ou seulement une des parties enlevées quand elle n'est pas trop importante, prouvent bien que le principe de la vie est divisible et sa nature matérielle. Qu'on essaye donc de supposer la *divisibilité de l'âme raisonnable*, telle que Stahl et tout récemment M. Bouillier l'ont comprise, comme le principe des opérations de la vie; qu'on imagine même de justifier la production du phénomène au moyen du principe vital abstrait de Barthez, c'est-à-dire l'âme de seconde majesté de Lordat, et l'on verra bientôt à quelles absurdes conséquences on est fatalement conduit. La matérialisation de l'agent physique de la vie distinct de l'organisation, est le seul moyen d'expliquer scientifiquement la segmentation des êtres, leur reproduction et la régénération des parties coupées.

(2) Un atome de matière séminale suffit pour mettre en mouvement la matière des germes, et il est bien évident qu'il ne s'agit pas ici de combinaisons chimiques semblables aux combinaisons de la matière inorganique. L'examen attentif démontre, au contraire, qu'il s'agit là d'une action de contact dans laquelle une quantité infinitésimale de ferment séminal vient s'allier au ferment contenu dans la substance femelle, produit sa décomposition et la formation de cellules vivantes dont l'évolution ultérieure forme un être qui, semblable à la fleur féconde, reproduira dans un avenir éloigné la matière séminale elle-même ou la substance des germes indispensables aux générations suivantes.

là ces organismes-ferments se détruisent ou gardent la vie en puissance. C'est la même loi pour tous les infusoires végétaux et animaux: aucun ne se développe s'il n'y a pas autour d'eux une certaine quantité de chaleur Il y a même quelque chose de plus à dire dans cet ordre d'idées.

L'agent vital, ou si l'on veut le ferment qui favorise le développement des êtres dans une certaine température et dans une certaine humidité, peut cesser d'agir si on lui enlève l'eau et la chaleur nécessaires, et cela se peut sans que la mort arrive. Ainsi, les rotifères et les anguillules des toits, desséchés et soumis à une température de 100 degrés, peuvent revivre c'est-à-dire refermenter dès qu'on les humecte. La vie passe de l'acte à la puissance et de la puissance à l'acte avec une grande facilité. Des poissons enfermés dans des blocs de glace ont pu revivre au dégel, et la putréfaction s'arrête par le froid.

L'agent vital se conduit donc chez certains animaux et dans beaucoup d'êtres inférieurs comme un véritable ferment soumis aux mêmes conditions extérieures de développement, savoir, l'influence de l'air, de l'eau, de la lumière et de la chaleur.

Voilà pour l'action de la substance. Quant à sa composition, c'est une matière azotée, vivante, remplie de microzoaires, se reproduisant plus tard dans le nouvel être, et dont le contact avec la cellule femelle produit le mouvement, l'absorption, l'intussusception, et l'exhalation, la formation de nouvelles cellules vivantes, variées à l'infini selon les organes qu'elles sont appelées à former, et par laquelle se caractérise l'individu.

Nous n'insisterons pas davantage sur l'énoncé de cette opinion pour la première fois produite par Van Helmont et à laquelle il n'a manqué que la sanction d'expérience que nous ne connaissons que depuis peu, grâce aux travaux des chimistes modernes et principalement de Berzelius, de Dumas, de Liebig et de Pasteur. Ce sera l'objet d'un autre travail qu'on lira à la fin de cette histoire des doctrines médicales, lorsque nous montrerons la nécessité de ne faire qu'une seule doctrine des trois éléments de la nature de l'homme, l'*âme*, *l'agent vital* et *l'organisation*. Nous n'en avons parlé ici que d'une façon abrégée pour faire ressortir l'erreur dans laquelle est tombé Barthez, qui a doté l'homme de deux âmes, la seconde ayant le nom de *principe vital*, sans se douter que les objections faites à l'influence de la première dans les actes matériels de la vie, s'adressaient également à l'influence de l'autre. En fait de principe vital, il n'y en a qu'un de compréhensible et de vraiment démontré par l'observation après l'influence de l'âme raisonnable, c'est l'agent matériel qui s'incorpore à la matière des germes pour la mettre en mouvement. Celui-là au moins se voit, s'analyse, se connaît, se poursuit dans tous les phénomènes de la vie, et, si ce n'est pas l'organisation, c'est du moins l'agent chargé de la réaliser. C'est l'intermédiaire entre le principe immatériel de l'homme et la substance de son être, aussi distinct de l'un que de l'autre, véritable puissance dont la médecine n'a pas suffisamment étudié les effets.

Au reste ce n'est pas seulement chez l'homme, et en ce qui touche la nature de cet être privilégié, que la question a de l'importance. Quand on étudie en philosophe, plutôt qu'en médecin, les phénomènes de la vie, et qu'on observe ce qui se passe dans la multiplication de tous les êtres vivants, animaux, végétaux, zoophytes et infusoires, on voit que partout la matière vivante offre les mêmes attributs (impressibilité, autocinésie, promorphose) indépendants de toute structure apparente, et que ces attributs sont le résultat de l'agent vital incorporé à cette matière.

Qu'on multiplie les observations, et toujours on verra que l'agent séminal, dépositaire de la loi de fixité des espèces, est le seul principe physique de la formation des races et de leurs variétés; que dans l'individu, c'est elle qui fait et conserve la forme extérieure, que, par elle, on fait des animaux pourvus des qualités de taille, de chair, de couleur, de produits qu'on désire; qu'on multiplie les poissons et les mollusques à volonté, qu'on fait des fruits plus savoureux, enfin que dans certaines limites on modifie les lois de la nature de la façon la plus surprenante. De si importants résultats ne sauraient passer inaperçus et rester sans signification. Or l'enseignement qui résulte de cette étude des phénomènes de la vie dans les êtres vivants, c'est qu'un agent de nature matérielle, probablement de la nature des ferments, variable dans chaque espèce, est la cause de toute génération ovulaire gemmipare ou fissipare. C'est là un fait de premier ordre et qui fera désormais rentrer l'étude de la vie dans le domaine de l'observation, dégagée de toute hypothèse.

Cette manière de voir diffère profondément de celle de Barthez qui a fait du principe vital quelque chose d'immatériel, d'abstrait, de surnaturel, comme l'âme raisonnable, et pour lequel il faut invoquer le secours de la foi au moins autant que les lumières de l'expérience. Elle se rapproche davantage de la théorie de Stahl qui, en considérant l'âme comme la première cause de la vie, lui accorde pour son usage un mécanisme plus ou moins compliqué avec des organes doués de propriétés spéciales. La différence porte sur le mécanisme que nous faisons double et qui renferme : 1° l'*agent* de sa formation et de son entretien; 2° l'*organisation elle-même*, qui avec ses besoins possède la faculté de les satisfaire.

Barthez a dédoublé l'âme pour attribuer à la seconde les facultés de la vie, ce n'est qu'une hypothèse, tandis que moi je dédouble l'organisation, en montrant quel est l'agent physique de son évolution et de ses attributs. Au lieu de vouloir saisir l'agent vital dans la forme immatérielle de l'âme raisonnable, ce qui me paraît prétendre courir dans le vide pour arrêter une ombre, je le démontre dans l'organisation, uni à elle comme l'ingénieur à sa machine, ou comme le ferment dans la pâte dont nous faisons le pain.

Voilà l'école de Paris et voilà l'école de Montpellier.

Le propriétaire-gérant : Germer Baillière.

PARIS. — IMPRIMERIE DE E. MARTINET, RUE MIGNON, 2.

PREMIÈRE ANNÉE. — N° 47. UN NUMÉRO : 30 CENTIMES. 22 OCTOBRE 1864.

REVUE
DES
COURS SCIENTIFIQUES
DE LA FRANCE ET DE L'ETRANGER

PHYSIQUE — CHIMIE — ZOOLOGIE — BOTANIQUE — ANATOMIE — PHYSIOLOGIE
GÉOLOGIE — PALÉONTOLOGIE — MÉDECINE

Paraît tous les Samedis.

	Six mois.	Un an.
Paris	8 fr.	15 fr.
Départements	10	18
Étranger	12	20

Prix de l'abonnement avec la Revue des Cours littéraires.

	Paris,	Départ.,	Étranger,
Six mois	15 fr.	18 fr.	20 fr.
Un an	26	30	35

Rédacteur en chef
M. ODYSSE-BAROT

Les ouvrages dont deux exemplaires auront été envoyés au bureau du journal seront annoncés et analysés s'il y a lieu.

On s'abonne
A LA LIBRAIRIE GERMER BAILLIÈRE
17, rue de l'École de Médecine,
Et chez tous les libraires, par l'envoi d'un bon de poste, ou d'un mandat sur Paris.

L'abonnement part du 1er décembre ou du 1er juin de chaque année.

A NOS LECTEURS.

Quand, au mois d'octobre 1863, M. Germer Baillière m'a fait l'honneur de m'offrir la direction des deux journaux qu'il se proposait de fonder, je n'ai point accepté sans hésitation cette double tâche, qui devait m'arracher à d'autres travaux et interrompre ma collaboration au journal la *Presse*.

Aujourd'hui que le succès le plus complet a couronné les efforts de l'intelligent éditeur; aujourd'hui que la *Revue des cours* est solidement et irrévocablement assise, de nouvelles préoccupations me réclament, et je crois pouvoir me retirer. J'ai prié M. Germer Baillière de me rendre ma liberté, et de confier à d'autres mains les importantes améliorations que nous avions projetées, et dont les lecteurs du journal ne tarderont pas à avoir le bénéfice.

Avant de me séparer de la *Revue des cours*, qu'il me soit permis d'exprimer tout haut ma reconnaissance au public d'élite qui a répondu avec un si vif empressement à notre appel ; aux éminents professeurs qui m'ont prêté avec tant de bienveillance leur gracieux concours ; aux collaborateurs dévoués qui ont bien voulu me seconder de leur plume et de leur science.

ODYSSE-BAROT.

SOMMAIRE.

EMBRYOGÉNIE COMPARÉE.

COURS DE M. COSTE.

(COLLÉGE DE FRANCE.)

(Voy. les nos 23, 25, 28, 30, 33, 37, 39 et 43.)

IX.

Passage des œufs à travers l'oviducte ; formation de l'albumen et des produits adventifs en général (suite).

Chez les mammifères, le pavillon de la trompe flotte librement dans l'abdomen, comme chez les oiseaux. Mais les œufs, beaucoup plus petits et non pédiculés, comme chez ces derniers, ne pourraient être saisis directement. Au moment de l'ovulation, le pavillon de la trompe s'applique sur l'ovaire lui-même, l'embrasse dans sa cavité;

de sorte que l'ovule, après avoir franchi les parois de la vésicule de de Graaf et les tuniques propres de l'ovaire, ne peut pas tomber ailleurs que dans l'oviducte.

Il arrive pourtant exceptionnellement que l'œuf reste emprisonné dans l'ovaire, ou qu'il tombe dans l'abdomen. Alors si la fécondation a eu lieu, il y a une grossesse ovarienne ou abdominale. Ces anomalies, très-rares d'ailleurs, tiennent presque toujours au défaut d'activité de l'ovaire ou à l'inertie de la trompe. Elles coïncident habituellement avec un trouble de l'innervation, et plus souvent encore avec une disposition vicieuse ou un état pathologique des organes génitaux internes. Une émotion violente, une terreur subite, qui affecteraient la femelle au moment de la copulation, pourraient aussi donner lieu, suivant certains accoucheurs, à des grossesses de ce genre. Mais, cette opinion ne paraît pas admissible, puisque ce n'est jamais au moment du coït que la fécondation s'opère.

L'œuf, parvenu dans le pavillon, pourrait s'en échapper, s'il n'y était retenu par une disposition particulière et par les contractions de cet organe. Ce rôle conservateur est surtout dévolu aux nombreux cils vibratiles qui hérissent la muqueuse du pavillon et de la trompe. Ceux-ci, en s'agitant au sein du mucus très-abondant exhalé en ce moment, emprisonnent l'ovule dans leurs tourbillons, et le conduisent au fond de l'*infundibulum*. On peut juger de la rapidité de cette migration en ouvrant des femelles de mammifères, des lapines, par exemple, au moment de la déhiscence. Bien que chez ces animaux, l'ovaire émette plusieurs œufs à la fois, il y a toujours quelques instants d'intervalle entre la rupture de chaque vésicule. Ce temps, qui dure à peine quelques minutes, suffit aux œufs les premiers pondus pour franchir la longueur du pavillon. Ils sont déjà au fond de l'infundibulum avant que les derniers émis aient rompu leur capsule. Aussi faut-il multiplier les expériences pour assister à toutes les phases de ce phénomène. C'est en ouvrant plusieurs lapines entre la huitième et la douzième heure après le coït, c'est-à-dire à l'époque probable de la chute des œufs, qu'on a le plus de chance de réussir. Cette époque probable varie avec les espèces et selon le degré de maturité des œufs au moment du rapprochement des sexes.

Pendant son passage à travers le pavillon et son séjour dans le tiers supérieur de la trompe, l'œuf se débarrasse de la couche granuleuse qui l'accompagnait à sa sortie de la vésicule ovarienne. Ces cellules disparaissent, soit en se dissolvant dans les mucosités de la trompe, soit par le simple contact des cils vibratiles, qui les détacheraient ainsi les uns après les autres, comme les grains d'un épi. Quoi qu'il en soit, elles ont complétement disparu, et la membrane vitelline est entièrement dénudée au moment où l'œuf pénètre dans le tiers moyen du canal vecteur.

A mesure qu'il progresse dans la trompe, l'œuf se revêt peu à peu d'une série de couches albumineuses emboîtées les unes dans les autres, et parfaitement transparentes. Cette substance, qui est un produit de la muqueuse tubaire, sert probablement à nourrir l'œuf jusqu'au moment où, parvenu dans la matrice, il y puisera les éléments nécessaires au développement de l'embryon. Le fait est que cette enveloppe albumineuse se raréfie et finit par disparaître complétement peu de temps après l'arrivée de l'œuf dans l'utérus. C'est elle qui, en pénétrant par endosmose dans l'intérieur de la membrane vitelline, concourt à former le blastoderme. Après la disparition de l'albumen, l'œuf, libre désormais dans l'utérus, ne tarde pas à contracter avec lui les adhérences qui, plus tard, constitueront le placenta. Cet albumen n'existe pas chez tous les animaux. Constant chez les lapins, les chevreuils et les cerfs, il manque toujours chez le chien et le cochon. On n'a pu encore s'assurer de son existence chez la femme. Il est surtout utile chez les animaux, dont le vitellus, très-développé, a besoin d'une grande quantité de fluide pour se dissoudre. Voilà pourquoi il est si abondant chez les oiseaux, chez la plupart des reptiles, chez les poissons cartilagineux, etc.

C'est à M. Wharton Jones qu'on doit la découverte de l'albumen des mammifères. Mais il avait commis une erreur en supposant qu'il était sécrété par l'ovaire, et que l'œuf en était déjà revêtu avant sa sortie de la vésicule de de Graaf. M. Barry, qui rectifia l'erreur de Wharton Jones, en commit une à son tour, en soutenant que l'œuf s'entourait dans l'oviducte d'une membrane extrêmement fine, premier rudiment du chorion. C'était, selon lui, entre cette membrane et la membrane vitelline, que s'accumulait l'albumen. Mais les couches concentriques de l'albumen des mammifères prouvent qu'il n'en est pas ainsi, et que chez ces derniers, comme chez les oiseaux, les reptiles et les poissons, l'albumen résulte d'une sécrétion de l'oviducte.

Le temps que met l'ovule à parcourir la trompe n'est pas le même pour toutes les espèces. Il lui faut quatre jours chez le lapin, six chez le chien, huit chez la brebis, et probablement autant chez la femme. Cependant, chez cette dernière, l'expérience n'a pu fournir jusqu'à ce jour que des données approximatives.

Les chevreuils présentent, à cet égard, une anomalie remarquable. Ces animaux s'accouplent vers le milieu d'août; leurs ovules se détachent de l'ovaire à peu près à la même époque, mais ils ne parviennent dans la matrice que dans les premiers jours de décembre. Ils mettent donc trois mois à parcourir la trompe. M. Pockels avait attribué ce retard au défaut de vitalité de l'ovaire, qui, ne pouvant expulser les œufs, les gardait dans son sein jusqu'à la mue. Cette inertie momentanée de l'ovaire provenait, selon lui, du travail de la mue, qui concentrait l'activité vitale vers la périphérie, et paralysait ainsi la fonction ovarienne. Il avait d'ailleurs examiné le sperme des mâles durant cette période, et il l'avait trouvé constamment dépourvu de spermatozoïdes. Il n'était donc pas possible d'admettre une fécondation intercurrente venant suppléer à un premier coït infructueux. Du reste, ce phénomène, tout à fait analogue à celui qui se passe chez la femelle, s'expliquait très-plausiblement de la même façon.

Mais M. Ziegler, ayant ouvert des femelles de chevreuil dans le courant des mois de septembre, d'octobre et de novembre, rencontra chez toutes un ou plusieurs ovules à différentes hauteurs dans la trompe. Ce fait, sans nuire à l'explication physiologique donnée par M. Pockels, a complétement renversé l'hypothèse du séjour prolongé de l'œuf dans l'ovaire. Reste à savoir maintenant si l'inertie de l'ovaire doit être attribuée à la mue, comme le pense M. Pockels. Quelque rationnelle que soit cette hypothèse, il est bien permis de la révoquer en doute, surtout quand on songe à ce qui se passe chez les autres animaux. Chez les cerfs, en effet, rien de semblable n'a lieu. Et pourtant la mue s'opère chez eux à la même époque et dans les mêmes conditions que chez les chevreuils. D'où vient, si M. Pockels a raison, qu'une cause semblable produise tant d'effet chez les uns et si peu chez les autres? Il est probable que ce fait singulier tient à des causes complexes qui ont échappé jusqu'à ce jour à la sagacité des observateurs.

Bien que le canal vecteur des oiseaux soit beaucoup plus long que celui des mammifères, leurs œufs mettent infiniment moins de temps à le parcourir. Ainsi, chez la poule, l'œuf franchit en cinq ou six heures la distance qui sépare le pavillon de l'endroit où se forme la coquille, c'est-à-dire un espace de 50 centimètres environ. Cette progression rapide s'explique tout naturellement par l'énergie musculaire des parois de l'oviducte, et par la grosseur exceptionnelle du vitellus qui offre plus de prise à ses contractions.

Après avoir franchi les 6 ou 7 premiers centimètres de l'oviducte, l'œuf arrive dans une région couverte de cryptes muqueux, qui versent autour de lui une abondante sécrétion. Ce sont là les premiers rudiments de l'albumen. Mais cette première couche albumineuse diffère des autres par une densité tout à fait exceptionnelle, par les prolongements filiformes qu'elle projette dans la trompe aux deux pôles de l'œuf. Cette couche a reçu le nom de *membrane chalazifère*, et ses deux appendices celui de *chalazes*. En progressant dans la trompe, l'œuf opère un mouvement de rotation autour de son axe. Les chalazes, participant à ce mouvement, se tordent comme deux fils attachés à l'extrémité d'un fuseau qu'on ferait tourner sur lui-même. La torsion s'étend quelquefois jusqu'à la membrane chalazifère, qui forme, à la périphérie du vitellus, des plis longitudinaux s'étendant d'une chalaze à l'autre. Parmi ces plis, il en est un plus prononcé que les autres, qui a été désigné par Vicq d'Azyr sous le nom de *zone blanche*. Mais cette zone n'existe pas toujours, et quand elle existe, elle ne mérite nullement la mention spéciale qu'en a faite Vicq d'Azyr, car elle n'a aucune signification physiologique.

Autour de la membrane chalazifère, s'accumulent de nouvelles couches albumineuses beaucoup moins denses, qui constituent l'*albumen* proprement dit. Quand, après deux ou trois heures de marche à travers l'oviducte, l'œuf s'est ainsi revêtu de son albumen, et qu'il a pris la forme ovoïde qui le caractérise, il pénètre dans une nouvelle région qui va lui fournir l'enveloppe fibreuse connue sous le nom de *membrane de la coque*. Cette membrane est formée de deux feuillets très-minces et très-adhérents qui se séparent en un point déterminé de l'œuf pour constituer la *chambre à air*. Il résulte des expériences de M. Coste que ce décollement des deux feuillets de la membrane coquillière n'a lieu qu'après la ponte.

La chambre à air, comme son nom l'indique, est un véritable réservoir d'air, dont la capacité augmente à mesure qu'on s'éloigne du moment de la ponte. C'est même à ce signe que l'on reconnait si un œuf est frais ou s'il y a longtemps qu'il a été pondu. Si la chambre à air est très-petite, on peut affirmer que l'œuf est récent; si elle est spacieuse, on en conclut qu'il est plus ou moins ancien. Pour faire cette petite expérience, il suffit de placer le gros bout de l'œuf en face d'une lumière. On distingue très-bien par transparence la capacité plus ou moins grande de la chambre à air. Il est vrai qu'on peut limiter l'accumulation de l'air dans la chambre à air, et par suite la capacité de cette dernière, en plongeant les œufs récemment pondus dans l'eau de chaux. Mais, en ce cas, l'erreur ne saurait être préjudiciable au consommateur; car, en se servant de ce moyen, M. Coste a pu conserver des œufs frais pendant plus de quatre mois. Il a même poussé l'expérience plus loin : un des œufs ainsi conservés a été retiré de l'eau de chaux, et laissé à l'air pendant un mois. Ouvert à cette époque, il ne présentait encore rien de désagréable au goût.

Après s'être recouvert de la membrane coquillière, c'est-à-dire au bout de deux ou trois jours, l'œuf pénètre dans le dernier compartiment de l'oviducte. C'est là qu'il revêt son enveloppe calcaire, qui met environ vingt-quatre heures à se former. Il passe enfin dans le cloaque, dont les parois, fortement contractiles, ne tardent pas à l'expulser au dehors. Dès lors l'albumine perd sa consistance gélatineuse pour passer à l'état de simple mucilage. M. Purkinje attribue cette liquéfaction de l'albumine à la double influence de la pression atmosphérique, et de l'action chimique de l'air. Mais cette explication est loin d'être satisfaisante. Car M. Coste a observé que cette transformation avait déjà commencé longtemps avant l'expulsion de l'œuf. Ce n'est donc pas à l'influence de l'air qu'on peut l'attribuer. La chimie nous dira peut-être un jour quelles sont les combinaisons qui produisent ce résultat. « Mais il faut, je crois, ajoute M. Coste, qu'elle en cherche la première cause dans l'action réciproque des divers éléments dont l'œuf se compose, et non pas dans celle du milieu ambiant. »

A mesure que l'albumen se fluidifie, par suite de la

ponte, il s'en évapore une certaine quantité à travers les pores de la coquille, et la pression atmosphérique, tendant à combler le vide ainsi formé, y fait pénétrer une quantité d'air proportionnelle à celle de l'albumine vaporisée. C'est en vertu de ce mécanisme que se forme la chambre à air.

« En résumé, dit M. Coste, l'œuf de la poule, détaché de l'ovaire, parcourt en deux ou trois heures toute la région de l'oviducte qui lui fournit la membrane chalazifère et l'albumen; séjourne deux ou trois heures aussi dans la portion du canal vecteur, où il reçoit la membrane de la coque; passe de là dans l'utérus, où il prend la coquille, et où il s'arrête pendant près de vingt-quatre heures. Il est alors composé, en procédant de dehors en dedans, de la manière suivante :

1° D'une coquille presque entièrement formée de carbonate de chaux, solide, poreuse, qui le protége contre les agents extérieurs, sans l'empêcher d'entrer en relation avec eux, et de leur emprunter les matériaux utiles qu'ils peuvent lui fournir; 2° d'une membrane fibreuse qui tapisse la face interne de la coque, et dont les deux feuillets, écartés au gros bout de l'œuf, forment une chambre destinée à conserver une certaine provision d'air atmosphérique à la portée du germe; 3° d'une masse plus ou moins considérable d'albumine qui se décompose, selon son degré de densité, en couches superficielles presque fluides; en couches moyennes consistantes comme de la gélatine, et formant une enceinte continue oblongue, à chacune des extrémités de laquelle s'insère intérieurement une chalaze, et en couches profondes, en contact avec la membrane chalazifère, et tellement liquéfiées, qu'elles ont presque la fluidité de l'eau; 4° d'une membrane chalazifère englobant le vitellus, et envoyant à chacun des pôles de l'œuf une chalaze, c'est-à-dire un prolongement albumineux solide, enroulé sur lui-même. Tels sont, après la ponte, les produits adventifs que le vitellus de la poule a recueillis en parcourant le canal vecteur. » (Coste, *loc. cit.*, p. 308.)

On voit, par ce qui précède, que les éléments de l'œuf des oiseaux sont plus nombreux et plus complexes que chez les mammifères. Chez ces derniers, en effet, il n'y a ni membrane chalazifère, ni membrane coquillière, ni incrustation calcaire. Cela s'explique par la destinée différente de l'ovule dans les deux classes. Chez les oiseaux, l'incubation devant se faire en plein air, l'œuf a besoin d'enveloppe protectrice. Chez les mammifères, au contraire, l'œuf devant se greffer sur les parois de l'utérus, jusqu'au moment de la parturition, de pareilles enveloppes lui eussent été plus nuisibles qu'utiles.

Il arrive pourtant, dans certains cas, que l'œuf des ovipares est complétement dénué d'enveloppes protectrices, comme celui des mammifères. Mais ce fait ne se produit que pour les espèces qui déposent leurs œufs dans un milieu qui peut les préserver de la dessiccation (batraciens, poissons osseux). Chez le crapaud accoucheur, qui pond ses œufs hors de l'eau, la couche albumineuse se fige, et protége l'œuf contre l'influence du milieu ambiant. Du reste, l'animal ne tarde pas à les transporter dans l'eau pour les faire éclore. En attendant, ils restent fixés à ses pattes sous forme de grappe, par des filaments albumineux.

Chez les reptiles écailleux et les poissons cartilagineux, il y a, il est vrai, une coque rudimentaire, ce qui, au premier abord, paraît contradictoire; car ces animaux sont vivipares. Mais cette anomalie apparente s'explique par la composition du vitellus. Celui-ci, en effet, n'a pas besoin, comme l'ovule des mammifères, de contracter des adhérences avec l'utérus pour pourvoir au développement de l'embryon, puisqu'il renferme à l'intérieur de sa coque, non-seulement la cicatricule, mais encore un jaune très-développé, qui suffit largement à la nutrition du jeune.

Les tortues sont ovipares comme les oiseaux. Seulement, chez elles, l'albumen conserve toujours une certaine consistance après la ponte. Les sauriens et les ophidiens pondent des œufs entièrement dépourvus de coquille. Ils sont seulement recouverts d'une membrane fibreuse. Mais, comme l'embryon est à peu près formé lors de la ponte, son éclosion ne tarde pas à se faire. C'est sans doute à cette précocité du développement qu'il faut attribuer l'absence de la coque. Il est même des ophidiens et des sauriens, comme la vipère et l'orvet, dont les œufs éclosent au moment même de la ponte. Aussi sont-ils l'un et l'autre considérés comme vivipares.

Parmi les poissons cartilagineux, les uns sont ovipares au même degré que les sauriens et les ophidiens; les autres sont complétement vivipares comme les mammifères. Chez les plagiostomes ovipares, le vitellus est entouré d'un albumen très-fluide et sans couches concentriques. La membrane de la coque est plutôt corticale que calcaire, mais elle est très-résistante. Chez les raies, il n'existe point de membrane coquillière. L'œuf a une forme à peu près quadrangulaire, et présente sur sa surface externe une apparence cotonneuse due au peu d'adhérence des fibres superficielles de la coque. Ces fibrilles libres servent probablement à le fixer aux objets environnants Chez les squales, l'œuf offre à peu près la même forme et la même consistance que chez la raie; il est seulement un peu plus allongé, et ses angles sont moins saillants. Chez la roussette-rochier, la coque est parfaitement transparente, et les angles, très-prononcés, se prolongent chacun en un filament solide long de 25 à 30 centimètres.

Chez les squales vivipares, l'œuf n'est recouvert, pendant son séjour dans l'oviducte, que d'une membrane excessivement mince, quelquefois lisse et transparente, comme chez les sèches; d'autres fois, au contraire, sa capacité étant beaucoup plus vaste que son contenu, ses parois sont reployées sur elles-mêmes, et perdent ainsi leur transparence en s'accumulant les unes sur les autres. Mais, si l'on vient à déployer ces feuillets, on les trouve parfaitement transparents.

Les œufs des invertébrés sont plus simples dans leur composition. Ils présentent néanmoins une complexité relative assez considérable. Ceux des mollusques céphalés et gastéropodes rappellent, par l'abondance de l'albumen, les œufs des vertébrés ovipares. Les céphalopodes ont une sorte d'ovaire lamelleux qui se continue directement avec les oviductes. Ces derniers sont parsemés de cryptes albuminipares qui sécrètent des fluides très-abondants, surtout vers leur extrémité inférieure, où ils présentent un appareil glandulaire spécial. C'est en traversant cet appareil que l'œuf acquiert ses derniers produits adventifs. L'enveloppe extérieure des œufs est ordinairement assez friable, quelquefois gélatineuse, d'autres fois fibreuse ou même calcaire, comme chez l'arion rouge et l'hélix des jardins. Il arrive dans certains cas que plusieurs œufs ont une enveloppe commune. Chez la sèche, cette enveloppe renferme quelquefois jusqu'à cent œufs.

L'ovaire des mollusques gastéropodes, ptéropodes, etc., n'est pas lamelleux comme celui des céphalopodes. Il ne se continue pas avec l'oviducte, qui est unique chez ces animaux. Il paraît formé par des cæcums étroitement groupés, qui s'ouvrent dans l'oviducte unique par un ou plusieurs canalicules.

L'albumen est très-peu abondant et manque souvent complétement chez les articulés; mais la coque existe toujours. Elle est tantôt soyeuse, et renferme plusieurs vitellus, comme chez les sangsues, tantôt coriace et cornée, comme chez les coléoptères, ou simplement fibreuse et pénétrée d'une sorte de gluten animal, comme chez les arachnides. D'autres fois, enfin, elle est recouverte d'un enduit visqueux qui contribue à agglutiner ensemble tous les œufs d'une ponte et à les fixer aux corps sur lesquels l'animal les a déposés.

Chez les animaux inférieurs, tels que les hydres et les polypes bryozoaires, l'œuf paraît complétement dépourvu d'albumen. Il est seulement protégé par une enveloppe corticale qui paraît résulter de l'épaississement de la membrane vitelline. — F. Toulo.

PALÉONTOLOGIE.

COURS DE M. A. D'ARCHIAC.

(MUSÉUM D'HISTOIRE NATURELLE.)

(Voy. les nos 1, 2, 10, 12, 14, 16, 18, 20, 22, 24, 27, 29, 31, 33, 36, 37, 39, 41, 44 et 45.)

XVI.

Faune quaternaire de l'Amérique méridionale.

TROISIÈME SECTION.

DÉPOT DES PAMPAS.

Deux naturalistes nous ont particulièrement fait connaître le dépôt ou limon des Pampas, à des points de vue un peu différents à la vérité, mais qu'il nous sera facile de concilier en considérant les résultats de leurs recherches d'une manière plus générale qu'on ne le pouvait faire à l'époque où écrivaient MM. Ch. Darwin et Alc. d'Orbigny.

Le dépôt des Pampas est une terre argileuse, d'un brun rouge foncé, légèrement endurcie, renfermant parfois des lits horizontaux de concrétions marneuses, qui passent souvent à une roche tantôt compacte, tantôt caverneuse, ou bien à un tuf calcaire appelé *tosca* (1). La terre jaune ou limon ne contient pas ordinairement de carbonate de chaux. Dans la plaine de Buenos-Ayres, élevée de 9 à 12 mètres au-dessus de la mer, le limon est d'une teinte pâle; il renferme de petits nodules presque blancs et des couches irrégulières d'une variété arénacée de tosca. On a trouvé du sable au-dessous jusqu'à une profondeur de 30 mètres. Sur quelques points un peu plus élevés de ces immenses plaines, on y remarque une grande quantité de petites coquilles d'eau saumâtre (*Potamomya* ou *Azara labiata*), dont l'espèce vit encore dans les vases de la Plata, au-dessous de la ville. De ce point au rio Colorado, sur une étendue de 400 milles géographiques, règne ce dépôt, qui devient plus calcarifère vers le sud. Des plaques de *Glyptodon*, des os de *Megatherium* et d'autres mammifères y ont été recueillis.

A 30 milles au sud, la petite chaîne de quartzite de Tapaguen est bordée, au nord et au midi, par des collines étroites, aplaties au sommet et composées de tosca. Jusqu'à la chaîne quartzeuse de la Sierra-Ventana, on rencontre toujours des lits marneux ou calcaires. Ces derniers entourent aussi la chaîne, qui atteint 1018 mètres d'altitude, tandis que la plaine environnante se maintient à 256 mètres.

Les bords de la Sauce, au sud-est de la Sierra-Ventana, montrent, sur une hauteur de 61 mètres, la tosca à la partie supérieure, et le limon pampéen rouge vers le bas. A 20 milles au sud de Bahia-Blanca, règne une petite série de collines de 30 à 60 mètres d'élévation, formées de tosca reposant sur un limon rougeâtre, et dirigée O.-N.-O., E.-S.-E. Au sud de celles-ci, la plaine s'abaisse vers le rio Colorado, et bientôt commence le grand dépôt de gravier et de cailloux roulés de la Patagonie. Au delà du Colorado, affleurent au-dessous les couches tertiaires ou grès du rio Negro.

Au mont Hermoso, la côte de Bahia-Blanca présente sur une hauteur de 30 mètres, quatre couches presque horizontales qui sont de haut en bas : 1° grès de 6 mètres d'épaisseur avec des cailloux de quartz, divisé en lits obliques et désagrégé à la surface; 2° banc de grès dur, foncé, peu épais; 3° argile des Pampas, d'une teinte pâle; 4° roche semblable, plus foncée avec des lits de tosca concrétionnée, mouchetée et peu compacte. Des sondages ont constaté l'existence de la tosca et du limon

(1) Cette roche n'a aucun rapport avec la *tosca* de Ténériffe, qui est un tuf ponceux.

rouge jusqu'à plusieurs milles de la côte et jusqu'à une profondeur de 30 mètres. Les couches inférieures précédentes renfermaient des coquilles microscopiques, des *Phytolitharia*, des ossements de *Ctenomys antiquus*, des rongeurs et un grand mégathéroïde.

La coupe de Punta-Alta, dans la baie de Bahia-Blanca, présente de bas en haut ou dans un ordre inverse de la précédente : 1° un gravier stratifié, cimenté par une substance calcaréo-sablonneuse, et renfermant beaucoup d'ossements de grands mammifères et des coquilles; 2° limon rouge argileux, veiné, avec quelques cailloux et des os de mammifères dasypoïdes : cette couche ressemble au limon des Pampas; 3° gravier stratifié pareil au précédent, se mélangeant insensiblement avec le limon argileux rouge. Vers le haut, le gravier domine, les coquilles sont abondantes, et l'on trouve des débris de *Megatherium*. Le tout est recouvert transgressivement par une terre sablonneuse, avec des cailloux de quartz, de pumite, de phonolite et des coquilles terrestres et marines.

Toutes les espèces de coquilles des lits de cailloux, au nombre de 23, vivent encore sur la côte, et beaucoup d'entre elles dans la baie même; elles y sont en outre dans la même proportion, et 4 ou 5 sont semblables à celles des buttes de la plaine de Buenos-Ayres. Les restes de mammifères appartiennent aux espèces suivantes : *Megatherium Cuvierii*, *Myalonyx Jeffersonii*, *Mylodon Darwinii*; un autre grand édenté, *Scelidotherium leptocephalum*, *Toxodon platensis*, *Equus curvidens*, *Macrochenia patagonica*, et un grand dasypoïde. La prédominance des édentés est ici remarquable, et l'absence de rongeurs contraste avec ce que l'on observe au mont Hermoso. Parmi ces ossements, il y en a de roulés et de brisés; d'autres, parfaitement conservés, prouvent que les animaux avaient été transportés entiers à la place même où nous trouvons leurs débris.

Ainsi, sur ce point, 7 genres de mammifères éteints sont associés à 20 espèces de coquilles, des Balanes, et 2 espèces de polypiers, qui tous vivent sur la côte voisine, circonstance tout à fait analogue à ce que nous avons vu dans l'Amérique du Nord et en Europe, et qui ne peut être invoquée contre la non-contemporanéité des uns et des autres, car c'est un caractère de la faune de cette époque. A Port Saint-Julien, dans la Patagonie, à 560 milles au sud du rio Colorado, les dépôts contemporains renferment encore des mammifères dont nous parlerons ci-après.

Si maintenant nous étudions le limon des Pampas au nord de la Plata, de Buenos-Ayres à Santa-Fé Bajada et dans l'Entre-Rios, nous le verrons occuper partout la surface du sol et présenter des débris de grands mammifères. Dans la falaise qui borde le Parana, à San-Nicolas, le limon renferme un peu de tosca et sa stratification est bien prononcée. A Rosario, apparaissent les traces d'un dépôt plus ancien d'argile jaunâtre avec de nombreux cylindres de grès ferrugineux. Dans l'argile rouge qui le recouvre, deux squelettes gigantesques de Mastodontes (*M. Andium*) ont été découverts, et une dent de *Toxodon platensis* y a été recueillie sur les bords de la Caracana. A Santa-Fé Bajada, le dépôt quaternaire recouvre des grès, des calcaires et des argiles remplis de dents de squales et de coquilles indiquant des sédiments tertiaires, mais peu anciens.

La formation des Pampas renferme aussi des restes de grands mammifères jusqu'à sa base, et comme dans cette partie inférieure on a trouvé 7 infusoires et 13 *Phytolitharia* connus, excepté deux, et dont le plus grand nombre sont d'eau douce, on doit admettre qu'ici, comme à Bahia-Blanca, les couches se sont formées dans des eaux saumâtres.

Dans la Banda-Orientale, les roches primaires sont recouvertes d'un limon noir peu épais, souvent plus sablonneux que celui des Pampas, avec de petits fragments de quartz et peu de tosca. Vers Maldonado, Montevideo et plus à l'ouest, le limon repose sur des sables stratifiés tertiaires, puis sur les roches cristallines.

Un des caractères les plus remarquables du limon des Pampas, dit M. Darwin, est sa vaste étendue. Ainsi, il a pu l'étudier du Colorado à Santa-Fé Bajada, sur une longueur de 500 milles géographiques, et Alc. d'Orbigny l'a signalé 250 milles plus au nord. A la latitude de la Plata, le savant naturaliste anglais l'a examiné sur un espace de 300 milles, de Maldonado à la rivière de Caracana, et de son côté, d'Orbigny pense qu'il se prolonge encore 100 milles plus à l'ouest. Cette surface serait donc égale à celle de la France et peut-être beaucoup plus considérable. Au sud de Mendoza, un bassin entouré de falaises de gravier, et à 1000 mètres d'altitude, offre un dépôt du même genre, et nous avons dit que les mammifères qui le caractérisent avaient été rencontrés à Port Saint-Julien, 560 milles au sud du Colorado. Dans les provinces de Moxos et de Chiquitos, à 1000 milles au nord des Pampas, de même que sur le plateau de la Bolivie, à 4000 mètres d'altitude, Alc. d'Orbigny a décrit des dépôts analogues, qu'il regarde aussi comme contemporains et résultant des mêmes agents.

La constance des caractères minéralogiques de la formation des Pampas, et les débris de mammifères qu'on y rencontre dans l'Uruguay, l'Entre-Rios et jusqu'au sud du Colorado, doivent faire penser que le tout s'est déposé pendant une même période. Les restes de mammifères existent d'ailleurs à toutes les profondeurs, et nulle part on n'aperçoit de traces d'une grande dénudation superficielle. Dans les limites des vraies Pampas, il n'y a, à la vérité, que la *Potamomya labiata* qui vive encore, et se trouve dans la tosca des environs de Buenos-Ayres; mais on a vu qu'à Punta-Alta, les mammifères éteints qui caractérisent essentiellement cette époque, étaient ensevelis avec 20 espèces de coquilles, 1 Balane et 2 polypiers qui tous vivent à présent sur la côte. Il y a donc lieu d'admettre que ces derniers fossiles sont quaternaires, quoique plus anciens peut-être que les buttes ou *conchillas* formées par la *Potamomya labiata*.

Il serait superflu, messieurs, de vous entretenir ici des hypothèses auxquelles a donné lieu le mode de formation de ces dépôts, ainsi que des opinions différentes émises par les deux savants voyageurs à qui nous sommes redevables de la plus grande partie de ces précieuses observations; ce serait entrer dans le domaine particulier de la géologie, et vous trouverez tout ce qui se rapporte à ce sujet dans un livre que nous avons publié il y a déjà quelques années (1).

Si, nous éloignant actuellement de la Patagonie et de la Terre-de-Feu, nous quittons la région des Pampas proprement dite pour remonter vers le N., jusque sur le plateau de la Bolivie, où se montrent des dépôts analogues à ceux que nous venons d'étudier dans les plaines de la Plata, nous trouverons d'abord la ville de la Paz, bâtie, à 3717 mètres d'altitude, sur une alluvion ancienne aurifère très-puissante, composée d'argile, de sable et de cailloux, se prolongeant fort loin le long du rio de la Paz. Entre cette ville et Oruro, la plaine de Coracollo est couverte du limon rouge de la plaine orientale qui occupe tout le plateau de la Bolivie. Ses caractères sont très-uniformes le long du cours du Dasaguadero, depuis le lac de Titicaca jusqu'à la lagune de Pansa. Des ossements de Mastodonte et d'autres grands mammifères paraissent y être assez fréquents, de même que dans les brèches osseuses des bords du lac, près de Puno, où ils ont été recueillis par M. de Sartige. M. Pentland a rapporté aussi des os de Mastodonte de Taquire, l'une des îles du lac de Titicaca, à 3950 mètres au-dessus de la mer.

Sur le versant oriental de la Cordillère, sont des argiles jaunes que l'on suit depuis Palametas, au confluent du Piray avec le rio Grande, et dans lesquelles Alc. d'Orbigny a rencontré des ossements de mammifères qui dépendraient encore de la formation des Pampas. Celle-ci occupe toute la province de Moxos, reposant sur le terrain tertiaire; se retrouve dans le pays des Chiquitos, aux environs de Santa-Cruz, au fond de la vallée de Tarija, l'une des localités les plus riches en mammifères fossiles de cette époque, comme on le savait déjà d'après les recherches de Joseph de Jussieu, qui remontent à plus d'un siècle, et comme l'ont confirmé celles de M. Weddell, dont nous parlerons plus loin; puis enfin le plateau de Cochabamba, à 2575 mètres d'altitude. De sorte que, bien que partout horizontal, ce dépôt n'aurait aucun niveau qui lui soit particulier.

Messieurs, malgré l'étendue de cette leçon, justifiée à vos yeux, nous l'espérons, par la grandeur et la variété du sujet, elle n'est cependant qu'une sorte d'introduction à l'examen particulier de la faune qui peuplait ces immenses surfaces de l'Amérique méridionale; ce n'est que le cadre du tableau plus animé que nous essayerons de retracer dans la leçon prochaine.

(1) *Histoire des progrès de la géologie*, vol. II (1848), p. 392-98.

CHIMIE APPLIQUÉE AUX ARTS.

COURS DE M. PÉLIGOT.

(CONSERVATOIRE DES ARTS ET MÉTIERS.)

(Voy. les nos 3, 4, 6, 13, 15, 25 et 43.)

Céramique (suite).

II.

Après avoir exposé précédemment les propriétés générales des pâtes propres à l'industrie céramique, on va examiner actuellement les différentes espèces de poteries. On peut les diviser en cinq grandes classes, qui elles-mêmes comprennent plusieurs subdivisions.

Allant du simple au composé, on rencontre dans la première classe les poteries mates, sans aucune glaçure. Elles sont formées par une pâte colorée ou incolore, selon que cette pâte renferme ou ne renferme pas d'oxyde de fer. Dans cette catégorie se trouvent les creusets, qui sont faits avec des argiles réfractaires et qui présentent une porosité très-grande. On y comprend aussi les divers genres de briques, les tuiles, les tuyaux de drainage.

Dans la deuxième classe on range les poteries faites avec des argiles de même nature que précédemment; mais ici ces argiles ont reçu un vernis qui est de différentes espèces. Pour les poteries les plus communes on emploie un vernis transparent, obtenu au moyen d'une certaine quantité de minium que l'on introduit sur les pièces: ainsi se fabriquent les poêlons de terre; leur couverte est formée par de l'oxyde de plomb qui s'est transformé en silicate de plomb. De telles poteries sont obtenues ordinairement avec des terres très-communes, des terres franches, marneuses, et que cette couverte d'oxyde de plomb rend imperméables. Ce sont là les poteries les moins salubres; c'est-à-dire qu'il arrive souvent que l'emploi de ces produits occasionne des empoisonnements dus à la présence en quantité trop considérable de l'oxyde de plomb. En effet, sous l'influence des aliments acides, tels que la salade, le vinaigre, etc., cet oxyde peut se dissoudre et produire des sels très-vénéneux. Pour cette raison on a agité la question de savoir si l'on n'interdirait pas ce genre de poteries; mais on s'est contenté d'en améliorer la fabrication, en les cuisant, par exemple, à une température plus élevée. On emploie quelquefois pour les vernis du sulfure d'antimoine, ou bien encore de l'oxyde de cuivre, qui, associé à l'oxyde de plomb, donne alors la couleur verte que présente souvent cette poterie. Quand on se sert du sulfure de plomb, on obtient dans ce cas un vernis qui est plus ou moins coloré en brun.

Dans la troisième classe il y a les grès communs. Ils sont formés par des argiles plastiques cuites à des températures assez élevées pour que ces matières subissent un commencement de vitrification. Ces grès sont souvent vernis au moyen du sel marin : ceci arrive, par exemple, pour les bouteilles à bière. Quelquefois le vernis est produit par des matières qui renferment de l'acide borique, ou bien par de l'émail contenant une quantité d'oxyde de plomb qui est toujours très-minime.

La quatrième classe renferme les poteries fines : la terre de pipe, les faïences fines, la porcelaine opaque ; elles ont quelquefois un vernis transparent. Le genre de poterie que l'on connaissait autrefois sous le nom de faïence fine, et qui, comme on vient de le dire, appartient à cette classe, a une pâte blanche et une couverte formée par du cristal parfaitement transparent. Ces poteries ne sont pas d'un bon emploi ; ce n'est pas qu'elles soient dangereuses, mais sous l'action du couteau elles se rayent. On y a par suite renoncé, et on les a remplacées par la porcelaine opaque qu'on fabrique sur une vaste échelle à Montereau. La porcelaine opaque peut recevoir des colorations très-variées, ainsi que des dorures, comme ornementation.

La cinquième classe comprend les porcelaines proprement dites. Elles diffèrent des poteries précédentes en ce qu'elles offrent toujours une certaine transparence que n'ont pas les poteries dont il a été parlé jusqu'ici, et qui sont toutes opaques par suite de la nature de la pâte. La porcelaine présente un émail qui est incolore et vitreux.

On distingue trois sortes de porcelaines : la porcelaine dure, la porcelaine tendre française, la porcelaine tendre anglaise.

La porcelaine dure est fabriquée depuis un temps immémorial en Chine et au Japon. La Saxe est le premier pays qui la produisit en Europe ; puis Sèvres et Limoges entreprirent à leur tour cette fabrication. La porcelaine dure peut être considérée comme étant la meilleure poterie au point de vue de l'usage, car elle résiste à l'action de tous les agents chimiques et elle est propre à tous les usages domestiques. Cette porcelaine, cuite à une température élevée, est très-dure, et l'émail ne présente aucun rapport avec les émaux où il entre une certaine quantité d'oxyde de plomb ou d'autres oxydes métalliques.

Indépendamment de la porcelaine dure, il y a la porcelaine tendre, dite française. On la fabriquait autrefois en France avant que l'on connût la fabrication de la porcelaine dure. On peut la désigner sous le nom de porcelaine artificielle, car elle est faite avec une pâte composée d'éléments associés artificiellement. Ainsi, la porcelaine tendre française est fabriquée au moyen d'un mélange de craie, de marne et d'une espèce de verre qu'on désigne sous le nom de *fritte*, obtenu en soumettant à une température élevée un mélange de sable et de carbonate de soude : c'est, en définitive, du silicate de soude. Cette porcelaine a pris naissance par suite du désir qu'on avait d'imiter la porcelaine de Saxe, qui était de la porcelaine dure faite avec du kaolin. La porcelaine tendre française, d'ailleurs, reçoit un vernis qui fond à une température peu élevée ; il est très-brillant, et se prête aux différentes colorations en produisant des couleurs très-pures, très-éclatantes et qui ont un caractère artistique extrêmement apprécié. Tout le monde sait, en effet, que la porcelaine tendre française est d'un prix très-élevé ; il s'agit là, nous le répétons, d'une fabrication très-difficile, puisque ces produits sont formés à l'aide d'éléments qu'il faut eux aussi fabriquer.

On peut placer à côté, la porcelaine tendre anglaise. Elle est faite avec des principes qui sont naturels : phosphate de chaux, argile, silicate, kaolin. Cette porcelaine est blanche et translucide ; cuite à une température moins élevée, elle reçoit une glaçure qui est formée de borax, de minium et de sable. Il y a donc là un vernis qui reçoit la coloration tout aussi bien que la porcelaine tendre française et présente à peu près les mêmes qualités ; seulement, comme les Anglais sont moins artistes que nous, leur porcelaine a moins de valeur que la nôtre.

Telles sont les cinq classes qui avaient été annoncées.

On va maintenant s'occuper de la fabrication des divers genres de poteries qui appartiennent à chacune de ces catégories.

La première classe comprend, comme on l'a dit, les briques, les carreaux, les tuyaux qui servent au drainage et les creusets. On traitera d'abord des briques.

Dans un certain nombre de localités, les briques sont employées en qualité de matériaux de construction ; souvent on n'en rencontre pas d'autres. Dans les terrains où l'on ne trouve pas de pierre calcaire, il existe de la terre grasse en quantité considérable ; on en profite pour remplacer ce qui manque. Dans le nord de la France, en Hollande, en Angleterre, en Belgique, on utilise la terre sur laquelle sera construit le bâtiment pour faire les briques qui vont le constituer. Quelquefois on emploie pour faire ces briques la terre franche, qui est un mélange de terre végétale renfermant de la craie, de l'argile, du sable.

Il y a plusieurs qualités de briques, selon leur destination. Ainsi, les briques pour les constructions ne doivent pas présenter une grande porosité ni une grande dureté, car il est nécessaire qu'on puisse les tailler facilement ; mais, en même temps, elles doivent être capables de résister à l'écrasement. Les briques destinées à faire l'intérieur des cheminées doivent être de meilleure qualité ; sans être précisément réfractaires, il faut qu'elles soient moins poreuses que les précédentes : telles sont les briques qu'on fabrique en Bourgogne. Enfin, les briques destinées à la construction des fours doivent être essentiellement réfractaires ; elles sont formées avec des argiles plastiques renfermant de la silice et de l'alumine, ne contenant pas de chaux et très-peu d'oxyde de fer. Elles se distinguent des autres en ce que, une fois cuites, elles présentent une couleur blanche, due à l'absence du fer. Il n'y a que peu de localités en France qui fournissent ces briques.

Pour la fabrication des briques, comme pour celle de toutes les poteries, il est nécessaire que l'argile ne soit ni trop grasse ni trop maigre; car, si l'argile est trop grasse, elle se fendille par la dessiccation, et de là un retrait trop considérable. Si, au contraire, l'argile est trop maigre, elle n'a plus la plasticité nécessaire, elle se divise trop facilement par le moulage et ne peut plus servir utilement. On arrive d'ailleurs à obtenir des mélanges convenables, dans le cas où les argiles sont trop plastiques, en ajoutant du sable; quelquefois on se contente d'employer de la cendre de houille tamisée. En Angleterre, en Belgique, dans le nord de la France, on a très-facilement ces cendres, qui, tamisées, conviennent très-bien à l'effet d'être employées comme matières dégraissantes.

La fabrication des briques est une opération très-simple; elle comprend quatre parties principales. Il y a d'abord la *préparation* de la terre, puis le *moulage*, ensuite le *séchage*, et enfin la *cuisson*.

La préparation de la terre est pour les briques ce qu'elle est pour la fabrication des autres produits céramiques, à cela près que dans le cas qui nous occupe cette préparation est moins soignée et entraîne moins de frais. La terre argileuse est d'abord abandonnée à elle-même pendant un temps plus ou moins long aux intempéries de l'air, et cette terre est d'autant meilleure qu'elle est restée plus longtemps à l'influence de la pluie et du soleil. On la débarrasse alors des corps étrangers qu'elle renferme; pour cela on l'introduit dans une fosse avec une certaine quantité d'eau. Cette matière est ensuite piétinée avec soin par un ouvrier. La terre est ainsi souvent *marchée* à trois et à quatre reprises différentes. Quelquefois on la malaxe à l'aide d'un arbre vertical qui présente des rayons armés de couteaux, de manière à l'amener dans un grand état d'homogénéité. Elle est ensuite jetée sur le sol de l'atelier, mise en mottes, et c'est dans cet état qu'elle est livrée au moulage.

Le moulage se pratique de deux façons différentes : tantôt à la main, tantôt à la mécanique. On a beaucoup perfectionné, dans ces derniers temps, les appareils mécaniques; cependant le moulage à la main est avantageux dans un grand nombre de cas, et ne paraît pas pouvoir être remplacé d'une manière générale. Ce moulage à la main est très-simple : on introduit la terre, préparée comme nous venons de le dire, dans un cadre de bois qui présente ordinairement comme dimensions intérieures 22 centimètres de longueur, 11 centimètres de largeur, 5 centimètres et demi de hauteur. Le moulage n'exige d'ailleurs aucun outillage coûteux; l'opération se fait très-souvent en plein champ. On a un hangar pour les ouvriers et pour les briques qui doivent être desséchées, et quant au four, on le fabrique sur place. Dans ce hangar se trouve une table sur laquelle se placent les moules. On y met du sable, puis on remplit le moule avec de la terre, et au moyen de la main on comprime; avec un couteau de bois on enlève l'excédant de terre; puis les moules étant retournés, on porte les briques sur une aire où elles sont placées de champ. Cet espace, qui sert de séchoir, est abrité par de la paille. Les briques y sont placées les unes à côté des autres dans une disposition telle que l'air circule facilement. La dessiccation doit se faire lentement, car si elle se faisait plus rapidement, la terre se fendillerait. Un seul ouvrier peut ainsi par jour faire de six cents à mille briques.

Le moulage à la mécanique est un moyen plus rapide, et par suite plus économique. Toutefois cette fabrication ne présente d'avantage qu'à la condition que le consommateur soit près du lieu de production. Les briques, en effet, exigent de grands frais de transport. Aussi, bien qu'on ait inventé une quantité d'appareils différents pour le façonnage des briques à la mécanique, la plupart de ces machines ont été abandonnées. Quelques-unes cependant fonctionnent avantageusement. Une des meilleures présente les dispositions suivantes : il y a d'abord un malaxeur destiné à rendre la terre argileuse aussi homogène que possible : ce n'est qu'un tonneau où se meut un arbre vertical armé de rayons dont les pointes déchirent la matière. La terre, après avoir été malaxée dans cet appareil, arrive en petite quantité par une ouverture inférieure sur les moules, qui sont des cadres de fonte se mouvant sur une espèce de chaîne sans fin. Ensuite les briques ainsi formées parviennent sous un compresseur agissant sur les cadres de manière à faire sortir ces briques par l'ouverture inférieure. Elles se trouvent par là déposées sur des planchettes de bois, ce qui permet de les porter immédiatement au séchoir. Il faut remarquer que l'appareil est disposé de façon que la matière n'adhère pas dans l'intérieur des moules, qui pour cela plongent dans un bain rempli d'eau. Il y a de plus une trémie d'où sort continuellement une petite quantité de sable qui se répand au fond des cadres sur les pièces de métal, de manière à empêcher encore l'adhésion de la brique. Au moyen de ces dispositions, on arrive à produire quinze cents briques par heure; en douze heures de travail, avec un cheval et onze personnes, on fabrique dix-huit mille briques.

Il existe en Angleterre une machine qui présente à peu près les mêmes dispositions que celle dont il vient d'être question. Il y a d'abord, comme dans le cas précédent, un malaxeur. L'argile est foulée par une machine à vapeur à double effet. Lorsque la terre argileuse a passé à travers des espaces qui fournissent la forme des briques, le vide se fait dans une autre partie qui peut être remplie de terre. Dans le même moment, les briques sont divisées à l'aide d'un cadre armé de fils de laiton. Cette machine, quand elle est mue par une force de cinq chevaux, fournit quinze mille briques par heure.

Les briques étant desséchées à l'air libre, on les soumet à la cuisson, qui est indispensable pour leur ôter leur porosité et leur donner de la dureté. Cette cuisson s'exécute de différentes manières : on emploie, soit la houille, soit le bois, soit le coke, quelquefois la tourbe, comme en Hollande.

La plus grande partie se cuit au moyen de la houille, car c'est dans les pays où l'on trouve ce combustible qu'existe principalement la terre argileuse. La houille dont on se sert pour cet usage est une houille menue et maigre; la cuisson se fait très-économiquement au moyen de la méthode flamande : on peut ainsi cuire cent mille briques en une seule journée. Le four que l'on emploie consiste en un amas de briques dans lequel on ménage des interstices qui servent à recevoir le combustible. Ainsi, ce four présente une base qui est formée d'assises où l'on pratique des canaux qui sont parallèles et longitudinaux; on y place une certaine quantité de bois de manière à pouvoir commencer la combustion. On élève ainsi successivement les différentes assises, et l'on ménage de même des ouvertures qui traversent tout le four et dans lesquelles on met de la houille; on les arrange de manière qu'elles communiquent les unes avec les autres. On arrive ainsi à avoir un massif qui présente une hauteur de 3 mètres environ; puis, quand on est arrivé à la septième assise, on commence à allumer le combustible en bas. Le massif, une fois terminé, présente un volume de 86 mètres cubes environ; la cuisson dure de huit à quinze jours. Ensuite il faut un temps convenable pour arriver à un refroidissement complet. La brique perd dans cette opération à peu près 23 pour 100 de son poids, et subit une diminution de volume qui représente 4 à 5 pour 100 de sa longueur. Les briques cuites ainsi ne présentent pas une cuisson parfaite dans toutes les parties, mais on peut cependant les employer pour les constructions.

On peut encore faire usage de fours plus ou moins analogues aux fours ordinaires. Ainsi on se sert quelquefois de fours à coupole; les briques y sont placées de manière à laisser des espaces libres qui permettent à la chaleur de circuler librement. Il y a un foyer dans lequel on introduit le combustible, et à l'aide de cette disposition la chaleur se répartit d'une manière très-égale. Indépendamment des briques, on fait de la même manière les tuiles et les carreaux d'appartements. Ainsi, pour les carreaux, on introduit la terre argileuse de manière à remplir les moules, on comprime la matière, puis on démoule en soulevant la partie inférieure du moule. Outre ces fours flamands, c'est-à-dire ceux qui sont faits avec les briques, et les fours à coupole, il y en a d'autres qui présentent certains avantages : tel est le four qui consiste en une longue galerie où l'on peut introduire par la partie supérieure un chariot de fer qu'on a chargé de briques crues. Ce chariot ou ces chariots cheminent lentement dans l'intérieur du four, de manière à recevoir une température d'autant plus élevée qu'ils arrivent plus près du foyer. Les chariots sont placés de façon que l'un pousse l'autre; de sorte que la dessiccation commence dans la partie la moins chaude et se termine dans d'autres parties où se fait le refroidissement. C'est ici un appareil continu.

Pour les briques qui sont destinées à la construction des cheminées, la fabrication exige plus de soins. Il s'agit surtout de choisir la qualité de l'argile; il faut faire la cuisson à une température plus élevée, en se servant de fours à coupole.

S'il s'agit de tuiles, la fabrication se fait de la même manière que celle des briques ordinaires, soit par des procédés manuels, soit par des procédés mécaniques.

J. DE LIGNIÈRES, ingénieur civil.

HISTOLOGIE.

COURS DE M. CH. ROBIN.

(Voyez les n°s 1, 3, 5, 10, 11, 12 et 13.)

De l'organicisme; des propriétés vitales et de l'irritation.

I. — DE L'ORGANICISME.

Nous avons vu précédemment ce qu'on entend par *organisation* et par *organisme*. Avant d'entrer dans les questions de détail et d'application qui sont du domaine de cet enseignement, il importe aussi que nous soyons fixés sur le sens des expressions : *organicisme*, *propriétés vitales* ou *d'ordre vital*, *irritation*. Sur le premier de ces trois termes nous allons laisser la parole à M. le professeur Rostan.

« Le but de l'organicisme, dit cet illustre maître (Rostan, *De l'organicisme*, Paris, 1864, 1 vol in-8°, 3° édition, chez Asselin), est de prouver qu'il n'existe pas, qu'il ne saurait exister de principe vital, de force vitale, de propriétés vitales *indépendantes* de la matière organisée, séparables de cette matière et pouvant exister sans elle, hors d'elle, surajoutées à elle et chargées d'accomplir les actes phénoménaux de la vie. » (P. 5.)

« L'organicisme s'appuie sur cette raison péremptoire que l'on ne voit la vie nulle autre part que là où il y a organisation. Si elle est ailleurs, qu'on le fasse voir, qu'on le prouve.

» Mais, a-t-on dit trop légèrement, il y a organisation sans la vie; donc ce sont deux choses différentes, puisqu'elles peuvent se séparer. Mais non ! mille fois non ! c'est une seule et même chose. L'organisme est altéré, dérangé, devenu impropre à exercer ses actes, mais il n'y a pas eu de séparation : c'est une seule et même chose dans deux modes différents. » (P. 7.)

« En publiant de nouveau les principes de philosophie médicale que je professe depuis quarante-cinq ans, je n'ai pas la prétention de me poser en réformateur, en chef de secte. Je hais le bruit, je le fuis autant que d'autres le recherchent, je n'ai pas l'humeur militante; *j'écris ce que je crois être vrai, et je m'en rapporte au temps.*

Mon ambition est plus modeste, la voici. Je crois que les principes que j'expose sont un guide sûr pour diriger les médecins dans le dédale de leurs études et dans les difficultés, souvent inextricables, de la pratique de leur art. Je pense qu'à leur aide, on peut arriver, aussi sûrement qu'on puisse l'espérer, à la connaissance exacte de tous les éléments des maladies ; que par eux on peut atteindre à un diagnostic plus positif, plus complet, par conséquent à un pronostic moins incertain, et à des indications thérapeutiques plus rationnelles, et partant plus efficaces que par le passé. J'espère donc que cette publication peut être de quelque utilité.

» Malgré les critiques sans nombre, les dénégations, le dédain même dont ces principes ont été l'objet, je n'en persiste pas moins à les regarder comme fondés. Ils sont simples et clairs, comme tout ce qui est vrai, peut-être trop pour leur succès, dans un temps où l'on n'a d'admiration que pour ce qui est obscur.

» Je n'ai jamais répondu aux critiques que l'on m'a adressées; je les ai lues, examinées, pesées avec la plus grande attention; aucune ne m'a ébranlé dans ma conviction. La plupart ont été faites (le croirait-on?) par des gens qui ne se sont pas donné la peine de me lire. Ils ont critiqué sur les on dit; établissant à priori une proposition absolue, ils l'ont combattue sans en connaître les développements, les correctifs, etc. » (P. 36-37.)

Que M. Rostan ne s'étonne pas de ce procédé. Il est familier à certains esprits dont il est superflu de déterminer les tendances et de qualifier les mobiles. Par une sorte d'orgueil, qu'on satisferait peut-être en le traitant d'aristocratique, mais qui n'a rien, à coup sûr, ni d'élevé, ni de philosophique, ils semblent humiliés de la nécessité fatale qui nous oblige à compter avec les lois des phénomènes du monde qui nous environne. Ils redoutent de pénétrer dans l'organisation intime des êtres vivants, de peur d'y rencontrer des conditions d'activité humiliantes pour leur vanité autant que décevantes pour leurs prétentions. Dans leur ignorance de la véritable constitution et des actes réels de l'économie, ils affichent un dédain superbe pour les maîtres laborieux, qui préfèrent, à de faciles mais stériles à priori, l'analyse patiente et féconde de l'expérimentateur et du penseur, qui ne généralisent qu'après avoir tout vu, tout examiné, tout scruté, depuis le sommet de l'édifice jusque dans ses profondeurs les plus cachées.

Mais, par un juste retour, ils deviennent tôt ou tard les tributaires des lois rigoureuses dont leur faconde avait cru pouvoir se passer. C'est en effet le propre de ces esprits superficiels et exclusivement critiques, de ne jamais rien produire de fort et de durable. On ne les voit jamais faire le moindre apport à la science de leur temps, et ils ne s'aperçoivent même pas, tant ils vivent en dehors des choses de la raison et du droit sens, que l'anatomie, la physiologie, la pathologie et la thérapeutique elle-même, dans ce qu'elles ont de plus élevé jusqu'aux détails les plus minutieux de la pratique, peuvent être étudiées et connues sans qu'il soit jamais besoin de faire appel à leurs prétentieuses et vides élucubrations.

Eux, au contraire, vivent aux dépens de ceux qu'ils critiquent. Car ils ne peuvent écrire une page sans être forcés de leur emprunter les bases de leur raisonnement, les notions mêmes qu'ils attaquent et dont ils considèrent la conquête pénible comme le produit d'un matérialisme abrutissant. C'est qu'en effet, dans l'ordre scientifique et rationnel, rien ne peut prévaloir contre les résultats de l'expérience éclairée par un jugement droit et désintéressé. Ils se passent volontiers d'ailleurs des connaissances qui leur manquent. Car ils sont toujours prêts à sacrifier, quand l'occasion s'en présente, les intérêts de la vérité à de mesquines préoccupations et aux plus vulgaires préjugés. Aussi préfèrent-ils toujours repousser comme inutiles ou dangereuses les découvertes de leurs contemporains que d'être obligés d'y acquiescer en les vérifiant.

Mais ces efforts rétrogrades restent heureusement sans effet sur la génération actuelle. L'esprit du temps est tout entier aux choses positives. Nombre de questions qui, grâce à une méthode surannée, étaient restées jusqu'à ce jour dans le domaine de la spéculation pure, rentrent peu à peu dans celui de la démonstration expérimentale. Ainsi surgissent naturellement, des données de la science, des notions générales ou philosophiques qui se développent parallèlement aux philosophies fondées sur des vues subjectives et en démontrent chaque jour l'inanité. Car chaque rameau de la science qui pousse fait tomber un pan du vieil édifice.

De là un conflit nécessaire entre les esprits dont l'évolution s'arrête à un point donné, et ceux qui, sans exclusion systématique, continuent à perfectionner d'une manière égale l'éducation expérimentale des sens et celle des facultés intellectuelles et morales, par un commerce de plus en plus intime avec les êtres et les milieux environnants. Il suffit aux premiers de se dire spiritualistes pour s'assurer de puissants suffrages et se donner, en quelque sorte, un brevet d'infaillibilité. Fiers de ces immunités, qu'ils doivent à des passions et à des intérêts tout à fait étrangers à la science, ils se croient autorisés à parler avec une égale assurance des choses qu'ils connaissent comme de celles qu'ils ignorent. Aussi les voit-on toujours apporter dans les discussions les plus simples ce ton tranchant et dédaigneux qui est le propre du dogmatisme ambitieux et impuissant.

Faut-il donc s'émouvoir des déclamations bruyantes de ces censeurs intolérants? A quoi bon? La science, qui vit de faits et de conclusions péniblement déduites par l'expérience de chaque jour, n'a pas de temps à perdre. Il vaut mieux faire comme M. Rostan : « Dire ce qu'on croit être vrai, et s'en fier au temps; poser des principes et les suivre. » C'est là une noble devise qu'il n'a jamais cessé de mettre en pratique. Avec un pareil témoignage on peut oublier bien des injustices et braver bien des récriminations. C'est à la fois un grand honneur et un grand encouragement pour ceux qui marchent dans la même voie, d'avoir à soutenir à leur tour une doctrine qui a pour elle un tel langage et un pareil exemple.

Ces viriles convictions d'un maître septuagénaire devraient au moins inspirer le respect à ceux qui se prétendent les gardiens jurés de la morale et des convenances. Peut-être aussi feraient-ils mieux, avant de les attaquer d'une façon si acerbe, de se mettre à portée de les juger sainement. Car, « au milieu de toutes ces contradictions entre la conduite et la doctrine, de ces incertitudes, de ces apostasies, qui donnent à notre époque un si triste cachet, la science, la science positive est la seule source des convictions arrêtées, inébranlables, menant à une conduite assurée et conséquente. » (C. de Blignières.)

II. — Des propriétés d'ordre organique ou vital.

Mais il est temps de revenir aux questions qui doivent faire l'objet spécial de nos entretiens. Puisqu'il n'existe pas, qu'il ne saurait exister de *forces vitales*, de *propriétés vitales* indépendantes de la matière organisée, au-dessus d'elle ou à côté d'elle, rien n'est plus important, en physiologie et en pathologie, que de savoir ce qui caractérise cette matière, quelles sont ses formes élémentaires et les propriétés qui lui sont inhérentes. Là est manifestement la base de l'édifice. Car les propriétés ne sauraient être étudiées hors de la substance dont elles procèdent exclusivement. Par conséquent, les étudier sans connaître cette substance même, ne peut conduire et ne conduit en effet qu'à des résultats illusoires. Il en est à plus forte raison ainsi, lorsque nous cherchons à interpréter chacune des fonctions organiques sans connaître d'avance les actes élémentaires, c'est-à-dire irréductibles à d'autres plus simples, de plusieurs desquels les premières sont la manifestation complexe et simultanée.

Or, à de rares exceptions près, les livres, les examens, les épreuves des concours sont là pour prouver à chaque instant que ces notions fondamentales, sans lesquelles il n'y a qu'illusion et confusion dans la science, sont ce qu'il y a de moins connu, de moins étudié. Je me suis même laissé dire, et j'ai plusieurs fois constaté par ma propre expérience, que cette étude provoquait l'hostilité sourde ou avouée de quelques-uns de ceux qui sont appelés à diriger les travaux de la jeune génération médicale. Ils redoutent de lui voir approfondir certaines questions, de peur qu'elle n'y puise le mépris pour les hypothèses trompeuses sur lesquelles ils appuient leur pratique de chaque jour.

J'ai rappelé ailleurs, après Buffon, de Blainville et autres (*Tableaux d'anatomie*, Paris, 1850, in-8°, *Avertissement*, p. 6 et suiv.), que, parmi les propriétés de la substance organisée, il en est qu'elle possède seule et qu'on n'observe pas dans la matière brute. Outre les propriétés qui lui sont communes avec les corps bruts, la substance organisée, amorphe ou figurée, donne lieu à un certain nombre d'actes qui ont reçu des noms différents selon leur nature et selon les parties élémentaires qui en sont le siége. L'ensemble de ces actes constitue ce qu'on entend par *propriétés d'ordre organique ou biologique*. Celles-ci sont tout à fait spéciales, tout à fait propres aux corps organisés. Elles sont immanentes à leur substance, comme on dirait en métaphysique. C'est là un caractère fondamental, dont on ne saurait trop se pénétrer, car il sert de base et de point de départ à toute doctrine biologique vraiment digne de ce nom. L'étude de ces propriétés est plus complexe encore que celle des propriétés d'ordre chimique, parce qu'elles varient dans leurs manifestations, non-seulement avec la constitution physique et la composition moléculaire ou élémentaire, mais avec la forme et le volume de chaque élément anatomique en particulier.

Ces actes élémentaires, au nombre de cinq, ne s'observent que sur la matière organisée et nulle part ailleurs. Ils lui sont inhérents au même titre que la conductibilité pour le calorique l'est aux métaux, la double réfraction au spath d'Islande; que la pesanteur l'est à tous les corps sans exception; que la propriété de double décomposition l'est à certains sels, etc.

Que l'on ne croie point que cette étude manque de bases positives ou soit dépourvue d'applications, parce qu'en apparence elle est abstraite. Elle est au contraire fondée entièrement sur des données expérimentales comme celle des propriétés de la matière brute, telles qu'on les observe en physique. L'interprétation de tous les phénomènes complexes normaux et morbides que chaque animal nous présente à tout instant, repose en entier sur leur connaissance, comme l'interprétation des phénomènes météorologiques et autres phénomènes terrestres repose sur la connaissance précise des lois de la pesanteur, de la lumière, de l'électricité, des affinités chimiques, etc.; toutes propriétés élémentaires de la matière brute. C'est en vain que, par mille hypothèses, les médecins cherchent à s'affranchir de l'étude directe des propriétés élémentaires de la matière organisée, ou croient impossible la détermination précise de leurs lois. C'est plus vainement encore qu'ils cherchent à faire considérer cette connaissance comme inutile ou comme un pur objet de curiosité pour le naturaliste; elle est pour eux ce que sont les principes de la physique pour l'ingénieur, c'est-à-dire, à la fois difficile à acquérir et indispensable dans la pratique de l'art.

C'est là que le médecin doit chercher l'explication des causes qu'il appelle, faute de les connaître autrement que par leurs effets, *forces vitales*, *forces de la vie* ou *de la nature*, *puissances médicatrices*, aussi bien que *perturbatrices* ou *morbifiques intérieures*. C'est la manifestation d'une ou de plusieurs des propriétés élémentaires du corps organisé, dans telles ou telles conditions, qu'il désigne sans le savoir, lorsqu'il dit, par exemple, d'une lésion, qu'elle guérit *par les seules forces de la nature* : ce qui signifie que le rétablissement des usages d'un ou de plusieurs organes est un résultat dû à la manifestation régulière des propriétés inhérentes à la substance des éléments anatomiques et des humeurs. Je dis dans telle ou telle condition, car, et c'est là un fait capital, chaque propriété d'ordre vital a pour condition d'existence une ou plusieurs propriétés d'ordre physique ou chimique, qui, si elles viennent à être modifiées, entraînent naturellement un changement dans la manifestation des premières. C'est là précisément ce qui a fait croire pendant longtemps, et fait supposer encore à plusieurs, que tous les actes des êtres vivants peuvent être ramenés, les uns à des actes mécaniques et physiques élémentaires, les autres à des actes chimiques ou à ces trois ordres d'actes élémentaires réunis : opinions préconçues qui ont suscité autant d'*écoles* physiologiques et médicales. D'autres, pour avoir méconnu ces conditions d'existence, les caractères propres à la substance organisée et les propriétés qui lui sont immanentes, ont, sous le nom de *vitalistes*, cherché vainement à se rendre compte des actions de l'organisme. C'est pour suppléer à leur ignorance à cet égard qu'ils ont imaginé une prétendue *force vitale*, pure entité, considérée indépendamment de la substance organisée et regardée tour à tour comme unique ou multiple, avec des manifestations et des modes divers. Les conditions d'ordre physique et chimique, sans lesquelles il n'y aurait ni matière organisée, ni propriétés d'ordre organique, ne sont autre chose pour eux que des *stimulants*, des *excitants*, des *irritants* de la *force vitale* ou de ses différents modes, *sensibilité*, *irritabilité*, etc. Nous verrons bientôt que ces chimères ne sauraient un seul instant résister à l'épreuve de l'analyse physiologique. Indiquons d'abord quelles sont les cinq propriétés élémentaires ou irréductibles dont est douée la substance organisée, tant qu'elle demeure placée dans certaines conditions dites de *milieu*, etc.

1° Toute substance organisée amorphe ou figurée, végétale ou animale, placée dans des conditions de milieu en rapport avec sa constitution immédiate et moléculaire, présente continûment, et sans se détruire, un double mouvement de combinaison et de décombinaison simultanées, d'où résulte sa rénovation moléculaire incessante.

Cet acte a reçu le nom de *nutrition*. C'est la moins dépendante et la plus générale de toutes les qualités élémentaires inhérentes à la substance organisée.

Pour les parties directement actives en nous, c'est-à-dire pour les éléments anatomiques, le milieu où s'accomplit cet acte est le plasma sanguin; véritable milieu intérieur, ainsi que je l'ai dit il y a déjà longtemps, dans lequel les éléments anatomiques, ces *facteurs individuels* des phénomènes complexes de l'économie, prennent les principes immédiats en rapport avec leur constitution moléculaire et rejettent ceux dont la présence tend à changer ce rapport. En un mot, chaque élément anatomique se comporte à l'égard du sang comme l'organisme entier par rapport aux milieux ambiants, où il puise ses aliments et où il rejette ses excrétions.

Cet acte nous offre, comme on voit, deux phénomènes moléculaires distincts, mais s'opérant simultanément. Chacun d'eux considéré isolément, c'est-à-dire d'une manière abstraite, peut être envisagé comme un phénomène chimique. Mais leur simultanéité est un fait d'ordre organique. Le premier a reçu le nom d'*assimilation* (voyez *Chimie anatomique*, Paris, 1858, in-8°, t. Ier, p. 218 à 221), l'autre celui de *désassimilation* (*loc. cit.*, p. 224 à 226).

Dans les éléments anatomiques, chacun d'eux nous dévoile les conditions d'existence et d'accomplissement de deux actes, dont nous ne pourrons observer le plein développement que dans les *tissus :* ce sont, d'une part, l'*absorption*, dont l'assimilation est en quelque sorte l'ébauche, et la *sécrétion*, d'autre part, qui est plus nettement esquissée encore par la désassimilation.

2° Toute substance organisée qui se nourrit, grandit, s'accroît dans les trois dimensions, avec ou sans changements graduels de sa constitution moléculaire, et a une fin, mort ou décomposition. Cet acte élémentaire, envisagé dans son ensemble, a reçu le nom de *développement*.

3° Toute substance organisée qui se nourrit et se développe, détermine dans son voisinage la *genèse*, *génération* ou *production*, molécule à molécule, d'une matière analogue ou semblable à elle, et peut même se reproduire directement quand elle est figurée. Cet acte reçoit le nom de *genèse* ou de *naissance*, lorsqu'il est considéré en lui-même, et ceux de *génération*; de *production* ou de *reproduction*, lorsqu'on envisage à la fois son résultat et la manière dont il s'est opéré.

Les trois actes qui précèdent sont les seuls qu'on observe sur la substance organisée végétale, et on les y observe à l'exclusion de tous les autres dont il va être question. De là les noms d'*actes végétatifs*, de *vie végétative* et de *propriétés végétatives*, qui leur sont donnés lors même qu'on les décrit chez les animaux où ils se voient sur tous les éléments sans exception, y compris ceux qui jouissent de propriétés spéciales, dites *animales*. Ces propriétés végétatives sont même spécialement une condition d'existence de ces dernières. Il y a chez les animaux des éléments anatomiques qui ne jouissent que des propriétés végétatives; les espèces qui sont dans ce cas sont même bien plus nombreuses que celles qui, en outre, possèdent une propriété de la vie animale. Les éléments nerveux, les deux sortes de fibres musculaires, sont les seuls éléments qui, aux propriétés végétatives, joignent une des deux propriétés de la vie animale.

On emploie souvent d'une manière générale, d'après ce qui précède, le nom d'*éléments végétatifs* pour désigner collectivement l'ensemble des éléments nombreux qui ne sont doués que des propriétés de nutrition, de développement et de reproduction, par opposition à ceux qui sont doués des propriétés animales (les éléments nerveux et les éléments musculaires).

C'est là un fait digne de l'attention des médecins, et qui met en relief l'importance des actes nutritifs, que la présence chez les animaux des espèces d'éléments doués des seules propriétés végétatives, en nombre bien plus considérable que ceux qui jouissent des propriétés de la vie animale. Il est vrai que, à l'exception des os, des cartilages, des tissus lamineux, tendineux et des épithéliums, les éléments végétatifs n'existent qu'en masses peu considérables dans l'économie et qu'ils s'y trouvent à l'état d'éléments accessoires seulement ; mais ce sont eux seuls qui sont le point de départ des productions morbides accidentelles par hypergenèse ou multiplication exagérée. Quant aux éléments doués des propriétés de la vie animale, ils existent en masses considérables dans l'économie ; ils ne sont jamais l'origine directe de tumeurs, sauf les fibres-cellules, mais ils sont toujours accompagnés par des éléments végétatifs qui, au milieu des autres, deviennent fréquemment par hypergenèse l'origine de ces productions.

Il est inutile de dire que ces mots, *éléments végétatifs*, ne désignent pas en anatomie une classe naturelle d'éléments ; ils servent seulement, en physiologie, à indiquer un ensemble d'éléments appartenant à des sections diverses, mais doués exclusivement des mêmes propriétés fondamentales, avec des différences d'intensité très-marquées d'une espèce à l'autre.

Outre les actes dont il vient d'être fait mention, la substance organisée des *animaux* est le siége de phénomènes qu'on n'observe qu'en elle. Les éléments anatomiques végétaux ne sont pas doués des propriétés dont il s'agit ici, bien que chez les animaux ils aient pour condition d'existence les propriétés végétatives. Ce sont :

4° La *contractilité*, caractérisée par ce fait, que la substance qui en est douée se raccourcit dans un sens et augmente de diamètre dans l'autre, alternativement.

La contractilité offre deux modes fondamentaux, chacun inhérent à une espèce distincte d'éléments anatomiques.

Dans le premier, elle est brusque et rapide : c'est le mode de contractilité qui est propre aux fibrilles musculaires striées (dites aussi de la vie animale). C'est en étudiant les variétés de cette espèce d'éléments, tant dans les muscles soumis aux nerfs de la volonté que dans ceux du cœur, qu'il faudra examiner les phénomènes dont la connaissance a une importance capitale dans l'étude des *paralysies*, des *contractures*, etc. C'est le mode de contractilité appelé *contractilité animale* par Bichat (*Anatomie générale*, Paris, 1801, in-8°, *Considérations générales*, § II). Mais cette expression n'est pas entièrement exacte, parce que tout ce qui est animal est organique, et de plus les fibres striées du cœur, appartenant à l'un des appareils de la vie végétative (dits quelquefois à tort appareils de la *vie organique*), sont douées de ce mode de contractilité.

Le deuxième mode de contractilité est caractérisé par la lenteur avec laquelle il s'accomplit. Ce qui n'implique nullement une absence d'énergie. Il est inhérent aux fibres-cellules, et c'est en les décrivant que nous en ferons l'histoire normale et pathologique. Cette étude n'est pas moins importante que la précédente. C'est le mode de contractilité appelé *contractilité organique sensible* par Bichat (*ibid.*, § II). Cette expression n'est pas non plus exacte, surtout opposée à celle de *contractilité animale*, parce que toute contractilité est animale (sauf celle des cils vibratiles, comme ceux des spermatozoïdes des algues, etc.), et par suite organique.

On parle quelquefois de *contractilité volontaire* et de *contractilité involontaire*, et il n'est pas rare de voir les expressions employées par Bichat considérées comme synonymes de ces dernières. C'est là une erreur qu'il faut éviter ; car, prise en elle-même, la *contractilité* ne présente que des différences d'énergie et de rapidité, et elle ne peut être encore dite ni *volontaire*, ni *involontoire*. Mais, lorsque dans l'étude de l'innervation on examine la motricité et comment la contractilité est subordonnée à cet excitant d'ordre vital, des phénomènes intéressants s'offrent à l'observateur. Ces phénomènes appartiennent à ceux de l'innervation en général, de la motricité en particulier ; seulement les noms qui leur sont donnés ont été tirés du résultat le plus frappant de ces actes plutôt que puisés dans ce qui concerne leur nature nerveuse. C'est ainsi que l'on dit *mouvement*, *contraction* et *contractilité volontaire* ou *involontaire*, au lieu d'*incitation motrice volontaire* ou *involontaire* : car, que l'exécution soit volontaire ou involontaire, le phénomène de contractilité, se passant dans la fibre musculaire, reste au fond toujours le même. La différence porte sur ce qui a lieu dans la portion du tissu nerveux d'où vient l'*incitation motrice* ; or, cette incitation peut, selon l'ordre d'impression transmise des sens ou des viscères aux centres nerveux, être *volontaire* ou bien *involontaire* (c'est-à-dire n'être subordonnée à aucun acte intellectuel). En un mot, ce qu'il y a de *volontaire* ou d'*involontaire*, de rhythmique ou non, dans la contraction, n'est point le *fait du tissu qui se contracte*, mais de l'action du tissu nerveux d'où part l'incitation motrice. Aussi est-il naturel de voir un même tissu musculaire, comme le musculaire à faisceaux striés, être régulièrement le siége de contractions involontaires dans certains organes (cœur), tandis qu'il exécute ailleurs accidentellement des mouvements de même ordre (mouvements par actions réflexes).

Cette propriété de la substance organisée ne se montre pas seulement dans les éléments qui ont forme de fibre, mais dans un grand nombre de ceux qui offrent l'état de cellule.

Sans parler ici des animaux unicellulaires, ni de la contractilité des cellules de beaucoup d'acalèphes, de celle de la substance amorphe du vitellus des mollusques, des diptères, de plusieurs autres insectes, de divers poissons, des batraciens, des reptiles et même des oiseaux, on trouve, chez l'homme et les autres mammifères, plusieurs espèces de cellules douées de la contractilité.

En premier lieu se présentent les fibres-cellules, ou fibres musculaires de la vie végétative, qui, sans paroi ni cavité distinctes, sont douées d'une contractilité lente, mais énergique. Puis viennent les leucocytes, dont toute la masse est contractile, tant que le séjour dans un liquide moins dense que le sérum sanguin ou les mucus n'y a pas déterminé la formation d'une cavité distincte de la paroi. Cette contractilité est lente et peu énergique.

Les cellules des cartilages, tant qu'elles sont encore contenues dans les chondroplastes, offrent une contractilité du même genre; mais on ne l'observe guère que pendant la vie intra-utérine, et seulement jusqu'à la fin du deuxième mois ou environ. Pourtant les tumeurs cartilagineuses ou fibro-cartilagineuses molles des régions parotidiennes et autres en présentent aussi des exemples très-prononcés, même un jour ou deux après leur ablation, avant toute altération *sarcodique*. Il importe, d'ailleurs, de ne pas confondre ce dernier phénomène avec celui dont il est question ici.

Enfin, les cils vibratiles des cellules épithéliales et la queue des spermatozoïdes offrent encore d'autres exemples de la contractilité des cellules ou des appendices. Dans ces différents cas la contraction est rapide et douée d'une certaine énergie qui la rend susceptible de se conserver un certain temps sur les éléments séparés de l'organisme au sein duquel ils sont nés et dont ils faisaient partie.

5° *L'innervation*, acte complexe, propre aux éléments anatomiques nerveux, et dont la définition, peu nécessaire ici, n'est guère possible avant l'étude complète des éléments auxquels elle est inhérente; car, selon la nature de ceux-ci, elle se divise en *sensibilité*, *pensée* ou *volition*, et *motricité*.

Ces deux séries d'actes élémentaires, ne s'observant que chez les animaux, ont, par suite, reçu les noms d'*actes de la vie animale*, *propriétés de la vie animale*, ou simplement *propriétés animales*. Ces propriétés n'appartiennent qu'à un certain ordre d'éléments et à certaines formes spéciales de la substance organisée. Ces formes mêmes ne présentent pas ces propriétés dès le moment de leur apparition dans l'économie, dès leur genèse ou naissance, mais seulement lorsqu'elles ont atteint déjà tel ou tel degré de leur développement. Il faut en outre, pour qu'elles se manifestent, que les éléments qui les possèdent se *nourrissent*. En un mot, tous les actes de l'innervation sont subordonnés à ceux de la vie végétative. Aussi, bien qu'il ne soit ici question que des éléments anatomiques des animaux, c'est par l'étude des propriétés végétatives que nous devons nous préparer à celle des phénomènes de contractilité, d'innervation.

F. Taule.

— La suite à un prochain numéro. —

BIBLIOGRAPHIE.

Institutions d'Hippocrate, ou Exposé philosophique des principes traditionnels de la médecine; suivi d'un Résumé historique du naturisme, du vitalisme et de l'organicisme, et d'un Essai sur la constitution de la médecine, par le docteur T. C. E. Edouard Auber.

Un des faits les plus caractéristiques de notre époque, c'est sans contredit le retour marqué des esprits libres vers les hautes régions de la philosophie. En effet, toutes les connaissances humaines se retrempent aujourd'hui à cette source vivifiante, et la médecine, comme les autres sciences, vient elle-même lui demander la vérification et la consécration de ses principes. L'ouvrage que nous avons sous les yeux est une preuve de plus à l'appui de ce que nous avançons.

C'est une œuvre fortement méditée et patiemment élaborée par un homme qui a consacré sa vie à l'étude et à la vulgarisation des principes les plus élevés de la science, et qui, en résumant ses travaux d'analyse et de synthèse, cherche aujourd'hui à donner un corps aux dogmes généraux et invariables reconnus propres à diriger le médecin dans la pratique de son art. Son but, comme il le dit lui-même, n'est pas seulement d'exposer les dogmes de la médecine hippocratique et de montrer la chaîne qui les unit dans la série des siècles, mais particulièrement de ramener les dogmes de la médecine à l'unité de principe, de montrer dans cette unité la source légitime de la science et de l'art, et de ranimer ainsi l'esprit des saines doctrines.

C'est en faisant parler Hippocrate que le docteur Edouard Auber s'efforce d'obtenir ce résultat. Il est bien inspiré sous ce rapport, car Hippocrate c'est le génie généralisateur, c'est la voix accumulée de l'antiquité; et il faut réellement qu'Hippocrate soit bien illustre, puisqu'après deux mille ans, il occupe sans cesse les générations actives, qui ne se lassent pas d'étudier ses œuvres et de les commenter, comme s'il restait toujours en elles quelque trésor caché qui échappe encore aux plus studieuses recherches.

Ce qu'il y a de certain, c'est que, malgré l'agitation des temps, malgré la tourmente des systèmes et les révolutions des hommes, les principes du vieillard de Cos ont toujours *fait loi* dans la médecine de toutes les contrées et de tous les peuples.

Le livre des *Institutions d'Hippocrate* est un livre original, unique dans son genre par la manière toute nouvelle dont les idées qui le composent sont exposées et traitées. Le plan en est aussi simple que naturel. Il embrasse quatre parties principales, qui, sous le nom d'Introduction, d'Institutions, de Résumé du naturisme, du vitalisme, de l'organicisme et d'Essai sur la constitution de la médecine, exposent, discutent et résument les principes de la science ancienne et moderne.

Chacune de ces parties est traitée par le docteur Edouard Auber avec un soin, une méthode, une conviction et une passion qu'explique seul un commerce assidu avec le génie antique dont il est un des plus fervents admirateurs. Et ce que chacun reconnaîtra, c'est qu'il faut réellement avoir employé bien du temps à étudier les maîtres célèbres de toutes les époques, pour être arrivé aussi sûrement à donner un résumé aussi substantiel, aussi clair et aussi concis des systèmes qui ont divisé les esprits depuis l'origine des temps jusqu'à nous.

Nous n'entrerons pas en discussion avec M. le docteur Édouard Auber : son livre s'affirme, s'explique et se défend suffisamment de lui-même ; d'ailleurs, pour entrer en argumentation, il faudrait avoir plus de place qu'il ne nous en est accordée dans la *Revue des cours*, dans ce rapide et brillant bulletin des sciences si heureusement créé. Nous nous contenterons donc de dire que le livre des Institutions d'Hippocrate est un ouvrage utile, indispensable, qu'il faut avoir dans sa bibliothèque, qu'on soit homme du monde ou médecin, parce qu'il est le livre de tous ceux qui, n'ayant ni le loisir ni le temps de consulter les tables de l'histoire ou de la science, veulent cependant acquérir promptement de solides connaissances en médecine. — L. Danicourt.

CHRONIQUE.

Par arrêtés des 11 août et 20 septembre 1864, un concours est ouvert à Paris, le 2 novembre prochain, pour cinq places d'agrégé des écoles supérieures de pharmacie. Les juges de ce concours sont : MM. Brongniart, Bussy, Claude Bernard, Guibourt, Lecanu, Chatin, Oppermann, Bérard. Les juges supplémentaires sont : MM. Delafosse, Regnault, Baillon et Chenallier.

— Voici le sommaire du n° 16 (16 octobre 1864 du *Courrier des sciences et de l'industrie*, dirigé par M. Victor Meunier :

Histoire naturelle, physique, chimie : Sur la neutralité des espèces par M. Victor Meunier. — Circulaire de M. le ministre de l'instruction publique aux recteurs. — Note sur la constitution du baromètre dit thermoscopique, par M. A. Guyot. — Promenades scientifiques aux environs de Paris, par M. Ludovic. — Zoologie comparée des hannetons, par M. Le Canu.

Industrie : Fabrication mécanique des casseroles de cuivre.

Académie des sciences : Séance du 10 octobre, par M. Victor Meunier.

Nouvelles : Exposition de Portugal. — L'opium dans le tabac. — L'acide phénique contre les venins. — Signaux des chemins de fer. — Impôt des chiens.

Nous rappellerons à nos abonnés de la *Revue des cours scientifiques* que, pour recevoir la *Revue des cours littéraires*, il leur suffit d'envoyer à M. Germer Baillière, comme supplément, une des sommes suivantes :

Six mois. Paris.....	7 fr. —	Départements...	8 fr.
Un an. —.....	11 fr. —	— ...	12 fr.

Le propriétaire-gérant : Germer Baillière.

PARIS. — IMPRIMERIE DE E. MARTINET, RUE MIGNON, 2.

PREMIÈRE ANNÉE. — N° 48. UN NUMÉRO : 30 CENTIMES. 29 OCTOBRE 1864.

REVUE
DES
COURS SCIENTIFIQUES
DE LA FRANCE ET DE L'ETRANGER

PHYSIQUE — CHIMIE — ZOOLOGIE — BOTANIQUE — ANATOMIE — PHYSIOLOGIE
GÉOLOGIE — PALÉONTOLOGIE — MÉDECINE

Paraît tous les Samedis.

	Six mois.		Un an.	
Paris.........	Six mois.	8 fr.	Un an.	15 fr.
Départements..	—	10	—	18
Étranger......	—	12	—	20

Prix de l'abonnement avec la Revue des Cours littéraires.

Six mois.....	Paris, 15 fr.	Départ., 18 fr.	Étranger, 20 fr.
Un an.......	— 26	— 30	— 35

ENVOYER
A LA
LIBRAIRIE GERMER BAILLIÈRE
tout ce qui concerne la rédaction

Les ouvrages dont deux exemplaires auront été envoyés au bureau du journal seront annoncés et analysés s'il y a lieu.

On s'abonne
A LA LIBRAIRIE GERMER BAILLIÈRE
17, rue de l'École de Médecine,
Et chez tous les libraires, par l'envoi d'un bon de poste, ou d'un mandat sur Paris.

L'abonnement part du 1er décembre ou du 1er juin de chaque année.

SOMMAIRE.

PHYSIOLOGIE GÉNÉRALE.

COURS DE M. CLAUDE BERNARD.

(FACULTÉ DES SCIENCES.)

(Voy. les nos 19, 22, 24, 27, 29, 34, 35, 38, 42, 43, 44 et 45.)

XI.

Irritants du nerf moteur. — Électricité nerveuse.

Le nerf moteur est caractérisé anatomiquement par sa terminaison dans la fibre musculaire, terminaison qui a lieu par contiguïté et non par continuité. Son caractère physiologique, c'est d'agir sur le muscle pour produire le mouvement. Du reste, il ne fait qu'irriter le muscle : là se borne le rôle qu'il joue dans l'acte total, mais ce rôle est nécessaire, car le muscle, comme toute matière vivante, ne peut se contracter que sous une influence qui lui soit extérieure, c'est-à-dire sous l'influence d'un irritant, et le nerf moteur est l'irritant normal du muscle.

Mais le nerf moteur lui-même a besoin d'influences extérieures qui mettent en jeu ses propriétés vitales. Voyons donc comment le nerf moteur entre en fonction et quels sont les irritants qui l'y déterminent.

Haller avait déjà dit que la fonction du muscle est de se contracter, tandis que celle du nerf est de l'exciter pour provoquer cette contraction. Mais pour suivre cette chaîne d'influences successives subordonnées les unes aux autres, il faut dire maintenant quel est l'excitant du nerf moteur et quelles sont les conditions dans lesquelles ce nerf peut exercer son action sur le muscle.

Il faut d'abord que le nerf moteur soit intact dans toute son étendue, pour que l'influence de la volonté puisse se transmettre. Si l'on pratique une section et qu'on excite le bout central, on n'obtient absolument rien ; mais si l'on excite le bout périphérique, on a une contraction. C'est même là un moyen fort commode pour reconnaître le nerf moteur dans une vivisection; c'est son caractère pratique. Du reste, le fait n'a rien que de très-naturel : puisque l'élément sur lequel agit le nerf moteur est placé à son extrémité périphérique, son influence doit se propager dans ce sens. L'influence nerveuse se transmet avec une vitesse qui ne dépasse certainement pas 50 ou 60 mètres par seconde, vitesse fort modérée si on la compare à celle des agents physiques, électricité, lumière, chaleur. Elle se propage le long du cylindre-axe qui est ainsi le véritable nerf, comme nous l'avons déjà dit, car, tant qu'il n'est pas attaqué, la fonction du nerf s'accomplit régulièrement.

Les irritants du nerf moteur se divisent en trois classes : irritants chimiques, irritants physiques, irritants physiologiques ou vitaux.

Nous laisserons de côté, pour le moment, les irritants physiologiques, qui nous occuperont longuement plus tard, quand nous parlerons du nerf de sentiment et de la moelle épinière. Ce sont eux, du reste, qui sont les excitants normaux pendant la vie.

Les irritants chimiques comprennent à la fois des acides et des alcalis. Tous les acides irritent plus ou moins le nerf moteur; mais il en est qui produisent plus particulièrement cet effet, et qui le produisent avec une énergie bien plus considérable.

Les irritants physiques comprennent notamment les excitations mécaniques, par exemple, celle qu'on produit en pinçant le nerf. Seulement, quand le nerf a été ainsi broyé, il est bien irrité au moment où se produit l'action, mais il ne peut plus transmettre ensuite l'influence nerveuse par l'endroit broyé. En effet, si l'on pince le nerf au-dessus de cet endroit, c'est-à-dire plus près de la cellule centrale, on n'obtient plus rien; au contraire, en le pinçant au-dessous, on a une contraction. On peut donc aller successivement depuis le centre jusqu'à la périphérie, mais non pas inversement : c'est, du reste, l'inconvénient ordinaire des excitants mécaniques qu'on ne peut presque toujours employer qu'une seule fois. La potasse caustique et les autres agents chimiques qui détruisent le nerf sont dans le même cas. C'est avec cette méthode imparfaite que Charles Bell a fait ses expériences sur les racines des nerfs dans la moelle épinière.

A côté des irritants mécaniques, il faut placer certains irritants physiques et chimiques. Les agents physico-chimiques produisent dans le nerf moteur un changement physique permanent ou momentané. C'est toujours ainsi que l'action s'opère, car s'il n'y avait pas de changement dans l'état du nerf moteur et dans celui du muscle, on ne comprendrait pas la contraction; ce serait un effet sans cause. Par exemple, quand on broie le nerf moteur, on opère évidemment un changement physique permanent. Tous les agents qui enlèvent de l'eau produisent aussi une irritation du nerf moteur, pourvu que la dessiccation marche assez rapidement. Ainsi, mettons dans du sel marin, corps très-avide d'humidité, l'extrémité d'un nerf moteur de grenouille resté en communication avec son muscle : le muscle entre bientôt en tétanos, et cet effet est dû exclusivement à la dessiccation active que subit le nerf moteur, car si on le plonge dans l'eau, le muscle revient aussitôt à l'état normal. On peut opérer de même sur un animal vivant. Ainsi, on peut placer une grenouille dans un courant d'air actif qui lui enlève son humidité : au bout d'un temps plus ou moins long, variable avec la rapidité de la dessiccation et qui va souvent jusqu'à vingt-quatre heures, la grenouille entre tout entière en tétanos comme le muscle isolé sur lequel nous opérions tout à l'heure. Quand on veut faire des expériences sur des grenouilles, en été, on est souvent embarrassé par une foule de contractions dues à cette cause, à laquelle on ne songe pas toujours dans ce cas.

Cette excitation par la dessiccation est déjà bien préférable à l'excitation mécanique. Mais l'irritant le plus employé et le meilleur à tous les points de vue, pour le nerf moteur comme pour le muscle, c'est encore l'électricité. Il faut nécessairement que cette électricité produise un changement physique dans le nerf moteur, sans quoi l'action ne s'expliquerait point : elle produit en effet un changement électrique particulier que nous indiquerons plus tard. En elles-mêmes toutes les sources électriques sont bonnes pour cet usage; cependant il ne faut pas employer des appareils produisant des changements physiques trop énergiques, qui pourraient agir directement et *physiquement* sur les nerfs, au lieu d'agir *physiologiquement*. Le plus souvent on a recours aux appareils d'induction.

Dès le commencement de ce siècle, on avait cherché à appliquer l'électricité aux nerfs; mais on s'y était pris fort mal. Ainsi, vers 1830, on fit des expériences dans lesquelles on mettait le bout du fil d'un des pôles de la pile sur l'origine du nerf, et le bout de l'autre sur son extrémité périphérique, c'est-à-dire sur le muscle. On cherchait dans ces expériences à distinguer les racines antérieures des racines postérieures : mais on n'obtint rien et l'on ne pouvait rien obtenir, puisque l'électricité passait également dans les deux cas, et non pas seulement par le nerf : d'ailleurs, le muscle était irrité directement, et dès lors les contractions qu'on obtenait ne signifiaient plus rien, puisqu'on pouvait toujours les supposer déterminées par cette irritation directe du muscle.

Müller, au contraire, montra qu'il fallait tout d'abord isoler le nerf en le plaçant sur un morceau de verre, et faire ensuite passer le courant à travers une longueur restreinte, de manière à être bien sûr d'électriser le nerf tout seul. En opérant de cette manière, on distingue facilement les racines postérieures qui ne donnent rien et les racines antérieures qui produisent une contraction à une grande distance.

Müller signale un autre fait qui est encore inexpliqué. Pour obtenir un résultat, il faut placer les deux pôles dans une certaine position. Si l'on place les deux pôles l'un en face de l'autre, de manière que le courant passe tout à fait transversalement, on n'observe aucun phénomène. Il faut donc que les deux pôles soient à des hauteurs inégales. Peu importe, du reste, que le pôle positif soit en haut ou en bas, c'est-à-dire plus ou moins rapproché de la cellule centrale par rapport au pôle négatif : le sens du courant n'exerce donc aucune influence sur la production du phénomène.

Le changement physique résultant de l'action de l'électricité, n'est nullement en rapport avec l'intensité du courant, mais bien avec la rapidité du changement de force et de direction de l'électricité. Aussi les courants d'induction sont-ils les plus convenables pour ces sortes d'expériences. Ce n'est donc pas l'addition d'électricité dans le nerf moteur qui met en jeu ses propriétés physiologiques et amène la contraction du muscle, c'est exclusivement le changement d'état électrique qui se produit dans ce nerf. Il en résulte que si nous faisons cesser l'action électrique en interrompant le courant, il y aura changement dans l'état électrique du nerf moteur, et par suite irritation, absolument comme si nous l'avions soumis à une nouvelle influence électrique. Vous voyez en effet que nous obtenons des contractions sur ces cuisses de grenouille chaque fois que le courant est supprimé ou rétabli dans le nerf moteur, c'est-à-dire à l'ouverture et à la fermeture du circuit voltaïque. Si nous faisons passer le courant transversalement, aucun effet n'est produit, mais il faut pour cela que les deux pointes de notre pince électrique se fassent rigoureusement vis-à-vis, ce qui est assez difficile à obtenir.

Quand le courant passe constamment et régulièrement, il ne doit évidemment rien se produire, puisque nous avons un état physique constant. Si l'on veut obtenir une irritation constante, il faut donc prendre un courant inconstant, ou, ce qui est bien meilleur encore, un courant incessamment interrompu, comme en donne la bobine de Ruhmkorff : il est facile alors de faire entrer le muscle en tétanos.

Mais ce que nous avons dit de l'action de l'électricité sur le nerf moteur, nous devons le répéter aussi pour l'action du nerf moteur sur le muscle. Le nerf moteur agit sur le muscle pour changer son état physiologique; autrement il n'y produirait rien. Donc, si le muscle est en repos, l'action du nerf moteur le fait entrer en mouvement, et s'il est à l'état de contraction, l'action du nerf moteur le fait entrer en relâchement. Voici une patte de grenouille dont on a isolé le nerf: on met l'extrémité de ce nerf dans du sel marin qui l'irrite en lui enlevant son humidité, et la patte, jusque-là flasque et pliée en deux, se redresse aussitôt pour entrer bien vite en tétanos. Mais maintenant faisons agir sur ce même nerf, toujours soumis à l'action desséchante du sel marin, un courant électrique : nous l'irritons encore et il irrite à son tour le muscle; seulement, trouvant celui-ci dans un état de contraction constante, il fait cesser cette contraction, et le tétanos disparaît pour être remplacé par un complet relâchement. Dans un cas comme dans l'autre, l'état physiologique du muscle a donc été changé sous l'influence du nerf moteur, et, suivant les cas, l'électricité peut produire le tétanos ou le faire cesser s'il existait déjà.

Ces considérations nous montrent clairement que les nerfs irritants et les nerfs paralysants ne présentent aucune différence essentielle : au fond, c'est tout à fait la même chose; d'un côté comme de l'autre, l'action du nerf moteur c'est de changer l'état physiologique du muscle. Seulement les nerfs irritants arrivent à des muscles ordinairement en repos, et leur influence a pour effet de les faire entrer en contraction; au contraire, les nerfs paralysants se terminent dans des muscles en activité presque continuelle, comme ceux du cœur, de l'intestin grêle, etc., et quand ils sont irrités, leur action sur ces muscles se traduit encore par un changement de leur état physiologique, c'est-à-dire par un arrêt de leur état de contraction ordinaire. Ainsi, ce qui varie, ce n'est pas l'action du nerf moteur, c'est l'état initial dans lequel cette action trouve le muscle.

Il est facile de vous donner des exemples de cette action paralysante des nerfs, et nous allons montrer que l'influence de l'électricité sur les nerfs moteurs détermine notamment un arrêt manifeste dans les mouvements du cœur, par le mécanisme que nous venons d'expliquer.

Voici un lapin qui a été préparé de manière à rendre visible de loin les mouvements du cœur. Sur un animal mammifère on ne peut, dans l'état ordinaire, les montrer directement en ouvrant le thorax, parce que la mort suit immédiatement cette opération. Mais on peut appliquer un manomètre sur une artère, ce qui permet de constater chaque impulsion du sang dans cette artère, et l'on voit alors que le pouls cesse de battre au moment où agit l'irritant électrique. On peut aussi, comme nous l'avons fait, enfoncer une aiguille, non pas dans le cœur, ce qui occasionnerait des désordres qu'il faut éviter, mais dans les parties qui avoisinent cet organe, de telle sorte que chacune de ses pulsations se traduise par un mouvement de va-et-vient de l'aiguille, qu'on rend, du reste, plus visible en y fixant un petit morceau de papier. Mais tous ces moyens présentent des inconvénients et des complications. Il est bien plus simple et plus démonstratif d'observer directement les mouvements du cœur.

Pour pouvoir le faire, nous avons préparé un *lapin à sang froid*, c'est-à-dire que nous avons fait subir à un lapin des mutilations qui ont modifié considérablement chez lui l'activité des fonctions vitales, et l'ont placé dans une situation analogue à celle d'un animal à sang froid. Ce résultat a été obtenu sur ce lapin en coupant la moelle épinière dans la région inférieure du cou, de manière à ne plus lui laisser qu'un seul des nerfs respiratoires. La respiration s'est ainsi considérablement ralentie, les mouvements sont devenus de plus en plus lents, de plus en plus rares, et la combustion respiratoire, qui a son siége principal dans les muscles, a diminué au point de ne pouvoir plus entretenir la chaleur animale à son niveau ordinaire. La température intérieure de ce lapin a donc diminué progressivement, et elle est actuellement de 23 degrés seulement au lieu de 38 ou 40 degrés, comme à l'état normal. La température la plus basse à laquelle on puisse descendre ainsi, est 20 degrés; au delà de cette limite, l'animal meurt par suite d'une réfrigération trop énergique, qui lui rend impossible l'exercice des fonctions vitales.

Nous avons donc un véritable animal à sang froid, qui nous permettra de répéter les expériences que nous avons dû faire jusqu'ici sur des grenouilles. — On achève de tuer le lapin en lui coupant complétement la moelle épinière, on l'écorche et l'on prépare un morceau du muscle de la cuisse, qu'on peut mettre sur l'appareil aux coussinets que nous avons décrit en parlant de l'électricité musculaire : on reproduit ainsi tous les résultats obtenus précédemment sur les muscles de grenouille. En ouvrant le thorax, on voit le cœur qui continue à battre (*il battait encore à la fin de la leçon*), tandis que chez un lapin tué à l'état ordinaire, le cœur cesse de battre quelques minutes après la mort. En électrisant le nerf pneumogastrique, on suspend aussitôt ces mouvements du cœur. Voici une grenouille dont le thorax est également ouvert, et l'on voit que l'électrisation du nerf pneumogastrique y arrête aussi les contractions du cœur. Enfin, voici un lapin à l'état ordinaire chez lequel on a lié un des nerfs pneumogastriques — un seul suffit presque toujours — de manière à pouvoir l'électriser; puis on a placé l'aiguille qui indique par ses oscillations les mouvements du cœur, et l'on constate facilement qu'ils s'arrêtent pendant que le nerf pneumogastrique est sous l'influence des courants d'induction. Ainsi donc — et c'est là surtout ce que nous voulions prouver — on peut répéter sur un lapin à sang froid toutes les expériences que nous avons faites sur les grenouilles, et les résultats que nous avons obtenus sont véritablement d'une application générale, puisque nous pouvons les constater sur les animaux supérieurs toutes les fois que nous nous mettons dans des conditions convenables pour pouvoir observer utilement le jeu des fonctions vitales chez ces animaux.

Les expériences qu'on vient de faire sur divers animaux ont mis complétement hors de doute que les propriétés physiologiques du nerf moteur se manifestent dans le muscle, soit en le faisant contracter, comme cela a lieu d'ordinaire, soit en suspendant la contraction, comme on peut l'observer aussi fort souvent; et nous avons montré que les deux cas ne présentaient point de différence essentielle. — Terminons maintenant l'étude de l'irritation électrique du nerf moteur en traitant des courants qui se manifestent dans le nerf et de leurs effets.

La première condition pour que le nerf moteur soit irrité, c'est que le changement d'état électrique soit rapide. On pourrait, sans rien produire, y faire passer un courant d'abord extrêmement faible qui monterait graduellement jusqu'à devenir très-intense. Il faut un effet brusque amenant un changement brusque. Le nerf moteur est donc un excellent galvanomètre, et un galvanomètre très-sensible, pour indiquer les changements brusques de direction ou d'intensité, quoique les courants soient très-faibles. Nous pouvons facilement donner un exemple de cette extrême sensibilité. Prenons un nerf de grenouille en conservant le muscle auquel il aboutit; puis replions ce nerf sur lui-même, de manière à former une anse complétement fermée par le contact des deux parties du nerf. Nous appliquons maintenant à l'extrémité libre du nerf un courant électrique qui produit une contraction au moment où il commence à passer; mais ensuite il ne se manifeste plus aucun phénomène, parce que, tant que le courant passe d'une manière régulière, c'est un état physique constant qui est incompatible avec toute irritation du nerf. Seulement, si nous écartons les deux branches de l'anse de façon qu'elles ne se touchent plus, il se produit une contraction dans le muscle au moment précis où s'opère cet écartement. C'est qu'en effet le courant jusque-là ne passait pas dans l'anse, et maintenant, comme les deux branches sont écartées, il est obligé d'y passer, ce qui fait que le circuit est un peu plus étendu, et, par suite, la résistance brusquement augmentée, bien que dans des proportions souvent très-minimes. Quand on rétablit l'anse en rapprochant les deux branches, il y a encore une contraction; c'est absolument la même chose que tout à l'heure : la résistance est diminuée avec l'étendue du circuit à parcourir, et dans un cas comme dans l'autre, il y a changement électrique. Ce changement, bien qu'opéré sur des courants très-faibles, suffit néanmoins à produire une contraction.

Ces phénomènes électriques des nerfs sont soumis à des lois découvertes déjà au siècle dernier et connues sous le nom de *lois de Ritter*, du nom de celui qui les démontra. — Le sens du courant dans le nerf est déterminé, suivant les conventions ordinaires, en le considérant comme allant du pôle positif au pôle négatif, c'est-à-dire du pôle cuivre au pôle zinc. On appelle *courant descendant* ou *direct*, celui qui se dirige vers le muscle, et *courant ascendant* ou *inverse*, celui qui s'en éloigne; on admet qu'ils produisent chacun des effets différents, soit au moment où ils s'établissent par la fermeture du circuit, soit à celui où ils cessent par l'ouverture de ce même circuit. Enfin, on distingue six périodes dans les phénomènes qui se produisent entre la séparation du muscle du reste de l'organisme et sa mort définitive. Avouons, du reste, tout de suite que les lois de Ritter n'ont pas, à beaucoup près, l'importance qu'on a voulu leur donner autrefois. Voici le tableau dans lequel elles peuvent se résumer :

LOIS DE RITTER.

PREMIÈRE PÉRIODE.

Courant ascendant.

Fermeture du circuit........ Contraction.
Ouverture.................. Rien.

Courant descendant.

Fermeture du circuit......... Rien.
Ouverture.................. Contraction.

SECONDE PÉRIODE.

Courant ascendant.

Fermeture du circuit......... Contraction.
Ouverture.................. Contraction faible.

Courant descendant.

Fermeture du circuit......... Contraction faible.
Ouverture.................. Contraction.

TROISIÈME PÉRIODE.

Courant ascendant.

Fermeture du circuit......... Contraction.
Ouverture................. Contraction.

Courant descendant.

Fermeture du circuit......... Contraction.
Ouverture................. Contraction.

QUATRIÈME PÉRIODE.

Courant ascendant.

Fermeture du circuit........ Contraction faible.
Ouverture................. Contraction.

Courant descendant.

Fermeture du circuit......... Contraction.
Ouverture................. Contraction faible.

CINQUIÈME PÉRIODE.

Courant ascendant.

Fermeture du circuit......... Rien.
Ouverture................. Contraction.

Courant descendant.

Fermeture du circuit......... Contraction.
Ouverture................. Rien.

SIXIÈME PÉRIODE.

Courant ascendant.

Fermeture du circuit......... Rien.
Ouverture................. Rien.

Courant descendant.

Fermeture du circuit......... Contraction faible.
Ouverture................. Rien.

Nobili est venu donner une classification qui correspond exactement à celle que nous venons de reproduire. Cependant il n'admet que quatre périodes, parce qu'il supprime les deux premières périodes de Ritter; mais ces quatre périodes sont purement et simplement les quatre dernières de Ritter sans aucune modification.

Il ne suffit pas d'indiquer des périodes, il faut encore les rattacher à quelque chose, car autrement elles ne signifient rien. Ces périodes tiennent à des propriétés particulières que prend le nerf au moment de perdre toute fonction vitale. En mourant, le nerf moteur devient plus irritable qu'il ne l'était pendant la vie, et cela pour toute espèce d'irritant, l'électricité, les poisons, etc. Ainsi, prenons une grenouille et séparons du centre un des nerfs moteurs : si, au bout de quelque temps, nous le soumettons à l'action du curare, il sera facile de voir qu'il s'empoisonne beaucoup plus vite que les nerfs encore réunis à la moelle épinière.

Mais, nous venons de le dire, tout cela tient à l'état d'agonie et de mort du nerf moteur. Il n'en est plus du tout de même quand on opère sur un nerf qui n'est pas en train de mourir, parce qu'il tient encore à la moelle épinière. Cependant, en électrisant un nerf moteur à l'état normal, on peut encore obtenir des phénomènes qui varient suivant les cas; mais ces variations seront dues à la force plus ou moins grande des courants. —Voici une classification de ces phénomènes électriques fondée uniquement sur les différences d'intensité des courants :

COURANT FAIBLE.

Courant ascendant.

Fermeture du circuit......... Contraction.
Ouverture................. Rien.

Courant descendant.

Fermeture du circuit......... Contraction.
Ouverture................. Rien.

COURANT MOYEN.

Courant ascendant.

Fermeture du circuit......... Contraction.
Ouverture................. Contraction.

Courant descendant.

Fermeture du circuit......... Contraction.
Ouverture................. Contraction.

COURANT FORT.

Courant ascendant.

Fermeture du circuit......... Rien.
Ouverture................. Contraction.

Courant descendant.

Fermeture du circuit......... Contraction.
Ouverture................. Rien.

On obtient donc toutes ces variations sur un même nerf en modifiant la force du courant, ce qui prouve que tous les changements observés par Ritter tiennent uniquement aux variations d'intensité du courant, sinon à des variations absolues, du moins à des variations relatives à la force de résistance du nerf moteur et à son irritabilité plus ou moins grande. En effet, que le courant soit plus fort ou que le nerf devienne plus irritable, c'est toujours la même chose quant à l'effet produit. Il faut donc distinguer l'état physiologique du nerf moteur et son état antiphysiologique ou anormal.

Si nous prenons un courant faible, soit en lui-même, soit relativement à la résistance qu'il rencontre dans le nerf moteur, nous aurons toujours, qu'il soit ascendant ou descendant, une contraction à la fermeture du circuit, et rien à l'ouverture. En prenant des courants plus forts, on produit des phénomènes différents, mais qui tiennent à des électrolysations particulières, à des actions physiques diverses. Il ne faut jamais employer ces courants trop forts qui sortent des conditions physiologiques ordinaires, car les courants physiologiques sont toujours faibles à l'état normal. Ces expériences de Ritter, dont nous avons donné les résultats, sont cependant bonnes à conserver, comme représentant des phénomènes très-réels et qui correspondent à des faits qu'on pourrait retrouver peut-être dans certains états pathologiques.

L'électricité est donc l'irritant commun du nerf moteur et du muscle : mais le nerf y est bien plus sensible; un courant très-faible lui suffit, tandis qu'il faut pour le muscle un courant bien plus fort. Ainsi, prenons un courant d'une intensité suffisante et faisons-le passer à travers le muscle sans qu'il atteigne le nerf; en diminuant de plus en plus l'intensité de ce courant, on finira par ne plus obtenir de contraction; au contraire, en le portant alors sur le nerf, on aura tout de suite une contraction très-marquée. Quand un courant électrique traverse la masse du corps, il produit des contractions tout à la fois en excitant directement les muscles, et en excitant les nerfs moteurs qui excitent à leur tour les muscles. C'est ce qui a fait dire à certaines personnes qu'il y avait un lieu d'élection pour l'action de l'électricité. Ce lieu c'est tout bonnement l'entrée du nerf dans le muscle, parce qu'en portant là l'action électrique on excite à la fois le nerf et le muscle. De même quand on n'obtient aucun résultat en faisant passer un courant électrique donné à travers un muscle pourvu encore de son nerf moteur, mais disposé de telle sorte que ce nerf soit placé sur son prolongement, on obtiendra presque toujours une contraction en repliant le nerf sur le muscle, parce qu'alors l'irritation électrique s'étendra également aux nerfs. Tous ces faits montrent clairement que le nerf moteur est bien plus excitable que le muscle par l'électricité.

Voici une autre expérience également fort curieuse. On prend un muscle sur lequel on fait une section presque complète, et l'on écarte un peu les deux côtés de manière à élargir la tranchée. — Nous avons déjà dit, en parlant de l'électricité musculaire, que l'extérieur du muscle est électrisé positivement, tandis que l'intérieur est électrisé négativement. — Puis nous préparons un second muscle, ordinairement le muscle du mollet, en lui conservant son nerf, et au moyen de ce nerf nous réunissons la surface extérieure du premier muscle avec l'intérieur de la coupe que nous y avons pratiquée. Comme l'une est électrisée positivement et l'autre négativement, il doit nécessairement se produire un courant dans le nerf, et, par suite de cette excitation, une contraction dans le muscle auquel il aboutit. L'expérience de la *patte galvanoscopique* se fait ordinairement sur des muscles de grenouille, mais on peut parfaitement la répéter sur les muscles du lapin à sang froid que nous vous avons montré précédemment. M. du Bois-Reymond, qui a le premier mis ce fait en évidence, n'a pas eu de peine à l'expliquer par l'irritation électrique, d'autant plus qu'il attribuait à cette irritation un rôle très-considérable.

Les nerfs moteurs ont, comme les muscles, des courants électriques propres, qui ont été étudiés d'une manière toute particulière par M. du Bois-Reymond. Cet habile expérimentateur a constaté que le nerf était électrisé positivement à la surface et négativement à l'intérieur, absolument comme le muscle à l'état normal. Mais ces phénomènes ne se conservent aussi sous cette forme dans le nerf moteur que tant qu'il reste à son état ordinaire. S'il se trouve dans des conditions anormales, son état électrique change complétement, il prend, pendant la contraction du muscle, un état qui lui est propre et auquel M. du Bois-Reymond a donné le nom d'*électrotonisme*. La coïncidence de cet état particulier avec la contraction musculaire fit même croire à ce savant qu'il était la cause de l'influence nerveuse : il se produirait alors dans le nerf un état électrique tout spécial qui modifierait par influence l'état électrique du muscle, et, par suite, produirait son irritation. Tel serait le mécanisme de l'influence nerveuse et de la contraction musculaire.

Terminons en disant quelques mots de ce qu'on a souvent appelé la *contraction paradoxale*. Je suppose qu'on prépare un muscle de grenouille, par exemple le muscle de la cuisse, en lui conservant son nerf aussi long que possible. Si l'on irrite avec la pince électrique l'extrémité libre du nerf après avoir pratiqué une section vers le milieu de sa longueur, on n'obtiendra évidemment rien dans le muscle, puisque l'influence nerveuse ne peut plus se transmettre jusqu'à lui. Mais replaçons les deux bouts l'un sur l'autre, et nous produirons alors assez facilement une contraction marquée. Comment cela peut-il se faire, puisque la section complète du nerf doit arrêter toute influence physiologique qui le parcourt? Voici l'explication de ce singulier phénomène. Sous l'influence de l'irritation électrique, il se produit à l'extrémité excitée du bout du nerf détaché, un état électro-tonique que nous pourrions constater à l'extrémité opposée de ce bout en y plaçant un galvanomètre. Mais la partie du nerf restée fixée au muscle, que nous avons mise précisément en cet endroit, joue absolument le même rôle et reçoit le courant électrique comme le ferait le galvanomètre le plus sensible : elle se trouve donc excitée à son tour, et il n'est pas étonnant dès lors qu'elle fasse contracter le muscle avec lequel elle est toujours en rapport.

Ainsi, l'électricité joue un grand rôle dans le nerf moteur comme dans le muscle, et il n'est pas impossible que l'influence mutuelle de ces deux éléments histologiques l'un sur l'autre ne puisse se ramener dans une certaine mesure à des phénomènes électriques. C'est peut-être encore là, après tout, ce qu'on a supposé de plus plausible à cet égard, et M. du Bois-Reymond a défendu cette thèse avec beaucoup d'habileté.

Le nerf moteur que nous venons d'étudier est l'irritant naturel du muscle, mais il a lui-même un irritant normal d'une grande importance, c'est le nerf de sensibilité dont nous commencerons l'étude dans la prochaine séance. — Émile Alglave.

PALÉONTOLOGIE.

COURS DE M. A. D'ARCHIAC.

(MUSÉUM D'HISTOIRE NATURELLE.)

(Voy. les n°s 1, 2, 10, 12, 14, 16, 18, 20, 22, 24, 27, 29, 31, 33, 36, 37, 39, 41, 44, 45 et 47.)

XVII.

Faune quaternaire de l'Amérique méridionale.

QUATRIÈME SECTION.

MAMMIFÈRES DU LIMON DES PAMPAS.

Messieurs,

Après vous avoir exposé rapidement les caractères et la distribution des dépôts quaternaires de l'Amérique du Sud, puis ceux des restes d'animaux invertébrés qu'on y a signalés, nous devons nous occuper plus spécialement, à cause de leur grande importance, des restes d'animaux vertébrés, si répandus dans les dépôts meubles des Pampas, et qui, par leurs variétés, leurs dimensions, l'étrangeté de leurs formes, non moins que par leur abondance, impriment à la faune des mammifères de cette époque un caractère particulier. Le tableau, même abrégé, de cette réunion de grands animaux qui peuplaient les plaines immenses de la Patagonie, des bassins de la Plata, du Paraguay, du Parana et de l'Urugay, depuis la pente orientale des Cordillères jusqu'aux rivages de l'Atlantique, est certainement un des plus curieux que puisse nous offrir la paléozoologie.

Carnassiers. — Toutes proportions gardées, les restes de carnassiers sont infiniment moins nombreux que ceux des autres ordres. Ce fait est-il dû à ce qu'ils auraient échappé aux circonstances d'enfouissement qui nous ont conservé les autres, ou bien à la rareté réelle de ces animaux? C'est ce que nous ne saurions dire encore. Quoi qu'il en soit, nous ne voyons signalées que les traces certaines de trois espèces appartenant à trois genres très-différents : un Ours, un *Felis* et un Chien.

M. le vice-amiral Dupotet a recueilli près de Buenos-Ayres des restes d'Ours associés avec des ossements de *Mastodon Humboldtii*, de *Toxodon platensis*, de *Glyptodon*, etc., et parmi lesquels M. P. Gervais a reconnu un fragment de mâchoire inférieure, avec la carnassière et l'avant-dernière molaire, un astragale et quatre métatarsiens, qui lui ont indiqué l'existence d'une espèce presque aussi grande que l'*Ursus spelæus*, si répandu dans les dépôts quaternaires de l'Europe. Il lui a donné le nom d'*U. bonariensis*.

Le même zoologiste a fait remarquer que les restes de ce genre signalés par M. Weddell à Tarija, en Bolivie, doivent être rapportés à un grand *Felis*, intermédiaire, dit-il, par ses dimensions, entre le Jaguar et le Lion, ayant les fortes proportions du premier et du Tigre, mais d'une taille un peu inférieure au *Felis smilodon* des cavernes du Brésil. Ces restes consistent en divers os des membres et des extrémités. Quant au Chien, ses débris ont été recueillis par Alc. d'Orbigny, sur les bords du Parana, et décrits par Laurillard, sous le nom de *C. incertus*, puis par de Blainville, sous celui de *C. Azaræ*.

Rongeurs. — Parmi les ossements qu'a recueillis M. Weddell dans la vallée de Tarija, M. P. Gervais a distingué des restes de Cabiai, qui ne paraissent pas différer de l'espèce actuelle (*Hydrochœrus capybara*), signalée aussi dans les cavernes du Brésil. Le *Kerodon antiquum*, Laur., a été trouvé par Alc. d'Orbigny dans le limon des pampas du Parana; le *Ctenomys bonariensis*, id., dans celui de Buenos-Ayres, et le *Ct. priscus*, Owen, par M. Darwin, dans les dépôts du même âge de Bahia-Blanca, en Patagonie.

Pachydermes. — *Mastodon.* — Le genre Mastodonte, que nous avons vu s'étendre dans l'Amérique du Nord, jusqu'au delà du 45° degré, puis vivre sous le tropique du Cancer et sous l'équateur, dans la région élevée du Pérou, a pénétré au sud dans la région des Cordillères, comme dans celle des Pampas, jusqu'au 35° degré. Les deux espèces qui le représentent dans l'Amérique méridionale ont donné lieu à une certaine confusion que n'avaient jamais occasionnée les restes de Mastodonte de l'Ohio, si nombreux et si complets, qu'ils devaient conduire tout de suite à une détermination exacte. Nous avons déjà rapporté tout ce qui avait trait à la découverte de ces grands mammifères jusqu'à la publication de la seconde édition des *Recherches sur les ossements fossiles*, en 1822 (1), il nous reste à exposer en quelques mots ce qui a été fait depuis.

Le *Mastodon Andium*, Cuv., ou *Mastodonte des Cordillères*, Desm., avait souvent été pris, comme on l'a vu, pour le *M. angustidens* du terrain tertiaire moyen de l'Europe, et il fut maintenu comme tel par Laurillard, tandis que de Blainville rapportait tous les échantillons provenant de l'Amérique méridionale à une seule espèce, le *M. Humboldtii*. M. P. Gervais, qui eut occasion de comparer beaucoup de matériaux rapportés par MM. Weddell, Lewy et Gay, a pu éclaircir ce qui se rattache à cette question, et reconnaître que les dents molaires provenant des recherches de ces voyageurs et de celles de leurs prédécesseurs, Dombey, J. de Jussieu et de Humboldt, pouvaient être rangées dans deux catégories différentes, suivant leurs dimensions et les figures que la détrition fait apparaître sur leur couronne. A la première appartiennent les dents du Pérou et de la Bolivie, qui sont plus étroites que les autres, dont elles diffèrent aussi comme diffèrent entre elles celles des deux espèces établies aux dépens du *M. angustidens* de Cuvier. La couronne ne présente, à chaque colline, qu'un seul trèfle, qui se trouve en haut sur la moitié interne de la couronne, et en bas sur la moitié externe.

(1) *Cours de paléontologie stratigraphique*, 1re partie, p. 234.

Mastodon Humboldtii. — Les dents de la seconde espèce, qui doit conserver le nom de *M. Humboldtii*, quoique M. Gervais ne puisse affirmer que l'échantillon qui a servi de type à Cuvier appartienne plutôt à une catégorie qu'à l'autre, sont proportionnellement plus grosses, et leur couronne présente à chaque colline deux figures de trèfle adossées par la base, qui se trouve à peu près sur la ligne médiane.

La plus grande partie des échantillons figurés par de Blainville doivent se rapporter à cette espèce, qui était probablement la plus répandue, car nous voyons que les neuf dixièmes des échantillons des collections d'Angleterre, provenant de l'Amérique du Sud, en font aussi partie.

Ces deux Mastodontes ressemblent assez, du moins par leurs dents, à celui d'Europe, dont on les avait rapprochés d'abord (*M. angustidens*, Cuv.); et d'un autre côté, M. Falconer, dans sa nouvelle classification, basée sur le nombre de collines de chaque dent, et en particulier de la première et seconde molaire persistante, réunit le *M. Andium* à ses *tetralophodon*, ou molaires moyennes à quatre rangées de tubercules, et le *M. Humboldtii* à ses *trilophodon*, ou molaires à trois rangées. L'examen des figures données par M. P. Gervais lui suggère, en outre, quelques doutes sur une dent du *Mastodon Andium*, qui tendrait à faire croire que les deux formules dentaires se trouvent réunies dans cette espèce.

L'étude comparative plus détaillée des dents de ces deux Mastodontes montre, en outre, que celui des Andes manquait d'incisives inférieures; les supérieures étaient longues, en forme de défenses, comme celles des Éléphants. Plusieurs de ces défenses, ayant jusqu'à 2m,20, ont été rapportées de Tarija par M. Weddel. Par les caractères des os du squelette, M. Gervais a pu reconnaître aussi que cette espèce était plus trapue que certaines espèces du même genre et que les Éléphants; les os longs qui ont été figurés viennent appuyer cette conclusion.

Le *M. Andium* a été trouvé au Chili, à Tarija et au Pérou; c'est probablement à cette espèce que se rapportent les débris trouvés sur la montagne volcanique d'Imbaburra, à 2400 mètres d'altitude, aux environs de Quito, dans la cordillère de Chiquitos et près de Santa-Cruz de la Sierra. M. R. Owen cite aussi des restes de Mastodonte recueillis par M. Darwin à Santa-Fé, dans l'Entre-Rios, sur les rives du Tercero, et qui seraient très-voisins du *M. angustidens*. Ils pourraient par conséquent avoir appartenu au *M. Andium*. D'un autre côté, le *M. Humboldtii* a été recueilli aux environs de Buenos-Ayres, au Brésil, près de Concepcion, et à Santa-Fé de Bogota, en Colombie, de sorte que les deux espèces se seraient également étendues de part et d'autre de l'équateur.

Equus. — De même que dans l'Amérique du Nord, le genre Cheval a existé dans l'Amérique méridionale pendant l'époque quaternaire; il en a disparu aussi avec les grandes espèces de mammifères contemporains et y a été ensuite réintroduit par l'intermédiaire de l'homme, après la conquête du pays par les Européens, depuis la fin du XVe siècle.

Deux espèces paraissent avoir existé dans la région qui nous occupe, ce sont l'*E. neogæus*, Lund, et l'*E. Devillei*, Gerv.

La première indication de restes de Cheval dans les Pampas est due à M. Ch. Darwin, qui en recueillit des dents à Punta-Alta, avec des os d'édentés et de *Toxodon*, et à Santa-Fé, dans l'Entre-Rios, avec des restes de Mastodonte. Ils ont été mentionnés et figurés par M. R. Owen, d'abord dans sa Zoologie du *Voyage du Beagle*, et ensuite désignés par lui sous le nom d'*E. curvidens*. M. Gervais, qui a pu comparer un assez grand nombre d'échantillons provenant de Tarija, regarde ce Cheval des Pampas comme le même qu'avait décrit M. Lund, et provenant des cavernes du Brésil. En comparant, en effet, la figure 2, planche VII, de M. Gervais, avec celle qu'a donnée M. Owen, on trouve qu'elles ne diffèrent que parce que l'une d'elles est renversée; nous pensons donc que le nom imposé par M. Lund peut être conservé, en introduisant en outre dans la synonymie l'*E. macrognathus* de M. Weddell, l'*E. americanus*, Gervais (*in* Gay), *non* id., Leidy. Quant à l'assimilation de cette même espèce avec celle de l'Amérique du Nord, admise par M. Leidy, mais rejetée, à ce qu'il semble, par M. Gervais, on a vu ci-dessus que nous l'avions adoptée sur l'opinion du premier de ces zoologistes.

M. Gervais fait remarquer que, dans l'*E. neogæus* ainsi compris, le métatarse, comme l'avait dit M. Lund, est sensiblement plus large et plus plat que dans tous ceux des chevaux vivants; ensuite les mâchoires provenant de Tarija sont proportionnellement plus longues que celles des chevaux ordinaires; la barre est plus étendue, d'où le nom de *E. macrognathus*, qui lui avait été aussi assigné. Quant aux dents peu différentes de celles des chevaux actuels, les linéaments résultant de l'usure de la couronne se modifiaient également avec l'âge pour les molaires inférieures comme pour les supérieures.

L'*E. Devillei*, que M. Lund avait encore signalé dans les cavernes du Brésil, mais sans lui donner de nom, s'est rencontré avec le précédent à Tarija. Les figures données par M. Gervais d'une portion de mâchoire inférieure rapportée de cette dernière localité par M. Weddell ne présentent pas de différences bien caractéristiques. La taille était sensiblement moindre. L'auteur remarque que les dents, nécessairement plus petites, présentent les linéaments de la couronne moins contournés, ce qui s'accorde avec une forme moins carrée et plus étroite de la dent elle-même.

Macrauchenia (cou long). — M. R. Owen a décrit sous le nom de *Macrauchenia patagonica*, des os des membres et des extrémités recueillis par M. Darwin dans le dépôt de Port-Saint-Julien, en Patagonie. Ces restes proviennent incontestablement d'un grand mammifère ongulé, dont le fémur présente trois trochanters, dont les métacarpiens et les métatarsiens sont distincts à tous les âges et en nombre impair. Un astragale analogue à ceux des Tapirs et des Rhinocéros prouve que c'était un pachyderme herbivore. La longueur du cou était surtout remarquable. Les vertèbres cervicales, fort allongées, rappellent celles du Lama, et annoncent une tête grêle, légère et sans trompe. Les trois doigts, presque égaux, se terminant par de petits sabots, rappellent ceux des Tapirs et des *Palæotherium*. La tête de cet animal n'est pas connue ; le peu de dents molaires qui ont été observées dénotent une certaine ressemblance avec celles de ce dernier genre; la dernière molaire d'en bas paraît manquer du troisième lobe, et les prémolaires seraient plus simples que dans le genre tertiaire. En les comparant avec celles du Rhinocéros, on trouve qu'elles sont aussi au nombre de 7, la dernière n'ayant que deux lobes sans talon ou troisième lobe, comme on vient de le dire.

Le *Macrauchenia*, qui devait être de la taille des Rhinocéros et des Hippopotames de nos jours, habitait ainsi l'extrémité sud de la Patagonie, les environs de Tarija et de Buenos-Ayres, c'est-à-dire les points les plus éloignés et au centre même des Pampas.

Ruminants. — Le *Toxodon* (dents arquées) est encore un grand herbivore de la taille du précédent, connu d'abord par un crâne trouvé dans le Sarandis, petit cours d'eau affluent du rio Negro, à 120 milles au nord-ouest de Montevideo. M. R. Owen, qui l'a décrit et nommé d'abord sous le nom de *T. platensis*, fait remarquer la forme déprimée de ce crâne, surtout dans la région occipitale; sa cavité intérieure petite, les arcades zygomatiques grandes et fortes. Il n'y a que deux sortes de dents, des incisives et des molaires, comme dans les proboscidiens. Les quatorze molaires sont implantées en sens inverse de celles des rongeurs, la convexité tournée en dehors. Les sept de chaque côté sont toutes inégales et dissemblables, la première étant subcylindrique, les suivantes bilobées et de plus en plus allongées jusqu'à la sixième; la septième, un peu moins grande, est subtrilobée. Elles sont longues, arquées, sans racine. L'émail constitue un tube irrégulier, prismatique, cannelé ou sillonné; quatre incisives sont composées comme celles des rongeurs; les intermédiaires, petites; celles des extrémités, grandes; les barres sont médiocres.

La mâchoire inférieure porte aussi sept molaires de chaque côté, différentes des supérieures : la première simple, trigone, à angles arrondis; les deux suivantes, allongées, concaves en dedans, avec un sinus en dehors; les trois dernières, de plus en plus allongées, concaves en dedans, avec deux plis ou sinus et un en dehors; six incisives triangulaires, à angles arrondis, sont disposées en demi-cercle.

M. Villardebo a rapporté du voisinage de la Plata divers os de cet animal, qui ont été étudiés par M. Gervais. L'humérus, entre autres, rappelle celui du Rhinocéros, et mieux encore celui de l'Hippopotame, quoique plus fort et plus robuste; le cubitus est plus robuste encore que dans ces deux genres, tandis que le fémur offre une minceur relative, qui paraîtrait extraordinaire, si le même contraste ne s'observait entre les os correspondants de l'Hippopotame.

Les analogies multiples du *Toxodon* sont assez remarquables. Ainsi, par ses incisives, il ressemble aux rongeurs ; par la petitesse du cerveau, l'aplatissement de l'occiput, le nez largement ouvert en dessus, il rappelle un cétacé; par ses molaires, ses formes lourdes et ses jambes courtes, il a de l'analogie avec les édentés, ses contemporains; enfin, par la réunion des molaires et des incisives, ainsi que par sa forme générale, il se rapproche des pachydermes.

Le *Toxodon platensis* était de la taille de l'Hippopotame ou d'un Rhinocéros de nos jours. Il a été trouvé aux environs de Buenos-Ayres, sur le Parana, à Bahia-Blanca, par M. Darwin, et à Tarija, par M. Weddell.

Une seconde espèce, presque de la même taille que la précédente, paraît avoir été découverte aussi aux environs de Buenos-Ayres, et a été mentionnée par M. Owen sous le nom de *T. angustidens*. Enfin, une troisième, fort douteuse, est le *T. paranensis*, faite d'après un humérus rapporté par Alc. d'Orbigny des rives du Parana.

Nesodon. — M. R. Owen proposa en 1846, et décrivit plus complétement en 1853, le genre *Nesodon*. Ce sont des herbivores voisins du *Toxodon*, et dont les dents sont remarquables par les nombreux plis de l'émail qui, en pénétrant à l'intérieur, montrent, lorsque la couronne est usée, des portions isolées, caractérisant le genre, et ayant servi à le dénommer.

L'auteur lui assigne 44 dents, présentant à chaque mâchoire 6 incisives, 2 canines, 8 prémolaires et 6 molaires. Ces dents, inégales et très-différentes, sont en série continue, placées obliquement, et se recouvrant comme des tuiles. Les incisives, tranchantes ou en biseau, s'élargissant vers le haut et légèrement courbées; les canines petites, ne dépassant pas les prémolaires voisines, dont elles ne sont pas plus éloignées que de la troisième incisive. Molaires supérieures à couronne comprimée transversalement, courbées, plissées en dehors, présentant en dedans deux plis d'émail plus ou moins compliqués, laissant des portions isolées à l'intérieur. Molaires inférieures à couronne transversalement comprimée, longues, étroites, divisées en deux lobes inégaux par un sinus longitudinal externe, tous deux ayant un pli d'émail, complexe dans celui qui est en arrière. Dans le texte comme dans les figures, la troisième vraie molaire indiquée dans la formule générale ne se trouve pas.

M. Owen a distingué dans ce curieux genre quatre espèces : le *N. imbricatus*, de la taille du Lama ; le *N. Sulivani*, de la taille du Zèbre ; le *N. ovinus*, de la taille de la Vigogne ou d'un gros Mouton, et le *N. magnus*, qui, d'après la dent qui a servi à le caractériser, serait aussi grand qu'un Rhinocéros. Quant au gisement de ces fossiles, on doit faire remarquer que le dépôt de la Patagonie au sud de Port-Saint-Julien, où ils ont été recueillis par M. Sulivan et M. Darwin, est d'un âge incertain, et que le dernier de ces voyageurs le suppose plus ancien que les couches à *Macrauchenia* de la même région.

Auchenia. — On sait que le genre Lama n'a de représentants aujourd'hui que dans l'Amérique méridionale, et c'est aussi dans cette partie du globe qu'il a été trouvé à l'état fossile dans les dépôts quaternaires et dans des cavernes. Il a été d'abord signalé dans ces dernières, et ensuite des ossements assez nombreux rapportés de Tarija ont été examinés par M. Gervais, qui, y distinguant des individus certainement de tailles différentes, a pensé qu'il pouvait y avoir trois espèces.

L'une, l'*Auchenia Weddellii*, la plus grande des trois, était aussi plus grande que l'espèce actuelle ; elle a été déterminée d'après les canines, un astragale et des phalanges. Une seconde, l'*Auchenia Castelnaudi*, de taille moindre, mais dépassant cependant encore le Lama domestique ou Alpaca, a présenté une portion de mâchoire supérieure avec ses molaires, des portions de mâchoires inférieures et quelques os des membres. La troisième, l'*Auchenia intermedia*, se sépare moins nettement des formes actuelles, quoique en étant encore distincte, ainsi que de la Vigogne. Un fragment de maxillaire inférieur et plusieurs os ont permis sa détermination.

Un caractère propre au genre, et qui s'observe dans tous ces échantillons, c'est aux deux dernières molaires un élargissement antérieur entouré d'émail, et formant un talon transverse. La molaire antérieure présente aussi un repli en avant, plus ou moins prononcé, suivant les espèces. Or, ces replis produisent au dehors une colonnette qui diminue de haut en bas. Dans le genre Bœuf, la colonnette est médiane, en rapport avec un repli de toute la hauteur de la couronne ; dans le genre Cerf, il n'y a au contraire qu'un commencement de colonnette partant de la base de la couronne, à l'intérieur en haut, à l'extérieur en bas. Les Antilopes, les Moutons et les Chèvres n'ont point d'appendice de cette sorte.

SUILLIENS. — *Dicotyles collaris*, Lund (*Sus torquatus* de Blainville). — Cette espèce, citée comme provenant du Brésil et semblable à l'une de nos jours, aurait été aussi rencontrée à l'état fossile aux environs de Buenos-Ayres.

A. D'ARCHIAC.

CHIMIE APPLIQUÉE AUX ARTS.

COURS DE M. PÉLIGOT.

(CONSERVATOIRE DES ARTS ET MÉTIERS.)

(Voy. les nos 3, 4, 6, 13, 15, 25, 43 et 47.)

Céramique (suite).

III.

TUYAUX DE DRAINAGE. — PORCELAINE.

La fabrication des briques et des tuiles a été étudiée précédemment. On va voir maintenant comment se façonne un autre genre de poterie qui appartient à la même catégorie, mais qui est de création récente : ce sont les tuyaux de drainage.

On sait que l'objet du drainage est de donner un écoulement à l'eau que retiennent les terres, sans que cet écoulement puisse amener cependant une dessiccation trop grande. Le drainage a pris une extension considérable en Angleterre. En France, depuis dix ans, il a acquis aussi une grande importance ; c'est ainsi que dans notre pays 100 000 hectares sont aujourd'hui drainés, mais il y a encore 6 millions d'hectares qui ne le sont pas. En Angleterre, les terres drainées sont en plus grande quantité que les terres non drainées.

Le drainage consiste à ouvrir dans les terres des tranchées qui présentent une très-petite largeur et une profondeur de 1 mètre à 1 mètre 20 centimètres. Dans l'intérieur de ces tranchées, qui offrent une certaine déclivité, on dispose des tuyaux de poterie bout à bout. Une fois qu'on les a placés, on remplit les trous que l'on a faits avec la terre qui a été enlevée, de manière à rendre au sol sa forme primitive. Par ce moyen, l'eau stagnante s'écoule en dehors de la terre, d'abord dans ces tuyaux, puis dans d'autres tuyaux de plus grande dimension, et de là dans des rigoles disposées de manière à former des ruisseaux.

Les effets du drainage ne sont douteux pour personne ; ses avantages sont nombreux et considérables. En premier lieu, il diminue la quantité d'eau qui séjourne à la surface de la terre, et par suite la quantité de chaleur nécessaire pour la dessiccation ; d'où il résulte que la température du sol se trouvant plus élevée, les moissons mûrissent plus vite. Ensuite le drainage facilite l'introduction de l'air dans l'intérieur des terres, ce qui est très-favorable au développement des végétaux ; en effet, à mesure que de l'eau s'écoule, elle est remplacée par de l'air. Quand le sol n'est pas perméable, quand il consiste en terre argileuse, l'eau qui séjourne amène la putréfaction des graines, et la croissance des plantes de mauvaise nature. On évite ces inconvénients au moyen du drainage. Le drainage présente encore cet avantage d'assainir les localités où il est pratiqué. Tout le monde sait, en effet, que les eaux stagnantes amènent par l'évaporation, des maladies, quelquefois même des épidémies ; on les évite par le procédé dont il est actuellement question.

Les effets du drainage sont donc, comme il a été dit ci-dessus, multiples et très-importants ; du reste, les résultats se traduisent vite en bénéfices, car on a calculé que l'accroissement des produits représente environ 30 pour 100 du capital employé. Cette opération ne s'applique d'ailleurs qu'aux terres qui sont compactes, qu'on appelle terres fortes ; elle serait nuisible pour des sols légers, des sables ; la terre dans ces circonstances étant à un degré d'humidité convenable.

On emploie pour le drainage des tuyaux de terre très-grossière, fabriqués aussi économiquement que possible. Ils présentent une longueur de 33 centimètres et une largeur qui varie entre 3 et 5 centimètres, selon qu'il s'agit des tuyaux principaux ou des autres.

Cette fabrication est d'une très-grande importance, et ressemble d'ailleurs beaucoup à celle des briques. Elle s'exécute avec la même terre et par des procédés analogues. Ainsi on emploie les argiles que l'on trouve dans presque toutes les localités. On sépare d'abord les parties les plus grossières de cette terre, puis on la malaxe dans des tonneaux analogues à ceux dont il a été question lors de la fabrication des briques. Ceci étant, pour faire les tuyaux, on se sert de machines qui présentent différentes dispositions. Voici le principe de la machine anglaise. Il y a deux pistons qui reçoivent un mouvement alternatif. Quand le premier piston est arrivé à une certaine distance près du centre, il y a un espace vide où l'on introduit la terre argileuse. En faisant mouvoir le second piston, la terre argileuse se trouve comprimée et tend à sortir sous forme de tuyaux. Ceux-ci arrivent sur des tissus qui sont mus sur des rouleaux. On coupe ensuite ces tuyaux à la longueur voulue, en abaissant un cadre muni de fils de laiton ou de fils de fer. On les laisse dessécher à l'air, et on les soumet ensuite à la cuisson.

Il convient de remarquer que dans l'intérieur de la machine qui moule ces tuyaux se trouve une grille qui a pour objet de retenir les morceaux de sable qui pourraient être mélangés avec la terre. On a par suite une pâte qui est dans un état de pureté et de porosité convenables, c'est-à-dire que cette porosité n'est pas suffisante pour que l'eau en traverse les parois. L'eau, dans les tuyaux de drainage, entre aux endroits de raccordement.

Quand les tuyaux viennent d'être fabriqués, ils sont très-mous et se déforment très-facilement ; il faut donc alors des précautions assez grandes pour les enlever. On les fait sécher d'abord sous des hangars qui sont munis d'étagères ; dans les pays chauds, on pourrait s'en servir après cette première opération. Mais dans nos contrées, quand à l'air libre ils ont atteint un degré de dessiccation convenable, on les fait cuire dans un four semblable à celui que l'on emploie pour les briques, c'est-à-dire un four à coupole. On y cuit 30 à 35 000 tuyaux dans l'espace de quelques heures. Quand on fait les tuyaux sur place, on peut les cuire dans un four de terre qu'on appelle four de campagne.

Les tuyaux de drainage doivent offrir un prix de revient très-bas ; il varie selon les localités. Ainsi faits sur place, ces tuyaux ne reviennent qu'à 8 francs ou 10 francs les mille tuyaux. Le prix le plus élevé est de 20 francs à 22 francs.

La fabrication des briques creuses, si employées aujourd'hui, est la même que la fabrication des briques pleines, à cela près qu'on emploie des moules disposés de manière à ménager des vides. Ces briques sont d'une grande légèreté, bien qu'elles soient très-solides.

Tels sont, d'une manière sommaire, les procédés de fabrication de ces produits. Nous allons aborder maintenant l'étude des méthodes employées pour la fabrication de la poterie la plus précieuse : nous voulons parler de la porcelaine. Comme ces procédés donnent une idée exacte de ceux que l'on emploie pour le façonnage des autres poteries, on pourra, à l'aide de quelques rapprochements, se rendre un compte assez fidèle de la fabrication de ces divers genres de poteries.

La porcelaine est une poterie qui est caractérisée tout à la fois et par la nature de la pâte, et par la couverte qui la rend complétement imperméable. Cette pâte est fine, dure, translucide, ce qui la distingue des autres poteries qui sont opaques. La glaçure diffère encore de la glaçure de ces dernières, qu'il s'agisse de porcelaine dure ou tendre, comme le vieux sèvres, ou de la porcelaine anglaise, en ce qu'elle est terreuse, c'est-à-dire formée des mêmes éléments que la pâte elle-même ; c'est un verre complétement transparent qui est fondu à une très-haute température. Ajoutons que la porcelaine peut être caractérisée comme étant la meilleure poterie au point de vue de l'usage ; elle est très-résistante, n'est nullement entamée par le couteau comme les autres poteries, dont l'émail ne présente pas la même solidité ; de plus elle est parfaitement saine et ne présente aucun danger d'empoisonnement.

La fabrication de la porcelaine remonte à une époque très-éloignée. Les Chinois l'ont pratiquée dans un temps sur la date duquel on n'est pas d'accord. Certaines personnes reculent cette fabrication jusqu'à 2000 ans avant l'ère chrétienne ; mais depuis les recherches de M. Stanislas Julien, on peut regarder comme certain que cette fabrication ne remonte qu'au siècle qui a précédé notre ère.

En Europe, cette industrie est de date beaucoup plus récente. Pendant longtemps on s'est contenté de faire des poteries avec des pâtes plus ou moins colorées, dont il fallait masquer les couleurs à l'aide d'émaux opaques : ce sont les faïences italiennes, qui ont été fabriquées avec un grand succès au XVe et au XVIe siècle. Ces faïences étaient surtout des objets de luxe, car les poteries n'avaient pas alors les usages multipliés et très-communs qu'elles présentent aujourd'hui. Nous trouvons à cette époque des artistes de grande réputation. En France, la fabrication de la faïence a pris une grande importance avec Bernard Palissy. C'était du reste une poterie d'ornement représentant des animaux obtenus à l'aide du moulage; elle était recouverte d'un émail blanc très-bien vitrifié. Ce genre de porcelaine se fait encore à Tours. Il existe au Louvre de très-belles collections de faïences, dont le nom, selon les uns, viendrait d'un petit bourg de Provence nommé Faïan, où on les fabriquait, et selon d'autres, de Faenza, en Italie.

Quant à la porcelaine proprement dite, elle a d'abord été connue en Europe par les importations de la Chine et du Japon. On cherchait à l'imiter, mais on n'avait nulle part les matières premières nécessaires, car il fallait une terre argileuse d'une pureté remarquable, et non des argiles contenant du fer, et étant par suite colorées comme celles qu'on avait à sa disposition. Mais enfin, au commencement du XVIIIe siècle, cette terre fut trouvée d'abord en Saxe. Les procédés y furent gardés dans le plus grand secret, et bien qu'on ait fait beaucoup de tentatives pour imiter cette poterie, on ne put y arriver, parce qu'on manquait de la terre nécessaire. En Russie, en Prusse, on avait aussi rencontré la terre en question, c'est-à-dire de l'argile pure, et l'on obtenait ainsi des poteries analogues à celles de la Chine et du Japon.

En France, on avait alors créé la porcelaine tendre pour imiter la porcelaine chinoise, mais cette porcelaine avait l'inconvénient d'être beaucoup plus fusible : c'est le vieux sèvres. Fabriquée d'abord à Saint-Cloud, la porcelaine tendre française le fut successivement à Chantilly, puis à Vincennes, et enfin à Sèvres, en 1760. Toutefois, ce qu'on appelle le vieux sèvres a presque toujours été fabriqué ailleurs qu'à Sèvres. En effet, en l'année 1765 on découvrit aux environs de Limoges des carrières de kaolin permettant de reproduire la porcelaine chinoise. Cette découverte a été faite par hasard par la femme d'un médecin. Elle cherchait de l'argile pour faciliter ses savonnages, quand elle rencontra la terre argileuse dont il s'agit; elle la porta à un chimiste, qui y découvrit les mêmes qualités que celles de la terre dont on se sert en Chine. C'est à Saint-Yrieix que fut faite cette découverte, c'est-à-dire à 25 ou 26 kilomètres de Limoges ; c'est là qu'on trouva des carrières de kaolin, de feldspath et de pegmatite.

Cette fabrication s'est d'abord développée à Sèvres, où elle a acquis un grand degré de perfection. En effet, on est arrivé à fabriquer beaucoup mieux que les Chinois, au moins pour les pièces en blanc. Cette industrie y a toujours été, du reste, dirigée par des savants très-distingués. Indépendamment de cette fabrication, on fait encore à Sèvres une petite quantité de porcelaine tendre, qui ne sert qu'à constater que les procédés anciens ne sont pas perdus ; en outre, on fait des faïences émaillées qui imitent celles de Bernard Palissy.

En même temps que la fabrication de la porcelaine dure se développait à Sèvres, cette même industrie prenait un accroissement considérable aux environs de Limoges, où il existe aujourd'hui trente-six à quarante fours. De plus, on a rencontré le kaolin dans d'autres localités. Enfin, on fabrique ce produit en divers endroits avec les matières premières venant de Saint-Yrieix ; c'est ainsi qu'à Paris il existe de grandes fabriques de ce genre. La qualité des argiles de Limoges est si bien établie, que ce pays alimente plusieurs fabriques étrangères, et que des manufactures de Berlin, de Bruxelles, de Saint-Pétersbourg s'y approvisionnent. La quantité de terre à porcelaine extraite des carrières de Saint-Yrieix s'élève à plus de 300 000 quintaux métriques par an, dont la plus grande partie est pour la porcelaine de table et est consommée aux environs de Limoges.

Cette terre exige un travail considérable ; les carrières, bien qu'exploitées à ciel ouvert, le sont à une grande profondeur, et en outre le kaolin se trouve mélangé avec des substances terreuses ferrugineuses dont il faut le débarrasser en le soumettant à la purification. A Saint-Yrieix, il existe des roches de feldspath, qui est un silicate double d'alumine et de potasse parfaitement défini. Ce silicate, soumis à une décomposition lente, se dédouble ; le silicate de potasse disparaît, tandis que le silicate d'alumine reste et constitue le kaolin. Ordinairement il forme des bancs d'une épaisseur très-considérable, et est d'ailleurs très-friable. Les parties blanches sont portées dans des ateliers où on les soumet à un triage soigné ; c'est un travail exécuté par des femmes, elles le font à l'aide d'un couteau qui leur sert à éplucher la matière.

Quand la substance a été ainsi triée, on n'a encore que le kaolin à l'état brut. On distingue plusieurs sortes de kaolin : il est ou caillouteux, ou sablonneux, ou argileux. Le kaolin est caillouteux quand il est mélangé avec une quantité considérable de cailloux qui sont soit du quartz, soit du feldspath non décomposé ; le kaolin sablonneux est mélangé avec du quartz en grains beaucoup plus fins, qui, par le lavage, se sépare sous forme de sable ; quant au kaolin argileux, c'est celui qui est presque pur. Dans tous les cas, ce kaolin a besoin d'être lavé, ce qui se fait dans des endroits spéciaux. On soumet d'abord au lavage les différentes sortes de kaolin, en opérant par décantation ; on ajoute d'ailleurs à la matière prise à l'état brut des déchets de fabrication. La décantation a lieu en plaçant la substance préalablement broyée en présence d'une grande quantité d'eau ; on fait écouler l'eau qui tient en suspension les parties argileuses, tandis que les parties sablonneuses, qui sont plus denses, se précipitent rapidement au fond du vase. A Sèvres, on emploie le kaolin presque à l'état brut, et l'on obtient le kaolin décanté dans des vases où la matière est délayée ; on fait écouler l'eau dans des baquets inférieurs, et les parties sablonneuses restent au fond du vase : c'est ce qu'on appelle le *petit sable*.

La matière décantée, on la laisse reposer dans de grandes cuves de cuivre, puis on introduit la matière argileuse dans des sacs de coutil qui sont soumis à une pression lente ; ils sont pour cela accumulés les uns sur les autres et sont pressés par une vis de bois. La pile acquiert alors une consistance qui permet de la livrer à la fabrication. Une grande partie de la matière mélangée avec l'eau est livrée au fabricant à l'état humide : cette pâte contient 20 pour 100 de son poids d'eau ; puis une autre partie est séchée pour être transportée à des distances plus ou moins considérables. Dans cet état, le kaolin vaut 14 francs les 100 kilos. A l'état humide, la pâte vaut de 10 francs à 11 francs la même quantité. Le prix varie, du reste, avec les localités.

La pâte doit être mélangée. On l'emploie avec d'autres matières qui ont pour objet de diminuer le retrait et de permettre à la dessiccation de se faire sans produire de fentes; c'est ce que l'on pratique pour toutes les espèces de poteries. Ce sont des matières inertes qui agissent d'une façon purement mécanique, et que l'on nomme *matières dégraissantes* : c'est du sable, du feldspath, du quartz amenés à un grand état de ténuité. Cette pulvérisation se fait en broyant les substances sous des meules qui présentent différentes dispositions, suivant que les matières sont plus ou moins dures. Ces meules se meuvent, soit à l'aide d'un moteur hydraulique, soit à l'aide d'une machine à vapeur.

Quand la matière a été broyée, il est nécessaire de la passer au crible pour l'avoir en poudre impalpable. Cette substance ainsi obtenue séparément dans un état de pureté convenable, on la mélange dans les proportions que l'expérience a apprises. Ce dosage se fait soit au poids, soit au volume; il n'a pas, du reste, besoin d'être fait avec une grande précision.

On emploie différentes sortes de pâtes pour la fabrication de la porcelaine de Sèvres, qui est très-soignée; c'est ainsi qu'on distingue la *pâte de service* et la *pâte de sculpture*.

La pâte de service présente une composition qui doit toujours être la même ; on tâche que la couleur, l'aspect du biscuit soit toujours identique, et l'on y arrive au moyen de la composition élémentaire de la porcelaine elle-même. Ainsi, en prenant la porcelaine à l'état de porcelaine dégourdie, c'est-à-dire avant d'avoir reçu l'émail qui doit la recouvrir, on est arrivé au résultat suivant. Par exemple, pour la porcelaine de Sèvres, elle est ainsi composée : 58 parties de silice, 34,5 d'alumine, 4,5 de chaux, enfin 3 parties de potasse pour 100 parties. On soumet alors à l'analyse les différentes matières qui sont employées pour former la pâte nouvelle, et l'on mélange ces substances de manière à obtenir toujours cette même composition. La pâte de service se fait en employant du kaolin, du petit sable auquel on ajoute une certaine quantité d'un autre sable quartzeux, et enfin une petite proportion de craie provenant, soit de Bougival, soit de Meudon. C'est à la présence de la chaux et de la potasse, qui se trouvent en petite quantité dans cette pâte, que la porcelaine doit l'aspect un peu vitreux qu'elle présente. Les poteries fabriquées avec des pâtes qui ne contiennent ni chaux ni potasse sont complétement opaques. Dans la pâte de sculpture, on emploie le feldspath en quantité plus considérable; on a besoin dans ce cas d'une matière qui acquiert par la cuisson une apparence marbrée, et on l'obtient par cette plus forte proportion de feldspath. On mélange pour faire cette pâte : 64 parties de kaolin, 16 de feldspath, 4 de craie. Indépendamment de ces deux sortes de pâtes, il y en a une autre dont on se sert pour fabriquer les pièces de grande dimension ; cette pâte renferme une certaine quantité d'argile blanche, ainsi qu'une proportion plus considérable de déchets de fabrication. Quant à la pâte qu'on emploie pour la fabrication de la porcelaine à Paris, et qu'on appelle la *pâte de Paris*, elle est ordinairement composée de 80 parties de kaolin et de 20 parties de feldspath. Cette pâte est cuite à une température moins élevée que la température à laquelle on soumet la porcelaine de Sèvres, et cela à cause de la présence du feldspath en quantité plus considérable.

Les éléments de la pâte céramique ainsi déterminés, on en opère le mélange au moyen de l'eau. Il convient d'avoir un mélange aussi homogène que possible, et pour cela on se sert de tiges à malaxer.

Ceci fait, on conserve ces pâtes pour les améliorer. En effet, elles renferment toujours une certaine quantité de matières organiques, et il en résulte avec l'eau une fermentation. Cette fermentation se manifeste par différents caractères. Cette pâte, conservée dans de vastes réservoirs de bois, présente dans certains endroits une nuance noire, et l'on perçoit en même temps une odeur d'acide sulfhydrique. Cet acide provient de la décomposition du sulfate de chaux en sulfite, qui, à son tour, au contact de l'air, donne un dégagement d'hydrogène sulfuré. Pour la couleur noire, elle est due au fer, qui devient sulfure, puis sulfate de fer, au contact de l'eau. Pour hâter cette fermentation, on a l'habitude de *marcher* cette pâte; on l'étend alors sur une aire bien battue, et on la piétine. On attache en Chine une grande importance à cette opération, et c'est ainsi que l'on prétend que la pâte y est préparée cent ans d'avance. Chez nous, où l'on n'a pas le loisir d'y consacrer un temps aussi considérable, on la conserve pendant plusieurs semaines, et à Sèvres pendant plusieurs années. On a constaté, d'ailleurs, que la conservation de la pâte pendant une durée d'un an à dix-huit mois était suffisante.

Enfin, quand la matière a été ainsi conservée, on la débarrasse de l'eau qu'elle tient en excès : c'est ce qu'on appelle le *raffermissement* des pâtes. On y procède en les introduisant dans des sacs de coutil que l'on soumet à l'action d'une forte presse, ou en les plaçant simplement dans des caisses de plâtre qui sont poreuses. S'agit-il de porcelaine ordinaire, ces diverses opérations sont simplifiées. La pâte arrive de Saint-Yrieix à l'état de pâte sèche ; on la soumet au tamisage, puis ensuite on la marche et on la fait séjourner pendant un certain nombre de semaines ou de mois dans des cuves soit de bois, soit de terre, ou dans des tonnes de zinc, qui sont préférables. Ces pâtes sont ensuite raffermies en les pressant dans des sacs.

J. de Lignières, ingénieur civil.

PHYSIOLOGIE COMPARÉE.

COURS DE M. VULPIAN.

(Muséum d'histoire naturelle.)

(Voy. les nos 32, 35, 37, 39, 40, 44 et 46.)

XI.

Phénomènes de régénération des nerfs.

Nous avons vu dans la précédente leçon quelles altérations successives subit le nerf à la suite d'une section. Nous avons vu de plus qu'après la dernière période, il est réduit à sa gaîne de Schwann, plissée et appliquée sur le cylindre axe. Ces éléments vont-ils rester dans cet état? ou bien va-t-il se faire un travail réparateur?

Il importe, pour répondre à cette question, de distinguer deux cas : ou bien les deux bouts peuvent se réunir, ou ils restent disjoints. Et, pour procéder avec plus de méthode, introduisons encore une division dans la première hypothèse. Ou bien on aura opéré sur le nerf une simple section, ou bien on aura enlevé sur sa continuité un segment plus ou moins étendu; dans ce dernier cas, la réunion se fera plus difficilement. Voyons ce qui se passe dans cette deuxième hypothèse.

Le bout périphérique va s'altérer et passer par toutes les phases que nous avons décrites dans la précédente leçon. Mais avant qu'elle ait atteint son dernier degré, on voit déjà un petit changement. Le bout central s'est renflé à son extrémité, et, à la suite d'un nouveau travail, il apparaît un filament mince, aplati, qui paraît se diriger vers le bout périphérique. Si après deux mois on examine ce filament au microscope, on voit qu'il est composé de fibres nerveuses. Les unes sont complètes, c'est-à-dire qu'elles sont pourvues de matière médullaire; les autres n'en ont pas, disposition qui donne à ce filament un aspect grisâtre. Les tubes nerveux en sont cependant plus grêles que ceux du bout central. Après le troisième mois, le filament a grossi, et il prend une teinte blanchâtre, qui est due à la formation de matière médullaire; cette coloration est caractéristique. On n'a pas besoin de l'examen microscopique pour s'assurer de cette augmentation de matière médullaire. A cette époque, la réunion entre les deux bouts est accomplie; après quatre, cinq, six mois, il y aura un cordon nerveux de nouvelle formation, qui présente cependant une forme particulière; le bout central conserve son petit renflement, et le point de réunion est toujours plus grêle.

Ce tissu de nouvelle formation peut s'être produit de deux façons : ou bien c'est du tissu cellulaire dans lequel se sont développés des éléments nerveux, ou bien ce sont les tubes nerveux du bout central qui ont bourgeonné et qui ont, en quelque sorte, subi une pousse. Or, d'après les phénomènes observés, c'est à cette deuxième hypothèse qu'il faut s'arrêter. En effet, on trouve des tubes nerveux du côté du bout central, bien avant d'en trouver du côté du bout périphérique. Il y a même un moment où l'on n'en trouve que là.

Ne croyez pas que la longueur du segment enlevé soit un obstacle à cette réunion. Si l'on a enlevé 2 centimètres seulement, la réunion se fait très-facilement; mais M. Schiff et nous-même, nous avons vu se combler des pertes de substance plus considérables, ayant jusqu'à 4 et 5 centimètres de longueur. Du reste, ainsi que l'a établi M. Flourens, les nerfs sont, avec les os, les parties de l'économie animale qui se régénèrent le plus facilement.

Cette réunion dont je viens de vous entretenir ne servirait à rien, si le bout périphérique restait altéré. Pendant quelque temps, on s'en est tenu à cette notion, parce qu'on ignorait le travail de dégénération que subissait la partie périphérique. Mais la question a été élucidée complétement par les travaux de M. Waller, et voici comment la partie périphérique à son tour va se régénérer.

Tous ses éléments vont subir un travail réparateur dont on peut suivre les phases pas à pas. Dès qu'apparaissent les premières traces de régénération, on voit des éléments nerveux; au milieu des gaînes vides, il y a des tubes nerveux complets; et bientôt le nerf recouvre tous ses éléments anatomiques.

Il se présente ici une difficulté. Comment se fait ce travail réparateur? Sont-ce les tubes anciens qui vont récupérer leur structure, ou bien vont-ils disparaître sous la pression de tubes de nouvelle formation? M. A. Waller a donné cette seconde théorie, mais des travaux plus récents ont prouvé qu'il s'était trompé. Ce sont en effet les tubes anciens qui se remplissent de matière médullaire; le filament axile perd cette altération que l'on ne pouvait constater; il redevient propre à remplir ses fonctions. M. Schiff est le premier qui ait signalé ce mode de régénération, et nous avons nous-même vérifié cette théorie, qui maintenant est adoptée par tous les physiologistes. D'après cette manière de voir, les phénomènes qui se passent dans le bout périphérique seraient caractérisés avec beaucoup plus de justesse par le mot de *restauration* que par celui de régénération. M. Remak pensait que, chez le lapin, le filament axile se fend dans le sens longitudinal, et qu'autour de ces filaments de nouvelle formation, il se développe de la matière médullaire. De telle sorte que dans chaque gaîne ancienne il se produirait plusieurs fibres nerveuses nouvelles.

Tels sont les faits que l'on observe, s'il y a eu une perte de substance. Mais supposons qu'il n'y ait eu dans le nerf qu'une simple division transversale, et que par conséquent les deux bouts soient restés en contact: quoiqu'il n'existe entre les deux bouts qu'un espace microscopique, en quelque sorte, nous observerons les mêmes phénomènes d'altération dans la partie phériphérique, et il faudra que cette partie suive encore, comme je vous l'ai montré plus haut, les mêmes phases de régénération.

Mais, me direz-vous, si l'on réunit les deux bouts au moment où l'accident vient d'arriver, si l'on n'a pas laissé persister même une heure la solution de continuité entre les deux bouts du nerf sectionné, l'altération viendra-t-elle encore envahir la partie périphérique? Assisterons-nous encore à ce travail d'altération et de régénération successives? Oui, sans aucun doute. Lorsque l'altération s'arrêtera sans aller, au moins dans certains cas, jusqu'à sa dernière période, le travail réparateur sera plus rapide, et alors on pourra, après un mois ou six semaines, trouver accomplis ces phénomènes que j'ai exposés, et qui, dans les cas ordinaires, demandent chez un animal adulte au moins cinq ou six mois pour s'achever complétement : mais ce sont là des cas très-heureux et très-rares.

Voila pour la structure. Mais les *propriétés?* mais les *fonctions?* Eh bien, elles se rétabliront progressivement en même temps que la régénération se fera dans toute la longueur des fibres nerveuses. Que de temps n'a-t-on pas mis pour arriver à ces notions, depuis les travaux de Cruikshank, de Fontana et de Haighton jusqu'aux expériences décisives de M. Flourens!

Cruikshank et Fontana, à la fin du siècle dernier, avaient déjà constaté la réparation des pertes de substance que l'on fait subir au pneumogastrique. Haighton alla plus loin. Ce physiologiste coupait le même jour, sur des chiens, les deux pneumogastriques. Vous savez ce qui arrive : l'animal meurt, en général, en moins de quatre jours. Mais si l'on coupe, je suppose, le pneumogastrique droit et que l'on attende trois ou quatre mois pour couper le tronc gauche, l'animal vit pendant quelque temps. Enfin, si l'on met entre les deux sections un intervalle de huit mois, l'animal peut survivre indéfiniment à cette opération. Ce qui montre qu'à cette époque le tronc que l'on a coupé antérieurement a recouvré ses fonctions et qu'il peut entretenir la vie, alors que l'autre vient à être coupé.

Au commencement de notre siècle, malgré ces travaux et ceux de plusieurs autres physiologistes, on n'était pas encore fixé sur la question qui nous occupe, et c'est à M. Flourens que doit revenir l'honneur de l'avoir élucidée. Par ses expériences, M. Flourens a montré, d'une façon qui ne laisse place à aucun doute, que lorsque les deux bouts d'un nerf, après une section, se sont réunis, le passage des irritations se fait très-facilement d'un bout à l'autre, et que même, dans un certain cas, la fonction peut se rétablir complétement.

Il est de plus un fait intéressant que je dois vous exposer. On a remarqué que, consécutivement à la section d'un nerf, la sensibilité se rétablissait plus vite que le mouvement. Le fait s'explique bien simplement : la section n'abolit pas la contractilité musculaire dont je vous ai démontré l'indépendance, mais elle devient moins apparente à cause des troubles qui surviennent dans la nutrition du muscle. Aussi, lorsque le nerf a recouvré ses fonctions, les mouvements produits par l'excitation du nerf sont encore peu apparents, tandis que la moelle épinière n'ayant subi aucune altération, l'irritation du bout périphérique détermine très-facilement des phénomènes de douleur.

Je vous ai dit qu'il fallait être bien prudent pour admettre les réunions immédiates après les sections des nerfs; je crois devoir vous recommander aussi d'être incrédules lorsqu'on viendra vous parler de restitution immédiate de fonctions. Cette recherche a été faite par un nombre incalculable d'expériences, et on ne l'a jamais observé. Dans ces derniers temps, une communication très-intéressante, faite à l'Institut par M. le professeur Laugier, est venue émouvoir les physiologistes. Un malade est apporté à l'Hôtel-Dieu avec une plaie considérable de l'avant-bras, à la réunion du tiers supérieur avec les deux tiers inférieurs; l'interne de garde pratiqua le soir même la ligature des vaisseaux, et le lendemain à la visite, M. Laugier eut l'idée de pratiquer la suture du nerf médian qui avait été sectionné complétement; si bien qu'il fallut débrider à travers les tissus pour aller chercher le bout supérieur. Dès le lendemain, on a constaté de la sensibilité dans les régions qu'anime le nerf médian, et des mouvements d'opposition du pouce qui sont également sous la dépendance de ce nerf. Je ne me livrerai pas ici à la discussion complète de cette observation, ce n'est pas le lieu de le faire. D'ailleurs, je n'ai pas vu le malade pendant les premiers jours qui ont suivi l'opération, et il serait tout à fait déplacé de mettre en doute le témoignage d'un observateur aussi éminent que M. Laugier. Seulement ce que je puis dire, c'est que j'ai examiné ce malade avant-hier (il y avait deux semaines que l'opération avait été faite), que je l'ai examiné encore ce matin, et il est absolument certain qu'il n'y avait aucune trace de sensibilité à la face palmaire des doigts, auxquels se rendent les branches du nerf médian.

J'ajoute que, lorsqu'on veut constater la sensibilité qui se trouve sous la dépendance exclusive du médian, il faut être très-attentif. Le moindre ébranlement, en effet, produit à la face palmaire des doigts, peut retentir sur la face dorsale. On sait que le nerf cubital fournit des rameaux aux muscles adducteurs du pouce et à la portion interne du court fléchisseur du pouce. Or, ces muscles, d'après les travaux de M. Duchenne (de Boulogne), peuvent faire exécuter des mouvements très-étendus d'opposition (opposition du pouce aux premières phalanges).

On avait déjà présenté deux exemples analogues à celui de M. Laugier : l'un est dû à M. Nélaton, et l'autre à M. Paget; et, chose remarquable et dont je veux vous laisser apprécier toute la portée, c'est toujours le nerf médian qui est l'objet de semblables restitutions immédiates.

Je reviens à l'objet de ma leçon. Voyons ce qui se passe lorsqu'on a rendu la réunion impossible entre les deux bouts sectionnés. On arrive à ce résultat de deux manières : ou bien en faisant une brèche considérable qui dépasse, je suppose, 5 ou 6 centimètres, ou mieux encore en arrachant jusqu'aux racines toute la partie centrale. Les expériences que j'ai faites avec M. Philipeaux ont éclairé la question, et je puis vous déclarer que pour les nerfs mixtes, les nerfs moteurs et les nerfs sensitifs, il y a toujours une régénération plus ou moins étendue, et qui souvent porte sur presque tous les tubes nerveux de la partie périphérique.

Cette régénération présente les phases que je viens de vous exposer; seulement elle se produit beaucoup plus lentement. Il faut attendre, suivant l'âge de l'animal, quatre, cinq, six, ou même dix ou douze mois, pour voir reparaître les fibres nerveuses; mais toujours on les voit reparaître.

Nous devons conclure de ce résultat, que le centre n'exerce pas l'influence nutritive indispensable qu'on lui avait attribuée. Les nerfs possèdent en effet à cet égard des propriétés régénératrices autogéniques. La régénération se fait alors *in situ*, sur place, indépendamment des centres nerveux.

Deux questions secondaires suivent comme corollaires cette question de régénération survenue dans ces conditions. Les nerfs ainsi restaurés recouvrent-ils leurs fonctions? Je n'ai rien à répondre à cette première question, elle est puérile; il faut en effet une communication avec les centres pour que les fonctions puissent se manifester, et je viens de raisonner sur des organes qui ne sont plus en communication avec les parties centrales. Passons à la seconde : elle concerne les propriétés. Ici, je puis répondre affirmativement. Les propriétés reparaissent; le nerf moteur, par exemple, restauré, portera l'excitation au muscle auquel il se distribue, et, sous l'influence de cette excitation, le muscle entrera en contraction.

Vous le voyez, messieurs, il n'y a pas seulement restauration, il y a aussi restitution de propriétés; et j'arrive à la démonstration que je vous avais promise : je vous montre que la propriété est inhérente au nerf et indépendante du centre nerveux. Puisque la propriété seule, à l'exclusion de la fonction, revient sous l'influence de la restitution de la structure, elle appartient en propre au nerf.

Qui de vous, en effet, pourra encore penser que les propriétés des nerfs leur sont communiquées par les centres nerveux? Quelle preuve plus éclatante que ces propriétés sont bien les attributs distincts, indépendants, des fibres nerveuses, et que l'existence de ces propriétés n'est liée essentiellement qu'à l'intégrité de la nutrition et de la structure de ces éléments anatomiques?

Quoi de plus propre à nous éclairer sur la différence entre la propriété qui reparaît et la fonction qui reste abolie? C'est donc là, si je ne m'abuse, un fait tout à fait décisif sur lequel j'appelle vos méditations, et qui me paraît éclairer d'un jour nouveau un point fondamental de physiologie générale.

Et maintenant que de réflexions les faits que je viens de vous indiquer en dernier lieu ne nous suggéreraient-ils pas? Je me borne à vous en indiquer une. Elle est relative à la fatalité des actes de la vie organique. Là, en effet, tous les actes paraissent régis par une nécessité aveugle comme les phénomènes du monde physique. Quelle meilleure preuve que nos faits? Pourquoi un nerf séparé de son centre, qui ne sera plus d'aucune utilité pour la vie de relation, pourquoi, dis-je, le nerf va-t-il se régénérer? Et sachez que nous avons poussé plus loin notre démonstration. Nous avons reséqué un tronçon de nerf; nous l'avons placé dans le tissu cellulaire sous-cutané de la peau de l'aine, et il a récupéré sa structure.

Pourquoi a-t-il ainsi récupéré sa structure et sa propriété, désormais inutiles? C'est qu'il obéissait à une tendance invincible, aveugle, fatale, qui agit presque toujours, que le résultat obtenu doive être utile, inutile ou nuisible, c'est-à-dire à la tendance à la restauration, mode si remarquable de l'activité des corps vivants, sur lequel vous ne sauriez trop méditer. — E. Brémond.

CHRONIQUE.

Le célèbre zoologiste Richard Owen fait en ce moment, à Birmingham, une série de lectures fort suivies sur les mammifères.

— Naples, elle aussi, a ses lectures publiques, qui ne sont ni moins populaires, ni moins intéressantes que celles de la Sorbonne. Organisées au printemps dernier par l'initiative de notre savant ami M. de Luca, elles ont été suivies avec assiduité par toutes les classes de la société; on y trouvait réunis des ouvriers, des étudiants, de hauts fonctionnaires, des dames du monde, et entre autres la veuve de l'illustre patriote, le général Guillaume Pepe. On y a vu plusieurs fois M. Alexandre Dumas, ainsi qu'un grand nombre de Français, et notamment les correspondants des journaux, M. Marc Monnier, des *Débats*, M. Erdan, du *Temps*. Ces conférences vont se rouvrir très-prochainement dans le palais de l'Université.

En attendant, M. de Luca vient de publier ces jours-ci, à Paris, en langue italienne, un traité de chimie industrielle (*Elementi di chimica industriale*, 2 vol. in-18, librairie Tandou) qui nous paraît digne d'attention. Cet ouvrage, compilé sur l'édition française du *Dictionnaire de chimie industrielle* de MM. Barreswil, Girard et de Luca, enrichi presque à chaque page de figures explicatives intercalées dans le texte et admirablement gravées, réunit en deux volumes d'un format commode toute la chimie : la théorie et la pratique, les lois et les applications. Personne ne possède à un plus haut degré que M. de Luca la double faculté de généralisation et de vulgarisation. Les lecteurs français pourront en juger par l'ouvrage que doit publier le célèbre chimiste napolitain dans la *Bibliothèque de philosophie contemporaine* de M. Germer Baillière, sous ce titre : *la Philosophie chimique depuis Lavoisier*.

Le propriétaire-gérant : GERMER BAILLIÈRE.

PARIS. — IMPRIMERIE DE E. MARTINET, RUE MIGNON, 2.

PREMIÈRE ANNÉE. — N° 49. UN NUMÉRO : 30 CENTIMES. 5 NOVEMBRE 1864.

REVUE
DES
COURS SCIENTIFIQUES
DE LA FRANCE ET DE L'ETRANGER

PHYSIQUE — CHIMIE — ZOOLOGIE — BOTANIQUE — ANATOMIE — PHYSIOLOGIE
GÉOLOGIE — PALÉONTOLOGIE — MÉDECINE

Paraît tous les Samedis.

	Six mois.	Un an.
Paris	8 fr.	15 fr.
Départements	10	18
Étranger	12	20

Prix de l'abonnement avec la Revue des Cours littéraires.

	Paris	Départ.	Étranger
Six mois	15 fr.	18 fr.	20 fr.
Un an	26	30	35

ENVOYER
A LA
LIBRAIRIE GERMER BAILLIÈRE
tout ce qui concerne la rédaction

Les ouvrages dont deux exemplaires auront été envoyés au bureau du journal seront annoncés et analysés s'il y a lieu.

On s'abonne
A LA LIBRAIRIE GERMER BAILLIÈRE
17, rue de l'École de Médecine,
Et chez tous les libraires, par l'envoi d'un bon de poste, ou d'un mandat sur Paris.

L'abonnement part du 1er décembre ou du 1er juin de chaque année.

SOMMAIRE.

HISTOLOGIE.

COURS DE M. CH. ROBIN.

(FACULTÉ DE MÉDECINE.)

(Voyez les nos 1, 3, 5, 10, 11, 12, 13 et 47.)

De l'organicisme ; des propriétés vitales et de l'irritation (suite).

Les actes que nous venons de passer en revue, considérés dans leur ensemble et d'une manière abstraite, ont été synthétiquement désignés sous le nom de *vie*. La vie est donc la manifestation d'*une ou plusieurs de ces cinq* propriétés élémentaires de la matière organisée; car leur manifestation simultanée n'est pas constante. Il n'en est qu'une, la *nutrition*, qui ne présente jamais de suspension temporaire. Quand elle est interrompue, il y a mort, sauf le cas de certains infusoires et de quelques articulés dits *réviviscents*. Il est très-rare de voir le *développement* s'arrêter sans que la mort s'ensuive. Ce cas se présente pourtant quelquefois. Quant à la *genèse* ou *naissance* des éléments anatomiques, elle est souvent interrompue normalement. Pour la *contractilité* et l'*innervation*, l'intermittence est non-seulement un fait normal, mais un caractère essentiel. La vie ne se manifeste donc, comme on le voit, que dans certaines conditions particulières de la substance organisée; c'est une qualité dont l'immanence est relative. Dans sa manifestation la plus complète : *nutrition*, *développement*, *génération*, *contractilité*, *innervation* simultanés, tels sont ses caractères fondamentaux et irréductibles. Chez certains êtres, les végétaux, elle est constamment bornée aux trois premiers. Il en est aussi de même, par moment, chez les animaux, bien que le propre de ces derniers soit de les manifester tous. Dans tous les cas, il suffit que l'une d'entre elles persiste pour qu'il y ait encore vie et pour qu'on ne puisse pas dire, d'une façon absolue, que l'animal ou le végétal est mort. Celle qui persiste la dernière est toujours la nutrition.

Tel est l'ensemble des propriétés élémentaires que présente la substance organisée, même considérée indépendamment de toute structure. Comme elles n'existent pas dans la matière brute et que la substance organisée seule en jouit, on a dû leur donner un nom générique, qui pût servir à en désigner l'ensemble, sans distinction de celles qui sont végétatives ou animales, et à plus forte raison sans spécifier l'une d'elles en particulier. Or, on était d'autant plus fondé à le faire, que ni les unes ni les autres ne peuvent être expliquées par les lois des réactions chimiques des corps bruts, ni par les lois physiques, ni par des influences surnaturelles ou idéales, comme on l'a vainement tenté à diverses reprises. Par conséquent, elles doivent être étudiées en elles-mêmes et doivent recevoir un nom propre pour ne pas être confondues avec d'autres.

Le nom générique choisi est celui de *propriétés vitales ;* c'est l'adjectif *vital* qui a été adopté pour les distinguer de celles pour la désignation desquelles on use des termes de propriétés PHYSIQUES ou CHIMIQUES, de même qu'on dit *substance organisée* par opposition à *corps brut*. Mais à ce mot ne se rattache aucune idée d'*entité*, d'influence ou d'intervention surnaturelle ; il ne s'y rattache même aucune idée de fluide ou d'être quelconque qui, existant hors de nous, hors de la substance organisée, agirait pourtant en elle, et pourrait avoir une existence indépendante de la sienne, de manière à s'en séparer à un moment donné.

Nous venons de voir que nulle propriété animale ne se manifeste dans un élément anatomique si celui-ci ne jouit des propriétés de la vie végétative, que ces dernières, en un mot, sont la condition d'existence des autres. Mais il est un fait non moins important, du même ordre, qu'il faut encore signaler : c'est que toute propriété d'ordre vital, tant végétative qu'animale, a pour condition d'existence une ou plusieurs des propriétés d'ordre mécanique, physique ou chimique, que la substance organisée manifeste, comme la matière brute.

On constate, en effet, que la nutrition a pour condition d'existence l'hygrométricité et la propriété de combinaison et de décombinaison, qui appartiennent aussi à la matière brute. Le développement repose sur la nutrition, sur les mêmes propriétés physiques et chimiques et sur celle d'extensibilité ; la reproduction, sur toutes les propriétés précédentes et sur la divisibilité de la matière. La contractilité ne saurait exister sans l'élasticité, autre qualité des corps bruts caractérisée par ce fait, que la matière qui en est douée manifeste aussi bien l'extensibilité, quand elle a été raccourcie ou comprimée, que la rétractilité, quand elle a été allongée ou distendue. Enfin, l'innervation suppose les mouvements moléculaires (dits vibratoires) et leur transmissibilité. On en trouve des exemples en physique dans la transmission du choc, des états électriques, etc.

Il est encore d'autres actes qui ne s'observent que chez les êtres vivants ; mais ils peuvent tous être ramenés à de plus simples qui, eux, sont irréductibles. Ces actes irréductibles sont précisément ceux que nous avons énumérés plus haut, et que, pour ce fait même, nous avons appelés élémentaires. En dehors des cinq propriétés élémentaires, il y a les propriétés de tissus, l'usage des organes, la fonction de chaque appareil, etc. Mais ce ne sont là que des manifestations simultanées de deux ou plusieurs des propriétés des éléments anatomiques. Il est donc absolument nécessaire de commencer par l'étude de ces derniers pour interpréter convenablement les actes les plus complexes de l'organisme tout entier.

Ainsi, en dehors des *propriétés vitales* ou *actes élémentaires* de la substance organisée amorphe ou figurée, on ne trouve, à proprement parler, aucun acte d'ordre nouveau dans l'économie. Car l'*assimilation* et la *désassimilation* nous offrent déjà l'ébauche de l'*absorption* et de la *sécrétion*. Quant aux autres actions organiques, telles qu'on les étudie en physiologie descriptive ou proprement dite, les unes ne sont que l'image agrandie et les autres ne sont que la manifestation synthétique des actes vitaux élémentaires. De même en anatomie, une fois connus les éléments anatomiques, c'est-à-dire la matière organisée amorphe ou figurée, envisagée à l'état statique, l'organisme ne présente plus de nouveau dans les tissus, les systèmes, les organes, etc., que des degrés divers de complication dans l'arrangement de ces parties élémentaires.

Nous avons déjà dit que les propriétés élémentaires ou vitales se divisent en propriétés végétatives et propriétés animales. Tous les éléments, sans exception, jouissent des premières. Mais il n'y a qu'un petit nombre d'espèces qui soient douées en même temps des unes et des autres. Cela se comprend d'autant mieux, que les deux propriétés animales, *contractilité* et *innervation*, ne s'observent jamais sur le même élément anatomique. L'élément le plus complexe ne peut donc jamais posséder que les trois propriétés végétatives, *nutrition*, *développement*, *génération*, et l'une ou l'autre des propriétés animales, *contractilité* ou *innervation*.

En fait, leur manifestation est simultanée dans l'organisme agissant. Mais, comme pour les étudier il faut les examiner successivement, l'ordre le plus naturel est celui dans lequel on commence par la propriété la plus simple, la plus générale et la plus indépendante de toutes, pour arriver graduellement à la plus compliquée, la plus spéciale, et qui est le plus sous la dépendance des autres. Nutrition, développement, génération, tel est, par suite, l'ordre dans lequel doivent être examinées ces propriétés.

Il semble que dans cette étude on doive débuter par celle de la *naissance*, pour examiner ensuite les phénomènes du *développement* et ceux de la *nutrition* (1). C'est, en effet, l'ordre dans lequel ces propriétés se manifestent sur chaque élément anatomique observé individuellement. Il naît d'abord, se nourrit, puis se développe. Si cet ordre peut être suivi lorsqu'il s'agit de chaque espèce d'élément en particulier, il n'en est point ainsi dans l'étude de ces propriétés considérées dans leur simultanéité d'action sur la plante ou sur l'animal vivant.

Il est vraiment difficile de se rendre compte des motifs qui peuvent avoir empêché les physiologistes de s'en tenir

(1) Le mot *nutrition* est très-ancien. Jusqu'au commencement de ce siècle il a généralement eu le sens dans lequel il est pris ici. « *Nutritio* est actio naturalis qua, intercedentibus variis alterationibus subordinatis et segregationibus, beneficio caloris vitalis, succus nutricius partibus corporis universis ac singulis oblatus in substantiam nutriendi convertitur, et ita, quod antea deperditum est, reparatur. » (Charlton, *Exercitationes physico-medicæ, sive œconomia animalis novis in medicina hypothesibus superstructa et mecanice explicata*. Londini, 1658, in-12, exercitatio I, § 2.) « *Nutritio* est continue effluentis materiæ redintegratio. » (Castelli, *Lexicum medicum*. Genevæ, 1746, in-4, art. NUTRITIO, p. 530.) Buffon et Haller avaient pris ce mot dans ce sens, mais avec plus de précision et d'exactitude encore (Haller, *Elementa physiologiæ*. Lausannæ, 1766, t. VIII, pars II, lib. XXX, sectio 2 : *Status hominis et nutritio*, p. 48 et suiv.). Cependant quelques auteurs, Charlton en particulier, confondaient la nutrition et la génération. « *Nutritio* nihil aliud quam singulis momentis renovata generatio. » Cette erreur a souvent été commise depuis. Buffon (*Histoire naturelle des animaux*, Paris,

à cette classification des attributs dynamiques de la matière organisée. Telle qu'elle a été esquissée par Buffon et formulée par de Blainville, elle l'emporte assurément de beaucoup en netteté, en généralité et en exactitude sur celles qui ont été tentées depuis.

La notion de l'existence dans les corps organisés de propriétés dont manque la matière brute est fort ancienne. Mais la solidarité des propriétés vitales par rapport aux propriétés physiques et chimiques, la manière dont celles-ci sont la condition d'existence des autres, bien qu'en différant tout à fait et ne pouvant être expliquées par elles, c'est là une question capitale, qui n'est pas même soulevée par la plupart des classiques. Aucun non plus ne se préoccupe de leur nombre, ni de leur nature par rapport aux actes plus complexes, comme les fonctions, par exemple. Bichat, pourtant, l'a fait avec une supériorité de logique qui a dérouté ses successeurs, non moins que l'erreur qu'il a commise en rapportant tout à deux propriétés seulement, la *sensibilité* et la *contractilité*. Il a surtout montré, avec une grande précision, que c'est aux tissus que doivent être rattachées ces propriétés et non aux organes, ni aux appareils qui en sont composés (*Anatomie générale*, 1801, § 2 à § 6). Mais depuis qu'ont été découverts les éléments anatomiques, depuis qu'on a reconnu que les tissus, qu'il croyait des parties simples et élémentaires, sont très-complexes, on a senti la nécessité de rapporter à ces dernières ce qu'il croyait appartenir en propre aux premiers.

III. — De l'irritation.

Toute propriété générale de la matière présente quelque particularité dans ses manifestations selon les conditions relatives à la constitution physique et moléculaire propre du corps que nous soumettons à notre examen; elle en offre aussi qui se rapportent au milieu extérieur dans lequel est plongée cette matière, comme, par exemple, l'eau, l'air ou le vide. En dehors de ces conditions particulières, ces propriétés ne se manifestent plus. Elles sont d'ailleurs immanentes à la matière brute, ne se montrent jamais hors d'elle; et, bien qu'elles ne se présentent pas avec une identité absolue de caractères dans les différentes espèces de matières, elles n'en offrent pas moins toujours un fonds commun de similitude, qui suffit pour les faire reconnaître.

Il en est de même des propriétés de la substance organisée et, à plus forte raison, des actes complexes résultant de leur manifestation simultanée. On les voit s'accomplir normalement, se modifier ou même disparaître complétement suivant que les conditions nécessaires à leur évolution se trouvent plus ou moins bien réalisées.

Ces conditions sont de deux ordres : les premières sont intrinsèques, c'est-à-dire relatives à la constitution physique et moléculaire des éléments anatomiques; ou mieux, à la nature chimique, aux proportions quantitatives et à l'état physique des diverses espèces de principes immédiats dont ces éléments se composent (1). Ces principes immédiats sont nombreux, peu stables par eux-mêmes et moins stables encore dans leurs combinaisons réciproques, ce qui favorise singulièrement le mouvement d'*élimination* et d'*assimilation*, et, par suite, la nutrition. Quand l'échange a lieu entre des principes immédiats analogues à ceux qui composent normalement les éléments anatomiques, la nutrition s'opère physiologiquement; quand, au contraire, il s'introduit des principes étrangers à la place des principes normaux, la nutrition est viciée et l'organisme souffre. Cette mobilité chimique des principes immédiats, si nécessaire et si bien appropriée à la régénération moléculaire des éléments de la substance organisée, explique en même temps les variations nombreuses que l'on observe dans la manifestation des propriétés vitales (2).

Les autres conditions sont extrinsèques, c'est-à-dire extérieures à la substance même qui agit, qui possède les propriétés : conditions de température, d'humidité par des fluides de différentes natures, etc.; ces conditions, bien qu'intérieures par rapport à l'organisme tout entier, n'en sont pas moins extérieures par rapport à l'agent essentiel (fibre, tube ou cellule). Elles sont aux éléments anatomiques, acteurs intimes de l'organisme individuel, ce que les milieux atmosphériques (eau, air, etc.) sont aux végétaux et aux animaux envisagés collectivement.

1749, in-4, t. II, p. 18 et suiv., 41-48) distingue nettement la *nutrition*, le *développement* et la *reproduction* comme propriétés essentielles des êtres organisés et dominant tous les autres actes. Depuis lors on a peu ajouté à ce qu'il dit de la nature élémentaire de ces actes et de leur subordination. Le sens du mot nutrition, ou pénétration avec incorporation intime de matière venue du dehors dans celle de l'être vivant, suivie d'une expulsion continue de ce qui est devenu superflu, n'a que rarement été aussi exactement saisi. Bien que Bichat ait très-clairement distingué le *double mouvement* qui caractérise la nutrition. (*Anatomie générale*, 1801, §§ 3, 4 et 7), au lieu de la ranger parmi les autres propriétés élémentaires de la substance organisée qu'il avait séparées des fonctions, il la classe parmi les *fonctions* (§ 8), erreur toujours commise depuis par les physiologistes, sauf de Blainville. Quelques-uns vont même jusqu'à considérer la nutrition comme une *sécrétion*, lorsque celle-ci n'est à proprement parler qu'un cas particulier de la nutrition. Cette confusion des plus singulières est la source d'erreurs d'interprétations sans nombre.

(1) Comme ces espèces de principes immédiats sont nombreuses, la plupart peu stables chimiquement, et d'une union chimique entre elles moins stable encore (ce qui permet leur issue facile hors des petites masses de matière organisée qu'elles forment, et l'entrée aussi facile de principes analogues ou non), les propriétés immanentes à une matière ainsi constituée trouvent fatalement là des conditions nombreuses de variations. (Voy. Ch. Robin, *Sur la substance organisée et l'état d'organisation*, *Journal de physiologie*, Paris, 1862, in-8, p. 501.)

(2) Voy. Chevreul, *Considérations sur la philosophie naturelle*, *et applications à la médecine d'une méthode employée à rechercher la cause des différences que présentent les eaux naturelles* (*Journal de l'anatomie et de la physiologie*, Paris, 1864, in-8, p. 1 et suiv.).

Toutes les fois que se trouvent réunis à un degré suffisant d'intégrité ces deux ordres de conditions nécessaires, les unes relatives à la constitution intime de l'élément anatomique, les autres à la composition du milieu où séjourne cet agent immédiat, élément anatomique et propriété vitale forment un tout indissoluble. Ce sont deux termes corrélatifs, qui sont réciproquement la condition l'un de l'autre, et qu'on ne peut supposer isolés sans passer immédiatement de la vie à la mort, de la substance organisée à la matière brute.

Toute matière organisée, quelle qu'elle soit, est passible des conditions susmentionnées, rien de vivant ne peut exister sans elles. Mais là s'arrêtent les points communs. Il y a, en effet, une différence tranchée entre les propriétés végétatives et les propriétés animales. Ces propriétés diffèrent, non-seulement selon la constitution des éléments qui en sont le siége, mais encore et surtout par les conditions qui provoquent leur manifestation. Il faut se garder de les confondre ensemble à cet égard sous prétexte d'une généralisation absolue; généralisation qui est possible certainement et se fait tous les jours, mais est erronée; on ne comprend vraiment pas qu'on puisse, en physiologie, ne pas songer d'abord à la distinction, sous ce rapport, des propriétés dites de la *vie végétative* (qui sont les seules dont jouissent les plantes), et de celles que, seuls, les animaux présentent, et, par suite, dites à juste titre *propriétés de la vie animale*. Les plantes ne possèdent que les premières, tandis que les animaux jouissent à la fois des unes et des autres. Pour que la nutrition, le développement et la génération s'accomplissent, il suffit qu'il s'opère un échange moléculaire continu de principes immédiats entre les éléments anatomiques et le milieu qui les entoure. Ces principes sont, comme nous l'avons déjà dit, normaux ou accidentels. Dans le premier cas l'organisme est sain, dans le second cas il est modifié en bien ou en mal, selon leur nature, leur quantité, etc. Par la nutrition il y a rénovation incessante de la matière organisée ; par le développement cette matière augmente ou diminue de masse avec ou sans changement de structure de ses éléments; enfin par naissance ou genèse apparaissent des éléments nouveaux entre ceux qui existent déjà.

La contractilité et l'innervation ne se manifestent que là où il y a rénovation moléculaire; mais d'autres conditions d'ordre physique et chimique sont, en outre, nécessaires à leur manifestation dans les espèces d'éléments anatomiques doués de propriétés animales. Il faut l'impression ou le contact préalable des agents extérieurs physiques et chimiques sur les éléments contractiles et innervables, et de plus l'action réciproque de l'innervation sur la fibre contractile et de la contractilité sur le tube nerveux sensitif. Lorsqu'on observe la différence qui sépare les propriétés végétatives des propriétés animales, lorsqu'on songe en même temps au petit nombre d'éléments anatomiques qui sont affectés à ces dernières chez les animaux, tandis que les premières sont répandues sur la totalité des éléments végétaux, on n'est pas étonné que des conditions spéciales soient nécessaires à la manifestation de l'innervation et de la contractilité; on ne s'étonne pas non plus de constater que les principes immédiats normaux ou accidentels qui modifient, par leur élimination et leur assimilation incessante, la constitution moléculaire des éléments nerveux et musculaires, modifient également leurs propriétés spéciales d'innervation et de contractilité; tandis que ces propriétés elles-mêmes (contraction et contractilité) n'ont aucune influence *directe* sur la nutrition, le développement et la génération des éléments dont elles sont l'attribut physiologique, non plus que sur la nutrition, le développement et la génération des éléments doués exclusivement des propriétés végétatives.

Aussi comprend-on difficilement que certains auteurs puissent encore confondre sous le nom commun d'*irritants* ou d'*excitants* de la matière vivante : 1° les principes immédiats, normaux ou accidentels, qui président à la nutrition, à la génération et au développement des éléments anatomiques; 2° les conditions physiques et chimiques qui amènent les manifestations de l'innervation et de la contractilité; 3° enfin, l'innervation motrice qui, en passant du tube nerveux à la fibre musculaire, suscite la contraction (1).

Puisque la nutrition, la génération et le développement ne peuvent se produire sans l'intervention des principes immédiats, on ne saurait étudier ces propriétés sans tenir compte de ceux-ci, et l'on ne peut les dire *excitants* de ces propriétés, puisque sans eux il n'y a ni substance organisée, ni qualités qui lui soient propres, puisque, en un mot, ils constituent cette substance elle-même. Il y a là une erreur qui a pour cause l'absence complète de méthode dans l'étude des principes immédiats et des lois de leur association moléculaire au sein de

(1) J'ai montré ailleurs (*Chimie anatomique des principes immédiats*, Paris, 1853, in-8, t. III, livre III : *Des principes immédiats accidentels*) que la thérapeutique n'était qu'empirisme grossier, sinon illusoire, sans les notions précédentes; tout médicament étant un principe immédiat accidentel qui va s'unir temporairement à ceux du sang puis à ceux de telle ou telle espèce d'éléments anatomiques, de façon à en modifier la constitution moléculaire et, conséquemment, les propriétés immanentes à cette constitution. Ces principes immédiats accidentels prennent le caractère et le nom de poison lorsqu'ils troublent ou empêchent la rénovation moléculaire et les actes de la substance organisée en se fixant d'une manière trop stable dans les principes immédiats naturels. Chaque substance a sa manière propre de devenir principe immédiat accidentel, et de se fixer aux principes naturels, soit d'une façon stable ou temporaire, favorable ou nuisible à la constitution et à la rénovation moléculaires de la substance organisée : chacune, en un mot, devient à sa manière médicament ou poison. Il faut étudier expérimentalement les uns et les autres si l'on veut avoir une idée de leur action sur l'organisme. Or, on le comprend facilement, cette étude est tout à fait illusoire si l'on ne connaît d'abord les principes naturels auxquels doivent se joindre ces principes accidentels.

C'est à l'ignorance de ces notions fondamentales qu'il faut attribuer la division des poisons en *âcres*, *irritants*, *narcotico-âcres*, etc.; divila substance même, configurée en éléments anatomiques; elle a pour cause non moins importante le peu d'attention que nous mettons à distinguer les divers degrés de complication croissante, que, à partir de ce premier terme, présente l'*état d'organisation*.

Cette confusion tient, en outre, à une hypothèse, encore admise par beaucoup de médecins de nos jours, à savoir qu'il y a une propriété générale de la matière organisée dominant toutes les autres, même la nutrition, par son caractère d'universalité. C'est à cette propriété purement hypothétique qu'on avait donné le nom d'*irritabilité*. Mais ce terme ne désigne aucune action spéciale *élémentaire*, c'est-à-dire indivisible ou irréductible, aucune propriété appartenant spécialement à telle ou telle espèce d'élément anatomique. C'est à tort surtout que ce terme a été appliqué aux propriétés végétatives ou organiques, et que certains auteurs parlent de l'*irritabilité* ou de l'irritation de la propriété de nutrition. Il y a là une importation vicieuse, dans l'étude des propriétés végétatives, de la notion des variations d'activité des propriétés animales en plus ou en moins, quant à la rapidité et à l'intensité, que plusieurs parties diverses peuvent offrir chacune à sa manière : ainsi tantôt ce sera la partie cérébrale présidant aux actes volontaires qui les manifestera le plus vite et le plus tôt, tantôt ce sera celle qui préside au langage, etc. En fait, donc, le mot *irritabilité* signifie un degré d'activité de l'*innervation* en plus ou en moins, dans telle ou telle partie du système nerveux, mais ce terme ne désigne pas une propriété distincte, immanente à toutes les espèces d'éléments de l'organisme vivant (1).

L'embryogénie et la physiologie expérimentale protestent l'une et l'autre contre une pareille interprétation. Loin d'être une propriété commune à toutes les formes de substance organisée, un caractère générique essentiel, dont les propriétés de nutrition, de génération, de développement, de contractilité et d'innervation ne seraient que des adjectifs, des espèces. L'irritabilité ainsi comprise n'est qu'une pure entité, un être de raison, dont on a supposé l'existence dans l'ignorance absolue où l'on était des propriétés élémentaires et des actes intimes de l'économie. Les médecins qui admettent encore cette prétendue propriété, et dont certains s'insurgent si fort contre la *funeste influence* de l'école physiologique, ne s'aperçoivent pas qu'ils en sont encore en anatomie générale et en physiologie où en étaient Broussais et ses prédécesseurs. Mais je ne veux pas insister davantage pour le moment sur le sens du mot *irritabilité*. Ce serait faire double emploi avec les remarquables leçons que vient de publier M. Cl. Bernard sur ce sujet (*Revue des cours scientifiques*, nos 19, 22, 24, 27 et 29, Paris, 1864). Je me bornerai à rappeler les particularités suivantes, que je considère comme fondamentales.

Broussais admettait que l'irritabilité était la propriété commune, essentielle, de la substance organisée, dont l'innervation, la contractilité, etc., n'étaient que les conséquences. « Haller, dit-il (*De l'irritation et de la folie*, 2e édit., in-8°, t. Ier, p. 3 et suiv., Paris, 1839), n'attribuait cette propriété (l'irritabilité) qu'aux muscles; mais on convient aujourd'hui qu'elle est commune à tous les tissus..... *La sensibilité est donc la conséquence de l'irritabilité, tandis que l'irritabilité n'est pas la conséquence de la sensibilité*. En d'autres termes, il faut être irritable pour être sensible : l'embryon n'est pas encore sensible, il n'est qu'irritable; l'apoplectique n'est plus sensible, mais il est encore irritable. *On voit que l'irritabilité est commune à tous les êtres vivants*, depuis le végétal jusqu'à l'homme, et qu'elle est continue ; tandis que la sensibilité est une faculté propre à certains animaux, qu'elle n'est pas continue et qu'elle ne se manifeste que sous des conditions déterminées. Ces conditions sont l'existence d'un appareil nerveux muni d'un centre..... Les modificateurs qui mettent en jeu l'irritabilité sont appelés excitants ou stimulants, et leur effet, excitation ou stimulation..... Enfin, lorsque l'excitation ou la stimulation sortent des limites de l'état normal, elles rentrent dans ce que nous avons appelé irritation..... Le mot *irritation* est applicable à tous les corps vivants, puisque tous sont doués de l'irritabilité ; mais on ne s'en sert dans le langage médical que pour désigner l'exaltation anormale (1) de cette propriété, ou celle de la sensibilité chez les animaux les plus élevés dans l'échelle zoologique. »

L'école médicale allemande actuelle suit, au point de vue

sion artificielle et inexacte qui doit être abandonnée aujourd'hui. Mais il était utile de rappeler cette classification, parce qu'elle indique à sa manière l'état de la physiologie à l'époque qui l'a vue naître. On admettait alors des poisons *âcres*, parce que l'*âcreté* est une des qualités ontologiques, que l'on supposait exister naturellement dans quelques humeurs, et que l'on croyait susceptibles de se développer accidentellement dans le sang sous l'influence de certains agents. On localisait ainsi arbitrairement dans ces humeurs des principes dont on avait cru reconnaître la présence, à l'aide du goût et du toucher, dans divers corps solides ou liquides tout à fait différents des liquides de l'organisme, dont les propriétés et la composition intimes étaient encore ignorées. Beaucoup de médecins de nos jours en sont encore à ce degré d'éducation scientifique ; ils admettent l'*âcreté* comme une qualité de certains *virus*, font de cette entité un caractère spécifique de ces liquides et expliquent leurs différences d'action par l'absence, la présence, le plus ou moins d'âcreté, alors qu'il s'agit de phénomènes qui n'ont pas l'ombre d'analogie avec les propriétés des corps qui causent en nous une sensation de ce genre. On admettait de même des poisons *irritants*, parce qu'on supposait en nous l'existence d'une propriété appelée *irritation*, dont il était possible de susciter la manifestation à l'aide de ces poisons, comme on suscite celle de la sensibilité, de la contractilité, etc., dans les conditions physiologiques.

(1) Voyez Littré et Robin, *Dictionnaire de médecine et de chirurgie*, art. IRRITABILITÉ.

(1) Déjà longtemps auparavant, Broussais avait écrit : « Ainsi, et pour rapprocher ce qui a été dit jusqu'à ce moment, la contractilité et la chimie vivante sont les phénomènes fondamentaux de l'économie animale ; et, lorsqu'ils deviennent plus considérables dans un point qu'ils ne le sont dans les autres, cette augmentation locale dans leur intensité prend le nom d'érection vitale. Ces érections vitales prennent le nom d'*irritation*,

des dogmes scientifiques servant de base à ses interprétations physiologiques et pathologiques, les errements de Broussais et de ses prédécesseurs. Elle admet comme lui que l'irritabilité est commune à tous les tissus, et qu'il y en a trois espèces : l'irritabilité fonctionnelle, l'irritabilité nutritive et l'irritabilité formatrice.

Autant qu'on peut le comprendre, en présence ici de l'épithète *fonctionnelle*, l'espèce d'irritabilité ainsi nommée répond à l'irritabilité nerveuse et à l'irritabilité musculaire des autres auteurs. Admettre qu'il y a une *irritabilité nutritive* et une *irritabilité formatrice*, c'est admettre que l'*irritabilité est commune à tous les êtres vivants, depuis le végétal josqu'à l'homme*.

Admettre que tout ce qui est vivant est irritable, et que tout ce qui est mort ne l'est pas, revient à reconnaître que tout ce qui est vivant est ce qui se nourrit, se développe, se reproduit; ce qui est mort est ce qui ne manifeste plus les propriétés végétatives de nutrition, de développement et de génération.

Mettre l'irritabilité comme chose commune, au-dessus des propriétés végétatives et animales, revient donc simplement à donner à la substance organisée la *propriété d'avoir des propriétés* de nutrition, de développement, de génération, et sur quelques espèces, de contractilité et d'innervation.

On a voulu à tout prix, par amour pour l'unité, faire sourdre de l'innervation cérébrale individuelle l'entité irritabilité, pour l'en détacher ensuite et en imprégner chaque espèce d'élément anatomique. C'était peine perdue ; car cette irritabilité commune par laquelle on croyait impliquer la nutrition, le développement, etc., comme autant de formes secondaires, alors qu'on ne pouvait en étudier les lois, ne sert à rien aujourd'hui que ces phénomènes peuvent être observés et soumis à l'expérimentation. L'irritabilité, lors même qu'on voudrait l'admettre, dispenserait-elle, en effet, de rechercher la nature et la constitution moléculaire des principes immédiats? remplacerait-elle le microscope pour classer les éléments anatomiques, déterminer les phases de leur évolution, leurs modes de nutrition et de reproduction? expliquerait-elle enfin les propriétés de contractilité et d'innervation spéciales à quelques-uns de ces éléments? Evidemment non.

Par contre, une pareille entité, livrée à l'arbitraire des imaginations et des interprétations individuelles, devient une source de confusion des plus nuisibles, comme le montrent les écrits de ceux qui s'en servent. Le peu de consistance de l'hypothèse irritabilité est cependant facile à reconnaître : on peut lui appliquer mot pour mot ce que Broussais disait de la sensibilité à ceux qui l'admettaient dans la fibre musculaire concurremment avec la contractilité : « Lorsque la fibre, pour avoir été touchée par un agent quelconque, se met en état de contraction, on juge qu'elle a senti la présence de cet agent : de là l'expression de *sensibilité*. On a donc attribué à la fibre vivante la *sensibilité et la contractilité*. Mais, si le véritable sens de ces deux mots se réduit à ce qui suit : *La fibre s'est contractée parce qu'une cause l'y a déterminée*, il est clair que la première de ces deux propriétés rentre nécessairement dans la dernière. En effet, *si la sensibilité de la fibre n'est démontrée que par sa contraction, dire qu'elle est sensible, c'est dire qu'elle s'est contractée*. Je ne vois aucune réponse à cet argument. Il y a déjà longtemps que cette vérité a été sentie (1). »

Il n'est pas moins juste de dire : si l'*irritabilité* de la fibre, de la cellule, etc., n'est démontrée que par sa *nutrition*, son *développement*, sa *reproduction*, sa *contractilité*, son *innervation*, dire qu'elle est irritable, c'est dire qu'elle s'est nourrie, développée, reproduite, contractée, etc. Dire qu'elle est *plus ou moins irritable*, revient exactement à dire qu'elle est *plus ou moins contractile*, etc., en raison des modifications intimes de sa substance ou des conditions ambiantes, modifications qui sont précisément ce qu'il s'agit d'étudier en pathologie, et que l'hypothèse irritabilité n'explique pas le moins du monde.

Quant aux principes immédiats normaux, accidentels ou toxiques même, ce sont les conditions d'accomplissement, d'augmentation, de diminution, ou même de cessation complète de la nutrition ou rénovation moléculaire de la substance organisée. Ils représentent par suite ces mêmes conditions par rapport au développement et

de *surirritation* ou de *surexcitation*, lorsqu'elles s'élèvent à un certain degré. Dans toute érection vitale il y a augmentation des phénomènes de la chimie vivante ; savoir : de température, de sécrétion, quand la partie en est susceptible, et de nutrition. » (Broussais, *Traité de physiologie appliquée à la pathologie*. Paris, 1834, 2e édition, t. Ier, pages 34 et 35.)

(1) Broussais, *Traité de physiologie appliquée à la pathologie*. Paris, 1834, 2e édit., t. Ier, p. 18.

Broussais ajoute : « Cette propriété contractile est inhérente à la fibrine (p. 19) : les muscles séparés du corps ne perdent pas non plus leur contractilité. On la développe par une foule d'agents mécaniques, chimiques, et plus énergiquement encore par l'influence du galvanisme. C'est à tort qu'on voudrait distinguer cette propriété de celle qui est développée dans ces tissus par l'influence de la vie : elle tient effectivement à cette forme de la matière animale, dite fibrine, et ne peut être détruite que par la décomposition spontanée ou artificielle de cette matière... On doit dire ici que la différence des nerfs qui agissent sur la fibrine des muscles ne change rien à la nature de leur contractilité. Les mots *contractilité animale*, *contractilité organique sensible*, n'expriment donc pas des propriétés différentes ; ils ne peuvent, dans l'état actuel de la science, que représenter deux circonstances où se manifeste une propriété, toujours la même. » (*Ibid.*, pages 20 et 21.)

Broussais définit la contraction, *une condensation*, *un raccourcissement de la fibre musculaire*, et repousse à juste titre, comme inexactes, les *expériences et les gravures* d'après lesquelles on a voulu établir que la fibre musculaire, en se contractant, n'éprouve pas de raccourcissement, mais seulement une espèce de plicature en zigzag (*De l'irritation et de la folie*, Paris, 1839, 2e édit., t. Ier, pages 64 et 65). Bien des physiologistes de nos jours auraient encore besoin de se mettre à cet égard au niveau de Broussais.

à la reproduction des éléments anatomiques. On ne saurait donc leur donner le nom d'*excitants*, nom qui semble indiquer qu'ils s'adressent à une propriété spéciale de la matière organisée autre que celles de nutrition, de reproduction, etc. Il est surtout erroné, et par suite dangereux, de ranger ces principes immédiats sous le même nom générique que les conditions physiques et même chimiques qui suscitent la manifestation de la contractilité, de l'innervation sensible et motrice dans les éléments à cils vibratiles, dans les fibres musculaires et les tubes nerveux. Car ces éléments reçoivent et rejettent les principes immédiats comme ceux qui ne sont pas contractiles et innervables, sans que cela suffise pour qu'ils sentent ou se contractent. Pour qu'il y ait contraction, innervation motrice ou sensitive, il faut en effet que d'autres circonstances s'ajoutent à celles-ci.

En résumé, les expressions irritabilité et irritation nutritive, plastique, formatrice des cellules, des fibres, etc., irritabilité ou irritation nerveuse et fonctionnelle, ne représentent qu'une conception ontologique, une entité, une création de l'esprit, par laquelle on attribue à la substance organisée des propriétés qu'elle n'a pas ; à moins qu'on ne désigne par ces mots les propriétés de nutrition, de développement, de reproduction, de contractilité et d'innervation.

Ces cinq propriétés élémentaires sont bien les seules qui caractérisent la substance organisée. Il n'y en a point de plus générale; et c'est en vain qu'on voudrait prétendre que la nutrition, le développement, la reproduction, la contractilité et l'innervation ne sont que les modes divers de l'irritabilité. Cette prétention est tout à fait illégitime. L'*irritabilité nutritive*, l'*irritabilité formatrice* et l'*irritabilité fonctionnelle*, sont des illusions au même titre que le terme générique *irritabilité*. En dehors des propriétés élémentaires de nutrition, de développement, de génération, de contractilité et d'innervation, il n'y a rien, absolument rien. Loin d'être une propriété commune irréductible, qui domine et embrasse toutes les autres, l'irritabilité n'est qu'une conception subjective, bonne tout au plus à désigner les divers degrés de l'activité vitale.

C'est si peu une propriété irréductible, que l'on constate chaque jour, sur les éléments anatomiques des plantes et des animaux, l'existence de la *nutrition* sans le *développement*, le *développement* sans la *génération*, la *contractilité* sans l'*innervation;* enfin ces deux dernières elles-mêmes peuvent exister encore, alors que la génération et le développement ont cessé d'être (1). Mais nulle d'elles ne se manifeste dès que la nutrition a cessé ; et nulle part l'*irritabilité* ou l'*irritation* ne se constate après la cessation de la nutrition. De même, si l'on fait disparaître expérimentalement l'innervation d'un nerf, la contractilité d'un muscle, la reproduction d'une cellule, etc., jamais l'irritation ne persiste. En sorte que toujours la suppression du mode (nutritif, évolutif, etc.) entraîne la disparition du genre (irritabilité) dont on a supposé l'existence. L'hypothèse irritabilité est donc complétement dénuée de fondement, puisqu'elle est infirmée par l'observation; ce prétendu genre, ne faisant qu'un avec les espèces qu'il était censé contenir, n'est donc qu'une vue subjective, inutile en face de la réalité connue.

Le terme *irritation* est non-seulement inutile à la physiologie normale et à la pathologique, mais de plus il est erroné et dangereux. Il donne, en effet, une idée complétement fausse des phénomènes élémentaires, aujourd'hui assez bien connus en eux-mêmes et dans leurs perturbations, pour qu'il ne soit plus nécessaire de faire intervenir dans leur interprétation une sorte de principe métaphysique analogue au *principe vital* des vitalistes purs ou à l'âme immatérielle des spiritualistes. C'est assez d'une âme de première et de seconde majesté, sans en inventer une troisième.

(1) Au-dessus de ces qualités il n'y en a pas une autre qui soit une qualité générique dont celles-ci ne seraient qu'un mode ou une espèce ; au-dessus de ces propriétés il n'y a pas une propriété commune qui, dite *irritabilité* ou *irritation*, offre une espèce *nutritive*, une espèce *évolutive*, une espèce *formative*, une espèce *contractilité*, et une espèce *innervation*, de manière à permettre logiquement l'usage des expressions *irritation nutritive*, *irritation formatrice*, etc.; au-dessus de ces propriétés de la substance organisée, il n'y en a pas une plus générale, plus irréductible, qui persisterait encore après la cessation de la nutrition, du développement, de la reproduction, etc.

GÉOLOGIE.

DISCOURS DE SIR CHARLES LYELL.

(ASSOCIATION BRITANNIQUE POUR L'AVANCEMENT DES SCIENCES, 34e SESSION ANNUELLE. — CONGRÈS DE BATH.)

(Voyez le n° 46.)

V.

Une des causes du refroidissement de l'Europe centrale, indiquée pour la première fois, il y a onze ans, par un célèbre géologue suisse, n'a pas, je le crains, obtenu toute l'attention qu'elle méritait. Quand je formulai, en 1833, cette théorie, que des altérations dans la géographie physique pouvaient avoir donné lieu à ces révolutions climatériques que la surface de la terre a subies à des époques successives, on m'objecta que les signes de soulèvement et de dépression étaient trop locaux pour rendre compte de changements de température aussi généraux. Cette objection semblait avoir surtout une valeur sérieuse, quand elle s'appliquait à la période glaciale, à cause du peu de temps, géologiquement parlant, qui s'est écoulé depuis lors. Mais plus nous examinons les monuments des âges anté-historiques, plus évidentes deviennent les preuves d'une altération générale dans la position, la profondeur et la hauteur des mers, des continents et des chaînes de montagnes, depuis le commencement de la période glaciaire. Le météorologiste nous a appris dans ces dernières années que la quantité de glace et de neige, dans certaines latitudes, dépend non-seulement de la hauteur des chaînes de montagnes, mais aussi de la distribution de la mer environnante et de la terre à de très-grandes distances. M. Escher de Linth a exprimé cette opinion en 1852, que s'il était vrai, comme Ritter l'a suggéré, que le grand désert africain ou Sahara a été submergé depuis la période moyenne ou post-tertiaire, que les mêmes submersions pourraient expliquer pourquoi les glaciers alpins avaient atteint si récemment ces dimensions colossales que, en se référant aux dates géologiques, Venetz et Charpentier leur ont assignées. Depuis qu'Escher a, pour la première fois, mis au jour cette idée, le fait que le Sahara a été réellement couvert par la mer à une époque relativement peu éloignée, a été confirmé de nouvelles et nombreuses preuves. Le distingué géologue suisse lui-même vient de revenir d'un voyage d'exploration à travers la partie orientale du désert algérien, dans lequel il était accompagné par M. Desor, de Neufchâtel, et du professeur Martins, de Montpellier. Ces trois observateurs expérimentés se sont convaincus, l'hiver dernier, que le Sahara a été submergé pendant la période des espèces vivantes de testacés. Nous avions appris déjà, en 1856, par un mémoire de M. Charles Laurent, que des sables identiques avec ceux des plus prochains rivages de la Méditerranée, et contenant, entre autres coquilles récentes, la bucarde commune (*Cardium edule*), s'étendent sur un vaste espace dans le désert de l'ouest à l'est, et qu'on les trouve, non-seulement à la surface, mais aussi à des profondeurs de plus de vingt pieds. Ces coquilles ont été rencontrées à des hauteurs de plus de 900 pieds au-dessus du niveau de la mer, et dans le sol, à une profondeur de trois pieds : car il y a, en Afrique, de même que dans l'Asie occidentale, des dépressions de terre au-dessous du niveau de la mer. La même bucarde a été observée encore vivante dans plusieurs lacs isolés du Sahara ; et des incrustations superficielles, en beaucoup d'endroits, semblent attester que plusieurs mers intérieures ont été desséchées par l'évaporation.

Tout ce que les zoologistes et les botanistes nous ont appris touchant la faune et la flore actuelles de la Barbarie semble indiquer que cette partie septentrionale de l'Afrique a été autrefois réunie à l'Espagne, à la Sicile et à l'Italie du sud. En réfléchissant sur ces changements, nous pouvons rappeler à notre esprit que certains dépôts, pleins de coquilles marines d'espèces vivantes, ont été longtemps connus comme bordant les rivages de la mer Rouge et s'élevant à plusieurs centaines de pieds au-dessus de ses côtes. On s'est assuré aussi que l'Égypte, placée entre la mer Rouge et le Sahara, a dû participer à ces grands mouvements continentaux. On peut l'inférer des vieilles falaises, récemment décrites par MM. Adams et Marie, qui bordent les plaines alluviales du Nil, et qui s'élèvent au-dessus d'elles à des hauteurs variant de 30 à 100 pieds. Dans quelque direction que nous jetions les regards, nous voyons des raisons de penser qu'une carte d'Afrique à la période glaciaire ne ressemblerait pas plus à nos cartes actuelles de ce continent que l'Europe ne ressemble aujourd'hui au nord de l'Amérique. Si, par conséquent, dit M. Escher, le Sahara était une mer dans les temps post-tertiaires, nous pouvons comprendre comment les glaciers des Alpes atteignaient autrefois à des dimensions aussi gigantesques, et pourquoi ils ont laissé des moraines d'une telle grandeur dans les plaines de l'Italie septentrionale et dans les parties basses de la Suisse. Les paysans suisses ont l'habitude de dire, quand ils parlent de la fonte des neiges, que le soleil ne pourrait rien faire sans le *föhn*, nom qu'ils donnent au bien connu sirocco. Ce vent, après avoir balayé sur une vaste étendue le sable de l'Afrique, souffle pendant plusieurs jours de suite à travers la Méditerranée, emportant avec lui la chaleur étouffante du Sahara, pour fondre les neiges des Apennins et des Alpes. M. Deuzler, dans un mémoire sur ce sujet, observe que le *föhn* souffla violemment à Alger le 17 juillet 1841, et, traversant la Méditerranée, atteignit Marseille en six heures. Cinq heures plus tard, il était à Genève et dans le Valais, renversant dans ce dernier canton des forêts entières, tandis que dans les Grisons et dans le canton de Zurich, il faisait soudainement jaunir les feuilles d'un grand nombre d'arbres. Dans l'espace de quelques heures, une prairie nouvellement fauchée fut desséchée et prête pour la mise en meules ; car, quoique en passant à travers les neiges des Alpes, le sirocco absorbe beaucoup d'humidité, et il est encore bien au-dessous de son point de saturation, quand il atteint la contrée subalpine du versant septentrional. Entre les années 1812 et 1820, le *föhn* se fit moins sentir en Suisse que d'ordinaire, et quelle en fut la conséquence? Tous les glaciers, durant ces huit ou neuf années, augmentèrent considérablement de hauteur et descendirent au-dessous de leur limite ordinaire dans leurs vallées respectives. Beaucoup d'exemples semblables pourraient être cités de l'influence qu'exercent de légères variations de température sur la fusion de la glace. Le capitaine Godwin Austen nous a dernièrement donné une description des glaciers gigantesques de l'Himalaya occidental, dans les vallées où surgissent les sources de l'Indus, entre le 35e et le 36e degré de latitude nord. Les plus hauts pics de la chaîne du Karakorum atteignent dans cette région une élévation de 28 000 pieds au-dessus de la mer. Les glaciers, dit le capitaine Austen, se sont déjà avancés, d'après les souvenirs les plus anciens des vieillards, assez loin pour empiéter sur les terres cultivées, et ont tellement modifié le climat des vallées qui se trouvent immédiatement au-dessous, qu'une seule récolte peut aujourd'hui être obtenue de champs qui autrefois en produisaient deux. Si l'on peut observer de tels changements dans l'espace de moins d'un siècle, sans aucune modification appréciable dans la géographie physique de cette partie de l'Asie, quels puissants effets la submersion du Sahara ne doit-elle pas avoir produits, en ajoutant aux dimensions des glaciers des Alpes? Si, entre les années 1812 et 1820, une simple diminution du nombre de jours pendant lesquels soufflait le sirocco a pu causer le développement et le mouvement en avant de la glace, quel changement bien autrement grand ne résulterait pas de la cessation totale de ce même vent!

Mais tout cela ne donnerait pas une idée de ce qui a dû arriver dans la période glaciaire; car nous ne pouvons pas supposer que l'action du vent du sud ait été suspendue; son caractère était entièrement différent et d'une nature opposée. En premier lieu, au lieu de traverser un désert brûlant entre les 20ᵉ et 35ᵉ parallèles, il devait absorber toute l'humidité d'une mer de plusieurs centaines de milles d'étendue. Ensuite, dans sa course par-dessus la Méditerranée, il se chargeait d'une quantité plus grande encore de vapeur aqueuse; et quand, après une complète saturation, il frappait les Alpes, il était emporté dans les plus hautes et dans les plus raréfiées régions de l'atmosphère. Là, le courant aérien, aussi rapide qu'il était froid, déchargeait son fardeau aqueux sous forme de neige, de sorte que le même vent qu'on appelle aujourd'hui le *dévoreur de la glace*, en devenait le principal nourricier.

Ainsi, en acceptant la théorie d'Escher, nous ne pouvons nous dispenser d'admettre les idées de Charpentier sur l'élévation des Alpes dans la période glaciaire, élévation qui était, d'après lui, supérieure de 2000 à 3000 pieds à ce qu'elle est aujourd'hui. Une telle différence dans l'altitude peut avoir été une cause auxiliaire de l'extrême froid, et paraît tout à fait probable depuis que nous avons obtenu des preuves non équivoques de semblables grandes oscillations de niveau dans les Galles, en deçà de la même période géologique. Nous pouvons aussi nous prévaloir d'une autre source de réfrigération qui doit avoir été contemporaine de la submersion du Sahara; je veux parler du changement de cours du Gulf-stream, qui ne pouvait pas avoir à cette époque sa direction nord-occidentale actuelle à travers l'Atlantique.

VI.

Plus nous étudions, plus nous comprenons les changements géographiques de la période glaciaire et les migrations des animaux et des plantes auxquelles ils donnent lieu; plus nous nous faisons une idée exacte de la durée de cette période, qui n'a été, en réalité, qu'un simple épisode dans l'une des plus grandes époques de l'histoire de la terre. Les habitants des terres et des mers étaient presque les mêmes avant et après le grand développement de la neige et de la glace. Quant à l'homme, nous n'avons aucune preuve satisfaisante de son existence pendant l'âge de l'extrême froid, et nos investigations sur ce sujet sont encore dans l'enfance. Dans la portion la plus antique de la période post-glaciaire, l'homme a certainement existé en Europe; et en marquant les traces de son existence, à partir des âges historiques jusqu'à ceux qui les précèdent immédiatement, et en remontant ensuite jusqu'aux temps les plus anciens, nous approchons graduellement d'un état de choses géographique tout différent, et où le climat était plus froid, et où la configuration de la surface s'écartait considérablement de celle qui prévaut aujourd'hui. Les archéologues se sont assurés que dans l'Europe centrale, l'âge des armes de bronze a précédé l'invasion de la Suisse par les Romains, et que les habitations lacustres suisses de l'âge de bronze ont été précédées d'une époque où l'on ne se servait que d'armes de pierre. Ce que M. Lartet a appelé la période du renne du sud de la France est probablement plus ancienne encore et était caractérisée par un climat plus froid. Antérieur encore est l'âge des armes de pierre taillées, enterrées dans le drift fluviatile d'Amiens et d'Abbeville, et qui étaient mêlées à des os de quadrupèdes d'espèces éteintes, tels que le rhinocéros, l'éléphant, l'ours, le tigre et l'hyène. Entre l'ère présente et celle de ces plus anciens vestiges de notre race qui aient été découverts jusqu'à ce jour, des vallées ont été creusées et élargies, le cours des rivières souterraines qui coulaient à travers les cavernes a été changé, et beaucoup d'espèces de quadrupèdes sauvages ont disparu. Le lit de la mer surtout a, dans les mêmes âges, été soulevé en beaucoup d'endroits de plusieurs centaines de pieds au-dessus de son niveau primitif, et les contours de bien des côtes ont été entièrement modifiés. MM. de Verneuil et Louis Lartet ont récemment trouvé près de Madrid des dents fossiles de l'éléphant d'Afrique dans une vieille vallée de drift, contenant de nombreux échantillons de silex travaillés du même type que ceux d'Amiens et d'Abbeville. Déjà le baron Anca, durant ses explorations des cavernes à ossements de Palerme, avait donné la preuve que le même éléphant a habité la Sicile dans la période post-pliocène, et probablement en deçà de la période humaine.

Nous avons donc maintenant la preuve que l'homme a coexisté en Europe avec trois espèces d'éléphants, dont deux éteintes (le mammouth et l'*Elephas antiquus*), et une troisième pareille à celle qui vit encore en Afrique. Quand on songe à la longue série d'événements qui se succédèrent dans les périodes glaciaire et post-glaciaire, l'imagination est portée à s'effrayer de l'immensité du temps nécessaire pour interpréter les monuments de ces âges, qui se rapportent tous à l'ère des espèces existantes. Afin d'abréger le nombre des siècles qui autrement seraient indispensables, beaucoup de savants ont voulu attribuer une énergie extraordinaire aux causes qui ont modifié le monde animé et inanimé.

En finissant, je parlerai brièvement de deux points sur lesquels un changement graduel d'opinion a pris place chez les géologues dans ces dernières années. D'abord, de la question de savoir s'il y a eu une succession continuelle d'événements dans les mondes organique et inorganique non interrompue par de violentes et générales catastrophes. En second lieu, du degré d'évidence de la théorie qui admet une période antécédente à la création des êtres organiques sur la terre. Je suis assez vieux pour me rappeler le temps où les géologues dogmatisaient sur ces deux questions d'une manière très-différente de celle vers laquelle ils inclinent aujourd'hui.

Sur le premier point, il est digne de remarque que, quoique la croyance à de soudaines et générales convulsions ait perdu du terrain, de même que la doctrine des transitions brusques d'une série d'espèces d'animaux et de plantes à une autre d'un type très-différent, cependant la série entière des témoignages qui nous ont été transmis sont aujourd'hui plus que jamais considérés comme fragmentaires. L'ensemble des monuments que nous essayons de déchiffrer nous apparaissent comme plus incomplets qu'auparavant. Pour ma part, je suis d'accord avec M. Darwin, en les considérant comme une simple fraction de ceux qui ont autrefois existé.

En ce qui concerne l'autre grande question sur la date très-éloignée de l'apparition des phénomènes vitaux sur notre planète, les récentes découvertes faites dans le Canada ont au moins démontré que diverses théories formulées en Europe étaient également erronées. Dans le cours d'une exploration géologique faite sous l'habile direction de sir William E. Logan, on a montré qu'au nord de la rivière du Saint-Laurent, il y a une vaste série de roches stratifiées et cristallines, de gneiss, de micaschiste, de quartzite, de pierre calcaire, d'environ 40 000 pieds d'épaisseur. Elles sont plus anciennes que les vieilles couches fossilifères de l'Europe, celles auxquelles a été donné à tort le nom de primitives. C'est dans ce très-inférieur et très-antique système de couches cristallines qu'on a observé un calcaire d'environ 1000 pieds d'épaisseur, contenant des débris organiques. Ces fossiles ont été étudiés par le docteur Dawson, de Montréal, et il y a découvert, à l'aide du microscope, la structure distincte d'une espèce nombreuse de rhizopodes. De beaux spécimens de ce fossile, appelé *Eozoon canadense*, ont été apportés à Bath par sir William Logan, pour être montrés aux membres de l'association. Nous avons quelque raison de supposer que les roches dans lesquelles sont renfermés ces débris d'animaux sont aussi anciennes qu'aucune des formations appelées en Europe *azoïques*, sinon plus vieilles, de sorte qu'elles ont précédé en date les roches que l'on supposait autrefois avoir été formées avant que les êtres organisés eussent été créés. Mais je ne me hasarderai point dans des spéculations sur les *signes d'un commencement* ou sur la *perspective d'une fin* de notre système terrestre, ce vaste océan de conjectures scientifiques sur lequel tant de théoriciens ont fait naufrage ! — Traduit de l'anglais par ODYSSE-BAROT.

EMBRYOGÉNIE COMPARÉE.

COURS DE M. COSTE.

(COLLÈGE DE FRANCE.)

(Voy. les nos 23, 25, 28, 30, 33, 37, 39, 43 et 47.)

X.

Composition du fluide séminal. — Formation des spermatozoïdes dans le testicule.

La semence ou sperme est l'élément mâle de la génération. C'est un liquide dont la couleur, la densité et la consistance varient selon les espèces. Il se compose de deux parties qui diffèrent essentiellement par leur origine et par le rôle qu'elles jouent dans l'acte de la fécondation. Ces deux éléments sont : le fluide proprement dit et les filaments ou corpuscules spermatiques.

La partie fluide du sperme consiste en une sorte de mucus albumineux transparent, homogène, visqueux, qui est exhalé par les tubes séminifères. C'est dans ce liquide que l'on voit se mouvoir les animalcules spermatiques, lorsqu'on examine une goutte de sperme au microscope. Mais sa quantité est si peu abondante relativement au nombre infini des animalcules qu'il contient, qu'il est souvent assez difficile d'isoler ces derniers du milieu gluant où ils sont, pour ainsi dire, emprisonnés. Il ne faut pas songer à les en séparer comme on isole les globules du sang de son sérum ; car le sperme ne traverse jamais les filtres, à moins qu'il ne soit préalablement dilué par des lavages répétés. Aussi l'analyse chimique, obligée d'agir sur les deux éléments réunis, ne nous éclaire-t-elle pas beaucoup sur la nature de la liqueur séminale. C'est au microscope à nous édifier à cet égard. Parfois cependant l'intimité du mélange est telle, que le microscope lui-même est mis en défaut. Il faut alors avoir recours à l'alcool ou à un acide pour coaguler la partie albumineuse et rendre distincts les animalcules.

Le second élément du sperme, celui qui est de beaucoup le plus important et le plus abondant, est constitué par des filaments ou corpuscules mouvants, dont la forme et la longueur varient avec les espèces. Ces corpuscules, découverts par Louis Ham en 1776, furent signalés à l'attention des savants en 1778 par Leuwenhoeck, sous le nom de *vers spermatiques*. Ils furent ensuite appelés *zoospermes* par Bory Saint-Vincent, *spermatozoaires* par Baer, et enfin *spermatozoïdes* par Dufrénoy. Cette dernière appellation, sous laquelle ils sont généralement désignés aujourd'hui, est évidemment la meilleure ; car c'est la seule qui ne préjuge pas leur nature.

Une seule goutte de sperme en contient des myriades. Ils y sont tellement englués, qu'on pourrait à peine distinguer leurs mouvements, si l'on ne prenait la précaution de diluer le fluide séminal avec un peu de lymphe ou de sérum. Mais, dès qu'on a employé cet artifice, on les voit s'agiter d'une façon très-remarquable sur le champ du microscope. Ils montrent alors leur véritable forme qui varie, comme nous l'avons dit, avec les espèces, mais qui se rattache toujours à deux types à peu près invariables.

Chez l'homme et la plupart des mammifères, chez un très-grand nombre d'oiseaux, de poissons osseux, de mollusques céphalopodes, etc., ils affectent une telle ressemblance avec les têtards de la grenouille, que certains physiologistes ont voulu voir dans cette conformation singulière une preuve de plus de leur animalité. Ceux du triton, par exemple, portent le long de la queue une sorte de crête tout à fait comparable à la nageoire transitoire des têtards. Leur tête est arrondie ou renflée en amande.

Chez les poissons cartilagineux, chez quelques mollusques gastéropodes et chez tous les invertébrés en général, les spermatozoïdes ne présentent point de tête globuleuse comme dans les espèces précédentes. Ce sont de simples filaments filiformes ou anguilliformes. Leurs mouvements, beaucoup plus lents et moins variés, ne paraissent nullement dus à une incitation volontaire. Au contraire, cette idée vient naturellement à l'esprit lorsque l'on considère au microscope les animalcules spermatiques de l'homme et des animaux supérieurs.

« Il semble, au premier abord, dit M. Coste, quand on assiste à cet étonnant spectacle, qu'on a sous les yeux une de ces mares taries où des milliers de petits têtards nagent, rapprochés par la diminution du liquide que l'évaporation épuise. » Si l'on vient à chauffer la plaque du microscope sur un de ses bords, on les voit se réfugier instantanément dans la direction opposée, comme s'ils avaient l'instinct et le sentiment du danger qui les menace. Des faits de ce genre devaient profondément étonner les observateurs. La plupart, dans leur admiration, n'hésitèrent pas à considérer ces corpuscules comme de véritables infusoires doués d'une volonté manifeste et de mouvements autonomes. Leuwenhoeck alla jusqu'à soutenir qu'on pouvait distinguer leur sexe d'après la forme de leur queue ; et qu'il naissait un individu mâle ou femelle suivant qu'un animalcule mâle ou un animalcule femelle pénétrait dans la matrice au moment du coït.

Cette opinion, vainement combattue par Buffon et par Wolff, prévalut dans la science pendant plus d'un siècle. On vit certains auteurs abuser de la crédulité de leurs contemporains, au point d'écrire, comme Délampatius, « *qu'ils avaient vu des spermatozoïdes humains, placés sous le microscope, se dépouiller de leur enveloppe, et présenter une tête, des extrémités, etc., comme l'homme parfait* (1). »

(1) *Nouvelles de la république des lettres*, Amsterdam, mai 1699. — Gleichen assure que ce Délampatius n'est autre que M. Plantade, secrétaire de l'Académie de Montpellier, qui, sous un nom supposé, a voulu s'amuser aux dépens des savants. (*Dissertation sur les animalcules spermatiques*, Paris, an VII ; note de M. Coste, *loc. cit.*)

Cependant l'ardeur des physiologistes ne se ralentissait point. Chaque perfectionnement apporté au microscope enfantait une hypothèse nouvelle. Déjà, en 1752, Hill avait classé les prétendus animalcules spermatiques sous le nom générique de *Macrocercus*. Plus d'un demi-siècle après lui, Ehrenberg, ayant distingué sur les spermatozoïdes de l'homme une espèce de suçoir, les rangea parmi les entozoaires suceurs, famille des *Cercozoa*, genre *Trematoda pseudo-polygastrica*. Czermack leur conserva la même place dans la série animale. Mais, prenant en considération les différences qu'ils affectent dans les diverses classes d'animaux, il les divisa en *céphaloïdes* ou subglobuleux (poissons), en *uroïdes* ou filiformes (oiseaux et reptiles), et en *céphaluroïdes* (homme et mammifères en général) : les premiers correspondant aux infusoires monadaires, les seconds aux vibrionides, et les troisièmes aux cercaires. Plus tard, Valentin, Gerber et Pouchet leur ont décrit un tube intestinal et des organes génitaux. Mais, lors même qu'on ne contesterait pas la parfaite exactitude de ces observations, il deviendrait difficile, en supposant l'animalité de ces corpuscules, d'expliquer le rôle que ces physiologistes leur assignent dans la génération. En effet, si ce sont des entozoaires ou des infusoires polygastriques, comment se fait-il qu'ils puissent se transformer en vertébrés? Est-ce là une simple métamorphose analogue à celles des batraciens et des lépidoptères ? C'était l'opinion de Leuwenhoeck ; mais ses successeurs ont été moins explicites.

De là deux camps parmi les partisans de l'animalité des spermatozoïdes : les uns prétendant, avec Leuwenhoeck, que ce sont des infusoires reproducteurs de l'espèce; les autres les considérant simplement comme des animaux parasites, analogues à ceux que l'on rencontre dans les autres humeurs de l'organisme, et n'ayant par eux-mêmes aucune influence dans l'acte de la génération. Pour ces derniers, la propriété fécondante du sperme serait due uniquement à l'élément liquide, et nullement aux corpuscules spermatiques. Enfin il existe une troisième hypothèse qui consiste à regarder les *parasites* du sperme comme des espèces d'ouvriers chargés, à la fois, de *battre* la semence pour l'entretenir dans un état continuel d'homogénéité, et de la transporter, après la copulation, dans l'endroit où elle doit être mise en contact avec l'œuf. Cette hypothèse de juste milieu a été imaginée par Vallisnieri, soutenue par Bory Saint-Vincent et Valentin, et admise en partie par M. Bischoff.

Plus tard, à propos de la conception, nous reviendrons sur toutes ces opinions. Mais si l'on peut, jusqu'à un certain point, considérer comme admissible celle de Leuwenhoeck, il est impossible, à priori, de s'arrêter à celle des physiologistes qui ne voient dans les spermatozoïdes que des parasites de la liqueur séminale. Comment expliquer, en effet, si les corpuscules spermatiques sont des infusoires parasites, qu'il n'y ait de semence féconde que celle où ils se trouvent ; que leur apparition coïncide toujours avec l'époque de la puberté ; qu'ils soient d'autant plus abondants que les mâles sont plus vigoureux et mieux nourris ; qu'ils deviennent plus rares et disparaissent même à mesure que ces mâles subissent l'influence des causes débilitantes ou de la maladie, c'est-à-dire alors que les conditions deviennent favorables à la production des entozoaires en général ? Comment se fait-il, si ce sont des parasites, que leur abondance produise chez les animaux un excès de vitalité, tandis que les entozoaires provoquent d'ordinaire des effets tout opposés ? Pourquoi leur émission trop fréquente provoque-t-elle des maladies ou la consomption lente, tandis que l'expulsion des entozoaires ramène la santé ?

En vain Burdach a déployé les ressources de son talent et de son érudition pour faire triompher la doctrine du parasitisme et pour répondre aux objections précédentes. Il n'a pu y parvenir. Dans l'état actuel de la science, il ne s'agit plus de discuter à priori l'animalité ou la non-animalité des animalcules spermatiques, ni de les ranger dans telle ou telle classe de parasites ; il importe avant tout d'étudier l'anatomie du testicule, de reconnaître sa fonction et, par suite, la nature et la destination physiologique du fluide qu'il contient. « Pour nous, dit M. Coste, la question se réduit donc, en dernière analyse, à celle-ci : Les spermatozoïdes sont-ils ou ne sont-ils pas un produit du testicule ; et, dans l'hypothèse de l'affirmative, le sont-ils au même titre que l'œuf est un produit de l'ovaire ? » C'est ainsi que l'illustre Lallemant avait le premier posé le problème, et qu'il a essayé de le résoudre, en établissant un parallèle entre le produit de l'ovaire et celui du testicule. Nous espérons démontrer, en marchant sur ses traces, que les spermatozoïdes sont, en effet, un produit du testicule au même titre que l'œuf est un produit de l'ovaire ; qu'ils constituent la partie essentielle du sperme ; qu'ils sont, par conséquent, tout autre chose que des animaux entozoaires, infusoires polygastriques ou parasites. Nous établirons en même temps que la partie fluide de la semence est exclusivement sécrétée par les canaux déférents, comme l'albumen par les oviductes : d'où nous conclurons naturellement que c'est là un produit accessoire qui joue, par rapport au spermatozoïde, le même rôle que les produits adventifs par rapport à l'œuf.

On sait que, pendant la première période de la vie intra-utérine, les organes génitaux présentent, même chez les vertébrés, une telle identité de forme, qu'il est absolument impossible de distinguer les deux sexes l'un de l'autre. Cette conformité de structure disparaît bientôt chez les vertébrés supérieurs avec les progrès du développement. De sorte qu'au moment où l'on peut étudier ces organes, ils offrent déjà des modifications importantes. Mais chez quelques vertébrés inférieurs et chez les invertébrés en général, l'appareil de la génération conserve toujours dans la forme une identité à peu près complète. Nous allons commencer par examiner l'ovaire et le testicule chez ces derniers. Nous pourrons ainsi, en considérant les produits de ces deux organes chez les animaux où ils paraissent différer le moins, nous renseigner sur leur véritable nature et constater plus exactement peut-être leur analogie fonctionnelle.

Prenons d'abord pour exemple les entozoaires, et parmi eux le *Strongylus auricularis*, l'*Ascaris acuminata*, etc. Chez ces animaux, les organes de la génération consistent, dans l'un et dans l'autre sexe, en un double canal excréteur placé dans la cavité abdominale sur les côtés de l'intestin. Ce double canal se prolonge en un appendice filiforme qui correspond au testicule chez le mâle et à l'ovaire chez la femelle. Il s'ouvre au dehors par un orifice placé près de l'anus chez le premier, et vers le milieu ou sur les côtés du corps chez l'autre.

Quand vient l'époque où la fonction génératrice commence, on voit naître dans toute l'étendue de ce canal et dans le parenchyme même de son tissu une série de vésicules microscopiques pleines d'un liquide transparent et pourvues d'un globule à noyau qui en occupe la plus grande partie. Ce sont là les premiers ovules et les premières *vésicules spermatogènes*. Au premier abord il est impossible de les distinguer les unes des autres. Mais leur contenu se trouble peu à peu, par les progrès du développement, et il se convertit en granules qui entourent le globule central. Les vésicules de l'ovaire prennent la forme de l'œuf; celles des testicules se remplissent de vésicules plus petites qui renferment les granules spermatiques. On y distingue bientôt des spermatozoïdes, tandis qu'il n'en paraît jamais dans les vésicules ovariennes.

« Or, dit M. Coste, si dans les entozoaires dont il s'agit, les vésicules spermatogènes occupent dans le testicule une position sembable à celle qu'ont les ovules dans les ovaires ; si, comme ces ovules, elles sont logées dans les mailles du tissu de ces organes ; si enfin leur contenu, transformé en spermatozoïdes, doit, pour passer dans le canal déférent, rompre ce tissu de la même manière que les ovules rompent les capsules de l'ovaire pour descendre dans l'oviducte, il reste démontré, non par la théorie, mais par le fait lui-même, que, dans ces cas au moins, les vésicules spermatogènes sont un produit du testicule au même titre que l'œuf est un produit de l'ovaire. C'est pour faire ressortir cette similitude primitive du produit du testicule avec celui de l'ovaire que M. Ch. Robin (1) a proposé de le désigner sous le nom d'*ovule mâle*. » (Coste, *loc. cit.*, p. 415.)

On voit, à peu de chose près, les mêmes phénomènes se reproduire chez certains poissons. Ainsi les anguilles, les congres, les murènes, portent de chaque côté de la colonne vertébrale, depuis le diaphragme jusqu'au delà de l'anus, deux franges parallèles dont le tissu est criblé de petites capsules analogues à celles que nous avons

(1) *Mémoire sur l'existence d'un œuf ou ovule chez les mâles comme chez les femelles* (*Comptes rendus de l'Académie des sciences*, Paris, 1848, t. XXVII, p. 427).

décrites chez le *Strongylus auricularis*. A la simple vue, il est impossible de trouver la moindre différence entre l'ovule mâle et l'ovule femelle. Mais, au microscope, on constate toujours la présence des spermatozoïdes chez les mâles et leur absence chez les femelles. C'est même le seul moyen qu'on ait pour distinguer les deux sexes.

A mesure que l'on avance dans la série, les différences sont de plus en plus tranchées. Ce n'est plus seulement alors sur le contenu de la capsule que portent ces différences, mais sur la capsule elle-même, et enfin sur l'organe ovigère tout entier. Déjà chez les poissons cartilagineux, tels que les squales, les raies, les conduits séminifères, après s'être divisés et subdivisés à l'infini dans la substance du testicule, se terminent à sa surface par autant de culs-de-sac sphériques, ce qui donne à l'organe l'aspect d'une glande en grappe. Chaque cul-de-sac contient une capsule spermatogène analogue à l'ovule des femelles. Mais, tandis que dans l'œuf la membrane vitelline persiste jusqu'à la fin du développement de l'embryon, la capsule spermatogène ne tarde pas à se briser pour livrer passage au spermatozoïde. Sur le testicule du lapin, on constate la division en lobules propre aux mammifères. Tous ces lobules sont séparés les uns des autres par les prolongements intra-lobulaires de la *tunique albuginée*, enveloppe fibreuse du testicule. Du reste, les choses se passent chez les animaux supérieurs comme nous venons de le voir chez les poissons et les entozoaires. On trouve toujours une capsule ou cul-de-sac terminal du tube séminifère, une ou plusieurs cellules contenues dans ce cul-de-sac, et, dans ces cellules, des granules qui donnent naissance aux spermatozoïdes.

Le développement des corpuscules spermatiques se fait de la manière suivante : A l'époque des amours, le testicule se gonfle et devient le siége d'une tension spéciale analogue à celle de l'ovaire au moment de l'ovulation. L'extrémité des canaux spermatiques, dont l'ensemble constitue le testicule, se remplit de capsules oviformes (capsules spermatogènes). Ces capsules se développent toujours dans le cul-de-sac terminal du canal séminifère et jamais ailleurs. Elles y sont attachées par une sorte de pédicule qui rappelle le *podosperme* ou *chalaze* de la graine chez les végétaux cotylédonés. « Chacune de ces capsules, très-petite d'abord, est, comme l'œuf primitif des femelles, parfaitement diaphane et pourvue d'une vésicule ou tache germinative, que l'on est d'autant plus porté à comparer à celle de l'ovule, que c'est autour ou au voisinage de cette vésicule que se trouvent les premiers éléments destinés à se transformer en spermatozoïdes.

A mesure que les capsules spermatogènes grandissent, on les voit perdre de leur transparence, ce qui est dû à l'apparition dans leur sein d'un certain nombre de granules moléculaires mêlés à quelques vésicules. A ces granules succèdent bientôt des globules à noyaux, lesquels sont remplacés à leur tour par des vésicules granuleuses pourvues d'un et quelquefois de deux petits nucléoles. » Ces vésicules ultimes sont désignées par M. Coste sous le nom de *vésicules génératrices, vésicules spermatiques, vésicules mères*. C'est en effet de la simple modification de leur contenu que vont résulter les spermatozoïdes.

Les granules moléculaires contenus dans la vésicule mère ne tardent pas à subir une condensation analogue à celle de la cicatricule chez les femelles. Il en résulte une masse sphérique qui s'allonge peu à peu en se raréfiant toujours davantage, jusqu'à ce qu'elle soit complétement transformée en spermatozoïde. La vésicule elle-même se modifie; elle s'aplatit d'abord en forme de disque, comme pour se mouler sur le corpuscule qu'elle contient. Enfin elle se rompt, et livre passage au spermatozoïde. Celui-ci, chassé au dehors, tombe dans la capsule spermatogène, ou dans les vésicules secondaires qu'elle renferme. Quand le travail de maturation est à son terme, quand toutes les vésicules mères sont rompues, il n'y a plus que des spermatozoïdes dans la capsule spermatogène, et celle-ci, brisée à son tour, laisse échapper son contenu dans le canal séminifère, d'où il passe dans le canal déférent. La disposition affectée par les spermatozoïdes dans la cellule spermatogène est des plus singulières. Ils y sont rangés en série circulaire, les têtes constamment tournées du même côté, et reposant les unes sur les autres. On ne connaît pas encore la cause d'une semblable disposition. En tout cas, elle est des plus favorables à la sortie des spermatozoïdes à travers l'ouverture inférieure du canal spermatique.

Avant de passer dans le canal déférent, ces corpuscules subissent encore une sorte de maturation qui leur fait perdre de leur volume. Leur tête se déprime, leur queue s'allonge et s'effile d'une façon très-prononcée. Enfin, ils perdent en grosseur ce qu'ils gagnent en longueur. Ils sont dès lors aptes à cheminer dans le canal déférent. C'est aussi à ce moment que la capsule se brise pour les laisser passer. Chez les raies, les squales, tous ces phénomènes sont très-manifestes, et on les voit, pour ainsi dire, s'accomplir sous ses yeux. Il suffit de mettre sur le porte-objet du microscope un fragment du testicule de ces animaux pour voir successivement les divers degrés de maturation des capsules et l'évolution progressive des spermatozoïdes.

Ces corpuscules proviennent donc, comme on le voit, d'une source en quelque sorte inépuisable, puisque de nouvelles capsules oviformes se développent à mesure que les animaux émettent leur semence. Mais ce travail de formation, que l'exercice trop fréquent du coït peut activer à l'excès, a néanmoins une limite qui ne saurait être dépassée sans préjudice pour l'organisme, car c'est lui qui fournit les matériaux élaborés par le testicule. De là vient la fatigue momentanée qu'on éprouve après l'acte reproducteur, et les désordres qu'il entraîne chez ceux qui s'y livrent trop souvent. Un épuisement analogue a lieu après les pontes trop abondantes ou trop répétées. Mais les ravages de ces excès générateurs sont toujours plus prononcés chez les mâles, parce que le rapprochement des sexes hâte la production des spermatozoïdes, et que le liquide éjaculé en contient à peu près toujours, tandis que chez les femelles le coït n'influe que d'une façon très-secondaire sur la maturation des follicules de de Graaf.

Nous ne répéterons pas pour les mâles ce que nous avons dit pour les femelles. L'époque de la puberté, ou la saison des amours, le moment du rut s'accompagne chez eux des mêmes phénomènes que nous avons déjà observés à propos de l'ovulation. Les conduits excréteurs de la semence se dilatent, les testicules se gonflent et sont le siége d'un véritable molimen spermatique, qui se transmet sympathiquement aux organes génitaux externes. Les érections deviennent fréquentes, et les mâles sont, comme les femelles, en proie à une véritable phlogose voluptueuse. Cette excitation se traduit d'ailleurs dans tout l'organisme par des modifications tout à fait remarquables. Chez les mammifères, le pelage prend des teintes plus vives et plus luisantes; le plumage se pare, chez certains oiseaux, des couleurs les plus brillantes, leur chant devient plus mélodieux. En un mot, comme l'a dit Buffon, les mâles prennent alors la *livrée des amours.*

Tous ces phénomènes coïncidant avec l'apparition des spermatozoïdes dans le testicule, il est impossible de ne pas leur attribuer le principal rôle dans la fonction de cet organe. On ne peut pas douter non plus, après le parallèle que nous avons fait entre l'évolution du spermatozoïde et celle de l'œuf, des rapports intimes qui existent entre l'ovulation et la fonction correspondante chez les mâles. Le corpuscule spermatique est donc l'élément essentiel du sperme, ce n'est point un animal infusoire ou un entozoaire, comme le croient encore certains physiologistes, mais une véritable cellule, un *ovule mâle*, selon l'heureuse expression de M. Ch. Robin. Dans la prochaine leçon nous étudierons l'élément liquide du sperme, et nous trouverons dans cette étude une nouvelle preuve à l'appui de notre opinion. — F. Taule.

VARIÉTÉS.

Soirée donnée au Conservatoire des arts et métiers par l'Association des amis des sciences.

Nous croyons, sans déroger au titre de notre journal, devoir dire quelques mots de la soirée qui a eu lieu samedi dernier, au Conservatoire. N'était-ce pas, en effet, là un cours scientifique et des plus instructifs? Rien n'y manquait, ni l'intérêt des démonstrations, ni la beauté des appareils, ni la science des professeurs, ni l'assistance qui était venue, brillante et nombreuse, répondre à l'appel qui lui avait été fait.

La fête était donnée par l'*Association des amis des sciences,* cette association fondée hier et déjà si puissante. Grâce aux soins éclairés de M. Tresca, le savant sous-directeur du Conservatoire, cet établissement avait déployé, pour cette solennité, toutes les richesses de ses galeries, et de nombreux envois des constructeurs, des savants et des sociétés, étaient venus ajouter un nouvel éclat à la fête.

Comme on le sait, le Conservatoire a son passé historique. Il a été construit sur l'emplacement de l'abbaye de Saint-Martin des Champs. La grande salle de la bibliothèque servait de réfectoire aux moines, et leur chapelle se trouvait dans la salle où se trouvent les machines en mouvement. Ces deux salles étaient ouvertes au public, ainsi que plusieurs galeries et les amphithéâtres, le tout éclairé *à giorno* par des lustres à gaz. On avait découvert pour cette soirée une porte moyen âge d'un beau style gothique; mais ce n'était pas là la seule surprise ménagée aux amateurs d'archéologie : car il y avait là un énorme livre aux coins dorés, aux armes de l'abbaye, un livre aux images dorées, aux riches couleurs, comme on savait en faire au moyen âge pour une abbaye. C'était le recueil des chants des moines. Le Conservatoire avait mis une certaine coquetterie à exhumer de ses archives ces richesses historiques.

Dans le vaste ensemble d'appareils exposés, on est embarrassé de choisir, tant il y en a de nouveaux et d'ingénieux. M. Ruhmkorff, qui a gagné dernièrement le prix de 50 000 francs fondé par l'Empereur pour récompenser l'application la plus utile qui serait faite de la pile de Volta, avait exposé sa bobine d'induction, qui lui a valu cette haute distinction. Les expériences que viennent de réaliser cet appareil sont des expériences de cabinet fort curieuses, mais trop connues ou trop spéciales pour que nous en parlions ici.

M. Froment, qui a remporté une mention honorable à ce même concours, a envoyé samedi une série d'appareils fort curieux qu'il a construits. Il a exposé des types de machines où la vapeur est remplacée par l'électro-magnétisme. Le problème n'est peut-être pas impossible : il serait même fort intéressant de le résoudre d'une façon parfaite. Cet habile constructeur a envoyé une machine fort ingénieuse qu'il nomme un électro-trieur : elle a pour but de trier le fer du cuivre ou de tout autre métal non magnétique. Une série d'électro-aimants, mis en mouvement sur une roue, viennent prendre le fer et laissent passer le cuivre. Je n'ai pas vu fonctionner l'appareil, mais je puis dire que son principe est fort ingénieux. Je ne sais si l'on veut l'appliquer au minerai lui-même; il faudrait qu'il eût une bien faible cohésion. Dans ce cas, on pourrait le soumettre à une trituration préalable; et l'appareil pourra toujours servir à trier deux poussières ferreuse et cuivreuse mélangées intimement.

Si l'électro-magnétisme ne remplacera pas de longtemps la vapeur dans les machines, il en est de même du mélange détonant d'air et de gaz de l'éclairage, sur lequel est fondé la machine Lenoir, que l'on voyait fonctionner l'autre soir. Cette machine a de grands inconvénients : soumise à des chocs violents et incessants, elle a besoin de pièces très-fortes relativement, et, par suite, très-coûteuses. La force, qui ne peut dépasser 2 ou 3 chevaux, en limite l'emploi, et, de plus, on ne peut, comme pour une machine à vapeur, faire croître momentanément la puissance avec les accroissements accidentels de la résistance. Cette eau d'alimentation, que l'inventeur prétend éviter, se retrouve en eau de refroidissement que l'on est obligé de jeter sur le cylindre pour l'empêcher de prendre une température trop élevée, par suite de ces inflammations successives.

... Néanmoins, si l'on ne demande à cette machine que ce qu'elle peut donner, c'est-à-dire de petites forces à tous les étages d'une maison, avec interruption possible aux arrêts de travail, on a là un bon et utile appareil.

Il y avait exposé un petit fac-simile de l'appareil du général Morin pour démontrer la loi de la chute des corps. La loi de la chute des graves, que le calcul affirme, que la machine d'Atwood démontre, n'avait pas besoin pour nouvelle preuve de la machine de M. Morin. Si j'en parle, c'est à cause du principe fort ingénieux qui consiste à faire décrire sa trajectoire par le mobile lui-même. Ce principe d'inscription automatique a été suivi dans un anémomètre donnant la vitesse des gaz dans l'énorme cheminée qui se trouve dans la cour des amphithéâtres, et dans un appareil appelé par son inventeur *barométrographe*, ou baromètre écrivant. Comme dans l'appareil de M. Morin, un cylindre tourne autour de son axe : la rotation, au lieu d'être imprimée par l'air frappant sur des ailettes, est communiquée par un système d'horlogerie appartenant à une pendule : un flotteur, qui est sur le mercure d'un baromètre ordinaire, vient, au moyen d'un stylet et d'un mécanisme électro-magnétique, inscrire le niveau sur le cylindre tournant. On peut donc savoir, sur ce papier, quelle a été la pression barométrique à un jour donné du mois, à une heure donnée de la journée. Ce principe d'observations inscrites d'elles-mêmes, serait bien précieux appliqué à tous les instruments météorologiques. Il permettrait, à la fin d'une année, de réunir tous les documents du globe entier pendant l'année écoulée; il rendrait, il est vrai, inutile la constance de ces savants allemands qui, avec une particularité toute germanique, pâlissent nuit et jour penchés sur un instrument qu'ils observent pendant quarante années de leur existence. Il permettrait peut-être, par la centralisation de tous ces documents, de résoudre ce problème si désiré et si désirable de la prévision du temps.

Un jeune ingénieur, ancien élève de l'École centrale, M. Leschot, a exposé une machine pour perforer les roches dures. Tout le monde connaît la machine employée par M. Sommelier pour le percement du mont Cenis (1) : une série de fleurets viennent simultanément attaquer le front du rocher. Ici le principe est le même, seulement les fleurets sont armés de pointes de diamant noir, ce qui permet une attaque bien plus parfaite.

On a fait une fort belle expérience qui consiste à produire un arc-en-ciel, non pas un spectre qui en reproduit les couleurs, mais un véritable arc-en-ciel, produit par la lumière électrique, tombant sur une pluie fine. Hier la lumière électrique faisait des photographies ; aujourd'hui elle produit des arcs-en-ciel. Que le soleil prenne garde, voilà un fameux rival qui s'annonce.

Nous terminerons cette revue rapide en citant une curiosité historique : c'est l'appareil original pour la recomposition de l'eau au moyen de ses éléments gazeux, qui a servi à Lavoisier pour faire ses expériences. Cet appareil, offert au Conservatoire par l'Académie des sciences, a un double prix : d'abord, par sa valeur historique, comme ayant servi au créateur de la chimie moderne pour faire une de ses expériences fondamentales; et ensuite il me semble précieux pour réfuter une erreur assez répandue actuellement. Niant les progrès qu'ont accomplis récemment la physique et la chimie, bien des pessimistes affirment que ces progrès sont dus uniquement à la perfection que l'on peut apporter actuellement dans les instruments d'observation. Ils vont même jusqu'à reprocher cet excès de minutie apporté par un des grands expérimentateurs contemporains dans la démonstration des lois physiques. En outre de l'injustice du reproche en lui-même, on pourrait dès lors supposer que les instruments du commencement de ce siècle et de la fin du dernier étaient grossiers et imparfaits. On viendra voir ce spécimen offert par l'Académie, et l'on jugera de la valeur de cette assertion.

Nous nous arrêtons ici; et, si l'on nous demande de nous résumer en donnant notre opinion sur cette première soirée, nous répondrons par cette question : A quand la seconde?

ÉDMOND MAYER,
ingénieur civil.

CHRONIQUE.

Le docteur Buchner, le célèbre matérialiste allemand, est en ce moment à Paris. Il a reçu dans notre ville l'accueil le plus enthousiaste de la part des étudiants, qui se sont empressés de se mettre en rapport avec lui. Ces derniers ont organisé un banquet qui doit lui être offert aujourd'hui. De nombreux savants, dont quelques-uns sont professeurs, ont bien voulu consentir à faire partie de cette réunion, dont nous rendrons compte dans notre prochain numéro.

---

(1) Voy. *Revue des cours scientifiques*, cours de M. Perdonnet, 1864, n° 18.

— Jeudi dernier, 3 novembre, a eu lieu la séance de rentrée de la Faculté de médecine de Paris. Un discours a été prononcé par M. Ambr. Tardieu, doyen; puis M. Baillon, professeur d'histoire naturelle, a pris la parole et a fait l'éloge de Moquin Tandon. Enfin M. le ministre de l'instruction publique, qui assistait à la séance, a fait une courte allocution.

— On vient d'expédier à l'observatoire de Marseille l'immense télescope à miroir de verre argenté de M. Léon Foucault. Ce monument scientifique, que 15 caisses contenaient à peine, mesure 80 centimètres d'ouverture, 5 mètres de longueur focale, et fonctionne à l'aide d'un mouvement d'horlogerie isochrone. L'observatoire de Toulouse fait construire en de plus grandes proportions encore un de ces instruments, qui, comme on sait, mettent la lune à seize lieues du regard humain. (*Revue de l'instruction publique.*)

— M. Bussy, professeur de chimie à l'École de pharmacie de Paris, est autorisé à se faire suppléer pendant le premier semestre 1864-1865, par M. Riche, agrégé près ladite École.

— Voici les heures et jours fixés pour les cours du semestre d'hiver de la Faculté de médecine qui nous intéressent plus particulièrement :

Physique médicale. Cours de M. Gavarret, lundi, mercredi, vendredi, à onze heures et demie.

Chimie médicale. Cours de M. Wurtz, mardi, jeudi, samedi, à dix heures trois quarts.

Histologie. Cours de M. Robin, mardi, jeudi, samedi, à cinq heures.

Pathologie générale. Cours de M. Axenfeld, lundi, mercredi, vendredi, à trois heures.

— Voici également les heures et jours fixés pour les cours publics et gratuits du semestre d'hiver (1864 et 1865) du Conservatoire des arts et métiers, rue Saint-Martin, 292 (1) :

Physique appliquée aux arts. Les dimanches à onze heures et demie, et les mercredis à huit heures trois quarts du soir. M. E. Becquerel, professeur, ouvrira son cours le dimanche 6 novembre.

Objet des leçons : Principes fondamentaux de la physique générale. — Applications diverses de la chaleur : formation des vapeurs; emploi de leur force élastique; sources de chaleur; chauffage et ventilation. — Actions moléculaires. — Généralités sur l'acoustique. — Propriétés fondamentales de la lumière. — Sources de lumière. — Construction des instruments d'optique.

Chimie appliquée aux arts. Les dimanches à une heure, et les jeudis à huit heures trois quarts du soir. M. E. Péligot, professeur, ouvrira son cours le dimanche 6 novembre.

Objet des leçons (*première partie du cours*) : Phénomènes généraux de combinaison et de décomposition. — Equivalents. — Nomenclature et notations. — Histoire détaillée des corps simples non métalliques et de leurs principales combinaisons. — Air atmosphérique. — Eau. — Acides minéraux. — Ammoniaque, etc. — Métaux usuels. — Art de l'essayeur des matières d'or et d'argent.

Chimie appliquée a l'industrie. Les mardis et samedis à huit heures trois quarts du soir. M. Payen, professeur, ouvrira son cours le mardi 8 novembre.

Objet des leçons : Cellulose. — Rouissage. — Gélose. — Bois : conservation; bois durcis. — Fécule. — Dextrine. — Conservation des blés et farines. — Gluten granulé. — Pâte d'Italie. — Pain. — Glucose. — Sucre. — Café. — Cacao. — Alcool. — Vins. — Bières. — Substances alimentaires. — Papiers. — Gélatine. — Huiles. — Suifs. — Savons. — Industrie stéarique. — Parraffine. — Éclairage au gaz.

(1) Nous ne donnons que le programme des cours que le lecteur a l'habitude de voir dans nos colonnes.

Chimie agricole. Les dimanches à dix heures et demie du matin et les vendredis à huit heures trois quarts du soir. M. Boussingault, professeur, ouvrira son cours le vendredi 25 novembre.

Objet des leçons : Des engrais. — De l'atmosphère considérée dans ses relations avec les êtres organisés. — De l'alimentation de l'homme et des animaux. — Démonstration des procédés de l'analyse chimique.

Les leçons de chimie agricole auront lieu les vendredis. — Les démonstrations auront lieu les dimanches.

Agriculture. Les mardis et jeudis à sept heures et demie du soir. M. Moll, professeur, ouvrira son cours le mardi 8 novembre.

Objet des leçons : Théorie des assolements et rotations. — Étude comparée des principaux assolements en usage dans les diverses parties de la France, en Angleterre, en Allemagne, etc. — Passage d'un assolement à un autre. — Direction de l'Entreprise agricole. — Entrée en ferme. — Emploi des capitaux. — Choix des éléments de production. — Organisation et direction du personnel.

Travaux agricoles et génie rural. Les mercredis et samedis à sept heures et demie du soir. M. H. Mangon, professeur, ouvrira son cours le samedi 5 novembre.

Objet des leçons : Exécution à bras ou par machines des divers travaux de l'Agriculture. — Travaux du sol : labourage, hersage, roulage, etc. — Semailles. — Récoltes : battage des grains, hache-paille, pressoir, etc. — Topographie et hydrographie agricoles. — Irrigation, drainage, desséchement. — Constructions rurales.

Teinture, apprêt et impression des tissus. Les lundis et vendredis à huit heures trois quarts du soir. M. Persoz, professeur, ouvrira son cours le vendredi 4 novembre.

Objet des leçons. (*Fin de la première partie du cours*) : Études des matières premières d'origine organique (*acide, gomme, fécule, albumine, gélatine, coton, lin, chanvre, laine et soie*, etc. — (*Deuxième partie*) : Blanchiment, apprêt, teinture et impression (*dessins, gravures, instruments et machines*). — Considérations théoriques sur la *formation* et la *fixation* des couleurs.

Le propriétaire-gérant : Germer Baillière.

PARIS. — IMPRIMERIE DE E. MARTINET, RUE MIGNON, 2.

PREMIÈRE ANNÉE. — N° 50. UN NUMÉRO : 30 CENTIMES. 12 NOVEMBRE 1864.

REVUE DES COURS SCIENTIFIQUES DE LA FRANCE ET DE L'ETRANGER

PHYSIQUE — CHIMIE — ZOOLOGIE — BOTANIQUE — ANATOMIE — PHYSIOLOGIE
GÉOLOGIE — PALÉONTOLOGIE — MÉDECINE

Paraît tous les Samedis.

	Six mois.		Un an.
Paris	8 fr.		15 fr.
Départements	10		18
Étranger	12		20

Prix de l'abonnement avec la Revue des Cours littéraires.

	Paris	Départ.	Étranger
Six mois	15 fr.	18 fr.	20 fr.
Un an	26	30	35

ENVOYER A LA LIBRAIRIE GERMER BAILLIÈRE tout ce qui concerne la rédaction

Les ouvrages dont deux exemplaires auront été envoyés au bureau du journal seront annoncés et analysés s'il y a lieu.

On s'abonne A LA LIBRAIRIE GERMER BAILLIÈRE 17, rue de l'École de Médecine, Et chez tous les libraires, par l'envoi d'un bon de poste, ou d'un mandat sur Paris.

L'abonnement part du 1er décembre ou du 1er juin de chaque année.

SOMMAIRE.

PHYSIOLOGIE GÉNÉRALE.

COURS DE M. CLAUDE BERNARD.

(FACULTÉ DES SCIENCES.)

(Voy. les nos 19, 22, 24, 27, 29, 34, 35, 38, 42, 43, 44, 45 et 48.)

XII.

Du nerf sensitif et de la moelle épinière.

Nous avons étudié successivement la fibre musculaire et le nerf moteur, sous l'influence duquel cette fibre entre en contraction. Le nerf de sensibilité arrive maintenant comme l'irritant naturel du nerf moteur.

En effet, la substance contractile sous ses différentes formes, voilà le mouvement. Il faut seulement une condition d'irritabilité quelconque pour que ce mouvement prenne naissance, c'est-à-dire un corps extérieur au tissu contractile et qui mette en jeu ses propriétés. Le nerf moteur se présente chez les animaux supérieurs comme un perfectionnement du système moteur, c'est-à-dire un moyen qui rend plus précise, plus rapide et plus puissante l'irritation de la fibre musculaire. Il ne s'explique que par les muscles sur lesquels il est destiné à agir, et on ne le concevrait plus à l'état d'isolement. Mais le nerf moteur, à son tour, comme toute matière vivante, est soumis à la même condition que le muscle : il lui faut un irritant normal. On ne le comprendrait donc pas davantage en le séparant du nerf de sensibilité qui motive son influence sur le muscle et la coordonne en raison des circonstances ambiantes, pour nourrir, protéger ou défendre l'être vivant. Du reste, à titre d'irritant du nerf moteur, le nerf de sensibilité devait être distinct, comme nous l'avons démontré précédemment.

Le nerf moteur, ainsi que nous l'avons dit, est terminé d'un côté dans le muscle qu'il influence, de l'autre dans la moelle épinière, d'où lui vient son irritation. Le nerf de sensibilité est aussi terminé par l'un de ses bouts dans la moelle épinière, où il prend naissance, et par l'autre dans des organes périphériques de sensibilité générale ou spéciale. Près de son origine dans la moelle, il porte un renflement nerveux nommé *ganglion intervertébral*, parce qu'il se trouve justement placé dans le trou de conjugaison. Du reste, les cellules servant de point de départ aux racines antérieures et aux racines postérieures sont également situées les unes comme les autres dans la moelle. Mais les cellules motrices (racines antérieures) sont généralement triangulaires, tandis que les cellules de sensibilité (racines postérieures) affectent le plus souvent d'autres formes. Les filets nerveux de la sensibilité sont aussi un peu plus minces que ceux du mouvement. Dans certaines limites on peut déjà, à l'aide de ces caractères, les reconnaître au microscope. Mais ce qui distingue pardessus tout la fibre nerveuse sensitive de la fibre motrice, au point de vue anatomique, c'est le ganglion intervertébral, dont nous venons de parler, et qui joue le rôle de cellule trophique pour le nerf sensitif : par conséquent, si l'on coupe le nerf sensitif au delà de ce ganglion, il ne peut plus se nourrir et perd plus ou moins rapidement ses propriétés vitales. Du reste, la constitution anatomique du nerf de sensibilité est la même que celle du nerf de mouvement. Il se compose donc de trois parties : au centre, le cylindre axe, mince cordon nerveux, qui est toujours l'élément essentiel, véritable conducteur de l'influence nerveuse ; à l'extérieur, une gaine protectrice en forme de tube continu, et entre ces deux parties une moelle nerveuse qui remplit tout à fait le tube et complète la protection du cylindre axe, totalement plongé dans sa masse.

Examinons maintenant les terminaisons nerveuses aux deux extrémités de cet élément histologique, pour nous rendre un compte exact de ses rapports avec les éléments voisins. Et d'abord l'extrémité périphérique.

On a cru autrefois que le nerf de sensibilité se terminait toujours par des anses, comme on l'avait observé dans l'œil. Mais aujourd'hui on n'en croit plus rien. Depuis que les études microscopiques se sont développées et que l'on a su obtenir des grossissements bien plus considérables, les opinions anciennes sur ce point ont été facilement renversées, et l'on sait maintenant que le nerf de sensibilité se termine dans les organes périphériques par de petites cellules nerveuses. La terminaison du nerf sensitif a lieu d'ordinaire dans des papilles ou corpuscules du tact qui ne sont autre chose que des contournements du nerf sur lui-même avec une cellule comme point d'arrêt. Les nerfs de sensibilité spéciale se terminent aussi par des cellules. D'autres, comme les nerfs latéraux des doigts, par exemple, aboutissent dans les corpuscules de Pacini, qui ne sont que des amas de substance cellulaire au milieu desquels se trouve encore une cellule nerveuse. Ainsi, nous voyons partout la terminaison périphérique du nerf sensitif se faire par une cellule, et l'on pourrait, jusqu'à un certain point, justifier l'idée de Gall, qui supposait une couche cérébrale répandue sur toute la surface du corps.

Rappelons ici que les nerfs moteurs sont sensibles à la douleur et au plaisir, aussi bien que les nerfs de sensibilité. Mais ce n'est qu'une sensibilité empruntée, car si l'on coupe les racines antérieures (racines motrices), le bout qui tient à la moelle devient insensible, parce qu'il est séparé du nerf de sensibilité, tandis que le bout qui est resté uni à ce nerf conserve encore ses propriétés sensitives.

En arrivant dans la moelle, la fibre sensitive perd toutes ses propriétés comme la fibre motrice. — Auparavant Charles Bell, et avant lui tous les physiologistes depuis Galien, croyaient que la moelle épinière n'était qu'un gros faisceau formé par la réunion de tous les nerfs. Charles Bell formulait ainsi son idée : Les faisceaux antérieurs de la moelle épinière provenaient des fibres de mouvement volontaire ; les faisceaux latéraux, des fibres de mouvement involontaire, et les faisceaux postérieurs continuaient les nerfs des racines postérieures, c'est-à-dire les nerfs de sensibilité. Cette théorie paraissait même si solidement établie et si universellement acceptée, qu'on avait prétendu prouver que la surface de section de la moelle épinière était rigoureusement égale à la somme des surfaces de section de tous les nerfs.

Müller admettait parfaitement toutes ses idées, et il considérait tellement bien la moelle comme un faisceau de nerfs, qu'il disait que les fibres nerveuses sensitives se continuaient par les fibres de la moelle épinière, lesquelles se continuaient au cerveau par les fibres motrices de la moelle qui aboutissaient aux racines antérieures d'où partaient les nerfs de mouvement. Ainsi, le système nerveux n'était plus alors qu'une sorte de longue corde partant des organes périphériques, pour y aboutir en se repliant sur elle-même, et le cerveau que le point où s'opérait ce changement de direction. L'influence nerveuse parcourrait donc le circuit d'une manière continue ; partie de l'extrémité du nerf de sensibilité, ébranlée par une cause extérieure quelconque, elle arrivait directement dans le muscle pour le faire contracter, sans passer d'un organe à l'autre, par une suite d'irritations successives, comme nous l'exposerons plus tard.

Ces idées régnantes, Charles Bell les accepta complétement, et il fut ainsi amené à prétendre que les faisceaux antérieurs de la moelle, étant simplement la continuation des racines antérieures, n'avaient aucune sensibilité, non plus que ces racines antérieures elles-mêmes, et conduisaient exclusivement l'influence motrice ; tandis que les faisceaux postérieurs, incapables de transmettre cette influence motrice, étaient en revanche doués de sensibilité au même titre et de la même façon que les racines postérieures et les nerfs sensitifs. Toutes ces idées étaient complétement fausses. La moelle épinière n'est pas la continuation des nerfs ; elle a des fibres parfaitement distinctes et jouissant de propriétés toutes spéciales que nous aurons à examiner plus tard.

Aujourd'hui toutes les idées de Charles Bell sur la constitution de la moelle épinière et des centres nerveux sont complétement abandonnées. Il n'est resté de ses travaux qu'un seul fait, l'attribution des racines antérieures à l'influence motrice, et des racines postérieures à la sensibilité. Son système ne compte plus un seul adhérent, et maintenant on considère surtout la moelle épinière comme un centre, ce qui est tout à fait contraire à ses idées. C'est pourtant ainsi qu'il faut la considérer, car on y trouve tout à la fois de la substance blanche et de la substance grise, et nous verrons que cette dernière est caractéristique des centres nerveux, tandis que la substance blanche est simplement conductrice de l'influence nerveuse. Mais ce dernier fait aussi, maintenant bien démontré, n'est pas moins opposé aux opinions de Charles Bell, qui attribuait au contraire le principal rôle à la substance blanche.

Ainsi donc, Charles Bell supposait que les faisceaux

postérieurs de la moelle épinière, continuant les racines de sensibilité, étaient eux-mêmes très-sensibles, tandis que les faisceaux antérieurs, conducteurs exclusifs de l'influence motrice, ne l'étaient pas du tout.

Mais la vérité, c'est que la moelle épinière est complétement insensible dans toutes ses parties. Voyons donc comment la théorie de Charles Bell peut résister au contrôle de l'expérience.

Le premier fait à établir, c'est que la moelle épinière n'est pas la continuation des nerfs. Discutons donc les expériences faites à ce point de vue. Si l'on met la moelle épinière à découvert sur un animal vivant, on distingue facilement les deux séries de racines, racines postérieures d'un côté, racines antérieures de l'autre. Coupons maintenant quelques-unes de ces racines postérieures, et nous ne trouverons plus de traces de sensibilité dans les parties où se distribuaient les nerfs ainsi coupés. Les racines postérieures jouissent donc exclusivement de la faculté de transmettre les sensations de plaisir ou de douleur : on ne peut pas interpréter autrement ces résultats de l'expérience. Mais les propriétés de ces racines se continuent-elles dans les parties correspondantes de la moelle? voilà ce qu'il faut voir. Or, que répond l'expérience? Si l'on pique les faisceaux postérieurs, une vive sensibilité se manifeste aussitôt par des mouvements précipités et convulsifs, indices non équivoques d'une grande douleur. Au contraire, irritons les faisceaux antérieurs, et nous obtiendrons seulement des mouvements modérés, sans aucune trace de souffrance chez l'animal. Cela semble donc bien, au premier abord, justifier la théorie de Charles Bell.

Mais si les faits sont exacts en eux-mêmes, les expériences sont mal faites. En effet, les racines postérieures pénètrent dans la moelle épinière par des filets qui s'étalent plus ou moins et se terminent chacun dans une cellule, laquelle ne jouit plus des mêmes propriétés, et constitue un élément histologique différent. Mais jusqu'à cette cellule, origine véritable du nerf sensitif, toutes ces propriétés persistent. Or, en piquant ou en irritant la moelle épinière d'une manière quelconque, on irrite en même temps ces filets nerveux des racines postérieures, et l'on attribue à l'une ce qui ne convient qu'aux autres. Cette confusion arrive toujours quand on opère sur des animaux chez lesquels les racines postérieures sont fort rapprochées les unes des autres, par exemple des lapins, et peut-être aussi des chiens. Mais prenons le cheval pour sujet de nos expériences, et comme les racines postérieures sont beaucoup plus espacées, nous pourrons alors, en ayant soin de nous placer exactement entre deux racines consécutives, éviter complétement cette cause d'erreur. La piqûre ainsi faite dans la moelle épinière n'atteint plus que cette seule moelle, et les filets des racines postérieures restés à l'abri de toute blessure ne viennent plus troubler l'expérience par des phénomènes étrangers. En opérant ainsi, on ne trouve aucune trace de sensibilité dans la moelle épinière, ainsi que nous l'avons annoncé.

On peut arriver au même résultat en prenant des animaux qui survivent assez longtemps à la section des racines postérieures, par exemple les grenouilles, sur lesquelles Van Deen a fait ses travaux. On coupe les racines postérieures juste à leur entrée dans la moelle, ne pouvant les couper plus avant, et l'on détache ainsi le ganglion intervertébral, qui est, nous l'avons dit, la cellule trophique du nerf sensitif. Les filets des racines postérieures restés engagés dans la moelle ne peuvent donc plus se nourrir, et dépérissent au bout de quelques jours. Quand ce dépérissement s'est propagé jusqu'à la cellule, origine des racines postérieures, on peut piquer la moelle et l'irriter d'une manière quelconque, sans obtenir le moindre indice de douleur, car on ne rencontre plus de filets nerveux sensitifs que les blessures faites à la moelle épinière puissent atteindre en même temps qu'elle. L'insensibilité complète de la moelle épinière est donc un fait parfaitement établi et maintenant tout à fait incontestable.

Ainsi Charles Bell s'est complétement trompé en croyant que les propriétés des racines postérieures se continuaient dans les faisceaux correspondants de la moelle épinière. Son opinion aura-t-elle plus de force pour ce qui concerne les racines antérieures, et devrons-nous admettre avec lui que les propriétés motrices de ces racines persistent dans les faisceaux antérieurs de la moelle? En aucune façon. La seconde partie de cette théorie ne vaut pas mieux que la première, et l'expérience va également la condamner.

Cependant, en irritant les faisceaux antérieurs de la moelle, Charles Bell obtenait des mouvements très-nets, et l'on croyait même qui si l'on irritait la partie gauche de ces faisceaux, il se produisait des mouvements à gauche, tandis qu'en irritant la partie droite, les mouvements se manifestaient à droite. Mais ces résultats, vrais aussi comme faits, sont entachés de la même erreur que les expériences relatives aux faisceaux postérieurs. Ici encore on a commis une confusion dans l'interprétation des phénomènes. S'il se manifeste des mouvements, c'est qu'en piquant la moelle épinière, on a piqué en même temps les filets des racines antérieures ; ceux-ci, sous l'influence de cette irritation, ont produit des mouvements réflexes dont nous allons expliquer tout à l'heure le mécanisme, et l'on a pris ces mouvements réflexes pour des mouvements directs. Voilà d'où vient l'erreur. Van Deen a très-bien montré les véritables causes de tous ces phénomènes et l'interprétation qu'il fallait donner aux résultats de l'expérience. Il a mis hors de doute la distinction complète au point de vue des propriétés physiologiques de la moelle épinière, d'un côté, et des nerfs sensitifs ou moteurs, de l'autre. En effet, si l'on dépouille une partie de la moelle de toutes ses racines, tant antérieures que postérieures, on peut l'irriter d'une manière quelconque, y faire passer des courants électriques, la brûler au fer rouge, la pincer, la piquer, la contondre, sans produire le moindre résultat. La moelle épinière est donc parfaitement insensible à toutes les influences irritantes autres que celles qu'elle rencontre dans l'organisme.

Nous avons maintenant à parler de phénomènes qui s'accomplissent en partie dans la moelle épinière, et qui nous donneront de nouvelles connaissances sur son rôle dans l'organisme et sa constitution anatomique : ce sont les mouvements réflexes, auxquels nous venons de faire allusion tout à l'heure.

Voici une grenouille réduite à l'état d'automate, car on lui a rendu impossible tout mouvement volontaire en interrompant la communication entre le cerveau et les nerfs : la tête est complétement séparée du corps. Cependant, si l'on pince cette grenouille à la patte, sous l'influence de cette blessure, elle remue vivement la patte lésée, puis l'autre, et même le reste du corps. Ce phénomène ne peut pas se produire par suite de la sensation de douleur qui déterminerait un mouvement volontaire, puisque toutes les communications avec le cerveau, organe indispensable de la volonté, ont été coupées d'une manière définitive par la séparation de la tête. Ces mouvements, qu'on ne peut rapporter à une cause volontaire, ont été appelés *mouvements réflexes*. On compare ainsi cette action à celle de la lumière qui se réfléchit sur un miroir. En effet, ces mouvements peuvent être considérés comme se réfléchissant sur la moelle épinière. Cherchons donc par quel mécanisme ils peuvent se produire.

Nous avons déjà dit que le nerf moteur et le nerf sensitif constituaient deux éléments histologiques parfaitement distincts. Comme nous avons des poisons qui atteignent mortellement les muscles sans toucher aux nerfs d'aucune sorte, de même nous en avons qui tuent les nerfs moteurs sans léser le moins du monde les muscles ou le nerf sensitif (curare); et nous en avons d'autres aussi qui agissent sur les nerfs sensitifs seulement, la strychnine, par exemple. Mais l'irritation ou la mort du nerf sensitif se manifestera jusque dans le système musculaire, c'est-à-dire sur tous les éléments histologiques qui lui sont inférieurs dans la chaîne des influences successives aboutissant à la contraction musculaire. C'est là ce qui pourrait induire en erreur sur la cause de certains phénomènes de mouvement, car ces phénomènes peuvent également dériver de plusieurs origines fort diverses.

Les mouvements réflexes ne peuvent s'expliquer que par une action directe du nerf de sensibilité sur le nerf moteur sans passer par le cerveau, ce qui implique des connexions anatomiques entre les deux espèces de nerfs. Ces connexions ne peuvent évidemment exister que dans la moelle épinière où les nerfs sensitifs et les nerfs moteurs ont leur commune origine. C'est là, en effet, que nous allons les trouver.

M. Jacubowitz a fait un travail considérable sur la constitution anatomique de la moelle épinière; il s'est occupé principalement des cellules qui servent de point de départ aux différents nerfs, et des rapports que ces cellules ont entre elles. Voici divers tableaux donnés par ce savant, et qui représentent, d'après les nombreuses observations qu'il a faites, l'aspect de ces cellules, ainsi que de leurs connexions nerveuses, avec un grossissement considérable. (Le professeur expose plusieurs planches tirées de l'ouvrage de M. Jacubowitz.)

M. Jacubowitz distingue d'abord dans la moelle épinière les cellules et les fibres. Puis il admet plusieurs espèces de cellules, d'après le nombre de leurs connexions : les cellules *apolaires*, qui sont complétement isolées, n'étant réunies à aucune autre par des fibres nerveuses; les cellules *unipolaires*, qui n'émettent qu'une seule fibre, et par conséquent n'ont qu'une seule connexion avec d'autres cellules; les cellules *bipolaires*, qui ont deux fibres, et par suite deux connexions; enfin les cellules *multipolaires*, qui ont un nombre de connexions plus considérable, et servent de point de départ à une quantité quelquefois fort grande de fibres nerveuses. On conteste aujourd'hui l'existence de cellules apolaires et unipolaires; mais ce point n'est pas encore parfaitement éclairci, à cause des difficultés considérables que présentent des dissections minutieuses dans la moelle épinière sur des organes aussi petits. La composition anatomique de ces cellules est d'ailleurs celle de toutes les autres cellules nerveuses, telle que nous l'avons indiquée déjà : enveloppe solide, de forme variable, remplie d'un liquide particulier avec un nucléole ou noyau solide au centre. Les cellules motrices sont généralement plus grandes que les cellules sensitives. Il y a aussi des cellules se rattachant au système du grand sympathique et qu'il faut mettre à part.

La disposition des diverses espèces de cellules dans la moelle est du reste fort compliquée. Mais il faut bien admettre qu'il y a des communications entre les cellules sensitives et les cellules motrices, à moins de supposer que dans les mouvements réflexes, l'action nerveuse se communique, non par continuité, mais par contiguïté ; ce qui, à part toute expérience ou observation anatomique, ne paraît guère vraisemblable. En effet, nous trouvons des commissures nombreuses réunissant les cellules sensitives avec les cellules motrices, et les réunissant tout d'abord étage par étage dans une même moitié de la moelle, de telle sorte que la racine postérieure (sensitive) et la racine antérieure (motrice), qui se correspondent d'un même côté, se réunissent dans l'intérieur de la moelle par une fibre qui joint leurs cellules. D'autres fibres mettent cette paire de racines en communication avec la paire qui lui fait face, à la même hauteur, du côté opposé de la moelle, de manière que l'ensemble de ces quatre fibres forme une sorte de quadrilatère, dont les quatre cellules (deux sensitives et deux motrices) marquent les quatre coins. Enfin, un autre système de fibres nerveuses met en communication chaque étage de racines, ou, si l'on veut, de cellules, avec l'étage inférieur et l'étage supérieur.

Des deux espèces de substance nerveuse dont nous

avons constaté la présence dans la moelle épinière, la substance blanche et la substance grise, la première n'entre pour rien dans le mécanisme des mouvements réflexes. Tous les filets nerveux arrivant à la moelle se terminent dans des cellules qui sont toujours placées au milieu de la substance grise. La moelle peut donc être considérée comme une colonne de substance grise entourée de substance blanche, simplement conductrice des actions nerveuses. Tous les filets rachidiens arrivent ainsi dans les cornes de la substance grise, et se terminent, suivant les cas, aux cellules sensitives ou motrices. Le long de ces cornes, on trouve une troisième espèce de cellules où aboutissent les filets nerveux émanés du grand sympathique. La substance blanche qui entoure la substance grise est formée de filets en rapport avec les cellules cérébrales.

Ainsi, — pour résumer la série d'actions qui constitue un mouvement réflexe, — une irritation produite à la périphérie est transmise de là par le nerf de sensibilité à la cellule sensitive qui influence la cellule motrice correspondante, et de celle-ci part, à travers le nerf moteur, une action nerveuse qui fait contracter le muscle correspondant à la partie lésée : car il ne faut pas oublier que le nerf sensitif et le nerf moteur correspondant se distribuent dans la même région du corps. Mais l'action ne se borne pas là. En effet, le caractère des actions sensitives est de se généraliser. Ainsi, on peut empoisonner un nerf moteur tout seul en préservant le reste du système nerveux moteur; tandis que si l'on empoisonne un seul nerf sensitif, tous les autres s'empoisonneront également par communication de l'action toxique. Cela, du reste, ne doit pas nous étonner, puisque le retentissement du nerf sensitif se fait sur la moelle épinière, d'où il peut se transmettre à tout le reste du système, tandis que celui du nerf moteur est sur le muscle, où il s'amortit nécessairement. Par suite de cette solidarité générale du système sensitif, les mouvements réflexes pourront donc se propager de la paire de racines directement irritée à la paire symétrique dans l'autre moitié de la moelle, puis aux racines supérieures et inférieures, et dans le corps tout entier, grâce aux communications qui réunissent toutes les cellules entre elles. Cette communication s'étendra ainsi plus ou moins loin dans l'organisme, suivant la force de l'ébranlement primitif du nerf de sensibilité.

Nous avons vu le muscle irrité par le nerf moteur, et entrant en contraction sous cette influence; puis le nerf moteur, influencé à travers la moelle épinière par le nerf de sensibilité, donne lieu aux actions réflexes. Quelles seront les influences qui ébranleront le nerf de sensibilité et le feront entrer en action, voilà maintenant ce qu'il nous faut dire, en étudiant les propriétés de cet élément histologique, pour arriver ensuite aux actions complexes du système nerveux. — Emile Alglave.

EMBRYOGÉNIE COMPARÉE.

COURS DE M. COSTE.

(COLLÈGE DE FRANCE.)

(Voy. les nos 23, 25, 28, 30, 33, 37, 39, 43, 47 et 49.)

XI.

Passage des spermatozoïdes dans le canal vecteur ; formation de l'albumen séminal.

A mesure que les spermatozoïdes se développent, ils passent dans le canal vecteur; mais ils ne s'y engagent pas de la même façon dans toutes les espèces. Chez tous les vertébrés, sauf quelques poissons, chez tous les invertébrés, sauf les derniers de la série et les mollusques céphalopodes, les vésicules oviformes se rompent à l'extrémité terminale des tubes séminifères; ils cheminent ensuite jusqu'à l'épididyme, qu'ils traversent pour passer enfin dans le canal déférent ou canal vecteur du mâle. En comprimant sur le porte-objet du microscope un fragment de testicule de raie ou de squale, on peut facilement provoquer cette migration des spermatozoïdes, et la voir s'opérer sous ses yeux.

Chez les mollusques céphalopodes, les tubes séminifères n'ont pas de connexion directe avec l'épididyme; ils en sont au contraire complétement isolés. D'autre part, les cæcums oblongs, dont l'agglomération forme la substance du testicule, sont parfaitement clos, « et les spermatozoïdes qu'ils renferment ne peuvent en sortir qu'en transsudant, comme une pluie vivante, à la surface de l'organe qui les exhale. » Ils tombent dans une espèce de poche péritonéale qui entoure le testicule, nagent dans le liquide qu'elle contient, puis enfin ils s'échappent par une ouverture latérale de cette poche, et sont entraînés, avec le liquide qui les environne, dans le canal déférent, qui les reçoit comme l'oviducte reçoit les œufs.

Chez les poissons anguilliformes, les choses se passent plus simplement encore. Ces animaux n'ont point de canal déférent : les spermatozoïdes tombent directement dans le péritoine, et au moment de la fécondation, ils sont expulsés au dehors par deux orifices spéciaux qui font communiquer l'abdomen avec le cloaque. Chez eux, la semence arrive au contact de l'œuf telle qu'elle a été sécrétée par le testicule.

Il n'en est pas ainsi pour les animaux chez lesquels les spermatozoïdes doivent traverser avant leur expulsion des canaux excréteurs plus ou moins longs. Ces canaux leur fournissent, comme les oviductes aux œufs, des produits adventifs qui sont à la fois un moyen de protection et de conservation pour eux, et facilitent leur trajet jusqu'à l'orifice des canaux éjaculateurs. Ces produits albumineux sont surtout sécrétés par le canal déférent. Cela est si vrai, que les spermatozoïdes, d'abord isolés dans les tubes séminifères, s'enveloppent d'un liquide gluant, gélatiniforme, dès qu'ils ont franchi l'épididyme. Ils sont tellement englués par ce liquide, que, si on les observe dans le canal déférent ou mieux dans la vésicule séminale, lorsqu'elle existe, ils semblent tout à fait dépourvus de mouvement. Ce n'est qu'en délayant le sperme avec de l'eau tiède qu'on leur rend la faculté de se mouvoir. Cette faculté leur est d'ailleurs rendue physiologiquement, à leur sortie des canaux éjaculateurs, par le mucus prostatique et par celui des glandes de Cowper, qui facilitent singulièrement l'éjaculation en diluant la liqueur séminale.

Cette propriété du mucus prostatique n'est pas évidente de prime abord, car la sécrétion de la prostate est normalement assez épaisse; mais elle se modifie à tel point, pendant le coït, que si l'on ouvre le bulbe de l'urèthre chez un animal immédiatement après le rapprochement des sexes, et qu'on exprime de la prostate le liquide qu'elle contient, on s'aperçoit qu'il est parfaitement fluide. On peut même lui voir diluer le sperme au microscope. Cette dilution était, en effet, nécessaire, non-seulement pour faire cheminer le sperme dans le canal de l'urèthre, mais encore pour favoriser son ascension dans les organes génitaux de la femelle. Aussi, quand le liquide prostatique n'est pas assez abondant, comme chez le lapin, la muqueuse vaginale supplée à cette insuffisance par une sécrétion spéciale qui contribue à entraîner le spermatozoïde à la rencontre de l'ovule.

Chez les animaux qui sont dépourvus de prostate, le sperme n'est point dilué, et les spermatozoïdes arrivent agglutinés dans le cloaque. C'est ce qu'on peut observer chez la raie; c'est aussi le cas des reptiles écailleux et des oiseaux ; tandis que chez les mammifères la semence, après avoir franchi l'épididyme, est poussée par les contractions vermiculaires du canal déférent jusqu'aux vésicules séminales (1). Elle séjourne dans ces réservoirs jusqu'au moment du coït. Alors elle passe dans les canaux éjaculateurs, et de là dans la prostate, pour s'échapper par le canal de l'urèthre.

Les considérations qui précèdent suffisent pour démontrer l'analogie complète qui existe entre la sécrétion de l'ovaire et celle du testicule. Chez le mâle, comme chez la femelle, l'élément essentiel de la génération est constitué par une véritable cellule; mais, chez le mâle, la cellule spermatogène donne naissance à un corpuscule spécial, le spermatozoïde, qui forme la partie fondamentale de la semence. Quant au canal déférent, c'est un véritable spermiducte qui sécrète un liquide albumineux, dont la nature et les fonctions sont absolument les mêmes que celles de l'albumen sécrété par la trompe. C'est là un produit adventif qui forme la partie accessoire du sperme, comme l'albumen formait la partie accessoire de l'œuf. Du reste, les analogies sont encore plus tranchées dans certaines espèces. Ainsi, chez un très-grand nombre d'animaux inférieurs, la semence, déposée au dehors avant de pénétrer dans les organes de la femelle, devait être protégée contre les influences extérieures. A cet effet, le sperme est renfermé dans des espèces d'étuis solides sécrétés par les canaux éjaculateurs. Ces étuis jouent, par rapport aux spermatozoïdes, absolument le même rôle que la coque par rapport à l'œuf.

Swammerdam, qui découvrit ces corps singuliers dans l'appareil générateur mâle de la sèche, leur donna le nom de *tubes à ressort*. Après lui, Needham les observa chez le calmar, et prétendit que ce n'était autre chose que des réservoirs de sperme, qu'il compara aux grains de pollen, réceptacle de la favilla chez les végétaux. Plus tard, Denys de Montfort, en examinant ces étuis au microscope, y distingua des spermatozoïdes parfaitement mobiles. M. Wagner, repoussant l'opinion de ses prédécesseurs, ne voulut voir dans ces productions qu'une espèce particulière de vers intestinaux. Carus, renchérissant sur M. Wagner, leur décrivit un pharynx, un estomac, un intestin grêle, un gros intestin, un ovaire, etc.; en un mot, toute l'organisation des helminthes. Mais les expériences ultérieures de MM. Dujardin, Philippi, Peters, Milne Edwards et Duvernoy ne peuvent plus laisser aucun doute sur leur véritable nature. Tous ces physiologistes sont d'accord pour reconnaître l'exactitude de la description de Needham.

Les observations de M. Coste ont pleinement confirmé depuis les assertions des éminents physiologistes dont nous venons de citer les noms. Ces observations ont surtout porté sur les mollusques céphalopodes et sur quelques crustacés. Voici les faits observés par M. Coste :

Chez les céphalopodes, le testicule unique est situé au fond d'un cul-de-sac péritonéal, où il est fixé par un ligament suspenseur. Au moment des amours, ce sac se remplit d'une sécrétion très-abondante qui inonde le testicule. Il s'opère alors une sorte de dialyse du testicule vers le liquide ambiant; une véritable pluie de spermatozoïdes s'exhale à travers l'enveloppe testiculaire, et vient se mêler au liquide, où l'on aperçoit bientôt les corpuscules spermatiques nageant avec une grande vélocité. C'est alors que le spermiducte vient appliquer son pavillon sur l'ouverture de la poche péritonéale, pour recevoir la semence et la transporter au dehors.

Arrivés dans la première portion du spermiducte (canal déférent, canal vecteur du mâle), la muqueuse de ce canal les imprègne d'un liquide albumineux, dont les couches vont s'épaississant et se condensant jusqu'à ce que la masse spermatique arrive dans le point du canal vecteur où doit se former le *spermatophore*. Ces couches albumineuses sont tellement denses, qu'elles engluent les spermatozoïdes au point de leur enlever tout mouvement. Nous avons déjà observé un phénomène du même genre

(1) Les vésicules séminales sont de véritables réservoirs où vient s'accumuler le sperme pendant le repos de la fonction génitale. L'éjaculation est d'autant plus abondante, que ces réservoirs sont plus développés.

chez les mammifères. Mais ici le phénomène est plus radical encore : les spermatozoïdes sont bien définitivement paralysés, car on a beau délayer la masse albumineuse dans l'eau tiède, on ne parvient jamais à leur rendre la mobilité. Du reste, cette abolition de la faculté motrice n'enlève pas aux spermatozoïdes leur pouvoir fécondant. C'est là un fait qui doit être pris en considération dès à présent. Il prouve, en effet, que les mouvements de ces corpuscules ne sont nullement nécessaires pour expliquer l'ascension de la semence dans les organes femelles. Nous reviendrons plus tard sur cet argument, à propos de la fécondation.

Quand la masse séminifère a franchi la partie flexueuse du spermiducte qui correspond à l'épididyme chez ces animaux, elle affecte la forme d'un boudin arrondi aux deux bouts et renflé vers l'extrémité antérieure. Ce boudin spermatique est d'ailleurs complétement dépourvu de membrane enveloppante ; mais il offre déjà une assez grande consistance, et présente des zones transversales comme s'il était composé d'une série d'anneaux juxtaposés. Les couches albumineuses qui composent cette masse vont en se raréfiant de la périphérie au centre. La couche externe la plus concrète fait l'office d'une membrane enveloppante pour les couches moins denses qui existent au-dessous d'elle. La paroi du spermiducte dépose alors autour du boudin spermatique une sécrétion nouvelle qui forme autour de lui une enveloppe transparente, analogue à la membrane chalazifère de l'œuf des oiseaux. En effet, cette enveloppe est pourvue, comme la membrane chalazifère, de deux appendices filiformes. L'appendice antérieur, très-peu développé, disparaît bientôt, tandis que le postérieur, très-long, servira plus tard de support au spermatophore.

Enfin, dans une troisième partie du spermiducte, se forme le spermatophore proprement dit, ou enveloppe solide du sperme (*barillet* de Needham, *sac de l'appareil éjaculateur* de Milne Edwards). Puis le spermatophore parcourt, en s'infléchissant, le canal flexueux qui aboutit au cloaque. Ce cloaque (*bourse de dépôt* ou *poche de Needham*) est le dernier compartiment du spermiducte. C'est là que va séjourner le spermatophore jusqu'au moment de son expulsion. Chez les sèches, les calmars, les poulpes, il y a émission constante de spermatozoïdes tant que dure la période des amours. Ces spermatozoïdes sont successivement chassés par masses isolées dans le spermiducte, où ils se revêtent des enveloppes déjà décrites. Ils s'amoncellent ainsi dans la bourse de dépôt en gerbes épaisses, et sont plus tard *pondus par le mâle* comme les œufs par la femelle.

Chez le *Tremoctopus carena*, il ne se forme qu'un ou deux spermatophores, qui sont expulsés au dehors, ou plutôt portés dans l'organe femelle par un mécanisme tout à fait particulier. Ces animaux portent sur la tête plusieurs bras ou tentacules, dont l'un, qui est creusé d'un canal ou poche semi-lunaire à sa face dorsale, et muni d'un appendice très-mobile en forme de fouet, tombe au moment de la ponte des mâles. C'est ce qui avait fait penser à Cuvier que ce n'était pas là un véritable tentacule, mais une espèce de ver parasite auquel il avait donné le nom d'*hectocotyle*. Il n'en est rien. Ce bras tombe en effet, mais c'est après s'être chargé du spermatophore, qu'il va porter sous le manteau de la femelle, auquel il reste lui-même fixé. Puis il se régénère sur la tête du mâle, pour remplir la même fonction à la saison prochaine.

Chez les poulpes, les sèches et les calmars, la fécondation s'opère plus simplement. « Quand la bourse dans laquelle les spermatophores s'accumulent après leur formation en est suffisamment gorgée, les mâles, incités par le besoin de les *pondre*, vont à la recherche des femelles dont les œufs, arrivés à maturité, sont aptes à recevoir l'influence de la fécondation. Ils enlacent probablement ces femelles avec leurs longs bras, et c'est alors qu'a lieu l'émission des tubes reproducteurs. » (Coste, *loc. cit.*, p. 463.) D'après MM. Lebert et Robin, ces tubes seraient versés par faisceaux dans le manteau des femelles, et c'est là que s'opérerait leur union avec les ovules. C'est du moins ainsi que le phénomène a été observé par ces deux anatomistes sur une femelle de calmar que M. Coste conserve dans sa collection du Collége de France. Mais ce fait est jusqu'à présent unique dans la science. M. Coste n'a jamais pu le voir se reproduire dans les nombreuses observations qu'il a faites à ce sujet. Est-ce seulement une exception? On ne peut pas encore se prononcer définitivement à cet égard. Quoi qu'il en soit, l'observation recueillie par MM. Lebert et Charles Robin prouve que la fécondation peut avoir lieu de cette façon chez les calmars.

La production des spermatophores a lieu aussi chez les *Cyclops castor* et *minutus*, deux espèces de crustacés branchiopodes, ainsi que chez les *locustaires*. Il s'est élevé une discussion à l'occasion de ces derniers : il s'agit de savoir si la capsule solide qui entoure les spermatozoïdes est un produit mâle ou femelle ; en un mot, le spermatophore des locustaires est-il un produit des canaux éjaculateurs du mâle, ou une simple sécrétion du canal vecteur de la femelle? La question reste encore indécise, car Brunelli et Siebold, qui ont décrit ces corps chez les locustaires, n'ont jamais pu les découvrir dans le spermiducte. M. Coste, de son côté, ne les a jamais rencontrés dans l'organe mâle. Quoi qu'il en soit, ce sont des réservoirs de semence qui se vident au moment de la fécondation.

Nous en avons fini maintenant avec les éléments générateurs mâle et femelle. Il nous reste à constater le moment et le lieu de leur union, et la façon dont ces éléments se combinent dans l'acte de la conception. Ce sera le sujet de la conférence prochaine. — F. Tarle.

PALÉONTOLOGIE.

COURS DE M. A. D'ARCHIAC.

(MUSÉUM D'HISTOIRE NATURELLE.)

(Voy. les nos 1, 2, 10, 12, 14, 16, 18, 20, 22, 24, 27, 29, 31, 33, 36, 37, 39, 41, 44, 45, 47 et 48.)

Faune quaternaire de l'Amérique méridionale.

MAMMIFÈRES DU LIMON DES PAMPAS (*suite*).

ÉDENTÉS. — Déjà nous avons vu la faune quaternaire de l'Amérique du Nord réunissant, aux types des grands pachydermes de l'ancien continent, des types également gigantesques, d'un ordre qui manque dans ce dernier. Les édentés nous ont offert, dans les États-Unis du sud et de l'est, les genres *Megatherium*, *Megalonyx* et *Mylodon*, que nous retrouvons aussi dans l'Amérique méridionale, mais associés à une multitude d'autres formes qui donnent à sa faune un caractère encore plus prononcé et plus local.

Cependant, comme le fait remarquer M. P. Gervais (1), elle n'a point, jusqu'à présent, offert de restes de vrais *Bradypus* ou Paresseux, non plus que des *Myrmecophaga* ou Fourmiliers, bien que ce pays soit exclusivement aujourd'hui la patrie des espèces vivantes de ces deux groupes. C'est l'inverse pour les *Dasypus* ou Tatous, qui, avec les espèces éteintes, en montrent associés à d'autres espèces qui vivent encore dans la même région.

Megalonyx. — Nous avons dit (*antè*, p. 207) que le genre *Megalonyx* avait été découvert d'abord dans l'État de Virginie, et que l'espèce avait été désignée sous le nom de *M. Jeffersonii;* c'est à elle encore que M. Owen rapporte une mâchoire inférieure assez fruste, recueillie par M. Ch. Darwin sur les limites nord de la Patagonie, dans la coupe de Punta-Alta, le long de la baie de Bahia-Blanca.

Mylodon (dents en meules). — On a vu également (*antè*, p. 208) que le genre *Mylodon* différait du *Megalonyx*, du *Megatherium* et du *Scelidotherium* par la forme de ses dents autant que ces genres diffèrent entre eux. Chaque dent différant de celles qui l'avoisinent, il faut, pour distinguer les espèces, en posséder au moins la série complète d'un des côtés de chaque mâchoire. Les *M. Darwinii* et *robustus* de l'Amérique méridionale diffèrent du *M. Harlani* des États-Unis du nord.

Le premier, dont une mâchoire inférieure montre les séries de dents entières, a été trouvé par M. Darwin dans les falaises de Punta-Alta, à Bahia-Blanca. Les dents sont, comme dans le *Bradypus*, le *Megatherium* et le *Megalonyx*, dit M. Owen (2), composées d'un pilier central d'ivoire grossier, recouvert d'une couche mince de bel ivoire, dense et compacte, et le tout est entouré d'un épais revêtement de ciment; mais une couche peu épaisse, noire, indiquant une grande proportion de matière animale, sépare ces deux dernières zones. Chaque dent a sa forme particulière. La première, la plus petite et la plus simple, donne par sa coupe une ellipse; la seconde, une figure ovale, plus irrégulière et plus large, légèrement convexe en dehors et concave en dedans; la troisième, un trapèze ou un rhombe à angles arrondis; la quatrième, la plus caractéristique ordinairement dans ces animaux, est une exagération de la précédente : les sinuosités interne et externe augmentent de manière que les deux bords de la couche d'ivoire se touchent, et la dent prend la forme d'un 8 allongé. La surface inférieure de la symphyse est caractérisée par deux mamelons ovoïdes très-prononcés, placés de chaque côté de la ligne médiane et à moitié de la distance de ses extrémités. C'est jusqu'à présent le seul exemple d'une telle disposition parmi les Édentés vivants et fossiles. Tous les caractères de cette mâchoire indiquent d'ailleurs un animal adulte, et dont la taille était moindre que celle du *M. Harlani.*

La seconde espèce, que M. R. Owen a décrite sous le nom de *M. robustus* (1), a présenté un squelette complet, découvert par M. Pedro de Angelis, à sept lieues au nord de Buenos-Ayres, dans le dépôt limoneux des Pampas. Son tronc, plus court que celui de l'Hippopotame, est terminé en arrière par un pelvis égal en largeur à celui de l'Éléphant, mais plus profond; ce grand bassin osseux repose sur deux membres postérieurs, courts et massifs, terminés par des pieds aussi longs que le fémur, attachés à angle droit avec la jambe, comme dans les plantigrades, et légèrement tournés en dedans. Une queue aussi longue que les jambes de derrière, et proportionnellement aussi épaisse et aussi forte, aidait à supporter l'extrémité large du pelvis et du sacrum. Les pieds de devant ont cinq doigts, et ceux de derrière quatre; les uns et les autres remarquables par les deux doigts extérieurs, courts, larges, qui devaient particulièrement porter le poids du corps. Le crâne, moindre que celui du Bœuf, mais long, étroit, tronqué en avant, était supporté par un cou court, composé de sept vertèbres. Ces proportions et ces combinaisons ne se retrouvent dans le squelette d'aucun mammifère existant, mais on les observe dans celui du *Megatherium*, dont nous avons déjà parlé, et sur lequel nous reviendrons tout à l'heure. Les dents, au nombre de 18, 10 en haut et 8 en bas, sont simples, longues, sans racine, et de même épaisseur dans toute leur étendue; excavées en dessous par une profonde cavité conique, déprimées en dessus avec un rebord obtus. Les seconde et troisième molaires d'en bas sont disposées obliquement, ce qui n'a pas lieu dans les troisième et quatrième d'en haut qui leur correspondent. En géné-

(1) *Expédition dans la partie centrale de l'Amérique du Sud*, par M. de Castelnau, 7e partie, *Zoologie*, 1855.

(2) *The Zoology of the Voyage of Beagle*, 1838, p. 63, pl. XVII, XVIII, XIX.

(1) *Description of the skeleton of extinct gigantic Sloth*, 1842, in-4, avec 24 planches.

ral, les dents de la mâchoire supérieure sont, dans leur coupe, moins allongées que celles de l'inférieure et à angles plus arrondis; les premières, trigones; les secondes, elliptiques; les trois suivantes, trigones, à bord sinueux.

La symphyse, beaucoup plus large que dans le *M. Darwinii*, courte, tronquée carrément, d'accord avec tous les autres caractères, indique un animal plus fort que ce dernier, et qui pouvait avoir 3 mètres de long, non compris la queue.

Lestodon. — Le genre *Lestodon*, proposé par M. Gervais (1), a beaucoup d'analogie, dans la conformation du squelette, avec les *Mylodon*, dont il diffère seulement, à ce qu'il semble, par la première paire de dents caniniformes, comme celles du Cholèpe unau, et plus ou moins écartées des molaires proprement dites. L'auteur y établit deux espèces : l'une, le *L. armatus*, était de la taille au moins du *Mylodon robustus*. Des fragments de mâchoires, rapportés de la province de Buenos-Ayres par MM. Villardebo et Dupotet, ont montré que la canine supérieure était prismatique, et plus forte que la première molaire; celle-ci est subarrondie,. un peu aplatie en dedans et séparée de la précédente par une barre. La canine inférieure, aussi portée sur un élargissement de l'os maxillaire, est séparée de la première molaire par une barre très-grande. Les deux premières molaires, ovalaires, arrondies, diffèrent de celles des *Mylodon* connus; la troisième, au contraire, est bilobée de même. La symphyse de la mâchoire inférieure est fort avancée.

La seconde espèce, le *L. myloides*, rapporté du même pays, connue par plusieurs parties de la tête et du squelette, s'écarte moins du *Mylodon robustus* que la précédente. Les dents caniniformes sont moins écartées des molaires. Celles-ci offrent dans leur coupe des figures ovalaires, triangulaires, subrectangulaires, à angles plus ou moins arrondis, et la dernière d'en bas est bilobée ou en forme de 8. Cette espèce n'a point été figurée.

Scelidotherium (animal à long fémur). — La localité de Punta-Alta, déjà si riche en *Toxodon*, *Mylodon* et autres grands mammifères, et si heureusement explorée par M. Darwin, a fourni aussi des restes d'un nouveau genre d'édenté établi par M. R. Owen (2) sous le nom de *Scelidotherium*. Voisin du *Mylodon*, sa tête est plus allongée relativement à la hauteur; les molaires sont aussi 5 en haut et 4 en bas; les supérieures sont toutes triangulaires dans leur coupe, et, à la mâchoire inférieure, la première affecte la même forme; la seconde et la troisième sont un peu comprimées, et la quatrième est grande et bilobée. L'apophyse descendante de l'arcade zygomatique, subovalaire à son bord libre, est, comme on sait, plus large et inclinée en arrière dans les *Mylodon*, étroite et un peu en crochet dans le *Megatherium*, étroite aussi et plus lancéolée chez le *Lestodon myloides*. Quant à celle du *Megalonyx*, elle n'est pas connue. Le fémur du *Scelidotherium* est l'os le plus remarquable de son squelette par sa longueur et sa largeur, toutes proportions gardées, se rapprochant, sous ce rapport, de celui du *Megatherium* et de l'Oryctérope vivant, plus que de tout autre.

L'espèce désignée sous le nom de *S. leptocephalum* a présenté aussi plusieurs os et des portions de mâchoires, déterminés par M. Gervais, et provenant d'une caverne des Andes du Pérou, au Cerro de Pasco, à 4000 mètres d'altitude. M. de Castelnau a recueilli dans cette même localité, appelée *Sanson Machay*, ou caverne de Sanson, et pêle-mêle, dit-il, avec ces restes d'édentés, des débris de Cerf (*C. paludosus*) et de Bœuf; ces derniers ne différant pas du Bœuf domestique, qui, comme on sait, n'a été introduit en Amérique que par les Européens. L'état des os d'édenté ne diffère pas non plus de celui des autres, et leur conservation est beaucoup plus parfaite qu'on ne serait porté à le supposer, d'après leur ancienneté.

On doit à M. Weddell deux fragments de maxillaire inférieur, et un très-beau crâne de *Scelidotherium*, que je mets sous vos yeux, et qui proviennent de Tarija, en Bolivie. Un autre, également de la collection du Muséum, provient de Buenos-Ayres, d'où il a été rapporté par M. Dupotet. M. Gervais (1), qui les a comparés avec soin, ne pense pas que, malgré leurs différences, il soit encore possible, vu l'absence de dents bien caractérisées dans l'échantillon de Tarija, de prononcer sur leurs caractères spécifiques, soit pour les réunir, soit pour les distinguer. L'épaisseur et la forme de la mâchoire inférieure du dernier est ce qui le fait remarquer au premier abord.

L'allongement et la dépression extrême du crâne, la forme de l'apophyse descendante, le peu de largeur de la mâchoire inférieure et le prolongement de sa partie antérieure, joints aux caractères des dents, distinguent très-bien ce genre des édentés voisins et des Paresseux de nos jours.

Nous en retrouverons dans les cavernes du Brésil plusieurs espèces, auxquelles nous réunirons les *Platyonyx* de M. Lund.

Megatherium. — Nous avons déjà rapporté, dans la première partie du Cours (2), tout ce qui est relatif à l'histoire de la découverte du *Megatherium* de Buenos-Ayres, et précédemment (p. 205), les caractères principaux de l'espèce des États-Unis, désignée sous le nom de *M. mirabile*, mais que nous ne croyons pas encore différer de celle des Pampas; il serait donc inutile d'y revenir en ce moment, si ce n'est pour faire remarquer sa grande extension géographique, depuis le détroit de Magellan, les bords de la Plata et de ses affluents, les environs de Tarija, en Bolivie, jusque dans l'Amérique du Nord. Cet édenté colossal, désigné sous

(1) *Zoologie de l'expédition dans l'Amérique du sud*, de M. F. de Castelnau.

(2) *The Zoology of the Voyage of Beagle.*

(1) *Loc. cit.*

(2) *Cours de paléontologie stratigraphique*, 1re partie, p. 231.

le nom de *M. americanum* par Blumenbach, de *M. Cuvieri* par Desmarest, a été l'objet d'un magnifique travail ostéologique de M. R. Owen (1), que nous mettons sous vos yeux, et dont les planches, qui représentent les diverses parties de la tête et du squelette, de grandeur naturelle, peuvent donner une idée complète de tous ses caractères comme de ses dimensions.

Un calcanéum, rapporté de Tarija par M. Weddell, paraît à M. Gervais provenir d'une espèce différente de la précédente.

Glossotherium. — Sous ce nom, M. Owen a désigné un fragment postérieur de crâne, trouvé par M. Darwin, avec celui du *Toxodon platensis*, sur les bords du Sarandis, affluent du rio Negro, dans la Banda orientale. L'étude comparée de ses diverses parties, tout incomplètes qu'elles sont, le porte à admettre que cette portion de crâne a appartenu à une espèce d'édenté voisine de l'Oryctérope.

Dasypides. — La famille des Tatous se distingue facilement de celle des Mégathéroïdes par des molaires plus nombreuses, un museau plus allongé et des pieds plus courts, mais surtout par une sorte de carapace solide, composée de pièces plus ou moins nombreuses et de formes variables suivant les espèces, enveloppant tout le corps avec des appendices se prolongeant sur la tête et la queue. Aujourd'hui les Tatous ne vivent que dans l'Amérique méridionale, et il semble aussi que ce soit la seule grande région naturelle où ils aient été trouvés fossiles et de l'époque quaternaire. Comme dans tous les autres types de mammifères, les espèces fossiles dont on a fait plusieurs genres sont beaucoup plus grandes que leurs représentants actuels.

Glyptodon. — Nous avons déjà donné l'historique de la découverte du genre *Glyptodon*, et indiqué ses principaux caractères (2). L'espèce la plus anciennement connue est celle à laquelle M. R. Owen a donné le nom de *G. clavipes*. Une carapace fut trouvée sur les bords du Pedernal, gouvernement de Montevideo; M. Woodbine Parish en recueillit d'autres débris, près du rio Matanza, à 1^{m},50 au-dessous de la surface du sol, à environ 20 milles au sud de Buenos-Ayres, et ensuite près du rio Negro, dans la Banda orientale, avec des restes de *Toxodon* et de *Glossotherium*.

L'apophyse descendante de l'arcade zygomatique est recourbée en arrière; les phalanges unguéales sont courtes et déprimées ; huit molaires en haut et en bas présentent de chaque côté deux sillons longitudinaux. Ces dents, plus compliquées que dans tous les autres genres de l'ordre, sont ainsi comme trilobées ou sculptées, d'où le nom de *Glyptodon*. La carapace se compose de plaques osseuses, intimement soudées, hexagonales, réunies par une suture dentée, et présentant au-dessus une double rosette.

Les espèces fossiles diffèrent surtout entre elles par les caractères des ornements de la carapace : tels sont les *G. reticulatus*, *tuberculatus* et *ornatus*, décrits par M. Owen, mais ils diffèrent des vivants en ce que ces carapaces n'ont pas de bandes ou lignes interrompues; elles sont parfaitement continues, de manière que l'animal ne pouvait se contracter pour se mettre en boule: aussi la tête est-elle garnie d'une plaque formant une sorte de casque aplati, et la queue entourée d'anneaux solides imbriqués. Quelques espèces ont jusqu'à 3 mètres et 3^{m},25 de long, et la carapace atteint 1^{m},50 de long sur 1 mètre de large.

Les *Glyptodon*, qui doivent comprendre les *Hoplophorus* de M. Lund, ont été trouvés dans les pampas de Buenos-Ayres, près de Santa-Fé, dans la Banda orientale, dans l'Entre-Rios, sur les rives de la Laguna, près de Guardia del Monte, au sud de Buenos-Ayres, et l'*Hoplophorus euphractus*, Lund, aurait été rencontré jusque dans les couches de Punta-Alta, en Patagonie. Des fragments de carapace sont signalés à Tarija avec les autres fossiles de cette localité, et des restes provenant d'une espèce qui paraît identique avec l'Encoubert vivant actuellement dans le pays. C'est l'*Euphractus sexcincto* ou *Dasypus sexcinctus*, dont les plaques, en hexagones irréguliers, sont peu symétriques.

Les Tatous vivants, à l'exception des Tolypeutes, sont carnivores, tandis que les fossiles sont herbivores.

Schistopleurum. — Sous ce nom, M. Nodot a décrit en 1856 un Tatou provenant des environs de Montevideo, et dont les osselets de la carapace sont dissemblables. Celle-ci est interrompue ou fendue sur les côtés, ce qui a servi à la désignation du genre. On compte quarante-deux rangées de ces osselets, qui descendent en arrière, et dont la plus longue en comprend soixante-dix. Les anneaux de la queue sont disposés en verticille, tandis que ceux du *Glyptodon* sont soudés. L'auteur, ayant cru reconnaître les caractères du genre dans d'autres espèces comprises sous divers noms, en distingue trois sous ceux de *S. typus*, *gemmatum* et *tuberculatum* (*Glyptodon*, id., Owen).

Les primates ou quadrumanes, les chiroptères et les marsupiaux didelphidés ou Sarigues, manquent dans la faune des Pampas. Nous allons voir celle des cavernes du Brésil compléter à cet égard la faune de l'Amérique méridionale, en établissant ses rapports plus intimes avec la faune actuelle de cette grande région naturelle.

Telle que nous venons d'en esquisser les caractères, les mammifères fossiles des Pampas nous présentent 36 espèces, réparties dans 22 genres, dont 3 carnivores, 4 rongeurs, 14 pachydermes ou ruminants et 15 édentés. La prédominance de ces derniers est donc bien remarquable, si l'on compare surtout leurs dimensions et la variété de leurs formes avec leurs représentants actuels. De ces 22 genres, plus de la moitié sont éteints, et des 36 espèces, à peine 3 ou 4 sont-elles représentées dans la faune actuelle du pays.

— La suite au prochain numéro. —

(1) *Memoir on the Megatherium*, etc., in-4, avec 27 planches. Londres, 1860.

(2) *Cours de paléontologie stratigraphique*, 1re partie, p. 230.

VARIÉTÉS.

Éloge de M. le professeur Moquin-Tandon, prononcé par M. H. BAILLON, à la séance de rentrée de la Faculté de médecine de Paris, le 3 novembre 1864.

. . . .

M. Moquin-Tandon, né à Montpellier le 7 mai 1804, est mort à Paris le 15 avril 1863. Il ne parut que fort tard parmi nous. Lorsque M. Fortoul, devenu ministre de l'instruction publique, l'engagea à venir faire valoir ses droits à la succession d'Achille Richard, il avait près de cinquante ans, et l'on ne croyait pas, il ne croyait pas sans doute lui-même, qu'il dût jamais s'éloigner de Toulouse où de nombreux travaux littéraires et scientifiques avaient porté haut sa réputation, et où semblaient devoir l'attacher pour toujours le souvenir de ses premiers succès, les liens de sa famille, la sympathie de tous ses concitoyens. Le midi de la France était en effet le pays qui convenait le mieux à ses travaux, à ses goûts et à ses habitudes. Dans une de ses plus touchantes productions littéraires (*les Jujubes de Montpellier*), il s'est lui-même comparé à un arbre délicat transporté, à son grand dommage, dans les climats rigoureux du Nord : « Pauvre jujubier, dit-il, il se fait vieux, il n'est plus sous son ciel bleu, entre le Lez et la Mosson. Il est allé loin, bien loin. On l'a même transplanté deux fois. Un arbre transplanté ne peut avoir ni bonne tête ni bon fruit. Pauvre jujubier ! il a fini par prendre racine dans un jardin de Paris : méchant terrain pour la santé ; méchant soleil pour ses jujubes. » Comparez en effet ces régions, où le pauvre arbuste paraît tant souffrir de la bise, avec cette riche province qui s'étend de Montpellier, où naquit notre poëte, jusqu'à Toulouse, où brilla de tant d'éclat l'âge mûr de M. Moquin-Tandon. De la plaine dorée par le soleil, où fleurissent les mûriers et les oliviers, on s'élève doucement aux coteaux où se colorent le pampre et la grappe, mère de nos plus généreuses liqueurs. Plus haut, la lande ou le désert, couronné de loin par le mont Ventoux et par les pics neigeux des Alpes ou des Pyrénées. A côté, c'est la mer, plus bleue que les autres mers, vers laquelle serpentent des fleuves indisciplinés ou des ruisseaux enchantés ; contrées dont Pétrarque a dit « qu'il demeura, en les voyant, immobile et comme stupéfait... », et que « l'âme s'y trouve au large et s'y peut élancer jusqu'aux nues ». Dans ce paysage, dont il dit encore que « rien au monde ne saurait lui être semblable », accumulez les magnifiques débris du passé, couvrez le sol de ces vieux monuments romains ou gothiques qui raniment toute une période de notre histoire et de celle de l'empire d'Occident. Sous ce ciel qui, comme celui de l'Italie, a inspiré les savants, les poëtes et les artistes, faites vivre ces races privilégiées chez lesquelles le type romain s'allie, ici aux contours grecs, et là aux formes sarrasines : traits accentués, regard étincelant, esprit subtil, babil sonore, parole qui court, imagination qui vole. Tel est le sol qu'a si amèrement regretté M. Moquin-Tandon. C'est que ce pays était réellement sien par le caractère et le génie, et c'est ici que l'on peut dire : Que la terre ce fut l'homme lui-même.

C'est le 6 novembre 1822 que le jeune Moquin-Tandon prit sa première inscription à la Faculté de médecine de Montpellier. En même temps qu'il y suivait les leçons de Delpech, de Lallemand et de Dugès, il jetait un ardent regard de curiosité sur cette célèbre École de botanique où soufflait encore l'esprit des Gouan et des Magnol, où l'empreinte des pas de Pyr. de Candolle n'était pas encore effacée. Delile et surtout Michel Dunal y popularisaient par leur enseignement les doctrines du célèbre botaniste génevois, pour qui la France eût pu devenir une patrie d'adoption, et que, pendant les Cent-Jours, Montpellier n'avait pas su retenir, pour n'avoir pu lui épargner les dégoûts et les iniquités des passions politiques. Avec quel instinct merveilleux Dunal comprit de quel secours pouvait être pour sa science favorite cette jeune recrue de dix-huit ans, aux aptitudes les plus variées, abordant avec une égale facilité, et comme sans effort, les préceptes de la pratique médicale, les arcanes de la vieille littérature romane et le champ tout entier des sciences biologiques et naturelles. Aussi, comme autrefois le jeune Octave, M. Moquin-Tandon fut « adopté, encouragé et exalté », jusqu'au jour où il put faire digne entrée dans le monde scientifique, avec ses deux thèses inaugurales, qui sont en même temps, sans doute, ses deux ouvrages les plus importants : l'une sur les *Dédoublements ou multiplications d'organes dans les végétaux* ; l'autre sur la *Famille des Hirudinées.*

C'est dans sa *Monographie* des Hirudinées que, sous l'inspiration de Dunal, M. Moquin-Tandon a formulé pour la première fois sa théorie de prédilection, dite des *zoonites*, théorie applicable aux animaux qui ne sont ni associés ou composés (comme l'entendaient les anciens zoologistes), ni simples, unitaires ou isolés ; mais constitués par une série d'articles placés bout à bout, segments dans lesquels les organes de quelque importance se répètent dans un ordre parfaitement régulier. Cette théorie n'est, à vrai dire, que l'extension, à tous les appareils de l'animal annelé, de la disposition segmentaire attribuée de toute antiquité aux organes superficiels, armature extérieure, tégument, système musculaire sous-cutané. Quant à cette répétition constante dans chaque segment de tous les organes, même les plus profondément situés ; quant à leur agencement toujours symétrique, tous les zoologistes modernes n'ont pas adopté jusqu'au bout et avec toutes ses conséquences la théorie des zoonites. M. Moquin-Tandon, qui savait s'arrêter à temps, a lui-même pensé que Dugès avait poursuivi trop loin l'application de cette théorie dans ses études *sur la conformité organique de l'échelle animale.* Mais ce qu'il y avait de positif pour M. Moquin-Tandon, c'est que dans les Hirudinées, et en particulier dans la Sangsue médicinale, chaque groupe de cinq anneaux successifs constitue un être qu'on peut théoriquement et par la pensée isoler des segments voisins, et qui possède sa fraction propre de système nerveux, d'appareil circulatoire, de tube digestif, d'organes mucipares et reproducteurs, de faisceaux musculaires et même de macules tégumentaires. Chaque zoonite est alors un organisme particulier, qui cependant n'est pas un animal distinct, et qui ne vit normalement qu'alors qu'il est uni bout à bout aux organismes semblables qui le précèdent et le suivent. De là surtout des conséquences ingénieuses au point de vue de la physiologie et d'expériences fines et délicates, dans lesquelles excellait dès lors M. Moquin-Tandon. Il aimait à les raconter dans ses leçons, montrant comment une sangsue coupée en travers continue de sucer le sang de l'animal auquel elle est attachée, et comment le sang s'écoule par la section transversale ; comment une portion limitée du corps de la sangsue, attaquée par une liqueur corrosive, perd seule sa vitalité ; comment un zoonite moyen de sangsue peut être tué sans que les parties antérieure et postérieure cessent d'exister ; comment même des tronçons isolés d'un même ver peuvent vivre pendant longtemps, quoiqu'ils ne reçoivent point de nourriture. Tout cela, exposé avec ce grand talent de mimique animée et cet heureux choix d'expressions colorées qui lui appartenaient, frappait vivement l'esprit de ses jeunes auditeurs et leur faisait facilement concevoir et admettre la théorie des zoonites.

. . . .

La seconde thèse de M. Moquin-Tandon était relative aux *Dédoublements des organes végétaux.* Cette question, qu'il a popularisée, n'était réduite, avant lui, qu'à des notions assez vagues, et seulement inscrite en germe dans la *Théorie élémentaire* de de Candolle. Réduite à sa plus simple expression, la doctrine des dédoublements consiste en ceci : que là où le plan symétrique d'une fleur ne suppose l'existence théorique que d'un seul organe, l'observation directe en fait voir une couple ou un faisceau. A ne considérer, par exemple, que l'androcée, ainsi que l'a fait presque exclusivement M. Moquin-Tandon dans son travail, sans doute parce que les dédoublements lui parurent plus fréquents là qu'ailleurs, il peut souvent arriver qu'une fleur possède deux fois autant d'étamines que de pétales. Alors, ou il n'y a pas de dédoublement, et une moitié des étamines se trouve en face des pétales, tandis que l'autre moitié répond à leurs intervalles ; ou bien le dédoublement existe, et deux étamines, tenant la place d'une seule, se trouvent en face d'un pétale ou dans l'intervalle de deux pétales voisins, suivant que l'agencement staminal est soumis à la loi d'opposition ou à la loi d'alternance. Ailleurs encore, ce n'est pas une paire, c'est un nombre plus ou moins considérable d'étamines libres ou unies entre elles dans une étendue variable, qui occupent la place d'un seul organe mâle. C'est, en somme, une étamine unique qui peut se partager, comme tout autre appendice, en un certain nombre de languettes plus ou moins profondes. Et l'organogénie florale, entre les mains de ce botaniste enlevé trop tôt à la science, qui, dans ces dernières années, en a formulé les lois dans un admirable ouvrage (je parle de Payer), l'organogénie a démontré que, dans un grand nombre de cas, ces étanimes partagées sont les analogues des lobes d'une feuille découpée ou composée.

M. Moquin-Tandon a eu la modestie de raconter comment ce qu'il appelle le hasard l'avait amené au dédoublement, sans qu'il connût d'abord la généralité de la loi. Hasards bien mérités et qui n'arrivent guère, que nous sachions, qu'à ceux qui les cherchent sans relâche ! L'analyse d'une Crucifère méditerranéenne (le *Vella pseudo-cytisus*) lui fit voir, en avant et en arrière de la fleur, une étamine à sommet bifurqué et portant deux anthères là où la plupart des plantes de la même famille présentent deux étamines placées côte à côte et sans adhérence entre elles. C'était un fait isolé ; mais Dunal avait observé un grand nombre d'exemples analogues. Il en avait conçu une loi qu'il avait déjà baptisée et qu'il comptait faire connaître dans un ouvrage intitulé *Essai sur les Vacciniées*, et qui n'a jamais été publié. Il autorisa M. Moquin-Tandon à puiser dans son travail inédit, l'encourageant à ne pas laisser échapper un semblable sujet de thèse, et à l'accroître autant que possible du résultat de nouvelles recherches. De là sortit ce travail où sont méthodiquement passés en revue les dédoublements simples et composés, complets et incomplets ; leur influence sur la symétrie florale ; la manière dont ils se combinent avec les avortements et les adhérences des parties. Le succès de cette théorie fut, dès le début, considérable ; elle cadrait avec les idées de Pyr. de Candolle, qui la patronna ; elle séduisit par son tour ingénieux A. de Saint-Hilaire, qui l'adopta pleinement. D'autres même en abusèrent et la poussèrent jusqu'à l'exagération. De là des attaques vives, trop vives sans doute, qui surtout vinrent de l'étranger. M. Moquin-Tandon, alors comme toujours, dédaigna ces attaques ; il avait sur ce point des idées fort arrêtées, et ne voulait pas s'engager dans ces discussions dont la science souffre toujours et dont elle profite rarement. « Je me félicite, a-t-il écrit, de n'avoir jamais engagé de polémique avec personne, et de n'avoir répondu à aucune des attaques, indirectes ou directes, aigres-douces ou virulentes, dont j'ai été l'objet. » Il eut d'ailleurs la consolation de voir un bon nombre des faits avancés dans sa thèse des *dédoublements*, confirmés, comme on l'a vu, par les travaux de Payer. Il en abandonna, sur la fin de sa carrière et de gaieté de cœur, un certain nombre d'autres qui ne reposaient que sur des déductions théoriques, et que l'observation directe n'aurait pas justifiés. Il avait des idées trop sages sur la valeur absolue de toutes les lois humaines pour ne pas accomplir sans regret ce petit sacrifice ; et il connaissait un bon nombre de ces exceptions dont on dit qu'elles confirment les règles, mais qui quelquefois se multiplient au point de les infirmer.

En somme, M. Moquin-Tandon s'était déjà, en 1826, c'est-à-dire à l'âge de vingt-deux ans, fait un beau nom dans le monde scientifique ; ce qui ne l'empêchait pas de couronner avec succès ses études médicales par une thèse sur la *phthisie laryngée syphilitique*, que Lallemand a considérée comme « une étude neuve et digne d'attention ». M. Moquin-Tandon n'abandonna pas dès lors complétement les études médicales, car nous le voyons, en 1832, chargé du rapport relatif à l'autopsie cadavérique du professeur Delpech. Il joua donc un certain rôle dans ce drame dont il se plaisait à rappeler les émouvantes péripéties.

Il y avait alors à Paris un homme qui remplissait l'Europe de sa gloire, et qui cependant ne dédaignait pas de s'enquérir des premiers travaux des plus obscurs débutants, pour les soutenir d'un de ces mots encourageants qui décident souvent de toute une destinée. Tel était envers les jeunes travailleurs l'illustre Étienne Geoffroy Saint-Hilaire ; tel il fut envers M. Moquin-Tandon, qu'il attira à Paris en 1834, l'accueillant comme un jeune ami, le séduisant par sa bonté familière, le charmant par la finesse de son esprit, l'exaltant par la profondeur de ses pensées philosophiques, et lui donnant surtout un des grands bonheurs de sa vie, l'amitié de son fils Isidore Geoffroy Saint-Hilaire, homme dont le nom seul est un éloge.

A cette affection profonde, qui lia désormais le jeune savant aux deux Geoffroy Saint-Hilaire, nous devons la publication du plus répandu des livres de M. Moquin-Tandon, ses *Éléments de tératologie végétale*. Isidore Geoffroy avait réuni en corps de doctrine tout ce qu'on savait d'important des monstruosités animales. Son père dit à M. Moquin-Tandon : « Il faut que vous fassiez une tératologie végétale. » Ce vœu fut promptement exaucé, et en 1841 parurent les *Éléments* dont Auguste de Saint-Hilaire a porté le jugement suivant : « Pendant les deux derniers siècles, on a cité dans les recueils scientifiques une foule de faits anormaux, mais on n'avait pas su les lier entre eux ; c'est ce que fait aujourd'hui M. Moquin-Tandon : il s'attache à prouver que les anomalies végétales peuvent être ramenées à des principes communs, et montre que les lois qui régissent ces anomalies ne sont autres que celles de l'organographie. » L'ouvrage obtint rapidement la grande renommée qu'il méritait par la clarté et l'ordre admirables qui y règnent. L'école philosophique y vit un précieux renfort, qu'elle accueillit avec enthousiasme. Quant aux botanistes, ils étaient alors encore tout éblouis de l'éclatante lumière tirée par Gœthe de quelques faits tératologiques admirablement interprétés. A. de Saint-Hilaire voulut insérer dans sa *Morphologie végétale* un chapitre des *Anomalies* pour lequel il demanda un résumé de son livre à M. Moquin-Tandon lui-même. Il convient de dire que ce dernier se montrait dès lors plus prudent et plus réservé que ses admirateurs. Il semblait lui répugner d'admettre un parallèle trop étroit entre la tératologie animale et la tératologie végétale. Comme il savait bien que la plupart des végétaux ne sont les analogues que des animaux qu'il appela depuis multiples ou agrégés, tels que les Polypiers, il a été jusqu'à écrire que « c'est une bêtise gigantesque que de comparer une plante à un homme, et, par conséquent, une anomalie végétale à une anomalie humaine. » Son bon sens ordinaire lui faisait ici saper une portion de l'édifice élevé de ses propres mains ; mais, quelque tort qu'il se fît, il aimait évidemment mieux ne laisser parler que son bon sens. Son livre restera certainement comme un assemblage curieux de la plupart des faits tératologiques connus à son époque. Ces faits existent, la science devait les constater et les enregistrer. Quelques-uns d'entre eux, comme ceux qui tombèrent sous la main de Gœthe, ont pu servir à expliquer quelques traits de l'organisation normale. Mais, outre aussi que beaucoup de faits monstrueux n'expliquent à peu près rien, il y en a assurément d'autres qui, pour ainsi dire, expliquent trop de choses. Il n'y a guère de théorie sur l'organisation végétale qui n'ait à sa disposition quelque anomalie à invoquer comme un argument sans réplique ; et bien plus, on a vu et l'on verra les doctrines les plus opposées s'autoriser avec un égal avantage d'un même fait monstrueux, pour s'adjuger gain de cause. On célèbre, en un mot, la victoire dans les deux camps ; et le fait tératologique devient la maîtresse position qui se trouve entre les deux armées et dont chacune d'elles s'empare tour à tour, pour de là foudroyer ses adversaires.

Rien n'empêche, il est vrai, que la monstruosité observée ne résulte, par exemple, d'un arrêt de développement, laissant subsister jusqu'au bout une structure passagère ou un organe de transition. Elle pourra bien alors expliquer le mode de formation et l'évolution de cet organe, tout comme pourrait le faire l'étude directe des phases complètes de cette évolution. Mais, si cette monstruosité était en quelque sorte absolue, ne représentant rien de vrai à aucun âge, elle deviendrait un piége d'autant plus dangereux. Celui-là saura seul l'éviter, qui recourra directement à l'observation successive des développements. C'est donc par cette étude qu'il faut commencer, et c'est d'elle qu'il faut nous relever, non des caprices de la nature. Chercher avant tout et toujours dans les anomalies végétales l'explication de l'organisation normale, c'est demander une interprétation de la loi aux malfaiteurs et aux criminels, qui sont des monstruosités dans nos sociétés organisées. Ils s'empresseront de donner du Code une interprétation favorable à leurs méfaits. Il se pourrait à la rigueur que, sur quelques points, ils ne fussent pas en opposition avec le sens commun et la justice; c'est qu'ils n'auront pas prévu qu'un jour ou l'autre cette saine interprétation doit les condamner, ou qu'il s'agit d'un genre de délits qui ne leur est pas habituel. Oui, le malfaiteur cherchera à faire passer pour normale et légale l'action qui perturbe en réalité l'ordre moral. Et, de même, il y a çà et là des anomalies végétales qui ne sont qu'une exagération de l'état normal, et qui rendent ce dernier plus saisissable. Mais n'est-il pas évident qu'il faut connaître d'abord cet état normal, pour être assuré que les anomalies ne font que l'accentuer davantage, sans l'altérer et le dévier? Et ne vaut-il pas mieux alors étudier cet état normal à priori, comme il est préférable d'aller demander d'abord l'interprétation de la loi à des juristes éclairés et impartiaux?

C'est surtout dans la science descriptive que M. Moquin-Tandon excellait. Il a laissé plusieurs monographies qui peuvent à bon droit être regardées comme des modèles. La plus considérable est celle des *Chénopodées*, dont il s'occupait déjà vers 1830. Comme la plupart des familles apétales de A. L. de Jussieu, celle-ci avait été jusque-là fort négligée. Toutes ces plantes à fleurs sans éclat, souvent imparfaites, à organes peu visibles, à types souvent dégénérés, étaient redoutées des botanistes, comme étant d'une étude difficile et peu attrayante. La plupart des phytographes ne voyaient pas alors que cette étude révèle souvent mille secrets de l'organisation plus parfaite des plantes à fleurs complètes, placées en tête d'une série dont l'*apétalie* n'occupe que les échelons inférieurs. Quant aux Chénopodées, elles constituent un groupe tellement naturel, qu'il s'agit presque d'un grand genre à classer, et que les coupes y sont difficiles à établir. M. Moquin-Tandon n'y parvint qu'en analysant de près les fleurs et les fruits. Bien loin de dédaigner ces genres à petites fleurs verdâtres, qu'il appelait « les crapauds du règne végétal », il en fit l'étude de toute sa vie. Depuis son premier mémoire sur l'ensemble de la famille, jusqu'à la description de quelques espèces nouvelles rédigée dans ses dernières années; depuis la discussion du nom même que doit porter cette famille, jusqu'au bilan complet de ses espèces connues, que Pyr. de Candolle lui demanda pour son *Prodromus regni vegetabilis*, M. Moquin-Tandon a sans cesse revu, augmenté, corrigé et perfectionné l'étude des Chénopodées, de leur organisation et de leurs caractères génériques et spécifiques. Il était, dans ces travaux de détail, homme de patience inébranlable et d'érudition consommée. Ces mêmes qualités se retrouvent dans la révision qu'il fit, pour le *Prodromus*, d'autres familles voisines, les Amarantacées, les Phytolaccées et les Basellées; cette dernière famille est de sa création. Il apporta les mêmes soins à ses nombreux travaux de zoologie descriptive : l'*Énumération des espèces d'Hirudinées*, son *Ornithologie des îles Canaries*, son *Histoire naturelle des Mollusques terrestres et fluviatiles de la France*. Aux qualités qui distinguent chez lui le naturaliste descripteur, on reconnaît l'élève et le collaborateur d'Auguste de Saint-Hilaire.

C'est encore à Dunal que M. Moquin-Tandon dut de connaître M. Aug. Saint-Hilaire, l'un des plus éminents et des plus laborieux botanistes de son temps. On se demande souvent, en lisant ses écrits, comment cet homme de savoir et de cœur, qui a donné tant d'années aux voyages scientifiques hérissés de fatigues et de périls, et qui tant d'années a souffert de la plus cruelle maladie, a pu cependant voir tant de choses et les voir si bien avec les faibles moyens d'investigation dont il disposait. Son esprit ingénieux fut aisément séduit par les idées de Dunal et par les recherches de M. Moquin-Tandon. Dans son séjour forcé à Montpellier, où l'enchaînaient ses souffrances, il élabora en commun avec son jeune élève une portion de sa *Flore du Brésil méridional*, des mémoires sur les *Polygalées* (1828-30), les *Capparidées* (1830); il l'inscrivit au nombre des amis auxquels sont dédiées ses *Leçons de morphologie végétale*. M. Moquin-Tandon fut, en un mot, comme tous les élèves de M. Auguste de Saint-Hilaire, accueilli par cet homme excellent moins en disciple qu'en fils chéri et choyé. Il lui a dignement payé sa dette de reconnaissance en lui prodiguant dans la maladie ses soins et ses consolations et en traçant de lui ce portrait : « Auguste de Saint-Hilaire avait beaucoup de politesse et d'affabilité. Il aimait la science pour la science et savait la faire aimer. Les étudiants lui étaient sincèrement attachés, et tous ses élèves ont gardé de ses leçons, de ses conseils et de sa personne le plus reconnaissant et le plus tendre souvenir. C'était au fond un homme très-juste et très-honnête. Nous avons souvent admiré sa modestie, sa douceur, sa résignation, et surtout son indulgence. Nous insistons sur cette dernière qualité. »

C'est à l'homme qu'il a si bien apprécié que M. Moquin-Tandon fut jugé digne de succéder, le 20 février 1854, au sein de l'Académie des sciences. Au moment où elle perdit Achille Richard, notre Faculté s'enorgueillissait de voir représenter à l'Institut les différentes branches de l'enseignement médical par cinq hommes que le monde entier nous envie. La médecine proprement dite et la chirurgie y trouvaient pour interprètes deux de nos professeurs les plus écoutés : l'un (M. Andral) que l'âge n'a pu rendre aujourd'hui plus vénérable que ne le faisaient alors le cœur et le savoir; l'autre (M. Velpeau) dont la verdeur de corps et d'esprit semble s'accroître avec les années; maîtres dont les disciples sont si nombreux dans la France et dans le monde, qu'on ne saurait plus compter la foule de leurs amis et de leurs admirateurs. Quant aux sciences physiques et naturelles appliquées à la médecine, quels noms plus glorieux eussent-elles pu revendiquer, que ceux des Dumas, des Duméril et des Achille Richard? La chaîne, un instant rompue par la mort de ce dernier, se trouva donc heureusement renouée par l'élection de M. Moquin-Tandon. La parole de notre collègue en reçut dans cette enceinte toute l'autorité qui avait appartenu à l'enseignement de son prédécesseur, et son activité pour le travail n'en fut point ralentie. C'est en 1857 que l'Académie de médecine lui ouvrit les portes de sa section d'histoire naturelle.

. . . .

Il fut ici un professeur écouté et applaudi. L'enseignement était son fait. Dès le premier cours de zoologie comparée qu'il professa à Marseille, en 1829, et dans les chaires de la Faculté des sciences et du jardin des plantes qu'il occupa à Toulouse pendant vingt ans, il fit bien voir que rien ne lui manquait des qualités qui font l'orateur et le vulgarisateur consommé : élocution facile, langage incisif, parole vibrante, exposition claire et précise, et, par-dessus tout, l'action et encore l'action. Il vit encore dans cette enceinte. La leçon commence, et déjà sa physionomie s'anime. Sa voix varie à propos d'intonation, suivant la nature du sujet qu'il débite. Sa formule est souvent saccadée, aphoristique, comme ailleurs son style lui-même. On sent qu'il veut profondément graver le fait dans la mémoire de l'auditeur. Aussi le même trait se répète plusieurs fois sous des formes diverses; la phrase à peine lancée se retourne avec prestesse pour aller trouver le chemin de l'esprit. Homme de goût d'ailleurs, le maître ne tient guère compte ici, lorsqu'il faut frapper fort, du *ne quid nimis* des anciens. Les saillies piquantes et le rire léger interviennent à propos dans la démonstration, pour abréger la longueur de cette heure qui tient le jeune auditeur fixé à son banc. Tout d'un coup, le maître bondit jusqu'au tableau. Sa main, armée de la craie, y trace en quelques lignes habiles un contour animé, et l'œil voit se dessiner, en traits rapides et sûrs, ce que l'esprit peut-être n'avait entrevu que confusément. La fin de la leçon approche, et tout rentre dans l'ordre : on revient à la méthode calme et froide. Tout est résumé en quelques mots dans un tableau didactique régulier. Au sortir de cet amphithéâtre, M. Moquin-Tandon n'oublie pas qu'il n'a rempli qu'une portion de sa tâche et de ses devoirs. La préparation et la rédaction de ses cours, l'ordre, le travail, l'effroi du temps perdu, telles sont les règles de tous ses moments. On eût pu croire qu'il parlait de lui-même, lorsqu'il disait, il n'y a que trois ans, du vénérable M. Duméril : « C'était le plus exact des professeurs. Il avait à un haut degré le sentiment de l'ordre; il distribuait si bien ses heures de travail et classait si heureusement ses livres, ses extraits et ses observations, qu'il pouvait suffire aux ouvrages les plus étendus et aux occupations les plus diverses. »

Un aussi grand amour pour l'ordre matériel est souvent l'indice d'une grande passion d'équité et de justice. M. Moquin-Tandon avouait ingénument qu'il en était possédé. Il se flattait fort « de bien vivre avec tout le monde, et, à force de concessions, se tenant à l'écart des coteries, ne se passionnant ni pour l'un ni pour l'autre, de gagner toutes les sympathies, et de s'être fait une réputation de douceur et de bonté. » Il ne se connaissait qu'un ennemi, dans cet esprit si vif, qu'irritait l'injustice. Mais l'expérience avait appris à M. Moquin-Tandon que l'esprit, étincelle qui éclaire et qui réchauffe, peut facilement devenir une flamme qui dévore ce qu'elle a touché. Il savait alors appeler à l'aide son indulgente bonhomie, pour panser des blessures involontaires et bientôt pardonnées. Mais on le trouvait, et à bon droit, intraitable, en présence de cette manie alors régnante en France de confier les emplois à ceux justement que leurs études et leurs travaux semblaient destinés à des fonctions complétement opposées. « Si j'avais continué, disait-il, mes travaux sur la langue romane, on m'offrirait une clinique médicale; et si j'avais du goût pour la pratique médicale, on me proposerait une direction de chemin de fer. » Il s'élevait encore contre ce népotisme et ce favoritisme effrénés dont il paraît qu'il eut sous les yeux quelques exemples, et il n'avait point assez de sarcasmes pour ceux qui, de gaieté de cœur, détruisent la science pierre à pierre, pour payer en faveurs imprudentes les basses flatteries de la nullité. Avec quelle audace d'esprit et quelle hardiesse de paroles il stigmatisait ces manœuvres! Il en avait bien le droit, lui qui, serviable aux autres, ne demanda jamais rien pour les siens, et ne voulut laisser à ses fils, pour toute recommandation, que leur travail et son exemple. C'est que, comme Auguste de Saint-Hilaire, il aima lui-même réellement « la science pour la science ». Aussi quelle ne fut pas sa douleur, dans un pays où les Adanson, les Tournefort et les Jussieu représentent la gloire scientifique la moins contestée, de voir la science botanique elle-même amoindrie, les chaires supprimées, l'enseignement des Jussieu maladroitement aboli, et des études autrefois si prospères décliner chez nous à mesure qu'elles grandissaient davantage à l'étranger. Ni la haute position de l'auteur de ce coup irréparable, ni ce qu'il devait lui-même à son amitié, ne purent étouffer sa voix. Il condamna hautement les mesures que ses conseils n'avaient pu empêcher, et réclama un des premiers les honneurs expiatoires dus à la mémoire des Jussieu. Il ne savait pas que de nouveaux malheurs allaient fondre sur cette science qui a rendu notre pays si célèbre, et qu'il en serait la première victime. Il vit, peu de temps après, disparaître cette vieille demeure des Chartreux, ces serres où toutes celles de l'Europe ont trouvé des modèles de culture, et ces allées de notre jardin botanique où rayonnait naguère l'enseignement des Richard. On lui promettait, en effet, qu'une nouvelle école sortirait bientôt plus belle de ces ruines. Mais il souffrait cruellement de voir la réalisation de ces promesses constamment ajournées, et la patience lui manquait. Ses collections et ses livres, ces vieux amis du savant, se trouvaient dispersés. Il ne savait plus se reconnaître dans un pareil désordre; le chagrin et le dépit commençaient à trouver prise sur son excellente constitution. Quelques troubles du côté de la circulation, et un caractère parfois plus sombre, inspiraient quelque inquiétude à ses amis. Lui toutefois se réfugiait ardemment dans le travail. Il donnait à cette école, en manière de testament scientifique, ses deux *Traités de zoologie* et de *botanique médicales*, substance et résumé de son enseignement. Ses travaux à la Société d'acclimatation, la préparation de sa *Flore de Corse*, de nombreuses recherches pour ce *Monde de la mer* auquel il mettait la dernière main; tout cela tenait en haleine cet esprit qui semblait ne redouter que l'inaction. Ses forces cependant trahissaient son courage; car, en avril 1863, il dut renoncer à reprendre ses leçons. Mais il comptait bien que ce temps d'arrêt ne serait pas long; l'illusion, comme le découragement, est si facile à ces âmes ardentes! Lorsque son suppléant alla lui demander ses instructions, afin que l'enseignement souffrît aussi peu que possible de son absence passagère, il lui exprima, avec ses conseils, l'espoir qu'il pourrait bientôt se remettre au travail et faire encore de grandes choses. Il se flattait d'ailleurs que notre pays revendiquerait bientôt ses gloires les plus légitimes. La France allait comprendre qu'il y a des passés qui obligent, que les sciences sont l'avenir fécond des sociétés tout entières, et qu'une nation, pas plus qu'un homme, ne saurait s'abdiquer elle-même. Ces flammes de l'imagination du Midi, qui ne s'étaient jamais éteintes, se ravivèrent en lui et illuminèrent son regard. Cinq jours après, il n'était plus, emporté presque subitement par une attaque foudroyante de ce mal dont il avait déjà plusieurs fois senti les atteintes.

De l'adulation qui lui fut odieuse pendant sa vie, il ne voulut pas après sa mort. Il craignit que sur sa tombe on ne prononçât de ces paroles qui ne sauraient être que des louanges, car il y a cruauté et presque indélicatesse à ne point flatter quand même les grandes douleurs de ce moment d'angoisses. Il voulait que l'opinion reposée lui fût seulement équitable et ne lui rendît que ce qui lui était dû. Cette justice est ici dans tous les cœurs, et chacun sent ici que l'École a perdu en lui un professeur éminent; la science, un vulgarisateur des plus habiles, un esprit des plus féconds et des plus ingénieux. Nul mieux que lui ne sut saisir, remuer, retourner sur toutes ses faces et pousser en avant une question à peine posée par ses devanciers. Il n'a pas abordé un sujet qu'il ne l'agrandît et ne le complétât. Aussi bien, il n'y a à chaque époque qu'un seul ou qu'un très-petit nombre de ces hommes qui donnent le pas à toute une génération; tout le reste fait cortége. Eh bien! M. Moquin-Tandon brille aux premiers rangs de ce cortége, dans l'école fameuse des de Candolle, des Auguste de Saint-Hilaire et des Dunal. Nul doute qu'avec ses aptitudes diverses, son travail facile et son esprit étincelant, il n'eût été primesautier dans les sciences, et que, dans un autre milieu, on ne l'eût trouvé plus lui-même, et, pour ainsi dire, plus original, si l'esprit d'autorité, mortel au progrès scientifique, ne l'eût retenu enchaîné au sein des doctrines dont sa jeunesse avait été nourrie, en lui inspirant un certain dédain pour ce qu'il appelait « le libéralisme scientifique ». Il a d'ailleurs reconnu lui-même, avec une noble franchise, qu'il devait à Dunal ses deux théories capitales des *zoonites* et des *dédoublements*. Mais, à la façon dont il a fécondé ces doctrines, qui ne reconnaîtrait qu'il en est, à vrai dire, une seconde fois le père, et qu'il apparaît comme un de ces artistes merveilleux qui jettent sur la pierre massive posée par d'autres mains une tunique délicate d'arabesques, de ciselures et de pierreries?

Mais c'est surtout dans cette École, dans cette famille, où, parmi tant d'appelés, ceux-là seuls se verront élus qu'aura consacrés un travail opiniâtre, c'est ici que M. Moquin-Tandon devient un admirable modèle à proposer comme ayant été, pour lui-même, et par la seule force de l'étude, l'artisan d'une vie heureuse et honorée. Qu'on se rappelle que, parti de rien, il a conquis en peu d'années les positions scientifiques les plus enviées, et surtout qu'il eut l'honneur d'enseigner dans cette enceinte. Quant à son bonheur, ce ne fut pas celui que donnent l'assouvissement des instincts matériels, l'or amassé ou les trophées de la guerre; ce fut le bonheur du savant, du naturaliste qui sent tous les jours grandir son âme par la contemplation de l'univers. Cette âme se déploie en victorieuse sur le monde qu'elle étend par mille vérités découvertes ou entrevues dans son infini. Plus l'infini lui oppose d'obstacles, plus elle en surmonte par la constance de sa volonté. De son triomphe sur la matière naissent des voluptés profondes et sans remords. Et comme « comprendre, c'est égaler », l'homme qui se rapproche de la sorte chaque jour de l'infini, s'exalte d'une fierté que sa propre conscience sait être légitime. C'est ainsi qu'il a créé son propre bonheur, glorifié par la conscience de tous les pays et de tous les temps.

BIBLIOGRAPHIE.

Journal de l'anatomie et de la physiologie normales et pathologiques de l'homme et des animaux, publié par Ch. Robin, professeur à la Faculté de médecine de Paris, membre de l'Académie de médecine. Première année, 1864. 1 fort vol. grand in-8°, avec 18 planches.

Le titre du recueil dont nous nous proposons d'indiquer succinctement au lecteur la nature et les tendances marque suffisamment qu'il comble une lacune dans la presse scientifique actuelle.

Il suffit, pour s'en convaincre, de considérer la direction et les allures des autres recueils périodiques publiés en France et concernant la biologie. Les uns ne s'occupent que des sciences naturelles envisagées à un point de vue purement superficiel, tandis que les autres se consacrent, soit à l'art médical seulement, soit aux parties de la science qui lui prêtent un secours immédiat.

Il n'en est pas ainsi à l'étranger, où l'on peut compter bon nombre de revues biologiques conçues dans un tout autre esprit que l'esprit empirique ou utilitaire, je veux dire de revues se préoccupant d'une sérieuse constitution générale, d'une véritable organisation rationnelle de la médecine, et même des sciences afférentes.

De pareils journaux sont indispensables à un progrès effectif; car si le devoir de l'investigateur est de songer d'abord à l'application directe de ses découvertes, il est aussi de ne point perdre de vue leur application à la philosophie, c'est-à-dire à la généralisation suprême et lumineuse qui résulte de la fusion des connaissances positives des diverses sciences particulières.

En d'autres termes, l'homme qui cherche et qui pense n'a pas seulement à voir en bas, il a aussi à voir en haut. Il doit tendre, par ses travaux, au développement spéculatif autant qu'au développement pratique. Il doit aller des régions moyennes aux régions inférieures, mais ne pas oublier de monter aux supérieures.

D'ailleurs, il n'y a pas un médecin qui ne soit obligé de souvent recourir aux indications de la science proprement dite surgissant du laboratoire, et même de puiser aux sources de la science théorique, qui domine, coordonne, relie et explique les faits en les ramenant à des propriétés immanentes, physiques et irréductibles.

Ces indications on les trouve, ces sources on les découvre dans le *Journal de physiologie et d'anatomie*. C'est par-dessus tout une œuvre scientifique, une œuvre de science sévère, et, à cet égard, le nom de M. Robin est une garantie considérable; mais elle est conçue dans un esprit si progressif et si élevé, qu'elle en devient philosophique. La lettre tue, l'esprit vivifie.

Pour appuyer ces considérations, nous voudrions pouvoir analyser le travail qu'y a publié M. Chevreul, intitulé : *Considérations sur la philosophie naturelle, et application à la médecine d'une méthode employée à l'analyse des eaux et des liquides d'origine organique*. La rigueur des procédés analytiques de l'époque actuelle, l'importance des résultats auxquels ces procédés conduisent, sont mises là en évidence de la manière la plus remarquable par ce maître éminent.

Dans le même ordre d'idées, nous signalerons les recherches de M. Grandeau sur l'action physiologique des sels de potassium, de sodium et de rubidium; les recherches sur la respiration, de M. Pettenkofer et de M. Gréhant; un mémoire de M. Hottot, couronné récemment par la Faculté de médecine, touchant l'action physiologique de l'*aconitine* sur l'homme ; et enfin la monographie et les recherches du docteur Harley (de Londres) sur l'action physiologique et thérapeutique de la fève de Calabar. Un travail de M. Cl. Bernard, resté inédit jusqu'ici, met en relief, de la manière la plus saisissante, l'influence des actions réflexes dans les phénomènes de sécrétion.

M. Luys a publié dans ce journal un résumé de ses recherches sur la structure de la moelle épinière et sur les phénomènes d'innervation cérébelleuse. Nous ne citons ici que les mémoires physiologiques originaux, mais le volume dont nous parlons renferme de plus l'analyse ou le compte rendu des principaux travaux de physiologie publiés dans les journaux étrangers.

Moins exclusif que M. Brown-Séquard, son prédécesseur dans la direction du *Journal*, dont ce savant avait fait un recueil de physiologie seulement, M. Ch. Robin y a donné une place importante à l'anatomie normale et pathologique, aussi bien générale ou histologique que descriptive. Nous remarquons en effet, dans des numéros publiés cette année, un mémoire de M. Robin constituant une monographie complète et précieuse de la question dite de la *théorie cellulaire*, ou mieux des divers modes de la naissance des éléments anatomiques. Les applications particulières des faits généraux indiqués dans ce beau mémoire ont été faites par le même auteur, dans autant de notes distinctes, à l'étude des *myéloplaxes*, au développement des vertèbres et à l'ostéogénie, avec ou sans cartilages préexistants.

Nous y signalerons aussi les observations microscopiques sur la couche musculaire sous-muqueuse de l'intestin des mammifères par M. Fasce; des recherches expérimentales importantes de MM. Hiffelsheim et Robin sur le rapport de la capacité de chaque oreillette, avec celle du ventricule correspondant chez l'homme, l'enfant et quelques animaux domestiques.

Notons encore un mémoire intéressant de M. Jacquart sur la distribution des nerfs pneumogastriques dans les poumons de divers animaux; puis une fort remarquable comparaison morphologique des vertèbres du bassin et du sternum chez les oiseaux, par M. Segond.

C'est dans le même volume que M. Bert a publié le résumé et la continuation de ses remarquables recherches sur la greffe animale (qui, l'année dernière, ont fait le sujet de sa dissertation inaugurale); que M. Liégeois a inséré ses études sur la saillie de l'œil consécutive à une lésion nerveuse, et M. Estor, ses curieuses observations sur les causes de la coloration rouge des tissus enflammés. Ne voulant encore, sur ces divers points, que signaler les travaux originaux, nous finirons en appelant l'attention du lecteur sur trois mémoires de M. Cornil, l'un sur la structure des glandes de la muqueuse du col utérin, l'autre sur les tumeurs épithéliales dérivant de cet organe, et un dernier sur la production des tumeurs épithéliales dans les nerfs.

Tel est l'ensemble des travaux publiés dans la première année du *Journal d'anatomie et de physiologie*. La seconde, nous en avons l'assurance, en publiera de plus importants et de plus intéressants encore, si cela est possible. Sous la direction d'un maître qui est à la fois savant éminent et philosophe éminent, ce recueil deviendra certainement l'expression de plus en plus haute et de plus en plus complète du mouvement biologique. C'est à ce titre qu'on le recommande à tous ceux qui s'intéressent à ce mouvement. — FER. P.

CHRONIQUE.

Comme nous l'avons annoncé dans notre dernier numéro, un banquet a été offert, il y a quelques jours, au docteur Buchner par la jeunesse des écoles. Nous rappellerons que le célèbre philosophe allemand a déjà publié trois ouvrages d'une grande importance, dont voici les titres : 1° *Force et matière*, qui a donné lieu à une réponse de M. Paul Janet dans la *Bibliothèque de philosophie contemporaine;* 2° *Science et nature;* 3° *Esquisses physiologiques*. M. Buchner s'est montré très-sensible à la manifestation dont il était l'objet. Voici le discours qu'il a prononcé :

Messieurs,

Je regrette beaucoup d'être aussi peu versé dans la connaissance de votre belle langue, car je crains de ne pouvoir vous exprimer, comme je le désirerais, tous les sentiments que j'éprouve en ce moment en me trouvant au milieu de ce cercle distingué des étudiants de Paris qui ont toujours été les premiers à acclamer les grandes et généreuses idées marquant le progrès de l'humanité, et auxquels ont bien voulu se joindre des hommes illustres dans la science.

Quant à moi, je ne sais si j'ai des titres suffisants à un accueil aussi flatteur; je ne sais pas non plus si, en cherchant la vérité de toutes mes forces, je n'ai pas commis d'erreur; mais ce dont je suis certain, c'est que le seul but que je me sois efforcé d'atteindre, c'est la vérité, qui me paraît seule digne des efforts de l'esprit humain.

J'ai toujours eu présentes à la mémoire ces paroles de votre grand poëte et philosophe Voltaire : « La vérité a des droits imprescriptibles; comme il est toujours temps de la découvrir, il n'est jamais hors de saison de la défendre. »

Permettez-moi, messieurs, de vous rappeler encore ces autres paroles d'un grand philosophe allemand, paroles qui me consolent et m'encouragent dans la lutte que je soutiens à chaque pas que je fais dans la science et à mesure qu'avancent mes travaux. Schopenhauer a dit : « La vérité n'est pas une courtisane qui se jette dans les bras de ceux qui ne veulent pas d'elle ; au contraire, c'est une beauté tellement fière, que même celui qui lui sacrifie tout ne peut être sûr de ses faveurs. » Si j'étais seulement parvenu à découvrir une parcelle de cette vérité, quelque petite qu'elle fût ; si j'avais contribué à mener l'esprit humain sur la véritable voie d'une science et d'une philosophie réelles et positives, en écartant les vaines spéculations, les nombreuses erreurs et les dangereuses superstitions d'autrefois, je serais pleinement satisfait.

Veuillez, messieurs, professeurs, étudiants et amis, être assurés des sentiments de vive reconnaissance dont je suis pénétré, et soyez certains que je n'oublierai jamais l'honneur que vous m'avez fait aujourd'hui. Permettez-moi de vous proposer le toast qui exprime et résume toutes mes opinions : A la libre pensée ! A l'humanité ! A l'association des nations dans la vérité et la liberté !

M. Charles Robin a repris hier son cours d'histologie à la Faculté de médecine. Dans cette séance, le professeur a fait un discours d'ouverture, et il ne doit aborder le sujet proprement dit de ses leçons qu'aujourd'hui samedi. Il a été reçu, à son entrée dans le grand amphithéâtre de l'École, par les acclamations unanimes des étudiants. Tous ceux qui ont assisté à cette leçon ont pu constater avec nous la double signification de ces applaudissements, qui étaient à la fois une marque de sympathie pour le professeur, et une protestation énergique contre les diatribes récentes d'un académicien. C'est le cas de dire : *bis in idem*.

Le propriétaire-gérant : GERMER BAILLIÈRE.

PARIS. — IMPRIMERIE DE E. MARTINET, RUE MIGNON, 2.

PREMIÈRE ANNÉE. — N° 51. UN NUMÉRO : 30 CENTIMES. 19 NOVEMBRE 1864.

REVUE
DES
COURS SCIENTIFIQUES
DE LA FRANCE ET DE L'ETRANGER

PHYSIQUE — CHIMIE — ZOOLOGIE — BOTANIQUE — ANATOMIE — PHYSIOLOGIE
GÉOLOGIE — PALÉONTOLOGIE — MÉDECINE

Paraît tous les Samedis.

	Six mois.	Un an.
Paris.........	8 fr.	15 fr.
Départements..	10	18
Étranger......	12	20

Prix de l'abonnement avec la Revue des Cours littéraires.

	Paris	Départ.	Étranger
Six mois.....	15 fr.	18 fr.	20 fr.
Un an.......	26	30	35

ENVOYER A LA LIBRAIRIE GERMER BAILLIÈRE tout ce qui concerne la rédaction

Les ouvrages dont deux exemplaires auront été envoyés au bureau du journal seront annoncés et analysés s'il y a lieu.

On s'abonne A LA LIBRAIRIE GERMER BAILLIÈRE 17, rue de l'École de Médecine,

Et chez tous les libraires, par l'envoi d'un bon de poste, ou d'un mandat sur Paris.

L'abonnement part du 1er décembre ou du 1er juin de chaque année.

SOMMAIRE.

BOTANIQUE.

COURS DE M. CHATIN.

(ÉCOLE DE PHARMACIE.)

Leçon d'ouverture.

La Botanique, comme son nom l'indique, comprend l'étude des plantes; mais afin de rendre cette étude à la fois plus complète et moins difficile, on la partage ordinairement en plusieurs grandes divisions :

1° L'*anatomie végétale ;*
2° L'*organographie végétale ;*
3° L'*organogénie végétale ;*
4° La *physiologie végétale ;*
5° La *taxinomie végétale.*

Outre ces cinq grandes divisions dont les quatre premières devront surtout nous occuper cette année, on compte aussi cinq autres divisions, mais plus accessoires, et que nous allons parcourir dans cette leçon d'une manière rapide, sans sortir des généralités. Ce sont :

I. La *tératologie végétale.*
II. La *nosologie végétale.*
III. La *géographie botanique.*
IV. La *botanique appliquée.*
V. La *glossologie.*

I.

TÉRATOLOGIE VÉGÉTALE.

La *tératologie* s'occupe de l'étude des monstruosités que l'on rencontre dans les plantes : mais il ne faudrait pas donner ici au mot *monstruosités* le sens qu'on lui attribue vulgairement. En botanique, on donne le nom de monstres à toutes les plantes qui présentent quelque anomalie, soit dans le nombre, soit dans la position ou l'apparence de leurs organes. Pour en donner un exemple bien connu, toutes les plantes fournissant ce qu'on appelle des fleurs doubles constituent un genre particulier de *monstruosités.* Mais comme nous le verrons plus loin, les monstruosités ne sont quelquefois qu'une sorte de retour de la plante au type véritable de la famille. Du reste, cette étude, dont l'importance avait été longtemps ignorée ou méconnue, s'est beaucoup relevée de nos jours. C'est elle qui nous a permis de généraliser les fonctions et la nature de certains organes végétaux, surtout des diverses parties de la fleur.

Avant Gœthe, on pensait que les différentes parties de la fleur — calice, corolle, étamines, carpelles même — étaient des organes bien définis et tout à fait distincts des feuilles. C'est en observant une fleur de l'*Helleborus fœtidus* (Pied-de-griffon), que cet illustre observateur posa ce grand principe, à savoir, que les différents organes de la fleur ne sont autre chose que des feuilles modifiées. Cette idée, acceptée depuis par tous les botanistes, a été vérifiée et développée considérablement, comme nous le verrons plus tard.

Jetons un moment les yeux sur la famille des *Labiées:* nous trouvons presque toujours dans cette famille, sauf dans le genre *Salvia* et un très-petit nombre d'autres, 4 étamines didynames, c'est-à-dire deux grandes et deux petites. Mais si l'on examine avec attention la base de ces étamines, on ne tarde pas à remarquer une petite glandule dont la fonction resta bien longtemps inconnue. L'étude des monstruosités est venue lever le voile qui couvrait cette question. On a, en effet, trouvé des fleurs de Digitale, Linaire, etc., dans lesquelles cette glandule était convertie en étamine. Chose curieuse, dans ce cas, la monstruosité devrait être la règle générale, et non l'exception, car les Labiées ayant 5 sépales au calice et 5 pétales à la corolle, on comprend difficilement le nombre 4 pour les étamines.

Dans des cas plus difficiles, la tératologie est encore venue au secours du botaniste pour découvrir la vérité. Ainsi, la Capucine (*Tropœolum majus*) a toujours 8 étamines, bien qu'elle ait non moins constamment 5 sépales et 5 pétales : mais on a heureusement trouvé des fleurs de Capucine renfermant 10 étamines : or, 10 est bien un multiple de 5 ; ici encore l'exception devrait être la loi générale.

On pourrait encore citer bon nombre de ces exemples; mais sans aller plus loin dans cette étude, ce que nous en avons dit, suffit pour montrer que, loin de nous être inutile, la tératologie offre presque toujours au botaniste des enseignements précieux, qui méritent toute son attention.

II.

NOSOLOGIE VÉGÉTALE.

La *nosologie végétale* est l'étude des différentes maladies qui peuvent attaquer les végétaux, et des différents moyens propres à les combattre.

Quelques auteurs avaient donné à cette étude le nom de *pathologie végétale;* mais l'étymologie de ce mot semble rappeler une idée de souffrance, et, au moins, dans l'état actuel de la science, on doit considérer les phénomènes de ce genre comme exclusivement propres aux animaux. Il est vrai que, dans certains cas, les plantes semblent réellement souffrir. Ainsi, quand on verse avec précaution une goutte d'un acide minéral énergique sur le pétiole d'une feuille de Sensitive (*Mimosa pudica*), on voit bientôt la feuille se fermer et le pétiole s'incliner sur sa tige. Mais ce fait n'est pas suffisant pour en conclure que les plantes souffrent réellement. Nous conserverons donc le mot de *nosologie.*

L'étude de la nosologie peut être divisée en trois grandes sections, comprenant :

1° Les *maladies médicales;*
2° Les *maladies chirurgicales;*
3° Les *maladies pédiculaires.*

Nous allons passer rapidement en revue ces trois sections bien distinctes, et citer quelques exemples dans chacune de ces séries.

1° *Maladies médicales,* ou du ressort de la médecine proprement dite. — Nous pouvons citer comme exemple le phénomène qu'on nomme généralement le *blanc* des plantes, et qui n'est autre chose qu'un étiolement. On a proposé les sels de fer pour obvier à cette espèce de chlorose. Ce traitement, d'abord purement empirique, sembla un instant se vérifier théoriquement à la suite des recherches analytiques effectuées sur la chlorophylle par différents chimistes, recherches qui établirent l'existence dans ce principe d'une certaine quantité de fer. Du reste, il suffisait de toucher en certains points, avec une solution ferrugineuse très-étendue, une feuille étiolée et blanchie, pour voir, au bout de quelques jours, les points ainsi touchés reprendre leur couleur verte. Malgré cela, il est assez probable que l'on s'est trompé sur la véritable signification de ces phénomènes. Il résulte, en effet, d'expériences exécutées dans les derniers temps, et simultanément, par M. Chatin et par M. Filhol de Toulouse, sur les feuilles de l'*Aucuba japonica,* que ces feuilles, qui sont naturellement panachées, verdissaient également, comme les feuilles malades et étiolées, au contact d'un sel de fer. M. Chatin n'attribue donc pas cet effet à une formation pour ainsi dire instantanée de chlorophylle aux points où le sel de fer a pu manifester son action, mais bien à une combinaison verte du tannin contenu dans les feuilles avec le sel de fer employé.

2° *Maladies chirurgicales.* — Tout le monde sait que les Abricotiers, les Pruniers, les Cerisiers, sont souvent sujets à donner de la gomme. Cette production constitue réellement une maladie médicale, mais qui aura bientôt besoin du secours de la chirurgie, si l'on veut arriver à sauver l'arbre. En effet, la gomme détermine, en se formant, une certaine irritation des tissus. Ceux-ci se désorganisent alors rapidement, deviennent spongieux et rougeâtres : c'est une sorte de maladie cancéreuse qui se propage généralement de haut en bas, et qui, si l'on ne se hâte de la combattre, envahit bientôt les grosses branches, et enfin le tronc. Tout espoir de guérison est alors perdu. On avait conseillé, pour faciliter la sortie de la gomme et pour guérir la branche, de faire sur l'endroit malade des incisions longitudinales. Il fallait alors chaque jour enlever avec grand soin la gomme sortie de ces incisions. Mais le seul moyen de guérir radicalement un arbre ainsi attaqué, c'est de couper la branche malade, en ayant soin toutefois d'opérer au delà des parties morbides et sur une portion complétement saine.

3° *Maladies pédiculaires.* — Dans ce genre de maladies, on peut faire rentrer le *blanc* du Pommier, qui est dû à la piqûre d'un petit puceron lanigère. Ce petit puceron pique l'écorce, en suce le suc, et détermine ainsi une irritation du tissu. La plante, bientôt épuisée et déformée, ne tarde pas à périr.

On a essayé bien des moyens pour détruire ces pucerons; mais presque tous sont restés sans grand effet. Disons pourtant qu'on a surtout préconisé des lotions d'eau de chaux, et qu'enfin, dans ces derniers temps, un jardinier a publié une recette qu'il prétendait infaillible, et qui était ainsi conçue :

Prenez deux sous de tabac, deux sous de fleur de soufre et deux sous de savon blanc. — Faites bouillir ce mélange pendant un quart d'heure dans de l'eau, et brassez fortement la plante avec cette décoction.

Les maladies de la Vigne et de la Pomme de terre rentrent encore dans notre troisième section.

Celle de la Vigne est due à un champignon du genre *Oidium;* mais on est arrivé à la combattre avec succès au moyen de la fleur de soufre. Il suffit, pour guérir la plante, de trois soufrages opérés à différentes époques, le premier quand la grappe commence à se montrer, et le dernier quand les grains approchent de leur maturité.

La maladie des Pommes de terre, due également à un champignon qui envahit les tiges, n'a pas encore reçu de remède efficace; mais comme cette maladie ne se montre qu'en août, le mieux est de cultiver des espèces précoces, de façon que, vers le mois d'août, les plantes soient bien vigoureuses, et, par conséquent, plus capables de résister à la maladie.

III.

GÉOGRAPHIE BOTANIQUE.

C'est sous ce titre qu'on étudie la dispersion des végétaux et les lois qui la régissent. Il n'y a qu'un seul bon moyen de poursuivre cette étude d'une manière fructueuse, c'est de faire des herborisations. Quelques définitions ne seront cependant pas inutiles.

A un certain point de vue, les plantes peuvent être divisées en plantes *sociales* ou *antisociales.* — Comme exemple des premières, nous citerons les *Carex,* que l'on rencontre toujours réunis en grand nombre dans le même endroit; tandis que les secondes, que je représenterai par quelques espèces d'*Orchis,* ne se rencontrent au contraire que par pieds séparés les uns des autres.

Nous pourrions citer aussi quelques plantes regardées à juste titre comme *antisociales.* Chacun sait, en effet, que le Chardon fait toujours un vide assez considérable autour de lui dans les champs de céréales, soit qu'il attire à lui tous les principes contenus dans le sol, soit qu'il sécrète des sucs nuisibles aux autres végétaux.

Il ne faut pas confondre les deux mots *habitat* et *station.* L'habitat d'une plante, ce sont les contrées où on l'a récoltée; tandis que le mot *station* ne se rapporte qu'à la situation topographique. Ainsi, pour indiquer la station d'une plante, on dira que c'est une plante de marais, de montagnes, etc.

Les conditions climatologiques, la température, la lumière et même l'orientation, ont une grande influence sur la composition de la flore d'un pays.

La nature minéralogique du sol a aussi une importance des plus considérables. On peut, en effet, à ce point de vue, diviser les diverses contrées du globe en *contrées siliceuses* et *contrées calcaires,* et les plantes sont alors *calcarophiles* et *saxophiles,* suivant qu'elles recherchent le calcaire ou la silice. — Ces deux grandes divisions n'indiquent que la nature de la substance dominante du terrain. Ainsi, toutes les roches granitiques, schisteuses et feldspathiques, rentrent dans les contrées siliceuses. Mais un grand nombre de plantes sont si caractéristiques à cet égard, qu'en les apercevant il est permis de diagnostiquer, pour ainsi dire, la composition du sol inférieur. Citons-en quelques exemples. La Digitale (*Digitalis purpurea*) ne vient jamais que dans les terrains siliceux; il en est de même du Châtaignier, tandis que la Truffe exige absolument un sol calcaire.

IV.

BOTANIQUE APPLIQUÉE.

Cette nouvelle partie de la science des végétaux comprend l'étude de la botaniqne dans ses applications à la culture, à la médecine, etc. — Cette partie de la botanique, en raison de son importance et de son utilité pratique, a pris, surtout de nos jours, un accroissement considérable. Aussi fait-elle maintenant l'objet de cours tout à fait spéciaux dans cette école.

V.

GLOSSOLOGIE.

Il nous reste à dire quelques mots de la glossologie. A l'origine des études botaniques, on désignait chaque plante par un nom particulier; puis, à mesure que l'on eut à désigner des espèces nouvelles, on finit par ajouter à ces noms des périphrases plus ou moins longues pour bien distinguer les espèces les unes des autres. Mais ces noms devinrent bientôt si multipliés, que la mémoire ne pouvait plus suffire à les retenir. Frappé de ces graves inconvénients, Linné proposa de composer de deux mots le nom de chaque végétal. Le premier, qu'il nomma générique, fut commun à toutes les espèces d'un même genre : ex., *Rosa, Trifolium.* Le second, qu'il nomma spécifique, devait être propre à chaque espèce : ex., *Rosa gallica, Trifolium pratense.*

Cette nomenclature porta le nom de *nomenclature linnéenne.*

Quant à la manière de choisir les noms, elle n'a rien de régulier ni de général.

Le premier nom fut, en général, choisi au hasard parmi les noms de la mythologie, les noms de fleurs, de personnages illustres, etc. Ainsi, nous avons les Iris, les Narcisses, etc.

Le second nom fut toujours choisi avec plus de soin. Il rappelle en général certaines propriétés de la plante ou le lieu dans lequel elle habite. Exemples : *Mentha piperita, M. silvestris, M. rotundifolia, M. aquatica, M. viridis.* — Armand Descamps.

PHYSIOLOGIE GÉNÉRALE.

COURS DE M. CLAUDE BERNARD.

(FACULTÉ DES SCIENCES.)

(Voy. les nos 19, 22, 24, 27, 29, 34, 35, 38, 42, 43, 44, 45, 48 et 50.)

XIII.

Irritants et propriétés du nerf sensitif et de la moelle épinière. — Expériences récentes de M. Claude Bernard, établissant qu'un ganglion du grand sympathique peut jouer le rôle de centre dans une action réflexe.

La première question qui se présenterait naturellement à notre examen, en abordant ce sujet, ce serait celle de savoir si tous les nerfs sont irritables. Mais, à vrai dire, cette question ne peut pas en être une pour nous, puisque nous avons déjà indiqué l'irritabilité comme le caractère essentiel et distinctif de toute matière vivante, et l'on ne peut évidemment refuser ce titre à aucun nerf.

Cependant, pour les nerfs sensitifs, il y a des distinctions à faire, des différences à constater. Tous ces nerfs sont irritables sans doute, mais non point de la même manière ni par les mêmes substances; les phénomènes produits à la suite de cette irritation diffèrent également, suivant les cas. Ainsi, il y a des nerfs sensitifs qui ne sont sensibles qu'à certains ébranlements particuliers, ou qui produisent, quand ils sont excités, des phénomènes tout à fait spéciaux : tels sont les nerfs des sens proprement dits; ils sont destinés à transmettre au cerveau une impression déterminée, et ils ne transmettent que celle-là. Prenez, par exemple, le nerf optique ou le nerf acoustique, et vous pourrez impunément le pincer, le brûler, le contondre, ou le couper d'une manière quelconque, sans que l'animal manifeste de douleur; seulement, il se produira des phénomènes lumineux ou acoustiques plus ou moins faciles à constater, suivant les cas.

Au milieu de ces variations dans les propriétés des nerfs sensitifs, il y a pourtant un point commun et immuable, c'est la direction que suit l'impression sensitive, ou, si vous voulez, le courant nerveux. Ce courant, dans tous les nerfs sensitifs sans exception, se transmet de la périphérie au centre. Dans les nerfs moteurs, au contraire, il suit une direction précisément inverse, et va toujours du centre à la périphérie. Cette opposition complète dans le sens des influences nerveuses fournit même le seul moyen pratique de distinguer les nerfs sensitifs des nerfs moteurs, car les différences anatomiques sont à peu près nulles, ou, dans tous les cas, trop minimes pour être facilement constatées. C'est à peu près la même chose que si l'on distinguait les artères et les veines d'après la direction qu'y suit le courant sanguin. Mais là on a des moyens de séparation plus simples dans la constitution diverse de ces deux espèces de vaisseaux.

Voilà donc une différence bien nette entre le nerf sensitif et le nerf moteur : la direction du courant nerveux. Mais si l'on descend dans l'intimité du phénomène, on s'aperçoit bien vite que la direction de ce courant n'a pas une aussi grande importance qu'on l'aurait cru d'abord. En effet, le même nerf peut transmettre indifféremment des courants nerveux dans tous les sens. La direction du courant à l'état normal dépend donc uniquement des connexions anatomiques du nerf dans ce moment et des rapports physiologiques qu'il entretient alors. Mais si l'on change sa situation, si on l'arrache à la chaîne d'influences successives dont il formait un des anneaux, pour l'intercaler au milieu d'une série différente d'actions physiologiques, le sens du courant nerveux pourra parfaitement se modifier en même temps que les rapports du nerf. C'est ce qui résulte notamment des récentes expériences de MM. Phélipeaux et Vulpian. Dans la suture du nerf grand hypoglosse ou nerf lingual, qu'ont pratiquée ces habiles expérimentateurs, le sens du courant nerveux est évidemment renversé, ce qui ne l'empêche pas de se transmettre jusqu'au cerveau comme auparavant.

Les expériences de M. Paul Bert, préparateur du cours, sur la greffe animale, ne sont pas moins concluantes dans le même sens, et vous allez en voir les résultats. M. Paul Bert opérait sur des cochons d'Inde. Il relève la queue de l'animal et engage son extrémité dans une petite incision pratiquée tout exprès au milieu du dos. Au bout d'un certain temps, les chairs se réunissent et se cicatrisent; les nerfs, comme les vaisseaux sanguins, se soudent en cet endroit. Quand cet état de choses est bien établi, il suffit de couper la queue vers son origine, de telle sorte qu'elle se trouve alors purement et simplement implantée au milieu du dos. Tous ses rapports physiologiques se trouvent évidemment renversés, puisque le bout qui était autrefois son extrémité périphérique sert maintenant d'une manière exclusive à la mettre en communication avec le reste de l'organisme. Cependant la vie ne s'y éteint pas; les courants sanguins y circulent toujours, bien que leur direction ne soit plus la même, et les courants nerveux du nerf sensitif sont encore transmis jusqu'au cerveau. Il est facile de s'en convaincre sur ce cochon d'Inde préparé par M. Paul Bert. En effet, si nous le pinçons à l'extrémité de cette nouvelle queue implantée au milieu du dos, l'animal se met aussitôt à crier, preuve évidente que la sensation douloureuse est parvenue jusqu'aux centres nerveux. Mais comment cette transmission a-t-elle pu s'opérer? Évidemment le long des nerfs sensitifs et en se propageant du bout qui joue maintenant le rôle d'extrémité périphérique vers celui qui est implanté dans le dos. Or, avant que l'animal ait subi cette opération, et lorsque la queue était encore à sa place naturelle, les mêmes nerfs sensitifs transmettaient bien les sensations douloureuses, mais dans un sens précisément opposé, puisque le bout qui est maintenant périphérique était alors le plus rapproché des centres nerveux, et *vice versâ*. Les ingénieuses expériences de M. Paul Bert sur la greffe animale prouvent donc d'une manière irréfragable que la direction du courant nerveux dans le nerf sensitif n'a rien d'essentiel en elle-même; qu'elle dépend uniquement des circonstances dans lesquelles se trouve placé le nerf sensitif ou des rapports qu'il entretient, et qu'elle peut parfaitement changer sans inconvénient lorsque ces circonstances ou ces rapports viennent à être modifiés. (Voyez, dans la *Revue d'anatomie et de physiologie normales et pathologiques de l'homme et des animaux*, dirigée par MM. Charles Robin et Brown-Séquard, l'article consacré par M. Paul Bert à ses *Expériences sur la greffe animale*, année 1864, première livraison.)

Après ces considérations générales sur le mode d'action du nerf sensitif, nous arrivons à l'étude des principaux irritants de ce nerf. On peut les diviser, comme ceux du nerf moteur, en irritants mécaniques, irritants physiques, irritants chimiques et irritants physiologiques. Du reste, ce que nous avons à dire ici de ces divers irritants ne peut être, à beaucoup d'égards, qu'une reproduction presque complète de ce que nous avons déjà dit en parlant de l'action qu'exercent sur le nerf moteur les irritants analogues.

Les irritants mécaniques, piqûre, brûlure, coupure, écrasement, etc., agissent sur le nerf sensitif comme sur le nerf moteur; ils présentent à peu près les mêmes particularités dans leur action, et sont sujets aux mêmes inconvénients quand on veut les employer dans les expériences, notamment celui de détruire le nerf en l'excitant, et de rendre, par suite, toute excitation postérieure impossible, à moins qu'on ne l'attaque dans un point placé plus bas sur le trajet du courant nerveux. Seulement, comme ce courant présente dans le nerf sensitif une direction précisément inverse de celle qu'il suit dans le nerf moteur, il faut ici choisir pour la seconde excitation un point plus rapproché du centre que celui où avait eu lieu la première, tandis que, sur le nerf moteur, nous devions, à chaque irritation successive, nous éloigner de plus en plus du centre, pour nous rapprocher de l'extrémité périphérique où est le retentissement de ce nerf et où il agit sur le muscle.

La classe des irritants physiques comprend surtout l'électricité, qui a sur les agents dont nous venons de parler le grand avantage de ne pas détruire le nerf en l'irritant, ce qui permet de répéter son action autant de fois qu'on le veut, tant que le nerf a conservé ses propriétés vitales. On a essayé aussi de produire l'irritation du nerf sensitif par des tremblements particuliers et répétés, auxquels on a donné le nom de tétano-moteurs. Mais cela ne présente pas une très-grande importance; et, d'ailleurs, nous arrêter trop longtemps sur ces phénomènes, ce serait forcément répéter ce que nous avons dit à propos du nerf moteur. Terminons donc tout de suite l'étude de l'irritant électrique, en montrant que le nerf sensitif y est moins sensible que le nerf moteur.

Prenons, par exemple, le nerf sciatique. Comme ce nerf est composé de deux rameaux, un rameau sensitif et un rameau moteur, on peut obtenir avec lui deux phénomènes distincts, l'un qui se traduit par la contraction du muscle correspondant, l'autre par une sensation de douleur chez l'animal. Eh bien, faisons agir sur ce nerf sciatique un courant électrique d'abord très-faible, mais dont l'intensité va en croissant d'une manière progressive et *non continue*, condition indispensable, car les changements brusques sont les seuls qui irritent les nerfs par la modification qu'ils produisent instantanément dans leur état physique. Il n'y aura d'abord aucune action produite, ni sur le nerf sensitif, ni sur le nerf moteur, parce que le courant est trop faible; mais bientôt le nerf moteur excité fera contracter le muscle, et c'est un peu plus tard seulement que l'irritation du nerf sensitif se manifestera par la douleur de l'animal. Il a donc fallu un courant plus fort pour ébranler le nerf sensitif et mettre en jeu ses propriétés physiologiques.

Les irritants chimiques du nerf sensitif sont fort intéressants, parce qu'ils pourraient peut-être fournir un bon moyen pour mesurer le degré de sensibilité des divers animaux : problème très-important à un grand nombre de points de vue, car beaucoup d'autres phénomènes sont liés dans leur manifestation à l'intensité plus ou moins considérable de la sensibilité, et il serait, par conséquent, fort utile de pouvoir déterminer les variations de cette sensibilité aux degrés successifs de l'échelle animale et dans chaque être en particulier, suivant les divers états qu'il peut affecter ou les influences qu'il peut subir. Magendie avait essayé de mesurer les degrés de sensibilité par les mouvements du cœur. Ces mouvements s'arrêtent en effet, puis se précipitent sous l'influence de douleurs même très-faibles, puisqu'il suffit quelquefois, pour amener ce résultat, d'impressions que l'animal ne semble même pas ressentir. Magendie supposait donc qu'on aurait pu rechercher la quantité, ou, si l'on veut, l'intensité de douleur nécessaire pour agiter le cœur de chaque animal dans chacune des situations où il pouvait se trouver placé. Mais c'était là un moyen bien détourné, bien variable et bien difficile à appliquer; car la mesure qu'on proposait avait elle-même besoin d'être mesurée, et elle n'était guère susceptible de l'être d'une manière précise. On manquait donc là des conditions premières et essentielles de toute mesure, conditions qui se trouvent à un bien plus haut degré dans les irritants chimiques.

Les irritants chimiques du nerf sensitif, ce sont les acides. Les alcalis n'agissent sur lui qu'en corrodant ses tissus, comme la potasse caustique par exemple; ce qui constitue alors une action chimique, mais non plus une action physiologique. Plongeons, par exemple, l'extrémité de la patte postérieure d'une grenouille dans de l'acide sulfurique étendu d'eau; au bout d'un certain temps, l'attaque du nerf sensitif se produit, et sous l'influence de la douleur qui en est la suite, la grenouille retire vivement la patte plongée dans l'acide. On peut ainsi mesurer la sensibilité de l'animal, soit par la quantité d'acide qu'il faut mettre dans une quantité d'eau déterminée pour amener l'irritation du nerf sensitif, soit par le temps que la patte reste plongée dans une eau acidulée d'une manière constante, jusqu'à ce que la douleur se manifeste. Le moment où se produit l'action de l'acide sur le nerf est, du reste, très-simple à constater, puisque l'animal retire immédiatement les pattes et les agite vivement, comme pour se débarrasser de quelque chose, ainsi que vous pouvez le voir sur cette grenouille. Pour faire cesser la douleur aussitôt que le phénomène a été constaté, on trempe dans l'eau pure la patte attaquée par l'acide.

Nous pourrions reproduire les mêmes phénomènes sur un chat ou tout autre animal à peau épaisse et recouverte de poils, en mettant à nu l'épiderme par l'action de l'ammoniaque. Voici enfin la même expérience répétée sur une grenouille dont la moelle a été coupée un peu en dessous du cerveau, et la tête complétement séparée du tronc. Il vous est facile de voir que la séparation de la tête ne gêne en rien le phénomène. La sensibilité est même notablement plus vive chez cette grenouille mutilée que chez la grenouille intacte, car nous employons toujours la même eau acidulée, et les pattes se retirent maintenant bien plus vite que tout à l'heure. Nous verrons, en parlant des actions réflexes, qu'il en devait être ainsi, et nous expliquerons alors pourquoi.

La sensibilité que nous venons d'observer chez cette grenouille mutilée, c'est ce que nous sommes bien forcés d'appeler *sensibilité inconsciente*, quoique cette expression déplaise beaucoup aux philosophes. En effet, il n'y a plus de communication avec le cerveau, et, par conséquent, la grenouille ne peut plus avoir conscience de ce qui se passe dans le train postérieur, dont les mouvements sont néanmoins très-bien ordonnés vers un but. On a pu observer sur l'homme des phénomènes tout à fait analogues, par suite d'accidents divers. Du reste, il y a aussi des sensations inconscientes dans l'état normal.

Tous ces faits sont la manifestation de mouvements réflexes qui se passent pour la plupart dans l'axe cérébro-spinal, quoique les mouvements réflexes puissent aussi avoir d'autres centres, ainsi que nous le montrerons tout à l'heure. Ces actions se produisent par une irritation quelconque qui vient ébranler l'extrémité du nerf sensitif. L'ébranlement se transmet à la cellule originelle de ce nerf, dans la moelle épinière, passe de là à la cellule motrice par des connexions anatomiques particulières, et arrive enfin, en suivant le nerf moteur, jusque dans le muscle, qu'elle fait contracter.

Voici la description d'une coupe transversale de la moelle épinière, tirée de l'ouvrage de Stilling, et qui montre assez bien les rapports établis à l'intérieur de cet organe, au moyen de fibres spéciales, entre les cellules sensitives et les cellules motrices. Cette figure a une grande importance et mérite une confiance entière. En effet, ce n'est pas une sorte de paradigme artificiel, une description plus ou moins rectifiée d'après des idées théoriques, et le rapprochement d'un grand nombre de pièces, pour éclaircir et faire comprendre les parties obscures ou trop compliquées. C'est tout simplement une reproduction exacte de ce que l'observation microscopique a constaté sur une coupe déterminée, et M. Stilling conserve les pièces qui ont été ainsi reproduites dans son ouvrage. En examinant cette figure, on voit tout de suite que c'est la substance grise qui joue le rôle important, car toutes les racines y arrivent; ce qui prouve que les idées de Charles Bell étaient très-fausses, car il attribuait le rôle principal à la substance blanche.

Charles Bell, comme nous l'avons déjà dit, supposait que les cordons antérieurs et latéraux de la moelle transmettaient seulement l'influence motrice, tandis que les cordons posérieurs étaient les conducteurs exclusifs de l'influence sensitive. Il avait bien plutôt tiré cette théorie de déductions anatomiques que d'expériences physiologiques, quoique quelques faits fussent invoqués à l'appui de ces idées. Mais l'expérimentation n'a point tardé à en faire justice.

Si l'on coupe une moitié de la moelle, soit celle de droite, soit celle de gauche, l'animal paraît d'abord un peu fatigué ; mais, en le laissant reposer quelque temps, on voit que la sensibilité, loin d'être abolie, est même exagérée dans la patte qui correspond au côté coupé, tandis que l'aptitude au mouvement y est un peu diminuée. Ces faits, observés d'abord par Stilling, qui mesurait l'augmentation de la sensibilité avec de l'acide étendu d'eau, furent expliqués différemment. M. Brown-Séquard en conclut que la sensibilité se transmettait d'une manière croisée. Les résultats obtenus s'expliquaient alors tout naturellement, et l'on comprenait très-bien comment la sensibilité diminuait du côté où la moelle était restée intacte, tandis qu'elle augmentait de l'autre, puisque chaque moitié du corps recevait sa sensibilité des parties de la moelle épinière situées de l'autre côté, et devait, par conséquent, subir le contrecoup des lésions faites dans ces parties.

Mais M. Turck (de Vienne) a fait des expériences très-concluantes pour expliquer les faits autrement. Il établit d'abord que l'augmentation de la sensibilité dans la partie du corps correspondant à la moitié enlevée de la moelle n'était pas une simple augmentation relative, comme le croyait M. Brown-Séquard, mais bien une augmentation absolue. M. Brown-Séquard supposait, en effet, que, par suite de la lésion faite à la moelle épinière, la sensibilité diminuait considérablement dans la partie du corps correspondant à la moitié de la moelle laissée intacte, et que dans l'autre partie, cette sensibilité restait simplement ce qu'elle était auparavant. C'était donc là un avantage purement relatif. Mais M. Turck montra que cette hypothèse n'était point conforme aux faits, et voici comment il disposa son expérience à cet effet. Il prenait une grenouille normale, dont il plongeait les pattes postérieures dans une eau de moins en moins acidulée, jusqu'à ce que l'animal ne manifestât plus aucune douleur au contact du liquide acide. Puis il enlevait la moitié de la moelle épinière, et en replongeant alors les pattes dans la même eau, il voyait l'animal retirer presque aussitôt, en l'agitant vivement, la patte correspondant au côté supprimé de la moelle. Il y a donc eu souffrance produite dans cette partie du corps, sous l'influence de l'acidité de la liqueur, et, par suite, augmentation absolue dans l'intensité de la sensibilité, puisque cette même liqueur ne produisait aucun effet avant l'opération.

Quand on enlève tous les cordons postérieurs de la moelle épinière, on voit que l'influence sensitive continue encore à se transmettre, ce qui prouve que cette influence ne se transmet pas exclusivement par ces parties postérieures. Si l'on coupe ensuite successivement les cordons latéraux de la moelle, puis les cordons antérieurs, l'influence sensitive passe toujours sans aucune interruption, preuve évidente que la substance grise est bien la partie essentielle dans la moelle épinière, tandis que la substance blanche n'est aucunement indispensable à son action. En effet, si l'on irrite un nerf placé en dessous de cette échancrure qu'on a pratiquée ainsi tout autour de la moelle, l'influence sensitive est parfaitement transmise au cerveau à travers ce pont de substance grise, seule partie par laquelle puisse s'opérer maintenant la communication avec cet organe. Et l'on ne peut point douter de cette transmission, en voyant les mouvements qu'exécute l'animal pour retirer ses membres quand on les pince ou qu'on les blesse autrement.

Cependant, qu'on pince ou qu'on irrite d'une manière quelconque cette substance grise mise à nu, on la trouve parfaitement insensible, quoiqu'elle transmette la sensibilité, comme nous venons de le voir. C'est un point, en effet, maintenant bien établi, que tous les irritants qu'on lui applique n'y font jamais naître la moindre sensation de douleur ou de plaisir, et ils ne sont pas moins incapables de produire le plus léger mouvement. M. Walding en a conclu que les nerfs seuls sont excitables par les irritants mécaniques, physiques ou chimiques, tandis que la moelle épinière est exclusivement excitable par les irritants physiologiques, c'est-à-dire par les vibrations qu'elle reçoit des nerfs ou que lui communique le cerveau.

Ainsi, la conclusion à laquelle nous arrivons, c'est que la substance grise seule transmet la sensibilité et l'influence motrice, bien qu'elle soit elle-même dépourvue d'influence motrice comme de sensibilité, et que les racines antérieures ou postérieures perdent leurs propriétés spéciales en entrant dans cette substance.

Mais toutes les sensations que le nerf sensitif apporte de la périphérie à la moelle épinière n'ont pas besoin d'être transmises par elle jusqu'au cerveau pour amener la production d'un mouvement. Cette nécessité n'existe que pour les mouvements directs, et nullement pour les mouvements réflexes, si nombreux dans l'organisme, et dont nous avons déjà expliqué la nature. Ces mouvements sont rendus possibles par des communications directes établies à travers la moelle épinière, entre le nerf sensitif et le nerf moteur, ou plutôt entre les cellules qui servent d'origine à ces deux espèces de nerfs. C'est encore au milieu de la substance grise où aboutissent les racines antérieures et les racines postérieures que se trouvent les connexions anatomiques dont nous parlons.

Auparavant on distinguait bien la substance blanche et la substance grise, mais sans savoir, à vrai dire, quelle était la valeur de cette distinction. Aujourd'hui on est bien plus avancé, et des expériences mieux conduites ont montré que tous les phénomènes importants se passaient au sein de la substance grise. On rencontre, disséminées au milieu de cette substance grise, des cellules multipolaires de diverses formes, parmi lesquelles se trouvent notamment les cellules sensitives et les cellules motrices. Les cellules de sensibilité sont le plus souvent triangulaires et assez petites relativement aux autres. Les cellules motrices sont au contraire plus grosses et affectent des formes plus compliquées, notamment celle de quadrilatère; elles émettent aussi plus de filaments nerveux que les cellules sensitives, chez lesquelles le nombre de ces filaments ne dépasse jamais trois.

Mais il ne faudrait pas croire que ces diverses déterminations résultent de l'anatomie toute seule, car l'anatomie, par elle-même, ne prouve rien. En effet, que nous constations dans les diverses cellules nerveuses certaines formes spéciales, certaines dispositions particulières, cela ne nous apprend rien sur les propriétés de chacune de ces cellules ou leur rôle physiologique. Aussi, quand M. Jacubowitz, dont les travaux sont les plus complets, a déterminé les formes ordinaires des cellules sensitives et des cellules motrices, ce n'est pas à l'aide de pures considérations anatomiques, qui n'auraient jamais pu l'autoriser à attribuer telle ou telle forme au système sensitif ou au système moteur : quel rapport trouver, en effet, entre la forme triangulaire et la sensibilité, la forme quadrangulaire et l'influence motrice ? Il est évident qu'il n'y en a aucun. Si l'on est arrivé à connaître la nature physiologique des cellules présentant chacune de ces formes, c'est donc en mettant en jeu d'une manière quelconque leurs propriétés vitales, ou en établissant leur connexion avec des fibres dont le rôle physiologique était déjà découvert.

Du reste, ces formes diverses des cellules de la moelle épinière n'ont pas autant d'importance qu'on pourrait le croire, et il ne faudrait pas trop s'y attacher, car elles ne sont pas constantes dans toute la série animale. Ainsi, chez les oiseaux ces formes présentent une disposition précisément inverse de celle que nous venons d'indiquer : les cellules en rapport avec les racines postérieures sont le plus souvent quadrangulaires, et les cellules communiquant aux racines motrices triangulaires. On aurait pu sans doute conclure de cette interversion que la physiologie du système nerveux était renversée chez ces animaux. Mais l'expérience dément complétement cette hypothèse, et nous sommes forcés d'admettre que les formes des cellules nerveuses n'ont point de rapports essentiels avec leurs propriétés physiologiques.

M. Jacubowitz croit que toutes les cellules sensitives ou motrices communiquent également entre elles. Mais l'anatomie est impuissante à l'établir, et la physiologie seule le pourrait. Or, la physiologie prouve que les communications des nerfs moteurs sont toutes différentes des communications des nerfs sensitifs, car une lésion faite au nerf de mouvement reste locale, tandis que chaque ébranlement imprimé à un nerf de sensibilité se transmet immédiatement à tous les autres. Plusieurs expériences que nous allons répéter sous vos yeux vont mettre ces deux points hors de doute.

Nous avons déjà dit que chaque élément histologique avait ses poisons particuliers qui agissaient exclusivement sur lui, et amenaient la mort de l'animal par la suppression d'une des parties dont les réactions réciproques constituaient l'harmonie vitale et rendaient possible l'exercice des diverses fonctions physiologiques. Cependant on ne connaît pas encore de poisons spéciaux agissant particulièrement sur les cellules nerveuses et la substance grise de la moelle épinière; mais il doit très-probablement y en avoir, et on les découvrira sans doute plus tard. Quant aux nerfs de mouvement, nous avons plus d'une fois déjà indiqué leur poison caractéristique, le curare, et nous avons dit que ces nerfs s'empoisonnent par la périphérie, c'est-à-dire par le sang qui les baigne dans le muscle; de telle sorte qu'en soumettant un animal à l'action du curare, on peut réserver tout le train postérieur ou même un seul muscle, le gastro cnémien par exemple. Il y a aussi des poisons qui atteignent spécialement le nerf sensitif, et le plus important de tous, c'est la strychnine. Mais on ne peut ici préserver de l'action toxique un ou plusieurs nerfs sensitifs, comme nous l'avons fait pour les nerfs moteurs. Il suffit d'un seul nerf empoisonné pour que la moelle soit également atteinte, et par suite tous les autres nerfs sensitifs; car dans le système nerveux sensitif, l'intoxication se propage du centre à la périphérie, au lieu de marcher de la périphérie au centre, comme dans les nerfs moteurs. Un ébranlement parti d'un point quelconque du système nerveux sensitif se transmet donc immédiatement partout au moyen de communications particulières. Ce résultat ne doit pas nous étonner, car le retentissement du nerf sensitif est sur la moelle, comme le retentissement du nerf moteur sur le muscle, et il est naturel que le nerf sensitif agisse sur toute l'étendue de la moelle, de même que le nerf moteur agit sur le muscle tout entier.

Donnons maintenant la preuve de tout ce que nous venons de dire. Voici deux grenouilles. La première a été empoisonnée par le curare; mais on a réservé le train postérieur au moyen d'une forte ligature pratiquée par le milieu du corps, et comprenant tous les organes, sauf la moelle épinière, de telle sorte que le sang corrompu ne puisse plus parvenir dans cette région. La seconde a été empoisonnée par la strychnine, et on l'a soumise à une ligature tout à fait semblable : nous allons voir si les résultats en seront les mêmes. En observant ces deux grenouilles, que voyons-nous se produire? La première est paralysée de ses nerfs de mouvement, sauf dans le train postérieur, comme nous l'avons déjà expliqué autre part. La seconde perd ses nerfs sensitifs, et elle les perd partout, malgré la ligature qui a empêché l'accès du sang dans le train postérieur. En effet, nous constatons des convulsions très-fortes dans cette région du corps comme dans les autres, preuve qu'elle n'a été nullement préservée par la ligature, et que l'empoisonnement s'est propagé au moyen de la moelle épinière. Bientôt la sensibilité disparaît d'une manière complète chez cet animal, et il n'y a plus aucune espèce de mouvement réflexe possible, de quelque façon qu'on le pince. Cependant les nerfs moteurs ont conservé intactes toutes leurs propriétés physiologiques, car, si on les excite au moyen de l'électricité, on obtient très-facilement des contractions dans les muscles. Si nous revenons maintenant à la grenouille empoisonnée par le curare, nous reconnaîtrons immédiatement que le train postérieur a conservé intacts ses nerfs moteurs, grâce à la ligature que nous avions pratiquée, car en pinçant les membres postérieurs, on produit tout de suite des contractions dans ces membres. Au contraire, nous avons beau pincer les membres antérieurs, nous ne parviendrons jamais à les faire contracter; mais nous pourrons obtenir ainsi des mouvements dans les pattes de derrière, ainsi que nous l'avons montré déjà. Tout cela fait bien comprendre la différence qui sépare les actions du système nerveux moteur et celles du système nerveux sensitif.

Les expériences de Stannius ne sont pas moins concluantes. Elles consistent à ouvrir le canal vertébral d'une grenouille, et à couper toutes les racines des nerfs sensitifs à leur entrée dans la moelle épinière. Puis on empoisonne cette grenouille avec de la strychnine, et l'on constate alors qu'elle n'éprouve aucune convulsion, les nerfs moteurs étant d'ailleurs restés à l'abri de toute atteinte, ce qui va de soi. Au contraire, conservons une seule des racines postérieures, et répétons la même expérience : cette fois tout le système sensitif va être empoisonné, des convulsions violentes se manifesteront dans toute l'étendue du corps, et la sensibilité sera complétement abolie partout. Voilà des faits qui prouvent d'une manière incontestable que la strychnine empoisonne les nerfs sensitifs, et que son action se transmet d'un nerf à l'autre à travers la moelle épinière de façon à détruire le système sensitif tout entier. Il en résulte naturellement que les mouvements réflexes ne peuvent plus se produire. Mais il ne faudrait point partir de là pour attribuer à cette action une généralité qui ne lui appartient pas. Ce qui est atteint, dans l'empoisonnement par la strychnine, c'est uniquement et exclusivement le nerf sensitif. Mais il n'en est pas moins vrai que la destruction de ce nerf frappe d'inertie tous les éléments histologiques placés après lui dans la série d'actions successives aboutissant à la contraction musculaire et à la production d'un mouvement réflexe, car elle supprime l'irritation initiale, condition première de ce mouvement.

Les mouvements réflexes, ainsi que nous l'avons déjà dit, sont ceux qui se réfléchissent sur la moelle épinière, sans que l'action nerveuse ait besoin de passer par le cerveau. Ils se produisent par la seule action de cette moelle, comme il est facile de s'en convaincre en prenant une grenouille et en séparant complétement la tête du tronc. Si on lui pince alors les membres, l'animal exécute des mouvements très-nets pour s'en débarrasser. Ces mouvements sont parfaitement combinés, et pourtant ils sont purement instinctifs, car il ne paraît pas que la volonté y intervienne en aucune manière, bien que certains physiologistes aient voulu voir dans la moelle épinière un centre nerveux complet, avec une volonté distincte. Mais, dans tous les cas, ce qui ne peut être contesté et ce qui ne l'a jamais été, c'est que nous ayons affaire à des mouvements tout à fait inconscients; en effet, on l'a constaté plusieurs fois, par suite d'accidents, sur des malades atteints de lésions particulières du système nerveux.

Les mouvements réflexes sont donc le résultat de la réaction directe d'un nerf sensitif sur un nerf moteur à travers un centre nerveux, l'axe cérébro-spinal, dirons-nous pour le moment; mais nous verrons tout à l'heure s'il ne peut pas y en avoir d'autres. Ces mouvements réflexes se produisent assez vite. Cependant ils sont plus ou moins rapides suivant la longueur à laquelle on coupe la moelle épinière, et l'on a même distingué un point placé dans l'encéphale, derrière les tubercules quadrijumeaux, qui arrête quelque temps l'action réflexe, tant qu'il reste en communication avec les nerfs où elle se produit. Par suite de cette propriété, ce point a reçu le nom de *centre modérateur* des actions réflexes.

La plus grande partie de ces actions réflexes s'accomplissent certainement à travers la moelle épinière. Ainsi, dans les expériences que nous venons de faire, c'est bien évidemment la moelle qui sert de centre nerveux : car si l'on passe un stylet dans le trou vertébral de manière à la détruire d'un bout à l'autre, il devient impossible de produire ensuite aucun mouvement.

Mais si les mouvements réflexes ont d'ordinaire, pour centre, la moelle épinière, faut-il en conclure qu'ils ne puissent en avoir d'autre, et que toute action de ce genre traverse nécessairement l'axe cérébro-spinal? Non, messieurs, c'est là une doctrine exclusive qui n'est plus soutenable maintenant.

Il y a longtemps déjà qu'on a signalé les ganglions du grand sympathique comme pouvant jouer dans ces phénomènes le même rôle que la moelle épinière. Bichat a développé cette opinion, en considérant chaque ganglion du grand sympathique comme un petit cerveau, c'est-à-dire comme un centre distinct. Mais on l'a vivement combattu sur ce terrain. On lui objectait qu'il ne pouvait apporter une seule expérience à l'appui de cette idée; que, d'ailleurs, le grand sympathique n'était point véritablement un système nerveux distinct et complet, mais qu'il dépendait du système cérébro-spinal, avec lequel il avait les connexions les plus nombreuses. Enfin, on présentait comme décisif, ce fait jugé incontestable, qu'en détruisant la moelle épinière on rendait impossible tout mouvement réflexe, non-seulement dans les membres, mais aussi dans les intestins, principal centre d'influence du grand sympathique, et où l'on paraissait, par conséquent, avoir plus de chance de rencontrer les actions réflexes auxquelles il pouvait présider.

Le seul moyen de juger ces opinions si opposées et de prononcer entre elles, c'était l'expérience.

M. Claude Bernard a résolu la question dans le courant de l'année dernière, en constatant qu'il se produit dans une des glandes salivaires, la glande sous-maxillaire, des mouvements réflexes ayant deux centres distincts : l'un placé dans le système cérébro-spinal, et l'autre en dehors de ce système, dans un ganglion du grand sympathique. C'est le seul cas de ce genre connu jusqu'ici; mais il peut se multiplier, et l'opinion de Bichat se trouve dès maintenant justifiée : car s'il est bien établi qu'un ganglion du grand sympathique peut présider à une action réflexe, il n'y a plus, dès lors, aucune bonne raison pour refuser péremptoirement le même privilége aux autres ganglions de ce système.

Voyons maintenant comment M. Claude Bernard disposa ses expériences.

Le nerf lingual, — organe de la gustation, et un des rameaux de la cinquième paire nerveuse cérébrale (le trijumeau), — donne un filet nerveux qui se rend à la glande maxillaire, et près de sa bifurcation se trouve un petit ganglion du grand sympathique, le ganglion sous-maxillaire. En excitant le nerf lingual avec un corps sapide quelconque, comme le vinaigre, on provoque une abondante sécrétion de salive dans la glande maxillaire, et il est facile de voir que le phénomène est le résultat d'une action réflexe, ayant son centre dans le cerveau. Détruisons maintenant toute communication avec le cerveau pour arrêter son influence; et si nous excitons alors le nerf lingual, nous constaterons immédiatement, comme la première fois, une sécrétion notable dans la glande salivaire. Cependant les phénomènes ne se passent plus tout à fait de même. Ainsi, on n'obtient plus aucun résultat en agissant sur le nerf lingual avec du vinaigre ou un autre corps sapide, comme on le faisait lorsque la glande était encore soumise à l'influence du cerveau. Il faut maintenant irriter ce nerf, soit avec du sel marin, qui agit sur lui en le desséchant, soit avec de l'éther, qui a le même mode d'action, soit même en le pinçant directement avec un instrument quelconque. Il semble bien résulter de ces expériences que les agents sapides, en général, n'excitent plus la sécrétion de la salive dans la glande sous-maxillaire, lorsque cette glande est soustraite à l'action du cerveau, tandis que cette sécrétion continue à se produire sous l'influence des irritants communs et ordinaires de tous les nerfs.

Ainsi, l'action réflexe produisant la sécrétion salivaire dans la glande sous-maxillaire, peut se produire avec un autre centre que le cerveau, et ce centre, c'est le petit ganglion du grand sympathique que nous signalions tout à l'heure, le ganglion sous-maxillaire. En effet, si on l'enlève sans toucher aucun des nerfs, toute sécrétion devient impossible dans la glande salivaire, quel que soit l'irritant qu'on applique au nerf lingual. Pour faire cette extraction du ganglion commodément et avec quelque chance de ne pas léser les parties voisines, il faut opérer sur un animal assez gros, au moins comme un chien de taille moyenne.

C'est sans doute sous l'influence de ce ganglion sous-maxillaire que se produisent les sécrétions ordinaires de la glande. Quant aux sécrétions spéciales et exceptionnelles, elles sont dues plus probablement à l'action du cerveau, comme l'indiquent les phénomènes qui se produisent au contact des corps sapides, tant que cette action peut s'exercer.

Mais si le ganglion joue le rôle d'un véritable centre, il ne faudrait pas croire pour cela que son action soit indéfinie. En effet, si, après avoir interrompu les communications du nerf lingual avec le cerveau, on laisse vivre l'animal, ce qui ne souffre pas de difficulté, le ganglion sous-maxillaire perd bientôt ses propriétés et disparaît même complétement. Il dépend donc du cerveau dans sa nutrition : c'est un fait qui est bien certain pour lui, et qui se répétera peut-être pour les autres ganglions du grand sympathique. Du reste, ce n'est là qu'un état transitoire. Si on laisse les choses aller leur train pendant six ou huit semaines, tout se rétablit comme auparavant. La section du nerf lingual se répare, et avec elle la communication de tous ces organes au cerveau. Le ganglion sous-maxillaire, de nouveau mis en rapport avec son centre nutritif, se reforme également et reprend ses fonctions ordinaires. Tout, en un mot, rentre dans l'ordre accoutumé, et les phénomènes de sécrétion salivaire suivent leur cours normal avec leurs deux centres, le cerveau et le ganglion sous-maxillaire, comme si aucune expérience n'eût jamais été pratiquée. — Emile Alglave.

PALÉONTOLOGIE.

COURS DE M. A. D'ARCHIAC.

(Muséum d'histoire naturelle.)

(Voy. les nos 1, 2, 10, 12, 14, 16, 18, 20, 22, 24, 27, 29, 31, 33, 36, 37, 39, 41, 44, 45, 47, 48 et 50.)

Faune quaternaire de l'Amérique méridionale.

CINQUIÈME SECTION.

CAVERNES A OSSEMENTS DU BRÉSIL.

Les cavernes à ossements du Brésil sont comprises entre les rivières das Velas et de Paraopeba, dans la province de Minas Geraës. Le pays forme un plateau élevé de 600 à 700 mètres au-dessus de la mer et traversé par une chaîne d'un faible relief. Les couches calcaires horizontales sont criblées de cavernes plus ou moins remplies de terre rouge semblable à celle qui forme le sol du plateau. Celle-ci, qui s'étend également sur les plaines, les vallées et les collines, est une argile impure, ferrugineuse, passant quelquefois à un minerai de fer pisolithique, et renfermant des lits de gravier et de cailloux de quartz. Les ossements gisent pêle-mêle dans cette terre des cavernes, et M. Lund pense que quelques-uns de ces mêmes animaux peuvent y avoir vécu, d'autres y avoir été entraînés, ou bien y être tombés par accident. L'auteur ne se prononce pas sur l'âge du calcaire où se trouvent ces grottes, et signale seulement sa ressemblance avec le zechstein, tandis que M. Claussen le rapporte au terrain de transition (1).

La couche de limon, suivant ce dernier naturaliste, est quelquefois recouverte de stalagmites, et, dans une des cavernes, il a pu compter jusqu'à sept couches d'ossements, séparées par autant de couches de calcaire concrétionné. Des coquilles fluviatiles et terrestres, paraissant identiques avec celles qui vivent dans le pays, se rencontrent encore dans la terre rouge. Sur un seul point, M. Claussen a recueilli des fragments de poteries, couverts d'une couche mince de stalagmite, et placés au milieu des os de *Platyonyx Cuvieri*, parfaitement conservés, et sans que le sol environnant parût avoir été remué.

Après avoir examiné plus de huit cents cavernes, M. Lund n'a trouvé d'ossements humains que dans six, et il n'y en a qu'une seule où il ait remarqué, à côté des restes humains, des restes d'animaux d'espèces, soit éteintes, soit encore existantes. Ce fait, quoique unique, le porte à admettre que l'homme remonte au delà des temps historiques, et que la race qui vivait dans le pays à l'époque la plus reculée, était, quant à son type général, la même que celle qui l'habitait encore au temps de sa découverte par les Européens. Cette race était remar-

(1) Voyez, pour les documents bibliographiques qui se rapportent à ce sujet : *Histoire des progrès de la géologie*, vol. II, 1848, p. 381-385.

quable par la conformation du front, semblable à celle des figures sculptées sur les anciens monuments du Mexique.

Les os humains étaient absolument dans le même état que ceux des animaux, soit d'espèces perdues, soit d'espèces existantes, au milieu desquels ils se trouvaient, entre autres des os de Cheval identiques avec ceux de l'espèce actuelle, qui était inconnue aux habitants avant la conquête. Les anciens crânes humains observés dans diverses parties de l'Europe offriraient la même dépression frontale que les crânes fossiles du Brésil, et la conformation particulière des incisives du type américain, c'est-à-dire une surface plane, broyante, analogue à celle des molaires, et qui se montre également dans les têtes des anciens Égyptiens.

Les haches de pierre trouvées aussi dans les cavernes du Brésil sont identiques, suivant l'auteur, avec celles que l'on rencontre en Europe, mais nous ne savons pas si elles sont simplement taillées, comme celles de nos dépôts quaternaires, ou bien polies, comme celles de l'époque *anté-historique*.

Les recherches de MM. Lund et Claussen ont fait connaître dans cette faune des cavernes du Brésil 115 espèces de mammifères, réparties dans 58 genres; c'est plus qu'aucun pays n'en a encore présenté, et, pour donner une idée de l'importance paléozoologique de ces découvertes, nous passerons rapidement en revue les principaux groupes d'animaux, en suivant l'ordre adopté par les auteurs.

Édentés (Dasypides ou Tatous). — Les Tatous proprement dits ont présenté deux espèces : le *D. punctatus*, dont les écussons de la cuirasse sont profondément ponctués, et une autre voisine du *D. octocinctus*, qui vit encore, mais dont le museau est plus court. Le *Xenurus*, sous-genre voisin, est représenté par quelques plaques qui le rapprochent du *X. nudicaudis* encore vivant.

L'*Euryodon*, représenté par une seule espèce de la taille d'un petit Cochon, est caractérisé par des dents comprimées latéralement, d'où le nom d'*E. latidens* que lui a imposé M. Lund. L'*Heterodon*, comme son nom spécifique l'indique aussi (*H. diversidens*), a ses dents inégales et différentes, quant à la forme et aux dimensions. Les antérieures et les postérieures sont en cylindres très-minces; les intermédiaires beaucoup plus grandes; l'une présente dans sa coupe un ovale, l'autre est cordiforme.

Les *Chlamydotherium*, Lund (non *id.*, Bronn; *Oryctero-therium*, Bronn, *non* Harlan), ont présenté deux espèces : les *C. Humboldtii* et *gigas;* l'une de la taille du Tapir, l'autre atteignant celle des plus grands Rhinocéros. Très-voisin du *Glyptodon*, comme le fait remarquer M. Pictet, ce genre peut en être provisoirement distingué, quoique ses molaires soient semblables. Elles sont toutes à peu près égales, et au nombre de 8 en haut et en bas dans les *Glyptodon;* tandis que dans les *Chlamydotherium*, les antérieures, plus petites et plus nombreuses, rappellent la disposition des incisives, comme dans les Encouberts (1).

Hoplophorus. — Sous ce nom, M. Lund a décrit plusieurs espèces de Tatous qui, suivant M. Pictet, doivent être réunis aux *Glyptodon;* et, en effet, les dents, pas plus que les plaques de la carapace figurées par le savant naturaliste danois (2), ne semblent autoriser cette distinction. Les *Hoplophorus* ou *Glyptodon euphractus* et *Selloy*, atteignaient la taille du Bœuf ordinaire, et l'*H. minor* était moins élevé. A en juger par quelques-unes des plaques figurées par M. Lund, il pourrait bien y avoir un double emploi avec l'une des espèces de la faune des Pampas.

Le *Pachytherium magnum* a été créé par M. Lund pour des os des extrémités indiquant un animal avec des formes plus lourdes que les *Chlamydotherium* et les *Glyptodon*, et qui aurait été de la taille d'un grand Bœuf. La place de ce genre reste donc encore à déterminer.

Megatheroides. — Le *Megatherium Lavrillardi*, dont M. Lund figure des dents, est aussi fort incomplétement connu; ces deux dents ne paraissent différer de celles du *M. Cuvieri*, auquel semblent appartenir celles de la planche suivante, que par leurs moindres dimensions (3).

Les *Platyonyx* de M. Lund seraient un double emploi du genre *Scelidotherium*, Owen, dont nous avons indiqué ci-dessus les caractères. Il en distingue cinq espèces, dédiées à cinq célébrités paléontologiques de notre époque : Cuvier, Buckland (4), de Blainville, Brongniart et Agassiz, plus une sixième de la taille d'un Cochon, et qui, beaucoup plus petite que les autres, a reçu le nom de *P. minutus*.

Les *Megalonyx*, outre le *M. Jeffersoni*, que nous avons vu représenté dans le nord et dans le sud du nouveau continent, et qui est signalé dans les cavernes du Brésil, auraient encore offert dans ce dernier pays, suivant M. Lund, quatre autres espèces, qu'il désigne sous les noms de *M. Cuvieri*, *Bucklandi*, *gracilis* et *minutus* (5), mais sur des éléments qui semblent encore bien insuffisants.

Les *Cœlodon*, rapportés d'abord au genre *Megalonyx*, par le même savant, relieraient seulement ces derniers aux Paresseux vivants. Ils ont quatre molaires en haut et en bas, semblables à celles des Paresseux tridactyles; les ongles très-comprimés; les doigts raccourcis et inégaux, comme les *Megalonyx;* une queue très-puissante,

(1) Voy. fig. 1, pl. XIV, t. VIII, et la pl. XXXIV, t. IX, 1842, des *Mém. de l'Acad. roy. des sc. de Copenhague*.

(2) *Loc. cit.*, vol. VIII, pl. XI, XV, XVI, et vol. IX, pl. XXXV.

(3) *Loc. cit.*, vol. IX, pl. XXXV, XXXVI.

(4) Ces deux espèces ont été aussi, sans doute d'après les extrémités, rapportées au genre *Megatherium*.

(5) *Loc. cit.*, vol. VIII, p. 264, pl. III, IX, X, XVII, XXXI. Dans une liste générale de M. Claussen, on ne trouve que deux espèces citées qui même n'appartiennent pas à ce genre.

et probablement prenante. Le *C. maquinense* était de la taille du Tapir d'Amérique, et le *C. Kaupii* peut-être de dimensions moindres.

Le *Sphenodon* a des dents coniques et non cylindriques comme tous les édentés; il avait quatre molaires à chaque mâchoire, sillonnées ou tricuspides, paraissant engagées comme des coins dans l'alvéole. La seule espèce connue était de la taille d'un Cochon. Quant au genre *Ochotherium* (*O. gigas*), indiqué par M. Lund (1), il n'en a donné, comme le fait observer M. Pictet, ni description ni figure.

PACHYDERMES. — Le Mastodonte indéterminé de la liste de M. Claussen serait probablement le *M. Humboldtii*, rapporté du Brésil par d'autres voyageurs.

Les Tapirs sont représentés par deux espèces : le *T. suinus*, Lund, de la grandeur d'un Cochon de moyenne taille, et le *T. americanus* actuel ou une espèce très-voisine.

Les *Dicotyles*, ou Pécaris, qui comptent actuellement deux espèces vivantes en Amérique, en ont présenté cinq à M. Lund, dans les cavernes du Brésil. L'une d'elles avait une taille double de la plus grande de nos jours, et l'autre paraît avoir été plus élevée encore.

Le genre *Cheval* a présenté deux espèces dont nous avons déjà parlé : l'*E. neogœus* et l'*E. principalis*.

RUMINANTS. — Dans cet ordre, peu répandu aujourd'hui dans le pays, on a trouvé fossiles : 2 espèces de Cerfs, 2 espèces d'*Auchenia* ou Lamas, dont une était plus grande que le Cheval ; 1 *Antilope* (*A. maquinensis*); 2 *Leptotherium* (*L. majus* et *minus*), nouveau genre dont nous ne connaissons pas bien la caractéristique en l'absence des dents. Ces espèces se rapprochaient néanmoins des Cerfs, et avaient des formes sveltes, très-élégantes.

CARNASSIERS. — Le genre *Felis* acquiert dans la faune fossile du Brésil une importance qu'il n'avait pas dans celle des Pampas. M. Lund en distingue six espèces. Le *Felis protopanther* (2), aussi grand que le Jaguar, mais très-différent de ce dernier; une seconde, s'en rapprochant, mais plus grande aussi; une troisième, dont la taille et les formes générales sont celles du Couguar; une quatrième, ressemblant au *Felis macroura;* la cinquième, qui est le *Felis exilis* de l'auteur; une sixième, dont il a fait le *Cynailurus minutus* (3), manquant du talon interne à la carnassière d'en haut; caractère du Guépard de l'ancien monde aujourd'hui, et qui se trouvait ainsi dans le nouveau à cette époque.

Le genre *Canis* a laissé les restes de plusieurs espèces dans ces mêmes cavernes: le *C. protalopex* (4), assez voisine d'une espèce qui vit encore sur les lieux; le *C. Azzaræ* des Pampas; le *C. robustior*, un peu plus fort; le *C. fulvicaudus*, Lin.; le *C. lycodes*, plus carnassier, qui égalait le Loup.

Un autre genre, le *Speothos*, sous-genre des Chacals, de taille médiocre, mais mieux armé et plus féroce que les autres, est caractérisé par l'absence de la dernière tuberculeuse d'en bas, n'ayant ainsi qu'une tuberculeuse derrière la carnassière. Les dents sont plus rapprochées que dans les Chiens, et le museau est moins allongé. L'espèce est désignée sous le nom de *S. pacivorus* (1), à cause de son association dans les cavernes avec de nombreux ossements de Pacas. Une espèce de *Galictis*, genre qui diffère des Gloutons par une prémolaire de moins à chaque mâchoire, et une Moufette (*Mephitis*), la seule espèce connue à l'état fossile, se rencontrent encore avec les animaux précédents.

Le genre *Palæocyon*, Lund (non *id.*, Blainv.), a été aussi créé par le naturaliste de Copenhague pour des animaux dont la carnassière inférieure manque de talon et n'a qu'une pointe. Ils étaient plus trapus, plus forts, et avaient les pattes plus courtes que les Chiens actuels. Il a distingué le *P. troglodytes*, d'abord pris pour un *Canis*, de la taille du Loup et voisin du *C. jubatus* vivant, puis le *P. validus*, de taille moindre.

Les Coatis (*Nasua*) ont présenté deux espèces, le *N. ursina*, Lund, d'abord rangé dans le genre Ours (*U. brasiliensis*), et une autre non caractérisée encore.

Mais de tous les carnassiers du nouveau monde, le plus remarquable est celui que M. Lund, prenant d'abord pour une Hyène, avait désigné sous le nom d'*H. neogœa*, et pour lequel il créa ensuite le genre *Smilodon*, en donnant à l'espèce le nom de *S. propagator* (2). Mais comme l'ont fait remarquer avec raison MM. Pictet et Owen, et comme vous en pourrez juger, messieurs, par le magnifique spécimen que je mets sous vos yeux, ce carnassier est un véritable *Machairodus*, caractérisé par ses canines supérieures énormes, recourbées fortement, comprimées et presque en lancette, tranchantes et finement dentées, et par le menton avancé et saillant. C'est donc le *Machairodus neogœus* décrit et figuré dans l'*Ostéographie* de Blainville sous le nom de *Felis smilodon*.

DIDELPHES. — Les marsupiaux sont représentés par un grand nombre de Sarigues, dont M. Lund indique 7 espèces, desquelles 6 très-voisines de celles qui vivent encore dans le pays, c'est-à-dire des *D. aurita*, *albiventri*, *incarnæ*, *eleganti*, *pusilla*, *myosuræ*, et une septième indéterminée.

RONGEURS. — Dans cet ordre, où l'auteur compte 32 espèces, le genre *Mus* est représenté par 12, dont 8 sont voisines des vivantes, et 4 sont nouvelles (*M. robustus*, *debilis*, *orycter* et *talpinus*). Il en est de même de la plupart des espèces de chacun des genres *Nelomys*,

(1) *Loc. cit.*, vol. VIII, pl. XXVI, fig. 10.
(2) *Loc. cit.*, vol. VIII, pl. XXVI, fig. 13.
(3) *Loc. cit.*, vol. VIII, pl. XVIII.
(4) *Ibid.*, fig. 9, 10.

(1) *Ibid.*, pl. XIX, fig. 1, 2.
(2) *Ibid.*, vol. IX, pl. XXXVI, XXXVII.

Aulacodus, *Loncheres*, *Lagostomus*, *Phillomys*, *Lepus*, *Kerodon*, *Hydrochærus* et *Dasyprocta*. Les suivants ont offert des espèces particulières : *Lonchophorus*, 1 espèce; *Synœtheris*, 2; *Cavia*, 2; *Kerodon*, 1 ; *Hydrochærus*, 1 ; *Dasyprocta*, 1; *Cœlogenys*, 2, et le *Myopotamus antiquus* (1).

Dans toutes les familles précédentes, les genres et les espèces étaient plus nombreux que dans la nature actuelle, mais il n'en est pas de même des deux suivantes.

CHIROPTÈRES. — Parmi les insectivores de cet ordre, les genres et les espèces connus appartiennent aux formes qui sont encore propres à ce continent : ce sont 1 Molosse ou *Dysopes*, 5 Phyllostomes, dont 1 voisine du *P. spectrum* et 1 *Vespertilio*.

QUADRUMANES. — Enfin, les Singes y sont représentés par 2 *Jacchus* (*J. grandis* et *penicillatus*), dont la taille était double de celle des *Ouistitis* de nos jours. 1 Sapajou (*C. macrognathus*); 1 Sagouin (*Callitrix primævus*), plus grand du double que ses congénères actuels; et un genre nouveau, le *Protopithecus brasiliensis*, dont la taille atteignait 1^m^,30 (2). Ces quadrumanes appartiennent tous à la famille des cébidés, propre aujourd'hui encore au nouveau monde, de même que tous les Singes fossiles trouvés en Europe et dans l'Inde sont des pithécidés propres à l'ancien continent.

Outre les débris de ces mammifères, M. Lund recueillit encore beaucoup de restes d'oiseaux, entre autres de deux espèces d'Autruche, dont une plus grande que l'espèce vivante. Ces espèces tridactyles appartiennent au sous-genre *Rhea;* puis un *Cariama* ou *Microdactylus*, Geoff.; un *Rallus;* un *Tinamus*, genre encore spécial à l'Amérique; une *Perdrix*, un *Coccyzus* du groupe des Coucous; un *Capito;* une espèce du groupe des Perroquets ; un Picucule, parmi les ténuirostres; un Martinet, un Engoulevent; et d'autres voisins des Grives (*Anabates*), des Chouettes, des Cathartes, etc. Quelques Serpents, plusieurs sauriens (Monitors, Crocodiles), de nombreux batraciens, une grande quantité de coquilles fluviatiles et terrestres; enfin, des animaux articulés, tels que des Jules, des Polymères, etc.

La faune des mammifères des cavernes du Brésil peut se résumer comme il suit :

	Genres.	Espèces.
Édentés	13	28
Pachydermes	9	10
Ruminants	4	7
Carnassiers	9	18
Marsupiaux	1	7
Rongeurs	15	32
Chiroptères	3	7
Quadrumanes	4	6
	58	115

L'étude comparative de cette faune avec celle des Pampas n'est pas encore assez avancée pour qu'on puisse se prononcer sur leur degré d'analogie, surtout si l'on considère la différence des conditions dans lesquelles se trouvent les ossements fossiles : les uns ayant été recueillis presque exclusivement dans les cavernes, circonstance très-favorable à la conservation des petites espèces; les autres, dans des dépôts de transport, où les grandes espèces ont plus de chance de se conserver et d'être retrouvées que les petites. Il ne peut donc y avoir de conclusion bien absolue à tirer de la différence des faunes quant aux proportions très-différentes des familles qui y sont représentées.

On peut dire néanmoins, d'une manière générale, que sur environ 70 genres et plus de 150 espèces dont se compose aujourd'hui la faune fossile des mammifères de l'Amérique méridionale, on retrouve, dans toutes les familles, les caractères généraux de la faune actuelle, mais avec des types infiniment plus variés et atteignant des dimensions beaucoup plus considérables. Un certain nombre d'espèces, mais appartenant exclusivement à de petits genres, surtout parmi les rongeurs, vivent encore. Les édentés, qui forment le trait dominant de cette faune, sont tous éteints, et dans les autres ordres, les genres ont en général d'autant moins de représentants dans la nature actuelle, qu'ils atteignent de plus grandes dimensions.

Nous exposerons, messieurs, à la fin de la leçon prochaine, quelques considérations plus générales encore qui se rattachent à ce sujet.

A. D'ARCHIAC.

(1) Voy. vol. VIII, pl. XX, XXI, XXII, XXIII, XXV, XXVI.

(2) *Loc. cit.*, vol. VIII, pl. XXIV.

HISTOLOGIE.

COURS DE M. CH. ROBIN.

(FACULTÉ DE MÉDECINE.)

Leçon d'ouverture.

Au lieu de présenter en cette leçon un tableau général résumant l'ensemble des faits qui seront l'objet du cours de cette année, j'indiquerai sommairement comment les matières traitées l'an dernier se rattachent à celles qui doivent être traitées maintenant; puis je répondrai à quelques objections que mon enseignement a provoquées récemment.

L'anatomie, ainsi que je l'ai rappelé l'an dernier, est l'étude des parties constituantes, simples et complexes de l'organisme, faite dans le but de découvrir les lois de la constitution de ce dernier, lois dont la connaissance est nécessaire à l'étude de la physiologie, c'est-à-dire des actes de l'économie; physiologie sans laquelle la pathologie reste lettre close pour l'esprit, en dehors de quelques observations et formules empiriques.

L'anatomie se divise en *générale* et *descriptive*, d'après le degré de complication des parties qu'elle envisage. L'objet de l'anatomie descriptive est l'étude des parties du corps qui, présentant des différences d'une région à l'autre de l'organisme qui les comprend, et d'un animal à l'autre, demandent à être décrites une à une partout où elles existent. L'anatomie générale s'occupe des parties qui, une fois connues en un point de l'organisme, le sont pour la généralité de ce dernier; c'est, en d'autres termes, l'étude des parties constituantes élémentaires de l'économie, poursuivies jusqu'au moment où elles forment les organes dont l'examen appartient à l'anatomie descriptive.

Les différents ordres de parties qui concourent à la constitution de l'organisme sont, en commençant par les plus simples, 1° les principes immédiats et les éléments anatomiques ; 2° les humeurs et les tissus (*hygrologie* et *histologie*) ; 3° les systèmes organiques. Ces trois catégories composent l'anatomie générale, après elles viennent : 1° les organes ; 2° les appareils ; 3° l'organisme, qui composent l'anatomie descriptive.

Telle est la coordination logique et régulière des parties animales dans leur complication graduelle. Un pareil plan ne pouvait manquer de soulever les dénégations et les clameurs de tous les esprits qui aiment à se mirer dans leurs séduisantes imaginations, qui haïssent les réformes qu'ils n'ont pas su prévoir, et qui redoutent d'avoir à faire des efforts pour ne pas rester en arrière. Ces esprits exclusifs et étroits veulent tout scinder, tout séparer, et parce qu'ils ne conçoivent pas la relation philosophique des diverses sciences, ils ne veulent pas concevoir la relation des diverses parties d'une même science, ils n'entendent rien à la notion d'individualité des parties distinctes, soit à l'œil nu, soit au microscope, ni à la notion de solidarité de ces parties.

Il ne faut pas confondre ces étroites tendances avec les tendances analytiques qui, elles, sont éminemment fécondes, tant qu'elles n'excluent pas les tendances synthétiques. L'analyse révèle l'individualité des parties et la synthèse leur solidarité, ce qui conduit à la détermination de la réalité.

Le plan a aussi été attaqué parce qu'il fait de l'anatomie un tout homogène en y introduisant des fragments qu'on en séparait et qu'on négligeait, tels que l'étude des humeurs, des principes immédiats, etc., parce qu'il enferme l'examen de plusieurs questions auxquelles on s'est habitué à ne pas toucher, en un mot parce qu'il résulte d'une patiente observation des choses et d'une difficile étude de leurs relations.

Tout ce qui se trouve ou se produit dans l'homme sain et dans l'homme malade, y a une place, et une place rationnelle, indication précieuse pour la médecine tout entière.

Mais revenons au triple objet de l'anatomie générale et voyons les données principales qui se rattachent à chacune des trois parties de cette science.

1° Les *principes immédiats* sont de trois classes : les uns sont d'origine minérale et cristallisables; les autres, d'origine organique, cristallisables et volatils sans décomposition ; les troisièmes, enfin, sont aussi d'origine organique, mais coagulables et non volatils ni cristallisables (fibrine, albumine, caséine, albuminose, etc.). Ces derniers qu'on appelle aussi *substances organiques*, ont la propriété de fixer une quantité d'eau plus ou moins grande qui varie avec les états pathologiques.

C'est par l'association molécule à molécule de ces trois ordres de principes immédiats qu'est formée la substance organisée ; c'est-à-dire que l'analyse en découvre l'existence dans toutes les espèces d'éléments anatomiques et d'humeurs.

En étudiant ces principes, on n'empiète pas sur le domaine de la chimie. Le chimiste recherche leur composition élémentaire, s'occupe de leurs métamorphoses sous l'influence d'autres substances, etc.; l'anatomiste envisage et doit envisager leur forme et leurs propriétés organiques. Le chimiste s'enquiert des éléments chimiques qui constituent les corps composés; l'anatomiste doit s'enquérir des éléments organiques qui constituent les éléments anatomiques par leur combinaison plus ou moins complexe. L'étude des principes immédiats forme la transition de la chimie à la biologie.

L'organisation ne consiste pas en une simple disposition fibrillaire ou cellulaire, il faut remonter plus haut pour en saisir le principe ; elle réside précisément dans l'arrangement et dans la proportion des trois ordres de principes immédiats qui constituent les éléments anatomiques.

Là se trouve la raison de l'activité propre à la substance organisée, là est le nœud, là sont les conditions de cette activité immanente et irréductible.

Cet arrangement des principes immédiats est peu stable, et quand il varie, le mode d'activité varie aussi ; or cet arrangement varie quand on introduit dans l'organisme des principes immédiats accidentels qui agissent soit comme poisons, soit comme médicaments.

La substance organisée peut présenter divers genres d'altération qui portent soit sur les liquides, soit sur les solides. Les plus importantes de ces altérations sont les purulentes et les virulentes ; elles peuvent se transmettre de la substance morte à la substance vivante, et ne sont pas autre chose qu'une modification moléculaire de l'élément anatomique, qu'une métamorphose atomique des principes immédiats qui constituent cet élément. En d'autres termes, les tissus ou les humeurs devenus virulents, ne le sont pas devenus par l'introduction d'un virus isolable et comparable à un poison ou à un venin.

Cette très-importante notion n'a pu être découverte que par l'étude des principes immédiats et de la constitution intime de la substance organisée ; aussi peut-on la ranger au nombre de celles qui ont le plus contribué à faire tomber les préventions soulevées par cette étude.

Les parties constituantes de la substance organisée

élémentaires, c'est-à-dire irréductibles anatomiquement, ou *éléments anatomiques*, se présentent, les unes à l'état figuré (cellules, fibres, tubes, etc.), les autres à l'état de substances amorphes, c'est-à-dire sans configuration propre autre que celle qui résulte de leur interposition aux précédentes ; certaines enfin existent à l'état de granulations.

Les substances amorphes sont de trois genres : 1° les *plasma*, liquides intravasculaires, permanents, ne se rencontrant jamais ailleurs que dans les vaisseaux clos, et tenant en suspension d'autres éléments anatomiques ; 2° les *blastèmes*, liquides de formation transitoire, servant à la génération des éléments anatomiques figurés qui naissent à leur aide et à leurs dépens, provenant soit des plasmas qui laissent exsuder certains de leurs principes au travers des parois, des capillaires, soit des éléments anatomiques figurés déjà nés, laissant aussi exsuder certains des principes liquides dont ils sont imbibés.

Vient enfin le troisième genre qui comprend les substances d'interposition proprement dites, telles que celle de la moelle des os, de la substance grise des centres nerveux, celle du tissu colloïde ou gélatiniforme du cordon ombilical, etc.

On décrit encore quelquefois en les confondant avec les précédents, deux liquides qui sont loin d'être analogues.

Le premier est le *suc nourricier*, liquide virtuel, non distinct des éléments anatomiques dont on ne peut le séparer sans les détruire, véritable partie intégrante de ces derniers.

L'autre est appelé *protoplasma* par quelques auteurs : c'est le liquide intracellulaire ou contenu des cellules qui ont une cavité distincte ; ce liquide n'est comparable ni aux plasma, ni aux blastèmes, il fait partie essentielle de la cellule, et en l'isolant, on détruirait anatomiquement et physiologiquement cette cellule.

Ces faits-là sont très-importants pour l'interprétation des phénomènes de la physiologie normale et pathologique; car, en se plaçant au point de vue des applications à faire d'une science, celle que nous étudions ici traite de tout ce qui sert à la détermination de la nature des tissus et des fluides sains et morbides, sans rien omettre quant au nombre et aux dispositions des parties simples qui les composent et leur donnent les propriétés que nous observons en eux.

Les éléments anatomiques figurés se rangent en plusieurs groupes, dont l'ensemble sera rappelé plus loin.

Disons seulement maintenant que ces éléments sont les agents essentiels de tous les actes physiologiques, grâce aux cinq propriétés immanentes, typiques et irréductibles dont ils sont doués (nutrition, développement, génération, contractilité, innervation), propriétés qui persistent autant que les conditions normales du milieu.

Dans l'étude des éléments anatomiques figurés, nous avons montré que les faits autrefois groupés sous le nom de *théorie cellulaire*, sont ceux qui se rapportent à la génération et au développement de ces éléments.

Le développement est consécutif à la génération, mais il ne se confond pas avec elle. La génération, c'est l'apparition de l'élément dans un lieu où quelques instants auparavant il n'existait pas; le développement, c'est l'ensemble des phénomènes qui se manifestent après la génération.

Chaque espèce d'élément anatomique présente des particularités dans son mode de génération et de développement. Chacune dérive d'une espèce différente d'embryon, et chacune décrit une courbe différente dans son évolution organique.

Dans la même espèce, l'élément anatomique n'est pas semblable au moment de la genèse, à ce qu'il sera à l'état adulte ou à l'état sénile. C'est pendant la durée de son développement qu'apparaissent les conditions diverses qui le peuvent caractériser; c'est ainsi que la contractilité ne se montre dans les fibres musculaires, l'innervation dans les cellules et les tubes nerveux, que lorsque ces éléments sont arrivés à un certain degré dans l'évolution de leur volume, de leur forme et de leur structure.

Les phénomènes de cette évolution ont été tantôt négligés, tantôt confondus avec ceux de la naissance, et dans beaucoup d'écrits on les confond encore. Cependant ce n'est que par la connaissance de cette évolution qu'on peut déterminer exactement ce que sont l'hypertrophie, l'atrophie, les déformations, les modifications de structure accidentelles, séniles ou morbides, qui sont autant de troubles de cette évolution. Ces phénomènes-là, avec ceux d'*hypergenèse* (génération en excès) et d'*hétérotopie* (génération avec erreur de lieu), sont fort communs, et il faut absolument en avoir la clef dans nombre de cas pathologiques.

La génération dans les cas morbides n'est que la répétition de la génération embryonnaire, mais elle a lieu dans des conditions nouvelles dont il faut suivre les effets avec soin.

Les éléments anatomiques figurés se classent naturellement en quatre groupes selon qu'ils ont la structure : 1° de cellules, 2° de fibres, 3° de tubes, 4° de substances homogènes creusées de cavités.

Ces éléments, encore une fois, sont les corps simples de l'anatomie. Ce sont les parties invisibles à l'œil nu et irréductibles dont sont composées les parties du corps visibles à l'œil nu. Dans chaque tissu il entre plusieurs espèces de ces éléments, comme dans un oxyde, un acide ou un sel, il entre plusieurs espèces d'éléments chimiques. C'est pourquoi j'ai décrit l'an dernier les espèces d'éléments les unes après les autres, avant de passer aux combinaisons de ces éléments, combinaisons qui sont les tissus et qui feront l'objet du cours de cette année.

On a critiqué cette méthode, on s'est étonné de voir décrire les éléments avant les tissus, et chaque espèce d'éléments d'une façon d'abord isolée.

Ainsi, on a dit que le *myolemme*, qui est un tube enveloppant un faisceau de fibrilles musculaires, devait être décrit en même temps que ces fibrilles, parce que cela est plus simple que de décrire les fibrilles contractiles à côté des autres espèces de fibres, et le tube du myolemme à côté des autres éléments tubuleux. Mais décrire ainsi les fibres avec un tube, parce que ce dernier les enveloppe, c'est commettre une grave infraction à la règle qui veut que l'on rapproche dans une description les choses qui se ressemblent. Sur les six éléments qui constituent le tissu musculaire, le myolemme est l'élément élastique et résistant, tandis que les fibres sont l'élément contractile. Le myolemme apparaît dans l'embryon avant les fibres. Dans les atrophies musculaires, le myolemme persiste en un tube rétréci, tandis que les fibres disparaissent. Enfin, dans le tissu du cœur, le myolemme manque et les fibres sont disposées en faisceaux ramifiés et anastomosés, et l'élasticité est fournie par des fibres élastiques.

Deux éléments aussi différents par leur constitution anatomique, leurs propriétés physiologiques, leur mode de naissance, de développement, etc., ne sauraient donc aucunement être décrits ensemble, parce que l'un enveloppe l'autre. Pourquoi alors ne pas décrire les globules rouges du sang avec les capillaires?

Certainement on peut aller, avec l'empirisme, contre la méthode logique, et décrire ensemble les éléments et les tissus, mais cette marche ne tarde pas à engendrer l'erreur et la confusion. Elle a empêché pendant longtemps de comprendre les différences existant anatomiquement et physiologiquement entre le tissu des nerfs périphériques et celui de la moelle épinière; entre le tissu des muscles rouges soumis à la volonté et celui du cœur. En anatomie pathologique, elle a fait que longtemps on a méconnu la nature des tumeurs qui résultent de l'hypergenèse, en un point donné d'un tissu, de certains éléments qui y existent en si petite quantité à l'état normal, qu'on négligeait d'en tenir compte, faute d'avoir étudié méthodiquement le nombre et la nature des éléments. En thérapeutique, elle a empêché de déterminer la fonction réelle des principes immédiats, toxiques ou médicamenteux, etc.

Dans les sciences, il s'en faut bien convaincre, nulle supériorité intellectuelle ne peut prévaloir sur l'observation, et, pour apprécier les avantages d'une étude patiente et sévère de la réalité, il faut avoir été aux prises avec cette étude. — Fernand Papillon.

CHRONIQUE.

Les lectures publiques vont, dit-on, recommencer à la Sorbonne le premier lundi de décembre; elles sont réglées jusqu'à la fin de janvier, et l'on désigne comme devant parler le premier M. Milne Edwards. Tout semble promettre à ces brillantes leçons le même succès que l'an dernier. (*Revue de l'instruction publique.*)

— Nous avons à signaler une nouvelle application en province des *Conférences littéraires et scientifiques*. La Société industrielle d'Elbeuf a organisé une séance publique, grâce au bon vouloir d'un savant professeur de chimie, M. Houzeau. Cette conférence a eu lieu lundi soir, à huit heures, dans la grande salle de la Société industrielle; l'auditoire se composait de plus de 400 personnes. Le professeur avait pris pour thème de sa dissertation : *La houille et les combustibles employés dans les centres industriels comme source de chaleur et de lumière*. Aucune étude scientifique ne pouvait présenter plus d'à-propos que cette monographie d'un des principaux éléments de l'industrie locale.

— Une école théorique de filature vient d'être fondée à Mulhouse sous le patronage de la Société industrielle de cette ville.

— Une commission spéciale a été formée à Arras pour organiser des cours publics dans cette ville.

Sommaire de la Revue des cours littéraires, numéro du 19 novembre.

Le propriétaire-gérant : GERMER BAILLIÈRE

PARIS. — IMPRIMERIE DE E. MARTINET, RUE MIGNON, 2.

PREMIÈRE ANNÉE. — N° 52. UN NUMÉRO : 30 CENTIMES. 26 NOVEMBRE 1864.

REVUE
DES
COURS SCIENTIFIQUES
DE LA FRANCE ET DE L'ETRANGER

PHYSIQUE — CHIMIE — ZOOLOGIE — BOTANIQUE — ANATOMIE — PHYSIOLOGIE
GÉOLOGIE — PALÉONTOLOGIE — MÉDECINE

Paraît tous les Samedis.

Paris	Six mois.	8 fr.	Un an.	15 fr.
Départements	—	10	—	18
Étranger	—	12	—	20

Prix de l'abonnement avec la Revue des Cours littéraires.

Six mois	Paris, 15 fr.	Départ., 18 fr.	Étranger, 20 fr.
Un an	— 26	— 30	— 35

ENVOYER
A LA
LIBRAIRIE GERMER BAILLIÈRE
tout ce qui concerne la rédaction

Les ouvrages dont deux exemplaires auront été envoyés au bureau du journal seront annoncés et analysés s'il y a lieu.

On s'abonne
A LA LIBRAIRIE GERMER BAILLIÈRE
17, rue de l'École de Médecine,
Et chez tous les libraires, par l'envoi d'un bon de poste, ou d'un mandat sur Paris.

L'abonnement part du 1er décembre ou du 1er juin de chaque année.

SOMMAIRE.

Paris, le 25 novembre 1864.

La *Revue des cours scientifiques* termine aujourd'hui sa première année d'existence : c'est le moment de jeter un regard en arrière pour considérer le chemin parcouru et poser les jalons de l'avenir.

En butte dès sa naissance aux jalousies sournoises qui entourent toujours une publication nouvelle, la *Revue* a triomphé de tous les obstacles, et son succès a été aussi rapide qu'incontestable, parce qu'elle répondait à un besoin réel. Vulgariser les sciences et les mettre à portée de tous, agrandir l'amphithéâtre trop étroit des professeurs aimés, et amener pour ainsi dire leur enseignement jusque dans le cabinet de ceux qui ne peuvent le suivre, épargner enfin le temps si précieux de celui qui cultive la science, le remplacer quand il est absent, redresser ses erreurs quand il se trompe : voilà quel était le but de la *Revue des cours scientifiques*. Ce but, l'a-t-elle atteint? C'est à nos lecteurs de répondre, et la fidélité avec laquelle ils nous ont suivis fait assez pressentir leur opinion.

Les noms de MM. Boussingault, Wurtz, Fremy, Péligot, Balard, Pasteur, Henri Sainte-Claire Deville, pour la chimie; — Becquerel, Desains, Jamin, S. de Luca, pour la physique; — Hébert et d'Archiac, pour la géologie, suffisent sans doute à la réputation d'un recueil scientifique, quel qu'il soit. Dans les sciences naturelles, nous avons inséré intégralement les cours si remarquables de M. Claude Bernard (*physiologie générale*), de M. Coste (*embryogénie comparée*), et de M. Vulpian (*physiologie comparée du système nerveux*); des leçons de M. Robin sur l'*histologie*, de M. Gratiolet sur les *insectes* et sur l'*homme*, de M. Filippi sur les *singes*, de M. Moleschott sur les *généralités de la physiologie*, de MM. Chauffard et Bouchut sur la *pathologie générale*, de MM. Chatin et Baillon sur la *physiologie végétale*, etc., etc.

Est-ce à dire cependant que nous ayons été parfaits? Il y aurait inconvenance à le prétendre, et obstination inutile à nier des taches que tout le monde aperçoit. Quelques choix malheureux dans les cours, et à côté de cela des omissions regrettables, çà et là une leçon écourtée ou découpée en plusieurs morceaux, de manière à rompre le fil des idées, enfin un intervalle quelquefois beaucoup trop grand entre les diverses parties d'un même cours : tels sont les défauts que nous nous reprochons, mais dont une bonne partie doit être attribuée à des circonstances particulières.

Nos lecteurs ont sans doute fait la part des hésitations inévitables au début d'une œuvre nouvelle; ils ont pu voir la *Revue* s'améliorer tous les jours, et les reproches qu'elle subissait devenir de moins en moins mérités. Aujourd'hui, en même temps que sa direction change de mains, son plan s'agrandit et se complète.

Un bulletin spécial placé en tête de chaque numéro

tiendra désormais nos lecteurs au courant de tous les événements scientifiques de la semaine. Les séances de l'Académie des sciences, de l'Académie de médecine, de la Société chimique, et même des autres Sociétés savantes françaises ou étrangères, abondent souvent en discussions intéressantes, qui font en quelque sorte partie du haut enseignement, et qui, à ce titre, ne pouvaient nous rester plus longtemps étrangères.

Les soirées de la Sorbonne, dont on annonce la réouverture très-prochaine, nous fourniront aussi une source féconde d'entretiens où la science, sans cesser d'être sérieuse, sait se mettre à la portée des profanes.

Enfin les universités étrangères, surtout celles d'Allemagne et d'Italie, et les Facultés des départements, obtiendront désormais une place plus en rapport avec leur importance.

Dans le choix des cours universitaires, qui formeront toujours le fond de la *Revue des cours scientifiques*, nous n'oublierons jamais qu'elle s'adresse avant tout à ceux qui veulent apprendre, et, en faisant la part de la variété indispensable dans une publication périodique, nous éviterons toute coupure au milieu d'une leçon, et tout intervalle trop prolongé entre les diverses parties d'un même cours. Enfin, autant que l'abondance des matières nous le permettra, chaque leçon sera insérée presque aussitôt après avoir été faite.

La table analytique jointe à ce numéro montre suffisamment la variété et l'importance des sujets traités dans la *Revue* pendant sa première année. Celle qui va commencer sera plus féconde encore, et, parmi beaucoup d'autres, nos lecteurs auront notamment d'une manière suivie les cours de M. Claude Bernard sur la physiologie générale et la médecine expérimentale, de M. Coste sur l'embryogénie, de M. Vulpian sur la physiologie comparée, de M. Serres sur l'anatomie comparée, de M. Gratiolet sur la zoologie, de MM. Hervé-Mangon et Moll sur l'agriculture, de MM. Chatin et Brongniart sur la botanique, de MM. Boussingault et Riche sur la chimie, de M. Becquerel sur la physique, etc.

La collection de la *Revue des cours* formera donc, pour ainsi dire, un traité complet sur chaque partie de la science, professée par ceux-là mêmes qui ont le plus contribué à ses progrès.

TRAVAUX AGRICOLES ET GÉNIE RURAL.

COURS DE M. HERVÉ-MANGON.

(CONSERVATOIRE DES ARTS ET MÉTIERS.)

I.

Importance des travaux agricoles en France.

Pour se rendre un compte exact de l'importance que l'on doit attacher aux travaux agricoles de la France, il faut citer quelques nombres qui permettent d'apprécier la production absolue et relative de ce pays. Rien au monde n'est plus propre à montrer ce que sont ces travaux dans le présent et ce qu'ils pourront être dans l'avenir.

Grâce aux mers qui l'entourent, aux chaînes de montagnes qui la sillonnent de toutes parts, la France offre une très-grande variété de climats, et l'on peut dire qu'en voyageant dans notre pays, on y rencontre des spécimens de tous les climats de l'Europe. Dans le midi, sur les bords de la Méditerranée, c'est le ciel et la température de l'Italie, de l'Espagne ou même de l'Algérie; la Normandie a le même climat que l'Angleterre; le Jura, c'est déjà la Suisse avec ses montagnes; la Lozère, enfin, et les pâturages verdoyants qui la couvrent, font involontairement penser à la Norvége. D'ailleurs cette grande variété de climats a été, de tout temps, remarquée par les voyageurs, et observée par les savants.

Arthur Young a divisé la France en quatres zones agricoles distinctes, et voici comment il les délimite. En tirant une ligne droite par Carcassonne et Montélimart, il a une première zone, la plus méridionale de toutes, celle de l'olivier. Une deuxième ligne tracée de l'embouchure de la Gironde jusqu'à Bourges, et presque parallèle à la première limite, une autre zone où l'on n'a plus d'oliviers, mais où l'on rencontre la vigne et le maïs comme grandes cultures. Une troisième zone présentera encore des vignobles, mais on n'y trouvera plus de maïs, si ce n'est comme fourrages. Enfin il n'y a plus du tout de maïs; dans la quatrième zone, les céréales l'ont complétement remplacé.

Ces divisions n'ont assurément rien d'absolu, et il ne faut pas leur attribuer une importance plus grande qu'elles ne le méritent, surtout à notre époque où une science pour ainsi dire toute nouvelle, apprend à transporter les plantes bien loin du sol qui les a nourries jusqu'ici, et à élever les animaux dans des contrées fort éloignées de leur patrie. Cette division de la France en quatre zones est avant tout fort commode et elle présente le plus souvent une approximation suffisante.

Voyons maintenant quel est, en France, l'espace occupé par chaque espèce de culture. Le froment, l'orge, l'avoine, etc., en un mot, les diverses céréales, couvrent 14 656 000 hectares. Pour les cultures diverses, pommes de terre, châtaigniers, etc., il faut compter 3 953 000 hectares; 9 190 000 hectares sont occupés par les prairies naturelles ou artificielles, les jachères et la vigne; 8 910 000 hectares par les forêts; enfin, le reste du sol de la France est utilisé pour les bâtiments et les cultures diverses non classées plus haut.

Ces nombres si élevés peuvent effrayer l'esprit, mais sans lui donner une idée nette de ce qu'ils représentent. En effet, il faut toujours proportionner la grandeur de la mesure choisie à l'importance des objets à mesurer. En astronomie, par exemple, quelle idée peut-on se faire de la distance d'une étoile à la terre, quand on nous dit qu'elle est égale à des myriades de lieues? Aussi prend-on dans ce cas des unités de mesure bien plus considérables et en rapport elles-mêmes avec les distances énormes qu'elles doivent servir à évaluer.

On exprimera donc la distance d'une étoile à la terre par son rapport avec le rayon de l'orbite terrestre. Cette dernière distance sera mesurée, à son tour, par rapport au rayon de la terre, et ainsi de suite.

Empruntons pour un instant la méthode des astronomes. Lorsqu'ils veulent nous donner une idée de la distance énorme qui nous sépare des différents corps célestes, ils évaluent souvent cette distance par le temps que la lumière met à la parcourir: ainsi, nous disent-ils, il faut trois ans et demi pour que la lumière de telle étoile arrive jusqu'à la terre. Les espaces que nous avons à mesurer sont bien moins considérables; prenons donc comme point de comparaison un mobile dont la vitesse soit un peu plus terrestre : une locomotive ou un homme. Supposons, afin de fixer les idées, que la surface de la France se transforme en un rectangle équivalent, dont le plus petit côté soit de 1 kilomètre. Pour parcourir cette grande bande aplatie, une locomotive, animée de la vitesse moyenne de nos trains de chemins de fer, mettra quatre cents jours, et un homme, faisant douze lieues par jour, y emploierait vingt-sept années de sa vie. Supposons maintenant chacune des cultures de la France placées bout à bout sur cette bande aplatie : il faudra huit ans au voyageur pour parcourir les céréales; deux ans et deux mois pour les cultures diverses; dix ans et onze mois pour les prairies naturelles ou artificielles et les jachères; enfin, quatre ans pour les forêts.

Telle est l'étendue des lieux de production. Évaluons maintenant l'importance des produits qui en sortent. Les céréales récoltées en France pendant une année moyenne, suffiraient à former un lit de 1 mètre de profondeur sur un espace de 2161 hectares. Cette même quantité de céréales réunie sur le champ de Mars, dont la superficie est de 42 hectares, y fournirait une couche uniforme, dont la hauteur dépasserait celle de la colonne Vendôme et serait à peine de quelques mètres inférieure à la hauteur des tours de Notre-Dame. Quant au vin récolté en France, répandu sur le champ de Mars, il le couvrirait dans toute son étendue, jusqu'à une hauteur de 10 mètres.

Il est encore une autre source de richesse agricole : ce sont les bestiaux.— Par ces deux branches de production, végétaux et animaux, l'agriculture française fournit annuellement au pays une valeur de 7 milliards et demi de francs. Et voici une comparaison qui montrera bien l'importance considérable de cette valeur. Tout le monde a entendu parler des capitaux immenses engloutis par les chemins de fer, grâce aux puissantes sociétés fondées pour les construire. Eh bien, nos chemins de fer français n'auront pas coûté tout à fait 4 milliards. Ainsi, voilà une industrie que l'on se plaint de voir abandonnée, et qui produit plus en une seule année que notre immense réseau de chemins de fer n'aura coûté à construire en vingt-cinq ans.

Nous avons vu l'étendue des lieux de production et la quantité des divers produits; indiquons maintenant le nombre de bras employés. Le recensement de 1851 a donné pour la France une population totale de 35 millions d'habitants, sur lesquels près de 20 millions d'agriculteurs. En 1859, un nouveau recensement a donné 37 millions d'habitants (cet accroissement de population est dû en partie à l'annexion du comté de Nice et de la Savoie); le même recensement a prouvé qu'il y avait un peu plus de 20 millions d'agriculteurs, soit 55 à 56 pour 100 de la population totale.

Ainsi, en résumé, il y a en France 53 millions d'hectares cultivés par 20 millions d'agriculteurs, et produisant 7 milliards et demi de francs. Et cependant il y a encore bien des progrès à faire; nous n'en voulons comme preuve que la cherté permanente de la viande, et les années devenues maintenant bien plus rares, mais encore trop nombreuses, pendant lesquelles toutes les denrées alimentaires atteignent des prix exagérés.

La production agricole de la France est en voie de progrès et elle augmente même assez rapidement, comme vont le prouver quelques nombres empruntés à des époques un peu éloignées l'une de l'autre, pour rendre la différence plus sensible. Vauban a fait, en 1700, une statistique agricole de la France, et il constate qu'il s'y produisait annuellement 31 millions d'hectolitres de froment. Sautons cent cinquante ans et vous allez voir l'immense progrès accompli. — La statistique de 1859 indique en effet 93 millions d'hectolitres. La production a donc triplé en un siècle et demi. Quelque remarquables que soient ces progrès en eux-mêmes, ils sont encore bien peu de chose quand on les compare à ceux de l'industrie pendant la même période. Mais le moment est sans doute venu où l'agriculture, à son tour, saura, comme l'industrie, tirer parti des travaux de la science moderne pour y découvrir de nouvelles sources de richesses.

Les opérations agricoles se divisent en deux classes : les unes se répétant chaque année, aux mêmes époques, d'une façon forcée; les autres, au contraire, ne s'accomplissant qu'à des intervalles irréguliers. Les premières se rangeront dans la catégorie des *travaux agricoles;* les deuxièmes, qui comprendront le *drainage*, les *irrigations*, les *constructions de routes* ou *d'établissements ruraux*, etc., sont du ressort du génie rural. Cette distinction n'a du reste rien d'absolu.

Quelle que soit l'opération que l'agriculteur veuille accomplir, il lui faut dépenser une certaine quantité de force. Cette force il l'emprunte, soit à lui-même, soit aux animaux, soit aux forces naturelles, telles que l'eau, le vent, la vapeur, etc. Les sauvages ne cherchent jamais qu'en eux-mêmes la force dont ils ont besoin pour l'agriculture ; les peuples pasteurs, quand ils se fixent, vont la demander au cheval et au bœuf. Les sociétés civil lisées de l'antiquité trouvaient dans le travail des esclaves les ressources nécessaires pour entretenir le luxe et l'oisiveté d'un peuple roi. Aujourd'hui nous n'en sommes plus là ; et l'esclavage, qui ravale l'homme au niveau de la bête de somme, tend de plus en plus à disparaître du monde. C'est même là ce qui distingue le plus profondément les civilisations anciennes de la civilisation moderne.

L'agriculteur doit s'étudier avant tout à perfectionner son matériel ; d'une même quantité de travail, il doit chercher à tirer le plus grand effet utile. Il y a là, pour lui, un double intérêt. En effet, si la France compte dans son sein 20 millions d'agriculteurs, il faut réduire de beaucoup ce chiffre quand on veut avoir le nombre des bras employés au travail de la terre : il faut en retrancher les enfants et les vieillards, trop faibles pour supporter les fatigues excessives, ainsi que les femmes occupées, pour la plupart, aux soins du ménage ou à des travaux plus faciles. Il y a enfin deux autres causes, également très-importantes, qui viennent encore réduire ce nombre : la première, c'est le départ annuel des jeunes conscrits pour l'armée ; la seconde, c'est l'émigration, de plus en plus notable, des ouvriers agricoles vers les villes industrielles.

Avant de clore ce premier entretien, il ne sera pas inutile d'indiquer en quelques mots le sujet des leçons qui vont suivre. C'est ce que nous allons faire rapidement.

Travail des animaux de trait. — Il se réduit presque toujours à un effort de traction, ce qui nous conduira à l'étude des harnais et des manéges utilisant la force développée par les animaux.

Appareils de transport. — Pour faire comprendre toute l'importance de cette étude, il suffit de rappeler que les transports exécutés par l'agriculture française s'élèvent annuellement à 80 000 ou 100 000 tonnes au moins.

Influence des chemins de fer sur l'industrie rurale.

Appareils de culture. — C'est là une des parties les plus utiles de ce cours, et il n'y a pas de problème économique plus intéressant que le perfectionnement de ces appareils. On emploie actuellement en France 2 500 000 charrues. Il est tel fabricant, en Angleterre, qui construit chaque année 3000 charrues et 5000 râteaux à cheval ; cette fabrication atteindra la même importance dans notre pays, le jour où l'on sera parvenu à répandre davantage l'usage des semeuses, faucheuses, moissonneuses et sarcleuses mécaniques.

Préparation des cultures ; rentrée des produits dans la ferme.

Battage des grains. — Autrefois cette opération se faisait toujours au fléau; mais on commence maintenant à l'exécuter à l'aide de machines qui se multiplient de plus en plus chaque jour dans nos campagnes. Le fait est d'autant plus important à noter, que ces machines coûtent dix ou douze fois plus cher que les charrues.

Voilà ce que nous dirons sur les travaux agricoles proprement dits ; passons maintenant au génie rural.

Mouvement des eaux, soit à la surface, soit à l'intérieur.

Défense des rives contre les inondations ; moyen de prévenir ces catastrophes.

Desséchement des marais et assainissement des terres, ce qui comprend notamment le drainage.

Travaux forestiers,

Aménagement des eaux.

Enfin, constructions des *bâtiments ruraux* et *d'exploitation agricole.*

Tel est le vaste programme que nous avons à remplir. Il indique assez clairement le but et la portée de ce cours, créé à une époque où l'agriculture semble se réveiller pour entrer dans une phase nouvelle, et demander aux sciences modernes, comme l'industrie l'a déjà fait depuis longtemps, le concours si puissant et si efficace qu'elles peuvent lui apporter. — Edmond Mayer.

EMBRYOGÉNIE COMPARÉE.

COURS DE M. COSTE.

(COLLÉGE DE FRANCE.)

(Voy. les nos 23, 25, 28, 30, 33, 37, 39, 43, 47, 49 et 50.)

XII.

Conditions de la fécondation : contact de l'élément mâle et de l'élément femelle.

« La fécondation, dit M. Coste, est l'acte par lequel l'élément générateur mâle et l'élément générateur femelle se mêlent l'un à l'autre, se confondent en une seule et même substance, future et vivante image des parents dont elle émane et dont elle porte la double empreinte à la suite de cette visible et mystérieuse incarnation : visible, parce qu'on peut en suivre la trace matérielle ; mystérieuse, parce que les formes phénoménales qui en dérivent ne sauraient en révéler l'essence. »

La nécessité du contact des deux substances a été reconnue de tout temps pour les végétaux. Hérodote raconte, à ce sujet, que les Assyriens avaient coutume, pour féconder leurs palmiers, d'attacher les fleurs des individus mâles aux branches des palmiers femelles. Cette pratique, assez bizarre en apparence, s'explique naturellement ; car ces végétaux étant des plantes dioïques, on cultive de préférence les femelles, qui seules peuvent porter des fruits; les mâles, laissés à l'état sauvage, poussent en liberté dans les forêts du voisinage. C'est là que, le printemps venu, les indigènes vont se pourvoir de pollen pour féconder les femelles cultivées dans leurs vergers. De nos jours, les Arabes usent du même procédé. Lors de l'expédition d'Égypte par Bonaparte, en 1800, les occupations de la guerre firent négliger cette précaution ; aussi n'y eut-il pas cette année-là une seule datte dans tout le pays.

C'est sans doute l'exemple des Arabes qui inspira à Gleditsch l'expérience célèbre qu'il accomplit à Berlin en 1749. Il existait dans les serres du jardin des plantes de cette ville un palmier femelle qui fleurissait depuis plus de quatre-vingts ans sans porter de fruits. Pour mettre un terme à la stérilité de cet arbre solitaire, Gleditsch fit venir de Leipsick une certaine quantité de pollen pris sur un individu mâle de la même espèce. Il en saupoudra le palmier de Berlin, et, à la suite de cette fécondation artificielle, l'arbre donna ses premiers fruits.

De pareils succès devaient encourager les naturalistes. Dès 1763, un habile physiologiste hanovrien, Jacobi, essaya le premier d'appliquer aux animaux les procédés de fécondation qui avaient si bien réussi chez les végétaux. Il opéra d'abord sur des œufs de truite et de saumon. Voici en quels termes il a raconté lui-même son expérience: «..... Les truites se réunissent dans les ruisseaux en grand nombre à l'époque ci-dessus indiquée (novembre), et celles qui sont près de frayer se fixent près du gros gravier où le courant est fort. Là elles secouent et grattent leur ventre contre le fond pierreux, et si violemment, qu'elles font souvent de grandes traces. La femelle et le mâle se débarrassent par ce mouvement, l'un de son frai, l'autre de ses œufs. Comme une simple émission de sperme renferme une grande quantité d'animalcules, il n'y a rien d'étonnant que chaque œuf devienne un poisson.

» Pour féconder de jeunes truites suivant cette méthode, il faut se procurer des truites pêchées dans les ruisseaux en décembre et janvier, quand elles se rassemblent pour frayer. Si, après avoir pressé leur ventre avec les doigts, il s'en échappe du sperme ou du frai, ces deux éléments sont mûrs. On doit mettre les truites dans un grand seau ou dans une cuve destinée à cet usage.

» Prenez alors un grand vase de bois, de terre ou de cuivre, versez-y une pinte ou davantage d'eau claire ; prenez dans votre seau poisson par poisson, pressez-le avec la main de haut en bas, jusqu'à ce que le frai s'en échappe dans le vase. Vous n'avez pas à craindre le choc, car ces œufs peuvent sans danger supporter une grande pression. Ensuite frottez le ventre de la truite mâle de la même façon, jusqu'à ce qu'il s'échappe un peu de laitance dans l'eau. Agitez ensuite le tout avec la main pour opérer le mélange, afin que tous les œufs soient fécondés. Introduisez alors un peu plus d'eau claire pour opérer leur séparation; car lorsque les œufs ont été imprégnés de sperme, ils s'accolent volontiers les uns aux autres, ce qui finit par nuire à leur développement. Il est donc nécessaire d'étendre leur véhicule et de les arroser dans l'auge où ils ont été fécondés........

» Toutes les observations faites sur la truite s'appliquent en tout point au saumon. » (Lettre de Jacobi au journal de Hanovre : (*Hanover Magazin.*)

En opérant de la sorte, Jacobi obtint constamment des résultats positifs. Quatre ans après, Spallanzani reprenait les expériences de Jacobi sur les poissons, et en instituait de nouvelles sur les batraciens, toujours avec le même succès (1). Il fut donc prouvé désormais que le contact plus ou moins intime de l'élément mâle et de l'élément femelle était nécessaire à la fécondation. Il résultait, en outre, des expériences précédentes que, chez les animaux à fécondation extérieure, la fécondation artificielle réussit toujours.

Nous allons montrer maintenant qu'il en est de même chez les autres vertébrés, y compris les mammifères. Mais, avant d'aborder cette partie de la discussion, nous allons rapporter en détail une série d'expériences à l'aide desquelles Spallanzani essaya de résoudre plusieurs questions alors à l'ordre du jour parmi les savants. Une surtout passionnait vivement les esprits et divisait les physiologistes en deux camps. Les uns soutenaient, avec Leuwenhoeck et Hartsoeker, que la *portion grossière* de la semence contribue seule à la fécondation ; d'autres prétendaient, au contraire, avec Harvey et Vaillant, que la partie subtile, l'*aura seminalis*, comme on disait alors, était seule capable de donner naissance au nouvel être.

Il n'y avait qu'un moyen de mettre les deux partis d'accord : c'était de dédoubler le sperme pour en isoler, s'il était possible, cette prétendue vapeur fécondante, et la mettre directement en contact avec l'œuf. C'est ce que fit Spallanzani. Après avoir déposé dans un verre de montre une certaine quantité de liqueur séminale prise dans les testicules d'un crapaud, il prit sur l'ovaire d'une femelle de la même espèce un nombre à peu près équivalent d'œufs, qu'il plaça dans un second verre de montre. Puis il disposa les deux verres l'un au-dessus de l'autre, de façon à constituer une lentille creuse renfermant le sperme dans sa partie inférieure et les œufs dans sa partie supérieure. Les deux éléments de la fécondation étaient d'ailleurs retenus sur les parois du verre par la viscosité de leur albumen et séparés l'un de l'autre par une couche d'air d'environ une ligne d'épaisseur. Ce petit appareil fut placé pendant cinq heures dans une étuve à 18 degrés. Après l'expérience, Spallanzani put constater que la quantité de sperme avait sensiblement diminué par suite de l'évaporation, et qu'une légère couche d'humidité s'était déposée sur les œufs. Cette expérience, répé-

(1) Spallanzani avait même poussé l'audace scientifique jusqu'à expérimenter sur les mammifères. Ici encore il obtint des résultats positifs. Il en sera question dans la prochaine leçon.

tée à plusieurs reprises à l'ombre et au soleil, à l'abri et au contact de l'air, donna toujours un résultat négatif : il n'y eut jamais de fécondation.

Par contre, les mêmes œufs et la même semence réunis dans le même verre donnèrent naissance à des têtards. Il n'en fallait pas davantage pour ruiner la théorie de l'*aura seminalis*. La nécessité du mélange de l'élément mâle avec l'élément femelle ne pouvait être prouvée d'une manière plus évidente. Les partisans d'Harvey durent donc s'avouer vaincus.

Mais le problème n'était encore qu'à moitié résolu. Il s'agissait de savoir maintenant dans quelle partie du sperme résidait le pouvoir fécondant. Nous avons vu, en effet, que la semence se compose de deux éléments : l'un que nous avons désigné sous le nom d'albumen, et qui est sécrété par les canaux déférents ; l'autre constitué par les corpuscules spermatiques eux-mêmes, et qui est le produit direct du testicule. C'est ce dernier que nous avons considéré comme essentiel et indispensable à la fécondation. Pour séparer ces deux éléments, Spallanzani s'y prit de la manière suivante : Il versa du sperme sur un filtre de papier, après l'avoir préalablement délayé dans une petite quantité d'eau à 15 degrés. La liqueur ainsi filtrée fut encore féconde. Mais en doublant le filtre, elle le devint un peu moins, et avec un filtre composé de six ou sept feuilles superposées, la propriété fécondante disparut complétement. Pour pousser l'épreuve aussi loin que possible, Spallanzani délaya dans l'eau pure le résidu spermatique resté sur le filtre, et ce résidu mis en contact avec les œufs les féconda parfaitement. Il est donc bien évident que ce n'est pas la partie albumineuse du sperme qui féconde, mais uniquement la partie corpusculaire. Donc, sans spermatozoïdes, point de génération possible. C'est là la conclusion naturelle que Spallanzani aurait dû tirer de ses expériences. Il lui aurait suffi pour cela d'examiner au microscope le liquide obtenu après chaque filtration, et il se serait convaincu *de visu* que ce liquide ne devenait complétement infécond que par l'absence absolue de corpuscules spermatiques. Mais ce grand observateur croyait avec Haller à la préexistence du fœtus dans l'œuf avant la fécondation.

Cette erreur ne lui permit pas de supposer que ces corpuscules pussent participer directement à la formation de l'être nouveau. Voilà pourquoi il ne songea pas à compléter son expérience par l'examen microscopique. C'est cette lacune qui fut comblée plus tard par MM. Prévost et Dumas, lorsqu'ils attribuèrent le pouvoir fécondant aux spermatozoïdes. Quant à Spallanzani, il supposa, à l'exemple de Haller et de Bonnet, que la semence du mâle pénétrait dans le fœtus, arrivait au cœur, le stimulait à battre en irritant ses cavités, et animait ainsi toute la petite machine. Mais cette erreur du génie n'ôte rien de leur importance aux découvertes du grand physiologiste.

Un nouveau problème s'impose maintenant à nos recherches. Dans quelles conditions et par quel mécanisme s'opère le contact de l'élément mâle avec l'élément femelle ? Ces conditions et ce mécanisme varient avec les espèces. Chez la plupart des plantes, chez les batraciens et le plus grand nombre des poissons osseux, ce contact s'opère à l'extérieur, soit dans l'air, soit dans l'eau ; au contraire, chez les invertébrés, les poissons cartilagineux, les reptiles écailleux, les oiseaux et les mammifères, ce contact a lieu dans le sein maternel. Les moyens de translation de la semence sont aussi très-variables. Nous allons d'abord examiner ces phénomènes chez les animaux à fécondation externe ; ce sont encore les batraciens qui vont nous servir d'exemple.

Lorsqu'on plonge dans l'eau un œuf de grenouille non fécondé, l'albumen qui entoure cet œuf s'imbibe rapidement d'une grande quantité de liquide, à tel point que l'œuf acquiert bientôt un volume triple ou quadruple de son volume primitif. Alors on a beau mettre cet œuf au contact du sperme, il n'y a jamais de fécondation. Quelle peut donc être la cause d'une stérilité si complète et si soudaine ? Est-ce à la mort de l'œuf qu'il faut l'attribuer ? Assurément non, puisque cet œuf conservé dans une atmosphère humide reste fécond assez longtemps encore (vingt-quatre heures environ) après la ponte. Il est vrai que chez les animaux supérieurs, le germe s'altère beaucoup plus vite ; mais ce n'est pas le cas de s'en occuper pour le moment. La déchéance de l'œuf de grenouille ne peut donc provenir que de l'action de l'eau sur l'albumen, dont les pores saturés de liquide ne peuvent plus admettre les spermatozoïdes. C'est sans doute pour cela que les mâles, guidés par l'instinct conservateur de l'espèce, s'empressent de verser leur semence sur les œufs, à mesure qu'ils sont pondus par la femelle. Si l'on vient à soustraire artificiellement les œufs à ce baptême séminal, ils restent pour toujours inféconds. Examinée au microscope, l'eau paraît remplie de spermatozoïdes, mais pas un n'a pénétré dans l'albumen.

Au contraire, si l'on délaye un peu de sperme dans une capsule remplie d'eau, et qu'on y dépose ensuite les œufs, la fécondation s'opère. Alors il est facile de suivre au microscope la marche des spermatozoïdes à travers l'albumen. Pour cela, il suffit d'en couper une tranche, et de la placer sur le porte-objet de l'instrument, dix minutes environ après l'immersion des œufs. On voit les animalcules pénétrer graduellement dans les couches albumineuses, qui en sont bientôt saturées. L'œuf présente alors l'aspect d'une pelote dans laquelle on aurait enfoncé des aiguilles.

De son côté, le fluide séminal des batraciens ne reste fécond que tout autant que les spermatozoïdes conservent leurs mouvements. Dès que ces mouvements ont cessé, le sperme devient stérile. Cinq ou six étincelles de la bouteille de Leyde, déchargée à la surface du liquide, suffisent pour tous les corpuscules, et détruisent à jamais la vertu prolifique du sperme.

Abandonnés à eux-mêmes dans l'eau froide, les spermatozoïdes de la grenouille meurent entre la vingt-cinquième et la trentième heure dans l'eau à 12 degrés, et vers la sixième dans l'eau maintenue à 0 degré. Chez les espèces dont les œufs n'ont que peu ou point d'albumen, comme les salmonidés, les barbeaux et les épinoches parmi les poissons, le contact des spermatozoïdes a lieu directement sur le vitellus. Mais, dans ce cas, la stérilité arrive beaucoup plus vite, à cause de l'excessive altérabilité de la semence. En effet, les spermatozoïdes de la truite et du saumon, plongés dans l'eau, ne résistent guère plus de cinq ou six minutes. Passé ce temps, on les trouve toujours dépourvus de mouvement. Au contraire, si l'on a soin de recueillir le sperme pur dans un flacon bouché à l'émeri, les spermatozoïdes conservent leur vitalité beaucoup plus longtemps. En opérant de la sorte, M. Coste a pu féconder artificiellement des œufs de saumon avec du sperme qui avait été exprimé des testicules du mâle vingt-quatre heures auparavant. Au bout de trente, presque tous les spermatozoïdes sont morts, et le sperme reste à peu près complétement infécond.

Dans ces espèces, les œufs s'altèrent aussi très-rapidement. Aussi voit-on les mâles arroser immédiatement le frai, et montrer une violente anxiété, lorsqu'on les sépare de leur femelle au moment de la ponte. « J'ai assisté, dit M. Coste, à toutes les péripéties de cet attachant spectacle, autour de nos piscines du Collége de France. Là j'avais rassemblé, pour mes études d'embryogénie comparée, un troupeau d'épinoches qui étaient occupées à construire leur nid, et qui se livraient à ce travail avec une sorte d'activité fébrile. Lorsque les mâles, qui sont les seuls artisans de cette construction, eurent achevé leur édifice, je vis chacun d'eux s'élancer plein d'agitation au milieu du groupe des femelles, y faire le choix de celle qu'il voulait entraîner vers sa demeure, lui en indiquer le chemin, et lui en montrer l'entrée d'une manière tellement expressive, que, en y pénétrant, elle semblait obéir à son invitation.

» Les femelles, de leur côté, tourmentées du besoin de se délivrer de leur progéniture, s'empressaient de les suivre et de venir la confier à leur garde, sous le toit fortifié que l'instinct paternel avait préparé. Lorsqu'une d'elles s'y était introduite, le mâle, dont la coloration mobile, les mouvements animés exprimaient l'agitation naissante, se montrait en proie à une sorte de paroxysme, semblait vouloir hâter le moment de la ponte, et, si sa compagne, fatiguée par la douleur de la parturition, ne quittait pas cet asile immédiatement après sa délivrance, il l'en chassait rudement, afin d'y pénétrer à son tour et de répandre sa laitance sur les œufs dont il allait rester le dépositaire. Mais, dans les cas où on l'empêchait de remplir à temps cette fonction, il ne cherchait plus, lorsqu'on lui en laissait la liberté, à réparer, par une opération tardive, l'acte auquel on avait mis obstacle, et se réservait pour la fécondation du produit des autres femelles que son nid était destiné à recevoir. Son instinct répond donc aux besoins de la courte durée de la vitalité de l'œuf et de l'élément fécondant, comme s'il en avait la connaissance raisonnée ». (Coste, *Hist. gén. et part. du développement des corps organisés*, t. II, p. 42.)

Chez les animaux à fécondation interne, les choses ne peuvent plus se passer ainsi. Dans ce cas, la semence du mâle doit parcourir un trajet quelquefois très-long pour arriver au contact de l'œuf. C'est pour assurer ce contact que la copulation a lieu. Chez l'écrevisse, le homard et la langouste, le mâle se borne à déposer sa semence sur le manteau de la femelle. Elle s'y coagule, et, plus tard, délayée par l'eau, elle pénètre dans les oviductes par les orifices génitaux. Chez les palémons et les crangons, le sperme est attaché à la base des pattes de la femelle sous forme de spermatophores. L'animal les recueille ensuite lui-même dans ses oviductes. Chez les décapodes brachyures, tels que le crabe, le mâle porte directement sa semence dans la poche copulatrice de la femelle, à l'aide du stylet copulateur que nous avons décrit dans une des leçons précédentes. Ici la liquéfaction se fait attendre assez longtemps. Ce n'est qu'au bout de deux mois environ que l'imprégnation a lieu. Du reste, dans toutes ces espèces, les spermatozoïdes restent toujours immobiles, probablement à cause de l'excessive densité de sa gelée séminale. On ne peut donc pas arguer de leurs mouvements pour expliquer leur progression dans l'oviducte, ni faire de leur mobilité une condition *sine qua non* de la fécondation.

Chez les mammifères, et par conséquent chez l'espèce humaine, le fluide séminal, porté par la verge du mâle dans le vagin de la femelle, y développe immédiatement une abondante sécrétion muqueuse qui délaye le sperme et favorise son transport dans l'utérus, et puis de là dans les trompes de Fallope. Cette sécrétion est tellement abondante chez le lapin, que le cul-de-sac vaginal en est complétement rempli après le coït.

Le passage du sperme dans l'utérus ne se fait pas immédiatement, comme le pensent encore quelques physiologistes. « Chez le lapin, dit M. Coste, je n'ai jamais trouvé de spermatozoïdes dans le col que vingt-cinq ou trente minutes après la copulation. » C'est donc à tort que M. Bischoff affirme la pénétration directe de la semence dans le col de l'utérus. Il est au contraire parfaitement démontré aujourd'hui que le sperme séjourne assez longtemps dans le vagin avant de pénétrer dans le col utérin. En effet, si l'on ouvre des femelles de mammifères immédiatement après le coït et même vingt minutes après, on trouve constamment des spermatozoïdes dans le vagin. Ils y conservent d'ailleurs tous leurs mouvements, pourvu que la sécrétion de la muqueuse ne soit pas altérée par une substance capable de leur faire perdre leur vitalité. L'eau froide, et en général toutes les substances astringentes ou acides, produisent presque toujours cet effet. Dans l'eau tiède, au contraire, les corpuscules spermatiques se conservent intacts pendant assez longtemps. Elle semble même favorable à leurs mouvements, et, sous ce rapport, son action est comparable à celle du mucus vaginal. On peut ainsi facilement se rendre compte de la rareté des conceptions chez les courtisanes. M. Coste cite, à ce sujet, une observation très-concluante qui lui a été communiquée par M. le professeur Paul Dubois. Il s'agit d'une femme qui, par mesure de propreté, et peut-être aussi par prudence, avait coutume de se faire une injection d'eau froide après chaque rapprochement sexuel. Cette femme resta inféconde tant qu'elle eut recours à cette pratique; mais, un jour, n'ayant que de l'eau tiède sous la main, elle crut qu'il n'y avait pas d'inconvénient à s'en servir, et ce jour-là elle conçut. (Coste, *loc. cit.*, p. 55.)

La plupart des anciens anatomistes, qui croyaient à la pénétration directe du sperme dans la cavité de l'utérus, supposaient que le col s'élargissait pour recevoir le bout du pénis au moment de l'éjaculation. C'était là l'opinion de Spigel, de Riolan, de Morgagni, de Boerhaave et de Valisnieri, qui admettait, en outre, une véritable aspiration de la semence par la cavité du col. Se refusant à admettre une opinion qui lui paraissait si peu en rapport avec les fonctions et la constitution anatomique de l'utérus, Regnier de Graaf supposa que l'orifice du museau de tanche était mis en rapport avec celui du gland, par la contraction spasmodique des fibres musculaires du vagin. C'est ainsi qu'il expliquait les cas de grossesses observés chez les femmes non déflorées. Toutes ces théories, déduites de la sensation de plaisir ou de succion que certaines femmes prétendent éprouver au col de l'utérus à chaque rapprochement fécond, sont aujourd'hui abandonnées, avec juste raison selon nous. On s'étonne qu'un physiologiste du mérite de M. Bischoff persiste encore dans une opinion évidemment en contradiction avec les faits.

Il est vrai que chez les oiseaux et chez les chéloniens le sperme pénètre directement dans l'utérus au moment de la copulation. Mais, dans ce cas, la muqueuse utérine se renverse comme un doigt de gant, et vient faire saillie à l'orifice du cloaque, afin de recevoir la semence du mâle. C'est ce qu'il est facile d'observer tous les jours chez les oiseaux, et notamment chez les poules et les dindons, hôtes habituels de nos basses-cours. Chez ces animaux, en effet, on ne trouve jamais la moindre trace de sperme dans le cloaque après le rapprochement des sexes, tandis que le contraire arrive toujours chez les mammifères. Cette particularité s'explique d'ailleurs fort naturellement par la disposition spéciale des organes génitaux urinaires des oiseaux et de la plupart des reptiles écailleux. On sait, en effet, que chez ces animaux l'utérus, le rectum et les uretères viennent s'aboucher dans un réceptacle commun désigné sous le nom de cloaque. En séjournant dans cet espace, la semence eût été exposée à des altérations presque inévitables, par suite de son contact avec la masse excrémentitielle. Ainsi s'explique, selon nous, sa pénétration directe dans l'utérus.

Après avoir pénétré dans cet organe, le sperme, suffisamment dilué par le mucus utéro-vaginal, chemine dans l'oviducte pour aller à la rencontre de l'œuf. Chez les mammifères, et en général chez tous les vertébrés supérieurs, les spermatozoïdes conservent leurs mouvements pendant tout le cours de ce trajet, qui est quelquefois assez long. Ce trajet se fait en quatorze heures environ chez les oiseaux. Il s'opère à peu près dans le même temps chez le lapin et chez le chien. Mais chez tous ces animaux, on trouve encore souvent des spermatozoïdes vivants dans l'utérus et dans les trompes trois et même quatre jours après les approches du mâle. « En résumé, dit M. Coste, chez les vertébrés supérieurs, si profond que soit le lieu où s'opère la fécondation, on peut y suivre l'élément mâle sans jamais en perdre la trace, et le voir se mettre au contact des œufs dans le sein maternel, aussi clairement qu'on le voit chez les espèces dont l'imprégnation est extérieure et s'accomplit sous l'œil de l'observateur. » Dans la prochaine leçon, nous suivrons cet élément mâle dans ses pérégrinations à travers l'oviducte, et nous essayerons de déterminer le lieu et le moment de l'imprégnation. — F. TAULE.

PHYSIOLOGIE COMPARÉE.

COURS DE M. VULPIAN.

(MUSÉUM D'HISTOIRE NATURELLE.)

(Voy. les nos 32, 35, 37, 39, 40, 44, 46 et 48.)

XII.

La propriété des fibres nerveuses est partout la même, la fonction seule change.

Nous savons maintenant ce qu'il faut entendre par ces mots : propriétés des fibres nerveuses. La propriété physiologique spéciale d'une fibre nerveuse n'est ni l'*excitabilité*, ni la *motricité*, ni la *sensitivité*. C'est l'attribut en vertu duquel la fibre nerveuse entre en activité d'une façon spéciale.

Nous savons bien que nous faisons une abstraction en parlant ainsi de la propriété de la fibre nerveuse; mais sans ces sortes d'abstraction, le langage scientifique serait impossible.

De même que l'on nomme contractilité, par suite d'une abstraction semblable, la propriété physiologique spéciale de la fibre musculaire, nous nommerons avec M. Lewes, *neurilité*, la propriété physiologique spéciale de la fibre nerveuse. Nous connaissons le mode d'activité spéciale de la fibre musculaire, et nous le nommons contraction. Mais nous ignorons en quoi consiste essentiellement le mode d'activité spéciale de la fibre nerveuse, ou, en d'autres termes, quelle est la modification que subit la fibre nerveuse sous l'influence d'une excitation, et c'est là ce qui doit nous rendre plus difficile relativement à la désignation qu'on doit lui donner. On sait qu'elle existe, et les expériences de M. du Bois-Reymond, surtout le phénomène de la *variation négative*, nous démontrent l'existence de cette modification : on pourrait la désigner sous le nom de *neuréréthisme*, comme nous l'avons établi dans une précédente leçon. Mais nous laisserons de côté, pour la suite de cette leçon, le mode d'activité des fibres nerveuses, et nous nous occuperons une dernière fois de la propriété de la fibre nerveuse. Les raisonnements qui s'appliquent à celle-ci s'appliquent évidemment à celle-là. Nous avons vu dans la dernière leçon que la neurilité est l'attribut propre spécial de la fibre nerveuse, qu'elle n'est en rien un emprunt fait aux centres nerveux; qu'elle est, en un mot, inhérente à la fibre nerveuse, lorsque sa vitalité est pleinement intacte, comme une propriété physique est inhérente à son substratum. Nous terminerons aujourd'hui l'examen d'une grande question que nous avons déjà agitée à plusieurs reprises :

La neurilité est-elle la même pour toutes les fibres nerveuses? ou bien diffère-t-elle suivant la fonction des fibres?

Dans cette discussion, entre autres arguments pour chercher à démontrer que les propriétés diffèrent suivant la fonction des fibres, on a allégué qu'il serait impossible d'unir bout à bout des nerfs de fonctions différentes, c'est-à-dire d'unir l'extrémité centrale de nerfs moteurs à l'extrémité périphérique de nerfs sensitifs, ou inversement, de telle manière que les excitations portant sur l'un des nerfs pussent se transmettre à l'autre. Cette étude comportera deux ordres de faits. Nous verrons d'abord des expériences portant sur des nerfs mixtes. Nous verrons les résultats obtenus en unissant le bout central d'un nerf mixte ayant une certaine fonction à l'extrémité périphérique d'un autre nerf mixte ayant une fonction différente.

Dans un second ordre de faits, il s'agira de l'union d'un nerf moteur avec un nerf sensitif.

Pour la première question, la voie a été ouverte par M. Flourens. Il a montré que l'on pouvait unir deux nerfs mixtes. Il a sectionné chez un coq les deux nerfs principaux de l'aile, qui seraient les analogues du médian et du radial chez l'homme. Puis, il les a réunis en les croisant, c'est-à-dire qu'il a uni le bout de l'extrémité centrale du médian avec le bout de l'extrémité périphérique du nerf radial, et *vice versâ*. Dans les premiers temps qui suivirent l'opération, le coq avait l'aile traînante : elle était paralysée du mouvement et de la sensibilité. Quelque temps après, le coq a d'abord relevé son aile, puis il s'en est servi, et après six mois, on déterminait de la douleur en pinçant les parties animées par ces deux nerfs. De plus, en excitant le bout central du nerf médian, on obtenait des contractions dans les parties animées par le nerf radial, et réciproquement pour le bout central du radial. Mais ici nous avons affaire à des nerfs dont les fonctions sont assez semblables, et de plus, l'expérience ne porte pas sur des nerfs ayant des origines bien éloignées. Pour d'autres expériences, M. Flourens se plaça dans des conditions plus décisives, mais ses résultats furent peu concluants. Il réunit sur un canard le bout de la partie périphérique d'un des pneumogastriques au bout central du cinquième nerf cervical. Au bout d'un certain temps, il coupa l'autre pneumogastrique, et l'animal mourut quelques jours après cette seconde opération : la fonction ne s'était donc pas rétablie. Il fallait poursuivre cette recherche, et depuis M. Flourens, la question n'avait fait qu'un pas.

J'arrive aux expériences que nous avons faites avec M. Philipeaux.

Sur un chien, nous avons sectionné l'hypoglosse, nerf moteur de la langue, vers le milieu de son trajet; nous avons arraché toute la partie centrale de ce nerf, jusques et y compris ses racines. Puis, nous avons coupé le nerf pneumogastrique à la partie moyenne du cou; nous avons excisé un long segment du bout périphérique, et, après avoir amené le bout central en contact avec le bout périphérique du grand hypoglosse, nous avons fait un point de suture pour maintenir en contact ces deux bouts ainsi rapprochés. Le résultat, je vous l'ai dit, se fait attendre plus ou moins, en raison de l'âge de l'animal soumis à l'expérience. Après trois ou quatre mois, nous examinions l'état anatomique et physiologique de la réunion. Cette réunion paraissait très-bien faite, et l'examen ultérieur du bout périphérique de l'hypoglosse nous démontrait qu'il avait subi une restauration plus ou moins complète. Mais avant de pratiquer cet examen, nous pincions le bout central du nerf pneumogastrique, et nous obtenions des mouvements très-manifestes dans la langue : il y avait donc communication parfaite des excitations du bout central du pneumogastrique au bout périphérique de l'hypoglosse. Mais on pouvait nous faire une objection. On pouvait nous dire que cette contraction n'était qu'un mouvement réflexe provoqué par notre excitation; qu'en réalité, cette excitation était conduite au bulbe par le bout central du nerf pneumogastrique ainsi pincé; que la réaction se faisait sur l'hypoglosse de l'autre côté, et produisait le mouvement de la langue. Cette objection n'avait d'ailleurs aucune valeur, car il était facile de voir que la contraction avait lieu dans la moitié correspondante de la langue. Mais, pour nous mettre à l'abri de toute contestation, nous coupions le bout central du pneumogastrique à une certaine distance de la réunion; nous pincions alors la partie restée en rapport avec l'hypoglosse, et nous produisions encore la contraction de la langue, bien qu'il n'y eût plus de chemin ouvert à l'action réflexe. Voici une de ces expériences faite sur un chien : vous pouvez en constater les résultats, car ils sont très-nets et toujours très-apparents. Vous pouvez donc admettre que l'on obtient facilement une réunion entre des nerfs mixtes de fonctions différentes.

Notez avec soin que je ne vous parle ici que de communication expérimentale. Peut-on en dire autant de la communication fonctionnelle? Bien que notre attention ait été portée sur cette question, nous n'avons pu encore arriver à un résultat décisif. Je crois cependant pouvoir dire d'avance qu'une communication fonctionnelle doit s'établir tôt ou tard dans les cas de ce genre, et les conséquences en seront des plus intéressantes. En effet, toutes les fois que l'animal, soit spontanément, soit par suite d'une influence réflexe, mettra ses nerfs pneumogastriques en activité, il devra se produire des contractions de la langue, qui remplaceront les contractions de l'estomac et du larynx, etc. Ainsi, par exemple, lorsque l'animal criera, il y aura une vive contraction de la moitié correspondante de la langue. Mais voici qui est plus remarquable encore. On sait que sur un chien il y a accolement intime du cordon cervical du grand sympathique au pneumogastrique. Or, nous avons vu la galvanisation du bout périphérique du nerf hypoglosse faire dilater la pupille du côté correspondant. Il y avait donc communication physiologique du bout périphérique du nerf hypoglosse avec le bout, aussi périphérique, du cordon sympathique. Nous avions là une communication entre les fibres des deux grands systèmes nerveux différents.

Devons-nous conclure de ce fait à l'identité des propriétés du nerf pneumogastrique et de celles du nerf hypoglosse? Non, assurément. Telle n'est pas notre prétention, et ce serait aller au delà de la signification prochaine des faits. Nous voulons seulement renverser l'argument que nous avons rappelé au début de cette leçon.

Nous allons passer maintenant à la réunion des nerfs sensitifs soudés à des nerfs purement moteurs : les résultats seront-ils les mêmes?

On l'a nié jusqu'à nos expériences. Je ne m'étendrai pas sur l'historique : quelques mots suffiront. Les premières expériences relatives à cette question remontent à Schwann; elles ont été faites sur le nerf sciatique des grenouilles.

En 1842, de nouvelles expériences furent faites par M. Bidder, qui le premier chercha à unir l'hypoglosse et le lingual. Ces expériences ont été répétées aussi par MM. Schiff, Gluge, Thiernesse et Ambrosoli : aucun de ces auteurs n'a vu les excitations de l'un des bouts se propager à l'autre ; M. Ambrosoli a seulement constaté une régénération du bout périphérique du nerf hypoglosse. Devant de semblables insuccès, on nia complétement la possibilité des réunions de ce genre. Le procédé employé par Bidder est tellement simple, que nous avons été amené à nous en servir sans savoir qu'il avait été mis en usage par ce savant. Nous avons fait un grand nombre d'expériences, — plus de cent vingt, — et les faits que nous allons affirmer nous paraissent d'une certitude complète.

Nous prenons le trijumeau, nerf de la cinquième paire, et sans nous occuper des autres branches, nous expérimentons sur le lingual, qui est chargé de la sensibilité de la membrane muqueuse et du tissu musculaire de la langue ; d'autre part, nous prenons le nerf hypoglosse, nerf moteur. Le lingual, remarquez-le bien, reçoit des filets moteurs du facial formant la corde du tympan, mais ils sont complétement épuisés avant l'endroit où nous prenons le lingual. Ces filets s'arrêtent dans le ganglion sous-maxillaire et la glande sous-maxillaire. Dans la partie du lingual soumise à notre expérience, il n'y a que des filets sensitifs. Du reste, nous avons vérifié l'exactitude de ce fait, grâce à la méthode wallérienne dont je vous ai montré précédemment toute l'importance. Nous pratiquons l'avulsion de la partie centrale de l'hypoglosse ; puis nous excitons un très-long segment du bout périphérique du lingual. Nous unissons par une suture la partie centrale du lingual à la partie périphérique du grand hypoglosse. Souvent, au milieu de nos expériences, une mort prématurée nous enlevait nos sujets ; mais alors on pouvait déjà, après quarante ou soixante jours, observer une régénération plus ou moins avancée dans le bout périphérique de l'hypoglosse, preuve évidente d'un commencement de réunion, car sans réunion le résultat eût été plus tardif. Chez ceux qui survivaient, quatre ou cinq mois après l'opération, lorsque les phénomènes d'altération et de régénération s'étaient accomplis, nous constations que l'excitation mécanique de la partie centrale du lingual produisait des contractions dans la langue.

Pour éviter les objections que nous avons déjà examinées à propos du pneumogastrique, et fermer tout chemin à l'action réflexe, nous coupions le lingual à une certaine distance du point de réunion, et nous obtenions des résultats à l'abri de la controverse. L'excitation mécanique du bout central produisait *invariablement* une contraction très-forte dans la partie correspondante de la langue. Nous devons donc admettre que l'on peut obtenir une réunion physiologique entre des fibres sensitives et des fibres motrices. Vous pouvez voir ici l'expérience. Je vous la montre, parce que je tiens à vous convaincre et non à vous persuader. Vous voyez ainsi que ce fait, si souvent nié, est bien facile à constater.

Dans cette expérience, on n'observe pas, du reste, le rétablissement de la fonction sur la moitié de la langue à laquelle se rend le nerf hypoglosse soudé au lingual.

Au point de vue de ces résultats, on peut se demander si l'on pourrait observer des phénomènes inverses et constater le passage des excitations du bout périphérique du nerf hypoglosse au bout central du nerf lingual. Une induction légitime nous permet de répondre affirmativement, mais l'expérience directe laisse encore des doutes.

Quand on pince le bout périphérique du nerf hypoglosse, le bout central du lingual étant intact, il y a bien douleur, mais cette douleur peut se produire par la communication entre quelques fibres sensitives contenues dans l'hypoglosse et les fibres du lingual. Mais puisqu'il est prouvé qu'il y a union des fibres du lingual avec les fibres motrices de l'hypoglosse, il est permis de croire que la douleur causée par le pincement du bout périphérique de l'hypoglosse est due en partie à une excitation du lingual par l'intermédiaire de ces fibres de l'hypoglosse. Les expériences faites sur le lingual et l'hypoglosse sont donc bien loin de conduire à cette conclusion de MM. Gluge et Thiernesse, à savoir, que « le mouvement organique, dans les fibres nerveuses, qui détermine la sensation, doit être différent de celui qui produit la contraction musculaire. »

Et nous voyons encore s'évanouir ici une des preuves, la plus importante sans contredit, qu'on ait alléguées pour soutenir que les fibres sensitives et les fibres motrices sont différentes sous le rapport de leurs propriétés.

Résumons maintenant nos études sur ce sujet, et rappelons rapidement nos conclusions.

Nous avons vu :

1° Qu'il n'y a aucune différence anatomique entre les nerfs sensitifs et les nerfs moteurs. — 2° Que l'action des excitants est la même sur les unes et sur les autres. — 3° Vous vous rappelez également les résultats identiques obtenus par M. du Bois-Reymond à propos de l'état électro-tonique. — 4° Aucun agent toxique, aucun procédé d'expérience n'agit d'une façon spéciale sur les unes ou sur les autres. — 5° Les lois de dégénération et celles de régénération sont identiques dans ces deux ordres de fibres. — 6° Les propriétés physiologiques, contrairement à ce que l'on a dit, s'éteignent et renaissent de la même manière, en suivant la même marche dans les fibres nerveuses motrices et dans les fibres nerveuses sensitives, bien que l'apparence ait quelquefois pu induire en erreur. — 7° Nous venons enfin de voir que l'excitation peut se transmettre très-librement des unes aux autres.

Que reste-t-il donc comme argument? Il est un seul caractère que je n'ai pas mentionné dans cette revue rapide que je viens de faire devant vous, et je ne vous en aurais pas parlé, tant son inconsistance frappe les esprits quelque peu réfléchis, si je ne devais être conduit ainsi à établir l'une des lois fondamentales du mode d'activité des nerfs.

Je vous ai dit que les excitations paraissent suivre une marche inverse dans les deux ordres de fibres nerveuses. Dans les nerfs sensitifs, l'excitation suit une marche centripète, et elle suit au contraire une marche centrifuge dans les nerfs moteurs. Or, ceci étant bien posé, étant admis qu'il ne nous reste plus que cet argument à combattre, je vais vous montrer combien il a peu de valeur. Cette différence va tomber au premier choc des faits.

Vous connaissez les belles recherches de M. Bert sur la greffe animale. Voici un rat auquel il a fait subir l'opération suivante : Il introduit l'extrémité postérieure de la queue, après avoir écorché cette extrémité, sous la peau de la région dorsale. Après que le travail de la greffe a paru suffisamment avancé entre la région dorsale et l'extrémité libre de la queue, il a coupé la partie basilaire de la queue à un centimètre environ de sa naissance. De sorte que cet animal, au lieu de porter cet appendice à l'extrémité postérieure de son corps, le porte sur le dos et en sens inverse du sens normal.

Au bout des trois premiers mois, il n'observait encore que des effets vagues en pinçant la queue. Puis après six mois, neuf mois, les indices de sensibilité augmentèrent, mais l'animal n'avait pas encore conscience de l'endroit où on le pinçait. Il y a plus d'un an que la transplantation a été opérée sur l'individu que je vous présente, et vous voyez qu'il a parfaitement conscience de l'endroit où je le pince, et qu'il se retourne pour mordre l'instrument. Or l'excitation suit une marche inverse de celle qu'elle suivait primitivement. Au lieu d'aller de la pointe de la queue vers sa base, elle marche maintenant de la base vers la pointe, puisque c'est la pointe qui est soudée à la région dorsale, et que c'est la base qui est libre. Quant à ce qui concerne la conscience, que possède maintenant l'animal, de l'endroit qui est pincé, il faut en chercher la raison dans cette loi de la physiologie du système nerveux, en vertu de laquelle toute excitation faite sur un point quelconque d'un nerf est rapportée par l'animal à l'extrémité périphérique de ce nerf. Or, dans ce cas, le pincement de la queue excite les fibres nerveuses de la région dorsale, avec lesquelles les nerfs cutanés de la queue sont unis; et l'animal, pour se défendre, tourne sa tête vers l'endroit d'implantation de la queue, endroit qui lui paraît être le point de départ de la douleur qu'il ressent. Quoi qu'il en soit de ce fait, cette expérience intéressante semble démontrer péremptoirement que les fibres nerveuses peuvent conduire les sensations aussi bien dans le sens centrifuge que dans le sens centripète. Du reste, dans les expériences qui me sont communes avec M. Philipeaux, nous avions déjà établi cette démonstration. En effet, dans le cas de réunion du bout central du nerf lingual au bout périphérique du nerf hypoglosse, en pinçant le bout central du lingual encore intact, on produit aussitôt et *simultanément* de la douleur et des contractions dans la moitié correspondante de la langue. On a donc dans cette expérience une excitation qui se transmet au même moment dans le sens centripète et dans le sens centrifuge. J'appelle toute votre attention sur ce fait, qui montre que les excitations se propagent dans les deux sens simultanément. Il se produit une sorte d'éréthisme du nerf dans toute son étendue, et non pas dans une partie seulement de sa longueur, et c'est là la loi fondamentale relative à la propagation des excitations dans les fibres nerveuses.

Faut-il pousser plus loin la démonstration? Je vais répéter ici une de nos expériences dont le résultat, encore inexpliqué, vous intéressera sans doute. Nous coupons à un chien le nerf hypoglosse; puis nous arrachons toute la partie centrale, mais en laissant intact le lingual. Le bout périphérique de l'hypoglosse va s'altérer; avant qu'il soit régénéré, nous l'excitons, nous le pinçons, sans rien obtenir; nous agissons alors sur un nerf dont la structure est détruite. Si nous pinçons le lingual, nerf essentiellement sensitif à l'état normal, nous avons un mouvement des plus manifestes dans la langue, presque égal à celui qui est produit en pinçant un hypoglosse du côté sain, et, de ce côté, remarquez-le bien, le lingual n'était nullement moteur. Or il a suffi de quatre jours pour amener ce changement. Nous avons constaté des résultats analogues chez le lapin. Tous ces faits démontrent donc de la manière la plus évidente que l'excitation portée sur un point de la fibre nerveuse ne se propage pas dans un sens unique, mais bien dans les deux sens d'une façon immédiate et simultanée. On ne peut donc aujourd'hui indiquer aucune différence physiologique réelle entre les fibres motrices et les fibres sensitives : les phénomènes intimes y sont les mêmes, les résultats fonctionnels varient seuls. De ces fibres, les unes sont en rapport avec les muscles, et l'excitation détermine des mouvements ; les autres sont en rapport avec des appareils centraux de sensibilité, et leur excitation détermine de la douleur.

Nous venons de ruiner le dernier argument qui aurait pu conduire à admettre des propriétés variées pour les diverses fibres nerveuses. La *neurilité* est la même dans toutes les fibres nerveuses, qu'elles soient motrices ou sympathiques, qu'elles soient en rapport avec les organes des sens, et peut-être même qu'elles fassent partie des centres nerveux. Il faut toujours se la représenter comme une, agissant de la même façon, quelle que soit la fonction qui seule varie. La raison de la différence de cette fonction ne doit pas être cherchée dans la fibre nerveuse elle-même, mais bien dans la différence des connexions de ces fibres, tant avec les parties centrales qu'avec les parties périphériques. Les fibres nerveuses sont toutes semblables par leurs propriétés, et ne diffèrent que par leurs fonctions. Telle est la vue de physiologie générale par laquelle je termine ce que je voulais vous dire sur les nerfs étudiés en eux-mêmes. — E. Brémond.

PALÉONTOLOGIE.

COURS DE M. A. D'ARCHIAC.

(MUSÉUM D'HISTOIRE NATURELLE.)

(Voy. les nos 1, 2, 10, 12, 14, 16, 18, 20, 22, 24, 27, 29, 31, 33, 36, 37, 39, 41, 44, 45, 47, 48, 50 et 51.)

XVIII (DERNIÈRE LEÇON).

Faune quaternaire de l'Australie.

Cette partie du globe, par son isolement de toutes les autres, devait offrir un intérêt particulier, et les singuliers caractères que nous présentent sa faune et sa flore actuelles devaient piquer vivement la curiosité des paléontologistes; cette curiosité bien naturelle n'a pas été déçue. Les trois expéditions de T. H. Mitchell dans l'intérieur de l'Australie; plus tard, celles du comte de Strzelecki et d'autres voyageurs; enfin, dans ces derniers temps, des recherches de plus en plus multipliées, ont apporté d'importants matériaux pour reconstruire la faune qui, dans ce pays, a précédé immédiatement celle de nos jours.

Comme partout ailleurs, les phénomènes physiques de l'époque quaternaire sont des dépôts de matières meubles transportées au fond des vallées, des plages soulevées, des brèches osseuses et des cavernes dans lesquelles les ossements ont été accumulés. Les phénomènes erratiques, plus ou moins semblables à ceux de l'hémisphère nord et de la pointe méridionale de l'Amérique, ont été particulièrement observés sur les flancs et au pied des hautes chaînes centrales de la Nouvelle-Zélande.

Les matériaux meubles, tels que les sables, les graviers épars à la surface de la Nouvelle-Galles du Sud, comme sur celle de la terre de Van-Diemen, semblent indiquer que ces terres, avant d'avoir été complétement émergées, avaient été graduellement élevées et exposées à l'action destructive des eaux profondes. Les plages soulevées s'observent le long des côtes à diverses hauteurs; celle du lac King, suivant M. de Strzelecki, est à 21 mètres au-dessus de la mer; les Huîtres et les Anomies qu'on y trouve paraissent différer de celles de la côte, tandis que sur la côte méridionale, entre le cap Littrop et la baie de Portland, les coquilles enveloppées dans une roche grise sont les mêmes que celles qui vivent dans les eaux voisines. Dans le détroit de Bass, l'île Verte, élevée de 30 mètres au-dessus de la mer, est formée de coquilles accumulées et brisées comme la pointe sud-est de l'île Flinders. A dix milles au sud du cap Grimm, et sur la côte occidentale de la terre de Van-Diemen, des plages soulevées se montrent encore semblables à celles du détroit.

A quelle époque appartient l'émersion des plaines immenses de sable et de cailloux privées d'eau, parsemées çà et là de buttes sablonneuses, et ces grands marécages si peu élevés au-dessus du niveau actuel de l'Océan, qu'ont parcourus Sturt, Leichardt et autres courageux voyageurs? C'est ce qu'il semble encore impossible de préciser. Les données paléontologiques sont jusqu'à présent nulles à cet égard. Quant aux alluvions aurifères, si répandues dans la chaîne orientale et ses nombreuses ramifications, alluvions dont la richesse se trouve, comme en Californie et dans l'Oural, en rapport avec la direction méridienne, elles ont aussi offert, au moins en quelques points (à Dunolly, province de Victoria), des ossements de mammifères quaternaires. Ce sont des restes de Wombat (*Phascolomys*), dans un dépôt de transport, ou drift ferrugineux appelé *ciment* par les chercheurs d'or.

Les premiers restes de mammifères fossiles ont été rapportés par T. H. Mitchell; ils provenaient des cavernes de la vallée de Wellington, sur les bords de la rivière Condamine, à l'ouest de la baie de Morton. M. R. Owen, en les décrivant dans l'ouvrage du savant voyageur, a ouvert, à la paléozoologie des mammifères, un nouveau champ de recherches que les découvertes ultérieures, faites dans les dépôts de transport ou lacustres des plaines de Darling-Downs et d'autres localités, ont singulièrement enrichi.

Si, après avoir examiné rapidement la faune quaternaire de l'ancien et du nouveau monde, nous voulons, pour terminer notre revue de l'organisme animal de cette époque, jeter un coup d'œil sur celle de l'Australie, nous serons frappés tout d'abord de la ressemblance que ces restes d'animaux d'espèces éteintes présentent dans leurs principaux types avec ceux qui vivent aujourd'hui sur les lieux. Ainsi, comme l'Amérique méridionale, l'Australie et ses grandes îles nous montrent, avec une évidence complète, les relations de sa faune aborigène actuelle avec celle qui l'a précédée immédiatement.

Cette faune a d'ailleurs, comme on le sait, un intérêt tout spécial, par l'ensemble de ses caractères, qui ne se trouvent que sur ce seul continent, pour les mammifères comme pour les oiseaux. Les marsupiaux ou animaux à poche (didelphes), qui constituent une division si naturelle, y représentent tous les ordres de mammifères des autres pays, ou sous-divisions des mammifères placentaires (monodelphes). Ainsi les Dasyures y jouent le rôle des carnassiers; les Ornithorhynques et les Échidnés, celui des édentés ou des insectivores; les Phalangers celui des quadrumanes; les Wombats (*Phascolomys*) celui des rongeurs; les Kanguroos, à un degré plus éloigné, celui des ruminants; mais ici comme partout, chez ces marsupiaux comme chez les placentaires, nous voyons les carnassiers, les rongeurs, les insectivores et les herbivores se faisant équilibre; car la loi du balancement des êtres s'applique avec la même rigueur dans tous les temps et dans tous les lieux.

Mais avant de rechercher dans la faune fossile du pays les représentants de ces divers types, nous devons mentionner un fait qui, s'il eût été mieux démontré, aurait constitué une des anomalies de distribution géographique les plus extraordinaires qu'on puisse voir. Après les Chevaux, les proboscidiens sont, comme on le sait, les plus cosmopolites des mammifères ongulés; et, en effet, les Mastodontes et les Éléphants, éteints et vivants, ont peuplé ou peuplent encore l'ancien et le nouveau monde, et le premier de ces deux genres, s'il s'est éteint dans l'ancien continent avec l'époque tertiaire, a survécu dans le nouveau pendant l'ère quaternaire. D'un autre côté, la faune australienne actuelle paraît occuper, dans l'échelle organique, un degré comparativement si inférieur, qu'elle semble être, comme on l'a dit, le reste d'un monde à part, dans lequel la marche du développement aurait été en quelque sorte suspendue ou arrêtée, tandis qu'elle aurait continué à s'avancer dans les autres. On conçoit, d'après cela, que la découverte d'un Mastodonte fossile en Australie devait détruire toutes les analogies connues, renverser toutes les relations que la connaissance des faunes actuelles ou passées semblait avoir solidement établies.

En 1843, M. R. Owen décrivit un fémur de grandes dimensions, provenant de Darling-Downs, au sud-ouest de la baie de Morton, et qu'il compara à un fémur de *Mastodon giganteum*. Il en conclut naturellement l'ancienne existence dans le pays d'un mammifère voisin de ce pachyderme. Mais plus tard un spécimen plus complet de ce même os fit reconnaître qu'il provenait d'un animal marsupial de très-grande taille, que nous décrirons tout à l'heure sous le nom de *Diprotodon*. En 1844, le même savant fit connaître une véritable dent de Mastodonte, rapportée de l'Australie par le comte de Strzelecki, et qu'il désigna sous le nom de *M. australis*, tout en faisant remarquer son analogie avec le *M. angustidens* du terrain tertiaire moyen de l'Europe; aussi le savant zoologiste anglais ne manqua-t-il pas d'observer que c'était le seul genre de quadrupède aborigène de ce continent, et l'on pourrait ajouter de mammifère placentaire, qui soit ou ait été représenté par d'autres espèces dans d'autres parties du globe. Ce fait, qui avait acquis ainsi une véritable notoriété dans la science, appela, par son étrangeté même, l'attention de M. Falconer qui, en 1863 (1), le soumit à une discussion approfondie.

La dent en question est l'avant-dernière molaire gauche de la mâchoire inférieure d'un Mastodonte du sous-genre *Trilophodon* de l'auteur (*antè*, p. 235), montrant les caractères qui distinguent le *M. Andium* du *M. Humboldtii*, et ne pouvant être distingué même, ni par la couleur brun foncé et brillante de l'émail, ni par son état de conservation, des dents analogues du *M. Andium*, rapportées de Tarija en Bolivie par M. Weddell. Cette dent n'avait point été d'ailleurs recueillie par M. de Strzelecki, mais achetée indirectement par lui d'un Australien, au port de Boree, et suivant lequel il s'en trouvait beaucoup de semblables dans l'intérieur du pays. D'après une autre version, elle provenait des grottes dont les fossiles, empâtés dans une brèche rouge, ont un aspect tout différent. Or, depuis plus de vingt-cinq ans que cette soi-disant découverte a été faite, que l'on a recueilli dans les cavernes et dans les dépôts des vallées des ossements de mammifères, aucun autre débris n'a pu être rapporté aux Mastodontes qui, partout où il en a été découvert dans les deux Amériques, comme nous l'avons vu, sont très-nombreux. Aussi en l'absence de documents plus précis et concordants sur le gisement et sur la localité où cette dent a été trouvée, puis par la différence de la roche qui l'enveloppait avec celles où l'on connaît des os fossiles dans le pays, par le manque de tout autre reste provenant du même animal, et enfin par son identité avec une espèce de l'Amérique du Sud, M. Falconer pense, et avec toute raison suivant nous, que l'authenticité du genre Mastodonte en Australie est plus que douteuse.

Maintenant si c'est une forme américaine, comment cet échantillon unique a-t-il été apporté en Australie? et si elle est réellement originaire de ce dernier continent, comment le Mastodonte serait-il le seul de tous les mam-

(1) *The Natural History Review*, numero de janvier 1863, p. 96.

mifères placentaires qui aurait eu le pouvoir de franchir les barrières qui isolent pour ainsi dire ce monde de mammifères marsupiaux? On n'aurait sans doute pas recours à l'hypothèse de Blainville, qui suppose pour cela une jonction continentale entre l'Amérique et l'Australie, mais on pourra, jusqu'à plus ample informé, supposer entre les deux régions quelques circonstances particulières de relations commerciales ou de voyageurs qui expliqueraient le fait.

En 1830, T. H. Mitchell, redescendant à l'ouest des montagnes Bleues, atteignit le bassin de la rivière Bell qui se jette dans le Macquarie, à environ 170 milles à l'ouest de Newcastle. Elle est bordée d'escarpements de calcaires compactes, ressemblant au calcaire de montagne, et auxquels succèdent d'un côté des grès et des conglomérats rouges, de l'autre, des trapps. Les cavernes de Wellington se trouvent dans ces calcaires, à 20 mètres au-dessus du fond de la vallée. Le sol est recouvert d'une terre rouge, friable, sèche. A 50 mètres de son ouverture, la caverne a 8 mètres de large sur 16 de haut.

Les premières collections d'ossements fossiles provenant de cette localité ont montré que les espèces de marsupiaux qu'ils représentaient étaient plus grandes que celles des mêmes genres ou des genres voisins qui vivent actuellement sur les lieux. Quelques-uns, comme le Tylacine et le sous-genre de Dasyures, représenté par le *D. ursinus*, sont éteints dans le continent australien, mais une espèce de chaque existe encore sur l'île voisine de Van-Diemen.

Nous mentionnerons, messieurs, les espèces fossiles dont beaucoup de spécimens ou de moules sont sous vos yeux, en commençant par celles qui appartiennent à l'ordre des didelphes ou marsupiaux *sarcophages*, caractérisés par de petites incisives, de grandes canines et des molaires de carnivores ou d'insectivores.

Le *Dasyurus laniarius*, Owen, était de la taille du *D. ursinus*, confiné aujourd'hui, comme on vient de le dire, à la terre de Van-Diemen.

Le *Thylacinus spelæus*, Owen, qui, avec le précédent, provient des cavernes de la vallée de Wellington, s'accorde dans ses principaux caractères avec le grand *Opossum* à tête de chien (*Thylacinus Harrisii*) de Van-Diemen, c'est-à-dire par les couronnes comprimées des prémolaires, par les intervalles qui les séparent, ainsi que par la troisième prémolaire et par sa mâchoire inférieure plus comprimée et plus profonde.

Le *Thylacoleo carnifex*, Owen, d'après la portion de crâne que l'on possède, était de la taille du Lion, et son caractère marsupial est démontré par la position du trou lacrymal en avant de l'orbite, par le vide palatin, la friabilité de l'os tympanique et par quelques autres caractères moins importants. La dent carnassière, de 6 centimètres de longueur, est presque double de celle du Lion. La tuberculeuse supérieure ressemble par sa petitesse et sa position à celle des vrais *Felis*, mais à la mâchoire inférieure on remarque, après la carnassière, deux petites tuberculeuses comme dans le *Plagiaulax* des couches de Purbeck d'Angleterre.

La division des marsupiaux, désignée sous le nom de *poéphages*, comprend ceux dont les incisives antérieures sont grandes et longues à chaque mâchoire ; les canines petites et variables.

Les Phalangers, dont les membres antérieurs et postérieurs offrent des proportions normales, ne sont encore représentés, à l'état fossile, que par quelques os trouvés dans les brèches osseuses, tandis que les Kanguroos, dont les jambes de devant sont si courtes relativement à celles de derrière, ont offert plusieurs espèces remarquables, constituant, alors comme aujourd'hui, une partie essentielle de la faune du pays. Ce sont les *Macropus affinis*, *Atlas* et *Titan* ; ce dernier dépassait par sa taille les plus grandes espèces vivantes, telles que les *M. major* et *laniger*, dont il différait aussi par le développement plus prononcé de la crête basale postérieure des arrière-molaires, et par la forme plus compliquée de la crête médiane, longitudinale, réunissant les deux principales éminences transverses. Les mêmes différences existent, avec une moindre largeur des dents, pour le *Macropus Atlas*, qui était également d'une taille gigantesque. Le *M. affinis*, de la taille du *M. laniger*, en différait comme des précédents par des détails de son système dentaire. Ces ossements très-nombreux proviennent des dépôts des bords de la rivière Condamine à l'ouest de la baie de Morton et des cavernes de la vallée de Wellington.

L'*Hypsiprymnus spelæus* est un petit Kanguroo à canines, dont les restes ont été recueillis dans les cavernes de la vallée de Wellington (caverne de Potoroo). Dans celle du mont Macédon (province de Victoria), ouverte sous une couche basaltique, on a trouvé, avec les restes de l'*Hypsiprymnus hydromis*, qui vit encore dans le pays, et de Dasyures carnivores, des os de *Canis Dingo*, que M. M'Coy regarde comme réellement indigène ; mais rien ne prouve que ce Chien n'ait pas été introduit par les premiers hommes qui ont peuplé le continent australien.

Les marsupiaux *rhizophages* ne renferment aujourd'hui que le genre Wombat (*Phascolomys*), dont le système dentaire rappelle celui des rongeurs par l'absence de canines et la présence en haut et en bas de deux incisives coupées en biseau. . . . . . .

Après avoir décrit les deux genres *Diprotodon* et *Nototherium* créés par M. Owen, puis les genres *Zygomaturus trilobus* et *Megalania prisca*, le professeur arrive à la faune quaternaire de la Nouvelle-Zélande, qu'il expose dans ses points les plus importants; il termine son cours par les vues générales qui suivent (1).

Vues générales.

Si nous cherchons actuellement, messieurs, à déduire

(1) Cette leçon sera insérée intégralement dans le volume que la librairie Germer Baillière doit publier sous peu de jours, et qui doit reproduire tout le cours de M. d'Archiac.

quelques vues générales des détails que nous vous avons exposés sur la faune quaternaire des divers points du globe, nous trouverons d'abord, dans la seconde partie du cours de l'année que nous terminons aujourd'hui, la confirmation complète de ce que nous avons dit en terminant la première. Si en effet la faune des grands mammifères éteints de l'ancien continent, et particulièrement de l'Europe et du nord de l'Asie, faune que caractérisent l'*Elephas primigenius*, le *Rhinoceros tichorhinus*, l'Ours et l'Hyène des cavernes, le *Machairodus*, l'Hippopotame, le *Bos primigenius*, l'Aurochs, le *Cervus megaceros*, l'*Elasmotherium*, le *Trongontherium*, etc., nous a démontré, aussi bien que les phénomènes physiques qui l'ont précédée, accompagnée et suivie, la nécessité de la distinguer de la faune actuelle, ce que nous venons de voir dans les deux Amériques et dans l'Australie n'est pas moins concluant.

Les Mastodontes, les *Megalonyx*, les *Mylodon*, les *Megatherium*, les *Scelidotherium*, les *Glyptodon*, les *Chlamydotherium*, et autres édentés qui parcouraient les immenses solitudes du nouveau monde avec les *Macrochenia*, les *Toxodon*, les *Myopotamus*, etc.; les *Macropus Titan* et *Atlas*, les *Diprotodon*, les *Nototherium*, le *Telacoleo*, et les autres marsupiaux, qui, avec d'énormes Lézards (*Megalania*), habitaient la Nouvelle-Hollande, en même temps que les *Dinornis* et autres oiseaux tridactyles aptères peuplaient seuls la Nouvelle-Zélande, comme l'*Æpyornis* les vallées de Madagascar; tous ces vertébrés, disons-nous, plus grands que leurs congénères actuels qui habitent les mêmes pays, apparaissent à un moment donné pour régner dans des régions géographiques distinctes, et disparaître ensuite, laissant leurs débris dans les alluvions des vallées, au fond des marais, dans les cavernes et les brèches dont ils nous servent à déterminer l'âge avec certitude. Or, la généralité et la concordance de ces phénomènes d'ordres si différents et sur tous les points de la terre, nous semblent un des résultats les plus importants et les plus curieux des observations de nos jours.

Cependant les caractères de la faune quaternaire, comparés à ceux de la faune actuelle, sont loin d'être les mêmes dans les diverses classes. Ainsi chez les animaux inférieurs marins, les différences sont très-faibles, de même que pour les mollusques fluviatiles et terrestres. Dans les régions tempérées du nord, ils accusent souvent un climat plus froid, des circonstances moins favorables, et une richesse de développement plus restreinte.

Dans la classe des mammifères, c'est généralement l'inverse. L'analogie des faunes quaternaires et modernes dans chaque région naturelle est soumise à une loi particulière; elle est d'autant plus prononcée, que les animaux que l'on considère sont de plus petite taille. Si, en effet, on prend les mammifères fossiles de l'hémisphère sud, dans un ordre, une famille, ou même dans un genre donné, on trouve d'abord des animaux plus grands que ceux qui leur correspondent de nos jours, et ensuite que les espèces identiques avec les espèces actuelles, ou qui en sont les plus voisines, sont les plus petites. On a vu précédemment (p. 28) que ces diverses circonstances paléontologiques, pas plus que la contemporanéité de l'espèce humaine avec les grands mammifères éteints, ne pouvaient autoriser la réunion de l'époque quaternaire à l'époque actuelle.

Ces vues, que nous avions émises il y a déjà quelques années (1), semblent être partagées aujourd'hui par les hommes qui se sont le plus occupés de ce sujet. Ainsi M. J. D. Dana (2) termine comme il suit ses considérations sur ce qu'il appelle la *période post-tertiaire* : « Sa faune, dit-il, nous montre des dimensions gigantesques, aussi bien que le grand nombre des espèces; les Éléphants, les Lions, les Ours et l'Hyène de l'Orient sont beaucoup plus grands que les espèces actuelles, et il en est de même du Cheval, de l'Éléphant et du Mastodonte, du Castor et du Lion de l'Amérique du Nord; du *Megatherium* et des autres édentés de l'Amérique du Sud; du *Diprotodon* et des autres marsupiaux de l'Australie.

» Les espèces caractéristiques de chaque continent appartenaient principalement aux mêmes types que ceux qui les caractérisent encore aujourd'hui. Dans la période quaternaire (post-tertiaire), comme dans les temps modernes, l'Orient est particulièrement le continent des carnivores; l'Amérique du Nord, celui des herbivores; l'Amérique du Sud, celui des édentés; l'Australie, celui des marsupiaux.

» Avec la fin de cette période, le plus grand nombre de ces espèces s'éteignent, mais la destruction ne s'étend pas aux mollusques et aux autres invertébrés, car les mêmes espèces sont toutes, ou presque toutes encore vivantes. »

De son côté, M. R. Owen (3), se plaçant au point de vue théorique de la question, remarque que, d'après l'hypothèse de certains naturalistes allemands, les grands mammifères quaternaires se seraient graduellement transformés dans les espèces actuelles par un abaissement ou une diminution successive de leur taille. Ainsi le grand Cerf d'Islande, ou Megaceros palmé, serait devenu le Daim fauve, le grand Ours des cavernes, l'Ours brun actuel d'Europe. Le puissant *Diprotodon* et le *Nototherium* sont dans les mêmes rapports avec les Kanguroos et les Koalas de l'Australie, comme le *Dinornis* et le *Palapteryx*, relativement à l'*Apteryx* de la Nouvelle-Zélande.

« Mais, continue le savant zoologiste anglais, l'amoindrissement comparatif des animaux aborigènes de ces pays qui se rapprochent le plus des espèces gigantesques éteintes caractérisant ces terres émergées, n'est pas le seul motif qui les en éloigne, car ils présentent, en outre, des caractères spécifiques distincts, et ordinairement si prononcés, qu'ils exigent l'établissement de sous-genres, et ils sont tels aussi qu'aucune influence extérieure n'a

(1) *Histoire des progrès de la géologie*, vol. II, 1re partie, 1848.
(2) *Manual of Geology*, 1863, p. 566.
(3) *Memoir on the Megatherium*, in-4, p. 81. Londres, 1861.

été reconnue capable de produire une pareille altération progressive de la structure de ces animaux.

» Cependant, comme en Angleterre, par exemple, nos Taupes, nos Rats d'eau, nos Renards, nos Belettes et nos Blaireaux sont de mêmes espèces que ceux qui vivaient avec le Mammouth, le *Rhinoceros tichorhinus*, l'Hyène et l'Ours des cavernes, etc., de même les restes de petits édentés et d'Armadilles sont trouvés associés avec ceux de *Megatherium* et de *Glyptodon* dans l'Amérique du Sud, les débris fossiles de Kanguroos ordinaires et de Wombats, avec les gigantesques marsupiaux herbivores de l'Australie, et les restes d'*Apteryx* avec ceux de *Dinornis* de la Nouvelle-Zélande, aussi ai-je été porté à regarder l'hypothèse suivante comme plus applicable aux phénomènes, et les expliquant mieux que celle de l'origine des espèces, par suite de transmutations progressives, soutenue par de Lamarck, ou celle de la dégradation de ces mêmes espèces, telle que la comprenait Buffon.

» Relativement à sa taille, on doit admettre que tout animal est obligé de lutter contre les influences qui l'environnent, lesquelles tendent toujours à rompre le lien de la vie et à vaincre les forces organiques par celles de la chimie et de la physique. Tout changement, par conséquent, qui survient dans les circonstances où une espèce a été appelée à vivre, agira contre cette existence dans un rapport probablement géométrique au volume de cette espèce. Si une saison sèche se prolonge beaucoup, par exemple, les grands mammifères souffriront de la soif plus que les petits; si telle ou telle modification dans le climat diminue la quantité de nourriture produite par les végétaux, les grands herbivores éprouveront les premiers les effets de cette diminution dans leur alimentation; si de nouveaux ennemis se trouvent introduits dans le pays par suite de quelques circonstances particulières, les grands quadrupèdes, comme les grands oiseaux qui sont le plus en vue, en deviendront d'abord la proie, tandis que les petites espèces pourront se cacher plus facilement et échapper au danger. En outre, les petits quadrupèdes sont ordinairement plus prolifiques que les grands.

» D'où il suit que l'existence actuelle des petites espèces d'animaux, dans les régions où les plus grandes de la même famille naturelle vivaient précédemment, ne doit pas être attribuée à une diminution graduelle de la taille de ces dernières, mais à des circonstences dont l'effet peut-être exprimé par l'ingénieux apologue du *Chêne et le Roseau*. Les petits ont plié et se sont accommodés aux changements sous l'action desquels les grands ont succombé. »

Si nous nous rappelons, en effet, messieurs, les diverses circonstances physiques toutes particulières dans lesquelles paraissent s'être trouvés les animaux terrestres pendant l'époque quaternaire, nous trouverons sans doute quelque chose de très-spécieux dans l'application de l'allégorie de M. Owen, mais il ne faut pas oublier que les résultats biologiques auxquels il fait allusion ne sont point particuliers à cette époque; ils ne sont que l'expression d'un moment de la vie sur la terre.

En supposant les temps suffisamment prolongés, la paléontologie nous démontre que les petites espèces auront disparu comme les grandes. C'est donc une simple question de temps, pour laquelle l'homme, encore bien nouveau sur le globe, ne possède pas de chronomètre qui lui permette de mesurer le cycle de l'existence des êtres qui l'entourent. La paléontologie nous dévoile dans le passé de grands reptiles, par exemple, qui ont successivement apparu et disparu, et les animaux inférieurs, leurs contemporains, ont subi non plus l'inexorable loi du renouvellement des types, grands ou petits, et de leur remplacement continu. Nous n'apercevons pas, il est vrai, ce mouvement autour de nous; nous croyons volontiers que la nature organique, qui n'avait cessé de se modifier depuis l'origine des choses, est devenue immobile depuis que nous en faisons partie; qu'aux lois de succession ont succédé de simples lois de conservation; qu'en un mot, la création est complète.

C'est là sans doute, messieurs, une illusion qui vient de ce que les quelques dizaines de siècles qu'embrassent nos chroniques ne suffisent pas pour constater des changements bien notables; mais si l'étude et l'observation nous ont appris quelque chose, c'est que l'histoire de l'humanité tout entière ne compte pas plus dans l'histoire de la nature que la vie de ces Éphémères qu'un même soleil voit naître, se reproduire et mourir.

M. le professeur Remak (de Berlin) doit faire la semaine prochaine, à la Charité, des conférences cliniques sur l'électrothérapie, dont nous rendrons compte dans notre prochain numéro.

Sommaire de la Revue des cours littéraires.

Le propriétaire-gérant : GERMER BAILLIÈRE.

PARIS. — IMPRIMERIE DE E. MARTINET, RUE MIGNON, 2.

TABLE DES ÉTABLISSEMENTS PUBLICS

PARIS.

Association polytechnique.

MM. Barral (J. J.). — Perdonnet.

Collége de France.

MM. Flourens (Gustave). — Balard. — Coste.

Conservatoire des arts et métiers.

MM. Payen. — Péligot. — Becquerel (Edmond). — Boussingault. — Burat. — Hervé-Mangon.

Ecole de pharmacie.

M. Chatin.

Entretiens et lectures de la rue de la Paix.

MM. Barral. — Favre.

Faculté de médecine.

MM. Robin. (Ch.). — Bouchut. — Bouchardat. — Baillon.

Faculté des sciences.

MM. Milne Edwards. — Chauffard. — Sainte-Claire Deville. — Claude Bernard.

Muséum d'histoire naturelle.

MM. D'Archiac. — Duméril. — Fremy. — Blanchard. — Vulpian. — Quatrefages (de).

Soirées scientifiques de la Sorbonne.

MM. Jamin. — Gratiolet. — Wurtz. — Pasteur. — Le Verrier. — Hébert.

DÉPARTEMENTS.

ENGHIEN. — **Institut hydrologique.**

M. Favre (Henri).

ROUEN. — **Muséum d'histoire naturelle.**

M. Pouchet.

ÉTRANGER.

ANGLETERRE. — **Association Britannique, congrès de Bath.**

M. Lyell (Charles).

ITALIE. — **Université de Naples.**

M. De Luca.

ITALIE. — **Université de Turin.**

MM. Filippi (de). — Moleschott (J.).

TABLE DES AUTEURS

TABLE DES MATIÈRES

www.ingramcontent.com/pod-product-compliance
Lightning Source LLC
LaVergne TN
LVHW080955230826
846092LV00006B/1041
* 9 7 8 2 3 2 9 7 4 8 5 0 4 *